李季伦院士

李季伦（1925. 3.15—），河北乐亭人；中国农业大学生物学院教授，中国科学院院士

李季伦教授与夫人孟繁静教授金婚纪念照

良师益友

看望恩师沈其益教授

与系里老师一起看望俞大绂教授

在上海看望沈善炯教授夫妇

与好友们一起看望周家炽教授

与华中农业大学陈华癸教授一起开会交流

与南京农业大学樊庆笙教授合影

看望张树政教授夫妇

与中国农业大学几位教授好友会后合影

工作影像

1958年提取并纯化出赤霉素结晶

1980年在美国R. H. Burris教授实验室做质谱分析

给研究生讲解固氮酶提取与纯化技术

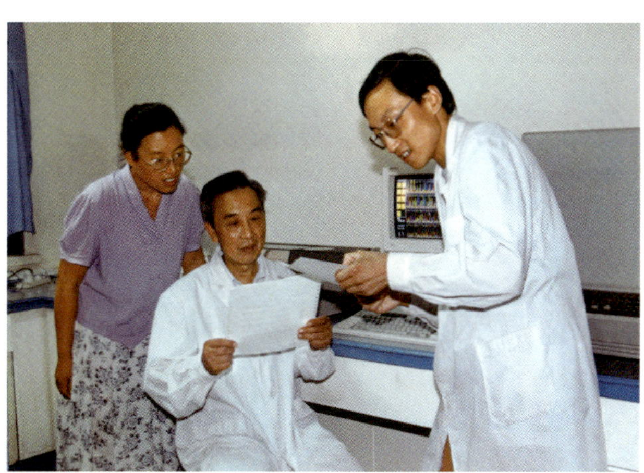

与学生一起做实验并分析结果

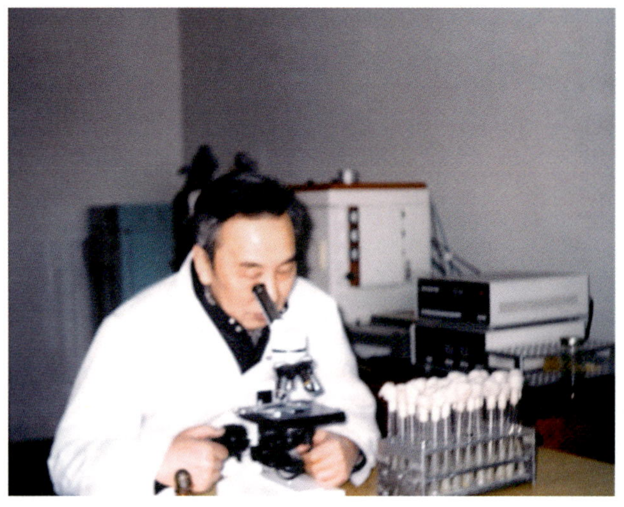
显微镜观察实验菌株细胞形态

在发酵基地指导工作

在发酵基地做实验

实验间隙

给研究生讲授“微生物生理学”

参加博士、硕士毕业论文答辩

微生物系全体教师春节联欢后合影留念（1998年1月）

课题组年终总结大会后，与老师及学生们一起合影留念

70岁开始学用计算机录入、编辑文稿

85岁时，还走进本科生课堂与学生们交流

学术交流

参加第四届国际固氮大会（1978年，美国），团长为卢嘉锡，成员为蔡启瑞、沈善炯、李季伦、王发珠、单慰曾、徐吉庆

全国农业系统生物固氮学术会议全体代表 1979.11.武汉

与陈华癸、樊庆笙教授共同参加全国农业系统生物固氮学术会议（1979年11月）

与美国科学院院士、威斯康星大学生化系 R. H. Burris教授实验室人员合影（1982年）

1990年11月，R. H. Burris教授访问北京农业大学

全国生物固氮研讨会（1998年）

农业微生物重点实验室第二届学术委员会会议代表合影（1998年4月）

2004年与学生们一起参加国际生物固氮大会（北京）

农业微生物资源与利用重点开放实验室学术委员会会议

农业生物技术国家重点实验室2008年学术委员会会议

2015年3月，在京部分朋友和学生为李季伦教授庆贺九十岁生日

微章宏愿

李季伦科研团队论文选集（上）

吴　健　李　颖　郑应华　主编

科学出版社
北　京

内 容 简 介

本书为李季伦教授科研团队的论文选集，记录了他们多年来根据国家需求，努力为农业生产服务的科研历程和成果。全书收录了正式发表的研究论文115篇，分为上下两册，内容包含四个部分，分别为生物固氮研究，微生物次生代谢产物研发及生物合成调控研究，真菌毒素及生物能源研究，趋磁细菌生理特性及磁小体应用研究。论文选集不仅展现了李季伦教授科研团队近60年坚持不懈深入探索的研究主线，也体现了他们利用微生物生物技术为农业生产服务的信念与追求。

本书适于微生物学及其他相关学科的科研工作者、教师、学生阅读和参考。

图书在版编目（CIP）数据

微章宏愿：李季伦科研团队论文选集：全2册/ 吴健，李颖，郑应华主编. —北京：科学出版社，2023.11

ISBN 978-7-03-076769-1

Ⅰ.①微… Ⅱ.①吴… ②李… ③郑… Ⅲ.①农业科学–微生物学–文集 Ⅳ.①S182-53

中国国家版本馆CIP数据核字（2023）第193432号

责任编辑：马 俊 郝晨扬 / 责任校对：郑金红
责任印制：肖 兴 / 封面设计：无极书装

科学出版社 出版
北京东黄城根北街16号
邮政编码: 100717
http://www.sciencep.com

北京中科印刷有限公司 印刷
科学出版社发行 各地新华书店经销
*
2023年11月第 一 版 开本：889×1194 1/16
2023年11月第一次印刷 印张：78
字数：2 583 000

定价：898.00元（全2册）

(如有印装质量问题，我社负责调换)

微章宏愿：李季伦科研团队论文选集
编委会

序

他的研究小到用显微镜看不见，他的研究又大到填补国家生物产业的一片片空白。他就是中国农业大学生物学院教授，中国科学院院士李季伦先生，一位在闪光的科技生涯中，执着于农业微生物学研究，坚持理论与应用结合，用默默无闻的奉献，书写精彩人生的杰出科学家。

一脉相承，如薪传火。中国农业大学和华中农业大学在中国农业微生物学研究领域的历史地位和作用举足轻重。李季伦院士与华中农业大学陈华癸院士和周启先生长期的合作交流长达半个世纪，尤其是改革开放以后的联系更是十分紧密，因此我也与李先生逐渐熟识。他平易近人、和蔼可亲，对年轻人尤其爱护有加，给我留下了深刻印象。后来在我的科研生涯中，也逐渐与他在微生物次生代谢产物研究方面建立了持久的合作和交流关系。他曾担任中国微生物学会第六届理事会理事长，无论是在为人还是在学术上，都是微生物学界令人十分尊敬的学者，我的学术成长也凝结着他的心血和汗水。

在固氮酶催化机制的研究中，李季伦院士的历史贡献十分引人注目。他首次阐明了绝对依赖 N_2 的固氮酶催化 HD（氢气，D 指 H 的同位素氘）形成是固氮酶的普遍特性，提出了固氮酶在催化底物还原的过程中双位点放 H_2 的模式；在深入研究玉米联合固氮螺菌固氮调控分子机制的基础上，构建了可节约田间氮肥用量 20%的耐铵固氮菌株；早在 20 世纪 70 年代末，他就在国内与新疆农业科学院微生物研究所联合启动了豆科植物根瘤菌资源调查和分类这一重要的基础性研究工作。进入 21 世纪，他又聚焦于趋磁螺菌纳米磁小体生物合成机制的研究，使趋磁螺菌的培养及纳米磁小体的产量处于国际领先水平。

多年来，李季伦院士带领研究团队建立了微生物次生代谢产物合成与调控的研究平台，先后研制和开发了赤霉素（GA_3 和 GA_{4+7}）、玉米赤霉烯酮和玉米赤霉醇、莫能菌素和马杜霉素、阿维菌素和伊维菌素等农牧用微生物发酵产品，为国家创造了巨大的经济效益和社会效益。此外，他的研究还发现玉米赤霉烯酮是高等植物的一类天然激素；对于串珠镰刀菌素的研究为阐明克山病的致病因子也作出了重要贡献。

桃李满天下，春晖遍四方。李季伦院士热爱祖国，爱憎分明，淡泊名利，为人质朴，学风正派。多年来，他坚持在教学与科研一线，80 多岁仍执着言传身教，走进本科生课堂与学生交流探讨，指导研究生开展实验。他先后培养了硕士、博士研究生 90 多人。他发表研究论文 200 余篇，编写和翻译了有关微生物学方面的书籍，如《微生物生理学》《生命科学进展》《细菌的生活》《真菌概论》等，累计达 300 多万字，其中与俞大绂教授合著的《微生物学》获 1988 年的第四届全国优秀科技图书奖一等奖，润物无声地影响着我国微生物学界的莘莘学子。

言得其要，理足可传。这本论文选集收录了李季伦院士及其团队发表的部分论文，记载了他们努力探究微生物科学为农业生产服务的历程，是我辈躬身入局、功不唐捐的楷模，尤其对科学服务产业具有重要的指导意义，将启迪后人热爱科学、牢记使命，为国家、为社会、为人民甘于奉献，勇于担当，去迎接微生物科学与技术新的春天。

邓子新

中国科学院院士

中国微生物学会第十届、十一届理事长

2023 年 2 月

前　言

李季伦是中国农业大学生物学院教授。他于1948年毕业于中央大学（现南京大学）理学院生物系并留校任教；自1950年以来，在中国农业大学植物保护系（现为植物保护学院）和生物学院从事教学与科研工作；1980～1982年，在美国威斯康星大学生物化学系进修。李季伦教授曾兼任或承担国务院学位委员会学科评议组成员、农业部科学技术委员会委员、中国农业大学“农业生物技术国家重点实验室”学术委员会主任、中国科学院微生物研究所“微生物资源前期开发国家重点实验室”学术委员会主任、中国微生物学会理事长、中国生物工程学会常务理事和《微生物学报》《农业生物技术学报》主编，以及清华大学和郑州大学兼职教授等职务或工作。1995年，李季伦教授当选为中国科学院院士。

前些年，我们曾几次与李季伦教授商量，拟整理他从事工作以来的科研论文并将之汇编成册，但由于李先生不同意，一直搁置。我们深知，李先生一贯为他人着想，不愿宣传自己，不希望我们为他花费太多的时间和精力。直到2020年6月，再次与李先生商量此事，他才勉强同意，并一再嘱咐“不要突出我个人，应反映大家的工作”。因此，我们最终将书名定为《微章宏愿：李季伦科研团队论文选集》，“微”与微生物专业研究对象的特点有关，微生物虽“小”，但可以挖掘它们的优势为人类服务；收录的文章虽然不“大”，却承载着科学研究者心怀祖国的献身精神及远大的理想和抱负。希望本书能使读者体会到一位心系国家和人民的学者，淡泊名利，带领研究团队潜心教育事业和农业科学研究的胸怀与气度。

本书记载了李季伦教授科研团队于20世纪60年代至2020年的研究工作。其中，固氮微生物资源及固氮酶催化底物还原的分子机制是该团队坚持多年的工作，这项工作首次证明了固氮酶催化HD形成的基本特性，提出了固氮酶的双位点放H_2模式，探讨了固氮酶活性中心周围氨基酸的功能及电子与质子传递通路；揭示了铵对巴西固氮螺菌正调节因子NifA活性的调节机制，构建了耐铵固氮菌株；近年发现了固氮类芽孢杆菌含有最小固氮基因簇，阐明了其在不同铵浓度条件下表达和调控的分子机制。另一个延续多年的研究是微生物次生代谢产物的合成与调控，先后研制并成功开发了赤霉素（GA_3和GA_{4+7}，植物生长激素）、莫能菌素和马杜霉素（防治鸡球虫病）、阿维菌素和伊维菌素（动植物杀虫剂）等农牧用微生物发酵产品。此外，工业和医用原料1, 3-丙二醇及PHA（聚羟基烷酸酯）高产菌株的选育、真菌毒素与致病性、微生物酶的改造及应用、趋磁螺菌纳米磁小体生物合成机制及应用等研究均取得了重要的结果。李季伦教授一贯主张团结协作，提倡学科间的交叉合作，促进实验室成员与国内外相关专家及团队建立了良好的合作关系。他曾主持和参加的科研项目包括“973”计划、“863”计划、国家自然科学基金、国家科技攻关等，并多次荣获国家和北京市的奖励。

李季伦教授始终坚持教学与科研并重，理论与实践相结合的理念。不仅在本科生及研究生教学工作中积极探讨教学规律，还与他人合作编写、翻译微生物专业的教材和参考书。在已经发表的200余篇科研论文中，本书选择收录其中115篇，汇编成四个部分，在每部分起始处撰写了研究背景及结果等简介作为“导读”。希望读者能感悟到李季伦教授及团队成员敏锐的科研洞察力和脚踏实地的科研特质，以及不怕困难和勇于攻关的精神。

感谢所有为这本论文选集的策划和出版提出建议并提供文稿的朋友们！感谢邓子新院士在百忙之中为本书作序；感谢北京恩佑万邦广告有限公司王宇老师及其团队，在短时间内完成早期文稿的重新录入和编排；感谢远在加拿大和美国的陈泉、雷昊、张耀平等在紧张的学习和工作之余，帮助逐条查阅、核对参考文献，以保证信息的准确与规范；感谢所有帮助校对文稿而付出努力的朋友们；特别感谢科学出版社编辑，是他们以认真、严谨、细致的工作，保障了论文选集的顺利出版。

向所有为本书付出努力的朋友们致敬，感谢大家的全力支持与热心帮助！

本书内容中如有不妥之处，恳请读者批评指正。

微章宏愿：李季伦科研团队论文选集

编委会

2023 年 3 月

目　录

·上·

第1部分　生物固氮研究

第 2 部分　微生物次生代谢产物研发及生物合成调控研究

第 1 部分　生物固氮研究

导　读*

生物固氮 (biological nitrogen fixation) 在自然界氮素循环中起着重要作用，自 20 世纪 70 年代起，在国家自然科学基金、“863”计划、“973”计划等项目的资助下，李季伦教授的研究团队相继开展了根瘤菌、联合固氮菌及固氮酶催化底物还原的分子机制等方面的研究工作。根据国际和国内形势，研究团队提出了我国生物固氮研究的现状和对策 (李季伦, 1998)，在推动我国开展固氮菌种资源及其田间应用、生物固氮调控机制等研究中发挥了重要作用。

1. 根瘤菌的研究

自 1977 年起，课题组开展花生根瘤菌自生固氮的研究，发现不同菌系在几种人工培养基中生长的特点，提出 1%~3% CO_2 可显著提高供试菌系的固氮酶活性 (李季伦等, 1980)；研究人员从河北、新疆等多地的大豆、花生、紫云英、苜蓿、刺桐等豆科植物中分离获得根瘤菌，筛选到具有耐盐性和优良共生效应的苜蓿中华根瘤菌与大豆根瘤菌，通过 DNA 转化构建了高效耐盐的大豆根瘤菌株和耐盐的红豆草根瘤菌株 (杨苏声等, 1989; 朱晓玉等, 1993)，采用 Tn5-Mob 系统诱导实现了根瘤菌属之间耐盐和共生性状的转移 (杨苏声等, 1993a)；研究发现其耐盐机制主要依靠细胞内大量积累的谷氨酸进行渗透调节 (吴健等, 1993)；通过酶联免疫吸附测定 (enzyme linked immunosorbent assay, ELISA) 对大豆根瘤菌进行鉴定 (杨苏声等, 1993b)。

2. 联合固氮菌的研究

课题组以产生大量促进植物生长物质 (吲哚乙酸，IAA) 的巴西固氮螺菌 (*Azospirillum brasilense*) 和抗逆性强、产生抗菌物质的固氮类芽孢杆菌 (*Paenibacillus* spp.) 为材料开展了以下研究工作。

1) 巴西固氮螺菌 Yu62。研究人员从北京郊区玉米根际分离获得巴西固氮螺菌 Yu62 (杨洁彬等, 1984)。由于环境中铵浓度高时固氮酶的合成和活性会受到抑制，随后的工作主要针对菌株的遗传性状和耐铵机制。何路红等 (1991) 首先发现该菌编码固氮酶的结构基因 *nifHDK* 位于染色体上。张耀平等 (1991) 将组成型表达的肺炎克氏杆菌 (肺炎克雷伯氏杆菌，*Klebsiella pneumoniae*) *nifA* 基因引

*这是对每部分内容的导读，其内容包括各部分收录的文稿，其中括号所注的文献信息（人名的写法以文章发表时为准，不做统一）指本部分对应的文章或者文章中阐述的相应内容，因此导读末尾不再重复列出对应的详细文献。

入 Yu62 菌株中，虽然未打破铵对该菌株固氮酶合成的阻遏，但却使一部分铁蛋白不被修饰，导致转移接合子在高铵条件下表现出微弱的固氮酶活性。研究人员从供试菌株中分别克隆了 *nifHDK*（阎大来等, 1992）、*ntrBC*（阎大来等, 1995a）、*draTG*（马旅雁等, 1997）、*nifA*（王娟等, 2001）、*glnB*（李周华等, 2001）等基因，并且完成了对上述基因功能的研究；揭示了 NifA 蛋白是固氮基因表达的转录调控因子，在环境中缺氮的条件下可激活 *nifH* 的表达（阎大来等, 1995b）。何路红等（1995）将肺炎克氏杆菌 *nifA* 基因引入巴西固氮螺菌 *darT* 突变株；分析了铵对固氮基因表达的调节作用方式，对菌株 Yu62 的 *draTG* 基因及其下游区域进行了诱变；研究表明 *draT* 突变株的固氮酶活性不再受铵抑制，而 *draG* 突变株在铵存在时则丧失固氮酶活性。马旅雁等（1999）证明该菌固氮酶活性在翻译合成后还会受到 DraT（失活酶）和 DraG（激活酶）调控。酵母双杂交实验发现，*glnB* 编码的 P_{II} 蛋白可与 NifA 蛋白 N 端直接相互作用（Chen Sanfeng *et al.*, 2003）；实验证明，当氮浓度低时，尿苷酰转移酶（*glnD* 基因产物）使 P_{II} 蛋白尿苷酰化，但 NifA 蛋白并不发生尿苷酰化；在无氮条件下，该蛋白 N 端 66~88 位区域和 165~176 位区域与 P_{II} 蛋白之间的相互作用是必需的（Zhou Xiaoyu *et al.*, 2008）；将 NifA 蛋白的 N 端 18 位和 53 位酪氨酸突变为苯丙氨酸后，极大地提高了 NifA 蛋白的转录激活作用，但并不能突破铵的抑制作用（Sanfeng Chen *et al.*, 2005）。Tu Ran 等（2006）从巴西固氮螺菌中克隆到编码含有 PAS（period clock protein, aryl hydrocarbon receptor nuclear translocator, single-minded protein, Per-Arnt-Sim）结构域蛋白 Org35 的全基因组序列，发现该结构域可介导 Ogr35 蛋白与 NifA 相互作用，证明 Org35 蛋白属于杂合双组分调节系统，并推测其与菌株的趋化作用相关。研究人员证实了 *flbD* 编码的 FlbD 参与鞭毛合成，以及调控鞭毛基因表达及其趋化作用（王娟等, 2001; Yanqi Chang *et al.*, 2007）。陈三凤等（2002）成功构建了含有多拷贝 *nifA* 和 *draT* 缺失的高效耐铵工程菌株，并申请了相关专利，田间试验表明该菌株具有明显的节肥和增产效果，之后与企业合作实现了巴西固氮菌的产业化生产和应用。

2）固氮类芽孢杆菌：Xie Jianbo 等（2014）对分离获得的 15 个固氮类芽孢杆菌进行了全基因组序列分析，发现由 9 个基因（*nifB*、*nifH*、*nifD*、*nifK*、*nifE*、*nifN*、*nifX*、*hesA*、*nifV*）组成的固氮基因簇保守存在于所有固氮类芽孢杆菌属的成员中；将这 9 个固氮基因组成的基因簇及其上游 σ^{70} 型启动子导入大肠杆菌 JM109 菌株中，使后者获得了固氮酶活性（Wang Liying *et al.*, 2013），这是目前报道的功能完整且最小的固氮基因簇。随后的研究揭示了在供试菌株中，转录调控蛋白 GlnR 在铵浓度低时激活固氮基因表达、在铵浓度高时抑制固氮基因表达的独特的调控模式，完全不同于革兰氏阴性固氮菌利用 NifA 激活固氮基因表达的调控模式（Wang Tianshu *et al.*, 2018）。Liu Xiaomeng 等（2019）率先将 15 个与固氮相关的基因导入酿酒酵母中，在酵母细胞质中表达的固氮酶的铁蛋白亚基具有活性，表达的钼铁蛋白亚基的分子量与野生型相同，这与他人在线粒体中表达该蛋白被酶剪切而导致分子量减小的情况不同，从而为禾本科植物实现自主固氮奠定了基础。

3. 固氮酶的研究

固氮酶中的大量金属簇导致该酶对氧敏感，因此该酶的提取和纯化需要特殊的厌氧设备和操作技巧。尽管难度很大，但探讨固氮酶催化底物还原的分子机制及其活性中心周围氨基酸的功能是课题组一直坚持不懈的努力方向，工作中，他们经常无偿地将获得的固氮酶两个组分的抗体提供给需要的同行。

李季伦教授曾于 1980 年作为访问学者赴美国威斯康星大学进修，在著名科学家 R. H. 伯里斯 (R. H. Burris) 实验室进行合作研究，首次证明了绝对依赖 N_2 的固氮酶催化 HD 形成是固氮酶的普遍特性 (Jilun Li et al., 1983)。回国后，虽然实验条件有限，但他始终没有放弃对固氮酶催化机制的探讨。在比较不同来源固氮酶酶学性质的基础上，李季伦教授等修订了固氮反应式，提出了固氮酶的双位点放 H_2 模式 (张振水等, 1993)。研究发现肺炎克氏杆菌固氮酶活性中心周围多肽环境中的 Gln α190 (或 α-Gln^{190})残基，以及与铁钼辅因子 (FeMo-cofactor，FeMo-co) 相连的高柠檬酸可能在质子和/或电子通过 Mo 位进入 FeMo-cofactor 中起关键作用 (赵德华等, 2004)。关锋等 (2007) 通过比较分析棕色固氮菌 (*Azotobacter vinelandii*) 野生型与 5 种突变株固氮酶催化还原氮气和 H^+活性的变化,认为 N_2 在靠近 FeMo-cofactor 中心硫原子 (S2B) 的 Fe2 和 Fe6 上络合与还原,而 FeMo-cofactor 上的钼原子是 H^+还原的位点，提出[8Fe7S]和 FeMo-co 之间可能存在两条平行的电子传递通路。研究人员对钼铁固氮酶 P-cluster 和 FeMo-cofactor 高柠檬酸之间可能的电子传递通路上的目标氨基酸位点 (α-Tyr^{63}、α-Lys^{424}) 进行多种氨基酸的替换和功能分析，发现 α-Lys^{424} 与 α-Ile^{423} 共价相连，其所带正电荷协助带负电荷的 FeMo-cofactor 顺利插入 MoFe 蛋白，并通过与高柠檬酸长臂 (O4) 之间形成氢键相互作用，使 FeMo-cofactor 在钼铁蛋白中保持低电势，在钼铁蛋白内稳定组装，为固氮酶顺利发挥催化功能提供适宜的微环境 (Guo Qingjuan *et al.*, 2015; Lina Song *et al.*, 2019)，α-Tyr^{63} 通过 α -Ala^{64} 与高柠檬酸短臂衔接，为 FeMo-cofactor 在钼铁蛋白的组装提供足够空间，使 α 螺旋与组装后的 FeMo-cofactor S2B 保持适当的空间距离，推测是形成底物进入 FeMo-cofactor 的入口，该研究仍在深入中。

上述研究不仅是对固氮酶活性中心周围关键氨基酸功能的揭示，也为构建最佳固氮模块提供了参考信息。此部分研究相继得到中国科学院植物研究所、中国科学院上海生命科学研究院植物生理生态研究所、中国科学院化学研究所、清华大学、北京大学和厦门大学相关学者的支持与帮助，这里选择收录了部分文章。

(陈三凤　李颖)

我国生物固氮研究的现状和对策*

李季伦

(中国农业大学，生物学院，微生物学系，北京，100094)

氮是所有生物赖以生存的重要元素，但占空气79%的N_2却不能被高等动植物直接利用，只有某些原核生物（古生菌和细菌）才具有将大气中的N_2固定成NH_3的特殊本领。它们广泛分布于土壤和水域中，有的与豆科植物和某些非豆科树木共生形成根瘤固氮；有的则能自生固氮。联合国粮食及农业组织(FAO)于1995年估计，全球每年生物固定的氮量约为2亿t(折合尿素约4亿多吨)，其中由植物根瘤菌所固定的氮素约占1.5亿t，为宿主植物提供了大量氮源，这是大自然对人类的恩赐。但是对那些不能与固氮微生物共生的植物，特别是非豆科的粮食作物、果树和蔬菜等，由自生固氮菌所提供的氮肥则十分有限。据计算，每收获1 t小麦将从土壤中吸收20 kg氮，若每亩（1亩≈666.7 m^2，下同）收获小麦400 kg，则需要8 kg氮，相当于17 kg尿素（纯尿素的含氮量约为46.6%）。由于氮肥在土壤中大量流失（反硝化、挥发，以及水冲洗等），当年被植物吸收的氮素还不到40%。因此每亩要施用40多千克尿素才能收获400 kg小麦。随着全球人口不断增长和对粮食的需求不断增加，人类农业生产不得不依赖大量化肥。据不完全统计，1990年全球化学氮肥的用量（折合纯氮）已由1950年的300万t直线上升到8000万t，预计2020年将达到1.6亿t。预计2030年我国人口将达到16亿，按人均粮食400 kg计算，需粮6.4亿t，要从土壤中移出1280万t氮，按40%利用率计算，应投入6700万t尿素化肥才能满足需要。而我国2000年氮肥产量只有3700多万t，必须再新建年产30万t尿素厂100座才能满足2030年对化肥的需要。这不仅要投入巨大资金（建一个年产30万t的尿素厂，至少投资10亿美元），而且消耗大量不可再生能源。

生产和施用化学氮肥不但消耗不可再生能源，增加农业生产成本，而且会造成大气和水域污染，破坏生态平衡，不利于农业的持续发展。在农业生产中如何发挥生物固氮的效能以降低化肥用量，是人类面临的严峻挑战，引起全球的普遍关注，我国是人口众多的农业大国，必须予以高度重视。

一、国际生物固氮研究现状

人类开展农业生产以来，不断积累种植豆科作物可以肥田的经验，早已采用豆科作物与禾本科粮食作物间作、套种和轮作。我国古代著作《齐民要术》中已记载了这些经验。直到19世纪后期，德国农学家H. 黑尔里格尔（H. Hellriegel）(1831—1895）和荷兰微生物学家M. W. 贝杰林克（M. W. Beijerinck）(1851—1931）才证实了与豆科植物共生并形成根瘤的细菌有固定空气中氮气的能力。其后，科学家对生物固氮资源调查和分类、固氮生理学、生物化学、遗传学、生态学、田间应用和化学模拟等方面进行了广泛的研究。

20世纪60年代初，美国杜邦化学公司从事生物固氮研究的专家莫滕森（Mortensen）等首先实现了

*本文在撰写过程中，由荆玉祥和李久蒂教授提供部分资料，并由沈善炯、朱家璧、李阜棣教授审阅和修改，特此致谢！本文为节选。

巴氏梭菌 (*Clostridium pasteuranum*) 无细胞制剂可在厌氧条件下固氮，并分离出固氮酶的两个组分，开展固氮酶学和催化机制的研究。

20 世纪 80 年代以后，由于分子生物学的发展，涉及固氮基因的表达调控和共生固氮体系中植物与根瘤菌之间分子互作的研究突飞猛进。90 年代初，人们期待已久的固氮酶及其活性中心的三维结构终于被美国加州理工学院的化学家里斯 (Rees) 等阐明。从此，生物固氮的神秘面纱逐渐被人们揭开。

二、化学模拟生物固氮已见曙光

N_2是惰性气体，其键能 (N≡N) 甚高，无论是化学合成氨还是生物固氮都要消耗大量的能量。化学合成氨是以不可再生的化石燃料为能源，在高温 (300~400℃) 和高压 (50 MPa) 下，以 Fe 作为催化剂将 N_2还原成 NH_3。而生物固氮则是以可再生的植物光合产物为能源，在常温和常压下，由固氮酶将 N_2催化成 NH_3。两者相比，生物固氮的优越性显而易见。因此，化学模拟生物固氮长期以来都是科学家所关注的重要课题。为了实现化学模拟生物固氮，首先要搞清固氮酶的结构及其催化 N_2还原成 NH_3的分子机制。自 20 世纪 60 年代初实现了无细胞制剂固氮后，固氮酶结构和功能的研究得以顺利进行，研究人员很快得知固氮酶是由两个蛋白组分组成的一个有活性的功能单位，单独一个组分不起作用，而且它们都是厌氧的，遇氧很快失活。组分 1 的分子量约为 240 kDa，由两对不同的 4 个亚单位 ($\alpha2\beta2$) 组成，因其分子中含有 Mo 和 Fe 而被称为钼铁蛋白，钼铁蛋白活性中心位于 α 亚单位内，由 MoFe7S9 原子簇和 1 分子异柠檬酸组成，称为铁钼辅因子 (FeMo-co)，是络合和还原 N_2生成 NH_3的部位。另一邻近的 Fe_8S_7原子簇位于 α 和 β 亚单位之间，负责将电子传递给 FeMo-co，用于将 N_2还原成 NH_3并释放 H_2。组分 2 的分子量约为 60 kDa，由两个相同的亚单位 (γ_2) 组成，因分子中含有 Fe，不含有 Mo，称为铁蛋白。组分 2 中含有一个 Fe_4S_4 原子簇，位于两个亚单位之间，其功能是将由代谢过程所产生的电子传递给钼铁蛋白的 Fe_8S_7原子簇，再转移给 FeMo-co。组分 2 向组分 1 每转移一个电子要消耗 2 个 ATP (高能化合物，水解时会产生大量能量)。每还原 1 分子 N_2需要消耗 8 个 H^+、8 个 e^-和 16 个 ATP，生成 2 分子 NH_3和 1 分子 H_2。其化学反应计量式如下：

$$N_2+8\ (H^++e^-)\ +16ATP \rightarrow 2NH_3^++H_2+16ADP+16Pi$$

但 N_2究竟络合在 FeMo-co 的 Mo 上还是 Fe 上，这个涉及固氮酶催化的本质问题，长期以来众说纷纭，有人认为是 Mo，有人认为是 Fe，也有人认为是 Mo 和 Fe，但都缺少直接证据。此外，对于 N_2是如何被质子和电子还原的机制也不清楚。1992 年，固氮酶晶体的 X 射线衍射成功，阐明了 FeMo-co 及其周围蛋白分子的三维结构，化学模拟生物固氮见到了曙光，正在孕育着重大突破。

三、发挥生物固氮在非豆科作物生产中的作用

自然界中能与固氮菌共生固氮的高等植物，主要限于豆科植物和种类不多的非豆科树木。其他植物，特别是主要粮食作物如水稻、小麦和玉米以及多种果树和蔬菜等，都没有与之共生的固氮微生物，因此，粮食、果树和蔬菜生产不得不依赖化肥。如何在非豆科作物生产中发挥生物固氮的作用，以降低化学氮肥用量，是生物学家所关注的问题。研究人员主要从以下几个途径开展了大量研究。

(一) 向高等植物中转移固氮基因，使植物自主固氮

20 世纪 70 年代中后期，以 DNA 重组技术为特征的生物技术兴起不久，长约 23 kb 的肺炎克氏杆菌 (*Klebsiella pneumoniae*) 的固氮基因簇即被研究。美国科学院于 1979 年曾召开过两次生物固氮基因

工程会议，专门讨论向植物中转移固氮基因的问题。当时不少美国专家认为这几乎是不可能的，主要障碍是植物体内缺少固氮酶基因表达所需要的无氧条件。近年来，英国科学家曾尝试向植物叶绿体中引入，部分固氮酶结构基因获得了表达，但由于问题复杂，距离实现植物自主固氮尚远，还需要进行大量的基础研究。然而实现植物自主固氮毕竟是一个诱人的挑战，随着科学技术的发展，也不是没有突破的可能，不应下否定的结论。

(二) 扩大根瘤菌的宿主，使非豆科植物共生固氮

20世纪80年代以来，尽管人们对豆科植物与根瘤菌的相互关系进行了分子生物学方面的大量研究，并已获得深入了解，但至今尚不能在禾本科粮食作物上实现结瘤固氮。根瘤菌的固氮基因之所以在豆科植物中能表达，是因为豆科植物在根瘤菌入侵的诱导下，能在根瘤中产生一种特殊的豆血红蛋白，为固氮基因的表达创造了有利的条件，而非豆科的粮食作物的基因组中不具备产生这种蛋白的基因。虽然采用现今的分子生物学技术，向非豆科植物中引入豆科植物的豆血红蛋白基因并不难，但豆科植物结瘤固氮是一个很复杂的过程，不但涉及根瘤菌侵入宿主和固氮的一套基因，而且涉及宿主植物与之相应答的一套结瘤基因，只有搞清它们之间的相互应答关系，才可能有的放矢地逐步实现粮食作物等结瘤固氮。此项研究是当今国际生物固氮研究的热点。

(三) 发挥与禾本科粮食作物联合固氮和内生固氮菌的作用

20世纪70年代中期，巴西学者发现在禾本科作物根际有与之联合生长的固氮微生物，它们主要生活于根表，但不形成根瘤，以根的分泌物或 (和) 植物残体的半纤维素为碳源和能源进行固氮生长，并可产生一些植物生长激素，因此受到人们的重视。但是这类固氮微生物所固定的氮量远不能满足高产作物的需要，如果要获得高产，仍需投入化学氮肥。在有化合态氮的情况下，它们却不固氮。因此，从分子遗传学上弄清铵对固氮作用调控的分子机制，进而打破铵对固氮的抑制作用，已成为近20年来联合共生固氮的研究热点。

近年来，巴西科学家又在甘蔗中发现了内生固氮菌，以甘蔗中的蔗糖为碳源和能源在植物体内生长及固氮，可为甘蔗提供60%的氮源。之后，德国科学家在卡拉草中也发现了内生固氮菌，引发了在其他禾本科作物中寻找内生固氮菌的研究。

(四) 实行粮食作物与豆科作物的合理轮作，节约化肥用量

许多国家，特别是美洲国家，都在大力发展豆科作物，增加生物氮源。FAO于1980年统计，美国大豆播种面积比1930年增加了约80倍，约占其耕地面积的30%，占全球大豆播种面积的一半。年固氮量约为760万t(当年投入土壤中的化学氮肥的氮量为965万t)。美国主要在中部牧区实行大豆和玉米轮作，大豆不施或少施化学氮肥，化肥主要用于玉米。因此科学地实施耕作制度，充分发挥豆科根瘤菌的固氮作用，在研究如何发展持续农业规划中应给予充分重视。此外，实践已证明，在新垦区种植豆科作物或牧草，接种有效根瘤菌是行之有效的措施。

但是，无论是植物自主固氮还是共生结瘤固氮和内生菌固氮，都要消耗植物的光合能量，人们担心会影响作物产量；另外，由生物固氮所提供的氮量也不可能完全满足作物高产的需要，豆科作物由生物固氮所提供的氮量也只占其总氮量的2/3，另外的1/3仍来自土壤。因此，以生物肥料代替化学肥料的论点是片面的，不应宣传提倡。现实的观点应该是充分发挥生物固氮的效能，尽量减少化肥用量，减少污染，降低农业成本，使农业得以持续发展。1997年在意大利召开的国际会议上，预期在10年内可望

通过联合固氮和内生菌固氮降低水稻、小麦和玉米化学氮肥用量的 20%。

四、生物固氮研究现状和对策

回顾我国生物固氮研究历程，获得了一系列研究成果，但也存在一些问题。20 世纪四五十年代，我国派往国外的留学生 (陈华葵、樊庆生、张宪武和胡济生等) 相继回国，他们是我国研究生物固氮的先驱，在根瘤菌接种豆科油料作物 (大豆和花生) 和豆科绿肥 (紫云英) 等研究和应用方面做了大量工作，推动了我国生物固氮研究的发展。进入 70 年代，由于中东石油禁运，氮肥价格随之大幅度上涨，世界各国都纷纷投入人力和财力开展生物固氮的研究，一时形成了全球性生物固氮研究高潮。我国也不例外，由中国科学院生物学部组织我国著名科学家，包括唐敖庆、卢嘉锡、蔡启瑞等化学家和固氮分子遗传学家沈善炯等，以及一些年轻的有关专家和农业部系统的一些专家开展固氮酶结构与功能、化学模拟、固氮基因细微结构的研究，并进一步推动了根瘤菌的应用，获得不少成果。1978 年我国第一次派代表团参加了在美国召开的第三届国际固氮会议，在大会上卢嘉锡团长作了题为《中国固氮研究现状》的报告，提出了福州和厦门两个化学模拟生物固氮模型，介绍了上海研究固氮基因细微结构的成果等，引起与会各国学者的重视，认为我国在化学模拟生物固氮和固氮分子遗传学方面的研究已达到了国际水平。

纵观国际上，从事生物固氮研究的专家超过千人，1993 年投入的研究经费已达 10 亿美元。自 1974 年以来，至今已召开了 11 次国际固氮会议。1980~1996 年已召开了 7 次非豆科植物生物固氮国际会议。此外，欧洲和北美等地区性国际生物固氮会议几乎每年都召开。很多国际组织，如联合国教科文组织 (UNESCO)、联合国粮食及农业组织 (FAO)、国际原子能机构 (IAEA)、人与生物圈计划 (MAB)、国际热带农业研究所 (IITA)，以及一些大国的专一性组织机构如美国国际开发署 (USAID)、美国夏威夷大学热带农业豆科植物固氮研究中心 (NifTAL) 和澳大利亚国际研究中心 (ACIAR) 等，都对生物固氮给予重视和关注，为生物固氮研究和应用以及人才培训等作出重要贡献。1992 年在菲律宾专门针对水稻固氮的问题，集中了近 30 名研究生物固氮的国际著名专家，举行了研讨会。会议拟订了研究计划，预期 10 年将水稻化肥用量的 20%由生物固氮所代替。1997 年罗氏基金会又组织 22 位科学家在意大利召开了题为“生物固氮：全球的挑战和未来需求”的国际研讨会，再次强调水稻、小麦和玉米等粮食作物生物固氮问题，并制定了研究行动纲领。

作为农业大国的我国应如何办？我们至盼负责我国科技的领导对关系我国国计民生的生物固氮研究课题给予重视和支持，重新立项并有效地组织有关专家齐心协力、攻克难关，为发展我国生命科学和持续农业研究作出贡献。

本文原载：科技进步与学科发展——“科学技术面向新世纪”学术年会论文集 (周光召主编)，中国科学技术出版社, 1998: 144-148.

花生根瘤菌自生固氮的研究

李季伦，吴柏和，曹增良

(北京农业大学，植物保护系，微生物学专业)

提要

1) 建立了研究根瘤菌豇豆族1003菌系 (*Rhizobium* sp.) 自生固氮作用的简便方法。除选用甘露醇-酵母汁-洋菜 (YMA) 培养基原配方外，另加5 μmol/L $Na_2MoO_4·2H_2O$和0.4 mmol/L $(NH_4)_2SO_4$加以改进。在此培养基中生长的1003菌系，其固氮酶活性约为每毫克菌体蛋白每小时形成50 nmol乙烯 (C_2H_4)。培养基中的甘露醇可用阿拉伯糖、葡萄糖和葡萄糖酸钠代替，而蔗糖不利于该菌的生长和固氮。

2) 不同菌系在不同培养基上的固氮酶活性不同。1003菌系在YMA培养基上的固氮酶活性 (13.7) 远比在CS7培养基上的固氮酶活性 (2.3) 高。但与此相反，生长在YMA培养基上的32HI菌系的固氮酶活性 (0.4) 却远比在CS7培养基上的固氮酶活性 (36.2) 低。

3) 研究发现，CO_2对固氮酶活性有重要影响。1%~3% CO_2可显著提高1003菌系和32HI菌系的固氮酶活性，分别比对照提高1.5倍和2.5倍。我们认为这可能是由于根瘤菌本身有固定CO_2的作用。供给有机碳基质是增加了可利用的碳源而无pH的改变。CO_2影响根瘤菌固氮酶活性的有关试验仍在进行中。

自贝杰林克 (Beijerinck) 在1888年从豆科植物根中分离出根瘤菌以来，人们一直认为根瘤菌只在与豆科植物共生形成根瘤时才能固定空气中的氮素，而脱离寄主植物，在纯培养条件下生长的根瘤菌是没有固氮能力的。因此，研究根瘤菌的固氮作用就必须进行植株结瘤试验，这不仅需要光照温室设备，而且费时、费工，阻碍根瘤菌研究进展。虽然有人试图研究根瘤菌自生固氮的问题，但在1975年前都未获得成功。

1975年春，澳大利亚和加拿大学者 (Child, 1975; Scowcroft and Gibson, 1975) 几乎同时发表了豇豆族根瘤菌的一个菌系32HI，当靠近 (但不接触) 植物愈伤组织生长时表现出固氮酶活性，首次显示了根瘤菌自生固氮的可能性。就在同年，国际上有5个实验室分别报道了某些慢生型根瘤菌 (包括大豆根瘤菌和花生根瘤菌) 菌系能在完全脱离植物组织的纯培养条件下表现出固氮酶活性 (Kurz and LaRue, 1975; McComb *et al.*, 1975; Pagan *et al.*, 1975; Tjepkema and Evans, 1975)，从此打破了共生根瘤菌不能自生固氮的传统概念。这在微生物界确实是一项重要成就，为研究根瘤菌的生理学和遗传学提供了简便的方法 (Keister, 1975; Bergersen *et al.*, 1976; Bergersen and Turner, 1976; Evans and Keister, 1976; Keister and Evans, 1976; Scowcroft *et al.*, 1976; Pagan *et al.*, 1977)。

在选育花生根瘤菌高效菌系的过程中，我们深感结瘤试验的不便，特别是花生的种子大，结瘤试验时间长，需要大容积的栽培器，占用温室面积多，对选种工作很不利。自1976年起，我们着手研究花生根瘤菌的自生固氮问题，试图以自生固氮酶活性作为初筛指标，选出自生固氮酶活性高的菌系后，再通过盆栽结瘤试验加以复筛。为此，需要：①建立测定根瘤菌自生固氮的简便方法，以便大规模选育菌种；②研究根瘤菌自生固氮和共生固氮之间的相关性，以便明确根瘤菌自生固氮的指标在菌种选育工作中的可靠性。本部分是①的研究总结。

一、材料和方法

(一) 菌种

Rhizobium sp.豇豆族 1003 菌系由中国农业科学院土壤肥料研究所提供（该菌系 20 世纪 40 年代自美国引入，原编号为 $3c_1a_2$）；*Rhizobium* sp.豇豆族 32HI 菌系由美国凯特林 (Kettering) 研究所 D. L. 基斯特 (D. L. Keister) 博士供给。试验用菌种均经单菌落纯化并进行结瘤试验，然后封藏在灭菌石蜡油试管斜面中（培养基为 YMA）。经转移到新鲜的试管斜面培养基上活化后作为试验菌种。

(二) 培养基

1. 甘露醇-酵母汁-洋菜 (YMA) 培养基

成分：甘露醇 1%，$K_2HPO_4·3H_2O$ 0.05%，$MgSO_4·7H_2O$ 0.02%，NaCl 0.02%，$CaCO_3$ 0.5%，酵母汁 (1∶10) 10%，洋菜 2%。

2. CS7 培养基

成分：阿拉伯糖 25 mmol/L，琥珀酸钠 25 mmol/L，谷氨酰胺 2 mmol/L，肌醇 5.6 mmol/L，KH_2PO_4 2.2 mmol/L，KCl 0.9 mmol/L，$CaCl_2·2H_2O$ 0.7 mmol/L，$MgSO_4·7H_2O$ 0.14 mmol/L，$MnSO_4·4H_2O$ 58 μmol/L，H_3BO_3 82 μmol/L，$FeSO_4·7H_2O$ 54 μmol/L，Na_2-EDTA 54 μmol/L，$ZnSO_4·7H_2O$ 3.5 μmol/L，KI 6 μmol/L，$CuSO_4·5H_2O$ 0.8 μmol/L，$Na_2MoO_4·2H_2O$ 0.4 μmol/L，$CoCl_2·6H_2O$ 0.4 μmol/L，硫胺素-HCl 15 μmol/L，烟酸 41 μmol/L，吡哆素-HCl 2.4 μmol/L，洋菜 1%；pH 5.9。

培养基定量：将 8 ml 培养基分装在定容 (18 mm×180 mm，38 ml) 试管内，加棉塞，于 10 lb* 30 min 高压灭菌后，摆成斜面，要求斜面长度一致 (7 cm)。

(三) 接种和培养条件

菌种在 YMA 培养基上于 27℃培养一周后，以无菌生理盐水洗下，摇匀，制成菌悬液，要求光密度吸光值 A_{680} 为 0.5（比色杯光径 1 cm）。以菌悬液定量均匀接种在试管斜面培养基上（以直径 2 mm 的接种环沾菌悬液接种，每支试管斜面上接种两环，均匀涂布）。培养温度为 27℃，其他条件因试验要求不同而异。每种处理至少有 5 个重复。

(四) 固氮酶活性测定

固氮酶活性测定采用乙炔还原法。上海仪器厂 100 型气相色谱仪氢火焰检测器，2 m GDX-502 柱，柱温 50℃。采用峰高比法计算乙烯生成量，参照上海植物生理研究所固氮研究室 (1974) 的文献。

菌体蛋白含量采用改良的劳里 (Lowry) 法 (Schacterle and Pollack, 1973)。菌体以 20 ml 无菌生理盐水洗下，振荡分散均匀，取 5 ml 菌液，4000 r/min 离心 20 min，弃上清液，再用生理盐水反复洗涤两次。

*1 lb=0.453 592 kg。

在菌沉淀中加入 0.5 mol/L NaOH 5 ml，摇匀后，于 100℃沸水浴中水解 10 min，冷却后取水解液 1 ml，加入 1 ml 碱性铜试剂 (在 0.5 mol/L NaOH 溶液中，含有 10% Na_2CO_3、0.1%酒石酸钾和 0.05% $CuSO_4$，溶解后，过滤，装入棕色瓶中，常温下保存) 摇匀，静止 10 min，加入 4 ml 福林酚(Folin-Ciocalteu) (0.1 mol/L)，迅速用力摇匀，置 55℃水浴中保温 5 min，立即冷却，用 721 型分光光度计于 650 nm 波长下测定光密度。以牛血清蛋白 (50~300 μg) 作标准曲线。测出样品蛋白浓度，乘以 20，即为该试管中的菌体蛋白量。

固氮酶活性以每毫克 (mg) 菌体蛋白每小时 (h) 形成的乙烯 (C_2H_4) 纳摩尔数 (nmol)，即比活性来表示，简写为 nmol C_2H_4/(mg 蛋白·h)。

二、结果与讨论

(一) 1003 菌系在 YMA 培养基上的固氮酶活性

试验开始时，我们曾采用 CS7 培养基培养 1003 菌系，发现其固氮酶活性很低；改用 YMA 培养基后，其固氮酶活性显著提高，后者为前者的 3.5 倍 (表 1)。

表 1　1003 菌系分别在 YMA 和 CS7 培养基上的固氮酶活性

培养基	细胞密度 (A_{680})	相对比活性/[nmol C_2H_4/(A_{680}·h)]
YMA	0.90	13.7
CS7	0.46	3.9

注：接种后，于 27℃培养 8 天，换加反口胶塞，并注入 10% C_2H_2，再继续培养 10 天，测定菌体密度，固氮酶相对比活性以 A_{680} 为底进行计算

在 YMA 培养基上，1003 菌系固氮酶活性可维持 10 天以上 (图 1)，其最终比活性可达 13.5 nmol C_2H_4/(mg 蛋白·h)。

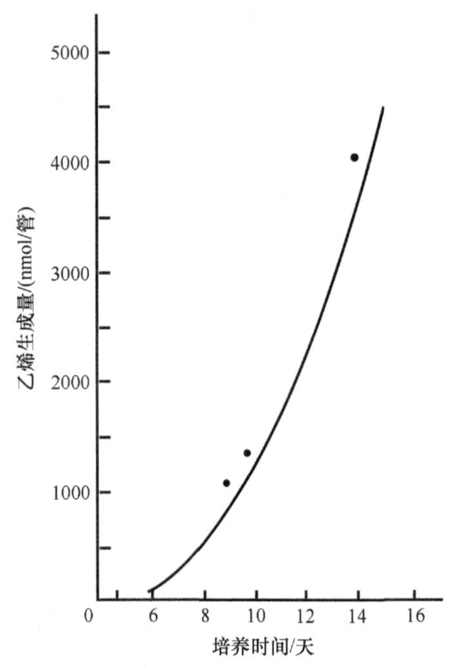

图 1　1003 菌系在 YMA 培养基上的固氮酶活性历程

(二) 微量 Mo 和 NH_4^+对固氮酶活性的影响

考虑到固氮酶含有 Mo，在 YMA 培养基中加入微量的 Mo (5 mmol/L $Na_2MoO_4·2H_2O$) 可明显提高 1003 菌系的固氮酶活性，其固氮酶比活性达 24.3 nmol C_2H_4/(mg 蛋白·h) (表 2)。

表 2　Mo 对 1003 菌系固氮酶活性的影响

培养基	菌体蛋白/mg	比活性/[nmol C_2H_4/(mg 蛋白·h)]
YMA	1.48	13.5
YMA+Mo	1.60	24.3

注：接种后即加胶塞并注入 10% C_2H_2，27℃培养 15 天后分析固氮酶比活性。C_2H_4 于第 5 天开始出现

在 YMA + Mo 培养基中再加入微量的 NH_4^+[0.4 mmol/L $(NH_4)_2SO_4$]可进一步提高固氮酶活性，其比活性可达 50.3 nmol C_2H_4/(mg 蛋白·h) (表 3)。

表 3　NH_4^+对 1003 菌系固氮酶活性的影响

培养基	菌体蛋白/mg	比活性/[nmol C_2H_4/(mg 蛋白·h)]
YMA + Mo	0.89	24.1
YMA+Mo+NH_4^+	1.24	50.3

注：接种后即加胶塞并注入 C_2H_2，27℃培养 11 天后分析比活性

(三) 不同碳源对 1003 菌系固氮酶活性的影响

YMA 培养基中的甘露醇可用葡萄糖、阿拉伯糖或葡萄糖酸钠代替，不影响 1003 菌系固氮酶活性。但蔗糖不利于该菌的生长和固氮，在蔗糖培养基上生长的 1003 菌系甚至不表现出固氮酶活性 (表 4)。

表 4　不同碳源对 1003 菌系生长和固氮的影响

碳源 (1%)	菌体蛋白/mg	比活性/[nmol C_2H_4/(mg 蛋白·h)]
甘露醇	0.89	24.1
阿拉伯糖	1.36	24.9
葡萄糖	0.95	22.4
葡萄糖酸钠	1.05	23.1
蔗糖	0.36	0

注：除碳源不同外，其他成分均和 YMA+Mo 培养基相同；接种后即加胶塞并注入 C_2H_2，27℃培养 11 天后分析比活性

(四) 不同菌系在不同培养基上固氮酶活性的差异

国外报道 32HI 菌系在 YMA 培养基上不表现出固氮酶活性。我们的试验发现 1003 菌系在 YMA 培养基上表现出比较高的固氮酶活性 (表 1)。我们进一步将 1003 菌系和 32HI 菌系分别接种在 YMA 和 CS7 培养基上进行了对比试验。结果发现，这两个菌系在不同培养基上所表现的固氮酶活性是不同的 (表 5)。在 YMA 培养基上，1003 菌系的固氮酶比活性[13.7 nmol C_2H_4/(mg 蛋白·h)]远比 32HI 菌系的固氮酶比活性[0.4 nmol C_2H_4/(mg 蛋白·h)]高。但在 CS7 培养基上，则恰好相反，32HI 菌系的固氮酶比活性[36.2 nmol C_2H_4/(mg 蛋白·h)]远比 1003 菌系的固氮酶比活性[2.3 nmol C_2H_4/(mg 蛋白·h)]高。根据我们对盆栽结瘤和田间试验的观察，这两个菌系结瘤固氮能力都较强 (未发表资料)。因此，单用 YMA 或单用 CS7 作为以固氮酶活性为指标的初筛培养基，势必要造成漏筛。要想获得自生固氮酶活性和共

生固氮酶活性相一致的结果，还必须选用适宜的培养基，这种培养基的组成似乎应尽量和寄主植物所提供的有效营养物质一致。目前我们正采用花生苗浸提液试作培养基，研究不同菌系在这种培养基上的固氮酶活性，并结合盆栽结瘤试验测定根瘤的固氮酶活性，比较自生固氮酶活性与共生固氮酶活性之间的相关性。如果自生固氮酶活性与共生固氮酶活性正相关，则自生固氮的研究方法就可以作为选育高效菌系的初筛手段，此项工作正在进行中。

表 5　1003 菌系和 32HI 菌系分别在 YMA 和 CS7 培养基上的固氮酶活性

菌系	培养基	菌体蛋白/mg	比活性/[nmol C_2H_4/(mg 蛋白·h)]
1003	YMA	0.85	13.7
	CS7	0.75	2.3
32HI	YMA	0.88	0.4
	CS7	0.63	36.2

注：接种后即加胶塞培养 7 天，之后注入 C_2H_2，继续培养 14 天后，测定固氮酶比活性

(五) CO_2 对固氮酶活性的影响

从表 6 中可以看出：试管斜面经接种并在棉塞试管中培养 8 天 (通气培养) 后，换加胶塞并注入 C_2H_2 (I)，其固氮酶比活性[5.9 nmol C_2H_4/(mg 蛋白·h)]不如一开始就加胶塞培养 8 天 (密闭培养) 后，再注入 C_2H_2 (II) 的固氮酶比活性[10.6 nmol C_2H_4/(mg 蛋白·h)]高。密闭培养 8 天后，将试管中残留气体抽空，再注入混合气体 (20% O_2，10% C_2H_2 和 70% Ar) (III)，其固氮酶比活性[12.2 nmol C_2H_4/(mg 蛋白·h)]并不比不抽空换气 (II) 固氮酶比活性[10.6 nmol C_2H_4/(mg 蛋白·h)]高多少。因此，可以不必采用抽空换气操作。而在接种后即加胶塞并同时注入 C_2H_2 (IV) 与抽空换气 (III) 和不换气 (II) 相比，其固氮酶比活性[13.7 nmol C_2H_4/(mg 蛋白·h)]略高，并可缩短试验时间 8 天，可作为常规试验方法。

表 6　不同气体条件对 1003 菌系固氮酶活性的影响

培养条件	菌体蛋白/mg	比活性/[nmol C_2H_4/(mg 蛋白·h)]
I. 接种后，加棉塞培养 8 天 (通气培养) 后，换胶塞，注入 10% C_2H_2，再培养 10 天	2.78	5.9
II. 接种后即加胶塞，培养 8 天 (密闭培养) 后，注入 C_2H_2，再培养 10 天	2.20	10.6
III. 接种后即加胶塞，培养 8 天后，抽空换气 (20% O_2，10% C_2H_2，70% Ar)，再培养 10 天	2.18	12.2
IV. 接种后即加胶塞，同时注入 C_2H_2，培养 10 天	1.46	13.7

注：培养基为 YMA，培养温度 27℃

从表 6 中也可以看出，凡是接种后即加胶塞 (密闭) 培养 (II、III、IV) 都比接种后加棉塞 (通气) 培养 (I) 固氮酶活性高。说明固氮酶活性不仅受 O_2 量的影响，也可能受 CO_2 浓度的影响。因为在通气培养条件下，试管内外的气体有所交换，基本上处于动态平衡。但在密闭培养的情况下，由于菌的呼吸作用，O_2 逐渐被消耗，而 CO_2 积累，造成一个低 O_2 高 CO_2 的环境，这或许正是有利于固氮酶形成和作用的条件。

为了证明 CO_2 对固氮酶活性的影响，在菌生长后，采用抽空残留气体再换入含不同浓度的 CO_2 混合气体的方法，研究不同浓度 CO_2 对固氮酶活性的影响，发现高浓度 (1%~3%) CO_2 对 1003 菌系和 32HI 菌系的固氮酶活性确有促进作用 (表 7，表 8)。

表 7 CO_2 对 1003 菌系固氮酶活性的影响

CO_2 浓度/%	菌体蛋白/mg	比活性/[nmol C_2H_4/(mg 蛋白·h)]
0	1.51	12.9
0.03	1.38	15.4
1	1.25	23.0
3	1.33	22.7
3% CO_2+30% O_2	1.67	10.8

注：YMA+Mo 培养基。接种后即加胶塞培养 5 天，之后抽空，分别注入混合气体，继续培养 6 天后进行分析测定

混合气体 CO_2、O_2、N_2、C_2H_2 配方如下。

CO_2 浓度/%	CO_2/%	O_2/%	N_2/%	C_2H_2/%
0	0	20	73	7
0.03	—	93%空气	—	7
1	1	20	72	7
3	3	20	70	7
3% CO_2+30% O_2	3	30	60	7

表 8 CO_2 对 32HI 菌系固氮酶活性的影响

CO_2 浓度/%	菌体蛋白/mg	比活性/[nmol C_2H_4/(mg 蛋白·h)]
0	0.91	9.9
0.03	0.94	16.3
0.5	0.85	21.2
1	0.84	25.1
3	0.95	29.1

注：CS7 培养基。接种后即加胶塞培养 7 天，之后抽空，分别注入含不同浓度 CO_2 的混合气体，再培养 14 天

早在 1940 年，Wilson 曾报道增加 CO_2 浓度可促进苜蓿的结瘤固氮，并认为这是由于 CO_2 提高了植株的光合作用。Mulder 和 Van Veen (1960) 也发现，以含 4% CO_2 的空气通入豆科植物略呈酸性的水培液中，可促进结瘤和固氮，而通入中性水溶液中则没有效果，他们认为 CO_2 被植物固定成有机酸，有利于同化氨从而形成氨基酸。Bergersen (1971) 用离体的大豆根瘤进行试验，也证实了 CO_2 可以促进根瘤的固氮作用。Hardy 和 Havelka (1976) 进一步进行田间试验指出，在大豆行间不断通入 800~1200 ppm* CO_2 显著提高大豆的固氮作用，比对照高 5 倍，他们也归结为高浓度 CO_2 提高植株光合效率，为根瘤固氮提供更多的有效能源。Lowe 和 Evans (1962) 发现，CO_2 对纯培养的根瘤菌的生长是必需的。Keister 和 Evans (1976) 证明在纯培养条件下，CO_2 对根瘤菌自身的固氮酶活性有明显促进作用，但他们认为是由于降低了培养基的 pH，因而提高了固氮酶活性，但我们采用的 YMA 培养基中含有 0.5% $CaCO_3$，缓冲性能强，增加 CO_2 并未发现有 pH 的改变，因此我们认为根瘤菌本身可能具有固定 CO_2 的作用，增加可利用的碳素而促进了固氮作用。为此我们正着手采用 $^{14}CO_2$ 标记和放射自显影的方法进行追踪，进一步探明 CO_2 促进固氮的作用实质。

*ppm，浓度单位。1 ppm=1×10^{-6}。

参考文献

上海植物生理研究所固氮研究室. 1974. 固氮研究中乙炔还原定量测定方法的简易化. 植物学报, 16(4): 382-384.

Bergersen F J. 1971. Biochemistry of symbiotic nitrogen fixation in legumes. Ann Rev Plant Physiol, 22: 121-140.

Bergersen F J, Turner G L. 1976. The role of O_2-limitation in control of nitrogenase in continuous cultures of *Rhizobium* sp. Biochem Biophys Res Commun, 73(2): 524-531.

Bergersen F J, Turner G L, Gibson A H, *et al.* 1976. Nitrogenase activity and respiration of cultures of *Rhizobium* spp. with special reference to concentrations of dissolved oxygen. Biochim Biophys Acta, 444(1): 164-174.

Child J J. 1975. Nitrogen fixation by a *Rhizobium* sp. in association with non-leguminous plant cell cultures. Nature, 253: 350-351.

Evans W R, Keister D L. 1976. Reduction of acetylene by stationary cultures of free-living *Rhizobium* sp. under atmospheric oxygen levels. Can J Microbiol, 22(7): 949-952.

Hardy R W F, Havelka U D. 1976. Photosynthate,a major factor limiting nitrogen fixation by field-grown legumes with emphasis on soybeans. *In*: Nutman P S. Symbiotic Nitrogen Fixation in Plants. Cambridge: Cambridge University Press: 421-439.

Keister D L. 1975. Acetylene reduction by pure cultures of rhizobia. J Bacteriol, 123(3): 1265-1268.

Keister D L, Evans W R. 1976. Oxygen requirement for acetylene reduction by pure cultures of rhizobia. J Bacteriol, 127(1): 149-153.

Kurz W G W, LaRue T A. 1975. Nitrogenase activity in rhizobia in absence of plant host. Nature, 256: 407-409.

Lowe R H, Evans H J. 1962. Carbon dioxide requirement for growth of legume nodule bacteria. Soil Science, 94(6): 351-356.

McComb J A, Elliott J, Dilworth M J. 1975. Acetylene reduction by *Rhizobium* in pure culture. Nature, 256: 409-410.

Mulder E G, Van Veen W L. 1960. The influence of carbon dioxide on symbiotic nitrogen fixation. Plant Soil, 13: 265-278.

Pagan J D, Child J J, Scowcroft W R, *et al.* 1975. Nitrogen fixation by *Rhizobium* cultured on a defined medium. Nature, 256: 406-407.

Pagan J D, Scowcroft W R, Dudman W F, *et al.* 1977. Nitrogen fixation in nitrate reductase-deficient mutants of cultured rhizobia. J Bacteriol, 129(2): 718-723.

Schacterle G R, Pollack R L. 1973. A simplified method for the quantitative assay of small amounts of protein in biologic material. Anal Biochem, 51(2): 654-655.

Scowcroft W R, Gibson A H. 1975. Nitrogen fixation by *Rhizobium* associated with tobacco and cowpea cell cultures. Nature, 253: 351-352.

Scowcroft W R, Gibson A H, Pagan J D. 1976. Nitrogen fixation in cultured cowpea rhizobia: inhibition and regulation of nitrogenase activity. Biochem Biophys Res Commun, 73(2): 516-523.

Tjepkema J, Evans H J. 1975. Nitrogen fixation by free-living *Rhizobium* in a defined liquid medium. Biochem Biophys Res Commun, 65(2): 625-628.

Wilson P W. 1940. The biochemistry of symbiotic nitrogen fixation. *In*. Percy W. Asymbiotic Nitrogen Fixation. Madison: University of Wisconsin Press: 114-141.

本文原载：北京农业大学学报, 1980, (2): 1-9.

耐盐高效大豆根瘤菌株的构建*

杨苏声，李季伦

(北京农业大学，微生物专业，北京)

摘要

快生型大豆根瘤菌 RT19 是一株耐盐而固氮能力差的菌株，在含有 0.3 mol/L NaCl 的 YM[酵母粉(膏)-甘露醇]培养液中生长良好，代时为 3.5 h，甚至在 0.6 mol/L NaCl 条件下仍可生长。慢生型大豆根瘤菌 USDA110 对盐敏感，在含有 0.1 mol/L NaCl 的 YM 培养液中不生长，但结瘤固氮能力强。

本实验以 RT19 的 DNA 转化 USDA110 细胞，在以 0.3 mol/L NaCl 为选择标记的 YMA 培养基上，挑取 322 个耐盐和生长快的菌落，将其中 101 个菌落纯化，并回接到大豆‘112-2-4’，得到两株耐盐、生长快而且固氮酶活性强的转化子 RTt19 和 RTt50。供体菌 RT19 和转化子 RTt19、RTt50 在 0.4 mol/L NaCl 培养基中生长时，细胞内积累大量谷氨酸，而且丙氨酸和缬氨酸有不同程度的增长。RTt19 和 RTt50 经过 20 代的转管移植，其性状保持不变。

关键词

DNA 转化，耐盐性，大豆根瘤菌。

我国土壤中广泛存在着快生型大豆根瘤菌 (Keyser *et al.*, 1982; 徐玲玫等, 1983; 王书锦等, 1985; Dowdle and Bohlool, 1985)，其特点是生长快、耐盐、可在 0.3~0.4 mol/L NaCl 条件下生长，除少数外，一般结瘤固氮效率低 (Yelton *et al.*, 1983; 徐玲玫等, 1984)。慢生型大豆根瘤菌却相反，它们对盐敏感，在 0.1 mol/L NaCl 条件下受到抑制，然而结瘤固氮效率比快生型大豆根瘤菌高 (Yelton *et al.*, 1983)。据报道，高浓度的 NaCl 会降低豆科植物接种剂中根瘤菌的数目 (Steinborn and Roughley, 1974)。所以，根瘤菌的耐盐性与它们在土壤中的存活能力以及它们与土著根瘤的竞争性有关。

Balassa (1954) 首次用异源 DNA 在根瘤菌中进行遗传转化，随后陆续报道了三叶草根瘤菌、花生根瘤菌、苜蓿根瘤菌、羽扇豆根瘤菌和大豆根瘤菌等的种内、种间 DNA 转化 (Balassa, 1963; Zelazna, 1964; Raina and Modi, 1971; Zelazna and Lorkiewicz, 1971)。在这些实验中，研究了根瘤菌 DNA 转化的条件和感受态等因素，并以抗生素及营养缺陷型作为选择标记，证明 DNA 转化能够提高根瘤菌的有效性和扩大寄主专一性 (Balassa, 1963)。

为了提高大豆根瘤菌的耐盐性和共生效应，我们采用 DNA 转化方法，将耐盐特性从快生型菌株转移至慢生型菌株中，构建成耐盐高效的大豆根瘤菌株，这对于在大豆栽培生产中应用接种技术高效固氮

*秦海瑛及崔拓同志参加部分试验工作，特致谢。

有重要意义。

一、材料和方法

(一) 菌株

快生型大豆根瘤菌 RT19 分离自天津盐碱地；慢生型大豆根瘤菌 USDA110 引自美国加利福尼亚大学戴维斯分校瓦伦汀 (Valentine) 实验室，分别作为转化供体菌和受体菌。

(二) 培养基

1) YMA 培养基和 YM 培养液，参见文后文献 (Vincent, 1974)。

2) TY 培养液的成分如下：胰蛋白胨 5 g/L，酵母粉 3 g/L，$CaCl_2·2H_2O$ 0.5 g/L。

3) 感受态培养基 (Raina and Modi, 1971)、水培营养液和基本培养基分别参照文后文献 (Raina and Modi, 1971; 周平贞等, 1979; 杨苏声和李季伦, 1988)。

(三) DNA 的提取及转化

将供体菌转入 TY 培养液，28℃振荡培养，在对数生长后期收集细胞，参照 Saito 和 Miura (1963) 的方法提取 DNA。将受体菌 USDA110 接种在 YM 培养液中，28℃振荡培养 3 天后，转入感受态培养液，使其起始的 OD_{600} 值为 0.1，28℃振荡培养至对数生长后期，将菌液取出 1 ml，稀释成 10^{-5}、10^{-6} 和 10^{-7}，进行平皿菌落计数，其余的菌液置冰箱 (4℃) 过夜。次日取 0.5 ml 受体菌液放入小试管，加感受态培养液 0.4 ml，然后加供体菌 RT19 的 DNA 溶液，使其 DNA 最终浓度为 20 μg/ml，在 28℃振荡培养 24 h，进行转化。

本实验以 0.3 mol/L NaCl 作为转化的选择标记。将经过转化处理的菌液和不加 DNA 的受体菌 USDA110 菌液各取 0.1 ml，取供体菌的 DNA 50 μl，分别涂在含有 0.3 mol/L NaCl 的 YMA 培养基平板上，28℃培养。

(四) 代时和耐盐性的测定

参考杨苏声和李季伦 (1988) 的文献。

(五) 结瘤试验

采用水培法，参考 Saito 和 Miura (1963) 的文献。

(六) 细胞内游离氨基酸含量的测定

参考 Yap 和 Lim (1983) 的文献。

二、结果

(一) 供体菌和受体菌的选择

测定供体菌 RT19 和受体菌 USDA110 的代时、耐盐性和结瘤固氮能力，结果表明它们有显著的差别。RT19 为轻度嗜盐细菌，在不加盐的 YM 培养液中生长缓慢，代时为 15.2 h，但在含有 0.1 mol/L 和 0.3 mol/L NaCl 的 YM 培养液中则生长迅速，代时分别为 3.0 h 和 3.5 h，而且可耐 0.6 mol/L NaCl。USDA110 在 0.1 mol/L NaCl 条件下受到抑制（表 1）。

表 1　RT19 和 USDA110 的代时及耐盐性

耐盐性/(mol/L NaCl)	代时/h	
	RT19	USDA110
0.0	15.2	9.6
0.1	3.0	—
0.3	3.5	
0.6	11.0	
0.8	—	

注：“—”表示不耐盐

USDA110 虽然对盐敏感，但其结瘤和固氮能力都比 RT19 强。RT19 和 USDA110 的主要特征有很大的不同（表 2），所以它们是 DNA 转化中一对理想的供体菌和受体菌。

表 2　RT19 和 USDA110 的主要特征

特征	RT19	USDA110
代时/h	3.5 (0.3 mol/L NaCl)	9.6 (0.0 mol/L NaCl)
耐盐性/(mol/L NaCl)	0.6	0.05
固氮酶活性/[nmol C_2H_4/(mg 根瘤·h)]	21.4	55.9
显瘤时间/天	10.0	7.0
结瘤状况	主根瘤少	主根瘤多

（二）转化子的获得

从 RT19 中提取 DNA，测得其浓度为 104.5 μg/ml，并测得 OD_{260} 和 OD_{280} 之比为 1.9，表明所提取的 DNA 较纯。将 RT19 的 DNA (20 μg/ml) 转化 USDA110，然后把转化菌液涂在含有 0.3 mol/L NaCl 的 YMA 培养基平板上，并将供体菌 DNA 和受体菌分别涂在同样的平板上作为对照。3 天后检查，两组对照皿未出现菌落，但在每个转化皿上平均出现 279 个菌落。另外，在 USDA110 稀释计数的不含盐 YMA 平板上，10^{-6} 皿上平均出现 13 个菌落，表明每毫升 USDA110 菌液含有 1.3×10^{8} 个细菌。所以，转化频率为 2.15×10^{-5}。

（三）转化子的结瘤试验

为了确证转化子的结瘤和固氮能力，研究挑选 101 个菌落纯化转管，并回接到大豆‘112-2-4’，得到两株耐盐、生长快和固氮酶活性强的转化子 RTt19 和 RTt50，主根瘤居多，类似于 USDA110 的结瘤状况。从所结的根瘤中分离这两个菌株，再回接到大豆植株，其结瘤固氮效能不变，结果如表 3 所示。其余的 99 株转化子在回接大豆植株后，其中 33 株不形成根瘤，66 株可形成根瘤而且主根瘤居多，但不固氮。

表 3　RTt19 和 RTt50 的结瘤试验

菌株	固氮酶活性/[nmol C_2H_4/(mg 根瘤·h)]
RT19	21.3
USDA110	44.8
RTt19	39.5
RTt50	31.5

(四) 转化子的代时和耐盐性测定

如表 4 所示，RTt19 和 RTt50 都是耐盐的快生型菌株；这两株转化子在不含 NaCl 的 YM 培养液中生长比供体菌 RT19 迅速；RTt50 在 0.3 mol/L NaCl 中的生长速率与供体菌类似，在 0.6 mol/L NaCl 中也能生长；RTt19 的生长速率比供体菌快得多，并可耐受 0.8 mol/L NaCl，比供体菌的耐盐性高。

表 4　RTt19 和 RTt50 的代时及耐盐性

耐盐性/(mol/L NaCl)	代时/h	
	RTt19	RTt50
0.0	1.3	2.0
0.3	1.5	3.8
0.6	3.2	10.8
0.8	4.5	—

将其他 66 株转化子从根瘤中重新分离和纯化，测定其代时和耐盐性，发现在这些转化子中，除 1 株 (RTt96) 仍保留耐盐 (0.3 mol/L NaCl) 和快速生长的特性外，其他菌株在 0.3 mol/L NaCl 条件下都不生长，而且在不加盐的 YMA 培养基上生长缓慢，与受体菌 USDA110 相似。

(五) 转化子的稳定性分析

转化子 RTt19 和 RTt50 经过连续在 YMA 培养基斜面转 20 代其生长率、耐盐性保持不变。

将转化子 RTt19 和 RTt50 的第 1 代、第 20 代分别回接大豆‘112-2-4’，测定其总固氮酶活性、植株干重和全氮量，并利用方差分析结果，表明第 20 代和第 1 代的固氮效率没有变化。从表 5 中可以看出，RTt19 的植株干重和全氮量与受体菌 USDA110 相似，但显著高于供体菌 RT19；RTt50 的植株干重和全氮量与 RT19 类似。总固氮酶活性的测定结果表明，RTt19 和 USDA110 相似，RTt50 次之，都比 RT19 高。方差分析表明各菌株间无显著差异。

表 5　RTt19 和 RTt50 (第 1 代、第 20 代) 的结瘤试验

菌株	瘤数/个	瘤重/mg	总固氮酶活性/(nmol C_2H_4/h)	菌株	植物干重/g	5%显著水平	菌株	植物全氮量/mg	5%显著水平
USDA110	38	616.7	10 300	RTt19 (1 代)	1.88	a	RTt19 (1 代)	53.69	A
RTt19 (1 代)	36	485.0	10 800	USDA110	1.64	a	USDA 110	51.82	A
RTt19 (20 代)	29	366.7	9 250	RTt19 (20 代)	1.6	a	RTt19 (20 代)	47.18	Ab
RTt50 (1 代)	29	278.3	5 620	RTt50 (1 代)	0.92	b	RTt50 (1 代)	21.13	B
RTt50 (20 代)	25	261.3	4 580	RTt19	0.86	b	RTt50 (20 代)	13.85	B
RT19	17	213.3	0	RTt50 (20 代)	0.83	b	RT19	11.22	b
不接菌对照	0	0	0	不接菌对照	0.79	—	不接菌对照	6.48	—

(六) 细胞内游离氨基酸含量分析

RTt19、RTt50 和 RT19 生长在含有 0.4 mol/L NaCl 的基本培养液中，细胞内的游离氨基酸大量积累，尤其是谷氨酸特别明显 (表 6)。RT19 在无 NaCl 的条件下，其游离谷氨酸含量为 10.67 nmol/mg 蛋白，占游离氨基酸总量的 23.5%；在 0.4 mol/L NaCl 条件下，游离谷氨酸急剧上升为 163.38 nmol/mg 蛋白，占总量的 72.1%。RTt19 在无 NaCl 时，游离谷氨酸含量为 2.97 nmol/mg 蛋白，占总量的 10.4%；在 0.4 mol/L NaCl 浓度下高达 27.73 nmol/mg 蛋白，占总量的 45.2%。RTt50 在无 NaCl 时，游离谷氨酸含量为 17.69 nmol/mg 蛋白，占总量的 34.1%；在 0.4 mol/L NaCl 浓度下则为 86.88 nmol/mg 蛋白，占总量的 59.9%。在高盐浓度下，细胞内除了游离谷氨酸水平显著提高外，丙氨酸和缬氨酸也有所增长。

表 6　NaCl 浓度对 RT19、RTt19 和 RTt50 菌株细胞内游离氨基酸组成的影响

氨基酸	氨基酸含量/(nmol/mg 蛋白)					
	RT19		RTt19		RTt50	
	0.0 mol/L NaCl	0.4 mol/L NaCl	0.0 mol/L NaCl	0.4 mol/L NaCl	0.0 mol/L NaCl	0.4 mol/L NaCl
天冬氨酸	UD	2.14	UD	1.43	0.86	UD
苏氨酸	UD	8.40	—	—	0.83	5.27
丝氨酸	0.98	1.72	1.41	UD	1.56	3.09
谷氨酸	10.67	163.38	2.97	27.73	17.69	86.88
甘氨酸	4.19	5.86	4.15	3.11	4.57	4.98
丙氨酸	20.29	23.55	6.15	13.72	18.53	30.04
半胱氨酸	2.23	5.01	1.92	0.97	1.63	1.52
缬氨酸	3.90	11.02	2.56	11.55	2.55	8.75
甲硫氨酸	—	—	1.48	UD	—	—
亮氨酸	—	—	1.11	UD	0.67	UD
酪氨酸	1.50	3.11	1.23	0.81	1.68	2.37
赖氨酸	1.65	2.51	5.58	2.06	1.31	2.23
游离氨基酸总含量	45.41	226.70	28.56	61.38	51.88	145.13
谷氨酸所占比例	23.5%	72.1%	10.4%	45.2%	34.1%	59.9%

注：UD 表示未检测

三、讨论

本实验首次将与耐盐有关的性状从 RT19 转移至 USDA110，得到耐盐、生长快、共生效能高的转化子 RTt19 和 RTt50。在这两个转化子中，RTt19 获得了优良的性状，生长速度比供体菌 RT19 快得多，耐盐性也比 RT19 高。其第 1 代和第 20 代植株干重和全氮量的方差分析指出，RTt19 和 USDA110 处于相似的水平，具有较高的固氮效率。因此，RTt19 是一株具有应用前景的耐盐高效大豆根瘤菌，有待进一步进行田间试验。有趣的是，DNA 转化可以产生一批结瘤而不固氮的转化子。这些转化子除一株具有耐盐和生长快的特性外，其他 65 株都不耐盐和生长缓慢，说明 DNA 转化也是引起大豆根瘤菌变异的一种有效方法。

据报道，DNA 转化可在大豆根瘤菌和维涅兰德固氮菌之间进行 (Maier *et al*., 1978)。从当前根瘤菌的分类体系来看 (Jordan, 1984; Scholla and Elkan, 1984)，本实验使用的供体菌 *Rhizobium fredii* RT19 和受体菌 *Bradyrhizobium japonicum* USDA110 之间的转化是属间转化。

耐盐的根瘤菌在一定浓度的 NaCl 条件下，细胞内积累大量的谷氨酸，以补偿体外所造成的盐压(Yap and Lim, 1983)。研究测定转化子 RTt19 和 RTt50 在 0.4 mol/L NaCl 条件下细胞内氨基酸含量的变化，发现其游离谷氨酸含量急剧提高，证明转化子已获得供体菌的耐盐性状，也说明根瘤菌的耐盐性与谷氨酸含量的增加有密切关系，是渗透调节现象。耐盐高效大豆根瘤菌的构建证明，DNA 转化是改造大豆根瘤菌的一种有效手段。转化子具有生长速度快、抗逆性强和结瘤固氮能力高的特点，这将有利于菌剂的工业化生产，有利于它在盐碱地的生存和结瘤竞争性，以及大豆共生体系的建立。

参 考 文 献

王书锦, 薛德林, 张红缨, 等. 1985. 中国东北地区不同土壤类型中快生型大豆根瘤菌的生态分布与回接鉴定. 生态学杂志, (5): 51-52.

徐玲玫, 樊惠, 葛诚. 1984. 快生型大豆根瘤菌的理化特性和共生效应. 大豆科学, 3(2): 101-109.

徐玲玫, 樊蕙, 吴玉兰, 等. 1983. 野生大豆根瘤菌分离初报. 土壤肥料, (2): 7-8.

杨苏声, 李季伦. 1988. 快生型大豆根瘤菌的耐盐机制和结瘤性状. 北京农业大学学报, 14(2): 143-148.

周平贞, 邓金兰, 张学江, 等. 1979. 豆科植物结瘤试验: 水培法介绍. 中国油料, 2: 60-62.

Vincent M J. 1974. 根瘤菌实用研究手册. 上海植物生理研究所固氮室, 译. 上海: 上海人民出版社.

Balassa G. 1963. Genetic transformation of *Rhizobium*: a review of the work of *R. balassa*. Bacteriol Rev, 27(2): 228-241.

Balassa R. 1954. Transformation mechanisms of rhizobia. I-III. Acta Microbiol Acad Sci Hung, 2(1-2): 51-78. (Article in German)

Dowdle S F, Bohlool B B. 1985. Predominance of fast-growing *Rhizobium japonicum* in a soybean field in the People's Republic of China. Appl Environ Microbiol, 50(5): 1171-1176.

Jordan D C. 1984. Genus I. *Rhizobium*, Genus II. *Bradyrhizobium*. *In*: Krieg N R, Holt J G. Bergey's Manual of Systematic Bacteriology, Vol. 1. Baltimore: Williams and Wilkins: 235-244.

Keyser H H, Bohlool B B, Hu T, *et al.* 1982. Fast-growing rhizobia isolated from root nodules of soybean. Science, 215(4540): 1631-1632.

Maier R J, Bishop P E, Brill W J. 1978. Transfer from *Rhizobium japonicum* to *Azotobacter vinelandii* of genes required for nodulation. J Bacteriol, 134(3): 1199-1201.

Raina J L, Modi V V. 1971. Further studies on genetic transformation in *Rhizobium*. J Gen Microbiol, 65(2): 161-165.

Saito H, Miura K I. 1963. Preperation of transforming deoxyribonucleic acid by phenol treatment. Biochim Biophys Acta, 72: 619-629.

Scholla M H, Elkan G H. 1984. *Rhizobium fredii* sp. nov., a fast-growing species that effectively nodulates soybeans. Int J Syst Bacteriol, 34(4): 484-486.

Steinborn J, Roughley R J. 1974. Sodium chloride as a cause of low numbers of *Rhizobium* in legume inoculants. J Appl Bacteriol, 37(1): 93-99.

Yap S F, Lim S T. 1983. Response of *Rhizobium* sp. UMKL 20 to NaCl stress. Arch Microbiol, 135: 224-228.

Yelton M M, Yang S S, Edie S A, *et al.* 1983. Characterization of an effective salt-tolerant fast-growing strain of *Rhizobium japonicum*. J Gen Microbiol, 129: 1537-1547.

Zelazna I. 1964. Transformation in *Rhizobium trifolii* I. The influence of some factors on the transformation. Acta Microbiol Pol (1952), 13: 283-289.

Zelazna K, Lorkiewicz Z. 1971. Conditions for genetical transformation in *Rhizobium meliloti*. Acta Microbiol Pol, 3(1): 21-28.

本文原载：微生物学报, 1989, 29(2): 107-112.

苜蓿根瘤菌 (*Rhizobium meliloti*) 的耐盐性研究

吴健，杨苏声，李季伦

(北京农业大学生物学院微生物系，北京，100094)

摘要

苜蓿根瘤菌 042B 在含有 400 mmol/L NaCl 的基本培养基中生长时，细胞内积累大量谷氨酸。但在不含 NaCl 的基本培养基中，即使加入谷氨酸和（或）甘氨酸甜菜碱，细胞内也不积累谷氨酸。然而，在高浓度 NaCl 条件下，外源甘氨酸甜菜碱则能进入细胞内，并受到外加谷氨酸的促进。在 600 mmol/L NaCl 的条件下，从外源单独提供谷氨酸或甘氨酸甜菜碱，不能提高苜蓿根瘤菌的耐盐性。但是，同时加入谷氨酸（或其他氨基酸）和甘氨酸甜菜碱，则具有明显的协同效应，可以显著地减轻高盐浓度对苜蓿根瘤菌的抑制作用。钠、钾、氯和硫酸根等离子对苜蓿根瘤菌生长的抑制作用很小，但镁和硝酸根离子则严重地抑制其生长。本文还探讨了营养和苜蓿根瘤菌耐盐性的关系。

关键词

苜蓿根瘤菌，耐盐性，谷氨酸，甘氨酸甜菜碱。

十多年来，细菌的耐盐机制日益受到人们的重视。Measures (1975) 发现，革兰氏阴性细菌在高盐条件下，主要积累谷氨酸以抵抗外界的高渗透压，同时积累钾离子以中和谷氨酸所带的负电荷；而革兰氏阳性细菌则主要积累脯氨酸和 γ-氨基丁酸，钾离子变化不明显。随后的研究陆续报道了快生型大豆根瘤菌、苜蓿根瘤菌和其他根瘤菌在高盐条件下，细胞内谷氨酸和钾离子含量也迅速增加 (Hua *et al.*, 1982; Yap and Lim, 1983; 杨苏声和李季伦, 1989; Botsford and Lewis, 1990)。

许多极端嗜盐和中度嗜盐细菌在高盐条件下能大量积累甘氨酸甜菜碱 (Fowler, 1982; Galinski and Truper, 1982)，耐盐植物和主要农作物也有类似现象 (Storey and Wyn, 1977; Hanson and Nelsen, 1978)。据报道，甘氨酸甜菜碱也是肠道细菌和苜蓿根瘤菌的渗透保护剂，在这些细菌处于高盐胁迫时，细胞能大量吸收甘氨酸甜菜碱，以缓解高渗透压对菌体的抑制作用，并在高渗透压条件下可促进肺炎克氏杆菌固氮酶的合成及活性的提高 (Bouillard and Rudulier, 1983; Rudulier and Bouillard, 1983)。甘氨酸甜菜碱在低渗透压的培养基中可作为苜蓿根瘤菌的碳源或氮源 (Bernard, 1986)。Smith 和 Smith (1989) 发现，苜蓿根瘤菌在盐胁迫下能积累一种新的二肽物质 *N*-乙酰葡萄糖氨基谷氨酸。

干旱和盐碱是土壤中根瘤菌常遇到的不利环境条件。据报道，大部分在重要的豆科作物上结瘤的根瘤菌如大豆根瘤菌、豌豆根瘤菌和三叶草根瘤菌等对盐都很敏感 (Steinborn and Roughly, 1974, 1975)，但苜蓿根瘤菌则具有相当高的耐盐性，而且其固氮能力在已知的豆科植物根瘤中也是较高的 (Wilson, 1980)。因此，研究苜蓿根瘤菌的耐盐机制，有助于将它的优良耐盐性状设法转移到其他不耐盐但高效固氮的重要根瘤菌中，以提高其耐盐性，增强其在土壤中存活及其与土著根瘤菌的竞争能力。

一、材料和方法

(一) 菌株

苜蓿根瘤菌 042B 分离自新疆，以下简称 Rm042B。该菌在基本培养基上生长时可耐受 500 mmol/L NaCl。

(二) 培养基

1) YMA 培养基的配方见 Vincent (1974) 的文献。

2) 基本培养基用 MM 表示，配方参照杨苏声和李季伦 (1988) 的文献。当用于耐盐性测定时，基本培养基灭菌后每升加入 2 ml 灭菌的 10%酵母汁。根据试验需要，加入各种化合物，将 pH 调至 7.0。

(三) 代时和耐盐性的测定

参照杨苏声和李季伦 (1988) 的文献。

(四) 结瘤试验

采用培养管法 (Vincent, 1974)，培养基成分见周平贞等 (1979) 的文献。

(五) 固氮酶活性测定

采用乙炔还原法。

(六) 细胞内游离氨基酸含量的测定

测定方法见 Rudulier 等 (1982) 的论文。

(七) 细胞内甘氨酸甜菜碱含量的测定

测定方法见 Storey 和 Wyn (1977) 与 Hanson 和 Nelsen (1978) 的论文。

二、结果

(一) 细胞内谷氨酸和甘氨酸甜菜碱的积累

Rm042B 是一种耐盐的根瘤菌。该菌在含有 400 mmol/L NaCl 的基本培养基中生长时，细胞内大量积累谷氨酸。表 1 指出，在无 NaCl 的条件下，谷氨酸含量为 16.1 nmol/mg 蛋白，占游离氨基酸总量的 39.7%，而在 400 mmol/L NaCl 条件下，谷氨酸急剧上升为 260.4 nmol/mg 蛋白，占游离氨基酸总量的 83.6%。在不含 NaCl 的基本培养基中，即使外加谷氨酸和 (或) 甘氨酸甜菜碱，也不能促使细胞内积累谷氨酸。但在 400 mmol/L NaCl 存在的情况下，从体外同时加入谷氨酸和甘氨酸甜菜碱，则细胞内谷氨酸的含量较不外加的减少 (表 1)，而甘氨酸甜菜碱却大量积累 (表 2)，说明甘氨酸甜菜碱可以取代部分谷氨酸而成为细胞内的渗透调节物质。

表 1　Rm042B 细胞内谷氨酸的积累

培养基	谷氨酸含量/(nmol/mg 蛋白)	谷氨酸占总游离氨基酸的比例/%
MM	16.1	39.7
MM+谷氨酸*	10.4	46.2
MM+甘氨酸甜菜碱**	12.5	58.9
MM+谷氨酸+甘氨酸甜菜碱	18.6	36.7
MM+400 mmol/L NaCl	260.4	83.6
MM+400 mmol/L NaCl+谷氨酸+甘氨酸甜菜碱	106.9	66.4

*谷氨酸的浓度为 2.5 mmol/L；**甘氨酸甜菜碱的浓度为 1 mmol/L

表 2　Rm042B 细胞内甘氨酸甜菜碱的积累

培养基	甘氨酸甜菜碱含量/(nmol/蛋白)
MM+甘氨酸甜菜碱	30
MM+谷氨酸+甘氨酸甜菜碱	75
MM+400 mmol/L NaCl+甘氨酸甜菜碱	126
MM+400 mmol/L NaCl+谷氨酸+甘氨酸甜菜碱	364

在高盐条件下，外源甘氨酸甜菜碱在细胞内的积累受外加谷氨酸的促进。如表 2 所示，在 400 mmol/L NaCl 存在的情况下，加谷氨酸促使甘氨酸甜菜碱的积累量比不加时高出 2 倍以上。但是，在本实验中，没有发现 Rm042B 在 400 mmol/L NaCl 条件下本身能合成并积累大量甘氨酸甜菜碱。

(二) 谷氨酸和甘氨酸甜菜碱的协同效应

Rm042B 的细胞在 400 mmol/L NaCl 条件下积累谷氨酸，说明谷氨酸是一种渗透调节物质。但是，外源谷氨酸并不能增加苜蓿根瘤菌的耐盐性。从表 3 中可以看出，在不含 NaCl 的基本培养基中，加入谷氨酸能促使 Rm042B 生长，说明该菌在没有 NaCl 的条件下能吸收谷氨酸作为营养物质。在 600 mmol/L NaCl 浓度下，加入谷氨酸使 Rm042B 的生长率比不加谷氨酸的略有提高，其作用可能也是作为营养物质而促使菌体加快生长，并非提高了该菌的耐盐性。在基本培养基中单独加入甘氨酸甜菜碱，不能减轻高盐浓度的抑制作用。但是，同时加入谷氨酸和甘氨酸甜菜碱则显著地缓解了 600 mmol/L NaCl 的抑制作用。这个现象说明，谷氨酸和甘氨酸甜菜碱具有协同效应，能明显地提高苜蓿根瘤菌的耐盐性。

表 3　谷氨酸和甘氨酸甜菜碱对 Rm042B 受盐抑制的缓解效果

培养基	代时/h	
	0.0 mmol/L NaCl	600 mmol/L NaCl
MM	6	—
MM+谷氨酸	5	28
MM+甘氨酸甜菜碱	6	—
MM+谷氨酸+甘氨酸甜菜碱	5	14

进一步试验表明，在含有 2.5 mmol/L 谷氨酸但不含 NaCl 的基本培养基中，该菌的生长速率随着甘氨酸甜菜碱浓度的增加而下降。但是，在含有 2.5 mmol/L 谷氨酸和 600 mmol/L NaCl 的基本培养基中，该菌的生长速度随着甘氨酸菜碱浓度（0~2 mmol/L 范围内）的增加而迅速提高，在 2 mmol/L 时生长速率达到高峰，说明在 NaCl 存在的情况下，谷氨酸和甘氨酸甜菜碱协同促进 Rm042B 的生长（图 1）。

0.20
0.16
0.12
0.08
0.04
生长速度/(代/h)
0
2
4
6
8
10
40
甘氨酸甜菜碱浓度/(mmol/L)
1
2
3
4

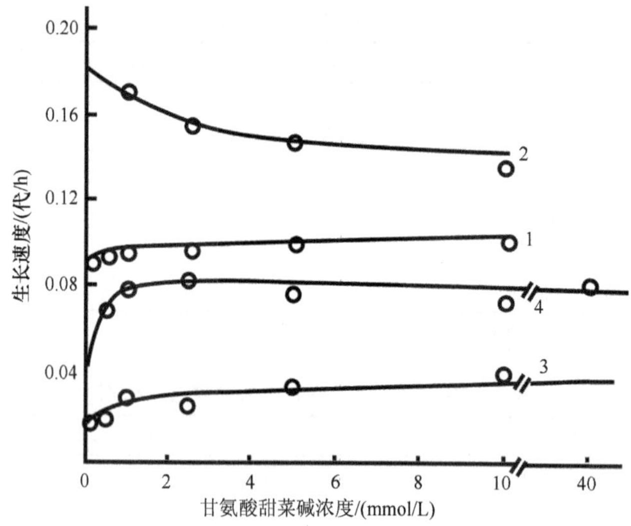

图 1　Rm042B 生长率和甘氨酸甜菜碱浓度的关系

1. MM；2. MM+谷氨酸；3. MM+600 mmol/L NaCl；4. MM+600 mmol/L NaCl+谷氨酸

(三) 甘氨酸甜菜碱和谷氨酸的可替代实验

为了查明甘氨酸甜菜碱和谷氨酸的协同效应是否有专一性，对这两种物质分别进行了替代实验。

胆碱和甘氨酸甜菜碱的结构十分相似 (图 2)。但以胆碱代替甘氨酸甜菜碱，与谷氨酸进行协同效应实验发现，胆碱的作用远不如甘氨酸甜菜碱好 (表 4)。

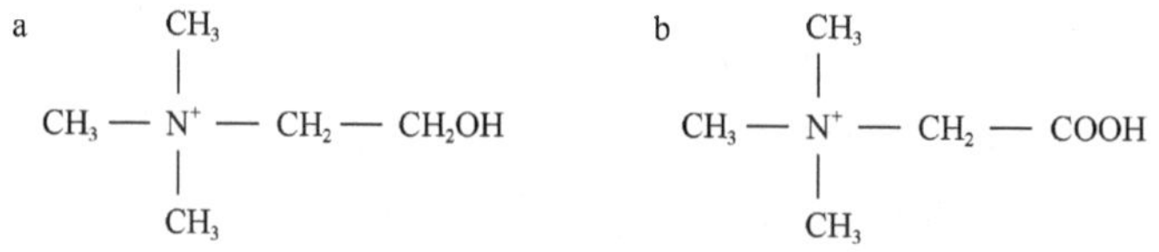

a
CH_3
CH_3 — N^+ — CH_2 — CH_2OH
CH_3
b
CH_3
CH_3 — N^+ — CH_2 — COOH
CH_3

图 2　胆碱 (a) 和甘氨酸甜菜碱 (b) 的结构式

表 4　胆碱和谷氨酸在盐压条件下对 Rm042B 生长的影响

培养基	代时/h	
	0.0 mmol/L NaCl	600 mmol/L NaCl
MM+胆碱	8	—
MM+谷氨酸+胆碱	4	18
MM+谷氨酸+甘氨酸甜菜碱	5	14

注：胆碱的浓度为 1 mmol/L

有些氨基酸如天冬氨酸、天冬酰胺、苯丙氨酸、苏氨酸、精氨酸、酪氨酸和缬氨酸等可代替谷氨酸，与甘氨酸甜菜碱对 Rm042B 起协同作用，而另一些氨基酸则不能 (表 5)，其原因尚待分析。

表 5　其他氨基酸代替谷氨酸在协同作用中对 Rm042B 耐盐性的影响

氨基酸	0.0 mmol/L NaCl	600 mmol/L NaCl	600 mmol/L NaCl+甘氨酸甜菜碱
谷氨酸	++	−	+
天冬氨酸	++	−	+
天冬酰胺	++	−	+

续表

氨基酸	0.0 mmol/L NaCl	600 mmol/L NaCl	600 mmol/L NaCl+甘氨酸甜菜碱
苯丙氨酸	++	–	+
苏氨酸	++	–	+
精氨酸	++	–	+
酪氨酸	++	–	+
缬氨酸	++	–	+
异亮氨酸	++	–	–
亮氨酸	++	–	–
丝氨酸	++	–	–
丙氨酸	++	–	–
甘氨酸	++	–	–
半胱氨酸	++	–	–

注：+表示生长；++表示生长良好；–表示不生长；氨基酸浓度为 2.5 mmol/L，甘氨酸甜菜碱浓度为 1 mmol/L

(四) 离子的毒害作用

为了解苜蓿根瘤菌受高浓度 NaCl 的抑制作用是由渗透压还是离子毒害作用造成的，在基本培养基中加入与 500 mmol/L NaCl 等渗的电解质，如 KCl、Na_2SO_4、K_2SO_4、$NaNO_3$、KNO_3、$MgCl_2$ 和 $MgSO_4$，观察这些物质对该菌生长的抑制作用，以及谷氨酸和甘氨酸甜菜碱的协同效应与离子是否具有特殊的相关性。

从表 6 中可以看出，Na^+、K^+、Cl^-和 SO_4^{2-}对 Rm042B 的毒性都不大，如外加谷氨酸和甘氨酸甜菜碱能明显地减轻电解质的抑制作用。但是，Mg^{2+}和 NO_3^-对 Rm042B 有显著的毒害作用，使菌体不能生长。

表 6　渗透压下电解质对 Rm042B 生长的影响

处理	代时/h
500 mmol/L NaCl	15
500 mmol/L NaCl+GB	11
520 mmol/L KCl	23
520 mmol/L KCl+GB	13
440 mmol/L K_2SO_4	13
440 mmol/L K_2SO_4+GB	10
490 mmol/L Na_2SO_4	21
490 mmol/L Na_2SO_4+GB	11
590 mmol/L KNO_3	不生长
530 mmol/L $NaNO_3$	不生长
330 mmol/L $MgCl_2$	不生长
850 mmol/L $MgSO_4$	不生长

注：GB 表示 2.5 mmol/L 谷氨酸+1 mmol/L 甘氨酸甜菜碱

(五) 耐盐性和营养成分的关系

在基本培养基平板上，Rm042B 只能耐受 500 mmol/L NaCl。在加有酪素水解物的基本培养基上，其耐盐性可提高到 600 mmol/L NaCl，但在其中再加入 1 mmol/L 甘氨酸甜菜碱，不再提高其耐盐性，而在丰富的 YMA 培养基上，其耐盐性却可达 700 mmol/L NaCl (表 7)。上述结果说明，Rm042B 的耐盐性与培养基的营养成分有密切关系。

表 7　Rm042B 的耐盐性与营养的关系

培养基	生长情况				
	0.0 mmol/L NaCl	500 mmol/L NaCl	600 mmol/L NaCl	700 mmol/L NaCl	800 mmol/L NaCl
MM	+	+	–		
MM+1%酪素水解物	+	+	+	–	
MM+1%酪素水解物+1 mmol/L 甘氨酸甜菜碱	+	+	+	–	
YMA	+	+	+	+	–

注：+表示生长；–表示不生长

三、讨论

在含有 400 mmol/L NaCl 的基本培养基中，Rm042B 以大量积累谷氨酸来调节渗透压，而不像一些肠道细菌那样在细胞内积累脯氨酸 (Measures, 1975)。这个现象与其他耐盐的根瘤菌是一致的，说明谷氨酸是根瘤菌的主要渗透调节物质。本实验表明，在盐压条件下，只有外源甘氨酸甜菜碱存在时，Rm042B 的细胞内才能积累这类物质。虽然外加谷氨酸能够促进甘氨酸甜菜碱在其体内的积累，但甘氨酸甜菜碱终究是从外界渗入的，并非其本身受盐胁迫而合成的。因此，研究谷氨酸的调渗作用是揭示根瘤菌耐盐机制的关键所在，需要进一步探索。

在含有 NaCl 抑制浓度的基本培养基中，谷氨酸 (或其他一些氨基酸) 和甘氨酸甜菜碱的协同作用能显著地提高苜蓿根瘤菌的耐盐性，这是以前没有报道过的。Bernard (1986) 报道，在高渗透压条件下，只加入外源甘氨酸甜菜碱能缓解盐对苜蓿根瘤菌和岩黄芪根瘤菌等的抑制作用。这个结果表面上与本文不同，实际上由于本实验所用的基本培养基不含有任何氨基酸，而 Rudulier 和 Bouillard (1983) 以天冬氨酸或谷氨酸钾作为基本培养基的氮源，掩盖了这些氨基酸与甘氨酸甜菜碱所起的协同作用。外源谷氨酸在高盐浓度下能促进甘氨酸甜菜碱进入 Rm042B 细胞内并大量积累，甚至可以部分取代谷氨酸的积累和调渗作用，从而提高细胞的耐盐性 (表 1，表 2)。至于谷氨酸或其他一些氨基酸如何带动了甘氨酸甜菜碱的运输，有待进一步研究。胆碱是甘氨酸甜菜碱的前体，但它不能代替甘氨酸甜菜碱与谷氨酸起到协同作用，说明甘氨酸甜菜碱具有一定的特异性。

本实验结果表明，苜蓿根瘤菌受高盐浓度的抑制作用主要是由渗透压造成的，因为土壤中常见的 Na^+、K^+、Cl^-和 SO_4^{2-}等对 Rm042B 的毒性都不大，但 Mg^{2+}和 NO_3^-却有严重的毒害作用。Botsford 和 Lewis (1990) 报道，Mg^{2+}在 25 mmol/L 条件下就对苜蓿根瘤菌的生长有显著的抑制作用。至于 NO_3^-对苜蓿根瘤菌的毒害作用，至今尚未见报道。

苜蓿根瘤菌的耐盐性与营养有密切的关系。由于基本培养基只含有无机的碳、氮源和矿物质，营养贫乏，Rm042B 在其中生长，只能耐受 500 mmol/L NaCl。如果加入酪素水解物，则提供了丰富的氨基酸，使其耐盐性提高了 100 mmol/L NaCl。在 YMA 培养基中，除了丰富的氨基酸外，还有各种水溶性的维生素，使其耐盐性又提高了 100 mmol/L NaCl。这个现象为苜蓿根瘤菌的耐盐性研究提供了一些线索。

参考文献

杨苏声, 李季伦. 1988. 快生型大豆根瘤菌的耐盐机制和结瘤性状. 北京农业大学学报, 14(2): 143-148.

杨苏声, 李季伦. 1989. 耐盐高效大豆根瘤菌株的构建. 微生物学报, 29(2): 107-112.

周平贞, 邓金兰, 张学江, 等. 1979. 豆科植物结瘤试验: 水培法介绍. 中国油料, (2): 60-62.

Vincent M J. 1974. 根瘤菌实用研究手册. 上海植物生理研究所固氮室, 译. 上海: 上海人民出版社.

Bernard T. 1986. Variations in the response of salt-stressed *Rhizobium* strains to betaines. Arch Microbiol, 143(4): 359-364.

Botsford J L, Lewis T A. 1990. Osmoregulation in *Rhizobium meliloti*: production of glutamic acid in response to osmotic stress. Appl Environ Microbiol, 56(2): 488-494.

Bouillard L, Rudulier D L. 1983. Nitrogen fixation under osmotic stress: enhancement of nitrogenase biosynthesis in *Klebsiella pneumoniae* by glycine betaine. Physiol Veg, 21: 447-457.

Fowler M W. 1982. Substrate utilisation by plant-cell cultures. J Chem Technol Biotechnol, 32(1): 338-346.

Galinski A, Truper H G. 1982. Betaine, a compatible solute in the extremely halophilic phototrophic bacterium *Ectothiorhodospira halochloris*. FEMS Microbiol Lett, 13: 357-360.

Hanson A D, Nelsen C E. 1978. Betaine accumulation and [^{14}C] formate metabolism in water-stressed barley leaves. Plant Physiol, 62(2): 305-312.

Hua S S T, Lichens G M, Noma A T. 1982. Accumulation of amino acids in *Rhizobium* sp. strain WR1001 in response to sodium chloride salinity. Appl Environ Microbiol, 44(1): 135-140.

Measures J C. 1975. Role of amino acids in osmoregulation of non-halophilic bacteria. Nature, 257(5525): 398-400.

Rudulier D A L, Bouillard L. 1983. Glycine betaine, an osmotic effector in *Klebsiella pneumoniae* and other members of the Enterobacteriaceae. Appl Environ Microbiol, 46(1): 152-159.

Rudulier D L, Yang S S, Csonka L N. 1982. Nitrogen fixation in *Klebsiella pneumoniae* during osmotic stress: effect of exogenous proline or a proline overproducing plasmid. Biochim Biophys Acta, 719(2): 273-283.

Smith L T, Smith G M. 1989. An osmoregulated dipeptide in stressed *Rhizobium meliloti*. J Bacteriol, 171(9): 4714-4717.

Steinborn J, Roughly R J. 1974. Sodium chloride as a cause of low numbers of *Rhizobium* in legume inoculants. J Appl Bacteriol, 37(1): 93-99.

Steinborn J, Roughly R J. 1975. Toxicity of sodium and chloride ions to *Rhizobium* spp. in broth and peat culture. J Appl Bacteriol, 39(2): 133-138.

Storey R, Wyn J R G. 1977. Quaternary ammonium compounds in plants in relation to salt resistance. Phytochemistry, 16(4): 447-453.

Wilson R. 1980. Recent advances in biological nitrogen fixation. J Appl Ecol, 17(3): 842.

Yap S F, Lim S T. 1983. Response of *Rhizobium* sp. UMKL 20 to sodium chloride stress. Arch Microbiol, 135(3): 224-228.

本文原载: 微生物学报, 1993, 33(4): 260-267.

红豆草根瘤菌的耐盐和共生性状改造

朱晓玉，杨苏声，李季伦

（北京农业大学生物学院，北京，100094）

摘要

本实验以 042B 的 DNA 转化 ROG31 细胞，在以 0.2 mol/L NaCl 为选择标记的 YMA 培养基上获得了 37 个耐盐的菌落，纯化后又经 30 代的转管移植，有 8 株转化子获得了稳定的耐盐性，再将这 8 株转化子回接到红豆草植株，得到 1 株耐 0.4 mol/L NaCl 和固氮能力较好的红豆草根瘤菌 ROt6。供体菌 042B、转化子 ROt1 和 ROt6 在 0.3 mol/L NaCl 培养基中生长时，细胞内积累大量谷氨酸。

关键词

DNA 转化，耐盐性，红豆草根瘤菌。

红豆草（*Onobrychis viciaefolia*）是多年生豆科草本植物，近年来作为一种优良牧草在我国各地大量引种，尤其在西北和北方干旱、半干旱地区栽培面积逐年扩大（宁国赞和李元芳, 1985）。该牧草耐旱、抗瘠薄、生长快，适于作为饲草。然而，它在共生过程中获得的氮素难以满足自身生长需要（Meyer, 1975），仍须施用一定量的化肥才能获得高产。这对大面积栽培的豆科牧草来说，无疑是一个缺陷。Major 等（1979）报道，红豆草根瘤菌的固氮酶活性大大低于苜蓿根瘤菌。因此，红豆草根瘤菌的固氮能力差是造成红豆草植株对外界氮素具有一定依赖性的原因之一。另外，红豆草主要栽培在我国西北和北方地区，干旱和高盐对根瘤菌在土壤中的生存产生不利的影响（Yadav and Vyas, 1971; Steinborn and Roughly, 1974），因此，提高红豆草根瘤菌的结瘤固氮性能及其抗逆性是非常必要的。

由于 DNA 转化实验在大豆根瘤菌、苜蓿根瘤菌、豌豆根瘤菌和羽扇豆根瘤菌等中均有成功的报道（Balassa, 1963; Raina and Modi, 1971; Zelazna and Lorkiewicz, 1971; 杨苏声和李季伦, 1989），而且苜蓿根瘤菌具有相当高的耐盐性和优良的共生效应，我们试图采用 DNA 转化方法，将其总 DNA 片段转移至红豆草根瘤菌株，从而选出耐盐高效的红豆草根瘤菌株，用于接种，以提高固氮效能。

一、材料和方法

（一）菌株

红豆草根瘤菌 ROG31 是一株分离自甘肃省红豆草根瘤的菌种，对盐敏感，在含有 0.1 mol/L NaCl 的 YM 培养液中不生长，而且固氮能力差。苜蓿根瘤菌 042B 在含有 0.8 mol/L NaCl 的 YM 培养液中可以生长，结瘤固氮能力也很强。

(二) 培养基

YMA 培养基和 YM 培养液参考《根瘤菌实用研究手册》(Vincent, 1974)、TY 培养基参照杨苏声和李季伦 (1989) 的文献，感受态培养基、基本培养基和水培营养液分别参照文后文献 (Raina and Modi, 1971; 周平贞等, 1979; 杨苏声和李季伦, 1988)。

(三) DNA 的提取及转化

将供体菌 042B 转入 TY 培养液，28℃振荡培养，在对数生长后期收集细胞，参照文后参考文献 (Saito and Miura, 1963) 的方法提取 DNA。

将受体菌 ROG31 接种在 TY 培养液中，28℃振荡培养 24 h 后，4000 r/min 离心 15 min，收集菌体，洗涤，弃上清液。加入 TY 培养液悬浮菌体，28℃振荡培养 5 h，离心收集菌体，洗涤，弃上清液，加入 1 ml 感受态培养基悬浮菌体。取一管菌液计数，将 1 ml 菌液分别稀释成 10^{-5}、10^{-6} 和 10^{-7}，进行平皿菌落计数。其余管静置于 28℃，在 60 min 时取样加入 DNA 液，使其 DNA 最终浓度为 50 μg/ml，在 28℃振荡培养 30 min，取出，再加入 1 ml TY 培养液，28℃振荡培养 72 h，进行转化。

本实验以 0.2 mol/L NaCl 作为转化选择标记。将经过转化处理的菌液和不加 DNA 的受体菌 ROG31 菌液各取 0.1 ml，取供体菌 042B 的 DNA 50 μl，分别涂在含有 0.2 mol/L NaCl 的 YMA 培养基平板上，28℃培养。

(四) 代时和耐盐性的测定

按杨苏声和李季伦 (1988) 的文献进行。

(五) 结瘤试验

采用培养管法 (Vincent, 1974)，培养基成分见周平贞等 (1979) 的文献。

(六) 细胞内游离氨基酸含量的测定

测定方法见 Yap 和 Lim (1983) 的文献。

二、结果

(一) 供体菌和受体菌的选择

042B 和 ROG31 均为快生型根瘤菌 (表 1)。ROG31 对盐十分敏感，固氮酶活性也很低，而 042B 耐高浓度盐，结瘤和固氮能力都比 ROG31 强，042B 是一个优良的供体菌，适于改造红豆草根瘤菌。测定供体菌 042B 和受体菌 ROG31 的代时、耐盐性和结瘤固氮能力，表明它们有显著的差异。

表 1　042B 和 ROG31 的主要特征

菌株	代时/h	耐盐性/(mol/L NaCl)	显瘤时间/天	固氮酶活性/[nmol C_2H_4/(mg 瘤数·h)]
042B	2.0	0.8	12.0	51.0
ROG31	3.6	0.05	30.0	3.3

(二) 转化子的获得

从 042B 中提取 DNA，测得其浓度为 1.43 mg/ml，并测得 OD_{260} 和 OD_{280} 之比为 1.8，表明所提取的 DNA 纯度较高。将 042B 的 DNA (50 μg/ml) 转化至 ROG31，然后把转化菌液涂在含有 0.2 mol/L NaCl 的 YMA 培养基平板上，并将供体菌 DNA 和受体菌分别涂在同样的平板上作为对照。2 天后检查，两组对照均未出现菌落，但在每个转化皿上平均出现 36 个菌落。另外，受体菌 ROG31 稀释活菌计数为 9.6×10^6 个/ml。所以，转化频率为 3.75×10^{-6}。

(三) 转化子的耐盐性测定和代时

从含有 0.2 mol/L NaCl 的 YMA 培养基平板上挑取 37 株转化子，纯化后连续在 YMA 斜面转 30 代，随后在含有 0.2 mol/L NaCl 的平板上检查其耐盐性，研究发现仅有 8 株转化子仍保持耐盐性，其余 29 株则在 0.2 mol/L NaCl 条件下不能生长，失去了耐盐性。将上述 8 株转化子接种在不同盐浓度的 YM 培养液中，其中 5 株可在 0.8 mol/L NaCl 条件下生长，另外 3 株只能在 0.4 mol/L NaCl 中生长。

在不同盐浓度的 YM 培养液中，测定 042B、ROG31 和转化子 ROt1、ROt6 的代时 (表 2)，说明：①转化子获得了供体菌的耐盐性，但程度不同；②转化子在无盐条件下，其生长速度与受体菌大致相同。

表 2　供体菌、受体菌和转化子的代时

耐盐性/(mol/L NaCl)	代时/h			
	042B	ROG31	ROt1	ROt6
0.0	2.0	3.6	3.6	3.2
0.2	2.3	—	5.1	4.1
0.4	4.1	—	6.3	12.3
0.6	6.7	—	7.5	—
0.8	17.9	—	16.5	—

(四) 转化子的结瘤试验

为了确认转化子的结瘤和固氮能力，挑选 10 株转化子回接至红豆草‘长城 1 号’，分别以供体菌、受体菌回接红豆草，以供体菌回接苜蓿，以不接菌作为对照，观察结瘤结果 (表 3)。

表 3　供体菌、受体菌和转化子的结瘤试验

寄主	菌株	耐盐性/(mol/L NaCl)	显瘤时间/天	瘤数/个	固氮酶活性/[nmol C_2H_4/(mg 瘤数·h)]
红豆草	ROt1	0.8	—	—	—
	ROt2	0.8	—	—	—
	ROt3	0.8	—	—	—
	ROt4	0.8	—	—	—
	ROt5	0.8	—	—	—
	ROt6	0.4	25~30	15	10.5
	ROt7	0.4	30~37	12	6.5
	ROt8	0.4	30~36	12	4.1
	ROt9	0.0	30~36	12	3.1
	ROt10	0.0	30~37	12	3.5

续表

寄主	菌株	耐盐性/(mol/L NaCl)	显瘤时间/天	瘤数/个	固氮酶活性/[nmol C_2H_4/(mg 瘤数·h)]
红豆草	ROG31	0.0	30~37	11	3.5
	042B	0.8	—	—	—
	不接菌对照	—	—	—	—
苜蓿	042B	0.8	7~12	4	47.3

注：本试验重复 3 次，每次各回接 5 个植株，“—”代表未结瘤

从表 3 中可知，获得耐盐性的转化子的共生特性发生了改变。耐受 0.8 mol/L NaCl 的 ROt1~ROt5 号菌株均不形成根瘤，说明它们在获得高耐盐特性后丧失了结瘤能力。在耐受 0.4 mol/L NaCl 的 ROt6~ROt8 号菌株中，其固氮酶活性均有不同程度的提高。其中 ROt6 是一株较为优良的耐盐转化子，其显瘤时间比受体菌提早 5~7 天，而且固氮酶活性也比受体菌提高了 2 倍。不耐盐的 2 株转化子 ROt9 和 ROt10 的共生特性与受体菌无显著差异。从所结的根瘤中分离上述转化子，再回接至红豆草植株，其耐盐性及结瘤固氮效能不变。

(五) 细胞内游离氨基酸含量分析

042B、ROt1 和 ROt6 生长在含有 0.3 mol/L NaCl 的基本培养液中，细胞内的游离氨基酸大量积累，尤其是谷氨酸特别明显 (表 4)。042B 在无 NaCl 的条件下，其游离谷氨酸含量为 26.06 nmol/mg 蛋白，占游离氨基酸总量的 50.3%；在 0.3 mol/L NaCl 条件下，游离谷氨酸急剧上升为 228.9 nmol/mg 蛋白，占总量的 78.3%。ROt1 在无 NaCl 时，游离谷氨酸含量为 26.72 nmol/mg 蛋白，占总量的 44.8%；在 0.3 mol/L NaCl 浓度下高达 151.29 nmol/mg 蛋白，占总量的 69.1%；ROt6 在无 NaCl 时，游离谷氨酸含量为 17.99 nmol/mg 蛋白，占总量的 36.5%；在 0.3 mol/L NaCl 浓度下则为 56.44 nmol/mg 蛋白，占总量的 70.8%。

表 4 NaCl 浓度对 042B 及转化子 ROt1 和 ROt6 细胞内游离氨基酸组成的影响

氨基酸	氨基酸含量/(nmol/mg 蛋白)					
	042B		ROt1		ROt6	
	0	0.3 mol/L NaCl	0	0.3 mol/L NaCl	0	0.3 mol/L NaCl
天冬氨酸	—	—	—	—	0.95	—
苏氨酸	7.19	13.96	8.88	15.89	7.90	5.06
谷氨酸	26.06	228.9	26.72	151.29	17.99	56.44
丝氨酸	—	—	—	—	1.18	—
甘氨酸	0.75	3.08	3.00	1.58	0.77	2.02
丙氨酸	5.63	30.86	9.49	26.46	9.58	—
半胱氨酸	1.06	1.19	1.15	1.80	1.32	2.11
缬氨酸	4.02	7.59	3.84	9.70	3.37	5.25
异亮氨酸	1.57	2.85	—	3.52	1.11	0.94
亮氨酸	0.72	—	—	1.05	—	—
酪氨酸	1.33	1.44	2.87	1.92	1.61	1.88
苯丙氨酸	1.52	0.94	3.63	1.03	2.49	3.13
赖氨酸	1.99	1.40	—	3.21	—	2.85
精氨酸	—	—	—	1.54	1.05	—
游离氨基酸总含量	51.84	292.20	59.58	218.99	49.32	79.68
谷氨酸占游离氨基酸的比例	50.3%	78.3%	44.8%	69.1%	36.5%	70.8%

三、讨论

对根瘤菌耐盐性状的转化，仅在大豆根瘤菌株 RT19 和 USDA110 中有过报道 (杨苏声和李季伦, 1989)。本实验首次将与耐盐和共生有关的性状从苜蓿根瘤菌 042B 转移至红豆草根瘤菌 ROG31，得到既耐盐、共生效能也较高的转化子 ROt6。该菌株可在 0.4 mol/L NaCl 条件下生长，固氮酶活性比受体菌高，显瘤时间提前，是一株具有应用前景的红豆草根瘤菌，有待进一步进行田间试验。

本实验共选取 37 株耐盐转化子，其中 29 株经连续转 30 代后，又回复成不耐盐的菌株，约占 78%。在大豆根瘤菌的转化实验中，也约有 64%的转化子在回接寄主后失去耐盐性 (杨苏声和李季伦, 1989)。可见，耐盐性状在大部分转化子中很不稳定。只有当控制耐盐性状的基因稳定地整合到受体菌的染色体上后，耐盐性状才是稳定的。在获得耐盐性的 8 株转化子中，能耐受 0.8 mol/L NaCl 的 5 株转化子失去结瘤性状，成为不结瘤的突变菌株，而耐受 0.4 mol/L NaCl 的 3 株转化子均能结瘤固氮，并且共生效率有所提高。由此可见，耐盐性状的转化会导致根瘤菌共生固氮特性的改变。

转化子 ROt1 和 ROt6 在 0.3 mol/L NaCl 条件下，其细胞内游离谷氨酸含量急剧提高。这个现象与苜蓿根瘤菌 (Botsford, 1984)、快生型大豆根瘤菌 (杨苏声和李季伦, 1989) 和其他耐盐的根瘤菌是相同的，说明红豆草根瘤菌的转化菌株已获得了苜蓿根瘤菌的耐盐性状，也说明谷氨酸是根瘤菌的渗透调节物质。

本实验表明，在对某种根瘤菌的遗传背景尚不十分清楚的情况下，采用 DNA 转化对根瘤菌的耐盐和共生性状进行转移，加以改造，不失为一种简便有效的方法。耐盐高效大豆根瘤菌的构建已经证明了这一点 (杨苏声和李季伦, 1989)。

参 考 文 献

宁国赞, 李元芳. 1985. 红豆草根瘤菌选育初报. 土壤肥料, (2): 45.

杨苏声, 李季伦. 1988. 快生型大豆根瘤菌的耐盐机制和结瘤性状. 北京农业大学学报, 14(2): 143-148.

杨苏声, 李季伦. 1989. 耐盐高效大豆根瘤菌株的构建. 微生物学报, 29(2): 107-112.

周平贞, 邓金兰, 张学江, 等. 1979. 豆科植物结瘤试验: 水培法介绍. 中国油料, 2: 60-62.

Vincent M J. 1974. 根瘤菌实用研究手册. 上海植物生理研究所固氮室, 译. 上海: 上海人民出版社.

Balassa G. 1963. Genetic transformation of *Rhizobium*: a review of the work of *R. balassa*. Bacteriol Rev, 27(2): 228-241.

Botsford J L. 1984. Osmoregulation in *Rhizobium meliloti*: inhibition of growth by salts. Arch Microbiol, 137: 124-127.

Major D J, Hanna M R, Smoliak S, *et al.* 1979. Estimating nodule activity of sainfoin, alfalfa and cicer milkvetch seedlings. Agron J, 71: 983-985.

Meyer D W. 1975. Yield, regrowth and persistence of sainfoin under fertilization. Agron J, 67(3): 439-441.

Raina J L, Modi V V. 1971. Further studies on Genetic transformation in *Rhizobium*. J Gen Microbiol, 65(2): 161-165.

Saito H, Miura K I. 1963. Preparation of transforming deoxyribonucleic acid by phenol treatment. Biochim Biophys Acta, 72: 619-629.

Steinborn J, Roughly R J. 1974. Sodium chloride as a cause of low number of *Rhizobium* in legume inoculants. J Appl Bacteriol, 37(1): 93-99.

Yadav N K, Vyas S R. 1971. Response of root nodule rhizobia to saline-alkaline and acid conditions. Indian J Agric Sci, 41: 875-881.

Yap S F, Lim S T. 1983. Response of *Rhizobium* sp. UMKL20 to sodium chloride stress. Arch Microbiol, 135(3): 224-228.

Zelazna K I, Lorkiewicz Z. 1971. Conditions for genetical transformation in *Rhizobium meliloti*. Acta Microbiol Pol, 3(1): 21-28.

本文原载：北京农业大学学报, 1993, 19(2): 1-6.

Tn5-Mob 系统诱导根瘤菌属之间耐盐和共生性状的转移

杨苏声，吴拙如，高为民，李季伦

(北京农业大学，生物学院微生物系，北京，100094)

摘要

本实验通过质粒 pSUP5011 及其辅助质粒 RP4 将 Tn5-Mob 随机插入苜蓿根瘤菌 (*Rhizobium meliloti*) 042B 的基因组中，得到 86 株接合子 SR。随机选取 4 株 SR，通过辅助质粒 R68.45 的三亲本杂交，将它们的 DNA 片段引入慢生型大豆根瘤菌 (*Bradyrhizobium japonicum*) USDA110，获得 106 株接合子 BSR。大部分 BSR 菌株获得了生长快速的特性和耐盐性，一般能耐受 0.3~0.5 mol/L NaCl，其中有些菌株能产生黑色素。将 90 株 BSR 回接至大豆和苜蓿植株，发现 47 株能在大豆和苜蓿植株中结瘤，但在苜蓿上无固氮酶活性；26 株只能在大豆植株中结瘤固氮，13 株只能在苜蓿植株中结瘤而不固氮，4 株在大豆和苜蓿植株中均不结瘤。其中，获得了 4 株耐盐性和固氮酶活性强的接合子。

关键词

苜蓿根瘤菌，慢生型大豆根瘤菌，Tn5-Mob 系统，耐盐，共生。

由于根瘤菌遗传学的研究起步较晚，研究人员对其遗传背景尚未有充分的了解，对根瘤菌进行遗传改造的方法很有限 (Balassa, 1954, 1963; Zelazna, 1964; Raina and Modi, 1971; Zelazna and Lorkiewicz, 1971)。1989 年我们将快生型大豆根瘤菌的 DNA 转化至慢生型大豆根瘤菌，构建成耐盐高效的大豆根瘤菌 (杨苏声和李季伦, 1989)，而且将苜蓿根瘤菌的 DNA 转化至红豆草根瘤菌也获得成功。在 20 世纪 70 年代研究发现了 P 类质粒，为大肠杆菌以外的遗传学研究带来了新的工具和手段。1976 年哈斯 (Haas) 等筛选到 P-1 类质粒 RP4 的一个接合转移能力较强的衍生质粒 R68.45 (Haas and Holloway, 1976)。1984 年 Simon 将含有质粒 RP4OriT 片段的 *Mob* 基因插入 Tn*5* 中，再将 Tn*5*-Mob 克隆到 pBR325 中，构建了质粒 pSUP5011 (Simon, 1984)。这个 Tn*5*-Mob 系统通过 Tn*5* 的随机转座，可使插入位点获得 OriT 片段，成为 DNA 转移的起点。但是具有该片段的染色体并不能自主转移。如果引入 RP4 或 R68.45，就可使插入 Tn*5*-Mob 的 DNA 片段具有自主转移的能力，从而构建有效的染色体 DNA 诱导转移系统。据报道，Tn*5*-Mob 系统已用于构建豌豆根瘤菌的基因文库 (Ivashina and Zlotnikov, 1989)。

本实验拟利用 Tn*5*-Mob 及其辅助质粒构成的系统诱导苜蓿根瘤菌 042B 与慢生型大豆根瘤菌 USDA110 之间的接合，克服其亲缘关系较远的障碍，完成有关耐盐和共生性状的转移，以提高大豆根瘤菌的耐盐性和共生效率。

一、材料和方法

(一) 菌株和质粒

菌株和质粒列于表 1。

表 1 菌株和质粒

菌株及质粒	相关特性	来源
Rhizobium meliloti 042B	在 YMA 培养基上生长 (0.7 mol/L NaCl)	本实验室
Bradyrhizobium japonicum USDA110	在 YMA 培养基上不生长 (0.1 mol/L NaCl Gm^r)	本实验室
Escherichia coli S17-1 pSUP5011	染色体整合 dRP4 衍生物 pro-Km^r Nm^r Cm^r Ap^r pBR325 Tn5-Mob	Simon, 1984
Escherichia coli PJ183 R68.45	Pro-Km^rTc^r	Haas and Holloway, 1976

(二) 培养基

1) YMA 培养基 (Vincent, 1974)。

2) TY 培养基 (Simon, 1984)。

3) FY 培养基，成分如下：$MgSO_4 \cdot 7H_2O$ 0.1 g/L，$CaCl_2 \cdot 6H_2O$ 0.2 g/L，K_2HPO_4 0.22 g/L，$FeCl_3$ 0.02 g/L，KNO_3 1 g/L，甘露醇 10 g/L，生物素 0.75 mg，硫胺素 0.75 mg，泛酸 0.75 mg，琼脂粉 15 g/L；将 pH 调至 7.2。

4) LB 培养基 (Maniatis *et al.*, 1982)。

5) 水培营养液 (周平贞等, 1979)。

(三) 菌株的接合转移

1) S17-1 与 042B 的接合：通过滤膜上接合转移的方法 (Cen *et al.*, 1982)，将含有 Tn5-Mob 的质粒 pSUP5011 从供体菌 S17-1 转移到 042B 受体菌中，用含有 170 μg/ml Km (卡那霉素) 的 FY 基本培养基作为选择性平板，所获得的接合子称为 SR。

2) SR、PJ183 和 USDA110 的三亲本杂交：随机挑取 4 株 SR (SR_1、SR_2、SR_3 和 SR_4)，分别进行试验。通过三亲本杂交 (Ditta *et al.*, 1980)，在滤膜上进行接合转移。SR 的 DNA 片段在 PJ183 所含的辅助质粒 R68.45 的协助下引入 USDA110，以含有 40 μg/ml Gm (庆大霉素) 和 120 μg/ml Km 的 FY 基本培养基作为选择性平板，所获得的接合子称为 BSR。

(四) 结瘤试验

大豆的结瘤试验采用水培法 (周平贞等, 1979)，苜蓿的结瘤试验采用培养管法，参考 Vincent (1974) 的文献，该培养基成分同水培法。固氮酶活性测定采用乙炔还原法。

二、结果

(一) 供体菌和受体菌的比较

供体菌 042B 和受体菌 USDA110 的代时及耐盐性有很大的差别。042B 是生长快、耐盐性强的细菌，而 USDA110 生长慢、对盐敏感。但是，这两个菌株都有一个共同的特点，其结瘤固氮能力都很强（表 2）。

表 2 042B 和 USDA110 的主要特征

特征	菌株	
	042B	USDA110
代时/h	2.5	9.6
耐盐性/(mol/L)	0.7	<0.1
固氮酶比活性/[nmol C_2H_4/(mg 根瘤·h)]	47.78	40.54
结瘤时间/天	10.0	7.0

(二) SR 菌株的构建

S17-1 和 042B 接合后，置于 28℃培养，5 天后在选择性平板上出现菌落。由于供体菌 S17-1 是脯氨酸缺陷型，受体菌 042B 不能耐受 170 μg/ml Km，因此在含有 170 μg/ml Km 的 FY 基本培养基上生长出来的菌落为接合子 SR。SR 的出现频率为 10^{-5}/受体细胞，这与 Simon (1984) 的结果类似。挑取 86 个 SR 单菌落。

(三) BSR 菌株的构建

三亲本杂交后，置于 28℃培养，7 天后在选择性平板上出现菌落。由于 40 μg/ml Gm 可以抑制供体菌 SR 的生长，120 μg/ml Km 可以抑制受体菌 USDA110 的生长，而且 PJ183 是脯氨酸缺陷型，因此在含有上述浓度抗生素的 FY 基本培养基上长出来的菌落为接合子 BSR。挑取 106 个 BSR 单菌落，其中绝大多数是快生型菌株，菌落出现的时间为 3 天，少数是慢生型菌株，菌落出现的时间为 6 天。BSR 的出现频率为 10^{-6}/受体细胞。

(四) 耐盐性试验

将 28 株 BSR 分别点种在含有 0.1 mol/L、0.3 mol/L、0.5 mol/L 和 0.6 mol/L NaCl 的 YMA 平板上进行耐盐性试验。结果表明，能在 0.3~0.5 mol/L NaCl 条件下生长的 BSR 有 24 株，约占 86%，而不能在 0.1 mol/L NaCl 条件下生长的有 4 株，约占 14%，结果说明大部分接合子获得了耐盐性。但在 0.6 mol/L NaCl 浓度下，BSR 不能生长。

(五) 黑色素的产生

实验观察到少数 BSR 菌株在含盐的 YMA 和 TY 培养基上培养 3~4 天后，其菌落会分泌扩散性的棕黑色色素，这种现象与培养基中存在高浓度的 NaCl 有关，含盐浓度高则黑色素分泌多。

(六) 结瘤试验

为了确证接合子 BSR 的结瘤和固氮能力，研究挑选 90 个菌落纯化转管，并回接到大豆‘112-2-4’和‘保定’苜蓿，发现 47 株能在大豆和苜蓿植株中结瘤，但在苜蓿中无固氮酶活性，占供试菌株的 52.2%；26 株只能在大豆植株中结瘤固氮，占 28.9%；13 株只能在苜蓿植株中结瘤而不固氮，占 14.4%；4 株在大豆和苜蓿植株中均不结瘤，占 4.5%。

在这些接合子中，有 4 株的固氮酶活性接近或超过受体菌 USDA110，其中 3 株耐盐、生长快，但结瘤晚。另一株的性状则与 USDA110 相似 (表 3)。对于这些菌株，有待进一步进行盆栽试验和田间试验。

表 3　部分 BSR 菌株的大豆结瘤试验

菌株	固氮酶比活性/[nmol C_2H_4/(mg 瘤数·h)]	结瘤时间/天	耐盐性/(mol/L NaCl)	生长速率
USDA110	40.54	8	0.1	慢
BSR4-10	44.16	8	<0.1	慢
BSR4-10′	45.67	19	0.5	快
BSR4-15′	47.00	22	0.5	快
BSR1-3′	43.41	20	0.5	快

注：设空白对照和 SR 菌株作为对照，均未结瘤

三、讨论

苜蓿根瘤菌和慢生型大豆根瘤菌的亲缘关系较远，是两个不同属的菌种。本实验的成功表明，Tn*5*-Mob 系统是克服细菌之间亲缘关系障碍、进行遗传操作的有效工具。

在三亲本杂交后不以 NaCl 为选择标记，而以抗生素和营养缺陷作为选择标记，同时获得了耐盐和对盐敏感的接合子。其中，耐盐菌株占绝大多数，生长快；盐敏感菌株很少，生长慢。这个现象表明，苜蓿根瘤菌的调渗基因可能和与生长因子有关的基因连锁在一起。在快生型大豆根瘤菌的 DNA 转化实验中也观察到类似的现象 (杨苏声和李季伦, 1989)。

在结瘤固氮方面，研究发现 52%的接合子除了在大豆植株结瘤固氮外，还能在苜蓿植株结瘤，但不固氮，表明苜蓿根瘤菌的寄主专一性基因已被引入受体菌。虽然少数接合子的固氮酶活性接近或超过受体菌，但其结瘤时间大都往后推延，原因待查。

由于 Tn*5*-Mob 系统诱导的 DNA 片段在受体菌的染色体上是随机插入的，因此产生多种变异现象。有趣的是，少数接合子在含有 NaCl 的 YMA 和 TY 培养基平板上分泌黑色素，无盐时不分泌。这个性状在供体菌和受体菌中都未曾发现，原因有待进一步研究。

Tn*5*-Mob 系统不但能克服细菌之间亲缘关系较远的障碍，而且受体菌所接受的 DNA 片段可能比转化的 DNA 长，所以在本实验中可以看到多种性状的获得和变异，说明根瘤菌通过接合方式进行 DNA 重组比 DNA 转化更有优势。

参考文献

杨苏声, 李季伦. 1989. 耐盐高效大豆根瘤菌株的构建. 微生物学报, 29(2): 107-112.

周平贞, 邓金兰, 张学江, 等. 1979. 豆科植物结瘤试验: 水培法介绍. 中国油料, (2): 60-62.

Vincent M J. 1974 根瘤菌实用研究手册. 上海植物生理研究所固氮室, 译. 上海: 上海人民出版社: 3.

Balassa G. 1963. Genetic transformation of *Rhizobium*: a review of the work of *R. balassa*. Bacteriol Rev, 27(2): 228-241.

Balassa R. 1954. Transformation mechanisms of rhizobia. I-III, Acta Microbiol Acad Sci Hung, 2(1-2): 51-78. (Article in German)

Cen Y, Bender G L, Trinick M J, *et al.* 1982. Transposon mutagenesis in rhizobia which can nodulate both legumes and the nonlegume paraspонia. Appl Environ Microbiol, 43(1): 233-236.

Ditta G, Stanfield S, Corbin D, *et al.* 1980. Broad host range DNA cloning system for Gram-negative bacteria: construction of a gene bank of *Rhizobium meliloti*. Proc Natl Acad Sci USA, 77(12): 7347-7351.

Haas D, Holloway B W. 1976. R factor variants with enhanced sex factor activity. Mol Gen Genet, 144(3): 243-251.

Ivashina T V, Zlotnikov K M. 1989. Mapping of the chromosome of *Rhizobium leguminosarum* biovar. *phaseoli* 693. Genetika, 25: 1960-1967.

Maniatis T, Fritsch E F, Sambrook J. 1982. Molecular Cloning: A Laboratory Manual. New York: Cold Spring Harbor Laboratory.

Raina J L, Modi V V. 1971. Further studies on genetic transformation in *Rhizobium*. J Gen Microbiol, 65(2): 161-165.

Simon R. 1984. High frequency mobilization of Gram-negative bacterial replicons by the *in vitro* constructed Tn*5*-Mob transposon. Mol Gen Genet, 196(3): 413-420.

Zelazna I. 1964. Transformation in *Rhizobium trifolii* I. The influence of some factors on the transformation. Acta Microbiol Pol(1952), 13: 283-289.

Zelazna K I, Lorkiewicz Z. 1971. Conditions for genetical transformation in *Rhizobium meliloti*. Acta Microbiol Pol, 3(1): 21-28.

本文原载：生物工程学报, 1993, 9(3): 193-197.

北京郊区固氮螺菌的研究*

杨洁彬，曹增良，李季伦

(北京农业大学，植物保护系，微生物学专业，北京，100094)

提要

自北京郊区的玉米根系中分离出 Yu62 菌株，用乙炔还原法测定其固氮酶活性比来自巴西的 Sp81 高 60%。自高粱根系中分离出高 63 菌株，其形态、生理等特征都与 Yu62 相似，两个菌株均属于巴西固氮螺菌 (*Azospirillum brasilense*)。以 Yu62 为出发菌株，经亚硝基胍处理后，得到一些能在含有 0.2% NH_4Ac 和 KCN (或 NaN_3) 的培养基上生长并有较高固氮酶活性的抗铵菌株。127-6 菌株在 0.2% NH_4Ac 培养基上的固氮酶活性比 Yu62 高 3.5 倍。但这种特性不易保持，经过一段时间，其酶活性下降。研究人员曾用几个菌株接种夏玉米进行小区田间试验，虽然某些菌株对提高产量有一定的效果，但统计学上差异不显著。

1976 年德贝赖纳 (Döbereiner) 和达伊 (Day) 报道在巴西从俯仰马唐根系中分离得到固氮螺菌 Sp7 菌株后，由于它与禾本科根系关系密切而受到重视，很多国家开展了对该菌的研究工作。Okon 等 (1977) 对其生理特性，特别是与氧的关系作了研究。Krieg (1977) 对它的分类作了研究。以固氮螺菌进行接种试验的研究也不少，但效果不尽相同。Albrecht 等 (1977) 在温室进行不同温度和光照的接种试验，接种植株的干重和总氮量均无明显增加。而 Subba (1980) 在不同地点进行不同作物和不同氮素水平的接种试验，所有接种处理均增产。在我国，湖北省微生物研究所生物固氮组 (1979) 分离到固氮螺菌并对其特性作了研究。为了解这一新兴固氮资源的情况，我们自 1979 年开展了以下几个主要方面的研究工作。

一、菌种的分离和鉴定

(一) 菌种分离

从禾本科根系中分离固氮螺菌基本上按照 Döbereiner 和 Day (1976) 的方法，但有修改。在玉米 (或高粱) 抽雄期选择生长健壮的绿色植株，将根铲下并带回实验室，用自来水冲洗干净，然后进行以下两种处理。

1) 将根剪成约 0.5 cm 的根段，放入含有 95%乙醇的培养皿中消毒 2 min，用灭菌水洗根段 5 次，将乙醇洗去。然后将 4 个根段放入含有溴麝香草酚蓝 (BTB) 的琥珀酸钠无氮半固体培养基的试管中，

*邱晓松同志参加试验辅助工作，王明福同志参加 1983 年部分田间试验工作，在此致谢。

其培养基成分如下：KH_2PO_4 0.4 g/L，K_2HPO_4 0.1 g/L，$MgSO_4·7H_2O$ 0.2 g/L，NaCl 0.1 g/L，$FeCl_3$ 0.01 g/L，$Na_2MoO_4·2H_2O$ 0.002 g/L，琥珀酸钠 5.0 g/L，洋菜 (经乙醇洗过) 3.5 g/L，0.5% BTB 5 ml，蒸馏水 1000 ml。

2) 取约 5 cm 长的根段，95%乙醇消毒 2 min 后，再放入含有 0.1%升汞液的培养皿中消毒 2 min，然后用灭菌水洗 5 次，将升汞洗掉，因升汞可将根表面的微生物杀死，还可能杀死根段两端的微生物，为了能分离到根段内的细菌，将根段两端各剪去长约 1 cm，把剩余的根段剪成约 0.5 cm 长，放入含有上述培养基的试管中。

以上试管于 32℃条件下培养 2~3 天，有的培养基变蓝，在培养基表面生成白色菌膜，将菌膜转至上述培养基中纯化，连续转管纯化 3 或 4 次，然后挑取菌膜作稀释液，接种于含琥珀酸钠的无氮洋菜培养基中 (培养基成分与上述相同，但不加 BTB，洋菜为 20 g)。32℃培养 4~5 天可长出菌落，挑取单菌落转至含葡萄糖酸钠的酵母汁洋菜培养基的试管中，此培养基为通过不同培养基的试验所确定的，成分如下：K_2HPO_4 0.5 g/L，$MgSO_4·7H_2O$ 0.2 g/L，NaCl 0.1 g/L，葡萄糖酸钠 10 g/L，10%酵母汁 50 ml，洋菜 20 g/L，蒸馏水 950 ml。1~2 天菌苔即可生长丰满，在无菌条件下将试管的棉塞换成胶塞，由于胶塞不能采用高温灭菌，为了防止污染，在胶塞下 2~3 cm 处加一个灭菌的短棉塞 (约 1 cm)，再加胶塞，使细菌处于无菌条件下。采用注射器从试管中抽出约为试管有效容积 8%的空气，然后注入与抽出的空气量相等的乙炔气体。第二天即可采用气相色谱测定其固氮酶活性。之后可连续或隔一天再测定 1 或 2 次，从中选出酶活较高的菌株。

研究人员先后分离 3 次玉米根系的固氮螺菌，玉米植株采自本校农学系选种教研组的玉米试验地。玉米品种有‘北 7’、‘黄 141’、‘黄 3-4’、‘齐 31’、‘W552’及‘高赖氨酸综合种’等春玉米，夏玉米品种有‘北 7’和‘北 8’。每次分离都得到很多菌株，经多次测定固氮酶活性的初筛和复筛比较，以 Yu62 菌株的酶活性较高，与 Döbereiner 从巴西分离的 Sp81 菌株比较，如表 1 所示。

表 1　*Azospirillum* Yu62 和 *Azospirillum* Sp81 的固氮酶活性　[单位：nmol C_2H_4/(mg 蛋白·h)]

培养基	菌株		备注
	Yu62	Sp81	
葡萄糖酸钠酵母汁洋菜	54.25	33.82	为 5 次重复的平均值
琥珀酸钠无氮洋菜	938.93	775.07	为 3 次重复的平均值

Yu62 菌株来自只以乙醇进行表面消毒的‘黄 3-4’春玉米根系。

采用同样方法，从东北旺公社马连洼大队的高粱地采集高粱根样品并进行分离，得到固氮酶活性较高的高 63 菌株。高 63 也来自只用乙醇进行表面消毒的根段。

(二) 菌种鉴定

对 Yu62 及高 63 菌株进行鉴定，有以下主要鉴定项目。

1. 形态及培养特性

Yu62 及高 63 菌株在葡萄糖酸钠酵母汁洋菜斜面上生长较快，32℃ 24 h 即可长出丰满的菌苔。在含有琥珀酸钠无氮洋菜培养基的培养皿中，菌落小，不易观察。如果用低倍光学显微镜直接观察皿中菌落，可看到细胞质均匀、边缘不很整齐的菌落，有的菌落有 2~8 层或更多层颜色较深的同心圆。在葡萄糖酸钠酵母汁洋菜培养基上菌落较易观察，为圆形、白色、边缘整齐。培养 3~4 天菌落即成色，9 天时整个菌苔呈红色，说明有非水溶性色素产生。在牛肉膏蛋白胨洋菜培养基上，其红色不如在上述培养基中明显。在老培养体上有皱褶。

菌体形态为杆状，略有弯曲。菌体为 (0.5~0.9) μm×(2~3) μm，有的更长一些。革兰氏染色阴性。培养 1 天的菌体染色均匀，3 天以上的菌体着色即不均匀。能运动，采用 Caraway 和 Krieg (1974) 的培养基，即琥珀酸蛋白胨硫酸铵液体培养基进行电子显微镜投影，可看到弯曲状的菌体及单极生鞭毛 (图 1)。用上述培养基培养、制备鞭毛染色涂片，用光学显微镜观察两个菌株的染色鞭毛，可清楚地看到单极生鞭毛 (图 2)。

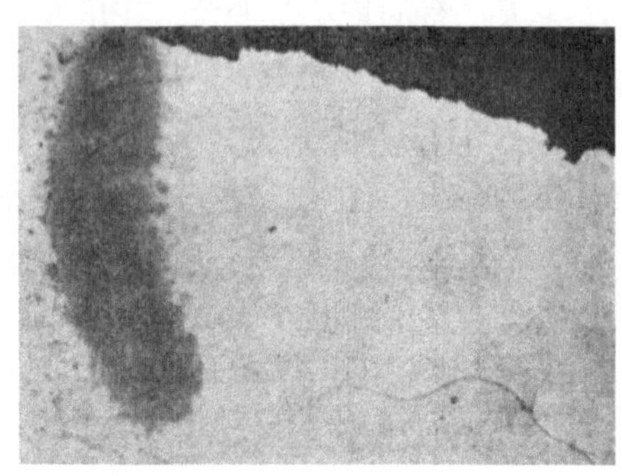

图 1　Yu62 菌株鞭毛的电子显微镜照片

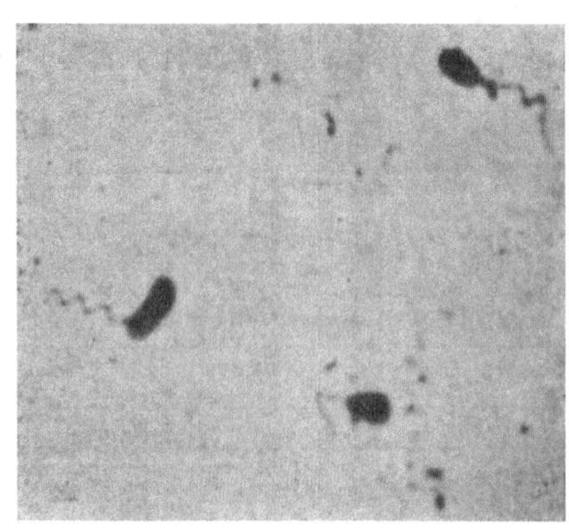

图 2　Yu62 菌株鞭毛染色涂片并经放大的照片

2. 生理特性

按细菌学常规方法进行菌株对糖类利用等生化反应及固氮酶活性和接种系列实验。从检测菌株对糖的利用 (表 2) 和生化反应 (表 3) 结果可以看出，两个菌株基本没有差异。

表 2　两个菌株对糖类的利用

糖类	菌株	
	Yu62	高 63
葡萄糖	++	++
阿拉伯糖	++	++
甘露醇	++	++
蔗糖	+	+
乳糖	+	+

注：++反应较强；+正反应

表 3　两个菌株的生化反应

项目	菌株	
	Yu62	高 63
柠檬酸利用	++	++
水解七叶苷	+++	++
水解淀粉	+	+
硝酸盐还原	+++	+++
产氨	+	+
过氧化氢酶	+	+
MR 试验	–	–
VP 试验	–	–
吲哚产生	–	–

注：+++反应强烈；++反应较强；+正反应；–无反应

3. 对生物素的要求

将鉴定菌种活化后在肉汤中培养 2 天，3000 r/min 离心 20 min，采用灭菌水洗，再离心，制备菌悬液。琥珀酸硫酸铵液体培养基 (Tarrand *et al.*, 1978) 成分如下：K_2HPO_4 0.5 g/L，琥珀酸 5.0 g/L，$FeSO_4 \cdot 7H_2O$ 0.01 g/L，$Na_2MoO_4 \cdot 2H_2O$ 0.002 g/L，$MgSO_4 \cdot 7H_2O$ 0.2 g/L，NaCl 0.1 g/L，$CaCl_2 \cdot 2H_2O$ 0.026 g/L，$(NH_4)_2SO_4$ 1.0 g/L，生物素 0.0001 g/L，蒸馏水 1000 ml。将菌数相等的菌液接种于上述有或无生物素的培养液中，接种后立即在沸水中煮 20 min 以便杀死菌体。37℃培养 2 天，以不接菌的培养液作为对照，比较菌体生长情况，结果如表 4 所示。

表 4　两个菌株的菌体生长

处理	菌株			备注
	Yu62	高 63	不接种	
无生物素	++	++	–	每个处理为 5 次重复
无生物素，接种后煮 20 min	±	±	–	
有生物素	–	–	–	
有生物素，接种后煮 20 min	±	±	–	

注：++生长较好；±不生长，但如摇动试管可见试管底部有少量菌体；–无菌体生长

实验表明，在接菌后立即煮 20 min 的处理中，只有原接种的少量菌体被杀死，未繁殖。而活菌体在有或无生物素的培养液内生长都较好，说明不需要生物素。

4. 葡萄糖和核糖产酸试验

采用培养基配方 (Tarrand *et al.*, 1978)，即含有 BTB 的无碳洋菜培养基 35~40 ml 倒至含有 Yu62 (或高 63) 菌液的培养皿中，轻轻摇动，待凝固，形成较厚的平板。用灭菌钢管打 4 个孔，在孔中加入 10% 葡萄糖 (或核糖) 溶液，以不接菌的处理为对照，设 4 个重复，32℃培养 2 天，接菌处理的培养基颜色未变黄，说明未产酸。

从以上试验可见，除菌体形态、培养特征符合固氮螺菌属的特征外，根据 Krieg (1977) 的分类标准，Yu62 及高 63 菌株不需要生物素，利用葡萄糖和核糖不产酸，菌株为巴西固氮螺菌(*Azospirillum brasilense*)。

二、抗铵选种

由于氨对固氮酶的合成有阻抑作用，为了发挥豆科作物根瘤菌的固氮作用，措施之一是不施或少施氮肥。而固氮螺菌与禾本科作物联合固氮，禾本科作物需大量氮肥，如能得到抗铵菌株，即在施用氮肥的情况下，使其固氮酶仍能发挥作用，就可以节省氮肥，对农业生产具有较大意义。

目前国内外尚无固氮螺菌抗铵选种的有效方法，我们进行了一些探索性试验。以 Yu62 为出发菌株，用亚硝基胍处理，然后在 0.2% NH_4Ac 并有 KCN (或 NaN_3) 的培养基上，将生长出的少数菌落进行固氮酶活性测定，选择固氮酶活性较强的菌株。在以上培养基上长出的菌落应该是抗铵的，因为 KCN 和 NaN_3 对细胞有毒害作用，野生型细胞被杀死，只有那些脱阻抑的突变株，既能以 KCN (或 NaN_3) 为底物又能在 0.2% (或 0.1%) NH_4Ac 中生长的菌株才可以在该培养基上生长并形成菌落。

先将 Yu62 菌株用亚硝基胍处理 (100 r/min 及 200 r/min，1 h)，经 2 次离心并洗涤后将菌悬液接种于含有 15 mmol/L KCN (或 0.045 mmol/L NaN_3) 的琥珀酸钠无氮洋菜培养基的培养皿中，5~7 天后少数培养皿中可出现菌落，转至含 0.2% NH_4AC 的葡萄糖酸钠洋菜培养基的试管中，待长出菌苔，测定其固氮酶活性。采用该方法选出一些酶活较高的菌株，如 127-6，来自 Yu62 经亚硝基胍处理 (200 r/min，1 h) 后在含有 KCN 的培养基上长出的菌落，在含 NH_4Ac 培养基上其固氮酶活性为 508.1 nmol C_2H_4/试管，而在同样培养基上 Yu62 的固氮酶活性为 113.8 nmol C_2H_4/试管。

为了更有效地得到抗铵菌株并减少工作量，研究人员将采用亚硝基胍处理后的菌液直接接种在既含有 0.2% (或 0.1%) NH_4Ac 又含有 12 mmol/L KCN (或 0.23 mmol/L NaN_3) 的葡萄糖酸钠洋菜培养基中，通过测定固氮酶活性进行筛选。在含有 0.1% NH_4Ac 的葡萄糖酸钠洋菜培养基上得到 43 个菌株，来自只用亚硝基胍 150 r/min 处理 40 min 后的 Yu62 菌株。在含有 0.1% NH_4Ac 和 NaN_3 的培养基上得到 55 个菌株，来自经亚硝基胍 150 r/min 处理 40 min 后的 Yu62 菌株。

在该方法中，KCN 和 NaN_3 的浓度很难准确设定，过多会杀死所有细菌，过少则不能杀死野生型细菌。此外，由于在培养过程中 KCN (或 NaN_3) 被消耗或损失，要保持恰好有极少数菌落生长的浓度也是很困难的。为了寻找适宜的 KCN 和 NaN_3 浓度，我们曾进行过很多次试验。虽然采用这种方法选出一些菌株，但我们发现其固氮酶活性不稳定，经过一段时间后酶活性下降。以 127-6 菌株为例，其固氮酶活性变化如表 5 所示。抗铵选种对固氮螺菌在农业生产中具有较大意义，但目前尚无有效的方法，仍需更多的探索研究来获得准确的方法。

表 5　127-6 菌株的固氮酶活性变化

测定时间 (年/月)	培养基中 NH_4Ac 的含量/%	固氮酶活性/(nmol C_2H_4/试管)
1981/1	0.2	127
1982/3	0.2	16.5
1981/11	0.1	508.1
1982/3	0.1	46.4

三、接种试验

在分离菌种及抗铵选种的基础上，研究人员采用珍珠砂进行盆栽试验，进一步确定不同菌株的抗铵效果。之后又进行了两次小区田间试验，观察接种固氮螺菌对夏玉米的增产效果。

1. 不同氮肥水平下固氮螺菌的接种效果

1981 年，在涿县东城坊公社农场进行夏播玉米接种试验，共 4 个处理，即对照 (施灭菌草炭)、Sp81、Yu62 及 127-6 等草炭菌剂接种。每个处理均有 3 种不同的氮肥水平。N_0：不施氮肥；N_1：每亩 30 斤 NH_4HCO_3 (15 斤作种肥，15 斤作追肥)；N_2：每亩 60 斤 NH_4HCO_3 (30 斤作种肥，30 斤作追肥)。

每个处理 8 次重复，共 36 个小区，小区面积为 0.05 亩。玉米品种为‘农大 54’，于 6 月 20 日播种，9 月 22 日收获，生长期共计 94 天。在生长期中，两次取根段样品 (7 月 18 日和 8 月 25 日)。将根段洗净，放于含有琥珀酸钠的无氮半固体培养基的试管中，培养 2~8 天后测定各小区根段的固氮酶活性。收获时，称量每个小区的玉米鲜重，并从每个小区取 6 个玉米称量鲜重，待风干后称量干重并将小区产量折算成干重再折算成各处理的亩产数。玉米产量列于表 6。

表 6　不同氮肥水平下各处理的玉米产量 (3 个重复的平均值)

氮肥水平	对照/(斤*/亩†)	Sp81		127-6		Yu62	
		斤/亩	增减产/%	斤/亩	增减产/%	斤/亩	增减产/%
N_0	380	429	+12.7	370	−2.5	423	+11.1
N_1	429.8	469	+9.1	514.4	+19.7	417.8	−2.8
N_2	465.2	472.8	+1.6	429.8	−7.6	453.6	−2.5

关于固氮酶活性的测定，以每管中 C_2H_4/C_2H_2 值进行计算，每个小区取 2 个根段样品，每个处理为 8 个重复。表 7 中所列的固氮酶活性为 6 次重复测定的平均值。

表 7　不同处理及采样时期的固氮酶活性　[单位：nmol C_2H_4/(管/h)]

接种菌株	N_0		N_1		N_2	
	7 月 18 日	8 月 25 日	7 月 18 日	8 月 25 日	7 月 18 日	8 月 25 日
CK	0.282	1.669	0.1569	1.441	0.1667	1.397
Sp81	0.190	2.178	0.203	1.052	0.220	1.318
127-6	0.299	1.038	0.319	2.411	0.156	1.029
Yu62	0.208	1.471	0.252	1.180	0.256	1.236

在播种前取试验地的平均土样进行土壤含氮量的测定，收获后在对照、Sp81 及 127-6 的处理中采集土壤测定其含氮量，每个样品设 3 次重复。播种前和收获后不同处理的土样中含氮量差异不大。研究得出如下结论。

1) Sp81 在不同氮肥水平下都增产，在 N_0 条件下增产 12.7%。在 N_1 条件下 127-6 增产最高，为 19.7%，在 N_2 条件下 Sp81 仅增产 1.6%。

2) 在 N_0 处理中，Sp81 产量最高，第二次测定固氮酶活性最高 (第一次最低)。在 N_1 处理中，127-6 产量高，两次测定酶活性都较高。在 N_2 处理中，Sp81 产量高，但从结果来看，酶活性与产量似乎有一定的相关性，但不是绝对正相关。

3) 土壤含氮量虽然有差异，但总体来说，含氮量很低，而且差异不大。

*1 斤=500 g。

†1 亩≈666.7 m^2。

2. 固氮螺菌作种肥或追肥的接种效果

1983 年在东北旺公社马连洼大队进行夏播玉米接种试验，共设 6 个处理：对照（施灭菌草炭），Sp81，Yu62，高 63，43 和 55 草炭菌剂。设 3 次重复，每个重复内有用作种肥和追肥的上述各种处理。播种时，除用作种肥的小区施用菌剂外，其他各小区一律施用等量的灭菌草炭。追肥时，除追肥的小区施用菌剂外，其他小区也一律施用灭菌草炭，小区面积为 0.05 亩，共 36 个小区。

玉米品种为‘1382’，不施底肥，于 7 月 11 日播种，8 月 13 日追肥，10 月 8 日收获，生长期共 89 天。生长期中两次取根段样品测定固氮酶活性，第一次在追肥的前一天，只取施用种肥的各处理，第二次在收获的前一天，取全部小区的根段样品。收获时称量各小区玉米鲜重，并随机取 6 个玉米称量鲜重，待风干后脱粒，称量粒重并折算成亩产数，产量结果如表 8 所示（追肥为 3 个重复的平均值，种肥由于受到破坏是两个重复的平均值）。

表 8　不同菌株用作种肥和追肥的效果

菌株	种肥				追肥			
	小区玉米鲜重/斤	小区籽粒干重/斤	折合为亩产/(斤/亩)	增减产/%	小区玉米鲜重/斤	小区籽粒干重/斤	折合亩产/(斤/亩)	增减产/%
CK	78.5	30.39	607.92	—	76.33	28.10	525.06	—
Sp81	81	28.51	570.22	−6.21	81.66	29.62	592.52	+5.41
Yu62	80.5	25.52	510.54	−16.02	77.93	28.26	565.24	+0.56
高 63	77.2	27.05	541.1	−10.92	80.23	31.48	629.74	+12.04
43	81.5	31.31	626.8	+3.04	80.66	31.11	622.24	+10.7
55	85.3	33.57	671.4	+10.44	77.66	28.75	575.10	+2.32

收获前各处理的根段样品的固氮酶活性测定结果如表 9 所示。每个小区取 2 个样品，3 次重复，故表 9 中所列数据为 6 次重复测定的平均值。

表 9　各处理的根段的固氮酶活性　　(单位：nmol C_2H_4/试管)

施肥	CK	Sp81	Yu62	高 63	43	55
种肥	347.96	305.43	383.35	524.43	312.93	400.31
追肥	300.37	342	620.06	628.68	587.06	480.42

从以上结果中可以得出如下结论。

1) 用作追肥比用作种肥的效果好，追肥中所有接种处理的产量都比对照高，以高 63 增产最高，为 12.04%。可能由于此时气温较高，而且植株有了较发达的根系，固氮螺菌可以从根分泌物中得到较充分的碳源。在种肥处理中，只有 43 和 55 增产，其中 55 增产较大，为 10.44%。需要指出的是，从收获时的小区玉米鲜重来看，除高 63 略低于对照外，其他各处理都高于对照，可能是由于对照区的 6 个抽样玉米的成熟度较好，水分含量低，玉米粒干重大，故折合成亩产数亦高。

2) 在种肥处理中，55 产量高，固氮酶活性为第二位。在追肥处理中，高 63 产量高，酶活性为第一位。另外，在相同的处理中，除对照外追肥比种肥的酶活性都高。可见，产量与固氮酶活性有一定的相关性。

四、结论

根据几年的工作，可以得出以下结论。

1) 在北京郊区存在固氮螺菌。不论玉米根系还是高粱根系，在几次分离中都比较容易得到很多固氮螺菌的菌株，说明此地存在固氮螺菌，这对于了解固氮螺菌在各地区的分布有一定的意义。

2) 根据克里格 (Krieg) 的分类标准，研究分别从玉米和高粱根系上分离到的 Yu62 和高 63 菌株都为巴西固氮螺菌。目前关于固氮螺菌与禾本科作物的关系有不同的说法。Divan 和 Döbereiner (1980) 的试验中玉米根上为生脂固氮螺菌 (*A. lipoferum*)，小麦根上为巴西固氮螺菌。而罗孝扬等 (1983) 从小麦、玉米、谷子和甘蔗等作物根系中分离的都是巴西固氮螺菌。这是否是由于不同地区的固氮螺菌的种类不同，尚需进一步明确。

3) 夏玉米接种固氮螺菌有一定的增产效果。从两次小区田间试验中可以看出，有些菌株接种夏播玉米有一定的增产效果。相同菌株用作追肥比用作种肥的效果好。

五、存在的问题

1) 两次田间接种试验虽然可以看出一定的增产效果，但在统计上差异均不显著。

2) 虽然研究进行了抗铵选种方面的探索，也得到了一些菌株，但固氮酶活性不稳定，原因尚不清楚。另外，KCN 和 NaN_3 是呼吸酶系的抑制剂，可抑制呼吸链上的酶活性，而固氮酶在菌体内，KCN 与 NaN_3 是否能与菌体固氮酶接触，也需要证实。

3) 为了更有效地发挥固氮螺菌的作用，还需要进行更多的基础研究工作，如其固氮酶的特性及固氮酶所处位置、与禾本科作物的专化性、对环境条件的要求等。只有在更深入地了解其各方面特性的基础上，采取有效的措施，才能发挥其有益的作用。

参 考 文 献

湖北省微生物研究所生物固氮组. 1979. 玉米根系联合固氮细菌的研究. 微生物学报, 19(2): 160-166.

罗孝扬, 曾宽容, 蒋亚平, 等. 1983. 禾谷类作物根表固氮螺菌的分类鉴定和分布. 微生物学报, 23(1): 68-72.

Albrecht S L, Okon Y, Burris R H. 1977. Effects of light and temperature on the association between *Spirillum lipoferum*. Plant Physiol, 60(4): 528-531.

Caraway B H, Krieg N R. 1974. Aerotaxis in *Spirillum volutans*. Can J Microbiol, 20(10): 1367-1377.

Divan V L, Döbereiner J. 1980. Associative N_2-fixation. *In*: Vose P B, Ruschel A P. Proceedings of the International Workshop of Associative N_2-Fixation. Centro de Energia Nuclear na Agricultura, University of Saö Paulo, Piracicaba, Brazil.

Döbereiner J, Day J M. 1976. Associative symbiosis in tropical grasses. *In*: Newton W E, Nyman C J N. Proceeding of the 1st International Symposium on Nitrogen Fixation. Washington: Pullman Washington State University Press: 518-538.

Krieg N R. 1977. Taxonomic studies of *Spirillum lipoferum*. *In:* Hollaende A. Genetic Engineering for Nitrogen Fixation. New York: Plenum Press: 463-472.

Okon Y, Houchins J P, Albrecht S L, *et al*. 1977. Growth of *Spirillum lipoferum* at constant partial pressures of oxygen, and the properties of its nitrogenase in cell-free extracts. J Gen Microbiol, 98(1): 87-93.

Subba Rao N S. 1980. Recent Advances in Biological Nitrogen Fixation. London: Edward Arnold: 411-414.

Tarrand J J, Krieg N R, Döbereiner J. 1978. A taxonomic study of the *Spirillum lipoferum* group, with descriptions of a new genus, *Azospirillum* gen. nov. and two species, *Azospirillum lipoferum* (Beijerinck) comb. nov. and *Azospirillum brasilense* sp.nov. Can J Microbiol, 24(8): 967-980.

本文原载：北京农业大学学报, 1984, 10(8): 321-329.

酶联免疫吸附技术 (ELISA) 对大豆根瘤菌的鉴定

杨苏声，谢小保，李季伦

(北京农业大学生物学院，北京，100094)

摘要

本文用直接酶联免疫吸附技术 (ELISA) 检测大豆根瘤菌 USDA110 和 RTt50 的纯培养菌体及根瘤，确定了该试验的最佳工作条件：酶标结合物 HRP-Ab110 和 HRP-Ab50 的工作稀释度分别为 1：3200 和 1：800，抗体 Ab110 和 Ab50 的工作稀释度分别为 1：3200 和 1：800，抗原 USDA110 和 RTt50 的最适工作浓度均为 6×10^7 个细胞/ml。ELISA 能够特异地检测和区别慢生型及快生型大豆根瘤菌。在这两种类型的大豆根瘤菌中，同种内的少数菌株存在交叉反应，通过吸收可以消除，从而使得 ELISA 的检测达到菌株水平。ELISA 的最低检测浓度为 2×10^5 个细胞/ml。在冰箱低温 (–20℃) 和硅胶干燥常温条件下保存根瘤，均不影响 ELISA 的检测效果，灵敏度不降低。采用 ELISA 研究 USDA110 和 RTt50 在不灭菌的盆栽土壤中的竞争结瘤能力，发现 USDA110 在大豆不同生育期的占瘤率为 75%~87.5%，RTt50 则为 25%~45%，并证实 ELISA 比凝集法敏感。

关键词

酶联免疫吸附技术，抗原，抗体，大豆根瘤菌。

一、引言

当前，检测根瘤菌的方法有血清凝集法、琼脂糖扩散法、免疫荧光技术、ELISA、抗生素抗性标记、DNA 菌落杂交和其他方法。其中，ELISA 是 20 世纪 70 年代初建立的 (Engvall and Perlmann, 1971)，经过 20 多年的发展，现已日趋完善和成熟。由于该技术灵敏度高、特异性强、快速简便，已在生物化学、免疫学、临床病理和药物化学等领域中得到广泛的应用。1971 年恩瓦尔 (Engvall) 报道 ELISA 的灵敏度可与放射性免疫分析法相当，比凝集法和琼脂糖扩散法高 4~6 个数量级 (Hobbie *et al.*, 1977)。该法使用简单的酶标检测仪，可大规模地分析样品且在短期内完成。Kishinevsky 和 Bar-Joseph (1978) 首次将 ELISA 应用于根瘤菌的检测，随后 Berger 等 (1979) 改用间接 ELISA 检测小扁豆根瘤菌。为了提高 ELISA 的灵敏度，Måtensson 等 (1984) 在 ELISA 中使用 β-半乳糖苷酶，能检测 10^3 个细胞/ml 抗原和 80 μg 根瘤。

在国际上，根瘤菌检测以 ELISA 和抗生素抗性标记应用较广泛，其中又以 ELISA 使用较多，而且相对稳定可靠。我国的根瘤菌检测基本上还是采用凝集法和抗生素抗性法，ELISA 在根瘤菌的检测上应用甚少。我国研究根瘤菌和使用根瘤菌剂有 50 多年的历史，目前已选育出各种高效固氮的根瘤菌，并施入田间，但缺乏或很少使用根瘤菌田间快速检测技术，影响了对根瘤菌在土壤中的生态、结瘤固氮效率和接种方法的有效性的确切了解。尤其在根瘤菌的应用方面，往往只根据施加菌剂后的植物增产量来估计效果，而无法判断究竟是所施用的优良根瘤菌还是土著根瘤菌在起作用，也不清楚环境条件对所施菌剂的影响，在根瘤菌剂的研究和应用上缺乏准确性及科学性。所以，根瘤菌检测技术的研究已成为当务之急。本文采用 ELISA 对慢生型大豆根瘤菌 USDA110 和快生型大豆根瘤菌 RTt50 进行检测研究。

二、材料和方法

(一) 菌株

慢生型大豆根瘤菌 USDA110 引自美国加利福尼亚大学戴维斯分校，快生型大豆根瘤菌 RTt50 为本实验室研究用菌株，分别用作 ELISA 的抗原，并用以制备抗体。

慢生型大豆根瘤菌 USDA6、SM、B15 和 113-2 为国内外研究菌种，由本实验室保存。快生型大豆根瘤菌 USDA191 和 USDA192 引自美国，2057 引自中国农业科学院土壤肥料研究所，RT3、RT7 和 RT14 分离自天津，RX41 分离自新疆。苜蓿根瘤菌 042B 由本实验室分离自新疆，紫云英根瘤菌 103 引自南京农业大学土化系，菜豆根瘤菌 RCR3622 和大肠杆菌 HB101 引自美国，固氮螺菌 Yu62 由本实验室分离自北京郊区。

(二) 培养基

1) YMA 培养基：参考 Vincent (1974) 的文献。

2) TY 培养基：参考杨苏声和李季伦 (1989) 的文献。

3) 水培营养液：参考周平贞等 (1979) 的文献。

(三) 直接 ELISA 的使用

1) ELISA 的缓冲液：参考蒋成淦 (1984) 的文献。

2) USDA110 和 RTt50 抗原的制备，参考王福生等 (1985) 的文献。

3) 根瘤的培育和根瘤中菌体抗原的制备：所用的大豆品种为‘北引 1 号’。大豆根瘤的培育步骤参考周平贞等 (1979) 的文献。大豆植株生长一个月后，将获得的光照室的根瘤和田间收集的根瘤放在冰箱低温保存。使用前将根瘤用无菌水洗净，待根瘤吸足水分，再用无菌水洗一次，然后加入 0.5 ml 生理盐水逐个压碎，得到根瘤中的菌体抗原。在 65℃放置 15~30 min，再加入 3~10 ml 磷酸盐-吐温 (PBS-T) 缓冲液，用 722 分光光度计测其 OD_{600} 值。

4) 大豆根瘤菌抗血清的制备：参考王福生等 (1985) 的文献。

5) 兔抗根瘤血清 IgG 的提纯：参考蔡文琴和王伯沄 (1988) 的文献。

6) 酶标抗体 IgG 的制备：参考郭春祥和郭锡琼 (1983) 的文献。

7) 酶标结合物辣根过氧化物酶 (HRP-IgG) 和血清最适工作浓度的确定：参考蒋成淦 (1984) 的文献。

8) 最适抗原稀释浓度的确定：参考蒋成淦 (1984) 的文献。

9) 田间盆栽试验：采用北京农业大学种植大豆的试验田土壤，不作灭菌处理。设不接种为对照、接种 USDA110 和 RTt50 3 个处理，每个处理 15 盆。接种方法采用穴施，先撒菌肥，再播种大豆种子，盖上一层土，各盆放在试验田土上。分别在苗期、花期、结荚期和鼓粒期各取 3 盆并采集 50 个根瘤，测定接种菌的占瘤率。

三、结果和讨论

(一) 酶标结合物与血清的最适工作浓度

当酶标结合物 HRP-IgG110 和阳性血清 Ab110 各 1∶3200 稀释时，OD_{600} 值大于 1.0，因此，HRP-IgG110 和 Ab110 的工作浓度皆定为 1∶3200。当 HRP-IgG50 和 Ab50 各作 1∶800 稀释时，OD_{600} 值大于 1.0。因此，HRP-IgG50 和 Ab50 的工作浓度都定为 1∶800。其抗原浓度均为起始浓度，即 OD_{600}=0.5。

(二) 最适抗原稀释浓度的确定

当抗原 USDA110 和 RTt50 各稀释 16 倍时，阳性血清的 OD_{600} 值分别为 1.0 左右和 0.7，而阴性血清的 OD_{600} 值分别在 0.1 以下和接近最低值，所以，这两种抗原均选择 1∶16 稀释度作为工作浓度。

(三) 结果判定标准的制定

选用亲缘关系远的菌株作为阴性菌株进行测定 (表 1)。ELISA 试验判断标准取 O.D=O.D (平均值) + 2 个标准差 (SD)。由于 $\bar{X}$=0.086，SD=0.018，阴性最高限为 $\bar{X}$+2SD=0.12。所以，OD_{600} 值大于 0.12 的菌株为阳性，小于或等于 0.12 的菌株为阴性。

表 1　结果判定标准的制定

菌株	HB101	RCR3622	Yu62	042B	103
OD_{600}	0.07	0.08	0.07	0.11	0.10

(四) ELISA 的特异性试验

1. 交叉反应试验

用慢生型大豆根瘤菌 USDA6、SM、B15、113-2 和快生型大豆根瘤菌 RT3、RT7、RT14、RTt50、RX41、2057、USDA191、USDA192 测定血清 Ab110 和 Ab50 的特异性。

从表 2 中可知，USDA110 与供试的快生型大豆根瘤菌之间无同源性抗原，用 ELISA 可以特异性地检测出来。在慢生型大豆根瘤菌中，USDA110 和 113-2 之间存在同源性抗原，出现交叉反应，而与供试的其他慢生型大豆根瘤菌无交叉反应。快生型大豆根瘤菌 RTt50 的抗体 Ab50 与慢生型大豆根瘤菌没有交叉反应，能够轻易地被检测出来。Ab50 与 RT3 有交叉反应，而与其他供试的快生型大豆根瘤菌无交叉反应。

表 2　Ab110 和 Ab50 与其他根瘤的交叉反应试验

血清	USDA110	USDA6	SM	B15	113-2	RT3	RT7	RT14	RTt50	RX41	2057	USDA191	USDA192
Ab110	1.07	0.09	0.08	0.11	0.98	0.07	0.07	0.06	0.10	0.09	0.08	0.06	0.10
阴性血清	0.10	0.07	0.09	0.09	0.10	0.009	0.08	0.07	0.11	0.07	0.08	0.09	0.09
Ab50	0.04	0.05	0.08	0.06	0.09	0.70	0.09	0.10	0.73	0.09	0.04	0.07	0.06
阴性血清	0.05	0.03	0.07	0.07	0.06	0.08	0.08	0.08	0.07	0.09	0.07	0.06	0.05

注：表中数据为 OD_{600} 值

2. 吸收试验

为了消除 USDA110 和 113-2 菌株之间的共同抗原，检测其特异性，将 Ab110 与 113-2 菌株在 37℃条件下反应 1 h，然后在 4℃过夜，离心除去菌体，重复 1 或 2 次。用 113-2 吸收过的血清 Ab110 进行 ELISA 试验 (表 3)，发现 USDA110 的 OD 值没有改变，而 113-2 的 OD 值则降到 0.1，说明 USDA110 与 113-2 除了具有共同抗原外，还存在特异性抗原。将 Ab50 与 RT3 菌株进行吸收试验，方法同上。用 RT3 吸收过的抗体 Ab50 进行 ELISA 试验 (表 4)，表明 RTt50 与 RT3 之间既具有共同抗原也具有特异性抗原。通过吸收试验，可以排除共同抗原产生的抗体而把特异性的抗原检测出来。

表 3　Ab110 与 113-2 菌株的吸收试验

呼吸前/后的菌株	USDA110	113-2
呼吸前的 Ab110	1.10	1.05
呼吸后的 Ab110	1.07	0.10

注：表中数据为 OD_{600} 值

表 4　Ab50 与 RT3 菌株的吸收试验

呼吸前/后的菌株	RTt50	RT3
呼吸前的 Ab50	0.73	0.70
呼吸后的 Ab50	0.73	0.10

注：表中数据为 OD_{600} 值

(五) 菌体抗原和根瘤中菌体抗原的一致性试验

用 1∶16 倍稀释的菌体培养液和同样浓度的根瘤中的菌体抗原对比进行 ELISA 试验，测定其 OD_{600} 值。如表 5 所示，菌体抗原和根瘤中菌体抗原的 ELISA OD_{600} 值是一致的。用菌体抗原吸收后的特异性血清对根瘤中菌体抗原也是特异的，从而为消除根瘤菌体间非特异交叉反应提供了依据，有利于准确地检测目的根瘤菌的占瘤率。

表 5　菌体抗原和根瘤中菌体抗原的一致性试验

吸收前/后的菌株		USDA110		113-2		RTt50		RT3		USDA191	
		C	N	C	N	C	N	C	N	C	N
Ab110	吸收前	1.10	1.13	1.09	1.11	0.09	0.10	0.07	0.09	0.06	0.09
	吸收后	1.07	1.10	0.11	0.10	0.10	0.08	0.06	0.10	0.05	0.10
Ab50	吸收前	0.09	0.10	0.09	0.10	0.76	0.79	0.72	0.75	0.09	0.09
	吸收后	0.08	0.11	0.07	0.08	0.70	0.73	0.09	0.10	0.11	0.08

注：“C”表示纯培养的细胞，“N”表示根瘤中的菌体；表中数据为 OD_{600} 值

(六) 根瘤中菌体抗原浓度对 OD 值的影响

采用经过二倍系列稀释的根瘤中菌体抗原进行 ELISA 试验，检测抗原浓度变化对其 OD_{600} 值的影响 (表 6)。结果表明，虽然菌体抗原浓度在 0.02~0.5 之间变化，但 ELISA 的 OD_{600} 值始终比本试验规定的阴性值大。因此，检测时不要求所有根瘤中菌体抗原的浓度一致。这就为根瘤中菌体抗原的制备和根瘤的大量检测提供了方便。

表 6　根瘤中菌体抗原浓度对 ELISA 试验中 OD 值的影响

抗原浓度	Ab110	Ab50
0.50	1.59	1.01
0.25	1.60	1.00
0.12	1.58	1.02
0.06	1.19	0.97
0.04	1.10	0.75
0.02	1.01	0.69

注：表中 Ab110 与 Ab50 数据为 OD_{600} 测得

(七) 敏感性试验

为了比较 ELISA 和凝集试验的敏感性，分别取 Ab110 和 Ab50，以 1∶100 为起始进行倍比稀释，然后进行 ELISA 测定，以出现阳性结果的最高稀释度为其 ELISA 效价。以 1∶50 为起始进行倍比稀释，然后进行凝集试验测定，以出现阳性结果的最高稀释度为其凝集效价。结果如下：Ab110 和 Ab50 的 ELISA 效价分别为 1∶51 200 和 1∶12 800，而其凝集法效价则分别为 1∶800 和 1∶200，表明 ELISA 的效价高于凝集法。本试验检测抗原的最低浓度为 2×10^5 个细胞/ml，而凝集法能检测的浓度为 10^9 个细胞/ml 左右，因此 ELISA 的灵敏度比凝集法高 10^5 倍，能够检测很小的根瘤，而凝集法只能检测较大的根瘤。

(八) 根瘤的保存方法对 ELISA 测定值的影响

采用冰箱低温 (–20℃) 和硅胶干燥常温保存 USDA110 根瘤，保存时间为 0~12 周。结果表明，两种保存方法对 ELISA 试验均无影响。硅胶干燥常温保存法可以长期保存根瘤，更适于偏远地区采集根瘤。

(九) 盆栽检测

用 ELISA 和凝集法检测 USDA110 和 RTt50 在盆栽试验中的占瘤率 (表 7)。结果如下。

1) ELISA 比凝集法敏感，USDA110 所测得的占瘤率比凝集法高出 10~12.5 个百分点，RTt50 则高出 5~10 个百分点，原因是凝集法的灵敏度低，检测不出小根瘤。

2) USDA110 与土著根瘤菌的竞争结瘤能力比 RTt50 强。

3) USDA110 和 RTt50 的抗体与土著根瘤菌不发生交叉反应。

表 7　USDA110 和 RTt50 在大豆不同生育期的占瘤率　(%)

生育期	USDA110		RTt50	
	ELISA	凝集法	ELISA	凝集法
苗期	75	62.5	25	20
开花期	85	75	42	34
结荚期	87.5	75	45	40
鼓粒期	87.5	87.5	35	25
不接种对照	0	0	0	0

注：土壤不经灭菌处理

四、小结

1) 在本试验中，由于间接 ELISA 的重复性差，不稳定和阴性血清的数值偏大，因此采用直接 ELISA 检测大豆根瘤菌，具有简便、快速、敏感和特异性强的特点。

2) 在检测过程中，同种中的少数菌株间虽然会发生交叉反应，但可以通过吸收反应除去共同抗体，使检测达到菌株水平。

3) 本试验首次使用价格低廉的辣根过氧化物酶代替碱性磷酸酶，检测的灵敏度较高，适于我国国情，具有推广价值。

4) 直接 ELISA 用于盆栽检测，效果较好，可望用于田间根瘤菌的检测。

参 考 文 献

蔡文琴, 王伯沄. 1988. 实用免疫细胞化学. 成都: 四川科学技术出版社.

郭春祥, 郭锡琼. 1983. 介绍一种简单快速高效的辣根过氧化物酶标记抗体的过碘酸钠法. 上海免疫学杂志, 3(2): 97-100.

蒋成淦. 1984. 酶免疫测定法. 北京: 人民卫生出版社.

王福生, 陈华癸, 李阜棣. 1985. 土壤中大豆根瘤菌之间竞争结瘤的研究-I. 免疫荧光抗体技术在根瘤菌个体生态学研究中的应用. 华中农学院学报, 4(3): 38-47.

杨苏声, 李季伦. 1989. 耐盐高效大豆根瘤菌株的构建. 微生物学报, 29(2): 107-112.

周平贞, 邓金兰, 张学江, 等. 1979. 豆科植物结瘤试验: 水培法介绍. 中国油料, (2): 60-62.

Vincent M J. 1974. 根瘤菌实用研究手册. 上海植物生理研究所固氮室, 译. 上海: 上海人民出版社.

Berger J A, May S N, Berger L R, *et al.* 1979. Colorimetric enzyme-linked immunosorbent assay for the identification of strains of *Rhizobium* in culture and in the nodules of lentils. Appl Environ Microbiol, 37(3): 642-646.

Engvall E, Perlmann P. 1971. Enzyme-linked immunosorbent assay (ELISA) quantitative assay of immunoglobulin G. Immunochemistry, 8(9): 871-874.

Hobbie J E, Daley R J, Jasper S. 1977. Use of nuclepore filters for counting bacteria by fluorescence microscopy. Appl Environ Microbiol, 33(5): 1225-1228.

Kishinevsky B, Bar-Joseph M. 1978. Rhizobium strain identification in *Arachis hypogaea* nodules by enzyme-linked immunosorbent assay (ELISA). Can J Microbiol, 24(12): 1537-1543.

Måtensson A M, Jan-Gunnar G, Hans D L. 1984. A modified, highly sensitive enzyme-linked immunosorbent assay (ELISA) for *Rhizobium meliloti* strain identification. J Gen Microbiol, 130: 247-253.

本文原载: 微生物学通报, 1993, 20(3): 129-133.

肺炎克氏杆菌的 *nifA* 基因产物在巴西固氮螺菌中的功效*

张耀平，李季伦

(北京农业大学生物学院，北京，100094)

摘要

通过三亲本杂交将质粒 pCK3[携带改变了启动子的肺炎克氏杆菌 (*Klebsiella pneumoniae*) *nifA* 基因]引入巴西固氮螺菌 (*Azospirillum brasilense*) Yu62 菌株中，由此获得的转移接合子巴西固氮螺菌 Yu62-4 菌株在6.0 mmol/L 以上 NH_4^+浓度下，能表现出微弱的固氮酶活性 (相当于无NH_4^+时活性的0.3%~0.5%)，而野生型 Yu62 则全部丧失固氮酶活性。固氮酶的丙烯酰胺凝胶电泳和铁蛋白的免疫杂交实验表明，转移接合子 Yu62-4 在高 NH_4^+ (50 mmol/L) 条件下，虽然有铁蛋白合成，但合成量比无 NH_4^+时少得多，而且有一部分铁蛋白未被共价修饰；野生型菌株 Yu62 在该 NH_4^+浓度下无铁蛋白合成。实验结果表明：外源 (来自肺炎克氏杆菌) 的基因产物在巴西固氮螺菌 Yu62 中不能有效地解除 NH_4^+对该菌固氮酶合成的阻遏作用。本文分析了出现这种现象的原因。

关键词

巴西固氮螺菌，外源 *nifA* 基因产物的功能。

固氮螺菌是一种能与禾本科作物根部联合共生固氮的微生物。它们分布广，数量多，能够利用作物根际分泌物和土壤中残留秸秆的半纤维素生长和固氮，并能产生一些植物生长刺激素，可望为禾本科作物提供氮源，因而受到人们的重视。十多年来，在世界各地曾进行了大量的田间接种试验，但效果不一 (Oken, 1985)，即使有增产效果，大多归因于其产生激素的作用 (Elmerich, 1984)，而不能归因于固氮，因为当土壤中存在化合态氮肥 (如 NH_4^+) 时，这类菌直接利用化合态氮源生长而不固氮。实验证明，当 NH_4^+浓度>60 mmol/L 时，该菌完全丧失固氮酶活性，这是限制该菌田间应用的主要因素。为了解除NH_4^+对该菌固氮作用的抑制，有人采用常规人工诱变选育抗铵菌株 (杨洁彬等, 1984)，但由于性状不稳定或影响其正常生长，一直未应用。

近年来，肺炎克氏杆菌 (*K. pneumoniae*) 的固氮 (*nif*) 基因的结构、功能及其表达的调控机制已基本阐明。在高铵条件下，*nifA* 基因不能表达，而 *nifA* 基因表达产物却又是其他 *nif* 基因，包括 *nif HDK* (固氮酶结构基因) 表达所必需的。据此，已有人组建了一些质粒，其上携带肺炎克氏杆菌或催娩克氏菌 (*K. oxytoca*) 的 *nifA* 基因，并改换了启动子，使其能组成型表达，从而不受 NH_4^+调控 (Buchanan-Wollaston *et al.*, 1981; 朱家璧等, 1983; Kennedy and Drummond, 1985; Iijima *et al.*, 1986)。将这些质粒引入棕色固氮

*本研究得到国家自然科学基金 (3870080) 及科技部“863”计划项目 (863-101-04-07) 资助。

菌 (*Azotobacter vinelandii*) (Ditta *et al.*, 1980) 和阴沟肠杆菌 (*Enterobacter cloacae*) (朱家璧等, 1983) 中，其 *nifA* 都能组成型表达，因此在高铵条件下仍有 80%以上的固氮酶活性 (同无铵时相比)。但将这些质粒引入固氮螺菌中则效果不佳 (Ditta *et al.*, 1980; Pedrosa and Yates, 1984)。

本文通过在巴西固氮螺菌 (*A. brasilense*) 中引入肺炎克氏杆菌的 *nifA* 基因，分析了外源 *nifA* 的功能，并由此提出了组建抗铵固氮螺菌新菌株的构想。

一、材料和方法

(一) 菌株和质粒

实验所用菌株和质粒如表 1 所示。

表 1　菌株和质粒

菌种和质粒	有关特性	来源或参考文献
菌种		
巴西固氮螺菌 *A. brasilense*		
Yu62	Amp^r，Cb^r	杨洁彬等, 1984
Yu62-4	Amp^r，Cb^r，Tc^r (pCK3)	本研究
大肠杆菌 *Escherichia coli*		
5K	thr，leu，thi，$resK^-$，$modK^+$	Kennedy and Drummond, 1985
HB101	pro，leu，thi，lacY，Sm^r，endol，$reca^-$，r^-m^-	Pedrosa and Yates, 1984
质粒		
pCK3	*K. pneumoniae* $nifA^c$，Tc^r，IncP-1	Kennedy and Drummond, 1985
pRK2013	Km^r，Tra^+ (辅助质粒)	Pedrosa and Yates, 1984

注：Amp. 氨苄青霉素；Cb. 羧苄青霉素；Tc. 四环素；Km. 卡那素素；Sm. 链霉素

(二) 培养基

1) YGA 培养基 (杨洁彬等, 1984)。

2) 半固体培养基：K_2HPO_4 0.1 g，KH_2PO_4 0.4 g，$MgSO_4 \cdot 7H_2O$ 0.1 g，NaCl 0.1 g，$CaCl_2$ 0.02 g，葡萄糖酸钠 10 g，洋菜 2 g (粉末)，微量元素 1 ml (1 ml 微量元素含 $FeCl_3$ 10 mg，$Na_2MoO_4 \cdot 2H_2O$ 2 mg，$MnSO_4$ 2.1 mg，H_3BO_3 2.8 mg，$ZnSO_4$ 0.24 mg，$CuSO_4 \cdot 5H_2O$ 0.41 mg)，无离子水 1000 ml，pH 6.8。

3) 有氮培养液：K_2HPO_4 2.5 g，KH_2PO_4 1.25 g，$MgSO_4 \cdot 7H_2O$ 0.2 g，NaCl 0.1 g，$CaCl_2$ 0.02 g，NH_4Cl 0.5 g，葡萄糖酸钠 10 g，蒸馏水 1000 ml，pH 6.8。

4) NFbHP 培养液 (Pedrosa and Yates, 1984)：K_2HPO_4 5 g，KH_2PO_4 4 g，$FeSO_4 \cdot 7H_2O$ 0.020 g，氨基三乙酸 0.056 g，NaCl 0.2 g，$CaCl_2 \cdot 2H_2O$ 0.02 g，$MgSO_4 \cdot 7H_2O$ 0.2 g，乳酸钠 5 g，微量元素溶液同半固体培养基。

(三) 三亲本杂交

具体方法见 Pedrosa 和 Yates (1984) 的文献。选择性标记为 Tc^r 和 Amp^r。

(四) 固氮酶活性的测定

1) 在半固体培养基上测定：菌种在 YGA 斜面上活化两次后接入有氮培养液中，30℃振荡培养过夜，当 OD_{560}=1.0 左右时取 0.05 ml 接入半固体培养基中 (1.5 cm×10 cm 试管，内装 3 ml 培养基)，30℃静置培养 4 天，换用胶塞，打入空间体积 10%的乙炔，30℃继续培养 4 h，取气体样品，采用气相色谱仪 (SQ-204) 测定乙烯峰高，再培养 5 h 后测定乙烯峰高。打入标准乙烯样品 (1 nmol) 测定其峰高，进行换算。

2) 在液体培养基中测定：菌种活化后接入 NFbHP 培养液中，于 100 r/min 30℃振荡培养 14~22 h，取样测定固氮酶活性。取 1 ml 菌液于 9 ml 小血清瓶中，打入空间体积 10%的乙炔，于 100 r/min 30℃振荡反应，不同时间取气体样品，在气相色谱仪上测定乙烯峰高。

(五) 菌体蛋白质含量的测定

第二次测定乙烯峰高后的半固体培养基，于 4000 r/min 离心 30 min，弃上清液 (用作 NH_4^+浓度测定)，用生理盐水洗涤沉淀 3 次，采用碱法裂解菌体细胞，即加入 1 ml 1 mol/L NaOH，80℃水浴保温 30 min，定容到 5 ml。取 1 ml 样品用福林酚法测定蛋白质含量 (北京大学生物系生物化学教研室，1979)。以不接种的半固体培养基处理作为对照。

(六) NH_4^+浓度的测定

利用上述上清液以微量扩散法测定 NH_4^+的浓度 (Li and Burris, 1983)。

(七) 质粒提取和电泳

固氮螺菌 Yu62 和 Yu62-4 采用 Kado 法 (Rodriguez and Tait, 1983) 提取，而大肠杆菌 5K (pCK3) 用乙酸钠法 (Pühler and Timmis, 1984) 提取。1%琼脂糖 (上海东海制药厂，现为上海东海制药股份有限公司) 100 V 电泳 6 h。

(八) 固氮酶复合体的提取

1) 菌体培养：采用半固体培养基，方法同“固氮酶活性的测定”，但所用试管为 30 mm×200 mm，内装培养基 8 ml，培养后菌体在厌氧条件下离心收集，在液氮中保存。

2) 细胞破碎：采用渗透崩解法。在 20 g 菌细胞 (含少量琼脂) 中加入 100 ml 已还原的 50 mmol/L Tris-HCl 甘油缓冲液 (pH 7.7，30%甘油 *V*/*V*)，50 mg 溶菌酶，1 mmol/L EDTA，室温下融化并保持 30 min，10 000×*g* 离心 10 min，弃上清液，快速加入 100 ml 已还原的 50 mmol/L Tris-HCl (pH 7.7) 缓冲液，其中含核糖核酸酶 (RNase) 和脱氧核糖核酸酶 (DNase) 各 10 mg，剧烈振摇，并在室温保持 30 min，10 000×*g* 离心 40 min，上清液进行固氮酶提取。所有操作都在厌氧条件下进行。

3) 固氮酶的提取：方法参照 Ludden 等 (1978) 的文献并加以修改。用 Tris-HCl (pH 7.7) 代替 Tris-乙酸缓冲液。DEAE-纤维素 52 离子交换柱 (1 cm×8 cm)，先用含 0.1 mol/L NaCl 的 50 mmol/L Tris-HCI (pH 7.2) 缓冲液进行平衡和还原 (用 1 mmol/L 连二亚硫酸钠)，上样后用含 0.15 mol/L NaCl 的 50 mmol/L Tris-HCl (pH 7.2) 缓冲液洗脱杂蛋白，最后用含 0.4 mol/L NaCl 的 50 mmol/L (pH 7.2) 缓冲液收集钼铁蛋白和铁蛋白，在液氮中保存。

(九) 细胞粗提液的制备

巴西固氮螺菌 Yu62 和转移接合子 Yu62-4 分别接入含有 0 mmol/L、10 mmol/L 和 50 mmol/L NH_4Cl 的 NFbHP 培养液中，30℃ 100 r/min 振荡培养，取 10 ml 菌液用沃特曼 (Whatman) GF/A 滤膜快速过滤，收集菌体，投入液氮中，然后根据 Kanemoto 和 Ludden (1984) 的方法制备粗提液。

(十) 蛋白质 SDS-聚丙烯酰胺凝胶电泳

方法参照 Laemmli (1970) 的文献并稍作修改。分离胶丙烯酰胺的浓度为 10%，浓缩胶为 5.5%。100 V 电泳 1.5 h 后，加大电压至 200 V，继续电泳 3 h。

(十一) 蛋白质杂交

首先进行蛋白质电泳 (Kanemoto and Ludden, 1984)。丙烯酰胺/双叉丙烯酰胺为 30/1.75。硝酸纤维素膜 (NC 膜) 先在转移缓冲液[25 mmol/L Tris，192 mmol/L 甘氨酸，20% (*V/V*) 甲醇 (优级纯)] 中平衡 0.5 h，然后将电泳后的凝胶同 NC 膜放入转移电泳槽中 (内含预冷的转移缓冲液) 低温 5 mA 电泳过夜。取出 NC 膜，做好标记，放入封闭液中 (1%干酪素溶于 TBS 溶液中。TBS 溶液含 20 mmol/L Tris，500 mmol/L NaCl，HCl 调 pH 7.5) 封闭 1 h，取出 NC 膜，放入塑料袋中，加入 1 ml 封闭液和 20 μl 第一抗体 (棕色固氮菌固氮酶铁蛋白的兔抗体)，封口，轻摇反应 1 h，取出 NC 膜，用漂洗液 (TTBS 溶液) 洗 3 次 (TTBS：TBS 中加入 0.05% 吐温-20)，然后再将 NC 膜放入另一干净塑料袋中，加入 10 ml 封闭液和 100 μl 第二抗体 (HRP 酶联的羊抗兔 IgG，0.1 mg/ml)，封口，轻摇反应 1 h，然后以 TTBS 洗 3 次，将 NC 膜取出放入干净盘中，加入染色剂 (3, 3′-二氨基联苯胺四盐酸盐 5 mg，溶于 10 ml TBS 溶液中，用前加入 1.5 μl H_2O_2)，进行染色，直至肉眼能看到棕色带出现，迅速水洗，停止染色。

二、结果

(一) 外源 *nifA* 基因在巴西固氮螺菌 Yu62 中稳定存在

通过三亲本杂交，经 6 h 接合，成功地将质粒 pCK3 (携带肺炎克氏杆菌组成型表达的 *nifA* 基因) 引入巴西固氮螺菌 Yu62 中，转移接合子巴西固氮螺菌 Yu62-4 获得了 Tc 抗性。转移频率为 1×10^{-6}。在含 Tc 和 Amp 抗生素的选择平板上纯化 3 次以上以淘汰辅助质粒 pRK2013。

研究将提取质粒进行琼脂糖电泳分析，发现质粒 pCK3 在转移接合子 Yu62-4 中能够稳定存在，辅助质粒 pRK2013 已被淘汰 (图 1)。

(二) 外源 *nifA* 基因在巴西固氮螺菌 Yu62 中的表达

1) 固氮酶活性测定：将巴西固氮螺菌 Yu62 野生型和 Yu62-4 转移接合子分别接种在含不同铵浓度 (0~75 mmol/L) 的半固体培养基中，30℃培养 4 天后测定固氮酶比活性及培养基中残留的铵含量，结果如表 2 所示。

由表 2 可见，当培养基中铵的残留量在 6.0 mmol/L 以上时，野生型 Yu62 完全丧失固氮酶活性，但转移接合子 Yu62-4 在此高铵条件下仍有微弱的活性，而且不再受铵浓度影响。在低铵 (<6.0 mmol/L) 时，两个菌株的固氮酶活性都同样受到铵的抑制。

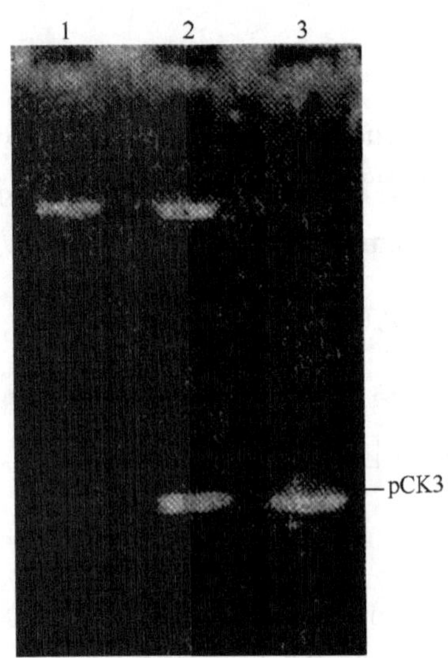

图 1　巴西固氮螺菌 Yu62 和 Yu62-4 的质粒图谱

1. Yu62；2. Yu62-4；3. *E. coli* 5K (pCK3)

表 2　在半固体培养基中不同 NH_4^+浓度下 Yu62 和 Yu62-4 的固氮酶比活性

培养基中铵的最终浓度/(mmol/L)	固氮酶比活性/[(nmol C_2H_4/(mg 蛋白·h)]
A. brasilense Yu62	
0.024	526.7
0.31	341.4
0.88	143.4
1.08	72.4
2.20	12.2
6.02	0
A. brasilense Yu62-4	
0.022	550.0
0.41	430.0
0.84	69.0
1.23	59.2
2.00	13.4
6.00	1.7
6.20	1.4
18.20	1.3
69.20	2.4

在半固体培养基上，研究对 Yu62 和 Yu62-4 分别在 32℃和 37℃条件下的固氮酶活性进行了测试，结果发现：在低浓度铵 (<2 mmol/L) 时，Yu62 和 Yu62-4 在 37℃时的固氮酶比活性同 32℃时无明显差异。但在高铵 (70 mmol/L) 时，Yu62 全部丧失固氮酶活性，Yu62-4 在 32℃时有少量活性 (约为低铵时

的 0.4%)，而 37℃时则也全部丧失活性，这是因为肺炎克氏杆菌的 *nifA* 产物对温度敏感 (Buchanan-Wollaston *et al.*, 1981)。表明肺炎克氏杆菌和巴西固氮螺菌的 *nifA* 产物在特性上有所不同，巴西固氮螺菌的 *nifA* 产物对温度的敏感性要低 (数据未列)。

2) 外源 *nifA* 功能的分析：在含 2 mmol/L 铵的半固体培养基上接种野生型 Yu62，在含 35 mmol/L 的半固体培养基上分别接种 Yu62 和 Yu62-4，30℃培养 4 天后，分别在厌氧条件下收集菌体，经渗透崩解法破碎细胞，离心得到粗酶提取液，通过 DEAE-纤维素 52 部分提纯后，进行 SDS-聚丙烯酰胺凝胶电泳 (SDS-PAGE) 比较。3 个样品上样量严格控制，使原始总蛋白含量相同，结果如图 2 所示。

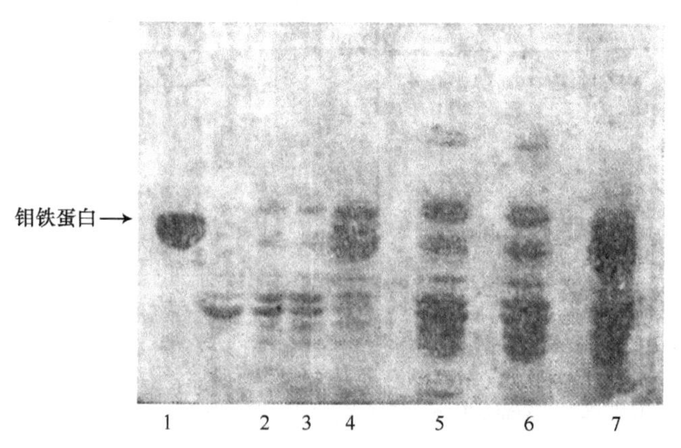

图 2　巴西固氮螺菌 Yu62 和 Yu62-4 固氮酶钼铁蛋白的 SDS-PAGE 图谱

1. 巴斯德梭状芽孢杆菌钼铁蛋白；2、5. Yu62-4 (35 mmol/L NH_4^+)；3、6: Yu62 (35 mmol/L NH_4^+)；4、7. Yu62 (2 mmol/L NH_4^+)。5、6、7 样品的上样量分别比 2、3、4 样品大一倍

由图 2 可见，Yu62 和转移接合子 Yu62-4 在高铵 (35 mmol/L) 的半固体培养基上均少量合成钼铁蛋白，二者的合成量无明显差异，都比野生型 Yu62 在低铵 (2 mmol/L) 的半固体培养基中所合成的钼铁蛋白量少很多，所不同的是转移接合子 Yu62-4 在含 35 mmol/L 铵的半固体培养基上有少量的固氮酶活性，而野生型 Yu62 则完全没有。

为了排除 NH_4^+在半固体培养基中扩散不均可能导致的误差，研究又采用液体通气方式培养并测定了野生型 Yu62 菌株和转移接合子 Yu62-4 的固氮酶活性。结果表明：在有固氮酶活性的液体培养物中，加入 5 mmol/L NH_4Cl 可完全抑制野生型 Yu62 菌株的固氮酶活性，而同样条件下转移接合子 Yu62-4 仍有微弱的活性；加入 1 mmol/L MSX (一种谷氨酰胺合成酶的抑制剂) 可以解除两个菌株NH_4^+的抑制 (图 3)。以上结果进一步表明，*nifA* 基因可能通过某种产物影响了固氮酶的合成。

对细胞粗提液进行蛋白质免疫杂交，结果发现，用含 10 mmol/L NH_4Cl 的培养液培养时，野生型 Yu62 的固氮酶还原酶 (铁蛋白) 的合成完全被阻遏，而转移接合子 Yu62-4 的铁蛋白仍有少量合成，且不完全被修饰 [铁蛋白由两个相同大小的亚基组成，在 SDS-PAGE 上呈一个条带，当铁蛋白被共价修饰后，其中一个亚基由于共价结合了二磷酸腺苷核糖 (ADPR) 基团而降低了电泳迁移率，这时铁蛋白在 SDS-PAGE 上呈两个条带]，如图 4 所示。这一结果表明，外源 *nifA* 基因产物在巴西固氮螺菌中只能微弱地解除铵对其固氮酶合成的阻遏作用。

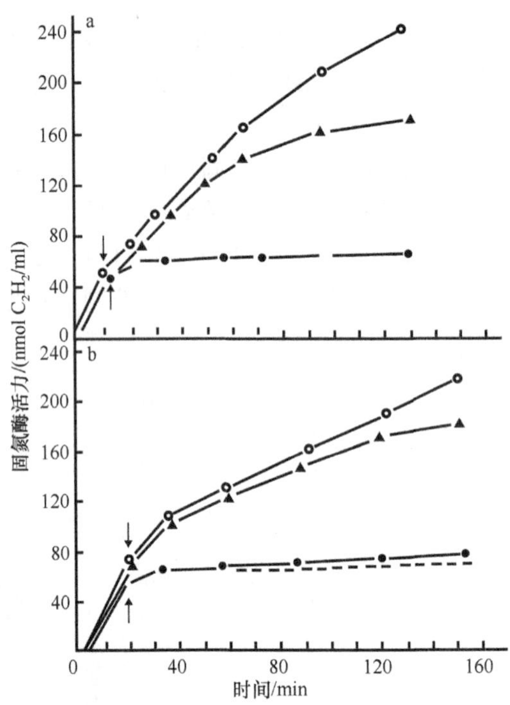

图 3　NH_4^+和 NH_4^++MSX 对巴西固氮螺菌 Yu62 (a) 和转移接合子 Yu62-4 (b) 固氮酶活性的影响

大约 20 min 时（箭头处），加入 NH_4Cl，最终浓度 5 mmol/L (●)；或者加入 1 mmol/L MSX+5 mmol/L NH_4Cl (▲)。加入同样体积的水作为对照（○）

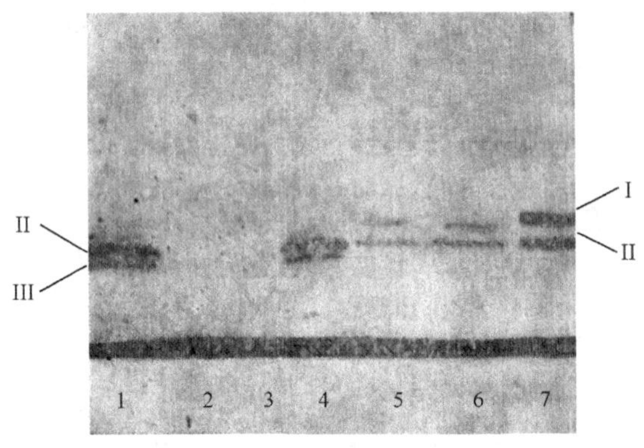

图 4　铁蛋白免疫杂交试验结果

电泳道 1~3: Yu62 粗提液；电泳道 4~6: Yu62-4 粗提液；电泳道 1、4. 4.0 mmol/L NH_4Cl；电泳道 2、5. 10 mmol/L NH_4Cl；电泳道 3、6. 50 mmol/L NH_4Cl；电泳道 7. 修饰的 Yu62 铁蛋白作为对照。I 为被二磷酸腺苷核糖修饰的铁蛋白亚基；II 为未被修饰的铁蛋白亚基；III 为非特异性蛋白

三、讨论

在阴沟肠杆菌和棕色固氮菌中引入肺炎克氏杆菌的 *nifA* 基因，能使它们组成型地合成固氮酶，由于这两种菌的固氮酶活性不受NH_4^+抑制，在高铵浓度下其固氮酶活性可达到无NH_4^+时的 80%~100% (朱家璧等, 1983; Kennedy and Drummond, 1985)。但是在巴西固氮螺菌中引入肺炎克氏杆菌的 *nifA* 后，其在高铵下的固氮酶活性只相当于无铵时的 0.3%~0.5%，这一结果同 Pedrosa 和 Yates (1984) 将肺炎克氏杆菌 *nifA* 引入巴西固氮螺菌 FP 菌株中的结果及 Iijima 等 (1986) 将催娩克氏菌 *nifA* 引入生脂固氮螺菌 (*A. lipoferum*) 中的结果类似。转移接合子 Yu62-4 在高铵条件下其固氮酶活性低的原因，可能有如下两

个：①外源 *nifA* 在巴西固氮螺菌中不能有效表达，或者即使表达，其产物也不能有效地启动其体内的其他 *nif* 基因的表达；②已合成的铁蛋白在高铵下被共价修饰而丧失固氮酶活性。

在我们的实验中发现这两个因素都存在。在 SDS-PAGE 上可以看到，Yu62-4 在高铵（50 mmol/L）条件下，固氮酶的合成仍受阻遏作用，其合成量明显低于无铵时野生型 Yu62 的合成量，说明引入肺炎克氏杆菌的 *nifA* 并未打破铵对其固氮酶合成的阻遏。这可能是两菌的 *nifA* 基因产物的特性差异所致。已有实验表明，不同来源的 *nifA* 基因、不同的载体质粒以及不同的受体菌，*nifA* 基因表达的效果不同。质粒 pMC73a（肺炎克氏杆菌 *nifA*）转入肺炎克氏杆菌 UNF714 中能使该菌株在高铵时固氮酶活性达到无铵时的 15%~30%（Buchanan-Wollaston *et al.*, 1981），而朱家璧等（1983）发现质粒 pST1021（肺炎克氏杆菌 *nifA*）使肺炎克氏杆菌 CH 菌株在高铵时固氮酶活性达到无铵时的 90%左右。Kennedy 和 Drummond（1985）也发现质粒 pCK3（肺炎克氏杆菌 *nifA*）能使肺炎克氏杆菌 UNF913 和棕色固氮菌在高铵时的固氮酶活性分别达到低铵时的 75%和 108%，但该质粒在巴西固氮螺菌中效果不佳（本实验；Pedrosa and Yates, 1984）。Iijima 等（1986）也发现质粒 pNOW71A（肺炎克氏杆菌 *nifA*）只能使生脂固氮螺菌在高铵时固氮酶活性达到无铵时的 0.7%左右。Kennedy 和 Drummond（1985）采用 *nif-LacZ* 融合质粒研究发现，肺炎克氏杆菌和棕色固氮菌的 *nifA* 产物在功能上存在明显差异。Zhu 等（1986）也发现肺炎克氏杆菌与阴沟肠杆菌的 *nifA* 产物在温度敏感性方面存在差异。本实验发现肺炎克氏杆菌和巴西固氮螺菌的 *nifA* 产物对温度的敏感性不同，前者在 37℃时失活，而后者不受影响。此外，Nair 等（1983）通过同源杂交试验发现肺炎克氏杆菌 *nifA* 基因同巴西固氮螺菌只有微弱的同源性。所有这些结果说明，各菌之间 *nifA* 基因产物的差异可能影响了功能上的互补，这是巴西固氮螺菌转移接合子 Yu62-4 在高铵条件下固氮酶活性低的主要原因。

此外，在巴西固氮螺菌中存在着类似于深红红螺菌（*Rhodospirillum rubrum*）的铵关闭固氮酶活性的现象（Hartmann *et al.*, 1985），这也影响了固氮酶活性。图 4 的蛋白质免疫杂交试验结果表明，在高铵条件下巴西固氮螺菌的铁蛋白呈现两个条带，同红螺菌铁蛋白被修饰的情况一样。图 2 中野生型 Yu62 和转移接合子 Yu62-4 在 35 mmol/L NH_4^+的半固体培养基上均有少量固氮酶合成，这可能是由于半固体培养基流动性较差，在菌生长后期，菌体周围培养基的铵浓度低于原始铵浓度，使一部分固氮酶脱阻遏而合成。用液体培养的结果澄清了这一现象（图 4），实验表明，用含 10 mmol/L NH_4^+的培养液培养，野生型 Yu62 的固氮酶已完全被阻遏，而同样条件下，甚至 NH_4^+的浓度达到 50 mmol/L 时，转移接合子 Yu62-4 的固氮酶仍有少量合成。从图 4 中还可以发现，肺炎克氏杆菌的 *nifA* 基因虽然未打破铵对巴西固氮螺菌固氮酶合成的阻遏，但却使一部分铁蛋白不被修饰，使转移接合子在高铵条件下表现出微弱的固氮酶活性。表明 *nifA* 基因可能以某种方式参与了固氮酶活性的调控，这一结果有待深入研究。

通过实验发现外源 *nifA* 基因不能打破铵对巴西固氮螺菌固氮酶合成的阻遏作用。因此有必要分离巴西固氮螺菌 Yu62 自身的 *nifA* 基因，并改造成组成型表达再转回巴西固氮螺菌中，才可能使它在高铵条件下组成型合成固氮酶，经进一步改造，打破固氮酶活性的调控机制，才有可能获得抗铵菌株。

参 考 文 献

北京大学生物系生物化学教研室. 1979. 生物化学实验指导. 北京：高等教育出版社.
杨洁彬，曹增良，李季伦. 1984. 北京郊区固氮螺菌的研究. 北京农业大学学报, 10(3): 321-329.

朱家璧, 俞冠翘, 江群益, 等. 1983. 基因 *nifA* 产物对肺炎克氏杆菌(*Klebsiella pneumoniae*) *gln* 突变型的 Nif 表型的校正和固氮酶的组成型合成的作用. 中国科学: B 辑, (8): 688-696.

Buchanan-Wollaston V, Cannon M C, Beynon J L, *et al.* 1981. Role of the *nifA* gene product in the regulation of *nif* expression in *Klebsiella pneumoniae*. Nature, 294(5843): 776-778.

Ditta G, Stanfield S, Corbin D, *et al.* 1980. Broad host range DNA cloning system for Gram-negative bacteria: construction of a gene bank of *Rhizobium meliloti*. Proc Natl Acad Sci USA, 77(12): 7347-7351.

Elmerich C. 1984. Molecular biology and ecology of diazotrophs associated with non-leguminous plants. Bio/Technology, 2(11): 967-978.

Hartmann A, Fu H A, Song S D, *et al.* 1985. Comparison of Nitrogenase regulation in *A. brasilense*, *A. lipoferum*, and *A. amazonense*. *In*: Klingmüller W. *Azospirillum* III: Genetics, Physiology, Ecology. Proceedings of The 3rd Bayreuth *Azospirillum* workshop. Berlin, New York: Springer-Verlag.

Iijima S, Uozumi T, Beppu T. 1986. Molecular cloning of *Thermus flavus* malate dehydrogenase gene. Agric Biol Chem, 50(3): 589-592.

Kanemoto R H, Ludden P W. 1984. Effect of ammonia, darkness, and phenazine methosulfate on whole-cell nitrogenase activity and Fe protein modification in *Rhodospirillum rubrum*. J Bacteriol, 158(2): 713-720.

Kennedy C, Drummond M H. 1985. The use of cloned *nif* regulatory elements from *Klebsiella pneumoniae* to examine *nif* regulation in *Azotobacter vinelandii*. J Gen Microbiol, 131: 1787-1795.

Laemmli U K. 1970. Cleavage of structural proteins during the assembly of the head of bacteriophage T4. Nature, 227(5259): 680-685.

Li J L, Burris R H. 1983. Influence of pN_2 and pD_2 on HD formation by various nitrogenases. Biochemistry, 22(19): 4472-4480.

Ludden P W, Okon Y, Burris R H. 1978. The nitrogenase system of *Spirillum lipoferum*. Biochem J, 173(3): 1001-1003.

Nair S K, Jara P, Quiviger B, *et al.* 1983. *Azospirillum* II, Experientia Supplementum. *In*: Klingmüller W. *Azospirillum* II-Genetics, Physiology, Ecology Second Workshop Held at the University of Bayreuth. Basel, Boston: Birkhäuser Verlag.

Oken Y. 1985. *Azospirillum* as a potential inoculant for agriculture. Trends in Biotechnology, 3(9): 223-228.

Pedrosa F O, Yates M G. 1984. Regulation of nitrogen fixation (*nif*) genes of *Azospirillum brasilense* by *nifA* and *ntr* (*gln*) type gene products. FEMS Microbiol Lett, 23(1): 95-101.

Pühler A, Timmis K N. 1984. Advanced Molecular Genetics. Berlin, Heidelberg, New York, Tokyo: Springer-Verlag.

Rodriguez R L, Tait R C. 1983. Recombinant DNA Techniques: an Introduction. Reading: Addison-Wesley.

Zhu J B, Li Z G, Wang L W, *et al.* 1986. Temperature sensitivity of a *nifA-like* gene in *Enterobacter cloacae*. J Bacteriol, 166(1): 357-359.

本文原载：微生物学报, 1991, 31(5): 338-345.

巴西固氮螺菌 (*Azospirillum brasilense*) Yu62 的质粒及 *nif HDK* 基因的定位*

何路红，李季伦

(北京农业大学生物学院，北京，100094)

摘要

对从北京郊区玉米根际分离到的巴西固氮螺菌 (*Azospirillum brasilense*) Yu62 的质粒进行了分离和检测，发现检测方法不同，得到的质粒数目也不同。采用 Kado 法只发现一个大质粒，以 pABm1 表示，其分子量约为 120 MDa；采用改良的 Eckhardt 方法，则发现 5 个大质粒，分别以 pABm1、pABm2、pABm3、pABm4 和 pABm5 表示，它们的分子量分别约为 120 MDa、330 MDa、360 MDa、480 MDa 和 900 MDa，都是巨型质粒；采用多种方法检测均未发现小质粒。应用生物素标记的核酸杂交技术制备了 Biotin-*nifHDK* 探针，并对 Yu62 菌株的质粒及染色体片段进行了 Southern 印迹杂交和点杂交，杂交结果表明 *nifHDK* 基因定位于染色体上。

关键词

巴西固氮螺菌，质粒，*nifHDK* 基因。

固氮螺菌属 (*Azospirillum*) 是重要的生物固氮资源，它不仅能与多种重要的禾本科作物如小麦、玉米、水稻、高粱和甘蔗等根部联合共生，而且适应性强、分布广 (Pedrosa and Yates, 1988)，因而具有较广的应用前景。自 20 世纪 70 年代以来，各地开展了固氮螺菌的田间接种试验，但增产效果不一，一般在贫瘠的土壤中效果较好，而在稍肥沃的土壤中则无明显效益 (Subba, 1981)。这是因为环境中高浓度的铵会抑制该菌的固氮作用，高铵不但阻遏该菌固氮酶的合成，同时还抑制已合成的固氮酶的活性 (Pedrosa and Yates, 1984)，因此大大限制了固氮螺菌的实际应用。只有对该菌进行遗传改造，获得解除铵对其固氮作用抑制的"抗铵工程菌株"，才能充分发挥其应用潜能。了解该菌固氮基因 (*nif*) 的定位、排列、结构及其表达调控机制等有关分子遗传学规律，则是该项工作的理论基础。

近年来，固氮螺菌的分子遗传学研究进展较快，研究已构建了固氮螺菌的基因文库，并克隆了其 *nifHDK*、*glnA* 和 *draT*/*draG* 等基因，对其固氮作用的调控机制也有了初步了解 (Fu *et al.*, 1988; Pedrosa and Yates, 1988)。但是，该菌的 *nif* 基因定位至今尚未得到一致的结论。现已发现，多数固氮螺菌菌株都有质粒，其大小和数目因菌株不同而异，一般为 1~6 个，分子量为 4~370 MDa (Pedrosa and Yates, 1988)。Singh (1984) 等发现在巴西固氮螺菌 (*A. brasilense*) 和生脂固氮螺菌 (*A. lipoferum*) 中有 500~600 MDa

*本研究是国家自然科学基金重点资助项目。

的巨大质粒。Wood 等 (1982) 发现在巴西固氮螺菌 125A2 菌株中存在分子量 42~1850 MDa 的 7 个大质粒。莱莫斯 (Lemos) 和鱼住 (Uozumi) 等分别用质粒消除法研究了固氮螺菌质粒与固氮作用的关系，认为固氮螺菌的质粒参与固氮作用 (Pedrosa and Yates, 1988)。但是，Plazinski 等 (1983) 用 ^{32}P-*nifHDK* 作探针进行分子杂交表明质粒并不携带 *nifHDK* 基因，即 *nifHDK* 基因定位于染色体上。Singh (1984) 等用同样的方法研究了小于 300 MDa 的质粒与 *nifHDK* 基因的关系，结果也表明质粒不带 *nifHDK* 基因，但他们并未排除更大的质粒参与固氮作用的可能性。由于分离、检测巨型质粒非常困难，迄今为止，这一问题一直没有明确的结论，研究人员对巨型质粒的功能也了解甚少。

我国早在 20 世纪 70 年代末就开展了固氮螺菌的研究工作，但对其质粒及其与 *nif* 基因关系的研究尚未见报道。本文选用从北京郊区玉米根际分离到的我国土著固氮螺菌 Yu62，研究了检测该菌株质粒的方法，并应用生物素标记的核酸杂交技术探明了该菌株 *nifHDK* 基因定位于染色体上，与质粒无关。

一、材料和方法

(一) 质粒、菌株及其培养条件

供试巴西固氮螺菌 Yu62 菌株为本研究室提供 (杨洁彬等, 1984)，标准菌株巴西固氮螺菌 Sp7 为李久蒂赠送，该菌株有 4 个大质粒，其分子量分别为 100 MDa、130 MDa、350 MDa、370 MDa (Plazinski *et al.*, 1983)，在本文中用作分子量标记。质粒 pSA30 含有肺炎克氏杆菌 (*Klebsiella pneumoniae*) 的 *nifHDK* 基因 (Cannon *et al.*, 1979)，其寄主菌是大肠杆菌 (*Escherichia coli*) HB101，由肯尼迪 (Kennedy) 赠送。3 种菌株都用 LB (Maniatis *et al.*, 1982) 培养液培养，条件是固氮螺菌 30℃，20 h；大肠杆菌 37℃，16 h。所有菌株都振荡培养，转速为 200 r/min。

(二) 巴西固氮螺菌 DNA 操作

1) 质粒的检测：①采用 Kado 和 Liu (1981) 的方法；②采用改良的 Eckhardt 法 (Thomas, 1978; 王常霖和郝茨, 1988)。水平板胶的制作及电泳条件参照王常霖和郝茨 (1988) 的文献。样品处理方法有两点改进：①溶菌前用 TBE 洗涤细胞 (TBE 为 89 mmol/L Tris，89 mmol/L 硼酸，2 mmol/L EDTA，pH 8.3)，并置于 4℃冷冻 20 min；②将溶菌悬浮液中的蔗糖改为聚蔗糖 Ficoll 400 或改成低熔点琼脂糖 (65℃融化，冷却至 40℃左右时，加入溶菌酶、RNase，混匀后与菌细胞混合，迅速加样)。

2) 质粒及染色体片段的回收：参照 Thuring 等 (1975) 的方法加以改进。将经水平凝胶电泳分离的质粒及染色体片段胶条切下，分别装入无菌的 Eppendorf 离心管中，待数次电泳分离到的凝胶条足够多时，将同样片段的胶条用封口膜包在一起，于液氮气相中冷冻 5 min，迅速挤压冷冻胶条，挤出液体并吸入无菌 Eppendorf 管中，离心去掉残留的琼脂糖颗粒，贮于 4℃备用。

3) 总 DNA 的提取：参照 Raymond 和 Robert (1983) 的方法。

(三) Biotin-*nifHDK* 探针的制备

质粒 pSA30 的提取、纯化、*Eco*R I 酶切及 *nifHDK* (6.2 kb 的 *Eco*R I 片段) 的回收均参照 Maniatis 等 (1982) 的方法进行。*nifHDK* 与 Biotin-7-dATP 经缺刻平移法制成 Biotin-*nifHDK* 探针，探针标记情况及浓度经亲和素生物素化牛小肠碱性磷酸酶 (avidin-biotinylated calf intestinal alkaline phosphatase，ABAP) 染色法染色，然后与标准 Biotin-λDNA 染色斑点目测比色后确定。具体操作按贝塞斯达研究实验室 (Bethesda Research Laboratories) 产品说明书进行。

(四) Southern 印迹杂交

电泳胶板经短波 (253.7 nm) 紫外灯照射 15 min 后，再用 0.25 mmol/L HCl 浸泡 7 min，然后进行碱变性、中和，经 Southern 吸印到硝酸纤维素膜上，烤干后用甲酰胺体系预杂交 4 h，与 Biotin-*nifHDK* 探针杂交 20 h (Leary *et al.*, 1983)，然后经 ABAP 染色，根据染色斑点确定杂交结果 (Leary *et al.*, 1983)。

(五) 斑点杂交

将冷冻挤压法回收的巨型质粒及染色体片段 DNA 分别点到硝酸纤维素膜上，经碱变性和中和后(吴冠芸和王申五, 1988)，同“Southern 印迹杂交”一样进行预杂交、杂交和染色。

(六) 质粒分子量的估算

根据 Hynes 等 (1988) 提出的公式 log*L* (分子量)=*K*×1/*M* (*M* 为质粒的电泳迁移率)，*K* 为比例系数，由已知质粒的分子量 (*L*) 和电泳迁移距离 (*M*) 代入公式求得，将未知质粒的电泳迁移距离代入公式，即可计算出未知质粒的分子量。

二、结果和讨论

(一) Yu62 菌株质粒的检测及其分子量的估算

鉴于已报道的固氮螺菌质粒分子量为 4~1800 MDa，我们分别采用了适用于大质粒和小质粒的检测方法。结果发现，目前普遍采用的 Kado 法能简便、有效地检测标准菌株 Sp7 的两个质粒 pABSp7c (130 MDa) 和 pABSp7d (100 MDa) (Plazinski *et al.*, 1983)，以及质粒 pSA30 (6.3 MDa)，用于检测 Yu62 菌株时，发现该菌株有一个质粒，命名为 pABm1，其电泳迁移率介于 pABSp7c 和 pABSp7d 之间，根据公式 log*L*=*K*×1/*M* 估算，pABm1 的分子量为 120 MDa；该菌株不含小质粒。质粒的电泳图谱如图 1 所示。

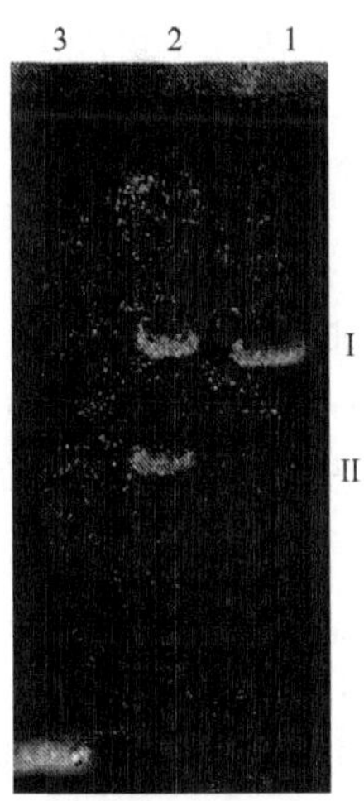

图 1　Kado 法检测巴西固氮螺菌 Yu62 质粒

1. *A. brasilense* Yu62 (1：pABm1)；2. *A. brasilense* Sp7 (I：pABSp7d；II：pABSp7c)；3. pSA30；1，3 为参考质粒标准

反复试验证明，Kado 法不能有效地检测到 Sp7 菌株的两个巨型质粒 (pABSp7a：350 MDa；pABSp7b：370 MDa)，表明 Yu62 菌株也可能不止一个质粒。我们采用改良的 Eckhardt 胶内温和裂解法，发现 Yu62 菌株含有 5 个质粒 (图 2)，分别称为 pABm1、pABm2、pABm3、pABm4 和 pABm5，估算它们的分子量分别是 120 MDa、330 MDa、360 MDa、480 MDa 和 900 MDa。由于 pABm4 和 pABM5 的分子量超出已知质粒范围，数值可能有偏差。

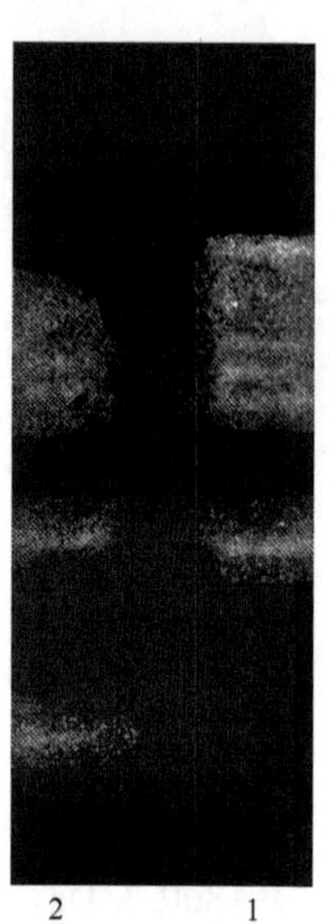

图 2　水平板胶内裂解法检测 Yu62 质粒

1. *A. brasilense* Yu62 (含有 5 个质粒)；2. *A. brasilennse* Sp7 (含有 4 个质粒)

我们认为图 2 呈现的 5 个条带是 5 个质粒，而不是其中较小质粒的开环形式或线状形式。因为溶菌和质粒分离等一系列操作都是在凝胶电泳中进行的，作用条件温和，最大限度地避免了对大质粒的剪切，特别是在溶菌悬浮液中改用聚蔗糖 (增加黏度) 或低熔点琼脂糖 (固化细胞) 后，水溶液对大质粒的机械剪切力降到最低，提高了大质粒的稳定性，因此不可能出现开环形式或线状形式。同时，作为对照的标准菌株 Sp7 在同样条件下出现的质粒数目与文献报道相同 (Plazinski *et al.*, 1983)，也说明上述论点正确。此外，由于染色体 DNA 的分子量更大，一般不能进入胶内，而是滞留在样井中，被切割成片段的染色体 DNA 则以拖尾形式出现在胶中 (图 2)。在进行巨型质粒检测时，增加 TBE 洗涤和 4℃冷冻细胞，主要是提高了溶菌效果，TBE 中的 EDTA 能整合二价阳离子，使细胞壁结构松散，便于溶菌酶的作用，冻融则有利于细胞裂解，释放细胞内含物；增加溶菌悬浮液的黏度或固化细胞则与新近发展的大分子 DNA 操作原理相吻合。试验结果表明，这些改进措施是有效的。

(二) 与 *nifHDK* 基因分子杂交

Cannon 等 (1979) 将肺炎克氏杆菌的 *nifHDK* 基因克隆到质粒 pACYC184 载体上，得到质粒 pSA300。已研究过的所有固氮菌株的 *nifHDK* DNA 顺序都有很高的保守性 (Hausinger and Howard, 1980)，本文采用最近几年发展的生物素标记的核酸杂交技术制备了 Biotin-*nifHDK* 探针，并对检测到的 Yu62 菌株的质粒及染色体片段 DNA 进行了 Southern 印迹杂交，结果如图 3 所示。

Biotin-*nifHDK* 与质粒无杂交带形成，而与染色体片段 DNA 有杂交带形成，说明 *nifHDK* 定位于染色体上，与质粒无关。

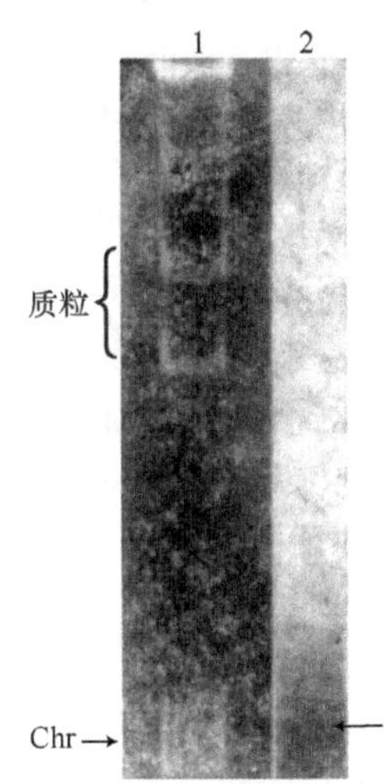

图 3　Southern 印迹杂交结果

1. Yu62 质粒图谱；2. Biotin-*nifHDK* Southern 印迹杂交结果；Chr. 染色体 DNA 片段

考虑到 Yu62 菌株的质粒太大，Southern 转印的效果可能欠佳，我们将多次电泳分离到的质粒及染色体片段分别回收，然后点到硝酸纤维素膜上，再用 Biotin-*nifHDK* 探针杂交（点杂交），结果（图 4）表明 *nifDHK* 定位于染色体上，与质粒无关，这与 Southern 印迹杂交的结果是一致的。点杂交试验避免了大分子 DNA 转印不好的缺陷，因此结论是可靠的。

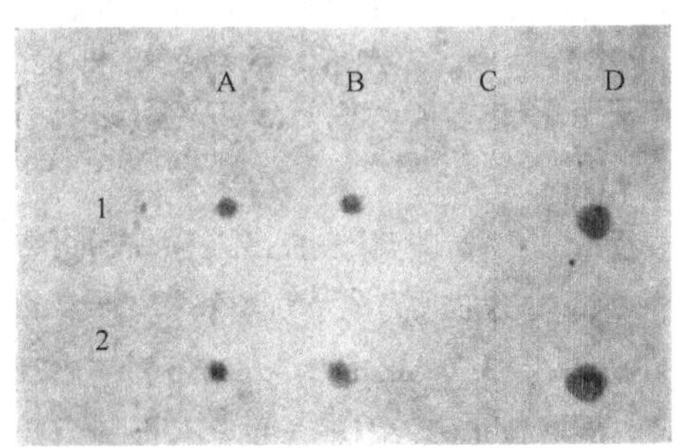

图 4　点杂交结果

A. 总 DNA；B. 染色体 DNA 片段；C-1. pABm1；C-2. pABm2、pADm3、pABm4 和 pABm5；D-1. Biotin-*nifHDK*；D-2. pSA30

Southern 印迹杂交和点杂交的结果都表明，巴西固氮螺菌 Yu62 的质粒不携带 *nifHDK* 基因，这一结果与 Singh (1984) 和 Plazinski 等 (1983) 采用 ^{32}P-*nifHDK* 杂交的结果是一致的，他们都发现固氮螺菌的质粒未携带 *nifHDK* 基因。这一结论与 Lemos 和 Uozumi 等的结论也并不矛盾 (Pedrosa and Yates, 1988)，他们认为，固氮螺菌的质粒参与固氮作用，并不表明质粒一定携带 *nifHDK* 基因。有关这些质粒的功能及其与固氮作用的关系尚待研究。

参考文献

王常霖，郝茨. 1988. 转座子 Tn5-Mob 对菜豆根瘤菌共生基因的诱变、转移和初步定位. 遗传学报, 15(1): 25-33.

吴冠芸，王申五. 1988, 基因诊断. 北京：人民卫生出版社: 177.

杨洁彬，曹增良，李季伦. 1984. 北京郊区固氮螺菌的研究. 北京农业大学学报, (3): 321-329.

Cannon F C, Riedel G E, Ausubel F M. 1979. Overlapping sequences of *Klebsiella pneumoniae nif* DNA cloned and characterized. Mol Gen Genet, 174(1): 59-66.

Fu H A, FitzMaurice W P, Lehman L J, *et al.* 1988. Regulation of nitrogenase activity in *Azospirilla*, *herbaspirilla* and acetobacter: cloning of *draG*-and *draT*-homologous genes of *A. lipoferum* SpBr17. *In*: Bothe H, de Bruijn F L, Newton W E. Nitrogen Fixation: Hundred Years After. Stuttgart: Gustav Fischer: 336.

Hausinger R P, Howard J B. 1980. Comparison of the iron proteins from the nitrogen fixation complexes of *Azotobacter vinelandii*, *Clostridium pasteurianum*, and *Klebsiella pneumoniae*. Proc Natl Acad Sci USA, 77(7): 3826-3830.

Hynes M F, Kerstin B, Ursula P. 1988. Melanin production encoded by a cryptic plasmid in a *Rhizobium leguminosarum* strain. Arch Microbiol, 150: 326-332.

Kado C I, Liu S T. 1981. Rapid procedure for detection and isolation of large and small plasmids. J Bacteriol, 145(3): 1365-1373.

Leary J J, Brigati D J, Ward D C. 1983 Rapid and sensitive colorimetric method for visualizing biotin-labeled DNA probes hybridized to DNA or RNA immobilized on nitrocellulose: Bio-blots. Proc Natl Acad Sci USA, 80(13): 4045-4049.

Maniatis T, Fritsch E F, Sambrook J. 1982. Molecular Cloning. New York: Cold Spring Harbor Laboratory: 545.

Pedrosa F O, Yates M G. 1984. Regulation of nitrogen fixation (*nif*) genes of *Azospirillum brasilense* by *nifA* and *ntr* (*gln*) type gene products. FEMS Microbiol Lett, 23(1): 95-101.

Pedrosa F O, Yates M G. 1988. Physiology, biochemistry, and genetics of *Azospirillum* and other root-associated nitrogen-fixing bacteria. Critical Reviews in Plant Sciences, 6(4): 345-384.

Plazinski J, Dart P J, Rolfe B G. 1983. Plasmid visualization and *nif* gene location in nitrogen-fixing *Azospirillum* strains. J Bacteriol, 155(3): 1429-1433.

Raymond L R, Robert C T. 1983. Recombinant DNA Techniques: An Introduction. Amsterdam: The Benjamin/Cummings Publishing Company, Inc.

Singh M. 1984. Abstracts of Fourteenth Steenbook Symposium Nitrogen Fixation and CO Metabolism. Madison: University of Wisconsin-Madison: 132.

Subba R N S. 1981. Response of crops to *Azospirillum* inoculation in India. *In*: Vose P B, Rusche A P. Associative N_2-Fixation. Boca Raton: CRC Press: 137-144.

Thomas E. 1978. A rapid method for the identification of plasmid desoxyribonucleic acid in bacteria. Plasmid, 1(4): 584-588.

Thuring R W J, Sanders J P M, Borst P. 1975. A freeze-squeeze method for recovering long DNA from agarose gels. Anal Biochem, 66(1): 213-220.

Wood A G, Menezes E M, Dykstra C, *et al.* 1982. Methods to demonstrate the megaplasmids (or minichromosomes) in *Azospirillum*. *In*: Klingmüller W. *Azospirillum*: Genetics, Physiology, Ecology. Basel: Birkhäuser Verlag: 18-34.

本文原载：微生物学报, 1991, 31(4): 255-260.

肺炎克氏杆菌 *nifA* 基因在巴西固氮螺菌固氮基因表达的铵调节中的作用*

何路红，阎大来，马旅雁，李季伦

(北京农业大学农业生物技术国家重点实验室，北京，100094)

固氮螺菌属 (*Azospirillum*) 是一类仅在限铵和微好氧条件下固氮的微生物，它可与许多禾本科作物联合共生 (Pedrosa and Yates, 1988)，具有较大的应用潜力。铵作为固氮作用的调节信号，在固氮螺菌的实际应用中是首要的限制因素。在固氮螺菌中，铵不但具有与肺炎克氏杆菌 (*Klebsiella pneumoniae*) 相似的阻遏固氮酶合成的作用，而且对已合成的固氮酶进行活性调节 (Hartmann *et al.*, 1986)。研究表明，固氮螺菌固氮酶翻译后活性调节的机制类似于深红红螺菌 (*Rhodospirillum rubrum*) (Roberts and Ludden, 1992)，即在有铵条件下其固氮酶铁蛋白的一个亚基被共价修饰而丧失活性，这一过程是可逆的。铵在固氮螺菌中双水平地调节固氮作用，使得在野生菌株中研究其固氮基因表达水平上的调节较为困难。

Zhang 等 (1992) 利用区域定位诱变技术获得了巴西固氮螺菌 Sp7 (*A. brasilense* Sp7) 的 *draT*$^-$突变株，在该突变株中铵不再影响固氮酶的活性，这为固氮基因表达调节的研究提供了一个良好的材料。本文将组成型表达的肺炎克氏杆菌 *nifA* 基因引入该突变株中，分析并讨论铵对巴西固氮螺菌固氮基因表达的调节作用方式。

一、材料和方法

(一) 菌株及培养方法

巴西固氮螺菌 Sp7 (Ap^{r}Nx^r，野生型) 和 UB3 (Ap^{r}Nx^{r}Km^r，*draT*$^-$)(Zhang *et al.*, 1992) 在 LB 培养基中 30℃培养，固氮酶活性测定选用 NFbHP 培养基 (Pedrosa and Yates, 1984) 30℃培养；大肠杆菌 (*Escherichia coli*) 5K (pCK3) (Tc^r，30℃培养时有 Km^r，含有肺炎克氏杆菌 *nifA*^{c})(Kennedy and Drummond, 1985) 和 5K (pRK2013) (Km^r，辅助质粒) 在 LB 培养基中 37℃培养。抗生素使用浓度分别为：Ap 50 μg/ml、Nx 4 μg/ml、Km 20 μg/ml、Tc 10 μg/ml。抗性测定分别在 LB 和半固体 NFbHP 培养基中 30℃或 37℃检测。

(二) 质粒的接合转移

按 Pedrosa 和 Yates (1984) 的文献进行。

(三) 核酸印迹分子杂交

探针的生物素标记及杂交和检测均按 Clontech 公司生物素标记 DNA 检测盒说明书进行。

*本研究是“863”计划资助项目。

(四) 固氮酶活性的测定

固氮酶活性采用乙炔还原法测定，用气相色谱测定乙烯生成量。

二、结果

(一) pCK3 向巴西固氮螺菌中的转移

按三亲交配法将 pCK3 转入巴西固氮螺菌 UB3 菌株，在含 Ap、Nx、Km 和 Tc 的培养基上进行筛选，得到大量接合子。经过在选择培养基上多次传代后，选取其中若干接合子进行质粒的电泳分析，发现接合子中全部含有与 pCK3 大小一致的质粒。进一步以肺炎克氏杆菌 *nif*'BAL'片段[从质粒 pGR397 (Riedel *et al.*, 1983) 中回收得到]作为探针，进行 Southern 杂交分析，在质粒条带处均呈阳性。以上结果表明，pCK3 已转入 UB3 菌株并可在其中稳定存在。

(二) 接合子的固氮酶活性测定

在不同铵浓度的培养条件下，研究分别测定接合子与出发菌株 UB3 的固氮酶活性，以 UB3 在无氮条件下的固氮酶活性为 100%，结果如表 1 所示。由于 UB3 菌株是 *draT*⁻，其固氮酶活性完全不受铵浓度的影响 (Zhang *et al.*, 1992)，即使在其活性培养物中加入 20 mmol/L 铵，仍对其固氮酶活性不产生任何影响 (本实验室未发表的数据)。由此可以确定表 1 中的固氮酶活性数据即可代表相应的固氮基因表达的强弱。可见，5 mmol/L 铵即可完全阻遏 UB3 的固氮酶合成；而对于接合子，在 5 mmol/L 铵的条件下，固氮基因的表达受到部分阻遏，表达强度随着铵浓度的增加而减弱，在 20 mmol/L 铵的条件下仅有极微量的表现 (基因表达)。

表 1　不同铵浓度培养条件下的固氮酶活性

菌株	相应特征	固氮酶活性/%		
		0	5 mmol/L	20 mmol/L
A. brasilense UB3	*draT*⁻，$Ap^rNx^rKm^r$	100	0	0
A. brasilense UB3 (pCK3)	*draT*⁻，$Ap^rNx^rKm^rTc^r$ *K. pnemoniae* $nifA^c$	100	15	0.5~2

注：表中最后三列的第一行数据 (0, 5, 20) 是代表 NH_4Cl 浓度，单位为 mmol/L

我们曾测定过肺炎克氏杆菌 NifA 对巴西固氮螺菌固氮基因的转录激活作用 (阎大来等, 1995)，结果表明前者可以有效地启动后者的转录表达。结合这一结论及表 1 的结果，又由于 pCK3 中的 *nifA* 是在抗卡那霉素基因启动子下组成型表达的，间接说明接合子在高铵条件下固氮基因仅微弱表达是由于铵抑制了 NifA 的转录激活活性。为了进一步验证这一结论，我们利用 pCK3 自身的特点又进行了卡那霉素抗性的测定。

(三) 卡那霉素抗性的测定

在 pCK3 中，将肺炎克氏杆菌 *nif*'BAL'插入抗卡那霉素基因的启动子下游，*nifA* 依赖抗卡那霉素基因启动子组成型转录，而抗卡那霉素基因自身则依赖 *nifB* 启动子。有活性的 NifA 激活 *nifB* 启动子引导下的抗卡那霉素基因的转录，使得含有 pCK3 的大肠杆菌在 30℃条件下具有卡那霉素抗性。由于肺炎克氏杆菌 NifA 对温度敏感，37℃时 NifA 失活，此时大肠杆菌 (pCK3) 不能在含卡那霉素的培养基上生长。pCK3 的这种抗卡那霉素温度敏感的特点，经检测在巴西固氮螺菌中同样存在 (表 2)，说明可以利用这一特点，通过测定卡那霉素抗性，了解不同条件下 NifA 的活性情况。

表 2　卡那霉素抗性的测定

菌株	温度/℃	培养基		
		NFbHP	NFbHP+20 mmol/L NH_4Cl	LB
E. coli (pCK3)	30	ND	ND	+
	37	ND	ND	–
A. brasilense Sp7	30	–	–	–
	37	–	–	–
A. brasilense Sp7 (pCK3)	30	+	–	–
	37	–	–	–

注：ND. 不能确定；+. 生长；–. 不生长

由于 UB3 本身具有卡那霉素抗性，无法进行卡那霉素抗性的检测，我们就将 pCK3 引入野生菌株 Sp7 中，在含有卡那霉素的培养基中分别测定 Sp7 和 Sp7 (pCK3) 的生长情况 (表 2)。在无氮条件下，Sp7 (pCK3) 具有卡那霉素抗性；温度变化 (30℃→37℃) 和氮源的变化 (无氮→高铵) 均导致卡那霉素抗性的丧失；而作为对照，原始菌株 Sp7 则在任何条件下均不具备卡那霉素抗性。这些现象充分说明了在高铵条件下 NifA 是失活的，不能激活固氮基因的转录表达。

三、讨论

Liang 等 (1991) 曾构建了巴西固氮螺菌 *nifA*::*lacZ* 及 *nifH*::*lacZ* 的转录融合质粒，并分别测定了其在不同条件下的 β-半乳糖苷酶活性。结果发现 *nifA* 的转录活性在无氮条件下最高，在 20 mmol/L 铵的条件下仅有部分抑制作用，说明其 *nifA* 是组成型表达；而 *nifH* 的转录在 20 mmol/L 铵的条件下则几乎完全被抑制。这一结果间接说明铵是通过控制 NifA 的活性来调节巴西固氮螺菌固氮基因的表达。

本文通过对 UB3 (pCK3) 的固氮酶活性进行测定，以及 Sp7 (pCK3) 的卡那霉素抗性进行测定，说明在巴西固氮螺菌中，肺炎克氏杆菌 NifA 在高铵条件下丧失活性，从而不能激活固氮基因的转录表达。

在肺炎克氏杆菌中，铵信号通过 NifL 抑制 NifA 的活性 (Merrick *et al.*, 1982)，NifL 和 NifA 基本上是等量合成的，免疫化学分析表明 NifL 与 NifA 可形成复合物 (Henderson *et al.*, 1989)，推测 NifL 是等量作用于 NifA 来使之丧失活性的。当向该菌中引入组成型表达的 *nifA* 时，在高铵条件下超量的 NifA 仍具有转录激活活性 (Uozumi *et al.*, 1986)。显然，巴西固氮螺菌则不同，迄今为止，未在巴西固氮螺菌中发现 *nifL* 的同源基因。通过前面的测定和分析，又因为肺炎克氏杆菌 *nifA* 转录表达后的产物是有活性的[这已在体外转录翻译体系中得到证实 (Spudich *et al.*, 1989)]，我们推测在巴西固氮螺菌中存在一种负调节因子，铵通过这一因子控制 NifA 的活性。这种负调节因子在肺炎克氏杆菌中是不存在的。寻找和研究这一因子，将是构建固氮基因脱铵阻遏的巴西固氮螺菌工程菌株的关键。

参考文献

阎大来, 何路红, 李季伦. 1995. 肺炎克氏杆菌 NifA 对巴西固氮螺菌 *nifH* 启动子的转录激活作用. 生物工程学报, 11(3): 205-210.

Hartmann A, Fu H A, Burris R H. 1986. Regulation of nitrogenase activity by ammonium chloride in *Azospirillum* spp. J

Bacteriol, 165(3): 864-870.

Henderson N, Austin S, Dixon R. 1989. Role of metal ions in negative regulation of nitrogen fixation by the *nifL* gene product from *Klebsiella pneumoniae*. Mol Gen Genet, 216: 484-491.

Kennedy C, Drummond M H. 1985. The use of cloned *nif* regulatory elements from *Klebsiella pneumoniae* to examine *nif* regulation in *Azotobacter vinelandii.* J Gen Microbiol, 131: 1787-1795.

Liang Y Y, Kaminski P A, Elmerich C. 1991. Identification of a *nifA-like* regulatory gene of *Azospirillum brasilense* Sp7 expressed under conditions of nitrogen fixation and in the presence of air and ammonia. Mol Microbiol, 5(11): 2735-2744.

Merrick M, Hill S, Hennecke H, *et al.* 1982. Repressor properties of the *nifL* gene product in *Klebsiella pneumoniae*. Mol Gen Genet, 185: 75- 81.

Pedrosa F O, Yates M G. 1984. Regulation of nitrogen fixation (*nif*) genes of *Azospirillum brasilense* by *nifA* and *ntr* (*gln*) type gene products. FEMS Microbiol Lett, 23(1): 95-101.

Pedrosa F O, Yates M G. 1988. Physiology, biochemistry, and genetics of *Azospirillum* and other root-associated nitrogen-fixing bacteria. Crit Rev Plant Sci, 6(4): 345-384.

Riedel G E, Brown S E, Ausubel F M. 1983. Nitrogen fixation by *Klebsiella pneumoniae* is inhibited by certain multicopy hybrid *nif* plasmids. J Bacteriol, 153(1): 45-56.

Roberts G P, Ludden P W. 1992. Nitrogen fixation by photosynthetic bacteria. *In*: Stacey G, Burris R H, Evans H J. Biological Nitrogen Fixation. New York, London: Chapman and Hall: 135-165.

Spudich E N, Takahashi T, Spudich J L. 1989. Sensory rhodopsins I and II modulate a methylation/demethylation system in *Halobacterium halobium* phototaxis Proc Natl Acad Sci USA, 86(20): 7746-7750.

Uozumi T, Wang P L, Tonouchi N, *et al.* 1986. Cloning and expression of the *nifA* gene of *Klebsiella oxytoca* in *K. pneumoniae* and *Azospirillum lipoferum*. Agric Biol Chem, 50(6): 1539-1544.

Zhang Y, Burris R H, Roberts G P. 1992. Cloning, sequencing, mutagenesis, and functional characterization of *draT* and *draG* genes from *Azospirillum brasilense.* J Bacteriol, 174(10): 3364-3349.

本文原载：生物工程学报, 1995, 11(4): 385-388.

几种固氮菌 *nifA* 基因片段的同源性分析*

阎大来，李季伦

(北京农业大学微生物专业，北京，100094)

摘要

参照已知数种固氮菌 *nifA* 基因的 DNA 序列，选择其中间区域的两个保守性较强的序列合成引物，利用肺炎克氏杆菌 (*Klebsiella pneumoniae*)、棕色固氮菌 (*Azotobacter vinelandii*)、巴西固氮螺菌 (*Azospirillum brasilense*)、草螺菌 (*Herbaspirillum seropedicae*) 和深红红螺菌 (*Rhodospirillum rubrum*) 的总 DNA 进行聚合酶链反应，结果均扩增出约 450 bp 大小的片段，经证实为各种固氮菌的 *nifA* 基因部分片段。核酸印迹分子杂交结果显示出 *nifA* 基因在不同固氮菌中的同源性不强。

关键词

固氮菌，*nifA* 基因，聚合酶链反应。

nifA 基因作为固氮酶结构基因 *nifHDK* 表达的正调节基因 (Gussin *et al.*, 1986)，在固氮遗传研究中占有重要地位。Buikema 等 (1985) 首先报道了肺炎克氏杆菌 (*Klebsiella pneumoniae*) 和苜蓿根瘤菌 (*Rhizobium meliloti*) 的 *nifA* 基因全序列，之后一些实验室又相继报道了其他几种菌的 *nifA* 基因全序列 (Thöny *et al.*, 1987; Bennett *et al.*, 1988; Masepohl *et al.*, 1988)，为从分子水平上研究 *nifA* 的功能及特性提供了可靠的材料。

聚合酶链反应 (polymerase chain reaction，PCR) 是 1985 年美国 Cetus 公司穆利斯 (Mullis) 等开发的一项专利。1988 年，Saiki 等 (1988) 又报道了用耐热 DNA 聚合酶 (*Taq* DNA polymerase) 进行 PCR 实验，使这项技术在分子生物学领域广泛应用。

本文介绍利用 PCR 方法对不同固氮菌的 *nifA* 基因部分片段进行体外扩增，并对其相互的同源关系进行了讨论。

一、材料和方法

(一) 菌株与质粒

本文所使用的菌株与质粒如表 1 所示。

*本课题由“863”计划项目经费资助。

表 1　菌株与质粒

菌株和质粒	特性	来源或参考文献
Klebsiella pneumoniae M5a1	*nif*$^+$	本实验室
Azotobacter vinelandii OP	*nif*$^+$	本实验室
Rhodospirillwm rubrum ATCC11170	*nif*$^+$	本实验室
Herbaspirillum seropedicae Z78	*nif*$^+$	Baldani *et al.*, 1986
Azospirillsm brasilense Sp7	*nif*$^+$	本实验室
Azospirillum brasilense Yu62	*nif*$^+$	本实验室
plasmid pGR397	7.1 kb 的质粒中含有 3.2 kb 肺炎克氏杆菌的 *nif*'BAL'	Riedel *et al.*, 1983

注：*nif*$^+$指 *nif* 基因完整

(二) 培养方法

深红红螺菌 (*Rhodospirillum rubrum*) 用改进的 Ormerod 液体培养基 (Ormerod *et al.*, 1961)，25℃光照培养，光强约为 1500 lx。棕色固氮菌 (*Azotobacter vinelandii*) 用修改的 Burk 液体培养基 (Strandberg and Wilson, 1968)，30℃振荡培养。其他菌株在 LB 液体培养基中振荡培养。

(三) DNA 的制备

1) 细菌总 DNA 的提取：按 Rodriguez 和 Tait (1983) 的文献进行，DNA 用乙醇沉淀后溶解。

2) 质粒 DNA 的提取：按 Sambrook 等 (1989) 的文献进行。

(四) 探针的光生物素标记

按照 Clontech 公司产品使用说明书进行。

(五) 核酸杂交 (Southern Blot) 及检测

杂交及检测按照 Clontech 公司生物素标记 DNA 试剂盒说明书进行。

(六) 酶及试剂

限制性内切核酸酶来自 Promega 公司和华美公司，*Taq* 酶购自 New England Biolabs 公司，光敏生物素及检测盒购自 Clontech 公司。引物由北京农业大学农业生物技术实验室采用 ABI 公司 381A 型 DNA 合成仪合成。

二、结果

(一) PCR 引物的选择

采用 PCR 方法对不同固氮菌的 *nifA* 基因进行扩增，首先要选择保守性强的区域以设计引物。Drummond 等 (1986) 将肺炎克氏杆菌 *nifA* 分成 4 个功能域，之后报道的数种 *nifA* 氨基酸序列 (Bennett *et al.*, 1988; Fischer *et al.*, 1988; Masepohl *et al.*, 1988) 与之相比较，发现 *nifA* 的中间区域与羧基端两个功能域同源性较强，前者包括 ATP 结合位点，可能还与 *ntrA* 的作用有关，后者是 DNA 结合区域 (DNA binding domain)。

通过比较肺炎克氏杆菌、苜蓿根瘤菌 (Buikema *et al.*, 1985)、棕色固氮菌 (Bennett *et al.*, 1988)、荚膜红细菌 (*Rhodobacter capsulatus*) (Masepohl *et al.*, 1988) 的 *nifA* 序列，我们选择中间区域内两个同源性很强的片段设计引物 (表 2)，5′端引物为 19 mer，3′端引物为 17 mer。

表 2　引物序列的确定

K. pneumoniae	853 GAGAAAGGCGCGTTTACCG	…CGCGAACTGGAAAACTC	1301 (449 bp)
R. meliloti	817 GAGAAAGGTGCGTTCACCG	…CGCGAGCTGGAAAACTC	1265 (449 bp)
A. vinelandii	850 GAGAAGGGCGCCTTCACCG	…CGCGAACTGGAGAACTG	1298 (449 bp)
R. capsulatutus	817 GAGAAAGGCGCCTTCACCG	…CGCGAGCTGGAAAACTG	1265 (449 bp)
	5′– GAGAAAGGCGCCTTCACCG	GCGCTCGACCTTTTGAC-5′	
	------------------------------------→	←------------------------------------	
	5′引物，19 mer	3′引物，17 mer	

(二) PCR 扩增不同固氮菌 *nifA* 基因的部分片段

以不同固氮菌总 DNA 作为模板，以上述合成的寡聚脱氧核糖核酸作为引物，在 Hybaid 公司的 PCR 反应器中反应，条件为：70 mmol/L Tris-HCl，pH 8.8，25℃，2 mmol/L $MgCl_2$，0.1% TritonX-100，dATP、dGTP、dCTP、dTTP 各 200 μmol/L，100 g/ml BSA，1 μg 细菌总 DNA，引物各 50 pmol，*Taq* 酶 3 U，反应体积为 100 μl。反应程序为：94℃变性 1 min，50℃退火 2 min，72℃延伸 3 min，共进行 30 个循环。

产物经 6.5%聚丙烯酰胺凝胶电泳，结果如图 1 所示。在 450 bp 左右的相应位置上，不同的菌总 DNA 扩增后均产生一个明显的片段。为了证实扩增 DNA 的准确性，我们将肺炎克氏杆菌的扩增 DNA 经 Sau3A1 酶完全消化后产生 3 个片段，其大小分别为 198 bp、166 bp 和 85 bp，参照 Buikema 等 (1985) 报道的肺炎克氏杆菌 *nifA* 基因序列，与其上的 Sau 3AI 酶切位点完全相符。

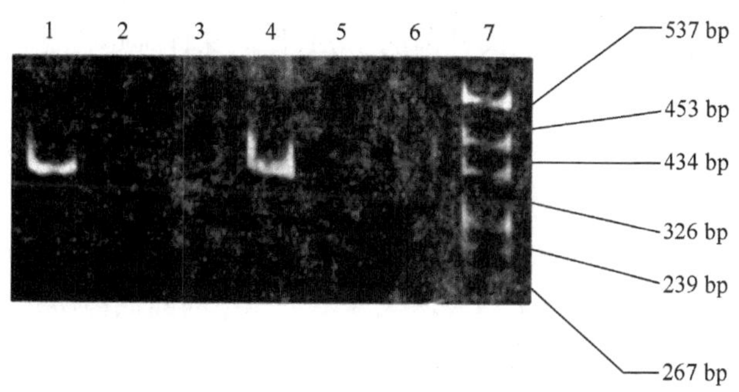

图 1　PCR 扩增 *nifA* 片段电泳

1. *Azospirillum brasilense* Yu62；2. *Azospirillum brasilense* Sp7；3. *Herbaspirillum seropedicae*；4. *Rhodospirillum rubrum*；5. *Klebsiella pneumoniae*；6. *Azotobacter vinelandii*；7. DNA Marker (bp)

(三) PCR 扩增产物的核酸印迹与分子杂交

将等量的 PCR 扩增片段经 1%琼脂糖电泳后，用 LKB 公司的真空核酸转移系统将 DNA 转到 0.2 μm 孔径的尼龙膜上，分别用光生物素标记的肺炎克氏杆菌 *nif′* BAL′片段及巴西固氮螺菌 (*Azospirillum brasilense*) Yu62 PCR 扩增 *nifA* 片段作为探针进行杂交，结果如图 2 所示。我们发现，肺炎克氏杆菌除与草螺菌 (*Herbaspirillum seropedicae*) 的 *nifA* 片段有强同源性外，与其他菌株的同源性均很低 (图 2-A)。巴西固氮螺菌与其他各属菌的 *nifA* 片段同源性也很低 (图 2-B)。

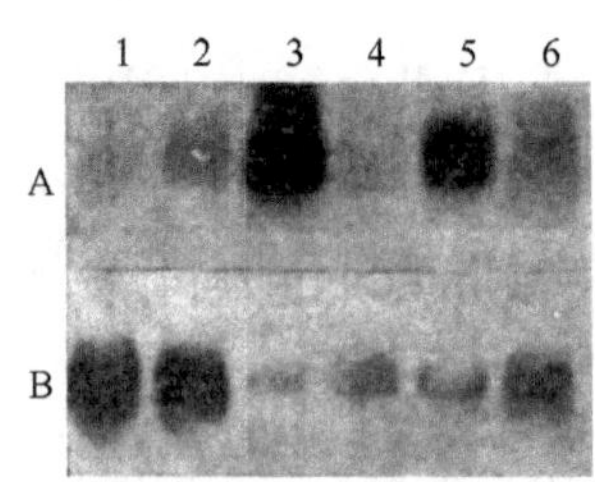

图 2 PCR 扩增 *nifA* 片段核酸印迹分子杂交

A. 以 *Klebsiella pneumoniae nif*'BAL'为探针；B. 以 *Asospirillum brasilense* Yu62 扩增 *nifA* 片段为探针

1. *Azospirillun brasilense* Yu62；2. *Azospirillum brasilense* Sp7；3. *Herbaspirillsm seropedicae*；4. *Rhodospirillum rubrum*；5. *Klebsiella pneumoniae*；6. *Azotobacter vinelandii*

三、讨论

已知 *nifA* 序列的 4 种固氮菌经本试验设计的引物进行 PCR 扩增后，应产生 449 bp 的扩增片段（表 2），这与本试验结果是相符的，加之扩增片段的酶切分析及 DNA 印记的结果，可以肯定扩增片段确实是各种菌 *nifA* 基因的一部分，其中对巴西固氮螺菌、草螺菌和深红红螺菌的 *nifA* 基因报道尚属首次。

已知序列的 *nifA* 基因在不同固氮菌属间同源性为 30%~50% (Bennett *et al.*, 1988; Fischer *et al.*, 1988; Masepohl *et al.*, 1988)，其保守性是较差的。Kennedy 和 Drummond (1985) 认为，与固氮作用密切相关的基因，如 *nifHDK*，其 DNA 序列保守性较强，而调节基因如 *nifA* 的保守性则很差。Fani 等（1989）总结了已知的 19 种 *nifH* 基因 DNA 序列，其同源性为 42%~97%，在这种同源性水平下采用核酸分子杂交方法较易检测出相互同源的序列，但如用于 *nifA* 基因检测，在有的固氮菌中是检测不出来的（Jones et *al.*, 1984）。

对于巴西固氮螺菌，虽然有证据表明存在类似 *nifA* 的调节基因（Pedrosa and Yates, 1984），但除 Nair (1983) 等报道过用肺炎克氏杆菌的 *nifA* 进行不严格杂交，检测到非常弱的同源性片段外，许多杂交试验均未得到确定的结果。我们曾用肺炎克氏杆菌的 *nifA* 作为探针筛选巴西固氮螺菌的基因文库，也未得到阳性克隆。本试验结果证实了肺炎克氏杆菌与巴西固氮螺菌的 *nifA* 基因同源性很弱（图 2）。采用 PCR 方法扩增 *nifA* 基因中相对较保守的中间区域，进而克隆 *nifA* 全基因片段，将解决克隆弱同源基因的困难。

在试验中我们发现，如果降低 PCR 反应中的退火温度，扩增片段的产率会大幅度提高，但同时伴随一些非特异性扩增片段的出现，而且在同一退火温度下，不同固氮菌所扩增出的 *nifA* 片段产率相差很大，这是由于引物序列在不同菌中的保守性程度不同，与 Sommer 和 Tautz (1989) 关于引物同源性对 PCR 反应的影响所进行的分析是一致的。

从杂交试验可以看出，即使在 *nifA* 基因的中间区域，不同菌之间的同源性也不一致，有的很低，如肺炎克氏杆菌与巴西固氮螺菌。令人感兴趣的是，肺炎克氏杆菌与草螺菌 *nifA* 基因的中间区域同源性很高，而它们无论在分类地位上还是固氮类型上均相差很远，其中的关系需进一步研究。

参 考 文 献

Baldani J I, Baldani V L D, Seldin L, *et al.* 1986. Characterization of *Herbaspirillum seropedicae* gen. nov., sp. nov., a root-associated nitrogen-fixing bacterium. Int J Syst Bacteriol, 36(1): 86-93.

Bennett L T, Cannon F, Dean D R. 1988. Nucleotide sequence and mutagenesis of the *nifA* gene from *Azotobacter vinelandii*. Mol Microbiol, 2(3): 315-321.

Buikema W J, Szeto W W, Lemley P V, *et al.* 1985. Nitrogen fixation specific regulatory genes of *Klebsiella pneumoniae* and *Rhizobium meliloti* share homology with the general nitrogen regulatory gene *ntrC* of *K. pneumoniae*. Nucleic Acids Res, 13(12): 4539-4555.

Drummond M, Whitty P, Wootton J. 1986. Sequence and domain relationships of *ntrC* and *nifA* from *Klebsiella pneumoniae*: homologies to other regulatory proteins. EMBO J, 5(2): 441-447.

Fani R, Allotta G, Bazzicalupo M, *et al.* 1989. Nucleotide sequence of the gene encoding the nitrogenase iron protein (*nifH*) of *Azospirillum brasilense* and identification of a region controlling *nifH* transcription. Mol Gen Genet, 220: 81-87.

Fischer H M, Bruderer T, Hennecke H. 1988. Essential and non-essential domains in the *Bradyrhizobium japonicum* NifA protein: identification of indispensable cysteine residues potentially involved in redox reactivity and/or metal binding. Nucleic Acids Res, 16(5): 2207-2224.

Gussin G N, Ronson C W, Ausubel F M. 1986. Regulation of nitrogen fixation genes. Annu Rev Genet, 20: 567-591.

Jones R, Woodley P, Robson R. 1984. Cloning and organisation of some genes for nitrogen fixation from *Azotobacter chroococcum* and their expression in *Klebsiella pneumoniae.* Mol Gen Genet, 197(2): 318-327.

Kennedy C, Drummond M H. 1985. The use of cloned *nif* regulatory elements from *Klebsiella pneumoniae* to examine *nif* regulation in *Azotobacter vinelandii.* J Gen Microbiol, 131: 1787-1795.

Masepohl B, Klipp W, Pühler A. 1988. Genetic characterization and sequence analysis of the duplicated *nifA*/*nifB* gene region of *Rhodobacter capsulatus*. Mol Gen Genet, 212(1): 27-37.

Nair S K. 1983. *Azospirillum* II. *In*: Klingmüller W. Genetics, Physiology, Ecology. Basel: Birkhauser-Verlag: 29-38.

Ormerod J G, Ormerod K S, Gest H. 1961. Light-dependent utilization of organic compounds and photoproduction of molecular hydrogen by photosynthetic bacteria; relationships with nitrogen metabolism. Arch Biochem Biophys, 94: 449-463.

Pedrosa F O, Yates M G. 1984. Regulation of nitrogen fixation *nif* (genes) of *Azospirillum brasilense* by *nifA* and *ntrC* (*glnB*) type gene products. FEMS Microbiol Lett, 23: 95-101.

Riedel G E, Brown S E, Ausubel F M. 1983. Nitrogen fixation by *Klebsiella pneumoniae* is inhibited by certain multicopy hybrid *nif* plasmids. J Bacteriol, 153(1): 45-56.

Rodriguez R L, Tait R C. 1983. Recombinant DNA Techniques: An Introduction. Boston: Addison-Wesley Publishing Company.

Saiki R K, Gelfand D H, Stoffel S, *et al.* 1988. Primer-directed enzymatic amplification of DNA with a thermostable DNA polymerase. Science, 239(4839): 487-491.

Sambrook J, Fritsch E F, Maniatis T. 1989. Molecular Cloning: A Laboratory Manual. 2nd ed. New York: Cold Spring Harbor Laboratory.

Sommer R, Tautz D. 1989. Minimal homology requirements for PCR primers. Nucleic Acids Res, 17(16): 6749.

Strandberg G W, Wilson P W. 1968. Formation of the nitrogen-fixing enzyme system in *Azotobacter vinelandii.* Can J Microbiol, 14(1): 25-31.

Thöny B, Fischer H M, Anthamatten D, *et al.* 1987. The symbiotic nitrogen fixation regulatory operon (fixRnifA) of *Bradyrhizobium japonicum* is expressed aerobically and is subject to a novel, *nifA*-independent type of activation. Nucleic Acids Res, 15(20): 8479-8499.

本文原载：微生物学报, 1992, 32(5): 309-313.

巴西固氮螺菌 *ntrBC* 基因的克隆与核苷酸序列分析*

阎大来，何路红，李季伦

(北京农业大学农业生物技术国家重点实验室，北京，100094)

摘要

以 EMBL3 为载体，构建了巴西固氮螺菌 (*Azospirillum brasilense*) Yu62 的基因文库。以巴西固氮螺菌 Yu62 中 PCR 扩增出的 450 bp DNA 片段作为探针，对该基因文库进行筛选，得到了 10 个阳性克隆 (EA1~EA10)，其中含有两种不同类型的克隆，分别以 EA4 和 EA9 为代表。对 EA4 的杂交分析发现目的基因位于 2.9 kb *Eco*R I 片段上。DNA 序列分析结果表明该片段含有完整的 *ntrC* 编码区，其编码产物由 480 个氨基酸组成，分子量为 53 469 Da；*ntrC* 上游是完整的 *ntrB* 编码区，其编码产物由 400 个氨基酸组成，分子量为 43 478 Da。对相应的 NtrC 和 NtrB 氨基酸序列进行同源性分析，说明巴西固氮螺菌与根瘤菌的亲缘关系相较其他自生固氮菌更为接近。

关键词

巴西固氮螺菌，基因文库，*ntrBC* 基因，核苷酸序列。

固氮螺菌属 (*Azospirillum*) 是一类可与许多禾本科作物及牧草根际联合共生的微生物 (Pedrosa and Yates, 1988)，由于其具有分布广、数量多、适应性强等优点，成为最受重视的联合共生固氮菌。目前对其固氮遗传学研究的主要对象是巴西固氮螺菌 (*A. brasilense*)，其中许多固氮及相关基因已得到克隆和分析 (Elmerih *et al.*, 1992)。我们参照已知数种固氮菌 *nifA*、*ntrC* 基因的 DNA 序列，选择其中间区域的两个保守性较强的序列合成引物，对巴西固氮螺菌的总 DNA 进行 PCR，结果扩增出长约 450 bp 的片段 (阎大来和李季伦, 1992)。本文即在这一工作基础上利用该 PCR 扩增片段作为探针，筛选巴西固氮螺菌的基因文库，得到两种不同的克隆，其中之一经序列分析表明其含有 *nifA* 同源基因 (待发表)。本文报道了另一个目的基因所在的 2.9 kb *Eco*R I 片段的核苷酸序列，结果表明该片段含有完整的 *ntrBC* 编码区。

一、材料和方法

(一) 菌株与质粒

菌株与质粒如表 1 所示。

*本研究为“863”计划资助项目。

表 1　菌株与质粒

菌株与质粒	表型和(或)基因型	参考文献
菌株		
E. coli K-12		
BHB2688	(N205 recA [λimm434 cIts b2 red Dam Sam/λ])	Hohn and Murray, 1977
BHB2690	(N205 recA [λimm434 cIts b2 red Dam Sam/λ])	Hohn and Murray, 1977
JM101	supE thiΔ (lac-proAB) F′ [traD36 proAB$^+$lacI^{q}IacZ ΔM15]	Messing, 1979
LE392	supE44 supF58 hsdR514 galK2 galT22 metBl trpR55 lacY1	Borck, *et al.*, 1976
A. brasilense		
Yu62	野生型	杨洁彬等, 1984
质粒		
pUG19	Ap^r	Yanisch-Perron *et al.*, 1985
pFG9	Ap^r，*A. brasilense ntrBC*	本研究

(二) 培养方法

所有菌株均用 LB 培养基培养。巴西固氮螺菌 30℃培养，大肠杆菌 (*Escherichia coli*) 37℃培养。

(三) 包装蛋白的制备

按 Sambrook 等 (1989) 的文献进行。

(四) DNA 的制备

细菌总 DNA 的提取按 Rodriguez 和 Tait (1983) 的文献进行。λ 噬菌体、质粒和单链 M13 噬菌体 DNA 的提取按 Sambrook 等 (1989) 的文献进行。

(五) 核酸印迹分子杂交

探针的生物素标记及杂交和检测均按照 BioRad 公司生物素标记 DNA 检测盒说明书进行。

(六) DNA 序列测定及计算机分析

据双脱氧末端终止法 (Sanger *et al.*, 1977)，以单链 M13 噬菌体 DNA 为模板，按 Promega 公司 T7 DNA 聚合酶测序试剂盒说明书进行。用贝克曼 (Beckman) 公司的 MicroGenie 序列分析软件进行序列拼接、分析等。

(七) 酶及试剂

限制性内切核酸酶、DNA 聚合酶 Klenow 片段购自 Promega 公司和华美公司，T4 DNA 连接酶购自 New England Biolbs 公司，生物素标记 DNA 检测盒购自 BioRad 公司，T7 DNA 聚合酶测序试剂盒购自 Promega 公司，α-^{32}P-dATP 购自福瑞公司。

二、结果和讨论

(一) 基因文库的构建及筛选

提取高分子量的巴西固氮螺菌 Yu62 总 DNA (>50 kb)，用稀释法确定其 Sau3A1 部分酶切最佳条件，据此进行大量的部分酶切，电泳回收 14~23 kb 的片段。所提取的包装蛋白用标准浓度的 λDNA 进行包装试验，效价为 5×10^7 pfu/μg λDNA。将 EMBL3/*Eco*R I+*Bam*H I 双酶切产物与回收片段以适宜的比例和浓度进行连接 (1.5 μg：0.5 μg/10 μl 连接体积) 并进行包装，建立了巴西固氮螺菌 Yu62 的基因文库，容量为 2×10^4 个重组子。

从基因文库中随机挑选 10 个噬菌斑，提取各自的 DNA 并进行 *Sal* I 酶切分析，结果表明全部是重组子。进一步分析这 10 个重组子左右臂内插入片段的大小，均为 15~22 kb，平均约为 18 kb。根据计算，该基因文库的容量适合实验要求。

以巴西固氮螺菌 Yu62 中 PCR 扩增的 450 bp 片段 (阎大来和李季伦, 1992) 作为探针，杂交筛选该基因文库，得到 10 个阳性噬菌体，分别称为 EA1~EA10。提取 EA1~EA10 的噬菌体 DNA，分别进行各种酶切和杂交分析，结果表明 EA1~EA10 分为两种不同类型的克隆。一种以 EA9 为代表，其目的基因位于一个 2.6 kb *Sal* I 片段上，经序列分析结果发现其含有 *nifA* 同源基因 (待发表)。另一种克隆以 EA4 为代表，其目的基因位于一个 2.9 kb *Eco*R I 片段上。

(二) 2.9 kb *Eco*R I 片段的物理图谱

将 2.9 kb *Eco*R I 片段克隆到 pUC19 上，构成 pFG9。用多种限制性内切酶对 pFG9 进行酶切分析，建立其插入片段的物理图谱 (图 1)。

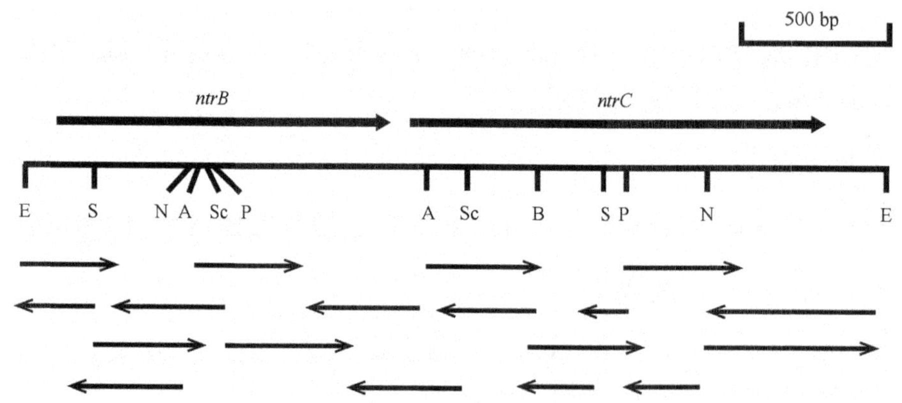

图 1　2.9 kb *Eco*R I 片段的物理图谱

酶切位点：A. *Ava* I，B. *Bgl II*，E. *Eco*R I，N. *Nco* I，P. *Pst* I，S. *Sal* I，Sc. *Sac* II，粗箭头表示 *ntrBC* 的编码区及其方向；细箭头表示排序方向和长度

(三) 2.9 kb *Eco*R I 片段的 DNA 序列测定

利用 pFG9 插入片段的物理图谱，分别酶切回收各种合适的片段亚克隆到 M13mp18/19 中，进行 DNA 序列测定，得到该插入片段共 2926 bp 的全核苷酸序列 (图 2)，其中 80%以上为双向测序结果，其余也是 3 次以上单向测序所得。该片段内 G+C mol%达 66.1%，符合巴西固氮螺菌的特点。根据巴西

固氮螺菌基因的密码子利用率 (Fani *et al.*, 1989) 及核糖体结合位点 (RBS) 的保守序列，该片段内有 2 个开放阅读框 (ORF)，其产物分别与其他菌的 NtrB 和 NtrC 同源。

ntrB 起始密码子 ATG 位于 99 bp 处，其上游–15~–11 bp 区域的 AAGGA 推测是 RBS，基因全长 1203 bp，其产物由 400 个氨基酸组成，分子量为 43 487 Da。*ntrC* 起始密码子 ATG 位于 1298 bp 处，其上游–12~–8 bp 区域的 AGGGG 推测为 RBS，*ntrC* 基因共 1443 bp，其产物由 480 个氨基酸组成，分子量为 53 469 Da。*ntrB* 的终止密码子与 *ntrC* 的起始密码子是重叠的，推测在巴西固氮螺菌中 *ntrBC* 是共转录的，与其他许多菌类似。在 *ntrB* 起始密码子上游的 98 bp 内未发现类似于 σ^{70} 或 σ^{54} 型启动子的特点，可能启动子区域在 *Eco*R Ⅰ上游或者 *ntrB* 上游还有 ORF，与 *ntrBC* 共转录。在 *ntrC* 起始密码子上游–169~–153 bp 区域 (*ntrB* 编码区内) 有一段序列，即 CTGGCCTGGGGCTTGCA (图 2)，是典型的 RpoN 依赖型启动子特点，推测 *ntrBC* 的转录并不是单一的，可能 *ntrC* 还可以单独转录。

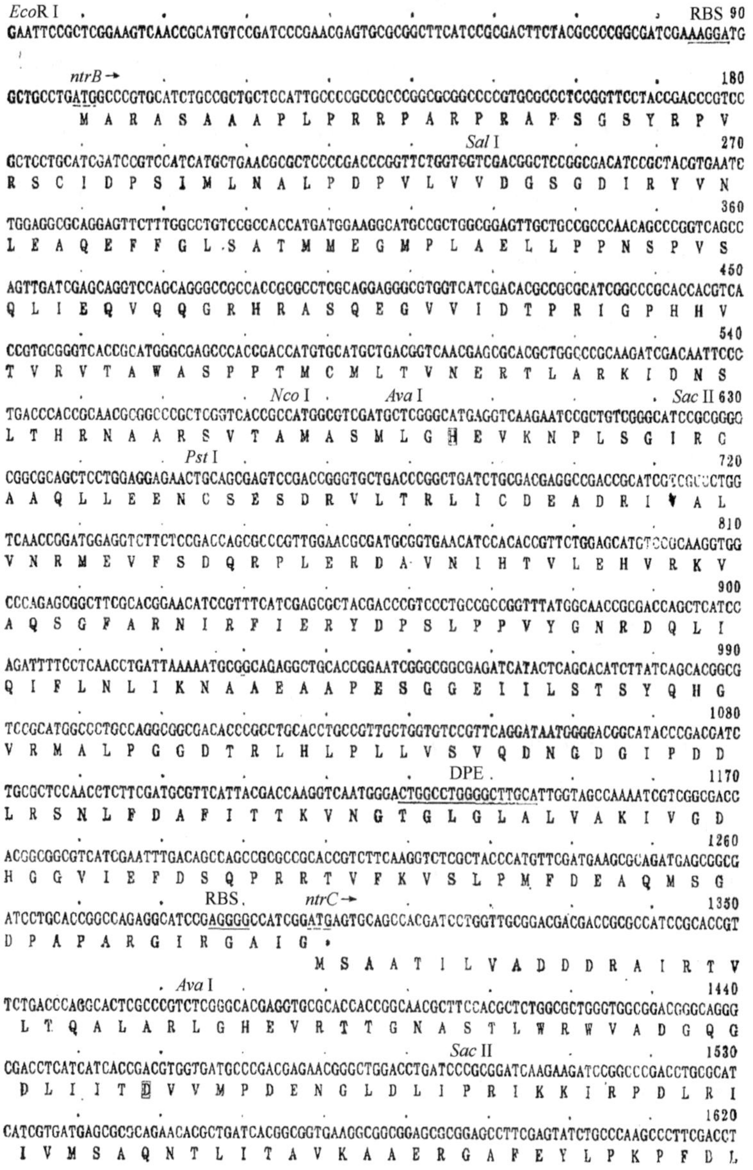

```
EcoR I                                                                    RBS   90
GAATTCCGCTCGGAAGTCAACCGCATGTCCGATCCCGAACGAGTGCGCGGCTTCATCCGCGACTTCTACGCCCCGGCGATCGAAAGGATG

       ntrB →                                                                  180
GCTGCCTGATGGCCCGTGCATCTGCCGCTGCTCCATTGCCCCGCCGCCCGGCGCGGCCCCGTGCGCCCTCCGGTTCCTACCGACCCGTCC
        M  A  R  A  S  A  A  A  P  L  P  R  R  P  A  R  P  R  A  P  S  G  S  Y  R  P  V
                                                      Sal I                            270
GCTCCTGCATCGATCCGTCCATCATGCTGAACGCGCTCCCCGACCCGGTTCTGGTCGTCGACGGCTCCGGCGACATCCGCTACGTGAATC
R  S  C  I  D  P  S  I  M  L  N  A  L  P  D  P  V  L  V  V  D  G  S  G  D  I  R  Y  V  N
                                                                                       360
TGGAGGCGCAGGAGTTCTTTGGCCTGTCCGCCACCATGATGGAAGGCATGCCGCTGGCGGAGTTGCTGCCGCCCAACAGCCCGGTCAGCC
L  E  A  Q  E  F  F  G  L  S  A  T  M  M  E  G  M  P  L  A  E  L  L  P  P  N  S  P  V  S
                                                                                       450
AGTTGATCGAGCAGGTCCAGCAGGGCCGCCACCGCGCCTCGCAGGAGGGCGTGGTCATCGACACGCCGCGCATCGGCCCGCACCACGTCA
Q  L  I  E  Q  V  Q  Q  G  R  H  R  A  S  Q  E  G  V  V  I  D  T  P  R  I  G  P  H  H  V
                                                                                       540
CCGTGCGGGTCACCGCATGGGCGAGCCCACCGACCATGTGCATGCTGACGGTCAACGAGCGCACGCTGGCCCGCAAGATCGACAATTCCC
T  V  R  V  T  A  W  A  S  P  P  T  M  C  M  L  T  V  N  E  R  T  L  A  R  K  I  D  N  S
                          Nco I          Ava I                                Sac II   630
TGACCCACCGCAACGCGGCCCGCTCGGTCACCGCCATGGCGTCGATGCTCGGGCATGAGGTCAAGAATCCGCTGTCGGGCATCCGCGGGC
L  T  H  R  N  A  A  R  S  V  T  A  M  A  S  M  L  G  H  E  V  K  N  P  L  S  G  I  R  C
               Pst I                                                                   720
CGGCGCAGCTCCTGGAGGAGAACTGCAGCGAGTCCGACCGGGTGCTGACCCGGCTGATCTGCGACGAGGCCGACCGCATCGTCGCCCTGG
A  A  Q  L  L  E  E  N  C  S  E  S  D  R  V  L  T  R  L  I  C  D  E  A  D  R  I  V  A  L
                                                                                       810
TCAACCGGATGGAGGTCTTCTCCGACCAGCGCCCGTTGGAACGCGATGCGGTGAACATCCACACCGTTCTGGAGCATGTCCGCAAGGTGG
V  N  R  M  E  V  F  S  D  Q  R  P  L  E  R  D  A  V  N  I  H  T  V  L  E  H  V  R  K  V
                                                                                       900
CCCAGAGCGGCTTCGCACGGAACATCCGTTTCATCGAGCGCTACGACCCGTCCCTGCCGCCGGTTTATGGCAACCGCGACCAGCTCATCC
A  Q  S  G  F  A  R  N  I  R  F  I  E  R  Y  D  P  S  L  P  P  V  Y  G  N  R  D  Q  L  I
                                                                                       990
AGATTTTCCTCAACCTGATTAAAAATGCGGCAGAGGCTGCACCGGAATCGGGCGGCGAGATCATACTCAGCACATCTTATCAGCACGGCG
Q  I  F  L  N  L  I  K  N  A  A  E  A  A  P  E  S  G  G  E  I  I  L  S  T  S  Y  Q  H  G
                                                                                      1080
TCCGCATGGCCCTGCCAGGCGGCGACACCCGCCTGCACCTGCCGTTGCTGGTGTCCGTTCAGGATAATGGGGACGGCATACCCGACGATC
V  R  M  A  L  P  G  G  D  T  R  L  H  L  P  L  L  V  S  V  Q  D  N  G  D  G  I  P  D  D
                                                      DPE                             1170
TGCGCTCCAACCTCTTCGATGCGTTCATTACGACCAAGGTCAATGGGACTGGCCTGGGGCTTGCATTGGTAGCCAAAATCGTCGGCGACC
L  R  S  N  L  F  D  A  F  I  T  T  K  V  N  G  T  G  L  G  L  A  L  V  A  K  I  V  G  D
                                                                                      1260
ACGGCGGCGTCATCGAATTTGACAGCCAGCCGCGCCGCACCGTCTTCAAGGTCTCGCTACCCATGTTCGATGAAGCGCAGATGAGCGGCG
H  G  G  V  I  E  F  D  S  Q  P  R  R  T  V  F  K  V  S  L  P  M  F  D  E  A  Q  M  S  G
                    RBS          ntrC →                                               1350
ATCCTGCACCGGCCAGAGGCATCCGAGGGGCCATCGGATGAGTGCAGCCACGATCCTGGTTGCGGACGACGACCGCGCCATCCGCACCGT
D  P  A  P  A  R  G  I  R  G  A  I  G  *
                                          M  S  A  A  T  I  L  V  A  D  D  D  R  A  I  R  T  V
                Ava I                                                                 1440
TCTGACCCAGGCACTCGCCCGTCTCGGGCACGAGGTGCGCACCACCGGCAACGCTTCCACGCTCTGGCGCTGGGTGGCGGACGGGCAGGG
  L  T  Q  A  L  A  R  L  G  H  E  V  R  T  T  G  N  A  S  T  L  W  R  W  V  A  D  G  Q  G
                                                      Sac II                          1530
CGACCTCATCATCACCGACGTGGTGATGCCCGACGAGAACGGGCTGGACCTGATCCCGCGGATCAAGAAGATCCGGCCCGACCTGCGCAT
  D  L  I  I  T  D  V  V  M  P  D  E  N  G  L  D  L  I  P  R  I  K  K  I  R  P  D  L  R  I
                                                                                      1620
CATCGTGATGAGCGCGCAGAACACGCTGATCACGGCGGTGAAGGCGGCGGAGCGCGGAGCCTTCGAGTATCTGCCCAAGCCCTTCGACCT
  I  V  M  S  A  Q  N  T  L  I  T  A  V  K  A  A  E  R  G  A  F  E  Y  L  P  K  P  F  D  L
```

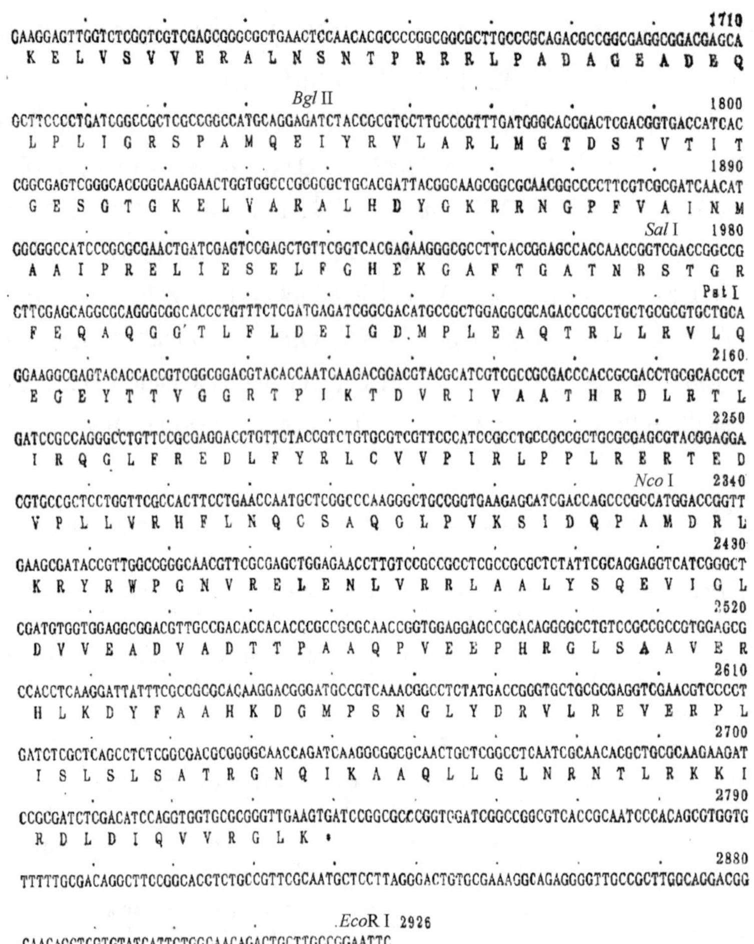

图 2　巴西固氮螺菌 Yu62 *ntrBC* 编码区的核苷酸序列

RBS. 推测的核糖体结合位点。DPE. 推测的依赖于 RpoN 的启动子。潜在的起始密码子用阴影表示。NtrB 中的保守组氨酸残基 (H) 和 NtrC 中的天冬氨酸残基 (D) 被框起来 (箭头所指)，它们分别被推测是磷酸盐的载体和受体

(四) NtrC 及 NtrB 的同源性分析

根据大肠杆菌 (Miranda-Ríos *et al.*, 1987)、肺炎克氏杆菌 (*Klebsiella pneumoniae*) (Buikema *et al.*, 1985)、根癌土壤杆菌 (*Agrobacterium tumefaciens*) (Wardhan *et al.*, 1989)、苜蓿根瘤菌 (*Rhizobium meliloti*) (Szeto *et al.*, 1987) 和巴西固氮螺菌的 *ntrC* 序列推测各自的 NtrC 氨基酸序列，进行同源分析 (表 2)。结果表明，肠杆菌科内和根瘤菌科内的 NtrC 同源性均在 90%以上，肠杆菌科与根瘤菌科、巴西固氮螺菌在 45%左右，巴西固氮螺菌与根瘤菌科接近 70%，这一结果与 Fani 等 (1989) 对 NifH 氨基酸序列同源性的结论近似，即巴西固氮螺菌与根瘤菌科的亲缘关系较与肠杆菌科更为接近。

同样，关于大肠杆菌 (Miranda-Ríos *et al.*, 1987)、肺炎克氏杆菌 (MacFarlane and Merrick, 1985)、慢生型根瘤菌 (*Bradyrhizobium parasponia*) (Nixon *et al.*, 1986)、荚膜红细菌 (*Rhodobacter capsulatus*) (Jones and Haselkorn, 1989) 和巴西固氮螺菌的 *ntrB* 序列，对它们的 NtrB 氨基酸序列进行同源分析 (表 3)。所得 NtrB 的同源百分率虽然较 NtrC 低，但结果是一致的，肠杆菌科与其他固氮菌的 NtrB 同源性仅为 35%左右，巴西固氮螺菌与荚膜红细菌亦不足 40%，而与慢生型根瘤菌 (*B. parsponia*) 达 52.1%，同样说明巴西固氮螺菌与根瘤菌的亲缘关系比其他自生固氮菌更近。

表 2　几种细菌 NtrC 氨基酸序列同源百分率

	Ec	Kp	At	Rm	Ab
Ec	()	92.3	43.9	45.8	46.8
Kp		*	44.7	44.6	45.4
At			*	90.9	69.0
Rm				*	68.3
Ab					*

注：Ec. *E. coli*；Kp. *K. pneumoniae*；At. *A. tumefaciens*；Rm. *R. meliloti*；Ab. *A. brasilense*

表 3　几种细菌 NtrB 氨基酸序列同源百分率

	Ec	Kp	Bp	Rc	Ab
Ec	*	93.1	36.4	34.5	34.2
Kp		*	34.6	35.5	32.5
Bp			*	43.1	52.1
Rc				*	38.2
Ab					*

注：Ec. *E. coli*；Kp. *K. pneumoniae*；Bp. *Bradyrhizobium parasponia*；Rc. *Rhodobacter capsulatus*；Ab. *A. brasilense*

NtrB 和 NtrC 属于典型的双组分调节蛋白，根据双组分调节蛋白保守性特点（Weiss and Magasanik, 1988; Stock *et al.*, 1989）推测巴西固氮螺菌 NtrB 中的 His-166 和 NtrC 中的 Asp-54 分别是其各自的磷酸化位置（图 2），NtrB 将其 His-166 上的磷基团转移到 NtrC 的 Asp-54 上，使 NtrC 具有 DNA 结合能力，以激活某些启动子的转录。

对于 NtrC 是否参与巴西固氮螺菌固氮基因的调控，不同实验室存在相反的推论，Pedrosa 和 Yates (1984) 通过对一些突变株的分析，认为巴西固氮螺菌 NtrC 同肺炎克氏杆菌的一样，参与其固氮基因的调控；而 Liang 等（1993）通过对 *ntrC* 的克隆与定位诱变分析，认为 NtrC 不参与巴西固氮螺菌固氮基因的调控。通过比较，本文所克隆的 *ntrC* 与 Liang 等（1993）所克隆的是一致的，将有助于精确阐明巴西固氮螺菌固氮基因的表达调控机制。

参考文献

阎大来, 李季伦. 1992. 几种固氮菌 *nifA* 基因片段的同源性分析. 微生物学报, 32(5): 309-313.

杨洁彬, 曹增良, 李季伦. 1984. 北京郊区固氮螺菌的研究. 北京农业大学学报, 10(3): 321-329.

Borck K, Beggs J D, Brammar W J, *et al.* 1976. The construction *in vitro* of transducing derivatives of phage lambda. Mol Gen Genet, 146(2): 199-207.

Buikema W J, Szeto W W, Lemley P V, *et al.* 1985. Nitrogen fixation specific regulatory genes of *Klebsiella pneumoniae* and *Rhizobium meliloti* share homology with the general nitrogen regulatory gene *ntrC* of *K. pneumoniae*. Nucleic Acids Res, 13(12): 4539-4555.

Elmerih C, Zimmer W, Vieikke C, 1992. Associative nitrogen-faxing bacteria. *In*: Stacey G. Biological Nitrogen Fixation. New York, London: Chapman and Hall: 212-258.

Fani R, Allotta G, Bazzicalupo M, *et al.* 1989. Nucleotide sequence of the gene encoding the nitrogenase iron protein (*nifH*) of *Azospirillum brasilense* and identification of a region controlling *nifH* transcription. Mol Gen Genet, 220(1): 81-87.

Hohn B, Murray K. 1977. Packaging recombinant DNA molecules into bacteriophage particles *in vitro*. Proc Natl Acad Sci USA,

74(8): 3259-3263.

Jones R, Haselkorn R. 1989. The DNA sequence of the *Rhodobacter capsulatus ntrA*, *ntrB* and *ntrC* gene analogues required for nitrogen fixation. Mol Gen Genet, 215(3): 507-516.

Liang Y Y, Arsène F, Elmerich C. 1993. Characterization of the *ntrBC* genes of *Azospirillum brasilense* Sp7: their involvement in the regulation of nitrogenase synthesis and activity. Mol Gen Genet, 240(2): 188-196.

MacFarlane S A, Merrick M. 1985. The nucleotide sequence of the nitrogen regulation gene *ntrB* and the *glnA-ntrBC* intergenic region of *Klebsiella pneumoniae*. Nucleic Acids Res, 13(21): 7591-7606.

Messing J. 1979. A multipurpose cloning system based on the single-stranded DNA bacteriophage M13. Recomb DNA Tech Bull, 2(2): 43-48.

Miranda-Ríos J, Sánchez-Pescador R, Urdea M, *et al*. 1987. The complete nucleotide sequence of the *glnALG* operon of *Escherichia coli* K12. Nucleic Acids Res, 15(6): 2757-2770.

Nixon B T, Ronson C W, Ausubel F M. 1986. Two-component regulatory systems responsive to environmental stimuli share strongly conserved domains with the nitrogen assimilation regulatory genes *ntrB* and *ntrC*. Proc Natl Acad Sci USA, 83(20): 7850-7854.

Pedrosa F D O, Yates M G. 1988. Physiology, biochemistry, and genetics of *Azospirillum* and other root-associated nitrogen-fixing bacteria. Crit Rev Plant Sci, 6(4): 345-384.

Pedrosa F O, Yates M G. 1984. Regulation of nitrogen fixation (*nif*) genes of *Azospirillum brasilense* by *nifA* and *ntr* (*gln*) type gene products. FEMS Microbiol Lett, 23(1): 95-101.

Rodriguez R L, Tait R C. 1983. Recombinant DNA Techniques: An Introduction. Boston: Addison-Wesley Publishing Company: 45-46.

Sambrook J, Maniatis T, Fritsch E F. 1989. Molecular Cloning: A Laboratory Manual. 2nd ed. New York: Cold Spring Harbor Laboratory: 100-101, 121-132.

Sanger F, Nicklen S, Coulson A R. 1977. DNA sequencing with chain-terminating inhibitors. Proc Natl Acad Sci USA, 74(12): 5463-5467.

Stock J B, Ninfa A J, Stock A M. 1989. Protein phosphorylation and regulation of adaptive responses in bacteria. Microbiol Rev, 53(4): 450-490.

Szeto W W, Nixon B T, Ronson C W, *et al*. 1987. Identification and characterization of the *Rhizobium meliloti ntrC* gene: *R. meliloti* has separate regulatory pathways for activation of nitrogen fixation genes in free-living and symbiotic cells. J Bacteriol, 169(4): 1423-1432.

Wardhan H, McPherson M J, Sastry G R. 1989. Identification, cloning, and sequence analysis of the nitrogen regulation gene *ntrC* of *Agrobacterium tumefaciens* C58. Mol Plant Microbe Interact, 2(5): 241-248.

Weiss V, Magasanik B. 1988. Phosphorylation of nitrogen regulator I (NRI) of *Escherichia coli*. Proc Natl Acad Sci USA, 85(23): 8919-8923.

Yanisch-Perron C, Vieira J, Messing J. 1985. Improved M13 phage cloning vectors and host strains: nucleotide sequences of the M13mp18 and pUC19 vectors. Gene, 33(1): 103-119.

本文原载：微生物学报, 1995, 35(4): 242-249.

肺炎克氏杆菌 NifA 对巴西固氮螺菌 *nifH* 启动子的转录激活作用*

阎大来，何路红，马旅雁，李季伦

（北京农业大学农业生物技术国家重点实验室，北京，100094）

摘要

采用 PCR 方法克隆了巴西固氮螺菌 Yu62 *nifH* 的启动子片段，DNA 序列分析表明菌株 Yu62 与标准菌株 Sp7 之间的 DNA 序列差异很小。研究利用启动子探针质粒载体 pCB182，构建了 3 个不同的 *nifH::lacZ* 转录融合质粒，在大肠杆菌中分别测定肺炎克氏杆菌 NifA 对它们的转录激活作用。结果表明，巴西固氮螺菌 *nifH* 启动子的转录依赖 NifA，缺失了上游激活序列的启动子不能被 NifA 激活转录，肺炎克氏杆菌 NifA 对其自身 *nifH* 及巴西固氮螺菌 *nifH* 启动子的转录激活作用并无很大差异。

关键词

巴西固氮螺菌，*nifH* 启动子，NifA，转录融合。

在固氮菌中，铵浓度信号通过 *nifA* 基因的产物控制固氮基因的表达，NifA 作为其他固氮基因表达的正调控因子，其作用机制首先在肺炎克氏杆菌（*Klebsiella pneumoniae*）中得以阐明，之后在其他一些固氮菌的研究中得到了证实（Merrick, 1991）。

固氮螺菌属（*Azospirillum*）是一类可与许多禾本科作物及牧草联合共生的固氮菌（Pedrosa and Yates, 1988）。在实际应用中限制其固氮效力发挥的主要因素是环境中高浓度的结合态氮，因此构建在高浓度铵条件下仍能保持较高固氮酶活性的基因工程菌株就成为应用的首要前提。为了获得有效的工程菌株，研究人员曾将肺炎克氏杆菌组成型表达的 *nifA* 引入固氮螺菌中（Uozumi *et al.*, 1986；张耀平和李季伦, 1991），结果发现接合子在高铵条件下仅可表现出微弱的固氮酶活性，一般为无氮条件下的 1%左右。对这一结果的推测之一是肺炎克氏杆菌与固氮螺菌 NifA 结构上有差异，使得肺炎克氏杆菌 NifA 不能有效启动固氮螺菌 *nif* 基因的转录。为了验证这一推测，本文克隆了巴西固氮螺菌（*A. brasilense*）*nifH* 启动子片段，并将其转至大肠杆菌中进行了测定和分析。

一、材料和方法

（一）菌株与质粒

1）菌株：大肠杆菌 CB454 ($F^-\Delta$ $lacZ^-$ $lacY^+$ galK rspL thi recA56)（Schneide and Beck, 1986）和

*本研究由“863”计划项目资助。

JM101{supE thiΔ (lac-proAB) F′ [traD36 proAB$^+$ lacI^q laZ ΔM15]} (Messing, 1979)；固氮螺菌 Sp7 (Tarrand *et al.*, 1978) 和 Yu62 (杨洁彬等, 1984)。

2) 质粒：启动子探针质粒 pCB182 (Schneide and Beck, 1986)，克隆载体 pUC19 (Yanisch-Perron *et al.*, 1985)，*nif* 质粒 pSA30 (含肺炎克氏杆菌 *nifHDKTYE*) (Riedel *et al.*, 1983) 和 pST1021 (含肺炎克氏杆菌 *nif BAL*) (朱家璧等, 1983)。

(二) 培养方法

所有菌株均用 LB 培养基培养。巴西固氮螺菌 30℃培养，大肠杆菌 37℃培养。

(三) DNA 的制备和 PCR 方法

细菌总 DNA 的提取按照 Rodriguez 和 Tait (1983) 的文献进行。质粒及单链 M13 噬菌体 DNA 的提取按照 Sambrook 等 (1989) 的文献进行。PCR 方法按照 PE 公司 GENE AMP PCR 试剂盒说明书进行。由于固氮螺菌 DNA 的 G+C mol%较高，首次变性温度选择 97℃，其后变性温度为 95℃。

(四) 核酸印迹分子杂交

探针的光生物素标记及杂交和检测均按照 Clontech 公司检测盒的说明书进行。

(五) 缺失克隆方法

用核酸外切酶 III 进行 DNA 的缺失分析 (Henikoff, 1984)，按照 Promega 公司缺失克隆试剂盒说明书进行实验。

(六) DNA 序列测定及计算机分析

根据双脱氧末端终止法 (Sanger *et al.*, 1977)，以单链 M13 噬菌体 DNA 为模板，按照 Pharmacia LKB 公司 T7 DNA 聚合酶测序试剂盒说明书进行 DNA 序列测定。采用 Beckman 公司的 MicroGenie 序列分析软件进行序列拼接、分析等。β-半乳糖苷酶活性的测定按照 Sambrook 等 (1989) 的文献进行。

(七) 酶及试剂

限制性内切核酸酶、DNA 聚合酶 Klenow 片段购自 Promega 公司和华美公司，T4 DNA 连接酶购自 New England Biolabs 公司，*Taq* 酶购自 PE 公司，光生物素及检测盒购自 Clontech 公司，缺失克隆试剂盒购自 Promega 公司，T7 DNA 聚合酶测序试剂盒购自 Pharmacia LKB 公司，α-^{32}P-dATP 购自福瑞公司。寡聚核苷酸引物由本实验室采用 ABI 公司 381A 型 DNA 合成仪合成。

二、结果和讨论

(一) *nifH* 启动子片段的 PCR 克隆

参照 De Zamaroczy 等 (1989) 发表的巴西固氮螺菌 Sp7*nifH* 序列，选择–224~–205 bp 区域作为 5′端引物，即 TCATTGCGAGAGACCCGACA (20mer)，选择 388~407 bp 区域作为 3′端引物，即 GCGAAACCGCCGCACACCAC (20mer)，预计 PCR 产物应为 631 bp。研究分别以巴西固氮螺菌 Yu62 和 Sp7 作为总 DNA 模板，利用上述引物进行 PCR，结果均扩增出 0.6 kb 的 DNA 片段，但即使在 55℃

条件下退火，仍有一些非特异性扩增的小片段。酶切回收 pSA30 中的 6.2 kb *Eco*R I 片段（肺炎克氏杆菌 *nifHDKTYE*）作为探针，对 PCR 产物进行 Southern 杂交，结果证明从 Yu62 和 Sp7 中均扩增出了目的片段。将巴西固氮螺菌 Yu62 PCR 扩增的 0.6 kb 片段进行回收后，克隆到 pUC19 上，构成 pFG13。

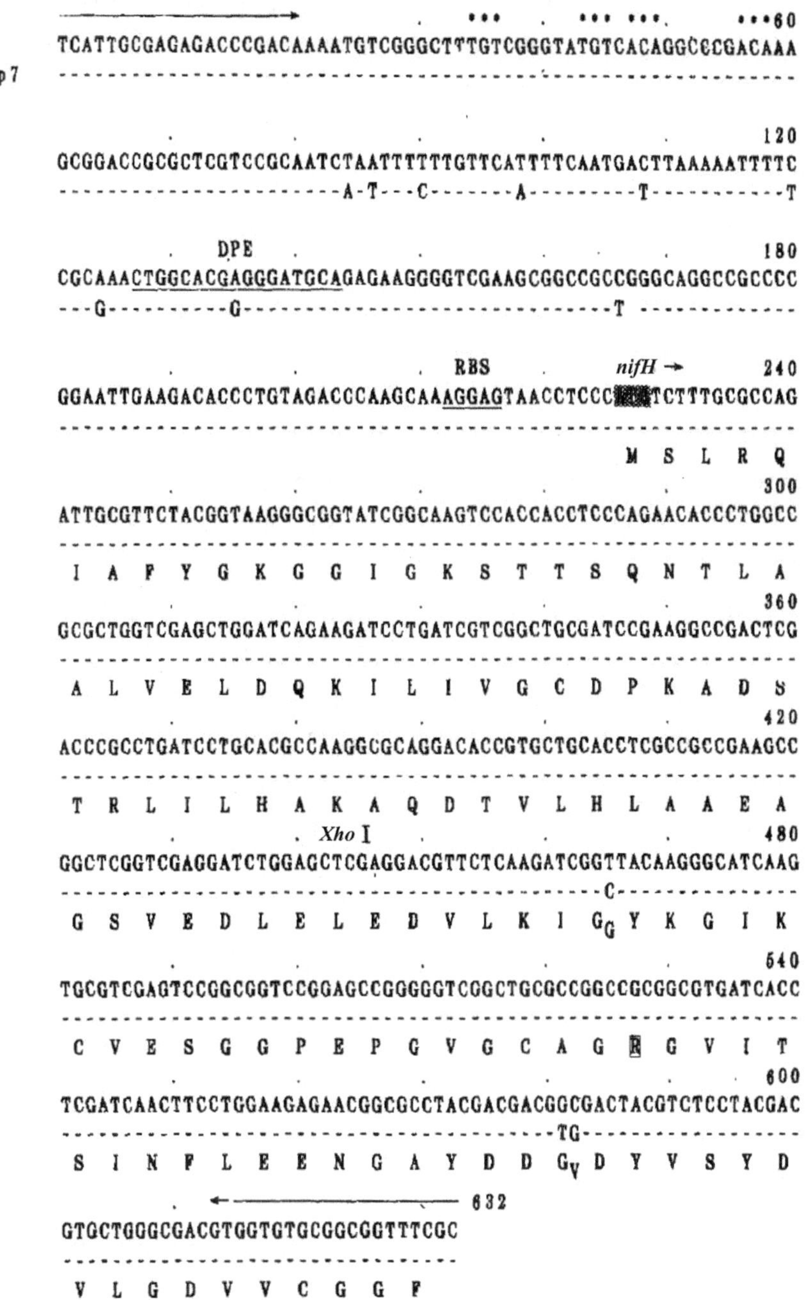

图 1 巴西固氮螺菌 Yu62 与 Sp7*nifH* 启动子和 5′端编码区核苷酸序列的比较

(二) *nifH* 启动子片段的序列分析

用 *Eco*R I+*Hin*d III 双酶切 pFG13，回收 0.6 kb 的插入片段，分别克隆到 M13mp18/19 中，对这两种克隆进行序列测定，得到 *nifH* 启动子区域及 5′端编码区共 632 bp 的核苷酸序列（图 1）。与巴西固氮螺菌 Sp7 相应序列进行比较，研究发现同源性达 97.8%，说明巴西固氮螺菌菌株之间的 DNA 序列差异很小。在 *nifH* 5′端的编码区内有 3 个碱基产生变化，其中一个改变后是同义密码子，另两个的改变导致铁蛋白的第 119 位缬氨酸残基 (Sp7) 变为甘氨酸残基 (Yu62)。铁蛋白中第 101 位精氨酸残基推测即为二磷酸腺苷核糖 (ADPR) 共价修饰位点 (Fani *et al.*, 1989)。在起始密码子 ATG 上游的核糖体结合位点 (RBS) 及 2 个相互重叠的上游激活序列 (TGT-N_{10}-ACA，UAS) 均未发生任何改变，在 RpoN 依赖型启动子保守序列 (DPE) 中有 1 个碱基发生变化。该片段两端各 20 bp 的序列与引物序列完全一致。另一个克隆 pHU8 的插入片段 (克隆自与 pFG13 不同次的 PCR 产物) 经序列分析，与 pFG13 的结果一致。

(三) 利用启动子探针质粒载体 pCB182 构建 *nifH*::*lacZ* 转录融合质粒

1) 根据 pSA30 的物理图谱 (Riedel *et al.*, 1983)，将其用 *Eco*R I 酶切后用 Klenow 补平，再经 *Bgl* I 消化，回收约 730 bp 的片段，该片段内含有肺炎克氏杆菌 *nifH* 编码区的 5′端及其上游的 DPE 和 2 个 UAS，如图 2a (1) 所示。将这一片段定向克隆到 pCB182/*Sma* I+*Bgl* I 上，构成 pHC1。

2) 将 pHU8 (同 pFG13，插入片段方向相反) 用 *Eco*R I 酶切 (该 *Eco*R I 切点位于 pUC19 的多聚酶切位点上)，经 Klenow 补平后再用 *Xho* I 消化，回收约 460 bp 的片段，该片段内含有巴西固氮螺菌 Yu62 *nifH* 编码区的 5′端及其上游的 DPE 和 2 个相互重叠的 UAS，如图 2a (2) 所示。将这一片段定向克隆到 pCB182/*Sma* I+*Sal* I 上，构成 pHC2。

3) 用核酸外切酶 III 在适宜的条件下对 pFG13 中的插入片段做缺失处理，得到一个克隆 pHU14。对 pHU14 中插入片段的部分序列测定发现，其与 pFG13 相比，缺失了 103 bp (1~103 bp，图 1)，即缺失了巴西固氮螺菌 Yu62 *nifH* 启动子区域 2 个相互重叠的上游激活序列 (upstream activating sequence，UAS)，而保留了 DPE。采用 *Bam*H I 和 *Xho* I 双酶切 pHU8 (其中 *Bam*H I 切点位于 pUC19 的多聚酶切位点上)，回收约 350 bp 的片段，该片段内含有巴西固氮螺菌 Yu62 *nifH* 编码区的 5′端及其上游的 DPE，但无 UAS，如图 2a (3) 所示。将该片段定向克隆到 pCB182/*Bam*H I+*Sal* I 上，构成 pHC6。

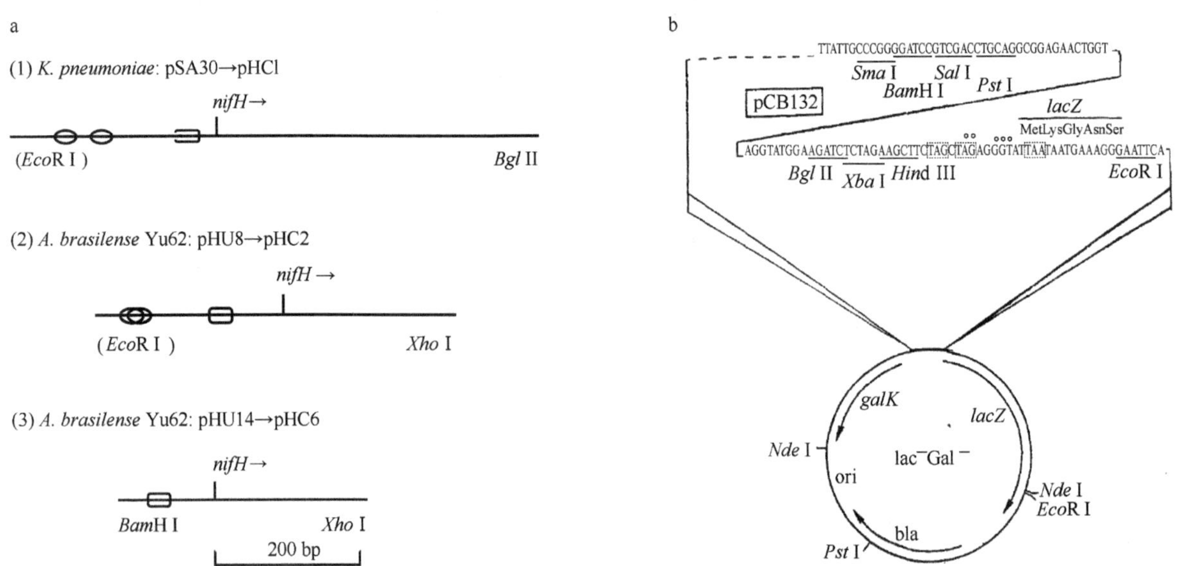

图 2　3 个不同的 *nifH*::*lacZ* 转录融合质粒的构建

a. 从不同质粒纯化的片段；b. 载体 pCB182 (Schneider and Beck, 1986)

4) NifA 对 *nifH* 启动子的转录激活作用：将 pHC1、pHC2 和 pHC6 分别引入大肠杆菌 CB454 及 CB454 (pST1021) 中，测定各个转化子的 β-半乳糖苷酶活性 (表 1)。pST1021 含有肺炎克氏杆菌 *nifA*^{c}。*nifA* 在四环素抗性基因启动子下组成型表达 (朱家璧等, 1983)。结果表明，完整的 *nifH* 启动子在 NifA 的激活作用下才能起始转录，即巴西固氮螺菌 *nifH* 启动子的转录也依赖 NifA，这一结果与 Tripathi 等 (1991) 对生脂固氮螺菌 *nifH* 启动子 (在大肠杆菌中) 及 Vande 等 (1992) 对巴西固氮螺菌 *nifH* 启动子 (在苜蓿根瘤菌中) 的分析一致。肺炎克氏杆菌 NifA 对其自身 *nifH* 及巴西固氮螺菌 *nifH* 启动子的转录激活并无很大差异。缺失了 2 个相互重叠 UAS 的巴西固氮螺菌 *nifH* 启动子即使在有 NifA 条件下仍无活性，证实了该缺失区域是 NifA 的作用位点，这与 Schipani 等 (1991) 采用 *nifH::cam* 转录融合质粒在巴西固氮螺菌中的测定结果存在差异，后者在脱阻遏条件下对缺失了 UAS 的 *nifH* 启动子进行测定，发现虽然活性较完整的启动子明显下降，但仍有约 20%，推测其 NifA 对 *nfiH* 启动子的转录激活作用机制不同于肺炎克氏杆菌。

表 1　β-半乳糖苷酶活性的测定

项目	pST1021 +pHC1	pST1021 +pHC2	pST1021 +pHC6	pST1021	pHC1	pHC3	pHC6
β-半乳糖苷酶	172±10	143±19	<1	<1	<1	<1	<1

注：数据为 3 次独立实验的平均值

从序列分析结果可以看出，巴西固氮螺菌 *nifH* 启动子具有典型的 *nif* 启动子特点，在大肠杆菌中的启动子活性测定进一步验证了这一点，而且肺炎克氏杆菌 NifA 完全可以激活其转录，这说明前人所推测的肺炎克氏杆菌 NifA 不能有效启动固氮螺菌 *nif* 基因的转录是不准确的。

参 考 文 献

杨洁彬, 曹增良, 李季伦. 1984. 北京郊区固氮螺菌的研究. 北京农业大学学报, 10(3): 321-329.

张耀平, 李季伦. 1991. 肺炎克氏杆菌 *nifA* 在巴西固氮螺菌中的功效. 微生物学报, 31(5): 338-345.

朱家璧, 俞冠翘, 江群益, 等. 1983. 基因 *nifA* 产物对肺炎克氏杆菌(*klebsiella pneumeniae*) *gln* 突变型的 Nif 表型的校正和固氮酶的组成型合成的作用. 中国科学: B 辑, 8: 688-696.

De Zamaroczy M, Delorme F, Emerich C. 1989. Regulation of transcription and promoter mapping of the structural genes for nitrogenase (*nifHDK*) of *Azospirillum brasilense* Sp7. Mol Gen Genet, 220(1): 88-94.

Fani R, Allotta G, Bazzicalupo M, *et al.* 1989. Nucleotide sequence of the gene encoding the nitrogenase iron protein (*nifH*) of *Azospirillum brasilense* and identification of a region controlling *nifH* transcription. Mol Gen Genet, 220(1): 81-87.

Henikoff S. 1984. Unidirectional digestion with exonuclease III creates targeted breakpoints for DNA sequencing. Gene, 28(3): 351-359.

Merrick M J. 1991. Regulation of nitrogen fixation genes in free living and symbiotic bacteria. *In*: Stacey G, Evans H J, Burris R H. Biological Nitrogen Fixation. New York: Chapman and Hall: 835-876.

Messing J. 1979. A multipurpose cloning system based on the single-stranded DNA bacteriophage M13. Recomb DNA Tech Bull, 2(2): 43-48.

Pedrosa F O, Yates M G. 1988. Physiology, biochemistry, and genetics of *Azospirillum* and other root-associated nitrogen-fixing bacteria. Crit Rev Plant Sci, 6(4): 345-384.

Riedel G E, Brown S E, Ausubel F M. 1983. Nitrogen fixation by *Klebsiella pneumoniae* is inhibited by certain multicopy hybrid *nif* plasmids. J Bacteriol, 153: 45-56.

Rodriguez R L, Tait R C. 1983. Recombinant Deroxyribonucleic Acid Techniques: An Introduction. Boston: Addison Wesley Longman Publishing Company.

Sambrook J, Fritsch E F, Maniatis T. 1989. Molecular Cloning: A Laboratory Manual. 2nd ed. New York: Cold Spring Harbor

Laboratory.
Sanger F, Nicklen S, Coulson A R. 1977. DNA sequencing with chain-terminating inhibitors. Proc Natl Acad Sci USA, 74(12): 5463-5467.
Schipani C, Bazzicalupo M, Bussoti A, *et al.* 1991. Regulation of the *nifHDK* genes transcription in *Azospirillum brasilense*. *In*: Polsnelli M. Nitrogen Fixation. Boston: Kluwer Academic Publishers: 127-132.
Schneider K, Beck C F. 1986. Promoter-probe vectors for the analysis of divergently arranged promoters. Gene, 42(1): 37-48.
Tarrand J J, Krieg N R, Döbereiner J, *et al.* 1978. A taxonomic study of the *Spirillum lipoferum* group, with descriptions of a new genus, *Azospirillum* gen. nov. and two species, *Azospirillum lipoferum* (Beijerinck) comb. nov. and *Azospirillum brasilense* sp. nov. Can J Microbiol 24(8): 967-980.
Tripathi A K, Kreutzer R, Klingmüller W. 1991. Identification of a promoter dependent on NifA and sigma 54 upstream of *nifH* in *Azospirillum lipoferum*. Mol Gen Genet, 227(1): 86-90.
Uozumi T, Wang P L, Tonouchi N, *et al.* 1986. Cloning and expression of the *nifA* gene of *Klebsiella oxytoca* in *K. pneumoniae* and *Azospirillum lipoferum*. Agric Biol Chem, 50(6): 1539-1544.
Vande B A, Michiels J, Defaria S M, *et al.* 1992, Transcription of the *Azospirillum brasilense nifH* gene is positively regulated by NifA and NtrA and is negatively controlled by the cellular nitrogen status. Mol Gen Genet, 232(2): 279-283.
Yanisch-Perron C, Vieira J, Messing J. 1985. Improved M13 phage cloning vectors and host strains: nucleotide sequences of the M13mp18 and pUC19 vectors. Gene, 33(1): 103-119.

本文原载：生物工程学报, 1995, 11(3): 205-210.

巴西固氮螺菌 Yu62 *draTG* 基因启动子区域的核苷酸序列及其功能分析*

马旅雁，李季伦

(北京农业大学农业生物技术国家重点实验室，北京，100094)

摘要

对巴西固氮螺菌 *draTG* 上游区域进行了全序列分析，结果表明该区域除了编码部分 *nifH* 基因外 (*nifH* 与 *draTG* 转录方向相反)，不编码任何其他已知的基因。但在该区域发现了一些可能的调控序列，它们包括上游激活序列 (UAS)、下游启动子组分 (DPE) 和富 A+T 区。说明 *nifH* 与 *draT* 间的区域可能主要起调控功能而非编码功能；*dra* 操纵元 (operon) 的启动子很可能是 RpoN 依赖型。以 pAF300 作为载体，研究构建了 *draT::cam* 转录融合质粒 pAT1，并通过检测 Cm^r 以检测 *draT* 在大肠杆菌和巴西固氮螺菌中的表达，结果表明 *draT* 在 LD (Lombard Dowell) 丰富培养基上，好氧条件下，只在巴西固氮螺菌中才表达。说明 *draT* 的转录需要某种大肠杆菌中没有的因子，同时也表明 *draTG* 上游区域有启动子功能。研究利用启动子探针质粒载体 pCB182，构建了 *draT::lacZ* 转录融合质粒 pCT1。在大肠杆菌中测定肺炎克氏杆菌 NifA 对 *draT::lacZ* 的转录激活作用，结果表明 *nifA* 并不参与 *draT* 的转录调控。

关键词

巴西固氮螺菌，*draTG* 启动子，核苷酸序列，转录融合质粒。

固氮螺菌属 (*Azospirillum*) 是一类可与许多禾本科作物及牧草根际联合固氮的微生物 (Pedrosa and Yates, 1988)，由于其具有分布广、数量多、适应性强等优点，成为最受重视的联合固氮菌。固氮遗传学研究的主要对象是巴西固氮螺菌 (*A. brasilense*)，该菌与深红红螺菌 (*Rhodospirillum rubrum*) 一样具有固氮酶翻译后的活性调控机制 (Hartmann *et al.*, 1986)。该调控是由二氮酶还原酶 ADP 核糖转移酶 (dinitrogenase reductase ADP-ribosyltransferase，DRAT) 和二氮酶还原酶激活糖苷水解酶 (dinitrogenase reductase activating glycohydrolase，DRAG) 催化的可逆 ADP-核糖修饰系统来完成的 (Ludden and Roberts, 1989)。编码这两个酶的 *draT* 和 *draG* 基因的核苷酸序列在 *A. brasilense* Sp7、*A. lipoferum*、*R. rubrum* 和 *Rhodobacter capsulatus* 中都已有报道 (Fitzmaurice *et al.*, 1989; Zhang *et al.*, 1992; Masepohl *et al.*, 1993; Inoue *et al.*, 1996)。序列分析结果表明 *draTG* 可能以一个操纵元的方式转录，但至今关于 *draTG* 启动子类型及其转录调控尚不清楚。在上述的前 3 个菌中 *draTG* 的上游均与 *nifH* 相邻，但转录方向相反。*A. brasilense* Yu62 菌株是杨洁彬等 (1984) 从北京郊区玉米根际中分离

*本研究由“863”计划项目资助。

得到的。该菌的 *draTG* 同源片段已得到克隆，研究人员对其 *draTG* 基因及其下游约 1 kb 区域已进行了全序列分析 (马旅雁和李季伦, 1997)。本文报道的是 *draTG* 上游区域的核苷酸序列及 *draTG* 转录的分析结果。

一、材料和方法

(一) 菌株与质粒

菌株与质粒如表 1 所示。

表 1　菌株与质粒

菌株和质粒	基因型	来源
菌株		
E.coli		
CB454	$F^-\Delta lacZ^- lacY$ +galK rspL thi recA56	
JM101	supE thi Δ (lac-proAB) F′ [traD36 proAB⁻ $lacI^q$ lacZΔM 15]	Messing, 1979
A.brasilense		
Yu62	Ap^rNx^r，野生型	杨洁彬等, 1984
Yu62 (pAT1)	$Ap^rNx^rTc^r$ (包括 pAT1)	本研究
Yu62 (pAF300)	$Ap^rNx^rTc^r$ (包括 pAF300)	本研究
质粒		
pBSKS (–)	Ap^r	Stratagene 公司
pCB182	Ap^rlacZ	Schneider and Beck, 1986
pST1021	Cm^r，*Klebsiella pneumoniae nif′BAL′*	朱家璧等, 1983
pRK2013	Km^rTra^+	Figurski and Helinski, 1979
pAF300	$Tr^rCm^smob^+$	Fani *et al.*, 1988
pLYM106	Ap^r，*A. brasilense* Yu62 *draTG* (8.0 kb *Sal* I 片段)，pUC19	本研究
pBE (+)	Ap^r，*A. brasilense* Yu62 *draTG* 上游区域 (1.9 kb *EcoR* I 片段)，pBSKS (–)	本研究
pAT1	Tc^r，mob^+，pAF300 中的 2.5 kb 片段 (*draT::cam*)	本研究

(二) 培养方法

巴西固氮螺菌用 LD 培养基 (Zhang *et al.*, 1992) 30℃培养，大肠杆菌用 LB 培养基 37℃培养。

(三) DNA 的制备

质粒和单链 M13 噬菌体 DNA 的提取按照 Sambrook 等 (1989) 的文献进行。

(四) DNA 序列测定及计算机分析

采用双脱氧末端终止法 (Sanger *et al.*, 1977)，以单链 M13 噬菌体 DNA 为模板，按照 Perkin Elmer Cetus 公司 Ampli *Taq* DNA 聚合酶测序试剂盒说明书进行。采用 Beckman 公司的 MicroGenie 序列分析

软件进行序列拼接、分析等。

(五) 质粒的接合转移

质粒的接合转移按照 Pedrosa 和 Yates (1984) 的文献进行。

(六) 酶及试剂

限制性内切核酸酶、限制性外切核酸酶、DNA 聚合酶 Klenow 片段购自 Promega 公司和华美公司，T4 DNA 连接酶购自 New England Biolabs 公司，Ampli *Taq* DNA 聚合酶测序试剂盒购自 Perkin Elmer Cetus 公司，α-^{32}P-dATP 购自生辉公司，Erase-a-Base-System 购自 Promega 公司。

二、结果与讨论

(一) *draTG* 基因上游区域的 DNA 序列分析

从 pLYM106 (带有巴西固氮螺菌 Yu62 8.0 kb *draTG* 同源片段) 上回收 1.9 kb 的 *Eco*R I 片段，亚克隆至 pBKS 上，获得质粒 pBE (+)。采用 *Exo* III 缺失法分别从插入片段的两端进行操作，从而获得两个方向的不同缺失程度的一系列亚克隆。用这些亚克隆的质粒 DNA 作为模板直接测序，结果只有少数的亚克隆能获得较满意的结果，绝大多数的扩增反应几乎无法实现扩增延长，原因可能是 *A. brasilense* 的 G+C mol%较高 (64%~71%)，使双链 DNA 模板不易变性。因此，研究又将各亚克隆中的插入片段回收后分别亚克隆到 M13mp18/19 上，提取单链模板进行测序，最终获得了 1900 bp 片段的全核苷酸序列 (有约 50 bp 片段来自 pUC19 载体多克隆位点和 EMBL3 载体)，其中 90%为双向测序结果。

序列分析结果表明该片段含有 94 bp 的 *nifH* 基因编码区，其转录方向与 *draTG* 相反，这与 *A. brasilense* Sp7 和 *R. rubrum* 中的情况一致。*draT* 与 *nifH* 相距 1866 bp。而在 *R. rubrum* 中，*draT* 与 *nifH* 仅隔 400 bp。同源比较表明该部分 *nifH* 基因及其上游启动子区与阎大来等 (1995) 采用 PCR 法从 *A. brasilense* Yu62 中克隆出的 *nifH* 启动子区完全一致。根据 *A. brasilense* 基因的密码子利用率 (Fani *et al.*, 1988)，研究分析该 1.9 kb 片段中可能的开放阅读框 (ORF)，发现有 3 个 ORF 的密码子利用符合固氮螺菌属基因的规律，即基因序列内密码子的第三位为 G 或 C 的比例均在 90%以上。其中有两个 ORF 与 *draT* 转录方向相同，另一个与 *draT* 转录方向相反。但这 3 个 ORF 与基因库中的已知基因都没有同源性。在 *A. lipoferum* 中，通过杂交发现 *draT* 与 *nifH* 之间的区域与 *Klebsiella pneumoniae nifJ* 有较弱的同源性。对 *A. brasilense* Yu62 中该区域的序列分析表明该区域没有 *nifJ* 基因。

在 *nifH* 与 *draT* 之间的区域内，有一些可能的调控序列，它们分别是：①σ^{54} 因子结合序列 GG-N_{10}-GC，该序列是 RpoN 依赖型 (或 σ^{54} 依赖型) *nif* 启动子的特征序列，也被称为下游启动子组分 (downstream promoter element，DPE)。在该区域有 3 个可能的 DPE。其中之一在 *nifH* 上游 (在图 1 中以虚下线标注，该 DPE 已被证实是 *nifH* 启动子 (De Zamaroczy *et al.*, 1989)。另外两个都在 *draT* 上游，分别被命名为 DPE1 和 DPE2 (在图 1 中以下画线标注)。DPE1 在 *draT* 起始密码子上游–1483—–1498 bp 之间，与 *nifH* 起始密码子相距 380 bp，与 DPE1 相距 282 bp 处正好是 *nifH* 启动子的 UAS 区 (NifA 结合位点)。从与 *nifH* 相距的位置，以及同源比较推测该 DPE 可能就是 De Zamaroczy 等 (1989) 在 *nifH* 上游互补链上发现的–380—–396 bp 区的 RpoN 依赖型启动子 (CTGGC-N_9-GCA)。Zhang 等 (1992) 曾推测 *draT* 可能从

该启动子转录。而 DPE2 位置恰好在 *draT* 起始密码子前，仅隔一个碱基 (图 1)。②上游激活序列 TGT-N_{10}-ACA (upstream activator sequence，UAS)是 NifA 的结合位点。在该区域只有一个 UAS，该 UAS 是 *nifH* 启动子的 UAS 序列，它具有两个相互重叠的 UAS (在图 1 中以上画线标注)。该 UAS 也有可能参与 *dra* 操纵元的转录。③富 A+T 区，在该区找到了 3 个富 A+T 区，一个在 *nifH* 的 DPE 与其 UAS 之间，第二个在 *nifH* 启动子的 UAS 与 DPE1 之间，第三个在 *draT* 上游约–160 bp 处 (图 1)。*A. brasilense* 的 DNA G+C mol%通常为 64%~71%，而这 3 个富 A+T 区，G+C mol%只有 6%~26%。在 *K. pneumoniae* 和 *Azotobacter vinelandii* 的一些 *nif* 基因 (如 *nifH*、*nifE*、*nifU*、*nifB*) 启动子的 DPE 与 UAS 之间也发现有同样的富 A+T 区 (Beynon *et al.*, 1983; Jacobson *et al.*, 1989)。Beynon 等 (1983) 认为，这些富 A+T 区可能是普通的 RNA 聚合酶识别位点，富 A+T 的比例及它们在 *nif* 特异性启动子中的位置可能影响转录起始的频率。此外，不同根瘤菌 *nifA* 基因的序列比较表明，–30—40 bp 之间的富 A+T 区可能是 *nifA* 启动子的组成成分 (Iismaa and Watson, 1989)。

由以上分析可看出，*nifH* 与 *draT* 之间的区域可能主要起调控功能而非编码功能，*dra* 操纵元的启动子很可能是 RpoN 依赖型。在 *R. rubrum* 中，从 DRAT 的 N 端分析表明 *draT* 以 TTG 为起始密码子 (Fitzmaurice *et al.*, 1989)，从该起始密码子开始的翻译较差，它实质上控制了细胞内 DRAT 和 DRAG 的量。在 *A. brasilense* 中 DRAT 酶未得到纯化。但从 *draT* 的序列分析推测可能以 ATG 作为起始密码子，如果这种推测正确，在 *A. brasilense* 中细胞内 DRAT 和 DRAG 的量主要通过 *draTG* 基因转录水平来控制。与 *A. brasilense* Yu62 *draT* 基因起始密码子仅隔一个碱基处以及相距约 1.5 kb 处都发现了一个类 DPE 序列 (DPE1 和 DPE2)。DPE 的这种特殊位置是否即是控制 *draTG* 操纵元转录的一种方式?这需要进一步研究。

(二) *draTG* 上游区域的启动子功能鉴定

为了证实 *draTG* 上游区域的启动子功能，从 pLYM106 质粒上回收了 2.5 kb 的 *Pst* I 片段，该片段含有 *draT* 上游区域和 600 bp 的 *draT* 基因编码区。将该片段亚克隆到启动子，检测载体 pAF300 Cm 抗性基因上游的 *Pst* I 位点，从而获得重组质粒 pAT1 和 pAT2。对这两个重组质粒进行酶切分析，结果表明 pAT1 是所需的 *draT::cam* 融合质粒 (图 2)。由于 pAF300 中 *cam* 基因没有启动子，它只能通过 *draT* 的启动子来转录表达，因此通过检测该转录融合质粒的 *cam* 基因是否表达 (检测 Cm 抗性或细胞粗提液的 CAT 活性) 即可说明 *draT* 是否转录。用三亲本杂交法分别将 pAT1 及 pAF300 引入 *A. brasilense* Yu62 菌株，转化子经纯化后提取质粒进行鉴定。将 Yu62 (PAT1) 转化子和 Yu62 (pAF300) 转化子接种到 Cm 抗性 (25 μg/ml) LD 平板上，两天后观察这两种菌的生长情况，同时以 *E. coli* (pAT1)、*E. coli* (pAF300) 和 *A. brasilense* Yu62 菌株作为对照，并将 Yu62 (pAT1) 接种到 $Ap^rN x^rTc^r$ 的 LD 平板上，作为菌生长的正对照。结果表明 Yu62 (pA T1) 可在 Cm^r 平板上生长，Yu62 (pAF300)、*E. coli* (pAT1)、*E. coli* (pAF300) 只是很微弱地生长而 Yu62 不生长。结果说明 *draT* 可以在好氧的条件下转录，而且只能在 *A. brasilense* 中才能转录。显然 *draT* 的转录需要 *A. brasilense* 中的某一特殊因子，而该因子在 *E. coli* 中是不存在的。已知 *A. brasilens* 的 NifA 在好氧或高 NH_4^+时都没有活性，因而在这种条件下 *draT* 的转录并非由 NifA 激活，但不能排除在微好氧限铵条件下，NifA 激活 *dra* 操纵子转录的可能性。同时，上述结果还说明 *draTG* 上游区域具有启动子功能。

```
Sau3A I
K  Q  D  L  E  V  L  A  A  L  T  N  Q  S  T  T  S  K  G  I  G  G  K  G  Y  F  A
GATCCAGCTCGACCAGCGCGGCCAGGGTGTTCTGGGAGGTGGTGGACTTGCCGATACCGCCCTTACCGTAGAACGCAATC
Q  R  L  S  M  ←nifH                                                        160
TGGCGCAAAGACATGGGAGGTTACTCCTTTGCTTGGGTCTACAGGGTGTCTTCAATTCCGGGGCGGCCTGCCCGGCGGCC
                                                           AT-rich I         240
GCTTCGACCCCTTCTCTGCATCCCTCGTGCCAGTTTGCGGAAAATTTTTAAGTCATTGAAAATGAACAAAAAATTAGATT
                 DPE (nifH)
                         UAS        UAS                          AT-rich II  320
GCGGACGAGCGCGGTCCGCTTTGTCGGGCCTGTGACATACCCGACAAAGCCCGACATTTTGTCGGGTCTCTCGCAATGAA
                                                                             400
AAGGATGAGATGGGTGGATGTCGCCTGAACGGCGCCTTCGCGGCTCAGGTGGCGGCGTGGTTCAGCGCGTCGCGGGCGAC
                                                                             480
GACGAGGCGCAGGGCCAGCGCCTCCAACTCGTCGCCGTCCTGGCCCATGTCATAGAGAAGCTGGGCCAGCGACTGGCCGC
DPE1                                                                         560
GGGCGAGCAACGGCGCGCCTTGGCCGGGTCGGCGGGGCGGGCCAGCAGGATGCCGACGAGACGCTCCCCGGCGATGCCG
                                                                             640
GCCAGCGCGCGGCTGCGTTCGGCCAGACGGCGCTCCAGCGTGTCGAGCACCGCCGGACGTCCGGCATGGTCGAGATCCGT
                                                                             720
GCAGAACTGGTGCAGGGAACGGAGCTCGGCAGCAGCGCCTCGAACAGCAGCTCGTCGAGGTCGCCGCCGTTGGCCGCCTT
                                                                             800
TCCGACAAGATCGAACAGTGTGTCGGAAAGCCGCCACGCCGCCGACAGGCAGTCGTTCATCGCCTTGCGGTCGGCGGGCT
                                                                             880
CGACGAAGGCGTTGGCCTCCTCGCGGTGCTCTTCCTGGTCGTCGAGGTTCCGCATCGCGACGACGAGCAGCCCGTCCACC
                                                                             960
GAGGCCAGCGTGGCGAGGCTGGCGTGCAGCGCCTTGATGCCGCGGTCGGCGCCGAAGCCGTCCATGGCCTCCGCCGCCCG
                                                                            1040
GCGCAGGGCGTGGCGGGTGAGACGGCGCGACTGATAGACGACGTCGCGCAGCGCGACGGTGGCGCCCAGCGTCTCCAGCA
                                                                            1120
TCAGCCGCCGCGCCTCGAAGCGCAGCAGGGCGTGGGCGAGGCTGTCCATGGCGCCGGCGGTGGCGCCCCCCGCGACGCCG
                                                                            1200
GCCGGATCGTCTTCCGCGGTTGCGACGGGCGCTTCGCCGCGGACCAGCCGGTCGGCGTCGGCGCGGGCGTCCGCCTCGAT
                                                                            1280
GGCCGACACCACCGACAGCACCGCGCCGCGCCCGGCGCCGCGCAGCAGGGCGACCAGGGCGCGCAGGGCGGTGGCCACCT
                                                                            1360
CCAGCGCGCCGGGCAGCCCATCCTCGGCGGTGCCCTTGTTGTGGACGACGCGGTCGATCAGATGGTCGCGCAGGCGGGGC
                                                                            1440
AGCAGGACGTCCAGGATGAATCGGCGCGGTGGCGCGCAGCAGCCGTCCAGCAGGCGACCCTGCGGTTGGCCGAGCATGGC
      HincⅡ                                                                 1520
GGCCAGCGGGTTGACCGGTTTCGGCACCAGACGCGGGCGGTGGGGCTCCAGCAGGGCCAGCACCTCATCGCCGCGCAGCG
                                                                            1600
GGGTGATGGTGCCGCGCAGCAGCCGGGTGAGCGTCACGGCGTCGCGGGCTTCCCTGGCGCCGCGCAGCGGAACCGGCGCC
  Ava I                                                                     1680
CGTCCCGAGCGCATCGGCATCTTTTCCGAGACGACGGAAGGAAGAAGAACGCGCGGGGGCTGTGCCGCCCGGTTGCGCGT
                                                                            1760
CTCCTGTCCCTTACGCTTCATCGGCCACATGGCCTTGCCTCGTCTTGCGGTGCACTGAATCCTGTCCGAAGAACTATGGT
                                                           AT-rich III      1840
GTCGTCTCATCATCCGTTCAAACGGATATTTTTAAGATATTTGGAGTAAGCCAAAAGTTGTTTCGGCTGTTTAATTGAAT
     EcoR I                                                                 1920
TGTTTTCGAATTCGAAATGTATTGCGGGCTGCGCGACGTCGCCCTGCGGTGACGCGGACCCTTGGCGGACGCGCCGGTTC
                          RBS      draT→    1970                  Pst I     2500
GCGGTATCCATGAAAGAATTGTGGATTTGAGAGTGCGATGGCGGACGGT-----------TCAACCTGCAGCTCGACCTG
                          DPE2      M  A  D  G -----------  I  N  L  Q  L  D  L
```

图 1 巴西固氮螺菌 Yu62 *draTG* 基因上游区域的核苷酸序列

对于在末端以 5′→3′方向排列的基因，其氨基酸序列在核苷酸序列下方以单字母代码给出；对于相反方向转录的基因，氨基酸序列上加了标注。推定的 RpoN 依赖型启动子序列标记为 DPE，并通过下画线（在 5′→3′方向）和虚线下画线（相反方向）表示；上游激活子序列被标记为 UAS 并用上画线标出；推测的核糖体结合位点标记为 RBS 并用阴影标出；富含 A+T 的区域被标记为 AT-rich 并用阴影标出。潜在的起始密码子用阴影标出，终止密码子则用星号标出。箭头表示转录的方向。短线则表示省略的序列

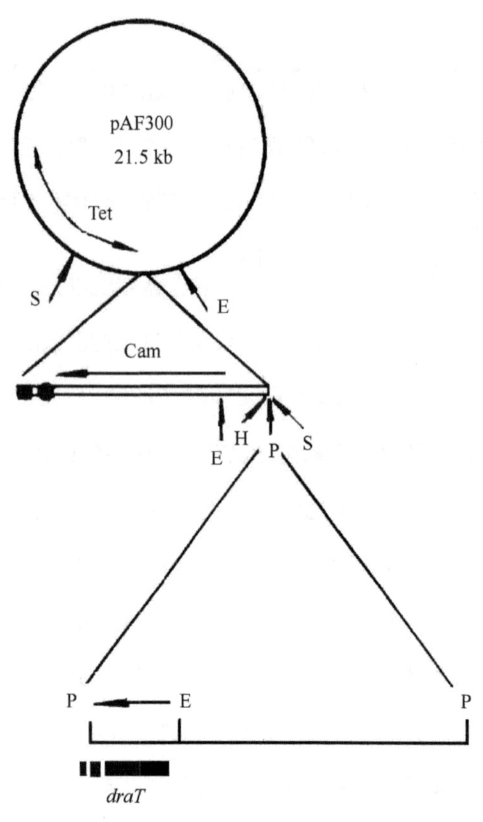

图 2　*draT*::cam 转录融合质粒 PAT1 的构建

横向箭头表示转录方向。■与●则分别表示 T1 与 T2 的终止子。限制性酶切位点：E. *Eco*R I，H. *Hin*d III，P. *Pst* I，S. *Sal* I

(三) NifA 是否参与 *draTG* 转录调控

为了确定 NifA 是否参与 *draTG* 转录调控，我们从 pAT2 上再次回收了上述 2.5 kb 片段并定向克隆到启动子探针载体 pCB182 上[该质粒的图谱参见 Schneider 和 Beck (1986) 的文献]，从而获得 *draT*::*lacZ* 转录融合质粒 pCT1。将该质粒分别引入大肠杆菌 CB454 及 CB454 (pST1021) 中，测定各转化子的 β-半乳糖苷酶活性。同时测定大肠杆菌 CB454 (pCTI) 和大肠杆菌 CB454 (pST1021) 的 β-半乳糖苷酶活性，以作参照。结果各菌的 β-半乳糖苷酶活性单位均小于 1。由于阎大来等 (1995) 已证明肺炎克氏杆菌的 NifA 可有效启动 *nifH* 的表达，即 *nifH* 上游的 UAS 可与肺炎克氏杆菌的 NifA 结合。而 pST1021 含有肺炎克氏杆菌的 *nifA*，该 *nifA* 在四环素抗性基因启动子下组成型表达。上述结果说明 NifA 并不参与 *draTG* 转录调控。同时也说明 *draT* 上游的两个重叠的 UAS 并非 *dra* 操纵元的启动子组分。

三、讨论

Inoue 等 (1996) 用 *draT*::*lacZ* 融合子研究 *A. lipoferum draT* 基因的表达。他们的结果表明，*draT* 只在微好氧条件 (30%空气) 下表达，好氧 (100%空气) 条件下没有或只有微量表达，而且 *draT* 的表达与铵浓度无关。我们对 *A. brasilense draT*::*cam* 融合子的研究则表明 *draT* 可在好氧条件下表达，但由于我们没有检测融合子的 CAT 活性，无定量分析的数据。因而在 Cm^r 平板上 *draT*::*cam* 融合子的生长也有可能是 *draT* 微量表达的结果。至于融合子在丰富培养基上生长这一结果则与 Inoue 等

(1996) 认为的 *draT* 的表达和铵浓度无关是一致的。*A. lipoferum* 和 *A. brasilense dra* 操纵元的表达调控是否有区别，尚需进一步证实。此外，我们的实验结果还表明，*dra* 操纵元的表达需要某种 *E. coli* 中不存在的特殊因子，而且该因子并非 NifA。在共生固氮菌中，*nifA*、*fixK* 等基因的氧调控是通过 *fixLJ* 基因来完成的 (Fischer, 1994)。Inoue 等 (1996) 认为 *dra* 操纵元的氧调控可能类似于这些基因。在 *A. brasilense* 中曾发现一些可能的 *fix* 位点 (Galimand *et al*., 1989)，但尚未有人证实该菌中有类 *fixLJ* 的基因。

参 考 文 献

马旅雁, 李季伦. 1997. 巴西固氮螺菌 Yu62 *draTG* 基因及其下游区域的克隆与核苷酸序列分析. 生物工程学报, 13(3): 227-235.

阎大来, 何路红, 马旅雁, 等. 1995. 肺炎克氏杆菌 NifA 对巴西固氮螺菌 *nifH* 启动子的转录激活作用. 生物工程学报, 11(3): 205-210.

杨洁彬, 曹增良, 李季伦. 1984. 北京郊区固氮螺菌的研究. 北京农业大学学报, 10(3): 321-329.

朱家璧, 俞冠翘, 江群益, 等. 1983. 基因 A 产物对肺炎克氏杆菌(*Klebsiella pneumoniae*) *gln* 突变型的 Nif 表型的校正和固氮酶的组成型合成的作用. 中国科学: B 辑, 8: 688-696.

Beynon J, Cannon M, Buchanan-Wollaston V, *et al.* 1983. The nif promoters of *Klebsiella pneumoniae* have a characteristic primary structure. Cell, 34(2): 665-671.

De Zamaroczy M, Delorme F, Elmerich C. 1989. Regulation of transcription and promoter mapping of the structural genes for nitrogenase (*nifHDK*) of *Azospirillum brasilense* Sp7. Mol Gen Genet, 220(1): 33-42.

Fani R, Allotta G, Bazzicalupo M, *et al.* 1989. Nucleotide sequence of the gene encoding the nitrogenase iron protein (*nifH*) of *Azospirillum brasilense* and identification of a region controlling *nifH* transcription. Mol Gen Genet, 220(1): 81-87.

Fani R, Bazzicalupo M, Ricci F, *et al.* 1988. A plasmid vector for the selection and study of transcription promoters in *Azospirillum brasilense*. FEMS Microbiol Lett, 50(2-3): 271-276.

Figurski D H, Helinski D R. 1979. Replication of an origin-containing derivative of plasmid RK2 dependent on a plasmid function provided in trans. Proc Natl Acad Sci USA, 76(4): 1648-1652.

Fischer H M. 1994. Genetic regulation of nitrogen fixation in rhizobia. Microbiological Reviews, 58(3): 352-386.

Fitzmaurice W P, Saari L L, Lowery R G, *et al.* 1989. Genes coding for the reversible ADP-ribosylation system of dinitrogenase reductase from *Rhodospirillum rubrum*. Mol Gen Genet, 218(2): 340-347.

Galimand M, Perroud B, Delorme F, *et al.* 1989. Identification of DNA regions homologous to nitrogen fixation genes *nifE*, *nifUS* and fixABC in *Azospirillum brasilense* Sp7. Microbiology, 135(5): 1047-1059.

Hartmann A, Fu H, Burris R H. 1986. Regulation of nitrogenase activity by ammonium chloride in *Azospirillum* spp. J Bacteriol, 165(3): 864-870.

Iismaa S E, Watson J M. 1989. The *nifA* gene product from *Rhizobium leguminosarum* biovar. *trifolii* lacks the N-terminal domain found in other NifA proteins. Mol Microbiol, 3(7): 943-955.

Inoue A, Shigematsu T, Hidaka M, *et al.* 1996. Cloning, sequencing and transcriptional regulation of the *draT* and *draG* genes of *Azospirillum lipoferum* FS. Gene, 170(1): 101-106.

Jacobson M R, Brigle K E, Bennett L T, *et al.* 1989. Physical and genetic map of the major *nif* gene cluster from *Azotobacter vinelandii*. J Bacteriol, 171(2): 1017-1027.

Ludden P W, Roberts G. 1989. Regulation of nitrogenase activity by reversible ADP ribosylation. Curr Top Cell Regul, 30: 23-56.

Masepohl B, Krey R, Klipp W. 1993. The *draTG* gene region of *Rhodobacter capsulatus* is required for post-translational regulation of both the molybdenum and the alternative nitrogenase. J Gen Microbiol, 139(11): 2667-2675.

Messing J. 1979. A multipurpose cloning system based on the single-stranded DNA bacteriophage M13. Recomb DNA Tech Bull, 2(2): 43-48.

Pedrosa F O, Yates M G. 1984. Regulation of nitrogen fixation (*nif*) genes of *Azospirillum brasilense* by *nifA* and *ntr* (*gln*) type gene products. FEMS Microbiol Lett, 23(1): 95-101.

Pedrosa F O, Yates M G. 1988. Physiology, biochemistry, and genetics of *Azospirillum* and other root-associated nitrogen-fixing bacteria. Crit Rev Plant Sci, 6(4): 345-384.

Sambrook J, Maniatis T, Fritsch E F. 1989. Molecular Cloning: A Laboratory Manual. 2nd ed. New York: Cold Spring Harbor Laboratory.

Sanger F, Nicklen S, Coulson A R. 1977. DNA sequencing with chain-terminating inhibitors. Proc Natl Acad Sci USA, 74(12): 5463-5467.

Schneider K, Beck C F. 1986. Promoter-probe vectors for the analysis of divergently arranged promoters. Gene, 42(1): 37-48.

Zhang Y, Burris R H, Roberts G P. 1992. Cloning, sequencing, mutagenesis, and functional characterization of *draT* and *draG* genes from *Azospirillum brasilense*. J Bacteriol, 174(10): 3364-3369.

本文原载：生物工程学报, 1997, 13(4): 343-349.

巴西固氮螺菌 Yu62 *draTG* 基因及其下游区域的定位诱变分析*

马旅雁，吴粤，王娟，赵银锁，李季伦

（北京农业大学 农业生物技术国家重点实验室，北京，100094）

摘要

采用卡那霉素盒 (Km^r-cassette) 插入法，对巴西固氮螺菌 (*Azospirillum brasilense*) Yu62 的 *draTG* 基因及其下游区域进行了诱变，并获得相应的突变株。研究表明，*draT* 突变株固氮酶活性不再受铵抑制，而 *draG* 突变株在有铵时则丧失固氮酶活性，但当铵耗尽后却不能像野生型菌株那样恢复活性。*draTG* 下游区域突变株 YZ4 (突变位点距 *draG* 约 2 kb) 在无氮及限铵条件下，其固氮酶活性比野生型菌株高，但其 *nifH-lacZ* 转录融合子的表达并不受影响，说明该区域可能有参与固氮酶活性水平调控的基因。

关键词

巴西固氮螺菌，*draTG*，突变株。

固氮螺菌属 (*Azospirillum*) 是一类与许多禾本科作物及牧草根际联合固氮的微生物 (Pedrosa and Yates, 1988)。已知巴西固氮螺菌 (*A. brasilense*) Sp7 和深红红螺菌 (*Rhodospirllum rubrum*) 一样，其固氮酶的活性也受 DRAT (二氮酶还原酶 ADP 核糖转移酶) 和 DRAG (二氮酶还原酶激活糖苷水解酶) 系统的调节 (Hartmann *et al.*, 1986; Ludden and Roberts, 1989)。DraT 也称为失活酶，当外界环境中铵浓度高时，它可使固氮酶铁蛋白亚基上的第 101 位精氨酸残基被 ADP-核糖基团共价修饰而丧失活性 (Pope *et al.*, 1985; Lowery *et al.*, 1986)。DraG 又称为激活酶，当外界铵浓度降低时，它可将铁蛋白的 ADP-核糖基团水解下来，恢复固氮酶的活性 (Saari *et al.*, 1986)。铵对固氮酶活性的这种可逆抑制，称为铵"关闭" (switch-off) 现象 (Kanemoto and Ludden, 1984; Ludden and Roberts, 1989)。DRAT 和 DRAG 分别由 *draT* 和 *draG* 编码，并组成一个操纵元 (operon) *draTG*。在巴西固氮螺菌 Sp7 中 *draTG* 的上述功能已得到证实 (Liang *et al.*, 1991; Zhang *et al.*, 1992)。巴西固氮螺菌 Yu62 菌株是 1984 年从北京郊区玉米根际中分离得到的 (杨洁彬等, 1984)，它和来自巴西的 Sp7 菌株基本相似，只在微量氧 (0.5%) 和无铵条件下固氮。我们已克隆 Yu62 的 *draTG* 同源片段，并进行了序列分析 (马旅雁和李季伦, 1997a, 1997b)，为了确定其功能及探索 *draTG* 基因下游是否有与 *draTG* 表达相关的基因，对 Yu62 进行了定位诱变，本文报道了这些诱变分析的结果。

---

*国家高技术研究发展计划项目 (No.863-101-03-04-02) 资助。部分试验在法国巴斯德研究所 C. 埃尔默里克 (C. Elmerich) 教授实验室进行了验证，并得到她的建议和帮助，特此深表谢意。

一、材料和方法

(一) 菌株与质粒

实验用菌株和质粒如表 1 所示。

表 1　菌株与质粒

菌株/质粒	基因型	来源
菌株		
E. coli K-12 S 17-1	Tp^rSm^rRP4-2 (Tc::Mu) (Km::Tn7)，Pro，res^-mod^+	Simom *et al.*, 1983
A. brasilense		
Yu62	Ap^rNx^r，野生型	杨洁彬等, 1984
YT	$Ap^rNx^rKm^r$，*draT*::Km	本研究
YG	$Ap^rNx^rKm^r$，*draG*::Km	本研究
YZ1、YZ4	$Ap^rNx^rKm^r$，*draTG* 下游区域::Km-*lacZ*	本研究
质粒		
pSUP202	Ap^r Tc^rCm^r	Simom *et al.*, 1983
pUC4K	Ap^rKm^r、Km^r，来自 Tn903	Vieira and Messing, 1982
pKOK5	Ap^rKm^r，*lacZ*	Kokotek and Lotz , 1989
pAB358	Tc^r，pRK290 携带转录融合 *nifH-lacZ* 片段的衍生质粒	Pedrosa and Yates, 1984
pLYM106	Ap^r，*A. basilense* Yu62 draTG (8.0 kb *Sal* I 片段) in pUC 19	马旅雁和李季伦, 1997a
pSUTG	Ap^rCm^r Tc^s，*A. brasilense* Yu62 draTG (3.0 kb 片段) in pSUP202	本研究
pSUTG-1	Ap^rCm^r Tc^rKm^r，pSUTG (*draT*::Km) 的衍生质粒	本研究
pSUTG-2	Ap^rCm^r Tc^rKm^r，pSUTG (*draT*::Km) 的衍生质粒	本研究
pLYM106-KZP1	Ap^rKm^r，derivative plasmid of pLYM106 (*draTG* downstream region::Km)	本研究
pSUP-KZP1	$Km^rCm^rTc^r$，12 kb fragment from pLYM106-KZP1 in pSUP202	本研究

(二) 酶及试剂

限制性核酸酶、DNA 聚合酶分别购自 Promega 公司和华美公司，T4 DNA 连接酶购自 New England Biolabs 公司。

(三) 方法

1) 培养：巴西固氮螺菌用 LD 培养基 (Lowery *et al.*, 1986) 30℃培养，测定全细胞固氮酶活性时选用 NFbHP 培养基 (Lowery *et al.*, 1986) 30℃培养。大肠杆菌 (*Escherichia coli*) 用 LB 培养基 37℃培养。对于大肠杆菌，各种抗生素的使用浓度分别为 Ap 50 μg/ml、Cm 25 mg/ml、Tc 12.5 μg/ml、Km 50 μg/ml。对于巴西固氮螺菌，各种抗生素浓度分别为 Ap 25 μg/ml、Km 12.5 μg/ml、Nx 6 μg/ml。

2) 质粒的接合转移及突变株的筛选按 Liang 等 (1991) 的文献进行。

3) 固氮酶活性的测定：固氮酶活性用乙炔还原法测定，用气相色谱测定乙烯生成量。

4) β-半乳糖苷酶活力测定：将各菌株接种至 K-乳酸盐无氮培养基 (Galimand *et al.*, 1989) 中，分别在微量氧 (0.5% O_2，99.5% Ar)、高氧 (21% O_2，79% Ar)、无铵及有铵的条件下培养 4 h 后取样，参照 Miller (1972) 的方法测定 β-半乳糖苷酶活力。

二、结果和讨论

(一) *draTG* 基因及其下游区域的定位诱变

1. *draTG* 基因定位诱变

从质粒 pLYM106 上回收 3.0 kb *draTG* 片段，亚克隆到 pSUP202 质粒上，获得重组质粒 pSUTG。pSUTG 用 *Pst* I 部分酶切后与从 pUC4K 上酶切回收的 1.4 kb *Pst* I Km^r 基因片段连接，得到质粒 pSUTG-1 (*draT*::Km，图 1a)。用 *Nsi* I 酶切的 pSUTG 与 1.4 kb *Pst* I Km 片段连接，得到 *draG* 基因结构区被插入诱变的质粒 pSUTG-2 (图 1a)。将这两个质粒分别转入大肠杆菌 S17-1 中，再经接合转移引入巴西固氮螺菌 Yu62，筛选出 *draT* 和 *draG* 的突变株，分别命名为 *A. brasilense* YT 和 *A. brasilense* YG。

2. *draTG* 基因下游区域定位诱变

pLYM106 的 *Pst* I 部分酶切产物与 Km-*lacZ* *Pst* I 片段 (从 pKOK5 上回收) 连接，获得重组质粒 pLYM106-KZP1，对该质粒酶切鉴定表明，Km-*lacZ* 插在 *draTG* 下游的 *Pst* I 位点 (距 *draG* 约 2 kb，图 1b)。用 *Sal* I 酶切 pLYM106-KZP1，酶切产物经 Klenow 补平后，与用 *Pst* I 酶切并经 T4 DNA 聚合酶切平的 pSUP202 连接，获得质粒 pSUP-KZP1 (图 1b)。将该质粒转入大肠杆菌 S17-1 中，再经接合转移法引入 *A. brasilense* Yu62，获得该区域插入失活的突变株 YZ1 和 YZ4。

(二) 突变株固氮酶活性铵关闭现象的检测

采用 NFbHP-谷氨酸钠 (10 mmol/L) 液体培养基，分别培养野生型 Yu62 及其突变型 YT 和 YG，16~20 h 后，在已有固氮酶活性的培养液中，加入终浓度分别为 1 mmol/L 或 2 mmol/L 的 NH_4Cl，对照则加相应体积的灭菌水，定时取 1 ml 菌液测定固氮酶活性。在野生型 Yu62 的培养液中，只加 1 mmol/L NH_4Cl 时，其固氮酶活性立即被全部抑制；继续培养 45 min 后又恢复固氮酶活性，此时培养液中的 NH_4^+ 已基本耗尽。而加入 2 mmol/L NH_4Cl 继续培养 80 min 后，其固氮酶活性仍不能恢复 (图 2a)。在 *DraT* 突变株 YT 的培养液中，加入 2 mmol/L NH_4Cl 后，其固氮酶活性变化不大，与野生型 Yu62 加水后的对照基本一致 (图 2a，图 2b)，说明 *draT* 的功能已被破坏，在有铵时固氮酶不再被 DraT 修饰失活。在突变株 YG 的培养液中，加入 0.5 mmol/L NH_4Cl 后，其固氮酶活性立即被抑制；继续培养 90 min，其固氮酶活仍不能恢复 (图 2b)，说明 *draG* 已被插入失活，突变了的 DraG 不能将已结合在固氮酶铁蛋白上的 ADP-核糖基团水解下来。

draTG 下游区域突变株 YZ4 和野生型 Yu62 的铵关闭现象基本一致 (图 2)，说明此区域的突变并未影响菌株对铵的反应。但对 *draTG* 下游区域突变株 YZ1 和 YZ4 的固氮酶活性测定表明，在无铵及 2 mmol/L NH_4Cl (限铵) 条件下的 NFbHP 半固体培养基中，它们的固氮酶相对活性都比野生菌株高 (表 2)。

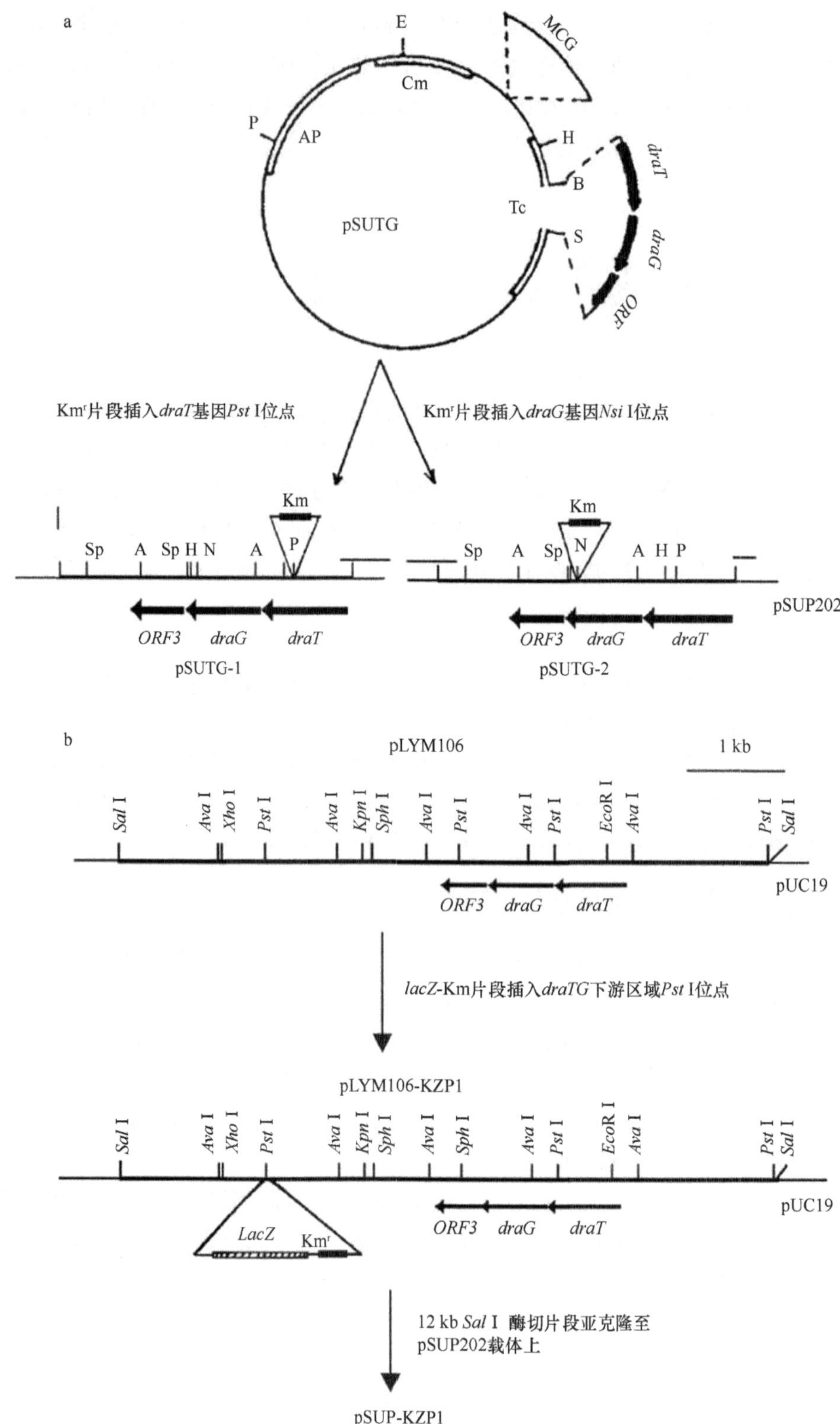

图 1　*A. brasilense* Yu62 *draTG* 基因及下游区域的定位诱变示意图

a. *draTG* 基因的定点诱变；b. *draTG* 下游区域的定点诱变

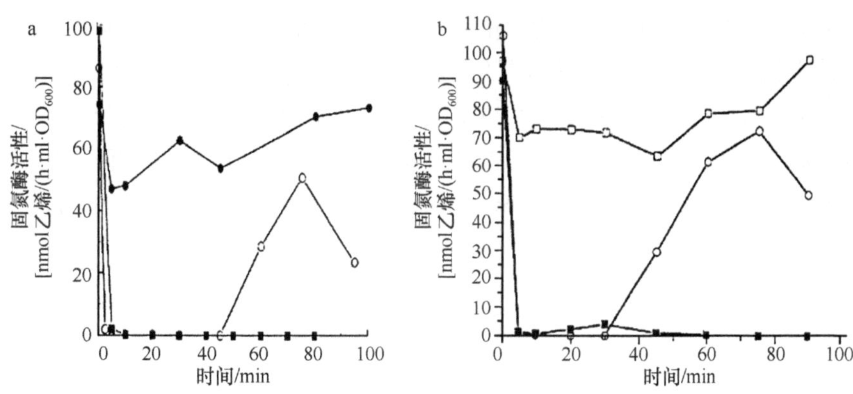

图 2 *A. brasilense* Yu62 及其突变株固氮酶铵关闭现象的检测

a. 野生型 Yu62，-●-水(对照)，-○-1 mmol/L NH_4Cl，-■-2 mmol/L NH_4Cl；b. 突变体 YT、YG 和 YZ4，-□-YT (2 mmol/L NH_4Cl)，-■-YG (0.5 mmol/L NH_4Cl)，-○-YZ4 (0.5 mmol/L NH_4Cl)

表 2 突变株 *A. brasilense* YZ1 和 YZ4 在不同铵浓度培养条件下的固氮酶活性

菌株	固氮酶相对活性/%	
	$-NH_4^+$	$+NH_4^+$ (2 mmol/L)
A. brasilense Yu62	100	130
A. brasilense YZ1	190	170
A. brasilense YZ4	196	214

注：固氮酶的相对活性以无氮条件下 *A. brasilense* Yu62 活性的百分数表示 (数据取自 3 个独立测定的平均值)

(三) 转录融合子 *nifH-lacZ* 在突变株 YZ4 的表达

为了研究突变株 YZ4 在固氮酶合成水平的调控上是否发生变化，将带有 *A. brasilense* SP7 *nifH-lacZ* 转录融合子的质粒 pAB358 分别转入突变株 YZ4 和野生型 Yu62 中，检测这两个菌株在不同铵浓度条件下的 β-半乳糖苷酶活性，结果如表 3 所示。

表 3 *nifH-lacZ* 转录融合子在 *A. brasilense* Yu62 野生型及突变株 YZ4 中的表达

菌株/质粒	β-半乳糖苷酶比活性*/[U/(min·mg 蛋白)]			
	0.5% O_2		21% O_2	
	$-NH_4^+$	$+NH_4^+$ (20 mmol/L)	$-NH_4^+$	$+NH_4^+$ (20 mmol/L)
YZ4 (Km-*lacZ*)	890±7	1088±68	882±49	1046±63
YZ4 (Km-*lacZ*) + pAB358 (*nifH-lacZ*)	8896±85	1021±34	798±15	959±37
Yu62+pAB358 (*nifH-lacZ*)	9141±45	167±8	269±46	219±37

*数据取自 3 个独立测定的平均值

从表 3 中可以看出，突变株 YZ4 的 β-半乳糖苷酶比活性无论在低氧、高氧、无铵和高铵的条件下都较高[约 1000 U/(min·mg 蛋白) 左右]，这是由于构建 YZ4 时，插入了 Km-*lacZ* 片段。该 *lacZ* 基因是组成型表达的，不受 O_2 或 NH_4^+的调控。YZ4+pAB358 中由于除 Km-*lacZ* 外还引入了 *nifH-lacZ*，其中 *lacZ* 的表达可被 O_2 或 NH_4^+调控，只在微量 O_2 或无铵时才表达，其 β-半乳糖苷酶比活性要比突变株 YZ4 在无铵条件下的比活性高约 10 倍，而与 Yu62 +pAB358 的比活性相似。说明突变株 YZ4 中 *nifH* 的转录并无影响，也就是说这个被突变的区域内没有与固氮酶合成相关的基因，但该区域被插入突变后却导致了固氮酶活性的提高（表 2），说明该区域内可能有参与固氮酶活性水平调节的基因。我们已对该区域进行了克隆和测序，发现其中含有一个依赖 σ^{54} 的开放阅读框，其功能分析尚在进行，结果将另行报道。

在无铵或低 O_2 (0.5%) 条件下，YZ4 +pAB358 比 Yu62 +pAB358 的 β-半乳糖苷酶比活性略低（应该略高，因为是 2 个 *lacZ* 表达之和），以及在高铵（20 mmol/L）或高 O_2 (21%) 条件下，其 β-半乳糖苷酶比活性比突变株 YZ4 略低（应该持平）的现象，可能是由于插入突变使 YZ4 合成 β-半乳糖苷酶的效率略有降低。

参 考 文 献

马旅雁，李季伦. 1997a. 巴西固氮螺菌 Yu62 *draTG* 基因及其下游区域的克隆与核苷酸序列分析. 生物工程学报, 13(3): 227-235.

马旅雁，李季伦. 1997b. 巴西固氮螺菌 Yu62 *draTG* 基因启动子区域的核苷酸序列及其功能分析. 生物工程学报, 13(4): 343-349.

杨洁彬，曹增良，李季伦. 1984. 北京郊区固氮螺菌的研究. 北京农业大学学报, 10(3): 321-329.

Galimand M, Perroud B, Delorme F, *et al.* 1989. Identification of DNA regions homologous to nitrogen fixation genes *nifE*, *nifUS* and fixABC in *Azospirillum brasilense* Sp7. Microbiology, 135(5): 1047-1059.

Hartmann A, Fu H, Burris R H. 1986. Regulation of nitrogenase activity by ammonium chloride in *Azospirillum* spp. J Bacteriol, 165(3): 864-870.

Kanemoto R H, Ludden P W. 1984. Effect of ammonia, darkness, and phenazine methosulfate on whole-cell nitrogenase activity and Fe protein modification in *Rhodospirillum rubrum*. J Bacteriol, 158(2): 713-720.

Kokotek W, Lotz W. 1989. Construction of a lacZ-kanamycin-resistance cassette, useful for site-directed mutagenesis and as a promoter probe. Gene, 84(2): 467-471.

Liang J H, Nielsen G M, Lies D P, *et al.* 1991. Mutations in the *draT* and *draG* genes of *Rhodospirillum rubrum* result in loss of regulation of nitrogenase by reversible ADP-ribosylation. J Bacteriol, 173(21): 6903-6909.

Liang Y Y, Kaminski P A, Elmerich C. 1991. Identification of a *nifA-like* regulatory gene of *Azospirillum brasilense* Sp7 expressed under conditions of nitrogen fixation and in the presence of air and ammonia. Mol Microbiol, 5(11): 2735-2744.

Lowery R G, Saari L L, Ludden P W. 1986. Reversible regulation of the nitrogenase iron protein from *Rhodospirillum rubrum* by ADP-ribosylation *in vitro*. J Bacteriol, 166(2): 513-518.

Ludden P W, Roberts G. 1989. Regulation of nitrogenase activity by reversible ADP ribosylation. Curr Top Cell Regul, 30: 23-56.

Miller J H. 1972. Experiments in molecular genetics. New York: Cold Spring Harbor Laboratory: 352-355.

Pedrosa F, Yates M G. 1988. Physiology, biochemistry, and genetics of *Azospirillum* and other root-associated nitrogen-fixing bacteria. Crit Rev Plant Sci, 6(4): 345-384.

Pedrosa F O, Yates M G. 1984. Regulation of nitrogen fixation (*nif*) genes of *Azospirillum brasilense* by *nifA* and *ntr* (*gln*) type gene products. FEMS Microbiol Lett, 23(1): 95-101.

Pope M R, Murrell S A, Ludden P W. 1985. Purification and properties of the heat-released nucleotide-modifying group from the inactive iron protein of nitrogenase from *Rhodospirillum rubrum*. Biochemistry, 24(9): 2374-2380.

Saari L L, Pope M R, Murrell S A, *et al.* 1986. Studies on the activating enzyme for iron protein of nitrogenase from *Rhodospirillum rubrum*. J Bio Chem, 261(11): 4973-4977.

Simom R, Priefer U, Pühler A. 1983. Vector plasmids for *in vivo* and *in vitro* manipulations of Gram-negative bacteria. *In*: Pühler A. Molecular Genetics of the Bacteria Plant Interaction. Berlin: Springer-Verlag: 98-106.

Vieira J, Messing J. 1982. The pUC plasmids, an M13mp7-derived system for insertion mutagenesis and sequencing with synthetic universal primers. Gene, 19(3): 259-268.

Zhang Y, Burris R H, Roberts G P. 1992. Cloning, sequencing, mutagenesis, and functional characterization of *draT* and *draG* genes from *Azospirillum brasilense*. J Bacteriol, 174(10): 3364-3369.

本文原载：生物工程学报, 1999, 15(3): 281-287.

巴西固氮螺菌 Yu62 *nifA* 基因克隆、测序及功能分析*

王娟，陈三凤，马旅雁，李季伦

(中国农业大学生物学院，北京，100094)

摘要

采用降落 PCR (touching down PCR, TD-PCR) 法克隆了巴西固氮螺菌 (*Azospirillun brasilense*) Yu62 的 *nifA* 基因。序列分析表明它与巴西固氮螺菌 Sp7 的 *nifA* 序列高度同源 (96.5%)，其编码的产物 NifA 蛋白与 Sp7 菌株 NifA 的氨基酸序列同源性为 97.6%。该基因可以完全互补巴西固氮螺菌 Sp7 *nifA*⁻突变株的 Nif⁻表型。研究了 NH_4^+和 O_2 对 Yu62 *nifA* 基因的表达及 NifA 活性的影响。结果表明：*nifA* 基因在 Yu62 菌株中是部分组成型表达的，氨和氧不能完全阻遏其表达，在 5 mmol/L NH_4Cl 与微氧 (0.5% O_2) 条件下表达量最高；NifA 蛋白在 0.4%~0.5% O_2 时活性最高，氧分压降低或提高都使 NifA 活性下降，1 mmol/L NH_4Cl 足以抑制 NifA 的活性。

关键词

巴西固氮螺菌 Yu62，*nifA* 基因，克隆。

1976 年，Döbereiner 等从巴西热带禾本科牧草根际分离到巴西固氮螺菌 (*Azospirillum brasilense*) Sp7 (Döbereiner and Day, 1976)。由于该菌可与许多种禾本科作物及牧草联合固氮，并分泌多种促进植物生长的物质，受到各国同行的重视，对该菌株的生理、生化、遗传、分类和应用等方面进行了广泛研究 (Zhang *et al.*, 1997; Halbleib and Ludden, 2000)。

巴西固氮螺菌分布极为广泛，从热带、温带、寒带均可分离出该菌。杨洁彬等 (1984) 从北京郊区的玉米根系中分离出巴西固氮螺菌 Yu62。巴西固氮螺菌的固氮作用严格受土壤含氮量的制约，高氨阻遏固氮酶的合成和活性。巴西固氮螺菌是微好氧固氮微生物，鞭毛可自动游向适合其生长和固氮的氧浓度的区域和定植于植物根部，因此，在土壤中，O_2 不是限制其固氮和生长的主要因素。为了发挥巴西固氮螺菌在禾本科粮食作物生产中节约氮肥和增产的效应，首先要破除氨阻遏该菌固氮酶合成和活性抑制的双重障碍，才能在高氮肥力水平的土壤中发挥其固氮作用，达到节肥和增产的目的。本实验室承担了“863”计划项目玉米联合固氮菌的研究，主要目标是对 Yu62 进行遗传改造，构建耐铵工程菌。本实验室先后克隆和分析了 *ntrBC*、*draTG*、*glnB*、*glnZ* 等重要固氮调节基因，其中 *ntrBC* 基因编码产物的氨基酸序列与 Sp7 NtrBC 蛋白同源性分别达 95.3%、97.9% (阎大来等, 1995)；*draTG* 基因编码产物的氨基酸序列与 Sp7 相应蛋白同源性分别达 99.0%、97.7% (马旅雁和李季伦，1997)；而 *glnB*、*glnZ* 编码产物 P_{II} 和 P_z 蛋白较为保守，与 Sp7 相应蛋白同源性为 100% (陈三凤等, 2000)，说明两个菌株之间在基

*本研究由“863”计划项目资助。

因水平上高度同源，属于同一菌株的两个不同菌系，其基因调节的基本原则应该是相同的。但巴西固氮螺菌 Yu62 为我国固有，适合在我国应用而且在生产和应用上可避免发生知识产权纠纷问题。

本文报道 *nifA* 基因的克隆、测序和表达及其活性受氨和氧调节的分析，序列分析结果进一步证明了二者在基因上高度同源，而表达分析结果证明二者之间存在差异，为 Yu62 菌株以后的应用提供理论依据。

一、材料和方法

(一) 菌株和质粒

本实验所用菌株和质粒如表 1 所示。

表 1　菌株与质粒

菌株和质粒	表型与基因型	来源与文献
菌株		
E. coli K-12		
S17-1	Tp^rSm^r，RP4-2 (Tc::Mu) (Km::Tn7)，Pro，res^-mod^+	Simon *et al.*, 1983
A. brasilense		
Yu62	Ap^rNx^r，野生型	杨洁彬等, 1984
Sp7358	Spe^rKm^r，*nifH*::*lacZ*-Km	Arsène *et al.*, 1994
Sp70671	Spe^rKm^r，*nifA*$^-$，*nifH*::*lacZ*-Km (Nif)	Arsène *et al.*, 1994
Sp7358-pKC11	Spe^rKm^r，*nifH*::*lacZ*-Km 携带质粒 pKC11	本文
Sp70671-pKC11	Spe^rKm^r，*nifA*$^-$，*nifH*::*lacZ*-Km 携带质粒 pKC11	本文
Yu62-pKS212	$Ap^rNx^rKm^rTc^r$，Yu62，携带质粒 pKS212	本文
Sp7067-pKS212	$Ap^rNx^rKm^rTc^r$，Sp7067，携带质粒 pKS212	本文
质粒		
pGEM-T	T-vector	Promega 公司
pGEM3zf (+)	Ap^r，克隆与测序载体	Promega 公司
pGEM11zf (+)	Ap^r，克隆与测序载体	Promega 公司
pNS3	pGEM3zf (+) 衍生质粒携带 2.1 kb *A. brasilense* Yu62 *nifA* 基因	本文
pNC11	Ap^r，pGEM11zf (+) 衍生质粒携带 2.4 kb *A. brasilense* Yu62 *nifA* 基因	本文
pVK100	Tc^rKm^r	Knauf and Nester, 1982
pKOK5	Ap^rKm^rpUC19 衍生质粒携带 *lacZ*-Km 基因盒	Kokotek and Lotz, 1989
pKC11	Tc^r，pVK100 衍生质粒携带 2.4 kb *A. brasilense* Yu62 *nifA* 基因	本文
pKS212	Tc^rKm^r，pVK100 衍生质粒携带 *A. brasilense* Yu62 *nifA*::*lacZ*-Km	本文

(二) 培养方法

巴西固氮螺菌用 LD 培养基 30℃培养；测定 β-半乳糖苷酶活性时选用 K-乳酸盐培养基 (Liang *et al.*, 1991) 30℃培养。大肠杆菌 (*Escherichia coli*) 用 LB 培养基 37℃培养。对于大肠杆菌，抗生素的使用浓度为氨苄青霉素 (Ap) 50 μg/ml、四环素 (Tc) 12.5 μg/ml、卡那霉素 (Km) 50 μg/ml。对于巴西固氮螺菌，抗生素浓度为 Ap 25 μg/ml、Km 12.5 μg/ml、萘啶酸 (Nx) 6 μg/ml、Tc 12.5 μg/ml。

(三) 质粒的接合转移

质粒的接合转移按照 Liang 等 (1991) 的文献进行。

(四) β-半乳糖苷酶活性测定

利用待测菌株的过夜培养物离心收集菌体，用含相应浓度 NH_4Cl 的 K-乳酸盐培养基洗两次，稀释至 OD_{600}=0.2~0.4。将 1 ml 稀释好的菌液接入含不同氧分压的 10 ml 血清瓶中，然后置于 30℃水浴摇床 100 r/min 诱导 4 h，测定 β-半乳糖苷酶活性 (Sambrook *et al.*, 1989)。β-半乳糖苷酶活性的单位数 (即 Miller units)=$1000\times(OD_{420}-1.7\times OD_{550})/(t\times V\times OD_{600})$，式中 t 为时间 (min)；V 为体积 (ml)。不同氧分压血清瓶的制备：在血清瓶中注满灭菌水，塞上胶塞时可在胶塞上插一针头，以排除气泡。胶塞上插两个针头，一个接排水管，另一个接进气管，将血清瓶中的水用高纯氮 (99.99% N_2) 置换，继续通气和排气 3 min，使瓶内气压与大气压平衡。按照空气中氧浓度为 20.8%计算，当氧气的终浓度为 0.1‰时打入 0.29 ml 空气，在打入空气之前按照计算的体积，先从瓶中抽出等体积的氮气，依次类推制备不同氧分压的气体瓶。

(五) 酶及试剂

限制性内切核酸酶、DNA 聚合酶 Klenow 片段购自 Promega 公司和华美公司，T4 DNA 连接酶购自 New England Biolabs 公司，地高辛标记 DNA 检测盒购自 Roche 公司。

(六) 降落 PCR

根据 *A. brasilense* Sp7 *nifA* 基因序列合成一对引物，Primer 1：5′-CATACCGTCCTCCAGGGTC-3′；Primer 2：5′-TCCCCCCGACCATATCCAG-3′，分别与巴西固氮螺菌 Sp7 *nifA* 基因 5′端和 3′端互补。PCR 运行程序：94℃，1 min，从 66℃至 54℃，1 min，每个循环降低 0.5℃，72℃ 3 min，然后 94℃ 1 min，54℃ 1 min，72℃ 3 min，进行 10 个循环。

(七) λ 噬菌体文库筛选及 DNA 克隆

λ 噬菌体文库筛选及 DNA 克隆按照 Sambrook 等 (1989) 的文献进行。

二、结果和分析

(一) 巴西固氮螺菌 Yu62 *nifA* 基因的克隆和序列分析

研究没有成功从基因组文库中克隆位于 2.4 kb *Sal* I 片段上的 *nifA* 完整基因，获得的十几个阳性克隆均为 2.0 kb，可能是由于在构建文库时 *Sau3*A I 对 *nifA* 基因上 2.0 kb 处的 *Sau3*A I 位点具有偏好性，将该片段克隆至测序载体 pGEM3zf (+)，命名为 pNS3，测序表明，该片段具有 5′端的 440 bp 非编码区及 N 端和中间结构域的序列缺失了 C 端的一部分序列。改用降落 PCR (touching down PCR，TD-PCR) 法扩增巴西固氮螺菌 Yu62 *nifA* 基因。将扩增的 2.4 kb 片段克隆至载体 pGEM-T，命名为 pTnifA。测序发现，该序列与巴西固氮螺菌 Sp7 *nifA* 同源性为 96.5%，该片段含有一个编码 625 个氨基酸的 ORF，即巴西固氮螺菌 Yu62 NifA，与巴西固氮螺菌 Sp7 NifA 序列同源性为 97.6%。该序列在 GenBank 上的注册号为 AF288483。

(二) 巴西固氮螺菌 Yu62 *nifA* 基因穿梭质粒及其表达载体的构建

将 pTnifA 和载体 pGEM11zf (+) 用 *Not* I 酶切，回收 2.4 kb *Not* I 片段，与载体连接得到重组质粒 pNC11。将 pNC11 用 *Hin*d III 和 *Xho* I 双酶切，回收 2.4 kb 的完整 *nifA* 基因片段，与经 *Hin*d III 和 *Xho* I 双酶切的穿梭质粒 pVK100 载体连接得到重组质粒 pKC11 (图 1)。

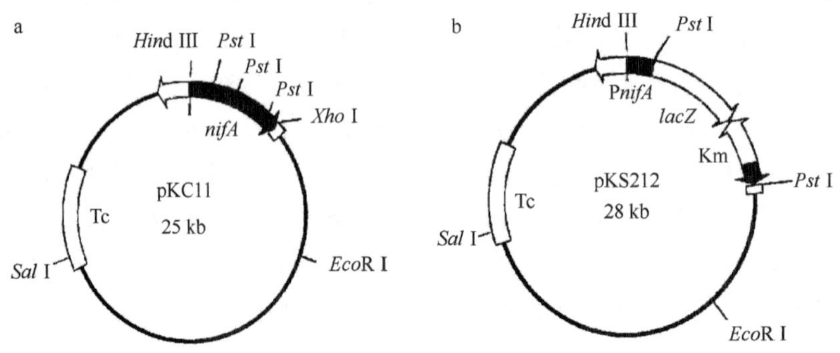

图 1　重组质粒 pKC11、pKS212 结构示意图

a. 广谱宿主质粒 pKC11 包含完整 Yu62 *nifA* 基因；b. Yu62 *nifA* 基因的表达载体；P*nifA* 表示 *nifA* 基因启动子区域

为了研究巴西固氮螺菌 Yu62 *nifA* 基因表达规律，将 *lacZ*-Km 盒 (*lacZ*-Km cassette) 克隆至 *nifA* 基因启动子之后，通过测定 β-半乳糖苷酶活性来测定 Yu62 *nifA* 基因的表达。为了避免 PCR 引入突变，采用从巴西固氮螺菌 Yu62 基因组文库中克隆出 2.0 kb *Sal* I 片段构建 *nifA* 基因启动子表达载体。用 *Sal* I 酶切 pNS3，回收 2.0 kb *Sal* I 片段，克隆至穿梭质粒 pVK100 的 *Xho* I 位点，筛选 Km 敏感株，经酶切鉴定，得到与 Km 抗性基因方向相反的重组质粒，命名为 pKS2。将含有 *lacZ*-Km^r 盒的质粒 pKOK5 用 *Pst* I 酶切，回收 4.8 kb 的 *lacZ*-Km^r 基因片段，克隆至 pKS2 的 *Pst* I 位点，筛选 *lacZ* 基因方向与 *nifA* 基因方向一致的重组质粒，命名为 pKS212，即构建成由 *nifA* 基因启动子表达的 *lacZ* 基因，通过测定 β-半乳糖苷酶活性即可检测 *nifA* 基因的表达 (图 1)。

(三) NH_4Cl 及氧浓度对 *nifA* 基因表达的影响

采用三亲接合法将 *nifA* 基因表达载体 pKS212 (*nifA*::*lacZ*) 转入巴西固氮螺菌 Yu62 中，分别在空气 (20% O_2) 和微氧 (0.5% O_2) 条件下于不同浓度 NH_4Cl 基本培养基中，测定各菌株中 β-半乳糖苷酶的活性。结果如图 2 所示。在微氧条件下 Yu62 (pKS212) 菌株中 *nifA* 基因表达量比空气条件下高，说明 *nifA* 基因表达受高氧的阻遏。在微氧条件下，*nifA* 基因在含 20 mmol/L NH_4Cl 的基本培养基中的表达量比在 0 mmol/L NH_4Cl 条件下略有降低，说明 NH_4Cl 对 *nifA* 基因的表达有微弱阻遏作用。在微氧条件下，*nifA* 基因在 5 mmol/L NH_4Cl 条件下表达量最高，随着氧浓度的进一步提高，*nifA* 基因表达量开始下降。在有空气的条件下，*nifA* 基因在含 20 mmol/L NH_4Cl 的基本培养基中的表达量比在 0 mmol/L NH_4Cl 条件下也略有降低，2 mmol/L NH_4Cl 条件下表达量最高，随着氧浓度的进一步提高，*nifA* 基因表达量开始下降 (图 2)，说明 NH_4Cl 和氧存在协同作用。

(四) NH_4Cl 及氧浓度对 NifA 活性的影响

采用三亲接合法将含完整 Yu62*nifA* 基因的穿梭质粒 pKC11 转入巴西固氮螺菌 Sp70671 和 Sp7358 菌株中。通过筛选 $Ap^rNx^rKm^rTc^r$ 表型并提质粒，酶切鉴定，确认质粒已转入 Sp70671 和 Sp7358 菌株中。

Sp70671 为 *nifA*⁻及 *nifH* 基因启动子之后插入了 *lacZ*-Km 盒，用以检测 *nifH* 基因的表达，转入 pKC11 后，通过测定 *nifH* 基因的表达，即可研究 Yu62 NifA 蛋白的活性。在 Sp7358 (pKC11) 中，同时含有 Sp7 基因组上的 *nifA* 和质粒 pKC11 中 Yu62 *nifA* 基因。在不同氧分压和 NH_4Cl 浓度下，研究测定巴西固氮螺菌 Sp70671 (pKC11)、Sp7358 (pKC11) 及 Sp70671、Sp7358 中 *nifH-lacZ* 的表达结果，如表 2 所示。

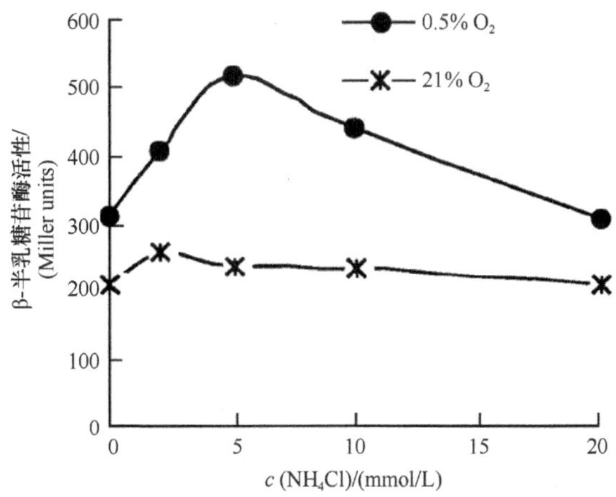

图 2　NH_4^+浓度与氧分压对 Yu62 (pKS212) 中 *nifA* 基因表达的影响（以 β-半乳糖苷酶活性表示）

表 2　NH_4^+浓度与氧分压对 Yu62 NifA 活性的影响

菌株	β-半乳糖苷酶活性/(Miller units)										
	c (NH_4Cl)=0 mmol/L										*c* (NH_4Cl)=1 mmol/L
	c (O_2)										
	0	0.2%	0.4%	0.5%	0.6%	0.7%	0.8%	1%	5%	20%	0.5%
Sp70671[a] (pKC11)	37.6	56.7	87.3	90.1	71.2	68.2	46.1	21.2	9.4	1.5	0.5
Sp70671[b]	ND*			0.50			ND				0.44
Sp7358[c] (pKC11)		ND		122.1			ND				9.4
Sp7358[d]	ND			83.7			ND				1.2

注：ND. 未检测；a. Sp7 染色体 *nifA*::Tn*5*，*nifH*::*lacZ*，携带含有 Yu62 *nifA* 基因的质粒；b. Sp7 染色体 *nifA*::Tn*5*，*nifH*::*lacZ*；c. Sp7 野生型，携带 *nifH*::*lacZ* 和含有 Yu62 *nifA* 基因的质粒；d. Sp7 野生型，携带 *nifH*::*lacZ*；结果为 3 次独立分析的平均值

表 2 说明，Yu62 菌株的 *nifA* 基因可以互补巴西固氮螺菌 Sp7 的 Nif⁻表型。Sp7358 (pKC11) 菌株的 *nifH*⁻::*lacZ* 表达量比在 Sp70671 (pKC11) 中高，说明 *nifA* 基因拷贝数增加使得 *nifH* 表达量提高。Yu62 NifA 活性在 0.5% O_2 时最高。0.5% O_2 时 5 mmol/L 以下的 NH_4Cl 不阻遏 *nifA* 基因的表达（图 2），但 1 mmol/L NH_4Cl 足以阻遏 *nifH* 表达，说明 NifA 蛋白在 1 mmol/L NH_4Cl 的培养条件下失活。NifA 蛋白在 0.5%氧分压下活性最高，氧分压低于或高于 0.5%都会引起 NifA 活性下降。氧分压降至 0，即完全厌氧时，NifA 蛋白仍有最高活性的 42%。而氧分压提高到 0.7%以上时，NifA 蛋白活性急剧下降，直至 1%时 NifA 蛋白活性下降至最高活性的 23%。随着氧分压进一步提高，NifA 蛋白活性缓慢降低，至 5%氧分压时下降至最高活性的 10%，至 21%氧分压，即空气条件下，降至最低水平，NifA 活性受 O_2 调节的特征可能与 NifA 蛋白 C 端具有氧敏感的 C-X11-C-X19-C-X4-C 保守序列有关，氧分压低于 0.5%时，NifA 活性下降可能是由于低氧影响了产能代谢。

三、讨论

在肺炎克氏杆菌中氨和氧严格调节 *nifA* 的表达，只有在低氧和低氨 (<2 mmol/L) 条件下 *nifA* 基因才能表达。在 *A. brasilense* Yu62 菌株中，氨和氧都不能完全阻遏 *nifA* 的表达。但是本实验分析的 Yu62 *nifA* 基因的表达与 Liang 等 (1991) 对 Sp7 菌株中的分析并不完全一致，在 Sp7 菌株中 *nifA* 的表达主要受氧的调节，受氨的影响很小，在 21% O_2 和无氨条件下 *nifA* 的表达量最高，在 21% O_2 和 20 mmol/L NH_4Cl 条件下，*nifA* 的表达量最低，为无氨时表达量的 20%；而在 Yu62 中，*nifA* 的表达受高氧的阻遏，在 0.5% O_2 和 5 mmol/L NH_4Cl 时，*nifA* 的表达量最高；而本实验分析结果与 Fadel-Picheth 等 (1999) 对巴西固氮螺菌 Fp2 菌株中 *nifA* 的表达的分析结果基本一致，即 *nifA* 的表达是对氧敏感的。菌株之间不同的分析结果还需进一步的实验证明。巴西固氮螺菌的 *nifA* 表达及其蛋白活性调节的分子机制有待进一步研究。

参考文献

陈三凤, 杨红, 王娟, 等. 2000. 巴西固氮螺菌 Yu62 *glnB* 基因和 *glnZ* 基因的克隆和序列分析. 中国农业大学学报, 5(1): 9- 13.

马旅雁, 李季伦. 1997. 巴西固氮螺菌 Yu62 *draTG* 基因启动子区域的核苷酸序列及其功能分析. 生物工程学报, 13(4): 227- 235.

阎大来, 何路红, 李季伦. 1995. 巴西固氮螺菌 *ntrBC* 基因的克隆与核苷酸序列分析. 微生物学报, 35(4): 242-249.

杨洁彬, 曹增良, 李季伦. 1984. 北京郊区固氮螺菌的研究. 北京农业大学学报, 10(8): 321-329.

Arsène F, Katupitiya S, Kennedy I R, *et al.* 1994. Use of *lacZ* fusions to study the expression of *nif* genes of *Azospirillum brasilense* in association with plants. Mol Plant Microbe Interact, 7(6): 748-757.

Döbereiner J, Day J M. 1976. Associative symbioses in tropical grasses: characterization of microorganisms and dinitrogen fixing sites. *In*: Newton W E, Nyman C J. Proceeding of the 1st International Symposium on Nitrogen fixation. Pullman: Washington State University Press: 518-538.

Fadel-Picheth C M T, Souza E M, Rigo L U, *et al.* 1999. Regulation of *Azospirillum brasilense nifA* gene expression by ammonium and oxygen. FEMS Microbiol Lett, 179(2): 281-188.

Halbleib C M, Ludden P W. 2000. Regulation of biological nitrogen fixation. J Nutr, 130(5): 1081-1084.

Knauf V C, Nester E W. 1982. Wide host range cloning vectors: a cosmid clone bank of an *Agrobacterium* Ti plasmid. Plasmid, 8(1): 45-54.

Kokotek W, Lotz W. 1989. Construction of a *lacZ*-kanamycin-resistance cassette, useful for site-directed mutagenesis and as a promoter probe. Gene, 84(2): 467-471.

Liang Y Y, Kaminski P A, Elmerich C. 1991. Identification of a *nifA-like* regulatory gene of *Azospirillum brasilense* Sp7 expressed under conditions of nitrogen fixation and in the presence of air and ammonia. Mol Microbiol, 5(11): 2735-2744.

Sambrook J, Fritsch E F, Maniatis T. 1989. Molecular Cloning: A Laboratory Manual. 2nd ed. New York: Cold Spring Harbor Laboratory.

Simon R, Priefer U, Pühler A. 1983. A broad host range mobilization system for *in vivo* genetic engineering: transposon mutagenesis in gram negative bacteria. Nat Biotechnol, 1: 784-791.

Zhang Y, Burris R H, Ludden P W, *et al.* 1997. Regulation of nitrogen fixation in *Azospirillum brasilense*. FEMS Microbiol Lett, 152(2): 195-204.

本文原载：微生物学报, 2001, 41(6): 655-661.

巴西固氮螺菌鞭毛调节基因 *flbD* 鉴定

王娟[1]，阎大来[1,2]，李季伦[1]

(1. 中国农业大学生物学院，北京，100094；2. Department of Plant and Microbial Biology，University of California，Berkeley，CA 94720，USA)

摘要

克隆并测序了巴西固氮螺菌包括 *flbD* 基因在内的鞭毛基因簇片段。*flbD* 突变株失去运动能力，不能合成极生鞭毛和侧生鞭毛 (Fla^-Laf^-)，转入质粒携带的多拷贝 *flbD* 基因使该菌株恢复鞭毛和运动能力，但合成侧生鞭毛的数目减少，在半固体平板上爬行圈比野生型的大。说明在巴西固氮螺菌中，*flbD* 对极生鞭毛和侧生鞭毛的合成调控起重要作用。

关键词

巴西固氮螺菌，*flbD* 基因，鞭毛。

固氮螺菌 (*Azospirillum* spp.) 是促进植物生长的根际微生物，影响很多经济作物的生长和产量 (Okon and Vanderleyden, 1997)。运动性及其对作物代谢物的趋化性被认为是有效定植植物根部的重要因素 (Zhulin and Armitage, 1992)。巴西固氮螺菌具有混合型鞭毛：一根极生鞭毛和数根侧生鞭毛 (Tarrand *et al.*, 1978)。极生鞭毛是当该菌在液体中或固体表面生长时组成型合成的，是在液体中游动的器官；而侧生鞭毛只有当细菌处于表面或黏性环境时合成，较极生鞭毛细，呈小波浪弯曲，是细菌在半固体表面上爬行(swarming) 所必需的 (Hall and Krieg, 1983)。鞭毛的生物合成受到严格的调控。周生鞭毛细菌如大肠杆菌 (*Escherichia coli*) 和肠道沙门氏菌鼠伤寒血清变种 (*Salmonella enterica* serovar *Typhimiurium*) 中的鞭毛级联调控系统已建立，鞭毛蛋白的合成涉及 3 个级别的级联调控 (Macnab, 1996)。α-细菌群的棒状节杆菌 (*Caulobacter crescentus*) 中的鞭毛合成也已阐明 (Wu *et al.*, 1995; Wu and Newton, 1997)。棒状节杆菌进行不对称分裂，每次分裂产生一个柄状细胞和一个具有一根极生鞭毛能运动的细胞，棒状节杆菌的鞭毛合成涉及 4 个级别的级联调控，棒状节杆菌的 FlbD 是 NtrC 家族中的一个感受调节蛋白，激活 σ^{54}-依赖型启动子的转录，是第 3、第 4 级基因表达所必需的。虽然混合型鞭毛是许多既可以游动又可以爬行的细菌的典型特征，但对于其调节机制 (尤其是侧生鞭毛的合成调节) 还远不清楚。在具有混合型鞭毛的细菌中，只有副溶血性弧菌 (*Vibrio parahemolyticus*) 中的极生鞭毛合成的级联调控已得到阐明 (Kim and McCarter, 2000)。在巴西固氮螺菌中已克隆和研究了两个与鞭毛相关的基因：*ropN* (编码 σ^{54} 因子) 是极生和侧生鞭毛合成所必需的 (Milcamps *et al.*, 1996)；*laf1* 是编码侧生鞭毛蛋白 (flagellin) 的基因 (Moens *et al.*, 1995)。本文报道巴西固氮螺菌 *flbD* 基因及其相邻区域的克隆测序及 *flbD* 基因突变表型分析。

一、材料和方法

(一) 菌株、培养基和培养条件

本实验所用的菌株及质粒如表 1 所示。野生型巴西固氮螺菌 Yu62 是从北京郊区分离得到的 (杨洁彬等, 1984)，培养大肠杆菌的丰富培养基是 LB，37℃培养，培养巴西固氮螺菌的丰富培养基是 LD 培养基，基本培养基是乳酸基本培养基(Galimand *et al.*, 1989)，30℃培养。所用抗生素浓度：四环素 (Tc) 12.5 μg/ml，卡那霉素(Km) 20 μg/ml，氨苄青霉素 (Ap) 100 μg/ml，氯霉素 (Cm) 25 μg/ml。

表 1　菌株与质粒

菌株、质粒、噬菌体	相关基因型或表型	文献、来源
菌株		
巴西固氮螺菌		
A. brasilense Yu62	野生型	本实验室保存
A. brasilense YF2	*flbD*::Km^r 插入突变株	本文
A. brasilense Yu6205	野生型菌株携带 pFV5	本文
A. brasilense YF205	*flbD* 插入突变株，携带 pFV5	本文
大肠杆菌		
S17-1	*Pro thi hsd recA* (*RP4-2*-Tc::Mu:-Km::Tn7 *Tra+IncP*)	Simon *et al.*, 1983
DH5α	*HsdR17 endA1 thi-1 gyrA96 relAI recAI supE44ΔlacU169* (*φ80lacZΔM15*)	华美公司
质粒		
pUC19	Ap^r	华美公司
pFG11	pUC19 携带 2.6 kb *Sal* I 片段	本文
pSUP202	可转移自杀质粒载体 Ap^r Cm^r Tc^r	Simon *et al.*, 1983
pSK2	pSUP202 携带 2.6 kb *Sal* I 片段	本文
pVK100	Km^r Tc^r *IncP* Tra^-	Knauf and Nester, 1982
pFV5	pVK100 衍生质粒携带 2.6 kb *Sal* I 片段	本文
噬菌体		
EMBL3	克隆载体	Promega 公司

(二) DNA 技术

质粒、染色体 DNA 提取，酶切，Southern 杂交，转化，克隆，测序，PCR 按常规技术操作(Sambrook *et al.*, 1989)。巴西固氮螺菌 Yu62 基因组文库构建是将 *Sau*3A I 部分酶切的总 DNA 克隆至噬菌体载体 EMBL3 的 *Bam*H I 位点上。

(三) 运动性和鞭毛观察

细菌运动能力的定量描述是通过观察细菌生长在半固体平板上形成的爬行圈大小来衡量的 (Hall and Krieg, 1983)；巴西固氮螺菌野生型和突变株在液体培养基中的运动通过 Olympus 光学显微镜观察；透射电子显微镜 (TEM) 观察细菌鞭毛：细菌吸附到覆有聚乙酸甲基乙烯酯 (formvar) 和碳膜的铜网上，室温下利用 3%磷钨酸溶液负染 10~30 s，采用 JEOL JSM 1000×透射电子显微镜在 80 kV 下观察。

(四) DNA 序列和分析

DNA 序列数据分析比较用 DNAMAN 软件和 NCBI 服务中心的 Blast 软件；2.6 kb *Sal* I 片段序列已在 GenBank 注册，序列号为 AF190326。

二、结果与讨论

(一) *flbD* 基因的克隆和测序

为了克隆巴西固氮螺菌 Yu62 中的 σ^{54}-RNA 聚合酶转录激活蛋白，采用了 PCR 扩增结合 Southern 杂交筛选的方法 (Macnab, 1996)。NtrC 家族的转录激活蛋白具有多个结构域，其中，具有转录激活作用的中间结构域高度保守 (North *et al.*, 1993; Osuna *et al.*, 1997)。根据转录激活结构域中的两个高度保守区序列，合成一对简并寡核苷酸，作为引物扩增 Yu62 总 DNA (阎大来等, 1995)。研究得到 0.45 kb 的电泳片段，酶切分析发现，这个 0.45 kb 的片段至少包含两种，以这种混合的 PCR 产物作为探针，筛选 Yu62 λEMBL3 基因组文库，得到数个阳性克隆，其中之一是 *ntrBC* 基因 (阎大来等, 1995)。对另一个位于 2.6 kb 的 *Sal* I 片段上的阳性片段测序发现了一个编码典型的 3 个结构域的 σ^{54}-依赖型启动子激活蛋白的开放阅读框 (ORF)，N 端的信号接收结构域、中间的转录激活结构域和具有与 DNA 结合的 HTH (helix-turn-helix) 结构的 C 端结构域。ORF 与棒状节杆菌中的很多具有 σ^{54}-依赖型启动子鞭毛基因的总转录调节蛋白 FlbD 同源性最高 (59%) (Ramakrishnan and Newton, 1990; Wu *et al.*, 1995; Wu and Newton, 1997)。*flbD* 基因两侧是两个不完整的 ORF，上游 ORF 与许多菌中的 *motA* 基因同源，MotA 是一个膜蛋白，驱使鞭毛马达旋转 (Macnab, 1996)。与 ORF1 同源性最高的是与巴西固氮螺菌同属 α-类群的红螺菌 *Rhodospirillum centenum* 中的极生鞭毛 MopA 蛋白。下游不完整的 ORF 与 *flhA* 基因同源，FlhA 也是膜蛋白，可能参与鞭毛蛋白调节或分泌。总的同源性比较说明，2.6 kb 的 *Sal* I 片段是巴西固氮螺菌鞭毛基因簇的一部分，*flbD-flhA* 基因排列也存在于 *C. crescentus* 中，但无 *motA* (Ramakrishnan and Newton, 1990)。

(二) *flbD* 基因的突变分析

为了分析 *flbD* 基因的功能，研究构建了 *flbD* 插入突变株。将 pUC4K 上的 1.2 kb 卡那霉素抗性基因盒 (Km^r) 插入 *flbD* 基因内的 *Aat* II 位点上 (图 1)，再将 3.8 kb 的整个片段克隆至质粒 pSUP202 上，得到自杀重组质粒 pSK2。采用接合法将 pSK2 引入巴西固氮螺菌 Yu62 菌株中，通过测试卡那霉素抗性接合子的氯霉素敏感性来筛选双交换重组子，并进一步通过 Southern 杂交进行鉴定，得到的突变株命名为 YF2。光学显微镜下观察发现，突变株 YF2 在液体中不能游动，在半固体培养基上不能爬行 (图 2)。突变株完全失去了运动能力，说明可能失去合成极生和侧生鞭毛的能力。电子显微镜观察进一步肯定了这个结果，在半固体上的确失去了极生和侧生鞭毛 (Fla^-Laf^-, 图 3)。基于 FlbD 是 σ^{54}-依赖型启动子的转录激活蛋白，这个实验结果与巴西固氮螺菌中 *ropN*$^-$ 突变株的表型 (Fla^-Laf^-) 分析是一致的 (Milcamps *et al.*, 1996)。

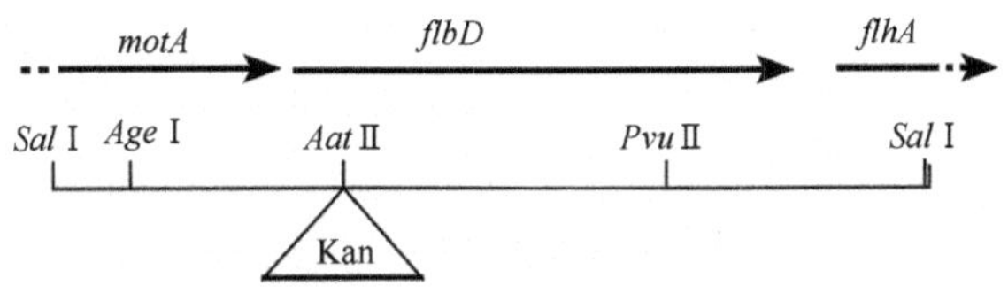

图 1　2.6 kb *Sal* I 片段物理图谱

Δ 表示 *flbD*::Km^r 插入位点

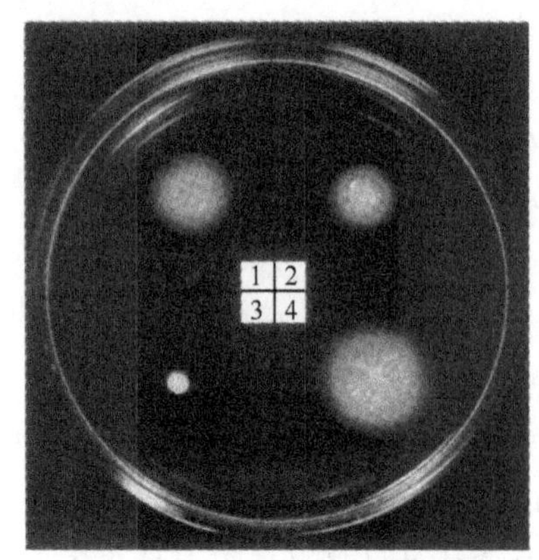

图 2　巴西固氮螺菌在半固体培养基上形成的爬行圈

1. Yu62，2. Yu62-pFV5，3. YF2，4. YF2-pFV5。细菌在 30℃培养 48 h。pFV5 为含完整 *flbD* 基因的互补质粒，Yu62 为野生型，YF2 为 *flbD*::Km^r 插入突变株

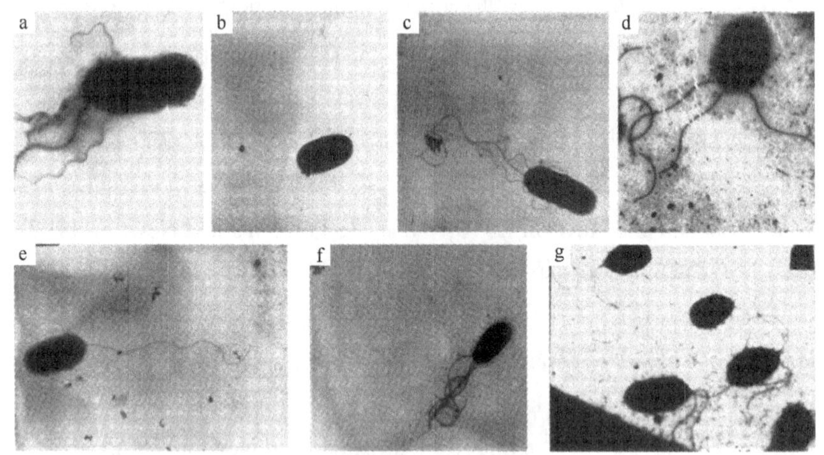

图 3　巴西固氮螺菌电子显微镜负染照片

a~d. 半固体培养基培养 (0.3%琼脂)；e~g. 固体培养基培养 (1.5%琼脂)；a、e. Yu62；b. YF2；c、f. YF2-pFV5；g. Yu62-pFV5

将 2.6 kb 的 *Sal* I 片段克隆至低拷贝 (2~5) 广宿主范围的质粒 pVK100 (Knauf and Nester, 1982) 上，构建成 *flbD* 的互补质粒 pFV5。*flbD* 突变株 YF2 中转入 pFV5 后运动能力恢复，但在半固体培养基上形成的爬行圈比野生型 Yu62 菌株形成的爬行圈大，有趣的是，Yu62-pFV5 菌株运动性降低。用载体 pVK100 作为对照，分别转入 Yu62 和 YF2 中后，在适当浓度的抗生素存在时，得到相同的实验结果，爬行圈 YF2-pFV5>Yu62-pVK100>Yu62-pFV5>>YF2-pVK100。研究将与 pFV5 中 *flbD* 基因插入方向相反的质粒分别引入突变株和野生型菌株中，也观察到相似的实验现象。电子显微镜观察表明，多拷贝质粒携带的 *flbD* 基因引入导致两个菌株中鞭毛着生特征都发生改变。YF2-pFV5 中，在半固体培养基上只有 2 或 3 根侧生鞭毛，明显比野生型 Yu62 菌株少(图 3a，图 3c)。而在 Yu62-pFV5 中，合成数根极生鞭毛，无侧生鞭毛。说明不同的鞭毛特征导致不同的运动性 (图 2)。总之，突变和互补分析表明，*flbD* 在巴西固氮螺菌中对极生和侧生鞭毛合成起重要作用。菌株之间运动能力不同，本质上可能是由于 *flbD* 的表达水平不同。为了简化混合型鞭毛的复杂性，在固体培养基上 (1.5%琼脂) 观察这些菌株发现，Yu62 有一根极生鞭毛，YF2 没有鞭毛，YF2-pFV5 和 Yu62-pFV5 有 2~4 根极生鞭毛 (图 3f，图 3g)。表明 *flbD* 基因产物对极生鞭毛的合成有直接的正调节作用。

质粒中引入的多拷贝 *flbD* 基因导致菌株侧生鞭毛数目减少或者合成多根极生鞭毛的现象是很奇特

的，导致出现这种现象的机制有待进一步研究，可能是 *flbD* 对侧生鞭毛合成有直接的负调节作用，或者极生鞭毛的不正常合成间接影响了侧生鞭毛的合成。在 *V. parahemolyticus* 中极生鞭毛具有触觉作用，感知菌体是否处于固体表面。诱导型合成的侧生鞭毛在极生鞭毛缺陷株中组成型合成，类似现象在巴西固氮螺菌（*A. brasilense*）和生脂固氮螺菌（*A. lipoferum*）中也有报道(Moens *et al.*, 1996; Alexandre *et al.*, 1999)。在本实验中，由于多拷贝 *flbD* 基因的引入，极生鞭毛不正常合成，进而抑制了侧生鞭毛的合成，推测 *flbD* 基因在巴西固氮螺菌中是一个关键的鞭毛合成调节基因，调控极生和侧生鞭毛的合成。

在巴西固氮螺菌 Yu62 中调节极生和侧生鞭毛合成的 FlbD 与目前发现的唯一同源蛋白 *C. crescentus* FlbD 虽然具有相似功能，但也有不同之处，在棒状节杆菌中，FlbD 通过控制不同的极生鞭毛基因的表达，在细胞发育循环中起重要作用（Wu *et al.*, 1995; Wu and Newton, 1997）。它在极生鞭毛的合成级联调控中起重要作用，通过激活第 3 级基因表达，关闭第 2 级基因的表达来实现第 2 级基因和第 3 级基因表达的重要转换作用（Ramakrishnan *et al.*, 1991; Benson *et al.*, 1994a; Wu *et al.*, 1995; Wu and Newton, 1997）。FlbD 蛋白的 N 端结构域的 D52 是磷酸化位点，调节其功能，已有若干实验证据：FlbD 在体内试验和体外试验中都可磷酸化，FlbD D52A 突变不能互补 *flbD*::Tn*5* 突变株（Ramakrishnan *et al.*, 1991）；相关组氨酸激酶 FlbE 已找到（Wingrove *et al.*, 1993; Wingrove and Gober, 1996），FlbE 可以使 FlbD 磷酸化，但不能使 FlbD D52E 磷酸化；在体外试验中，当氨基磷酸酯（小分子磷酸供体，phosphoramidate）存在时，FlbD σ^{54}-依赖型启动子的转录激活作用加强（Benson *et al.*, 1994b）。如果在巴西固氮螺菌中也是如此，那么相关组氨酸激酶是什么？是否与 FlbE 同源？极生鞭毛和侧生鞭毛合成的级联调控是怎样的？FlbD 在极生鞭毛和侧生鞭毛合成的级联调控系统中的位置有待深入研究。

参 考 文 献

阎大来，何路红，李季伦. 1995. 巴西固氮螺菌 *ntrBC* 基因克隆和测序. 微生物学报, 35(4): 242-249.

杨洁彬，曹增良，李季伦. 1984. 北京郊区固氮螺菌研究. 北京农业大学学报, 10(3): 321-329.

Alexandre G, Rohr R, Bally R. 1999.A phase variant of *Azospirillum lipoferum* lacks a polar flagellum and constitutively expresses mechanosensing lateral flagella. Appl Environ Microbiol, 65(10): 4701-4704.

Benson A K, Ramakrishnan G, Ohta N, *et al.* 1994a.The *Caulobacter crescentus* FlbD protein acts at *ftr* sequence elements both to activate and to repress transcription of cell cycle-regulated flagellar genes. Proc Natl Acad Sci USA, 91(11): 4989-4993.

Benson A K, Wu J, Newton A. 1994b.The role of FlbD in regulation of flagellar gene transcription in *Caulobacter crescentus*. Res Microbiol, 145(5-6): 420-430.

Galimand M, Perroud B, Delorme F, *et al.* 1989. Identification of DNA regions homologous to nitrogen fixation genes *nifE*, *nifUS* and *fixABC* in *Azospirillum brasilense* Sp7. J Gen Microbiol, 135(5): 1047-1059.

Hall P G, Krieg N R. 1983. Swarming of *Azospirillum brasilense* on solid media. Can J Microbiol, 29(11): 1592-1594.

Kim Y K, McCarter L L. 2000.Analysis of the polar flagellar gene system of *Vibrio parahaemolyticus*. J Bacteriol, 182(13): 3693-3704.

Knauf V C, Nester E W. 1982.Wide host range cloning vectors: a cosmid clone bank of an *Agrobacterium* Ti plasmid. Plasmid, 8: 45-54.

Macnab R M. 1996. *Escherichia coli* and *Salmonella*: Cellular and Molecular Biology. 2nd ed. Washington D.C.: ASM Press: 123-145.

Milcamps A, Van Dommelen A, Stigter J, *et al.* 1996. The *Azospirillum brasilense rpoN* gene is involved in nitrogen fixation, nitrate assimilation, ammonium uptake, and flagellar biosynthesis. Can J Microbiol, 42(5): 467-478.

Moens S, Michiels K, Keijers V, *et al.* 1995. Cloning, sequencing, and phenotypic analysis of *laf1*, encoding the flagellin of the lateral flagella of *Azospirillum brasilense* Sp7. J Bacteriol, 177(19): 5419-5426.

Moens S, Schloter M, Vanderleyden J. 1996. Expression of the structural gene, *laf1*, encoding the flagellin of the lateral flagella in *Azospirillum brasilense* Sp7. J Bacteriol, 178(16): 5017-5019.

North A K, Klose K E, Stedman K M, *et al.* 1993. Prokaryotic enhancer-binding proteins reflect eukaryote-like modularity:the puzzle of nitrogen regulatory protein C. J Bacteriol, 175(14): 4267-4273.

Okon Y, Vanderleyden J. 1997. Root-associate *Azospirillum* species can stimulate plants. ASM News, 63(7): 366-370.

Osuna J, Soberón X, Morett E. 1997. A proposed architecture for the central domain of the bacterial enhancer-binding proteins based on secondary structure prediction and fold recognition. Protein Sci, 6(3): 543-555.

Ramakrishnan G, Newton A. 1990. FlbD of *Caulobacter crescentus* is a homologue of the NtrC (NRI) protein and activates sigma 54-dependent flagellar gene promoters. Proc Natl Acad Sci USA, 87(6): 2369-2373.

Ramakrishnan G, Zhao J L, Newton A. 1991. The cell cycle-regulated flagellar gene *flbF* of *Caulobacter crescentus* is homologous to a virulence locus (*lcrD*) of *Yersinia pestis*. J Bacteriol, 173(22): 7283-7292.

Sambrook J E, Frisch E, Maniatis T. 1989. Molecular Cloning: A Laboratory Manual. 2nd ed. New York: Cold Spring Harbor Laboratory.

Simon R, Priefer U, Puhler A. 1983. A broad host range mobilization system for *in vivo* genetic engineering: transposon mutagenesis in Gram-negative bacteria. Nat Biotechnol, 1: 784-791.

Tarrand J J, Krieg N R, Döbereiner J. 1978. A taxonomic study of the *Spirillum lipoferum* group, with descriptions of a new genus, *Azospirillum* gen. nov. and two species, *Azospirillum lipoferum* (Beijerinck) comb. nov. and *Azospirillum brasilense* sp. nov. Can J Microbiol, 24(8): 967-980.

Wingrove J A, Gober J W. 1996. Identification of an asymmetrically localized sensor histidine kinase responsible for temporally and spatially regulated transcription. Science, 274(5287): 597-601.

Wingrove J A, Mangan E K, Gober J W. 1993. Spatial and temporal phosphorylation of a transcriptional activator regulates pole-specific gene expression in *Caulobacter*. Genes Dev, 7(10): 1979-1992.

Wu J, Benson A K, Newton A. 1995. Global regulation of a sigma 54-dependent flagellar gene family in *Caulobacter crescentus* by the transcriptional activator FlbD. J Bacteriol, 177(11): 3241-3250.

Wu J, Newton A. 1997. Regulation of the *Caulobacter* flagellar gene hierarchy; not just for motility. Mol Microbiol, 24(2): 233-239.

Zhulin I B, Armitage J P. 1992. The role of taxis in the ecology of *Azospirillum*. Symbiosis, 13: 199-206.

本文原载：科学通报, 2001, 46(15): 1284-1288.

巴西固氮螺菌 Yu62 *glnB* 基因的克隆及其功能分析*

李周华，陈三凤，李季伦

（中国农业大学生物学院国家农业生物技术重点实验室，北京，100094）

摘要

通过原位杂交从巴西固氮螺菌 Yu62 的基因文库中筛选到 *glnB* 基因的阳性克隆，将 3.7 kb *Eco*R I + *Pst* I 的阳性克隆亚克隆到 pUC19 中，进行了全序列分析，其在 GenBank 中的登记号是 AF323960。DNA 序列分析表明该阳性克隆含有完整的 *glnB* 基因，*glnB* 基因下游是编码谷氨酰胺合成酶 (GS) 的 *glnA* 基因，*glnB* 基因上游是一个编码未知蛋白的开放阅读框 (ORF)。*glnB* 基因编码区长 336 bp，编码 112 个氨基酸，与肺炎克氏杆菌、大豆慢生根瘤菌、豌豆根瘤菌及大肠杆菌的氨基酸顺序的同源性分别高达 71%、77%、79%和 69%。将卡那霉素抗性片段 (Km-cassette) 插入 *glnB* 基因的 *Bgl* II 位点，通过三亲杂交法将其引入巴西固氮螺菌 Yu62 中，通过同源重组，获得 $GlnB^-$突变株 (*glnB*::Km)。为了进一步分析 *glnB* 基因的功能，将 *glnB* 基因的编码区 (339 bp) 构建在 pVK100 中，置于 Km 启动子下组成型表达，形成重组质粒 pVK-II。将重组质粒 pVK-II 转入 $GlnB^-$突变株，构建成互补株 C-*glnB* (*glnB*::Km/*glnB*)。对 $GlnB^-$突变株和互补株的固氮酶活性及生长性能的测定表明，$GlnB^-$突变株无固氮酶活性，即表型为 Nif^-；而互补株像野生型菌株一样具有固氮酶活性。突变株、互补株及野生型在菌落生长速度上基本相同。将含有 *glnB* 基因的重组质粒 pVK-II 分别转移到野生型 Yu62 菌株和具有一定抗铵能力的 $DraT^-$突变株中，使 *glnB* 基因的拷贝数增加，并进一步比较它们的固氮酶活性，结果表明多拷贝的 *glnB* 基因能显著提高固氮酶活性。

关键词

巴西固氮螺菌 Yu62，*glnB* 基因，P_{II} 蛋白，$GlnB^-$突变株。

一、引言

巴西固氮螺菌 (*Azospirillum brasilense*) 是生活在小麦、玉米、水稻等禾本科作物和禾本科牧草根际的固氮微生物。该菌可依赖植物根系分泌物生长和固氮，并通过固氮作用为这些粮食作物提供少量的氮素 (Döbereiner and Day, 1976)。通过遗传操作提高固氮菌的固氮效率，从而减少玉米、小麦等禾本科作物的氮肥用量，是国内外很多实验室提出的 21 世纪的战略目标。

*本研究由“863”计划 (863-101-03-04-02) 和国家自然科学基金 (30070407) 项目资助。

就目前所知，影响巴西固氮螺菌固氮效率最大的环境因子是根际的铵浓度。铵对固氮作用的抑制机制相当复杂，而且因菌种不同而异。铵不仅抑制巴西固氮螺菌的固氮酶合成，也抑制其活性，而且非常灵敏。铵作为外界环境中的信号因子，并不直接作用于固氮酶，而是通过一系列的信号传递最终实现其抑制作用（Elmerich, 1983）。为了破除铵的抑制作用，必须在DNA分子水平上分别揭示其有关的基因表达调节机制，才能有针对性地加以遗传改造，构建基因工程菌株，高效发挥它们的固氮能力。

国外一般以 *A. brasilense* Sp7 菌株作为研究对象，该菌株是20世纪70年代从巴西热带牧草上分离到的菌株之一（Okon and Labandera-Gonzales, 1994）。我国以 *A. brasilense* Yu62 为研究对象，该菌株是本实验室于1984年从北京郊区玉米根际中分离到的（杨洁彬等, 1984）。我们曾对本实验室从Yu62菌株克隆到的几个基因，如 *ntrBC*、*draTG*、*nifA*、*glnZ* 等的核苷酸序列与Sp7菌株进行比较，尽管这些基因在这两个菌株之间的同源性很高（可达 97%），但还是存在差异。这些差异反映了不同菌株间的亲缘关系。

国外最近采用Sp7菌株进行的研究表明，*glnB* 基因编码的 P_{II} 蛋白是固氮作用所必需的。如果 *glnB* 基因突变，则失去固氮能力，表现为 Nif^-。关于 P_{II} 蛋白参与固氮调控的机理还不很清楚，可能是通过调节NifA的活性来调控固氮作用（Zamaroczy, 1998）。但是，在其他固氮菌，如肺炎克氏杆菌、荚膜红细菌等中，P_{II} 蛋白虽然对固氮作用也进行调控，但并不是必需的。*glnB* 基因突变后并不影响固氮酶的活性（Merrick and Edwards, 1995）。

为了深入研究 *glnB* 基因的功能，我们首先从Yu62菌株的基因文库中克隆了 *glnB* 基因，并对该基因进行了定位诱变，证明了在Yu62菌株中，*glnB* 基因也是固氮过程中所必需的。同时，我们还首次将 *glnB* 基因转移到野生型Yu62菌株和具有一定抗铵能力的 $DraT^-$ 突变株中（马旅雁等, 1999），使 *glnB* 基因的拷贝数增加，并进一步比较了它们的固氮酶活性，为更深入地研究固氮调控机理奠定基础。

二、材料和方法

(一) 菌株与质粒

菌株与质粒如表1所示。

表1　菌株与质粒

菌株与质粒	表型和或基因型	来源
菌株		
A. brasilense Yu62	Ap^rNx^r，野生型	杨洁彬等, 1984
A. brasilense Yu62 $GlnB^-$	$Ap^rNx^rKm^r$，突变株	本研究
A. brasilense Yu62 C-*glnB*	$Ap^rNx^rKm^rTc^r$，*glnB*::Km/*glnB*	本研究
Escherichia coli HB101	*recA hsdR leu*	华美生物工程公司
Escherichia coli S17-1	用于巴西固氮螺菌的转化	马旅雁等, 1999
质粒		
pUC19	克隆及测序载体	华美生物工程公司
pVK100	Km^rTc^r	马旅雁等, 1999
pBluscript	克隆及测序载体	华美生物工程公司
pPHU281	Tc^r，自杀质粒	马旅雁等, 1999
pAcYcKm184	包含 Km-cassette	马旅雁等, 1999

(二) 培养方法

大肠杆菌用 LB 培养基 37℃培养。巴西固氮螺菌用 LD 培养基或 K-media 基本培养基 (加 5 g/L 乳酸钠) 30℃培养。

(三) 酶和试剂

限制性内切酶和 T4 DNA 连接酶购自华美生物工程公司和 Promega 公司。

(四) 巴西固氮螺菌 Yu62 基因组文库

本研究所用的巴西固氮螺菌 Yu62 基因组文库是由本实验室构建并保存的。该文库以 EMBL3A 为载体，将巴西固氮螺菌 Yu62 总染色体 DNA 9~23 kb/*Sal* I 片段插在载体两臂的 *Bam*H I 位点 (马旅雁等, 1999)。

(五) 探针标记

以 PCR 扩增的 *glnB* 编码区 (339 bp) 的产物作为模板。模板的标记用 Boehringer Mannheim 公司的 Dig DNA labelling and detection Kit 进行。

(六) 原位杂交

噬菌斑平板的制备和将噬菌斑转移到尼龙膜的操作参考分子克隆 (Sambrook *et al.*, 1989)。核酸的预杂交和杂交均在 65℃下进行，杂交后的洗膜和显色按照 Dig DNA labelling and detection Kit 说明书进行。

(七) 阳性克隆的 Southern blot、亚克隆及 DNA 序列分析

提取阳性噬菌体 DNA，经 *Sal* I、*Eco*R I、*Bgl* II、*Pst* I 等多种限制性内切酶，然后转移到硝酸纤维素膜上进行 Southern blot，杂交方法同原位杂交。然后将含有阳性信号的片段克隆到 pUC19 中直接进行 DNA 序列分析。DNA 序列分析中所用的测序引物和 DNA 序列测序反应均由赛百盛生物工程公司完成。序列分析采用 DNAMAN 和 BLAST 软件。

(八) 三亲杂交及突变株的筛选

将供体菌 *E. coli* S17-1 及受体菌 *A. brasilense* Yu62 分别接种于 3 ml 无抗生素培养基中 (*E. coli* 用 LB 培养基，37℃培养，*A. brasilense* 用 LD 培养基，30℃培养) 振荡培养过夜。取上述两个菌各 500 μl 培养液，混合于 Eppendorf 管中，离心，弃掉大部分上清，用剩余的 40~50 μl 上清悬浮菌体。将菌液滴在 LB 或 LD 平板中央，30℃静置过夜或 24 h。然后，从平板上刮菌到 1 ml LB 或 LD 液体培养基中，混匀后涂抗性平板，培养 48~72 h 后观察结果 (马旅雁等, 1999)。

(九) 固氮酶活性的测定

固氮酶活性的测定采用半固体和液体两种方法 (Dommelen *et al.*, 1998)，用乙炔还原法测定，用气相色谱测定乙烯生成量。

三、结果

(一) 阳性克隆的筛选和 *glnB* 基因同源片段的亚克隆及序列分析

以 PCR 扩增的 339 bp 长的 *glnB* 基因编码区片段为探针，通过原位杂交，从巴西固氮螺菌 Yu62 基因组文库 40 000 个噬菌斑中获得 7 个阳性克隆，分别定名为 *glnB*1~*glnB*7。选取 *glnB* 3 个阳性克隆，提取噬菌体 DNA，经 *Eco*R I、*Sal* I、*Bgl* II、*Pst* I、*Sac* I、*Sma* I、*Hin*d III 等多种内切酶酶切后，进行 Southern blot 杂交，结果表明 *glnB* 基因位于 9.0 kb 的 *Bgl* II+*Pst* I 片段上。进一步将 3.7 kb/*Eco*R I+*Pst* I (含完整的 *glnB* 基因) 亚克隆到 pUC19 中，构建成重组质粒 pB-11，并对这个 3.7 kb 外源片段进行了全序列测序，其在 GenBank 中的登记号是 AF323960。序列分析结果表明，该片段内除含有 *glnB* 基因外，在 *glnB* 下游是编码谷氨酰胺合成酶 (GS) 的 *glnA* 基因，上游是未知蛋白基因 (结果有待分析) (图 1)。

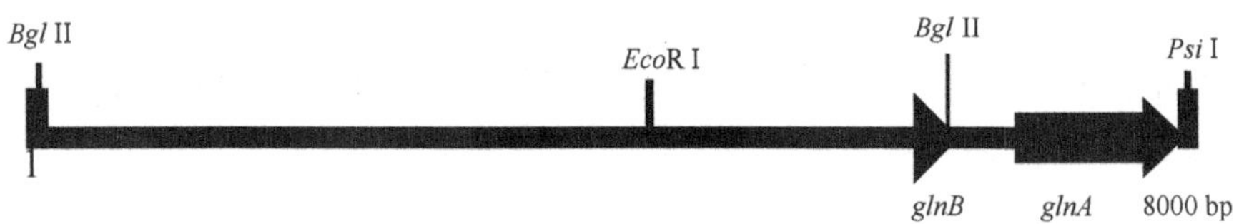

图 1　巴西固氮螺菌 *glnB* 基因结构图

(二) *glnB* 基因特征及同源性分析

glnB 基因全长 339 bp，位于 3.7 kb/*Eco*R I+*Pst* I 片段 (1817~2155 bp)，编码产物为 P_{II} 蛋白，由 112 个氨基酸组成，分子量为 1.12 kDa。

对于巴西固氮螺菌 Yu62 *glnB* 基因编码的 P_{II} 蛋白的氨基酸序列，采用 Blastx 软件在 GenBank 中进行同源性比较，结果表明 P_{II} 蛋白的氨基酸序列与固氮菌及非固氮菌的 P_{II} 蛋白有较高的同源性。与肺炎克氏杆菌、大豆慢生根瘤菌、豌豆根瘤菌及大肠杆菌的氨基酸顺序的同源性分别高达 71%、77%、79% 和 69%。

在巴西固氮螺菌中，*glnB* 下游是 *glnA*，这两个基因组成一个共转录单元，即 *glnB* 和 *glnA* 共用 *glnB* 上游的启动子。*glnB-glnA* 转录元的结构在固氮菌中普遍存在，如荚膜红细菌 (*Rhodobacter capsulatus*)、深红红螺菌 (*Rhodospirillum rubrum*)、豌豆根瘤菌 (*Rhizobium leguminosarum*)、大豆慢生根瘤菌 (*Bradyrhizobium japonicum*)、茎瘤根瘤菌 (*Azorhizobium caulinodans*)。而在大肠杆菌 (*E. coli*) 和肺炎克氏杆菌 (*Klebsiella pneumoniae*) 中，*glnB* 位于 *ntrBC* 的下游 (Holtel and Merrick, 1988)。

(三) *glnB* 基因定位诱变、互补测验和功能分析

1. *glnB* 基因定位诱变

将 pB-11 质粒用 *Bgl* II 酶切后，与从 pAcYcKm184 上用 *Bam*H I 酶切回收的 1.3 kb 卡那霉素片段 (Km-cassette) 连接，得到质粒 pUCBK (*glnB*::Km)。再用 *Sph* I 和 *Eco*R I 酶切 pUCBK 质粒，回收带有卡那霉素基因的约 5 kb 的外源片段 (3.7 kb/*Eco*R I+*Pst* I *glnB* 基因同源片段和 1.3 kb 卡那霉素片段)，亚克隆到自杀性质粒 pPHU-281 上，获得重组质粒 pPHU-B II (图 2)。再将该重组质粒用电转化的方法转入 *E. coli* S17-1 中。然后通过三亲结合方法，将重组质粒 pPHU-B II 转移到 *A. brasilense* Yu62 中，通过

抗性筛选从而获得双交换重组子，即突变株 GlnB。

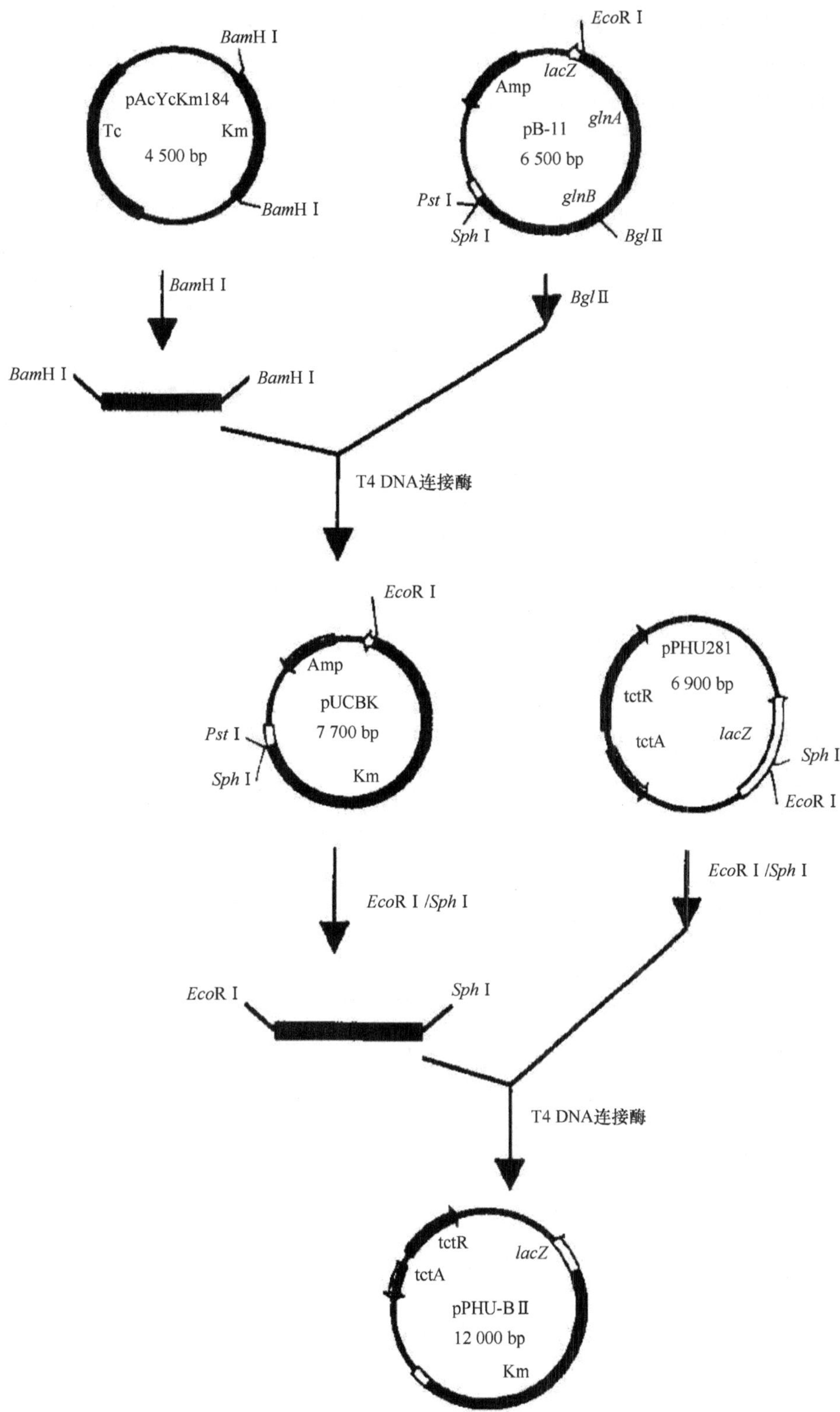

图 2　*A. brasilense* Yu62 *glnB* 基因的定位诱变示意图

2. 互补测验

为了进一步证明 *glnB* 基因的功能，我们将 *glnB* 基因编码区 339 bp (从起始密码子 ATG 到终止密码子 TGA) 克隆到 pVK100 载体中，构建成重组质粒 pVK-II，转化到 *E. coli* S17-1。然后通过三亲结合法，将含 *glnB* 基因的 pVK-II 重组质粒转移到 GlnB⁻突变株中，构建成互补株 C-*glnB* (*glnB*::Km/*glnB*)。

3. 功能分析

对 *glnB*⁻突变株和互补株 C-*glnB* (*glnB*::Km/*glnB*) 进行了固氮能力的测定，以野生型巴西固氮螺菌 Yu62 作为正对照，NifA⁻作为负对照。结果表明，GlnB⁻突变株无固氮酶活性，即表型为 Nif⁻。采用 *glnB* 基因对突变株进行互补后，互补株又恢复了固氮酶活性 (表 2)。由此可知，*glnB* 基因直接参与对巴西固氮螺菌的固氮调控。

表 2　GlnB⁻突变株和互补株 C-*glnB* 在无氮培养基上的固氮酶活性

菌株	表型和(或)基因型	相对固氮酶活性/%
A. brasilense Yu62	野生型	100
A. brasilense Sp7 NifA⁻	*nifA*⁻突变株	0
A. brasilense Yu62 GlnB⁻	*glnB*⁻突变株	0
A. brasilense Yu62 C-*glnB*	*glnB*⁻互补株	90

研究对突变株、互补株及野生型巴西固氮螺菌进行了生长速度的测定，结果表明三者在生长速度方面相同。

(四) 多拷贝 *glnB* 在野生型 Yu62 菌株和 DraT⁻突变株中的固氮酶活性

NifA 蛋白是固氮基因的激活蛋白，如果 *nifA* 基因突变，则表现为 Nif⁻，如果增加 *nifA* 的拷贝数，则能提高固氮能力，该研究结果已被成功地用在固氮工程菌的构建上。因此，本研究中，我们首次将含有 *glnB* 的重组质粒 pVK-II 分别转移到野生型巴西固氮螺菌 Yu62 和 DraT⁻突变株中，形成多拷贝的 *glnB* (pVK100 在细胞中的拷贝数一般为 2 或 3 个)。它们的固氮酶活性测定结果如表 3 所示。

表 3　多拷贝 *glnB* 在野生型巴西固氮螺菌 Yu62 和 DraT⁻中的固氮酶活性比较

菌株	表型和(或)基因型	相对固氮酶活性/%
A. brasilense Yu62	野生型	100
A. brasilense Yu62-II	Yu62 含有多拷贝 *glnB*	193
A. brasilense Yu62 DraT⁻	DraT⁻突变体	203
A. brasilense Yu62 DraT-II	DraT⁻含有多拷贝 *glnB*	272
A. brasilense UB37	DraT⁻含有多拷贝 Kp *nifA*	224

从表 3 中可以看出，无论是在野生型 Yu62 还是 DraT⁻中，增加 *glnB* 拷贝数都可以比出发菌株的固氮酶活性提高 1 倍左右。同时，研究对本实验室已构建的含有多拷贝的 *nifA* 的 DraT⁻工程菌株 (UB37) 的固氮酶活性进行了比较测定，含有多拷贝 *glnB* 的 DraT⁻的酶活性水平还略高于 UB37。

四、讨论

巴西固氮螺菌 Yu62 *glnB* 基因位于 3.7 kb *Eco*R I+*Pst* I 片段上，而相应的 Sp7 菌株的 *glnB* 基因却位

于 5.3 kb *Eco*R I+*Pst* I 片段上，说明这两个基因确实存在着一些差异。国外只对 *glnB* 和 *glnA* 的序列进行了分析，在此基础上，我们将 Yu62 和 Sp7 的 *glnB-glnA* 进行了同源性比较，其同源性达 98%。一般在编码区的同源性高，而非编码区同源性较低，如在 Sp7 *glnB* 基因上游约 150 bp 处就比 Yu62 的相应位置多 6 个碱基。

在巴西固氮螺菌中，*glnB* 基因突变后，表型为 Nif^-；而肺炎克氏杆菌的 *glnB* 基因突变后，表型仍为 Nif^+。这充分说明 *glnB* 基因在这两种微生物的固氮调节过程中起着不同的作用。另外，我们首次将多拷贝的 *glnB* 基因转移到野生型 Yu62 菌株和 $DraT^-$突变株后，其固氮酶活性分别高于野生型 Yu62 和 $DraT^-$突变株。这一结果再次证明了 *glnB* 基因在固氮调控过程中的重要性。

1997 年法国学者曾报道，在巴西固氮螺菌中 P_{II} 对 NifA 的活性起着正调节作用，但 P_{II} 与 NifA 的相互作用机理是直接的还是间接的相互作用仍不清楚 (Arsene *et al.*, 1996)。目前，本实验室正在用酵母双杂合系统研究 P_{II} 与 NifA 的相互作用机理，相信随着研究的深入，*glnB* 基因在固氮调控中的作用机理会逐渐被解析。因此，本研究将为深入研究 *glnB* 基因及其功能提供材料并奠定基础。

参 考 文 献

马旅雁, 吴粤, 王娟, 等. 1999. 巴西固氮螺菌 Yu62 *draTG* 基因及其下游区域的定位诱变分析. 生物工程学报, 15(3): 281-287.

杨洁彬, 曹增良, 李季伦. 1984. 北京郊区固氮螺菌的研究. 北京农业大学学报, 10(3): 321-329.

Arsene F, Kaminski A P, Elmerich C. 1996. Modulation of NifA activity by P_{II} in *Azospirillum brasilense*: evidence for a regulatory role of the NifA N-terminal domain. J Bacteriol, 178(16): 4830-4838.

Döbereiner J, Day J M. 1976. Associative symbioses in tropical grasses: characterization of microorganisms and dinitrogen fixing sites. *In*: Newton W E, Nyman C J. Proceeding of the 1st International Symposium on Nitrogen Fixation. Pullman: Washington State University Press: 518-538.

Dommelen A V, Keijers V, Vanderleyden J. 1998. (Methyl) ammonium transport in the nitrogen-fixing bacterium *Azospirillum brasilense*. J Bacteriol, 180(10): 2652-2659.

Elmerich C. 1983. *Azospirillum* genetics. *In*: Puhler A. Molecular Genetics of the Bacteria-Plant Interaction. Berlin: Springer Verlag: 367-372.

Holtel A, Merrick M. 1988.Identification of the *Klebsiella pneumoniae glnB*: nucleotide sequence of wild-type and mutant alleles. Mol Gen Genet, 215(1): 134-138.

Merrick M J, Edwards R A. 1995.Nitrogen control in bacteria. Microbiol Rev, 59(4): 604-622.

Okon Y, Labandera-Gonzales C A. 1994.Agronomic applications of *Azospirillum*. An evaluation of 20 years worldwide field inoculation. Soil Biol Biochem, 26(12): 1591-1601.

Sambrook J, Maniatis T, Fritsch E F. 1989. Molecular Cloning: A Laboratory Manual. 2nd ed. New York: Cold Spring Harbor Laboratory.

Zamaroczy M D. 1998. Structural homologues P_{II} and Pz of *Azospirillum brasilense* provide intracellular signalling for selective regulation of various nitrogen-dependent functions. Mol Microbiol, 29(2): 449-463.

本文原载：遗传学报, 2001, 28(10): 964-970.

玉米联合固氮工程菌的增产和节约氮肥的效果*

陈三凤[1]，李季伦[1]，姚腾云[2]，于锦香[2]

(1. 中国农业大学生物学院和农业生物技术国家重点实验室，北京，100094；

2. 山西省农业科学院土壤肥料研究所，太原，030000)

摘要

连续两年 (1999~2000年) 在肥力中等的轻质砂壤土中，对玉米联合固氮工程菌UB37和野生菌UB1进行了玉米小区田间接种试验。试验结果表明：在不同水平氮肥的条件下，接种工程菌比接种野生菌和不接菌的对照都有不同程度的增产。特别是在施N水平为尿素180 kg/hm^{2}的试验田中，接种工程菌比接种野生菌平均增产10%，比不接菌对照平均增产19%，生物统计差异显著 (P=0.05)，在尿素180 kg/hm^{2}条件下接种工程菌的玉米产量与在尿素225 kg/hm^{2}下接种工程菌的产量相当，既可节省20%氮肥又可达到增产19%的效果。

关键词

玉米联合固氮工程菌 (UB37)，玉米，接种。

合理利用生物固氮作用是减少氮肥用量、缓解环境污染、降低农业生产成本的一条重要途径。巴西固氮螺菌 (*Azospirillum brasilense*) 是一种栖居在植物根表的固氮菌，广泛分布于禾本科作物 (如玉米、小麦、高粱、甘蔗等) 的根际 (杨洁彬等, 1984)。它们依赖植物根系分泌物生长和固氮，同时也分泌一些活性物质 (如植物激素)，促进植物根系生长和对水分及矿物质的吸收。土壤中化合态氮和氧分压高时会抑制固氮作用，而且它们所固定的氮素很少分泌到体外，这些因素影响着它们对植物氮素的供应。20多年来，许多国家和地区采用巴西固氮螺菌的野生型菌作为菌剂进行田间接种，在不同的土壤和气候条件下取得一定的增产效果，增产幅度最大达30% (Fallik and Okon, 1996)。需要指出的是，与其他生物肥料一样，固氮螺菌菌剂也因受各种因子的影响而呈现一定的不稳定性。从国外总体接种效果来看，增产的成功率是60%~70% (Fallik and Okon, 1996)；而且其增产效果主要归因于所分泌的植物激素，对植物的氮素供应却很少 (Okon and Labandera-Gonzales, 1994)。因此，通过遗传操作提高其固氮效率和对植物的氮素供应，从而减少氮肥用量是21世纪的战略目标 (Colnaghi *et al.*, 1997)。

在"863"计划项目的资助下，我们对巴西固氮螺菌进行了遗传改造，获得了抗铵工程菌株UB37 (将载有组成型表达 *nifA* 基因的pCK3质粒导入 *A. brasilense draT*$^-$突变株) (何路红等, 1995；马旅雁和李季伦, 1997)。该遗传工程菌株的特点是在土壤中有较高浓度铵的条件下仍有一定的固氮作用。本试验的目的是通过田间试验来检测工程菌株UB37与野生型菌株UB1在固氮效果上的差别，并为进一步改造该

*本研究为"863"计划 (863-101-04-02) 资助项目。

工程菌株提供必要的参数。

一、材料和方法

(一) 菌种和菌剂载体

巴西固氮螺菌工程菌 UB37 和野生型 UB1 由中国农业大学构建与保存。菌剂载体为草炭，经过粉碎后过孔径 0.2 mm 的筛子后，加入 $CaCO_3$ 粉末。

(二) 试验地

试验地为中等肥力的轻质砂壤土。田间试验为期两年，每年有两个试验点，即 I 和 II，试验点 I 采用春播 (5 月 11 日播种)，试验点 II 采用夏播 (7 月 2 日播种)。试验地的土壤养分含量如表 1 所示。

表 1　I 和 II 试验地土壤基础养分含量

项目	含量	
	I	II
全氮/%	0.133	0.136
全磷 (P_2O_5)/%	0.37	0.24
全钾 (K_2O)/%	1.45	1.27
速效氮 (NO_3-N)/(mg/kg)	8.36	7.7
速效磷 (P_2O_5)/(mg/kg)	16.8	15.6
速效钾 (K_2O)/(mg/kg)	179	190
有机质/%	1.96	2.36
pH	7.89	8.31

(三) 供试玉米品种

供试玉米品种为‘农大 3315’。

(四) 菌剂和氮肥

试验中所用氮肥为尿素，含氮量≥46.3%，未另施磷钾肥。菌剂作种肥，结合播种作业施用，每株穴施用 5 g 菌剂，菌量为 5×10^8 细菌/株穴。部分试验采用等量菌剂作为玉米种子包衣。

(五) 试验地处理设置和小区面积

试验设有 8 个处理，每个处理设 4 个重复，随机排列，小区面积为 33.3 m^2。这 8 个处理如下：①无菌对照 (基质+未接菌的培养液+尿素 225 kg/hm^2)；②野生菌剂+尿素 225 kg/hm^2；③野生菌剂+尿素 180 kg/hm^2；④野生菌剂+尿素 135 kg/hm^2；⑤工程菌剂+尿素 225 kg/hm^2；⑥工程菌剂+尿素 180 kg/hm^2；⑦工程菌剂+尿素 135 kg/hm^2；⑧工程菌剂包衣+尿素 180 kg/hm^2。当地玉米常规施肥水平为尿素 225 kg/hm^2。

二、结果与讨论

(一) 玉米联合固氮工程菌在田间试验点 I 和 II 的考种及产量结果

我们于 1999 年和 2000 年连续两年在山西省农业科学院土壤肥料研究所进行了玉米田间小区接种试

验，每年都设有两个试验点，即 I 和 II。以下分别报道玉米联合固氮工程菌在田间试验点 I 和 II 的考种及产量结果。

1. 玉米联合固氮工程菌在田间试验点 I 的考种及产量结果

玉米联合固氮工程菌在田间试验点 I 的考种及产量结果如表 2 所示。考种数值和产量结果都是 4 个重复的平均值。从表 2 中可见，在 3 个氮肥水平条件下，接种工程菌剂和野生菌剂后，玉米的穗粒重和百粒重都高于无菌对照。接种工程菌后，小区产量都高于接种野生型和无菌对照。

表 2　玉米联合固氮工程菌田间试验点 I 的考种和产量结果

处理编号	①	②	③	④	⑤	⑥	⑦	⑧
穗长/cm	17.8	19.4	18.9	18.6	20.2	20.1	19.5	20.1
穗行数	13.6	14.2	14.4	13.6	13.7	13.5	14.0	13.3
行粒数	35.0	39.8	36.3	35.8	40.3	41.0	39.0	40.6
穗粒重/kg	1.29	1.57	1.44	1.41	1.64	1.70	1.55	1.59
百粒重/g	27.3	30.8	29.0	29.5	32.0	32.5	29.0	31.0
小区湿穗产量/kg	30.5	34.8	33.0	31.9	36.1	36.0	33.9	34.6
小区产量/kg	20.4	23.7	21.6	21.5	23.7	24.5	21.9	22.0

2. 玉米联合固氮工程菌在田间试验点 II 的考种及产量结果

玉米联合固氮工程菌在田间试验点 II 的考种及产量结果如表 3 所示。在 3 个不同氮肥水平条件下，接种工程菌后，玉米的穗粒重和百粒重都高于无菌对照和野生菌剂。接种工程菌后，小区产量高于无菌对照和野生菌剂。

表 3　玉米联合固氮工程菌田间试验点 II 的考种和产量结果

处理编号	①	②	③	④	⑤	⑥	⑦	⑧
穗长/cm	17.5	18.0	16.9	17.8	19.2	19.9	17.6	19.8
穗行数	12.9	12.6	13.0	12.5	13.0	13.5	12.8	13.0
行粒数	35.3	36.2	34.2	35.6	37.2	38.4	35.5	39.1
穗粒重/kg	0.78	0.82	0.73	0.73	1.13	1.02	0.81	0.91
百粒重/g	19.0	19.8	18.3	19.0	21.5	21.8	20.2	20.0
小区湿穗产量/kg	26.3	29.8	28.2	27.4	31.6	31.4	29.5	31.0
小区产量/kg	12.1	13.7	12.7	12.3	19.7	15.8	13.4	15.8

(二) 玉米联合固氮工程菌在田间试验点 I 和 II 的产量平均值生物统计结果

对于试验点 I 和 II 的玉米产量 (小区湿穗产量) 4 个重复的平均值，采用 LSR 法、多复差多重比较：F=47.9938，$F_{0.05}$=2.90，$F_{0.01}$=4.45。生物统计结果如表 4 所示。

表 4　试验点 I 和 II 的玉米产量 (小区湿穗产量，kg) 平均值生物统计结果

处理编号	⑤	⑥	⑧	②	⑦	③	④	①
小区产量	33.81	33.69	32.91	32.29	31.18	30.55	29.58	28.38
显著性(0.05)	a	a	b	b	c	d	e	f
显著性(0.01)	A	A	B	B	C	C	D	E

注：横看，小写字母不相同表示 P=0.05 水平差异显著；大写字母不相同表示 P=0.01 水平差异显著

从表 4 的生物统计结果中可看出，在尿素 225 kg/hm^2 条件下，接种工程菌的处理⑤比接种野生菌处理②增产 4.7%；比接种无菌对照处理①增产 19.1%，生物统计差异显著 (P=0.05)。在尿素 180 kg/hm^2 条件下，接种工程菌处理⑥比接种野生型处理③增产 10.3%，比无菌对照增产 18.7%，生物统计差异显著 (P=0.05)；接种工程菌剂包衣处理⑧比接种野生菌处理③增产 7.3%，比无菌对照增产 15.6%。在尿素 135 kg/hm^2 条件下，接种工程菌处理⑦比接种野生菌处理④增产 5.4%，比无菌对照①增产 9.9%，生物统计差异显著 (P=0.05)。

总之，在 3 个不同水平施氮肥的条件下，接种工程菌比接种野生菌和无菌对照都有不同程度的增产，这在一定程度上说明了工程菌要优于野生菌；同时也说明了无论接种工程菌还是野生菌，都可获得比无菌对照增产的效果。就工程菌在 3 个不同氮肥条件下的生物统计结果来看，在高施 N 水平下 (尿素 225 kg/hm^2) 接种工程菌和中等水平下 (尿素 180 kg/hm^2) 接种工程菌的玉米产量相当，可节约 20%氮肥；在低水平 (尿素 135 kg/hm^2) 条件下，接种野生菌的玉米产量和高水平 (尿素 225 kg/hm^2) 不接种的玉米产量相当，可节约氮肥 40%，但玉米产量较低。

三、结论

1) 玉米联合固氮工程菌对玉米产量的增效作用是肯定的，在相同施肥水平条件下，接种工程菌相比接种野生菌和无菌对照都有不同程度的增产。特别是在尿素 180 kg/hm^2 条件下，接种工程菌比接种野生型增产 10.3%，比无菌对照增产 18.7%，生物统计差异显著 (P=0.05)。

2) 在施用工程菌剂的条件下，将尿素水平由 225 kg/hm^2 降为 180 kg/hm^2，可获得同样的玉米产量，不但节约 20%氮肥，而且玉米产量比无菌对照增加 18.7%。

参考文献

何路红, 阎大来, 马旅雁, 等. 1995. 肺炎克氏杆菌 *nifA* 基因在巴西固氮螺菌固氮基因表达的铵调节中的作用. 生物工程学报, 11(4): 385-388.

马旅雁, 李季伦. 1997. 巴西固氮螺菌 Yu62 *draTG* 基因及其下游区域的克隆与核苷酸序列分析. 生物工程学报, 13(3): 227- 235.

杨洁彬, 曹增良, 李季伦. 1984. 北京郊区固氮螺菌的研究. 北京农业大学学报, 10(8): 321-329.

Colnaghi R, Green A, Kennedy C, *et al.* 1997. Strategies for increased ammonium production in free-living or plant associated nitrogen fixing bacteria. Plant and Soil, 194: 145-150.

Fallik E, Okon Y. 1996. Inoculants of *Azospirillum brasilense*: biomass production, survival and growth promotion of *Setaria italica* and *Zea mays*. Soil Biol Biochem, 28(1): 123-126.

Okon Y, Labandera-Gonzales C A. 1994. Agronomic applications of *Azospirillum*: an evaluation of 20 years worldwide field inoculation. Soil Biol Biochem, 26(12): 1591-1594.

本文原载：土壤肥料, 2002, (1): 37-40.

Interaction Between P_{II} and NifA in *Azospirillum brasilense* Sp7*

Chen Sanfeng, Du Jinping, Wu Lixian, Zhao Yinsuo, Li Jilun

(Department of Microbiology and National Key Laboratory for Agrobiotechnology, China Agricultural University, Beijing, 100094, China)

Abstract

The interaction between P_{II} and NifA in *Azospirillum brasilense* Sp7 was investigated by using the yeast two-hybrid system. Our experimental results showed that P_{II} directly interacted with the entire NifA protein and its N-terminal domain, but did not interact with the central domain and the C-terminal domain of NifA. No interaction happened if *glnB* gene coding for P_{II} was frame-shifted. Pz, a homolog of P_{II}, had no interaction with NifA.

Keywords

Azospirillum brasilense, yeast two-hybrid system, P_{II}, NifA.

1. Introduction

In all diazotrophic Proteobacteria examined, the transcriptional activator NifA is required for expression of the nitrogen fixation (*nif*) genes, which is a member of the σ^{54}-dependent family of bacterial activators (Merrick and Edwards, 1995). The NifA protein has three arbitrarily designated domains: an N-terminal domain which is implicated in regulatory function, a catalytic domain that interacts with the sigma-RNA polymerase holoenzyme, and a C-terminal helix-turn-helix motif which recognizes the upstream activator sequence (UAS) on the *nif* promoters (Money *et al.*, 1999). The structure and function of NifA N-terminal domain vary in different organisms.

NifA expression and its activity are regulated in response to the environmental signals of molecular oxygen and combined nitrogen. However, the mechanisms involved in this control are different from one organism to another. In the free-living diazotrophs *Klebsiella pneumoniae*, GlnD covalently modifies P_{II} by addition of a UMP group at Tyr-51 on each subunit of this trimeric protein under the nitrogen-limiting condition. When P_{II} is modified, P_{II}-UMP no longer interacts with NtrB and the kinase activity of NtrB predominates, so that NtrC is phosphorylated and transcriptionally active. Thus NtrC-P activates the expression of *nifLA* operon to generate NifA and NifL (Arnold *et al.*, 1988). Under the nitrogen-sufficient

*This work was supported by the National "973" Project (Grant No. 001CB108904) and the National Natural Science Foundation of China (Grant No. 30070407). We thank Dr. Philip James for the generous gifts of yeast two-hybrid strains, plasmids, and positive controls, and also for helpful discussions.

condition, unmodified P_{II} interacts with NtrB so that NtrB catalyzes dephosphorylation and consequent inactivation of NtrC (Arcondeguy *et al.*, 2001). NifA activity is antagonized by NifL in response to molecular oxygen and combined nitrogen (Merrick, 1983). The inhibition of NifA activity by NifL occurs possibly *via* direct protein-protein interaction.

Azospirillum brasilense is a plant growth-promoting rhizobacterium that associates with the roots of cereals and fixes nitrogen in the free-living stage. The existence of a negative regulatory *nifL* has not been detected in *A. brasilense*. The *nifA* promoter does not contain NtrC-P binding sequence and *nifA* is constitutively expressed with the existence of high ammonia and oxygen. However, the native NifA does not have the activity to activate the expression of *nifHDK*. The activity of NifA depends on the presence of P_{II} since the phenotype of a *glnB* mutant is Nif^-(Fancelli *et al.*, 1994). It had been demonstrated that the mutation of Tyr-18 residue into Phe or deletion of the *nifA* coding region covering the NifA N-terminal domain leads to an active NifA even in the absence of P_{II} (Arsène *et al.*, 1996). It means that the N-terminal domain is not essential for NifA activity and on contrast plays an inhibitory role on NifA activity in the presence of ammonia in *A. brasilense*. P_{II} is specifically required to activate NifA by preventing the inhibitory effect of its N-terminal domain under the condition of nitrogen fixation. However, it has not been determined whether P_{II} interacts directly with the N-terminal domain of NifA or indirectly by modulating the activity of other proteins. We show here that P_{II} has direct interaction with the N-terminal domain of NifA by using the yeast two-hybrid system. Our data also suggest that Pz has no interaction with NifA, although Pz is a homolog of P_{II}.

2. Materials and Methods

2.1 Strains, plasmids and media

The strains and plasmids used in this study are described in Table 1. *Escherichia coli* strains were grown in LB at 37℃, supplemented with 100 mg/ml ampicillin (Amp) or 20 mg/ml kanamycin (Km). *Saccharomyces cerevisiae* cells were cultured in SD medium at 30℃, added with 2 mmol/L 3-aminotriazole, 80 mg/L X-gal, 1×BU salts where applicable.

Table 1　Strains and plasmids used in this study

Strains/plasmids	Phenotype and/or genotype	Source or reference
Strains:		
A. brasilense Sp7	wild-type, nitrogen-fixing bacterium	provided by Dr. Elmerich Arsène *et al.*, 1996
E. coli DH10B	*HsdR17 endA1 thi-1 gyrA96 relA1 recA1 supE44 HsdR17 endA1 thi-1 gyrA96 relA1 recA1 supE44*	laboratory stock
E. coli KC8	*HsdR leuB600 trpC9830 pyrF::Tn5 hisB463 lacX74 strA galU* Km^r	provided by Dr. James
S. cerevisiae PJ69-4A	*MATa trp1-109 leu2-3,112 ura3-52 his3-200 gal4D gal80 LYS2::GAL1-HIS3 GAL2-ADE2 met2::GAL7-lacZ*	James *et al.*, 1996
Plasmids:		
pGAD-C(x)	Amp^r, *Gal4(768~881)*, *LEU2*, vector in yeast two-hybrid system	James *et al.*, 1996
pGBD-C(x)	Amp^r, *Gal4(1~147)*, *TRP2*, vector in yeast two-hybrid system	James *et al.*, 1996
pGAD-SIP I pBDU-SNF I	Amp^r, positive control for yeast two-hybrid system	James *et al.*, 1996
pGAD-ESC I pGBDU-C/S	Amp^r, positive control for yeast two-hybrid system	James *et al.*, 1996
pGEM-T	Amp^r, T-vector	laboratory stock

continued

Strains/plasmids	Phenotype and/or genotype	Source or reference
pT-*nifA*	pGEM-T derivative carrying 2.4 kb PCR product of *nifA* gene from *A. brasilense* Sp7	this work
pGAD-*nifA*-N	Amp^r, pGAD-C2 derivative carrying a 561 bp fragment containing the N-terminal domain of *nifA* from *A. brasilense* Sp7	this work
pGBD-*nifA*-N	Amp^r, pGBD-C2 derivative carrying a 561 bp fragment containing the N-terminal domain of *nifA* from *A. brasilense* Sp7	this work
pGAD-*nifA*-M	pGAD-C2 derivative carrying a 840 bp fragment containing the central domain of *nifA* gene from *A. brasilense* Sp7	this work
pGAD-*nifA*-C	pGAD-C2 derivative carrying a 506 bp fragment containing the C-terminal domain of *nifA* gene from *A. brasilense* Sp7	this work
pGAD-*nifA*	pGAD-C2 derivative carrying a 2.4 kb fragment containing the entire *nifA* coding sequence and the 370 bp *nifA* promotor region from *A. brasilense* Sp7	this work
pGBD-*glnB*	pGBD-C2 derivative carrying a 339 bp fragment containing *glnB* coding region from *A. brasilense* Sp7	this work
pGAD-*glnB*	pGAD-C2 derivative carrying a 339 bp fragment containing *glnB* coding region from *A. brasilense* Sp7	this work
pGAD-*glnB'*	pGAD-C3 derivative carrying a 339 bp fragment containing *glnB* coding region from *A. brasilense* Sp7	this work
pGAD-*glnZ*	pGBD-C2 derivative carrying a 339 bp fragment containing *glnZ* coding region from *A. brasilense* Sp7	this work

2.2 PCR primers

NifA protein is divided into three domains: N-terminal domain, central domain and C-terminal domain. The entire *nifA* coding region is 1,878 bp long (Fig. 1). The primers for amplification for the different lengths of *nifA* coding sequence and for P_{II} and Pz are listed in Table 2.

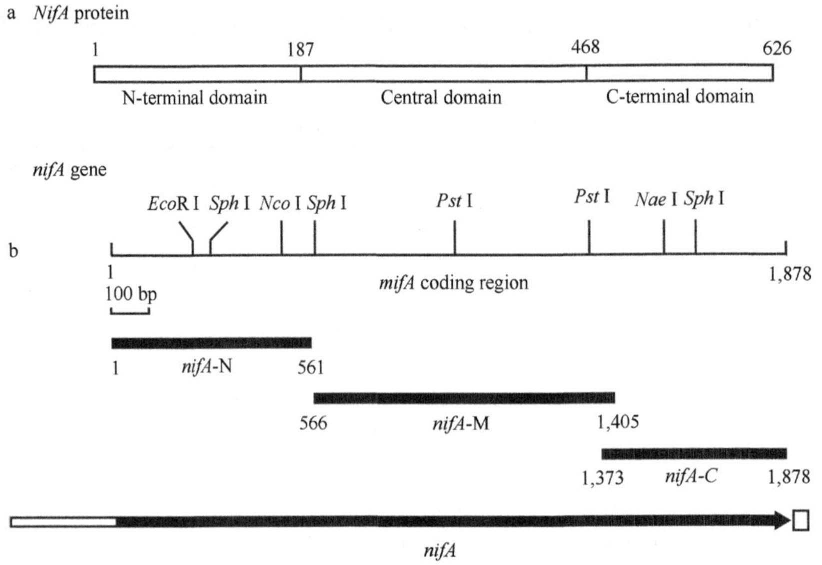

Fig.1 Physical and genetic map of NifA protein (a) and *nifA* gene (b) from *A. brasilense*

a. Three domains (N-terminal, central and C-terminal domains) of NifA; b. Corresponding DNA fragments for two-hybrid study

Table 2　Oligonucleotide PCR primers

Primers	Sequence (5′—3′)
primer 1 for *glnB* coding region	GCA GAA TTC ATG AAG AAG ATC GAA GCC ATC ATT *Bam*H I
primer 2 for *glnB* coding region	ATC CGC TCG AGT CAG ATC GCG TCG CCT CCC TTC TC *Xho* I
primer 3 for *glnZ* coding region	GCA GAA TTC ATG AAA CTG GTT ATG GCC ATC *Bam*H I
primer 4 for *glnZ* coding region	C CGC TCG AGT CAG AGA GCT TCG GTG TTG GTC TC *Xho* I
primer 5 for the N-terminal domain of NifA	GCA GGA TCC TAG AAT TCA TCA TGC CGG GTG CAA TG *Bam*H I
primer 6 for the N-terminal domain of NifA	ACG TAC TCG AGC TCC CGC ATC ATG AAG C *Xho* I
primer 7 for the central domain of NifA	GCA GGA TCC GCA TGC AGA AGG AGC TTC GG *Bam*H I
primer 8 for the central domain of NifA	ACT GCT CGA GGT CAC CGA CCG ACG CGC CCA ACG *Xho* I
primer 9 for the C-terminal domain of NifA	GCA GGA TCC AGT ACC GCA CGT TGG GCG CGT *Bam*H I
primer 10 for the C-terminal domain of NifA	AAT ATC TCG AGT GTC GCC CGT CCC TCA GAA GC *Xho* I
primer 11 for the entire *nifA* coding region	CAT ACC GTC CTC CAG GGT C
primer 12 for the entire *nifA* coding region	TCC CCC CGA CCA TAT CCA G

2.3　Yeast transformation

Yeast cells were made transformation-competent by using the method described in Matchmaker two-hybrid system protocol (CLONTECH Laboratories, 1996). Transformants were selected on SD plates lacking leucine and tryptophane as well as histidine or adenine to check the expression of reporter gene *his3* or *ade2* (CLONTECH Laboratories, 1996).

2.4　β-galactosidase activity assay

β-galactosidase activity assay was carried out as described by Miller (1989).

3. Results

3.1　The determination of direct interaction between NifA and P_{II}

In order to investigate the interaction between P_{II} and NifA, different plasmid combinations were transformed into *S. cerevisiae* PJ69-4A, and the transformants were detected on different plates (Table 3 and Fig. 2).

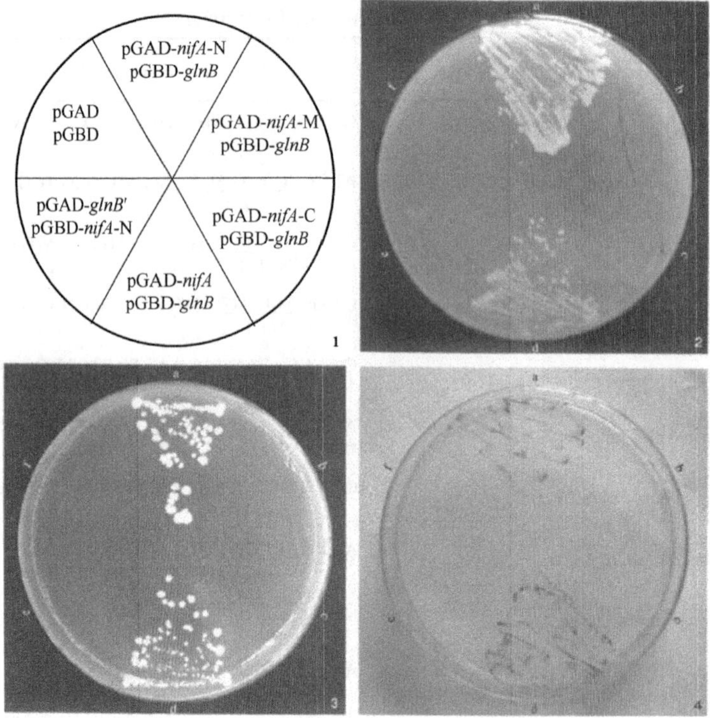

Fig. 2 Phenotypes of *S. cerevisiae* PJ69-4A carrying different combinations of plasmids
(Color figure in the two-dimensional code at the back cover)

1. Diagram of *S. cerevisiae* PJ69-4A carrying different combinations of plasmids on plate; 2. Growth on SD minus Trp, Leu, and His medium containing 1 mmol/L 3-aminotriazole; 3. Growth on SD lacking Trp, Leu, and Ade medium; 4. Growth on SD minus Trp, Leu, Ade, and His medium containing X-gal. a~f represent the different combinations of plasmids

Table 3 Interactions between P_{II} and NifA detected by yeast two-hybrid analysis

Plasmid combinations	Growth on SD plates lacking Leu, Trp, His	Growth on SD plates lacking Leu, Trp, Ade	Growth on SD plates lacking Leu, Trp, Ade and containing X-gal	β-galactosidase activity/ (miller unit)	Interacting peptides
pGAD-C2 pGBD-C2	–	–	–	3.55	negative control
pGAD-SIP I pGBDU-SNF I	+	++	+	44.68	positive control
pGAD-ESC I pGBDU-C/S I	+	++	+	15.72	positive control
pGAD-*nifA*-N pGBD-*glnB*	+	++	+	16.88	P_{II} and NifA N-terminal domain
pGBD-*nifA*-N pGAD-*glnB*	+	++	+	23.41	P_{II} and NifA N-terminal domain
pGAD-*nifA*-N pGBD	–	–	–	10.87	none
PGAD pGBD-*glnB*	–	–	–	4.70	none
pGAD-*nifA*-M pGBD-*glnB*	–	–	–	5.27	none
pGAD-*nifA*-C pGBD-*glnB*	–	–	–	8.11	none
pGAD-*nifA* pGBD-*glnB*	+	+	+	13.58	P_{II} and NifA
$pGAD_3$-*glnB'* pGBD-*nifA*-N	–	–	–	6.87	none

Notes: – non-growth, + growth, ++ grow well

As shown in Fig. 2, yeast strains carrying the combination of P_{II} and the entire *nifA* or N-terminal *nifA* activated the expression of all the four reporter genes, *ade2*, *his3*, *leu* and *lacZ*. It indicated that P_{II} directly interacted with the entire NifA protein and its N-terminal domain alone, but had no interactions with its C-terminal domain. Yeast strains carrying pGBD-*nifA*-N and pGAD-*glnB′* which contained frame-shift mutated *glnB* coding region failed to grow on the selective medium. From these results, we concluded that P_{II} interacts with NifA by associating directly with the N-terminal domain of NifA.

3.2 The determination of direct interaction between NifA and Pz

It had been demonstrated that although Pz and P_{II} were homologous, Pz did not activate NifA (De Zamaroczy, 1998). In order to compare the difference of P_{II} and Pz at the molecular level, each cotransformation of the four different plasmid combinations (pGBD-*glnZ* with pGAD-*nifA*-N or pGAD-*nifA*-M or pGAD-*nifA*-C or pGAD-*nifA* respectively) into *S. cerevisiae* PJ69-4A was carried out. The results showed that there was no interaction between Pz and NifA.

4. Discussion

In this study we showed that P_{II} directly interacted with the entire NifA protein or its N-terminal domain, but did not interact with its central or C-terminal domain. No interaction happened if *glnB* coding for P_{II} was frame-shift mutated and no interaction existed between Pz and NifA. All of the results indicated that P_{II} specifically interacted with NifA.

Arsène *et al.* (1996, 1999) reported that a mutation of a single Tyr residue at position 18 of the N-terminal domain of NifA led to an active NifA protein that did not require P_{II} for activation under nitrogen condition, and P_{II} was still required for NifA activation under the nitrogen condition when Tyr-43 and Tyr-53 residues of NifA were mutated into Phe respectively. It had been demonstrated that P_{II} existed in the form of P_{II}-UMP under the nitrogen-limiting condition and in the unmodified form P_{II} under nitrogen-sufficient conditions (De Zamaroczy, 1998). From our results and others we suggested that P_{II} protein itself could not directly activate NifA in the absence of nitrogen and maybe P_{II}-UMP interacts with NifA instantaneously to transfer UMP group to OH group of Tyr residue at position 18 of the N-terminal domain of NifA, since that the inhibitory effect of NifA N-terminal domain on NifA was relived. This suggestion should be confirmed by further experiments.

References

Arcondeguy T, Jack R, Merrick M J. 2001. P_{II} signal transduction proteins, pivotal players in microbial nitrogen control, Microbiol. Mol Biol Rev, 65(1): 80-105.

Arnold W A, Rump A, Klipp W, *et al.* 1988. Nucleotide sequence of a 24, 206-base-pair DNA fragment carrying the entire nitrogen fixation gene cluster of *Klebsiella pneumoniae*. J Mol Biol, 203(3): 715-738.

Arsène F, Kaminski P A, Elmerich C. 1996. Modulation of NifA activity by P_{II} in *Azospirillum brasilense*: evidence for a regulatory role of the NifA N-terminal domain, J Bacteriol, 178(16): 4830-4838.

Arsène F, Kaminski P A, Elmerich C. 1999. Control of *Azospirillum brasilense* NifA activity by P_{II}: effect of replacing Tyr residues of the NifA N-terminal domain on NifA activity, FEMS Microbiol Lett, 179(2): 339-343.

CLONTECH Laboratories. 1996. Clontech Matchmarkers LexA Two-hybrid System User Manual.

De Zamaroczy M. 1998. Structural homologues P_{II} and Pz of *Azospirillum brasilense* provide intracellular signalling for selective regulation of various nitrogen-dependent functions. Mol Microbiol, 29(2): 449-463.

Fancelli S, Fani R, Grifoni A, *et al.* 1994. Control of *nifH* transcription in *Azospirillum brasilense* in involvement of NifA and of *cis*-acting sequences, FEMS Microbiol Lett, 115(1): 57-62.

James P, Halladay J, Craig E A. 1996. Genomic libraries and a host strain designed for highly efficient two-hybrid selection in yeast. Genetics, 144(4): 1425-1436.

Merrick M J. 1983. Nitrogen control of the *nif* regulon in *Klebsiella pneumoniae*: involvement of the *ntrA* gene and analogies between *ntrC* and *nifA*. EMBO J, 2(1): 39-44.

Merrick M J, Edwards R A. 1995. Nitrogen control in bacteria. Microbiol Rev, 59(4): 604-622.

Miller J. 1972. Experiments in Molecular Genetics. New York: Cold Spring Harbor Laboratory.

Money T, Jones T, Dixon R, *et al.* 1999. Isolation and properties of the complex between the enhancer binding protein NifA and the sensor NifL. J Bacteriol, 181(15): 4461-4468.

本文原载: Chin Sci Bull, 2003, 48(2): 170-174.

Functional Analysis of the GAF Domain of NifA in *Azospirillum brasilense*: Effects of Tyr → Phe Mutations on NifA and Its Interaction with GlnB*

Sanfeng Chen[1], Li Liu[1], Xiaoyu Zhou[1], Claudine Elmerich[2], Jilun Li[1]

(1. Department of Microbiology and National Key Laboratory for Agrobiotechnology, China Agricultural University, Beijing, 100094, China; 2. Institut des Sciences du Végétal, CNRS UPR 2355, Bâtiment 23, Avenue de la Terrasse, 91198 Gif-sur-Yvette, France)

Abstract

Regulation of NifA activity in *Azospirillum brasilense* depends on GlnB (a P_{II} protein), and it was previously reported that the target of GlnB activity is the N-terminal domain of NifA. Furthermore, mutation of the Tyr residue at position 18 in the N-terminal domain resulted in a NifA protein that did not require GlnB for activity under nitrogen fixation conditions. We report here that a NifA double mutant in which the Tyr residues at positions 18 and 53 of NifA N-were simultaneously replaced by Phe (NifA-Y1853F) displays high nitrogenase activity, which is still regulatabled by ammonia, but not by GlnB. The yeast two-hybrid technique was used to investigate whether GlnB can physically interact with wild-type and mutant NifA proteins. GlnB was found to interact directly with the N-terminal GAF domain of wild-type NifA, but not with its central or C-terminal domain. GlnB could still bind to the single NifA mutants Y18F and Y53F. In contrast, no interaction was detected between GlnB and the double mutant NifA-Y18/53F or between GlnB and NifA-Y43.

Keywords

Azospirillum brasilense, yeast two-hybrid analysis, NifA, GlnB, site-directed mutagenesis.

1. Introduction

Azospirillum brasilense, which belongs to the α subgroup of the Proteobacteria, is a plant growth-promoting rhizobacterium that associates with the roots of cereals. This bacterium fixes nitrogen in the free-living state, under microaerobic conditions, in media that are devoid of ammonium ions. NifA, the transcriptional activator of nitrogen fixation (*nif*) genes, and GlnB, a small trimeric protein encoded by *glnB*, are key proteins in the regulation of nitrogen fixation in *A. brasilense* (Arsène *et al.*, 1996).

The P_{II}-like signal transduction proteins GlnB, GlnK and NifI are known to be involved in the regulation of nitrogen metabolism in prokaryotes. They act as signal transmitters, coordinating the response of the Ntr system with the N-status of the cell (Arcondéguy *et al.*, 2001). Signal transduction depends of the uridylylation

*This work was supported by funds from the "973" Project (Grant No. 001CB108904) and from the National Natural Science Foundation of China (Grant No. 30170020). C. Elmirch thanks Institute Pasteur for support. The authors wish to thank Dr. Yaoping Zhang and Dr. Yves Dessaux for discussions.

state of the P_{II} proteins, and involves GlnD, an enzyme with uridylyltransferase and uridylyl removing activity (Arcondèguy *et al.*, 2001).

NifA is a multidomain protein (Studholme and Dixon, 2003). The central catalytic domain interacts with the RNA polymerase and displays an AAA-type ATPase activity. This domain is extremely conserved among nitrogen-fixing Proteobacteria and it also shares considerable similarity with other σ^{54}-dependent enhancer-binding proteins. The C-terminal portion includes an HTH domain that is responsible for DNA binding. The N-terminal domain is less conserved. Recently it was shown that N-terminal domain of NifA contains a GAF domain. GAF domains are found in sensory proteins and are known to be involved in the binding of small effectors (Studholme and Dixon, 2003).

In nitrogen-fixing members of the γ subclass of the Proteobacteria that contain a *nifL* gene, NifL modulates the activity of NifA by protein-protein interaction, and the activity of NifL itself is controlled by a P_{II}-like protein (He *et al.*, 1998; Little *et al.*, 2000). For example, in *Azotobacter* GlnK interacts with the C-terminal domain of NifL to promote inhibition of NifA under nitrogen-sufficient conditions (Little *et al.*, 2000, 2002). GlnK in its uridylylated form does not interact with NifL when nitrogen is limited, and consequently NifL cannot antagonize NifA activity.

The situation is quite different in the case of nitrogen fixers that do not have a *nifL* gene. In most such cases *nifA* is expressed only under nitrogen-limiting conditions. In *Azospirillum*, however, NifA is not only synthesized under conditions that are favourable for this process (microaerobic conditions in the absence of ammonia), but also in circumstances that are incompatible with nitrogen fixation (in the presence of air and ammonia) (Liang *et al.*, 1991). These findings suggest that NifA exists in two forms, active and inactive, depending on environmental conditions. Two copies of *glnB-like* genes have been found in *A. brasilense*. One copy is linked to *glnA*, the structural gene for glutamine synthetase, while the other, named *glnZ* (of the *glnK* type), is located elsewhere in the genome (De Zamaroczy *et al.*, 1993, 1996). *glnB*-null and *glnZ*-null mutants of *Azospirillum* are prototrophic, but the *glnB* mutant, in contrast to the *glnZ* mutant, is unable to fix nitrogen, suggesting that GlnB and GlnZ—although very similar—have different functions (Liang *et al.*, 1992; De Zamazoczy, 1998; Araüjo *et al.*, 2004). As the expression of the *nifA* gene is not altered in *glnB* mutants, it has been hypothesized that GlnB plays a role in the modulation of NifA activity (Liang *et al.*, 1992). A similar conclusion was drawn in *Rhodospirillum rubrum*. In this bacterium, which contains three P_{II} paralogues, *nifA* is also expressed in media containing ammonia and only the GlnB protein is required for a Nif^{+} phenotype (Zhang *et al.*, 2000, 2001).

Construction of *Azospirillum nifA* derivatives that lack the sequence encoding the N-terminal GAF domain revealed that this domain was not essential for NifA activity. Thus, a NifA derivative lacking residues 12~204 is still active under nitrogen-fixing conditions, irrespective of the presence or absence of GlnB and also in the presence of ammonia (Arsène *et al.*, 1996). This led to the proposal that GlnB is required to activate NifA by antagonizing the inhibitory effect of its N-terminal domain under conditions that induce nitrogen fixation. At this stage it could not be established whether or not the modulation of NifA activity mediated by GlnB resulted in covalent modification of NifA, nor if GlnB acted directly on the N-terminal domain of NifA or was part of a regulatory cascade (Arsène *et al.*, 1996). GlnB is known to be involved in the covalent modification of target proteins. This is why the mutagenesis of specific residues of the NifA N-terminal domain that were susceptible of covalent modification was undertaken. We chose Tyr residues for this, because they are not present in the N-terminal domain of NifA in species in which the protein is controlled by NifL (*Klebsiella*, *Azotobacter*). Replacement of the Tyr residues at positions 18, 43 and 53 in the NifA N-terminal domain resulted in NifA proteins that retained activity, although the Y43F mutant displayed low activity. In addition, the NifA-Y18F derivative was active in a *glnB* mutant, suggesting GlnB was no longer required to maintain this mutant NifA in the active form (Arsène *et al.*, 1999).

The yeast two-hybrid method has been widely used to detect protein-protein interactions (Phizicky and Fields, 1995; James *et al.*, 1996). For example, in the Ntr system, interactions between NtrB and NtrC, P_{II}-like proteins and NtrB, NifA and NifL, and GlnK and NifL have been explored using this technique (Lei *et al.*, 1999; Martinez-Argudo *et al.*, 2001, 2002; Rudnick *et al.*, 2002). Interaction between GlnB and NifA was previously detected by the two-hybrid method, and was reported first at the 13th International Congress on Nitrogen Fixation in *A. brasilense* (Du *et al.*, 2002) and in *Rhodobacter capsulatus* (Masepohl *et al.*, 2002). *R. capsulatus* contains two copies of *nifA*, and each of its NifA proteins has been reported to interact with GlnB and GlnK (Pawlowski *et al.*, 2003). Experiments performed in *A. brasilense* revealed that its NifA does not interact with GlnZ (Glnk). GlnB was found to interact with the N-terminal GAF domain of NifA, but not with its central or C-terminal domain (Chen *et al.*, 2003).

The objective of this work was to further investigate the role of the N-terminal domain of NifA. We report here on the construction of a NifA double mutant (NifAY18/53F) that displays a higher nitrogenase activity than the wild type or either of the single mutants, and whose activity is independent of GlnB. We also tested whether a physical interaction could be detected between GlnB and the mutated NifA proteins whose activity was independent of GlnB. We observed that the single mutants (NifAY18F and NifA-Y53F) still bound to GlnB, whereas the double mutant (NifA-Y18/53F) did not.

2. Materials and Methods

2.1 Bacterial and yeast strains, plasmids, media and conjugation

The bacterial strains and plasmids used are listed in Table 1. *Escherichia coli* strains were grown in LB at 37℃ and *A. brasilense* was grown in minimal lactate or rich medium at 30℃ as described by Galimand *et al.* (1989). Derivatives of pVK100 were maintained in *E. coli* S17-1 (Simon *et al.*, 1983) and transferred into *Azospirillum* strains by conjugation. *Saccharomyces cerevisiae* PJ69-4A and the two-hybrid vectors pGAD and pGBD were kindly provided by Dr. P. James (James *et al.*, 1996). Yeast cells were grown in YPD rich medium or in SD minimal medium supplemented with appropriate amino acids, at 30℃, as described in the manual supplied with the Matchmaker Two-Hybrid System (1996). Antibiotics were used at the following concentrations: 100 μg/ml ampicillin (Amp), 10 μg/ml tetracycline (Tc), 20 μg/ml kanamycin (Km), 100 μg/ml spectinomycin (Spe).

Table 1 Strains and plasmids

Strain/plasmid	Relevant characteristics	Source/reference
Strains		
A. brasilense		
Sp7	wild type	Tarrand *et al.*, 1978
Yu62	wild type	Yang *et al.*, 1984
7067	Nif^- ; *nifA*-Tn*5* mutant of Sp7	Liang *et al.*, 1991
7606	Nif^-; *glnB*-Km mutant of Sp7	De Zamaroczy *et al.*, 1993
70671	Nif^-; *nifA*-Gm, *glnB*-Km derivative of 7,067 containing the *nifH-lacZ* fusion construct recombined into the chromosome	Arsène *et al.*, 1996
76061	Nif^-; *glnB*-Km derivative of 7,606 containing the *nifH-lacZ* fusion recombined into the chromosome; Sper Km^r	Arsène *et al.*, 1996
7358	Nif^-; derivative of Sp7 containing the *nifH-lacZ* fusion recombined into the chromosome; Km^r, Spe^r	Arsène *et al.*, 1994

continued

Strain/plasmid	Relevant characteristics	Source/reference
Escherichia coli S17-1	*pro thi hsdR recA* (RP4-2Tc::Mu-Km::Tn*7*, Tra$^+$, IncP)	Simon *et al.*, 1983
Saccharomyces cerevisiae PJ69-4A	MATa *trp*1~109 leu2~3,112 *ura*3~52 his3~200 *gal4*Δ*gal80* LYS2:: GAL1-HIS3 GAL2-ADE2 *met2*::GAL7-*lacZ*	James *et al.*, 1996
Plasmids		Promega
pALTER-1	vector for site-directed mutagenesis; Amp^r, Tc	James *et al.*, 1996
PGAD-C(X)	expression vectors (reading phase) for yeast two-hybrid system; Amp^r, Gal4(768~881), LEU2	James *et al.*, 1996
pGBD-C(X)	expression vectors (reading phase) for yeast two-hybrid system; Amp^r, Gal4(1~147), TRP2	James *et al.*, 1996
pGAD-SIP I and pBDU-SNF I	positive control for yeast two-hybrid system	James *et al.*, 1996
pGEM-11zf(+)	cloning vector; Amp^r	Promega
pVK100	RK2 replicon; Km^r, Tc^r	Knauf and Nester, 1982
pGAD-*glnB*	pGAD-C(2) derivative carrying a 339 bp fragment containing the glnB ORF from *A. brasilense*	Chen *et al.*, 2003
pGAD-*nifA*	pGAD-C(2) derivative carrying the 1.9 kb wild type *nifA* gene from *A. brasilense*	Chen *et al.*, 2003
pGAD-*nifA*1, 2, 3, 4	PGAD-C(2) derivatives carrying the 1.9 kb *nifA* gene with mutations in the codons for Tyr -18, -43, -53 and -18/53, respectively	this work
pGAD-*nifA*-C	pGAD-C(2) derivative carrying a 506 bp fragment encoding the C-terminal portion of NifA	Chen *et al.*, 2003
pGAD-*nifA*-M	pGAD-C(2) derivative carrying an 840 bp fragment encoding the central portion of NifA	Chen *et al.*, 2003
pGAD-*nifA*-N	pGAD-C(2) derivative carrying a 561 bp fragment encoding the N-terminal portion of NifA	Chen *et al.*, 2003
pGBD-*glnB*	pGBD-C(2) derivative carrying a 339 bp fragment containing the *glnB* ORF from *A. brasilense* Sp7	Chen *et al.*, 2003
pGBD-*nifA*	pGBD-C(2) derivative carrying the 1.9 kb wild type *nifA* gene from *A. brasilense*	this work
pGBD-*nifA*1, 2, 3, 4	pGBD-C(2) derivatives carrying the 1.9 kb *nifA* gene with mutations in the codons for Tyr -18, -43, -53 and -18/53, respectively	this work
pJR4 zf	pGEM-11zf derivative carrying the *nifA* gene (2.4 kb *Sal* I fragment) with mutations in the codons for Tyr -18 and -53	this work
pGBD-*nifA*-C	pGBD-C(2) derivative carrying a 506 bp fragment encoding the C-terminal portion of NifA	Chen *et al.*, 2003
pGBD-*nifA*-M	pGBD-C(2) derivative carrying a 840 bp fragment encoding the central portion of NifA	Chen *et al.*, 2003
pGBD-*nifA*-N	pGBD-C(2) derivative carrying a 561 bp fragment encoding the N-terminal portion of NifA	Chen *et al.*, 2003
pLT5	pALTER-1 derivative carrying a 602 bp fragment encoding the N-terminal portion of NifA from *A. brasilense*; Amp^r	this work
pN1	As pLT5, but with a mutation in codon for Tyr -18	this work
pN4	As pLT5, but with mutations in codons for Tyr -18 and -53	this work
pNC11	pGEM-11zf (+) derivative carrying the *A. brasilense nifA* gene (2.4 kb *Sal* I fragment); Amp^r	Wang *et al.*, 2001
pTZ18nifAY18F, pTZ18nifAY43F, pTZ18nifAY53F	pTZ18R derivatives carrying the *nifA* gene (2.4 kb *Sal* I fragment), with mutations in the codons for Tyr -18, -43 and -53, respectively	Arséne *et al.*, 1999
pVK1, pVK3, pVK4	pVK100 derivatives carrying the *nifA* gene (2.4 kb *Sal* I fragment), with mutations in the codons for Tyr -18, -53 and -18/53, respectively; Tc^r	this work

2.2 Nitrogenase and β-galactosidase assays

β-galactosidase activity was determined as described by Miller (1972). The assay for β-galactosidase activity in *A. brasilense* was done with cells that had been incubated in minimal medium with and without ammonia under microaerobic conditions (99.5% Ar, 0.5% O_2) as previously described (Liang *et al.*, 1991). Prior to determination of β-galactosidase activity in yeast, cells were grown in YPD medium at 30℃ according to the recommendations in the Matchmaker manual. Nitrogen fixation was determined by the acetylene reduction test in cultures grown on semi-solid, nitrogen-free medium. Nitrogenase activity was expressed as nmol ethylene (h/vial).

2.3 Site-directed mutagenesis of *nifA* and construction of recombinant plasmids

The 2.4 kb *Sal* I fragment containing the entire coding sequence of *nifA* from *A. brasilense* Yu62 (accession No. AF288483) and 402 bp of the non-coding upstream region was subcloned into a pGEM vector to yield pNC11 (Wang *et al.*, 2001). A 602 bp *Eco*R I fragment encoding the first 78 residues of the NifA was then isolated from pNC11, and cloned into the plasmid vector pALTER-1, to yield pLT5. This plasmid was used for site-directed mutagenesis following the protocol supplied with the Altered Sites II *in vitro* Mutagenesis System (Promega). Appropriate mutagenic oligonucleotides designed to change the Tyr codons (TAT) at positions 18 and/or 53 to Phe codons (TTC) were used for PCR amplification. Two plasmids were obtained: pN1 carries a single Y18F mutation and pN4 carries the double-mutation Y18/53F. Sequence analysis confirmed that no additional mutations had been introduced. The mutated *nifA* fragments were recovered from pN1 and pN4 after digestion with *Eco*R I, and substituted for the wild type fragment in pNC11, resulting in the plasmids pLN1zf and pJR4zf, respectively. The 2.4 kb *Sal* I fragment from each of these plasmids was cloned into pVK100 to yield pVK1 (carrying the Y18F mutation) and pVK4 (carrying the Y18/53F mutations). The 2.4 kb *Sal* I fragment from pTZ18nifAY53F was subcloned into pVK100 to yield pVK3.

2.4 Construction of vectors containing wild-type or mutated *nifA* fused in frame to the sequence encoding the activation domain of GAL4

The four plasmids pTZ18nifAY18F, pTZ18nifAY43F, pTZ18nifAY53F and pJR4zf (nifAY18/53F) (Table 1), containing the mutated *nifA* genes, were used as templates for PCR amplification. Oligonucleotide primers containing a *Bam*H I and a *Xho* I site (indicated in bold), respectively, were designed to amplify a 1.9 kb fragment encompassing the entire *nifA* coding region (forward primer: 5′-GCAGGATCCATCG ATGCCGGGT GCAATGCGCCAGTCCACG-3′; reverse primer: 5′-AATATCTCGAGTGTCGCCCGTCCCTCAGAAGC-3′). The presumed initiation codon of *nifA* in the forward primer is indicated in italics. The same oligonucleotides were used to amplify the wild-type *nifA* coding sequence using pNC11 as a template (Chen *et al.*, 2003). Each fragment was digested with *Bam*H I and *Xho* I, and then cloned into the pGAD and pGBD vectors digested with *Bam*H I and *Sal* I. The resulting plasmids are listed in Table 1.

Construction of plasmids encoding the N-terminal, central and C-terminal domains of NifA, as well *glnB* in frame fusions to pGAD and pGBD vectors, was previously reported (Chen *et al.*, 2003; Table 1).

2.5 Yeast transformation

S. cerevisiae PJ69-4A cells were made transformation competent using the method described in the Matchmaker protocol. Transformants were selected on SD plates devoid of leucine and tryptophan to select for the plasmids and lacking either histidine or adenine to check for the expression of the reporter genes *HIS3* and *ADE2*. SD plates containing X-gal were used to test for *lacZ* expression. The interaction between GlnB and mutated NifA was determined by screening for cell growth on SD medium lacking Leu, Trp, His and Ade, and by assaying the β-galactosidase activity.

3. Results

3.1 Effects of the replacement of Tyr residues 18 and 53 on the activity of NifA

As the mutation of Tyr 18 and Tyr 53 was known to led to enhance NifA activity relative to the wild-type protein (Arsène *et al.*, 1999), we constructed a double NifA mutant carrying substitutions at both positions (see Materials and Methods) in order to compare its properties to that of the single NifA mutants and the wild type. Plasmids pVK1 (NifA-Y18F), pVK3 (NifA-Y53F), pVK4 (NifA-Y18/53F) and pKC11 (wild-type NifA) were introduced into the strains Sp7 (*nifA*$^+$) and 6067 (*nifA* mutant). The data reported in Fig. 1a show that the double mutant protein is active in the *nifA* null background (strain 6067). Indeed this mutant displays a higher nitrogenase activity than the wild type or either of the single NifA-mutants, when introduced into the wild type or the *nifA* null mutant strain. The increase in nitrogenase activity was correlated with an increase in *nifH* expression, as demonstrated using a *nifH-lacZ* fusion as a reporter gene in otherwise isogenic strains (Fig. 1b).

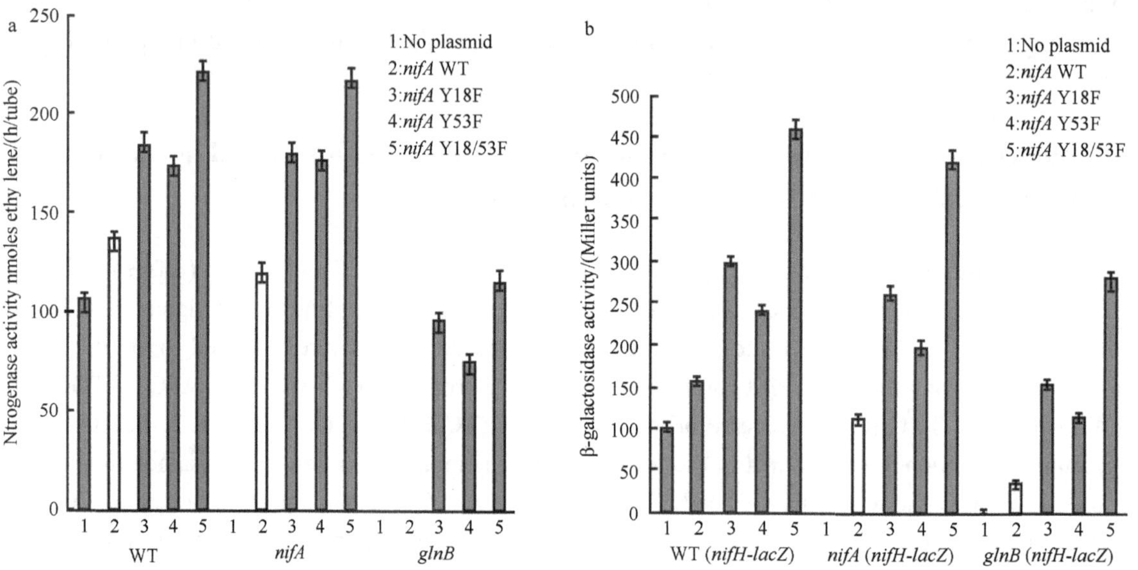

Fig. 1 Nitrogenase activity (a) and expression of *nifH-lacZ* (b) in wild-type and mutant *A. brasiliense* strains, complemented with plasmids carrying wild-type or mutated *nifA* genes and incubated under conditions compatible with nitrogen fixation. Plasmids: NifA WT, pKC11; NifA-Y18F, pVK1; NifA-Y53F, pVK3; NifA-Y18/53F, pVK4 (see Table 1)

Liang *et al.* (1992) observed that a *nifA-lacZ* fusion was expressed in a *glnB* mutant at the same level as in the wild type Sp7 strain. In contrast, expression of a *nifH-lacZ* fusion was dramatically reduced. It was later reported that a mutation in the Tyr 18 residue resulted in a NifA protein that was active in a *glnB* mutant background (Arsène *et al.*, 1999), as also shown in Fig. 1a.

We observed here that the mutation of the Tyr 53 residue led to a higher activity in the *glnB* background than that reported earlier (Arsène *et al.*, 1999).

Importantly, the double NifA mutant constructed in this work, which carries mutations in the Tyr residues at positions 18 and 53 displays a very high nitrogenase activity in the *glnB* mutant (7606; Fig. 1a)—almost twice as much as that observed with the wild type. Similarly, the NifA-Y18/53F mutant restored high *nifH* expression in the isogenic strain (76061) carrying a *nifH-lacZ* fusion (Fig. 1b). No expression of *nifH* was detected when the assay was performed in the presence of ammonia (data not shown).

3.2 Interaction between NifA and GlnB proteins detected by two-hybrid analysis in yeast

The yeast transcriptional activator GAL4 is made up of two separable domains: a DNA-binding domain (BD) and an activation domain (AD). The BD domain can bind GAL4 target promoters but transcription can proceed only if the second domain AD interacts with the transcriptional machinery. The yeast strain PJ69-4A, which is auxotrophic for Ade, His, Leu and Trp, was constructed by James *et al.* (1996). This strain carries three reporter genes under the control of GAL promoters: *HIS3* (fused to the GAL1 promoter), *ADE2* (fused to the GAL2 promoter) and *lacZ* (fused to the GAL7 promoter). Thus, when pGAD and pGBD plasmid constructs carrying DNA inserts are co-transformed into the yeast recipient, growth on selective media devoid of His or Ade indicates that the two expressed proteins carried in the pGAD and pGBD vectors can interact with each other, and measurements of β-galactosidase activity can give an estimate of the relative strength of the interaction (James *et al.*, 1996).

In earlier work, an interaction between NifA and GlnB was detected using the yeast two-hybrid system (Chen *et al.*, 2003). An example of the growth observed when NifA and separate NifA domains are fused to the bait vector is shown in Fig. 2 and data are summarized in Table 2. Restoration of growth was observed with the entire *nifA* coding region (Fig. 2-1) and with the *nifA* N-terminal domain (Fig. 2-4), while no growth was detected with the central or N-terminal domain (Fig. 2-2, Fig. 2-3). The interaction between GlnB and NifA and between GlnB and the N-terminal domain of NifA was also observed when NifA and NifA-N were used as the prey (Table 2). The interaction was confirmed by growth tests, the blue color of the colonies on X-gal plates (not shown) and by the determination of β-galactosidase activity. The N-terminal domain of NifA is encoded by the first 187 codons. This region spans the GAF domain (residues 11~180) and includes the Tyr residues 18, 43 and 53.

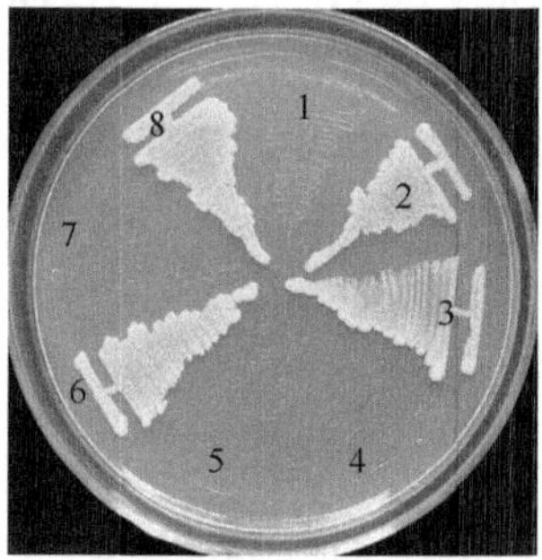

Fig. 2　Examples of growth of *Saccharomyces cerevisiae* PJ69-4A strains carrying pGAD-*glnB* with the pGBD plasmids indicated below on SD medium lacking Trp, Leu, His and Ade: (1) pGBD*nifA* (entire *nifA* coding region); (2) pGBD-*nifA*-C (C-terminal); (3) pGBD-*nifA*-M (central domain); (4) pGBD-*nifA*-N (N-terminal); (5) pGBD-*nifA*4 (Y18/53F); (6) pGBD-*nifA*3 (Y53F); (7) pGBD-*nifA*2 (Y43F); (8) pGBD-*nifA*1 (Y18F)

Table 2 Interaction between GlnB and NifA detected by the yeast two-hybrid system

Plasmid combination	Growth on selective media	β-Galactosidase activity/(Miller units)	Interacting peptides
pGAD-SIP and pGBDU-SNF	+	57±1.7	positive control
pGADC1 and pGBDC2	–	2.6±0.2	negative control
pGAD-*nifA* and pGBD-*glnB*	+	29±0.9	GlnB and wild-type NifA
pGAD-*glnB* and pGBD-*nifA*	+	25±0.9	GlnB and wild-type NifA
pGAD-*nifA*-N and pGBD-*glnB*	+	24±1.2	GlnB and NifA N-terminal GAF domain
pGAD-*glnB* and pGBD-*nifA*-N	+	23±1	GlnB and NifA N-terminal GAF domain
pGAD-*nifA*-M(central domain) and pGBD-*glnB*	–	12±0.5	none
pGBD-*nifA*-M(central domain) and pGAD-*glnB*	–	NT	none
pGAD-*nifA*-C (C-terminal domain) and pGBD-*glnB*	–	17±0.6	none
pGBD-*nifA*-C (C-terminal domain) and pGAD-*glnB*	–	NT	none
pGAD-*nifA1* (Y18) and pGBD-*glnB*	+	23±1.1	GlnB and NifA-Y18-F
pGAD-*glnB* and pGBD-*nifA1* (Y18)	+	22±1.3	GlnB and NifA-Y18-F
pGAD-*nifA2* (Y43) and pGBD-*glnB*	–	19±0.5	none
pGAD-*glnB* and pGBD-*nifA2* (Y43)	–	11±0.3	none
pGAD-*nifA3*(Y53) and pGBD-*glnB*	+	21±0.8	GlnB and NifA-Y53-F
pGAD-*glnB* and pGBD-*nifA3* (Y53)	+	22±1.1	GlnB and NifA-Y53-F
pGAD-*nifA4*(Y18/53) and pGBD-*glnB*	–	12±0.3	none
pGAD-*glnB* pGBD-*nifA4* and (Y18/53)	–	11±0.3	none

Notes: growth was assayed on three different media, SD lacking Leu, Trp and His; SD lacking Leu, Trp and Ade; and SD lacking Leu, Trp, His and Ade and containing X-gal. + indicates that growth was observed on all three media was recorded and that colonies were blue on the X-gal plates; – indicates that growth was not observed on any of the three media tested. β-galactosidase activities are the means of three determinations. NT, not tested

The next step was to assay the interaction with the NifA mutants carrying Tyr→Phe substitutions at positions 18, 43 and 53 in the GAF domain (Arsène *et al.*, 1999). Growth on media devoid of Ade and His is shown in Fig. 2 and the data are summarized in Table 2. Restoration of growth and the appearance of blue colonies on X-gal plates were observed only when the GlnB plasmid was co-transformed either with NifA-Y18F or with NifA-Y53F (Fig. 2-6, Fig. 2-8). This, together with the data for β-galactosidase activity, suggests that GlnB can interact with both NifA-Y18F and NifA-Y53F. In contrast, no interaction was observed between GlnB and the double mutant NifA-Y18/53F (Fig. 2-5). The Tyr 43 mutant yielded a relatively high level of β-galactosidase activity, but as the transformants failed to grow on any of the selective media (Fig. 2-7), this mutant was considered not to interact with GlnB. Thus, the binding between GlnB and NifA detected by the two-hybrid technique is not strictly correlated with NifA activity or with the ability of mutant NifA to function independently of GlnB.

4. Discussion

The data reported here confirm that the GAF domain of *Azospirillum* NifA can bind to GlnB. GAF domains are found in a variety of transcriptional regulators. Thus the GAF domains of FhlA bind formate (Leonhartsberger *et al.*, 2000). The GAF domain of *A. vinelandii* NifA binds 2-oxo-glutarate under nitrogen-limiting conditions, and this prevents inhibition by NifL (Little and Dixon, 2003). Single amino acid changes in the GAF domain of *Azotobacter* NifA can give rise to constitutively active NifA mutants

(Reyes-Ramirez *et al.*, 2002).

Previous studies indicate that GlnB was required for NifA activity and it acted by antagonizing the inhibitory effect of the N-terminal GAF domain of NifA on NifA activity in both *Herbaspirillum* and *Azospirillum* species (Arsène *et al.*, 1996; Monteiro *et al.*, 1999; Souza *et al.*, 1999). This is also likely to be case in *Rhodospirillum rubrum* (Zhang *et al.*, 2000). However, these studies could not determine whether GlnB played a direct or indirect role in this regulation. The data reported here favour a mechanism that involves a direct protein-protein interaction between GlnB and the GAF domain of NifA.

Previous work established that both NifA and GlnB proteins are synthesized in *Azospirillum* cells grown in the presence of ammonia, *i.e.*, under conditions that are incompatible with nitrogen fixation. The expression of the *glnB* gene was increased and it was shown that GlnB is present the uridylylated form under conditions that are favourable for nitrogen fixation (De Zamaroczy *et al.*, 1993; De Zamaroczy, 1998). In addition, a *glnD* mutant and a *glnB* mutant carrying a mutation in the codon for Tyr 51 (which is the site of uridylylation) both has Nif$^-$ phenotypes (Arsène *et al.*, 1999; Van Dommelen *et al.*, 2002), suggesting that GlnB must be uridylylated to antagonize the negative effect the N-terminal domain of NifA on NifA activity. However, the interaction detected in yeast suggests that non-uridylylated GlnB can also bind to the terminal domain of NifA. Therefore, GlnB binding alone is not sufficient to activate NifA.

The isolation of NifA mutants that are active independently of GlnB, and analysis of the binding of NifA to GlnB, add further details to the current model. Thus, single mutations in Tyr 18 and Tyr 53 lead to NifA proteins that can still bind GlnB. In contrast, the hyperactive NifA-Y18/53F double mutant did not bind to GlnB. This suggests that both Tyr 18 and Tyr 53 have a critical role in maintaining the inhibitory effect of the N-terminal domain on NifA activity. Binding of GlnB would then be required merely to induce a change in the folding of the wild-type NifA protein.

This favours the following model. Under conditions of ammonia assimilation the NifA protein is folded so that its N-terminal domain inhibits the catalytic domain. The non-uridylylated form of GlnB can bind to the GAF domain of NifA, but this protein complex is inactive. Under nitrogen fixation conditions, there is an increase in the level of GlnB; the GlnB-UMP form possibly has a higher affinity for the GAF domain of NifA, and binding results in the conversion of NifA to its active form. The mechanism by which GlnB-UMP relieves the inhibition of NifA is not known. One can assume that GlnB-UMP bound to the GAF domain induces a conformational change that converts NifA to the active form. As the double mutant NifA-Y18/53F is hyperactive and independent of GlnB, and does not interact with GlnB, it is not likely that the residues 18 and 53 need to be covalently modified to activate NifA. But we cannot exclude the intervention of other protein components or effectors in the system as in the case of other proteins with GAF domains.

NifA derivatives that lack a large part of the GAF domain are active, and can function independently of GlnB and in the presence ammonia (Arsène *et al.*, 1996). The mutant strains carrying mutations in Tyr residues, in particular Tyr 18 and the double Tyr 18/53 mutant constructed in this work, differ in phenotype from these deletion mutants; they display a high nitrogenase activity, which is still regulated by ammonia, but not by GlnB. This thus favours the idea that control by ammonia and by GlnB involves different mechanisms.

References

Araüjo L M, Monteiro R A, Souza E M, *et al.* 2004. GlnB is specifically required for *Azospirillum brasilense* NifA activity in *Escherichia coli*. Res Microbiol, 155(6): 491-495.

Arcondèguy T, Jack R, Merrick M. 2001. $P_{(II)}$ signal transduction proteins, pivotal players in microbial nitrogen control. Microbiol Mol Biol Rev, 65(1): 80-105.

Arsène F, Kaminski P A, Elmerich C. 1996. Modulation of NifA activity by P_{II} in *Azospirillum brasilense*: evidence for a regulatory role of the NifA N-terminal domain. J Bacteriol, 178(16): 4830-4838.

Arsène F, Kaminski P A, Elmerich C. 1999. Control of *Azospirillum brasilense* NifA activity by P_{II}: effect of replacing Tyr residues of the NifA N-terminal domain on NifA activity. FEMS Microbiol Lett, 179(2): 339-343.

Arsène F, Katupitiya S, Kennedy I R, *et al.* 1994. Use of lacZ fusions to study the expression of *nif* genes of *Azospirillum brasilense* in association with plants. Mol Plant Microbe Interact, 7(6): 728-757.

Chen S F, Du J P, Wu L X, *et al.* 2003. Interaction between P_{II} and NifA in *Azospirillum brasilense* Sp7. Chin Sci Bull, 48(2): 170-174.

De Zamaroczy M. 1998. Structural homologues of P_{II} and Pz of *Azospirillum brasilense* provide intracellular signalling for selective regulation of various nitrogen-dependent functions. Mol Microbiol, 29(2): 449-463.

De Zamaroczy M, Paquelin A, Elmerich C. 1993. Functional organization of the *glnB-glnA* cluster of *Azospirillum brasilense*. J Bacteriol, 175: 2507-2515.

De Zamaroczy M, Paquelin A, Peltre G, *et al.* 1996. Coexistence of two structurally similar but functionally different P_{II} proteins in *Azospirillum brasilense*. J Bacteriol, 178(9): 4143-4149.

Du J, Chen S, Zhao Y, *et al.* 2002. Studies on the interaction between P_{II} and NifA in *Azospirillum brasilense* by using a yeast two-hybrid system. *In*: Finan T, O'Brian M, Layzell D, *et al.* Nitrogen Fixation: Global Perspectives. Wallingford: CAB International: 374.

Galimand M, Perroud B, Delorme F, *et al.* 1989. Identification of DNA regions homologous to nitrogen fixation genes *nifE, nifUS* and *fixABC* in *Azospirillum brasilense* Sp7. J Gen Microbiol, 135(5): 1047-1059.

He L, Soupène E, Ninfa A, *et al.* 1998. Physiological role for the GlnK protein of enteric bacteria: relief of NifL inhibition under nitrogen-limiting conditions. J Bacteriol, 180(2): 6661-6667.

James P, Halladay J, Craig E A. 1996. Genomic libraries and a host strain designed for highly efficient two-hybrid selection in yeast. Genetics, 144(4): 1425-1436.

Knauf V C, Nester E W. 1982. Wide host range cloning vectors: a cosmid clone bank of an *Agrobacterium* Ti plasmid. Plasmid, 8(1): 45-54.

Lei S, Pulakat L, Gavini N. 1999. Genetic analysis of *nif* regulatory genes by utilizing the yeast two-hybrid system detected formation of a NifL-NifA complex that is implicated in regulated expression of *nif* genes. J Bacteriol, 181(20): 6535-6539.

Leonhartsberger S, Ehrenreich A, Bock A. 2000. Analysis of the domain structure and the DNA binding site of the transcriptional activator FhlA. Eur J Biochem, 267(12): 3672-3684.

Liang Y Y, De Zamaroczy M, Arsène F, *et al.* 1992. Regulation of nitrogen fixation in *Azospirillum brasilense* Sp7: involvement of *nifA*, *glnA* and *glnB* gene products. FEMS Microbiol Lett, 100(1-3): 113-119.

Liang Y Y, Kaminski P A, Elmerich C. 1991. Identification of a *nifA-like* regulatory gene of *Azospirillum brasilense* Sp7 expressed under conditions of nitrogen fixation and in the presence of air and ammonia. Mol Microbiol, 5(11): 2735-2744.

Little R, Dixon R. 2003. The amino-terminal domain of *Azotobacter vinelandii* NifA binds 2-oxoglutarate to resist inhibition by NifL under nitrogen-limiting conditions. J Biol Chem, 278(31): 28711-28718.

Little R, Perry S, Colombo V, *et al.* 2002. Integration of nitrogen carbon and redox status by the *Azotobacter vinelandii* NifL-NifA regulatory complex. *In*: Finan T, O'Brian M, Layzell D, *et al.* Nitrogen Fixation: Global Perspectives. Wallingford: CAB International: 238-242.

Little R, Reyes-Ramirez F, Zhang Y, *et al.* 2000. Signal transduction of the *Azotobacter vinelandii* NifL-NifA regulatory system is influenced directly by interaction with 2-oxoglutarate and the P_{II} regulatory protein. EMBO J, 19(22): 6041-6050.

Martínez-Argudo I, Martin-Nieto J, Salinas P, *et al.* 2001. Two-hybrid analysis of domain interactions involving NtrB and NtrC two-component regulators. Mol Microbiol, 40(1): 169-178.

Martínez-Argudo I, Salinas P, Maldonado R. 2002. Domain interactions on the ntr signal transduction pathway: two-hybrid analysis of mutant and truncated derivatives of histidine kinase NtrB. J Bacteriol, 184(1): 200-206.

Masepohl B, Dreiskemper P, Drepper T, *et al.* 2002. Protein-protein interactions of regulatory and other gene products involved in nitrogen fixation in *Rhodobacter capsulatus*: identification of new *anf* genes. *In*: Finan T, O'Brian M, Layzell D, *et al.* Nitrogen Fixation: Global Perspectives. Wallingford: CAB International: 424.

Miller J. 1972. Experiments in Molecular Genetics. New York: Cold Spring Harbor Laboratory.

Monteiro R A, de Souza E M, Yates M G. 1999. In trans regulation of the N-truncated NifA protein of *Herbaspirillum seropedicae* by the N-terminal domain. FEMS Microbiol Lett, 180(2): 157-161.

Pawlowski A, Riedel K U, Klipp W, *et al.* 2003. Yeast two hybrid studies on interaction of proteins involved in regulation of nitrogen fixation in the phototrophic bacterium *Rhodobacter capsulatus*. J Bacteriol, 185(17): 5240-5247.

Phizicky E, Fields S. 1995. Protein-protein interactions: methods for detection and analysis. Microbiol Rev, 59(1): 94-123.

Reyes-Ramirez F, Little R, Dixon R. 2002. Mutant forms of the *Azotobacter vinelandii* transcriptional activator NifA resistant to inhibition by the NifL regulatory protein. J Bacteriol, 184(24): 6777-6785.

Rudnick P, Kunz C, Gunatilaka M K. 2002. Role of GlnK in NifL-mediated regulation of NifA activity in *Azotobacter vinelandii.* J Bacteriol, 184(3): 812-820.

Simon R, Priefer U, Pühler A. 1983. A broad host range mobilization system for *in vivo* genetic engineering: transposon mutagenesis in Gram-negative bacteria. Biotechnology, 1: 784-791.

Souza E M, Pedrosa F O, Drummmond M, *et al.* 1999. Control of *Herbaspirillum seropedicae* NifA activity by ammonium ions and oxygen. J Bacteriol, 181(2): 681-684.

Studholme D, Dixon R. 2003. Domain architectures of σ^{54}-dependent transcriptional activators. J Bacteriol, 185(12): 1757-1767.

Tarrand J J, Krieg N R, Döbereiner J. 1978. A taxonomic study of the *Spirillum lipoferum* group, with descriptions of a new genus, *Azospirillum* gen. nov. and two species, *Azospirillum lipoferum* (Beijerinck) comb. nov. and *Azospirillum brasilense* sp. nov. Can J Microbiol, 24(8): 967-980.

Van Dommelen A, Keijers V, Somers E, *et al.* 2002 Cloning and characterisation of the *Azospirillum brasilense glnD* gene and analysis of a *glnD* mutant. Mol Genet Genomics, 266(5): 813-820.

Wang J, Chen S F, Li J L. 2001. Cloning sequencing and expression pattern, functional analysis of *nifA* from *Azospirillum brasilense*. Acta Microbiology Sinica, 41(6): 654-661.

Yang J B, Cao Z L, Li J L. 1984. Study of *Azospirillum brasilense* in Beijing district. J China Agric Univ, 10(3): 321-329.

Zhang Y, Pohlmann E L, Ludden P W, *et al.* 2000. Mutagenesis and functional characterization of the *glnB*, *glnA*, and *nifA* genes from the photosynthetic bacterium *Rhodospirillum rubrum*. J Bacteriol, 182(4): 983-992.

Zhang Y, Pohlmann E L, Ludden P W, *et al.* 2001. Functional characterization of three GlnB homologs in the photosynthetic bacterium *Rhodospirillum rubrum*: roles in sensing ammonium and energy status. J Bacteriol, 183(21): 6159-6168.

本文原载: Mol Gen Genomics, 2005, 273(5): 415-422.

PAS Domain of the Deduced Org35 Protein Mediates the Interaction with NifA*

Tu Ran, Cui Yanhua, Chen Sanfeng, Li Jilun

(National Key Laboratory of Agrobiotechnology and College of Biological Sciences, China Agricultural University, Beijing, 100094, China)

Abstract

NifA in *Azospirillum brasilense* plays a key role in regulating the synthesis of nitrogenase in response to ammonia and oxygen available. Recently, our laboratory has identified four clones, whose gene products interact with NifA, from *A. brasilense* Sp7 genomic libraries by using the yeast two-hybrid system with NifA as bait. We are interested in clone S35, one of the four clones, because it contains a PAS-domain coding region. The entire open reading frame (ORF) for the PAS domain-containing protein was isolated and designated as *org35* here. *org35* gene is 2,211 bp long and encodes a protein of 736 aa with a predicted molecular weight of about 78.4 kDa. The predicted amino acid sequence of *org35* has similarity to some two-component sensor kinase/response regulator hybrids of bacteria. Structural analyses showed that Org35 comprises at least three discrete conserved domains: The N-terminal PAS, the central histidine protein kinase (HPK) and the C-terminal response regulator (RR). The PAS domain of the deduced Org35 protein was found to interact directly with NifA, but the central HPK and the C-terminal RR domains of Org35 were not. These results indicated that interaction between NifA and Org35 was mediated by PAS domain.

Keywords

Azospirillum brasilense, yeast two-hybrid system, NifA, PAS domain, two-component sensor kinase/response regulator hybrid.

PAS domains are sensory input domains and protein-protein interaction sites that have been identified recently in a family of sensory proteins from all kingdoms of life (Taylor and Zhulin, 1999; Herrmann *et al.*, 2004). A variety of environmental stimuli such as light, oxygen, redox potential, and voltage were detected by PAS domains in bacteria (Taylor and Zhulin, 1999).

The two major signals that regulate nitrogen fixation in most diazotrophs are oxygen and ammonia. This regulation is mediated entirely by influencing the activity and expression of NifA, which is a *nif*-specific activator required for the nitrogen fixation (*nif*) gene transcription. In the plant-symbiotic bacterium *Sinorhizobium meliloti*, the expression of *nifA* and *fixK* is under the control of FixLJ, a two-component regulatory system (de Philip *et al.*, 1990). The FixL is a protein kinase containing PAS domain and heme is contained in PAS domain. The FixL kinase senses oxygen through the heme cofactor and transduces the signal by controlling the phosphorylation of phosphorylated FixJ acts as a transcriptional activator of the *nifA* and

*This work was supported by the National Natural Science Foundation of China (Grant No. 30470028).

fixK genes, which control the expression of nitrogen fixation genes (de Philip *et al.*, 1990). In free-living diazotrophs such as *Azotobacter vinelandii*, NifA activity is regulated through a second regulator NifL (Hill *et al.*, 1996). NifL controls the activity of NifA by a relatively stable protein-protein interaction in response to redox, carbon, and nitrogen status. The redox status is sensed *via* the N-terminal PAS domain of NifL, which contains a flavin adenine dinucleotide (FAD) cofactor (Hill *et al.*, 1996; Dixon, 1998).

A. brasilense is a nitrogen-fixing rhizobacterium living in close association with plants roots. The expression of the *nif* genes in this bacterium is dependent on the transcriptional activator NifA. However, no FixL/J or NifL-like protein has been detected in *A. brasilense.* Thus the mechanisms involved in NifA expression and activity in response to oxygen and ammonia still remain unclear.

Recently, our laboratory has identified four clones, whose predicted products interact with NifA, from *A. brasilense* Sp7 genomic libraries by using the yeast two-hybrid system with NifA as bait (Chen *et al.*, 2005). Clone S35, one of the four clones, contains a PAS-domain coding region and the gene contained in this clone is here designated as *org35*. Since stop codon was not found in the 1,341 bp *org35* region, DNA sequences flanking the partial *org35* gene were further obtained and the interaction of the different domains of the deduced Org35 protein with NifA was determined. In this study, plasmids construction and other molecular biological techniques were carried out by standard protocol (Sambrook *et al.*, 1989). The yeast two-hybrid system approach was carried out as previously described (James *et al.*, 1996). β-galactosidase activity assay was carried out according to the standard procedure of Miller (Miller, 1972).

To obtain the entire *org35*, a 1,341 bp *org35* fragment contained in plasmid pGAD-S35 (or clone S35) was cloned into suicide vector pPHU281, yielding plasmid pUS35. A single-crossover recombinant mutant (named Sp7351), where chromosomal *org35* gene was disrupted by the integration of plasmid pUS35, was constructed and selected. Genomic DNA of the mutant strain Sp7351 was digested with *Eco*R I and the digested DNA fragments were circularized with T4 ligase. The circularized products were transformed into *E. coli* DH10B and a transformant with tetracycline resistance was selected. One plasmid (named pUSE35), which contained a 6.3 kb insert, was isolated from the transformant. DNA sequencing by using chromosome walking method showed that the insert included the original 1,341 bp fragment and 5 kb 5′-terminal region of *org35* gene.

With the same method, genomic DNA of the mutant strain Sp7351 was digested with *Sph* I and a plasmid (named pUSS35), which contained a 9.3 kb insert, was selected. DNA sequence analysis showed that it included the 8 kb of 3′-terminal region of *org35* gene as well as the 1,341 bp internal fragment.

After splicing the 1,341 bp internal fragment, the 5′-terminal and 3′-terminal regions, a total of 5,298 bp DNA sequence was determined (GenBank Accession No. DQ145724). In the *org35* region, an open reading frame (ORF) of 2,211 bp was identified. The *org35* ORF (position 1,949~4,159) encodes a 736 amino acid (78.4 kDa).

Structural analysis revealed that the predicted Org35 protein comprises three discrete conserved domains (Fig. 1). The N-terminal region (residues 100~200) of Org35 encodes a PAS domain with high similarity with the PAS domains of *S. meliloti* FixL, *A. vinelandii* NifL and *E. coli* Aer. The alignment of the Org35 PAS domain with PAS domains of other known proteins is shown in Fig. 2. The central region (residues 340~580) encodes a central HPK domain that showed significant homology with the sensor histidine kinase of two-component regulatory system, such as NtrB. The C-terminal region (residues 612~719) encodes a RR domain that showed high homology with response regulator of two-component regulatory system, such as NtrC (Fig. 3). The sequence features suggest that Org35 protein is a two-component histidine kinase/response regulator hybrid containing an N-terminal PAS domain. This is the first report that the two-component sensor/response regulator hybrid exists in *A. brasilense*. Two-component sensor kinase/response regulator hybrids where both histidine kinase and response regulator exist in a single protein have been found in bacteria, such as FrzE controlling motility and development in *Myxococcus xanthus*, LemA required for pathogenicity of *Pseudomonas syringae* pv. *syringae* and RpfA involved in pathogenicity in *Erwinia carotovora* subsp. *carotovora* (Hrabak and Willis, 1992; Acuna *et al.*, 1995; Frederick *et al.*, 1997).

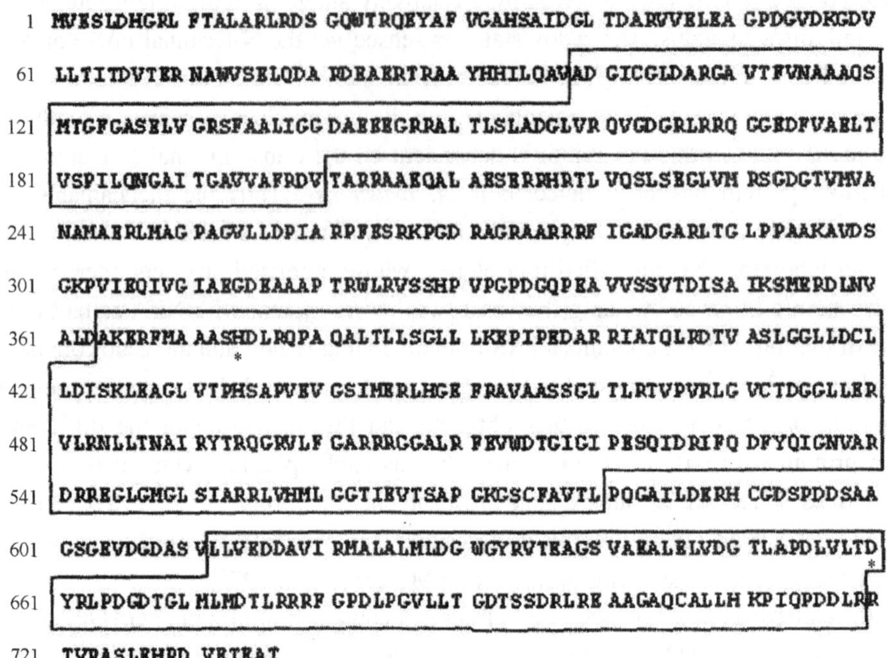

Fig. 1 Predicted amino acids of the *org35* gene product

The N-terminal PAS domain, the central HKP domain and C-terminal RR domain are boxed. Putative phosphorylated sites are indicated with asterisks

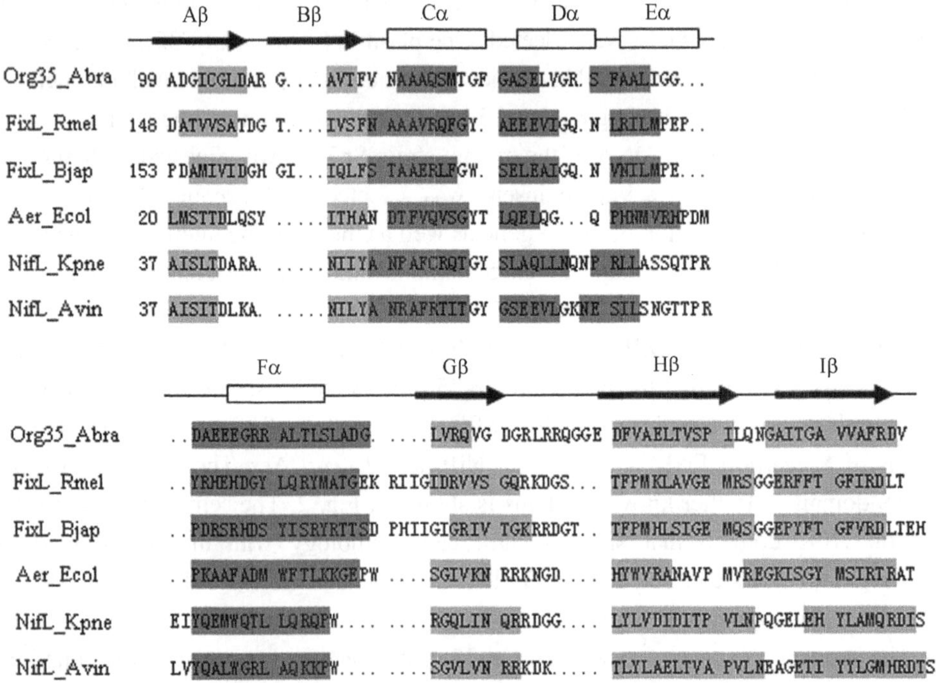

Fig. 2 Sequence alignment of the Org35 PAS domain with several known PAS domains

α-helical and β-strand residues are marked with dark shading and light shading, respectively. Org35_Abra: *Azospirillum brasilense* Org35; FixL_Rmel: *Rhizobium meliloti* FixL; FixL_Bjap: *Bradyrhizobium japonicum* FixL; Aer_Ecol: *Escherichia coli* Aer; NifL_Kpne: *Klebsiella pneumoniae* NifL; NifL_Avin: *Azotobacter vinelandii* NifL

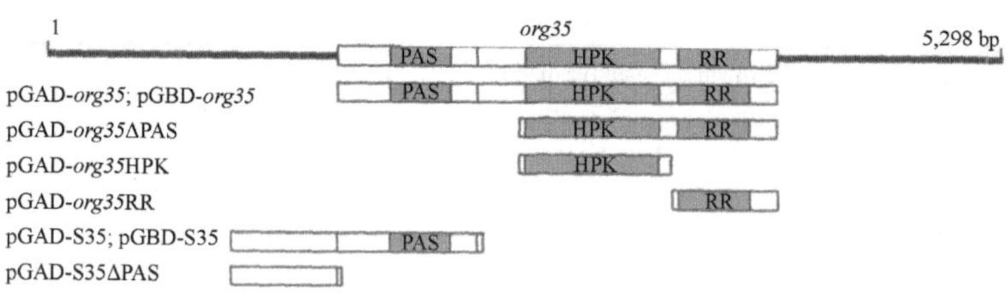

Fig. 3　Genetic map of Org35 and other construction of the plasmids in this study

To test which domain of the deduced Org35 protein mediates the interaction with NifA protein, we constructed a set of fusion plasmids. The entire *org35*, the PAS-domain deletion, the central HPK domain and the C-terminal RR domain, were PCR amplified and digested with appropriate enzymes and then cloned into vector pGAD, yielding recombinant plasmids pGAD-*org35*, pGAD-*org35*ΔPAS, pGAD-*org35*HPK and pGAD-*org35*RR, respectively (Fig. 3). At the same time, a frame-shift mutation in *org35* was produced by cloning *org35* to vector pGAD-C3 from vector pGAD-C1, yielding plasmid pGAD-*org35'*. Each of these plasmids carrying different segments of *org35* was co-transformed into yeast cells with pGBD-*nifA* carrying the entire *nifA*. During this process, the pGAD-C1/pGBD-C2 and pGAD-S35/pGBD-*nifA* were used as the negative control and positive control respectively. The co-transformants were grown on SD medium without Leu and Trp (SD/-LT) or Ade, His, Leu and Trp (SD/-AHLT) and incubated at 30℃ for 3 days. The experimental results revealed that the entire Org35 protein and the single N-terminal PAS domain have interaction with NifA, while the PAS-domain deletion, the central HPK domain, the C-terminal RR domain and the frame-shift mutated *org35'* have not (Table 1). To further confirm the specificity of the interaction between Org35 and NifA proteins, yeast two-hybrid analysis was again carried out by exchanging the yeast-two hybrid vectors for *nifA* and *org35* genes, respectively. The results also revealed that the direct protein-protein interaction between NifA and Org35 is specific. β-galactosidase activity was correlated to the result of the phenotypes on plates. In addition, pGAD-S35 (the positive clone obtained by screening the *A. brasilense* library) carrying a 1,341 bp of partial *org35* gene including the upstream region of PAS domain as well as the PAS region, pGADS35ΔPAS carrying the upstream region of PAS domain and pGAD-S35′ carrying a frame-shift mutated partial *org35* gene as shown in Fig. 3, were co-transformed into yeast cells with pGBD-*nifA*, respectively and interactions were tested as previously described. The results demonstrated that PAS domain has interaction with NifA, while the upstream region of PAS domain or the frame-shift mutated partial Org35 have not (Table 1). To sum up, our current results demonstrated that PAS domain mediates the interaction between Org35 and NifA proteins. The data are consistent with the previous report that PAS mediated protein-protein interaction (Taylor and Zhulin, 1999).

Table 1　Interaction between Org35 and NifA detected by the yeast two-hybrid system

Plasmid combination	Growth on selective media		β-galactosidase activity/ (Miller units)	Interacting peptides
	SD/-AHLT+X-gal+ BU	SD/-LT		
pGAD-S35/pGBD-*nifA*	+	+	22±3	the PAS domain of Org35 and NifA
pGAD-*nifA*/pGBD-S35	+	+	22±4	NifA and the PAS domain of Org35
pGAD-S35′/pGBD-*nifA*	−	+	4±1	none
pGAD-S35ΔPAS/pGBD2-*nifA*	−	+	7±2	none
pGAD-*org35*/pGBD-*nifA*	+	+	21±2	Org35 and NifA
pGAD-*nifA*/pGBD-*org35*	+	+	17±4	NifA and Org35
pGAD-*org35′*/pGBD-*nifA*	−	+	4±2	none

continued

Plasmid combination	Growth on selective media		β-galactosidase activity/ (Miller units)	Interacting peptides
	SD/-AHLT+X-gal+ BU	SD/-LT		
pGAD-*org35*ΔPAS/pGBD-*nifA*	–	+	6±2	none
pGAD-*org35*HPK/pGBD-*nifA*	–	+	7±1	none
pGAD-*org35*RR/pGBD-*nifA*	–	+	9±2	none
pGAD-C1/pGBD-C2	–	+	2±1	negative control

Note: the data obtained from at least three independent experiments

In summary, *org35* isolated from *A. brasilense* Sp7 is a novel gene whose deduced Org35 protein is a two-component histidine kinase/response regulator hybrid containing PAS domain at its N-terminus. The interaction between NifA and Org35 was mediated by PAS domain. How does the deduced Org35 protein function in signal sensing and transduction, and how does Org35 regulate the NifA activity? These questions are yet to be clearly elucidated in the future study.

References

Acuna G, Shi W, Trudeau K, *et al.* 1995. The 'CheA' and 'CheY' domains of *Myxococcus xanthus* FrzE function independently *in vitro* as an autokinase and a phosphate acceptor, respectively. FEBS Lett, 358(1): 31-33.

Chen S F, Guan Y, Tu R, *et al.* 2005. Screening of the interacting proteins with NifA in *Azospirillum brasilense* Sp7 by the yeast two-hybrid system. Chin Sci Bull, 50(7): 641-646.

de Philip P, Batut J, Boistard P. 1990. *Rhizobium meliloti* FixL is an oxygen sensor and regulates *R. meliloti nifA* and *fixK* genes differently in *Escherichia coli*. J Bacteriol, 172(8): 4255-4262.

Dixon R. 1998. The oxygen-responsive NIFL-NIFA complex: a novel two-component regulatory system controlling nitrogenase synthesis in γ-Proteobacteria. Arch Microbiol, 169(5): 371-380.

Frederick R D, Chiu J, Bennetzen J L, *et al.* 1997. Identification of a pathogenicity locus, rpfA, in *Erwinia carotovora* subsp. *carotovora* that encodes a two-component sensor-regulator protein. Mol Plant Microbe Interact, 10(3): 407-415.

Herrmann S, Ma Q, Johnson M S, *et al.* 2004. PAS domain of the Aer redox sensor requires C-terminal residues for native-fold formation and flavin adenine dinucleotide binding. J Bacteriol, 186(20): 6782-6791.

Hill S, Austin S, Eydmann T, *et al.* 1996. *Azotobacter vinelandii* NIFL is a flavoprotein that modulates transcriptional activation of nitrogen-fixation genes *via* a redox-sensitive switch. Proc Natl Acad Sci USA, 93(5): 2143-2148.

Hrabak E M, Willis D K. 1992. The *lemA* gene required for pathogenicity of *Pseudomonas syringae* pv. *syringae* on bean is a member of a family of two-component regulators. J Bacteriol, 174(9): 3011-3020.

James P, Halladay J, Craig E A. 1996. Genomic libraries and a host strain designed for highly efficient two-hybrid selection in yeast. Genetics, 144(4): 1425-1436.

Miller J H. 1972. Experiments in Molecular Genetics. New York: Cold Spring Harbor Laboratory.

Sambrook J, Fritsch E F, Maniatis T. 1989. Molecular Cloning: A Laboratory Manual. 2nd ed. New York: Cold Spring Harbor Laboratory.

Taylor B L, Zhulin I B. 1999. PAS domains: internal sensor of oxygen, redox potential, and light. Microbiol Mol Biol Rev, 63(2): 479-506.

本文原载: Chin Sci Bull, 2006, 51(9): 1141-1144.

Isolation of a Flagellar Operon in *Azospirillum brasilense* and Functional Analysis of FlbD*

Yanqi Chang, Tao Tang, Ji Lun Li
(State Key Laboratory for Agrobiotechnology, College of Biological Sciences,
China Agricultural University, Beijing 100094, China)

Abstract

A 10 kb fragment containing *fliF*, *fliH*, *fliN*, *motA*, *flbD*, *flhA*, *flhF* and *fleN* genes was cloned from the genomic DNA of *Azospirillum brasilense* Yu62. These eight genes appear to be structurally organized as an operon. FlbD, encoded by *flbD*, has a HTH DNA binding domain and shows homology to σ^{54}-dependent transcriptional activators such as NtrC, NifA and DctD. An in-frame deletion of *flbD* in *A. brasilense* abolishes biosynthesis of lateral flagella and swarming ability when grown on semi-solid surfaces. An intact copy of *flbD* on a plasmid complemented the Δ*flbD* mutant by restoring lateral flagellation and swarming ability. Transcriptional analysis demonstrated that FlbD is involved in the genetic regulation of flagella biosynthesis and acts as both an activator and a repressor of flagellum gene expression in *A. brasilense*. DNA binding assays indicated direct interaction between FlbD and the promoter regions of *laf1*, *fliF* and *flgB* genes. We propose that *A. brasilense* has a genetic regulation profile for flagella biosynthesis similar to that observed in *Caulobacter crescentus*.

Keywords

Azospirillum brasilense, flagella, FlbD.

1. Introduction

Many bacterial species have single or multiple polar flagella, while other species have only peritrichous flagella. Few bacterial species have dual flagellar systems which are suitable for movement under different circumstances (McCarter, 2004). Similar to *Vibrio parahaemolyticus* (Kim and McCarter, 2000; Stewart and McCarter, 2003), *Aeromonas hydrophila* (Canals *et al.*, 2006a, 2006b) and *Rhodospirillum centenum* (McClain *et al.*, 2002), the nitrogen-fixing bacterium *Azospirillum brasilense* possesses a polar flagellum in all culture conditions, and synthesizes lateral flagella when growing on semi-solid or solid media (Alexandre *et al.*, 1999). The polar flagellum plays an important role in the adsorption of *Azospirillum* to root surfaces (Croes *et al.*,1993) and is responsible for swimming motility (Zhulin and Armitage, 1993). It is also suggested that the polar flagellum could sense viscous environmental conditions and signal the induction of lateral flagella

*We are indebted to Anne van Dommelen, Mike Merrick, Merethe Christensen and Elisabetta Zennaro for providing mutant strain and plasmids. We also thank Claudine Elmerich, Ray Dixon and Yaoping Zhang very much for comments on the manuscript.

(Moens *et al.*, 1996), although the precise mechanism remains unknown (Merino *et al.*, 2006). Production of lateral flagella enables the *Azospirillum* species to move in viscous circumstances or on solid surfaces.

Because of the complicated structure of bacterial flagella, many genes are involved in their biosynthesis. For example, over 50 genes are required for the assembly and function of flagella in the motile bacteria *Salmonella enterica* serovar *Typhimurium* and *Escherichia coli* (Soutourina and Bertin, 2003). The expression of flagellar genes is strictly regulated by environmental conditions because of the high metabolic cost for the bacterium. Besides *S. enterica* serovar *Typhimurium* and *E. coli*, the flagellar hierarchy of *Caulobacter crescentus*, a temporarily polar-flagellated α-Proteobacteria, has also been well elucidated (Wu and Newton, 1997).

The two flagellar systems of *V. parahaemolyticus* are distinct and no structural or assembly components are shared (Kim and McCarter, 2000; Stewart and McCarter, 2003). Mutants defective in the polar flagellar system are competent for swarming on surfaces, and conversely, swarming-defective mutants retain the ability to swim in liquid media. Recent reports also described the separated polar and lateral flagellar system of *A. hydrophila* (Canals *et al.*, 2006a, 2006b). In this organism, 55 identified genes distributed in 5 discontinuous chromosomal regions constitute the polar flagellum system, whereas 38 genes located in a unique chromosomal region constitute the lateral flagellar system.

Previously, several flagellar genes were reported in *A. brasilense laf1* encodes the flagellin of the lateral flagella of *A. brasilense* Sp7 and a *laf1* mutant is devoid of lateral flagella but has a normal phenotype with respect to the polar flagellum (Moens *et al.*, 1995). A *laf1*p-*gus* fusion was induced when cells were grown on solid surfaces but not when grown in broth (Moens *et al.*, 1996). A *rpoN* mutant is defective in both types of flagella, indicating that RpoN (σ^{54}) plays an important role in flagellar biosynthesis in *A. brasilense* (Milcamps *et al.*, 1996). We reported previously that the regulator FlbD, which belongs to the NtrC family of σ^{54}-associated transcriptional activators, is involved in genetic regulation of flagellar biosynthesis in *A. brasilense* Yu62 (Wang *et al.*, 2001). An *flbD* mutant, YF2, was constructed by inserting a kanamycin resistance gene into *flbD*. Neither polar nor lateral flagella were present in this mutant strain (Wang *et al.*, 2001). However, we cannot exclude the possibility that this phenotype is due to the polar effects of the kanamycin cassette on the downstream genes, rather than disruption of *flbD* itself.

In the present study, we identified a complete flagellar operon region from *A. brasilense* Yu62, and FlbD was further characterized. We observed that deletion of *flbD* abolished the biosynthesis of lateral flagella, but had no effect on the polar flagellum. The mutant strain was unable to swarm on semi-solid medium but could swim normally in broth like the wild type. *In vivo* expression studies and EMSA assays showed that FlbD acts at promoter regions to both activate and repress the expression of some middle and late flagellar genes.

2. Materials and Methods

2.1 Bacterial strains, plasmids and growth conditions

The strains and plasmids used in this study are listed in Table 1. The *A. brasilense* strains were grown at 30℃ in LD medium (Zhang *et al.*, 1992). The antibiotics were used at the following concentrations (μg/ml): ampicillin (Amp), 100 for *E. coli* and 25 for *A. brasilense*; nalidixic acid (Nx), 5; tetracycline (Tc), 10; kanamycin (Km), 50 for *E. coli* and 10 for *A. brasilense*; chloramphenicol (Cm), 25.

Motility of *A. brasilense* strains was examined on the plate of semi-solid (0.3% agar) LD medium. 2~3 μl of exponentially grown *A. brasilense* culture was inoculated on the surfaces. After more than 3 days of incubation at 30℃, the growth zones were compared.

Table 1　Bacterial strains and plasmids used in this study

Strain/plasmid	Genotype/phenotype	Source/reference
Strains		
E. coli DH5α	*endA1 hsdR17 [r−m+] supE44 thi-1 recA1 gyrA [NalR] relA1* Δ*[lacZYA-argF] U169 deoR [Ø80* Δ*{lacZ} M15]*	Sambrook and Russell, 2001
E. coli JM109	*endA1 recA1 gyrA96 thi hsdR17*($r_K^-m_K^+$) *relA1 supE44* Δ(*lac-proAB*) (F′ *traD36 proAB lacI^qZΔM15)*	Sambrook and Russell, 2001
E. coli S17-1	*thi endA recA hsdR* with RP4-2-Tc::Mu-Km::Tn*7* integrated in chromosome, Sm^r	Simon *et al.*, 1983
A. brasilense Yu62	wild type, Amp^r, Nx^r	Wang *et al.*, 2001
A. brasilense Yu62sD	*flbD* mutant; Amp^r, Nx^r, Km^r	this work
A. brasilense Yu6206	*flbD* in-frame deleted mutant, Amp^r, Nx^r	this work
A. brasilense Yu6208	Yu6206 with pP69D, Amp^r, Nx^r, Km^r, Cm^r	this work
A. brasilense FAJ301	*rpoN* mutant, Km^r	Milcamps *et al.*, 1996
Plasmids		
pUX19	suicide vector for *A. brasilense*, Km^r	Zhang *et al.*, 2005
pUXsD	820 bp fragment of *A. brasilense flbD′* was subcloned into pUX19, Km^r	this work
pCSU	a fragment of *A. brasilense flbD′* and upstream region were cloned into pUX19, Km^r	this work
pCSD	a fragment of *A. brasilense flbD′* and downstream region were cloned into pUX19, Km^r	this work
pUXD	A pUX19 derivative suicide vector for *flbD* in-frame deletion, Km^r	this work
pGEM®-T Easy	cloning vector, Amp^r	Promega
pET-28a-c(+)	expression vector T7 promoter, Km^r	Novagen
pET-FlbDc	pET-28a-c(+) derivative, expresses the His-tag-C-terminal protein of *A. brasilense* FlbD, Km^r	this work
pDK6	expression vector p*tac* promoter *lacI^q*, Km^r	Kleiner *et al.*, 1988
pDK6D	pDK6 containing the *flbD*, Km^r	this work
pPR9TT	promoterless *lacZ*, Amp^r Cm^r	Santos *et al.*, 2001
pPR9L	pPR9TT derivative carrying *laf1*p-*lacZ* fusion, Amp^r, Cm^r	this work
pPR9P	pPR9TT derivative carrying *fliF*p-*lacZ* fusion, Amp^r, Cm^r	this work
pPR9B	pPR9TT derivative carrying *flgB*p-*lacZ* fusion, Amp^r, Cm^r	this work
pP69D	pDK6D-pPR9TT co-integrate without *lacZ*, Km^r, Amp^r, Cm^r	this work

2.2　Cloning of the flanking region of flbD

To clone the entire flanking region of *flbD*, an 820 bp fragment of the *flbD* central part was amplified using primers flbD-*Eco*R V (5′-TTAGATATCAAGCGGTGGCGGAGGAAAGC-3′) and flbD-*Xho* I (5′-ATT CTCGAGACCGGCGAGTTGGTCGGGAT-3′), and then subcloned into pUX19 (Zhang *et al.*, 2005) (a suicide vector for *A. brasilense*), yielding pUXsD. pUXsD integrated into the chromosome of the *A. brasilense* Yu62 wild-type strain resulting from a single-crossover recombination event; then, total DNA was isolated, digested with *Eco*R I or *Xho* I, ligated and transformed into *E. coli* DH5α. Km^r colonies were selected and plasmids were isolated from each transformant. Two new plasmids, pCSU from *Eco*R I digestion and pCSD from *Xho* I digestion, contained overlapping portions of *flbD*. Both plasmids were used for DNA sequencing of the entire flagellar region.

2.3 Construction of an *A. brasilense* non-polar flbD mutation

A 1.2 kb fragment of the 3′ region of *flbD* was amplified by primers pD1 (5′-GATGGATCCGCGGACA GGATTTTCAAGGT-3′) and pD2 (5′-ATTCTGCAGCAGACGCATCTTACGCTCCC-3′), while a 1.2 kb fragment of the 5′ region of *flbD* was amplified by primers pD3 (5′-TTACTGCAGTCATCGGCACGCTGT CCCAC-3′) and pD4 (5′-TTTAAGCTTCTCCTCCGCCTCCTTCTTCG-3′). These two fragments were ligated into pUX19, yielding pUXD, such that 1,371 bp of *flbD* was deleted. The suicide plasmid pUXD was transferred into *A. brasilense* Yu62 using *E. coli* S17-1 as donor. Km^r Amp^r Nx^r colonies were selected which had entire plasmid integrated into the chromosome of *A. brasilense*, giving strain Yu62KD. Yu62KD was then grown in LD with Amp and Nx for 100 generations with a 1/10,000 dilution for five times, and then plated on Amp and Nx LD plates. Only one Km^s colony was obtained from more than 1,400 colonies after replica printing. Luckily, the sole strain contained the in-frame-deleted *flbD* allele, as based on sequencing of PCR-amplified *flbD*. This *A. brasilense* Δ*flbD* mutant was named Yu6206.

2.4 Construction of plasmid for complementation

To construct a plasmid with *flbD* which can be transcribed from a *tac* promoter, the complete ORF and RBS of *flbD* was synthesized using PCR with primers flbD-*Bam*H I (5′-TTTGGATCCACCGGGGTTCT CCGAGGGGA-3′) and flbD-*Sal* I (5′-TAGGTCGACCTCCAGGATTGTGTTCGGTC-3′), and ligated into the *Bam*H I-*Sal* I sites of pDK6 (Kleiner *et al.*, 1988), yielding the plasmid pDK6D. To obtain a plasmid stable in *A. brasilense*, the pDK6D was introduced into the broad-host-range plasmid pPR9TT (the inherent *lacZ* had been eliminated by the *Bam*H I site heretofore) through the *Hin*d III site, yielding plasmid pP69D.

2.5 Transmission electron microscopy (TEM)

Bacterial suspensions were placed directly on grids coated with Formvar and carbon, negatively stained with 1.0% uranyl acetate for 3 min, washed twice with water, and air-dried. Bacteria were visualized using a Hitachi H-7500 transmission electron microscopy.

2.6 Assays of promoter-*lacZ* transcriptional fusions

For the construction of *lafl-lacZ* fusion, a 600 bp DNA fragment (from −634 to +50 relative to the *lafl* start codon) containing the *lafl* promoter was amplified by PCR with the total DNA of *A. brasilense* Yu62 as the template using primers lafl-*Bgl* II (5′-TTAAGATCTCGCGTGGTGTCCAAGGAGCA-3′) and lafl-*Sal* I (5′-TTTGTCGACACGGTCTGCAGCGCGGTCAT-3′). For construction of *fliF-lacZ* fusion, a 768 bp DNA fragment (from −653 to +115 relative to the *fliF* start codon) containing the regulatory region of *fliF* and 5′ part of *fliF* was PCR-amplified using primers fliF-*Bgl* II (5′-TTAAGATCTGGCGACATCGCTCTGGCTCA-3′) and fliF-*Xho* I (5′-TTTCTCGAGTGGAGAGGCGGGTCATCAGG-3′). The two PCR products were digested with *Bgl* II and *Sal* I or *Xho* I, and ligated into pPR9TT digested with the *Bgl* II and *Sal* I, respectively. The resulting plasmids containing in-frame *lafl-lacZ* and *fliF-lacZ* translational fusions were designated pPR9L and pPR9P. The *flgB-lacZ* translational fusion was constructed as similar manner using primers flgB-*Bgl* II (5′-CTAAAAGATCTGCCGAGCGCAGGAAGGACAG-3′) and flgB-*Sal* I (5′-GCAAAGTCGACTTCATCG

CCGGGTTCCGGTC-3′) and the resulting plasmid was named pPR9B.

In the β-galactosidase activity assay, bacteria cultured overnight on an agar surface were collected and resuspended in Z buffer ($Na_2HPO_4·7H_2O$ 16.1 g/L, $NaH_2PO_4·H_2O$ 5.5 g/L, KCl 0.75 g/L, $MgSO_4·7H_2O$ 0.246 g/L, pH 7.0) and the cells grown to late log phase (OD_{600} of 0.6~1.0) in broth were washed by Z buffer twice before assay. The activity was measured using *O*-nitrophenyl-β-D-galactopyranoside as the substrate as described by Miller and expressed in Miller units (Miller, 1972). The data presented here are the results obtained from at least three independent measurements.

2.7 Protein expression and purification

To obtain expression vector pET-FlbDc, a DNA fragment that encodes the 127 carboxy-terminal amino acids of FlbD with *Bam*H I site at the 5′ end was amplified by PCR using LA *Taq* DNA polymerase (TAKARA) with primers FlbD-C (5′-AAAGGATCCATCCCGACCAACTCGCCGGT-3′) and flbD-*Not* I (5′- TAGGCGGC CGCCTCCAGGATTGTGTTCGGTC-3′), and then introduced into the corresponding sites in pET-28a. The correct fusion was confirmed by sequencing.

Overexpression and purification of the His_6-tagged FlbD C-terminal domain from pET-FlbDc were performed as described previously (Monteiro *et al.*, 2003).

2.8 DNA binding assay

The DNA binding assay was carried out as described previously (Maehara *et al.*, 2001; Kojima *et al.*, 2005). Promoter fragments used for the gel mobility shift assay were prepared by PCR using specific primers pL1 (5′-AATTTCAAAGTCCCGCCCTG-3′) and pL2 (5′-AGATGCAGAGCGCCTTTCTG-3′) for *laf1*, pP1 (5′-TACACGCGCATTATTCCTTC-3′) and pP2 (5′-AGTTCTTGATTTCGCAGACG-3′) for *fliF*, pB1 (5′-ACTGGTCGCCCAGCTCATAC-3′) and pB2 (5′-TTCATCGCCGGG TTCCGGTC-3′) for *flgB*, respectively. The negative control DNA fragments were ordered from TAKARA. Each fragment was mixed with different concentrations of purified FlbDc in binding buffer (Maehara *et al.*, 2001; Kojima *et al.*, 2005) in a total volume of 20 μl incubated at 25℃ for 30 min. The DNA-protein complex was separated from the unbound DNA fragment on a 5% native polyacrylamide gel using 0.5% Tris-borate-EDTA as electrophoresis buffer. DNA fragments in the gel were stained with ethidium bromide and detected by UV exposure.

2.9 Nucleotide sequence accession numbers

The nucleotide sequence of the flagellar operon has been deposited in the GenBank database under accession number AY827106. The accession number of *ctrA* in *A. brasilense* Sp7 is DQ291131.

3. Results

3.1 Isolation of a flagellar operon region from *A. brasilense* Yu62

We have previously reported a 2.6 kb *Sal* I fragment with the complete ORF of *flbD* (Wang *et al.*, 2001). To better characterize the flagellar genes controlling in *A. brasilense*, the flanking sequences of the fragment were cloned. Sequence analysis showed that *flbD* was located in a 10 kb single flagellar operon region containing eight ORFs in the same orientation (Fig. 1). A σ^{54} promoter sequence (GGACCGGCGC

GGTTTTTGCAAAT) with conserved GG and GC elements corresponding to the promoter consensus (Barrios *et al.*, 1999) was identified about 70 bp upstream from the *fliF* translational start site. A putative rho-independent terminator was found downstream of the *fleN* gene. Analysis of predicted functions of the ORF using the BlastP program of the NCBI database revealed 36% (FliH) to 78% (FliN) identity to proteins from the flagellar operon of close relatives of *A. brasilense*. In *Salmonella*, FliF monomers assemble into an MS ring (Aldridge and Hughes, 2002) and FliH forms a heterotrimer together with FliI. FliN is a major structural protein of the C-ring in the flagellar basal body. Together with MotB, MotA proteins form the stator complexes, anchored to the cell wall, and the FlhA homologue in *Salmonella* is a component of the flagellar protein export apparatus. Experiments in *Vibrio* species indicated that FlhF and FlhG (FleN homologue in *Vibrio*) regulate class I and class III flagellar transcription, and affect the polar flagellum number (Correa *et al.*, 2005; Kusumoto *et al.*, 2006).

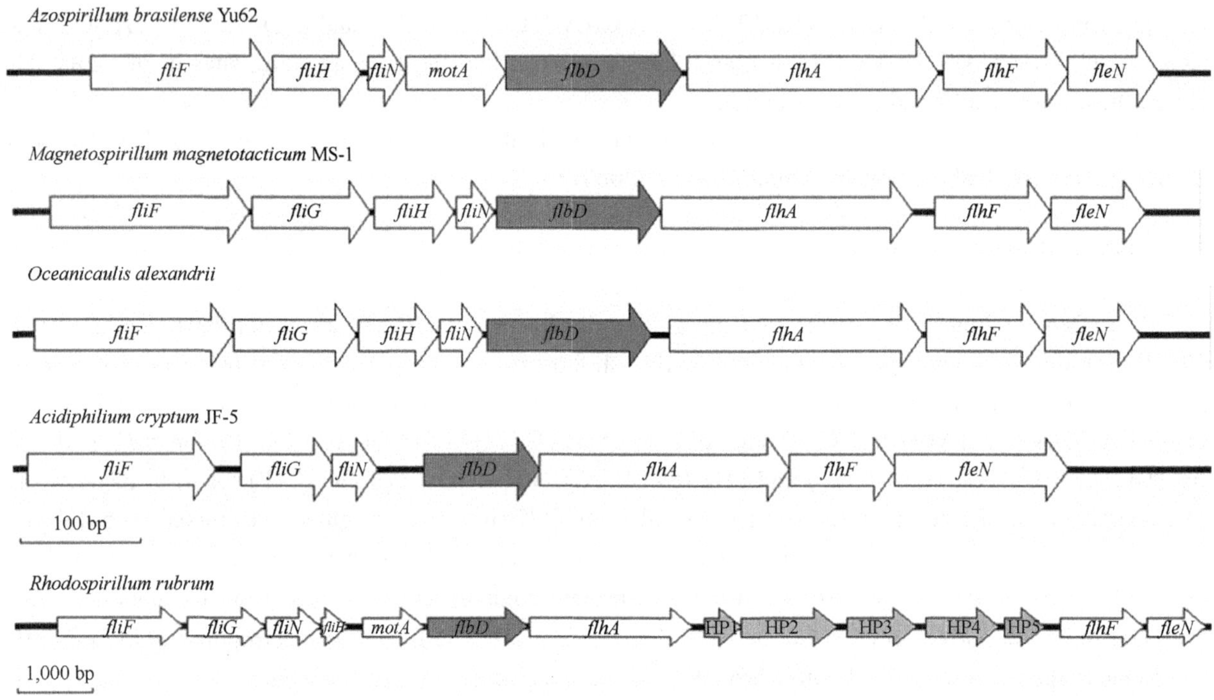

Fig. 1 Structural organization of the *fliF-fleN* flagellar operons of *A. brasilense* Yu62, *M. magnetotacticum* MS-1, *O. alexandrii*, *A. cryptum* JF-5, and *R. rubrum*

HP. hypothetical protein

3.2 Mutation and complementation analysis of the *flbD* gene

Pfam searches (http://www.sanger.ac.uk/Software/Pfam/) (Finn *et al.*, 2006) showed that the FlbD protein belongs to a large family of response regulators mediating the cell response to environmental stimuli in other systems. The GAFTGA motif, which is found at residues 195~200 in FlbD, is a sequence feature that is diagnostic for prokaryotic enhancer binding proteins (Zhang *et al.*, 2002). Comparison of *A. brasilense* FlbD with related hypothetical protein sequences deduced from several proteobacteria of the alpha subdivision revealed a significant degree of sequence conservation throughout the entire polypeptide.

In order to avoid polar effects of a cassette insertion in *flbD* on *flhA*, *flhF* and *fleN* expression, we constructed an in-frame deletion of *flbD* in *A. brasilense* Yu62 to remove most amino acids (457) of the FlbD protein. The Δ*flbD* strain (Yu6206) failed to swarm on semi-solid medium, but was still as capable, like the wild type, of swimming in liquid medium. To elucidate whether the swarming defect of Yu6206 was caused by the loss of flagella, cells grown on semi-solid plates were examined by electron microscopy. The results are shown in Fig. 2. In the wild-type strain Yu62, flagellar bundles could be observed in about 70% of cells, although some flagella had become detached from the cell. TEM observation of Yu6206 revealed the absence of lateral flagella, while the polar flagellum was still present (Fig. 2b). This result indicates that FlbD is essential for synthesis of lateral flagella, but not for the polar flagellum in *A. brasilense*. The *flbD* gene, expressed from the *tac* promoter, was integrated into the broad-host-range vector pPR9TT (resulting in pP69D). This construct was then transferred to Yu6206. Lateral flagella synthesis was restored by this plasmid, albeit with a smaller swarming circle on semi-solid surfaces (Fig. 2c). Since the FlbD protein is assumed to be expressed at a low level in wild-type cells, we constitutively expressed *flbD* in the absence of IPTG to avoid interference by excess expression. However, the polar flagellum was not observed on most lateral flagellated cells (Fig. 2c). This could be due to the presence of extra copies of the *flbD* gene. This apparent blocking of the appearance of polar flagellum by FlbD led us to speculate that the FlbD might be a negative regulator for the polar flagellar system.

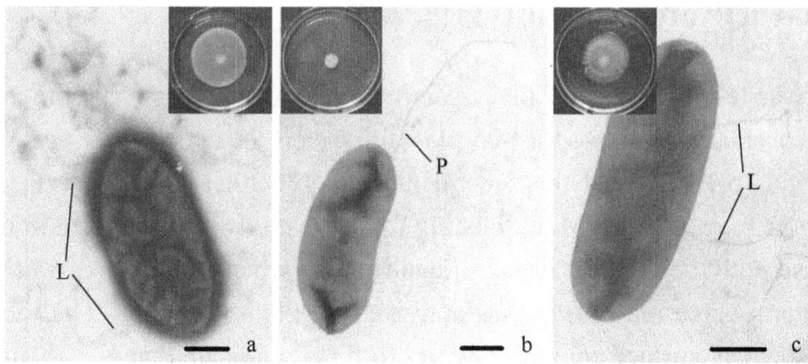

Fig. 2 Motility phenotypes and electron micrographs of *A. brasilense* wild type and mutant strains on semi-solid medium
a. *A. brasilense* Yu62; b. *A. brasilense* Yu6206 (Δ*flbD*); c. *A. brasilense* Yu6208 (Δ*flbD* mutant with pP69D). Abbreviations: P. polar flagellum; L. lateral flagella. Bars, 0.5 μm

3.3 Role of *flbD* in flagellar gene expression in *A. brasilense*

To assess the role of *flbD* in flagellar gene expression, we constructed plasmid-borne P_{lafI}-*lacZ* and P_{fliF}-*lacZ* fusions. At the same time, we found an *flgB* homologue (the first gene of a flagellar operon) which encodes the flagellar rod protein, from preliminary data of the ongoing genomic sequencing project of *A. brasilense* (http://genomics.biology.gatech.edu/research/azo). Thus, a P_{flgB}-*lacZ* fusion was constructed as well. The wild-type strain showed relatively high β-galactosidase activity from the P_{lafI}-*lacZ* fusion when it was grown on an agar surface, but low β-galactosidase activity was observed when grown in broth (Table 2). This result is consistent with the previous report that *laf1* is only expressed when *A. brasilense* is grown on surfaces (Moens *et al.*, 1996). However, P_{lafI}-*lacZ* expression in the Yu6206 and the *rpoN* mutant (FAJ301) was drastically decreased or completely abolished, respectively, when grown on agar surfaces (Table 2). This reveals that *laf1* may be transcribed by σ^{54} RNA polymerase ($E\sigma^{54}$) in an FlbD-dependent manner. Although the sequence upstream from *fliF* contains a putative σ54-type promoter region, P_{fliF}-*lacZ* fusion exhibited a similar expression profile in both the wild-type and the *rpoN* mutant backgrounds, whereas there was approximately two- to three-fold more β-galactosidase activity in the *flbD* mutant strain compared with the wild-type on both solid and liquid medium (Table 2). P_{flgB}-*lacZ* fusion exhibited a similar expression profile to that of P_{fliF}-*lacZ* fusion, but the elevation of β-galactosidase activity in the Δ*flbD* background was only 70% (Table 2).

Table 2 β-galactosidase activity of flagellar promoter-*lacZ* fusions in *A. brasilense* strains

Promoter-*lacZ* fusion vectors	Culture medium	Host strains		
		Yu62 (wild-type)	Yu6206 (Δ*flbD*)	FAJ301 (*rpoN*)
pPR9L (P_{laf1}-*lacZ*)	on agar surface (1.4% agar)	1,045.3 (137.8)[a]	62.6 (7.4)	0
	In broth	9.7 (0.7)	4.3 (0.8)	ND
pPR9P (P_{fliF}-*lacZ*)	on agar surface (1.4% agar)	135.0 (4.4)	302.9 (47.0)	131.5 (5.4)
	In broth	98.1 (2.6)	337.5 (13.3)	82.9 (4.9)
pPR9B (P_{flgB}-*lacZ*)	on agar surface (1.4% agar)	371.8 (8.8)	627.4 (18.5)	331.3 (0.9)
	In broth	400.9 (50.1)	706.8 (21.6)	431.6 (18.7)

Notes: standard deviations are given in parentheses; ND. not determined

3.4 Transcriptional activation by FlbD in *E. coli*

The FlbD protein was tested *in vivo* for the capacity to activate expression of the *laf1* promoter (P_{laf1}-*lacZ*) in *E. coli.* For these experiments, we used a two-plasmid system in which *flbD* was expressed from the *tac* promoter on one plasmid (pDK6D) and the second plasmid (pPR9L) carried the P_{laf1}-*lacZ* reporter fusion. β-galactosidase activity in *E. coli* strain JM109 hosting these plasmids was analyzed in the presence or absence of IPTG. β-galactosidase activities increased significantly only when *flbD* expression was induced by IPTG. These results suggest that expression of *laf1* was activated by FlbD (Table 3). The increased β-galactosidase activities displayed on the agar surface compared with broth may indicate that *E. coli* and *A. brasilense* share a common sensory mechanism for viscous conditions.

Table 3 Effect of FlbD on *laf1* transcription of *A. brasilense* in *E. coli* JM109

Plasmid	Culture medium	β-galactosidase activity	
		–IPTG	1 mmol/L IPTG
pPR9L (P_{laf1}-*lacZ*)	on agar surface (1.4% agar)	ND	15.5 (2.5)
	In broth	ND	9.7 (0.8)
pPR9L and pDK6D (P_{tac}-*flbD*)	on agar surface (1.4% agar)	62.7 (14.0)	1,351.7 (225.9)
	In broth	112.9 (39.7)	747.4 (169.8)

Notes: ND. not determined; standard deviations are given in parentheses

3.5 DNA binding activity of FlbD

In order to better understand how FlbD functions as a transcriptional regulator, we investigated the *in vitro* DNA binding activity of FlbD. However, attempts to purify full-length FlbD were unsuccessful, as the overexpressed protein was insoluble. Domain analysis indicates that the C-terminal domain of FlbD contains helix-turn-helix (residues 454~494) which is likely to be responsible for its DNA binding activity. We therefore constructed a recombinant plasmid capable of expressing a truncated form of FlbD containing the

C-terminal domain (FlbDc) fused to a hexahistidine tag at its N-terminus. A high level of FlbDc expression was obtained after induction by IPTG and about half of the expressed protein remained in the supernatant in a soluble form.

Gel mobility shift assays were performed using purified FlbDc as shown in Fig. 3. FlbDc was able to bind specifically to the promoter region of *laf1*, *fliF* and *flgB* from *A. brasilense*. A decrease in the migration rate of the DNA band was observed when the concentration of the FlbDc was increased, indicating the formation of the DNA-protein complex. Addition of bovine serum albumin (BSA) did not cause any shift with the promoter fragments, and a control random sequence was not retarded by FlbDc (Fig. 3). Thus, the above findings support specific binding of FlbDc to the promoter regions of *laf1*, *fliF* and *flgB*.

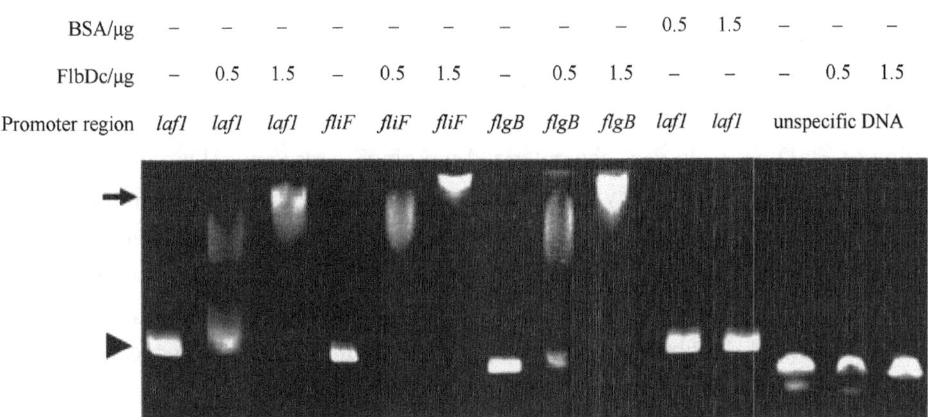

Fig. 3　Gel mobility shift assay of FlbDc binding to the DNA fragments of the promoter region of *laf1*, *fliF*, *flgB*, and unspecific DNA fragment

"–", absent of BSA or FlbDc. The arrow and arrowhead indicate the probe-FlbDc complex and the free probe, respectively

4. Discussion

Because of the complicated structure of bacterial flagella, many genes are involved in their biosynthesis. To better characterize the genetic system of flagella in *A. brasilense*, we characterized a 10 kb *A. brasilense* DNA fragment harboring the *flbD* homologue. Sequence analysis suggested that this region is a flagellar operon encoding eight ORFs (Fig. 1). A search of some recently completed genome sequences within the α-proteobacterial species reveals the existence of several similar gene organizations as indicated in Fig. 1. In *Magnetospirillum magnetotacticum* and *Oceanicaulis alexandrii*, a *fliG* homologue is located between *fliF* and *fliH* but without a *motA* homologue. *Acidiphilium cryptum* JF-5 has no genes corresponding to *fliH* and *motA* but contains a *fliG* homologue. Five proteins of unknown function are present between *flhA* and *flhF* in *Rhodospirillum rubrum*. The distribution of *fliF* to *fleN* infers that these organisms could share a common mechanism for regulating flagellar gene expression.

The earlier *flbD* mutant strain (YF2) we constructed, with *flbD* disrupted by a kanamycin cassette, displays neither polar nor lateral flagella (Wang *et al.*, 2001). This could result from the polar effects of the kanamycin cassette on the downstream genes in this operon, and so we speculate that one or all of the genes (*flhA*, *flhF*, and *fleN*) is/are indispensable for the formation of polar flagellum in *A. brasilense*. The *flbD* in-frame deletion strain has a single polar flagellum but lacks lateral flagella. These results indicate that *flbD* probably encodes an indispensable activator for lateral flagella biosynthesis, but is not essential for the formation of the polar flagellum in *A. brasilense*, thereby suggesting that these two flagellar systems are distinct. The defect in lateral flagella exhibited by the *flbD* strain was complemented by a broad-host-range plasmid expressing *flbD*, but multiple copies of *flbD* apparently restrained the synthesis of the polar flagellum. This phenomenon suggests that FlbD may be a key component in the regulation of dual flagellar systems in *A. brasilense*.

The transcription of *laf1* is partially or completely blocked in *flbD* and *rpoN* mutant strains, indicating that cooperation of FlbD and RpoN is required for the activation of *laf1* on solid surfaces. However, the FlbD protein in *A. brasilense* apparently represses the expression of *fliF* and *flgB* operons. Furthermore, because of the inducible nature of bacterial lateral flagella (Merino *et al.*, 2006), similar levels of β-galactosidase activity were expressed on surfaces compared with broth, suggesting that both *fliF* and *flgB* operons could be responsible for components of the polar flagellar system. Our results demonstrate that FlbD acts directly as a transcriptional activator for *laf1* and a repressor for *fliF* and *flgB* operons mediated by its carboxy terminus. Thus, we consider that this role in regulation may help to coordinate the two flagellar systems.

The function of FlbD has been well characterized only in *C. crescentus* (Dutton *et al.*, 2005). In addition to temporal phosphorylation, FlbD activity is also negatively regulated by a *trans*-acting factor FliX, which has been found in different members of the α-proteobacteria group including *M. magnetotactium*, *Rhodopseudomonas palustrus* and *R. rubrum*. The *fliX* homologue also exists in *A. brasilense* based on preliminary data of the ongoing sequencing project, and it is adjacent to the same homologue genes (*dksA* and *flgI*) in most cases (not shown). This conserved distribution of *flbD* and *fliX* pairs infers that these species may share a similar mechanism for regulation of middle and late flagellar gene expression.

The flagellar genes in *C. crescentus* are transcribed in a four-level cascade (Wu and Newton, 1997). An essential response regulator CtrA, classified as a unique class I gene, controls the expression of class II genes. The σ^{54}-dependent transcriptional regulator FlbD belongs to class II. Together with σ^{54}, FlbD is responsible for the expression of class III genes and the class IV genes encoding the flagellin subunits. In this process, FlbD works as a key component of a genetic switch mediating the transition of middle flagellar gene expression by repressing class II expression after class II expression has been activated (Wu and Newton, 1997). A homologue of *ctrA* was found to be located upstream of *laf1* in *A. brasilense* (unpublished data). Moreover, similar to *C. crescentus*, late lateral flagellar gene (*laf1*) expression in *A. brasilense* seems to be activated by the σ^{54} factor but not the σ^{28} flagella-specific sigma factor which is required for expression of most flagella systems (Aldridge and Hughes, 2002; Soutourina and Bertin, 2003). We propose that the flagellar regulation profile of *A. brasilense* is unique, but is probably more similar to *C. crescentus* to a certain extent, rather than the best-studied species with dual flagellar systems, such as *V. parahaemolyticus* and *A. hydrophila* (Kim and McCarter, 2000; Stewart and McCarter, 2003; Canals *et al.*, 2006a, 2006b).

References

Aldridge P, Hughes K T. 2002. Regulation of flagellar assembly. Curr Opin Microbiol, 5(2): 160-165.

Alexandre G, Rohr R, Bally R. 1999. A phase variant of *Azospirillum lipoferum* lacks a polar flagellum and constitutively expresses mechanosensing lateral flagella. Appl Environ Microbiol, 65(10): 4701-4704.

Barrios H, Valderrama B, Morett E. 1999. Compilation and analysis of sigma54-dependent promoter sequences. Nucleic Acids Res, 27(22): 4305-4313.

Canals R, Altarriba M, Vilches S, *et al.* 2006a. Analysis of the lateral flagellar gene system of *Aeromonas hydrophil*a AH-3. J Bacteriol, 188(3): 852-862.

Canals R, Ramirez S, Vilches S, *et al.* 2006b. Polar flagellum biogenesis in *Aeromonas hydrophila*. J Bacteriol, 188(2): 542-555.

Correa N E, Peng F, Klose K E. 2005. Roles of the regulatory proteins FlhF and FlhG in the *Vibrio cholerae* flagellar transcription hierarchy. J Bacteriol, 187(18): 6324-6332.

Croes C, Moens S, Van Bastelaere E, *et al.* 1993. The polar flagellum mediates *Azospirillum brasilense* adsorption to wheat roots. J Gen Microbiol, 139(9): 2261-2269.

Dutton R J, Xu Z, Gober J W. 2005. Linking structural assembly to gene expression: a novel mechanism for regulating the activity of a sigma54 transcription factor. Mol Microbiol, 58(3): 743-757.

Finn R D, Mistry J, Schuster-Bockler B, *et al.* 2006. Pfam: clans, web tools and services. Nucleic Acids Res, 34(Database issue): D247-D251.

Kim Y K, McCarter L L. 2000. Analysis of the polar flagellar gene system of *Vibrio parahaemolyticus*. J Bacteriol, 182(13): 3693-3704.

Kleiner D, Paul W, Merrick M J. 1988. Construction of multicopy expression vectors for regulated over-production of proteins in *Klebsiella pneumoniae* and other enteric bacteria. J Gen Microbiol, 134(7): 1779-1784.

Kojima T, Takei Y, Ohtsuka M, *et al.* 2005. PCR amplification from single DNA molecules on magnetic beads in emulsion: application for high-throughput screening of transcription factor targets. Nucleic Acids Res, 33(17): e150.

Kusumoto A, Kamisaka K, Yakushi T, *et al.* 2006. Regulation of polar flagellar number by the *flhF* and *flhG* genes in *Vibrio alginolyticus*. J Biochem (Tokyo), 139(1): 113-121.

Maehara A, Doi Y, Nishiyama T, *et al.* 2001. PhaR, a protein of unknown function conserved among short-chain-length polyhydroxyalkanoic acids producing bacteria, is a DNA binding protein and represses *Paracoccus denitrificans phaP* expression *in vitro*. FEMS Microbiol Lett, 200(1): 9-15.

McCarter L L. 2004. Dual flagellar systems enable motility under different circumstances. J Mol Microbiol Biotechnol, 7(1-2): 18-29.

McClain J, Rollo D R, Rushing B G, *et al.* 2002. *Rhodospirillum centenum* utilizes separate motor and switch components to control lateral and polar flagellum rotation. J Bacteriol, 184(9): 2429-2438.

Merino S, Shaw J G, Tomás J M. 2006. Bacterial lateral flagella: an inducible flagellar system. FEMS Microbiol Lett, 263(2): 127-135.

Milcamps A, Van Dommelen A, Stigter J, *et al.* 1996. The *Azospirillum brasilense rpoN* gene is involved in nitrogen fixation, nitrate assimilation, ammonium uptake, and flagellar biosynthesis. Can J Microbiol, 42(5): 467-478.

Miller J H. 1972. Assay of β-galactosidase, Experiments in Molecular Genetics. New York: Cold Spring Harbor Laboratory.

Moens S, Michiels K, Keijers V, *et al.* 1995. Cloning, sequencing, and phenotypic analysis of *laf1*, encoding the flagellin of the lateral flagella of *Azospirillum brasilense* Sp7. J Bacteriol, 177(19): 5419-5426.

Moens S, Schloter M, Vanderleyden J. 1996. Expression of the structural gene, *laf1*, encoding the flagellin of the lateral flagella in *Azospirillum brasilense* Sp7. J Bacteriol, 178(16): 5017-5019.

Monteiro R A, Souza E M, Yates M G, *et al.* 2003. Expression, purification, and functional analysis of the C-terminal domain of *Herbaspirillum seropedicae* NifA protein. Protein Expr Purif, 27(2):313-318.

Sambrook J, Russell D W. 2001. Molecular Cloning: A Laboratory Manual. 3rd ed. New York: Cold Spring Harbor Laboratory.

Santos P M, Di Bartolo I, Blatny J M, *et al.* 2001. New broad-host-range promoter probe vectors based on the plasmid RK2 replicon. FEMS Microbiol Lett, 195(1): 91-96.

Simon R, Priefer U, Pühler A. 1983. A broad host range mobilization system for *in vivo* genetic engineering: transposon mutagenesis in Gram negative bacteria. Bio/Technology, 1: 784-791.

Soutourina O A, Bertin P N. 2003. Regulation cascade of flagellar expression in Gram-negative bacteria. FEMS Microbiol Rev, 27(4): 505-523.

Stewart B J, McCarter L L. 2003. Lateral flagellar gene system of *Vibrio parahaemolyticus*. J Bacteriol, 185(15): 4508-4518.

Wang J, Yan D L, Li J L. 2001. Characterization of the flagellar biosynthesis regulatory gene *flbD* in *Azospirillum brasilense*. Chinese Sci Bull, 46(22): 1885-1889.

Wu J, Newton A. 1997. Regulation of the *Caulobacter* flagellar gene hierarchy; not just for motility. Mol Microbiol, 24(2): 233-239.

Zhang X, Chaney M, Wigneshweraraj S R, *et al.* 2002. Mechanochemical ATPases and transcriptional activation. Mol Microbiol, 45(4): 895-903.

Zhang Y, Burris R H, Roberts G P. 1992. Cloning, sequencing, mutagenesis, and functional characterization of *draT* and *draG* genes from *Azospirillum brasilense*. J Bacteriol, 174(10): 3364-3369.

Zhang Y, Pohlmann E L, Roberts G P. 2005. GlnD is essential for NifA activation, NtrB/NtrC-regulated gene expression, and posttranslational regulation of nitrogenase activity in the photosynthetic, nitrogen-fixing bacterium *Rhodospirillum rubrum*. J Bacteriol, 187(4): 1254-1265.

Zhulin I B, Armitage J P. 1993. Motility, chemokinesis, and methylation-independent chemotaxis in *Azospirillum brasilense*. J Bacteriol, 175(4): 952-958.

本文原载: Res Microbiol, 2007, 158(6): 521-528.

Interaction Between GlnB and the N-terminal Domain of NifA in *Azospirillum brasilense**

Zhou Xiaoyu, Zou Xiaoxiao, Li Jilun

(State Key Laboratory for Agrobiotechnology, College of Biological Sciences, China Agricultural University, Beijing, 100094, China)

Abstract

Azospirillum brasilense is a diazotroph associated with many important agricultural crops and shows potential as a biofertilizer. NifA, the transcriptional activator of nitrogen fixation (*nif*) genes, and GlnB, one of P_{II} signal transduction family protein, are key proteins in the regulation of nitrogen fixation in *A. brasilense*. It was previously reported that the regulation of NifA activity in *A. brasilense* depends on GlnB. We report here that GlnB was found to interact directly with the N-terminal domain of NifA *in vivo* under nitrogen-free conditions and the N-terminal mutant of NifA in which the Tyr residues at position 18 and 53 were replaced by Phe (NifA-N-Y18/53F) strengthened the interaction with GlnB. Moreover, we also found that the amino acid residues 66~88 and 165~176 in N-terminus of NifA are responsible for the interaction with GlnB.

Keywords

Azospirillum brasilense, NifA, GlnB, protein-protein interaction.

Azospirillum brasilense is a diazotroph associated with important agricultural crops such as maize and wheat, and shows potential as a biofertilizer (Döbereiner and Pedrosa, 1987). In this organism, as in many other diazotrophs, the nitrogen fixation process is highly regulated, and *nif* gene transcription is inhibited by ammonium and oxygen. Specifically, the regulation is involved in a specific transcriptional activator NifA, which activates σ^{54}-dependent promoters (Austin *et al.*, 1990; Fadel-Picheth *et al.*, 1999).

In addition to NifA, GlnB, one of P_{II} signal transduction family protein, is another key protein in the regulation of nitrogen fixation in *A. brasilense* (Arsène *et al.*, 1996). P_{II} proteins constitute a family of highly conserved trimeric proteins that act as sensors of cellular carbon and nitrogen status in prokaryotes and probably in plants as well (Arcondeguy *et al.*, 2001). In *Escherichia coli* and many other bacteria, GlnB can be reversibly uridylylated depending on the nitrogen status of the cell. A bifunctional uridylyltransferase/ uridylyl-removing enzyme GlnD (UTase/UR, gene product of *glnD*) regulates P_{II} proteins by uridylylation or deuridylylation and it is thought to be a primary sensor of intracellular nitrogen status (Jiang *et al.*, 1998a, 1998b).

The N-terminal domain of NifA contains a conserved GAF domain which is found in sensory proteins and known to be involved in the binding of small effectors (Studholme and Dixon, 2003). Under conditions

*This work was supported by the National Basic Research Program of China (Grant No. 2001CB108904). The authors are grateful to Dr. Alex Ninfa and Dr. Claudine Elmerich for providing some of the plasmids used in this work. We also thank Dr. Yaoping Zhang very much for comments on the manuscript.

appropriate for nitrogen fixation, the GAF domain of NifA in *Azotobacter vinelandii* plays an essential role in preventing NifL inhibition by binding 2-ketoglutarate. This effector blocks the formation of the NifL-NifA complex when ammonia is absent and the 2-ketoglutarate level is elevated (Martinez-Argudo *et al.*, 2004). However, the role of GAF domain in NifA is still unknown in *A. brasilense*. The deletion of part of the N-terminal GAF domain is not essential for NifA activity, and the truncated NifA is partially active in the absence of GlnB, indicating that GlnB is required to activate NifA by antagonizing the inhibitory effect of this N-terminal domain under nitrogen-fixing conditions (Arsène *et al.*, 1996). GlnB was found to interact with the N-terminal GAF domain of NifA, but not with its central or C-terminal domain by using yeast two-hybrid system (Chen *et al.*, 2003). Such transient protein-protein interactions may be involved in modifications of proteins and control and regulate a large number of cellular processes (Van Criekinge *et al.*, 1999). There are three Tyr residues in N-terminus of NifA which can be the potential modification sites. Replacement of the Tyr residues at positions 18, 43 and 53 in *A. brasilense* NifA N-terminal domain resulted in NifA proteins that retained high nitrogenase activity in both *nifA* and *glnB* mutant backgrounds (Chen *et al.*, 2005). However, whether GlnB regulates NifA activity by directly interaction with N-terminal of NifA (abbreviated to NifA-N) or by covalent modification of NifA is still unknown.

The objective of this work was to further investigate the role of GlnB in the regulation of NifA activity. In order to clarify the situation, we have now used pull-down assays to investigate whether *A. brasilense* NifA-N mutants carrying substitutions in Tyr residues and/or deletion mutants of NifA-N interact with GlnB under nitrogen-free conditions in an *E. coli* background.

1. Materials and Methods

1.1 Strains and plasmids

The *E. coli* strain BL21(DE3) was used in this work. Plasmids are described in Table 1.

Table 1 Plasmids used in this work

Plasmids	Characteristic	Reference/Source
pET28a	expression vector/T7 promoter; Km^r	Novagen
pET23c	expression vector/T7 promoter; Amp^r	Novagen
pNC11	pGEM-11zf derivative carrying the *nifA* gene (2.4 kb *Sal* I fragment) from *A. brasilense* Yu62; Amp^r	Wang *et al.*, 2001
pLN1zf, pJR4zf	pGEM-11zf derivatives carrying the *nifA* gene (2.4 kb *Sal* I fragment) with mutations in the codons for Tyr18 and 18/53 respectively from *A. brasilense* Yu62; Amp^r	Chen *et al.*, 2005
pTZ18nifAY43F, pTZ18nifAY53F	pTZ18R derivatives carrying the *nifA* gene (2.4 kb *Sal* I fragment) with mutations in the codons for Tyr43 and 53 respectively from *A. brasilense* Sp7; Amp^r	Arsène *et al.*, 1999
pETAN	pET28a derivative carrying a 528 bp 5′-terminal of *nifA* gene encoding GAF domain (aa 1~176) from *A. brasilense* Yu62; Km^r	this work
pETAN18, 18/53	pET28a derivatives carrying a 528 bp 5′-terminal of *nifA* gene with mutations in the codons for Tyr18 and 18/53 respectively from *A. brasilense* Yu62; Km^r	this work
pETAN43, 53	pET28a derivatives carrying a 528 bp 5′-terminal of *nifA* gene with mutations in the codons for Tyr43 and 53 respectively from *A. brasilense* Sp7; Km^r	this work
pETAND1, 2, 3, 4, 5, 6, 7	pET28a derivatives carrying the 5′-terminal of *nifA* gene encoding deleted GAF domains (aa 21~176, 44~176, 66~176, 89~176, 1~120, 1~143, 1~164 respectively) from *A. brasilense* Sp7; Km^r	this work
pETB	*A. brasilense* Sp7 *glnB* in pET28a; Km^r	this work
pETNB	*A. brasilense* Sp7 *glnB* in pET23c; Amp^r	this work

1.2 Plasmid construction

The *glnB* gene was amplified from genomic DNA of *A. brasilense* Sp7 using primers *glnB-Sac* I (5′-AAA GAGCTCTACACGAGAGACCCATGAAG-3′) and *glnB-Xho* I (5′-AAACTCGAGAAGCACACAACGTGA CAGCA-3′) based on published sequence (De Zamaroczy *et al.*, 1990). These primers introduced *Sac* I and *Xho* I restrictions sites flanking the sequence. The amplified DNA was subcloned into the *Sac* I/*Xho* I sites of vector pET23c, yielding pETNB.

The five plasmids pNC11, pLN1zf, pTZ18nifAY43F, pTZ18nifAY53F and pJR4zf (Table 1), containing the wild type or mutated *nifA*, were used as templates for PCR amplification. Oligonucleotide primers AU1-*Bam*H I (5′-TTATGGATCCGTGTCGATCATGCCGGGTGC-3′) and AD1- *Sac* I (5′-TTAA GAGCTCATG AAGCGGCGCTCCTCGGC-3′) containing a *Bam*H I and a *Sac* I site respectively were designed to amplify a 560 bp fragment of 5′-terminal of *nifA*. Each fragment was digested with *Bam*H I and *Sac* I, and then cloned into the pET28a vector digested with the same enzymes, yielding pETAN, pETAN18, pETAN43, pETAN53 and pETAN18/53 respectively.

The plasmids encoding different regions of NifA-N (residues 21~176, 44~176, 66~176, 89~176, 1~120, 1~143, and 1~164) were constructed by amplifying DNA fragments corresponding to the individual coding regions and then subcloned into pET28a as an N-terminal His-tag fusion. The primers used for PCR amplification to create fusion constructs containing deleted NifA-N fragments are listed as follows: AU1-*Bam*H I (5′-TTATGGATCCGTGTCGATCATGCCGGGTGC-3′), AU2-*Bam*H I (5′-TATGGATCCAGC AAGA TCCTCGGTTCCTC-3′), AU3-*Bam*H I (5′-TATGGATCCCAGCTTCAGATGCACCGCGG-3′), AU4-*Bam*H I (5′-TATGGATCCGCGAACGGCCTGTCGAACGA-3′), AU5-*Bam*H I (5′-TATGGATCCATCCTG AAGACC GGCATGCC-3′), AD1-*Sac* I (5′-TTAAGAGCTCATGAAGCGGCGCTCCTCGGC-3′), AD2-*Sac* I (5′-TTAA GAGCTCGGCGACCATGGTCAGGAAGC-3′), AD3-*Sac* I (5′-TTAAGAGCTCGCGGTCGAT GGTCAGCA CGC-3′), and AD4-*Sac* I (5′-TTAAGAGCTCCTGCTCGTCCAGGTCCTCGC-3′). The PCR amplified products were digested with *Bam*H I and *Sac* I and cloned into the pET28a vector, yielding various NifA-N deletion expression plasmids pETAN1-pETAN7. All constructs were sequenced to verify the correct reading frame was preserved for each clone.

1.3 Partial purification of the *E. coli* GlnD protein

The expression and partial purification of GlnD was performed according to previous method (Kamberov *et al.*, 1994). *E. coli* BL21(DE3) cells harboring plasmid pDOP1 were grown overnight at 30℃ in LB medium. This culture was used to inoculate 10 ml LB medium (1/100), followed by 12 h incubation at 30℃. After growth, the whole culture was diluted in 1 L of LB and incubated for 3 h at 30℃ and then at 42℃ for 4 h. Cells were harvested by centrifugation and resuspended in 10 ml buffer D1 (50 mmol/L Tris-HCl, pH 7.5, 200 mmol/L KCl, 0.1 mmol/L DTT, and 10% glycerol). Lysozyme was added (50 μg/ml) and the cell suspension was kept on ice for 30 min. Cells were lysed by sonication and the supernatant was treated on ice with 2% streptomycin sulfate for 30 min. After centrifugation at 15,000 *g* for 30 min at 4℃, the supernatant was diluted four times with buffer D2 (50 mmol/L Tris-HCl, pH 7.5, 0.1 mmol/L DTT, and 10% glycerol) and loaded on a 30 ml DEAE-sepharose fast flow column equilibrated in buffer A (50 mmol/L Tris-HCl, pH 7.5, 50 mmol/L KCl, 0.1 mmol/L DTT, and 10% glycerol). The GlnD protein was eluted with a KCl gradient (50 mmol/L~1 mol/L) in buffer A. Fractions showing a high percentage of the GlnD protein, as detected by SDS-PAGE, were pooled. This pool was precipitated using 35% ammonium sulfate. After centrifugation, the precipitate was dissolved and dialyzed against 50 mmol/L Tris-HCl, pH 7.5, 0.1 mmol/L DTT, and 30% glycerol. Samples were immediately cooled in liquid nitrogen and kept frozen at –70℃.

1.4 *In vitro* uridylylation assay

Uridylylation assays of purified proteins were performed in 50 μl reaction mixtures with 3 μmol/L GlnB or serial NifA-N mutants, 0.5 mmol/L ATP, 1 mmol/L UTP, 10 mmol/L 2-ketoglutarate, and 0.1~0.5 μmol/L GlnD in buffer: 100 mmol/L Tris-HCl, pH 7.5, 100 mmol/L KCl, 25 mmol/L $MgCl_2$, 5 mmol/L $MnCl_2$, 0.3 mg/ml BSA and 1 mmol/L DTT. Samples were incubated at 30℃ for 60 min and then 1 mmol/L EDTA was added to end the reaction. Samples were analyzed by gel electrophoresis. The effect of each ingredient in reaction mixture was determined by taking each out of the reaction mixture.

1.5 Tricine SDS-PAGE

For the uridylylation assays, samples were loaded on a Tricine SDS-PAGE system (Schagger, 2006) with modifications. The stacking gel was prepared with 4% polyacrylamide (stock solution was 48% acrylamide and 1.5% bisacrylamide) in gel buffer (500 mmol/L Tris-HCl, pH 8.45, 0.05% SDS). The spacer gel was 10% polyacrylamide in gel buffer. The separating gel was 25% polyacrylamide with 12.5% glycerol in gel buffer. The 25% separating gel and the overlaid 10% spacer gel can be polymerized together. Protein samples were diluted in sample buffer (12 mmol/L Tris-HCl, pH 6.8, 5% glycerol, 0.4% SDS, 2 mmol/L 2-mercaptoethanol, and 0.02% bromophenol blue) and heated at 65℃ for 10 min before loading. Electrophoresis was carried out at 4℃ using 30 V for 1.5 h followed by 15 mA for 20 h. Running buffers were 200 mmol/L Tris-HCl, pH 8.9, for the anode and 100 mmol/L Tris base, 100 mmol/L tricine, and 0.1% SDS for the cathode.

1.6 His-tag pull-down assay

Bacterial cells coexpressing serial His_6-NifA-N proteins and non-fusion GlnB were grown in a rich medium containing 100 μg/ml of ampicillin and 50 μg/ml of kanamycin. The induction of the T7-*lac* promoter was initiated by addition of 1 mmol/L IPTG at an optical density at 600 nm (OD_{600}) of 0.6, and the culture was incubated at 30℃ for 30 min. To obtain nitrogen-free conditions, the culture was then washed three times with M9 minimal medium with NH_4Cl omitted and incubated for 3 h at 30℃ in minimal medium supplemented with 18 mmol/L 2-ketoglutarate and 1 mmol/L UTP. To obtain nitrogen-excess conditions, the culture was washed three times with M9 minimal medium with NH_4Cl omitted and incubated for 3 h at 30℃ in minimal medium supplemented with 20 mmol/L NH_4Cl. The cells expressing non-fusion GlnB were treated as negative control. Cells were harvested by centrifugation at 5,000 *g* for 5 min at 4℃. The cell pellet was resuspended in 1/10 volume of binding buffer (50 mmol/L NaH_2PO_4, 300 mmol/L NaCl, 10 mmol/L imidazole, pH 8.0), sonicated, and clarified by centrifugation at 15,000 *g* for 20 min at 4℃. His-tagged proteins were pulled-down from the cell extract using Ni-NTA Agarose (Novagen) following the manufacturers' instructions. The imidazole concentration was 20 mmol/L in the wash buffer and 250 mmol/L in the elution buffer. Samples were analyzed by Western blotting with appropriate antibodies.

1.7 Western blotting

Polyclonal antibodies against *A. brasilense* GlnB and NifA-N proteins were raised in rabbits as described (Harlow and Lane, 1988) using purified protein respectively. Total proteins were separated on 12% SDS-PAGE and then electrically transferred onto nitrocellulose membranes. The membranes were blocked for 1 h in Tris-buffered saline (TBS, pH 7.5) containing 5% nonfat dry milk, followed by incubation with appropriate antibody diluted in blocking buffer, and then probed with alkaline phosphatase-conjugated second antibodies. Blots were visualized using the substrate BCIP/NBT detection system (Sigma). Images on the membrane were analyzed using the ImageJ 1.36 b software (http://rsb.info.nih.gov/ij/).

2. Results

2.1 *In vivo* and *in vitro* uridylylation of GlnB and serial NifA-N mutants

Fig.1 shows the results of *in vivo* uridylylation in *E. coli*. Cell extracts were prepared from the cells incubated in the presence or absence of 20 mmol/L NH_4Cl. The strain *E. coli* BL21(DE3) carrying GlnB expression plasmid was used as a positive control. The uridylylation of target proteins was catalyzed by endogenous GlnD of *E. coli*. We used the Tricine SDS-PAGE system to observe the uridylylation pattern of proteins. This system allows better protein separation of the 5~20 kDa range in lower polyacrylamide concentration (Schagger and von Jagow, 1987) than the Glycine SDS-PAGE system. The uridylylation of GlnB or other low-molecular-weight proteins increases its molecular weight by about 324 Da and this difference can be observed in a Tricine SDS-PAGE system. The band with a higher migration rate corresponds to the non-modified subunit and the second one to the UMP-modified subunit. From Fig. 1 (bottom panel), we can see that GlnB was uridylylated when expressed solely or coexpressed with His_6-NifA-N mutant under nitrogen-free conditions and was deuridylylated under nitrogen-excess conditions, which confirmed the validity of this system. However, under the same conditions, no modification of His_6-NifA-N or His_6-NifA-N-Y18/53F was seen (Fig. 1, top panel), while GlnB appears to be uridylylated or deuridylylated in response to different nitrogen statuses, suggesting that the uridylylation of GlnB does not lead to the covalent modification of NifA.

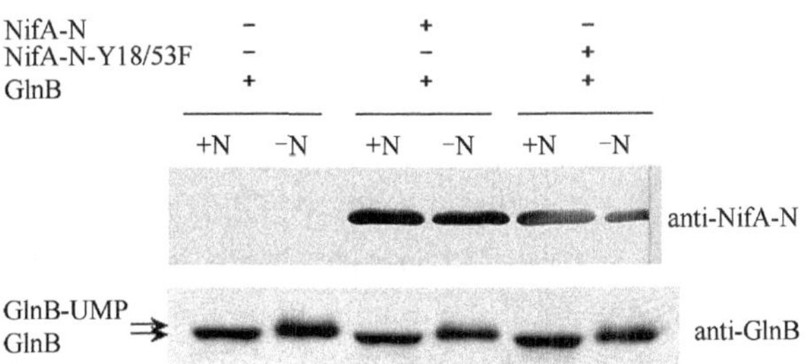

Fig. 1 Immunoblots of His_6-NifA-N variants and non-fusion GlnB coexpressed in *E. coli* BL21(DE3) using antibodies raised against NifA-N (top panel) and GlnB (bottom panel)

Samples were collected under nitrogen-excess (+N) and nitrogen-free (-N) conditions respectively and analyzed by Tricine SDS-PAGE followed by Western blotting using appropriate antibodies

In order to perform *in vitro* studies on uridylylation, the His_6-GlnB and serial His_6-NifA-N mutants were purified on Ni-NTA agarose columns separately. The uridylylation of proteins were catalyzed by the uridylyltransferase activity of the GlnD protein (UTase). We used a partially purified *E. coli* GlnD protein in our assays. The uridylylation protocol was performed as described in Sec.1 and the products were visualized using Tricine SDS-PAGE system. Uridylylation of purified His_6-GlnB was carried out with different combinations of ingredients in reaction mixture (Fig. 2a). The uridylylation of His_6-GlnB was dependent on ATP and 2-ketoglutarate. No His_6-GlnB-UMP forms were observed in the absence of ATP or 2-ketoglutarate which was in accordance with the results reported previously (Kamberov *et al.*, 1995). Our results also showed that Mn^{2+} was indispensable to the reaction system, for no uridylylated form was observed in the absence of Mn^{2+}. In contrast to the above results, when the serial His_6-NifA-N mutants were incubated in the same reaction mixtures, no uridylylated forms were observed (Fig. 2b), indicating that the serial His_6-NifA-N mutants did not have the potentiality to be uridylylated.

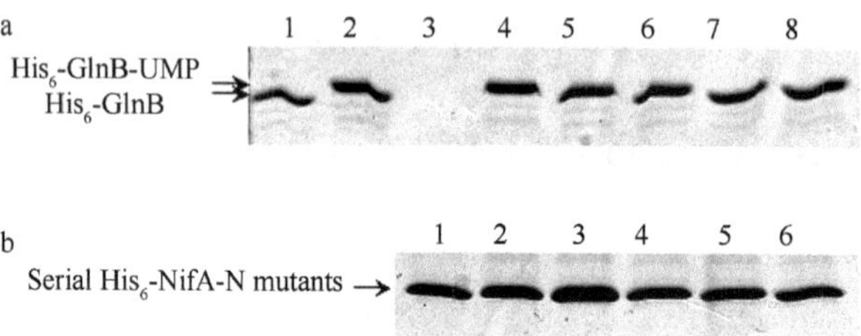

Fig. 2 *In vitro* uridylylation assay

a. *In vitro* uridylylation assay of His_6-GlnB. Lanes: 1. uridylylation reaction in the absence of GlnD; 2. uridylylation reaction of His_6-GlnB; 3~8. uridylylation reaction in the absence of GlnB, BSA, ATP, 2-KG, Mn^{2+} and UTP respectively. b. *In vitro* uridylylation assays of serial His_6-NifA-N variants. Lanes: 1. uridylylation reaction in the absence of GlnD; 2~6. *in vitro* uridylylation assays of His_6-NifA-N, His_6-NifA-N-Y18F, His_6-NifA-N-Y43F, His_6-NifA-N-Y53F and His_6-NifA-N-Y18/53F respectively

From these results we can conclude that the presence of uridylylated GlnB did not lead to the covalent modification of NifA. This means that it is very unlikely that the activity of NifA can be regulated by GlnB through covalent modification.

2.2 GlnB interacts with the N-terminal domain of NifA

Control cells expressing non-fusion GlnB solely and cells coexpressing both non-fusion GlnB and serial His-tagged NifA-N mutants were induced under nitrogen-free conditions. His_6-NifA-N mutants were pulled-down from the cell extract using Ni-NTA agarose and were recovered only in the elution fraction of cells carrying the His_6-NifA-N plasmids. GlnB was detected in the elution fraction of cells expressing serial His_6-NifA-N mutants (Fig. 3, top panel), indicating that GlnB interacts with N-terminal of NifA under nitrogen-free conditions.

From Fig. 3 (top panel), we can see that the intensity of GlnB signal in the elution fraction from cells expressing His_6-NifA-N-Y18/53F was several-fold greater than His_6-NifA-N. This is consistent with the previous results determined in *A. brasilense* that the double mutant protein NifA-Y18/53F displayed a higher activity than the wild type protein (Chen *et al.*, 2005). Surprisingly, the most strengthened GlnB signal is in the elution fraction from cells expressing His_6-NifA-N-Y18F. The reason for this is not completely clear. An explanation could be that the intensity of interaction between GlnB and NifA-N partially reflects the activity of NifA. Maybe some other factors are also involved in the process. Further tests need to be done to allow us to draw further conclusions. A problem worthy to be noted is that most GlnB is in uridylylated form when it was pulled-down with serial His_6-NifA-N mutants under nitrogen-free conditions, and this is consistent with the notion that GlnB-UMP, rather than GlnB interacts with NifA (Zhu *et al.*, 2006).

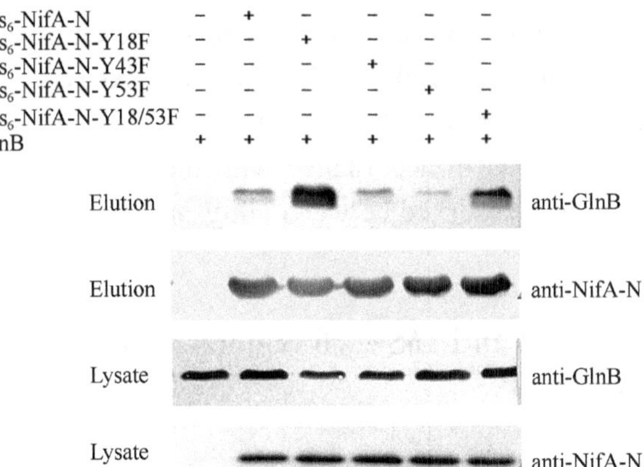

Fig. 3 Interactions between GlnB and serial His$_6$-NifA-N mutants using His-tag pull-down assays under nitrogen-free conditions

Non-fusion GlnB was expressed with or without serial His$_6$-NifA-N mutants in *E. coli* BL21(DE3) and serial His$_6$-NifA-N mutants were pulled-down from each cell lysate. The presence of GlnB and His$_6$-NifA-N mutants in elution fraction of cells was examined by Western blotting with anti-GlnB or anti-NifA-N antibodies, respectively (top and second panels). The expression of non-fusion GlnB and His$_6$-NifA-N mutants in cell lysates was examined by Western blotting with anti-GlnB or anti-NifA-N antibodies, respectively (third and bottom panels)

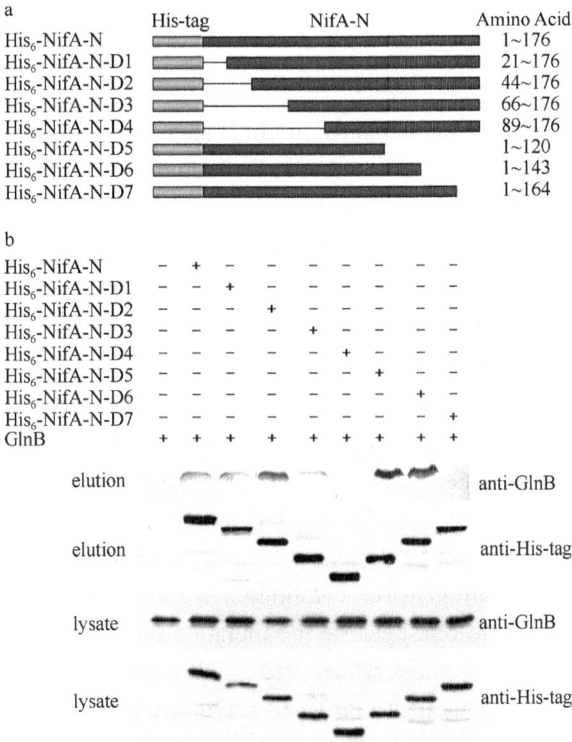

Fig. 4 Interactions between GlnB and His$_6$-NifA-N deletion mutants

a. His-tagged NifA-N and its serial deletion mutants used in this work are schematically represented. b. Interactions between GlnB and His$_6$-NifA-N deletion mutants using His-tag pull-down assays under nitrogen-free conditions. Non-fusion GlnB was expressed with or without serial His$_6$-NifA-N deletion mutants in *E. coli* BL21(DE3) and serial His$_6$-NifA-N deletion mutants were pulled-down from each cell lysate. The presence of GlnB and His$_6$-NifA-N deletion mutants in elution fraction of cells was examined by Western blotting with anti-GlnB or anti-His-tag antibodies, respectively (top and second panels). The expression of non-fusion GlnB and His$_6$-NifA-N mutants in cell lysates was examined by Western blotting with anti-GlnB or anti-His-tag antibodies, respectively (third and bottom panels)

In contrast to the result above, GlnB was not detected in the elution fraction of cells coexpressing His_6-NifA-N-Y18/53F and non-fusion GlnB under nitrogen-excess conditions (Data not shown), indicating that the excess nitrogen stimulates the UR activity of GlnD to deuridylylate GlnB, resulting in its poor interaction with NifA. This is in accordance with the results from yeast two-hybrid system in earlier report that no interaction was observed between GlnB and the double mutant NifA-Y18/53F (Chen *et al.*, 2005).

2.3 Amino acid residues 66~88 and 165~176 regions of NifA-N play a critical role in interaction with GlnB

To investigate the molecular sites involved in the GlnB-NifA-N interaction, a series of deletion mutants of NifA-N had been constructed. Then the His-tag pull-down assay was carried out again under nitrogen-free conditions. As shown in Fig. 4 (second panel), the serial His_6-NifA-N deletion mutants were pulled-down from extracts of cells carrying the His_6-NifA-N deletion mutants plasmids. GlnB was not detected in the elution fraction of cells expressing His_6-NifA-N-D4 and His_6-NifA-N-D7 (Fig. 4b, top panel) suggesting that they do not interact with GlnB *in vivo*. Collectively, these data indicate that the amino acid residues 66~88 and 165~176 regions of NifA-N play a critical role in interaction with GlnB and the amino acid 144~164 region of NifA-N inhibits the interaction between GlnB and NifA-N.

3. Discussion

In *A. brasilense*, the activity of NifA depends on GlnB since NifA is synthesized but inactive in a *glnB* mutant (Liang *et al.*, 1991; De Zamaroczy *et al.*, 1993; De Zamaroczy, 1998). Moreover, GlnB was found to interact with the N-terminal GAF domain of NifA by using yeast two-hybrid system. GlnB can be reversibly uridylylated by GlnD depending on the nitrogen status of the cell and the uridylylated GlnB is essential for NifA activity, because a *glnB* mutant strain in which the Tyr51 residue was replaced by Phe showed a Nif^- phenotype (Arsène *et al.*, 1999). These data led to the proposal that GlnB is required to activate NifA by antagonizing the inhibitory effect of its N-terminal domain under nitrogen-fixing conditions. However, the physiological importance of the interaction between NifA-N and GlnB detected from yeast two-hybrid system is still unknown. It is unknown whether or not the regulation of NifA activity mediated by GlnB resulted in covalent modification of NifA, nor if GlnB interacted directly on the N-terminal domain of NifA.

In order to clarify the situation, we have now used some experiments to investigate whether NifA can be modified by uridylylated GlnB. Firstly, we determined the uridylylation status of GlnB and NifA-N mutant in *E. coli* under nitrogen-excess and nitrogen-free conditions. We chose the wild type and the double mutant protein NifA-N-Y18/53F for this research, because the mutation of Tyr18 and Tyr53 was known to enhance NifA activity relative to the wild type protein (Chen *et al.*, 2005). Secondly, we used the *in vitro* uridylylation assays to observe the uridylylation pattern of GlnB and serial NifA-N mutants. The results indicate that the presence of uridylylated GlnB did not lead to the covalent modification of NifA.

The interaction between NifA and GlnB was observed using yeast two-hybrid system in *A. brasilense* (Chen *et al.*, 2005), but no further studies have been published as yet. The present work was carried out to investigate the differences of interactions between GlnB and serial NifA-N mutants. Though the yeast two-hybrid system is the most popular technique for analyzing protein-protein interactions, it has some limitations, including high rates of false positives and false negatives. Moreover, it is not favorable to detect prokaryotic protein-protein interactions in eukaryotic yeast cells due to the huge differences between two kinds of organisms. Thus, experimental results from yeast two-hybrid assays are often further confirmed by *in vitro* tag-based pull-down assays. The traditional tag-based pull-down assay is an *in vitro* method used to determine physical interaction between two or more proteins and useful for confirming the existence of a protein-protein interaction predicted by other research techniques (*e.g.*, co-immunoprecipitation, yeast two-hybrid and density gradient centrifugation). The greatest disadvantage of this method is that the binding occurs under potentially non-physiological conditions. In order to enable the investigation of prokaryotic protein-protein interactions in a prokaryotic genetic background and the occurrence of binding under physiological conditions, we used an improved His-tag pull-down assay to detect the interactions between GlnB and serial NifA-N mutants. *E. coli* and *A. brasilense* are prokaryotes that have similar genetic backgrounds and the process of protein synthesis. As far as the small signal transduction protein GlnB is concerned, it can be reversibly uridylylated depending on the nitrogen status of the cell in both cells. Therefore, the results of protein-protein interactions between GlnB and serial NifA-N mutants in *E. coli* can reflect the circumstances of *A. brasilense* to a certain extent.

In conclusion, we have shown that GlnB interacts with N-terminal of NifA in *E. coli* under nitrogen-free conditions and the intensity of interaction between GlnB and NifA-N-Y18/53F is greater than wild type protein, thus confirming the suggestion derived from the higher nitrogenase activity of strains complemented with plasmid carrying mutated *nifA* gene (Chen *et al.*, 2005). Our results also indicate that the amino acid residues 66~88 and 165~176 regions of the N-terminal domain of NifA play a crucial role in interaction with GlnB.

References

Arcondeguy T, Jack R, Merrick M. 2001. P_{II} signal transduction proteins, pivotal players in microbial nitrogen control. Microbiol Mol Biol Rev, 65(1): 80-105.

Arsène F, Kaminski P A, Elmerich C. 1996. Modulation of NifA activity by P_{II} in *Azospirillum brasilense*: evidence for a regulatory role of the NifA N-terminal domain. J Bacteriol, 178(16): 4830-4838.

Arsène F, Kaminski P A, Elmerich C. 1999. Control of *Azospirillum brasilense* NifA activity by P_{II}: effect of replacing Tyr residues of the NifA N-terminal domain on NifA activity. FEMS Microbiol Lett, 179(2): 339-343.

Austin S, Henderson N, Dixon R. 1990. Characterisation of the *Klebsiella pneumoniae* nitrogen-fixation regulatory proteins NIFA and NIFL *in vitro*. Eur J Biochem, 187(2): 353-360.

Chen S F, Du J P, Wu L X, *et al.* 2003. Interaction between P_{II} and NifA in *Azospirillum brasilense* Sp7. Chin Sci Bull, 48(2): 170-174.

Chen S, Liu L, Zhou X, *et al.* 2005. Functional analysis of the GAF domain of NifA in *Azospirillum brasilense*: effects of Tyr → Phe mutations on NifA and its interaction with GlnB. Mol Genet Genomics, 273(5): 415-422.

De Zamaroczy M. 1998. Structural homologues P_{II} and P_Z of *Azospirillum brasilense* provide intracellular signalling for selective regulation of various nitrogen-dependent functions. Mol Microbiol, 29(2): 449-463.

De Zamaroczy M, Delorme F, Elmerich C. 1990. Characterization of three different nitrogen-regulated promoter regions for the expression of *glnB* and *glnA* in *Azospirillum brasilense*. Mol Gen Genet, 224(3): 421-430.

De Zamaroczy M, Paquelin A, Elmerich C. 1993. Functional organization of the *glnB-glnA* cluster of *Azospirillum brasilense*. J Bacteriol, 175(9): 2507-2515.

Döbereiner J, Pedrosa F O. 1987. Nitrogen-Fixing Bacteria in Non-Leguminous Crop Plants. Madison: Science Tech Publishers.

Fadel-Picheth C M, Souza E M, Rigo L U, *et al.* 1999. Regulation of *Azospirillum brasilense nifA* gene expression by ammonium and oxygen. FEMS Microbiol Lett, 179(2): 281-288.

Harlow E, Lane D. 1988. Antibody: A Laboratory Manual. 3rd ed. New York: Cold Spring Harbor Laboratory.

Jiang P, Peliska J A, Ninfa A J. 1998a. Enzymological characterization of the signal-transducing uridylyltransferase/uridylyl-removing enzyme (EC 2.7.7.59) of *Escherichia coli* and its interaction with the P_{II} protein. Biochemistry, 37(37): 12782-12794.

Jiang P, Peliska J A, Ninfa A J. 1998b. The regulation of *Escherichia coli* glutamine synthetase revisited: role of 2-ketoglutarate in the regulation of glutamine synthetase adenylylation state. Biochemistry, 37(37): 12802-12810.

Kamberov E S, Atkinson M R, Feng J, *et al.* 1994. Sensory components controlling bacterial nitrogen assimilation. Cell Mol Biol Res, 40(3): 175-191.

Kamberov E S, Atkinson M R, Ninfa A J. 1995. The *Escherichia coli* P_{II} signal transduction protein is activated upon binding 2-ketoglutarate and ATP. J Biol Chem, 270(30): 17797-17807.

Liang Y Y, Kaminski P A, Elmerich C. 1991. Identification of a *nifA-like* regulatory gene of *Azospirillum brasilense* Sp7 expressed under conditions of nitrogen fixation and in the presence of air and ammonia. Mol Microbiol, 5(11): 2735-2744.

Martinez-Argudo I, Little R, Dixon R. 2004. Role of the amino-terminal GAF domain of the NifA activator in controlling the response to the antiactivator protein NifL. Mol Microbiol, 52(6): 1731-1744.

Schagger H. 2006. Tricine-SDS-PAGE. Nat Protoc, 1(1): 16-22.

Schagger H, von Jagow G. 1987. Tricine-sodium dodecyl sulfate-polyacrylamide gel electrophoresis for the separation of proteins in the range from 1 to 100 kDa. Anal Biochem, 166(2): 368-379.

Studholme D J, Dixon R, 2003. Domain architectures of sigma54-dependent transcriptional activators. J Bacteriol, 185(6): 1757-1767.

Van Criekinge W, Beyaert R. 1999. Yeast two-hybrid: state of the art. Biol Proced Online, 2: 1-38.

Wang J, Chen S F, Li J L, 2001. Cloning sequencing and expression pattern, functional analysis of *nifA* from *Azospirillum brasilense*. Acta Microbiology Sinica, 41(6): 654-661.

Zhu Y, Conrad M C, Zhang Y, *et al.* 2006. Identification of *Rhodospirillum rubrum* GlnB variants that are altered in their ability to interact with different targets in response to nitrogen status signals. J Bacteriol, 188(5): 1866-1874.

本文原载: Chin Sci Bull, 2008, 53(22): 3546-3552.

A Minimal Nitrogen Fixation Gene Cluster from *Paenibacillus* sp. WLY78 Enables Expression of Active Nitrogenase in *Escherichia coli*[*]

Wang Liying[1], Zhang Lihong[1], Liu Zhangzhi[1], Zhao Dehua[2], Liu Xiaomeng[1], Zhang Bo[1], Xie Jianbo[1], Hong Yuanyuan[1], Li Pengfei[1], Chen Sanfeng[1], Dixon Ray[3], Li Jilun[1]

(1. State Key Laboratory for Agrobiotechnology and College of Biological Sciences, China Agricultural University, Beijing, 100193, China; 2. Synthetic Biology Center, Department of Biological Engineering, Massachusetts Institute of Technology, 500 Technology Square, Cambridge, MA, 02139, USA; 3. Department of Molecular Microbiology, John Innes Centre, Norwich NR4 7UH, UK)

Abstract

Most biological nitrogen fixation is catalyzed by molybdenum-dependent nitrogenase, an enzyme complex comprising two component proteins that contains three different metalloclusters. Diazotrophs contain a common core of nitrogen fixation *nif* genes that encode the structural subunits of the enzyme and components required to synthesize the metalloclusters. However, the complement of *nif* genes required to enable diazotrophic growth varies significantly amongst nitrogen fixing bacteria and archaea. In this study, we identified a minimal *nif* gene cluster consisting of nine *nif* genes in the genome of *Paenibacillus* sp. WLY78, a Gram-positive, facultative anaerobe isolated from the rhizosphere of bamboo. We demonstrate that the *nif* genes in this organism are organized as an operon comprising *nifB*, *nifH*, *nifD*, *nifK*, *nifE*, *nifN*, *nifX*, *hesA* and *nifV*, and that the *nif* cluster is under the control of a σ^{70} (σ^{A})-dependent promoter located upstream of *nifB*. To investigate genetic requirements for diazotrophy, we transferred the *Paenibacillus nif* cluster to *Escherichia coli*. The minimal *nif* gene cluster enables synthesis of catalytically active nitrogenase in this host, when expressed either from the native *nifB* promoter or from the T7 promoter. Deletion analysis indicates that in addition to the core *nif* genes, *hesA* plays an important role in nitrogen fixation and is responsive to the availability of molybdenum. Whereas *nif* transcription in *Paenibacillus* is regulated in response to nitrogen availability and by the external oxygen concentration, transcription from the *nifB* promoter is constitutive in *E. coli*, indicating that negative regulation of *nif* transcription is bypassed in the heterologous host. This study demonstrates the potential for engineering nitrogen fixation in a non-nitrogen fixing organism with a minimum set of nine *nif* genes.

Keywords

Paenibacillus, nitrogen fixation, gene cluster, nitrogenase, gene expression.

---

*This work was supported by funds from the "973" Project (Grant No. 001CB108904) and the National Nature Science Foundation of China (Grant No. 31270129).

1. Introduction

Although fixed nitrogen plays a critical role in the global food supply, overuse of chemical nitrogen fertilizers has led to increased costs for farmers and harmful consequences for the environment and human health. Biological nitrogen fixation, the conversion of atmospheric N_2 to NH_3, offers a natural means of providing nitrogen for plants (Falkowski, 1997). There has been a long-standing interest in reducing dependence on fertilizers through engineering non-legume crops that "fix" nitrogen but maintain growth yields (Merrick and Dixon, 1984; Beatty and Good, 2011). Achieving this goal will require elucidating the minimal number of genes required to sustain biological nitrogen fixation.

Most biological nitrogen fixation is catalyzed by molybdenum-dependent nitrogenase, which is distributed within bacteria and archaea. This enzyme is composed of two component proteins, MoFe protein and Fe protein. The MoFe protein component is an $\alpha_2\beta_2$ heterotetramer (encoded by *nifD* and *nifK*) that contains two metalloclusters; FeMo-cofactor, a [Mo-7Fe-9S-C-homocitrate] cluster which serves as the active site of substrate binding and reduction and the P-cluster, a [8Fe-7S] cluster which shuttles electrons to FeMo-cofactor. The Fe protein (encoded by *nifH*) is a homodimer bridged by an intersubunit [4Fe-4S] cluster that serves as the obligate electron donor to the MoFe protein. The assembly pathway for the biosynthesis of nitrogenase is complex. Apart from the structural subunits encoded by *nifH*, *nifD* and *nifK*, several genes are required for the biosynthesis of the metalloclusters, in addition to other gene products necessary to produce a fully functional enzyme. It is now well established from genetic and biochemical analysis that *nifE nifN*, *nifX nifB*, *nifQ*, *nifV*, *nifY* and *nifH* contribute to the synthesis and insertion of FeMo-co into nitrogenase, that *nifU nifS* and *nifZ* play an important role in synthesis of metalloclusters and that *nifM* is required for proper folder of nitrogenase Fe protein (Roberts *et al.*, 1978; Gavini *et al.*, 2006; Rubio and Ludden, 2008; Hu and Ribbe, 2011).

The inventory of genes required for diazotrophy varies greatly amongst species, dependent upon the environmental niche and physiology of the host. For example, in *Klebsiella oxytoca*, twenty *nif* genes are co-located within a ~24 kb cluster (Arnold *et al.*, 1988), whereas in *Azotobacter vinelandii* the *nif* genes are more dispersed and distributed as two clusters in the genome (Setubal *et al.*, 2009) (Fig. 1). However, in contrast to these paradigm diazotrophs, other nitrogen fixing organisms possess a more restricted *nif* gene set, for example the archeon, *Methanococcus maripaludis*, contains only 9 *nif* genes (Fig. 1), two of which *nifI1* and *nifI2*, are not essential for nitrogen fixation, but serve a regulatory function (Dodsworth and Leigh, 2006). Analysis of the distribution of *nif* gene sequences within microbial genomes indicates that nearly all diazotrophs have a minimal gene set consisting of six conserved genes *nifH*, *nifD*, *nifK*, *nifE*, *nifN*, and *nifB* (Dos *et al.*, 2012). This concurs with the minimal catalytic core required to assemble FeMo-co *in vitro* (Curatti *et al.*, 2007).

One of the difficulties in determining the precise genetic requirements for nitrogen fixation in diazotrophs arises from the presence of "housekeeping" counterparts in the genome that may substitute for the function of known *nif* genes. This may be particularly important in the case of diazotrophs that possess minimal *nif* gene clusters. One approach to investigate the inventory of genes required for diazotrophy in such cases is to transfer the *nif* cluster to a distantly related organism that does not have the capacity to fix nitrogen. *Escherichia coli* provides an important model organism for such studies as physiology and gene function is extremely well understood. Since transfer of the complete cluster of 20 *nif* genes from *K. oxytoca* to *E. coli* confers the ability to fix nitrogen (Dixon and Postgate, 1972), we were interested to determine whether a more evolutionary distant *nif* gene cluster would also enable nitrogenase activity in *E. coli*. In this study, we identified a minimal *nif* cluster consisting of nine genes, in the genome of *Paenibacillus* sp. WLY78 (Fig. 1). The cluster is apparently transcribed from a single σ^A (σ^{70})-like promoter that functions in *E. coli* to express active nitrogenase. Our results may have important implications for future engineering of nitrogen fixation in non-diazotrophs.

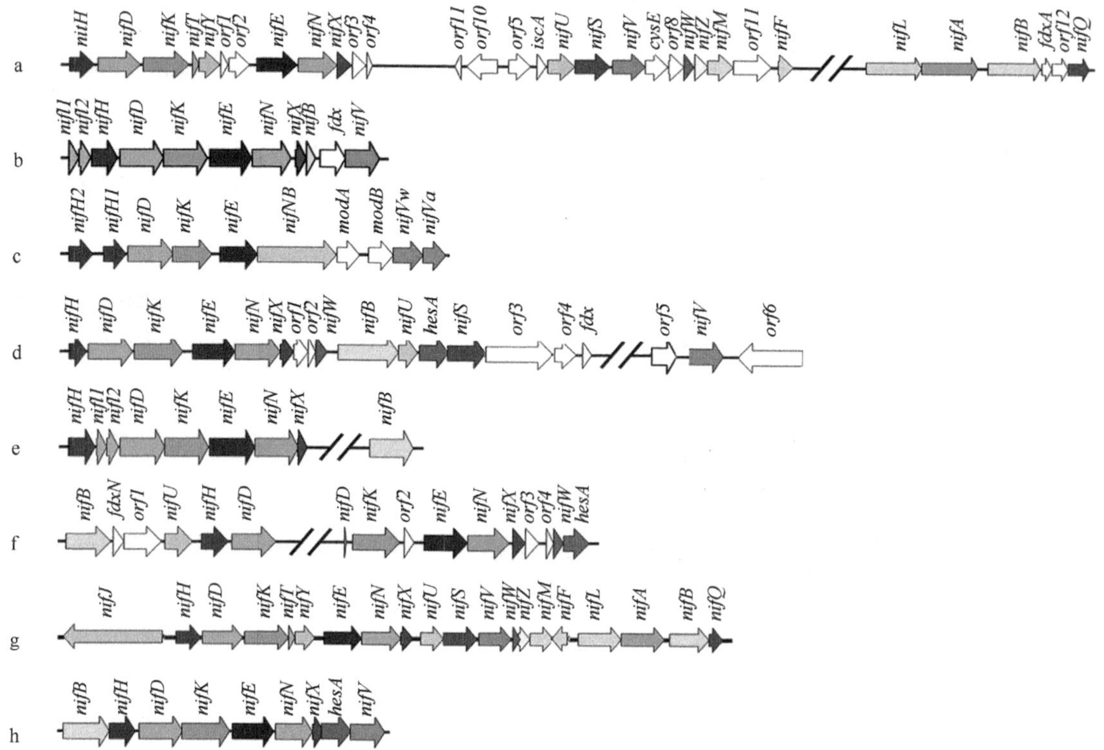

Fig. 1 Comparison of the *Paenibacillus* sp. WLY78 *nif* gene cluster with representative clusters from diverse diazotrophic bacteria and archaea

a. *Azotobacter vinelandii*; b. *Heliobacterium chlorum*; c. *Clostridium acetobutylicum* W5; d. *Frankia* sp. EAN1pec; e. *Methanococcus maripaludis*; f. *Anabaena variabilis* ATCC 29413; g. *Klebsiella oxytoca* M5al; h. *Paenibacillus* sp. WLY78

2. Results

2.1 Genome sequencing of *Paenibacillus* sp. WLY78 identifies a minimal nitrogen fixation (*nif*) gene cluster

Paenibacillus sp. WLY78 is a Gram-positive, facultative anaerobic, endospore-forming bacterium isolated from the rhizosphere of bamboo (Xie *et al.*, 2012). This bacterium has potential use in agriculture, since it is able to fix nitrogen and also produces antimicrobial substances. We therefore determined the genome sequence of this organism and identified a nitrogen fixation gene cluster consisting of nine genes arranged within a 10.5 kb region in the order, *nifB*, *nifH*, *nifD*, *nifK*, *nifE*, *nifN*, *nifX*, *hesA* and *nifV* (Fig. 1). The *nif* cluster is flanked by genes coding for a hypothetical protein upstream and an ABC transporter downstream. The G+C content of this *nif* cluster was higher than the average of the entire genome (52.8% *vs.* 45.1%), suggesting that it may have been acquired by horizontal gene transfer. The *Paenibacillus* sp. WLY78 *nif* cluster is one of the most compact compared with other dizotrophs described to date (Fig. 1). Similar *nif* gene arrangements and neighborhoods are observed in other *Paenibacillus* strains, including *Paenibacillus terrae*

HPL-003. Multiple alignments revealed that the predicted protein products of the *Paenibacillus nif* genes showed 67%~80% identity to the corresponding *nif* gene products of their Gram-positive counterparts (Zhao *et al.*, 2006), but showed only 35%~69% identity to the corresponding *nif* genes of *K. oxytoca* and *A. vinelandii* (Table S1). The gene designated as *hesA*, which is located between *nifX* and *nifV* is found in other *nif* clusters (Fig. 1) and the predicted product shares ~45% identity with the putative molybdenum cofactor biosynthesis protein HesA of *Frankia alni* ACN14a (Oh *et al.*, 2012) and *Cyanothece* sp. ATCC 51142 (Welsh *et al.*, 2008). HesA is a member of the ThiF-MoeB-HesA family and contains an N-terminal nucleotide binding domain and a C-terminal MoeZ/MoeB-like domain.

RT-PCR experiments using primers designed to span across intergenic regions indicated that the nine genes within the *nif* cluster are organized in a single operon (Fig. 2). Single operon *nif* clusters have been reported in Gram-positive prokaryotes and in the archaea, *e.g. Heliobacterium chlorum* (Enkh-Amgalan *et al.*, 2006) and *Methanococcus maripaludis* (Kessler *et al.*, 1998). However, in contrast to these *nif* clusters *Paenibacillus* sp. WLY78 does not contain the negative regulatory genes *nifI1* and *nifI2* (homologues of *glnB*), which are involved in post-translational regulation of nitrogenase activity in response to fixed nitrogen (Dodsworth and Leigh, 2006).

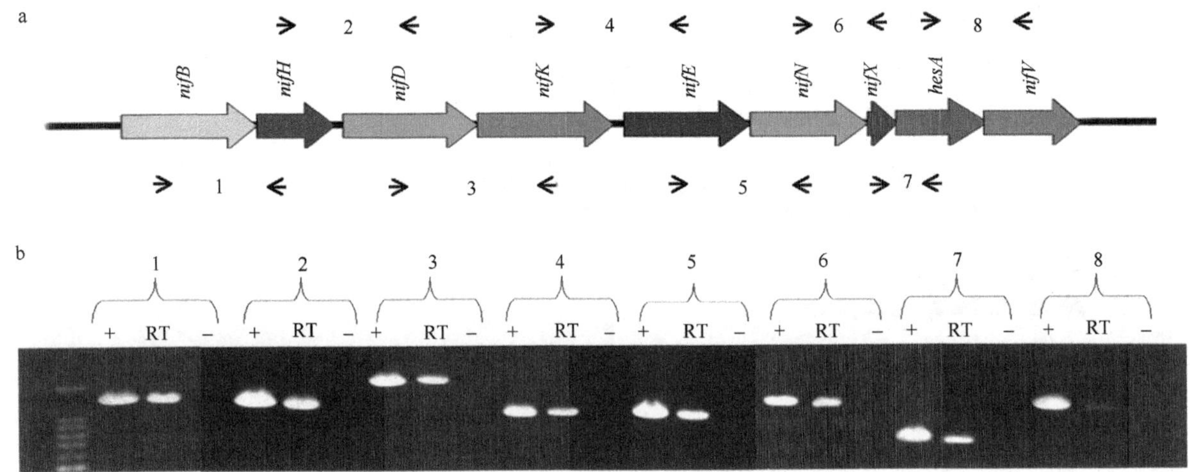

Fig. 2 The *nif* genes of *Paenibacillus* sp. WLY78 are organized in an operon as determined by RT-PCR

a. Outline of the strategy. Primers used and amplified products (numbered) are given below the schematic representation of the genes. b. Result of RT-PCR reactions with RNA from *Paenibacillus* sp. WLY78 grown under N_2-fixing conditions. The numbering on the top of the gels corresponds to the product numbers drawn schematically in the outline given above. RT, standard RT-PCR reaction; (–), negative control in which no reverse transcriptase was added to the RT reaction; (+), positive control in which genomic DNA was used as template in the RT-PCR

2.2 Characterization of the *Paenibacillus* sp. WLY78 *nif* promoter and transcription unit

The transcriptional start site (TSS) of the *nif* gene cluster in *Paenibacillus* sp. WLY78 was determined by using the 5′-RACE (rapid amplification of cDNA ends) method. The TSS was located 59 bp upstream of the translational start site of *nifB* and a putative promoter was identified 6 nucleotides preceding the TSS (Fig. 3). The –35 (TTGACT) and –10 (TAAGAT) sequences in the *nifB* promoter were similar to the corresponding consensus sequences (TTGACA and TATAAT respectively) of *E. coli* σ^{70}-dependent promoters. Unlike other members of the Bacillales, the *Paenibacillus* sp. WLY78 genome does not contain a homolog of *rpoN* and consequently σ^{54}-dependent –24/–12 promoter sequences were not observed either upstream of the *nif* cluster or in the 5′ regions of other genes in the *Paenibacillus* sp. WLY78 genome (data not shown). Downstream of *nifV*, a potential transcriptional termination site was identified, containing two potential stem loops followed by a T-rich region (Fig. 3b). These findings indicate that the *nif* genes in *Paenibacillus* sp. WLY78 are organized as a single operon containing 9 genes, which is transcribed from an *rpoD*-dependent promoter.

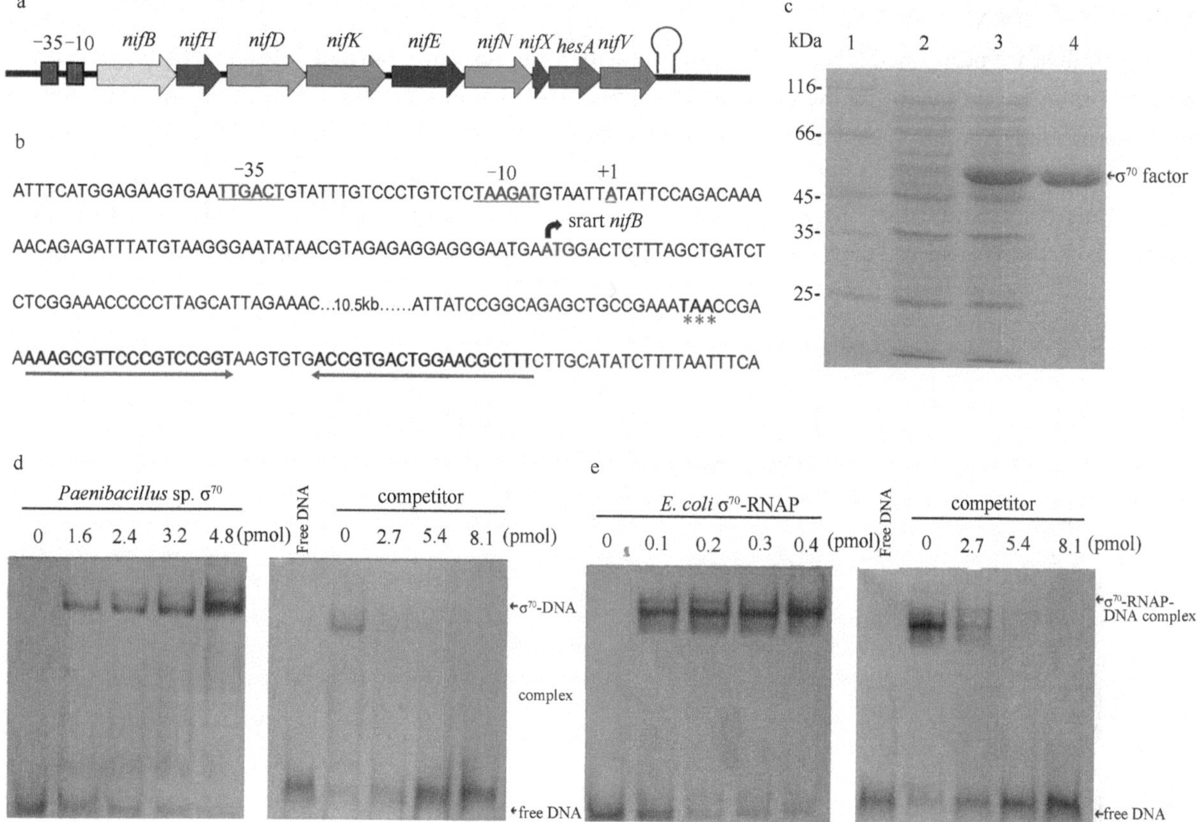

Fig. 3 Characterization of the *nif* promoter of *Paenibacillus* sp. WLY78

a. Schematic representation of the *Paenibacillus* sp. WLY78 *nif* operon. b. Nucleotide sequence of the *nifB* promoter and the putative terminator sequence flanking the 39 end of *nifV*. The asterisks below TAA indicate the *nifV* stop codon. c. Overexpression and purification of σ^{70} from *Paenibacillus* sp. WLY78. Lane 1: protein marker; lane 2: uninduced protein; lane 3: induced protein; lanes 4: purified σ^{70} factor. d. Electrophoretic mobility shift assays (EMSA) demonstrating binding of *Paenibacillus* σ^{70} to the 50 bp *nifB* promoter DNA fragment (final concentration 0.03 pmol). The protein concentration is indicated in pmol above each lane (left hand panel). In the right hand panel, the protein concentration was maintained at 2.4 pmol and unlabeled *nifB* promoter fragment was added as competitor (concentration indicated above each lane). e. EMSA experiments demonstrating binding of *E. coli* σ^{70}-RNAP to the 50 bp *nifB* promoter DNA fragment (final concentration 0.03 pmol). The protein concentration is indicated in pmol above each lane (left hand panel). In the right hand panel, the protein concentration was maintained at 0.2 pmol and unlabeled *nifB* promoter fragment was added as competitor (concentration indicated above each lane).

To analyze the σ^{70}-dependency of the *nifB* promoter, electrophoretic mobility shift assays (EMSA) were carried out using either *E. coli* σ^{70}-RNAP (RNA polymerase) or σ^{70} from *Paenibacillus* sp. WLY78, which was overexpressed and purified from *E. coli* (Fig. 3c). EMSA experiments revealed that both purified σ^{70} from *Paenibacillus* sp. WLY78 and *E. coli* σ^{70}-RNAP holoenzyme bind to the 50 bp *nifB* promoter fragment. Competition experiments with non-labelled *nifB* DNA indicated that the *E. coli* RNAP holoenzyme binds more tightly to this DNA fragment, since higher concentrations of competitor were apparently required to dissociate the *E. coli* σ^{70}-RNAP (Fig. 3, panels d and e). EMSA experiments with a scrambled double-stranded oligonucleotide did not reveal binding of either protein (data not shown). These results are consistent with the ability of σ^{A} (σ^{70}) of *Bacillus subtilis* to bind to promoters independent of core RNAP (Jarmer *et al.*, 2001; Yeh *et al.*, 2011).

To further examine the specificity of binding of *E. coli* σ^{70}-RNAP to the *Paenibacillus* sp. WLY78 *nifB* promoter, we made substitutions in the –35 (TTGACT to GCTACT) and –10 (TAAGAT to GCAGAC) regions of the promoter (Fig. 4a). Binding of *E. coli* σ^{70}-RNAP to the *nifB* promoter fragment was weakened considerably by the presence of the –35 and –10 substitutions (compare Fig. 4, panels b and c), suggesting that *E. coli* σ^{70}-RNAP specifically interacts with the *nifB* promoter from *Paenibacillus* sp. WLY78. In order to confirm this, we performed DNase I footprinting with a fluorescently labeled 319 bp DNA target carrying the *nifB* promoter and analyzed the digested DNA fragments using a capillary sequencer. As expected, the region protected from DNase I digestion corresponded to the *nifB* promoter, confirming that *E. coli* σ^{70}-RNAP specifically binds to the –35 and –10 regions upstream of the transcription start site (Fig. 4d). Our studies thus demonstrate that the *nifB* promoter of *Paenibacillus* sp. WLY78 is σ^{70}-dependent and thus distinct from the typical σ^{54}-dependent –24/–12 promoters found upstream of *nif* genes in Gram-negative diazotrophs.

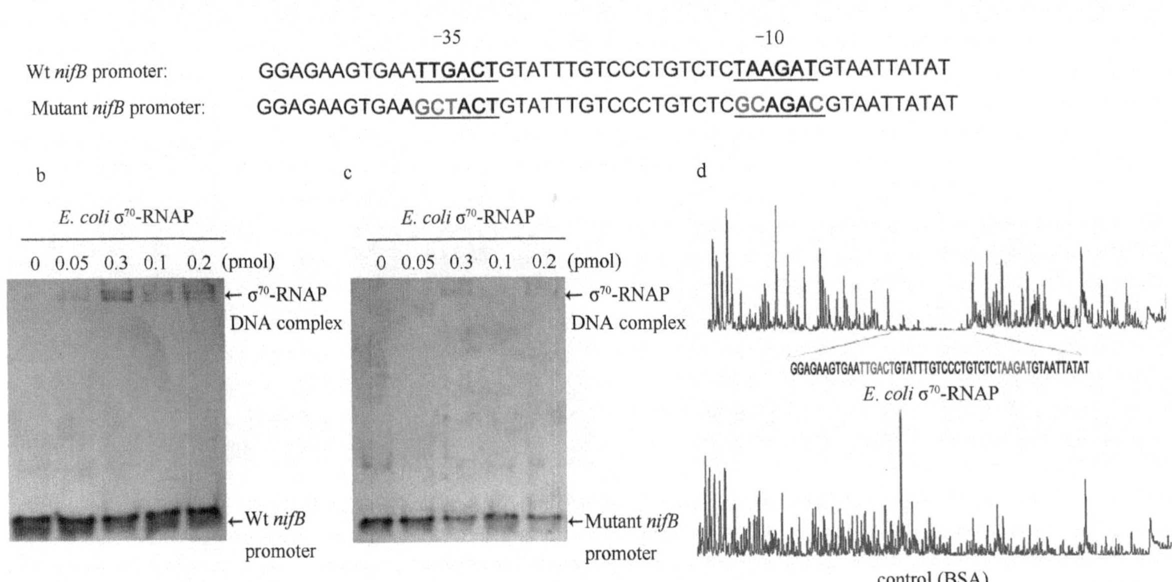

Fig. 4 *E. coli* σ^{70}-RNAP binds preferentially to the –35 region and –10 region of the *nifB* promoter of *Paenibacillus* sp. WLY78 (Color figure in the two-dimensional code at the back cover)

a. Substitutions introduced in the *nifB* promoter sequence. The sequences of the –35 and –10 regions of the *nifB* promoter are underlined (Wt indicates the wild-type sequence). Base substitutions in the mutant promoter are indicated in red. b and c. EMSA experiments comparing the binding of *E. coli* σ^{70}-RNAP to the wild-type *nifB* promoter fragment (panel b) with the mutant promoter fragment (panel c). The protein concentration is indicated above each lane. d. DNase I footprinting of the interaction of *E. coli* σ^{70}-RNAP with the *nifB* promoter using an automated capillary sequencer. The top lane is an electropherogram obtained in the presence of σ^{70}-RNAP with the sequence protected from cleavage shown below. A control electropherogram obtained from a reaction containing BSA is shown in the bottom lane

To verify if the *nifB* promoter of *Paenibacillus* sp. WLY78 is functional in *E. coli*, it was fused to the *lacZ* reporter gene. The level of β-galactosidase activity expressed from the *PnifB::lacZ* fusion in *E. coli* strain JM109 was not influenced either by the concentration of fixed nitrogen in the culture medium or by the external oxygen concentration (Fig. 5). Hence, the *Paenibacillus* sp. WLY78 *nifB* promoter is apparently recognized by *E. coli* σ^{70} RNA polymerase *in vivo*. These data concur with previous studies where promoters of Gram-positive bacteria, for example, *Bacillus stereothermophilus* (Yamada *et al.*, 1991) and *Corynebacterium glutamicum* (Barriuso-Iglesias *et al.*, 2006), were shown to be functional in *E. coli*.

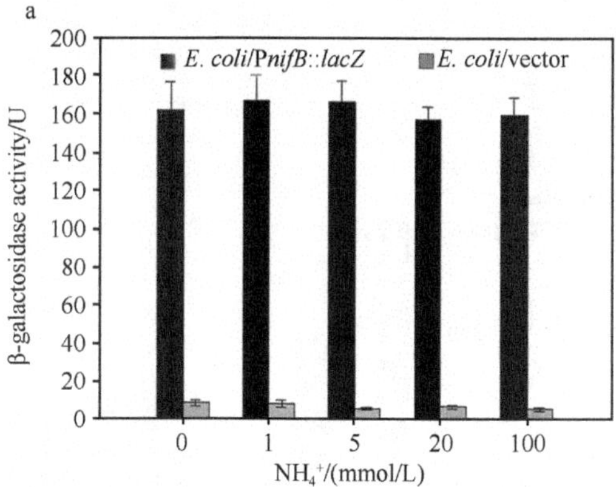

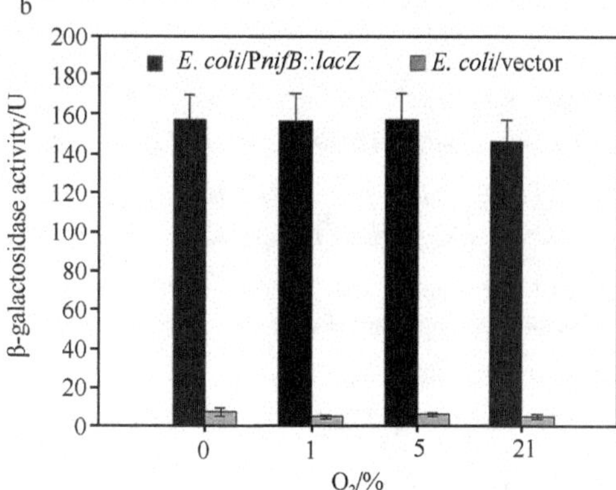

Fig. 5 Expression of the *Paenibacillus* sp. WLY78 P*nifB*::*lacZ* promoter fusion is constitutive in *E. coli* grey bars indicate expression of β-galactosidase driven by the *nifB* promoter; black bars indicate the level of β-galactosidase activity exhibited by the vector plasmid (pPR9TT) alone. Cultures were grown in nitrogen deficient medium, with 2 mmol/L glutamate as nitrogen source, either anaerobically with the indicated concentrations of NH_4Cl (left panel) or with the indicated initial oxygen concentrations shown in the right-hand panel. Error bars indicate the standard deviation observed from at least two independent experiments.

2.3 The *Paenibacillus nif* gene cluster enables nitrogen fixation by *E. coli*

To transfer the *Paenibacillus nif* gene cluster to *E. coli*, we cloned a 10.5 kb DNA fragment (containing the sequence from the ATG start codon of *nifB* to the TAA stop codon of *nifV*) in the expression vector pET-28b bringing the *nif* genes under control of the T7 promoter. This construct was then transformed into *E. coli* BL21 (DE3), yielding the engineered *E. coli* strain 78-32. We further cloned the 11 kb full-length *nif* cluster containing its own *nif* promoter and the contiguous nine genes *nifBHDKENXhesAnifV* into the multicopy plasmid pHY300PLK and transformed this into *E. coli* JM109, yielding the engineered *E. coli* strain 78-7 (Fig. 6a). To determine whether the *Paenibacillus nif* cluster functions in *E. coli* we employed two independent methods to assess nitrogenase activity; firstly, reduction of the alternative substrate acetylene to ethylene, which can be readily quantified by gas chromatography (Dilworth, 1966; Schöllhorn *et al.*, 1967) and secondly, a $^{15}N_2$ enrichment assay to directly measure the incorporation of this tracer into organic nitrogen (Montoya *et al.*, 1996). When grown anaerobically in nitrogen-deficient medium *Paenibacillus* sp. WLY78 exhibits both acetylene reduction and $^{15}N_2$ incorporation (Fig. 6, panels b and c). The engineered *E. coli* strain 78-7, which expresses the *nif* genes from the native promoter showed approximately 10% of the specific activity for acetylene reduction when compared with *Paenibacillus* and was competent to assimilate $^{15}N_2$. In contrast, when expressed from the T7 promoter and induced with 2 mmol/L IPTG the *Paenibaciluus nif* cluster exhibited relatively low levels of nitrogenase activity in the recombinant *E. coli* strain 78-32 (Fig. 6). Therefore, the engineered *E. coli* strain 78-7 was used for most of the studies reported here. When compared with the recipient *E. coli* strain JM109, the engineered strain 78-7 had an identical cellular phenotype when analyzed by Biolog phenotypic microarrays (Bochner *et al.*, 2011) (data not shown). In comparison with the *Paenibacillus* sp. WLY78 strain, which is capable of diazotrophic growth, the engineered *E. coli* strain 78-7 grew poorly in liquid media with dinitrogen as the sole nitrogen source (data not shown). Therefore, although the recombinant strain expresses active nitrogenase and assimilates $^{15}N_2$, this does not enable the engineered *E. coli* strain to grow as a diazotroph.

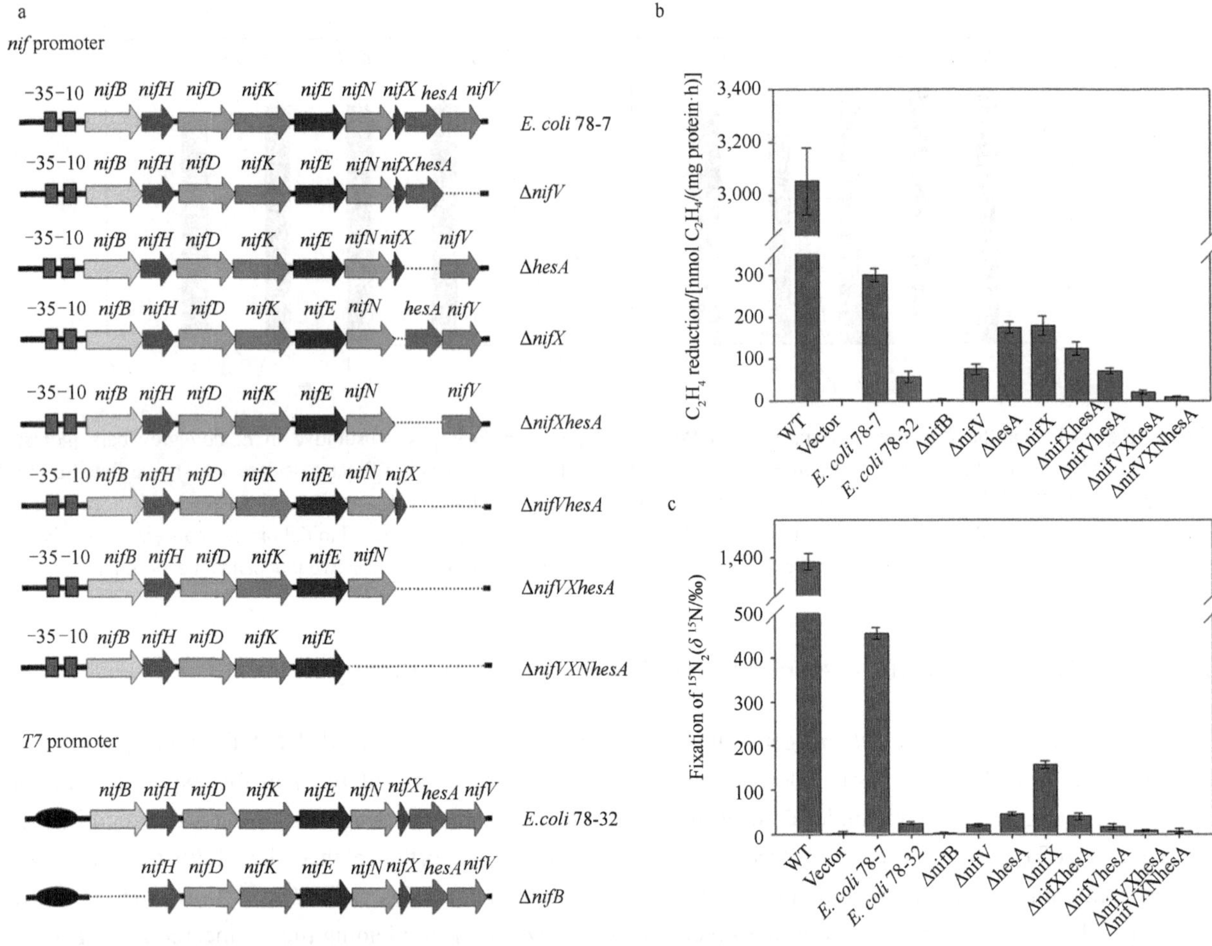

Fig. 6 Engineered *E. coli* strains and their nitrogen fixation abilities

a. Scheme showing the genetic organization of the engineered *E. coli* strains. b. Nitrogenase activities of engineered strains and their deletion variants compared with *Paenibacillus* sp. WLY78 (bars marked as "WT") and *E. coli* JM109 carrying the empty vector plasmid pHY300PLK (bars marked as "vector"). c. Strains were grown anaerobically in nitrogen-deficient conditions and the cultures were assayed either for $^{15}N_2$ incorporation. Error bars indicate the standard deviation observed from at least two independent experiments

2.4 Minimal *Paenibacillus nif* genes required for nitrogenase activity

To further determine the minimal *nif* genes required for nitrogen fixation, we constructed a series of *nif* gene deletions (Fig. 6). Neither acetylene nor $^{15}N_2$ incorporation was detectable in the *nifB* deletion, supporting the original observation that *nifB* is essential for synthesis of nitrogenase (Roberts *et al.*, 1978). When *nifV* was deleted, $^{15}N_2$ assimilation decreased more significantly than acetylene reduction, in agreement with the substrate reduction properties of *nifV* mutants (McLean and Dixon, 1981), which are unable to synthesize the homocitrate moiety of FeMo-cofactor (Hoover *et al.*, 1988). Deletion of *hesA* also influenced $^{15}N_2$ incorporation more significantly than acetylene reduction, suggesting that *hesA* is required for nitrogen fixation. In contrast, deleting *nifX* gave rise to a similar decrease (~50%) in the reduction of both substrates. In the Δ*nifXhesA* double deletion, nitrogenase activity was similar to that in the single *hesA* mutant, whereas in the double Δ*hesAnifV* deletion, activities were similar to those exhibited by the single *nifV* mutant. Deletion of three (*nifXhesAnifV*) or four genes (*nifNXhesAnifV*) ablated nitrogenase activity. In all cases the phenotypic defects exhibited by the deletions could be reversed by complementation with plasmids bearing the missing genes (data not shown). These results suggest that all nine *Paenibacillus* genes (*nifBHDKENXhesAnifV*) are necessary for optimal nitrogenase activity in *E. coli*.

2.5 Effects of fixed nitrogen and oxygen on *nif* transcription

In many diazotrophs such as *K. oxytoca* and *A. vinelandii*, expression of the *nif* genes is tightly controlled at the transcriptional level in response to the concentration of fixed nitrogen and the oxygen (Dixon and Kahn, 2004). In addition, the activity of nitrogenase itself can be regulated at the post-translational level in response to environmental effectors (Huergo *et al.*, 2012). To examine whether the *Paenibacllus nif* cluster is subject to similar regulation, we compared the effects of NH_4^+ and O_2 on nitrogenase activity and *nif* gene transcription in the native *Paenibacillus* sp. WLY78 strain with that of engineered *E. coli* 78-7 (Fig. 7). Both *Paenibacillus* sp. WLY78 and the engineered *E. coli* 78-7 strain did not exhibit nitrogenase activity at O_2 concentrations above 5% (Fig. 7a). In addition, acetylene reduction by *Paenibacillus* sp. WLY78 was not observed at NH_4^+ concentrations above 1 mmol/L. In contrast, the engineered *E. coli* strain 78-7 exhibited nitrogenase activity even in the presence of 200 mmol/L NH_4Cl (Fig. 7b). The latter observation suggests that the *Paenibacillus nif* cluster is not subject to regulation by fixed nitrogen in *E. coli.* In agreement with the acetylene reduction data, the α and β subunits of the MoFe protein and the Fe protein component of nitrogenase were only detectable by Western blotting in *Paenibacillus* sp. WLY78 grown under nitrogen fixation condition, whereas nitrogenase components were detectable in the engineered *E. coli* strain even in the presence of oxygen (Fig. S1).

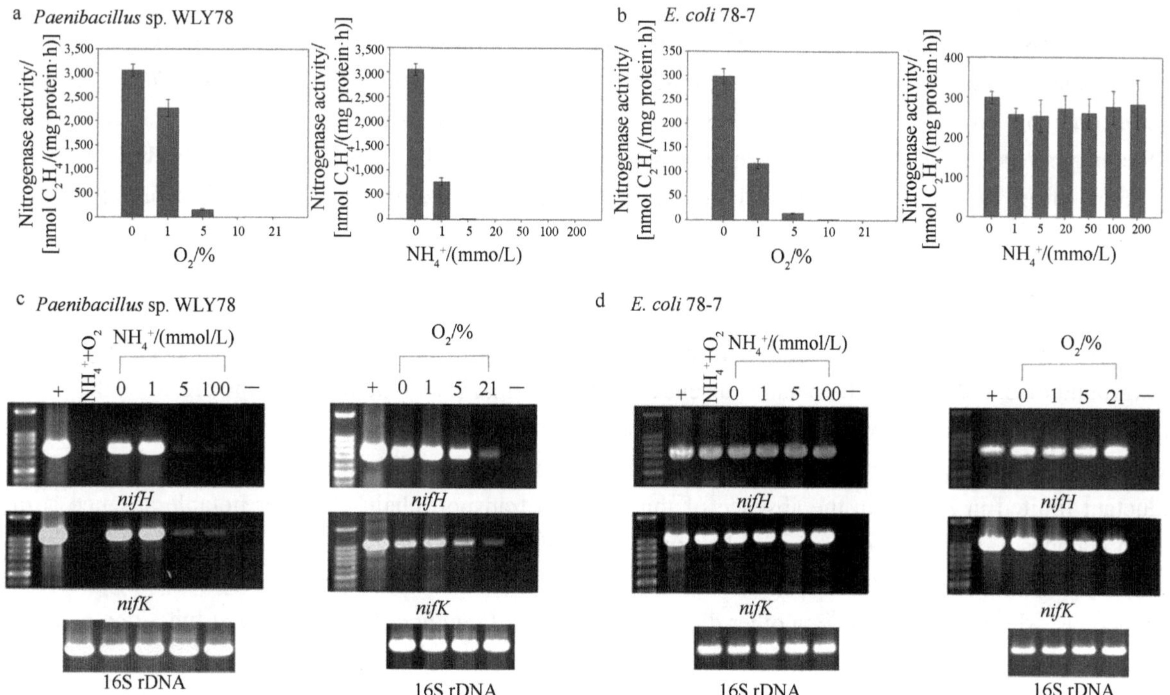

Fig. 7 Effects of O_2 and NH_4^+ on nitrogenase activity and *nif* gene transcription

a and b. Comparison of the acetylene reduction activities of *Paenibacillus* sp. WLY78 and the engineered *E. coli* 78-7 strain, when cultures are grown in the presence of either oxygen or ammonium (at the initial concentrations shown on the *y* axis). Error bars indicate the standard deviation observed from at least two independent experiments. c and d. Comparison of transcription of *nifH* and *nifK* as determined by RT-PCR in *Paenibacillus* sp. WLY78 and *E. coli* 78-7. Initial concentrations of ammonium and oxygen are indicated above relevant lanes. Lanes labeled "NH_4^++O_2" indicate that both 2 mmol/L ammonium and 21% oxygen were present. Lanes labeled "+" indicate positive controls in which genomic DNA was used as template in the RT-PCR. Lanes labeled "–" indicate negative controls in which no reverse transcriptase was added to the RT-PCR reaction. In each case a parallel RT-PCR reaction was performed to detect the level of 16S rRNA, to provide a loading control (shown beneath relevant lanes)

The influence of oxygen and fixed nitrogen on transcription was assessed by RT-PCR using *nifH* and *nifK* probes. Conversant with the acetylene reduction data, *nif* transcription in *Paenibacillus* sp. WLY78 was inhibited by NH_4^+ concentrations above 1 mmol/L and by the presence of 21% oxygen (Fig. 7c). In contrast, *nifH* and *nifK* transcription in *E. coli* 78-7 was insensitive to the presence of oxygen and fixed nitrogen (Fig. 7d). Thus the *Paenibacillus nif* genes are constitutively transcribed in the engineered strain indicating that the transcriptional regulation observed in the native host does not occur in *E. coli.*

3. Discussion

Although the biochemical properties and structure of molybdenum nitrogenases are remarkably similar when purified from diverse bacteria and archaea, genetic requirements for the synthesis and assembly of the enzyme and maintenance of its activity differ widely amongst diazotrophs (Masson-Boivin *et al.*, 2009; Boyd *et al.*, 2011; Dos *et al.*, 2012). Some of this diversity is undoubtedly determined by the environmental lifestyle of each diazotroph, the need to protect the enzyme from damage by oxygen and the requirement to provide sufficient ATP and reductant to support enzyme activity under different physiological conditions. Although the conserved nature of the structural genes and the assembly pathway for FeMo-co biosynthesis dictates the presence of a common core of *nif* genes, other functions may be provided by protein counterparts encoded elsewhere in the genome. Alternatively, the large *nif* gene clusters found primarily in Proteobacteria may have evolved from more simple clusters in which assembly, processing and maintenance of nitrogenase activity is less well optimized.

In contrast with earlier studies in which transfer of the complete complement of 20 *nif* genes from *K. oxytoca* enabled *E. coli* to fix nitrogen (Curatti *et al.*, 2007), our studies with *Paenibacillus* sp. WLY78 demonstrate that only nine *nif* genes are needed to synthesize active nitrogenase in *E. coli*. The specific activity of the enzyme expressed in *E. coli* was approximately 10% of that observed in *Paenibacillus* but nevertheless sufficient to provide $^{15}N_2$ assimilation. However, synthesis of active nitrogenase in the recombinant *E. coli* strain did not enable diazotrophic growth. This implies that this level of enzyme activity is insufficient to support growth on dinitrogen as sole nitrogen source. However, we cannot rule out the possibility that other physiological factors in *E. coli*, for example the ability to synthesis high levels of nitrogenase proteins under conditions of nitrogen starvation, limit the capacity for diazotrophic growth. Considering the physiological background of *E. coli*, one of the notable absences in the minimal *Paenibacillus nif* gene cluster is the presence of *nifF* and *nifJ*, which provide the electron transport chain to nitrogenase in some diazotrophs (Hill and Kavanagh, 1980; Nieva-Gómez *et al.*, 1980). The activity of *Paenibacillus* nitrogenase is therefore likely to be reductant limited in *E. coli* in the absence of this electron transport chain. Another notable absence is *nifM*, which encodes a *cis-trans* peptidyl prolyl isomerase required for proper folding of nitrogenase Fe protein in diazotrophic Proteobacteria (Gavini *et al.*, 2006). Potentially this function is provided by a counterpart enzyme encoded elsewhere in the genome in other diazotrophs such as *Paenibacillus*. However, a functional equivalent of *nifM* is not present in *E. coli*, since assembly of active *K. oxytoca* Fe protein in this background requires the presence of both *nifH* and *nifM* (Howard *et al.*, 1986). The *Paenibacillus nifH* sequence contains the seven conserved proline residues identified in other *nifH* sequences that are considered to be potential substrates for *NifM* (Gavini *et al.*, 2006). However, it is possible that other amino acid substitutions in *nifH* may enable assembly of Fe protein in the absence of *nifM*. The *Paenibacillus* sp. WLY78 *nif* gene operon does not contain homologs of the nitrogen fixation-specific iron-sulphur cluster assembly pathway encoded by *nifU* and *nifS*. As in the case of other diazotrophs, this function may be provided by the Suf system, encoded elsewhere in the *Paenibacillus* genome. When *nifH* and *nifM* are expressed in *E. coli*, assembly of the 4Fe-4S cluster in the *K.*

oxytoca Fe protein does not require *nifU* and *nifS* (Howard *et al.*, 1986; Zhao *et al.*, 2007). This function is probably provided by the general Isc, Csd or Suf machineries for iron-sulphur cluster biosynthesis in *E. coli*. However, *K. oxytoca nifS* is apparently required for the biosynthesis of the P cluster in the MoFe protein, when Nif polypeptides are expressed in *E. coli* (Harris *et al.*, 1990). Although *nifU* and *nifS* also participate in FeMo-cofactor biosynthesis (Zhao *et al.*, 2007), the requirement for these genes is not absolute, particularly if *nifB* is strongly expressed (Harris *et al.*, 1990).

Systematic deletion of genes in the *Paenibacillus nif* gene cluster suggest they have functions similar to those of other diazotrophs. As anticipated, *nifB* is essential for nitrogen fixation in *E. coli* and the substrate reduction profile of the *nifV* deletion is expected for a mutant lacking homocitrate synthase and therefore unable to make the homocitrate moiety of FeMo-cofactor (Imperial *et al.*, 1989). The co-localization of *hesA* within the *nif* operon is an interesting feature of *Paenibacillus* and other minimal *nif* clusters such as those of cyanobacteria and *Frankia* (Fig. 1). Our deletion analysis demonstrates that *hesA* is important for nitrogenase activity, but the function of *hesA* in nitrogen fixation has not so far been determined. Well-characterized homologs belonging to the ThiF-MoeB-HesA family engage in an ATP-dependent process that activates the C-terminus of partner ubiquitin-like proteins by forming an acyl adenylate complex that facilitates sulfur transfer (Lake *et al.*, 2001; Lehmann *et al.*, 2006). Ubiquitin-like proteins contain a conserved C-terminal Gly-Gly motif that is the target for adenylylation by the activating enzyme (Schmitz *et al.*, 2007). Intriguingly, both NifB and NifN from *Paenibacillus* contain C-terminal Gly-Gly motifs and therefore are potential targets for adenylylation by HesA. Given the potential role of HesA as an activating enzyme for sulphur transfer, it is tempting to speculate that HesA may perform a role in metallocluster biosynthesis.

In the Proteobacteria, *nif* genes are generally transcribed from σ^{54}-dependent promoters that are subject to transcriptional activation by the enhancer binding protein NifA and are regulated in response to fixed nitrogen and oxygen (Dixon and Kahn, 2004). However, much less in known about *nif* gene regulation in other diazotrophs where this paradigm is absent. Our results demonstrate that the *nif* cluster of *Paenibacillus* sp. WLY78 is transcribed from a σ^{70}-dependent promoter, most likely as a single operon, and that transcription of the *nif* genes is subject to regulation in response to the extracellular concentration of oxygen and fixed nitrogen in *Paenibacillus*. As no transcriptional regulation by either oxygen or fixed nitrogen was detectable when the *Paenibacillus* sp. WLY78 *nif* cluster was expressed from the native *nifB* promoter in *E. coli*, it seems likely that the transcriptional regulation of the *nif* system in *Paenibacillus* involves repression mechanisms. Potential candidates for repression of transcription in response to the nitrogen source are the global nitrogen regulators GlnR and TnrA, which are present in *Paenibacillus* (Groot *et al.*, 2012).

In summary, our results demonstrate that a minimal *nif* gene cluster derived from a Gram-positive bacterium can function to synthesise active nitrogenase when expressed in the very different host environment of *E. coli*. This raises various questions concerning the repertoire of genes required for nitrogen fixation and may have important biotechnological implications for engineering diazothrophic eukaryotes.

4. Materials and Methods

4.1 Strains and media

Paenibacillus sp. WLY78 was isolated from the rhizosphere of bamboo in Beijing, China by enrichment in nitrogen-free medium after heating at 100℃ for 10 min (Xie *et al.*, 2012). Strain WLY78 is similar to *P.*

polymyxa based on 16S rDNA phylogeny and whole genome sequencing. *E. coli* strains JM109 and BL21 were used as the recipient strains for constructing the engineered *E. coli* strains carrying nitrogen fixation genes.

Paenibacillus sp. WLY78 and the engineered *E. coli* strains were routinely grown in LB or LD medium (per liter contains: 2.5 g NaCl, 5 g yeast and 10 g tryptone) at 30℃ with shaking. When appropriate, antibiotics were added in the following concentrations: 40 mg/ml chloramphenicol, 100 mg/ml ampicillin, and 20 mg/ml tetracycline for maintenance of plasmids.

4.2 Nitrogen-free, nitrogen-deficient and nitrogen-excess media were used in this study

Nitrogen-free medium contained (per liter) 10.4 g Na_2HPO_4, 3.4 g KH_2PO_4, 26 mg $CaCl_2 \cdot 2H_2O$, 30 mg $MgSO_4$, 0.3 mg $MnSO_4$, 36 mg ferric citrate, 7.6 mg $Na_2MoO_4 \cdot 2H_2O$, 10 μg *p*-aminobenzoic acid, 5 μg biotin and 4 g glucose as carbon source. Nitrogen-deficient medium contained 2 mmol/L glutamate as nitrogen source in nitrogen-free medium. Nitrogen-excess medium contained 100 mmol/L NH_4Cl in nitrogen-free medium (Xie *et al.*, 2012).

4.3 Acetylene reduction assays

For nitrogenase activity assays, *Paenibacillus* sp. WLY78 and the engineered *E. coli* strains were grown in 5 ml of LD media (supplemented with antibiotics) in 50 ml flasks shaken at 250 r/min for 16 h at 30℃. The cultures were collected by centrifugation, washed three times with sterilized water and then resuspended in nitrogen-deficient medium containing 2 mmol/L glutamate as nitrogen source (supplemented with antibiotics for the engineered *E. coli* strains and IPTG when necessary) to a final OD_{600} of 0.2~0.4. Then, 1 ml of the culture was transferred to a 25 ml test tube and the test tube was sealed with robber stopper. The headspace in the tube was then evacuated and replaced with argon gas (Xie *et al.*, 2012). After incubating the cultures for 6~8 h at 30℃ with shaking at 250 r/min, C_2H_2 (10% of the headspace volume) was injected into the test tubes. After incubating the cultures for a further 3 h, 100 ml of culture headspace was withdrawn through the rubber stopper with a gas tight syringe and manually injected into a HP6890 gas chromatograph to quantify ethylene production. All treatments were in three replicates and all the experiments were repeated three or more times.

For measuring the effect of ammonium on nitrogenase activity, nitrogen-deficient medium was supplemented with NH_4Cl at the concentrations indicated and the cultures were also grown under anaerobic conditions. For measuring the effect of oxygen on nitrogenase activity, nitrogen-deficient medium containing 2 mmol/L glutamate as nitrogen source was used, and oxygen was adjusted to the initial concentration indicated at the start of the incubation.

4.4 $^{15}N_2$ incorporation assay

Paenibacillus sp. WLY78 and the engineered *E. coli* strains were grown overnight in LD medium. The cultures were collected and resuspended in 70 ml N-free medium to an OD_{600} of 0.4 in the 120 ml serum bottle. The serum bottles were filled with N_2 gas, and then 8 ml gas was removed and 5 ml $^{15}N_2$ (99%+, Shanghai Engineering Research Center for Stable Isotope) gas was injected. After 72 h of incubation at 30℃, the cultures were collected, and were freeze dried, ground, weighed and sealed into tin capsules. Isotope ratios are expressed as $\delta^{15}N$ whose values are a linear transform of the isotope ratios $^{15}N/^{14}N$, representing the per mille difference between the isotope ratios in a sample and in atmospheric N_2 (Montoya *et al.*, 1996).

4.5 Genome sequencing, assembly and annotation

Total DNA was extracted from *Paenibacillus* sp. WLY78. DNA sequencing was performed using Illumina technologies. A total length of 600,000,120 base pairs of reads were obtained, to enable the assembly of all tags using SOAP denovo. 1.04 assembler (Li *et al.*, 2008). Finally, 87 scaffolds were assembled, giving 101.3-fold coverage of the genome. Glimmer 3 (version 3.0.2) was used for gene finding (Delcher *et al.*, 2007). Transfer RNA genes were identified by the program tRNAscan-SE (Lowe *et al.*, 1997). Genes coding for proteins with known functions were annotated by searches against KEGG Genes, Pfam, and Swiss-Prot. The complete genome sequence of *Paenibacillus* sp. WLY78 has been deposited at DDBJ/EMBL/Genbank under the accession ALJV00000000. The version described in this paper is version ALJV01000000.

4.6 Construction of recombinant plasmids

Genomic DNA of *Paenibacillus* sp. WLY78 was used as template for cloning *nif* genes. Primers used for construction of the engineered *E. coli* strains are listed in Table S2. Recombinant plasmids and their deletion derivatives are listed in Table S3.

4.7 Transcription start site identification

The 5′-RACE method was used to determine the transcription start site (TSS) using the SMARTer RACE cDNA Amplification Kit (Clontech). Gene-specific primers are listed in Table S4. The PCR product was cloned to pMD18-T Vector and then sequenced.

4.8 Overexpression and purification of σ^{70} from *Paenibacillus* sp. WLY78 in *E. coli*

A 1,134 bp DNA fragment for *rpoD* gene (encoding σ^{70} of *Paenibacillus* sp. WLY78) was PCR amplified with primers sigma A-F and sigma A-R (Table S2). The PCR product was ligated to pET-28b expression vector, yielding plasmid pET28-σ^{70}. *E. coli* strain BL21 (DE3) was transformed with expression plasmid pET28-σ^{70} and the transformant was chosen for protein expression. The bacterial cells were grown in LB medium up to the end of the log phase and then a final concentration of 1 mmol/L IPTG (isopropyl-β-D-thiogalactopyranoside) was added to the culture and the cells were harvested after growing for another 4 h at 16℃. Then the cells were harvested and disrupted by sonication on ice. The protein was purified from the supernatant with Ni^{2+}-NTA agarose (Qiagen) according to the manufacturer's instructions.

4.9 Electrophoretic mobility shift assay (EMSA)

For the electrophoretic mobility shift assay (EMSA), a 50 bp *nif* promoter fragment (from −47 to +3 relative to the transcription start site of *nifB* in *Paenibacillus* sp. WLY78) was synthesized by Sangon Biotech Co., Ltd. (Shanghai). To do this, two DNA fragments corresponding to the sequences of the first strand (5′-GGAGAAGTGAATTGACTGTATTTGTCCCTGTCTCTAAGATGTAATTATAT-3′) and the complementary DNA strand (5′-ATATAATTACATCTTAGAGA CAGGGACAAATACAGTCAATTCACTTCTCC-3′) were synthesized. The two strands of DNA fragments were annealed and then labeled with digoxin using DIG Gel Shift Kit (Roche). The binding of *E. coli* σ^{70}-RNAP (RNA polymerase) (Epicentre) or σ^{70} of *Paenibaciillus* sp. WLY78 to the *nif* promoter was carried out using a gel shift kit (Roche). A scrambled 39 bp

DNA fragment formed by annealing the following complementary oligonucleotides (5′-GTACGGAGTATCC AGCTCCGTAGCATGCAAATCCTCTGG-3′) and (5′-CCAGAGGATTTGCATGCTACGGAGCTGGATA CTCCGTAC-3′) was used to assay non-specific binding.

To examine the specificity of binding to the promoter sequence, primers designed with substitutions in the –35 (TTGACT to GCTACT) and –10 (TAAGAT to GCAGAC) regions of the *nifB* promoter were utilized and were annealed and labeled as described above.

4.10 DNase I footprinting

The DNase I footprinting assay was performed as described by Zianni *et al.* (2006). A 365 bp *nif* promoter fragment (from –315 to +50 relative to the transcription start site) was PCR amplified from *Paenibacillus* sp. WLY78 with primer pfoot-up whose terminal base was fluorescent 6-carboxyfluorescein (FAM)-labeled and primer pfoot-down (Table S2). The 5′-FAM-labeled DNA fragment (400 ng) was incubated with the *E. coli* σ^{70}-RNAP (10 pmol) for 30 min at 25℃. Bovine serum albumin (BSA) was used for the control experiment. After incubation, the mixtures were digested with DNase I for 40 seconds at 37℃ and then the reactions were stopped by adding 0.2 mol/L EDTA (pH 8.0). The digested DNA fragments were extracted with phenol-chloroform, precipitated with ethanol, and the pellets dissolved in Mini-Q water. The samples were sequenced with the ABI 3730 DNA analyzer by Genolab Co., and the data were analyzed with GeneMarker software.

4.11 Construction of *nifB* promoter::*lacZ* fusion

A 100 bp DNA fragment (P*nif*) (from –97 to +3 relative to the *nifB* transcription start codon) containing the *nifB* promoter was amplified from total DNA of *Paenibacillus* sp. WLY78 using primers (Table S2). The fragment was cloned into the promoterless plasmid pPR9TT, yielding plasmid pPR9TT-P*nif*. The plasmid was then transformed into *E. coli* JM109, yielding *E. coli*/P*nifB*::*lacZ*. For β-galactosidase activity assays, *E. coli* JM109/pPR9TT and *E. coli*/*PnifB*::*lacZ* were grown overnight in LB medium at 30℃ with shaking. The cultures were collected by centrifugation, washed three times with sterilized water and then resuspended in nitrogen-deficient medium containing 2 mmol/L glutamate as nitrogen source to a final OD_{600} of 0.2~0.4. For measuring the effect of ammonium on nitrogenase activity, 1 ml culture was transferred to a 25 ml test tube supplemented with the concentration of NH_4Cl indicated and the culture was incubated for 20 h at 30℃ with shaking under anaerobic conditions. For measuring the effect of oxygen on nitrogenase activity, the test tubes were capped and filled with argon, and the oxygen concentration was adjusted to the initial concentration indicated and cultures were then incubated for 20 h at 30℃ with shaking.

β-galactosidase activity was assayed according to the method described by Miller (1972). A 100 ml sample was taken and then mixed with 900 ml Z buffer containing β-mercaptoethanol, 40 ml chloroform and 20 μl 10% SDS and then shaken for 20 s. Then 200 μl *O*-nitrophenyl-β-D-galactopyranoside (ONPG) (4 mg/ml) was added to the mixture and incubated in a water bath for 20 min at 28℃. The reaction was stopped with 500 μl 1 mol/L Na_2CO_3 solution. The mixture was then centrifuged for 15 min at 12,000 r/min and the supernatant was used to measure the OD_{420} and OD_{550} values. 1 unit of β-galactosidase=[1,000× (OD_{420}–1.7 OD_{550})]/[Time (min)×vol (ml)×OD_{600}].

4.12 RT-PCR

For RT-PCR, *Paenibacillus* sp. WLY78 and the recombinant *E. coli* strains were grown in N_2-fixing conditions (without NH_4Cl and O_2), non-N_2-fixing conditions (100 mmol/L NH_4Cl and 21% O_2) or at different concentrations of NH_4Cl in the absence of O_2 or at different concentration of O_2 in the absence of NH_4Cl. The cultures were harvested by centrifugation at 4℃, and total RNA was isolated using the PrimeScript RT reagent Kit with gDNA Eraser (Takara Bio) according to the manufacturer' s instructions. The possibility of contamination of genomic DNA were eliminated by digestion with RNase-free DNase I (Takara Bio). The integrity and size distribution of the RNA were verified by agarose gel electrophoresis, and the concentration was determined spectrophotometrically. Synthesis of cDNA was carried out using RT Prime Mix according to the manufacturer's specifications (Takara Bio). 0.8 mg of cDNA was used for RT-PCR. The *nifH* and *nifK* transcripts were detected by using an RT-PCR Kit with 16S rDNA as a control. Primers for *nifH*, *nifK* and 16S rDNA used for PCR are listed in Table S2.

4.13 Western blot assays for NifH and NifDK expression

For Western blot assays, cultures of *Paenibacillus* sp. WLY78 and the engineered *E. coli* strain and mutants grown in non-N_2-fixing condition (LD medium and 21% O_2) were collected after 6~8 hours of incubation, and cultures grown in N_2-fixing condition (2 mmol/L glutamate and without O_2) were collected after 20 h of incubation. The cell pellet collected from 4 ml cultures at OD_{600}=1 was dissolved in 200 μl sodium dodecyl sulfate (SDS) gel-loading buffer, boiled for 5 min and then 20 μl was loaded onto the stacking gel. Proteins were separated by sodium dodecyl sulfate polyacrylamide gel electrophoresis (SDS-PAGE) with an acrylamide: bis-acrylamide ratio of 172 ∶ 1. Antisera raised against MoFe protein and Fe protein of *K. oxytoca* M5al were used as probes for Western blotting. The MoFe protein and Fe protein components of nitrogenase were purified from *K. oxytoca* M5al under anaerobic conditions and then used to make rabbit antiserum.

References

Arnold W, Rump A, Klipp W, *et al.* 1988. Nucleotide sequence of a 24,206-base-pair DNA fragment carrying the entire nitrogen fixation gene cluster of *Klebsiella pneumoniae*. J Mol Biol, 203(3): 715-738.

Barriuso-Iglesias M, Barreiro C, Flechoso F, *et al.* 2006. Transcriptional analysis of the F0F1 ATPase operon of *Corynebacterium glutamicum* ATCC 13032 reveals strong induction by alkaline pH. Microbiology, 152(Pt 6): 11-21.

Beatty P H, Good A G. 2011. Future prospects for cereals that fix nitrogen. Science, 333(6041): 416-417.

Bochner B R, Gadzinski P, Panomitros E. 2011. Phenotype microarrays for high-throughput phenotypic testing and assay of gene function. Genome Res, 11(7): 1246-1255.

Boyd E S, Anbar A D, Miller S, *et al.* 2011. A late methanogen origin for molybdenum-dependent nitrogenase. Geobiology, 9(3): 221-232.

Curatti L, Hernandez J A, Igarashi R Y, *et al.* 2007. *In vitro* synthesis of the iron-molybdenum cofactor of nitrogenase from iron, sulfur, molybdenum, and homocitrate using purified proteins. Proc Natl Acad Sci USA, 104(45): 17626-17631.

Delcher A L, Bratke K A, Powers E C, *et al.* 2007. Identifying bacterial genes and endosymbiont DNA with Glimmer. Bioinformatics, 23(6): 673-679.

Dilworth M J. 1966. Acetylene reduction by nitrogen fixing preparations from *Clostridium pasteurianum*. Biochem Biophys Acta, 127(2): 285-294.

Dixon R, Kahn D. 2004. Genetic regulation of biological nitrogen fixation. Nat Rev Microbiol, 2(8): 621-631.

Dixon R, Postgate J. 1972. Genetic transfer of nitrogen fixation from *Klebsiella pneumoniae* to *Escherichia coli*. Nature,

237(5350): 102-103.

Dodsworth J A, Leigh J A. 2006. Regulation of nitrogenase by 2-oxoglutarate-reversible, direct binding of a P_{II}-like nitrogen sensor protein to dinitrogenase. Proc Natl Acad Sci USA, 103(26): 9779-9784.

Dos Santos P C, Fang Z, Mason S W. 2012. Distribution of nitrogen fixation and nitrogenase-like sequences amongst microbial genomes. BMC Genomics, 13: 162.

Enkh-Amgalan J, Kawasaki H, Oh-Oka H, *et al.* 2006. Cloning and characterization of a novel gene involved in nitrogen fixation in *Heliobacterium chlorum*, a possible regulatory gene. Arch Microbiol, 186(4): 327-337.

Falkowski P G. 1997. Evolution of the nitrogen cycle and its influence on the biological sequestration of CO_2 in the ocean. Nature, 387(5429): 272-275.

Gavini N, Tungtur S, Pulakat L. 2006. Peptidyl-prolyl *cis/trans* isomerase-independent functional NifH mutant of *Azotobacter vinelandii*. J Bacteriol, 188(16): 6020-6025.

Groot Kormelink T, Koenders E, Hagemeijer Y, *et al.* 2012. Comparative genome analysis of central nitrogen metabolism and its control by GlnR in the class Bacilli. BMC Genomics, 13: 191.

Harris G S, White T C, Flory J E, *et al.* 1990. Genes required for formation of the apo-MoFe protein of *Klebsiella pneumoniae* nitrogenase in *Escherichia coli*. J Biol Chem, 265(26): 15909-15919.

Hill S, Kavanagh E P. 1980. Roles of *nifF* and *nifJ* gene products in electron transport to nitrogenase in *Klebsiella pneumoniae*. J Bacteriol, 141(2): 470-475.

Hoover T R, Imperial J, Ludden P W, *et al.* 1988. Homocitrate cures the NifV-phenotype in *Klebsiella pneumoniae*. J Bacteriol, 170(4): 1978-1989.

Howard K S, McLean P A, Hansen F B, *et al.* 1986. *Klebsiella pneumoniae nifM* gene product is required for stabilization and activation of nitrogenase iron protein in *Escherichia coli*. J Biol Chem, 261(2): 772-778.

Hu Y, Ribbe M W. 2011. Biosynthesis of nitrogenase FeMoco. Coord Chem Rev, 255: 1218-1224.

Huergo L F, Pedrosa F O, Muller-Santos M, *et al.* 2012. P_{II} signal transduction proteins: pivotal players in post-translational control of nitrogenase activity. Microbiology, 158(Pt 1): 176-190.

Imperial J, Hoover T R, Madden M S, *et al.* 1989. Substrate reduction properties of dinitrogenase activated *in vitro* are dependent upon the presence of homocitrate or its analogs during iron-molybdenum cofactor synthesis. Biochemistry, 28(19): 7796-7799.

Jarmer H, Larsen T S, Krogh A, *et al.* 2001. Sigma A recognition sites in the *Bacillus subtilisgenome*. Microbiology, 147(Pt 9): 2417-2424.

Kessler P S, Blank C, Leigh J A. 1998. The *nif* gene operon of the methanogenic archaeon *Methanococcus maripaludis*. J Bacteriol, 180(6): 1504-1511.

Lake M W, Wuebbens M M, Rajagopalan K V, *et al.* 2001. Mechanism of ubiquitin activation revealed by the structure of a bacterial MoeB-MoaD complex. Nature, 414(6861): 325-329.

Lehmann C, Begley T P, Ealick S E. 2006. Structure of the *Escherichia coli* ThiS-ThiF complex, a key component of the sulfur transfer system in thiamin biosynthesis. Biochemistry, 45(1): 9-11.

Li R, Li Y, Kristiansen K, *et al.* 2008. SOAP, short oligonucleotide alignment program. Bioinformatics, 24(5): 713-714.

Lowe T M, Eddy S R. 1997. tRNAscan-SE, a program for improved detection of transfer RNA genes in genomic sequence. Nucleic Acids Res, 25(5): 955-964.

Masson-Boivin C, Giraud E, Perret X, *et al.* 2009. Establishing nitrogen-fixing symbiosis with legumes: how many rhizobium recipes? Trends Microbiol, 17(10): 458-466.

McLean P, Dixon R. 1981. Requirement of *nifV* gene for production of wild-type nitrogenase enzyme in *Klebsiella pneumoniae*. Nature, 292(5824): 655-656.

Merrick M, Dixon R. 1984. Why don't plants fix nitrogen? Trends Biotechnol, 2(6): 162-166.

Miller J H. 1972. Experiments in Molecular Genetics. New York: Cold Spring Harbor Laboratory.

Montoya J P, Voss M, Kahler P, *et al.* 1996. A simple, high-precision, high-sensitivity tracer assay for N_2 fixation. Appl Environ Microbiol, 62(3): 986-993.

Nieva-Gómez D, Roberts G P, Klevickis S, *et al.* 1980. Electron transport to nitrogenase in *Klebsiella pneumoniae*. Proc Natl Acad Sci USA, 77(5): 2555-5558.

Oh CJ, Kim H B, Kim J, *et al.* 2012. Organization of *nif* gene cluster in *Frankia* sp. EuIK1 strain, a symbiont of *Elaeagnus umbellate*. Arch Microbiol, 194(1): 29-34.

Roberts C P, Macnell T, Macnell D, *et al.* 1978. Regulation and characterization of protein products coded by the *nif* (nitrogen

fixation) genes of *Klebsiella pneumonia.* J Bacteriol, 136(1): 267-279.
Rubio L M, Ludden P W. 2008. Biosynthesis of the iron-molybdenum cofactor of nitrogenase. Annu Rev Microbiol, 62: 93-111.
Schmitz J, Wuebbens M M, Rajagopalan K V, *et al.* 2007. Role of the C-terminal Gly-Gly motif of *Escherichia coli* MoaD, a molybdenum cofactor biosynthesis protein with a ubiquitin fold. Biochemistry, 46(3): 909-916.
Schöllhorn R, Burris R H. 1967. Acetylene as a competitive inhibitor of N_2 fixation. Proc Natl Acad Sci USA, 58(1): 213-216.
Setubal J C, dos Santos P, Goldman B S, *et al.* 2009. Genome Sequence of *Azotobacter vinelandii*, an obligate aerobe specialized to support diverse anaerobic metabolic processes. J Bacteriol, 191(14): 4534-4545.
Welsh E A, Liberton M, Stockel J. 2008. The genome of *Cyanothece* 51142, a unicellular diazotrophic cyanobacterium important in the marine nitrogen cycle. Proc Natl Acad Sci USA, 105(39): 15094-15099.
Xie J B, Bai L Q, Wang L Y, *et al.* 2012. Phylogeny of 16S rRNA and *nifH* genes and regulation of nitrogenase by oxygen and ammonium in the genus *Paenibacillus*. Microbiology, 81(6): 5-6.
Yamada M, Kubo M, Miyake T, *et al.* 1991. Promoter sequence analysis in *Bacillus* and *Escherichia*, construction of strong promoters in *E. coli*. Gene, 99(1): 109-114.
Yeh H Y, Chen T C, Liou K M, *et al.* 2011. The core-independent promoter-specific interaction of primary sigma factor. Nucleic Acids Res, 39(3): 913-925.
Zhao D, Curatti L, Rubio L M. 2007. Evidence for *nifU* and *nifS* participation in the biosynthesis of the iron-molybdenum cofactor of nitrogenase. J Bio Chem, 282(51): 37016-37025.
Zhao H, Xie B, Chen S F. 2006. Cloning and sequencing of *nifBHDKENX* genes of *Paenibacillus massiliensis* T7 and its *nif* promoter analysis. Science in China Series C: Life Sciences, 49(2): 115-122.
Zianni M, Tessanne K, Merighi M, *et al.* 2006. Identification of the DNA bases of a DNase I footprint by the use of dye primer sequencing on an automated capillary DNA analysis instrument. J Biomol Tech, 17(2): 103-113.

Supplementary material: https://doi.org/10.1371/journal.pgen.1003865

本文原载: PLoS Genetics, 2013, 8(10): e1003865.

Comparative Genomic Analysis of N_2-Fixing and Non-N_2-Fixing *Paenibacillus* spp.: Organization, Evolution and Expression of the Nitrogen Fixation Genes*

Xie Jianbo[1], Du Zhenglin[2], Bai Lanqing[1], Tian Changfu[1], Zhang Yunzhi[1], Xie Jiuyan[1], Wang Tianshu[1], Liu Xiaomeng[1], Chen Xi[1], Cheng Qi[3], Chen Sanfeng[1], Li Jilun[1]

(1. Key Laboratory for Agrobiotechnology, China Agricultural University, Beijing, 100193, China; 2. Beijing Institute of Genomics, Chinese Academy of Sciences, Beijing, 100101, China; 3. Biotechnology Research Institute, Chinese Academy of Agricultural Sciences, Beijing, 100081, China)

Abstract

We provide here a comparative genome analysis of 31 strains within the genus *Paenibacillus* including 11 new genomic sequences of N_2-fixing strains. The heterogeneity of the 31 genomes (15 N_2-fixing and 16 non-N_2-fixing *Paenibacillus* strains) was reflected in the large size of the shell genome, which makes up approximately 65.2% of the genes in pan genome. Large numbers of transposable elements might be related to the heterogeneity. We discovered that a minimal and compact *nif* cluster comprising nine genes *nifB*, *nifH*, *nifD*, *nifK*, *nifE*, *nifN*, *nifX*, *hesA* and *nifV* encoding Mo-nitrogenase is conserved in the 15 N_2-fixing strains. The *nif* cluster is under control of a σ^{70}-dependent promoter and possesses a GlnR/TnrA-binding site in the promoter. Suf system encoding [Fe-S] cluster is highly conserved in N_2-fixing and non-N_2-fixing strains. Furthermore, we demonstrate that the *nif* cluster enabled *Escherichia coli* JM109 to fix nitrogen. Phylogeny of the concatenated NifHDK sequences indicates that *Paenibacillus* and *Frankia* are sister groups. Phylogeny of the concatenated 275 single-copy core genes suggests that the ancestral *Paenibacillus* did not fix nitrogen. The N_2-fixing *Paenibacillus* strains were generated by acquiring the *nif* cluster *via* horizontal gene transfer (HGT) from a source related to *Frankia*. During the history of evolution, the *nif* cluster was lost, producing some non-N_2-fixing strains, and *vnf* encoding V-nitrogenase or *anf* encoding Fe-nitrogenase was acquired, causing further diversification of some strains. In addition, some N_2-fixing strains have additional *nif* and *nif-like* genes which may result from gene duplications. The evolution of nitrogen fixation in *Paenibacillus* involves a mix of gain, loss, HGT and duplication of *nif*/*anf*/*vnf* genes. This study not only reveals the organization and distribution of nitrogen fixation genes in *Paenibacillus*, but also provides insight into the complex evolutionary history of nitrogen fixation.

Keywords

genomic analysis, N_2-fixation, *Paenibacillus*, *nif* gene cluster, evolution.

---

*This work was supported by funds from the "973" Project (Grant No. 2010CB126504) and the National Nature Science Foundation of China (Grant No. 31270129).

1. Introduction

Biological nitrogen fixation, the conversion of atmospheric N_2 to NH_3, plays an important role in the global nitrogen cycle and in world agriculture (Falkowski, 1997). Nitrogen fixation is mainly catalyzed by the Mo-nitrogenase. The ability to fix nitrogen is widely, but sporadically distributed among Archaea and Bacteria which includes these families: Proteobacteria, Firmicutes, Cyanobacteria, Actinobacteria and Chlorobi (Dos *et al.*, 2012). Also, the contents and organization of nitrogen fixation (*nif*) genes vary significantly among the different N_2-fixing organisms. For example, in *Klebsiella pneumoniae*, twenty *nif* genes are co-located within a ~24 kb cluster (Arnold *et al.*, 1988), whereas in *Azotobacter vinelandii* the *nif* genes are more dispersed and distributed as two clusters in the genome (Setubal *et al.*, 2009). The random distribution pattern and the difference in contents and organization of *nif* genes raise the question of origins and evolution of Mo-nitrogenase. Phylogenetic inference based on the sequences of *nif* genes is generally used to understand the evolution of *nif* genes (Normand and Bouquet, 1989; Normand *et al.*, 1992; Hartmann and Barnum, 2010). Two conflicting hypotheses for origins of Mo-nitrogenase have been proposed on the basis of phylogenetic examination of Mo-nitrogenase protein sequences (NifHDK) (Leigh, 2000; Raymond *et al.*, 2004; Boyd *et al.*, 2011a, 2011b). One is the last common ancestor (LCA) hypothesis which implies that the Mo-nitrogenase had its origin in a common ancestor of the bacterial and archaeal domains. According to the LCA model gene loss has been extensive and accounts for the fact that nitrogenase is found neither in eukaryotes nor in many entire phyla of prokaryotes. The other is the methanogen origin hypothesis which implies that nitrogen fixation was originated in methanogenic archaea and subsequently was transferred into a primitive bacterium *via* horizontal gene transfer (HGT).

Remarkable progress in sequencing technology has advanced in understanding genetics and phylogenetic history of nitrogen fixation. For example, genome sequences of several diazotrophs, such as *Pseudomonas stutzeri* A1501 (Yan *et al.*, 2008), *Herbaspirillum seropedicae* SmR1 (Pedrosa *et al.*, 2011) and *Wolinella succinogenes* (Baar *et al.*, 2003), revealed that the Mo-nitrogenase genes constitute a nitrogen fixation cluster or island. The *nif* genes of *P. stutzeri*, including *nifQ*, *nifA*, *nifL*, *nifH*, *nifD*, *nifK*, *nifT*, *nifY*, *nifE*, *nifN*, *nifX*, *nifS*, *nifU*, *nifW*, *nifZ*, *nifM* and *nifF* are distributed in a 49 kb region. The *nif* genes of *H. seropedicae*, including *nifA*, *nifB*, *nifZ*, *nifZ1*, *nifH*, *nifD*, *nifK*, *nifE*, *nifN*, *nifX*, *nifQ*, *nifW*, *nifV*, *nifU* and *nifS* are in a region spanning 37 kb interspersed with *fix*, *mod*, *hes*, *fdx*, *hsc* and other genes. Variation of G+C content between the *nif* cluster and the genome average in *P. stutzeri* A1501 and existence of transposase near the *nif* cluster in *H. seropedicae* SmR1 are indicative of HGT of *nif* gene clusters (Pedrosa *et al.*, 2011). However, since nitrogen fixation is an ancient complex process and is widely, but sporadically distributed among prokaryote families, further extensive genome sequences are needed to completely resolve the evolutionary history of nitrogenase.

Mo-nitrogenase is composed of two proteins, dinitrogenase (MoFe protein) and dinitrogenase reductase (Fe protein). The MoFe protein is an $\alpha_2\beta_2$ heterotetramer (encoded by *nifDK*) that contains the iron-molybdenum cofactors (FeMo-co) and P clusters. The FeMo-co is a [Mo-7Fe-9S-homocitrate] cluster which serves as the active site of substrate binding and reduction. The P-cluster is a [8Fe-7S] cluster which shuttles electrons to the FeMo-co. The Fe protein is a γ_2 homodimer (encoded by *nifH*) bridged by an inter subunit [4Fe-4S] cluster that serves as the obligate electron donor to the MoFe protein. In addition to the structural genes *nifHDK*, other genes *nifE nifN*, *nifX nifB*, *nifQ*, *nifV*, *nifY*, *nifU*, *nifS*, *nifZ* and *nifM* contribute to the synthesis of FeMo-co and maturation of nitrogenase (Hu *et al.*, 2008; Rubio and Ludden, 2008; Kaiser *et al.*, 2011). Although the majority of present-day biological N_2 reduction is catalyzed by the Mo-nitrogenase, two homologous alternative nitrogenases: V- and Fe-nitrogenase are important biological sources of fixed nitrogen in environments where Mo is limiting (Joerger *et al.*, 1988). V- and Fe-nitrogenase are encoded by the *vnf* and *anf* genes. The Mo-, V- and Fe-nitrogenases are not equally distributed in nature. Most of diazotrophs, such as *K. pneumoniae*, possesses only the Mo-nitrogenase (Rubio and Ludden, 2005). While some organisms, like *A. vinelandii*, possess all three types of nitrogenases (Chisnell *et al.*, 1988) and other organisms, like *Rhodobacter capsulatus* and *Rhodospirillum rubrum*, carry the Mo- and Fe-nitrogenases (Schneider *et al.*, 1991; Davis *et al.*, 1996).

Paenibacillus is a large genus of Gram-positive, facultative anaerobic, endospore-forming bacteria. Members of this genus are biochemically and morphologically diverse and are found in various environments, such as soil, rhizosphere, insect larvae, and clinical samples (McSpadden, 2004; Montes *et al.*, 2004; Ouyang *et al.*, 2008; Lal and Tabacchioni, 2009). Originally *Paenibacillus* was included within the genus *Bacillus*, however in 1993 it was reclassified as a separate genus (Ash *et al.*, 1993). At that time, the genus *Paenibacillus* encompassed 11 species including the three N_2-fixing species *P. polymyxa*, *P. macerans* and *P. azotofixans* (Ash *et al.*, 1993). The genus *Paenibacillus* currently comprises more than 120 named species, more than 20 of which have nitrogen fixation ability, including the following 8 novel species described by our laboratory: *P. sabinae*, *P. zanthoxyli*, *P. forsythiae*, *P. sonchi*, *P. sophorae*, *P. jilunlii*, *P. taohuashanense* and *P. beijingensis* (Ma *et al.*, 2007; Ma and Chen, 2008; Hong *et al.*, 2009; Jin *et al.*, 2011; Xie *et al.*, 2012; Wang *et al.*, 2013). Although diazotrophic *Paenibacillus* strains have potential uses as a bacterial fertilizer in agriculture, genomic information to date is limited and the genetics and evolution of nitrogen fixation of these diazotrophs are unknown.

Here we sequenced 11 N_2-fixing *Paenibacillus* strains and compared these strains to each other and to 20 other strains (4 N_2-fixing and 16 non-N_2-fixing strains) that were sequenced previously. These strains were obtained from plant rhizospheres, hot spring and human body and from Brazil, China, Republic of Korea, Israel, France, Belgium, United States of America, *etc.* (Table 1). Our study revealed that a *nif* gene cluster comprising *nifB*, *nifH*, *nifD*, *nifK*, *nifE*, *nifN*, *nifX*, *hesA* and *nifV* encoding Mo-nitrogenase is highly conserved in the 15 N_2-fixing strains. Also, two homologous alternative nitrogenases: V- and Fe-nitrogenase encoded by the *vnf* and *anf* genes, respectively, are found in some *Paenibacillus* species. HGT, gene loss and gene duplication of *nif*, *vnf* and *anf* genes have contributed to evolution of nitrogen fixation in *Paenibacillus*. This study not only reveals the organization and distribution of *nif*/*anf*/*vnf* genes and the evolutionary patterns of nitrogen fixation in *Paenibacillus*, but also provides support for the methanogen origin hypothesis for *nif* evolution (Boyd *et al.*, 2011a, 2011b).

Table 1 *Paenibacillus* strains used in study

Strains	Source	Nitrogen fixer	Genome sequence
Paenibacillus sp. JDR2	*Sweetgum* stem wood, Florida, USA	–	Chow *et al.*, 2012
Paenibacillus sp. Y412MC10	Obsidian hot spring, Montana, USA	–	Mead *et al.*, 2012
P. mucilaginosus KNP414	soil of Tianmu Mountain, Zhejiang, China	–	unpublished
P. mucilaginosus K02	soil of maize-farming fields, Guizhou, China	–	unpublished
P. mucilaginosus 3016	rhizosphere soil, Shandong, China	–	Ma *et al.*, 2012
P. polymyxa E681	rhizosphere of winter barley, Chonnam, Republic of Korea	–	Kim *et al.*, 2010
P. polymyxa SC2	rhizosphere of pepper, Guizhou, China	–	Ma *et al.*, 2011
P. curdlanolyticus YK9	soil, Kobe city, Japan	–	unpublished
Paenibacillus sp. HGF5	human intestinal microflora, USA	–	unpublished
Paenibacillus sp. HGF7	human intestinal microflora, USA	–	unpublished

continued

Strains	Source	Nitrogen fixer	Genome sequence
P. dendritiformis C454	soil, Tel Aviv, Israel	–	Sirota-Madi *et al.*, 2012
P. elgii B69	soil samples, Hangzhou, China	–	Ding *et al.*, 2011
P. lactis 154	milk, Belgium	–	unpublished
P. peoriae KCTC 3763	soil, Republic of Korea	–	Jeong *et al.*, 2012
Paenibacillus sp. oral taxon 786D14	oral swab from female patient, USA	–	unpublished
P. vortex V453	rhizosphere, Tel Aviv, Israel	–	Sirota-Madi *et al.*, 2010
P. polymyxa WLY78	bamboo rhizosphere, Beijing, China	+	unpublished
P. polymyxa TD94	*Scutellaria* rhizosphere, Liaoning, China	+	this study
P. polymyxa 1-43	corn rhizosphere, Shanxi, China	+	this study
P. beijingensis 1-18	wheat rhizosphere, Beijing, China	+	this study
Paenibacillus sp. 1-49	corn rhizosphere, Shanxi, China	+	this study
Paenibacillus sp. Aloe-11	root of *Aloe chinensis*, Chongqing, China	+	Li *et al.*, 2012
P. terrae HPL-003	soil of forest residue, Daejeon, Republic of Korea	+	Shin *et al.*, 2012
P. azotofixans ATCC 35681	wheat roots, Parana state, Brazil	+	this study
P. graminis RSA19	maize rhizosphere soil, Ramonville, France	+	this study
P. sonchi X19-5	rhizosphere of Ku Caihua, Xinjiang, China	+	this study
P. sophorae S27	rhizosphere of *Sophora japonica*, Beijing, China	+	this study
P. massiliensis T7	willow rhizosphere, Beijing, China	+	this study
P. zanthoxyli JH29	pepper rhizosphere, Hubei, China	+	this study
P. forsythia T98	*Forsythia* rhizosphere, Beijing, China	+	this study
P. sabinae T27	rhizosphere of *Sabina squamata*, Beijing, China	+	unpublished

2. Results

2.1 Genomic features

A summary of the features of each of the 11 newly-sequenced genomes of N_2-fixing *Paenibacillus* strains and 20 previously-sequenced genomes of *Paenibacillus* strains (4 N_2-fixers and 16 non-N_2-fixers) is shown in Table 2. The characteristics (size, GC content, predicted number of coding sequences, and number of tRNA genes) of the 11 newly-sequenced genomes are within the range of previously-sequenced genomes of *Paenibacillus* strains (Table 2, Table S1). The 31 genomes vary in size by approximately three megabases (ranging from 4.90~8.77 Mb) with the number of CDSs ranging from 4,460~9,087, indicating substantial strain-to-strain variation. The G+C contents of the 31 genomes range from 44.2~58.4. The genome of *Paenibacillus sophorae* S27 has a larger size than those of the newly-sequenced strains.

Table 2 Genomic features of *Paenibacillus* strains

Species	Status	GenBank accession number	Genome size/Mb	G+C content/%	tRNA genes	Protein-coding sequences (CDS)
Paenibacillus sp. JDR 2	complete	CP001656	7.18	50.3	87	6,213
Paenibacillus sp. Y412MC10	complete	CP001793	7.12	51.2	73	6,238
P. mucilaginosus KNP414	complete	CP002869	8.66	58.4	108	7,811
P. mucilaginosus K02	complete	CP003422	8.77	58.2	189	7,252

continued

Species	Status	GenBank accession number	Genome size/Mb	G+C content/%	tRNA genes	Protein-coding sequences (CDS)
P. mucilaginosus 3016	complete	CP003235	8.74	58.3	170	7,057
P. polymyxa E681	complete	CP000154	5.39	45.8	91	4,805
P. polymyxa SC2	complete	CP002213	6.24	44.6	91	6,032
P. curdlanolyticus YK9	complete	AEDD00000000	5.45	51.9	101	4,824
Paenibacillus sp. HGF5	draft	AEXS00000000	6.95	51.0	71	6,496
Paenibacillus sp. HGF7	draft	AFDH00000000	6.28	52.8	72	5,992
P. dendritiformis C454	draft	AHKH00000000	6.38	54.0	31	5,660
P. elgii B69	draft	AFHW00000000	7.96	52.4	51	7,777
*P. lactis*154	draft	AGIP00000000	6.81	51.8	74	6,149
P. peoriae KCTC 3763	draft	AGFX00000000	5.77	46.4	81	5,073
Paenibacillus sp. oral taxon786 str. D14	draft	ACIH00000000	4.90	51.8	69	4,460
P. vortex V453	draft	ADHJ00000000	6.39	48.8	57	5,928
P. polymyxa WLY78	draft	ALJV00000000	5.92	45.1	54	5,729
P. polymyxa TD94	draft	ASSA00000000	6.10	45.0	50	5,697
P. polymyxa 1-43	draft	ASRZ00000000	6.00	44.2	69	5,731
P. beijingensis 1-18	draft	ASSB00000000	5.44	46.0	59	5,599
Paenibacillus sp. 1-49	draft	ASRY00000000	5.65	46.4	56	5,628
Paenibacillus sp. Aloe-11	draft	AGFI00000000	5.79	46.6	73	5,275
P. terrae HPL-003	complete	CP003107	6.08	46.8	89	5,525
P. massiliensis T7	draft	ASSE00000000	6.32	48.4	63	5,722
P. graminis RSA19	draft	ASSG00000000	7.08	50.4	61	7,081
P. sonchi X19-5	draft	AJTY00000000	7.61	50.4	46	7,705
P. azotofixans ATCC 35681	draft	ASQQ00000000	5.44	50.8	37	5,924
P. sophorae S27	draft	ASSF00000000	8.52	47.9	83	9,087
P. zanthoxyli JH29	draft	ASSD00000000	5.12	50.9	50	5,622
P. forsythia T98	draft	ASSC00000000	5.19	53.0	37	5,552
P. sabinae T27	complete	CP004078	5.27	52.6	82	5,250

2.2 Core and pan-genome analysis

Our analysis of the total 31 genomes reveals that a pan genome contains 55,504 putative protein-coding genes in the genus *Paenibacillus.* Of the 55,504 putative protein-coding genes, 37,105, which made up 66.9% of the genes in the pan genome, were represented in only one genome of *Paenibacillus* spp., suggesting a high frequency of horizontal gene acquisition from other taxa. In contrast to the pan-genome, the genus *Paenibacillus* had the core genome of 680 putative protein-coding genes, which represents only 9% to 15% of the repertoire of protein coding genes of each strain, illustrating a large degree of genomic diversity in this group of bacteria (Fig. 1). The genomic data are consistent with the fact that *Paenibacillus* strains are morphologically and physiologically diverse.

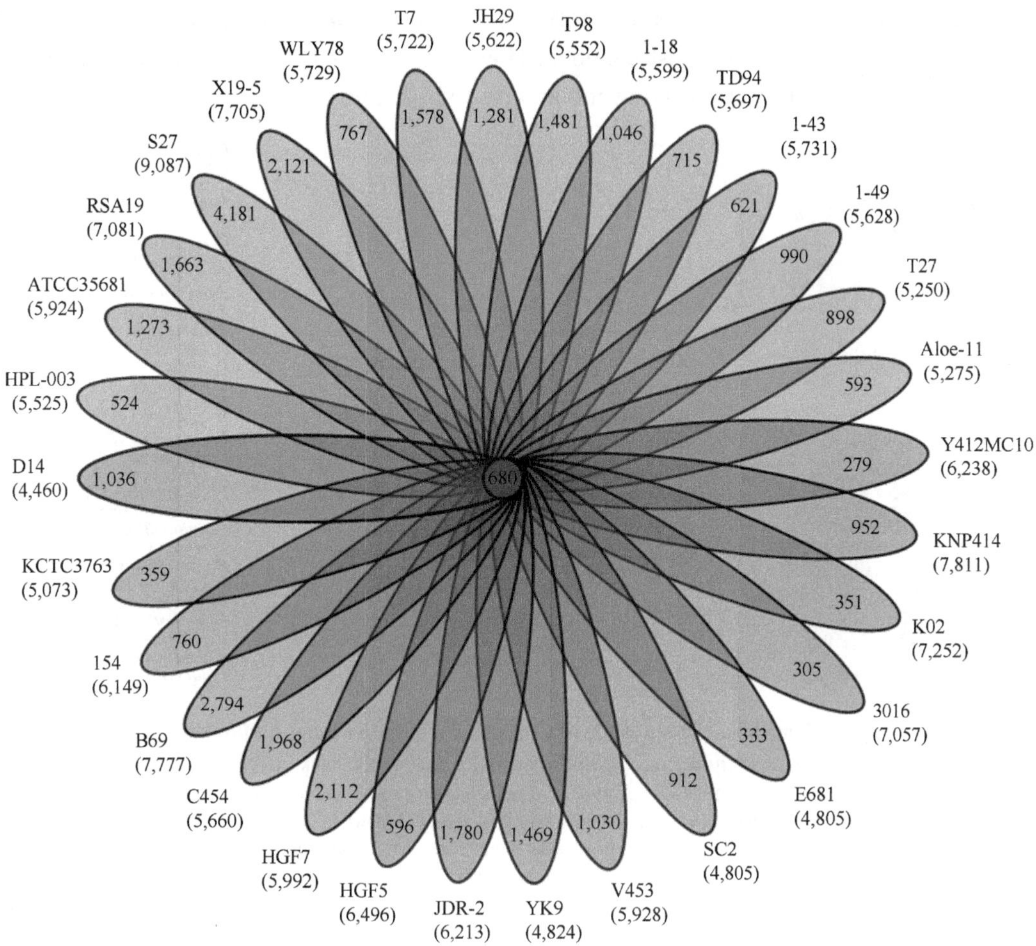

Fig. 1 Genomic diversity of strains in the genus *Paenibacillus* (Color figure in the two-dimensional code at the back cover)

Each strain is represented by an oval that is colored: N_2-fixing strains (red), non-N_2-fixing strains (purple). The number of orthologous coding sequences (CDSs) shared by all strains (*i.e.*, the core genome) is in the center. Overlapping regions show the number of CDSs conserved only within the specified genomes. Numbers in non-overlapping portions of each oval show the number of CDSs unique to each strain. The total number of protein coding genes within each genome is listed below the strain name

We further comparatively analyze the core genome of 15 N_2-fixing and 16 non-N_2-fixing *Paenibacillus* strains. We found that non-N_2-fixing strains had the core genome of 908 putative protein-coding genes, which made up 12%~20% of protein-coding genes in each strain. N_2-fixing strains had the core genome of 1,264 putative protein-coding genes, which code 14%~24% of the protein pool in each genome. Further, we use Cluster of Orthologous Groups (COG) assignments to determine whether there were differences in the proportion of the core genome attributable to a particular cellular process (Fig. 2 and Table S2). Interestingly, core genome of N_2-fixing strains was found to be disproportionally enriched in cell motility and chemotaxis genes (Fisher's exact test; $P<0.01$). Since these N_2-fixing strains were isolated from plant rhizospheres, cell motility and chemotaxis are of importance for bacterial adaptation to the ever-changing rhizosphere environment (Merritt *et al.*, 2007).

2.3 Transposable elements

In this study, transposons were identified using the ISfinder database (http://www-is.biotoul.fr/) and only expectation values of 10^{-5} and below were considered as significant matches during searches. Each *Paenibacillus* genome in this study contains a unique set of transposons (Table S3). The number of transposon copies pergenome ranges from 3 (*P. polymyxa* SC2) to 118 (*P. sophorae* S27). Members of the IS3, IS4, IS5, IS1182 and IS200/IS605 families are most common. However, there is not a large difference in numbers of transposable elements between other N_2-fixing and non-N_2-fixing strains.

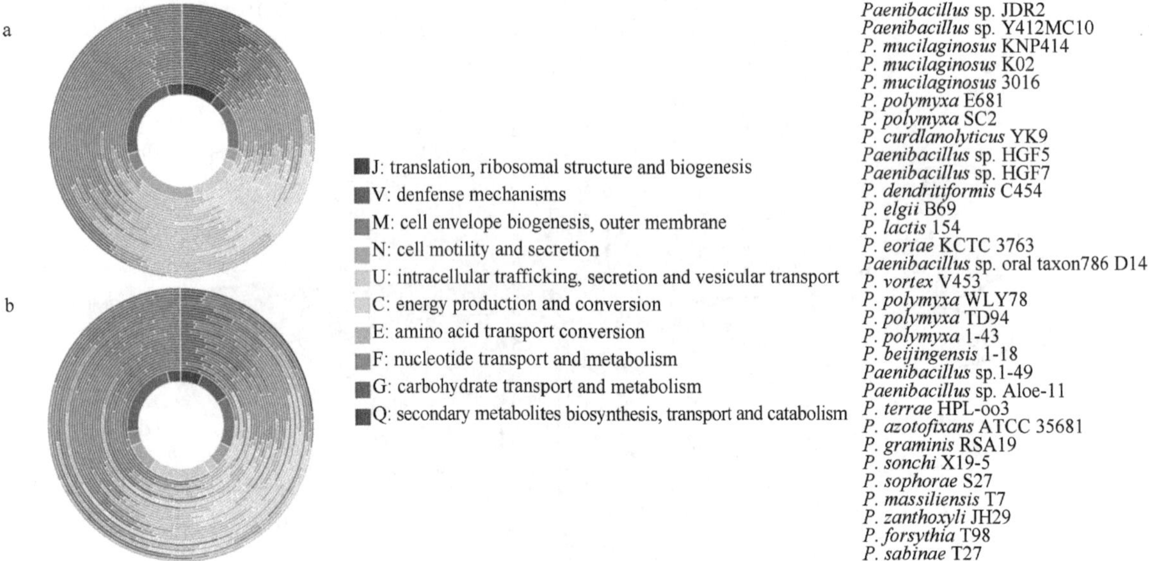

Fig. 2 Functional classification of gene content of the 31 *Paenibacillus* strains
(Color figure in the two-dimensional code at the back cover)

a. Profiles of Cluster of Orthologous Groups (COG) showing percentage of genes in each category out of total annotated genes. Taxa from inside of circle to outside of circle are from *Paenibacillus* sp. JDR 2 (top in the strain list) to *P. sabinae* T27 (down in the strain list). b. Profiles of COG showing function categories for genes in core genomes. Taxa from inside of circle to outside of circle are from *Paenibacillus* sp. JDR 2 (top in the strain list) to *P. sabinae* T27 (down in the strain list)

2.4 Prophage

Here prophages were identified using PHAST. Each genome of the 31 strains contains 1~10 prophages and/or prophage remnants, ranging in size from 14.4 to 59.1 kb. Collectively, the 31 genomes have 16 intact prophages and 69 prophage remnants. The newly-sequenced genomes have 38 prophages, most of which have a set of cargo genes that encode putative bacteriocins, DNA replication protein DnaD, ABC transporter ATP-binding protein, non-ribosomal peptide synthase module containing protein adenine- and cytosine-specific DNA methyltransferases, and DNA/RNA helicase (Table S4). However, there is not a large difference in numbers of prophages between other N_2-fixing and non-N_2-fixing strains.

2.5 The *nif* gene cluster is highly conserved in *Paenibacillus*

Comparison of COG assignments between non-N_2-fixing and N_2-fixing *Paenibacillus* strains (Table S2) revealed that 9 core genes in the N_2-fixing strains: *nifB*, *nifH*, *nifD*, *nifK*, *nifE*, *nifN*, *nifX*, *hesA* and *nifV*, which are organized as a *nif* gene cluster arranged within a 10.5~12 kb genomic region, are conserved in all of the 15 N_2-fixing strains (Fig. 3, Table S5). The *nifH*, *nifD* and *nifK* are structural genes for Mo-nitrogenase, and the *nifB*, *nifE*, *nifN*, *nifX* and *nifV* are involved in synthesis of FeMo-co. The gene *hesA*, which is located between *nifX* and *nifV*, is also found in the *nif* clusters of *Frankia* (Oh *et al.*, 2012) and Cyanobacteria (Welsh *et al.*, 2008). HesA (also being called NAD/FAD-binding protein) is a member of the ThiF-MoeB-HesA family, which is involved in molybdopterin and thiamine biosynthesis. Our recent studies demonstrated that HesA is required for efficient nitrogen fixation in *Paenibacillus* (Wang *et al.*, 2013). As shown in Fig. S1, the numbers of *nif* genes and size of the *nif* cluster of *Paenibacillus* are much smaller than those of *Frankia*, Cyanobacteria, Chlorobia (green sulfur) and Proteobacteria.

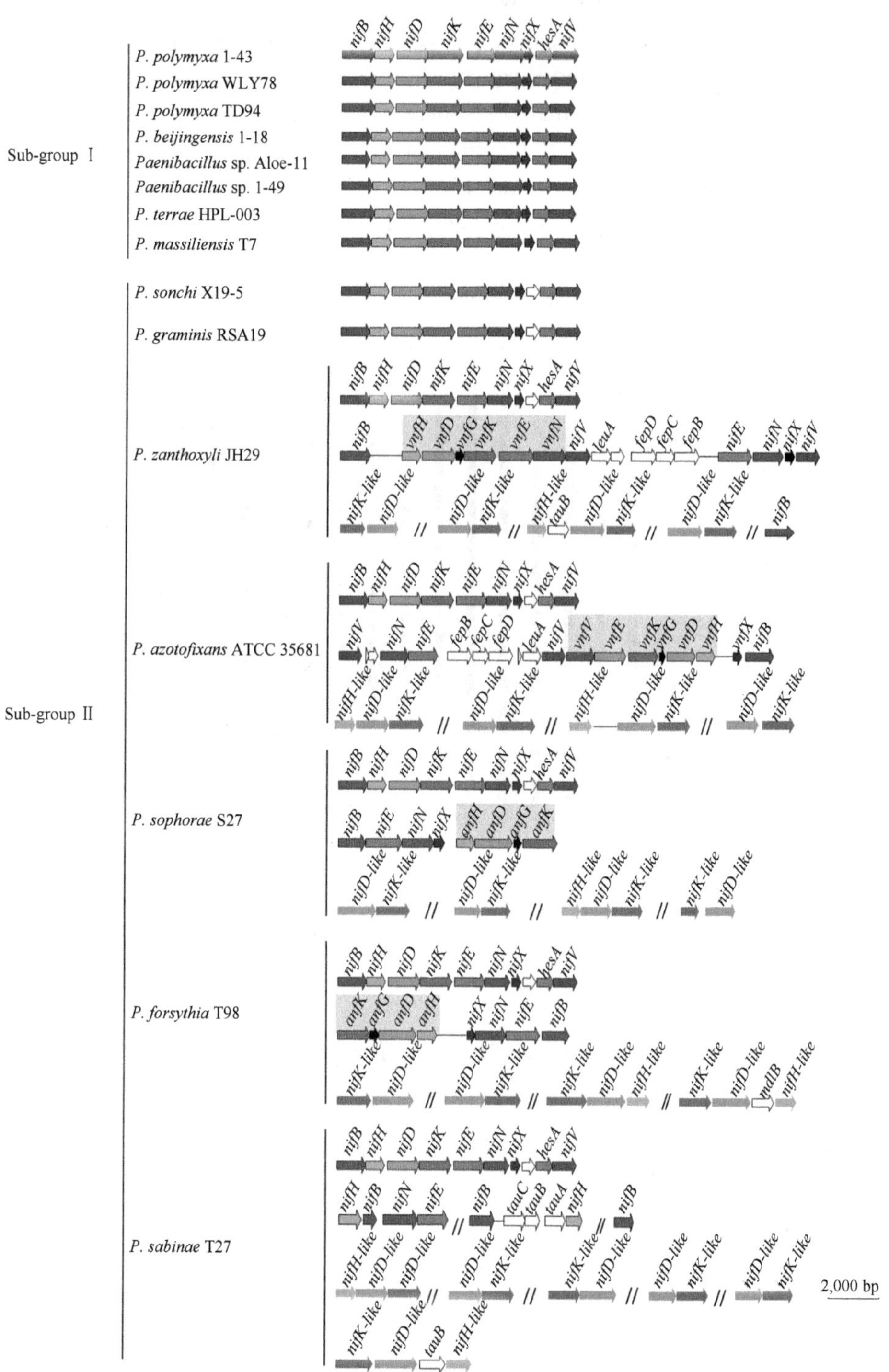

Fig. 3　Organization of *nif*, *vnf*, *anf* and *nif-like* genes in N_2-fixing *Paenibacillus* strains. *nif*, *vnf*, *anf* and *nif-like* genes are marked with different colors (Color figure in the two-dimensional code at the back cover)

The 9 *nif* genes *nifBHDKENXhesAnifV* are contiguous within Sub-group I and there is an *orf* between *nifX* and *hesA* within Sub-group II

Although the *nif* gene cluster composed of *nifB*, *nifH*, *nifD*, *nifK*, *nifE*, *nifN*, *nifX*, *hesA* and *nifV* is highly conserved among the 15 N_2-fixing *Paenibacillus* strains, there are some variations in DNA sequences of the *nif* clusters, which can be divided into two sub-groups: Sub-group I and Sub-group II. The 9 genes *nifBHDKENXhesAnifV* of the *nif* gene cluster within Sub-group I are contiguous, while there is an *orf* of 261~561 bp, whose predicted product is unknown, between *nifX* and *hesA* within Sub-group II. Except those of *P. massiliensis* T7 within Sub-group I, and *P. sonchi* X19-5 and *P. graminis* RSA19 within Sub-group II, the *nif* gene clusters generally exhibited more than 90% identity among each Sub-group and about 80% identity between two Sub-groups, The G+C contents of the *nif* clusters are higher than those of the average of the entire genomes in other 14 N_2-fixing *Paenibacillus* strains (52%~55% *vs.* 44%~54%) except that the *nif* cluster of *P. sabinae* T27 has the same G+C contents with the genome (Fig. 4). There is a transposase gene, an indicative of HGT, near the *nif* clusters of *Paenibacillus* sp. Aloe-11 and *P. sabinae* T27 (Fig. S2). These data suggest that the *nif* clusters were acquired in *Paenibacillus* strains by HGT.

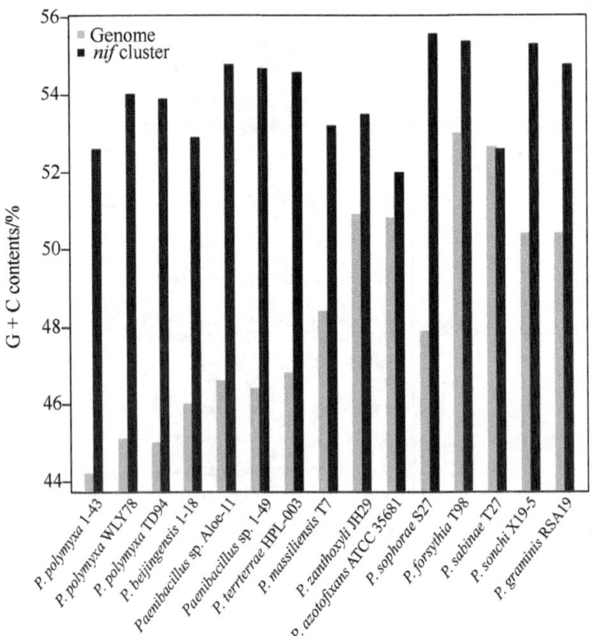

Fig. 4 Comparison of G+C contents of the *nif* clusters with those of the average of the chromosomal genomes

2.6 Evolution of the *nif* gene cluster in *Paenibacillus*

To elucidate the evolution of the *nif* gene cluster in *Paenibacillus* strains, we further compared the chromosomal regions flanking the *nif* gene clusters to each other among the 15 N_2-fixing *Paenibacillus* strains and to the corresponding chromosomal regions of the non-N_2-fixing *Paenibacillus* strains. We found that ABC transporter ATP-binding protein gene and β-fructosidase gene/fg-gap repeat protein gene were conserved in the downstream and upstream, respectively, of the *nif* clusters in the 7 N_2-fixing *Paenibacillus* strains (*P. polymyxa* 1-43, *P. polymyxa* WLY78, *P. polymyxa* TD94, *P. beijingensis* 1-18, *Paenibacillus* sp. Aloe-11, *Paenibacillus* sp. 1-49 and *P. terrae* HPL-003) within Sub-group I (Fig. 5a). Unlike in Sub-group I, integral membrane protein gene and FAD/FMN-containing dehydrogenase gene/methyltransferase gene were conserved in the downstream and upstream, respectively, of the *nif* clusters in all of the 7 N_2-fixing *Paenibacillus* species (*P. sonchi* X19-5, *P. graminis* RSA19, *P. azotofixans* ATCC 35681, *P. sophorae* S27, *P. zanthoxyli* JH29, *P. forsythia* T98 and *P. sabinae* T27) within Sub-group II (Fig. 5c). Combination of the findings that *nif* clusters fall into two sub-groups according to their identities, these data imply at least two independent acquisitions with insertion of distinct *nif* variants in different genomic sites of *Paenibacillus*.

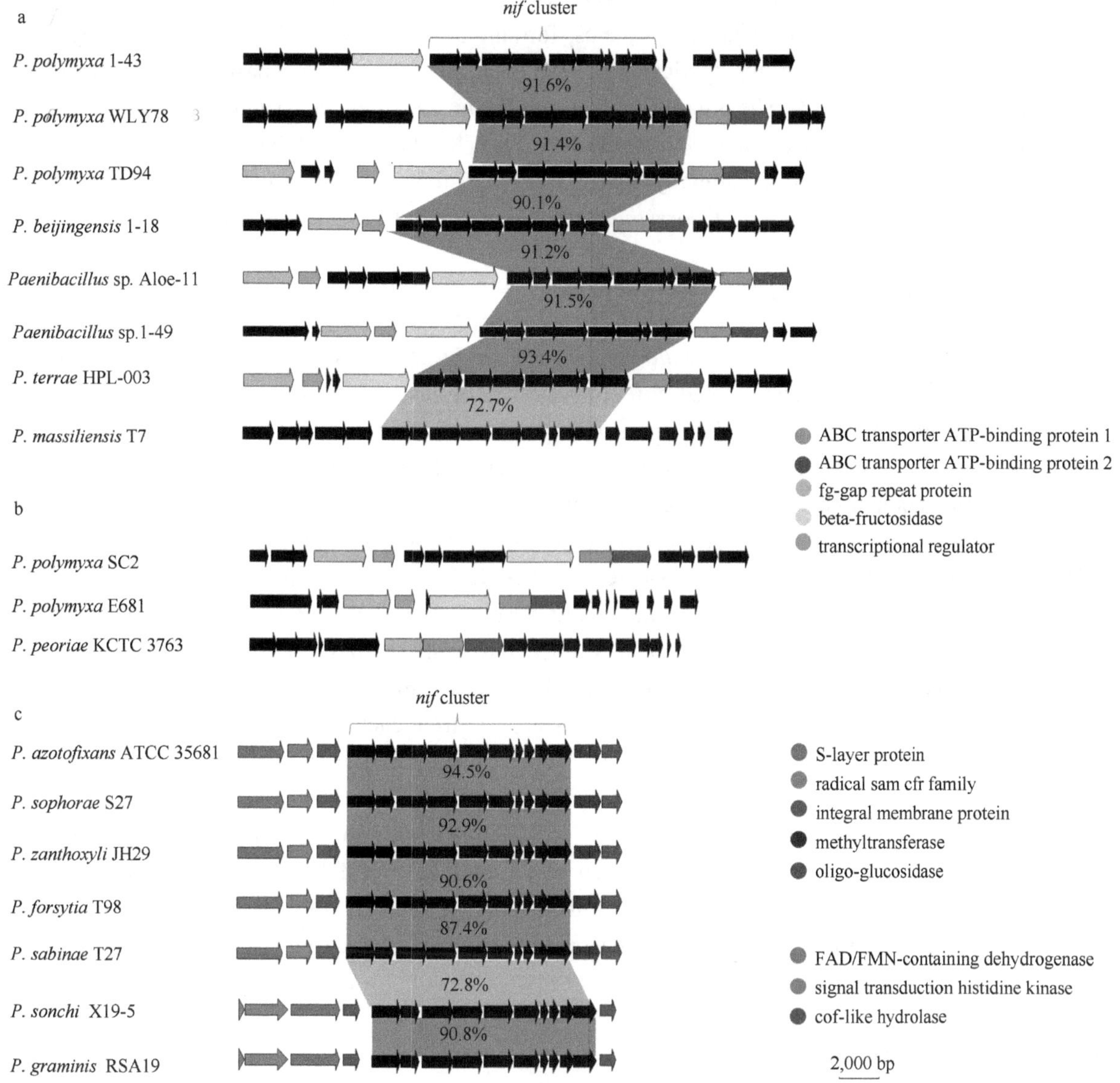

Fig. 5 Synteny of the chromosomal regions flanking the *nif* gene cluster among each sub-group (Color figure in the two-dimensional code at the back cover)

a. *nif* clusters of Sub-group I; b. The chromosomal regions of non-N_2-fixing strains corresponding to those flanking the *nif* gene cluster of Sub-group I; c. *nif* clusters of Sub-group II

Notably, the chromosomal regions flanking the *nif* gene clusters within Sub-group I are homologous to the corresponding regions of the non-N_2-fixing *P. polmyxa* SC2, *P. polmyxa* E681 and *P. peoriae* KCTC 3763, suggesting that the *nif* cluster was lost in these strains (Fig. 5b). Our results are consistent with the report that *nif* gene cluster was lost in cyanobacteria (Welsh *et al.*, 2008).

2.7 Sporadic occurrence of alternative nitrogenase

As shown in Fig. 3, in addition to the *nif* cluster encoding Mo-nitrogenase, 2 strains have *vnfHDGKEN* encoding V-nitrogenase and 2 strains have *anfHDGK* encoding Fe-nitrogenase. In *P. sophorae* S27 and *P. forsythia* T98, *anfHDGK* are linked with *nifBENX*, forming a 9.1~9.7 kb cluster. In *P. zanthoxyli* JH29 and *P. azotofixans* ATCC 35681, *vnfHDGKEN* are linked with *nifBENXV*, *fepBCD* (encoding iron-enterobactin transporter subunits), *leuA* and other unknown genes, forming a 20.4~20.9 kb cluster. These *anf*/*vnf* clusters are flanked by genes coding for hypothetical proteins. Each alternative nitrogenase cluster contains, as a minimum, *vnf*/*anfH*, *D*, *G*, and *K*. The organizations of *vnf* or *anf* are largely consistent, but distinct with those of *A. vinelandii* and *Methanococcus maripaludis* (Leigh, 2005; Setubal *et al.*, 2009). It is most likely that *anf* or *vnf* gene cluster was recently horizontally transferred to N_2-fixing strains which have already had a *nif* cluster, producing the *P. sophorae* S27, *P. forsythia* T98, *P. zanthoxyli* JH29 and *P. azotofixans*.

2.8 The origin of *nif*/*vnf*/*anf* in *Paenibacillus*

To gain insights into the origin of *nif*/*vnf*/*anf* genes in *Paenibacillus*, a Bayesian inferred phylogenetic tree was constructed based on the concatenated Nif/Vnf/AnfHDK proteins. Results shown in Fig. 6 indicate that Nif/Vnf/AnfHDK proteins of *Paenibacillus* strains fall into three distinct lineages. This phylogeny exhibits that NifHDK protein homologs formed two distinct clades, one of which was comprised of proteins from hydrogeno-trophic methanogens and the other was comprised of proteins from both bacterial and methanogen genomes, in agreement with methanogen origin hypothesis of nitrogen fixation proposed by Boyd *et al.* (2011b). Our phylogenetic analysis of the concatenated NifHDK derived from the *nifHDK* of the *nif* clusters reveals that all of the 15 N_2-fixing *Paenibacillus* strains form a coherent cluster consisting of two sub-groups, in agreement with the two sub-groups of *nif* clusters (Fig. 7). Notably, the phylogeny reveals that *Paenibacillus* and *Frankia* are sister groups to the exclusion of the Firmicute *Clostridium*, implying that *Paenibacillus* and *Frankia* have a common *nif* gene ancestor. Phylogenies derived from each of the individual NifB, H, D, K, E, N, X and V are congruent with the phylogeny of the concatenated NifHDK (Fig. S3, S4, S5, S6, S7, S8, S9, S10).

This phylogeny shows that Vnf/Anf proteins of *Paenibacillus* strains fall into the corresponding homologous lineages. Phylogeny derived from each of the individual VnfH/AnfH, D, G, K, E, N and X is congruent with the phylogeny of the concatenated Vnf/AnfHDK (Fig. S3, S4, S5, S6, S7, S8, S9, S10). *anf* and *vnf* of *Paenibacillus* are nested with those of archaeon *M. acetivorans*, supporting that the ancestor of *anf* and *vnf* may originate from archaea.

2.9 Phylogenetic analysis

We reconstructed the phylogeny of the 31 genomes based on the concatenation of the 275 core genes that are present in single copy in a genome. The 18 strains including 15 N_2-fixing strains and 3 non-N_2-fixing strains form a large group including two sub-groups and the other 13 non-N_2-fixing strains fall into a large group (Fig. 7). The clustering resulting from phylogenetic analysis corresponds well with the species assignments based on average nucleotide identity (ANI) using MUMmer (ANIm) (Table S6) (Richter and Rosselló-Móra,, 2009). For examples, *P. mucilaginosus* K02, *P. mucilaginosus* 3016 and *P. mucilaginosus* KNP414 have higher ANIm (98%). N_2-fixing strains *P. polymyxa* 1-43, *P. polymyxa* WLY78 and *P. polymyxa* TD94 isolated from China, and non-N_2-fixing strains *P. polymyxa* SC2 and *P. polymyxa* E681 isolated from China and Republic of Korea, respectively, have higher ANIm (>95%). It is noteworthy that the other 2 unnamed strains Aloe-11 (ANIm≤87%) and 1-49 (ANIm<93%) may represent a novel species, respectively.

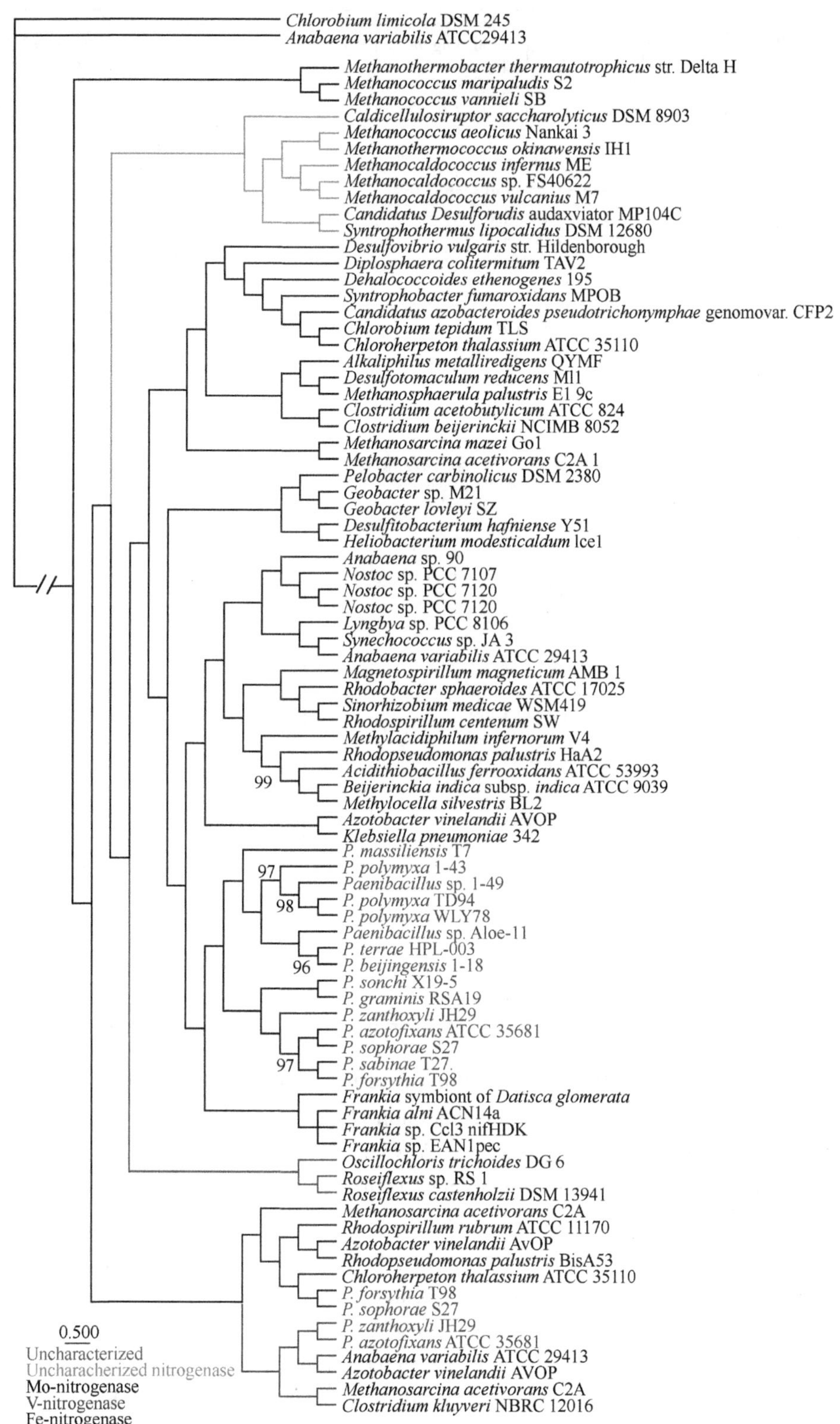

Fig. 6 Bayesian inferred phylogenetic tree of concatenated NifHDK homologs. The interior node values of the tree are clade credibility values, values lower than 100% are indicated. Branches are colored blue (Mo-nitrogenase, Nif), green (V-nitrogenase, Vnf), purple (Fe-nitrogenase, Anf), light blue (uncharacterized homolog), dark yellow (uncharacterized nitrogenase). The text colored red was *Paenibacillus* (Color figure in the two-dimensional code at the back cover)

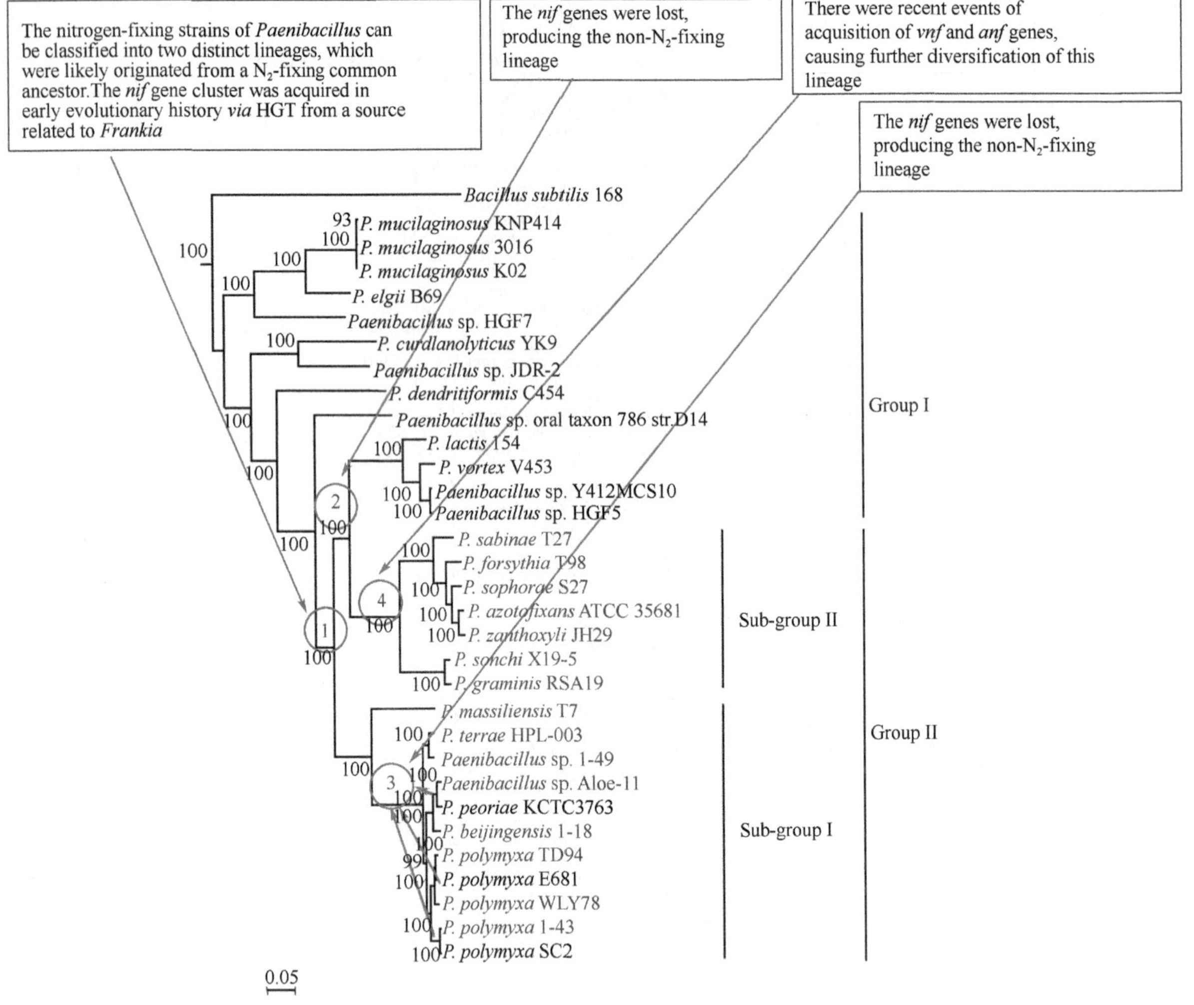

Fig. 7 Maximum-likelihood phylogenetic tree of *Paenibacillus* strains and the 4 possible evolutionary pathways of nitrogen fixation in *Paenibacillus*. The tree was constructed based on 275 single-copy core proteins shared by the 31 *Paenibacillus* genomes and the rooting strain *B. subtilis* 168. Four likely pathways are marked with number 1~4

This phylogeny suggests that the *Paenibacillus* ancestor was probably non-fixing and the N_2-fixing *Paenibacillus* strains appeared to occur much later than non-N_2-fixing strains. Combination of the data that the *nif* cluster is conversed in the 15 N_2-fixing *Paenibacillus* strains and the G+C contents of the *nif* clusters are higher than those of the average of the entire genomes, we proposed that N_2-fixing *Paenibacillus* strains were generated by acquiring the *nif* cluster *via* HGT.

The N_2-fixing strains of *Paenibacillus* fall into a large group composed of 2 distinct sub-groups (Sub-group I and Sub-group II), which were likely originated from a N_2-fixing common ancestor. This species phylogeny is congruent with the phylogeny of *nif* genes. The phylogeny suggests that the 8 N_2-fixing strains and the 3 non-N_2-fixing strains within Sub-group I are most closely related. Nitrogen fixation may have been present in the ancestor of the 8 N_2-fixing strains (*P. polymyxa* 1-43, *P. polymyxa* WLY78, *P. polymyxa* TD-94, *P. beijingensis*1-18, *Paenibacillus.* sp. Aloe-11, *Paenibacillus* sp. 1-49, *P. terrae* HPL-003 and *P. massiliensis* T7) and the 3 non-N_2-fixing strains (*P. polymyxa* SC2, *P. polymyxa* E681 and *P. peoriae* KCTC 3763), and was later lost in the 3 non-N_2-fixing strains. This phylogeny also shows that the 7 N_2-fixing strains within Sub-group II (*P. sonchi* X19-5, *P. graminis* RSA19, *P. azotofixans* ATCC 35681, *P. sophorae* S27, *P.*

zanthoxyli JH29, *P. forsythia* T98 and *P. sabinae* T27) are sister group with the 4 non-N_2-fixing strains *P. lactis* 154, *P. vortex* V453, *Paenibacillus* sp. Y412MC10 and *Paenibacillus* sp. HGF5. Nitrogen fixation may have been present in the ancestor of the 7 N_2-fixing and 4 non-N_2-fixing strains and the *nif* genes were lost, producing the non-N_2-fixing *P. lactis* 154 lineage.

Taken together, the *Paenibacillus* ancestor was probably non-fixing and the N_2-fixing strains of *Paenibacillus* can be classified into 2 distinct sub-groups, which were likely originated from a N_2-fixing common ancestor with minor variation in *nif* sequences. N_2-fixing *Paenibacillus* strains were generated by acquiring the *nif* cluster in early evolutionary history *via* HGT from a source related to *Frankia*. After these initial acquisitions of the *nif* gene clusters, the strains that have them now have inherited them by vertical transmission. However, during the process of evolution, the *nif* cluster was lost, producing the 3 non-N_2-fixing strains *P. polmyxa* SC2, *P. polmyxa* E681 and *P. peoriae* KCTC 3763 and the non-N_2-fixing lineage *P. lactis* 154. There were recent events of acquisition of *vnf* and *anf* genes, causing further diversification of strains within Sub-group II. The most likely pathways of nitrogen fixation evolution are summarized in Fig. 7.

2.10 The *nif* gene cluster is a functional unit for nitrogen fixation

To investigate that the *nif* gene cluster is a functional unit for nitrogen fixation, the contiguous nine genes *nifBHDKENXhesAnifV* of the *nif* cluster and the *nifB* promoter from *P. beijingesis* 1-18, a representative of N_2-fixing *Paenibacillus* strains, was PCR amplified and then constructed to vector pHY300PLK and further transferred to *E. coli* JM109. This yielded the recombinant *E. coli* strain 1-18. Nitrogenase activity was determined using the acetylene reduction assay [expressed as nmol C_2H_4/(mg protein·h)] (Xie *et al.*, 2012) and a $^{15}N_2$ enrichment assay (expressed as $\delta^{15}N$) (Montoya *et al.*, 1996).As shown in Fig. S11, the nine genes *nifBHDKENXhesAnifV* within the *nif* cluster enabled *E. coli* to fix nitrogen, in agreement with our recent report obtained in *P. polmyxa* WLY78 (Wang *et al.*, 2013). The results indicate that the *nif* cluster is a functional unit for nitrogen fixation, and also a unit of HGT.

2.11 The *nif* gene cluster possesses a σ^{70}-dependent promoter and a GlnR/TnrA-binding site

We recently determined that the nine genes *nifB*, *nifH*, *nifD*, *nifK*, *nifE*, *nifN*, *nifX*, *hesA* and *nifV* within the *nif* gene cluster in *P. polmyxa* WLY78 were organized as an operon and that the *nifB* promoter of the *nif* cluster is a σ^{70}-dependent promoter –35 (TTGACT) and –10 (TAAGAT) (Wang *et al.*, 2013). Here we revealed using bioinformatics analysis that the *nif* genes within the *nif* gene clusters among the other 14 N_2-fixing *Paenibacillus* strains are organized as an operon and each of the *nif* clusters has a σ^{70}-dependent promoter (Fig. S12). The σ^{70}-dependent promoter is very distinct from the typical σ^{54}-dependent –24/–12 promoters found upstream of *nif* genes in Gram-negative N_2-fixing bacteria, such as *K. pneumoniae* and *A. vinelandii*, whose *nif* gene expression requires the activation of the transcriptional activator NifA according to the concentration of ammonium and oxygen (Dixon and Kahn, 2004). Although the σ^{70}-dependent promoter is highly conserved among the 15 N_2-fixing *Paenibacillus* strains, there are some variations in length of interval sequence between the putative transcriptional start site (TSS) and translation start codon (ATG) of *nifB* (Fig. S12).

Unlike in Gram-negative diazotrophs, there is neither *nifA* gene encoding transcriptional activator NifA, nor NifA-binding site in the promoter region of the *nif* gene cluster. However, the genomes of the 15 N_2-fixing *Paenibacillus* strains have *glnR* genes. In the Gram-positive model organism *Bacillus subtilis*, two transcriptional factors, TnrA and GlnR, control gene expression in response to nitrogen availability

(Doroshchuk *et al.*, 2006; Kormelink *et al.*, 2012). TnrA activates and represses gene transcription when nitrogen is limiting for growth, while GlnR represses gene expression during growth with excess nitrogen. The two proteins bind to DNA sequences (GlnR/TnrA-sites) with a common consensus sequence (TGTNAN7TNACA) (Doroshchuk *et al.*, 2006; Kormelink *et al.*, 2012). Here we found that the GlnR/ TnrA-binding sites exist in the *nif* promoter regions of the 15 N_2-fixing *Paenibacillus* genomes (Fig. S12). The GlnR/TnrA-binding sites are located upstream of the σ^{70}-dependent promoter (–35 and –10) region in Sub-group I strains and some Sub-group II strains, while they are located downstream of the –35 and –10 regions in some Sub-group II strains. The existence of GlnR/TnrA-sites in *nif* promoter region suggests that regulation mechanisms of nitrogen fixation in *Paenibacillus* may be different from those of Gram-negative N_2-fixing organisms.

2.12 Suf system encoding [Fe-S] cluster is highly conserved in N_2-fixing and non-N_2-fixing *Paenibacillus* strains

Mo-nitrogenase is a complex [Fe-S] enzyme and the [Fe-S] clusters of nitrogenase play a critical function in electron transfer and in the reduction of substrates driven by the free energy liberated from Mg-ATP hydrolysis (Rubio and Ludden, 2005). NifU and NifS are generally thought to be specialized for the nitrogenase [Fe-S] cluster assembly of nitrogen-fixing bacteria (Zhao *et al.*, 2007). However, the genomes of the 15 N_2-fixing *Paenibacillus* strains involved in this study do not possess homologues of *nifU* and *nifS*. Here we discovered that a Suf system (*sufCDSUB* operon) responsible for the formation of [Fe-S] clusters is highly conserved in N_2-fixing and non-N_2-fixing *Paenibacillus* strains. Suf system has been reported in *E. coli* (*sufABCDSE*) and some other organisms (Johnson *et al.*, 2005). We deduce that *sufCDSUB* operon in N_2-fixing *Paenibacillus* strains are involved in synthesis of the [Fe-S] clusters of nitrogenase and other FeS proteins. Perhaps it is because there is a *sufCDSUB* operon in non-N_2-fixing *Paenibacillus* strain, a single event of HGT of the *nif* gene cluster will transfer a non-N_2-fixing *Paenibacillus* strain to a N_2-fixing *Paenibacillus* strain.

2.13 Multiple *nif* genes in *Paenibacillus*

In addition to *nifBHDKENXhesAnifV* within the *nif* gene cluster, there is a set of additional *nifBEN* which are linked together with *vnf* or *anf* in the 4 species: *P. zanthoxyli* JH29 and *P. azotofixans* ATCC 35681, *P. sophorae* S27 and *P. forsythia* T98. Since the additional *nifBEN* form a cluster with *vnf* or *anf*, it is likely that they were horizontally transferred to the 4 species with *vnf* or *anf*. There are a cluster of *nifHBEN*, 2 *nifB* and 1 *nifH* located at different sites outside of the *nif* gene cluster in *P. sabinae* T27. The phylogenetic trees based on each of the individual NifB, NifH, NifE and NifN protein sequences (Fig. S3, S4, S5, S6, S7, S8, S9, S10) show that each of them is clustered with its homolog derived from the *nif* gene clusters of *Paenibacillus*, suggesting that these genes derived from gene duplication. Transposases near the *nifBHEN* and *nifB* in *P. sabinae* T27 suggest that these genes may originate from gene duplication (Fig. S2). Our previous results demonstrated that the 3 *nifH* genes from *P. sabinae* T27 could complement the *K. pneumoniae* $nifH^{-}$ mutant (Hong *et al.*, 2012), suggesting that these *nifH* genes are functional in nitrogen fixation. However, we are not sure that the multiple *nifHBEN* are positively related to high nitrogenase activity.

2.14 Multiple nitrogenase-like genes in *Paenibacillus*

Our studies revealed that there are nitrogenase-like genes including 1~2 *nifH-like* and 4~6 pairs of *nifDK-like* genes in the 5 species within Sub-group II: *P. azotofixans* ATCC 35681, *P. sophorae* S27, *P. zanthoxyli* JH29, *P. forsythia* T98 and *P. sabinae* T27 (Fig. 3). Alignments of NifH-like sequences with NifH sequences show that 4Fe-4S iron sulfur cluster ligating cysteines (Cys97 and Cys132), ADP-ribose binding arginine (Arg101) and the P-loop/MgATP binding motif are invariant, suggesting that NifH-like proteins may function analogously to NifH (γ subunit of nitrogenase) (Fig. S13). Conversely, NifD/NifK-like sequences are highly diverged from both α and β subunits of nitrogenase. For example, FeMo-co-ligating residues at αCys275 and αHis442, and P-cluster-ligating residues at Cys62, Cys88 and Cys154 of NifD, are not conserved in NifD-like sequences (Fig. S14). The residues ligating P-cluster at Cys70, Cys95 and Cys153 of NifK are not conserved in NifK-like sequences (Fig. S15). Our results are in agreement with previous reports obtained in studies with Archaea and Firmicutes *Clostridium* (Raymond *et al.*, 2004; Setubal *et al.*, 2009). Further, phylogenetic analysis reveals that the NifH/NifD/NifK-like sequences form distinct groups which are clearly divergent from conventional nitrogenase (Fig. 8).

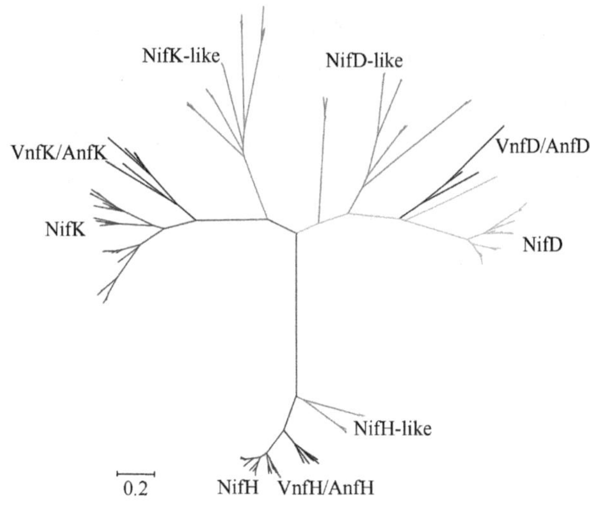

Fig. 8 Maximum-likelihood phylogenetic tree of Mo-, Fe- and V-nitrogenases and nitrogenase-like sequences
NifH/VnfH/AnfH/NifH-like, Nif/DVnfD/AnfD/NifD-like and NifK/VnfK/AnfK/NifK-like sequences were derived from the 15 N_2-fixing *Paenibacillus* strains and other representative species

3. Discussion

In this study, we sequenced the genomes of 11 N_2-fixing *Paenibacillus* strains and made a comparative genomic analysis with 20 other strains (4 N_2-fixing and 16 non-N_2-fixing strains) that were sequenced previously. Our analysis of the total 31 genomes revealed that of the 55,504 putative protein-coding genes, 37,105, which made up 66.9% of the genes in the pan genome, were represented in only one genome of *Paenibacillus* spp., suggesting a remarkable degree of HGT in shaping the genomes of each of the genus. It is generally accepted that abundance of mobile genetic elements correlates positively with the frequency of HGT. We discovered that each genome of all of the 31 strains contains 1~10 prophages and/or prophage remnants and 3~118 IS elements, supporting that these strains are rich in mobile genetic elements. The existence of transposable elements and prophage near the *nif* gene and *nif* gene cluster suggest that they may be involved in HGT and loss of *nif* genes. Our demonstration that the *nif* cluster from *P. beijingesis* 1-18 enabled *E. coli* to have nitrogen fixation ability supports that the *nif* cluster is a functional unit for nitrogen fixation and also a unit of HGT.

Genomic islands are known to have contributed to the evolution of microbial genomes by HGT in many bacteria, influencing traits such as antibiotic resistance, symbiosis and fitness, and adaptation in general (Hacker and Carniel, 2001). The evolutionary advantage of genomic islands is that a large number of genes (*e.g.*, operon, gene clusters encoding related functions) may be horizontally transferred and incorporated en bloc into the recipient genome in a single step (Hacker and Kaper, 2000). Genome sequence analysis here revealed that nine genes *nifB*, *nifH*, *nifD*, *nifK*, *nifE*, *nifN*, *nifX*, *hesA* and *nifV* which are organized as a cluster arranged within 10.5~12 kb region are highly conserved in the 15 N_2-fixing *Paenibacillus* strains. The sizes of *nif* clusters of *Paenibacillus* fall into the range of 10~200 kb genome islands in length. Also, the G+C contents of the *nif* clusters are higher than those of the average of the genomes in 14 N_2-fixing strains except *P. sabinae* T27, in agreement with genome islands whose G+C content often differs from that of the rest of the genome. This favored the hypothesis that the *nif* region in *Paenibacillus* constitutes a nitrogen fixation island, as discovered in other nitrogen fixers (Baar *et al.*, 2003; Young *et al.*, 2006). For example, *nif* genes are part of an island in *Wolinella succinogenes* and *Rhizobium leguminosarum* (Young *et al.*, 2006). *nif* genes organized as clusters are also found in many other N_2-fixing organisms. For examples, 20 *nif* genes are organized in 8 operons (*nifJC*, *nifHDKTY*, *nifEN*, *nifUSVW*, *nifZM*, *nifF*, *nifLA*, *nifBQ*) within ca. 24 kb of DNA in the chromosome of *K. pneumoniae* (Arnold *et al.*, 1988). A total of 17~20 ORFs including 9~11 *nif* genes were organized as a cluster arranged within 17.3~18.5 kb regions among 4 *Frankia* strain: *Frankia* sp. EuIK1, *Frankia* sp. EAN1pec, *Frankia* sp. ACN14a and *Frankia* sp. HFPCcI3 (Oh *et al.*, 2012). In the *Cyanothece* 51,142 genome, a representative of non-heterocystous cyanobacteria, the majority of genes involved in nitrogen fixation are located in a contiguous 28 kb cluster of 34 genes (Welsh *et al.*, 2008). The different gene content and organization of *nif* genes indicate that complex evolutionary history of *nif* genes, and also suggest differences in protein requirements for nitrogenase synthesis and regulation of nitrogen fixation.

Phylogeny of the concatenated NifHDK proteins revealed that *Paenibacillus* and *Frankia* are sister groups to the exclusion of the Firmicute *Clostridium*, implying that *Paenibacillus* and *Frankia* have a common *nif* gene ancestor. Our results are consistent with the previous reports that *Frankia* and cyanobacterium *Anabaena* were sister groups to the exclusion of the Firmicute *Clostridium* (Hartmann and Barnum, 2010). Some common features found in the *nif* clusters support that *Paenibacillus* and *Frankia* are closely related. The first common feature is *hesA*, which is conserved in the *nif* clusters of *Paenibacillus*, *Frankia* and cyanobacteria, but not in N_2-fixing Gram-negative and other Gram-positive bacteria, such as *Clostridium.* The second common feature is the compact organized *nifHDKENX* which is found in the *nif* clusters of *Paenibacillus* and *Frankia*, but not in *Clostridium* spp. In contrast, gene content and organization varied greatly between the *nif* clusters of *Paenibacillus* and *Clostridium*, although both genera *Paenibacillus* and *Clostridium* belong to the low G+C and Gram-positive Firmicutes. For example, *nifN-B* fusion gene was found in the *nif* gene clusters of the three species of *Clostridia*: *C. acetobutylicum*, *C. beijerinckii*, and *C. pasteurianum* (Chen, 2005; Johnson *et al.*, 2005). Also, the *nif* gene clusters of *C. acetobutylicum* and *C. beijerinckii* have *nifI1* and *nifI2* (homologs of *glnB*), which are involved in post-translational regulation of nitrogenase activity in response to fixed nitrogen (Dodsworth and Leigh, 2006). These data suggest that the gene content and organization of the *nif* cluster of anaerobic *Clostridium* spp. are similar with those of *M. acetovorans* and *M. maripaudis* whose *nif* clusters also contain *nifI1* and *nifI2* located between *nifH* and *nifDK* (Leigh, 2005; Dodsworth and Leigh, 2006). Phylogeny of the concatenated 275 single-copy core genes (Fig. 7) suggests that the ancestral *Paenibacillus* did not fix nitrogen. Genome sequencing revealed that the *nif* cluster is highly conserved in all of the 15 N_2-fixing strains and the G+C contents of the *nif* clusters are higher than those of the average of the genomes in 14 N_2-fixing strains except *P. sabinae* T27. Also, phylogeny of the concatenated NifHDK proteins (Fig. 6) revealed that *Paenibacillus* and *Frankia* are sister groups. All of these facts and evidences indicate that N_2-fixing *Paenibacillus* strains may be generated by acquiring the *nif* cluster *via* HGT from a source related to *Frankia* in early evolutionary history. Strain phylogeny (Fig. 7) also shows that the 15 N_2-fixing strains of *Paenibacillus* fall into 2 distinct sub-groups, consistent with phylogeny of *nif* genes (Fig. 6). The *nif* clusters show some variation between two sub-groups, and the genes surrounding the *nif* clusters from two Sub-groups are conserved and distinct. These data imply at least two independent acquisitions with insertion of distinct *nif* variants in different genomic sites of *Paenibacillus*.

Furthermore, strain phylogeny suggests that nitrogen fixation may have been present in the ancestor of the 8 N_2-fixing strains (*P. polymyxa* 1-43, *P. polymyxa* WLY78, *P. polymyxa* TD-94, *P. beijingensis* 1-18, *Paenibacillus* sp. Aloe-11, *Paenibacillus* sp. 1-49, *P. terrae* HPL-003 and *P. massiliensis* T7) and the 3 non-N_2-fixing strains (*P. polmyxa* SC2, *P. polmyxa* E681 and *P. peoriae* KCTC 3763) within Sub-group I, and was later lost in the 3 non-N_2-fixing strains (*P. polmyxa* SC2, *P. polmyxa* E681 and *P. peoriae* KCTC 3763). Notably, the model *P. polymyxa* is a N_2-fixing species, and now this species includes both N_2-fixing and non-N_2-fixing strains. These closely related strains of this group were isolated from plant rhizospheres and from different geological locations of China, Republic of Korea and Democratic People's Republic of Korea. Likewise, it is likely that nitrogen fixation may have been present and was later lost in the non-N_2-fixing lineage *P. lactis* 154. The members of this lineage were isolated from complex locations. For examples, *P. lactis* 154 was isolated from milk, *Paenibacillus* sp. HGF5 from human intestinal microflora and *Paenibacillus* sp. Y412MC10 from hot spring, and *P. vortex* V453 is known to develop complex colonies with intricate architectures.

The newly sequenced genomes revealed that the 4 *Paenibacillus* species *P. sophorae* S27, *P. forsythia* T98, *P. zanthoxyli* JH29 and *P. azotofixans* have the second *nif* cluster which carrying *vnf* or *anf*, in addition to the *nif* cluster. *anfHDGK* are clustered with *nifBENX* in a 9.1~9.7 kb region in *P. sophorae* S27 and *P. forsythia* T98, *vnfHDGKEN* are clustered with *nifBENXV*, *fepBCD*, *leuA* and other unknown genes in a 20.4~20.9 kb region in *P. zanthoxyli* JH29 and *P. azotofixans* ATCC 35681. Phylogeny of the concatenated Nif/Anf/VnfHDK proteins indicates that *anfHDGK* and *vnfHDGKEN* of *Paenibacillus* originate differently from *nifHDK*, and may be not duplicated from their *nifHDK*. It is most likely that the *nif* cluster carrying *anf*/*vnf* genes was recently horizontally transferred to N_2-fixing strains which have already had the *nif* cluster, producing *P. sophorae* S27, *P. forsythia* T98, *P. zanthoxyli* JH29 and *P. azotofixans*. These species were isolated from plant rhizosphere from China and Brazil. Our results are consistent with the recent reports that both Nif and Anf evolved in the methanogenic archaea, and *anf* or *vnf* derived from duplication of *nif* (Raymond *et al.*, 2004). As described above, phylogenies of the concatenated Anf/VnfHDK and each of individual Anf/VnfH, D and K show that *Paenibacillus* strains fall into Anf and Vnf clusters, respectively. However, we found that the conserved residues in the P-loop binding motif of AnfH do not exist in *P. sophorae* S27, and the residues ligating P-cluster at Cys70 and Cys95 of VnfK do not exist in *P. zanthoxyli* JH29. Perhaps the residues ligating P-cluster or in P-loop binding motif are located on the other sites in VnfK and AnfH, respectively.

This study reveals that HGT of *nif*/*anf*/*vnf* gene cluster contributed to evolution of nitrogen fixation in *Paenibacillus*. Usually, a vehicle is needed to transfer genes efficiently between different species. It is thought that foreign DNAs are mainly transferred by means of plasmids or bacteriophages, as well as direct uptake by the host itself (Hirsch *et al.*, 1995; Dobrindt *et al.*, 2004; Zhao *et al.*, 2007). The best studied example of HGT of *nif* genes is symbiosis island of *Mesorhizobium loti*. The symbiosis island, a 502 kb chromosomally integrated element containing *nif* genes, was integrated into a phenylalanine tRNA gene mediated by a P4-type integrase encoded at the left end of the symbiosis island (Sullivan and Ronson, 1998; Finan, 2002; Nakamura *et al.*, 2004). However, a phenylalanine tRNA gene near the *nif* cluster is not found, suggesting that it may be not transferred by P4-type integrase. But we found that there is a transposase gene, an indicative of HGT, near the *nif* clusters of *Paenibacillus* sp. Aloe-11 and *P. sabinae* T27 and near the *anf* cluster of *P. sophorae* S27.

Also, a transcriptional regulator gene of *araC* type, which is known to be involved primarily in regulating pathogenicity islands in some bacteria but is also present in nonpathogenic organisms (Hackeret and Kaper, 2000), neighbors the *nif* clusters of *P. polmyxa* TD94 and *Paenibacillus* sp. 1-11.

The deviant G+C content is one of the indicative used to detect HGT (Hirsch *et al.*, 1995). The G+C contents of the *nif* clusters are higher than those of the average of the entire genomes (52%~55% *vs.* 44%~53%) in the 14 N_2-fixing *Paenibacillus* strains except *P. sabinae* T27, supporting that the *nif* gene clusters in these strains are acquired by HGT. The similar G+C contents and high identities of *nif* genes among the 15 *nif* clusters suggest that these *nif* clusters originated from a common ancestor with minor variation. The G+C contents of the *anf* cluster is higher than the average of the genome in *P. sophorae* S27 (51% *vs.* 40%), and is lower than the average of the genome in *P. forsythia* T98 (51% *vs.* 53%). The G+C contents of the *vnf* cluster is the same (51% *vs.* 51%) as the average of the chromosomal genome in *P. azotofixans* ATCC 35681 and *P. zanthoxyli* JH29. A higher G+C contents of the *nif* cluster were found in some N_2-fixing bacteria, such as *P. stutzeri* A1501 (66.8% *vs.* 63.8%) (Yan *et al.*, 2008). In rhizobia, the *nif* genes are located on either plasmids or genomic islands, which are prone to transfer between related bacteria (Young, 2005). However, the G+C contents of these plasmids and genomic islands are generally lower than the average of the chromosomal genome (Kaneko *et al.*, 2000, 2002; Galibert *et al.*, 2001). However, the G+C contents of the *nif* clusters are similar with those of the average of the entire genomes in the sequenced *Frankia* strains (69% *vs.* 70% in *Frankia* sp. HFPCcI3, 70% *vs.* 71% in *Frankia* sp. EAN1pec and 71% *vs.* 72% in *Frankia alni* ACN14a). It is generally accepted that although the deviant G+C content can be used to detect HGT, detection of HGT depends on a combination of several methods. This is because it is hard to detect HGT *via* deviant G+C content, if HGT occurred between the organisms with the same G+C contents (Hirsch *et al.*, 1995). Our genome sequencing revealed that there are nitrogenase-like genes including 1~2 *nifH-like* and 4~6 pairs of *nifDK-like* genes in 5 species within Sub-group II: *P. azotofixans* ATCC 35681, *P. sophorae* S27, *P. zanthoxyli* JH29, *P. forsythia* T98 and *P. sabinae* T27 (Fig. 3 and Table S5). Alignment of conserved residues ligating 4Fe-4S in NifH and ligating P-cluster and FeMo-cofacter and phylogenetic analysis in NifD/K revealed that the *nif-like* and *nifDK-like* genes are clustered with those of archaea and Firmicutes such as *Clostridia* (Setubal *et al.*, 2009). The data that NifH/NifD/NifK-like sequences fall into distinct groups by phylogenetic analysis suggest that multiple *nifH-like* and *nifDK-like* genes may result from gene duplication. The existence of transposases near the *nifDK-like* genes also suggested that multiple *nifDK-like* genes may result from gene duplication. It was proposed that Nif emerged from a nitrogenase-like ancestor approximately 1.5~2.2 Ga (Boyd *et al.*, 2011a). We wonder why there are so many *nifDK-like* genes in these *Paenibacillus* species. The determination of the function of nitrogenase-like genes will clarify their relation with nitrogen fixation.

4. Materials and Methods

4.1 Genome sequencing, assembly, and annotation

The draft sequences of 11 test *Paenibacillus* strains were produced by using Illumina paired-end sequencing technology at the BGI-Shenzhen (Table 2). Assembly was conducted by using SOAPdenovo v. 1.04 assembler (Li *et al.*, 2008). Gene prediction was made using Glimmer v3.0 (Delcher *et al.*, 2007). Annotation of protein coding sequence was performed by using the Basic Local Alignment Search Tool (BLAST) against the COG, Kyoto Encyclopedia of Genes and Genomes (KEGG) databases and NCBI nr protein database. The draft genomes of the 11 test *Paenibacillus* strains have been deposited in GenBank and the project accession numbers are listed in Table 2. Prophage was identified using PHAST (Zhou *et al.*, 2011).

4.2 Comparative genomics

PGAP (Pan Genome Analysis Pipeline) (Zhao *et al.*, 2012) was used to identify all of the orthologous pairs between test *Paenibacillus* genomes. The common dataset of shared genes among test strains was defined as their core genome. The total set of genes within test genomes was defined as the pan genome. The set of genes in each strain not shared with other strains was defined as unique genes. The average nucleotide identity (ANI) between strains of the 31 sequenced genomes were calculated using MUMmer (Richter and Rosselló-Móra, 2009). Multiple alignment of conserved genomic sequence was using Mauve (Darling *et al.*, 2004). The genomes sequenced in this study are listed in Table S1.

4.3 Phylogenetic analysis

Single gene alignments were aligned with molecular evolutionary genetics analysis (MEGA) (Tamura *et al.*, 2011). The neighbor-joining trees were constructed by using the same software, and 1,000 bootstraps were done. Bayesian inferred phylogenetic tree of concatenated HDK homologs was generated using the MrBayes package (Ronquist *et al.*, 2012). A maximum-likelihood phylogenetic tree of *Paenibacillus* species was constructed based on 275 single-copy core proteins shared by 31 *Paenibacillus* genomes and the genome of *Bacillus subtilis* 168 according to the following methods: (i) multiple alignment of amino acid sequences were carried out by ClustalW (version 2.1) (Thompson *et al.*, 2002); (ii) conserved blocks from multiple alignment of test protein were selected by using Gblocks (Castresana, 2000); (iii) ML tree were constructed by using PhyML (version 3.0) (Guindon *et al.*, 2010) software; (iv) CONSEL program (Shimodaira and Hasegawa, 2001) was used to select the best model of the trees.

4.4 Construction of the recombinant plasmid and *E. coli* strain

Genomic DNA of diazotrophic *P. beijingensis* 1-18 was used as a template for cloning *nif* genes. A 10.7 kb *Xba* I-*Bam*H I DNA fragment containing the *nif* cluster (a 300 bp promoter region and the contiguous nine genes *nifBHDKENXhesAnifV* and 184 bp downstream of the stop codon TAA of *nifV*) was PCR amplified with primers *nif* cluster-up (5′-TGCTCTAGAGGGAATATAACGTGGAGAGG-3′) and *nif* cluster-down (5′-CGC GGATCCCATTATACAGCACTATATTG-3′) and then ligated to *Xba* I and *Bam*H I sites of pHY300PLK, yielding plasmid pHY300-18(Pnif^+ *nif* cluster). The plasmid was then transferred to *E. coli* JM109, yielding the recombinant *E. coli* 1-18.

4.5 Acetylene reduction assays

For acetylene reduction assays, *P. beijingensis* 1-18 and the recombinant *E. coli* strain 18 were grown overnight in LD medium, then diluted into nitrogen-deficient medium and grown for 15~18 h. Following this stage, the cultures were collected and resuspended in N-free medium to an OD_{600} of 0.2~0.4 in a serum bottle for nitrogenase derepression. The serum bottle was vacuumed and charged with argon gas. After 5~6 h, C_2H_2 (10% of the headspace volume) was injected into the serum bottle. After 30 min to 1 h, C_2H_4 was analyzed by Gas Chromatography (Xie *et al.*, 2012).

4.6 $^{15}N_2$ incorporation assay

Paenibacillus sp.1-18 and the recombinant *E. coli* strain 1-18 were grown overnight in LD medium. The cultures were collected and resuspended in 70 ml N-free medium to an OD_{600} of 0.4 in the 120 ml serum bottle. The serum bottles were filled with N_2 gas, and then 8 ml gas was removed and 5 ml $^{15}N_2$ (99%, Shanghai Engineering Research Center for Stable Isotope) gas was injected. After 72 h of incubation at 30℃, the cultures were collected, freeze dried, ground, weighed and sealed into tin capsules. Isotope ratios are expressed as $\delta^{15}N$ whose values are a linear transform of the isotope ratios $^{15}N/^{14}N$, representing the per mille difference between the isotope ratios in a sample and in the atmospheric N_2 (Montoya *et al.*, 1996).

4.7 Data access

The genome sequences used in this study were submitted to the GenBank, the accession number was shown in Table 2.

References

Arnold W, Rump A, Klipp W, *et al.* 1988. Nucleotide sequence of a 24,206-base-pair DNA fragment carrying the entire nitrogen fixation gene cluster of *Klebsiella pneumoniae*. J Mol Biol, 203(3): 715-738.

Ash C, Priest F G, Collins M D. 1993. Molecular identification of rRNA group 3 *bacilli* (Ash, Farrow, Wallbanks and Collins) using a PCR probe test. Antonie van Leeuwenhoek, 64(3-4): 253-260.

Baar C, Eppinger M, Raddatz G, *et al.* 2003. Complete genome sequence and analysis of *Wolinella succinogenes*. Proc Natl Acad Sci USA, 100(20): 11690-11695.

Boyd E, Anbar A, Miller S, *et al.* 2011a. A late methanogen origin for molybdenum-dependent nitrogenase. Geobiology, 9(3): 221-232.

Boyd E, Hamilton T, Peters J. 2011b. An alternative path for the evolution of biological nitrogen fixation. Front Microbiol, 2: 205.

Castresana J. 2000. Selection of conserved blocks from multiple alignments for their use in phylogenetic analysis. Mol Biol Evol, 17(4): 540-552.

Chen J S. 2005. Genomic aspects of nitrogen fixation in the *Clostridia*. *In*: Palacios R, Newton W E. Genomes and Genomics of Nitrogen-fixing Organisms. Dordrecht: Springer: 13-26.

Chisnell J, Premakumar R, Bishop P. 1988. Purification of a second alternative nitrogenase from a nifHDK deletion strain of *Azotobacter vinelandii*. J Bacteriol, 170(1): 27-33.

Chow V, Nong G, John F J S, *et al.* 2012. Complete genome sequence of *Paenibacillus* sp. strain JDR-2. Stand Genomic Sci, 6(1): 1.

Darling A C, Mau B, Blattner F R, *et al.* 2004. Mauve: multiple alignment of conserved genomic sequence with rearrangements. Genome Res, 14(7): 1394-1403.

Davis R, Lehman L, Petrovich R, *et al.* 1996. Purification and characterization of the alternative nitrogenase from the photosynthetic bacterium *Rhodospirillum rubrum*. J Bacteriol, 178(5): 1445-1450.

Delcher A L, Bratke K A, Powers E C, *et al.* 2007. Identifying bacterial genes and endosymbiont DNA with Glimmer. Bioinformatics, 23(6): 673-679.

Ding R, Li Y, Qian C, *et al.* 2011. Draft genome sequence of *Paenibacillus elgii* B69, a strain with broad antimicrobial activity. J Bacteriol, 193(17): 4537.

Dixon R, Kahn D. 2004. Genetic regulation of biological nitrogen fixation. Nat Rev Microbiol, 2(8): 621-631.

Dobrindt U, Hochhut B, Hentschel U, *et al.* 2004. Genomic islands in pathogenic and environmental microorganisms. Nat Rev Microbiol, 2(5): 414-424.

Dodsworth J A, Leigh J A. 2006. Regulation of nitrogenase by 2-oxoglutarate-reversible, direct binding of a P_{II}-like nitrogen sensor protein to dinitrogenase. Proc Natl Acad Sci USA, 103(26): 9779-9784.

Doroshchuk N, Gelfand M, Rodionov D. 2006. Regulation of nitrogen metabolism in Gram-positive bacteria. Mol Biol, 40(5): 829-836.

Dos Santos P C, Fang Z, Mason S W, *et al.* 2012. Distribution of nitrogen fixation and nitrogenase-like sequences amongst microbial genomes. BMC Genomics, 13: 162.

Falkowski P G. 1997. Evolution of the nitrogen cycle and its influence on the biological sequestration of CO_2 in the ocean. Nature, 387(5429): 272-275.

Finan T M. 2002. Evolving insights: symbiosis islands and horizontal gene transfer. J Bacteriol, 184(11): 2855-2856.

Galibert F, Finan T M, Long S R, *et al.* 2001. The composite genome of the legume symbiont *Sinorhizobium meliloti*. Science, 293(5530): 668-672.

Guindon S, Dufayard J, Lefort V, *et al.* 2010. New algorithms and methods to estimate maximum-likelihood phylogenies: assessing the performance of PhyML 3.0. Syst Biol, 59(3): 307-321.

Hacker J, Carniel E. 2001. Ecological fitness, genomic islands and bacterial pathogenicity. EMBO Rep, 2(5): 376-381.

Hacker J, Kaper J B. 2000. Pathogenicity islands and the evolution of microbes. Annu Rev Microbiol, 54: 641-679.

Hartmann L S, Barnum S R. 2010. Inferring the evolutionary history of Mo-dependent nitrogen fixation from phylogenetic studies of *nifK* and *nifDK*. J Mol Evol, 71(1): 70-85.

Hirsch A M, McKhann H I, Reddy A, *et al.* 1995. Assessing horizontal transfer of *nifHDK* genes in eubacteria: nucleotide sequence of nifK from Frankia strain HFPCcI3. Mol Biol Evol, 12(1): 16-27.

Hong Y, Ma Y, Wu L, *et al.* 2012. Characterization and analysis of *nifH* genes from *Paenibacillus sabinae* T27. Microbiol Res, 167(10): 596-601.

Hong Y, Ma Y, Zhou Y, *et al.* 2009. *Paenibacillus sonchi* sp. nov., a nitrogen-fixing species isolated from the rhizosphere of *Sonchus oleraceus*. Int J Syst Evol Microbiol, 59(Pt 11): 2656-2661.

Hu Y, Fay A W, Lee C C, *et al.* 2008. Assembly of Nitrogenase MoFe Protein. Biochemistry, 47(13): 3973-3981.

Jeong H, Choi S, Park S, *et al.* 2012. Draft Genome Sequence of *Paenibacillus peoriae* Strain KCTC 3763^T. J Bacteriol, 194(5): 1237-1238.

Jin H, Lv J, Chen S. 2011. *Paenibacillus sophorae* sp. nov., a nitrogen-fixing species isolated from the rhizosphere of *Sophora japonica*. Int J Syst Evol Microbiol, 61(Pt 4): 767-771.

Jin H, Zhou Y, Liu H, *et al.* 2011. *Paenibacillus jilunlii* sp. nov., a nitrogen-fixing species isolated from the rhizosphere of *Begonia semperflorens*. Int J Syst Evol Microbiol, 61(Pt 6): 1350-1355.

Joerger R D, Bishop P E, Evans H J. 1988. Bacterial alternative nitrogen fixation systems. Crit Rev Microbiol, 16(1): 1-14.

Johnson D C, Dean D R, Smith A D, *et al.* 2005. Structure, function, and formation of biological iron-sulfur clusters. Annu Rev Biochem, 74: 247-281.

Kaiser J T, Hu Y, Wiig J A, *et al.* 2011. Structure of precursor-bound NifEN: a nitrogenase FeMo cofactor maturase/insertase. Science, 331(6031): 91-94.

Kaneko T, Nakamura Y, Sato S, *et al.* 2000. Complete genome structure of the nitrogen-fixing symbiotic bacterium *Mesorhizobium loti*. DNA Research, 7(6): 331-338.

Kaneko T, Nakamura Y, Sato S, *et al.* 2002. Complete genomic sequence of nitrogen-fixing symbiotic bacterium *Bradyrhizobium japonicum* USDA110. DNA Research, 9(6): 189-197.

Kim J F, Jeong H, Park S, *et al.* 2010. Genome sequence of the polymyxin-producing plant-probiotic rhizobacterium *Paenibacillus polymyxa* E681. J Bacteriol, 192(22): 6103-6104.

Kormelink T G, Koenders E, Hagemeijer Y, *et al.* 2012. Comparative genome analysis of central nitrogen metabolism and its control by GlnR in the class *Bacilli*. BMC Genomics, 13: 191.

Lal S, Tabacchioni S. 2009. Ecology and biotechnological potential of *Paenibacillus polymyxa*: a minireview. Indian J Microbiol, 49(1): 2-10.

Leigh J A. 2000. Nitrogen fixation in methanogens: the archaeal perspective. Crit Rev Microbiol, 2(4): 125-131.

Leigh J A. 2005. Genomics of Diazotrophic Archaea. *In*: Palacios R, Newton W E. Genomes and Genomics of Nitrogen-fixing Organisms. Dordrecht: Springer: 7-12.

Li N, Xia T, Xu Y, *et al.* 2012. Genome sequence of *Paenibacillus* sp. strain Aloe-11, an endophytic bacterium with broad antimicrobial activity and intestinal colonization ability. J Bacteriol, 194(8): 2117-2118.

Li R, Li Y, Kristiansen K, *et al.* 2008. SOAP: short oligonucleotide alignment program. Bioinformatics, 24(5): 713-714.

Ma M, Wang C, Ding Y, *et al.* 2011. Complete genome sequence of *Paenibacillus polymyxa* SC2, a strain of plant growth-promoting rhizobacterium with broad-spectrum antimicrobial activity. J Bacteriol, 193(1): 311-312.

Ma M, Wang Z, Li L, *et al.* 2012. Complete Genome Sequence of *Paenibacillus mucilaginosus* 3016, a bacterium functional as microbial fertilizer. J Bacteriol, 194(10): 2777-2778.

Ma Y, Chen S. 2008. *Paenibacillus forsythiae* sp. nov., a nitrogen-fixing species isolated from rhizosphere soil of *Forsythia mira*. Int J Syst Evol Microbiol, 58(Pt 2): 319-323.

Ma Y, Xia Z, Liu X, *et al.* 2007. *Paenibacillus sabinae* sp. nov., a nitrogen-fixing species isolated from the rhizosphere soils of shrubs. Int J Syst Evol Microbiol, 57(Pt 1): 6-11.

Ma Y, Zhang J, Chen S. 2007. *Paenibacillus zanthoxyli* sp. nov., a novel nitrogen-fixing species isolated from the rhizosphere of *Zanthoxylum simulans*. Int J Syst Evol Microbiol, 57(Pt 4): 873-877.

McSpadden Gardener B B. 2004. Ecology of *Bacillus* and *Paenibacillus* spp. in agricultural systems. Phytopathology, 94(11): 1252-1258.

Mead D A, Lucas S, Copeland A, *et al.* 2012. Complete genome sequence of *Paenibacillus* strain Y412MC10, a novel *Paenibacillus lautus* strain isolated from Obsidian Hot Spring in Yellowstone National Park. Stand Genomic Sci, 6(3): 381.

Merritt P M, Danhorn T, Fuqua C. 2007. Motility and chemotaxis in *Agrobacterium tumefaciens* surface attachment and biofilm formation. J Bacteriol, 189(22): 8005-8014.

Montes M J, Mercadé E, Bozal N, *et al.* 2004. *Paenibacillus antarcticus* sp. nov., a novel psychrotolerant organism from the Antarctic environment. Int J Syst Evol Microbiol, 54(Pt 5): 1521-1526.

Montoya J P, Voss M, Kahler P, *et al.* 1996. A Simple, high-precision, high-sensitivity tracer assay for N (inf$_2$) fixation. Appl Environ Microbiol, 62(3): 986-993.

Nakamura Y, Itoh T, Matsuda H, *et al.* 2004. Biased biological functions of horizontally transferred genes in prokaryotic genomes. Nat Genet, 36(7): 760-766.

Normand P, Bouquet J. 1989. Phylogeny of nitrogenase sequences in *Frankia* and other nitrogen-fixing microorganisms. J Mol Evol, 29(5): 436-447.

Normand P, Gouy M, Cournoyer B, *et al.* 1992 Nucleotide sequence of *nifD* from *Frankia alni* strain ArI3: phylogenetic inferences. Mol Biol Evol, 9(3): 495-506.

Oh C J, Kim H B, Kim J, *et al.* 2012. Organization of nif gene cluster in *Frankia* sp. EuIK1 strain, a symbiont of *Elaeagnus umbellata*. Arch Microbiol, 194(1): 29-34.

Ouyang J, Pei Z, Lutwick L, *et al.* 2008. *Paenibacillus thiaminolyticus*: a new cause of human infection, inducing bacteremia in a patient on hemodialysis. Ann Clin Lab Sci, 38(4): 393-400.

Pedrosa F O, Monteiro R A, Wassem R, *et al.* 2011. Genome of *Herbaspirillum seropedicae* strain SmR1, a specialized diazotrophic endophyte of tropical grasses. PLoS Genet, 7(5): e1002064.

Raymond J, Siefert J L, Staples C R, *et al.* 2004. The natural history of nitrogen fixation. Mol Biol Evol, 21(3): 541-554.

Richter M, Rosselló-Móra R. 2009. Shifting the genomic gold standard for the prokaryotic species definition. Proc Natl Acad Sci USA, 106(45): 19126-19131.

Ronquist F, Teslenko M, van der Mark P, *et al.* 2012. MrBayes 3.2: efficient Bayesian phylogenetic inference and model choice across a large model space. Syst Biol, 61(3): 539-542.

Rubio L M, Ludden P W. 2005. Maturation of nitrogenase: a biochemical puzzle. J Bacteriol, 187(2): 405-414.

Rubio LM, Ludden P W. 2008. Biosynthesis of the iron-molybdenum cofactor of nitrogenase. Annu Rev Microbiol, 62: 93-111.

Schneider K, Muller A, Schramm U, *et al.* 1991. Demonstration of a molybdenum- and vanadium-dependent nitrogenase in a *nifHDK*-deletion mutant of *Rhodobacter capsulatus*. Eur J Biochem, 195(3): 653-661.

Setubal J C, dos Santos P, Goldman B S, *et al.* 2009. Genome sequence of *Azotobacter vinelandii*, an obligate aerobe specialized to support diverse anaerobic metabolic processes. J Bacteriol, 191(14): 4534-4545.

Shimodaira H, Hasegawa M. 2001. CONSEL: for assessing the confidence of phylogenetic tree selection. Bioinformatics, 17(12): 1246-1247.

Shin S H, Kim S, Kim J Y, *et al.* 2012. Genome Sequence of *Paenibacillus terrae* HPL-003, a xylanase-producing bacterium isolated from soil found in forest residue. J Bacteriol, 194(5): 1266.

Sirota-Madi A, Olender T, Helman Y, *et al.* 2010. Genome sequence of the pattern forming *Paenibacillus vortex* bacterium reveals potential for thriving in complex environments. BMC Genomics, 11: 710.

Sirota-Madi A, Olender T, Helman Y, *et al.* 2012. Genome sequence of the pattern-forming social bacterium *Paenibacillus dendritiformis* C454 chiral morphotype. J Bacteriol, 194(8): 2127-2128.

Sullivan J T, Ronson C W. 1998. Evolution of rhizobia by acquisition of a 500-kb symbiosis island that integrates into a phe-tRNA gene. Proc Natl Acad Sci USA, 95(9): 5145-5149.

Tamura K, Peterson D, Peterson N, *et al.* 2011. MEGA5: molecular evolutionary genetics analysis using maximum likelihood, evolutionary distance, and maximum parsimony methods. Mol Biol Evol, 28(10): 2731-2739.

Thompson J D, Gibson T, Higgins D G. 2002. Multiple sequence alignment using ClustalW and ClustalX. Curr Protoc Bioinformatics: Chapter 2: Unit 2.3. doi:10.1002.

Wang L, Li J, Li Q X. 2013. *Paenibacillus beijingensis* sp. nov., a nitrogen-fixing species isolated from wheat rhizosphere soil. Antonie van Leeuwenhoek, 104(5): 675-683.

Wang L, Zhang L, Liu Z, *et al.* 2013. A minimal nitrogen fixation gene cluster from *Paenibacillus* sp. WLY78 enables expression of active nitrogenase in *Escherichia coli*. PLoS Genet, 9(10): e1003865.

Welsh E A, Liberton M, Stöckel J, *et al.* 2008. The genome of *Cyanothece* 51142, a unicellular diazotrophic cyanobacterium important in the marine nitrogen cycle. Proc Natl Acad Sci USA, 105(39): 15094-15099.

Xie J, Zhang L, Zhou Y, *et al.* 2012. *Paenibacillus taohuashanense* sp. nov., a nitrogen-fixing species isolated from rhizosphere soil of the root of *Caragana kansuensis* Pojark. Antonie van Leeuwenhoek, 102(4): 735-741.

Xie J B, Bai L Q, Wang L Y, *et al.* 2012. Phylogeny of 16S rRNA and *nifH* genes and regulation of nitrogenase activity by oxygen and ammonium in the genus *Paenibacillus*. Mikrobiologiia, 81(6): 760-767.

Yan Y, Yang J, Dou Y, *et al.* 2008. Nitrogen fixation island and rhizosphere competence traits in the genome of root-associated *Pseudomonas stutzeri* A1501. Proc Natl Acad Sci USA, 105(21): 7564-7569.

Young J. 2005. The phylogeny and evolution of nitrogenases. *In*: Palacios R, Newton W E. Genomes and Genomics of Nitrogen-fixing Organisms. Springer: Dordrecht: 221-241.

Young J P W, Crossman L C, Johnston A W, *et al.* 2006. The genome of *Rhizobium leguminosarum* has recognizable core and accessory components. Genome Biol, 7(4): R34.

Zhao D, Curatti L, Rubio L M. 2007. Evidence for *nifU* and *nifS* participation in the biosynthesis of the iron-molybdenum cofactor of nitrogenase. J Biol Chem, 282(51): 37016-37025.

Zhao Y, Wu J, Yang J, *et al.* 2012. PGAP: pan-genomes analysis pipeline. Bioinformatics, 28(3): 416-418.

Zhou Y, Liang Y, Lynch K H, *et al.* 2011. PHAST: a fast phage search tool. Nucleic Acids Res, 39(Web Server issue): W347-W352.

Supplementary material: https://doi.org/10.1371/journal.pgen.1004231.

本文原载: PLoS Genetics, 2014, 10(3): e1004231.

Positive and Negative Regulation of Transferred *nif* Genes Mediated by Indigenous GlnR in Gram-positive *Paenibacillus polymyxa*[*]

Wang Tianshu, Zhao Xiyun, Shi Haowen, Sun Li, Li Yongbin, Li Qin, Zhang Haowei, Chen Sanfeng, Li Jilun

(State Key Laboratory for Agrobiotechnology, Key laboratory of Soil Microbiology of Agriculture Ministry and College of Biological Sciences, China Agricultural University, Beijing, China)

Abstract

Ammonia is a major signal that regulates nitrogen fixation in most diazotrophs. Regulation of nitrogen fixation by ammonia in the Gram-negative diazotrophs is well-characterized. In these bacteria, this regulation occurs mainly at the level of *nif* (nitrogen fixation) gene transcription, which requires a *nif*-specific activator, NifA. Although Gram-positive and diazotrophic *Paenibacilli* have been extensively used as a bacterial fertilizer in agriculture, how nitrogen fixation is regulated in response to nitrogen availability in these bacteria remains unclear. An indigenous GlnR and GlnR/TnrA-binding sites in the promoter region of the *nif* cluster are conserved in these strains, indicating the role of GlnR as a regulator of nitrogen fixation. In this study, we for the first time reveal that GlnR of *Paenibacillus polymyxa* WLY78 is essentially required for *nif* gene transcription under nitrogen limitation, whereas both GlnR and glutamine synthetase (GS) encoded by *glnA* within *glnRA* operon are required for repressing *nif* expression under excess nitrogen. Dimerization of GlnR is necessary for binding of GlnR to DNA. GlnR in *P. polymyxa* WLY78 exists in a mixture of dimers and monomers. The C-terminal region of GlnR monomer is an autoinhibitory domain that prevents GlnR from binding DNA. Two GlnR-binding sites flank the –35/–10 regions of the *nif* promoter of the *nif* operon (*nifBHDKENXhesAnifV*). The GlnR-binding site I (located upstream of –35/–10 regions of the *nif* promoter) is specially required for activating *nif* transcription, while GlnR-binding site II (located downstream of –35/–10 regions of the *nif* promoter) is for repressing *nif* expression. Under nitrogen limitation, GlnR dimer binds to GlnR-binding site I in a weak and transient association way and then activates *nif* transcription. During excess nitrogen, glutamine binds to and feedback inhibits GS by forming the complex FBI-GS. The FBI-GS interacts with the C-terminal domain of GlnR and stabilizes the binding affinity of GlnR to GlnR-binding site II and thus represses *nif* transcription.

Keywords

GlnR, *Paenibacillus polymyxa*, transcription, regulation, GlnR-binding site.

---

*This work was supported by the National Key Research and Development Program of China (No. 2017YFD0200807) and China Natural National Science Foundation (Grant No. 31470189).

1. Introduction

Biological nitrogen fixation, the conversion of atmospheric N_2 to ammonia (NH_3), is carried out by a specialized group of prokaryotes and plays an important role in world agriculture (Rubio and Ludden, 2008). Yet the great demands for nitrogen in modern agriculture far outstrip this source of fixed nitrogen, and chemical nitrogen (N) fertilizer is used extensively in agriculture.

Overuses of N fertilizer in many parts of the world have led to soil, water, and air pollution (Good and Beatty, 2011). Ammonia is a major signal that regulates nitrogen fixation in most diazotrophs (Gussinl *et al.*, 1986; Dixon and Kahn, 2004). Regulation of nitrogen fixation in the Gram-negative diazotrophs is well-characterized. In these bacteria, this regulation occurs mainly at the level of *nif* gene transcription, which requires a *nif*-specific activator, NifA (Morett and Buck, 1988). NifA acts as an enhancer binding protein (EBP) that recognizes sequences (TGT-N_{10}-ACA), located upstream of the –24/–12 region of the promoters controlled by RNA polymerase containing the alternative σ^{54} factor (Dixon and Kahn, 2004; Bush and Dixon, 2012; Sullivan *et al.*, 2013; Sarkar and Reinhold-Hurek, 2014).

Paenibacillus is a large genus of Gram-positive, facultative anaerobic, endospore-forming bacteria. The genus *Paenibacillus* currently comprises more than 150 named species, approximately 20 of which have nitrogen fixation ability, including eight novel species described by our laboratory (Xie *et al.*, 2016). Diazotrophic Paenibacilli has been extensively used as a bacterial fertilizer in agriculture (Shi *et al.*, 2016). However, the regulation mechanism of nitrogen fixation in response to nitrogen availability in Paenibacilli is not clarified, partially due to hardness in genetic transformation of these bacteria. Our recent studies by comparative genomic sequence analysis have revealed that a minimal and compact *nif* cluster comprising 9 genes (*nifB nifH nifD nifK nifE nifN nifX hesA nifV*) encoding Mo-nitrogenase is conserved in 15 N_2-fixing *Paenibacillus* strains (Xie *et al.*, 2014). Phylogeny analysis suggests that the ancestral *Paenibacillus* did not fix nitrogen. The N_2-fixing *Paenibacillus* strains were generated by acquiring the *nif* cluster *via* horizontal gene transfer (HGT) from a source related to *Frankia* (Xie *et al.*, 2014). The 9 genes (*nifBHDKENXhesAnifV*) within the *nif* cluster are organized as an operon under control of a σ^A (σ^{70})-dependent promoter located in front of *nifB* gene (Wang *et al.*, 2013). A global transcriptional profiling analysis revealed that *nif* gene transcription in *P. polymyxa* WLY78 was strongly regulated by ammonium and oxygen (Shi *et al.*, 2016). However, unlike Gram-negative diazotrophs, diazotrophic Paenibacilli have no *nifA* gene encoding transcriptional activator NifA and no NifA-binding site in the *nif* promoter region. But a *glnR* gene and GlnR/TnrA-binding sites in the promoter region of the *nif* operon are conserved in the 15 diazotrophic *Paenibacillus* strains by comparative genomics analyses (Xie *et al.*, 2014), indicating the role of GlnR as a regulator of nitrogen fixation. GlnR is a central regulator of nitrogen metabolism in the class Bacilli, and the *glnR* gene in the diazotrophic Paenibacilli is not associated with the transferred *nif* gene cluster, indicating that *Paenibacillus* GlnR is indigenous. The recent studies with surface plasmon resonance (SPR) experiments have demonstrated that GS stabilizes the binding of GlnR to nitrogen fixation gene operators in *Paenibacillus riograndensis* SBR5 (Fernandes *et al.*, 2017). However, these studies did not fully investigate the regulatory mechanism of GlnR in nitrogen fixation.

GlnR and TnrA are the two transcriptional regulators for the regulation of nitrogen metabolism in the Gram-positive model organism *Bacillus subtilis* (Schreier *et al.*, 1989; Groot *et al.*, 2012). They were previously recognized as the members of the MerR family regulators according to their common winged-HTH (helix-turn-helix) domains (Fisher, 1999). However, the recent studies have revealed that

TnrA and GlnR are a new family of dimeric DNA-binding proteins with C-terminal, flexible, effector-binding sensors that modulate their dimerization that represents a separate branch of the MerR family proteins (Schumacher *et al.*, 2015). TnrA/GlnR form weak dimers by hydrophobic residues located on its winged-HTH and residues in its N-terminal helix (Schumacher *et al.*, 2015), whereas MerR proteins form tight dimers *via* their extended C-terminal coiled coils (Newberry and Brennan, 2004). Both of GlnR and TnrA proteins of *B. subtilis* have a high sequence similarity at their N terminal domains and bind a common consensus sequence (5′-TGTNAN7TNACA-3′), but the C terminal domains of these proteins differ completely (Wray *et al.*, 1996, 2001; Fisher and Wray, 2008; Wray and Fisher, 2008; Murray *et al.*, 2013). GlnR of *B. subtilis* generally acts as a repressor repressing gene or operons required for ammonium assimilation like the *glnRA* operon, *tnrA* and *ureABC* (the urease gene cluster) under nitrogen-excess condition (Schreier *et al.*, 1989; Brandenburg *et al.*, 2002; Groot *et al.*, 2012). In contrast, TnrA serves in most cases as an activator, for instance activating ammonia transport (*nrgAB=amtBglnK*), *ureABC*, nitrate and nitrite reduction (*nasABCDEF*) and its own gene (*tnrA*) (Wray *et al.*, 1996), whereas in a few cases, it acts like GlnR as a repressor repressing *alsT* (encoding an H^+/Na^+ amino acid symporter)(Yoshida *et al.*, 2003), *gltAB* (encoding glutamate synthase) (Belitsky *et al.*, 2000; Picossi *et al.*, 2007) and *ilvBHC-leuABCD* (encoding branched-chain amino acid biosynthesis proteins) (Mader *et al.*, 2004). During excess nitrogen, glutamine (Gln) binds to and feedback inhibits glutamine synthetase (GS, the product of *glnA*) by forming the complex FBI-GS. Formation of the feedback-inhibited GS (FBI-GS) signals the presence of excess nitrogen and transmits that signal by interacting with and affecting the DNA-binding and transcription programs of both GlnR and TnrA. Under nitrogen limitation, the C-terminal region of GlnR folds back and forms an autoinhibitory helix that prevents dimer formation and thus inhibits DNA binding (Fisher and Wray, 2008; Wray and Fisher, 2008; Murray *et al.*, 2013; Schumacher *et al.*, 2015). Under excess nitrogen, FBI-GS functions as a chaperone by a transient interaction with the GlnR autoinhibitory domain and relieves autoinhibition, shifting the equilibrium from the inhibited form to the DNA-binding active form and thus turning on GlnR repression (Fisher and Wray, 2008; Wray and Fisher, 2008; Murray *et al.*, 2013; Schumacher *et al.*, 2015). In contrast, FBI-GS forms a stable complex with TnrA, inhibiting its DNA-binding function under excess nitrogen, whereas TnrA is released from FBI-GS, allowing TnrA dimerization and activation of its transcription program under nitrogen limitation. GlnK appears to play an ancillary role in TnrA dimerization by acting as a templating agent for TnrA (Belitsky *et al.*, 2000; Brandenburg *et al.*, 2002; Yoshida *et al.*, 2003; Mader *et al.*, 2004; Picossi *et al.*, 2007; Hauf *et al.*, 2016).

In this study, we fully investigate the regulation mechanisms of nitrogen fixation in *P. polymyxa* WLY78 by using comprehensive molecular methods. We reveal that during nitrogen limitation, GlnR binds to GlnR-binding site I located upstream of –35/–10 regions of *nif* promoter of *nif* operon (*nifBHDKENXhesAnifV*) in a weak and transient association way and then activates *nif* transcription. During excess nitrogen, glutamine (Gln) binds to and feedback inhibits glutamine synthetase (GS) by forming the complex FBI-GS. FBI-GS interacts with C-terminal domain of GlnR and stabilizes the binding of GlnR to site II located downstream of *nifB* transcription start codon and thus represses *nif* transcription. GS encoded by *glnA* within *glnRA* operon is involved in regulation of *nif* transcription. Also, overexpression of *glnR* and mutagenesis of *glnA* or GlnR-binding site II led to constitutive nitrogen fixation in the absence or presence of ammonia. Our study not only reveals the novel regulation mechanisms of *nif* gene expression in Paenibacilli, but also provides insight into dual active and repressive functions of GlnR.

2. Results

2.1 GlnR is essentially required for nitrogen fixation under nitrogen limitation

The genome of *P. polymyxa* WLY78 contains a *glnR* gene and two paralogs of *glnA*, but it lacks a *tnrA* gene (Xie *et al.*, 2014). We found that of the two *glnA* genes, one was linked to *glnR* as a dicistronic *glnRA* operon and the other (here designated as *glnA1*) was elsewhere in the genome. The current analysis by using BLAST alignment showed that GS and GS1 proteins encoded by the *glnA* and *glnA1* genes had 39% identity.

To elucidate the function of GlnR in nitrogen fixation of *Paenibacillus*, we constructed an in-frame deletion mutant Δ*glnR* (Fig. S1), a complemention strain (Δ*glnR*/*glnR*) for the mutated *glnR* and an overexpression strain (WT/*glnR*), as described in supplemental information. In comparison with wild-type *P. polymyxa* WLY78 which exhibited the highest nitrogenase activity in the absence of NH_4^+ and no activity in the presence of more than 5 mmol/L NH_4^+, activity in Δ*glnR* mutant was at basal constitutive levels under all conditions (Fig. 1a). Deletion of *glnR* resulted to nearly loss of activity, indicating that GlnR is essentially required for nitrogen fixation under nitrogen limitation. Somewhat higher activity was observed in the Δ*glnR* mutant at high ammonia than in the ammonia-repressed wild-type strain. Complementation of Δ*glnR* with a single copy of *glnR* integrated on the *amyE* site of its genome restored nitrogenase activity to the wild-type level in complemented strain (Δ*glnR*/*glnR*), suggesting that change of nitrogenase activity was due solely to deletion of *glnR*. Overexpression of *glnR* by introduction of *glnR* carried on multicopy vector pHY300PLK into wild-type strain led to enhancement of activity in the presence of NH_4^+. The Δ*glnR* and the wild-type strains exhibited similar growth phenotypes on minimal media with glutamine, glutamate and ammonium as sole nitrogen sources (Fig. S2). Taken together, these results indicate for the first time that GlnR positively regulates nitrogen fixation under nitrogen-limited condition.

To examine the effect of *glnR* mutation on the transcription of *nif* genes in *P. polymyxa* WLY78, the transcription levels of *nifH*, *nifD* and *nifK* were determined by qRT-PCR. As shown in Fig. 1b, the transcription levels of the *nifHDK* in wild-type strain exhibited more than 1,500-fold of increase under nitrogen-limited condition (2 mmol/L glutamate as sole nitrogen) compared to nitrogen-excess condition (2 mmol/L glutamate + 100 mmol/L NH_4^+). However, the *nifHDK* genes in Δ*glnR* mutant were expressed constitutively under both conditions at very low level which was approximately 2.7% of that observed in wild-type strain under nitrogen-limited condition (Fig. 1b). These results are consistent with nitrogenase activity in this Δ*glnR* mutant, indicating that GlnR activates *nif* transcription under nitrogen-limited condition.

To further examine the effect of GlnR on regulation of *nif* expression, a transcriptional *lacZ* fusion to *nif* promoter region was constructed and then this P*nif-lacZ* fusion was introduced into wild-type and Δ*glnR* mutant, respectively. As shown in Fig. 1c, the β-galactosidase levels produced by P*nif-lacZ* fusion in wild-type strain were 3,500-fold higher in nitrogen-limited condition than in nitrogen-excess condition. However, the β-galactosidase levels produced by P*nif-lacZ* fusion in Δ*glnR* mutant were similar in both conditions. The data are consistent with the above described qRT-PCR results and nitrogenase activities.

Furthermore, qRT-PCR analysis demonstrated that *glnR* transcription was highly induced under nitrogen-limited condition compared to under nitrogen-excess condition (Fig. 1d), suggesting that *glnR* expression itself is nitrogen-dependent. Also, the transcription profiles of *glnR* and *nifH* were similar under nitrogen limitation (Fig. 1e). The current results are consistent with our previous global transcriptional profiling analysis that the expressions of *glnR* and *nif* genes were significantly up-regulated when *P. polymyxa*

WLY78 was grown in N_2-fixing condition (without O_2 and NH_4^+) compared to non-N_2-fixing condition (air and 100 mmol/L NH_4^+) (Shi *et al.*, 2016). These results indicate that the expressions of *glnR* and *nif* genes are highly coordinated.

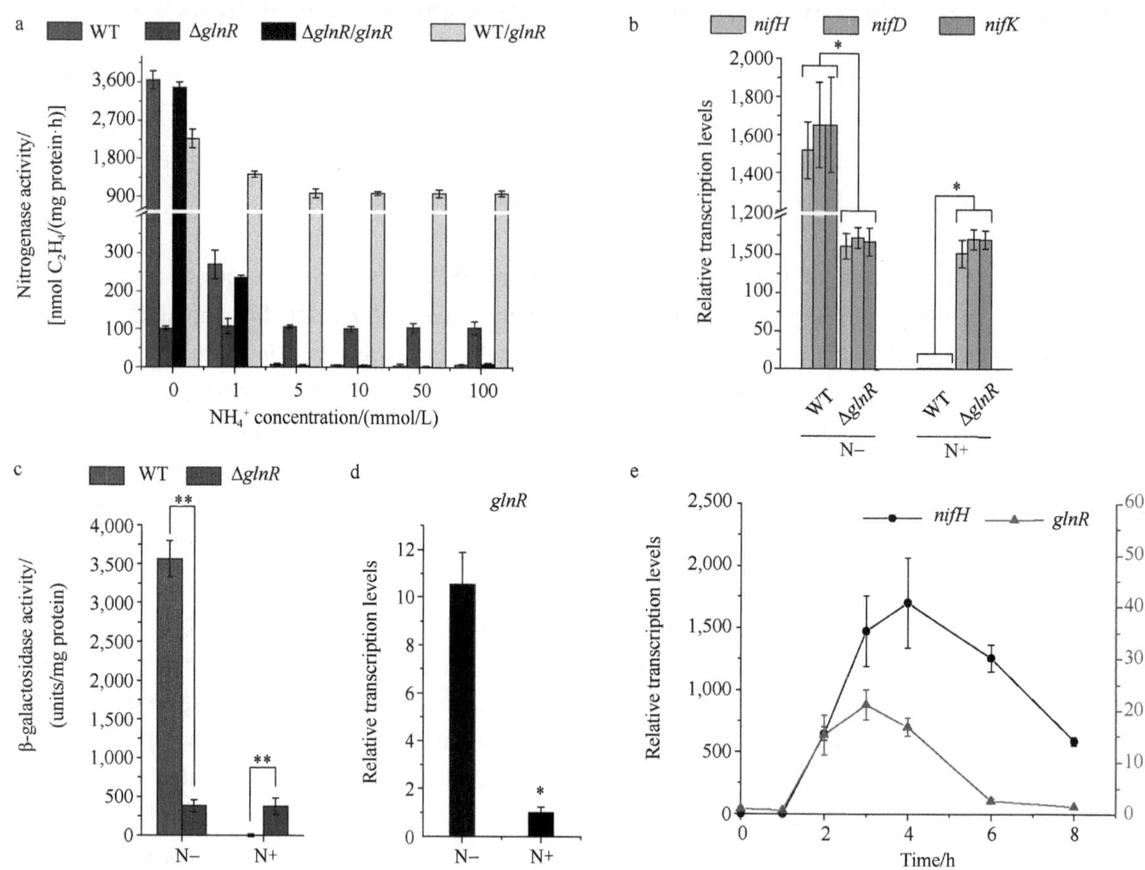

Fig. 1 GlnR controls the nitrogenase activity and *nif* transcription in *P. polymyxa* WLY78

(Color figure in the two-dimensional code at the back cover)

a. Nitrogenase activities of WT (the wild-type), Δ*glnR* (deletion mutant), Δ*glnR*/*glnR* (complementation strain) and WT/*glnR* (overexpression strain). These strains were grown anaerobically in nitrogen-deficient medium containing 2 mmol/L glutamate supplemented with different concentration of NH_4Cl at 0 mmol/L, 1 mmol/L, 5 mmol/L, 10 mmol/L, 50 mmol/L and 100 mmol/L. The nitrogenase activities of these strains were assayed by C_2H_4 reduction method and expressed at nmol C_2H_4/(mg protein·h). b. qRT-PCR analysis of the relative mRNA levels of the *nifHDK* genes in the WT and Δ*glnR* strains grown in nitrogen-limited and -excess media. N−: nitrogen-limited condition (2 mmol/L glutamate as the only nitrogen source). N+: nitrogen-excess condition (2 mmol/L glutamate + 100 mmol/L NH_4^+). The relative expression level was calculated using $\Delta\Delta C_t$ method. The transcription levels of genes in the WT strain under nitrogen-excess condition were arbitrarily set to 1.0. c. β-galactosidase activity of a P*nif-lacZ* fusion in the WT and Δ*glnR* strains grown in nitrogen-limited (N−) and -excess (N+) conditions. d. qRT-PCR analysis of the relative transcription levels of *glnR* gene under nitrogen-limited (N−) and - excess (N+) conditions. The transcription levels of *glnR* gene under nitrogen-excess condition were arbitrarily set to 1.0. e. qRT-PCR analysis of the transcription profiles of *glnR* and *nifH* under nitrogen limitation. The transcription levels of genes at time 0 h were arbitrarily set to 1.0. Results are representative of at least three independent experiments. Error bars indicate SD. ***P*<0.01; **P*<0.05

2.2 Both GS and GlnR are required for negative regulation of nitrogen fixation

To examine the role of GS proteins encoded by *glnA* and *glnA1* in regulation of nitrogen fixation, a series of in-frame-deletion mutants, including Δ*glnA1*, Δ*glnA* and Δ*glnRA* mutants, and their complementary strains Δ*glnA*/*glnA* and Δ*glnRA*/*glnRA* were constructed as described in supplemental information. We found that nitrogenase activities were similar in Δ*glnA1* mutant and wild-type strain under both nitrogen-limited and -

excess conditions, suggesting that *glnA1* is not involved in regulation of nitrogen fixation (Fig. 2a). However, nitrogenase activity in Δ*glnA* mutant was produced constitutively at modest level under both nitrogen-limited and -excess conditions. Complementation of Δ*glnA* with *glnA* gene (complementary strain Δ*glnA*/*glnA*) restored the nitrogenase activity to the wild-type level (basal nitrogenase activity) under nitrogen-excess condition and to 80% of wild-type level (high nitrogenase activity) under nitrogen-limited condition (Fig. 2a). Nitrogenase activity in Δ*glnRA* double mutant was almost abolished just as observed in Δ*glnR* single mutant. Complementation study showed that *glnRA* could partially restored the activity of Δ*glnRA* double mutant (Fig. 2a), suggesting that the role of GS is dependent on GlnR. These results indicate that both GS and GlnR are required for the repression of nitrogen fixation under nitrogen-excess condition.

qRT-PCR analysis showed that the transcription levels of *nifH* gene were similar in both Δ*glnA1* and wild-type strains under both nitrogen-limited and -excess conditions, in agreement with nitrogenase activity in these strains and suggesting that GS encoded by *glnA1* is not involved in regulation of *nif* gene expression (Fig. 2b). In contrast, the *nifH* gene in Δ*glnA* mutant was transcribed constitutively at modest level under both nitrogen-limited and -excess conditions, in agreement with nitrogenase activity in Δ*glnA* mutant. Transcription levels of the *nifH* gene in Δ*glnRA* double mutant were at basal low level under both nitrogen-limited and -excess conditions, in agreement with nitrogenase activity in this strain. These data suggest that GlnR and GS encoded by *glnA* within *glnRA* operon are responsible for negative regulation of *nif* gene expression according to nitrogen availability.

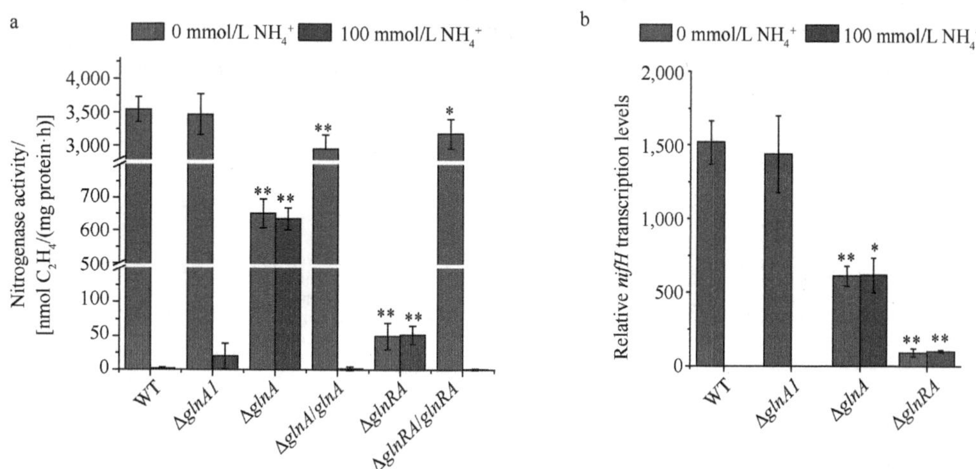

Fig. 2 The functions of GlnR and GS proteins in repressing nitrogenase activity and *nif* expression

a. Nitrogenase activities of WT, deletion mutants Δ*glnA1*, Δ*glnA* and Δ*glnRA* and complementary strains Δ*glnA*/*glnA* and Δ*glnRA*/*glnRA* under nitrogen-limited and -excess conditions. b. qRT-PCR analysis of the relative transcription levels of the *nifH* gene in different strains under both nitrogen-limited and -excess conditions. The transcription levels of *nifH* in the WT strain under nitrogen-excess condition were arbitrarily set to 1.0. Results are representative of at least three independent experiments. Error bars indicate SD. $^{**}P<0.01$; $^{*}P<0.05$

2.3 C-terminal deletion of GlnR, purification and interaction of GlnR with GS

GlnR protein of *B. subtilis* has a high sequence similarity at the N-terminus with TnrA, but the C-terminal signal transduction domain of GlnR is sequentially distinct from TnrA and contains an extra 15 residues (Wray *et al.*, 1996, 2001; Wray and Fisher, 2008).

Here, sequence alignments showed that the 137-residue GlnR protein of *P. polymyxa* WLY78 exhibited 54% and 40% identity with GlnR and TnrA of *B. subtilis* 168, respectively (Fig. S3). GlnR, GS and GS1 from *P. polymyxa* WLY78 with His_6-tag at the N-terminus were overexpressed and purified in *Escherichia coli*, respectively. Also, GlnR$^{\Delta 25}$, a truncated GlnR with a deletion of the last 25 C-terminal codons (aa 113~137) was overexpressed and purified in *E. coli*. Of these purified proteins, GlnR was further evaluated by size-exclusion chromatography analysis. The GlnR protein was eluted as a broad peak with two maxima. Judged from the elution positions of marker proteins, this profile could reflect the coexistence of His_6-GlnR monomers and dimers in non-instantaneous equilibrium (sequence-deduced masses of His_6-GlnR monomers and dimers are 19.6 kDa and 39.2 kDa a respectively) (Fig. S4A). SDS-PAGE revealed for the two maxima the same band with the expected mass for His_6-GlnR (Fig. S4B). Our results are different from some reports that *P. riograndensis* SBR5 GlnR is mainly the dimeric form (Fernandes *et al.*, 2017) and *B. subtilis* GlnR is mainly monomeric form (Wray and Fisher, 2008).

Then, the interaction of GlnR with GS proteins was evaluated by surface plasmon resonance (SPR) assay. His_6-tagged GlnR was immobilized on a Ni-nitrilotriacetic acid-activated chip sensor surface. Then different concentrations of GS and FBI-GS (GS and glutamine) were loaded onto the GlnR chip surface. In the absence of glutamine, only a weak interaction between GlnR and GS was observed, and the GlnR-GS complex also quickly even when the concentration of GS was increased from 200 nmol/L to 3.2 mmol/L (Fig. 3a). In contrast, in the presence of glutamine, there was still strong interaction between GlnR and FBI-GS even when the concentration of GS protein was decreased from 200 nmol/L to 6.25 nmol/L (Fig. 3b). These results indicated that GlnR of *P. polymyxa* WLY78 interacted with the feedback inhibited GS form (FBI-GS). Our results are consistent with the reports that GS, in its feedback inhibited form, interacts with GlnR of *P. riograndensis* SBR5 (Fernandes *et al.*, 2017) and GlnR and TnrA of *B. subtilis* (Fisher and Wray, 2008; Wray and Fisher, 2008; Schumacher *et al.*, 2015). However, nearly no interaction between GlnR$^{\Delta 25}$ and FBI-GS was observed (Fig. 3c), suggesting that the C-terminal domain is required for interaction between GlnR and FBI-GS.

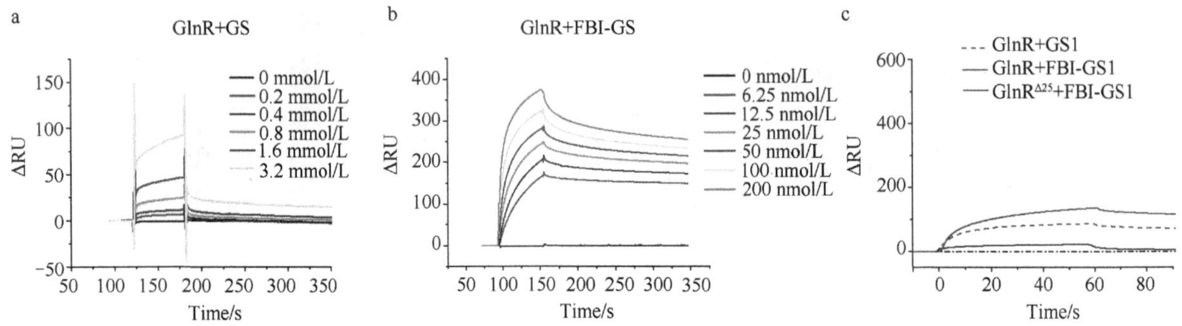

Fig. 3 SPR analysis of interaction of GlnR with GS proteins (Color figure in the two-dimensional code at the back cover)

a. Interaction between GS and GlnR; b. Interaction between FBI-GS (GS and 1 mmol/L glutamine) and GlnR; c. Interactions between GS1 and GlnR (red dashed line), FBI-GS1 (GS1 and 1 mmol/L glutamine) and GlnR (red continuous line), and interaction between FBI-GS and GlnR$^{\Delta 25}$ (blue continuous line). 100 nmol/L GS1 alone or with 1 mmol/L glutamine was injected onto the chip surface-immobilized GlnR. For the interaction between FBI-GS and GlnR$^{\Delta 25}$, 100 nmol/L GS with 1 mmol/L glutamine was injected onto the chip surface-immobilized GlnR$^{\Delta 25}$

In contrast, only a basal weak interaction between GlnR and GS1 was detected whether the feedback inhibitor glutamine was present or not (Fig. 3c), in agreement with the above-described results that mutation of *glnA1* did not affect regulation of *nif* transcription and nitrogenase activity.

2.4 FBI-GS enhances the *in vitro* and *in vivo* DNA-binding activity of GlnR and the C-terminal domain of GlnR affects DNA-binding

We predicted that the promoter region of *nif* operon of *P. polymyxa* WLY78 contained two GlnR-binding sites: GlnR-binding site I and GlnR-binding site II (Fig. 4a and Fig. S5) by using MEME/MAST software (Bailey *et al.*, 2009). The two sites were 118 bp separate. Site I was located 58 bp upstream of –35 regions of *nif* promoter, and site II was seated 24 bp downstream of the *nifB* transcription start site. The binding motifs of the two sites resembled the common consensus sequences (5′-TGTNAN7TNACA-3′) of the GlnR/TnrA-binding site (Groot *et al.*, 2012; Mirouze *et al.*, 2015; Randazzo *et al.*, 2017).

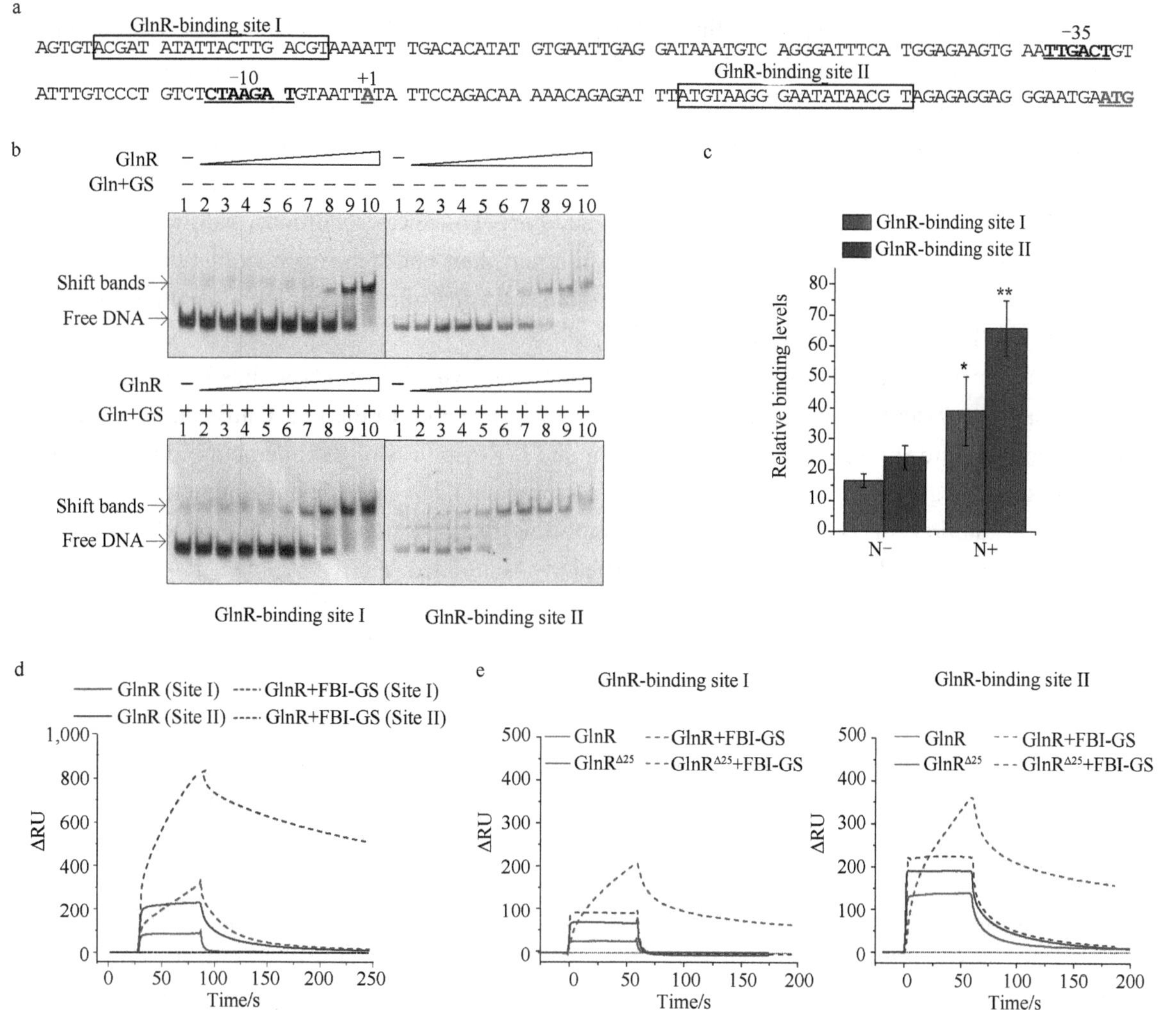

Fig. 4 The *in vitro* and *in vivo* binding of GlnR protein to two GlnR-binding sites in the *nif* promoter region of *P. polymyxa* WLY78 (Color figure in the two-dimensional code at the back cover)

a. Prediction of two GlnR-binding sites in the *nif* promoter region. b. EMSA revealed the *in vitro* binding of GlnR to the two GlnR-binding sites. Two DNA fragments: a 59 bp DNA fragment harboring the GlnR-binding site I and a 53 bp DNA fragment carrying GlnR-binding site II, were synthesized and biotin-labeled. The biotin-labeled DNA fragments were incubated with His-GlnR supplemented without or with FBI-GS (5 mmol/L glutamine and 500 nmol/L His-GS). Lane 1 contained no GlnR. Lanes 2~10 contained increasing concentrations of His-tagged GlnR (4 nmol/L, 8 nmol/L, 16 nmol/L, 32 nmol/L, 64 nmol/L, 128 nmol/L, 256 nmol/L, 512 nmol/L, 1,024 nmol/L). c. ChIP-qPCR assays revealed *in vivo* binding of GlnR to both GlnR-binding sites under both nitrogen-limited (N-) and -excess (N+) conditions. The binding levels of control (Δ*glnR*) were arbitrarily set to 1.0. Error bars indicate SD from three independent experiments. ***P*<0.01; **P*<0.05. d. SPR analysis of GlnR binding to both GlnR-binding sites. 500 nmol/L GlnR alone or with FBI-GS (GS + 1 mmol/L glutamine) was injected onto the chip surface-immobilized DNA fragments harboring GlnR-binding site I or site II. GlnR (Site I) indicates the binding of GlnR alone to site I; GlnR (Site II) indicates the binding of GlnR alone to site II; GlnR+FBI-GS (Site I) indicates the binding of GlnR plus FBI-GS to site I; GlnR+FBI-GS (Site II) indicates the binding of GlnR plus FBI-GS to site Site II. e. SPR analysis of the binding affinity of the truncated GlnR ($GlnR^{\Delta25}$) protein to the two GlnR-binding sites. 500 nmol/L GlnR or $GlnR^{\Delta25}$ alone or with FBI-GS (GS + 1 mmol/L glutamine) was injected onto the chip surface-immobilized DNA fragments harboring GlnR-binding site I or site II. In comparison with wild-type GlnR, $GlnR^{\Delta25}$ protein has the increased binding affinity to both sites, especially site II. The addition of FBI-GS does not obviously increase the binding affinity of GlnR

To determine whether the two GlnR-binding sites are direct targets of GlnR, the *in vitro* and *in vivo* binding of GlnR protein to the two GlnR-binding sites were performed by using electrophoretic mobility shift assays (EMSA), surface plasmon resonance (SPR) spectroscopy and chromatin immunoprecipitation-quantitative PCR (ChIP-qPCR). EMSA experiments revealed that *in vitro* GlnR bound to the two sites (Fig. 4b). Addition of both GS and glutamine (the feedback-inhibited GS) enhanced the binding affinity of GlnR to the two sites (Fig. 4b). Also, the addition of both GS and glutamine did not change the band positions of the DNA-GlnR protein complex, supporting that FBI-GS did not directly bind to DNA and it functioned as a chaperon to activate the DNA-binding activity of GlnR (Fisher and Wray, 2008; Wray and Fisher, 2008).

Then, ChIP-qPCR experiments were performed to investigate the *in vivo* binding of GlnR to the two GlnR-binding sites. GlnR polyclonal antibody was used to measure binding of GlnR to its target and qRT-PCR with primers corresponding to the GlnR-binding site I and site II was performed. As shown in Fig. 4c, GlnR bound to the both sites under both nitrogen limitation and nitrogen-excess conditions, but the binding levels of GlnR to both sites were much higher under excess nitrogen than under nitrogen limitation. These findings agree with the results obtained by EMSA. Also, Fig. 4c shows that the binding level of GlnR to site II was higher than to site I under both conditions.

Furthermore, we tested the *in vitro* affinity of GlnR to the two GlnR-binding sites by SPR spectroscopy. This SPR assay demonstrated that GlnR alone could specifically bind to the two GlnR-binding sites, but the affinity of GlnR for site II was much stronger than for site I. Regardless of the interaction intensity with each site, in the absence of glutamine, GlnR-DNA binding was transient and unstable due to quick dissociation (Fig. 4d). However, addition of both GS and glutamine (the feedback-inhibited GS) greatly stabilized the DNA-protein complex. Especially, FBI-GS significantly stabilized the DNA (site II)-protein complex, consistent with the classical function of GlnR as a repressor (Schreier *et al.*, 1989; Groot *et al.*, 2012).

The affinity of the truncated GlnR ($GlnR^{\Delta25}$) protein to the two GlnR-binding sites was also investigated by SPR assay. As shown in Fig. 4E, in comparison with wild-type GlnR, $GlnR^{\Delta25}$ protein had higher affinity for both sites. The addition of FBI-GS greatly stabilized the DNA-GlnR complex, but it did not have obvious effect on the DNA-$GlnR^{\Delta25}$ complex. Our results indicate that the C-terminal region of *P. polymyxa* GlnR is an autoinhibitory domain that inhibits DNA-binding ability of GlnR and that the C-terminal domain is also required for the interaction between FBI-GS and GlnR, consistent with the observations in *B. subtilis* GlnR (Fisher and Wray, 2008; Wray and Fisher, 2008).

To clarify the affinity of GlnR to both sites, quantitative evaluation was carried out with SPR. A double-stranded DNA oligomer that contained the sequence of site I or site II was fixed onto the chip as described in Material and Methods. Different concentrations of GlnR protein were loaded onto the DNA chip surface. As shown in Fig. 5a and 5b, there was no binding signal in the absence of GlnR and the binding signals became strong with the increase of concentrations of GlnR protein. When the concentration of GlnR was increased to 500 nmol/L and 1,000 nmol/L, an obvious binding of GlnR to site I was found, but it dissociated quickly, indicating that the binding of GlnR to site I is transient and unstable. In contrast, the binding of GlnR to site II was stronger and it dissociated slowly, indicating that the binding of GlnR to site II is stronger than to site I due to slow dissociation. The corresponding K_A and K_D values for site I were calculated to be 1.09×10^6 and 9.16×10^{-7}, respectively. Whereas the K_A and K_D values for site II were 1.86×10^7 and 5.37×10^{-8}, respectively (Fig. 5c). The values of K_A for site II was consistently higher than that for site I, and the values of K_D for site II was much lower than that for site I, indicating that affinity of site II for GlnR is higher than site I. Our current results are different from those obtained in *P. riograndensis* SBR5 where GlnR bound to the two GlnR-binding sites [PnifM(1) and PnifM(2)] of the main *nif* gene cluster at similar levels and whose GlnR affinity for site I was slightly higher than for site II (Fernandes *et al.*, 2017).

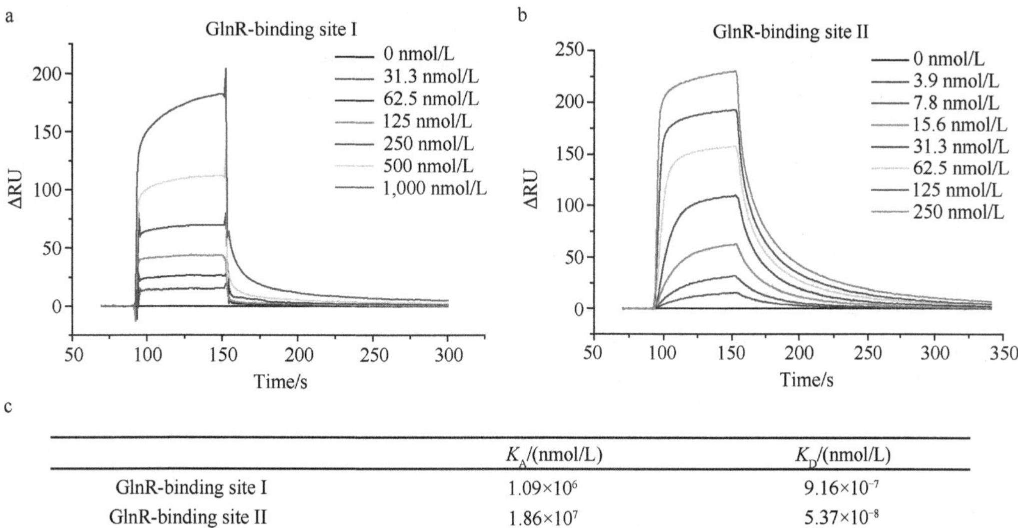

	K_A/(nmol/L)	K_D/(nmol/L)
GlnR-binding site I	1.09×10^{6}	9.16×10^{-7}
GlnR-binding site II	1.86×10^{7}	5.37×10^{-8}

Fig. 5 Binding affinity of GlnR to GlnR-binding site I and GlnR-binding site II
(Color figure in the two-dimensional code at the back cover)

a. SPR titration analysis of GlnR binding to GlnR-binding site I; b. SPR titration analysis of GlnR binding to GlnR-binding site II; c. Binding affinity of GlnR to GlnR-binding site I and GlnR-binding site II

2.5 GlnR-binding site I and Site II are involved in positively and negatively regulating *nif* gene transcription, respectively

Since GlnR was positively and negatively involved in the regulation of nitrogen fixation according to nitrogen availability, both increase and decrease of nitrogenase activity could be expected through mutations of the two GlnR-binding sites in the *nif* promoter region. Thus, the site-specific mutagenesis of the two GlnR-binding sites was performed.

As shown in Fig. 6a, the consensus sequence TGACGT in site I region was replaced with a restriction site of *Kpn* I (GGTACC) *via* homologous recombination, generating mutant MPnif1. The consensus motif ATAACG in site II was replaced by a restriction site of *Cla* I (ATCGAT), which generated the mutant MPnif2. A double mutant MPnif3 with mutations of both GlnR-binding sites was generated. Also, the mutant MPnif97 with deletion of site I was also constructed. EMSA confirmed that GlnR did not bind to the mutated sites (Fig. 6b).

In comparision with wild-type strain, only basal nitrogenase activity was observed in both mutants MPnif1 and MPnif97 under both nitrogen-limited and -excess conditions (Fig. 6c), suggesting that site I is essentially required for nitrogen fixation. The data are consistent with nitrogenase activity in Δ*glnR* mutant, indicating that site I is the target of GlnR. In contrast, nitrogenase activity in mutant MPnif2 was derepressed partially under nitrogen-excess condition, suggesting that site II is involved in repressing nitrogen fixation. The data are consistent with nitrogenase activity in Δ*glnA* mutant, suggesting that site II is the target of GS encoded by *glnA*. Nitrogenase activity in the double mutant MPnif3 was nearly abolished under both nitrogen-limited and -excess conditions, in agreement with nitrogenase activities in Δ*glnRA* double mutant. The *nif* gene transcription levels determined by qRT-PCR (Fig. 6d) were consistent with the nitrogenase activities in mutants MPnif97, MPnif1, MPnif2 and MPnif3.

Taken together, these results indicate that GlnR binds to site I to activate *nif* expression under nitrogen-limited condition and binds to site II to repress *nif* transcription under nitrogen-excess condition. FBI-GS is involved in repressing *nif* transcription by its interaction with GlnR under excess nitrogen.

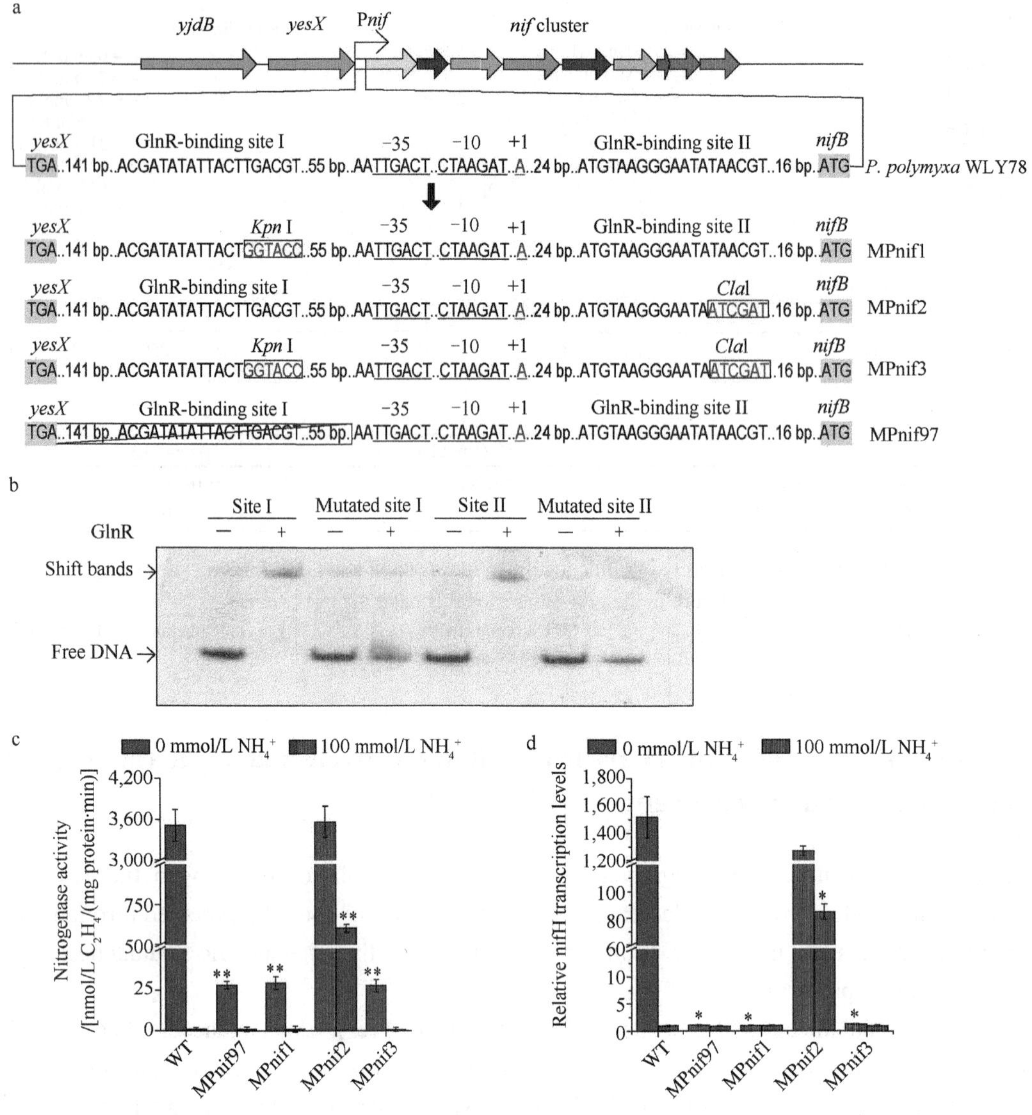

Fig. 6 Mutation analysis of the GlnR-binding sites in *P. polymyxa* WLY78 (Color figure in the two-dimensional code at the back cover)

a. A schematic site-specific mutation or deletion of the GlnR-binding sites. b. EMSA verification of the binding affinity of GlnR to the mutated GlnR-binding site I and GlnR-binding site II. Site I indicates wild-type GlnR-binding site I; Site II indicates wild-type GlnR-binding site II. – and + indicate that the absence and presence of GlnR protein, respectively. c. Nitrogenase activity in wild-type (WT) and four mutants MPnif1, MPnif2, MPnif3 and MPnif97 under both nitrogen-limited and -excess conditions. d. qPCR analysis of the relative transcription levels of the *nifHDK* genes in the wild-type and mutant strains under both nitrogen-limited and -excess conditions. The transcription levels of *nifH* in the WT strain under nitrogen-excess condition were arbitrarily set to 1.0. Results are representative of at least three independent experiments. Error bars indicate SD. **P<0.01; *P<0.05

3. Discussion

GlnR is a global transcription regulator of nitrogen metabolisms found extensively in *Bacillus* and other Gram-positive bacteria. It generally acts as a repressor repressing the transcription of *glnRA* operon, *tnrA* and *ureABC* in *B. subtilis* under excess nitrogen (Schreier *et al.*, 1989; Brandenburg *et al.*, 2002; Groot *et al.*, 2012). TnrA is another transcription regulator of nitrogen metabolisms found mainly in *Bacillus* and it serves in most cases as an activator under nitrogen limitation (Yoshida *et al.*, 2003).In the present work, we reveal that *P.*

polymyxa GlnR simultaneously acts as an activator and a repressor for nitrogen fixation by binding to different loci of the single *nif* promoter region according to nitrogen availability. GS is necessarily required for *nif* repression mediated by GlnR.

In this study, two GlnR-binding sites flanking the –35/–10 regions of the promoter of *nif* operon in *P. polymyxa* WLY78 is predicted by software and then confirmed by *in vitro* EMAS and SPR experiments and by *in vivo* ChIP-qPCR. The two sites are 118 bp separated. Site I is located 58 bp upstream of –35 region of *nif* promoter, and site II is seated 24 bp downstream of the *nifB* transcription start site. The location of site I is an indicative of activation site, since regulator, such as TnrA, bound at this position most likely activates gene transcription (Wray *et al.*, 1996; Brandenburg *et al.*, 2002; Yoshida *et al.*, 2003). Site II located just downstream of promoter is an indicative of repression site, since regulator bound at this site will represses gene transcription by sterically hindering RNA extension (Collado-Vides *et al.*, 1991). The binding motif (5′-TGTAAGGGAATATAACG-3′) of site II possesses the common consensus sequence (5′-TGTNAN7TN ACA-3′) of the GlnR-binding site (Fig. S5), while the consensus sequences (5′-CGATATATTACTTGACG-3′) of site I fit the TnrA-specific motif (5′-NGNNAN7TNACN-3′) which clearly lacks the conserved A and T at the 3′ endand 5′ end (Groot *et al.*, 2012; Mirouze *et al.*, 2015; Randazzo *et al.*, 2017). Our studies of deletion or mutagenesis of GlnR-binding site I, site II and both sites demonstrated that site I is responsible for activating *nif* expression and site II is required for repressing *nif* transcription, in agreement with the locations of the two sites. Two GlnR-binding sites flanking the –35/–10 *nif* promoter region were also found in *P. riograndensis* SBR5 (Fernandes *et al.*, 2017), but they exhibit a little difference with those of *P. polymyxa* WLY78 in the precise consensus sequences and locations. As shown in Fig. S6, the site II in *P. polymyxa* WLY78 is located 16 bp upstream of ATG (translation start site), while the O_A-*nifB* (site II) in *P. riograndensis* SBR5 is located 60 bp upstream of ATG. A common consensus sequence (TGTNAN7TNACA) of GlnR-binding motif in the class *Bacillus* (Fig. S5) is more conserved in the two GlnR-binding sites of *P. riograndensis* SBR5 than in those of *P. polymyxa* WLY78. SPR assay demonstrated that GlnR-binding site I of *P. riograndensis* SBR5 displayed higher affinity for GlnR, whereas the second site had lower affinity and dissociated faster (Fernandes *et al.*, 2017). In contrast, GlnR-binding site I of *P. polymyxa* WLY78 exhibited lower affinity for GlnR and dissociated faster, while site II displayed higher affinity due to slow dissociation, especially in the presence of FBI-GS.

Based on the two binding sites in the *nif* promoter region of *P. riograndensis* SBR5, a DNA-looping model that represents a strong and strict regulation for *nif* genes was proposed (Fernandes *et al.*, 2017). In this model, DNA loop formation was induced by two GlnR dimers bound to both GlnR-binding sites and bridged by feedback-inhibited GS. However, our results from deletion and complementation analyses of *glnR*, *glnA* and *glnRA* and from mutation analyses of GlnR-binding sites did not support the DNA-looping model. Our data demonstrate evidently that GlnR bound to site I in a weak and transient way and then activated *nif* gene transcription under nitrogen limitation, and the FBI-GS stabilized the binding affinity of GlnR to binding site II and the strong binding of GlnR to site II repressed *nif* gene transcription by interfering RNA extension under nitrogen-excess condition. Our studies that mutation of the 4~5 nucleotides in the half-sequences within the GlnR-binding site I (ACGATATATTACTTGACGT) or site II (ATGTAAGGGAATA TAACGT) resulted to no binding of GlnR are consistent with that 4 nucleotides in each operator half-site of the DNA consensus sequence (TGTNAN7TNACA) were required for GlnR/TnrA specific DNA binding (Wray *et al.*, 1996; Yoshida *et al.*, 2003; Wray and Fisher, 2007; Schumacher *et al.*, 2015). Our data also support that TnrA/GlnR form a weak symmetric dimer by binding their palindromic cognate sites (Fisher and Wray, 2008; Schumacher *et al.*, 2015). Thus we think that it is unlikely for GlnR to be a tetramer formed by interacting between two dimers bound on the two GlnR-binding sites. There are also two GlnR-binding sites in the promoter region of

B. subtilis glnRA, one of which lies immediately upstream of the –35 promoter element and the other site overlaps the –35 region (Gutowski and Schreier, 1992). It was previously reported that GlnR bond to these sites in a cooperative manner, and both sites were required for full repression of *B. subtilis glnRA* (Zalieckas *et al.*, 2006).

Mutation of GlnR-binding site II made the mutant MPnif2 have nitrogenase activities and express *nif* genes under both nitrogen-limited and -excess conditions (Fig. 6c and 6d), supporting that GlnR bound to site I to activate *nif* gene transcription under nitrogen limitation. However, the nitrogenase activity and *nif* gene transcription in mutant MPnif2 did not reach similar levels under both nitrogen-limited and -excess conditions. We deduce that perhaps the mutation of site II made the mutant MPnif2 have more FBI-GS proteins to strength the binding of GlnR to site I and then interfere *nif* gene transcription under excess nitrogen. However, under normal physiological condition, since there are two GlnR-binding sites and the affinity of GlnR for site II was much stronger than for site I, repression of *nif* gene transcription was mediated by site II. Whether site I, together with site II was involved in repressing *nif* gene transcription under nitrogen-rich condition needs to be determined in the future.

Our study by deletion, complementation and overexpression of glnR, glnA and glnRA and by mutagenesis or deletion of GlnR-binding sites reveals that GlnR bound to GlnR-binding site I and activated nif transcription under nitrogen limitation, and GlnR bound to GlnR-binding site II and repressed nif transcription under excess nitrogen. The novel, dual positive and negative regulatory mechanism is for the first time reported in nitrogen fixation. Although dual function of GlnR in *Streptomyces hygroscopicus* var. *jinggangensis* 5008 was reported (Qu et al., 2015), Streptomyces GlnR is an OmpR-like response regulator which does not display any similarity to the *Paenibacillus/Bacillus* GlnR regulator belonging to the MerR family (Tan et al., 2013).

Although GlnR protein alone could bind to the two sites in *nif* promoter of *P. polymyxa* WLY78, this binding was transient and unstable. We deduce that the transient GlnR-DNA interaction is sufficient for GlnR to act as an active regulator. Interestingly, under nitrogen-limited condition, TnrA (but not GlnR) of *B. subtilis* is further stabilized by an interaction with GlnK (Heinrich *et al.*, 2006; Kayumov *et al.*, 2011). It also reported that GlnR protein exhibited an increased affinity for the *glnRA* operon promoter when bound to GlnK in *Streptococcus mutans* (Castellen *et al.*, 2011). Whether GlnR dimer is stabilized by GlnK in *P. polymyxa* WLY78 under nitrogen-limited condition needs to be investigated in the future.

It is well characterized that the C-terminal domain of *B. subtilis* GlnR protein is sequentially distinct from TnrA and contains an extra 15 residues (Wray *et al.*, 1996). This region acts as an autoinhibitory domain that prevents GlnR dimerization and thus inhibits DNA binding (Fisher and Wray, 2008; Wray and Fisher, 2008; Murray *et al.*, 2013). FBI-GS acts as a chaperone to stabilize dimerization and subsequent DNA binding of GlnR (Fisher and Wray, 2008; Wray and Fisher, 2008; Murray *et al.*, 2013). In this study, the *P. polymyxa* GlnR$^{\Delta25}$, a truncated GlnR with a deletion of the last 25 C-terminal codons was overexpressed and purified in *E. coli*. SPR analyses show that the interaction between GlnR$^{\Delta25}$ and GS is greatly decreased compared to wild-type GlnR. Also, GlnR$^{\Delta25}$ had higher binding affinity to both GlnR-binding sites than wild-type GlnR (Fig. 4e). The addition of FBI-GS greatly enhanced the DNA-binding affinity of wild-type GlnR, but it did not obviously increase the DNA-binding affinity of GlnR$^{\Delta25}$ protein. FBI-GS also stabilized the DNA-GlnR complex, but it had no effect on the DNA-GlnR$^{\Delta25}$ complex. These results reveal that the C-terminal region of *P. polymyxa* GlnR is an autoinhibitory domain and it is also involved in the interaction between FBI-GS and GlnR, in agreement with the results obtained in *B. subtilis* GlnR. Our results demonstrate that FBI-GS stabilizes the binding of GlnR to the two site, especially site II, consistent with the observations in *B. subtilis* GlnR (Fisher and Wray, 2008; Wray and Fisher, 2008). We deduce that the monomers in the mixture of dimers and monomers of *P. polymyxa* GlnR protein were shifted to dimers by the interaction of FBI-GS with GlnR under excess nitrogen. Consequently, the strong binding of GlnR to site II led to the repression of *nif* transcription by interfering RNA extension. This mode of repressing *nif* gene transcription of *P. polymyxa* during excess nitrogen is a classical function of GlnR regulator found extensively in *B. subtilis* and some other Gram-positive bacteria. Although the activity of TnrA is also controlled by FBI-GS, the mechanisms of regulation are different between TnrA and GlnR. Under excess nitrogen, FBI-GS forms a stable complex with TnrA, which inhibits its DNA-binding activity (Wray *et al.*, 1996, 2001; Fisher and Wray, 2008; Wray and Fisher, 2008; Murray *et al.*, 2013).

TnrA and GlnR are generally recognized as the members of the MerR family regulators according to their common winged-HTH (helix-turn-helix) domains. However, TnrA and GlnR may regulate transcription using molecular mechanisms distinct from MerR proteins. MerR proteins activate transcription by distorting and realigning DNA promoters with nonoptimal spacing between the –10 and –35 boxes (Heldwein *et al.*, 2001). Unlike MerR members, the promoters bound by TnrA and GlnR are optimally arranged and a 17 bp inverted repeat sequences with the consensus TGTNAN7TNACA constitutes the minimal binding site for these proteins (Groot *et al.*, 2012; Mirouze *et al.*, 2015). It was previously suggested that TnrA functions primarily as an activator by binding operator DNA sites and recruiting RNA polymerase (RNAP) (Wray *et al.*, 2001; Yoshida *et al.*, 2003), whereas GlnR does not bind RNAP and hence functions as a repressor. The recent study on structures has revealed that GlnR induces bend and conformational changes in the DNA similar to those in TnrA (Schumacher *et al.*, 2015), supporting our results that GlnR functions as an activator just as TnrA does under nitrogen limitation.

The wild-type *P. polymyxa* WLY78 has the highest nitrogenase activity in the absence of NH_4^+ and has no activity in the presence of more than 5 mmol/L NH_4^+ (Fig. 1a). Deletion of *glnR* leads to loss of both nitrogenase activity and *nif* gene transcription under nitrogen limitation, suggesting that GlnR is essential required for activating *nif* gene expression. Deletion of *glnA* makes the Δ*glnA* mutant have both nitrogenase activity and *nif* gene transcription under both nitrogen-limited and -excess conditions, suggesting that GS encoded by *glnA* is involved in repressing *nif* gene transcription under nitrogen-excess condition. Mutation of GlnR-binding site I results to loss of both nitrogenase activity and *nif* transcription under nitrogen limitation, suggesting that site I is responsible for activating *nif* gene transcription. However, mutation of GlnR-binding site II makes the mutant MPnif2 have both nitrogenase activities and *nif* gene transcriptions under both condition, consistent with the nitrogenase and *nif* gene transcription in Δ*glnA* mutant. Our study with SPR also demonstrates that the affinity of GlnR for site II is stronger than for site I. Under nitrogen-excess condition, glutamine is synthesized and it feedbacks the GS, yielding FBI-GS, EMSA, SPR and Chip-PCR reveal that the presence of FBI-GS (GS and glutamine) greatly stabilizes the GlnR-DNA complex and decreases the dissociation of GlnR from binding site II.

According to our results, we proposed a regulatory model of GlnR involved in nitrogen fixation in *P. polymyxa* WLY78 (Fig. 7). GlnR exists in a mixture of dimers and monomers. Monomer of GlnR is an autoinhibitory form whose C-terminal region folds back and inhibits dimer formation. Under nitrogen-limited condition, GlnR dimer binds to site I in a weak and transient association way and then activates *nif* expression (Fig. 7a). Although GlnR also sequentially or simultaneously binds to site II, binding of GlnR to this site does not repress *nif* transcription due to GlnR having only a weak and transient association with DNA during this condition. Also, the large amounts of GlnR produced under this condition enable *nif* transcription to carry on, since expression of *glnR* itself is nitrogen-dependent. Under nitrogen-excess condition (Fig. 7b), glutamine is in excess and it binds to and feedback inhibits GS by forming the complex FBI-GS. The FBI-GS interacts with the C-terminal tail of GlnR and relieves autoinhibition, shifting the monomer to the DNA-binding active form. The FBI-GS further stabilizes the binding affinity of GlnR to both sites, especially site II. The stable binding of

GlnR to site II blocks the RNA extension and thus represses *nif* transcription.

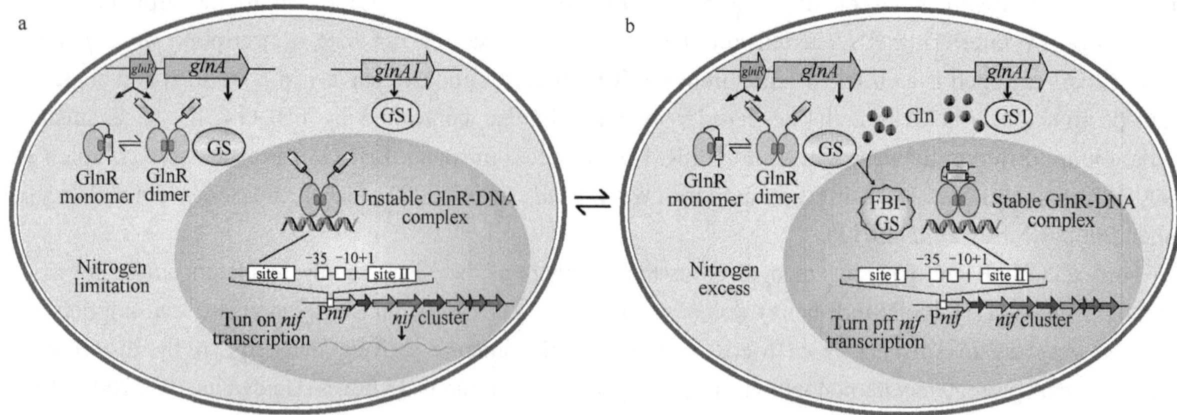

Fig. 7 Regulatory model of GlnR involved in nitrogen fixation in *P. polymyxa* WLY78

(Color figure in the two-dimensional code at the back cover)

a. GlnR protein exists as a mixture of dimer and monomer. Monomer of GlnR is an autoinhibitory form whose C-terminal region folds back and inhibits dimer formation. During nitrogen limitation, dimer of GlnR binds to GlnR-binding site I in a weak and transient association way and activates *nif* transcription. b. During excess nitrogen, glutamine (Gln) is produced by GS and GS1 catalyzing glutamate and NH_4^+. Gln binds to and feedback inhibits GS by forming the complex FBI-GS. FBI-GS interacts with the C-terminal tail of GlnR and relieves its autoinhibition, shifting the monomer to the DNA-binding active form. The FBI-GS further stabilizes the binding affinity of GlnR to GlnR-binding site II and thus represses *nif* transcription

In conclusion, our combined data reveal a novel molecular regulatory mechanism of nitrogen fixation in *P. polymyxa* WLY78. GlnR binds to site I to activate *nif* gene transcription under nitrogen-limited condition, and it binds to site II to repress *nif* gene transcription under nitrogen-excess condition. The activity of GlnR is controlled by GS in response to nitrogen availability.

4. Materials and Methods

4.1 Strains, plasmids and growth conditions

Bacterial strains and plasmids used in this study are summarized in Table S1. *P. polymyxa* strains were grown in nitrogen-limited medium (2 mmol/L glutamate) or nitrogen-excess medium (2 mmol/L glutamate + 100 mmol/L NH_4^+) under anaerobic condition (Wang *et al.*, 2013). For assays of nitrogenase activity, β-galactosidase assays and *nif* expression, *P. polymyxa* strains were grown in nitrogen-limited medium or nitrogen-excess medium under anaerobic condition. *Escherichia coli* strains JM109 and BL21 (DE3) were used as routine cloning and protein expression hosts, respectively. Thermo-sensitive vector pRN5101 (Villafane *et al.*, 1987) was used for gene disruption in *P. polymyxa*. Shuttle vector pHY300PLK was used for complementation experiment and transcriptional fusion construction. pET-28b(+) (Novagen) was used for expressing recombinant His_6-tagged protein in *E. coli*. When appropriate, antibiotics were added in the following concentrations: 100 μg/ml ampicillin, 25 μg/ml chloramphenicol, 12.5 μg/ml tetracycline, 50 μg/ml kanamycin, and 5 μg/ml erythromycin for maintenance of plasmids.

4.2 Construction of Δ*glnR*, Δ*glnA1*, Δ*glnA* and Δ*glnRA* mutants and their complementation and overexpression strains

The four in-frame-deletion mutants: Δ*glnR*, Δ*glnA1*, Δ*glnA* and Δ*glnRA*, were constructed by a homologous recombination method. The upstream (ca. 1 kb) and downstream fragments (ca. 0.5 kb) flanking the coding region of *glnR*, *glnA1*, *glnA* and *glnRA* were PCR amplified from the genomic DNA of *P. polymyxa* WLY78, respectively. The primers used for these PCR amplifications were listed in Table S2. The two fragments flanking each coding region of *glnR*, *glnA1*, *glnA* and *glnRA* were then fused with *Sal* I/*Bam*H I digested pRN5101 vector using Gibson assembly master mix (New England Biolabs), generating the four recombinant plasmids pRDglnR, pRDglnA1, pRDglnA and pRDglnRA, respectively. Then, each of these recombinant plasmids was transformed into *P. polymyxa* WLY78 as described by Zhang *et al.* (2013), and the single-crossover transformants were selected for erythromycin resistance (Em^r). Subsequently, marker-free deletion mutants (the double-crossover transformants) Δ*glnR*, Δ*glnA1*, Δ*glnA* and Δ*glnRA* were selected from the initial Em^r transformants after several rounds of nonselective growth at 39℃ and confirmed by PCR amplification and sequencing analysis.

Complementation for Δ*glnR*, Δ*glnA* and Δ*glnRA* was performed. For complementation of Δ*glnR*, the *glnR* gene and its promoter was inserted into the *amyE* site on genome of Δ*glnR* strain. To do this, two fragments: a 1,161 bp DNA fragment and a 1,017 bp fragment flanking the *amyE* gene, were PCR amplified from the genomic DNA of *P. polymyxa* WLY78, respectively. An 803 bp DNA fragment carrying the *glnR* ORF (414 bp) and its own promoter (389 bp) were also PCR amplified. Then, three fragments and the vector pRN5101 digested with *Bam*H I and *Hin*d III were fused together using Gibson assembly master mix, generating the recombinant plasmid pRCglnR. The recombinant plasmid pRCglnR was transformed into the cells of Δ*glnR* strain and then double-crossover transformants were selected after several rounds of growth at 39℃. Finally, the complementation strain CglnR which contains an 803 bp DNA fragment carrying *glnR* ORF and its promoter integrated on the *amyE* site was obtained and confirmed by PCR and DNA sequencing. For complementation of Δ*glnRA* mutant, a 2,116 bp DNA fragment containing the complete *glnRA* operon and its own promoter was PCR amplified from the genomic DNA of *P. polymyxa* WLY78. For complementation of Δ*glnA*, a 1,419 bp DNA fragment containing the coding region of *glnA* and a 280 bp promoter region of *glnRA* operon were PCR amplified, respectively, and then the two fragments were fused together using Gibson assembly master mix. These fragments were digested with *Bam*H I/*Sal* I, and ligated into vector pHY300PLK, generating *glnA*-complemented vector pHYglnA and *glnRA*-complemented vector pHYglnRA, respectively. Each of these recombinant plasmids was correspondingly transformed into Δ*glnA* and Δ*glnRA* mutants, and tetracycline-resistant (Tet^r) transformants were selected and confirmed by PCR and sequencing.

The strain WT/*glnR* in which *glnR* is overexpressed was also constructed. An 803 bp DNA fragment carrying the *glnR* ORF (414 bp) and its own promoter (389 bp) was PCR amplified and then ligated to multicopy vector pHY300PLK and then transformed to *P. polymyxa* WLY78, generating the *glnR* overexpression strain. The primers used here are listed in Table S2.

4.3 Construction of mutants with deletion or mutagenesis of the GlnR-binding site (s)

Four mutants with deletion or mutagenesis of the GlnR-binding site (s) were performed *via* homologous recombination. A 313 bp *nif* promoter region (from –253 to +60 relative to the *nifB* transcription start codon) containing both of the GlnR-binding sites I and II was used as a target for mutation. Thus, three 313 bp DNA fragments PnifM1, PnifM2 and PnifM3 (Table S3) were synthesized based on the sequences of *nif* promoter region. Notably, PnifM1 contains the mutated GlnR-binding site I where the last six base pairs TGACGT within the 19 bp consensus sequences (ACGATATATTACT TGACGT) of the GlnR-binding site I were replaced by a restriction site of *Kpn* I (GGTACC). PnifM2 carries the mutated GlnR-binding site II where the last six base pairs ATAACG within the 19 bp consensus sequences (ATGTAAGGGAATATAACG) was replaced by a restriction site of *Cla* I (ATCGAT). PnifM3 contains both of mutated site I and site II where the consensus motifs TGACGT and ATAACG were simultaneously replaced by restriction sites *Kpn* I and *Cla* I. The three DNA fragments PnifM1, PnifM2 and PnifM3 were then cloned to plasmid pUC19, respectively. Then, each of the three fragments PnifM1, PnifM2 and PnifM3 (Table S3) was PCR amplified from the recombinant plasmids. Two homologous arms (1,205 bp and 1,101 bp) flanking the 313 bp region *in nif* promoter were amplified from the genomic DNA of *P. polymyxa* WLY78 using the primers MPnif1/MPnif2 and primers MPnif5/MPnif6 (Table S4), respectively. Each of the two arms contains ca. 20 bp overlap with the above-described 313 bp DNA fragments (PnifM1, PnifM2 and PnifM3). Then, the two arms and the DNA fragments PnifM1, PnifM2 and PnifM3 were assembled to the *Bam*H I/*Hin*d III digested plasmid vector pRN5101, yielding the recombinant plasmids pRMP1, pRMP2, pRMP3. Each of these recombinant plasmids was introduced into *P. polymyxa* WLY78 by transformation. The single-crossover transformants were selected for erythromycin resistance (Em^r). Subsequently, the double-crossover transformants were selected from the initial erythromycin resistance transformants after several rounds of nonselective growth at 39℃. These mutants were confirmed by PCR amplification using the primers and subsequent digestion with *Kpn* I or *Cla* I and then by DNA sequencing. The mutant with deletion of site I was also constructed as follows. A 1,418 bp DNA upstream fragment and a 1,101 bp downstream fragment were PCR amplified from the genomic DNA of *P. polymyxa* WLY78. The two fragments were assembled to vector pRN5101, yielding the recombinant plasmid pRMP100 and then the plasmid was transformed into *P. polymyxa* WLY78. The mutant with deletion of 213 bp fragment (from –40 bp to –253 bp relative to the *nifB* transcription start codon) containing GlnR-binding site I was obtained as described above.

4.4 Construction of a *nif* promoter-*lacZ* fusion (P*nif*-*lacZ* fusion)

A 313 bp of the native *nif* promoter (P*nif*) (from –253 to +60 relative to the *nifB* transcription start codon) containing both of the GlnR-binding sites I and II was amplified from the genomic DNA of *P. polymyxa* WLY78 using primers LPnif1 and LPnif2 (Table S5). The *lacZ* coding region was PCR amplified with primers LPnif3 and LPnif4 from the plasmid pPR9TT. The two PCR-amplified fragments were fused together with vector pHY300PLK and then it was transformed into *P. polymyxa* WLY78.

4.5 Expression and purification of GlnR and GS proteins in *E. coli*

The *glnR*, truncated *glnR* ($GlnR^{\Delta 25}$, for C-terminal deletion of GlnR, removing the last 25 amino acid residues), *glnA* within *glnRA* operon and *glnA1* were PCR amplified from the genomic DNA of *P. polymyxa* WLY78, respectively. These PCR products were cloned into pET-28b(+) (Novagen) to construct tagged proteins with His-tag at the N-terminus and then transformed into *E. coli* BL21 (DE3). The recombinant *E. coli* strains were cultivated at 37℃ in LB broth supplemented with 50 μg/ml kanamycin until mid-log phase, when 0.2 mmol/L IPTG was added and incubation continued at 20℃ for 8 h. Cells were collected and disrupted in a lysis buffer (50 mmol/L NaH_2PO_4, 300 mmol/L NaCl, 10 mmol/L imidazole) by sonication on ice. Recombinant His_6-tagged proteins in the supernatant were purified on Ni_2-NTA resin (Qiagen, Germany) according to the manufacturer's protocol. Fractions eluted with 250 mmol/L imidazole were dialyzed into storage buffer [10 mmol/L Tris-HCl pH 7.5, 1 mmol/L EDTA, 80 mmol/L NaCl, 20% (*V*/*V*) glycerol] for antibody production or binding buffer (20 mmol/L HEPES pH 7.6, 1 mmol/L EDTA, 10 mmol/L $(NH_4)_2SO_4$, 1 mmol/L DTT, 0.2% Tween 20, 30 mmol/L KCl) for electrophoretic mobility shift assays (EMSA) and

HBS-Mg buffer (10 mmol/L HEPES pH 7.4, 300 mmol/L NaCl, 3 mmol/L $MgCl_2$, and 0.005% Nonidet P-40) for surface plasmon resonance spectroscopy (SPR). Purified His-GlnR was used to raise polyclonal rabbit antibody (Beijing Protein Innovation) and for size-exclusion chromatography. Primers used here are listed in Table S5.

4.6 RNA preparation and qRT-PCR analysis

Transcription levels of genes were compared among *P. polymyxa* WLY78 strain and Δ*glnR*, Δ*glnA* and Δ*glnRA* mutants by quantitative real-time RT-PCR (qRT-PCR) analysis. At each experimental time point, 50 ml of culture were harvested and rapidly frozen under liquid nitrogen. Total RNAs were extracted with RNAiso Plus (Takara, Japan) according to the manufacturer's protocol. Remove of genome DNA and synthesis of cDNA were performed using PrimeScript™ RT reagent Kit with gDNA Eraser (Takara, Japan). qRT-PCR was performed on Applied Biosystems 7500 Real-Time System (Life Technologies) and detected by the SYBR Green detection system with the following program: 95℃ for 15 min, 1 cycle; 95℃ for 10 s and 65℃ for 30 s, 40 cycles. Primers used for qRT-PCR are listed in Table S6. The relative expression level was calculated using $\Delta\Delta C_t$ method. 16S rRNA was set as internal control and the expression levels of genes in WT strain under nitrogen-excess condition were arbitrarily set to 1.0. Each experiment was performed in triplicate.

4.7 Electrophoretic mobility shift assays (EMSAs)

EMSAs were performed as described previously using a DIG Gel Shift Kit (2nd Generation; Roche, USA) (Wang *et al.*, 2013). The promoter fragments of *nif* operon were synthesized by Sangon Biotech Co., Ltd. (Shanghai). Two DNA fragments corresponding to the sequences of the first strand and the complementary DNA strand were synthesized. The two strands were annealed and then labeled at the 3′ end with digoxigenin (DIG) using terminal transferase, and used as probes in EMSAs. Each binding reaction (20 μl) consisted of 1 μg poly [d(A-T)], 0.3 nmol/L labelled probe, and various concentrations of purified His_6-GlnR in the binding buffer. Reaction mixtures were incubated for 30 min at 25℃, analyzed by electrophoresis using native 5% polyacrylamide gel run at 4℃ with 0.5×TBE as running buffer, and electrophoretically transferred to a positively charged nylon membrane (GE healthcare, UK). Labelled DNAs were detected by chemiluminescence according to the manufacturer's instructions, and recorded on X-ray film. The primers used here are listed in Table S6.

4.8 Chromatin immunoprecipitation-quantitative PCR (ChIP-qPCR)

Chromatin immunoprecipitation-quantitative PCR (ChIP-qPCR) was performed as described by Wang *et al.* (2014). 100 ml of culture of WT or Δ*glnR* grown in nitrogen-limited or -excess media at 30℃ were harvested and immersed in cross-linked buffer (0.4 mol/L sucrose, 1 mmol/L EDTA, 10 mmol/L Tris-HCl, pH 8.0) with 1% formaldehyde and 1% PMSF for 20 min at 28℃. Cross-linking was stopped by addition of glycine (final concentration 125 mmol/L) and incubation for another 5 min. After cross-linking, cells were sonicated to break chromosomal DNA into 200~500 bp fragments. Supernatant containing 2 mg total protein was diluted in 1 ml lysis buffer. 5 μl GlnR polyclonal antibody was added into precleared supernatant and incubated overnight at 4℃. Purified immunoprecipitated DNA was resuspended in 120 μl double-distilled water. 2 μl DNA was used for qPCR, using the primer pairs listed in Table S6. Relative levels of GlnR-coprecipitated DNAs were determined by comparison with negative controls.

4.9 Surface plasmon resonance (SPR) detection

SPR experiments (Stevenson *et al.*, 2013) were carried out using Biacore 3000 SPR sensor (Biacore AB, Uppsala, Sweden). All assays were carried out at 25℃. HBS buffer supplied with 3 mmol/L $MgCl_2$ (10 mmol/L HEPES pH 7.4, 300 mmol/L NaCl, 3 mmol/L $MgCl_2 \cdot 6H_2O$, 0.2 mmol/L EDTA, and 0.005% Tween 20) was used as the running buffer.

Protein-DNA interaction assays were performed with Sensor Chip SA. First, a biotinylated single-stranded DNA capture linker (biotin-GCAGGAGGACGTAGGGTAGG) was irreversibly bound to the chip. DNA oligomer used for SPR assays (Table S7) were designed and synthesized based on *nif* promoter region harboring GlnR-binding sites and containing a single-stranded overhang complementary to the linker. Then a partially double-stranded DNA oligomer that contained the GlnR-binding site I or site II in the double-stranded region with a single-stranded overhang complementary to the capture linker was fixed onto the chip, reaching a signal of 250 RU. Control DNA was fixed onto flow cell 1 (FC1), and DNA containing GlnR binding sites were fixed onto flow cell 2 and 3 (FC2, FC3). GlnR with or without 25 nmol/L GS protein was injected at a flow rate of 30 μl/min.

Protein-protein interaction assays were performed with Sensor Chip CM5. GlnR was immobilized *via* amine groups onto all four flow cells, receiving a signal of 1,000 RU. Purified GS with or without 1 mmol/L glutamine were injected separately at a flow rate of 30 μl/min.

4.10 Size-exclusion chromatography

Purified His_6-GlnR from *E. coli* was used for size-exclusion chromatography. Analytical size-exclusion chromatography was carried out on an Akta purifier system equipped with a Superdex 200 column 10/300 (geometric column volume of 24 ml GE Healthcare). The running buffer contains 50 mmol/L Tris-HCl (pH 7.4) and 300 mmol/L NaCl. His_6-tagged GlnR was diluted on running buffer to reach a concentration of 2 mg/ml. 1 ml filtered and centrifuged sample was injected at a flow rate of 0.3 ml/min. Purified His_6-GlnR from *E. coli* was used for size-exclusion chromatography. Analytical size-exclusion chromatography was carried out on an Akta purifier system equipped with a Superdex 200 column 10/300 (geometric column volume of 24 ml GE Healthcare). The running buffer contains 50 mmol/L Tris-HCl (pH 7.4) and 300 mmol/L NaCl. His_6-GlnR was diluted on running buffer to reach a concentration of 2 mg/ml. 1 ml filtered and centrifuged sample was injected at a flow rate of 0.3 ml/min. The apparent molecular weights of proteins were estimated after calibration of the column with standard proteins: thyroglobulin (670 kDa), globulin (158 kDa), ovalbumin (44 kDa), myoglobin (17 kDa), vitamin B_{12} (1.35 kDa) (Bio-Rad gel filtration standard).

4.11 Acetylene reduction assays of nitrogenase activity

Acetylene reduction assays were performed as described previously to measure nitrogenase activity (Wang *et al.*, 2013). *P. polymyxa* WLY78 and its mutant strains were grown in 5 ml of LD media (supplemented with antibiotics) in 50 ml flasks shaken at 250 r/min for 16 h at 30℃. The cultures were collected by centrifugation, washed three times with sterilized water and then resuspended in nitrogen-deficient medium containing 2 mmol/L glutamate containing 2 mmol/L glutamate plus 0~100 mmol/L NH_4Cl as nitrogen source under anaerobic condition to a final OD_{600} of 0.2~0.4. Here, nitrogen-deficient medium containing 2 mmol/L glutamate as nitrogen source and nitrogen-excess medium containing 2 mmol/L glutamate and 100 mmol/L NH_4Cl as nitrogen source are generally used. Then, 1 ml of the culture was transferred to a 25 ml test tube and the test tube was sealed with robber stopper. The headspace in the tube was then evacuated and replaced with argon gas. After incubating the cultures for 6~8 h at 30℃ with shaking at 250 r/min, C_2H_2 (10% of the headspace volume) was injected into the test tubes. After incubating the cultures for a further 3 h, 100 ml of culture was withdrawn through the rubber stopper with a gas tight syringe and manually injected into a HP6890 gas chromatograph to quantify ethylene (C_2H_4) production. The nitrogen activity was expressed in nmol C_2H_4/(mg protein·h). All treatments were in three replicates and all the experiments were repeated three or more times.

4.12 β-galactosidase assays

β-galactosidase activity was assayed according to the method described by Msadek *et al.* (1990). Each experiment was performed in quintuplicate.

$$1 \text{ unit of } \beta\text{-galactosidase}=\frac{1{,}000\times(\text{OD}_{420}-1.7\text{OD}_{550})}{\text{Time (min)}\times\text{vol (ml)}\times\text{protein concentration (mg/ml)}}$$

References

Bailey T L, Buske F A, Frith M G, *et al.* 2009. MEME SUITE: tools for motif discovery and searching. Nucleic Acids Res, 37: W202-W208.

Belitsky B R, Wray L V Jr, Fisher S H, *et al.* 2000. Role of TnrA in nitrogen source-dependent repression of *Bacillus subtilis* glutamate synthase gene expression. J Bacteriol, 182(21): 5939-5947.

Brandenburg J L, Wray L V, Beier L, *et al.* 2002. Roles of PucR, GlnR, and TnrA in regulating expression of the *Bacillus subtilisure* P3 promoter. J Bacteriol, 184(21): 6060-6064.

Bush M, Dixon R. 2012. The role of bacterial enhancer binding proteins as specialized activators of sigma54-dependent transcription. Microbiol Mol Biol Rev, 76(3): 497-529.

Castellen P, Rego F G M, Portugal M E G, *et al.* 2011. The *Streptococcus mutans* GlnR protein exhibits an increased affinity for the *glnRA* operon promoter when bound to GlnK. Braz J Med Biol Res, 44(12): 1202-1208.

Collado-Vides J, Magasanik B, Gralla J D. 1991. Control site location and transcriptional regulation in *Escherichia coli.* Microbiol Rev, 55(3): 371-394.

Dixon R, Kahn D. 2004. Genetic regulation of biological nitrogen fixation. Nat Rev Microbiol, 2(8): 621-631.

Fernandes G C, Hauf K, Sant'Anna F H, *et al.* 2017. Glutamine synthetase stabilizes the binding of GlnR to nitrogen fixation gene operators. FEBS J, 284(6): 903-918.

Fisher S H. 1999. Regulation of nitrogen metabolism in *Bacillus subtilis*: vive la difference. Mol Microbiol, 32(2): 223-232.

Fisher S H, Wray L V. 2008. *Bacillus subtilis* glutamine synthetase regulates its own synthesis by acting as a chaperone to stabilize GlnR-DNA complexes. Proc Natl Acad Sci USA, 105(3): 1014-1019.

Good A G, Beatty P H. 2011. Fertilizing nature: a tragedy of excess in the commons. PLoS Biol, 9(8): e1001124.

Groot K T, Koenders E, Hagemeijer Y, *et al.* 2012. Comparative genome analysis of central nitrogen metabolism and its control by GlnR in the class Bacilli. BMC Genomics, 13: 191.

Gussinl G N, Ronson C W, Ausubez F M. 1986. Regulation of nitrogen fixation genes. Annu Rev Genet, 20: 567-591.

Gutowski J C, Schreier H J. 1992. Interaction of the *Bacillus subtilis glnRA* repressor with operator and promoter sequences *in vivo*. J Bacteriol, 174(3): 671-681.

Hauf K, Kayumov A, Gloge F, *et al.* 2016. The molecular basis of TnrA control by glutamine synthetase in *Bacillus subtilis*. J Biol Chem, 291(7): 3483-3495.

Heinrich A, Woyda K, Brauburger K, *et al.* 2006. Interaction of the membrane-bound GlnK-AmtB complex with the master regulator of nitrogen metabolism TnrA in *Bacillus subtilis*. J Biol Chem, 281(46): 34909-34917.

Heldwein E E, Brennan R G. 2001. Crystal structure of the transcription activator BmrR bound to DNA and a drug. Nature, 409(6818): 378-382.

Kayumov A, Heinrich A, Fedorova K, *et al.* 2011. Interaction of the general transcription factor TnrA with the P_{II}-like protein

GlnK and glutamine synthetase in *Bacillus subtilis*. FEBS J, 278(10): 1779-1789.

Mader U, Hennig S, Hecker M, *et al.* 2004. Transcriptional organization and posttranscriptional regulation of the *Bacillus subtilis* branched-chain amino acid biosynthesis genes. J Bacteriol, 186(8): 2240-2252.

Mirouze N, Bidnenko E, Noirot P, *et al.* 2015. Genome-wide mapping of TnrA-binding sites provides new insights into the TnrA regulon in *Bacillus subtilis*. Microbiology Open, 4(3): 423-435.

Morett E, Buck M. 1988. NifA-dependent *in vivo* protection demonstrates that the upstream activator sequence of *nif* promoters is a protein binding site. Proc Natl Acad Sci USA, 85(24): 9401-9405.

Msadek T, Kunst F, Henner D, *et al.* 1990. Signal transduction pathway controlling synthesis of a class of degradative enzymes in *Bacillus subtilis*: expression of the regulatory genes and analysis of mutations in *degS* and *degU*. J Bacteriol, 172(2): 824-834.

Murray D S, Chinnam N, Tonthat N K, *et al.* 2013 Structures of the *Bacillus subtilis* glutamine synthetase dodecamer reveal large intersubunit catalytic conformational changes linked to a unique feedback inhibition mechanism. J Biol Chem, 288(50): 35801-35811.

Newberry K J, Brennan R G. 2004. The structural mechanism for transcription activation by MerR family member multidrug transporter activation N terminus. J Biol Chem, 279(19): 20356-20362.

Picossi S, Belitsky B R, Sonenshein A L. 2007. Molecular mechanism of the regulation of *Bacillus subtilis gltAB* expression by GltC. J Mol Biol, 365(5): 1298-1313.

Qu S, Kang Q, Wu H, *et al.* 2015. Positive and negative regulation of GlnR in validamycin A biosynthesis by binding to different loci in promoter region. Appl Microbiol Biot, 99(11): 4771-4783.

Randazzo P, Aucouturier A, Delumeau O, *et al.* 2017. Revisiting the *in vivo* GlnR-binding sites at the genome scale in *Bacillus subtilis*. BMC Res Notes, 10(1): 422.

Rubio L M, Ludden P W. 2008. Biosynthesis of the iron-molybdenum cofactor of nitrogenase. Annu Rev Microbiol, 62: 93-111.

Sarkar A, Reinhold-Hurek B. 2014. Transcriptional profiling of nitrogen fixation and the role of NifA in the diazotrophic endophyte *Azoarcus* sp. strain BH72. PLoS One, 9(2): e86527.

Schreier H J, Brown S W, Hirschi K D, *et al.* 1989. Regulation of *Bacillus subtilis* glutamine synthetase gene expression by the product of the *glnR* gene. J Mol Biol, 210(1): 51-63.

Schumacher M A, Chinnam N B, Cuthbert B, *et al.* 2015. Structures of regulatory machinery reveal novel molecular mechanisms controlling *B. subtilis* nitrogen homeostasis. Gene Dev, 29(4): 451-464.

Shi H, Li Y, Li P, *et al.* 2016. Effect of nitrogen fixing *Paenibacillus* spp. on wheat yield. J China Agr Univ, 21: 52-55.

Shi H, Wang L, Li X, *et al.* 2016. Genome-wide transcriptome profiling of nitrogen fixation in *Paenibacillus* sp. WLY78. BMC Microbiol, 16: 25-35.

Stevenson C E, Assaad A, Chandra G, *et al.* 2013. Investigation of DNA sequence recognition by a streptomycete MarR family transcriptional regulator through surface plasmon resonance and X-ray. Nucleic Acids Res, 41(14): 7009-7022.

Sullivan J T, Brown S D, Ronson C W. 2013. The NifA-RpoN regulon of *Mesorhizobium loti* strain R7A and its symbiotic activation by a novel LacI/GalR-family regulator. PLoS One, 8(1): e53762.

Tan G Y, Bai L, Zhong J J. 2013. Exogenous 1, 4-butyrolactone stimulates A-factor-like cascade and validamycin biosynthesis in *Streptomyces hygroscopicus* 5008. Biotechnol Bioeng, 110(11): 2984-2993.

Villafane R, Bechhofer D H, Narayanan C S, *et al.* 1987. Replication control genes of plasmid pE194. J Bacteriol, 169(10): 4822-4829.

Wang L, Zhang L, Liu Z, *et al.* 2013. A minimal nitrogen fixation gene cluster from *Paenibacillus* sp. WLY78 enables expression of active nitrogenase in *Escherichia coli*. PLoS Genet, 9(10): e1003865.

Wang W, Ji J, Li X, *et al.* 2014. Angucyclines as signals modulate the behaviors of *Streptomyces coelicolor*. Proc Natl Acad Sci USA, 111(15): 5688-5693.

Wray L V Jr, Ferson A E, Rohrer K, *et al.* 1996. TnrA, a transcription factor required for global nitrogen regulation in *Bacillus subtilis*. Proc Natl Acad Sci USA, 93(17): 8841-8845.

Wray L V Jr, Fisher S H. 2007. Functional analysis of the carboxy-terminal region of *Bacillus subtilis* TnrA, a MerR family protein. J Bacteriol, 189(1): 20-27.

Wray L V Jr, Fisher S H. 2008. *Bacillus subtilis* GlnR contains an autoinhibitory C-terminal domain required for the interaction with glutamine synthetase. Mol Microbiol, 68(2): 277-285.

Wray L V Jr, Zalieckas J M, Fisher S H. 2001. *Bacillus subtilis* glutamine synthetase controls gene expression through a protein-protein interaction with transcription factor TnrA. Cell, 107(4): 427-435.

Xie J, Du Z, Bai L, *et al.* 2014. Comparative genomic analysis of N_2-fixing and non-N_2-fixing *Paenibacillus* spp.: organization, evolution and expression of the nitrogen fixation genes. PLoS Genet, 10(3): e1004231.

Xie J, Shi H, Du Z, *et al.* 2016. Comparative genomic and functional analysis reveal conservation of plant growth promoting traits in *Paenibacillus polymyxa* and its closely related species. Sci Rep, 9: 21329.

Yoshida K, Yamaguchi H, Kinehara M, *et al.* 2003. Identification of additional TnrA-regulated genes of *Bacillus subtilis* associated with a TnrA box. Mol Microbiol, 49(1): 157-165.

Zalieckas J M, Wray L V, Fisher S H. 2006. Cross-regulation of the *Bacillus subtilis glnRA* and *tnrA* genes provides evidence for DNA binding site discrimination by GlnR and TnrA. J Bacteriol, 188(7): 2578-2585.

Zhang W, Ding Y, Yao L, *et al.* 2013. Construction of gene knock-out system for *Paenibacillus polymyxa* SC2. Acta Microbiologica Sinica, 53(12): 1258-1266.

Supplementary material: https://doi.org/10.1371/journal.pgen.1007629

本文原载: PLoS Genetics, 2018, 14(9): e1007629.

Combined Assembly and Targeted Integration of Multigene for Nitrogenase Biosynthetic Pathway in *Saccharomyces cerevisiae**

Liu Xiaomeng, Wang Minyang, Song Yi, Li Yongbin, Liu Pengxi, Shi Haowen, Li Yunlong, Hao Tianyi, Zhang Haowei, Jiang Wei, Chen Sanfeng, Li Jilun

(State Key Laboratory for Agrobiotechnology, College of Biological Sciences and Key Laboratory of Soil Microbiology of Agriculture Ministry, China Agricultural University, Beijing, China)

Abstract

Biological nitrogen fixation, a process unique to diazotrophic prokaryote, is catalyzed by the nitrogenase complex. There has been a long-standing interest in reconstituting a nitrogenase biosynthetic pathway in a eukaryotic host with the final aim of developing N_2-fixing cereal crops. In this study, we report that a nitrogenase biosynthetic pathway (~38 kb containing 15 genes) was assembled in two individual one-step methods *via in vivo* assembly and integrated at *δ* and *HO* sites in *Saccharomyces cerevisiae* chromosome. Of the 15 genes, 11 genes (*nifB*, *nifH*, *nifD*, *nifK*, *knife*, *nifN*, *nifX*, *hesA*, *nifV*, *groES*, *groEL*) were from *Paenibacillus polymyxa* WLY78 and 4 genes (*nifS*, *nifU*, *nifF*, *nifJ*) were from *Klebsiella oxytoca*. The 15-gene nitrogenase biosynthetic pathway was correctly assembled and transcribed in the recombinant *S. cerevisiae*. The NifDK tetramer with an identical molecular weight as that of *P. polymyxa* was formed in yeast and the expressed NifH exhibited the activity of Fe activity. This study demonstrates that it will be possible to produce active nitrogenase in eukaryotic hosts.

Keywords

nitrogen fixation, nitrogenase biosynthetic pathway, *Saccharomyces cerevisiae*, *in vivo* assembly.

1. Introduction

Most biological nitrogen fixation, the conversion of atmospheric N_2 to NH_3, is catalyzed by molybdenum-dependent nitrogenase, which is sporadically distributed within bacteria and archaea (Dos *et al.*, 2012). Although fixed nitrogen plays a critical role in the global food supply, overuse of chemical nitrogen fertilizers has led to increased costs for farmers and harmful consequences for the environment and human health. There has been a long-standing interest in reducing the dependence on fertilizers through engineering

*This work was supported by the National Key Research and Development Program of China (Grant No. 2017YFD0200807), the China Natural National Science Foundation (Grant No. 31770083), and the Innovative Project of SKLAB (Grant No. 2017SKLAB1-1). We thank Dr. Zhao Huimin and Dr. Lou Huiqiang for providing plasmids and yeast strains.

nonlegume crops that "fix" N_2 (Merrick and Dixon, 1984). Engineering N_2-fixation activity could be achieved by transferring the appropriate bacterial *nif* (nitrogen fixation) genes to the plant (Beatty and Good, 2011; Curatti and Rubio, 2014; Oldroyd and Dixon, 2014). Nitrogenase is a two-component enzyme consisting of the Fe and MoFe proteins. The MoFe protein, also termed as NifDK protein, is a heterotetramer (encoded by *nifD* and *nifK*) that contains two metalloclusters: FeMo-cofactor, a [Mo-7Fe-9S-C-homocitrate] cluster which serves as the active site of substrate binding and reduction, and the P cluster, a [8Fe-7S] cluster which shuttles electrons to FeMo-cofactor. The Fe protein, also termed as NifH protein, is a homodimer (encoded by *nifH*) bridged by an intersubunit [4Fe-4S] cluster that serves as the obligate electron donor to the MoFe protein. Although the biochemical properties and structure of nitrogenases are remarkably similar when purified from diverse bacteria and archaea, the organization and numbers of *nif* genes required for the synthesis and assembly of the nitrogenase vary greatly among the N_2-fixing species (Masson-Boivin *et al.*, 2009; Boyd *et al.*, 2011; Dos *et al.*, 2012). Although the *nifH*, *nifD*,*nifK*, *nifB*, *nifE*, and *nifN* are essential and sufficient for the synthesis of nitrogenase in prokaryotes, the exact number of *nif* genes required to support nitrogenase activity in eukaryotes is still not known (Curatti *et al.*, 2007; Rubio and Ludden, 2008; Curatti and Rubio, 2014; Oldroyd and Dixon, 2014).

Saccharomyces cerevisiae, the most commonly used eukaryotic model, has been widely used as a platform organism for heterologous expression of metabolite biosynthetic pathways due to its inherent safety and ease of genetic manipulation. *S. cerevisiae* is also a key model organism to test eukaryotic expression of Nif proteins, as its cells can be grown microaerobically. Pioneering efforts to express *nif* genes of *Klebsiella oxytoca* in *S. cerevisiae* were performed (Zamir *et al.*, 1981; Berman *et al.*, 1985a, 1985b; Holland *et al.*, 1987). Recently, the active NifH was produced in *S. cerevisiae* cells by expressing the 4 genes (*nifH*, *nifU*, *nifS*, *nifM*) of *Azotobacter vinelandii* (Lopez-Torrejon *et al.*, 2016). The active NifB (cofactor maturase) of nitrogenase was formed in yeast by expressing *Methanocaldococcus infernus nifB* together with *nifU*, *nifS* and *fdxN* genes that are involved in NifB [Fe-S] cluster assembly and activity (Buren *et al.*, 2017a). The NifDK tetramer with a smaller molecular weight than that of *A. vinelandii* was formed in yeast by expressing the 9 genes (*nifH*, *nifD*, *nifK*, *nifU*, *nifS*, *nifM*, *nifE*, *nifN*, *nifB*) of *A. vinelandii* (Buren *et al.*, 2017b). However, accomplishment of N_2-fixation activity by assembling genetically stable nitrogenase biosynthetic pathway in *S. cerevisiae* still remains a significant challenge.

We recently demonstrated that a minimal and compact *nif* gene cluster composed of 9 genes (*nifB*, *nifH*, *nifD*, *nifK*, *nifE*, *nifN*, *nifX*, *hesA*, *nifV*) from the genome of *Paenibacillus polymyxa* WLY78 enabled *Escherichia coli* JM109 to synthesize active nitrogenase (Wang *et al.*, 2013). We further revealed that the 4 genes (*nifS*, *nifU*, *nifF*, *nifJ*) from *K. oxytoca* could enhance the nitrogenase activity of the recombinant *E. coli* 78-7 carrying the *P. polymyxa nif* cluster (*nifBHDKENXhesAnifV*) (Li *et al.*, 2016). Also, it was reported that *groEL* gene (encoding the prototype chaperonin) of *E. coli* enhanced the *nif* gene expression and nitrogenase assembly when the entire *nif* gene cluster from *K. oxytoca* was transformed into *E. coli* (Govezensky *et al.*, 1991). The *groEL* and *groES* (cotranscribed with *groEL*) genes which showed high homology with those of *E. coli* were also found in the genome of *P. polymyxa* WLY78. These results provide a clue to assembly of multiple genes from different organisms for the engineering of the complex nitrogenase biosynthetic pathway. Notably, the assembly of controllable and genetically stable heterogeneous biosynthetic pathways in *S. cerevisiae* has made a great progress. Several methods have been developed for fast and efficient assembly of large DNA constructs (Oldenburg *et al.*, 1997; Raymond *et al.*, 1999; Gunyuzlu *et al.*, 2001). The most powerful method of these is *in vivo* assembly of overlapping fragments by homologous recombination in *S. cerevisiae* (Shao *et al.*, 2009, 2012; Kuijpers *et al.*, 2013; Tian *et al.*, 2014).

In this study, we report that a nitrogenase biosynthetic pathway (~38 kb containing 15 genes) was assembled in two individual one-step methods *via in vivo* assembly and integrated at δ and *HO* sites in *S. cerevisiae* chromosome. Of the 15 genes, 11 genes (*nifB*, *nifH*, *nifD*, *nifK*, *nifE*, *nifN*, *nifX*, *hesA*, *nifV*, *groES*, *groEL*) are from *P. polymyxa* WLY78 and 4 genes (*nifS*, *nifU*, *nifF*, *nifJ*) are from *K. oxytoca*. Each of the 15 genes was fused with a promoter and a terminator of *S. cerevisiae*. In order to allow the bacterial *nif* genes to work well in eukaryote, each coding region of the 15 genes was synthesized *de novo*, according to the codon bias in the *S. cerevisiae* genome. Our results showed that the 15-gene nitrogenase biosynthetic pathway was correctly assembled and transcribed in the recombinant *S. cerevisiae*. The NifDK tetramer with an identical molecular weight as that of *P. polymyxa* WLY78 was formed in yeast, and the expressed NifH exhibited Fe activity. Our study demonstrated that *nifM* is not required for the functional NifH. To our knowledge, this is the first time to report the formation of the correct size of NifDK tetramer in yeast. Also, this study presents a new step toward reliable and robust assembly of a 15-gene nitrogenase biosynthetic pathway using 50 bp overlapping sequences.

2. Results and Discussion

2.1 Design and combinatorial assembly of a 15-gene nitrogenase biosynthetic pathway

In this study, we aimed to design and construct a 15-gene nitrogenase biosynthetic pathway according to the methods described by Shao *et al.* (2009). As shown in Fig. 1, we combined assembly of 11 genes (*nifB*, *nifH*, *nifD*, *nifK*, *nifE*, *nifN*, *nifX*, *hesA*, *nifV*, *groES*, *groEL*) from *P. polymyxa* WLY78 and 4 genes (*nifS*, *nifU*, *nifF*, *nifJ*) from *K. oxytoca*. Before assembly, each coding region of the 15 genes was synthesized *de novo*, according to the codon bias in the *S. cerevisiae* genome (Table S1). For each individual gene, an expression cassette including a promoter, a structural gene, and a terminator was constructed by PCR amplification and assembly using OE-PCR (Horton *et al.*, 1989). Each successive cassette was designed to have 40~60 bp overlaps with the two flanking ones for efficient *in vivo* homologous recombination. The 5′-end of the first gene expression cassette was designed to overlap with the targeted locus of the chromosome for integration or a helper fragment carrying a selection marker and a sequence sharing homology with a targeted locus of a chromosome for integration, while the 3′-end of the last cassette overlapped with the targeted locus of the chromosome for integration.

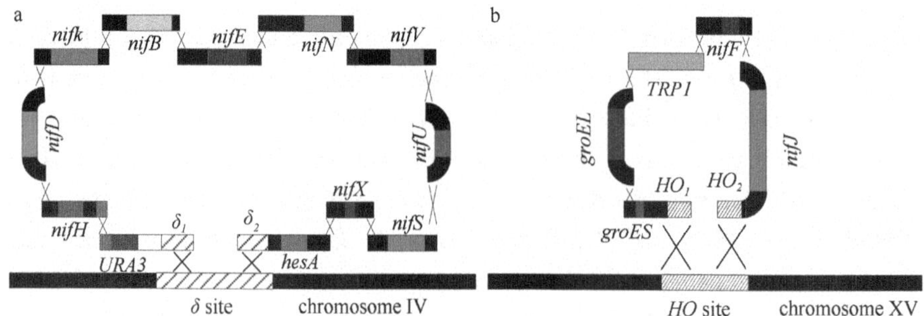

Fig. 1 General scheme of assembly and integration of a biochemical pathway consisted of 15 genes using *in vivo* homologous recombination in *S. cerevisiae*

a. 12 overlapping DNA fragments, containing the 11 (*nifHDKBENVUSXhesA*) gene expression cassettes and the *URA3* selection marker, and the δ_1 and δ_2 sequences homologous to the integration locus of chromosome IV; b. 5 overlapping DNA fragments, containing the 4 (*nifFJgroESEL*) gene expression cassettes and the *TRP1* selection marker, and the HO_1 and HO_2 sequences homologous to the *HO* integration locus of chromosome XV by homologous recombination

To prepare individual gene expression cassettes, the 15 genes (*nifB, nifH, nifD, nifK, nifE, nifN, nifX, hesA, nifV, nifS, nifU, nifF, nifJ, groES, groEL*) were PCR-amplified from the plasmids with the optimized genes synthesized by company (GenScript Co., Ltd.). The 15 yeast promoters (14 constitutive promoters and 1 inducible promoter) and the 15 terminators were PCR-amplified from the genomic DNA of *S. cerevisiae* YSG50. And the 14 different constitutive promoters used here exhibited different strengths which were evaluated using well-characterized reporter genes such as GFP (Sun *et al.*, 2012). Here, according to the importance in nitrogen fixation process, the 13 *nif* genes were rearranged under the control of different strength promoters: *nifH* and *nifD* being under the control of high strength promoters, *nifK, nifB, nifE, nifX, nifU,* and *nifS* being under the control of the medium strength promoters, *nifN, nifV, nifF,* and *hesA* being under the control of the low strength promoters, and *nifJ* being under the control of the strongly inducible *GAL1* promoter (Partow *et al.*, 2010; Xie *et al.*, 2014). Finally, the 15 individual expression cassettes (1.5~4.7 kb), *TEF1p-nifH-TEF1t, TPI1p-nifD-TPI1t, GPDp-nifK-GPDt, FBA1p-nifB-FBA1t, PYK1p-nifE-PYK1t, ADH1p-nifN-GPM1t, PGK1p-nifV-PGK1t, PDC1p-nifU-PDC1t, ENO2p-nifS-ENO2t, TEF2p-nifX-TEF2t, TDH2p-hesA-TDH2t, HXT7p-nifF-HXT7t, GAL1p-nifJ-GAL1t, PGI1p-groES-PGI1t,* and *GPM1p-groEL-ADH1t*, were obtained by OE-PCR (Fig. S1).

Of the 15 individual expression cassettes, the 11 individual expression cassettes corresponding to *nifH, nifD, nifK, nifB, nifE, nifN, nifV, nifU, nifS, nifX,* and *hesA* would be assembled and integrated into the δ site of *S. cerevisiae* chromosome in a one-step fashion. To do this, a helper fragment *URA3*-δ_1 (2.3 kb), carrying a *URA3* selection marker and a sequence sharing homology with a targeted δ locus of *S. cerevisiae* chromosome, was generated from the intermediate vector pRS426-δ_1. In parallel, a 400 bp fragment overlapping with *URA3* promoter within the helper fragment and a 228 bp δ_2 DNA fragment overlapping with partial sequence of the δ site on the *S. cerevisiae* chromosome were PCR-amplified and then fused into the 5′-end of the first gene (*nifH*) expression cassette and into the 3′-end of the last gene (*hesA*) expression cassette, respectively. Then, the resulting 11 gene (*nifHDKBENVUSXhesA*) expression cassettes and helper fragment *URA3*-δ_1 were used to co-transform *S. cerevisiae.* The total size (26.8 kb) of the 11 gene (*nifHDKBENVUSXhesA*) expression cassettes and a marker *URA3* were integrated at the δ site of the yeast chromosome (Fig. 1a).

Meanwhile, to permit the 4 remaining genes (*nifFJgroESEL*) integrated onto *HO* site of the *S. cerevisiae* chromosome, a 300 bp HO_1 fragment and a 300 bp HO_2 fragment overlapping with their corresponding sequence of the *HO* site on the *S. cerevisiae* chromosome were PCR-amplified and then fused into the 5′-end of the first gene (*groES*) expression cassette and the 3′-end of the last gene (*nifJ*) expression cassette, respectively. A selection marker *TRP1* was PCR-amplified from plasmid pRS424. Then, the resulting 4 genes (*groESELnifFJ*) expression cassettes together with *TRP1* were cotransformed into *S. cerevisiae.* The total size (10.7 kb) of the 4 genes (*groESELnifFJ*) expression cassettes and a selection marker *TRP1* were integrated at the *HO* site of the yeast chromosome (Fig. 1b).

2.2 The recombinant *S. cerevisiae* strains

In this study, the 15 genes (*nifBHDKENXVUSFJ hesAgroESEL*) expression cassettes were assembled and integrated into the chromosome of *S. cerevisiae* YSG50 by two individual one-step methods. First, the 11 (*nifHDKBENVUSXhesA*) gene expression cassettes and the 2.3 kb integration fragment *URA3*-δ_1 were cotransformed into *S. cerevisiae* YSG50 by electroporation and spread onto plates containing synthetic complete drop-out medium lacking uracil (SC-Ura). After incubation for 2~3 days on selective medium (SC-Ura) at 30℃, over 200 clones were obtained from one transformation. Analysis of 192 randomly picked clones by multiplex PCR using primers designed to cover each of the 11 genes and the 11 expression cassettes demonstrated the integration of a full set of the 11 (*nifHDKBENVUSXhesA*) gene expression cassettes in the δ locus of *S. cerevisiae* for 7 clones (Fig. 2a), which corresponded to an efficiency of correct assembly of 3.65%.

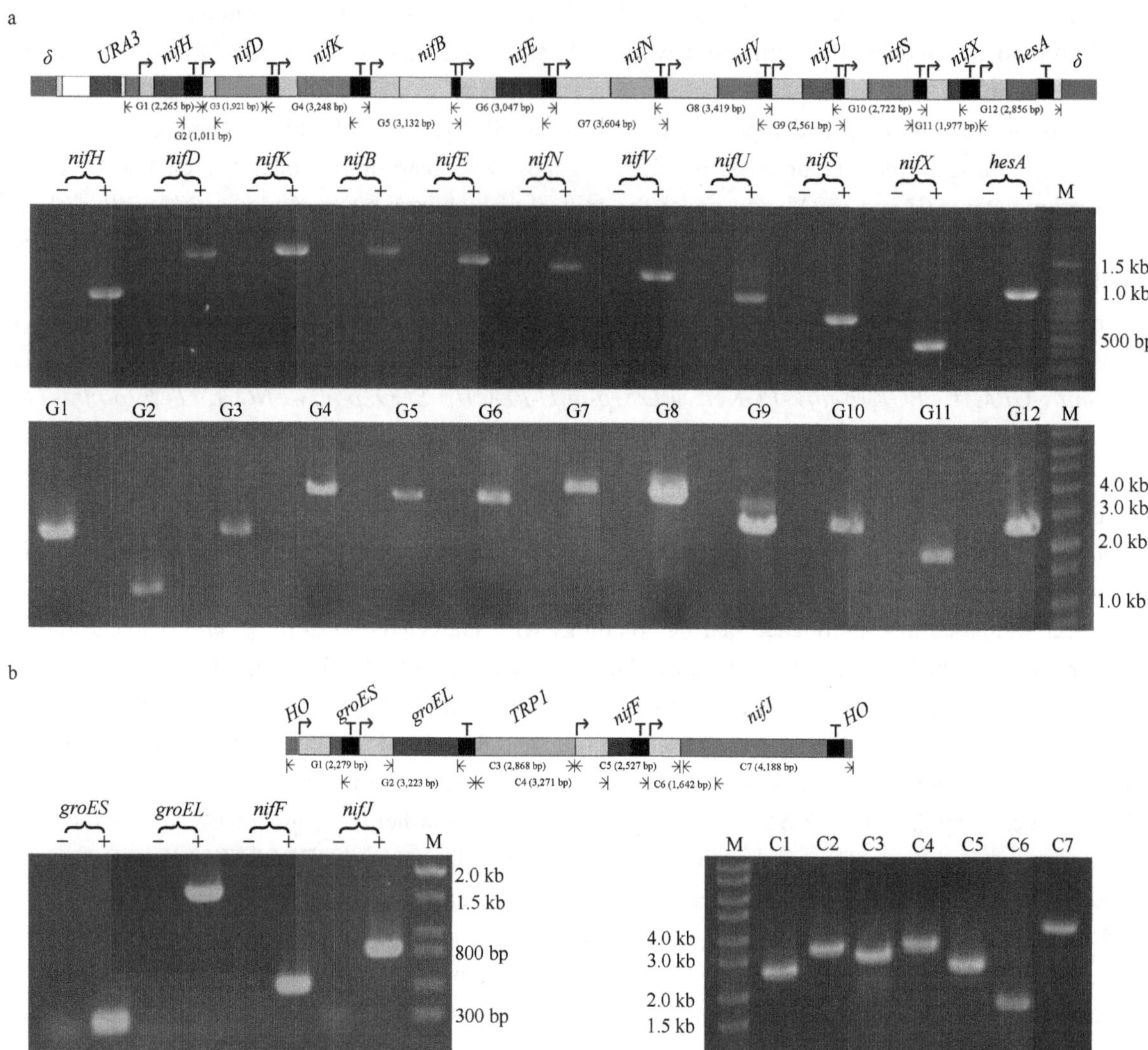

Fig. 2 Confirmation of the 15-gene nitrogenase biosynthetic pathway in *S. cerevisiae*
(Color figure in the two-dimensional code at the back cover)

a. PCR analysis of the 11 (*nifHDKBENVUSXhesA*) gene expression cassettes integrated on the δ site of the *S. cerevisiae* chromosome. b. PCR analysis of 4 (*nifFJgroESEL*) gene expression cassettes integrated on the *HO* site on *S. cerevisiae* chromosome; M, DNA marker

Then, the 4 (*nifFJgroESEL*) gene expression cassettes together with a selection marker *TRP1* were co-transformed into a positive transformant carrying the 11 (*nifHDKBENVUSXhesA*) gene expression cassettes which were obtained as described above and then spread onto plates containing synthetic complete drop-out medium lacking uracil and tryptophan (SC-Ura-Trp). Two rounds of PCR-amplification were performed to confirm the correct integration (Fig. 2b). Out of 48 colonies, 5 colonies having chromosome-based DNA assembly were obtained with an efficiency of correct assembly of 10.4%. Compared to the above 11-gene integration, its efficiency of assembly was rather higher. The results were consistent with the previous finding that the assembling efficiency was dependent on the length of overlaps and the number of genes (Hua *et al.*, 1997; Oldenburg *et al.*, 1997; Raymond *et al.*, 2002; Shao *et al.*, 2009). A correctly chromosome-based assembled colony, which was further confirmed by sequencing the 15 foreign genes (*nifBHDKENXVUS-*

FJhesAgroESEL), was named as *S. cerevisiae* Nif-C and used for the further study.

To test whether the 15 foreign genes (*nifBHDKENXVUSFJhesAgroESEL*) transferred to yeast could stably inherit, the *S. cerevisiae* Nif-C cells were cultured in continuous passage. After 20 generations of subculture, the 15 foreign genes could be genetically stable in transgenic yeast (Fig. S2). The results showed the nitrogen fixation pathway could be stably transmitted to its future generations.

2.3 Nif protein expression in the recombinant *S. cerevisiae* Nif-C

RT-PCR analysis indicated that the 15 genes (*nifBHDKENXVUSFJhesAgroESEL*) were transcribed in recombinant *S. cerevisiae* Nif-C (Fig. S3). To determine Nif protein expression, total protein extracts were prepared from aerobically grown yeast cultures and analyzed by Western blotting with the 7 antibodies against the proteins NifH, NifD, NifK, NifB, NifE, NifN, and NifV of *P. polymyxa* WLY78 which were expressed and purified from *E. coli* BL21. The α subunit (NifD) and β subunit (NifK) of the MoFe protein and the γ subunit of the Fe protein (NifH) of nitrogenase were detectable in the recombinant *S. cerevisiae* Nif-C but not in the wild-type *S. cerevisiae* YSG50 (Fig. 3). Also, the products of NifB, NifE, NifN, and NifV involved in FeMo-cofactor synthesis were detected in the recombinant *S. cerevisiae* Nif-C (Fig. 3). The expressed Nif proteins in the recombinant *S. cerevisiae* Nif-C had the similar sizes with those of *P. polymyxa* WLY78. These results suggested that Nif proteins in yeast were correctly coexpressed and not modified by glycosylation, in agreement with the RT-PCR data. One glycosylation site in each amino sequence of NifB, NifD, and NifK was predicted on the Web site (http://www.cbs.dtu.dk/services/). If glycosylation happened, the yeast NifB, NifD, and NifK proteins would migrate much slower than those of *P. polymyxa* WLY78 and their bands in gel would be diffuse. However, our results showed that the bands of Nif proteins were not diffuse and had similar positions with those in *P. polymyxa* WLY78. These data suggested that no glycosylation in yeast Nif proteins happened.

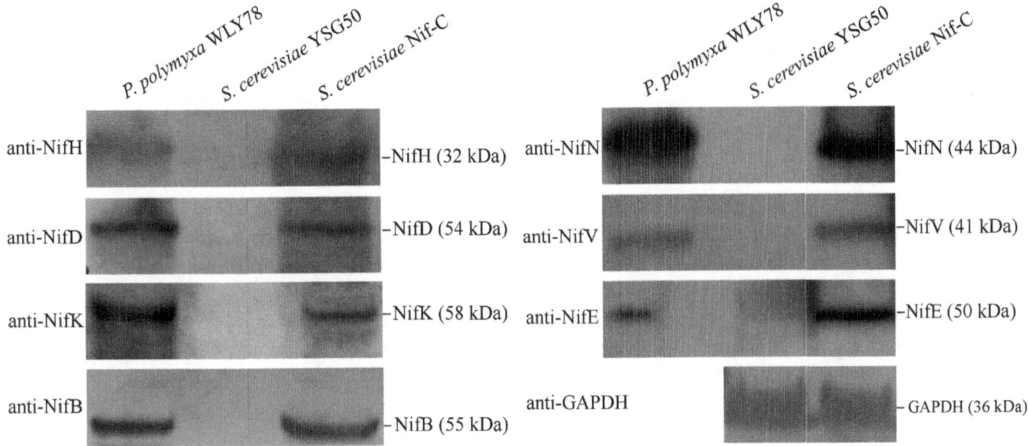

Fig. 3 Nif protein expression in the recombinant *S. cerevisiae* Nif-C

Western blotting analysis of the cell-free extracts from the recombinant *S. cerevisiae* Nif-C, with the cell-free extracts from *P. polymyxa* WLY78 as a positive control and from wild-type *S. cerevisiae* YSG50 as a negative control. Analysis using antibody recognizing GAPDH was included. The 7 antibodies (anti-NifH, anti-NifD, anti-NifK, anti-NifB, anti-NifN, anti-NifV, and anti-NifE) against the corresponding proteins of *P. polymyxa* WLY78 which were expressed and purified from *E. coli* BL21 were here used

2.4 Yeast NifH exhibiting active Fe protein

The cells of the recombinant *S. cerevisiae* Nif-C were initially grown in medium containing 0.6% glucose with strong aeration, and then, nitrogen gas was used to induce anaerobic fermentation. After 20 h of induction, the nitrogenase activity of the recombinant *S. cerevisiae* Nif-C was assessed by reduction of acetylene to ethylene (Dilworth, 1966). However, the recombinant *S. cerevisiae* Nif-C did not exhibit nitrogenase activity.

Then, we attempted to purify yeast NifH and measure its functional activity of Fe protein. For doing this, we generated a strain *S. cerevisiae* Nif-C-H which was a derivative of the recombinant *S. cerevisiae* Nif-C carrying a plasmid pRS423-*GAL1p* bringing a *nifH* whose 5′-coding region was tagged by 10 histidine under the control of the galactose inducible promoter (*GAL1*). For purification of Fe protein, the cells of the *S. cerevisiae* Nif-C-H were initially grown in medium containing 0.6% glucose with strong aeration. When the glucose concentration was below 0.1%, 2% galactose was added to the cultures to induce yeast NifH expression, and then, nitrogen gas was used to induce anaerobic fermentation (Fig. S4a). Immunoblot analysis of yeast NifH expression with antibody against His showed that yeast NifH was produced at 18 h, 24 h, 32 h, and 36 h during the fermentation process (Fig. S4b). Then, the cells of *S. cerevisiae* Nif-C-H after 20 h of induction were anaerobically collected and the His-tagged yeast NifH was purified from the cell-free extracts of *S. cerevisiae* Nif-C-H by anaerobic Ni^{2+} affinity chromatography inside a glove box (Fig. 4a). The purified yeast NifH exhibited the characteristic brown color of nitrogenase Fe protein (Fig. S4c).

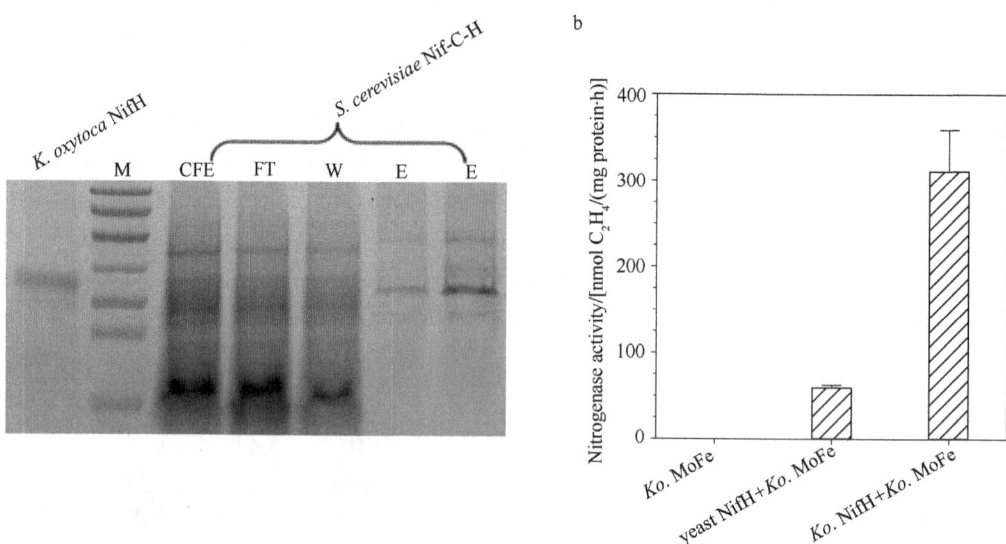

Fig. 4 Purification and functional activity of the expressed *P. polymyxa* NifH protein in *S. cerevisiae*

a. Purification of the expressed yeast NifH protein. The Ni^{2+} affinity column was used for the purification of the His-tagged yeast NifH. Purified *K. oxytoca* Fe protein (*Ko.* NifH) was added as a control. M, molecular weight markers in SDS-PAGE; CFE, cell-free extracts; FT, flow-through fractions; W, protein fractions eluted after washing with washing buffer. Arrows point to purified yeast NifH protein. b. Nitrogenase activity supported by yeast NifH. Fe protein activity was determined by assessing the acetylene reduction activity (nitrogenase activity) of the mixtures of the purified yeast NifH and *K. oxytoca* MoFe protein (*Ko.* MoFe). *Ko.* MoFe without *Ko.* NifH as a negative control. *Ko.* NifH with addition of *Ko.* MoFe as a positive control. The error bars represented SD in three biological replicates

The Fe protein activity of the yeast NifH preparation purified from *S. cerevisiae* Nif-C-H cells was analyzed by the acetylene reduction assay after addition of pure *K. oxytoca* MoFe protein. As observed in positive control of mixtures of pure *K. oxytoca* Fe and FeMo proteins, the yeast NifH preparation from *S. cerevisiae* Nif-C-H cells showed production of ethylene in the presence of *K. oxytoca* MoFe protein, while the yeast NifH alone did not produce ethylene (Fig. 4b). The results indicated that the expressed *P. polymyxa* NifH in yeast was capable of acting as Fe protein in the donation of electrons to the MoFe protein purified from *K. oxytoca*, consistent with the report that the expressed *A. vinelandii* NifH in *S. cerevisiae* had functional activity (Lopez-Torrejon *et al.*, 2016). Unlike the *A. vinelandii* NifH requiring NifM to render active Fe protein (Roberts *et al.*, 1978; Jacobson *et al.*, 1989; Ivleva *et al.*, 2016; Lopez-Torrejon *et al.*, 2016), the expressed *P.*

polymyxa NifH in *S. cerevisiae* did not require *nifM* to exhibit Fe protein activity. The results are consistent with the observations that there is no *nifM* in *P. polymyxa* WLY78 genome (Wang *et al.*, 2013; Xie *et al.*, 2014) and *K. oxytoca nifM* could not enhance the nitrogenase activity of the recombinant *E. coli* 78-7 carrying a *nif* gene cluster (*nifBHDKENXhesAnifV*) of *P. polymyxa* WLY78 (Li *et al.*, 2016).

2.5 NifDK complex formation

Generally, NifDK protein functions as a tetramer consisting of two NifD subunits and two NifK subunits. As described above, the nitrogenase structural genes *nifHDK* were efficiently expressed in yeast, and the genes *nifH*, *nifB*, *nifE*, *nifN*, *nifS*, *nifU*, and *nifV* required for the biosynthesis of the P cluster and the FeMo-cofactor were also efficiently expressed in yeast. To purify NifD protein and investigate whether NifDK tetramer was formed in yeast, we generated a new strain (named *S. cerevisiae* Nif-C-D) which was a derivative of *S. cerevisiae* Nif-C in which *nifD* gene was substituted by Flag-tagged *nifD* (1×Flag was added in frame and in front of stop codon TGA of *nifD*). Immunoblot analysis with antibody against Flag showed that yeast NifD was produced at 5 h, 14 h, and 24 h during the fermentation process of *S. cerevisiae* Nif-C-D (Fig. S5). Then, the cells of *S. cerevisiae* Nif-C-D after 24 h of cultivation were collected anaerobically and the Flag-tagged NifD was purified from the cell-free extracts of *S. cerevisiae* Nif-C-D by anaerobic Flag-affinity gel inside a glovebox. The purified proteins were initially separated by SDS-PAGE (acrylamide/bis-acrylamide ratio of 29∶1), but NifD and NifK migrated closely together and could not be separated (Fig. 5a). It was reported that the lower cross-linker content of SDS-PAGE could provide a greater resolution for separating proteins with the similar molecular weight (Kanemoto and Ludden, 1984; Song *et al.*, 1985). Then, the purified proteins were separated by SDS-PAGE (acrylamide/bis-acrylamide ratio of 172∶1) and immunoblotted using antibodies raised specifically against NifD, NifK, and NifDK (Fig. 5b). Just as NifD (54.1 kDa) and NifK (57.6 kDa) of *P. polymyxa* WLY78 were simultaneously detected by NifDK antibodies, both the expressed NifD and NifK in yeast were detected in this immunoblot experiment, suggesting that NifK was copurified with Flag-tagged NifD and indicating complex formation of NifK and Flag-NifD polypeptides. The expressed NifK in yeast had the same migration as *P. polymyxa* NifK did. The yeast NifD had slightly slower migration than *P. polymyxa* NifD did, in agreement with the fact that the molecular weight (55.3 kDa) of Flag-tagged NifD is 1.2 kDa larger than *P. polymyxa* NifD.

Furthermore, the purified yeast proteins were separated on anoxic native gels and detected by ponceau staining and by immunoblotting with antibodies raised specifically against *K. oxytoca* MoFe (NifDK) protein (Fig. 5c). The cell extracts of *P. polymyxa* WLY78 and the pure *K. oxytoca* MoFe protein were used as comparisons. The yeast NifDK complex had a similar migration as the intact *P. polymyxa* NifDK, but it had a little slower migration than the intact *K. oxytoca* MoFe protein did, consistent with the fact that molecular weight of *P. polymyxa* NifDK is a little larger than that of *K. oxytoca* NifDK. These data indicate that the *P. polymyxa* NifDK tetramer in yeast was formed. Our results are different from the reports by Buren *et al.* (2017b) that the size of the yeast NifDK complex is not identical to that of any of the two *A. vinelandii* NifDK forms (apo-NifDK protein and holo-NifDK protein).

The NifDK tetramer consisting of two NifD subunits and two NifK subunits is the MoFe protein, one of the two structural components of nitrogenase that contains the FeMo-cofactor cluster [Mo-7Fe-9S-C-homocitrate] and the P cluster [8Fe-7S]. Accurate NifDK tetramer formation is a key step of nitrogenase assembly. Our study showed that the molecular weights of NifD and NifK proteins expressed in yeast were similar to those of *P. polymyxa* NifD and NifK. In contrast, in addition to the theoretical size of NifD (55.3 kDa) and NifK (59.4 kDa), a 50 kDa NifD was also produced in yeast when the 9 *nif* genes (*nifHDKUSMBEN*) of *A.*

vinelandii were coexpressed in yeast (Buren *et al.*, 2017b). Furthermore, our results showed that the yeast NifDK tetramer on anoxic native gels had a similar migration rate as the *P. polymyxa* NifDK complex, suggesting that the correct size of NifDK tetramer in yeast was formed. However, NifDK tetramer in yeast was much smaller than *A. vinelandii* NifDK complex (Buren *et al.*, 2017a). According to its correct size, we deduced that the expressed *P. polymyxa* NifDK complex in yeast should carry P cluster and FeMo-cofactor. In this study, the 2 genes *groEL* and *groES* of *P. polymyxa* WLY78 with *nif* genes were cotransferred to yeast, but we were not sure whether or not the 2 genes (*groEL* and *groES*) were functional in assembly of the NifDK complex.

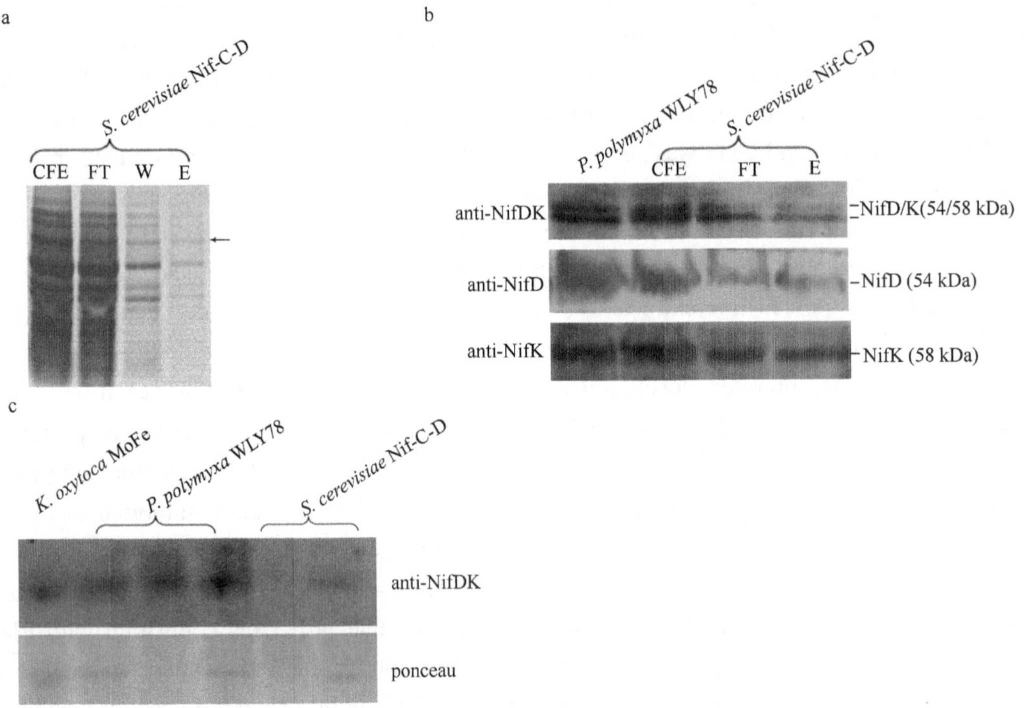

Fig. 5 NifDK tetramer formation

a. Purification of yeast NifDK protein. b. Immunoblot analysis of yeast NifDK purified from *S. cerevisiae* Nif-C-D with antibodies against NifD, NifK, and NifDK, respectively. CFE, cell-free extracts; FT, flow-through fractions; W, protein fractions eluted after washing with washing buffer; E, elution. c. Ponceau and immunoblot analysis of yeast NifDK purified from *S. cerevisiae* Nif-C-D separated on anoxic native gels, with purified MoFe from *K. oxytoca* and cell-free extracts from *P. polymyxa* WLY78 as controls

The preparation of the expressed *P. polymyxa* NifDK complex in yeast did not exhibit the characteristic brown color of nitrogenase MoFe protein. After addition of the pure Fe protein of *K. oxytoca*, the purified yeast NifDK protein was inactive and could not reduce acetylene to ethylene, consistent with the reports that the expressed *A. vinelandii* NifDK complex in yeast did not have activity. We speculated that one reason was that the low levels of the expressed *P. polymyxa* Nif proteins led to no detection of the nitrogenase activity in yeast with the normal methods. Thus, we will try to enhance the expression levels of the Nif proteins in yeast to achieve the desired expression for active nitrogenase in the future.

In summary, a nitrogenase biosynthetic pathway consisting of 15 genes (*nifB*, *nifH*, *nifD*, *nifK*, *nifE*, *nifN*, *nifX*, *hesA*, *nifV*, *nifS*, *nifU*, *nifF*, *nifJ*, *groES*, *groEL*) from *P. polymyxa* WLY78 and *K. oxytoca* was assembled and integrated into *S. cerevisiae* chromosome. The NifDK tetramer with an identical molecular weight as that of *P. polymyxa* was formed in yeast, and the expressed yeast NifH had Fe activity without *nifM* assistance. These achievements present a new step toward reliable and robust strain construction using 50 bp overlapping sequences. The results of this study will lay the foundation for accomplishing nitrogen fixation in eukaryotic cells.

3. Methods

3.1 Strains, plasmids and methods

S. cerevisiae YSG50 (*MATa*, *ade*2-1, *ade*3-22, *ura*3-1, *his*3-11, 15, *trp*1-1, *leu*2-3, 112, and *can*1-100), which is auxotrophic for uracil and tryptophan, was used as the host for DNA assembly. *S. cerevisiae* YSG50 and derivative strains constructed here were grown at 30℃ in YPD medium (1% yeast extract, 2% bactopeptone, and 2% glucose) or in synthetic complete drop-out (SD) medium (1.7 g/L yeast nitrogen base, 5.0 g/L ammonium sulfate, 20 g/L dextrose, and drop-out mixture). The positive yeast transformants were screened in SD medium without uracil (SC-Ura) or without uracil and tryptophan (SC-Ura-Trp) and 200 μg/ml G418 added when appropriate. *E. coli* strains were grown at 37℃ in Luria-Bertani medium. *P. polymyxa* WLY78 and *K. oxytoca* M5al were grown in nitrogen-limited medium for expression of *nif* genes (Wang *et al.*, 2013).

The 11 genes (*nifBHDKENXVhesAgroESEL*) from *P. polymyxa* WLY78 and 4 genes (*nifUSFJ*) from *K. oxytoca* were codon-optimized according to the codon bias in the *S. cerevisiae* genome by GenScript Co., Ltd. (Nanjing, China). The codon-optimized sequences were listed in Table S1.

For integration of the foreign genes onto yeast chromosome, a partial δ sequence (δ_1) was cloned to plasmid pRS426 digested by *Kpn* I and *Eco*R I, yielding the plasmid pRS426-δ_1 (Table S3). The 2.3 kb helper fragment *URA3*-δ_1, carrying a *URA3* selection marker and δ sequence that was homologous to the partial sequence of the δ sites on the chromosome of *S. cerevisiae*, was cut from the resulting plasmid with *Mfe* I and *Eco*R I. The auxotrophic marker *TRP1* was PCR-amplified from plasmid pRS424. Plasmid pRS423-*GAL1p* was used to clone the *nifH* gene with 10×His tag. Plasmid or DNA fragment mixtures were transformed into *S. cerevisiae* by electroporation. All of the strains and plasmids used here are listed in Table S2 and Table S3, respectively.

3.2 Construction of assembled DNA fragments for the nitrogenase biosynthetic pathway and generation of *S. cerevisiae* strains

For individual expression of the 15 foreign genes (*nifBHDKENXVUSFJhesAgroESEL*), 15 promoters and 15 terminators were selected for preparing 15 gene expression cassettes. Yeast promoters contained 14 constitutive promoters (*TEF1p*, 456 bp; *TPI1p*, 472 bp; *GPDp*, 695 bp; *FBA1p*, 846 bp; *PYK1p*, 1,000 bp; *ADH1p*, 1,500 bp; *PGK1p*, 1,400 bp; *PDC1p*, 840 bp; *ENO2p*, 638 bp; *TEF2p*, 604 bp; *TDH2p*, 744 bp; *HXT7p*, 800 bp; *PGI1p*, 700 bp; *GPM1p*, 800 bp) and 1 inducible promoter (*GAL1p*, 800 bp). Similarly, 15 terminators were as follows: *TEF1t*, 539 bp; *TPI1t*, 439 bp; *GPDt*, 542 bp; *FBA1t*, 244 bp; *PYK1t*, 441 bp; *GPM1t*, 442 bp; *PGK1t*, 440 bp; *PDC1t*, 441 bp; *ENO2t*, 440 bp; *TEF2t*, 543 bp; *TDH2t*, 446 bp; *HXT7t*, 396 bp; *PGI1t*, 398 bp; *ADH1t*, 398 bp; *GAL1t*, 393 bp. All of them were amplified from the genomic DNA extracted from *S. cerevisiae* YSG50 using the method described by Lõoke *et al.*(2011).

Homologous fragments δ_1, δ_2, HO_1, and HO_2 were amplified from genomic DNA of *S. cerevisiae* YSG50. All of the primers are listed in Table S4. Each of the gene expression cassettes was assembled by overlap extension PCR (OE-PCR). After OE-PCR, the DNA fragments were purified by a TIANgel Midi Purification

Kit (Tiangen Biotech, China) according to instructions. The 15 gene expression cassettes were assembled and integrated into the chromosome of *S. cerevisiae* YSG50 in two individual one-step methods. First, the mixture of the 11 (*nifBHDKENXVUShesA*) gene expression cassettes, the helper fragment *URA3*-δ_1, and homologous fragment δ_2 was transformed into *S. cerevisiae* YSG50, and the Ura^+ transformants were selected on SC-Ura and identified by PCR analysis. Then, a Ura^+ transformant which carried the correctly assembled 11 gene expression cassettes was used as a host for assembling another 4 genes (*groESELnifFJ*). To do this, the mixture of the 4 gene (*groESELnifFJ*) expression cassettes, selection marker *TRP1*, and homologous fragments HO_1 and HO_2 was transformed into the Ura^+ transformant, and the Ura^+ and Trp^+ transformants were selected on SC-Ura-Trp plates and identified by PCR analysis. A positive yeast transformant whose chromosome carried the correctly assembled expression cassettes of the 15 genes (*nifBHDKENXVUSFJhesAgroESEL*) was designed as *S. cerevisiae* Nif-C.

For purification of Fe protein from the recombination *S. cerevisiae*, the *nifH* gene with 10×His tag was cloned into the plasmid pRS423-*GAL1p* digested by *Eco*R I and *Sal* I under the control of *GAL1p* promoter, yielding the plasmid pRS423-*nifH* (Table S3). The plasmid pRS423-*nifH* was transformed to the recombinant *S. cerevisiae* Nif-C, yielding the recombinant *S. cerevisiae* Nif-C-H.

For purification of NifD protein, the *nifD* gene with 1×Flag was designed to substitute for non-tagged *nifD* gene in the recombination *S. cerevisiae* Nif-C using the *KanMX* as the selectable marker, yielding the recombinant *S. cerevisiae* Nif-C-D.

3.3 PCR and RT-PCR analysis

To confirm that each individual gene expression cassette was assembled correctly and integrated into accurate locus, each of the 15 genes (*nifBHDKENXVUSFJhesAgroESEL*) and each of the 15 gene expression cassettes were PCR amplified from the positive transformants with the primers displayed in Table S4. To estimate the stability of the assembled pathway in the recombination *S. cerevisiae*, the positive transformant *S. cerevisiae* Nif-C was selected for subculture. Two colonies were cultivated, respectively, in test tubes including 5 ml of YPD medium. The colonies were subcultured for 20 generations continuously. The cultures of the 1st, 5th, 10th, and 20th generations were used to check whether the foreign *nif* genes existed. To detect transcription of each gene, total RNA was extracted from the positive yeast transformants for RT-PCR. Primers used for RT-PCR were shown in Table S4.

3.4 Immunoblot analysis of Nif protein expression

For immunoblot detection of Nif protein expression, the recombinant *S. cerevisiae* Nif-C and *S. cerevisiae* YSG50 (wild-type) were grown in 50 ml flasks containing 20 ml of SD medium and YPD medium, respectively. Yeast cells were collected after 20 h of incubation with shaking at 200 r/min and 30℃. The cells of *P. polymyxa* WLY78 grown in nitrogen-limited medium under anaerobic conditions were used as a positive control (Wang *et al.*, 2013). The cell pellets were dissolved in 200 μl of sodium dodecyl sulfate (SDS) gel-loading buffer and boiled for 10 min, and then, 20 μl was loaded onto 12% separating gels and 5% stacking gel for SDS-polyacrylamide gel electrophoresis (SDS-PAGE). The Nif proteins were detected using the 7 antibodies (anti-NifB, anti-NifH, anti-NifD, anti-NifK, anti-NifE, anti-NifN, and anti-NifV) which were raised against the proteins NifH, NifD, NifK, NifB, NifE, NifN, and NifV of *P. polymyxa* WLY78 which were expressed and purified from *E. coli* BL21. Also, the antibody (anti-NifDK) against MoFe protein purified from *K. oxytoca* was used for detection of the NifDK complex in the recombinant Nif-C-D. Internal reference protein was detected with anti-GAPDH (Proteintech, USA) antibodies. Immunochemiluminescene was done by using the eECL Western Blot Kit (CoWin Biosciences, China).

3.5 Growth of yeast strains and purification of yeast NifH and NifDK proteins under anaerobic conditions

S. cerevisiae strains Nif-C-H and Nif-C-D were used for purification of NifH protein and NifDK protein, respectively. These yeast strains were cultivated in 500 ml of SD medium with shaking at 200 r/min for 12 h at 30℃. Then, the cultures were transferred to a 7 L fermentor (BIOTECH, China) containing 4.5 L of SD medium supplemented with 0.5% yeast extract, 2.5% tryptone, and 100 mmol/L ammonium iron (III) citrate. In order to induce *GAL* promoter and protein expression, 2% galactose and 2 ml trace element solution (17.22 g/L $CaCl_2·2H_2O$, 3.93 g/L $MnCl_2·4H_2O$, 0.89 g/L $ZnSO_4·7H_2O$, 1.65 g/L $Na_2MoO_4·2H_2O$, 3.08 g/L $FeCl_3·6H_2O$, 1 g/L H_3BO_4, 0.7 g/L IK, 40.73 g/L $MgSO_4·7H_2O$ in 2 mol/L HCl) were added until the 0.6% glucose was used up (Oldroyd and Dixon, 2014). Meanwhile, N_2 was introduced into the fermentor to substitute for air. The pH was automatically maintained around 5.8 using 10 mol/L KOH. After 20 h of induction, the yeast cells were gathered under N_2 flow by centrifugation at 3500 r/min for 30 min at 4℃. The cells of *S. cerevisiae* Nif-C-H or Nif-C-D were resuspended in anaerobic buffer [100 mmol/L Tris-HCl pH 8.0, 300 mmol/L NaCl, and 1 mmol/L phenylmethanesulfonyl fluoride (PMSF)]. The cells were lysed in a high pressure homogenizer (PhD Technology International LLC, USA) at 25,000 psi[*] anaerobically. Then, total protein crude extracts were obtained by centrifugation at 10,000 r/min for 30 min at 4℃ and discarding cell debris after ultrasonication. The His-NifH protein was purified by Ni^{2+} affinity chromatography (QIAGEN, Germany), while the Flag-NifD protein was purified by anti-Flag affinity gel (Biotool, China). All proteins were purified under anaerobic conditions inside a glovebox (M. Braun Inertgas systems, Germany). Purified proteins were stored in liquid N_2.

3.6 Determination of Fe protein or MoFe protein activity

The Fe protein activity of the yeast NifH was analyzed by the acetylene reduction assay. To do this, the yeast NifH purified from *S. cerevisiae* Nif-C-H was mixed with excess pure MoFe protein from *K. oxytoca* and ATP-regenerating mixture (5 mmol/L ATP, 10 mmol/L $MgCl_2$, 40 mmol/L creatine phosphate (CP), 0.125 mg/ml creatine phosphokinase (CPK), 20 mmol/L sodium dithionite (DTH), 40 mmol/L MOPS-KOH (pH 7.4) (Li and Burris, 1983). Positive control reactions were carried out with pure preparations of *K. oxytoca* Fe protein and MoFe protein (Li and Burris, 1983).

Similarly, the MoFe activity of the yeast NifDK complex was analyzed by the acetylene reduction assay. Excess Fe protein and ATP-regenerating mixture were added to the NifDK preparations purified from *S. cerevisiae* Nif-C-D. Positive control reactions were carried out with pure preparations of *K. oxytoca* Fe protein and MoFe protein (Li and Burris, 1983).

References

Beatty P H, Good A G. 2011. Future prospects for cereals that fix nitrogen. Science, 333(6041): 416-417.

Berman J, Gershoni J M, Zamir A. 1985a. Expression of nitrogen fixation genes in foreign hosts. Assembly of nitrogenase Fe protein in *Escherichia coli* and in yeast. J Biol Chem, 260(9): 5240-5243.

*1 psi=0.155 cm^{-2}.

Berman J, Zilberstein A, Salomon D, *et al.* 1985b. Expression of a nitrogen-fixation gene encoding a nitrogenase subunit in yeast. Gene, 35(1-2): 1-9.

Boyd E S, Anbar A D, Miller S, *et al.* 2011. A late methanogen origin for molybdenum-dependent nitrogenase. Geobiology, 9(3): 221-232.

Buren S, Jiang X, López-Torrejón G. 2017a. Purification and *in vitro* activity of mitochondria targeted nitrogenase cofactor maturase NifB. Front Plant Sci, 8: 1567.

Buren S, Young E M, Sweeny E A, *et al.* 2017b. Formation of nitrogenase NifDK tetramers in the mitochondria of *Saccharomyces cerevisiae*. ACS Synth Biol, 6(6): 1043-1055.

Curatti L, Hernandez J A, Robert Y, *et al.* 2007. *In vitro* synthesis of the iron-molybdenum cofactor of nitrogenase from iron, sulfur, molybdenum, and homocitrate using purified proteins. Proc Natl Acad Sci USA, 104(45): 17626-17631.

Curatti L, Rubio L M. 2014. Challenges to develop nitrogen-fixing cereals by direct *nif*-gene transfer. Plant Sci, 225: 130-137.

Dilworth M J. 1966. Acetylene reduction by nitrogen-fixing preparations from *Clostridium pasteurianum*. Biochim Biophys Acta Gen Subj, 127(2): 285-294.

Dos Santos P C, Fang Z, Steve W M, *et al.* 2012. Distribution of nitrogen fixation and nitrogenase-like sequences amongst microbial genomes. BMC Genomics, 13: 162.

Govezensky D, Greener T, Zamir A. 1991. Involvement of GroEL in *nif* gene regulation and nitrogenase assembly. J Bacteriol, 173(20): 6339-6346.

Gunyuzlu P L, Hollis G F, Toyn J H. 2001. Plasmid construction by linker-assisted homologous recombination in yeast. BioTechniques, 31(6): 1246-1250.

Holland D, Zilberstein A, Govezensky D. 1987. Nitrogenase MoFe protein subunits from *Klebsiella pneumoniae* expressed in foreign hosts. Characteristics and interactions. J Biol Chem, 262(18): 8814-8820.

Horton R M, Hunt H D, Steffan N H, *et al.* 1989. Engineering hybrid genes without the use of restriction enzymes: gene splicing by overlap extension. Gene, 77(1): 61-68.

Hua S B, Qiu M S, Chan E, *et al.* 1997. Minimum length of sequence homology required for *in vivo* cloning by homologous recombination in yeast. Plasmid, 38(2): 91-96.

Ivleva N B, Groat J, Staub J M, *et al.* 2016. Expression of active subunit of nitrogenase *via* integration into plant organelle genome. PLoS One, 11(8): e0160951.

Jacobson M R, Cash V L, Weiss M C, *et al.* 1989. Biochemical and genetic analysis of the *nifUSVWZM* cluster from *Azotobacter vinelandii*. Mol Gen Genet, 219(1-2): 49-57.

Kanemoto R H, Ludden P W. 1984. Effect of ammonia, darkness, and phenazine methosulfate on whole-cell nitrogenase activity and Fe protein modification in *Rhodospirillum rubrum*. J Bacteriol, 158(2): 713-720.

Kuijpers N G, Chroumpi S, Vos T, *et al.* 2013. One-step assembly and targeted integration of multigene constructs assisted by the I-*Sce* I meganuclease in *Saccharomyces cerevisiae*. FEMS Yeast Res, 13(8): 769-781.

Li J L, Burris R H. 1983. Influence of pN_2 and pD_2 on HD formation by various nitrogenases. Biochemistry, 22(19): 4472-4480.

Li X X, Liu Qi, Liu X M, *et al.* 2016. Using synthetic biology to increase nitrogenase activity. Microb Cell Fact, 15: 43.

Lõoke M, Kristjuhan K, Arnold K, *et al.* 2011. Extraction of genomic DNA from yeasts for PCR-based applications. BioTechniques, 50(5): 325-328.

Lopez-Torrejon G, Jimenez-Vicente E, Buesa J M, *et al.* 2016. Expression of a functional oxygen-labile nitrogenase component in the mitochondrial matrix of aerobically grown yeast. Nat Commun, 7: 11426.

Masson-Boivin C, Giraud E, Perret X, *et al.* 2009. Establishing nitrogen-fixing symbiosis with legumes: how many rhizobium recipes? Trends Microbiol, 17(10): 458-466.

Merrick M, Dixon R. 1984. Why don't plants fix nitrogen? Trends Biotechnol, 2(6): 162-166.

Oldenburg K R, Vo K T, Michaelis S, *et al.* 1997. Recombination-mediated PCR-directed plasmid construction *in vivo* in yeast. Nucleic Acids Res, 25(2): 451-452.

Oldroyd G E, Dixon R. 2014. Biotechnological solutions to the nitrogen problem. Curr Opin Biotechnol, 26: 19-24.

Partow S, Siewers V, Sara B, *et al.* 2010. Characterization of different promoters for designing a new expression vector in *Saccharomyces cerevisiae*. Yeast, 27(11): 955-964.

Raymond C K, Elizabeth H S, Maynard V O. 2002. Linker-mediated recombinational subcloning of large DNA fragments using yeast. Genome Res, 12(1): 190-197.

Raymond C K, Pownder T A, Sexson S L. 1999. General method for plasmid construction using homologous recombination. BioTechniques, 26(1): 134-138.

Roberts G P, MacNeil T, MacNeil D, *et al.* 1978. Regulation and characterization of protein products coded by the *nif* (nitrogen fixation) genes of *Klebsiella pneumoniae*. J Bacteriol, 136(1): 267-279.

Rubio L M, Ludden P W. 2008. Biosynthesis of the iron-molybdenum cofactor of nitrogenase. Annu Rev Microbiol, 62: 93-111.

Shao Z, Luo Y, Zhao H. 2012. DNA assembler method for construction of zeaxanthin-producing strains of *Saccharomyces cerevisiae*. Methods Mol Biol, 898: 251-262.

Shao Z, Zhao H, Zhao H. 2009. DNA assembler, an *in vivo* genetic method for rapid construction of biochemical pathways. Nucleic Acids Res, 37(2): e16.

Siddiqui M S, Thodey K. Trenchard I, *et al.* 2012. Advancing secondary metabolite biosynthesis in yeast with synthetic biology tools. FEMS Yeast Res, 12(2): 144-170.

Song S D, Hartmann A, Burris R H. 1985. Purification and properties of the nitrogenase of *Azospirillum amazonense*. J Bacteriol, 164(3): 1271-1277.

Sun J, Shao Z, Zhao H, *et al.* 2012. Cloning and characterization of a panel of constitutive promoters for applications in pathway engineering in *Saccharomyces cerevisiae*. Biotechnol Bioeng, 109(8): 2082-2092.

Tian C, Wu Y, Johnsson N. 2014. Stepwise and cooperative assembly of a cytokinetic core complex in *Saccharomyces cerevisiae*. J Cell Sci, 127(Pt 16): 3614-3624.

Wang L Y, Zhang L, Liu Z, *et al.* 2013. A minimal nitrogen fixation gene cluster from *Paenibacillus* sp. WLY78 enables expression of active nitrogenase in *Escherichia coli*. PLoS Genet, 9(10): No. e1003865.

Xie J B, Du Z, Bai L, *et al.* 2014. Comparative genomic analysis of N_2-fixing and non-N_2-fixing *Paenibacillus* spp.: organization, evolution and expression of the nitrogen fixation genes. PLoS Genet, 10(3): No. e1004231.

Xie W, Liu M, Lv X, *et al.* 2014. Construction of a controllable beta-carotene biosynthetic pathway by decentralized assembly strategy in *Saccharomyces cerevisiae*. Biotechnol Bioeng, 111(1): 125-133.

Zamir A, Maina C V, Gerald R F, *et al.* 1981. Stable chromosomal integration of the entire nitrogen fixation gene cluster from *Klebsiella pneumoniae* in yeast. Proc Natl Acad Sci USA, 78(6): 3496-3500.

Supplementary material: https://dio.org/10.1021/acssynbio.9b00060.

本文原载: ACS Synthetic Biology, 2019, 8(8): 1766-1775.

Influence of pN_2 and pD_2 on HD Formation by Various Nitrogenases

Jilun Li[1, 2], Robert H. Burris[1*]

(1. Department of biochemistry, University of Wisconsin-Madison, Madison, Wisconsin, 53706; 2. Department of Plant Protection and Microbiology, Beijing Agricultural University, Beijing, 100094, China)

Abstract

Formation of HD from D_2 has been demonstrated with nitrogenase preparations from *Azotobacter vinelandii*, *Clostridium pasteurianum*, *Klebsiella pneumoniae*, and *Azospirillum* sp. We conclude that the formation of HD from D_2 is a general property of nitrogenases. However, the nitrogenases differ in their K_i values for D_2 (N_2 fixation) and in their rates of catalyzing HD formation; among the nitrogenases tested, *C. pasteurianum* nitrogenase had the lowest activity for formation of HD. When contaminating N_2 was removed from the atmospheres above reaction mixtures, less than 1% of the total electron flux in the system was directed to HD formation; hence, we doubt that N_2-independent HD formation is significant. A working hypothesis is suggested that operates without invoking an N_2-independent reaction for forming HD.

Keywords

nitrogenases, HD formation, electron flux.

1. Introduction

The formation of HD from D_2 by N_2-fixing organisms was discovered in soybean nodules by Hoch *et al.* (1960). They found this reaction was inhibited by CO and N_2O but enhanced by N_2.Their suggestion that HD was formed from enzyme-bound diimide moiety may have constituted the first experimental evidence for diimide as an intermediate in biological N_2 fixation.

These observations were expanded by other investigators. Formation of HD from D_2 was observed by Bergersen (1963) in soybean nodules, Dixon (1967) in pea nodules, and Kelly (1968) in nodules of *Medicago lupulina* and *Alnus glutinosa.* Jackson *et al.* (1968) studied HD formation by crude nitrogenase preparations from *Azotobacter vinelandii* (Av) and confirmed the requirement for N_2 and the inhibition by CO. The facts that MgATP (McNary and Burris, 1962) and a reductant such as ferredoxin (Mortenson, 1964) were required N_2 fixation had been established, and Jackson *et al.* (1968) reported that they also were required for formation of HD. Turner and Bergersen (1969), with cell-free extracts from soybean nodule bacteroids, confirmed the

*We thank Joseph Guth, Daniel Arp, William Sweet, Frank Simpson, and Laura Privalle for helpful discussions. This work was supported by the College of Agricultural and Life Science, University of Wisconsin-Madison, by National Science Foundation Grant PCM-8115077, by U.S. Public Health Service Grant AI-00848 from the National Institute of Allergy and Infectious Diseases, and by the Science and Education Administration of the U. S. Department of Agriculture under Grant 5901-7020-9-0202-0 from the Competitive Research Grants Office.

work of Jackson *et al.* (1968). They also reported that the apparent Km (N_2) for HD formation was much smaller than that for NH_3 production. Kelly (1968, 1969), using crude extracts from *A. vinelandii* and partially purified nitrogenases from *Azotobacter chroococcum* (Ac) and other free-living nitrogen fixers, contrary to others found no enhancement of HD formation by N_2. Vandecasteele and Burris (1970) reported that a small amount of HD was formed by partially purified nitrogenase preparations from *Clostridium pasteurianum* (Cp).

The Kettering research group has studied HD formation in more detail with the Av nitrogenase complex (Bulen and Orme-Johnson, 1976) and later with purified Av nitrogenase (Newton *et al.*, 1976, 1977; Stiefel, 1977; Burgess *et al.*, 1980, 1981; Stiefel *et al.*, 1980; Wherland *et al.*, 1981). They pointed out that HD formation *via* diimide, as formulated by Hoch *et al.* (1960), implies electron transfer rather than simple exchange and that one electron is used for each molecule of HD formed. They also suggested that H_2 inhibition and HD formation are two manifestations of the same molecular process. The group also took the position that HD formation has two pathways: An N_2-dependent pathway that is inhibited completely by 1% CO, and an N_2-independent pathway that is inhibited only partially by 1% CO. They reported that in the absence of added N_2 the percentage of total electrons flowing through the N_2-independent pathway is independent of the Av2/Av1 (Av2=dinitrogenase reductase and Avl=dinitrogenase) ratio (Burgess *et al.*, 1980, 1981; Wherland *et al.*, 1981).

Burris *et al.* (1976) reported the work of Falkner, who studied the effects of pN_2 and pD_2 on HD formation by Av and Cp nitrogenases. The enhancement of HD formation by increasing the pN_2 and pD_2 was more pronounced for Av nitrogenase than for Cp nitrogenase; *i.e.*, HD formation by Cp nitrogenase was relatively weak. They also observed that the apparent Km (N_2) for HD formation by Av nitrogenase was about one-fourth that for N_2 fixation. Burris *et al.* (1981) found that HD was also formed by nitrogenase from *Klebsiella pneumoniae* (Kp). Cp2 (which binds tightly to Av1 and thus inhibits Av nitrogenase; Emerich and Burris, 1976) strongly inhibited HD formation by Av nitrogenase.

The present work reports a comparative study of HD formation by highly purified nitrogenases from four different types of N_2-fixing organisms, including the anaerobe *C. pasteurianum*, the facultative anaerobe *K. pneumoniae*, the aerobe *A. vinelandii*, and the microaerobe *Azospirillum* sp. The results provide evidence to support the conclusion that HD formation is a general property of nitrogenases (Burris *et al.*, 1981). The data again show that HD formation by Cp nitrogenase is relatively weak. Our data also indicate that N_2-independent HD formation by nitrogenase is minimal, if it exists at all.

2. Materials and Methods

2.1 Cp nitrogenase

This was purified from frozen cells of *C. pasteurianum* W5. Cells were disrupted by lysis with lysozyme (Ljones and Burris, 1978); 200 g of frozen cell paste was mixed anaerobically with 400 ml of 50 mmol/L Tris-HCl buffer, pH 8.5, containing 1 mmol/L dithionite. After this cell paste was thawed, 50 ml of the same anaerobic buffer containing 200 mg of crystalline egg white lysozyme, 10 mg of DNase, and 20 mg of RNase was added to the cell suspension, and the mixture was incubated under H_2 with stirring at room temperature for 30 min. The lysed cell suspension was centrifuged at 27,000 *g* for 20 min. The clear dark brown supernatant was introduced onto an anaerobic DE-52 cellulose column (50 mm × 200 mm) pre-equilibrated with 20 mmol/L Tris buffer, pH 7.4, that contained 1 mmol/L dithionite and had been sparged with H_2. The loaded column was washed quickly with 0.15 mol/L NaCl in the same buffer to elute the hydrogenase and other impurities. It then was washed with 0.25 mol/L NaCl in the same buffer to elute the dark brown Cp1, and following this, it was washed with 0.4 mol/L NaCl in the same buffer to elute the yellowish brown Cp2 (Tso *et al.*, 1972). Both Cpl and Cp2 fractions were concentrated separately on small DE-52 columns. The concentrated Cpl was purified further on a Sephacryl S-300 column (50 mm × 900 mm) pre-equilibrated with 50 mmol/L Tris buffer, pH 8.0, containing 1 mmol/L dithionite. The Cp2 was purified on a Sephadex G-100 column (50 mm×900 mm) pre-equilibrated with the same buffer. All the eluting buffers used for the first DE-52 column were sparged with H_2.

The specific activity of Cpl was 1,100~1,200 nmol of C_2H_4 formed min^{-1} (mg of Cpl)$^{-1}$, and that of Cp2 was 1,956~2,100 nmol of C_2H_4 formed min^{-1} (mg of Cp2)$^{-1}$. Both Cpl and Cp2 contained trace amounts of hydrogenase (about $^1/_{100,000}$ of the nitrogenase by weight), which gave a specific activity of 5.2 nmol of H_2 evolved min^{-1} (mg of Cpl)$^{-1}$ and 3.2 nmol of H_2 evolved min^{-1} (mg of Cp2)$^{-1}$, respectively, as analyzed with an H_2 electrode (Sweet *et al.*, 1980). The contaminating hydrogenase could not be eliminated completely even by passing the fractions through a hydroxyapatite column, so the minus ATP plus enzyme treatments were used as controls in studying HD formation by Cp nitrogenase.

2.2 Kp nitrogenase

This was prepared from cells of *K. pneumoniae* M5al; 200 g of frozen cell paste was thawed anaerobically with 400 ml of 50 mmol/L Tris buffer, pH 8.5, containing 1 mmol/L dithionite. The cell suspension was sonicated in 50 ml portions at 50% duty cycle and output setting 5 for 2 min under N_2 with a Heat Systems-Ultrasonics Inc. 350-W, 20-kHz sonicator. Forty milliliters of anaerobic buffer containing 10 mg of DNase and 20 mg of RNase was added to the pooled sonicated cell suspension, and it was incubated under N_2 with stirring at room temperature for 30 min to digest the nucleic acids. After digestion, the cell suspension was heated quickly to 55℃ for 5 min in a hot water bath and cooled immediately to room temperature in an ice bath. The suspension then was centrifuged at 27,000 *g* for 20 min. The supernatant was introduced onto a DE-52 cellulose column (50 mm × 200 mm) pre equilibrated with 20 mmol/L Tris buffer, pH 7.4, containing 1 mmol/L dithionite, and the column was washed with 0.12 mol/L NaCl in the same buffer until the eluted solution was colorless. The dark brown Kp1 was eluted with 0.22 mol/L NaCl in the same buffer, and this was followed by washing with 0.4 mol/L NaCl to elute the yellowish brown Kp2. After the fractions were concentrated on small DE-52 columns, both Kp1 and Kp2 were purified further by preparative gel electrophoresis. The eluting buffer for collecting Kp2 during electrophoresis should contain 5 mmol/L magnesium acetate; otherwise, Kp2 that is concentrated on a small DE-52 cellulose column sticks to the column and is not eluted even with 1 mol/L NaCl.

The specific activity of Kp1 was 1,900~2,100 nmol of C_2H_4 formed min^{-1} (mg of Kp1)$^{-1}$. The specific activity of Kp2 was 1,000~1,100 nmol of C_2H_4 formed min^{-1} (mg of Kp2)$^{-1}$. Neither Kpl nor Kp2 showed any hydrogenase activity when tested with an H_2 electrode.

2.3 Av nitrogenase

This was purified from the cell paste *of A. vinelandii* OP. The purification procedure was the same as that used for Kp nitrogenase, except that Av1 was purified by crystallization (Shah and Brill, 1973) rather than by preparative gel electrophoresis.

The specific activity of Av I was 1,500~1,950 nmol of C_2H_4 formed min^{-1} (mg of Av1)$^{-1}$, and the specific activity of Av2 was 1,400~1,800 nmol of C_2H_4 formed min^{-1} (mg of Av2)$^{-1}$. Both Av1 and Av2 showed no hydrogenase activity as tested with the H_2 electrode.

2.4 Al nitrogenase

Preparations were purified from frozen cell paste of *Azospirillum* sp. (apparently *Azospirillum lipoferum*, so the abbreviation Al has been used) with some modifications of the procedure reported by Ludden *et al.* (1978). The cells were disrupted by sonication as described above. Both Al1 and Al2 were purified by preparative gel electrophoresis. The activating enzyme (AE) was purified from the membrane fraction by the method used for purification of AE from *Rhodospirillum rubrum* (Ludden *et al.*, 1978). The specific activity of all was 930 nmol of C_2H_4 formed min^{-1} (mg of protein)$^{-1}$, and that of Al2 after activation was 620 nmol of C_2H_4 formed min^{-1} (mg of protein)$^{-1}$. No hydrogenase activity was detected in Al1, Al2, or AE.

2.5 Assays for activity

The protein content of the above nitrogenase preparations was determined by the Coomassie blue dye-binding method (Bradford, 1976). The reaction mixture used for Cp, Kp, and Av nitrogenase activity assays contained, in 1 ml, 40 mmol/L MOPS-KOH buffer (pH 7.0), 5 mmol/L ATP, 10 mmol/L $MgCl_2$, 20 mmol/L dithionite, 40 mmol/L creatine phosphate (utilization of creatine phosphate always was less than 45% of that supplied), and 0.2 mg of creatine phosphokinase. The reaction mixture used for the Al nitrogenase system differed only in that the concentration of $MgCl_2$ was increased to 15 mmol/L, the dithionite concentration was decreased to 10 mmol/L, and 0.5 mmol/L $MnCl_2$ was added.

C_2H_2 reduction was followed in rubber-stoppered vaccine bottles (22 ml volume). After the bottle was evacuated and filled with argon 3 times, anaerobic dithionite solution was added with an air-tight syringe, and then dinitrogenase reductase and 10% C_2H_2 were added. AE was added at the same time as Al nitrogenase when the activity of this nitrogenase was assayed. The reaction bottles were preincubated in a 30℃ shaking water bath for 5 min for Cp, Kp, and Av nitrogenase assays, or for 30 min for the Al nitrogenase assay to allow time for activation of Al_2. The reaction was started by the addition of dinitrogenase. After incubation for 15 min (Cp, Kp, and Av nitrogenases), or 20 min (Al nitrogenase), 0.5 ml gas samples were withdrawn with air-tight syringes, and these were analyzed with a Varian Aerograph 600-D gas chromatograph unit equipped with a Porapak R column as described by Stewart *et al.* (1967).

H_2 evolution was measured with an H_2 electrode (Sweet *et al.*, 1980) to detect any hydrogenase contaminating the nitrogenase preparations. In the study of the pN_2 effects on N_2 fixation in the absence of D_2, H_2 evolution was measured with a gas chromatographic unit equipped with a column of molecular sieve 5A and a thermal conductivity detector.

HD formation was assayed with a Varian MAT 250 isotope ratio mass spectrometer. H_2, HD, and D_2 were monitored by the appearance of masses 2, 3, and 4 respectively. The percentages of H_2 and HD were calculated from the total H_2 species after subtracting the corresponding background values (small background peaks appear in the mass spectrometer when no gas has been introduced, and these background values commonly are subtracted from observed peaks of the same mass in the sample analyzed. However, when a gas such as Ar is introduced, it may decrease the ionization of other gases, so that a gas in low concentration, *e.g.*, N_2, when corrected for background N_2 observed in the absence of Ar may actually give a negative value for N_2. This response obviously confuses analyses and may support a false assumption that N_2 is absent when it is actually present in a gas mixture. As accurate values for N_2 concentration at low levels are crucial for interpretation of N_2-dependent *vs.* N_2-independent HD formation, this analytical aberration of mass spectrometry must be kept in mind). Values were converted to nanomoles by multiplying the percentage value by the volume in milliliters of D_2 gas introduced into the reaction bottle and by a constant value of 40,370 (1 ml of gas equals 40,370 nmol under 100 kPa pressure at 25℃). Before each sample was analyzed, the background values were measured. The molar ratio of dinitrogenase reductase/dinitrogenase proteins used for the study of HD formation was near 4.5/L on the basis of molecular weights of 212,000 for Cp1, 57,647 for Cp2, 219,000 for Kpl, 668,001 for Kp2, 234,000 for Av1, and 64,000 for Av2 (Eady, 1980). There are no available data for the molecular weights of components of the Al nitrogenase system, so we have assumed 220,000 for Al1 and 60,000 for Al2.

Two kinds of reaction vessels were used for studying HD formation: a 22 ml vaccine bottle and a single side-armed Warburg reaction vessel equipped with a capillary adaptor carrying a stopcock. All these containers were calibrated for volume by weighing them empty and full of water. Vaccine bottles were used for time course studies, CO inhibition experiments, and some high pN_2 and pD_2 experiments. The gas mixtures were prepared by injecting measured amounts of gases. Before the reaction was started by addition of dinitrogenase, 0.5 ml of the gas mixture was withdrawn from each reaction bottle as the zero-time sample for background analysis. Minus ATP plus enzyme treatments were used as controls. The reaction was terminated by dipping the bottles into a dry ice bath. Gas samples were injected into the inlet system of the mass spectrometer through a silicone rubber septum mounted in a septum holder with an attached stainless-steel U tube immersed in liquid nitrogen to trap vapors. To terminate activity and to support microdiffusion of NH_3 for analysis, 1 ml of saturated K_2CO_3 was added to the reaction mixture.

The Warburg vessels were used in studying the effects of low pN_2 and pD_2 on HD formation and investigating N_2-independent HD formation. ATP (or H_2O in controls) was injected into the side arm with a long curved needle; other components of the reaction mixture were placed in the main compartment of the vessel. The reaction vessel was connected with the capillary manifold through the stopcock-carrying adaptor. After the flasks were degassed with a vacuum pump, anaerobic dithionite solution was added into the flasks while argon flowed through the flasks; this was followed by the addition of premixed nitrogenase components. The flasks were evacuated again, and then gases were added through a manifold to give the desired gas pressures as measured on an attached Hg manometer. Small gas cylinders containing "highest purity" D_2, Ar, or Ne were connected with the manifold. After the vessels were filled with gases, the stopcocks of the adaptors were closed, and the vessels were immersed in an ice bath until the reaction was started. The reaction was started, 10 min after removing a vessel from the ice bath, by mixing ATP from the side arm with the other components of the reaction mixture; the reaction vessel was placed immediately into a 30℃ shaking water bath for 15 min, 20 min, or 30 min as desired. The reaction was terminated by placing the reaction flask in a dry ice bath. The reaction vessel was connected with the inlet system of the mass spectrometer through the stopcock-carrying adaptor, and a gas sample was admitted to the mass spectrometer while the reaction mixture remained in the dry ice bath. After mass spectrometric gas analysis, the Warburg flask was removed from the adaptor, and 1 ml of saturated K_2CO_3 solution was added into the frozen reaction mixture.

Ammonia was assayed by the indophenol method (Chaykin, 1969) after microdiffusion of NH_3 (Burris, 1972). After K_2CO_3, solution was added, the reaction flask was plugged immediately with a rubber stopper equipped with a rough-ended glass rod that had been dipped in 1 mol/L H_2SO_4, solution. NH_3 was diffused overnight in all samples from the alkaline solution to the H_2SO_4; samples were shaken to hasten diffusion. Each rod was immersed in 4.0 ml of phenol reagent (1.4 g of phenol plus 2 mg of nitroprusside in 100 ml of deionized, distilled water), and immediately afterward, 1 ml of freshly prepared alkaline hypochlorite was added (3 g of NaOH plus 2 ml of hypochlorite household bleach in 100 ml of deionized water). After 1 h, the absorbance at 625 nm was measured with a Hitachi spectrophotometer (Model 100-40). A standard curve was prepared in the range of 0~140 nmol of ammonia as $(NH_4)_2SO_4$. If the concentration of ammonia in the sample was greater than 140 nmol, the sample and blank control were diluted with the same reagents. The quantity of NH_3 in any diluted sample was determined from a standard curve prepared by measuring standard samples diluted to the same degree and in the same manner as the experimental samples analyzed.

For determination of ammonia production by the Al nitrogenase system. 0.1 mol/L EDTA was added to the saturated K_2CO_3 solution to chelate the Mn ions of the reaction mixture. Otherwise, the Mn^{2+} ions appeared to enhance the degradation of protein under alkaline conditions and thus increased the background value for ammonia in the minus ATP plus enzyme control vessels.

2.6 Gas analysis

The content of N_2 in gas mixtures used in the investigation of N_2-independent HD Formation (see Results) was analyzed with a MAT 250 isotope ratio mass spectrometer. Masses 28, 29, and 30 were monitored. Samples of gas mixtures for each treatment were collected in the empty all-glass reaction vessels with stopcock closures.

2.7 Absorption of contaminating N_2

"High-purity" commercial gases were contaminated with N_2. The contaminating N_2 was absorbed by molecular sieve 13X at liquid N_2 temperature (Gersberg *et al.*, 1976; Tiedje *et al.*, 1979). A small glass trap filled with about 10 g of molecular sieve 13X was used for absorbing the contaminating N_2 from D_2 or neon. The inlet tube of the trap was connected to the gas cylinder, and the outlet tube was connected to the capillary manifold. The trap was immersed in liquid nitrogen; a separate trap was used for each kind of gas. Because D_2 is also absorbed by the molecular sieve at liquid N_2 temperature, it must be passed through the trap under pressure (about 70 kPa) at a low flow rate (10 cmHg*, or 1.3 kPa decrease in pressure/min). It turns out that less D_2 is absorbed at dry ice temperature than at liquid N_2 temperature, although the efficiency for absorbing the contaminating N_2 is almost the same.

3. Results

3.1 Effect of pN_2 on HD formation by Cp, Kp, and Av nitrogenases

Figs. 1, 2, and 3 show the effect of pN_2 on HD formation, H_2 evolution, and NH_3 production by Cp, Kp, and Av nitrogenases, respectively. Under atmospheres of 50% D_2 (about 50 kPa) and variable pN_2 and pAr, the rate of HD formation is enhanced by relatively low pN_2's but inhibited somewhat at high pN_2's. The maximal rate of HD formation usually occurs near 0.2 atm† N_2, and the percentages of the total electrons that are used for HD formation by Cp, Kp, and Av nitrogenases are ~12%, ~24%, and ~24%, respectively. As the pN_2 creases to 0.4 atm, the percentages decrease to ~10%, ~23%, and ~23%, respectively. The rate of HD formation by Cp nitrogenase is about 2.3 times slower than that by Kp or by Av nitrogenase under an atmosphere of 50% D_2/40% N_2/10% Ar (about 50 kPa, 40 kPa, and 10 kPa).

*1 cmHg=1,333 Pa.

†1 atm=1.013,25 × 10^5 Pa.

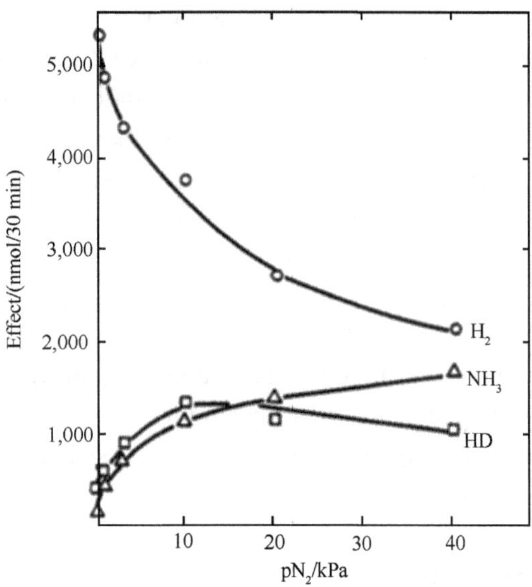

Fig. 1 Effect of pN_2 on HD formation, H_2 evolution, and NH_3 production by nitrogenase from *Clostridium pasteurianum* Cp1, 160 μg; Cp2, 180 μg; Cp1 specific activity, 1,200 nmol of C_2H_2 reduced min^{-1} (mg of protein)$^{-1}$, Cp2 specific activity, 2,000 nmol of C_2H_2 reduced min^{-1} (mg of protein)$^{-1}$. pD_2=50 kPa

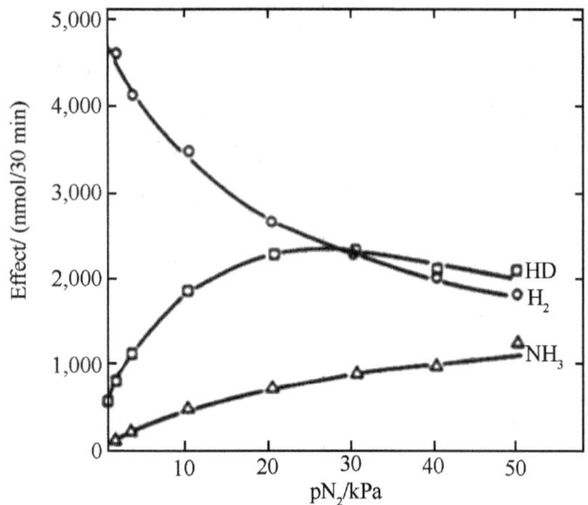

Fig. 2 Effect of pN_2 on HD formation, H_2 evolution, and NH_3 production by nitrogenase from *Klebsiella pneumoniae* Kp1, 180 μg; Kp2, 270 μg; Kp1 specific activity, 1,900 nmol of C_2H_2 reduced min^{-1} (mg of protein)$^{-1}$, Kp2 specific activity, 1,100 nmol of C_2H_2 reduced min^{-1} (mg of protein)$^{-1}$. pD_2=50 kPa

H_2 evolution decreases, and NH_3 production increases, with increasing pN_2 above 0.2 atm (about 20 kPa) under our experimental conditions. This is consistent with all published results.

N_2 not only influences the electron allocation but also influences the total electron flow under D_2-inhibited, N_2-fixing conditions (assuming HD formation requires one electron). A decrease of about 10% occurs in the total electron flow at 40 kPa N_2 relative to 20 kPa N_2 (not shown); this is consistent with the recently published results of Burgess *et al.* (1981).

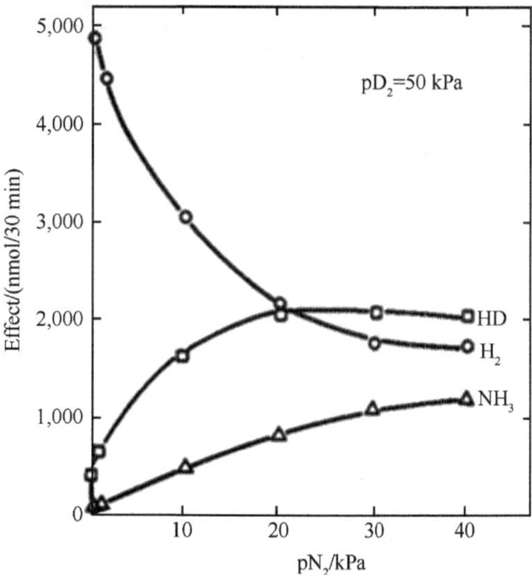

Fig. 3 Effect of pN_2 on HD formation, H_2 evolution, and NH_3 production by nitrogenase from *Azotobacter vinelandii* Av1, 200 μg; Av2, 300 μg; Av1 specific activity, 1,700 nmol of C_2H_2 reduced min^{-1} (mg of protein)$^{-1}$, Av2 specific activity, 1,600 nmol of C_2H_2 reduced min^{-1} (mg of protein)$^{-1}$. pD_2=50 kPa

3.2 Effect of pD_2 on HD formation by Cp, Kp, and Av nitrogenases

Figs. 4 and 5 show the effect of pD_2 on HD formation, H_2 evolution, and NH_3 production by Kp and Av nitrogenases, respectively. The assumption is made in our calculations of total electron flow that production of one HD requires one electron (per molecule: HD, one electron; NH_3, three electrons; H_2, two electrons); this is logical, and evidence has been presented in its support. Under an atmosphere of 40 kPa N_2 and variable pD_2 and pAr, HD formation increases and NH_3 decreases with increasing pD_2. These results are consistent with all published results. D_2 at 50 kPa inhibits NH_3 production by Kp and Av nitrogenases by 50% (Fig. 4 and Fig. 5, respectively), but it only inhibits NH_3 production by Cp nitrogenase by 20% (Table 1), an inhibition that is only 40% the inhibition of Kp or Av nitrogenase. The result is consistent with the observed difference of K_i (H_2) values between Av and Cp nitrogenases. The K_i (H_2) for Av nitrogenase is 10~20 kPa (Jackson *et al.*, 1968; Hadfield and Bulen, 1969; Hwang *et al.*, 1973), while that for Cp is 2.5 times larger (32~55 kPa; Dilworth *et al.*, 1965; Lockshin and Burris, 1965). In contrast to some other reports (Newton *et al.*, 1976, 1977), we observed that H_2 evolution is not constant under different partial pressures of D_2; rather, it increases with increasing pD_2. Under 50 kPa D_2/40 kPa N_2/10 kPa Ar, a 25%~30% increase of the total electron flow over that with 1 kPa D_2 and about a 10% increase over that with 10 kPa D_2 occur in the reactions of Kp or Av nitrogenase (Fig. 4 and Fig. 5). We have no comparable data for Cp nitrogenase but have observed that the total electron flow associated with H_2 evolution by Cp nitrogenase increases about 10% with an increase of pD_2 from 10 to 30 kPa. Total electron flow then decreases to the same level as at pD_2=10 kPa when the pD_2 increases to 50 kPa (Table 1). It is disturbing that the total electrons used (Fig. 4 and Fig. 5) increased so markedly with increasing pD_2. As such responses usually have not been reported by others, we are reluctant to attribute any special significance to the observed increases in electrons used.

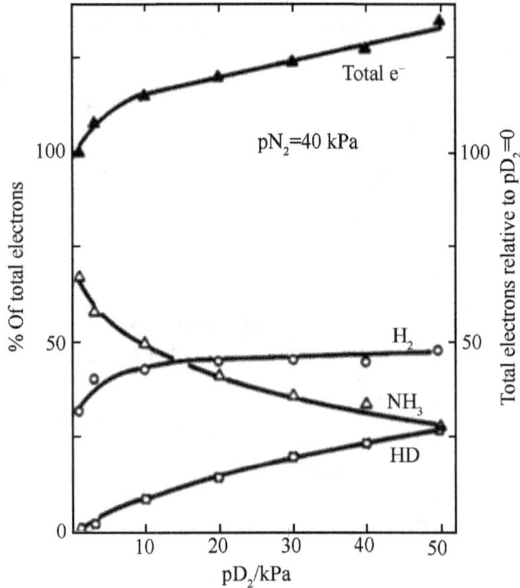

Fig. 4 Effect of pD_2 on HD formation, H_2 evolution, and NH_3 production by nitrogenase from *Klebsiella pneumoniae* Kp1, 180 μg; Kp2, 270 μg; Kp1 specific activity, 1,900 nmol of C_2H_2 reduced min^{-1} (mg of protein)$^{-1}$, Kp2 specific activity, 1,050 nmol of C_2H_2 reduced min^{-1} (mg of protein)$^{-1}$. Total electron flow of 100=7,532 nmol (30 min×total protein concentration)

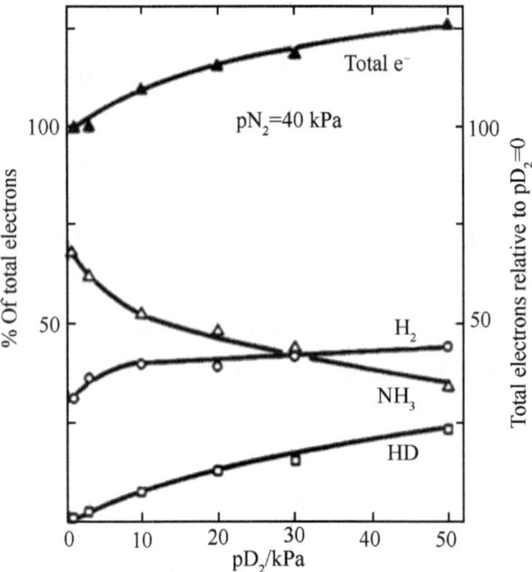

Fig. 5 Effect of pD_2 on HD formation, H_2 evolution, and NH_3 production by nitrogenase from *Azotobacter vinelandii* Av1, 160 μg; Av2, 300 μg; Av1 specific activity, 1,420 nmol of C_2H_2 reduced min^{-1} (mg of protein)$^{-1}$, Av2 specific activity, 1,380 nmol of C_2H_2 reduced min^{-1} (mg of protein)$^{-1}$. Total electron flow of 100=7,756 nmol (30 min×total protein concentration)

Table 1 Effect of pD_2 on HD formation, H_2 evolution, and NH_3 production by Cp nitrogenase

pD_2/kPa[a]	Products						Total electron flow (two H_2, one HD, three NH_3)
	H_2		HD		NH_3		
	b	c	b	c	b	c	
0					212		
10	201	39.1	28	2.7	200	58.2	1,030
30	248	43.4	71	6.2	192	50.4	1,143
50	208	40.9	98	9.6	163	49.5	1,018

a. We assume the barometric pressure was 750 mmHg or 100 kPa; b. Nanomoles per minute per milligram of protein; c. Percent of total electron flow: pN_2=40 kPa; [Cp1], 160 μg; [Cp2], 180 μg

3.3 Time course of HD formation by Al nitrogenase

There is no report about HD formation by purified nitrogenase from *Azospirillum* sp., although HD exchange by living cells *of A. lipoferum* has been observed. The Al nirogenase system is somewhat more complicated than Cp, Kp, or Av nitrogenases, as the dinitrogenase reductase (Al2) requires an activating enzyme (AE) for its action as does dinitrogenase reductase from *Rhodospirillum rubrum* (Okon *et al.*, 1977; Ludden and Burris, 1978). Fig. 6 shows a time course of HD formation by the Al1 nitrogenase system and by Al1 crossed with Kp2 under 50 kPa D_2/40 kPa N_2/10 kPa Ar. The activity was rather low, but the percentage of total electrons used for HD formation by the Al nitrogenase system was a high as that for Kp or Av nitrogenase (Table 2). More HD was formed by Al1 plus Kp2 than that by the Al nitrogenase system itself.

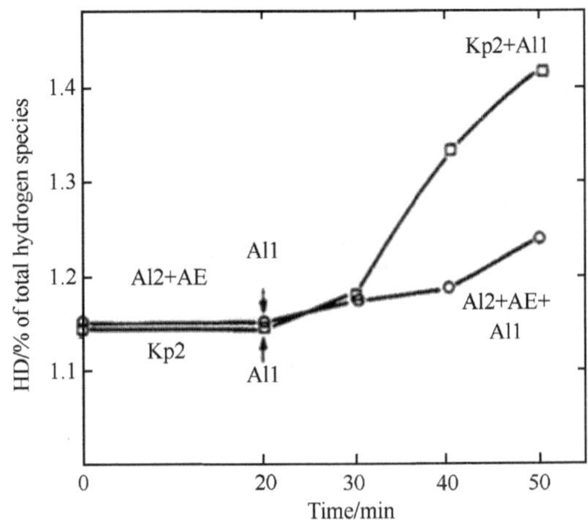

Fig. 6 Time course of HD formation by the nitrogenase system from *Azospirillum* sp. Al1, 150 μg; Al2, 225 μg; AE, 110 μg. Specific activity (nanomoles of C_2H_2 reduced per minute per milligram of protein); Al1, 930; Al2, 620. In the reaction presented by the upper curve, 150 μg of Al1 was added to the 225 μg of Kp2 at the point indicated. The atmosphere was 50 kPa D_2, 40 kPa N_2 and 10 kPa agron

Table 2 Comparison of HD formation by Cp, Kp, Av and Al nitrogenase under 50 kPa D_2/40 kPa N_2/10 kPa Ar atmosphere[a]

nitrogenase	Products					
	H_2		HD		NH_3	
	b	c	b	c	b	c
Cp	204±36	41±4	89±10	9±1	166±2	48±1
Kp	167±14	46±2	177±21	24±2	72±5	30±3
Av	126±20	41±3	136±17	22±1	76±1	37±3
Al	31±1	43±2	35±1	24±1	17±1	33±2

a. Average values of three duplicate experiments for Cp, Kp, and Av; one duplicate experiments for Al; b. Nanomoles per minute per milligram of protein; c. Percent of total electron flow

3.4 Comparison of HD formation by nitrogenases

Table 2 records a comparison of HD formation by Cp, Kp, Av, and Al nitrogenases under an atmosphere of 50 kPa D_2/40 kPa N_2/10 kPa Ar at similar molar ratios (about 4.5/L) of dinitrogenase reductase/

dinitrogenase. The percentage of total electron flow used for HD formation by Cp nitrogenase (9%) was only about 40% of that used by the others (23%), and the percentage of total electron flow used for NH_3 production by Cp nitrogenase (48%) was 1.5 times more than that used by the others. The percentage of total electron flow used for H_2 evolution by the four nitrogenases showed little difference, as all were around 41%~46%.

3.5 Effect of CO on HD formation by Cp and Kp nitrogenases

CO inhibition of HD formation again was observed. We reexamined the CO effect on HD formation by Cp and Kp nitrogenases, and Table 3 shows that HD formation by Cp nitrogenase is more sensitive to CO inhibition than that by Kp nitrogenase: 0.5 kPa CO completely inhibited HD formation by Cp nitrogenase, whereas 5 kPa CO gave only 97% inhibition of Kp nitrogenase; 10 kPa CO completely inhibited HD formation by Av nitrogenase as reported by Jackson *et al.* (1968), Kelly (1968), Bulen (1976), and Newton *et al.* (1977). HD formation by Cp nitrogenase appeared more sensitive to CO than NH_3 production, as 0.5 kPa CO completely inhibited HD formation but only inhibited NH_3 production by 78%; inhibition of both reactions by 5 kPa CO was complete.

Table 3 Inhibition by CO of HD formation and NH_3 production by Cp and Kp nitrogenase under 50 kPa D_2/40 kPa N_2/10 kPa Ar atmosphere

Nitrogenase	CO pressure	Inhibition rate/%	
		HD	NH_3
Cp	0.3	91	65
	0.5	100	78
	1.0	100	93
	3.0	100	99
	5.0	100	100
Kp	1.0	95	92
	5.0	97	100

3.6 N_2-independent HD formation

All published data (Hoch *et al.*, 1960; Bergersen, 1963; Kelly, 1968, 1969; Turner and Bergersen, 1969; Bulen, 1976; Burgess *et al.*, 1980, 1981; Burris *et al.*, 1981; Wherland *et al.*, 1981) showed some HD was formed in the presumed absence of N_2.There are at least three possible explanations for such results: (i) HD formation is supported by a low level of N_2 contaminating the gas phase (Turner and Bergersen, 1969; Bulen, 1976); (ii) HD is formed by contaminating hydrogenase in the nitrogenase (Turner and Bergersen, 1969); (iii) HD is produced by an N_2-independent HD-formation pathway (Burgess *et al.*, 1980, 1981; Wherland *et al.*, 1981). We also have observed that HD is formed in reaction mixtures nominally free of N_2, but HD formation always is accompanied by formation of a small amount of NH_3, and this implies the presence of N_2. Fig. 7 shows that graphical extensions of the HD curve and the NH_3 curve intersect at a negative point on the abscissa. Although we make no claims for quantitative accuracy in the actual point of intersection of the two curves, the apparent common point of origin of the curves suggests that the N_2-independent HD formation is caused by contaminating N_2 in the gas mixture nominally free of N_2.

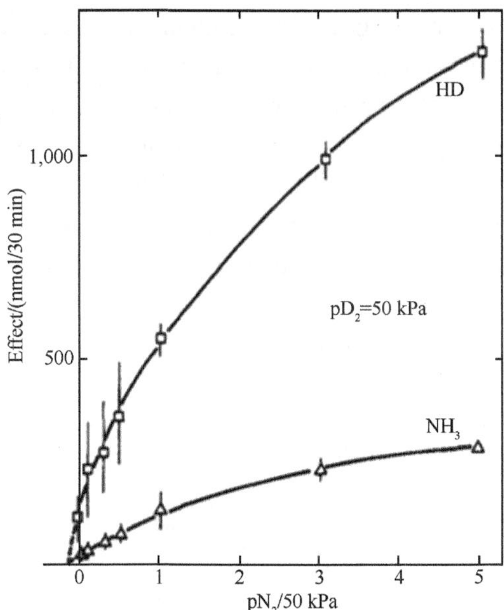

Fig. 7 Effect of low pN_2's on HD formation and NH_3 production by Kp nitrogenase

Kp1, 175 μg; Kp2, 200 μg; Specific activity (nanomoles of C_2H_2 reduced per minute per milligram of protein); Kp1, 2,100; Kp2, 1,000. The extensions of HD and curves intersected at a point on the abscissa

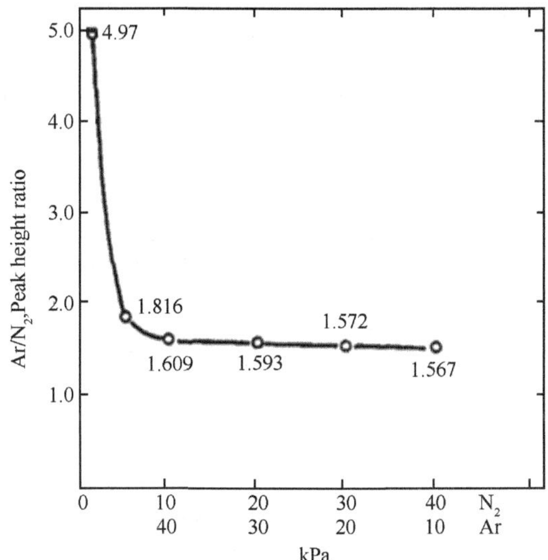

Fig. 8 Effect of agron on suppressing the peak height of nitrogen in the mass spectrometer

pD_2=50 kPa throughout

We analyzed all the gases used in these studies and found that gases sold as high-purity products contained N_2, about 0.6% N_2 in D_2 and 0.5% in Ar or Ne. As Ar suppresses the ionization of N_2 (Fig. 8) in the mass spectrometer, the real percentage of the contaminating N_2 in Ar is higher than indicated directly by peak heights on the mass spectrometer. In Figs. 1~3, formation of HD with no added N_2 required about 5% or greater of the total electrons used, a requirement not unlike the 6% and 9% observed by Wherland *et al.* (1981) when they employed commercial gases in their experiments. The experiments represented by our Figs. 1~3 were performed with commercial cylinder gases, and although the gases were sold as high-purity products, they were contaminated with N_2. To minimize this problem, we have used molecular sieve 13X to absorb the contaminating N_2 in D_2 and Ne (Ar freezes at liquid N_2 temperature, so we have used Ne instead of Ar as the inert gas). The treatment yields Ne virtually free of N_2 as no mass 28, 29, and 30 peaks above background are detectable mass spectrometrically in the treated Ne. It is more difficult to free D_2 of N_2. After D_2 has passed through a molecular sieve trap at 70 kPa at a low flow rate, a detectable peak remains at mass 30. When we used treated D_2 and Ne in studying N_2-independent HD formation, we found little or no N_2-independent HD formation by nitrogenase. Table 4 shows that under an atmosphere of 50 kPa D_2/50 kPa Ne, only 0~0.85% of the total electron flow was used for HD formation by Kp and Cp nitrogenases (in the last experiment listed for Kp nitrogenase, note that "100% D_2" was used rather than 50 kPa D_2 + 50 kPa Ne); 1%~2% of the total electron flow was used for HD formation by Av nitrogenase. Usually a small amount of NH_3 production occurred in reaction mixtures nominally free of N_2 (Fig. 9).

Table 4 HD formation by Cp, Kp and Av nitrogenase under 50 kPa D_2/50 kPa Ne atmosphere [a]

Nitrogenases	N_2 content in gas phases[b]			HD/ % of total eletron flow	NH_3/ (nmol/30 min)
	28	29	30		
Cp1, 200 μg; Cp2, 275 μg	−36	−0.2	0.60	0	0
Cp1, 200 μg; Cp2, 250 μg	−12	−0.1	0.57	0.85	4
Kp1, 150 μg; Kp2, 180 μg	−15	−0.01	0.63	0	0
Kp1, 150 μg; Kp2, 180 μg	−36	−0.16	0.64	0	0
Kp1, 200 μg; Kp2, 260 μg	−1.8	0.03	1.10	0	0
Kp1, 450 μg; Kp2, 540 μg	−16.8	−0.16	0.65	0.81	2.5
Kp1, 450 μg; Kp2, 540 μg 100% D_2	−1.5	0.13	4.58	2.7	44
Av1, 230 μg; Av2, 330 μg	−6.9	0.08	1.0	1.86	4
Av1, 230 μg; Av2, 330 μg	−3.0	−0.03	0.9	0.93	7
Av1, 210 μg; Av2, 315 μg	−13.5	−0.06	0.88	2.02	0
Av1, 200 μg; Av2, 300 μg	−6.3	0	1.3	2.25	2

a. Both D_2 and neon were passed through molecular sieve 13X at liquid N_2 temperature; b. Mass spectrometer heights corrected for background

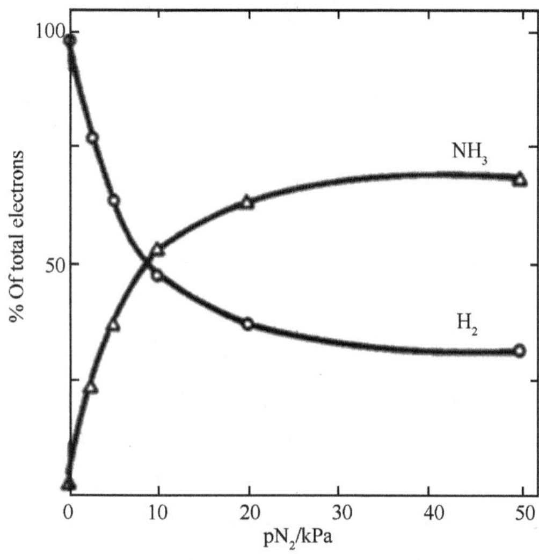

Fig. 9 Effect of pN_2 on the production of H_2 and NH_3 by Av nitrogenase

Av1, 180 μg; Av2, 225 μg; Specific activity of 666 nmol of C_2H_2 reduced min^{-1} (mg of protein)$^{-1}$ for protein mixture for H_2 production at pN_2=0. Total electron flow of 100=1,168 nmol (30 min×total protein concentration)

4. Discussion

HD formation from D_2 occurs in all the N_2-fixing agents tested in *vivo* and in *vitro*. As there have been no reports of negative results, it seems reasonable to conclude that HD formation is a general property of the nitrogenases. Although most earlier detailed work has been confined to *A. vinelandii*, we also have shown HD formation by purified nitrogenases from *C. pasteurianum*, *K. pneumoniae* (Figs. 1~3), and *Azospirillum* sp. (Table 2). The rate of HD formation by Cp nitrogenase is lower than that of other nitrogenases tested. Table 2 shows that under an atmosphere of 50 kPa D_2/40 kPa N_2/10 kPa Ar and at a similar molar ratio of dinitrogenase reductase/dinitrogenase (ratio about 4.5/L), the percentage of total electrons used by Kp, Av, and Al nitrogenases for HD formation was 22%~24%, whereas that by Cp was less than 40% as great (9%/23%).

Our data show that under 40 kPa N_2 and 60 kPa Ar, 32% of the total electrons are used for H_2 evolution and 68% for NH_3 production by Av nitrogenase (Fig. 9). Under 50 kPa D_2/40 kPa N_2/10 kPa Ar, the corresponding percentages are 44% for H_2 and 33% for NH_3 (Fig. 5); *i.e.*, D_2 causes a decrease from 68% to 33% in the total electrons used for NH_3 production. Excess electrons [100%–(44% + 33%)=23%] must be allocated to other products. In the experiment recorded in Fig. 5, about 23% of the total electrons were used in HD formation.

The percentage inhibition by 50 kPa D_2 of NH_3 production by Kp and Av nitrogenases was about 50% (Fig. 4 and Fig. 5), whereas inhibition of production of NH_3 by Cp was only 23% (Table 1). These lower values for Cp are close to the disparity in ratio of K_i (H_2) between Cp and Av nitrogenases. The K_i (H_2) for Cp nitrogenase (Dilworth *et al.*, 1965; Lockshin and Burris, 1965) is 32~35 kPa, whereas that for Av nitrogenase (Jackson *et al.*, 1968; Hadfield and Bulen, 1969; Hwang *et al.*, 1973) is about 45% of that (10~20 kPa). The larger K_i (H_2) for Cp nitrogenase indicates that the Cp nitrogenase is less sensitive to H_2 (or D_2) inhibition than is Av nitrogenase; hence, at a given pD_2 relatively less HD is formed and more NH_3 is produced by Cp nitrogenase.

HD formation by nitrogenase has offered valuable insight into the mechanism of biological N_2 fixation. Several schemes have been proposed for illustrating the mechanism of HD formation by nitrogenase (Hoch *et al.*, 1960; Bergersen, 1963; Jackson *et al.*, 1968; Turner and Bergersen, 1969; Schrauzer, 1976; Newton *et al.*,1976, 1977; Bailar and Chatt, 1980; Burgess *et al.*, 1981; Wherland *et al.*, 1981). Although the 1960 scheme of Hoch *et al.* still presents most of the basic facts of HD formation, our experimental results and the accumulated knowledge of the mechanism of biological N_2 fixation suggest modifications as incorporated in the scheme in Fig. 10. This scheme shows two separate routes for H_2 evolution (not HD formation). One major pathway is N_2 independent (upper pathway, Fig. 10), and the other pathway is N_2 dependent. In the absence of N_2 or other nitrogenase-reducible substrates, all the electrons provided support H_2 evolution by the N_2-independent pathway. With N_2 present, N_2 occupies the H_2 evolution site and can be reduced to produce NH_3. Although N_2 and H_2 are competitive at the active site, N_2 cannot inhibit H_2 evolution completely, even at a high pN_2 (Hwang *et al.*, 1973; Rivera-Ortiz and Burris, 1975). Thus, H_2 may be evolved although NH_3 is being released from the enzyme, and only one molecule of H_2 in evolved per molecule of N_2 reduced (eq 1). By literal interpretation of eq 1, 25% of the total electrons should be used

$$N_2 + 8H^+ + 8e^- \rightarrow 2NH_3 + H_2 \qquad (1)$$

for H_2 evolution and 75% for NH_3 production at saturating pN_2. We actually observed that under 40 kPa N_2 (non-saturating with N_2). The percentage of total electrons used by Av nitrogenase for H_2 evolution was 32% and for NH_3 production was 68% (Fig. 9).

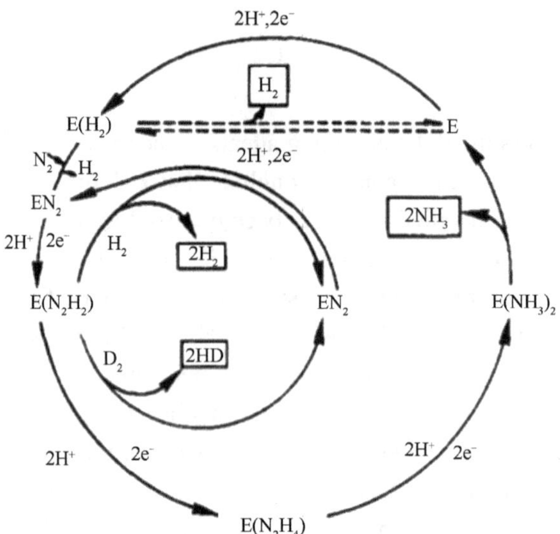

Fig. 10 Working scheme illustrating the mechanism of H_2 evolution, HD formation and NH_3 production by nitrogenase E represents nitrogenase, and the broken line represents N_2-dependent H_2 evolution

There may be another N_2-dependent pathway of H_2 production which occurs only in the presence of H_2 and is analogous to HD formation in the presence of D_2. Bulen (1976) postulated that this occurs from the "enzyme-bound diimide" intermediate (eq 2); the position has been supported by the Kettering research group subsequently.

$$[E + N_2 + 2H^+ + 2e^-] + H_2 \rightarrow E + N_2 + 2H_2 \quad (2)$$

When D_2 is inhibiting N_2 fixation, D_2 reacts with the enzyme-bound diimide to produce HD (eq 3).

$$[E + N_2 + 2H^+ + 2e^-] + D_2 \rightarrow E + N_2 + 2HD \quad (3)$$

The enzyme-bound diimide intermediate is a key compound from which the following can occur: NH_3 production, N_2-dependent formation of H_2, or N_2-dependent formation of HD. Although the second type of N_2-dependent H_2 evolution (and the HD formation) depends upon N_2, N_2 only acts as a catalyst in H_2 and HD production, for in these reactions, it is regenerated as shown in eq 2 and eq 3.

Figs. 1~3 show that HD formation is enhanced by rather low levels of N_2, the maximal enhancement being near 10~20 kPa N_2. When the pN_2 increases further, the rate of HD formation is inhibited somewhat. This inhibition may result because high levels of N_2 block the reaction of D_2 with the enzyme-bound diimide intermediate and thus decrease the rate of HD formation.

The influence of the pD_2 and the pN_2 on the total electron flow under D_2-inhibited, N_2-fixing conditions is complicated. The total electron flow decreases somewhat with increasing pN_2 (data not shown), whereas it increases with increasing pD_2 (Fig. 4 and Fig. 5). These observations require verification, and detailed kinetic studies will be necessary to clarify this complex of reactions.

These investigations have established that HD formation is a general property of nitrogenases, as demonstration of the reaction has been extended from the commonly studied *A. vinelandii* to *C. pasteurianum*, *K. pneumoniae*, and *Azospirillum* sp. Our studies also have raised serious questions about the ability of nitrogenase to catalyse an N_2-independent formation of HD.

References

Bailar J J C, Chatt J. 1980. A review of some very new developments in the stereochemistry of coordination compounds. *In*: Stewart W D P, Gallon J R. Nitrogen Fixation. New York: Academic Press: 1-18.

Bergersen F J. 1963. The relationship between hydrogen evolution, hydrogen exchange, nitrogen fixation and applied O_2 tension in soybean root nodules. Aust J Biol Sci, 16(3): 669-680.

Bradford M M. 1976. A rapid and sensitive method for the quantitation of microgram quantities of protein utilizing the principle of protein-dye binding. Anal Biochem, 72(1-2): 248-254.

Bulen W A. 1976. Nitrogenase from *Azotobacter vinelandii* and reactions affecting mechanistic interpretations. *In*: Newton W E, Nyman C J. Proceeding of the 1st International Symposium on Nitrogen Fixation. Pullman: Washington State University Press: 177-186.

Burgess B K, Wherland S, Newton W E, *et al.* 1981. Nitrogenase reactivity: insight into the nitrogen-fixing process through hydrogen-inhibition and HD-forming reactions. Biochemistry, 20(18): 5140-5146.

Burgess B K, Wherland S, Stiefel E I, *et al.* 1980. HD formation by nitrogenase: a probe for N_2 reduction intermediates. *In*: Newton W E, Otsuka S. Molybdenum Chemistry of Biological Significance. New York: Plenum Press: 73-84.

Burris R H. 1972. Nitrogen fixation-assay methods and techniques. Methods Enzymol, 24: 415-431.

Burris R H, Arp D J, Hageman R V, *et al.* 1981. Mechanism of nitrogenase action. *In*: Gibson A H, Newton W E. Current Perspectives in Nitrogen Fixation. Canberra: Australian Academy of Science: 56-66.

Burris R H, Orme-Johnson W H. 1976. Mechanism of biological N_2 fixation. *In*: Newton W E, Nyman C J. Proceeding of the 1st International Symposium on Nitrogen fixation. Pullman: Washington State University Press: 208-233.

Chaykin S. 1969. Assay of nicotinamide deamidase. Determination of ammonia by the indophenol reaction. Anal Biochem, 31(1): 375-382.

Dilworth M J, Subramanian D, Munson T O, *et al.* 1965. The adenosine triphosphate requirement for nitrogen fixation in cell-free extracts of *Clostridium pasteurianum*. Biochim Biophys Acta, 99(3): 486-503.

Dixon R O D. 1967. Hydrogen uptake and exchange by pea root nodules. Annals of Botany, 31(1): 179-188.

Eady R R. 1980. Methods for studying nitrogenase. *In*: Bergersen F J. Methods for Evaluating Biological Nitrogen Fixation. Bergerson, Chichester: Wiley-Interscience: 213-264.

Emerich D W, Burris R H. 1976. Interactions of heterologous nitrogenase components that generate catalytically inactive complexes. Proc Natl Acad Sci USA, 73(12): 4369-4373.

Gersberg R, Krohn K, Peek N, *et al.* 1976. Denitrification studies with ^{13}N-labeled nitrate. Science, 192(4245): 1229-1231.

Hadfield K L, Bulen W A. 1969. Adenosine triphosphate requirement of nitrogenase from *Azotobacter vinelandii*. Biochemistry, 8(12): 5103-5108.

Hoch G E, Schneider K C, Burris R H. 1960. Hydrogen evolution and exchange, and conversion of N_2O to N_2 by soybean root nodules. Biochim Biophys Acta, 15(37): 273-279.

Hwang J C, Chen C H, Burris R H. 1973. Inhibition of nitrogenase-catalyzed reductions. Biochim Biophys Acta, 292(1): 256-270.

Jackson E K, Parshall G W, Hardy R W. 1968. Hydrogen reactions of nitrogenase. Formation of the molecule HD by nitrogenase and by an inorganic model. J Biol Chem, 243(19): 4952-4958.

Kelly M. 1968. Hydrogen-deuterium exchange reactions catalysed by nitrogenase. Biochem J, 109(2): 322-324.

Kelly M. 1969. Comparisons and cross reactions of nitrogenase from *Klebsiella pneumoniae*, *Azotobacter chroococcum* and *Bacillus polymyxa*. Biochim Biophys Acta, 191(3): 527-540.

Ljones T, Burris R H. 1978. Evidence for one-electron transfer by the Fe protein of nitrogenase. Biochem Biophys Res Commun, 80(1): 22-25.

Lockshin A, Burris R H. 1965. Inhibitors of nitrogen fixation in extracts from *Clostridium pasteurianum*. Biochim Biophys Acta, 111(1): 1-10.

Ludden P W, Burris R H. 1978. Purification and properties of nitrogenase from *Rhodospirillum rubrum*, and evidence for phosphate, ribose and an adenine-like unit covalently bound to the iron protein. Biochem J, 175(1): 251-259.

Ludden P W, Okon Y, Burris R H. 1978. The nitrogenase system of *Spirillum lipoferum*. Biochem J, 173(3): 1001-1003.

McNary J E, Burris R H. 1962. Energy requirements for nitrogen fixation by cell-free preparations from *Clostridium pasteurianum*. J Bacteriol, 84(3): 598-599.

Mortenson L E. 1964. Ferredoxin and ATP, requirements for nitrogen fixation in cell-free extracts of *Clostridium pasteurianum*. Proc Natl Acad Sci USA, 52(2): 272-279.

Newton W E, Bulen W A, Hadfield K L, *et al.* 1977. HD formation as a probe for intermediates in N_2 reduction. *In*: Postgate J R, Newton W E, Rodriguez-Barrueco C. Recent Developments in Nitrogen Fixation. London: Academic Press: 119.

Newton W E, Corbin J L, McDonald J W. 1976. Nitrogenase: mechanism and models. *In*: Newton W E, Nyman C J. Proceeding of the 1st International Symposium on Nitrogen fixation. Pullman: Washington State University Press: 53.

Okon Y, Houchins J P, Albrecht S L, *et al.* 1977. Growth of *Spirillum lipoferum* at constant partial pressures of oxygen, and the properties of its nitrogenase in cell-free extracts. J Gen Microbiol, 98(1): 87-93.

Rivera-Ortiz J M, Burris R H. 1975. Interactions among substrates and inhibitors of nitrogenase. J Bacteriol, 123(2): 537-545.

Schrauzer G N. 1976. Biological nitrogen fixation: model studies and mechanism. *In*: Newton W E, Nyman C J. Proceeding of the 1st International Symposium on Nitrogen fixation. Pullman: Washington State University Press: 79-116.

Shah V K, Brill W J. 1973. Nitrogenase. IV. Simple method of purification to homogeneity of nitrogenase components from *Azotobacter vinelandii.* Biochim Biophys Acta, 305(2): 445-454.

Stewart W D, Fitzgerald G P, Burris R H. 1967. *In situ* studies on N_2 fixation using the acetylene reduction technique. Proc Natl Acad Sci USA, 58(5): 2071-2078.

Stiefel E I. 1977. The Mechanisms of Nitrogen Fixation. *In*: Newton W E, Postgate Jr, Rodriguez-Barreuco C. Recent Developments in Nitrogen Fixation. New York: Academic Press: 69-108.

Stiefel E I, Burgess B K, Wherland S, *et al.* 1980. *Azotobacter vinelandii* biochemistry: H_2 (D_2) N_2 relationship of nitrogenase and some aspects of iron metabolism. *In*: Newton W E, Orme-Johnson W H. Nitrogen Fixation. Vol. 1. Baltimore: University Park Press: 211-222.

Sweet W J, Houchins J P, Rosen P R, *et al.* 1980. Polarographic measurement of H_2 in aqueous solutions. Anal Biochem, 107(2): 337-340.

Tiedje J M, Firestone R B, Firestone M K, *et al.* 1979. Methods for the production and use of ^{13}N in studies of denitrification. Soil Sci Soc Am J, 43: 709-716.

Tso M Y, Ljones T, Burris R H. 1972. Purification of the nitrogenase proteins from *Clostridium pasteurianum*. Biochim Biophys Acta, 267(3): 600-604.

Turner G L, Bergersen F J. 1969. The relationship between nitrogen fixation and the production of HD from D_2 by cell-free extracts of soya-bean nodule bacteroids. Biochem J, 115(3): 529-535.

Vandecasteele J P, Burris R H. 1970. Purification and properties of the constituents of the nitrogenase complex from *Clostridium pasteurianum*. J Bacteriol, 101(3): 794-801.

Wherland S, Burgess B K, Stiefel E I, *et al.* 1981. Nitrogenase reactivity: effects of component ratio on electron flow and distribution during nitrogen fixation. Biochemistry, 20(18): 5132-5140.

本文原载: Biochemistry, 1983, 22(19): 4472-4480.

固氮酶催化的放 H_2 反应*

张振水，吴柏和，李季伦

(北京农业大学生物学院微生物专业，北京，100094)

摘要

以不同来源的纯化固氮酶定量地研究了在不同 pN_2 (N_2分压) 条件下，催化 N_2还原和 H_2释放的反应，并对两者之间的关系进行了动力学分析，得出了固氮酶催化 N_2还原和 H_2释放反应的化学计量式：

$$N_2+\left(8+\frac{8K_m(N_2)}{[pN_2]}\right)(H^+ + e^-)\rightarrow 2NH_3+\left(1+\frac{4K_m(N_2)}{[pN_2]}\right)H_2$$

从而提出了双位点放 H_2 的模式，并合理地解释了在正常条件下，每还原 1 mol N_2 总是放出大于 1 mol H_2，以及 H_2 是 N_2 还原反应的竞争性抑制剂，而 N_2 却是放 H_2 反应的非竞争性抑制剂等难以理解的问题。

关键词

固氮酶，固氮反应，放氢反应，化学计量式。

一、引言

众所周知，固氮酶催化 N_2 还原成 NH_3 的同时要放 H_2。当前公认的固氮反应化学计量式为 N_2+ 8 (H^++e^-) →2NH_3+H_2 (Schrauzer *et al.*, 1974; Newton *et al.*, 1977; Orme-Johnson and Davis, 1977; Stiefel, 1977; Bailar and Chatt, 1980)。据此计算式，每还原 1 mol N_2 成为 2 mol NH_3 的同时要放出 1 mol H_2，即 75%的电子 (能量) 用于生成 NH_3，25%的电子用于放 H_2。但在正常条件下，纯固氮酶催化放 H_2 所消耗的电子却总是大于 25% (Hadfield and Bulen, 1969)，即使在 50 个大气压的 pN_2 条件下，仍有 27%的电子用于放 H_2 (Simpson and Bulen, 1984)。说明固氮酶还催化另外的放 H_2 反应。迄今所知，固氮酶可催化 4 种放 H_2 反应：

反应 I：$N_2+8\ (H^++e^-)\ \rightarrow 2NH_3+H_2$ (1)

该反应最初由 Schrauzer 等 (1974) 提出，之后由其他学者进行了修正 (Newton *et al.*, 1977; Stiefel, 1977; Bailar and Chatt, 1980)，一般认为 H_2 是在 N_2 与还原态的酶 ($E\langle^H_H$) 进行络合时被置换下来的。

$$E+2H^+ +e^- \rightarrow E\langle^{H}_{H} \xrightarrow{N_2,H_2} EN_2 \xrightarrow{6H^+ +6e^-} E+2NH_3$$

*国家教委博士点基金资助项目。本文经厦门大学蔡启瑞教授、中国科学院上海植物生理学研究所沈善炯教授、中国科学院微生物研究所张树政教授及中国科学院生物物理研究所徐建兴研究员审阅，并提出宝贵意见。在研究工作过程中得到美国威斯康星大学生化系 R. H. Burris 教授的指导，在此一并深表谢意。

即 N_2+8 (H^++e^-) →$2NH_3$+H_2。

该式是当前所公认的固氮反应式。该放 H_2 反应依赖 N_2，而且每还原 1 mol N_2 必定放 1 mol H_2。该反应受 CO 抑制。

$$\text{反应 II：} H_2\ (D_2)\ +2H^+ + e^- \rightarrow 2H_2\ (2HD) \tag{2}$$

该反应是在 N_2 还原过程中发生的，当 N_2 被络合在酶上随即被还原成 E-N_2H_2 (不脱离酶的中间产物)，当反应体系中有 H_2 (或 D_2) 时，使之降解成 N_2 和 $2H_2$ (或 2HD)，即 $E-N_2H_2 \xrightarrow{H_2\ (D_2),\ N_2} E+2H_2(2HD)$。

放 H_2 (或 HD 形成) 量在一定范围内随 pN_2 增加而增加，当达到一定的 pH_2 后，N_2 反而抑制该反应 (Li and Burris, 1983)，当 pN_2 达到∞时则完全被抑制 (Jensen and Burris, 1985)。该反应也受 CO 抑制。

$$\text{反应 III：} 2H^+ + 2e^- \rightarrow H_2 \tag{3}$$

当没有可还原的底物时，全部电子用于放 H_2。由于该反应需要 ATP，Bulen 等 (1965) 称此为依赖 ATP 的放 H_2 反应，以区别由氢酶催化的可逆的放 H_2 反应 (不需 ATP)。该反应受 N_2 抑制，但不受 CO 抑制。

$$\text{反应 IV：} H_2 \text{爆发}\ (H_2\ \text{burst}) \tag{4}$$

Liang 和 Burris (1988) 认为 H_2 爆发发生在固氮酶的前稳态期，即固氮酶与反应物混合的初期。放 H_2 量与反应体系中钼铁蛋白的 Mo 原子数相当。之后即建立起稳定态的催化反应。据此，他们认为 H_2 爆发并非催化反应，而是一个激活过程。但 Lowe 和 Thorneley 则将 N_2 与酶络合时置换 H_2 的过程称为 H_2 爆发 (1984) (我们已将这种放 H_2 列为反应 I)。

在上述 4 种放 H_2 反应中，只有反应 I 和反应 III 是重要的。因为按照 Liang 和 Burris (1988) 的观点，反应 IV 只发生在前稳态期，并非催化反应，而且放 H_2 只相当于反应体系中钼铁蛋白 Mo 原子的数量。在一般反应体系中，钼铁蛋白的用量大约为 1 nmol，Mo 原子的数量则为 2 nmol，所以由 H_2 爆发所产生的 H_2 量为 2 nmol 左右，这与反应 30 min 后由固氮酶所催化产生的 H_2 量 (一般为 1000 nmol 以上) 相比，可以忽略不计。此外，由反应 II 产生的 H_2 量也有限，反应 30 min 后的总放 H_2 量为 0.2 kPa 左右，从 Li 和 Burris (1983) 的报道可知，在 pN_2=40 kPa，pD_2=0.2 kPa 时，反应 30 min 后，用于 HD 形成所消耗的电子尚不足总电子消耗的 1%，而总放 H_2 所消耗的电子为 30%，两者相比，由 HD 生成方式产生的放 H_2 量甚少，本文推导中未进行计算。

尽管前人已研究了反应 I 和反应 III，但大多是分别独立论述的，而没有重视两者之间的关系。文献中常笼统地提固氮酶催化的放 H_2 而不进行区分，容易引起混乱，对于有些现象难以解释，如 H_2 是固氮的竞争性抑制剂，而 N_2 却是放 H_2 反应的非竞争性抑制剂，以及在一般正常条件下，由固氮酶催化的放 H_2 量总是大于 N_2 被还原的量，并不符合当前公认的固氮酶催化的 N_2 还原和放 H_2 反应的化学计量式。

为了进一步了解固氮酶的催化反应机制，我们用来自不同生态型的纯固氮酶定量研究了其在不同 pN_2 条件下所催化的 N_2 还原和放 H_2 反应，并从动力学上论证了放 H_2 反应 I 和反应 III 两者之间的定量关系，从而提出了固氮酶同时催化的 N_2 还原及放 H_2 反应的化学计量式和双位点放 H_2 的反应模式，较合理地解答了上述问题。

二、材料和方法

(一) 菌株

棕色固氮菌 (*Azotobacter vinelandii* OP) (简称 Av)，肺炎克氏杆菌 (*Klebsiella pneumoniae* M5al) (简

称 Kp)，巴氏梭菌 (*Clostridium pasteurianum* W5) (简称 Cp)，均由 R. H. Burris 教授实验室提供。

(二) 方法

固氮酶的分离与纯化、酶活测定、N_2 还原及放 H_2 研究均采用了 Li 等 (1983) 所报道的方法。酶反应是在最适条件下进行的；钼铁蛋白与铁蛋白的物质的量比为 1∶4~5，反应温度为 30℃，反应时间为 20 min，每毫升反应液内含 40 mmol/L MOPS-KOH 缓冲液 (pH 7.0)、5 mmol/L ATP、10 mmol/L $MgCl_2$、20 mmol/L 连二亚硫酸钠、40 mmol/L 磷酸肌酸、0.2 mg 磷酸肌酸激酶。

三、结果

(一) pN_2 对 Av、Kp 和 Cp 固氮酶催化的 NH_3 生成及放 H_2 反应的影响

研究结果表明，随着 pN_2 的增加，固氮酶用于放 H_2 所消耗的电子逐渐减少，而用于 NH_3 生成所消耗的电子逐渐增加 (图 1~图 3)。在 pN_2=100 kPa 时，仍有 32%、34%和 29%的电子分别用于 Av、Kp 和 Cp 固氮酶的放 H_2，均大于式(1)给出的理论值 (25%)。

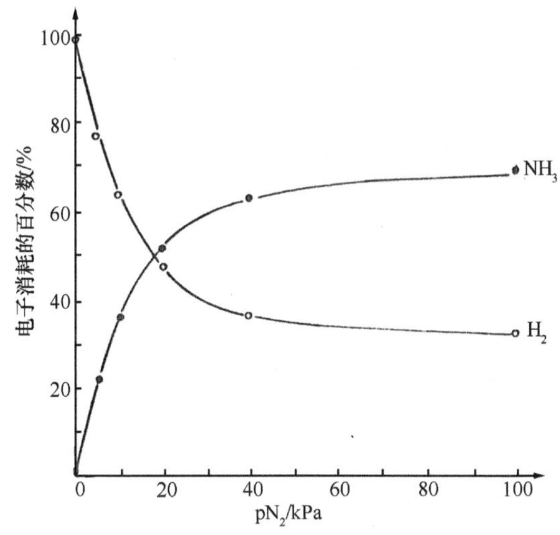

图 1 pN_2 对棕色固氮菌固氮酶催化的 NH_3 生成及放 H_2 反应的影响

Av1 为 180 μg；Av2 为 225 μg；Av1 比活为 1700 nmol 乙炔还原/(mg 蛋白·min)；Av2 比活为 1600 nmol 乙炔还原/(mg 蛋白·min)

(二) 固氮酶催化 N_2 还原反应的动力学

由于在研究固氮酶催化的底物浓度与反应速度试验中没有发现起始延迟现象 (Hwang *et al.*, 1973; Rivera-Ortiz and Burris, 1975; Li and Burris, 1983; Jensen and Burris, 1985)，并且 Hwang 等 (1973)、Rivera-Ortiz 和 Burris (1975) 以及 Guth 和 Burris (1983) 曾利用 Lineweaver-Burk plot (双倒数作图法) 研究了固氮酶的各种可还原底物之间的关系，因此我们也采用此法对图 1~图 3 进行了处理 (图 4)，求得 Av、Kp 及 Cp 固氮酶的 K_m (N_2) 分别为 12.5 kPa、13.5 kPa 和 4.8 kPa。当 $pN_2=\infty$时，用于 NH_3 形成所消耗的电子百分数[V_{max} (NH_3%)]分别为 79.0% (Av)、75.5% (Kp) 和 76.8% (Cp)，接近由 $N_2 + 8H^+ + 8e^- \rightarrow 2NH_3 + H_2$ 所给出的 NH_3 消耗电子的理论值的 75%，由此可见，此化学计量式只是在 $pN_2=\infty$时才适合固氮酶所催化的 N_2 还原及放 H_2 反应。

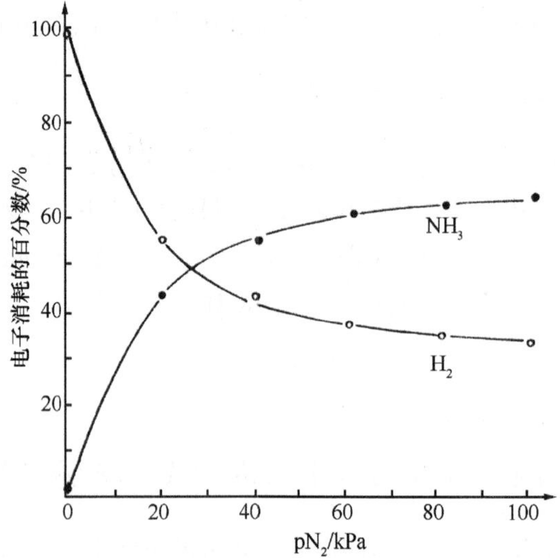

图 2　pN_2对肺炎克氏杆菌固氮酶催化的NH_3生成及放H_2反应的影响

Kp1 为 220 μg；Kp2 为 288 μg；Kp1 比活为 1512 nmol 乙炔还原/(mg 蛋白·min)；Kp2 比活为 1008 nmol 乙炔还原/(mg 蛋白·min)

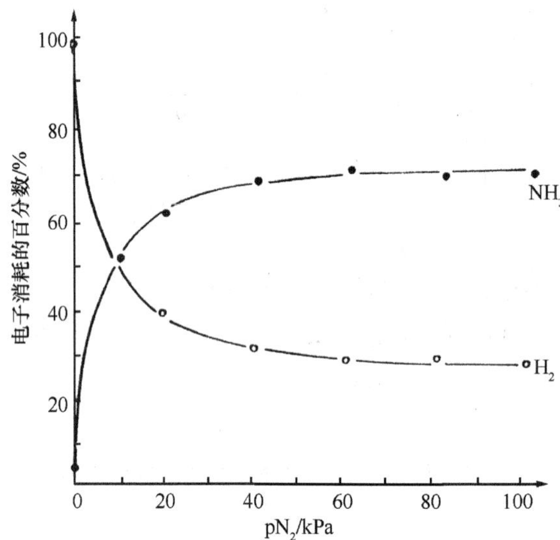

图 3　pN_2对巴氏梭菌固氮酶催化的NH_3生成及放H_2反应的影响

Cp1 为 180 μg；Cp2 为 180 μg；Cp1 比活为 1096 nmol 乙炔还原/(mg 蛋白·min)；Cp2 比活为 1733 nmol 乙炔还原/(mg 蛋白·min)

由米氏反应方程及 V_{max} (NH_3%)=75%的理论值可给出不同 pN_2 条件下用于 NH_3 形成所消耗的电子百分数[V(NH_3%)]的计算式如下：

$$V(NH_3\%) = \frac{75\%[pH_2]}{K_m(N_2)+[pH_2]} \tag{5}$$

据此，用于放 H_2 所消耗的电子百分数[V(H_2%)]的计算式应为

$$V(H_2\%) = 100\% - \frac{75\%[pN_2]}{K_m(N_2)+[pN_2]}$$

式 (5) 计算的结果与试验结果比较，两者基本一致 (表 1)。

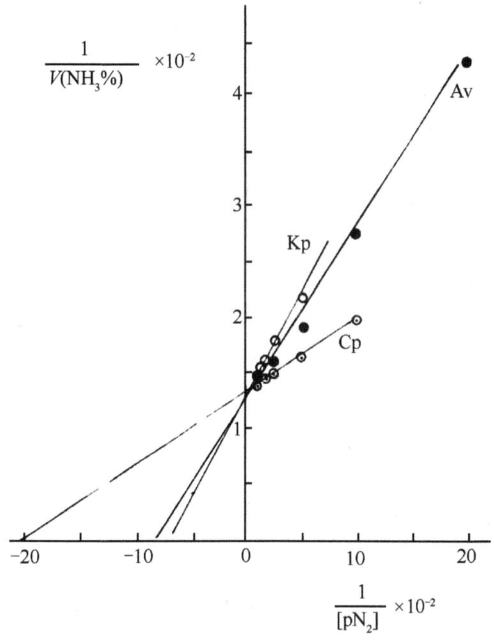

图 4　$V(NH_3\%)$ 与 pN_2 的双倒数作图

$K_m(N_2)$；Av 为 12.5 kPa；Kp 为 13.5 kPa；Cp 为 4.8 kPa

表 1　不同 pN_2 条件下，不同来源的固氮酶用于 NH_3 生成所消耗的电子百分数

固氮酶	pN_2/kPa	实验值[$V(NH_3\%)$]	计算值[$V(NH_3\%)$]
Av 固氮酶	5	23	21
	10	36	33
	20	49	46
	40	58	57
	100	68	67
Kp 固氮酶	20	44	45
	40	56	56
	60	62	61
	80	64	64
	100	66	66
	10	51	50
Cp 固氮酶	20	61	60
	40	68	67
	60	71	69
	80	70	71
	100	71	71

由此表明，在最适条件下，固氮酶催化的 N_2 还原反应基本上遵循米氏反应规律，说明式 (5) 是可以成立的。

(三) 固氮酶催化 N_2 还原与放 H_2 反应的化学计量式推导

试验数据表明，在 $0<pN_2\leqslant 100$ kPa 时，还原 1 mol N_2 的同时所放 H_2 量总是大于 1 mol，那么除了 $N_2 + 8H^+ + 8e^- \rightarrow 2NH_3 + H_2$ 这条放 H_2 反应 I 途径外，必定还有另外的放 H_2 途径。从引言中可知，在 N_2 还原的同时 (固氮的最适条件下) 放 H_2 主要来自放 H_2 反应 I 与放 H_2 反应 III，因此设 X 为放 H_2 反应 III

在 1 mol N_2 还原的同时所放 H_2 的摩尔数，则在 1 mol N_2 还原的同时，由放 H_2 反应 I 与反应 III 共放 H_2 (1+X) mol，于是有下式：

$$N_2+ (8+2X) (H^++e^-) \rightarrow 2NH_3+ (1+X) H_2 \tag{6}$$

由式 (6) 可给出总放 H_2 所消耗的电子百分数[$V(H_2\%)$]：

$$V(H_2\%) = \frac{2\times(1+X)}{8+2X}\times 100\% \tag{7}$$

因为式 (5)=式 (7)，两式联立，化简得

$$X = \frac{4K_m(N_2)}{[pN_2]} \tag{8}$$

式 (8) 表明，在 1 mol N_2 还原的同时，放 H_2 反应 I 与反应 III 的放 H_2 量与 $K_m(N_2)$ 成正比，与 pN_2 成反比，这与试验结果是一致的 (图 1~图 3，表 2)。

表 2　不同 pN_2 条件下，H_2/N_2 的实验值与理论计算值的比较

固氮酶	pN_2/kPa	实验值 (H_2/N_2)	计算值 (H_2/N_2)
Av 固氮酶	5	10.0	11.0
	10	5.4	6.0
	20	3.1	3.5
	40	2.1	2.3
	100	1.4	1.5
Kp 固氮酶	20	3.6	3.7
	40	2.4	2.3
	60	2.0	1.9
	80	1.6	1.7
	100	1.5	1.5
	10	2.8	3.0
Cp 固氮酶	20	1.9	2.0
	40	1.4	1.5
	60	1.2	1.3
	80	1.3	1.3
	100	1.2	1.2

将式 (8) 代入式 (6)，得出还原 1 mol N_2 的同时，放 H_2 反应 I 与反应 III 同时放 H_2 的化学计量式：

$$N_2 + \left(8+\frac{8K_m(N_2)}{[pN_2]}\right)(H^+ + e^-) \rightarrow 2NH_3 + \left(1+\frac{4K_m(N_2)}{[pN_2]}\right)H_2 \tag{9}$$

根据式 (9) 计算的不同 pN_2 条件下的 H_2/N_2 值与试验得出的 H_2/N_2 值相比，两者基本相符 (表 2)，说明式 (9) 是可以成立的。

当 pN_2=0 时，此时既无 N_2 还原反应又无放 H_2 反应 II 的放 H_2，则式 (9) 为

$$2H^+ + 2e^- \rightarrow H_2$$

此时放 H_2 全部来自放 H_2 反应 III。Hwang 等 (1973) 及本实验室也得了同样的实验结果，即在无其他可还原底物时，或者有可还原底物且有 CO 时，放 H_2 量是一样的。

当 pN_2=∞时，则式 (9) 为

$$N_2 + 8H^+ + 8e^- \rightarrow 2NH_3 + H_2$$

表明此时放 H_2 反应 III 已被 N_2 完全抑制，H_2 则全部由放 H_2 反应 I 产生。

当 $0<pN_2<\infty$时，式 (9) 表明放 H_2 反应 I 与反应 III 两条途径同时进行，在 1 mol N_2 被还原的同时，应放出$\left(1+\dfrac{4Km(N_2)}{[pN_2]}\right)$mol H_2。

四、讨论

(一) 固氮反应所消耗的能量

由于固氮酶在催化 N_2 还原的同时要放 H_2，而且至少有两种放 H_2 反应，因此按照 Schrauzer等 (1974) 提出的[N_2+8 (H^++e^-) →2NH_3+H_2]化学计量式来计算能量的消耗，则是每还原 1 mol N_2 要消耗 16 mol ATP[按每传递 1 个电子消耗 2 个 ATP 计算 (Watt and Burns, 1977)]，这个数值是偏低的，前人的试验已说明了这一点 (Hill, 1976; Schubert and Evans, 1977; Yates and Walke, 1980)。如果考虑到还有放 H_2 反应 III，那么固氮酶所催化的反应将遵循以下计量式：

$$N_2+\left(8+\frac{8K_m(N_2)}{[pN_2]}\right)(H^++e^-)+\left(16+\frac{16K_m(N_2)}{[pN_2]}\right)MgATP\rightarrow$$

$$2NH_3+\left(1+\frac{4K_m(N_2)}{[pN_2]}\right)H_2+\left(16+\frac{16K_m(N_2)}{[pN_2]}\right)(MgADP+Pi)$$

因为在单位时间内所消耗的总电子数 (或能量) 是恒定的，用于 N_2 还原和放 H_2 的电子分配应随 pN_2 和酶的 K_m (N_2) 的大小而变化。pN_2 越高，消耗的能量越低。当 $pN_2=\infty$时，ATP/N_2 才达到最小值 16，此外，酶的 K_m (N_2) 越小，对 N_2 的亲和力越高，分配给 N_2 还原的电子越多。Cp 固氮酶的 K_m (N_2) 比 Av 和 Kp 都低，所以 N_2 的还原效率高，放 H_2 量比 Av 和 Kp 都相对要少。

(二) 固氮酶双位点催化的放 H_2 反应模型

由于 CO 抑制 N_2 还原反应，而放 H_2 反应 I 正是在 N_2 还原过程中产生的，故 CO 也抑制放 H_2 反应 I，又因为 CO 不抑制放 H_2 反应 III (Hwang *et al.*, 1973)，故推测放 H_2 反应 I 与放 H_2 反应 III 应是由固氮酶的两个不同位点催化的。

放 H_2 反应 III 不在 N_2 还原点的另一个证据是，H^+在固氮酶处于较低的还原态下即可被还原为 H_2，而 N_2 则不能被还原；只有当固氮酶处于高还原态时，N_2 才可被还原成 NH_3 (Silverstein and Bulen, 1970; Hageman and Burris, 1980)。在此，本文提出一个由固氮酶两个位点催化的放 H_2 反应模型 (图 5)。

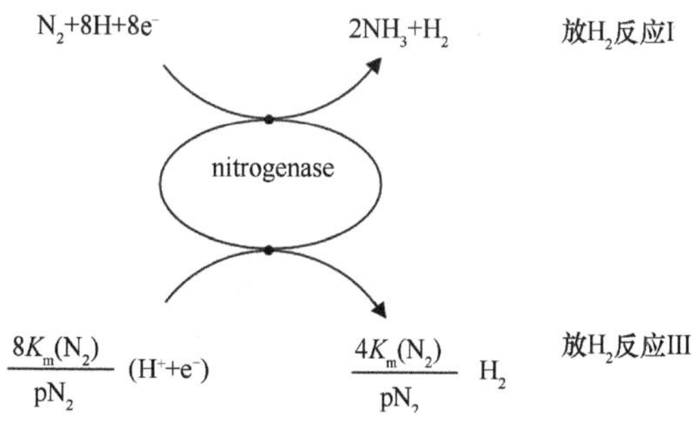

图 5 固氮酶双位点催化的放 H_2 反应模型

此模型的工作方式为：当 pN_2=0 时，只有放 H_2 反应 III 放 H_2；当 $pN_2=\infty$时，只有放 H_2 反应 I 放 H_2；当 $0<pN_2<\infty$时，两条放 H_2 途径同时进行，伴随 1 mol N_2 还原的同时，共放$\left(1+\frac{4K_m(N_2)}{[pN_2]}\right)$mol H_2。

此模型与前人提出的固氮酶催化位点的模型 (Burris, 1974; Orme-Johnson and Davis, 1977) 的区别在于：除了有质子还原位点的放 H_2 外 (放 H_2 反应 III)，在 N_2 还原位点上还有放 H_2 反应 I [在伯里斯等所提出的模型中，N_2 还原位点只催化 $N_2+6\ (H^++e^-) \rightarrow 2NH_3$ 的 N_2 还原反应，而没有 H_2 的释放]。这样就可解释在 $pN_2=\infty$时，N_2 不能完全抑制放 H_2 的现象，这是由于此时尽管放 H_2 反应 III 已被完全抑制，但是 N_2 不抑制放 H_2 反应 I，此时仍有 25%电子用于放 H_2。

另外，此模型与解释还原 1 mol N_2 放 1 mol H_2 的单位点模型 (Schrauzer *et al.*, 1974; Bailar and Chatt, 1980) 的区别在于：当 $0<pN_2<\infty$时，固氮酶催化的放 H_2 是由放 H_2 反应 I 与反应 III 两条途径同时产生的 (在单位点模型中，在 N_2 还原的同时只有反应 I 放 H_2)。这样就解释了每还原 1 mol N_2 的同时要放出大于 1 mol H_2 的事实。

关于放 H_2 反应 I 与放 H_2 反应 III 的位点问题，Stiefel (1977) 认为，Mo 是 H^+还原的位点，Fe 是 N_2 还原及放 H_2 反应 I 的位点，而 Bailar 和 Chatt (1980) 则推测 H^+还原与 N_2 还原及放 H_2 反应 I 都发生在 Mo 原子上，对于这个问题，还有待进一步研究论证。

(三) 固氮和放 H_2 的反应途径

按照 Liang 和 Burris (1988) 的观点，放 H_2 反应 IV 只发生在前稳态期，而在稳态期该反应不再进行 (即其为非催化反应)。该反应与反应 I、II 和 III 并不同时进行，后三者在稳态期则可同时进行 (Newton *et al.*, 1977; Li and Burris, 1983; Jensen and Burris, 1985)。现将放 H_2 反应 I、II 和 III 归纳于图 6。

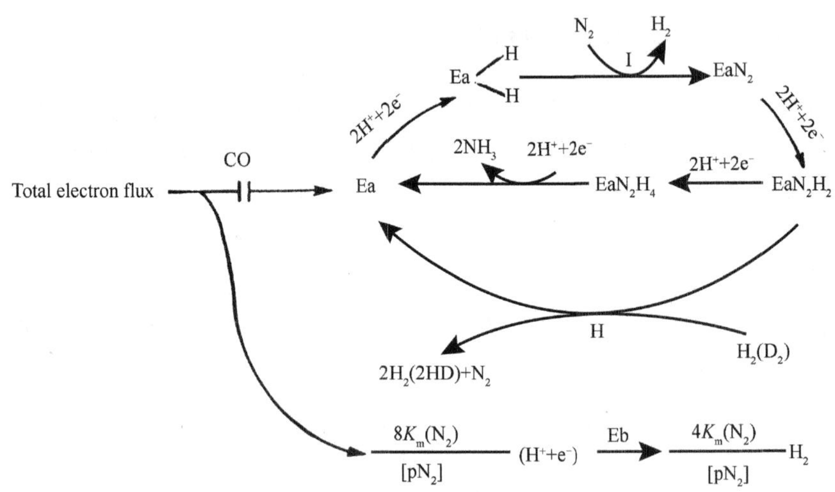

图 6 固氮与放 H_2 的途径

Ea. 固氮酶的固氮与放 H_2 反应 I 和反应 II 的催化位点；Eb. 固氮酶与放 H_2 反应 III 的催化位点；Total electron flux. 总电子流

在这些反应途径中 (图 6)，放 H_2 反应 I 和 II 与放 H_2 反应 III 分别由固氮酶的 Ea 和 Eb 两个位点催化。由电子流传出的电子，在放 H_2 反应 I、II 和 III 之间的分配是按如下方式进行的，电子的第一次分配发生在 Ea 和 Eb 位点之间。由于 H_2 (D_2) 不抑制 H^+还原 (即放 H_2 反应 III) (Hwang *et al.*, 1973)，因此在 Ea 和 Eb 之间的电子分配只取决于 pN_2 及 K_m (N_2) 两个因素。pN_2 越高，K_m (N_2) 越小，分配到 Ea

位点的电子越多。反之，则分配到 Eb 位点的电子越多。

分配到 Ea 位点的电子在 EaN_2H_2 水平上将进行第二次分配，影响电子流向 NH_3 生成或流向放 H_2 反应 II [放 H_2 (或 HD 形成)]的因素是 pN_2、$K_m(N_2)$ 及 pH_2 (或 pD_2) 和 $K_i(H_2)$ [或 $K_i(D_2)$]。当 pN_2 为常量时，pH_2 (或 pD_2) 越高，$K_i(H_2)$ [或 $K_i(D_2)$]越小，$K_m(N_2)$ 越大，分配到放 H_2 反应 II 的电子也越多。反之则分配到 NH_3 形成方向的电子就越多。当 pH_2 (或 pD_2)、$K_i(H_2)$ [或 $K_i(D_2)$]和 $K_m(N_2)$ 为定值时，在一定 pN_2 范围内，随 pN_2 的增加，放 H_2 (或 HD 形成) 所消耗的电子增加，但当达到一定的 pN_2 时，N_2 则对放 H_2 反应 II 起抑制作用，随 pN_2 的增加，用于放 H_2 (或 HD 形成) 的电子则减少，而用于 NH_3 形成所消耗的电子则增加 (Li and Burris, 1983; Guth and Burris, 1983; Jensen and Burris, 1985)。

根据这些反应途径之间的关系，就可以解释为何 H_2 (或 D_2) 是 N_2 还原的竞争性抑制剂，而 N_2 是放 H_2 的非竞争性抑制剂的问题。这是由于 N_2 还原与放 H_2 反应 II 在 Ea 同一位点被催化，而 N_2 还原与放 H_2 反应 III 则分别由 Ea 与 Eb 两个位点催化。事实上，N_2 对放 H_2 的非竞争性抑制是指对放 H_2 反应 III 的抑制。

参考文献

Bailar J J C, Chatt J. 1980. A review of some very new developments in the stereochemistry of coordination compounds. *In*: Stewart W D P, Gallon J R. Nitrogen Fixation. New York: Academic Press: 1-18.

Bulen W A, Burns R C, Lecomte J R. 1965. Nitrogen fixation: hydrosulfite as electron donor with cell-free preparations of *Azotobacter vinelandii* and *Rhodospirillum ruberum*. Proc Natl Acad Sci USA, 53(3): 532-539.

Burris R H. 1974. Biological nitrogen fixation, 1924-1974. Plant Physiol, 54(4): 443-449.

Guth J H, Burris R H. 1983. Inhibition of nitrogenase-catalyzed NH_3 formation by H_2. Biochemistry, 22(22): 5111-5122.

Hadfield K L, Bulen W A. 1969. Adenosine triphosphate requirement of nitrogenase from *Azotobacter vinelandii*. Biochemistry, 8(12): 5103-5108.

Hageman R V, Burris R H. 1980. Electron allocation to alternative substrates of *Azotobacter* nitrogenase is controlled by the electron flux through dinitrogenase. Biochim Biophys Acta, 591(1): 63-75.

Hill S. 1976. The apparent ATP requirement for nitrogen fixation in growing *Klebsiella pneumoniae*. J Gen Microbiol, 96(2): 297-312.

Hwang J C, Chen C H, Burris R H. 1973. Inhibition of nitrogenase-catalyzed reductions. Biochim Biophys Acta, 292(1): 256-270.

Jensen B B, Burris R H. 1985. Effect of high pN_2 and high pD_2 on NH_3 production, H_2 evolution, and HD formation by nitrogenases. Biochemistry, 24(5): 1141-1147.

Li J L, Burris R H. 1983. Influence of pN_2 and pD_2 on HD formation by various nitrogenases. Biochemistry, 22(19): 4472-4480.

Liang J, Burris R H. 1988. Hydrogen burst associated with nitrogenase-catalyzed reactions. Proc Natl Acad Sci USA, 85(24): 9446-9450.

Lowe D J, Thorneley R N. 1984. The mechanism of *Klebsiella pneumoniae* nitrogenase action. Pre-steady-state kinetics of H_2 formation. Biochem J, 224(3): 877-886.

Newton W E, Bulen W A, Hadfield K L, *et al.* 1977. HD formation as a probe for intermediates in N_2 reduction. *In*: Postgate J R, Newton W E, Rodriguez-Barrueco C. Recent Development in Nitrogen Fixation. London: Academic Press: 119-130.

Orme-Johnson W H, Davis L C. 1977. Components and pathways in biological nitrogen fixation. *In*: Lovenberg W. Iron Sulfur Protein Vol. 3. New York: Academic Press: 15-60.

Rivera-Ortiz J M, Burris R H. 1975. Interactions among substrates and inhibitors of nitrogenase. J Bacteriol, 123(2): 537-545.

Schrauzer G N, Kiefer G W, Tano K, *et al.* 1974. Chemical evolution of a nitrogenase model. VII. Reduction of nitrogen. J Am Chem Soc, 96(3): 641-652.

Schubert K R, Evans H J. 1977. The relation of hydrogen reactions to nitrogen fixation in nodulated symbionts. *In*: Newton W E, Postgate Jr, Rodriguez-Barreuco C. Recent Developments in Nitrogen Fixation. London: Academic Press: 469-486.

Silverstein R, Bulen W A. 1970. Kinetic studies of the nitrogenase-catalyzed hydrogen volution and nitrogen reduction reactions. Biochemistry, 9(19): 3809-3815.

Simpson F B, Burris R H. 1984. A nitrogen pressure of 50 atmospheres does not prevent evolution of hydrogen by nitrogenase. Science, 224(4653): 1095-1097.

Stiefel E I. 1977. The Mechanisms of Nitrogen Fixation. *In*: Newton W E, Postgate Jr, Rodriguez-Barreuco C. Recent Developments in Nitrogen Fixation. New York: Academic Press: 69-108.

Watt G D, Burns A. 1977. Kinetics of dithionite ion utilization and ATP hydrolysis for reactions catalyzed by the nitrogenase complex from *Azotobacter vinelandii*. Biochemistry, 16(2): 264-270.

Yates M G, Walke C C. 1980. Hydrogenase activity and hydrogen evolution by nitrogenase in a nitrogen-fixing *Azotobacter chroococcum*. *In*: Newton W E, Orme-Johnson W H. Nitrogen Fixation. Vol. 1. Baltimore: University Park Press: 95-109.

本文原载：微生物学报, 1993, 33(5): 320-330.

肺炎克氏杆菌固氮酶双突变株的构建及其对底物还原的特性*

赵德华，李季伦

(中国农业大学生物学院微生物系，北京，100094)

摘要

通过定点突变及基因替代技术，将肺炎克氏杆菌 (*Klebsiella pneumoniae*，Kp) 野生型菌株的固氮酶钼铁蛋白 α 亚基中铁钼辅因子 (FeMo-co) 周围多肽链的 Glnα190 和 Hisα194 分别置换为 Lys 和 Gln，并构建成 2 个单突变株，分别命名为 Kp-Qα190K 和 Kp-Hα194Q。将上述 2 个突变分别引入 Kp-*nifV* 突变株 (与 FeMo-co 相连接的高柠檬酸被柠檬酸置换) 获得另外 2 个双突变株，分别命名为 Kp-Qα190K-*nifV⁻*和 Kp-Hα194Q-*nifV⁻*。对上述 4 种突变株进行诱导培养和细胞固氮酶活性分析表明，4 种突变株都失去了固氮酶活性，乙炔 (C_2H_2) 还原活性也大幅度降低，Kp-Qα190K 单突变株的乙炔还原活性比 Kp-Hα194Q 单突变株下降得多；Kp-Qα190K-*nifV⁻*双突变株几乎完全丧失了活性，而 Kp-Hα194Q-*nifV⁻*双突变株仍保留野生型菌株 10%的乙炔还原活性。突变株将氘代乙炔 (C_2D_2) 还原成氘代乙烯 ($C_2D_2H_2$) 的情况是：Kp-Qα190K 和 Kp-Hα194Q-*nifV⁻*突变株的 C_2D_2 还原产物中，反式-1, 2-二氘代乙烯比例比 Kp 野生型增加了 1 倍，表明固氮酶催化加氢的立体构型选择性降低。以上结果表明，固氮酶活性中心周围多肽环境中 Glnα190 残基，以及与 FeMo-co 相连的高柠檬酸，可能直接参与质子和/或电子向活性中心 FeMo-co 的传递。推测 Glnα190 和与 FeMo-co 的 Mo 原子相连的高柠檬酸，在质子和/或电子通过 Mo 位进入 FeMo-co 起关键作用。这种双突变株所产生的固氮酶，有利于在体外研究固氮酶的催化机制，可以通过分析用于还原底物的电子和质子进入活性中心 FeMo-co 的位点，推测出底物在活性中心中的络合和还原的部位。

关键词

Klebsiella pneumoniae 双突变株，固氮酶活性，底物还原。

一、引言

生物固氮是指在生物作用下将 N_2 还原为 NH_3 的过程，这一过程仅存在于一些原核生物中。目前一般常用的生物固氮反应的计量式为：$N_2+8H^++8e^-+16MgATP \rightarrow 2NH_3+H_2+16MgADP+16Pi$。该反应由固

*本工作为“973”计划 (批准号：001CB108904) 和国家自然科学基金 (批准号：30270019) 资助项目。

氮酶催化完成。迄今已鉴定出 3 种固氮酶体系：钼铁固氮酶体系，钒铁固氮酶体系和铁铁固氮酶体系。其中钼铁固氮酶体系是最为普遍和研究最多的一类固氮酶体系。除 N_2 外，固氮酶的底物还有 H^+、C_2H_2、HCN 等。

钼铁固氮酶体系由铁蛋白和钼铁蛋白 2 个组分构成。铁蛋白是一个分子量为 58~72 kDa 的 γ_2 型二聚体，由 *nifH* 基因编码。钼铁蛋白是一个分子量大约为 220 kDa 的 $\alpha_2\beta_2$ 型四聚体 (Kim and Rees, 1992a; Kim *et al.*, 1993)，其 α 亚基和 β 亚基分别由 *nifD* 和 *nifK* 基因编码。*nifH*、*nifD*、*nifK* 共同构成一个转录单位 *nifHDK*。钼铁蛋白的每个 αβ 二聚体可以和 1 个铁蛋白形成一个功能性单位 (Kim and Rees, 1992a)。在催化反应过程中，铁蛋白-ATP 复合物与钼铁蛋白的 αβ 二聚体结合，铁蛋白发生构象变化并水解 ATP，随即将电子从铁蛋白的 4Fe:4S 原子簇传递到钼铁蛋白的 α 亚基和 β 亚基界面内的 P-原子簇 (cluster)，再经 P-cluster 传递到 α 亚基内的活性中心铁钼辅因子 (FeMo-cofactor，FeMo-co)，随后铁蛋白与钼铁蛋白解离，底物在铁钼辅因子处被还原 (Hageman and Burris, 1978a, 1978b, 1980; Thorneley and Lowe, 1985)。

固氮酶蛋白及其活性中心金属原子簇的三维结构已经研究清楚 (Kim and Rees, 1992b; Chan *et al.*, 1993; Kim *et al.*, 1993; Mayer *et al.*, 1999)，不同来源的固氮酶具有结构相同的 P-cluster 和 FeMo-co。FeMo-co 由 $MoFe_7S_9X$ 组成 (X 是一未确定原子) (Einsle *et al.*, 2002)，其 Mo 端结合一个高柠檬酸。在 Kp 固氮酶中，Hisα440 和 Cysα273 在 *Azotobacter vinelandii* (Av) 中为 Hisα442 和 Cysα275，分别与 FeMo-co 的 Mo 端和 Fe 端共价结合，固着于多肽上。当 *nifV* 基因突变时，高柠檬酸被柠檬酸代替，固氮效率低，质子还原对 CO 敏感 (Mclean and Dixon, 1981; Liang *et al.*, 1990)。铁钼辅因子位于 α 亚基的袋状裂隙内，距离 α 亚基表面大约 10 Å，其周围的氨基酸环境几乎完全由 α 亚基提供。其中 Hisα194 (在 Av 中为 Hisα195) 的 εNH 可与 FeMo-co 中央桥联的 S2B 硫原子以氢键相连，Glnα190 (在 Av 中为 Glnα191) 与高柠檬酸 1 位碳原子上的羰基 (短羧基臂) 以氢键结合 (Mayer *et al.*, 1999) (图 1)。

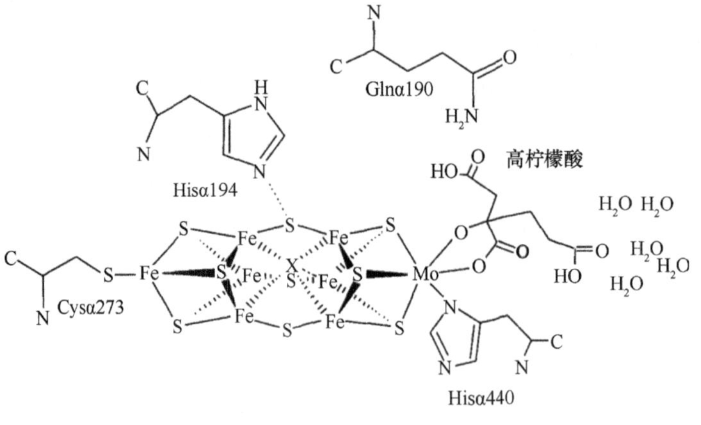

图 1 固氮酶 FeMo-co 及其部分多肽环境示意图 (Mayer *et al.*, 1999; Einsle *et al.*, 2002)

FeMo-co 这些独特的多肽环境是固氮酶还原底物所必需的 (Scott *et al.*, 1990)。对含有氨基酸替代的固氮酶催化特性的分析为揭示固氮酶的机制提供了重要的信息。研究采用定点突变技术已确定了 Hisα195 和 Glnα191 是 Av 固氮酶 FeMo-co 多肽环境中能改变底物还原特性的重要氨基酸。将 Av 中 Hisα195 替换为 Gln 的突变固氮酶只有极低水平的体外还原 N_2 的能力 (Kim *et al.*, 1995; Dilworth *et al.*, 1998)；更为有趣的是 Glnα191 替换为 Lys 的突变固氮酶有与 *nifV* 突变株相似的性质，即放 H_2 反应受 CO 抑制 (Scott *et al.*, 1992)。突变固氮酶底物还原特性表明，这些氨基酸残基与固氮酶机制密切相关

(Fisher *et al.*, 2000a, 2000b, 2000c)。对 Av 中其他一些氨基酸位点也有相似的替换研究 (Shen *et al.*, 1997; Lee *et al.*, 1998)。但上述的所有突变固氮酶都有不同程度的质子还原成 H_2 的活性，这种独立于 N_2 还原的放 H_2 机制研究较少 (Li and Burris, 1983; 张振水等, 1993; 王友绍和李季伦, 2000)。Hisα194、Glnα190 和与 FeMo-co 相连的高柠檬酸被认为可能是质子进入 FeMo-co 的直接递体，但这些氨基酸残基在固氮酶催化过程中的功能及其与独立于 N_2 还原的放 H_2 位点的关系还未确定。此外，当固氮酶进行催化反应时，关于质子/电子向 FeMo-co 的传递、N_2 和 H^+在 FeMo-co 上的络合与还原的位点以及固氮和放氢的关系等的分子机制也仍不清楚 (Rees and Howard, 2000; Seefeldt *et al.*, 2004)。我们以同时改变 Hisα194 和高柠檬酸，或者 Glnα190 和高柠檬酸的双突变的策略，进一步破坏质子和(或)电子向 FeMo-co 的传递途径，通过分析突变固氮酶催化 N_2 和 H^+还原量的变化，寻求固氮酶催化过程的机制。

本文报道了肺炎克氏杆菌固氮酶双突变株的构建及其与野生型和 *nifV*⁻突变株固氮酶活性的对比分析结果。有关突变固氮酶的纯化、体外底物还原及酶动力学分析正在进行，将另文发表。

二、材料与方法

(一) 菌株和质粒

所用的菌株及质粒如表 1 所示。抗生素浓度 (mg/L) 为 Ap，125；Tc，10 (液体) 或 12.5 (固体)；Km，50 和 Cm，30；*K. pneumoniae* 用 Ap，100；Km，50 和 Cm，17。

表 1 菌株和质粒

菌株/质粒	相关基因型和描述	文献及来源
K. pneumoniae		
M5al	野生型，Ap^r	来自 R. H. Burris 实验室
UNF837[a]	M5aL 衍生菌株，*nifV*::Kan，Ap^r Km^r	本实验室保存
M1	M5aL 整合有 pGPCm1941，*nifHDK* 部分二倍体 (*nifD* 和 *nifD*-Hα194Q)，Ap^r Cm^r	本文
M3	UNF837 整合有 pGPCm1941，*nifHDK* 部分二倍体 (*nifD* 和 *nifD*-Hα194Q)，Ap^r Km^r Cm^r	本文
Hα194Q	*nifD*-Hα194Q 点突变，Ap^r	本文
Hα194Q-*nifV*⁻	*nifD*-Hα194Q *nifV*::Kan 双突变，Ap^r Km^r	本文
M2	M5aL 整合有 pGPCm1901，*nifHDK* 部分二倍体 (*nifD* 和 *nifD*-Qα190K)，Ap^r Cm^r	本文
M4	UNF837 整合有 pGPCm1901，*nifHDK* 部分二倍体 (*nifD* 和 *nifD*-Qα190K)，Ap^r Km^r Cm^r	本文
Qα190K	*nifD*-Qα190K 点突变，Ap^r	本文
Qα190K-*nifV*⁻	*nifD*-Qα190K，*nifV*，Kan 双突变，Ap^r Km^r	本文
E. coli		
JM109[a]	*endA1*，*recA1*，*gyrA96*，*thi*，*hsdR17* (r_k^-，m_k^+)，*supE44*，λ^-，Δ *(lac-proAB)*，[*F'*，*traD*36，*proA*$^+$*B*$^+$，*lacI*^{q}*Z* Δ*M15*]	本实验室保存
ES1301 SM10[b]	*LacZ53*，*mutS201*::Tn*5*，*thyA*36，*rha*-5，*metB1*，*deoC IN* (*rrnD-rrnE*)	(d)
	SupE44 hsdR th-1 thr-1 ileuB6 lacY1 tonA21λpir，Km^r	Miller and Mekalanos, 1988
质粒		
pALTER-1	体外突变载体，Tc^r Ap^s	(d)
pWF23	pJEL101 克隆有 *K. pneumoniae nifHDK*，Ap^r	Filler *et al.*, 1986
pUC182[c]	pUC18 衍生质粒，消除 *Kpn* I 及 *Bam*H I 位点，Ap^r	本实验室保存
pKP1[c]	pUC182 携带 6.1 kb *nifHDK Eco*R I 片段，Ap^r	本实验室保存

续表

菌株/质粒	相关基因型和描述	文献及来源
质粒		
pKPM1941	pKP1 携带突变 *nifHDK* (*nifD*-Hα194Q)，Ap^r	本文
pKPM1901	pKP1 携带突变 *nifHDK* (*nifD*-Qα190K)，Ap^r	本文
pGJ	pALTER-1 携带 *K. pneumoniae nifHD* 900 bp *Kpn* I-*Bam*H I 片段，Tc^r Ap^s	本文
pGJM1941	pGJ 携带 *nifHD* (*nifD*-Hα194Q)，Tc^s Ap^r	本文
pGJM1901	pGJ 携带 *nifHD* (*nifD*-Qα190K)，Tc^s Ap^r	本文
pGP704 (d)	自杀载体，Ap^r	Miller and Mekalanos, 1988
pGPCm	pGP704 衍生质粒，900 bp *Pst* I Cm 抗性盒替代 pGP704 上 700 bp *Pst* I 片段，Cm^r	本文
pGPCm1941	pGPCm 携带 pKPM1941 的 6.1 kb 突变 *nifHDK* (*nifD*-Hα194Q) *Eco*R I 片段，Cm^r	本文
pGPCm1901	pGPCm 携带 pKPM1901 的 6.1 kb 突变 *nifHDK* (*nifD*-Qα190K) *Eco*R I 片段，Cm^r	本文

(a) UNF837 由中国科学院植物研究所黄巨富研究员惠赠；(b) 由中国人民解放军军事医学科学院生物工程研究所史兆兴博士惠赠；(c) 数据未发表；(d) Promega 公司的 Altered Sites II *in vitro* Mutagenesis Systems, 1999 年

(二) *nifD* 定点突变

定点诱变按照 Promega 公司的 Altered Sites II *in vitro* Mutagenesis Systems 进行。将携带有突变靶位点的 900 bp Kp-*nifHD*-*Kpn* I-*Bam*H I 酶切片段从 pWF23 上亚克隆至诱变载体质粒 pALTER-1 中，构建成质粒 pGJ。以 pGJ 为突变模板质粒，以寡核苷酸 *nifD*-MP1 (5′-TCTCTGGGG<u>CAA</u>CATCGCCAAC-3′) 和 *nifD*-MP2 (5′-CGGCGTGTCG<u>AAG</u>TGGGG-3′) 为突变引物，将固氮酶 Hisα194 (CAC) 和 Glnα190 (CAG) 的编码子分别突变为 Gln (CAA) 和 Lys (AAG) 密码子。经 DNA 测序鉴定后，将含有正确突变 *nifD* (定义为 *nifD*-Hα194Q 和 *nifD*-Qα190K) 的质粒分别命名为 pGJM1941 和 pGJM1901。

(三) Kp-Qα190K、Kp-Hα194Q 单突变株构建

利用 DNA 同源重组进行突变基因向染色体的替换。由于突变位点距离 Kp-*nifHD*-*Kpn* I-*Bam*H I 片段 (900 bp) 的 *Bam*H I 位点仅约 30 bp，直接用 *nifHD*-Hα194Q 片段 (900 bp) 进行同源交换不利于基因替换，因此，先将 pGJM1941 上的 900 bp *nifHD*-Hα194Q 片段置换为 pKP1 相应的 *nifHD* 片段，构建成 pKPM1941，再将 pKPM1941 上全长突变的 *nifHDK* 克隆至自杀质粒 pGPCm，获得 pGPCm1941。将质粒 pGPCm1941 转入 *E. coli* SM10 并通过双亲接合导入野生型菌株 Kp M5aL，筛选 Ap^rCm^r 的 Kp 克隆。利用菌落 PCR 确证 pGPCm1941 质粒通过单交换事件的正确整合。菌落 PCR 的引物之一位于染色体上 *nifHDK* 的下游，另一条位于 pGPCm1941 质粒上 *nifHDK* 的上游，仅有正确的单交换菌株能够扩增出长 6.1 kb 的 *nifHDK* 片段。确证的 *nifHDK* 部分双倍体菌株被命名为 Kp-M1 (Merodiploid 1)。为了获得染色体上只含有突变 *nifHDK* 的双交换菌株，将 Kp-M1 在含 Ap 的 LC 液体培养基中连续培养约 100 代，涂布 Ap 平板，并在 Cm 平板上影印筛选 Cm^s 抗性克隆。最后通过上述菌落 PCR 确证整合质粒的丢失，并经 DNA 测序鉴定正确的 *nifD*-Hα194Q 基因替换。将该单突变菌株命名为 Kp-Hα194Q。与构建 Kp-Hα194Q 方法相似，研究构建了 Kp-*nifD*-Qα190K 单突变株，命名为 Kp-Qα190K。

(四) Kp-Qα190K-*nifV*⁻、Kp-Hα194Q-*nifV*⁻双突变株构建

将携带 *nifD*-Hα194Q、*nifD*-Qα190K 突变的质粒 pGPCm1941 与 pGPCm1901 分别电转化 *nifV* 突变株 UNF837，筛选 $Ap^rKm^rCm^r$ 的 Kp 克隆，用前文已描述的方法鉴定单交换菌株并命名为 Kp-M3 和 Kp-M4。然后与构建 Kp-Qα190K 相似，将 Kp-M3 和 Kp-M4 连续传代，使其 *nifHDK* 基因单倍体化，再经 PCR 扩增 *nifD* 基因和测序鉴定，确证获得两个双突变株。携带 *nifD*-Hα194Q、*nifD*-Qα190K 突变的 UNF837 菌株分别命名为 Kp-Hα194Q-*nifV*⁻和 Kp-Qα190K-*nifV*⁻。

(五) 固氮生长的测定及固氮酶诱导表达

用无氮 Hino-Wilson 培养基 (以下简称无 N 培养基) 在 N_2 条件下培养各突变株 (Turner and Gibson, 1980)，测定其固氮生长能力。用含 10 mmol/L NH_4Ac 和 1 g/L Arg-HCl 的无 N 培养基，在 5 L 自动发酵罐上培养各突变株从而诱导固氮酶表达，并通过测定细胞乙炔还原活性监测固氮酶的表达[1 U=1 nmol $C_2H_4/(h \cdot A_{600})$] (张振水等, 1993)，直至达到各突变株的最高酶活。C_2H_4 用 HP6890 型气相色谱检测 (HP Plot“S”大孔径毛细柱，FID 检测器)。

(六) 细胞 C_2D_2 还原及产物红外光谱测定

通过细胞的 C_2D_2 还原测定固氮酶体内还原 C_2D_2 时顺反式产物的比值，以判断固氮酶催化加氢时立体构型的选择性。菌株经平板活化 30 h，接种至含 15 mmol/L NH_4Ac 的无 N 液体培养基，30℃培养 30 h，此时细胞浓度达 A_{600} 2.5 左右。取 2 ml 培养液收集细胞，然后重悬于 4 ml 含 1 g/L Arg-HCl 的无 N 液体培养基中。细胞悬液置于带反口胶塞的 14 ml 血清瓶中，利用真空换气系统将血清瓶气相换为氮气，30℃振荡诱导 22 h 后进行 C_2D_2 还原反应。反应气相为 Ar + 1% C_2D_2，反应时间为 3 h，C_2D_2 气体由 CaC_2 加 D_2O (99.8%) 制备。采用气相色谱测定二氘代乙烯 CHD═CHD 生成量。采用 Bruker Vector33 FT-IR 光谱仪测定二氘代乙烯 CHD═CHD 的红外光谱，利用 5 cm 气体池。将反应体系的混合气体注入已抽真空的气体池中，以 Ar 为背景对照，在 400~4000 cm^{-1} 区扫描红外光谱。对红外谱图中 988 cm^{-1} 和 843 cm^{-1} 处特征峰进行峰面积积分，988 cm^{-1} 和 843 cm^{-1} 处特征峰峰面积比值的两倍即为反式-/顺式-1, 2 二氘代乙烯的比值。

三、结果

(一) 固氮生长的测定

在固氮条件下，在血清瓶中按 10%的接种量培养各菌株，30 h 后突变株细胞浓度没有增加，反而因为缺少氮源而溶菌，野生型细胞则生长得很好。结果表明，4 种突变固氮酶在体内没有固氮酶活性，不能支持细胞固氮生长。

(二) 固氮酶诱导表达及细胞乙炔还原活性

为了比较各突变株的 C_2H_2 还原能力，加脱阻遏氮源发酵培养各菌株，诱导获得了各菌株固氮酶的最高表达 (图 2)。C_2H_2 还原能力比较表明 (表 2)，突变株细胞乙炔还原活性虽然都有较大程度的降低，但不同位点的突变对固氮酶体内乙炔还原活性的影响差别很大。Kp-Qα190K 单突变株的乙

炔还原活性极大降低，仅为野生型活性的 2%左右，比 Kp-Hα194Q 单突变株下降得多；Kp-Qα190K-*nifV*⁻双突变株几乎完全丧失了活性，而 Kp-Hα194Q-*nifV*⁻双突变株却仍保留野生型菌株 10%的乙炔还原活性。

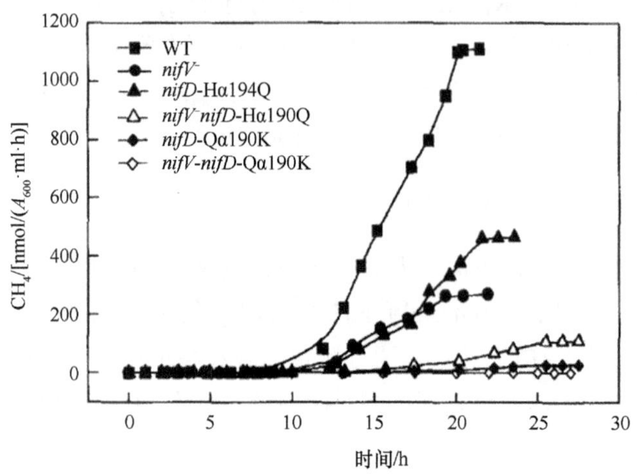

图 2　固氮酶诱导表达

表 2　菌株、Nif 表型和固氮酶体内乙炔还原活性

Kp 菌株	基因型及氨基酸替代	固氮生长表型	最高乙炔还原活性/[nmol/(A_{600}·ml·h)]
M5aL	WT	+	1174
UNF837	*nifV*⁻	–	253
Hα194Q	Glnα194	–	481
Hα194Q-*nifV*⁻	*nifV*⁻，Glnα194	–	127
Qα190K	Lysα190	–	26

(三) 细胞 C_2D_2 还原及产物中反式-/顺式-1, 2-二氘代乙烯比率的测定

利用固氮酶还原 C_2D_2 时，加氢的立体选择性已经被用于固氮酶催化机制的研究 (Lin-Vien *et al.*, 1989; 黄静伟等, 1996; 张凤章等, 1999; Han and Newton, 2004)。还原产物中反式-1, 2-二氘代乙烯的增加反映了固氮酶加氢时立体选择性的降低。由于反应产物中反式-1, 2-二氘代乙烯量比较少，在红外光谱中的 988 cm^{-1} 处特征峰较小，积分易受 C_2D_2 的 1021 cm^{-1} 处特征峰的干扰 (黄静伟等, 1996; 张凤章等, 1999) (图 3)。我们选择了 1%的 C_2D_2 浓度以降低这种干扰 (图 3)。突变株的固氮酶活性较低而红外光谱的测定要有足够的产物，故需适当延长反应时间。同时，由于 C_2D_2 和 CHD═CHD 与 H_2O 易发生 H-D 交换，反应时间过长会影响测定。因此，根据野生型细胞还原 C_2D_2 时不同反应时间产物的红外扫描结果 (图 4)，我们选择反应时间为 3 h。根据各突变株细胞 C_2D_2 还原产物红外光谱图 (图 5) 计算出反式-/顺式-1, 2-二氘代乙烯比率 (表 3)。结果表明，与野生型菌株相比，Kp-Qα190K、Kp-*nifV*⁻和 Kp-Hα194Q-*nifV*⁻突变株的 C_2D_2 还原产物中反式-1, 2-二氘代乙烯比例增加 1 倍以上，Kp-Hα194Q 突变株的 C_2D_2 还原产物中反式-1, 2-二氘代乙烯比例稍有降低。Kp-*nifV*⁻和 Kp-Hα194Q-*nifV*⁻突变株 C_2D_2 还原产物中反式-1, 2-二氘代乙烯比例并没有表现出明显的差异。

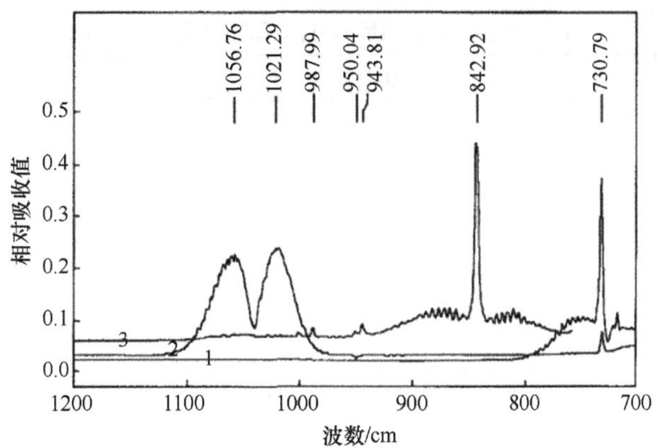

图 3　C_2H_2 (1)、C_2D_2 (2) 和 CHD=CHD (3) 的红外光谱

C_2H_2 的红外谱图为标准红外谱图；C_2D_2 由 CaC_2 加 D_2O 制备；CHD=CHD 为 Kp 野生型菌株还原 C_2D_2 的产物

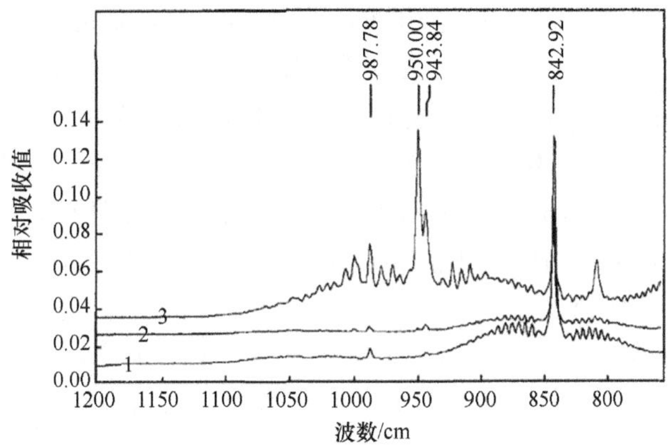

图 4　Kp 野生型菌株 C_2D_2 还原不同反应时间的产物红外光谱

反应时间分别为 3.5 h (1)、6.5 h (2) 和 30 h (3)

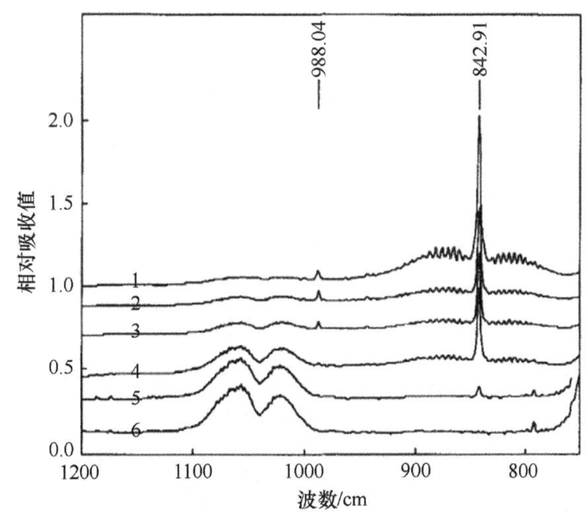

图 5　不同菌株 C_2D_2 还原产物红外光谱

菌株分别为 M5aL (1)、UNF837 (2)、Hα194Q (3)、Hα194Q-*nifV*⁻ (4)、Qα190K (5)、Qα190K-*nifV*⁻ (6)

表 3　C_2D_2 还原和反式-1, 2-二氘代乙烯的比例

Kp 菌株	C_2D_2 还原百分比/%[a)]	反式/%[b)]
M5aL	94.78	8.68
UNF837	48.73	17.96
Hα194Q	28.54	7.74
Hα194Q-*nifV*⁻	14.83	18.92
Qα190K	1.24	20.54
Qα190K-*nifV*⁻	0.01	UD[c)]

a) $C_2H_2D_2/(C_2H_2D_2+C_2D_2)$；b) 反式 $C_2H_2D_2$/总 $C_2H_2D_2$；c) UD 表示未测出

四、讨论

通过定点突变，对 Kp 野生型和 *nifV* 突变株的固氮酶活性中心多肽环境中保守氨基酸残基 Hisα194 和 Glnα190 进行置换，分别获得 2 个单突变株 (Kp-Qα190K 和 Kp-Hα194Q) 及 2 个双突变株 (Kp-Qα190K-*nifV*⁻、Kp-Hα194Q-*nifV*⁻)，均不能进行固氮生长。2 个单突变株与 Av 中相应的突变株表型一致 (Scott *et al.*, 1992; Kim *et al.*, 1995)，虽然具有 Glnα194 替代的 Av 固氮酶在体外有野生型的 2%活性 (Dilworth *et al.*, 1998)，但在 Kp-Hα194Q 菌株中突变固氮酶可能具有的微弱固氮酶活性，还不能支持细胞的有效生长。Kp-Qα190K-*nifV*⁻和 Kp-Hα194Q-*nifV*⁻双突变株则可能因为在单突变的基础上进一步改变了高柠檬酸而完全失去固氮酶活性。

C_2H_2 还原是测定固氮酶活性的常用方法。4 种突变株、野生型和 *nifV* 突变株的 C_2H_2 还原比较表明 Hisα194、Glnα190 和高柠檬酸在固氮酶催化过程中的功能差别，Glnα190 和高柠檬酸对乙炔还原更为重要。Kp-Qα190K-*nifV*⁻和 Kp-Hα194Q-*nifV*⁻双突变株 C_2H_2 还原活性的比较进一步表明，Glnα190 位点和高柠檬酸在固氮酶还原中具有联合效应，并且是固氮酶乙炔还原活性所必需的；而 Hisα194 位点和高柠檬酸在固氮酶还原过程中的作用则相对独立。在 Av 中，对固氮酶活性中心多肽环境中的重要氨基酸进行替代后，几乎所有的固氮酶单突变体仍保留不同程度的 C_2H_2 还原活性 (Scott *et al.*, 1992; Kim *et al.*, 1995; Shen *et al.*, 1997; Dilworth *et al.*, 1998; Lee *et al.*, 1998; Fisher *et al.*, 2000a, 2000b, 2000c)，而 Kp-Qα190K-*nifV*⁻双突变株的乙炔还原活性则完全丧失，表明 Glnα190 位点和高柠檬酸的双突变可能进一步阻断了电子和质子向 FeMo-co 的传递。固氮酶催化 C_2H_2 还原活性的丧失，不能完全反映突变固氮酶对所有底物，尤其是质子的还原能力都会丧失。在 Av 中，多种固氮酶突变体的分析表明，突变使固氮酶将更多的电子用于放氢 (Scott *et al.*, 1992; Kim *et al.*, 1995)。因此，这种 Kp-Qα190K-*nifV*⁻双突变株的 C_2H_2 还原产物不能完全体现固氮酶的总电子流水平，还需要采用纯固氮酶体外分析质子还原来确证。

C_2D_2 是研究固氮酶加氢机制的较好的探针。野生型固氮酶还原 C_2D_2 时，只产生 4%左右的反式-1, 2-二氘代乙烯。固氮酶活性中心多肽环境中保守氨基酸残基的置换或加入竞争抑制底物，使固氮酶 C_2D_2 还原反式产物增加，加氢立体选择性降低。黄静伟等 (1996) 的研究认为 C_2H_2 加氢方式不同是由于结合位点的不同；Han 和 Newton (2004) 根据 Av 野生型固氮酶 C_2D_2 还原的分析也提出类似的假说：高亲和性 C_2D_2 结合位点上的还原产物全为顺式，低亲和性的 C_2D_2 结合位点上则产生顺式、反式两种还原产物。但 Han 和 Newton (2004) 也同时指出低的电子流或低的质子流使反式产物增加。多种 Av 固氮酶突变体还原 C_2D_2 的研究进一步明确这种立体选择性降低与低的电子流更为相关 (Benton *et al.*, 2001)。本文各 Kp 突变株的 C_2D_2 还原表明，Glnα190 或高柠檬酸位点的改变使得还原产物中反式-1, 2-二氘代乙

烯显著增加，这与 Av 中具有 Lysα191 替代的固氮酶 (Fisher *et al.*, 2000a) 及另一个 Kp *nifV* 株的结果相似 (Lin-Vien *et al.*, 1989)。Kp *nifV* 单突变株和 Kp-Hα194Q-*nifV*⁻双突变株的 C_2D_2 还原产物中的反式增加比例相同，而 Kp-Hα194Q 单突变株的 C_2D_2 还原反产物却稍有降低的事实，进一步确定了 Glnα190 位点和高柠檬酸的改变是影响 C_2D_2 还原立体选择性的主要原因，而且在固氮酶催化中 Glnα190 位点和高柠檬酸协同作用可能与电子和质子的传递有关。此外，从结构上看，高柠檬酸的短羧基臂与 Glnα190 侧链的末端氨基有可能形成氢键，而且又邻近 P-cluster，高柠檬酸的长羧基臂附近有多个水分子 (Kim and Rees, 1992; Mayer *et al.*, 1999)。理论分析也指出高柠檬酸是可能的质子递体 (Durrant, 2001)。同时改变 Glnα190 位点和高柠檬酸氢键连接及缩短高柠檬酸的长羧基臂 (以柠檬酸替代) 对它们之间的联合作用影响可能更大。根据以上结果和分析，我们推测 Glnα190 和 FeMo-co 上高柠檬酸的联合对电子和质子进入活性中心 FeMo-co 中起着关键作用，而 FeMo-co 的 Mo 原子是电子和质子的主要进入位点。

需要指出的是，上述实验是在细胞水平上进行的，虽然能反映 N_2 和 C_2H_2 还原的真实情况，但对于固氮酶催化 H^+还原放 H_2 的重要反应 ($2H^++2e^- \rightarrow H_2$)，则由于受到细胞中所含氢酶的干扰而不能进行定量测定。为此，我们将利用从本文所构建的突变株以及野生型菌株中所提取和纯化的固氮酶进行离体实验，进一步揭示 N_2、H^+及 C_2H_2 在 FeMo-co 中的络合与还原部位，以及电子和质子进入 FeMo-co 的通道。

参 考 文 献

黄静伟, 陈灿和, 张凤章, 等. 1996. N_2 键合在固氮酶 M 簇笼内的一个可能证据. 高等学校化学学报, 17(5): 760-763.

王友绍, 李季伦. 2000. 固氮酶催化机制与化学模拟生物固氮研究进展. 自然科学进展, 10(6): 481-490.

张凤章, 黄静伟, 邱雪慧, 等. 1999. 固氮酶中 N_2 和 N_2O 结合位的一种新的鉴定方法. 厦门大学学报(自然科学版), 38(4): 611-616.

张振水, 吴柏和, 李季伦. 1993. 固氮酶催化的放 H_2 反应. 微生物学报, 33(5): 320-330.

Benton P M, Christiansen J, Dean D R, *et al.* 2001. Stereospecificity of acetylene reduction catalyzed by nitrogenase. J Am Chem Soc, 123(9): 1822-1827.

Chan M K, Kim J, Rees D C. 1993. The nitrogenase FeMo-cofactor and P-cluster pair: 2.2 Å resolution structures. Science, 260(5109): 792-794.

Dilworth M J, Fisher K, Kim C H, *et al.* 1998. Effects on substrate reduction of substitution of histidine-195 by glutamine in the α-subunit of the MoFe protein of *Azotobacter vinelandii* nitrogenase. Biochemistry, 37(50): 17495-17505.

Durrant M C. 2001. Controlled protonation of iron-molybdenum cofactor by nitrogenase: a structural and theoretical analysis. Biochem J, 355(Pt 3): 569-576.

Einsle O, Tezcan F A, Andrade S L A, *et al.* 2002. Nitrogenase MoFe protein at 1.16 Å resolution: a central ligand in the FeMo-cofactor. Science, 297(5587): 1696-1700.

Filler W A, Kemp R M, Ng J C, *et al.* 1986. The *nifH* gene product is required for the synthesis or stability of the iron-molybdenum cofactor of nitrogenase from *Klebsiella pneumoniae*. Eur J Biochem, 160(2): 371-377.

Fisher K, Dilworth M J, Kim C H, *et al.* 2000a. *Azotobacter vinelandii* nitrogenases containing altered MoFe proteins with substitutions in the FeMo-cofactor environment: Effects on the catalyzed reduction of acetylene and ethylene. Biochemistry, 39(11): 2970-2979.

Fisher K, Dilworth M J, Kim C H, *et al.* 2000b. *Azotobacter vinelandii* nitrogenases with substitutions in the FeMo-cofactor environment of the MoFe protein: effects of acetylene or ethylene on interactions with H^+, HCN, and CN^-. Biochemistry, 39(35): 10855-10865.

Fisher K, Dilworth M J, Newton W E. 2000c. Differential effects on N_2 binding and reduction, HD formation, and azide reduction with α-195^{His}-and α-191^{Gln}-substituted MoFe proteins of *Azotobacter vinelandii* nitrogenase. Biochemistry, 39(50): 15570-15577.

Hageman R V, Burris R H. 1978a. Kinetic studies on electron transfer and interaction between nitrogenase components from

Azotobacter vinelandii. Biochemistry, 17(20): 4117-4124.

Hageman R V, Burris R H. 1978b. Nitrogenase and nitrogenase reductase associated and dissociate with each catalytic cycle. Proc Natl Acad Sci USA, 75(6): 2699-2702.

Hageman R V, Burris R H. 1980. Electron allocation to alternative substrates of *Azotobacter* nitrogenase is controlled by the electron flux through dinitrogenase. Biochem Biophys Acta, 591(1): 63-75.

Han J, Newton W E. 2004. Differentiation of acetylene-reduction sites by stereoselective proton addition during *Azotobacter vinelandii* nitrogenase-catalyzed C_2D_2 reduction. Biochemistry, 43(10): 2947-2956.

Kim C H, Newton W E, Dean D R. 1995. Role of the MoFe protein α-subunit histidine-195 residue in FeMo-cofactor binding and nitrogenase catalysis. Biochemistry, 34(9): 2798-2808.

Kim J, Rees D C. 1992a. Crystallographic structure and functional implications of the nitrogenase molybdenum-iron protein from *Azotobacter vinelandii*. Nature, 360(6404): 553-560.

Kim J, Rees D C. 1992b. Structural models for the metal centers in the nitrogenase molybdenum-iron protein. Science, 257(5077): 1677-1682.

Kim J, Woo D, Rees D C. 1993, X-ray crystal structure of the nitrogenase molybdenum-iron protein from *Clostridium pasteurianum* at 3.0 Å resolution. Biochemistry, 32(28): 7104-7115.

Lee H I, Thrasher K S, Dean D R, *et al.* 1998. ^{14}N electron spin-echo envelope modulation of the S=3/2 spin system of the *Azotobacter vinelandii* nitrogenase iron-molybdenum cofactor. Biochemistry, 37(38): 13370-13378.

Li J L, Burris R H. 1983. Influence of pN_2 and pD_2 on HD formation by various nitrogenases. Biochemistry, 22(19): 4472-4480.

Liang J, Madden M, Shah V K, *et al.* 1990. Citrate substitutes for homocitrate in the nitrogenase of a *nifV* mutant of *Klebsiella pneumoniae*. Biochemistry, 29(37): 8577-8581.

Lin-Vien D, Fateley W G, Davis L C. 1989. Estimation of nitrogenase activity in the presence of ethylene biosynthesis by use of deuterated acetylene as a substrate. Appl Environ Microbiol, 55(2): 354-359.

Mayer S M, Lawson D M, Gormal C A, *et al.* 1999. New insights into structure-function relationships in nitrogenase: A 1.6 Å resolution X-ray crystallographic study of *Klebsiella pneumoniae* MoFe-protein. J Mol Biol, 292(4): 871-891.

Mclean P A, Dixon R A. 1981. Requirement of *nifV* gene for production of wild-type nitrogenase enzyme in *Klebsiella pneumoniae*. Naturem, 292(5824): 655-656.

Miller V L, Mekalanos J J. 1988. A novel suicide vector and its use in construction of insertion mutations: osmoregulation of outer membrane proteins and virulence determinants in *Vibrio cholerae* requires toxR. J Bacteriol, 170(6): 2575-2583.

Rees D C, Howard J B. 2000. Nitrogenase: standing at the crossroads. Curr Opin Chem Biol, 4(5): 559-566.

Scott D J, Dean D R, Newton W E. 1992. Nitrogenase-catalyzed ethane production and CO-sensitive hydrogen evolution from MoFe proteins having amino acid substitutions in an alpha-subunit FeMo cofactor-binding domain. J Biol Chem, 267(28): 20002-20010.

Scott D J, May H D, Newton W E, *et al.* 1990. Role for the nitrogenase MoFe protein α-subunit in FeMo-cofactor binding and catalysis. Nature, 343(6254): 188-190.

Seefeldt L C, Dance I G, Dean D R. 2004. Substrate interactions with nitrogenase: Fe versus Mo. Biochemistry, 43(6): 1401-1409.

Shen J, Dean D R, Newton W E. 1997. Evidence for multiple substrate-reduction sites and distinct inhibitor-binding sites an altered *Azotobacter vinelandii* nitrogenase MoFe protein. Biochemistry, 36(16): 4884-4894.

Thorneley R N F, Lowe D J. 1985. Kinetics and mechanism of the nitrogenase enzyme system. *In*: Spiro T G. Molybdenum Enzymes. New York: Wiley-Interscience: 221-284.

Turner G L, Gibson A H. 1980. Measurement of nitrogen fixation by indirect means. *In*: Gergerson F J. Methods for Evaluating Biological Nitrogen Fixation. New York: John Wiley & Sons: 112-125.

本文原载：科学通报, 2004, 49(15): 1512-1518.

N_2和H^+在固氮酶活性中心金属原子簇中还原位点的分析*

关锋，赵德华，潘淼，姜伟，李季伦*

（中国农业大学农业生物技术国家重点实验室和生物学院微生物与免疫学系，北京，100094）

摘要

固氮酶的生理底物氮气（N_2）和质子（H^+）在钼铁蛋白中的铁钼辅因子（FeMo-co）上被还原，但其确切的还原位点尚未确定。本文通过对比分析棕色固氮菌（*Azotobacter vinelandii*, Av）野生型（WT）与5种突变株[包括FeMo-co附近两个保守氨基酸 α-191^{Gln}和 α-195^{His}单突变菌株（Qα191K和Hα195Q）、与FeMo-co上钼原子相连的高柠檬酸突变株（*nifV*⁻），以及 α-191^{Gln}和 α-195^{His}与高柠檬酸的双突变菌株（Qα191K/*nifV*⁻和Hα195Q/*nifV*⁻）]固氮酶催化还原N_2和H^+活性的变化，提出N_2在靠近FeMo-co中心硫原子（S2B）的Fe2和Fe6上络合与还原，而FeMo-co上的钼原子是H^+还原的位点，并且结合生物信息学分析，提出[8Fe7S]和FeMo-co之间可能存在两条平行的电子传递通路。

关键词

Azotobacter vinelandii 突变株，固氮酶，N_2和H^+还原位点，电子传递通路。

一、引言

固氮酶体系包括两个蛋白组分：钼铁蛋白和铁蛋白（Burris, 1991; Burgess and Lowe, 1996）。铁蛋白是钼铁蛋白的电子供体，是由一个[4Fe-4S]簇桥联而成的γ_2型二聚体（Howard *et al.*, 1989; Georgiadis *et al.*, 1992）。钼铁蛋白是一个$\alpha_2\beta_2$型四聚体，包含两个金属簇，一个为[8Fe7S]，即P-cluster，是电子传递的中间体（Burris, 1991）；另一个为[Mo-7Fe-9S-X-homocitrate]（X代表未知原子），称为FeMo-co，是固氮酶的催化活性中心（Kim and Rees, 1992a; Dean *et al.*, 1993; Mayer *et al.*, 1999; Einsle *et al.*, 2002; Yang *et al.*, 2005）。

近年来，利用传统生物化学技术、理论计算和结构模拟等研究手段，研究人员已提出多个固氮酶反应模型（Rees, 2002; Igarashi *et al.*, 2004）。随着固氮酶三维结构的解析，人们发现，FeMo-co周围的多肽环境与固氮酶的活性存在密切联系。例如，Av钼铁蛋白中的 α-191^{Gln}与高柠檬酸上的短羧基臂以氢键相连，而高柠檬酸的长羧酸臂被周围丰富的水分子包围，这些水分子可能为FeMo-co提供质子来源（Rees and Howard, 2000）。堆积在FeMo-co“腰部”的 α-195^{His}，其咪唑基的ε-N可以和FeMo-co的中心硫原子（S2B）形成氢键（Kim *et al.*, 1995），α-70^{Val}和 α-96^{Arg}靠近FeMo-co特定的铁-硫面（Christiansen

*本工作为国家重点基础研究发展规划（批准号：001CB108904）资助项目。

et al., 2000; Benton *et al.*, 2001)。这些结构上的特征暗示，FeMo-co 周围的氨基酸残基参与了固氮酶还原不同底物的反应。虽然现在仍不确定高柠檬酸和这些氨基酸残基如何与 FeMo-co 互相作用，但通过分析突变钼铁蛋白的活性变化，普遍认为高柠檬酸、α-191^{Gln} 和 α-195^{His} 可能位于质子和电子进入底物还原位点的通路上，而 α-69^{Gly} 和 α-70^{Val} 可能位于底物进入还原位点的入口处 (Shah *et al.*, 1986; Scott *et al.*, 1992; Fisher *et al.*, 2000; Barney *et al.*, 2004)。

尽管早已证实 FeMo-co 是固氮酶的活性中心 (Shah and Brill, 1977; Hawkes *et al.*, 1983)，但对于固氮酶生理底物 N_2 和 H^+络合与还原的确切位点仍有分歧。此外，对固氮反应的准确计量式也存在着争议 (Rees and Howard, 2000; Rees *et al.*, 2005)。在公认的反应计量式中，每还原一分子氮气的同时释放一分子氢气，即 $H_2/N_2=1$；而实际上，即使在 50 个大气压的 N_2 中，固氮反应中 H_2/N_2 仍然大于 1 (Simpson and Burris, 1984)。因此，在固氮反应过程中，N_2 和 H_2 的具体比例是研究固氮酶生化机制另一个需要明确的问题。

本实验以棕色固氮菌为材料，通过定点突变和基因替代技术，对必需氨基酸残基 α-195^{Gln} 和 α-191^{Lys}，以及编码高柠檬酸合成酶的基因 *nifV* 进行突变，分别构建单突变和双突变菌株，拟破坏钼铁蛋白中电子进入 FeMo-co 的可能入口，分析突变株固氮酶催化 N_2 和 H^+还原活性的变化，以期确定 N_2 和 H^+还原的位点。

二、材料和方法

(一) 菌株及突变株的构建

A. vinelandii 野生型菌株由本实验室保存。突变株 Av DJ540 和 Av DJ71 分别由 D. R. 迪安 (D. R. Dean) 和保罗・勒登 (Paul Ludden) 教授惠赠。

突变株 Av DJ191、Av 191V 和 Av 195V 的构建参考赵德华等的报道 (赵德华和李季伦, 2004)，将携带有突变靶位点的基因片段克隆至诱变质粒 pALTER-1 中完成体外定点突变 (Altered Sites II *in vitro* Mutagenesis Systems，Promega)，再将含突变位点的片段亚克隆至自杀载体 pGPCm，之后与野生型菌株 OP 和突变株 DJ71 的染色体进行同源交换。经连续传代培养分别筛选交换正确的突变株，最后经过测序验证。实验菌株分别列于表 1。

表 1　棕色固氮菌野生型及突变型菌株

菌株	相关基因型及描述	来源
Av OP	野生型 (*nifD* α-191^{Gln}，α-195^{His})	本室保存
Av DJ191	*nifD*-Qα191K 单突变株	本文
Av DJ540	*nifD*-Hα195Q 单突变株	D. R. Dean 教授惠赠
Av DJ71	Δ*nifV*	Paul Ludden 教授惠赠
Av 191V	*nifV*::Kan，*nifD*-Qα191K 双突变株	本文
Av 195V	Δ*nifV*，*nifD*-Hα195Q 双突变株	本文

(二) 菌株的培养和固氮酶的提取

在 42 L 发酵罐上对各菌株进行培养、固氮酶的诱导和表达后 (Li and Burris, 1983; Fisher *et al.*, 2000)，分别进行各固氮酶的提取和纯化 (Turner and Gibson, 1980; Li and Burris, 1983)。所有钼铁蛋白经

DEAE-52 离子交换柱和 Sephacryl S300 层析柱（16 mm×65 cm，LKB，2137 Chromatography Column）纯化，铁蛋白经 DEAE-52 离子交换柱和制备电泳纯化。

(三) N_2 和 H^+还原反应

反应在 10 ml 的血清瓶中进行（Liang and Burris, 1988），所用铁蛋白和钼铁蛋白的物质的量比为 20∶1。反应 15 min 后，注入 0.2 ml 30% (*V*/*V*) 三氯乙酸中止反应以测定氢气的生成，或者注入 0.2 ml 0.5 mol/L pH 8.0 EDTA 溶液中止反应以测定生成 NH_3 的量。H^+和 N_2 还原反应分别在 100% Ar、100% N_2 和 90% Ar +10% CO 中进行。反应生成的 H_2 用 SQ206 型气相色谱检测（TCD 检测器，5 Å 分子筛，北分 SQ206，北京），NH_4^+通过高效液相色谱测定（Waters 600E HPLC，474 型荧光检测器）(Corbin, 1984)。

二、结果

(一) 突变株的获得

本试验获得以下菌株：*nifD*-Qα191K 单突变株（Av DJ191）；*nifV*::Kan 和 *nifD*-Qα191K 双突变株（Av 191V）；Δ*nifV*，*nifD*-Hα195Q 双突变株（Av 195V），经测序证明 3 个菌株目的位点突变成功，没有引入其他位点的突变。

(二) 固氮酶纯化及其检测

野生型及突变株钼铁蛋白经纯化后，在 SDS-PAGE 中的结果显示出一致的迁移率，并证明了纯化后固氮酶各组分都没有单独的放氢活性。实验中用于反应的铁蛋白的放氢活性为 2200 nmol H_2/(mg protein·min)。

(三) 100% Ar 中各钼铁蛋白放氢活性的比较

如表 2 所示，与野生型钼铁蛋白相比，α-191^{Lys} 和 $NifV^-$钼铁蛋白的放氢活性分别下降至 8.7%和 15.8%。而 α-195^{Gln}/$NifV^-$钼铁蛋白的放氢活性比 $NifV^-$钼铁蛋白的活性略降低，表明 195 位组氨酸的突变与电子流的下降没有直接关系。α-191^{Lys}/$NifV^-$钼铁蛋白的放氢活性只有野生型钼铁蛋白的 2%，明显低于 α-191^{Lys} 钼铁蛋白的活性，该结果暗示 α-191^{Lys} 对于电子传递可能具有重要作用。

表 2　100% Ar 中野生型及突变株钼铁蛋白催化活性的比较 [a]

钼铁蛋白	H^+还原活性/[nmol H_2/(mg·min)]	电子数 [b]/[nmol e^-/(mg·min)]	电子流百分比 [c]/%
WT	1464	2928	100
α-195^{Gln}	1097	2194	74.9
$NifV^-$	231	462	15.8
α-195^{Gln}/$NifV^-$	257	514	17.6
α-191^{Lys}	127	254	8.7
α-191^{Lys}/$NifV^-$	29	58	2

a. 表中各数据为两个平行重复试验结果的平均值；各反应中钼铁蛋白的用量为 50 μg，铁蛋白/钼铁蛋白值为 20∶1；活性单位用 nmol NH_3 (H_2)/(mg·min) 表示，下表皆同。b. 单位以 nmol e^-/(mg·min) 表示（$3e^-$/per NH_3，$2e^-$/per H_2）。c. 此列数值表示各突变型钼铁蛋白所用总电子数与野生型钼铁蛋白所用总电子数的百分比

(四) 100% N_2 中各钼铁蛋白催化活性的比较

从表 3 可以看到，在 100% N_2 中，野生型菌株钼铁蛋白 63.5%的总电子用于生成 NH_3，其余 36.5%用于放氢。α-195^Gln^ 钼铁蛋白的总电子数中只有 5.4%的电子用于生成 NH_3，而 94.6%的电子都用于放氢。$NifV^-$钼铁蛋白的总电子数下降至野生型钼铁蛋白总电子数的 26.3%，其中 52.8%用来产生 NH_3，其余 47.2%用来放氢。3 种突变株 α-195^{Gln}/$NifV^-$、α-191^{Lys}和 α-191^{Lys}/$NifV^-$钼铁蛋白消耗的总电子数分别下降至野生型钼铁蛋白总电子数的 10.6%、7.4%和 0。其中 α-191^{Lys} 钼铁蛋白的全部电子用来放氢，α-191^{Lys}/$NifV^-$钼铁蛋白丧失了还原 N_2 和 H^+的能力。α-195^{Gln}/$NifV^-$钼铁蛋白也丧失还原 N_2 的能力，其放氢活性与 $NifV^-$钼铁蛋白的放氢活性相当。

表 3　100% N_2 中野生型及突变株钼铁蛋白催化活性的比较

钼铁蛋白	N_2 还原活性 [a]/[nmol NH_3/(mg·min)]	H^+还原活性 [a]/[nmol H_2/(mg·min)]	电子数/[nmol e^-/(mg·min)]	电子流百分比/%
WT	495 (63.5)	426 (36.5)	2337	100
α-195^{Gln}	36 (5.4)	937 (94.6)	1982	84.8
$NifV^-$	108 (52.8)	145 (47.2)	614	26.3
α-195^{Gln}/$NifV^-$	0	124	248	10.6
α-191^{Lys}	0	87	174	7.4
α-191^{Lys}/$NifV^-$	0	0	0	0

a. 括号中的数值表示某一种产物所用电子占总电子流的百分比 (%)

(五) 10% CO + 90% Ar 气氛中各钼铁蛋白催化活性的比较

表 4 是在 10% CO + 90% Ar 气氛中各钼铁蛋白催化活性的比较。当 CO 存在时，固氮酶将所有的电子都用于放氢。α-195^{Gln} 钼铁蛋白的放氢活性略低于野生型钼铁蛋白，受 CO 的影响不大。$NifV^-$、α-191^{Lys}和 α-191^{Lys}/$NifV^-$ 3 个突变型钼铁蛋白的放氢分别下降至野生型的 3.6%、8.3%和 0，而双突变 α-195^{Gln}/$NifV^-$钼铁蛋白所用的总电子数多于上述 3 个菌株的固氮酶。

表 4　10% CO+90% Ar 气氛中野生型及突变株钼铁蛋白催化活性的比较

钼铁蛋白	H^+还原活性/[nmol H_2/(mg·min)]	电子数/[nmol e^-/(mg·min)]	电子流百分比/%
WT	1377	2754	100
α-195^{Gln}	1051	2102	76.3
$NifV^-$	49	98	3.6
α-195^{Gln}/$NifV^-$	114	228	8.3
α-191^{Lys}	45	90	3.3
α-191^{Lys}/$NifV^-$	0	0	0

三、分析和讨论

Lanzilotta 等 (1998) 的文章中证明了固氮酶中电子和质子的传递是偶联发生的，为了计算方便，本文只以电子流表示固氮酶活性的变化，分析电子进入 FeMo-co 活性位点的可能入口，并推测电子的传递通路。

(一) N_2 和 H^+ 络合及还原的位点

现已证明 FeMo-co 上的中心铁原子是 N_2 络合和还原的最适宜位点 (Shah and Brill, 1977; Kim and Rees, 1992b; Chan *et al.*, 1993)，波谱学研究结果证实了 CO 可以络合到 FeMo-co 的中心铁原子上 (Lee *et al.*, 1997; Pickett *et al.*, 2003)，抑制除 H^+ 以外所有底物的还原。Barney *et al.* (2004)和 Igarashi *et al.*(2004)等提出，N_2 和 C_2H_2 或许在 FeMo-co 的 4Fe4S 面被还原 (由 FeMo-co 上第 2、3、6、7 位铁原子组成) (Barney *et al.*, 2004; Igarashi *et al.*, 2004)。固氮酶晶体结构显示，α-195^{His} 可能与 4Fe4S 面上连接 Fe2 和 Fe6 的中间硫原子 (S2B) 形成氢键 (Kim *et al.*, 1995)，S2B 可能是底物还原所需的质子入口 (Durrant, 2001)。而 Fe2 和 Fe6 靠近 S2B，推测 Fe2 和 Fe6 也许可以与 N_2 形成桥联 (Fe2-N=N-Fe6)，N_2 在此络合和被还原 (Stiefel, 1977)。当 α-195^{His} 被突变为 Gln 后，原有的 His 与 S2B 之间的氢键被打断，电子不能被有效地传递到 S2B，因此导致 α-195^{Gln} 钼铁蛋白的固氮能力大大下降 (表 3)。

在 100% Ar 中，α-195^{His} 的替代几乎没有影响到总电子流的变化 (表 2)，表明 H^+ 和 N_2 可能在 FeMo-co 上不同的位点络合和被还原。Liang 和 Burris (1988) 研究发现，在固氮酶反应的前稳定期，氢气的生成量与钼原子数呈 1∶1 的比例关系，表明单独的放氢反应可能在钼原子发生，固氮过程中该放氢反应持续进行。

本文结果验证了上述假设，当 FeMo-co 的钼原子周围的氨基酸残基发生突变时，H^+ 还原变得对 CO 敏感，而柠檬酸替代高柠檬酸的突变，钼铁蛋白 ($NifV^-$) 也呈现同样的结果。然而，这种 CO 抑制在 α-195^{Gln} 钼铁蛋白中没有出现。如前所述，CO 可以络合在 FeMo-co 的中间铁原子上，抑制了置换放氢反应。在 10% CO 中，如果 α-191^{Gln} 或高柠檬酸发生突变，电子不能被有效地传递到钼位，导致放氢能力的下降；α-195^{Gln} 钼铁蛋白的钼位放氢没有受到影响，而表现出与野生型相近的活性。这也表明钼位是另一个不依赖于 N_2 的放氢位点，并且钼位放氢不受 CO 抑制。

铁位和钼位对电子的竞争关系同样支持了这个双位点模型。例如，野生型钼铁蛋白用于还原 N_2 和 C_2H_2 的电子数分别占总电子数的 63.5%和 69.7% (结果未示出)，表明铁位比钼位具有更强的竞争电子能力。当 α-195^{His} 发生突变后 (如 α-195^{Gln} 和 α-195^{Gln}/$NifV^-$)，将影响到电子向铁位的传递，使电子更多地用于放氢，而总电子流下降的结果是由于电子传递速率下降 (Einsle *et al.*, 2002)。此外，100% N_2 中 195^{Gln}/$NifV^-$ 钼铁蛋白的放氢活性与 10% CO 中的放氢活性相近，表明 N_2 和 CO 在铁位的络合而未被还原，电子流速降低，导致相近的放氢活性。因此推测 α-195^{His} 是一个“调整开关”，控制电子在这两个位点的分配，而固氮酶的底物如 N_2 在控制电子的流向中起着一定的作用。

基于上述讨论，结合本实验室原来提出的双位点放氢模型 (Zhang *et al.*, 1992; 张振水和吴柏和, 1993)，本文明确提出 FeMo-co 上 Fe2 和 Fe6 是 N_2 络合及还原的位点 (N_2 分子在两个铁原子的络合形式为 Fe2-N=N-Fe6)，在此位点上每络合一分子 N_2 同时置换出一分子 H_2，这种放氢反应依赖 N_2，受 CO 抑制；FeMo-co 的钼原子是另一个独立的放氢位点，不受 CO 抑制 (图 1)。

(二) 固氮酶的 P-cluster 和 FeMo-co 之间可能存在两条电子传递通路

FeMo-co 上存在两个不同的底物还原位点，意味着 P-cluster 和 FeMo-co 之间可能存在两条电子传递通路分别为其提供电子 (Rees and Howard, 2000)。α-195^{His} 骨架上的 NH-基与 α-191^{Gln} 主链上的 C=O 基可以形成氢键；α-191^{Gln} 侧链上的氧原子可以与 α-61^{Gly} 骨架上的 NH 基形成氢键，而 α-61^{Gly} 与连接于 P-cluster 的氨基酸残基 α-62^{Cys} 紧密相连 (图 2)。Dean 等 (1990) 也证实棕色固氮菌钼铁蛋白保守的 α-62^{Cys} 对于固氮酶的活性至关重要。因此，α-191^{Gln} 在电子从 P-cluster 到 FeMo-co 的氢键网络中扮演着重要的角色。如表 3 所示，α-191^{Gln} 的改变阻断了电子传递通路，电子不能到达 FeMo-co 上的 S2B，直接导致 α-191^{Lys} 钼铁蛋白丧失了固氮能力。

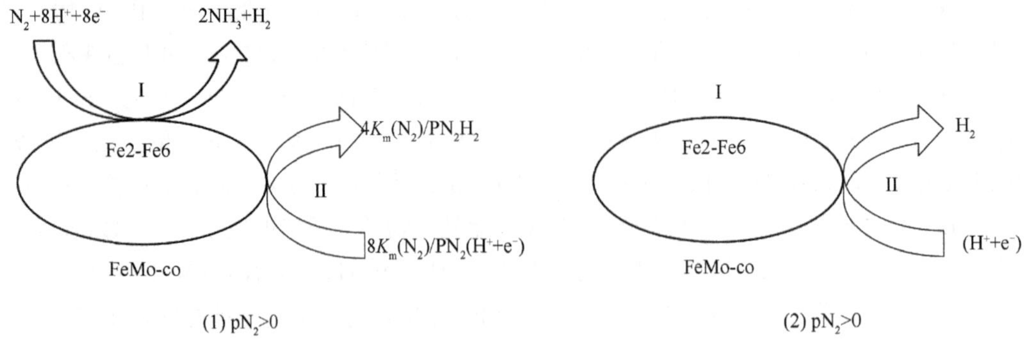

图 1　固氮酶 FeMo-co 中还原 N_2 和 H^+ 的双位点模型

FeMo-co 上的两个底物还原位点：(I) 铁位；(II) 钼位。当 N_2 存在时，铁位进行持续的置换放氢反应，钼位的放氢量等于 $4K_m(N_2)/pN_2$；当不存在 N_2 时，放氢反应只在钼位上进行

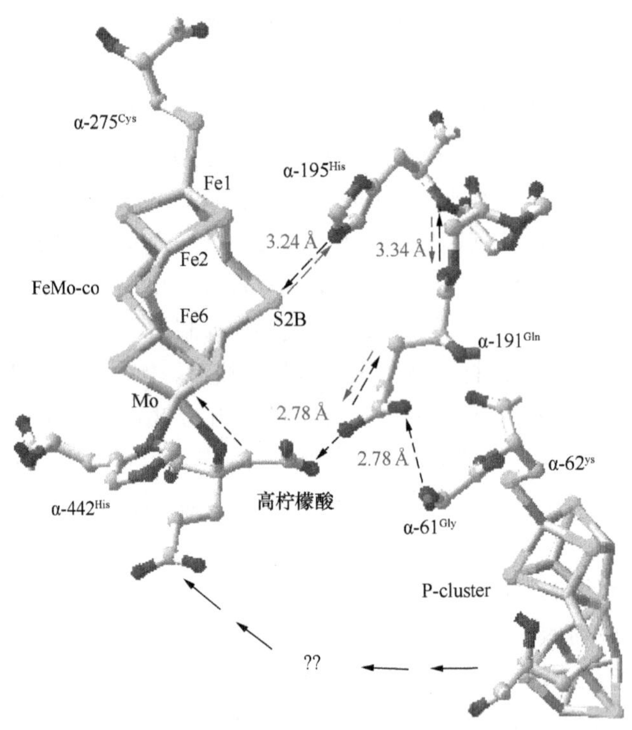

图 2　P-cluster 和 FeMo-co 之间可能存在的两条电子通路 (彩图见封底二维码)

黑色虚线及实线箭头表示两条电子传递通路；红色虚线箭头表示 α-195^{His} 突变后，流向 S2B 的电子将转向钼位；蓝色数值表示预测氢键的键长；利用软件 Swiss-PDBViewer V3.7 SP5 模拟氢键 (PDB 1QGU)

结合 Mclean 和 Dixon (1981) 的研究结果，推测高柠檬酸的长羧酸臂可能处于另一条电子传递通路上。高柠檬酸的长臂端可以与某些氨基酸残基直接形成氢键或通过水分子间接形成氢键，在 NifV$^-$钼铁蛋白中高柠檬酸长羧酸臂缩短了一个亚甲基，氢键作用被破坏，因此表现出 NifV$^-$固氮酶总电子流大大下降 (表 2~表 4)。此外，高柠檬酸长臂周围的氨基酸残基发生改变，如 α-426^{Lys} 突变为 Arg，其突变钼铁蛋白表现出近似于 NifV$^-$钼铁蛋白的特性 (Durrant *et al.*, 2006)。表明高柠檬酸的长臂及其周围的多肽环境在电子传递过程中也起着重要作用。

因此，本文假设：P-cluster 和 FeMo-co 之间存在两条平行的电子传递通路 (图 2)，其中一条为 P-cluster → α-62^{Cys} → α-61^{Gly} → α-191^{Gln} → α-195^{His} → S2B，电子最终从 S2B 进入 FeMo-co 用于固氮；另一条由 P-cluser 出发，经多个尚未确定的氨基酸残基形成的 α 螺旋、高柠檬酸的长臂进入 FeMo-co 的钼原子用于放氢。而 α-191^{Gln} 可以与高柠檬酸的短臂形成氢键，从而将两条电子通路有机联系起来。

通过生物信息学分析，α-191^{Gln} 可以与 α-195^{His} 及高柠檬酸的短羧酸臂形成氢键，处于电子传递通路的"枢纽"位置，将两条电子传递通路连接起来，调节了电子在铁位和钼位的分配。当电子进入 FeMo-co 的两个重要中介，α-191^{Gln} 和高柠檬酸的任何一个长臂发生突变，将导致突变株钼铁蛋白总电子流下降到野生型钼铁蛋白电子数的 8.7%~15.4% (表 2)，当两个同时发生突变 (α-191^{Lys}/$NifV^-$)，突变株钼铁蛋白的活性几乎全部丧失。

此外，Nyborg 等 (2000) 报道用非生理还原剂柠檬酸三钛以及生理还原剂黄素氧还蛋白，分别在体外和体内可以将铁蛋白中[4Fe4S]簇还原至全亚铁态$[4Fe4S]^0$ (Lowery *et al.*, 2006)。揭示铁蛋白可以发生$[4Fe4S]^{2+}$/$[4Fe4S]^0$氧还态的变化，并可能作为双电子供体参与固氮酶的反应，在固氮酶的构象翻转过程中，每次为钼铁蛋白提供两个电子。这从另一个角度支持了本文两条电子传递通路的假设：在固氮酶反应中，铁蛋白的[4Fe4S]每次传递给 P-cluster 两个电子，然后这两个电子可能分别在两条平行的通路上传递至 FeMo-co 的两个位点。

参 考 文 献

张振水, 吴柏和. 1993. 固氮酶催化的放 H_2 反应. 微生物学报, 33(5): 320-330.

赵德华, 李季伦. 2004. 肺炎克氏杆菌固氮酶双突变株的构建及其对底物还原的特性. 科学通报, 49(15): 1512-1518.

Barney B M, Igarashi R Y, Dos Santos P C, *et al.* 2004. Substrate interaction at an iron-sulfur face of the FeMo-cofactor during nitrogenase catalysis. J Biol Chem, 279(51): 53621-53624.

Benton P M, Mayer S M, Shao J, *et al.* 2001. Interaction of acetylene and cyanide with the resting state of nitrogenase alpha-96-substituted MoFe proteins. Biochemistry, 40(46): 13816-13825.

Burgess B K, Lowe D J. 1996. Mechanism of molybdenum nitrogenase. Chem Rev, 96(7): 2983-3011.

Burris R H. 1991. Nitrogenases. J Biol Chem, 266(15): 9339-9342.

Chan M K, Kim J, Rees D C. 1993. The nitrogenase FeMo-cofactor and P-cluster pair: 2.2 Å resolution structures. Science, 260(5109): 792-794.

Christiansen J, Cash V L, Seefeldt L C, *et al.* 2000. Isolation and characterization of an acetylene-resistant nitrogenase. J Biol Chem, 275(15): 11459-11464.

Corbin J L. 1984. Liquid chromatographic-fluorescence determination of ammonia from nitrogenase reactions: a 2-min assay. Appl Environ Microbiol, 47(5): 1027-1030.

Dean D R, Bolin J T, Zheng L. 1993. Nitrogenase metalloclusters: structures, organization, and synthesis. J Bacteriol, 175(21): 6737-6744.

Dean D R, Setterquist R A, Brigle K E, *et al.* 1990. Evidence that conserved residues Cys-62 and Cys-154 within the *Azotobacter vinelandii* nitrogenase MoFe protein alpha-subunit are essential for nitrogenase activity but conserved residues His-83 and Cys-88 are not. Mol Microbiol, 4(9): 1505-1512.

Durrant M C. 2001. Controlled protonation of iron-molybdenum cofactor by nitrogenase: a structural and theoretical analysis. Biochem J, 355: 569-576.

Durrant M C, Francis A, Lowe D J, *et al.* 2006. Evidence for a dynamic role for homocitrate during nitrogen fixation: the effect of substitution at the alpha-Lys426 position in MoFe-protein of *Azotobacter vinelandii*. Biochem J, 397: 261-270.

Einsle O, Tezcan F A, Andrade S L, *et al.* 2002. Nitrogenase MoFe-protein at 1.16 Å resolution: a central ligand in the FeMo-cofactor. Science, 297(5587): 1696-1700.

Fisher K, Dilworth M J, Newton W E. 2000. Differential effects on N_2 binding and reduction, HD formation, and azide reduction with alpha-195(His)- and alpha-191(Gln)-substituted MoFe proteins of *Azotobacter vinelandii* nitrogenase. Biochemistry, 39: 15570-15577.

Georgiadis M M, Komiya H, Chakrabarti P, *et al.* 1992. Crystallographic structure of the nitrogenase iron protein from *Azotobacter vinelandii*. Science, 257(5077): 1653-1659.

Hawkes T R, Lowe D J, Smith B E. 1983. Nitrogenase from *Klebsiella pneumoniae*. An EPR signal observed during enzyme turnover under ethylene is associated with the iron-molybdenum cofactor. Biochem J, 211: 495-497.

Howard J B, Davis R, Moldenhauer B, *et al.* 1989. Fe:S cluster ligands are the only cysteines required for nitrogenase Fe-protein activities. J Biol Chem, 264(19): 11270-11274.

Igarashi R Y, Dos Santos P C, Niehaus W G, *et al.* 2004. Localization of a catalytic intermediate bound to the FeMo-cofactor of nitrogenase. J Biol Chem, 279(33): 34770-34775.

Kim C H, Newton W E, Dean D R. 1995. Role of the MoFe protein alpha-subunit histidine-195 residue in FeMo-cofactor binding and nitrogenase catalysis. Biochemistry, 34(9): 2798-2808.

Kim J, Rees D C. 1992a. Crystallographic structure and functional implications of the nitrogenase molybdenum-iron protein from *Azotobacter vinelandii*. Nature, 360: 553-560.

Kim J, Rees D C. 1992b. Structural models for the metal centers in the nitrogenase molybdenum-iron protein. Science, 257(5077): 1677-1682.

Lanzilotta W N, Christiansen J, Dean D R, *et al.* 1998. Evidence for coupled electron and proton transfer in the [8Fe-7S] cluster of nitrogenase. Biochemistry, 37(36): 11376-11384.

Lee H I, Hales B J, Hoffman B M. 1997. Metal-ion valencies of the FeMo cofactor in CO-inhibited and resting state nitrogenase by ^{57}Fe Q-Band ENDOR. J Am Chem Soc, 119(47): 11395-11400.

Li J, Burris R H. 1983. Influence of pN_2 and pD_2 on HD formation by various nitrogenases. Biochemistry, 22(19): 4472-4480.

Liang J, Burris R H. 1988. Hydrogen burst associated with nitrogenase-catalyzed reactions. Proc Natl Acad Sci USA, 85(24): 9446-9450.

Lowery T J, Wilson P E, Zhang B, *et al.* 2006. Nitrogen fixation special feature: flavodoxin hydroquinone reduces *Azotobacter vinelandii* Fe protein to the all-ferrous redox state with a S=0 spin state. Proc Natl Acad Sci USA, 103(46): 17131-17136.

Mayer S M, Lawson D M, Gorma C A, *et al.* 1999. New insights into structure-function relationships in nitrogenase: a 1.6 Å resolution X-ray crystallographic study of *Klebsiella pneumoniae* MoFe-protein. J Mol Biol, 292(4): 871-891.

McLean P A, Dixon R A. 1981. Requirement of *nifV* gene for production of wild-type nitrogenase enzyme in *Klebsiella pneumoniae*. Nature, 292(5824): 655-656.

Nyborg A C, Erickson J A, Johnson J L, *et al.* 2000. Reactions of *Azotobacter vinelandii* nitrogenase using Ti (III) as reductant. J Inorg Biochem, 78(4): 371-381.

Nyborg A C, Johnson J L, Gunn A, *et al.* 2000. Evidence for a two-electron transfer using the all-ferrous Fe protein during nitrogenase catalysis. J Biol Chem, 275(50): 39307-39312.

Pickett C J, Vincent K A, Ibrahim S K, *et al.* 2003. Electron-transfer chemistry of the iron-molybdenum cofactor of nitrogenase: delocalized and localized reduced states of FeMo-co which allow binding of carbon monoxide to iron and molybdenum. Chem Eur J, 9(1): 76-87.

Rees D C. 2002. Great metalloclusters in enzymology. Annu Rev Biochem, 71: 221-246.

Rees D C, Howard J B. 2000. Nitrogenase: standing at the crossroads. Curr Opin Chem Biol, 4(5): 559-566.

Rees D C, Tezcan A F, Haynes C A, *et al.* 2005. Structural basis of biological nitrogen fixation. Philos Trans A Math Phys Eng Sci, 363: 971-984.

Scott D J, Dean D R, Newton W E. 1992. Nitrogenase-catalyzed ethane production and CO-sensitive hydrogen evolution from MoFe proteins having amino acid substitutions in an alpha-subunit FeMo cofactor-binding domain. J Biol Chem, 267(28): 20002-20010.

Shah V K, Brill W J. 1977. Isolation of an iron-molybdenum cofactor from nitrogenase. Proc Natl Acad Sci USA, 74(8): 3249-3253.

Shah V K, Imperial J, Ugalde R A, *et al.* 1986. *In vitro* synthesis of the iron-molybdenum cofactor of nitrogenase. Proc Natl Acad Sci USA, 83(6): 1636-1640.

Simpson F B, Burris R H. 1984. A nitrogen pressure of 50 atmospheres does not prevent evolution of hydrogen by nitrogenase. Science, 224(4653): 1095-1097.

Stiefel E I. 1977. The Mechanism of Nitrogen Fixation. *In*: Newton W E. Recent Development in Nitrogen Fixation. New York: Academic Press: 69-108.

Turner G L, Gibson A H. 1980. Measurement of nitrogen fixation by indirect means. *In*: Bergersen F J. Methods for Evaluating Biological Nitrogen Fixation. New York: John Wiley & Sons: 111-138.

Yang T C, Laryukhin M, Lee H I, *et al.* 2005. The interstitial atom of the nitrogenase FeMo-cofactor: ENDOR and ESEEM evidence that is not a nitrogen. J Am Chem Soc, 127(37): 2804-2805.

Zhang Z S, Wu B H, Li J L. 1992. Mechanism of H_2 evolution by nitrogenase. *In*: Palacios R, Mora J, Newton W E. New Horizons in Nitrogen Fixation. Dordrecht: Kluwer Academic Publishers: 154.

本文原载：科学通报, 2007, 52(10): 1141-1146.

Mutagenesis at α-423^{Ile} of MoFe Protein Reduces the Catalytic Activity of Nitrogenase in *Klebsiella oxytoca*[*]

Guo Qingjuan, Peng Tao, Chang Tianju, Zhang Gang, Jiang Wei, Li Ying, Li Jilun

(State Key Laboratory for Agrobiotechnology and College of Biological Sciences, China Agricultural University, Beijing, 100193, China)

Abstract

Nitrogenase catalyzes the ATP-dependent reduction of dinitrogen to ammonia, the central process of biological nitrogen fixation. The mechanism of electron transfer from the P-cluster to the iron-molybdenum cofactor (FeMo-cofactor) during the process of substrate reduction remains unclear. Based on our previous hypothesis, the dual pathway model, three mutants of *Klebsiella oxytoca* strain M5al (termed Nβ102A, Kα431H and Iα423P) were constructed to map the H^+/e^- transfer pathway, in which β-102^{Asn}, α-431^{Lys} and α-423^{Ile} of the molybdenum-iron (MoFe) protein of nitrogenases were replaced by alanine, histidine and proline, respectively. All three substitutions affected the diazotrophic growth, especially of the Iα423P strain with very low capability of diazotrophic growth and C_2H_2 reduction activity. In a 42 L fermenter, the Iα423P strain was induced to the maximal C_2H_2 reduction activity, which was only ~17% of that of M5al. However, the transcription level of the *nifD* gene was four-fold higher than that of the M5al strain, indicating that the low C_2H_2 reduction activity of Iα423P was not because of downregulation of *nifD* expression. The maximal C_2H_2 and H^+ reduction activities of the Iα423P MoFe protein were 11.8% and 21% of those of the wild-type MoFe protein, respectively. In conclusion, we propose that the changed properties of the Iα423P MoFe protein are related to the disruption of hydrogen-bond formation between α-423^{Ile} and homocitrate, and that α-423^{Ile} serves as a gate to the Mo site in FeMo-cofactor during the H^+/e^- transfer in nitrogenase.

Keywords

Klebsiella oxytoca, nitrogenase, H^+/e^- transfer, site-directed mutagenesis.

1. Introduction

Biological nitrogen fixation, the reduction of dinitrogen (N_2) to two ammonia (NH_3) molecules, is essential for the global nitrogen cycle and is only performed by prokaryotic microorganisms. To date, four enzyme systems have been isolated: molybdenum (Mo) nitrogenases, vanadium nitrogenases, iron-only nitrogenases and a superoxide-dependent nitrogenase from *Streptomyces thermoautotrophicus* (Ribbe *et al.*,

*This study was supported by the National Basic Research Program of China ("973" Program, 2010CB126504) and the Chinese Universities Scientific Fund (KYCX2011023). The authors are grateful to Dr. S. Anderson for English editing of the manuscript, and Dr. Zhao Dehua for helpful suggestions.

1997). Of these, the most common and best studied is the Mo-dependent nitrogenase, which consists of two components: Fe protein and MoFe protein. The structure of these components, both individually and in complex with each other, has been determined by X-ray crystallography. The Fe protein, which serves as a specific ATP-activated electron donor to the MoFe protein, is a γ_2 dimer (encoded by the *nifH* gene) covalently linked by a [4Fe-4S] cluster (Georgiadis *et al.*, 1992; Kim and Rees, 1992a). The MoFe protein, encoded by the *nifD* and *nifK* genes, is an $\alpha_2\beta_2$ tetramer containing two metal clusters (Kim and Rees, 1992b; Kim *et al.*, 1993; Mayer *et al.*, 1999): (i) iron-molybdenum cofactor (FeMo-cofactor) ([Mo-7Fe-9S-C-homocitrate]), which is the active center for N_2 binding and reduction (Einsle *et al.*, 2002; Yang *et al.*, 2005; Lancaster *et al.*, 2011; Spatzal *et al.*, 2011; Dance, 2012); (ii) P-cluster ([8Fe7S]), which acts as an intermediate electron acceptor and transfers electrons to FeMo-cofactor (Burris, 1991).

The polypeptides surrounding FeMo-cofactor provide the scaffold for FeMo-cofactor localization and play a significant role in the process of N_2/H^+ reduction by nitrogenases (Scott *et al.*, 1990). Studies on the three-dimensional (3D) crystal structure of nitrogenases from *Azotobacter vinelandii* have shown that FeMo-cofactor is anchored to the MoFe protein at both ends by α-275^{Cys} at the Fe atom and α-442^{His} at the Mo atom (Mayer *et al.*, 1999) (corresponding to α-273^{Cys} and α-440^{His} in the *Klebsiella oxytoca* nitrogenase). α-70^{Val} may act as a "gatekeeper" that controls substrate access to the Fe6 ion at the "waist" of FeMo-cofactor (Seefeldt and Hoffman, 2009; Yang *et al.*, 2011). Alteration of the homocitrate or amino acid mutation in the polypeptides surrounding FeMo-cofactor directly affects the catalytic properties of nitrogenase. In a *nifV* deletion mutant, the H_2 evolution process, catalyzed by MoFe protein with homocitrate replaced by citrate, is inhibited by carbon monoxide (CO) (McLean and Dixon, 1981; Liang *et al.*, 1990). Interestingly, when α-191^{Gln} was replaced by lysine, the process of H^+ reduction catalyzed by the altered MoFe protein was inhibited by CO, similarly to the *nifV*⁻ MoFe protein (Fisher *et al.*, 2000). When α-195^{His} was replaced by glutamine, the N_2-reducing ability of the altered MoFe protein was greatly decreased, but its H^+ reduction was not sensitive to CO (Kim *et al.*, 1995; Dilworth *et al.*, 1998). Zhao and Li (2004) introduced these α-195^{Gln} or α-191^{Lys} mutations (corresponding to α-194^{Gln} and α-190^{Lys} in the *K. oxytoca* nitrogenase) to the corresponding *nifV*$^-$ mutant in *K. oxytoca* M5al or *A. vinelandii* OP to further elucidate the roles of these sites in nitrogenase catalysis (Zhao and Li, 2004; Guan *et al.*, 2007). α-195^{His} and α-191^{Gln} are therefore presumed to be involved in proton delivery to the Fe ion in FeMo-cofactor (Dilworth *et al.*, 1998).

The reduction reaction catalyzed by nitrogenases requires a continuous electron transfer process from the 4Fe-4S cluster in the Fe protein to the FeMo-cofactor in the MoFe protein, coupled with MgATP hydrolysis and component protein association/dissociation. Many models have been proposed in recent years based on biochemical and structural studies, and theoretical calculations (Sykes, 1999; Danyal *et al.*, 2011). However, several features of the basic catalytic mechanism remain unknown, including the exact site (s) of N_2/H^+ reduction and the detailed pathway of electron transfer (Rees and Howard, 2000; Smith, 2002; Hoffman *et al.*, 2009; Seefeldt and Hoffman, 2009). The stoichiometric equation of the overall nitrogen fixation reaction also remains controversial (Hadfield and Bulen, 1969; Rees and Howard, 1999). According to the generally accepted theoretical formula ($N_2 + 8H^+ + 8e^- + 16MgATP \rightarrow 2NH_3 + H_2 + 16MgADP + 16Pi$), 1 mol of H_2 is released when 1 mol of N_2 is reduced by nitrogenases, implying that 25% of the total electron flux is used for H^+ reduction. However, 27% of the total electron flux was still used for H^+ reduction when N_2 pressure (pN_2) reached 50 atmospheres (Simpson and Burris, 1984). Zhang *et al.* (1992, 1993) assayed the kinetic relationship between N_2 reduction and H^+ production using three Mo-dependent nitrogenases (purified from *K. oxytoca* M5al, *A. vinelandii* OP and *Clostridium pasteurianum* W5) under various pN_2 conditions. According to their modified theoretical equation, the percentage of electrons used for H^+ reduction approaches 25% of total electron flux only as pN_2 approaches infinity. Because pN_2 never approaches infinity, the ratio will always exceed 25% under normal atmospheric conditions (Zhang *et al.*, 1992, 1993) There are indications that another site for H^+ reduction exists independently of that for replacement hydrogen formation during the process of nitrogen reduction (Li and Burris, 1983) and that there are two parallel H^+/e^- entries to the active FeMo-cofactor.

Zhao and Li (2004) described the N_2 and H^+ catalytic properties of these altered dinitrogenases, in which the essential residues α-195^{Gln} and α-191^{Lys} were replaced in *K. oxytoca* M5al and *A. vinelandii* OP, and in the corresponding *nifV*⁻ mutant, and proposed two parallel electron pathways for transfer from the P-cluster to FeMo-cofactor (Zhao and Li, 2004; Guan *et al.*, 2007): (i) P-cluster → α-62^{Cys} → α-61^{Gly} → α-191^{Gln} → α-195^{His} → S2B (electrons are transferred to S2B and eventually into FeMo-cofactor for N_2 reduction); (ii) from the P-cluster *via* α-helices (composed of unknown residues) to the long arm of homocitrate in FeMo-cofactor.

To reveal the unknown electron transfer pathways, alteration of nitrogenases by site-directed mutagenesis and analysis of the catalytic properties of altered nitrogenases are still powerful methods. In the present study, we investigated the second H^+/e^- transfer pathway mentioned above by separately replacing the residues β-102^{Asn}, α-431^{Lys} and α-423^{Ile} with alanine, histidine and proline, respectively, in the *K. oxytoca* M5al nitrogenase. In shake flask culture assays, the Iα423P mutant displayed poor diazotrophic growth with much lower C_2H_2 reduction activity than did the other mutants. We then examined the C_2H_2 reduction activity and expression level of the Iα423P *nifD* gene in a 42 L fermenter culture, and assayed the catalytic properties of the Iα423P MoFe protein to elucidate the mechanism of nitrogenase catalysis.

2. Materials and Methods

2.1 Strains and the construction of mutants

K. oxytoca M5al was provided by Prof. Robert H. Burris (Dept. of Biochemistry, University of Wisconsin-Madison, WI, USA). *K. oxytoca* UNF837, a *nifV*-deletion mutant, was provided by Dr. Jufu Huang (Institute of Botany, Chinese Academy of Sciences, Beijing, China).

Three mutants, Nβ102A, Kα431H and Iα423P, were constructed by replacing the residues β-102^{Asn}, α-431^{Lys} and α-423^{Ile} of the M5al nitrogenase with alanine, histidine and proline, respectively, following the method of Zhao and Li (2004). In brief, site-directed mutagenesis (using the QuikChange II Site-Directed Mutagenesis Kit; Stratagene, La Jolla CA, USA) was performed *in vitro*, and the *nif* genes were subcloned separately into suicide vector pGPCm (Zhao and Li, 2004), and then transformed into *K. oxytoca* M5al by bacterial conjugation. Mutants were selected by PCR detection following continuous incubation for >100 generations, and the presence of the desired change (s) was confirmed by DNA sequencing. The strains and primers used for the site-directed mutagenesis are listed in Tables 1 and 2.

Table 1 Strains used

Strain	Gene/Description	Source
M5al	wild-type, Ap^r	Lab of Prof. R. H. Burris
UNF837	M5al derived strain, *nifV*::Kan, Ap^r Km^r	Lab of Dr. Huang Jufu
Nβ102A	*nifK*-Nβ102A mutant, Ap^r	present study
Kα431H	*nifD*-Kα431H mutant, Ap^r	present study
Iα423P	*nifD*-Iα423P mutant, Ap^r	present study

Table 2 Primers used

Name	Sequence	Application
pSD-102AF	CTTTCGCACCTATTTTGCTCGCCATTTC	Nβ102A site-directed mutagenesis
pSD-102AR	GAAATGGCGAGCAAAATAGGTGCGAAAG	
pSD-431HF	GAAAAATATATCTTCCAGCACATGGGCGTG	Kα431H site-directed mutagenesis
pSD-431HR	CACGCCCATGTGCTGGAAGATATATTTTTC	
pSD-423PF	GGCTCCGGCCCTAAGGAAAAATATATCTTC	Iα423P site-directed mutagenesis
pSD-423PR	GAAGATATATTTTTCCTTAGGGCCGGAGCC	
primer *nifD*-F	TCATCGGCGACTACAACA	qRT-PCR (*nifD*)
primer *nifD*-R	TCCATCCACGGAATCTGA	
primer *groES*-F	ATCATCGCTGTCGGTAAGG	qRT-PCR (*groES*)
primer *groES*-R	TGCCAGAATGTCGCTTTC	

2.2 Diazotrophic growth and C_2H_2 reduction activity

The wild-type (WT) and mutant strains were cultured on plates and inoculated separately in 10 ml Hino-Wilson liquid medium (Turner and Gibson, 1980). When NH_4^+ in the medium was nearly depleted, the cells were collected by centrifugation, suspended in 30 ml nitrogen-free Hino-Wilson medium, and cultured at 30℃ in a N_2 atmosphere. The cell density was tested every 4 h after inoculation to evaluate diazotrophic growth.

After 8 h of culture, C_2H_2 reduction activity was measured at 6 h intervals by the method of Li and Burris (1983). Reactions were conducted in 10 ml vials with 1 ml cell suspension for 30 min at 30℃ in a 90% Ar/10% C_2H_2 atmosphere. A 100 μl gas sample from each vial was analyzed by gas chromatography (model GC522; Wufeng Scientific Instruments, Shanghai, China; GDX-502 column, FID detector, carrier gas nitrogen, column temperature 70℃, detector temperature 150℃).

2.3 Fermentation

WT and Iα423P cells were cultured in a 42 L fermenter (Biostat, B. Braun biotech international GmbH, Gottingen, Germany) as described previously (Zhao and Li, 2004; Guan *et al.*, 2007). NH_4Ac (1 mmol/L) and Arg-HCl (1 g/L) were added to induce nitrogenase expression, and C_2H_2 reduction activity was assayed as described in section 2.2 at 2 h intervals.

2.4 Quantitative real-time PCR assay of *nifD* gene expression

Total RNA was prepared from fermentation samples at the exponential phase and the maximal activity point of the reductive activity using an RNA Prep Pure Cell/Bacteria kit (Tiangen Biotech, Beijing, China). Reverse transcription was performed using M-MLV reverse transcriptase (Promega, Madison, WI, USA). Quantitative real-time PCR (qRT-PCR) amplification was performed using a Light Cycler 480 instrument II SYBR Green I Master kit (Roche, Mannheim, Germany) according to the manufacturer's instructions. For each oligonucleotide pair, one run included at least three independent cDNA samples. The chaperone encoded gene *groES* was used as a control gene. The relative fold change in mRNA level was quantified using the $2^{-\Delta\Delta C_t}$ method (Livak and Schmittgen, 2001) normalized against the *groES* transcript level. The PCR oligonucleotide primers are listed in Table 2.

2.5 Nitrogenase purification, and C_2H_2 and H^+ reduction assays

MoFe protein and Fe protein were purified to homogeneity by sequential fractionation using DEAE-cellulose anion exchange chromatography and preparative electrophoresis (Turner and Gibson, 1980; Li and Burris, 1983). C_2H_2 and H^+ reduction reactions were performed in 10 ml vials with gas-tight stoppers under a 90% Ar/10% C_2H_2 and 100% Ar atmospheres, respectively. MoFe protein activities were measured for various ratios of WT Fe proteins. Reactions were terminated after 30 min by addition of 0.2 ml of 30% (*V*/*V*) trichloroacetic acid. The product C_2H_4 was assayed as described in section 2.2. H_2 was assayed by gas chromatography equipped with 5 Å molecular sieve column (TCD detector, carrier gas argon, column temperature 70℃, detector temperature 150℃).

3. Results

3.1 Construction of site-directed mutants

Mutation sites and their interactions with other residues are illustrated in Fig. 1. The mutation strategy was to weaken or block hydrogen bond formation between residues without altering the primary structure of the nitrogenases. Analysis of the catalytic activity of the altered nitrogenases may provide more information on H^+/e^- transfer. Three mutants, Nβ102A, Kα431H and Iα423P, were selected by PCR, and the presence of the desired genomic change (s) without other misplaced mutations was confirmed by DNA sequencing.

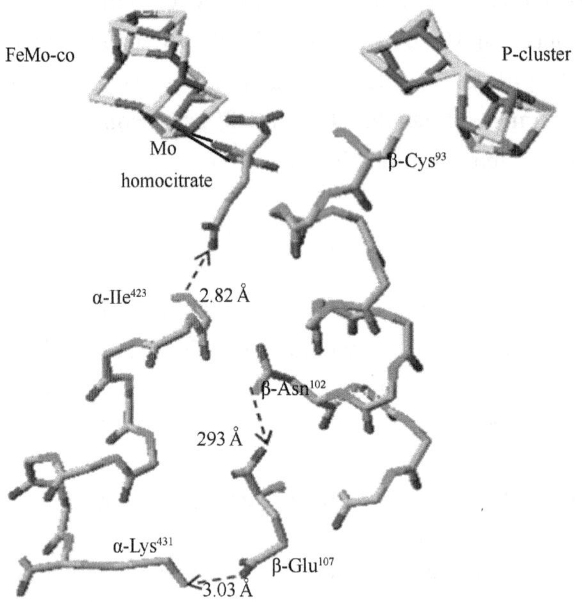

Fig. 1 Sites for site-directed mutagenesis in the α/β subunits of MoFe protein
(Color figure in the two-dimensional code at the back cover)

The predicted H^+/e^- pathway: P-cluster → β-93^{Cys} → β-102^{Asn} → β-107^{Glu} → α-431^{Lys} → α-423^{Ile} → homocitrate (long arm). Atom colors are C in gray, N in green, O in red, S in yellow and Mo/Fe in black. Analysis by SPDBV4.01 software; PDB ID: 1QGU

3.2 Diazotrophic growth and C_2H_2 reduction activity

The Iα423P mutant maintained a low cell density under diazotrophic conditions during the initial 30 h of culture and then underwent lysis. This diazotrophic growth was even lower than that of UNF837 (*nifV*⁻ mutant). The

WT M5al grew more rapidly following an adaptation period and continued growing even after 34 h (Fig. 2a). The growth patterns of Nβ102A and Kα431H mutants were similar to that of M5al, except for a slight time lag.

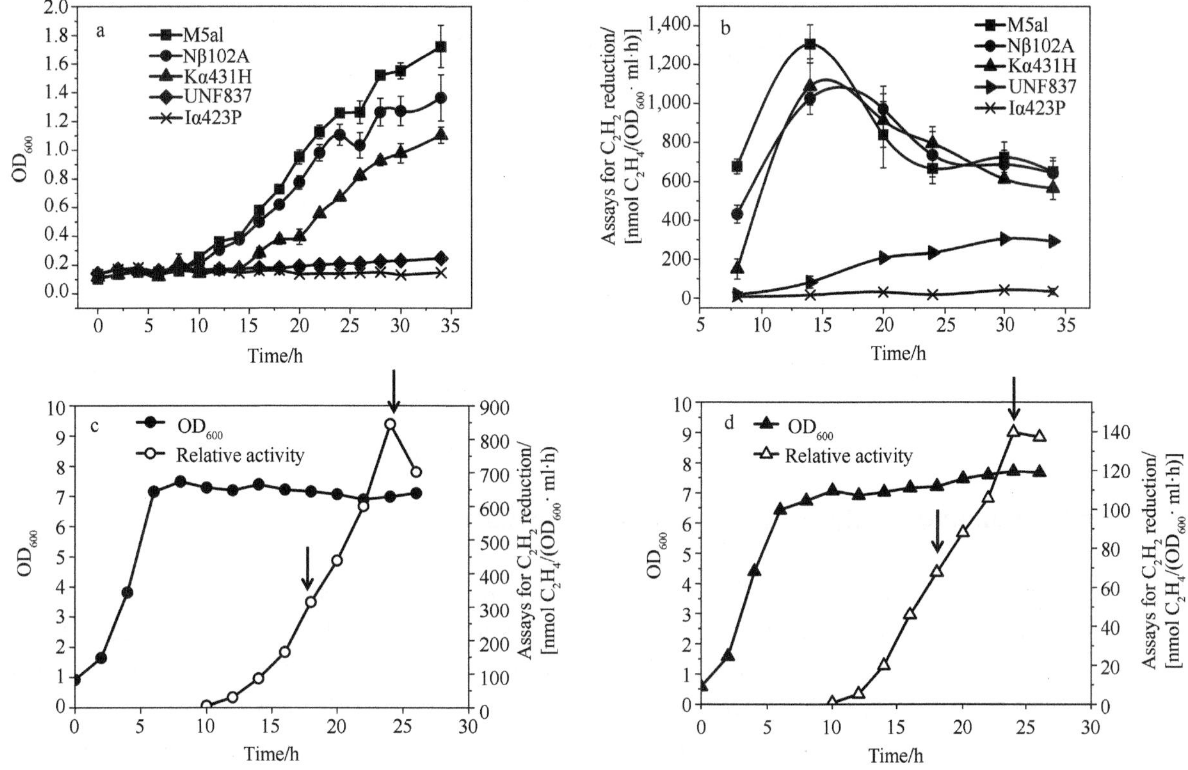

Fig. 2 Anaerobic culture in flasks (a, b) and a 42 L fermenter (c, d)

a. Diazotrophic growth in flasks; b. C_2H_2 reduction assays during shake flask culture; c. M5al fermentation growth and C_2H_2 reduction assay; d. Iα423P fermentation growth and C_2H_2 reduction assay. Arrows, sampling points for qRT-PCR analysis

The C_2H_2 reduction activity catalyzed by Iα423P remained low, with a maximal value of only 14%~17% of that of UNF837 (Fig. 2b). The C_2H_2 reduction activities of Nβ102A and Kα431H were slightly lower than that of the WT, but clearly higher than those of UNF837 and Iα423P.

Iα423P was the only strain that displayed significantly reduced diazotrophic growth and catalytic ability to reduce C_2H_2. We therefore focused on Iα423P to investigate the role of the α-423^{Ile} site in the H^+/e^- transfer.

3.3 Fermentation

NH_4^+ in the medium was nearly depleted after 6 h of fermenter culture. The C_2H_2 reduction activity of M5al increased rapidly, reached a peak of 845 nmol $C_2H_4/(OD_{600}$·ml·min), and then declined rapidly (Fig. 2c). Iα423P grew steadily and had a C_2H_2 reduction activity peak of 140 nmol $C_2H_4/(OD_{600}$·ml·min) (Fig. 2d).

3.4 qRT-PCR

To investigate the effect of residue substitution on the transcription of related genes, the transcription level of the *nifD* gene was analyzed by qRT-PCR at the sampling points shown in Fig. 2c and Fig. 2d.

nifD expression in Iα423P was 4.54-fold higher than that in the WT at the rapid increase phase of catalytic activity, whereas this ratio was 3.8 at the point of maximal reductive activity (Fig. 3). Thus, the low C_2H_2

reduction activity of Iα423P was not because of inhibition of gene transcription resulting from residue substitution, but may have been caused by decreased catalytic activity of the enzyme itself.

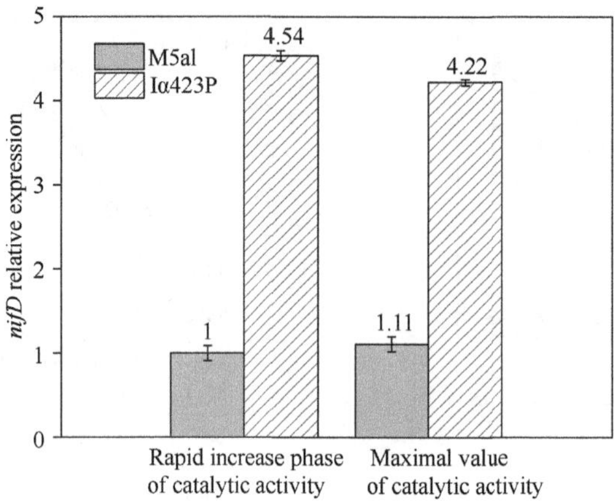

Fig. 3 *nifD* gene expression in M5al and Iα423P assayed by qRT-PCR

3.5 Purification and catalytic properties of nitrogenases

MoFe proteins and Fe proteins were obtained by sequential anion exchange chromatography and preparative electrophoresis. The homogeneity of the purified proteins was confirmed by SDS-PAGE (Fig. 4a and Fig. 4b). None of the purified components displayed H_2 production, *i.e.*, they fulfilled the criteria for the subsequent analysis. The maximal C_2H_2 reduction activity of the Iα423P MoFe protein [145 nmol C_2H_4/(mg·min)] was much lower (~11.8%) than that of M5al [1,220 nmol C_2H_4/(mg·min); Fig. 4c]. The maximal H^+ reduction activities of the Iα423P and M5al MoFe proteins were 218 nmol H_2/(mg·min) and 1,051 nmol H_2/(mg·min), respectively (Fig. 4d).

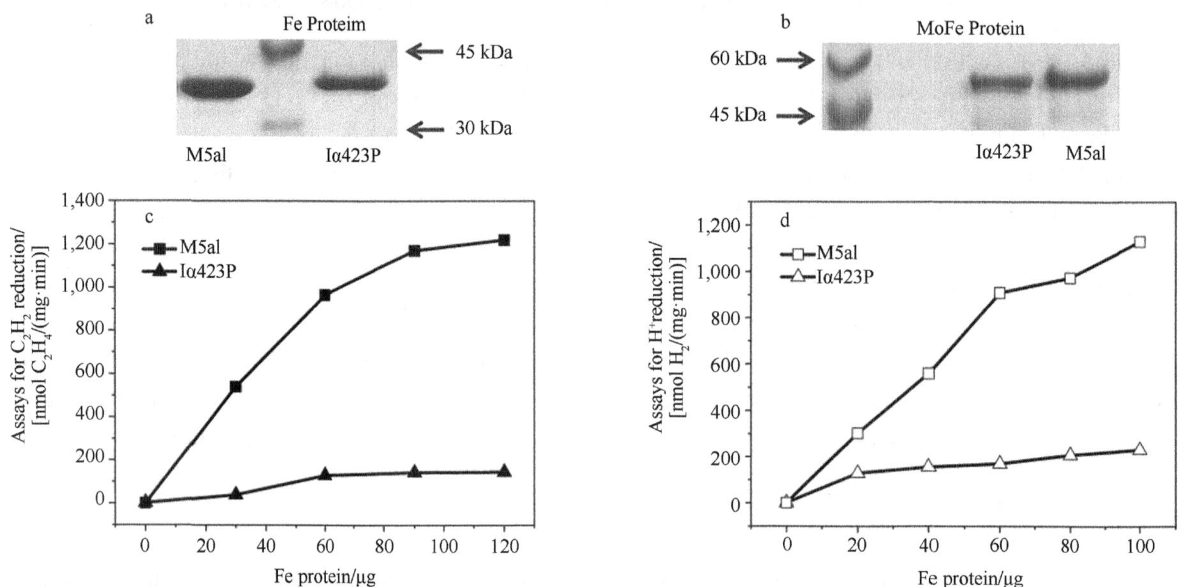

Fig. 4 Purification of nitrogenases and reduction activity assays of MoFe proteins

SDS-PAGE analysis of the purity of Fe-proteins (a) and MoFe-proteins (b). Maximal C_2H_2 reduction activity (c) and H^+ reduction activity (d) of MoFe proteins

4. Discussion

4.1 Residues in the second H^+/e^- transfer pathway

The residue substitution strategy employed in this study was intended to break or weaken the potential electron transfer pathway of nitrogenases without altering their 3D structure. The transfer pathway illustrated in Fig. 1, based on bioinformatics prediction, runs from β-93^{Cys} to the long arm of homocitrate. The β-93^{Cys} residue, covalently linked to the P-cluster, is located in a α-helix (β92~β105). Electrons from the P-cluster could easily pass through this α-helix and continue transferring, suggesting that the β-subunit of the MoFe protein may play a functional role in electron transfer as well as the maintenance of symmetrical structure.

The residues that potentially interact with the long arm (—$CH_2CH_2COO^-$) of homocitrate can be investigated by SPDBV4.01 software to draw a circle with the O_3 or O_4 of homocitrate as the center and 3.5 Å as the radius. In this model, the amino acid α-423^{Ile} has the unique ability to form a strong hydrogen bond with homocitrate, whereas other residues are unable to interact directly with O_3/O_4 of the long arm at distances >3.5 Å. The distance between the skeleton N atom of α-423^{Ile} and the —$CH_2CH_2COO^-$ arm of homocitrate is 2.82 Å in *K. oxytoca* (Fig. 1), compared with 2.84~2.89 Å in *A. vinelandii.* The α-423^{Ile} residue is located at the end of the α-helix (α423~α431) in the α-subunit of the MoFe protein, in which the skeleton N atom can interact with homocitrate but cannot form a hydrogen bond within the α423~α431 helix. α-423^{Ile} is therefore the most suitable amino acid among the peptides surrounding homocitrate to serve as a H^+/e^- gate into FeMo-cofactor during nitrogen fixation. This residue is one of the most highly conserved amino acids surrounding FeMo-cofactor in the Mo-nitrogenases (Durrant *et al.*, 2006).

The amino acid residue β-107^{Glu} is located within a random coil between two α-helices (β92~β105 and β119~β122) in the β-subunit, in which the skeleton O is 2.93 Å from the N atom of the β-102^{Asn} side chain and the OE1 atom is 3.03 Å from the N atom of the α-431^{Lys} side chain. β-107^{Glu} may therefore serve as a linkage point to both the β92-β105 and α423~α431 helices, which comprise a second H^+/e^- delivery pathway from the P-cluster to homocitrate. The complete pathway is P-cluster → β-93^{Cys} → β-102^{Asn} → β-107^{Glu} → α-431^{Lys} → α-423^{Ile} → homocitrate (long arm O_4) → FeMo-cofactor (Mo site).

Because the OE2 atom of the β-107^{Glu} side chain is chelated with a Mg^{2+} ion, which links the two β subunits by four covalent bonds, β-107^{Glu} is not an appropriate choice for an alternative site. We therefore substituted the residues β-102^{Asn}, α-431^{Lys} and α-423^{Ile} with alanine, histidine and proline, respectively, to weaken or break the interactions with surrounding amino acids and provide more information regarding the second H^+/e^- transfer pathway.

4.2 The role of α-423^{Ile} in the process of substrate reduction

In anaerobic shake flask culture, only the Iα423P mutant displayed low diazotrophic growth and C_2H_2 reduction activity. In the 42 L fermenter culture, the maximal C_2H_2 reduction activity catalyzed by Iα423P was ~17% of the corresponding value for M5al. The transcription level of *nifD* in Iα423P was 3.8~4.5-fold higher than that in M5al, indicating that the reduced C_2H_2 reduction activity of Iα423P was not because of suppression of *nifD* gene expression. The maximal C_2H_2-reducing ability of the Iα423P MoFe protein was only 11.8% of that of the WT MoFe protein, whereas the maximal H^+-reducing ability of the Iα423P MoFe protein was 21% of that of the WT MoFe protein. These properties of the Iα423P MoFe protein may be related to blocking hydrogen bond formation between α-423^{Ile} and homocitrate.

Proline is unique among the protein-forming amino acids, as the amine nitrogen is bound to not one but two alkyl groups and there is no other H atom with which proline can form a hydrogen bond with other residues in a peptide. Proline is therefore the only possible substitute for α-423^{Ile} to break the hydrogen bond with homocitrate. The residue substitution in Iα423P should theoretically have a similar effect on hydrogen bond formation as the *nifV* deletion in UNF837, in which the methylene group is shortened in the long arm of homocitrate. This concept is supported by the low C_2H_2 reduction activity of Iα423P observed in the shake flask culture and large-scale fermentation. The maximal C_2H_2- and H^+-reducing abilities of the Iα423P MoFe protein were only 11.8% and 21% of the corresponding values of the M5al MoFe protein. These findings suggest that α-423^{Ile} near the active center plays a key role in the process of nitrogen fixation.

Additionally, it has been proposed that the long carboxylate arm of homocitrate is part of a second electron transfer pathway (Guan *et al.*, 2007). Structural analysis has indicated that this arm can form direct or indirect hydrogen bonds with certain residues. When the α-426^{Lys} of *A. vinelandii* was replaced by a residue such as arginine, the altered MoFe protein displayed characteristics similar to those of the *nifV*$^-$ MoFe protein. The substitution of α-426^{Lys} in *A. vinelandii* by 11 different residues disrupted to varying degrees the interaction between α-425^{Ile} (equivalent to α-423^{Ile} in *K. oxytoca*) and homocitrate (Durrant *et al.*, 2006).

We propose that α-423^{Ile} is located in the second H^+/e^- pathway and serves as a gate to the long arm of homocitrate in the active center. H^+/e^- are transferred from β-93^{Cys}, which is covalently linked to the P-cluster, *via* unknown residues to α-423^{Ile}, and finally through the long arm of homocitrate into the Mo atom of FeMo-cofactor (Fig. 5).

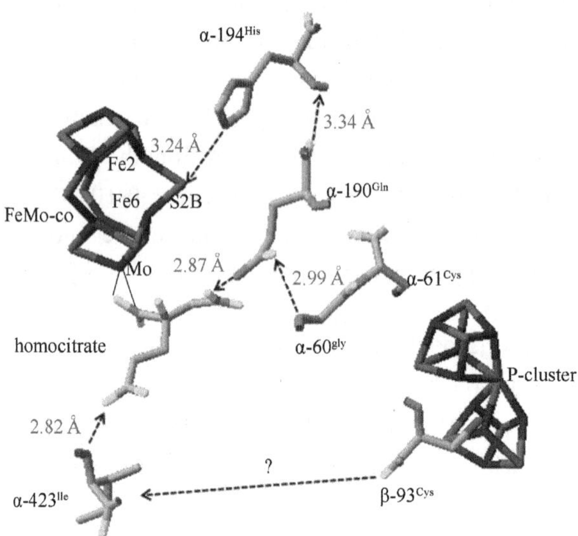

Fig. 5 Proposed function of α-423^{Ile} as a gate for H^+/e^- transfer to the long arm of homocitrate

(Color figure in the two-dimensional code at the back cover)

Conventions as in Fig. 1 except that yellow=O and purple=S

References

Burris R H. 1991. Nitrogenases. J Biol Chem, 266(15): 9339-9342.

Dance I. 2012. Ramifications of C-centering rather than N-centering of the active site FeMo-co of the enzyme nitrogenase. Dalton Trans, 41(16): 4859-4865.

Danyal K, Dean D R, Hoffman B M, *et al.* 2011. Electron transfer within nitrogenase: evidence for a deficit-spending mechanism. Biochemistry, 50(43): 9255-9263.

Dilworth M J, Fisher K, Kim C H, *et al.* 1998. Effects on substrate reduction of substitution of histidine-195 by glutamine in the alpha-subunit of the MoFe protein of *Azotobacter vinelandii* nitrogenase. Biochemistry, 37(50): 17495-17505.

Durrant M C, Francis A, Lowe D J, *et al.* 2006. Evidence for a dynamic role for homocitrate during nitrogen fixation: the effect of substitution at the α-Lys426 position in MoFe-protein of *Azotobacter vinelandii*. Biochem J, 397(2): 261-270.

Einsle O, Tezcan F A, Andrade S L A, *et al.* 2002. Nitrogenase MoFe protein at 1.16 Å resolution: a central ligand in the FeMo-cofactor. Science, 297(5587): 1696-1700.

Fisher K, Dilworth M J, Newton W E. 2000. Differential effects on N_2 binding and reduction, HD formation, and azide reduction with α-195(His)- and α-191(Gln)-substituted MoFe proteins of *Azotobacter vinelandii* nitrogenase. Biochemistry, 39(50): 15570-15577.

Georgiadis M M, Komiya H, Chakrabarti P, *et al.* 1992. Crystallographic structure of the nitrogenase iron protein from *Azotobacter vinelandii*. Science, 257(5077): 1653-1659.

Guan F, Zhao D H, Pan M, *et al.* 2007. Analysis of active sites for N_2 and H^+ reduction on FeMo-cofactor of nitrogenase. Chin Sci Bull, 52(15): 2088-2094.

Hadfield K L, Bulen W A. 1969. Adenosine triphosphate requirement of nitrogenase from *Azotobacter vinelandii*. Biochemistry, 8(12): 5103-5108.

Hoffman B M, Dean D R, Seefeldt L C. 2009. Climbing nitrogenase: towards a mechanism of enzymatic nitrogenase fixation. Acc Chem Res, 42(5): 609-619.

Kim C H, Newton W E, Dean D R. 1995. Role of the MoFe protein alpha-subunit histidine-195 residue in FeMo-cofactor binding and nitrogenase catalysis. Biochemistry, 34(9): 2798-2808.

Kim J, Rees D C. 1992a. Structural models for the metal centers in the nitrogenase molybdenum-iron protein. Science, 257(5077): 1677-1682.

Kim J, Rees D C. 1992b. Crystallographic structure and functional implications of the nitrogenase molybdenum-iron protein from *Azotobacter vinelandii*. Nature, 360(6404): 553-560.

Kim J, Woo D, Rees D C. 1993. X-ray crystal structure of the nitrogenase molybdenum-iron protein from *Clostridium pasteurianum* at 3.0 Å resolution. Biochemistry, 32(28): 7104-7115.

Lancaster K M, Roemelt M, Ettenhuber P, *et al.* 2011. X-ray emission spectroscopy evidences a central carbon in the nitrogenase iron-molybdenum cofactor. Science, 334(6058): 974-977.

Li J L, Burris R H. 1983. Influence of pN_2 and pD_2 on HD formation by various nitrogenases. Biochemistry, 22(19): 4472-4480.

Liang J, Madden M, Shah V K, *et al.* 1990. Citrate substitutes for homocitrate in the nitrogenase of a *nifV* mutant of *Klebsiella pneumoniae*. Biochemistry, 29(37): 8577-8581.

Livak K J, Schmittgen T D. 2001. Analysis of relative gene expression data using real-time quantitative PCR and the 2(-Delta Delta C(T)) method. Methods, 25(4): 402-408.

Mayer S M, Lawson D M, Gormal C A, *et al.* 1999. New insights into structure-function relationships in nitrogenase: a 1.6 Å resolution X-ray crystallographic study of *Klebsiella pneumoniae* MoFe-protein. J Mol Biol, 292(4): 871-891.

McLean P A, Dixon R A. 1981. Requirement of *nifV* gene for production of wild-type nitrogenase enzyme in *Klebsiella pneumoniae*. Nature, 292(5824): 655-656.

Rees D C, Howard J B. 1999. Structural bioenergetics and energy transduction mechanisms. J Mol Biol, 293(2): 343-350.

Rees D C, Howard J B. 2000. Nitrogenase: standing at the crossroads. Curr Opin Chem Biol, 4(5): 559-566.

Ribbe M, Gadkari D, Meyer O, *et al.* 1997. N_2 fixation by *Streptomyces thermoautotrophicus* involves a molybdenum-dinitrogenase and a manganese-superoxide oxidoreductase that couple N_2 reduction to the oxidation of superoxide produced from O_2 by a molybdenum-CO dehydrogenase. J Biol Chem, 272(42): 26627-26633.

Scott D J, May H D, Newton W E, *et al.* 1990. Role for the nitrogenase MoFe protein α-subunit in FeMo-cofactor binding and catalysis. Nature, 343(6254): 188-190.

Seefeldt L C, Hoffman B M, Dean D R. 2009. Mechanism of Mo-dependent nitrogenase. Annu Rev Biochem, 78: 701-722.

Simpson F B, Burris R H. 1984. A nitrogen pressure of 50 atmospheres does not prevent evolution of hydrogen by nitrogenase. Science, 224(4653): 1095-1097.

Smith B E. 2002. Nitrogenase reveals its inner secrets. Science, 297(5587): 1654-1655.

Spatzal T, Aksoyoglu M, Zhang L, *et al.*, 2011. Evidence for interstitial carbon in nitrogenase FeMo cofactor. Science, 334(6058): 940.

Sykes A G, Cammack R.1999. Advances in inorganic chemistry. London: Academic Press: 159-218.

Turner G L, Gibson A H. 1980. Measurement of nitrogen fixation by indirect means. *In*: Gergerson F J. Methods for Evaluating

Biological Nitrogen Fixation. New York: John Wiley & Sons: 112-125.

Yang T C, Maeser N K, Laryukhin M, *et al.* 2005. The interstitial atom of the nitrogenase FeMo-cofactor: ENDOR and ESEEM evidence that is not a nitrogen. J Am Chem Soc, 127(37): 12804-12805.

Yang Z Y, Danyal K, Seefeldt L C. 2011. Mechanism of Mo-dependent nitrogenase. Methods Mol Biol, 766: 9-29.

Zhang Z S, Wu B H, Li J L. 1993. Mechanism of H_2 evolution by nitrogenase. Acta Microbiol Sin (in Chinese), 33(5): 320-330.

Zhang Z S, Wu B H, Li J L. 1992. Mechanism of H_2 evolution by nitrogenase. *In*: Palacios R, Mora J, Newton W E. New Horizons in Nitrogen Fixation. Dordrecht: Kluwer Academic Publishers: 154.

Zhao D H, Li J L. 2004. Construction and characterization of double mutants in nitrogenase of *Klebsiella pneumoniae*. Chin Sci Bull, 49(16): 1707-1713.

本文原载: Chin Sci Bull, 2014, 59(9): 849-856.

α-Lys^{424} Participates in Insertion of FeMo-co to MoFe Protein and Maintains Nitrogenase Activity in *Klebsiella oxytoca* M5al*

Lina Song[1], Pengxi Liu[1], Wei Jiang[1], Qingjuan Guo[1], Chunxi Zhang[2], Abdul Basit[1], Ying Li[1], Jilun Li[1]

(1. State Key Laboratory of Agrobiotechnology, College of Biological Sciences, China Agricultural University, Beijing, China; 2. Laboratory of Photochemistry, Institute of Chemistry, Chinese Academy of Sciences, Beijing, China)

Abstract

Our previous investigation of substrates reduction catalyzed by nitrogenase suggested that α-Ile^{423} of MoFe protein possibly functions as an electron transfer gate to Mo site of active center—"FeMo-co". Amino acid residue α-Lys^{424} connects directly to α-Ile^{423}, and they are located in the same α-helix (α423~α431). In the present study, function of α-Lys^{424} was investigated by replacing it with Arg (alkaline, like Lys), Gln (neutral), Glu (acidic) and Ala (neutral) through site-directed mutagenesis and homologous recombination. The mutants were respectively termed 424R, 424Q, 424E, and 424A. Studies of diazotrophic cell growth, cytological and enzymatic properties indicated that none of the substitutions altered secondary structure of MoFe protein, or normal expression of *nifA*, *nifL and nifD*. Substitution of alkaline amino acid (*i.e.*, 424R) maintained acetylene (C_2H_2) and proton (H^+) reduction activities at normal levels similar to that of wild-type, because of its FeMo-co content did not reduce. In contrast, substitution of acidic or neutral amino acid (*i.e.*, 424Q, 424E, 424A) impaired the catalytic activity of nitrogenase to varying degrees. Combination of MoFe protein structural simulation and results of a series of experiments, the function of α-Lys^{424} in ensuring insertion of FeMo-co to MoFe protein was further confirmed, and the contribution of α-Lys^{424} to maintain low potential of the microenvironment to efficient catalytic activity of nitrogenase was demonstrated.

Keywords

Klebsiella oxytoca, nitrogenase, MoFe protein, α-Lys^{424}, FeMo-co.

1. Introduction

Nitrogen can be utilized only in combined forms, created by "nitrogen fixation". Biological nitrogen fixation depends on nitrogenase (Davis, 2002). Nitrogenase reduces dinitrogen (N_2) to ammonia (NH_3) at

*This study was supported by the National Basic Research Program of China (2010CB126504) and the Project for Extramural Scientists of State Key Laboratory of Agrobiotechnology (2012SKLAB01-2 and 2016SKLAB-7). The authors are grateful to Professors Yafei Lu and Wendan Chu (Tsinghua University) for helping with CD spectroscopy methods, to Drs. Dehua Zhao and Xu Wang for helpful suggestions, and to Dr. S. Anderson for English editing of the manuscript.

normal ambient temperature and pressure (Rees, 1993; Milton *et al.*, 2017).

Various types of nitrogenase are present in different microorganisms (Bishop *et al.*, 1980; Eady *et al.*, 1988; Joerger *et al.*, 1990). Mo-dependent nitrogenase is the most widely studied and composed by Fe protein (NifH; ~70 kDa) and MoFe protein (NifDK; ~240 kDa) (Bulen *et al.*, 1966; Burgess and Lowe, 1996; Einsle *et al.*, 2002). Fe protein is a γ_2 dimer containing a [4Fe-4S] cluster, the original electron acceptor of nitrogenase (Georgiadis *et al.*, 1992; Kim and Rees, 1992). MoFe protein is a $\alpha_2\beta_2$ tetramer and composed of two metal clusters: P-cluster ([8Fe-7S] cluster) and FeMo-co ("FeMo-cofactor"; 7Fe-9S-C-Mo-homocitrate) (Gemoets *et al.*, 1989; Rees, 1993; Mayer *et al.*, 1999). FeMo-co is the active center of nitrogenase, and it is the most sophisticated metal cluster in the organisms. Its structure was not fully elucidated until 2011, when the light atom in the central cavity was confirmed to be a C-atom by several methods (Lancaster *et al.*, 2011; Spatzal *et al.*, 2011). FeMo-co is anchored to MoFe protein *via* the covalent bonding with α-Cys^{273} and α-His^{440}, and surrounded by a series of residues (Kim *et al.*, 1995; Igarashi and Seefeldt, 2004; Yang *et al.*, 2011). Homocitrate is positioned at the Mo terminal of FeMo-co, and plays a key role in nitrogenase activity (Mayer *et al.*, 2002).

Major research process had been made, particularly in regard to nitrogenase structure and the reduction of non-biological substrates (Lancaster *et al.*, 2011; Sippel and Einsle, 2017). However, several major points remain unclear. Nitrogen reduction requires MgATP supplementation to Fe protein during every catalytic cycle (Danyal *et al.*, 2011). But it is unclear how many MgATPs requires to pass one electron. The nitrogen binding site on FeMo-co remains controversial because of the difficulty of tracking the route for binding (De *et al.*, 2017; Sickerman *et al.*, 2017). A series of Mo-dependent compounds have been synthesized for evaluation of Mo-site or Fe-site complexation hypotheses (Ryle *et al.*, 2000; Paul *et al.*, 2003; Lee *et al.*, 2016). Our focus here is mainly on electron and proton transfer during the process of nitrogenase-catalyzed substrates reduction.

H_2 production is obligately coupled with N_2 fixation. N_2 replaces H_2 when it binds to reduced FeMo-co, and N_2/H_2 molar ratio of is 1∶1. In fact, H_2 production is correlated with N_2 partial pressure, and always exceeds N_2 fixation amount (Simpson and Burris, 1984). High H_2 amount and H_2 burst phenomenon indicate existence of two electron or proton transfer pathways between P-cluster and FeMo-co: one to Fe-site and one to Mo-site (Liang and Burris, 1988). Fe-site accepts electrons to reduce N_2, with associated H_2 production. A proposed pathway was confirmed in Gram-negative strains *Klebsiella oxytoca* and *Azotobacter vinelandii* respectively (Zhao and Li, 2004; Guan *et al.*, 2007). Mo-site accepts electrons to reduce protons to H_2. α-Ile^{423} may act as a gate for electron transfer to Mo-site, as proposed in our previous study (Guo *et al.*, 2014).

Here, we extend the 2014 study by investigation the function of α-Lys^{424}, the residue adjacent to α-Ile^{423}. On the basis of bioinformatics analysis and protein structure simulation, we used a single amino acid substitution strategy to replace α-Lys^{424} residue in *K. oxytoca* M5al with arginine (Arg; R), glutamine (Gln; Q), glutamic (Glu; E), and alanine (Ala; A) separately. Comparison at cytological and enzymatic levels of characteristics of wild-type (WT) and mutant strains clarified the role of α-Lys^{424} in substrates reduction of nitrogenase.

2. Material and Methods

2.1 Bioinformatics analysis

MoFe protein crystal structure data were downloaded from RCSB Protein Data Bank (PDB; ID: 1QGU). Amino acid structure of α-Lys^{424} was analyzed and simulated by PyMOL 2.0.0 software.

2.2 Construction of mutants

Strains and plasmids used in this study were listed in Table 1. For construction of mutants, target *nifD* gene fragment was cloned into the replication vector, pUC18, and the target bases were mutated by PCR. Suicide vector pGPCm containing mutational fragment was constructed and transferred into *K. oxytoca* M5al by bacterial conjugation, and fused into *K. oxytoca* M5al genome by recombination. DNA sequencing was used to confirm the target mutation and avoid polar effect. Detailed methods were described in our previous work (Guo *et al.*, 2014). Construction process of mutant strain is also shown in Fig. 1g. Primers used for mutagenesis were listed in Supplementary Table S1.

Table 1　Plasmids and strains used in the present work

Plasmids or strains	Characteristics	Reference or source
Plasmids		
pUC18	Cloning vector, Amp^r	lab collection
pGPCm	Suicide vector for *K. oxytoca*, Cm^r	lab collection
pKP1	6.1 kb *nifHDK Eco*R I fragment was cloned into pUC182, Amp^r	lab collection
pSD1.4	Vector used for site-directed mutagenesis, Amp^r	this study
pSDM424R	pSD1.4 derivative containing mutated *nifD* (*nifD*-Kα424R), Amp^r	
pSDM424Q	pSD1.4 derivative containing mutated *nifD* (*nifD*-Kα424Q), Amp^r	
pSDM424E	pSD1.4 derivative containing mutated *nifD* (*nifD*-Kα424E), Amp^r	
pSDM424A	pSD1.4 derivative containing mutated *nifD* (*nifD*-Kα424A), Amp^r	
pGPCm424R	pGPCm with 1.4 kb mutated *nifD* (*nifD*-Kα424R)/*Kpn* I fragment, Cm^r	
pGPCm424Q	pGPCm with 1.4 kb mutated *nifD* (*nifD*-Kα424Q)/*Kpn* I fragment, Cm^r	
pGPCm424E	pGPCm with 1.4 kb mutated *nifD* (*nifD*-Kα424E)/*Kpn* I fragment, Cm^r	
pGPCm424A	pGPCm with 1.4 kb mutated *nifD* (*nifD*-Kα424A)/*Kpn* I fragment, Cm^r	
Strains		
E. coli		
SM10	*supE44 hsdR th-1 ileuB6 lacY1 tonA21 λpir*, Km^r	lab collection
DH5α	*endA1 hsdR17 [r-m+] supE44 thi-1 recA1 gyrA [NalR] relA1Δ[lacZYA-argF] U169 deoR [Ø80Δ{lacZ} M15]*	lab collection
K. oxytoca		
M5al	WT (α-Lys^{424}, 424K), Amp^r	Dr. Burris R. H.
UNF837	M5al derived strain, *nifV*::Kan, Amp^rKm^r	Dr. Jufu Huang
424R	*nifD*-Kα424R mutant, Amp^r	this study
424Q	*nifD*-Kα424Q mutant, Amp^r	this study
424E	*nifD*-Kα424E mutant, Amp^r	this study
424A	*nifD*-Kα424A mutant, Amp^r	this study

Escherichia coli strains were grown by standard methods with LB. *K. oxytoca* and its mutants were grown in nitrogen-containing or nitrogen-free medium (Turner *et al.*, 1980). Supplemental antibiotics and their concentrations used for growth of *E. coli* and *K. oxytoca* were: ampicillin (Amp; 100 μg/ml), kanamycin (Km; 50 μg/ml), chloramphenicol (Cm; 15 μg/ml).

2.3 Cell density (OD_{600}), acetylene and proton reduction activity assays

K. oxytoca M5al and its mutant strains were activated on plates and grown overnight in nitrogenous liquid medium at 30℃. Cells were collected, centrifuged, and resuspended in 60 ml nitrogen-free medium under N_2 atmosphere, with initial OD_{600} ~0.25. Every 4 h, OD_{600}, acetylene and proton reduction activity were detected. OD_{600} was measured by a UV-visible spectrophotometer (UVmini-1240; Shimadzu, Japan), acetylene and proton reduction activity was measured in a 10 ml serum with a sealed stopper according to previously report (Guo *et al.*, 2014). C_2H_4 and H_2 were respectively analyzed by gas chromatography with flame ionization detector (GC-FID) and thermal conductivity detector (GC-TCD) (model GC522, Wufeng Scientific Instruments; Shanghai, China).

2.4 $^{15}N_2$ incorporation assay

Cells were cultured in nitrogenous medium for 12 h, centrifuged, washed, and suspended in 120 ml nitrogen-free medium. OD_{600} was adjusted to 0.4, and serum bottles were filled with Ar, then 10 ml Ar was removed and 10 ml $^{15}N_2$ gas was injected to induce nitrogenase expression and $^{15}N_2$ fixation (negative control: no $^{15}N_2$ injection). Cells were incubated at 30℃ in water bath for 12 h, and bacterial sludge was harvested and freeze-dried. $^{15}N_2$ content (mg/g) was measured by Shenzhen Huake Isotope Testing Technology Co., Ltd. (Shenzhen, China).

2.5 Detection of *nif* genes transcription and MoFe protein expression

Samples were collected at three points during diazotrophic growth: the original (5 h), exponential (9 h), and maximal (13 h) activity points. Total RNA was extracted and revers-transcribed. Quantitative real time PCR (qPCR) was performed using Light Cycler 480 with SYBR Green I Master kit (Roche; Mannheim, Germany). Positive control gene was *groES* (coding chaperone), and target genes were *nifA* (coding positive regulator), *nifL* (coding negative regulator), and *nifD* (coding α-subunit of MoFe protein). Primers used for qPCR were shown in Table S1. Relative transcription of mRNA was quantified by $2^{-\Delta\Delta C_t}$ method reported by Livak and Schmittgen (2001).

Samples at exponential phase were suspended in lysis buffer, and disrupted by ultrasonic. Supernatants were adjusted to equal total protein content, and proteins were separated by tricine-SDS-PAGE. Antibody against MoFe protein of *K. oxytoca* M5al were used as probes for Western blotting. Integrated optical density (IOD) of MoFe protein was measured using Image-Pro Plus 6.0 software program (Media Cybernetics; Rockville, MD, USA).

2.6 Purification of MoFe and Fe protein from each strain

WT or mutant strains were cultured respectively in a 42 L autofermenter (Biostat; B. Braun Biotech International GmbH; Gottingen, Germany). When nitrogen source for the first phase was depleted, mutant strains should be added with Arg-HCl (1 g/L) to induce nitrogenase expression (Li and Burris, 1983). Acetylene reduction activity was measured every 4 h. Cells were harvested when maximal activity was attained, and cells were crushed by ultrasonic under anaerobic condition and supernatant were collected by high speed centrifugation. MoFe and Fe protein were purified by DEAE-cellulose anion exchange chromatography and preparative gel electrophoresis in order which referred to Li and Burris (1983). The Tris-HCl buffer (pH 7.4) used for protein purification contained 1 mmol/L sodium dithionite to eliminate small amounts of O_2 in bubbled solution. A major improvement over the previously described method was that 50% sucrose of separation gel was removed to reduce mutational MoFe protein diffusion in separation gel. Purified protein was measured by tricine-SDS-PAGE and stained by Coomassie Blue, and the protein purity was assessed using BandScan 5.0 software program (Glyko; Novato, CA, USA).

2.7 Calibration of ratio of MoFe and Fe protein *in vitro*

Molar ratio of Fe protein to MoFe protein was affected by the flow solution *in vitro*, and it was probably >2 ∶ 1 (Kim *et al.*, 1993). It was therefore important to determine this ratio prior to assessing nitrogenase activity. The reaction system contained 5 mmol/L MgATP, 10 mmol/L $MgCl_2$, 40 mmol/L MOPS-KOH (pH 7.4), 20 mmol/L sodium dithionite, 40 mmol/L creatine phosphate, and 20 U creatine phosphokinase. MoFe protein quantity was fixed as 20 μg, Fe protein content was increased gradually. Reaction was initiated by addition of 0.9 ml C_2H_2, and the C_2H_4 production was measured by GC-FID after mixing in a water bath for 30 min at 30℃.

2.8 Activity of nitrogenase on catalytic acetylene and proton reduction

The buffer used for nitrogenase activity detection was same to that of calibration assay above. Acetylene reduction activity of nitrogenase was assessed under 90% Ar/10% C_2H_2 atmosphere with appropriate ratio of MoFe and Fe protein that determined by the previous protein ratio calibration. The C_2H_4 production was measured by GC-FID. Proton reduction activity was assessed under 100% Ar atmosphere and measured by GC-TCD.

2.9 Kinetics parameters of acetylene reduction

Partial pressure of C_2H_2 were set to a series (0 Pa, 250 Pa, 500 Pa, 1,000 Pa, 2,000 Pa, 4,000 Pa, 8,000 Pa, 12,000 Pa, and 16,000 Pa) on the basis of preliminary experiments. C_2H_2 reduction activity was detected, and kinetic parameters were calculated according to Lineweaver-Burk plot (Gooch, 2001).

2.10 Detection of secondary structure of MoFe protein

Characteristic three-dimensional structures of proteins (*e.g.*, α-helix, β-sheet, and β-turn) are asymmetric, resulting in an unequal propagation speeds of L and R polarized light beams, and consequent circular dichroism (CD). α-Lys^{424} residue is located in an α-helix of MoFe protein. MoFe protein was diluted to 1 mg/ml with degassing ddH_2O instead of sodium dithionite, because dithionite had a strong absorption in the UV region. 40 μl protein solution was placed in a 0.1 cm sample cup, and secondary structure was evaluated by CD spectroscopy with swept wavelength range 185~260 nm (model Chirascan-Plus, Applied Photophysics; Surrey, UK). Data were analyzed using software program CDNN 2.1 (Micro Focus; Austin, TX, USA).

2.11 Determination of FeMo-co content in MoFe protein

Presence of unpaired electrons in molecular or atomic orbitals cause compounds to be paramagnetic. Mo^{4+}, $6Fe^{2+}$, and Fe^{3+} of FeMo-co give rise to paramagnetic signal. Electron paramagnetic resonance (EPR) signal intensity reflects the FeMo-co content when protein concentrations are the same. MoFe protein was diluted to 3 mg/ml and reduced by sufficient sodium dithionite, degassed with high purity dinitrogen, and quantity 150 μl was placed in EPR tubes in the anaerobic glove box (M. Braun; Shanghai, China). Sample tubes were refrigerated sequentially in ice/water mixture (0℃) for 30 s, in drikold/ethanol mixture (–80℃) for 30 s, and finally in liquid nitrogen (–196℃). Low-temperature continuous-wave EPR spectra were recorded on an EPR spectrometer (model E300, Bruker; Karlsruhe, Germany) equipped with an Oxford-900 liquid helium cryostat (temperature range 4~8 K) (Zhang, 2006).

2.12 Electron transfer rate tested by stopped-flow spectrometer

Electron transfer from Fe to MoFe protein is a necessary condition for nitrogenase reduction substrates. The difference of electron transfer rates between WT and mutant nitrogenase helps to determine whether the mutation site affects electron transfer (Igarashi and Seefeldt, 2004). 80 mmol/L MOPS-KOH buffer (pH 7.4), 40 mol/L sodium dithionite, 20 mmol/L $MgCl_2$ and 10 mmol/L MgATP were placed in one reservoir syringe. Fe and MoFe protein were placed in the other reservoir syringe. When proteins come into contact with the buffer, [4Fe-4S] cluster of Fe protein valence state will change and the absorption value at 430 nm will increase. Absorbance increase was monitored by stopped-flow spectrometer (model π*-180, Applied Photophysics; Surrey, UK). Experiments were repeated 5 times and the second to fourth were selected to analyze the results. Observed rate constant, *kobs*, for $[4Fe\text{-}4S]^{1+}\rightarrow[4Fe\text{-}4S]^{2+}$ ($F^{1+}\rightarrow F^{2+}$) step was carried out by Prism 6.0 (GraphPad Software, California, USA).

3. Results

3.1 Simulation of amino acid residues structure and construction of mutants

Structures of α-Lys^{424} and related elements were simulated by PyMOL software. The distance between NZ (ζ-N atom) of α-Lys^{424} and O3 of homocitrate was evaluated as 3.9 Å (Fig. 1a). Mutation of α-Lys^{424} was performed to facilitate complete analysis of its function, by weakening interactions between residues without altering basic structure of nitrogenase. α-Lys^{424} was replaced by Arg, Gln, Glu, and Ala. Structures of substitution residues were also simulated (Fig. 1b~e). The distance between branched N and O3 atom of homocitrate theoretically increased when α-Lys^{424} was replaced by Arg (4.5 Å) or Gln (5.8 Å). Glu and Ala had no N atom on the branched chain; their OE1 (ε-O1 atom) and CB (β-C atom) were respectively 5.4 Å and 6.6 Å away from O3 of homocitrate respectively.

UNF837 is a homocitrate synthetase gene (*nifV*) deleted mutant which is used as a control strain, citrate is a substitute in culture. Therefore, we also provided the simulated structure of homocitrate and citrate in Fig. 1f. They have one methylene(-CH_2-) in difference.

α-Lys^{424} of MoFe protein was selected to site-directed mutagenesis *in vitro* and homologous recombination *in vivo* based on the selected amino acids (Fig. 1g). After strict sequencing, four mutants were obtained successfully and termed as 424R, 424Q, 424E, and 424A respectively.

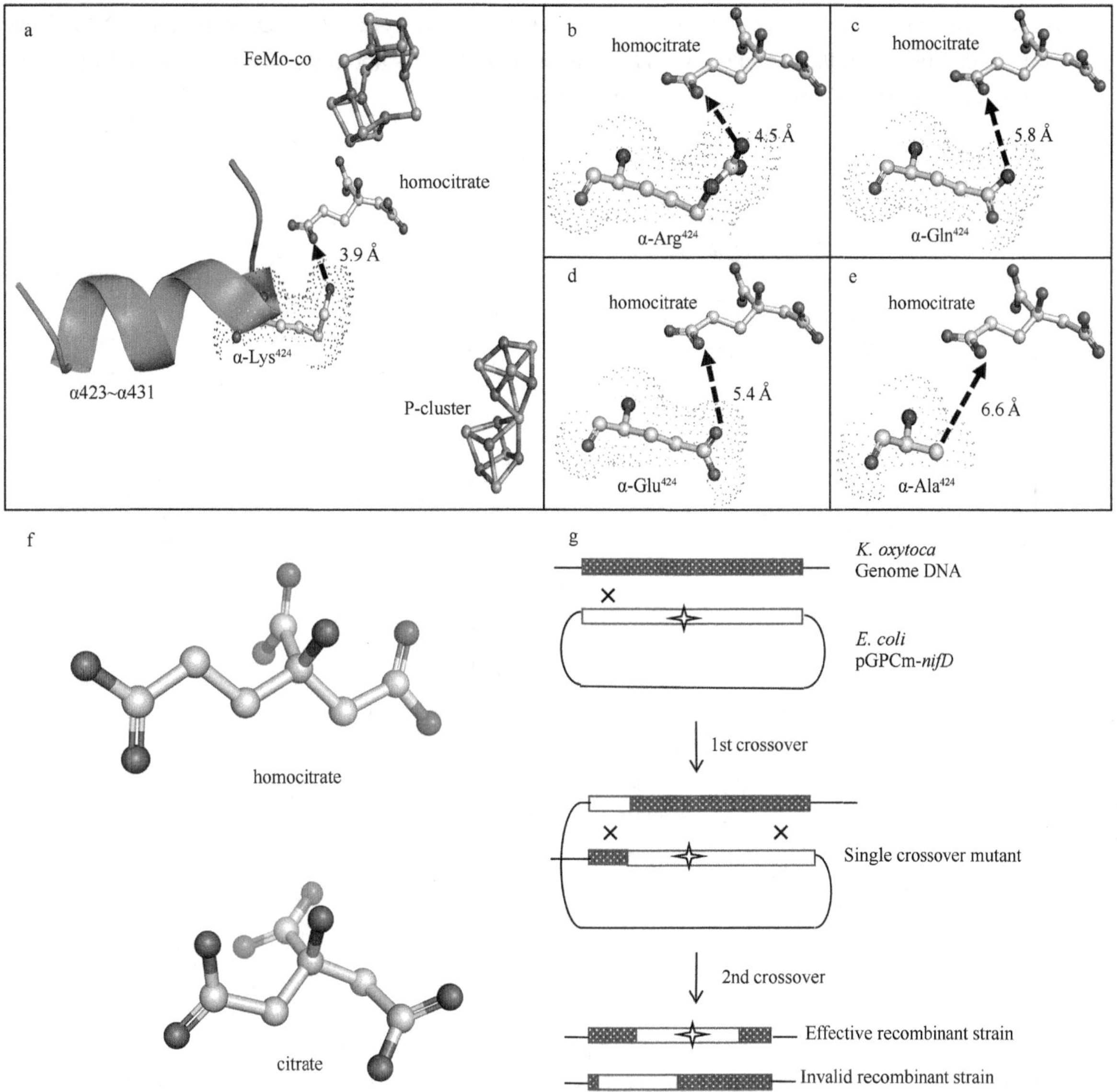

Fig. 1 Structure and location of α-Lys[424] and mutant construction scheme (Color figure in the two-dimensional code at the back cover)

a. α-Lys[424] (indicated by dots) is connected directly to α-Ile[423], and they are located in α-helix (α423~α431) (indicated by green ribbon). Distance between N of α-Ile[423] and O4 of homocitrate is 2.8 Å. Distance between NZ of α-Lys[424] and O3 of homocitrate is 3.9 Å. b~e. Interactions of substituted amino acids with homocitrate. Gray: C; blue: N; red: O; orange: Fe; yellow: S; cyan: Mo. Simulation and analysis performed using PyMOL software program; PDB ID: 1QGU. F. Structure of homocitrate and citrate. g. Construction of recombinant strains (schematic). *K. oxytoca* received suicide vector pGPCm from *E. coli* and recombined the mutational fragment to homologous sequence of its genome through two-step gene crossover

3.2 Cytological properties of nitrogenase

3.2.1 Diazotrophic growth

Diazotrophic growth capability is a fundamental property of nitrogen-fixing bacterial strains. The above-described mutants were cultured in the nitrogen-free medium to evaluate effects of mutations on diazotrophic growth. OD_{600} was measured at 4 h intervals following inoculation. 424A did not grow, while other three mutants had lower OD_{600} values than that of WT, but higher value than that of UNF837 in nitrogen-free medium (Fig. 2a). After 36 h culture, OD_{600} values of WT, 424R, 424Q, 424E, and UNF837 were respectively 1.20, 1.00, 0.85, 0.55, and 0.36. OD_{600} values of 424A was about 0.25, similar as the initial value. It seemed that the mutation evidently reduced growth ability.

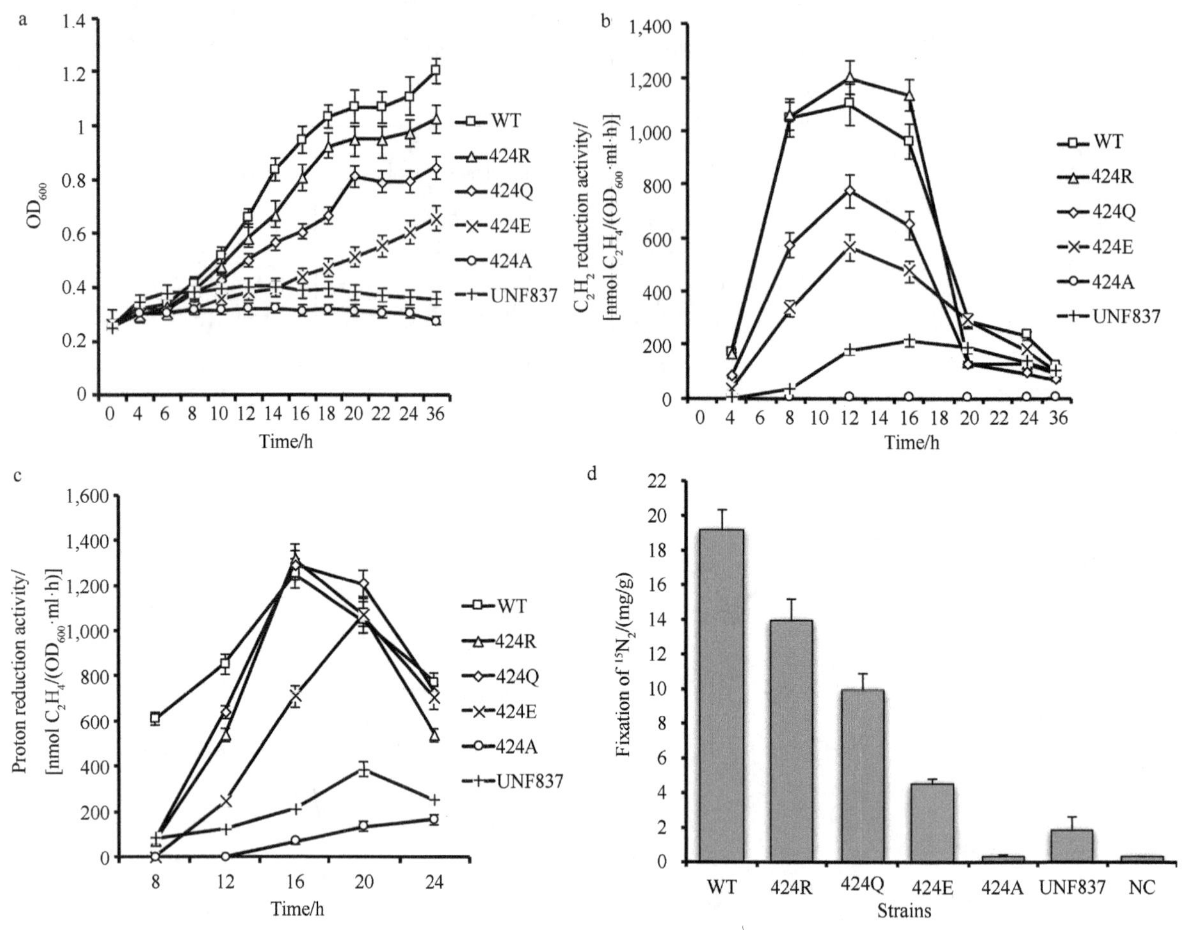

Fig. 2 Diazotrophic culture of each strain in shake flask

a. Anaerobic growth in shake flask. Initial OD_{600} of each strain was ~0.25. OD_{600} was measured every 4 h. b. Acetylene reduction activity during serum bottle culture. 1 ml bacterial solution was placed in 10-ml bottle under 90% Ar/10% C_2H_2 atmosphere, and reacted for 30 min. c. Proton reduction activity during serum bottle culture under 100% Ar condition. d. Nitrogen fixation activity during serum bottle culture. Cells were collected after 12 h of incubation in $^{15}N_2$ atmosphere, and $^{15}N_2$ amount was measured by freeze-drying cells

3.2.2 Acetylene reduction activity

Acetylene is an alternative substrate for nitrogenase and its product, ethylene (C_2H_4), can be tested easily and quickly by GC-FID. Acetylene reduction activity assay is therefore the most widely used method for estimation of nitrogenase activity. The maximal acetylene reduction activities during cultivation phases of the WT, 424R, 424Q, 424E, and UNF837 were respectively 1,100, 1,200, 774, 564, and 200 [nmol C_2H_4/ (OD_{600}·ml·h)] (Fig. 2b). Relative to WT, those of 424Q, 424E and UNF837 were lower (70%, 49% and 18%), 424A lost acetylene reduction ability. Obviously, 424R was slight higher (109%), indicating substitution of Arg did not decrease the catalytic activity of nitrogenase for acetylene.

3.2.3 Proton reduction activity

Hydrogen emission is a characteristic of nitrogenase, and high hydrogen producing strains have great potential application value. Proton reduction activity of each cell was tested under 100% Ar, and measured with GC-TCD. The results were showed in Fig. 2C. The maximal proton reduction activity of WT, 424R, 424Q, 424E, 424A, and UNF837 were 1,251, 1,313, 1,288, 1,067, 166, and 387 [nmol $H_2/(OD_{600}\cdot ml\cdot h)$]. 424R and 424Q had similar activity values compared with WT; while 424E, 424A, and UNF837 were lower than that of WT (85%, 13%, and 31%). 424A lost the ability of diazotrophic growth and acetylene reduction, but retained a very low proton reduction activity, presumably due to the action of hydrogenase in cells.

3.2.4 Nitrogen fixation activity

Nitrogen fixation activity, was a unique characteristic of nitrogenase, directly reflects nitrogen fixation ability of the nitrogen fixation organisms. $^{15}N_2$ incorporation assay (see "Material and Methods") for WT was 19.2 mg/g. Corresponding values for 424R, 424Q, 424E, and UNF837 were all lower: 14.0 mg/g, 10.0 mg/g, 4.5 mg/g and 1.8 mg/g; respectively 73%, 52%, 23.4%, and 9.4% of WT value (Fig. 2d). 424A showed no nitrogen fixation activity; it indicated substitution of Lys by Ala completely eliminated the ability of nitrogenase to reduce nitrogen. These findings were consistent with OD_{600} measurement because nitrogen fixation ability of strains determines growth ability in nitrogen-free medium.

Cytological properties of the four mutants differed from those of WT. Nitrogenase activity was altered by replacement of a single residue (α-Lys^{424}); it seemed that replacement by Arg had the least effect on basic properties of nitrogenase.

3.3 *nifA*, *nifL* and *nifD* genes transcription, and MoFe protein expression

Transcription of *nif* genes, and MoFe protein expression were evaluated as possible whether they caused the observed changes of cytological properties. WT and four mutant strains were cultured in nitrogen-free medium and harvested at 5 h, 9 h and 13 h (respectively representing original, exponential, and peak phase of acetylene reduction activity). Three *nif* genes were selected to measure. The products of *nifA* and *nifL* respectively activate and inhibit *nif* gene cluster transcription, as a function of ammonium salt concentration in medium. *nifD* encodes α-subunit of MoFe protein, and it is the site of mutations. qPCR analysis showed that, at each of the three phases, all three *nif* genes transcription level in the mutant strains was 0.7~1.5 folds of WT (Supplementary Figures S1A~C). These differences were not considered significantly.

MoFe protein expression at the exponential phase (9 h) was measured by Western blotting, and content was analyzed by Image Pro Plus (Supplementary Fig. S1D). IOD varied from 70 to 75, indicating that MoFe protein quantity was similar in the various strains when the total protein was fixed. Thus, *nif* gene transcription and MoFe protein expression were not altered by amino acid substitution. However, MoFe protein of 424A possibly changed in structure, as evidently loss of acetylene and nitrogen reduction activity, and ability to grow in nitrogen-free medium. Therefore, 424R, 424Q, and 424E were used in subsequent experiments, and 424A was excluded.

3.4 Purification of MoFe and Fe proteins

Selected strains were successfully cultured in 42 L autofermenter by multiple fermentation. Here, one of fermentation batches was shown. Arg-HCl (1 g/L) was added to induce nitrogenase expression when the initial NH_4^+ was depleted after 8 h culture. Maximal acetylene reduction activity values for WT, 424R, 424Q, and 424E were respectively 946 nmol $C_2H_4/(OD_{600}\cdot ml\cdot h)$, 1,051 nmol $C_2H_4/(OD_{600}\cdot ml\cdot h)$, 588 nmol $C_2H_4/(OD_{600}\cdot ml\cdot h)$, and 279 nmol $C_2H_4/(OD_{600}\cdot ml\cdot h)$ (Fig. 3a~d), consistently with shake flask results. Sufficient quantities of cells were obtained from each batch of expanded culture. Wet cell weights of collected WT, 424R, 424Q, and 424E by each fermentation were respectively 207 g, 163 g, 197 g, and 172 g, and they were enough to purify the MoFe and Fe proteins.

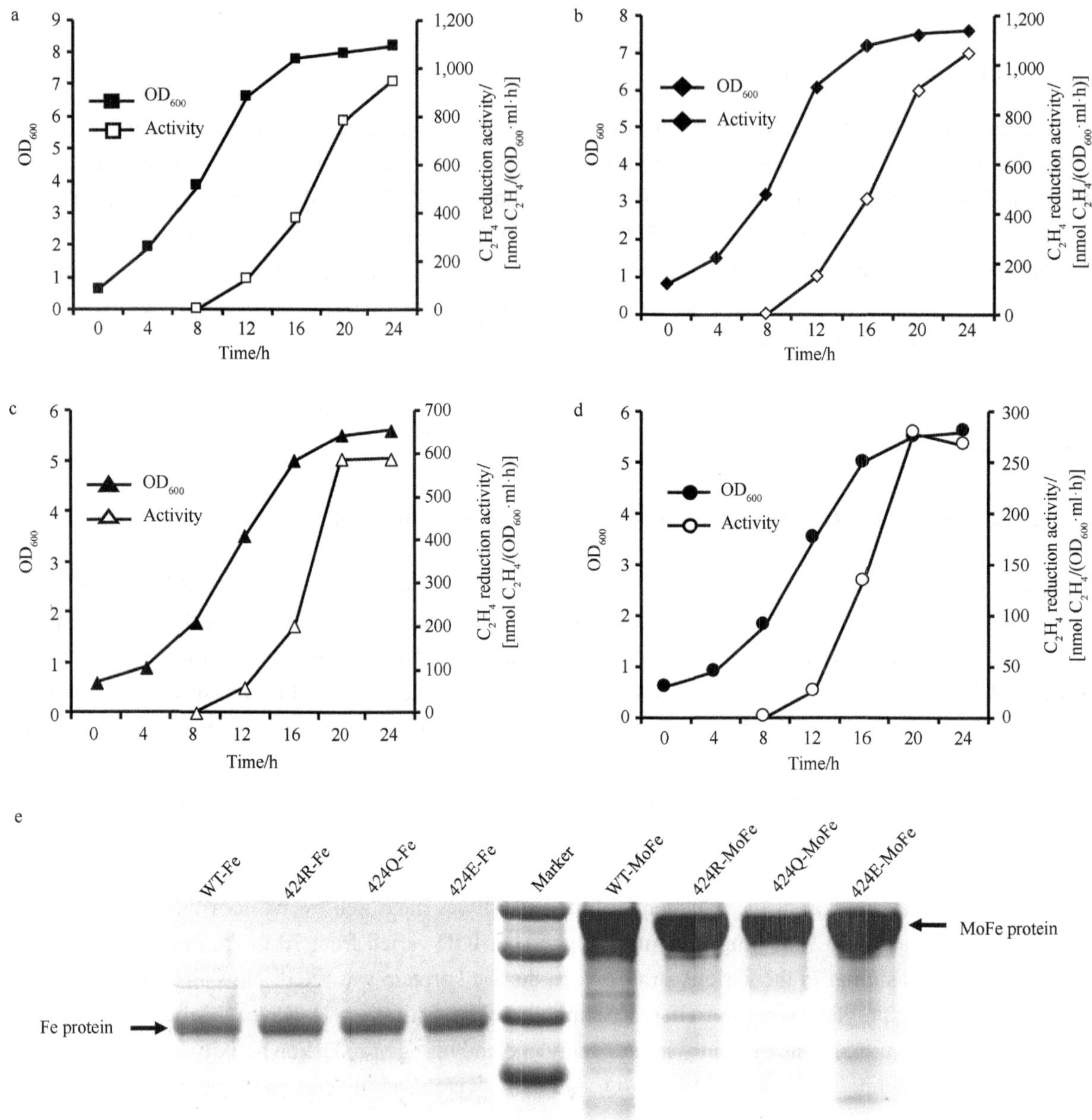

Fig. 3 Diazotrophic culture in autofermenter and nitrogenase purification

a~d. Anaerobic growth of WT, 424R, 424Q, and 424E in 42 L autofermenter (30℃, 200 r/min, pH 6.8, automatic regulation by 10 mol/L KOH). e. tricine-SDS-PAGE analysis of purity of Fe and MoFe proteins

Crushing of cells, collection of supernatant by centrifugation, and purification MoFe and Fe proteins were performed under anaerobic conditions as established in our previous studies (Guan *et al.*, 2007). MoFe and Fe proteins of all samples were obtained by anion exchange chromatography and subsequent preparative electrophoresis (Li and Burris, 1983). Wet weights (g) of cells used for nitrogenase purification, and volumes (ml) of obtained MoFe and Fe proteins, were summarized in Supplementary Table S2. Purification efficiency was expressed as mg protein per g wet bacterial sludge. Maximal and minimal efficiencies were respectively 0.39 for MoFe protein of 424E and 0.15 for Fe protein of 424Q. The purified proteins were termed as WT-MoFe (or Fe), 424R-MoFe (or Fe), 424E-MoFe (or Fe) and 424Q-MoFe (or Fe). Proteins were stored respectively in liquid nitrogen for subsequent experiments.

It was important to ensure nitrogen protection during purification process. Purified proteins were tested by tricine-SDS-PAGE. As showed in Fig. 3e, purities of the Fe and MoFe proteins were >95% satisfying the requirements for subsequent experiments.

3.5 Enzymatic properties of nitrogenase

3.5.1 Optimal molar ratio of Fe to MoFe protein for reaction

Although molar ratio of Fe to MoFe protein *in vivo* was 2∶1. However, *in vivo* and *in vitro* environments were different, it was necessary to determine the *in vitro* molar ratio prior to analysis of nitrogenase properties. It should be noted that to avoid differences in reaction process arising from different sources of Fe protein, all reactions were conducted using WT-Fe protein, and MoFe protein quantity was fixed as 20 μg. MoFe protein of the mutant strains and WT showed similar trends, acetylene reduction activity rose gradually as Fe protein content increased, and did not rise further after Fe protein content reached 80 μg. The result was showed in Supplementary Fig. S2. Thus, optimal weight ratio of Fe protein to MoFe protein was 4∶1. This ratio was used in all subsequent experiments involving the two components.

3.5.2 Acetylene reduction activity and kinetic parameters of nitrogenase

Cytological and enzymatic acetylene reduction activities are two aspects of nitrogenase activity. Acetylene reduction activity of pure nitrogenase, determined under 90% Ar/10% C_2H_2, was 1,493 nmol C_2H_4/(mg·min) for WT. Values for 424R, 424Q, and 424E were 1,559 nmol C_2H_4/(mg·min), 967 nmol C_2H_4/(mg·min), and 479 nmol C_2H_4/(mg·min), which were 104%, 65% and 32% of WT respectively (Fig. 4a). Enzyme kinetics reflects the ability of enzyme binding substrate and catalytic reaction rate. Amino acid mutation near FeMo-co is likely to reduce the efficiency of acetylene binding to nitrogenase. Partial pressure of acetylene changed to detect kinetic parameters of acetylene reduction by nitrogenase. The trend of maximum acetylene reduction activity was consistent with the above results, and K_m of WT, 424R, 424Q, and 424E were respectively 489 Pa, 497 Pa, 402 Pa, and 345 Pa (Fig. 4b).

3.5.3 Proton reduction activity of nitrogenase

Proton reduction activity is one of fundamental properties of nitrogenase. Usually H_2 production accompanies N_2 reduction. The detection was determined under 100% Ar atmosphere. The results were showed that the activity was very similar for WT and 424R: 1,162 nmol H_2/(mg·min) and 1,124 nmol H_2/(mg·min) respectively (Fig. 4c). In contrast, activities of 424Q and 424E were only 587 nmol H_2/(mg·min) and 231 nmol H_2/(mg·min), which were ca. 50% and ca. 20% of WT value.

a

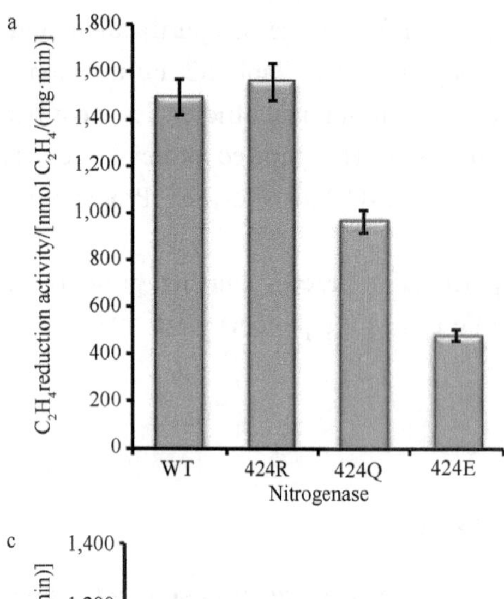

b

Kinetic parameters of acetylene reduction

Nitrogenase	Acetylene reduction activity/ [nmol C_2H_4/(mg·min)]	$K_m(C_2H_2)$ /Pa
WT	1,210±30	489±25
424R	1,260±25	497±20
424Q4	950±20	402±10
424E	656±15	345±10

c

1,400
1,200
1,000
800
600
400
200
0
Proton reduction activity/[nmol H_2/(mg·min)]
WT
424R
424Q
424E
Nitrogenase

d

Secondary structure contents of MoFe protein

Nitrogenase	α-helix	β-sheet	β-turn	Radm.coil
WT	47.2%	14.9%	19.4%	26.6%
424R	47.4%	14.2%	19.5%	26.8%
424Q	47.2%	15.0%	19.5%	26.6%
424E	47.3%	14.3%	19.5%	26.8%

e

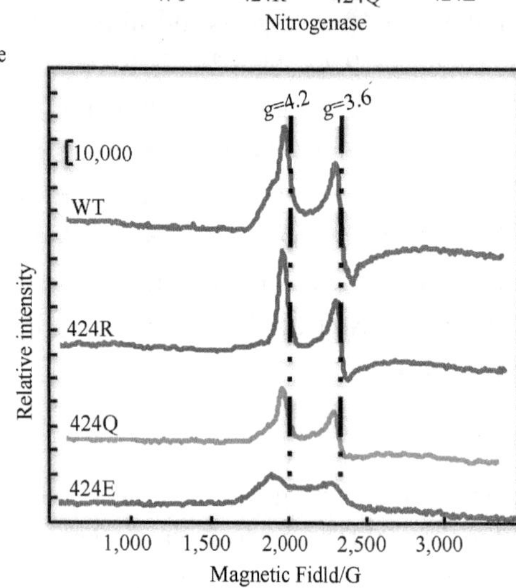

f

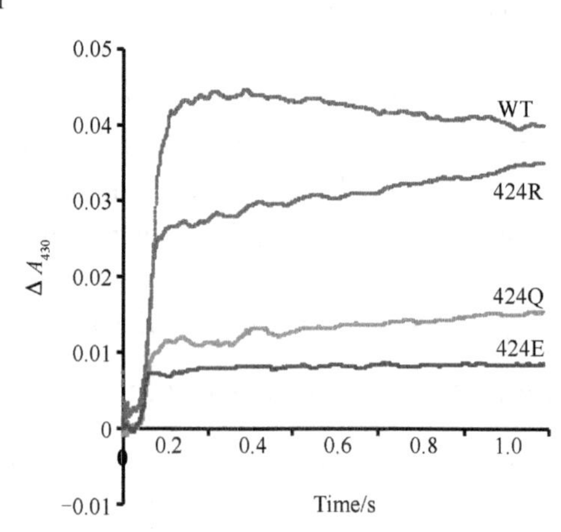

Fig. 4 Analysis of nitrogenase properties

a. Acetylene reduction activity of nitrogenase. b. Kinetic parameters of acetylene reduction. c. Proton reduction activity of nitrogenase. d. Secondary structure parameters of WT and altered MoFe proteins. Assay was conducted at room temperature. e. FeMo-co content measurement by EPR spectroscopy. Spectrometer settings: power 101 mW; temperature 5 K; microwave frequency 9.38 GHz; amplitude 10 G. f. Electron transfer rate analysis by stopped-flow spectroscopy. Spectrometer settings: wavelength 430 nm, timebase 3 s/10,000 points, bandwidth 0.5 mm; temperature 20℃

3.5.4 The secondary structure of MoFe protein

α-Lys[424] is located in the α-helix (α423~α431) of MoFe protein. To evaluate effect of mutation on the α-helix, secondary structure of MoFe protein was examined by circular dichroism spectroscopy (CD). The results indicated that each of the three substituted MoFe proteins displayed the same characteristic α-helix peaks (194 nm, 208 nm, and 222 nm) as MoFe protein of WT. α-helix and β-sheet contents of all nitrogenases were in the range 47.2%~47.4%, and 14.2%~15% (Fig. 4d). These results were similar to that obtained previously with crystal structure of nitrogenase, 48% and 15% (Mayer *et al.*, 1999). These indicated that there were no notable differences in contents of other secondary structures. Thus, replacement of α-Lys424 did not cause major structural alternation of MoFe protein. MoFe protein is large (~240 kDa) and complex (1,994 amino acids), it is not surprising that replacement of a single residue did not greatly alter its integral structure. This is what we expect, it is meaningful to judge the role of target amino acid according to the result of property analysis.

3.5.5 Content of FeMo-co in MoFe protein

Because H_2 production of nitrogenase is generally correlated with reduction of FeMo-co content in MoFe protein (Durrant *et al.*, 2006). We therefore proceeded to investigate FeMo-co content of MoFe protein in the mutant strains. EPR spectroscopy is useful for qualitative and quantitative detection of unpaired electrons, which are present in molecular or atomic orbitals of many compounds. The action of an external magnetic field on unpaired electrons results in energy level splitting and consequent generation of an EPR signal. The first differential line of absorption is recorded by an EPR spectrometers.

FeMo-co is the active center of nitrogenase, and its Mo^{4+}, $6Fe^{2+}$, and Fe^{3+} are source of EPR signal. Reduced FeMo-co has an S=3/2 EPR signal, and signal intensity reflects FeMo-co content when protein concentration remains constant. Reasons for enzyme activity change were investigated by recording EPR spectra of MoFe proteins at 5 K, 101 mW. Peak locations for four MoFe proteins were the same (Fig. 4e).

When *g* factor was 4.2, peak intensity (crest minus baseline) of WT was 49,100, while intensities of 424R, 424Q, and 424E were 49,200, 32,000 and 14,900; they were respectively 100%, 65%, and 30% of WT value. When *g* factor was 3.6, peak intensity (crest minus trough) of WT was 55,400, while intensities 424R, 424Q, and 424E were 59,100, 33,400, and 15,200; they were respectively 107%, 60% and 27% of WT value. Ratios did not differ significantly for *g* factor 3.6 *vs.* 4.2. One of the two peaks could therefore be selected for representation of intensity, and we chose to base percentages on the ratio of *g*=4.2 of WT EPR signal intensity. FeMo-co content of 424R was identical to that of WT, while those of 424Q and 424E were lower (~65% and 30% of WT value). Amino acid substitution in MoFe protein did not result in new EPR signal. *g* factor and line width were also unchanged. Our findings indicated that mutations of α-Lys424 did not alter FeMo-co structure, but did affect insertion of FeMo-co in MoFe protein. Reduction of FeMo-co content resulted in decreased proton reduction activity.

3.5.6 Electron transfer between Fe and MoFe protein

When reduced Fe protein transfers an electron to resting state MoFe protein, the valence state of [4Fe-4S] cluster will go up from +1 to +2 ($F^{1+}\rightarrow F^{2+}$). F^{2+} will be re-reduced to F^{1+} ($F^{2+}\rightarrow F^{1+}$), and this process involves the dissociation of Fe and MoFe protein. Because the process of re-reduction is complicated, we only consider the process $F^{1+}\rightarrow F^{2+}$, and its observed rate constant, *kobs*, is calculated.

As shown in Fig. 4f, oxidized [4Fe-4S] cluster curves of all were fit to a single exponential function. Through curve fitting by exponential functions, it was found that *kobs* of 424R, 424Q, and 424E were 17.0 s^{-1}, 17.3 s^{-1}, and 16.8 s^{-1} severally. Their electron transfer rates were almost equal to WT (17.4 s^{-1}). But absorbance of WT, 424R, 424Q, and 424E were 0.044, 0.035, 0.023, and 0.015. The depressed absorbance values of mutations demonstrated a decrease amount electron transfer.

4. Discussion and conclusions

4.1 Amino acid residues around FeMo-co are immutable

FeMo-co is situated deep below MoFe protein and surrounded by amino acid residues, supporting by α-subunit mainly. The residues play varying roles in catalytic properties and orientation. α-Lys^{424} is located near homocitrate long arm. Homocitrate serves as a terminus of FeMo-co. *nifV*$^-$ mutation, in which homocitrate was replaced by citrate resulted in significant decrease of acetylene, proton, and nitrogen reduction activity, indicating an important role of homocitrate in nitrogenase activity (Liang *et al.*, 1990). Nitrogenase undergoes protonation during the catalytic cycle, but the specific protonation sites remain unclear (Hoffman *et al.*, 2014). Fe2 and Fe6 atoms were considered as possible protonation sites, and α-Gln^{190} and α-His^{194} residues were experimentally replaced by α-Lys^{190} and α-Gln^{194} to support the view (Zhao and Li, 2004; Guan *et al.*, 2007). α-Lys^{190} substitution affected electron transfer, while α-Gln^{194} substitution impaired nitrogen fixation activity of nitrogenase. The α-alkoxy groups of homocitrate, functioning as bidentate ligands of Mo atom, are also possible protonation sites (Chen *et al.*, 2014; Wang *et al.*, 2018). α-Lys^{424} residue is likely involved in protonation of α-alkoxy groups. Structurally, Arg is similar to Lys, and both of them are basic amino acids. They tend to form water clusters through hydrogen bond, and the water clusters provide protons for α-alkoxy groups steadily. Gln and Glu are structurally different from Lys. Gln has an N atom on the R-group, resulting in formation of water clusters; however, the distance between α-Gln^{424} and homocitrate long arm is larger (5.8 Å), and activity of 424Q is therefore lower than that of 424R. Gln and Glu are generally similar in structure, but the groups on Glu's R-group have no N atom, and O atom forms a weaker hydrogen bond. The change of nitrogenase activity for 424E is more moderately than that of 424Q.

The four amino acids were also substituted in UNF837 strain. As showed in Supplementary Table S3, although their growth level showed no obvious difference except UNF837/424A strain, however, the acetylene reduction characteristics of each double mutant was significantly lower than *nifV*$^-$ single mutant. They were not only replaced the homocitrate in MoFe protein, but also disrupted the microenvironment of active sites due to the replacement of amino acids. That was why they lost enzymatic properties more thoroughly.

Our findings supplemented the structure/function relationship in nitrogenase. The amino acids surrounding FeMo-co are precisely selected by evolution in nitrogen-fixing microorganisms.

4.2 Reduction of FeMo-co content decreases H_2 release

Cytological and enzymatic H_2 production is inconsistent, and percentage of cytological production are higher than these of enzymatic, indicating there are other enzymes in *K. oxytoca* cell that can reduce proton to H_2, and the enzymes reduces more protons when H_2 from nitrogenase decrease. Enzymatic H_2 production reflected ability of nitrogenase reduction proton. And the process is affected by numerous factors. For example, it is inhibited by N_2 in WT, and by carbon monoxide (CO) when the α-Gln^{190} residue is replaced by Lys (Zhao and Li, 2004). Substitution of α-Pro^{423} for α-Ile^{423} results in 21% decrease of H_2 production relative to WT (Guo *et al.*, 2014). In this study, H_2 production was correlated with FeMo-co content. The decrease of H_2 production in 424Q and 424E was attributable to FeMo-co content reduction. It indicated that the substitution of these two amino acids does not guarantee the successful insertion and catalytic function of FeMo-co.

4.3 α-Lys^{424} and α-Ile^{423} jointly coordinate insertion and maintain function of FeMo-co

The acid-base property of amino acid at α-424 site obviously affect the content of FeMo-co in MoFe protein. Alkaline Lys and Arg do not affect FeMo-co content, while neutral Gln or acidic Glu decrease FeMo-co content to varying degrees. As Schmid *et al.* (2002) reported previously, alkaline amino acids contributed to forming a positively charged funnel to assist FeMo-co insertion on the basis of MoFe protein crystal structure analysis. Neutral or acidic amino acid substitution was not conducive to the insertion of negatively charged FeMo-co, this resulted in the formation of some apo-MoFe proteins. α-Lys^{426} in MoFe protein of *A. vinelandii* corresponds to α-Lys^{424} in MoFe protein of *K. oxytoca*. As far as crystal structure was concerned, α-Lys^{424} was one of the alkaline amino acids that formation of the funnel. Our experimental results coincided with previous reports. In addition, Siegbahn (2018) reported that α-Lys^{424} could form a direct hydrogen bonding with long arm of homocitrate. Thus, it α-Lys^{424} possibly served to immobilize the FeMo-co after insertion. α-Ile^{423} is also located close to homocitrate long arm (2.82 Å), and this short distance results in a strong hydrogen bonding according to Dance's results (Dance, 2015). Therefore, α-Lys^{424} and α-Ile^{423} jointly maintain the location of homocitrate in MoFe protein.

Electron transfer between the Fe and MoFe proteins is essential for nitrogenase activity (Seefeldt *et al.*, 2012). Amino acid residues surrounding FeMo-co contribute to this process. α-Gln^{190} and α-His^{194} are involved in electron transfer from P-cluster to S2B of FeMo-co. In this study, acetylene and proton reduction activities of mutants are correlated with the FeMo-co content of MoFe proteins, but nitrogen fixation activity of the mutants reduced to a greater degree than acetylene reduction activity, presumably because of increased potential around of FeMo-co. Results of stopped-flow also provided an indirect evidence for FeMo-co potential increase, because for 424R, the number of electrons FeMo-co received decreased obviously than WT when their electron transfer rate and FeMo-co contents were same. The lower the potential of a metal cluster, the stronger its reducibility. Amino acids interact with metal clusters, and affect their potential (Hough *et al.*, 2005). α-Lys^{424} most likely alter the potential of the FeMo-co by opening the with chelate ring and forming a hydrogen bond with the carboxylate group(-$CH_2CH_2CO_2$-) of homocitrate (Durrant *et al.*, 2006). Dynamic change of homocitrate structure may reduce the number of electrons FeMo-co reception, thus decreasing its reducibility. It is not possible to identify the binding site of N_2, because regardless of where the binding occurs, high potential of FeMo-co will inhibit the nitrogen fixation activity.

Researchers have been attempting for many decades to construct an efficient "nitrogen fixation plant", but the dream has not yet been achieved. The major obstacle is the low activity observed when nitrogenase is expressed in *E. coli*, yeast, chloroplast, *etc.* (Ivleva *et al.*, 2016; Allen *et al.*, 2017; Burén *et al.*, 2017; Yang *et al.*, 2017). The low activity is due to unsuitable surrounding environments, such that MoFe protein does not fold correctly, or FeMo-co can not assemble on MoFe protein. The role of amino acid residues around FeMo-co is not monotonous, and should not be treated indiscriminately in research designs.

In conclusion, the results of the present study supplemented experimental evidence of alkaline α-Lys^{424} to coordinate insertion of FeMo-co to MoFe protein, in combination with certain other amino acids; and demonstrated its function to maintain low potential of the microenvironment, to promote efficient catalytic activity of nitrogenase.

References

Allen R S, Tilbrook K, Warden A C, *et al.* 2017. Expression of 16 nitrogenase proteins within the plant mitochondrial matrix. Front Plant Sci, 8: 287.

Bishop P E, Jarlenski D M, Hetherington D R. 1980. Evidence for an alternative nitrogen fixation system in *Azotobacter vinelandii*. Proc Natl Acad Sci USA, 77(12): 7342-7346.

Bulen W A, Lecomte J R. 1966. The nitrogenase system from *Azotobacter*: two-enzyme requirement for N_2 reduction, ATP-dependent H_2 evolution, and ATP hydrolysis. Proc Natl Acad Sci USA, 56(3): 979-986.

Burén S, Jiang X, Lópeztorrejón G, *et al.* 2017. Purification and *in vitro* activity of mitochondria targeted nitrogenase cofactor maturase NifB. Front Plant Sci, 8: 1567.

Burgess B K, Lowe D J. 1996. Mechanism of molybdenum nitrogenase. Chem Rev, 96(7): 2983-3012.

Chen C, Chen M, Chen H, *et al.* 2014. α-hydroxy coordination of mononuclear vanadyl citrate, malate and *S*-citramalate with *N*-heterocycle ligand, implying a new protonation pathway of iron-vanadium cofactor in nitrogenase. J Inorg Biochem, 141: 114-120.

Dance I. 2015. The pathway for serial proton supply to the active site of nitrogenase: enhanced density functional modeling of the Grotthuss mechanism. Dalton Trans, 44(41): 18167-18186.

Danyal K, Dean D R, Hoffman B M, *et al.* 2011. Electron transfer within nitrogenase: evidence for a deficit-spending mechanism. Biochemistry, 50(43): 9255-9263.

Davis M. 2002. Late victorian holocausts: El Niño famines and the making of the Third World. London and New York: Verso.

De S V, Kaczmarek M, Malhotra A, *et al.* 2017. Nitrogen reduction to ammonia on a biomimetic mononuclear iron centre: insights into the nitrogenase enzyme. Chemistry, 24(20): 5293-5302.

Durrant M C, Francis A, Lowe D J, *et al.* 2006. Evidence for a dynamic role for homocitrate during nitrogen fixation: the effect of substitution at the α-Lys^{426} position in MoFe-protein of *Azotobacter vinelandii*. Biochem J, 397(2): 261-270.

Eady R R, Robson R L, Richardson T H, *et al.* 1988. The vanadium nitrogenase of *Azotobacter chroococcum*. Purification and properties of the VFe protein. Biochem J, 256(1): 189-196.

Einsle O, Tezcan F A, Andrade S L, *et al.* 2002. Nitrogenase MoFe-protein at 1.16 Å resolution: a central ligand in the FeMo-cofactor. Science, 297(5587): 1696-1700.

Gemoets J P, Bravo M, Mckenna C E, *et al.* 1989. Reduction of cyclopropene by $NifV^-$ and wild-type nitrogenases from *Klebsiella pneumoniae*. Biochem J, 258(2): 487-491.

Georgiadis M M, Komiya H, Chakrabarti P, *et al.* 1992. Crystallographic structure of the nitrogenase iron protein from *Azotobacter vinelandii*. Science, 257(5077): 1653-1659.

Gooch J W. 2011. Lineweaver-Burk Plot. *In*: Gooch J W. Encyclopedic Dictionary of Polymers. New York: Springer.

Guan F, Zhao D, Pan M, *et al.* 2007. Analysis of active sites for N_2 and H^+ reduction on FeMo cofactor of nitrogenase. Sci Bull, 52(15): 2088-2094.

Guo Q, Peng T, Chang T, *et al.* 2014. Mutagenesis at α-423^{Ile} of MoFe protein reduces the catalytic activity of nitrogenase in *Klebsiella oxytoca*. Sci Bull, 59(9): 849-856.

Hoffman B M, Lukoyanov D, Yang Z, *et al.* 2014. Mechanism of nitrogen fixation by nitrogenase: The next stage. Chem Rev, 114(8): 4041-4062.

Hough M A, Ellis M J, Antonyuk S, *et al.* 2005. High resolution structural studies of mutants provide insights into catalysis and electron transfer processes in copper nitrite reductase. J Mol Biol, 350(2): 300-309.

Igarashi R Y, Seefeldt L C. 2004. The mechanism of Mo-dependent nitrogenase: thermodynamics and kinetics. *In*: Smith B E, Richards R L, Newton W E. Catalysts for nitrogen fixation. Nitrogen fixation: Origins, Applications, and Research Progress, vol. 1. Dordrecht: Springer.

Ivleva N B, Groat J, Staub J M, *et al.* 2016. Expression of active subunit of nitrogenase *via* integration into plant organelle genome. PLoS One, 11: e0160951.

Joerger R D, Loveless T M, Pau R N, *et al.* 1990. Nucleotide sequences and mutational analysis of the structural genes for nitrogenase 2 of *Azotobacter vinelandii*. J Bacteriol, 172(6): 3400-3408.

Jongsun K, Rees D C. 1992. Crystallographic structure and functional implications of the nitrogenase molybdenum-iron protein from *Azotobacter vinelandii*. Nature, 360(6404): 553-560.

Kim C H, Newton W E, Dean D R. 1995. Role of the MoFe protein α-subunit histidine-195 residue in FeMo-cofactor binding and nitrogenase catalysis. Biochemistry, 34(9): 2798-2808.

Kim J, Rees D C. 1992. Structural models for the metal centers in the nitrogenase molybdenum-iron protein. Science, 257(5077): 1677-1682.

Kim J, Woo D, Rees D C. 1993. X-ray crystal structure of the nitrogenase molybdenum-iron protein from *Clostridium pasteurianum* at 3.0 Å resolution. Biochemistry, 32(28): 7104-7115.

Lancaster K M, Roemelt M, Ettenhuber P, *et al.* 2011. X-ray emission spectroscopy evidences a central carbon in the nitrogenase iron-molybdenum cofactor. Science, 334(6058): 974-977.

Lee H, Sørlie M, Christiansen J, *et al.* 2016. Characterization of an intermediate in the reduction of acetylene by the nitrogenase α-Gln[195] MoFe protein by Q-band EPR and ^{13}C,^{1}H ENDOR. J Am Chem Soc, 122(23): 5582-5587.

Li J, Burris R H. 1983. Influence of pN_2 and pD_2 on HD formation by various nitrogenases. Biochemistry, 22(19): 4472-4480.

Liang J, Burris R H. 1988. Hydrogen burst associated with nitrogenase-catalyzed reactions. Proc Natl Acad Sci USA, 85(24): 9446-9450.

Liang J, Madden M, Shah V K, *et al.* 1990. Citrate substitutes for homocitrate in nitrogenase of a *nifV* mutant of *Klebsiella pneumoniae*. Biochemistry, 29(37): 8577-8581.

Livak K J, Schmittgen T D. 2001. Analysis of relative gene expression data using real-time quantitative PCR and the $2^{-\Delta\Delta C_t}$ method. Methods, 25(4): 402-408.

Mayer S M, Gormal C A, Smith B E, *et al.* 2002. Crystallographic analysis of the MoFe protein of nitrogenase from a *nifV* mutant of *Klebsiella pneumoniae* identifies citrate as a ligand to the molybdenum of iron molybdenum cofactor (FeMoco). J Biol Chem, 277(38): 35263-35266.

Mayer S M, Lawson D M, Gormal C A, *et al.* 1999. New insights into structure-function relationships in nitrogenase: a 1.6 Å resolution X-ray crystallographic study of *Klebsiella pneumoniae* MoFe-protein 1. J Mol Biol, 292(4): 871-891.

Milton R D, Cai R, Abdellaoui S, *et al.* 2017. Bioelectrochemical Haber-Bosch process: an ammonia-producing H_2/N_2 fuel cell. Angew Chem Int Ed Engl, 56(10): 2680.

Paul M C B, Laryukhin M, Suzanne M M, *et al.* 2003. Localization of a substrate binding site on the FeMo-cofactor in nitrogenase: trapping propargyl alcohol with an α-70-substituted MoFe protein. Biochemistry, 42(30): 9102-9109.

Rees D C. 1993. Dinitrogen reduction by nitrogenase: if N_2 isn't broken, it can't be fixed. Curr Opin Struct Biol, 3(6): 921-928.

Ryle M J, Lee H I, Seefeldt L C, *et al.* 2000. Nitrogenase reduction of carbon disulfide: freeze-quench EPR and ENDOR evidence for three sequential intermediates with cluster-bound carbon moieties. Biochemistry, 39(5): 1114-1119.

Schmid B, Ribbe M W, Einsle O, *et al.* 2002. Structure of a cofactor-deficient nitrogenase MoFe protein. Science, 296(5566): 352-356.

Seefeldt L C, Hoffman B M, Dean D R. 2012. Electron transfer in nitrogenase catalysis. Curr Opin Chem Biol, 16(1-2): 19-25.

Sickerman N S, Tanifuji K, Hu Y *et al.* 2017. Synthetic analogues of nitrogenase metallocofactors: challenges and developments. Chemistry, 23(51): 12425-12432.

Siegbahn P E M. 2018. A major structural change of the homocitrate ligand of probable importance for the nitrogenase mechanism. Inorganic Chemistry, 57(3): 1090-1095.

Simpson F B, Burris R H. 1984. A nitrogen pressure of 50 atmospheres does not prevent evolution of hydrogen by nitrogenase. Science, 224(4653): 1095-1097.

Sippel D, Einsle O. 2017. The structure of vanadium nitrogenase reveals an unusual bridging ligand. Nat Chem Biol, 13(9): 956-960.

Spatzal T, Aksoyoglu M, Zhang L, *et al.* 2011. Evidence for interstitial carbon in nitrogenase FeMo cofactor. Science, 334(6058): 940.

Turner G L, Gibson A H, Bergersen F J. 1980. Measurement of Nitrogen Fixation by Indirect Means. New York: Wiley.

Wang S Y, Jin W T, Chen H, *et al.* 2018. Comparison of hydroxycarboxylato imidazole molybdenum (iv) complexes and nitrogenase protein structures: indirect evidence for the protonation of homocitrato FeMo-cofactors. Dalton Trans, 47(22): 7412-7421.

Yang J, Xie X, Yang M, *et al.* 2017. Modular electron-transport chains from eukaryotic organelles function to support nitrogenase activity. Proc Natl Acad Sci USA, 114(12): E2460-E2465.

Yang Z, Danyal K, Seefeldt L C. 2011. Mechanism of Mo-dependent nitrogenase. Nitrogen Fixation: Methods and Protocols, 766: 9-29.

Zhang C. 2006. Interaction between tyrosine Z and substrate water in active photosystem II. Biochimica *et* Biophysica Acta-Bioenergetics, 1757(7): 781-786.

Zhao D, Li J L. 2004. Construction and characterization of double mutants in nitrogenase of *Klebsiella pneumoniae*. Sci Bull, 49(16): 1707-1713.

Supplementary material: https://doi.org/10.3389/fmicb.2019.00802

本文原载: Frontiers in Microbiology, 2019, 10: 802.

第 2 部分　微生物次生代谢产物研发及生物合成调控研究

导　读

作为农业院校的教师，李季伦教授一贯坚持为农业生产服务的理念，在开发微生物次生代谢产物的研究中作出了重要贡献，这里仅列举了部分代表性研究工作。

1. 赤霉素的研究

赤霉素 (gibberellin) 是在调查水稻恶苗病病因时被发现的，它是一族四环双萜羧酸类化合物(最初命名为赤霉酸)，其基本骨架为赤霉烷，广泛存在于植物和某些真菌中，研究人员已发现 100 多种，该系列化合物用缩写 GA_n 表示。赤霉素是一类重要的植物激素，其中赤霉素 (GA_3) 在农业生产和啤酒工业中应用最广泛。

1958 年，在俞大绂教授带领下，李季伦等开始研制赤霉素，当时国际上只有少数厂家能生产。课题组经筛选、诱变获得一株不产孢子和色素的高产优良菌株，建立了简易的生产车间，生产赤霉素 (GA_3) 结晶，该产品在 1959 年德国莱比锡博览会上展出，填补了我国在这个项目上的空白。之后，李季伦与同事对赤霉素进行了多项应用研究 (俞大绂等, 1964)。从 20 世纪 90 年代起，研究人员开发新型赤霉素，其中最具代表性的是 GA_4、GA_7 和 GA_9。课题组成功获得合成 GA_7 的菌株和产 GA_9 为主的菌株 (颜方贵等, 1995, 1997)。赤霉素的研究成果曾在国内转让给多个生产厂家，GA_{4+7} 也已实现了工业化生产。

2. 莫能菌素和马杜霉素的研究

莫能菌素最早由美国礼莱公司研制并生产，是肉桂地链霉菌产生的一种多醚类离子载体化合物。该化合物在体外对金黄色葡萄球菌、链球菌、枯草杆菌、猪密螺旋体痢疾等有较强的作用。由于莫能菌素对鸡球虫有很强的抑制作用，且不易产生抗药性，安全范围宽广，20 世纪 70 年代即在美国应用。此外，莫能菌素还作为肉牛的饲料添加剂 (瘤胃素) 用来改善饲料报酬，提高肉料比，增加体重，对肉牛产业具有良好的经济效益。

在商务部“七五”攻关项目支持下，李季伦教授课题组在国内率先开展莫能菌素的研制，完成了菌种选育、工艺优化、结构分析、动物毒理、药理实验、工业化试生产和质量标准起草等研究 (郑应华等, 1992)。莫能菌素的研制通过农业部鉴定 (1985 年)，专家认为，这项研究成果为国内首创，填补了国内空白。

马杜霉素是美国 20 世纪 80 年代末研制成功的一种新型抗球虫抗生素，化学结构上也是一种聚醚类化合物。与莫能菌素比较，其抗球虫活性高，在 4~6 ppm 即可完全控制鸡球虫病的发生。在“八五”国家科技攻关项目支持下，李季伦教授课题组在不到 4 年时间内完成了菌种改造、工艺优化、中试生产、临床试验和质量标准起草等研究，提前完成“八五”国家科技攻关项目的指标要求，获得国家二类新兽药证书，填补了国内空白。虽然马杜霉素的研究并没有在国内外发表研究论文，但其成果在国内数家企业转化成功，打破了国外的垄断。

3. 阿维菌素的研究

阿维菌素是 20 世纪 80 年代美国 Merck 公司首先开发的一类具有杀虫、杀螨、杀线虫活性的十六元大环内酯化合物。该化合物具有极好的杀体内外寄生虫活性，在农业生产上被广泛用于防治蚜虫、红蜘蛛、线虫、斑潜蝇等，是当前生物农药市场中最受欢迎和具有竞争力的产品。李季伦教授课题组在 1986 年即开展了阿维菌素的研制工作，在“七五”、“八五”和“九五”国家科技攻关计划的连续支持下，完成了从诱变育种、发酵工艺、产物提取等全过程研究 (宋渊等, 2000, 2001)。1999 年，阿维菌素的研制工作通过了农业部鉴定，并进行了工业化生产。2006 年，作为“微生物农药发酵新技术新工艺及重要产品规模应用”的项目内容获得国家科学技术进步奖二等奖。

自 1996 年起，课题组根据深入研究的需要，建立了阿维链霉菌的遗传操作系统，在多项国家自然科学基金和国家重点研究计划的资助下，相继开展了菌株遗传改造和阿维菌素生物合成调控的研究工作，逐渐形成了自己的特色，揭示了多个调控阿维菌素合成的转录因子功能及其作用机制。目前国际上有关阿维菌素生物合成调控方面的报道主要来自李季伦教授课题组，其中代表性的研究成果包括：利用所建立的遗传操作系统在阿维链霉菌中成功表达了透明颤菌血红蛋白基因 *vhb* (文莹等, 2000)；通过缺失 *aveD* 基因和寡霉素聚酮合酶基因构建了只产阿维菌素 B 组分不产寡霉素的工程菌 (陈芝等, 2002; Xiaolin Zhang *et al.*, 2004)；利用组合生物合成手段构建了可直接产伊维菌素的基因工程菌 (Xiaolin Zhang *et al.*, 2006; Meng Li *et al.*, 2008)；获得了高产寡霉素的阿维链霉菌菌株 (Xiuping Lin *et al.*, 2009)；证实麦芽糖转运系统 *malEFG* 是阿维链霉菌利用麦芽糖和阿维菌素合成所必需的，通过 *malEFG* 过表达提高了阿维菌素和伊维菌素产量 (Meng Li *et al.*, 2010)；通过对阿维链霉菌遗传不稳定性突变株染色体的结构分析，发现链霉菌染色体可在中央区域发生大片段缺失，并不局限于染色体末端 (Wei Chen *et al.*, 2010)；证实 AdpA 参与阿维链霉菌形态分化和黑色素合成的调控 (Jinlei Zhao *et al.*, 2007)；揭示了阿维菌素生物合成基因簇中的 *aveR* 是一个途径特异性正调控基因 (Jia Guo *et al.*, 2010)；TetR 家族转录因子 AvaR1 和 AvaR2 通过响应自调节因子信号 avenolide 直接负调控 *aveR* 的表达 (Jianya Zhu *et al.*, 2016, 2017)；AraC 家族的 SAV742 (Di Sun *et al.*, 2016) 和 ROK 家族的 Rok7B7 (Xiaorui Lu *et al.*, 2020) 直接调控基因簇内结构基因的表达；形态分化负调控因子 BldD 直接正调控 *aveR* 和结构基因的表达 (Hao Yan *et al.*, 2020)；磷代谢调控蛋白 PhoP (Renjun

Yang *et al.*, 2015)、氧化还原调控因子 Rex (Xingchao Liu *et al.*, 2017) 和 TetR 家族转录因子 AveI (Lanjie Liu *et al.*, 2019) 直接负调控 *aveR* 的表达；TetR 家族的 AveT 以阿维菌素 B1 组分为配体，通过反馈调控方式间接正调控阿维菌素的合成 (Wenshuai Liu *et al.*, 2015)；IdeR 和 SufR 通过调控铁代谢平衡和铁硫簇代谢平衡间接影响阿维菌素的合成 (Yaqing Cheng *et al.*, 2018, 2020)；TetR 家族转录因子 AccR 通过调节胞内短链酰基 CoA 前体的供应从而间接负调控阿维菌素的合成 (Mengya Lyu *et al.*, 2020)。上述调控因子中的 AvaR1、AvaR2、SAV742、Rok7B7、PhoP、Rex、AveI 和 IdeR 都属于全局调控因子，不仅调控次级代谢，还调控初级代谢、胁迫响应和 (或) 形态分化等重要生理过程，有些调控因子之间 (如 AvaR1 和 AvaR2) 还存在交互调控。对上述调控因子或其靶基因进行遗传操作可有效提高阿维菌素产量。目前有关阿维链霉菌的遗传学研究仍在进行中。

4. 聚羟基烷酸和 1, 3-丙二醇的研究

随着全球塑料污染的日趋严重，人们开始积极开发可被生物降解的塑料。细菌产生的聚羟基 (链) 烷酸 (酯) (PHA)，因具有良好的热可塑性和可降解性，受到国际社会普遍、持续的关注。PHA 是广泛存在于原核生物中的碳源和能源的储藏物质，其中聚β-羟基丁酸 (酯) (PHB) 是最常见的 PHA。在科技部“攻关项目”和“863”计划等项目资助下，李季伦教授课题组从 1988 年开始 PHA 的研究工作，将钩虫贪铜菌 (*Cupriavidus necator*，原称真养产碱杆菌) 的 PHA 合成操纵元导入可利用多种碳源的非致病性欧文氏菌 (*Erwinia* sp.) 中，构建重组菌株 (田杰生等, 1997)，并与中国科学院化工冶金研究所 (现称中国科学院过程工程研究所) 合作，将重组菌株先后在 15 L 自动发酵罐和 300 L 气升式发酵罐中进行高密度培养，获得成功，积累的 PHB 可达细胞干重的 60%以上。

由于纯净 PHB 的质地硬而脆，应用范围有限，课题组分离得到了一株黄杆菌，可以大量合成 P (HB-co-HV)，且其所合成的共聚物中单体 (3-HB、3-HV) 的比例可以通过改变培养基的成分进行调节 (3-HV 所占比例可为 24%~78%)，具有广阔的应用前景 (赵良启等, 1996)。此后研究构建了高稳定性的含有 PHA 合成操纵元的重组大肠杆菌，并通过向培养基中添加丙酸等前体，使该菌合成 P (HB-co-HV)。在发酵罐培养时不仅获得了较高的细胞密度，而且目的产物占细胞干重的 70% (田杰生等, 2000)，具有良好的开发价值。

1, 3-丙二醇 (1, 3-PD) 是一种重要的、多用途的化工原料。为解决其化学合成分离难且成本高的问题，1999 年，李季伦教授课题组针对产酸克雷伯氏菌 (*Klebsiella oxytoca*) 探讨了发酵策略的优化，有效地防止副产物乳酸的产生，1, 3-PD 的产量达 83.56 g/L (Guang Yang *et al.*, 2007)。此外，研究构建了 2, 3-丁二醇 (2, 3-BD) 合成途径中α-乙酰乳酸脱羧酶 (BudA) 的突变菌株，不但彻底解决了 1, 3-PD 生产中 2, 3-BD 的污染问题，而且使 1, 3-PD 的产量又提高了 40%~60% (Gang Zhang *et al.*, 2010)。

在微生物发酵工程领域，李季伦教授及同事进行的研究广泛且丰富，在此收录了其中部分论文。

(宋渊　文莹　田杰生)

北京农业大学的赤霉素研究工作 (简报)

俞大绂, 李季伦, 罗国光, 李玉湘, 吴亭

(北京农业大学)

我校于 1958 年开始进行赤霉素生产菌种的选育、生物合成、在农业生产上的应用和生理生化机制等方面的综合研究。以往研究结果曾在 1961 年抗菌素(现称抗生素)会分组会上报道。这两年来研究工作进展的情况简要报道如下。

一、赤霉菌的选种与赤霉素生物合成

(一) 赤霉菌的选种

1961 年，赤霉菌 (*Fusarium moniliforme*) 124 号野生型菌株经紫外线照射获得了 30-10 突变菌株，其菌落形态 (絮状、无色素、无孢子) 和赤霉素的产量均与国外引进的苏白菌株相似。近年研究人员又自北京郊外水稻恶苗病株中分离得到赤霉菌野生型 Y 菌株。菌落粉状，有紫色素，产生大量小孢子。研究人员从菌株中分离出单孢后代 358 株，采用葡萄糖-硝酸铵合成培养基在摇瓶中进行产量比较试验，并观察它们在固体培养基上的菌落形态，发现 3 种不同类型的菌株：①菌落絮状，有紫色素，孢子较少，赤霉素产量与 30-10 突变株相似；②菌落短羊毛状，无色素，有孢子，赤霉素产量极低，为 2~10 μg/ml；③菌落粉状，产生各种颜色的色素，有孢子，赤霉素产量为 50~200 μg/ml。在 358 株单孢后代中，①型和②型菌落占比都较少，③型菌落占比大。野生型 Y 菌株的赤霉素产量为 4~455 μg/ml，极不稳定。由此证明在野生型菌丝中存在着不同遗传性的细胞核 (异核体)，通过单孢分离可以获得产量稳定的同核型纯系，有利于进一步以人工诱变的方法获得高产菌系。

(二) 赤霉素的生物合成

我们进行了以下三方面的研究工作。

1) 研究了赤霉菌 30-10 突变株对碳、氮源的需求量以及不同 C/N 值对该菌株生长和赤霉素合成的影响，获得以下结果：①可以利用葡萄糖、果糖、甘露糖、木糖、麦芽糖、蔗糖、棉子糖和淀粉。其中麦芽糖最有利于菌株生长和赤霉素的合成，对甘油、阿拉伯糖和乳酸盐的利用缓慢，不能单独利用乙酸盐；②可以利用 NH_4NO_3、KNO_3、$NaNO_3$、$(NH_4)_2SO_4$、NH_4Cl、天冬酰胺、柠檬酸铵和酒石酸铵作为氮源，其中 NH_4NO_3 最有利于赤霉素的合成，KNO_3 最有利于菌株生长。乙酸铵只有在以无菌过滤的方法加入基础培养基中才可被利用。

2) 以 2%、4%、6%、8%葡萄糖与 0.1%、0.2%和 0.3% NH_4NO_3 组成了各种不同 C/N 值的合成培养基，经摇瓶试验证明：①在葡萄糖为 2%、NH_4NO_3 为 0.3%的组合中 (C/N=7.62∶1) 仅有

菌丝生长而无赤霉素的合成；②在葡萄糖为 8%、NH_4NO_3 为 0.2%的组合中 (C/N=45.71∶1) 赤霉素的产量最高。

3) 在同一条件下，研究采用苏白菌株比较了国内外所用培养基 (共 14 种) 的赤霉素产量。从试验中看出，在所比较的 14 种培养基中含天然有机质 (麸皮、棉籽饼粉、花生饼粉、黄豆饼粉和玉米浆) 的半合成培养基的赤霉素产量均比合成培养基高。在天然有机物中以麸皮最有利于赤霉素的合成。

4) 研究采用苏白菌株、蔗糖、麸皮和无机盐配成的培养基在 200 L 发酵罐中进行深层发酵，定时定量地分析了发酵过程中菌体内脂肪的含量与发酵液中赤霉素的含量。研究发现赤霉素的合成与菌体内脂肪的合成与降解有明显的相关性。在发酵初期，脂肪逐渐合成，而赤霉素的合成量低；当菌体内积累的脂肪开始分解时，赤霉素产量上升。采用静息菌丝以油酸或 Tween 80 (油酸的衍生物) 作为基物进行置换培养时，有赤霉素的合成，而且 5×10^{-4} mol/L 的 2, 4-二硝基苯酚 (DNP) 可以完全抑制赤霉素的合成，由此证明油酸可以促进菌体生长，为合成赤霉素提供能源。适当改变发酵培养基的成分，加入植物油，可以缩短发酵周期。

二、赤霉素在果树和蔬菜生产上的应用

(一) 赤霉素在葡萄上的应用

赤霉素对无核葡萄 (无核白、无核紫) 浆果生长有显著刺激作用。随着赤霉素浓度越高 (由 50 ppm 到 1000 ppm 以上) 果粒生长越大。花前处理显著刺激穗轴伸长，但增大果粒的效果不如花后处理。根据 1962 年和 1963 年的试验结果，无核白葡萄开花后一周内，用 200 ppm 赤霉素液浸渍幼穗一次，使浆果平均重量增加为对照的 216%~217%，果穗平均重量增加为对照的 212%~274%。增产效果显著，而应用成本低，处理后的果穗粒大，穗重，但浆果成熟延迟一周左右。

赤霉素对有核葡萄亦有显著的效果。花前及花期处理玫瑰香花序，显著刺激穗轴伸长，并引起扭曲及严重的落花落果。但花后处理的效果则表现良好，花后一周内处理幼穗使玫瑰香的坐果率显著提高，而且有 70%~80%的果实形成无核果粒。浆果成熟期提前 1~3 周，赤霉素处理后果粒生长减弱，体积变小，但平均穗重不降低 (1962 年)，甚至可增加为对照的 160%以上 (1963 年)。赤霉素处理有核葡萄还存在以下问题：浆果成熟不均匀，无核果百分比还不够高，有大小粒现象，赤霉素作用具有局限性，未经处理的果穗部分不表现出显著效应，赤霉素与其他化学药剂混用的效果尚在试验中。试验结果表明，赤霉素在葡萄上的应用可能具有良好的前景，值得进一步研究。

(二) 赤霉素在几种蔬菜栽培上的应用

过去的试验证明，在几种蔬菜栽培上应用赤霉素可以获得显著的促进生产和增加产量的效果。最近的研究主要是探明在不同环境条件下，赤霉素对蔬菜生长及产量的影响。

1) 在不同温度条件下，以不同浓度的赤霉素处理结球莴苣，对植株的生长影响如下：在日均温 29.7℃、夜均温 18.4℃的高温条件下，以较高浓度的赤霉素 (30 ppm) 处理的植株，其生长高峰出现较早，持续期亦长。展开的叶片数比对照增加 51%，叶球鲜重增加 22%，而采用 10 ppm 低浓度处理者，其生长高峰出现较迟，作用持续期亦短，展开叶片数较对照增加 38%，叶球鲜重增加 11%。在较低温度条件下，即日均温 26.9℃、夜均温 16.8℃，无论赤霉素的浓度高低，其生长高峰出现的时间相同。但

低温高浓度处理的植株，生长量大大超过低浓度处理的植株。即叶球鲜重比对照增加 55%，而低温低浓度处理的植株，叶球鲜重只增加 33%。因此可以考虑在温度较低的保护地栽培蔬菜时，如北方的阳畦及日光温室栽培条件下，采用较低浓度的赤霉素处理是有利的。

2) 采用盆栽试验研究在不同水分条件下赤霉素对莴笋生长的影响。当幼苗 5 或 6 片叶时移至栽培盆内，缓苗后栽培盆中保持 15.5%、17.5%及 19.5% 3 种不同的土壤含水量。然后以 30 ppm 赤霉素溶液喷两次，测定不同处理的产量。初步证明赤霉素对莴笋茎生长的影响随着土壤湿度不同而有较大的差异。在 17.5%土壤含水量的条件下，处理植株茎重比对照增加 18.7%，如土壤含水量为 19.5%，则增重为 19%；在水分亏缺的情况下即土壤含水量为 15.5%时，经赤霉素处理，其茎重较对照只增重 6%。

3) 在田间栽培条件下，研究了不同水肥条件下赤霉素对莴笋生长的影响。田间试验设计了不同处理，即多水多肥区 (灌水 7 次，追硫酸铵 2 次)，少水少肥区 (灌水 4 次，不追施硫酸铵)。当幼苗具有 13 或 14 片叶子时，用 10 ppm 及 30 ppm 赤霉素溶液各处理一次。从产量效果来看，在水肥充足时，赤霉素处理可增产 20%；在水分不足时，虽然增施肥料，赤霉素也不能发挥其应有的效果，只能增产 2%；在水肥均不足时，赤霉素处理后，常促进抽薹，反而有减产的趋势。

三、赤霉素在植物萌发生长中对几种酶系统活性的影响

(一) 赤霉素对几种高等植物生长或萌发中转化酶及转氨酶的影响

赤霉素促进矮生菜豆 (*Phaseolus vulgaris*) 的生长和水稻（‘水源三百粒’）、小麦（‘农大 183’）种子及马铃薯（‘男爵’）块茎的萌发，也大大促进了转化酶的活性，研究采用 100 ppm 赤霉素溶液滴菜豆幼苗生长点，每株 20 μl，其转化酶活性比对照 (蒸馏水) 增加 1.7 倍；采用 100 ppm 赤霉素分别将小麦及水稻浸种 12 h，萌发后 5 天测定显示转化酶活性比对照分别增加 5.1 倍及 0.59 倍；采用 1 ppm 赤霉素处理马铃薯块茎，萌发后，其转化酶活性比对照增加 1.5 倍。与此同时，菜豆植物的转氨酶也有不同程度的增加，谷丙转氨酶 (GPT) 增加 1 倍，谷草转氨酶 (GOT) 增加 0.62 倍，但赤霉素 (100 ppm) 对抽薹的大蒜以及洋葱和大葱种子的萌发都不起作用，同时也不提高其相应的转化酶及转氨酶活性。

我们进行了赤霉素打破菊芋块根休眠的试验，一般情况下菊芋休眠期是 3~5 个月，经 100 ppm 赤霉素浸 24 h，4 天后即萌发，此时转化酶显著增加，约为对照的 13 倍，转氨酶亦有所增加，谷草转氨酶的活性较显著，为对照的 1.6 倍，而谷丙转氨酶次之，为对照的 1.2 倍，完全不表现出淀粉酶活性。赤霉素促进植物的生长发育，前人的工作多归于淀粉酶活性的增加；从我们的实验来看，对某些植物，如四季豆、水稻、小麦、马铃薯等来说，赤霉素对转化酶活性的增加也起着重要的作用。由于在菊芋块根中含有的菊糖 (多聚果糖苷) 由转化酶水解，不由淀粉酶水解，我们可以设想赤霉素既然能促使菊芋块根萌发，推测也可促使其转化酶活性的增加。

(二) 赤霉素对三羧酸循环酶系影响的初步研究

实验材料采用不同休眠深度的马铃薯块茎切片 (直径 0.8 cm、厚 0.1 cm 的圆片)，实验前在 28℃饥饿 24~28 h，之后在瓦氏呼吸器中将其置于不同三羧酸环的有机酸 (0.01 mol/L) 基质中 (1/30 mol/L pH 6.24 的磷酸缓冲液)，各基质中含赤霉素 5 ppm，以不含赤霉素者为对照，测定其耗氧量。

首先在前人工作的基础上，实验再次验证了三羧酸循环酶系的存在，即柠檬酸、琥珀酸、苹果酸、延胡索酸等显著促进马铃薯块茎切片的呼吸与耗氧量的增加；丙二酸 (0.5 mol/L)、2, 2-联二吡啶 (0.1%) 等阻抑了呼吸作用。赤霉素提高休眠程度较浅的或已萌发的马铃薯块茎 (切片) 中的三羧酸循环酶系的活性很显著，而对休眠较深的薯块切片的反应很不敏感，一般没有反应。赤霉素促进马铃薯块茎 (休眠浅的或萌发初期的) 对三羧酸环有机酸的氧化总趋势是：反应开始初期 (1~3 h)，促进苹果酸氧化酶的活性提高 (从耗氧量的测定来看)，至后期阶段 (3~5 h) 促进琥珀酸氧化酶系的活性提高。

本文原载：植物生理学通讯, 1964, 3: 53-54.

赤霉素 A_4、A_7 的发酵研究*

颜方贵，何增国，秦杰，李季伦

(北京农业大学微生物系，北京，100094)

摘要

初选藤仓赤霉菌 (*Gibberella fujikuroi*) 农大 17 菌株为赤霉素 A_4、A_7 (GA_4、GA_7) 的生产菌，该菌株 GA_{4+7} 的积累量，除与营养条件有关外，温度和 pH 也是极为重要的因子，随着发酵温度从 28℃上升至 32℃，GA_{4+7} 的产量由 21 μg/ml 增至 81 μg/ml，GA_3 由 702 μg/ml 降至 328 μg/ml。pH 回调至中性，GA_{4+7} 的产量由 75 μg/ml 增至 180 μg/ml，GA_3 由 322 μg/ml 降至 211 μg/ml。此外，设法延长发酵周期也是增加 GA_{4+7} 的一个因素。综合上述条件，即在发酵过程中，发酵液的 pH 由 48 h 前的 4 回调并维持在 6.7 左右。温度由 28℃上调并控制在 32℃，摇瓶培养 12 天，GA_{4+7} 的产量达 890 μg/ml，20~600 L 发酵罐发酵 240 h，GA_{4+7} 产量达 680 μg/ml 左右。对于 GA_{4+7} 浓度的测定亦做了简化处理，发酵液不经提取，可直接用硅胶 G 薄层层析 (TLC) 后进行荧光比色，产品测定宜采用高效液相色谱法 (HPLC)。按照上述条件培养的农大 17 菌株，产生 GA_3、GA_7 和 GA_4 的比例为 23.131∶16.105∶31.258，GA_4 高于有关报道。

关键词

藤仓赤霉菌，发酵条件，GA_{4+7} 检测。

颜方贵等 (1994) 曾对于赤霉素 A_4 和 A_7 (GA_4、GA_7) 对植物果实特别是苹果果实细胞所起到的伸长作用、打破某些植物种子的休眠、提高坐果率、防止果裂和果锈等的效果作过综述，这些目前已知的作用已引起生物工作者和农业工作者的极大兴趣。GA_4、GA_7 主要来源于微生物，尽管已有只产 GA_4 而不产 GA_3 的菌种 (Rademacher and Graebe, 1979; Takeshi *et al.*, 1989)，但由于产量太低，目前尚无工业生产价值，因此当前生产 GA_4、GA_7 还是依靠藤仓赤霉菌 (*Gibberella fujikuroi*) 的有关菌株。藤仓赤霉菌产生何种赤霉素、各赤霉素积累量，常因菌株及发酵条件不同而有差异。对于同一菌株，影响赤霉素发酵的因子主要有温度、pH 及营养条件。Stodola 等 (1955) 发现，pH 低于 3.5 时会刺激 GA_1 的产生。Cross 等 (1962) 注意到，发酵液中 pH 的上升会引起 GA_7 比例的增加。Kagawa 等 (1965) 经研究得出结论，当温度为 30~40℃时，有利于 GA_7 产量上升。Podojil 和 Ricicova (1965) 研究表明，当培养基中的氮源采用玉米粉时，发酵液中 GA_3 的比例上升；当以豆饼粉作氮源时，GA_1 的比例上升而 GA_3 的比例下降。

---

*南京农业大学周燮教授提供 GA_{4+7} 样品，谨此致谢。

我们从菌株的选育着手，配合改变发酵条件，并采用适于工业生产的提取分离工艺，成功地进行小试，部分产品已在农业上进行试用。本文主要介绍 GA_4、GA_7 发酵条件的研究结果，目前国内尚无这方面的报道。

一、材料和方法

(一) 菌种

初选藤仓赤霉菌农大 17 作为试验菌株，该菌株从四川稻田采集的恶菌病株中分离，经多种化学、物理诱变而得。

(二) GA_{4+7} 标准样品

由南京农业大学周燮教授提供。

(三) GA_3、GA_4、GA_7 纯品

由本实验室提取，经检测确证后使用。

(四) 培养基

菌种斜面用 PDA 培养基，种子和发酵采用淀粉、糖、豆饼粉培养基。

(五) GA_{4+7} 测定

1) GA_{4+7} 定性测定：采用硅胶 G 薄层层析 (TLC)，将发酵液或提取液与 GA_3、GA_4、GA_7 标准样点于硅胶板上，展层剂为三氯甲烷-乙酸乙酯-冰醋酸 (14∶6∶1)，层析完吹干，喷以 5∶95 的硫酸乙醇溶液作为显色剂，然后在 110℃条件下加热 7 min，层析板在紫外灯下可见 Rf 值约为 0.2、呈天蓝色荧光的 GA_3 区带，Rf 值约为 0.5、呈黄绿色荧光的 GA_7 区带和 Rf 值为 0.51、呈紫色荧光的 GA_4 区带。由于 GA_7 和 GA_4 的 Rf 值相差甚少，硅胶板上已无法区分，通常以 GA_{4+7} 作为一个区带处理。

2) TLC 简易定量测定：方法与定性相同，只是将定量发酵液或提取液以一条横线的形式点于 2.5 cm× 7.5 cm 的硅胶板上，展层、显色，在紫外灯下找到 GA_{4+7} 的区带，刮下硅胶层，放入试管，加入 5 ml 85% 硫酸充分混合，室温反应 5 h (或 80℃水浴反应 1 h)，去沉淀，进行荧光比色测定。根据荧光值 (透光度) 从标准曲线上查出相应浓度。

标准曲线由 GA_4 或 GA_7 标准品制作，先配制 100~1000 μg/ml 系列浓度，各浓度取 50 μl 与 5 ml 85% 硫酸反应 5 h，在荧光光度计上比色，根据浓度与对应的荧光值绘制曲线。相同浓度的 GA_4 与 GA_7 的荧光强度和光的波长有关，表 1 的例子表明：当发射光与激发光波长接近 GA_4 的光谱特性时，GA_4 荧光值大于相同浓度的 GA_7。当发射光与激发光波长接近 GA_3 光谱特性时，情况则相反。至于两者相差多大，则需由检测确定。由于发酵液中的 GA_4、GA_7 并非固定比例，采用这种方法测得的 GA_{4+7} 含量，不论用 GA_4 还是 GA_7 作标准曲线都只能是粗略数据。

若要得到较准确的浓度，则需对透光度作校正。校正方法之一是先测出 GA_4 与 GA_7 的比例 (可在 HPLC 上测得)，当以 GA_4 为标准曲线时，根据比例就可计算出由于 GA_7 存在所造成的偏低量，加入偏低值就是校正值。举例说明，图 1 中 GA_4∶GA_7=31.258∶16.105，该溶液测得的透光度是 81.5，那么：

表 1　相同浓度的 GA_4 和 GA_7 在不同波长下荧光值的比较

GA 浓度/(μg/ml)	发射光波长/nm	激发光波长/nm	荧光值（透明度）(OD)
GA_4 500	360	420	50
GA_7 500	360	420	46
GA_4 500	400	450	50
GA_7 500	400	450	62

注：GA_4 的最大发射波长为 385 nm，最大激发波长为 420 nm；GA_3 的最大发射波长为 411 nm，最大激发波长为 460 nm，表明 GA_7 接近 GA_3

透光度 GA_7≈16.105×81.5/(31.258+16.105)=27.7

总透光度的偏低量=27.7×(50/46−1)=2.4

透光度校正值=81.5+2.4=83.9

3) GA_4 与 GA_7 的比例及含量测定：采用高压液相色谱法 (HPLC)，使用 SY5000HPLC 色谱仪，色谱柱为 C-18，流动相为甲醇-水 (48∶50)，流速为 1.2 ml/min，进液量为 5~15 μl，测定效果良好。图 1 为成熟发酵液中 GA_4、GA_4、GA_7 的比例图，从标准品的保留时间 (RT) 中可以找出试样中 GA_4、GA_4、GA_7 峰的位置和比例。定量测定时，可将已知浓度的标准品注入不同的量，得到浓度与峰面积关系曲线，为需定量的试样提供依据。

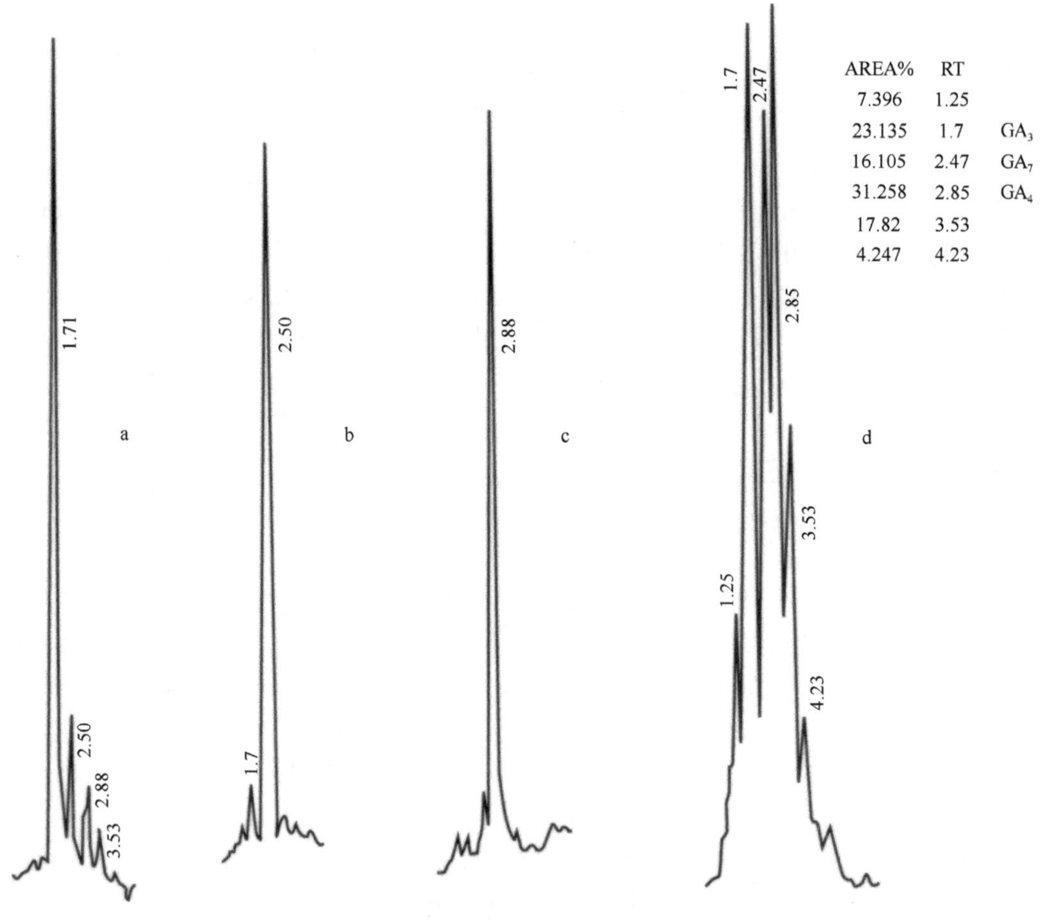

图 1　成熟发酵液中 GA_4、GA_7、GA_3 的比例

a. GA_3 标准品；b. GA_7 标准品；c. GA_4 标准品；d. 农大 17 菌株成熟发酵液

从图 1 可以看出，农大 17 菌株产生的 GA_4 比例较高，GA_3∶GA_7∶GA_4=23.131∶16.105∶31.258。在已公布的专利中，GA_3∶GA_7∶GA_4=350∶220∶90。GA_4 在某些情况下比 GA_7 的生物效果更好（颜方贵等, 1994）。

二、结果与分析

（一）温度与 GA_{4+7} 积累的关系

菌株为农大 17，种子液 26℃培养 3 天，以 2%接种量接入 500 ml 三角瓶（内装 100 ml 培养液），将摇瓶分别在 28℃、30℃、32℃摇床上培养 168 h，进行 GA_3 和 GA_{4+7} 产量测定，3 个重复结果列于表 2。表 2 说明，温度升高至 32℃时，GA_3 降低，GA_{4+7} 的产量约上升为 28℃时的 4 倍。

表 2　温度对赤霉素发酵的影响

赤霉素	28℃	30℃	32℃
GA_3/(μg/ml)	702	684	328
GA_{4+7}/(μg/ml)	21	33	81

（二）pH 与 GA_{4+7} 积累的关系

接种量、装量、重复等和上述温度试验相同，每天需两次滴加 5 mol/L KOH 调节 pH 至中性并维持到 168 h 发酵结束，各处理结果列于表 3。

表 3　不同温度下调节 pH 对赤霉素发酵的影响

处理	pH		温度/℃	GA 浓度/(μg/ml)	
	调节时间/h	终值		GA_3	GA_{4+7}
1	—	3.0	30	681	30
2	24	6.7	30	285	114
3	48	6.8	30	286	138
4	60	6.7	30	281	120
5	72	6.7	30	887	105
6	—	3.1	28	690	24
7	48	6.8	28	483	162
8	—	3.0	32	322	75
9	48	6.7	32	211	180

注：①各处理的起始 pH 均为 6.5；②—表示不调 pH 的处理，即从 6.5 降至培养 48 h 后的 4 左右，再下降至 3 左右

表 3 中，处理 1、6、8 反映出不调 pH 时温度与 GA_{4+7} 积累的关系，其结果基本与表 2 一致。处理 3、7、9 反映出 48 h 调 pH 后 GA_3 均下降，GA_{4+7} 均上升，在 28~32℃时，随温度的上升，GA_3 与 GA_{4+7} 的比例从 3∶1 (28℃) 下降到 2∶1 (30℃) 和 7∶6 (32℃)。处理 1、2、3、4、5 反映出在 30℃条件下，不同时期调节 pH 的结果，调 pH 均对 GA_{4+7} 积累有利，以 48 h 为好，调节过晚（如 72 h）将有大量 GA_3 积累，对 GA_{4+7} 发酵不利。

关于 pH 对 GA_{4+7} 积累的影响还进行了进一步实验，实验设置 A、B 两组，A 组的 pH 是在降至 4 左右时加入 0.2% $CaCO_3$，使其 pH 回到 6.7 左右，B 组是在培养基中加入相同浓度的 $CaCO_3$，即使其

pH 始终维持在接近中性。培养 136 h 时发现 pH 有下降趋势，A、B 组同时再加入 0.2% $CaCO_3$，使其 pH 不低于 6.7 直至实验结束。两组的温度均由开始的 28℃升至 48 h 后的 32℃。两组 3 个重复的结果列于表 4。表 4 说明：$CaCO_3$ 完全可以代替 KOH 维持近中性的 pH；B 组从培养开始即控制 pH，其效果不及 pH 有变动处理的 A 组，不仅表现出积累 GA_{4+7} 缓慢，而且最终积累的 GA_{4+7} 亦偏低。

表 4　发酵初期和 48 h 后调 pH 对 GA_{4+7} 积累的影响

处理	GA 类别	GA 产量/(μg/ml)						
		培养时间						
		64 h	80 h	104 h	136 h	176 h	188 h	200 h
A 组	GA_3	88	172	230	230	290	295	290
	GA_{4+7}	68	205	365	540	750	745	745
B 组	GA_3	25	43	99	180	308	320	330
	GA_{4+7}	45	74	255	300	550	680	640

注：A 组为发酵 48 h 后调 pH；B 组为发酵初期调 pH

(三) 变温处理与 GA_{4+7} 积累的关系

所有处理均在 48 h 后保持 pH 为 6.7 左右，整个发酵过程将处于不同的温度下，结果列于表 5。

表 5　变温处理与 GA_{4+7} 积累的关系

处理	温度/℃			GA_3 含量/(μg/ml)	GA_{4+7} 含量/(μg/ml)	GA_3∶GA_{4+7}
	0~48 h	48~120 h	120~168 h			
1	28	28	28	510	230	2.2∶1
2	28	32	32	330	880	1∶2.6
3	32	32	32	310	540	1∶1.7
4	28	34	32	280	760	1∶2.7
5	28	34	34	190	510	1∶2.7
6	34	34	34	150	480	1∶3.2

表 5 表明，当升高温度 (从 32℃升到 34℃) 时，用于试验的农大 17 菌株能使 GA_{4+7} 与 GA_3 的比例上升，但是总产量有所下降，所以仍以初期 28℃、48 h 后升至 32℃为宜，初期温度过高，对营养生长不利。

(四) 溶解氧的影响

固定摇床转速为 180 r/min，调节 500 ml 摇瓶的装置，发酵 192 h，以便初步确定对溶解氧的需求情况，3 个重复的结果列于表 6，初步看出 GA_{4+7} 发酵的通气量以 500 ml 三角瓶装量 100 ml 为宜。

表 6　摇瓶装量对 GA_{4+7} 发酵的影响

装量/(ml/500 ml 瓶)	50	75	100	150
GA_{4+7} 产量/(μg/ml)	452	630	725	587

(五) 发酵实例

进一步通过正交试验检测农大 17 菌株的发酵条件，优选出最佳组合，然后在摇瓶和 600 L 发酵罐中进行发酵小试，表 7 为摇瓶的实例，发酵 12 天，GA_{4+7} 产量最高达 890 μg/ml。

表 7　摇瓶发酵结果

发酵天数	4	5	6	7	8	9	10	11	12	13
GA_{4+7} 产量/(μg/ml)	150	210	280	430	650	690	730	750	890	720

注：NH_2-N 迅速消耗，当达到零后，GA_{4+7} 开始积累，后期菌丝有些自溶，NH_2-N 开始上升

图 2 为 600 L 罐的发酵结果，可以看出，pH 在 39 h 后已降至 4.3，然后调整 pH，使其保持在 6.7 左右。全糖在培养初期迅速下降，134 h 后趋于缓慢。

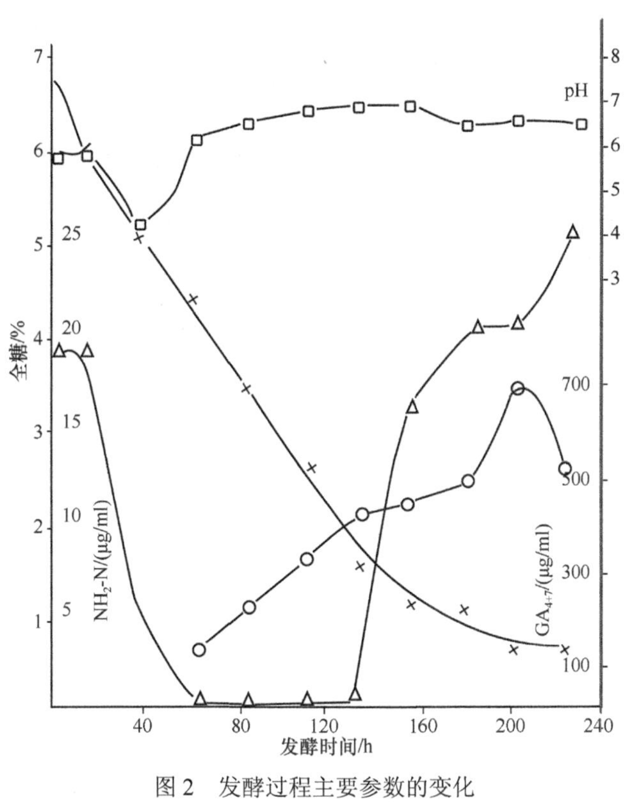

图 2　发酵过程主要参数的变化

—×—×— 全糖 —□—□— pH

—○—○— GA_{4+7} —△—△— NH_2-H

三、讨论

目前生产 GA_{4+7} 的菌种尚离不开藤仓赤霉菌的一些原产 GA_3 为主的菌株，尽管通过筛选和培养条件的改变，GA_{4+7} 的比例提高不少，但留下 1/3 左右的 GA_3 将给提取带来很多不便。今后除考虑采用不产 GA_3 的其他菌种外，设法通过对现有菌株的诱变，获得 GA_3 或 GA_7 生物合成受阻断的营养缺陷型菌株，以便积累 GA_{4+7} 或 GA_4，这是值得研究的课题。Brückner 和 Blechschmidt (1991) 曾得到一个突变株 14/141，该突变株的 GA_3 生物合成最后一步被阻断，因而代谢物中积累 GA_7，由此可见，这样的菌株是有可能获得的。

参考文献

颜方贵, 秦杰, 何增国, 等. 1994. 赤霉素 A_4、A_7 的研究进展. 微生物学通报, 21(3): 163-167.

Brückner B, Blechschmidt D. 1991. Nitrogen regulation of gibberellin biosynthesis in *Gibberella fujikuroi.* Appl Microbiol Biotechnol, 35: 646-650.

Cross B E, Galt R H B, Hanson J R. 1962. New Metabolites of *Gibberella fujikuroi*—I: gibberellin A_7 and gibberellin A_9. Tetrahedron, 18(4): 451-459.

Kagawa T, Fukinbaba T, Sumiki Y. 1965. Biochemical studies on "Bakanae" fungus: Part 73. Study on production and isolation of gibberellin A_7. Agri Biol Chem, 29(4): 285-291.

Podojil M, Ricicova A. 1965. Influence of the soya meal fractions on gibberellic acid and gibberellin A production in submerse cultivation of *Gibberella fujikuroi*. Folia Microbiol (Praha), 10: 55-59.

Rademacher W, Graebe J E. 1979. Gibberellin A_4 produced by *Sphaceloma manihoticola*, the cause of the superelongation disease of cassava (*Manihot esculenta*). Biochem Biophys Res Commun, 91(1): 35-40.

Stodola F H, Raper K B, Fennell D I, *et al.* 1955. The microbiological production of gibberellins A and X. Arch Biochem Biophys, 54(1): 240-245.

Takeshi S, Katsuhiro S, Haruki E. 1989. Isolation and identification of gibberellins A_4 and A_9 from a fungus *Phaeosphaeria* sp. Agri Biol Chem, 53(1): 303-304.

本文原载：真菌学报, 1995, 14(4): 302-309.

赤霉素 A_9 检定方法的建立和发酵的初步研究

颜方贵，夏书华，刘新泉，李季伦

(中国农业大学生物学院，北京，100094)

摘要

通过对 50 株野生型藤仓赤霉菌的筛选，获得一株 GA_9 组分较高而 GA_3、GA_{4+7} 组分较低的菌株农大 201 (ND-201)，然后通过多次紫外诱变，使其产量从原来的 34 μg/ml 提高到 260 μg/ml。当发酵条件采用变温培养时 (培养 72 h 后由 28℃转到 34℃)、调节 pH (72 h 后 pH 由 4.5 调到 6.2)，产量可达 300 μg/ml。在按最佳组分配制培养基后，GA_9 的产量可达 350 μg/ml。发酵产物经提取、层析并经气相色谱-质谱 (GC-MS) 鉴定确证为 GA_9。硅胶 G 薄层层析和荧光光度法可简便地对 GA_9 进行定量测定。高效液相色谱法 (HPLC) 可测得 GA_9 组分的比例含量。

关键词

藤仓赤霉菌，GA_9，发酵，鉴定。

赤霉素 A_9 (GA_9) 是继 GA_3、GA_4、GA_7 之后最受重视的赤霉素类物质之一 (Crozier *et al.*, 1970)，它对植物的生理活性具有一些独特的作用。例如，五蕊柳在限制日照时，枝条的伸长受阻，喷射 GA_9 可以得到恢复和促进 (Tamio *et al.*, 1991)；使用 GA_{4+7} 在诱导加拿大黑松雄花形成时，GA_9 具有很强的增效作用 (颜方贵等, 1994)；GA_9 能显著刺激大白菜和苹果后熟期胚轴的伸长 (Hall, 1986; Junttila *et al.*, 1992)；能提高番茄开花率 21.2%~28.4% (Halinska *et al.*, 1987) 等，这是目前所知的少数资料。许多植物体内的 GA_9 由 3β-羟化酶所催化，可转化为 GA_4 而起作用 (Fukui *et al.*, 1972)。至于微生物的合成途径，过去一直认为 GA_9 来自 GA_{12} 醛，GA_4 来自 GA_{14} 醛，两者之间没有转化关系，而 Takeshi 等 (1989, 1994) 用 $17^2H_2GA_9$ 提供给球腔菌属(*Phaeosphaeria*) L487 菌株，发现产物中有带 $^2H_2$ 的 GA_4 和 GA_1，并且得出 GA_4 的数量和 GA_9 有线性关系。

GA_9 的产生菌主要有：*Gibberalla fujikuroi*、*Sphaceloma manihoticola* (Rademacher and Graebe, 1979) 和 *Phaeosphaeria* (Rademacher and Graebe, 1979)，后两者的 GA_9 产量都很低。Cross 等 (1962) 和 Borrow 等 (1964) 认为，变温培养、改变营养条件对提高 GA_9 的产量有利。在培养基中加入一定量的乙醛也可提高赤霉素的产量 (Bateson and Cross, 1974)。我们课题组从筛选野生菌开始，经过多次紫外诱变并配以营养和外界环境的调整，GA_9 产量由 34 μg/ml 提高到 350 μg/ml，经各种方法检测，产物 GA_9 得到确证。

一、材料

(一) 供试菌株

农大 201，从 50 株野生型藤仓赤霉菌中筛选获得，该菌株产 GA_9 量较高，GA_3、GA_{4+7} 的产量都很低。

(二) 培养基

1) 菌种斜面及平板分离培养基：PDA。

2) 产孢培养基：KNO_3 0.3 g，KH_2PO_4 0.1 g，$MgSO_4$ 0.05 g，自来水 100 ml。

3) 种子培养基：豆饼粉 1.5 g，淀粉 1.0 g，葡萄糖 1.0 g，KH_2PO_4 0.1 g，$(NH_4)_2SO_4$ 0.05 g，$MgSO_4$ 0.1 g，自来水 100 ml。

4) 发酵培养基：豆饼粉 0.9%，淀粉 7.0%，葡萄糖 1.0%，KH_2PO_4 0.15%，$MgSO_4$ 0.08%，α-淀粉酶 0.003%，pH 5~5.5，自来水 100 ml。

(三) 诱变剂

15 W 紫外灯，波长为 2537 Å，照射距离 30 cm。

二、方法和结果

(一) GA_9 的定性检测方法

1. 硅胶 G 薄层层析 (TLC) 法的定性检测

TLC 法展层剂的选择是根据 GA_9 的极性 (Durley and Pharis, 1972)，参考 Rachev 等 (1993) 的报道，研究设计 5 种展层剂，展析结果如表 1 所示。

表 1　GA_9 在不同展层剂中的 Rf 值

溶剂系统	1	2	3	4	5
GA_3	0.35	0.123	0.05	0.55	—
GA_{4+7}	0.45	0.12	0.2	—	—
GA_9	0.6	0.3	0.45	—	—
其他 GA	—	0.6	0.6	0.6	—

注：1. 氯仿：乙酸乙酯：甲醇：乙酸=20：20：2：0.2；2. 环己烷：乙酸酯：冰水=15：5：0.1；3. 苯：乙酸酯：甲醇=2：3：2；4. 氯仿：乙酸酯：甲醇=66.7：33.3：0.5；5. 苯：丙酮：甲醇=4：4：1

从表 1 可以看出，展层剂 3 的效果最佳，GA_3、GA_{4+7}、GA_9 和其他 GA 的 Rf 值间隔较大，且 GA_9 处于中间位置。GA_9 的 TLC 定性法：取一定量的样品，点于硅胶 G 板上，用展层剂 3 层析后，喷显色剂 (5%浓 H_2SO_4+95%乙醇)，120℃加热 2 min，于紫外灯下观察，GA_9 的 Rf 值为 0.45，呈紫色荧光。

2. GA_9 的鉴定

采用国际通用的气相色谱-质谱 (GC-MS) 检测的方法。发酵液经提取，硅胶柱分离，得到 GA_9 粗品，经检测样品总电子流 (图 1) 和 GC-MS 鉴定，并与标准图谱比较 (图 2)，确证为 GA_9。

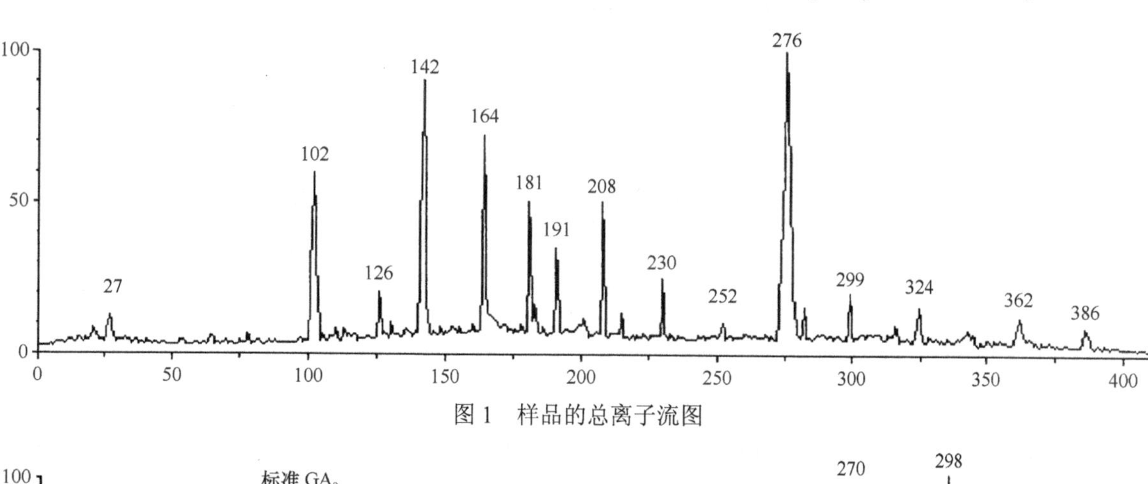

图 1 样品的总离子流图

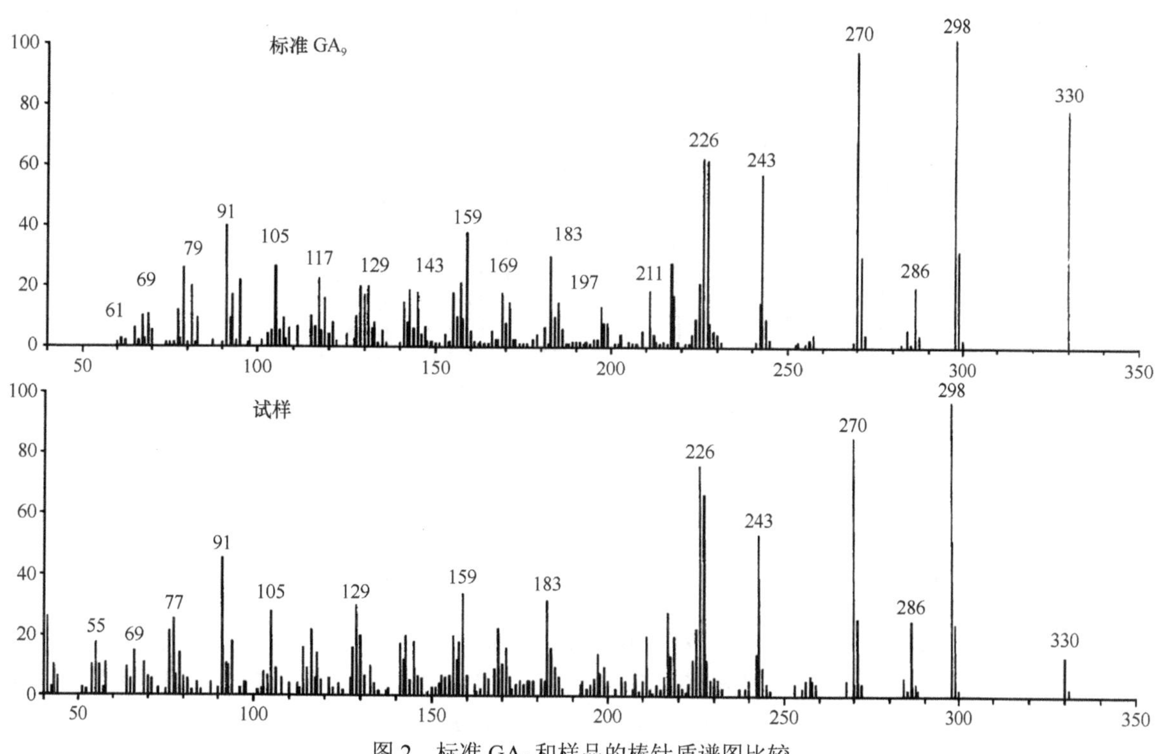

图 2 标准 GA_9 和样品的棒针质谱图比较

3. GA_9 的生物活性检测

采用 α-淀粉酶诱导生成法 (Rademacher and Graebe, 1979)：将大麦种子消毒、横切、去除含胚的一半，放入 7 支无菌试管中，分别加入 1~7 μg/ml GA_9，培养 48 h (33℃)，然后用索莫奇方法测定培养液中还原糖的浓度，试验结果表明，在一定范围内诱导生成的 α-淀粉酶与 GA_9 浓度成正比。

(二) GA_9 的 TLC 定量测定法

1. GA_9 的光谱性质

采用荧光分光光度计对 GA_9 样品进行扫描，得到 GA_9 的激发光谱和发射光谱 (图 3)，它们的波长分别为 370 nm 和 450 nm。

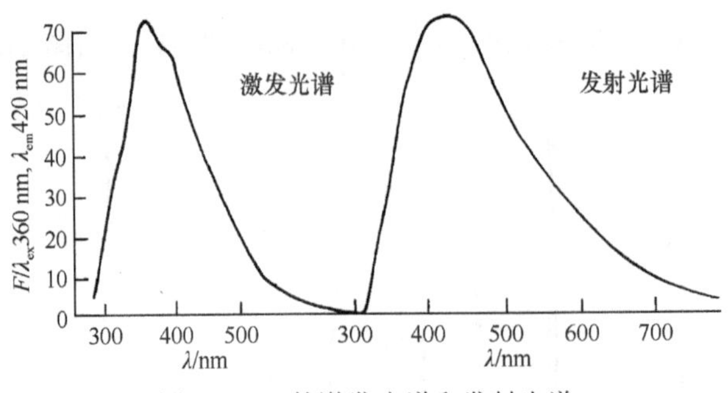

图 3　GA$_9$ 的激发光谱和发射光谱

2. GA$_9$ 的比例含量粗算

采用 SY5000 高压液相色谱 (HPLC) 仪，C-18 色谱柱，流动相为甲醇：水=40：60 和甲醇：水=60：40，流速分别为 1.2 ml/min 和 1.5 ml/min。图 4 为发酵抽取液的 HPLC 图，从标准的 GA$_9$ 的 RT 值可以找出试样中 GA$_9$ 峰的位置和比例，从而为定量试样提供依据。

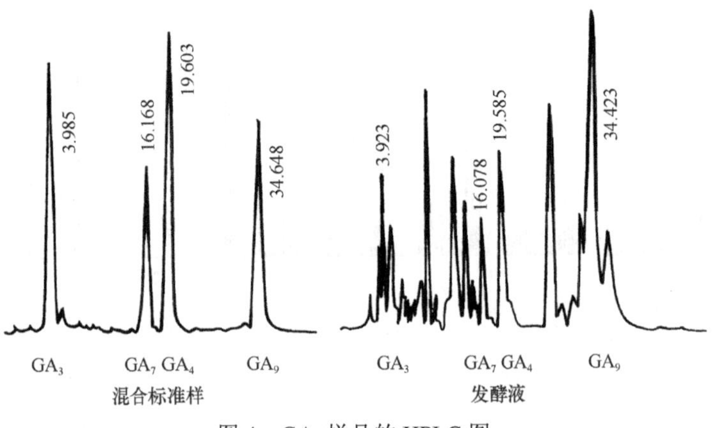

图 4　GA$_9$ 样品的 HPLC 图

3. GA$_9$ 的标准曲线制作和样品测定

配制 GA$_9$ 0~500 μg/ml 的系列浓度，各取 50 μl 加入试管中，并加入 85%浓硫酸，混匀反应 5 h，以 420 nm 截止型滤光片，以 360 μm 截止型滤光片为激发滤光片，在 930 荧光光度计上测出各浓度的荧光值，以测定的荧光值对 GA$_9$ 的浓度做标准曲线。标准曲线如图 5 所示。

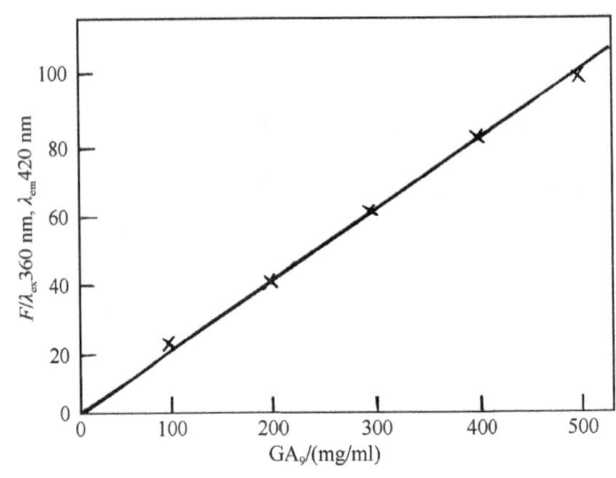

图 5　GA$_9$ 标准曲线 (0~500 μg/ml)

测定发酵液时，取 50 μl 发酵液，经 TLC 板层析，刮下 GA_9 区带。然后按制作标准曲线的方法进行荧光比色，根据荧光值从标准曲线上查得相应的浓度。

(三) GA_9 的菌种选育

以藤仓赤霉菌 ND-201 为出发菌株，接种产孢培养基，28℃摇瓶培养 72 h，孢子悬液经过滤、离心、洗涤，得到 10^7 个/ml 的孢子悬液，随后进行紫外诱变，时间为 1~6 min，孢子存活率和初筛结果如表 2 所示。

表 2　ND-201 菌株经 UV 诱变结果

项目	诱变时间/min					
	1	2	3	4	5	6
存活率/%	5.3×10^{-1}	1.7×10^{-1}	6.7×10^{-2}	8.5×10^{-3}	1.6×10^{-3}	2.4×10^{-4}
菌株编号	43	68	253	35	29	13
正突变率/%	5.1	11.3	29.4	14.6	7.5	1.6
负突变率/%	31.4	16.7	13.8	17.6	33.3	32

表 2 初步显示，剂量在 3 min 时正突变率为 29.4%，效果最好。之后的几次 UV 诱变剂量均集中在 3 min，使 GA_9 的产量从原来的 34 μg/ml 增至 260 μg/ml，产量提高 6.6 倍。同时发现发酵液的颜色由原来的紫色变成灰白色，产色素能力显著下降。

(四) 发酵条件的选择

1. 温度和 pH 的影响

选择 28℃、32℃、34℃ 3 种温度和 2 个变温处理，即 72 h 后由 28℃转 32℃和 28℃转 34℃。pH 设 2 个处理，即加入 $CaCO_3$ 调整 pH 和不调整 pH。摇瓶发酵 240 h，结果如表 3 所示。

表 3　温度和 pH 对 GA_9 产量的影响

温度/℃	28		32		34		28→32		28→34	
pH 调整	√	–	√	–	√	–	√	–	√	–
GA_9 产量/(μg/ml)	130	67	180	115	225	143	260	179	300	96
菌丝成球情况	×	×	×	×	+	×	×	×	+	×

注：“√”表示调 pH；“–”表示不调 pH；“+”表示菌丝培养成球；“×”表示菌丝培养不成球

从表 3 中可以看出：采用 28℃发酵 72 h 后转入 34℃的变温培养，同时 pH 由 72 h 后的 4.5 调至 6.2，发酵 240 h，GA_9 的产量最高，菌丝的成球情况亦较好。

2. 营养条件的选择

选择 7 个因子、3 个水平的正交试验，按温度和 pH 影响实验得出环境因子的最佳条件，即发酵 72 h 后加入 $CaCO_3$ 调整 pH，温度由 28℃升至 34℃。发酵结束按生物统计得到最佳营养条件（淀粉 10%、葡萄糖 1%、豆饼粉 1%、$(NH_4)_2SO_4$ 0.1%、KH_2PO_4 0.05%、$MgSO_4$ 0.15%、甲醛 0.5%），摇瓶发酵 240 h，GA_9 的产量可达 350 μg/ml。

参考文献

颜方贵, 秦杰, 何增国, 等. 1994. 赤霉素 A_4、A_7 的研究进展. 微生物学通报, 21(3): 163-167.

Bateson J H, Cross B E. 1974. The microbiological production of analogues of mould metabolites. I. Production of fluorogibberellic acid and fluorogibberellin A_9 by *Gibberella fujikuroi.* J Chem Soc Perkin Trans, 1: 1131-1136.

Borrow A, Brown S, Jefferys E G, *et al.* 1964. The Kinetics of Metabolism of *Gibberlla fujikuroi* in Stirred Culture. Can J Microbiol, 10: 407-444.

Cross B E, Galt R H B, Hanson J R. 1962. New metabolites of *Gibberella fujikuroi*—I: gibberellin A_7 and gibberellin A_9. Tetrahedron, 18: 451-459.

Crozier A, Kuo C C, Durley R C. 1970. The biological activities of 26 gibberellins in nine plant bioassays. Can J Bot, 48: 867-877.

Durley R C, Pharis R P. 1972. Partition coefficients of 27 gibberellins. Phytochemistry, 11: 317-326.

Fukui H, Shii H I, Koshimizu K. 1972. The structure of gibberellin A_{23} and the biological properties of 3, 13-dihydroxy C20-gibberellins. Agri Biol Chem, 36(6): 1003-1012.

Halinska A, Siriska T, Lewak S. 1987. Embryonal dormancy in apple seeds is controlled by free and conjugated gibberellin levels in the embryonic axis and cotyledons. Physiol Plantarum, 69(3): 531-534.

Hall J P. 1986. Flower promotion in black spruce seedlings using gibberellins. Canadian Forestry Service, Newfoundland Forestry Centre, St. John's, Newfoundland. Information Report N-X-252.

Junttila O, Jensen E, Pearce D W, *et al.* 1992. Stimulation of shoot elongation in *Salix pentandra* by gibberellin A_9; activity appears to be dependent upon hydroxylation to GA_1 *via* GA_{20}. Physiol Plantarum, 84(1): 113-120.

Rachev R C, Pavlova-Rouseva R, Bojkova S V, *et al.* 1993. Isolation of gibberellic acid produced by *Fusarium moniliforme*. J Nat Prod, 56(7): 1168-1170.

Rademacher W, Graebe J E. 1979. Gibberellin A_4 produced by *Sphaceloma manihoticola*, the cause of the superelongation disease of cassava (*Manihot esculenta*). Biochem Biophys Res Commun, 91(1): 35-40.

Takeshi S, Hiroshi K, Takeshi T. 1994. Identification of gibberellins A_4, A_9, and A_{24} from *Phaeosphaeria* sp. L487 cultured in a chemically defined medium. Biosci Biotechnol Biochem, 58(2): 438, 439.

Takeshi S, Katsuhiro S, Haruki E. 1989. Isolation and identification of gibberellins A_4 and A_9 from a fungus *Phaeosphaeria* sp. Journal of the Agricultural Chemical Society of Japan, 53(1): 303, 304.

Tamio S, Sang-Soo K, Yuji K, *et al.* 1991. Effects of deoxygibberellin C (DGC) and 16-deoxo-DGC on gibberellin 3β-hydroxylase and plant growth. Plant Cell Physiol, 32(2): 239-245.

本文原载：生物工程学报, 1997, 13(2): 184-189.

莫能菌素应用技术

郑应华，李季伦
(北京农业大学生物学院)

鸡球虫病是一种严重危害养鸡业的寄生虫病，尤其4周龄、6周龄雏鸡常因球虫病的暴发而大批死亡。据统计，1976年以前，美国89%养鸡业受球虫病的影响，每年造成的损失达3800多万美元，尽管不断合成几十种化学治疗药物，但由于鸡球虫迅速对它们产生抗性，使得每种新产品使用期平均不到两年就失去了作用，从而大大增加了开发新产品的困难和生产费用。有资料表明，美国政府每年不得不拿出近千万美元来控制这种疾病的发生。

苏联一家机械化养禽饲养场1968~1978年对27种抗球虫病的药物综合使用积累的经验数据表明：球虫感染家禽和其他动物危害非常严重，禽类一旦感染球虫，死亡率可高达50%~100%，病禽产卵率下降10%~80%，体重减轻可达30%~70%，而使用抗球虫药物后每年增加鲜肉产量达390 t，平均每只增加130 g，一等胴体出肉率提高10%，二等和等外胴体分别提高8.7%和2.5%，同时，还减少饲料耗量5%~10%，可增加收入721 000卢布，每投入1卢布成本可得到7.6卢布的效益。

莫能菌素是一种由链霉菌产生的多醚离子载体抗生素，作为一种防治鸡球虫病的新药物，通过大量动物试验，证明该抗生素在药用浓度下安全可靠，治疗效果显著，无残毒，无副作用，是理想的治疗球虫病的高效药物。莫能菌素用于控制鸡球虫病已有十几年的历史。在此期间化学合成的抗鸡球虫病药物不断被淘汰，而莫能菌素却占领着市场，这是由于球虫对这种药物不易产生抗性。据报道，即使在实验室条件下诱发出对它耐药的艾美耳球虫株，一旦不再接触药物，就可能很快又成为敏感球虫体。因此这一特性使莫能菌素压倒了众多同功能的化学药物，其效力经久不衰，生产量和使用量仍在不断上升。

莫能菌素除了有效地控制鸡球虫病之外，对羔羊、绵羊、犊牛、兔子等家畜的球虫病也有良好的治疗作用。利用莫能菌素与氨丙啉进行对比试验，结果表明，给早期断奶羔羊每公斤22 mg莫能菌素，不但可以控制自发感染的柯雅艾美耳球虫病和柯株沙落艾美耳球虫病（效果与氨丙啉相同)，还能有效地提高饲料利用率，提高瘤胃中丙酸含量，增加体重，具有比氨丙啉更全面的效果。采用莫能菌素对犊牛球虫病进行预防试验，结果表明，莫能菌素可以有效地控制艾美耳球虫的感染。研究人员对治疗家兔球虫病的几种化学药物和每公斤25 mg莫能菌素的饲料分别进行试验，发现莫能菌素不仅可以大大降低球虫病的侵袭率，防止病兔死亡，并且可以增加体重，未发现副作用。目前美国及西欧国家已广泛使用莫能菌素防治家畜球虫病。根据美国农业部统计，1968年以前，牛和羔羊因球虫病引起的损失每年高达300多万美元，而自开始使用这种药物后损失大大降低。

使用含莫能菌素的饲料饲喂肉牛时发现，莫能菌素可以提高饲料的利用率，使牛瘤胃中的丙酸含量升高，乙酸降低，这一结果立即引起人们的注意。采取不同浓度的莫能菌素（0 ppm、55 ppm、11 ppm、22 ppm、33 ppm、44 ppm）作为牛的饲料添加剂，进行小母牛和肉牛对比试验，152天后，饲料与牛肉比（F/G)分别为11.06、10.33、10.7、9.37、9.35、9.54，证明加入莫能菌素后饲料利用率有明显提高，33 ppm是最适剂量。研究人员利用莫能菌素研究牛胃瘤的发酵，发现给予100 ppm莫能菌素可使瘤胃里的丙酸含量上升 45%左右，不影响总的挥发性脂酸含量。每天每头牛用 25~500 mg 莫能菌素喂养 3 个星期，丙酸含量也可增加 52%。

由于添加剂莫能菌素提高了饲料能量的转化水平，从而促进了肉牛的生长。通过对肉牛增重的研究，结果表明，以每天每头牛 100 mg 的剂量喂养 140 天，较对照增重 10%以上，处理组和对照组肉质没有差异，利用莫能菌素作为添加剂与另外两个增加肉牛体重的包埋剂赤霉烯酮和赤霉醇进行比较试验，结果发现这 3 种增重剂都能使肉牛增重 10%以上，其中莫能菌素可达 12%。F/G 是最低的，3 个处理肉牛的品质与对照组无差异，因此作为一种肉牛增重剂，莫能菌素不但能使其增重，而且可以使饲料转化率提高。

莫能菌素 (Na 盐) 饲料添加剂有效成分含量：10%。规格：500 g。使用对象：肉鸡、肉牛。使用方法：肉鸡为取本品 110.0 g 与 100 kg 饲料混配均匀，连续饲喂，至上市前 48 h 停药。肉牛为每日饲喂本品 1400 mg/头，用时将其拌入饲料中混合均匀，连续饲喂 100~150 天，至上市前 72 h 停药。保存方法：阴凉干燥处。保存期限：2 年。注意事项：马、火鸡忌用。

本文原载：中国农学通报, 1992, 6(6): 37-38.

透明颤菌血红蛋白基因在阿维链霉菌中的表达*

文莹，李季伦

（中国农业大学生物学院，北京，100193）

摘要

将含有自身启动子的透明颤菌血红蛋白基因（*vhb*）克隆至大肠杆菌-链霉菌穿梭质粒载体 pIJ653 中构建成表达载体 pWY101 和 pWY102，用它们转化阿维菌素（avermectins）产生菌——阿维链霉菌（*Streptomyces avermitilis*），经蛋白质印迹法（Western blotting）分析并未检测到 *vhb* 基因表达，但用穿梭载体 pHZ1252（其中的 *vhb* 基因位于受硫链丝菌素诱导的链霉菌强启动子 P_{tipA} 之下）转化阿维链霉菌并经硫链丝菌素诱导，则在该菌中表达出了有活性的 VHb 蛋白。pHZ1252 在阿维链霉菌中发生了重组缺失，但缺失的 pHZ1252 上仍含有完整的 *vhb* 基因及诱导型强启动子，且可在阿维链霉菌中稳定遗传，却不能再转化大肠杆菌。

关键词

透明颤菌血红蛋白，阿维链霉菌，*vhb* 基因表达。

透明颤菌（*Vitreoscilla* sp.）的血红蛋白（VHb）是 20 世纪 70 年代被发现的（Tyree and Webster, 1978），由于它具有结合氧的特性，可以使透明颤菌这一专性好氧菌在贫氧的环境中得以生存（Wakabayashi *et al.*, 1986）。编码 VHb 的基因（*vhb*）已被克隆和测序（Dikshit and Webster, 1988; Khosla and Bailey, 1988a），并在多种异源宿主中得到了表达（Bailey *et al.*, 1996）。*vhb* 基因的表达在转录水平上受氧的调控，当溶氧低于 10%大气饱和度时，它便被诱导表达（Boerman and Webster, 1982），但溶氧并非直接作用于 *vhb* 启动子上，而是由 FNR 或其相关蛋白作为转录激活因子介入了氧调控的基因表达（Tsai *et al.*, 1995）。在供氧不足的条件下，VHb 能改善细胞的氧输送效率，满足细胞的呼吸要求，使之适应较低的溶氧水平，从而促进重组细胞的生长和一些代谢产物的合成，因此在基因工程和发酵工程中具有良好的应用前景。

抗生素的生物合成一般对氧的供应都比较敏感，在大规模深层发酵过程中，溶氧常成为限制因素，供氧不足会导致菌体生长不良和抗生素产量的下降。尤其是作为抗生素重要来源的链霉菌和丝状真菌的发酵液比较黏稠，溶氧问题更为突出。通过提高搅拌速度和通气量增加溶氧的传统方法，需要消耗大量的能量，对设备的要求也较高。

阿维菌素是由阿维链霉菌产生的一类高效杀虫的大环内酯类抗生素，具有用量少、毒性低、杀虫范围广的特点，在医药、农业和畜牧业生产上都具有很好的应用价值，目前国内已大规模发酵生产，但其产率不高。阿维链霉菌在发酵过程中菌丝会结球，到发酵后期常因菌丝球内部供氧不足而易自溶，致使

*本研究由“八五”国家科技攻关课题（96-C01-02-03）资助。

发酵液很难过滤，严重影响阿维菌素的收率。为此，我们试图构建含 *vhb* 基因的工程链霉菌，希望通过 VHb 蛋白来提高阿维菌素产生菌对氧的利用效率，以期达到提高产率和降低生产成本的目的。本文报道 *vhb* 基因在阿维链霉菌中表达的研究结果。

一、材料和方法

(一) 材料

1. 质粒

大肠杆菌质粒：pRK404-*vhb*，在约 1.4 kb 的 *Bam*H I/*Hin*d III 片段上含 *vhb* 基因及其自身启动子，具有四环素抗性；pHZ1250 (杨闰英等, 1998)，含约 500 bp 的 *vhb* 结构基因；pIJ2925，为 pUC19 的衍生质粒，含有适于在链霉菌质粒上克隆操作的酶切位点，如 *Bgl* II 位点。大肠杆菌-链霉菌穿梭质粒 pIJ653，为一般性克隆载体；pHZ1252 (杨闰英等, 1998)，VHb 蛋白的表达载体，*vhb* 结构基因位于硫链丝菌素诱导的启动子 P_{tipA} 之下。以上质粒均由杨闰英博士提供。

2. 菌株

大肠杆菌 DH5α 和阿维链霉菌 76-9，均由本实验室保存；变铅青链霉菌 TK54，由中国科学院微生物研究所谭华荣先生惠赠。

3. 工具酶和抗体

实验用酶购自华美生物工程公司、Promega 公司和 B.M.公司；VHb 抗体，由杨闰英博士提供，是由表达 VHb 蛋白的大肠杆菌细胞粗提物免疫兔子制备而得，效价为 1∶16。

4. 培养基和抗生素

常规大肠杆菌培养基为 LB；变铅青链霉菌液体培养用 YEME，原生质体再生培养基为 R2YE (Hopwood, 1988)；阿维链霉菌液体培养和原生质体再生培养基分别用改良的 YEME 和 RM14 (MacNeil and Klapko, 1987)；链霉菌固体产孢培养基均用 YMS (Ikeda *et al.*, 1988)；种子培养基含可溶性淀粉，酵母膏，大豆蛋白胨，$CoCl_2 \cdot 6H_2O$，pH 7.0~7.2；发酵培养基含可溶性淀粉，酵母粉，$K_2HPO_4 \cdot 3H_2O$，$MgSO_4 \cdot 7H_2O$，$CaCO_3$，$CoCl_2 \cdot 6H_2O$，pH 7.0~7.2。培养大肠杆菌所用氨苄青霉素的浓度为 100 μg/ml，四环素浓度为 12.5 μg/ml；链霉菌固体和液体培养使用卡那霉素的浓度分别为 5 μg/ml 和 2 μg/ml；变铅青链霉菌和阿维链霉菌固体培养中使用硫链丝菌素的浓度分别为 50 μg/ml 和 10 μg/ml，液体培养时分别为 5 μg/ml 和 3 μg/ml；诱导 *vhb* 基因表达所用硫链丝菌素的浓度为 3 μg/ml。

5. 试剂盒

Southern 杂交试剂盒(DIG DNA Labeling and Detection Kit)，购自 B. M.公司。

(二) 方法

常规 DNA 克隆操作均按《分子克隆实验指南》 (第二版) (Sambrook *et al.*, 1993) 有关章节在大肠杆菌中进行；链霉菌质粒提取见 Hopwood (1988) 的文献；变铅青链霉菌原生质体制备及转化见 Hopwood, 1988) 的文献；阿维链霉菌原生质体制备及转化见 MacNeil 和 Klapko (1987) 的文献；Southern 杂交按 DIG DNA Labeling and Detection Kit 中的有关说明进行；VHb 蛋白的表达用 Western blotting 检

测 (Magnolo *et al.*, 1991; DeModena *et al.*, 1993); VHb 蛋白的活性分析采用 CO 结合实验 (Magnolo *et al.*, 1991; DeModena *et al.*, 1993)。

二、结果

(一) 表达载体 pWY101 和 pWY102 的构建

pRK404 用 *Bam*H I/*Hin*d III 双酶切后，回收含 *vhb* 基因的 1.4 kb 片段，将它连接到经同样酶切的 pIJ2925 上，构建成重组质粒 pWY100。用 *Bgl* II 酶切 pWY100 后，回收约 1.4 kb 片段，与经 *Bgl* II 酶切并经去磷酸化处理的穿梭载体 pIJ653 连接。由于 1.4 kb 的 *Bgl* II 片段可以相反的方向插入 pIJ653 中，故可获得两种类型的重组质粒 pWY101 和 pWY102 (图 1)。

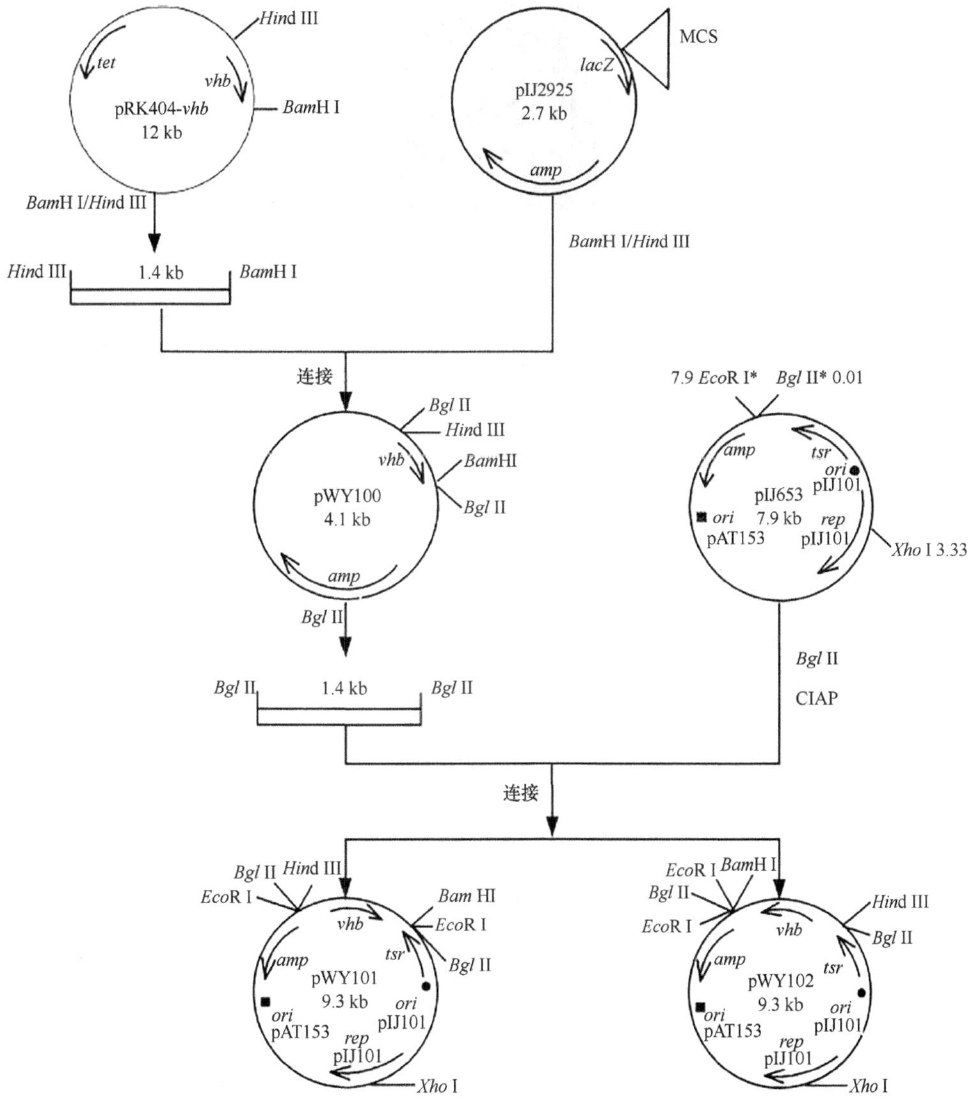

图 1　质粒 pWY101 和 pWY102 的构建

MCS (多克隆位点): *Bgl* II，*Pst* I，*Hind* III，*Hinc* III，*Sal* I，*Xba* I，*Bam*H I，*Sma* I，*Kpn* I，*Aac*65 I，*Sac* I，*Ecl*136 I，*Eco*R I，*Bgl* II；*表示克隆位点。CIAP. 小牛肠碱性磷酸酶

(二) pWY101 和 pWY102 在阿维链霉菌中的结构稳定性

为了减轻限制性障碍和提高转化效率，先用来自大肠杆菌的 pWY101 和 pWY102 分别转化链霉菌质粒的标准受体菌——变铅青链霉菌 TK54，从中提取质粒，再转化阿维链霉菌 76-9，从而获得重组转化子 76-9 (pWY101) 和 76-9 (pWY102)，将它们在 YMS 平板上连续转接 6 代后，提取质粒进行酶切鉴定，其电泳带谱分别与来自大肠杆菌的原始质粒 pWY101 和 pWY102 的带谱相同 (图 2)，说明 pWY101 和 pWY102 的结构在阿维链霉菌中是稳定的。

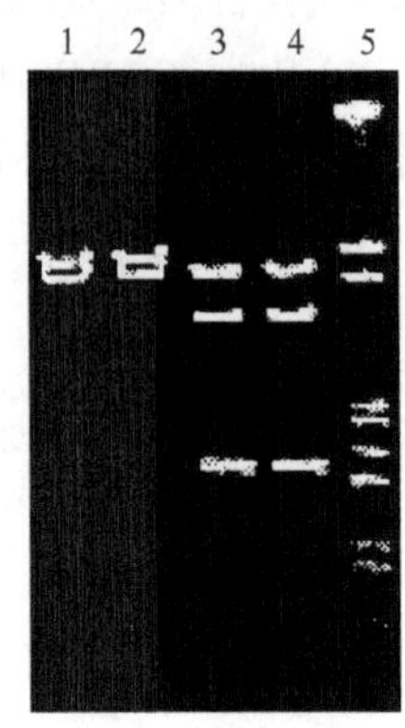

图 2　不同来源的 pWY101 和 pWY102 的酶切鉴定

1. *Eco*R I/*Xho* I 酶切提取自阿维链霉菌的 pWY102；2. *Eco*R I/*Xho* I 酶切提取自大肠杆菌的 pWY102；3. *Eco*R I/*Xho* I 酶切提取自阿维链霉菌的 pWY101；4. *Eco*R I/*Xho* I 酶切提取自大肠杆菌的 pWY101；5. λ/*Hin*d III +*Eco*R I

(三) 透明颤菌血红蛋白基因在阿维链霉菌中的表达

利用 *vhb* 基因自身启动子表达 VHb 蛋白：将转化子 76-9 (pWY101) 和 76-9 (pWY102) 的孢子分别接种在含硫链丝菌素的种子培养基中培养 1 天后，按 10%接种量转接入发酵培养基中，28℃于 180 r/min 摇床上培养 8 天后，离心收集菌丝体，用细胞粗提液进行 SDS 聚丙烯酰胺凝胶电泳 (SDS-PAGE) 和 Western blotting 分析，结果没有出现 VHb 蛋白的特异杂交带 (图 3)。

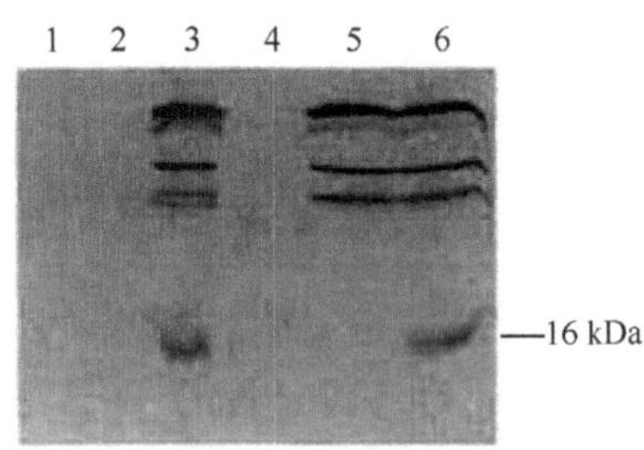

图 3　阿维链霉菌 76-9 (pWY101) 和 76-9 (pWY102) 细胞粗提物的 Western 免疫检测

1. 阿维链霉菌 76-9 (pWY101) 的细胞粗提物；2. 阿维链霉菌 76-9 (pWY102) 的细胞粗提物；3. 正对照，大肠杆菌 DH5α (pWY101) 的细胞粗提物；4. 阿维链霉菌 76-9 (pIJ653) 的细胞粗提物；5. 负对照，大肠杆菌 DH5α (pIJ653) 的细胞粗提物；6. 正对照，大肠杆菌 DH5α (pWY102) 的细胞粗提物

为了分析带有自身启动子的 *vhb* 基因在阿维链霉菌中不能表达的原因，进行了如下实验：从发酵培养后用来进行 Western 免疫印迹分析的同批菌丝中提取质粒，转化大肠杆菌 DH5α ，获得大肠杆菌 DH5α (pWY101) 和大肠杆菌 DH5α (pWY102) 两种转化子，将转化子分别于 LB 培养液中，37℃、220 r/min 培养 24 h，可大量表达 VHb 蛋白，使菌体变红，而对照大肠杆菌 DH5α (pIJ653) 的菌体为白色，表明

pWY101 和 pWY102 仍完好地存在于发酵菌丝中，从而排除了因发酵过程中质粒降解而未表达出 VHb 蛋白的可能性。另外，阿维链霉菌在摇瓶发酵中期，溶氧约为 3%大气饱和度，后期为 4%~6%大气饱和度，而 *vhb* 启动子在溶氧低于 10%大气饱和度时即可被诱导而启动 *vhb* 基因的表达 (Boerman and Webster, 1982)，因此也排除了因发酵液中溶氧过高而不能使 *vhb* 基因表达的可能性。推测其原因可能是 76-9 菌株已经过多次物理、化学诱变处理，丧失了与低氧诱导 *vhb* 表达有关的某些因子，也可能是由于 *vhb* 基因自身启动子不被 76-9 菌株中的 RNA 聚合酶识别。

利用硫链丝菌素诱导启动子 P_{tipA} 表达 VHb 蛋白：采用来自变铅青链霉菌 TK54 的 pHZ1252 转化阿维链霉菌 76-9，获得重组转化子 76-9 (pHZ1252)。将 76-9 (pHZ1252) 的 1 代和 6 代孢子分别接入改良的 YEME 中培养 2 天左右至菌丝长起，加入硫链丝菌素诱导培养 24 h 后，离心收集菌丝体制备原生质体，用加样缓冲液悬浮原生质体，经 SDS-PAGE 和 Western blotting 分析表明，诱导后的 76-9 (pHZ1252) 和阳性对照大肠杆菌 DH5α (pRK404) 约在 16 kDa 处均出现一条特异的杂交带 (图 4)；CO 结合实验证明阿维链霉菌中表达出的 VHb 蛋白在 420 nm 处有明显吸收峰，与文献报道的结果相符 (Magnolo *et al.*, 1991; DeModena *et al.*, 1993)，而未经诱导的 76-9 (pHZ1252) 蛋白粗提物中没有出现特征性吸收峰 (图 5)。这说明 pHZ1252 中的 *vhb* 基因在阿维链霉菌中得到了成功表达，且表达出的 VHb 蛋白具有结合 CO 的生物活性。

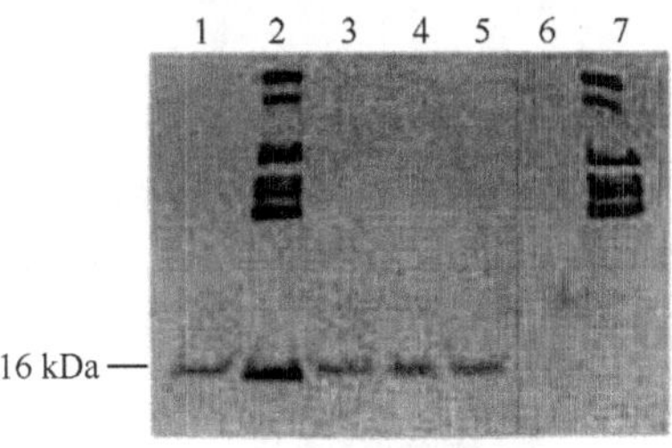

图 4　阿维链霉菌 76-9 (pHZ1252) 细胞粗提物的 Western 免疫检测

1、3. 阿维链霉菌 76-9 (pHZ1252) 1 代培养物经诱导后的细胞粗提物；2. 正对照，大肠杆菌 DH5α (pRK404) 的细胞粗提物；4、5. 阿维链霉菌 76-9 (pHZ1252) 6 代培养物经诱导后的细胞粗提物；6. 阿维链霉菌 76-9 (pHZ1252) 培养物未经诱导后的细胞粗提物；7. 负对照，大肠杆菌 DH5α 的细胞粗提物，不含有质粒

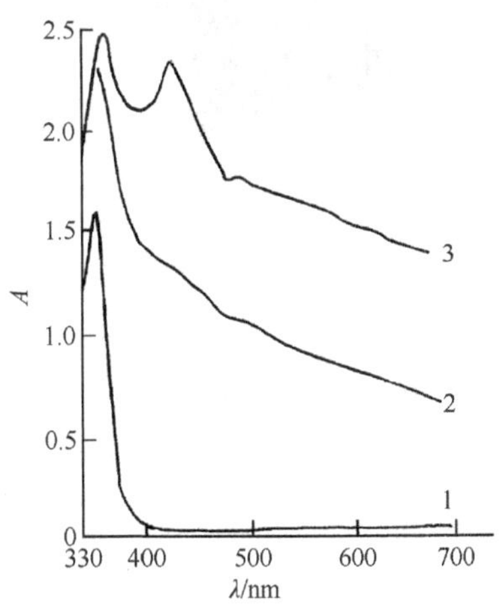

图 5　阿维链霉菌 76-9 (pHZ1252) 细胞粗提物的 CO 结合光谱

1. MPBS 缓冲液；2. 阿维链霉菌 76-9 (pHZ1252) 培养物未经诱导后的细胞粗提物；3. 阿维链霉菌 76-9 (pHZ1252) 培养物经诱导后的细胞粗提物

虽然利用硫链丝菌素诱导启动子 P_{tipA} 在阿维链霉菌 76-9 中获得了 VHb 蛋白的成功表达，但在实验过程中发现，引入其中的 pHZ1252 质粒已发生了缺失，电泳结果显示其大小明显小于来自大肠杆菌的 pHZ1252，用它转化大肠杆菌未能得到转化子，但它却可以再转回到 76-9 中，并利用卡那霉素抗性选择转化子，将 76-9 (pHZ1252) 在含卡那霉素的 YMS 平板上连续转接 6 代，从中提取的质粒仍可以转化 76-9，而且大小未发生变化。pHZ1250 用 *Bam*H I/*Eco*R I 双酶切得到约 500 bp 的 *vhb* 结构基因片段，用地高辛标记该片段作为探针，经 Southern 杂交分析表明，从转化子 76-9 (pHZ1252) 的 1 代和 6 代培养物中提取的质粒上均含有 *vhb* 基因片段 (图 6)。用 *Pst* I 酶切 pHZ1252，可以得到约 2.4 kb 的大肠杆菌质粒部分和 8.3 kb 的链霉菌质粒部分 (杨闰英等, 1998)。来自 76-9 中的 pHZ1252 可用 *Nde* I 和 *Bam*H I 单酶切成线性，而且大小与完整 pHZ1252 中的 8.3 kb *Pst* I 片段相近 (图 7)。

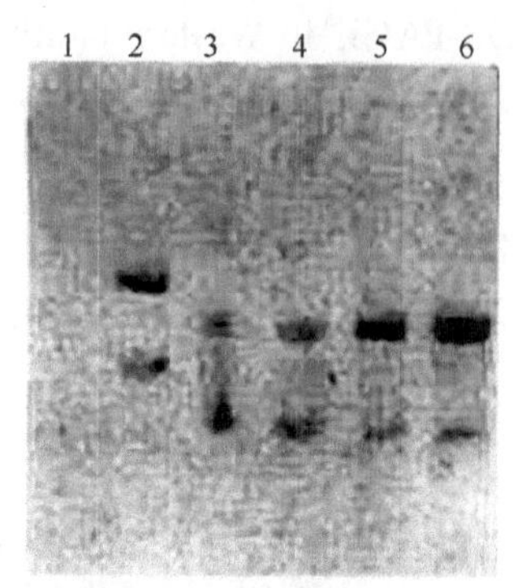

图 6　来自阿维链霉菌 76-9 的 pHZ1252 的 Southern 杂交分析

1. 负对照，提取自大肠杆菌 DH5α 的 pHZ1272；2. 正对照，提取自大肠杆菌 DH5α 的 pHZ1252；3、4. 提取自阿维链霉菌 76-9 (pHZ1252) 1 代培养物中的 pHZ1252；5、6. 提取自阿维链霉菌 76-9 (pHZ1252) 6 代培养物中的 pHZ1252

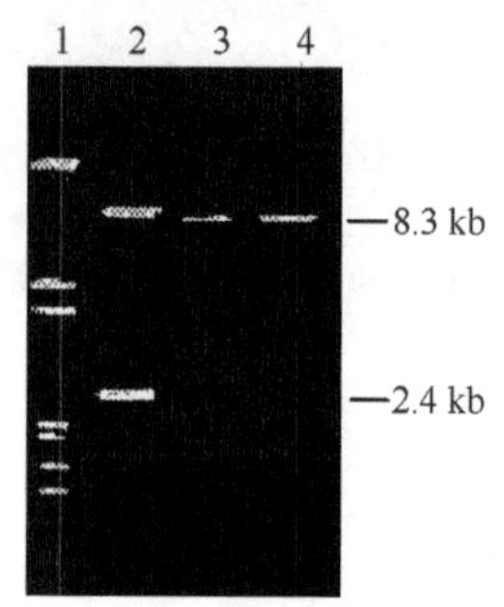

图 7　来自阿维链霉菌 76-9 的 pHZ1252 的酶切分析

1. λ/*Hind* III+*Eco*R I；2. *Pst* I 酶切提取自大肠杆菌 DH5α 的 pHZ125；3. *Bam*H I 酶切提取自阿维链霉菌 76-9 的 pHZ1252；4. *Nde* I 酶切提取自阿维链霉菌 76-9 的 pHZ1252

以上实验结果说明 pHZ1252 在阿维链霉菌中发生了重组缺失，缺失的是大肠杆菌质粒部分，而不是链霉菌质粒部分，而且缺失后的质粒在阿维链霉菌中可以稳定遗传，结构不再变化。pHZ1252 是由 *vhb* 结构基因以 *Nde* I/*Bam*H I 片段插入 pHZ1272 中构建而成的 (杨闰英等, 1998)，*Nde* I 切点中含有起始密码子。从缺失后的 pHZ1252 中含有 *Nde* I、*Bam*H I 切点和 Southern 杂交的结果可知，*vhb* 结构基因仍完整地存在于缺失后的 pHZ1252 中，所以才得以表达出有活性的 VHb 蛋白 (图 4)。

三、讨论

阿维链霉菌 76-9 的限制修饰作用很强，外源质粒 DNA 对它的转化率很低，尤其是穿梭质粒更是如此，用来自大肠杆菌的穿梭质粒进行转化，每微克 DNA 只能得到几个转化子，有时甚至得不到转化子，即使是来自变铅青链霉菌的穿梭质粒的转化率，也不过 10^2/μg DNA。由于 *vhb* 基因自身启动子受低氧诱导的特性使其诱导方便，诱导条件温和，不需升温，也不必加入昂贵的诱导剂，而且该启动子的宿主范围广，可以在大肠杆菌 (Khosla and Bailey, 1988b)、假单胞菌、固氮菌、根瘤菌 (Dikshit *et al.*, 1990)、变铅青链霉菌和天蓝色链霉菌 (Magnolo *et al.*, 1991) 等多种异源宿主中表达，因此我们首先尝试用 *vhb* 基因启动子构建的表达载体转化阿维链霉菌，希望它能在发酵过程中随溶氧的降低自行启动 *vhb* 基因的表达，然而用 Western blotting 并未检测到 VHb 蛋白，原因有待查明。此外，pHZ1252 在阿维链霉菌中虽然表达出了有生物活性的 VHb 蛋白，却发生了缺失的结构变化，这与文献报道的某些穿梭质粒在链霉菌中不稳定的结果一致 (Lee *et al.*, 1986; Ghangas and Wilson, 1987)，但目前关于链霉菌中质粒缺失重组的分子机制尚不清楚。

参 考 文 献

杨闰英, 胡志浩, 邓子新, 等. 1998. 大肠杆菌-链霉菌穿梭载体的构建及应用. 生物工程学报, 14(1): 6-12.

Hopwood D A. 1988. 链霉菌遗传操作实验手册. 邓子新, 唐纪良, 译. 长沙: 湖南科学技术出版社.

Sambrook J, Fritsch E F, Maniatis T. 1993. 分子克隆实验指南. 2 版. 金冬雁, 黎孟枫, 译. 北京: 科学出版社.

Bailey J E, Sburlati A, Hatzimanikatis V, *et al.* 1996. Inverse metabolic engineering: a strategy for directed genetic engineering of useful phenotypes. Biotechnol Bioeng, 52(1): 109-121.

Boerman S, Webster D A. 1982. Control of heme content in *Vitreoscilla* by oxygen. J Gen Appl Microbiol, 28: 35-42.

DeModena J A, Gutierrez S, Velasco J, *et al.* 1993. The production of cephalosporin C by *Acremonium chrysogenum* is improved by the intracellular expression of a bacterial hemoglobin. Biotechnology, 11(8): 926-929.

Dikshit K L, Rajendra P D, Webster D. 1990. Study of *Vitreoscilla* globin (*vgb*) gene expression and promoter activity in *E. coli* through transcriptional fusion. Nucleic Acids Res, 18(14): 4149-4155.

Dikshit K L, Webster D A. 1988. Cloning, characterization and expression of the bacterial globin gene from *Vitreoscilla* in *Escherichia coli*. Gene, 70(2): 377-386.

Ghangas G S, Wilson D B. 1987. Expression of a *Thermomonospora fusca* cellulase gene in *Streptomyces lividans* and *Bacillus subtilis*. Appl Environ Microbiol, 53(7): 1470-1475.

Ikeda H, Kotaki H, Tanaka H, *et al.* 1988. Involvement of glucose catabolism in avermectin production by *Streptomyces avermitilis*. Antimicrob Agents Chemother, 32(2): 282-284.

Khosla C, Bailey J E. 1988a. Heterologous expression of a bacterial haemoglobin improves the growth properties of recombinant *Escherichia coli*. Nature, 331(6157): 633-635.

Khosla C, Bailey J E. 1988b. The *Vitreoscilla* hemoglobin gene: molecular cloning, nucleotide sequence and genetic expression in *Escherichia coli*. Mol Gene Genet, 214(1): 158-161.

Lee Y H, Tzecheng Z Y, Wang S C, *et al.* 1986. Structural stability of heterologous genes cloned in plasmid pIJ702. Biochem Biophys Res Commun, 140(1): 372-378.

MacNeil D J, Klapko L M. 1987. Transformation of *Streptomyces avermitilis* by plasmid DNA. J Ind Microbiol, 2: 209-218.

Magnolo S K, Leenutaphong D L, DeModena J A, *et al.* 1991. Actinorhodin production by *Streptomyces coelicolor* and growth of *Streptomyces lividans* are improved by the expression of a bacterial hemoglobin. Biotechnology, 9(5): 473-476.

Tsai P S, Kallio P T, Bailey J E. 1995. Fnr, a global transcriptional regulator of *Escherichia coli*, activates the *Vitreoscilla* hemoglobin (VHb) promoter and intracellular VHb expression increases cytochrome d promoter activity. Biotechnol Prog, 11(3): 288-293.

Tyree B, Webster D A. 1978. The binding of cyanide and carbon monoxide to cytochrome o purified from *Vitreoscilla*. Evidence for subunit interaction in the reduced protein. J Biol Chem, 253(19): 6988-6991.

Wakabayashi S, M atsubara H, Webster D A. 1986. Primary sequence of a dimeric bacterial haemoglobin from *Vitreoscilla*. Nature, 322(6078): 481-483.

本文原载：微生物学报, 2000, 40(1): 50-56.

阿维菌素高产菌株的选育及阿维菌素 B_1 的鉴定*

宋渊，曹贵明，陈芝，李季伦

(中国农业大学生物学院微生物学系，北京，100094)

摘要

自阿维链霉菌 (*Streptomyces avermitilis* ATCC31272) 中分离出了 3 种不同类型的菌株，其中只有产灰色孢子的菌株能产生阿维菌素 (avermectin)，摇瓶发酵单位约为 100 μg/ml。经高频电子流诱变和对发酵培养基的改进，选育出 Sa-76 菌株，其摇瓶发酵单位可达 1000 μg/ml。从其菌丝中提取纯化的阿维菌素 B_1 晶体，其紫外吸收光谱、红外吸收光谱、核磁共振谱 (^{1}H-NMR 和 ^{13}C-NMR) 和质谱与国外报道的一致。Sa-76 菌株又经 2 次亚硝基胍诱变，筛选出发酵单位为 2000 μg/ml 以上的 Sa-76-8 菌株。在此基础上，再次用亚硝基胍对 Sa-76-8 菌株进行了诱变，获得 Sa-76-9 菌株，结合发酵条件的优化，其发酵单位可高达 3500~4000 μg/ml。

关键词

阿维链霉菌，菌种诱变，阿维菌素 B_1，鉴定。

1975 年，日本北里研究所 (Kitasato Institute) 从日本伊东市川奈 (Kawana) 地区的土壤样品中分离得到一株链霉菌，其发酵液对肠道寄生虫有很高的驱虫活性。后来这株菌被送到美国默克 (Merck) 公司进一步研究，经鉴定是链霉菌的一个新种，定名为阿维链霉菌 (*Streptomyces avermitilis*)。其产生的有驱虫活性的物质，经结构鉴定是一族结构相似的大环内酯类抗生素，共有 8 个组分，分别命名为 A_{1a}、A_{1b}、A_{2a}、A_{2b}、B_{1a}、B_{1b}、B_{2a} 和 B_{2b}。其中小 a 组分含量在 80%以上，小 b 组分含量在 20%以下。该组化合物被统称为阿维菌素 (avermectin) (Burg *et al.*, 1979; Albers-Schonberg *et al.*, 1981)。阿维菌素 B_1 的驱虫活性最强，但毒性较大。如在 B_1 的 22, 23-C 之间的双键加氢还原为 22, 23-C 双氢阿维菌素 B_1，毒性可降低为原来的 50%，称为伊维菌素 (ivermectin)。将其制成 1%的注射液用于畜用杀虫剂和杀螨剂非常有效，美国 Merck 公司于 20 世纪 80 年代初投放市场，由于它具有高效、广谱和低毒的特点，很快占领了国际市场。90 年代初又将阿维菌素 B_1 制成 1.8%乳剂，称为爱比菌素 (abamectin)，用于杀灭植物的害虫和螨类 (Fisher, 1990)。

本文报道阿维菌素高产菌株选育和阿维菌素 B_1 理化鉴定的结果。我们以阿维链霉菌 ATCC31272 为出发菌株，通过高频电子流和亚硝基胍诱变，最终筛选获得 Sa-76-9 菌株，摇瓶发酵单位达 3500~4000 μg/ml。采用溶媒萃取法从阿维链霉菌菌丝中抽提并纯化出阿维菌素 B_1 晶体，经紫外吸收光谱、红外吸收光谱、核磁共振谱 (^{1}H-NMR 和 ^{13}C-NMR) 和质谱测定，结果与国外报道的一致。

*本研究由“八五”国家科技攻关课题 (96-C01-02-03) 资助。

一、材料和方法

(一) 菌种

Streptomyces avermitilis ATCC 31272，由 ATCC (美国模式培养物集存库) 引进；Sa-76，由 ATCC 31272 经高频电子流诱变获得；Sa-76-7，由 Sa-76 经亚硝基胍诱变获得；Sa76-8，由 Sa-76-7 经亚硝基胍诱变获得；Sa-76-9，由 Sa-76-8 经亚硝基胍诱变获得。

(二) 培养基

1) 斜面和平板培养基(g/L)：淀粉 20，酵母膏 2.0，KNO_3 1.0，$MgSO_4·7H_2O$ 0.5，$K_2HPO_4·3H_2O$ 0.5，NaCl 0.5，$FeSO_4·7H_2O$ 0.01；pH 7.2~7.4。

2) 种子培养基(g/L)：淀粉 30，豆饼粉 20，酵母粉 2.0，$CoCl_2·6H_2O$ 0.0005；pH 7.0~7.2。

3) 发酵培养基(g/L)：淀粉 50，玉米粉 10，酵母粉 10，豆饼粉 10，$CaCO_3$ 2.0，$CoCl_2·6H_2O$ 0.0005；pH 7.0~7.2。

(三) 诱变和筛选方法

1) 高频电子流诱变：ATCC31272 斜面菌种于 28℃培养 7 天，用无菌水洗下和离心收集孢子。将孢子悬浮于 0.2%的葡萄糖溶液中，浓度为 10^7~10^8 个/ml。经 28℃摇床振荡培养 8 h，分装于薄壁指形管中，用高频电子流处理。处理条件为：f(频率)=50 Hz，I(电流)=100 A，处理时间分别为 30 s、40 s、50 s、60 s、80 s 和 100 s。

2) 亚硝基胍 (NTG) 诱变：①Sa-76 斜面菌种于 28℃培养 7 天，用 0.1 mol/L Tris 与 0.1 mol/L 顺丁烯二酸等量混合的缓冲液 (pH 8.0) 洗下孢子并离心收集。孢子重悬于该缓冲液中，浓度约为 10^8 个/ml，随即加入亚硝基胍溶液，使其终浓度为 1.0 mg/ml。因为阿维链霉菌比较耐亚硝基胍，处理时间分别为 15 min、30 min、45 min、60 min、75 min 和 90 min。处理后，离心除去亚硝基胍，用无菌水反复洗涤孢子备用 (章名春, 1984)。②Sa-76-7 和 Sa-76-8 的诱变方法与 Sa-76 一致，只是亚硝基胍的处理时间为 60 min。

3) 分离和筛选：常规稀释平板法分离单菌落，挑选灰色丰满的菌落进行摇瓶发酵初筛。经初筛得到的高产菌株，再进行单菌落分离，之后进行复筛。初筛未做重复，复筛每个菌株设 3 个重复。

4) 摇瓶发酵：4℃冰箱保存的菌种，用稀释平板法分离出灰色丰满的单菌落，转接于斜面，28℃培养 7~10 天，待长出丰富的灰色孢子后，转接于种子培养液，经 28℃摇床培养 1 天，接种于 2%发酵培养液 (500 ml 三角瓶，装 100 ml 发酵液)，28℃摇床 (转速 200 r/min，偏心距 4.0 cm) 培养 8~10 天，放瓶测定 (Burg *et al.*, 1979; Miller *et al.*, 1979)。

5) 测定方法：①菌丝干重测定：取 50 ml 发酵液，离心收集菌丝，105℃烤至恒重。②发酵单位测定：采用高效液相色谱法 (HPLC)，取 1.0 ml 发酵液，加入 4.0 ml 甲醇，充分振荡 30 min 后，离心取上清液进行 HPLC 分析。分析条件为：北京分析仪器厂 SY5000 型高压液相色谱仪：C_{18} 反相柱，柱长 15 cm，柱内径 4.6 mm；流动相为甲醇∶水=85∶15；流速为 1.0 ml/min；检测波长为 246 nm。根据各组分的积分面积，对照标准曲线计算其含量，各组分之和即为总发酵单位。

6) 阿维菌素 B_1 的纯化。参考有关文献 (Miller *et al.*, 1979) 和根据阿维菌素的性质，研究设计了以下适合实验室操作比较简便的提取和纯化技术：发酵液经过滤后，收集菌丝，用约 6 倍体积的丙酮分 3

次浸泡 (用量为 3∶1.5∶1.5)，合并浸提液，经减压浓缩后，用二倍体积的乙酸乙酯萃取 2 次，经 1%活性炭脱色后，减压浓缩得到黄色油状物。加热油状物使其溶解，趁热滴入 85%正己烷-乙醇液中，并不断搅拌，使阿维菌素的浓度达到 50 000 μg/ml 以上，并可加入少量晶种，静置冷却过夜，在此条件下，只有阿维菌素 B_1 结晶 (Burg *et al.*, 1979)。抽滤收集阿维菌素 B_1 的粗结晶，用乙酸乙酯溶解，脱色过滤，减压浓缩得到白色阿维菌素 B_1 重结晶。

7) 光谱分析。

紫外光谱：将样品溶于无水甲醇中，用岛津 Vis-UV-190 型分光光度计进行 200~400 nm 区域的扫描。

红外光谱：将样品溶于四氯化碳中，点样于 KBr 盐片上，用 5DX 傅里叶变换红外光谱仪进行 400~4000 cm^{-1} 区域的扫描。

核磁共振谱：将样品溶于氘代氯仿中，氢谱进行 0~8 ppm 区域的扫描；碳谱进行 0~180 ppm 区域扫描。

质谱测定：采用 GC-MS 质谱仪，快速原子轰击法 (fast atom bombardment，FAB) 测定。

二、试验结果

(一) 阿维链霉菌 ATCC31272 的分化现象

ATCC31272 在平板培养基上不断分化出灰色、白色和光秃型菌落，后两种菌株经多次传代培养都稳定保持原有特征，但它们都不产生阿维菌素。灰色菌株能产生阿维菌素，但经多次分离纯化，仍不断出现白色和光秃型菌株。它们的培养特征如表 1 所示。

表 1　ATCC31272 自然分化菌株的培养特征*

菌落类型	孢子	气生菌丝	基内菌丝	菌落形态
灰色菌落	灰色，丰富	白色	浅黄色	灰色圆形
白色菌落	无	白色	浅黄色	白色圆形
光秃型菌落	无	无	浅黄色	浅黄色圆形

*28℃，培养 7~10 天

(二) 诱变育种

1. 高频电子流诱变 ATCC31272

从各处理中挑取了 593 个突变株进行摇瓶发酵初筛，得到发酵单位高于出发菌株的突变株 32 株，它们大多分布在处理 50 s 和 60 s 的区段内 (致死率为 99.6%~99.7%)。经复筛后发酵单位仍高于出发菌株的有 6 株，将该 6 株菌连续传代 5 次后进行摇瓶发酵，选出了发酵单位达 1000 μg/ml 左右的 Sa-76 菌株，其中 B_1 组分占 37%，略高于出发菌株 (B_1 组分占 34%)。

2. 亚硝基胍诱变 Sa-76 菌株

从各处理中共挑取了 356 个突变株，它们主要分布在处理 45~75 min 的区段内 (致死率 98.9%~99.9%)。初筛时发酵单位比 Sa-76 提高 10%~40%的有 16 株，经复筛，发酵单位仍高于 Sa-76 菌株的有 5 株。将这 5 株菌连续传代 5 次后再进行发酵实验，从中选出了一株菌，编号 Sa-76-7，其发酵单位可达 1400 μg/ml，其中 B_1 组分占 45%，比 Sa-76 菌株提高了 8%。

3. 亚硝基胍处理 Sa-76-7 菌株

用 1.0 mg/ml 亚硝基胍处理 Sa-76-7 菌株 60 min，致死率为 99.9%，初筛时发酵单位高于 Sa-76-7 的有 32 株，将这 32 株菌连续进行了 3 次复筛，最终选出一株编号为 Sa-76-8 的菌株，发酵单位达到 2000 μg/ml 以上，B_1 组分占 45%。

4. 亚硝基胍处理 Sa-76-8 菌株

再次用 1.0 mg/ml 亚硝基胍处理 Sa-76-8 菌株，初筛时发酵单位高于 Sa-76-8 的有 16 株。将这 16 株菌又连续进行 3 次复筛，选出一株发酵单位可达 3500~4000 μg/ml 的菌株，其中 B_1 组分占 45%，该菌株编号为 Sa-76-9。

(三) Sa-76、Sa-76-8 与 Sa-76-9 菌株摇瓶发酵比较

通过对 Sa-76、Sa-76-8 与 Sa-76-9 菌株的摇瓶发酵状况的比较，发现 Sa-76-8 菌株的干重在发酵过程中高于 Sa-76 菌株 20%，发酵过程中发酵液残糖和 pH 的变化趋势基本一致，但进一步用正交试验优化 Sa-76-8 菌株的发酵培养基发现，当提高发酵培养基的淀粉和酵母粉的用量后，反而造成菌丝干重下降，发酵液变黏、发红，几乎不产生阿维菌素。Sa-76-9 菌株在相同的发酵培养基上，摇瓶发酵单位仅比 Sa-76-8 菌株提高 4%~17%，但在斜面培养基上 Sa-76-9 菌株明显比 Sa-76-8 菌株生长强壮，采用正交试验进行 Sa-76-9 菌株发酵培养基的优化试验，当提高了发酵培养基的淀粉和酵母粉含量后，Sa-76-9 菌株的菌丝干重上升，发酵单位提高，可达 3500~4000 μg/ml，比 Sa-76-8 菌株提高了近 1 倍。表 2 是 Sa-76、Sa-76-8 与 Sa-76-9 的摇瓶发酵单位和菌丝干重比较。

表 2　Sa-76、Sa-76-8 与 Sa-76-9 菌株的摇瓶发酵比较

菌株	发酵单位/(μg/ml)	B_1 占比/%	B_{1a}/B_{1b}	干重/(g/100 ml)
SA-76	964	37	85/15	1.11
SA-76-8	2065	45	85/15	1.36
SA-76-9	3506	45	85/15	4.00

(四) 阿维菌素 B_1 的提取和纯化

Sa-76 菌株发酵液 20 L，发酵单位 870 μg/ml，其中 B_1 组分占 36.4%。过滤收得菌丝 2400 g，测得菌丝效价为 6887 μg/g。第一次加入 8000 ml 丙酮，60℃搅拌浸提 4 h，过滤收得丙酮滤液 6700 ml，测得滤液效价为 1564 μg/ml，浸提率为 63.4%。第二次加入 85%丙酮 3000 ml，60℃搅拌浸提 2 h，过滤收得丙酮滤液 2900 ml，测得效价为 1196 μg/ml，浸提率为 21.0%。第 3 次加入 85%丙酮 3000 ml，60℃搅拌浸提 2 h，过滤收得滤液 3200 ml，测得效价为 537 μg/ml，浸提率为 11.0%，3 次浸提的总浸提率为 95.4%。合并 3 次浸提液，60~70℃减压浓缩至约 3000 ml，用 6000 ml 乙酸乙酯萃取 2 次，加入活性炭脱色后减压浓缩得到黄色油状物。加热熔化黄色油状物，趁热滴入 100 ml 85%正己烷乙醇溶液中，搅拌均匀，置于冰箱中过夜结晶 B_1。第二天抽滤得到微黄色粗结晶 4.7 g，经 HPLC 测定 B_1 纯度为 90%。用 200 ml 乙酸乙酯重溶 B_1 粗结晶，经活性炭脱色，减压浓缩得到 4.1 g 白色 B_1 重结晶，B_1 纯度达 97%，B_{1a} 占 85%，B_{1b} 占 15%，阿维菌素 B_1 的总提取收率为 64.8%。

(五) 光谱、核磁共振和质谱分析

将阿维菌素 B_1 结晶分别进行了紫外 (UV)、红外 (IR)、核磁共振 (^{1}H-NMR 和 ^{13}C-NMR) 和质谱分析，结果均与文献所报道的相符合 (Burg *et al*., 1979; Albers-Schonberg *et al*., 1982) (图 1~图 3，表 3)。质谱测得其 M+Na 的 *m/z* 为 896，故阿维菌素 B_1 的分子量为 873 Da，与计算值及文献报道值一致。文献中只报道了阿维菌素 B_{2a} 的紫外吸收光谱，经我们验证阿维菌素 B 各组分的紫外吸收光谱都是相同的。

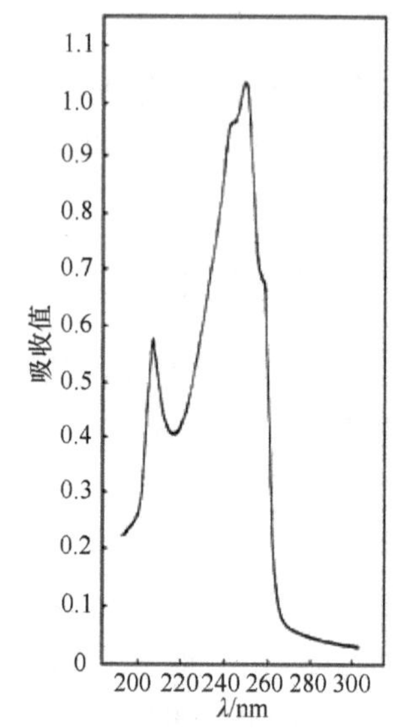

图 1　阿维菌素 B_1 紫外吸收光谱

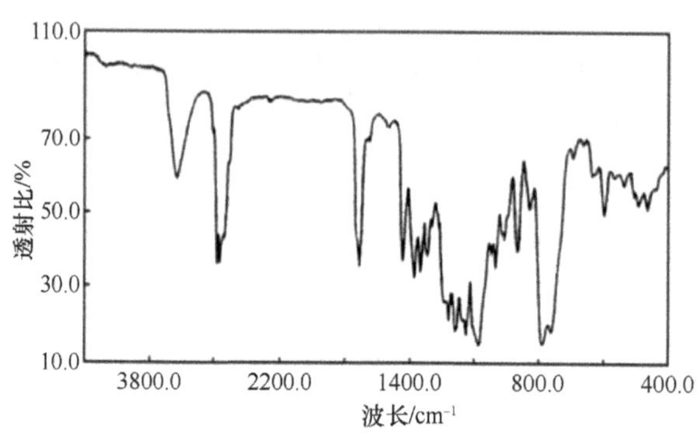

图 2　阿维菌素 B_1 红外吸收光谱

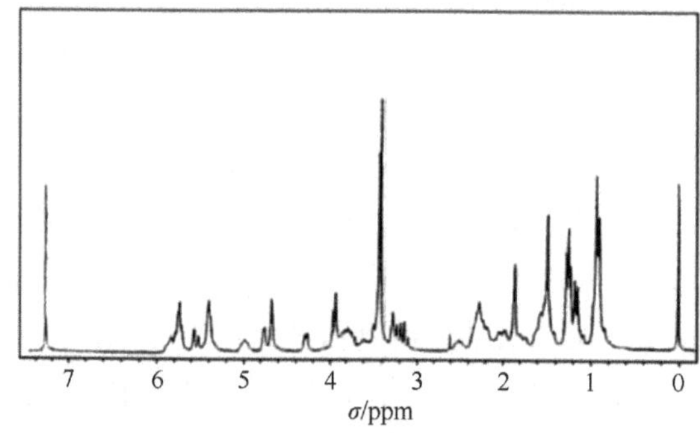

图 3　阿维菌素 B_1 核磁共振氢谱

表 3　阿维菌素 B_1 ^{13}C-NMR 的化学位移

12.0	12.9	15.1	16.4	17.7	18.4
19.9	20.2	27.5	30.5	31.1	31.2
34.4	35.2	36.6	39.8	40.5	45.7
56.3	56.5	67.2	67.7	68.1	68.1
68.3	68.3	74.9	76.1	78.2	79.1
79.3	80.3	80.3	81.8	94.9	95.7
98.5	117.9	118.3	120.3	124.7	127.8
135.1	136.2	137.9	137.9	139.6	173.7

三、讨论

阿维链霉菌存在严重的自然分化现象，在 3 种不同菌落形态的分化菌株中，其中产灰色孢子的菌株占大多数，能产生阿维菌素；只有气生菌丝的白色菌株和只有基内菌丝的光秃型菌株占少数，但不产生阿维菌素。我们发现即使经单孢子选出的灰色菌落传代后，仍会分化出白色和光秃型菌落，但它们却是比较稳定的，一般不会恢复产生孢子。因此，在实验室和发酵生产中如不注意菌种的选择，常会出现发酵单位不稳定的现象，这在有些链霉菌中也经常出现。这种遗传性不稳定的机制目前尚不明了，有待研究。此外，由于阿维菌素主要存在于菌丝中，因此在进行高产菌株选育时，需要配合发酵培养基和通气条件的改进，才能使新菌株获得较高的菌丝干重和发酵单位。

参 考 文 献

章名春. 1984. 工业微生物诱变育种. 北京: 科学出版社.

Albers-Schonberg G, Arison B H, Chabala J C, *et al.* 1981. Avermectins structure determination. J Am Chem Soc, 103(14): 4216-4221.

Albers-Schonberg G, Wallick H, Ormond R E, *et al.* 1982. Novel substance and process for their production. US Patent, 4: 310-519.

Burg R W, Miller B M, Baker E E, *et al.* 1979. Avermectins, new family of potent anthelmintic agents: producing organism and fermentation. Antimicrob Agents Chemother, 15(3): 361-367.

Fisher M H. 1990. Recent advances in avermectin research. Pure Appl Chem, 62(7): 1231-1240.

Miller T W, Chaiet L, Cole D J, *et al.* 1979. Avermectins, new family of potent anthelmintic agents: isolation and chromatographic properties. Antimicrob Agents Chemother, 15(3): 368-371.

本文原载：生物工程学报, 2000, 16(1): 31-35

Avermectins 发酵培养基的研究*

宋渊[1]，李季伦[1]，王得明[2]，刘世宽[2]

(1. 中国农业大学生物学院，北京，100094；2. 齐鲁制药厂，济南，250400)

摘要

以阿维链霉菌 (*Streptomyces avermitilis*) ATCC31272 和它的突变株为试验菌株进行阿维菌素 (avermectin) 发酵培养基的研究。最初筛选到的发酵培养基中必须加入番茄酱和鲜酵母，进一步通过对 170 多种发酵培养基的筛选实验，选择出一种以淀粉、酵母粉、豆饼粉和无机盐为营养物的培养基，并以它为基础研究了碳源、氮源、无机盐等对阿维菌素生物合成的影响。经多次培养基的优化试验，突变株 Sa-76-9 摇瓶发酵效价达 3500~4000 μg/ml。

关键词

Streptomyces avermitilis，avermectin，培养基，发酵。

阿维菌素 (avermectin) 是由阿维链霉菌 (*Streptomyces avermitilis*) 产生的一族结构相似的大环内酯类杀虫抗生素，共有 A_{1a}、A_{1b}、A_{2a}、A_{2b}、B_{1a}、B_{1b}、B_{2a}和 B_{2b} 8 个组分，其中 A_{1a}、A_{2a}、B_{1a}和 B_{2a}是 4 个大量组分，含量在 80%以上，其余 4 个组分为少量组分，含量在 20%以下。阿维菌素产生菌的原始菌株 MA4680 的发酵效价低，仅为 9 μg/ml，经紫外线诱变得到一株突变株 MA4848，发酵效价为 150 μg/ml，结合发酵条件的优化，MA4848 的发酵效价可达 500 μg/ml 以上。该菌株被美国模式培养物保藏所收藏，编号为 ATCC31271 和 ATCC31272 (Burg *et al.*, 1979; Fisher and Mrozik, 1984)。

影响阿维菌素合成的因素很多，如碳源、氮源、无机盐、维生素、微量元素、氨基酸、通气量、温度和 pH 等，阿维链霉菌可利用的碳源有葡萄糖、蔗糖、麦芽糖、乳糖、淀粉等，通常 0.5%~5.0%可满足菌体的需要。许多氮源，如酵母水解物、水解酪蛋白、胨化牛奶、玉米浆、豆饼粉等都是其可利用的氮源，含量 0.2%~6.0%都可满足菌体的需要。所需无机盐包括钠盐、钾盐、镁盐、钙盐、磷酸盐、硫酸盐等，对阿维链霉菌生长影响很大的微量元素主要是钴、铁、锰等 (Arison *et al.*, 1981; Albers-Schonberg *et al.*, 1982; Goegelman *et al.*, 1982; Dutton *et al.*, 1988; Hafner *et al.*, 1988)，生物素和色氨酸可刺激阿维菌素的合成，甲硫氨酸可能也有刺激作用。另外，聚乙二醇 (PEG) 2000 也有刺激阿维菌素合成的作用 (Burg *et al.*, 1979)。

阿维链霉菌可在 20~40℃生长，适宜的生长温度是 27~28℃，培养基的 pH 应控制在 6.0~7.5。阿维菌素发酵是一个典型的休止-增殖动态曲线，菌种在第 2~3 天停止生长，之后开始合成阿维菌素 (Burg *et al.*, 1979)，不同菌株和不同的发酵条件下，阿维菌素各组分的比例不一样。

*本研究由“八五”国家科技攻关课题 (96-C01-02-03) 资助。

通过高频电子流和多次亚硝基胍诱变阿维链霉菌，筛选出 Sa-76、Sa-76-7、Sa-76-8 和 Sa-76-9 菌株，通过对它们发酵培养基和发酵条件的研究，最终使 Sa-76-9 菌株摇瓶发酵效价达 3500~4000 μg/ml。

一、材料和方法

(一) 菌种

阿维链霉菌 (*S. avermitilis*) ATCC31272，由 ATCC 引进；Sa-76，由 ATCC31272 经高频电子流诱变获得；Sa-76-7，由 Sa-76 经亚硝基胍诱变获得；Sa-76-8，由 Sa-76-7 经亚硝基胍诱变获得；Sa-76-9，由 Sa-76-8 经亚硝基胍诱变获得。

(二) 培养基

1) 斜面和平板培养基 (g/L)：淀粉 20，酵母膏 2.0，KNO_3 1.0，$MgSO_4·7H_2O$ 0.5，$K_2HPO_4·3H_2O$ 0.5，NaCl 0.5，$FeSO_4·7H_2O$ 0.01；pH 7.2~7.4。

2) 种子培养基 (g/L)：淀粉 30，豆饼粉 20，酵母粉 2.0，$CoCl_2·6H_2O$ 0.0005；pH 7.0~7.2，500 ml 三角瓶装 100 ml 培养基。

(三) 摇瓶发酵

4℃冰箱保存菌种，用稀释平板法进行单菌落分离，转接于斜面，28℃培养 7~10 天，待生长出丰富的灰色孢子后转接于种子培养基，28℃摇床培养 1 天，接种于 2%发酵培养基，28℃摇床培养 8~10 天 (转速 200 r/min，偏心距 4.0 cm)，放瓶测定。

(四) 测定方法

1) 干重测定：取 50 ml 发酵液，4000 r/min 离心收集菌体，105℃烤至恒重。

2) 氨态氮测定：采用麝香草酚法 (波钦诺克, 1981)。

3) 磷酸盐测定：采用钼蓝法。

4) 发酵效价测定：高效液相色谱法 (HPLC) (Miller *et al.*, 1979)，取 1.0 ml 发酵液，加入 4.0 ml 甲醇，充分振荡 30 min 以上，4000 r/min 离心后取上清进样分析。HPLC 分析条件为：SY5000 型高压液相色谱仪，北京分析仪器厂；层析柱：C_{18} 反向柱，柱长 15 cm，柱内径 4.6 mm；流动相：甲醇∶水=85∶15；流速为 1.0 ml/min。检测波长为 246 nm。根据积分面积，对照标准曲线计算出发酵效价。

二、结果

(一) 阿维菌素发酵培养基的筛选试验

在阿维菌素发酵培养基的筛选试验中，以 ATCC31272 为试验菌株，根据最初的文献 (Burg *et al.*, 1979)，选择了 8 种发酵培养基进行摇瓶试验，发现只有在加入番茄酱和鲜酵母的培养基中可产生阿维菌素，发酵效价约为 50 μg/ml，在该培养基中提高淀粉量和增加 1.0%豆饼粉，阿维菌素的发酵效价可提高至 130 μg/ml 以上，其中 B_1 占总发酵效价的 33%。Sa-76 菌株在该培养基上的发酵效价可达 450 μg/ml，其中 B_1 占总发酵效价的 37%，略高于出发菌株 ATCC31272。但在该培养基中进一步增加

0.05 g/L、0.10 g/L、0.15 g/L 和 0.20 g/L 的 $K_2HPO_4·3H_2O$、$MgSO_4·7H_2O$ 和$(NH_4)_2SO_4$对发酵效价没有促进作用，所以我们初步选择了淀粉 25 g/L，番茄酱 20 g/L，鲜酵母 10 g/L，豆饼粉 10 g/L，$CoCl_2·6H_2O$ 0.005 g/L 为发酵培养基。

根据上述发酵培养基，以 ATCC31272 和 Sa-76 菌株为试验菌，在 500 ml 摇瓶中进行了装量、初始 pH 和温度试验，在 500 ml 摇瓶发酵试验中，100~120 ml 的装量发酵效价最高，80 ml 和 140 ml 的装量发酵效价下降 10%~15%。26~28℃是阿维菌素发酵的最适温度，20℃和 32℃的发酵效价下降 40%~50%。最适初始 pH 是 7.0~8.0，初始 pH 低于 5.0 不产生阿维菌素。结果与文献报道一致，因此，我们在以后的试验中均采用装量 100 ml、温度 27~28℃、初始 pH 7.0~7.4。

由于番茄酱和鲜酵母在工业化生产中很难应用，我们又以 Sa-76 菌株为试验菌株再次进行阿维菌素发酵培养基的筛选。根据参考文献（Arison *et al.*, 1981; Albers-Schonberg *et al.*, 1982; Goegelman *et al.*, 1982; Dutton *et al.*, 1988; Hafner *et al.*, 1988）和我们的工作经验，选择了 170 多种不同配比的发酵培养基进行摇瓶发酵试验，从中选择了 3 种有希望（有提升产量迹象）的发酵培养基，它们的配方和发酵效价如表 1 所示。

表 1　3 种有希望的发酵培养基配比及发酵效价

培养基	配比/(g/L)	发酵效价/(μg/ml)
1	淀粉 45，蛋白胨 2.0，酵母浸膏 2.0，$CoCl_2·6H_2O$ 0.005	250
2	淀粉 20，玉米粉 20，豆饼粉 15，酵母浸膏 2.0，柠檬酸钠 4.0，$CaCl_2·2H_2O$ 0.5，$MgSO_4·7H_2O$ 0.1，$CoCl_2·6H_2O$ 0.01，$FeSO_4·7H_2O$ 0.01	200
3	淀粉 50，酵母浸膏 2.0，豆饼粉 2.0，$K_2HPO_4·3H_2O$ 0.5，$MgSO_4·7H_2O$ 0.5，$CaCO_3$ 2.0，$CoCl_2·6H_2O$ 0.005	280
CK	淀粉 25，豆饼粉 10，番茄酱 20，鲜酵母 10，$CoCl_2·6H_2O$ 0.005	400 ~ 450

上述 3 种培养基都用了酵母浸膏，由于它依赖进口，而且价格昂贵，我们又选择了酵母粉作为替代品，在上述 3 种培养基中分别加入 5 g/L、10 g/L、15 g/L 酵母粉，在 1 号培养基和 2 号培养基中均使产量明显下降，但 3 号培养基中加入 10 g/L 酵母粉可替代酵母浸膏，并对产量没有明显影响，因此我们选择发酵培养基 (g/L) 如下：淀粉 50，酵母粉 10，豆饼粉 2.0，$K_2HPO_4·3H_2O$ 0.5，$MgSO_4·7H_2O$ 0.5，$CaCO_3$ 2.0，$CoCl_2·6H_2O$ 0.005，作进一步研究。Sa-76-7 菌株在该培养基中发酵效价可达 1000 μg/ml，其中 B_1 占总发酵效价的 37%。

(二) Sa-76-7 菌株摇瓶发酵的研究

根据上述培养基，我们以 Sa-76-7 菌株为试验菌株，研究了碳源、氮源及无机盐等对阿维菌素合成的影响。

1. 不同碳源对阿维菌素合成的影响

实验中选择了淀粉、蔗糖、葡萄糖和乳糖，每一种培养基的碳源均以淀粉 50 g/L 的含量折算后加入，使得每一种培养基的含碳量一致，其余成分相同。在这 4 种不同碳源的发酵培养基中，菌体都生长良好，但在以乳糖为碳源的发酵培养基中不产阿维菌素，淀粉是最适合阿维菌素合成的碳源，发酵效价为 774 μg/ml，葡萄糖和蔗糖分别为 405 μg/ml 和 285 μg/ml。

2. 不同氮源对阿维菌素合成的影响

实验中选择酵母粉、牛肉膏、蛋白胨、玉米浆、$(NH_4)_2SO_4$、NH_4NO_3、$CO(NH_2)_2$ 和 CH_3COONH_4，

每一种培养基的氮源均以酵母粉 10 g/L 的含量折算后加入，使得每一种培养基的含氮量一致，其余成分相同。在 8 种不同氮源的发酵培养基中，以酵母粉、牛肉膏和 NH_4NO_3 为氮源的发酵培养基中菌体生长良好，以蛋白胨和 $CO(NH_2)_2$ 为氮源的发酵培养基中菌体能生长，但明显不如上述 3 种氮源的发酵培养基，干重只有上述 3 种发酵培养基的 1/3~1/2，以玉米浆、$(NH_4)_2SO_4$ 和 CH_3COONH_4 为氮源的发酵培养基中菌体几乎不生长，但只在以酵母粉和牛肉膏为氮源的发酵培养基中产阿维菌素，酵母粉是最适合阿维菌素合成的氮源，发酵效价为 774 μg/ml，以牛肉膏为氮源，发酵效价为 526 μg/ml。

3. 酵母粉用量对阿维菌素合成的影响

实验中选择酵母粉用量为 7.0 g/L，8.0 g/L，9.0 g/L，…，24.0 g/L，除酵母粉的用量不同外，其余成分都一致 (表 2)。

表 2　酵母粉用量对阿维菌素合成的影响

酵母粉/(g/L)	7.0	8.0	9.0	10.0	11.0	12.0	13.0	14.0	15.0	16.0	17.0	18.0	19.0	20.0	21.0	22.0	23.0	24.0
发酵效价/(μg/ml)	532	691	645	928	985	1017	1206	1024	1006	821	747	544	140	69	29	28	23	4

从表 2 中结果可以看出，酵母粉的用量以 10~15 g/L 为宜，其中以 13 g/L 最适。

4. $(NH_4)_2SO_4$ 对阿维菌素合成的影响

由于在以$(NH_4)_2SO_4$为主要氮源的发酵培养基中不产阿维菌素，因此探究以酵母粉为主要氮源物质，补加少量的$(NH_4)_2SO_4$是否能促进阿维菌素的产生。酵母粉 10 g/L，补加 0.1 g/L，0.2 g/L，0.3 g/L，…，0.9 g/L $(NH_4)_2SO_4$，除$(NH_4)_2SO_4$用量不同外，发酵培养基的其余成分均一致，以不加$(NH_4)_2SO_4$为对照，结果如表 3 所示。

表 3　$(NH_4)_2SO_4$ 对阿维菌素合成的影响

$(NH_4)_2SO_4$/(g/L)	0.1	0.2	0.3	0.4	0.5	0.6	0.7	0.8	0.9	CK
发酵效价/(μg/ml)	1254	1388	562	520	446	518	400	442	398	1110

从表 3 中结果可知，当以酵母粉为主要氮源时，加入少量的$(NH_4)_2SO_4$促进阿维菌素的合成，但高浓度的$(NH_4)_2SO_4$则抑制阿维菌素的合成。在发酵结束时，用麝香草酚法测定发酵液中的氨态氮，结果在各种样品中都未发现氨态氮的存在，说明初始加入的$(NH_4)_2SO_4$已被代谢。

5. $K_2HPO_4{\cdot}3H_2O$ 对阿维菌素合成的影响

在发酵培养基中分别加入 0.2 g/L，0.4 g/L，0.6 g/L，…，1.8 g/L $K_2HPO_4{\cdot}3H_2O$，除 $K_2HPO_4{\cdot}3H_2O$ 用量不同外，发酵培养基的其余成分均一致，以不加 $K_2HPO_4{\cdot}3H_2O$ 为对照，结果如表 4 所示。

表 4　$K_2HPO_4{\cdot}3H_2O$ 对阿维菌素合成的影响

$K_2HPO_4{\cdot}3H_2O$/(g/L)	0.2	0.4	0.6	0.8	1.0	1.2	1.4	1.6	1.8	CK
发酵效价/(μg/ml)	1046	1112	980	937	1082	1034	1046	1039	1010	1110

从表 4 中结果可知，$K_2HPO_4{\cdot}3H_2O$ 对阿维菌素的合成影响不明显，即使高浓度的 $K_2HPO_4{\cdot}3H_2O$ 也不抑制阿维菌素的合成，在发酵结束时，用钼蓝法测定发酵液中的 PO_4^{3-}，结果在发酵培养基加

入 0.2~0.6 g/L $K_2HPO_4·3H_2O$ 的各样品中都未发现 PO_4^{3-}的存在，但在加入 0.8~2.0 g/L $K_2HPO_4·3H_2O$ 的各样品中都有 PO_4^{3-}的存在，浓度为 32~526 μg/ml (以 PO_4^{3-}计)，从这一点说明磷酸盐不抑制阿维菌素的合成。

6. $MgSO_4·7H_2O$ 对阿维菌素合成的影响

在发酵培养基中分别加入 0.2 g/L，0.4 g/L，0.6 g/L，…，1.8 g/L $MgSO_4·7H_2O$，除 $MgSO_4·7H_2O$ 用量不同外，发酵培养基的其余成分均一致，以不加 $MgSO_4·7H_2O$ 为对照，结果如表 5 所示。

表 5　$MgSO_4·7H_2O$ 对阿维菌素合成的影响

$MgSO_4·7H_2O$/(g/L)	0.2	0.4	0.6	0.8	1.0	1.2	1.4	1.6	1.8	CK
发酵效价/(μg/ml)	941	920	1012	1048	1033	971	849	794	739	1110

从表 5 中结果可知，$MgSO_4·7H_2O$ 的用量为 0.2~1.2 g/L 时，对阿维菌素的合成无明显影响，但 $MgSO_4·7H_2O$ 的浓度≥1.4 g/L 时，抑制阿维菌素的合成。

7. $CaCO_3$ 对阿维菌素合成的影响

在发酵培养基中分别加入 1.5 g/L，1.6 g/L，1.7 g/L，…，2.3 g/L $CaCO_3$，除 $CaCO_3$ 的用量不同外，发酵培养基的其余成分均一致，以不加 $CaCO_3$ 为对照，结果如表 6 所示。

表 6　$CaCO_3$ 对阿维菌素合成的影响

$CaCO_3$/(g/L)	1.5	1.6	1.7	1.8	1.9	2.0	2.1	2.2	2.3	CK
发酵效价/(μg/ml)	1145	1167	1237	1378	1320	1242	1379	1181	1314	584

加入 $CaCO_3$ 主要是为了稳定发酵的 pH，用量 1.5~2.3 g/L 对阿维菌素的合成无明显影响。根据上述实验结果，进一步优化了发酵培养基，使 Sa-76-7 菌株的发酵效价达 1400 μg/ml，其中 B_1 占总发酵效价的 37%。Sa-76-8 菌株的发酵效价达 2000 μg/ml 以上，其中 B_1 占总发酵效价的 45%，显著高于 Sa-76-7 菌株。

(三) Sa-76-9 菌株摇瓶发酵研究

进一步用亚硝基胍诱变 Sa-76-8 菌株，筛选获得 Sa-76-9 菌株，在相同的发酵条件下，Sa-76-9 菌株的摇瓶发酵效价仅比 Sa-76-8 菌株提高 4%~17%，但在斜面培养基上 Sa-76-9 菌株明显比 Sa-76-8 菌株生长强壮，于是我们采用正交试验进行 Sa-76-9 菌株发酵培养基的优化试验。结果发现，当 Sa-76-9 菌株的培养提高了淀粉和酵母粉用量后，菌丝干重增加，发酵效价提高。虽然我们也曾进行过 Sa-76-8 菌株的正交试验，但该菌株提高淀粉和酵母粉的用量后，在发酵过程中菌丝不成球，发酵液变黏、发红，菌丝干重下降，几乎不产生阿维菌素。

1. 淀粉、酵母粉、$CaCO_3$ 接种量正交试验

本实验设计、分析参考上海市科学技术交流站组 (1975) 的方法进行。

淀粉设 60 g/L、70 g/L、80 g/L、90 g/L 4 个水平，酵母粉设 14 g/L、17 g/L、20 g/L、23 g/L 4 个水平，$CaCO_3$ 设 0.1 g/L、0.2 g/L、0.3 g/L、0.4 g/L 4 个水平，接种量设 2%、4%、6%、8% 4 个水平，每个处理设 3 个重复，并以原发酵培养基为对照，实验结果如表 7 所示。

表 7 淀粉、酵母粉、$CaCO_3$及接种量正交试验结果

测试组	淀粉/(g/L)	酵母粉/(g/L)	$CaCO_3$/(g/L)	接种量/%	发酵效价（总效价)/(μg/ml)	发酵效价（B_1)/(μg/ml)	B_1/%	菌丝干重/%
1	60	14	0.1	2	2063	891	43.2	1.6
2	60	17	0.2	4	1699	750	44.1	1.2
3	60	20	0.3	6	0	0	—	1.1
4	60	23	0.4	8	0	0	—	1.1
5	70	14	0.2	6	2199	982	44.6	2.4
6	70	17	0.1	8	2073	878	42.3	1.9
7	70	20	0.4	2	1876	804	42.8	2.0
8	70	23	0.3	4	0	0	—	1.1
9	80	14	0.3	8	1868	915	48.9	2.4
10	80	17	0.4	6	2360	1103	46.7	2.8
11	80	20	0.1	4	2126	933	43.8	2.2
12	80	23	0.2	2	0	0	—	2.0
13	90	14	0.4	4	2414	1175	48.6	2.8
14	90	17	0.3	2	2402	1135	47.2	2.8
15	90	20	0.2	8	1847	842	45.5	2.8
16	90	23	0.1	6	0	0	—	2.0
CK	50	10	2.0	2	1831	820	44.7	1.3
K_1	3762	8544	6262	6341				
K_2	6148	8534	5745	6239				
K_3	6354	5849	4270	4559				
K_4	6663	0	6650	5788				
k_1	940	2136	1565	1585				
k_2	1537	2133	1436	1559				
k_3	1588	1462	1067	1139				
k_4	1665	0	1662	1447				
R	725	2136	595	445				

注：K_n. 某因素某水平数据总和；k_n. 对应 K_n 值的平均值；R. 因素极差值，即某因素最大 K_n 与最小 K_n 的差值。n 代表 1、2、3、4

从试验结果（表 7）可知，Sa-76-9 菌株的培养基中增加淀粉和酵母粉后，发酵效价明显提高。从上述影响阿维菌素发酵的 4 个因素的 R 值分析可知酵母粉>淀粉>$CaCO_3$>接种量，从菌丝干重的变化可以看出：随淀粉量的增加，菌丝干重增加，发酵效价上升。酵母粉的增加虽然也有菌丝量增加趋势，但酵母粉增加至一定量后，则明显抑制阿维菌素的产生，菌丝干重下降。$CaCO_3$ 和接种量的变化则对发酵的影响不大。根据这次结果，又着重进行淀粉和酵母粉用量试验。

2. 增加淀粉和酵母粉用量试验

实验共 15 个处理，淀粉设 80 g/L、90 g/L、100 g/L、110 g/L、120 g/L 5 个水平，酵母粉设 17 g/L、20 g/L、23 g/L 3 个水平，以原发酵培养基为对照。由于实验中发现，淀粉为 80 g/L 的实验结果不能确定，则最终采用 12 个处理结果进行分析，结果如表 8 所示。

表 8　增加淀粉和酵母粉用量试验

处理	淀粉/(g/L)	酵母粉/(g/L)	发酵效价/(μg/ml)	B_1/%	菌丝干重/%
1	90	17	2973	47.6	3.2
2	90	20	2747	45.7	3.0
3	90	23	881	42.6	2.8
4	100	17	3086	49.7	3.4
5	100	20	2600	42.6	3.5
6	100	23	1009	40.9	3.1
7	110	17	3200	50.0	3.7
8	110	20	2345	47.5	3.7
9	110	23	886	43.2	3.5
10	120	17	3506	50.4	4.0
11	120	20	3209	49.6	4.1
12	120	23	1023	39.7	4.0
CK	50	10	2147	43.4	2.1

从表 8 试验结果可以看出：酵母粉的用量以 17 g/L 最合适，在这个用量下，发酵效价和菌丝干重随淀粉量的增加而上升。在进一步的试验中，将发酵周期适当延长，Sa-76-9 菌株的发酵效价可达 4000 μg/ml 以上，比原 Sa-76-8 菌株提高了一倍左右。

三、讨论

阿维链霉菌可在多种培养基中生长良好，但只在少数几种培养基中产生阿维菌素，说明阿维菌素产生的条件比较苛刻。虽然阿维链霉菌可利用多种碳源物质和氮源物质，但最适合阿维菌素产生的碳源是淀粉，氮源是酵母粉。有报道在发酵中后期补加葡萄糖可提高阿维菌素的产量，但我们在发酵的中后期补加葡萄糖未见明显的促进作用，而中后期补加淀粉可提高产量，但发酵周期延长。当以酵母粉为主要氮源时，增加少量的无机氮源提高阿维菌素的产量。阿维菌素属于次级代谢产物，按一般规律，高浓度的磷酸盐抑制次级代谢产物的合成，在我们的试验中证实高浓度的磷酸盐不抑制阿维菌素的合成，其机理有待进一步研究。

参考文献

波钦诺克 X H. 1981. 植物生物化学分析方法. 邢家海，丁钟荣，译. 北京：科学出版社：101.

上海市科学技术交流站组. 1975. 正交实验设计法：多因素的实验方法. 上海：上海人民出版社.

Albers-Schonberg G, Walick H, Ormond R E, *et al.* 1982. Novel substance and process for their production. United States Patent, 4310519.

Arison H B, Goegelman R T, Gullo V P. 1981. Novel derivatives of C-076 compound. United States Patent, 4285963.

Burg R W, Miller B M, Baker E E, *et al.* 1979. Avermectins, new family of potent anthelmintic agents: producing organism and fermentation. Antimicrob Agents Chemother, 15(3): 361-367.

Dutton C J, Lee S E, Gibson S P. 1988. Antiparasitic agents. European Patent Application, 0317148.

Fisher M H, Mrozik H. 1984. The avermectin family of macrolide-like antibiotics. *In*: Ōmura S. Macrolide Antibiotics. New York: Academic Press: 553-606.

Goegelman R T, Gullo V P, Kaplan L, *et al.* 1982. C-076 compounds, their production and a culture for producing them.

European Patent Application, 0058518.
Hafner E W, Holdom K S, Lee S E. 1988. Process for production of B avermectins and cultures therefor. European Patent Application, 0276103.
Miller T W, Chaiet L, Cole D J, *et al.* 1979. Avermectins, new family of potent anthelmintic agents: isolation and chromatographic properties. Antimicrob Agents Chemother, 15(3): 368-371.

本文原载：中国抗生素杂志, 2001, 26(3): 176-180.

阿维链霉菌中 *aveD* 基因缺失对阿维菌素合成的影响*

陈芝，文莹，宋渊，李季伦

（中国农业大学生物学院微生物学系，北京，100094）

摘要

利用 *aveD* 基因的缺失载体 pCZ8 (pKC1139::Δ*aveD*) 使得阿维菌素 (avermectin) 产生菌阿维链霉菌 (*Streptomyces avermitilis*) 76-9 的 *aveD* 基因缺失，从而获得 *aveD* 缺失突变株。经摇瓶发酵和高效液相色谱法 (HPLC) 检测，发现该突变株只产生阿维菌素 B 组分。说明将阿维链霉菌的 *aveD* 基因缺失，并不影响下游 *aveF* 的表达。缺失突变株的阿维菌素的总产量与出发菌株的总产量基本相同，突变株中 B_1 的产量略有提高，阿维菌素 B_2 的含量显著提高。

关键词

阿维链霉菌，*aveD* 基因缺失，阿维菌素 B。

阿维菌素是由阿维链霉菌产生的一类结构相似的十六元环大环内酯齐墩果糖双糖衍生物，共有 8 个组分，分别命名为 A_{1a}、A_{1b}、A_{2a}、A_{2b}、B_{1a}、B_{1b}、B_{2a} 和 B_{2b}，其中 a 组分含量占 80%以上，b 组分含量少于 20% (Burg *et al.*, 1979)。阿维菌素 B_1 的杀虫活性最强，但毒性较大；阿维菌素 B_1 的 C22-23 位加氢还原产物称为伊维菌素 (ivermectin)，具有相同的杀虫活性，但毒性低 (Campbell, 1989)。由于阿维菌素和伊维菌素具有高效、低毒、广谱的杀虫特性，自 20 世纪 80 年代上市以来被广泛用于农业和畜牧业，产生了巨大的经济效益。

大约 50%的阿维菌素在 C5 为 OH 基团，即阿维菌素 B 组分；其余的在 C5 为氧甲基，即阿维菌素 A 组分。阿维菌素 B 组分向 A 组分的转化是由 *aveD* 基因编码的阿维菌素 B 5-*O*-甲基转移酶催化的，由 *S*-腺苷甲硫氨酸提供甲基 (Ikeda *et al.*, 1998)。由于阿维菌素 B 组分的杀虫活性高于 A 组分，阿维菌素 B_1 组分又是伊维菌素的原料药，因此阿维菌素 B 组分在工业上具有更大的应用价值。我们曾企图通过 *aveD* 的插入失活来获得仅产阿维菌素 B 组分的突变株，但 *aveD* 与 *aveF* 属于同一个顺反子，由于极性效应，插入失活也造成了下游的 *aveF* 基因不能表达，形成的是产生 C5-*O*-阿维菌素 B 的突变株 (陈芝等, 2001)。为避免极性效应，我们对 *aveD* 进行了基因缺失，结果获得了仅产阿维菌素 B 的突变株。

*本研究由“九五”国家科技攻关项目 (96-C01-02-03) 资助。

一、材料和方法

(一) 材料

1) 质粒：大肠杆菌质粒，pMD18-T 载体，由 pUC18 衍生，TaKaRa 公司产品。pKC1139 (Bierman *et al.*, 1992)，大肠杆菌-链霉菌穿梭质粒，安普霉素抗性对大肠杆菌和链霉菌均有选择作用，链霉菌的复制子为温敏型，温度高于 34℃不能进行自主复制，*lacZ'*基因在大肠杆菌中可用于蓝白筛选。

2) 菌株：大肠杆菌 DH5α，阿维链霉菌 76-9，均由本实验室保存。

3) 工具酶：限制性内切酶、T4 DNA 聚合酶、*Taq* 酶和连接酶分别购自华美生物工程公司、MBI 公司、Promega 公司和 TaKaRa 公司。

4) 培养基和抗生素：大肠杆菌培养基为 LB (Sambrook *et al.*, 1989)，阿维链霉菌高渗液体培养基为改良 YEME (蔗糖浓度为 25%)，原生质体再生培养基为 RM14 (MacNeil and Klapko, 1987)，阿维链霉菌固体产孢培养基为 YMS (Ikeda *et al.*, 1988)，种子培养基：可溶性淀粉 30 g，酵母膏 4 g，大豆蛋白胨 2 g，$CoCl_2·6H_2O$ 10 mg，定容至 1 L。发酵培养基：可溶性淀粉，酵母粉，$K_2HPO_4·3H_2O$，$MgSO_4·7H_2O$，$CaCO_3$，$CoCl_2·6H_2O$。LB 培养基中含氨苄青霉素 100 μg/ml 或安普霉素 100 μg/ml，安普霉素也可由 10 μg/ml G-418 代替。YMS、YEME 和 RM14 培养基中安普霉素的含量分别为 10 μg/ml、5 μg/ml 和 20 μg/ml。

(二) 方法

1) 大肠杆菌感受态细胞的制备和转化及常规的 DNA 克隆操作见 *Molecular Cloning: A Laboratory Manual. 2nd ed.* (Sambrook *et al.*, 1989)。链霉菌的质粒提取和总 DNA 的提取见《链霉菌遗传操作实验手册》(Hopwood *et al.*, 1985)。阿维链霉菌原生质体制备及转化见 MacNeil 和 Klapko (1987) 的文献。DNA 的序列测定由 TaKaRa 公司完成。

2) 引物设计及 PCR 技术：设计引物扩增自 *aveD* 起始密码子上游 107 bp 至终止密码子下游 63 bp 的序列，引物 1 为 5′-GGGGTGTCTGCATAGCTCG-3′，引物 2 为 5′-GTGAGCGGCGCGTCGACAG-3′，扩增产物为 987 bp，由大连 TaKaRa 公司合成。PCR 条件：96℃，1 min；60℃，1 min；72℃ 1 min，25 个循环。

3) 出发菌株和缺失突变株的阿维菌素发酵产物采用 HPLC 法进行检测 (宋渊等, 2000)。

二、结果

(一) *aveD* 基因缺失载体的构建和转化

以 76-9 菌株的总 DNA 为模板，PCR 扩增出 987 bp 的 *aveD* 基因。连接于 pMD18-T 载体的 lacZ′ 基因的多克隆位点上，得到质粒 pCZ4。测序验证后，*Nae* I 酶切去除 *aveD* 基因内部约 260 bp 的 *Nae* I 片段，余下 *aveD* 基因的 5′端为 350 bp，3′端为 370 bp，自连得到质粒 pCZ6。*Eco*R I 和 *Hin*d III 双酶切，回收约 0.75 kb 的酶切片段与经 *Eco*R I 和 *Hin*d III 双酶切的载体 pKC1139 相连得到 *aveD* 基因缺失载体 pCZ8 (质粒的构建过程见图 1)。将在大肠杆菌 DH5α 中构建好的 pCZ8 转化阿维链霉菌 (*S. avermitilis*) 76-9 的原生质体，在 RM14 再生培养基上生长 18 h 后，加入安普霉素，28℃培养 10 天。挑取转化子在

YMS+安普霉素平板上培养恢复产孢。提取质粒，酶切验证与来自大肠杆菌 (*Escherichia coli*) DH5α 的质粒完全相同。

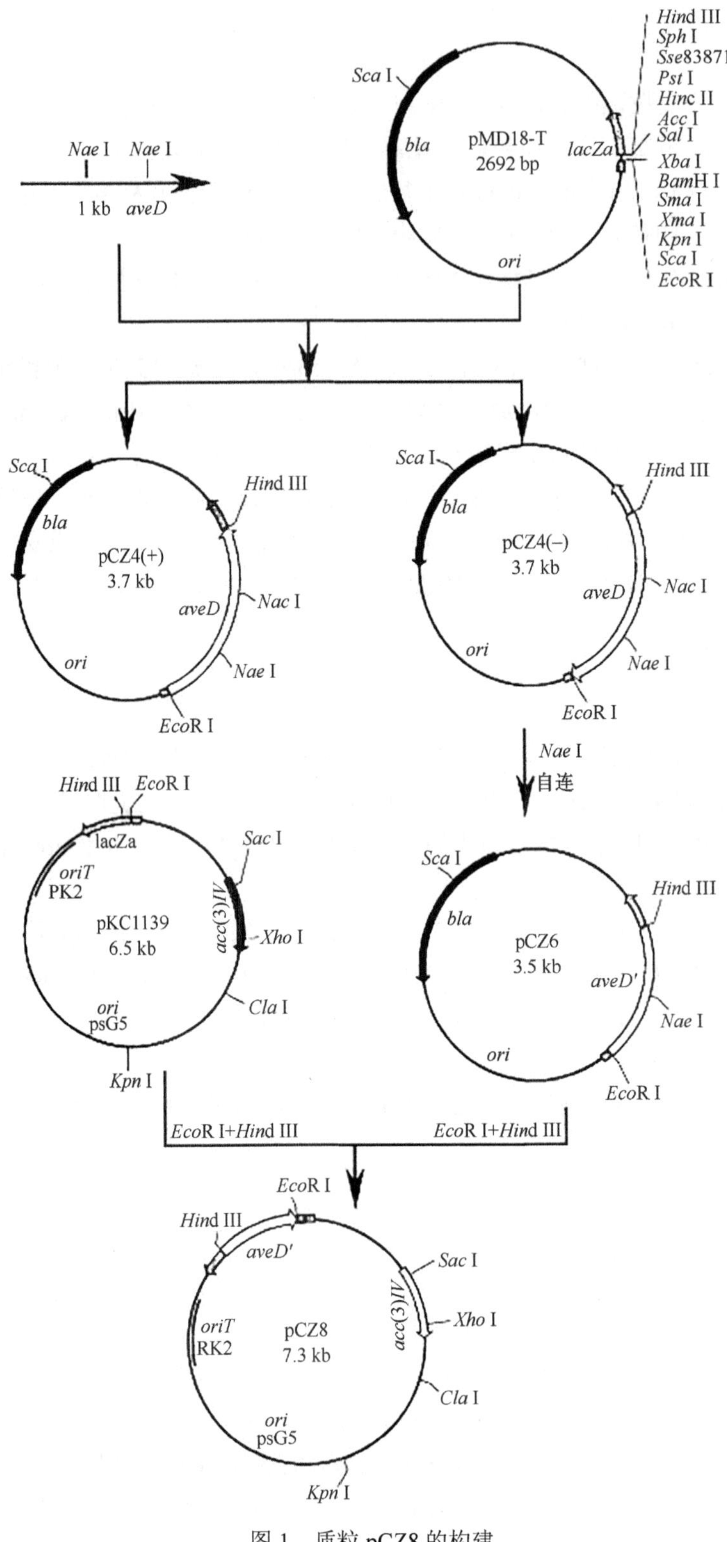

图 1 质粒 pCZ8 的构建

(二) 缺失突变株的筛选

经验证的 76-9/pCZ8 在 YMS+安普霉素的平板上培养，收集孢子，制备孢子悬液。以每培养皿约 100 个孢子涂布于 YMS+安普霉素的平板上，28℃培养 48~72 h，菌落直径约为 2 mm。即将形成气生菌丝时，将平板移至 39℃培养 7~10 天。长出的菌落为单交换突变株，将单交换突变株在不添加抗生素的 YMS 平板上传代，筛选 Apm^s 的双交换重组体。

(三) 缺失突变株的验证

随机挑取缺失突变株 4 个，分别在不加抗生素的 YEME 培养基中于 39℃振荡培养 48 h，同时在不加抗生素的 YEME 中接种 76-9，28℃培养 48 h，均未能从突变体的菌丝体中提取出质粒，说明质粒已通过同源重组整合到染色体上。提取 76-9 和缺失突变株的总 DNA，分别以各突变株及 76-9 的总 DNA 为模板，以 *aveD* 的引物进行 PCR 扩增，76-9 的 PCR 产物约为 1 kb，缺失突变株的 PCR 产物应为 0.72 kb，证明所选的均为正确的缺失突变株，如图 2 所示。

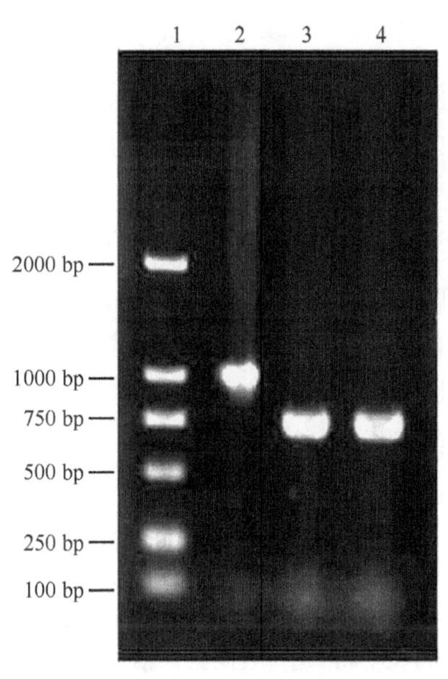

图 2 76-9 和 *aveD* 缺失突变株的 PCR 产物电泳图谱

1. DL2000 marker；2. 76-9；3、4. *aveD* 缺失突变株

(四) 破坏子的发酵结果

将经 PCR 验证后的 *aveD* 的缺失突变株与 76-9 分别进行摇瓶发酵实验，结果显示 76-9 产生 8 个组分的阿维菌素，即 A_{1a}、A_{1b}、B_{1a}、B_{1b}、A_{2a}、A_{2b}、B_{2a}、B_{2b} (图 3a)。基因缺失突变株均仅产生 4 个组分，分别为阿维菌素 B_{1a}、B_{1b}、B_{2a}、B_{2b} (图 3b)。

缺失突变株的阿维菌素总产量为 1688 μg/ml，其中阿维菌素 B_1 为 754 μg/ml，与出发菌株 76-9 的阿维菌素总产量和阿维菌素 B_1 相比稍高，分别是 76-9 的 112.5%和 116.2%。在缺失突变株中，阿维菌素的 B_2 组分由 76-9 中总产量的 15%骤然上升至总产量的 50%。这是由于在 76-9 的发酵产物中，A_1 为少量组分，占 8.6%，A_2 为大量组分，占 34.5%，在缺失突变株中，由于 *aveD* 基因不能表达，发酵产物阻断在阿维菌素 B 组分。B_1 由于不能向 A_1 转化，产量稍有提高；而 B_2 不能向 A_2 组分转化，产量提高显著。

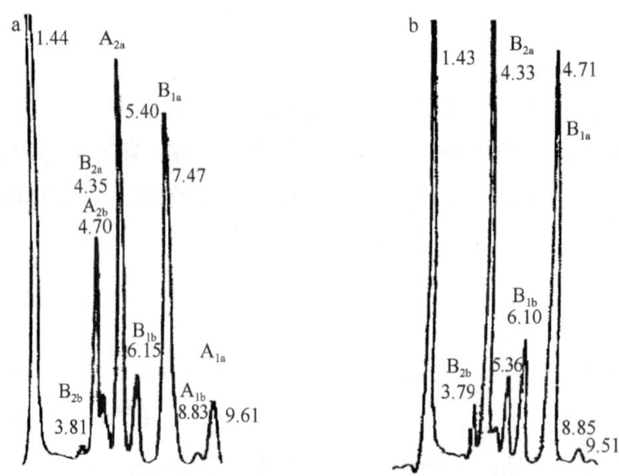

图 3　76-9 (a) 和 *aveD* 基因缺失突变株 (b) 的发酵产物的 HPLC 分析图谱

三、讨论

Ikeda 等 (1998) 用亚硝基胍 (NTG) 对 *aveD* 诱发点突变，使其编码的 C5-*O*-甲基转移酶的第 23 位 Thr 被 Ile 取代，该突变株仅产生阿维菌素 B。在阿维菌素的生物合成过程中，*aveF* 基因编码的酮基还原酶先将 C5 位酮基还原成 OH，然后再由 *aveD* 基因编码的 C5-*O*-甲基转移酶对 OH 进行甲基化而生成阿维菌素 A。*aveD* 基因点突变造成甲基化酶的失活，并未影响 *aveF* 的共转录，因而只产生阿维菌素 B。本试验使 *aveD* 基因在内部缺失，并不影响下游 *aveF* 的共转录和表达，产物也是阿维菌素 B，而且缺失突变株的阿维菌素的总产量和阿维菌素 B 的产量均较出发菌株高。突变株仅在 *aveD* 基因内引入缺失，并不影响其他性状，由于缺失突变是通过同源双交换完成的，菌株不会发生进一步的重组，因此比较稳定。该项研究为进一步遗传改造阿维菌素奠定了基础。

参 考 文 献

陈芝, 宋渊, 文莹, 等. 2001. 阿维链霉菌中 *aveD* 基因阻断对阿维菌素合成的影响. 微生物学报, 41(4): 440-446.

宋渊, 曹贵明, 陈芝, 等. 2000. 阿维菌素高产菌株的选育及阿维菌素 B_1 的鉴定. 生物工程学报, 16(1): 31-35.

Hopwood D A, Bibb M J, Chater K F. 1985. 链霉菌遗传操作实验手册. 邓子新, 唐纪良, 译. 长沙: 湖南科学技术出版社.

Bierman M, Logan R, O'Brien K, *et al.* 1992. Plasmids cloning vectors for the conjugal transfer of DNA from *Escherichia coli* to *Streptomyces* spp. Gene, 116(1): 43-49.

Burg R W, Miller B M, Baker E E, *et al.* 1979. Avermectins, new family of potent anthelmintic agents: producing organism and fermentation. Antimicrob Agents Chemother, 15(3): 361-367.

Campbell W C. 1989. Ivermectin and Abamectin. New York: Springer.

Ikeda H, Kotaki H, Tanaka H, *et al.* 1988. Involvement of glucose catabolism in avermectin production by *Streptomyces avermitilis*. Antimicrob Agents Chemother, 32(2): 282-284.

Ikeda H, Wang R L, Ohta T, *et al.* 1998. Cloning of the gene encoding avermectin B 5-*O*-methyltransferase in avermectin-producing *Streptomyces avermitilis*. Gene, 206(2): 175-180.

MacNeil D J, Klapko L M. 1987. Transformation of *Streptomyces avermitilis* by plasmid DNA. J Ind Microbiol, 2(4): 209-218.

Sambrook J, Fritsch E F, Maniatis T. 1989. Molecular Cloning: A Laboratory Manual. 2nd ed. New York: Cold Spring Harbor Laboratory.

本文原载：微生物学报, 2002, 45(5): 534-538.

Deletion Analysis of Oligomycin PKS Genes (*olmA*) in *Streptomyces avermitilis*[*]

Xiaolin Zhang, Zhi Chen, Jinlei Zhao, Yuan Song, Ying Wen, Jilun Li

(Department of Microbiology, College of Biological Sciences, China Agricultural University, Beijing, 100094, China)

Abstract

Gene deletion vector pXL05 (pKC1139::Δ*olmA1*+Δ*olmA4*) was used to disrupt oligomycin PKS encoding genes (*olmA*) in *Streptomyces avermitilis* CZ8-73, the producer of anthelmintic avermectins B and the cell growth inhibitor oligomycin. *olmA* gene cluster in the chromosome was displaced by deletion allele on the plasmid *via* double crossover. Four of disruptants were confirmed by Southern blotting. Shaking flask experiments and HPLC analyses showed that the four mutants no longer produced the toxic oligomycin, and only made four components of avermectins B, which were avermectin B_{1a}, B_{1b}, B_{2a}, B_{2b}. The yields of avermectins B in these mutants were separately equal to those in CZ8-73. This revealed that *olmA* genes deletion did not affect the biosynthesis of avermectins. The deletion mutants were proved to be genetically stable, and thus might be promising strains in industrial production of avermectins B.

Keywords

Streptomyces avermitilis, oligomycin, avermectin, *olmA* gene cluster deletion.

1. Introduction

Avermectins are a series of 16-membered macrocyclic lactones produced by *Streptomyces avermitilis* with potent anthelmintic and insecticidal activity (Burg *et al.*, 1979). They are the most effective agricultural pesticides and antiparasitic agents, and used widely in veterinary and agricultural fields. Avermectins are composed of eight structurally related compounds, which are A_{1a}, A_{1b}, A_{2a}, A_{2b}, B_{1a}, B_{1b}, B_{2a}, B_{2b}. Among these components, the B_1 fractions have the most effective antiparasitic activities and the lowest level of toxic side-effects (Egerton *et al.*, 1979). In addition to avermectins, *S. avermitilis* produces 26-membered macrocyclic lactones oligomycin (Fig. 1), a strongly toxic compound specifically inhibiting the oxidative-phosphorylation reaction in mammalian cells (Pinna *et al.*, 1967).

* This work was supported by the National High Technology Research and Development Program ("863" Program) (Grant No. 2001AA214071). We thank Prof. Huarong Tan from Institute of Microbiology, Chinese Academy of Sciences for providing the plasmid pKC1139.

	R_1	R_2	R_3	R_4
oligomycin A	OH	CH_3	H	H_2
B	OH	CH_3	H	O
C	H	CH_3	H	H_2
D	OH	H	H	H_2
E	OH	CH_3	OH	O

Fig. 1 Structure of oligomycins
Avermectin-producing *S. avermitilis* mainly produces oligomycin A

At present, the researchers have made great breakthrough in the biochemistry and genetics of avermectin biosynthesis: the pathway for avermectin biosynthesis has been understood almost completely (Ikeda *et al.*, 1993; Ikeda and Ōmura, 1997), and the biosynthetic gene cluster has been cloned and characterized (Ikeda *et al.*, 1993; MacNeil *et al.*, 1993; Ikeda *et al.*, 1999). Recently, the complete nucleotide sequence of the linear chromosome of *S. avermitilis* have been determined by Ikeda *et al.* (2003). The genome contains 9,025,608 bases and encodes at least 7,574 potential open reading frames (ORFs). Thirty gene clusters related to secondary metabolite biosynthesis were identified in the *S. avermitilis* chromosome. The largest cluster, the oligomycin biosynthetic gene cluster (*olm*), contains 18 ORFs spanning a distance of 104 kb (Fig. 2) (Ōmura *et al.*, 2001). The central 90 kb segment of the gene cluster contains seven large ORFs (*olmA1-olmA2-olmA3- olmA6-olmA7* and *olmA5-olmA4*) encoding giant multifunctional polypeptides of the polyketide synthase, which catalyzes the assembly of polyketide backbone of oligomycin. Its polyketide synthase (PKS) consists of 17 modules carrying 79 catalytic domains, but some are probably nonfunctional. The genes on the two sides of PKS genes are probably involved in the post-polyketide modification (Ōmura *et al.*, 2001).

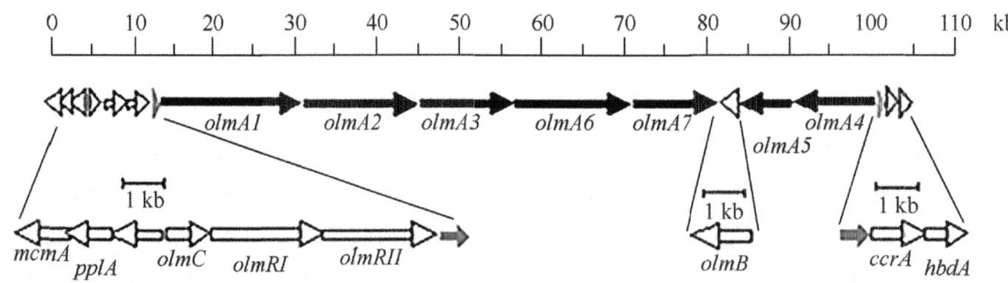

Fig. 2 Gene cluster for oligomycin biosynthesis (Ōmura *et al.*, 2001)
Hatched-boxed ORFs indicate oligomycin PKS genes; open-boxed ORFs probably are involved in the post-polyketide modification; and shadowed-boxed ORFs would not be involved in the biosynthesis. *olmA* encodes oligomycin PKS; *olmR* encodes luxR-family transcriptional regulatory protein; *olmC* encodes thioesterase; *olmB* encodes cytochrome P450; *mcmA* encodes methylmalonyl-CoA mutase; *pptA* encodes phosphopantetheinyl transferase; *ccrA* encodes crotonyl-CoA reductase; *hbdA* encodes 3-hydroxyacyl-CoA dehydrogenase

Owing to being strongly poisonous to mammalian, oligomycin must be removed from mycelial extracts for the preparation of the commercial products. Furthermore, the production of oligomycin imperils the health of production workers to a certain extent. Therefore, we deleted the whole oligomycin PKS genes (*olmA*) in *S. avermitilis* CZ8-73 which produced avermectins B and oligomycin, and consequently blocked the synthesis of oligomycin PKS. The resulting mutants produced only the avermectins B but no oligomycin.

2. Materials and Methods

2.1 Strains and plasmids

The strains and plasmids used for this work were listed in Table 1. *Escherichia coli* DH5α and plasmid pIJ2925 were all collected in this laboratory. *E. coli* DH5α was used as a cloning host. *S. avermitilis* CZ8-73 was constructed by gene deletion of *aveD* in our lab, which produced only avermectins B (Chen *et al.*, 2002). *E. coli-Streptomyces* shuttle plasmid pKC1139 (Bierman *et al.*, 1992) was kindly presented by Prof. Huarong Tan Huarong (Institute of Microbiology, Chinese Academy of Sciences). pKC1139 has a temperature-sensitive replicon from *S. ghanaensis* and can not replicate in *Streptomyces* when the temperature is higher than 34℃.

Table 1　Strains and plasmids used in this study

Strain and plasmid	Characteristics	Source or reference
E. coli DH5α	*supE*44 *ΔlacU*169 (φ80 *lacZ*ΔM15) *hsdR*17 *recA endA*1 *gyrA*96 *thi-1 relA*1	Hanahan, 1983
S. avermitilis CZ8-73	The mutant producing only avermectins B, generated by *aveD* gene deletion of *S. avermitilis* 76-9	Chen *et al.*, 2002
S. avermitilis Olm73-5, 73-12, 73-31, 73-51	The mutants producing only avermectins B but no oligomycin, generated by *olmA* genes deletion of *S. avermitilis* CZ8-73	this work
pMD18-T	T-vector; *bla, lacZα*	TaKaRa Co.
pIJ2925	pUC18 derivative; *bla, lacZα*	Janssen and Bibb, 1993
pKC1139	*E. coli-Streptomyces* shuttle vector; *aac(3)IV lacZα* $oriT_{RK2}$	Bierman *et al.*, 1992
pXL01	pMD18-T::0.6 kbΔ*olmA1*	this work (see Fig. 3)
pXL02	pMD18-T::0.6 kbΔ*olmA4*	this work (see Fig. 3)
pXL03	pIJ2925::0.6 kbΔ*olmA1*	this work (see Fig. 3)
pXL04	pMD18-T::0.6 kbΔ*olmA1*+0.6 kbΔ*olmA4*	this work (see Fig. 3)
pXL05	pKC1139::0.6 kbΔ*olmA1*+0.6 kbΔ*olmA4*	this work (see Fig. 3)

2.2 Media

Luria-Bertani medium was used in *E. coli* propagation. Liquid medium for *S. avermitilis* was modified YEME with 25% sucrose, and solid medium YMS was used for growth and sporulation (MacNeil and Klapko, 1987; Ikeda *et al.*, 1988; Sambrook *et al.*, 1989). RM14 was used for regeneration of protoplasts (MacNeil and Klapko, 1987). The seed medium for avermectin fermentation was composed of 30 g of soluble starch, 4 g of yeast extract, 2 g of soya peptone, 10 mg of $CoCl_2{\cdot}6H_2O$ per 1 L of H_2O, and the fermentation medium was composed of soluble starch, yeast extract, $K_2HPO_4{\cdot}3H_2O$, $MgSO_4{\cdot}7H_2O$, $CoCl_2{\cdot}6H_2O$ and $CaCO_3$.

2.3 Enzymes, antibiotics and chemical reagents

The restriction enzymes and lysozyme were purchased from Sino-American Biotechnology Corporation and Biozyme Corporation, respectively. T4 DNA ligase and *Taq* DNA polymerase were from TaKaRa Biotechnology Corporation (Dalian). *E. coli* strains were grown in LB medium at 37℃, supplemented with 100 μg/ml ampicillin (Sino-American) or 100 μg/ml apramycin. If necessary, apramycin was added with a concentration of 10 μg/ml for YMS, 5 μg/ml for YEME, and 20 μg/ml for RM14. Avermectins B_1 and oligomycin standard were obtained from QiLu pharmaceutical general factory and Serva Chemical Co. respectively. The non-radioactive DIG DNA Labeling and Detection Kit (Roche) was used for labeling DNA and detection in Southern blotting.

2.4 DNA manipulation

Conventional DNA manipulations and transformation of *E. coli* were performed according to standard protocols (Sambrook *et al.*, 1989). *Streptomyces* plasmids and chromosomal DNA were isolated by the methods of Kieser (1984) and Hopwood *et al.* (1985). *S. avermitilis* protoplast formation, transformation, and regeneration were performed as described previously (MacNeil and Klapko, 1987). PCR amplification and DNA ligation were carried out according to the manufacturer's recommendations. DNA sequencing was accomplished by TaKaRa Bio-technology Co. (Dalian). The procedure of Southern blotting was described by Hopwood *et al.* (1985). DNA probe was labeled with digoxigenin-11-dUTP according to the protocols of the manufacturer.

2.5 Fermentation of *S. avermitilis*

Fermentation of *S. avermitilis* CZ8-73 and the mutants were done as previously described (Song *et al.*, 2000).

2.6 HPLC analyses of avermectins and oligomycin

For HPLC analysis, 1.0 ml fermentation broth was extracted with 4.0 ml of methanol for 30 min and centrifuged at 4,000 r/min for 10 min; then the supernatant were directly applied to HPLC. The column packed with C18 (10 μm; 4.6 mm×250 mm) was developed with acetonitrile-methanol-water (62：18：20), and the flow rate was 1.0 ml/min. Avermectins and oligomycin were detected by UV absorption at 224 nm. Authentic samples of avermectins and oligomycin were used as internal standards (Song *et al.*, 2000).

3. Results

3.1 Construction of recombinant plasmid for *olmA* gene cluster deletion

To delete the entire oligomycin PKS genes (*olmA*), the following plasmids were constructed. The 622 bp internal fragment of *olmA1* was amplified with oligonucleotides primer 1 (5′-CGTCAACACGGCACTCAC-3′) and primer 2 (5′-GAACTCGGTACGGTCCAGG-3′) using total DNA from *S. avermitilis* CZ8-73 as template. The PCR product was cloned into the multiple-cloning site of pMD18-T to produce pXL01. The plasmid pXL02 containing the 634 bp internal fragment of *olmA4* was similarly constructed using oligonucleotides primer 3 (5′-GCG*AGATCT*CCACGAAGGTG-3′) and primer 4 (5′-ATAGCGATCGTCG GGATGG-3′). The italicized residues indicated the *Bgl* II site introduced for cloning.

After being validated by sequencing analysis, pXL01 and pXL02 were used to construct *olmA* genes deletion vector pXL05. The process of construction was showed in Fig. 3.

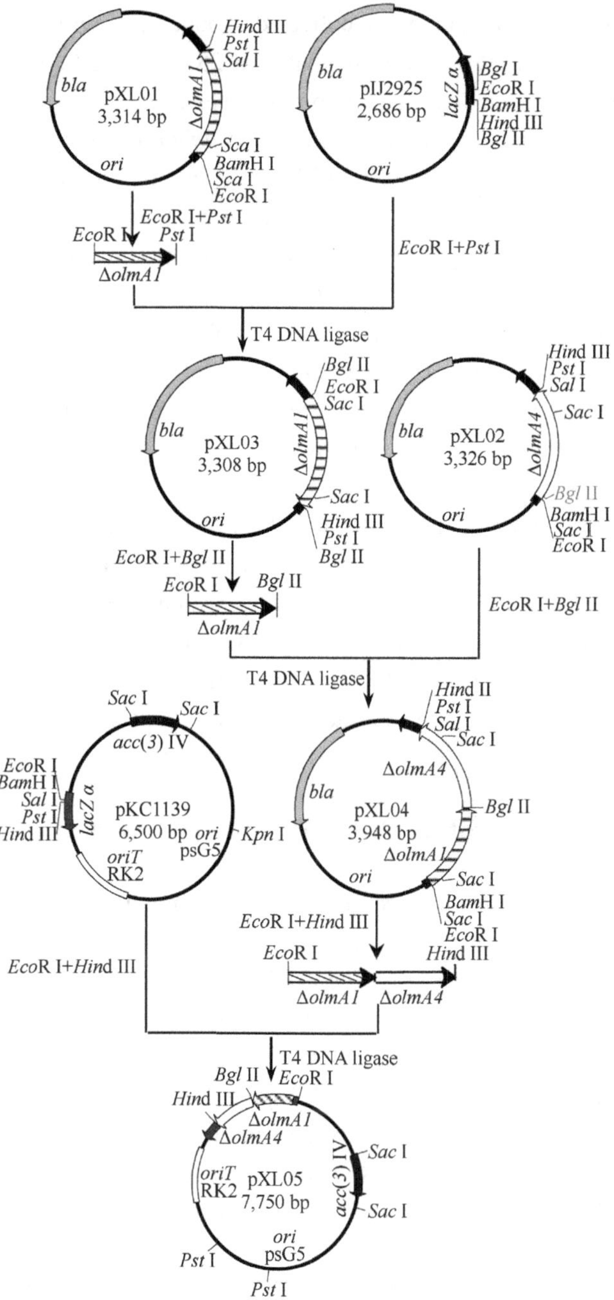

Fig. 3 Construction of recombinant plasmid pXL05 for *olmA* genes deletion

3.2 The deletion of *olmA* gene cluster

The recombinant plasmid pXL05 was used to transform the protoplasts of *S. avermitilis* CZ8-73. The transformants were regenerated on RM14 medium containing apramycin for 10 d, and only *S. avermitilis* bearing pXL05 could grow on this medium. About 56 transformants were obtained. As *S. avermitilis* could not generate spores on RM14 medium, the transformants were first inoculated on YMS medium containing apramycin to form spores, and then 8 of them were selected randomly and further confirmed by plasmid isolation and restriction analysis.

The spores of the correct transformants were collected. About 100 spores were spread on YMS agar plate containing apramycin. The plates were initially incubated at 28℃ for 72 h, and then placed at 39℃ for 7 d more to eliminate autonomously replicating plasmid pXL05. The *E. coli-Streptomyces* shuttle vector pKC1139 has a temperature-sensitive replicon and can not replicate itself when the temperature in *Streptomyces* is higher than 34℃. Only the recombinant strains in which pXL05, carrying the internal fragment of *olmA1* and *olmA4*, integrated into the chromosome of *S. avermitili* CZ8-73 by homologous recombination could grow on YMS containing apramycin. Mutants in which pXL05 inserted into the chromosome of CZ8-73 by a single crossover were apramycin-resistant. Insertion mutants were inoculated on YMS plates under nonselection condition for four rounds of sporulation, and double crossover took place only in those colonies sensitive to apramycin. 200 Apr^s colonies were obtained. Five of them, named Olm73-5, 73-12, 73-25, 73-31, 73-51 respectively, were selected randomly and inoculated into YEME liquid medium and shaken at 28℃ for 48 h. No plasmid was isolated from the mycelia of five disruptants. This result showed that the recombinant plasmid pXL05 had been eliminated.

In order to make deletion mutants available in industrial production, we did not insert any antibiotic resistance gene into the target region in the chromosome of the mutants. The Apr^s colonies were selected by growing non-selectively the single crossover products in which the deletion vector integrated into the chromosome for one or more generations. These colonies were either wild-type (if the vector integrated and excised through the same interval) or carried the gene deletion (if the vector integrated through one interval and excised through the other). Wild-type and mutant colonies could easily be distinguished using Southern blotting or PCR.

3.3 Southern hybridization of total DNA from the deletion mutants

The chromosomal DNA of five double crossover recombinants and *S. avermitilis* CZ8-73 were isolated and digested with *Bam*H I. Then Southern blotting were performed by using the digoxigenin-labeled 1.25 kb *Eco*R I-*Hin*d III fragment of pXL05 (Δ*olmA1*+Δ*olmA4*) as a probe. The 90 kb internal fragment of *olmA* gene cluster was deleted by double crossover between 1.25 kb Δ*olmA1* and Δ*olmA4* fragment on the plasmid pXL05 and the allele located in the chromosome. As there were many *Bam*H I sites within the 90 kb fragment whereas no *Bam*H I site within 1.25 kb Δ*olmA1* and Δ*olmA4* fragment, a hybridizing signal would be present in the deletion mutants but two hybridizing bands would be present in the wild-type. The results of Southern blotting verified that the DNA fragments from CZ8-73 displayed two positive signals, and the DNA from four mutants, Olm73-5, 73-12, 73-31 and 73-51, displayed only the predicted one signal (Fig. 4), indicating that the *olmA* gene cluster located in the chromosome was correctly deleted by double crossover. But the signals of DNA fragments from Olm73-25 were the same as those from CZ8-73, indicating that *olmA* gene cluster of this strain was not yet inactivated.

3.4 Fermentation and HPLC analyses of *olmA* deletion mutants

S. avermitilis CZ8-73 and four of *olmA* deletion mutants verified by Southern blotting were examined by fermentation experiments and HPLC analyses for production of avermectins and oligomycin. The results showed that all of the deletion mutants no longer produced oligomycin and only made four components of avermectins B (Fig. 5b) which were avermectin B_{1a}, B_{1b}, B_{2a}, B_{2b}, while the parental strain CZ8-73 produced not only avermectins B but also oligomycin A (Fig. 5a). The strain CZ8-73 produced 1,572 μg/ml of avermectins B, 754 μg/ml of avermectin B_1 and 35 μg/ml of oligomycin. The four mutants, Olm73-5, 73-12,

73-31 and 73-51, made 1,489 μg/ml, 1,642 μg/ml, 1,593 μg/ml and 1,607 μg/ml of avermectins B respectively, and 697 μg/ml, 819 μg/ml, 785 μg/ml and 795 μg/ml of avermectin B_1 respectively, which were at the same level as the parental strain CZ8-73. This revealed that the deletion of oligomycin PKS gene cluster (*olmA*) did not affect the biosynthesis of avermectins.

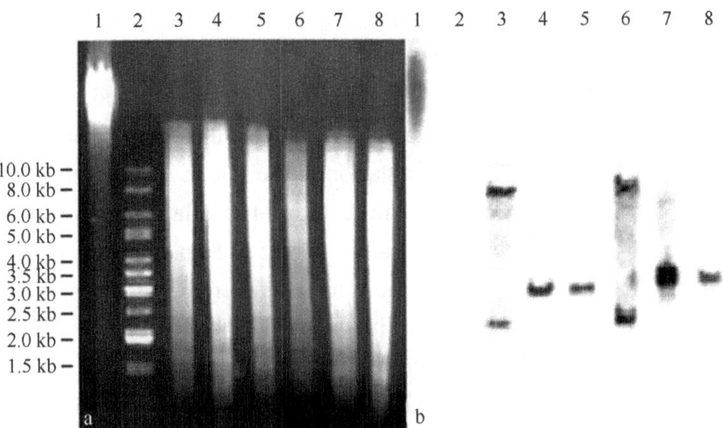

Fig. 4　Agarose gel electrophoresis (a) and Southern blotting hybridization (b) of total DNA digested with *Bam*H I
1. Total DNA from *S. avermitilis* CZ8-73; 2. 1 kb ladder; 3. Total DNA from *S. avermitilis* CZ8-73/*Bam*H I; 4~8, Total DNA from Apr[s] mutants (Olm73-5, 73-12, 73-25, 73-31, 73-51)/*Bam*H I

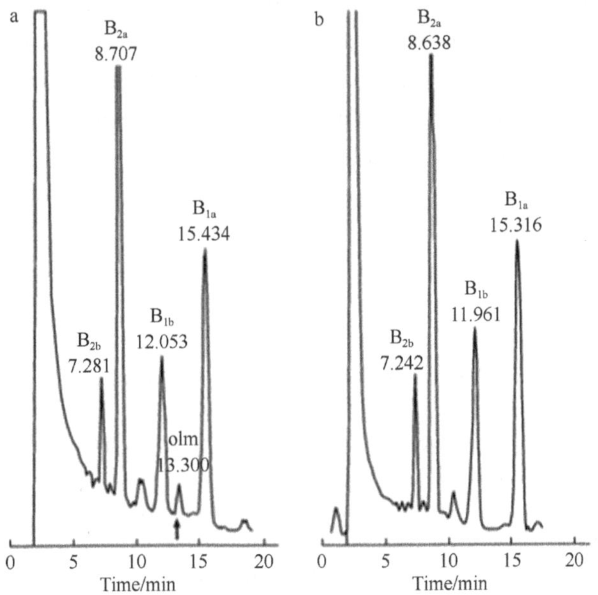

Fig. 5　HPLC chromatograms of the mycelial extracts from *S. avermitilis* CZ8-73 (a) and *olmA* deletion mutant Olm73-12 (b)
B_{1a}, B_{1b}, B_{2a} and B_{2b} are components of avermectins. → solid array and olm represent oligomycin A

3.5　The stability assay of the deletion mutants

After being inoculated on YMS plates for five rounds of sporulation, four mutants of *olmA* deletion still generated abundant spores, and their morphological and culture characteristics were unchanged. Shaking flask experiments and HPLC analyses showed that the deletion mutants produced only avermectins B but no oligomycin, and the yields of avermectins were the same as the original. These results confirmed that the four mutants were genetically stable.

4. Discussion

The wild-type strain of *S. avermitilis* produces not only avermectins but also toxic oligomycin. The industrial strains are generally derived from the wild-type strain by mutagenesis, and still produce oligomycin. Ikeda *et al.* (1993) used Tn*4560* in the wild-type strain to obtain two oligomycin-nonproducing mutants containing Tn*4560* insertions in the gene cluster for oligomycin biosynthesis. Chromosomal DNA fragments containing Tn*4560* insertions in oligomycin biosynthetic genes were subcloned into the temperature-sensitive plasmid pKU110 by selection of viomycin-resistance marked on the transposon Tn*4560*. The recombinant plasmid constructed was used to carry transposon mutation to the selective producers of specific component (s) of avermectins using homologous recombination. The resulting transplacement strains produced the expected avermectin components but no oligomycin (Ikeda *et al.*, 1995). Transposon can transpose randomly from plasmid to chromosomal DNA, and *vice versa*, so the mutants generated by transposon insertion might revert to wild-type, and therefore have the potential unstability.

We deleted the entire oligomycin PKS genes (*olmA*) spanning a distance of about 90 kb in *S. avermitilis* CZ8-73, and consequently the synthesis of polyketide backbone of oligomycin was blocked. The resulting mutants failed to produce oligomycin. The *olmA* deletion mutants generated by double crossover are genetically stable. Furthermore, none of antibiotic resistance gene was inserted into the target region in the chromosome of deletion mutants. Although this brought about some trouble for screening of the mutants, it made the recombinant strains available in industrial production.

The recombinant strains constructed in this study produce only avermectins B components, which have more effective antiparasitic activity than avermectins A, but no oligomycin. On one hand, this obviates the need for separation of avermectins and oligomycin, and components B and A of avermectins. As a result, the extraction process will be simplified and the quality of products will be improved; On the other hand, this also safeguards the health of production workers, and at the same time reduces the costs of production. Therefore, the *olmA* deletion mutants may be viable commercially.

References

Bierman M, Logan R, O'Brien K, *et al.* 1992. Plasmid cloning vectors for the conjugal transfer of DNA from *Escherichia coli* to *Streptomyces* spp. Gene, 116: 43-49.

Burg R W, Miller B M, Baker E E, *et al.* 1979. Avermectins, new family of potent anthelmintic agents: producing organisms and fermentation. Antimicrob Agents Chemother, 15: 361-367.

Chen Z, Wen Y, Song Y, *et al.* 2002. Effect of gene deletion of *aveD* on avermectins production in *Streptomyces avermitilis*. Acta Microbiologica Sinica, 42(5): 534-538.

Egerton J R, Ostlind D A, Blair L S, *et al.* 1979. Avermectins, new family of potent anthelmintic agents: efficacy of the B_{1a} component. Antimicrob Agents Chemother, 15(3): 372-378.

Hanahan D. 1983. Studies on transformation of *Escherichia coli* with plasmids. J Mol Biol, 166: 557.

Hopwood D A, Bibb M J, Chater K F, *et al.* 1985. Genetic Manipulation of *Streptomyces*: A Laboratory Manual. Norwich: The John Innes Foundation.

Ikeda H, Ishikaw J, Hanamoto A, *et al.* 2003. Complete genome sequence and comparative analysis of the industrial microorganism *Streptomyces avermitilis*. Nature Biotechnol, 21: 526-531.

Ikeda H, Kotaki H, Tanaka H, *et al.* 1988. Involvement of glucose catabolism in avermectin production by *Streptomyces avermitilis*. Antimicrob Agents Chemother, 32(2): 282-284.

Ikeda H, Nonomiya T, Usami M, *et al.* 1999. Organization of the biosynthetic gene cluster for the polyketide anthelmintic macrolide avermectin in *Streptomyces avermitilis*. Proc Natl Acad Sci USA, 96: 9509-9514.

Ikeda H, Ōmura S. 1993. Genetic aspects of the selective production of useful components in the avermectin producer

Streptomyces avermitilis. Actinomycetologica, 7(2): 133-144.

Ikeda H, Ōmura S. 1997. Avermectin biosynthesis. Chem Rev, 97: 2591-2609.

Ikeda H, Pang C H, Endo H, *et al.* 1995. Construction of a single component producer from the wild type avermectin producer *Streptomyces avermitilis*. J Antibiot, 48(6): 532-534.

Ikeda H, Takada Y, Pang C H, *et al.* 1993. Transposon mutagenesis by Tn*4560* and applications with avermectin-producing *Streptomyces avermitilis*. J Bacteriol, 175(7): 2077-2082.

Janssen G R, Bibb M J. 1993. Derivatives of pUC18 that have *Bgl* II sites flanking a modified multiple cloning site and that retain the ability to identify recombinant clones by visual screening of *Escherichia coli* colonies. Gene, 124: 133.

Kieser T. 1984. Factors affecting the isolation of CCC DNA from *Streptomyces lividans* and *Escherichia coli*. Plasmid, 12(1): 19-36.

MacNeil D J, Klapko L M. 1987. Transformation of *Streptomyces avermitilis* by plasmid DNA. J Ind Microbiol, 2: 209-218.

MacNeil T, Gewain K M, MacNeil D J. 1993. Deletion analysis of the avermectin biosynthetic genes of *Streptomyces avermitilis* by gene cluster displacement. J Bacteriol, 175(9): 2552-2563.

Ōmura S, Ikeda H, Ishikawa J. 2001. Genome sequence of an industrial microorganism *Streptomyces avermitilis*: deducing the ability of producing secondary metabolites. Proc Natl Acad Sci USA, 98(21): 12215-12220.

Pinna L A, Lorini M, Moret V, *et al.* 1967. Effect of oligomycin and succinate on mitochondrial metabolism of adenine nucleotides. Biochim Biophys Acta, 143(1): 18-25.

Sambrook J, Fritsch E F, Maniatis T. 1989. Molecular Cloning: A Laboratory Manual. 2nd ed. New York: Cold Spring Harbor Laboratory.

Song Y, Cao G M, Chen Z, *et al.* 2000. Selection of high avermectins producing strain and identification of avermectin B_1. Chin J Biotechnol, 16(1): 31-35.

本文原载: Chin Sci Bull, 2004, 49(1): 1-5.

Construction of Ivermectin Producer by Domain Swaps of Avermectin Polyketide Synthase in *Streptomyces avermitilis*[*]

Xiaolin Zhang[3], Zhi Chen[1, 2], Meng Li[1, 2], Ying Wen[1, 2], Yuan Song[1, 2], Jilun Li[1, 2]

(1. State Key Laboratory for Agrobiotechnology, China Agricultural University, No. 2 Yuanmingyuan Xilu, Haidian, Beijing, 100094, China; 2. Department of Microbiology, China Agricultural University, No. 2 Yuanmingyuan Xilu, Haidian, Beijing, 100094, China; 3. Academy of State Administration of Grain, No. 11 Baiwanzhuang Avenue, Beijing, 100037, China)

Abstract

Ivermectin, 22, 23-dihydroavermectin B_1, is commercially important in human, veterinary medicine, and pesticides. It is currently synthesized by chemical reduction of the double bond between C22 and C23 of avermectins B_1, which are a mixture of B_{1a} (>80%) and B_{1b} (<20%) produced by fermentation of *Streptomyces avermitilis*. The cost of ivermectin is much higher than that of avermectins B_1 owing to the necessity of region-specific hydrogenation at C22-C23 of avermectins B_1 with rhodium chloride as the catalyst for producing ivermectin. Here we report that ivermectin can be produced directly by fermentation of recombinant strains constructed through targeted genetic engineering of the avermectin polyketide synthase (PKS) in *S. avermitilis* Olm73-12, which produces only avermectins B and not avermectins A and oligomycin. The DNA region encoding the dehydratase (DH) and ketoreductase (KR) domains of module 2 from the avermectin PKS in *S. avermitilis* Olm73-12 was replaced by the DNA fragment encoding the DH, enoylreductase, and KR domains from module 4 of the pikromycin PKS of *Streptomyces venezuelae* ATCC 15439 using a gene replacement vector pXL211. Twenty-seven of mutants were found to produce a small amount of 22, 23-dihydroavermectin B_{1a} and avermectin B_{1a} and B_{2a} by high performance liquid chromatography and liquid chromatography mass spectrometry analysis. This study might provide a route to the low-cost production of ivermectin by fermentation.

Keywords

Ivermectin, *Streptomyces avermitilis*, polyketide synthase, gene replacement.

1. Introduction

Avermectins and their derivatives are the most effective agricultural pesticides and antiparasitic agents and are used widely in medical, veterinary, and agricultural fields. Avermectins, a series of 16-membered macrocyclic lactones produced by *Streptomyces avermitilis*, are composed of eight structurally related

*This work was supported by grants from National Basic Research Project (Grant No. 2003CH114205) and National High Technology Research and Development Program (Grant No. 2001AA214071). We thank Dr. Huarong Tan (Institute of Microbiology, Chinese Academy of Sciences) for giving us the plasmid pKC1139 and for valuable comments on the manuscript.

polyketide compounds, which are A_{1a}, A_{1b}, A_{2a}, A_{2b}, B_{1a}, B_{1b}, B_{2a}, and B_{2b} (Burg *et al.*, 1979) (Fig. 1). Among these components, the B_1 fractions (a mixture containing more than 80% of B_{1a} and less than 20% of B_{1b}) display the most effective antiparasitic activities (Egerton *et al.*, 1979) and thus are the most commercially desirable form. Ivermectins 22, 23-dihydroavermectins B_1 (Fig. 1) are semisynthetic derivatives of avermectins B_1 with the same effective antiparasitic activity and lower level of toxic side effect than avermectins B_1. The worldwide acceptance of ivermectin in livestock production and in the health care of companion animals made it a major commercial success. Its efficacy in human onchocerciasis (Aziz *et al.*, 1982) and human strongyloidiasis (Shikiya *et al.*, 1992) also expanded the interest in its use in human medicine.

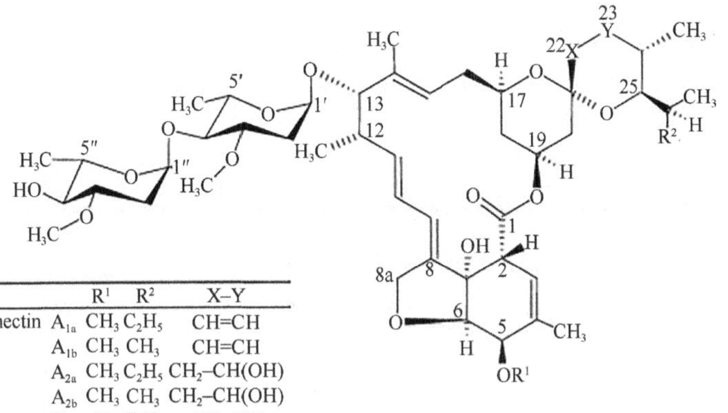

		R^1	R^2	X–Y
avermectin	A_{1a}	CH_3	C_2H_5	CH=CH
	A_{1b}	CH_3	CH_3	CH=CH
	A_{2a}	CH_3	C_2H_5	CH_2–CH(OH)
	A_{2b}	CH_3	CH_3	CH_2–CH(OH)
	B_{1a}	H	C_2H_5	CH=CH
	B_{1b}	H	CH_3	CH=CH
	B_{2a}	H	C_2H_5	CH_2–CH(OH)
	B_{2b}	H	CH_3	CH_2–CH(OH)
ivermectin	B_{1a}	H	C_2H_5	CH_2–CH_2
	B_{1b}	H	CH_3	CH_2–CH_2

Fig. 1 Structures of avermectins and ivermectins

The biosynthetic pathway of avermectins was understood almost completely (Ikeda *et al.*, 1993, 1995; Ikeda and Ōmura, 1997) and the gene cluster for avermectin biosynthesis was cloned and characterized (Ikeda *et al.*, 1993, 1999; MacNeil *et al.*, 1993). Ikeda *et al.* (2003) published the complete nucleotide sequence of the linear chromosome of *S. avermitilis*. Avermectin biosynthesis consists of: (i) condensation of short-chain fatty acids to form the polyketide-derived initial aglycons (6, 8a-seco-6, 8a-deoxy-5-oxo-avermectin aglycons); (ii) modifications of the initial aglycons including oxidative cyclization, keto reduction, and/or methylation at C5 to generate avermectin aglycons; and (iii) *O*-glycosylation of avermectin aglycons at C13 and C4′ using deoxythymidine diphosphate-L-oleandrose to form avermectins (Chen *et al.*, 1989; Ikeda *et al.*, 1987, 1995, 2003; Ikeda and Ōmura, 1993). Labeling studies showed that avermectin initial aglycons are produced through the addition of seven acetate and five propionate extender units to a starter unit, which is either 2-methylbutyrate ("a" components) or isobutyrate ("b" components) (Cane *et al.*, 1983; Ikeda and Ōmura, 1997). The synthesis of initial aglycons requires four large open reading frames (*aveA1-aveA2* and *aveA3-aveA4*) encoding four giant multifunctional polypeptides (AVES1, AVES2, AVES3, and AVES4) of the modular polyketide synthase (PKS) (Ikeda *et al.*, 1999). The avermectin PKS consists of 12 modules, each of which contains distinctive active site domains needed for one cycle of polyketide chain elongation (Fig. 2). Active sites required for condensation include an acyltransferase (AT), an acyl carrier protein (ACP), and a β-ketoacyl synthase (KS). Each condensation cycle results in a β-keto group. After each condensation, the oxidation state of the β-carbon is either retained as ketone or reduced to hydroxy, methenyl, or methylene group in the presence of ketoreductase (KR), KR plus dehydratase (DH), KR plus DH plus enoylreductase (ER), respectively (MacNeil *et al.*, 1992; Ikeda and Ōmura, 1997). ER, which converts the double bond to a single bond, is not required for the avermectin biosynthesis because no fully saturated β-carbon is found in the avermectin aglycons. When comparing the domains identified in the avermectin PKS with the PKS functions predicted to be required to synthesize avermectin aglycons, the KR domain in module 10 and the DH domain in module 7 were presumed nonfunctional. The DH domain in module 2 seems to have partial dehydratase activity and this results in a mixture containing both C22-C23 double bonds ("1" components) and C23 hydroxy compounds ("2" components) (Ikeda *et al.*, 1999). The mutation of *aveC* gene led to the production of only "2" components of avermectins (Ikeda *et al.*, 1995). Thus, AveC may have a vital role in avermectin B_1 biosynthesis (Ikeda *et al.*, 1995; Stutzman-Engwall *et al.*, 2003). However, the mechanism for determining the ratio of "1" to "2"components remains unclear. Approximately 50% of avermectins have a hydroxy group at C5 ("B" components), whereas the remainders have a methoxy group at C5 ("A" components). Conversion of "B" components to "A" components is catalyzed by avermectin B 5-*O*-methyltransferase (AveD) (Ikeda *et al.*, 1998).

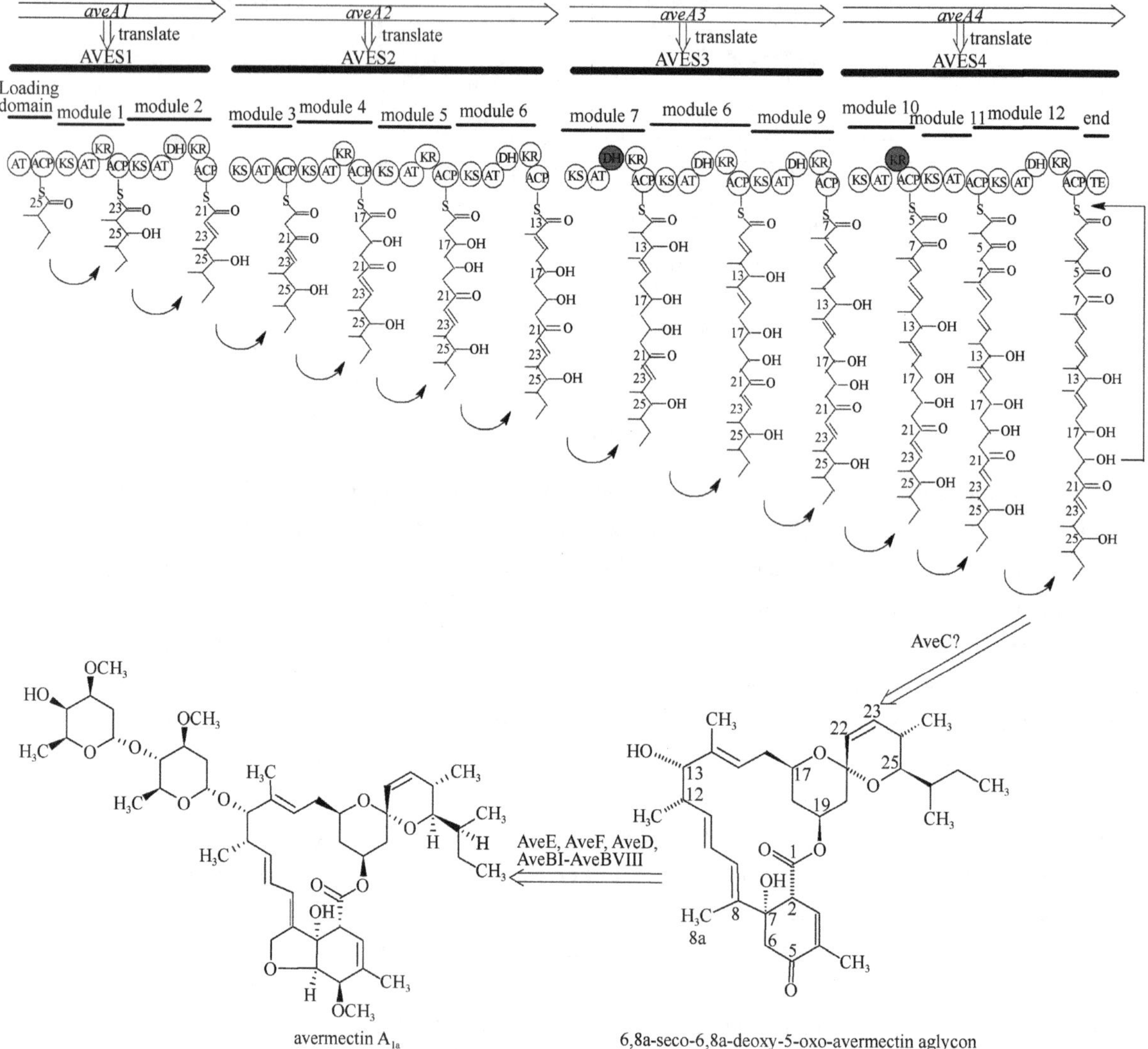

Fig. 2 Predicted modular organization of the avermectin polyketide synthases and deduced biosynthetic pathways for 6, 8a-seco-6, 8a-deoxy-5-oxo-avermectin aglycon, and avermectin A_{1a} (Ikeda *et al.*, 1999)

Each circle represents an enzymatic domain in the PKS multifunctional protein. AT. acyltransferase, DH. dehydratase, KR. ketoreductase, KS. β-ketoacyl synthase, ACP. acyl carrier protein, and TE. thioesterase. The four genes *aveA1*, *aveA2*, *aveA3*, and *aveA4* encode multifunctional PKS, AVES1, AVES2, AVES3, and AVES4. Each module catalyzes one cycle of chain elongation and the associated β-keto processing for the biosynthesis of macrolactones. The shaded DH domain in module 7 and KR domain in module 10 do not function in polyketide biosynthesis

The industrial process for producing ivermectin involves extracting the avermectin mixture from fermentation broth of *S. avermitilis*, isolating avermectins B_1 from the extract and chemically reducing the double bond between C22 and C23 of avermectins B_1 with rhodium chloride as a special catalyst for region-specific hydrogenation (Chabala *et al.*, 1980). Thus, the cost of ivermectin is increased. The linearity between the catalytic domains present and the structure of its polyketide products makes it feasible to contemplate alteration of polyketide structure by modifying the domains of the modular PKS (Khosla, 1997; Hutchinson, 1998). Therefore, we anticipated that by replacing partially active DH2 domain of AVES1 with completely active DH and introducing active ER from other modular PKSs in *S. avermitilis*, the C23 hydroxyl group would be completely dehydrated to generate a double bond by DH and then the double bond would be reduced to fully saturated β-carbon chain by ER during polyketide chain elongation to form the avermectin aglycons. The manipulation might result in the formation of functional hybrid PKS, producing avermectin derivative 22, 23-dihydroavermectin B_1 (ivermectin). Thus, the troublesome and difficult industrial steps of purifying and chemically reducing avermectins B_1 would be omitted. As a result, the cost and time would be greatly saved. In this paper, we attempted to construct an ivermectin-producing engineering strain through the replacement of the DH2-KR2 domains of AVES1 (AveDH2-KR2) with the DH4-ER4-KR4 domains of the pikromycin PKS (PikDH4-ER4-KR4) in *S. avermitilis* Olm73-12, which produced only more effective components, avermectins B, but no avermectins A, and the unwanted toxic compound, oligomycin (Chen *et al.*, 2002; Zhang *et al.*, 2004). The resulting recombinant strain produced a small amount of 22, 23-dihydroavermectin B_{1a} and avermectin B_{1a} and B_{2a}.

2. Materials and Methods

2.1 Strains, plasmids, and culture conditions

Escherichia coli DH5α was used throughout this study as a cloning host. *S. avermitilis* Olm73-12, which produced only avermectins B and no oligomycin, was previously constructed in our laboratory by deletion of *aveD* gene and *olmA* gene cluster (Chen *et al.*, 2002; Zhang *et al.*, 2004). Solid YMS medium (Ikeda *et al.*, 1988) and modified liquid YEME medium (MacNeil and Klapko, 1987) with 25% sucrose were used for sporulation and growth of *S. avermitilis* RM14.

medium (MacNeil and Klapko, 1987) was used for regeneration of protoplasts. If necessary, apramycin was added with a concentration of 10 μg/ml for YMS, 5 μg/ml for YEME, and 20 μg/ml for RM14. The seed medium for avermectin fermentation was composed of 30 g of soluble starch, 4 g of yeast extract, 2 g of soya peptone, and 10 mg of $CoCl_2 \cdot 6H_2O$ per liter of H_2O; the fermentation medium was composed of 70 g of soluble starch, 16 g of yeast extract, 0.5 g of $K_2HPO_4 \cdot 3H_2O$, 0.5 g of $MgSO_4 \cdot 7H_2O$, 4 g of KCl, 10 mg of $CoCl_2 \cdot 6H_2O$, and 2 g of $CaCO_3$ per liter of H_2O.

Streptomyces venezuelae ATCC 15439 was obtained as a freeze-dried pellet from the American Type Culture Collection (ATCC). SGGP liquid medium (Lambalot and Cane, 1992) was used for propagation of *S. venezuelae* mycelia and production of antibiotic. *E. coli* strains were grown on plates of Luria-Bertani medium (Sambrook *et al.*, 1989) at 37℃, supplemented with 100 μg/ml of ampicillin or 100 μg/ml of apramycin when necessary. Plasmids used and constructed in this work are described in Table 1.

Table 1 Plasmids used and constructed in this study

Plasmid	Characteristics	Source or reference
pMD18-T	2.69 kb; T-Vector; *bla lacZα*[a]	TaKaRa
pKC1139	6.50 kb; *E. coli-Streptomyces* shuttle vector; *aac(3)IV lacZα* $oriT_{RK2}$[b]	Bierman *et al.*, 1992
pXL11	3.91 kb; pMD18-T derivative with the 1.22 kb 5′-flanking DNA insert containing the internal fragment of *aveA1*	this work
pXL12	4.05 kb; pMD18-T derivative with the 1.36 kb 3′-flanking DNA insert containing the 0.71 kb 3′-region of *aveA1* and the 0.65 kb 5′-region of *aveA2*	this work
pXL14	5.96 kb; pMD18-T derivative with the 3.27 kb *pik*DH4-ER4-KR4 insert	this work
pXL16	7.32 kb; pXL14 derivative containing the 1.36 kb 3′-flanking DNA insert from pXL12	this work
pXL18	8.54 kb; pXL16 derivative containing the 1.22 kb 5′-flanking DNA insert from pXL11	this work
pXL211	12.35 kb; pKC1139 derivative containing a 5.85 kb *Eco*R I-*Hin*d III insert from pXL18	this work

a. *bla*, β-lactamase resistance gene, *lacZ*, β-galactosidase gene of *E. coli*. b. *aac(3)IV*, apramycin acetyltransferase gene

2.2 Construction of recombinant plasmid for *ave*DH2-KR2 replacement

Recombinant plasmid pXL211 (Fig. 3a) was constructed to replace the DNA region encoding AveDH2-KR2 (*ave*DH2-KR2) with the DNA fragment encoding PikDH4-ER4-KR4 (*pik*DH4-ER4-KR4). The DNA region flanking *ave*DH2-KR2 was polymerase chain reaction (PCR)-amplified using total DNA from *S. avermitilis* Olm73-12 as template. The 5′-flanking region containing the 1.22 kb internal fragment of *aveA1* was amplified with oligonucleotides primer 1 (forward 5′-ATA*AGATCT*GACCTCGCGGATGTCGGATAC-3′) and primer 2 (reverse 5′-ATA*ACGCGT*AGGTGGGGAGGTCGAGGTG-3′) carrying engineered *Bgl* II and *Mlu* I site (in italics) used for ligation, respectively. The 3′-flanking DNA containing the 0.71 kb 3′-region of *aveA1* and the 0.65 kb 5′-region of *aveA2* was obtained by using primer 3 (forward 5′-ATA*ATGCAT*TGGCCCTCTTCGATGCGG-3′) and primer 4 (reverse 5′-TAT*AAGCTT*GATAGTGATCGCAGGGCCTTCG-3′) carrying engineered *Nsi* I and *Hin*d III site (in italics), respectively. The introduction of *Nsi* I site did not change the Asp-Ala-Leu residues encoded by this region (Fig. 3b). The above PCR products were respectively inserted into the corresponding sites of pMD18-T to generate pXL11 and pXL12. Plasmid pXL14 was similarly constructed by insertion of a 3.27 kb *Mlu* I-*Nsi* I fragment encoding PikDH4-ER4-KR4, which was amplified with primer 5 (forward 5′-ATA*ACGCGT*TCCAGACCGAGCGCTACTGG-3′) and primer 6 (reverse 5′-ATA*ATGCAT*CCTCGCTGTCCATGGGCGTC-3′) from genomic DNA of *S. venezuelae* ATCC 15439 into the vector pMD18-T. The introduction of *Mlu* I site did not change the Tyr-Ala-Phe residues encoded by this region (Fig. 3b). After being validated by sequencing analysis, pXL11, pXL12, and pXL14 were used to construct *ave*DH2-KR2 replacement vector pXL211 *via* a three-step procedure.

Firstly, plasmid pXL12 was digested with *Nsi* I and *Hin*d III and then a 1.36 kb 3′-flanking DNA fragment was cloned into the corresponding sites of pXL14 to give plasmid pXL16.

Secondly, pXL11 was digested with *Bgl* II and *Mlu* I and a 1.22 kb 5′-flanking region was subcloned into the *Bam*H I-*Mlu* I sites of pXL16 to generate pXL18. Finally, a 5.85 kb *Eco*R I-*Hin*d III fragment excised from pXL18 was inserted into pKC1139 to produce the final replacement plasmid pXL211 (Fig. 3a).

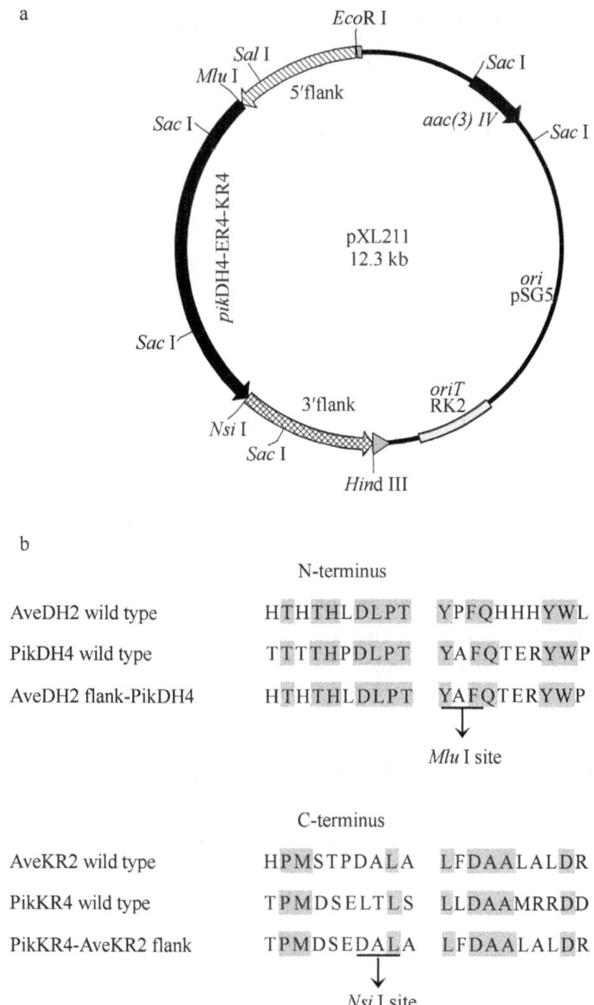

Fig. 3 a. Plasmid pXL211 for gene replacement. The DNA fragment encoding the DH-ER-KR from module 4 of the PikPKS (*pik*DH4-ER4-KR4) was cloned between the DNA regions flanking 5′ and 3′ boundaries (5′ flank and 3′ flank) of the DH-KR encoding region in module 2 of the AVES1. *aac(3)IV* represents the apramycin resistance. b. Amino acid comparisons around fusion sites in hybrid PKS based on AVES1 module 2 and PikPKS module 4. Identical amino acids are *shaded in gray*. The *Mlu* I and *Nsi* I sites were introduced into the DNA regions encoding amino acid residues at the positions shown

2.3 Genetic manipulations

Conventional DNA manipulation and transformation of *E. coli* were performed according to standard protocols (Sambrook *et al.*, 1989). PCRs were carried out by using *PfuUltra* polymerase (Stratagene) as recommended by the manufacturer. *Streptomyces* plasmids and chromosomal DNA were isolated by using the methods of Kieser (1984) and Hopwood *et al.* (1985). *S. avermitilis* protoplasts formation, transformation, and regeneration were performed as described previously by MacNeil and Klapko (1987). Putative transformants were regenerated on RM14 medium containing 20 μg/ml apramycin for 10 days to confirm resistance. To eliminate autonomously replicating plasmid pXL211, the spores of the transformants were respectively collected and spread on YMS agar plates containing apramycin. The plates were initially incubated at 28℃ for 72 h and then placed at 39℃ for 7 days. *E. coli-Streptomyces* shuttle plasmid pKC1139 (Bierman *et al.*, 1992) has a temperature-sensitive replicon from *Streptomyces ghanaensis* and cannot replicate in *Streptomyces* when the temperature is higher than 34℃. Therefore, only the insertion mutant in which pXL211 was integrated into the chromosome of *S. avermitilis* by homologous recombination could grow on YMS containing apramycin. For chromosomal eviction of pXL211, the insertion mutants were inoculated on YMS plates under non-selection condition for four rounds of sporulation and double crossover took place only in those colonies sensitive to apramycin (Apr^s) (Fig. 4).

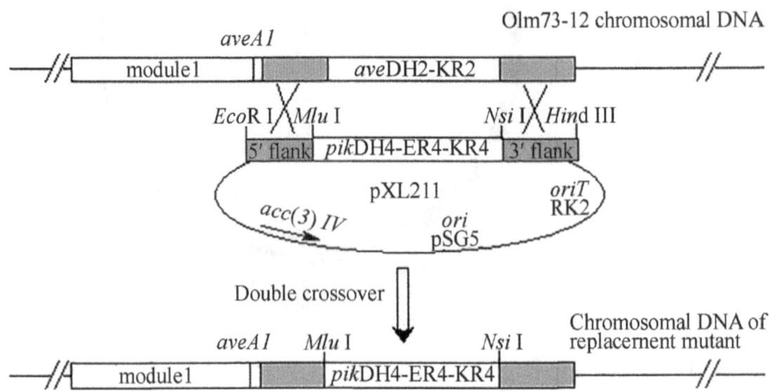

Fig. 4 Schematic representation of the replacement of the DNA region encoding AveDH2-KR2 (*ave*DH2-KR2) in strain Olm73-12 chromosome with the DNA fragment encoding PikDH4-ER4-KR4 (*pik*DH4-ER4-KR4) in plasmid pXL211, pKC1139 derivative containing a 5.85 kb *Eco*R I-*Hin*d III fragment with the *pik*DH4-ER4-KR4 DNA region and the DNA regions flanking *ave*DH2-KR2 (5′ flank and 3′ flank)

2.4 Production and analysis of avermectin and its derivatives

For the production of avermectin and its derivatives, *S. avermitilis* Olm73-12 and mutant strains were precultured in 500 ml baffled flasks containing 100 ml seed medium. After growth for 24 h at 28℃ on a rotary shaker with 180 r/min, 5 ml of the preculture was inoculated into 500 ml baffled flasks containing 100 ml fermentation medium. In this medium, cells were cultured at 28℃ on a rotary shaker for 10 days. Then, 1.0 ml fermentation broth was extracted with 4.0 ml methanol for 30 min and centrifuged at 4,000×*g* for 10 min. The supernatant was directly applied to high performance liquid chromatography (HPLC) and liquid chromatography mass spectrometry (LC/MS) analysis (Song *et al.*, 2000). For HPLC analysis, the column packed with C18 (10 μm; 4.6 mm×150 mm) was developed with methanol/water (85∶15) and the flow rate was 1.0 ml/min; detection by UV absorption was at 246 nm; authentic samples of avermectins B_1 and 22, 23-dihydroavermectin B_{1a} were used as internal standards. For LC/MS analysis, the positive electrospray ionization mass spectra were obtained from a Waters Micromass ZQ 2000 instrument (electrospray voltage, 3.0 kV; heated capillary temperature, 220℃) coupled with a Waters 2690 LC system equipped with a C18 column (3.5 μm; 2.1 mm×150 mm) and the flow rate was 0.2 ml/min for all samples.

3. Results

In previous work, we made an attempt to replace the DNA region encoding DH2 of AVES1 (AveDH2) in the chromosome of *S. avermitilis* with the DNA fragment encoding DH4-ER4 from the erythromycin PKS of *Saccharopolyspora erythraea* (EryDH4-ER4). However, neither ivermectin nor avermectin was detected from the resulting mutants, suggesting that the hybrid PKS bearing EryDH4-ER4-AveKR2 domains was inactive (data not shown). Homologous comparisons were made between AVES1 module 2 and modules from other modular PKSs containing DH-ER-KR domains (module 4 of erythromycin PKS; module 4 of pikromycin PKS;

module 1, 7, and 13 of rapamycin PKS; module 5 of niddamycin PKS; module 4 of oleandomycin PKS; and module 5 of tylosin PKS), and the result showed that the identity of AVES module 2 and module 4 from pikromycin PKS (PikPKS) was the highest (40.80%). We therefore used the DH-ER-KR domains of module 4 from the PikPKS to replace the DH-KR domains of AVES module 2 for constructing a functional hybrid PKS producing ivermectin.

3.1 Construction of the *ave*DH2-KR2 replacement mutants

The recombinant plasmid pXL211 (Fig. 3a) was constructed for the replacement of *ave*DH2-KR2 with *pik*DH4-ER4-KR4 and transformed into *S. avermitilis* Olm73-12 protoplasts. Twenty-seven transformants were obtained. Twelve of them were selected randomly and further confirmed by plasmid isolation and restriction analysis. The spores of the correct transformants were respectively collected and spread on YMS agar plates containing apramycin to eliminate autonomously replicating plasmid pXL211. Insertion mutants in which pXL211 integrated into the chromosome of Olm73-12 by a single crossover were verified by PCR analysis (data not shown). Nonselective growth to allow plasmid pXL211 eviction through a double crossover event generated 281 Apr^s colonies. These Apr^s colonies were either mutants carrying *pik*DH4-ER4-KR4 DNA sequences in place of *ave*DH2-KR2 chromosomal sequences or reversion to wild-type (Fig. 4).

Analysis of polyketides in cultures of the replacement mutants *S. avermitilis* Olm73-12 and 281 Apr^s isolates were examined by fermentation experiments and HPLC analysis for production of polyketides. The results showed that the parental strain Olm73-12 produced four components of avermectins B (Fig. 5a), which were avermectin B_{1a}, B_{1b}, B_{2a}, and B_{2b}. Of 281 Apr^s isolates, 216 (76.9%) were showed to produce very little amount of avermectins B or undetectable product and 38 (13.5%) produced four components of avermectins B of which yields were at the same level as the strain Olm73-12, indicating that these 38 isolates might be reversion to wild-type. In addition to avermectin B_{1a} and B_{2a}, a new compound (about 1~4 μg/ml), which showed identical retention time to that of the authentic sample of 22, 23-dihydroavermectin B_{1a}, was detected in culture extracts of 27 isolates (9.6%) by HPLC analysis (Fig. 5b, 5c). The estimated total amount of avermectins B and 22, 23-dihydroavermectin B_{1a} produced by them was only 1%~3% of the amount of avermectins B produced by the parental strain Olm73-12. To determine the mass of the new compound produced by the 27 mutants, three of them named as Ive12-4, Ive14-1, and Ive14-5 were further analyzed by LC/MS. The mass of the compound was observed at *m/z* 897 ($[M+Na]^+$), which corresponds to the mass of 22, 23-dihydroavermectin B_{1a}, and the mass fragmentation pattern was fully consistent with 22, 23-dihydroavermectin B_{1a}.

3.2 PCR analysis of the replacement mutants

Six of *S. avermitilis* mutants, including the three ivermectin-producing mutants (Ive12-4, Ive14-1, and Ive14-5), two mutants without detectable product (named as Er53-17 and Er15-9), and one of the wild-type segregants (named as Av52-4) were confirmed by PCR analysis. Genomic DNA was extracted from *S. venezuelae* ATCC 15439, *S. avermitilis* Olm73-12, and the six mutants. PCR amplifications were carried out by using primers 5 and 6. The expected 3.27 kb DNA fragment encoding PikDH4-ER4-KR4 was obtained from genomic DNA of *S. venezuelae* and the three ivermectin-producing mutants, whereas no PCR product was detected from genomic DNA of *S. avermitilis* Olm73-12 and the remaining three mutants (Fig. 6a), indicating that the DNA region encoding AveDH2-KR2 located in the chromosome of the three ivermectin-producing mutants was replaced with the DNA fragment encoding PikDH4-ER4-KR4 by double crossover.

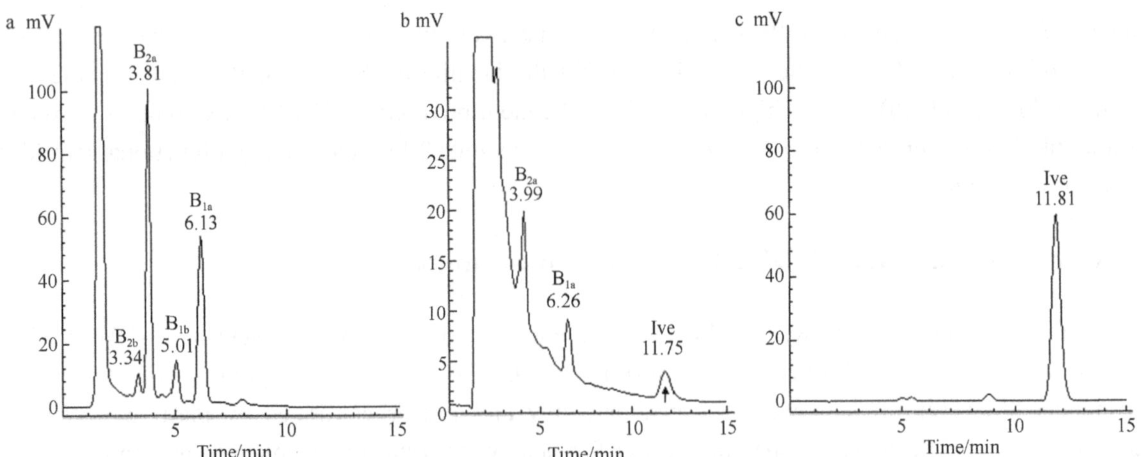

Fig. 5 HPLC chromatograms of the mycelial extracts from the parental strain *S. avermitilis* Olm73-12 (a) and *ave*DH2-KR2 replacement mutant Ive12-4 (b). Pure 22, 23-dihydroavermectin B_{1a} (c) was used as standard

Each strain was cultured in a fermentation medium at 28℃ for 10 days and then a 1.0 ml fermentation broth was extracted with 4.0 ml methanol for 30 min and centrifuged at 4,000×*g* for 10 min. The mycelial extracts were directly applied to the HPLC column. The column packed with C18 was developed with methanol/water (85 ∶ 15) and the flow rate was 1.0 ml/min; detection by UV absorption was at 246 nm. B_{1a}, B_{1b}, B_{2a} and B_{2b} are components of avermectins. *Solid arrow* and Ive represent 22, 23-dihydroavermectin B_{1a}

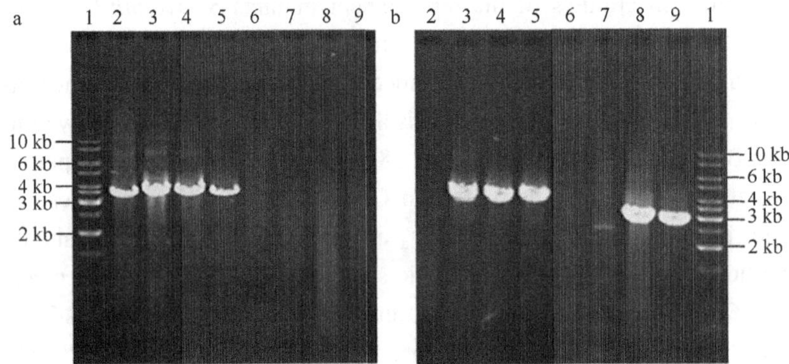

Fig. 6 Agarose gel electrophoresis of PCR products from *S. venezuelae*, *S. avermitilis* mutants, and Olm73-12 by using primer 5 and primer 6 (a) or primer 11 and primer 12 (b)

Lane 1. 1 kb Ladder Marker; lane 2. PCR product from *S. venezuelae* ATCC 15439; lane 3~8. PCR products from *S. avermitilis* mutants (Ive12-4, Ive14-1, Ive14-5, Er53-17, Er15-9, and Av52-4); lane 9. PCR product from *S. avermitilis* Olm73-12

To verify the genomic integration sites of the replacement DNA, PCR was performed with primer 11 (forward 5′-ACCCACCACGACAACCAACCC-3′, 51 nucleotides upstream of the crossover region) and primer 12 (reverse 5′-ACAAGCGTTGTCCGGTTGTGGC-3′, 455 nucleotides downstream of the crossover region). The anticipated 3.78 kb DNA fragment containing the 3.27 kb *pik*DH4-ER4-KR4 was amplified using genomic DNA of the three ivermectin-producing mutants as template, whereas a 2.82 kb DNA fragment containing the 2.31 kb *ave*DH2-KR2 was detected using genomic DNA of *S. avermitilis* Olm73-12 and the wild-type segregant as template and no PCR product was detected from *S. venezuelae* and the two mutants, Er53-17 and Er15-9 (Fig. 6b). The results showed that the DNA flanking the crossover region of the two mutants Er53-17 and Er15-9 were mutated or deleted during a double crossover event, which resulted in the inactivity of hybrid PKS. Sequence analysis of the PCR products from Ive12-4, Ive14-1, and Ive14-5 further confirmed that the three replacement mutants had correct *pik*DH4-ER4-KR4 DNA sequences in place of *ave*DH2-KR2 chromosomal sequences at the appropriate location.

3.3 The stability of the ivermectin-producing mutants

After being inoculated on YMS plates for five rounds of sporulation, the morphological and culture characteristics of the ivermectin-producing mutants were not changed. Shaking flask experiments and HPLC analysis showed that the mutants still produced 22, 23-dihydroavermectin B_{1a} as well as avermectin B_{1a} and B_{2a}. These results confirmed that the replacement mutants were genetically stable.

4. Discussion

Conventional industrial production of ivermectin involves tedious and difficult steps of extracting and chemically modifying avermectins B_1. In this study, we have shown that 22, 23-dihydroavermectin B_{1a} can be produced by direct fermentation of recombinant strains constructed through replacing the DH-KR of AVES module 2 with the DH-ER-KR of PikPKS module 4. Thus, the tedious steps involved in conventional production can be omitted and as a result, the process of production will be simplified and the costs will be reduced. However, the primary obstacle to industrial availability of the recombinant strains is the significantly reduced productivity of the hybrid PKS, which is also one of the key challenges of combinatorial biosynthesis approach involving modular PKSs (Yoon *et al.*, 2002). Some studies showed that in a majority of the cases, the yields of novel polyketide compounds produced by the hybrid PKSs were approximately 2 to 100-fold less than wild-type production levels (McDaniel *et al.*, 1999; Ranganathan *et al.*, 1999; Yoon *et al.*, 2002). The reasons for the reduced yields are not yet investigated in detail but could include: decrease in transcription levels or lower mRNA stability, poor folding or instability of the hybrid PKS, or imperfect protein-protein contacts particularly across fusion boundaries (Ranganathan *et al.*, 1999). Some efforts were made to provide routes for high titers of hybrid polyketide compounds by Tang *et al.* (2000). The hybrid PKSs may be more efficient through the use of alternative domains and modules from PKSs of structurally related polyketides, for instance, the antiparasitic macrolides (avermectin, milbemycin, and meilingmycin). Moreover, the availability of *S. avermitilis* genome information and the illumination of the regulation of avermectin biosynthetic pathway will provide strategies for improving production levels of new compounds through enhancing the metabolic efficiency of the recombinant strains.

Although most of the pathway for avermectin biosynthesis was clarified, the mechanism for determining the avermectin B_2∶B_1 ratio remains unclear. Sequence analysis indicated that the DH2 domain of AVES1, which corresponds to C22-C23 dehydration, contains one mismatched amino acid (S instead of P) in the active motif HXXXGXXXXS (Ikeda *et al.*, 1999). However, the introduction of the ordinary active site motif sequence, HXXXGXXXXP, at the corresponding region of the DH2 did not restore full dehydratase activity, indicating that the partial activity of DH2 might be due to some other regions (Ikeda *et al.*, 1999). AveC, the product of *aveC* located between the two sets of PKS genes in the avermectin biosynthetic gene cluster, seems to have an essential role in both avermectins B_1 biosynthesis and modulating the B_2∶B_1 ratio. The mutation of *aveC* led to the production of only “2” components of avermectins (Ikeda *et al.*, 1995) and the randomly mutated *aveC* gene using error-prone PCR significantly enhanced the ratio of the commercially important cyclohexylavermectin B_1 (doramectin) to B_2 (Stutzman-Engwall *et al.*, 2003). However, the mechanism for function of AveC is still unclear because there is no homology between the deduced amino acid sequence of AveC and the active motif of the putative dehydratase (Ikeda *et al.*, 1999). It might activate the DH2 activity by associating with AVES or be involved in postpolyketide modification (Ikeda *et al.*, 1999; Ikeda and Ōmura, 1997). The recombinant strains constructed in this study produce not only 22, 23-dihydroavermectin B_{1a} (the

DH, ER, and KR domains of module 2 all operate in β-processing steps at C22-C23) but also avermectin B_{1a} (the DH and KR domains of module 2 operate and the ER of module 2 does not function in β-processing steps at C22-C23) and avermectin B_{2a} (only KR domain of module 2 operates and the ER and DH of module 2 do not function in β-processing steps at C22-C23). The ratio of avermectin B_{1a} to B_{2a} is identical in culture extracts of both the recombinant strains and the parental strain. This showed that the β-processing steps at C22-C23 were incomplete, which might be correlated with the function of AveC.

Although the yields of 22, 23-dihydroavermectin B_{1a} produced by engineered strains were reduced significantly, this study provided a route to the rational production of valuable derivatives by targeted genetic engineering of the avermectin PKS. We believe that the elucidation of complicated regulatory mechanism for avermectin biosynthesis and the mechanism for determining the avermectin B_2 ∶ B_1 ratio in combination with the development of combinatorial biosynthesis would allow us to construct engineered avermectin PKS for the production of high titers of ivermectin and valuable novel avermectin analogues.

References

Aziz M A, Diallo S, Diop I M, *et al.* 1982. Efficacy and tolerance of ivermectin in human onchocerciasis. Lancet, 320(8291): 171-173.

Bierman M, Logan R, O'Brien K, *et al.* 1992. Plasmid cloning vectors for the conjugal transfer of DNA from *Escherichia coli* to *Streptomyces* spp. Gene, 116(1): 43-49.

Burg R W, Miller B M, Baker E E, *et al.* 1979. Avermectins, new family of potent anthelmintic agents: producing organism and fermentation. Antimicrob Agents Chemother, 15(3): 361-367.

Cane D E, Liang T C, Kaplan L K, *et al.* 1983. Biosynthetic origin of the carbon skeleton and oxygen atoms of the avermectins. J Am Chem Soc, 105(12): 4110-4112.

Chabala J C, Mrozik H, Tolman R L, *et al.* 1980. Ivermectin, a new broad-spectrum antiparasitic agent. J Med Chem, 23(10): 1134-1136.

Chen T S, Hensens O D, Schulman M D. 1989. Biosynthesis. *In*: Campbell W C. Ivermectin and Abamectin. Berlin, Heidelberg, New York: Springer: 55-72.

Chen Z, Wen Y, Song Y, *et al.* 2002. Effect of gene deletion of *aveD* on avermectins production in *Streptomyces avermitilis*. Acta Microbiol Sin, 42: 534-538.

Egerton J R, Ostling D A, Blair L S, *et al.* 1979. Avermectins, new family of potent anthelmintic agents: efficacy of the B_{1a} component. Antimicrob Agents Chemother, 15(3): 372-378.

Hopwood D A, Bibb M J, Chater K F, *et al.* 1985. Genetic Manipulation of *Streptomyces*: A Laboratory Manual. Norwich: The John Innes Foundation.

Hutchinson C R. 1998. Combinatorial biosynthesis for new drug discovery. Curr Opin Microbiol, 1(3): 319-329.

Ikeda H, Ishikawa J, Hanamoto A, *et al.* 2003. Complete genome sequence and comparative analysis of the industrial microorganism *Streptomyces avermitilis*. Nat Biotechnol, 21(5): 526-531.

Ikeda H, Kotaki H, Ōmura S. 1987. Genetic studies of avermectin biosynthesis in *Streptomyces avermitilis*. J Bacteriol, 169(12): 5615-5621.

Ikeda H, Kotaki H, Tanaka H, *et al.* 1988. Involvement of glucose catabolism in avermectin production by *Streptomyces avermitilis*. Antimicrob Agents Chemother, 32(2): 282-284.

Ikeda H, Nonomiya T, Usami M, *et al.* 1999. Organization of the biosynthetic gene cluster for the polyketide anthelmintic macrolide avermectin in *Streptomyces avermitilis*. Proc Natl Acad Sci USA, 96(17): 9509-9514.

Ikeda H, Ōmura S. 1993. Genetic aspects of the selective production of useful components in the avermectin producer *Streptomyces avermitilis*. Actinomycetologica, 7(2): 133-144.

Ikeda H, Ōmura S. 1995. Control of avermectin biosynthesis in *Streptomyces avermitilis* for the selective production of a useful component. J Antibiot, 48(7): 549-562.

Ikeda H, Ōmura S. 1997. Avermectin biosynthesis. Chem Rev, 97(7): 2591-2609.

Ikeda H, Pang C H, Endo H, *et al.* 1995. Construction of a single component producer from the wild type avermectin producer *Streptomyces avermitilis*. J Antibiot, 48(6): 532-534.

Ikeda H, Takada Y, Pang C H, *et al.* 1993. Transposon mutagenesis by Tn4560 and applications with avermectin-producing *Streptomyces avermitilis.* J Bacteriol, 175(7): 2077-2082.

Ikeda H, Wang L R, Ohta T, *et al.* 1998. Cloning of the gene encoding avermectin B 5-*O*-methyltransferase in avermectin-producing *Streptomyces avermitilis*. Gene, 206(2): 175-180.

Khosla C. 1997. Harnessing the biosynthetic potential of modular polyketide synthase. Chem Rev, 97(7): 2577-2590.

Kieser T. 1984. Factors affecting the isolation of CCC DNA from *Streptomyces lividans* and *Escherichia coli.* Plasmid, 12(1): 19-36.

Lambalot R H, Cane D E. 1992. Isolation and characterization of 10-deoxymethynolide produced by *Streptomyces venezuelae*. J Antibiot, 45(12): 1981-1982.

MacNeil D J, Klapko L M. 1987. Transformation of *Streptomyces avermitilis* by plasmid DNA. J Ind Microbiol, 2(4): 209-218.

MacNeil D J, Occi J L, Gewain K M, *et al.* 1992. Complex organization of the *Streptomyces avermitilis* genes encoding the avermectin polyketide synthase. Gene, 115(1-2): 119-125.

MacNeil T, Gewain K M, MacNeil D J. 1993. Deletion analysis of the avermectin biosynthetic genes of *Streptomyces avermitilis* by gene cluster displacement. J Bacteriol, 175(9): 2552-2563.

McDaniel R, Thamchaipenet A, Gustafsson C, *et al.* 1999. Multiple genetic modifications of the erythromycin polyketide synthase to produce a library of novel "unnatural" natural products. Proc Natl Acad Sci USA, 96(5): 1846-1851.

Ranganathan A, Timoney M, Bycroft M, *et al.* 1999. Knowledge-based design of bimodular and trimodular polyketide synthases based on domain and module swaps: a route to simple statin analogues. Chem Biol, 6(10): 731-741.

Sambrook J, Fritsch E F, Maniatis T. 1989. Molecular Cloning: A Laboratory Manual. 2nd ed. New York: Cold Spring Harbor Laboratory.

Shikiya K, Kinjo N, Uehara T, *et al.* 1992. Efficacy of ivermectin against *Strongyloides stercoralis* in humans. Intern Med, 31(3): 310-312.

Song Y, Cao G M, Chen Z, *et al.* 2000. Selection of high avermectins producing strain and identification of avermectin B_1. Chin J Biotechnol, 16(1): 31-35.

Stutzman-Engwall K, Conlon S, Fedechko R, *et al.* 2003. Engineering the *aveC* gene to enhance the ratio of doramectin to its CHC-B_2 analogue produced in *Streptomyces avermitilis*. Biotechnol Bioeng, 82(3): 359-369.

Tang L, Fu H, McDaniel R. 2000. Formation of functional heterologous complexes using subunits from the picromycin, erythromycin and oleandomycin polyketide synthases. Chem Biol, 7(2): 77-84.

Yoon Y J, Beck B J, Kim B S, *et al.* 2002. Generation of multiple bioactive macrolides by hybrid modular polyketide synthases in *Streptomyces venezuelae*. Chem Biol, 9(2): 203-214.

Zhang X L, Chen Z, Zhao J L, *et al.* 2004. Deletion analysis of oligomycin PKS genes (*olmA*) in *Streptomyces avermitilis*. Chin Sci Bull, 49(4): 350-354.

本文原载: Appl Microbiol Biotechnol, 2006, 72(5): 986-994.

An *adpA* Homologue in *Streptomyces avermitilis* is Involved in Regulation of Morphogenesis and Melanogenesis*

Jinlei Zhao, Ying Wen, Zhi Chen, Yuan Song, Jilun Li

(Department of Microbiology and Immunology, College of Biological Sciences, China Agricultural University and Key Laboratory of Agro-microbial Resource and Application, Ministry of Agriculture, Beijing, 100094, China)

Abstract

In *Streptomyces griseus*, AdpA, the key transcriptional activator in the A-factor regulatory cascade, switches on the transcription of multiple genes required for secondary metabolism and morphological differentiation. *Streptomyces avermitilis* also contains an ortholog of *adpA*, which is named as *adpA-a*. To clarify the *in vivo* function of *adpA-a*, an *adpA-a*-disrupted strain was constructed by double crossover recombination. No difference in avermectin production was found between the *adpA-a*-disruptant and the wild-type strain. However, this disruptant neither formed spores nor produced melanin and its phenotype was restored to the original wild-type by a single copy of the *adpA-a* gene integrated into the chromosome. This report shows that *adpA-a* is involved in regulation of morphological differentiation and melanin production in *S. avermitilis*.

Keywords

Streptomyces avermitilis, *adpA-a*, avermectin, melanin, morphological differentiation, secondary metabolism.

Members of the Gram-positive, soil-inhabiting, filamentous bacterial genus *Streptomyces* undergo a cycle of complex morphological differentiation. On agar medium, branched substrate mycelium are formed from germinating spores and differentiate into aerial mycelium, which after septation give rise to chains of spores. This genus is also characterized by its ability to produce a great variety of secondary metabolites that are of value in human and veterinary medicine and agriculture (Kieser *et al.*, 2000). Production of these compounds usually coincides with the onset of morphological differentiation, suggesting that they are regulated through global control (Chater, 1993).

In *Streptomyces griseus*, AdpA is the central transcriptional activator in the A-factor regulatory cascade and activates a number of genes required for both secondary metabolism and morphological differentiation, leading to onset of streptomycin and grixazone biosynthesis as well as aerial mycelium formation and sporulation (Ohnishi *et al.*, 2005). *Streptomyces coelicolor* contains a close homologue of *adpA* called *adpA-c* (for clarity, in this paper, we use *adpA-g* (*S. griseus*), *adpA-c* (*S. coelicolor*), *adpA-a* (*S. avermitilis*) to distinguish the *adpA* gene of the three organisms). The *adpA-c* mutant shows a bald colony phenotype and is defective in melanogenesis (transformed with pIJ702 carrying the *melC* operon), but retains pigmented

*This work was supported by the National Basic Research Program of China (Grant No. 2003CB114205).

antibiotic production (Nguyen *et al.*, 2003; Takano *et al.*, 2003; Zhu *et al.*, 2005). This suggests that AdpA is a key and widespread transcription factor involved in multiple biological processes in *Streptomyces*. The gene *adpA-a*, an orthologous gene of *adpA-g* and *adpA-c*, is also found in the *S. avermitilis* genome (Ōmura *et al.*, 2001). However, its function has not been clarified.

S. avermitilis produces avermectins, a series of eight structurally related 16-membered macrocyclic lactones (A_{1a}, A_{1b}, A_{2a}, A_{2b}, B_{1a}, B_{1b}, B_{2a}, and B_{2b}) that have highly potent anthelmintic and insecticidal activity and are used commercially for broad-spectrum parasite control (Burg *et al.*, 1979; Ikeda and Ōmura, 1997). In addition to avermectins, *S. avermitilis* also produces many other secondary metabolites such as melanin and oligomycin (Ōmura *et al.*, 2001). Recently, the nucleotide sequence of the avermectin biosynthetic gene cluster and the entire genome of *S. avermitilis* were completely determined (Ikeda *et al.*, 1999; Ōmura *et al.*, 2001). However, relatively little is known about the regulation of secondary metabolism and morphological differentiation in *S. avermitilis*. The only regulatory genes reported so far are *aveR* (Ikeda *et al.*, 1993, 1999), *orfX* (Hwang *et al.*, 2003), and *afsK-av* (Rajkarnikar *et al.*, 2006). Both *aveR* and *orfX* were reported to be involved in regulation of avermectin production, while *afsK-av* plays a pleiotropic role in the regulation of sporulation, melanogenesis, and avermectin production.

In the present study, to clarify the function of *adpA-a* in secondary metabolism and morphological development, we disrupted the *adpA-a* gene by replacing most of the *adpA-a* with the hygromycin resistance gene (*hyg*) and characterized the resulting *adpA-a* disruptant. We therefore demonstrate that the *adpA-a* gene is involved in morphogenesis and melanogenesis in *S. avermitilis*.

1. Materials and Methods

1.1 Strains, plasmids and growth conditions

S. avermitilis ATCC 31267 (wild-type strain) was grown at 28℃ and used as a host strain for gene propagation and gene disruption. Sporulation was achieved on YMS (Ikeda *et al.*, 1988) medium (yeast extract, 0.4%; malt extract, 1%; soluble starch, 0.4%; agar, 2%; pH 7.0). Melanin production was observed on RM14 (MacNeil and Klapko, 1987), which was also used for the regeneration of protoplasts and for the selection of the transformants. The seeding medium and fermentation medium for avermectin production were used as described previously (Zhang *et al.*, 2004). YEME (MacNeil and Klapko, 1987) medium containing 25% sucrose was used to grow mycelium for the purposes of extracting DNA and preparing protoplasts. For *S. avermitilis*, apramycin was used at concentrations of 10 μg/ml for YMS, 5 μg/ml for YEME, and 20 μg/ml for RM14 when necessary. Hygromycin was used at a concentration of 50 μg/ml for YMS when screening disruptants. *Escherichia coli* DH5α was used for routine subcloning and was grown at 37℃ in Luria-Bertani (Sambrook *et al.*, 1989) medium containing ampicillin (100 μg/ml) or apramycin (100 μg/ml) when necessary for plasmid propagation. *E. coli* ET12567 (MacNeil and Klapko, 1987) (*dam dcm hsds*) was used to propagate non-methylated DNA when it was to be introduced into *S. avermitilis*.

Plasmid pIJ2925 was used for routine cloning and subcloning experiments (Janssen and Bibb, 1993). *E. coli-Streptomyces* shuttle vector pKC1139 (Bierman *et al.*, 1992), which contains a *Streptomyces* temperature-sensitive origin of replication, was used for gene disruption, as it can be used efficiently in gene replacement by homologous recombination at the non-permissive temperature. pSET152 (Bierman *et al.*, 1992), which can integrate into the *Streptomyces* chromosome by site-specific recombination at the bacteriophage ϕC31 attachment site (*attB*), was used to introduce a single copy of *adpA-a* into *S. avermitilis*. Plasmids pKC1139 and pSET152 were kindly provided by Prof. Huarong Tan (Institute of Microbiology, Chinese Academy of Sciences).

1.2 Construction of the *adpA-a* disruption plasmid pDIadpA

The *adpA-a* disruption plasmid pDIadpA was constructed as follows: A 0.57 kb fragment downstream of *adpA-a* was amplified by PCR with primer 1 (5′-CTG-AAGCTTAGCTGACG TCCACGATCCG-3′: the engineered *Hin*d III site is underlined) and primer 2 (5′-CGACTGCAGCGTAGGACTGCCGTGACAGC-3′: the engineered *Pst* I site is underlined); A 0.59 kb fragment upstream of *adpA-a* was amplified by PCR with primer 3 (5′-TGCAGATCTGGAGT CGTGGCTCATACTGC-3′: the engineered *Bgl* II site is underlined) and primer 4 (5′-GCTGAATTCGCTGCGGCAGTCCGAGC-3′: the engineered *Eco*R I site is underlined) (Fig. 1). The 0.57 kb or 0.59 kb PCR fragment was then digested with *Hin*d III/*Pst* I or *Bgl* II/*Eco*R I, respectively. The 1.7 kb hygromycin resistance gene cassette was excised from pIJ963 with *Pst* I/*Bgl* II digestion. The above three fragments were simultaneously ligated into pKC1139 that had been digested with *Hin*d III/*Eco*R I to generate pDIadpA.

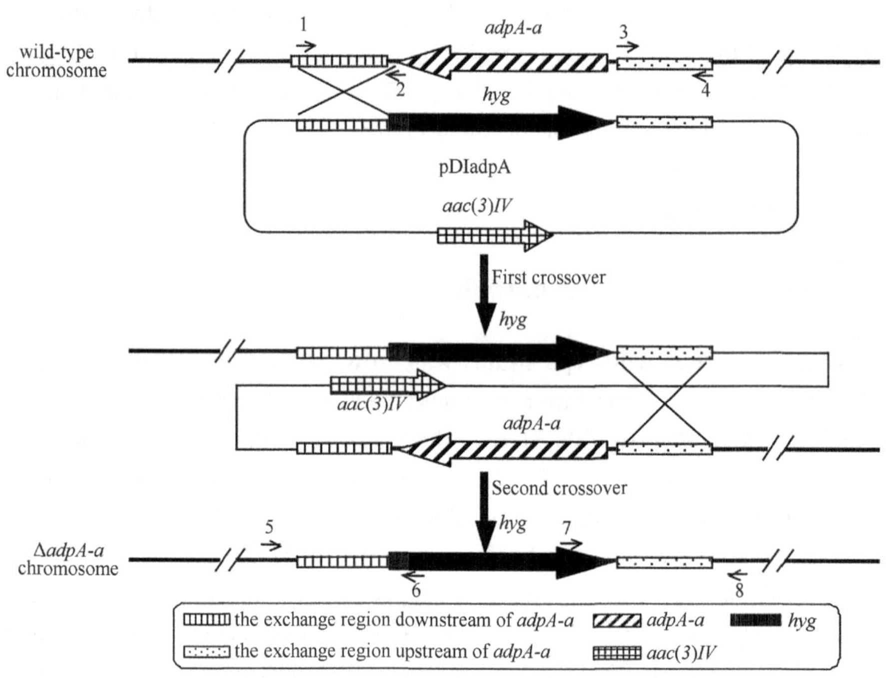

Fig.1 Schematic representation of the strategy used for disruption of the *adpA-a*

The primers used in PCR amplification for cloning upstream and downstream of *adpA-a* and confirmation of disruption are numbered and shown by arrows. The primer pairs 1/2 and 3/4 specific for gene sequences flanking the downstream and upstream of *adpA-a*, respectively, were used to amplify the exchange sequence. Primer pair 1/4 was also used for amplifying the complete *adpA-a* with its promoter in gene complementation assay. PCR confirmation of *adpA-a* disruption was accomplished using two primer pairs, 5/6 and 7/8, in which primers 5 and 8 were specific for gene sequences flanking the exchange regions while primers 6 and 7 were specific for *hyg*

1.3 Confirmation of gene disruption by PCR analyses

Gene disruption events were confirmed by PCR analysis using different combinations of primers (Fig. 1), depending on the different gene constructs in the genome characteristic of mutant and wild-type strains. The primers used for checking the *adpA-a* double-crossover disruptants were as follows: primer 5, 5′-TACGCCC

TCGGGTACCAGC-3′; primer 6, 5′-CGGGATCGCCAATCTCTAC-3′; primer 7, 5′-CCATCCCAGCTCGG CAAG-3′; primer 8, 5′-GAGCGATGTCGTCCGCTG-3′.

The PCR conditions were (i) 95℃ for 5 min, (ii) 95℃ for 1 min, 60℃ for 30 s, and 72℃ for 1 min for 25 cycles, and (iii) 72℃ for 10 min.

1.4 Construction of the *adpA-a* gene complementation plasmid

The integrative vector pSET152 was used for complementation analysis. A 2.4 kb fragment carrying the promoter and coding region of *adpA-a* was amplified by PCR with primer 1 and primer 4 (see above) and cloned into pIJ2925 between the *Hin*d III and *Eco*R I sites to produce pADP2. pADP2 was then cut with *Bgl* II and subsequently ligated with *Bam*H I-digested pSET152. The resulting recombinant plasmid, pSET6063, was integrated into the chromosome *attB* site of *S. avermitilis*. The sequence of *adpA-a* amplified by PCR in pSET6063 was verified by nucleotide sequencing.

1.5 HPLC analysis of avermectin production

For HPLC sample preparation, 1.0 ml fermentation broth was extracted with 4.0 ml of methanol for 30 min and centrifuged at 4,000×*g* for 10 min. After centrifugation, the supernatant was analyzed by HPLC. The column packed with C18 (10 μm, 4.6 mm×200 mm) was developed with methanol/water (85∶15) with a flow rate of 1.0 ml/min. The column effluent was monitored at 246 nm.

1.6 Microscopy

Phase-contrast microscopy of *Streptomyces*, slide cultures were prepared and strains were cultivated on YMS agar for 7 d at 28℃. Slides were then observed in an Olympus phase-contrast microscope (BH-2).

2. Results

2.1 Analysis of the *adpA-a* gene

The *adpA-a* gene encodes a protein of 426 aa. The C-terminal portion of adpA-a contains two helix-turn-helix (HTH) DNA-binding motifs characteristic of the AraC/XylS family (Gallegos *et al.*, 1997). The N-terminal dimerization domain belongs to the ThiJ/PfpI/DJ-1 family, an expanding new protein family distributed in bacteria, Archaea, and Eukarya (Halio *et al.*, 1996; Mizote *et al.*, 1999; Lee, 2003) (Fig. 2). AdpA-a showed high similarity to AdpA-c (91% identity) and AdpA-g (82% identity). Sequences in this group were identical in the HTH DNA-binding motifs and showed 98% identity in the dimerization domains (Fig. 3). A TTA codon found in *adpA-a* is found in the same position in *adpA-c* and *adpA-g*, suggesting that *adpA-a* is a potential *bldA*-dependent regulator (Nguyen *et al.*, 2003; Takano *et al.*, 2003). High similarity and the fact that all these sequences contain an *ornA* (Ohnishi *et al.*, 2000) downstream of *adpA* in *S. avermitilis*, *S. coelicolor* and *S. griseus*, suggests that *adpA* genes in the three strains are orthologous. Based on the important role of *adpA-c* and *adpA-g* in *S. coelicolor* and *S. griseus*, respectively, *adpA-a* is assumed to be involved in secondary metabolism and morphological differentiation in *S. avermitilis*.

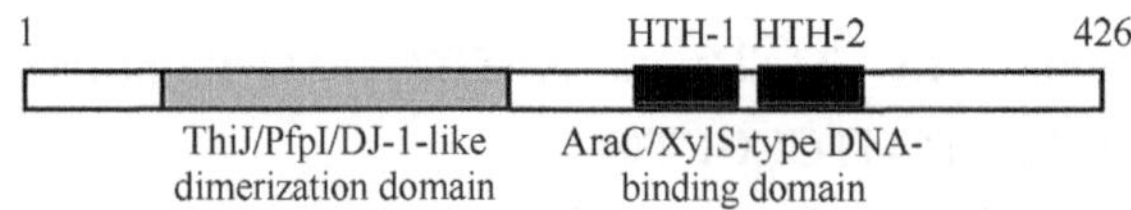

Fig. 2 Schematic representation of the domain structure of AdpA-a

AdpA-a consists of 426 aa. It contains a ThiJ/PfpI/DJ-1-like dimerization domain at its N-terminal portion and a DNA-binding domain with two helix-turn-helix motifs at its C-terminal portion, representing a large subgroup of the AraC/XylS family

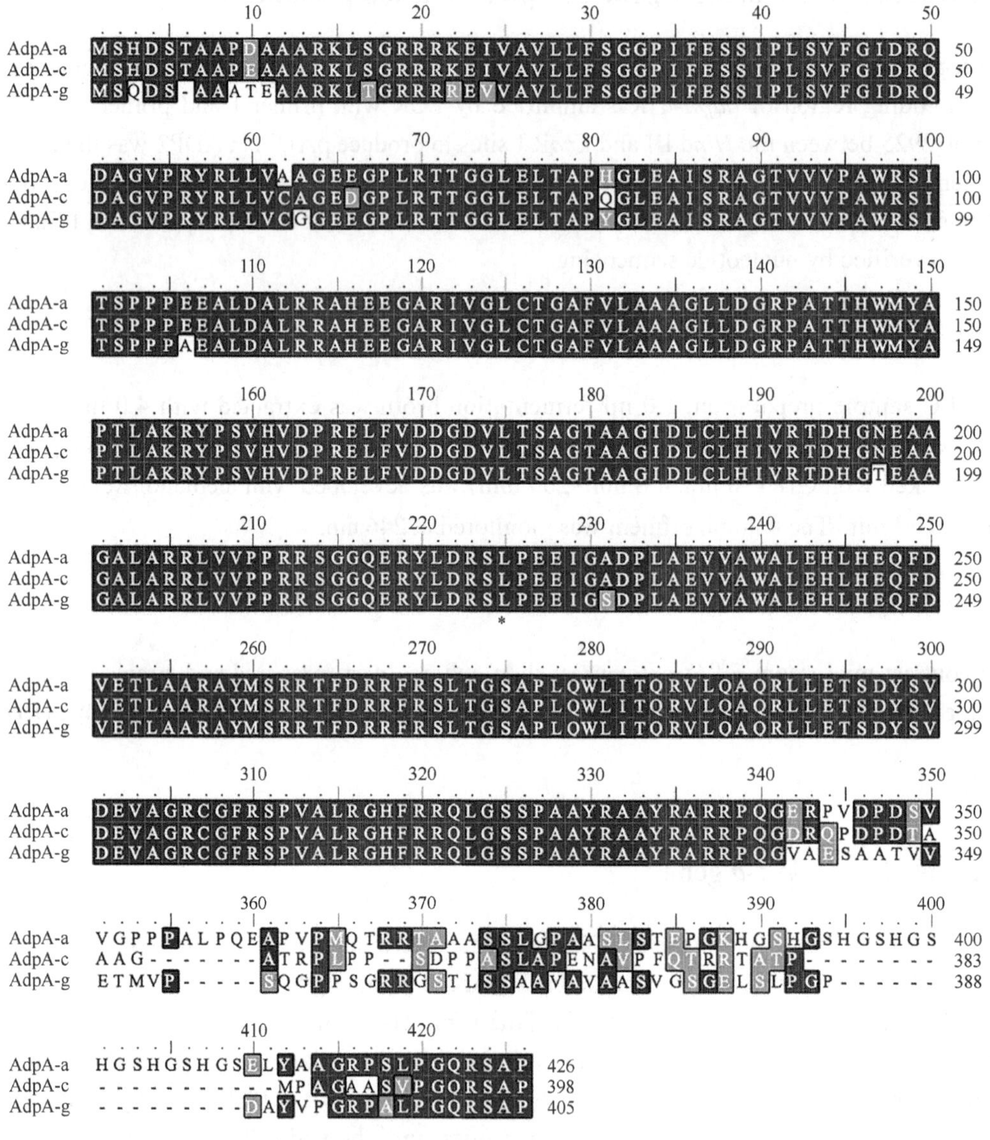

```
                 10        20        30        40        50
AdpA-a  MSHDSTAAPDAAARKLSGRRRKEIVAVLLFSGGPIFESSIPLSVFGIDRQ  50
AdpA-c  MSHDSTAAPEAAARKLSGRRRKEIVAVLLFSGGPIFESSIPLSVFGIDRQ  50
AdpA-g  MSQDS-AAATEAARKLTGRRRREVVAVLLFSGGPIFESSIPLSVFGIDRQ  49

                 60        70        80        90       100
AdpA-a  DAGVPRYRLLVAAGEEGPLRTTGGLELTAPHGLEAISRAGTVVVPAWRSI  100
AdpA-c  DAGVPRYRLLVCAGEDGPLRTTGGLELTAPQGLEAISRAGTVVVPAWRSI  100
AdpA-g  DAGVPRYRLLVCGGEEGPLRTTGGLELTAPYGLEAISRAGTVVVPAWRSI  99

                110       120       130       140       150
AdpA-a  TSPPPEEALDALRRAHEEGARIVGLCTGAFVLAAAGLLDGRPATTHWMYA  150
AdpA-c  TSPPPEEALDALRRAHEEGARIVGLCTGAFVLAAAGLLDGRPATTHWMYA  150
AdpA-g  TSPPPAEALDALRRAHEEGARIVGLCTGAFVLAAAGLLDGRPATTHWMYA  149

                160       170       180       190       200
AdpA-a  PTLAKRYPSVHVDPRELFVDDGDVLTSAGTAAGIDLCLHIVRTDHGNEAA  200
AdpA-c  PTLAKRYPSVHVDPRELFVDDGDVLTSAGTAAGIDLCLHIVRTDHGNEAA  200
AdpA-g  PTLAKRYPSVHVDPRELFVDDGDVLTSAGTAAGIDLCLHIVRTDHGTEAA  199

                210       220       230       240       250
AdpA-a  GALARRLVVPPRRSGGQERYLDRSLPEEIGADPLAEVVAWALEHLHEQFD  250
AdpA-c  GALARRLVVPPRRSGGQERYLDRSLPEEIGADPLAEVVAWALEHLHEQFD  250
AdpA-g  GALARRLVVPPRRSGGQERYLDRSLPEEIGSDPLAEVVAWALEHLHEQFD  249
                                 *

                260       270       280       290       300
AdpA-a  VETLAARAYMSRRTFDRRFRSLTGSAPLQWLITQRVLQAQRLLETSDYSV  300
AdpA-c  VETLAARAYMSRRTFDRRFRSLTGSAPLQWLITQRVLQAQRLLETSDYSV  300
AdpA-g  VETLAARAYMSRRTFDRRFRSLTGSAPLQWLITQRVLQAQRLLETSDYSV  299

                310       320       330       340       350
AdpA-a  DEVAGRCGFRSPVALRGHFRRQLGSSPAAYRAAYRARRPQGERPVDPDSV  350
AdpA-c  DEVAGRCGFRSPVALRGHFRRQLGSSPAAYRAAYRARRPQGDRQPDPDTA  350
AdpA-g  DEVAGRCGFRSPVALRGHFRRQLGSSPAAYRAAYRARRPQGVAESAATVV  349

                360       370       380       390       400
AdpA-a  VGPPPALPQEAPVPMQTRRTAAASSLGPAASLSTEPGKHGSHGSHGSHGS  400
AdpA-c  AAG-------ATRPLPP--SDPPASLAPENAVPFQTRRTATP--------  383
AdpA-g  ETMVP-----SQGPPSGRRGSTLSSAAVAVAASVGSGELSLPGP------  388

                410       420
AdpA-a  HGSHGSHGSELYAAGRPSLPGQRSAP  426
AdpA-c  -----------MPAGAASVPGQRSAP  398
AdpA-g  ---------DAYVPGRPALPGQRSAP  405
```

Fig. 3 Alignment of overall amino acid sequences of AdpA homologues from *S. avermitilis* (adpA-a), *S. coelicolor* (adpA-c), and *S. griseus* (adpA-g) using the BioEdit program (Hall, 1999)

The star below the alignment indicates the residue encoded by the rare TTA codon in *Streptomyces*. Identical amino acids are shaded in *black* and similar amino acids are shaded in *gray*. Dashes (-) indicate gaps introduced for maximal alignment. Amino acids are numbered according to their original positions in the protein

2.2 Disruption of the *adpA-a* gene

To determine the role of *adpA-a* in *S. avermitilis*, we disrupted the *adpA-a* gene using the double-crossover plasmid pDIadpA as described in "Materials and Methods" and shown in Fig. 1. The plasmid pDIadpA was transformed into *E. coli* ET12567 to propagate non-methylated DNA and subsequently introduced into *S. avermitilis*. The resultant transformants on RM14 medium were first inoculated on YMS medium containing apramycin to form spores. The spores of the transformants were harvested and then spread on YMS plates containing apramycin. After growing for 2 d at 28℃ the plates were placed at 39℃ for 10 d. Since the vector pKC1139 has a temperature-sensitive replicon and cannot replicate itself in *Streptomyces* when the temperature is higher than 34℃, only the mutants in which pDIadpA was inserted into the chromosome of ATCC 31267 by a single crossover could grow on YMS containing apramycin at 39℃. Insertion mutants were confirmed by PCR analysis (data not shown) and inoculated on non-selective YMS plates at 28℃ to generate double-crossover gene disruption mutants. After four passages on non-selective medium, the candidate *adpA-a*-disrupted strains were selected by both apramycin-sensitivity and hygromycin-resistance.

Four putative *adpA-a* disruptants were obtained and we named them 60123a, 60123b, 60123d, and 60123e. The double-crossover recombination event in these mutants was also confirmed by PCR analysis (Fig. 1). When primer pairs 5/6 and 7/8 were used for PCR analysis of 60123b, a 0.9 kb band and a 0.75 kb band appeared, respectively, whereas the same bands were not detected when the genomic DNA of the wild-type strain ATCC 31267 was used as the template (Fig. 4). These results confirmed that 60123b was an *adpA-a* double-crossover gene disruptant in which the *adpA-a* gene was mostly deleted and replaced with *hyg* by double-crossover recombination. The same results were obtained when 60123a, 60123d, and 60123e were used (data not shown).

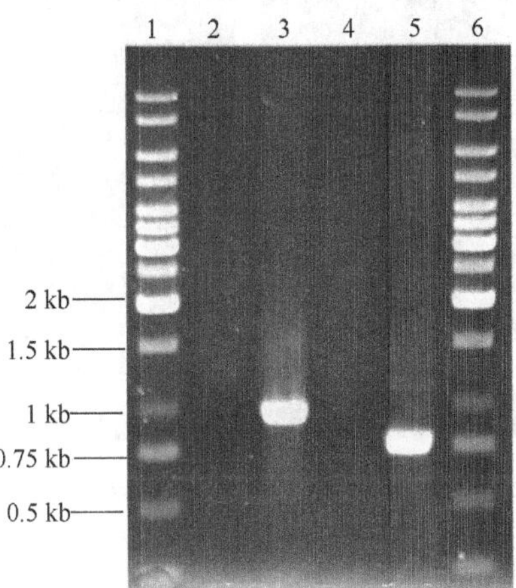

Fig. 4　PCR analysis of the *adpA-a* disruptant was conducted with genomic DNA of 60123b and wild-type ATCC 31267 by using different combinations of primers

Lanes 1 and 6. 1 kb DNA ladder; lanes 2 and 4. PCR products amplified with primer pairs 5/6 and 7/8 using genomic DNA from wild-type strain ATCC 31267, respectively; lanes 3 and 5. PCR products amplified with primer pairs 5/6 and 7/8 using genomic DNA from 60123b, respectively

2.3　Characterization of the *adpA-a* disruptant

The wild-type strain ATCC 31267 formed rich spores on YMS agar and produced soluble melanin on RM14, whereas the *adpA-a* disruptant 60123b failed to differentiate normally when grown on YMS medium, showing a bald phenotype (Fig. 5a). The defect in morpho logical differentiation of 60123b was further evaluated by phase-contrast microscopy (Fig. 6). It was evident that the *adpA-a* mutant failed to form spores but only formed very spare aerial mycelium. Furthermore, melanin production was completely abolished in 60123b when grown on RM14 (Fig. 5b). On the other hand, the *adpA-a* mutation in 60123b had almost no effect on avermectin production analyzed by HPLC (Table 1). The same results were obtained with 60123a, 60123d, and 60123e. These results show that *adpA-a* is essential for aerial mycelium formation and melanin production, although it is not necessary for avermectin production.

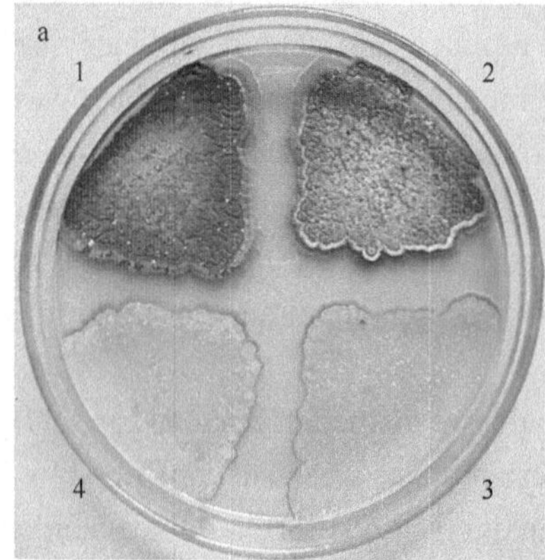

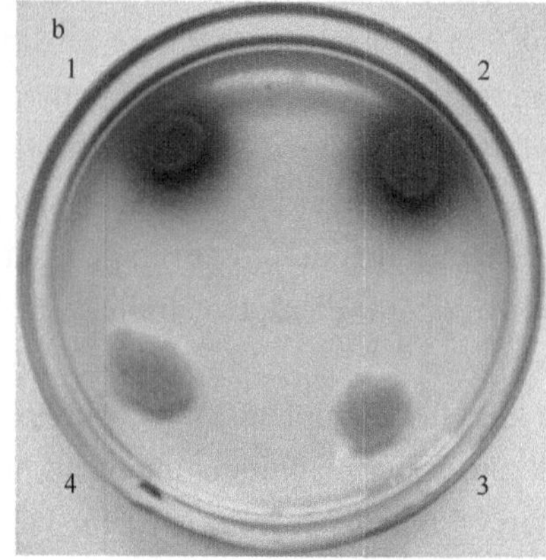

Fig. 5 Effect of *adpA-a* disruption on morphological differentiation and melanogenesis

1. *S. avermitilis* wild-type ATCC 31267; 2. *adpA-a* disruptant 60123b transformed with pSET6063; 3. *adpA-a* disruptant 60123b transformed with pSET152; 4. *adpA-a* disruptant 60123b. Cultures were grown on YMS agar (a) or RM14 agar (b) at 28℃ for 7 d and photographed. Note that the phenotype of 60123b is bald on YMS agar and 60123b produces no melanin on RM14 agar

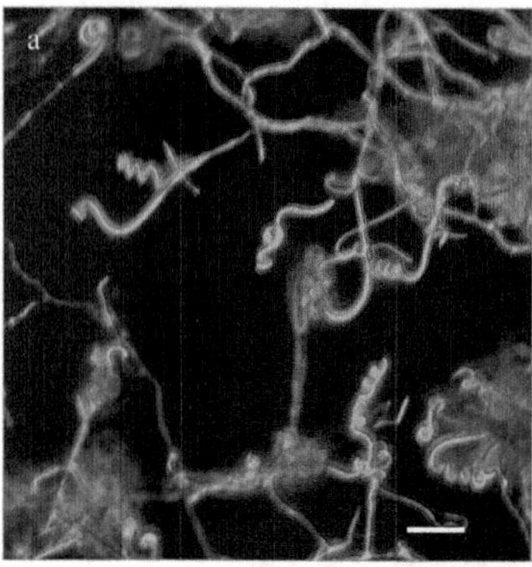

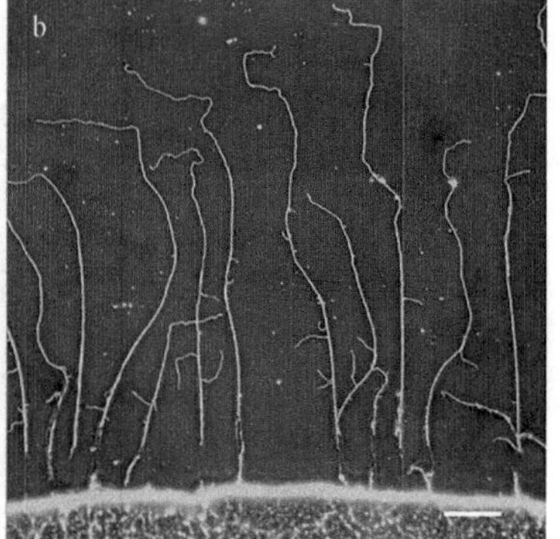

Fig. 6 Phase-contrast microscopy of the wild-type strain and the *adpA-a* disruptant 60123b of *S. avermitilis* grown on YMS agar on slides at 28℃ for 7 d

a. Spore chains were evident in the wild-type strain; b. No spore chains and sparse aerial mycelium were found in the mutant. No differences in substrate mycelium of the mutant and wild-type strains were apparent. Bar=10 μm

Table 1 Avermectin production by wild-type *S. avermitilis* ATCC 31267 and four *adpA-a* mutants (60123a, 60123b, 60123d, and 60123e)

Strain	Avermectin yield/(μg/ml)[a)]
S. avermitilis ATCC 31267	245
S. avermitilis 60123a	241
S. avermitilis 60123b	243
S. avermitilis 60123d	242
S. avermitilis 60123e	249

a) Average from three samples

2.4 Complementation of the *adpA-a* disruptant

To verify that the phenotypic differences observed between the wild-type strain ATCC 31267 and the *adpA-a* mutant 60123b were solely due to the disruption of *adpA-a*, pSET6063, a pSET152 derivative containing intact *adpA-a* and its promoter, was introduced into 60123b by protoplast transformation. As expected, all the characteristics of 60123b (morphological differentiation and melanin production) were restored to the wild type phenotypes by the presence of the wild-type *adpA-a* gene, whereas introduction of the vector pSET152 alone had no effect (Fig. 5). These lines of evidence clearly demonstrated that the phenotypic changes in strain 60123b were due solely to the loss-of-function mutation of *adpA-a*.

3. Discussion

This work demonstrates that *adpA-a* is essential for morphological differentiation but shows different characteristics in secondary metabolism; it is essential for melanin production and is not necessary for avermectin production in *S. avermitilis*. The role of *adpA-a* in morphological differentiation is similar to *adpA-c* and *adpA-g*, while the role of *adpA-a* in secondary metabolism is more similar to *adpA-c* [*adpA-c* is needed for melanogenesis (Zhu *et al.*, 2005) whereas not needed for two pigment antibiotics biosynthesis (Nguyen *et al.*, 2003; Takano *et al.*, 2003) in *S. coelicolor*] than *adpA-g* [*adpA-g* triggers streptomycin biosynthesis and grixazone formation in *S. griseus* (Ohnishi *et al.*, 2005)]. In addition to *adpA-a*, the *S. avermitilis* genome (Ōmura *et al.*, 2001) contains twelve *adpA*-like genes. Although it is clear that *adpA-a* is not important for the production of avermectin, we cannot rule out the possibility of such a role for other *adpA*-like genes. The functions of these *adpA*-like genes remain unknown.

In *S. griseus*, *adpA-g* is a key transcriptional activator in the A-factor regulatory cascade. A-factor produced in a growth-dependent manner switches on the transcription of *adpA-g* by binding to the A-factor receptor protein (ArpA) which has bound the *adpA-g* promoter, and dissociating the DNA-bound ArpA from the DNA. *adpA-g* induced in this way activates a number of genes with various functions required for secondary metabolism and morphological differentiation, forming an *adpA-g* regulon (Ohnishi *et al.*, 2005). Identified members of the *adpA-g* regulon include: *strR* (Tomono *et al.*, 2005a), *adsA* (Yamazaki *et al.*, 2000), *sgmA* (Kato *et al.*, 2002), *ssgA* (Yamazaki *et al.*, 2003a), *amfR* (Yamazaki *et al.*, 2003b), *sgiA* (Hirano *et al.*, 2006), two trypsin genes (*sprT* and *sprU*) (Kato *et al.*, 2005), and three chymotrypsin genes (*sprA*, *sprB*, and *sprD*) (Tomono *et al.*, 2005b). The consensus sequence for *adpA-g* binding is 5′-TGGCSNGWWY-3′ (S: G or C; W: A or T; Y: T or C; N: any nucleotide) (Yamazaki *et al.*, 2004). Because the amino acid sequences forming the DNA-binding domain are completely conserved between *adpA-a* and *adpA-g*, *adpA-a* may recognize and bind the same sequence as *adpA-g*. Homologues of members of the *adpA-g* regulon such as *amfR*, *ssgA*, *sgmA*, and *adsA* are found in the *S. avermitilis* genome (Ōmura *et al.*, 2001). We examined the upstream region of *SAV7499* (homologue of *amfR*, which encodes a transcriptional activator of *amf* operon needed for aerial mycelium formation in *S. griseus* (Yamazaki *et al.*, 2004) and *SAV1136-SAV1137* (homologue of *melC* operon, which is responsible for melanin production in *S. coelicolor*, *S. lividans* and *S. antibioticus* (Zhu *et al.*, 2005). As expected, sequences TGCCGGGTTC and TGGCGCGAAC similar to the consensus sequence are found in the upstream region of *SAV7499* and *SAV1136*, respectively. On the other hand, we did not find a sequence similar to the consensus sequence in the upstream regions of *aveR*. Thus, it is not surprising that the biosynthesis of avermectins was not affected by *adpA-a* disruption. The information above suggests that *adpA-a* may directly bind the promoter regions of target genes such as *SAV7499* and *SAV1136* and activate their transcription, leading to morphological differentiation and melanin production in *S. avermitilis*.

Presently, it is not clear what regulates the expression of *adpA-a*. As mentioned above, expression of *adpA-g* in *S. griseus* is directly repressed by ArpA and is induced at transition phase by the production of A-factor in the A-factor signal transduction cascade (Ohnishi *et al.*, 2005). However, *adpA-c* is not under the control of γ-butyrolactones in *S. coelicolor* (Takano *et al.*, 2003). The *S. avermitilis* genome contains one homologue of *afsA*, the *S. griseus* gene responsible for A-factor biosynthesis (Horinouchi *et al.*, 1989), and one homologue of *arpA*, the gene coding for A-factor receptor protein in *S. griseus* (Onaka and Horinouchi, 1997). Disruption of *avaA* (*afsA* homologue) and *avaR* (*arpA* homologue) has no obvious effect on secondary metabolism and morphological differentiation (our unpublished data), suggesting that *adpA-a* is not under the control of γ-butyrolactone (s) in *S. avermitilis*, given that the strain produces γ-butyrolactone (s). Consistent with this, there is no obvious nucleotide sequence characteristic of the consensus sequence bound by the butyrolactone receptor proteins (such as ArpA, BarA) in front of *adpA-a*. Recently, Rajkarnikar *et al.* (2006) have reported that *afsK-av* is a pleiotropic gene that modulates sporulation, melanogenesis, and avermectin production. The relationship between *afsK-av* and *adpA-a* need to be further studied.

In *Streptomyces*, *bldA* encodes the principle tRNA for translation of the rare leucine codon TTA, which is absent in essential genes but is present in genes encoding proteins involved in antibiotic production and morphological differentiation (Leskiw *et al.*, 1991). All of the three *adpA* orthologs, *adpA-a*, *adpA-c*, and *adpA-g*, contain a TTA codon at the corresponding position. It has been shown that in *S. coelicolor*, the TTA codon in *adpA-c* is the principle target through which *bldA* influences morphological differentiation (Nguyen *et al.*, 2003; Takano *et al.*, 2003). In *S. avermitilis*, *bldA* may affect the translation of *adpA-a*, which in turn would lead to morphological differentiation and melanin production. Characterization of *bldA* in secondary metabolism and morphological differentiation in *S. avermitilis* is now in progress in our laboratory.

References

Bierman M, Logan R, O'Brien K, *et al.* 1992. Plasmid cloning vectors for the conjugal transfer of DNA from *Escherichia coli* to *Streptomyces* spp. Gene, 116(1): 43-49.

Burg R W, Miller B M, Baker E E, *et al.* 1979. Avermectins, new family of potent anthelmintic agents: producing organisms and fermentation. Antimicrob Agents Chemother, 15(3): 361-367.

Chater K F. 1993. Genetics of differentiation in *Streptomyces*. Annu Rev Microbiol, 47: 685-713.

Gallegos M T, Schleif R, Bairoch A, *et al.* 1997. AraC/XylS family of transcriptional regulators. Microbiol Mol Biol Rev, 61(4): 393-410.

Halio S B, Blumentals II, Short S A, *et al.* 1996. Sequence, expression in *Escherichia coli*, and analysis of the gene encoding a novel intracellular protease (PfpI) from the hyperthermophilic archaeon *Pyrococcus furiosus*. J Bacteriol, 178(9): 2605-2612.

Hall T A. 1999. BioEdit: a user-friendly biological sequence alignment editor and analysis program for Windows 95/98/NT. Nucl Acids Symp Ser, 41: 95-98.

Hirano S, Kato J Y, Ohnishi Y, *et al.* 2006. Control of the *Streptomyces* subtilisin inhibitor gene by AdpA in the A-factor regulatory cascade in *Streptomyces griseus*. J Bacteriol, 188(17): 6207-6216.

Horinouchi S, Suzuki H, Nishiyama M, *et al.* 1989. Nucleotide sequence and transcriptional analysis of the *Streptomyces griseus* gene (*afsA*) responsible for A-factor biosynthesis. J Bacteriol, 171(2): 1206-1210.

Hwang Y S, Kim E S, Biró S, *et al.* 2003. Cloning and analysis of a DNA fragment stimulating avermectin production in various *Streptomyces avermitilis* strains. Appl Environ Microbiol, 69(2): 1263-1269.

Ikeda H, Kotaki H, Tanaka H, *et al.* 1988. Involvement of glucose catabolism in avermectin production by *Streptomyces avermitilis*. Antimicrob Agents Chemother, 32(2): 282-284.

Ikeda H, Nonomiya T, Usami M, *et al.* 1999. Organization of the biosynthetic gene cluster for the polyketide anthelmintic macrolide avermectin in *Streptomyces avermitilis*. Proc Natl Acad Sci USA, 96(17): 9509-9514.

Ikeda H, Ōmura S. 1997. Avermectin biosynthesis. Chem Rev, 97(7): 2591-2610.

Ikeda H, Takada Y, Pang C H, *et al.* 1993. Transposon mutagenesis by Tn*4560* and applications with avermectin-producing *Streptomyces avermitilis*. J Bacteriol, 175(7): 2077-2082

Janssen G R, Bibb M J. 1993. Derivatives of pUC18 that have *Bgl* II sites flanking a multiple cloning site and that retain ability to identify recombinant clones by visual screening of *Escherichia coli* colonies. Gene, 124(1): 133-134.

Kato J Y, Chi W J, Ohnishi Y, *et al.* 2005. Transcriptional control by A-factor of two trypsin genes in *Streptomyces griseus*. J Bacteriol, 187(1): 286-295.

Kato J Y, Suzuki A, Yamazaki H, *et al.* 2002. Control by A-factor of a metalloendopeptidase gene involved in aerial mycelium formation in *Streptomyces griseus*. J Bacteriol, 184(21): 6016-6025.

Kieser T, Bibb M J, Buttner M J, *et al.* 2000. Practical *Streptomyces* Genetics. Norwich: The John Innes Foundation.

Lee S J, Kim S J, Kim I K, *et al.* 2003. Crystal structures of human DJ-1 and *Escherichia coli* Hsp31, which share an evolutionarily conserved domain. J Biol Chem, 278(45): 44552-44559.

Leskiw B K, Lawlor E J, Fernandez-Abalos J M, *et al.* 1991. TTA codons in some genes prevent their expression in a class of developmental, antibiotic-negative, *Streptomyces* mutants. Proc Natl Acad Sci USA, 88(6): 2461-2465.

MacNeil D J, Klapko L M. 1987. Transformation of *Streptomyces avermitilis* by plasmid DNA. J Ind Microbiol, 2: 209-218.

Mizote T, Tsuda M, Smith D D S, *et al.* 1999. Cloning and characterization of the *thiD*/*J* gene of *Escherichia coli* encoding a thiamin-synthesizing bifunctional enzyme, hydroxymethylpyrimidine kinase/phosphomethylpyrimidine kinase. Microbiology, 145(2): 495-501.

Nguyen K T, Tenor J, Stettler H, *et al.* 2003. Colonial differentiation in *Streptomyces coelicolor* depends on translation of a specific codon within the *adpA* gene. J Bacteriol, 185(24): 7291-7296.

Ohnishi Y, Nishiyama Y, Sato R, *et al.* 2000. An oligoribonuclease gene in *Streptomyces griseus*. J Bacteriol, 182(16): 4647-4653.

Ohnishi Y, Yamazaki H, Kato J Y, *et al.* 2005. AdpA, a central transcriptional regulator in the A-factor regulatory cascade that leads to morphological development and secondary metabolism in *Streptomyces griseus*. Biosci Biotechnol Biochem, 69(3): 431-439.

Ōmura S, Ikeda H, Ishikawa J, *et al.* 2001. Genome sequence of an industrial microorganism *Streptomyces avermitilis*: deducing the ability of producing secondary metabolites. Proc Natl Acad Sci USA, 98(21): 12215-12220.

Onaka H, Horinouchi S. 1997. DNA-binding activity of the A-factor receptor protein and its recognition DNA sequences. Mol Microbiol, 24(5): 991-1000.

Rajkarnikar A, Kwon H J, Ryu Y W, *et al.* 2006. Catalytic domain of AfsKav modulates both secondary metabolism and morphologic differentiation in *Streptomyces avermitilis* ATCC 31272. Curr Microbiol, 53: 204-208.

Sambrook J, Fritsch E F, Maniatis T. 1989. Molecular Cloning: A Laboratory Manual. 2nd ed. New York: Cold Spring Harbor Laboratory.

Takano E, Tao M, Long F, *et al.* 2003. A rare leucine codon in *adpA* is implicated in the morphological defect of *bldA* mutants of *Streptomyces coelicolor*. Mol Microbiol, 50(2): 475-486.

Tomono A, Tsai Y, Ohnishi Y, *et al.* 2005a. Three chymotrypsin genes are members of the AdpA regulon in the A-factor regulatory cascade in *Streptomyces griseus*. J Bacteriol, 187(18): 6341-6353.

Tomono A, Tsai Y, Yamazaki H, *et al.* 2005b. Transcriptional control by A-factor of *strR*, the pathway-specific transcriptional activator for streptomycin biosynthesis in *Streptomyces griseus*. J Bacteriol, 187(16): 5595-5604.

Yamazaki H, Ohnishi Y, Horinouchi S. 2000. An A-factor-dependent extracytoplasmic function sigma factor (AdsA) that is essential for morphological development in *Streptomyces griseus*. J Bacteriol, 182(16): 4596-4605.

Yamazaki H, Ohnishi Y, Horinouchi S. 2003a. Transcriptional switch on of *ssgA* by A-factor, which is essential for spore septum formation in *Streptomyces griseus*. J Bacteriol, 185(4): 1273-1283.

Yamazaki H, Takano Y, Ohnishi Y, *et al.* 2003b. *amfR*, an essential gene for aerial mycelium formation, is a member of the AdpA regulon in the A-factor regulatory cascade in *Streptomyces griseus*. Mol Microbiol, 50(4): 1173-1187.

Yamazaki H, Tomono A, Ohnishi Y, *et al.* 2004. DNA-binding specificity of AdpA, a transcriptional activator in the A-factor regulatory cascade in *Streptomyces griseus*. Mol Microbiol, 53(2): 555-572.

Zhang X L, Chen Z, Zhao J L, *et al.* 2004. Deletion analysis of oligomycin PKS genes (*olmA*) in *Streptomyces avermitilis*. Chinese Sci Bull, 49(4): 350-354.

Zhu D Q, He X Y, Zhou X F, *et al.* 2005. Expression of the *melC* operon in several *Streptomyces* strains is positively regulated by AdpA, an AraC family transcriptional regulator involved in morphological development in *Streptomyces coelicolor*. J Bacteriol, 187(9): 3180-3187.

本文原载: Chin Sci Bull, 2007, 52(5): 623-630.

Engineering of Avermectin Biosynthetic Genes to Improve Production of Ivermectin in *Streptomyces avermitilis*[*]

Meng Li, Zhi Chen, Xiuping Lin, Xuan Zhang, Yuan Song, Ying Wen, Jilun Li
(State Key Laboratories for Agrobiotechnology and College of Biological Sciences, China Agricultural University, Beijing, 100193, China)

Abstract

Two new recombinants of avermectin polyketide synthases were constructed by domain and module swapping in *Streptomyces avermitilis* 73-12. However, only the strain, *S. avermitilis* OI-31, formed by domain substitution could produce ivermectin. Analysis of the ivermectin synthesized gene cluster showed that decreased amount of *aveC* transcripts was one of the factors causing low yield of ivermectin. Overexpression of *aveC* could improve ivermectin yield.

Keywords

ivermectin, combinatorial biosynthesis, polyketide synthase, avermectin, *aveC*, *Streptomyces avermitilis*.

Avermectins, a group of antiparasitic macrolides produced by *Streptomyces avermitilis*, are composed of eight structurally related polyketide compounds (Fig. 1) (Burg *et al.*, 1979). Among those compounds, avermectin B_{1a} has the strongest antiparasitic activity. Ivermectins (Fig. 1) (22, 23-dihydroavermectin B_1), which are derived from avermectin B_1, show lesser toxic side effects than avermectin B_1, and are used worldwide in livestock production and in health care of animals. They have also been applied in human medicine, particularly treatment of onchocerciasis and strongyloidiasis (Aziz *et al.*, 1982; Campbell, 1989). The previously established industrial process for producing ivermectin involves extracting a mixture of avermectins from fermentation broth of *S. avermitilis*, isolating avermectin B_1 from the mixture, and chemically reducing the double bond between C22 and C23 of avermectin B_1 using rhodium chloride as a special catalyst for region-specific hydrogenation (Chabala *et al.*, 1980). This process is expensive, and causes heavy metal pollution. A preferred alternative is to produce genetically engineered strains of *S. avermitilis* which produce ivermectins directly.

The complete nucleotide sequence of the linear chromosome of *S. avermitilis* was published, and sequence analysis revealed the organization of the avermectin biosynthetic genes and their deduced functions (Ikeda *et al.*, 2003, 1998). The responsible avermectin synthase (AVES) was a typical modular polyketide synthase (PKS). The avermectin PKS were consisted of four giant multifunctional polypeptides (AVES1, AVES2, AVES3, and AVES4), which were encoded by four large open reading frames (*aveA1*-*aveA2* and

*This study was supported by grants from the National Basic Research Program of China (Grant No. 2003CB114205) and the National High Technology Research and Development Program (Grant No. 2006AA10A209). We thank Dr. Huarong Tan (Institute of Microbiology, Chinese Academy of Sciences) for donation of plasmid pKC1139.

aveA3-aveA4).The unsaturated bond of C22-C23 is determined by a putative partially active dehydratase (DH) and ketoreductase (KR) in module 2 without an enoylreductase (ER). In order to directly synthesize ivermectins and avoid any chemical steps, several attempts have been made to replace the DH2 domain of AVES1 with completely active DH and ER domain from other modular PKSs. In a previous study, we replaced aveDH2 with the DNA fragment encoding DH4-ER4 from erythromycin PKS. However, neither ivermectins nor avermectins were detected from the resulting mutants. Next, aveDH2-KR2 was replaced by the DNA fragment encoding DH4-ER4KR4 from pikromycin PKS. The mutants had the ability to produce ivermectins, but the yield was only 1~4 μg/ml (Zhang *et al.*, 2006). When the DNA fragment encoding DH13-ER13-KR13 from rapamycin PKS was used to replace the domains of AveDH2-KR2, the estimated total amount of avermectins and 22, 23-dihydroavermectins produced in the mutant was decreased approximately eight-fold compared to the yield of avermectins of wild-type control (Gaisser *et al.*, 2003). Therefore, the yield of ivermectins produced by hybrid PKSs needs to be improved.

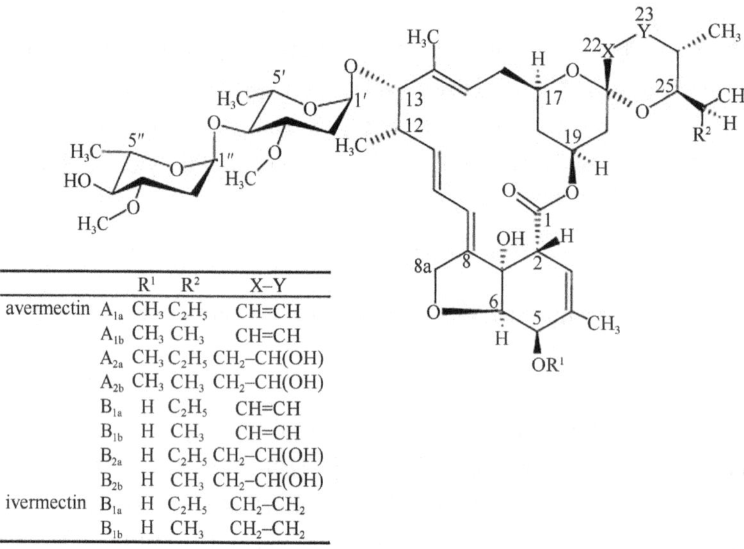

		R^1	R^2	X–Y
avermectin	A_{1a}	CH_3	C_2H_5	CH=CH
	A_{1b}	CH_3	CH_3	CH=CH
	A_{2a}	CH_3	C_2H_5	CH_2–CH(OH)
	A_{2b}	CH_3	CH_3	CH_2–CH(OH)
	B_{1a}	H	C_2H_5	CH=CH
	B_{1b}	H	CH_3	CH=CH
	B_{2a}	H	C_2H_5	CH_2–CH(OH)
	B_{2b}	H	CH_3	CH_2–CH(OH)
ivermectin	B_{1a}	H	C_2H_5	CH_2–CH_2
	B_{1b}	H	CH_3	CH_2–CH_2

Fig. 1 Structures of avermectins and ivermectins

Oligomycins, strongly toxic compounds that specifically inhibit the oxidative-phosphorylation reaction in mammalian cells, are another family of macrocyclic lactones synthesized by *S. avermitilis* (Pinna et *al.*, 1967). The oligomycin biosynthetic gene cluster (*olm*) contains 18 ORFs spanning a distance of 104 kb. The *olm* gene was deleted from the chromosome of *S. avermitilis* in our previous study (Zhang *et al.*, 2004), and the *aveD* which encodes C5-*O*-methyltransferase in avermectin biosynthetic gene cluster was also deleted (Ikeda *et al.*, 1998; Chen *et al.*, 2002). The resulting mutant strain *S. avermitilis* Olm73-12 produces only avermectins B, and no oligomycin. And it was reported that by employing naturally occurring subunits from different PKSs, the yield of a new compound can be improved over 100-fold (Tang *et al.*, 2000). The goal of the present study was to substitute AVES1 module 2 or DH2-KR2 domain (Fig. 2a) by module or domains in oligomycin synthase (OLMS), to increase the yield of ivermectins.

The OLMS was analyzed by the database SEARCHPKS (http://www.nii.res.in/pksdb.html) (Yadav *et al.*, 2003), and found to consist of 17 modules carrying 79 catalytic domains. Among these, modules 3, 7 and 9 contain DH-ER-KR domains. It was reported that relative substrate tolerance of diverse modules is essential for the rational design of hybrid multimodular PKS. Especially the substrate specificity of the KS domains is the critical determinant for generating functional hybrid PKS systems (Watanabe *et al.*, 2003). The native substrates of AVES module 2 contain sp3 hybridized carbons (α-methyl-β-hydroxy) would only process sp^3 hybridized substrates. In these three OLMS modules, only module 3 contains sp^3 hybridized carbons. Native substrates of modules 7 and 9 contain sp^2 hybridized carbons (β-keto or α,β-unsaturated) may not process the sp^3 hybridized substrates of avermectin module 2. To improve the yield of ivermectins, we chose OLMS module 3 to substitute the AVES1 module 2, to generate hybrid PKSs that produce ivermectins (Fig. 2b). The putative substituted mutants were named OM-9. The double-crossover recombination event in the mutant was confirmed by PCR analysis. Yields of avermectins and ivermectins in Olm73-12 and OM-9 were determined by fermentation experiments and HPLC analysis. HPLC results showed that the module swapping strain produced no avermectins and ivermectins, indicating that substituting the AVES1 module 2 inactivated the avermectin PKS.

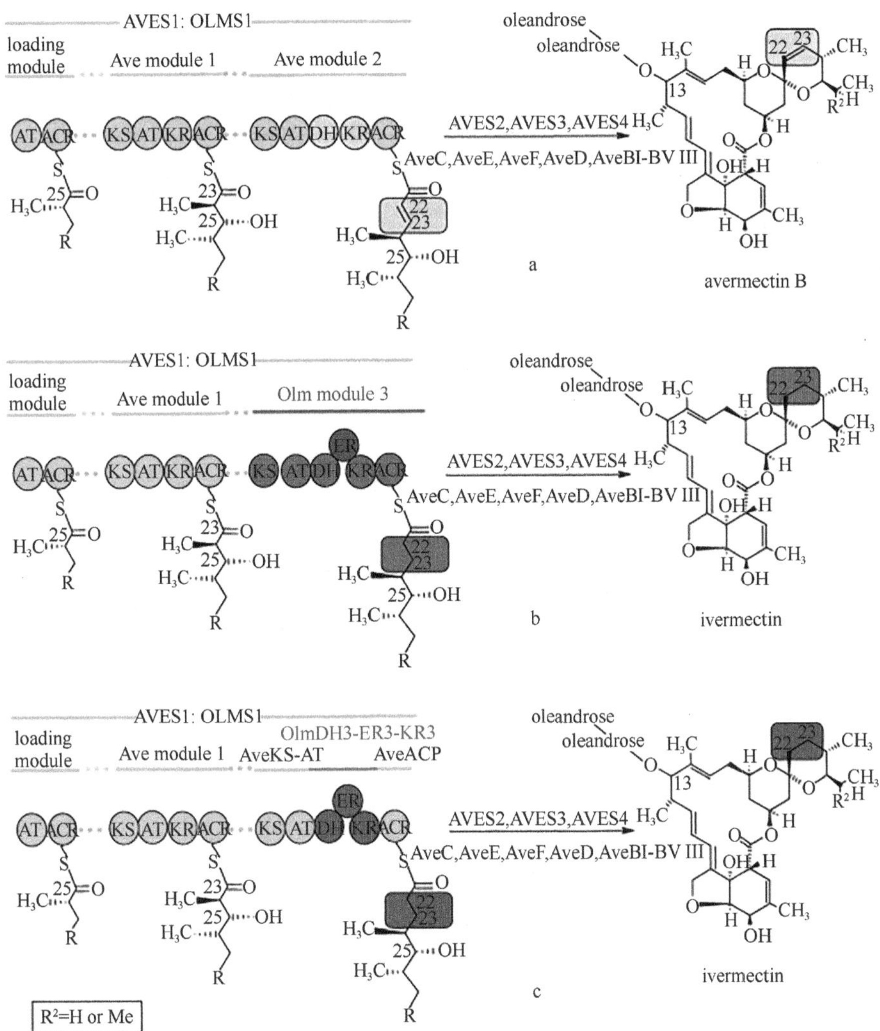

Fig. 2　Predicted products of engineered avermectin PKS (Color figure in the two-dimensional code at the back cover)

a. AVES module 2; b. AveDH2-KR2 was replaced with OLMS module 3; c. AveDH2-KR2 was replaced with OlmDH3-ER3-KR3

Next, OlmDH3-ER3-KR3 was used to substitute AveDH2-KR2, to construct a functional hybrid PKS with reduction of the double bond between C22 and C23 of avermectins B_1 (Fig. 2c). The putative substitution mutant was named OI-31. The double-crossover recombination event in these mutants was confirmed by PCR analysis. Cultures of the substituted mutant OI-31 and the parental strain *S. avermitilis* Olm73-12 were extracted with methanol and the extracts were analyzed by RP-HPLC/UV. A new compound has the same retention time of the authentic sample 22, 23-dihydroavermectin B_{1a} yield in OI-31, which was not detected in Olm73-12, as monitored by RP-HPLC with UV detection at 246 nm (Fig. 3).

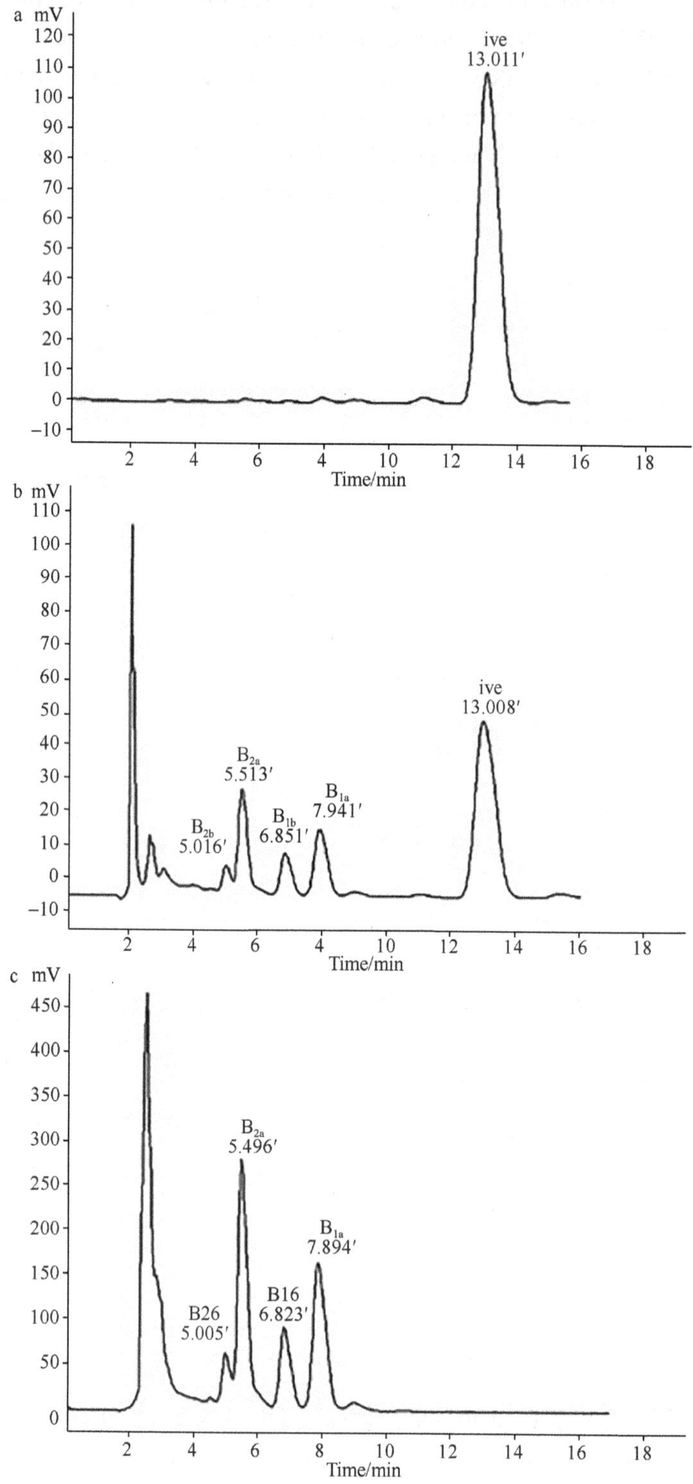

Fig. 3 HPLC analysis of pure 22, 23-dihydroavermectin B_{1a} used as standard (a), the mycelial extracts from the mutant OI-31 (b), and the parental strain *S. avermitilis* Olm73-12 (c)

Structure of the new compound was determined by LC/MS and NMR analyses. The mass of the compound was observed at *m/z* 897 ($[M+Na]^+$), which corresponds to the mass of 22, 23-dihydroavermectin B_{1a}, and the mass fragmentation pattern was fully consistent with 22, 23-dihydroavermectin B_{1a}. Results of ^{1}H and ^{13}C NMR analysis were also consistent with 22, 23-dihydroavermectin B_{1a}. These findings confirmed that the new compound produced by OI-31 is ivermectin B_{1a}. The ivermectin yield of OI-31 was 15.6 μg/ml, which was about five-fold higher than that of Ive12-4, an ivermectin-producing strain constructed by replacement of AveDH2-KR2 with DH4-ER4-KR4 domains from pikromycin PKS in our previous study (Zhang *et al.*, 2006). To evaluate transcription of exogenous domain ER in the substitution mutant OI-31, total RNA was isolated from exponentially growing cultures. A 542 bp fragment inside olmER3 was detected by RT-PCR. When primer pairs ER1/ER2 were used for PCR analysis of the mutant OI-31, a 0.5 kb band appeared, whereas no such band was detected when total RNA of Olm73-12 was used as template. Thus, *olm*ER3 could be transcribed in the substituted mutant.

Oligomycin is another secondary metabolite synthesized by type-I PKS of *S. avermitilis* besides avermectins. And the spatial relationships among domains within its modules may approximate those of avermectin. It may improve the ability of mutual recognition of modules in hybrid PKS and recognized to substrate. Our results indicate that domains from oligomycin PKS may be more suitable for swapping AveDH2-KR2 than domains from pikromycin PKS or erythromycin PKS. However, the yield of ivermectins is still too low for large-scale production and it still produces avermectin B, indicating that the processing steps at C22-C23 are incomplete. The module-substituted mutants produce no avermectins or ivermectins. It is likely that module swapping disrupts interactions between protein modules in the assembly line.

Although genetic engineering of modular PKSs has been reported frequently, and many kinds of new polyketides have been produced, how to investigate the hybrid modules inter identified and to be functional is still unknown. There are many possible reasons for low yield of the new metabolite, including decrease in transcription level or mRNA stability. For example, reduced yield of ivermectins and avermectins in substituted mutant strain OI31 may result from low transcription level of hybrid PKS. To test this hypothesis, expression levels of several ORFs in the avermectin gene cluster were analyzed by semi-quantitative RT-PCR applied to total RNA obtained from *S. avermitilis* OI-31 after growth on SYFT for 48 h and 72 h, and concurrently from parental *S. avermitilis* Olm73-12. Three genes were chosen for this analysis: *aveA1*, *aveA2*, and *aveC*. The PCR primers are specific to the sequence within each gene, and designed to produce PCR products ranging from 200 bp to 450 bp. After agarose gel electrophoresis, band intensities of PCR products were compared between Olm73-12 and OI-31. In OI-31, the amount of *aveC* transcripts decreased drastically, whereas those of *aveA1* and *aveA2* were almost unchanged (Fig. 4). Decreased expression of *aveC* affects the combined efficiency of avermectin and ivermectin biosynthesis. The *aveC* overexpression vector pMC2 was constructed and introduced into OI-31 in order to test whether overexpression of *aveC* could increase ivermectin production. The resulting transformants, OI-31C2, displayed a two-fold increase in ivermectin production, although the biomass of OI31C2 was similar to that of OI-31 (Fig. 5). AveC is the product of an additional open reading frame of the avermectin biosynthetic cluster. Sequence analysis suggested that *ave*C may be transcriptionally coupled to *aveA2*. Random mutation of *ave*C leads to enhanced production of the hydrated avermectin series 2 (Ikeda *et al.*, 1999). And several mutations of *ave*C by site-specific mutagenesis, error-prone PCR (Stutzman-Engwall *et al.*, 2003) and semi-synthetic DNA shuffling (Stutzman-Engwall *et al.*, 2003) conduce to significantly improved ratios of B_1, B_2. However, the function of AveC is not obvious, because there is no homology between its deduced amino acid sequence and the active-site motif of the putative dehydratase. Our results suggest that *ave*C plays an important role in ivermectin biosynthesis. We are currently investigating the function of AveC in avermectin biosynthesis, and the relationship between AveC and AveDH2.

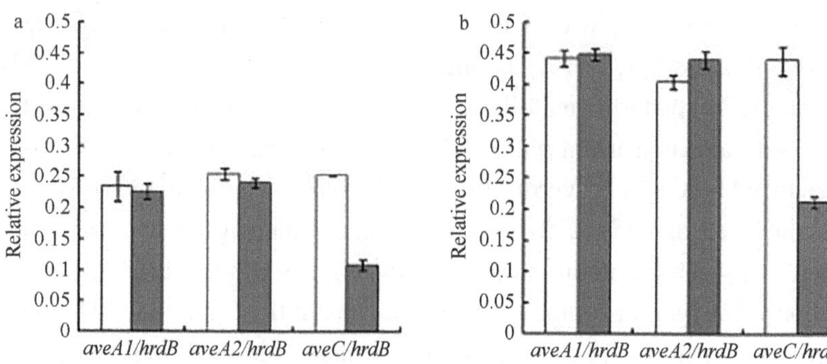

Fig. 4 Semi-quantitative RT-PCR analysis for *aveA1*, *aveA2*, and *aveC* in *S. avermitilis* 73-12 (white) and OI-31 (gray), performed on total RNA isolated following two incubation periods

a. 48 h (during exponential phase); b. 72 h (early-stationary phase). Results are reported (mean±SD) as relative expression of *aveA1*, *aveA2*, and *aveC* transcripts with respect to *hrdB* mRNA, at 48 h and 72 h. In the two experiments with different time-points, the difference in relative *aveA1*, *aveA2*, and *aveC* mRNA levels may be attributed to difference in growth rates

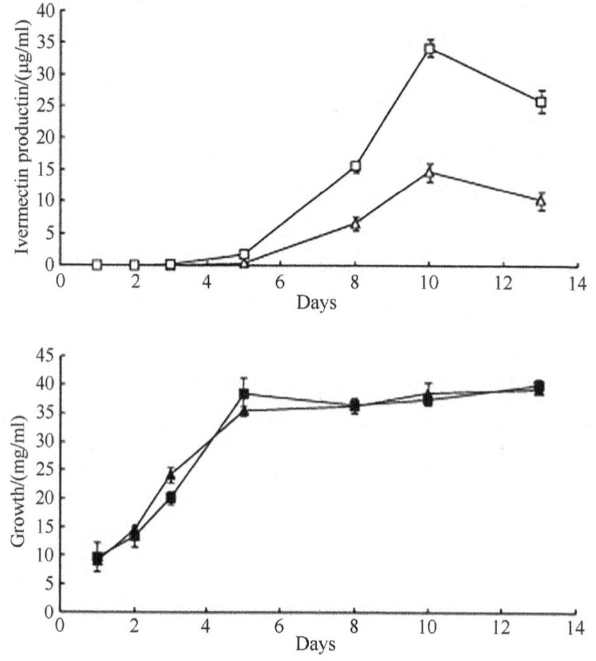

Fig. 5 Growth and ivermectin production of *S. avermitilis* containing *aveC* on a multicopy plasmid

Growth curves: (■) transformants with pMC2; (▲) OI-31 with pKC1139. Ivermectin production: (□) transformants with pMC2; (Δ) OI-31 with pKC1139

In this study we constructed the mutations which could produce ivermectin directly by domain substitution, although the parental strain could not produce ivermectin. However, the yields of ivermectins are much lower in OI-31 and OI31C2 than the amount of avermectin B produced in the parental strain 73-12. There are presumably other reasons besides decreased *aveC* expression leading to low yield of ivermectins. The transcription level of mRNA of avermectin polyketide was not changed in the present study, implying that transcription level is not the factor causing low activity of ivermectin PKS. Poor folding of the hybrid PKSs, and unfavorable protein-protein interactions, may be responsible for this low activity. Function of individual domains with a preferred set of partner activities, and the fact that all domains have some degree of substrate specificity, are still problems in combinatorial biosynthesis. Spatial relationships among domains within the modules, that allow them to cooperate in a sequential fashion, remain to be studied in detail in order to improve the activity of hybrid PKSs.

References

Aziz M A, Diallo S, Diop I M, *et al.* 1982. Efficacy and tolerance of ivermectin in human onchocerciasis. The Lancet, 320(8291): 171-173.

Burg R W, Miller B M, Baker E E, *et al.* 1979. Avermectins, new family of potent anthelmintic agents: producing organism and fermentation. Agents Chemother, 15(3): 361-367.

Campbell W C. 1989. Ivermectin and Abamectin. New York: Springer-Verlag: 60-323.

Chabala J C, Mrozik H, Tolman R L, *et al.* 1980. Ivermectin, a new broad-spectrum antiparasitic agent. J Med Chem, 23(10): 1134-1136.

Chen Z, Wen Y, Song Y, *et al.* 2002. Effect of gene deletion of *aveD* on avermectins production in *Streptomyces avermitilis*. Acta Microbiol Sin (in Chinese), 42(5): 534-538.

Gaisser S, Kellenberger L, Kaja A L, *et al.* 2003. Direct production of ivermectin-like drugs after domain exchange in the avermectin polyketide synthase of *Streptomyces avermitilis* ATCC31272. Org Biomol Chem, 1(16): 2840-2847.

Ikeda H, Ishikawa J, Hanamoto A, *et al.* 2003. Complete genome sequence and comparative analysis of the industrial microorganism *Streptomyces avermitilis*. Nat Biotechnol, 21(5): 526-531.

Ikeda H, Nonomiya T, Usami M, *et al.* 1999. Organization of the biosynthetic gene cluster for the polyketide anthelmintic macrolide avermectin in *Streptomyces avermitilis*. Natl Acad Sci USA, 96(17): 9509-9514.

Ikeda H, Wang L R, Ohta T, *et al.* 1998. Cloning of the gene encoding avermectin B 5-*O*-methyltransferase in avermectin-producing *Streptomyces avermitilis*. Gene, 206(2): 175-180.

Pinna L A, Lorini M, Moret V, *et al.* 1967. Effect of oligomycin and succinate on mitochondrial metabolism of adenine nucleotides. Biochim Biophys Acta, 143(1): 18-25.

Stutzman-Engwall K, Conlon S, Fedechko R, *et al.* 2003. Engineering the *aveC* gene to enhance the ratio of doramectin to its CHC-B2 analogue produced in *Streptomyces avermitilis*. Biotechnol Bioeng, 82(3): 359-369.

Stutzman-Engwall K, Conlon S, Fedechko R, *et al.* 2005. Semi-synthetic DNA shuffling of *aveC* leads to improved industrial scale production of doramectin by *Streptomyces avermitilis*. Metab Eng, 7(1): 27-37.

Tang L, Fu H, McDaniel R. 2000. Formation of functional heterologous complexes using subunits from the picromycin, erythromycin and oleandomycin polyketide synthases. Cell Chem Biol, 7(2): 77-84.

Watanabe K, Wang C C, Boddy C N, *et al.* 2003. Understanding substrate specificity of polyketide synthase modules by generating hybrid multimodular synthases. Biol Chem, 278: 42020-42026.

Yadav G, Gokhale R S, Mohanty D, 2003. SEARCHPKS: a program for detection and analysis of polyketide synthase domains. Nucleic Acids Res, 31(13): 3654-2658.

Zhang X, Chen Z, Li M, *et al.* 2006. Construction of ivermectin producer by domain swaps of avermectin polyketide synthase in *Streptomyces avermitilis*. Microbiol Biotechnol, 72(5): 986-994.

Zhang X, Chen Z, Zhao J, *et al.* 2004. Deletion analysis of oligomycin PKS genes (*olmA*) in *Streptomyces avermitilis*. Chin Sci Bull, 49(4): 350-254.

本文原载: Bioorg Med Chem Lett, 2008, 18(20): 5359-5363.

Enhancement of Avermectin and Ivermectin Production by Overexpression of the Maltose ATP-binding Cassette Transporter in *Streptomyces avermitilis*[*]

Meng Li, Zhi Chen, Xuan Zhang, Yuan Song, Ying Wen, Jilun Li

(State Key Laboratories for Agrobiotechnology and College of Biological Sciences, China Agricultural University, Beijing, 100193, China)

Abstract

We investigated the function of maltose ABC transporter system encoded by *malEFG-a* and the effect of its overexpression on antibiotic production in *Streptomyces avermitilis*. A *malEFG-a* deletion mutant was unable to grow in a minimal medium with maltose as sole carbon source and produce avermectin. Maltose utilization and avermectin production were restored by introduction of a single copy of *malEFG-a*. RT-PCR analysis showed that the expression of *malE-a* was induced by maltose, and was strongly repressed by glucose. When multi-copy, integrative *malEFG-a* gene expression vectors were introduced into wild type strain ATCC 31267 and ivermectin-producer OI-31, antibiotic production increased by 2.6- to 3.3-fold and the time required for fermentation decreased by about 10%. The overexpression of *malEFG-a* improved the utilization rate of starch, and thereby enhanced avermectin production. Such an approach would be useful for the improvement of commercial antibiotic production using starch as the main carbon source in the fermentation process.

Keywords

maltose, ABC transporter, *Streptomyces avermitilis*, avermectin, ivermectin.

1. Introduction

Starches are used widely in the antibiotic production and fermentation industries as carbon and energy sources (Neway, 1989). They are large polysaccharide molecules, and are generally unable to pass through cell membranes. Starch utilization generally requires the presence of amylases secreted into the medium (Boos and Shuman, 1998) and the transport of the degradation products, mostly maltose and maltodextrins, into the cytoplasm by members of the ATP-binding cassette (ABC) transport system superfamily (Holland and Blight, 1999; Young and Holland, 1999). ABC transporters are ubiquitous membrane protein complexes that transport solutes across the membrane using energy generated by ATP hydrolysis (Higgins, 1992, 1995, 2001; Rees

*This work was supported by grants from the Ministry of Science and Technology of China (Grant No. 2006AA10A209 and No. 2009CB118905) and from State Key Laboratories for Agrobiotechnology (2010SKLAB05-1).

et al., 2009). They do not phosphorylate or otherwise modify their substrates during the transport process (Higgins, 1992; Davidson and Chen, 2004; Davidson *et al.*, 2008). Substrate-binding proteins of ABC transporters are soluble in the periplasm of Gram-negative bacteria, but are anchored to the membrane by lipid modifications in Gram-positive bacteria (Linton and Higgins, 1998). Many reports show that ABC uptake systems specific for maltose and maltodextrin are widespread among bacteria (Davidson *et al.*, 2008). Sequence alignment analysis shows that maltose ABC transporter belongs to the CUT1 subfamily, which comprises transporters specific for di- and oligosaccharides, glycerol phosphate, and polyols (Schneider, 2001). The maltose ABC transporter in *Streptomyces coelicolor* A3 (2) is composed of the periplasmic maltose-binding protein (MBP) MalE, a membrane-bound complex comprising hydrophobic subunits MalF and MalG, and two copies of the ATPase subunit, MsiK, which is involved in cellobiose and maltose uptake in whole cells (van Wezel *et al.*, 1997). In the process of maltose transport, MalE and membrane-bound complex MalF and MalG cooperate with each other. The maltose ABC transporters in other *Streptomyces*, such as *S. lividins* (Schlösser *et al.*, 2001) and *S. retuculi* (Schlösser *et al.*, 1999), were also characterized and showed a high degree of similarity.

Avermectins, a group of anthelmintic and insecticidal agents (A_{1a}, A_{1b}, A_{2a}, A_{2b}, B_{1a}, B_{1b}, B_{2a}, B_{2b}) produced by *Streptomyces avermitilis*, are widely used in the agricultural, veterinary, and medical fields (Burg *et al.*, 1979; Miller *et al.*, 1979). Among these compounds, the B_1 types have the strongest antiparasitic activity. Ivermectins (22, 23-dihydroavermectin B_1), which are derived from avermectin B_1, show less toxic side effects than avermectin B_1, and are used in livestock production and in health care of animals and humans (Campbell *et al.*, 1983; Fernandez-de-Mera *et al.*, 2004). We previously reported construction of genetically engineered strain *S. avermitilis* OI-31, which can produce ivermectins directly, by domain swaps of avermectin polyketide synthase; however, the yield of ivermectins needs to be improved (Zhang *et al.*, 2006; Li *et al.*, 2008).

Starch is the most important carbon source in the process of avermectin or ivermectin fermentation (Chen *et al.*, 2007). The amount of starch in fermentation medium is a crucial factor in avermectin production (Ikeda *et al.*, 1988). Since starch is utilized by *S. avermitilis* for formation of maltose and maltodextrin, the efficiency of maltose/maltodextrin transporters is probably crucial for *S. avermitilis* growth and antibiotic production. *S. avermitilis* contains a homologue of *malEFG* (designated as *malEFG-a*) which is involved in maltose/maltodextrin transport in *S. coelicolor* and other *Streptomyces* (Ikeda et *al.*, 2003). However, the exact function of *malEFG-a* remains to be determined.

We describe here characterization of *malEFG-a* encoding maltose ABC transporter in *S. avermitilis* and potential strain improvement based on the overexpression of maltose ABC transporter for increasing the yield of avermectin or ivermectin.

2. Methods

2.1 Strains and plasmids

Strains used were: *S. avermitilis* ATCC 31267 (wild-type; avermectin-producer), *S. avermitilis* OI-31 (ivermectin-producer) (Li *et al.*, 2008), *Escherichia coli* DH5a (used for routine DNA manipulation), *E. coli* ET12567 (*dam dcm hsdS*; used to propagate non-methylated DNA for transformation into *S. avermitilis*) (MacNeil and Klapko, 1987).

E. coli-Streptomyces high copy number vector pKC1139 (Bierman *et al.*, 1992), which contains a *Streptomyces* temperature-sensitive origin of replication, was used for gene disruption by homologous recombination and for introducing multi-copies of *malEFG-a* into *S. avermitilis*. pSET152 (Bierman *et al.*, 1992), which can integrate into the *Streptomyces* chromosome by site-specific recombination at the bacteriophage UC31 attachment site (attB), was used to introduce a single copy of *malEFG-a* into *S. avermitilis* pIJ963 (Kieser *et al.*, 2000) was used to provide hygromycin resistance gene (*hyg*) for constructing gene replacement vector. T-vector pMD18-T (TaKaRa, Dalian, China) was used for cloning PCR products.

2.2 Media and culture conditions

E. coli DH5a was grown at 37℃ in Luria-Bertani (LB) medium (Sambrook *et al.*, 1989) and ampicillin (100 μg/ml) or apramycin (100 μg/ml) was added when necessary for plasmid propagation. *S. avermitilis* was grown at 28℃ on solid YMS (yeast extract-malt extract-starch) medium (Ikeda *et al.*, 1988) or SFM (soya flour-mannitol) medium (Hobbs *et al.*, 1989) for sporulation. RM14 medium (MacNeil and Klapko, 1987) was used for regeneration of protoplasts. YEME (yeast extract-malt extract) medium (Kieser *et al.*, 2000) containing 25% sucrose was used to grow mycelia for the purpose of extracting DNA and preparing protoplasts. When necessary, apramycin was added at a concentration of 10 μg/ml for YMS, 20 μg/ml for RM14, or 5 μg/ml for YEME; hygromycin was added at 50 μg/ml for YMS. Seed medium for avermectin or ivermectin fermentation was composed of 30 g soluble starch, 4 g yeast extract, 2 g soya peptone, and 10 mg $CoCl_2·6H_2O$ per liter H_2O. Fermentation medium was composed of 70 g soluble starch, 16 g yeast power, 0.5 g $K_2HPO_4·3H_2O$, 0.5 g $MgSO_4·7H_2O$, 4 g KCl, 10 mg $CoCl_2·6H_2O$, and 2 g $CaCO_3$ per liter H_2O (Chen *et al.*, 2007). SMM (supplemented liquid minimal medium), used for analyzing utilization of carbon sources, was composed of 81.9 ml PEG 6000 (6.1% *w*/*V* in distilled water), 5 mmol/L $MgSO_4·7H_2O$, 25 mmol/L TES (Tris (hydroxymethyl)-methyl-2-aminoethanesulphonic acid) buffer (pH 7.2), 1 mmol/L NaH_2PO_4, 1 mmol/L K_2HPO_4, 0.1 ml trace element solution (0.1 g/L $ZnSO_4·7H_2O$, $FeSO_4·7H_2O$, $MnCl_2·4H_2O$, $CaCl_2·6H_2O$ and NaCl), and carbon sources (1% *w*/*V*) per 100 ml H_2O (Strauch *et al.*, 1991). SYFT (starch-yeast-fermentation medium) was composed of 50 g soluble starch, 12 g yeast extract, 0.5 g $MgSO_4·7H_2O$, 4 g KCl, 5 mg $CoCl_2·6H_2O$, 0.5 g $K_2HPO_4·3H_2O$ for the purposes of extracting RNA.

2.3 DNA manipulation and sequencing

Plasmid and chromosomal DNA were isolated by standard techniques from *Streptomyces* (Kieser *et al.*, 2000) or *E. coli* (Sambrook *et al.*, 1989). DNA cloning and transformation of competent *E. coli* cells were performed as described by Sambrook *et al.* (1989). *S. avermitilis* protoplast formation, transformation, and regeneration were performed as described previously (Li *et al.*, 2008). PCR was carried out using PfuUltra polymerase (Stratagene) as recommended by the manufacturer. DNA sequencing was performed by TaKaRa Biotechnology Co., Ltd. (Dalian, China).

2.4 Construction of *malEFG-a* deletion mutant

The *malEFG-a* gene replacement vector was constructed as follows: using genomic DNA of *S. avermitilis* ATCC 31267 as template, a 0.87 kb fragment upstream of *malE-a* start codon was amplified by PCR with primers mal1 (5′-ATA<u>TCTAGA</u>GCCAGCAGGAAGCCGAAG-3′: the engineered *Xba* I site is underlined) and mal2 (5′-AGA<u>AGATCT</u>AGCGGTGCGTAGGGTGT-3′: *Bgl* II), and a 0.83 kb fragment downstream of *malG-a* stop codon was amplified with primers mal3 (5′-CTCAGATCTCCCAACCACTCCTCCGAC-3′, *Bgl* II) and mal 4 (5′-ATAGAATTCCCCTGGTAGAGGTAGGCGG-3′, *Eco*R I). The two PCR fragments were then digested with *Xba* I/*Bgl* II and *Bgl* II/*Eco*R I, respectively. The 1.7 kb hygromycin resistance gene (*hyg*) cassette was excised from pIJ963 by *Bgl* II digestion. The above three fragments were simultaneously ligated into *Xba* I/*Eco*R I digested pKC1139 to generate plasmid pMAL4 (Fig. 1a).

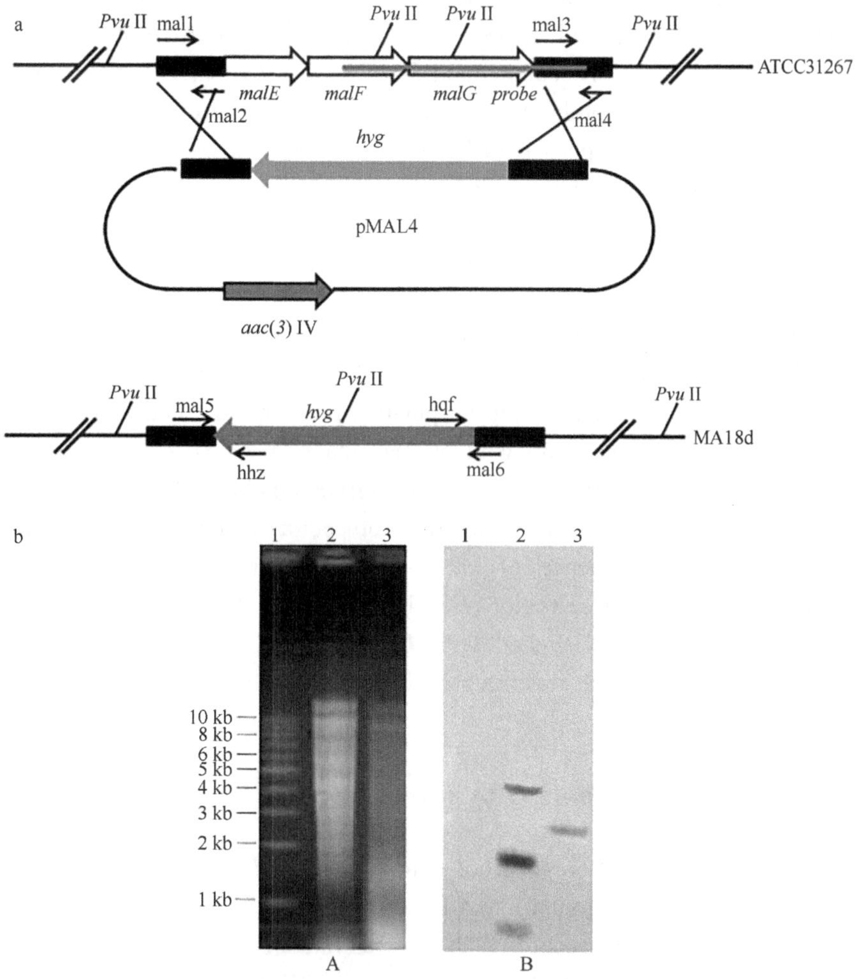

Fig. 1 Construction of the *malEFG* deletion mutant

a. Schematic representation of the strategy used for deletion of the *malEFG-a* gene cluster. Long open arrows indicate genes and their directions. Short solid arrows indicate positions of primers used for cloning exchange regions and confirming gene deletions, as described in Section 2.4. Double-crossover recombination led to replacement of malEFG with hygromycin resistance gene hyg. *Pvu* II sites are indicated. Gray solid line indicates the probe used for Southern analysis. b. Southern analysis to confirm the deletion of malEFG in MA18d. Agarose gel electrophoresis (A) and Southern blotting hybridization (B) of total DNA digested with *Pvu* II. 1. 1 kb ladder; 2. Total DNA from ATCC 31267/*Pvu* II; 3. Total DNA from MA18d/*Pvu* II

Transformation of pMAL4 into ATCC 31267 and selection of double-crossover recombination strains were performed as described previously (Li *et al.*, 2008). The putative *malEFG-a* deletion mutant was termed MA18d, and confirmed by PCR analysis using primers mal5 (5′-CGGATGATTCCCGCAACGAAA-3′), hhz (5′-CCATCCCAGCTCGGCAAG-3′), hqf (5′-CGGGATCGCCAATCTCTAC-3′), and mal6 (5′-GAAGAA CACGGAGACGGGTA-3′). Primers mal5 and mal6 flank the exchange regions, while primers hhz and hqf are specific for *hyg*. When primer pairs mal5/hhz and hqf/mal6, which are specific for replacement of *malEFG-a* with *hyg*, were used for PCR analysis of MA18d, a 0.75 kb band and a 0.55 kb band appeared, respectively, whereas such bands were not detected when genomic DNA of wild-type strain ATCC 31267 was used as the template.These results confirmed that MA18d was a *malEFG-a*-deleted mutant in which the *malEFG-a* gene was completely replaced with *hyg* by double-crossover recombination (Fig. 1a). The deletion in MA18d was also confirmed by Southern analysis as described by Kieser *et al.* (2000). DNA probe was labeled with digoxigenin-11-dUTP according to the protocols of the manufacturer. Southern blotting were performed by using the digoxigenin-labeled 2 kb fragment of *malEFG-a* as a probe, which was amplified with primers malS1 (5′-GGCTGTTCTTCCTGTCCCTC-3′) and malS2 (5′-CGTCGTGGTTGGACAGCA-3′). The chromosomal DNAs of MA18d and ATCC 31267 were isolated and digested with *Pvu* II. There are two *Pvu* II sites in the 3.7 kb fragment of *malEFG-a* and the probe, whereas only one *Pvu* II site in *hyg* fragment (Fig. 1a). One 1.9 kb hybridizing signal was therefore supposed to be present in the *malEFG-a* deletion mutant, while three hybridizing bands (3.7 kb, 1.5 kb and 0.6 kb) would be present in the wild-type strain.

2.5 Complementation of the *malEFG-a* deletion mutant

The *malEFG-a* promoter region with a putative transcriptional start 143 bp upstream of the initiation codon (ATG) of *malE* was predicted using software NNPP 2.2 (http://www.fruitfly.org/seq_tools/promoter.html). A 3.7 kb fragment of *malEFG-a* carrying the putative promoter and coding region of *malEFG-a* was amplified by PCR from the wild-type strain with primers mal7 (5′-AT<u>AGATCT</u>AGACGGATGATTCCCG CAACGA-3′, *Bgl* II, 327 bp upstream of the *malE* start codon) and mal8 (5′-AAC<u>GAATTC</u>ATGCTTGGGGG AGGACACC-3′, *Eco*R I, 58 bp downstream of the *malG* stop codon), and was cloned into pMD18-T vector to produce pMAL5, in which the sequence of *malEFG-a* was verified by nucleotide sequencing. For complementation analysis, the integrative vector pSET152 was used. The 3.7 kb *Bgl* II/*Eco*R I fragment of *malEFG-a* was cut from pMAL5 and ligated with *Bam*H I/*Eco*R I digested pSET152 to produce the complementation plasmid pME17, which was integrated into the *attB* site of *S. avermitilis* chromosome after transformation.

2.6 Transcriptional analysis of *malE-a* by RT-PCR

Mycelia in SMM medium with different carbon sources were collected at 36 h (early exponential phase), frozen quickly in liquid nitrogen, and ground into a fine powder. Total RNA was extracted from the mycelial paste using Trizol reagent (Invitrogen) according to the manufacturer's protocol. DNase I-treated RNA was used as a template for reverse transcription (RT) at 55℃ with TaKaRa RNA PCR Kit (AMV) Ver. 3.0 with random 9-mers. For analysis of the *male-a* transcript, resulting cDNA was used for PCR amplification with primers ME11 (5′-CTGCGGGTTGCTGCGTCA-3′) and ME12 (5′-CAGCGGCAGGAAGTAGCCC-3′) under the following conditions: 5 min at 95℃, followed by 30 cycles of 95℃ for 30 s, 65℃ for 30 s, and 72℃ for 1 min. *hrdB* gene, which encodes the major sigma factor in *Streptomyces*, was used as positive internal control for RT-PCR assay. The primers hrdBS (5′-TACTGCGCAGCCTCAACCAG-3′) and hrdBAS (5′-GCCGAT CTGCTTGAGGTAGTC-3′) were used to amplify *hrdB* cDNA. RT-PCR without the initial reverse transcription step was carried out as a negative control for all analyses to confirm the absence of DNA contamination.

2.7 Measurement of growth in liquid minimal medium

SMM liquid medium with PEG 6000 was used to measure the growth of *S. avermitilis* in different carbon medium: spores were pelleted by centrifugation at 2,500×*g* for 10 min in a 50 ml bottle, resuspended in 0.3 ml 50 mmol/L TES buffer (pH 8), and incubated for 10 min at 50℃ in a water bath for heat-shocking before rapidly cooled in running tap water, then incubated for 2 h at 28℃ on a rotary shaker before the spores were pelleted again. The newly germinated spores were finally resuspended in 100 ml SMM medium, dispensed (to give an initial OD_{450} of 0.002) into 500 ml flasks, and incubated at 28℃, 180 r/min. OD_{450} measured at different time points was used as an indication of biomass concentration (Hodgson, 1982).

2.8 Introduction of extra *malEFG-a* gene into *S. avermitilis* and confirmation of its overexpression by semi-quantitative RT-PCR

The 3.7 kb *Bgl* II/*Eco*R I fragment of *malEFG-a* was cut from pMAL5 and cloned into the *Bam*H I/*Eco*R I site of pKC1139 or pSET152 to produce pME16 or pME17. pME16 or pME17 was introduced into *S. avermitilis* ATCC 31267 or OI-31, respectively, by protoplast transformation. Transformants containing pME16 or pME17 were selected as apramycin-resistant strains. After transformation, pME16 remained as multi-copy plasmid in cell, while pME17 introduced one extra copy of *malEFG-a* into *S. avermitilis*.

To confirm the overexpression of *malEFG-a* in the *malEFG-a* introduced strains, total RNA was isolated from strains grown in SYFT medium at 88 h (during exponential phase). RT-PCR was conducted as described in the preceding section. For semi-quantitative analysis, transcript of *malE*, *malF* and *malG* was normalized to that of *hrdB*. For *malE* assay, PCR was carried out with primers malERT1 (5′-TACGCCCACATCCA GGACG-3′) and malERT2 (5′-GTCGGCAGCGTGGAGTTC-3′). For *malF* assay, the primers were malFRT1 (5′-GCGTCAAGAACGGCTACCA-3′) and malFRT2 (5′-GGAAGTGAGACCAGAAACGGT-3′). For *malG* assay, the primers were malGRT1 (5′-TGGCTGTTCTTCCTGTCCC-3′) and malGRT2 (5′-ATGCGTGA GACGGCGTAG-3′). The primers hrdBS and hrdBAS were used for *hrdB*. PCR was performed with 5 μl of RT reaction mixture and 10 pmol of each primer. Ten microlitres of PCR product was loaded onto a 1.5% agarose gel with incorporated ethidium bromide. Reaction products were visualized by BINTA 2020D UV transillumination. The results were recorded by a video camera connected to a computer-based data analysis system. Densitometry measurements were quantitated using Gel-Pro Analyzer software. Reproducibility was assessed by performing at least two independent RT reactions for each time point and at least three PCR reactions using each of these templates.

2.9 Determination of mycelial biomass and measurement of concentrations of reducing sugars and total sugars in fermentation broth

Mycelial biomass was obtained by centrifuging mycelia at 2,500×*g* for 15 min, washing the cell pellet three times with distilled water, and drying at 60℃ until a constant weight was obtained.

Concentrations of reducing sugars and total sugars in fermentation broth were assayed by the 3, 5-dinitrosalicylic acid and phenol sulphuric acid methods, respectively (Miller, 1959).

2.10 Fermentation and analysis of avermectin and ivermectin production

S. avermitilis strains were cultured in 500 ml Erlenmeyer flasks containing 100 ml seed medium, with glass beads (about 60 pellets, diameter 3 mm), for 30 h at 28℃ on a rotary shaker (180 r/min). A 5 ml sample of the seed culture was inoculated into a 500 ml flask containing 100 ml fermentation medium. Cells were cultured for 9~13 d at 28℃ with shaking (220 r/min).

Avermectin and ivermectin production were analyzed and quantified by a Waters 600 reversed-phase HPLC. 1 ml fermentation broth was extracted with 4 ml methanol for 30 min, and centrifuged at 2,500×g for 10 min. The supernatant was analyzed by HPLC. A column packed with C18 (10 μm; internal diameter 4.6 mm× 200 mm) was developed with methanol/water (90∶10) at flow rate 1.0 ml/min. Products were monitored by a Waters 2487 dual λ absorbance detector at 246 nm.

3. Results and Discussion

3.1 Characterization of maltose ABC transporter in *S. avermitilis*

S. avermitilis contains a homologue of the *malEFG* gene involved in maltose and maltodextrin transport in *S. coelicolor* (van Wezel *et al.*, 1997; Bertram *et al.*, 2004). The letters c (for *coelicolor*) and a (for *avermitilis*) are used here to distinguish between genes or proteins of these two species. Based on genome sequence of *S. avermitilis* (http://avermitilis.ls.kitasato-u.ac.jp), *malE-a*, *malF-a* and *malG-a* are predicted to be located in one transcription unit, in which *malE-a* is the first gene. The *malE-a* gene encodes a protein of 423 amino acids showing 82% identity to MalE-c. The N-terminal portion of MalE-a possesses a putative signal peptide with 1~17 residues as predicted using SignalP 3.0 (Bendtsen *et al.*, 2004). The deduced protein MalF-a contains 334 amino acids having 83% identity with MalF-c, and MalG-a contains 302 amino acids having 72% identity with MalG-c. *malEFG-a* also showed highly homologous with *malEFG* gene cluster involved in maltose transport in other *Streptomyces*. These findings suggest that the three *malEFG-a* genes encode proteins belonging to maltose ABC transporter.

In order to identify the function of *malEFG-a*, a deletion mutant MA18d was constructed *via* homologous recombination (Fig. 1a) and confirmed by PCR and Southern analysis (Fig. 1b). The results of Southern blotting showed that the DNA fragments from ATCC 31267 displayed three positive signals, and the DNA fragments from the mutant MA18d appeared only one expected signal (Fig. 1b), conforming that the *malEFG-a* gene cluster was correctly deleted. MA18d and its wild-type parental stain, ATCC 31267, were grown in liquid minimal medium (SMM) containing various carbon sources (1% *w*/*V*). Based on the growth curves (supplementary Fig. S1), 36 h was the early exponential growth stage. In maltose containing liquid medium, MA18d only reached an OD_{450} of 0.0038 after 36 h, whereas the corresponding value for wild-type was 100-fold higher (0.37). For liquid medium containing glucose, arabinose, glycerol, sucrose, or mannitol, differences in OD_{450} between wild-type and MA18d were not significant (Fig. 2a). These results suggest that *malEFG-a* is required for maltose utilization in *S. avermitilis*. Shaking-flask fermentation experiments and HPLC analysis showed that avermectin production was lost in MA18d, whereas wild-type produced all avermectin components [Fig. 2b(A), 2b(B)].

To confirm that deletion of *malEFG-a* was the sole reason for loss of avermectin production and maltose utilization, a 3.7 kb DNA fragment containing *malEFG-a* and its putative promoter was reintroduced into MA18d through integration of pSET152 based complementation plasmid pME17 into the chromosome. The complementation strain MA18c showed positive growth in maltose-containing SMM liquid medium, and avermectin production in fermentation medium [Fig. 2b(C)]. These results, taken together, indicate that *malEFG-a* is essential for both maltose utilization and avermectin biosynthesis in *S. avermitilis*.

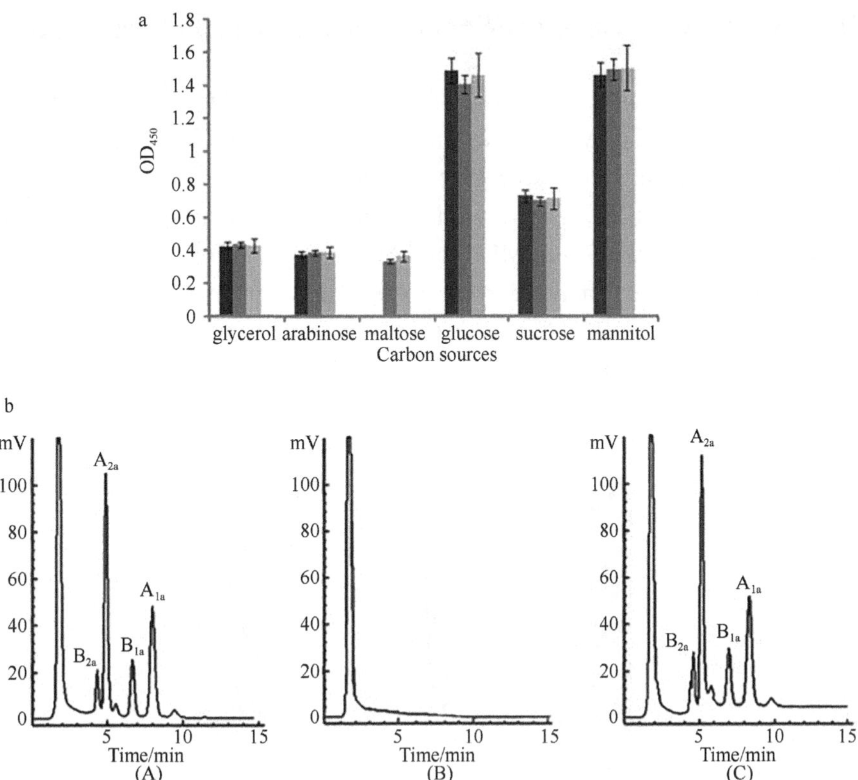

Fig. 2 a. Growth of *S. avermitilis* in SMM liquid medium containing various carbon sources (1% *w*/*V*) at 36 h. Dark gray, ATCC 31267; Black, MA18d; Light gray, MA18c. b. HPLC analysis of avermectin production. Four major "a" components of avermectin are indicated as A_{1a}, A_{2a}, B_{1a}, and B_{2a}. (A) ATCC 31267; (B) MA18d; (C) MA18c

3.2 Analysis of *malEFG-a* gene expression in media containing different carbon sources

To find out whether *malEFG-a* gene expression is affected by carbon source in culture medium, transcription of *malE-a*, the first gene in the *malEFG-a* cluster, was analyzed by RT-PCR using RNA isolated from early exponential phase cultures of wild-type grown for 36 h in SMM medium containing maltose, glucose, or maltose/glucose combination as carbon source (1% *w*/*V*). A 684 bp band within *malE-a* was detected by RT-PCR when primer pair ME11/ME12 were used for PCR analysis of mycelia grown in maltose containing medium, whereas no such band was detected when the PCR template was total RNA of mycelia grown in medium containing glucose or glucose/maltose combination (Fig. 3). Thus, transcription of *malE-a* was readily induced in the presence of maltose, but strongly repressed by glucose. Presumably, when glucose is present in fermentation medium, transcription of *malEFG-a* is repressed, and avermectin biosynthesis is accordingly inhibited.

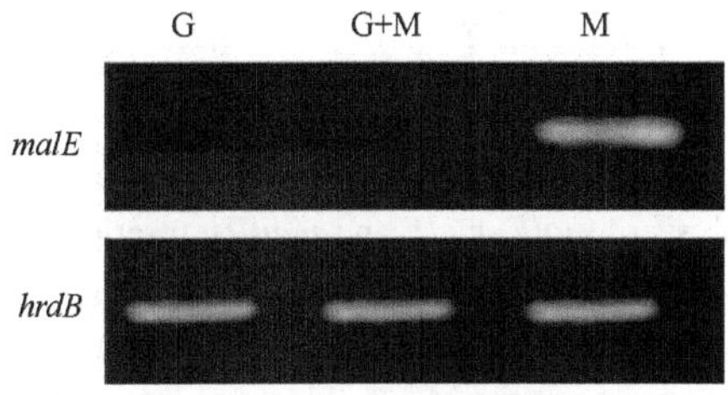

Fig. 3 RT-PCR analysis of *malE-a*

Samples were collected from wild-type ATCC 31267 grown in liquid SMM containing glucose (G), maltose (M), or a combination of glucose and maltose (G + M) as carbon source (1% *w*/*V*). *hrdB* was used as a positive internal control

3.3 Effect of increased expression of *malEFG-a* on avermectin and oligomycin accumulation

Since starch is the most important carbon source for avermectin production, we examined the relationship between maltose transportation efficiency and avermectin yield. *malEFG-a* integrative expression vector pME17 and multi-copy expression vector pME16 containing *malEFG-a* were constructed and introduced separately into wild-type ATCC 31267. The resulting recombinant strains were termed ME17 and ME16, respectively. Overexpression of *malEFG-a* in ME16 and ME17 was confirmed by semi-quantitative RT-PCR. The genes *malE*, *malF* and *malG* were analyzed, respectively. Transcript levels of three *mal* genes were clearly higher in ME16 and ME17 than in ATCC 31267 (Fig. 4a), indicating that *malEFG-a* gene cluster was overexpressed in the *malEFG-a* introduced strains.

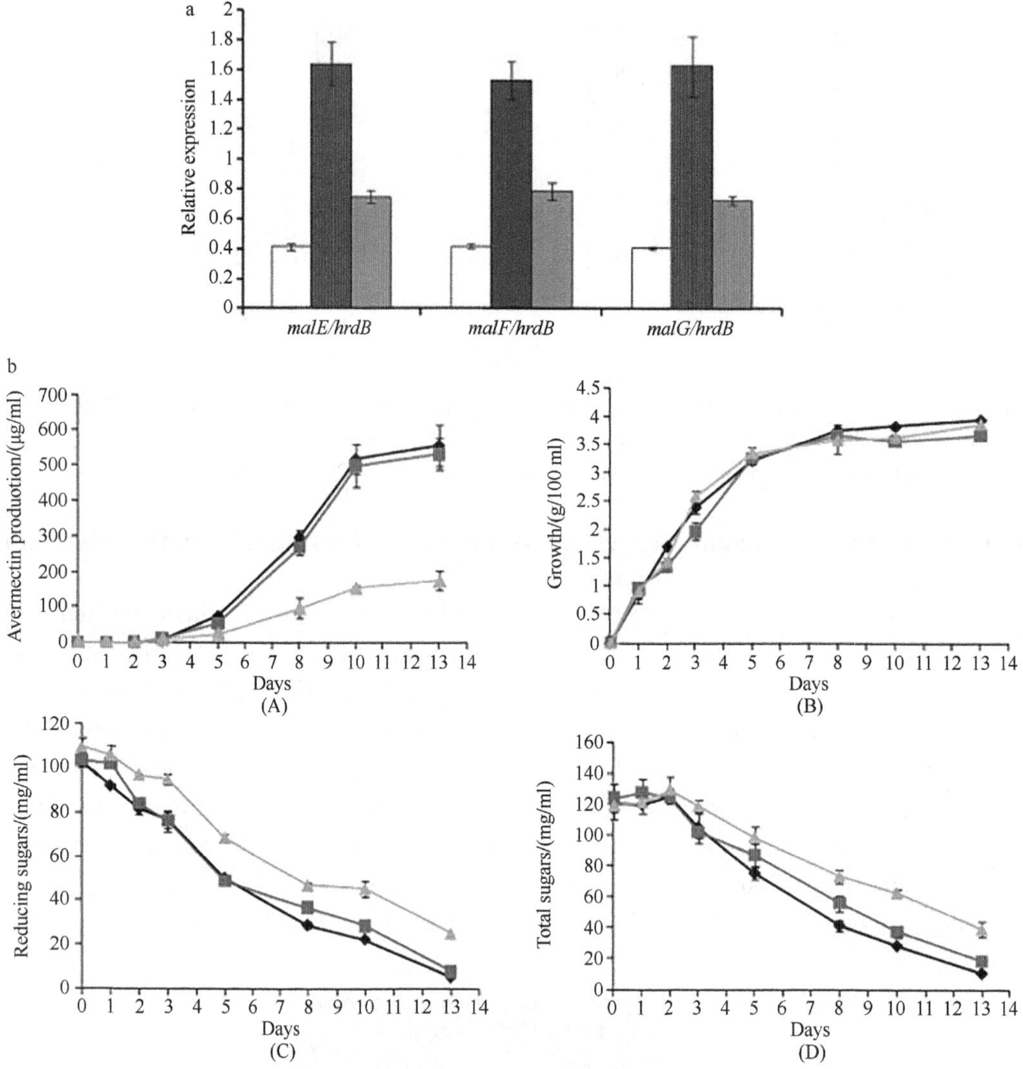

Fig. 4 a. Semi-quantitative RT-PCR analysis of *malE*, *malF* and *malG* transcript levels in *S. avermitilis* ATCC 31267 (white), ME16 (black) and ME17 (gray) performed on total RNA isolated at 88 h (during exponential phase in SYFT medium). Results are reported (mean±S.D.) as relative expression of *malE*, *malF* and *malG* transcripts with respect to *hrdB* mRNA. b. Changes in measured parameters of *malEFG-a* overexpressing strain ME16 (black, ♦), ME17 (dark gray, ■), and parental wild-type ATCC 31267 (light gray, ▲) grown in fermentation medium. (A) avermectin production; (B) growth curve (dry weight); (C) concentration of reducing sugars; (D) concentration of total sugars. Values are averages from three independent experiments

Growth of ME16 or ME17 on YMS or SFM medium was similar to that of wild-type (data not shown). Wild-type strain, ME16, and ME17 were cultured separately in fermentation medium. HPLC analysis of fermentation products showed that overexpression of *malEFG-a* significantly increased avermectin production. Avermectin yield after 13 days was 558.9 μg/ml for ME16 and 532.5 μg/ml for ME17, respectively, 3.2-fold and 3.0-fold higher than the yield for wild-type strain (175.5 μg/ml) [Fig. 4b(A)]. *S. avermitilis* also produces small amount of a separate family of macrolide antibiotics called oligomycins, which are strongly toxic compounds (Ikeda *et al.*, 2003). Oligomycin yield was 31.2 μg/ml for ME16, 28.6 μg/ml for ME17 and 9.8 μg/ml for ATCCC31267, the same increased trend as avermectin yield. Avermectin and oligomycin yield for *S. avermitilis* transformants containing plasmid pSET152 or pKC1139 was very similar to that of wild-type (data not shown).

To determine whether increased antibiotic production in *malEFG-a* overexpressing strains was the result of enhanced cell growth, we constructed growth curves of the three strains as above. Growth of ME16 and ME17 was similar to that of wild-type [Fig. 4b(B)], indicating that increased antibiotic production in three combinant strains was not due to the enhancement of cell growth. One possibility is that overexpression of *malEFG-a* enhances the starch utilization capability in *S. avermitilis*, thereby providing more precursors for avermectin and oligomycin biosynthesis. To test this hypothesis, we determined concentrations of total sugars and reducing sugars in fermentation media of the three strains. Levels of total and reducing sugars decreased more rapidly in cultures of ME16 or ME17 than in those of the wild-type. Final concentrations of reducing sugars for ME16 (5.3 mg/ml) and ME17 (7.9 mg/ml) were, respectively, 21% and 31% of the value for wild-type (25.3 mg/ml) [Fig. 4b(C)]. Final concentrations of total sugars for ME16 (10.6 mg/ml) and ME17 (18.3 mg/ml) were, respectively, 27% and 47% of the value for wild-type (39.2 mg/ml) [Fig. 4b(D)]. These results suggest that enhanced expression of *malEFG-a* in *S. avermitilis* increases antibiotic production by enhancing utilization of starch.

Maltose is a disaccharide formed from two units of glucose joined with an α (1-4) bond. In the process of avermectin biosynthesis, maltose was produced when amylase breaks down starch. Then the maltose was hydrolyzed into two glucose molecules by a-D-glucosidase. Glucose as a source of energy and a metabolic intermediate is involved in cell growth and synthesis of avermectin. However, the addition of glucose in the early stage of fermentation suppressed the avermectin production. Glucose could increase avermectin production when added at the late stage of fermentation. One reason was the amount of glucose affects the rate of avermectin formation and activity of 6-phosphogluconate dehydrogenase in the pentose phosphate pathway, an NADPH-generating system, and NADPH is probably used in the formation of polyketide, which is an intermediate for biosynthesis of macrolides (Ikeda *et al.*, 1988; Ikeda and Ōmura, 1997). Overexpression of *malEFG-a* gene results in increasing the efficiency of maltose transportation, which may more timely supply glucose at the suitable phase of fermentation, and thereby promotes avermectin biosynthesis. This approach can potentially be extended to antibiotic over-production in other industrially important bacterial strains using starch as the main carbon source in the fermentation process.

ME16 and ME17 showed similar yields of avermectin and oligomycin, although the copy number of the *malEFG-a* plasmids is different. Transcript levels of *mal* genes were higher in ME16 than in ME17 (Fig. 4a), indicating that the increase in antibiotic production was not based on a copy number effect. One possibility is that the translational level of *malEFG-a* was not correlated with its transcriptional level. Another possibility is that there is a maximum threshold concentration of Mal proteins for the production of avermectin and oligomycin. Since in addition to MalE, MalF and MalG, maltose ABC transporter also needs the ATPase subunit, MsiK, to take up maltose, and since the amount of MsiK in ME16 and ME17 was presumably the same, MsiK could have been a limiting factor. Also, the ability to anchor MalF and MalG in the membrane may be limited.

3.4 Avermectin production at various starch concentrations

Since more starch can presumably be utilized to synthesize avermectins in *malEFG-a* overexpressing strains, the avermectin yields for ME16 and wild-type strain grown in fermentation medium containing various starch concentrations were determined. The avermectin yield of ME16 was higher than that of wild-type at each tested starch concentration. At starch concentrations 70 g/L, 90 g/L, and 110 g/L, avermectin production for ME16 was about 3.2-fold higher than that for wild-type at day 9 (Fig. 5a~c). At starch concentration 130 g/L, avermectin production for ME16 was 795 μg/ml at day 9, about 2.6-fold higher than that of wild-type (Fig. 5d). At all four starch concentrations tested, wild-type began to produce avermectins after 48 h incubation. In contrast, for starch concentrations 110 g/L and 130 g/L, ME16 began to produce avermectins earlier than 48 h (Fig. 5c and d). These results indicate that overexpression of *malEFG-a* reduces the fermentation period at high starch concentration.

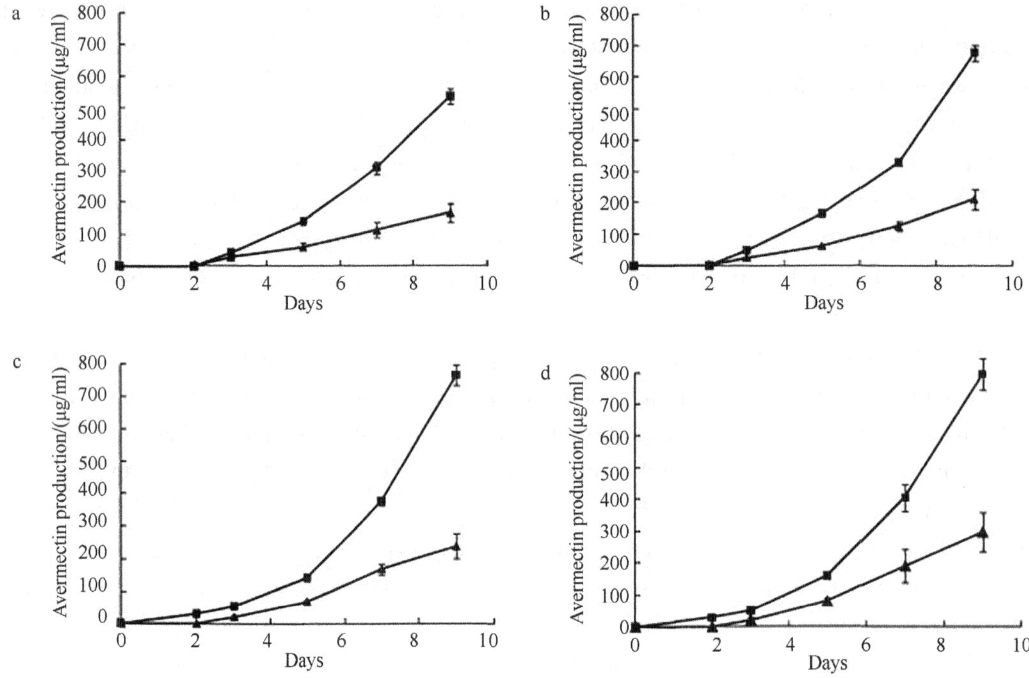

Fig. 5 Avermectin production of *malEFG-a* overexpressing strain ME16 (■) and parental wild-type ATCC 31267 (▲) grown in fermentation medium containing various starch concentrations: 70 g/L (a), 90 g/L (b), 110 g/L (c), 130 g/L (d)

3.5 Enhancement of ivermectin production by overexpression of *malEFG-a*

We constructed an ivermectin-producing strain, OI-31, in our previous study (Li *et al.*, 2008), but ivermectin yields were low. When the *malEFG-a* overexpression vectors pME16 or pME17 were introduced into OI-31, the resulting recombinant strains (OI-31/pME16 and OI-31/pME17, respectively) produced 3.3-fold and 2.6-fold more ivermectin than OI-31 (Fig. 6). Although these ivermectin yields are still low, the results further demonstrate that overexpression of *malEFG-a* enhances antibiotic production when starch is used as carbon source.

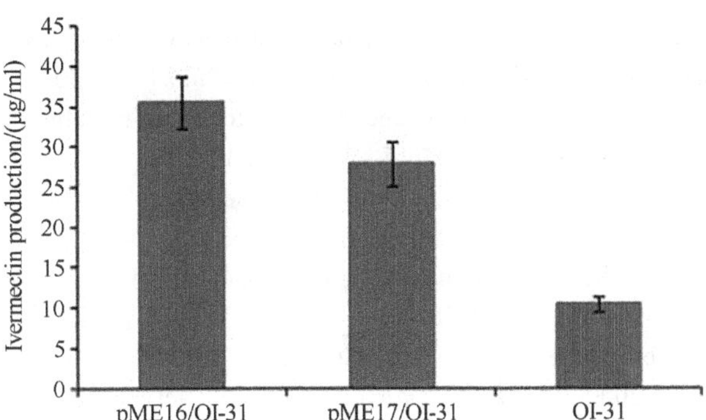

Fig. 6　Comparison of ivermectin production in *malEFG-a* overexpressing strains pME16/OI-31, pME17/OI-31, and parental strain OI-31

4. Conclusions

The *malEFG-a* encodes proteins involved in the maltose transport system, and plays an essential role in avermectin production in *S. avermitilis*. Overexpression of *malEFG-a* in *S. avermitilis* enhanced the utilization rate of starch, resulting in increased antibiotic production and reduced fermentation periods. This is the first study to address the relationship between maltose ATP-binding cassette (ABC) transport system and antibiotic production. Our results suggest an approach for yield improvement based on increased maltose transporter gene level, which might be applicable to increase antibiotic production and reduce cost for *Streptomyces* and other industrially important bacterial strains using starch as the main carbon source in the fermentation process.

References

Bendtsen J D, Nielsen H, von H G, *et al.* 2004. Improved prediction of signal peptides: signalP 3.0. J Mol Biol, 340(4): 783-795.

Bertram R, Schlicht M, Mahr K, *et al.* 2004. In silico and transcriptional analysis of carbohydrate uptake systems of *Streptomyces coelicolor* A3(2). J Bacteriol, 186(5): 1362-1373.

Bierman M, Logan R, O'Brien K, *et al.* 1992. Plasmid cloning vectors for the conjugal transfer of DNA from *Escherichia coli* to *Streptomyces* spp. Gene, 116(1): 43-49.

Boos W, Shuman H. 1998. Maltose/maltodextrin system of *Escherichia coli*: transport, metabolism, and regulation. Microbiol Mol Biol Rev, 62(1): 204-229.

Burg R W, Miller B M, Baker E E, *et al.* 1979. Avermectins, new family of potent anthelmintic agents: producing organism and fermentation. Antimicrob Agents Chemother, 15(3): 361-367.

Campbell W C, Fisher M H, Stapley E O, *et al.* 1983. Ivermectin: a potent new antiparasitic agent. Science, 221(4613): 823-828.

Chen Z, Wen J, Song, Y, *et al.* 2007. Enhancement and selective production of avermectin B by recombinants of *Streptomyces avermitilis via* intraspecific protoplast fusion. Chin Sci Bull, 52(5): 616-622.

Davidson A L, Chen J. 2004. ATP-binding cassette transporters in bacteria. Annu Rev Biochem, 73: 241-268.

Davidson A L, Dassa E, Orelle C, *et al.* 2008. Structure, function, and evolution of bacterial ATP-binding cassette systems. Microbiol. Mol Biol Rev, 72(2): 317-364.

Fernandez-de-Mera I G, Vicente J, Gortazar C, *et al.* 2004. Efficacy of an in-feed preparation of ivermectin against helminths in the European wild boar. Parasitol Res, 92(2): 133-136.

Higgins C F. 1992. ABC transporters: from microorganisms to man. Annu Rev Cell Biol, 8: 67-113.

Higgins C F. 1995. The ABC of channel regulation. Cell, 82(5): 693-696.

Higgins C F. 2001. ABC transporters: physiology, structure and mechanism: an overview. Res Microbiol, 152(3): 205-210.

Hobbs G, Frazer C M, Gardner D C J, *et al.* 1989. Dispersed growth of Streptomyces in liquid culture. Appl Microbial Biotechnol, 31(3): 272-277.

Hodgson D A. 1982. Glucose repression of carbon source uptake and metabolism in *Streptomyces coelicolor* A3(2) and its perturbation in mutants resistant to 2-deoxyglucose. J Gen Microbiol, 128: 2417-2430.

Holland I B, Blight M A. 1999. ABC-ATPases, adaptable energy generators fuelling transmembrane movement of a variety of molecules in organisms from bacteria to humans. J Mol Biol, 293(2): 381-399.

Ikeda H, Ishikawa J, Hanamoto A, *et al.* 2003. Complete genome sequence and comparative analysis of the industrial microorganism *Streptomyces avermitilis*. Nat Biotechnol, 21(5): 526-531.

Ikeda H, Kotaki H, Tanaka H, *et al.* 1988. Involvement of glucose catabolism in avermectin production by *Streptomyces avermitilis*. Antimicrob Agents Chemother, 32(2): 282-284.

Ikeda H, Ōmura S. 1997. Avermectin biosynthesis. Chem Rev, 97(7): 2591-2609.

Kieser T, Bibb M J, Buttner M J, *et al.* 2000. Practical *Streptomyces* Genetics. Norwich: The John Innes Foundation.

Li M, Chen Z, Lin X P, *et al.* 2008. Engineering of avermectin biosynthetic genes to improve production of ivermectin in *Streptomyces avermitilis*. Bioorg Med Chem Lett, 18(20): 5359-5363.

Linton K J, Higgins C F. 1998. The *Escherichia coli* ATP-binding cassette (ABC) proteins. Mol Microbiol, 28(1): 5-13.

MacNeil D J, Klapko L M. 1987. Transformation of *Streptomyces avermitilis* by plasmid DNA. J Ind Microbiol, 2: 209-218.

Miller G L. 1959. Use of dinitrosalicylic acid reagent for determination of reducing sugar. Anal Chem, 31(3): 416-428.

Miller T W, Chaiet L, Cole D J, *et al.* 1979. Avermectins, new family of potent anthelmintic agents: isolation and chromatographic properties. Antimicrob Agents Chemother, 15(3): 368-371.

Neway J O. 1989. Fermentation Process Development of Industrial Organisms. New York: Marcel Dekker.

Rees D C, Johnson E, Lewinson O. 2009. ABC transporters: the power to change. Nat Rev Mol Cell Biol, 10(3): 218-227.

Sambrook J, Fritsch E F, Maniatis T. 1989. Molecular Cloning: A Laboratory Manual. New York: Cold Spring Harbor Laboratory.

Schlösser A, Jantos J, Hackmann K, *et al.* 1999. Characterization of the binding protein-dependent cellobiose and cellotriose transport system of the cellulose degrader *Streptomyces reticuli*. Appl Environ Microbiol, 65(6): 2636-2643.

Schlösser A, Weber A, Schrempf H. 2001. Synthesis of the *Streptomyces lividans* maltodextrin ABC transporter depends on the presence of the regulator MalR. FEMS Microbiol Lett, 196(1): 77-83.

Schneider E. 2001. ABC transporters catalyzing carbohydrate uptake. Res Microbiol, 152(3): 303-310.

Strauch E, Takano E, Baylis H A, *et al.* 1991. The stringent response in *Streptomyces coelicolor* A3(2). Mol Microbiol, 5(2): 289-298.

van Wezel G P, White J, Bibb M J, *et al.* 1997. The *malEFG* gene cluster of *Streptomyces coelicolor* A3(2): characterization, disruption and transcriptional analysis. Mol Gen Genet, 254(5): 604-608.

Young J, Holland I B. 1999. ABC transporters: bacterial exporters-revisited five years on. Biochim Biophys Acta, 1461(2): 177-200.

Zhang X L, Chen Z, Li M, *et al.* 2006. Construction of ivermectin producer by domain swaps of avermectin polyketide synthase in *Streptomyces avermitilis*. Appl Microbiol Biotechnol, 72(5): 986-994.

Supplementary material: doi: 10.1016/j.biortech.2010.06.132

本文原载: Bioresource Technology, 2010, 101(23): 9228-9235.

A New Strain of *Streptomyces avermitilis* Produces High Yield of Oligomycin A with Potent Anti-tumor Activity on Human Cancer Cell Lines *in vitro**

Xiuping Lin, Ying Wen, Meng Li, Zhi Chen, Jia Guo, Yuan Song, Jilun Li

(State Key Laboratories for Agrobiotechnology and College of Biological Sciences, China Agricultural University, Beijing, 100193, China)

Abstract

A new actinomycete strain, isolated from soil in China, strongly inhibited *in vitro* proliferation of human hepatoma, chronic myelogenous leukemia, and colonic carcinoma cell lines. The strain, designated L033, was identified as a strain of *Streptomyces avermitilis* based on cultural property, morphology, carbon source utilization, 16S rRNA gene analysis, and DNA-DNA relatedness studies. The anticancer component from L033 was purified to homogeneity by preparative positive-phase high-performance liquid chromatography and crystallization. Nuclear magnetic resonance and mass spectrometric analysis showed that this compound had the same structure as oligomycin A. Different with other reported naturally occurring strains of *S. avermitilis*, L033 produced high quantity of oligomycin A (maximal 1,461 μg/ml). Therefore, L033 was considered of great potential as an industrial oligomycin-A-producing strain.

Keywords

Streptomyces avermitilis, oligomycin A, anti-tumor activity.

1. Introduction

Cancer has now emerged as a major public health threat worldwide. World population growth and aging imply a progressive increase in the cancer burden in the future (Parkin, 2001). In the USA, cancer has become the number one killer in age under 85 since 1999 (Twombly, 2005). Although many anticancer drugs have been developed, most are also toxic to normal cells and tissues. Therefore, only a few of them have found a certain place in the treatment of cancer (Waksman, 1966; Lokich, 1980). Furthermore, intrinsic and/or acquired (multi-)drug resistance is often a major impediment to successful cancer chemotherapy (Hait, 1996). To overcome these limitations and improve the effectiveness of chemotherapy for cancer, it is necessary to isolate new anticancer drugs. Fortunately, numerous anti-tumor metabolites

*This study was supported by grants from the National Basic Research Program of China (Grant No. 2003CB114205) and the National High Technology Research and Development Program (Grant No. 2006AA10A209). Anti-tumor activities of oligomycin A *in vitro* were determined by National Center for Pharmaceutical Screening, Institute of Materia Medica, Chinese Academy of Medical Sciences & Peking Union Medical College. We are grateful to Bing Han (Beijing Institute of Biomedicine) for structural elucidation of the compound.

with a variety of structures are produced by actinomycetes (Waksman, 1966). These compounds are unrivaled and unmatched in medical significance.

In this work, we describe a new soil-inhabiting actinomycete strain, L033, which produces anticancer agent and exhibits potent anti-tumor activity against human hepatoma, chronic myelogenous leukemia, and colonic carcinoma cell lines. The isolate was identified as a strain of *Streptomyces avermitilis* based on taxonomic experiments. One anti-tumor component was purified, and its structure was determined to be the same as those of oligomycin A by nuclear magnetic resonance (NMR) spectroscopy and mass spectrometry (MS). Strain L033 was distinguished from other wild-type strains of *S. avermitilis* reported (Miller *et al.*, 1979; Ikeda *et al.*, 1993) by high yield of oligomycin A among its fermentation products.

2. Materials and Methods

2.1 Microbial strains

An actinomycete strain, termed L033, was isolated from a soil sample collected in Guangzhou City, China and grown on yeast extract-malt extract-soluble starch medium (YMS) agar (Ikeda *et al.*, 1988) at 28℃. L033 was deposited at the China General Microbiological Culture Collection, as CGMCC4.5508. *S. avermitilis* ATCC 31267^T (MA-4680^T=NCIMB 12804^T=NRRL 8165^T) was purchased from American Type Culture Collection (ATCC; Rockville, MD, USA). The above strains were maintained on YMS agar at 4℃ and as spore suspension in 20% (*V/V*) glycerol at −70℃.

2.2 Human tumor cell lines

Human hepatoma cell line Bel-7402 was obtained from the China Center for Type Culture Collection (Wuhan City). Human chronic myelogenous leukemia cell line K-562 and human colonic carcinoma cell line HCT-8 were from the Cell Culture Centre, Institute of Basic Medical Sciences, Chinese Academy of Medical Sciences (Beijing City).

2.3 Cultural and morphological properties of strain L033

Strain L033 was inoculated onto peptone yeast extract iron agar (ISP-6) medium in order to determine melanin-producing ability. Its colony-forming and pigmentation properties were examined on inorganic salt-starch agar (ISP-4) and oatmeal agar (ISP-3) media after 14 days at 28℃. Spore chain morphology and spore surface features were examined by scanning electron microscopy of 7-day cultures grown on Bennett's agar. Using the cover technique described previously (Zhou *et al.*, 1998; Kawato and Shinobu, 1959), samples were observed with a Hitachi S-3400N scanning electron microscope, with secondary mode operating at 20 kV.

2.4 Carbon source utilization tests

Utilization of substrates as sole carbon and energy sources were tested as described by Kämpfer *et al.* (1991). Carbon sources were filter-sterilized, with a final concentration of 0.2% (*w/V*).

2.5 16S rDNA sequence and phylogenetic analysis

Genomic DNA was isolated from cells as described by Hopwood *et al.* (1985). The 16S rRNA gene of strain L033 was amplified by polymerase chain reaction, using two universal bacterial primers, 1492R (5′-GGTTACCTTGTTACGACTT-3′) and Eubac27F (5′-AGAGTTTGATCCTGGCTCAG-3′)(Jiang *et al.*, 2006). The amplified products were purified using TIANgel mini purification kit (TianGen Biotech Beijing), ligated to pMD18-T simple vector (TaKaRa), and transformed into competent cells of *Escherichia coli* DH5α. 16S rRNA gene fragment was sequenced using forward primer M13F (−47) and reverse primer M13R (−48). The derived 16S rRNA gene sequence was compared to the GenBank database (NCBI), to search for similar sequences using the basic local alignment search tool algorithm. Similarity analysis was performed using ClustalW program (Thompson *et al.*, 1994). A phylogenetic tree was constructed using the neighbor-joining method (Saitou and Nei, 1987) and the Molecular Evolutionary Genetics Analysis (MEGA 3.1) software program (Kumar *et al.*, 2004). Tree topology was evaluated by bootstrap analysis (Felsenstein, 1985) based on 1,000 replicates.

2.6 DNA-DNA relatedness

Level of DNA-DNA relatedness between strain L033 and the type strain *S. avermitilis* ATCC 31267^T was determined by the thermal denaturation method (De Ley *et al.*, 1970), using a lambda 35 UV/Vis spectrophotometer (PerkinElmer) fitted with a PTP1 temperature programmer (PerkinElmer) and standard software. Results were expressed as the mean of three determinations.

2.7 Fermentation in shaken flasks

Spores of strain L033 stored in 20% glycerol at −70℃ were inoculated on YMS agar plates and cultured at 28℃ for 12 days. Five-hundred-milliliter Erlenmeyer flasks were filled with seed medium consisting of soluble starch (30 g), malt extract (2 g), soy peptone (2 g), and $CoCl_2·6H_2O$ (5 mg) per liter deionized water, which was inoculated with strain L033 by addition of small areas of growth cut from the agar plate. pH was adjusted to 7.0~7.2 before sterilization. Flasks were incubated at 28℃ for 48 h on a rotating shaker (170 r/min).

Production medium G, also placed in 500 ml flasks, consisted of soluble starch (70 g), dried yeast (16 g), $MgSO_4·7H_2O$ (0.5 g), $K_2HPO_4·3H_2O$ (0.5 g), KCl (4 g), $CoCl_2·6H_2O$ (5 mg), and $CaCO_3$ (2 g) per liter deionized water, and was inoculated with 4 ml seed solution. pH was adjusted to 7.0~7.2 before sterilization, and flasks were incubated at 28℃ on a rotating shaker at 170 r/min. After 10 days, broth from 156 flasks was combined and centrifuged, and the cell pellet was washed with deionized water and centrifuged again for isolation of substances showing anti-tumor activity.

2.8 Purification and structure determination of compound 1

The strain L033 cell mass (4,937 g) was mixed with acetone (3,800 ml), stood for 2 days, and filtered. The residue was added twice with acetone (2,000 ml, 1,500 ml), stood for 1 day, and filtered after each addition. The combined filtrates of three marinations were evaporated (55~65℃) to remove acetone. The aqueous residue was kept at 18℃ overnight. A white solid appeared, which was collected, washed with distilled water, and filtered. The resulting white solid was mixed with *n*-hexane/ethanol (96∶4), stirred, and centrifuged. The clear supernatant was moved to a different container, dried (Na_2SO_4), decolored (activated carbon), and centrifuged. The resulting supernatant was kept at 18℃ overnight. A cream-colored crystalline precipitate appeared, which was collected, dissolved with *n*-hexane/ethanol (96∶4), and separated by preparative positive-phase high-performance liquid chromatography (HPLC) using SiO_2 column (250 mm×20 mm, 10 μm) [Chuang Xin Tong Heng (Beijing City)], with *n*-hexane/ethanol mixture (95∶5) as eluent, at a flow of 25 ml/min. Solutions of the same peak were combined and evaporated to remove *n*-hexane/ethanol. *n*-hexane/ethanol (95∶5) was added to the residue of fraction containing compound 1, and the mixture was stirred until pure white crystal precipitated. The crystal and supernatant were divided by centrifugation.

Structure of compound 1 was determined by ^{1}H- and ^{13}C-NMR spectroscopy, 2D NMR spectroscopy, and fast atom bombardment mass spectrometry (FAB-MS), performed at the National Center of Biomedical Analysis (Beijing City). ^{1}H and ^{13}C-NMR, and 2D NMR spectra were recorded at ambient temperature or 300 K on a Varian Inova 600 (600 mol/L) spectrometer. The solvent was $CDCl_3$.

2.9 HPLC analysis

Secondary metabolites were analyzed and quantified using a Waters 600 reversed-phase HPLC. Methanol (1 ml) was added to broth (1 ml), stirred for 30 min, and stood for 12 h. Cell residue was removed by centrifugation, and clear supernatant (20 μl) was injected onto a YMG-C18 column (250 mm×4.6 mm, 10 μm). The solvent system was methanol/water (9∶1) at a flow rate of 1 ml/min. Products were monitored by a Waters 2487 dual lambda absorbance detector at 246 nm.

2.10 Anti-tumor effect of compound 1 *in vitro*

3-(4, 5-dimethylthiazol-2-yl)-2, 5-diphenyl-tetrazolium bromide (MTT) assay (Hansen *et al.*, 1989) was employed to evaluate the anti-tumor effect of compound 1 on Bel-7402 hepatoma, K-562 leukemia and HCT-8 colonic carcinoma cells *in vitro*. Cells in a volume of 100 μl (5×10^3 cells/ml) were seeded onto 96-well plates and incubated at 37℃ for 24 h in 5% CO_2 atmosphere. Various concentrations of compound 1 (each 10 μl) plus 90 μl RPMI-1640 medium were added; 100 μl RPMI-1640 medium was added to control wells. Plates were incubated at 37℃ in 5% CO_2 atmosphere for 3 days. Supernatant was removed, 100 μl freshly prepared 0.5 mg/ml MTT per well was added to form formazan salt, and incubation continued at 37℃ for 4 h. Supernatant was carefully removed and 200 μl/well dimethyl sulphoxide was added to dissolve the MTT formazan salt. The solution was mixed, absorbance was read on an enzyme-linked immunosorbent assay (ELISA) Reader at 544 nm, and growth-inhibitory ratio was calculated using the formula $(1-A/B)\times100\%$, where A and B are mean absorbance of the treated and control wells, respectively. 5-fluorouracil (5-FU) was used as reference compound for positive control.

2.11 Nucleotide sequence accession number

The nucleotide sequence of 16S rRNA gene reported in this article was assigned to the GenBank accession No. EU621830.

3. Results

3.1 Characterization and identification of isolated strain L033

A bacterial isolate from a soil sample collected in Guangzhou City, China displayed strong anti-tumor activity against human hepatoma, chronic myelogenous leukemia, and colonic carcinoma cell lines. The cultural and morphological properties suggested that the isolate, termed L033, was a strain of actinomycete. Sporulation occurred on standard media such as inorganic salt-starch agar and oatmeal agar. Aerial spore masses of light gray and gray color, respectively, were formed on these media. Melanin pigments were produced on peptone yeast extract iron agar. L033 formed an extensively branched substrate mycelium and aerial hyphae that differentiated into long, compact spiral chains, which became looser as the culture aged. The spore chains were composed of spherical to oval-shaped spores, with smooth surfaces (Fig. 1). L033 was able to use glucose, D-fructose, inositol, mannitol, L(+)-arabinose, D-xylose, L(+)-rhamnose, sodium citrate, D-galactose, glycerol, maltose, lactose, or D-mannose as sole carbon source, but was not able to use melezitose, L(−)-sorbose, inulin, or cellulose. Nearly complete 16S rRNA gene sequence (1,487 bp) of L033 was obtained and was found to be most similar to those of *S. avermitilis* ATCC 31267^T, *S. cellostaticus* NBRC 12849^T, and *S. griseochromogenes* NBRC 13413^T, with sequence identities of 99.9%, 98.9%, and 98.9%, respectively. *S. avermitilis* ATCC 31267^T appeared to be the closest relative. A phylogenetic tree was constructed, using the neighbor-joining method based on similarity of a 1,461 bp consensus length of 16S rRNA gene sequence (Fig. 2), and confirmed that L033 grouped most closely with *S. avermitilis* ATCC 31267^T. DNA-DNA relatedness studies were conducted between L033 and *S. avermitilis* ATCC 31267^T. The mean DNA-DNA hybridization value of three determinations was 100%. The properties of culture, morphology, and carbon source utilization of strain L033 were consistent with those of *S. avermitilis* ATCC 31267^T as described by Kim and Goodfellow (2002). The 16S rRNA gene sequence identity and DNA-DNA relatedness data confirmed that strain L033 belonged to *S. avermitilis*.

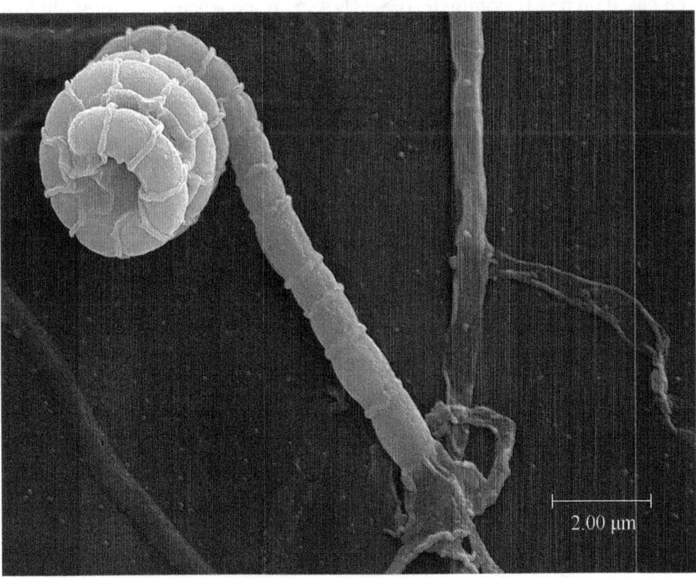

Fig. 1　Scanning electron micrograph of *Streptomyces avermitilis* L033 grown on Bennett's agar at 28℃ for 7 days. The spiral spore chains consist of spores with smooth surfaces

3.2 Fermentation

Production of compound 1 by strain L033 in medium G at 28℃ started after 1 day of fermentation. The maximal concentration of compound 1 was observed after 9 days of fermentation. A 4,937 g cell pellet was obtained from combined broth of 156 flasks for isolation of substances displaying anti-tumor activity. When cottonseed protein flour (16 g/L) was substituted for dried yeast as the nitrogen source in production medium G, production of compound 1 was 1,461 μg/ml.

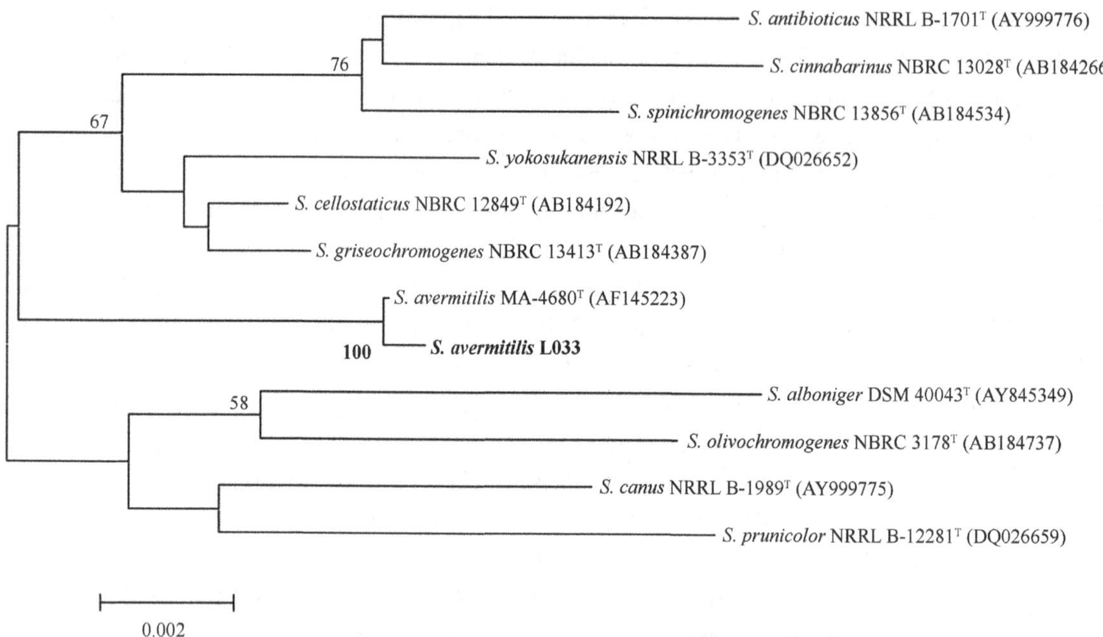

Fig. 2 Neighbor-joining tree based on nearly complete 16S rRNA gene sequences, showing phylogenetic relationships between *Streptomyces avermitilis* L033 and related *Streptomyces* species

Numbers at nodes indicate bootstrap values from 1,000 replicates. GenBank accession numbers are given in *parentheses*. Bar, 0.2% sequence divergence

3.3 Isolation and *in vitro* anti-tumor activity of compound 1

In tests against human tumor cells, six fractions prepared from crude extract by preparative positive-phase HPLC were determined. Of these, fraction 3 (containing compound 1, retention time=5.867′; Fig. 3) was found to have anti-tumor activity; 191.4 mg of compound 1 were isolated from the 4,937 g cell pellet as above and purified to homogeneity by preparative positive-phase HPLC and crystallization.

The ability of compound 1 to inhibit human tumor cell proliferation was investigated *in vitro* using the MTT assay. 5-FU, a commonly used agent for treatment of malignant tumors of the digestive tract, was used as the reference compound for positive control. Compound 1 inhibited cell proliferation of Bel-7402, K-562, and HCT-8 in a dose-dependent manner (Table 1). For compound 1 at a concentration of 5.0×10^{-5} μg/ml (*i.e.*, 6.3×10^{-5} μmol/L), rates of inhibition against Bel-7402, K-562, and HCT-8 were 29.94%, 43.72%, and 53.54%, respectively. In contrast, for 5-FU at a concentration of 5.0×10^{-2} μg/ml (*i.e.*, 3.8×10^{-1} μmol/L), rates of inhibition against these three cell lines were near or below zero. Thus, compound 1 was much more potent than 5-FU at inhibiting proliferation of these human tumor cell lines.

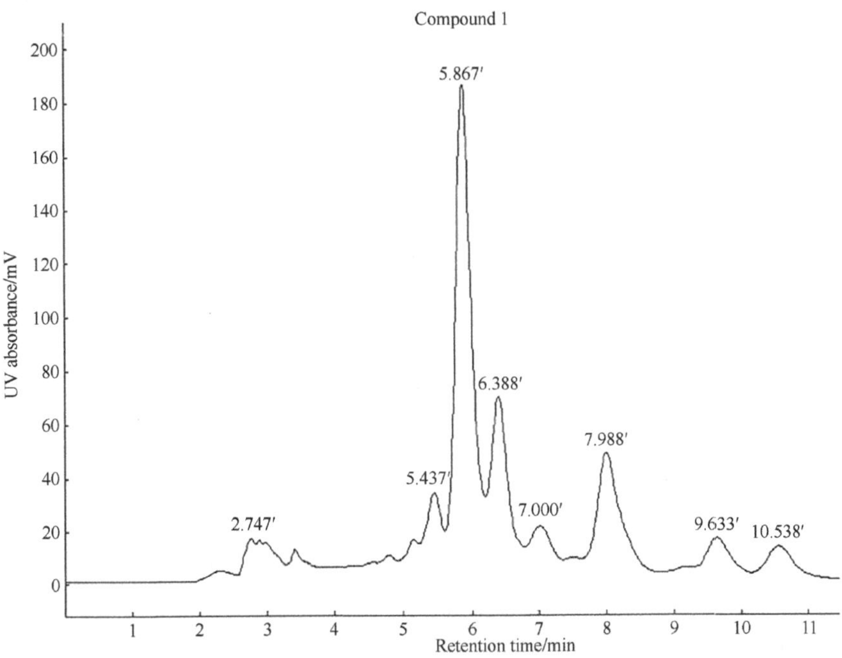

Fig. 3 High-performance liquid chromatography profile of extract from broth of *Streptomyces avermitilis* L033 at 246 nm

The solvent system was methanol/water (9 : 1). Compound 1 displayed potent anti-tumor activity against human hepatoma, chronic myelogenous leukemia, and colonic carcinoma cell lines

Table 1 *In vitro* sensitivity of cancer cell lines to compound 1, detected by MTT assay

Conc.[a]	Bel-7402		K-562		HCT-8	
	Compound 1	5-FU	Compound 1	5-FU	Compound 1	5-FU
50	87.74[b]	ND	91.55	ND	88.03	ND
5	54.17	62.93	56.47	62.98	57.17	59.13
0.5	31.17	37.99	48.10	30.77	46.34	32.76
0.05	34.59	−3.88	45.45	12.36	48.64	−5.08
0.005	32.12	−9.76	49.11	5.64	48.23	−1.76
0.000 5	31.40	ND	48.14	ND	50.84	ND
0.000 05	29.94	ND	43.72	ND	53.54	ND

Notes: 5-FU, positive control; ND, not done; a. Concentrations (μg/ml) of drugs in MTT assay; b. Data shown as percentage inhibition rate (%)

3.4 Structural determination of compound 1

The structure of compound 1 was determined by ^{1}H-NMR, ^{13}C-NMR, and MS analysis and compared with those of oligomycin A. Signals corresponding to 26-membered macrolide structures were found in the ^{1}H and ^{13}C-NMR spectra of compound 1 (see supplemental material). ^{13}C-NMR chemical shifts of compound 1 were identical to those of oligomycin A (Carter, 1986). The molecular ion of compound 1 (M + H, *m/z* 791.3) indicated a molecular weight (M_W) of 790.3 (Fig. 4), consistent with the M_W of oligomycin A. On the basis of the above data in combination with 2D NMR studies (data not shown), we concluded that compound 1 is oligomycin A (Fig. 5).

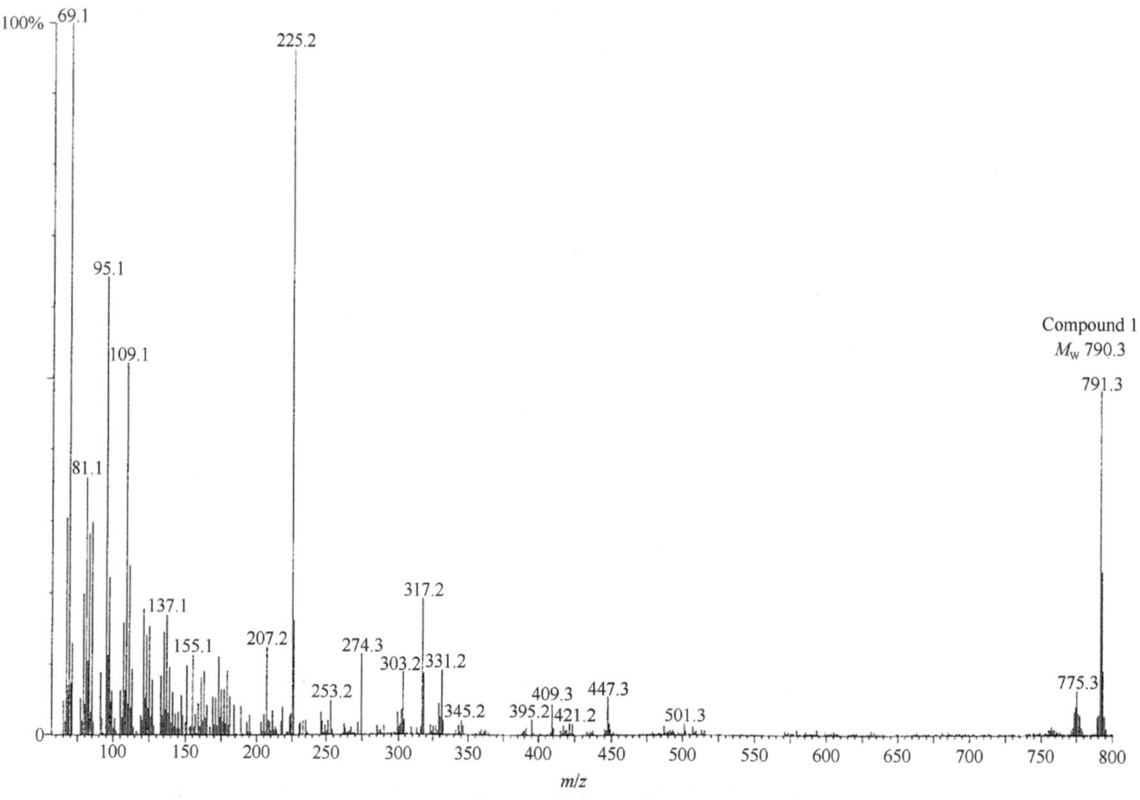

Fig. 4 Determination of molecular weight of compound 1 by FAB-MS in positive-ion mode. Spectral data showed that the molecular weight of compound 1 was 790.3

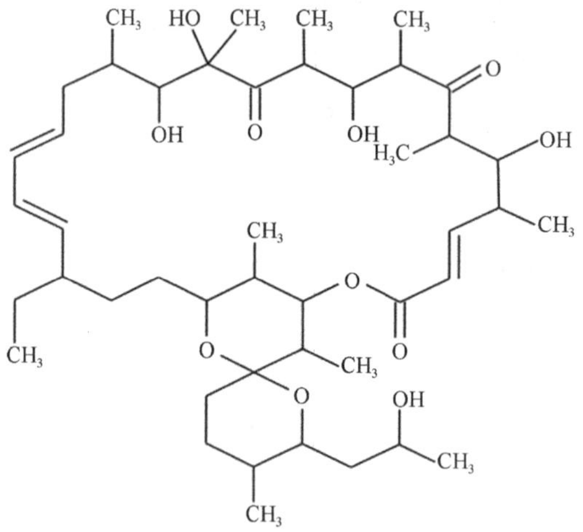

Fig. 5 Structure of compound 1 isolated from *Streptomyces avermitilis* L033

4. Discussion

A new actinomycete strain, *Streptomyces avermitilis* L033, was isolated from a soil sample during a screening program and displayed strong anti-tumor activity against human hepatoma, chronic myelogenous leukemia, and colonic carcinoma cell lines *in vitro*. Strain L033 was identified on the basis of cultural property, morphology, carbon source utilization, 16S rRNA gene sequence, and DNA-DNA relatedness. Compound 1, with anticancer activity, was isolated from the cells and identified as oligomycin A. L033 is the first reported naturally occurring strain of *S. avermitilis* producing a high yield of oligomycin A (maximal 1,461 μg/ml). In contrast, other reported wild-type strains of *S. avermitilis* produced low oligomycin (Miller *et al.*, 1979; Ikeda *et al.*, 1993).

Oligomycin and its analogues are a series of 26-membered macrocyclic lactones. Many of them display strong anti-tumor activity (Kobayashi *et al.*, 1987; Yamazaki *et al.*, 1992; Kim *et al.*, 1997). For example, oligomycin SC-1 and SC-2 exhibit antiproliferative activity against mouse P388 lymphoma leukemia cells (IC_{50}=0.0013 μg/ml and 0.000 33 μg/ml, respectively; Daisuke *et al.*, 1997). The antibiotic NK86-0279, a structural analogue, displays growth-inhibitory effect on a variety of mouse and human cancer cells (IC_{50}=0.0027~2.13 μg/ml; Nishikiori *et al.*, 1991). In a study of 37,000 molecules tested against 60 human cancer cell lines as mitochondrial targeting agents, oligomycin was among the top 0.1% most cell line selective agents. In a study using R-HepG2 cells, oligomycin was able to bypass doxorubicin (Dox) resistance and trigger apoptosis (Li *et al.*, 2004). Oligomycin ABC mixture reduced survival of P388 lymphoma leukemia cells to 54% at a concentration of 30 pg/ml, which is $>10^3$ times lower than the level required to inhibit respiration. Oligomycin A was more efficient than oligomycin ABC mixture in inhibiting P388 growth. The authors hypothesized that oligomycin at low concentration interferes with signaling events of apoptosis, which differ in tumor *vs.* normal cells (Korystov *et al.*, 2003). Thus, oligomycin A has potential application as an anti-tumor agent. However, little is known about the effect of oligomycin A on other cancer cell lines.

When anti-tumor activity against human tumor cell lines Bel-7402, K-562, and HCT-8 *in vitro* was examined by MTT assay in this study, oligomycin A was found to inhibit proliferation of these cell lines much more strongly than 5-FU. Inhibition rates of oligomycin A at a concentration of 5.0×10^{-5} μg/ml against Bel-7402, K-562, and HCT-8 cells were 29.9%, 43.7%, and 53.5%, respectively. This concentration was thousands of times lower than that required to inhibit respiration (Currie and Gregg, 1965). These results were similar to those reported by Korystov *et al.* (2003).

During procedures for isolation of compound 1, the aqueous residue of the marinated solution formed aqueous, oily, and solid layers (from bottom to top) when left at 18℃ overnight. The solid layer, which contained most of the desired antibiotic compound, was recovered for further purification; the other two layers, which contained small quantity of the compound, were discarded. An immiscible organic solvent for second extraction (Albers-Schönberg *et al.*, 1982; Visser *et al.*, 1960) was therefore not required in the present study, but could provide an economical method for additional isolation if applied industrially.

In summary, oligomycin A, a useful anti-tumor agent, was isolated with high yield and high purity from strain L033 cells by a relatively simple procedure. The yield can be further improved through induced breeding, optimized composition of culture medium, and production in tanks. *S. avermitilis* strain L033 should be great potential for industrial production of oligomycin A.

References

Albers-Schönberg G, Wallick H, Ormond R E, *et al.* 1982. Novel substances and process for their production. U S Patent, 4,310,519.

Carter G T. 1986. Structure determination of oligomycin A and C. J Org Chem, 51(22): 4264-4271.

Currie W D, Gregg C T. 1965. Inhibition of the respiration of cultured mammalian cells by oligomycin. Biochem Biophys Res Commun, 21(1): 9-15.

Daisuke K, Makoto K, Kaoru Y, *et al.* 1997. Oligomycin SC compounds and anticancer medicine. Japan Patent, JP9208587.

De Ley J, Cattoir H, Reynaerts A. 1970. The quantitative measurement of DNA hybridization from renaturation rates. Eur J Biochem, 12(1): 133-142.

Felsenstein J. 1985. Confidence limits on phylogenies: an approach using the bootstrap. Evolution, 39(4): 783-791.

Hait W N. 1996. Drug Resistance. Boston: Kluwer.

Hansen M B, Nielsen S E, Berg K. 1989. Re-examination and further development of a precise and rapid dye methods for measuring cell growth/cell kill. J Immunol Methods, 119(2): 203-210.

Hopwood D A, Bibb M J, Chater K F, *et al.* 1985. Genetic Manipulation of *Streptomyces*: A Laboratory Manual. Norwich: The John Innes Foundation.

Ikeda H, Kotaki H, Tanaka H, *et al.* 1988. Involvement of glucose catabolism in avermectin production by *Streptomyces avermitilis*. Antimicrob Agents Chemother, 32(2): 282-284.

Ikeda H, Takada Y, Pang C H, *et al.* 1993. Transposon mutagenesis by Tn*4560* and applications with avermectin-producing *Streptomyces avermitilis*. J Bacteriol, 175(7): 2077-2082.

Jiang H, Dong H, Zhang G, *et al.* 2006. Microbial diversity in water and sediment of Lake Chaka, an athalassohaline lake in northwestern China. Appl Environ Microbiol, 72(6): 3832-3845.

Kämpfer P, Steiof M, Dott W. 1991. Microbiological characterization of a fuel-oil contaminated site including numerical identification of heterotrophic water and soil bacteria. Microb Ecol, 21: 227-251.

Kawato M, Shinobu R. 1959. On *Streptomyces herbaricolor* sp. nov., supplement: a single technique for microscopical observation. Mem Osaka Univ Lib Arts Educ Ser. B Nat Sci, 8: 114-119.

Kim H S, Band H J, Lee S Y, *et al.* 1997. 44-Homooligomycin E, a new cytotoxic macrolide antibiotic from *Streptomyces ostreogriseus*. Biosci Biotechnol Biochem, 61(2): 378-380.

Kim S B, Goodfellow M. 2002. *Streptomyces avermitilis* sp. nov., nom. rev., a taxonomic home for the avermectin-producing streptomycetes. Int J Syst Evol Microbiol, 52(Pt 6): 2011-2014.

Kobayashi K, Nishino C, Ohya J, *et al.* 1987. Oligomycin E, a new antitumor antibiotic produced by *Streptomyces* sp. MCI-2225. J Antibiot (Tokyo), 40(7): 1053-1057.

Korystov Y N, Kublik L N, Kudryavtsev A A, *et al.* 2003. Opposite effects of low oligomycin concentrations on the apoptosis of normal and tumor cells. Dokl Biol Sci, 392: 475-477.

Kumar S, Tamura K, Nei M. 2004. MEGA3: Integrated software for Molecular Evolutionary Genetics Analysis and sequence alignment. Brief Bioinform, 5(2): 150-163.

Li Y C, Fung K P, Kwok T T, *et al.* 2004. Mitochondria-targeting drug oligomycin blocked P-glycoprotein activity and triggered apoptosis in doxorubicin-resistant HepG2 cells. Chemotherapy, 50(2): 55-62.

Lokich J J. 1980. Clinical cancer medicine: treatment tactics. Boston: Hall: 1-15.

Miller T W, Chaiet L, Cole D J, *et al.* 1979. Avermectins, new family of potent anthelmintic agents: isolation and chromatographic properties. Antimicrob Agents Chemother, 15(3): 368-371.

Nishikiori T, Yamazaki M, Saito S, *et al.* 1991. Antibiotic NK86-0279, process for production of the same and application of the same. US Patent, 5,003,056.

Parkin D M. 2001. Global cancer statistics in the year 2000. Lancet Oncol, 2(9): 533-543.

Saitou N, Nei M. 1987. The neighbor-joining method: a new method for reconstructing phylogenetic trees. Mol Biol Evol, 4(4): 406-425.

Thompson J D, Higgins D G, Gibson T J. 1994. CLUSTAL W: improving the sensitivity of progressive multiple sequence alignment through sequence weighting, position-specific gap penalties and weight matrix choice. Nucleic Acids Res, 22(22): 4673-4680.

Twombly R. 2005. Cancer surpasses heart disease as leading cause of death for all but the very elderly. J Natl Cancer Inst, 97(5): 330-331.

Visser J, Weinauer D E, Davis R C, *et al.* 1960. Production and isolation of the antibiotic, oligomycin. J Biochem Microbiol Technol Eng, 2(1): 31-48.

Waksman S A. 1966. Antibiotics today. Bull N Y Acad Med, 42: 623-632.

Yamazaki M, Yamashita T, Harada T, *et al.* 1992. 44-Homooligomycins A and B, new antitumor antibiotics from *Streptomyces bottropensis*. Producing organism, fermentation, isolation, structure elucidation and biological properties. J Antibiot (Tokyo), 45(2): 171-179.

Zhou Z H, Liu Z H, Qian Y D, *et al.* 1998. *Saccharopolyspora spinosporotrichia* sp. nov., a novel actinomycete from soil. Int J Syst Bacteriol, 48(Pt 1): 53-58.

Supplementary material: https://link.springer.com/article/10.1007/s00253-008-1684-y

本文原载: Appl Microbiol Biotechnol, 2009, 81: 839-845.

Chromosomal Instability in *Streptomyces avermitilis*: Major Deletion in the Central Region and Stable Circularized Chromosome*

Wei Chen, Fei He, Xiaojuan Zhang, Zhi Chen, Ying Wen, Jilun Li

(State Key Laboratories for Agrobiotechnology, College of Biological Sciences, China Agricultural University, Beijing, 100193, China)

Abstract

Background: The chromosome of *Streptomyces* has been shown to be unstable, frequently undergoing gross chromosomal rearrangements. However, the mechanisms underlying this phenomenon remain unclear, with previous studies focused on two chromosomal ends as targets for rearrangements. Here we investigated chromosomal instability of *Streptomyces avermitilis*, an important producer of avermectins, and characterized four gross chromosomal rearrangement events, including a major deletion in the central region. The present findings provide a valuable contribution to the mechanistic study of genetic instability in *Streptomyces*.

Results: Thirty randomly-selected "bald" mutants derived from the wild-type strain all contained gross chromosomal rearrangements of various types. One of the bald mutants, SA1-8, had the same linear chromosomal structure as the high avermectin-producing mutant 76-9. Chromosomes of both strains displayed at least three independent chromosomal rearrangements, including chromosomal arm replacement to form new 88 kb terminal inverted repeats (TIRs), and two major deletions. One of the deletions eliminated the 36 kb central region of the chromosome, but surprisingly did not affect viability of the cells. The other deletion (74 kb) was internal to the right chromosomal arm. The chromosome of another bald mutant, SA1-6, was circularized with deletions at both ends. No obvious homology was found in all fusion sequences. Generational stability analysis showed that the chromosomal structure of SA1-8 and SA1-6 was stable.

Conclusions: Various chromosomal rearrangements, including chromosomal arm replacement, interstitial deletions and chromosomal circularization, occurred in *S. avermitilis* by non-homologous recombination. The finding of an inner deletion involving in the central region of *S. avermitilis* chromosome suggests that the entire *Streptomyces* chromosome may be the target for rearrangements, which are not limited, as previously reported, to the two chromosomal ends.

*This work was supported by grants from the National Natural Science Foundation of China (Grant No. 30670037) and the National Basic Research Program of China (Grant No. 2009CB118905).

1. Background

Streptomyces are a genus of Gram-positive, filamentous soil bacteria, which display complex morphological differentiation and produce a broad range of bioactive secondary metabolites such as antibiotics, immunosuppressants and cholesterol-lowering agents. These bacteria thus provide an important natural source of commercial products for the pharmaceutical and agricultural industries (Demain, 1999). The *Streptomyces* genome consists of an 8- to 9-Mb linear chromosome, characterized by terminal inverted repeats (TIRs) and a protein covalently attached to 5′ end (Lin *et al.*, 1993; Ōmura *et al.*, 2001; Bentley *et al.*, 2002).

This chromosome is inherently unstable, and frequently undergoes gross chromosomal rearrangements spontaneously as well as under various mutagenic treatments (Volff *et al.*, 1994; Volff and Altenbuchner, 1998), particularly in terminal regions where almost no essential genes reside. Gross chromosomal rearrangements include deletion, amplification, arm replacement, and circularization (Redenbach *et al.*, 1993; Yu and Chen, 1993; Fischer *et al.*, 1997, 1998; Kameoka *et al.*, 1999; Uchida *et al.*, 2003; Wenner *et al.*, 2003; Yanai *et al.*, 2006; Widenbrant *et al.*, 2007, 2008). This chromosomal instability leads to genetic instability, which is ubiquitous among *Streptomyces*, and affects nearly all life functions, *e.g.*, differentiation, secondary metabolism, and response to environmental changes (Volff and Altenbuchner, 1998). The chromosomal instability is not attributable to the linear chromosomal structure, since some mutants with circular chromosomes display even higher frequency of genetic instability (Fischer *et al.*, 1997; Lin and Chen, 1997; Volff *et al.*, 1997). Theoretically, gross chromosomal rearrangements can arise through both homologous recombination and non-homologous recombination pathways. However, the mechanisms underlying these types of rearrangement in *Streptomyces* are poorly understood.

Streptomyces avermitilis produces avermectins (macro-cyclic lactone derivatives with potent anthelmintic properties) which are widely used in agriculture, veterinary medicine, and human medicine (Burg *et al.*, 1979; Ōmura *et al.*, 2001). Sequencing of the 9.02 Mb genome of *S. avermitilis* has been completed (Ōmura *et al.*, 2001). Comparative analysis with *S. coelicolor* A3(2) revealed that *S. avermitilis* has a highly conserved 6.5 Mb "core" internal region and two variable "auxiliary" telomeric regions: a 2.0 Mb left arm and a 0.5 Mb right arm. The TIRs are solely located within the first 174 nucleotides at both ends of the chromosome (Ikeda *et al.*, 2003). Genetic instability had been well studied in several other *Streptomyces* species (Leblond *et al.*, 1990; Birch *et al.*, 1991; Leblond *et al.*, 1991; Gravius *et al.*, 1993; Redenbach *et al.*, 1993; Yu and Chen, 1993; Uchida *et al.*, 2003; Wenner *et al.*, 2003; Yanai *et al.*, 2006; Widenbrant *et al.*, 2007, 2008). *S. avermitilis*, although not yet systematically investigated in this regard, is clearly subjected to genetic instability as well, since it frequently generates "white" or "bald" mutants showing reduction or complete loss of avermectin productivity. Such genetic instability is a significant problem for the commercial use of *S. avermitilis* in the fermentation industry as well as basic research, and therefore a better understanding of the mechanisms involved is needed.

In the present work, we examined the genetic instability of *S. avermitilis* using a combined approach of pulsed-field gel electrophoresis (PFGE), Southern hybridization, PCR, and DNA sequencing. The chromosomal structures of two bald mutants, SA1-6 and SA1-8, derived from spontaneous chromosomal rearrangement of the wild-type strain, were characterized in detail. Major deletion in the central region of the *Streptomyces* chromosome was observed for the first time in SA1-8, and stable circularized chromosome was observed in SA1-6. Analysis of the fusion sequences showed that non-homologous recombination was involved in the chromosomal rearrangements, including arm replacement, deletions and circularization. Lastly, the chromosome of SA1-6 and SA1-8 remained stable after ten passages, whereas other mutants such as SA1-7 and SA3-1 underwent further chromosomal rearrangements.

2. Methods

2.1 Bacterial strains and growth conditions

S. avermitilis ATCC 31267 (wild-type strain) was used as starting strain and control. 76-9 was a high avermectin-producing strain derived from ATCC 31267 by continuous mutagenesis, with the ability to sporulate. Spontaneous "bald" mutants (*i.e.*, defective in production of aerial mycelia) of ATCC 31267 and 76-9 were picked at random for further study, since the bald phenotype was stable. All strains were grown at 28℃ on YMS solid medium for sporulation (Ikeda *et al.*, 1988), or isolation and growth of bald colonies.

2.2 Preparation of DNA for PFGE analysis

S. avermitilis was cultured at 28℃ for 36 h in 25 ml YEME with 25% sucrose in a 250 ml flask, containing a coiled stainless steel spring to promote aeration and cell dispersion. Mycelia were harvested and used for making plugs, as described by Kieser *et al.* (2000). For restriction analysis, 200 μl buffer (per manufacturer's instructions) was added into 1.5 ml eppendorf tube containing one plug, incubated for 30 min at room temperature, and then the buffer was replaced with 300 μl fresh buffer containing 2 μl BSA (100 μg/ml) and 50 U *Ase* I to digest the plug for 4 h at 37℃. PFGE runs were performed in a CHEF MAPPER XA system (Bio-Rad). Agarose gels were run in 0.5×TBE buffer at 14℃. Pulse times were optimized depending on the sizes of the DNA fragments to be separated. Proteinase K or SDS-treated DNA samples were prepared as described by Kieser *et al.* (2000).

2.3 Detection of chromosomal deletion by PCR amplification

Using the available genomic sequence of *S. avermitilis* (http://avermitilis.ls.kitasato-u.ac.jp), PCR primers were designed to detect chromosomal deletion, with DNA extracted from the wild-type strain as positive control.

2.4 Inverse PCR

To determine the fusion sequence in novel fragment *Ase* I-NA1 of mutant strain SA1-8, inverse PCR was conducted. Total DNA of strain SA1-8 was completely digested by *Pst* I, and separated by conventional agarose gel electrophoresis. Fragments from 1~3 kb were retrieved, purified, and self-ligated. Circular DNA was used as template for inverse PCR. Since walking PCR and Southern blotting analysis had revealed the formation of a new ~2 kb *Pst* I fragment spanning the breakpoint of NA1 and the sequence of the right part of this new *Pst* I fragment (see the results), two primers, 113 (GGACTACGCCTTCGACTTC) and 114 (GATCGTGTACTGGGACCAG) in the right known region of the new *Pst* I fragment, were designed in opposite directions to amplify the left unknown sequence. Primer 113 was close to the breakpoint and primer 114 was near the right *Pst* I site. After sequencing analysis of the inverse PCR product, primers 118 (GTATCT CTCGTACGCCTCG) and 113 were used to determine the junction sequence.

2.5 DNA labeling and hybridization

Following PFGE or conventional agarose gel electrophoresis, DNA fragments were transferred to nylon filters (Hybond-N, Millipore) by capillary method (Smith and Summers, 1980), and cross-linked by exposure to 254 nm UV for 10 min. DNA probes for Southern blotting were amplified by PCR, and labeled using a nonradioactive digoxigenin (DIG) labeling kit (Roche). Hybridization and detection were performed according to the manufacturer's instructions. Primers used for preparation of probes are listed in Table 1.

Table 1 Primers used for preparation of probes

Probes	Primer sequence (5′–3′)		Description
W	11	GTTGCGGACGTGTGACTTG	to detect the left extremity of chromosome
	12	GAACTACATGCCGGGAGTG	
aveC	15	CAGCAAGGATACGGGGAC	to detect the avermectin biosynthetic gene cluster
	16	ACCGAGCACGATGCCGATG	
G1-139	139	GGTTGACGACGTCCTTGAG	to detect fragment *Ase* I-G1
	140	CGACACTCATGAAGCGACC	
G2-152	152	CTGCTCAAGACGAAGGTGC	to detect fragment *Ase* I-G2
	153	CCGTCACATCGCTGTCATG	
D600	131	GTGATCGTGAAGACCTCGC	to detect fragment *Ase* I-D
	132	CTCCACCATGACAAGACCG	
Dr	19	AGTCGTACGTCCGCAACTG	to detect the right extremity of chromosome
	20	AGGTCTTCCGCTTCGCTTC	
D20	125	CTCTAGACGGCGGAATCAC	to detect the duplication and translocation of right 88 kb end
	126	GCGACAAGGGCTAAGACTC	
D60	96	GTTCTGGCAGTCGTCGTAG	to detect the duplication and translocation of right 88 kb end
	97	TGAAGAAGACCCGGTCTGG	
D80	98	ACGAACGTGCCCTGCTCAC	to detect the duplication and translocation of right 88 kb end
	99	GGTGACGAGTTCGGAGACG	
N1	75	GGAGGTAGCGGATGTTGTG	to detect the rearrangement event in fragment *Ase* I-NA1
	76	CTGGTCCCAGTACACGATC	
N2	236	GGCTCGTTCATCTTCCTCG	to detect the rearrangement event in fragment *Ase* I-NA2
	239	GCACATCAGAGGGTCATGC	
N3	272	CGTTGACGTAGAGCTGCG	to detect the rearrangement event in fragment *Ase* I-NA3
	248	ACCTGAGCAGCTCGTGAAG	
N4	405	TGTGACGGTGTGCCAGTAG	to detect the rearrangement event in fragment *Ase* I-NA4
	406	ATGCCCTCGACTACGACAC	

2.6 Chromosomal stability assay of mutants

To assess chromosomal stability of mutants over generations, selected bald mutants derived from wild-type were grown for ten passages on YMS plates. Since aerial mycelia of *S. avermitilis* begin to emerge after 48 h of incubation on YMS, we transferred mycelia of bald mutants grown for 3 days by streaking on YMS plates. Genomic DNA was analyzed by PFGE as described above.

3. Results

3.1 Chromosomal instability in *S. avermitilis*

After serial transfer (more than 6 passages) on solid YMS medium, spores of *S. avermitilis* were harvested and suspended in distilled water. The spore suspension was replated on solid YMS medium to observe the phenomenon of morphological instability. Normal gray colonies appeared together with "white" mutants (*i.e.*, defective in the ability to form mature spores) and bald mutants in the progeny. The mutants arose with a high frequency of 2.4% from the wild-type strain, and an even higher frequency of 8.3% from 76-9, a high avermectin-producing mutant. Thirty bald mutants from the wild-type strain and 30 bald mutants from 76-9 were randomly isolated, solely on the basis of their stable aerial mycelia-defective phenotype. Flask fermentation experiments and subsequent HPLC analysis demonstrated that all of these bald mutants lost the ability to produce avermectins (data not shown).

To test whether chromosomes of the bald mutants were altered similarly to those in other *Streptomyces* species as reported previously (Volff and Altenbuchner, 1998), we conducted PFGE analysis of chromosomal structure. Through optimal adjustment of pulse time, 25 *Ase* I-fragments of *S. avermitilis* ATCC 31267 (Fig. 1a) were successfully separated (except for 5 kb fragment Y) and varied in size from 57 kb to 1,422 kb (Fig. 1b and 1c). Fragments D and W correspond to the right and left ends of the chromosome, respectively, which covalently bind terminal proteins. In comparison to *Ase* I patterns of wild-type chromosome, all the bald mutants derived from wild-type (designated SA) displayed chromosomal rearrangements. Some of the mutants shared similar PFGE profile representatively shown in Fig. 1b and 1c, although the chromosomal structures among these mutants might be different. Fragments *Ase* I-W (63 kb) and A (1,422 kb) on the left chromosomal arm were involved in nearly all deletion events, most of which extended to fragment U (85 kb). Considering that the overlapping band D/E became fainter and thinner, it is most likely that the right terminal fragment D was missing, although the possibility that centrally located fragment E could also be missing can't be excluded. Meanwhile, some new *Ase* I bands appeared in the SA mutants. In contrast, the spontaneous bald mutants derived from 76-9 showed no apparent chromosomal rearrangements in comparison to the *Ase* I pattern of 76-9 (Additional file 1: Supplementary Fig. S1). Among the rearrangement types of SA mutants, the *Ase* I profile of SA1-6 showed no novel bands apart from the deleted fragments (Fig. 1b and 1c). On the other hand, the *Ase* I profile of SA1-8 revealed two new fragments, and was quite similar to that of 76-9 (Fig. 1d), suggesting that SA1-8 and 76-9 may share the same chromosomal structure. Therefore, SA1-6 and SA1-8 were selected for further study of chromosomal architecture.

Both the linear chromosome and plasmid maintain a circular conformation *in vivo* because of the interaction of two terminal proteins. When intact DNA samples are treated with Proteinase K (PK), the covalently bound terminal proteins are removed and the DNA acquires a linear conformation. Whereas the intact DNA in the SDS-treated sample is trapped in the slot, since just noncovalently bound proteins are removed and the linear DNA keeps a circular form (Lin *et al.*, 1993). It has been reported that the wild-type strain ATCC 31267 has a linear chromosome and a linear plasmid SAP1 of 94.3 kb (Ōmura *et al.*, 2001). When intact DNA samples of SA1-8, SA1-6 and the wild-type strain were electrophoresed under conditions allowing migration of only DNA linear structures, SA1-8 showed no detectable difference in banding pattern as compared to the wild-type strain, whereas only one plasmid band was detected in PK-treated DNA sample of SA1-6 (Fig. 2a), suggesting that the SA1-8 chromosome remained linear, whereas SA1-6 possessed a circular chromosome.

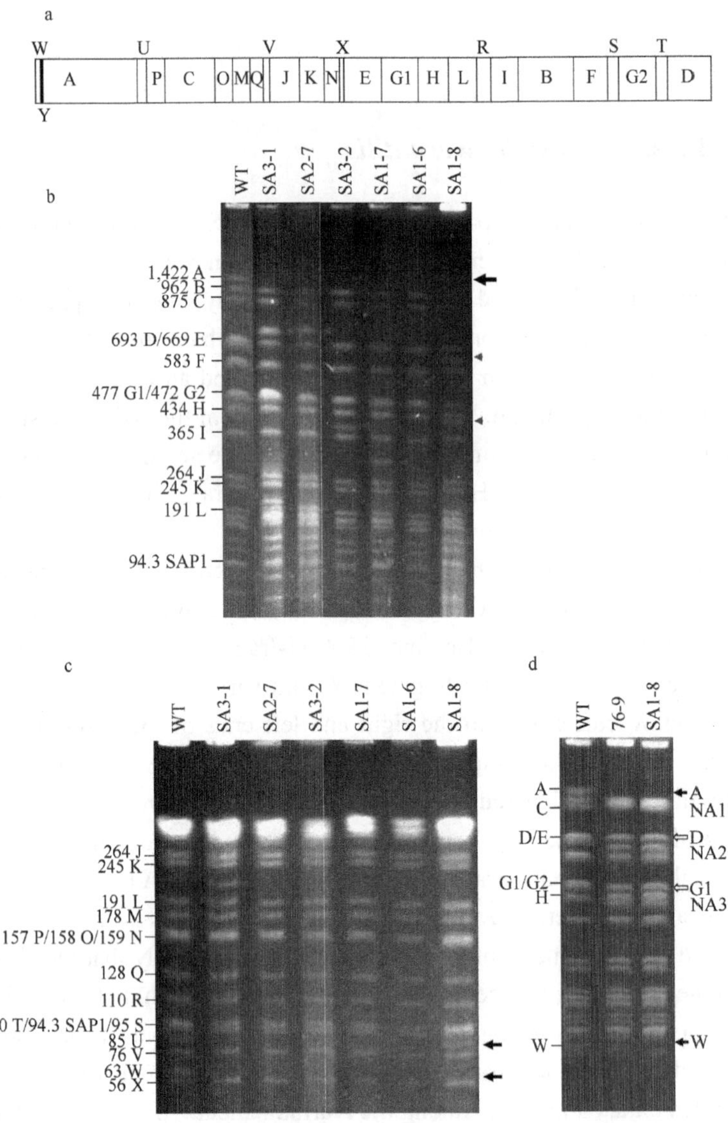

Fig. 1 Gross chromosomal rearrangements in spontaneous bald mutants from *S. avermitilis* wild-type (WT) strain ATCC 31267
a. *Ase* I restriction map of wild-type chromosome. b and c. *Ase* I restriction patterns of genomic DNA of bald mutants (SA). d. Similar *Ase* I profiles of 76-9 and SA1-8. PFGE conditions for separating large fragments were: 1.2% agarose, 4.5 V/cm, 20~130 s pulses, 36 h; 4.5 V/cm, 60~90 s pulses, 2 h; 4.5 V/cm, 5~10 s pulses, 8 h (B and D); conditions for separating small fragments were: 1.5% agarose, 6 V/cm, 5~10 s pulses, 24 h (C). Fragments D and E overlapped because of their extremely similar migration; overlap was also found for fragments G1/G2, O/P/N, and S/T. SAP1, 94.3 kb linear plasmid. Solid arrows, missing fragments; Open arrows, potential missing fragments; Triangles, new bands

3.2 Chromosomal arm replacement and internal deletions in SA1-8 chromosome

In comparison to the *Ase* I profile of wild-type, fragments W and A on the left chromosomal arm of SA1-8 were missing, and there were two novel fragments, which we termed NA2 and NA3 (Fig. 1d). To test whether the deletion of the W fragment included the left chromosomal terminus, we used probe W (754~1,653 nt, relative to left first nucleotide of the chromosome defined as 1 nt) located on the left terminus, to hybridize onto the *Pst* I pattern of genomic DNA. The wild-type strain showed a predicted 1.6 kb restriction fragment, whereas SA1-8 showed no apparent hybridization signal (Additional file 1: Supplementary Fig. S2A), indicating that the left terminus was deleted. On the other hand, the right extremity was still conserved, since hybridization with probe Dr (196 bp away from the last nucleotide) showed that the terminal 4.7 kb *Bam*H I fragment was present in both wild-type and SA1-8 (Additional file 1: Supplementary Fig. S2B). Although SA1-8 lost the ability to produce avermectins, the avermectin biosynthetic gene cluster, located within *Ase* I-A, could be specifically amplified by PCR (data not shown), indicating that fragment A was not deleted completely. To determine the remnant of fragment A, probe *aveC* (1,168,000~1,169,000 nt) in the *ave* gene cluster was amplified and labeled. Hybridization with this probe, surprisingly, revealed a new band (termed NA1) overlapping with fragment C (875 kb) (Fig. 1d and 3a). Fragment NA1 was also detected by the right terminal probe Dr, which hybridized with fragment D in wild-type (Fig. 3a). These results suggest that the right end replaced the left end and joined the undeleted part of *Ase* I-A to form the novel left terminal fragment NA1.

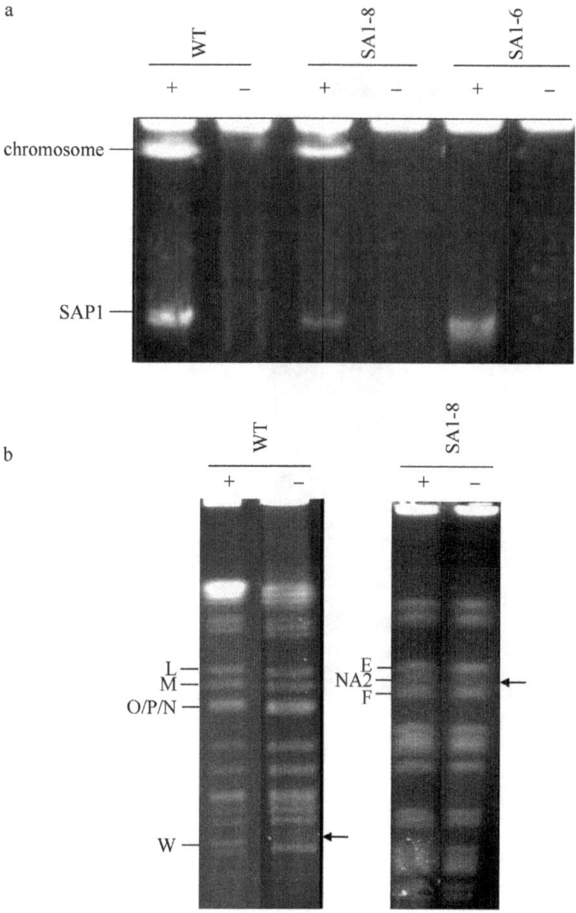

Fig. 2 PFGE analysis of the chromosomes of *S. avermitilis* strains

a. PFGE of intact chromosome treated with proteinase K (PK) and SDS. b. PFGE analysis of *Ase* I digested chromosome with PK and SDS treatment, showing that fragment NA2 is a new end bound to terminal protein. PFGE conditions for (a) were: 1% agarose, 3 V/cm, 180 s pulses, 20 h. Conditions for SA1-8 and wild-type in (b) were the same as for Fig. 1b and 1c, respectively. "+" represents DNA sample treated with PK; "–" represents DNA sample treated with SDS

Probe Dr hybridized simultaneously with fragments NA1 and NA2 in SA1-8, and with fragment D in wild-type, suggesting that NA2 was derived from fragment D (Fig. 3a). Hybridization with probe D600 confirmed the loss of 693 kb *Ase* I-D, and formation of new ~600 kb NA2 in SA1-8 (Fig. 3a). When proteinase treatment was omitted, neither NA2 in SA1-8 nor *Ase* I-W in wild-type entered the PFGE gel (Fig. 2b). Slowing of fragment D in wild-type and of NA1 in SA1-8 could not be observed since they overlapped with fragments E and C, respectively. These findings indicate that reduction of fragment D led to the formation of NA2, which corresponds to the new right terminal end.

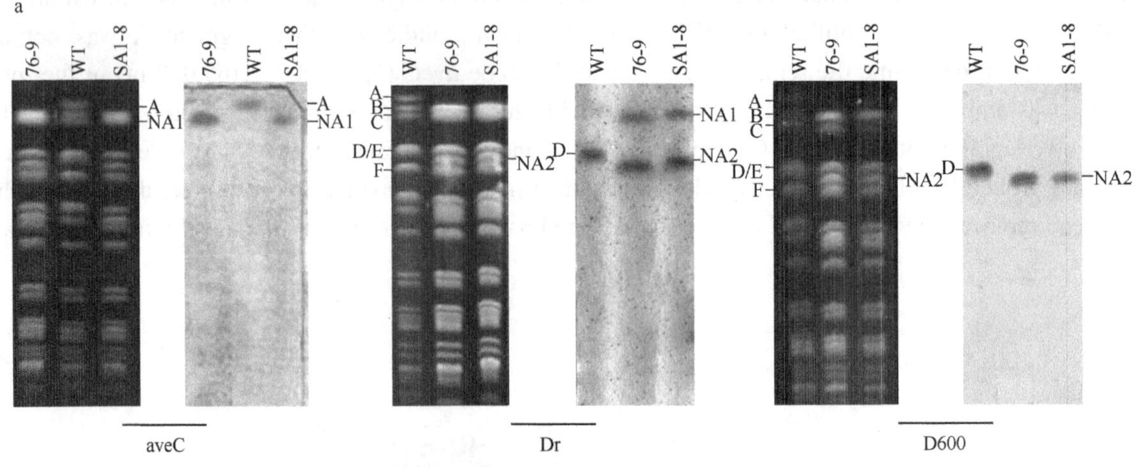

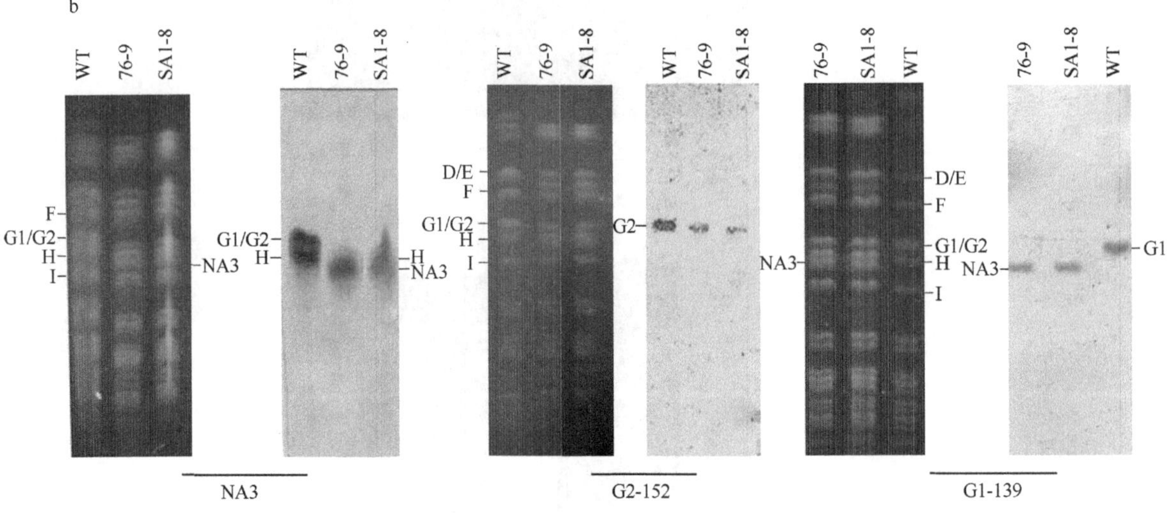

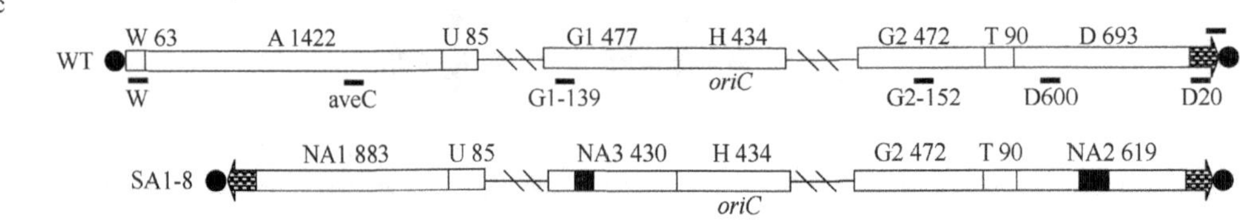

Fig. 3 Southern hybridization analysis of chromosomal rearrangements in SA1-8 (a, b) and schematic representation of the chromosomes of wild-type strain and mutant SA1-8, showing three independent rearrangements (c)

Total DNAs were in gel digested with *Ase* I, and probed by aveC, Dr, D600, NA3, G2-152, and G1-139, respectively (a, b). Probe aveC was in the *ave* gene cluster of fragment A. Distance between probe and extreme right end of chromosome was 600 kb for D600, 196 bp for Dr. Probes G2-152 and G1-139 were located on fragments G2 and G1, respectively. PFGE conditions were the same as for Fig. 1b. c. Open bar, simplified chromosome map with fragment designations and sizes in kilobases; Vertical lines, *Ase* I sites; Horizontal lines, probes; Diagonal lines, internal regions not displayed; Thick arrows: 88 kb TIRs; Solid circles, terminal proteins; Black bars, inner deletion regions

In order to determine the source of fragment NA3, the ~400 kb NA3 fragment was recovered with low-melt agarose and labeled. Hybridization studies of this probe with the PFGE-separated wild-type genomic *Ase* I fragments suggested that either G1 or G2 may be the source of NA3 (Fig. 3b), since G1 and G2 overlap. The NA3 probe also hybridized with fragment H of SA1-8 and wild-type, because H was close to NA3, and the recovered NA3 sample used for probe preparation was easily contaminated with DNA from H. Unstable regions are often localized at the telomere or subtelomere of the chromosome in *Streptomyces*, we therefore firstly attempted to identify the deletion in G2. Southern analysis with probe G2-152 showed that G2 remained intact (Fig. 3b), consistent with PCR results (data not shown). To test the possibility that central fragment G1 underwent deletion to form NA3, we performed hybridization using probe G1-139 located on G1. Probe G1-139 was found to hybridize with NA3 (Fig. 3b), suggesting that NA3 resulted from the reduction of G1.

3.3 The extent of deletions and sequence of three junction fragments in SA1-8 chromosome

To determine the extent of the deletion, we conducted "walking PCR" strategy to detect the relevant region in SA1-8. The entire fragment W and left part of fragment A were missing, and the deletion terminus of fragment A was located near the 691,200 nt locus. To confirm the breakpoint, we performed Southern analysis with probe N1 (690,197~691,592 nt, spanning the 691,200 nt locus), which revealed a new 1.84 kb *Pst* I fragment in SA1-8, instead of the 6.4 kb *Pst* I fragment in the wild-type strain (Fig. 4a and 4b). The 1.49 kb fragment was obtained by inverse PCR using primers 113 and 114 (Fig. 4a and 4c). Sequence analysis revealed that the 1.49 kb fragment contained two parts, one from fragment D in the right chromosomal end, and the other from the remnant of fragment A. The junction sequence was further identified by PCR with primers 118 (located at *Ase* I-D) and 113 (located at *Ase* I-A) (Fig. 4a), using total DNA of SA1-8 as template. The breakpoint of fragment A was determined to be located at 691,099 nt, with deletion of the left arm up to 691 kb, and fusion to 8,937,115 nt on the right chromosomal arm, 88 kb away from the extreme right end (Fig. 4a). Assuming that the entire right terminal 88 kb end translocated to the left breakpoint to form novel fragment NA1, the size of NA1 was estimated to be 882 kb (1,422A+63W–691+88=882), which is consistent with the finding that NA1 co-migrated with fragment C (875 kb) in PFGE. This was further confirmed by results from Southern blotting, indicating that NA1 could hybridize with probes D20, D60, and D80 (20 kb, 60 kb and 80 kb away from the right extremity, respectively) (data not shown). Comparison of the junction sequence with the right and left sequences from the wild-type strain suggested that a non-homologous recombination event occurred within a short 5 bp region of homology (Fig. 4d).

Walking PCR and sequence analysis showed that the left and right deletion termini in the interior of NA2 were located at 8,636,494 nt and 8,710,861 nt, respectively (Fig. 5a). The deletion extended to 74 kb, including 64 ORFs (SAV7241-SAV7304). The actual size of NA2 was therefore 619 kb (693D–74=619). These results also showed that the right terminal 88 kb fragment was conserved, since the right deletion termini was 314 kb away from the right extremity. We directly amplified and sequenced the newly formed DNA junction sequence with primers 236 and 239 flanking the fusion site. Breakpoint sequence analysis showed that the junction joined the partial regions of left 7.0 kb and right 5.3 kb *Kpn* I fragments, generating a new *Kpn* I fragment of 8.7 kb (Fig. 5a). This was confirmed by hybridization with probe N2 (Fig. 5b). No significant similarity was found when the junction sequence was compared with the left and right sequences from the wild-type strain (Fig. 5c).

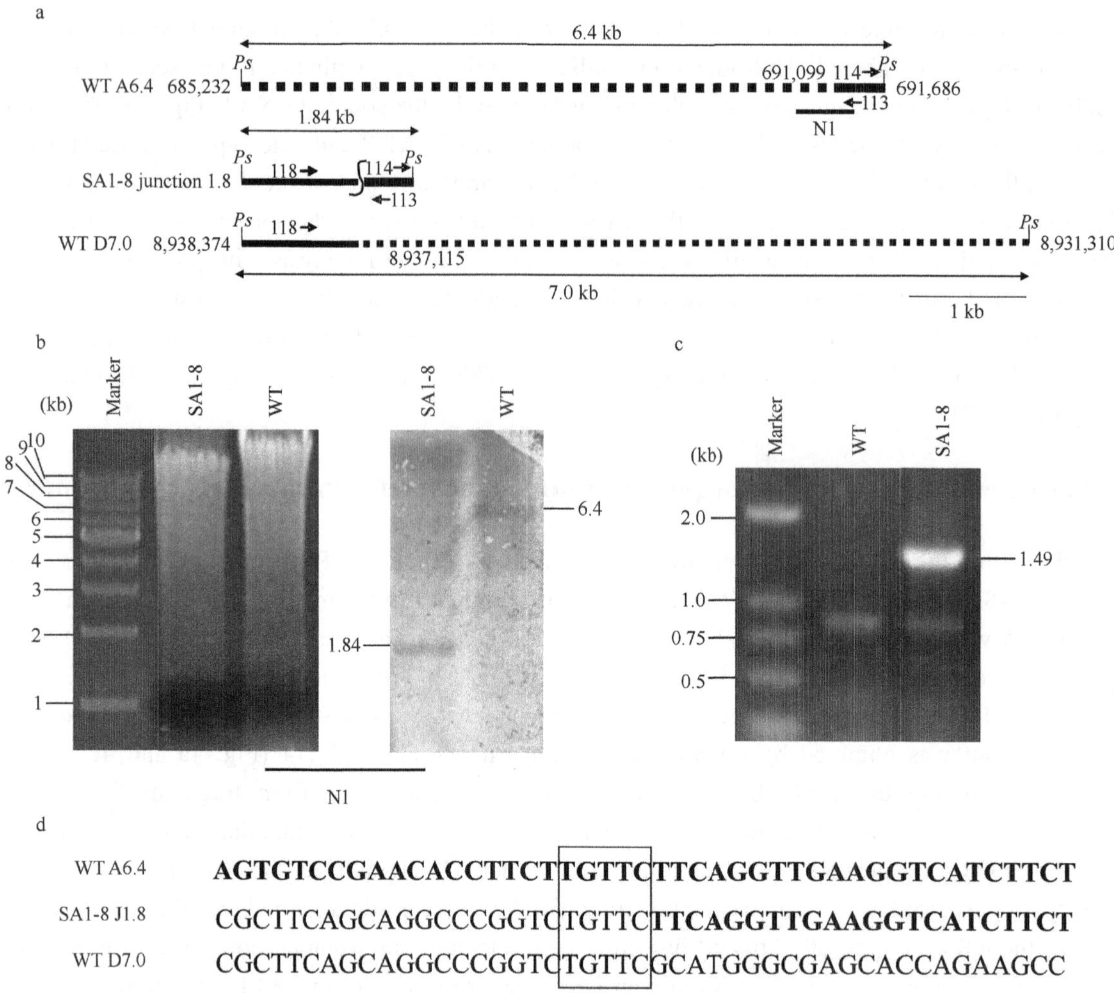

Fig. 4 Analysis of recombination point in fragment NA1

a. Restriction maps of fragments involved in the recombination event in NA1. The 1.84 kb *Pst* I junction fragment resulted from fusion in opposite orientation of partially deleted 6.4 kb and 7.0 kb *Pst* I fragments from left and right chromosomal arms, termed A6.4 and D7.0 respectively. b. Hybridization analysis of the *Pst* I fusion fragment. c. Inverse PCR to obtain the left unknown sequence of 1.84 kb *Pst* I junction fragment. d. The fusion sequence in NA1 joins the partial region of fragment A6.4 and D7.0 at a 5 bp overlapping sequence. Bold and non-bold fonts represent nucleotide sequences from fragment A6.4 and D7.0, respectively. Dashed lines represent deleted regions. *Ps*, *Pst* I. Primers 113 and 114 were used in inverse PCR. Primers 118 and 113 were used in PCR for amplifying fusion sequence

The internal deletion region of G1 spanned from 4,689,788 nt to 4,725,913 nt, 562 kb away from the origin of replication (*oriC*). The results also suggested that the deletion terminated in the left 9.1 kb and right 14.7 kb *Bam*H I fragments, respectively, producing a novel 19.0 kb junction fragment (Fig. 6a). This was confirmed by Southern analysis using probe N3 (Fig. 6b). The fusion sequence acquired by direct PCR amplification with primers 272 and 248 suggested that a non-homologous recombination event had occurred, leading to loss of the intervening 36 kb DNA sequence (Fig. 6c). However, the reduction of G1 was estimated to be at least 43 kb (477G1–434H=43), since NA3 was smaller than H (Fig. 1d). Another small size (~7 kb) deletion presumably occurred at an undetermined location within G1.

The deleted 36 kb region of G1 contained 32 ORFs from SAV3792 to SAV3823, including 14 hypothetical proteins. Since the substrate mycelia of SA1-8 could form normally, these genes are evidently not essential for growth of *S. avermitilis*. Among these ORFs, 13 genes (40%) had orthologs in *S. coelicolor* A3(2), and 12 genes (37%) were unique to *S. avermitilis*. The GC content of this region (70.5%) was not distinct from the average GC content of the *S. avermitilis* chromosome (70.7%). We did not find any transposable sequences or typical repeated sequences such as tRNA genes flanking the deleted region. It therefore seems unlikely that the deleted region was acquired from other species by horizontal gene transfer.

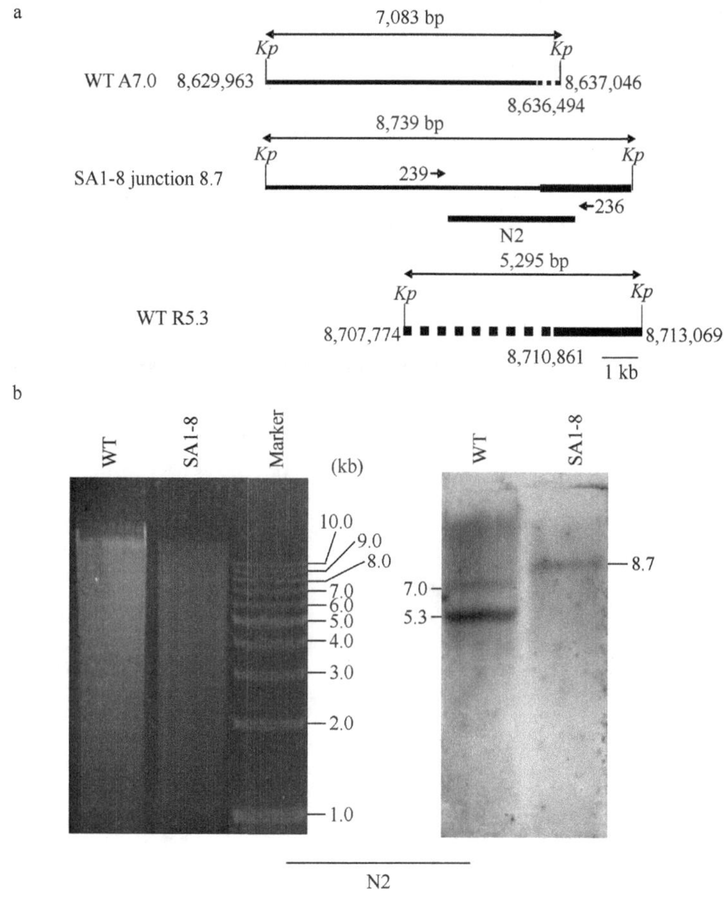

c

WT L7.0	CGCCGCATCACCGTCGAACTCACCGACGCCGGCCGGGAAGTGAT
SA1-8 J8.7	CGCCGCATCACCGTCGAACTCACCG**GCACTGCACCGACCCCGAC**
WT R5.3	**GGTCGGCGCCGCGCTGATCGACGCGCACTGCACCGACCCCGAC**

Fig. 5 Analysis of fusion sequence in fragment NA2

a. Location of chromosomal deletion ends and fusion junction. Left and right deletion termini were characterized by stepwise PCR mapping. Deleted and fused regions are indicated by dashed and shaded lines, respectively. *Kp*, *Kpn* I. b. Southern analysis of fusion fragment with probe N2, which was prepared using primers 236 and 239. C. Junction sequence, showing no obvious homology between the original sequences

3.4 Similar chromosomal structure of SA1-8 and 76-9

Based on the results described above, we are able to deduce the chromosomal structure of SA1-8, including at least three independent rearrangements: arm replacement, *i.e.*, the 691 kb left end was deleted, and the 88 kb right terminal fragment was duplicated and translocated to the left end to form new 88 kb TIRs in SA 1-8, in place of the original 174 bp nucleotides in wild-type; the 36 kb deletion within central fragment G1; the 74 kb deletion within right terminal fragment D (Fig. 3c). Using corresponding primers, the same fusion sequences could be amplified from 76-9 as from SA1-8 (data not shown). Taken together, the PFGE patterns

(Fig. 1d) and Southern hybridization results (Fig. 3a and 3b) indicated that 76-9 and SA1-8 have the same chromosomal structure, and have undergone the same three rearrangement events. Since 76-9 is able to sporulate and to produce high-level avermectins, it can be concluded that the deleted central region within G1 is not responsible for the differentiation or avermectin production in *S. avermitilis*.

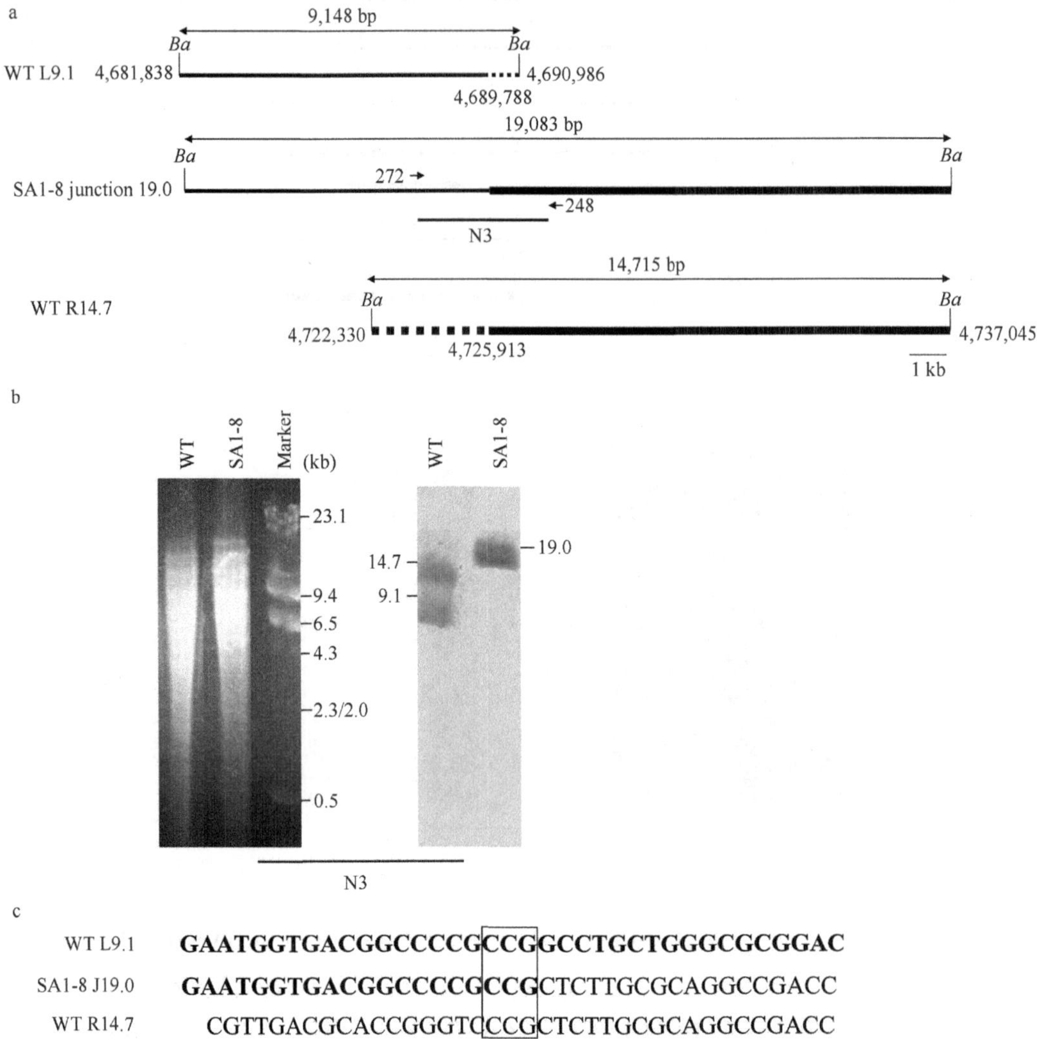

Fig. 6 Analysis of fusion sequence in fragment NA3

a. Location of chromosomal deletion ends and fusion junction. *Ba*, *Bam*H I. b. Southern analysis of junction fragment with probe N3, which was prepared using primers 248 and 272. c. Junction sequence in NA3. The 3 bp overlapping sequence is boxed

3.5 Chromosomal circularization in SA1-6

The 1,938 kb deletion region at both chromosomal ends of SA1-6 was identified by walking PCR, including entire *Ase* I-W, A, U, left part of *Ase* I-P, and right part of *Ase* I-D (Fig. 7a). No obvious retardation of the *Ase* I fragment of SA1-6 was observed in SDS-treated sample (data not shown), together with the intact chromosome remaining trapped in the gel well in PK- treated sample (Fig. 2a), indicating that the SA1-6 chromosome was circularized. The left and right deletion ends were located at 1,611,078 nt and 8,698,105 nt, respectively. Therefore, the size of the new *Ase* I junction fragment NA4 was 489 kb and overlapped with *Ase* I-G1 in the PFGE gel, which was confirmed by Southern hybridization using probe N4 spanning the fusion site

(Additional file 1: Supplementary Fig. S3). Hybridization of probe N4 with the *Bgl* II-digested genomic DNA revealed that a 2.99 kb *Bgl* II fragment from the left *Ase* I-P and a 13.0 kb *Bgl* II fragment from the right *Ase* I-D in the wild-type strain were partially deleted and joined, generating a newly 8.7 kb *Bgl* II fragment in SA1-6 (Fig. 7b and 7c). No homology was found when the fusion sequence was compared with the corresponding left and right sequences from wild-type (Fig. 7d).

a

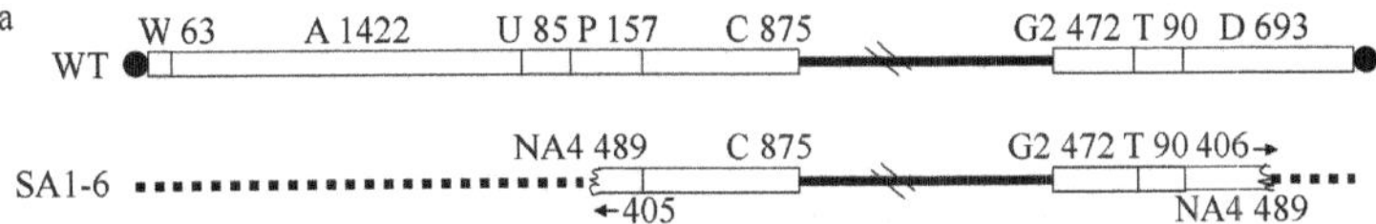

b

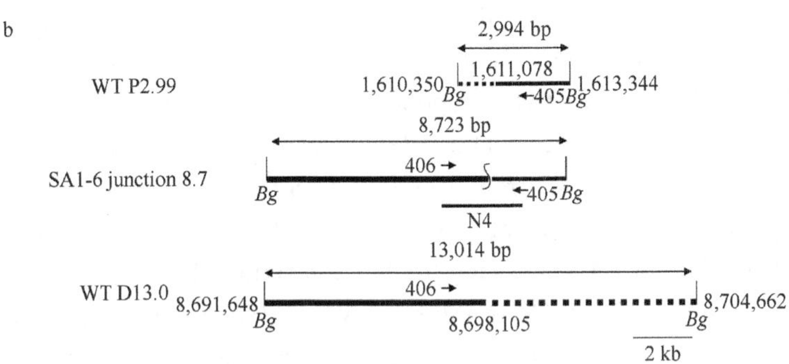

c

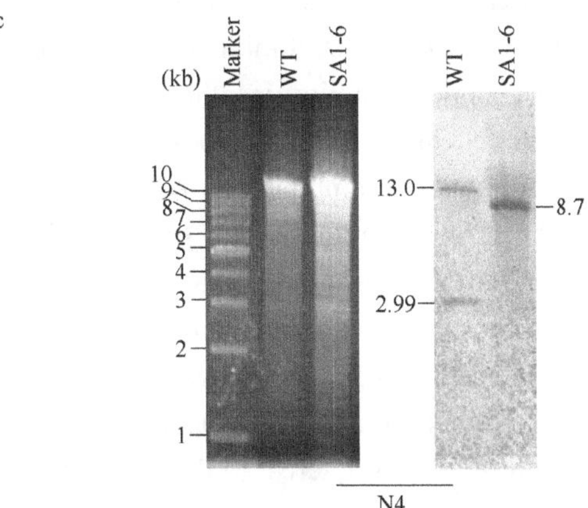

d

WT P 2.99 **ATGCCGCCGCCCTGGCTGGTGCCGACGGCCGCGACGCGGGCGGA**

SA1-6 J 8.7 **ATGCCGCCGCCCTGGCTGGTGCCGAC**ATCTTCTCGATCTGGCTGAT

WT D13.0 GATGCCGTACGTCCCGGCGCTGGGGGTGATCTTCTCGATCTGGCTGAT

Fig. 7 Characterization of circular chromosome in SA1-6

a. Schematic representation of the chromosomes of wild-type strain and mutant SA1-6, showing deletions at both ends. b. Location of chromosomal deletion ends and fusion junction. *Bg*, *Bgl* II. c. Southern analysis of fusion fragment with probe N4, which was prepared using primers 405 and 406. d. Junction sequence, showing no obvious homology between the original sequences

3.6 Stability assay of chromosomal structure in bald mutants

Generational studies were performed to assess the chromosomal stability of bald mutants derived from the wild-type strain. Four bald strains were selected, and subjected to PFGE analysis following ten passages. The chromosomal structure of SA1-8 and SA1-6 was conserved, whereas that of SA1-7 and SA3-1 was changed

(Additional file 1: Supplementary Fig. S4a). Both SA1-7 and SA3-1 lost their characteristic bands, and became indistinguishable from SA1-6. SA1-7 chromosome was further monitored in each passage, and found to change in the 4th passage (Additional file 1: Supplementary Fig. S4b). The corresponding fusion fragments of SA1-6 and SA1-8 were also detected in their progeny. These results indicate that chromosomal structure of SA1-6 and SA1-8 is stable.

4. Discussion

This study demonstrated for the first time chromosomal rearrangement events in *S. avermitilis*, including chromosomal arm replacement, internal deletions and circularization. The chromosomal arm replacement in the bald mutant SA1-8 consisted of deletion of the 691 kb left terminus, and duplication of the 88 kb right terminus. The resulting new junction in fragment NA1 joined the partial coding regions of SAV546 (putative dehydrogenase) and SAV7499 (putative two-component system response regulator) at a 5 bp overlapping sequence. The internal deletions of fragments D and G1 appeared to be direct recombination events between two points. Fragment D was reduced 74 kb from SAV7241 to SAV7304. No significant homology was found, since the former was a putative ATP-dependent Clp protease, and the latter was a hypothetical protein. G1 had a 36 kb deletion, from SAV3792 to SAV3823, and the left and right deletion termini overlapped only by 3 bp nucleotides. The circular chromosome of SA1-6 joined SAV1302 (acetyl xylan esterase) and SAV7294 (amino acid transporter protein) with no overlapping sequence. Thus, all fusion sequences displayed minimal or no homology, indicating that the chromosome alteration has resulted from non-homologous recombination. Similarly, non-homologous (sometimes termed "illegitimate") recombination appeared to be involved in nearly all rearrangement events in previous studies of genetic instability in other *Streptomyces* species (Birch *et al.*, 1991; Leblond and Decaris, 1994; Volff and Altenbuchner, 1998; Kameoka *et al.*, 1999; Wenner *et al.*, 2003; Widenbrant *et al.*, 2007), except for two homologous recombinations occurring between duplicated genes (Fischer *et al.*, 1998; Uchida *et al.*, 2003). This is reminiscent of breakpoint analysis of genome rearrangements in *Saccharomyces cerevisiae*, in which non-homologous end joining (NHEJ) appeared to be the major mechanism involved in gross chromosomal rearrangements, even in those strains in which homologous recombination is functional (Putnam *et al.*, 2005). Homologs of the eukaryotic DNA-end-binding repair protein Ku, involved in NHEJ pathway, have been found in *Streptomyces* (Aravind and Koonin, 2001), suggesting the presence of this pathway. It would thus be of interest to determine the relationship between Ku protein and chromosome instability in Ku mutants of *Streptomyces*.

This is the first report of an inner deletion event involving the central region of the *Streptomyces* chromosome, suggesting that each part of the *Streptomyces* chromosome may be the target for rearrangements. Previous reports indicated that the two chromosome ends were primary targets for a variety of rearrangements: deletion, amplification, replacement, and circularization (Leblond and Decaris, 1994; Volff and Altenbuchner, 1998; Kameoka *et al.*, 1999; Widenbrant *et al.*, 2007). No essential genes located in the telomeric or subtelomeric regions of *Streptomyces* chromosome, and we are able to observe and characterize only those rearrangement events which did not affect the growth-dependent genes. This is the most likely reason as to why the majority of the rearrangements described in previous studies are located in the chromosome arms. The deleted central regions revealed in the present study are located between chromosomal region B (position 4,313,571~4,591,925 nt, SAV3480-SAV3709) and *oriC* (position 5,287,935~5,289,024 nt) (Ikeda *et al.*, 2003). The 32 missing ORFs (Additional file 2) are unlikely to include any putative essential genes, since mutants SA1-8 and 76-9 both grew well on solid or in liquid medium. Similarly, Putnam *et al.* (2005) observed that any chromosomal region except centromeres in *S. cerevisiae* could be targeted by genome rearrangement, based on distribution of rearrangements in non-repetitive regions of the genome.

We found that the chromosomal structures of mutants SA1-8 and 76-9 were quite similar. The former resulted from spontaneous mutation of the wild-type strain, and the latter from various mutagenic treatments (UV, NTG, *etc.*). The phenotypes of SA1-8 and 76-9 were obviously distinct: SA1-8 was bald and did not produce avermectins, whereas 76-9 produced high level of avermectins and developed rich spores. Such differences presumably resulted from point mutations or small fragment changes involved in avermectin production and differentiation. On the other hand, some normal gray colonies of 76-9 underwent sequential differentiation into bald colonies, which remained the same chromosomal framework. This suggested that a chromosomal structure like that of 76-9 was relative stable. From a practical point of view, it would be valuable to complement such bald mutants with a gene library from 76-9 or the wild-type strain. If some mutation hot spots were identified and suppressed artificially, it would be possible to construct stable, high avermectin-producing strains. Such possibilities are being currently considered as part of ongoing studies in our laboratory.

Previous studies showed that artificially or naturally circularized chromosome of *Streptomyces* usually exhibited genetic instability similar to or at higher rates than the parent linear chromosome (Fischer *et al.*, 1997; Lin and Chen, 1997; Volff *et al.*, 1997). One possible explanation for the instability of circular chromosomes is lack of replication terminator structures or segregation elements, which are both necessary to maintain chromosome integrity (Fischer *et al.*, 1997). However, two mutants, 404-23 and N2 from *S. griseus*, stably maintained their circular chromosomes (Kameoka *et al.*, 1999), as was the case for mutant SA1-6 in the present work. It was postulated by Kameoka *et al.* (1999) that circularization prevented deletions from progressing into indispensable regions. However, the regions near the deletion ends in SA1-6 don't contain any essential genes and thus the cause for stability of circular chromosomes in *Streptomyces* still remains to be elucidated.

Notably, we found that the essential chromosome structures of genetic instability mutants SA1-8 and SA1-6 were retained, whereas other dynamic mutants such as SA1-7 and SA3-1 underwent continuous chromosomal rearrangement. Similar phenomena were observed in *S. coelicolor* (Widenbrant *et al.*, 2007). The mechanisms driving such gradual alterations of chromosomes are unclear. Alteration of an unstable monocentric chromosome in *S. cerevisiae* was attributed to joining of two "incompatible" regions (Admire *et al.*, 2006). In analogy, a plausible hypothesis in the present study is that the chromosomes of *S. avermitilis* mutants SA1-8 and SA1-6 were formed compatibly, whereas chromosomes of SA1-7 and SA3-1 harbored incompatible junction. However, what makes a stable junction "compatible", and what leads to "incompatibility" of two chromosome regions, remain to be clarified. Breakpoint analysis of the unstable chromosome of SA1-7 may shed some light on this issue.

The inherent chromosome instability of *Streptomyces* likely reflects an evolutionary strategy for adapting to environmental changes by creating populations with altered genetic information (Chen *et al.*, 2002). Unfortunately, this "strategy" often results in reduced production of secondary metabolites which are desired in agricultural, pharmaceutical, and research industries. From this point of view, the present findings contribute to elucidation of mechanisms underlying genetic instability in *Streptomyces*, and may help devising approaches to suppress or control such instability for industrial purposes.

5. Conclusions

S. avermitilis underwent chromosomal rearrangement events, including chromosomal arm replacement, internal deletions and circulation, by non-homologous recombination. The fact that major deletion in the central region of chromosome was observed in *S. avermitilis* suggests that genetic instability of the *Streptomyces* chromosome is uniform across the entire chromosome. Stability assay showed that the chromosome of some bald mutants derived from the wild-type strain was conserved, whereas other mutants underwent further chromosomal rearrangement.

References

Admire A, Shanks L, Danzl N, *et al.* 2006. Cycles of chromosome instability are associated with a fragile site and are increased by defects in DNA replication and checkpoint control in yeast. Genes & Development, 20(2): 159-173.

Aravind L, Koonin E V. 2001. Prokaryotic homologs of the eukaryotic DNA-end-binding protein Ku, novel domains in the Ku protein and prediction of a prokaryotic double-strand break repair system. Genome Res, 11(8): 1365-1374.

Bentley S D, Chater K F, Cerdeno-Tarraga A M, *et al.* 2002. Complete genome sequence of the model actinomycete *Streptomyces coelicolor* A3(2). Nature, 417(6885): 141-147.

Birch A, Hausler A, Ruttener C, *et al.* 1991. Chromosomal deletion and rearrangement in *Streptomyces glaucescens*. J Bacteriol, 173(11): 3531-3538.

Burg R W, Miller B M, Baker E E, *et al.* 1979. Avermectins, new family of potent anthelmintic agents: producing organism and fermentation. Antimicrob Agents Chemother, 15(3): 361-367.

Chen C W, Huang C H, Lee H H, *et al.* 2002. Once the circle has been broken: dynamics and evolution of *Streptomyces* chromosomes. Trends Genet, 18(10): 522-529.

Demain A L. 1999. Pharmaceutically active secondary metabolites of microorganisms. Appl Microbiol Biotechnol, 52(4): 455-463.

Fischer G, Decaris B, Leblond P. 1997. Occurrence of deletions, associated with genetic instability in *Streptomyces ambofaciens*, is independent of the linearity of the chromosomal DNA. J Bacteriol, 179(14): 4553-4558.

Fischer G, Wenner T, Decaris B, *et al.* 1998. Chromosomal arm replacement generates a high level of intraspecific polymorphism in the terminal inverted repeats of the linear chromosomal DNA of *Streptomyces ambofaciens*. Proc Natl Acad Sci USA, 95(24): 14296-14301.

Gravius B, Bezmalinovic T, Hranueli D, *et al.* 1993. Genetic instability and strain degeneration in *Streptomyces rimosus*. Appl Environ Microbiol, 59(7): 2220-2228.

Ikeda H, Ishikawa J, Hanamoto A, *et al.* 2003. Complete genome sequence and comparative analysis of the industrial microorganism *Streptomyces avermitilis*. Nat Biotechnol, 21(5): 526-531.

Ikeda H, Kotaki H, Tanaka H, *et al.* 1988. Involvement of glucose catabolism in avermectin production by *Streptomyces avermitilis*. Antimicrob Agents Chemother, 32(2): 282-284.

Kameoka D, Lezhava A, Zenitani H, *et al.* 1999. Analysis of fusion junctions of circularized chromosomes in *Streptomyces griseus*. J Bacteriol, 181(18): 5711-5717.

Kieser T, Bibb M J, Buttner M J, *et al.* 2000. Practical *Streptomyces* Genetics. Norwich: The John Innes Foundation.

Leblond P, Decaris B. 1994. New insights into the genetic instability of *Streptomyces*. FEMS Microbiol Lett, 123(3): 225-232.

Leblond P, Demuyter P, Simonet J M, *et al.* 1990. Genetic instability and hypervariability in *Streptomyces ambofaciens*: towards an understanding of a mechanism of genome plasticity. Mol Microbiol, 4(5): 707-714.

Leblond P, Demuyter P, Simonet J M, *et al.* 1991. Genetic instability and associated genome plasticity in *Streptomyces ambofaciens*: pulsed-field gel electrophoresis evidence for large DNA alterations in a limited genomic region. J Bacteriol, 173(13): 4229-4233.

Lin Y S, Chen C W. 1997. Instability of artificially circularized chromosomes of *Streptomyces lividans*. Mol Microbiol, 26(4): 709-719.

Lin Y S, Kieser H M, Hopwood D A, *et al.* 1993. The chromosomal DNA of *Streptomyces lividans* 66 is linear. Mol Microbiol, 10(5): 923-933.

Ōmura S, Ikeda H, Ishikawa J, *et al.* 2001. Genome sequence of an industrial microorganism *Streptomyces avermitilis*: deducing the ability of producing secondary metabolites. Proc Natl Acad Sci USA, 98(21): 12215-12220.

Putnam C D, Pennaneach V, Kolodner R D. 2005. *Saccharomyces cerevisiae* as a model system to define the chromosomal instability phenotype. Mol Cell Biol, 25(16): 7226-7238.

Redenbach M, Flett F, Piendl W, *et al.* 1993. The *Streptomyces lividans* 66 chromosome contains a 1 MB deletogenic region flanked by two amplifiable regions. Mol Gen Genet, 241(3-4): 255-262.

Smith G E, Summers M D. 1980. The bidirectional transfer of DNA and RNA to nitrocellulose or diazobenzyloxymethyl-paper. Anal Biochem, 109(1): 123-129.

Uchida T, Miyawaki M, Kinashi H. 2003. Chromosomal arm replacement in *Streptomyces griseus*. J Bacteriol, 185(3): 1120-1124.

Volff J N, Altenbuchner J. 1998. Genetic instability of the *Streptomyces* chromosome. Mol Microbiol, 27(2): 239-246.

Volff J N, Vandewiele D, Decaris B. 1994. Stimulation of genetic instability and associated large genomic rearrangements in *Streptomyces ambofaciens* by three fluoroquinolones. Antimicrob Agents Chemother, 38(9): 1984-1990.

Volff J N, Viell P, Altenbuchner J. 1997. Artificial circularization of the chromosome with concomitant deletion of its terminal inverted repeats enhances genetic instability and genome rearrangement in *Streptomyces lividans*. Mol Gen Genet, 253(6): 753-760.

Wenner T, Roth V, Fischer G, *et al.* 2003. End-to-end fusion of linear deleted chromosomes initiates a cycle of genome instability in *Streptomyces ambofaciens*. Mol Microbiol, 50(2): 411-425.

Widenbrant E M, Tsai H H, Chen C W, *et al.* 2007. *Streptomyces coelicolor* undergoes spontaneous chromosomal end replacement. J Bacteriol, 189(24): 9117-9121.

Widenbrant E M, Tsai H H, Chen C W, *et al.* 2008. Spontaneous amplification of the actinorhodin gene cluster in *Streptomyces coelicolor* involving native insertion sequence IS466. J Bacteriol, 190(13): 4754-4758.

Yanai K, Murakami T, Bibb M. 2006. Amplification of the entire kanamycin biosynthetic gene cluster during empirical strain improvement of *Streptomyces kanamyceticus*. Proc Natl Acad Sci USA, 103(25): 9661-9666.

Yu T W, Chen C W. 1993. The unstable *melC* operon of *Streptomyces antibioticus* is codeleted with a Tn*4811*-homologous locus. J Bacteriol, 175(6): 1847-1852.

Supplemental material: https://static-content.springer.com/esm/art%3A10.1186%2F1471-2180-10-198/MediaObjects/12866_2010_1154_MOESM1_ESM.PDF

本文原载: BMC Microbiology, 2010, 10: 198-212.

The Pathway-specific Regulator AveR from *Streptomyces avermitilis* Positively Regulates Avermectin Production while it Negatively Affects Oligomycin Biosynthesis*

Jia Guo, Jinlei Zhao, Lili Li, Zhi Chen, Ying Wen, Jilun Li

(State Key Laboratory for Agrobiotechnology, College of Biological Sciences, China Agricultural University, Beijing, 100193, China)

Abstract

The function of the regulatory protein AveR in *Streptomyces avermitilis* was examined. An *aveR* deletion mutant abolished avermectin production and produced more oligomycin, and its phenotype was complemented by a single copy of the *aveR* gene. Removal of the C-terminal HTH domain of AveR abolished avermectin biosynthesis, indicating the importance of HTH domain for AveR function. Promoter titration and promoter probe assays suggested that the transcription of *aveA1*, encoding polypeptide AVES1 of avermectin PKS, was activated by AveR. Chromatin immunoprecipitation (ChIP) assay showed that the predicted promoter regions of both the *ave* cluster and the *olm* cluster were target sites of AveR, and the DNA-binding activity of AveR was dependent on its HTH domain. RT-PCR analysis revealed that the transcriptions of *ave* structural genes were dependent on AveR, but that of *olm* structural genes and putative pathway-specific regulatory genes increased in the *aveR* mutants. Consistent with these observations, overexpression of *aveR* successfully increased avermectin production. These results indicated that *aveR* encodes a pathway-specific activator essential for avermectin biosynthesis and it also negatively affects oligomycin biosynthesis.

Keywords

Streptomyces avermitilis, *aveR* gene, pathway-specific activator, avermectin biosynthesis, oligomycin biosynthesis.

1. Introduction

Streptomycetes are Gram-positive, filamentous soil bacteria with complex life cycle and ability to produce a wide variety of secondary metabolites, including many commercially important antibiotics. The production of secondary metabolites involves the expression of clustered biosynthetic genes that are activated in a growth phase-dependent manner. This expression pattern is often controlled by pathway-specific regulatory genes (Bibb, 2005). Analysis of these regulatory genes is crucial for understanding the mechanism

*This work was supported by grants from the National Basic Research Program of China (Grant No. 2009CB118905) and the National High Technology Research and Development Program (Grant No. 2006AA10A209). We thank Prof. Gang Liu (Chinese Academy of Science) and Prof. Linquan Bai (Shanghai Jiaotong University, China) for their critical reading of the manuscript.

of regulation and construction of overproducing strains.

Avermectins, a series of potent anthelmintic and insecticidal macrolide antibiotics (A_{1a}, A_{1b}, A_{2a}, A_{2b}, B_{1a}, B_{1b}, B_{2a}, and B_{2b}) produced by *Streptomyces avermitilis*, are used widely in the medical, veterinary, and agricultural fields (Burg *et al.*, 1979; Ikeda and Ōmura, 1997). *S. avermitilis* also produces small amount of a separate family of macrolide antibiotics called oligomycins, which are strongly toxic compounds (Pinna *et al.*, 1967; Ōmura *et al.*, 2001). Although the *S. avermitilis* genome has been sequenced (Ōmura *et al.*, 2001; Ikeda *et al.*, 2003) and the avermectin biosynthetic pathway has been elucidated (Ikeda *et al.*, 1999, 2001; Ikeda and Ōmura, 1997), most of the regulatory factors and mechanisms in avermectin production remain unknown. Genes coding for regulatory factors involved in avermectin biosynthesis include *aveR* (Ikeda *et al.*, 1993, 1999; Kitani *et al.*, 2009), *aveR1*/*aveR2* (Stutzman-Engwall and Price, 2001), *orfX* (Hwang *et al.*, 2003), *afsK-av* (Rajkarnikar *et al.*, 2006), and *aveI* (Chen *et al.*, 2008). *aveR*, located at the far left of the avermectin biosynthetic gene cluster (Fig. 1), encodes a putative pathway-specific regulator. *aveR* mutants generated by Tn*4560* mutagenesis did not produce avermectins and failed to convert any intermediates after aglycon formation (Ikeda *et al.*, 1993). Sequence analysis revealed that the product of *aveR* was a LAL family regulator (large ATP-binding regulators of the LuxR family) (Wilson *et al.*, 2001; Kitani *et al.*, 2009), which contains an N-terminal NTP binding domain and a C-terminal LuxR-like helix-turn-helix DNA-binding domain. The role of potential regulatory protein AveR regarding the onset of the avermectin is recently described to be positive by gene disruption and feeding experiments, while a higher amount of *aveR* resulted in complete loss of avermectin (Kitani *et al.*, 2009). In this paper, evidence for AveR as a pathway-specific activator for avermectin biosynthesis as well as a negative regulator for oligomycin biosynthesis is given, and in contrast to the findings of Kitani *et al.* (2009) overexpression of *aveR* enhanced avermectin production in wild-type strain *S. avermitilis* ATCC 31267.

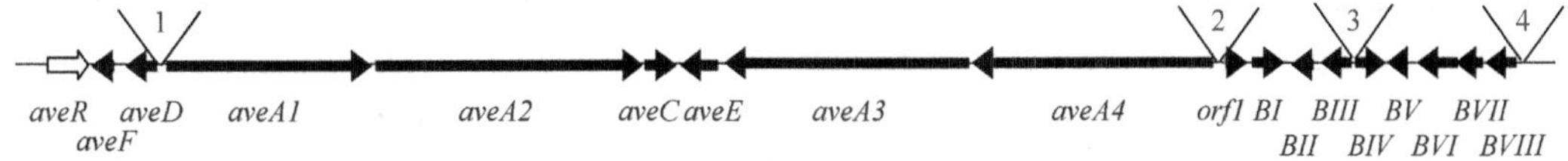

Fig. 1 Organization of the gene cluster for avermectin biosynthesis

Direction of transcription and relative sizes of ORFs are indicated (Ikeda *et al.*, 1999); *BI*~*BVIII*, *aveBI*~*aveBVIII*. Numbers indicate putative promoter regions identified in the present study

2. Materials and Methods

2.1 Strains, plasmids, and growth conditions

Streptomyces avermitilis ATCC 31267 (wild-type strain) was grown at 28℃ and used as a host strain for gene propagation and gene disruption. Solid YMS medium (Ikeda *et al.*, 1988) and liquid YEME (Kieser *et al.*, 2000) medium with 25% sucrose were used for sporulation and growth of mycelia for the purposes of extracting DNA and preparing protoplasts, respectively. Seed medium and fermentation medium (Chen *et al.*, 2007) were used for avermectin production. Soluble fermentation medium II (5% soluble starch, 1.2% yeast extract, 0.05% $K_2HPO_4 \cdot 3H_2O$, 0.05% $MgSO_4 \cdot 7H_2O$, 0.4% KCl, 0.0005% $CoCl_2 \cdot 6H_2O$) was used to cultivate mycelia for growth, ChIP, and RT-PCR analysis. RM14 (MacNeil and Klapko, 1987) was used for regeneration of protoplasts and for selection of transformants. *E. coli* DH5a and *E. coli* BL21 (DE3) (Novagen, Shanghai, China) were used as cloning host and expression host, respectively. *E. coli* ET12567 (*dam dcm hsdS*) (MacNeil and Klapko, 1987) was used to propagate non-methylated DNA for transformation in *S. avermitilis*. *E. coli* strains were grown at 37℃ in Luria-Bertani (LB) medium, and transformed as described by Sambrook *et al.* (1989). *S. lividans* TK54 was grown at 30℃ on YMS agar medium and used as a host strain for promoter probe assay. Antibiotics used in this study were described previously (Zhao *et al.*, 2007).

Plasmid pIJ2925 (Janssen and Bibb, 1993) was used for routine cloning and subcloning experiments. pKC1139 (Bierman *et al.*, 1992) was used to construct gene disruption mutants *via* homologous recombination. pSET152 (Bierman *et al.*, 1992) was used to introduce a single copy of *aveR* into *S. avermitilis*. pIJ963 (Kieser *et al.*, 2000) was used to provide hygromycin resistance gene (*hyg*) for constructing gene replacement vector. *Streptomyces* high copy number (50~100) vector pIJ486 (Kieser *et al.*, 2000) containing reporter gene *neo* was used to construct plasmids for promoter titration and promoter probe assay. Vector pIJ4090 (Kieser *et al.*, 2000) was used to provide the *Streptomyces* strong constitutive promoter *ermE*p*. pET-28a (+) (Novagen), a cloning/expression vector for conferring N-terminal His_6 tag on expressed proteins, was used for gene overexpression in *E. coli*. TA vectors pMD18-T (TaKaRa, Dalian, China) and pGEM®-T Easy (Promega, Beijing, China) were used for cloning PCR products.

2.2 Construction of *aveR* deletion mutants

Using genomic DNA of ATCC 31267 as template, a 0.5 kb fragment upstream of the *aveR* start codon was amplified by PCR with primers 93 (CTGAAGCTTACGGCATCACGCTCA CTGC) and 94 (CTGAGATCTC ACGAGTGGGATG CGCAGT) containing engineered sites *Hin*d III and *Bgl* II, and a 0.5 kb fragment downstream of the *aveR* stop codon was amplified with primers 95 (AGTCTGCAGCGTCTTCCGCC TCACGACATG) and 96 (ACTGAATTCACAC CCTGTTCGCAGAAGTCGAG) containing *Pst* I and *Eco*R I. The two PCR fragments were digested with *Hin*d III/*Bgl* II and *Pst* I/*Eco*R I, respectively. The 1.7 kb hygromycin resistance gene (*hyg*) was excised from pIJ963 by *Pst* I/*Bgl* II digestion. These three fragments were simultaneously ligated into *Hin*d III/*Eco*R I-digested pKC1139 to generate pDIaveR (Fig. 2a).

Transformation of pDIaveR and selection of double-crossover recombination strains were performed as described previously (Zhao *et al.*, 2007). The *aveR*-deleted mutants were confirmed by PCR analysis using primers 117 (GGTCACCGTGATCGTCACG), hhz (CCATCCCAGC TCGGCAAG), 118 (CTGGTGGCCG TTCACTACG) and hqf (CGGGATCGCCAATCTCTAC) (Fig. 2a). Primers 117 and 118 flank the exchange regions, while primers hhz and hqf are specific for *hyg*. When primer pairs 117/hhz and 118/hqf, which are specific for replacement of *aveR* with *hyg*, were used for PCR analysis of putative *aveR* deletion mutants, a 0.64 kb band and a 0.95 kb band appeared, respectively, whereas such bands were not detected when genomic DNA of wild-type strain ATCC 31267 was used as the template. In contrast, when primers 1 (AACCAT ATGCAGGGAGTTTCCTGTC) and 2 (GCGGAATTCATGTCGTGAGGCGGAAG) located within the deletion region of *aveR* were used, only the wild-type strain produced 2.9 kb PCR fragment as predicted (data not shown). These results indicate that *aveR* deletion mutants (*S. avermitilis* AveR-D19) were obtained in which the *aveR* gene was completely replaced with *hyg* by double-crossover recombination.

2.3 Complementation of *aveR* deletion mutants

A 3.1 kb DNA fragment carrying the promoter and coding region of *aveR* was amplified with primers 1* (ACGGATGTCTCCAGGAAGG) and 2* (GGTCAGTTGGCCTGGTCCG) by PCR using genomic DNA of ATCC 31267 as the template, and was then cloned into pGEM®-T Easy vector to produce pCZ10. The sequence of *aveR* in pCZ10 was verified by nucleotide sequencing. The 3.1 kb *Sph* I/*Spe* I fragment of *aver* was excised from pCZ10 and inserted into *Sph* I/*Xba* I-digested pIJ2925 to produce pCZ11. The

3.1 kb *Bgl* II fragment of *aveR* from pCZ11 was cloned into the *Bam*H I site of pSET152 to give complementation plasmid pCZ13, which was integrated into the chromosome of *S. avermitilis* after transformation. The 3.1 kb *Eco*R I/*Hind* III fragment containing *aveR* from pCZ11 was cloned into the corresponding sites of pKC1139 to produce pCZ12 (Fig. S1a), which was used to introduce multi-copies of *aveR* into *S. avermitilis*.

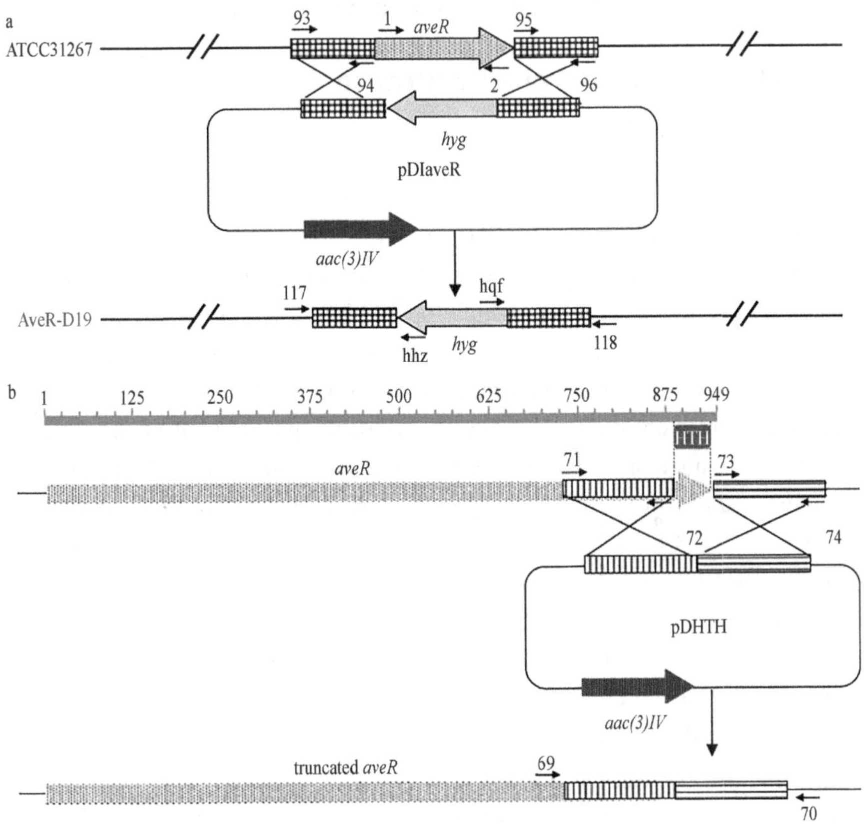

Fig. 2 Schematic representation of the strategy used for deletion of the entire *aveR* gene (a), and its 30-terminus (b), respectively

Long broad arrows indicate genes and their directions. Short small arrows indicate positions of primers used for cloning exchange regions and confirming gene deletions, as described in "Materials and Methods". Double-crossover recombination led to replacement of *aveR* with hygromycin resistance gene *hyg*, and in-frame deletion of the 30-terminus of *aveR*, which encodes the C-terminal HTH domain of AveR. The *aveR* deletion mutant was named as AveR-D19. The fusion in the truncated *aveR* used the original stop codon for *aveR*

2.4 Deletion of the 3′-terminal portion of *aveR*

A 0.5 kb DNA fragment upstream of the coding region for C-terminal HTH domain of AveR was amplified by PCR with primers 71 (ATCAAGCTTCCGCGACTTCCTCACCG, *Hin*d III) and 72 (ACTGAGCTCGGACTCGCTCAGCAG, *Sac* I). A 0.5 kb DNA fragment downstream of the HTH coding region was also amplified with primers 73 (ACTGAGCTCCGACACCTCGCGGA CCAG, *Sac* I) and 74 (GCTGAATTCTGTTCAGGATCAATGTGCG, *Eco*R I). These two PCR fragments were then digested with *Hin*d III/*Sac* I and *Sac* I/*Eco*R I, respectively, and were simultaneously ligated into *Hin*d III/*Eco*R I-digested pKC1139 to generate pDHTH (Fig. 2b). The deletion has been controlled by DNA sequencing, which confirmed the desired in-frame deletion of 51 codons and the usage of the original *aveR* stop codon.

pDHTH was transformed into ATCC 31267, and the expected deletion mutants were selected using the same strategy as for selection of *aveR* deletion mutants and confirmed by PCR analysis. When primers 69 (GACGCCAAGGAGTGCGC) and 70 (ACACCCTGTTCGCAGAAGTCGAG) flanking the exchange regions were used, the mutant strains generated a 1.35 kb PCR product (Fig. 2b), whereas the wild-type strain generated a 1.5 kb PCR product (data not shown). These results indicate that an internal 150 bp fragment of *aveR*, which encodes the C-terminal HTH domain, was deleted in these mutants.

2.5 Construction of plasmids for promoter titration and promoter probe assay as well as for overproduction of AveR

A 327 bp DNA fragment containing the putative *aveA1* promoter was amplified by PCR with primers 6 (ATCATGGTCGGGAACCTCC) and 7 (TCACCGCTAGGCAATGCTC), and was cloned into pMD18-T to produce pJL1311. The 327 bp fragment was cut from pJL1311 with *Bam*H I/*Hin*d III and inserted into *Bam*H I/*Hin*d III-digested pIJ486 to generate pJL62, in which the 327 bp *aveA1* promoter was located upstream of the reporter gene *neo*. The recombinant plasmid pJL62 was transformed into protoplasts of ATCC 31267 for promoter titration assay, and was also used in promoter probe assay to detect activity of *aveA1* promoter.

In order to enhance expression of AveR in *Streptomyces*, the plasmid pJL66 was constructed. There is a rare TTA codon 1,390~1,392 nucleotides downstream of the start codon of *aveR*. To change the TTA leucine codon to a CTG leucine codon, site-directed mutagenesis was performed *in vitro* by PCR. Two primer pairs were designed: primers 22 (TCGGCGGCCGCTTCTACCAG, *Not* I) and 23 (GACGAGCAGAGGGACGAGCAGGGCCGTCTGATGGCCGGTC); and primers 24 (GACCGGCCATCAGACGGCCCTGCTCGTCCCTCTGCTCGTC) and 25 (GTGTGCGGCCGCCTCGCTG, *Not* I). Primer 23 and primer 24 were complementary to opposite strands of the TTA codon region of *aveR*, and contained the desired mutation as indicated by shading above. PCR products amplified with primers 22/23 and 24/25, respectively, were mixed and then used as template for PCR with primers 22/25 again. The resulting 0.9 kb PCR product was cloned into pMD18-T to give pCTG. The inserted 0.9 kb DNA fragment in pCTG was sequenced to confirm that it contained the designed TTA→CTG mutation without other mutation. The 0.9 kb *Not* I fragment from pCTG was subsequently ligated with *Not* I digested pCZ11 to give pCZ11*, which contained mutated *aveR* (called *aveR**). The *aveR** fragment was excised from pCZ11* with *Bgl* II/*Hin*d III, and cloned into the corresponding sites of pIJ4090 to generate pJL63. pJL63 was digested with *Bgl* II, and the resulting 3.2 kb fragment containing strong constitutive promoter *ermE*p* and *aveR** was ligated with *Bam*H I-digested pSET152 to give AveR-high expression plasmid pJL66 (Fig. S1b), in which *aveR* gene was controlled by strong promoter *ermE*p* and contained TTA→CTG mutation.

2.6 Overexpression and purification of the recombinant AveR

A DNA fragment encoding the 394 carboxy-terminal amino acids of AveR was obtained by PCR with primers 68 (CATATGACAGCGGCCTTGTGGGC, *Nde* I) and 2 (containing *Eco*R I site). The PCR fragment digested with *Nde* I/*Eco*R I was inserted into the corresponding sites in pET-28a (+) to generate pET-AveRc (Fig. S1c), which was further confirmed by DNA sequencing, and then introduced into *E. coli* BL21 (DE3) for protein overexpression.

After induction by IPTG, the recombinant protein His_6-AveRc was expressed as inclusion body in *E. coli*. Cells containing His_6-AveRc were harvested, washed twice with PBS buffer, and resuspended in 5 ml PBS buffer. The cell suspension was treated with lysozyme on ice, and then disrupted by sonication. After centrifugation, the supernatant was removed, and the pellet was washed three times with 4 mol/L urea containing 1% Triton X-100. 8 mol/L urea was added to solubilize inclusion bodies in the pellet, and the solution was centrifuged. The supernatant was dialyzed against a stepwise decrease in urea concentration solution (4 mol/L, 2 mol/L, 1 mol/L urea and PBS buffer); each dialysis was performed over a period of 24 h. The purified protein was diluted with PBS buffer to 1 mg/ml for use in antibody induction.

2.7 Preparation of antibodies against AveR protein

The purified recombinant protein His_6-AveRc was mixed with Freund's complete adjuvant and injected into a rabbit. After 2 weeks, the antigen was injected into the same rabbit with Freund's incomplete adjuvant. Further booster immunizations were given at 2-week intervals. The rabbit was bled 2 weeks after each boost, and serum was prepared. Each serum was stored at 4℃, and its potency checked by ELISA. After several booster immunizations, the immune serum reached a high potency and was used as a source of anti-AveR antibodies for subsequent Western blotting and ChIP assay.

2.8 Chromatin immunoprecipitation (ChIP) assay

Streptomyces avermitilis cultures grown in fermentation medium II for 40 h were cross-linked by addition of formaldehyde (final concentration 1%) for 30 min at room temperature. 125 mmol/L glycine (final concentration) was added to stop the reaction, and incubation was continued for 5 min with gentle shaking. Mycelia were collected, washed twice with cold PBS buffer, and stored in 300 mg (wet weight) aliquots at −80℃ until use. 300 mg frozen mycelia was ground into a fine powder in liquid nitrogen, resuspended in 3 ml immunoprecipitation (IP) buffer (Grainger *et al.*, 2004) containing 1 mmol/L PMSF, and subjected to sonication, which broke down the DNA to 500~1,000 bp fragments. After centrifugation (10 min, 12,000 r/min, 4℃), the supernatant was removed and used as input sample (positive control) in immunoprecipitation experiments.

An 800 μl input sample was precleared with 50 μl 50% protein G agarose/salmon sperm (SS) DNA (Upstate, catalog No. 16-201) for 60 min at 4℃ with gentle rotation. Agarose was spun down, supernatant was transferred to a new tube, and 80 μl anti-AveR antibodies was added. After incubation overnight with gentle rotation, 70 μl 50% protein G agarose/SS DNA was added, and incubation continued 4 h at 4℃. An immunoprecipitation experiment without antibody was run as negative control. The protein G agarose beads were washed as described by Grainger *et al.* (2004). To elute immune complexes, the beads were incubated in 300 μl freshly made elution buffer (1% SDS, 0.1 mol/L $NaHCO_3$) at room temperature for 15 min with rotation. A total of 12 μl 5 mol/L NaCl was added to the eluate or to 300 μl positive-control sample, and cross-links were reversed by incubation at 65℃ for 5 h. The positive-control sample was subsequently treated in the same manner as the experimental sample. Residual protein was degraded by addition of 200 μg/ml Proteinase K at 45℃ for 1 h, followed by phenol/chloroform extraction. The DNA was precipitated with ethanol and resuspended in 30 μl TE, whereas the positive-control sample was resuspended in 100 μl TE. To determine the identity of the immunoprecipitated DNA, PCR using primer sets shown in supplementary Table S1 was performed on 2 μl immunoprecipitated DNA or control DNA for 25~30 cycles.

2.9 Western blotting and RT-PCR analysis

After grown in fermentation medium II for 40 h, mycelia of *S. avermitilis* were collected, flash-frozen in liquid nitrogen, and ground into a fine powder. For Western blotting analysis, cells were suspended in ice-cold extraction buffer containing protease inhibitors (50 mmol/L HEPES, pH 7.4, 137 mmol/L NaCl, 10% glycerol, 1 mmol/L PMSF, 1 μg/ml leupeptin, 1 μg/ml pepstatin A). Cell debris was removed by centrifugation, and the supernatant was used as total protein extract. 100 μg total protein of each sample was separated in 7.5% sodium dodecyl sulfate polyacrylamide gel electrophoresis, after which the proteins were transferred onto PVDF membrane. Polyclonal antiserum raised against AveR was used at a dilution of 1 ∶ 1,500. Western blots were developed using an ECL detection system (Amersham, Beijing, China).

For RNA preparation, total RNA was isolated from the ground mycelial paste using Trizol reagent (Invitrogen, Shanghai, China) according to the manufacturer's instructions, and the sample was treated with DNase I (Promega) to remove the contaminating chromosomal DNA. RT-PCR was conducted with TaKaRa One Step RNA PCR Kit. As a negative control, the DNase-treated RNA sample was used as a template for PCR, to confirm that the amplified products were not derived from chromosomal DNA. For semi-quantitative analysis, samples were taken at four-cycle intervals between cycles 24 and 35 to compare non-saturated PCR product formation. Data were verified in three independent experiments. *hrdB* gene, which encodes the major sigma factor in *Streptomyces*, was used as positive control for RT-PCR assay. For oligonucleotides, see supplementary Table S2.

2.10 Fermentation and HPLC analysis of products

Fermentation of *S. avermitilis* ATCC 31267 and its mutants was performed as described previously (Chen *et al.*, 2007). Avermectins and oligomycins in fermentation culture were identified by HPLC analysis as described by Chen *et al.* (2007).

3. Results

3.1 Deletion of *aveR* abolished avermectin biosynthesis

The entire *ave* gene cluster contains 18 ORFs spanning a distance of 82 kb (Ikeda *et al.*, 1999) (Fig. 1). The *aveR* gene for the putative regulator AveR contains 2,850 nucleotides and encodes a protein of 949 amino acids (predicted molecular mass, 101 kDa) including an N-terminal NTP-binding domain (aa 17~233), and a C-terminal HTH DNA-binding domain (aa 892~941) belonging to the LuxR family (Wilson *et al.*, 2001). To study its function, an *aveR* deletion strain was constructed (Fig. 2a) and designated as *S. avermitilis* AveR-D19. AveR-D19 displayed normal growth on YMS solid medium (data not shown). HPLC analysis revealed no avermectin peaks in fermentation culture of AveR-D19 (Fig. 3c). In contrast, wild-type strain ATCC 31267 produced all eight avermectin components (Fig. 3a).

To confirm that deletion of *aveR* was the sole reason for loss of avermectin production, a 3.1 kb DNA fragment containing *aveR* and its promoter region was reintroduced into AveR-D19 through the pSET152-based complementation plasmid pCZ13. The complementation strain restored avermectin production, but at a level of ca. 50% of wild-type production (data not shown). This result suggests that *aveR* is required for avermectin biosynthesis, and that *aveR* function may depend on position in the *S. avermitilis* chromosome.

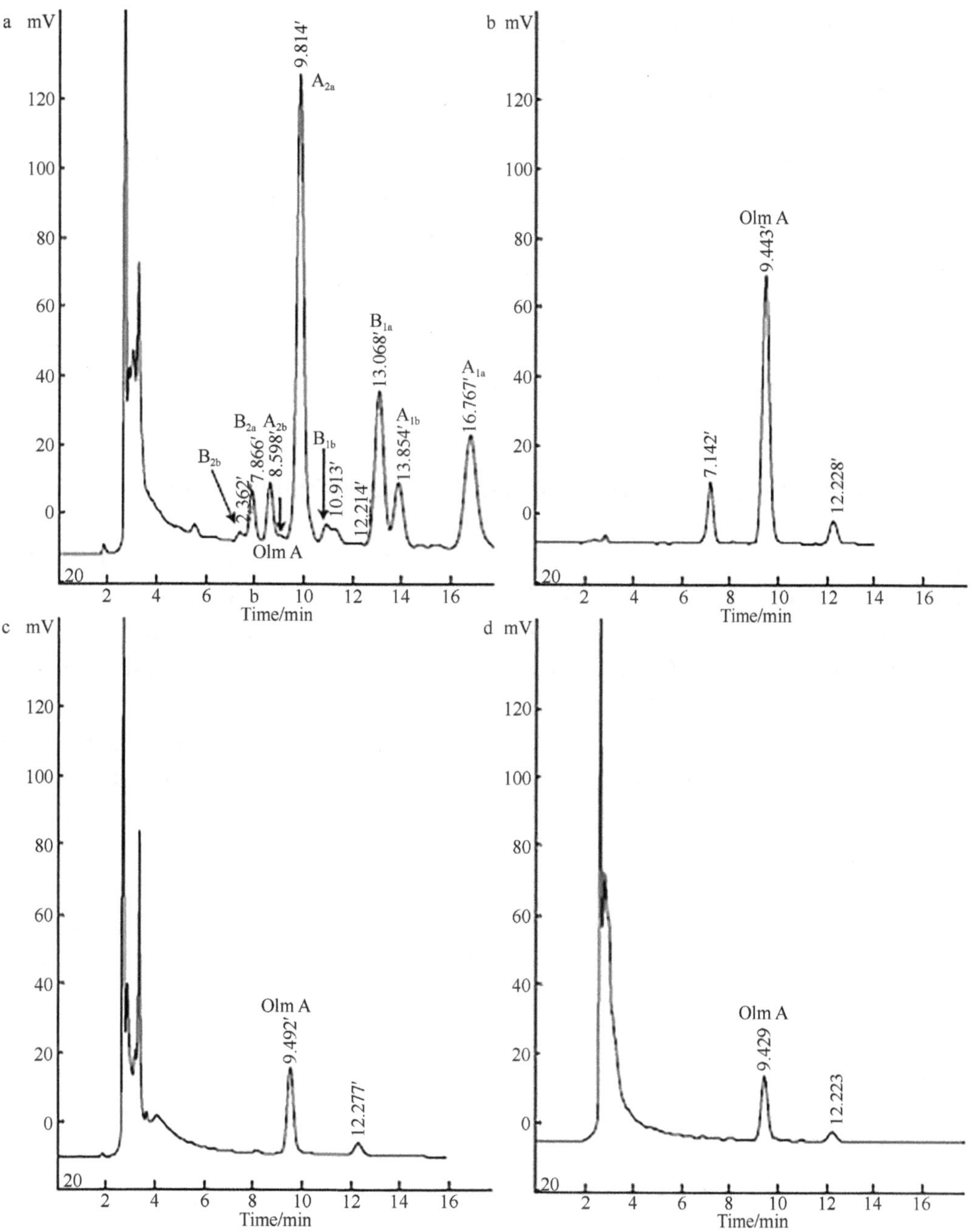

Fig. 3　HPLC analysis of fermentation products from wild-type strain ATCC 31267 (a); *aveR* deletion mutant AveRD19 (c); *aveR* truncation mutant AveR-DHTH (d). b. Standards for oligomycins. A_{1a}, A_{1b}, A_{2a}, A_{2b}, B_{1a}, B_{1b}, B_{2a}, B_{2b} eight components of avermectin; OlmA, oligomycin A

3.2　The HTH domain of AveR is essential for avermectin productivity

As in other members of the LAL family, an HTH domain was found in the C-terminal region of AveR. To evaluate the function of this domain, a 150 bp internal fragment in the 30-terminal portion of *aveR* encoding the HTH domain was deleted (Fig. 2b). The *aveR* truncation mutant was designated as AveR-DHTH. Growth of AveR-DHTH was similar to that of wild-type strain. HPLC analysis showed that no avermectin was produced by AveR-DHTH (Fig. 3d). Thus, the C-terminal HTH domain is essential for AveR function, and is probably responsible for DNA binding.

3.3 *In vivo* titration of AveR with *aveA1* promoter

Generally, pathway-specific regulators directly affect expression of linked structural genes *via* binding to their promoter regions. *aveA1*, which encodes the polyketide synthase AVES1 required for avermectin aglycon biosynthesis, might be the target of AveR. To test this, a multi-copy promoter titration plasmid pJL62 carrying the *aveA1* promoter region was constructed and transformed into ATCC 31267. The avermectin production was reduced significantly in the resulting transformants (data not shown). A plausible explanation of this finding is that titration of AveR with the 327 bp *aveA1* promoter region at high copy number affected interaction of AveR with the corresponding chromosomal region, and that AveR is a transcriptional activator of *aveA1*.

3.4 Analysis of AveR activity as transcriptional activator by promoter probing

The promoter probe plasmid pIJ62, in which the reporter *neo* gene is under control of the *aveA1* promoter, was transformed into *S. avermitilis* ATCC 31267 and *aveR* deletion mutant AveR-D19. The resulting transformants were cultured on YMS agar containing 5 μg/ml kanamycin. No growth of these transformants was observed after 10 days incubation, possibly because the *aveA1* promoter in pIJ62 was very weak due to limited number of AveR regulator in cells. Therefore, the AveR-high expression plasmid pJL66 was constructed and co-transformed with pJL62 into *S. lividans* TK54 instead. The co-transformants TK54 (pIJ62 + pIJ66) grew well even on YMS agar containing 150 μg/ml kanamycin, whereas the control transformants TK54 (pJL62 + pSET152) did not grow on YMS agar containing 50 μg/ml kanamycin (Fig. 4b, 4c), indicating that *aveA1* promoter is inactive without AveR. Both TK54 (pIJ62 + pIJ66) and TK54 (pJL62 + pSET152) grew on thiostrepton-containing YMS plates (Fig. 4a) because pJL62 contains thiostrepton-resistant gene *tsr*. The same growth patterns were obtained for ATCC 31267 (pIJ62 + pIJ66) and ATCC 31267 (pJL62 + pSET152) grown on YMS agar containing corresponding antibiotics (data not shown). Thus, promoter probe assay confirmed that AveR positively regulates the activity of *aveA1* promoter.

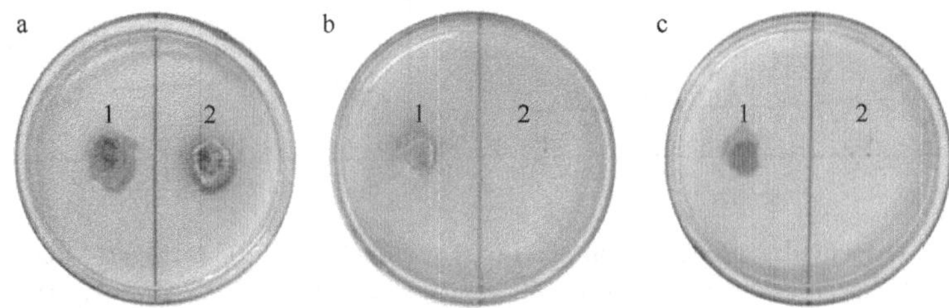

Fig. 4 Growth of *S. lividans* TK54 transformed with promoter probe plasmid pJL62

Strains were grown for 7 days on YMS agar containing thiostrepton (a. 50 μg/ml) or kanamycin (b. 50 μg/ml; c. 150 μg/ml). 1. *S. lividans* TK54 transformed with pJL62 and pJL66; 2. *S. lividans* TK54 transformed with pJL62 and pSET152

3.5 Identification of AveR target promoters by ChIP assay

To screen the DNA targets of AveR in *ave* cluster, we established a ChIP assay using *S. avermitilis* strains treated with formaldehyde to cross-link AveR to its DNA targets. For the wild-type strain, avermectins were detected by HPLC after 36 h growth in fermentation medium II, suggesting that AveR may interact with its targets and thereby inducing avermectin production prior to this time point. We therefore cross-linked *S. avermitilis* cells with formaldehyde after 40 h growth in fermentation medium II, extracted and fragmented the cross-linked DNA by sonication, and performed immunoprecipitation with anti-AveR antibodies to select DNA fragments attached to AveR, using a sample without antibody as a negative control. PCR assays were conducted using primers that flank the predicted promoter regions. Based on sequence analysis, the *ave* gene cluster contains six major putative transcriptional units: *aveD-aveF*, *aveA1-aveA2-aveC*, *aveA4-aveA3-aveE*, *orf1-aveBI*, *aveBIII-aveBII*, and *aveBVIII-aveBVII-aveBVI-aveBV*. Four promoter regions were therefore chosen at intergenic regions between divergently transcribed genes in the *ave* gene cluster: 327 bp *aveD-aveA1* intergenic region; 260 bp *aveA4-orf1* intergenic region; 126 bp *aveBIII-ave-BIV* intergenic region; and 238 bp region immediately upstream of *aveBVIII* (Fig. 1). Primer pairs used for the four promoter regions are shown in Table S1. PCR products with correct size were obtained with these primers when immunoprecipitated DNA or positive control DNA from wild-type strain was used as template (Fig. 5a). In contrast, these primers amplified DNA fragments only from positive control DNA, not from anti-AveR-immunoprecipitated DNA of mutant strain AveR-DHTH (Fig. 5b). No correct PCR bands were obtained using all the primer pairs when negative control DNA without antibody was used as template (Fig. 5). These results demonstrate that the four promoter regions were selectively enriched as a result of ChIP using anti-AveR antibodies, and that AveR binds specifically to these regions with its C-terminal HTH domain.

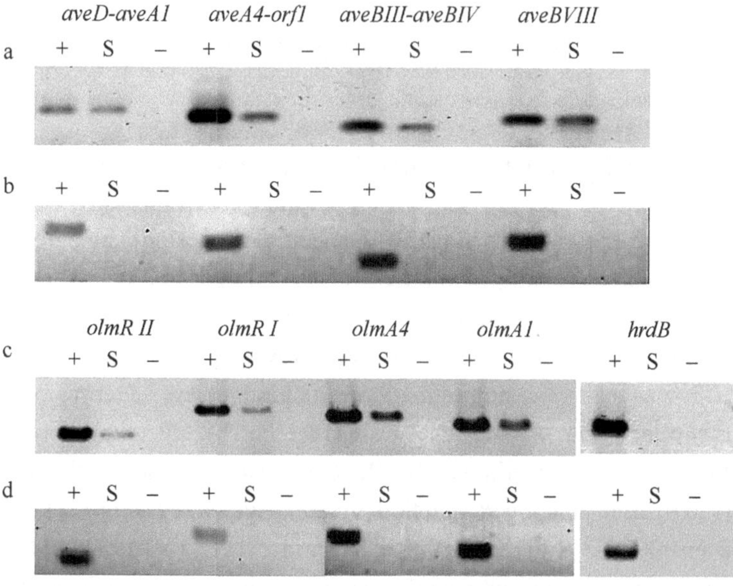

Fig. 5 ChIP analysis of AveR binding to *ave* promoter regions (a, b) and *olm* promoter regions (c, d) *in vivo* Anti-AveR antibodies were used to immunoprecipitate AveR/DNA complexes from cells (a, c. wild-type strain; b. AveR-DHTH; d. AveR-D19) treated with formaldehyde. PCR was performed with primers flanking putative promoter regions (Table S1). DNA used for PCR was total DNA prior to immunoprecipitation (positive control; lanes "+"), immunoprecipitated DNA (experimental sample; lanes "S"), and negative control DNA without antibody (lanes "–"). *hrdB* promoter region was used as a control

3.6 Gene expression analysis of the *ave* cluster by RT-PCR

To screen the structural genes controlled by *aveR*, transcripts from the *ave* cluster were analyzed by one-step RT-PCR applied to total RNA obtained from *S. avermitilis* wild-type strain after the onset of avermectin production, and concurrently from *aveR* deletion mutant AveR-D19. Most transcripts were visualized using 25 cycles of PCR, but some required 30 cycles. In negative controls, containing DNA polymerase but lacking reverse transcriptase, no PCR product was detected with any of the primers when fewer than 35 PCR cycles were used. RT-PCR showed that all structural genes of the *ave* gene cluster in wild-type strain were transcribed (Fig. 6). Corresponding transcripts were not observed for mutant strain AveR-D19. This gene expression pattern shows that AveR is required for the transcription of all avermectin biosynthetic genes.

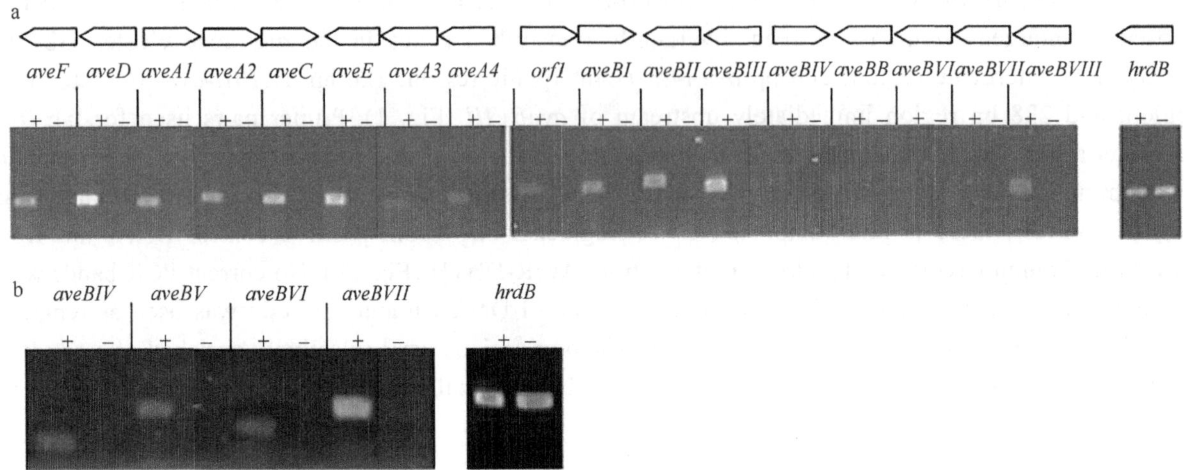

Fig. 6 RT-PCR analysis of the *ave* cluster

Analysis was carried out in *S. avermitilis* wild-type strain (+) and AveR-D19 (–). In general, 25 cycles of PCR were used (a); in case this generated no apparent product, analysis was repeated at 30 cycles in attempt to detect low level of transcripts (b)

3.7 Overexpression of *aveR* leads to overproduction of avermectin

As a general rule, overexpression of a pathway-specific transcriptional activator is associated with increased production of the corresponding antibiotic. To test this possibility, we introduced the AveR-high expression vector pJL66, in which *aveR* gene was controlled by *ermE*p* and contained TTA→CTG mutation, into wild-type strain, and analyzed its effects on cell growth and avermectin productivity in soluble fermentation medium II. Enhanced expression of *aveR* resulted in increased avermectin production, but growth of the transformant was similar to that of wild-type strain (Fig. 7a, 7b). Overexpression of *aveR* was confirmed by both Western blotting and semi-quantitative RT-PCR analysis, comparing the wild-type strain with its transformant ATCC 31267/pJL66 and *aveR* deletion mutant AveR-D19 (Fig. 7c). In addition, multi-copy plasmid pCZ12 (based on pKC1139) and integrative plasmid pCZ13 (based on pSET152) containing *aveR* with its own promoter were transformed into wild-type strain, respectively. The resulting transformants and their host strain ATCC 31267 as well as vector control strains were separately cultured in fermentation medium for 10 days. HPLC analysis of fermentation products showed that transformant containing only pSET152 produced nearly the same amount of avermectin as host strain, while introduction of empty pKC1139 caused a small reduced avermectin production. In contrast, transformation of plasmid pCZ12 and pCZ13 containing *aveR* led to enhanced avermectin production (Fig. 7d), indicating that the increased production was due to the overexpression of *aveR* gene. These results further demonstrated the role of *aveR* as an important pathway-specific activator gene for avermectin biosynthesis.

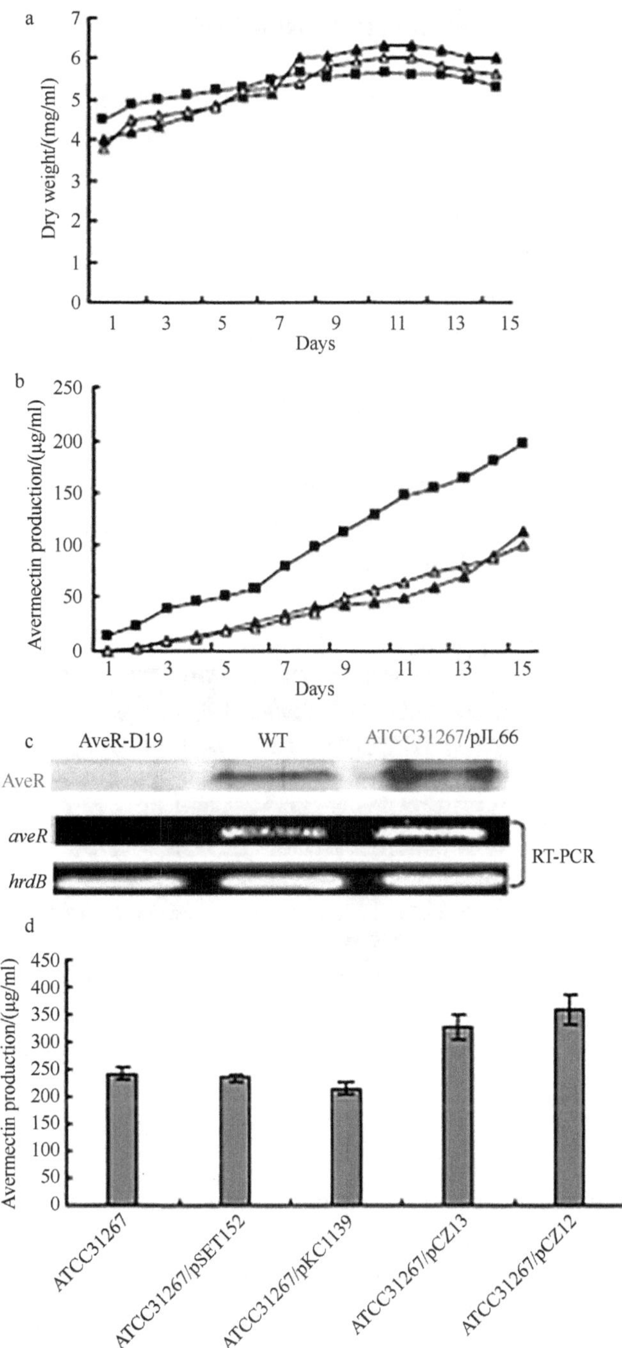

Fig. 7 Effect of enhanced expression of *aveR* on growth (a) and avermectin production (b) of *S. avermitilis* grown in soluble fermentation medium II. Filled triangles wild-type strain ATCC 31267; open triangles transformant of wild-type strain containing control plasmid pSET152 (ATCC 31267/pSET152); filled squares transformant of wild-type strain containing AveR-high expression vector pJL66 (ATCC 31267/pJL66). c. Western blotting and semi-quantitative RT-PCR analysis of *aveR* in wild-type stain (WT), AveR-D19 and ATCC 31267/pJL66. The same batch of cells was used for both Western blotting and RT-PCR analysis. d. Comparison of avermectin production in various *S. avermitilis* strains grown in fermentation medium. Fermentation mediums usually used for avermectin production; however, it contains insoluble yeast meal. So, we used soluble fermentation medium II in (a) and (b) for analysis of cell growth as well as avermectin production in the same batch of cells. Avermectin production is lower in soluble fermentation medium II than that in fermentation medium

3.8 Deletion of *aveR* enhanced oligomycin biosynthesis

The *aveR* mutants lost the ability to produce avermectins, but produced oligomycins at a higher level than wild-type strain (Fig. 3c, 3d). In complementation experiments, DNA fragment containing *aveR* and its promoter region restored avermectin production as well as reduced oligomycin production to the level of wild-type strain in the mutant AveRD19 (data not shown). To test whether *aveR* affects the transcription of oligomycin biosynthetic genes, semi-quantitative RT-PCR analyses were performed to detect the expression of two selected polyketide synthase (PKS) genes (*olmA1* and *olmA4*) and two putative pathway-specific regulatory genes (*olmRI* and *olmRII*) in *olm* cluster. As shown in Fig. 8, all the detected *olm* genes were upregulated in the *aveR* mutants. In ChIP assays, the predicted promoter regions of the *olm* genes were amplified from both positive control DNA and anti-AveR-immunoprecipitated DNA (Fig. 5c). Since AveR, OlmRI and OlmRII are all members of the LAL family, antibodies raised against one might cross-react with the others. To investigate whether AveR antibodies immunoprecipitated OlmRI and/or OlmRII, the ChIP experiment was repeated in *aveR* null mutant AveR-D19 and showed that the *olm* promoter DNA was no longer immunoprecipitated (Fig. 5d). These data indicate that AveR has negative effects on oligomycin biosynthesis, and represses transcription of *olm* genes.

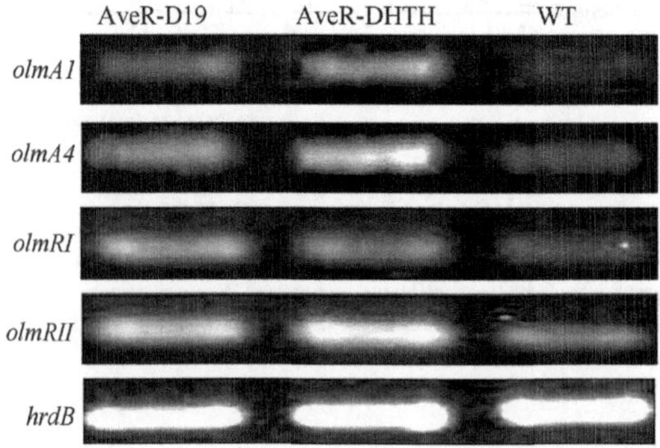

Fig. 8 Semi-quantitative RT-PCR analyses of the *olmA1*, *olmA4*, *olmRI*, and *olmRII* transcript levels

Samples were collected from *S. avermitilis* wild-type stain, AveR-D19 and AveR-DHTH grown in fermentation medium II for 40 h

4. Discussion

We describe here a detailed functional analysis of the *aveR* gene, and demonstrate that *aveR* encodes a pathway-specific positive regulator required for transcription of all the avermectin biosynthetic genes by direct interaction with *ave* promoters. We also showed that *aveR* exerts a negative role on oligomycin production, but does not affect the growth of *S. avermitilis*. A very recent paper of Kitani *et al.* (2009) performed a number of similar experiments. As described in the following section only some results could be confirmed here.

Attempts to express high level of full-length AveR protein for purification were unsuccessful in both *E. coli* and *S. avermitilis*. The *aveR* gene was cloned in a high-copy-number vector under control of a strong promoter: T7 promoter in *E. coli* to express His_6-tagged AveR or *tipA* promoter in *S. avermitilis* to express native AveR. Both approaches yielded a very low level of the target protein, and MBP (maltose-binding protein) fusion protein system (BioLabs) in *E. coli* also failed. These results could not be explained by the presence of unusual codon TTA in the *aveR* gene, since the replacement of *aveR* gene in the expression vector with mutated gene *aveR** containing TTA-to-CTG mutation did not lead to production of enough AveR protein for purification. Another possibility is that the large size of the AveR protein is a "bottleneck" in the translation process. We are not aware of any examples of intact LAL regulators in *Streptomyces* purified through overexpression. This makes it more difficult to understand the regulation mechanism of this novel regulatory protein family. A high level of truncated form of AveR containing the C-terminal HTH domain (AveRc), fused to a hexahistidine tag at its N-terminus, was therefore expressed as inclusion body, and was used for preparation of anti-AveR antibodies for ChIP assay. ChIP assay identified four AveR target promoter regions, all located within the *ave* cluster. The finding that AveR without HTH domain is unable to bind *ave* promoters demonstrated the DNA-binding activity of AveR HTH domain. The promoter regions (intergenic regions) identified in this study were predicted to contain divergent promoters. Sequence alignment of the promoter regions bound by AveR did not predict a consensus AveR-binding sequence; more experiments are needed to reveal the binding sites of AveR.

Overexpression studies with an extra copy of *aveR* containing TTA-to-CTG mutation, expressed under the control of strong constitutive promoter *ermE*p* in wildtype *S. avermitilis* ATCC 31267, demonstrated a positive effect of the *aveR* gene on avermectin production. This finding was further confirmed by the facts that multi-copies of *aveR* as well as an extra copy of *aveR* with its native promoter promoted avermectin production in ATCC 31267. Our results are in contrast to the findings of Kitani *et al.* (2009), who reported that a higher amount of *aveR* resulted in complete loss of avermectin in wild-type strain KA320 and its spontaneous mutant K139. These authors disrupted *aveR* by gene replacement in *S. avermitilis*, and the resulting mutant lost avermectin productivity and was unable to convert an avermectin intermediate to any avermectin derivatives. They concluded that AveR is a positive regulator for avermectin biosynthesis, but they postulated a maximum threshold concentration of *aveR* for the production of avermectin. The differing behavior of *aveR* may reflect differences in the parental strains used and the growth media adopted in the respective studies. They described KA320 as a wild-type strain isogenic to MA-4680 and since ATCC 31267 is designated MA-4680, there should be no obvious difference in genetic background between strain KA320 and ATCC 31267. However, they described that strain KA320 is phenotypically unstable and frequent reisolation is necessary; thus the spontaneous mutant K139 from KA320 is used as the major wild-type strain in their study, whereas the strain ATCC 31267 was not so unstable during our experiments. The linear chromosome of *Streptomyces* easily undergoes large rearrangement, such as large deletions, circularization, arm replacement, and amplifications in terminal regions. We therefore analyzed the chromosomal structure of ATCC 31267 by pulsed-field gel electrophoresis (PFGE) (Fig. S2) and showed that its *Ase* I restriction patterns were consistent with the published data (http://avermitilis.ls.kitasato-u.ac.jp/physicalmap), suggesting no large rearrangement occurred in the chromosome of our strain. We sequenced the entire *aveR* gene and its promoter region of ATCC 31267 again, but did not find any difference with the published sequence. As KA320 was so unstable, we are not sure if chromosomal rearrangement occurred in this strain and its mutant K139 used by Kitani *et al.* (2009). The discrepancies among these results still remain to be studied.

Like *aveR*, *olmRI* and *olmRII* are two putative pathway-specific regulatory genes belonging to the LAL family. Disruption of *olmRI* or *olmRII* resulted in loss of oligomycin production (our unpublished data), suggesting that OlmRI and OlmRII are positive regulators for oligomycin biosynthesis. The *aveR* mutants enhanced yield of oligomycin, and the transcript levels of *olm* structural and regulatory genes were consistent with the production of oligomycin, suggesting the possibility that the negative effect of *aveR* on oligomycin biosynthesis is mediated by regulatory gene *olmRI* and *olmRII*. However, ChIP results indicated that the AveR protein could bind putative *olmA1* and *olmA4* promoters as well as *olmRI* and *olmRII* promoters. Several tetratricopeptide repeats (TPRs), which are implicated in protein-protein interactions, were predicted in AveR, OlmRI, and OlmRII. It seems likely that the various LAL regulators present in the same bacterial cell may communicate with each other and form a complex regulatory network. Thus, AveR may repress *olm* genes by interacting with other proteins, such as OlmRI and OlmRII. Another possibility is that AveR affects the expression of *olm* genes through interacting directly with their promoters. More experiments will be needed to clarify the regulatory mechanism of AveR on oligomycin biosynthesis. Furthermore, we still could not rule out the possibility that carbon flux contributes to the increased oligomycin production. Avermectin and oligomycin belong to type I polyketides, and both require acetate and propionate extender units for synthesis of polyketide backbone (Ikeda *et al.*, 1999, 2001; Ōmura *et al.*, 2001). Therefore, loss of avermectin production in *aveR* mutants might allow additional acetate and propionate to enter the biosynthetic pathway of oligomycin and stimulate oligomycin production.

aveR is the first pathway-specific regulatory gene characterized in *S. avermitilis*, and the present work also showed the pleiotropic effects of *aveR* on oligomycin biosynthesis. These results will contribute to elucidation of other pathway-specific regulatory factors and regulatory mechanisms of secondary metabolism in *S. avermitilis*. This knowledge will be useful in improving and modifying methods for production of secondary metabolites, including avermectin and oligomycin, by this industrially important bacterial strain.

References

Bibb M J. 2005. Regulation of secondary metabolism in *streptomycetes*. Curr Opin Microbiol, 8(2): 208-215.

Bierman M, Logan R, O'Brien K, *et al.* 1992. Plasmid cloning vectors for the conjugal transfer of DNA from *Escherichia coli* to *Streptomyces* spp. Gene, 116(1): 43-49.

Burg R W, Miller B M, Baker E E, *et al.* 1979. Avermectins, new family of potent anthelmintic agents: producing organisms and fermentation. Antimicrob Agents Chemother, 15(3): 361-367.

Chen L, Lu Y, Chen J, *et al.* 2008. Characterization of a negative regulator *Ave* I for avermectin biosynthesis in *Streptomyces avermitilis* NRRL8165. Appl Microbiol Biotechnol, 80(2): 277-286.

Chen Z, Wen J, Song Y, *et al.* 2007. Enhancement and selective production of avermectin B by recombinants of *Streptomyces avermitilis via* intraspecific protoplast fusion. Chin Sci Bull, 52: 616-622.

Grainger D C, Overton T W, Reppas N, *et al.* 2004. Genomic Studies with *Escherichia coli* MelR protein: applications of chromatin immunoprecipitation and microarrays. J Bacteriol, 186(20): 6938-6943.

Hwang Y S, Kim E S, Biro S, *et al.* 2003. Cloning and analysis of a DNA fragment stimulating avermectin production in various *Streptomyces avermitilis* strains. Appl Environ Microbiol, 69(2): 1263-1269.

Ikeda H, Ishikawa J, Hanamoto A, *et al.* 2003. Complete genome sequence and comparative analysis of the industrial microorganism *Streptomyces avermitilis*. Nat Biotechnol, 21(5): 526-531.

Ikeda H, Kotaki H, Tanaka H, *et al.* 1988. Involvement of glucose catabolism in avermectin production by *Streptomyces avermitilis*. Antimicrob Agents Chemother, 32(2): 282-284.

Ikeda H, Nonomiya T, Ōmura S. 2001. Organization of biosynthetic gene cluster for avermectin in *Streptomyces avermitilis*: analysis of enzymatic domains in four polyketide synthases. J Ind Microbiol Biotechnol, 27(3): 170-176.

Ikeda H, Nonomiya T, Usami M, *et al.* 1999. Organization of the biosynthetic gene cluster for the polyketide anthelmintic macrolide avermectin in *Streptomyces avermitilis*. Proc Natl Acad Sci USA, 96(17): 9509-9514.

Ikeda H, Ōmura S. 1997. Avermectin biosynthesis. Chem Rev, 97(7): 2591-2610.

Ikeda H, Takada Y, Pang C H, *et al.* 1993. Transposon mutagenesis by Tn*4560* and applications with avermectin producing *Streptomyces avermitilis*. J Bacteriol, 175(7): 2077-2082.

Janssen G R, Bibb M J. 1993. Derivatives of pUC18 that have *Bgl* II sites flanking a multiple cloning site and that retain ability to identify recombinant clones by visual screening of *Escherichia coli* colonies. Gene, 124(1): 133-134.

Kieser T, Bibb M J, Buttner M J, *et al.* 2000. Practical *Streptomyces* Genetics. Norwich: The John Innes Foundation.

Kitani S, Ikeda H, Sakamoto T, *et al.* 2009. Characterization of a regulatory gene, *aveR*, for the biosynthesis of avermectin in *Streptomyces avermitilis*. Appl Microbiol Biotechnol, 82(6): 1089-1096.

MacNeil D J, Klapko L M. 1987. Transformation of *Streptomyces avermitilis* by plasmid DNA. J Ind Microbiol, 2: 209-218.

Ōmura S, Ikeda H, Ishikawa J, *et al.* 2001. Genome sequence of an industrial microorganism *Streptomyces avermitilis*: deducing the ability of producing secondary metabolites. Proc Natl Acad Sci USA, 98(21): 12215-12220.

Pinna L A, Lorini M, Moret V, *et al.* 1967. Effect of oligomycin and succinate on mitochondrial metabolism of adenine nucleotides. Biochim Biophys Acta, 143(1): 18-25.

Rajkarnikar A, Kwon H J, Ryu Y W, *et al.* 2006. Catalytic domain of AfsKav modulates both secondary metabolism and morphologic differentiation in *Streptomyces avermitilis* ATCC 31272. Curr Microbiol, 53(3): 204-208.

Sambrook J, Fritsch E F, Maniatis T. 1989. Molecular Cloning: A Laboratory Manual. 2nd ed. New York: Cold Spring Harbor Laboratory.

Stutzman-Engwall K J, Price B S. 2001. *Streptomyces avermitilis* regulatory genes for increased avermectin production. US Patent 6, 197, 591.

Wilson D J, Xue Y, Reynolds K A, *et al.* 2001. Characterization and analysis of the PikD regulatory factor in the pikromycin biosynthetic pathway of *Streptomyces venezuelae*. J Bacteriol, 183(11): 3468-3475.

Zhao J L, Wen Y, Chen Z, *et al.* 2007. An *adpA* homologue in *Streptomyces avermitilis* is involved in regulation of morphogenesis and melanogenesis. Chin Sci Bull, 52(7): 623-630.

Supplementary material: https://link.springer.com/article/10.1007/s00438-009-0502-2#additional-information

本文原载: Mol Genet Genomics, 2010, 283: 123-133.

Increasing Avermectin Production in *Streptomyces avermitilis* by Manipulating the Expression of a Novel TetR-family Regulator and Its Target Gene Product*

Wenshuai Liu[1], Qinling Zhang[1], Jia Guo[1, 2], Zhi Chen[1], Jilun Li[1], Ying Wen[1]

(1. State Key Laboratory of Agrobiotechnology and MOA Key Laboratory of Soil Microbiology, College of Biological Sciences, China Agricultural University, Beijing, 100193, China; 2. Present address: Key Laboratory of Carbohydrate Chemistry and Biotechnology, Ministry of Education, School of Biotechnology, Jiangnan University, Wuxi, 214122, China)

Abstract

Avermectins produced by *Streptomyces avermitilis* are commercially important anthelmintic agents. The detailed regulatory mechanisms of avermectin biosynthesis remain unclear. Here, we identified SAV3619, a TetR-family transcriptional regulator designated AveT, to be an activator for both avermectin production and morphological differentiation in *S. avermitilis*. AveT was shown to indirectly stimulate avermectin production by affecting transcription of the cluster-situated activator gene *aveR*. AveT directly repressed transcription of its own gene (*aveT*), adjacent gene *pepD2* (*sav_3620*), *sav_7490* (designated *aveM*), and *sav_7491* by binding to an 18 bp perfect palindromic sequence (CGAAACGKTKYCGTTTCG, where K is T or G and Y is T or C and where the underlining indicates inverted repeats) within their promoter regions. *aveM* (which encodes a putative transmembrane efflux protein belonging to the major facilitator superfamily [MFS]), the important target gene of AveT, had a striking negative effect on avermectin production and morphological differentiation. Overexpression of *aveT* and deletion of *aveM* in wild-type and industrial strains of *S. avermitilis* led to clear increases in the levels of avermectin production. *In vitro* gel-shift assays suggested that C-5-O-B_1, the late pathway precursor of avermectin B_1, acts as an AveT ligand. Taken together, our findings indicate positive-feedback regulation of *aveT* expression and avermectin production by a late pathway intermediate and provide the basis for an efficient strategy to increase avermectin production in *S. avermitilis* by manipulation of AveT and its target gene product, AveM.

Avermectins produced by *Streptomyces avermitilis* are commercially important anthelmintic agents. The detailed regulatory mechanisms of avermectin biosynthesis remain unclear. Here, we identified SAV3619, a TetR-family transcriptional regulator designated AveT, to be an activator for both avermectin production and morphological differentiation in *S. avermitilis*. AveT was shown to indirectly stimulates avermectin production by affecting transcription of the cluster-situated activator gene *aveR*. AveT directly repressed transcription of its own gene (*aveT*), adjacent gene *pepD2* (*sav_3620*), *sav_7490* (designated *aveM*), and *sav_7491* by binding to an 18 bp perfect palindromic sequence (CGAAACGKTKYCGTTTCG, where K is T or G and Y is T or C

*This study was supported by a grant (No. 31170045) from the National Natural Science Foundation of China. We are grateful to S. Anderson for English editing of the manuscript.

and where the underlining indicates inverted repeats) within their promoter regions. *aveM* (which encodes a putative transmembrane efflux protein belonging to the major facilitator superfamily [MFS]), the important target gene of AveT, had a striking negative effect on avermectin production and morphological differentiation. Overexpression of *aveT* and deletion of *aveM* in wild-type and industrial strains of *S. avermitilis* led to clear increases in the levels of avermectin production. *In vitro* gel-shift assays suggested that C-5-O-B_1, the late pathway precursor of avermectin B_1, acts as an AveT ligand. Taken together, our findings indicate positive-feedback regulation of *aveT* expression and avermectin production by a late pathway intermediate and provide the basis for an efficient strategy to increase avermectin production in *S. avermitilis* by manipulation of AveT and its target gene product, AveM.

Soil-dwelling species of *Streptomyces* produce about half of currently known antibiotics (including antibacterial, anticancer, anthelmintic, and immunosuppressive agents) during their complex morphological differentiation cycle (Challis and Hopwood, 2003) and have many important medical and commercial applications. Antibiotic biosynthesis is controlled by large gene clusters, usually including cluster-situated regulators (CSRs). These CSRs are at the lowest level of the complex regulatory network for antibiotic biosynthesis and are controlled by various higher-level pleiotropic regulators in response to developmental state, population density, environmental signals, and physiological signals (Bibb, 2005; van Wezel and McDowall, 2011; Liu *et al.*, 2013).

The species *Streptomyces avermitilis* produces avermectins, a series of 16-membered macrocyclic lactones (termed A_{1a}, A_{1b}, A_{2a}, A_{2b}, B_{1a}, B_{1b}, B_{2a}, and B_{2b}) that are excellent anthelmintic agents with high potency, broad-spectrum activity against various arthropod and nematode parasites, and a low level of side effects on the host (Burg *et al.*, 1979; Ikeda and Ōmura, 1997). Of the eight avermectin components, B_{1a} has the highest insecticidal activity (Egerton *et al.*, 1979). Avermectins are a commercially important group of antibiotics with annual world sales of ~$850 million (Kitani *et al.*, 2011), and are widely applied in the agricultural, veterinary, and medical fields. The 82 kb *ave* gene cluster that controls avermectin biosynthesis includes 18 open reading frames (ORFs) (Ōmura *et al.*, 2001). The gene *aveR*, located at the left end of the gene cluster, encodes a cluster-situated LuxR family activator essential for transcription of all *ave* structural genes (Kitani *et al.*, 2009; Guo *et al.*, 2010). The factors that trigger the transcription of *aveR* and the detailed regulatory mechanisms of avermectin biosynthesis remain unclear. Identification and characterization of the transcriptional regulators involved in avermectin biosynthesis are essential for elucidation of the regulatory networks and for rational design of new hyperproducer strains through genetic manipulation.

Microbial transcriptional regulators are classified on the basis of sequence similarity and structural and functional criteria into families, which include TetR (Aramaki *et al.*, 1995), LuxR (Fuqua *et al.*, 1994), LysR (Schell, 1993), AraC/XylS (Egan, 2002), LacI (Weickert *et al.*, 1992), and MarR (Seoane and Levy, 1995). Of the various families of transcriptional regulators present in the *Streptomyces* genome, TetR-family transcriptional regulators (TFRs) are the most abundant. Certain species have over 100 TFRs, including *S. coelicolor* (153 TFRs), *S. avermitilis* (115 TFRs), and *S. griseus* (104 TFRs) (Ahn *et al.*, 2012). These regulators presumably undergo complex interactions during the complicated life cycles of *Streptomyces*. TFRs have been shown to participate in such important cellular processes as multidrug resistance, antibiotic biosynthesis, morphogenesis, osmotic stress, biofilm formation, catabolic pathways, nitrogen uptake, and pathogenicity (Ramos *et al.*, 2005), but the functions of many of them in *Streptomyces* remain unknown.

TFRs consist of two domains: An N-terminal DNA-binding (DNB) domain that is highly conserved across the family and a C-terminal ligand-binding domain (LBD) that displays broad sequence and structural variation and interacts with a wide variety of ligands (Ramos *et al.*, 2005; Yu *et al.*, 2010; Corre, 2013). The majority of TFRs act as homodimeric transcriptional repressors (Ramos *et al.*, 2005); a small number act as activators (Uguru *et al.*, 2005; Miyamoto *et al.*, 2011; Hu and Lidstrom, 2012) or as dual repressor/activators (Chattoraj *et al.*, 2011). In most TFRs characterized to date, transcription is regulated by binding of the DNB domain to DNA, and such regulation is blocked by conformational changes upon binding of small molecules to the LBD (Yu *et al.*, 2010). It appears that TFR ligands are often related to the gene (s) regulated, but the cognate ligands for the vast majority of TFRs are unknown (Ahn *et al.*, 2012; Corre, 2013).

Among 115 TFRs in *S. avermitilis*, our group has characterized SAV151 (He *et al.*, 2014), SAV576 (Guo *et al.*, 2013), SAV577 (Guo *et al.*, 2014) and SAV7471 (homologous to SCO0772 in *S. coelicolor*) (Liu *et al.*, 2013) to be negative regulators of avermectin production. SAV3818 (homologous to SCO4421) (Duong *et al.*, 2009) and SAV3703 (AvaR3, a γ-butyrolactone-autoregulator receptor) (Miyamoto *et al.*, 2011) are positive regulators of avermectin production. The other 109 TFRs remain to be characterized. The present study revealed a positive regulatory role of a previously uncharacterized *S. avermitilis* TFR, AveT (SAV3619, homologous to SCO3167), in avermectin production and morphological differentiation. We demonstrate that AveT directly represses transcription of the genes *aveT*, *pepD2* (*sav_3620*, homologous to *sco3168*), *aveM* (*sav_7490*) and *sav_7491* (homologous to *sco5759*), and that C-5-O-B_1, the late pathway intermediate of avermectin B_1, inhibits binding of AveT to its target genes, thereby regulating *aveT* expression and avermectin production *via* a positive-feedback mechanism. A novel strategy for increasing industrial-scale avermectin yield through the overexpression of AveT and deletion of its target gene, *aveM*, is described.

1. Materials and Methods

1.1 Strains, plasmids, and growth conditions

The strains and plasmids used in this work are listed in Table 1. *S. avermitilis* wild-type (WT) strain ATCC 31267, an avermectin producer, was grown at 28℃ and used for gene disruption and propagation. For both ATCC 31267 and A-178 (an industrial strain that produces only avermectin B), sporulation was achieved on solid YMS medium (Ikeda *et al.*, 1988). Liquid YEME medium (Kieser *et al.*, 2000) containing 25% sucrose was used to grow mycelia for protoplast preparation and DNA extraction. Protoplast regeneration medium RM14 was prepared as described by MacNeil and Klapko (1987). MM (Kieser *et al.*, 2000) and YMS agar were used for observation of the *S. avermitilis* phenotype. For avermectin production, seed medium and insoluble fermentation medium FM-I were used as described previously (Chen *et al.*, 2007). Soluble fermentation medium FM-II (Guo *et al.*, 2010) was used to grow mycelia for growth analysis.

Table 1 Strains and plasmids used in this study

Strains or plasmids	Description	Source or reference
Strains		
S. avermitilis		
ATCC 31267	WT strain	laboratory stock
A-178	an industrial strain	Qilu Pharmaceutical
ΔaveT	*aveT* deletion mutant	this study
CaveT	*aveT*-complemented strain	this study
OaveT	*aveT*-overexpressing strain	this study
OaveT/A-178	*aveT*-overexpressing strain based on A-178	this study
WT/pKC1139	WT strain carrying empty vector pKC1139	this study
WT/pSET152	WT strain carrying empty vector pSET152	this study

continued

Strains or plasmids	Description	Source or reference
ΔaveM	*aveM* deletion mutant	this study
CaveM	*aveM*-complemented strain	this study
OaveM	*aveM*-overexpressing strain	this study
ΔaveM/A-178	*aveM* deletion mutant based on A-178	this study
ΔaveTaveM	*aveT aveM* double deletion mutant	this study
OpepD2	*pepD2*-overexpressing strain	this study
Δaco	*aco* deletion mutant	this study
E. coli		
JM109	general cloning host for plasmid manipulation	laboratory stock
ET12567	methylation-deficient strain	MacNeil and Klapko, 1987
BL21 (DE3)	host for protein overexpression	Novagen
Plasmids		
pKC1139	multiple-copy, temperature-sensitive *E. coli -Streptomyces* shuttle vector	Bierman *et al.*, 1992
pSET152	integrative *E. coli-Streptomyces* shuttle vector	Bierman *et al.*, 1992
pET-28a (+)	vector for protein overexpression in *E. coli*	Novagen
pJL117	pIJ2925 derivative carrying the *Streptomyces* strong constitutive promoter $ermE^{*}p$	Li *et al.*, 2010
pΔaveT	*aveT* deletion vector based on pKC1139	this study
pKC1139-ermp-aveT	*aveT*-overexpressing vector based on pKC1139	this study
pSET152-aveT	*aveT*-complemented vector based on pSET152	this study
pET28-aveT	*aveT*-overexpressing vector based on pET-28a (+)	this study
pΔaveM	*aveM* deletion vector based on pKC1139	this study
pKC1139-ermp-aveM	*aveM*-overexpressing vector based on pKC1139	this study
pSET152-aveM	*aveM*-complemented vector based on pSET152	this study
pKC1139-ermp-pepD2	*pepD2*-overexpressing vector based on pKC1139	this study
pΔaco	*aco* deletion vector based on pKC1139	this study

Escherichia coli JM109 was used to propagate plasmids for routine cloning. *E. coli* BL21 (DE3) (Novagen, Germany) was used as a host for protein overexpression. Non-methylated DNA was propagated in *E. coli* ET12567 (*dam dcm hsdS*) (MacNeil and Klapko, 1987) for transformation into *S. avermitilis*. *E. coli* strains were usually grown in Luria-Bertani (LB) medium at 37℃. The antibiotics were used as described previously by Zhao *et al.* (2007).

1.2 Gene deletion, complementation, and overexpression

To construct an *aveT* (*sav_3619*) deletion mutant, two fragments flanking *aveT* were prepared from the genomic DNA of ATCC 31267 by PCR. A 596 bp 5′ flanking region (positions –518 to +78 relative to the *aveT* start codon) was amplified with primers LWS4 and LWS3, and a 501 bp 3′ flanking region (positions +524 to +1,024) was amplified with primers LWS2 and LWS1. The two fragments were connected by fusion PCR using primers LWS1 and LWS4 and then ligated into *Hin*d III/*Bam*H I-digested pKC1139 to generate *aveT* deletion vector pΔaveT, which was introduced into ATCC 31267 protoplasts. Apramycin-sensitive strains were selected as described previously (Zhao *et al.*, 2007), and the deletion in a mutant with an *aveT* deletion, generated by double-crossover recombination, was confirmed by PCR analysis using primers LWS7, LWS8,

LWS9, and LWS10 (Fig. 1b). When using primers LWS7 and LWS8, whose sequences flank the exchange regions, a 1.3 kb band appeared, whereas a 1.7 kb band was detected in genomic DNA of ATCC 31267. When using primers LWS9 and LWS10, whose sequences are located within the deletion region of *aveT*, only ATCC 31267 produced a 311 bp band, as predicted (data not shown). We thus obtained *aveT* gene deletion mutant ΔaveT, in which *aveT* was mostly deleted (Fig. 1b).

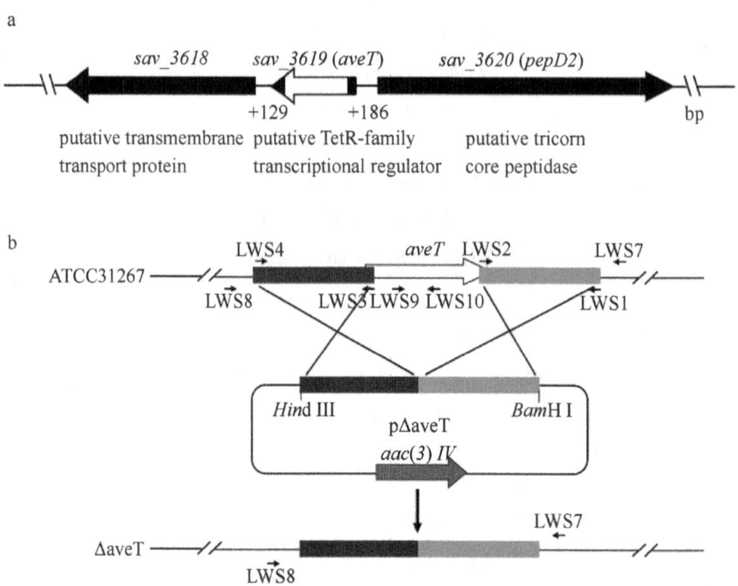

Fig. 1 Genetic organization of *aveT* and its adjacent genes in *S. avermitilis* (a) and schematic method used for *aveT* deletion (b)
a. Gene annotations are based on the *S. avermitilis* genome database (http://avermitilis.ls.kitasato-u.ac.jp/). White block, in-frame deletion in *aveT*. b. Large arrows, genes and their directions; short arrows, primers used for cloning homologous exchange regions and verifying gene deletion (see Materials and Methods); rectangles, exchange regions used for deletion of *aveT*

For complementation of strain ΔaveT, a 923 bp DNA fragment carrying the promoter and coding region of *aveT* was amplified from ATCC 31267 with primers LWS11 and LWS12. The PCR product was digested with *Bam*H I/*Xba* I and then inserted into the corresponding sites of pSET152 to generate *aveT* gene-complemented vector pSET152-aveT, which was introduced into strain ΔaveT to obtain the complemented strain CaveT. For overexpression of *aveT* in *S. avermitilis*, a 643 bp DNA fragment carrying the *aveT* ORF was amplified with primers LWS5 and LWS6. The PCR product was digested with *Hin*d III/*Bam*H I and inserted into pJL117 to generate pJL117-aveT. The 937 bp *Bgl* II fragment containing the *aveT* ORF and *ermE**p from pJL117-aveT was then cloned into *Bam*H I-digested pKC1139 to generate *aveT*- overexpressing vector pKC1139-ermp-aveT, in which *aveT* was controlled by the strong constitutive promoter *ermE*p*. pKC1139-ermp-aveT was introduced into ATCC 31267 and A-178 to obtain *aveT*-overexpressing strains OaveT and OaveT/A-178, respectively.

To construct an *aveM* (*sav_7490*) deletion mutant, a 457 bp 5′ flanking region (positions –335 to +122 relative to the *aveM* start codon) and a 437 bp 3′ flanking region (positions +1,278 to +1,714) were amplified with primer pairs LWS33/LWS34 and LWS35/LWS36, respectively. The two PCR fragments were digested with *Eco*R I/*Xba* I and *Xba* I/*Hin*d III and simultaneously ligated into *Eco*R I/*Hin*d III-digested pKC1139 to generate *aveM* deletion vector pΔaveM, which was transformed into ATCC 31267. The deletion in the resulting mutant with the *aveM* deletion, mutant ΔaveM, was confirmed by PCR using LWS37, LWS38, LWS39, and LWS40 as primers (see Fig. S1 in the supplemental material). When using primers LWS37 and LWS38, whose sequences flank the exchange regions, a 1.2 kb band appeared, whereas a 2.4 kb band was detected from ATCC 31267. When using primers LWS39 and LWS40, whose sequences are located within the deletion region of *aveM*, only ATCC 31267 produced a 301 bp band, as predicted (data not shown). To delete *aveM* in A-178, the pΔaveM vector was transformed into A-178 protoplasts. The expected mutant, termed ΔaveM/A-178, was isolated using the strategy used for selection of the ΔaveM mutant, and the deletion was confirmed by PCR using the same primers.

For complementation of strain ΔaveM, a 2.0 kb DNA fragment carrying the *aveM* ORF and its promoter was amplified with primers LWS41 and LWS42 and inserted into pSET152 to generate *aveM* gene-complemented vector pSET152-aveM, which was then introduced into strain ΔaveM to obtain the complemented strain CaveM. For overexpression of *aveM* in ATCC 31267, a 1.5 kb DNA fragment carrying the *aveM* ORF was amplified with primers LWS43 and LWS44 and cloned into pJL117 to generate pJL117-aveM, in which *aveM* was controlled by *ermE**p*. pJL117-aveM was cut with *Eco*R I/*Hin*d III, and the resulting 1.8 kb fragment containing the *aveM* ORF and *ermE**p* was inserted into pKC1139 to generate pKC1139-ermp-aveM, which was then introduced into ATCC 31267 to obtain *aveM*-overexpressing strain OaveM.

To construct an *aveT aveM* double deletion mutant, the pΔaveM vector was transformed into ΔaveT protoplasts. The expected mutant, ΔaveTaveM, was isolated by selection of the ΔaveM mutant.

To construct a *pepD2* (*sav_3620*)-overexpressing strain, a 3.3 kb DNA fragment carrying the *pepD2* ORF was amplified with primers LWS52 and LWS53 and ligated into pJL117 to generate pJL117-pepD2. The 3.6 kb *Eco*R I/*Hin*d III fragment containing the *pepD2* ORF and *ermE**p* from pJL117-pepD2 was inserted into pKC1139 to generate pKC1139-ermp-pepD2, which was introduced into ATCC 31267 to obtain *pepD2*-overexpressing strain OpepD2.

To construct an *aco* (*sav_3706*, homologous to *sco3247*) deletion mutant, a 536 bp 5′ flanking region (positions –524 to +12 relative to the *aco* start codon) was amplified with primers GJ189 and GJ190, and a 613 bp 3′ flanking region (positions +1,988 to +2,600) was amplified with primers GJ191 and GJ192. The two PCR fragments were ligated into pKC1139 to generate an *aco* deletion vector, pΔaco, which was transformed into ATCC 31267 protoplasts. The deletions in the resulting mutants with a putative *aco* deletion were confirmed by PCR using GJ207, GJ208, aco-S, and aco-AS as primers. When primers GJ207 and GJ208, whose sequences flank the exchange regions, were used, a 1.3 kb band appeared, whereas a 3.3 kb band was detected from ATCC 31267. When primers aco-S and aco-AS, whose sequences are located within the deletion region of *aco*, were used, only ATCC 31267 produced a 320 bp band, as predicted (data not shown). The obtained *aco* deletion mutant was termed strain Δaco. All the primers used in this work are listed in Table 2.

Table 2 Primers used in this study

Primer purpose and primer	DNA sequence (5′–3′)	Use
	gene disruption, complementation, and overexpression	
LWS1	CGGGATCCCCAGCGCCTTGACGGTCT (*Bam*H I)	deletion of *aveT* gene
LWS2	GTACTCGGCGGTGCTCGACTGCCTCCCACGCAGGAAT	deletion of *aveT* gene
LWS3	ATTCCTGCGTGGGAGGCAGTCGAGCACCGCCGAGTAC	deletion of *aveT* gene
LWS4	CCCAAGCTTTCGCTGTGCCCCTCCTTG (*Hin*d III)	deletion of *aveT* gene
LWS5	CCCAAGCTTGGAGGGAGGGGAGAGAGGG (*Hin*d III)	overexpression of *aveT* in *S. avermitilis*
LWS6	CGGGATCCCGAAGCAGGAGAGGCGAGTG (*Bam*H I)	overexpression of *aveT* in *S. avermitilis*
LWS7	GCGAGTGCGTCTTGAAGG	confirmation of *aveT* deletion mutant ΔaveT

continued

Primer purpose and primer	DNA sequence (5′–3′)	Use
	gene disruption, complementation, and overexpression	
LWS8	CGGTGAGCAGCAGGGTCT	confirmation of *aveT* deletion mutant ΔaveT
LWS9	CTACGACGCCCTGACCAT	confirmation of *aveT* deletion mutant ΔaveT
LWS10	GCATCTCGTTCGTCTCGG	confirmation of *aveT* deletion mutant ΔaveT
LWS11	CGGGATCCTCGGACTCGGGGTTCACCT (*Bam*H I)	complementation of ΔaveT
LWS12	GCTCTAGAGAGGGCGTACTCCCGGTC (*Xba* I)	complementation of ΔaveT
LWS33	GGAATTCCGCTGAACGTGATCGTGCC (*Eco*R I)	deletion of *aveM* gene
LWS34	GCTCTAGAAGGACGACCATCAACTGGG (*Xba* I)	deletion of *aveM* gene
LWS35	GCTCTAGATACGGCGCTGCTGAACAC (*Xba* I)	deletion of *aveM* gene
LWS36	CCCAAGCTTCGGAACCTCGCCTACGAC (*Hin*d III)	deletion of *aveM* gene
LWS37	AGGCAGACCTCCCATCCG	confirmation of *aveM* deletion mutant ΔaveM
LWS38	TGCTCGACCTGCGCCTGA	confirmation of *aveM* deletion mutant ΔaveM
LWS39	TTGTCGCTGAGCAACCAC	confirmation of *aveM* deletion mutant ΔaveM
LWS40	GGAATACACCGAACATGCC	confirmation of *aveM* deletion mutant ΔaveM
LWS41	GGAATTCAGGCAGACCTCCCATCCG (*Eco*R I)	complementation of ΔaveM
LWS42	GCTCTAGAGCGCTCACATGTGGACGA (*Xba* I)	complementation of ΔaveM
LWS43	GCTCTAGAGGCTTCCCTGGAGTGGTT (*Xba* I)	overexpression of *aveM* in *S. avermitilis*
LWS44	CCCAAGCTTGCGCTCACATGTGGACGA (*Hin*d III)	overexpression of *aveM* in *S. avermitilis*
LWS52	GCTCTAGAGCGGAAAAGCATGGGTTAG (*Xba* I)	overexpression of *pepD2* in *S. avermitilis*
LWS53	CCCAAGCTTTCTGCCTTGTTCATCGTCT (*Hin*d III)	overexpression of *pepD2* in *S. avermitilis*
LWS48	GGAATTCCATATGACTGAGACCGCAACGGTGCG (*Nde* I)	overexpression of His_6-tagged AveT protein *in E. coli*
LWS49	CGGGATCCTCAGGCGCCGAGGGCGGG (*Bam*H I)	overexpression of His_6-tagged AveT protein *in E. coli*
GJ189	CGGAATTCTATCCCACCTCGTCGAACAC (*Eco*R I)	deletion of *aco* gene
GJ190	GAAGATCTCGTAGCGATCATCGAGCTTC (*Bgl* II)	deletion of *aco* gene
GJ191	GAAGATCTAGGAATGGCCACTGGTCTC (*Bgl* II)	deletion of *aco* gene
GJ192	CCCAAGCTTGTTGCTCGCATGAGGTTCTT (*Hin*d III)	deletion of *aco* gene
GJ207	TCGACGTGAAGTGGAAGTAGAG	confirmation of *aco* deletion mutant Δaco
GJ208	AGATGCAGGAACGCAGTACG	confirmation of *aco* deletion mutant Δaco
aco-S	GCGAGCATCCACTACAACCT	confirmation of *aco* deletion mutant Δaco
aco-AS	GGGGTCAGGAAGAGGAAGAC	confirmation of *aco* deletion mutant Δaco
	5′-RACE	
Oligo dT-anchor primer	GACCACGCGTATCGATGTCGACTTTTTTTTTTTTTTTTV	
Anchor primer	GACCACGCGTATCGATGTCGAC	
aveTSP1	GCATCTCGTTCGTCTCGG	identification of TSS of *aveT*
aveTSP2	CTCGCAGTTGTTCTCCCG	identification of TSS of *aveT*
pepD2SP1	GGTGAAGTAGGAGAAGGGCT	identification of TSS of *pepD2*
pepD2SP2	TGCTGCCCCAGTAGGTGAG	identification of TSS of *pepD2*
pepD2SP3	CAGGTGGATCTCCGGGAC	identification of TSS of *pepD2*
aveMSP1	CGTGTTCAGGAGCGAGAG	identification of TSS of *aveM*
aveMSP2	CGGTGACCAGCATCTCGA	identification of TSS of *aveM*
aveMSP3	AGAACCCGAGGTCCGCCT	identification of TSS of *aveM*

continued

Primer purpose and primer	DNA sequence (5′–3′)	Use
	EMSA	
LWS13	TCGGACTCGGGGTTCACCT	probe *aveT_pepD2*_int
LWS14	CTCGGGCGTGATCCGACT	probe *aveT_pepD2*_int
LWS19	GTGACCCACGACACGTACGAAACGGTTTCGTTTCGCTCGCTCT	Probe 1
LWS20	AGAGCGAGCGAAACGAAACCGTTTCGTACGTGTCGTGGGTCAC	Probe 1
LWS21	GTGACCCACGACACGTAAAGCTTGGTTTGGAATTCCTCGCTCT	Probe 1m
LWS22	AGAGCGAGGAATTCCAAACCAAGCTTTACGTGTCGTGGGTCAC	Probe 1m
LWS23	TGGTGCCTCGGTCCTTGG	probe *aveM_sav_7491*_int
LWS24	CGGGTGCTTTCGGTCAGA	probe *aveM_sav_7491*_int
LWS50	ACGCCTGGTCCTCCGA	Probe *aveRp*
LWS51	TGAGTTCTTCTGGTTTCCGAG	Probe *aveRp*
LWS58	ATGGTCGGGAACCTCCGCAA	Probe *aveA1p*
LWS59	CTGTGTCCTCACCGCTAGGC	Probe *aveA1p*
	DNase I footprinting assay	
FAM-LWS15	CCAGCCACAGGTCGTCCT	*aveT-pepD2* intergenic region
LWS16	TGGTCAGGGCGTCGTAGC	*aveT-pepD2* intergenic region
	Real-time RT-PCR	
LWS25	CCGTGTCGTTCGAAGCA	*aveT* ORF
LWS26	GAGTACAGCTCGGCCTC	*aveT* ORF
LWS27	CAAGGCGAAGAAGTCCGAAC	*pepD2* ORF
LWS28	CCGCAGATCTCCTTCGTCCA	*pepD2* ORF
LWS29	GCGACCGGCTATCTGTCC	*aveM* ORF
LWS30	GAAGAAGACCGCCGACCAC	*aveM* ORF
LWS31	ACGCTCACCAACGTCCT	*sav_7491* ORF
LWS32	CCCGCCTCGACGTAGCC	*sav_7491* ORF
LWS54	CAGAAGAACTCACGCTCGTC	*aveR* ORF
LWS55	ACTCTTTCCACAGCCCATTC	*aveR* ORF
LWS56	CGGACAGGACTACGCACTTC	*aveA1* ORF
LWS57	ACGAGATACGACCGGAGATG	*aveA1* ORF

Note: underlining represents the sequence of the restriction endonuclease identified in parentheses at the end of the sequence

1.3 Overexpression and purification of His$_6$-AveT

The *aveT* coding region of 196 amino acids was obtained by PCR using primers LWS48 and LWS49. The PCR fragment was cut with *Nde* I/*Bam*H I and cloned into pET-28a (+) to generate expression plasmid pET28-aveT, whose sequence was confirmed by DNA sequencing and then transformed into *E. coli* BL21 (DE3) for overexpression of His$_6$-AveT. Following induction by 0.4 mmol/L IPTG (isopropyl-β-D-thiogalactopyranoside), the recombinant His$_6$-AveT protein was purified by Ni-nitrilotriacetic acid agarose chromatography (Qiagen, Germany) according to the manufacturer's protocol. The purified protein was stored at –80℃ and used for electrophoretic mobility shift assays (EMSAs) and DNase I footprinting assays.

1.4 Determination of TSSs using 5′-RACE

A 5′/3′ rapid amplification of cDNA ends (RACE) kit (2nd generation; Roche, USA) was used to conduct 5′-RACE experiments to map the transcriptional start sites (TSSs) of *aveT*, *pepD2* and *aveM*. Total RNA (4 μg) extracted from a 144 h culture of ATCC 31267 grown in fermentation medium FM-I was used for cDNA synthesis with 40 pmol of gene-specific primer aveTSP1, pepD2SP1 or aveMSP1. The synthesized cDNAs were purified using an agarose gel DNA recovery kit (Bioteke Corporation, Beijing, China), and treated with terminal deoxynucleotidyltransferase for 30 min to add an oligo(dA) tail to the 3′ end. The tailed cDNA was amplified by PCR using the oligo(dT) anchor primer and a second inner gene-specific primer aveTSP2, pepD2SP2, or aveMSP2. A single specific band was obtained for *aveT*. To obtain a single specific band for *pepD2* and *aveM*, the original PCR product (diluted 100-fold) was amplified in a second PCR with an anchor primer and a nested primer, pepD2SP3 or aveMSP3. The final PCR products were purified with the DNA recovery kit for sequencing. The first nucleotide next to the oligo(dA) sequence was mapped as the TSS.

1.5 EMSA

A DIG gel shift kit (2nd generation; Roche) was used as described previously (Guo *et al.*, 2014). In brief, DNA probes were amplified by PCR using primers listed in Table 2, labeled with digoxigenin (DIG) at the 3′ ends, and incubated with various quantities of His_6-AveT at 25℃ for 30 min in a binding buffer (vial 5) containing 1 μg poly [d(I-C)] (vial 9) in a total volume of 20 μl. Following incubation, the binding reactions were separated by electrophoresis (with 5% native polyacrylamide gels and 0.5×TBE [Tris-borate-EDTA] as the running buffer) and the DNAs were transferred onto a positively charged nylon membrane by electroblotting. The membranes were dried and exposed to UV radiation to cross-link the DNA fragments. Protein-bound and free DNAs were detected by chemiluminescence, and the signals were recorded on X-ray film (Fuji, Japan).

1.6 DNase I footprinting assay

A non-radiochemical capillary electrophoresis method was used for DNase I footprinting (Zianni *et al.*, 2006). To characterize the binding site of AveT protein in the *aveT-pepD2* intergenic region, a 395 bp 6-carboxyfluorescein (FAM) fluorescence-labeled DNA fragment covering the entire intergenic region was prepared by PCR using primer pair FAM-LWS15/LWS16 (Table 2). Following purification from the agarose gel, 400 ng of the labeled DNA fragment and various concentrations of His_6-tagged AveT protein were incubated at 25℃ for 30 min in a 25 μl reaction volume. DNase I (0.016 units) digestion was carried out for 40 s at 37℃ and stopped with 60 mmol/L EDTA. After extraction in phenol-chloroform and precipitation in ethanol, samples were subjected to capillary electrophoresis and electrophoregrams were analyzed as described previously (Guo *et al.*, 2014).

1.7 Real-time RT-PCR analysis

Total RNA was isolated, using the Trizol reagent (Tiangen, China), from cultures of *S. avermitilis* grown in FM-I for various times. The quality and quantity of the RNAs were examined using a NanoVue Plus spectrophotometer (GE Healthcare, United Kingdom) and confirmed by electrophoresis. The transcription levels of various genes were determined by real-time reverse transcription-PCR (RT-PCR) analysis as described previously (Guo *et al.*, 2014) using the primers listed in Table 2. The *hrdB* (*sav_2444*) gene was used as an internal control to normalize the levels of transcription of the samples. A DNase I-treated RNA sample that did not undergo reverse transcription was used as a negative control to rule out chromosomal DNA contamination.

1.8 Fermentation and HPLC analysis of avermectins

Fermentation of the *S. avermitilis* strains and high-pressure liquid chromatography (HPLC) analysis of avermectin production in the fermentation culture were performed as described previously (Chen *et al.*, 2007).

1.9 Preparation of *S. avermitilis* fermentation supernatant for EMSAs

S. avermitilis fermentation cultures grown in FM-I for 10 days were centrifuged at 4,000×*g* for 10 min. Two milliliters of supernatant was dried by vacuum freezing, dissolved in 200 μl distilled water, and subjected to EMSAs.

2. Results

2.1 AveT is a positive regulator of morphological differentiation and avermectin production

According to the *S. avermitilis* genome database (http://avermitilis.ls.kitasato-u.ac.jp), the *aveT* (*sav_3619*) gene contains 591 nucleotides (nt) and encodes a putative TFR (predicted molecular mass, 21.8 kDa) whose function is unknown. The convergently transcribed gene *sav_3618* is located downstream of *aveT* and encodes a putative transmembrane transport protein. The divergently transcribed gene *pepD2* (*sav_3620*) is located upstream of *aveT* and encodes a putative tricorn core peptidase (Fig. 1a). BLAST analysis revealed that AveT homologs are widely distributed among *Streptomyces* species and display high amino acid sequence identities (75%~78%) (see Fig. S2 in the supplemental material), suggesting that this TFR has important biological functions in *Streptomyces*.

To clarify the function of AveT in *S. avermitilis*, we constructed *aveT* deletion mutant ΔaveT (Fig. 1b) and *aveT* overexpressing strain OaveT. OaveT grew normally on solid media YMS and MM, whereas mutant ΔaveT displayed obvious delays of aerial hyphae formation and sporulation on these media (Fig. 2a). HPLC analysis of the fermentation products was performed after culture in FM-I for 10 days. Avermectin production in mutant ΔaveT was ~50% lower than that in WT strain ATCC 31267 (Fig. 2b). To determine whether this change was due solely to the *aveT* deletion, we constructed *aveT*-complemented strain CaveT using pSET152-based vector pSET152-aveT, which contained the *aveT* coding region and its promoter. The avermectin yield was restored in CaveT. Overexpression of *aveT* (strain OaveT) increased the avermectin yield by ~1.2-fold. The avermectin contents of vector control strains WT/pSET152 and WT/pKC1139 were nearly the same as those of ATCC 31267 (Fig. 2b). To rule out the possibility that altered avermectin yields in strains ΔaveT and OaveT resulted from changes in cell growth, we examined the growth of strains ATCC 31267, ΔaveT, and OaveT in soluble fermentation medium FM-II. Deletion and overexpression of *aveT* had no effect on cell growth (Fig. 2c). Taken together, these findings indicate that AveT acts to positively regulate morphological differentiation and avermectin production.

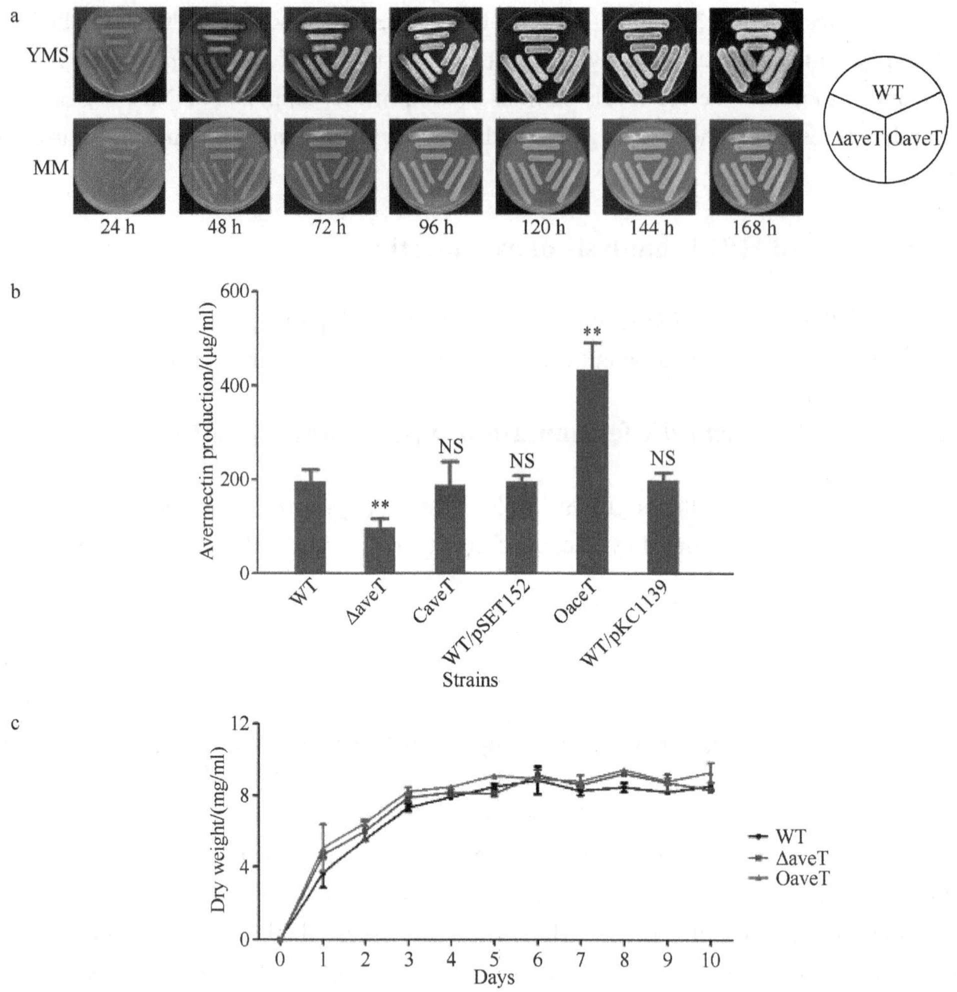

Fig. 2 Effects of deletion and overexpression of *aveT* on morphological development (a), avermectin production (b), and growth (c) in *S. avermitilis*

a. WT strain ATCC 31267, *aveT* deletion mutant ΔaveT, and *aveT*-overexpressing strain OaveT were grown on YMS or MM plates at 28℃ and photographed every 24 h. b. Comparative avermectin production in *aveT* mutant strains. The WT, ΔaveT, and OaveT strains are as described in the legend to panel A, CaveT is an *aveT*-complemented strain of ΔaveT, WT/pSET152 is the WT strain carrying control integration plasmid pSET152, and WT/pKC1139 is the WT carrying control multiple-copy plasmid pKC1139. Strains were cultured in FM-I medium for 10 days. Error bars, standard deviations from three replicate flasks. **, $P<0.01$ for comparison of means for mutant versus WT strains; NS, not significant. c. Growth curves of the WT, ΔaveT, and OaveT strains in FM-II medium

2.2 AveT activates *aveR* but represses its own gene and adjacent gene *pepD2*

AveT has a positive effect on avermectin production. In fermentation medium FM-I, avermectin production in the WT strain was not observable by HPLC until day 2 and then increased gradually until the end of fermentation day 10 (data not shown). The transcription profile of *aveT* in ATCC 31267 grown in FM-I was analyzed by real-time RT-PCR. *aveT* transcription was detectable throughout the fermentation process (Fig. 3a). The level of *aveT* transcription increased starting on day 1, reached its maximal level on day 4, and then gradually declined and remained at a low level from day 6 onward, suggesting that AveT affects avermectin production mainly in the middle stage of fermentation.

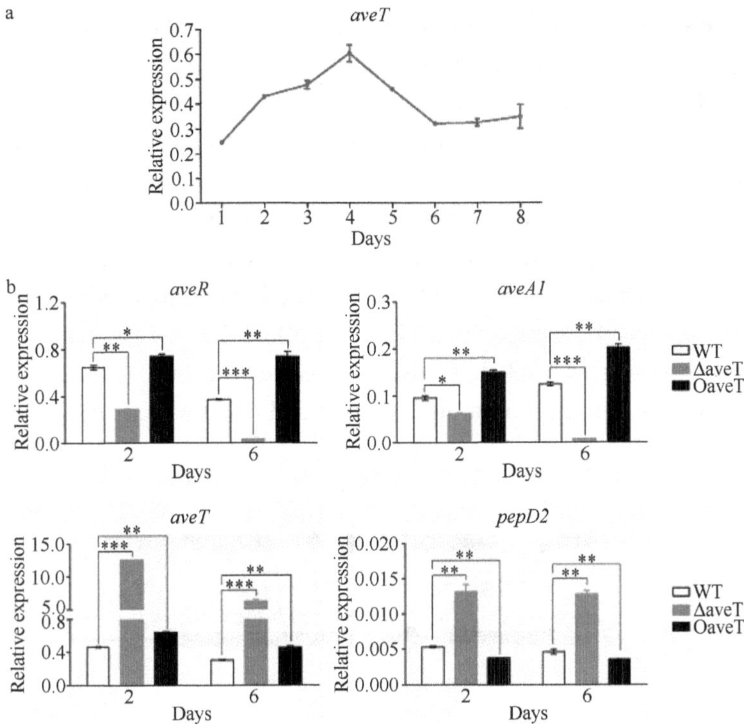

Fig. 3 Transcriptional analysis of *aveT* and related genes by real-time RT-PCR

a. Transcription profile of *aveT* during the avermectin production process in WT strain ATCC 31267. b. *aveR*, *aveA1*, *aveT*, and *pepD2* transcription levels in the WT, ΔaveT, and OaveT strains. RNA samples were isolated from 2- and 6-day fermentation cultures in FM-I. Relative transcription levels were obtained after normalization against the level of transcription of the internal reference gene *hrdB* at specific time points. *aveT*, 97 bp transcript amplified from the remaining *aveT* ORF in ΔaveT with primers LWS25 and LWS26; error bars, standard deviations from three independent experiments. *P* values were determined by Student's *t*-test. *, $P<0.05$; **, $P<0.01$; ***, $P<0.001$

To investigate the possibility that AveT regulates avermectin production through CSR AveR, which then activates avermectin biosynthesis, we performed real-time RT-PCR analysis using RNAs isolated from ATCC 31267, ΔaveT, and OaveT grown in FM-I for 2 days (early exponential phase, when avermectin biosynthesis was initiated) or 6 days (stationary phase). In comparison with the transcription levels in ATCC 31267, those of *aveR* and structural gene *aveA1* (which encodes polyketide synthase AVES1) were decreased in ΔaveT and increased in OaveT on both days (Fig. 3b), consistent with the avermectin yield data for these strains. These findings suggest that AveT affects avermectin production by stimulating the transcription of cluster-situated activator gene *aveR*.

Based on the model TetR/TetA regulatory paradigm (Ramos *et al.*, 2005), we predicted that AveT regulates the expression of its own gene and adjacent divergently transcribed gene *pepD2*. The transcription levels of *aveT* and *pepD2* were examined using the same RNA samples (Fig. 3b). The *aveT* transcription level was higher in OaveT than in ATCC 31267, confirming the overexpression of *aveT* in OaveT. The *pepD2* transcription level was very low in ATCC 31267 and slightly decreased in OaveT, whereas the expression of *aveT* and *pepD2* was strikingly upregulated in ΔaveT. These findings indicate that AveT functions as a repressor of its own gene and *pepD2*.

2.3 AveT binds specifically to the bidirectional *aveT-pepD2* promoter region

To determine whether AveT directly regulates the genes mentioned in the preceding section, we performed *in vitro* EMSAs. Soluble full-length recombinant His$_6$-tagged AveT protein was overexpressed in *E. coli*, and purified His$_6$-AveT was used for EMSAs. The promoter regions of *aveR* and *aveA1* were labeled as probes *aveRp* and *aveA1p*, respectively. The probe *aveT_pepD2*_int was designed to cover the entire *aveT-pepD2* intergenic region, which contains two divergent promoters (Fig. 4a). His$_6$-AveT did not bind to probes *aveRp* or *aveA1p*, even at a high protein concentration (2.8 μmol/L) (Fig. 4b), indicating that the positive regulatory effect of AveT on avermectin production is indirect. The probe *aveT_pepD2*_int gave a clearly retarded signal. Binding specificity was evaluated by addition of excess unlabeled specific probe *aveT_pepD2*_int (lane S), which competed strongly with labeled probe *aveT_pepD2*_int for binding to AveT, and of excess unlabeled nonspecific competitor DNA (lane N), which did not reduce or abolish the delayed signal. A nonspecific *hrdB* probe was labeled and used as a negative control (Fig. 4b). These findings indicate that AveT directly regulates the transcription of its own gene and adjacent gene *pepD2* through binding to their promoter regions.

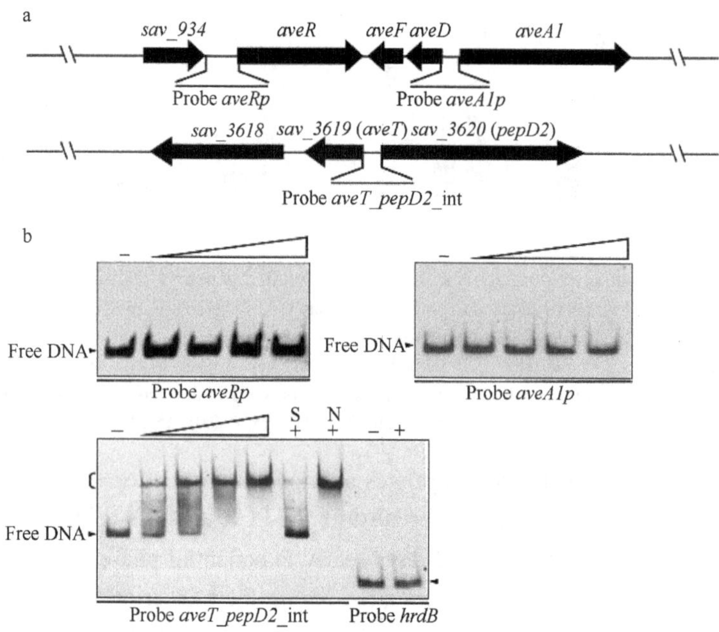

Fig. 4 EMSAs of AveT binding to the *aveT-pepD2* intergenic region

a. Schematic representation of the probes used for EMSAs. Probe *aveRp*, 527 bp DNA fragment from positions +49 to –478 relative to the start codon of *aveR*; probe *aveA1p*, 333 bp DNA fragment from positions –6 to –338 relative to the start codon of *aveA1*; probe *aveT_pepD2*_int, a 248 bp DNA fragment covering the *aveT-pepD2* intergenic region. Probes *aveRp* and *aveA1p* cover the putative TSSs of *aveR* and *aveA1*, respectively. b. EMSAs of the interaction of probes *aveRp*, *aveA1p*, and *aveT_pepD2*_int with purified His$_6$-AveT protein. Each reaction mixture contained 0.15 nmol/L labeled probe. EMSAs with 300-fold unlabeled specific probe (lane S) or nonspecific competitor DNA (lane N) were performed to confirm the specificity of the band shifts. Labeled probe *hrdB* was used as a negative control. Labeled probes were incubated in the absence (lanes –) or presence of various amounts of His$_6$-AveT. The concentrations of the His$_6$-AveT protein for the probes were as follows: for *aveRp* and *aveA1p*, 0.4 μmol/L, 1.2 μmol/L, 2.0 μmol/L, and 2.8 μmol/L; for *aveT_pepD2*_int, 0.005 μmol/L, 0.01 μmol/L, 0.05 μmol/L, and 0.1 μmol/L; for *hrdB*, 2.8 μmol/L. Competition experiments were performed using 0.1 μmol/L His$_6$-AveT. Arrowhead, free probe; bracket, AveT-DNA complex

2.4 Identification of the AveT-binding site in the *aveT-pepD2* intergenic region

To elucidate the mechanism whereby AveT regulates *aveT* and *pepD2*, we determined the precise binding site of AveT in the *aveT-pepD2* intergenic region and the promoter structures of the two genes. To determine the AveT-binding sequence, we performed DNase I footprinting experiments using a 395 bp FAM-labeled DNA probe that comprised the *aveT-pepD2* intergenic region in the presence and absence of the His$_6$-AveT protein. A protected 35 nt stretch was found on the coding strand of *aveT* (Fig. 5a). The TSSs of the genes were determined by 5′-RACE PCR analysis. The *aveT* TSS was mapped to a G residue at position 72 nt upstream of the translational start codon of *aveT*, and the *pepD2* TSS was mapped to a G residue at position 1 nt upstream of the translational start codon of *pepD2* (Fig. 5b; see also S3 in the supplemental material). Determination of these TSSs led to the putative –10 and –35 promoter sequences indicated by boxes in Fig. 5b. *aveT* and *pepD2* represent two known initiation mechanisms in prokaryotes. The initiation of *aveT* translation is a Shine-Dalgarno (SD) initiation mechanism. SD initiation has long been regarded as the predominant mechanism in prokaryotes. The second mechanism, termed "leaderless initiation", is epitomized by translation initiation of *pepD2*, in which the mRNA lacks a 5′-untranslated region (5′-UTR) and therefore has no SD sequence. Leaderless initiation has been observed in many species of bacteria and archaea (Romero *et al.*, 2014; Zheng *et al.*, 2011). The binding sequence of AveT extends from positions –58 to –24 nt relative to the *aveT* TSS and from positions –90 to –56 nt relative to the *pepD2* TSS (Fig. 5b). The protected region overlaps the potential –35 region of the *aveT* promoter and is located upstream but close to the potential –35 region of the *pepD2* promoter, suggesting that AveT directly represses expression of its own gene and *pepD2*, most likely by impeding the access of RNA polymerase to the respective promoter regions.

Most TFRs form symmetric dimers and bind to palindromic sequences (Ramos *et al.*, 2005). DNAMAN analysis of the AveT-binding region revealed an 18 bp palindromic sequence <u>CGAAACG</u>GTTT<u>CGTTTCG</u>, where the underlining indicates inverted repeats (Fig. 5a and 5b), which may function as the target site of AveT binding. To assess the importance of the palindromic sequence in AveT binding, it was mutated, as shown in Fig. 5c. The binding activity of AveT with probes that contained either the intact 18 bp palindromic sequence or the mutated sequence was determined by EMSAs. The affinity of AveT for mutated probe 1m, which lacked inverted repeats, was abolished completely, and a strong retarded signal was observed between AveT and corresponding WT probe 1 (Fig. 5d). These findings indicate that the 18 bp palindromic sequence is essential for AveT binding.

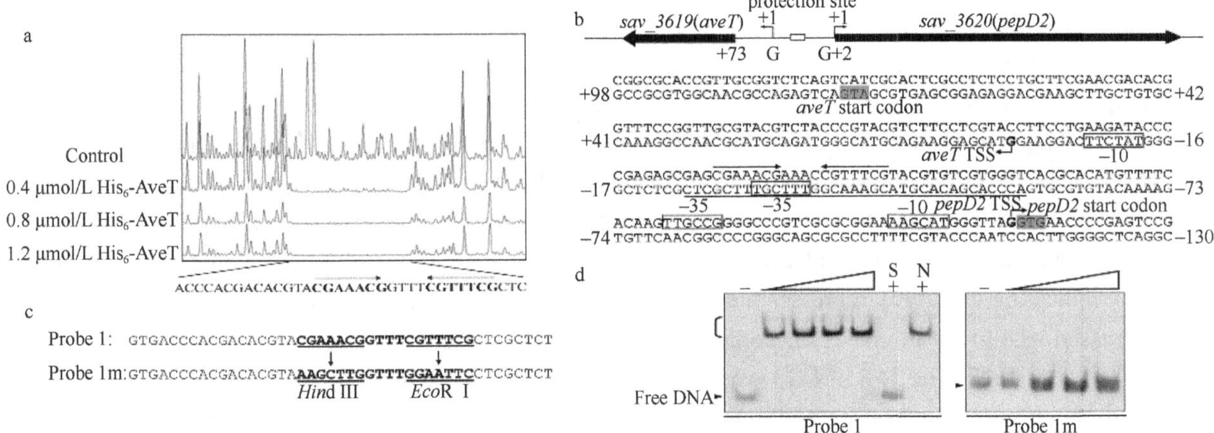

Fig. 5 Determination of AveT-binding site

a. DNase I footprinting assay of AveT in the *aveT-pepD2* intergenic region. Upper fluorogram, control reaction without protein. Protection patterns were obtained with increasing concentrations (0.4 μmol/L, 0.8 μmol/L, 1.2 μmol/L) of the His_6-AveT protein. b. Nucleotide sequences of the *aveT-pepD2* promoter region and AveT-binding site. Numbers, distances (in nucleotides) from the TSS of *aveT*; solid line, AveT-binding site; straight arrows, inverted repeats; bent arrows, TSSs; boxes, putative –10 and –35 regions; shaded areas, translational start codons. c. Mutations introduced into the 18 bp palindromic sequence. Each probe was 43 bp. Probe 1 was WT DNA containing intact 18 bp palindromic sequence. Inverted repeats in probe 1 were replaced with *Hind* III and *Eco*R I sites to produce mutated probe 1m. Underlining, altered nucleotides. d. EMSAs using probe 1 and mutated probe 1m. Each reaction mixture contained 0.75 nmol/L labeled probe. The concentrations of the His_6-AveT protein for the probes were as follows: for probe 1, 0.1 μmol/L, 0.2 μmol/L, 0.3 μmol/L, and 0.4 μmol/L; for probe 1m, 0.4 μmol/L, 0.8 μmol/L, 1.2 μmol/L, and 1.6 μmol/L

2.5 Prediction and verification of new AveT target genes

Transcriptional regulators typically recognize similar DNA motifs in the promoter regions of different target genes. EMSAs and footprinting assays revealed an 18 bp palindromic sequence that plays an important role in AveT binding. The similar palindromic sequences were found in the promoter regions of *aveT* homologs, including *sco3167*, *sgr_4317*, *scab53291*, *sven_3001*, *sclav_2302*, *sli_3521*, and *strs4_04951*. Analysis of these palindromic sequences using the WebLogo program (http://weblogo.berkeley.edu/) revealed a consensus sequence, CGAAACSRTTTMGTTYHS (where S is C or G; R is G or A; M is C or A; Y is T or C; and H is A, C or T) (see Fig. S4 in the supplemental material). We used this consensus motif to scan the *S. avermitilis* genome in a search for new putative target genes of AveT. The detected putative AveT target sites are listed in Table S1 in the supplemental material. Among them, 13 putative targets were selected according to two criteria as follows and confirmed experimentally by EMSA: (i) candidate AveT-binding sites have relatively high degrees of similarity to the conserved sequence, and (ii) the putative target genes are well annotated. The bidirectional *aveM* (*sav_7490*)-*sav_7491* promoter region was found to contain inverted repeats identical to those in the identified AveT-binding site. *aveM* encodes a putative transmembrane efflux protein that belongs to the major facilitator superfamily (MFS), and *sav_7491* encodes a hypothetical protein (Fig. 6a). AveT interacted specifically with the *aveM-sav_7491* intergenic region (Fig. 6b). The specificity of the AveT-DNA interaction was tested by competition assay with an excess of unlabeled specific and nonspecific DNA competitors. AveT did not interact with the bidirectional promoter regions of *tagG* (*sav_5081*, encoding a putative ABC transporter permease protein)-*sav_5082* (encoding a putative TFR), *sav_2282* (encoding a putative acyl carrier protein)-*sav_2283* (encoding a putative aldehyde dehydrogenase), *lplA* (*sav_2577*, encoding a putative multiple-sugar ABC transporter substrate-binding protein)-*sav_2578* (encoding a putative sugar hydrolase), and *sav_7270* (encoding a putative LacI-family transcriptional regulator)- *sav_7271* (encoding a putative multiple-sugar ABC transporter substrate-binding protein) or the promoter regions of *ectA* (*sav_6398*, encoding an L-2,4-diaminobutyrate acetyltransferase), *pabC2* (*sav_6852*, encoding a putative aminodeoxychorismate lyase), *sav_7048* (encoding a putative cation efflux system protein), *nrdL* (*sav_3026*, encoding a putative ribonucleoside diphosphate reductase alpha chain), *pmmB* (*sav_3343*, encoding a putative phosphomannomutase), *sav_3560* (encoding a putative two-component system sensor kinase), *sav_4488* (encoding a putative simple sugar ABC transporter substrate-binding protein), and *pfkA3* (*sav_7123*, encoding a 6-phosphofructokinase) (data not shown).

To evaluate the effect of AveT on the expression of newly identified target genes *aveM* and *sav_7491*, we performed real-time RT-PCR analysis. The *aveM* and *sav_7491* transcription levels were markedly increased in strain ΔaveT and decreased in strain OaveT relative to the levels in strain ATCC 31267 at both day 2 and day 6 (Fig. 6c), indicating that AveT represses the expression of *aveM* and *sav_7491*. The *aveM* transcription level was increased >240-fold in ΔaveT in comparison with that in ATCC 31267, suggesting that *aveM* is the primary target of AveT. The TSS of *aveM* was determined, and the AveT-binding site overlaps the potential –35 region of the *aveM* promoter (see Fig. S5 in the supplemental material), indicating that the regulation mechanism of AveT on its own gene (*aveT*) and *aveM* is similar.

2.6 The relationship of *pepD2* and *aveM* with avermectin production

Because *pepD2* and *aveM* were identified to be the target genes of AveT, we further investigated their roles in avermectin production. The relationship of *sav_7491* (another AveT target gene that encodes an unknown protein) with avermectin production was not investigated. Overexpression of *pepD2* in ATCC 31267 had no significant effect on avermectin production (Fig. 7a), suggesting that this gene is not involved in avermectin biosynthesis.

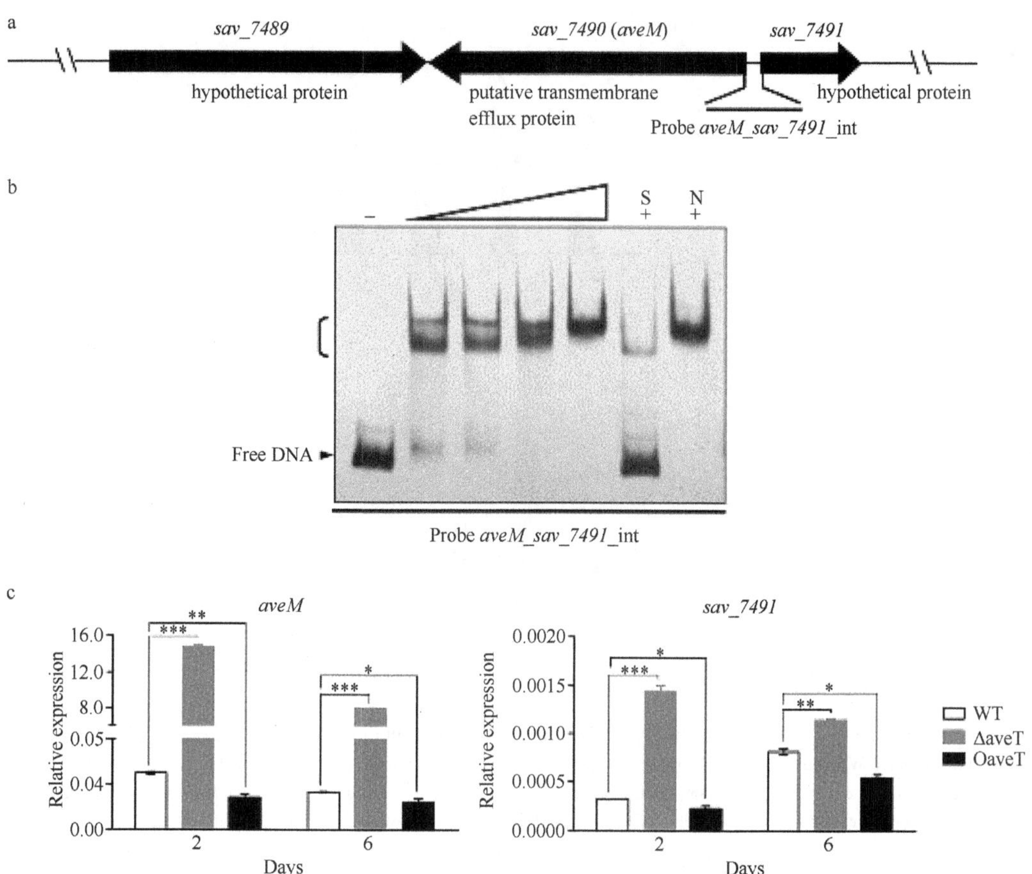

Fig. 6　EMSAs of AveT binding to the *aveM-sav_7491* intergenic region and transcriptional analysis of *aveM* and *sav_7491* by real-time RT-PCR

a. Schematic representation of probe *aveM_sav_7491*_int (a 178 bp DNA fragment covering the *aveM-sav_7491* intergenic region), used for EMSAs. b. EMSAs of the interaction of probe *aveM_sav_7491*_int with purified His_6-AveT protein. Each lane contained 0.15 nmol/L labeled probe. The concentrations of His_6-AveT for probe *aveM_sav_7491*_int were 0.005 μmol/L, 0.01 μmol/L, 0.05 μmol/L, and 0.1 μmol/L. c. *aveM* and *sav_7491* transcription levels in the WT, ΔaveT, and OaveT strains. *P* values were determined by Student's *t*-test. *, $P<0.05$; **, $P<0.01$; ***, $P<0.001$

AveT positively regulates avermectin production, and *aveM* appears to be an important AveT target, suggesting a possible role of *aveM* in avermectin production. To test this possibility, we constructed *aveM* deletion mutant ΔaveM (see Fig. S1 in the supplemental material), *aveM*-overexpressing strain OaveM, and *aveM*-complemented strain CaveM. Comparisons of the levels of avermectin production among the various strains revealed that the *aveM* deletion (strain ΔaveM) led to a level of avermectin production ~3.5-fold higher than that in parental strain ATCC 31267, whereas upregulation of *aveM* expression (strain OaveM) led to an ~35% reduction of the avermectin yield (Fig. 7b). Avermectin production was restored to the WT level in the complemented strain CaveM, demonstrating that *aveM* deletion was the cause of increased avermectin production in strain ΔaveM. These findings indicate that *aveM* has a negative effect on avermectin production. Interestingly, the expression level of *aveM* in ATCC 31267 was low (Fig. 6c). Deletion of *aveM* led to a striking increase in avermectin production, suggesting that this gene plays a crucial role in avermectin biosynthesis. Avermectin production in *aveT aveM* double deletion mutant ΔaveTaveM was much lower than that in strain ΔaveM (Fig. 7b), indicating that the altered avermectin production in strains ΔaveT and OaveT did not result simply from variable expression of *aveM*; *i.e.*, other AveT targets may also affect avermectin production.

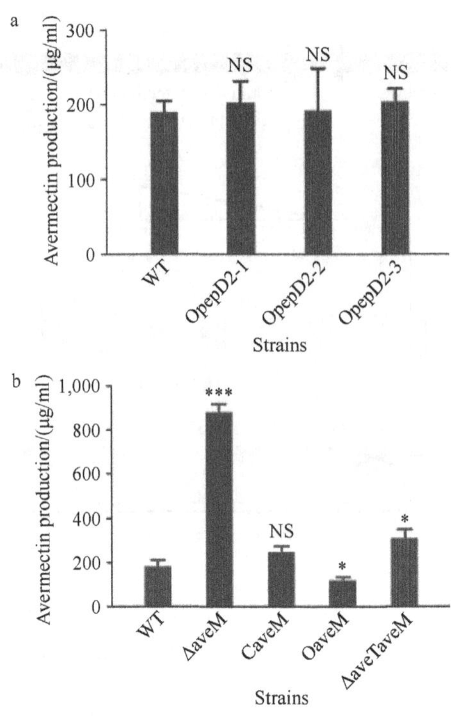

Fig. 7 Role of *pepD2* and *aveM* in avermectin production

a. Avermectin production in the WT and *pepD2*-overexpressing transformants OpepD2-1, OpepD2-2, and OpepD2-3. b. Avermectin production in the WT and *aveM* mutant strains. ΔaveM, *aveM* deletion mutant; CaveM, *aveM*-complemented strain of ΔaveM; OaveM, *aveM*-overexpressing strain; ΔaveTaveM, *aveT aveM* double deletion mutant. All strains were cultured in FM-I for 10 days. *P* values were determined by Student's *t*-test. *, $P<0.05$; ***, $P<0.001$; NS, not significant

To assess the effect of *aveM* on morphological differentiation, phenotypic observations were performed. *aveM* deletion did not result in significant morphological changes. However, *aveM*-overexpressing strain OaveM displayed delayed aerial hyphae formation and sporulation on YMS and MM media (see Fig. S6 in the supplemental material), indicating that *aveM* has a negative effect on morphological differentiation. These findings are consistent with those for the phenotype, the avermectin production level, and the *aveM* transcription level in strains ΔaveT and OaveT, suggesting that AveT regulates avermectin production and morphological differentiation primarily by repressing *aveM* transcription.

2.7 Overexpression of *aveT* and deletion of *aveM* increase avermectin production in an industrial strain

The *aveT* transcription level in industrial strain A-178 was higher than that in the WT strain, whereas *aveM* expression was lower in A-178 (see Fig. S7 in the supplemental material), consistent with the high avermectin yield in A-178. To investigate the possible improvement of avermectin production in A-178 by engineering of *aveT* and *aveM*, we introduced *aveT*-overexpressing vector pKC1139-ermp-aveT and *aveM* gene deletion vector pΔaveM into A-178 to construct mutants OaveT/A-178 and ΔaveM/A-178, respectively. In comparison with the level of avermectin production in parental strain A-178, the level of avermectin production was increased ~22% in OaveT/A-178 and ~42% in ΔaveM/A-178 (Fig. 8). Thus, *aveT* overexpression and *aveM* deletion appear to be effective strategies for further enhancing avermectin production in industrial strains.

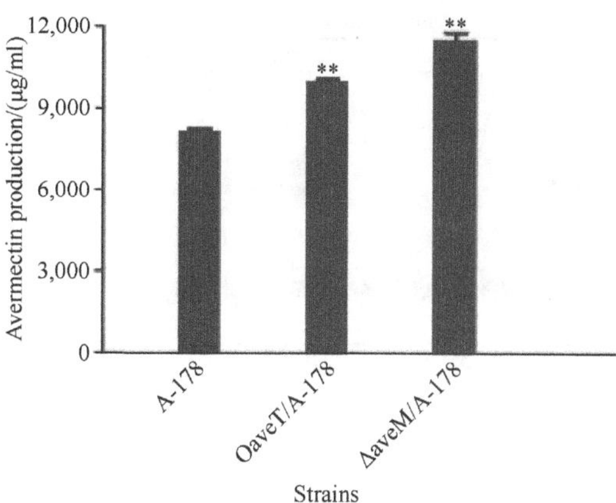

Fig. 8 Effects of *aveT* overexpression and *aveM* deletion on avermectin production in industrial strain A-178 OaveT/A-178, an *aveT*-overexpressing strain of A-178; ΔaveM/A-178, an *aveM* deletion strain of A-178. **, $P<0.01$ by Student's *t*-test

2.8 Avermectin intermediate C-5-O-B_1 affects the DNA-binding activity of AveT

TFRs typically regulate transcription through the ligand-mediated reduction of DNA binding (Yu *et al.*, 2010). Because TFR ligands are often related to the gene (s) regulated and the important AveT target *aveM* encodes a putative transmembrane efflux protein, it is possible that AveM pumps out the ligand (s) of AveT during fermentation. Kitani *et al.* (2011) found that a novel type of signaling molecule from *S. avermitilis*, termed "avenolide", acts as an autoregulator to elicit avermectin production and that the *aco* (*sav_3706*) gene product (an acyl coenzyme A oxidase) is essential for avenolide biosynthesis. Another possibility is that avenolide acts as an AveT ligand. To test these ideas, we evaluated the effect of concentrated culture supernatant from WT strain ATCC 31267 grown in FM-I on the affinity of AveT for the *aveM-sav_7491* intergenic region by EMSAs. The DNA-binding ability of AveT was inhibited by the presence of WT fermentation broth in a concentration-dependent manner (Fig. 9a), suggesting that the small extracellular molecule (s) produced by *S. avermitilis* acts as a ligand (s) of AveT. To investigate whether AveM pumps out the AveT ligand (s) directly, various amounts of concentrated fermentation broth of the WT strain and strain ΔaveM were added separately to EMSA mixtures. The two broths did not display notable differences in their abilities to abolish the retarded signal of the AveT-DNA complex (see Fig. S8 in the supplemental material), suggesting that the substrate of AveM is not the ligand of AveT. To determine whether avenolide can act as an AveT ligand, we constructed *aco* gene deletion mutant Δaco, which is unable to biosynthesize avenolide and therefore has a greatly reduced avermectin yield. EMSAs were performed using concentrated Δaco fermentation broth. The broth inhibited the binding of AveT to probe *aveM_sav_7491*_int. However, this inhibitory effect was much weaker than that of WT fermentation broth (Fig. 9a), suggesting that avenolide is not the AveT ligand, and that avermectin and/or its intermediates may be specifically recognized by AveT.

We next performed EMSAs using avermectin B_1 and its precursor, C-5-O-B_1 (which differs from avermectin B_1 in lacking an H at C-5) (Fig. 9b). Avermectin B_1 did not induce the dissociation of AveT from probe *aveM_sav_7491*_int even at a concentration of 8.4 mmol/L. Surprisingly, C-5-O-B_1 was able to disrupt AveT-DNA interaction at a concentration of 1.4 mmol/L (Fig. 9c), suggesting that C-5-O-B_1 is an AveT ligand and that the hydroxyl(—OH) group at C-5 may abolish the affinity of avermectin B_1 for AveT.

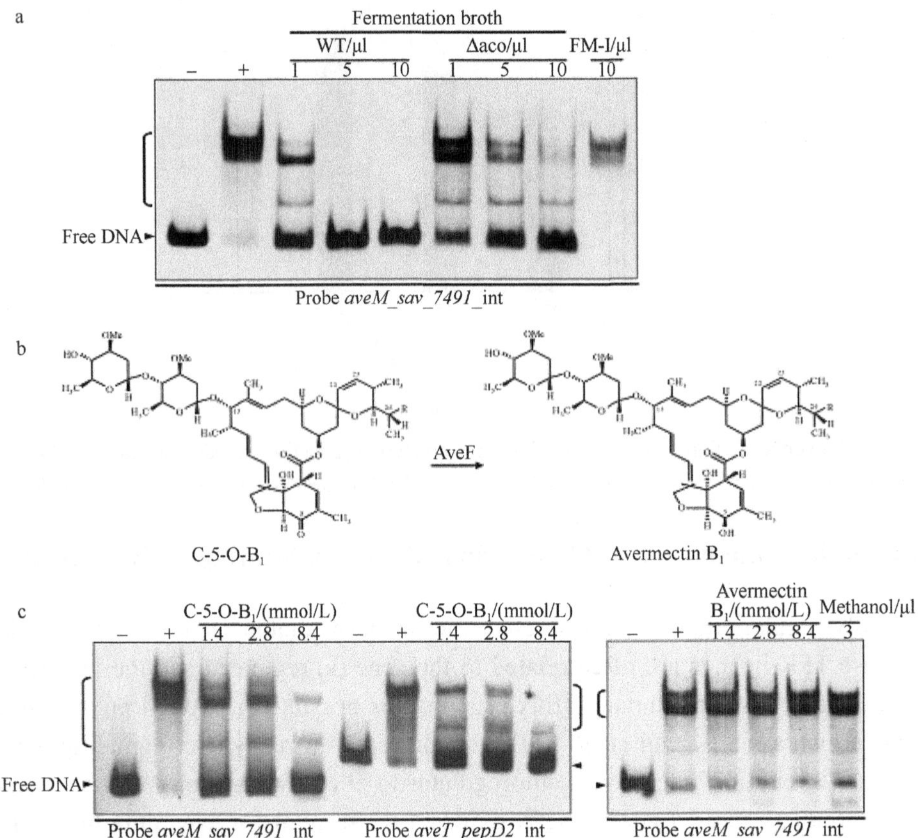

Fig. 9 Effect of C-5-O-B_1 on AveT binding to target promoter regions

a. EMSAs of His_6-AveT (0.05 μmol/L) with concentrated fermentation broth of WT and *aco* deletion mutant Δaco grown in FM-I for 10 days. The concentrated supernatant of fermentation medium FM-I was used as a medium control. b. Structures of C-5-O-B_1 and avermectin B_1. The conversion of C-5-O-B_1 to avermectin B_1 is catalyzed by AveF, which reduces the keto group at position C-5 of C-5-O-B_1 to a hydroxyl group. c. EMSAs of His_6-AveT (0.05 μmol/L) with C-5-O-B_1 and avermectin B_1. Lanes –, control reaction without protein; lanes +, EMSA reaction in the presence of protein. Avermectin and C-5-O-B_1 were dissolved in methanol, and methanol was used as a solvent control. In all EMSAs, each reaction mixture contained 0.15 nmol/L labeled probe

Our findings indicate that AveT binds directly to the *aveT-pepD2* and *aveM-sav_7491* intergenic regions. To assess the interactions between AveT and these targets in response to C-5-O-B_1, we compared the dissociation of AveT from these promoter regions by EMSAs. When the concentrations of AveT and the probes were kept constant, the dissociation of AveT from the two probes with increasing C-5-O-B_1 concentration was nearly identical (Fig. 9c). Thus, C-5-O-B_1 apparently has no preference in disrupting the interaction of AveT with target DNA regions.

3. Discussion

In this study, we characterized a novel TFR, AveT, in *S. avermitilis* and demonstrated that it functions as a strong activator of avermectin production and morphological differentiation by regulating the transcription of its target genes. Transcription and EMSAs showed that AveT stimulates avermectin production by altering the transcription of the cluster-situated activator gene *aveR*. This stimulatory effect is indirect, and the upstream regulatory mechanism of *aveR* expression in *S. avermitilis* remains unknown. The direct regulators of *aveR* are being characterized in our ongoing studies, for a better understanding of the regulatory network of avermectin production.

Many TFR genes are oriented divergently to neighboring genes; the degree of divergent orientation is ~50% in *B. subtilis* and >65% in most other bacterial species (Ahn *et al.*, 2012). The situation for *aveT* (*sav_3619*) and *pepD2* (*sav_3620*) is similar. The TetR family is named after the TetR protein, its most completely characterized member. The *tetR* gene is adjacent to and oriented divergently to *tetA*. The transcription of both genes is tightly controlled by TetR through binding to their intergenic region (Ramos *et al.*, 2005). Based on the known TetR mechanism, we found that AveT repressed the transcription of its own gene and *pepD2* by binding to the 18 bp palindromic sequence CGAAACGGTTTCGTTTCG in the *aveT-pepD2* intergenic region. The same inverted repeats were found in the bidirectional *aveM-sav_7491* promoter region. AveT also directly repressed the transcription of *aveM* and *sav_7491*. Similar palindromic sequences were identified in some other promoter regions. Although AveT did not bind to any of the selected putative target sites, we cannot rule out the possibility that it may bind to other similar sequences. Other putative target sites should be further investigated. Further experiments using chromatin immunoprecipitation sequencing will help identify additional AveT target genes, whose functions in *S. avermitilis* can then be investigated.

Four AveT target genes were identified in this study: *aveT*, *pepD2*, *aveM* and *sav_7491*. Overexpression of *aveT* in both WT and industrial strains increased the level of avermectin production, indicating that the amount of endogenous AveT is not saturating and that enhancement of *aveT* expression is a practical approach to increase avermectin production. The fact that *aveT* is negatively autoregulated suggests that AveT adopts this strategy to strictly control its expression level and avermectin production. *pepD2* encodes a putative tricorn core peptidase. HPLC analysis of avermectin production in *pepD2*-overexpressing strains indicated that *pepD2* does not affect avermectin biosynthesis. Most of the peptides generated by proteasomes and related systems must be degraded to single amino acids to be further used in cell metabolism and for the synthesis of new proteins. Tricorn peptidase works downstream from proteasomes and degrades polypeptides into di- and tripeptides (Groll *et al.*, 2005). AveT may affect protein degradation by repressing the transcription of *pepD2*.

aveM encodes a transmembrane efflux protein belonging to the MFS and was found to be a primary target of AveT. Despite a lack of sequence similarity, MFS transporters share an MFS fold that contains four structural repeats, each comprising three consecutive transmembrane segments (TMs). All known MFS transporters appear to function as a monomer (Shi, 2013). TFR ligands, as epitomized by the TetR protein, are often related to the genes regulated (Ahn *et al.*, 2012; Corre, 2013). We therefore investigated the role of *aveM* in transporting the AveT ligand and found that the AveT ligand is not the substrate of AveM. The MFS transport system was originally believed to function primarily in sugar uptake (Maiden *et al.*, 1987), and AveM is predicted to be a sugar (and other molecule) transporter in the annotation of the *S. avermitilis* genome. To evaluate the possible involvement of AveM in sugar uptake, we performed single-carbon-source experiments using a plate assay. The WT, ΔaveM, and OaveM strains showed no detectable change in morphogenesis when grown on MM medium containing D-mannitol, sucrose, glycerol, xylose, glucose, lactose, mannose, fructose, or rhamnose as a sole carbon source. OaveM displayed faster growth than WT and ΔaveM on galactose-containing medium, suggesting that *aveM* may be involved in galactose transport (see Fig. S9 in the supplemental material). In *S. avermitilis*, two L-oleandrose units, a deficiency of which results in a striking decrease in avermectin activity, are involved in the avermectin biosynthetic pathway (Wohlert *et al.*, 2001). Although *aveM* maintains a basal expression level in the WT strain, its deletion leads to a significant increase in the level of avermectin production in both WT and industrial strains, indicating that this gene plays an important role in avermectin production. AveM may therefore have some relationship with oleandrose, perhaps pumping out this deoxysugar or its precursors during avermectin biosynthesis. Subsequent studies revealed that the MFS is far more widespread in nature and far more diverse in function than previously thought.

Pao *et al.* (1998) divided the members of the MFS known at that time into 17 families, each of which recognizes and transports a distinct class of structurally related compounds. Another possibility is that AveM is involved in expulsion of some other precursor (s) needed for avermectin biosynthesis. AveM is also predicted to be a fungal trichothecene efflux pump (TRI12) in the *S. avermitilis* genome database and has a high level of identity (85%~89%) with the puromycin resistance protein Pur8 in several *Streptomyces* species, according to BLASTP searches of the NCBI database. *aveM* may therefore be involved in drug efflux and have an effect on drug resistance.

sav_7491 encodes a hypothetical protein with an unknown function. We did not investigate the relationship of this gene with avermectin biosynthesis. The results of fermentation experiments using strain ΔaveTaveM suggest that another AveT target gene (s) besides *aveM* is involved in avermectin biosynthesis. The function of *sav_7491* may therefore be related to avermectin biosynthesis and requires further detailed investigation.

The DNA-binding activity of TFRs is allosterically inactivated by binding of low-molecular-weight ligands in most cases (Yu *et al.*, 2010). Intermediates or end products of antibiotic biosynthetic pathways have been reported to act as TFR ligands and to affect antibiotic production and export. For example, during production of the aromatic polyketides daunorubicin and doxorubicin in *S. peucetius*, the intermediate rhodomycin D binds to the TFR DnrO to block its self-repression and thereby enhance end production (Jiang and Hutchinson, 2006). During actinorhodin biosynthesis in *S. coelicolor*, repression by the TFR ActR of the efflux-encoding gene *actAB* is blocked by actinorhodin and the intermediate 4-dihydro-9-hydroxy-1-methyl-10-oxo-3-*H*-naphtho-[2, 3-*c*]-pyran-3-(*S*)-acetic acid [(*S*)-DNPA] (Tahlan *et al.*, 2007). A similar autoregulatory mechanism was recently reported in which jadomycin B biosynthetic intermediates DHR (dehydrorabelomycin) and DHU (2, 3-dehydro-UWM6) bind to its CSR, JadR* (a TFR); affect its binding activity; and ultimately, alter the cofactor supply for jadomycin biosynthesis (Zhang *et al.*, 2013). The results of the present study demonstrate that AveT is dissociated from its target promoters by the late pathway intermediate C-5-O-B_1 but not by the end product, avermectin B_1. The structure of C-5-O-B_1, in comparison with the structure of avermectin B_1, lacks only an H at C-5. However, the two compounds display striking differences in hydrophobic properties and polarity. The C-5 keto group may therefore play an essential role in interactions of AveT with its ligand (s). This study was focused primarily on one precursor. Other intermediates besides C-5-O-B_1 that have a C-5 keto group are present in the avermectin biosynthetic pathway and may also bind to AveT. The effects on AveT DNA binding of other antibiotics (oligomycin, apramycin, kanamycin, tetracycline, ampicillin, chloramphenicol, streptomycin, thiostrepton, bacitracin) were tested by EMSAs using probe *aveM_sav_7491*_int. None of these antibiotics disrupted the AveT-DNA interaction even at concentrations as high as 8.4 mmol/L (data not shown), suggesting that only an avermectin intermediate (s) act as an AveT ligands.

Based on the present findings, we propose a model of regulation of avermectin production by AveT and its ligand in *S. avermitilis* (Fig. 10). According to this model, the basal expression level of AveT during early growth of *S. avermitilis* directly represses the transcription of *aveT*, *pepD2*, *aveM*, and *sav_7491* by binding to their promoter regions. When the concentration of the signaling molecule avenolide reaches a certain threshold level, it triggers avermectin production and the subsequent accumulation of C-5-O-B_1. When accumulated C-5-O-B_1 reaches a threshold level, it is sensed by AveT, resulting in the dissociation of AveT from the target promoters and reversal of the repression of *aveT*, *pepD2*, *aveM*, and *sav_7491*. A high level of AveT theoretically enhances *aveR* expression, which is required for avermectin production. As the level of AveT expression increases, the transcription of the four target genes is again repressed, resulting in appropriate gene expression levels. This scenario is consistent with the *aveT* transcription profile shown in Fig. 3a. AveT and

AveM have opposing effects on avermectin production, and the other transcriptional regulators affect *aveR* expression (Guo *et al.*, 2013, 2014; Luo *et al.*, 2014), resulting jointly in a gradual increase in the level of avermectin production in cells. The present finding that a late intermediate in the avermectin pathway acts as a regulator of its own production suggests a positive-feedback regulatory mechanism that ensures the irreversible production of avermectins and their appropriate concentration in cells.

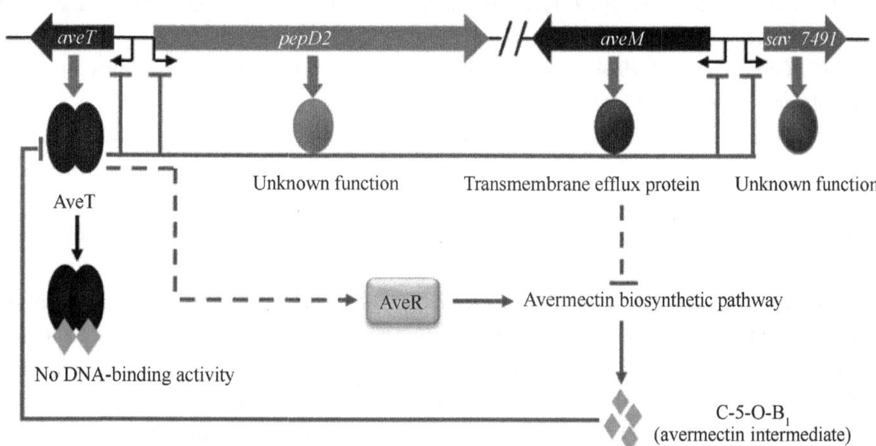

Fig. 10 Proposed model of AveT-mediated regulation of avermectin production in *S. avermitilis*
(Color figure in the two-dimensional code at the back cover)
Pink arrows, activation; pink bars, repression; pink solid lines, direct control; pink dashed lines, unknown route

It appears that avermectin production in industrial strain A-178, which produces high levels of avermectin, can be enhanced through the manipulation of *aveT* and *aveM* gene expression, providing a useful basis for the rational construction of avermectin overproducers. The present findings are significant to clarify the complex regulatory mechanisms of avermectin biosynthesis and avermectin fermentation by industrial strains producing high levels of avermectin. AveT homologs are highly conserved in the genus *Streptomyces*. Our suggested strategy for improved avermectin production based on engineering of AveT and its target gene (s) may therefore be extended to the enhancement of antibiotic production by other commercially and industrially important *Streptomyces* strains that have AveT homologs.

References

Ahn S K, Cuthbertson L, Nodwell J R. 2012. Genome context as a predictive tool for identifying regulatory targets of the TetR family transcriptional regulators. PLoS One, 7(11): e50562.

Aramaki H, Yagi N, Suzuki M. 1995. Residues important for the function of a multihelical DNA binding domain in the new transcription factor family of Cam and Tet repressors. Protein Eng, 8(12): 1259-1266.

Bibb M J. 2005. Regulation of secondary metabolism in streptomycetes. Curr Opin Microbiol, 8(2): 208-215.

Bierman M, Logan R, O'brien K, *et al.* 1992. Plasmid cloning vectors for the conjugal transfer of DNA from *Escherichia coli* to *Streptomyces* spp. Gene, 116(1): 43-49.

Burg R W, Miller B M, Baker E E, *et al.* 1979. Avermectins, new family of potent anthelmintic agents: producing organism and fermentation. Antimicrob Agents Chemother, 15(3): 361-367.

Challis G L, Hopwood D A. 2003. Synergy and contingency as driving forces for the evolution of multiple secondary metabolite production by *Streptomyces* species. Proc Natl Acad Sci USA, 100(Suppl 2): 14555-14561.

Chattoraj P, Mohapatra S S, Rao J L, *et al.* 2011. Regulation of transcription by SMU.1349, a TetR family regulator, in *Streptococcus mutans*. J Bacteriol, 193(23): 6605-6613.

Chen Z, Wen J, Song Y, *et al.* 2007. Enhancement and selective production of avermectin B by recombinants of *Streptomyces avermitilis via* intraspecific protoplast fusion. Chin Sci Bull, 52(5): 616-622.

Corre C. 2013. In search of the missing ligands for TetR family regulators. Chem Biol, 20(2): 140-142.

Duong C T, Lee H N, Choi S S, *et al.* 2009. Functional expression of *SAV3818*, a putative TetR-family transcriptional regulatory gene from *Streptomyces avermitilis*, stimulates antibiotic production in *Streptomyces* species. J Microbiol Biotechnol, 19(2): 136-139.

Egan S M. 2002. Growing repertoire of AraC/XylS activators. J Bacteriol, 184(20): 5529-5532.

Egerton J R, Ostlind D A, Blair L S, *et al.* 1979. Avermectins, new family of potent anthelmintic agents: efficacy of the B_{1a} component. Antimicrob Agents Chemother, 15(3): 372-378.

Fuqua W C, Winans S C, Greenberg E P. 1994. Quorum sensing in bacteria: the LuxR-LuxI family of cell density-responsive transcriptional regulators. J Bacteriol, 176(2): 269.

Groll M, Bochtler M, Brandstetter H, *et al.* 2005. Molecular machines for protein degradation. Chembiochem, 6(2): 222-256.

Guo J, Zhang X, Chen Z, *et al.* 2014. Two adjacent and similar TetR family transcriptional regulator genes, *SAV577* and *SAV576*, co-regulate avermectin production in *Streptomyces avermitilis*. PLoS One, 9(6): e99224.

Guo J, Zhang X, Luo S, *et al.* 2013. A novel TetR family transcriptional regulator, SAV576, negatively controls avermectin biosynthesis in *Streptomyces avermitilis*. PLoS One, 8(8): e71330.

Guo J, Zhao J, Li L, *et al.* 2010. The pathway-specific regulator AveR from *Streptomyces avermitilis* positively regulates avermectin production while it negatively affects oligomycin biosynthesis. Mol Genet Genomics, 283(2): 123-133.

He F, Liu W, Sun D, *et al.* 2014. Engineering of the TetR family transcriptional regulator SAV151 and its target genes increases avermectin production in *Streptomyces avermitilis*. Appl Microbiol Biotechnol, 98(1): 399-409.

Hu B, Lidstrom M. 2012. CcrR, a TetR family transcriptional regulator, activates the transcription of a gene of the ethylmalonyl coenzyme A pathway in *Methylobacterium extorquens* AM1. J Bacteriol, 194(11): 2802-2808.

Ikeda H, Kotaki H, Tanaka H, *et al.* 1988. Involvement of glucose catabolism in avermectin production by *Streptomyces avermitilis*. Antimicrob Agents Chemother, 32(2): 282-284.

Ikeda H, Ōmura S. 1997. Avermectin biosynthesis. Chem Rev, 97(7): 2591-2610.

Jiang H, Hutchinson C R. 2006. Feedback regulation of doxorubicin biosynthesis in *Streptomyces peucetius*. Res Microbiol, 157(7): 666-674.

Kieser T, Bibb M J, Buttner M J, *et al.* 2000. Practical *Streptomyces* Genetics: A Laboratory Manual. Norwich: The John Innes Foundation.

Kitani S, Ikeda H, Sakamoto T, *et al.* 2009. Characterization of a regulatory gene, *aveR*, for the biosynthesis of avermectin in *Streptomyces avermitilis*. Appl Microbiol Biotechnol, 82(6): 1089-1096.

Kitani S, Miyamoto K T, Takamatsu S, *et al.* 2011. Avenolide, a *Streptomyces* hormone controlling antibiotic production in *Streptomyces avermitilis*. Proc Natl Acad Sci USA, 108(39): 16410-16415.

Li L, Guo J, Wen Y, *et al.* 2010. Overexpression of ribosome recycling factor causes increased production of avermectin in *Streptomyces avermitilis* strains. J Ind Microbiol Biotechnol, 37(7): 673-679.

Liu G, Chater K F, Chandra G, *et al.* 2013. Molecular regulation of antibiotic biosynthesis in *Streptomyces*. Microbiol Mol Biol Rev, 77(1): 112-143.

Liu Y, Yan T, Jiang L, *et al.* 2013. Characterization of SAV7471, a TetR-family transcriptional regulator involved in the regulation of coenzyme A metabolism in *Streptomyces avermitilis*. J Bacteriol, 195(19): 4365-4372.

Luo S, Sun D, Zhu J, *et al.* 2014. An extracytoplasmic function sigma factor, sigma25, differentially regulates avermectin and oligomycin biosynthesis in *Streptomyces avermitilis*. Appl Microbiol Biotechnol, 98(16): 7097-7112.

MacNeil D J, Klapko L M. 1987. Transformation of *Streptomyces avermitilis* by plasmid DNA. J Ind Microbiol, 2(4): 209-218.

Maiden M C, Davis E O, Baldwin S A, *et al.* 1987. Mammalian and bacterial sugar transport proteins are homologous. Nature, 325(6105): 641-643.

Miyamoto K T, Kitani S, Komatsu M, *et al.* 2011. The autoregulator receptor homologue AvaR3 plays a regulatory role in antibiotic production, mycelial aggregation and colony development of *Streptomyces avermitilis*. Microbiology, 157(8): 2266-2275.

Ōmura S, Ikeda H, Ishikawa J, *et al.* 2001. Genome sequence of an industrial microorganism *Streptomyces avermitilis*: deducing the ability of producing secondary metabolites. Proc Natl Acad Sci USA, 98(21): 12215-12220.

Pao S S, Paulsen I T, Saier M H. 1998. Major facilitator superfamily. Microbiol Mol Biol Rev, 62(1): 1-34.

Ramos J L, Martínez-Bueno M, Molina-Henares A J, *et al.* 2005. The TetR family of transcriptional repressors. Microbiol Mol Biol Rev, 69(2): 326-356.

Romero D A, Hasan A H, Lin Y F, *et al.* 2014. A comparison of key aspects of gene regulation in *Streptomyces coelicolor* and *Escherichia coli* using nucleotide-resolution transcription maps produced in parallel by global and differential RNA sequencing. Mol Microbiol, 94(5): 963-987.

Schell M A. 1993. Molecular biology of the LysR family of transcriptional regulators. Annu Rev Microbiol, 47(1): 597-626.

Seoane A S, Levy S B. 1995. Characterization of MarR, the repressor of the multiple antibiotic resistance *mar* operon in *Escherichia coli*. J Bacteriol, 177(12): 3414-3419.

Shi Y. 2013. Common folds and transport mechanisms of secondary active transporters. Annu Rev Biophys, 42(1): 51-72.

Tahlan K, Ahn S K, Sing A, *et al.* 2007. Initiation of actinorhodin export in *Streptomyces coelicolor*. Mol Microbiol, 63(4): 951-961.

Uguru G C, Stephens K E, Stead J A, *et al.* 2005. Transcriptional activation of the pathway-specific regulator of the actinorhodin biosynthetic genes in *Streptomyces coelicolor*. Mol Microbiol, 58(1): 131-150.

van Wezel G P, McDowall K J. 2011. The regulation of the secondary metabolism of *Streptomyces*: new links and experimental advances. Nat Prod Rep, 28(7): 1311-1333.

Weickert M J, Adhya S. 1992. A family of bacterial regulators homologous to Gal and Lac repressors. J Biol Chem, 267(22): 15869-15874.

Wohlert S, Lomovskaya N, Kulowski K, *et al.* 2001. Insights about the biosynthesis of the avermectin deoxysugar L-oleandrose through heterologous expression of *Streptomyces avermitilis* deoxysugar genes in *Streptomyces lividans*. Chem Biol, 8(7): 681-700.

Yu Z, Reichheld S E, Savchenko A, *et al.* 2010. A comprehensive analysis of structural and sequence conservation in the TetR family transcriptional regulators. J Mol Biol, 400(4): 847-864.

Zhang Y, Pan G, Zou Z, *et al.* 2013. JadR* mediated feed forward regulation of cofactor supply in jadomycin biosynthesis. Mol Microbiol, 90(4): 884-897.

Zhao J, Wen Y, Chen Z, *et al.* 2007. An *adpA* homologue in *Streptomyces avermitilis* is involved in regulation of morphogenesis and melanogenesis. Chin Sci Bull, 52(5): 623-630.

Zheng X, Hu G Q, She Z S, *et al.* 2011. Leaderless genes in bacteria: clue to the evolution of translation initiation mechanisms in prokaryotes. BMC Genomics, 12(1): 361.

Zianni M, Tessanne K, Merighi M, *et al.* 2006. Identification of the DNA bases of a DNase I footprint by the use of dye primer sequencing on an automated capillary DNA analysis instrument. J Biomol Tech, 17(2): 103.

Supplemental material: http://dx.doi.org/10.1128/AEM.00868-15

本文原载: Appl Environ Microbiol, 2015, 81(15): 5157-5173.

AvaR2, a Pseudo γ-Butyrolactone Receptor Homologue from *Streptomyces avermitilis*, is a Pleiotropic Repressor of Avermectin and Avenolide Biosynthesis and Cell Growth*

Jianya Zhu, Di Sun, Wenshuai Liu, Zhi Chen, Jilun Li, Ying Wen

(State Key Laboratory of Agrobiotechnology and MOA Key Laboratory of Soil Microbiology, College of Biological Sciences, China Agricultural University, Beijing, 100193, China)

Abstract

Avermectins produced by *Streptomyces avermitilis* are effective anthelmintic agents. The autoregulatory signaling molecule that triggers avermectin biosynthesis is a novel butenolide-type molecule, avenolide, rather than common γ-butyrolactones (GBLs). We identified AvaR2, a pseudo GBL receptor homologue, as an important repressor of avermectin and avenolide biosynthesis and cell growth. AvaR2 directly repressed transcription of *aveR* (the *ave* cluster-situated activator gene), *aco* (a key gene for avenolide biosynthesis), its own gene (*avaR2*) and two other GBL receptor homologous genes (*avaR1* and *avaR3*) by binding to their promoter regions. The *aveR* promoter had the highest affinity for AvaR2. A consensus 18 bp ARE (autoregulatory element)-like sequence was found in the AvaR2-binding regions of these five target genes. Eleven novel AvaR2 targets were identified, including genes involved in primary metabolism, ribosomal protein synthesis, and stress responses. AvaR2 bound and responded to endogenous avenolide and exogenous antibiotics jadomycin B (JadB) and aminoglycosides to modulate its DNA-binding activity. Our findings help to clarify the roles of pseudo GBL receptors as pleiotropic regulators and as receptors for new type autoregulator and exogenous antibiotic signal. A pseudo GBL receptor-mediated antibiotic signaling transduction system may be a common strategy that facilitates *Streptomyces* interspecies communication and survival in complex environments.

1. Introduction

Species of the genus *Streptomyces* are high-GC, Gram-positive, filamentous bacteria known for their ability to produce a variety of antibiotics useful for medical and agricultural applications. Production of the antibiotics is usually accompanied by morphological differentiation and controlled by multiple levels of regulatory proteins. Transcription of antibiotic biosynthesis gene clusters is typically under the direct control of cluster-situated regulators (CSRs), which are in turn controlled by higher-level global regulators in response to a variety of environmental and physiological signals (Bibb, 2005; Liu *et al.*, 2013a). The best-studied signaling system in *Streptomyces* is the γ-butyrolactone (GBL) regulatory system, which involves GBL autoregulators and their cognate receptors that trigger antibiotic biosynthesis and/or morphological differentiation (Folcher *et al.*, 2001;

*This study was supported by the National Natural Science Foundation of China (Grant No. 31170045). We thank Professor Keqian Yang for providing JadB, and Dr. Stephen Anderson for English editing of the manuscript.

Takano, 2006; Bunet *et al.*, 2008; Willey and Gaskell, 2011). GBLs, produced by at least 60% of *Streptomyces* species, are hormone-like diffusible signaling molecules and effective at nanomolar concentrations (Takano *et al.*, 2000). They have a common 2, 3-disubstituted-GBL core and differing C2 side chains (Choi *et al.*, 2003; Takano, 2006). A-factor from *Streptomyces griseus*, the earliest discovered GBL (Horinouchi and Beppu, 1994), has been investigated extensively. The first step of the A-factor biosynthetic pathway is catalyzed by AfsA (Kato *et al.*, 2007). Once extracellular A-factor is accumulated to a threshold concentration, it diffuses into cells and binds to its receptor ArpA, leading to derepression of a key global transcription factor, AdpA, which activates many target genes and initiates secondary metabolism and morphological differentiation (Horinouchi and Beppu, 2007). In the model species *Streptomyces coelicolor*, the identified GBL/receptor pair is SCBs/ScbR. The SCB receptor ScbR negatively regulates transcription of its own gene, *scbA* (the *afsA* homologue encoding a key SCB synthetic enzyme), and *kasO* (the cluster-situated activator gene for coelimycin biosynthesis) (Takano *et al.*, 2001, 2005). Besides genuine GBL receptors, some homologues are termed ‘pseudo’ GBL receptors because they are unable to bind GBL molecules. ScbR2 in *S. coelicolor* and JadR2 in *Streptomyces venezuelae*, two well-characterized pseudo GBL receptors, bind and respond to multiple antibiotics [actinorhodin (Act), undecylprodigiosin (Red) and JadB for ScbR2; Jad and chloramphenicol (Chl) for JadR2] instead of GBLs, to coordinate biosynthesis of antibiotics from various pathways (Xu *et al.*, 2010; Wang *et al.*, 2014b).

The species *S. avermitilis* produces avermectins, a family of 16-membered macrocyclic lactones that display broad-spectrum antiparasitic activities and are used in agricultural and medical fields (Burg *et al.*, 1979). Because of the commercial and industrial importance of these compounds, many efforts have been made to elucidate the regulatory mechanism of avermectin biosynthesis. The complete genome of *S. avermitilis* has been sequenced (Ōmura *et al.*, 2001; Ikeda *et al.*, 2003), providing essential genomic information for strain improvement, *e.g.*, by genetic engineering. Avermectin biosynthesis is regulated by a complex network, the lowest level of which is AveR, the only CSR of the *ave* cluster. AveR is a LAL family regulator and essential for activating transcription of the *ave* cluster (Kitani *et al.*, 2009; Guo *et al.*, 2010). Transcription of *aveR* is initiated by the housekeeping $E\sigma^{hrdB}$ holoenzyme (Zhuo *et al.*, 2010). We reported that PhoP, the response regulator of the two-component PhoR-PhoP system that responds to phosphate limitation, directly inhibits avermectin production by binding to the PHO box in the *aveR* promoter (Yang *et al.*, 2015). Some characterized regulators shown to control avermectin biosynthesis through indirect effects on *aveR* transcription are AveI (Chen *et al.*, 2008), SAV7471 (Liu *et al.*, 2013b), SAV576 (Guo *et al.*, 2013), SAV151 (He *et al.*, 2014), SAV577 (Guo *et al.*, 2014), AveT (Liu *et al.*, 2015) and extracytoplasmic function (ECF) σ^{25} (Luo *et al.*, 2014). To date, no other regulators have been reported to directly regulate avermectin production *via aveR*.

S. avermitilis contains a candidate GBL synthase AvaA, a homologue of AfsA. However, no GBLs have been discovered from this species. A novel butenolide-type autoregulator, avenolide, was isolated from *S. avermitilis* and shown to be essential for triggering avermectin biosynthesis (Kitani *et al.*, 2011). The *aco* gene (which encodes an acyl-CoA oxidase), but not the *avaA* gene, is required for avenolide biosynthesis (Kitani *et al.*, 2011). *S. avermitilis* also contains three GBL receptor homologues designated AvaRs (*S. avermitilis* autoregulator receptors): AvaR1 (SAV3705), AvaR2 (SAV3702) and AvaR3 (SAV3703) (Miyamoto *et al.*, 2011). Of these, AvaR1 shows the highest amino acid sequence identity (33%~46%) with the genuine GBL receptors ArpA and ScbR. AvaR1 binds specifically to the *aco* promoter region, and its interactive ligand is avenolide (Kitani *et al.*, 2011). Deletion of *avaR1* in an avermectin high-producing strain resulted in further increased avermectin production (Wang *et al.*, 2014a). In contrast to the typical GBL receptor structure, AvaR3 has an unusual extra stretch of 75 amino acids between the conserved N-terminal HTH DNA-binding domain and the central tryptophan residue. AvaR3 promotes avermectin production (Miyamoto *et al.*, 2011), but it is unclear whether this regulatory effect is direct or indirect. Phylogenetic tree analysis clearly indicated that the

AvaR2 protein belongs to the branch of pseudo GBL receptors, rather than the branch of genuine GBL receptors (Kurniawan *et al.*, 2015). AvaR2 is a close homologue of the pseudo GBL receptors ScbR2 (43% identity) and JadR2 (53% identity). The function of AvaR2 has not been clarified in previous studies.

In this study, we demonstrated that AvaR2 inhibits production of avermectin and avenolide, primarily by directly repressing expression of *aveR* and *aco* respectively. AvaR2 also has repressing effects on cell growth, primary metabolism, ribosomal protein synthesis, stress responses and other processes. Avenolide and exogenous antibiotics JadB and aminoglycosides can release AvaR2 from its target genes. Our findings help to clarify the ecological significance of antibiotics as signaling molecules for communication among *Streptomyces* species to induce cellular responses mediated by pseudo GBL receptors.

2. Results

2.1 AvaR2 negatively regulates avermectin production and cell growth

The *avaR2* gene (*sav_3702*), located 3.45 Mb from the *ave* cluster, encodes a 23.1 kDa TetR family transcriptional regulator classified as a pseudoreceptor (Kurniawan *et al.*, 2015). *avaR2* is clustered with the other two GBL receptor homologous genes, *avaR1* (*sav_3705*) and *avaR3* (*sav_3703*), in the middle of the *S. avermitilis* chromosome (Fig. 1a). The convergently oriented gene *sav_3701* is located upstream of *avaR2* and encodes an unknown IclR-family transcriptional regulator. The two other adjacent genes *sav_3704* (*cyp17*) and *sav_3706* (*aco*), which encode a cytochrome P450 hydroxylase and an acyl-CoA oxidase, respectively, are involved in avenolide production (Kitani *et al.*, 2011).

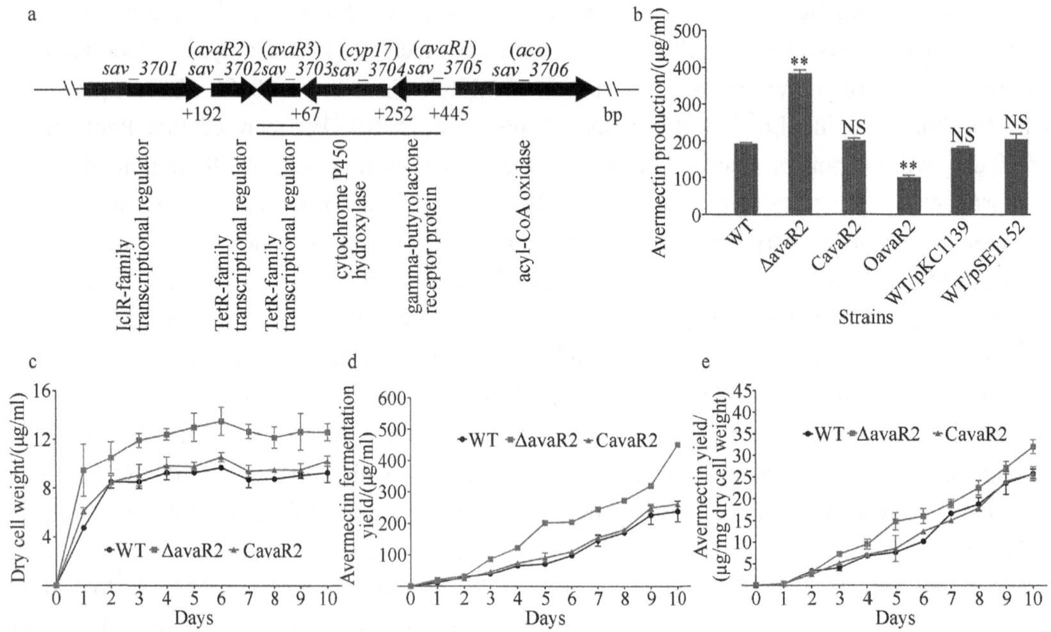

Fig. 1 Avermectin production and growth of WT and *avaR2* mutant strains

a. Organization of *avaR2* and its adjacent genes in *S. avermitilis*. Black bars at bottom: transcriptional units. b. Comparative avermectin production in *avaR2* related strains cultured in FM-I for 10 days. WT, wild-type strain ATCC 31267; ΔavaR2, *avaR2* deletion mutant. CavaR2, complemented strain of ΔavaR2. OavaR2, *avaR2* overexpression strain. WT/pKC1139 and WT/pSET152, WT carrying control plasmids pKC1139 and pSET152 respectively. Error bars: standard deviation (SD) of three replicates. Statistical significance was determined by Student's *t*-test. **, $P<0.01$. NS, not significant. c. Growth curves of WT, ΔavaR2, and CavaR2 strains in soluble FM-II. Biomass is expressed as dry cell weight. The fermentation cultures were inoculated with equivalent volumes (2.5 ml) of seed cultures. d. Avermectin fermentation yield (μg/ml) of WT, ΔavaR2, and CavaR2 strains in soluble FM-II. e. Avermectin yield per mg dry cell weight of WT, ΔavaR2, and CavaR2 strains in soluble FM-II

To investigate the role of AvaR2 in *S. avermitilis*, *avaR2* deletion mutant ΔavaR2 was constructed by homologous recombination (Fig. S1). In comparison with WT strain ATCC 31267 grown in FM-I (Liu *et al.*, 2015) for 10 days, avermectin production in ΔavaR2 was increased ~1-fold (Fig. 1b). Complementation of ΔavaR2 with a single copy of *avaR2* in integrative vector pSET152 restored avermectin production to the WT level in complemented strain CavaR2 (Fig. 1b), indicating that avermectin overproduction was due solely to deletion of *avaR2*. Enhancement of *avaR2* expression by introduction of plasmid pKC1139-avaR2 (based on multicopy vector pKC1139) into WT (OavaR2) caused a 48% reduction in avermectin yield (Fig. 1b). Avermectin production by vector control strains WT/pSET152 and WT/pKC1139 was very close to that of the host WT strain (Fig. 1b). To investigate whether the increased avermectin production of ΔavaR2 resulted from altered cell growth, we measured biomass and avermectin production of strains WT, ΔavaR2, and CavaR2 cultured in soluble FM-II (Liu *et al.*, 2015). Deletion of *avaR2* caused increases of biomass (Fig. 1c), avermectin fermentation yield (μg/ml) (Fig. 1d), and avermectin yield per mg dry cell weight (Fig. 1e), indicating that avermectin overproduction in ΔavaR2 was due at least in part to increased cell growth. The strains ΔavaR2 and OavaR2 showed no striking morphological differences from WT (Fig. S2). Taken together, these findings indicate that AvaR2 plays a negative regulatory role in avermectin production and cell growth.

2.2 AvaR2 represses transcription of related genes

The connection between AvaR2 and avermectin production was studied by examining *avaR2* expression profiles at the transcription and protein levels in FM-I fermentation culture. The transcriptional profile of *avaR2* in the WT was monitored by qRT-PCR. *avaR2* transcript was detected throughout the avermectin production process and its level varied depending on time (Fig. 2a). *avaR2* transcription level reached its maximum on day 2 when avermectin production was initiated, then decreased gradually and remained low from day 6.

The expression profile of AvaR2 protein was examined by Western blotting. To avoid immune cross-reactions among homologous proteins AvaR1, AvaR2 and AvaR3, we expressed fusion protein AvaR2-3×FLAG in ΔavaR2 using *avaR2* promoter and integrative vector pSET152. Complementation of AvaR2-3×FLAG in ΔavaR2 restored avermectin production (Fig. S3), indicating that AvaR2-3×FLAG complemented AvaR2 function, and that resulting recombinant strain ΔavaR2/avaR2-3×FLAG could be used to monitor AvaR2 expression profile with anti-FLAG mAb. Consistently with the transcriptional profile, AvaR2 protein was detected on day 1, and reached its highest level on days 2 and 3 (Fig. 2b). From day 5 onward, AvaR2 protein was barely detectable. These findings suggest that this protein exerts its regulatory effect on avermectin production mainly in the early stage of growth.

To clarify the causes of avermectin overproduction in ΔavaR2, we performed qRT-PCR analysis using RNAs prepared from WT and ΔavaR2 strains cultured in FM-I at 2 days and 6 days. CSR gene *aveR* and structural gene *aveA1*, involved in avermectin biosynthesis, were selected for initial transcription analysis. Expression levels of *aveR* and *aveA1* were higher in ΔavaR2 than in WT on both days (Fig. 2c), consistent with avermectin production in these strains. *aveR* and *aveA1* transcription levels in ΔavaR2 were strikingly increased on day 2, indicating that AvaR2 repressed expression of *ave* genes mainly in the early stage of growth.

AvaR2 is a member of the TetR family transcriptional regulators, which are generally autoregulated (Yu *et al.*, 2010). The products of *avaR2*-adjacent genes *avaR3*, *avaR1*, *cyp17* and *aco* affect avermectin production in different ways (Kitani *et al.*, 2011; Miyamoto *et al.*, 2011; Wang *et al.*, 2014a). We measured transcription levels of *avaR2*, *avaR3*, *avaR1*, *cyp17* and *aco* by qRT-PCR. Each of the five genes was upregulated in ΔavaR2 at either one or two time points (Fig. 2c), indicating that AvaR2 acts as a repressor of *cyp17*, *aco* and three *avaR* genes. *aco* and *cyp17* are involved in biosynthesis of the signaling molecule avenolide, which is essential for avermectin production (Kitani *et al.*, 2011). It is, therefore, likely that increased expression of *aco* and *cyp17* contributed to increased avermectin production in ΔavaR2. *aco* transcripts were >130-fold higher in ΔavaR2 than in WT, indicating a key role of AvaR2 in controlling signal avenolide production in *S. avermitilis*.

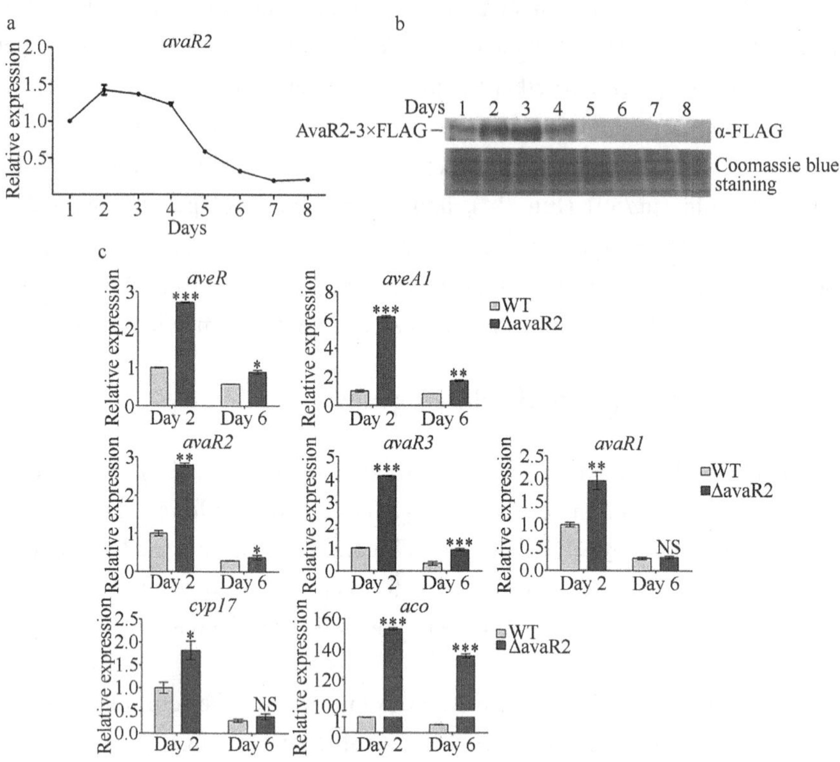

Fig. 2 Expression analysis of *avaR2* and related genes

a. Transcriptional profile of *avaR2* in WT grown in FM-I. Transcription level of *avaR2* at day 1 was defined as 1. b. AvaR2 protein level during fermentation process. Western blotting was performed with anti-FLAG mAb to analyze temporal expression of AvaR2 protein in strain ΔavaR2/avaR2-3×FLAG grown in FM-I. Each lane contained 100 μg total protein. Coomassie blue staining of total protein was used as loading control. c. qRT-PCR analysis of *avaR2* and related genes in WT and ΔavaR2. RNA samples were extracted from FM-I fermentation cultures collected after incubation for 2 (exponential phase) and 6 (stationary phase) days. Transcription level of each gene is expressed relative to WT value at day 2, defined as 1. *avaR2*, 81 bp transcript amplified from the remainder 5′ non-coding region and ORF of *avaR2* in ΔavaR2 with primers ZJY29 and ZJY30. *P* values were determined from comparison of means for mutant versus WT strains. *, $P<0.05$. **, $P<0.01$. ***, $P<0.001$. NS, not significant

2.3 AvaR2 binds to the promoter regions of *aveR*, *aco*, *avaR1*, *avaR2*, and *avaR3*

To determine whether the seven genes (*aveR*, *aveA1*, *avaR2*, *avaR3*, *avaR1*, *cyp17*, *aco*) mentioned in the preceding section are direct targets of AvaR2, we performed a series of EMSAs using potential promoter regions (Fig. 3a) and a soluble His_6-AvaR2 protein. *avaR1*, *cyp17* and *avaR3* are co-transcribed, but *avaR3* can be transcribed as a monocistronic mRNA (Miyamoto *et al.*, 2011), and it therefore has its own promoter (Fig. 1a). The typical DNA targets of GBL receptors, termed autoregulatory elements (AREs), are frequently located within the promoter regions of target genes (Willey and Gaskell, 2011). Sequence analysis revealed the presence of ARE-like regions in the upstream regions of *aveR*, *aco* and three *avaR* genes (Fig. S4), suggesting that these genes are potential targets of AvaR2. The probes *aveRp*, *acop*, *avaR1p*, *avaR2p* and *avaR3p* containing ARE-like sequences were therefore used for EMSAs. The promoter region of *aveA1* without ARE-like sequence was labeled as probe *aveA1p*. EMSA results showed that His$_6$-AvaR2 did not bind to *aveA1p*, but formed complexes with probes *aveRp*, *acop*, *avaR1p*, *avaR2p* and *avaR3p* in a concentration-dependent manner (Fig. 3b). Binding specificity was confirmed by addition of excess unlabeled specific probe (lane S) or nonspecific competitor DNA (Probe 1) (lane N). For control probe 1, no shifted band was observed. These findings indicate that AvaR2 acts as an autoregulator, and also directly regulates *aveR*, *aco*, *avaR1* and *avaR3* through binding to their promoter regions. Because *aveA1* was directly activated by AveR (Guo *et al.*, 2010), elevated expression of *aveA1* in ΔavaR2 was apparently an indirect effect of increased *aveR* expression. Because *cyp17* is co-transcribed with *avaR1*, it is also a target gene of AvaR2.

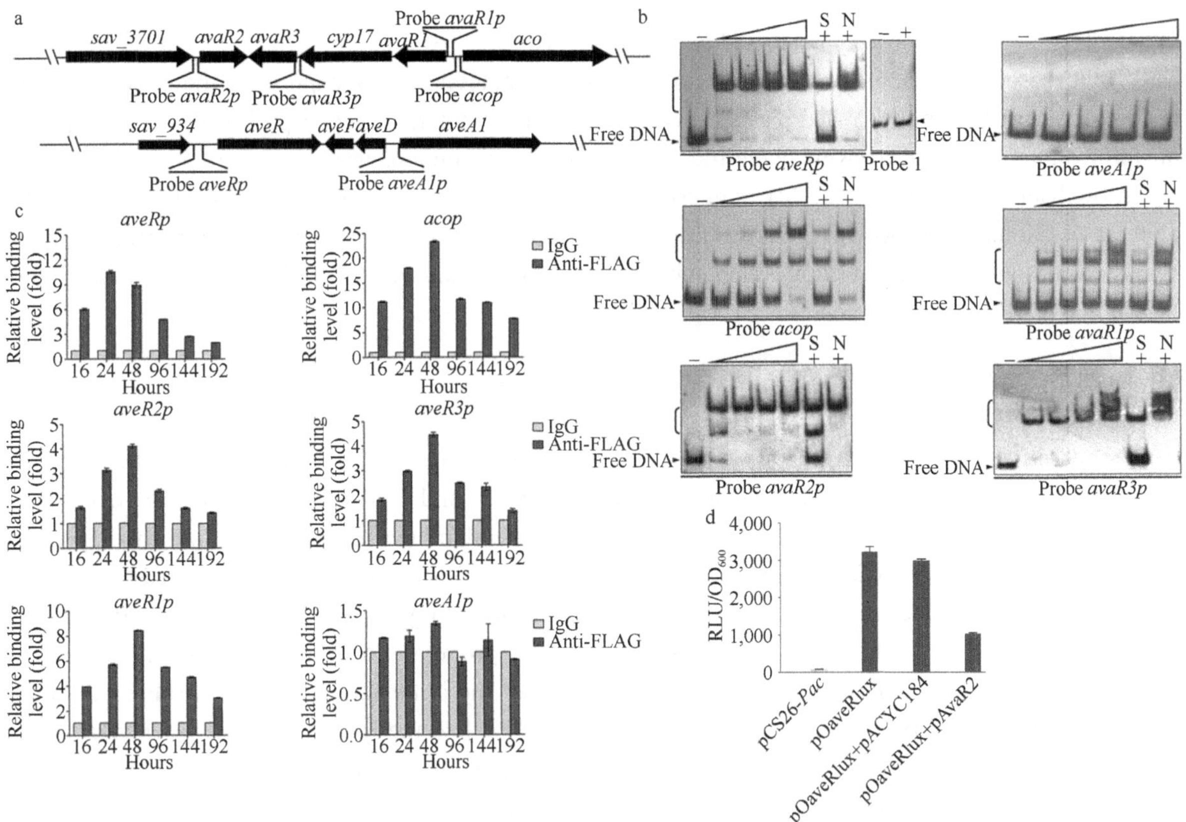

Fig. 3 Binding of AvaR2 protein to target promoter regions *in vitro* and *in vivo*

a. Probes of potential promoters used for EMSAs. Probe *aveRp*: 190 bp DNA fragment, positions –480 to –291 relative to translational start codon of *aveR*. Probe *aveA1p*: 328 bp fragment, positions –14 to –341 relative to start codon of *aveA1*. Probe *avaR2p*: 213 bp fragment, positions –228 to –16 relative to start codon of *avaR2*. Probe *avaR3p*: 131 bp fragment, positions –71 to +60 relative to start codon of *avaR3*. Probe *avaR1p*: 258 bp fragment, positions –253 to +5 relative to start codon of *avaR1*. Probe *acop*: 238 bp fragment, positions –239 to –2 relative to start codon of *aco*. b. *In vitro* EMSAs of interactions of purified His$_6$-AvaR2 protein with probes *aveRp*, *aveA1p*, *acop*, *avaR1p*, *avaR2p* and *avaR3p*. Each lane contained 0.3 nmol/L labelled probe. Lanes 2 to 5 contained 15 nmol/L, 45 nmol/L, 90 nmol/L, and 135 nmol/L His$_6$-AvaR2, respectively. Lanes –: EMSAs without His$_6$-AvaR2. A~200 fold excess of unlabelled specific probe (lanes S) or nonspecific competitor DNA (Probe 1) (lanes N) was used in competition assays. Labelled nonspecific probe 1 (*sig25* promoter region) was used as negative control. His$_6$-AvaR2 concentration 135 nmol/L was used for competition assays and control probe 1 (Lanes +). Arrowheads: free probes. Brackets: DNA-protein complexes. c. ChIP-qPCR assays *in vivo*. Anti-FLAG mAb against AvaR2-3×FLAG was used to immunoprecipitate AvaR2-3×FLAG-DNA complexes from formaldehyde-treated 16 h, 24 h, 48 h, 96 h, 144 h, and 192 h cultures. IgG-coprecipitated complexes at each time point were used as negative control, and enrichment level of target DNA was defined as 1. *Y*-axis: relative fold binding of target DNA in comparison with control. Error bars: SD from three independent experiments. d. Effect of AvaR2 on bioluminescence level of *E. coli* containing reporter plasmid pOaveRlux. pCS26-*Pac* containing a promoterless *lux* operon and pACYC184 used for expressing AvaR2 were used as controls. Bioluminescence level was expressed as relative light units (RLU)

ChIP-qPCR experiments were performed to confirm *in vivo* binding of AvaR2 to the target promoters of *aveR*, *aco*, *avaR1*, *avaR2* and *avaR3*. Samples were taken from ΔavaR2/avaR2-3×FLAG cultured in FM-II for various durations, and anti-FLAG mAb against AvaR2-3×FLAG was used to measure dynamic binding of AvaR2 to its target promoters. *aveRp*, *acop*, *avaR1p*, *avaR2p* and *avaR3p* levels higher than that in control were observed in all immunoprecipitated samples at various time points (Fig. 3c), confirming *in vivo* direct binding of AvaR2 to the target promoters. AvaR2 showed the strongest binding to *aveRp* at 24 h and strongest binding to the other target promoters at 48 h; binding strength declined gradually thereafter. These findings are consistent with *avaR2* expression profiles, and indicate dynamic binding of AvaR2 to these targets.

The CSR AveR is essential for activating transcription of the *ave* cluster. We further elucidated the regulatory relationship of AvaR2 and *aveR* using a heterologous promoter-reporter system in *Escherichia coli* (Tahlan *et al.*, 2007). This system contained two plasmids: pAvaR2 (based on pACYC184), expressing AvaR2; pOaveRlux (based on pCS26-*Pac* carrying promoterless *lux* reporter genes), expressing the *lux* operon under the control of *aveR* promoter. When plasmid pOaveRlux and promoterless vector pCS26-*Pac* were separately transformed into *E. coli*, pOaveRlux conferred a high level of bioluminescence, whereas pCS26-*Pac* conferred only a low background level (Fig. 3d), suggesting that the promoter of *aveR* is recognized by *E. coli* RNA polymerase. Bioluminescence level of the transformant harboring pOaveRlux was clearly reduced by the expression plasmid pAvaR2 in comparison with the control plasmid pACYC184 (Fig. 3d). These findings confirm that AvaR2 directly represses transcription of *aveR*.

2.4 Affinity of AvaR2 binding to its target promoters

Comparative affinity of AvaR2 for target promoter regions (*aveRp*, *acop*, *avaR1p*, *avaR2p*, *avaR3p*) was evaluated by competitive EMSAs with labelled probes and ~50-fold and 250-fold excesses of unlabelled specific competitor DNAs. A 250-fold excess of unlabelled probes *aveRp* and *avaR3p* almost completely dissociated AvaR2 from labeled *aveRp*, whereas a 250-fold excess of unlabelled probes *acop*, *avaR1p* and *avaR2p* caused dissociation to a lesser degree, indicating higher relative affinity of AvaR2 for *aveRp* and *avaR3p* (Fig. 4a). A 50-fold excess of unlabelled probe *avaR1p* caused almost no dissociation of AvaR2 from labeled *avaR3p*, whereas 50-fold excesses of the other four unlabelled probes dissociated ~50% of AvaR2 (Fig. 4b). These findings indicate that AvaR2 had the lowest affinity for *avaR1p* among the five DNA targets, which was confirmed by further analysis using labelled probes *avaR1p*, *acop* and *avaR2p* (Fig. 4c~e). Comparison of intensities of AvaR2-*avaR1p* complex corresponding to unlabelled probes *avaR1p*, *acop* and *avaR2p* (Fig. 4c, e) indicated AvaR2 affinity in the order *avaR2p*>*acop*>*avaR1p*. A 50-fold excess of unlabelled probe *aveRp* caused dissociation of AvaR2-*avaR2p* complex, whereas a 50-fold excess of unlabelled probe *avaR3p* did not (Fig. 4e), indicating higher affinity of AvaR2 for *aveRp* than for *avaR3p*. Taken together, these findings indicate relative affinity of AvaR2 in the order *aveRp*>*avaR3p*>*avaR2p*>*acop*>*avaR1p*.

2.5 Determination of precise AvaR2-binding sites

To map precise binding sites and clarify the regulatory mechanism of AvaR2 on its target promoters, we performed DNase I footprinting and 5′-RACE assays. The TSSs of *aveR* and the three *avaR* genes have been described previously (Zhuo *et al.*, 2010; Miyamoto *et al.*, 2011). We determined the TSS of *aco* by 5′-RACE. The TSS was localized to C, 123 nt upstream of the *aco* translational start codon (Fig. S5).

DNase I footprinting experiments revealed that AvaR2 protected two sites (aveRI, aveRII) on the *aveR* promoter region (Fig. 5a). The two sites are 9 nt apart. Both contain an ARE-like sequence and are located far upstream of the *aveR* TSS. Site aveRI extends from positions –262 to –233, and site aveRII extends from positions –223 to –193, relative to the *aveR* TSS (Fig. 5b). This finding is analogous to previous reports that the binding site of pseudo GBL receptor ScbR2 on the promoter of cluster-situated activator gene *kasO* is far upstream of the *kasO* TSS, and that ScbR2 directly represses *kasO* (Xu *et al.*, 2010; Wang *et al.*, 2011). The mechanism of such transcriptional repression by ScbR2 and AvaR2 remains to be clarified.

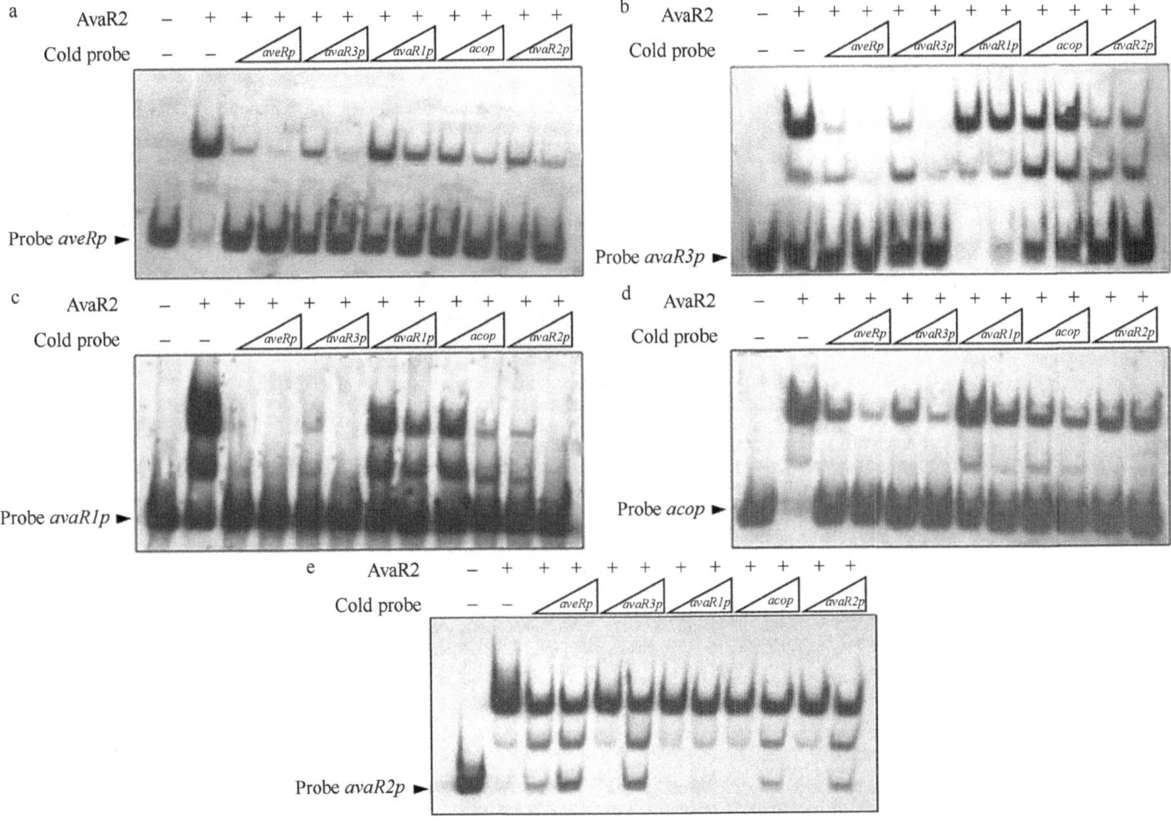

Fig. 4　Relative affinities of AvaR2 for promoters of various target genes

a. EMSA of His_6-AvaR2 with labelled probe *aveRp* and unlabelled probes (*aveRp*, *avaR3p*, *avaR1p*, *acop*, *avaR2p*). b. EMSA of His_6-AvaR2 with labelled probe *avaR3p* and unlabelled probes. c. EMSA of His_6-AvaR2 with labelled probe *avaR1p* and unlabelled probes. d. EMSA of His_6-AvaR2 with labelled probe *acop* and unlabelled probes. e. EMSA of His_6-AvaR2 with labelled probe *avaR2p* and unlabelled probes. 0.3 nmol/L labelled probe and ~50-fold and 250-fold amounts of unlabelled specific competitor probe were used in competition assays. AvaR2 concentration: 50 nmol/L. Arrowheads: free labeled probes

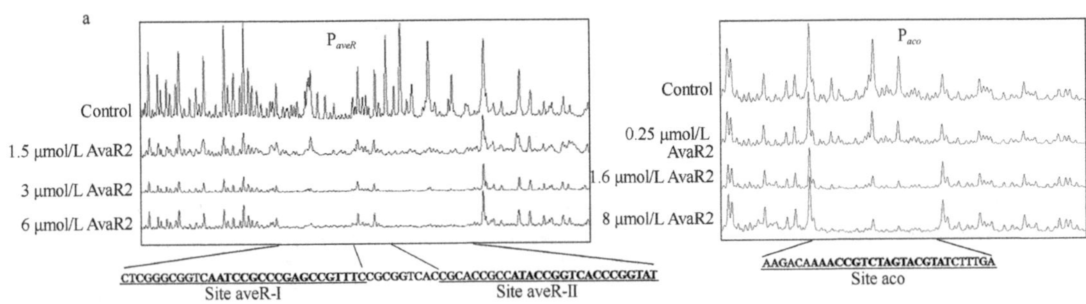

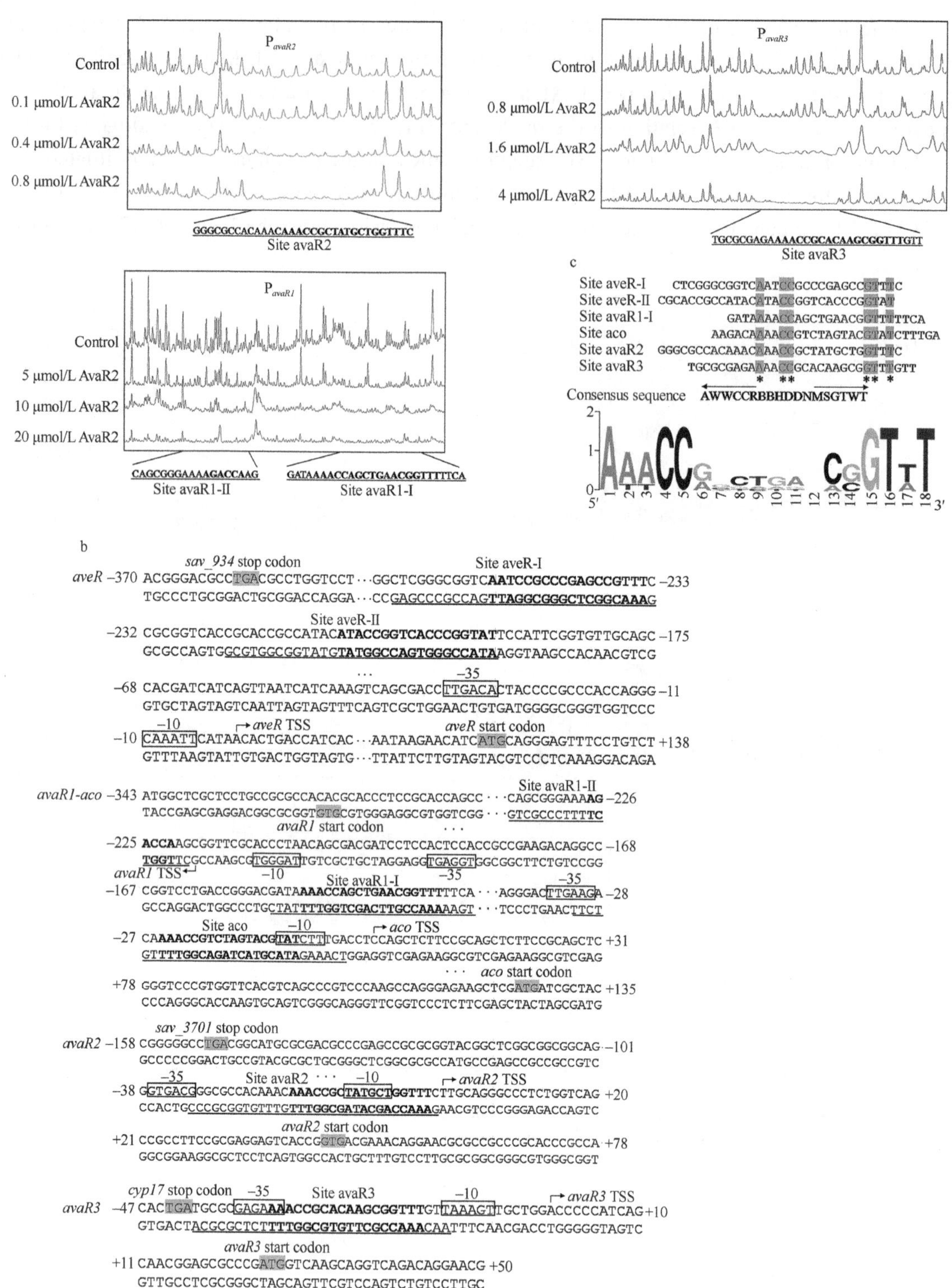

Fig. 5 Determination of AvaR2-binding sites

a. DNase I footprinting assay of AvaR2 on target promoter regions. Upper fluorograms: control reaction with 10 μmol/L BSA. Protection fluorograms were obtained with increasing amounts of His_6-AvaR2 protein. b. Nucleotide sequences of different promoter regions and AvaR2-binding sites. Numbers indicate distance (nt) from respective TSS. Bent arrows: TSSs. Shading: translational start codons. Boxes: probable –10 and –35 regions. Underlining: AvaR2-binding sites. Bolding: ARE-like sequences. c. Consensus sequence analysis of AvaR2-binding sites using WebLogo application. Asterisks: consensus bases. Arrows: conserved 6 nt inverted repeats. In the sequence logo of AvaR2-binding consensus, appearance frequency of a particular base is proportional to height of corresponding letter

The protected sites of AvaR2 on the other promoter regions also contain ARE-like sequences (Fig. 5). The 30 nt protected region on the coding strand of *aco* (site aco) extends from positions –31 to –4 relative to the *aco* TSS and overlaps the probable –10 and –35 regions of the *aco* promoter, indicating that AvaR2 negatively regulates *aco* transcription by blocking binding of RNA polymerase to the *aco* promoter. Two protected sites were detected on the promoter region of *avaR1*. Site avaR1-I contains a full-length of ARE and is located upstream of the putative –35 region of the *avaR1* promoter, extending from positions –68 to –93 relative to the *avaR1* TSS. Site avaR1-II contains a half-length ARE and is close to the putative –10 region of the *avaR1* promoter, extending from positions +19 to +2 relative to the *avaR1* TSS. The protected region (site avaR2) on the coding strand of *avaR2* extends from positions –32 to –1 relative to the *avaR2* TSS, overlapping the putative –10 region of the *avaR2* promoter. The protected region (site avaR3) on the coding strand of *avaR3* extends from positions –12 to –41 relative to the *avaR3* TSS, overlapping the putative –10 and –35 regions of the *avaR3* promoter. These findings suggest that AvaR2 represses transcription of the three *avaR* genes through mechanisms similar to those for repression of *aco* or *aveR*.

Analysis of AvaR2-binding sites containing full-length AREs using the WebLogo web-based application (http://weblogo.berkeley.edu) revealed an 18 bp consensus sequence, 5′-AWWCCRBBHDDNMSGTWT-3′ (W=A/T; R=A/G; B=G/C/T; H=A/C/T; D=A/G/T; N=A/G/C/T; M=A/C; S=G/C) (Fig. 5c), which had high similarity to consensus ARE sequences recognized by genuine and pseudo GBL receptors in other *Streptomyces* species (Wang *et al.*, 2011).

2.6 Prediction and verification of new AvaR2 target genes

To decipher the AvaR2 regulon in *S. avermitilis*, we used the 18 bp AvaR2 consensus binding motif to scan the genome with the MAST/MEME web-based application (http://meme-suite.org). The regulation region of genes was set as –600 bp to +100 bp relative to the translational start codon (Li *et al.*, 2015). One hundred putative AvaR2 target genes were identified having *E*-value≤100 (the smaller the *E*-value, the greater the possibility) (Table S1). The confirmed AvaR2 targets (*aveR*, *aco* and three *avaR* genes) are included in this list, as expected. Of the 100 putative target genes, 41 have unknown function or are unclassified, 22 are involved in regulatory functions, and the remaining 37 were assigned to 14 groups on the basis of biological function as defined by the KEGG *S. avermitilis* pathways database (www. genome.jp/kegg-bin/show_organism?org=sma). To confirm the accuracy of the bioinformatic analysis, 15 putative targets from various groups that have small *E*-value or are well annotated were chosen for further confirmation by EMSAs. Among these, 11 targets were confirmed for the first time to bind directly to AvaR2 (Fig. S6A). The newly identified target genes were *sav_1230* (encodes a secreted protein), *sav_3560* (encodes a two-component system sensor kinase), *sig29* (similar to *sigI* in *S. coelicolor*), *pstB* (encodes a phosphate ABC transporter ATP-binding protein), *nuoB1* (encodes a NADH dehydrogenase I chain B), *leuD* (encodes a 3-isopropylmalate dehydratase small subunit), *sav_2051* (encodes a beta-lactamase), *rpsQ* (encodes a ribosomal protein S17), *rpmB* (encodes a ribosomal protein L28), *folp2* (encodes a dihydropteroate synthase), and *amfC* (encodes a putative AmfC protein involved in aerial mycelium formation). AvaR2 did not bind to promoter regions of *wbpA* (encodes a putative UDP-glucose/GDP-mannose dehydrogenase), *fadE22* (encodes an acyl-CoA dehydrogenase), *ileS* (encodes a isoleucyl-tRNA synthetase), and *melC2* (encodes a tyrosinase)

(Fig. S6A). qRT-PCR analysis was performed to evaluate the effects of AvaR2 on expression of the newly identified target genes. No *sav_1230* transcript was detected from WT and ΔavaR2 strains cultured in FM-I at days 2 and 6, suggesting that this gene was not expressed under our experimental conditions. WT did not differ significantly from ΔavaR2 in terms of *amfC* transcription. Transcription of *sav_3560*, *sig29*, *pstB*, *nuoB1*, *leuD*, *sav_2051*, *rpsQ*, *rpmB* and *folp2* was higher in ΔavaR2 than in WT at day 2 or both days (Fig. S6B), indicating that AvaR2 acts as a repressor rather than activator of these target genes.

2.7 DNA-binding activity of AvaR2 is affected by avenolide and exogenous antibiotics

Because AvaR2 directly represses *aco* expression, avenolide may act as an AvaR2 ligand. To test this hypothesis, we employed a previously developed affinity capture technique (Yang *et al.*, 2005) to capture avenolide with its cognate receptor His_6-AvaR1 from *S. avermitilis* fermentation broth. The AvaR1-captured avenolide was confirmed by MS (Fig. S7), and then applied to compete for AvaR2-DNA complexes in EMSAs. The activity of captured avenolide was confirmed by its dissociation effect on the AvaR1-*acop* complex (Fig. 6a). Avenolide dissociated AvaR2 from *acop* and *aveRp* probes in a concentration-dependent manner (Fig. 6a), indicating that avenolide serves as an AvaR2 ligand.

The AvaR2 homologues ScbR2 and JadR2 bind antibiotics as ligands (Xu *et al.*, 2010; Wang *et al.*, 2014b). We, therefore, examined the effects of various antibiotics on binding of AvaR2 to probe *aveRp* through EMSAs. Dissociation of AvaR2 from *aveRp* was not induced by the endogenous antibiotics oligomycin (Oli), avermectin B_1 (AveB1) or its late precursor C-5-O-B_1, nor by the exogenous antibiotics Chl, tetracycline (Tet), ampicillin (Amp) and thiostrepton (Thi), even at 10 mmol/L concentration. In contrast, the AvaR2-*aveRp* complex was disrupted by exogenous JadB and the aminoglycoside antibiotics apramycin (Apr), hygromycin B (HygB), kanamycin (Kan) and streptomycin (Str) at 1 mmol/L concentration (Fig. 6b). Among these five ligands, JadB had the strongest inhibitory effect, and completely dissociated AvaR2 from *aveRp* at 5 mmol/L concentration.

The Lux reporter system in *E. coli* was used to determine whether JadB and the four aminoglycoside antibiotics affect AvaR2 activity *in vivo*. In the absence of antibiotic ligands, AvaR2 repressed *aveRp*, thereby inhibiting *lux* gene expression and bioluminescence (Fig. 6c). Addition of JadB, HygB, or Apr at subinhibitory concentration (below MIC), caused a dose-dependent increase in bioluminescence. Str and Kan had no such effect. These findings suggest that AvaR2 senses and responds to exogenous antibiotics such as JadB, HygB and Apr to alleviate repression of its targets. We tested this concept by measuring transcription of AvaR2 target genes in WT in response to exogenously added JadB. WT was cultured to stationary phase, added with 10 μmol/L JadB (or DMSO as solvent control), and total RNAs were isolated from fermentation cultures 1 h later. Transcription levels of *aveRp*, *acop*, *avaR1p*, *avaR2p* and *avaR3p* showed clear increases after addition of JadB, but not of DMSO (Fig. 6d). Taken together, these findings indicate that AvaR2 utilizes various exogenous antibiotics as effectors to modulate its DNA-binding activity and expression of target genes, and that JadB is the most effective of the identified ligands.

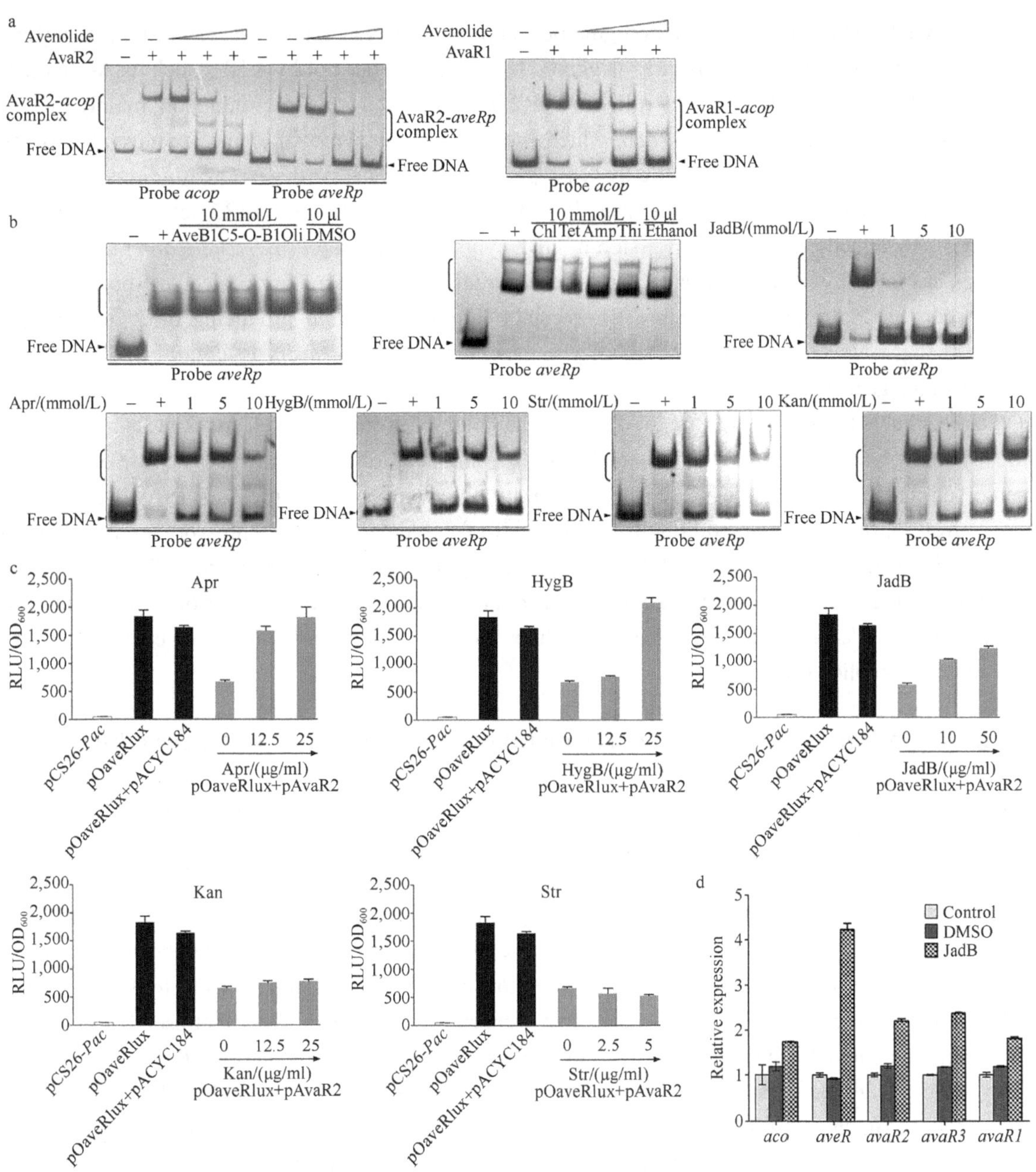

Fig. 6 Effects of ligands on AvaR2 DNA-binding activity

a. EMSAs of His$_6$-AvaR2 (100 nmol/L) with AvaR1-captured avenolide. 1 μl of ten-fold serial diluted avenolide solution was added to 20 μl binding reaction mixture. b. EMSAs of His$_6$-AvaR2 (200 nmol/L) with various antibiotics. DMSO and ethanol were used as solvent controls. c. Determination of interactions of antibiotic ligands with AvaR2 using Lux reporter system in *E. coli*. d. Effect of JadB on transcription of AvaR2 target genes *in vivo*. JadB was diluted in DMSO and added to cultures at 10 μmol/L (6 μg/ml). Control: no JadB or DMSO added. DMSO: DMSO added. Transcription level of each gene is expressed relative to control value, defined as 1

3. Discussion

3.1 AvaR2 is a key repressor in control of avenolide biosynthesis

As an autoregulator, avenolide is likely a quorum-sensing signal produced in a growth-dependent manner, similarly to well-studied GBL-type autoregulators in *Streptomyces*. Kitani *et al.* (2011) reported that avermectin production in *S. avermitilis* was triggered by avenolide, but not by GBLs such as A-factor, IM-2, VB and SCB1. We demonstrated here the role of AvaR2 in control of avenolide production, mainly by strongly repressing transcription of its target gene *aco*, which encodes a key enzyme for avenolide biosynthesis. AvaR2 also inhibits expression of *cyp17*, which encodes a putative avenolide synthase. Our findings are consistent with the report by Wang *et al.* (2011) that pseudo GBL receptors ScbR2 and JadR2 act as key repressors of GBL synthesis by directly inhibiting expression of GBL synthase genes *scbA* (in *S. coelicolor*) and *jadW1* (in *S. venezuelae*), respectively. Avenolide and GBLs are different types of signaling molecules, but in both cases production can be controlled by pseudo GBL receptor homologues from producing *Streptomyces* species, suggesting that pseudo GBL receptors may play a general role as repressors in control of biosynthesis of quorum-sensing signals in *Streptomyces*.

Other regulators besides AvaR2 are involved in regulation of avenolide level. AvaR1 was reported to bind specifically to *aco* promoter region (Kitani *et al.*, 2011). Wang *et al.* (2015) confirmed the role of AvaR1 as an *aco* repressor and used a genetic biosensor to identify three novel *aco* repressors (SAV1778, SAV2268, SAV2270) from *S. avermitilis*, in addition to AvaR1. All of the identified *aco* repressors are members of the TetR family, indicating the importance of this family in controlling avenolide production. The existence of five *aco* repressors suggests that complex regulation occurs at *aco*, and that precise control of avenolide level is crucial in *S. avermitilis*. It remains to be clarified how these *aco* repressors interact or cooperate with each other to control avenolide production.

3.2 The key role of AvaR2 in secondary metabolism is control of avermectin biosynthesis

Results of our in *vitro* and *in vivo* studies clearly indicate that the *ave* cluster-situated activator gene *aveR* is directly repressed by AvaR2. The MEME-predicted targets of AvaR2 (Table S1) include only three genes (*aco*, *aveR*, *melC2*) involved in secondary metabolism. Result of EMSA show that *melC2*, suggested previously to be involved in melanin production (Yang *et al.*, 2015), is not a genuine target of AvaR2. Taken together, these observations indicate that the key role of AvaR2 in secondary metabolism is to control avermectin biosynthesis. In view of the direct repression by ScbR2 and JadR2 of cluster-situated activator genes *kasO* and *redD* in *S. coelicolor* and *jadR1* in *S. venezuelae*, it appears likely that pseudo GBL receptors control specific antibiotic biosynthetic pathways by directly regulating expression of CSRs.

The two binding sites of AvaR2 in the *aveR* promoter are separated by 9 nt and both located far upstream of the *aveR* TSS. Binding of transcriptional regulators to sites far upstream of the promoter typically plays a role in activating the promoter. Our results from qRT-PCR analysis and bioluminescence assay of AvaR2 biosensor indicate that AvaR2 acts as a repressor of *aveR*. The two closely-located AvaR2 binding sites may contribute to interactions among AvaR2 molecules, leading to a higher-order DNA-protein structure that inhibits RNA polymerase binding to the *aveR* promoter.

3.3 Signaling molecules to which AvaR2 responds

Antibiotic-producing *Streptomyces* are soil-inhabiting bacteria that live in complex microbial communities. There is increasing evidence that antibiotics at subinhibitory concentrations serve as signaling molecules in inter- and intra-species communication processes (Romero *et al.*, 2011). However, only a few receptors for antibiotic signals have been identified. Pseudo GBL receptors are widely present in *Streptomyces* species. Among these, JadR2 and ScbR2 were reported to bind endogenous antibiotics as ligands to regulate antibiotic biosynthesis (Xu *et al.*, 2010). ScbR2 was also identified as the receptor of exogenous antibiotic JadB, which induces endogenous Red production and morphological differentiation in *S. coelicolor* (Wang *et al.*, 2014b). We found that AvaR2 binds and responds to structurally distinct exogenous antibiotics, JadB and aminoglycosides, to release repression of its target genes. AvaR2, ScbR2 and JadR2 are all members of the TetR family transcriptional regulators, which contain a C-terminal ligand-binding domain that displays broad sequence and structural diversity, and interacts with a wide range of ligands (Yu *et al.*, 2010). TtgR, another member of this family, binds to structurally diverse drugs (Alguel *et al.*, 2007). Because SWISS-MODEL analysis (http://swissmodel.expasy.org) revealed that AvaR2, ScbR2 and JadR2 share structural similarity with TtgR, their antibiotic binding ability is not unexpected. Our finding supports the concept that pseudo GBL receptor homologues in *Streptomyces* serve as key receptors of antibiotics. The fact that JadB can be sensed by various pseudo GBL receptors suggests that JadB acts as a universal signaling molecule in interspecies communications among *Streptomyces* species. Our findings, in combination with previous observations that subinhibitory concentrations of aminoglycoside antibiotics produced by *Streptomyces* could induce biofilm formation by *E. coli* and *P. aeruginosa* (Hoffman *et al.*, 2005), further suggest that aminoglycoside antibiotics serve as signals for not only interspecies communications in *Streptomyces*, but also interactions between *Streptomyces* and other microbial genera.

There is longstanding controversy regarding the ecological role of antibiotics. Antibiotics have demonstrable antimicrobial effects and have traditionally been viewed as competitive weapons; however, their concentrations in soils are generally far below effective inhibitory levels. Reports of low-concentration antibiotics acting as signaling molecules led to a hypothesis that antibiotics may function as "friendly" signals to coordinate social interactions in microbial communities (Fajardo and Martinez, 2008). In contrast, a report by Abrudan *et al.* (2015), based on experiments with *Streptomyces* strains, reestablished the concept of antibiotics as weapons. These authors showed that *Streptomyces*, when faced with a competing strain, may either initiate their own antibiotic production or suppress that of the competitor. How do *Streptomyces* detect the presence of a competitor? One way is to sense the compounds released by the competitor, in which case antibiotics may have a signaling function. In the present study, exogenous JadB released repression of AvaR2 target genes, particularly *aco* and *aveR*, thereby eliciting and activating avermectin production. This is an example of socially mediated induction of antibiosis by an exogenous antibiotic as an important survival strategy for *Streptomyces* in adaptation to ecologically complex environments. The present findings enrich the regulatory mechanisms of antibiotic-mediated signal transduction systems, whereby antibiotic signals are transmitted by pseudo GBL receptors to elicit cellular responses.

AvaR2 did not bind to the endogenous antibiotics oligomycin, avermectin or its late precursor C-5-O-B_1. However, the DNA-binding ability of AvaR2 was strongly inhibited by the presence of the endogenous quorum-sensing signal avenolide, indicating that AvaR2 acts as the avenolide receptor. Thus, AvaR2 is important in both inter- and intra-species communication. Future studies will address the relationship between two avenolide receptors, AvaR1 and AvaR2, in control of avenolide production and other physiological processes in *S. avermitilis*.

3.4 Proposed model for the role of AvaR2 in regulation of avermectin and avenolide biosynthesis

Based on the present findings, we hereby propose a model (Fig. 7) of AvaR2 regulation of avermectin and avenolide production through response to avenolide signal. AvaR2 has stronger affinity for *aveRp* than for *acop*, *avaR1p*, *avaR2p*, or *avaR3p*. We therefore presume that AvaR2 binds preferentially to *aveRp* to prevent avermectin biosynthesis during the early growth stage of *S. avermitilis*. In support of this concept, our ChIP-qPCR experiments revealed the strongest binding of AvaR2 to *aveRp* at 24 h, earlier than binding to promoters of the other four target genes. AvaR2 binds to the same site in the promoter region of *aco* as does AvaR1 (Kitani *et al.*, 2011). The time of maximal expression of *avaR1* (24 h) is earlier than that of *avaR2* (48 h) (our unpublished data). We therefore propose that the AvaR1/R2 regulators have a sequential expression mechanism for control of signaling molecule production, *i.e.*, *aco* transcription is sequentially repressed by AvaR1 and AvaR2 in the early growth stage, resulting in low avenolide levels. When avenolide concentration reaches a certain level, it sequentially releases AvaR1 and AvaR2 from *acop*, resulting in sharply increased avenolide production sufficient to trigger avermectin biosynthesis by dissociating AvaR2 from the highest-affinity *aveRp*. Release of AvaR2 from *avaR3p* also contributes to enhanced avermectin production.

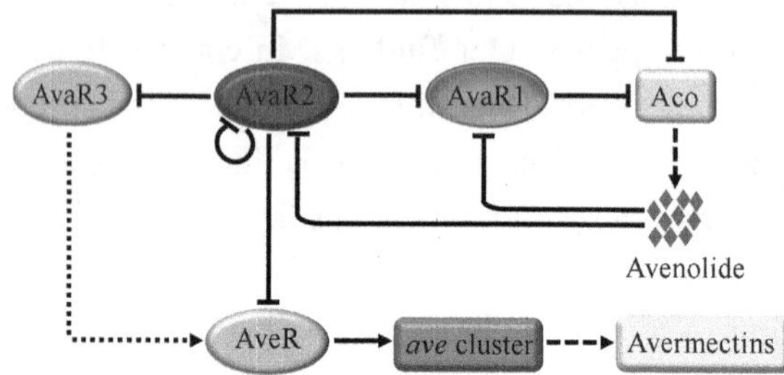

Fig. 7 Proposed model of avenolide-mediated regulation of avermectin and avenolide biosynthesis by AvaR2
(Color figure in the two-dimensional code at the back cover)

Solid-line arrow: direct activation. Solid-line bar: direct repression. Dashed-line arrow: production of avermectin or avenolide. Dotted-line arrow: activation *via* unknown route

Although *avaR2* expression is autoregulated to some extent, it is a complex process also affected by other factor (s), as evidenced by the different *avaR2* transcription levels observed at various life stages. *avaR3* deletion has been previously shown to increase transcription levels of *avaR1*, *avaR2* and *avaR3* (Miyamoto *et al.*, 2011), and we found that expression of all three *avaR* genes is controlled by *avaR2*. These findings suggest a regulatory mini-network among the three AvaR proteins. Further detailed studies are underway to elucidate this network and the upstream factor (s) of AvaR2.

3.5 AvaR2 plays a pleiotropic role in *S. avermitilis*

The predicted AvaR2 regulon includes genes related to not only secondary metabolism, but also primary metabolism, ribosomal protein synthesis, detoxification, stress responses, morphological differentiation and other processes. AvaR2 thus appears to be an essential global regulator that allows *S. avermitilis* to coordinate physiological responses for adaptation to complex natural environments.

EMSA analysis led to identification of at least 11 new AvaR2 targets. Among these, *leuD* is involved in valine, leucine and isoleucine biosynthesis. The starter units isobutyryl-CoA ("b" components) and 2-methylbutyryl-CoA ("a" components) of avermectin biosynthesis are derived respectively from valine and isoleucine (Ikeda and Ōmura, 1997). Enhanced expression of *leuD* in ΔavaR2 may therefore promote avermectin production by providing more precursors. *nuoB1* encodes a component of NADH dehydrogenase complex I, which is important for oxidative phosphorylation and energy generation. Increased transcription of *nuoB1* in ΔavaR2 may promote avermectin production by increasing availability of energy. *folp2* is involved in folate biosynthesis, and its increased expression in ΔavaR2 may promote cell growth by enhancing DNA and protein biosynthesis. *rpsQ* and *rpmB* encode ribosomal proteins, suggesting a role of AvaR2 in regulation of ribosomal protein synthesis. Enhanced protein synthesis typically has an enhancing effect on cell growth.

Hosaka *et al.* (2006) reported that enhanced protein synthesis during late growth phase increased antibiotic production (Hosaka *et al.*, 2006). In analogy, increased *rpsQ* and *rpmB* expression at exponential and stationary phases in ΔavaR2 may promote both cell growth and avermectin production by enhancing protein synthesis. Sig29 is similar to *S. coelicolor* SigI, which was reported to be induced by osmotic stress (Homerova *et al.*, 2012). *sav_3560* is one component of a two-component system (TCS). TCSs are important signal transduction systems in bacteria that link an extracellular stimulus to the cellular response. The observation that AvaR2 regulates a sigma factor and a TCS suggests that AvaR2 may elicit "survival responses" for adaptation to extracellular stimuli, such as stress signals and antibiotic signals. AvaR2 binds to *amfC*, which plays a regulatory role in aerial mycelium formation in *S. griseus* and *S. coelicolor* (Kudo *et al.*, 1995; Yonekawa *et al.*, 1999). The absence of clear developmental differences between WT and ΔavaR2 fits to the observation that there was no difference in *amfC* transcription in both strains. Studies are required to investigate the possible AvaR2 targets listed in Table S1, and to identify additional AvaR2 targets through ChIP-seq and transcriptomic analysis, and thereby elucidate the regulatory network of AvaR2.

4. Experimental Procedures

4.1 Strains, plasmids, and growth conditions

Bacterial strains and plasmids used in the present study are summarized in Table 1. Wild-type (WT) *S. avermitilis* strain ATCC 31267, a natural avermectin producer, was used as a host for gene disruption and propagation. Culture conditions of *S. avermitilis* strains for sporulation, mycelial growth, protoplast regeneration, phenotypic observation and avermectin production were as described previously (Liu *et al.*, 2015).

Table 1 Strains and plasmids used in this study

Strain or plasmids	Description	Source or reference
S. avermitilis		
ATCC 31267	wild-type strain (WT)	laboratory stock
ΔavaR2	*avaR2* deletion mutant	this study
CavaR2	*avaR2* complemented strain	this study
OavaR2	*avaR2* overexpression strain	this study
ΔavaR2/avaR2-3×FLAG	*avaR2* complemented strain with AvaR2-3×FLAG	this study
WT/pKC1139	WT strain carrying empty vector pKC1139	this study
WT/pSET152	WT strain carrying empty vector pSET152	this study
E. coli		
JM109	general cloning host and host for reporter system	laboratory stock
ET12567	methylation-deficient strain	MacNeil and Klapko,1987
Rosetta (DE3)	host for protein overexpression	Novagen
Plasmids		
pKC1139	multiple-copy, temperature-sensitive *E. coli*-*Streptomyces* shuttle vector	Bierman *et al.*, 1992
pSET152	integrative *E. coli*-*Streptomyces* shuttle vector	Bierman *et al.*, 1992
pET-28a (+)	vector for His_6-tagged protein overexpression in *E. coli*	Novagen
pΔavaR2	*avaR2* deletion vector based on pKC1139	this study
pKC1139-avaR2	*avaR2* overexpression vector based on pKC1139	this study
pSET152-avaR2	*avaR2* complemented vector based on pSET152	this study

continued

Strain or plasmids	Description	Source or reference
Plasmids		
pET28-avaR2	*avaR2* overexpression vector based on pET-28a (+)	this study
pET28-avaR1	*avaR1* overexpression vector based on pET-28a (+)	this study
pIJ10500	vector for amplifying 3×FLAG fragment	Pullan *et al.*, 2011
pSET152-avaR2-3×FLAG	*avaR2* complemented vector with 3×FLAG -tagged AvaR2 on pSET152	this study
pMD19-T	TA cloning vector	TaKaRa
pCS26-*Pac*	vector containing promoterless *lux* reporter	Tahlan *et al.*, 2007
pOaveRlux	pCS26-*Pac* containing *aveR* promoter-controlled *lux* reporter	this study
pACYC184	for repressor protein expression in reporter system	Tahlan *et al.*, 2007
pAvaR2	for AvaR2 expression in reporter system	this study

Escherichia coli strains JM109 and Rosetta (DE3) (Novagen, Germany) were used as routine cloning and protein expression hosts respectively. *E. coli* ET12567 (*dam dcm hsdS*) (Macneil and Klapko, 1987) was used to obtain non-methylated DNA for transformation into *S. avermitilis*. Multiple-copy vector pKC1139 (Bierman *et al.*, 1992) was used for gene disruption and overexpression in *S. avermitilis.* pSET152 (Bierman *et al.*, 1992) was used for integrating a single-copy gene into the *S. avermitilis* chromosome. pET-28a (+) (Novagen) was used for expressing recombinant His_6-tagged protein in *E. coli.* pIJ10500 was used for providing the 3×FLAG epitope cassette in *Streptomyces* (Pullan *et al.*, 2011). The antibiotics used were described previously (Zhao *et al.*, 2007).

4.2 Construction of *S. avermitilis* mutant strains

In-frame gene deletion mutants were constructed by a homologous recombination method. To construct an *avaR2* gene deletion mutant, two fragments flanking *avaR2* were amplified by PCR using genomic DNA of ATCC 31267 as template. A 397 bp 5′ flanking region (positions –347 to +49 relative to the *avaR2* start codon) was amplified with primers ZJY1 and ZJY2, and a 369 bp 3′ flanking region (positions +585 to +953) was amplified with primers ZJY3 and ZJY4. The two fragments were fused by PCR with primers ZJY1 and ZJY4 and then cloned into *Eco*R I/*Bam*H I-digested pKC1139 to generate *avaR2*-deletion vector pΔavaR2, which was transformed into WT protoplasts. Double-crossover recombinant strains are apramycin-sensitive and were selected as described previously (Zhao *et al.*, 2007). The obtained *avaR2*-deleted mutants were confirmed by PCR analysis with primer pairs ZJY7/ZJY8 (flanking the exchange regions) and ZJY9/ZJY10 (located within the remainder region of *avaR2* ORF), followed by DNA sequencing. The *avaR2* deletion mutant was designated ΔavaR2.

For complementation of ΔavaR2, an 801 bp DNA fragment carrying the *avaR2* ORF and its own promoter was amplified by PCR using primers ZJY5 and ZJY6. The PCR product was cut with *Eco*R I/*Bam*H I and ligated into pSET152 to generate *avaR2*-complemented vector pSET152-avaR2, which was then introduced into ΔavaR2 to obtain the complemented strain CavaR2. The 801 bp *Eco*R I/*Bam*H I fragment containing the *avaR2* ORF and its promoter from pSET152-avaR2 was cloned into pKC1139 to produce *avaR2* overexpression vector pKC1139-avaR2, which was transformed into ATCC 31267 to construct *avaR2* overexpression strain OavaR2.

To express 3×FLAG-tagged AvaR2 in *S. avermitilis*, the *avaR2* gene (including its native promoter and ORF except stop codon) was amplified from WT genomic DNA with primers ZJY43 and ZJY44, and 3×FLAG fragment with stop codon was amplified from pIJ10500 with primers ZJY45 and ZJY46. The resulting 771 bp *avaR2* gene product and the 87 bp FLAG fragment were digested with *Eco*R I/*Hin*d III and *Hin*d III/*Xba* I respectively, and the two fragments were then ligated to *Eco*R I/*Xba* I-cut pSET152 to generate pSET152-avaR2-3×FLAG, which was transformed into ΔavaR2 to obtain recombinant strain ΔavaR2/avaR2-3×FLAG for expression of C-terminally 3×FLAG-tagged AvaR2. All primers used are listed in Table S2.

4.3 RNA preparation and qRT-PCR analysis

Transcription levels of genes were compared between *S. avermitilis* WT strain and *avaR2* deletion mutant ΔavaR2 by quantitative real-time RT-PCR (qRT-PCR) analysis. For this purpose, mycelia of *S. avermitilis* grown in fermentation medium FM-I (Chen *et al.*, 2007) were collected at various time points. Total RNAs were extracted with Trizol (Tiangen, China) according to the manufacturer's protocol. RNA samples were treated with RNase-free DNase I (TaKaRa, Japan) to remove genomic DNA. Synthesis of cDNA and subsequent qRT-PCR analysis using primers listed in Table S2 were performed as described previously (Luo *et al.*, 2014). Relative expression levels of each gene were normalized internally to the expression of housekeeping gene reference 16S rRNA. Each experiment was performed in triplicate.

4.4 Western blotting

Western blotting analyses were performed as described previously (Guo *et al.*, 2010). Mouse anti-FLAG mAb (M2; Sigma, USA) was used at dilution 1∶5,000. Western blots were imaged using an ECL detection system (Cwbiotech, China).

4.5 Overexpression and purification of His_6-AvaR1 and His_6-AvaR2

To prepare His_6-AvaR1 protein, the 705 bp *avaR1* coding region was amplified by PCR using primer pair ZJY105/ZJY106. For His_6-AvaR2 protein, primers ZJY9 and ZJY10 were used to amplify the 657 bp *avaR2* coding region. The PCR products were digested with *Nde* I/*Eco*R I and cloned into the expression plasmid pET-28a (+) to generate pET28-avaR1 and pET28-avaR2 respectively. After confirmation by DNA sequencing, pET28-avaR1 and pET28-avaR2 were separately transformed into *E. coli* Rosetta (DE3) for overexpression of His_6-tagged recombinant protein. Bacteria harboring pET28-avaR1 or pET28-avaR2 were grown in LB medium at 16℃ until OD_{600}=0.5, and induced with 0.4 mmol/L IPTG for another 12 h at 16℃. Cells were collected and disrupted in a lysis buffer (Luo *et al.*, 2014) by sonication on ice. Recombinant His_6-tagged protein in the supernatant was purified on Ni^{2+}-NTA resin (Qiagen, Germany) according to the manufacturer's protocol. Fractions eluted with 250 mmol/L imidazole were dialyzed against a binding buffer (20 mmol/L HEPES, pH 7.6, 1 mmol/L EDTA, 10 mmol/L $(NH_4)_2SO_4$, 1 mmol/L DTT, 0.2% Tween 20, 30 mmol/L KCl) at 4℃, and stored at –80℃.

4.6 Electrophoretic mobility shift assays (EMSAs)

EMSAs were performed as described previously using a DIG Gel Shift Kit (2nd Generation; Roche, USA) (Luo *et al.*, 2014). The promoter regions of *aveR*, *aveA1*, *aco*, *avaR1*, *avaR2*, *avaR3* and other putative AvaR2 target genes were obtained by PCR from WT genomic DNA using the primers listed in Table S2. PCR fragments were labeled at the 3′ end with digoxigenin (DIG) using terminal transferase, and used as probes in

EMSAs. Each binding reaction (20 μl) consisted of 1 μg poly [d(I-C)], 0.3 nmol/L labeled probe, and various concentrations of purified His_6-AvaR2 in the binding buffer. Reaction mixtures were incubated for 30 min at 25℃, analysed by electrophoresis using native 5% polyacrylamide gel run at 4℃ with 0.5×TBE as running buffer, and electrophoretically transferred to a positively charged nylon membrane (Roche, USA). Labeled DNAs were detected by chemiluminescence according to the manufacturer's instructions, and recorded on X-ray film.

For EMSAs with antibiotics, purified JadB, thiostrepton (Thi), oligomycin (Oli), avemectin (Ave) and its precursor C-5-O-B_1 were dissolved in DMSO, Chl and tetracycline (Tet) were dissolved in ethanol, hygromycin B (HygB) was dissolved in PBS buffer, and apramycin (Apr), kanamycin (Kan), streptomycin (Str) and ampicillin (Amp) were dissolved in deionized water. Dissolved compounds were added at a final concentration 10 mmol/L, and solvent controls were added at 10 μl in the reaction mixtures.

4.7 Chromatin immunoprecipitation-quantitative PCR (ChIP-qPCR)

Chromatin immunoprecipitation-quantitative (ChIP-qPCR) was performed as described by Wang *et al.* (2014b) with some modification. Mycelia of ΔavaR2/avaR2-3×FLAG cultured in soluble fermentation medium FM-II (Liu *et al.*, 2015) for various times were harvested and immersed in cross-linked buffer (0.4 mol/L sucrose, 1 mmol/L EDTA, 10 mmol/L Tris-Cl, pH 8.0) with 1% formaldehyde and 1% PMSF for 20 min at 28℃. Cross-linking was stopped by addition of glycine (final concentration 125 mmol/L) and incubation for another 5 min. Mycelia were collected, washed with PBS buffer, and frozen with liquid nitrogen. A pellet (~1 mg) was resuspended in 4 ml lysis buffer (50 mmol/L HEPES, pH 7.5, 1 mmol/L EDTA, 137 mmol/L NaCl, 0.1% deoxycholate Na, 1% Triton X-100, 0.1% SDS) and sonicated to break chromosomal DNA into ~200~500 bp fragments. The mixture was centrifuged at 13,500×*g* for 10 min at 4℃, and protein concentration in the supernatant was determined. Supernatant containing 2 mg total protein was diluted in 1 ml lysis buffer, precleared with 40 μl Protein G Sepharose (Roche, USA)/salmon sperm (SS) DNA/BSA for 60 min at 4℃, and centrifuged at 1,200×*g* for 1 min. The new supernatant was transferred to a new tube, added with 1 μl anti-FLAG mAb (Sigma, USA) or control IgG (Tiangen, China), incubated overnight at 4℃ with gentle rotation, added with 40 μl Protein G Sepharose/SS DNA/BSA, and incubated 2 h at 4℃. Sepharose beads were washed and the immune complexes were eluted from the beads as described by Wang *et al.* (2014b). 500 μl eluate was added with 20 μl of 5 mol/L NaCl, incubated at 65℃ for 4 h to reverse cross-linking, and subjected to phenol/chloroform extraction and isopropanol precipitation. DNA pellets were washed with 70% ethanol and resuspended in 120 μl double-distilled water. 2 μl immunoprecipitated DNA was used for qPCR, using the primer pairs listed in Table S2. Relative levels of AvaR2-coprecipitated DNAs were determined by comparison with their IgG controls.

4.8 Construction of biosensor strains and bioluminescence assay in *E. coli*

The promoter region of *aveR* was amplified by PCR with primers ZJY39 and ZY40 and ligated into the upstream of promoterless *lux* operon in reporter vector pCS26-*Pac* (Tahlan *et al.*, 2007) to obtain pOaveRlux, which was then transformed into *E. coli* JM109. For expression of AvaR2, the *avaR2* gene containing its Shine-Dalgarno sequence (RBS) and coding region was amplified with primers ZJY41 and ZY42. Following digestion with *Bam*H I, the 834 bp *avaR2* gene fragment was inserted into *Eco*R V/*Bam*H I-digested pACYC184 (Tahlan *et al.*, 2007) to generate pAvaR2. Control vector pACYC184 and AvaR2 expression vector pAvaR2 were transformed respectively into *E. coli* strain harboring POaveRlux. Bioluminescence of *E. coli* reporter cultures grown at 37℃ for 12 h or those supplemented with antibiotics was measured using a single-tube luminometer (Promega GloMax 20/20, USA).

4.9 DNase I footprinting

A fluorescence labelling method (Zianni *et al.*, 2006) was used for DNase I footprinting assays. To investigate the binding sites of AvaR2, labelled DNA fragments corresponding to the upstream regions of *aco*, *aveR*, *avaR1*, *avaR2* and *avaR3* were synthesized by PCR using 5′ FAM fluorescence-labelled primers as listed in Table S2. A footprinting reaction mixture (25 μl) consisting of 400 ng labelled probe and various amount of His_6-AvaR2 protein in binding buffer was incubated at 25℃ for 30 min. DNase I (0.016 U) was added, incubation continued for 40 s, and the digestion reaction was stopped by 60 mmol/L EDTA and heating at 80℃ for 10 min. Phenol/chloroform extraction was performed, DNA samples were precipitated by ethanol and subjected to capillary electrophoresis, and data were analyzed as described previously (Luo *et al.*, 2014).

4.10 5′ rapid amplification of cDNA ends (5′-RACE)

The transcriptional start site (TSS) of *aco* (*sav_3706*) was determined using a 5′/3′-RACE Kit (2nd Generation, Roche) following the manufacturer's instructions. In brief, total RNAs were prepared from a 6 day culture of WT grown in FM-I as described above. The cDNAs were synthesized from 2 μg of total RNAs using 20 pmol gene-specific primer acoSP1, purified using a DNA Recovery Kit (BioTeke Corp, China), and treated with terminal deoxynucleotidyl transferase to add an oligo-dA tail to the 3′ end. A first round of PCR was performed with tailed cDNA as template using oligo dT-anchor primer and another inner gene-specific primer acoSP2. To obtain a single specific band, a second round of PCR was performed with the original PCR product (10 fold dilution) as template, using an anchor primer and nested acoSP3 primer. The final PCR product was inserted into pMD19-T (TaKaRa) and sent for sequencing, which showed that the first nucleotide adjacent to the oligo-dA sequence was the TSS.

4.11 Production and analysis of avermectins

Fermentation process of *S. avermitilis* strains, and HPLC conditions for analysis of avermectin production in fermentation broth, were as described previously (Chen *et al.*, 2007).

4.12 Extraction of avenolide from *S. avermitilis* fermentation broth

The procedure was as described previously (Yang *et al.*, 2005) with some modifications. 100 ml fermentation broth of *S. avermitilis* WT strain cultured in FM-II for 2 days was extracted three times with equal volumes of ethyl acetate. The organic phase was dried in a vacuum rotary evaporator and redissolved in 1 ml of 20% methanol. The sample was evaporated again by vacuum freezing and redissolved in 400 μl sterile deionized water. For the binding reaction, 1.5 mg purified His_6-AvaR1 dissolved in 400 μl binding buffer was added to 400 μl concentrated extraction solution and shaken at 150 r/min for 12 h at 25℃. The reaction mixture was ultrafiltered three times at 3,000×*g* for 4 h at 4℃. The retentate mixture (800 μl) was adjusted to pH 2.0 with HCl for elution of avenolide from the AvaR1-avenolide complex, boiled 3 min, and centrifuged at 13,000×*g* for 10 min. The supernatant containing avenolide was concentrated under vacuum, dissolved in 20 μl sterile deionized water, and used for MS analysis and EMSAs.

References

Abrudan M I, Smakman F, Grimbergen A J, *et al.* 2015. Socially mediated induction and suppression of antibiosis during bacterial coexistence. Proc Natl Acad Sci USA, 112(35): 11054-11059.

Alguel Y, Meng C, Teran W, *et al.* 2007. Crystal structures of multidrug binding protein TtgR in complex with antibiotics and plant antimicrobials. J Mol Biol, 369(3): 829-840.

Bibb M J. 2005. Regulation of secondary metabolism in streptomycetes. Curr Opin Microbiol, 8(2): 208-215.

Bierman M, Logan R, O'brien K, *et al.* 1992. Plasmid cloning vectors for the conjugal transfer of DNA from *Escherichia coli* to *Streptomyces* spp. Gene, 116(1): 43-49.

Bunet R, Mendes M V, Rouhier, *et al.* 2008. Regulation of the synthesis of the angucyclinone antibiotic alpomycin in *Streptomyces ambofaciens* by the autoregulator receptor AlpZ and its specific ligand. J Bacteriol, 190(9): 3293-3305.

Burg R W, Miller B M, Baker E E, *et al.* 1979. Avermectins, new family of potent anthelmintic agents: producing organism and fermentation. Antimicrob Agents Chemother, 15(3): 361-367.

Chen L, Lu Y H, Chen J, *et al.* 2008. Characterization of a negative regulator AveI for avermectin biosynthesis in *Streptomyces avermitilis* NRRL8165. Appl Microbiol Biotechnol, 80(2): 277-286.

Chen Z, Wen J, Song Y, *et al.* 2007. Enhancement and selective production of avermectin B by recombinants of *Streptomyces avermitilis via* intraspecific protoplast fusion. Chin Sci Bull, 52(5): 616-622.

Choi S U, Lee C K, Hwang Y I, *et al.* 2003. Gamma-butyrolactone autoregulators and receptor proteins in non-*Streptomyces* actinomycetes producing commercially important secondary metabolites. Arch Microbiol, 180(4): 303-307.

Fajardo A, Martinez J L. 2008. Antibiotics as signals that trigger specific bacterial responses. Curr Opin Microbiol, 11(2): 161-167.

Folcher M, Gaillard H, Nguyen L T, *et al.* 2001. Pleiotropic functions of a *Streptomyces pristinaespiralis* autoregulator receptor in development, antibiotic biosynthesis, and expression of a superoxide dismutase. J Biol Chem, 276(47): 44297-44306.

Guo J, Zhang X, Chen Z, *et al.* 2014. Two adjacent and similar TetR family transcriptional regulator genes, *SAV577* and *SAV576*, co-regulate avermectin production in *Streptomyces avermitilis*. PLoS One, 9(6): e99224.

Guo J, Zhang X, Luo S, *et al.* 2013. A novel TetR family transcriptional regulator, SAV576, negatively controls avermectin biosynthesis in *Streptomyces avermitilis*. PLoS One, 8(8): e71330.

Guo J, Zhao J L, Li L L, *et al.* 2010. The pathway-specific regulator AveR from *Streptomyces avermitilis* positively regulates avermectin production while it negatively affects oligomycin biosynthesis. Mol Genet Genomics, 283(2): 123-133.

He F, Liu W S, Sun D, *et al.* 2014. Engineering of the TetR family transcriptional regulator SAV151 and its target genes increases avermectin production in *Streptomyces avermitilis*. Appl Microbiol Biotechnol, 98(1): 399-409.

Hoffman L R, D'Argenio D A, MacCoss M J, *et al.* 2005. Aminoglycoside antibiotics induce bacterial biofilm formation. Nature, 436(7054): 1171-1175.

Homerova D, Sevcikova B, Rezuchova B, *et al.* 2012. Regulation of an alternative sigma factor σ^I by a partner switching mechanism with an anti-sigma factor PrsI and an anti-anti-sigma factor ArsI in *Streptomyces coelicolor* A3(2). Gene, 492(1): 71-80.

Horinouchi S, Beppu T. 1994. A-factor as a microbial hormone that controls cellular differentiation and secondary metabolism in *Streptomyces griseus*. Mol Microbiol, 12(6): 859-864.

Horinouchi S, Beppu T. 2007. Hormonal control by A-factor of morphological development and secondary metabolism in *Streptomyces*. Proc Jpn Acad Ser B Phys Biol Sci, 83(9-10): 277-295.

Hosaka T, Xu J, Ochi K. 2006. Increased expression of ribosome recycling factor is responsible for the enhanced protein synthesis during the late growth phase in an antibiotic-overproducing *Streptomyces coelicolor* ribosomal *rpsL* mutant. Mol Microbiol, 61(4): 883-897.

Ikeda H, Ishikawa J, Hanamoto A, *et al.* 2003. Complete genome sequence and comparative analysis of the industrial microorganism *Streptomyces avermitilis*. Nat Biotechnol, 21(5): 526-531.

Ikeda H, Ōmura S. 1997. Avermectin Biosynthesis. Chem Rev, 97(7): 2591-2610.

Kato J Y, Funa N, Watanabe H, *et al.* 2007. Biosynthesis of gamma-butyrolactone autoregulators that switch on secondary metabolism and morphological development in *Streptomyces*. Proc Natl Acad Sci USA, 104(7): 2378-2383.

Kitani S, Ikeda H, Sakamoto T, *et al.* 2009. Characterization of a regulatory gene, *aveR*, for the biosynthesis of avermectin in

Streptomyces avermitilis. Appl Microbiol Biotechnol, 82(6): 1089-1096.

Kitani S, Miyamoto K T, Takamatsu S, *et al.* 2011. Avenolide, a *Streptomyces* hormone controlling antibiotic production in *Streptomyces avermitilis*. Proc Natl Acad Sci USA, 108(39): 16410-16415.

Kudo N, Kimura M, Beppu T, *et al.* 1995. Cloning and characterization of a gene involved in aerial mycelium formation in *Streptomyces griseus*. J Bacteriol, 177(22): 6401-6410.

Kurniawan Y N, Kitani S, Iida A, *et al.* 2015. Regulation of production of the blue pigment indigoidine by the pseudo gamma-butyrolactone receptor FarR2 in *Streptomyces lavendulae* FRI-5. J Biosci Bioeng, 121(4):372-379.

Li X, Wang J, Li S S, *et al.* 2015. ScbR- and ScbR2-mediated signal transduction networks coordinate complex physiological responses in *Streptomyces coelicolor*. Sci Rep, 5: 14831.

Liu G, Chater K F, Chandra G, *et al.* 2013a. Molecular regulation of antibiotic biosynthesis in *Streptomyces*. Microbiol Mol Biol Rev, 77(1): 112-143.

Liu W S, Zhang Q L, Guo J, *et al.* 2015. Increasing avermectin production in *Streptomyces avermitilis* by manipulating the expression of a novel TetR-family regulator and its target gene product. Appl Environ Microbiol, 81(15): 5157-5173.

Liu Y P, Yan T T, Jiang L B, *et al.* 2013b. Characterization of SAV7471, a TetR-family transcriptional regulator involved in the regulation of coenzyme A metabolism in *Streptomyces avermitilis*. J Bacteriol, 195(19): 4365-4372.

Luo S, Sun D, Zhu J Y, *et al.* 2014. An extracytoplasmic function sigma factor, σ^{25}, differentially regulates avermectin and oligomycin biosynthesis in *Streptomyces avermitilis*. Appl Microbiol Biotechnol, 98(16): 7097-7112.

MacNeil D J, Klapko L M. 1987. Transformation of *Streptomyces avermitilis* by plasmid DNA. J Ind Microbiol, 2: 209-218.

Miyamoto K T, Kitani S, Komatsu M, *et al.* 2011. The autoregulator receptor homologue AvaR3 plays a regulatory role in antibiotic production, mycelial aggregation and colony development of *Streptomyces avermitilis*. Microbiology, 157(Pt 8): 2266-2275.

Ōmura S, Ikeda H, Ishikawa J, *et al.* 2001. Genome sequence of an industrial microorganism *Streptomyces avermitilis*: deducing the ability of producing secondary metabolites. Proc Natl Acad Sci USA, 98(21): 12215-12220.

Pullan S T, Chandra G, Bibb M J, *et al.* 2011. Genome-wide analysis of the role of GlnR in *Streptomyces venezuelae* provides new insights into global nitrogen regulation in actinomycetes. BMC Genomics, 12: 175-189.

Romero D, Traxler M F, Lopez D, *et al.* 2011. Antibiotics as signal molecules. Chem Rev, 111(9): 5492-5505.

Tahlan K, Ahn S K, Sing A, *et al.* 2007. Initiation of actinorhodin export in *Streptomyces coelicolor*. Mol Microbiol, 63(4): 951-961.

Takano E. 2006. Gamma-butyrolactones: *Streptomyces* signalling molecules regulating antibiotic production and differentiation. Curr Opin Microbiol, 9(3): 287-294.

Takano E, Chakraburtty R, Nihira T, *et al.* 2001. A complex role for the gamma-butyrolactone SCB1 in regulating antibiotic production in *Streptomyces coelicolor* A3(2). Mol Microbiol, 41(5): 1015-1028.

Takano E, Kinoshita H, Mersinias V, *et al.* 2005. A bacterial hormone (the SCB1) directly controls the expression of a pathway-specific regulatory gene in the cryptic type I polyketide biosynthetic gene cluster of *Streptomyces coelicolor*. Mol Microbiol, 56(2): 465-479.

Takano E, Nihira T, Hara Y, *et al.* 2000. Purification and structural determination of SCB1, a gamma-butyrolactone that elicits antibiotic production in *Streptomyces coelicolor* A3(2). J Biol Chem, 275(15): 11010-11016.

Wang J B, Zhang F, Pu J Y, *et al.* 2014a. Characterization of AvaR1, an autoregulator receptor that negatively controls avermectins production in a high avermectin-producing strain. Biotechnol Lett, 36(4): 813-819.

Wang J, Wang W S, Wang L Q, *et al.* 2011. A novel role of 'pseudo' γ-butyrolactone receptors in controlling gamma-butyrolactone biosynthesis in *Streptomyces*. Mol Microbiol, 82(1): 236-250.

Wang W S, Ji J J, Li X, *et al.* 2014b. Angucyclines as signals modulate the behaviors of *Streptomyces coelicolor*. Proc Natl Acad Sci USA, 111(15): 5688-5693.

Wang W S, Li X, Li Y, *et al.* 2015. A genetic biosensor for identification of transcriptional repressors of target promoters. Sci Rep, 5: 15887.

Willey J M, Gaskell A A. 2011. Morphogenetic signaling molecules of the streptomycetes. Chem Rev, 111(1): 174-187.

Xu G M, Wang J, Wang L Q, *et al.* 2010. "Pseudo" γ-butyrolactone receptors respond to antibiotic signals to coordinate antibiotic biosynthesis. J Biol Chem, 285(35): 27440-27448.

Yang R J, Liu X C, Wen Y, *et al.* 2015. The PhoP transcription factor negatively regulates avermectin biosynthesis in *Streptomyces avermitilis*. Appl Microbiol Biotechnol, 99(24): 10547-10557.

Yang Y H, Joo H S, Lee K, *et al.* 2005. Novel method for detection of butanolides in *Streptomyces coelicolor* culture broth, using a His-tagged receptor (ScbR) and mass spectrometry. Appl Environ Microbiol, 71(9): 5050-5055.

Yonekawa T, Ohnishi Y, Horinouchi S, 1999. Involvement of *amfC* in physiological and morphological development in *Streptomyces coelicolor* A3(2). Microbiology, 145(Pt 9): 2273-2280.

Yu Z, Reichheld S E, Savchenko A, *et al.* 2010. A comprehensive analysis of structural and sequence conservation in the TetR family transcriptional regulators. J Mol Biol, 400(4): 847-864.

Zhao J L, Wen Y, Chen Z, *et al.* 2007. An *adpA* homologue in *Streptomyces avermitilis* is involved in regulation of morphogenesis and melanogenesis. Chin Sci Bull, 52(5): 623-630.

Zhuo Y, Zhang W Q, Chen D F, *et al.* 2010. Reverse biological engineering of *hrdB* to enhance the production of avermectins in an industrial strain of *Streptomyces avermitilis*. Proc Natl Acad Sci USA, 107(25): 11250-11254.

Zianni M, Tessanne K, Merighi M, *et al.* 2006. Identification of the DNA bases of a DNase I footprint by the use of dye primer sequencing on an automated capillary DNA analysis instrument. J Biomol Tech, 17(2): 103-113.

Supplementary material: https://onlinelibrary.wiley.com/action/downloadSupplement?doi=10.1111%2Fmmi.13479&file=mmi13479-sup-0001-suppinfo1.pdf

本文原载: Molecular Microbiology, 2016, 102(4): 562-578.

SAV742, a Novel AraC-Family Regulator from *Streptomyces avermitilis*, Controls Avermectin Biosynthesis, Cell Growth and Development*

Di Sun, Jianya Zhu, Zhi Chen, Jilun Li, Ying Wen
(State Key Laboratory of Agrobiotechnology and MOA Key Laboratory of Soil Microbiology, College of Biological Sciences, China Agricultural University, Beijing, 100193, China)

Abstract

Avermectins are useful anthelmintic antibiotics produced by *Streptomyces avermitilis*. We demonstrated that a novel AraC-family transcriptional regulator in this species, SAV742, is a global regulator that negatively controls avermectin biosynthesis and cell growth, but positively controls morphological differentiation. Deletion of its gene, *sav_742*, increased avermectin production and dry cell weight, but caused delayed formation of aerial hyphae and spores. SAV742 directly inhibited avermectin production by repressing transcription of *ave* structural genes, and also directly regulated its own gene (*sav_742*) and adjacent gene *sig8* (*sav_741*). The precise SAV742-binding site on its own promoter region was determined by DNase I footprinting assay coupled with site-directed DNA mutagenesis, and 5 nt inverted repeats (GCCGA-n_{10}/n_{12}-TCGGC) were found to be essential for SAV742 binding. Similar 5 nt inverted repeats separated by 3 nt, 10 nt or 15 nt were found in the promoter regions of target *ave* genes and *sig8*. The SAV742 regulon was predicted based on bioinformatic analysis. Twenty-six new SAV742 targets were identified and experimentally confirmed, including genes involved in primary metabolism, secondary metabolism and development. Our findings indicate that SAV742 plays crucial roles in not only avermectin biosynthesis but also coordination of complex physiological processes in *S. avermitilis*.

1. Introduction

Soil-inhabiting species of *Streptomyces* are Gram-positive filamentous bacteria having a complex life cycle that begins with spore germination to form branched multinucleoid vegetative hyphae. The subsequent differentiation process results in formation of erect sporogenic aerial hyphae, followed by chains of unigenomic spores (Flardh and Buttner, 2009). During the initiation of morphological differentiation, most *Streptomyces* species produce bioactive secondary metabolites, including a variety of many important antibiotics with antimicrobial, antitumor, anthelmintic and immunosuppressive activities (Demain, 2002; Challis and Hopwood, 2003). The processes of morphological differentiation and antibiotic biosynthesis are

*This study was supported by National Natural Science Foundation of China (Grant No. 31170045). The authors are grateful to Dr. S. Anderson for English editing of the manuscript.

typically under the tight control of multiple transcriptional regulators that sense and respond to numerous environmental and physiological signals, including nutrient depletion, environmental stress, imbalanced metabolism, growth rate and small signaling molecules such as ppGpp, γ-butyrolactone and c-di-GMP (Chater, 2001; Bibb, 2005; van Wezel and McDowall, 2011; Liu *et al.*, 2013; Kahrstrom, 2014; Tschowri *et al.*, 2014). The genes responsible for antibiotic synthesis are typically clustered and under the direct control of cluster-situated regulators (CSRs) that are controlled in turn by various types of higher-level pleiotropic regulators, thus forming a complex regulatory network (Bibb, 2005; van Wezel and McDowall, 2011; Liu *et al.*, 2013).

Bacterial transcriptional regulators are classified into ~50 families on the basis of sequence alignment and structural and functional criteria (Romero-Rodriguez *et al.*, 2015). Among the known transcriptional factors in *Streptomyces*, AraC family members participate in the control of genes involved in important biological processes such as carbon source utilization, morphological differentiation, secondary metabolism, pathogenesis and stress responses (Romero-Rodriguez *et al.*, 2015). The functions of many AraC family members remain unknown. Proteins of this family consist of two domains: a variable N-terminal domain involved in dimerization and ligand binding, and a C-terminal conserved helix-turn-helix (HTH) DNA-binding domain. AdpA from *S. griseus*, the best-studied AraC family transcriptional regulator in the genus, plays a central role in the A-factor regulatory cascade. Transcription of the encoding *adpA* gene is triggered by A-factor, which activates hundreds of target genes that are involved in morphological differentiation and also secondary metabolism (Ohnishi *et al.*, 2005; Higo *et al.*, 2012). In the model *S. coelicolor*, AdpA acts as a master regulator that coordinates processes of differentiation and secondary metabolism (Nguyen *et al.*, 2003; Wolanski *et al.*, 2011). Certain AraC family members besides AdpA are also involved in regulation of secondary metabolism. In *S. hygroscopicus*, RapG is an essential activator of rapamycin biosynthesis by positively regulating transcription of rapamycin polyketide synthase genes *rapA* and *rapB* (Kuscer *et al.*, 2007). NanR4 in *S. nanchangensis* is a repressor of nanchangmycin biosynthesis (Yu *et al.*, 2012b). Pathogenicity of many plant-pathogenic *Streptomyces* strains depends on synthesis of thaxtomin A, a potent cellulose biosynthesis inhibitor (Loria *et al.*, 2008). In the well-studied phytopathogen *S. scabies*, TxtR is required for activating transcription of thaxtomin biosynthetic genes *txtA*, *txtB* and *txtC*, and plays a crucial role in thaxtomin biosynthesis and virulence (Loria *et al.*, 2008).

S. avermitilis produces avermectins, a series of 16-membered macrocyclic anthelmintic antibiotics widely utilized in medicine, agriculture and animal husbandry (Burg *et al.*, 1979; Egerton *et al.*, 1979). Because of the importance of avermectins, many groups have attempted to elucidate the biosynthetic pathway, improve yield, generate new active derivatives and identify regulatory factors (Yoon *et al.*, 2004; Thuan *et al.*, 2014; Zhuo *et al.*, 2014). However, the use of targeted genetic engineering for construction of avermectin high-producing strains has been limited because the complex regulatory mechanisms of avermectin biosynthesis are poorly understood. *aveR* in avermectin biosynthesis gene cluster encodes a LuxR family cluster-situated activator (Kitani *et al.*, 2009; Guo *et al.*, 2010). We demonstrated recently that PhoP is a direct repressor of *aveR* (Yang *et al.*, 2015), but no other regulators have been shown to control avermectin biosynthesis directly *via aveR*, or *via ave* structural genes. The complete genome sequencing of *S. avermitilis* revealed 26 encoded AraC family transcriptional regulators (Ikeda *et al.*, 2003), of which only AdpA has been reported to be involved in morphogenesis and melanogenesis by our group (Zhao *et al.*, 2007). The functions of the other 25 AraC family members remain to be elucidated.

In a search for novel regulators of avermectin biosynthesis, we previously applied a whole-genome chip to compare transcriptomes of *S. avermitilis* wild-type strain and avermectin high-producing strain 76-02-e (Guo *et al.*, 2013). We observed that transcription level of *sav_742*, which encodes an AraC-family transcriptional regulator, was greatly down-regulated in 76-02-e, suggesting that SAV742 is involved in control of avermectin production. In the present study, we characterized SAV742 as a new global regulator in *S. avermitilis*. SAV742 acts as a direct repressor of avermectin production by directly controlling transcription of several avermectin biosynthetic genes, and also affects cell growth and morphological development. We predicted the SAV742 regulon based on the consensus binding motif of SAV742, and identified new target genes involved in primary metabolism, secondary metabolism and morphological differentiation.

2. Results

2.1 SAV742 affects avermectin production, cell growth and morphological differentiation

The *sav_742* gene, located 0.24 Mb from the *ave* cluster in the left arm of the *S. avermitilis* chromosome, contains 996 nucleotides (nt) and encodes a 331-amino-acid AraC family transcriptional factor that includes an N-terminal ligand-binding domain and a conserved C-terminal helix-turn-helix (HTH) DNA-binding domain homologous to AraC. *sig8* (*sav_741*), a convergently transcribed gene located 377 nt upstream of *sav_742*, encodes a sigma70 family alternative sigma factor. *sav_743*, a convergently transcribed gene located 671 nt downstream of *sav_742*, encodes a putative peptidase inhibitor (Fig. 1a). BLAST analysis revealed that SAV742 homologs are distributed widely among *Streptomyces* species, reflecting the important role of this transcriptional regulator in the genus.

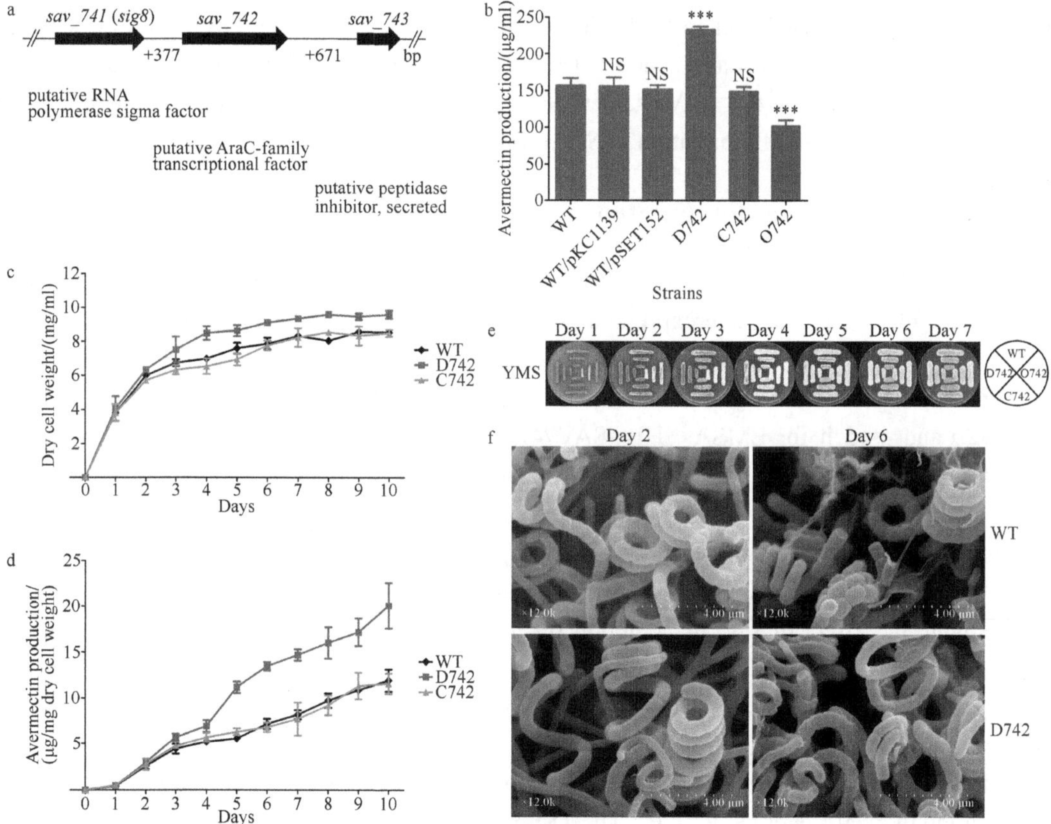

Fig. 1　Effects of *sav_742* deletion and overexpression on avermectin production, cell growth and morphological differentiation in *S. avermitilis* (Color figure in the two-dimensional code at the back cover)

a. Schematic diagram of *sav_742* and its neighboring genes. b. Avermectin yield in WT strain, *sav_742* deletion mutant (D742), complemented strain (C742) and overexpression strain (O742) after fermentation in FM-I for 10 days. Error bar: standard deviation from three replicate experiments. ***, $P<0.001$; NS, not significant (Student's *t*-test). c. Growth curves of WT, D742 and C742 in soluble FM-II. d. Avermectin production per mg dry cell weight of WT, D742 and C742 in soluble FM-II. e. Phenotypes of WT, D742, C742 and O742 grown on YMS agar. f. SEM images showing morphological development of WT and D742 grown on YMS for 2 or 6 days

To elucidate the function of SAV742 in *S. avermitilis*, we constructed *sav_742* deletion mutant D742 by homologous recombination (see Supplementary Fig. S1 online). Shake-flask fermentation and HPLC analysis showed that avermectin production of D742 grown in FM-I for 10 days was ~49% higher than that of WT strain ATCC 31267 (Fig. 1b). In comparison with WT level, avermectin yield was restored in complemented strain C742, and reduced ~35% in *sav_742* overexpression strain O742. Avermectin contents of vector control strains WT/pSET152 and WT/pKC1139 were nearly the same as that of WT. These findings suggest that SAV742 negatively regulates avermectin production.

To investigate whether avermectin overproduction in D742 was due to changed cell growth, we determined biomass and avermectin yield of WT, D742 and C742 cultured in soluble FM-II (Guo *et al.*, 2010). Dry weight and avermectin yield per unit dry weight were higher for D742 than for WT or C742 (Fig. 1c, 1d), indicating that SAV742 affects both avermectin production and cell growth, and that the increased avermectin yield of D742 resulted at least in part from increased cell growth.

To evaluate the effect of *sav_742* deletion and overexpression on morphological differentiation, spores of strains WT, D742, C742 and O742 were streaked on YMS plates for phenotypic observation. In comparison with WT, D742 showed notably delayed formation of aerial hyphae and spores. The WT phenotype was restored in C742, while O742 displayed earlier differentiation and sporulation (Fig. 1e). Scanning electron microscopy (SEM) was performed to examine the effect of *sav_742* deletion in greater detail. Degree of separation of aerial hyphae was lower in D742 than in WT on day 2, although the two strains showed nearly identical spore size and shape on days 2 and 6 (Fig. 1f); *i.e.*, differentiation was delayed in D742. These findings, taken together, indicate that SAV742 acts as a global regulator to modulate avermectin biosynthesis, cell growth and morphological differentiation in *S. avermitilis*.

2.2 SAV742 is negatively autoregulated

To identify SAV742 target genes, we performed electrophoretic mobility shift assays (EMSAs) using soluble His_6-SAV742 that was overexpressed in and purified from *Escherichia coli*. AraC family transcriptional factors are generally autoregulated (Gallegos *et al.*, 1997; Kato *et al.*, 2005; Schleif, 2010). To determine whether SAV742 directly regulates its own gene, we labeled the promoter region of *sav_742* as probe *sav_742p* and used it for EMSAs. His_6-SAV742 did not bind to negative control probe I, but bound specifically to probe *sav_742p* and generated a clearly shifted band (Fig. 2a). Binding specificity was examined by competitive assays with a 300-fold excess of unlabeled specific probe *sav_742p* (lane S), which abolished binding of SAV742 to labeled probe *sav_742p*, or of nonspecific probe I (lane N), which did not reduce the retarded signal. BSA was used as negative protein control.

To investigate the effect of *sav_742* deletion on the expression of its own gene, *sav_742* transcription level in WT and D742 grown in FM-I was analyzed by quantitative real-time RT-PCR (qRT-PCR). *sav_742* transcription level was higher in D742 than in WT on days 2 and 6 (Fig. 2b), indicating that SAV742 represses its own transcription.

To clarify the mechanism whereby SAV742 regulates its own gene, we determined the *sav_742* TSS by 5′ rapid amplification of cDNA ends (5′-RACE). The TSS was localized to G (see Supplementary Fig. S2 online), 24 nt upstream of the *sav_742* translational start codon. Subsequent DNase I footprinting assays revealed that SAV742 protected a 54 nt region on the *sav_742* promoter region (Fig. 2c). The binding sequence of SAV742 is located far upstream of the *sav_742* TSS, extending from positions –266 to –213 nt relative to the TSS (Fig. 2d). Analogously, ScbR2 was shown to directly repress *kasO* (Wang *et al.*, 2011). The mechanism of such transcriptional repression remains to be clarified. Perhaps SAV742 molecules on the binding site produce a higher-order DNA-protein structure that prevents RNA polymerase binding to the *sav_742* promoter, or recruit other repressors.

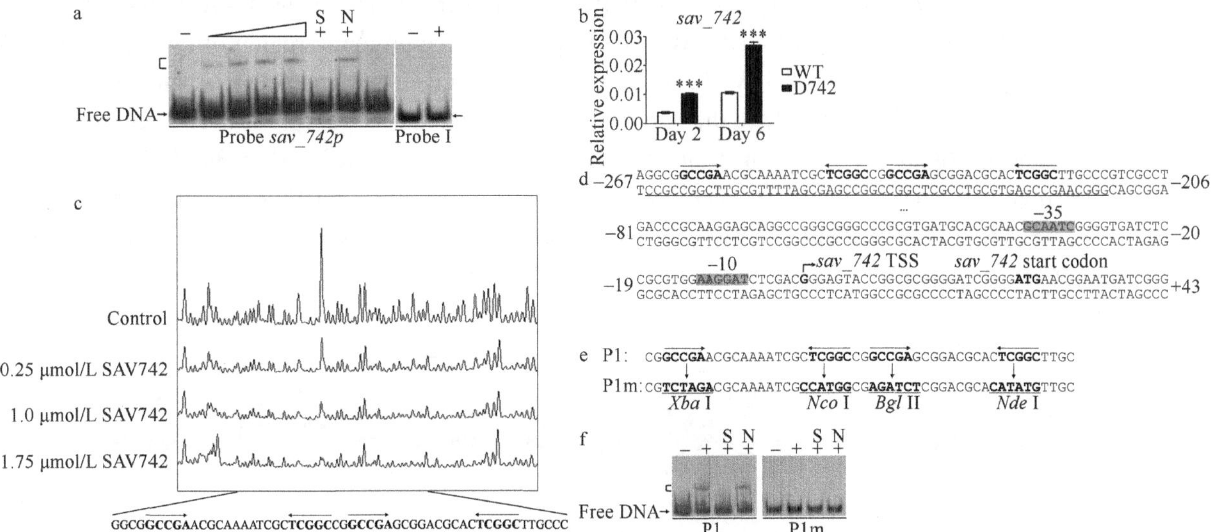

Fig. 2 SAV742 directly represses its own gene

a. EMSAs of the interaction of His_6-SAV742 with its own promoter region. 0.15 nmol/L labeled probe was added to each reaction mixture. For specific (lane S) or nonspecific (lane N) competition assays, a 300-fold excess of unlabeled competitor DNA was used. 0.1% BSA and labeled nonspecific probe I were used as negative protein and probe controls, respectively. Lanes –: EMSAs without His_6-SAV742. Lanes 2 to 5 contained 125 nmol/L, 250 nmol/L, 375 nmol/L, and 500 nmol/L His_6-SAV742, respectively. 500 nmol/L His_6-SAV742 was used for competition assays and probe I (Lanes +). Arrows: free probes. Bracket: SAV742-DNA complex. b. qRT-PCR analysis of *sav_742* transcription level in WT and D742 grown in FM-I for 2 or 6 days. Relative values were obtained using 16S rRNA as internal reference. *sav_742*: 81 bp transcript amplified from the remaining *sav_742* ORF in D742 with primers SD66A and SD66B. ***, $P<0.001$ (Student's *t*-test). c. Determination of SAV742-binding sites on its own promoter region by DNase I footprinting assay. Top fluorogram: control reaction without protein. Protection regions were acquired with increasing concentrations (0.25 μmol/L, 1.0 μmol/L, 1.75 μmol/L) of His_6-SAV742 protein. d. Nucleotide sequences of *sav_742* promoter region and SAV742-binding sites. Numbers indicate distance (nt) from *sav_742* TSS. Bent arrow: *sav_742* TSS. Straight arrows: inverted repeats. Shaded areas: putative –10 and –35 regions. Underlining: SAV742-binding site. e. Mutational analysis of SAV742-binding sites. Each probe was 50 bp. Mutations were introduced into WT probe P1 to generate mutated probe P1m. Underlining: altered nucleotides. f. EMSAs using WT probe P1 and mutated probe P1m. Each lane contained 0.15 nmol/L labeled probe. A 300-fold excess of unlabeled competitor probe was used in competition assays. His_6-SAV742 concentration: 500 nmol/L

AraC family transcriptional factors generally form symmetric dimers and bind to palindromic sequences (Gallegos *et al.*, 1997; Kato *et al.*, 2005; Schleif, 2010). DNAMAN analysis of the SAV742-binding site revealed two perfect palindromic sequences, both including identical 5 nt inverted repeats separated by 10 or 12 nt (GCCGA-n_{10}/n_{12}-TCGGC) (Fig. 2c, 2d). To test the importance of the palindromic sequences in SAV742 binding, site-directed mutagenesis of WT probe P1 (within the binding site) was performed on the inverted repeats (Fig. 2e). Binding activities of SAV742 with WT probe P1 or mutated probe P1m (lacking inverted repeats) were determined by EMSAs. In contrast to P1, P1m showed no binding to SAV742 (Fig. 2f). These findings indicate that the 5 nt inverted repeats are essential for SAV742 binding. Such 5 nt inverted repeats separated by 15 nt (GCCGACCAAAGTGTCT TTGGTCGGC) were found on the promoter region of the gene adjacent to *sav_742*, *sig8* (*sav_741*). Results of EMSAs and qRT-PCR showed that SAV742 directly activates *sig8* expression (see Supplementary Fig. S3a, 3b online), indicating that spacer sequence and spacer length between the 5 nt inverted repeats are not important for SAV742 binding.

2.3 SAV742 directly represses *ave* structural genes

Transcriptional factors generally bind to similar DNA motifs in the regulatory regions of target genes.

EMSAs and footprinting assays revealed the presence of 5 nt inverted repeats that play an important role in SAV742 binding. Similar imperfect 5 nt inverted repeats separated by 3 nt or 10 nt were present in several promoter regions of the *ave* gene cluster: the bidirectional promoter regions of *aveA1-aveD* (GCCGAGCA TTGCC) and *aveA4-orf1* (GCCGATCCGAG AGCGCAGGC), and the promoter region of *aveF* (ACCGCTA GGCAATGCTCGGC). The ability of SAV742 to bind to these promoter regions was evaluated by EMSAs. Purified His_6-SAV742 bound specifically to the intergenic regions of *aveA1-aveD* (probe *aveA1_aveD*_int) and *aveA4-orf1* (probe *aveA4_orf1*_int), and the promoter region of *aveF* (probe *aveFp*) (Fig. 3a). It did not bind to the promoter region of cluster-situated activator gene *aveR* (probe *aveRp*), which is essential for activating transcription of *ave* structural genes. These findings suggest that SAV742 regulates avermectin production through direct control of *ave* structural genes, rather than *aveR*.

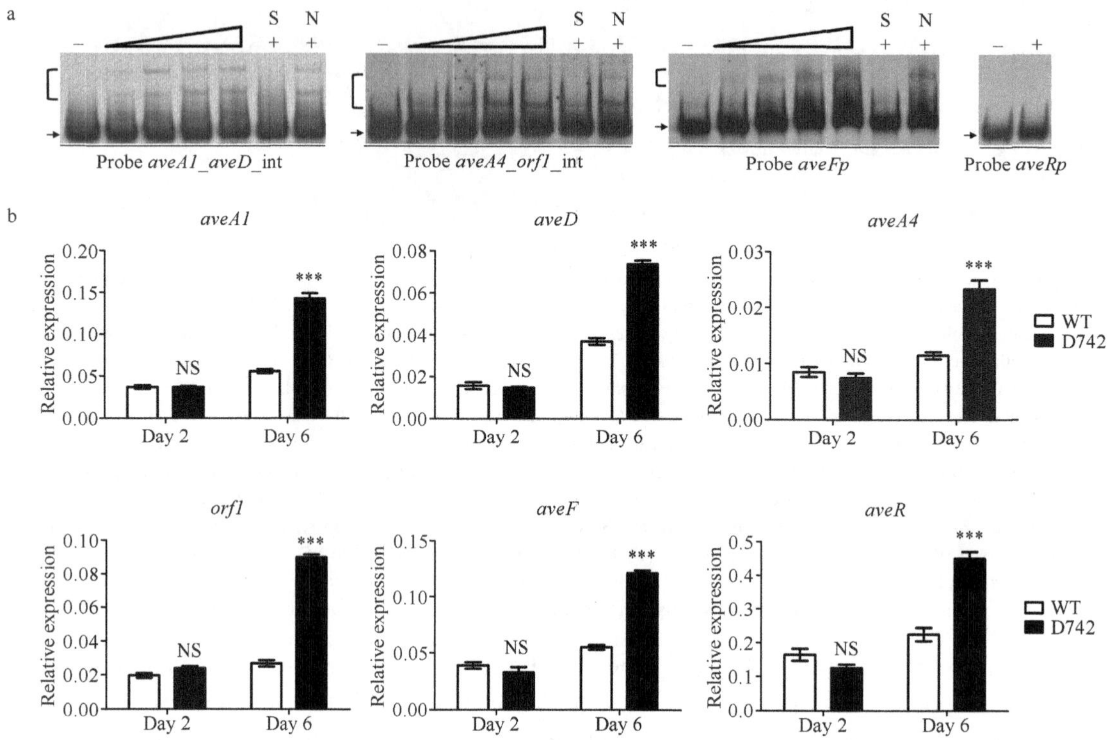

Fig. 3 SAV742 directly represses transcription of *ave* structural genes

a. EMSAs of SAV742 binding to intergenic regions of *aveA1-aveD* and *aveA4-orf1*, and the *aveF* promoter region. EMSA conditions as described for Fig. 2a. b. qRT-PCR analysis of *aveA1, aveD, aveA4, orf1, aveFp* and *aveRp* in WT and D742 grown in FM-I. ***, $P<0.001$; NS, not significant (Student's *t*-test)

qRT-PCR analysis was performed to assess the effect of SAV742 on expression of target *ave* structural genes. Transcription levels of *aveA1*, *aveD*, *aveA4*, *orf1* and *aveF* did not differ significantly between D742 and WT on day 2, but were higher in D742 on day 6 (Fig. 3b), consistent with the increased avermectin production in D742. Thus, SAV742 appears to directly repress transcription of target *ave* structural genes primarily in the mid-to-late stage of fermentation. *aveR* transcription level was also increased in D742 on day 6 (Fig. 3b), contributing to increased avermectin production. However, the repressing effect of SAV742 on *aveR* was indirect.

2.4 Prediction of the SAV742 regulon

Analysis of 5 nt inverted repeats in the five SAV742-binding promoter regions mentioned above (*sav_742p*, *sig8p*, *aveA1_aveD*_int, *aveA4_orf1*_int, *aveFp*) revealed a consensus sequence RCCGM-n_3/n_{10}/n_{12}/n_{15}-YHGSC (R=A/G; M=A/C; Y=C/T; H=A/C/T; S=G/C). Because spacer length is not important for SAV742 binding, we used palindromic sequence RCCGM-$n_{0\sim15}$-YHGSC to scan the *S. avermitilis* genome, using the RSAT (Regulatory Sequence Analysis Tools) web-based application (http://embnet.ccg.unam.mx/rsa-tools/) to search for new putative SAV742 target genes. A total of 3,278 putative SAV742 target genes were identified, of which over half (1,747) have unknown function or are unclassified (see Supplementary Table S1 online). The remaining 1531 putative targets are listed in Supplementary Table S1 online and include the confirmed SAV742 targets (*sav_742*, *sig8*, *aveA1*, *aveD*, *aveA4*, *orf1*, *aveF*), as expected. Among the 1,531 genes, 350 are associated with regulatory functions, and the rest were assigned to 17 groups based on the KEGG *S. avermitilis* pathways database (http://www.genome.jp/kegg-bin/show_organism?org=sma)(see Supplementary Table S1 online), reflecting the extent and complexity of the SAV742 regulatory network.

2.5 Targets of SAV742 involved in secondary metabolism and development

The 84 predicted targets of SAV742 are involved in secondary metabolism, including the confirmed five target *ave* genes for avermectin biosynthesis (see Supplementary Table S1 online). Among 350 putative SAV742 targets having regulatory function, three have been reported to negatively regulate avermectin production: *avaR1* (*sav_3705*, encoding a putative gamma-butyrolactone receptor protein) (Kitani *et al.*, 2011; Wang *et al.*, 2014), *sig25* (*sav_3351*, encoding an ECF sigma factor) and *smrA* (*sav_3352*, encoding a two-component system response regulator) (Luo *et al.*, 2014). EMSAs showed that SAV742 bound specifically to the *avaR1* promoter region and *sig25_smrA* bidirectional promoter region (Fig. 4a). Transcription levels of *sig25*, *smrA* and *avaR1* were all down-regulated in D742 (Fig. 4b), consistent with the increased avermectin yield in this mutant. These findings indicate that SAV742 regulates avermectin production both directly and *via* regulatory cascades.

Some putative SAV742 target genes associated with biosynthesis of other secondary metabolites were selected for EMSA evaluation, including genes involved in oligomycin biosynthesis: *olmRI* (*sav_2902*, encoding a LuxR-family pathway-specific activator) (Yu *et al.*, 2012a), *olmA1* (*sav_2899*, encoding a modular polyketide synthase) and *olmA4* (*sav_2892*, encoding a modular polyketide synthase); in melanin biosynthesis: *melC1* (*sav_1136*) and *melC1-2* (*sav_5361*), both encoding tyrosinase co-factor proteins; in filipin biosynthesis: *pteF* (*sav_409*, encoding a LuxR-family pathway-specific activator) (Vicente *et al.*, 2014), *pteR* (*sav_410*, encoding a DnrI/RedD/AfsR-family putative pathway-specific activator) and *pteA1* (*sav_419*, encoding a modular polyketide synthase) (Vicente *et al.*, 2014); in lycopene biosynthesis: *crtU* (*sav_1019*, encoding a beta-carotene desaturase/methylase), *crtY* (*sav_1021*, encoding a lycopene cyclase) and *crtE* (*sav_1022*, encoding a geranylgeranyl diphosphate synthase); in biosynthesis of unknown secondary metabolites: *pks1-3* (*sav_7362*) and *pks3-2* (*sav_2281*), encoding putative modular polyketide synthases that belong respectively to the *pks1* and *pks3* cluster. The EMSA results showed that SAV742 bound to the promoter regions of *olmA4*, *pks1-3*, *pks3-2* and *pteF-pteR* (bidirectional), but not to those of *olmRI*, *olmA1*, *melC1*, *melC1-2*, *pteA1*, *crtU* or *crtY-crtE* (bidirectional) (Fig. 4a). Transcription levels of *olmA4*, *pteF*, *pteR*, *pks1-3* and *pks3-2* were all reduced in D742 (Fig. 4b), indicating that SAV742 acts as an activator of these newly identified target genes related to secondary metabolism.

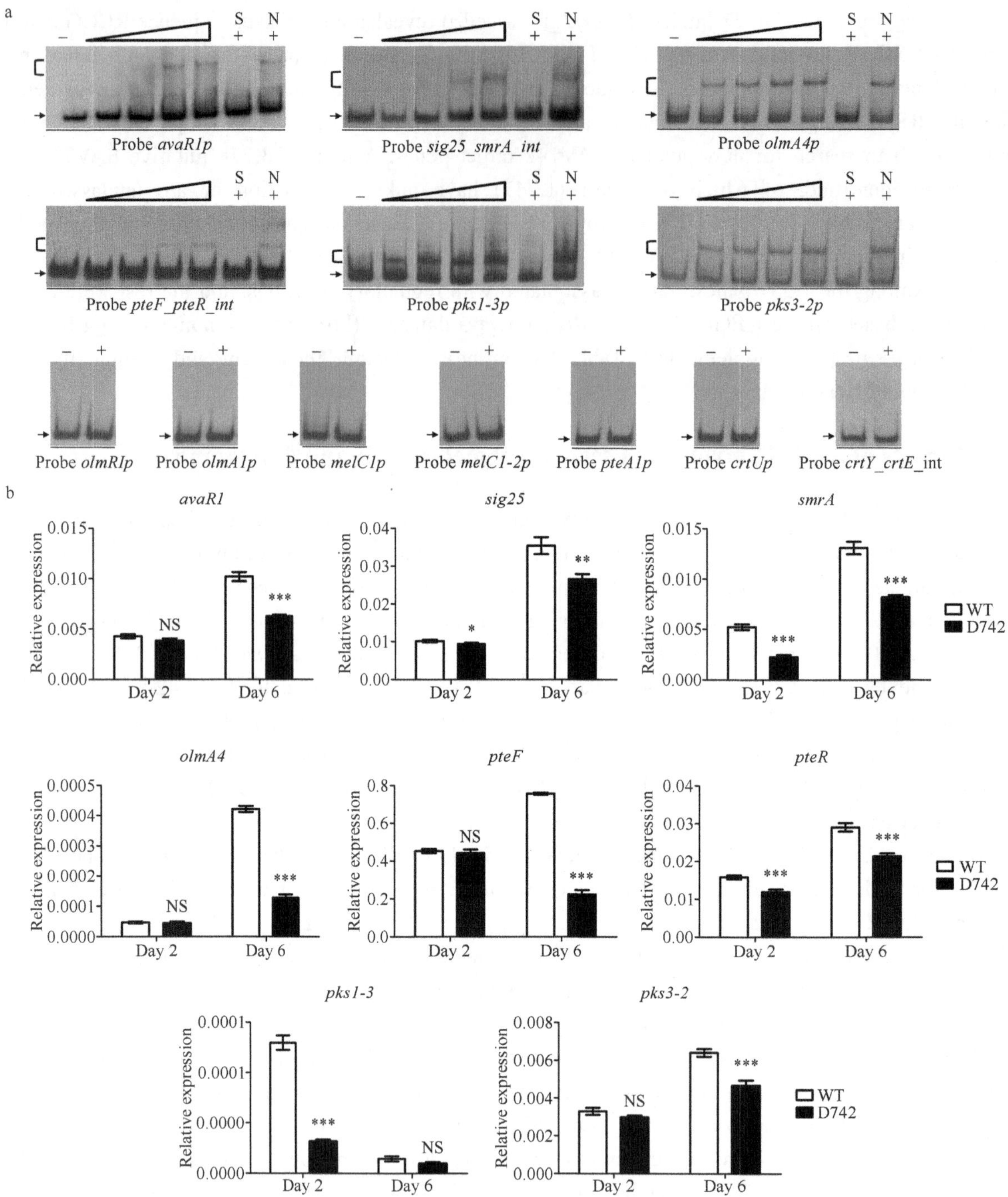

Fig. 4 Predicted new target genes involved in secondary metabolism

a. EMSAs of His$_6$-SAV742 with promoter regions of 16 predicted target genes. b. qRT-PCR analysis of 8 newly identified SAV742 target genes in WT and D742. *, P<0.05; **, P<0.01; ***, P<0.001; NS, not significant (Student's t-test)

Our phenotypic observations showed that SAV742 affects morphological differentiation. We therefore performed EMSAs on several putative SAV742 targets involved in morphological differentiation: *amfC* (*sav_4026*, encoding an aerial mycelium-associated protein) (Yonekawa *et al.*, 1999), *amfR* (*sav_7499*, encoding a two-component system response regulator essential for aerial hyphae formation) (Yamazaki *et al.*, 2003), *whiB* (*sav_5042*, encoding a WhiB-family transcriptional regulator essential for sporulation) (Davis and

Chater, 1992), *ssgC* (*sav_6810*, encoding a putative cell division protein homologous to *ssgB* in *S. coelicolor*) (Keijser *et al.*, 2003), *ftsH* (*sav_4666*, encoding a putative cell division protein) and *ftsZ* (*sav_6124*, encoding a putative cell division GTPase). The results showed that SAV742 bound to the promoter regions of *amfC*, *whiB* and *ssgC*, but not to those of *amfR*, *ftsH* or *ftsZ* (Fig. 5a). Transcription levels of *amfC*, *whiB* and *ssgC* were determined by qRT-PCR using RNAs extracted from WT and D742 grown on YMS plates for 36 h (vegetative growth stage), 48 h (aerial growth stage), 72 h (early stage of sporulation) or 120 h (spore maturation stage). Transcription levels of *whiB* and *ssgC* were lower in D742 than in WT at various time points (Fig. 5b). *amfC* expression level was lower in D742 than in WT at 36 h and 48 h, and was zero at 72 h and 120 h in both strains. These findings are consistent with the delayed differentiation phenotype of D742, suggesting that SAV742 positively regulates morphological differentiation by directly activating transcription of *amfC*, *whiB* and *ssgC*.

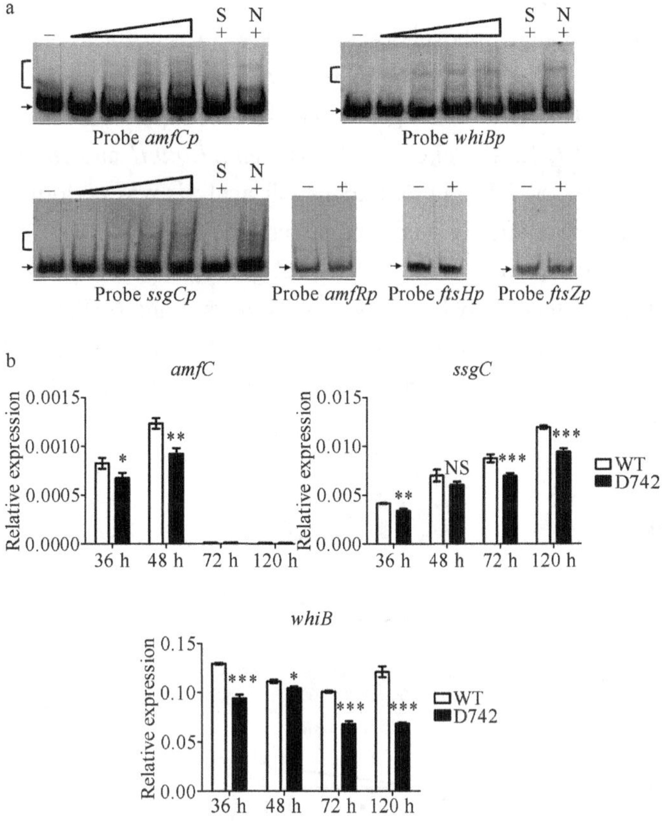

Fig. 5 Predicted new target genes involved in morphological differentiation

a. EMSAs of His$_6$-SAV742 with promoter regions of *amfC*, *whiB*, *ssgC*, *amfR*, *ftsH* and *ftsZ*. b. qRT-PCR analysis of newly identified SAV742 target genes *amfC*, *whiB* and *ssgC* in WT and D742. Statistical notations as in Fig. 4

2.6 Targets of SAV742 involved in primary metabolism

Many genes involved in primary metabolism were predicted to be targets of SAV742 (see Supplementary Table S1 online). We selected representative candidate genes involved in carbon, nitrogen or energy metabolism for evaluation. These candidates included genes involved in the tricarboxylic acid (TCA) cycle: *aceE1* (*sav_5800*, encoding a putative pyruvate dehydrogenase E1 component), *acnA* (*sav_2258*, encoding a putative aconitase), *korA* (*sav_4877*, encoding the alpha subunit of 2-oxoglutarate ferredoxin oxidoreductase) and *icdA* (*sav_7214*, encoding a putative isocitrate dehydrogenase); in glycolysis: *pgmA* (*sav_803*, encoding a putative phosphoglucomutase), *gap2* (*sav_6296*, encoding a putative glyceraldehyde-3-phosphate dehydrogenase) and *pykA1* (*sav_2825*, encoding a putative pyruvate kinase); in *N*-acetylglucosamine (GlcNAc) utilization: *dasR* (*sav_3023*, encoding a putative GntR-family transcriptional regulator) (Rigali *et al.*, 2006); in fatty acid biosynthesis and degradation: *accA3* (*sav_3337*, encoding the alpha subunit of acyl-CoA carboxylase), *accD4* (*sav_3331*, encoding the beta subunit of acyl-CoA carboxylase), *fadD5* (*sav_1258*, encoding a putative acyl-CoA synthetase/long chain fatty acid: CoA ligase), *fadA6* (*sav_7026*, encoding a putative 3-ketoacyl-CoA thiolase/acetyl-CoA acetyltransferase) and *pcaF1* (*sav_1604*, encoding a putative beta-ketoadipyl-CoA thiolase); in glutamine biosynthesis: *glnA1* (*sav_5954*, encoding a putative glutamine synthetase); in valine, leucine and isoleucine biosynthesis: *leuA2* (*sav_5601*, encoding a putative 2-isopropylmalate synthase), *leuC* (*sav_2686*, encoding the large subunit of 3-isopropylmalate dehydratase), *ilvB1* (*sav_2733*, encoding the large subunit of acetolactate synthase), *ilvC* (*sav_2731*, encoding a putative ketol-acid reductoisomerase), *ilvD1* (*sav_4716*, encoding a putative dihydroxy-acid dehydratase) and *ilvE* (*sav_2717*, encoding a putative branched-chain amino acid aminotransferase); in oxidative phosphorylation: *ndhl* (*sav_1892*, encoding a putative NADH dehydrogenase) and *ctaD2* (*sav_6537*, encoding the subunit I of cytochrome c oxidase).

EMSA results demonstrated specific binding of SAV742 to the promoter regions of *aceE1*, *acnA*, *korA*, *pgmA*, *dasR*, *accD4*, *fadA6*, *pcaF1*, *leuA2*, *leuC*, *ilvB1*, *ilvC*, *glnA1*, *ndhl* and *ctaD2*, but not to those of *icdA*, *gap2*, *pykA1*, *accA3*, *fadD5*, *ilvD1* or *ilvE* (Fig. 6a). qRT-PCR analysis was performed to evaluate theregulatory role of SAV742 in expression of these newly identified target genes. SAV742 was found to repress transcription of *aceE1*, *acnA*, *korA*, *pgmA*, *accD4*, *leuA2*, *leuC*, *ilvB1*, *ilvC*, *glnA1*, *ndhl* and *ctaD2*; *i.e.*, transcription levels of these genes were higher in D742 than in WT on day 6 or on days 2 and 6 (Fig. 6b). In contrast, transcription levels of *dasR*, *fadA6* and *pcaF1* were lower in D742 than in WT (Fig. 6b). These findings indicate that SAV742 has a dual repressor/activator function and plays a pleiotropic role in primary metabolism.

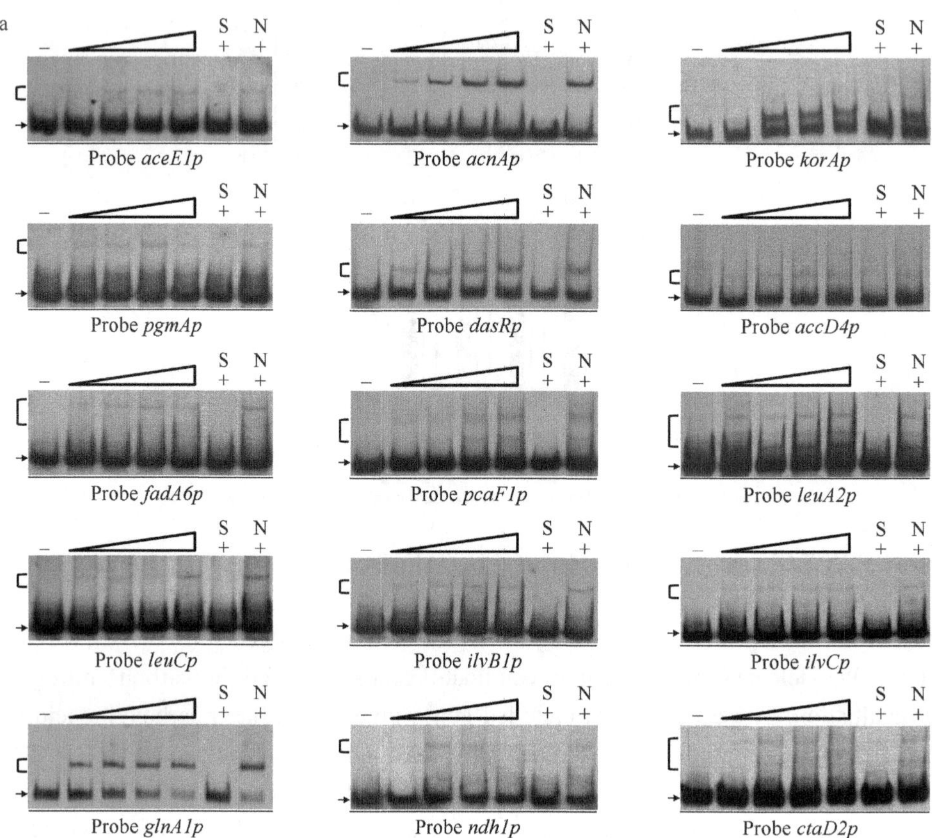

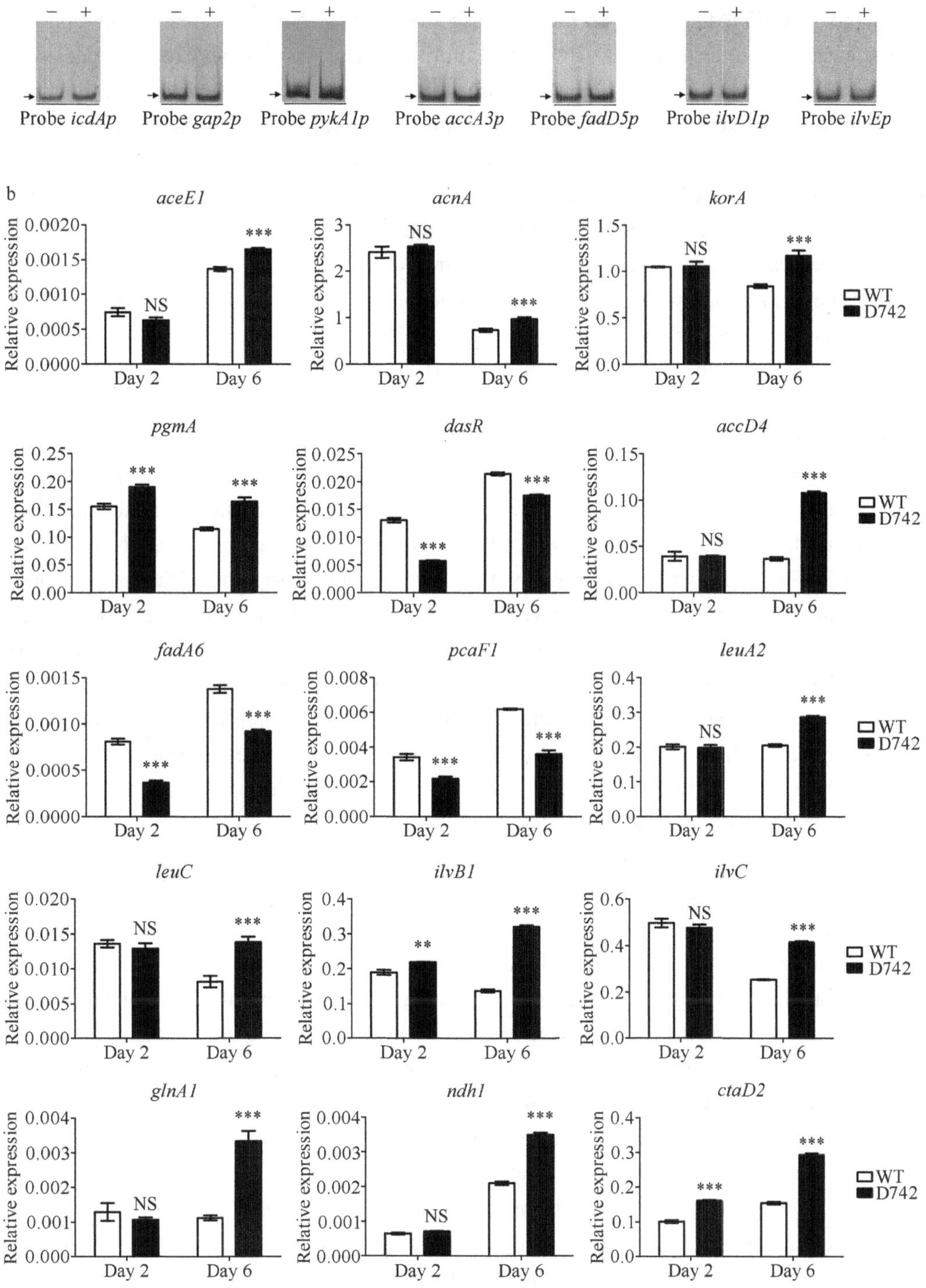

Fig. 6　Predicted new target genes involved in primary metabolism

a. EMSAs of His$_6$-SAV742 with promoter regions of 22 predicted target genes. b. qRT-PCR analysis of 15 newly identified target genes of SAV742. Statistical notations as in Fig. 4

3. Discussion

The present study clarified the molecular mechanism underlying SAV742 function in avermectin biosynthesis, and identified the SAV742 regulon in *S. avermitilis*. SAV742 clearly functions as a global regulator of avermectin production, cell growth and morphological development in this species. EMSA and qRT-PCR results indicate that SAV742 plays a direct role in repressing avermectin production, which is mediated by *ave* structural genes, but not by the CSR gene *aveR*. AveR is the only CSR of the *ave* gene cluster essential for activating transcription of all *ave* structural genes (Kitani *et al.*, 2009; Guo *et al.*, 2010). Among transcriptional regulators located outside the *ave* gene cluster in *S. avermitilis*, SAV742 is the first shown to directly regulate *ave* structural genes, reflecting the subtlety and complexity of avermectin biosynthesis regulation. It is generally uncommon for global/pleiotropic regulators to directly control structural genes involved in antibiotic biosynthesis; however, similar phenomena have been observed in other *Streptomyces* species. For instance, WhiG from *S. chattanoogensis* L10, an industrial natamycin producer, controls natamycin production as well as spore development (Liu *et al.*, 2015). It directly activates natamycin production by binding to the promoters of biosynthetic genes *scnC* and *scnD*. In *S. roseosporus*, the pleiotropic regulator AtrA is essential for both daptomycin production and development (Mao *et al.*, 2015). AtrA directly stimulates daptomycin production by interacting with the promoter of biosynthetic gene *dptE*. In *S. coelicolor*, the two-component system AfsQ1/Q2 is involved in regulation of primary metabolism, secondary metabolism and morphological differentiation (Wang *et al.*, 2013). The response regulator AfsQ1 positively regulates production of yellow-pigmented coelimycin P2 by directly activating expression of the *cpkABC* operon, which encodes three large PKSs for coelimycin biosynthesis (Chen *et al.*, 2016). Direct regulatory mechanisms of antibiotic biosynthesis mediated by structural genes rather than CSR genes, as in these cases, may facilitate precise and rapid regulation of specific biosynthetic genes in response to intracellular and/or extracellular signals. Our observations that SAV742 indirectly represses *aveR* expression, directly activates expression of *sig25*, *smrA* and *avaR1*, which are involved in indirect inhibition of avermectin production, suggest that the effect of SAV742 on avermectin production is also exerted in a cascade manner. In addition to controlling avermectin biosynthesis, SAV742 also regulates oligomycin, filipin and unknown metabolites by activating transcription of structural genes (*olmA4*, *pks1-3*, *pks3-2*) or CSR genes (*pteF*, *pteR*), indicating a pleiotropic role of SAV742 in secondary metabolism.

We identified 15 new SAV742 target genes involved in primary metabolism. Among these, one gene encoding an enzyme in glycolysis (*pgmA*), and three genes encoding enzymes in the TCA cycle (*aceE1*, *acnA* and *korA*), were found to be upregulated in D742, suggesting an acceleration of central metabolism that in turn promoted cell growth and added precursors and energy for avermectin biosynthesis. *ndh1* and *ctaD2* encode key enzymes in oxidative phosphorylation and energy generation. Enhanced expression of these two genes in D742 may promote both avermectin production and cell growth by increasing energy availability. *glnA1* encodes glutamine synthetase, which plays a key role in nitrogen assimilation. Enhanced expression of this gene in D742 may accelerate primary metabolism and increase cell growth. The starter units 2-methylbutyryl-CoA ("a" components) and isobutyryl-CoA ("b" components) of avermectin biosynthesis are derived from isoleucine and valine, respectively (Ikeda and Ōmura, 1997). Transcription of *leuA2*, *leuC*, *ilvB1* and *ilvC* (which are involved in isoleucine and valine biosynthesis) was elevated in D742, thus providing more precursors for avermectin production. Elongation of the avermectin polyketide chain requires addition of seven malonyl-CoA units and five methylmalonyl-CoA units to the starter units (Ikeda and Ōmura, 1997). *accD4* encodes the beta subunit of acyl-CoA carboxylase, which is essential for conversion of acetyl-CoA to malonyl-CoA. Increased transcription of *accD4* in D742 may thus direct more acetyl-CoA toward malonyl-CoA conversion for avermectin biosynthesis. *fadA6* and *pcaF1* are involved in fatty acid degradation, which can yield acetyl-CoA. The reduced transcription of these two genes and enhanced glycolysis observed in D742 suggest that the acetyl-CoA pool in this mutant is generated mainly by central metabolism, not by fatty acid degradation. The GntR-family regulator DasR is involved in regulation of metabolism and transport of GlcNAc, a preferred carbon and nitrogen source for *Streptomyces* (van Wezel and McDowall, 2011). The direct control of *dasR* by SAV742 suggests that SAV742 is involved in regulation of nutrition utilization. DasR also regulates antibiotic synthesis in *S. coelicolor* (van Wezel and McDowall, 2011). The regulatory role of DasR in avermectin biosynthesis remains to be investigated.

We showed that SAV742 plays a positive role in morphological differentiation, and identified three development-associated genes (*amfC*, *whiB*, *ssgC*) as SAV742 targets. *amfC* encodes a protein required for mycelium formation in *S. coelicolor* and *S. griseus* (Yonekawa *et al.*, 1999). *whiB* expression is required for the initiation stage of sporulation septation in *S. coelicolor* (Davis and Chater, 1992; Flardh *et al.*, 1999). The *ssgC* homologue gene (*ssgB*) in *S. coelicolor* is also essential for initiation of sporulation (Keijser *et al.*, 2003). Reduced expression of *amfC*, *whiB* and *ssgC* in D742 may thus account for the delayed formation of aerial hyphae and spores. However, at this stage we cannot rule out the possibility that other putative development-related target genes of SAV742 contribute to the phenotype observed in D742. This possibility awaits further investigation.

Based on the present findings, we propose a model of the SAV742-mediated regulatory network involved in primary metabolism, secondary metabolism and morphological development (Fig. 7). In this model, SAV742 exerts its negative regulatory effect on avermectin production through at least four pathways: (i) directly repressing transcription of *ave* structural genes; (ii) indirectly repressing expression of CSR gene *aveR* through a yet-unknown mechanism; (iii) directly controlling regulatory genes (*sig25*, *smrA*, *avaR1*) related to avermectin biosynthesis; (iv) directly regulating genes involved in primary metabolism, thereby controlling energy supply and precursor pools for avermectin biosynthesis, in addition to cell growth. SAV742 has been shown to control other secondary metabolites, such as oligomycin and filipin, by interacting with the promoter regions of structural genes or CSR genes. In regard to morphological development, SAV742 directly activates expression of *amfC*, *whiB* and *ssgC*, thereby affecting aerial hyphae formation and sporulation. Certain primary metabolism genes involved in carbon, nitrogen and energy metabolism are also under the direct control of SAV742, suggesting that SAV742 plays a crucial key role in the overall coordination of *S. avermitilis* metabolism.

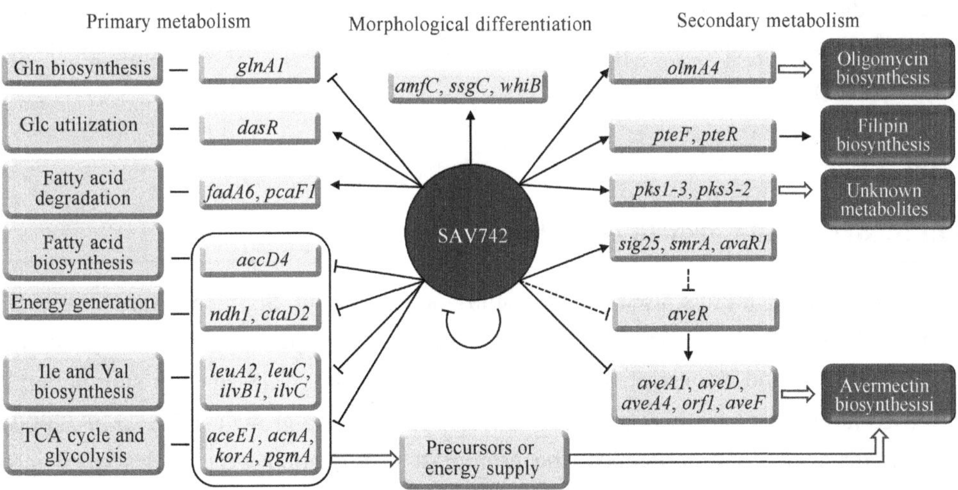

Fig.7 Proposed model of SAV742-mediated regulatory network in *S. avermitilis* (Color figure in the two-dimensional code at the back cover)

SAV742 exerts pleiotropic regulatory effects on primary metabolism, secondary metabolism and morphological development, and interacts with regulatory genes such as *dasR*, *sig25*, *smrA* and *avaR1*. Solid arrows: activation. Bars: repression. Solid lines: direct control. Dashed lines: indirect control. Hollow arrows: production of energy or small molecules *sig8*, the homologue gene *sigB* in *S. coelicolor* is required for osmoprotection (Cho *et al.*, 2001), was identified as a SAV742 target. Other stress response genes were also predicted SAV742 targets. The *sav_348* homologue *katB* encodes a catalase that protects *S. coelicolor* from osmotic stress (Cho *et al.*, 2000). *sig29* (*sav_3490*) is the homologue of *S. coelicolor sigI*, whose expression is induced by osmotic stress (Homerova *et al.*, 2012). *osaA*/*osaB* (*sav_2512*/*sav_2511*) encodes a two-component system involved in osmotic stress adaptation (Bishop *et al.*, 2004). *sig22* (*sav_3038*) encodes an ECF sigma factor similar to *S. coelicolor* SigR, which controls the response to thiol-oxidative stress (Kim *et al.*, 2012). *lexA* (*sav_2463*) encodes a putative SOS regulatory protein. *cspB1* (*sav_3907*), *cspB2* (*sav_3932*), *cspD1* (*sav_826*), *cspD2* (*sav_893*), *cspD3* (*sav_4154*), *cspD4* (*sav_4447*) and *cspD5* (*sav_4776*) encode putative cold shock proteins. *htpG* (*sav_2672*) and *htpX2* (*sav_6003*) encode putative heat shock proteins. These previous findings suggest that SAV742 plays a role in eliciting "survival responses" for adaptation to stress signals. This possibility remains to be investigated.

The identified SAV742 targets contain consensus 5 nt inverted repeats with intervals of 0, 1 nt to 15 nt (see Supplementary Table S1 online). The DNA-binding specificity of SAV742 is therefore very low. The predicted SAV742 regulon contains >3,000 genes, which have been extensively catalogued and are distributed widely across the *S. avermitilis* chromosome. It is unlikely that SAV742 binds to all the predicted targets; however, our findings strongly indicate that SAV742 is an important global regulator in *S. avermitilis* that coordinates multiple physiological processes for adaptation to complex and changing environments. The DNA-binding characteristic of SAV742 is analogous to that of another AraC-family regulator, AdpA, which also functions as a global regulator of secondary metabolism and development in *Streptomyces* (Nguyen *et al.*, 2003; Ohnishi *et al.*, 2005; Wolanski *et al.*, 2011; Higo *et al.*, 2012). AdpA binds to >1,200 sites and directly controls >500 genes in *S. griseus* (Higo *et al.*, 2012). Analysis of the crystal structure of the AdpA DNA-binding domain in *S. griseus* provided an explanation of the tolerant DNA-binding specificity of AdpA (Yao *et al.*, 2013). The DNA-binding domains of SAV742 and AdpA have structural similarities (see Supplementary Fig. S4 online), which may account for the tolerant DNA-binding specificity of SAV742. The low DNA-binding specificity of SAV742 and AdpA allows them to bind to many sites on the chromosome, which may be advantageous in terms of the ability to alter expression profiles of many genes within a short period. Further studies utilizing high-throughput technologies (*e.g.*, ChIP-seq) are underway to precisely identify the SAV742 targets, and are expected to clarify the broader roles and biological significance of SAV742 in *S. avermitilis*.

4. Methods

4.1 Plasmids, strains and growth conditions

Plasmids and bacterial strains used in this study are listed in Supplementary Table S2 online. *S. avermitilis* ATCC 31267, the wild-type (WT) strain, was used as parent strain for gene disruption and propagation. ATCC 31267 and its derivatives were grown at 28℃ on YMS agar for sporulation (Ikeda *et al.*, 1988), or in YEME liquid medium containing 25% sucrose for mycelia growth (Kiser *et al.*, 2000). Media and culture conditions for avermectin production and protoplast regeneration were as described in our previous reports (Chen *et al.*, 2007; Guo *et al.*, 2014). *E. coli* strains were grown at 37℃ in standard LB medium. *E. coli* JM109 was used as cloning host for propagating plasmids. *E. coli* BL21 (DE3) was used to overexpress SAV742 protein. *E. coli* ET12567 (*dam dcm hsdS*) was used for propagating non-methylated plasmids for introduction into *S. avermitilis* (Macneil and Klapko, 1987). When necessary, antibiotics were added as described previously (Zhao *et al.*, 2007).

4.2 Gene deletion, complementation, and overexpression

To construct a *sav_742* deletion mutant, two homologous arms flanking *sav_742* were prepared by PCR from WT genomic DNA. A 551 bp 5′-flanking region (positions –476 to +75 relative to the *sav_742* start codon) was amplified with primers SD4A and SD4B, and a 545 bp 3′-flanking region (positions +978 to +1,522) was amplified with primers SD5A and SD5B. The two PCR fragments were digested with *Hin*d III/*Xba* I and *Xba* I/*Eco*R I, respectively, and then simultaneously ligated into *Hin*d III/*Eco*R I-digested pKC1139 vector to generate *sav_742* deletion vector pKCD742. Non-methylated pKCD742 was introduced into WT protoplasts. Double-crossover recombinant strains were selected as described previously (Zhao *et al.*, 2007), and the resulting *sav_742* deletion mutants were analyzed and confirmed by PCR using primer pairs SD24A/SD24B (flanking the exchange regions) and SD35A/SD35B (located within the deletion region of *sav_742*) (see Supplementary Fig. S1 online). When primers SD24A and SD24B were used, a 1.4 kb band appeared, whereas a 2.2 kb band was detected from WT genomic DNA. When primers SD35A and SD35B were used, only WT DNA produced a 524 bp band, as predicted. We thus obtained *sav_742* gene deletion mutant D742, in which the coding region of *sav_742* was mostly deleted.

For complementation of D742, a 1,606 bp DNA fragment containing the promoter and ORF of *sav_742* was amplified from WT genomic DNA with primers SD22D and SD22B. The PCR product was digested with *Xba* I/*Hin*d III and cloned into the integrative vector pSET152 at the corresponding sites to give *sav_742*-complemented vector pSET152-742, which was transformed into D742 to obtain complemented strain C742.

For overexpression of *sav_742*, a 1,278 bp fragment carrying *sav_742* ORF was amplified from WT genomic DNA by PCR using primers SD22C and SD22B. The PCR product was digested with *Xba* I/*Hin*d III, and then inserted into the corresponding sites of pJL117 to generate pJL117-742. The 1.6 kb *Eco*R I/*Hin*d III fragment containing *sav_742* ORF and *Streptomyces* strong constitutive promoter *ermE*p* from pJL117-742 was ligated into pKC1139 to generate *sav_742* overexpression vector pKC1139-erm-742, which was introduced into WT strain to obtain *sav_742* overexpression strain O742. The primers used in this study are listed in Supplementary Table S3 online.

4.3 Overexpression and purification of His_6-SAV742

The 1,232 bp *sav_742* coding region (331 amino acids) was amplified by PCR from WT genomic DNA using primers SD22A and SD22B. The obtained PCR product was cut with *Bam*H I/*Hin*d III and ligated into expression vector pET-28a (+) to generate pET-742, which was then transformed into *E. coli* BL21 (DE3) for overexpression of N-terminal His_6-tagged SAV742 recombinant protein. Following induction by 0.2 mmol/L IPTG, bacteria containing His_6-SAV742 were collected, washed, resuspended in a lysis buffer (Luo *et al.*, 2014), and sonicated on ice. Soluble His_6-SAV742 was purified by Ni-NTA agarose chromatography (Qiagen) according to the manufacturer's instructions. The purified protein was quantified by Quick Start Bradford Dye Reagent (Bio-Rad) and stored at –80℃ until use.

4.4 EMSAs

EMSAs were performed using a digoxigenin (DIG) gel shift kit (Roche, 2nd Generation) as described previously (Guo *et al.*, 2014). DNA probes were generated by PCR using primers as listed in Supplementary Table S3 online, and labeled with DIG at their 3′ ends. Each reaction mixture (20 μl) contained 1 μg poly [d(I-C)] (vial 9), 0.15 nmol/L labeled probe, and various quantities of His_6-SAV742 in binding buffer (vial 5), and was incubated for 30 min at 25℃. Samples were loaded on 5% (*w*/*V*) native polyacrylamide gels, subjected to electrophoresis, and DNAs in the gels were transferred onto a nylon membrane (Roche). Signals of labeled DNAs on X-ray film were recorded by chemiluminescence detection. Binding specificity between His_6-SAV742 and DNA probes was analyzed by addition of appropriate 300-fold specific or non-specific unlabeled probes to the reaction mixture before incubation.

4.5 DNase I footprinting

A fluorescent labeling procedure was used for these assays (Zianni *et al.*, 2006). To determine the binding site of SAV742 in the promoter region of its own gene, a 524 bp 5′ FAM-labeled fragment corresponding to the upstream region of *sav_742* was amplified by PCR using primers FAM-SD169A/SD169C, followed by purification from agarose gel. Labeled probe (400 ng) and various concentrations of His_6-SAV742 were mixed in the binding buffer, and incubated for 30 min at 25℃. DNase I (0.016 U; TaKaRa) treatment was performed for 70 s at 25℃, and terminated by addition of 50 mmol/L EDTA and heating for 10 min at 80℃. DNA samples were analyzed with a 3730XL DNA Genetic Analyzer (Applied Biosystems) after purification, and data analyses were performed using GeneMarker software program v2.2.

4.6 qRT-PCR

Total RNAs were isolated at various time points from mycelia of *S. avermitilis* grown in FM-I fermentation medium or on YMS solid medium (Chen *et al.*, 2007). At each time point, mycelia were triturated in liquid nitrogen and suspended in 1 ml Trizol reagent (Tiangen) for RNA extraction. RNA samples were treated with DNase I (TaKaRa) to remove genomic DNA. 4 μg RNA was used to synthesize cDNA, and qRT-PCR analysis was performed to determine transcription levels of various genes, as described previously (Guo *et al.*, 2014). Transcription of housekeeping gene 16S rRNA was used as internal control. Each experiment was performed in triplicate.

4.7 5′-RACE

The transcriptional start site (TSS) of *sav_742* was identified using a 5′/3′ RACE kit (Roche, 2nd Generation). 4 μg total RNA extracted from 48 h WT culture grown in FM-I was used for reverse transcription with 40 pmol gene-specific primer SD165A. After purification, the obtained cDNAs had oligo (dA) tails added to their 3′ ends by treatment with terminal deoxynucleotidyl transferase (TaKaRa) for 30 min at 37℃. PCR was first performed using the tailed cDNA as template, and a second inner gene-specific primer SD165B and oligo (dT)-anchor primer. To obtain a single specific band, the first-round PCR product was diluted 100-fold, and used as template for second-round PCR with nested primer SD165D and an anchor primer. The final PCR product was purified and sent for sequencing. The TSS was found to be the first nucleotide adjacent to the oligo (dT) sequence.

4.8 Production and analysis of avermectins

Fermentation of *S. avermitilis* ATCC 31267 and its derivatives, isolation of avermectins, and HPLC analysis of avermectin yield were performed as described in our 2007 study (Chen *et al.*, 2007).

4.9 SEM

Spores and mycelia of *S. avermitilis* strains grown on YMS agar for 2 or 6 days were observed by SEM. For specimen preparation, coverslips were embedded at an angle in agar inoculated with the strains, and gently lifted out after various periods of growth. Specimens were fixed with 2.5% glutaraldehyde and 1% osmium tetroxide for 2 h each, washed three times with phosphate buffer, dehydrated by ethanol concentration gradient (30%, 50%, 70%, 80%, 90%, 100%), dried in a LEICA critical point dryer (model EM CPD300), sputter-coated with a layer of gold, and examined by SEM (model S3400N, Hitachi).

References

Bibb M J. 2005. Regulation of secondary metabolism in streptomycetes. Curr Opin Microbiol, 8(2): 208-215.

Bishop A, Fielding S, Dyson P, *et al.* 2004. Systematic insertional mutagenesis of a streptomycete genome: a link between osmoadaptation and antibiotic production. Genome Res, 14(5): 893-900.

Burg R W, Miller B M, Baker E E, *et al.* 1979. Avermectins, new family of potent anthelmintic agents: producing organism and fermentation. Antimicrob Agents Chemother, 15(3): 361-367.

Challis G L, Hopwood D A. 2003. Synergy and contingency as driving forces for the evolution of multiple secondary metabolite production by *Streptomyces* species. Proc Natl Acad Sci USA, 100(Suppl 2): 14555-14561.

Chater K F. 2001. Regulation of sporulation in *Streptomyces coelicolor* A3(2): a checkpoint multiplex? Curr Opin Microbiol, 4(6): 667-673.

Chen S, Zheng G, Zhu H, *et al.* 2016. Roles of two-component system AfsQ1/Q2 in regulating biosynthesis of the yellow-pigmented coelimycin P2 in *Streptomyces coelicolor*. FEMS Microbiol Lett, 363(15): fnw160.

Chen Z, Wen J, Song Y, *et al.* 2007. Enhancement and selective production of avermectin B by recombinants of *Streptomyces avermitilis via* intraspecific protoplast fusion. Chinese Sci Bull, 52(5): 616-622.

Cho Y H, Lee E J, Ahn B E, *et al.* 2001. SigB, an RNA polymerase sigma factor required for osmoprotection and proper differentiation of *Streptomyces coelicolor.* Mol Microbiol, 42(1): 205-214.

Cho Y H, Lee E J, Roe J H. 2000. A developmentally regulated catalase required for proper differentiation and osmoprotection of *Streptomyces coelicolor*. Mol Microbiol, 35(1): 150-160.

Davis N K, Chater K F. 1992. The *Streptomyces coelicolor whiB* gene encodes a small transcription factor-like protein dispensable for growth but essential for sporulation. Mol Gen Genet, 232(3): 351-358.

Demain A L. 2002. Prescription for an ailing pharmaceutical industry. Nat Biotechnol, 20(4): 331.

Egerton J R, Ostlind D A, Blair L S, *et al.* 1979. Avermectins, new family of potent anthelmintic agents: efficacy of the B_{1a} component. Antimicrob Agents Chemother, 15(3): 372-378.

Flardh K, Buttner M J. 2009. *Streptomyces* morphogenetics: dissecting differentiation in a filamentous bacterium. Nat Rev Microbiol, 7(1): 36-49.

Flardh K, Findlay K C, Chater K F. 1999. Association of early sporulation genes with suggested developmental decision points in *Streptomyces coelicolor* A3(2). Microbiology, 145(Pt 9): 2229-2243.

Gallegos M T, Schleif R, Bairoch A, *et al.* 1997. Arac/XylS family of transcriptional regulators. Microbiol Mol Biol Rev, 61(4): 393-410.

Guo J, Zhang X, Chen Z, *et al.* 2014. Two adjacent and similar TetR family transcriptional regulator genes, SAV577 and SAV576, co-regulate avermectin production in *Streptomyces avermitilis*. PLoS One, 9(6): e99224.

Guo J, Zhang X, Luo S, *et al.* 2013. A novel TetR family transcriptional regulator, SAV576, negatively controls avermectin biosynthesis in *Streptomyces avermitilis*. PLoS One, 8(8): e71330.

Guo J, Zhao J, Li L, *et al.* 2010. The pathway-specific regulator AveR from *Streptomyces avermitilis* positively regulates avermectin production while it negatively affects oligomycin biosynthesis. Mol Genet Genomics, 283(2): 123-133.

Higo A, Hara H, Horinouchi S, *et al.* 2012. Genome-wide distribution of AdpA, a global regulator for secondary metabolism and morphological differentiation in *Streptomyces*, revealed the extent and complexity of the AdpA regulatory network. DNA Res, 19(3): 259-273.

Homerova D, Sevcikova B, Rezuchova B, *et al.* 2012. Regulation of an alternative sigma factor sigmaI by a partner switching mechanism with an anti-sigma factor PrsI and an anti-anti-sigma factor ArsI in *Streptomyces coelicolor* A3(2). Gene, 492(1): 71-80.

Ikeda H, Ishikawa J, Hanamoto A, *et al.* 2003. Complete genome sequence and comparative analysis of the industrial microorganism *Streptomyces avermitilis*. Nat Biotechnol, 21(5): 526-531.

Ikeda H, Kotaki H, Tanaka H, *et al.* 1988. Involvement of glucose catabolism in avermectin production by *Streptomyces avermitilis*. Antimicrob Agents Chemother, 32(2): 282-284.

Ikeda H, Ōmura S. 1997. Avermectin Biosynthesis. Chem Rev, 97(7): 2591-2610.

Joshi M V, Bignell D R, Johnson E G, *et al.* 2007. The AraC/XylS regulator TxtR modulates thaxtomin biosynthesis and virulence in *Streptomyces scabies*. Mol Microbiol, 66(3): 633-642.

Kahrstrom C T. 2014. Bacterial physiology: *Streptomyces* teams up with c-di-GMP. Nat Rev Microbiol, 12(11): 724-725.

Kato J Y, Ohnishi Y, Horinouchi S. 2005. Autorepression of AdpA of the AraC/XylS family, a key transcriptional activator in the A-factor regulatory cascade in *Streptomyces griseus*. J Mol Biol, 350(1): 12-26.

Keijser B J F, Noens E E E, Kraal B, *et al.* 2003. The *Streptomyces coelicolor ssgB* gene is required for early stages of sporulation. FEMS Microbiol Lett, 225(1): 59-67.

Kieser T B M, Buttner M J, Chater K F, *et al.* 2000. Practical *Streptomyces* Genetics: A Laboratory Manual. Norwich: The John Innes Foundation.

Kim M S, Dufour Y S, Yoo J S, *et al.* 2012. Conservation of thiol-oxidative stress responses regulated by SigR orthologues in actinomycetes. Mol Microbiol, 85(2): 326-344.

Kitani S, Ikeda H, Sakamoto T, *et al.* 2009. Characterization of a regulatory gene, *aveR*, for the biosynthesis of avermectin in *Streptomyces avermitilis*. Appl Microbiol Biotechnol, 82(6): 1089-1096.

Kitani S, Miyamoto K T, Takamatsu S, *et al.* 2011. Avenolide, a *Streptomyces* hormone controlling antibiotic production in *Streptomyces avermitilis*. Proc Natl Acad Sci USA, 108(39): 16410-16415.

Kuscer E, Coates N, Challis I, *et al.* 2007. Roles of *rapH* and *rapG* in positive regulation of rapamycin biosynthesis in *Streptomyces hygroscopicus*. J Bacteriol, 189(13): 4756-4763.

Liu G, Chater K F, Chandra G, *et al.* 2013. Molecular regulation of antibiotic biosynthesis in streptomyces. Microbiol Mol Biol Rev, 77(1): 112-143.

Liu S P, Yu P, Yuan P H, *et al.* 2015. Sigma factor $WhiG_{ch}$ positively regulates natamycin production in *Streptomyces chattanoogensis* L10. Appl Microbiol Biotechnol, 99(6): 2715-2726.

Loria R, Bignell D R, Moll S, *et al.* 2008. Thaxtomin biosynthesis: the path to plant pathogenicity in the genus *Streptomyces*. Antonie Van Leeuwenhoek, 94(1): 3-10.

Luo S, Sun D, Zhu J, *et al.* 2014. An extracytoplasmic function sigma factor, sigma (25), differentially regulates avermectin and oligomycin biosynthesis in *Streptomyces avermitilis*. Appl Microbiol Biotechnol, 98(16): 7097-7112.

Macneil D J, Klapko L M. 1987. Transformation of *Streptomyces avermitilis* by plasmid DNA. J Ind Microbiol Biotechnol, 2(2): 209-218.

Mao X M, Luo S, Zhou R C, *et al.* 2015. Transcriptional regulation of the daptomycin gene cluster in *Streptomyces roseosporus* by an autoregulator, AtrA. J Biol Chem, 290(12): 7992-8001.

Nguyen K T, Tenor J, Stettler H, *et al.* 2003. Colonial differentiation in *Streptomyces coelicolor* depends on translation of a specific codon within the *adpA* gene. J Bacteriol, 185(24): 7291-7296.

Ohnishi Y, Yamazaki H, Kato J Y, *et al.* 2005. AdpA, a central transcriptional regulator in the A-factor regulatory cascade that leads to morphological development and secondary metabolism in *Streptomyces griseus*. Biosci Biotechnol Biochem, 69(3): 431-439.

Rigali S, Nothaft H, Noens E E, *et al.* 2006. The sugar phosphotransferase system of *Streptomyces coelicolor* is regulated by the GntR-family regulator DasR and links N-acetylglucosamine metabolism to the control of development. Mol Microbiol, 61(5): 1237-1251.

Romero-Rodriguez A, Robledo-Casados I, Sanchez S. 2015. An overview on transcriptional regulators in *Streptomyces*. Biochim Biophys Acta, 1849(8): 1017-1039.

Schleif R. 2010. AraC protein, regulation of the L-arabinose operon in *Escherichia coli*, and the light switch mechanism of AraC action. FEMS Microbiol Rev, 34(5): 779-796.

Thuan N H, Pandey R P, Sohng J K. 2014. Recent advances in biochemistry and biotechnological synthesis of avermectins and their derivatives. Appl Microbiol Biotechnol, 98(18): 7747-7759.

Tschowri N, Schumacher M A, Schlimpert S, *et al.* 2014. Tetrameric c-di-GMP mediates effective transcription factor dimerization to control *Streptomyces* development. Cell, 158(5): 1136-1147.

van Wezel G P, McDowall K J. 2011. The regulation of the secondary metabolism of *Streptomyces*: new links and experimental advances. Nat Prod Rep, 28(7): 1311-1333.

Vicente C M, Santos-Aberturas J, Payero T D, *et al.* 2014. PAS-LuxR transcriptional control of filipin biosynthesis in *S. avermitilis*. Appl Microbiol Biotechnol, 98(22): 9311-9324.

Wang J B, Zhang F, Pu J Y, *et al.* 2014. Characterization of AvaR1, an autoregulator receptor that negatively controls avermectins production in a high avermectin-producing strain. Biotechnol Lett, 36(4): 813-819.

Wang J, Wang W, Wang L, *et al.* 2011. A novel role of 'pseudo' gamma-butyrolactone receptors in controlling gamma-butyrolactone biosynthesis in *Streptomyces*. Mol Microbiol, 82(1): 236-250.

Wang R, Mast Y, Wang J, *et al.* 2013. Identification of two-component system AfsQ1/Q2 regulon and its cross-regulation with GlnR in *Streptomyces coelicolor.* Mol Microbiol, 87(1): 30-48.

Wolanski M, Donczew R, Kois-Ostrowska A, *et al.* 2011. The level of AdpA directly affects expression of developmental genes in *Streptomyces coelicolor*. J Bacteriol, 193(22): 6358-6365.

Yamazaki H, Takano Y, Ohnishi Y, *et al.* 2003. *amfR*, an essential gene for aerial mycelium formation, is a member of the AdpA regulon in the A-factor regulatory cascade in *Streptomyces griseus*. Mol Microbiol, 50(4): 1173-1187.

Yang R, Liu X, Wen Y, *et al.* 2015. The PhoP transcription factor negatively regulates avermectin biosynthesis in *Streptomyces avermitilis*. Appl Microbiol Biotechnol, 99(24): 10547-10557.

Yao M D, Ohtsuka J, Nagata K, *et al.* 2013. Complex structure of the DNA-binding domain of AdpA, the global transcription factor in *Streptomyces griseus*, and a target duplex DNA reveals the structural basis of its tolerant DNA sequence specificity. J Biol Chem, 288(43): 31019-31029.

Yonekawa T, Ohnishi Y, Horinouchi S. 1999. Involvement of *amfC* in physiological and morphological development in *Streptomyces coelicolor* A3(2). Microbiology, 145 (Pt 9): 2273-2280.

Yoon Y J, Kim E S, Hwang Y S, *et al.* 2004. Avermectin: biochemical and molecular basis of its biosynthesis and regulation. Appl Microbiol Biotechnol, 63(6): 626-634.

Yu Q, Bai L Q, Zhou X F, *et al.* 2012a. Inactivation of the positive LuxR-type oligomycin biosynthesis regulators OlmRI and OlmRII increases avermectin production in *Streptomyces avermitilis*. Chinese Sci Bull, 57(8): 869-876.

Yu Q, Du A, Liu T, *et al.* 2012b. The biosynthesis of the polyether antibiotic nanchangmycin is controlled by two pathway-specific transcriptional activators. Arch Microbiol, 194(6): 415-426.

Zhao J, Wen Y, Chen Z, *et al.* 2007. An *adpA* homologue in *Streptomyces avermitilis* is involved in regulation of morphogenesis and melanogenesis. Chinese Sci Bull, 52(5): 623-630.

Zhuo Y, Zhang T, Wang Q, *et al.* 2014. Synthetic biology of avermectin for production improvement and structure diversification. Biotechnol J, 9(3): 316-325.

Zianni M, Tessanne K, Merighi M, *et al.* 2006. Identification of the DNA bases of a DNase I footprint by the use of dye primer sequencing on an automated capillary DNA analysis instrument. J Biomol Tech, 17(2): 103-113.

Supplemental material: https://static-content.springer.com/esm/art%3A10.1038%2Fsrep36915/MediaObjects/41598_2016_BFsrep36915_MOESM1_ESM.pdf

本文原载: Scientific Reports, 2016, (6): 36915.

AvaR1, a Butenolide-type Autoregulator Receptor in *Streptomyces avermitilis*, Directly Represses Avenolide and Avermectin Biosynthesis and Multiple Physiological Responses*

Jianya Zhu[1, 2], Zhi Chen[1], Jilun Li[1] Ying Wen[1]

(1. State Key Laboratory of Agrobiotechnology, MOA Key Laboratory of Soil Microbiology, College of Biological Sciences, China Agricultural University, Beijing, China; 2. Beijing Key Laboratory of Fishery Biotechnology, Beijing Fisheries Research Institute, Beijing, China)

Abstract

Avermectins are commercially important anthelmintic antibiotics produced by *Streptomyces avermitilis*. The homologous TetR-family transcriptional regulators AvaR1 and AvaR2 in this species were identified previously as receptors of avenolide, a novel butenolide-type autoregulator signal required for triggering avermectin biosynthesis. AvaR2 was found to be an important pleiotropic regulator in repression of avermectin and avenolide production and cell growth, whereas the regulatory role of AvaR1 remains unclear. Investigation of AvaR1 function in the present study showed that it had no effect on cell growth or morphological differentiation, but inhibited avenolide and avermectin production mainly through direct repression of *aco* (the key enzyme gene for avenolide biosynthesis) and *aveR* (the cluster-situated activator gene). AvaR1 also directly repressed its own gene (*avaR1*) and two adjacent homologous genes (*avaR2* and *avaR3*). Binding sites of AvaR1 on these five target promoter regions completely overlapped those of AvaR2, leading to the same consensus binding motif. However, AvaR1 and AvaR2 had both common and exclusive target genes, indicating that they cross-regulate diverse physiological processes. Ten novel identified AvaR1 targets are involved in primary metabolism, stress responses, ribosomal protein synthesis, and cyclic nucleotide degration, reflecting a pleiotropic role of AvaR1. Competitive EMSAs and GST pull-down assays showed that AvaR1 and AvaR2 competed for the same binding regions, and could form a heterodimer and homodimers, suggesting that AvaR1 and AvaR2 compete and cooperate to regulate their common target genes. These findings provide a more comprehensive picture of the cellular responses mediated by AvaR1 and AvaR2 regulatory networks in *S. avermitilis.*

Keywords

Streptomyces avermitilis, avermectins, AvaR1, AvaR2, avenolide.

---

*This study was supported by the National Key Research and Development Program of China (Grant No. 2017YFD0201207). The authors are grateful to Dr. S. Anderson for English editing of the manuscript.

1. Introduction

Streptomycetes have the useful capability of producing a variety of antibiotics that have accompanied by morphological development and triggered by low-molecular-weight signaling broad applications in medicine and agriculture. Initiation of antibiotic biosynthesis is often molecules (termed autoregulators) at nanomolar concentrations (Bibb, 2005). Effects of autoregulator signals are transmitted by their cognate receptor proteins, which are usually members of the TetR-family transcriptional regulators. Interaction of an autoregulator with its receptor alters the receptor's DNA-binding activity, leading to derepression of target genes involved in antibiotic biosynthesis and/or morphological differentiation (Folcher *et al.*, 2001; Willey and Gaskell, 2011).

Twenty-four autoregulators have been described to date in 12 *Streptomyces* species, and have been classified into five groups. The three major groups are the γ-butyrolactones (GBLs), furans, and γ-butenolides. Each of the other two groups has a single member: *N*-methylphenylalanyl-dehydrobutyrine diketopiperazine and PI factor (2, 3-diamino-2, 3-bis (hydroxymethyl)-1, 4- butanediol), respectively (Niu *et al.*, 2016). The largest group is the GBLs, whose 14 members share a 2, 3-disubstituted-GBL skeleton and differ in regard to stereochemistry, chain length, and branching of C2 fatty acid side chains (Choi *et al.*, 2003; Takano, 2006). The first-described and best-studied GBL is A-factor from *Streptomyces griseus*. It binds to receptor ArpA to initiate streptomycin production and sporulation (Horinouchi and Beppu, 2007). Many *Streptomyces* genomes contain multiple genes encoding ArpA-like GBL receptor homologs, *e.g.*, ScbR, ScbR2, CprA, and CprB in model species *S. coelicolor*; BarA and BarB in *S. virginiae*; JadR2 and JadR3 in *S. venezuelae* (Niu *et al.*, 2016). The identified GBL/receptor pairs are SCBs/ScbR (controlling SCB and coelimycin biosynthesis) (Takano *et al.*, 2001, 2005; Gomez-Escribano *et al.*, 2012), VBs/BarA (controlling virginiamycin biosynthesis) (Nakano *et al.*, 1998), and SVB1/JadR3 (controlling jadomycin biosynthesis) (Zou *et al.*, 2014). ScbR2 and JadR2 are designated "pseudo" GBL receptors because they do not recognize GBLs; rather, they bind and respond to antibiotics as ligands to coordinate antibiotic biosynthesis (Xu *et al.*, 2010; Wang *et al.*, 2014b). CprA stimulates both antibiotic production and sporulation in *S. coelicolor*, whereas CprB depresses antibiotic production (Onaka *et al.*, 1998). BarB controls an early process of virginiamycin biosynthesis (Matsuno *et al.*, 2004). The signals recognized by CprA, CprB, and BarB remain to be clarified.

The important industrial species *S. avermitilis* produces avermectins, which are efficient, broad-spectrum anthelmintic agents (Burg *et al.*, 1979; Egerton *et al.*, 1979). AveR, the only *ave* cluster-situated regulator (CSR), is essential for activation of *ave* structural genes (Guo *et al.*, 2010). A novel γ-butenolide-type autoregulator, termed avenolide, was found to function as a signal eliciting avermectin biosynthesis at concentration 4 nmol/L, whereas GBLs had no such effect (Kitani *et al.*, 2011). Two butenolides (SRB1, SRB2) from *S. rochei* were subsequently identified as autoregulators that trigger lankacidin and lankamycin production (Arakawa *et al.*, 2012). The pathway for avenolide biosynthesis remains to be fully elucidated, but has been shown to require *aco* (*sav_3706*) and *cyp17* (*sav_3704*), which respectively encode an acyl-CoA oxidase and a cytochrome P450 hydroxylase (Kitani *et al.*, 2011). *aco*/*cyp17* homologs have been found in other species, including *S. fradiae*, *S. ghanaensis*, and *S. griseoaurantiscus*. Thus, butenolide-type autoregulators appear to be widely distributed among *Streptomyces* species, and it is of interest to elucidate their signaling cascades.

Streptomyces avermitilis contains an *avaR* (*S. avermitilis* autoregulator receptors) locus that includes *avaR1* (*sav_3705*), *avaR2* (*sav_3702*), and *avaR3* (*sav_3703*). AvaR3 has an extra 75-amino acid stretch that is not present in typical GBL receptors, and promotes avermectin production through a yet-unknown regulatory mechanism (Miyamoto *et al.*, 2011). AvaR2 is a homolog of pseudo GBL receptors ScbR2 and JadR2. Recent studies in our lab have clarified the roles of AvaR2. It is an important pleiotropic regulator of cell growth, secondary metabolism, primary metabolism, ribosomal protein synthesis, and stress responses. It inhibits avermectin and avenolide production mainly through direct repression of *aveR* and *aco*. Unlike ScbR2 and JadR2, AvaR2 binds, and responds to not only endogenous avenolide autoregulator, but also exogenous antibiotic signals that modulate its DNA-binding activity (Zhu *et al.*, 2016). AvaR1 is a close homolog of genuine GBL receptors ArpA and ScbR. Studies by Nihira's group showed that AvaR1 acts as an avenolide receptor and binds specifically to the *aco* promoter (Kitani *et al.*, 2011). Disruption of *avaR1* in the wild-type (WT) strain KA320 increased avenolide production, but had no effect on avermectin production (Sultan *et al.*, 2016). On the other hand, Tang's group reported that *avaR1* deletion increased avermectin production in an avermectin high-producing strain, but had no effect on *aco* expression, and that AvaR1 did not bind to the promoter region of *aveR* (Wang *et al.*, 2014a). These contrasting findings for AvaR1, and our observation that AvaR2 also fuctions as an avenolide receptor, illustrate the need to further elucidate the roles of AvaR1 and its relationship with AvaR2 in *S. avermitilis*.

Results of *in vitro* and *in vivo* experiments described here clearly indicate that AvaR1 directly represses expression of *aveR* and *aco*, and thereby inhibits production of avermectin and avenolide. AvaR1 also plays a pleiotropic role in primary metabolism, ribosomal protein synthesis, stress responses, and other physiological processes. AvaR1 and AvaR2 have both common and differing target genes, and presumably cross-regulate diverse physiological processes. When AvaR1 and AvaR2 co-exist, they compete and cooperate on the same binding site in both homodimer and heterodimer form. On the basis of our findings, we propose a model in which AvaR1 and AvaR2 coordinate avermectin and avenolide biosynthesis in response to avenolide signal.

2. Materials and Methods

2.1 Plasmids, strains, and growth conditions

Plasmids and strains used or constructed in the present study are listed in Table 1. *S. avermitilis* WT strain ATCC 31267 was used as original host for gene manipulations. Culture conditions of *S. avermitilis* strains for avermectin production, sporulation, phenotype observation, mycelial growth, and protoplast regeneration were as described previously (Liu *et al.*, 2015).

Table 1 Strains and plasmids used in this study

Strain or plasmids	Description	Source or reference
S. avermitilis		
ATCC 31267	wild-type (WT) strain	laboratory stock
ΔavaR1	*avaR1* deletion mutant	this study
CavaR1	*avaR1* complemented strain	this study
OavaR1	*avaR1* overexpression strain	this study
ΔavaR1/avaR1-3×FLAG	*avaR1* complemented strain with AvaR1-3×FLAG	this study
WT/pKC1139	WT strain containing control vector pKC1139	this study
WT/pSET152	WT strain containing control vector pSET152	this study
ΔavaR2	*avaR2* deletion mutant	Zhu *et al.*, 2016
ΔavaR1R2	*avaR1 avaR2* double deletion mutant	this study

continued

Strain or plasmids	Description	Source or reference
E. coli		
JM109	routine cloning host and host for *lux* reporter system	laboratory stock
ET12567	non-methylating strain	MacNeil and Klapko, 1987
BL21 (DE3)	protein overexpression host	Novagen
Plasmids		
pKC1139	multiple-copy, temperature-sensitive *E. coli-Streptomyces* shuttle vector	Bierman *et al.*, 1992
pSET152	integrative *E. coli-Streptomyces* shuttle vector	Bierman *et al.*, 1992
pET-28a (+)	His_6-tagged protein expression vector	Novagen
pGEX-4T-1	GST-tagged protein expression vector	GE Healthcare
pJL117	vector carrying *ermE*p* (*Streptomyces* strong constitutive promoter)	Li *et al.*, 2010
pΔavaR1	*avaR1* deletion vector based on pKC1139	this study
pSET152-avaR1	*avaR1* complemented vector based on pSET152	this study
pET28-avaR1	His_6-AvaR1 expression vector based on pET-28a (+)	Zhu *et al.*, 2016
pIJ10500	vector carrying *3×flag* fragment	Pullan *et al.*, 2011
pSET152-avaR1-3×FLAG	*avaR1* complemented vector with *avaR1-3×flag* on pSET152	this study
pCS26-*Pac*	vector carrying promoterless *lux* reporter	Tahlan *et al.*, 2007
pOaveRlux	pCS26-*Pac* carrying *aveR* promoter-controlled *lux* reporter	Zhu *et al.*, 2016
pACYC184	protein expression vector in reporter system	Tahlan *et al.*, 2007
pAvaR1	AvaR1 expression vector in reporter system	this study
pGEX-avaR2	GST-AvaR2 expression vector based on pGEX-4T-1	this study
pET28-avaR2	His_6-AvaR2 expression vector based on pET-28a (+)	Zhu *et al.*, 2016

Escherichia coli JM109 was used for DNA cloning. *E. coli* ET12567 (MacNeil and Klapko, 1987) was used to generate non-methylated plasmids for transformation into *S. avermitilis*. Antibiotics were added as described previously (Zhao *et al.*, 2007).

2.2 Construction of *S. avermitilis* mutants

To construct an *avaR1* gene deletion mutant, two fragments flanking *avaR1* were amplified by PCR using WT genomic DNA as template. A 379 bp 5′ flanking region (positions –336 to +43 relative to the *avaR1* start codon) was amplified with primers ZJY107 and ZJY108, and a 368 bp 3′ flanking region (positions +645 to +1,012) was amplified with primers ZJY109 and ZJY110. The two fragments were assembled by fusion PCR with primers ZJY107 and ZJY110 and cloned into pKC1139 to generate *avaR1*-deletion vector pΔavaR1, which was introduced into WT protoplasts. The desired *avaR1*-deleted mutant, termed ΔavaR1, was selected as described previously (Zhao *et al.*, 2007), and confirmed by PCR with primer pairs ZJY115/ZJY116 (flanking the exchange regions) and ZJY117/ZJY118 (located within the deletion region) (Fig. S1), followed by DNA sequencing.

For complementation of ΔavaR1, a 921 bp DNA fragment carrying the *avaR1* open reading frame (ORF) and its native promoter was obtained by PCR using primers ZJY111 and ZJY112. The PCR product was ligated into pSET152 to generate *avaR1*-complemented vector pSET152-avaR1, which was then introduced into ΔavaR1 to obtain complemented strain CavaR1. For overexpression of *avaR1*, a 708 bp fragment containing the *avaR1* ORF and a 195 bp fragment containing promoter *ermE*p* from pJL117 were ligated simultaneously into pKC1139 to produce AvaR1 overexpression vector pKC1139-ermp-avaR1, which was introduced into WT strain to construct *avaR1* overexpression strain OavaR1.

To express 3×FLAG-tagged AvaR1 in *S. avermitilis*, the *avaR1* gene carrying its own promoter was amplified with primers ZJY121 and ZJY122, and 3×FLAG fragment was amplified from pIJ10500 with primers ZJY45 and ZJY46. The resulting 993 bp *avaR1* gene and the 87 bp FLAG fragment were ligated simultaneously into pSET152 to generate pSET152-avaR1-3FLAG, which was transformed into ΔavaR1 to obtain recombinant strain ΔavaR1/avaR1-3FLAG for expression of C-terminally 3×FLAG-tagged AvaR1. All primers used are listed in Table S1.

To construct an *avaR1 avaR2* double deletion mutant, vector pΔavaR1 was transformed into protoplasts of *avaR2* deletion mutant ΔavaR2 (Zhu *et al.*, 2016). The desired mutant, ΔavaR1R2, was isolated by selection of the ΔavaR1 mutant.

2.3 Analysis of avermectin production and cell growth

Fermentation of *S. avermitilis* strains, and HPLC conditions for quantitative analysis of avermectin yield, were as described previously (Chen *et al.*, 2007). For cell growth determination, mycelia from 50 ml cell cultures grown in soluble fermentation medium FM-II (Guo *et al.*, 2010) were collected by centrifugation, dried at 80℃ to constant weight, and weighed.

2.4 Quantitative real-time RT-PCR (qRT-PCR) analysis

Mycelia of *S. avermitilis* WT, ΔavaR1, and ΔavaR2 grown in FM-I fermentation medium (Chen *et al.*, 2007) were harvested at various times for RNA isolation. Extraction of total RNAs, synthesis of cDNAs, and qRT-PCR analysis of transcription levels of various genes using the primers listed in Table S1 were performed as described previously (Luo *et al.*, 2014). Housekeeping gene 16S rRNA from WT was used as internal control. Gene expression was determined in triplicate.

2.5 Western blotting

Total protein of ΔavaR1/avaR1-3FLAG was prepared from cultures grown in FM-I for various durations. Western blotting was performed as described previously (Guo *et al.*, 2010). Mouse ANTI-FLAG mAb (M2; Sigma, USA) was used at ratio 1∶5,000.

2.6 Overexpression and purification of GST-AvaR2

To prepare GST-AvaR2 protein, the 657 bp *avaR2* coding region was amplified using primers ZJY135 and ZJY136. The PCR product was digested with *Bam*H I/*Eco*R I and cloned into expression vector pGEX-4T-1 to generate pGEX-avaR2, which was confirmed by DNA sequencing, and then transformed into *E. coli* BL21 (DE3) for overexpression of GST-tagged recombinant protein. Cells were induced with IPTG, and those containing GST-AvaR2 protein were collected, resuspended in lysis buffer (Luo *et al.*, 2014), disrupted by sonication on ice, and centrifuged. Soluble GST-AvaR2 present in supernatant was purified with glutathione-sepharose beads (CWBIO, China) according to the manufacturer's protocol, and stored at −80℃.

2.7 Electrophoretic mobility shift assays (EMSAs)

DNA probes carrying promoter regions of tested genes were amplified by PCR with their respective primers (Table S1). The 3′ ends of PCR products were labeled with digoxigenin (DIG) using terminal transferase, and incubated individually with various quantities of His_6-AvaR1 and/or GST-AvaR2 in a binding reaction. Overexpression and purification of His_6-AvaR1, and EMSA conditions, were as described previously (Zhu *et al.*, 2016). To confirm specificity of AvaR1-probe interaction, a ~200-fold excess of nonspecific DNA or each unlabeled specific probe was added to the binding mixture before incubation.

2.8 Chromatin immunoprecipitation-quantitative PCR (ChIP-qPCR)

Mycelia of ΔavaR1/avaR1-3FLAG cultured in FM-II for various times were harvested, and processed as described previously (Zhu *et al.*, 2016).

2.9 Bioluminescence detection in *E. coli*

The plasmid pOaveRlux containing *aveRp* controlled *lux* reporter genes was constructed previously in our lab (Zhu *et al.*, 2016). For expression of AvaR1, the *avaR1* gene containing its ribosome-binding site (RBS) sequence and ORF was amplified with primers ZJY127 and ZY128. After cleavage with *Bam*H I, the 736 bp *avaR1* gene fragment was ligated into *Eco*R V/*Bam*H I-digested pACYC184 (Tahlan *et al.*, 2007) to give pAvaR1. Control vector pACYC184 and AvaR1 expression vector pAvaR1 were separately transformed into *E. coli* strain bearing pOaveRlux. Bioluminescence of *E. coli* reporter cultures was detected as described previously (Zhu *et al.*, 2016).

2.10 DNase I footprinting

A fluorescence labeling procedure (Zianni *et al.*, 2006) was used for these assays with some modifications (Zhu *et al.*, 2016). In brief, 5′ FAM fluorescence-labeled probes corresponding to upstream regions of AvaR1 target genes were synthesized by PCR using primers listed in Table S1, and then incubated with various concentrations of His_6-AvaR1. Followed by DNase I digestion, DNA samples were extracted and subjected to capillary electrophoresis by loading into a 3730XL DNA Genetic Analyzer. Electropherograms were analyzed using GeneMarker software program v2.2 (Applied Biosystems).

2.11 GST pull-down assay

pGEX-avaR2 (for expressing GST-AvaR2) was introduced into *E. coli* BL21 (DE3)/pET28-avaR2 (for expressing His_6-AvaR2) and BL21 (DE3)/pET28-avaR1 (for expressing His_6-AvaR1) (Zhu *et al.*, 2016), respectively. Bacteria containing pGEX-4T-1 and pET28-avaR2, or pGEX-4T-1 and pET28-avaR1, were used as negative controls. Following IPTG induction, cells containing both GST and His_6-tagged proteins were disrupted in lysis buffer (Luo *et al.*, 2014) by sonication on ice, and then centrifuged. The lysate containing total protein was incubated with glutathione-sepharose beads overnight at 4℃, and washed three times with PBS buffer (0.113 mol/L NaH_2PO_4, 0.387 mol/L Na_2HPO_4, 1.5 mol/L NaCl). The beads were boiled with SDS sample buffer, and the eluted bound proteins were subjected to SDS-PAGE and Western blotting with anti-GST or anti-His antibody (Tiangen, China).

3. Results

3.1 AvaR1 is a negative regulator of avermectin production

To clarify the function of AvaR1 in *S. avermitilis*, we constructed *avaR1* deletion mutant ΔavaR1 by homologous recombination (Fig. S1). HPLC analysis of fermentation products showed that avermectin yield of ΔavaR1 grown in FM-I for 10 days was ~2 fold higher than that of WT (Fig. 1a). When an intact *avaR1* gene in integrative vector pSET152 was introduced into ΔavaR1, avermectin yield in complemented strain CavaR1 was restored to WT level. Overexpression of *avaR1* by introduction of plasmid pKC1139-ermp-avaR1 into WT (strain OavaR1) resulted in 30% reduction of avermectin yield. Vector control strains WT/pSET152 and WT/pKC1139 produced closely amount of avermectins to that of WT (Fig. 1a). These findings indicate that AvaR1 has an inhibitory effect on avermectin production.

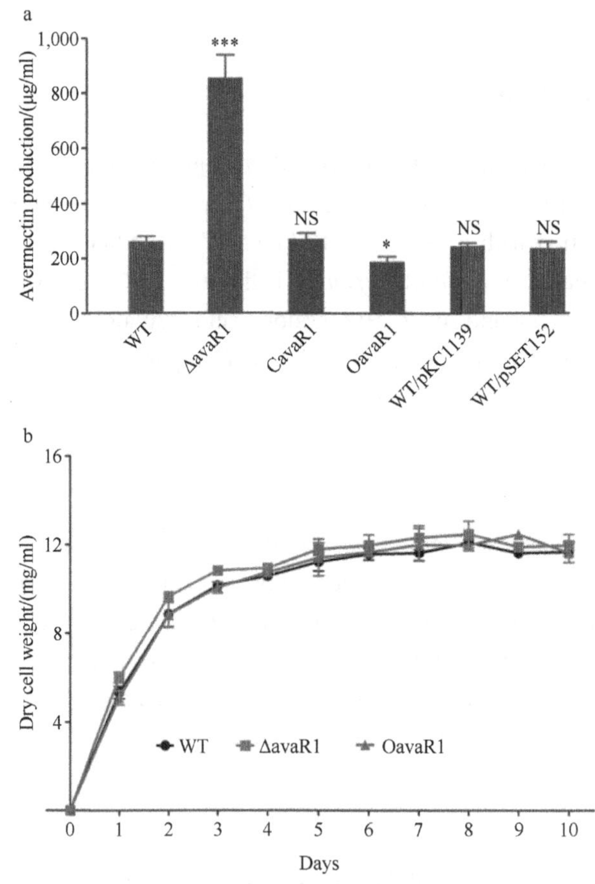

Fig. 1 Effects of deletion and overexpression of *avaR1* on avermectin production and cell growth *in S. avermitilis*
(Color figure in the two-dimensional code at the back cover)

a. Comparison of avermectin production in WT, *avaR1* deletion mutant (ΔavaR1), complemented strain (CavaR1), and overexpression strain (OavaR1) cultured in FM-I for 10 days. WT/pKC1139 and WT/pSET152: vector control strains. Error bars: standard deviation (SD) from three replicate experiments. NS, not significant; *, $P<0.05$; ***, $P<0.001$ for comparison with WT (Student's *t*-test). b. Growth curves of WT, ΔavaR1, and CavaR1 in FM-II. Error bars: SD from three replicates (Color figure in the two-dimensional code at the back cover)

To assess the effect of AvaR1 on cell growth, we measured biomasses of WT, ΔavaR1, and OavaR1 cultured in FM-II. Deletion and overexpression of *avaR1* had no effect on biomass (Fig. 1b), indicating that altered avermectin yield in ΔavaR1 and OavaR1 did not result from changes in growth. ΔavaR1 and OavaR1 grew normally on YMS, MM and RM14 plates (Fig. S2), indicating that AvaR1 is not involved in regulation of morphological differentiation.

3.2 AvaR1 represses expression of *ave*, *aco*, *cyp17*, and *avaR* genes

To clarify the relationship between AvaR1 and avermectin production, we examined *avaR1* expression profiles of WT cultured in FM-I. *avaR1* transcript was monitored by qRT-PCR throughout the avermectin fermentation process (Fig. 2a). Transcript level was highest on day 1, remained high on day 2, then declined gradually, and was low from day 6 onward. We next examined AvaR1 expression profile by Western blotting. To prevent cross immunoreactions among homologous AvaR1, AvaR2, and AvaR3, a *3×flag* sequence was fused to the 3′ end of *avaR1* in integrative vector pSET152 and transformed into ΔavaR1. Expression of fusion protein AvaR1-3×FLAG in ΔavaR1 restored avermectin yield (Fig. S3), indicating that AvaR1-3×FLAG complemented AvaR1 function, and that AvaR1 expression profile could be monitored with ANTI-FLAG mAb in recombinant strain ΔavaR1/avaR1-3×FLAG. AvaR1 protein was detectable throughout the fermentation process, and its level was maximal on day 1 (Fig. 2b), consistent with its transcriptional profile. These findings suggest that AvaR1 functions throughout the entire fermentation process, and plays its regulatory role mainly in the early stage.

To test the possibility that AvaR1 regulates avermectin production through *ave* genes, we performed qRT-PCR analysis using RNAs isolated from WT and ΔavaR1 cultured in FM-I at 2 days (early exponential phase) and 6 days (stationary phase). Transcription levels of CSR gene *aveR* and structural gene *aveA1* were strongly upregulated in ΔavaR1 on both days, particularly on day 2 (Fig. 2c), consistent with avermectin overproduction in ΔavaR1, indicating that AvaR1 represses expression of *ave* genes.

AvaR1, AvaR2, and AvaR3 are members of the TetR-family regulators, which are typically autoregulated (Yu *et al.*, 2010). AvaR2, AvaR3, Cyp17, and Aco have been shown to affect avermectin production in various ways (Kitani *et al.*, 2011; Miyamoto *et al.*, 2011; Zhu *et al.*, 2016). We determined transcription levels of *cyp17*, *aco*, *avaR1*, *avaR2*, and *avaR3* by qRT-PCR. All five genes were upregulated in ΔavaR1 on day 2 (Fig. 2c). On day 6, *aco* transcription was slightly increased in ΔavaR1, whereas there was no notable change in expression of *cyp17* or the three *avaR* genes. These findings indicate that AvaR1 is autorepressed and functions as a repressor of *cyp17*, *aco*, *avaR2*, and *avaR3*, mainly in the early stage of fermentation. In view of previous findings that Aco and Cyp17 are required for avenolide biosynthesis (Kitani *et al.*, 2011), and that AvaR3 promotes avermectin production (Miyamoto *et al.*, 2011), it is possible that elevated expression of *aco*, *cyp17*, and *avaR3* also contributed to enhanced avermectin production in ΔavaR1.

3.3 AvaR1 binds specifically to upstream regions of *aveR*, *aco*, and three *avaR* genes

AvaR1 was reported to bind to the promoter regions of its own gene and of *aco* (Kitani *et al.*, 2011; Sultan *et al.*, 2016). To confirm these findings, and to determine whether the regulatory effect of AvaR1 on *aveR*, *aveA1*, *cyp17*, *avaR2*, and *avaR3* is direct, we performed EMSAs using soluble His_6-AvaR1 protein (Zhu *et al.*, 2016) and probable promoter regions of these genes. Because *cyp17* is co-transcribed with *avaR1*, we used the probes *aveRp*, *aveA1p*, *acop*, *avaR1p*, *avaR2p*, and *avaR3p*, constructed in our previous study (Zhu *et al.*, 2016), for EMSAs. His_6-AvaR1 did not bind to negative control probe 1, but formed complexes with probes *acop* and *avaR1p* (Fig. 3a), as reported previously. His_6-AvaR1 also bound specifically to probes *avaR2p* and *avaR3p*. No shifted band was observed for probe *aveA1p*. In contrast to the findings of Wang *et al.* (2014a), probe *aveRp* generated clearly retarded signals (Fig. 3a). Binding specificity was confirmed by competitive assays with a ~200-fold excess of unlabeled specific probe (lane S) and nonspecific probe 1 (lane N). These findings indicate that AvaR1 directly regulates expression of *aco*, *avaR1*, *avaR2*, *avaR3*, and *aveR via* binding to their promoter regions. The increased expression of *aveA1* in ΔavaR1 was presumably an indirect effect of elevated *aveR* expression. *cyp17* and *avaR1* are co-transcribed; therefore, *cyp17* is also a target gene of AvaR1, and upregulation of *cyp17* in ΔavaR1 resulted from AvaR1 autorepression.

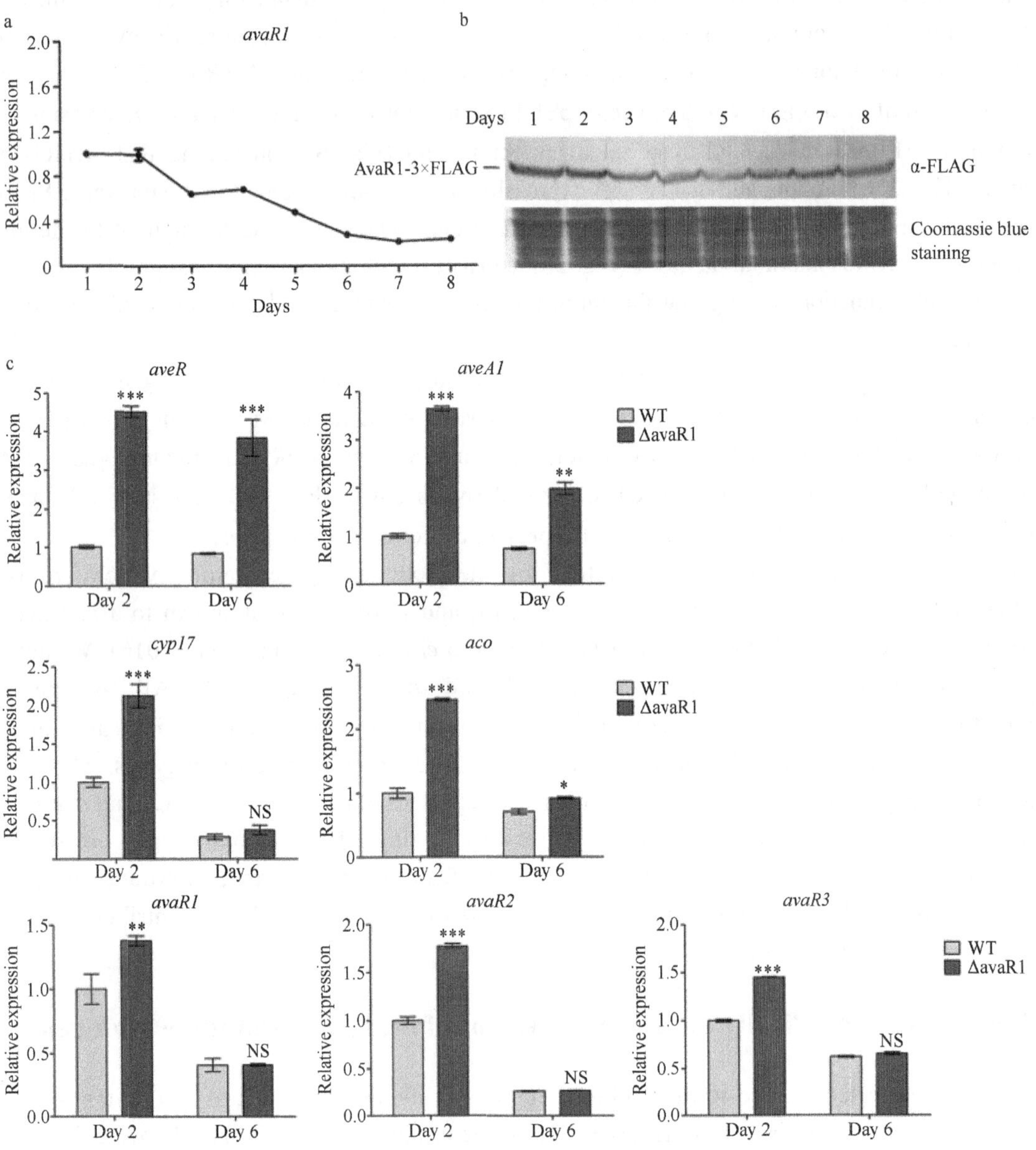

Fig. 2 Expression analysis of *avaR1* and related genes

a. Transcriptional profile of *avaR1* during avermectin production process in WT grown in FM-I. Relative value of *avaR1* on day 1 was assigned as 1. Error bars: SD from three replicates. b. Western blotting analysis of AvaR1 protein expression profile during fermentation process. AvaR1 temporal expression in strain ΔavaR1/avaR1-3×FLAG grown in FM-I was analyzed using ANTI-FLAG mAb. 100 μg total protein was added in each lane. Loading control: Coomassie blue staining of total protein. c. qRT-PCR analysis of *aveR*, *aveA1*, *cyp17*, *aco*, and three *avaR* genes in WT and ΔavaR1 grown in FM-I. Value for each gene was expressed relative to that of WT on day 2, which was assigned as 1. *avaR1*, 125 bp transcript amplified from the remainder *avaR1* ORF in ΔavaR1 with primers ZJY129 and ZJY130. Error bars: SD from three replicates. NS, not significant; *, $P<0.05$; **, $P<0.01$; ***, $P<0.001$ (Student's *t*-test)

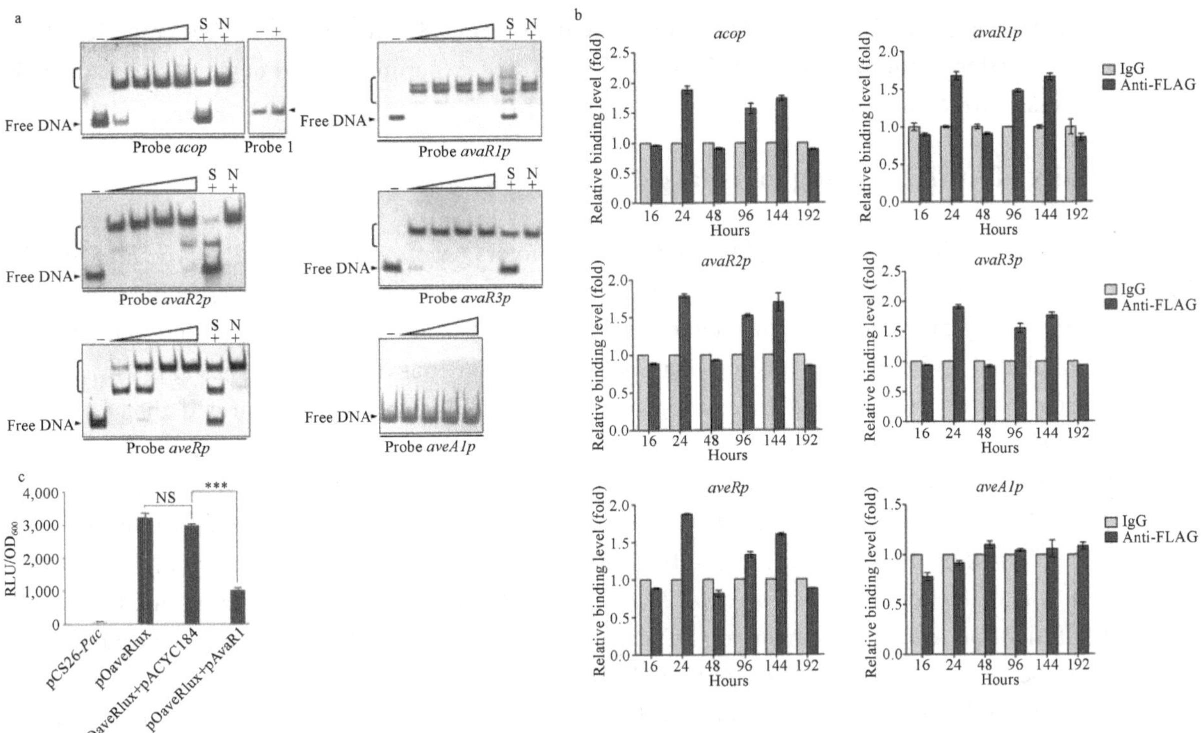

Fig. 3　Interaction of AvaR1 with target promoters *in vitro* and *in vivo*

a. *In vitro* EMSAs of His$_6$-AvaR1 with probes *acop*, *avaR1p*, *avaR2p*, *avaR3p*, *aveRp*, and *aveA1p* described previously (Zhu *et al.*, 2016). Each reaction mixture contained 0.3 nmol/L labeled probe. Specific (lanes S) and nonspecific (lanes N) competition assays were performed using ~200-fold excess of unlabeled competitor DNAs. Lanes 2 to 5 contained 10 nmol/L, 20 nmol/L, 50 nmol/L, and 100 nmol/L His$_6$-AvaR1, respectively. Lanes –: EMSAs without His$_6$-AvaR1. 100 nmol/L His$_6$-AvaR1 was used for competition assays and negative control probe 1 (*sig25* promoter region) (Lanes +). Arrowheads: free probes. Brackets: AvaR1-DNA complexes. b. *In vivo* ChIP-qPCR assays. ANTI-FLAG mAb against AvaR1-3×FLAG was used to immunoprecipitate AvaR1-3×FLAG-DNA complexes from 16 h, 24 h, 48 h, 96 h, 144 h, and 192 h cultures treated with formaldehyde. IgG-coprecipitated complexes were used as negative control. Enrichment level of target DNA in control at each time point was assigned as 1. The *y* axis represents relative fold binding of target DNA compared with control. Error bars: SD from three replicate experiments. c. Bioluminescence levels of *E. coli* reporter cultures containing various plasmid combinations. pCS26-*Pac* and pACYC184 were used as vector controls. Values were expressed as relative light units (RLU). Error bars: SD from three replicates. NS, not significant; ***, $P<0.001$ (Student's *t*-test)

In a search for corresponding evidence *in vivo*, we performed ChIP-qPCR experiments using samples from ΔavaR1/avaR1-3×FLAG grown in FM-II for various durations, and mouse ANTI-FLAG mAb against AvaR1-3×FLAG. No *aveA1p* enrichment was detected (Fig. 3b), confirming that *aveA1* is indirectly regulated by AvaR1. In comparison with control *aveA1p*, AvaR1 bound to *acop*, *avaR1p*, *avaR2p*, *avaR3p*, and *aveRp* at 24 h, 96 h, and 144 h, with strongest binding to each of these five target promoters at 24 h (Fig. 3b), consistent with the maximal expression of AvaR1 on day 1. These findings confirm dynamic binding of AvaR1 to these target promoters *in vivo*. Target DNA enrichment levels of AvaR1 were<2-fold relative to that of negative control IgG, suggesting that DNA-binding affinity of AvaR1 is low *in vivo*, and that AvaR1 is easily released from target promoters after interaction with avenolide.

To clarify the apparent discrepancy between our observed interaction of AvaR1 with *aveR* promoter region and the findings of Wang *et al.* (2014a), we examined the regulatory relationship of AvaR1 with *aveR* using an *E. coli* fluorescence-reporter system (Tahlan *et al.*, 2007). In this system, pOaveRlux was constructed previously based on pCS26-*Pac* for expressing *aveRp*-controlled *lux* reporter (Zhu *et al.*, 2016), and pAvaR1 was constructed in this study based on pACYC184 for expressing AvaR1. pOaveRlux produced a high level of bioluminescence in *E. coli*, whereas promoterless vector pCS26-*Pac* produced only a background level (Fig. 3c). Expression vector pAvaR1 clearly reduced bioluminescence of the transformant bearing pOaveRlux, whereas control vector pACYC184 had no such effect (Fig. 3c). These findings are consistent with those from EMSA and ChIP-qPCR experiments, and demonstrate that AvaR1 directly represses *aveR* transcription.

3.4 Affinity of AvaR1 binding to its target promoters

To compare affinity of AvaR1 for its five target promoters (*acop*, *avaR1p*, *avaR2p*, *avaR3p*, *aveRp*), we performed competitive EMSAs using labeled probes and excess unlabeled probes (specific competitor). In experiments using 50-fold excess of unlabeled probes, the dissociation of AvaR1 from labeled *aveRp* caused by unlabeled probe *avaR1p* was less than that of the other four unlabeled probes (Fig. 4a). Further analysis using labeled probes *avaR2p*, *avaR3p*, and *avaR1p* (Fig. 4b, c, e) confirmed that affinity of AvaR1 to *avaR1p* was the lowest among the five DNA targets. In experiments using 250-fold excesses, unlabeled probes *avaR3p* and *avaR2p* dissociated most AvaR1 from labeled *avaR2p*, whereas the other three unlabeled probes had little or no such effect (Fig. 4b), indicating a higher relative affinity of AvaR1 for *avaR3p* and *avaR2p*. The competitive ability of 50-fold excess of unlabeled probe *avaR3p* was slightly higher than that of the same excess of *avaR2p* (Fig. 4b). These findings indicate that AvaR1 had the strongest affinity for *avaR3p*. Comparison of intensities of AvaR1-*avaR3p* complex corresponding to unlabeled probes *aveRp and acop* (Fig. 4c) indicated AvaR1 affinity in the order *aveRp>acop*. There were no striking differences of intensities of AvaR1-*acop* complex among the five unlabeled probes (Fig. 4d). The above findings, taken together, indicate that binding affinity of AvaR1 to its target promoters is in the order *avaR3p>avaR2p>aveRp>acop>avaR1p*; however, the differences for *avaR3p vs. avaR2p*, and *acop vs. avaR1p*, are slight.

3.5 Identification of precise AvaR1 binding sites

The transcriptional start sites (TSSs) of *aveR*, *aco*, and three *avaR* genes were determined previously (Zhuo *et al.*, 2010; Miyamoto *et al.*, 2011; Sultan *et al.*, 2016; Zhu *et al.*, 2016). We performed DNase I footprinting assays to identify precise AvaR1 binding sites and elucidate the mechanism whereby AvaR1 regulates its five targets. AvaR1 was found to protect two sites (aveR-I, aveR-II), seperated by 9 nt, on the *aveR* promoter region (Fig. 5a). These sites are far upstream of the *aveR* TSS. Site aveR-I corresponds to positions –262 to –233 nt, and site aveR-II –223 to –193 nt, relative to the the *aveR* TSS (Fig. 5b). The mechanism whereby AvaR1 represses *aveR* is unknown. Interactions among AvaR1 and the two binding sites may prevent RNA polymerase access to the *aveR* promoter, or recruit other repressors. The protected site of AvaR1 on the *aco* promoter region (site aco) overlaps the putative –10 and –35 promoter regions, and extends from –31 to –4 nt relative to the *aco* TSS (Fig. 5a, b), suggesting that AvaR1 directly represses *aco* by impeding RNA polymerase binding to the *aco* promoter. *avaR1* promoter region was protected at two sites: site avaR1-I (positions –93 to –68 nt relative to the *avaR1* TSS) and site avaR1-II (+19 to +2 nt) (Fig. 5a, b). AvaR1 protected a region from –32 to +3 nt relative to the *avaR2* TSS on the *avaR2* promoter region (site avaR2), and from –41 to –8 nt relative to the *avaR3* TSS on the *avaR3* promoter region (site avaR3) (Fig. 5a, b). Site avaR1-I is located upstream of the potential –35 region of the *avaR1* promoter, and sites avaR1-II, avaR2, and avaR3 are close to or overlap the potential –10 region of their respective promoters, suggesting that AvaR1 represses three *avaR* genes through mechanisms analogous to those for *aveR* and *aco* repression.

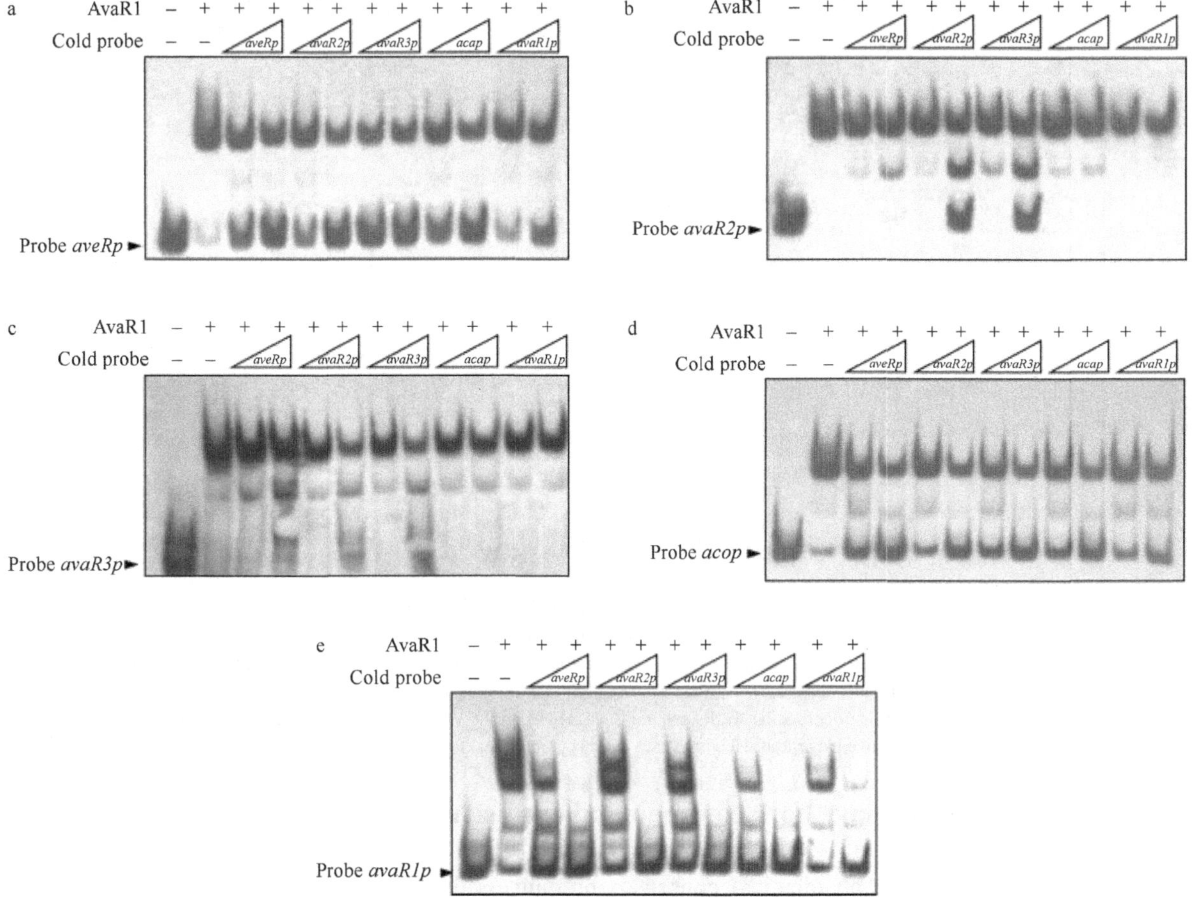

Fig. 4　Relative affinities of AvaR1 for various target promoters

a. EMSA of His_6-AvaR1 with labeled probe *aveRp* and unlabeled probes (*aveRp*, *avaR2p*, *avaR3p*, *acop*, *avaR1p*). b. EMSA of His_6-AvaR1 with labeled probe *avaR2p* and unlabeled probes. c. EMSA of His_6-AvaR1 with labeled probe *avaR3p* and unlabeled probes. d. EMSA of His_6-AvaR1 with labeled probe *acop* and unlabeled probes. e. EMSA of His_6-AvaR1 with labeled probe *avaR1p* and unlabeled probes. For competition assays, labeled probe (0.3 nmol/L) and unlabeled competitor probe (50-fold and 250-fold) were added with His_6-AvaR1 (50 nmol/L). Arrowheads: free labeled probes

ARE (autoregulatory element) sequences are found in genuine and pseudo GBL receptor binding sites in many *Streptomyces* species (Wang *et al.*, 2011; Willey and Gaskell, 2011). AvaR1 is a receptor of γ-butenolide-type avenolide, not of GBLs; however, the protected sites of AvaR1 on the five promoter regions all contain ARE-like sequences. Site avaR1-II contains a half-length ARE, and the other sites contain a full-length ARE. Interestingly, the binding sites of AvaR1 completely overlap those of AvaR2 on the five target promoter regions (Fig. S4; Zhu *et al.*, 2016), with the same protection sequences on *aveRp*, *acop*, and *avaR1p*, and three or four nucleotides more than the AvaR2 binding sequences on *avaR3p* and *avaR2p*. WebLogo program analysis of AvaR1 binding sites including full-length AREs produced an 18 bp consensus ARE-like palindromic sequence (5′-AWWCCRBBHDDNMSGTWT-3′) (Fig. 5c), identical to that of the AvaR2 consensus binding motif (Fig. S4; Zhu *et al.*, 2016).

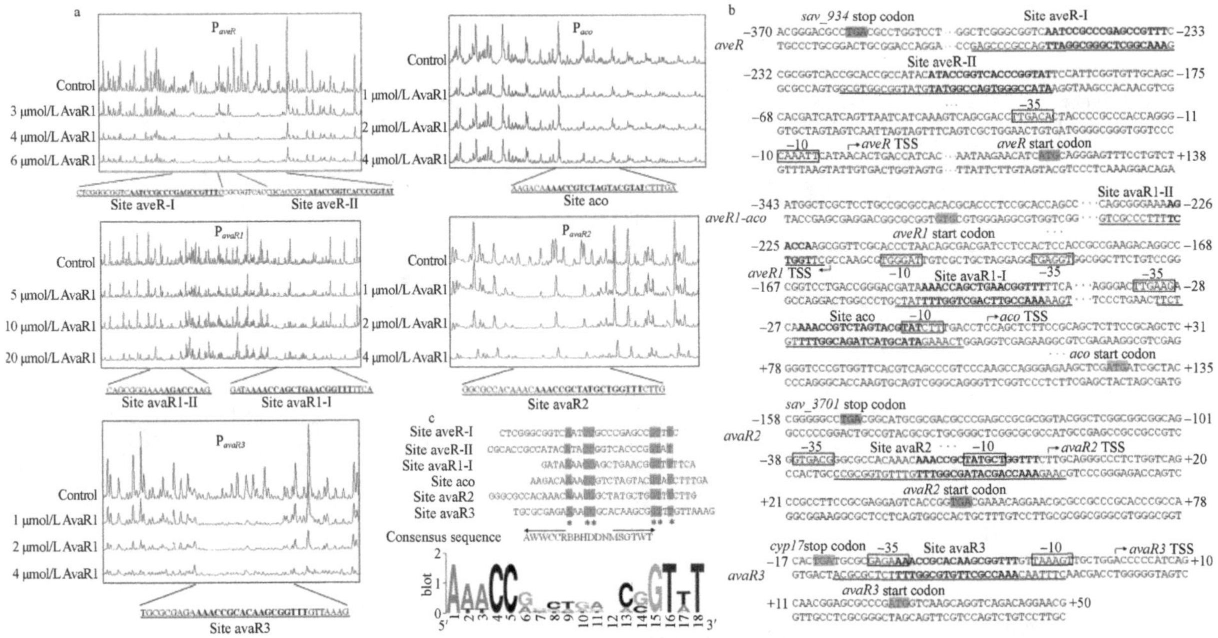

Fig. 5 Identification of AvaR1 binding sites

a. DNase I footprinting assay of AvaR1 on target promoter regions. Protection fluorograms were acquired with increasing amounts of His_6-AvaR1. Top fluorograms: control reactions with 10 μmol/L BSA. b. Nucleotide sequences of target promoter regions and AvaR1 binding sites. Numbers: distance (nt) from respective TSS. Shaded areas: translational start codons. Bent arrows: TSSs. Boxes: potential –10 and –35 regions. Solid lines: AvaR1 binding sites. Boldface: ARE-like sequences. c. Analysis of consensus AvaR1 binding sequence using the WebLogo program (http://weblogo.berkeley.edu). Asterisks: consensus bases. Arrows: inverted repeats. Height of each letter is proportional to appearance frequency of corresponding base

3.6 AvaR1 and AvaR2 have both common and exclusive target genes

AvaR1 and AvaR2 have an identical consensus binding motif, and are therefore expected to have an identical predicted regulon based on use of the same web-based application. Because the consensus binding motif of AvaR1 and AvaR2 was deduced only from five common target promoter regions, we could not rule out the possibility that AvaR1 and AvaR2 have different targets. To test the possibility that AvaR1 binds to other AvaR2 targets in addition to the above five common targets, 11 identified AvaR2 target genes (*nuoB1*, *leuD*, *rpmB1*, *rpsQ*, *folP2*, *amfC*, *sig29*, *sav_3560*, *sav_2051*, *pstB* and *sav_1230*) (Zhu *et al.*, 2016) were subjected to EMSAs with purified His_6-AvaR1 protein. AvaR1 bound to the promoter regions of *nuoB1*, *leuD*, *rpmB1*, *rpsQ*, *folP2*, *amfC*, *sig29*, and *sav_3560*, but not to those of *sav_2051*, *pstB*, or *sav_1230* (Fig. 6a), indicating that AvaR1 and AvaR2 have both common and exclusive targets. To follow up on this finding, *melC2*, *wbpA*, *fadE22*, *ileS*, *aveT* (*sav_3619*), and *cpdB* listed in putative AvaR2 regulon (Zhu *et al.*, 2016) were subjected to EMSAs with His_6-AvaR1. Among these genes, *melC2*, *wbpA*, *fadE22*, and *ileS* were found not to be AvaR2 targets (Zhu *et al.*, 2016). *aveTp* and *cpdBp* had the ability to interact with AvaR1, but the other four promoter probes did not (Fig. 6a). *aveT* encodes a TetR-family transcriptional activator for avermectin production and morphological differentiation (Liu *et al.*, 2015), and *cpdB* encodes a putative 2′, 3′-cyclic-nucleotide 2′-phosphodiesterase. We performed EMSAs to test the possibility that AvaR2 binds to these two novel AvaR1 targets, and observed that it bound to *aveTp*, but not to *cpdBp* (Fig. S5A).

The regulatory roles of AvaR1 in expression of the 10 newly identified target genes were evaluated by qRT-PCR analysis. AvaR1 repressed transcription of *nuoB1*, *leuD*, *rpmB1*, *rpsQ*, *sig29*, *sav_3560*, *aveT*, and *cpdB*; *i.e.*, transcription levels of these targets were higher in ΔavaR1 than in WT on day 2, or on days 2 and 6 (Fig. 6b). *amfC* encodes an aerial mycelium-associated protein (Yonekawa *et al.*, 1999). *amfC* transcript levels were very similar in WT and ΔavaR1, consistent with the absence of morphological differences between these two strains. *folP2* expression was not detected in either WT or ΔavaR1 on day 2 or 6 under our fermentation conditions. The effect of AvaR2 on *aveT* expression was also examined by qRT-PCR. AvaR2 activated transcription of *aveT* (Fig. S5B), in contrast to the repressing effect of AvaR1 on *aveT* (Fig. 6b).

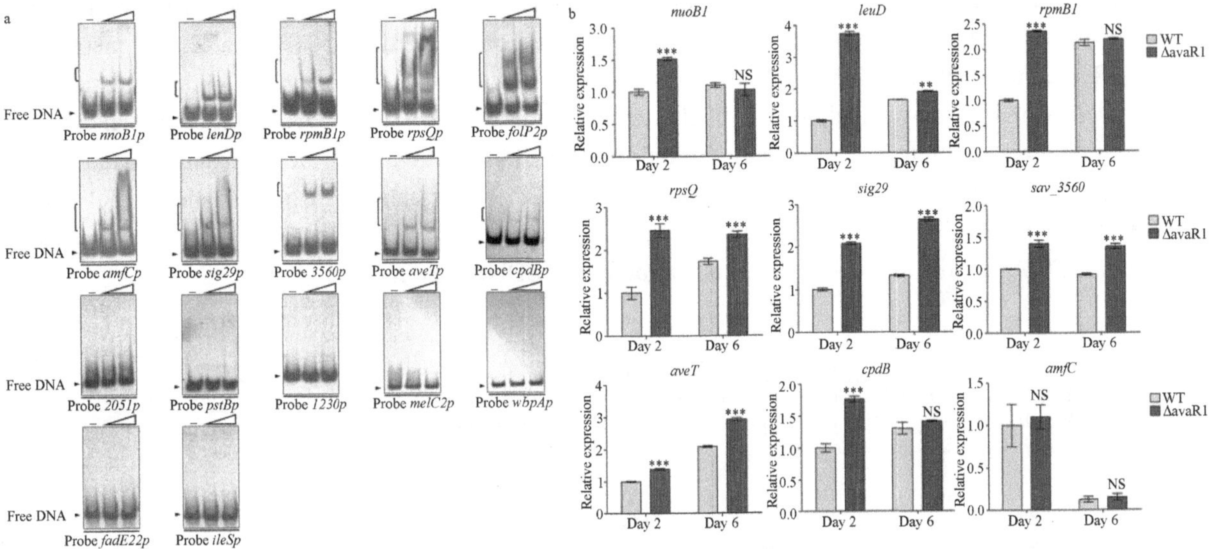

Fig. 6 Confirmation of new AvaR1 target genes

a. EMSAs of His$_6$-AvaR1 protein with 17 putative binding promoter regions. Each lane contained 0.3 nmol/L labeled probe. Lanes –, EMSAs without His$_6$-AvaR1. Lanes 2 to 3 contained 50 nmol/L and 200 nmol/L His$_6$-AvaR1, respectively. b. qRT-PCR analysis of newly identified AvaR1 target genes in WT and ΔavaR1 strains. WT value of each gene on day 2 was assigned as 1. Error bars: SD from three replicates. NS, not significant; **, $P<0.01$; ***, $P<0.001$ (Student's *t*-test)

Taken together, the identified common targets of AvaR1 and AvaR2 are *aveR*, *aco*, *avaR1*, *avaR2*, *avaR3*, *nuoB1*, *leuD*, *folP2*, *rpmB1*, *rpsQ*, *amfC*, *sig29*, *sav_3560*, and *aveT*. *cpdB* is a target of AvaR1, but not of AvaR2. *sav_2051*, *pstB* and *sav_1230* are targets of AvaR2, but not of AvaR1. The above targets are involved in secondary metabolism, primary metabolism, morphological differentiation, ribosomal protein synthesis, stress responses, and other processes (Liu *et al.*, 2015; Zhu *et al.*, 2016), indicating that AvaR1 and AvaR2 cross-regulate a wide range of physiological processes.

Avermectin production level was much higher in single deletion mutant ΔavaR1 than in ΔavaR2, and levels in double deletion mutants ΔavaR1R2-1, –2, and –3 were intermediate (Fig. S6), consistent with the finding that AvaR1 and AvaR2 have different target genes, which may affect avermectin production in different ways.

3.7 AvaR1 and AvaR2 compete and cooperate on the same binding site

AvaR1 and AvaR2 are TetR-family transcriptional regulators, which generally function as homodimers to bind to palindromic sequences (Yu *et al.*, 2010). Because the two proteins are homologues, it is conceivable that they could form a heterodimer. Because they have common target genes, they may also compete or cooperate for DNA binding. The apparent molecular weights of His$_6$-AvaR1 and His$_6$-AvaR2 were similar (~35 kDa). To evaluate possible competition or cooperation of AvaR1 and AvaR2 on the same binding site, we expressed and purified GST-tagged AvaR2 protein from *E. coli* to separate the complexes formed by His$_6$-AvaR1 or GST-AvaR2 using the same DNA probe in EMSAs. His$_6$-AvaR1 and GST-AvaR2 were added both separately and together with probe *aveRp*$_2$, which contains only one palindromic sequence: site aveR-II. When applied separately, both proteins retarded *aveRp*$_2$ (Fig. 7a). In the presence of 0.1 μmol/L His$_6$-AvaR1, an increase of GST-AvaR2 concentration resulted in reduction of AvaR1-*aveRp*$_2$ complex and formation of a new complex, located between AvaR1-*aveRp*$_2$ and AvaR2-*aveRp*$_2$ (Fig. 7a, left), which was most likely formed by AvaR1/AvaR2 heterodimer with probe *aveRp*$_2$. When GST-AvaR2 was added at a concentration of 0.6 μmol/L, the complex AvaR2-*aveRp*$_2$ became predominant, and the above-mentioned new complex and AvaR1-*aveRp*$_2$ disappeared (Fig. 7a, left). In the presence of 0.1 μmol/L GST-AvaR2, an increase of His$_6$-AvaR1 concentration resulted in disappearance of AvaR2-*aveRp*$_2$ complex and appearance of AvaR1-*aveRp*$_2$ and a new band, most likely AvaR1/AvaR2-*aveRp*$_2$ (Fig. 7a, right). As His$_6$-AvaR1 concentration increased, intensity of the new band declined and that of AvaR1-*aveR2p* became stronger. When His$_6$-AvaR1 was added at a concentration of 0.2 μmol/L, the new band disappeared and AvaR1-*aveRp*$_2$ complex became predominant (Fig. 7a, right). These findings suggest that AvaR1 and AvaR2 not only compete for the same DNA site, but also cooperate as a heterodimer for DNA binding.

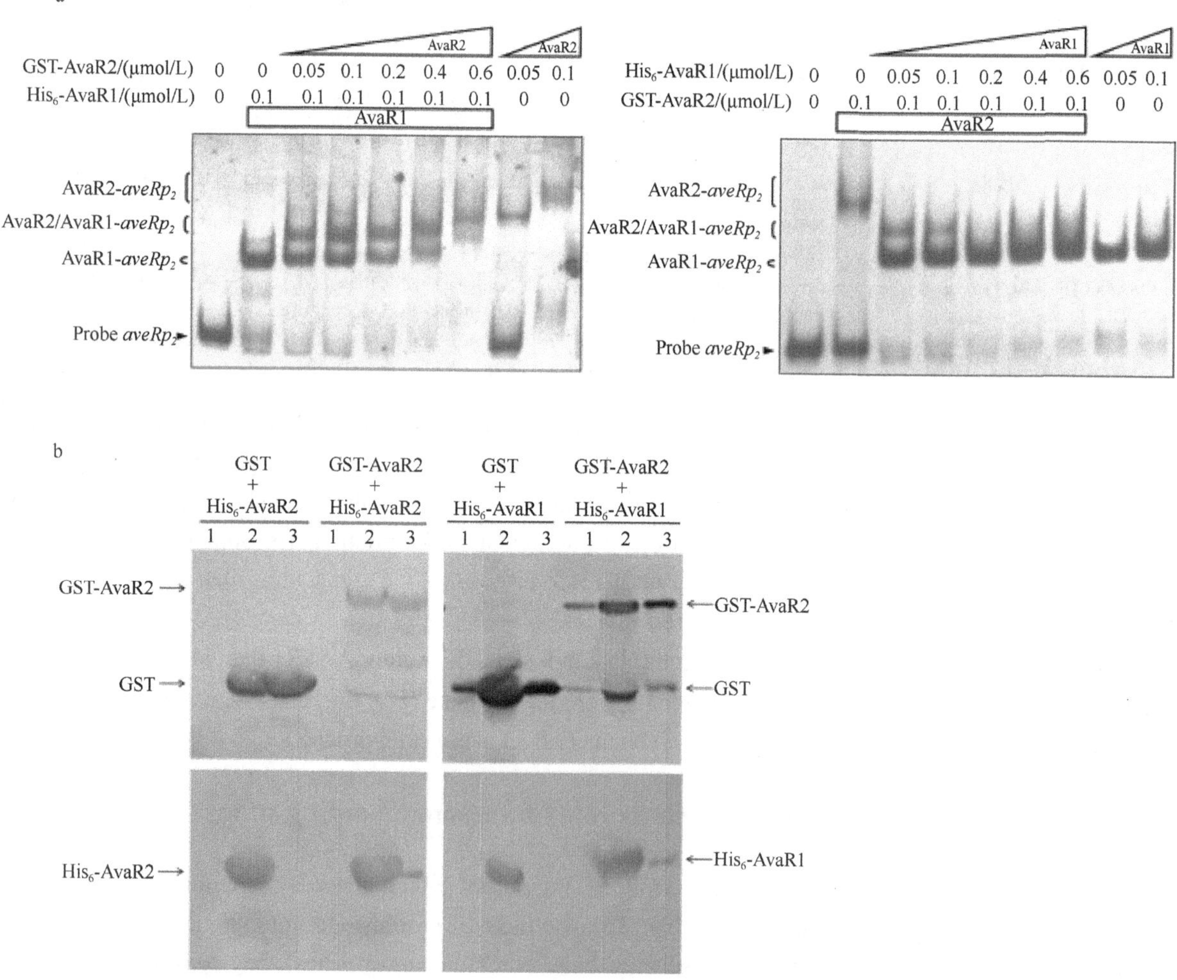

Fig. 7 Relationships between AvaR1 and AvaR2

a. Competitive EMSAs of probe *aveRp*$_2$ with His$_6$-AvaR1 and GST-AvaR2 proteins. 0.3 nmol/L labeled probe *aveRp*$_2$ was incubated with the indicated concentrations of His$_6$-AvaR1 and GST-AvaR2. b. GST pull-down assays of AvaR1 and AvaR2 from *E. coli* whole cell lysate. His$_6$- and GST-tagged proteins were co-expressed in *E. coli*, recovered by sonication and centrifugation, and subjected to GST pull-down and Western blotting analysis with anti-GST and anti-His antibodies, respectively. Lanes 1: cell lysate before induction by IPTG. Lanes 2: cell lysate after induction. Lanes 3: GST pull-down

To assess possible interaction between AvaR1 and AvaR2 under physiological conditions, we co-expressed His_6-AvaR2 or His_6-AvaR1 with GST or GST-AvaR2 in *E. coli*, and performed *in vivo* GST pull-down experiments. His_6-AvaR2 was pulled down by GST-AvaR2, but not by GST (Fig. 7b, left), indicating that AvaR2 interacts with itself *in vivo*, most likely to form a homodimer. His_6-AvaR1 was also pulled down by GST-AvaR2, but not by GST (Fig. 7b, right), supporting the conclusion from experiments shown in Fig. 7a that AvaR1 interacts directly with AvaR2 to form a heterodimer.

4. Discussion

Autoregulator/receptor regulatory systems are widespread among *Streptomyces* species, and play key roles in eliciting secondary metabolites or/and morphological differentiation (Bibb, 2005; Niu *et al.*, 2016). Unlike typical GBL signaling molecules applied by many other *Streptomyces* species, *S. avermitilis* uses avenolide, a γ-butenolide autoregulator, to trigger avermectin production (Kitani *et al.*, 2011). AvaR1 was shown to be an avenolide receptor (Kitani *et al.*, 2011); however, its role in regulation of avermectin biosynthesis remains unclear. In this study, we elucidated the molecular mechanism underlying this role, and demonstrated that AvaR1 is a direct repressor of avenolide and avermectin biosynthesis as well as other physiological processes including primary metabolism, ribosomal protein synthesis, and stress responses.

AvaR1 strongly inhibits avermectin production in WT strain ATCC 31267. Results of our qRT-PCR, EMSA, and ChIP-qPCR analyses revealed that this inhibitory effect is due mainly to direct repression of the cluster-situated activator gene *aveR*. Our findings are in contrast to reports by other groups that AvaR1 indirectly controls *aveR* expression (Wang *et al.*, 2014a), and that AvaR1 has no effect on avermectin production in WT strain KA320 (Sultan *et al.*, 2016). Our DNase I footprinting assays showed that AvaR1 binds to two sites on the far upstream region of *aveR*: one extending from –262 to –233 nt, the other from –223 to –193 nt, relative to the *aveR* TSS. In the EMSA studies by Wang *et al.* (2014a), the *aveR* promoter probe used extended from positions –109 to +113 nt relative to the *aveR* TSS, and did not contain two AvaR1-binding sites. This explains their finding that AvaR1 did not bind to the *aveR* promoter region. The differences between our findings and those of Nihira's group regarding effect of AvaR1 on avermectin production may be due to differences in experimental strains and growth conditions used. Nihira's group used KA320 as WT strain (Sultan *et al.*, 2016), and described it as being isogenic to *S. avermitilis* MA-4680-also known as ATCC 31267, the WT strain used in our study. However, in a previous report, they described KA320 as being phenotypically unstable and requiring frequent reisolation (Kitani *et al.*, 2009). In contrast, strain ATCC 31267 we used was stable throughout our experiments, and *Ase* I restriction patterns of our ATCC 31267 chromosome were identical to the published data (Guo *et al.*, 2010). Properties of CSR gene *aveR* also differed between the WT strains used by our group and Nihara's. In our 2010 study (Guo *et al.*, 2010), overexpression of *aveR* promoted avermectin production in ATCC 31267, in accordance with the general rule that overexpression of a cluster-situated activator gene leads to increased production of the corresponding antibiotic. In contrast, the 2009 study by Nihara's group found that addition of *aveR* abolished avermectin production in KA320 and its derivative K139 (Kitani *et al.*, 2009). It therefore seems likely that differences in genetic background exist between KA320 and our ATCC 31267, which account for the different findings. Genome resequencing of the two strains can clarify such genetic differences.

The *aco* gene encodes a key enzyme for avenolide production (Kitani *et al.*, 2011). In the present study, AvaR1 directly repressed *aco* expression, consistent with previous findings by Nihira's group (Kitani *et al.*, 2011; Sultan *et al.*, 2016). Wang *et al.* (2015) confirmed the role of AvaR1 as a direct repressor of *aco* using a genetic biosensor. AvaR1 also inhibits transcription of *cyp17*, which is involved in avenolide production. Thus,

AvaR1 is an important regulator in control of avenolide level. Our 2016 study showed that AvaR2 is also a key repressor of avenolide production (Zhu *et al.*, 2016). The increase of *aco* transcription level was > 130-fold in *avaR2* deletion mutant ΔavaR2 (Zhu *et al.*, 2016), but < 2-fold in *avaR1* deletion mutant ΔavaR1, indicating that AvaR2 plays a role dominant over that of AvaR1 in control of avenolide production.

AvaR1 and AvaR2 are homologues, both act as receptors of avenolide signal (Kitani *et al.*, 2011; Zhu *et al.*, 2016), and bind to the same sequence on *aveR* and *aco* promoter regions. We therefore investigated possible interaction or cooperation between these two proteins to regulate avermectin and avenolide production. Competitive EMSAs and GST pull-down assays revealed coexistence of AvaR1/AvaR2 heterodimer with AvaR1 and AvaR2 homodimers. The EMSA results also showed that the heterodimer-DNA complex reduced or disappeared when concentration of one protein was much higher than that of another protein, suggesting that interconversion among AvaR1/AvaR2 heterodimer and the AvaR1 and AvaR2 homodimers is a highly dynamic process. Analogously, Li *et al.* (2015, 2017) demonstrated that ScbR and ScbR2 share some common binding sites, and can form a heterodimer in addition to their respective homodimers. These examples of heterodimer formation between homologous TetR-family regulators indicate that regulatory mechanisms in this family are complex, and that the heterodimers may play regulatory roles of which the corresponding homodimers are not capable. For example, ScbR/ScbR2 heterodimer has an exclusive target *sco5158*, which is not a target of ScbR or ScbR2 homodimer (Li *et al.*, 2017). We observed that AvaR1/AvaR2 heterodimer and the AvaR1 and AvaR2 homodimers all bind to the same DNA probe *aveRp*$_2$; however, further investigation is needed to test the possibility that AvaR1/AvaR2 heterodimer has exclusive targets as well.

Competitive EMSAs indicated that AvaR1 and AvaR2 homodimers compete for the same binding region. *In vivo* ChIP-qPCR experiments revealed that maximal DNA enrichment level of AvaR2, in comparison with control IgG, was ~10.5-fold for *aveRp*, ~23.3-fold for *acop*, ~8.4-fold for *avaR1p*, ~4.1-fold for *avaR2p*, and ~4.6-fold for *avaR3p* (Zhu *et al.*, 2016). Corresponding values for AvaR1 were < 2-fold for all five target genes, indicating that *in vivo* DNA-binding affinity of AvaR2 is stronger than that of AvaR1, and that the role of AvaR2 in regulating these common targets is dominant over that of AvaR1. AvaR2 showed stronger binding affinity for *aveRp* than for *avaR3p*, *avaR2p*, *acop*, or *avaR1p*. Its binding to *aveRp* was the strongest at 24 h, and that to the other four target promoters was the strongest at 48 h, with subsequent gradual decrease in binding strength during the fermentation process (Zhu *et al.*, 2016). AvaR1 showed little difference in affinity among these five promoters; it bound to them at 24 h, 96 h, and 144 h, with somewhat higher binding strength at 24 h. The dynamic binding of AvaR1 and AvaR2 to the five targets was consistent with their expression profiles, *i.e.*, maximal expression occurred at 24 h for AvaR1 and at 48 h for AvaR2; AvaR2 level decreased sharply after 96 h and was barely detectable from 120 h onward, whereas AvaR1 level was stable from 72 h onward.

Our findings on AvaR1 and AvaR2 expression and their regulatory relationship, taken together, indicate that they have a sequential cooperative mechanism for control of avenolide and avermectin production in response to avenolide signal (Fig. 8). During the early growth phase of *S. avermitilis*, *aveRp* is repressed by AvaR1 and (preferentially) AvaR2 to strongly inhibit avermectin biosynthesis (24 h); AvaR1 (24 h) and AvaR2 (48 h) sequentially repress *aco* expression to strictly control avenolide level and avenolide synthesis remains at basal level during this period. When avenolide level exceeds a threshold value, its receptors AvaR1 and AvaR2 are sequentially released from *acop*, leading to sharply increased avenolide concentration which becomes sufficient to trigger avermectin biosynthesis by releasing AvaR1 and AvaR2 from *aveRp*. This concept is supported by our observation that avermectin production is usually detectable by HPLC after 48 h. After avenolide has performed its role in triggering avermectin production, it is presumably degraded by a yet-unknown mechanism. During the late growth stage (≥144 h), *acop* and *aveRp* are bound again mainly by AvaR1 rather than AvaR2, to avoid overproduction of avermectins and ensure appropriate avermectin concentration in cells. The repression of *acop* and *aveRp* by AvaR1 during late stage is advantageous in that the relatively low repression strength of AvaR1 ensures continuous, but not excessive, synthesis of avermectins.

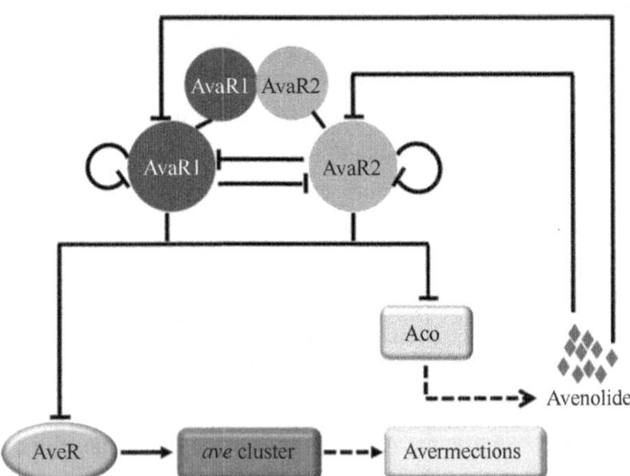

Fig. 8　Working model for the regulatory roles of AvaR1 and AvaR2 in control of avenolide and avermectin production (Color figure in the two-dimensional code at the back cover)

Solid-line bars: direct repression. Solid-line arrow: direct activation. Dashed-line arrows: production of avermectin or avenolide

Although AvaR1 and AvaR2 have common targets, they each also have exclusive targets, and their regulatory mechanisms on common target *aveT* are different. Thus, the regulatory functions of these two proteins differ somewhat. For example, cell growth is promoted by *avaR2* deletion (Zhu *et al.*, 2016), but unaffected by *avaR1* deletion. These findings are consistent with general economic principles of metabolic regulation, *i.e.*, a given microorganism does not contain two identical regulatory factors. The AvaR1 targets are involved in diverse cellular processes, indicating the pleiotropic effects of AvaR1 on *S. avermitilis* physiology. Elevated expression of AvaR1 target genes *leuD*, *nuoB1*, *rpmB1*, and *rpsQ* in ΔavaR1 may promote avermectin production by providing more precursors, increasing availability of energy, or enhancing protein synthesis, analogously to their effects in ΔavaR2 (Zhu *et al.*, 2016). AveT acts as an activator of avermectin production. Therefore, elevated expression of *aveT* in ΔavaR1 may enhance avermectin production. The *cpdB* product converts 2′,3′-cyclic nucleotide to 3′-nucleotide, and increased *cpdB* expression may provide more precursors for ATP synthesis and thereby promote avermectin biosynthesis. Our findings that AvaR1 regulates *sig29* (whose homologue *sigI* in *S. coelicolor* is involved in osmotic stress) (Homerova *et al.*, 2012) and *sav_3560* (one component of a two-component system) suggest that AvaR1 responds to extracellular stimuli as part of adaptation to complex natural environments. More extensive studies of regulatory roles of AvaR1 and AvaR2 in the future will provide a comprehensive picture of the cellular responses triggered by avenolide and other signals, and mediated by AvaR1 and AvaR2, in *S. avermitilis.*

References

Arakawa K, Tsuda N, Taniguchi A, *et al.* 2012. The butenolide signaling molecules SRB1 and SRB2 induce lankacidin and lankamycin production in *Streptomyces rochei*. Chem Bio Chem, 13(10): 1447-1457.

Bibb M J. 2005. Regulation of secondary metabolism in streptomycetes. Curr Opin Microbiol, 8(2): 208-215.

Bierman M, Logan R, O'Brien K, *et al.* 1992. Plasmid cloning vectors for the conjugal transfer of DNA from *Escherichia coli* to

Streptomyces spp. Gene, 116(1): 43-49.

Burg R W, Miller B M, Baker E E, *et al.* 1979. Avermectins, new family of potent anthelmintic agents: producing organism and fermentation. Antimicrob Agents Chemother, 15(3): 361-367.

Chen Z, Wen J, Song Y, *et al.* 2007. Enhancement and selective production of avermectin B by recombinants of *Streptomyces avermitilis via* intraspecific protoplast fusion. Chin Sci Bull, 52(5): 616-622.

Choi S U, Lee C K, Hwang Y I, *et al.* 2003. γ-butyrolactone autoregulators and receptor proteins in non-*Streptomyces* actinomycetes producing commercially important secondary metabolites. Arch Microbiol, 180(4): 303-307.

Egerton J R, Ostlind D A, Blair L S, *et al.* 1979. Avermectins, new family of potent anthelmintic agents: efficacy of the B_{1a} component. Antimicrob Agents Chemother, 15(3): 372-378.

Folcher M, Gaillard H, Nguyen L T, *et al.* 2001. Pleiotropic functions of a *Streptomyces pristinaespiralis* autoregulator receptor in development, antibiotic biosynthesis, and expression of a superoxide dismutase. J Biol Chem, 276(47): 44297-44306.

Gomez-Escribano J P, Song L, Fox D J, *et al.* 2012. Structure and biosynthesis of the unusual polyketide alkaloid coelimycin P1, a metabolic product of the *cpk* gene cluster of *Streptomyces coelicolor* M145. Chem Sci, 3(9): 2716-2720.

Guo J, Zhao J L, Li L L, *et al.* 2010. The pathway-specific regulator AveR from *Streptomyces avermitilis* positively regulates avermectin production while it negatively affects oligomycin biosynthesis. Mol Genet Genomics, 283(2): 123-133.

Homerova D, Sevcikova B, Rezuchova B, *et al.* 2012. Regulation of an alternative sigma factor σ^I by a partner switching mechanism with an anti-sigma factor PrsI and an anti-anti-sigma factor ArsI in *Streptomyces coelicolor* A3(2). Gene, 492(1): 71-80.

Horinouchi S, Beppu T. 2007. Hormonal control by A-factor of morphological development and secondary metabolism in *Streptomyces*. Proc Jpn Acad Ser B Phys Biol Sci, 83(9-10): 277-295.

Kitani S, Ikeda H, Sakamoto T, *et al.* 2009. Characterization of a regulatory gene, *aveR*, for the biosynthesis of avermectin in *Streptomyces avermitilis*. Appl Microbiol Biotechnol, 82(6): 1089-1096.

Kitani S, Miyamoto K T, Takamatsu S, *et al.* 2011. Avenolide, a *Streptomyces* hormone controlling antibiotic production in *Streptomyces avermitilis*. Proc Natl Acad Sci USA, 108(39): 16410-16415.

Li L L, Guo J, Wen Y, *et al.* 2010. Overexpression of ribosome recycling factor causes increased production of avermectin in *Streptomyces avermitilis* strains. J Ind Microbiol Biotechnol, 37(7): 673-679.

Li X, Wang J, Li S S, *et al.* 2015. ScbR- and ScbR2-mediated signal transduction networks coordinate complex physiological responses in *Streptomyces coelicolor*. Sci Rep, 5: 14831.

Li X, Wang J, Shi M, *et al.* 2017. Evidence for the formation of ScbR/ScbR2 heterodimers and identification of one of the regulatory targets in *Streptomyces coelicolor*. Appl Microbiol Biotechnol, 101(13): 5333-5340.

Liu W S, Zhang Q L, Guo J, *et al.* 2015. Increasing avermectin production in *Streptomyces avermitilis* by manipulating the expression of a novel TetR-family regulator and its target gene product. Appl Environ Microbiol, 81(15): 5157-5173.

Luo S, Sun D, Zhu J Y, *et al.* 2014. An extracytoplasmic function sigma factor, σ^{25}, differentially regulates avermectin and oligomycin biosynthesis in *Streptomyces avermitilis*. Appl Microbiol Biotechnol, 98(16): 7097-7112.

MacNeil D J, Klapko L M. 1987. Transformation of *Streptomyces avermitilis* by plasmid DNA. J Ind Microbiol, 2: 209-218.

Matsuno K, Yamada Y, Lee C K, *et al.* 2004. Identification by gene deletion analysis of *barB* as a negative regulator controlling an early process of virginiamycin biosynthesis in *Streptomyces virginiae*. Arch Microbiol, 181(1): 52-59.

Miyamoto K T, Kitani S, Komatsu M, *et al.* 2011. The autoregulator receptor homologue AvaR3 plays a regulatory role in antibiotic production, mycelial aggregation and colony development of *Streptomyces avermitilis*. Microbiology, 157(Pt 8): 2266-2275.

Nakano H, Takehara E, Nihira T, *et al.* 1998. Gene replacement analysis of the *Streptomyces virginiae barA* gene encoding the butyrolactone autoregulator receptor reveals that BarA acts as a repressor in virginiamycin biosynthesis. J Bacteriol, 180(13): 3317-3322.

Niu G Q, Chater K F, Tian Y Q, *et al.* 2016. Specialised metabolites regulating antibiotic biosynthesis in *Streptomyces* spp. FEMS Microbiol Rev, 40(4): 554-573.

Onaka H, Nakagawa T, Horinouchi S, 1998. Involvement of two A-factor receptor homologues in *Streptomyces coelicolor* A3(2) in the regulation of secondary metabolism and morphogenesis. Mol Microbiol, 28(4): 743-753.

Pullan S T, Chandra G, Bibb M J, *et al.* 2011. Genome-wide analysis of the role of GlnR in *Streptomyces venezuelae* provides new insights into global nitrogen regulation in actinomycetes. BMC Genomics, 12: 175.

Sultan S P, Kitani S, Miyamoto K T, *et al.* 2016. Characterization of AvaR1, a butenolide-autoregulator receptor for biosynthesis of a *Streptomyces* hormone in *Streptomyces avermitilis*. Appl Microbiol Biotechnol, 100(22): 9581-9591.

Tahlan K, Ahn S K, Sing A, *et al.* 2007. Initiation of actinorhodin export in *Streptomyces coelicolor*. Mol Microbiol, 63(4): 951-961.

Takano E. 2006. γ-Butyrolactones: *Streptomyces* signalling molecules regulating antibiotic production and differentiation. Curr Opin Microbiol, 9(3): 287-294.

Takano E, Chakraburtty R, Nihira T, *et al.* 2001. A complex role for the γ-butyrolactone SCB1 in regulating antibiotic production in *Streptomyces coelicolor* A3(2). Mol Microbiol, 41(5): 1015-1028.

Takano E, Kinoshita H, Mersinias V, *et al.* 2005. A bacterial hormone (the SCB1) directly controls the expression of a pathway-specific regulatory gene in the cryptic type I polyketide biosynthetic gene cluster of *Streptomyces coelicolor*. Mol Microbiol, 56(2): 465-479.

Wang J B, Zhang F, Pu J Y, *et al.* 2014a. Characterization of AvaR1, an autoregulator receptor that negatively controls avermectins production in a high avermectin-producing strain. Biotechnol Lett, 36(4): 813-819.

Wang J, Wang W S, Wang L Q, *et al.* 2011. A novel role of 'pseudo' γ-butyrolactone receptors in controlling gamma-butyrolactone biosynthesis in *Streptomyces*. Mol Microbiol, 82(1): 236-250.

Wang W S, Ji J J, Li X, *et al.* 2014b. Angucyclines as signals modulate the behaviors of *Streptomyces coelicolor*. Proc Natl Acad Sci USA, 111(15): 5688-5693.

Wang W S, Li X, Li Y, *et al.* 2015. A genetic biosensor for identification of transcriptional repressors of target promoters. Sci Rep, 5: 15887.

Willey J M, Gaskell A A. 2011. Morphogenetic signaling molecules of the streptomycetes. Chem Rev, 111(1): 174-187.

Xu G M, Wang J, Wang L Q, *et al.* 2010. "Pseudo" γ-butyrolactone receptors respond to antibiotic signals to coordinate antibiotic biosynthesis. J Biol Chem, 285(35): 27440-27448.

Yonekawa T, Ohnishi Y, Horinouchi S, 1999. Involvement of *amfC* in physiological and morphological development in *Streptomyces coelicolor* A3(2). Microbiology, 145(Pt 9): 2273-2280.

Yu Z, Reichheld S E, Savchenko A, *et al.* 2010. A comprehensive analysis of structural and sequence conservation in the TetR family transcriptional regulators. J Mol Biol, 400(4): 847-864.

Zhao J L, Wen Y, Chen Z, *et al.* 2007. An *adpA* homologue in *Streptomyces avermitilis* is involved in regulation of morphogenesis and melanogenesis. Chin Sci Bull, 52(5): 623-630.

Zhu J Y, Sun D, Liu W S, *et al.* 2016. AvaR2, a pseudo γ-butyrolactone receptor homologue from *Streptomyces avermitilis*, is a pleiotropic repressor of avermectin and avenolide biosynthesis and cell growth. Mol Microbiol, 102(4): 562-578.

Zhuo Y, Zhang W Q, Chen D F, *et al.* 2010. Reverse biological engineering of *hrdB* to enhance the production of avermectins in an industrial strain of *Streptomyces avermitilis*. Proc Natl Acad Sci USA, 107(25): 11250-11254.

Zianni M, Tessanne K, Merighi M, *et al.* 2006. Identification of the DNA bases of a DNase I footprint by the use of dye primer sequencing on an automated capillary DNA analysis instrument. J Biomol Tech, 17(2): 103-113.

Zou Z Z, Du D Y, Zhang Y Y, *et al.* 2014. A γ-butyrolactone-sensing activator/repressor, JadR3, controls a regulatory mini-network for jadomycin biosynthesis. Mol Microbiol, 94(3): 490-505.

Supplementary material: https://www.frontiersin.org/articles/10.3389/fmicb.2017.02577/full#supplementary-material

本文原载: Frontiers in Microbiology, 2017, 8: 2577.

Redox-sensing Regulator Rex Regulates Aerobic Metabolism, Morphological Differentiation, and Avermectin Production in *Streptomyces avermitilis*[*]

Xingchao Liu, Yaqing Cheng, Mengya Lyu, Ying Wen, Yuan Song, Zhi Chen, Jilun Li

(State Key Laboratory of Agrobiotechnology and MOA Key Laboratory of Soil Microbiology, College of Biological Sciences, China Agricultural University, Beijing, 100193, China)

Abstract

The regulatory role of redox-sensing regulator Rex was investigated in *Streptomyces avermitilis*. Eleven genes/operons were demonstrated to be directly regulated by Rex; these genes/operons are involved in aerobic metabolism, morphological differentiation, and secondary metabolism. Rex represses transcription of target genes/operons by binding to Rex operator (ROP) sequences in the promoter regions. NADH reduces DNA-binding activity of Rex to target promoters, while NAD^+ competitively binds to Rex and modulates its DNA-binding activity. Rex plays an essential regulatory role in aerobic metabolism by controlling expression of the respiratory genes *atpIBEFHAGDC*, *cydA1B1CD*, *nuoA1-N1*, *rex-hemAC1DB*, *hppA*, and *ndh2*. Rex also regulates morphological differentiation by repressing expression of *wblE*,which encodes a putative WhiB-family transcriptional regulator. A *rex*-deletion mutant (Drex) showed higher avermectin production than the wild-type strain ATCC 31267, and was more tolerant of oxygen limitation conditions in regard to avermectin production.

Keywords

Streptomyces avermitilis, Rex, avermectin, oxygen limitation.

1. Introduction

Streptomyces, a genus of filamentous Gram-positive soil-dwelling bacteria, are obligate aerobes (van Keulen *et al.*, 2007; Fischer *et al.*, 2013). During growth, they encounter a variety of environmental stresses resulting from the complex nature of soil. Growth in wet soil is particularly challenging because little or no oxygen is present. *Streptomyces* strains are widely used in industrial production of various antibiotics, and oxygen supply is a key parameter determining product yield during the antibiotic fermentation process (Dey *et al.*, 2004). It is important to understand how *Streptomyces* strains sense and respond to oxygen limitation.

Rex is a redox-sensing regulator widely distributed in Gram-positive bacteria (Brekasis and Paget, 2003;

---

*This study was supported by a grant (No. 31470190) from the National Natural Science Foundation of China. The authors are grateful to Dr. S. Anderson for English editing of the manuscript.

Ravcheev *et al.*, 2012). NAD (H) plays a central role in redox metabolism. NAD^+ is reduced to NADH by accepting electrons during substrate oxidation, and NADH is then reoxidized by the electron transport chain. Changes of oxygen status are reflected by the intracellular ratio of NADH to NAD^+. When NADH/NAD^+ ratio is low, Rex binds to target genes and represses transcription of genes involved in NAD^+ regeneration. In contrast, high NADH/NAD^+ ratio inhibits DNA-binding activity of Rex and derepresses transcription of its target genes (Brekasis and Paget, 2003; Gyan *et al.*, 2006; Pagels *et al.*, 2010; Bitoun *et al.*, 2012). Rex was first identified in *Streptomyces coelicolor* and shown to regulate expression of cytochrome *bd* terminal oxidase (*cydABCD* operon) and heme biosynthesis (*rex-hemACD* operon) (Brekasis and Paget, 2003). In *Bacillus subtilis*, a facultative aerobe, Rex represses expression of cytochrome *bd* oxidase (*cydABCD*), NADH dehydrogenase (*yjlC-ndh*), NADH-linked fermentative lactate dehydrogenase (*lctP-ldh*), and a formate-nitrate transporter (*ywcJ*) (Larsson *et al.*, 2005; Gyan *et al.*, 2006; Wang *et al.*, 2008). In *Staphylococcus aureus*, Rex directly regulates at least 19 genes. It acts as a central regulator of anaerobic metabolism leading to anaerobic NAD^+ regeneration, which includes lactate, formate, and ethanol fermentation (*adh1*, *adhE*, *lctP*, *ldh1*, *pflBA*) and nitrate respiration (*narG*, *nirC*, *nirR*) (Pagels *et al.*, 2010). The binding sequence of Rex (Rex operator; ROP) is highly conserved in Gram-positive bacteria. Reported consensus sequence in *S. coelicolor* (5′-TGTGAACNNNTTCACA-3′) (Brekasisand Paget, 2003), in *B. subtilis* (5′-WWTGTGAANTNNTNNN CAAW-3′; W represents either A or T) (Wang *et al.*, 2008), andin *S. aureus* (5′-TTGTGAAWWWWTTCAC AA-3′) (Pagels *et al.*, 2010) are very similar to the palindromic sequence in *S. coelicolor*.

Even though Rex was the first characterized in *S. coelicolor* and its regulatory mechanism has been extensively studied, few target operons/genes of Rex in *Streptomyces* have been confirmed (Brekasisand Paget, 2003), and the overall regulatory function of Rex in this genus remains to be elucidated. *S. avermitilis* is an important species used for industrial production of avermectins, a group of anthelmintic antibiotics widely used in the medical, veterinary, and agricultural fields (Ikeda and Ōmura, 1997). We investigated the regulatory role of Rex in the expression of operons/genes involved in aerobic metabolism, morphology, and secondary metabolism of *S. avermitilis*. Our findings have potential application to novel genetic engineering strategies for high antibiotic-producing strains and hypoxia-tolerating strains of this genus.

2. Materials and Methods

2.1 Bacterial strains and growth conditions

The *S. avermitilis* strains used were ATCC 31267 (wild-type), Drex (*rex*-deletion strain), Drex-C (*rex*-deletion complementary strain harboring plasmid pSET-rex), and Orex (ATCC 31267 harboring *rex* overexpressing plasmid pKC-rex). *E. coli* strains JM109 and BL21 (DE3) were used for routine cloning and protein expression, respectively. YMS medium and SFM medium were used for sporulation and phenotype studies (Macneil and Klapko, 1987; Kieser *et al.*, 2000). Culture conditions for mycelial growth, protoplast preparation, and regeneration of *S. avermitilis* were as described previously (Macneil and Klapko, 1987). Seed medium and fermentation medium FM-I were used for avermectin production and for RNA isolation, and soluble fermentation medium FM-II was used for ChIP analysis (Jiang *et al.*, 2011).

2.2 Gene deletion, complementation, and overexpression

A *rex* (SAV4738) gene deletion mutant was generated through targeted gene deletion mediated by homologous recombination. A 566 bp fragment upstream of *rex* (position –460 to +87 from start codon) was amplified by primers rex-up-Fw and rex-up-Rev, and a 579 bp fragment downstream of *rex* (position +539 to +1,098) was amplified by primers rex-dw-Fw and rex-dw-Rev,using ATCC 31267 genomic DNA as template (Table S1; Fig. 1). The two fragments, after recovery, were digested respectively by *Bam*H I/*Hin*d III and *Bam*H I/*Eco*R I, and ligated together into *Eco*R I/*Hin*d III-digested pKC1139 (Bierman *et al.*, 1992) to produce *rex*-deletion vector pKCD-rex.pKCD-rex was introduced into ATCC 31267 protoplasts. Double-crossover recombinant strains were selected as described previously (Zhang *et al.*, 2004; Liu *et al.*, 2013). The *rex*-deletion mutant (termed Drex) was confirmed by PCR using one pair of external primers (rex-V-Fw/rex-V-Rev) and one pair of internal primers (rex-V2-Fw/rex-V2-Rev) (Table S1; Fig. 1). Use of the external primers yielded a 1.3 kb band from Drex and a 1.8 kb band from ATCC 31267. Use of the internal primers yielded a 225 bp band from ATCC 31267 and no band from Drex (data not shown).

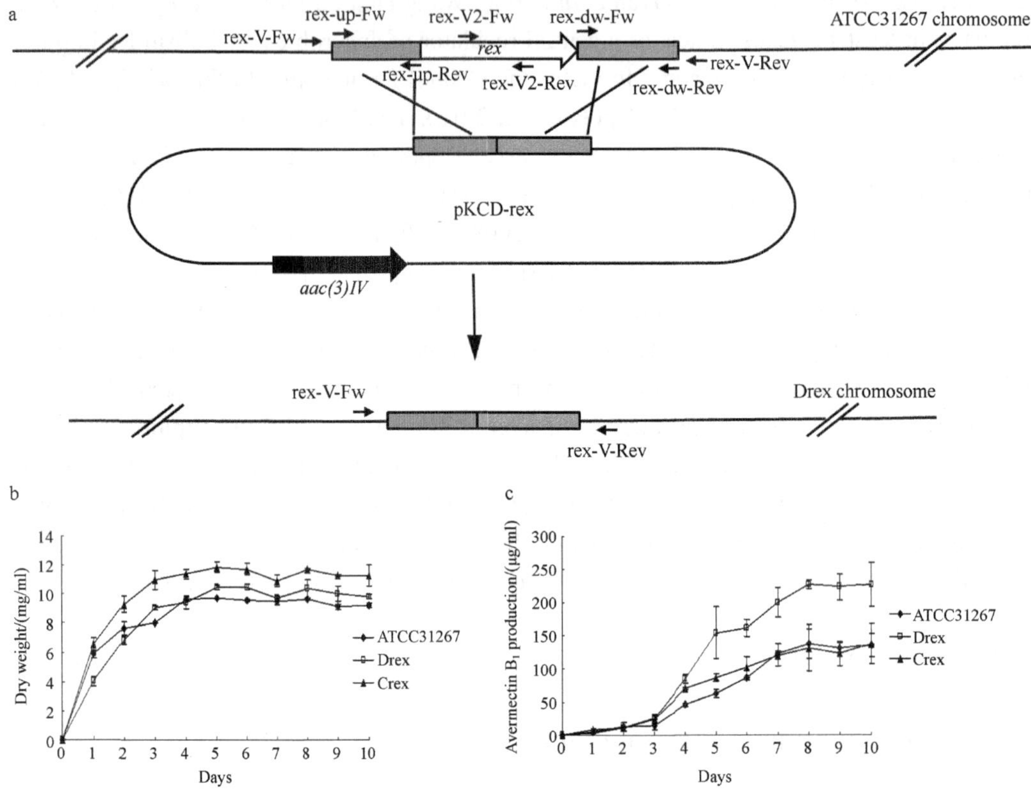

Fig. 1 Construction and growth curve of *rex*-deletion mutant

a. Method (schematic) used for *rex* deletion. Long arrows: genes and their directions. Short black arrows: positions of primers used for cloning of exchange regions and confirmation of gene deletion (see Materials and Methods). Rectangles: exchange regions used for *rex* deletion. Growth (b) and avermectin production (c) of *rex*-related mutant strains in liquid fermentation medium II. Values shown are mean ±SD from three replicate flasks

A 1,038 bp DNA fragment carrying the *rex* ORF and its putative promoter was amplified by PCR using primers rex-E-Fw and rex-E-Rev (Table S1), and then ligated into *Eco*R I/*Xba* I-digested pSET152 or pKC1139 to produce vector pSET-rex or pKC-rex. For complementation analysis of Drex, pSET-rex was transformed into Drex protoplasts. For overexpression of Rex, pKC-rex was introduced into ATCC 31267 protoplasts.

2.3 RNA extraction and qRT-PCR analysis

RNA was isolated using Trizol reagent (Tiangen; China) from *S. avermitilis* mycelia grown in FM-I as described previously (Jiang *et al.*, 2011). Transcription levels of various genes were determined by qRT-PCR using the primer pairs listed in Table S1. An RNA sample without prior reverse transcription was used as negative control to rule out chromosomal DNA contamination. *hrdB* gene(*SAV2444*) was used as internal control.

2.4 Chromatin Immunoprecipitation (ChIP) assay

ChIP assay was performed as described previously (Guo *et al.*, 2010). In brief, *S. avermitilis* cultures grown in FM-II for 2 or 6 days were fixed in cross-linking buffer (0.4 mol/L sucrose, 10 mmol/L Tris-HCl [pH 8.0], 1 mmol/L EDTA) containing 1% formaldehyde for 20 min at 28℃. ChIP was performed using anti-Rex antibody. After DNA extraction, pellets were washed with 70% ethanol and resuspended in 50 μl Tris-EDTA buffer. 1 μl DNA solution was subjected to PCR using the primer sets listed in Table S1.

2.5 Overexpression and purification of Rex-His_6

The *rex* coding region was amplified by PCR using primers His-rex-Fw and His-rex-Rev. The purified fragment was cut with *Nco* I/*Hin*d I and cloned into *Nco* I/*Hin*d I-digested pET28a (+) to generate expression plasmid pET-rex. pET-rex was introduced into *E. coli* BL21 (DE3) for overexpression of C-terminal His_6-tagged Rex. Rex-His_6 was induced by 0.2 mmol/L IPTG at 37℃ and purified from whole-cell lysate by Ni-NTA agarose chromatography (Bio-works; Sweden) according to the manufacturer's instructions.

2.6 Electrophoretic mobility gel shift assays (EMSAs)

EMSAs were performed according to the manufacturer's instructions (DIG Gel Shift Kit, 2nd Generation, Roche) as described previously (Liu *et al.*, 2013). DNA probes were obtained by PCR using the primers listed in Table S1, and labeled with Digoxigenin-11-ddUTP at the 3′ end using recombinant terminal transferase. DIG-labeled DNA probe was incubated with various quantities of Rex-His_6 for 30 min at 25℃ in a total volume of 20 μl containing 1 μg poly [d(I-C)]. Electrophoresis (5.0% native polyacrylamide gel; 0.5×TBE as running buffer) was performed to separate protein-bound probes from free probes. DNA was electroblotted onto a positively charged nylon membrane, and retarded and unbound bands were detected by chemiluminescence and recorded on X-ray film.

2.7 DNase I footprinting assays

A fluorescent labeling procedure was used for DNase I footprinting assays (Zianni *et al.*, 2006). DNA fragments were obtained by PCR using FAM-labeled primers (Table S1), and purified from agarose gel. Labeled DNA fragments (400 ng) and various quantities of Rex-His_6 were incubated in a 25 μl volume for 30 min at 25℃. DNase I digestion was performed for 40 s at 37℃, and terminated by addition of 10 μl 0.2 mol/L EDTA (pH 8.0). Samples were subjected to phenol/chloroform extraction, ethanol precipitation, and capillary electrophoresis. Electrophoretograms were analyzed using GeneMarker software v2.2.0.

2.8 Fermentation and HPLC analysis of avermectin production

Fermentation of *S. avermitilis* strains and estimation of avermectins yields by HPLC analysis were performed as described previously (Jiang *et al.*, 2011).

2.9 Determination of transcriptional start sites

Transcriptional start sites (TSS) of *rex* and *wblE* were mapped by 5′-RACE using a 5′/3′-RACE Kit (2nd Generation, Roche). Total RNA was extracted from ATCC 31267 grown in FM-I for 2 days. A gene-specific primer (sp1) was used to synthesize cDNA, and template RNA was degraded with RNase H. A homopolymeric A-tail was purified and added to the 3′ end of cDNA using terminal transferase. Tailed cDNA was PCR amplified through 35 cycles with a specific nested primer (sp2) and an oligo (dT)-anchor primer (Table S1). PCR products were electrophoresed, purified using a DNA agarose gel recovery kit (BioTek; China), and sequenced.

2.10 Prediction of Rex putative targets

To search for putative Rex target genes, Rex consensus motif 5′-TTGTGAANNNNTTCACAA-3′ was used to scan the intergenic regions of the *S. avermitilis* genome using Virtual Footprint software (Munch *et al.*, 2005).

3. Results

3.1 Expression of *atpIBEFHAGDC*, *cydA1B1CD*, *nuoA1-N1*, and *rex-hemAC1DB* is negatively regulated by Rex

The *rex* gene is conserved within the genus *Streptomyces* and is cotranscribed with the heme synthesis genes *hemACD* (Brekasis and Paget, 2003). To evaluate the regulatory role of Rex in *S. avermitilis*, we constructed a *rex*-deletion mutant (termed Drex) by homologous recombination in wild-type strain ATCC 31267. *rex* deletion had no effect on growth in liquid fermentation medium (Fig. 1).

The promoter regions of the operon s*atpIBEFHAGDC*, *cydA1B1CD*, *nuoA1-N1*, and *rex-hemAC1DB* in *S. avermitilis* all contain a putative Rex-binding motif, 5′-TTGTGAANNNN TTCACAA-3′ (Table 1). *nuoA1-N1* (*SAV4837-4850*) encodes putative NADH dehydrogenase I (complex I), *cydA1B1CD* (*SAV4260-4258*) encodes putative cytochrome *bd*-I oxidase (cytochrome *bd* complex), *atpIBEFHAGDC* (*SAV2888-2880*) encodes putative F-type proton-transporting ATPase, and *hemAC1DB* (*SAV4739-4742*) is cotranscribed with *rex* and encodes heme synthesis enzymes (Fig. S1). NADH dehydrogenase I, cytochrome *bd*-I oxidase, and F-type proton-transporting ATPase are essential components of the respiratory chain. Heme is most abundant in cytochromes, which are electron transfer proteins involved in the final reduction of oxygen during aerobic respiration. We performed qRT-PCR to determine whether expression of these genes involved in aerobic respiration is regulated by Rex.

Table 1 Putative Rex target genes

Gene	Function	Nucleotide position[a]		PMW Score[b]	Sequence	ATG distance[c]
		Start	End			
cydA1B1CD (*SAV4260-4258*)	putative cytochrome *bd*-I oxidase (cytochrome *bd* complex)	5226395	5226412	1.00	ATGTGAACGCGTTCACAA	81
rex-hemAC1DB (*SAV4738-4742*)	redox-sensing transcriptional repressor; heme biosynthetic enzymes	5776959	5776976	1.00	TTGTGCACGCGTTCACAA	77

continued

Gene	Function	Nucleotide position[a]		PMW Score[b]	Sequence	ATG distance[c]
		Start	End			
atpIBEFHAGDC (*SAV2888-2880*)	putative F-type proton-transporting ATPase	3533332	3533349	2.00	TTGTGATACGGTTCACGA	137
wblE(*SAV3016*)	putative WhiB-family transcriptional regulator	3771378	3771395	2.00	ATGTGAACGCTTTCACGA	43
hppA(*SAV4616*)	putative inorganic H^+ pyrophosphatase	5632612	5632629	2.00	TCGTGAATCAATTCACGA	195
nuoA1-N1 (*SAV4837-4850*)	putative NADH dehydrogenase I (complex I)	5880239	5880256	2.00	ATGTGAAGCAGGTCACAA	147
pbp3-4 (*SAV3603-SAV3604*)	putative penicillin-binding protein	4460250	4460267	2.00	TTCTGAACGTGTTCAGAA	37
SAV828	putative rhamnosidase	982811	982828	3.00	CTGTGAATCGATTCACCT	137
echA7 (*SAV2316*)	putative enoyl-CoA hydratase	2820643	2820660	3.00	TCGTGACGACAGTCACAA	66
SAV2652	putative regulatory protein	3252402	3252419	3.00	TTGTGCACCGCTTCACCC	288
ndh2 (*SAV3529*)	putative NADH dehydrogenase (complex I)	4369478	4369495	3.00	TTGTGAAGGGGCGCACGA	119
ectABCD (*SAV6398-6395*)	putative L-2, 4-diaminobutyrate acetyltransferase, ectoine biosynthesis	7673586	7673603	3.00	TTGTGATCGACTCCACAT	155
SAV6368	putative multiple sugar ABC transporter permease protein	7638483	7638500	3.00	TGGTGAAGCGCTTCGCGT	81
avaB-avaL2 (*SAV2267-2268*)	putative similar to gamma-butyrolactone-dependent transcriptional regulator	2766273	2766290	3.00	TCGTGAACGAATTCTAAT	29
SAV3213	putative nitroreductase family protein, NADH dehydrogenase/NAD(P)H nitroreductase	4004553	4004570	3.00	TGGTGATCGGCTTCACAG	96
SAV1351	putative fatty acid-CoA racemase	2820643	2820660	3.00	TCGTGACGACAGTCACAA	66
tmk (*SAV4622*)	putative thymidylate kinase	5643744	5643761	3.00	GTGTGGAGGCGTCCACAA	73
folD2 (*SAV543*)	putative methylenetetrahydrofolate	688370	688387	3.00	TTGTGTGTGAGTTCAGAA	231
parA (*SAV6508*)	putative partitioning or sporulation protein	7797460	7797477	3.00	ATGTCGACTCATTCACAA	114
SAV7415-7416	putative sugar isomerase putative simple sugar ABC transporter	8846427	8846444	3.00	TCGTGAAAGGTTTCAACT	203
SAV897	putative alpha-amylase inhibitor	1075479	1075496	3.00	TTGCGAAAGTTGTCGCAA	73

a. Genomic position. b. Number of mismatches with respect to the consensus. PWM, positive weight matrix. c. Values are distances (in nucleotides) to the predicted start codon of the downstream gene

Expression of these genes differed greatly when cells were static-cultured following 3 days' culture on a rotary shaker (250 r/min). Transcription level of *cydA1* under oxygen limitation condition in ATCC 31267 increased steadily during 60 min, whereas the level in Drex increased to a maximal value during the first 30 min, then gradually declined during the subsequent 30 min (Fig. 2). These findings suggest that induction of *cydA1* under oxygen limitation condition is mediated by Rex. Expression of *nuoA1* and *hemA* under oxygen limitation increased slightly in the first 10 min, then declined during the subsequent 50 min, in both ATCC 31267 and Drex. In contrast, expression of *atpI* under oxygen limitation declined steadily during 60 min in both ATCC 31267 and Drex (Fig. 2). Transcription levels of*cydA1*, *nuoA1*, *hemA*, and *atpI* were consistently higher for Drex than for ATCC 31267 under equivalent treatments, confirming that these genes are negatively regulated by Rex.

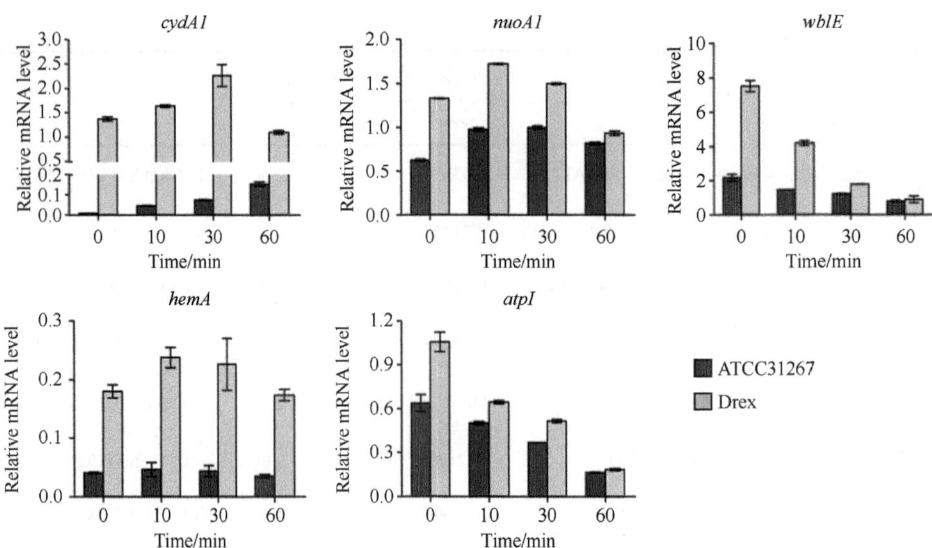

Fig. 2 RT-qPCR analysis of transcription levels of *cydA1*, *nuoA1*, *hemA*, *atpI*, and *wblE* in ATCC 31267 and Drex

RNA was prepared from cells grown in fermentation medium for 3 days on a rotary shaker (250 r/min) and then static-cultured for the indicated time. Quantitative data were normalized to *hrdB* (*SAV2444*) expression value. Values shown are mean±SD from three replicates

C-terminal His_6-tagged Rex fusion protein was overexpressed in *E. coli* and purified for DNA binding analysis. EMSAs were performed to evaluate interactions between Rex and the promoters *in vitro*. Rex-His_6 bound to the promoter regions of *atpIBEFHAGDC*, *cydA1B1CD*, *nuoA1-N1*, and *rex-hemAC1DB* operons (Fig. 3a). ChIP assays were performed to assess interactions *in vivo*. ATCC 31267 and Drex cells were treated with formaldehyde at days 2 and 6 to cross-link Rex to its DNA targets. Cross-linked DNA was extracted, fragmented by sonication, and immunoprecipitated by anti-Rex antibodies for screening of Rex-bound DNA fragments. In comparison to control *hrdB* promoter, PCR products of *rex*, *cydA1*, *atpI*, and *nuoA1* promoter regions were selectively enriched from immunoprecipitated DNA of ATCC 31267, whereas no such PCR bands were amplified from immunoprecipitated DNA of Drex (Fig. 3b). Results of EMSAs and ChIP assays revealed that Rex binds specifically to the promoter regions of *atpIBEFHAGDC*, *cydA1B1CD*, *nuoA1-N1*, and *rex-hemAC1DB* operons.

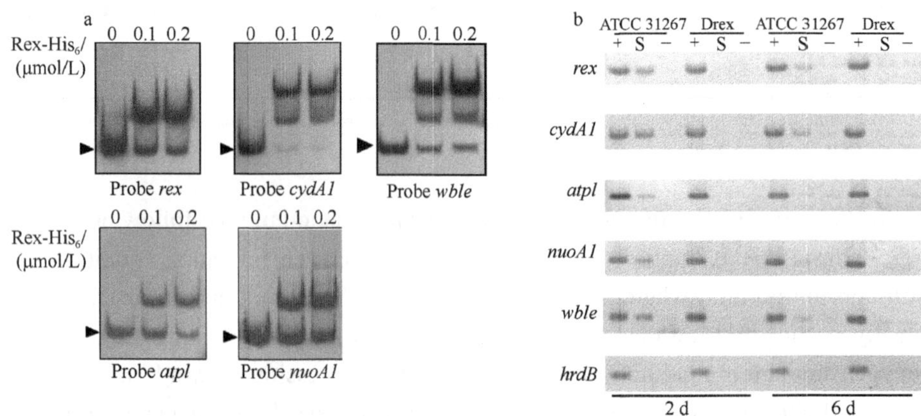

Fig. 3 Binding of Rex-His_6 to promoter regions of *rex*, *cydA1*, *atpI*, *nuoA1*, and *wblE*

a. EMSAs using Rex-His_6 protein at the indicated concentrations, and the probes indicated below the panels. Arrow: free probe. b. ChIP assay analysis of Rex binding to promoter regions of *rex*, *cydA1*, *atpI*, *nuoA1*, and *wblE in vivo*. Rex-DNA complexes were immunoprecipitated by anti-Rex antibodies from formaldehyde-treated ATCC 31267 and Drex cells. DNAs used for PCR were: total DNA prior to immunoprecipitation (positive control: lanes "+"), immunoprecipitated DNA (experimental sample: lanes "S"), and DNA without antibody (negative control: lanes "–"). *hrdB* promoter region was used as control

3.2 Determination of Rex operator (ROP) sequences on promoter regions of *atpIBEFHAGDC*, *cydA1B1CD*, *nuoA1-N1*, and *rex-hemAC1DB*

Rex binding sequences in 5′ end fluorescein-labeled promoter regions of the above operons were determined by DNase I footprinting analysis. One protected region was detected in the *rex* promoter region in the presence of 1.2 μmol/L or 2.4 μmol/L Rex-His_6. The region extends for 23 nucleotides from positions –39 to –17 relative to the transcriptional start site (TSS) of *rex*. A consecutive ROP site (5′-TTGTGCACGCG TTCACAA-3′) was found in the protected region; the site is located between –35 region and –10 region and encompasses –35 region (Fig. S2A). A 28 nt protected region (positions –3 to +25 relative to TSS) was detected in the *cydA1* promoter region. One ROP site (5′-ATGTGAACGCGTTCACAA-3′) was found in the protected region downstream from TSS. A half-site ROP (5′-TTGTGAA-3′) was also found in the protected region; it is located upstream from the ROP site and encompasses TSS (Fig. S2B). EMSA revealed two retarded bands between Rex and the *cydA1* promoter region (Fig. 3a), suggesting that Rex can interact with the half-site ROP. A 29 nt protected region (positions –50 to –22 relative to TSS) containing a ROP site (5′-TTGTGATACGG TTCACGA-3′) was detected in the *atpI* promoter region (Fig. S2C). Rex-His_6 protected a 27 nt region extending from positions –42 to –16 relative to TSS of *nuoA1*, which contains a ROP site (5′-TTGTGACCTG CTTCACAT-3′) (Fig. S2D). ROP in the *nuoA1* and *atpI* promoter regions is located between –35 region and –10 region, and encompasses –35 region. These findings suggest that Rex blocks attachment of RNA polymerase to the promoters or inhibits the progress of RNA polymerase by binding to ROP in or downstream of the promoters of *atpIBEFHAGDC*, *cydA1B1CD*, *nuoA1-N1*, and *rex-hemAC1DB*, and blocks transcription of these operons.

3.3 DNA-binding activity of Rex is modulated by NADH/NAD^+ ratio

In *S. coelicolor*, NADH at concentrations < 5 μmol/L inhibits DNA-binding activity of Rex, whereas 1 mmol/L NAD^+ has no inhibitory effect. NAD^+ competes with NADH for Rex binding (Brekasis and Paget, 2003). In *B. subtilis* and *S. aureus*, NAD^+ enhances binding of Rex to putative Rex-binding sites, while NADH competes with NAD^+ for Rex binding and reduces Rex activity (Gyan *et al.*, 2006; Pagels *et al.*, 2010). We examined the effects of NAD^+ and NADH on DNA-binding activity of Rex to upstream regions of *cydA1* in *S. avermitilis*. DNA-binding activity of Rex was reduced by addition of NADH, but not by NAD^+ concentrations up to 1 mmol/L (Fig. 4a, b; Fig. S3). NADH and NAD^+ were added to EMSA binding buffer to assess the effect of NAD^+/NADH ratio on DNA-binding activity of Rex *in vitro*. At NAD^+ concentration 0.2 mmol/L, 5 μmol/L NADH was sufficient to dissociate the Rex-DNA complex (Fig. 4c). At NAD^+ concentration 1 mmol/L, dissociation of DNA-Rex complex required 25 μmol/L NADH, suggesting that Rex-binding activity was recovered by addition of increasing amounts of NAD^+ (Fig. 4d). These findings indicate that NAD^+ and NADH bind competitively to Rex and modulate its DNA-binding activity. These finding also imply that Rex exploits the similar regulatory mechanism in *Streptomyces*.

3.4 Rex regulates morphological differentiation

In comparison to ATCC 31267, Drex showed delayed morphogenesis on SFM agar at day 2, when aerial mycelium was initiated. Spore formation at day 6 did not differ notably between the two strains. Morphogenesis of the Drex complementation strain was similar to that of ATCC 31267 (Fig. 5), indicating that the delayed morphogenesis was due solely to *rex* deletion.

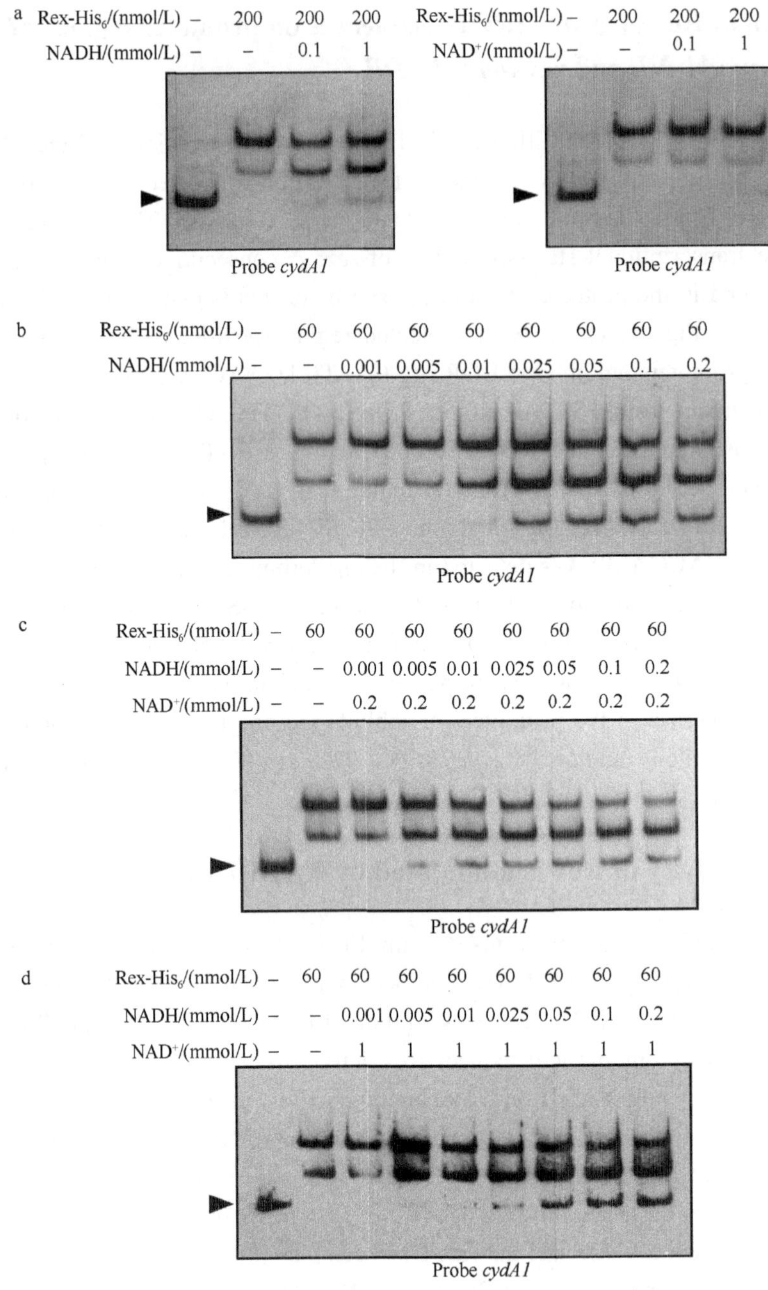

Fig. 4 DNA-binding activity of Rex is modulated by NADH/NAD$^+$ ratio

a. EMSAs of *cydA1* promoter region using Rex-His$_6$ and 0.1 mmol/L or 1 mmol/L pyridine nucleotides. b. EMSAs of *cydA1* promoter region using Rex-His$_6$ with various NADH concentrations. C, d. Assay mixtures contained NADH at indicated concentration and 0.2 mmol/L (c) or 1 mmol/L (d). NAD$^+$. Arrow: free probe

The promoter region of *wblE* in *S. avermitilis* contains a putative Rex-binding motif (Table 1). *wblE* encodes a putative WhiB-family transcriptional regulator, which may be involved in morphological differentiation (Jakimowicz *et al.*, 2005; Fowler-Goldsworthy *et al.*, 2011). qRT-PCR analysis revealed notable increases of *wblE* transcription level in Drex. Levels under oxygen limitation condition declined gradually during 60 min for both ATCC 31267 and Drex, and were consistently higher for Drex than for ATCC 31267 (Fig. 2). EMSAs showed that Rex-His$_6$ bound to the *wblE* promoter region *in vitro* (Fig. 3a). In *in vivo* ChIP assays,

PCR product of the *wblE* promoter region was selectively enriched from immunoprecipitated DNA of ATCC 31267, whereas no such PCR band was amplified from immunoprecipitated DNA of Drex (Fig. 3b). These findings indicate that *wblE* is negatively regulated by Rex. Rex binding sequence in the *wblE* promoter region was determined by DNase I footprinting analysis. A 28 nt region protected by Rex-His_6 was detected, extending from positions +108 to +135 relative to TSS of *wblE* (Fig. S4). The protected region contains a consecutive ROP site (5′-TCGTGAAAGCGTTCACAT-3′) and a half-site ROP (5′-TTCACAA-3′) located downstream of TSS. Rex may inhibit the progress of RNA polymerase by binding to ROP downstream of the *wblE* promoter, and thereby repress transcription.

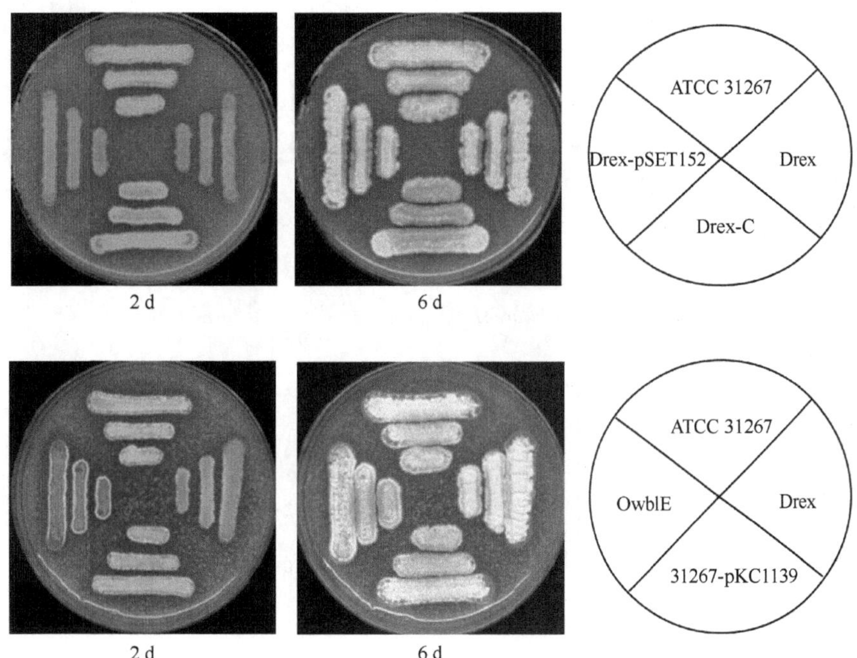

Fig. 5　Phenotypes of *rex*- and *wblE*-related mutant strains

Growth of indicated strains on SFM agar for 2 and 6 days. WT, wild-type ATCC 31267; Drex, *rex*-deletion mutant; Drex-C, complementation strain of Drex; Drex-pSET152 and 31267-pKC1139, empty plasmid-containing controls; OwblE, *wblE* overexpressing strain

To test the possibility that overexpression of *wblE* in Drex results in delayed morphogenesis, we attempted to delete *wblE* in *S. avermitilis*. However, this attempt was unsuccessful. *wblE* is evidently an essential gene in *Streptomyces*; an attempt to delete it in *S. coelicolor* was also unsuccessful (Fowler-Goldsworthy *et al.*, 2011). When *wblE* was overexpressed in ATCC 31267, the resulting strain had a phenotype similar to that of Drex (Fig. 5), suggesting that Rex regulates morphological differentiation through its effect on *wblE* expression.

3.5　Rex negatively regulates avermectin production

The overexpression of *rex* caused a decrease in avermectin production to 33% of ATCC 31267 level. Drex had avermectin production ~3-fold higher than that of ATCC 31267. The mycelial dry weight of Drex was similar to that of ATCC 31267, indicating that the improved avermectin yield was not achieved by improved growth. In the Drex complementation strain, avermectin production was similar to that of ATCC 31267 (Fig. 1, Fig. 6a). These findings indicate that *rex* negatively regulates avermectin production in *S. avermitilis*. We also measured avermectinproduction under oxygen limitation condition. In ATCC 31267, lower agitation speed (230 r/min; control speed was 250 r/min) resulted in a 20% reduction of avermectin production, and static culture for 2 h on day 5 resulted in a 35% reduction. In Drex, avermectin production was reduced by 3.8% and 25%, respectively, under the above two conditions (Fig. 6b). Thus, *rex* deletion resulted in increased tolerance of *S. avermitilis* to oxygen limitation in regard to avermectin production.

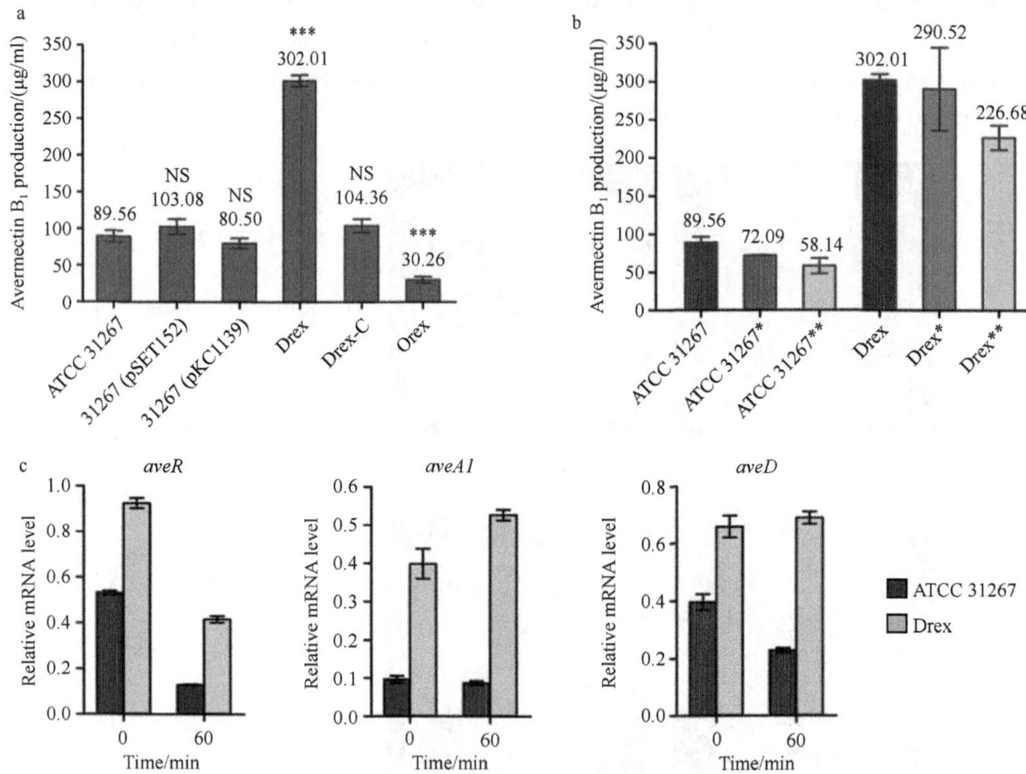

Fig. 6 Effect of *rex* deletion on avermectin production in *S. avermitilis*

a. Avermectin production in *rex*-related mutant strains. ATCC 31267, wild-type; Drex, *rex*-deletion mutant; 31267 (pSET152) and 31267 (pKC1139), empty plasmid-containing controls; Drex-C, *rex*-deletion complementation strain 31267 (pSET-rex); Orex, *rex* overexpressing strain 31267 (pKC-rex). b. Avermectin production in ATCC 31267 and Drex with various oxygen limitation conditions. *, Agitation speed 230 r/min (control, 250 r/min); **, Static culture for 2 h at day 5 during fermentation (250 r/min). c. RT-qPCR analysis of *aveR*, *aveA1*, and *aveD* transcription levels in ATCC 31267 and Drex. RNA samples were the same ones used for experiments shown in Fig. 1. Quantitative data were normalized to *hrdB* expression value. Values shown are mean±SD from three replicates. Statistical significance of differences was determined using Student's *t*-test. ***, $P<0.001$; NS, not significant

qRT-PCR analysis was performed to determine whether Rex regulates avermectin production at the transcriptional level. Drex showed significantly increased transcription levels of pathway-specific regulatory gene *aveR* and biosynthetic genes *aveA1* and *aveD*, relative to ATCC 31267. Oxygen limitation for 60 min reduced expression of these genes in ATCC 31267; however, Drex showed lower fold repression, and a slight induction of *aveA1* and *aveD* (Fig. 6c). EMSAs revealed that Rex-His$_6$ did not bind to the *aveR* promoter region or the *aveD-A1* intergenic region (Fig. S5). Although no retarded band was observed when *aveR* promoter region was probed with Rex-His$_6$ protein, DNase I footprinting analysis showed one protected region extending for 15 nucleotides on the *aveR* coding strand in the presence of 10 μmol/L or 15 μmol/L Rex-His$_6$ (Fig. 7). No consecutive ROP site was observed in the protected region; however, two adjacent half-site ROP (5′-TCGTGAA-3′ and 5′-TTGTGGA-3′) were found in the protected region and downstream region. Rex can evidently interact with the half-site ROP; however, because the interaction is weak and easily dissociated *in vitro*, EMSA did not reveal a clear shifted band.

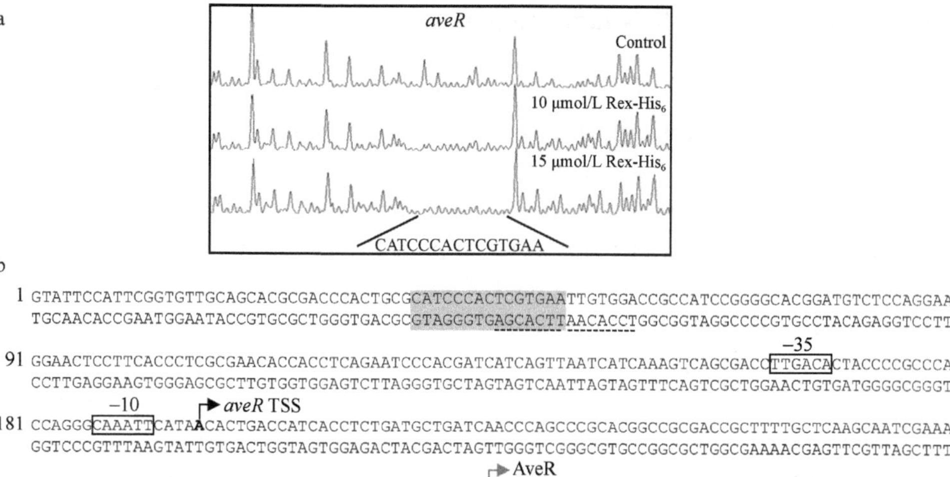

Fig.7 Determination of Rex binding site on *aveR* promoter region by DNase I footprinting assay

a. Fluorograms correspond to control DNA fragment and to protected reactions (with 10 μmol/L and 15 μmol/L Rex-His_6). b. Nucleotide sequences of *aveR* promoter region. Shaded boxes: sequences protected from DNase I digestion. Black bent arrows with boldface letters: TSSs. Boxes: presumed −35 and −10 elements of promoters. Gray bent arrows with boldface letters: translational start codons

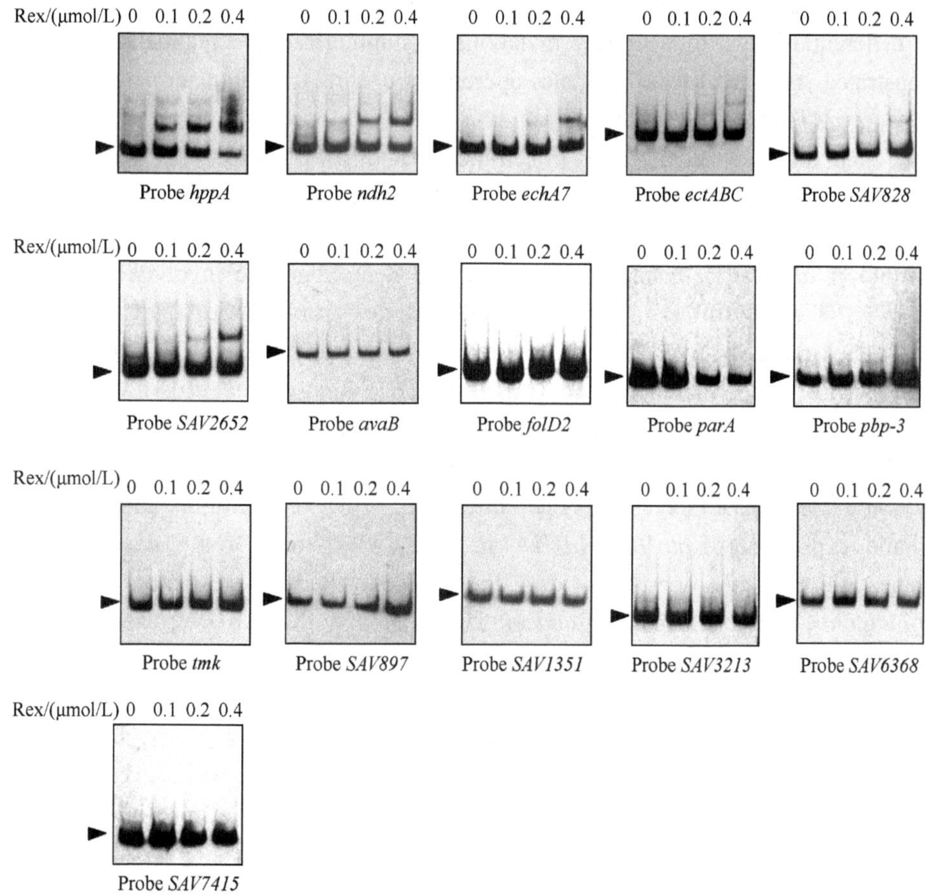

Fig. 8 Binding of Rex-His_6 to promoter regions of putative Rex targets

Rex (μmol/L): Rex-His_6 concentrations. Arrow: free probe

3.6 Confirmation of putative Rex target genes

A genome-wide search of consensus motif 5′-TTGTGAANNNNTTCACAA-3′ using the genome sequence of ATCC 31267 revealed the presence of 36 motifs up to 350 bp upstream of predicted genes: 2 motifs with one mismatch, 10 motifs with two mismatches, and 24 motifs with three mismatches. Our previous experiments showed that *wblE*, *cydA1B1CD*, *rex-hemAC1DB*, *atpIBEFHAGDC*, and *nuoA1-N1* are directly controlled by Rex. To investigate whether Rex binds to promoter regions of other putative target genes, we selected 16 genes with predicted gene function for EMSAs (Table 1). Of these, Rex bound to the probes of *hppA* (encodes an inorganic H^+ pyrophosphatase), *ndh2* (encodes a NADH dehydrogenase [complex I]), *echA7* (encodes an enoyl-CoA hydratase), *ectABC* (encodes ectoine biosynthesis enzymes), *SAV828* (encodes a rhamnosidase), and *SAV2652* (encodes a regulatory protein). Probes whose binding motif had one or two mismatches showed higher affinity than probes whose binding motif had three mismatches (Fig. 3a, Fig. 8). These findings demonstrated that 5′-TTGTGAANNNNTTCACAA-3′ is the consensus motif of Rex in *S. avermitilis*.

4. Discussion

Results of this study show that Rex in *S. avermitilis* acts as a repressor of aerobic metabolism, morphological differentiation, and secondary metabolism (summarized schematically in Fig. 9). Results of EMSAs demonstrated that at least 11 genes/operons are directly regulated by Rex. Among these, *atpIBEFHAGDC*, *cydA1B1CD*, *nuoA1-N1*, and *rex-hemAC1DB* operons encode key components of the electron transfer chain and play crucial roles in aerobic metabolism (Hensel *et al.*, 1995; Tseng *et al.*, 1996; Mobius *et al.*, 2010; Wikstrom and Hummer, 2012). *hppA* encodes a putative pyrophosphate-energized proton pump that converts energy from pyrophosphate hydrolysis into active H^+ transport across the plasma membrane (Hirono *et al.*, 2005). *ndh2* encodes a NADH dehydrogenase involved in NAD^+ regeneration (Matsushita *et al.*, 1987; Bjorklof *et al.*, 2000). *echA7* encodes an enoyl-CoA hydratase that catalyzes the second step of the β-oxidation pathway of fatty acid metabolism (Agnihotri and Liu, 2003). *SAV828* encodes a rhamnosidase that hydrolyzes L-rhamnose from L-rhamnoside (Ichinose *et al.*, 2013). Under oxygen limitation condition, the increase of intracellular $NADH/NAD^+$ ratio in *S. avermitilis* dissociates binding of Rex from its target binding sites and derepresses its target genes/operons, and upregulation of *cydA1B1CD*, *nuoA1-N1*, *rex-hemAC1DB*, *ndh2*, and *hppA* increases oxygen utilization, NAD^+ regeneration, and ATP synthesis (Fig. 9). On the other hand, expression of *atpIBEFHAGDC* in ATCC 31267 and Drex is down-regulated by oxygen limitation, suggesting that this operon is also directly controlled by regulators other than Rex. The F_0F_1-ATPase operon in *Corynebacterium glutamicum* is regulated by ECF σ^H (Barriuso-Iglesias *et al.*, 2013). A *sigH* homolog is present in *Streptomyces*; whether it regulates *atpIBEFHAGDC* expression remains to be tested.

WhiB-like family transcription factors are widely present in actinomycetes, but not found in other bacterial orders. WhiB was the first identified as a small transcription factor-like protein essential for sporulation in *S. coelicolor* (Davis and Chater, 1992). Genome sequencing revealed that *Streptomyces* species have multiple *whiB*-like genes (designated "*wbl*"). Eleven *wbl* genes (including *whiB* and *whiD*) have been identified in *S. coelicolor* (Fowler-Goldsworthy *et al.*, 2011). Among these, *wblA*, *whiB*, and *whiD* are essential for sporulation, and WblA also negatively regulates antibiotic biosynthesis in *Streptomyces* (Kang *et al.*, 2007; Molle *et al.*, 2000; Noh *et al.*, 2010; Fowler-Goldsworthy *et al.*, 2011). Other *wbl* genes are not involved in morphological development, with the exception of *wblE*. Fowler-Goldsworthy *et al.* (2011) reported that *wblE* could not be deleted in various strains of *S. coelicolor*, and we made a similar observation in *S. avermitilis*. Thus, *wblE* appears to be essential in this genus. The homolog of *wblE* in *Mycobacterium tuberculosis* is *whiB1*, which encodes an essential transcription factor in response to nitric oxide exposure (Smith *et al.*, 2010). We demonstrated that *wblE* is directly negatively regulated by Rex, and that *wblE* overexpression results in delayed morphogenesis similar to that of Drex. Expression of *wblE*, like that of *atpIBEFHAGDC*, is down-regulated by oxygen limitation in both ATCC 31267 and Drex, suggesting that (i) *wblE* is jointly regulated by Rex and some other regulator, or (ii) *wblE* itself responds to low oxygen concentration *via* its own redox-sensitive [4Fe-4S] cluster. Under oxygen limitation condition, *wblE* expression in *Streptomyces* is down-regulated, with consequent stimulation of sporulation and production of a large number of spores to maintain viability under conditions of little or no oxygen. Another Rex target, *ectABC*, encodes enzymes for biosynthesis of ectoine (a compatible solute) that serves as an osmolyte and promotes survival under osmotic or temperature stress (Kuhlmann and Bremer, 2002). By regulating *ectABC* transcription, Rex facilitates ectoine biosynthesis to enhance viability under these types of stress.

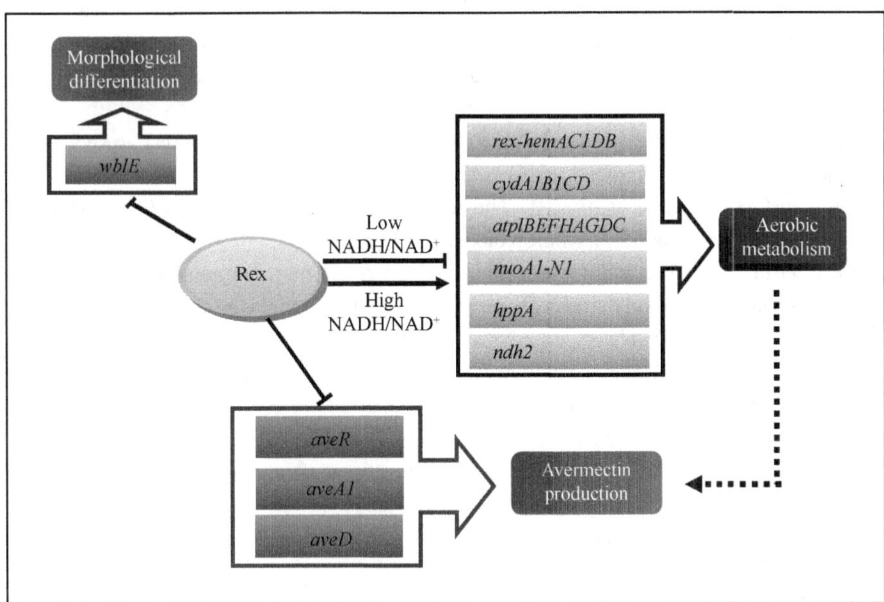

Fig. 9 Regulatory network (schematic) whereby Rex controls major genes involved in aerobic metabolism, morphological differentiation, and secondary metabolism (Color figure in the two-dimensional code at the back cover)

Solid arrows: direct induction. Solid lines with blunt end: repression. Dashed arrows: indirect induction

In Drex, expression of regulatory gene *aveR* and biosynthetic genes, and avermectin production, were notably increased. Although EMSA showed no clearly retarded band between *aveR* promoter region probe and Rex-His$_6$, DNase I footprinting analysis revealed one 15 nt protected region consisting of two adjacent half-site ROP on the coding strand of *aveR* by Rex-His$_6$. Thus, Rex may directly regulate *aveR* expression by interacting with the half-site ROP in the *aveR* promoter region. Expression of electron transfer chain components was enhanced in Drex, thus promoting aerobic respiration rate, ATP production, and secondary metabolism. The notable increase of *atpIBEFHAGDC*, *cydA1B1CD*, *nuoA1-N1*, and *rex-hemAC1DB* expression in Drex enhanced the tolerance of cells to oxygen limitation. The findings described here provide a basis for construction of new *Streptomyces* strains with high antibiotic production and hypoxia tolerance.

References

Agnihotri G, Liu H W. 2003. Enoyl-CoA hydratase. reaction, mechanism, and inhibition. Bioorg Med Chemi,11(1): 9-20.

Barriuso-Iglesias M, Barreiro C, Sola-Landa A, *et al.* 2013. Transcriptional control of the F_0F_1-ATP synthase operon of *Corynebacterium glutamicum*: SigmaH factor binds to its promoter and regulates its expression at different pH values. Microbial Biotechnol, 6(2): 178-188.

Bierman M, Logan R, O'Brien K, *et al.* 1992. Plasmid cloning vectors for the conjugal transfer of DNA from *Escherichia coli* to *Streptomyces* spp. Gene, 116(1): 43-49.

Bitoun J P, Liao S, Yao X, *et al.* 2012. The redox-sensing regulator Rex modulates central carbon metabolism, stress tolerance response and biofilm formation by *Streptococcus mutans*. PLoS One, 7(9): e44766.

Bjorklof K, Zickermann V, Finel M. 2000. Purification of the 45 kDa, membrane bound NADH dehydrogenase of *Escherichia coli* (NDH-2) and analysis of its interaction with ubiquinone analogues. FEBS Letters, 467(1): 105-110.

Brekasis D, Paget M S. 2003. A novel sensor of NADH/NAD^+ redox poise in *Streptomyces coelicolor* A3(2). The EMBO Journal, 22(18): 4856-4865.

Davis N K, Chater K F. 1992. The *Streptomyces coelicolor whiB* gene encodes a small transcription factor-like protein dispensable for growth but essential for sporulation. Mol Gen Genet, 232(3): 351-358.

Dey E S, Norrlow O, Liu Y. 2004. Artificial carrier for oxygen supply in biological systems. Appl Microbiol Biotechnol, 64(2): 187-191.

Fischer M, Falke D, Sawers R G. 2013. A respiratory nitrate reductase active exclusively in resting spores of the obligate aerobe *Streptomyces coelicolor* A3(2). Mol Microbiol, 89(6): 1259-1273.

Fowler-Goldsworthy K, Gust B, Mouz S, *et al.* 2011.The actinobacteria-specific gene *wblA* controls major developmental transitions in *Streptomyces coelicolor* A3(2). Microbiology, 157(Pt 5): 1312-1328.

Guo J, Zhao J L, Li L L, *et al.* 2010. The pathway-specific regulator AveR from *Streptomyces avermitilis* positively regulates avermectin production while it negatively affects oligomycin biosynthesis. Mol Gen Genet, 283(2):123-133.

Gyan S, Shiohira Y, Sato I, *et al.* 2006. Regulatory loop between redox sensing of the NADH/NAD (+) ratio by Rex (YdiH) and oxidation of NADH by NADH dehydrogenase Ndh in *Bacillus subtilis*. J Bacteriol, 188(20): 7062-7071.

Hensel M, Lill H, Schmid R, *et al.* 1995. The ATP synthase (F_1F_0) of *Streptomyces lividans*: sequencing of the *atp* operon and phylogenetic considerations with subunit beta. Gene, 152(1): 11-17.

Hirono M, Mimura H, Nakanishi Y, *et al.* 2005. Expression of functional *Streptomyces coelicolor* H^+-pyrophosphatase and characterization of its molecular properties. J Biochem, 138(2): 183-191.

Ichinose H, Fujimoto Z, Kaneko S. 2013. Characterization of an alpha-L-rhamnosidase from *Streptomyces avermitilis*. Biosci Biotech Bioch, 77(1): 213-216.

Ikeda H, Ōmura S. 1997. Avermectin Biosynthesis. Chemical Reviews, 97(7): 2591-2610.

Jakimowicz P, Cheesman M R, Bishai W R, *et al.* 2005. Evidence that the *Streptomyces* developmental protein WhiD, a member of the WhiB family, binds a [4Fe-4S] cluster. J Biol Chem, 280(9): 8309-8315.

Jiang L, Liu Y, Wang P, *et al.* 2011. Inactivation of the extracytoplasmic function sigma factor Sig6 stimulates avermectin production in *Streptomyces avermitilis*. Biotechnol Lett, 33(10):1955-1961.

Kang S H, Huang J, Lee H N, *et al.* 2007. Interspecies DNA microarray analysis identifies WblA as a pleiotropic down-regulator of antibiotic biosynthesis in *Streptomyces*. J Bacteriol, 189(11): 4315-4319.

Kieser T, Bibb M J, Buttner M J. 2000. Practical Streptomyces Genetics. Norwich: The John Innes Foundation.

Kuhlmann A U, Bremer E. 2002. Osmotically regulated synthesis of the compatible solute ectoine in *Bacillus pasteurii* and related *Bacillus* spp. Appl Environ Microbiol, 68(2): 772-783.

Larsson J T, Rogstam A, von Wachenfeldt C. 2005. Coordinated patterns of cytochrome bd and lactate dehydrogenase expression in *Bacillus subtilis*. Microbiology, 151(Pt 10): 3323-3335.

Liu Y, Yan T, Jiang L, *et al.* 2013. Characterization of SAV7471, a TetR-family transcriptional regulator involved in the regulation of coenzyme A metabolism in *Streptomyces avermitilis*. J Bacteriol, 195(19): 4365-4372.

Macneil D J, Klapko L M. 1987. Transformation of *Streptomycesavermitilis* by plasmid DNA. J Ind Microbiol, 2(4): 209-218.

Matsushita K, Ohnishi T, Kaback H R. 1987. NADH-ubiquinone oxidoreductases of the *Escherichia coli* aerobic respiratory chain. Biochemistry, 26(24): 7732-7737.

Mobius K, Arias-Cartin R, Breckau D, *et al.* 2010. Heme biosynthesis is coupled to electron transport chains for energy generation. Proc Natl Acad Sci USA, 107(23): 10436-10441.

Molle V, Palframan W J, Findlay K C, *et al.* 2000. WhiD and WhiB, homologous proteins required for different stages of sporulation in *Streptomyces coelicolor* A3(2). J Bacteriol, 182(5): 1286-1295.

Munch R, Hiller K, Grote A, *et al.* 2005. Virtual Footprint and PRODORIC: an integrative framework for regulon prediction in prokaryotes. Bioinformatics, 21(22): 4187-4189.

Noh J H, Kim S H, Lee H N, *et al.* 2010. Isolation and genetic manipulation of the antibiotic down-regulatory gene, *wblA* ortholog for doxorubicin-producing *Streptomyces* strain improvement. App Microbiol Biotechnol, 86(4): 1145-1153.

Pagels M, Fuchs S, Pane-Farre J, *et al.* 2010. Redox sensing by a Rex-family repressor is involved in the regulation of anaerobic gene expression in *Staphylococcus aureus*. Mol Microbiol, 76(5): 1142-1161.

Ravcheev D A, Li X, Latif H, *et al.* 2012. Transcriptional regulation of central carbon and energy metabolism in bacteria by redox-responsive repressor Rex. J Bacteriol, 194(5): 1145-1157.

Smith L J, Stapleton M R, Fullstone G J, *et al.* 2010. *Mycobacterium tuberculosis* WhiB1 is an essential DNA-binding protein with a nitric oxide-sensitive iron-sulfur cluster. Biochem J, 432(3): 417-427.

Tseng C P, Albrecht J, Gunsalus R P. 1996. Effect of microaerophilic cell growth conditions on expression of the aerobic (*cyoABCDE* and *cydAB*) and anaerobic (*narGHJI*, *frdABCD*, and *dmsABC*) respiratory pathway genes in *Escherichia coli*. J Bacteriol, 178(4): 1094-1098.

van Keulen G, Alderson J, White J, *et al.* 2007. The obligate aerobic actinomycete *Streptomyces coelicolor* A3(2) survives extended periods of anaerobic stress. Environ Microbiol, 9(12): 3143-3149.

Wang E, Bauer M C, Rogstam A, *et al.* 2008. Structure and functional properties of the *Bacillus subtilis* transcriptional repressor Rex. Mol Microbiol, 69(2): 466-478.

Wikstrom M, Hummer G. 2012. Stoichiometry of proton translocation by respiratory complex I and its mechanistic implications. Proc Natl Acad Sci USA, 109(12): 4431-4436.

Zhang X, Chen Z, Zhao J, *et al.* 2004. Deletion analysis of oligomycin PKS genes (*olmA*) in *Streptomyces avermitilis*. Chin Sci Bull, 49(4): 350-354.

Zianni M, Tessanne K, Merighi M, *et al.* 2006. Identification of the DNA bases of a DNase I footprint by the use of dye primer sequencing on an automated capillary DNA analysis instrument. J Biomol Tech, 17(2): 103-113.

Supplementary material: https://www.nature.com/articles/srep44567

本文原载: Scientific Reports, 2017, 7: 44567.

The PhoP Transcription Factor Negatively Regulates Avermectin Biosynthesis in *Streptomyces avermitilis*[*]

Renjun Yang, Xingchao Liu, Ying Wen, Yuan Song, Zhi Chen, Jilun Li

(State Key Laboratory of Agrobiotechnology and Ministry of Agriculture Key Laboratory of Soil Microbiology, College of Biological Sciences, China Agricultural University, Beijing, 100193, China)

Abstract

Bacteria sense and respond to the stress of phosphate limitation, anticipating Pi deletion/starvation *via* the two-component PhoR-PhoP system. The role of the response regulator PhoP in primary metabolism and avermectinbiosynthesis in *Streptomyces avermitilis* was investigated. In response to phosphate starvation, *S. avermitilis* PhoP, like *Streptomyces coelicolor* and *Streptomyces lividans* PhoP, activates the expression of *phoRP*, *phoU*, and *pstS* by binding to the PHO boxes in their promoter regions. Avermectin biosynthesis was significantly increased in *ΔphoP* deletion mutants. Electrophoretic mobility gel shift assay (EMSA) and DNase I footprinting assays showed that PhoP can bind to a PHO box formed by two direct repeat units of 11 nucleotides located downstream of the transcriptional start site of *aveR*. By negatively regulating the transcription of *aveR*, PhoP directly affects avermectin biosynthesis in *S. avermitilis*. PhoP indirectly affects melanogenesis on Casaminoacids Minimal Medium (MMC) lacking supplemental phosphate. Nitrogen metabolism and some key genes involved in morphological differentiation and antibiotic production in *S. avermitilis* are also under the control of PhoP.

Keywords

Streptomyces avermitilis, PhoP, avermectin biosynthesis, phosphate metabolism.

1. Introduction

Streptomyces spp. are Gram-positive, filamentous, soil-dwelling bacteria that are characterized by complex morphological differentiation and the ability to produce a wide variety of secondary metabolites, including antibacterial antibiotics, antitumor agents, immunosuppressants, and anthelmintic agents (Chater, 1993). The biosynthesis of antibiotics and other secondary metabolites produced by many microorganisms is negatively regulated by high phosphate concentrations in the medium (Masuma *et al.*, 1986; Liras *et al.*, 1990; Lounes *et al.*, 1996). The molecular mechanism of phosphate control was first elucidated in *Streptomyces lividans*. In *S. lividans*, the two-component PhoR-PhoP system, which responds to phosphate starvation, controls antibiotics biosynthesis. The *ΔphoP* mutants of *S. lividans* overproduce actinorhodin and undecylprodigiosin (Sola-Landa *et al.*, 2003).

*This work was supported by grants from the National Science Foundation of China (Grant No. 31170090 and 31470190).

The PhoR-PhoP system is conserved in all *Streptomyces* and related actinobacteria sequenced so far. The PhoR protein is a membrane sensor kinase with a single transmembrane-spanning domain. PhoP is a member of the OmpR family of DNA-binding response regulators (Sola-Landa *et al.*, 2003; Martin *et al.*, 2012). The PhoP DNA-binding sequence (termed the PHO box) is well characterized in *Streptomyces coelicolor*. The *Streptomyces* PHO box is formed by direct repeat units (DRus) of 11 nucleotides composed of seven well-conserved nucleotides (consensus sequence: GTTCACC) and four less-conserved nucleotides (Martin, 2004; Sola-Landa *et al.*, 2005, 2008). A minimum of two DRus are thought to be required for efficient PhoP binding (Sola-Landa *et al.*, 2008). Recent ChIP-on-chip analysis of *S. coelicolor* identified a 9 nt motif among PhoP-enriched promoter regions. The 9 nt motif (TCGTTCACC) shares similarity with half of the conventional PhoP box motif, suggesting that PhoP-binding does not require a complete PhoP box *in vivo* (Allenby *et al.*, 2012). In response to phosphate starvation, PhoP activates or represses the expression of the *pho* regulon genes by binding to PHO boxes in their promoter regions (Sola-Landa *et al.*, 2005). The response to phosphate starvation involves the induction of extracellular enzymes that facilitate the capture of phosphate from organic phosphates. In *S. coelicolor*, at least two of the four alkaline phosphatase genes (*phoA* and *phoD*) are activated by PhoP (Apel *et al.*, 2007). The glycerophosphodiester phosphodiesterases (GDPD) genes *glpQ1* and *glpQ2* and the phytase gene *SCO7697* are also under the control of PhoP (Sola-Landa *et al.*, 2008; Santos-Beneit *et al.*, 2009a). Furthermore, activation of the phosphate uptake system PitH2 and high affinity PstSCAB (phosphate-specific transfer) by PhoP helps in the capture of inorganic phosphate from the environment (Sola-Landa *et al.*, 2005; Santos-Beneit *et al.*, 2008).

PhoP activates its own transcription by binding to the promoter region of its cognate partner gene, *phoR* (Sola-Landa *et al.*, 2005). Transcriptomic studies (Rodriguez-Garcia *et al.*, 2007) and ChIP-on-chip analysis (Allenby *et al.*, 2012) of the wild type and the *ΔphoP* mutant of *S. coelicolor* during phosphate limitation revealed that PhoP serves as a "master" regulator. PhoP activates genes involved in phosphate scavenging, transport, storage, and mobilization; it is also involved in the pathway that activates cell wall polymer biosynthesis. Furthermore, PhoP represses a wide range of pathways including nitrogen assimilation, oxidative phosphorylation, nucleotide biosynthesis, and glycogen catabolism (Rodriguez-Garcia *et al.*, 2007; Allenby *et al.*, 2012; Martin *et al.*, 2012). By repressing several key genes involved in antibiotic production and morphological differentiation, including *bldA*, *afsS*, *atrA*, and *scbA*, PhoP down-regulates the expression of the respective pathway-specific transcriptional activators (ActII-orf4 and RedZ) and negatively regulates actinorhodin and undecylprodiginine cluster expression (Rodriguez-Garcia *et al.*, 2007, 2009; Santos-Beneit *et al.*, 2009b, 2011a; Allenby *et al.*, 2012). *Streptomyces avermitilis* is well known in the industrial production of avermectins, which are important anthelmintic agents (Burg *et al.*, 1979). The semisynthetic derivative of avermectins, ivermectin (22, 23-dihydroavermectin B_1), has potent anthelmintic and insecticidal properties and is therefore applied widely in agriculture, veterinary medicine, and human medicine (Chabala *et al.*, 1980). The production of avermectin is also negatively regulated by a high Pi concentration in the medium. Here, we report on the regulatory role of the response regulator PhoP in primary metabolism and avermectin production in *S. avermitilis*.

2. Materials and Methods

2.1 Bacterial strains and growth conditions

The *S. avermitilis* strains used in the present study included the following: a wild-type strain=ATCC 31267; a *phoP*-deletion strain=*ΔphoP*; a *phoP*-deletion complementation strain=*ΔphoP* (pSET-phoP); and a *phoP*-overexpression strain=WT (pSET-phoP). *E. coli* DH5α and BL21 (DE3) were used for plasmid construction and protein expression, respectively. *E. coli* strains were cultured at 37℃ in Luria-Bertani (LB) medium. *S. avermitilis* strains were grown at 28℃ on solid yeast extract-malt extract-soluble starch medium (YMS) for sporulation or in modified liquid YEME medium containing 25% sucrose for growth of mycelia for DNA extraction and protoplast preparation. RM14 medium was used for regeneration of protoplasts (MacNeil and Klapko, 1987). For avermectin production, the seed medium and the fermentation medium I were used as described (Jiang *et al.*, 2011). Liquid fermentation medium II was used to culture mycelia for biomass (Jiang *et al.*, 2011). For phenotype analysis, the soya flour-mannitol medium (SFM) without supplemental Pi (Pi–) and with supplemental Pi (K_2HPO_4/NaH_2PO_4 at 2.2 mmol/L, pH 6.8) (Pi+) was used (Kieser *et al.*, 2000). The MMC medium without (Pi–) and with K_2HPO_4/NaH_2PO_4 (Pi+) was used for melanogenesis (Kieser *et al.*, 2000). For RNA extraction, 10^6 fresh spores of *S. avermitilis* were spread on the surface of cellophane disks placed on plates containing either SFM or MMC medium. Plates were incubated at 28℃ before mycelia were harvested.

2.2 Gene deletion, complementation, and overexpression

Targeted gene deletion mediated by homologous recombination was used to generate a *phoP* null mutant. With ATCC 31267 genomic DNA as template, a 532 bp fragment upstream of *phoP* was amplified with primers phoP-up-Fw and b phoP-up-Rev, and a 545 bp fragment downstream of *phoP* was amplified with phoP-dw-Fw and phoP-dw-Rev (Table S1). The two fragments were recovered and digested by *Hin*d III/*Bam*H I and *Bam*H I/*Eco*R I, respectively, and together were cloned into *Hin*d III/*Eco*R I-digested pKC1139 (Bierman *et al.*, 1992) to produce the *phoP* gene-deletion vector pKCΔphoP. pKCΔphoP was introduced into *S. avermitilis* ATCC 31267 by protoplast transformation (MacNeil and Klapko, 1987). Transformants regenerated on RM14 plates were transferred to solid YMS medium for sporulation. Double-crossover recombinant strains were selected as described previously (Zhang *et al.*, 2004; Liu *et al.*, 2013). The transformants were spread on YMS agar plates containing apramycin. The plates were initially incubated at 28℃ for 48 h and then at 39℃ (a non-permissive temperature for plasmid pKC1139 replication) for 7 days. Only mutants generated by a single crossover in which pKCΔphoP was integrated into the chromosome of *S. avermitilis* by homologous recombination can grow on YMS containing apramycin. Insertion mutants were inoculated on YMS plates under non-selection conditions for two rounds of sporulation, and double crossover took place only in those colonies sensitive to apramycin. The mutants were confirmed by PCR using one external primer (phoP-VU-Fw orphoP-VD-Rev), both of which are located outside the homologous recombination regions, coupled with one internal primer (phoP-dw-Rev or phoP-up-Fw) (Table S1). This was followed by DNA sequencing. The gene-deleted strain was designated *ΔphoP*.

With ATCC 31267 genomic DNA as template, a 790 bp DNA fragment carrying the *phoP* coding region was amplified by PCR using primers phoP-E-Fw and phoP-E-Rev, and a 391 bp DNA fragment carrying the putative promoter of *phoR* (the *phoP* gene is co-transcriptional with *phoR* under the *phoR* promoter) was amplified using primers phoR-P-Fw and phoR-P-Rev (Table S1).The two PCR products were recovered and digested by *Hind* III/*Bam*H I and *Eco*R I/*Hin*d III, respectively, and then together were cloned into the *Eco*R I/ *Bam*H I-digested integrative vectorpSET152 (Bierman *et al.*, 1992) to produce the *phoP* complementary vector pSET-phoP. For complementation analysis of the *ΔphoP* mutant, pSET-phoP together with pSET152 as a control was introduced into *ΔphoP* by protoplast transformation. For overexpression of PhoP, pSET-phoP was introduced into ATCC 31267 by protoplast transformation.

2.3 RNA extraction and real-time RT-PCR analysis

RNA was isolated as previously described (Jiang *et al.*, 2011). Mycelia of *S. avermitilis* from fermentation medium I or SFM with or without supplemental phosphate (2.2 mmol/L) were collected, frozen in liquid nitrogen, and ground to a fine powder. The starting concentrations of phosphate inSFM (Pi+) and SFM (Pi–) were 2.9 mmol/L and 0.7 mmol/L, respectively. RNA was extracted using Trizol reagent (Invitrogen, Carlsbad, CA) following the manufacturer's instructions and was treated with DNase I (TaKaRa, Shiga, Japan) to remove chromosomal DNA contamination. Each treated RNA sample (2 μg) was reverse transcribed by mixing M-MLV (RNase H^-; TaKaRa), random hexamers (25 μmol/L), and a dNTP mixture (10 mmol/L each). Real-time RT-PCR analyses were performed using FastStart Universal SYBR Green Master (ROX) (Roche, USA) with analysis by an ABI 7900HT Sequence Detection System. Primer pairs (Table S1) were used to determine the transcription levels of various genes in the various *S. avermitilis* strains. The *hrdB* gene (*SAV2444*), which encodes the major σ factor in *S. avermitilis*, was used as the internal control. The RNA samples without prior reverse transcription were used as negative controls to rule out chromosomal DNA contamination. PCR included a preincubation at 95℃ for 10 min followed by 40 cycles of denaturation at 95℃ for 10 s, and annealing and extension at 60℃ for 30 s. Primer efficiencies were measured and calculated (Ramakers *et al.*, 2003). The relative expression level was calculated using the comparative C_t method. Results were normalized to the expression of *hrdB*. Each experiment was performed in triplicate.

2.4 Electrophoretic mobility gel shift assays

The *phoP* coding region was amplified using primers GST-phoP-Fw and GST-phoP-Rev (Table S1), digested with *Bam*H I/*Eco*R I, and then cloned into *Bam*H I/*Eco*R I-digested pGEX-4T-1 to generate the expression plasmid pGEX-PhoP. The recombinant PhoP was tagged at the N terminus with a glutathione *S*-transferase (GST) protein. After confirmation by DNA sequencing, pGEX-PhoP was introduced into *E. coli* BL21 (DE3) for protein expression. *E. coli* BL21 (DE3) harboring pGEX-PhoP was grown at 37℃ in 100 ml of LB with 100 μg/ml ampicillin to an OD_{600} of 0.6. IPTG was then added to a final concentration of 0.2 mmol/L, and the cultures were incubated for an additional 12 h at 16℃. The cells were harvested, washed twice with PBS buffer (140 mmol/L NaCl, 2.7 mmol/L KCl, 10 mmol/L Na_2HPO_4, 1.8 mmol/L KH_2PO_4, pH 7.3), and then resuspended in 10 ml of the same buffer. The cell suspension was sonicated on ice. After centrifugation, the supernatant was recovered, and PhoP was purified from the supernatant using glutathione-sepharose beads (Amersham Biosciences) according to the manufacturer's protocol.

EMSAs were performed according to the manufacturer's instructions (DIG Gel Shift Kit, 2nd Generation, Roche). DNA fragments used for digoxigenin (DIG)-labeled probes were amplified by PCR with the primers listed in Table S1. The fragments were labeled with DIG-11-ddUTP using recombinant terminal transferase. During the EMSA, the DIG-labeled DNA probe (0.3 nmol/L) was incubated individually with varying quantities of PhoP at 25℃ for 30 min in a binding buffer (20 mmol/L HEPES, pH 7.6, 1 mmol/L EDTA, 10 mmol/L $(NH_4)_2SO_4$, 1 mmol/L DTT, 0.2% (*w/V*) Tween 20, 30 mmol/L KCl) containing 1 μg of poly[d(A-T)] and 0.1 μg of poly L-lysine in a total volume of 20 μl. After incubation, protein-bound and free DNAs were separated by electrophoresis on 5.0% native polyacrylamide gels with 0.5×TBE buffer (44.5 mmol/L Tris-HCl, 44.5 mmol/L boric acid, and 1 mmol/L EDTA, pH 8.0) as running buffer at 100 V and 4℃. The DNA was electroblotted onto a positively charged nylon membrane (Amersham) for 40 min at 400 mA in

0.5×TBE buffer. The signals were detected by chemiluminescence and were recorded on X-ray film.

2.5 DNase I footprinting assays

DNase I footprinting assays were performed using a fluorescent labeling procedure (Zianni *et al.*, 2006). DNA fragments were prepared by PCR using fluorescent-labeled primers (Table S1) and were purified from the agarose gel. Labeled DNA fragments (400 ng) and different concentrations of PhoP were added to a final reaction volume of 25 μl, and the preparation was incubated at 25℃ for 30 min. DNase I digestions were carried out for 40 s at 25℃ and were stopped with 10 μl of 0.2 mol/L EDTA (pH 8.0). After phenol-chloroform extraction and ethanol precipitation, the samples were loaded in an Applied Biosystems 3730 DNA genetic analyzer together with the internal-lane size standard ROX-500 (Applied Biosystems). The dye primer-based sequencing kit (Thermo) was used to precisely determine the sequences after the capillary electrophoresis results of the reactions were aligned. Electropherograms were analyzed with GeneMarker v1.8 (Applied Biosystems).

2.6 Fermentation and HPLC analysis of avermectin production

Spores (~10^7) from various *S. avermitilis* strains cultured on YMS plates for 7 days were added to 500 ml flasks containing 100 ml of seed medium; the cultures were incubated for 24 h at 28℃ on a rotary shaker (230 r/min). A 2.5 ml volume of the culture was then transferred to each of three 250 ml flasks, each containing 50 ml of fermentation medium I, and the cultures were grown for 10 d at 28℃ on a rotary shaker (250 r/min). The fermentation broth (1.0 ml) was extracted with 4.0 ml of methanol for 30 min and centrifuged at 4,000 *g* for 10 min. The supernatant was directly applied to an HPLC system (Model 600; Waters, Milford, CT) with a C18 column (10 μm; internal diameter 4.6 mm×250 mm) developed with methanol/water (85∶15) at a flow rate 1.0 ml/min. Avermectins were detected by UV absorption at 246 nm, and authentic samples of avermectin B_1 were used as internal standards.

3. Results

3.1 The PhoR-PhoP system in *S. avermitilis*

We found that the organization of *phoR-phoP* (*SAV3973-SAV3972*) and the adjacent gene *phoU* (*SAV3974*, a modulator of the phosphate response) is the same in *S. avermitilis* as in the homologous region in *S. coelicolor* and *S. lividans* (Ōmura *et al.*, 2001; Bentley *et al.*, 2002; Sola-Landa *et al.*, 2003, 2005). The *phoR-phoP* cluster and *phoU* are located in opposite orientation and are expressed from a bidirectional promoter region (Fig. 1a; Fig. S1). The *phoR* gene in *S. avermitilis* encodes a 425-amino-acid (aa) sensor kinase with a deduced molecular mass of 45.4 kDa. The *phoP* gene encodes a 223-aa response regulator with a deduced molecular mass of 24.8 kDa. The nucleotide sequences and deduced amino acid sequences for *S. avermitilis phoR-phoP* are highly homologous to those in *S. coelicolor* and *S. lividans* (PhoP, 98% identify to both; PhoR, 88% identify to *S. lividans* and 89% to *S. coelicolor*). Even the nucleotide sequences of *phoR-phoP* and *phoU* bidirectional promoter regions are very similar in *S. coelicolor* and *S. avermitilis* (Fig. S1), suggesting that the regulation of these genes may be similar among *Streptomyces* spp.

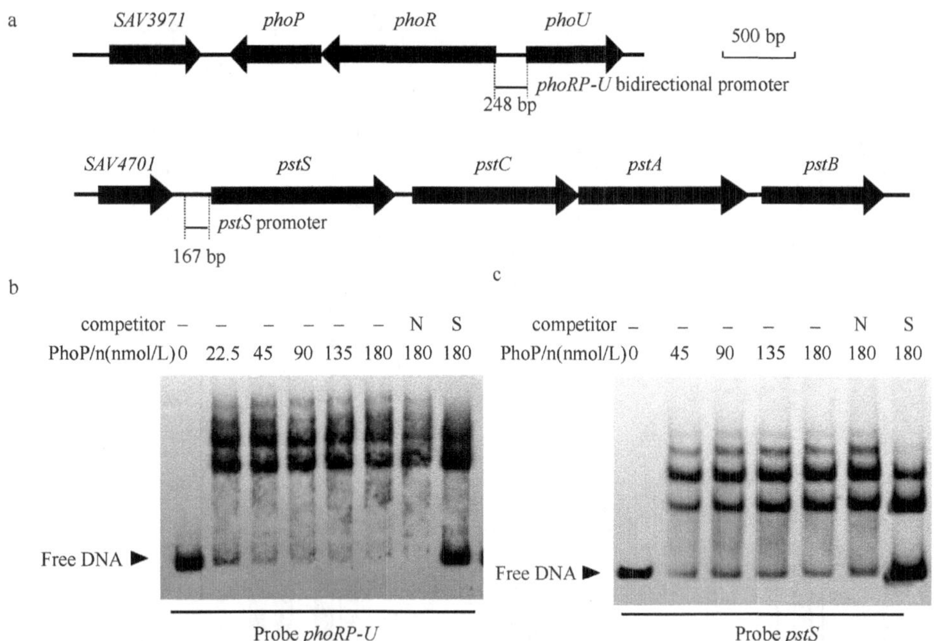

Fig. 1 Binding of PhoP to the intergenic region of *phoRP-phoU* and the promoter of the *pstSCAB* operon

a. Arrangements of the *phoRP-phoU* and the *pst* operon in *S. avermitilis*. The lengths and positions of probes used for EMSAs are shown. b. cEMSAs of the *phoRP-phoU* bidirectional promoter region and the *pstS* promoter using PhoP protein. The concentrations of PhoP used are shown above each panel. The probes used are shown below the panels. Free probe is indicated by an arrowhead. The specificity of band shifts was verified by adding 200-fold excess of unlabelled non-specific competitor DNA (N) and unlabelled specific probe (S)

3.2 The expression of phosphate-controlled *phoRP*, *phoU*, and *pstS* genes is under positive regulation of PhoP

To assess the *in vivo* biological significance of *phoP*, we constructed *phoP*-deletion mutants (*ΔphoP*) in which the *phoP* ORF was deleted by homologous recombination in the wild-type strain *S. avermitilis* ATCC 31267 (Fig. S2a, b). Deletion of the *phoP* gene reduced cell growth in liquid fermentation medium II. Growth was restored by complementation with plasmid pSET-phoP containing the *phoP* gene and the promoter of *phoR* (Fig. S2c). In response to phosphate starvation, PhoP in *S. coelicolor* activates genes involved in phosphate scavenging and transport (Rodriguez-Garcia *et al.*, 2007; Allenby *et al.*, 2012). So, we first use real-time RT-PCR to analyze the transcriptional levels of *phoR*, *phoU* and *pstS* (the first gene of the *pst* operon) under phosphate-supplied (Pi+) and phosphate-limited (Pi–) conditions in the wild-type strain *S. avermitilis* ATCC 31267 and the *ΔphoP* mutant. The concentrations of Pi in SFM (Pi+) medium at 3 and 6 days were 2.2 mmol/L and 0.4 mmol/L, respectively. And the concentrations in SFM (Pi–) medium at 3 and 6 days were 0.3 mmol/L and 0.2 mmol/L, respectively. The expression of these three genes in the ATCC 31267 differed greatly under Pi+ *vs.* Pi– conditions. The three genes were strongly repressed by high phosphate concentrations at 3 days, whereas the expression of the three genes was significantly increased ($P<0.001$) at 6 days in phosphate-supplied SFM medium due to the depletion of phosphate in the medium (Fig. 2). However, the expression in the *ΔphoP* mutant was very low under both Pi+ and Pi– conditions at 3 and 6 days, indicating that the expression of the three genes is positively regulated by PhoP (Fig. 2). *tatB*, which is not subject to phosphate regulation, was used as a negative control of RT-PCR. The expression of *tatB* in *ΔphoP* and ATCC 31267 showed no difference under both Pi+ and Pi– conditions.

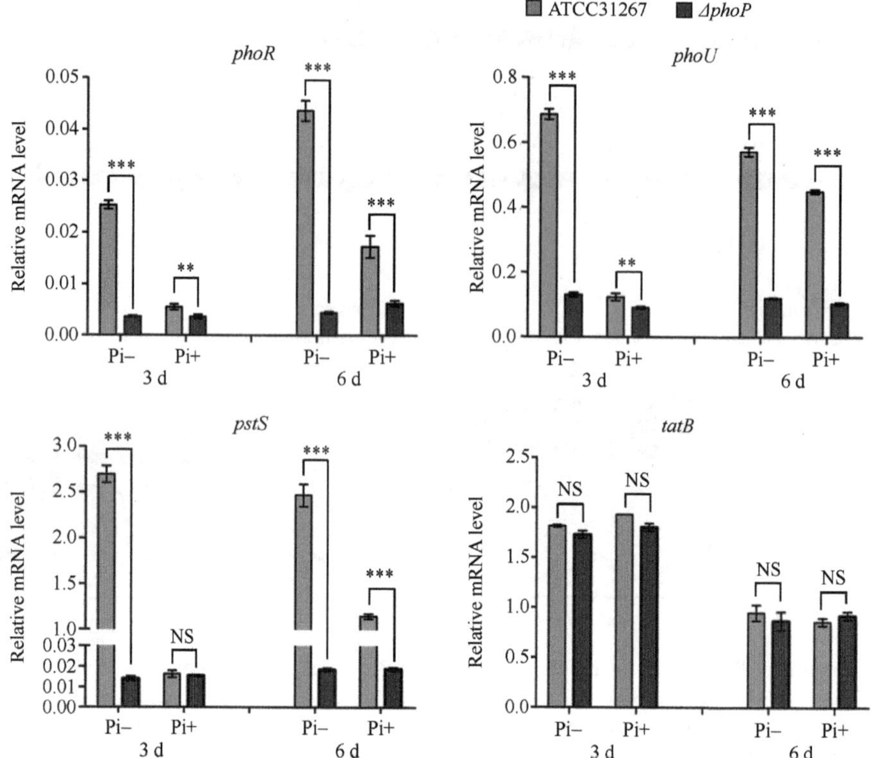

Fig. 2 Real-time RT-PCR analysis of *phoRP*, *phoU*, and *pstS* transcriptional levels in *ΔphoP* and ATCC 31267

The RNAs were prepared from cells grown on SFM with (Pi+) or without (Pi−) supplemental phosphate (2.2 mmol/L) for 3 and 6 days. Quantifications were normalized to the expression of *hrdB* (*SAV2444*). Values are means±standard deviations of three replicates. *tatB* was used as a negative control which is not subject to phosphate regulation. Statistical significance was determined by two-tailed unpaired Student's *t*-test. *, $P<0.05$. **, $P<0.01$. ***, $P<0.001$. NS, not significant

GST-PhoP fusion protein was expressed in *E. coli* and purified for DNA binding analysis (Fig. S3). EMSAs were used to study the interaction between PhoP and promoters. Four retarded bands were observed with the bidirectional *phoRP-phoU* promoter region probe. The shifted bands could be partly abolished by addition of 200-fold excess of unlabelled specific probe but not by non-specific competitor DNA, indicating that the interaction was specific (Fig. 1b). PhoP also bound specifically to the *pstS* promoter region probe, and generated four retarded bands (Fig. 1c).

To determine the PhoP binding sequences, the 472 bp 5′ end fluorescein-labeled *phoRP-phoU* bidirectional promoter region was studied by DNase I footprinting analysis. As shown in Fig. 3, one protected region was detected extending for 46 nucleotides on the coding strand of the *phoRP* gene in the presence of 1 μmol/L or 2 μmol/L PhoP. The protected region has four 11-nucleotide consecutive DRus forming two full PHO boxes. The PHO box in the *S. avermitilis phoRP-phoU* bidirectional promoter is consistent with the four DRus PHO box identified in *S. coelicolor* by DNase I footprinting analysis (Fig. 3, Fig. S1) (Sola-Landa *et al.*, 2005). Although only two PHO boxes were identified in the *phoRP-phoU* bidirectional promoter, more than two retarded bands were observed in the EMSA, this phenomenon might be due to the cooperative binding of PhoP.

3.3 Confirmation of putative PhoP target genes

To understand the regulatory role of PhoP in *S. avermitilis*, we performed EMSAs using PhoP according to the identified PhoP targets in *S. coelicolor* (Allenby *et al.*, 2012; Martin *et al.*, 2012). As shown in Fig. 4, PhoP bound to seven probes of the ten probes tested, demonstrating that PhoP has a conserved regulatory role in *Streptomyces*. PhoP bound to the promoter regions of *glnA*, *glnII*, and the direct regulator gene *glnR*, indicating that PhoP also controls nitrogen metabolism in *S. avermitilis*. The second nitrogen regulatory gene *glnRII* is not the target gene of PhoP in *S. coelicolor* (Rodriguez-Garcia *et al.*, 2009). PhoP in *S. avermitilis* did not bind to the promoter region of *glnRII* either. PhoP bound to the promoter regions of *bldC*, *bldD*, *bldM*, and *afsS* which are key genes involved in morphological differentiation and antibiotic production. PhoP did not bind to the promoter regions of *rpoZ* (encoding RNA polymerase omega factor) and *aveI* (*SAV4110*), the homologous gene of *atrA*, a pleiotropic regulatory gene of antibiotic production.

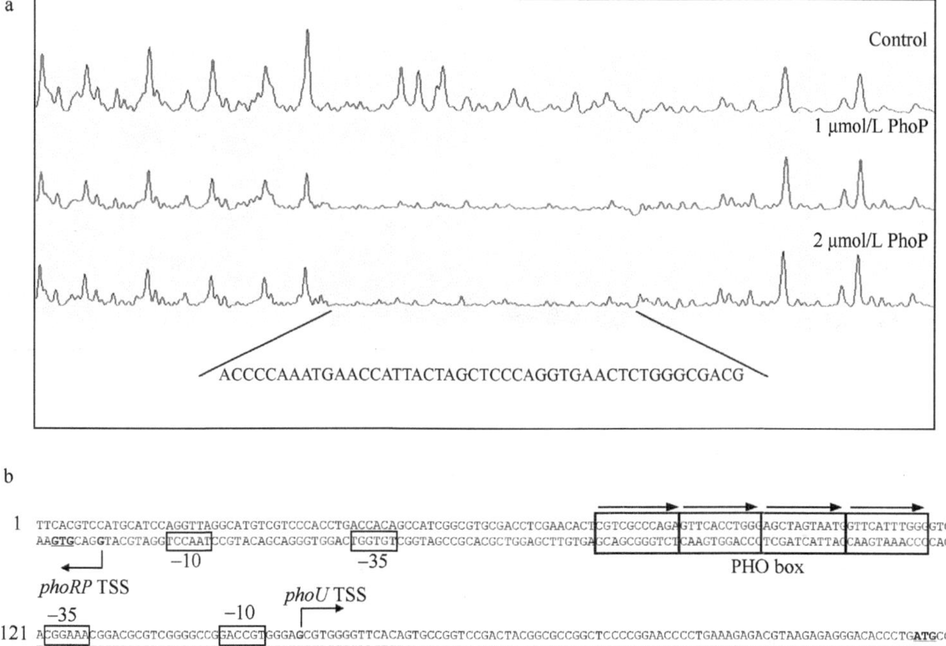

Fig. 3 DNase I footprinting of the *phoRP-phoU* bidirectional promoter region using PhoP protein

a. The fluorograms correspond to the control DNA fragment and to the protected reactions (with 1 μmol/L and 2 μmol/L PhoP). b. Nucleotide sequences of the *phoRP-phoU* bidirectional promoter region. Phosphate boxes are indicated with bold boxes, and the arrows indicate the direction of the direct repeat units. The −10 and −35 hexanucleotides of *phoRP* and *phoU* are boxed. The transcriptional start sites are indicated by bent arrows and boldface letters. The translational start codons are underlined and in boldface

3.4 PhoP negatively regulates avermectin biosynthesis

The *ΔphoP* mutant produced much more avermectin than the *S. avermitilis* wild-type ATCC 31267 (Fig. 5a). Avermectin yield of the complementation strain of *ΔphoP* mutant was restored to that of the wild-type strain, indicating that the *phoP* deletion was the sole cause of the enhanced avermectin production (Fig. 5a). Thus, *phoP* has a negative role in avermectin production. Oligomycinis another macrocyclic lactone produced by *S. avermitilis*, but PhoP does not affect oligomycin production. The oligomycin yield of *ΔphoP* mutant was slightly lower than that of the wild-type, but the decrease was not statistical significant (Fig. 5b).

The *aveR* gene encodes a pathway-specific activator essential for transcription of all avermectin biosynthetic genes (Ikeda *et al.*, 1999; Kitani *et al.*, 2009; Guo *et al.*, 2010). To test whether PhoP regulates avermectin production through the pathway-specific activator, we performed real-time RT-PCR analysis to determine the expression levels of *aveR* and of the biosynthetic gene *aveA1* in the *ΔphoP* mutant and the wild-type strain ATCC 31267. RNA samples were isolated from cells grown in fermentation broth for 2 and 6 days. Compared to those of the wild-type strain, the transcript levels of *aveR* and *aveA1* were increased in the *ΔphoP* mutant at 2 days when avermectin biosynthesis was initiated. At 6 day, only the *aveA1* transcript level was slightly increased in the *ΔphoP* mutant, but the transcript level of *aveR* did not differ between the *ΔphoP* mutant and the wild-type strain (Fig. 5c). These results indicated that PhoP negatively regulates the expression of the pathway-specific activator gene *aveR*. The transcript levels of pathway-specific regulatory genes *olmRI*, *olmRII* and the biosynthetic gene *olmA1* for oligomycin biosynthesis were slightly increased in the *ΔphoP* mutant at 2 days. At 6 days, the transcript levels of these genes did not differ between the *ΔphoP* mutant and the wild-type strain (Fig. 5c).

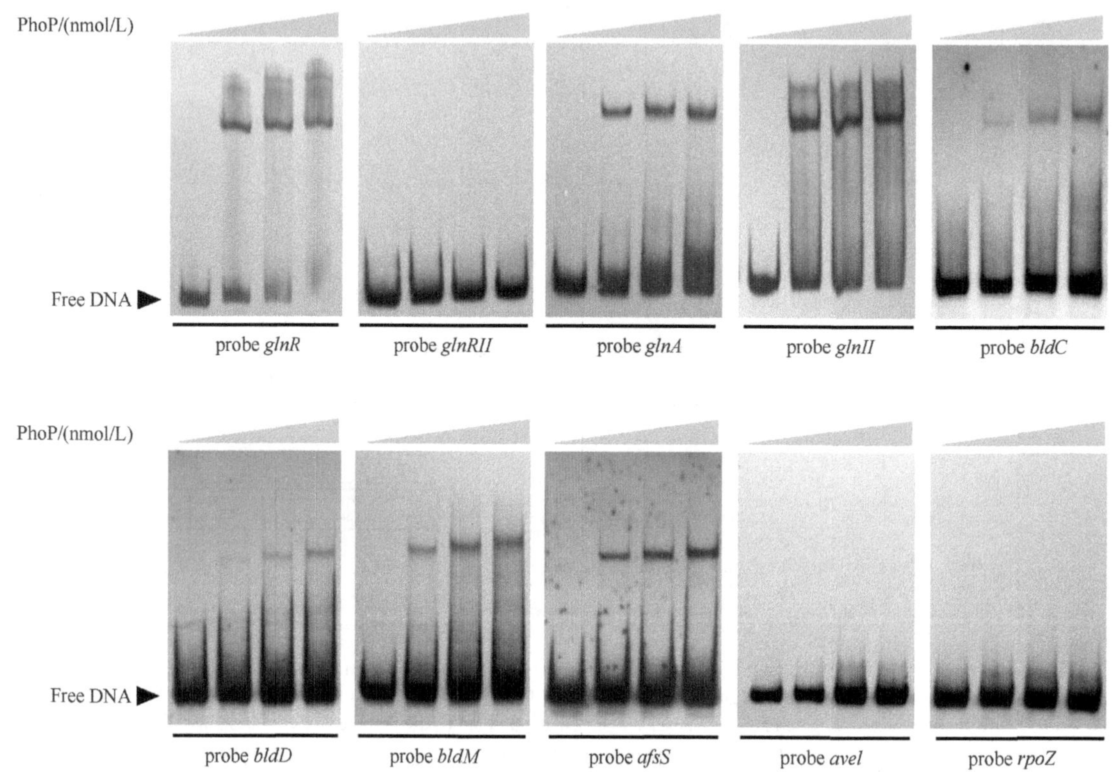

Fig. 4 EMSAs of promoter regions of the putative PhoP target genes using PhoP protein

The concentrations of PhoP used in each panel from left to right are 0 nmol/L, 270 nmol/L, 540 nmol/L, and 810 nmol/L respectively. Free probe is indicated by an arrowhead

3.5 PhoP interacts with the promoter region of *aveR*

Real-time RT-PCR analysis showed that PhoP repressed the expression of *aveR*. To determine whether PhoP protein directly interacts with the *aveR* promoter region, we performed EMSAs. As shown in Fig. 6, PhoP bound specifically to *aveR* promoter region probe and generated one significant shifted band. PhoP could not bind to the promoter region of the avermectin biosynthetic gene *aveA1* (data not shown). PhoP regulated *aveA1* expression and avermectin production through the pathway-specific activator AveR.

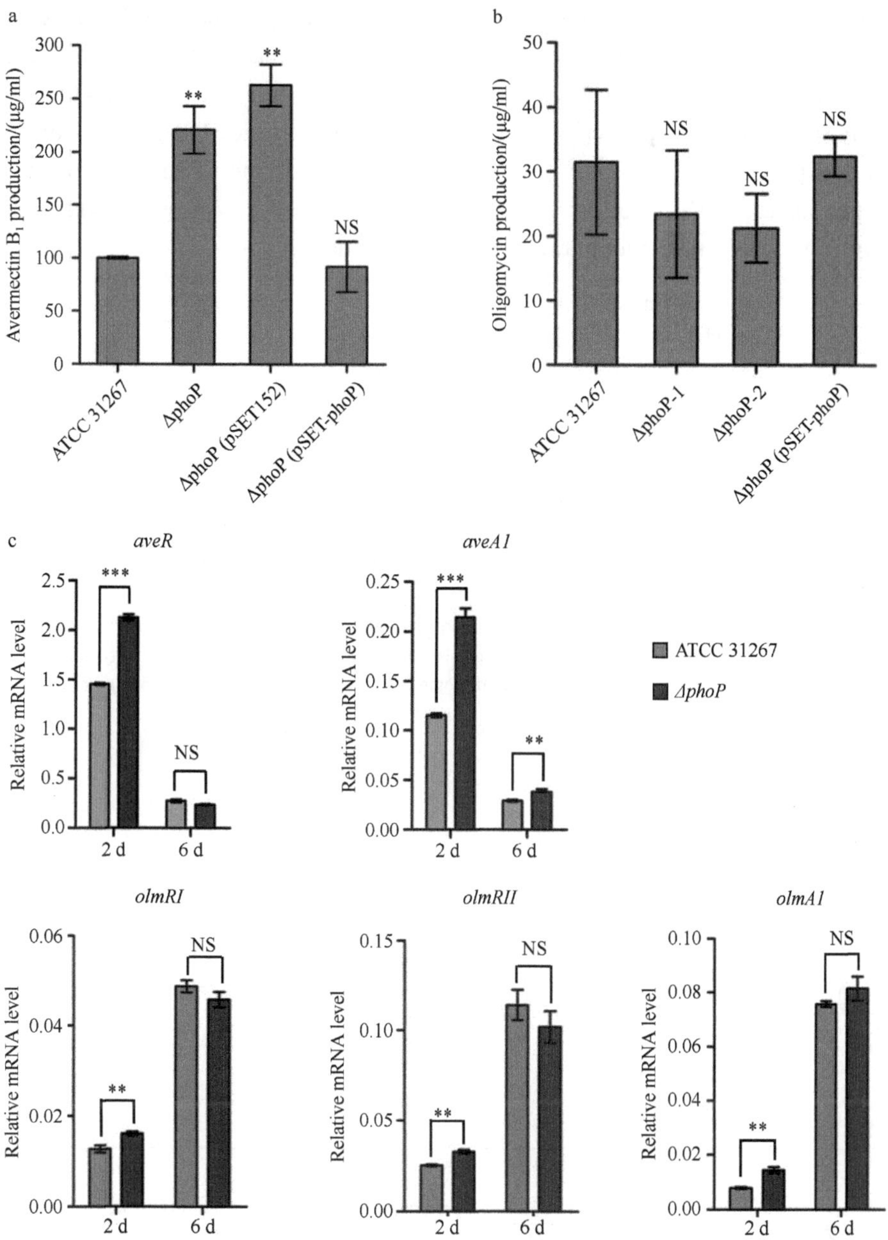

Fig. 5　The effect of deletion of the *phoP* gene on avermectin production and oligomycin production in *S. avermitilis*

Avermectin production (a) and oligomycin production (b) in: ATCC 31267=the wild type; *ΔphoP*=the *phoP*-deletion mutant; *ΔphoP* (pSET152)=the empty plasmid-containing control; and *ΔphoP* (pSET-phoP)=the *phoP*-deletion complementation strain. Values are means±standard deviations of three replicate flasks. Statistical significance was determined by comparing the mutant values to those of the wild type. c. Real-time RT-PCR analysis of transcriptional levels of relative genes in *ΔphoP* and ATCC 31267. The RNAs were prepared from cells grown in fermentation medium for 2 d and 6 d. Quantifications were normalized to the expression of *hrdB*. Values are means±standard deviations of three replicates. Statistical significance was determined by Student's *t*-test. *, $P<0.05$. **, $P<0.01$. ***, $P<0.001$. NS, not significant

EMSAs showed that PhoP interacts with the *aveR* promoter region. To identify the PHO box in the *aveR* promoter region, we performed DNase I footprinting experiments on a 477 bp 5′-end fluorescein-labelled DNA probe comprising the *aveR* promoter region in the presence or absence of PhoP. One protected region was detected extending for 25 nucleotides on the coding strand of the *aveR* gene in the presence of 1 μmol/L PhoP (Fig. 7). In the 25 nt protected region, there are two 11-nucleotide DRus (on the complementary strand of the *aveR* coding strand) forming a PHO box. One DRu is well conserved, while the other is less conserved. The PHO box extends from positions +21 to +43 relative to the transcriptional start site of *aveR* (Zhuo *et al.*, 2010) and is located downstream from the transcriptional start site. This observation suggested that, by binding to the PHO box downstream of the *aveR* transcriptional start site, PhoP impedes the progress of RNA polymerase along the strand, thus preventing the transcription of *aveR*. Unlike serving as an activator for *phoU* and *pstS*, PhoP acts as a repressor for *aveR*. Since the time point 2 days is when avermectin production is initiated, the derepression of *aveR* will contribute a lot to the avermectin production.

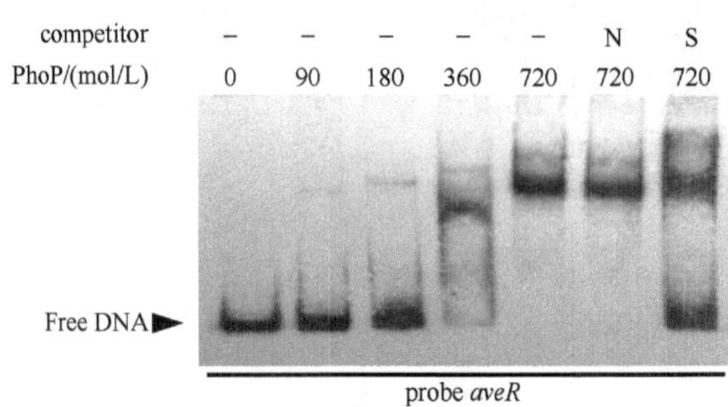

Fig. 6 EMSAs of the promoter region of *aveR* using PhoP protein

The concentrations of PhoP used are shown above each panel. Free probe is indicated by an arrowhead. The specificity of band shifts was verified by adding 200-fold excess of unlabeled non-specific competitor DNA (N) and unlabeled specific probe (S)

a

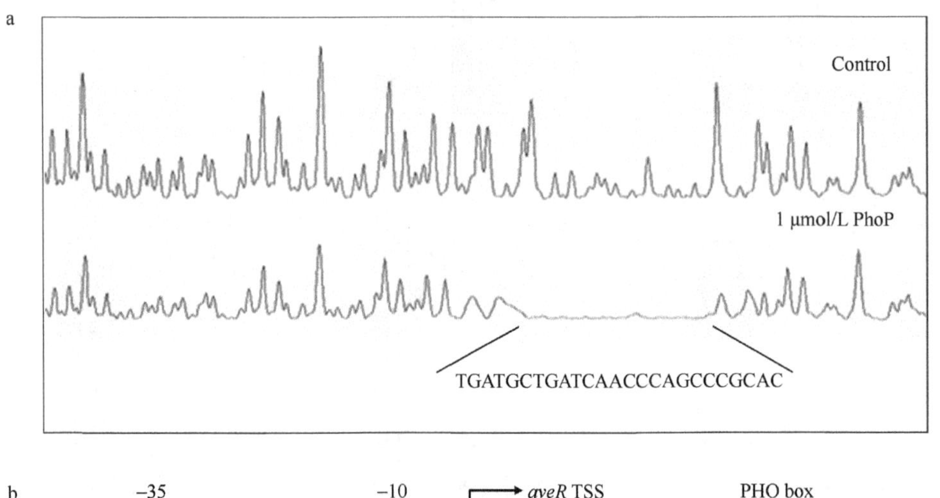

b

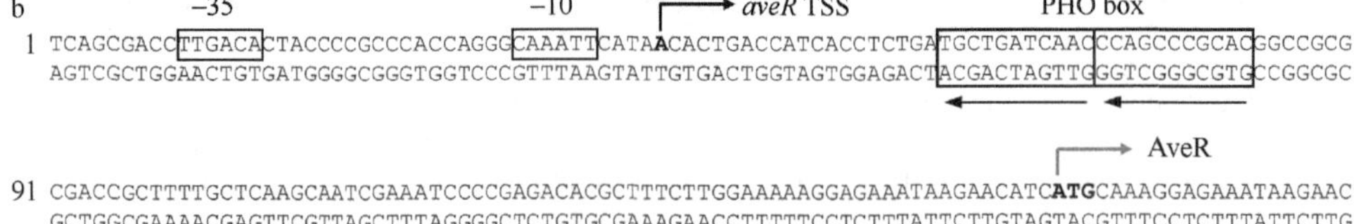

Fig. 7 DNase I footprinting of the *aveR* promoter region using PhoP protein

a. The fluorograms correspond to the control DNA fragment and to the protected reactions (with 1 μmol/L PhoP). b. Nucleotide sequences of the *aveR* promoter region. Phosphate boxes are indicated with bold boxes, and the arrows below indicate the direction of the direct repeat units. The –10 and –35 hexanucleotides of *aveR* are boxed. The transcriptional start sites are indicated by bent arrows and boldface letters. The translational start codons are indicated by grey bent arrows and boldface letters

3.6 PhoP indirectly affects melanogenesis

The phenotype of the *ΔphoP* mutant was tested on SFM and MMC media. Compared to the wild-type strain, the *ΔphoP* mutant grew poorly and produced fewer spores on SFM without Pi supplement (Fig. 8a). The growth and morphology of the complementation strain were restored to those of the wild-type stain, while the PhoP-over expression strain produced more spores than ATCC 31267. The growth and morphology of the cultures were similar when Pi was added to SFM (Fig. 8a). The poor sporulation of the *ΔphoP* mutant might be due to the poor growth under conditions of phosphate limitation.

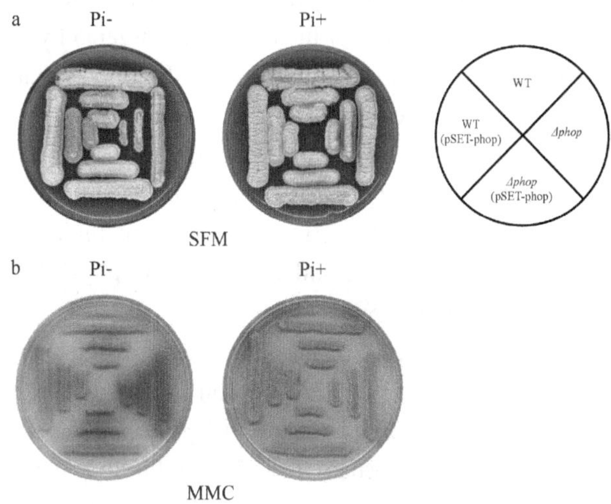

Fig. 8 Phenotype of *S. avermitilis* wild-type and *phoP* mutant strains

a. Growth of the indicated strains on SFM with (Pi+) or without (Pi–) supplemental phosphate (2.2 mmol/L) for 6 days. b. Melanin production of the indicated strains grown on MMC medium with (Pi+) or without (Pi–) supplemental phosphate (2.2 mmol/L) for 36 h. WT=wild-type ATCC 31267. *ΔphoP*=*phoP*-deletion mutant. *ΔphoP* (pSET-phoP)=complementation strain of *ΔphoP*. WT (pSET-phoP)=*phoP*-over expression strain

Melanin production was increased in the *ΔphoP* mutant on MMC medium without supplemental phosphate (Fig. 8b). Melanogenesis did not differ between the *ΔphoP* mutant and the wild-type strain on MMC with supplemental Pi (Fig. 8b). *S. avermitilis* has two melanin biosynthetic operons: *melC1C2* and *melD1D2*. Real-time RT-PCR analysis showed that the transcript levels of *melC2* (the latter gene of the *melC1C2* operon) were increased in the *ΔphoP* mutant either with or without supplemental phosphate, and that the expression of *melC2* increased dramatically on MMC medium without supplemental phosphate; the transcript levels of *melD2* (the latter gene of the *melD1D2* operon), in contrast, were decreased in the *ΔphoP* mutant (Fig. S4). EMSAs showed that PhoP could not bind to the promoter regions of *melC1C2* and *melD1D2* operons (Fig. S5), indicating that PhoP might affect melanogenesis in an indirect manner.

4. Discussion

In this study, we demonstrated that PhoP in *S. avermitilis* functions as an activator for *phoRP*, *phoU*, and *pstS* in response to phosphate limitation. PhoP acts as a repressor of avermectin production by repressing the transcription of pathway-specific regulatory gene *aveR*. PhoP also controls some genes involved in nitrogen metabolism and many key genes involved in morphological differentiation and antibiotic production.

The control of phosphate-regulated genes is mediated by the PhoR-PhoP system in *S. avermitilis*, which is consistent with the regulatory roles of the PhoR-PhoP system in phosphate metabolism reported in *S. lividans* and *S. coelicolor* (Sola-Landa *et al.*, 2003, 2005). PhoP also controls nitrogen metabolism by repressing the expression of structural genes (*glnA*, *glnII*, and *amtB-glnK-glnD* operon) and the direct regulator gene *glnR* in *S. coelicolor* (Rodriguez-Garcia *et al.*, 2007, 2009). Moreover, many key genes involved in antibiotic production and morphological differentiation, including *afsS*, *atrA*,*bldA*, *bldC*, *bldD*, *bldK*, *bldM*, *cdaR*, *cdgA*, and *scbR-scbA*, are under the direct control of PhoP (Rodriguez-Garcia *et al.*, 2007; Santos-Beneit *et al.*, 2009b; Allenby *et al.*, 2012). PhoP and AfsR act as competitive activators, bind to the overlapping sequences in the –35 region of the *afsS* promoter, and stimulate *afsS* transcription (Santos-Beneit *et al.*, 2009b, 2011b). AfsS stimulates the expression of respective pathway-specific transcriptional activator genes *actII-orf4* and *redZ*, which in turn activate actinorhodin and undecylprodiginine cluster expression. Therefore, PhoP regulation of secondary metabolite production is complex. Many of the key genes targeted by PhoP, such as *glnR*, *afsS*, *atrA*, and *bld* genes, are highly conserved in *Streptomyces*, suggesting that the regulatory role of PhoP in primary metabolism and antibiotic biosynthesis may be similar among *Streptomyces* spp. Here we demonstrated that PhoP also controlled nitrogen metabolism and many key genes involved in morphological differentiation and antibiotic production in *S. avermitilis*. The PhoP control on nitrogen assimilation genes helps to save the cell resources and to channel them to obtain phosphate from the medium under Pi limiting condition. Further studies are necessary to identify the PhoP regulon and to clarify the physiological significance of PhoP in primary metabolism and antibiotic production in *S. avermitilis*.

Melanin production was increased in the *ΔphoP* mutant on Pi- medium, but the *melC1C2* and *melD1D2* operons are not targets of PhoP. Expression of the *melC* operon in several *Streptomyces* strains, including *S. lividans* and *S. coelicolor*, is positively regulated by AdpA (Zhu *et al.*, 2005). *adpA-a* is essential for melanin production and morphogenesis in *S. avermitilis* (Zhao *et al.*, 2007). PhoP does not bind to the promoter region of *adpA-a* (data not shown), so PhoP might affect melanogenesis by affecting the expression of *adpA-a* indirectly or by other regulatory pathway.

Avermectins are important anthelmintic agents produced by *S. avermitilis*, but the regulatory factors and mechanisms involved in avermectin biosynthesis remain poorly understood. Elucidation of the regulatory mechanisms will contribute to the construction of avermectin over producers. The promoter of the pathway-specific activator gene *aveR* was shown to be directly recognized and transcribed by housekeeping $E\sigma^{hrdB}$ (Zhuo *et al.*, 2010). Although many transcriptional regulators, including AveI (Chen *et al.*, 2008), SAV3818 (Duong *et al.*, 2009), and γ-butyrolactone autoregulator receptor proteins AvaR3 (Miyamoto *et al.*, 2011) and AvaR1 (Wang *et al.*, 2014), have been reported to be involved in avermectin biosynthesis, no transcriptional regulators that directly control *aveR* expression in *S. avermitilis* had been identified before the current study. In the present study, we demonstrated that PhoP represses the expression of *aveR* by binding to a PHO box formed by two DRus of 11 nucleotides located downstream of the transcriptional start site of *aveR*. To our knowledge, PhoP is the first regulator reported to directly control the expression of the pathway-specific regulatory gene *aveR*. The difference of the regulation mechanisms between PhoPs from *S. avermitilis* and *S. coelicolor* also reveals the diversity of PhoP regulation on antibiotic biosynthesis in the genus of *Streptomyces*.

The RT-PCR results suggested that PhoP might affect avermectin biosynthesis at the early stage of growth because there was little difference in *aveR* expression at 6 day between the *ΔphoP* mutant and the wild-type strain. The concentrations of Pi in the fermentation broth at 2 and 6 days were ~1.2 mmol/L and ~0.05 mmol/L, respectively. One possible reason for this phenomenon is that under low Pi condition, more PhoP binds to the promoters of phosphate metabolism genes which have higher binding affinity with PhoP, and causes PhoP release from the promoter of *aveR*. Another reason is that there may be some regulators which are expressed at the late stage of growth having stronger interaction with the PhoP binding site in the *aveR* promoter region. For example, AfsR and GlnR have been reported to competitively bind to the overlapping sequences of PhoP targets (Santos-Beneit *et al.*, 2009b, 2011b; Sola-Landa *et al.*, 2013).

Although PhoP regulates avermectin production by binding to the promoter region of *aveR*, PhoP might also indirectly affect avermectin production by affecting the expression of other key genes involved in antibiotic production. For example, deletion of *afsS*, one PhoP target gene, led to increased avermectin production (Wenshuai Liu, personal communication). By regulating the expression of *aveR* and by controlling the expression of several pleiotropic regulators, PhoP may regulate avermectin production at different levels. Therefore, ChIP-seq and *in vitro* characterization of PhoP targets will be useful for further clarifying the regulatory role of PhoP in avermectin biosynthesis of *S. avermitilis*.

References

Allenby N E, Laing E, Bucca G, *et al.* 2012. Diverse control of metabolism and other cellular processes in *Streptomyces coelicolor* by the PhoP transcription factor: genome-wide identification of *in vivo* targets. Nucleic Acids Res, 40(19): 9543-9556.

Apel A K, Sola-Landa A, Rodriguez-Garcia A, *et al.* 2007. Phosphate control of *phoA*, *phoC* and *phoD* gene expression in *Streptomyces coelicolor* reveals significant differences in binding of PhoP to their promoter regions. Microbiology, 153(Pt 10): 3527-3537.

Bentley S D, Chater K F, Cerdeño-Tárraga A M, *et al.* 2002. Complete genome sequence of the model actinomycete *Streptomyces coelicolor* A3(2). Nature, 417(6885): 141-147.

Bierman M, Logan R, O'Brien K, *et al.* 1992. Plasmids cloning vectors for the conjugal transfer of DNA from *Escherichia coli* to *Streptomyces* spp. Gene, 116(1): 43-49.

Burg R W, Miller B M, Baker E E, *et al.* 1979. Avermectins, new family of potent anthelmintic agents: producing organism and fermentation. Antimicrob Agents Chemother, 15(3): 361-367.

Chabala J C, Mrozik H, Tolman R L, *et al.* 1980. Ivermectin, a new broad-spectrum antiparasitic agent. J Med Chem, 23(10): 1134-1136.

Chater K F. 1993. Genetics of differentiation in *Streptomyces*. Annu Rev Microbiol, 47: 685-713.

Chen L, Lu Y, Chen J, *et al.* 2008. Characterization of a negative regulator AveI for avermectin biosynthesis in *Streptomyces avermitilis* NRRL8165. Appl Microbiol Biotech, 80(2): 277-286.

Duong C T, Lee H N, Choi S S, *et al.* 2009. Functional expression of SAV3818, a putative TetR-family transcriptional regulatory gene from *Streptomyces avermitilis*, stimulates antibiotic production in *Streptomyces* species. J Microbiol Biotechnol, 19(2): 136-139.

Guo J, Zhao J L, Li L L, *et al.* 2010. The pathway-specific regulator AveR from *Streptomyces avermitilis* positively regulates avermectin production while it negatively affects oligomycin biosynthesis. Mol Gen Genet, 283(2): 123-133.

Ikeda H, Nonomiya T, Usami M, *et al.* 1999. Organization of the biosynthetic gene cluster for the polyketide anthelmintic macrolide avermectin in *Streptomyces avermitilis*. Proc Natl Acad Sci USA, 96(17): 9509-9514.

Jiang L B, Liu Y P, Wang P, *et al.* 2011. Inactivation of the extracytoplasmic function sigma factor Sig6 stimulates avermectin production in *Streptomyces avermitilis*. Biotechnol Lett, 33(10): 1955-1961.

Kieser T, Bibb M J, Buttner M J, *et al.* 2000. Practical Streptomyces Genetics. Norwich: The John Innes Foundation.

Kitani S, Ikeda H, Sakamoto T, *et al.* 2009. Characterization of a regulatory gene, *aveR*, for the biosynthesis of avermectin in *Streptomyces avermitilis*. Appl Microbiol Biotechnol, 82(6): 1089-1096.

Liu Y, Yan T, Jiang L, *et al.* 2013. Characterization of SAV7471, a TetR-family transcriptional regulator involved in the regulation of coenzyme A metabolism in *Streptomyces avermitilis*. J Bacteriol, 195(19): 4365-4372.

Liras P, Asturias J A, Martín J F. 1990. Phosphate control sequences involved in transcriptional regulation of antibiotic biosynthesis. Trends Biotechnol, 8(7): 184-189.

Lounes A, Lebrihi A, Benslimane C, *et al.* 1996. Regulation of spiramycin synthesis in *Streptomyces ambofaciens*: effects of glucose and inorganic phosphate. Appl Microbiol Biotechnol, 45(1-2): 204-211.

MacNeil D J,Klapko L M. 1987. Transformation of *Streptomyces avermitilis* by plasmid DNA. J Ind Microbiol, 2(4): 209-218.

Martin J F. 2004. Phosphate control of the biosynthesis of antibiotics and other secondary metabolites is mediated by the PhoR-PhoP system: an unfinished story. J Bacteriol, 186(16): 5197-5201.

Martin J F, Santos-Beneit F, Rodriguez-Garcia A, *et al.* 2012. Transcriptomic studies of phosphate control of primary and secondary metabolism in *Streptomyces coelicolor*. Appl Microbiol Biotechnol, 95(1): 61-75.

Masuma R, Tanaka Y, Tanaka H, *et al.* 1986. Production of nanaomycin and other antibiotics by phosphate-depressed fermentation using phosphate-trapping agents. J Antibiot, 39(11): 1557-1564.

Miyamoto K T, Kitani S, Komatsu M, *et al.* 2011. The autoregulator receptor homologue AvaR3 plays a regulatory role in antibiotic production, mycelial aggregation and colony development of *Streptomyces avermitilis*. Microbiology, 157(Pt 8): 2266-2275.

Ōmura S, Ikeda H, Ishikawa J, *et al.* 2001. Genome sequence of an industrial microorganism *Streptomyces avermitilis*: deducing the ability of producing secondary metabolites. Proc Natl Acad Sci USA, 98(21): 12215-12220.

Ramakers C, Ruijter J M, Deprez R H, *et al.* 2003. Assumption-free analysis of quantitative real-time polymerase chain reaction (PCR) data. Neurosci Lett, 339(1): 62-66.

Rodriguez-Garcia A, Barreiro C, Santos-Beneit F, *et al.* 2007. Genome-wide transcriptomic and proteomic analysis of the primary response to phosphate limitation in *Streptomyces coelicolor* M145 and in a *ΔphoP* mutant. Proteomics, 7(14): 2410-2429.

Rodriguez-Garcia A, Sola-Landa A, Apel K, *et al.* 2009. Phosphate control over nitrogen metabolism in *Streptomyces coelicolor*: direct and indirect negative control of *glnR*, *glnA*, *glnII* and *amtB* expression by the response regulator PhoP. Nucleic Acids Res, 37(10): 3230-3242.

Santos-Beneit F, Barriuso-Iglesias M, Fernandez-Martinez L T, *et al.* 2011a. The RNA polymerase omega factor RpoZ is regulated by PhoP and has an important role in antibiotic biosynthesis and morphological differentiation in *Streptomyces coelicolor*. Appl Environ Microbiol, 77(21): 7586-7594.

Santos-Beneit F, Rodriguez-Garcia A, Apel A K, *et al.* 2009a. Phosphate and carbon source regulation of two PhoP-dependent glycerophosphodiester phosphodiesterase genes of *Streptomyces coelicolor*. Microbiology, 155(Pt 6): 1800-1811.

Santos-Beneit F, Rodriguez-Garcia A, Franco-Dominguez E, *et al.* 2008. Phosphate-dependent regulation of the low- and high-affinity transport systems in the model actinomycete *Streptomyces coelicolor*. Microbiol, 154(Pt 8): 2356-2370.

Santos-Beneit F, Rodriguez-Garcia A, Martin J F. 2011b. Complex transcriptional control of the antibiotic regulator *afsS* in *Streptomyces*: PhoP and AfsR are overlapping, competitive activators. J Bacteriol, 193(9): 2242-2251.

Santos-Beneit F, Rodriguez-Garcia A, Sola-Landa A, *et al.* 2009b. Cross-talk between two global regulators in *Streptomyces*: PhoP and AfsR interact in the control of *afsS*, *pstS* and *phoRP* transcription. Mol Microbiol, 72(1): 53-68.

Sola-Landa A, Moura R S, Martin J F. 2003. The two-component PhoR-PhoP system controls both primary metabolism and secondary metabolite biosynthesis in *Streptomyces lividans*. Proc Natl Acad Sci USA, 100(10): 6133-6138.

Sola-Landa A, Rodriguez-Garcia A, Amin R, *et al.* 2013. Competition between the GlnR and PhoP regulators for the *glnA* and *amtB* promoters in *Streptomyces coelicolor*. Nucleic Acids Res, 41(3): 1767-1782.

Sola-Landa A, Rodriguez-Garcia A, Apel A K, *et al.* 2008. Target genes and structure of the direct repeats in the DNA-binding sequences of the response regulator PhoP in *Streptomyces coelicolor*. Nucleic Acids Res, 36(4): 1358-1368.

Sola-Landa A, Rodriguez-Garcia A, Franco-Dominguez E, *et al.* 2005. Binding of PhoP to promoters of phosphate-regulated genes in *Streptomyces coelicolor*: identification of PHO boxes. Mol Microbiol, 56(5): 1373-1385.

Wang J, Zhang F, Pu J, *et al.* 2014. Characterization of AvaR1, an autoregulator receptor that negatively controls avermectins production in a high avermectin-producing strain. Biotechnol Lett, 36(4): 813-819.

Zhang X, Chen Z, Zhao J, *et al.* 2004. Deletion analysis of oligomycin PKS genes (*olmA*) in *Streptomyces avermitilis*. Chin Sci Bull, 49(4): 350-354.

Zhao JL, Wen Y, Chen Z, *et al.* 2007. An *adpA* homologue in *Streptomyces avermitilis* is involved in regulation of morphogenesis and melanogenesis. Chin Sci Bull, 52(5): 623-630.

Zhu D, He X, Zhou X, *et al.* 2005. Expression of the *melC* operon in several *Streptomyces* strains is positively regulated by AdpA, an AraC family transcriptional regulator involved in morphological development in *Streptomyces coelicolor*. J Bacteriol, 187(9): 3180-3187.

Zhuo Y, Zhang W, Chen D, *et al.* 2010. Reverse biological engineering of *hrdB* to enhance the production of avermectins in an industrial strain of *Streptomyces avermitilis*. Proc Natl Acad Sci USA, 107(25): 11250-11254.

Zianni M, Tessanne K, Merighi M, *et al.* 2006. Identification of the DNA bases of a DNase I footprint by the use of dye primer sequencing on an automated capillary DNA analysis instrument. J Biomol Tech, 17(2): 103-113.

Supplementary materials: https://link.springer.com/article/10.1007/s00253-015-6921-6

本文原载: Appl MicrobiolBiotechnol, 2015, 99: 10547-10557.

IdeR, a DtxR-family Iron-response Regulator, Controls Iron Homeostasis, Morphological Differentiation, Secondary Metabolism, and Oxidative Stress Response in *Streptomyces avermitilis*[*]

Yaqing Cheng[1], Renjun Yang[1], Mengya Lyu[1], Shiwei Wang[2], Xingchao Liu[1], Ying Wen[1], Yuan Song[1], Jilun Li[1], Zhi Chen[1]

(1. State Key Laboratory of Agrobiotechnology and Key Laboratory of Soil Microbiology, Ministry of Agriculture, College of Biological Sciences, China Agricultural University, Beijing, 100193, China; 2. School of Chemical Engineering and Energy Technology, Dongguan University of Technology, Dongguan, China)

Abstract

Iron, an essential element for microorganisms, functions as a vital cofactor in a wide variety of key metabolic processes. On the other hand, excess iron may have toxic effects on bacteria by catalyzing formation of reactive oxygen species through the Fenton reaction. The prevention of iron toxicity requires precise control of intracellular iron levels in bacteria. Mechanisms of iron homeostasis in the genus *Streptomyces* (the producers of various antibiotics) are poorly understood. *Streptomyces avermitilis* is the industrial producer of avermectins, which are potent anthelmintic agents widely used in medicine, agriculture and animal husbandry. We investigated the regulatory role of IdeR, a DtxR family regulator, in *S. avermitilis*. In the presence of iron, IdeR binds to a specific palindromic consensus sequence in promoters and regulates 14 targets involved in iron metabolism (*e.g.*, iron acquisition, iron storage, heme metabolism, and Fe-S assembly). IdeR also directly regulates 12 targets involved in other biological processes, including morphological differentiation, secondary metabolism, carbohydrate metabolism, and TCA cycle. *ideR* transcription is positively regulated by peroxide-sensing transcriptional regulator OxyR. A newly constructed *ideR* deletion mutant (DideR) was found to be less responsive to iron level and more sensitive to H_2O_2 treatment than the wild-type strain, indicating that *ideR* is essential for oxidative stress responses. Our findings, taken together, demonstrate that IdeR plays a pleiotropic role in overall coordination of metabolism in *Streptomyces* in response to iron level.

Keywords

SAV3855, IdeR, iron homeostasis, oxidative stress, *S. avermitilis*.

---

*This study was supported by grants from the National Natural Science Foundation of China (No. 31470190) and the project for Extramural Scientists of the State Key Laboratory of Agrobiotechnology (No. 2018SKLAB6-15). The authors are grateful to Dr. S. Anderson for English editing of the manuscript.

1. Introduction

Iron is an essential element for most organisms because of its roles in key metabolic processes such as respiration and DNA replication (Hantke, 2001). The predominant naturally occurring form of iron, as a result of the presence of oxygen, is the insoluble ferric form (Fe^{3+}). To overcome iron limitation, most bacteria secrete small iron chelators termed siderophores, which sequester ferric iron and deliver it into cells *via* specialized Fe^{3+}-siderophore transporters (Andrews *et al.*, 2003; Waldron and Robinson, 2009). On the other hand, excess iron may be harmful to bacteria by generating reactive oxygen species through the Fenton reaction (Park *et al.*, 2005; Imlay, 2008). To prevent iron toxicity, bacteria have evolved iron sensors to control intracellular free iron levels. In Gram-negative bacteria, and many Gram-positive bacteria with low guanine-cytosine (GC) content, intracellular iron concentration is controlled primarily by the global regulatory protein Fur (ferric uptake regulator), which was first identified in *Escherichia coli* (Delany *et al.*, 2001; Baichoo *et al.*, 2002; Grifantini *et al.*, 2003; McHugh *et al.*, 2003; da Silva Neto *et al.*, 2009).

Fur is expressed as an inactive apoprotein and becomes activated when bound to the ferrous form of iron (Fe^{2+}). When intracellular iron reaches a sufficient level, Fe^{2+}-Fur homodimer binds to 19 bp palindromic sequences ("Fur boxes") of its target promoters, thereby repressing transcription of iron acquisition systems and preventing further increase of intracellular iron level (Chen *et al.*, 2007). Fur also directly regulates genes involved in numerous other cellular processes, including virulence, DNA synthesis, energy metabolism, biofilm development, and oxidative stress response (Delany *et al.*, 2004; Embree *et al.*, 2014; Seo *et al.*, 2014). Fe^{2+}-Fur homodimer regulates most of its target genes by acting as a repressor; however, Fe^{2+}-Fur and apo-Fur also function as activators of certain genes (Gilbreath *et al.*, 2012; Seo *et al.*, 2014). In high-GC content Gram-positive bacteria, iron homeostasis in general is regulated by DtxR (diphtheria toxin regulator) family regulators (Waldron and Robinson, 2009). The role of DtxR as an iron-sensitive transcriptional regulator was first demonstrated in *Corynebacterium diphtheria*, where it controls expression of diphtheria toxin structural gene (*tox*) and iron homeostasis genes (Schmitt *et al.*, 1997; Oram *et al.*, 2004). In the absence of divalent transition metal ions, apo-DtxR is inactive. Fe^{2+} is the physiological activator of DtxR *in vivo*; however, DtxR can also be activated *in vitro* by other divalent transition metal ions, in relative order $Fe^{2+} \approx Ni^{2+} > Co^{2+} \gg Mn^{2+}$ (Tao and Murphy, 1992; Spiering *et al.*, 2003). Activated DtxR forms stable dimers, which bind to promoters that contain the 19 bp conserved sequence (Tao and Murphy, 1992, 1994; Gold *et al.*, 2001). Extensive sequencing studies of bacterial genomes during the past decade have revealed multiple *dtxR*-like repressors (Merchant and Spatafora, 2014). Several of these repressors have been characterized, including MntR in *Staphylococcus aureus* and *Bacillus subtilis* (Ando *et al.*, 2003; Huang *et al.*, 2017), IdeR in *Mycobacterium tuberculosis* (Pandeyand Rodriguez, 2014), SloR in *Streptococcus mutans* (O'Rourke *et al.*, 2010), and ScaR in *Streptococcus gordonii* (Jakubovics *et al.*, 2000).

Streptomyces are Gram-positive filamentous soil bacteria with a complex life cycle, notable for the ability to produce a wide variety of antibiotic compounds (McCormick and Flardh, 2012; Niu *et al.*, 2016). Because of the complex conditions of soil microenvironments, soil bacteria typically encounter fluctuating, unpredictable supplies of various nutrients, including iron. *Streptomyces* species have developed precise mechanisms for sensing intracellular iron concentration and maintaining iron homeostasis. The *dtxR*-homologous genes were cloned from *S. lividans* and *S. pilosus*, and the deduced proteins contained the N-terminal regions (139 aa) of high identity (73%) to *C. diphtheria* DtxR (Gunter-Seeboth and Schupp, 1995). The *S. coelicolor* A3 (2) genome contains two *dtxR*-homologous genes: *dmdR1* and *dmdR2*. Both gene products are functional as iron homeostasis regulators, but *dmdR2* is silent when *dmdR1* is expressed normally, so DmdR2 serves as a backup regulator (Flores and Martin, 2004; Flores *et al.*, 2005). Deletion of *dmdR1* gene led to obvious proteomic changes, and loss of pigmented antibiotics undecylprodigiosin and actinorhodin production in liquid MS medium (Flores *et al.*, 2005; Tunca *et al.*, 2009). However, the molecular mechanism whereby DmdR1 affects secondary metabolism remains poorly understood.

The species *S. avermitilis* is used for industrial production of avermectins, a series of 16-membered macrocyclic lactones widely applied in agriculture, animal husbandry, and human medicine (Miller *et al.*, 1979). Avermectin biosynthesis is encoded by the 82 kb *ave* gene cluster which includes 18 open reading frames (ORFs) (Ōmura *et al.*, 2001). The gene *aveR* (which encodes a LuxR family pathway-specific activator) is essential for transcription of all *ave* genes (Kitani *et al.*, 2009; Guo *et al.*, 2010). Various regulators sense nutrient availability, developmental state, and diverse stresses, and transmit the signals to the pathway-specific regulatory genes to regulate antibiotic biosynthesis. In order to construct avermectin high-yield strains through genetic manipulation, we need to characterize more regulators involved in avermectin biosynthesis. *SAV3855* encodes IdeR, the only known DtxR family regulator (230 aa) in *S. avermitilis*, which is predicted to be an iron-response regulatory protein. Here, we report extensive characterization of the regulatory role of IdeR in iron homeostasis, morphological differentiation, secondary metabolism, central metabolism, and oxidative stress response in *S. avermitilis.*

2. Results

2.1 Deletion of *ideR* gene in *S. avermitilis* impaired growth and morphological differentiation

To elucidate the regulatory role of IdeR in *S. avermitilis*, we deleted the *ideR* gene in wild-type strain ATCC 31267 (WT) by homologous recombination. The mutant strain was termed DideR (Fig. S1). Spores of WT, DideR, and CideR (complemented strain of DideR) were streaked onto soya flour-mannitol (SFM), yeast extract-malt extra-soluble starch (YMS), and minimal medium (MM) plates with or without supplemental Fe^{2+} (1,600 μmol/L $FeCl_2$) for phenotypic observation. DideR grown on each of these media without supplemental Fe^{2+} showed delayed formation of aerial hyphae (on day 2) relative to WT, and slightly postponed sporulation (day 7) (Fig. 1). On the YMS agar with 1,600 μmol/L $FeCl_2$, the overproduction of a brownish pigment by DideR was possibly due to the excessive synthesis of siderophore (Fig. 1). DideR cultured on each medium with supplemental Fe^{2+} grew poorly and had a "bald" phenotype in which aerial hyphae was not visibly apparent, whereas WT with supplemental Fe^{2+} underwent normal morphological differentiation on SFM and YMS (Fig. 1a, b), and produced fewer spores on MM (Fig. 1c). DideR phenotype was restored to normal under all culture conditions by introduction of *ideR*, confirming that bald phenotype and delayed morphological differentiation in DideR were due to *ideR* deletion. In soluble fermentation medium FM-II, DideR grew more slowly than WT, whereas growth of CideR was similar to that of WT (Fig. 2a). Thus, IdeR plays a positive regulatory role in growth and morphological differentiation in *S. avermitilis.*

2.2 IdeR is essential for iron homeostasis

In *Mycobacterium tuberculosis*, IdeR acts as an iron-dependent regulator for control of intracellular iron homeostasis (Rodriguez *et al.*, 2002; Pandey and Rodriguez, 2014). We examined intracellular iron content of WT, DideR, and CideR incubated in FM-II without supplemental Fe^{2+} (note: iron content of these strains in FM-II with supplemental Fe^{2+} was not analyzed because DideR grew very poorly under this condition). Compared to the other strains, iron content on days 2 and 6 was statistically significantly different for DideR (Fig. 2b), indicating *ideR* deletion leads to increased iron accumulation. High intracellular iron level is generally cytotoxic; therefore, poor growth and delayed morphological differentiation in DideR may have been due to high iron level. Under low-iron condition, delayed morphological differentiation in DideR could be reversed on day 7 by reduction of intracellular iron level. Under high-iron condition, intracellular iron level remained high on day 7, and delayed differentiation could not be reversed.

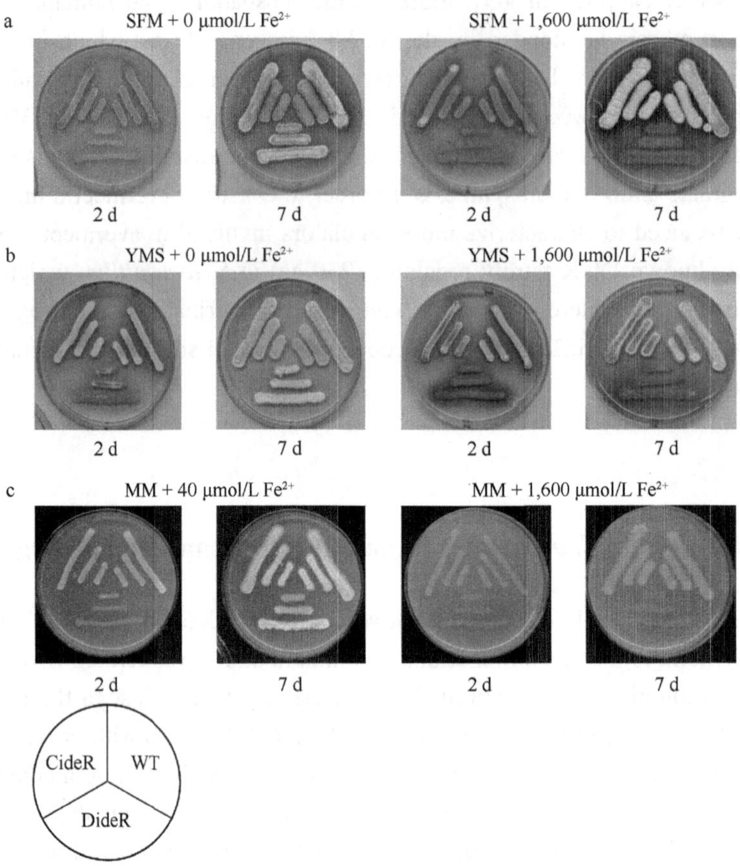

Fig. 1 Phenotype of *S. avermitilis* WT (ATCC 31267) and *ideR*-related mutant strains

The indicated strains were grown on SFM (a), YMS (b) and MM (c) media with or without supplemental Fe^{2+} (1,600 μmol/L) for 2 or 7 days. DideR, *ideR*-deletion mutant. CideR, complemented strain of DideR

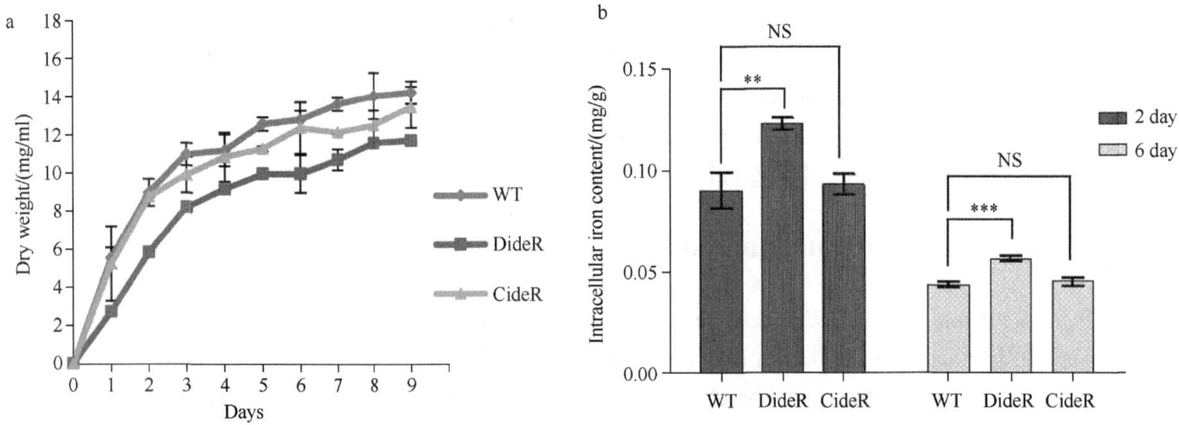

Fig. 2 Growth curves (a) and iron content analysis (b) of *ideR*-deletion mutant

WT, DideR, and CideR strains were grown in FM-II medium. Intracellular iron concentrations were measured on days 2 and 6. Values are mean±SD from three replicates. *P* values were determined by Student's *t*-test. **, $P<0.01$; ***, $P<0.001$; NS, not significant

2.3 IdeR represses iron acquisition genes and activates iron storage gene *bfrA* expression

S. avermitilis IdeR has high amino acid sequence similarity to *M. tuberculosis* IdeR (74%) and *C. diphtheria* DtxR (68%). The DNA-binding, metal-binding, and dimerization domains are highly conserved in these regulators (Fig. S2). To identify the IdeR regulon in *S. avermitilis*, we used *M. tuberculosis* iron box 5′-TTAGGNWAGSCTWVCCTAA-3′ (Gold *et al.*, 2001; Rodriguez *et al.*, 2002) to scan the *S. avermitilis* genome using the Virtual Footprint and the PREDetector (http://predetector.hedera22.com) programs. A total of 68 putative IdeR targets were identified with score set as 7, and we selected 38 of these with higher score and annotation for further study (Table 1). Of these 38 targets, 14 are involved in iron metabolism, while smaller numbers are related to secondary metabolism (2), regulation function (4), the TCA cycle (1), carbohydrate metabolism (4), fatty acid and lipid metabolism (4), transport (3), and unclassified proteins (6).

Table 1 Putative targets of IdeR

Serial number	Accession number	Gene	Function	Sequence	ATG distance	Score	EMSA
			iron metabolism				
1	*SAV2074*		putative ferric iron reductase protein (FhuF)	TAAGGTAAGCCTTACCTGT	−47	14.1	+
2	*SAV2407*	*hemH*	putative ferrochelatase	GTGCATTAGGGTTACCTAA	−106	9.3	+
3	*SAV5272-5269*	*sidDCBA*	putative lysine decarboxylase; cadaverine *N*-monooxygenase; succinyl-CoA transferase; nocardamine synthetase	TTAGGCTAGCCTAACCTAA	−98	23.8	+
4	*SAV5274-5275*	*sidFE*	putative iron (III)/siderophore uptake ABC transporter substrate-binding protein	GTAGGTTAGCCTAACCTCA	−70	18	+
5	*SAV5926-5923*		putative lipoprotein, deferrochelatase/peroxidase, membrane protein	TGAGGCTGGCCTAACTTAT	−73	10.6	+
6	*SAV5930*	*hmuO*	putative heme oxygenase	TATGGTTAGGCTTACCTAA	−64	17.6	+
7	*SAV6087*	*bfd*	putative bacterioferritin-associated ferredoxin	TTAGGTTAGCCTCACCGAT	−57	14.5	+
8	*SAV6088*	*bfrA*	putative bacterioferritin	TAAGCGTGTACTTACTGGA	−32	7	+
9	*SAV6324-6331*		putative ArsR-family transcriptional regulator and FeS assembly protein	TCAGTTTAGGTATGCCTAA	−91	13.2	+
10	*SAV6491-6493*	*fepDGC2*	putative ABC transporter iron (III)/siderophore permease protein	CGAGGGTAGGCTAACCTAA	−24	16.7	+
11	*SAV6713*		putative siderophore-interacting protein	CATGCTTAGGCTTACCTAA	−37	11.4	+
12	*SAV7319*	*fhuF2*	putative ferric iron reductase	GTAGGTAAGCCTTACCTTA	−192	16.4	+
13	*SAV7320-7323*	*avsABCD*	putative siderophore synthetase component	GTAGGTAAGCCTTACCTTA	−355	16.4	+
14	*SAV7428*		putative heme-iron utilization family	TTAGGCAAGCCTTACCTAA	−29	22.1	+
			Functional regulation				
15	*SAV741*	*sig8*	putative RNA polymerase sigma factor	TGTGGTGTGCATTCCCTGA	−94	7	−
16	*SAV2073*		putative GntR-family transcriptional regulator	TAAGGTAAGCCTTACCTGT	−155	14.1	+
17	*SAV2630*	*whiG*	putative RNA polymerase sigma factor	TCATGTGAGCGTAGCGTGA	−105	7.4	+
18	*SAV5279*		putative TetR-family transcriptional regulator	TCAGGTTAACGACCGCTAA	−42	7.4	−
			Secondary metabolism				
19	*SAV428*		putative polyketide cyclase/dehydrase	TTTGGGGACGCTTACCTGA	−22	10	+
20	*SAV2899-2897*	*olmA1A2A3*	modular polyketide synthase, oligomycin gene cluster	ATGTGTTTCCCTTACCTCA	−89	7.4	+

continued

Serial number	Accession number	Gene	Function	Sequence	ATG distance	Score	EMSA
			TCA cycle				
21	*SAV2258*	*acnA*	putative aconitase	TAAGGTAAGGCTAAGTTAG	–87	11.6	+
			carbohydrate metabolism				
22	*SAV2109*		putative beta-xylosidase	TCCGGTATGTCGAACCTTA	–174	7.9	–
23	*SAV5025*	*udgA*	putative UDP-glucose 6-dehydrogenase	TAAAATTTGGGTTACTTAA	–143	8.5	–
24	*SAV5252*		putative sugar hydrolase	TTCCTTAAGCGCACCCTAA	–147	7.9	+
25	*SAV7249*	*gnd3*	putative 6-phosphogluconate dehydrogenase	TTACTTTTGCCGCTCCTGA	–297	7.5	–
			transporters				
26	*SAV2408*		putative transmembrane efflux protein	GTGCATTAGGGTTACCTAA	–74	9.3	+
27	*SAV5618-5614*		putative oxygenase; ornithine cyclodeaminase; amino acid decarboxylase; cysteine synthase; efflux protein	TTAGGTTAGGCATACCTAA	–173	24.2	+
28	*SAV5619-5622*	*oppA8B8C8F8*	putative peptide ABC transporter substrate-binding protein	TTAGGTTAGGCATACCTAA	–216	24.2	+
			fatty acid and lipid metabolism				
29	*SAV2142*	*pgsA4*	putative phosphatidylglycerophosphate synthase	TTATCCGAGCGTTACCGAA	–167	8.4	–
30	*SAV5026*	*fadE1*	putative acyl-CoA dehydrogenase	TAAAATTTGGGTTACTTAA	–51	8.5	–
31	*SAV5278*	*accD1*	putative acetyl/propionyl CoA carboxylase	TCAGGTTAACGACCGCTAA	–74	7.4	–
32	*SAV7256*	*tgs*	putative triacylglycerol synthase	TTAACTGAGCGTAGCTTGA	–89	8.2	–
			unknown or unclassified proteins				
33	*SAV142*		putative dehydrogenase	ATCGGTTTCACTACCGTAA	–45	8.4	–
34	*SAV1037*	*Zmp1*	putative griselysin	TTAGCTATTGCTTGCTGGA	–153	8	–
35	*SAV2110*		hypothetical protein	TCCGGTATGTCGAACCTTA	–236	7.9	–
36	*SAV2429*		hypothetical protein	TCAGGTTAGGCTCACCTCT	–19	12.7	+
37	*SAV4171-4168*	*pacB2-4168*	putative penicillin acylase; acetyltransferase; hypothetical protein; dehydrogenase	TCAGGTTAGGCTAACCTAA	–37	22.9	+
38	*SAV4172*		hypothetical protein	TCAGGTTAGGCTAACCTAA	–205	22.9	+

To clarify the role of IdeR in iron metabolism in *S. avermitilis*, we used qRT-PCR to measure transcription levels of predicted IdeR targets involved in iron metabolism. RNAs were prepared from WT and DideR cultured on SFM with or without supplemental Fe^{2+} (1,600 μmol/L) for 2 and 6 days. The iron metabolism genes with putative iron boxes in promoter regions, and their encoded products (in parentheses), were: *avsABCD* (putative siderophore synthetase), *bfrA* (putative bacterioferritin), *bfd* (putative bacterioferritin-associated ferredoxin), *fepDGC2* (putative Fe^{3+}-siderophore uptake system), *fhuF2* and *SAV2074* (putative ferric iron reductase), *hemH*(putative ferrochelatase involved in heme biosynthesis),*hmuO* (putative heme oxygenase), *sidDCBA* (enzymes for siderophore biosynthesis), *sidFE* (Fe^{3+}/siderophore uptake ABC transporter substrate-binding protein), *SAV5926-5923* (putative lipoprotein and deferrochelatase), *SAV6324-6331* (putative ArsR-family transcriptional regulator and Fe-S cluster assembly), *SAV6713* (putative siderophore-interacting protein), and *SAV7428* (putative heme-iron utilization family). Expression of targets related to iron acquisition (siderophore biosynthesis: *avsABCD*, *sidDCBA*; siderophore transport: *fepDGC2*, *sidFE*, *SAV6713*; ferric iron reduction: *fhuF2*, *SAV2074*), *bfr*-associated ferredoxin (*bfd*), Fe-S cluster assembly (*SAV6324-6331*), and heme metabolism (*hemH*,*hmuO*, *SAV5926-5925*, *SAV7428*) were notably upregulated in DideR under both low- and high-iron conditions (Fig. 3), consistent with intracellular iron levels, indicating that IdeR represses expression of these targets. Transcription levels of most of the above targets (*avsABCD*, *fepDGC2*, *sidDCBA*, *sidFE*, *SAV2074*, *SAV5926-5923*, *SAV6713*) were greater in low-iron condition than in high-iron condition, indicating that iron acquisition targets are induced by low iron level. Expression level of iron storage gene *bfrA* in WT and DideR under both conditions was very low on day 2, and increased greatly on day 6 in WT but not in DideR (Fig. 3), indicating that *bfrA* is positively regulated by IdeR, and is highly expressed in stationary growth phase.

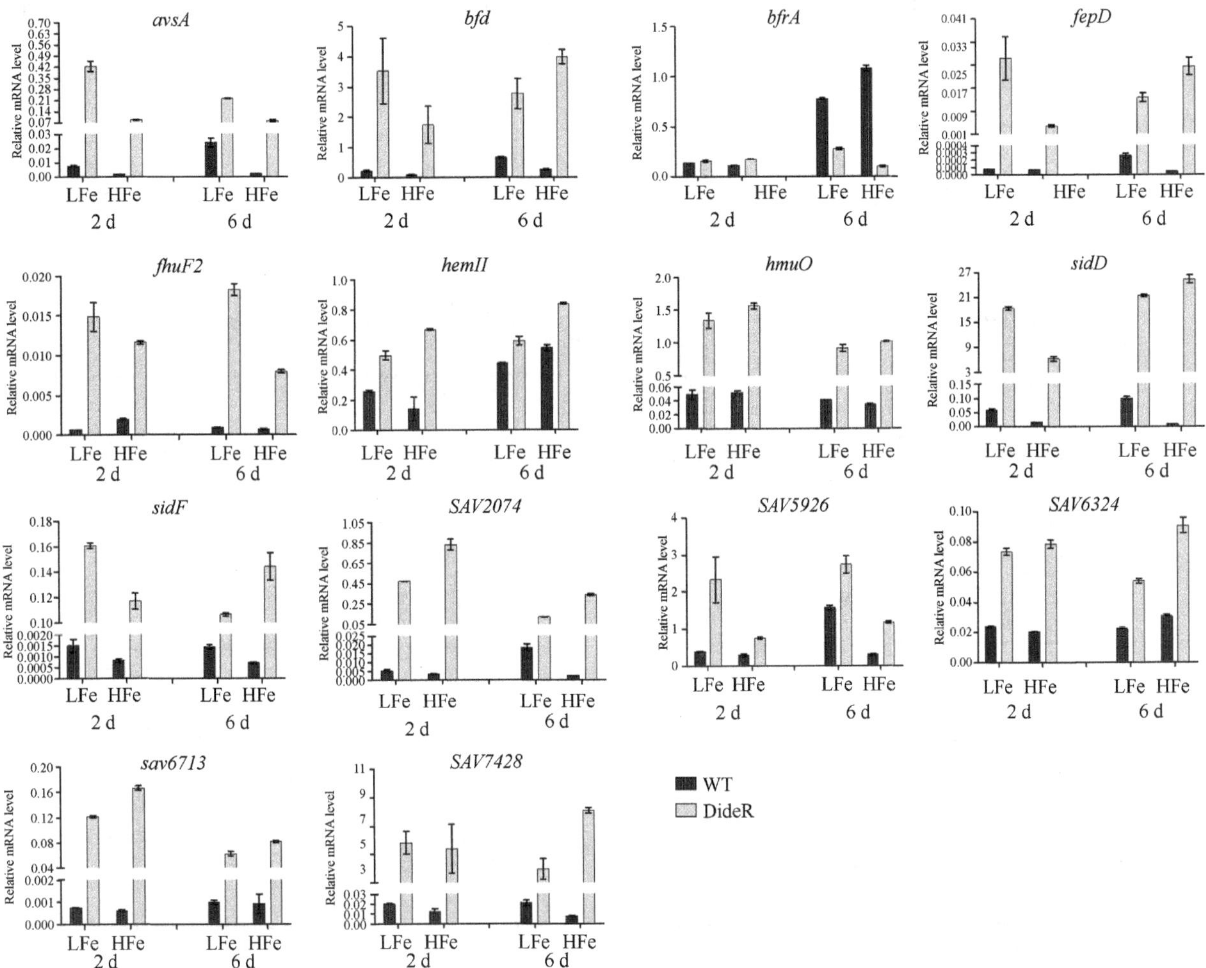

Fig. 3　qRT-PCR analysis of putative IdeR targets involved in iron metabolism in DideR and WT

RNAs were prepared from cells grown on SFM with or without supplemental Fe^{2+} (1,600 μmol/L) for 2 and 6 days. Measurements were normalized to expression of *hrdB* (*SAV2444*). Error bars: SD of three replicates

To determine whether the above genes or operons are direct targets of IdeR, we performed electrophoretic mobility shift assays (EMSAs) using a soluble His_6-IdeR protein purified from *E. coli* (Fig. S3), and promoter regions of the genes. apo-DtxR is inactive, while DtxR can be activated *in vitro* by other divalent transition metal ions (Ni^{2+}, Co^{2+}, Mn^{2+}) in addition to Fe^{2+} (Tao and Murphy, 1992; Spiering *et al.*, 2003). We therefore added 40 μmol/L Fe^{2+} or Ni^{2+} to the EMSA mixture to activate IdeR protein. IdeR bound to the *sidFE* promoter region in the presence of Ni^{2+}, but not in the presence of Fe^{2+} or in the absence of divalent metal ions (Fig. S4A), indicating that apo-IdeR has no DNA-binding ability. Because IdeR was not activated by Fe^{2+}, we presumed that Fe^{2+} is unstable in EMSA mixture (pH 8.0), and easily oxidized to ferric (Fe^{3+}) form. Accordingly, we added stable Ni^{2+} ion (40 μmol/L) to all EMSA mixtures. Binding specificity was confirmed by the observed lack of IdeR binding to promoter region of *ideR* that contained no iron box sequence (Fig. S4A), indicating that IdeR does not directly regulate itself. To rule out the possibility that the His tag binds to Ni^{2+} to change the binding activity of IdeR, we purified a soluble GST-IdeR protein and performed EMSA under the same condition (Fig. S4B). GST-IdeR had similar binding activity as His_6-IdeR, indicating that IdeR directly binds to Ni^{2+} to exert DNA binding activity *in vitro*. IdeR bound to promoter regions of *bfrA*, *bfd*, *fepDGC2*, *hmuO*, *sidDCBA*, *sidFE*, *SAV5926*, *SAV6324*, *SAV6713*, and *SAV7428*, and to intergenic bidirectional promoter regions of *SAV2074-SAV2073*, *hemH-SAV2408*, and *fhuF-avsABCD*, indicating that these genes or operons are under direct control of IdeR (Fig. 4). We conclude from the above findings that IdeR in *S. avermitilis* represses putative iron acquisition targets, but activates iron storage gene *bfrA*.

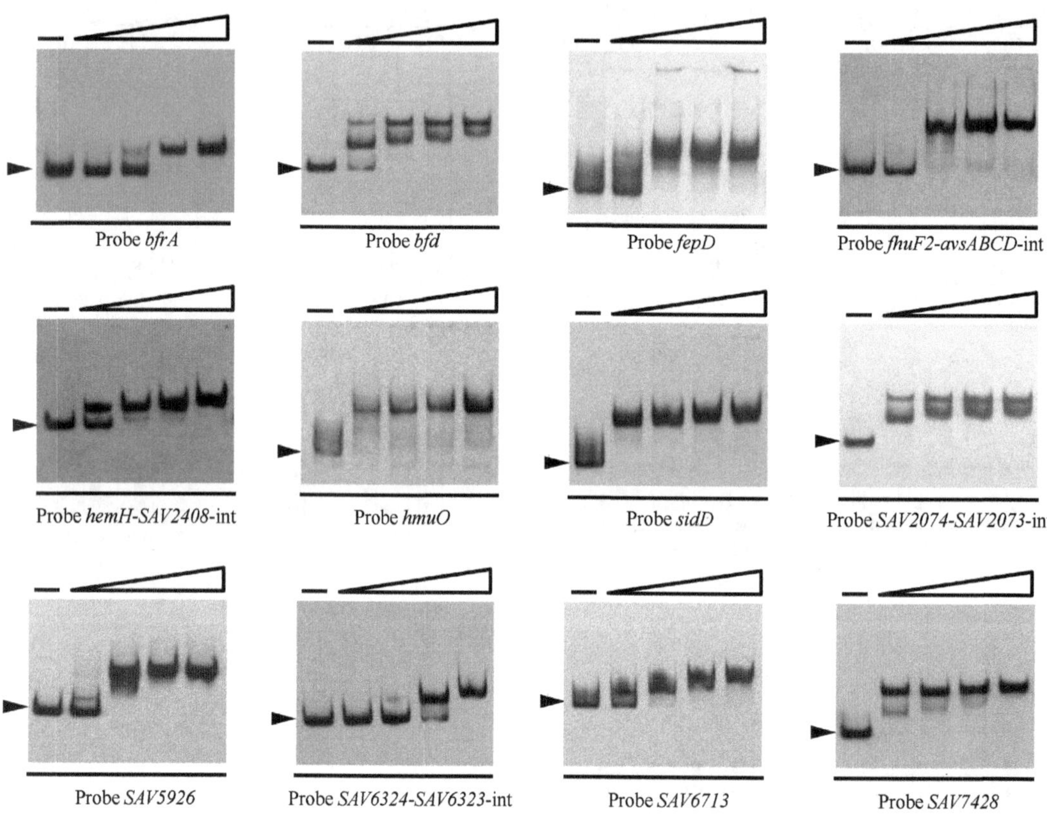

Fig.4 Binding of His_6-IdeR to promoter regions of putative IdeR targets involved in iron metabolism by EMSA
Each lane contained 0.15 nmol/L labeled probe. Concentrations of His_6-IdeR for probes: 25 ng, 50 ng, 75 ng, 100 ng. Arrow: free probe

2.4 Determination of precise IdeR-binding sites

To determine precise IdeR-binding sites, and clarify the mechanism whereby IdeR acts on its iron-metabolism target promoters, we performed DNase I footprinting using 5′-end fluorescein-labeled promoter regions of *sidDCBA*, *sidFE*, and *bfrA*. Transcriptional start sites (TSSs) of these targets were identified by 5′ rapid amplification of cDNA ends (5′-RACE). A protected region was found in the *sidDCBA* promoter region in the presence of 0.5 μmol/L or 1 μmol/L His_6-IdeR. The region extends 30 nt, from positions –22 to +8 relative to *sidDCBA* TSS (Fig. 5a). A typical iron box (5′-TTAGGTTAGGCTAGCCTAA-3′) was found in the protected region, located between –35 and –10 region and encompassing the –10 region. The protected region on the *sidFE* coding strand extends from positions –28 to +6 relative to *sidFE* TSS, revealing an iron box (5′-TGAGGTTA GGCTAACCTAC-3′) that overlaps the putative –10 region (Fig. 5b). These findings suggest that IdeR represses *sidDCBA* and *sidFE* transcription by blocking access of RNA polymerase to the transcription initiation promoters. A 29 nt protected region including an iron box (5′-TAAGCGTGTAC TTACTGGA-3′) was found on the *bfrA* coding strand, extending from positions –57 to –28 relative to *bfrA* TSS (Fig. 5c). IdeR may therefore activate *bfrA* transcription by enhancing RNA polymerase binding to the promoter region.

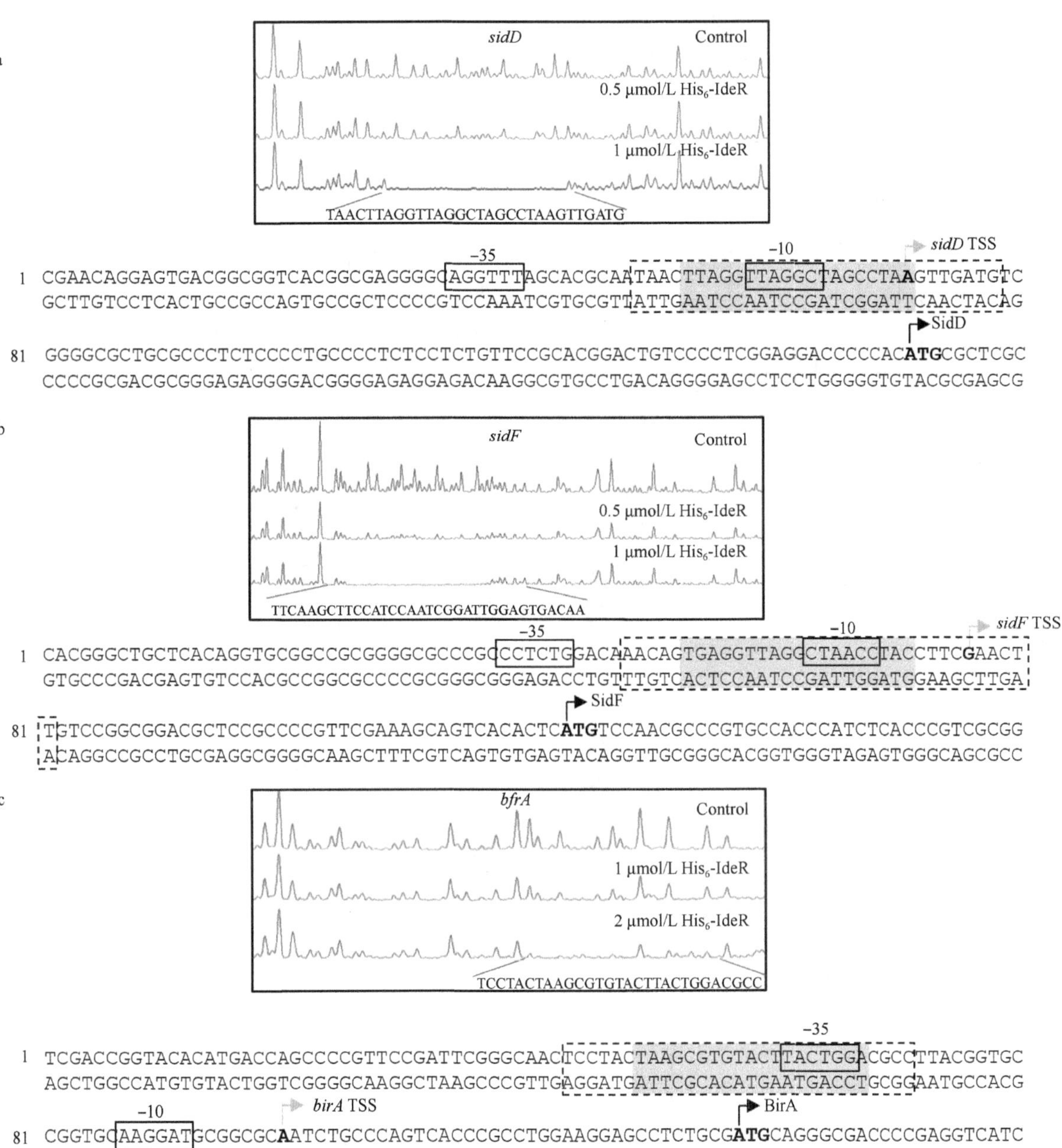

Fig. 5　Determination of IdeR binding sites on promoter regions of *sidD* (a), *sidF* (b), and *bfrA* (c) by DNase I footprinting assay

Upper fluorograms: control reaction. Protection fluorograms were obtained with increasing amounts of His$_6$-IdeR. Nucleotide sequences of *sidD*, *sidF*, and *bfrA* promoter regions are shown below fluorograms. Solid-line boxes: presumed –35 and –10 elements of promoters. Dotted-line boxes: sequences protected from DNase I digestion. Shaded boxes: IdeR boxes. Gray bent arrows with boldface letters: TSS. Black bent arrows with boldface letters: translational start codon

2.5 IdeR positively regulates avermectin production and negatively regulates oligomycin production

To assess the role of IdeR in *S. avermitilis* secondary metabolism, we used HPLC analysis to measure avermectin and oligomycin production. The three strains were shake-flask cultured in FM-I for 10 days. Avermectin yield of DideR was only ~10% that of WT, whereas oligomycin yield was ~3.7-fold higher. Yields of both compounds in complemented strain CideR were similar to those in WT (Fig. 6a). Thus, IdeR apparently promotes avermectin production and inhibits oligomycin production.

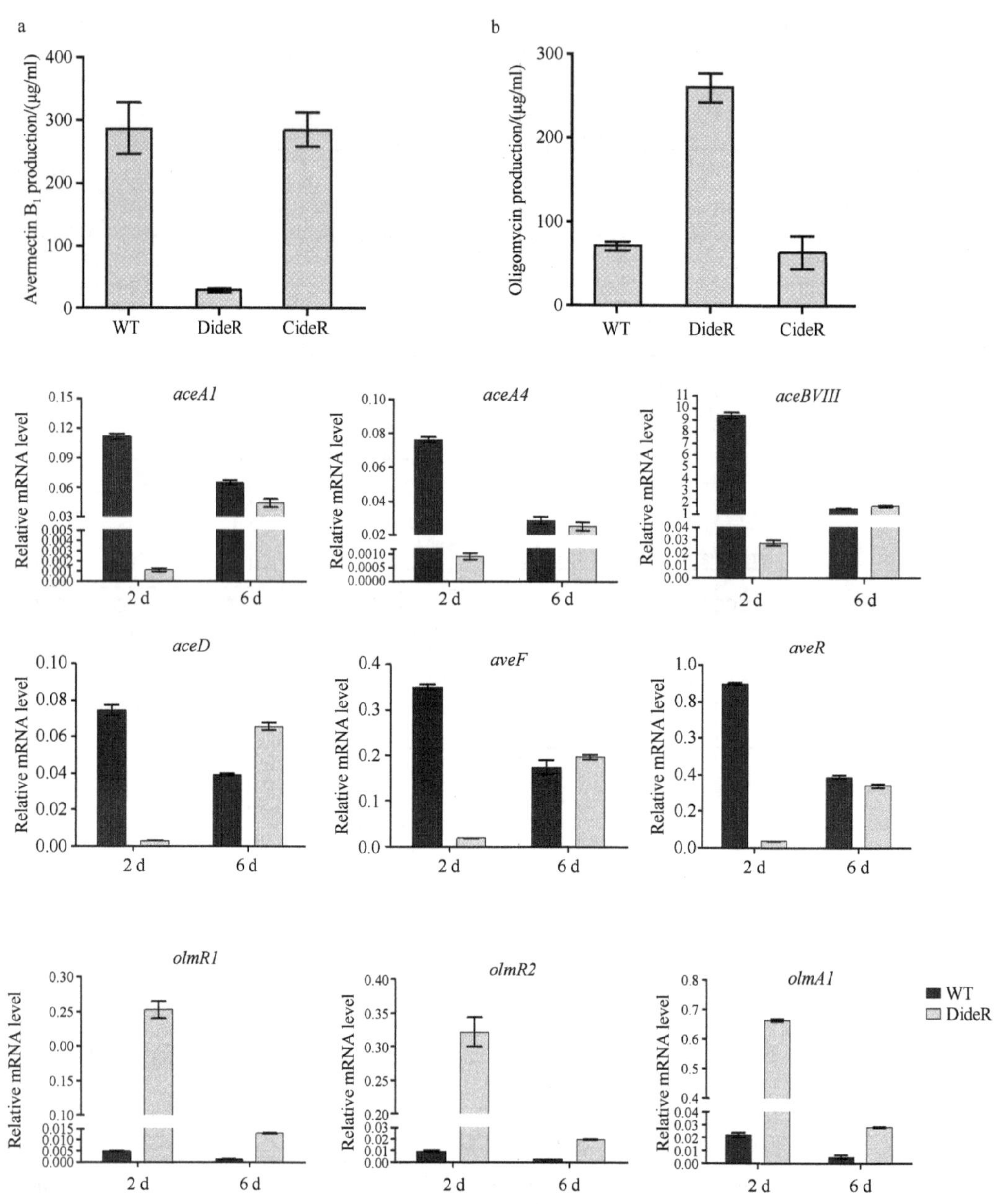

Fig. 6 Effects of *ideR* deletion on avermectin and oligomycin production

a. Avermectin and oligomycin production in WT, DideR, and CideR. Values are mean±SD from three replicate flasks grown in FM-I. b. qRT-PCR analysis of transcription levels of avermectin and oligomycin biosynthetic genes in DideR and WT. RNAs were prepared from cells grown in FM-I for 2 and 6 days. Measurements were normalized to expression of*hrdB* (*SAV2444*). Values are mean±SD from three replicates

To clarify mechanisms of avermectin underproduction and oligomycin overproduction, we performed qRT-PCR analysis using RNAs extracted from WT and DideR cultured in FM-I at days 2 and 6. Transcription levels of pathway-specific regulatory gene *aveR* and avermectin biosynthetic structural genes *aveA1*, *aveA4*, *aveB VIII*, *aveD*, and *aveF* in DideR were reduced on day 2 (Fig. 6b), consistent with the reduced avermectin production. Transcription levels of these genes did not differ significantly between DideR and WT on day 6. In contrast, transcription levels in DideR of pathway-specific regulatory genes *olmRI* and *olmRII*, and structural gene *olmA1*, were increased on both days, consistent with the increased oligomycin production (Fig. 6b). In EMSAs, IdeR showed no binding to promoter regions of *aveR*, other *ave* structural genes, *olmRI*, or *olmRII*, but did bind to *olmA1* promoter region (Fig. S5). These findings suggest that IdeR regulates oligomycin production by repressing *olmA1* transcription. On the other hand, the effect of IdeR on avermectin production is indirect, perhaps through the competition of metabolic flux with oligomycin production.

2.6 Identification of other IdeR-regulated genes

Besides genes involved in iron metabolism, predicted IdeR target genes in *S. avermitilis* included ones involved in functional regulation, secondary metabolism, TCA cycle, carbohydrate metabolism, and other biological processes (Table 1). Fourteen iron metabolism genes or operons, and *olmA1*, have been confirmed as IdeR targets. We performed EMSAs of 16 probes (of which 5 are bidirectional promoters) to verify other putative targets listed in Table 1. Of these probes, 7 bound to IdeR (Fig. 7a). Newly identified IdeR target genes and their encoded products (in parentheses) were: *acnA* (putative aconitase), *whiG* (RNA polymerase sigma factor), *oppA8B8C8F8* (putative peptide ABC transporter), *SAV5618-5614* (putative oxygenase, ornithine cyclodeaminase, amino acid decarboxylase, and cysteine synthase; shares bidirectional promoter with *oppA8B8C8F8*), *pacB2-SAV4168* (putative penicillin acylase, acetyltransferase, and dehydrogenase), *SAV4172* (hypothetical protein; shares bidirectional promoter with *pacB2-SAV4168*), *SAV428* (putative cyclase/dehydrase), *SAV2429* (hypothetical protein), and *SAV5252* (putative sugar hydrolase). IdeR did not bind to promoter regions of *gnd3*, *pgsA4*, *sig8*, *tgs*, *zmp1*, or *SAV142*, nor to bidirectional promoter regions of *udgA-fadE1*, *SAV2109-2110*, or *SAV5279-accD1* (Fig. S6).

Among the IdeR-binding probes involved in iron metabolism, *SAV2073* (GntR-family regulator) shares a bidirectional promoter region with *SAV2074*, and *SAV2408* (putative transmembrane efflux protein) shares a bidirectional promoter region with *hemH*. We therefore measured transcription levels of *SAV2073*, *SAV2408*, and identified targets as above by qRT-PCR, using the same RNA as in Fig. 3. Expression of all genes except *acnA* and *whiG* was increased in DideR on day 6 under both low- and high-iron conditions, indicating that IdeR acts as a repressor of these targets and as an activator of *acnA* and *whiG* (Fig. 7b). For WT, transcription levels of most of the targets were lower under high-iron than low-iron condition, indicating that these targets are repressed by high-iron mediated by IdeR.

2.7 IdeR is involved in oxidative stress response

When Fe^{2+} interacts with H_2O_2, hydroxyl radicals (reactive oxygen species) are generated *via* Fenton reaction (Imlay, 2008). Elevated intracellular iron levels resulting from *ideR* deletion in *S. avermitilis* may enhance Fenton reaction. We evaluated sensitivity of DideR to H_2O_2 (1 mmol/L and 1.5 mmol/L) on YMS medium. H_2O_2 sensitivity of DideR was significantly greater than that of WT, whereas that of CideR was similar to that of WT (Fig. 8). Iron homeostasis therefore plays a key role in oxidative stress response.

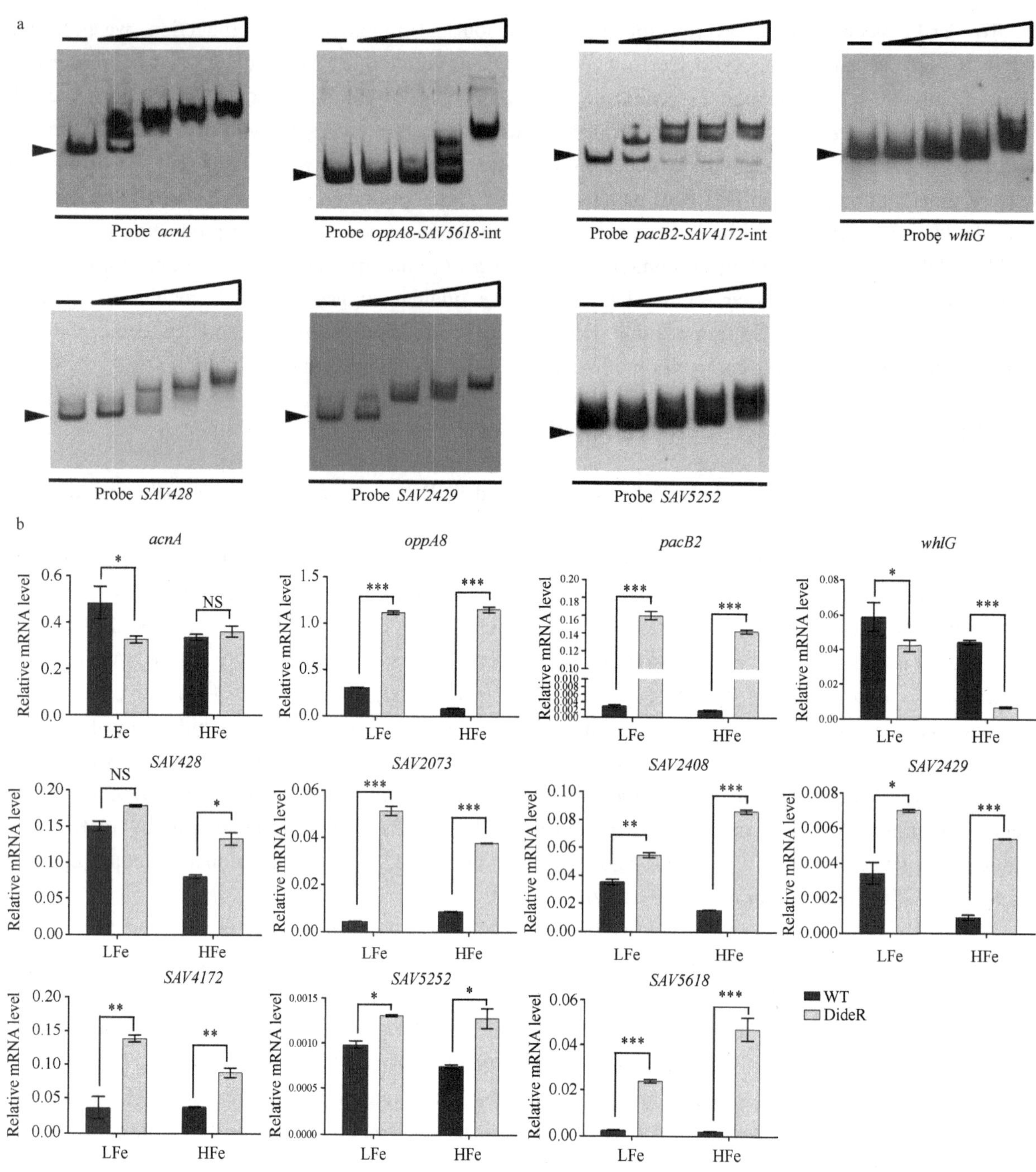

Fig. 7 Confirmation of other IdeR target genes

a. EMSAs of His_6-IdeRwith promoter regions of predicted target genes. EMSA conditions as described for Fig. 4. b. qRT-PCR analysis of transcription levels of putative IdeR targets in DideR and WT. RNAs as in Fig. 3. *, $P<0.05$; **, $P<0.01$; ***, $P<0.001$; NS, not significant

2.8 *ideR* transcription is positively regulated by OxyR

In Gram-negative bacteria, *fur* expression is under positive control of the H_2O_2-sensing transcriptional regulator OxyR (Cornelis *et al.*, 2011). We examined the role of OxyR in *ideR* expression in *S. avermitilis*. We showed previously (Liu *et al.*, 2016) that OxyR functions as an activator to regulate expression of oxidative stress response genes in this species. OxyR bound specifically to *ideR* promoter region, in EMSA (Fig. 9a).

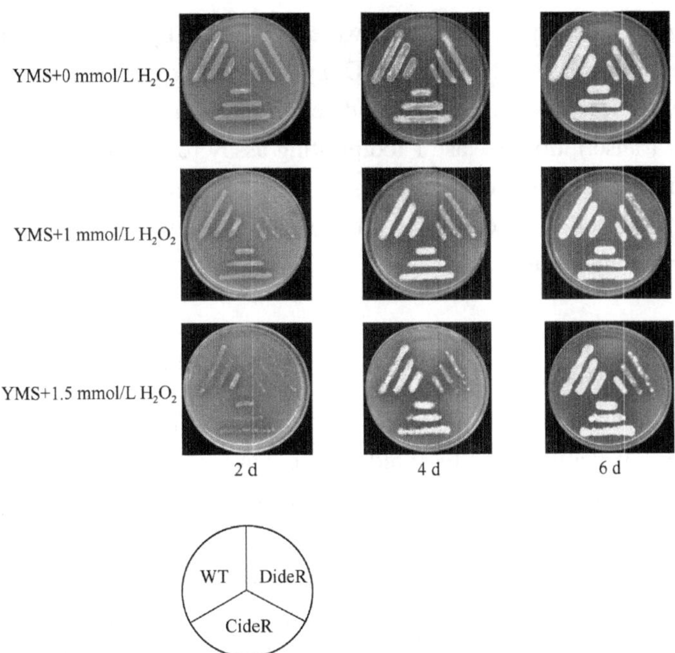

Fig. 8　Phenotype of *S. avermitilis* wild-type and *ideR* related mutant strains under H_2O_2 treatment Growth of the indicated strains on YMS medium with or without supplemental H_2O_2 (0, 1 mmol/L, 1.5 mmol/L) for 2, 4 and 6 days. WT, wild-type ATCC 31267. DideR, *ideR*-deletion mutant. CideR, complementation strain of DideR

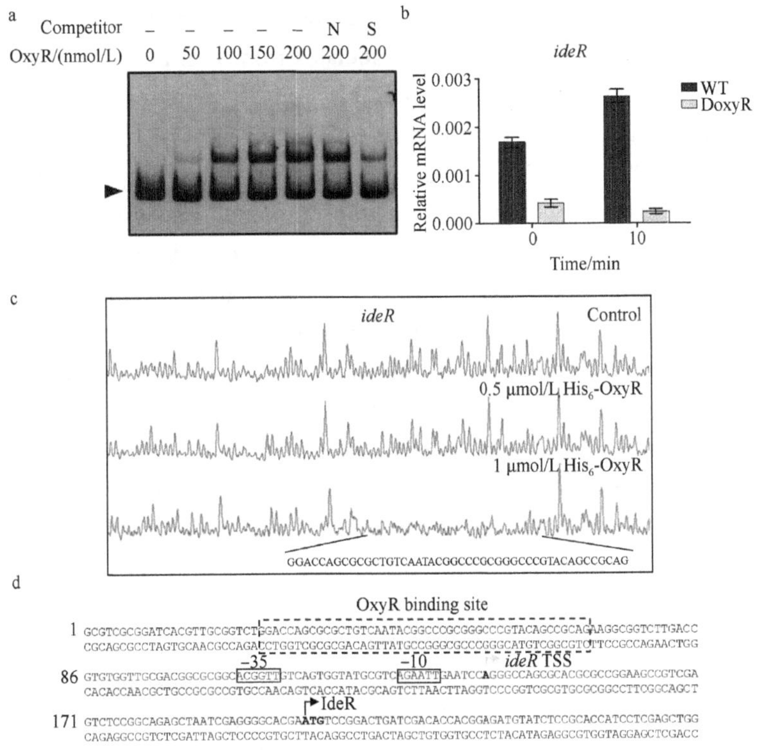

Fig. 9　OxyR directly activates transcription of *ideR*

a. EMSAs of His_6-OxyR binding to *ideR* promoter region. For specific (lane S) or nonspecific (lane N) competition assays, a 300-fold excess of unlabeled competitor DNA was used. b. qRT-PCR analysis of *ideR* transcription levels in WT and DoxyR under H_2O_2 treatment. RNAs were isolated from WT and DoxyR grown in YEME for 42 h with added 1 mmol/L H_2O_2. c. Determination of His_6-OxyR binding sites on *ideR* promoter region by DNase I footprinting assay. d. Nucleotide sequences of *ideR* promoter region and OxyR binding site. Notations as in Fig. 5

Expression levels of *ideR* under H_2O_2 treatment were compared by qRT-PCR in DoxyR *vs.* WT. H_2O_2 enhanced *ideR* transcription level in WT but not in DoxyR, and *ideR* expression levels with or without H_2O_2 treatment were significantly lower in DoxyR (*oxyR*-deletion mutant) than in WT (Fig. 9b). Therefore, OxyR positively regulates *ideR* transcription. DNase I footprinting assay revealed a 46 nt region protected by OxyR on the *ideR* coding strand, extending from positions –117 to –71 relative to the *ideR* TSS (Fig. 9c, d). The above findings indicate that IdeR is essential for effective response to oxidative stress because of its crucial role in maintenance of iron homeostasis.

3. Discussion

Streptomyces species must be able to precisely control intracellular iron levels, in order to adapt to soil habitats with varying iron availability, and to avoid iron toxicity. The present findings demonstrate that IdeR acts as a pleiotropic regulator that controls iron homeostasis, and also helps control morphological differentiation, primary metabolism, secondary metabolism, oxidative stress responses, and other biological processes. On the basis of these findings, we propose a model of IdeR-mediated regulatory network in *S. avermitilis* (Fig. 10), involving the following series of steps. In the presence of sufficient iron concentration, hydroxyl radicals are generated *via* Fenton reaction, resulting in oxidative stress. Oxidized OxyR directly activates *ideR* expression. IdeR binds to Fe^{2+} ions and becomes activated. Fe^{2+}-IdeR complex binds to iron boxes in promoter regions of target genes, thereby repressing transcription of siderophore biosynthesis and transport genes to reduce iron uptake, and activating expression of iron storage gene *bfrA* to reduce intracellular free Fe^{2+} concentration. When iron concentration is insufficient, Fe^{2+} ions dissociate from Fe^{2+}-IdeR complex. IdeR becomes inactivated and dissociates from iron boxes in promoter regions, and iron utilization genes are activated by derepression. IdeR also directly controls other genes involved in iron metabolism, including genes related to Fe-S cluster assembly (*SAV6324-6331*) and heme metabolism (*hemH, hmuO, SAV5926-5925, SAV7428*). *SAV6324* encodes an ArsR-family transcriptional regulator homologous to cyanobacterial Fe-S cluster assembly gene cluster transcriptional repressor SufR (Shen *et al.*, 2007). *SAV6325-6331* is in the same transcriptional unit as *SAV6324*, and encodes a putative Fe-S assembly system. Fe-S cluster assembly in *Streptomyces* is thus regulated by iron availability mediated by IdeR.

IdeR controls sporulation in *S. avermitilis* by directly activating *whiG* expression. In *S. coelicolor* A3(2), aerial hyphae of a *whiG*-deletion mutant did not form spores, and an excess of σ^{whiG} resulted in hyper-sporulation (Mendez and Chater, 1987; Kelemen *et al.*, 1996). In the present study, IdeR deficiency (strain DideR) greatly reduced *whiG* expression, leading to poor sporulation. Competition for iron *via* siderophore "piracy" may alter morphological differentiation in actinomycetes (Traxler *et al.*, 2012). In *S. coelicolor*, disruption of siderophore (desferrioxamine E) biosynthesis gene cluster (*desABCD*) led to impaired growth and development, and this effect was reversed by exogenous addition of desferrioxamine E (Yamanaka *et al.*, 2005). When *Streptomyces* were under iron starvation condition, aerial hyphae formation was delayed and expression of developmental genes was altered (Locatelli *et al.*, 2016). Thus, siderophores and intracellular iron levels clearly play important roles in *Streptomyces* morphological differentiation. In *S. coelicolor*, the expression of *desABCD* operon is induced under conditions of iron deprivation and mediated by DtxR-family regulator DmdR1, the homolog of *S. avermitilis* IdeR (Tunca *et al.*, 2007). The homolog of *desABCD* in *S. avermitilis* is *sidDCBA*, which is under direct, negative control of IdeR. Aerial hyphae formation in DideR was notably delayed or impaired, particularly on media with supplemental iron, suggesting that morphological differentiation is impaired by an excess of siderophores or iron. IdeR evidently controls morphological differentiation by regulating *whiG* expression and siderophore production. Positive control of *whiG* expression in *Streptomyces* by IdeR may promote spore production, thus enhancing resistance to oxidative stress.

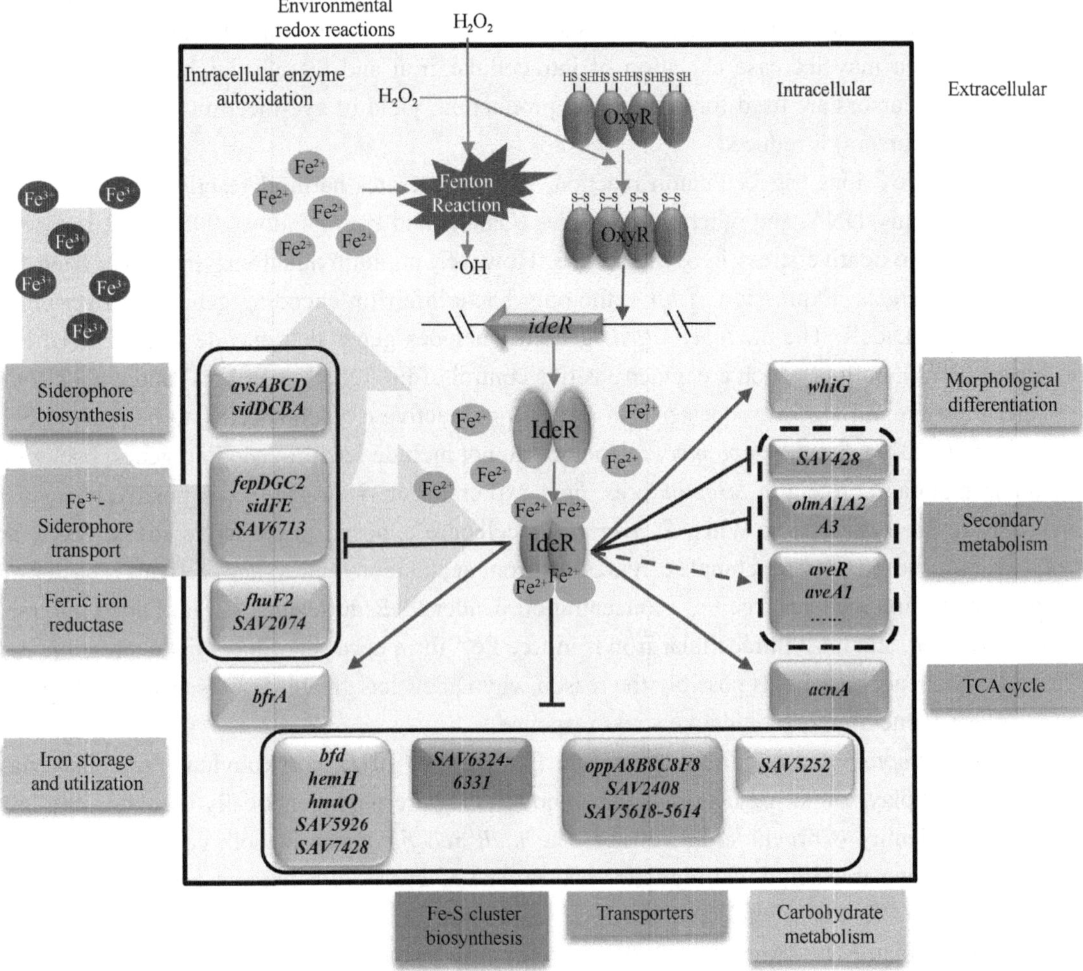

Fig. 10 Proposed model of IdeR-mediated regulatory network of iron metabolism and related processes in *S. avermitilis* (Color figure in the two-dimensional code at the back cover)

Solid lines: direct control. Dashed lines: indirect control. Red arrows: activation. Black bars: repression

The significant increase of oligomycin production and significant decrease of avermectin production in DideR are noteworthy. In *S. coelicolor*, the antiparallel gene of *dmdR1* (*adm*) plays an important role in control of secondary metabolism (Tunca *et al.*, 2009). Both *ideR* and *adm* genes were inactivated in DideR, and avermectin production in DideR was restored by complementation with the *ideR*/*adm* genes, but not by the *adm* gene alone, indicating that avermectin production is not regulated by Adm. Many reports have demonstrated relationships between iron level and secondary metabolism. In *S. hygroscopicus*, rapamycin production was enhanced by high iron levels (Gesheva *et al.*, 2005). In *S. coelicolor*, secondary metabolite production was impaired by iron deficiency (Tierrafria and Ramos-Aboites, 2011; Traxler *et al.*, 2012; Locatelli *et al.*, 2016). The molecular mechanisms underlying such regulatory effects of iron level remain unclear. In the present study, *olmAI* expression in *S. avermitilis* was directly, negatively regulated by metalloregulatory protein IdeR, indicating a direct effect of IdeR on secondary metabolism. Han *et al.* (2016) found that cytochrome P450 enzyme CYP107W1 in *S. avermitilis* hydroxylated C12 of oligomycin C to produce oligomycin A, *via* the catalytic center of the heme group. Thus, the elevated iron concentration in DideR may stimulate oligomycin biosynthesis. Tetracyclines and actinorhodin having structures in which ketone and hydroxyl groups are close together may behave as iron chelators (Coisne *et al.*, 1999; Locatelli *et al.*, 2016). Oligomycin has a similar structure, and may also act as an iron chelator *in vivo*. Enhanced oligomycin production may increase chelation of intracellular iron and thereby inhibit Fenton reaction. As more energy and precursors are used for oligomycin production, yield of avermectin (another polyketide that utilizes the same precursors) is reduced.

Excessive free Fe^{2+} ions trigger Fenton reaction, which generates harmful reactive oxygen species that rapidly damage proteins, DNA, and other biomolecules (Galaris and Pantopoulos, 2008). IdeR is essential for effective response to oxidative stress in *S. avermitilis*. However, no antioxidant enzymes have been found in the identified IdeR targets. Expression of *bfrA*, the only bacterioferritin-encoding gene in *S. avermitilis*, was greatly decreased in DideR. The *M. tuberculosis* genome includes genes that encode a ferritin (BfrB) and a bacterioferritin (BfrA), both of which are under positive control of Fe^{2+}-IdeR complex (Pandey and Rodriguez, 2014). Bacterioferritin and ferritin sequester iron away from reactive oxygen species, to help avoid oxidative stress (Khare *et al.*, 2017). Since *Streptomyces* genomes do not include ferritin-encoding genes, bacterioferritin is the major iron-storage protein in *Streptomyces*. *bfrA* expression in *S. avermitilis* is positively regulated by IdeR, similarly to *M. tuberculosis*. When *S. avermitilis* cells are exposed to oxidative stress, OxyR activate *sideR* expression, and Fe^{2+}-IdeR complex represses iron acquisition genes and activates bacterioferritin expression to reduce intracellular free Fe^{2+} concentration. Under IdeR deficiency (strain DideR), intracellular iron level is increased, and most intracellular iron is in free Fe^{2+} form because of low *bfrA* expression, resulting in increased Fenton reaction. That is possibly the reason why DideR has greater H_2O_2 sensitivity than WT. Iron storage thus plays a crucial role in oxidative stress response.

The IdeR of *Streptomyces* (Actinobacteria) and Fur proteins of *E. coli* (phylum Proteobacteria) have similar regulons and play similar regulatory roles, although they are phylogenetically unrelated and have low primary sequence identity (Cornelis *et al.*, 2011). The *ideR* and *fur* genes in both cases are under positive control of H_2O_2-sensing transcriptional regulator OxyR. The *S. avermitilis* genome encodes two Fur family regulators, FurA (*SAV4029*) and FurB (*SAV5631*). The homologs in *S. coelicolor* have been characterized as nickel-responsive regulator Nur (Ahn *et al.*, 2006) and zinc-responsive regulator Zur (Choi *et al.*, 2017), which regulate nickel homeostasis and zinc homeostasis (respectively), but not iron homeostasis. IdeR is therefore the major iron-response regulator in *Streptomyces*.

In conclusion: we characterized the regulatory role of IdeR in *S. avermitilis*, and clarified the responses of the bacteria to extracellular iron level. IdeR acts as a global regulator coordinating iron homeostasis, morphological differentiation, central metabolism, secondary metabolism, and oxidative stress responses.

4. Materials and Methods

4.1 Bacterial strains and growth conditions

Strains and plasmids used in this study are listed in Table 2. *S. avermitilis* wild-type strain ATCC 31267 (WT) is a well-documented avermectin producer. Culture conditions for sporulation, mycelial growth, and protoplast regeneration of *S. avermitilis* strains were as described previously (Macneil and Klapko, 1987). YMS (yeast extract-malt extract-soluble starch medium), MM (minimal medium), and SFM (soya flour-mannitol medium) media with and without supplemental Fe^{2+} were used for phenotype observation

(Yang *et al.*, 2015). For phenotypic observation, ~10^4 fresh spores of *S. avermitilis* were streaked on the plates. Seed medium and fermentation medium FM-I were used for avermectin production, and soluble medium FM-II was used for growth analysis and iron content analysis (Jiang *et al.*, 2011). *E. coli* JM109 and BL21 (DE3) were used for plasmid construction and protein expression.

Table 2　Strains and plasmids used in this study

Strain or plasmid	Description	Source
Strains		
S. avermitilis		
ATCC 31267	WT strain	laboratory stock
DideR	*ideR*-deletion mutant	this study
CideR	complemented strain of DideR	this study
DoxyR	*oxyR*-deletion mutant	Liu *et al.*, 2016
E. coli		
JM109	general cloning host	laboratory stock
BL21 (DE3)	host for protein overexpression	Novagen
Plasmids		
pKC1139	multiple-copy, temperature-sensitive *E. coli-Streptomyces* shuttle vector	Bierman *et al.*, 1992
pSET152	integrative *E. coli-Streptomyces* shuttle vector	Bierman *et al.*, 1992
pET-28a (+)	vector for His_6-tagged protein overexpression in *E. coli*	Novagen
pGEX-4T-1	vector for GST-tagged protein overexpression in *E. coli*	GE Healthcare
pKCDideR	*ideR*-deletion vector based on pKC1139	this study
pSET152-ideR	*ideR*-complemented vector based on pSET152	this study
pET28-IdeR	*ideR*-overexpressing vector based on pET-28a (+)	this study
pGEX-IdeR	*ideR*-overexpressing vector based on pGEX-4T-1	this study
pET28-OxyR	*oxyR*-overexpressing vector based on pET-28a (+)	Liu *et al.*, 2016

4.2　Gene deletion and gene complementation

For construction of *ideR* (*SAV3855*) deletion mutant, a 330 bp fragment upstream and a 422 bp fragment downstream of *ideR* were amplified by PCR. Primers used in this study are listed in Table S1. The two PCR fragments were cloned into pKC1139 (Bierman *et al.*, 1992) to generate *ideR*-deletion vector pKCDideR, which was transformed into WT. Double-crossover recombinant strains were selected as described previously (Yang *et al.*, 2015). Putative *ideR* deletion mutants were confirmed by PCR analysis using primers ideR-V1 and ideR-V2 (located outside homologous recombination regions) in combination with other primers (Fig. S1A). A 1.35 kb band was present in an *ideR* deletion mutant termed DideR, whereas a 2.04 kb band was detected in WT with ideR-V1 and ideR-V2 (Fig. S1B), indicating that *ideR* gene was completely deleted in the mutant. For complementation of *ideR*, a DNA fragment (1.17 kb) containing *ideR* ORF and its promoter was amplified by PCR from total DNA of WT with primers ideR-C-Fw and ideR-C-Rev. The PCR product was digested with *Eco*R I/*Bam*H I and inserted into pSET152 to generate vector pSET152-ideR, which was then introduced into DideR to obtain complemented strain.

4.3 Overexpression and purification of His_6-IdeR

The 693 bp *ideR* coding region was amplified by PCR using primers His-ideR-Fw and His-ideR-Rev. The obtained PCR fragment was cut with *Nde* I/*Bam*H I and ligated into pET-28a (+) to generate vector pET-ideR, which was then introduced into *E. coli* BL21 (DE3) for protein overexpression. His_6-IdeR was induced by 0.2 mmol/L IPTG at 37℃. Cells were collected, resuspended in lysis buffer (50 mmol/L NaH_2PO_4, 300 mmol/L NaCl, 10 mmol/L imidazole), and sonicated on ice. His_6-IdeR was purified from supernatant by Ni-NTA agarose chromatography (Bio-works; Sweden) according to the manufacturer's protocols. Purified protein was dialyzed and subjected to EMSAs and DNase I footprinting assays.

4.4 Determination of intracellular iron content

S. avermitilis WT and DideR were grown on FM-II for 2 and 6 days, harvested, and washed three times with 20 mmol/L Tris-HCl buffer containing 4 mmol/L EDTA (pH 7.4). Samples were dried at 60℃ to constant weight, dissolved in 1 ml nitric acid, and digested at 100℃ for 3 h. Intracellular iron content was determined using an atomic absorption spectrometer (Optima 5300DV, PerkinElmer; Waltham, MA).

4.5 Electrophoretic mobility shift assays

EMSAs were performed using a DIG Gel Shift kit (2nd Generation, Roche) as described previously (Liu *et al.*, 2013). DNA probes were amplified by PCR using primers listed in Table S1, and labeled at 3′ ends with digoxigenin-1-ddUTP. The reaction mixture (20 μl) contained DIG-labeled probes, 40 μmol/L Ni^{2+}, 1 μg poly [d(I-C)], and various quantities of His_6-IdeR. The mixture was incubated for 30 min at 25℃. Electrophoresis (5% *w*/*V* native polyacrylamide gel; 0.5×TB as running buffer) was performed to separate free and protein-bound DNAs. DNAs were transferred to positively charged nylon membranes, chemiluminescence detection was performed, and signals of retarded and unbound bands were recorded on X-ray film.

4.6 DNase I footprinting assays

A fluorescence labeling procedure was used for DNase I footprinting assays. DNA fragments were generated by PCR using FAM-labeled primers (Table S1). Labeled DNA fragments were purified from agarose gel, mixed with various concentrations of His_6-IdeR or His_6-OxyR, and incubated for 30 min at 25℃. The mixture was added with DNase I (0.016 U), incubated at 37℃ for 50 s, added with EDTA (final concentration 50 mmol/L) to stop reaction, and incubated at 80℃ for 10 min. DNA samples were purified, processed by 3730xl DNA Genetic Analyzer (Applied Biosystems), and data were analyzed using GeneMarker software program V2.2.0.

4.7 RNA extraction and quantitative real-time RT-PCR (qRT-PCR) analysis

Total RNAs were isolated using Trizol reagent (Tiangen, Beijing) from FM-I or SFM solid media with or without supplemental Fe^{2+} (1,600 μmol/L) at various times, as described previously (Yang *et al.*, 2015). Transcription levels of various genes were determined by qRT-PCR analysis using appropriate primers (Table S1), with *hrdB* (*SAV2444*) as internal control.

4.8 Fermentation and HPLC analysis of avermectin and oligomycin production

Fermentation of *S. avermitilis* strains and HPLC analysis of avermectin and oligomycin production in fermentation culture were performed as described previously (Luo *et al.*, 2014).

References

Ahn B E, Cha J, Lee E J, *et al.* 2006. Nur, a nickel-responsive regulator of the Fur family, regulates superoxide dismutases and nickel transport in *Streptomyces coelicolor*. Mol Microbiol, 59(6): 1848-1858.

Ando M, Manabe Y C, Converse P J, *et al.* 2003. Characterization of the role of the divalent metal ion-dependent transcriptional repressor MntR in the virulence of *Staphylococcus aureus*. Infect Immun, 71(5): 2584-2590.

Andrews S C, Robinson A K, Rodriguez-Quinones F. 2003. Bacterial iron homeostasis. FEMS Microbiol Rev, 27(2-3): 215-237.

Baichoo N, Wang T, Ye R, *et al.* 2002. Global analysis of the *Bacillus subtilis* Fur regulon and the iron starvation stimulon. Mol Microbiol, 45(6): 1613-1629.

Bierman M, Logan R, Obrien K, *et al.* 1992. Plasmid cloning vectors for the conjugal transfer of DNA from *Escherichia coli* to *Streptomyces* spp. Gene, 116(1): 43-49.

Chen Z, Lewis K A, Shultzaberger R K, *et al.* 2007. Discovery of Fur binding site clusters in *Escherichia coli* by information theory models. Nucleic Acids Res, 35(20): 6762-6777.

Choi S H, Lee K L, Shin J H, *et al.* 2017. Zinc-dependent regulation of zinc import and export genes by Zur. Nat Commun, 8: 15812.

Coisne S, Bechet M, Blondeau R. 1999. Actinorhodin production by *Streptomyces coelicolor* A3(2) in iron-restricted media. Lett Appl Microbiol, 28(3): 199-202.

Cornelis P, Wei Q, Andrews S C, *et al.* 2011. Iron homeostasis and management of oxidative stress response in bacteria. Metallomics, 3(6): 540-549.

da Silva Neto J F, Braz V S, Italiani V C, *et al.* 2009. Fur controls iron homeostasis and oxidative stress defense in the oligotrophic alpha-proteobacterium *Caulobacter crescentus*. Nucleic Acids Res, 37(14): 4812-4825.

Delany I, Rappuoli R, Scarlato V. 2004. Fur functions as an activator and as a repressor of putative virulence genes in *Neisseria meningitidis*. Mol Microbiol, 52(4): 1081-1090.

Delany I, Spohn G, Rappuoli R, *et al.* 2001. The Fur repressor controls transcription of iron-activated and -repressed genes in *Helicobacter pylori*. Mol Microbiol, 42(5): 1297-1309.

Embree M, Qiu Y, Shieu W, *et al.* 2014. The iron stimulon and fur regulon of *Geobacter sulfurreducens* and their role in energy metabolism. Appl Environ Microbiol, 80(9): 2918-2927.

Flores F J, Barreiro C, Coque J J, *et al.* 2005. Functional analysis of two divalent metal-dependent regulatory genes *dmdR1* and *dmdR2* in *Streptomyces coelicolor* and proteome changes in deletion mutants. FEBS J, 272(3): 725-735.

Flores F J, Martin J F. 2004. Iron-regulatory proteins DmdR1 and DmdR2 of *Streptomyces coelicolor* form two different DNA-protein complexes with iron boxes. Biochem J, 380(Pt 2): 497-503.

Galaris D, Pantopoulos K. 2008. Oxidative stress and iron homeostasis: mechanistic and health aspects. Crit Rev Clin Lab Sci, 45(1): 1-23.

Gesheva V, Ivanova V, Gesheva R. 2005. Effects of nutrients on the production of AK-111-81 macrolide antibiotic by *Streptomyces hygroscopicus*. Microbiol Res, 160(3): 243-248.

Gilbreath J J, West A L, Pich O Q, *et al.* 2012. Fur activates expression of the 2-oxoglutarate oxidoreductase genes (*oorDABC*) in *Helicobacter pylori*. J Bacteriol, 194(23): 6490-6497.

Gold B, Rodriguez G M, Marras S A, *et al.* 2001. The *Mycobacterium tuberculosis* IdeR is a dual functional regulator that controls transcription of genes involved in iron acquisition, iron storage and survival in macrophages. Mol Microbiol, 42(3): 851-865.

Grifantini R, Sebastian S, Frigimelica E, *et al.* 2003. Identification of iron-activated and -repressed Fur-dependent genes by transcriptome analysis of *Neisseria meningitidis* group B. Proc Natl Acad Sci USA, 100(16): 9542-9547.

Gunter-Seeboth K, Schupp T. 1995. Cloning and sequence analysis of the *Corynebacterium diphtheria DtxR* homologue from *Streptomyces lividans* and *S. pilosus* encoding a putative iron repressor protein. Gene, 166(1): 117-119.

Guo J, Zhao J, Li L, *et al.* 2010. The pathway-specific regulator AveR from *Streptomyces avermitilis* positively regulates avermectin production while it negatively affects oligomycin biosynthesis. Mol Genet Genomics, 283(2): 123-133.

Han S, Pham T V, Kim J H, *et al.* 2016. Structural analysis of the *Streptomyces avermitilis* CYP107W1-oligomycin A complex and role of the tryptophan 178 residue. Mol Cells, 39(3): 211-216.

Hantke K. 2001. Iron and metal regulation in bacteria. Curr Opin Microbiol, 4(2): 172-177.

Huang X, Shin J H, Pinochet-Barros A, *et al.* 2017. *Bacillus subtilis* MntR coordinates the transcriptional regulation of manganese uptake and efflux systems. Mol Microbiol, 103(2): 253-268.

Imlay J A. 2008. Cellular defenses against superoxide and hydrogen peroxide. Annu Rev Biochem, 77: 755-776.

Jakubovics N S, Smith A W, Jenkinson H F. 2000. Expression of the virulence-related Sca (Mn^{2+}) permease in *Streptococcus gordonii* is regulated by a diphtheria toxin metallorepressor-like protein ScaR. Mol Microbiol, 38(1): 140-153.

Jiang L, Liu Y, Wang P, *et al.* 2011. Inactivation of the extracytoplasmic function sigma factor *Sig6* stimulates avermectin production in *Streptomyces avermitilis*. Biotechnol Lett, 33(10): 1955-1961.

Kelemen G H, Brown G L, Kormanec J, *et al.* 1996. The positions of the sigma-factor genes, *whiG* and *sigF*, in the hierarchy controlling the development of spore chains in the aerial hyphae of *Streptomyces coelicolor* A3(2). Mol Microbiol, 21(3): 593-603.

Khare G, Nangpal P, Tyagi A K. 2017. Differential roles of iron storage proteins in maintaining the iron homeostasis in *Mycobacterium tuberculosis*. PLoS One, 12(1): e0169545.

Kitani S, Ikeda H, Sakamoto T, *et al.* 2009. Characterization of a regulatory gene, *aveR*, for the biosynthesis of avermectin in *Streptomyces avermitilis*. Appl Microbiol Biotechnol, 82(6): 1089-1096.

Locatelli F M, Goo K S, Ulanova D. 2016. Effects of trace metal ions on secondary metabolism and the morphological development of *Streptomycetes*. Metallomics, 8(5): 469-480.

Liu X, Sun M, Cheng Y, *et al.* 2016. OxyR is a key regulator in response to oxidative stress in *Streptomyces avermitilis*. Microbiology, 162(4): 707-716.

Liu Y, Yan T, Jiang L, *et al.* 2013. Characterization of SAV7471, a TetR-family transcriptional regulator involved in the regulation of coenzyme A metabolism in *Streptomyces avermitilis*. J Bacteriol, 195(19): 4365-4372.

Luo S, Sun D, Zhu J, *et al.* 2014. An extracytoplasmic function sigma factor, sigma (25), differentially regulates avermectin and oligomycin biosynthesis in *Streptomyces avermitilis*. Appl Microbiol Biotechnol, 98(16): 7097-7112.

Macneil D J, Klapko L M. 1987. Transformation of *Streptomyces avermitilis* by plasmid DNA. J Ind Microbiol Biot, 2(4): 209-218.

McCormick J R, Flardh K. 2012. Signals and regulators that govern *Streptomyces* development. FEMS Microbiol Rev, 36(1): 206-231.

McHugh J P, Rodriguez-Quinones F, Abdul-Tehrani H, *et al.* 2003. Global iron-dependent gene regulation in *Escherichia coli*. A new mechanism for iron homeostasis. J Biol Chem, 278(32): 29478-29486.

Mendez C, Chater K F. 1987. Cloning of *whiG*, a gene critical for sporulation of *Streptomyces coelicolor* A3(2). J Bacteriol, 169(12): 5715-5720.

Merchant A T, Spatafora G A. 2014. A role for the DtxR family of metalloregulators in Gram-positive pathogenesis. Mol Oral Microbiol, 29(1): 1-10.

Miller T W, Chaiet L, Cole D J, *et al.* 1979. Avermectins, new family of potent anthelmintic agents: isolation and chromatographic properties. Antimicrob Agents Chemother, 15(3): 368-371.

Niu G, Chater K F, Tian Y, *et al.* 2016. Specialised metabolites regulating antibiotic biosynthesis in *Streptomyces* spp. FEMS Microbiol Rev, 40(4): 554-573.

Ōmura S, Ikeda H, Ishikawa J, *et al.* 2001. Genome sequence of an industrial microorganism *Streptomyces avermitilis*: deducing the ability of producing secondary metabolites. Proc Natl Acad Sci USA, 98(21): 12215-12220.

Oram D M, Avdalovic A, Holmes R K. 2004. Analysis of genes that encode DtxR-like transcriptional regulators in pathogenic and saprophytic corynebacterial species. Infect Immun, 72(4): 1885-1895.

O'Rourke K P, Shaw J D, Pesesky M W, *et al.* 2010. Genome-wide characterization of the SloR metalloregulome in *Streptococcus mutans*. J Bacteriol, 192(5): 1433-1443.

Pandey R, Rodriguez G M. 2014. IdeR is required for iron homeostasis and virulence in *Mycobacterium tuberculosis*. Mol Microbiol, 91(1): 98-109.

Park S, You X, Imlay J A. 2005. Substantial DNA damage from submicromolar intracellular hydrogen peroxide detected in Hpx-mutants of *Escherichia coli*. Proc Natl Acad Sci USA, 102(26): 9317-9322.

Rodriguez G M, Voskuil M I, Gold B, *et al.* 2002. *ideR*, an essential gene in *Mycobacterium tuberculosis*: Role of IdeR in iron-dependent gene expression, iron metabolism, and oxidative stress response. Infect Immun, 70(7): 3371-3381.

Schmitt M P, Talley B G, Holmes R K. 1997. Characterization of lipoprotein IRP1 from *Corynebacterium diphtheriae*, which is regulated by the diphtheria toxin repressor (DtxR) and iron. Infect Immun, 65(12): 5364-5367.

Seo S W, Kim D, Latif H, *et al.* 2014. Deciphering Fur transcriptional regulatory network highlights its complex role beyond iron metabolism in *Escherichia coli*. Nat Commun, 5: 4910.

Shen G, Balasubramanian R, Wang T, *et al.* 2007. SufR coordinates two $[4Fe\text{-}4S]^{2+, 1+}$ clusters and functions as a transcriptional repressor of the *sufBCDS* operon and an autoregulator of *sufR* in *cyanobacteria*. J Biol Chem, 282(44): 31909-31919.

Spiering M M, Ringe D, Murphy J R, *et al.* 2003. Metal stoichiometry and functional studies of the diphtheria toxin repressor. Proc Natl Acad Sci USA, 100(7): 3808-3813.

Tao X, Murphy J R. 1992. Binding of the metalloregulatory protein DtxR to the diphtheria tox operator requires a divalent heavy metal ion and protects the palindromic sequence from DNase I digestion. J Biol Chem, 267(30): 21761-21764.

Tao X, Murphy J R. 1994. Determination of the minimal essential nucleotide sequence for diphtheria tox repressor binding by *in vitro* affinity selection. Proc Natl Acad Sci USA, 91(20): 9646-9650.

Tierrafria V H, Ramos-Aboites H E, Gosset G, *et al.* 2011. Disruption of the siderophore-binding *desE* receptor gene in *Streptomyces coelicolor* A3(2) results in impaired growth in spite of multiple iron-siderophore transport systems. Microb Biotechnol, 4(2): 275-285.

Traxler M F, Seyedsayamdost M R, Clardy J, *et al.* 2012. Interspecies modulation of bacterial development through iron competition and siderophore piracy. Mol Microbiol, 86(3): 628-644.

Tunca S, Barreiro C, Coque J J, *et al.* 2009. Two overlapping antiparallel genes encoding the iron regulator DmdR1 and the Adm proteins control siderophore and antibiotic biosynthesis in *Streptomyces coelicolor* A3(2). FEBS J, 276(17): 4814-4827.

Tunca S, Barreiro C, Sola-Landa A, *et al.* 2007. Transcriptional regulation of the desferrioxamine gene cluster of *Streptomyces coelicolor* is mediated by binding of DmdR1 to an iron box in the promoter of the *desA* gene. FEBS J, 274(4): 1110-1122.

Waldron K J, Robinson N J. 2009. How do bacterial cells ensure that metalloproteins get the correct metal? Nat Rev Microbiol, 7(1): 25-35.

Yamanaka K, Oikawa H, Ogawa H O, *et al.* 2005. Desferrioxamine E produced by *Streptomyces griseus* stimulates growth and development of *Streptomyces tanashiensis*. Microbiology, 151(Pt 9): 2899-2905.

Yang R, Liu X, Wen Y, *et al.* 2015. The PhoP transcription factor negatively regulates avermectin biosynthesis in *Streptomyces avermitilis*. Appl Microbiol Biotechnol, 99(24): 10547-10557.

Supplemental material: https://doi.org/10.1128/AEM.01503-18

本文原载: Applied and Environmental Microbiology, 2018, 84(22): e01503-18.

AveI, an AtrA Homolog of *Streptomyces avermitilis*, Controls Avermectin and Oligomycin Production, Melanogenesis, and Morphological Differentiation*

Lanjie Liu[1], Yaqing Cheng[1], Mengya Lyu[1], Xuejin Zhao[2], Ying Wen[1], Jilun Li[1], Zhi Chen[1]

(1. State Key Laboratory of Agrobiotechnology and Key Laboratory of Soil Microbiology, Ministry of Agriculture, College of Biological Sciences, China Agricultural University, Beijing, 100193, China; 2. CAS Key Laboratory of Microbial Physiological and Metabolic Engineering, Institute of Microbiology, Chinese Academy of Sciences, Beijing, 100101, China)

Abstract

Streptomyces avermitilis is well known as the producer of anthelmintic agent avermectins, which are widely used in agriculture, veterinary medicine, and human medicine. *aveI* encodes a TetR-family regulator, which is the homolog of AtrA. It was reported that deletion of *aveI* caused enhanced avermectin production. In this study, we investigated the regulatory function of the AveI in *S. avermitilis*. By binding to the 15 nt palindromic sequence in the promoter regions, AveI directly regulates at least 35 genes. AveI represses avermectin production by directly regulating the transcription of the cluster-situated regulator gene *aveR* and structural genes *aveA1*, *aveA3* and *aveD*. AveI represses oligomycin production by repressing the CSR gene *olmRII* and structural genes *olmC*. AveI activates melanin biosynthesis by activating the expression of *melC1C2* operon. AveI activates morphological differentiation by activating the expression of *ssgR* and *ssgD* genes, repressing the expression of *wblI* gene. Besides, AveI regulates many genes involved in primary metabolism, including substrates transport, the metabolism of amino acids, lipids, and carbohydrates. Therefore, AveI functions as a global regulator in *S. avermitilis*, controls not only secondary metabolism and morphological differentiation, but also primary metabolism.

Keywords

AveI, *Streptomyces avermitilis*, avermectin production, secondary metabolism, morphological differentiation.

1. Introduction

The genus *Streptomyces* is the known producer of more than 70% antibiotics used in medicine, veterinary practice, and agriculture. Genome sequencing has revealed that some *Streptomyces* strains harbor tens of putative gene clusters responsible for secondary metabolites production (Craney *et al.*, 2013; Choudoir *et al.*, 2018). Individual antibiotic is usually biosynthesized by a large gene cluster, including cluster-situated

*This study was supported by grants from the National Natural Science Foundation of China (No. 31470190) and the project for Extramural Scientists of the State Key Laboratory of Agrobiotechnology (No. 2019SKLAB6-5). We are grateful to S. Anderson for English editing of the manuscript.

regulator (CSR) encoding gene or genes. Various pleiotropic regulators sense developmental state, nutrient availability, diverse stresses, and then transmit the signals to the CSR genes to regulate antibiotic biosynthesis (Van Wezel and McDowall, 2011; Liu *et al.*, 2013a). Elucidation of the antibiotic regulatory networks will provide strategies for increasing antibiotic productivity and "awakening" cryptic antibiotic production.

S. avermitilis is well known as the producer of 16-membered macrolide avermectins. Avermectins and its derivative, ivermectin, have potent anthelmintic activities and are widely used in human and veterinary medicine, and agriculture (Ikeda and Ōmura, 1997). In addition to avermectins, *S. avermitilis* also produces 26-membered macrolide oligomycin and polyene macrolide filipin (Xu *et al.*, 2010; Ikeda *et al.*, 2014). *aveR* is the only CSR gene of avermectin biosynthetic gene cluster, activating transcription of *ave* structural genes (Kitani *et al.*, 2009; Guo *et al.*, 2010). Similar to other CSR genes, the expression of *aveR* is also under complex regulatory networks. Several regulators have been shown to directly regulate the expression of *aveR*. The response regulator PhoP of two-component PhoR-PhoP system, which controls phosphate metabolism, represses *aveR* transcription by binding to a PHObox located downstream of *aveR* transcriptional start site (Yang *et al.*, 2015). A pseudo γ-butyrolactone receptor homologue AvaR2 (Zhu *et al.*, 2016) and a butenolide-type autoregulator receptor homologue AvaR1(Zhu *et al.*, 2017) both repress avermectin production by binding to the promoter region of *aveR*. GlnR, the master regulator of nitrogen metabolism, directly stimulates avermectin production through *aveR* (He *et al.*, 2016). Redox-sensing regulator Rex directly represses avermectin production by binding to the ROP in the *aveR* promoter region (Liu *et al.*, 2017). SAV742, an AraC-family regulator, inhibits avermectin production through direct control of *ave* structural genes (*aveA1-aveD*, *aveA4-orf1*, and *aveF*), rather than the CSR gene (Sun *et al.*, 2016). Some regulators have been demonstrated to control avermectin production indirectly, including SAV3818 (Duong *et al.*, 2009), SAV7471 (Liu *et al.*, 2013b), SAV576 and SAV577 (Guo *et al.*, 2013, 2014), and AveT (Liu *et al.*, 2015).

AveI (SAV4110) is a homolog of AtrA (actinorhodin-associated transcriptional regulator) from *S. coelicolor* A3(2) (Uguru *et al.*, 2005; Chen *et al.*, 2008). Deletion of *aveI* in *S. avermitilis* led to increased avermectin B_{1a} production, which could be complemented by either *aveI* or its homologous gene *atrA-c* from *S. coelicolor* (Chen *et al.*, 2008). Comparative transcriptomic analyses between *aveI* deletion mutant and WT showed that AveI affected expression of avermectin, oligomycin, and filipin biosynthetic gene clusters. The genes involved in precursor biosynthesis for antibiotics were upregulated, while genes involved in protein synthesis and fatty acid metabolism were downregulated in *aveI* mutant (Chen *et al.*, 2009). These results suggested that AveI may function as a global regulator controlling not only secondary metabolism, but also primary metabolism. However, so far the direct gene targets of AveI remain to be identified.

The TetR-family regulator AtrA is highly conserved in streptomycetes. AtrA was first characterized as a transcription activator in *S. coelicolor* A3(2), stimulating the transcription of *actII-ORF4*, the pathway-specific activator gene of actinorhodin biosynthetic gene cluster (Uguru *et al.*, 2005). AtrA-c also directly activates the expression of *nagE2* and *ssgR*, which encode the major permease for *N*-acetylglucosamine and the activator for cell division-related gene *ssgA* (Nothaft *et al.*, 2010; Kim *et al.*, 2015). AtrA-grof *S. griseus* binds to an inverted repeat between two AdpA-binding sites upstream promoter of *strR*, the transcriptional activator gene for streptomycin production. AtrA-gr only has a conditionally positive effect on streptomycin biosynthesis, probably through stimulating the AdpA-dependent transcriptional activation of *strR* (Hirano *et al.*, 2008). AtrA-p in *S. pristinaespiralis* positively regulatespristinamycin production by directly stimulating the transcription of two CSR genes of pristinamycin gene cluster, *spbR* and *papR5* (Wang *et al.*, 2015). AtrA-rin *S. roseosporus* positively controls daptomycin production by binding directly to the promoter region of *dptE* (Mao *et al.*, 2015). *S. globisporus* AtrA-glstimulates lidamycin production by binding to the promoter regions of lidamycin CSR genes, *sgcR1* and *sgcR2*. The DNA-binding activity is inhibited by interaction with heptaene, a biosynthetic intermediate of lidamycin (Li *et al.*, 2015).

Though AtrA has a common role in regulating antibiotic production in streptomycetes, the mechanism how AveI (AtrA homolog) modulates avermectin production is still unknown. Besides, unlike the positive control of antibiotic production by AtrA in most cases, which is quite unusual for a TetR-family regulator (usually functioning as a repressor), AveI has a negative regulatory role in avermectin production. In this study, we provide evidences that AveI serves as a global regulator in *S. avermitilis*. AveI negatively regulates avermectin and oligomycin production by directly binding to the promoter regions of CSR and structural genes, positively regulates melanogenesis and morphological differentiation, and controls a variety of genes involved in primary metabolism.

2. Materials and Methods

2.1 Strains and growth conditions

The *S. avermitilis* strains used in the present study included: ATCC 31267 (wild-type strain), DaveI (an *aveI* deletion mutant of WT), CaveI (a complementation strain of *aveI* deletion by *aveI*), and CAU69 (an avermectin high-producer). *S. avermitilis* strains were grown at 28℃ on YMS agar for sporulation, in modified liquid YEME medium (25% sucrose) for growth of mycelia for protoplast preparation, and on RM14 medium for regeneration of protoplasts (Macneil and Klapko, 1987). Seed medium and fermentation medium I were used for avermectin production and fermentation medium II was used for growth analysis as described previously (Jiang *et al.*, 2011). *E. coli* JM109 and Rosetta (DE3) were used for plasmid construction and protein expression, respectively. *E. coli* strains were cultured at 37℃ in LB medium.

2.2 Gene deletion and complementation

To produce an *aveI* null mutant, two DNA fragments flanking *aveI* gene were amplified by PCR using ATCC 31267 genomic DNA as template. A521 bp fragment upstream (position −480 to +41 from start codon) and a 563 bp fragment downstream (position −42 to +521 from stop codon) of *aveI* were amplified with primer saveI-up-1/aveI-up-2 and aveI-dw-1/aveI-dw-2, respectively (Table S1). The amplified fragments were recovered, digested by *Eco*R I/*Xba* I and *Xba* I/*Hin*d III, respectively, and were cloned into pKC1139 to generate the *aveI* deletion vector pKCDaveI. The resulting plasmid was introduced into *S. avermitilis* ATCC 31267 protoplasts. Double-crossover mutants were selected as described previously (Yang *et al.*, 2015). The mutants were confirmed by PCR using primers listed in Table S1. The gene-deleted strain was termed as DaveI. To complement DaveI, a DNA fragment (1,606 bp) carrying *aveI* gene with its promoter was amplified by PCR using primers aveI-C-1 and aveI-C-2 (Table S1). The fragment was recovered, digested by *Eco*R I/*Bam*H I, and then ligated to the integrative vector pSET152 to produce vector pSET-aveI, which was introduced into DaveI to obtain complemented strain.

2.3 Fermentation and HPLC analysis of avermectin and oligomycin production

Fermentation conditions and HPLC analysis of avermectin and oligomycin production were performed as described previously (Luo *et al.*, 2014).

2.4 RNA extraction and qRT-PCR analysis

Mycelia of *S. avermitilis* from fermentation medium I or YMS agar were collected, frozen in liquid nitrogen, and ground to a fine powder. RNA was extracted using Trizol reagent (Tiangen, Beijing, China) following the manufacturer's instructions, and was treated with DNase I (TaKaRa, Shiga, Japan) to remove chromosomal DNA contamination. RNA samples (2 μg each) were reverse transcribed by M-MLV (RNase H^-; TaKaRa), and qRT-PCR analysis was performed using FastStart Universal SYBR Green Master (ROX) by an ABI 7900HT Sequence Detection System with primer pairs listed in Table S1. PCR included a 10 min preincubation at 95℃, followed by 40 cycles of denaturation at 95℃ for 10 s, and annealing and extension at 60℃ for 30 s. 16S rRNA was used as the internal control. The relative expression level was calculated using the comparative C_t method. Gene expression was determined in triplicate.

2.5 Overexpression and purification of His_6-AveI

The 859 bp coding region of *aveI* was amplified using primers aveI-E-1 and aveI-E-2, digested by *Eco*R I/*Bam*H I, and then cloned into pET28a (+) to produce pET-aveI. After confirmation by DNA sequencing, pET-aveI was introduced into *E. coli* Rosetta (DE3) for over expression of AveI with a His_6 tag at N terminus. *E. coli* Rosetta (DE3) harboring pET-aveI was grown at 37℃ in LB with 50 μg/ml kanamycin to an OD_{600} of 0.4~0.6, induced by 0.1 mmol/L IPTG, and incubated for 5 h at 28℃. The cells were harvested, washed, resuspended in lysis buffer (20 mmol/L Tris base, 500 mmol/L NaCl, 5 mmol/L imidazole, 5% glycerol, pH 7.9), and disrupted by sonication on ice. After centrifugation, His_6-AveI was purified from the supernatant using Ni^{2+}-NTA resin (Qiagen, Germany) according to the manufacturer's protocol.

2.6 Electrophoretic mobility gel shift assays (EMSAs)

EMSAs were carried out using a DIG Gel Shift Kit (2nd Generation, Roche) according to the manufacturer's instructions. DNA probes used for EMSA were amplified by PCR with the primers listed in Table S1 and labeled with digoxigenin-11-ddUTP using recombinant terminal transferase. The binding mixture (20 μl) contained 0.3 nmol/L DIG-labelled DNA probe, varying quantities of His_6-AveI, and 1 μg of poly[d(I-C)]. After incubation at 25℃ for 30 min, protein-bound and free probes were separated by electrophoresis on 5.0% native polyacrylamide gels with 0.5×TBE buffer as running buffer. Then DNA probes were electro-blotted onto a positively charged nylon membrane, and the signals were detected by chemiluminescence and recorded on X-ray film.

2.7 DNase I footprinting assays

For DNase I footprinting assays, DNA fragments were amplified by PCR with FAM-labeled primers (Table S1) and purified from the agarose gel. 400 ng FAM-labeled probes and varying quantities of His_6-AveI were incubated at 25℃ for 30 min in a 25 μl volume. 0.017 U DNase I was added to the mixture. After incubation at 37℃ for 40 s, the digestion was stopped with 10 μl of 0.2 mol/L EDTA (pH 8.0). DNA samples were extracted and subjected to capillary electrophoresis. Electrophoregrams were analyzed using GeneMarkersoftware v2.2.0.

3. Results

3.1 AveI represses avermectin and oligomycin production, and stimulates melanogenesis and morphological differentiation

Chen *et al.* (2008) have reported that deletion of *aveI* enhanced avermectin production in *S. avermitilis*.

To fully assess the function of AveI in secondary metabolism, morphological differentiation, and primary metabolism, we constructed the *aveI* deletion mutant (DaveI) in *S. avermitilis* wild-type strain by homologous recombination. Deletion of *aveI* did not affect growth in fermentation media (Fig. S1). Compared to the WT strain, avermectin and oligomycin productions of DaveI were ~3.1-fold and 1.47-fold of those in WT, and the productions were restored to the WT levels when an *aveI* gene was introduced into DaveI (Fig. 1a). When the strains were grown on RM14 medium, which favor melanin production, DaveI grew slower and produced less melanin than WT, while melanin production was restored to WT levels in the complemented strain of DaveI (Fig. 1b). When grown on YMS media, DaveI mutant displayed delays of aerial hyphae formation and sporulation in comparison with WT and complemented strain (Fig. 1b). These findings indicated that AveI had a negative regulatory role in both avermectin and oligomycin production, but a positive regulatory role in melanogenesis and morphological differentiation.

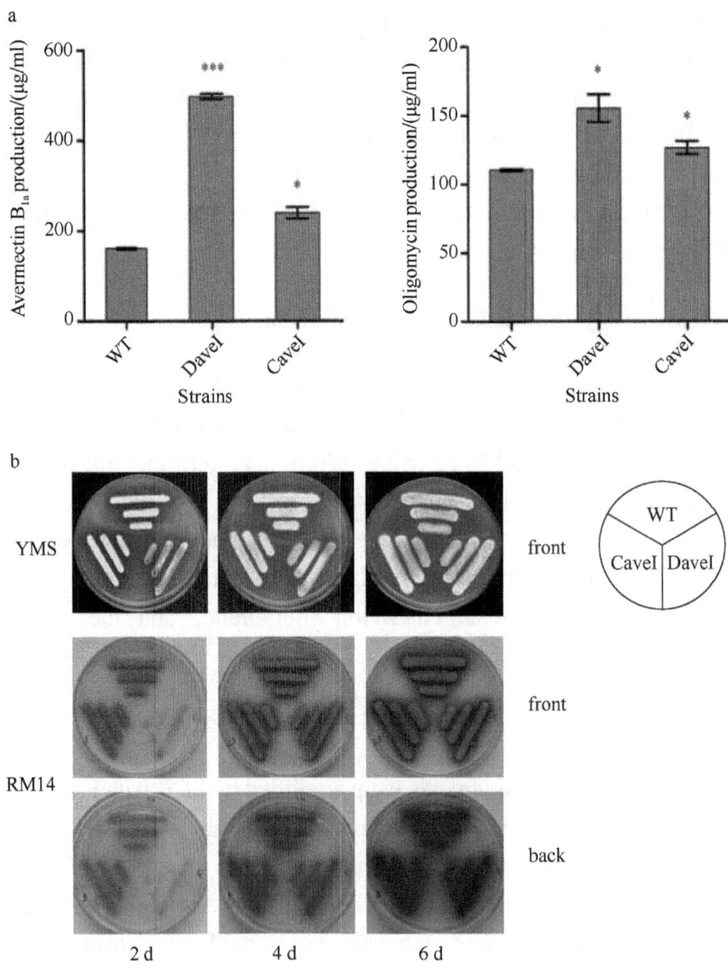

Fig. 1　Effects of *aveI* deletion on avermectin, oligomycin, and melanin production, and morphology

a. Avermectin and oligomycin production in WT, DaveI, and CaveI. Values are mean±SD of three replicate flasks cultured in FM-I. *P* values were determined by Student's *t*-test. *, $P<0.05$; **, $P<0.01$; ***, $P<0.001$. b. Phenotype of *aveI*-deletion mutant. The indicated strains were grown on YMS and RM14 media for 2, 4 or 6 days. DaveI, *aveI*-deletion mutant. CaveI, complemented strain of DaveI

3.2　AveI regulates avermectin production by directly repressing *aveR* and *ave* structural genes

Avermectin was overproduced by deletion of *aveI* gene. To test whether AveI affects avermectin production through regulating *ave* genes, we carried out qRT-PCR analysis using RNAs isolated from DaveI and WT cultured in FM-1 for 2 days (exponential phase) and 6 days (stationary phase). The transcriptional levels of avermectin biosynthetic CSR gene *aveR* and structural genes *aveA1*, *aveA3*, *aveA4*, *aveD* and *aveF* were increased in DaveI at both time points, particularly on 6 days (Fig. 2a). The augmented expression of *ave* genes is consistent with the avermectin overproduction in DaveI. The findings suggest that AveI represses the expression of *ave* genes. As TetR-family regulators are usually autoregulated, it was tested whether AveI regulates its own expression, we also examined the expression of *aveI* using the same RNAs. The transcriptional level of *aveI* was increased in DaveI at both 2 days and 6 days (Fig. 2a), indicating that *aveI* is negatively autoregulated.

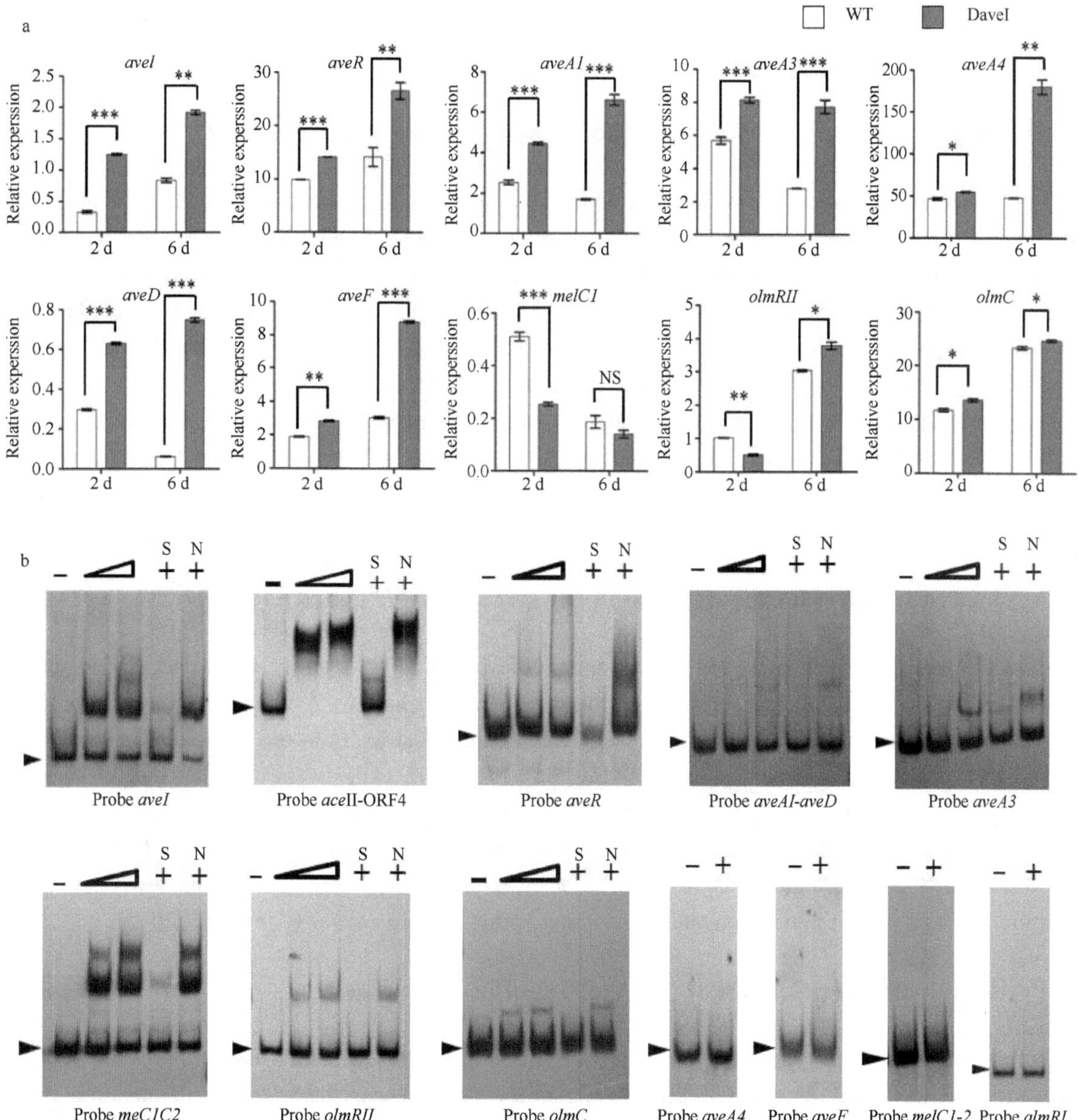

Fig. 2 AveI represses avermectin and oligomycin production, and activates melanogenesis

a.qRT-PCR analysis of *ave*, *olm* and *melC* genes in DaveI and WT. RNAs were prepared from cells cultured in FM-I for 2 and 6 days. *, $P<0.05$; **, $P<0.01$; ***, $P<0.001$; NS, not significant. b. Binding of His$_6$-AveI to the promoter regions of the above genes by EMSA. Concentrations of His$_6$-AveI for probes: 0.15 μmol/L and 0.3 μmol/L. Competition assays were carried out using 500-fold excess of unlabeled specific (S) and nonspecific (N) DNAs. Arrow: free probe

An N-terminal His_6-tagged AveI protein was overexpressed in *E. coli* Rosetta (DE3) and purified for EMSAs (Fig. S2). The promoter regions of *aveI*, *actII-ORF4*, *aveR*, *aveA3*, *aveA4*, and *aveF* and the intergenic region of *aveA1-aveD* were DIG labeled for EMSAs. His_6-AveI bound to the promoter region of *aveI*, and the shifted bands could be abolished by addition of 500-fold excess of unlabeled specific competitor DNA but not by unlabeled non-specific DNA, indicating that the binding was specific (Fig. 2b). AveI is negatively autoregulated by binding to its promoter region. His_6-AveI could bind specifically to the promoter region of *actII-ORF*4 in *S. coelicolor*, implying that AveI and AtrA have similar binding site. His_6-AveI bound specifically to the promoter regions of *aveR* and *aveA3*, and the intergenic region of *aveA1-aveD*, but not to the promoter regions of other *ave* genes (Fig. 2b). Therefore, AveI represses avermectin production by directly regulating the transcription of the CSR gene *aveR* and structural genes *aveA1*, *aveA3* and *aveD*. The improved expression of *aveA4* and *aveF* was probably caused by the enhanced expression of *aveR*.

3.3 AveI directly represses *olm* genes and activates expression of *melC1C2* gene

EMSAs were also used to determine whether AveI directly regulates oligomycin biosynthesis and melanogenesis. His_6-AveI bound specifically to the promoter regions of oligomycin biosynthetic CSR gene *olmRII* and structural gene *olmC* (Fig. 2b), but not to the promoter regions of CSR gene *olmRI* and other structural genes. The transcriptional levels of *olmRII* and *olmC* were increased in DaveI, in accordance with the increased oligomycin production in DaveI, indicating the negative role of AveI in regulating oligomycin production (Fig. 2a). *S. avermitilis* contains two melanin biosynthetic operons: *melC1C2* and *melC1-2C2-2*. His_6-AveI bound specifically to the promoter region of *melC1C2* operon, but not to that of *melC1-2C2-2* (Fig. 2b). The expression of *melC1* was greatly reduced in DaveI (Fig. 2a), which was consistent with the decreased melanin production in DaveI. Thus, AveI positively controls melanogenesis through directly activating the expression of *melC1C2*.

3.4 AveI directly activates the expression of *ssgR* and *ssgD* genes and represses *wblI* gene

DaveI displayed delayed morphogenesis compared with WT. To identify the direct targets of AveI involved in morphological differentiation, we performed EMSAs using His_6-AveI and the promoter regions of *bldC*, *ftsZ*, *ssgD*, *ssgR*, *ssgY*, *wblB*, and *wblI*. His_6-AveI bound specifically to the promoter regions of *ssgD*, *ssgR*, and*wblI*, but not to the other promoters (Fig. 3a). qRT-PCR analysis showed that the transcriptional levels of *ssgD* and *ssgR* were decreased, while the transcriptional level of *wblI* was increased in DaveI (Fig. 3b), indicating that AveI affects morphological differentiation through directly activating *ssgR* and *ssgD* genes and repressing *wblI* gene. The positive control of *ssgR* by AveI is same as the findings that AtrA activates the transcription of *ssgR*, which in turn activates *ssgA* transcription in *S. coelicolor* (Kim *et al.*, 2015).

3.5 Prediction and verification of the AveI regulon

To fully understand the regulatory role of AveI in *S. avermitlis*, we used the palindromic consensus sequence (5′-GGAAT-N_5-ATTCC-3′) of ArtA (Wang *et al.*, 2015) to scan the *S. avermitilis* genome, through the PREDetector web-based application (http://predetector.hedera22.com/login) to search for putative AveI target genes. The genome-wide search revealed 440 putative AveI target genes with score >6.5 (Table S2). About half of the target genes (203) are unknown or unclassified genes, the others are involved in regulatory function (58), transport (44), amino acids and related molecules metabolism (28), carbohydrate metabolism

(17), protein synthesis, folding and modification (13), DNA synthesis, repair, recombination, modification and packaging (9), secondary metabolism (9), fatty acid and lipid metabolism (7), differentiation (4), and other metabolisms. Nine of them (*aveA1*, *aveD*, *aveI*, *melC1*, *olmC*, *olmRII*, *ssgD*, *ssgR*, and *wblI*) have been confirmed to be directly regulated by AveI. To test whether AveI binds to the promoter regions of other putative target genes, we selected 42 genes with predicted gene function associated with regulation function, secondary metabolism, carbon metabolism, energy metabolism, and protein folding for EMSAs (Table 1).

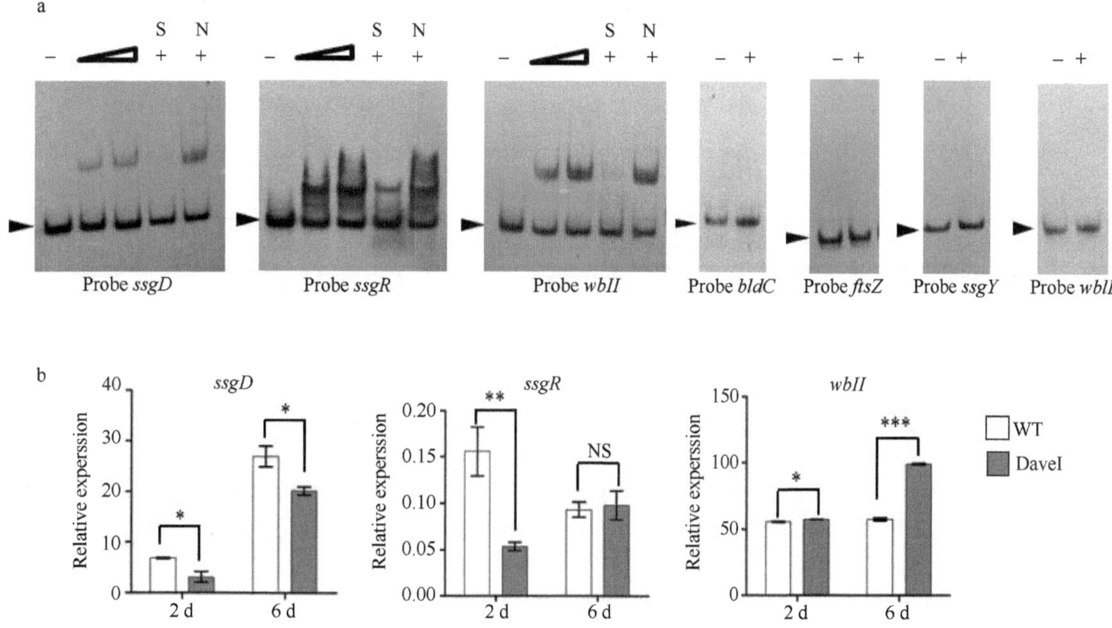

Fig. 3 The regulatory role of AveI in morphology

a. Binding of His$_6$-AveI to the promoter regions of genes involved in morphology by EMSA. EMSA conditions as described for Fig. 2. b. qRT-PCR analysis of the related genes in DaveI and WT. RNAs were prepared from cells grown on YMS for 2 and 6 days. *, $P<0.05$; **, $P<0.01$; ***, $P<0.001$; NS, not significant

Table 1 Putative AveI target genes tested by EMSA

Serial number	Accession number	Gene	Function	Sequence	ATG Distance	Score	EMSA
			regulatory function				
1	*SAV577*		TetR-family transcriptional regulator	GGAACGAACAATTCC	–361	11.6	+
2	*SAV2270*	*avaL1*	gamma-butyrolactone-dependent transcriptional regulator	GGAAGGTTGGATTCC	–46	10.4	+
3	*SAV2901*	*olmRII*	LuxR-family transcriptional regulator of *olm* gene cluster	AGAATCTGGGATTGC	–90	7	+
4	*SAV3216*	*wblI*	putative WhiB-family transcriptional regulator; putative role in cell cycle control	GGAACCGCACCCTCC	–131	6.6	+
5	*SAV4042*	*glnR*	putative DNA-binding response regulator	GGAACCAGACGTTAT	–105	7.3	–
6	*SAV4110*	*aveI*	putative TetR-family transcriptional regulator	GGGAGACGTCATTAC	–28	6.6	+
7	*SAV4268*	*ssgR*	putative IclR-family transcriptional regulator	GGAACCTGGCGTTCC	–326	9.3	+
8	*SAV4997*	*wblB*	putative WhiB-family transcriptional regulator; putative role in cell cycle control	GAAATCTGCCATTAC	–3	7.3	–
			secondary metabolism				
9	*SAV936*	*aveF*	C-5 ketoreductase	GTGATGAGCGATTCC	–58	9.6	–
10	*SAV937*	*aveD*	C5-*O*-methyltransferase	GGAACGGCACAGCCC	–148	6.6	+
11	*SAV938*	*aveA1*	type I polyketide synthase AVES 1	GGAACGGCACAGCCC	–203	6.6	+

continued

Serial number	Accession number	Gene	Function	Sequence	ATG Distance	Score	EMSA
			secondary metabolism				
12	*SAV1136*	*melC1*	tyrosinase co-factor protein	GGAACTTCCCCCTCC	−185	6.4	+
13	*SAV2269*	*avaA*	putative gamma-butyrolactone biosynthesis protein	GGAAGGTTGGATTCC	−160	10.4	+
14	*SAV2376*	*pks9-4*	putative 3-oxoacyl-ACP synthase I	GGAATCGTCGATGCC	−95	8.4	+
15	*SAV2903*	*olmC*	thioesterase	CGAATTAGGGGTTCC	−219	7.7	+
16	*SAV5361*	*melC1-2*	putative tyrosinase co-factor protein	AGAATCCCTCATTCG	−327	7.5	−
17	*SAV6633*	*nrps5*	putative non-ribosomal peptide synthetase	GGAGGCTCTGATTCC	−176	8.8	+
	SAV6633	*nrps5*	putative non-ribosomal peptide synthetase	GGGATGTTCCGGTCC	−77	6.5	+
			metabolism of amino acids and related molecules				
18	*SAV2710*	*leuA1*	putative 2-isopropylmalate synthase	GGAATGACCGGTTCC	−50	11.8	+
19	*SAV2717*	*ilvE*	putative branched-chain amino acid aminotransferase	GCATTCCCTCATTCC	−95	6.9	−
20	*SAV3115*	*pepD1*	putative serine protease	AGAATCGTCGATTCC	−376	11.1	+
21	*SAV4376*	*bkdF*	branched-chain alpha keto acid dehydrogenase E1 alpha subunit	GGAGTGGACTCTTCC	−379	7.2	−
22	*SAV4858*	*fahA*	putative fumarylacetoacetase	GGAGGGTTCAATTCC	−118	7.8	+
23	*SAV4963*	*glmS1*	putative L-glutamine-D-fructose-6-phosphate amidotransferase	AGAATTTCCGATTTC	−65	7.3	−
24	*SAV5600*		putative peptidase M4	GGAACCCCGGAGTCC	−86	8.1	+
25	*SAV5601*	*leuA2*	putative 2-isopropylmalate synthase	GGAAAGTGGCATTGC	−303	8.1	+
26	*SAV6025*	*pepA*	putative leucyl aminopeptidase (cytosol aminopeptidase)	GGAATGGCTGATTCA	−324	9.6	+
	SAV6025	*pepA*	putative leucyl aminopeptidase (cytosol aminopeptidase)	GGTTTCGCTCATTCC	−191	6.7	+
27	*SAV6046*		putative aminotransferase	GGAGTCGGGCATTCC	−156	9.2	+
28	*SAV6399*	*aspC2*	putative aspartate aminotransferase	GGAACCCACAGTTCC	−202	9.3	+
29	*SAV6634*		putative peptidase	GGAGGCTCTGATTCC	−375	8.8	+
			carbohydrate metabolism				
30	*SAV803*	*pgmA*	putative phosphoglucomutase	GGAAGGTCGGCATCC	−246	6.6	−
31	*SAV1662*	*galE6*	putative UDP-glucose 4-epimerase	GGAACCTGGCATTCC	−65	10.7	+
32	*SAV1671*		putative oxidoreductase	GGAACAGGTGGTCCC	−284	7.7	+
33	*SAV3287*	*pckA*	putative phosphoenolpyruvate carboxykinase	GTAAGTTACGGTTCC	−338	7.9	−
34	*SAV3533*	*eno*	putative phosphopyruvate hydratase	GGAACAAAAGAGCCC	−170	6.7	−
35	*SAV3566*	*ppc*	putative phosphoenolpyruvate carboxylase	GTAATCGGCCATCCC	−268	8.9	+
36	*SAV3979*	*gpmA1*	putative phosphoglycerate mutase	GTGATCACACGTTAC	−142	6.6	−
37	*SAV5126*	*maeB2*	putative NAD-dependent malic enzyme	GTAACAAACGATTCC	−296	9.6	−
38	*SAV5800*	*aceE1*	putative pyruvate dehydrogenase E1 component	GTAATCGAGACGTCC	−120	6.5	−
39	*SAV6627*	*idnO*	putative gluconate 5-dehydrogenase	CGGATGGCTCATTCC	−3	7.3	−

Continued

Serial number	Accession number	Gene	Function	Sequence	ATG Distance	Score	EMSA
			metabolism of lipids and fatty acid				
40	*SAV1665*	*echA6*	putative enoyl-CoA hydratase/isomerase	GAAATCAGCGATTAT	–177	6.6	–
41	*SAV1681*	*fadA4*	putative acetyl-CoA acetyltransferase	GGGAGGGAGAGTTCC	–150	6.8	–
42	*SAV1682*	*mcr*	putative fatty acid-CoA racemase	GGAGTGGGACATTCC	–145	9.5	+
43	*SAV3567*	*fadS3*	putative fatty acid desaturase	GTAATCGGCCATCCC	–45	8.9	+
			energy metabolism				
44	*SAV6047*	*ctaC*	putative cytochrome c oxidase subunit II (complex IV)	GGAGTCGGGCATTCC	–187	9.2	+
			transport & binding proteins				
45	*SAV4072*	*pstS*	phosphate ABC transporter substrate-binding protein	GGACGCAACCGTTCC	–213	7.8	–
46	*SAV6224*	*livK3*	putative branched-chain amino acid ABC transporter substrate-binding protein	AGAACGCCCTGTTCC	–269	7	+
47	*SAV6400*	*gltI2*	putative ABC transporter substrate-binding protein	GGAACCCACAGTTCC	–32	9.3	+
48	*SAV6419*	*pitH2*	putative low-affinity inorganic phosphate transporter	GGAATTCCGGCCTCC	–168	7.1	+
49	*SAV7416*	*rhaT*	putative ribose import ATP-binding protein RbsA 2	GGAATGAGTCATTTC	–166	10	–
			cell division and differentiation				
50	*SAV570*	*ssgY*	putative SsgA homolog	GGGCTCGGTGATTCC	–259	9	–
51	*SAV1687*	*ssgD*	putative cell division protein	GGATTGGCTCATTCC	–82	10.9	+
			protein synthesis, folding and modification				
52	*SAV4991*	*groES1*	putative GroES	GGAACTTCCCGCTCC	–263	6.7	+
53	*SAV7237*	*dnaK2*	chaperone protein dnaK2	GGACCCGTGCATTCC	–175	8.4	–

EMSA results showed that His$_6$-AveI bound specifically to the promoter regions of 25 putative AveI target genes (*aspC2*, *avaA*, *avaL1*, *ctaC*, *fadS3*, *fahA*, *galE6*, *gltI2*, *groES1*, *ilvk3*, *leuA1*, *leuA2*, *maeB1*, *mcr*, *nrpS5*, *pepA*, *pepD1*, *pitH2*, *pks9-4*, *ppc*, *SAV577*, *SAV1671*, *SAV5600*, *SAV6046*, and *SAV6634*) (Fig. 4), but not to the promoter regions of *aceE1*, *bkdF*, *cdh*, *dnaK2*, *echA6*, *eno*, *fadA4*, *glmS1*, *glnR*, *gpmA1*, *idnO*, *ilvE*, *maeB2*, *pckA*, *pstS*, and *rhaT*. qRT-PCR analysis demonstrated that the transcriptional levels of 14 genes (*avaA*, *avaL1*, *ctaC*, *fadS3*, *galE6*, *groES1*, *maeB1*, *mcr*, *pepA*, *pitH2*, *ppc*, *SAV577*, *SAV6046*, and *SAV6634*) from 25 newly identified AveI target genes were decreased in DaveI (Fig. 5), indicating the positive control of AveI on these genes. The transcriptional levels of *aspC2*, *fahA*, *gltI2*, *leuA1*, *leuA2*, *ilvK3*, *nrpS5*, *pepD1*, *pks9-4*, *SAV1671*, and *SAV5600* were increased in DaveI (Fig. 5), suggesting the negative regulatory role of AveI on these genes. The findings indicate that AveI plays a pleiotropic role in primary metabolism, secondary metabolism, and morphological differentiation in *S. avermitilis* and acts as dual role of a repressor and an activator.

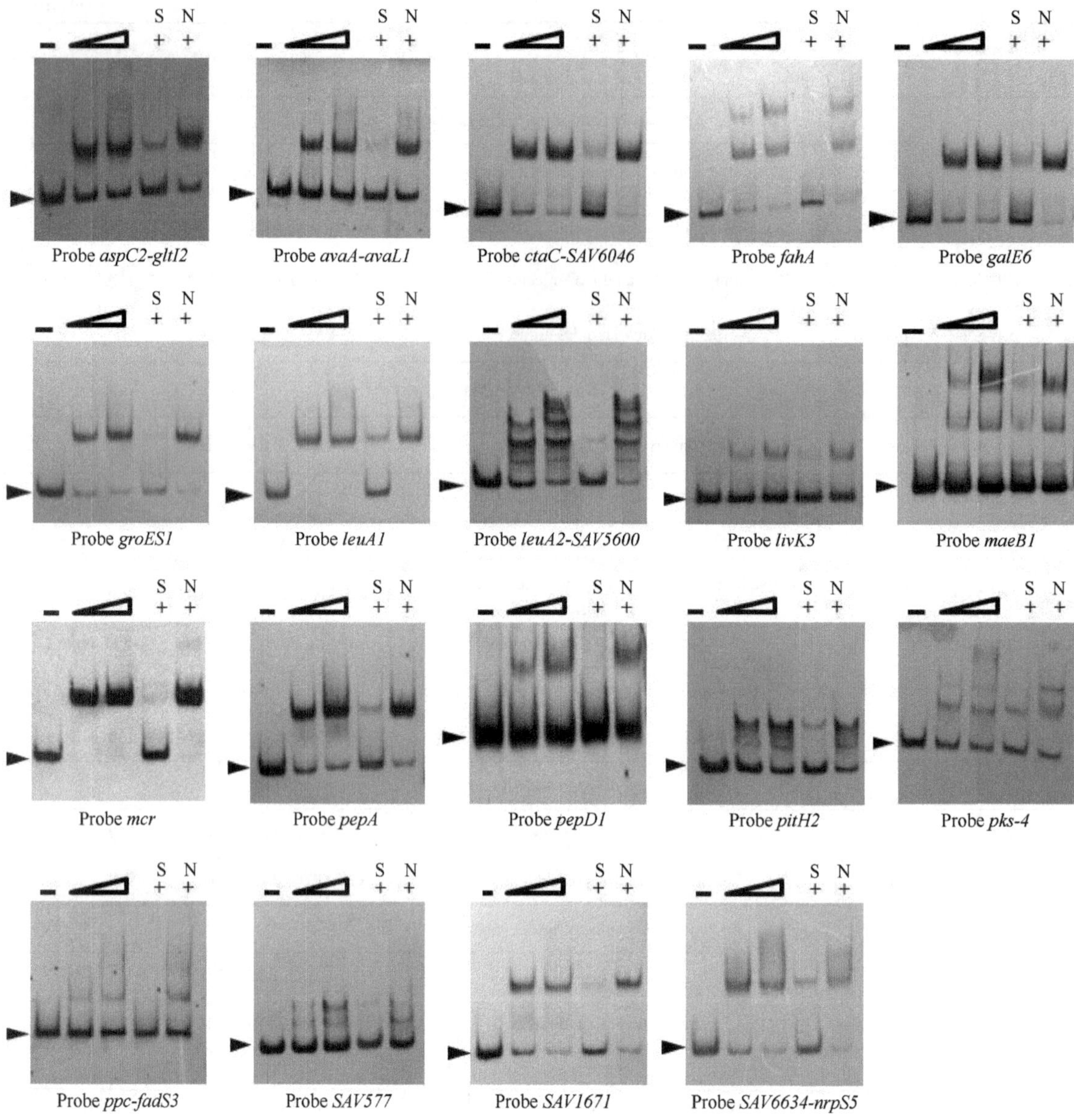

Fig. 4 Confirmation of putative AveI target genes by EMSA

EMSA conditions as described in Fig. 2

3.6 Determination of the precise AveI-binding sequence

To identify the precise AveI-binding site, we selected the promoter regions of *mcr* and *galE6* which have high affinity with His$_6$-AveI for DNase I footprinting analysis. DNase I footprinting assays were performed on 5′-end fluorescein-labelled probes of *mcr* (264 bp) and *galE6* (296 bp) in the presence of His$_6$-AveI. A 26 nt protected region (5′-ACGTCGGTGGAATGTCCCACTCCGGT-3′) was found in the *mcr* promoter region, extending from –67 to –42 relative to the predicted transcriptional start site of *mcr* (Fig. 6a), containing a 15 nt palindromic sequence (5′-GGAATGTCCCACTCC-3′), similar to the consensus sequence of ArtA. Combined with the qRT-PCR results that AveI positively regulates *mcr* expression, AveI may help to recruit RNA polymerase to the promoter of *mcr* through binding to the site adjacent to the promoter and activate its transcription. A 15 nt palindromic ArtA consensus sequence (5′-GGAACCTGGCATTCC-3′) was also found in the 31 nt AveI-protected region (5′-CACACCATCCCGGAACCTGGCATTCCAGGCA-3′) in the *galE6* promoter region (Fig. 6b). To confirm that the 15 nt palindromic sequence is the recognition sequence of AveI, we introduced mutation to the palindromic sequence in the *mcr* promoter region (probe A) to produce probe AM (Fig. 6c). EMSAs showed that His_6-AveI bound to probe A, but not to probe AM (Fig. 6c), therefore, the palindromic sequence (5′-GGAAT-N_5-ATTCC-3′) is the AveI-binding site. The findings indicate that AveI has very similar binding sites as AtrA, suggesting the conserved regulatory role of AtrA homolog in *Streptomyces*.

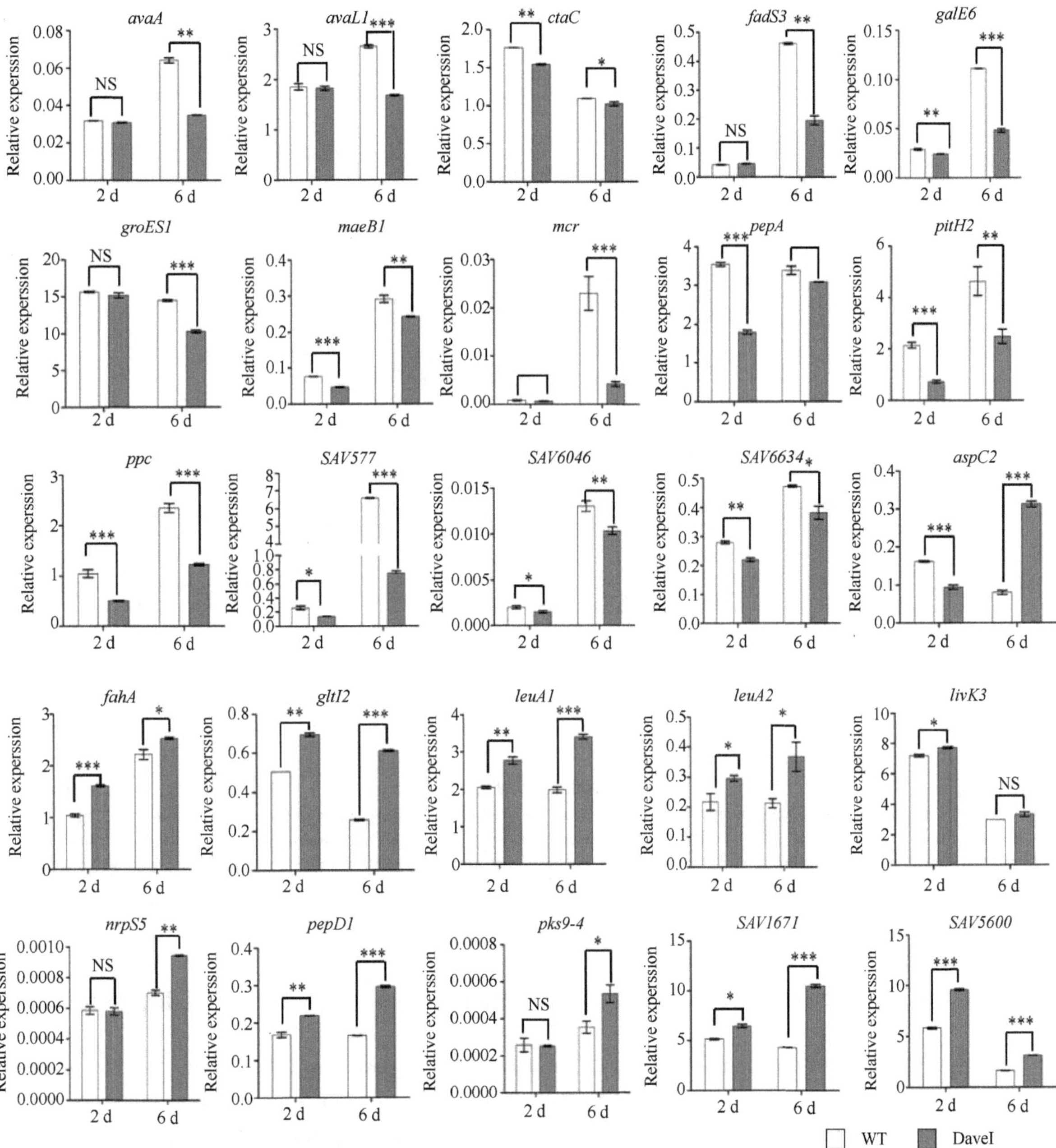

Fig. 5 qRT-PCR analysis of putative AveI target genes in DaveI and WT

RNAs were the same ones used in Fig. 2. *, $P<0.05$; **, $P<0.01$; ***, $P<0.001$; NS, not significant

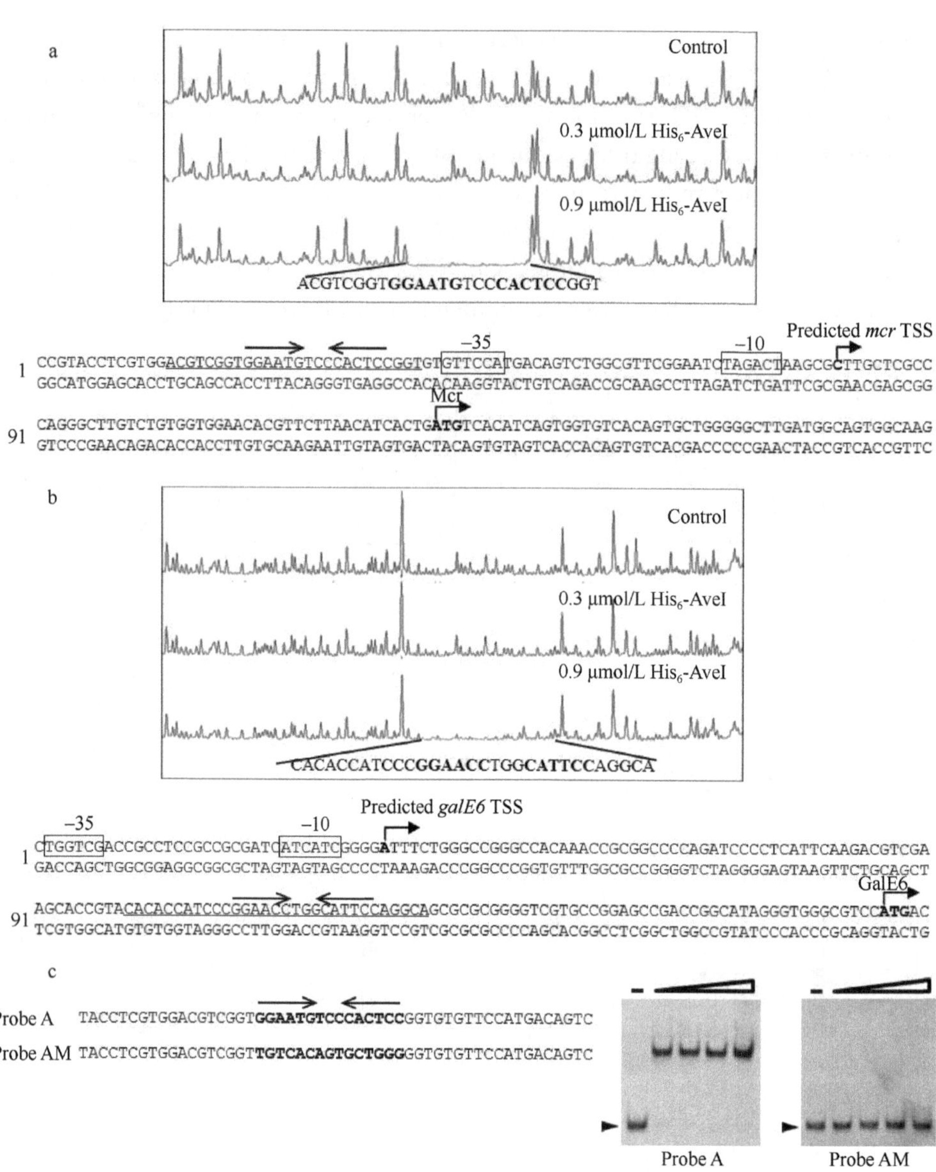

Fig. 6 Determination of AveI binding sites

DNase I footprinting assays of the promoter regions of *mcr* (a) and *galE6* (b) with His_6-AveI. Upper fluorograms: control reaction. Protection fluorograms were obtained with increasing amounts of His_6-AveI. Nucleotide sequences of *mcr* and *galE6* promoter regions are shown below fluorograms. Underlines: AveI protected sequences. Arrows: palindromic sequences. Boxes: predicted −35 and −10 elements of promoters. Black bent arrows and boldface letters: translational start codon. c. EMSAs of probe A of *mcr* promoter region and mutated probe AM to identify the AveI-binding site. Mutation was introduced into the palindromic sequence of protected region in probe A to produce mutated probe AM. Concentrations of His_6-AveI for probes: 0.075 μmol/L, 0.15 μmol/L, 0.225 μmol/L, and 0.3 μmol/L

3.7 Deletion of *aveI* increases avermectin production in an avermectin high-producer

Deletion of *aveI* could enhance avermectin production in *S. avermitilis* WT strain. We also tested the possibility of further improving avermectin production in an avermectin high-producer by *aveI* deletion. Compared to the avermectin B_{1a} production (5,470 μg/ml) of the parental strain CAU69, the production level of CAU69/DaveI was increased by ~14.3% and reached 6,252 μg/ml (Fig. 7), indicating that deletion of *aveI* may provide an effective strategy to improve avermectin production in the avermectin high-producing strains.

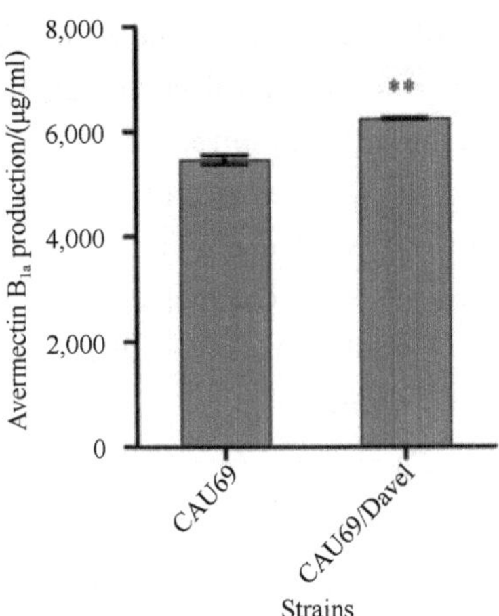

Fig.7　Deletion of *aveI* enhanced avermectin production in an avermectin high-producing strain

Values are mean±SD of three replicate flasks cultured in FM-I. CAU69, an avermectin high-producing strain. CAU69/DaveI, *aveI*-deletion mutant of CAU69. **, $P<0.01$

4. Discussion

In this investigation, we demonstrated that AveI acts as a repressor regulating avermectin and oligomycin production, and also as an activator controlling melanogenesis and morphological differentiation (Fig. 8). At least 35 genes have been confirmed to be AveI targets by EMSAs, most of them are associated with primary metabolism. *pepA*, *pepD1*, *SAV5600* and *SAV6634* encode proteases or peptidases, which digest proteins or peptides to produce amino acids, and *aspC2*, *SAV6046*, *fahA*, *leuA1*, and *leuA2* are involved in the metabolism and biosynthesis of amino acids. *fadS3* and *mcr*, encoding a fatty acid desaturase and racemase, are associated with metabolism of lipids. *galE6* (encoding a UDP-glucose 4-epimerase), *maeB1* (encoding a malate dehydrogenase), *ppc* (encoding a phosphoenolpyruvate carboxylase), and *SAV1671* (encoding an oxidoreductase) are associated with carbohydrate metabolism. *ctaC* (encoding a cytochrome c oxidase subunit II) is involved in energy metabolism. *gltI2*, *ilvK3* and *pitH2*, encoding putative ABC transporter substrate-binding proteins and a low-affinity inorganic phosphate transporter, are involved in substrates transport. These findings were consistent with the transcriptomics analysis results of the *aveI* mutant *vs.* WT that *aveI* deletion affects a variety of genes in both primary and secondary metabolic pathways (Chen *et al.*, 2009). Therefore, AveI acts as a global regulator in *S. avermitilis*, controls not only secondary metabolism and morphological differentiation, but also primary metabolism. Although TetR-family regulators usually function as repressors, about half of the identified target genes are under the positive control of AveI. The mechanism of activation by AveI probably involves competition with repressors in the promoter regions of target genes or allowing activators to bind, as observed for AtrA-gr in *S. griseus* which activates streptomycin biosynthesis, probably through facilitating the AdpA-dependent transcriptional activation of *strR* (Hirano *et al.*, 2008).

Similar to its homolog AtrA in other streptomycetes, AveI regulates the biosynthesis of several secondary metabolites in *S. avermitilis*. AveI negatively regulates avermectin production by repressing the transcription of CSR gene *aveR* and structural genes *aveA1*, *aveA3* and *aveD*. AveI also negatively regulates oligomycin production by repressing the CSR gene *olmRII* and the structural gene *olmC*. AveI positively regulates melanin biosynthesis by activating the expression of *melC1C2* operon. *nrpS5* (*SAV6633*, encoding a non-ribosomal peptide synthetase) and *pks9-4* (*SAV2376*, encoding putative 3-oxoacyl-ACP synthase I of PKS9) are also under the direct negative control of AveI. Besides, among the AveI target genes, *avaA* (*SAV2269*, encoding a γ-butyrolactone biosynthesis protein, homologue of AfsA) and *avaL1* (*SAV2270*, encoding a γ-butyrolactone-dependent transcriptional regulator) belongs to γ-butyrolactone regulatory system, which triggers antibiotic production and morphological differentiation in *Streptomyces*. *SAV577* (encoding a TetR-family transcriptional regulator) down-regulates avermectin biosynthesis indirectly (Guo *et al.*, 2014). Therefore, AveI may also regulate secondary metabolism through the cascaded regulation of other regulators. Genes associated with several primary metabolic pathways, such as fatty acid metabolism and protein synthesis, were found to be under positive control of AveI. Therefore, AveI is also possibly involved in directing the carbon flux from primary to secondary metabolism in *S. avermitilis*.

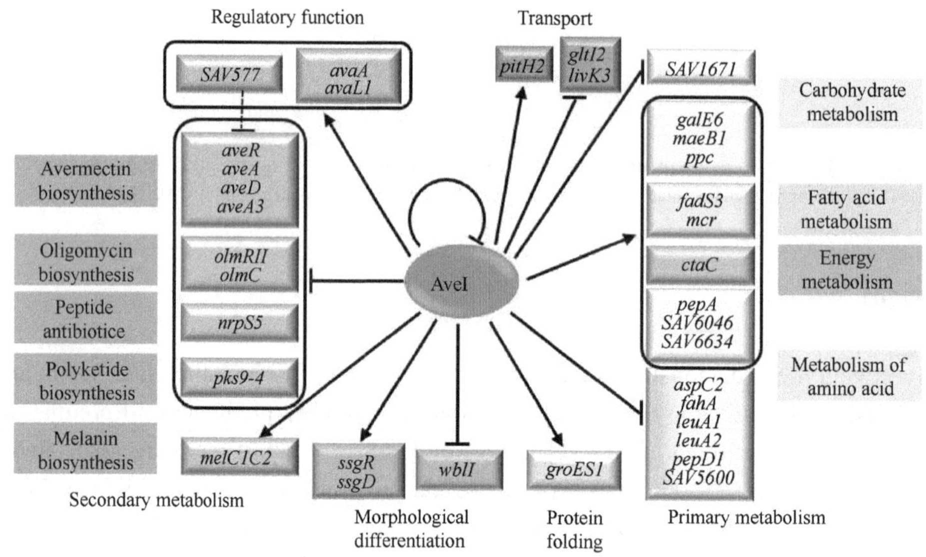

Fig. 8 Proposed model of AveI-mediated regulatory network in *S. avermitilis*
(Color figure in the two-dimensional code at the back cover)
Solid lines, direct control. Dashed lines, indirect control. Arrows, activation. Bars, repression

The SsgA-like proteins are a family of proteins that control cell division and sporulation in actinobacteria (Noens *et al.*, 2005, 2007). In *S. coelicolor* A3 (2), the transcription of *ssgA* is activated by the regulator SsgR (Traag *et al.*, 2004). AtrA-c activates the transcription of *ssgR*, which in turn activates the transcription of *ssgA* (Kim *et al.*, 2015). In *S. avermitilis, ssgR* is also under the positive control of AveI. Another *ssgA*-like gene, *ssgD*, is also under the positive control of AveI. WhiB-like proteins (Wbl) are small transcription factor-like proteins essential for sporulation in actinobacteria (Molle *et al.*, 2000; Fowler-Goldsworthy *et al.*, 2011). The expression of *wblI* is under the negative control of AveI. Therefore, AveI controls morphological differentiation by regulating the expression of *ssgR*, *ssgD* and *wblI.* It is interesting to mention that some targets of AveI are conserved in *Streptomyces*. Besides *ssgR*, γ-butyrolactone receptor protein encoding gene *spbR* in *S. pristinaespiralis* and *avaA* in *S. avermitilis* are also the targets of AtrA homolog (Wang *et al.*, 2015). SsgR and γ-butyrolactone receptor protein are involved in morphological differentiation of *Streptomyces*, suggesting that AtrA homologs may play a conserved role in development.

AtrA (the AveI homolog) have been intensively studied to regulate secondary metabolism in several *Streptomyces* strains (Uguru *et al.*, 2005; Chen *et al.*, 2008; Hirano *et al.*, 2008; Li *et al.*, 2015; Mao *et al.*, 2015; Wang *et al.*, 2015). AtrA-cand AtrA-gr activate actinorhodin and streptomycin biosynthesis through activating the expression of the CSR genes *actII-ORF4* in *S. coelicolor* and *strR* in *S. griseus*, respectively (Uguru *et al.*, 2005; Hirano *et al.*, 2008). AtrA-p activatespristinamycin production through activating the expression of two CSR genes *spbR* and *papR5* (Wang *et al.*, 2015). *S. globisporus* Atr activates lidamycin production by activating one of the CSR genes, *sgcR1* (Li *et al.*, 2015). AtrA-r positively regulates daptomycin production *via* activating the structure gene *dptE* in *S. roseosporus* (Mao *et al.*, 2015). AveI activates melanin biosynthesis by activating the expression of structure genes *melC1C2* operon. However, AveI represses avermectin production and oligomycin production through repressing the transcription of CSR genes *aveR* and *olmRII* and structural genes *aveA1*, *aveA3*, *aveD* and *olmC* in *S. avermitilis*. Although the regulatory role of AtrA homolog in antibiotic biosynthesis is conserved in various *Streptomyces*, the molecular mechanism for each secondary metabolite is relatively diverse.

References

Chen L, Chen J, Jiang Y, *et al.* 2009. Transcriptomics analyses reveal global roles of the regulator AveI in *Streptomyces avermitilis*. FEMS Microbiol Lett, 298(2): 199-207.

Chen L, Lu Y, Chen J, *et al.* 2008. Characterization of a negative regulator AveI for avermectin biosynthesis in *Streptomyces avermitilis* NRRL8165. Appl Microbiol Biotechnol, 80(2): 277-286.

Choudoir M J, Pepe-Ranney C, Buckley D H. 2018. Diversification of secondary metabolite biosynthetic gene clusters coincides with lineage divergence in *Streptomyces*. Antibiotics(Basel), 7(1): 12.

Craney A, Ahmed S, Nodwell J. 2013. Towards a new science of secondary metabolism. J Antibiot, 66(7): 387-400.

Duong C T, Lee H N, Choi S S, *et al.* 2009. Functional expression of *SAV3818*, a putative TetR-family transcriptional regulatory gene from *Streptomyces avermitilis*, stimulates antibiotic production in *Streptomyces* species. J Microbiol Biotechnol, 19(2): 136-139.

Fowler-Goldsworthy K, Gust B, Mouz S, *et al.* 2011. The actinobacteria-specific gene *wblA* controls major developmental transitions in *Streptomyces coelicolor* A3(2). Microbiol, 157(Pt 5): 1312-1328.

Guo J, Zhang X, Chen Z, *et al.* 2014. Two adjacent and similar TetR family transcriptional regulator genes, SAV577 and SAV576, co-regulate avermectin production in *Streptomyces avermitilis*. PLoS One, 9(6): e99224.

Guo J, Zhang X, Luo S, *et al.* 2013. A novel TetR family transcriptional regulator, SAV576, negatively controls avermectin biosynthesis in *Streptomyces avermitilis*. PLoS One, 8(8): e71330.

Guo J, Zhao J, Li L, *et al.* 2010. The pathway-specific regulator AveR from *Streptomyces avermitilis* positively regulates avermectin production while it negatively affects oligomycin biosynthesis. Mol Gen Genet, 283(2): 123-133.

He J M, Zhu H, Zheng G S, *et al.* 2016. Direct involvement of the master nitrogen metabolism regulator GlnR in antibiotic biosynthesis in *Streptomyces*. J Biol Chem, 291(51): 26443-26454.

Hirano S, Tanaka K, Ohnishi Y, *et al.* 2008. Conditionally positive effect of the TetR-family transcriptional regulator AtrA on streptomycin production by *Streptomyces griseus*. Microbiol, 154(Pt3): 905-914.

Ikeda H, Kazuo S Y, Ōmura S. 2014. Genome mining of the *Streptomyces avermitilis* genome and development of genome-minimized hosts for heterologous expression of biosynthetic gene clusters. J Ind Microbiol Biotechnol, 41(2): 233-250.

Ikeda H, Ōmura S. 1997. Avermectin biosynthesis. Chem Rev, 97(7): 2591-2610.

Jiang L, Liu Y, Wang P, *et al.* 2011. Inactivation of the extra cytoplasmic function sigma factor Sig6 stimulates avermectin production in *Streptomyces avermitilis*. Biotechnol Lett, 33(10): 1955-1961.

Kim S H, Traag B A, Hasan A H, *et al.* 2015. Transcriptional analysis of the cell division-related *ssg* genes in *Streptomyces coelicolor* reveals direct control of *ssgR* by AtrA. Antonie van Leeuwenhoek, 108(1): 201-213.

Kitani S, Ikeda H, Sakamoto T, *et al.* 2009. Characterization of a regulatory gene, *aveR*, for the biosynthesis of avermectin in *Streptomyces avermitilis*. Appl Microbiol Biotechnol, 82(6): 1089-1096.

Li X, Yu T, He Q, *et al.* 2015. Binding of a biosynthetic intermediate to AtrA modulates the production of lidamycin by *Streptomyces globisporus*. Mol Microbiol, 96(6): 1257-1271.

Liu G, Chater K F, Chandra G, *et al.* 2013a. Molecular regulation of antibiotic biosynthesis in *Streptomyces*. Microbiol Mol Biol Rev, 77(1): 112-143.

Liu W, Zhang Q, Guo J, *et al.* 2015. Increasing avermectin production in *Streptomyces avermitilis* by manipulating the expression of a novel TetR-family regulator and its target gene product. Appl Environ Microbiol, 81(15): 5157-5173.

Liu X, Cheng Y, Lyu M, *et al.* 2017. Redox-sensing regulator Rex regulates aerobic metabolism, morphological differentiation, and avermectin production in *Streptomyces avermitilis*. Sci Rep, 7: 44567.

Liu Y, Yan T, Jiang L, *et al.* 2013b. Characterization of SAV7471, a TetR-family transcriptional regulator involved in the regulation of coenzyme A metabolism in *Streptomyces avermitilis*. J Bacteriol, 195(19): 4365-4372.

Luo S, Sun D, Zhu J, *et al.* 2014. An extra cytoplasmic function sigma factor, sigma (25), differentially regulates avermectin and oligomycin biosynthesis in *Streptomyces avermitilis*. Appl Microbiol Biotechnol, 98(16): 7097-7112.

Macneil D J, Klapko L M. 1987. Transformation of *Streptomyces avermitilis* by plasmid DNA. J Ind Microbiol, 2(4): 209-218.

Mao X M, Luo S, Zhou R C, *et al.* 2015. Transcriptional regulation of the daptomycin gene cluster in *Streptomyces roseosporus* by an autoregulator, AtrA. J Biol Chem, 290(12):7992-8001.

Molle V, Palframan W J, Findlay K C, *et al.* 2000. WhiD and WhiB, homologous proteins required for different stages of sporulation in *Streptomyces coelicolor* A3(2). J Bacteriol, 182(5): 1286-1295.

Noens E E, Mersinias V, Traag B A, *et al.* 2005. SsgA-like proteins determine the fate of peptidoglycan during sporulation of *Streptomyces coelicolor*. Mol Microbiol, 58(4): 929-944.

Noens E E, Mersinias V, Willemse J, *et al.* 2007. Loss of the controlled localization of growth stage-specific cell-wall synthesis pleiotropically affects developmental gene expression in an *ssgA* mutant of *Streptomyces coelicolor*. Mol Microbiol, 64(5): 1244-1259.

Nothaft H, Rigali S, Boomsma B, *et al.* 2010. The permease gene *nagE2* is the key to *N*-acetylglucosamine sensing and utilization in *Streptomyces coelicolor* and is subject to multi-level control. Mol Microbiol, 75(5): 1133-1144.

Sun D, Zhu J, Chen Z, *et al.* 2016. SAV742, a novel AraC-family regulator from *Streptomyces avermitilis*, controls avermectin biosynthesis, cell growth and development. Sci Rep, 6: 36915.

Traag B A, Kelemen G H, Van Wezel G P. 2004. Transcription of the sporulation gene *ssgA* is activated by the IclR-type regulator SsgR in a *whi*-independent manner in *Streptomyces coelicolor* A3(2). Mol Microbiol, 53(3): 985-1000.

Uguru G C, Stephens K E, Stead J A, *et al.* 2005. Transcriptional activation of the pathway-specific regulator of the actinorhodin biosynthetic genes in *Streptomyces coelicolor*. Mol Microbiol, 58(1): 131-150.

Van Wezel G P, McDowall K J. 2011. The regulation of the secondary metabolism of *Streptomyces*: new links and experimental advances. Nat Prod Rep, 28(7): 1311-1333.

Wang W, Tian J, Li L, *et al.* 2015. Identification of two novel regulatory genes involved in pristinamycin biosynthesis and elucidation of the mechanism for AtrA-p-mediated regulation in *Streptomyces pristinaespiralis*. Appl Microbiol Biotechnol, 99(17): 7151-7164.

Xu L H, Fushinobu S, Takamatsu S, *et al.* 2010. Regio- and stereospecificity of filipin hydroxylation sites revealed by crystal structures of cytochrome P450 105P1 and 105D6 from *Streptomyces avermitilis*. J Biol Chem, 285(22): 16844-16853.

Yang R, Liu X, Wen Y, *et al.* 2015. The PhoP transcription factor negatively regulates avermectin biosynthesis in *Streptomyces avermitilis*. Appl Microbiol Biotechnol, 99(24): 10547-10557.

Zhu J, Chen Z, Li J, *et al.* 2017. AvaR1, a butenolide-type autoregulator receptor in *Streptomyces avermitilis*, directly represses avenolide and avermectin biosynthesis and multiple physiological responses. Front Microbiol, 8: 2577.

Zhu J, Sun D, Liu W, *et al.* 2016. AvaR2, a pseudo gamma-butyrolactone receptor homologue from *Streptomyces avermitilis*, is a pleiotropic repressor of avermectin and avenolide biosynthesis and cell growth. Mol Microbiol, 102(4): 562-578.

Supplementary materials: https://static-content.springer.com/esm/art%3A10.1007%2Fs00253-019-10062-3/MediaObjects/253_2019_10062_MOESM1_ESM.pdf

本文原载: Appl Microbiol Biotechnol, 2019, 103: 8459-8472.

SufR, a [4Fe-4S] Cluster-containing Transcription Factor, Represses the *sufRBDCSU* Operon in *Streptomyces avermitilis* Iron-sulfur Cluster Assembly*

Yaqing Cheng, Mengya Lyu, Renjun Yang, Ying Wen, Yuan Song, Jilun Li, Zhi Chen

(State Key Laboratory of Agrobiotechnology and Key Laboratory of Soil Microbiology, Ministry of Agriculture, College of Biological Sciences, China Agricultural University, Beijing, 100193, China)

Abstract

Iron-sulfur (Fe-S) clusters are ubiquitous and versatile inorganic cofactors that are crucial for many fundamental bioprocesses in nearly all organisms. How cells maintain Fe-S cluster homeostasis is not well understood in Gram-positive bacteria. Genomic analysis showed that the Suf system, which is encoded by the *sufRBDCSU* operon, is the sole Fe-S cluster assembly system in the genus *Streptomyces*. *Streptomyces avermitilis* is the industrial producer of avermectins, which are widely used as agricultural pesticides and antiparasitic agents. *sufR* (*SAV6324*) encodes a putative ArsR-family transcriptional regulator, which was characterized as a repressor of the *sufRBDCSU* operon in this investigation. Spectroscopy and mass spectrometry demonstrated that anaerobically isolated SufR contained an oxidation-sensitive [4Fe-4S] cluster and existed as a homodimer. EMSAs and DNase I footprinting analyses revealed that [4Fe-4S]-SufR bound specifically and tightly to a 14 bp palindromic sequence (CAAC-N_6-GTTG) in the promoter region of the *sufR* operon, repressing expression of the *sufRBDCSU* operon. The presence of the [4Fe-4S] cluster is critical for the DNA binding activity of SufR. Cys^{182}, Cys^{195}, and Cys^{223} in the C-terminal region of SufR are essential for [4Fe-4S] cluster coordination, but Cys^{178} is not. The fourth non-Cys ligand in coordination of the [4Fe-4S] cluster for SufR remains to be identified. The findings clarify the transcriptional control of the *suf* operon by [4Fe-4S] SufR to satisfy the varying Fe-S cluster demands. SufR senses the intracellular Fe-S cluster status and modulates the expression of the sole Fe-S cluster assembly system *via* its Fe-S cluster occupancy.

Keywords

Fe-S cluster homeostasis, SufR, [4Fe-4S] cluster, *suf* operon, *S. avermitilis.*

1. Introduction

Fe-S clusters are among the most ubiquitous and versatile cofactors of proteins in nearly all organisms. Because of their remarkable structural plasticity and intrinsic chemical/electronic properties, Fe-S clusters

*This work was supported by grants from the National Science Foundation of China (Grant No. 31470190 and 31861143004).

participate in diverse biological processes such as respiration, photosynthesis, nitrogen fixation, DNA repair, and gene regulation (Beinert *et al.*, 1997; Johnson *et al.*, 2005; Py *et al.*, 2011). The most common types of Fe-S clusters, [4Fe-4S] and [2Fe-2S], are attached to proteins primarily *via* cysteine ligands (Ayala-Castro *et al.*, 2008).

The formation of Fe-S clusters requires a complex biosynthetic machinery to assemble stored iron and sulfur, and the resulting clusters are transferred to the appropriate apo-protein substrates (Ayala-Castro *et al.*, 2008). Three systems for the Fe-S cluster assembly have been identified: the Isc (iron-sulfur cluster) system, the Suf (sulfur mobilization) system, and the Nif (nitrogen fixation) system (Johnson *et al.*, 2005; Ayala-Castro *et al.*, 2008). However, the phylogenetic distribution of these systems varies substantially among species of bacteria. The Nif system was originally found in the nitrogen-fixing bacteria, in which it is specifically used for the maturation of nitrogenases (Martinez-Argudo *et al.*, 2005). The Isc system is considered to be the housekeeping Fe-S cluster biogenesis pathway that mainly functions under normal growth conditions in bacteria such as *Escherichia coli* (Schwartz *et al.*, 2001; Giel *et al.*, 2013). The Suf system occurs in a wide range of bacteria and archaea (Takahashi and Tokumoto, 2002). In *E. coli*, the Suf system is a back-up system for Fe-S cluster assembly and is specifically activated under stress conditions such as iron deficiency or oxidative stress (Outten *et al.*, 2004; Yeo *et al.*, 2006; Py and Barras, 2010). In cyanobacteria, archaea, and many Gram-positive bacteria, the Suf system seems to be the sole or the main system for Fe-S cluster assembly (Huet *et al.*, 2005; Shen *et al.*, 2007; Riboldi *et al.*, 2009).

Solvent-exposed Fe-S clusters are prone to be damaged by O_2, reactive oxygen species (ROS) (Imlay, 2006, 2008), and nitric oxide (NO) (Crack *et al.*, 2014). To cope with the varying demands of Fe-S cluster assembly and to maintain Fe-S cluster homeostasis, bacteria have evolved regulators that precisely control the activity of Fe-S cluster assembly systems. The [2Fe-2S] cluster-containing transcription factor IscR (Isc pathway regulator), which was first identified in the Gram-negative bacterium *E. coli*, is a central mediator in sensing the intracellular Fe-S status and regulating the expression of the Iscand Suf systems (Schwartz *et al.*, 2001; Giel *et al.*, 2013). When the intracellular Fe-S clusters are sufficient, IscR mainly exists in holo-form. [2Fe-2S]-IscR binds to the promoter region of the *iscRSUA-hscBA-fdx* operon (*isc* operon) and represses its expression (Fleischhacker *et al.*, 2012; Giel *et al.*, 2013). When the cells are experiencing oxidative stress or iron limitation and the requirements for Fe-S clusters are not satisfied, IscR is mostly in apo-form. Apo-IscR loses binding activity to the promoter region of the *isc* operon, and the expression of *isc* operon is increased by derepression (Yeo *et al.*, 2006; Giel *et al.*, 2013). Apo-IscR can also bind to the promoter region of the *sufABCDSE* operon (*suf* operon) and activate the expression of the Suf system to maximize Fe-S assembly capacity (Giel *et al.*, 2006; Yeo *et al.*, 2006; Lee *et al.*, 2008). IscR senses the intracellular Fe-S status *via* its [2Fe-2S] cluster occupancy and tunes the synthesis of the Iscand Suf systems in response to the varying demands for Fe-S cluster biogenesis.

Like *E. coli*, cyanobacteria have both Isc and Suf systems for Fe-S cluster assembly. In cyanobacteria, the Suf system rather than the Isc system is responsible for the biogenesis and maintenance of the Fe-S clusters (Wang *et al.*, 2004). The *sufBCDS* genes of the Suf system in cyanobacteria are organized in an operon, which is transcribed divergently from a bidirectional promoter region with the *sufR* gene, while *sufA* and *sufE* are located elsewhere. The [4Fe-4S] cluster-containing $SufR_{cy}$ binds to the two DNA sequences in the bidirectional promoter region of *sufR-sufBCDS* and represses the expression of the *suf* operon and *sufR* (Wang *et al.*, 2004; Shen *et al.*, 2007). In many Gram-positive bacteria such as *Bacillus subtilis*, mycobacteria and *Streptomyces*, the Suf system is solely responsible for [Fe-S] cluster assembly and repair (Huet *et al.*, 2005; Albrecht *et al.*, 2010). Recently, *Mycobacterium tuberculosis* Rv1460, a

SufR homologue, was reported to repress the expression of the *suf* operon in *Mycobacterium* (Minch *et al.*, 2015; Willemse *et al.*, 2018).

Streptomyces are Gram-positive, filamentous soil bacteria that exhibit complex morphological differentiation and that produce more than half of all known antibiotics, as well as anticancer, anthelmintic, and immunosuppressive agents (Challis and Hopwood, 2003; Flardh and Buttner, 2009). How *Streptomyces* regulate the expression of the sole Fe-S cluster assembly system in response to the varying Fe-S cluster demands remains to be elucidated. *S. avermitilis* is used for the industrial production of avermectins, a series of 16-membered macrocyclic anthelmintic agents that are widely applied in medicine, agriculture, and animal husbandry (Egerton *et al.*, 1979; Miller *et al.*, 1979). Like the Suf system in *Bacillus subtilis* and mycobacteria, the Suf system is the sole system for Fe-S cluster biogenesis in *S. avermitilis.* In this study, we report on the regulatory role of SufR in Fe-S cluster biogenesis in *S. avermitilis*.

2. Results

2.1 The *suf* operon in *S. avermitilis*

Although there are three distinct Fe-S assembly systems in bacteria (Ayala-Castro *et al.*, 2008), no equivalent of the *nif* or *isc* operon has been found in the *S. avermitilis* genome. A BLAST search identified a gene locus (*SAV6324-SAV6331*) with sequence similarity to the *suf* operon in bacteria (Fig. 1a, Fig. S1a). *SAV6325* to *SAV6330* are predicted to encode SufB, SufD, putative ferredoxin subunit of phenylpropionate dioxygenase (Hcac1), SufC, SufS, and SufU (a NifU-like protein), respectively. The last gene of the locus (*SAV6331*) has no homology with any of the *suf* genes. Neither *sufA* nor *sufE* homologue genes were found in the *S. avermitilis* genome. It seems that the *sufB*, *sufC*, *sufD*, and *sufS* genes are highly conserved in *suf* operons. SufS is a cysteine desulfurase that mobilizes sulfur from free L-cysteine for Fe-S cluster biogenesis (Outten *et al.*, 2003). SufC has ATPase activity and forms a tight complex with SufB and SufD. The SufBCD complex acts as a scaffold for the assembly and transfer of transient clusters to target proteins (Outten, 2015). *S. avermitilis* SufB, SufD, SufC, and SufS share 82%, 58%, 77%, and 52% identity with the *M. tuberculosis* orthologs, and 41%, 22%, 51%, and 26% identity with the *E. coli* orthologs, respectively. The *suf* operon is exceptionally conserved in all *Streptomyces* genomes sequenced to date, suggesting that *Streptomyces* species possess a functional Suf system as the sole system for Fe-S cluster assembly.

SAV6324 (*sufR*), the first gene of the locus, encodes a putative ArsR-family transcriptional regulator protein. The predicted product shares 47% and 27% identity with SufR from *M. tuberculosis* and *Synechocystis* sp. PCC6803, respectively. *S. avermitilis* SufR contains an ArsR-family HTH (helix-turn-helix) DNA-binding domain at the N terminus and three highly conserved cysteine residues that may function in the Fe-S cluster binding motif at the C terminus (Fig. 1b). In contrast to the $sufR_{cy}$ gene in cyanobacteria, the *sufR* gene is oriented in the same direction as other *suf* genes in *S. avermitilis* as well as in *M. tuberculosis* (Fig. 1a). *S. avermitilis suf* genes and adjacent genes are oriented in the same direction with very short intergenic regions or intein invading sequences. RT-PCR analysis demonstrated that these genes (from *sufR* to *SAV6331*) are organized in the same operon and are co-transcribed into a long mRNA molecule (Fig. S1). *sufR* and the adjacent *suf* genes are widely distributed among *Streptomyces* species, suggesting a conserved regulatory role of SufR in Fe-S cluster assembly in *Streptomyces*.

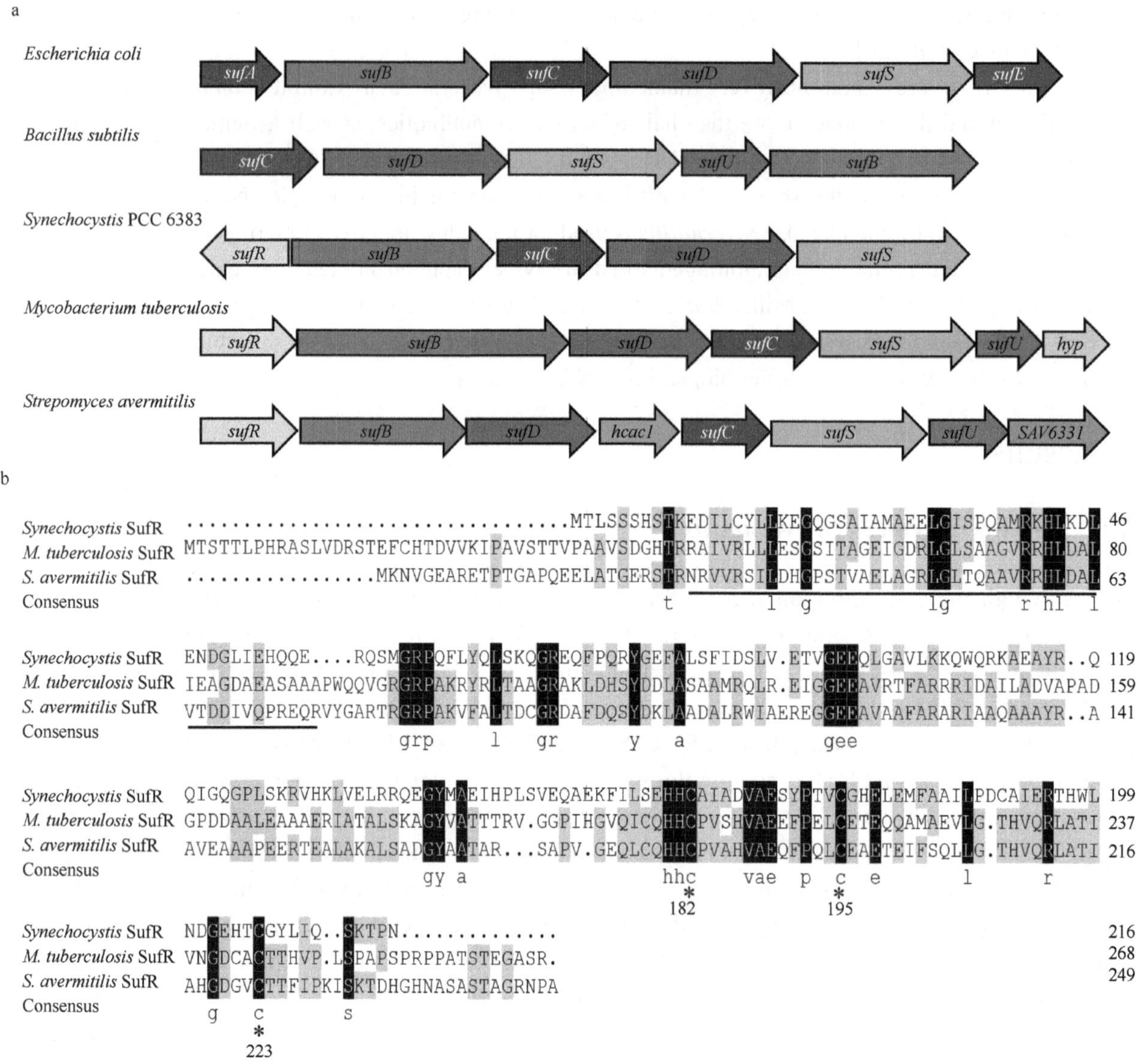

Fig. 1 Identification of a putative Fe-S cluster assembly regulator in *S. avermitilis*
(Color figure in the two-dimensional code at the back cover)

a. Gene organization of the *suf* operons from different bacterial species (*Escherichia coli*, *Bacillus subtilis*, *Synechocystis* PCC 6083, *Mycobacterium tuberculosis*, and *Streptomyces avermitilis*). The genes with conserved functions are indicated with the same color. b. Multiple sequence alignment of SufR homologues. Strictly conserved amino acids are highlighted in navy blue. Underline: the HTH DNA-binding domain. * conserved cysteine

2.2 SufR harbors the [4Fe-4S] cluster

Fe-S cluster assembly regulators usually harbor Fe-S clusters in order to sense the intracellular Fe-S cluster status and to modulate their binding activity (Shen *et al.*, 2007; Giel *et al.*, 2013). To investigate whether *S. avermitilis* SufR contains a Fe-S cluster, which is usually oxygen-sensitive, we purified the SufR protein from *E. coli* under strictly anaerobic conditions (O_2<8 ppm). The anaerobically purified SufR-His_6 fraction was dark brown and was much darker than the aerobically purified one, suggesting the presence of Fe-S clusters (Fig. S2). The UV-visible absorbance spectrum of the anaerobically purified soluble SufR protein had a single broad absorption peak around 412 nm and no other features at longer wavelengths (Fig. 2), indicating that it is more characteristic of a [4Fe-4S] cluster rather than a [2Fe-2S] cluster (Duin *et al.*, 1997; Ugulava *et al.*, 2001). Although the anaerobically purified [4Fe-4S]-SufR was stable and remained brown for days under anaerobic conditions, it gradually lost its color and its A_{412} value decreased rapidly when it was exposed to air. The A_{412} value decreased by approximately 35% and 75% with 30 min and 60 min, respectively, of air exposure. The 412 nm peak disappeared completely after 3 h of air exposure, indicating that the [4Fe-4S] cluster is very sensitive to oxygen (Fig. 2). No characteristic [2Fe-2S] cluster absorbance in the visible region was observed with the gradual loss of [4Fe-4S] cluster signal intensity, indicating a gradual transition from holo- to apo-SufR, instead of a [4Fe-4S] to [2Fe-2S] cluster conversion.

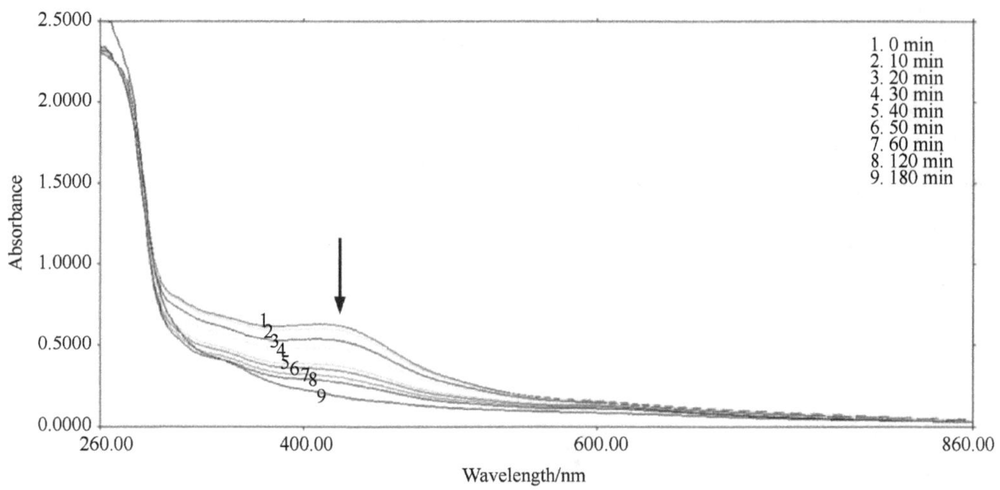

Fig. 2　Oxygen-induced degradation of the Fe-S cluster in SufR

SufR sample was purified under strictly anaerobic conditions (O_2 < 8 ppm). The results show the absorption spectra of the anaerobically purified protein SufR after exposure to air for 0 min to 180 min

Matrix-assisted laser desorption ionization-time of flight (MALDI-TOF) mass spectrometer was used to determine the mass of the Fe-S cluster-bound SufR. The predicted mass of C-terminal His-tagged SufR (apo-SufR) is 28.7 kDa. Two main peaks were observed in the mass spectrum; one was at approximately 56 kDa, corresponding to the dimeric form of SufR-His_6, and the other was at about 28 kDa, corresponding to the monomeric protein (Fig. S3). The presence of the monomeric form was possibly due to destruction of the dimer by the ionization and vaporization processes. The findings demonstrate that SufR exists as a homodimer that contains [4Fe-4S] cluster under anaerobic conditions.

2.3　SufR directly represses the expression of the *suf* operon

Some members of ArsR-family transcription factors are transcriptional repressors for heavy metal ion detoxification (Busenlehner *et al.*, 2003). In cyanobacteria, SufR represses the expression of itself and the adjacent *suf* operon (Shen *et al.*, 2007). To elucidate the function of SufR in *S. avermitilis*, we constructed the *sufR* deletion mutant (DsufR) by homologous recombination in *S. avermitilis* ATCC 31267. RT-qPCR analysis indicated that the transcriptional levels of *sufB*, *sufC* and *sufD* were remarkably higher in DsufR than in the wild type (WT) after 2 and 6 days in SFM culture, indicating that SufR represses the expression of the *suf* operon (Fig. 3a).

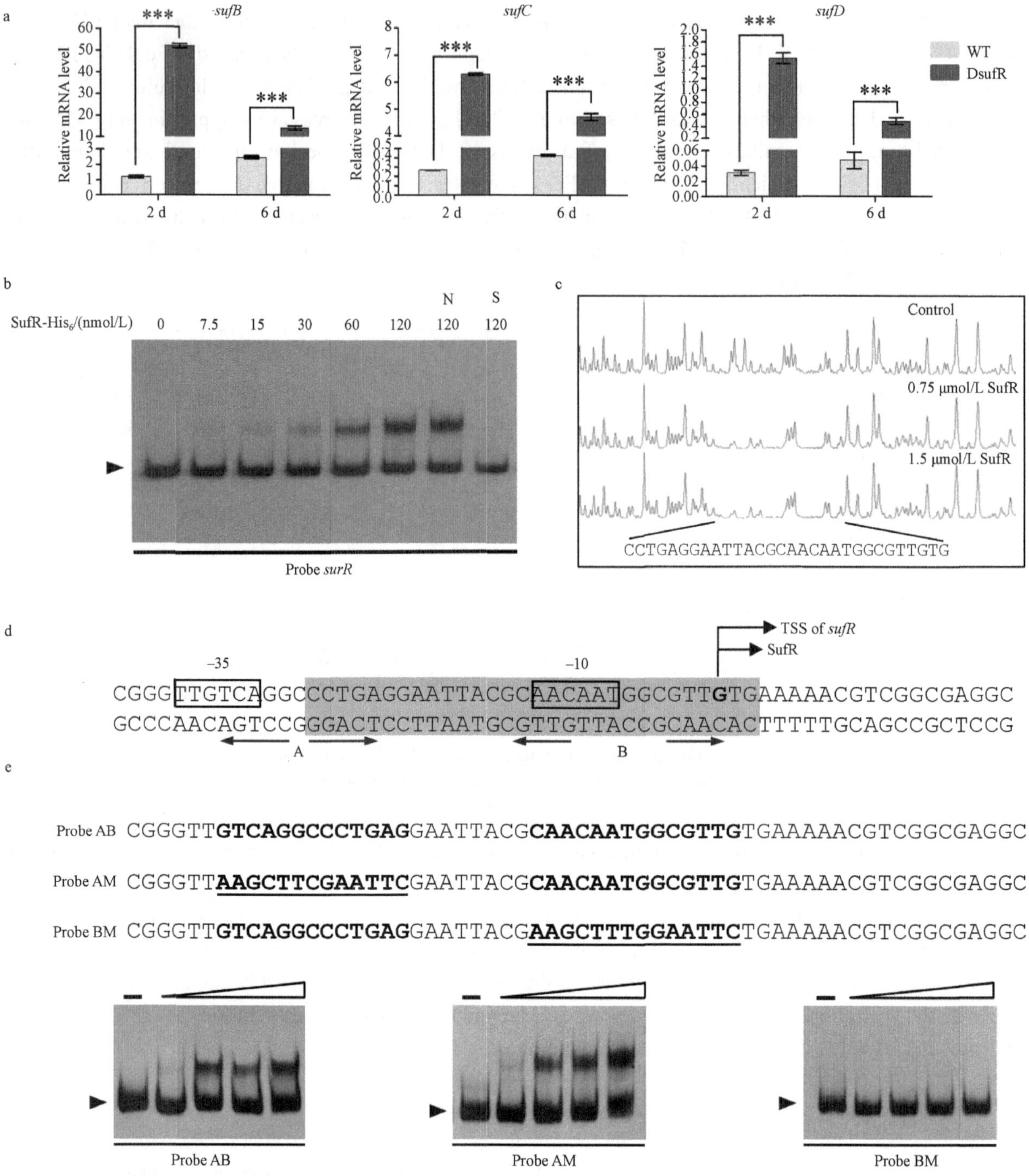

a

sufB sufC sufD

Relative mRNA level

WT
DsufR

2 d 6 d

b

SufR-His$_6$/(nmol/L) 0 7.5 15 30 60 120 N 120 S 120

Probe *surR*

c

Control

0.75 μmol/L SufR

1.5 μmol/L SufR

CCTGAGGAATTACGCAACAATGGCGTTGTG

d

TSS of *sufR*

SufR

−35 −10

CGGGTTGTCAGGCCCTGAGGAATTACGCAACAATGGCGTT**G**TGAAAAACGTCGGCGAGGC

GCCCAACAGTCCGGGACTCCTTAATGCGTTGTTACCGCAACACTTTTTGCAGCCGCTCCG

A B

e

Probe AB CGGGTT**GTCAGGCCCTGAG**GAATTACG**CAACAATGGCGTTG**TGAAAAACGTCGGCGAGGC

Probe AM CGGGTT**AAGCTTCGAATTC**GAATTACG**CAACAATGGCGTTG**TGAAAAACGTCGGCGAGGC

Probe BM CGGGTT**GTCAGGCCCTGAG**GAATTACG**AAGCTTTGGAATTC**TGAAAAACGTCGGCGAGGC

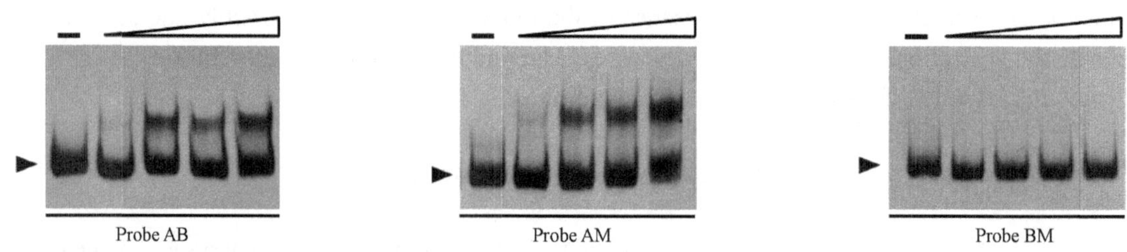

Fig.3 SufR represses expression of the *suf* operon

a. RT-qPCR analysis of the transcriptional levels of *suf* genes in the WT and DsufR grown on SFM for 2 or 6 days. Error bars: standard deviation of three technical replicates. ****P*<0.001 (Student's *t*-test). b. Binding of SufR-His$_6$ to its own promoter region by EMSA. Labeled probe (0.15 nmol/L) and various amounts of SufR-His$_6$ were added to each reaction mixture. The 300-fold nonspecific competitor DNA (lane N) or unlabeled specific probe (lane S) were added to confirm the specificity of band shifts. Arrow: free probe. c. DNase I footprinting assay of SufR on its own promoter region. Upper fluorogram, control reaction without protein. Protection fluorograms were acquired with increasing amounts of SufR-His$_6$ protein. d. Nucleotide sequences of the *sufR* promoter region. Shaded box: the region protected by SufR. Arrows: inverted repeat sequences. Bent arrow: *sufR* transcriptional and translational start sites. Boxes: putative −35 and −10 regions. e. EMSAs of probe AB, mutated probe AM, and BM to identify the SufR-binding site. Mutations were introduced into the inverted repeat sequences A and B of probe AB to generate mutated probe AM and BM. Underlining: altered nucleotides

To determine whether SufR directly regulates the *suf* operon, we performed *in vitro* EMSA using a soluble SufR-His_6 protein anaerobically purified from *E. coli* and the DIG-labeled probe of the *sufR* promoter region (probe *sufR*). SufR-His_6 bound to the probe *sufR* and produced a clearly shifted band (Fig. 3b). Binding specificity was evaluated by competitive assays with excess (300-fold) unlabeled specific probe *sufR*, which abolished the binding of SufR-His_6 to the labeled probe *sufR* (lane S), or with excess unlabeled nonspecific probe, which did not attenuate the retarded signal (lane N). These results indicate that SufR binds specifically to the promoter region of the *suf* operon and directly regulates its expression.

2.4 SufR binds to a 14-nt palindromic sequence in the *sufR* promoter region

To elucidate how SufR regulates the *suf* operon, we determined the binding sequence of SufR in the 5′-end fluorescein-labeled promoter region of the *suf* operon by DNase I footprinting analysis. One 30-nt region (5′-CCTGAGGAATTACGCAACAATGGCGTTGTG-3′) in the *sufR* promoter region was protected by 0.75 mol/L and 1.5 μmol/L SufR-His_6 (Fig. 3c). The transcriptional start site (TSS) of *sufR* was determined by 5′-rapid amplification of cDNA ends (5′-RACE). The TSS was located at the G residue, which is the same position of the translational start codon of SufR (Fig. S4). The SufR-binding sequence is located between –35 and –10 regions of the *sufR* promoter and contains –10 regions (Fig. 3d). Analysis of the protected region revealed two palindromic sequences that were possibly the SufR binding site: TCAGGNCCTGA (site A) and CAAC-N_6-GTTG (site B). To determine which one is the recognition sequence of SufR, we introduced site-directed mutation to site A or site B of probe AB (containing both palindromic sequences) to produce probe AM or probe BM (Fig. 3e). EMSAs showed that SufR-His_6 could bind equally well to probe AM, which had a mutated site A, and probe AB, but could not bind to probe BM, which had a mutated site B (Fig. 3e), indicating that the palindromic sequence B (CAAC-N_6-GTTG) is the SufR-binding site. The palindromic sequence is the same as the identified binding sequence of $SufR_{cy}$ (CAAC-N_6-GTTG) in *Synechocystis* (Shen *et al.*, 2007), indicating the similar regulatory role and regulatory mechanism of SufR in these bacteria. Based on these results, we conclude that SufR may directly block the transcription of the *suf* operon by binding to the –10 region of the *sufR* promoter to prevent the attachment of RNA polymerase to the promoter.

To determine whether SufR regulates genes involved in other physiological processes, we used the palindromic sequence and Virtual Footprint software to scan the *S. avermitilis* genome (Table S1) and verified the putative target genes with high score and annotation by EMSA using [4Fe-4S]-SufR proteins (Fig. S5). We failed to find any other genes that are regulated by SufR. Thus, SufR likely functions specifically as a transcriptional repressor of the sole Fe-S cluster assembly system in *Streptomyces*. The CAAC-N_6-GTTG palindromic sequence is present in the promoter regions of *suf* operons among *Streptomyces* species (Fig. S6), indicating that the regulatory mechanism of SufR in Fe-S cluster assembly is conserved in *Streptomyces*.

2.5 The [4Fe-4S] cluster is critical for the DNA-binding activity of SufR

The DNA-binding activity of iron-sulfur cluster transcriptional regulators usually depends on the state of [Fe-S] clusters (Reents *et al.*, 2006; Crack *et al.*, 2015). To determine whether the presence of the [4Fe-4S] cluster is required for the DNA-binding activity of SufR, we performed EMSA experiments using different forms of SufR with DIG-labeled *sufR* probe. Fresh anaerobically purified SufR resulted in a clear shifted band at very low concentration (60 nmol/L). When the anaerobically purified SufR was exposed to air for 1.5 h, which partially destroyed the [4Fe-4S], the binding activity decreased significantly (Fig. 4). Apo-SufR was prepared from anaerobically purified SufR using EDTA and potassium ferricyanide. Apo-SufR could not bind to the *sufR* probe, and no shifted band was observed even with a much higher amount of protein (480 nmol/L). To further illustrate that the [4Fe-4S] cluster is required for DNA-binding activity, apo-SufR was reconstituted to [4Fe-4S]-SufR as described in Materials and methods. The ability to bind to the *sufR* probe was restored in Re-SufR (Fig. 4). These findings indicate that the DNA binding activity of SufR depends on the presence of the [4Fe-4S] cluster.

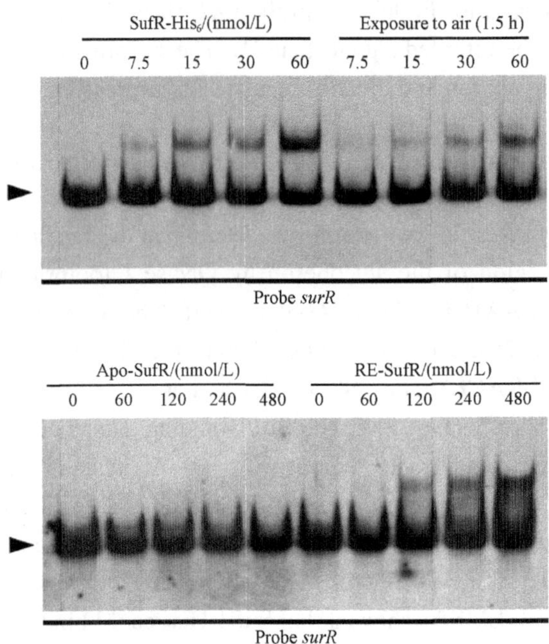

Fig. 4 The [4Fe-4S] cluster is essential for the DNA-binding activity of SufR

EMSA analysis of the binding to the *sufR* promoter region using an aerobically purified SufR, air-exposed SufR (1.5 h), Apo-SufR, and reconstituted SufR. EMSA conditions were as described in Fig. 2. Arrow: free probe

2.6 Cys^{182}, Cys^{195}, and Cys^{223} provide ligands to the [4Fe-4S] cluster

The integration of Fe-S clusters into Fe-S proteins is usually coordinated by cysteine residues, and in some cases by histidine or other residues, on the proteins (Reents *et al.*, 2006; Isabella *et al.*, 2009). Alignment of *S. avermitilis* SufR with its homologs from other bacteria revealed that its C-terminal domain has three conserved cysteine residues at positions 182, 195, and 223, which are likely candidates for the coordination of the [4Fe-4S] cluster (Fig. 1b). There is a fourth cysteine residue (Cys^{178}) in the C terminus that is absent in $SufR_{cy}$, suggesting that the residue may not be essential. To investigate the role of the cysteine residues (Cys^{178}, Cys^{182}, Cys^{195} and Cys^{223}) in SufR, the Cys residues were replaced by a Ser residue to produce variants as described in materials and methods.

A heterologous Lux-reporter system in *E. coli* (Tahlan *et al.*, 2007) was used to identify the effects of the cysteine residues on the DNA-binding activity of SufR. The reporter system exploited two plasmids: pSufR (based on pACYC184) was used for expressing SufR and its variants, and pOsufRlux (based on pCS26-*Pac* carrying the promoter less *lux* reporter genes) was used for expressing the *lux* operon under the control of the *sufRp* promoter (Fig. 5a). The *E. coli* transformant containing pOsufRlux conferred a high level of bioluminescence, while *E. coli* containing the control plasmid pCS26-*Pac* had only a low background level (Fig. 5a), indicating that the *sufR* promoter is able to be recognized by *E. coli* RNA polymerase. In comparison with the control plasmid pACYC184, the introduction of the expression plasmid pSufR dramatically reduced the bioluminescence of the transformant harboring pOsufRlux (Fig. 5a), which was consistent with the previous finding that SufR is negatively autoregulated. The bioluminescence of the pOsufRlux transformant expressing pSufRC178S was similar to that of the strain expressing pSufR, while pSufRC182S, pSufRC195S, pSufRC223S, pSufRC182S/C195S, and pSufRC182S/C195S/C223S did not repress the transcription from the *sufR* promoter. Considering that serine might still be able to coordinate [4Fe-4S] cluster, Cys^{178} was also mutated to alanine to rule out the possibility of being a ligand residue. The bioluminescence of the transformant harboring pSufRC178A was similar to the strain expressing pSufR (Fig. S7), indicating that Cys^{178} is not involved in the coordination of [4Fe-4S] cluster. Amino acid sequence alignment of SufR proteins from bacteria revealed that Glu^{198} is highly conserved besides Cys^{182}, Cys^{195}, and Cys^{223} (Fig. S8). However, the bioluminescence of the transformant harboring pSufRE198A was similar to the strain expressing pSufR (Fig. S7), suggesting that Glu^{198} is not the non-Cys ligand to coordinate [4Fe-4S] cluster. The findings indicate that Cys^{182}, Cys^{195}, and Cys^{223}, but not Cys^{178}, are essential for the regulatory function of SufR.

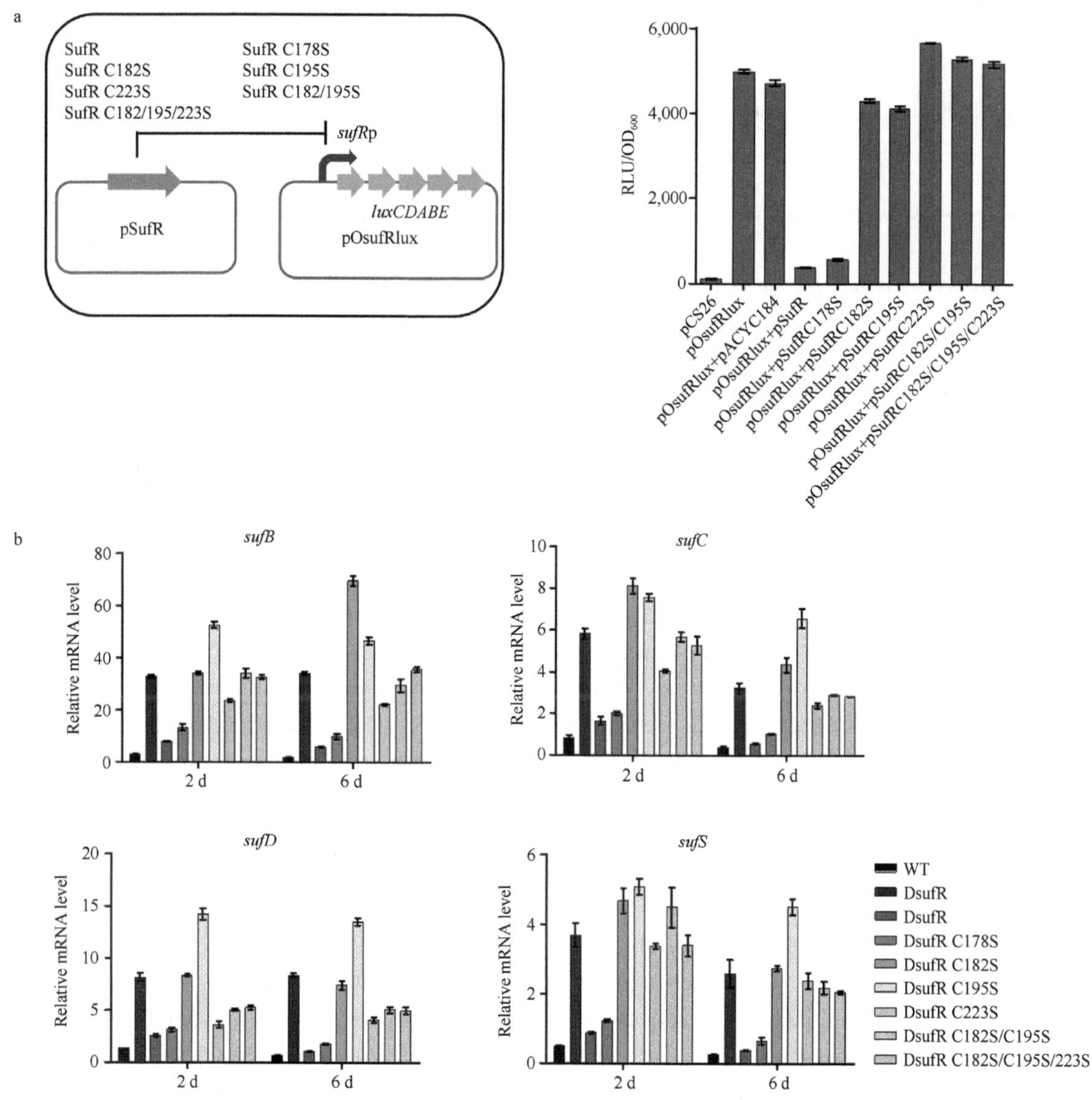

Fig. 5 Three conserved cysteines are essential for SufR function *in vivo*

a. The effects of Cys residue mutation on SufR repression of *sufR* promoter activities were investigated using an *E. coli* bioluminescence reporter system. A schematic representation of the reporter system (left) and the effect of SufR variants on bioluminescence level of *E. coli* containing reporter plasmid pOsufRlux (right). RLU (relative light units) represents bioluminescence level. b. RT-qPCR analysis of the transcriptional levels of *suf* genes in *S. avermitilis* WT, DsufR, and complemented strain of DsufR using *sufR* or *sufR* variants. The strains were grown in FM-I for 2 or 6 days. Error bars: standard deviation of three technical replicates

The latter conclusion was further supported by *in vivo* experiments in *S. avermitilis*. Deletion of *sufR* led to increased expression of *sufB*, *sufC*, *sufD*, and *sufS* genes. The transcriptional levels of the *suf* genes were restored to those of the WT when the complementation plasmid pSETSufR (based on the integrative plasmid pSET152) was transferred into the DsufR mutant (Fig. 5b). pSETSufRC178S (expressing the C178S SufR variant based on pSET152) also restored the expression of the *suf* genes of DsufR to that of the WT, while pSETSufRC182S, pSETSufRC195S, pSETSufRC223S, pSETSufRC182S/C195S, and pSETSufRC182S/C195S/C223S could not (Fig. 5b). The results further confirmed that the residues Cys^{182}, Cys^{195}, and Cys^{223} are required for proper SufR function.

The C182/195/223S triple-mutation SufR variant was purified under anaerobic conditions to assess its DNA activity by EMSA. Unlike the brown color of SufR, the C182/195/223S SufR variant was colorless (Fig. S2), suggesting the absence of the Fe-S cluster. C182/195/223SSufR could not bind to the promoter region of *sufR* (Fig. S9). The findings demonstrate that the [4Fe-4S] cluster is critical for the DNA-binding activity of SufR, and that the Cys^{182}, Cys^{195}, and Cys^{223}residues are essential for co-ordination of the [4Fe-4S] cluster of SufR.

2.7 SufR represses avermectin production and promotes morphological differentiation

In *Streptomyces roseosporus*, the ArsR-family transcriptional regulator DepR2 negatively regulates daptomycin production by directly binding to the promoters of the daptomycin gene cluster (Mao *et al.*, 2017). We therefore determined whether SufR regulates secondary metabolism or morphological differentiation in *S. avermitilis*. Shake-flask fermentation and HPLC analysis showed that the avermectin yield was ~230% higher for DsufR than for the WT (Fig. 6a). The biomass was lower for DsufR than the WT in soluble fermentation medium FM-II in the exponential phase, but the biomasses were almost the same in the stationary phase (Fig. 6b). Avermectin yield and bacterial biomass were restored in CsufR by introduction of a copy of *sufR* into DsufR (Fig. 6a, b), indicating that the changes in avermectin yield and biomass of DsufR were due solely to the *sufR* deletion. Compared with the WT and CsufR, DsufR displayed obvious delays of aerial hypha formation and sporulation on SFM plates (Fig. S10), and scanning electron microscopy (SEM) showed that DsufR grown on SFM formed normal aerial hyphae and spores but delayed (Fig. 6c). Therefore, the deletion of *sufR* delays the formation of aerial hyphae and spores. Given that no SufR-binding sites were found in the promoter regions of *ave* genes, and that SufR did not bind to their promoter regions (Fig. S11), we infer that SufR may affect avermectin production in an indirect manner.

The WhiB-like (Wbl) family of regulators are small [4Fe-4S]-containing proteins that are found in actinomycetes including the genera *Mycobacterium* and *Corynebacterium* (Crack *et al.*, 2009; Kim *et al.*, 2013). Eleven and nine *wbl* genes were identified in *S. coelicolor* (Fowler-Goldsworthy *et al.*, 2011) and *S. avermitilis*, respectively (Table S2). Several of them (*wblA*, *whiB*, and *whiD*) are important in morphological differentiation (Jakimowicz *et al.*, 2005; Zheng *et al.*, 2012; Liu *et al.*, 2013). ChIP-seq analysis showed that WhiB is a transcription factor that co-regulates the expression of key genes required for sporulation with WhiA (Bush *et al.*, 2013, 2016), and mutation of its cysteine residues that coordinate the WhiB [4Fe-4S] cluster abolishes the DNA binding *in vivo* (Bush *et al.*, 2016). RT-qPCR analysis in the current study revealed that the transcriptional levels of most of the *wbl* genes were significantly decreased in DsufR (Fig. S12). Because *wblA*, *whiB*, and *whiD* are essential for morphological differentiation in *Streptomyces*, the decreased expression of *wbl* genes led to delayed morphological differentiation.

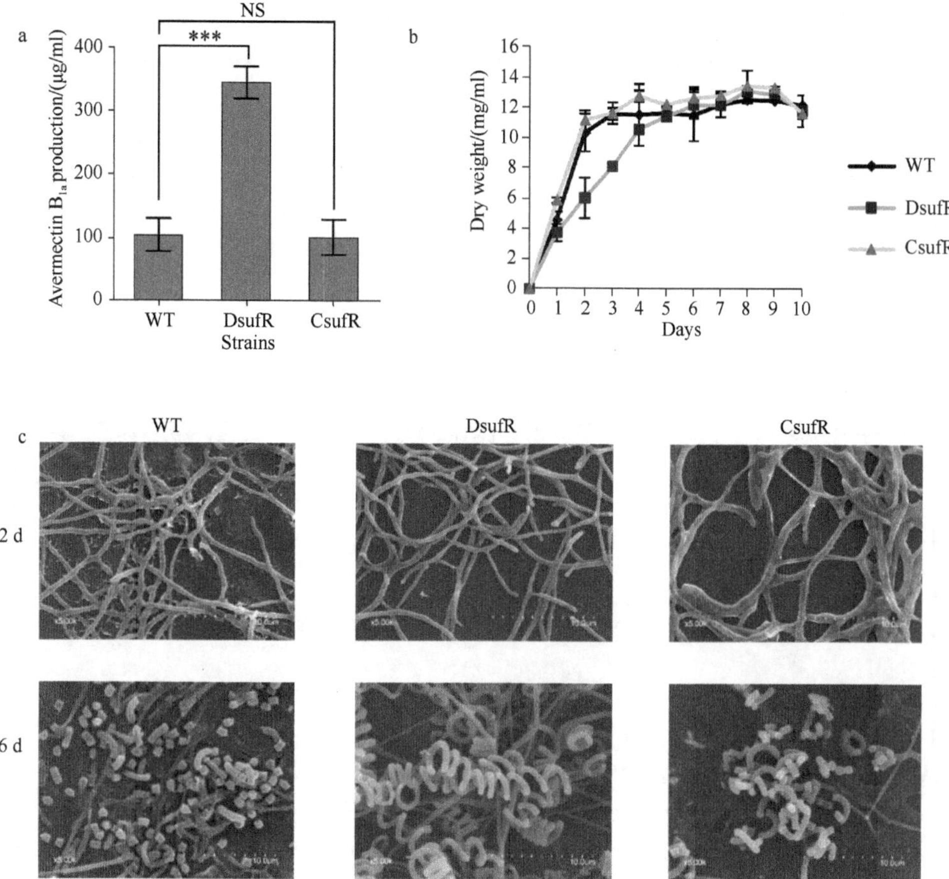

Fig. 6　Avermectin production, growth, and morphological differentiation of *S. avermitilis* WT and sufR-related mutant strains

a. Avermectin production of the WT, DsufR and CsufR cultured in FM-I for 10 days. $^{***}P<0.001$; NS, not significant (Student's *t*-test). b. Growth curves of the WT, DsufR and CsufR in soluble FM-II. c. SEM images showing morphological development of the WT, DsufR and CsufR grown for 2 or 6 days on SFM media. Error bars: standard deviation of three biological replicates

3. Discussion

The present study elucidates for the first time the biochemical and biophysical properties and regulation function of SufR in *Streptomyces*. The *sufRBDCSU* operon is conserved among *Streptomyces*. Because neither Iscnor Nif systems were found in *Streptomyces* genomes,the Suf system is the sole biosynthetic machinery for the assembly and repair of [Fe-S] clusters in the genus. [4Fe-4S]-SufR exists as a homodimer and functions as a transcriptional repressor of the *suf* operon. Based on the findings, we propose a model for the function of SufR in maintaining Fe-S cluster homeostasis in *S. avermitilis* (Fig. 7). When the intracellular synthesis of Fe-S clusters is sufficient, SufR exists mainly in the form of [4Fe-4S]-SufR. Holo-SufR binds to the promoter region of the *suf* operon and represses its expression. Under oxidative stress, however, the Fe-S clusters are damaged by ROS, and the intracellular Fe-S cluster abundance is insufficient. SufR loses its [4Fe-4S] cluster and its DNA-binding activity. Apo-SufR dissociates from the promoter region of the *suf* operon, and the expression of the *suf* system is strongly increased by derepression in order to promote the synthesis of Fe-S clusters. Once the demand for Fe-S cluster biogenesis is met, the increased intracellular Fe-S cluster binds to SufR, and holo-SufR represses the expression of the *suf* operon and slows the synthesis of Fe-S clusters. Thus, SufR senses the status of intracellular Fe-S cluster *via* its [4Fe-4S] cluster occupancy and controls intracellular

Fe-S cluster homeostasis by reversible binding to the [4Fe-4S] cluster.

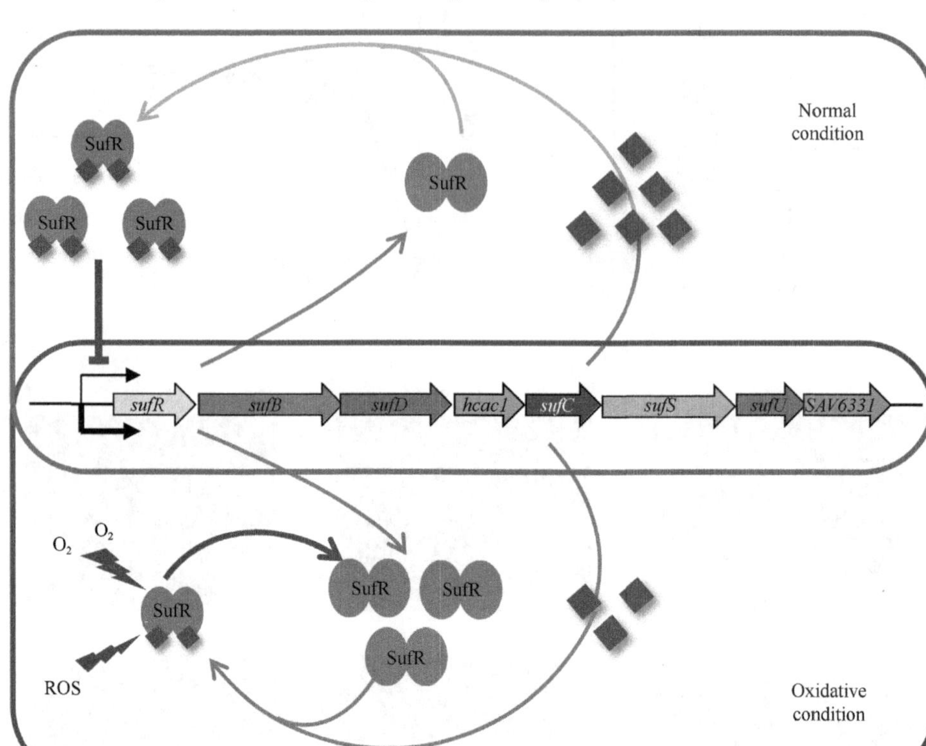

Fig. 7 Proposed model of SufR-mediated Fe-S cluster biogenesis under normal and oxidative stress conditions in *S. avermitilis* (Color figure in the two-dimensional code at the back cover)

Under normal conditions, the Fe-S clusters (crimson rhombuses) synthesized by the Suf system are sufficient to satisfy the requirement of intracellular Fe-S cluster proteins. SufR exists mainly in the form of [4Fe-4S] SufR and represses transcription of the *suf* operon. Under oxidative stress, destruction of Fe-S clusters results in an increased demand for intracellular Fe-S clusters. Apo-SufR loses its ability to bind to the *sufR* promoter region, which leads to derepression of the *suf* operon and therefore to increased synthesis of Fe-S clusters

The presence of the [4Fe-4S] cluster is critical for the DNA-binding activity of SufR. Cysteine residues or other residues coordinate the iron ions of [4Fe-4S] cluster to integrate the cluster into Fe-S proteins (Reents *et al.*, 2006; Isabella *et al.*, 2009). *S. coelicolor* WhiD is a small [4Fe-4S] cluster-containing protein with a highly conserved pattern of cysteine residuesC $(X_n)C(X_2)C(X_5)C$ that are essential for [4Fe-4S] cluster coordination (Jakimowicz *et al.*, 2005). *E. coli* IscR, which contains a [2Fe-2S] cluster, is coordinated by three cysteine residues and one histidine residue (Fleischhacker *et al.*, 2012). *S. coelicolor* NsrR contains a [4Fe-4S] cluster, which is ligated by three conserved cysteine residues and an oxygenic ligand Glu^{85}(Crack *et al.*, 2015). Although the C-terminal domain of SufR has four cysteine residues (Cys^{178}, Cys^{182}, Cys^{195}, and Cys^{223}), only Cys^{182}, Cys^{195}, and Cys^{223} are essential for the DNA-binding activity of SufR *in vivo, i.e.*, Cys^{178} is not required. The latter finding is consistent with the alignment of *S. Avermitilis* SufR with its orthologs, which reveals three conserved cysteine residues at their C-terminal domains. Although a highly conserved $C(X_{12})C(X_{13})C(X_{14})C$ sequence is present in the C-terminal domains of cyanobacterial SufR proteins, only the three cysteine residues that are highly conserved in all SufR proteins are involved in ligating the [4Fe-4S] cluster; the third cysteine residue is not involved and is replaced by a threonine residue in actinomycete SufR (Fig. 1b) (Shen *et al.*, 2007). Therefore, the fourth ligand in the coordination of the [4Fe-4S] cluster for SufR remains to be identified. Its three Cys residues and one non-Cys ligand may reduce the ability of the SufR protein to preferentially obtain Fe-S clusters rather than other substrates with all cysteinyl-ligands. This results in the co-existence of Apo-SufR and cluster-containing holo-SufR and thereby ensures that the sole Fe-S cluster assembly system (the Suf system) is constitutively expressed at the level required to fulfill the demands for Fe-S cluster biogenesis under normal conditions.

SufR also affects avermectin production and morphological differentiation in *S. avermitilis*. Because no SufR-binding sites were found in the promoter regions of *ave* genes or genes involved in morphological differentiation, SufR affects avermectin production and morphological differentiation in an indirect manner. The WhiB-like (Wbl) family regulators play important regulatory roles in morphological differentiation and secondary metabolism in *Streptomyces*. WblA is a down-regulator of antibiotic production in *S. coelicolor* (Kang *et al.*, 2007), *S. peucetius* (Noh *et al.*, 2010), and *S. ghanaensis* (Rabyk *et al.*, 2011).The decreased expression of *wblA*, a gene that down-regulates antibiotic production, might have increased avermectin production. The decreased expression of *wbl* genes in DsufR was possibly caused by the increased availability of [4Fe-4S] clusters due to the enhanced Suf system, which affected the DNA binding activities of Wbl proteins to their targets and their own. Therefore, SufR may affect morphological differentiation and avermectin production by influencing *wbl* gene expression and the DNA-binding activities of Wbl regulators.

In the Gram-negative bacterium *E. coli*, IscR controls two Fe-S cluster assembly systems: Isc and Suf (Yeo *et al.*, 2006; Giel *et al.*, 2013). IscR also directly represses *hyaABCDEF*, *hybOABCDEFG*, and *napFDAGHBC*, which encode anaerobic respiratory enzymes containing Fe-S clusters, and *yadR* and *yhgl*, which encode proteins related to Fe-S cluster biogenesis (Giel *et al.*, 2006). Therefore, IscR acts as a global regulator in *E. coli*. The current results indicate that SufR binds to the palindromic sequence (CAAC-N_6-GTTG) in the promoter region of the *suf* operon; and represses the transcription of the *suf* operon. Although several genes contain a conservative SufR binding motif in the promoter regions, they are not under the direct control of SufR (Fig. S5). It seemed that SufR functions specifically as a repressor of the Fe-S cluster assembly system in *Streptomyces*. Further systematic studies, such as ChIP-seq analysis in the future would elucidate whether SufR has additional binding sites and provide more information for the regulatory role of SufR in *Streptomyces*.

In summary, the current research demonstrates that SufR is a transcriptional repressor of the *suf* operon. The [4Fe-4S] cluster is required for the DNA-binding activity of SufR and thereby enables SufR to sense the intracellular Fe-S cluster status and to modulate the expression of the sole Fe-S cluster assembly system. Further work is needed to determine how *Streptomyces* maintains its Fe-S cluster homeostasis in response to diverse environmental signals, such as oxidative stress or iron deficiency.

4. Materials and Methods

4.1 Strains, plasmids, and culture conditions

The strains and plasmids used in this work are listed in Table 1. The WT *S. avermitilis* ATCC 31267 was used as a host for gene disruption and propagation. *S. avermitilis* was grown at 28℃ on YMS (yeast extract-malt extract-soluble starch) and SFM (soya flour-mannitol) media for sporulation or in modified liquid YEME medium containing 25% sucrose for mycelia growth and protoplast preparation. Culture conditions and media for protoplast regeneration, phenotypic observation, and avermectin production were as described previously (Jiang *et al.*, 2011). *E. coli* JM109 and BL21 (DE3) were used for plasmid construction and protein overexpression, respectively. *E. coli* ET12567 (Macneil and Klapko, 1987) was used to propagate non-methylated plasmids for transformation into *S. avermitilis*. *E. coli* strains were grown in standard LB medium at 37℃.

Table 1 Strains and plasmids used in this study

Strain or plasmid	Description	Source
Strains		
S. avermitilis		
ATCC 31267	wild type strain	laboratory stock
DsufR	*sufR*-deletion mutant of ATCC 31267	this study
CsufR	complemented strain of DsufR with SufR	this study
CsufRC178S	complemented strain of DsufR with SufRC178S	this study
CsufRC182S	complemented strain of DsufR with SufRC182S	this study
CsufRC195S	complemented strain of DsufR with SufRC195S	this study
CsufRC223S	complemented strain of DsufR with SufRC223S	this study
CsufRC182S/C195S	complemented strain of DsufR with SufRC182S/C195S	this study
CsufRC182S/C195S/C223S	complemented strain of DsufR with SufRC182S/C195S/C223S	this study
E. coli		
ET12567	methylation-deficient strain	Beinert *et al.*, 1997
BL21 (DE3)	host for protein overexpression	Novagen
Plasmids		
pKC1139	multiple-copy, temperature-sensitive *E. coli-Streptomyces* shuttle vector	Johnson *et al.*, 2005
pSET152	integrative *E. coli-Streptomyces* shuttle vector	Johnson *et al.*, 2005
pET-28a (+)	vector for His_6-tagged protein overexpression in *E. coli*	Novagen
pKCDsufR	*Surf* deletion vector based on pKC1139	this study
pSETSufR	*sufR*-complemented vector based on pSET152	this study
pSETSufRC178S	*surf* (C178S)-complemented vector based on pSET152	this study
pSETSufRC182S	*surf* (C182S)-complemented vector based on pSET152	this study
pSETSufRC195S	*sufR* (C195S)-complemented vector based on pSET152	this study
pSETSufRC223S	*surf* (C223S)-complemented vector based on pSET152	this study
pSETSufRC182S/C195S	*sufR* (C182S/C195S)-complemented vector based on pSET152	this study
pSETSufRC182S/C195S/C223S	*sufR* (C182S/C195S/C223S)-complemented vector based on pSET152	this study
pET28-SufR	*sufR*-overexpressing vector based on pET-28a (+)	this study
pET28-SufRC182S/C195S/C223S	*sufR* (C182S/C195S/C223S)-overexpressing vector based on pET-28a (+)	this study
pCS26-*Pac*	vector containing promoterless *lux* reporter	Crack *et al.*, 2015
pOsufRlux	pCS26-*Pac* carrying *sufRp* controlled lux reporter	this study
pACYC184	for protein expression in reporter system	Crack *et al.*, 2015
pSufR	for SufR expression in reporter system	this study
pSufRC178S	for SufRC178S expression in reporter system	this study
pSufRC178A	for SufRC178A expression in reporter system	this study
pSufRC182S	for SufRC182S expression in reporter system	this study
pSufRC195S	for SufRC195S expression in reporter system	this study
pSufRC223S	for SufRC223S expression in reporter system	this study
pSufRC182S/C195S	for SufRC182S/C195S expression in reporter system	this study
pSufRC182S/C195S/C223S	for SufRC182S/C195S/C223S expression in reporter system	this study
pSufRE198A	for SufRE198A expression in reporter system	this study

4.2 Gene deletion and complementation

The *sufR* mutant (DsufR) was constructed by homologous recombination as follows. Upstream (position –519 to 16 relative to the *sufR* start codon) and downstream regions (position –44 to 462 relative to the *sufR* stop codon) of *sufR* were amplified by PCR with the primer sets sufR-up-FW/sufR-up-Rev and sufR-dw-FW/sufR-dw-Rev, respectively. The PCR fragments were purified, digested with *Eco*R I/*Bam* H I and *Bam*H I/*Hin*d III, respectively, and together inserted into *Eco*R I/*Hin*d III-digested pKC1139 vector to generate the *sufR* deletion vector pKCDsufR. pKCDsufR was transformed into *S. avermitilis* WT protoplasts (Bierman *et al.*, 1992). Double-crossover recombinant strains were selected as described previously (Liu *et al.*, 2013). The mutant was analyzed and confirmed by PCR using primer pairs listed in Table 2.

Table 2　Primers used in this study

Purpose	Primer	Sequence (5′—3′)
Construction of DsufR mutant	sufR-up-Fw	CGGAATTCTCTGCATGAGCGCCAAGT (*Eco*R I)
	sufR-up-Rev	CGGGATCCCGCCGACGTTTTTCACAAC (*Bam*H I)
	sufR-dw-Fw	CGGGATCCGCCACAACGCATCCGCAA (*Bam*H I)
	sufR-dw-Rev	CCCAAGCTTCGGTGTCGAGGAAGATGACG (*Hin*d III)
	sufR-V1	CCGCCGGACTGGAGCATCA
	sufR-V2	ATGGTGACCTTGGAGCCGATGT
Complementation of DsufR mutant	sufR-C-Fw	CGGGATCCGTGGCCGTCGAGCTGGGT (*Bam*H I)
	sufR-C-Rev	CGTCTAGACTTGAGGCGGAGCTTGGT (*Xba* I)
	sufR-CM-Fw	CGGGATCCTTCCCGACAGCCTCCTCCG (*Bam*H I)
	sufR-CM-Rev	GCTCTAGAACTCCGCCTGCTTCTCCGT (*Xba* I)
Construction of His-tagged SufR	His-sufR-Fw	CATGCCATGGAAAACGTCGGCGAGGCAC (*Nco* I)
	His-sufR-Rev	CGGGATCCTTCCTCCCGGCGGTGCTTG (*Bam*H I)
EMSA	sufRp-Fw	GATGGAAGCTCGCGCACG
	sufRp-Rev	CGGCGGCCTGGGTGAGAC
	sufRpAB-Fw	CGCAGGTCAGTTTAGGTATGCC
	sufRpAB-Rev	GGGTCTCCCGTGCCTCGC
Footprinting assay	sufRp-FAM-Fw	GATGGAAGCTCGCGCACG
	sufRp-Rev	CGGCGGCCTGGGTGAGAC
Lux reporter system	CS-sufR-Fw	CCCTCGAGTCGCCGTACCGCTTCACCAG (*Xho* I)
	CS-sufR-Rev	CGGGATCCCTCCCGTGCCTCGCCGAC (*Bam*H I)
	sufR-P-Fw	GGGTTGTCAGGCCCTGAGGAA
	sufR-P-Rev	CGGGATCCTCGTTGATGCCGCGCTTGG (*Bam*H I)
Serine and alanine substitution of cysteine residues	sufRC178S-up-Fw	AGTGGGCCGGTCGGAGGG
	sufRC178S-dw-Rev	CTCCGCCTCCGGGATGCC
	sufRC182S-up-Fw	GAGTCTTCCCGACAGCCTCCTC
	sufRC182S-dw-Rev	CGCTGCTTCTCCGCCTCCG
	sufRC195S-up-Fw	AGTCTTCCCGACAGCCTCCTC
	sufRC195S-dw-Rev	GCGGATCTGGTGGTAGACGAC
	sufRC223S-up-Fw	TTCCCGACAGCCTCCTCCG
	sufRC223S-dw-Rev	TGCTCCTTCAGGGCGGTGTC
	sufRC178A-up-Fw	AGTGGGCCGGTCGGAGGG
	sufRC178A-dw-Rev	CTCCGCCTCCGGGATGCC

continued

Purpose	Primer	Sequence (5′—3′)
	sufRE198A-up-Fw	AGTCTTCCCGACAGCCTCCTC
	sufRE198A-dw-Rev	GCGGATCTGGTGGTAGACGAC
5′-RACE	Oligo(dT) anchor primer	GACCACGCGTATCGATGTCGACTTTTTTTTTTTTTTTT
	anchor primer	GACCACGCGTATCGATGTCGAC
	SP1sufR	CGGCGGTGCTTGCGGATG
	SP2sufR	GGTCTCCGCCTCGCACAGC
	SP3sufR	GTCAGGGCGAAGACCTTGGC

Note: Underline, restriction enzyme sites

For complementation of DsufR, a 1,266 bp DNA fragment containing the promoter and ORF of *sufR* was amplified from WT genomic DNA. The PCR product was cloned into the integrative vector pSET152 to generate a *sufR*-complemented vector, which was transformed into DsufR to obtain the complemented strain CsufR. The point mutation SufR complemented plasmids were also constructed by the method described above, and were transformed into DsufR to obtain corresponding complemented strains.

4.3 Anaerobic purification of SufR

To overproduce SufR in *E. coli*, plasmid pETSufR was constructed as follows. The SufR coding region was amplified by PCR from *S. avermitilis* genomic DNA using primers His-sufR-Fw and His-sufR-Rev. The PCR product was digested with *Nco* I and *Bam*H I, and inserted into a His_6-tagged expression vector pET28a cut with the same enzymes to generate pETSufR. pETSufRC182/195/223S was constructed using the same procedure to overproduce aC182/195/223S triple-mutation SufR variant. The resulting plasmids were transformed into *E. coli* BL21 (DE3) for overexpression of SufR proteins with a His_6-tagged C-terminal.

The transformants were cultured in LB with 50 μg/ml kanamycin and 20 μmol/L ammonium ferric citrate at 37℃ and 230 r/min until an OD_{600} of 0.4~0.6 was attained. To facilitate the synthesis of intracellular Fe-S clusters, the cultures were placed on ice for 18 min and were induced with 0.2 mmol/L isopropyl-β-D-thiogalactopyranoside (IPTG) and incubated at 37℃ and 230 r/min. After 50 min, the cultures were supplemented with 25 μmol/L L-methionine and 200 μmol/L ammonium ferric citrate and incubated at 37℃ for 3.5 h. The harvested cells were resuspended in lysis buffer (50 mmol/L NaH_2PO_4, 300 mmol/L NaCl, 10 mmol/L imidazole) to a total volume of 50 ml and disrupted by sonication on ice in an anaerobic workstation. The crude lysate was transferred to sealed centrifuge tubes (Beckman) and centrifuged outside of the anaerobic workstation at 9,000 r/min for 50 min at 4℃ to obtain a clarified SufR-containing extract. After repeated vacuuming and nitrogen filling, the extract was transferred to the anaerobic Glovebox Cabinet (MBRAUN Lab Star, Germany). His_6-tagged protein was purified on Ni^{2+}-NTA resin (Qiagen, Germany) according to the manufacturer's protocol in an anaerobic Glovebox Cabinet (O_2 < 8 ppm). All solutions used for anaerobic purification were repeated vacuuming and nitrogen filling to remove oxygen in anaerobic workstation.

4.4 UV-visible absorption spectroscopy and Mass Spectrometry of SufR

UV-visible absorption spectra were obtained using a TU-1900 dual beam UV spectrometer (China) in the 260~860 nm wavelength range. Absorption spectra of SufR were immediately collected at room temperature. To study the effect of air oxidation on the [4Fe-4S] cluster of SufR, the absorption spectra of purified protein was recorded at different time intervals up to 180 min. The anaerobic purified SufR was analyzed on a Bruker Autoflex II mass spectrometer (Bruker Daltonics, Billerica, MA, USA). Mass spectrometer operated at linear mode, 45%~60% laser power, 337 nm nitrogen laser. Spectra was analyzed with Flex-Analysis.

4.5 Preparation of Apo-SufR and reconstituted [4Fe-4S]-SufR

Apo-SufR and reconstituted [4Fe-4S]-SufR were prepared as described previously (Alam *et al.*, 2007). Apo-SufR was prepared from freshly purified holo-SufR solution (100 μmol/L) using potassium ferricyanide and EDTA in a 1∶50∶20 molar ratio of protein∶EDTA∶ferricyanide at 25℃ for 30 min, and then Apo-SufR was exchanged into elution buffer (50 mmol/L NaH_2PO_4, 300 mmol/L NaCl, 500 mmol/L imidazole), using Zeba spin desalting columns (Thermo Scientific).

Reconstitution of the Fe-S cluster of Apo-SufR was performed in the anaerobic cabinet. An Apo-protein solution (50 μmol/L) was incubated with 10-fold molar excess of $FeCl_3$ and Na_2S to protein concentration at 25℃ for 8 h. The reconstituted protein (Re-SufR) was immediately used for EMSAs.

4.6 Electrophoretic mobility shift assays (EMSAs)

EMSAs were performed with a DIG Gel Shift Kit (2nd Generation; Roche, USA). The promoter region of *sufR* was obtained by PCR and labelled with DIG-11-ddUTP using terminal transferase. Binding reactions (20 μl) contained 0.15 nmol/L labelled probe, binding buffer (20 mmol/L HEPES, pH 7.0, 10 mmol/L $(NH_4)_2SO_4$, 1 mmol/L DTT, 0.2% (*w*/*V*) Tween 20, 30 mmol/L KCl), 1 μg poly [d(I-C)], and various concentrations of SufR or SufR variant. The binding reactions were performed at 25℃ for 30 min and were run on 5% (*w*/*V*) native polyacrylamide gels. Gels were transferred to nylon membrane, and signals were detected following the manufacturer's protocol (Roche). The above operations were performed under aerobic conditions.

4.7 DNase I footprinting

A fluorescent labeling procedure was used for DNase I footprinting assays. To determine the binding site of SufR in its promoter region, a 505 bp fluorescence-labeled DNA fragment corresponding to the upstream region of *sufR* was amplified by PCR using primer pair sufRp-FAM-Fw/sufRp-Rev and was purified from the agarose gel. A reaction mixture (25 μl) containing 400 ng of labelled probe and various amounts of SufR-His_6 protein in binding buffer was incubated at 25℃ for 30 min. DNase I (0.016 units) digestion was performed at 37℃ for 50 s and was terminated with 50 mmol/L EDTA. After purification, the DNA samples were analyzed with a 3730XL DNA Genetic Analyzer (Applied Biosystems), and the data were analyzed using GeneMarker v2.2 software.

4.8 5′-Rapid amplification of cDNA ends (5′-RACE)

The transcriptional start site (TSS) of *sufR* was identified using a 5′/3′-RACE kit (Roche, 2nd Generation). Total RNA was prepared from WT culture grown in FM-I for 2 days. The cDNA was synthesized using a gene-specific primer (SP1sufR). An oligo-dA tail was added to the purified cDNAs at the 3′ end using terminal deoxynucleotidyl transferase. The tailed cDNA was used as template with oligo (dT)-anchor primer and another gene-specific primer (SP2sufR) to perform the first round of PCR. To obtain a single specific band, the product of first round PCR was used as a template for the second round PCR with the anchor primer and a nested primer (SP3sufR). The final PCR product was purified and sequenced (Invitrogen Biotechnology Corporation, China).

4.9 Serine substitution of cysteine residues in SufR

Four cysteine residues (C^{178}, C^{182}, C^{195}, and C^{223}) were mutated to serine individually or in combination by site-directed mutagenesis using overlap extension PCR. A similar procedure was used for mutating C^{178} and E^{198} to alanine. Two overlap PCR products were amplified from WT genomic DNA using primer pairs. The purified PCR products were used as templates in the second PCR with sufRCNS-up-Fw and sufRCNS-dw-Rev (N: 178, 182, 195, 223). Fragments (1,190 bp) were amplified using the fusion fragments as templates with SufR-CM-Fw and sufR-CM-Rev. The products were cleaved by *Bam*H I/*Xba* I and cloned into pSET152 to generate a series of constructs. DNA sequencing analysis was performed to verify the sequence of each plasmid.

4.10 Construction of biosensor strains and bioluminescence assay in *E. coli*

The promoter region of *sufR* was amplified by PCR with primers CS-sufR-Fw/CS-sufR-Rev and ligated into the reporter vector pCS26-*Pac* to obtain pOsufRlux. For expression of SufR proteins, the *sufR* gene (WT or variants C178S, C182S, C195S, C223S, C182/195S, C182/195/223S) containing its Shine-Dalgarno sequence and coding region was amplified with primers and ligated into pACYC184 to produce pSufR or site mutated SufR expression plasmids. The reporter vector pOsufRlux and the SufR expression vector pSufR were cotransformed into *E. coli* JM109. Vectors pACYC184 and pCS26-*Pac* were cotransformed into *E. coli* JM109 as controls. The bioluminescence of *E. coli* reporter cultures was measured after 12 h cultivation at 37℃ using a single-tube luminometer (Promega GloMax 20/20, USA).

4.11 RNA extraction and reverse transcription quantitative PCR (RT-qPCR) analysis

Total RNAs were isolated from mycelia of *S. avermitilis* grown for various times in fermentation medium FM-I or on SFM solid medium, as described previously (Yang *et al.*, 2015). RNA samples were treated with RNase-free DNase I (TaKaRa, Japan) to remove genomic DNA. Synthesis of cDNA and RT-qPCR analysis were performed as described previously (Yang *et al.*, 2015). Primer efficiencies were measured and calculated (Ramakers *et al.*, 2003), and the efficiency values of all primers were between 93%~105%. The relative expression level was quantified using the comparative C_t method. Transcription of the housekeeping gene *hrdB* (*SAV2444)* was used as an internal control. Each experiment was performed in triplicate.

4.12 Scanning electron microscopy

For specimen preparation, coverslips were embedded at a 45° angle in SFM agar inoculated with the *S. avermitilis* strains. The cover lips were gently removed from the agar after various periods of growth. Specimens were fixed with glutaraldehyde and osmium tetroxide, washed three times with phosphate butter, dehydrated by ethanol, dried in a LEICA critical point dryer, sputter-coated with a layer of gold, and examined with a scanning electron microscope (S3400N, Hitachi).

4.13 Production and analysis of avermectins

Fermentation of *S. avermitilis* strains and HPLC analysis of avermectin yield were performed as described previously (Jiang *et al.*, 2011).

References

Alam M S, Garg S K, Agrawal P. 2007. Molecular function of WhiB4/Rv3681c of *Mycobacterium tuberculosis* H37Rv: a [4Fe-4S] cluster co-ordinating protein disulphide reductase. Mol Microbiol, 63(5): 1414-1431.

Albrecht A G, Netz D J, Miethke M, *et al.* 2010. SufU is an essential iron-sulfur cluster scaffold protein in *Bacillus subtilis*. J Bacteriol, 192(6): 1643-1651.

Ayala-Castro C, Saini A, Outten F W. 2008. Fe-S cluster assembly pathways in bacteria. Microbiol Mol Biol Rev, 72(1): 110-125, table of contents.

Beinert H, Holm R H, Munck E. 1997. Iron-sulfur clusters: nature's modular, multipurpose structures. Science, 277(5326): 653-659.

Bierman M, Logan R, O'Brien K, *et al.* 1992. Plasmid cloning vectors for the conjugal transfer of DNA from *Escherichia coli* to *Streptomyces* spp. Gene, 116(1): 43-49.

Busenlehner L S, Pennella M A, Giedroc D P. 2003. The SmtB/ArsR family of metalloregulatory transcriptional repressors: structural insights into prokaryotic metal resistance. FEMS Microbiol Rev, 27(2-3): 131-143.

Bush M J, Bibb M J, Chandra G, *et al.* 2013. Genes required for aerial growth, cell division, and chromosome segregation are targets of WhiA before sporulation in *Streptomyces venezuelae*. MBio, 4(5): e00684-13.

Bush M J, Chandra G, Bibb M J, *et al.* 2016. Genome-wide chromatin immunoprecipitation sequencing analysis shows that WhiB is a transcription factor that cocontrols its regulon with WhiA to initiate developmental cell division in *Streptomyces*. MBio, 7(2): e00523-16.

Challis G L, Hopwood D A. 2003. Synergy and contingency as driving forces for the evolution of multiple secondary metabolite production by *Streptomyces* species. Proc Natl Acad Sci USA, 100(Suppl 2): 14555-14561.

Crack J C, den Hengst C D, Jakimowicz P, *et al.* 2009. Characterization of [4Fe-4S]-containing and cluster-free forms of *Streptomyces* WhiD. Biochemistry, 48(51): 12252-12264.

Crack J C, Green J, Thomson A J, *et al.* 2014. Iron-sulfur clusters as biological sensors: the chemistry of reactions with molecular oxygen and nitric oxide. Acc Chem Res, 47(10): 3196-3205.

Crack J C, Munnoch J, Dodd E L, *et al.* 2015. NsrR from *Streptomyces coelicolor* is a nitric oxide-sensing [4Fe-4S] cluster protein with a specialized regulatory function. J Biol Chem, 290(20): 12689-12704.

Duin E C, Lafferty M E, Crouse B R, *et al.* 1997. [2Fe-2S] to [4Fe-4S] cluster conversion in *Escherichia coli* biotin synthase. Biochemistry, 36(39): 11811-11820.

Egerton J R, Ostlind D A, Blair L S, *et al.* 1979. Avermectins, new family of potent anthelmintic agents: efficacy of the B_{1a} component. Antimicrob Agents Chemother, 15(3): 372-378.

Flardh K, Buttner M J. 2009. *Streptomyces* morphogenetics: dissecting differentiation in a filamentous bacterium. Nat Rev Microbiol, 7(1): 36-49.

Fleischhacker A S, Stubna A, Hsueh K L, *et al.* 2012. Characterization of the [2Fe-2S] cluster of *Escherichia coli* transcription factor IscR. Biochemistry, 51(22): 4453-4462.

Fowler-Goldsworthy K, Gust B, Mouz S, *et al.* 2011. The actinobacteria-specific gene *wblA* controls major developmental transitions in *Streptomyces coelicolor* A3(2). Microbiology, 157(Pt 5): 1312-1328.

Giel J L, Nesbit A D, Mettert E L, *et al.* 2013. Regulation of iron-sulphur cluster homeostasis through transcriptional control of the Isc pathway by [2Fe-2S]-IscR in *Escherichia coli*. Mol Microbiol, 87(3): 478-492.

Giel J L, Rodionov D, Liu M, *et al.* 2006. IscR-dependent gene expression links iron-sulphur cluster assembly to the control of O_2-regulated genes in *Escherichia coli*. Mol Microbiol, 60(4): 1058-1075.

Huet G, Daffe M, Saves I. 2005. Identification of the *Mycobacterium tuberculosis* SUF machinery as the exclusive mycobacterial system of [Fe-S] cluster assembly: evidence for its implication in the pathogen's survival. J Bacteriol, 187(17): 6137-6146.

Imlay J A. 2006. Iron-sulphur clusters and the problem with oxygen. Mol Microbiol, 59(4): 1073-1082.

Imlay J A. 2008. Cellular defenses against superoxide and hydrogen peroxide. Annu Rev Biochem, 77: 755-776.

Isabella V M, Lapek J D, Kennedy E M, *et al.* 2009. Functional analysis of NsrR, a nitric oxide-sensing Rrf2 repressor in *Neisseria gonorrhoeae*. Mol Microbiol, 71(1): 227-239.

Jakimowicz P, Cheesman M R, Bishai W R, *et al.* 2005. Evidence that the *Streptomyces* developmental protein WhiD, a member of the WhiB family, binds a [4Fe-4S] cluster. J Biol Chem, 280(9): 8309-8315.

Jiang L, Liu Y, Wang P, *et al.* 2011. Inactivation of the extracytoplasmic function sigma factor Sig6 stimulates avermectin production in *Streptomyces avermitilis*. Biotechnol Lett, 33(10): 1955-1961.

Johnson D C, Dean D R, Smith A D, *et al.* 2005. Structure, function, and formation of biological iron-sulfur clusters. Annu Rev Biochem, 74: 247-281.

Kang S H, Huang J, Lee H N, *et al.* 2007. Interspecies DNA microarray analysis identifies WblA as a pleiotropic down-regulator of antibiotic biosynthesis in *Streptomyces*. J Bacteriol, 189(11): 4315-4319.

Kim J S, Lee H N, Lee H S, *et al.* 2013. A WblA-binding protein, SpiA, involved in *Streptomyces* oxidative stress response. J Microbiol Biotechnol, 23(10): 1365-1371.

Lee K C, Yeo W S, Roe J H. 2008. Oxidant-responsive induction of the *suf* operon, encoding a Fe-S assembly system, through Fur and IscR in *Escherichia coli*. J Bacteriol, 190(24): 8244-8247.

Liu G, Chater K F, Chandra G, *et al.* 2013. Molecular regulation of antibiotic biosynthesis in *Streptomyces*. Microbiol Mol Biol Rev, 77(1): 112-143.

Liu Y, Yan T, Jiang L, *et al.* 2013. Characterization of SAV7471, a TetR-family transcriptional regulator involved in the regulation of coenzyme A metabolism in *Streptomyces avermitilis*. J Bacteriol, 195(19): 4365-4372.

Macneil D J, Klapko L M. 1987. Transformation of *Streptomyces avermitilis* by plasmid DNA. J Ind Microbiol, 2(4): 209-218.

Mao X M, Luo S, Li Y Q. 2017. Negative regulation of daptomycin production by DepR2, an ArsR-family transcriptional factor. J Ind Microbiol Biotechnol, 44(12): 1653-1658.

Martinez-Argudo I, Little R, Shearer N, *et al.* 2005. Nitrogen fixation: key genetic regulatory mechanisms. Biochem Soc Trans, 33(Pt 1): 152-156.

Miller T W, Chaiet L, Cole D J, *et al.* 1979. Avermectins, new family of potent anthelmintic agents: isolation and chromatographic properties. Antimicrob Agents Chemother, 15(3): 368-371.

Minch K J, Rustad T R, Peterson E J, *et al.* 2015. The DNA-binding network of *Mycobacterium tuberculosis*. Nat Commun, 6: 5829.

Noh J H, Kim S H, Lee H N, *et al.* 2010. Isolation and genetic manipulation of the antibiotic down-regulatory gene, *wblA* ortholog for doxorubicin-producing *Streptomyces* strain improvement. Appl Microbiol Biotechnol, 86(4): 1145-1153.

Outten F W. 2015. Recent advances in the Suf Fe-S cluster biogenesis pathway: beyond the *proteobacteria*. Biochim Biophys Acta, 1853(6): 1464-1469.

Outten F W, Djaman O, Storz G. 2004. A *suf* operon requirement for Fe-S cluster assembly during iron starvation in *Escherichia coli*. Mol Microbiol, 52(3): 861-872.

Outten F W, Wood M J, Munoz F M, *et al.* 2003. The SufE protein and the SufBCD complex enhance SufS cysteine desulfurase activity as part of a sulfur transfer pathway for Fe-S cluster assembly in *Escherichia coli*. J Biol Chem, 278(46): 45713-45719.

Py B, Barras F. 2010. Building Fe-S proteins: bacterial strategies. Nat Rev Microbiol, 8(6): 436-446.

Py B, Moreau P L, Barras F. 2011. Fe-S clusters, fragile sentinels of the cell. Curr Opin Microbiol, 14(2): 218-223.

Rabyk M, Ostash B, Rebets Y, *et al.* 2011. *Streptomyces ghanaensis* pleiotropic regulatory gene *wblA* (gh) influences morphogenesis and moenomycin production. Biotechnol Lett, 33(12): 2481-2486.

Ramakers C, Ruijter J M, Deprez R H L, *et al.* 2003. Assumption-free analysis of quantitative real-time polymerase chain reaction (PCR) data. Neurosci Lett, 339(1): 62-66.

Reents H, Gruner I, Harmening U, *et al.* 2006. *Bacillus subtilis* Fnr senses oxygen *via* a [4Fe-4S] cluster coordinated by three cysteine residues without change in the oligomeric state. Mol Microbiol, 60(6): 1432-1445.

Riboldi G P, Verli H, Frazzon J. 2009. Structural studies of the *Enterococcus faecalis* SufU [Fe-S] cluster protein. BMC Biochem, 10: 3.

Schwartz C J, Giel J L, Patschkowski T, *et al.* 2001. IscR, an Fe-S cluster-containing transcription factor, represses expression of *Escherichia coli* genes encoding Fe-S cluster assembly proteins. Proc Natl Acad Sci USA, 98(26): 14895-14900.

Shen G, Balasubramanian R, Wang T, *et al.* 2007. SufR coordinates two $[4Fe\text{-}4S]^{2+, 1+}$ clusters and functions as a transcriptional repressor of the *sufBCDS* operon and an autoregulator of *sufR* in *cyanobacteria*. J Biol Chem, 282(44): 31909-31919.

Tahlan K, Ahn S K, Sing A, *et al.* 2007. Initiation of actinorhodin export in *Streptomyces coelicolor*. Mol Microbiol, 63(4):

951-961.

Takahashi Y, Tokumoto U. 2002. A third bacterial system for the assembly of iron-sulfur clusters with homologs in archaea and plastids. J Biol Chem, 277(32): 28380-28383.

Ugulava N B, Sacanell C J, Jarrett J T. 2001. Spectroscopic changes during a single turnover of biotin synthase: destruction of a [2Fe-2S] cluster accompanies sulfur insertion. Biochemistry, 40(28): 8352-8358.

Wang T, Shen G, Balasubramanian R, *et al.*2004. The *sufR* gene (*sll0088* in *Synechocystis* sp. strain PCC 6803) functions as a repressor of the *sufBCDS* operon in iron-sulfur cluster biogenesis in *cyanobacteria*. J Bacteriol, 186(4): 956-967.

Willemse D, Weber B, Masino L, *et al.* 2018. Rv1460, a SufR homologue, is a repressor of the *suf* operon in *Mycobacterium tuberculosis*. PLoS One, 13(7): e0200145.

Yang R, Liu X, Wen Y, *et al.* 2015. The PhoP transcription factor negatively regulates avermectin biosynthesis in *Streptomyces avermitilis*. Appl Microbiol Biotechnol, 99(24): 10547-10557.

Yeo W S, Lee J H, Lee K C, *et al.* 2006. IscR acts as an activator in response to oxidative stress for the *suf* operon encoding Fe-S assembly proteins. Mol Microbiol, 61(1): 206-218.

Zheng F, Long Q, Xie J. 2012. The function and regulatory network of WhiB and WhiB-like protein from comparative genomics and systems biology perspectives. Cell Biochem Biophys, 63(2): 103-108.

Supplementary materials: https://aem.asm.org/content/aem/suppl/2020/08/21/AEM.01523-20.DCSupplemental/AEM.01523-20-s0001.pdf

本文原载: Appl Environ Microbiol, 2020, 86: e01523-20.

The ROK-family Regulator Rok7B7 Directly Controls Carbon Catabolite Repression, Antibiotic Biosynthesis, and Morphological Development in *Streptomyces avermitilis*[*]

Xiaorui Lu[1], Xingchao Liu[1], Zhi Chen[1], Jilun Li[1], Gilles P. Van Wezel[3], Wei Chen[2], and Ying Wen[1]

(1. State Key Laboratory of Agrobiotechnology and College of Biological Sciences, China Agricultural University, Beijing, China; 2. Clinical Research Center, the Second Hospital of Nanjing, Nanjing University of Chinese Medicine, Nanjing, China; 3. Molecular Biotechnology, Institute of Biology, Leiden University, Leiden, The Netherlands)

Abstract

Carbon catabolite repression (CCR) is a common phenomenon in bacteria that modulates expression of genes involved in uptake of alternative carbon sources. In the filamentous streptomycetes, which produce half of all known antibiotics, the precise mechanism of CCR is yet unknown. We report here that the ROK-family regulator Rok7B7 pleiotropically controls xylose and glucose uptake, CCR, development, as well as production of the macrolide antibiotics avermectin and oligomycin A in *Streptomyces avermitilis*. Rok7B7 directly repressed structural genes for avermectin biosynthesis, whereas it activated *olmRI*, the cluster-situated activator gene for oligomycin A biosynthesis. Rok7B7 also directly repressed the xylose uptake operon *xylFGH*, whose expression was induced by xylose and repressed by glucose. Both xylose and glucose served as Rok7B7 ligands. *rok7B7* deletion led to enhancement and reduction of avermectin and oligomycin A production, respectively, relieved CCR of *xylFGH*, and increased co-uptake efficiency of xylose and glucose. A consensus Rok7B7-binding site, 5′-TTKAMKHSTTSAV-3′, was identified within *aveA1p*, *olmRIp*, and *xylFp*, which allowed prediction of the Rok7B7 regulon and confirmation of 11 additional targets involved in development, secondary metabolism, glucose uptake, and primary metabolic processes. Our findings will facilitate methods for strain improvement, antibiotic overproduction, and co-uptake of xylose and glucose in *Streptomyces* species.

1. Introduction

The Gram-positive bacterial streptomycetes is known for two unique traits: (i) production of a wide variety of medically useful antibiotics and (ii) a complex life cycle involving the successive formation of vegetative hyphae, aerial hyphae, and chains of spores (Flardh and Buttner, 2009; Van Wezel *et al.*, 2011).

*This study was supported by the National Key Research and Development Program of China (Grant No. 2017YFD0201207) and the National Natural Science Foundation of China (Grant No. 31872629). The authors are grateful to Dr. S. Anderson for English editing of the manuscript.

Carbon catabolite repression (CCR), a process occurring in streptomycetes and other bacteria that ensures the preferred uptake of carbon source (*e.g.*, glucose) despite the presence of alternative ones in the environment. CCR also plays a role in the control of development and antibiotic production in streptomycetes where glucose is usually the driver of this process (Van Wezel *et al.*, 2011; Romero-Rodriguez *et al.*, 2017). In streptomycetes, glucose is transported through the major facilitator superfamily (MFS) transporter GlcP and phosphorylated by glucose kinase (GlkA) and not through the phosphoenolpyruvate-dependent phosphotransferase system (PTS) (Van Wezel *et al.*, 2005). GlkA plays a role in CCR (Van Wezel and McDowall, 2011; Romero-Rodriguez *et al.*, 2017) even if it lacks a DNA-binding domain. The way GlkA exerts its regulatory role is unknown. In summary, our knowledge regarding regulation of CCR in streptomycetes at the molecular level is very poor, despite many decades of research.

At least 20 families of transcriptional regulators (TRs) have been discovered in streptomycetes, including TetR, LuxR, MarR, AraC, LysR, GntR, SARP, and ROK (repressor, open reading frame, kinase) (Romero-Rodriguez *et al.*, 2015). The ROK-family regulators have a characteristic PF00480 motif and are widely distributed in prokaryotes, but the specificity and function for most of them remain unknown (Kazanov *et al.*, 2013). ROK-family regulators characterized so far are involved mainly in sugar metabolism; *e.g.*, Mlc and NagC in *E. coli* regulate uptake of glucose and *N*-acetylglucosamine (GlcNAc) respectively (Plumbridge, 2001). The best-studied ROK-family regulator in streptomycetes is *S. lividans* CsnR that auto-regulates negatively its own expression as well as that of a chitosanase encoding gene in response to products of chitosan degradation (Dubeau *et al.*, 2011). In *S. coelicolor*, Rok7B7 (SCO6008) is involved in the control of antibiotic production, development, xylose uptake, and CCR (Swiatek *et al.*, 2013), but its specific DNA-binding sites and ligands have not been identified. In this strain, another ROK-family regulator, RokB (SCO6115) acts as a direct regulator of heterologously expressed novobiocin biosynthetic gene cluster (BGC). The predicted RokB regulon suggests involvement of RokB in transport and metabolism of amino acids, but not of sugars (Bekiesch *et al.*, 2016). Furthermore, the effect of deletion of genes encoding other ROK-family regulators, SCO0794, SCO1060, SCO2846, SCO7543, SCO6566, or SCO6600 on the development and antibiotic production of *S. coelicolor* was reported (Swiatek *et al.*, 2013). Therefore, the manipulation of regulatory networks governed by ROK-family regulators might be beneficial for strain improvement and thus deserves deeper investigation.

The industrially important species *S. avermitilis* is a well-known producer of avermectins, which are economically potent anthelmintic antibiotics widely applied in agricultural and medical fields (Burg *et al.*, 1979; Egerton *et al.*, 1979). *S. avermitilis* also produces oligomycin A, a 26-membered macrolide antibiotic that displays antifungal and antitumor activities (Pinna *et al.*, 1967; Lin *et al.*, 2009). The 82 kb avermectin BGC contains one cluster-situated regulator (CSR) gene, *aveR*, that encodes a LuxR-family activator essential for expression of *ave* structural genes (Kitani *et al.*, 2009; Guo *et al.*, 2010). The ~100 kb oligomycin BGC contains two CSR genes, *olmRI* and *olmRII*, that encode LuxR-family activators essential for oligomycin biosynthesis (Yu *et al.*, 2012). The *S. avermitilis* genome encodes 17 putative ROK-family regulators (including Rok7B7 ortholog SAV_2248), of which none has been studied so far.

In the present study, we characterized *S. avermitilis* Rok7B7 as a dual repressor/activator in development, avermectin and oligomycin A production, xylose and glucose uptake, and other primary metabolic processes. Rok7B7 targets associated with these processes were identified. Both xylose and glucose act as ligands of Rok7B7 and its orthologs from model *S. coelicolor* and *S. venezuelae*, but they play opposing roles in modulating its DNA-binding activity. Repression of the xylose uptake operon *xylFGH* by glucose-induced CCR is dependent on Rok7B7. We also described a novel strategy for increasing avermectin yield and improving co-uptake efficiency of xylose and glucose through deletion of *rok7B7* gene.

2. Results

2.1 Rok7B7 affects development and biosynthesis of avermectins and oligomycin A

The gene *rok7B7* (*sav_2248*) from *S. avermitilis* consists of 1,200 nucleotides (nt) and encodes a 399-amino acid protein. Protein alignment showed a high conservation, with 91.2%, 90%, 94%, 94.3% and 94.3% overall amino acid identity to its orthologs in *S. griseus*, *S. venezuelae*, *S. scabies*, *S. lividans*, and *S. coelicolor*, respectively. *rok7B7* is located upstream of the *xylFGH* operon (*sav_2247*, *sav_2246*, *sav_2245*) that encodes a xylose ABC transport system (Swiatek *et al.* 2013) and is transcribed in the same direction as the latter (Fig. 1). *xylG* overlaps *xylH* with 4 bp, and the intergenic regions *xylF-xylG* and *rok7B7-xylF* are 184 bp and 123 bp long, respectively (Fig. 1). RT-PCR analysis revealed that *xylF* is co-transcribed with *xylG*, whereas *rok7B7* is not co-transcribed with *xylF* (Supporting information Fig. S1), indicating that *xylF*, *xylG*, and *xylH* form an operon and *rok7B7* has its own promoter.

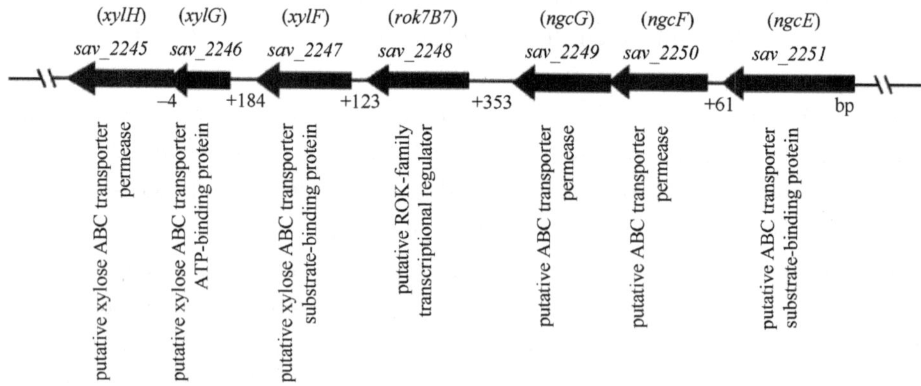

Fig. 1 Genetic organization of *rok7B7* and its neighbouring genes

To investigate the role of Rok7B7 in *S. avermitilis*, we constructed a mutant strain with an in-frame deletion of *rok7B7* (Δrok7B7) (Supporting information Fig. S2), this mutant complemented with a single copy of *rok7B7* (Crok7B7) and a strain which overexpresses *rok7B7* (Orok7B7). qRT-PCR analyses revealed that *rok7B7* transcription was undetectable in Δrok7B7, and that its level in Orok7B7 was ~1.6-fold higher on day 2 (exponential phase) and ~5.4-fold higher on day 6 (stationary phase) than that in the wild-type (WT) strain (Supporting information Fig. S3), confirming deletion or overexpression of *rok7B7* in the strains.

Δrok7B7, Crok7B7, and Orok7B7 were grown on solid YMS sporulation medium for phenotypic comparison with WT. Δrok7B7 displayed earlier differentiation and sporulation, whereas Orok7B7 and Crok7B7 were similar to WT (Fig. 2a). Faster differentiation of Δrok7B7 was confirmed by scanning electron microscopy (SEM) of samples grown on YMS plates for 2 or 4 days (Fig. 2b). On day 2, WT colonies mainly consisted of vegetative mycelia, whereas Δrok7B7 colonies were already sporulated. On day 4, both strains formed spore chains. These findings indicate an inhibitory role of Rok7B7 in *S. avermitilis* development.

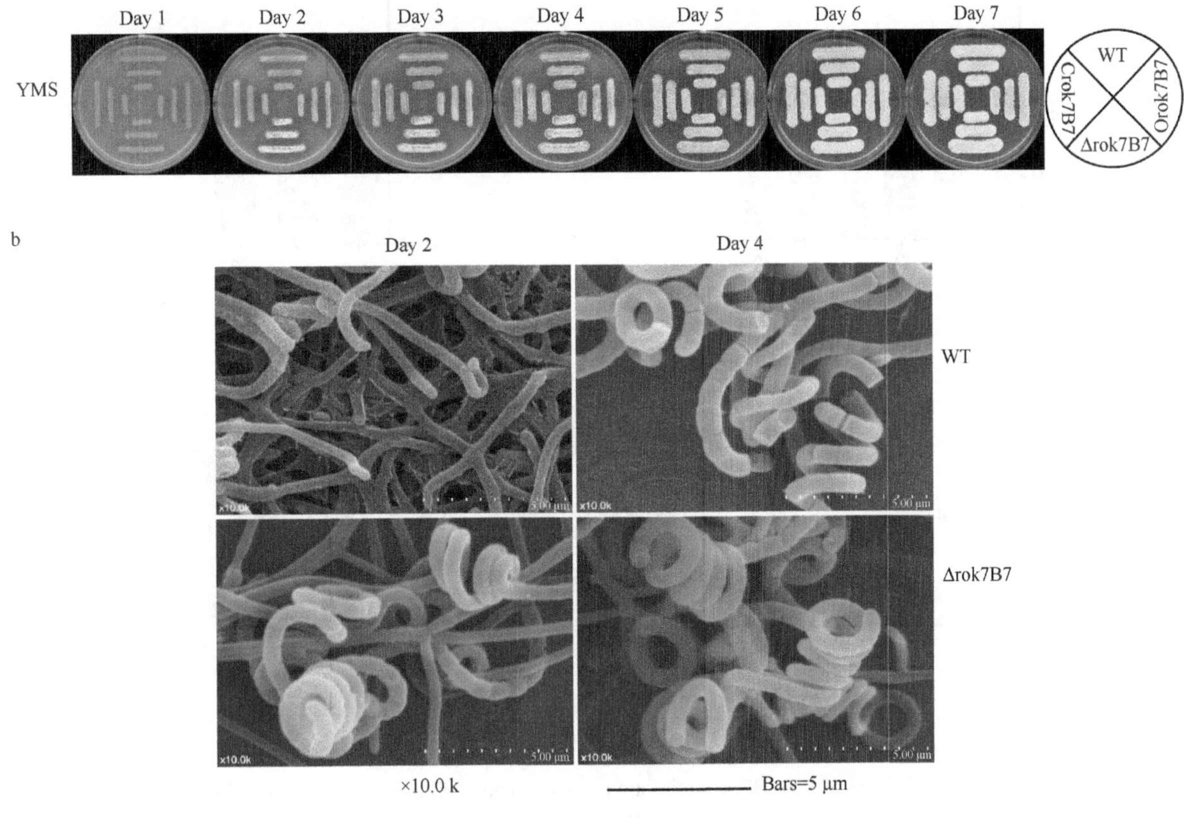

Fig. 2　Effect of Rok7B7 on *S. avermitilis* development

a. Phenotypes of WT strain, *rok7B7* deletion mutant (Δrok7B7), complemented strain (Crok7B7), and overexpression strain (Orok7B7) grown on YMS plates at 28℃. b. SEM images of WT and Δrok7B7 after growth on YMS plates for 2 or 4 days.

We then investigated the effects of deletion and overexpression of *rok7B7* on growth and antibiotic biosynthesis. Quantitative analysis by HPLC of the fermentation broth from 10-day cultures grown in FM-I showed that, relative to WT level, avermectin yield was increased by ~106% in Δrok7B7, but was reduced by ~46% in Orok7B7. Avermectin production of the complemented mutant Crok7B7 and of control strains (WT/pKC1139, WT/pSET152) was nearly identical to that of WT (Fig. 3a). Oligomycin A yield was reduced by ~38% in Δrok7B7, and increased by ~78% in Orok7B7 relative to WT level (Fig. 3b). Biomass accumulation of Δrok7B7 and Orok7B7 grown in soluble FM-II was similar to that of WT (Fig. 3c), indicating that altered antibiotic yields of Δrok7B7 and Orok7B7 were not due to changes of cell growth. These findings indicate that Rok7B7 differentially regulates production of avermectins and oligomycin A.

In view of the significant increase of avermectin yield resulting from the deletion of *rok7B7*, we also deleted the gene in industrial strain 63#, using the same strategy as for WT, and examined the effect on avermectin yield. In shake-flasks, avermectin yield was ~13%~16% higher for Δrok7B7/63# than for 63# (Fig. 3d). Although in this case the deletion of *rok7B7* does not seem to have had much effect in the industrial strain, compared to the WT, it is a potentially efficient strategy to enhance avermectin production in industrial strains.

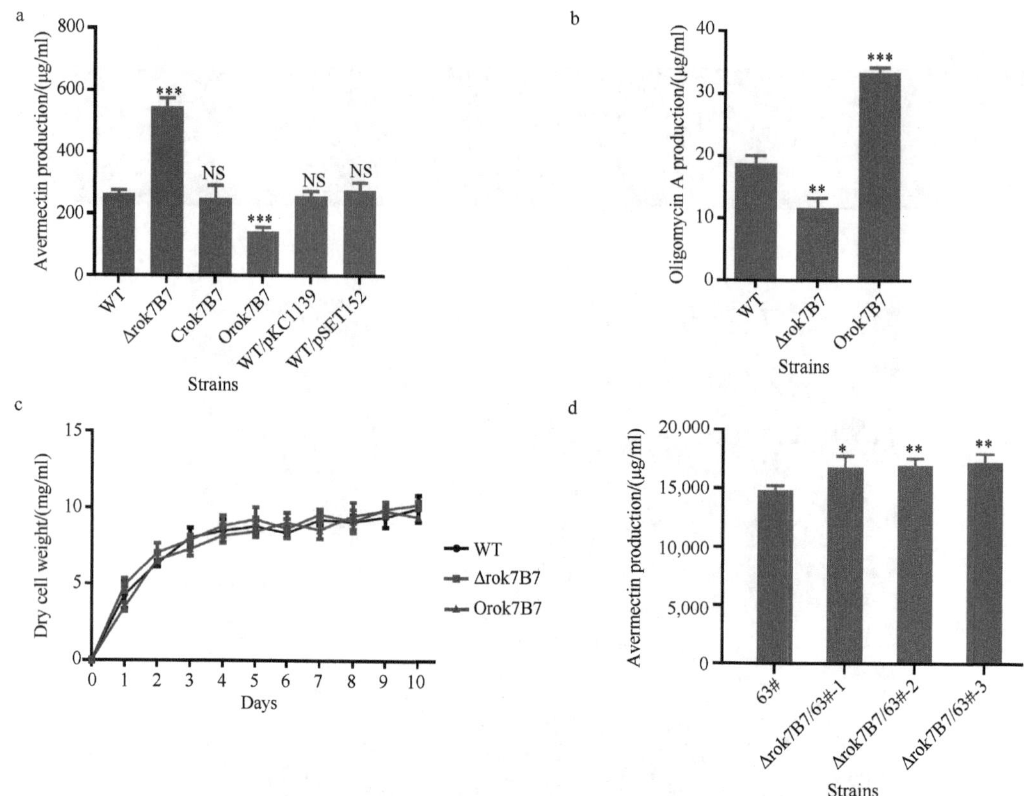

Fig. 3 Effects of Rok7B7 on antibiotic production and cell growth in *S. avermitilis*
(Color figure in the two-dimensional code at the back cover)

Yield of avermectins (a) and oligomycin A (b) in *rok7B7*-related strains cultured in FM-I for 10 days. WT/pSET152 and WT/pKC1139 are the empty vector control strains. c. Growth curves of WT, Δrok7B7, and Orok7B7 cultured in FM-II. d. Avermectin yield in industrial strain 63# and its derivatives Δrok7B7/63#-1, -2, and -3 (*rok7B7* deletion strains) grown in FM-I for 10 days. Error bars (all panels): SD from triplicate experiments. Statistical notations (panels a, b, d): NS, not significant; *, $P<0.05$; **, $P<0.01$; ***, $P<0.001$ for comparison with WT (a, b) or 63# (d) (Student's *t*-test)

2.2 Rok7B7 represses avermectin structural genes and activates the gene for oligomycin CSR

Transcription of *rok7B7* in WT grown in FM-I was assessed by qRT-PCR to further establish the role of Rok7B7 in the control of antibiotic production in *S. avermitilis*. *rok7B7* transcript levels reached a maximum after 2 days of growth, followed by a gradual decrease, reaching low levels after 6 days (Fig. 4a). Simultaneously, Rok7B7 protein levels were examined by western blotting. Expression of fusion protein Rok7B7-3×FLAG in Δrok7B7 (strain Δrok7B7/rok7B7-3×FLAG) restored avermectin production to WT level (Supporting information Fig. S4), indicating that Rok7B7-3×FLAG complemented Rok7B7 function, and that Rok7B7 expression profile could be monitored with anti-FLAG antibody against Rok7B7-3×FLAG in Δrok7B7/rok7B7-3×FLAG. Consistent with the transcriptional profile, Rok7B7 protein level was maximal after 2 days, low after 6 days and barely detectable from day 7 onward (Fig. 4b). These findings indicate that Rok7B7 plays its role particularly toward the end of exponential phase.

To determine whether Rok7B7 regulates avermectin and oligomycin A production directly through CSR genes or structural genes, we performed electrophoretic mobility shift assays (EMSAs) using soluble His_6-tagged Rok7B7 purified from *E. coli*. Probes corresponding to the promoter regions of three CSR genes, namely *aveRp*, *olmRIp*, and *olmRIIp*, were used for EMSAs (Fig. 4c). The *ave* gene cluster contains four genes for polyketide synthase (PKS), namely *aveA1*, *aveA2*, *aveA3*, and *aveA4*, which synthesize the avermectin polyketide backbone. *aveA1* and *aveA2* are co-transcribed, and *aveA4* and *aveA3* are co-transcribed (Ikeda *et al.*, 1999). The seven PKS genes in the *olm* gene cluster form two transcriptional units: *olmA1-*

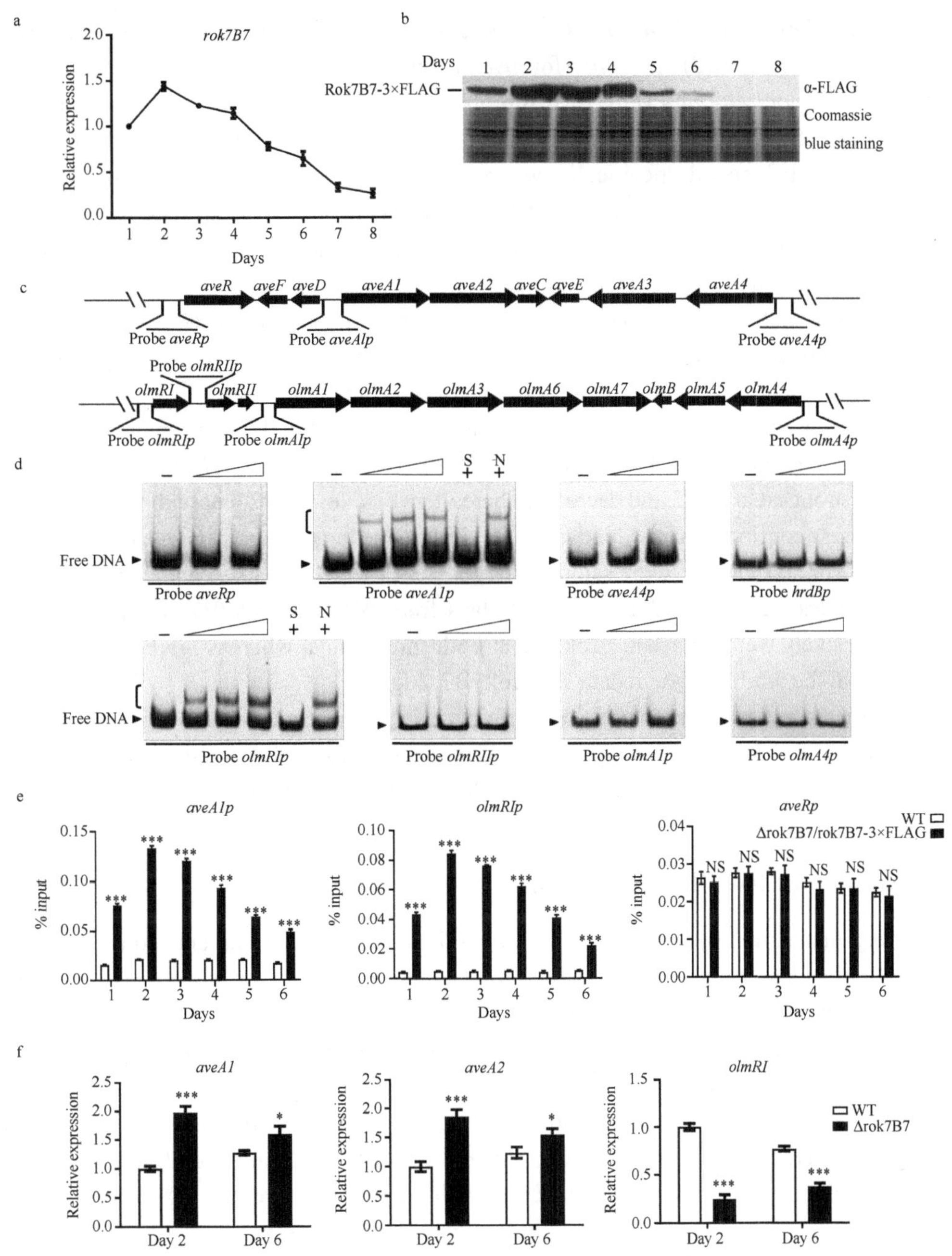

Fig. 4　Rok7B7 directly regulates *aveA1* and *olmRI*

a. Transcriptional profile of *rok7B7* in WT grown in FM-I. Transcription level of *rok7B7* on day 1 was defined as 1. b. Western blotting analysis of Rok7B7 protein level during fermentation process. Rok7B7 temporal expression in strain Δrok7B7/rok7B7-3×FLAG grown in FM-I was analyzed using anti-FLAG mAb. Loading control: Coomassie blue staining of 80 μg total protein loaded per lane. c. Schematic representation of promoter probes for EMSAs. d. EMSAs of interactions of His$_6$-Rok7B7 with the indicated promoter probes. Negative probe: *hrdBp*. Each lane contained 0.3 nmol/L labeled probe. Concentrations of His$_6$-Rok7B7 for probes *aveA1p* and *olmRIp*: 250 nmol/L, 500 nmol/L, and 750 nmol/L; for other probes: 500 nmol/L and 750 nmol/L. 750 nmol/L His$_6$-Rok7B7 was used for competition assays (lanes +). Lanes –: EMSAs without His$_6$-Rok7B7. Lanes N and S: competition experiments with ~300-fold excess of unlabeled nonspecific probe *hrdBp* (N) and specific probe (S). Arrow: free probe. Bracket: Rok7B7-DNA complex. e. ChIP-qPCR assays of Rok7B7 binding to *aveA1p*, *olmRIp*, and *aveRp*. Anti-FLAG mAb against Rok7B7-3×FLAG was used to immunoprecipitate Rok7B7-3×FLAG-DNA complexes from 1, 2, 3, 4, 5 and 6 days cultures of Δrok7B7/rok7B7-3×FLAG treated with formaldehyde. WT strain was used as negative control. Y-axis: relative value of Rok7B7 enrichment on each site, determined by comparison of qPCR cycle number for ChIP sample with that for input DNA. f. qRT-PCR analysis of *aveA1*, *aveA2*, and *olmRI* in WT and Δrok7B7 grown in FM-I. Transcription level was calculated relative to WT level on day 2, defined as 1. Error bars (panels a, e, f): SD from triplicate experiments. Statistical notations (panels e, f): NS, not significant; *, $P<0.05$; ***, $P<0.001$ for comparison with WT (*t*-test) *olmA2-olmA3-olmA6-olmA7* and *olmA4-olmA5* (Ōmura *et al.*, 2001). Accordingly, we designed promoter probes *aveA1p* (for *aveA1-aveA2*), *aveA4p* (for *aveA4-aveA3*), *olmA1p* (for *olmA1-olmA2-olmA3-olmA6-olmA7*), and *olmA4p* (for *olmA4-olmA5*) for EMSA probes of structural genes (Fig. 4c). As control we used the probe *hrdBp*, corresponding to the promoter region of *hrdB*, which encodes the principal RNA polymerase σ factor HrdB. His_6-Rok7B7 bound specifically to probes *aveA1p* and *olmRIp*, but not to *aveRp*, *aveA4p*, *olmRIIp*, *olmA1p*, or *olmA4p*, nor to the negative control *hrdBp* (Fig. 4d). Binding specificities were confirmed by competition assays using ~300-fold unlabeled specific probes (lanes S) or nonspecific probe *hrdBp* (lanes N). *aveA2* is co-transcribed with *aveA1*, and is therefore also a target of Rok7B7.

To confirm *in vivo* binding of Rok7B7 to target promoters of *aveA1* and *olmRI*, we performed chromatin immunoprecipitation-quantitative PCR (ChIP-qPCR) assays using samples from WT and Δrok7B7/rok7B7-3×FLAG cultured in soluble FM-II for 1-6 days, and anti-FLAG mAb against Rok7B7-3×FLAG. WT without Rok7B7-3×FLAG was used as negative control. *aveRp* did not display Rok7B7 enrichment (Fig. 4e), confirming that *aveR* is indirectly regulated by Rok7B7. In contrast, Rok7B7 bound to *aveA1p* and *olmRIp* at various time points; binding was strongest at day 2 and decreased thereafter (Fig. 4e), consistent with the expression profile of Rok7B7. These findings confirm dynamic binding of Rok7B7 to the target promoters *aveA1p* and *olmRIp in vivo*.

The effect of Rok7B7 on the expression of target genes *aveA1*, *aveA2*, and *olmRI* was assessed by qRT-PCR. RNA samples were isolated after 2 and 6 days from WT and Δrok7B7 grown in FM-I. *aveA1* and *aveA2* transcription levels were higher in Δrok7B7 at both time points, whereas *olmRI* level in Δrok7B7 was lower, consistent with the antibiotic yield data for Δrok7B7 (Fig. 4f).

These experiments revealed an interesting difference in the avermectin and oligomycin A production controlled by Rok7B7: Rok7B7 interacted with the promoter regions of the *ave* structural genes but not with that of the activator gene *aveR*, while, in contrast, Rok7B7 interacted with the promoter region of the activator gene of oligomycin biosynthetic cluster.

2.3 Determination of Rok7B7-binding sites

Understanding the regulatory mechanism of Rok7B7 on its target promoters requires determination of precise Rok7B7-binding sites. Despite many such efforts using DNase I footprinting assays, we were unable to detect Rok7B7-binding sites on promoter regions of any of the identified target genes, most likely because of the low DNA-binding activity of Rok7B7. We therefore performed EMSAs, using a series of overlapping probes, to identify the protected site of Rok7B7 on *aveA1p*. Overlapping probes *aveA1p*-I and *aveA1p*-II covered the entire 303 bp *aveA1p* probe, and a 108 bp overlapping sequence was designated as probe *aveA1p*-III (Fig. 5a). His_6-Rok7B7 bound to probes *aveA1p*-I, *aveA1p*-II, and *aveA1p*-III (Fig. 5a), indicating that the Rok7B7-binding site (s) on *aveA1p* are located within the 108 bp overlapping region.

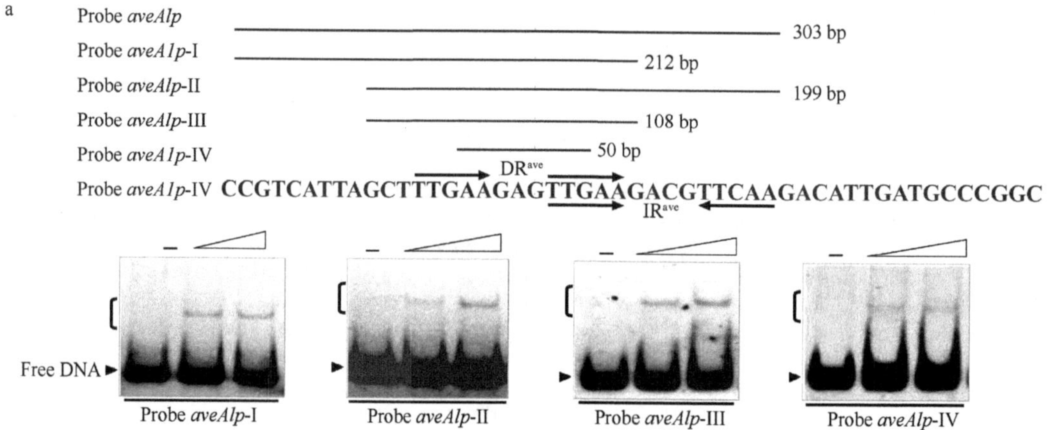

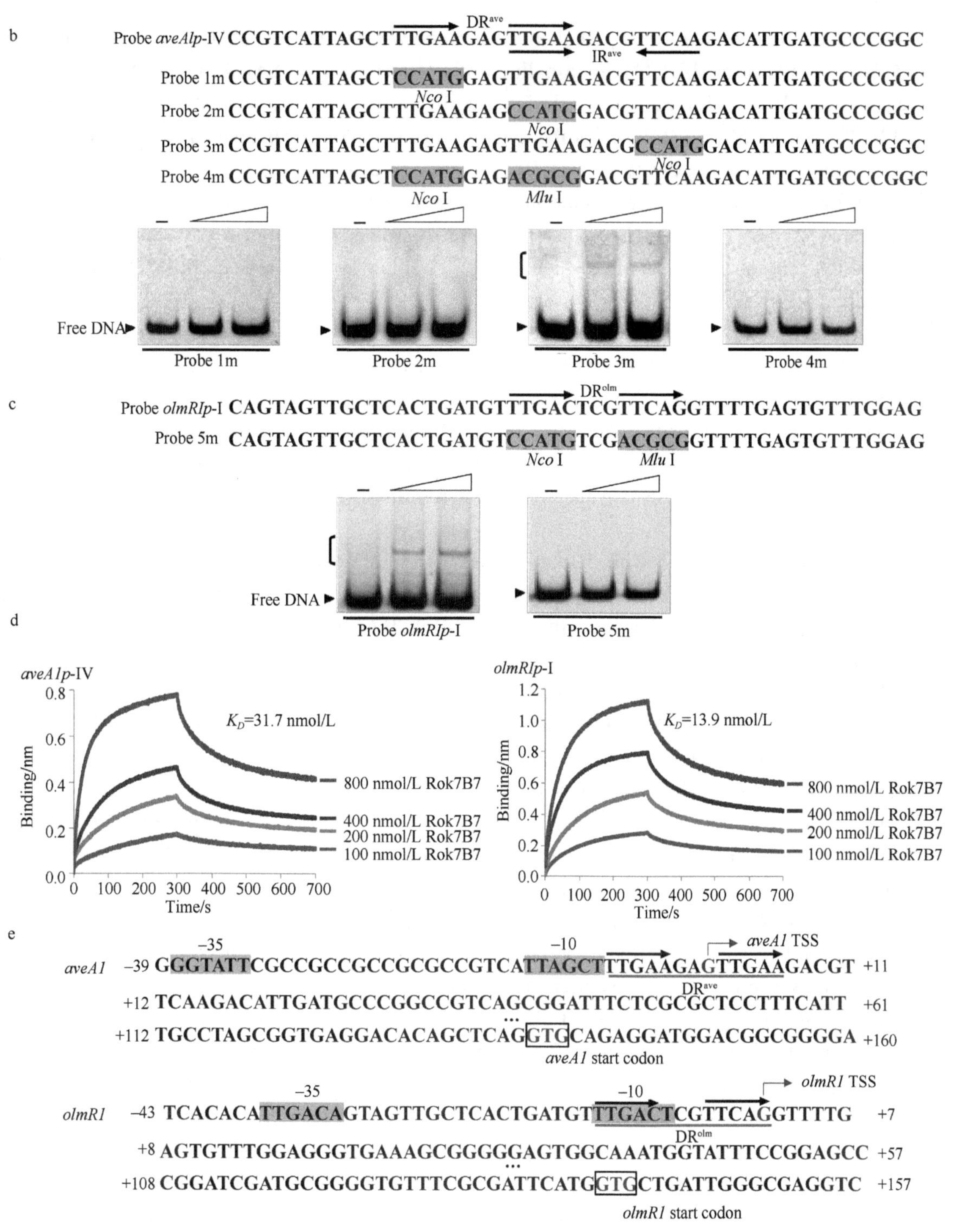

Fig. 5　Rok7B7-binding sites on promoter regions of *aveA1* and *olmRI* (Color figure in the two-dimensional code at the back cover)

a. EMSAs of His$_6$-Rok7B7 with probes located within *aveA1* promoter region. Relative probe positions and lengths are shown schematically. Straight arrows: inverted or direct repeats. Lanes 2 and 3: 500 nmol/L and 750 nmol/L His$_6$-Rok7B7. b. EMSAs using mutated 50 bp probes of *aveA1p*-IV. Mutations were introduced into inverted or direct repeats of WT probe *aveA1p*-IV to produce mutated probes 1m, 2m, 3m, and 4m. Shading: altered nucleotides. c. EMSAs using 50 bp WT probe *olmRIp*-I and its mutated probe 5m. Direct repeats in probe *olmRIp*-I were replaced with *Nco* I and *Mlu* I sites to produce mutated probe 5 m. d. Interaction kinetics of Rok7B7 with probes *aveA1p*-IV and *olmRIp*-I determined by BLI analysis. Biotin-labeled DNA probe (300 nmol/L) was loaded on streptavidin sensor and interacted with His$_6$-Rok7B7 at concentrations 100 nmol/L, 200 nmol/L, 400 nmol/L, and 800 nmol/L E. Nucleotide sequences of *aveA1* and *olmRI* promoter regions and Rok7B7-binding sites. Numbers: distance (nt) from respective TSS. Red bent arrows: TSSs. Shading: presumed –10 and –35 regions. Boxes: TSCs. Underlining: Rok7B7-binding sites. Straight arrows: direct repeats

DNAMAN analysis of the 108 bp sequence of probe *aveA1p*-III revealed a direct repeat sequence (TTGAAGAGTTGAA; termed DR^{ave}) and a palindromic sequence (TTGAAGACGTTCAA; termed IR^{ave}). To shorten the Rok7B7 binding region, we designed a 50 bp probe *aveA1p*-IV containing both sequences DR^{ave} and IR^{ave}. EMSAs of His_6-Rok7B7/probe *aveA1p*-IV interaction revealed a band shift, suggesting that DR^{ave} or IR^{ave} may serve as target site for Rok7B7 binding. To evaluate relative contributions of DR^{ave} and IR^{ave} in Rok7B7 binding, we introduced mutations into repeat motifs of probe *aveA1p*-IV to generate a series of 50 bp mutated probes (Fig. 5b). His_6-Rok7B7 bound to probe 3m but not to 1m, 2m, or 4m (Fig. 5b), indicating that the 5 bp direct repeats in sequence DR^{ave}, but not inverted repeats in IR^{ave}, are essential for Rok7B7 binding.

As TRs typically bind to similar DNA motifs in target promoter regions, we searched and found an imperfect direct repeat sequence (TTGACTCGTTCAG; termed DR^{olm}) similar to DR^{ave} in probe *olmRIp*. The ability of Rok7B7 to bind to DR^{olm} was evaluated by EMSAs using 50 bp probes containing either intact sequence DR^{olm} (termed probe *olmRIp*-I) or the mutated sequence lacking direct repeats (termed probe 5m) (Fig. 5c). Affinity of His_6-Rok7B7 for the mutated probe 5 m was abolished in comparison with corresponding WT probe *olmRIp*-I (Fig. 5c), indicating that the direct repeats in DR^{olm} play an essential role in Rok7B7 binding.

Binding kinetics of Rok7B7 with 50 bp probes *aveA1p*-IV and *olmRIp*-I, respectively containing Rok7B7-binding sites DR^{ave} and DR^{olm}, were studied by biolayer interferometry (BLI) assay. The sensorgrams revealed a direct correlation of binding strength with His_6-Rok7B7 concentration. The equilibrium dissociation constants (K_D) for interaction with Rok7B7 were 31.7 nmol/L and 13.9 nmol/L for *aveA1p*-IV and for *olmRIp*-I, respectively (Fig. 5d). Thus, DNA affinity of Rok7B7 was much lower than that of CsnR, the ROK-family regulator from *S. lividans* (K_D values of CsnR were respectively 0.032 nmol/L and 0.040 nmol/L for *csnA* and *csnR* operators) (Dubeau *et al.*, 2011).

The role of Rok7B7 in the transcriptional control of *aveA1* and *olmRI* was further examined using 5′-rapid amplification of cDNA ends (5′-RACE) to identify promoter structures of the two genes (Supporting information Fig. S5). The *aveA1* TSS was localized to a G located 137 nt upstream of the *aveA1* translational start codon (TSC) (Fig. 5e), and the *olmRI* TSS was mapped to a G located 138 nt upstream of the *olmRI* TSC (Fig. 5e). Rok7B7-binding site DR^{ave} on *aveA1* promoter region extends from positions –7 to +6 relative to *aveA1* TSS and is close to the putative –10 region (Fig. 5e). Binding of repressor close to –10 sequence is common. It is likely that Rok7B7 inhibits *aveA1* transcription by hindering recruitment of RNA polymerase. Rok7B7-binding site DR^{olm} on *olmRI* promoter region extends from positions –12 to +1 relative to *olmRI* TSS and overlaps the putative –10 region (Fig. 5e). Binding of transcriptional activator to –10 sequence is unusual; however, the binding site of master developmental repressor BldD in the *eryBVI* promoter region overlaps the –10 sequence, and BldD positively regulates erythromycin production (Chng *et al.*, 2008). Analogously, the SARP (*Streptomyces* antibiotic regulatory protein)-family regulators, *e.g.*, AfsR (Tanaka *et al.*, 2007), FdmR1 (Chen *et al.*, 2008), and OtcR (Yin *et al.*, 2015), interact with direct repeats close to the –10 regions and presumably activate transcription of target genes by recruiting RNA polymerase to the promoters. The regulatory mechanism of transcriptional activation in the present case remains to be elucidated.

2.4 Rok7B7 affects xylose and glucose uptake

ROK-family regulators are generally associated with sugar metabolism, and *S. coelicolor* Rok7B7 was shown to affect xylose and glucose uptake (Swiatek *et al.*, 2013). We therefore investigated the role of *S. avermitilis* Rok7B7 in control of sugar uptake. Growth of WT, Δrok7B7, and Orok7B7 was assessed in liquid MM cultures containing xylose, glucose, maltose, or mannitol as sole carbon source. With xylose or glucose as carbon source, growth rate and biomass yield were higher for Δrok7B7 and lower for Orok7B7 than for WT (Fig. 6a). Consistent with biomass yield, WT consumed 39% of xylose and 36% of glucose, respectively, after 72 h culture, while Δrok7B7 consumed 67% of xylose and 59% of glucose, and Orok7B7 consumed 29% of xylose and 25% of glucose (Fig. 6b). With maltose or mannitol as carbon source, growth rate and biomass yield did not differ appreciably among the three strains (Fig. 6a). Consumption of maltose and mannitol by the three strains was similar, *i.e.*, ~20% for maltose and ~19% for mannitol (Fig. 6b). These findings indicate that Rok7B7 represses xylose and glucose uptake in *S. avermitilis*.

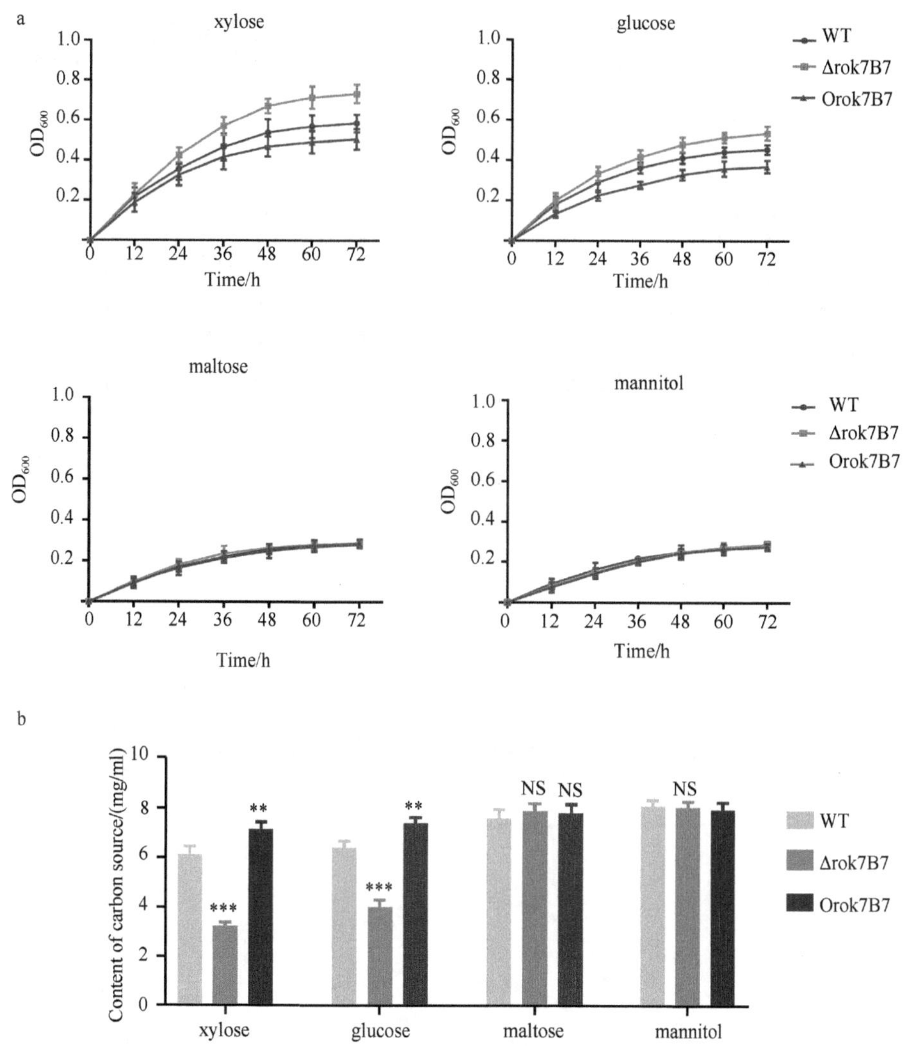

Fig. 6 Effects of Rok7B7 on xylose and glucose uptake (Color figure in the two-dimensional code at the back cover)

a. Growth curves of WT, Δrok7B7, and Orok7B7 in liquid MM with various carbon sources (10 mg/ml). Biomass is expressed as OD_{600} (optical density at wavelength 600 nm). b. Content of carbon sources remaining in liquid MM after 72 h culture of the above strains. Error bars, SD from triplicate experiments. NS, not significant; **, $P<0.01$; ***, $P<0.001$ for comparison with WT (*t*-test)

2.5 Rok7B7 directly represses the *xylFGH* operon

The xylose transport operon *xylFGH* is adjacent to *rok7B7*, and 5 bp direct repeats (TTTACTTCTTGAC; termed DR^{xyl}) similar to those in sequence DR^{ave} are present in promoter region of *xylF*. To test if Rok7B7 regulates the *xylFGH* operon, EMSAs were performed using probe *xylFp* that contains the *xylFGH* promoter region. Indeed, His$_6$-Rok7B7 was able to interact with probe *xylFp*, whereas His$_6$-Rok7B7 did not auto-regulate its own transcription (probe *rok7B7p*) (Fig. 7a). Direct binding of Rok7B7 to *xylFp* but not to *rok7B7p* was confirmed *in vivo* by ChIP-qPCR assays (Fig. 7b).

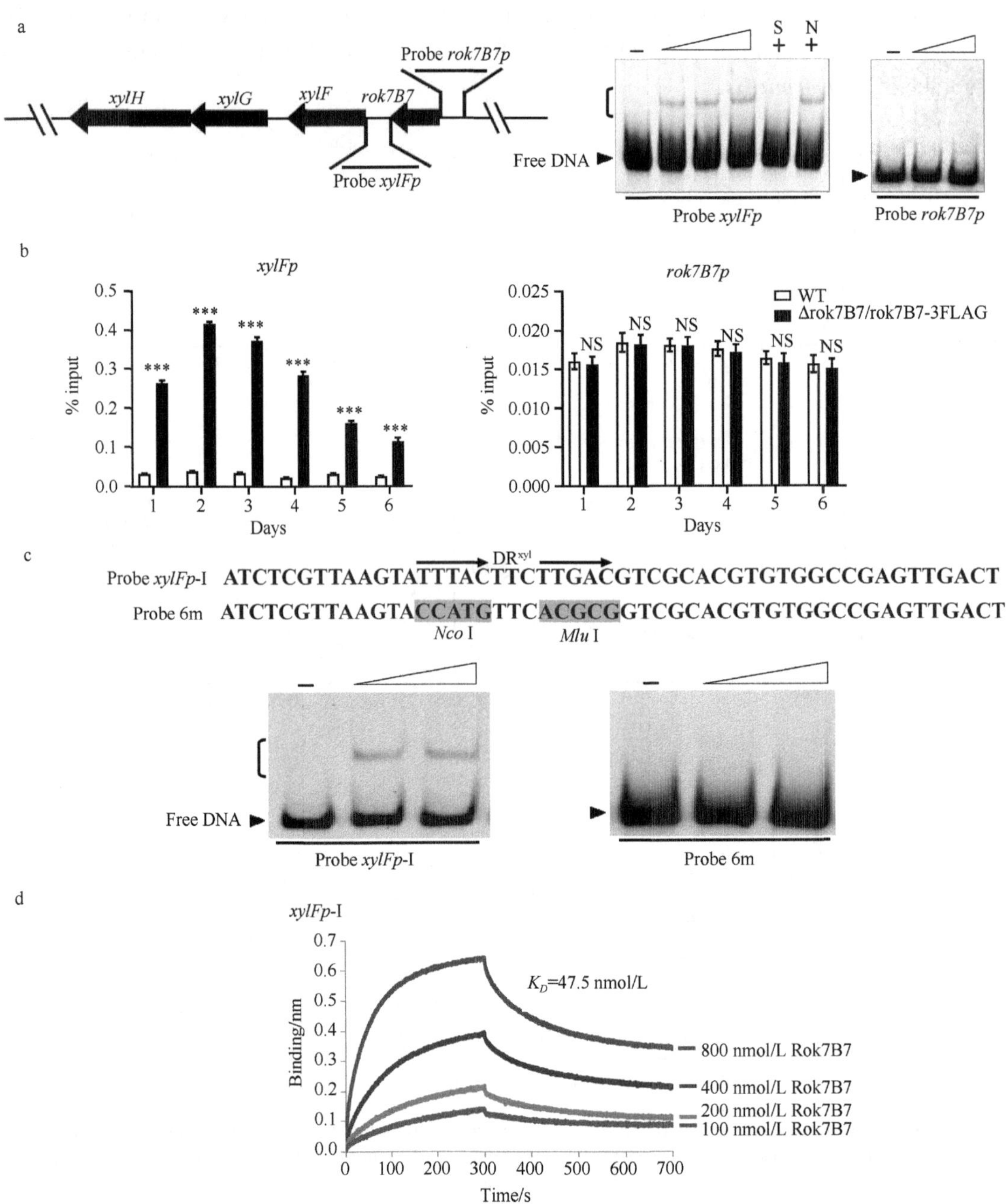

e

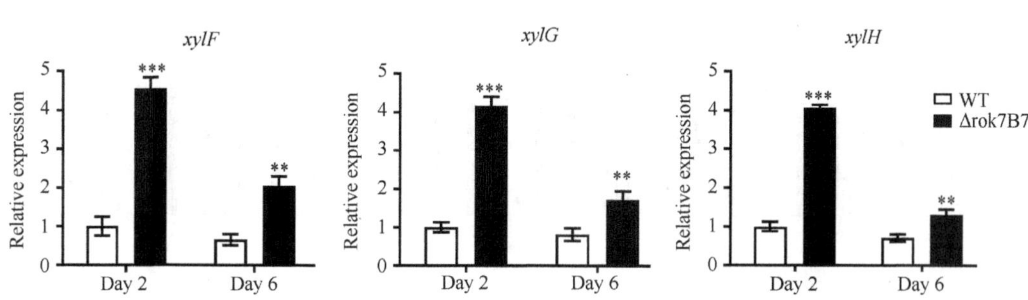

Fig. 7 Rok7B7 directly regulates *xylFGH* operon (Color figure in the two-dimensional code at the back cover)

a. EMSAs of His$_6$-Rok7B7 using probes *xylFp* and *rok7B7p*. His$_6$-Rok7B7 concentrations for probe *xylFp*: 250 nmol/L, 500 nmol/L, and 750 nmol/L; for probe *rok7B7p*: 500 nmol/L and 750 nmol/L. Lane notations (–, +, N, S) as in Fig. 4d. b. ChIP-qPCR assays of Rok7B7 binding to *xylFp* and *rok7B7p*. Notations as in Fig. 4e. c. EMSAs using 50 bp WT probe *xylFp*-I and its mutated probe 6m. Direct repeats in probe *xylFp*-I were replaced with *Nco* I and *Mlu* I sites to produce mutated probe 6m. Lanes 2 and 3 contained 500 nmol/L and 750 nmol/L His$_6$-Rok7B7. d. BLI analysis of His$_6$-Rok7B7 binding to probe *xylFp*-I. e. qRT-PCR analysis of *xylF*, *xylG*, and *xylH* in WT and Δrok7B7 grown in FM-I. Panels b, e: error bars: SD from triplicate experiments; NS, not significant; **, $P<0.01$; ***, $P<0.001$ for comparison with WT (*t*-test)

The role of sequence DR^{xyl} in Rok7B7 binding was examined by performing site-directed mutagenesis of 50 bp WT probe *xylFp*-I (containing intact DR^{xyl}) on the direct repeats to generate mutated probe 6m, which lacked direct repeats (Fig. 7c). Binding of Rok7B7 to WT probe *xylFp*-I and to 6m was evaluated by EMSAs. His$_6$-Rok7B7 bound to *xylFp*-I but not to 6m (Fig. 7c), indicating that the direct repeats in DR^{xyl} are essential for Rok7B7 binding.

BLI assays revealed a K_D of Rok7B7/*xylFp*-I interaction of 47.5 nmol/L (Fig. 7d), which is higher than for *aveA1p*-IV (K_D=31.7 nmol/L) or *olmRIp*-I (K_D=13.9 nmol/L). qRT-PCR analysis showed that transcript levels of *xylF*, *xylG* and *xylH* were higher for Δrok7B7 than for WT grown in FM-I (Fig. 7e), and thus that Rok7B7 represses the operon.

Most *Streptomyces* strains contain another *xyl* gene locus, *xylABR*, involved in xylose uptake. XylA (xylose isomerase) catalyzes isomerization of xylose to xylulose, and XylB (xylulose kinase) mediates phosphorylation of xylulose to xylulose-5-phosphate. XylR acts as a repressor of *xylA* and *xylB* (Swiatek *et al.*, 2013; Noguchi *et al.*, 2018). Gene numbers for *xylABR* in *S. avermitilis* are *sav_7182* (*xylA*), *sav_7181* (*xylB1*), and *sav_7180* (*xylR*). *xylB1* is transcribed divergently from *xylA*, and convergently with *xylR* (Supporting information Fig. S6A). However, binding of Rok7B7 to probe *xylRp* or *xylA_xylB1* (containing bidirectional promoters) was not observed (Supporting information Fig. S6B).

2.6 Impact of *rok7B7* deletion on xylose and glucose uptake

To investigate the effects of xylose and glucose on expression of *xylFGH*, transcription of *xylF* was analyzed by qRT-PCR using RNAs isolated from WT or Δrok7B7 grown in liquid MM with xylose, glucose or xylose/glucose mixture as carbon sources. In WT, *xylF* transcription was enhanced by xylose within 12 h, but was strongly repressed in the presence of glucose and xylose/glucose (Fig. 8a), indicating that the *xylFGH* operon is subject to CCR. In Δrok7B7, *xylF* transcription was greatly increased under all conditions (Fig. 8a), consistent with repression of *xylFGH* by Rok7B7. Notably, glucose had no effect on *xylF* transcription in Δrok7B7, indicating that the repressing effect of glucose on *xylFGH* is mediated by Rok7B7. Xylose induced *xylF* transcription in Δrok7B7, suggesting that *xylFGH* operon is induced by xylose in both Rok7B7-dependent and -independent manners.

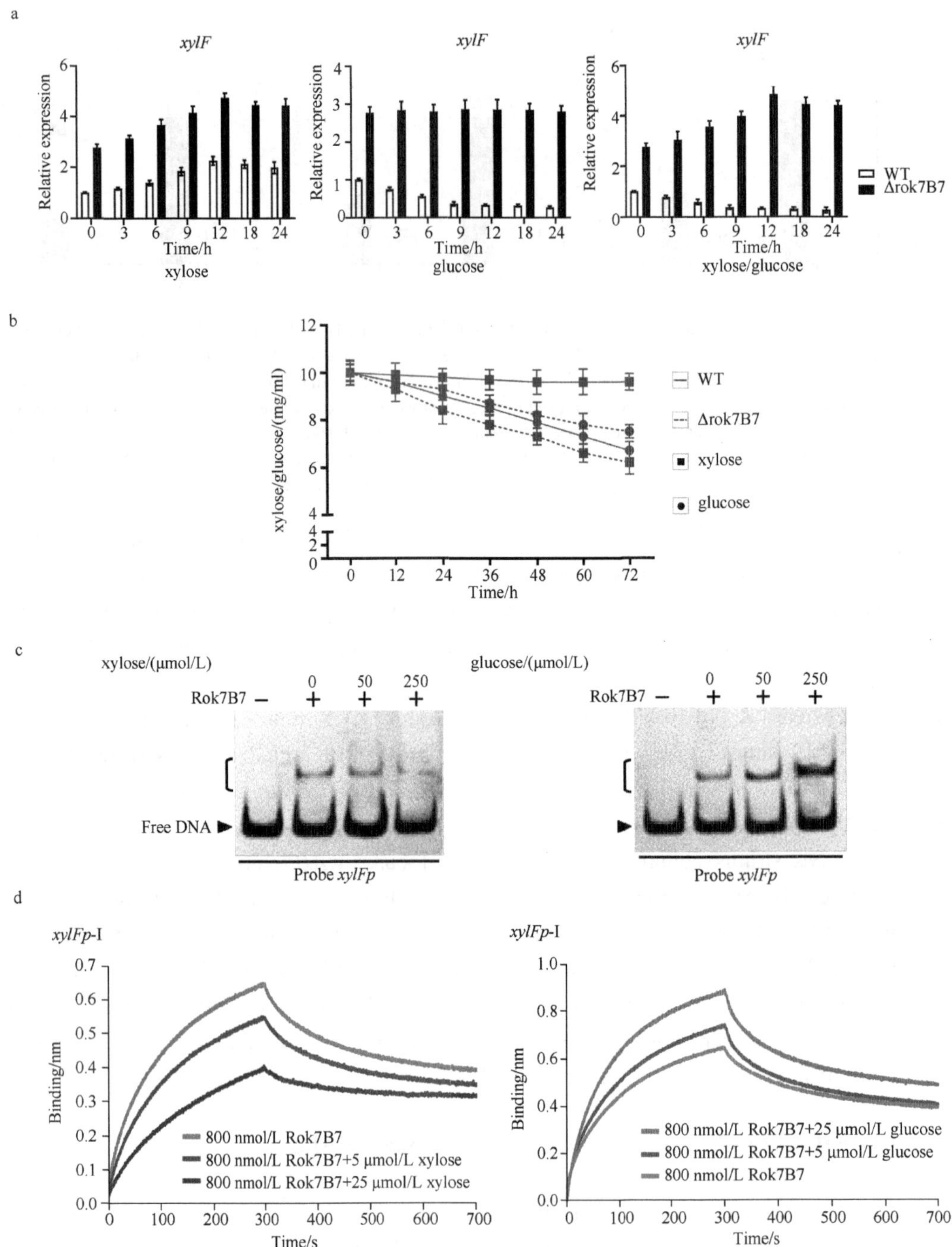

Fig. 8 Effects of xylose and glucose on DNA-binding activity of Rok7B7 to *xylFp*
(Color figure in the two-dimensional code at the back cover)

a. qRT-PCR analysis of *xylF* in WT and Δrok7B7 grown in MM containing xylose, glucose, or xylose/glucose combination. Cells were grown in MM containing mannitol (2 mg/ml) for 60 h, followed by addition of various sugars (each 10 mg/ml). *xylF* transcription level in WT before sugar addition (0 h) was defined as 1. b. Consumption of glucose and xylose by WT and Δrok7B7 grown in MM containing xylose/glucose mixture (10 mg/ml). Error bars (panels a, b): SD from triplicate experiments. c. EMSAs of His_6-Rok7B7 (500 nmol/L) with xylose and glucose at indicated concentrations. d. BLI analysis of His_6-Rok7B7 (800 nmol/L) with xylose and glucose

In a study of co-uptake of xylose and glucose by WT and Δrok7B7 in liquid MM cultures containing xylose and glucose, WT consumed 33% of glucose but only 4% of xylose during 72 h culture (Fig. 8b). In contrast, Δrok7B7 consumed glucose and xylose simultaneously, and eventually consumed 25% of glucose and

38% of xylose. Total sugars consumption was 63% for Δrok7B7 and 37% for WT; *i.e.*, co-uptake efficiency of xylose and glucose was greatly improved by *rok7B7* deletion.

2.7 Xylose and glucose act as ligands of Rok7B7

To test whether xylose and glucose can act as ligands, EMSAs were performed to check the effect of the sugars on the affinity of Rok7B7 for *xylFp*. DNA-binding ability of Rok7B7 was impaired in the presence of xylose, but enhanced in the presence of glucose in a concentration-dependent manner (Fig. 8c). These findings were supported by BLI assays using probe *xylFp*-I (Fig. 8d), which showed that xylose and glucose serve as Rok7B7 ligands, but play opposite roles in modulating DNA-binding ability of Rok7B7. These findings, in combination with those from transcription analysis (Fig. 7e and 8a), allowed us to formulate a model of control of xylose uptake by Rok7B7 in response to xylose and glucose. Xylose acts as an inducer and, in the absence of glucose, releases Rok7B7 from *xylFp*, resulting in increased *xylFGH* expression for xylose uptake. In contrast, in the presence of a preferred carbon source as glucose, the affinity of Rok7B7 for its target site is enhanced.

To investigate whether the Rok7B7 orthologs from model strains *S. coelicolor* and *S. venezuelae* had similar binding affinities, the proteins were expressed as His_6-tagged proteins in *E. coli* and purified, and EMSAs were performed on the promoter region of *xylFsco* and *xylFsven*. This showed that also the Rok7B7 proteins of *S. coelicolor* and *S. venezuelae* bound to their respective *xylFGH* promoters (Supporting information Fig. S7). DNA-binding affinity of the two proteins was inhibited by xylose, but enhanced by glucose (Supporting information Fig. S7). These findings suggest wide conservation of the *cis-trans* relationships for Rok7B7 with the *xylFGH* operon and its control by glucose CCR in *Streptomyces* species.

2.8 Prediction and verification of new Rok7B7 target genes

Understanding of the broader roles of Rok7B7 in *S. avermitilis* requires identification of additional Rok7B7 target genes. Analysis of the 13 bp direct repeat sequences in the three Rok7B7-binding promoter regions mentioned above (*aveA1p*, *olmRIp*, *xylFp*) using WebLogo program (http://weblogo.berkeley.edu) revealed a consensus sequence 5′-TTKAMKHSTTSAV-3′ (K=T/G; M=A/C; H=A/C/T; S=C/G; V=A/C/G) (Fig. 9a). Scanning of the *S. avermitilis* genome by PREDetector (Hiard *et al.*, 2007) with the 13 bp consensus Rok7B7-binding sequence identified 275 putative Rok7B7 target genes (cut-off score≥7) (Supporting information Table S1). Of these, 82 were unknown or unclassified, and the remaining 193 were assigned to 17 groups on the basis of biological function as defined by the KEGG pathway database for *S. avermitilis*. Accuracy of the bioinformatic prediction was tested by selecting 23 well-annotated putative targets involved in primary metabolism, secondary metabolism, or development for EMSA confirmation.

Interestingly, one of the putative Rok7B7 target genes, *sav_2657*, encodes glucose transporter GlcP (Van Wezel *et al.*, 2005). While the gene was annotated as *araE* (for a putative L-arabinose permease) by the Genome Project of *S. avermitilis* (http://avermitilis.ls.kitasato-u.ac.jp), the gene product is identical to glucose permease GlcP in *S. coelicolor* (Van Wezel *et al.*, 2005). Rok7B7 bound well to probe *sav_2657p* (Fig. 9b). *sav_2657* transcription was significantly higher after 2 and 6 days for Δrok7B7 grown in FM-I than for WT, indicating that Rok7B7 acts as a repressor of this gene (Fig. 9c). Analysis of WT and Δrok7B7 grown in liquidMM containing arabinose, glucose, or arabinose/glucose mixture showed that *sav_2657* transcription was strongly induced by glucose, but unaffected by arabinose (Supporting information Fig. S8). *sav_2657* transcription level was also notably increased by *rok7B7* deletion in each of the above three culture conditions. These findings suggest that Rok7B7 affects glucose uptake by directly repressing the gene *sav_2657* for the glucose permease GlcP.

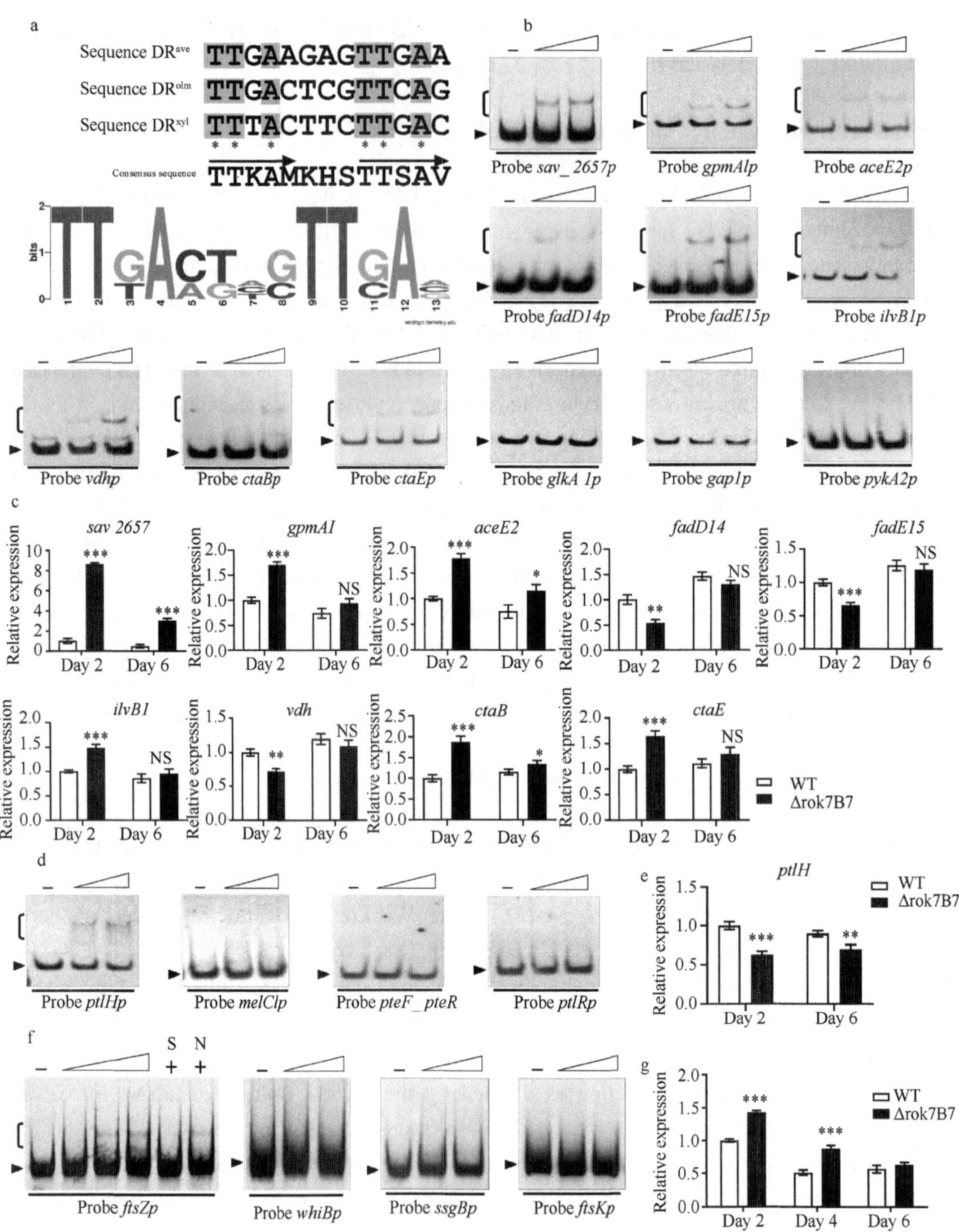

Fig. 9 Identification of new Rok7B7 targets

a. Analysis of consensus Rok7B7-binding sequence by WebLogo program. Arrows: conserved 5 bp direct repeats. Asterisks: consensus bases. b. EMSAs of His_6-Rok7B7 with promoter regions of 12 predicted target genes associated with primary metabolism. Lanes 2 and 3 contained 500 nmol/L and 750 nmol/L His_6-Rok7B7. c. qRT-PCR analysis of *sav_2657*, *gpmA1*, *aceE2*, *fadD14*, *fadE15*, *ilvB1*, *vdh*, *ctaB*, and *ctaE* in WT and Δrok7B7 grown in FM-I. d. EMSAs of His_6-Rok7B7 with promoter regions of five predicted target genes associated with secondary metabolism. e. qRT-PCR analysis of *ptlH* in WT and Δrok7B7 grown in FM-I. f. EMSAs of His_6-Rok7B7 with four predicted target promoters associated with development. His_6-Rok7B7 concentrations for probe *ftsZp*: 250 nmol/L, 500 nmol/L, and 750 nmol/L; for other promoter probes: 500 nmol/L and 750 nmol/L. g. qRT-PCR analysis of *ftsZ* in WT and Δrok7B7 grown on YMS plates. Panels c, e, g: error bars: SD from triplicate experiments; NS, not significant; *, $P<0.05$; **, $P<0.01$; ***, $P<0.001$ for comparison with WT (*t*-test)

EMSAs were performed on 11 additional putative Rok7B7 target genes associated with primary metabolism: *glkA1*, *gap1*, *gpmA1*, *pykA2*, *aceE2*, *fadD14*, *fadE15*, *ilvB1*, *vdh*, *ctaB*, and *ctaE* (Supporting information Table S1). Rok7B7 bound directly to promoter regions of *gpmA1*, *aceE2*, *fadD14*, *fadE15*, *ilvB1*, *vdh*, *ctaB*, and *ctaE*, but not to those of *glkA1*, *gap1*, or *pykA2* (Fig. 9b). qRT-PCR analysis revealed that transcription levels of *gpmA1*, *aceE2*, *ilvB1*, *ctaB*, and *ctaE* were higher in Δrok7B7 than in WT, whereas those of *fadD14*, *fadE15*, and *vdh* were lower in Δrok7B7 (Fig. 9c). These findings demonstrate that Rok7B7 plays a pleiotropic role and displays dual repressor/activator function in primary metabolism.

Several putative Rok7B7 targets associated with secondary metabolism were also selected for EMSA evaluation: *melC1* involved in melanin biosynthesis; *pteF* and *pteR* in filipin biosynthesis (Vicente *et al.*, 2014); *ptlR* and *ptlH* in biosynthesis of unknown terpene metabolite (Supporting information Table S1). Rok7B7 bound only to probe *ptlHp*, but not to *melC1p*, *pteF-pteR* (bidirectional), or *ptlRp* (Fig. 9d). *ptlH* transcription level was reduced in Δrok7B7 (Fig. 9e), indicating that Rok7B7 acts as an activator of this newly identified target related to secondary metabolism.

In addition, several key genes involved in the onset of sporulation-specific cell division were included in the list of putative Rok7B7 targets, namely *whiB* (*sav_5042*) for the sporulation protein WhiB (Bush *et al.*, 2016), *ftsZ* (*sav_6124*) for the tubulin ortholog FtsZ that forms the cell division scaffold (Schwedock *et al.*, 1997; Willemse *et al.*, 2011), *ssgB* (*sav_4604*) for SsgB that recruits FtsZ to septum sites and thus activates sporulation-specific cell division (Keijser *et al.*, 2003; Willemse *et al.*, 2011), and *ftsK* (*sav_2510*) for FtsK that is required for chromosome segregation during cell division (Dedrick *et al.*, 2009). Rok7B7 bound only to *ftsZp*, while it failed to bind to the other targets (Fig. 9f). qRT-PCR analysis of *ftsZ* transcription level using RNAs extracted from WT and Δrok7B7 grown on YMS plates for 2 (aerial growth), 4 (middle stage of sporulation), or 6 days (spore maturation) showed that the level was upregulated in Δrok7B7 on days 2 and 4 (Fig. 9g), consistent with the earlier developmental phenotype of Δrok7B7. These findings indicate that Rok7B7 negatively regulates development by directly repressing *ftsZ*.

3. Discussion

ROK-family regulator Rok7B7 was shown to play a functional role in *S. coelicolor* (Swiatek *et al.*, 2013); however, until now little was known regarding its regulatory targets. We examined the molecular mechanism underlying Rok7B7 function in *S. avermitilis* and demonstrated that it functions in this species as an essential global regulator of development, antibiotic production, carbon uptake, and other primary metabolic processes through control of related target genes. Our findings provide an excellent basis for future studies of ROK-family regulators in *Streptomyces* species, and for construction of antibiotic-overproducing strains. We also revealed that Rok7B7 and its orthologs participate in glucose-mediated CCR of xylose uptake through direct regulation of xylose transport operon *xylFGH*, and DNA-binding activity of Rok7B7 on *xylFp* is modulated by glucose and xylose. Interestingly, several previous studies have shown that *Streptomyces* CCR is mediated through specific transcriptional regulators (Hindle and Smith,1994; Walter and Schrempf, 1996; Ni and Westpheling, 1997; Nguyen *et al.*, 1997; Van Wezel *et al.*, 1997), *e.g.*, amylase and chitinase genes in *S. lividans* are regulated by a LacI/GalR-family regulator, Reg 1, which is involved in glucose repression (Nguyen *et al.*, 1997); GylR (Hindle and Smith., 1994) and MalR (Van Wezel *et al.*, 1997), which control glycerol and maltose uptake in *S. coelicolor*, respectively, are required for both substrate induction and CCR. However, the detailed relationship of these regulators and Rok7B7 with GlkA is still unclear and requires further investigations.

Rok7B7 plays a differential role in regulation of avermectin and oligomycin A production, which are mediated respectively by structural genes and CSR gene. It also regulates the expression of the BGC directing the biosynthesis of an unknown terpene metabolite *via* activation of the expression of the structural gene *ptlH*. These findings demonstrate the pleiotropic and diverse role of Rok7B7 in the regulation of the expression of BGC. In many cases, pleiotropic/global regulators directly control CSR genes involved in antibiotic biosynthesis. However, there is increasing evidence that certain regulators, including *S. roseosporus* AtrA (Mao *et al.*, 2015), *S. chattanoogensis* WhiG (Liu *et al.*, 2015), *S. coelicolor* AfsQ1 (Chen *et al.*, 2016), *S. avermitilis* SAV_742 (Sun *et al.*, 2016), and Rok7B7 (present study) directly control specific antibiotic structural genes. Such direct regulatory mechanism of antibiotic biosynthesis may be universal in streptomycetes and facilitate rapid, precise regulation of antibiotic biosynthesis in response to various signals.

Concerning the control of xylose uptake, Rok7B7 acts as a direct repressor of *xylFGH* but not of another *xyl* gene locus, *xylABR*, consistent with the observation that *rok7B7* deletion in *S. coelicolor* had no effect on *xylABR* expression (Swiatek *et al.*, 2013). XylR repressed *xylA* and *xylB* (Swiatek *et al.*, 2013; Noguchi *et al.*, 2018), and addition of xylose derepressed *xylA* expression in *S. avermitilis* (Noguchi *et al.*, 2018), but the relationship between XylR and *xylFGH* was not previously investigated. In the present study, the expression of the *xylFGH* operon completely escaped glucose repression in Δrok7B7, but xylose still induced transcription of these genes, suggesting that *xylFGH* is controlled by other regulator (s). XylR is the most likely candidate, thus, its regulatory role on *xylFGH* remains to be more fully elucidated. In regard to glucose uptake, *S. coelicolor* contains two GlcP-encoding genes (*glcP1*, *glcP2*), and *glcP1* plays a major role in glucose transport (Van Wezel *et al.*, 2005). In *S. avermitilis*, *sav_2657* is the only gene homologous to *glcP1* and *glcP2*. Expression of *sav_2657*, as a Rok7B7 target, was strongly induced by glucose, but unaffected by arabinose, and *sav_2657* transcription level was strongly upregulated in Δrok7B7, consistent with the enhanced glucose uptake in this mutant. Thus, *sav_2657* evidently encodes a glucose permease involved in glucose transport, rather than an arabinose permease as annotated in the Genome Project of *S. avermitilis*.

Glucose and xylose are the major sugar components of lignocellulose, which is present in plant cell walls and has the potential to be developed as a renewable resource for microbial production of biofuels and other value-added bioproducts (Liguori *et al.*, 2016). *Streptomyces* species produce enzymes used for lignocellulosic biomass hydrolysis (Pennacchio *et al.*, 2018) and therefore can potentially be engineered to produce antibiotics or other useful products from lignocellulose hydrolysates. Efficient conversion of lignocellulosic materials requires simultaneous uptake of the two sugars. A common problem is that the presence of glucose inhibits xylose uptake by CCR. *rok7B7* deletion in *S. avermitilis* and *S. coelicolor* (Swiatek *et al.*, 2013) enhanced both xylose and glucose uptake, and xylose uptake was not inhibited by glucose in Δrok7B7 mutant of *S. avermitilis*. *rok7B7* orthologous genes are widespread among *Streptomyces* species, and *rok7B7* deletion strategy therefore has great potential to improve co-uptake efficiency of glucose and xylose derived from lignocellulosic biomass and efficiency of fermentation process in streptomycetes.

Besides *sav_2657*, we identified eight new Rok7B7 targets involved in primary metabolism; *i.e.*, genes involved in glycolysis (*gpmA1*, *aceE2*), fatty acid degradation (*fadD14*, *fadE15*), valine and isoleucine biosynthesis (*ilvB1*), valine degradation (*vdh*), and oxidative phosphorylation (*ctaB*, *ctaE*). These genes are closely associated with antibiotic biosynthesis. Glycolysis yields energy and acetyl-CoA, which become available for avermectin and oligomycin A biosynthesis. Fatty acid degradation provides acetyl-CoA precursor for biosynthesis of these two antibiotics. Starter units for avermectin biosynthesis are derived from valine and isoleucine (Ikeda and Ōmura, 1997). Thus, *ilvB1* and *vdh* are involved in providing starter units for avermectin biosynthesis. Oxidative phosphorylation is the main energy source for aerobic *Streptomyces*. Altered expression of *ctaB* and *ctaE* may thus affect energy supply for antibiotic biosynthesis. Rok7B7 represses *gpmA1*, *aceE2*, *ilvB1*, *ctaB*, and *ctaE*, but activates *fadD14*, *fadE15*, and *vdh*. Yield data obtained for avermectins and oligomycin A in Δrok7B7 therefore reflect a combined effect of altered expression of these primary metabolic genes. Avermectins and oligomycin A require common extender units for synthesis of polyketide chain (Ōmura *et al.*, 2001); increase or decrease of antibiotic yields in Δrok7B7 may therefore be due in part to precursor competition between these two biosynthetic pathways.

We observed a negative regulatory role of Rok7B7 in *S. avermitilis* development, and identified the central cell division gene *ftsZ* as a Rok7B7 target. During sporulation, FtsZ is recruited to the septum site by SsgB to form a ladder of 50~100 Z rings in each sporogenic hypha to direct synthesis of sporulation septa (Willemse *et al.*, 2011). In the mutant Δrok7B7, enhanced *ftsZ* expression contributed to earlier spore formation. However, possible contributions by other development-related Rok7B7 target genes to Δrok7B7 phenotype cannot be ruled out; further studies are needed to address this point.

A proposed schematic model of the Rok7B7-mediated regulatory network involved in primary metabolism (including xylose and glucose uptake), secondary metabolism, and development in *S. avermitilis* is shown in Fig. 10. The coordinated roles of Rok7B7 in these essential physiological processes are achieved through its regulatory effects on target genes. The promoter regions of several putative targets (*glkA1*, *gap1*, *pykA2*, *melC1*, *pteF*, *pteR*, *ptlR*, *whiB*, *ssgB*, *ftsK*) listed in the Supporting information Table S1 were not bound by Rok7B7 *in vitro*. While we cannot explain this yet, it is tempting to suggest the presence of different classes of binding sites, as was previously observed for DasR (Swiatek-Polatynska *et al.*, 2015). Another possibility is that such binding requires a specific ligand or an additional protein that contributes to its binding. The complex roles of Rok7B7 in streptomycetes will be progressively elucidated as we identify additional target genes and molecular processes.

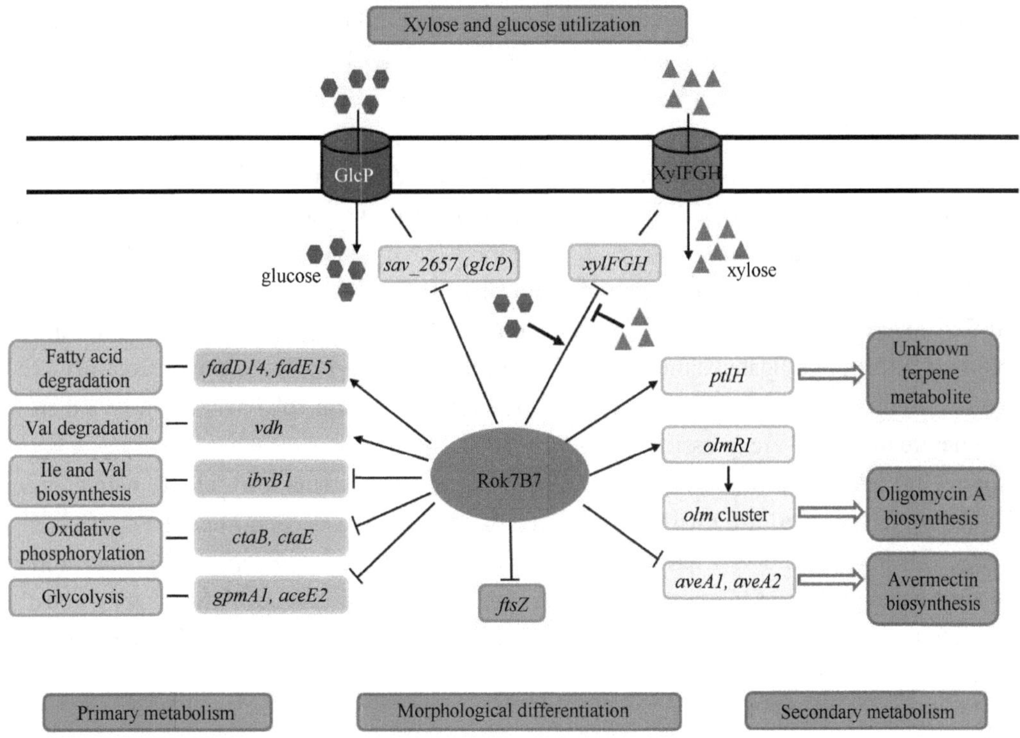

Fig. 10 Proposed schematic model of Rok7B7-mediated regulatory network in *S. avermitilis*
(Color figure in the two-dimensional code at the back cover)

Bars: repression. Solid arrows: activation. Hollow arrows: production of secondary metabolites. Solid lines: involvement in primary metabolism. Triangles: xylose. Hexagons: glucose

4. Experimental Procedures

4.1 Strains, plasmids, and growth conditions

Strains and plasmids used or constructed in this study are summarized in the Supporting information Table S2, and primers are listed in the Supporting information Table S3. Growth conditions for *E. coli* and *S. avermitilis* were described previously (Jiang *et al.*, 2011). YMS (Ikeda *et al.*, 1988) agar was used for phenotypic characterization of *S. avermitilis* mutants. Insoluble fermentation medium FM-I (Jiang *et al.*, 2011) was used for avermectin and oligomycin A production, and soluble fermentation medium FM-II (Jiang *et al.*, 2011) was used for quantitative analysis of *S. avermitilis* growth. Liquid MM (Kieser *et al.*, 2000) supplemented with 10 mg/ml (1% *w*/*V*) of various carbon sources was used for analysis of carbon uptake.

4.2 Construction of *S. avermitilis* mutants

For in-frame gene deletion of *rok7B7*, a 418 bp 5′-flanking region and a 379 bp 3′-flanking region were amplified from WT genome with respective primer pairs LXR1A/LXR1B and LXR2A/LXR2B. The two fragments were digested, respectively, with *Bam*H I/*Xba* I and *Xba* I/*Eco*R I and then ligated into *Bam*H I/*Eco*R I-digested pKC1139 (Bierman *et al.*, 1992), generating *rok7B7* deletion vector pDrok7B7, which was transformed into WT protoplasts. *rok7B7* deletion mutant Δrok7B7 was screened as described previously (Yang *et al.*, 2015), confirmed by PCR with primers LXR5A/LXR5B (flanking the exchange regions) and LXR6A/LXR6B (located within the deletion region) (Supporting information Fig. S2), and subjected to DNA sequencing. To delete *rok7B7* in industrial strain 63#, vector pDrok7B7 was transformed into 63# protoplasts. The mutant, termed Δrok7B7/63#, was isolated by selection of Δrok7B7 and confirmed by PCR with the same primers.

For complementation of Δrok7B7, a 1,565 bp DNA fragment carrying *rok7B7* ORF and its promoter was amplified with primer pair LXR7A/LXR7B. The PCR product was cut out with *Xba* I/*Eco*R I and inserted into pSET152 (Bierman *et al.*, 1992) to obtain *rok7B7*-complemented vector pSET152-rok7B7, which was then introduced into Δrok7B7 to obtain complemented strain Crok7B7.

For *rok7B7* overexpression, a 1,249 bp DNA fragment containing *rok7B7* ORF was amplified with primers LXR4A/LXR4B, and ligated simultaneously with the 188 bp *ermE**p* fragment from pJL117 (Li *et al.*, 2010) into pKC1139 to produce *rok7B7*-overexpressing vector pKC-erm-rok7B7, which was then introduced into WT to generate *rok7B7* overexpression strain Orok7B7.

To express 3×FLAG-tagged Rok7B7 in *S. avermitilis*, *rok7B7* gene carrying its native promoter was amplified with primers LXR61A/LXR61B, and 3×FLAG fragment was amplified from plasmid pIJ10500 (Pullan *et al.*, 2011) with primers LXR60A/LXR60B. The resulting 1,608 bp *rok7B7* and 100 bp FLAG fragments were ligated into pSET152 to generate pSET152-rok7B7-3×FLAG, which was then transformed into Δrok7B7 to obtain recombinant strain Δrok7B7/rok7B7-3×FLAG for expression of C-terminally 3×FLAG-tagged Rok7B7.

4.3 SEM

S. avermitilis WT and Δrok7B7 strains were inoculated onto YMS plates and incubated at 28℃ for 2 or 4 days. Specimens were prepared and then observed by SEM as described previously (Sun *et al.*, 2016).

4.4 Fermentation and analysis of antibiotics

Fermentation of *S. avermitilis* strains and quantitative analysis of avermectin and oligomycin A yield by HPLC were performed as described previously (Luo *et al.*, 2014).

4.5 Determination of sugar content

Sugar content in fermentation broth was measured by HPLC. Fermentation broth (1 ml) was centrifuged at 13,000×g for 15 min. The supernatant was filtered through nylon microporous (pore size 0.22 μm) membrane and applied to an HPLC system with ZORBAX Carbohydrate Analysis Column (5 μm; 4.6 mm× 250 mm; Agilent; USA) and refractive index detector RID-20A (Shimadzu; Japan). Glucose, xylose, maltose, and mannitol were separated with acetonitrile/water (80∶20, *V*/*V*) at flow rate 1.0 ml/min, and identified using respective standards.

4.6 qRT-PCR analysis

Total RNAs were extracted at various time points from *S. avermitilis* cultures grown in liquid FM-I, in MM containing various sugars, or on YMS plates, using Trizol reagent (Tiangen; China). Reverse transcription and subsequent real-time PCR assays were performed as described previously (Luo *et al.*, 2014). Transcription levels of tested genes were determined by qRT-PCR using respective primers, with housekeeping gene 16S rRNA as internal control to normalize samples. Each experiment was performed in triplicate.

4.7 Heterologous expression and purification of His_6-tagged Rok7B7 protein

For heterologous expression of *S. avermitilis* Rok7B7 in *E. coli*, the 1,263 bp *rok7B7* coding region was amplified by PCR from genomic DNA of ATCC 31267 using primer pair LXR3A/LXR3B. The PCR fragment was cut out with *Bam*H I/*Eco*R I and cloned into pET-28a (+), generating expression vector pET28-rok7B7, which was verified by sequencing. 1,256 bp *rok7B7sco* gene was similarly amplified using primer pair LXR62A/LXR62B from genomic DNA of *S. coelicolor* M145, and 1,267 bp *rok7B7sven* gene was amplified using primer pair LXR63A/LXR63B from genomic DNA of *S. venezuelae* ISP5230. The two PCR fragments were ligated into pET-28a (+) to obtain pET28-rok7B7sco and pET28-rok7B7sven, respectively. The three *rok7B7* expression vectors were transformed separately into *E. coli* Rosetta (DE3), and expression of N-terminal His_6-tagged Rok7B7 recombinant protein was induced by addition of 0.2 mmol/L IPTG, followed by incubation for 3 h at 37℃. Cells were harvested, resuspended in lysis buffer (Guo *et al.*, 2018), sonicated on ice, and centrifuged. Soluble recombinant protein from supernatant was purified using a Ni-NTA column (Bio-works; Sweden), and fractions eluted with 500 mmol/L imidazole were dialyzed against binding buffer for EMSAs or HBS-EP buffer for BLI assays to eliminate imidazole. Protein concentration was determined by Bradford assay, and purified recombinant protein was stored at –80℃.

4.8 EMSAs

EMSAs were performed as described previously (Sun *et al.*, 2016). Promoter probes containing putative Rok7B7-binding sequences were generated by PCR using corresponding primers, and 3′-terminally labeled with nonradioactive digoxigenin-1-ddUTP. In binding reactions (20 μl), 0.3 nmol/L labeled probe was incubated with 1 μg poly [d(I-C)] and various amounts of His_6-Rok7B7 at 25℃ for 30 min. Specificity of Rok7B7/probe interaction was confirmed by adding ~300-fold excess of unlabeled *hrdBp* (nonspecific probe) or each specific probe to the reaction system.

For EMSAs with sugars, glucose or xylose was dissolved in deionized water and added to the reaction system at various final concentrations.

4.9 Western blotting

Western blotting was performed as described previously (Zhu *et al.*, 2016). Total protein of Δrok7B7/rok7B7-3×FLAG was prepared from mycelia grown in FM-I for various durations. Anti-FLAG M2 mouse antibody (mAb) (Sigma; USA) was used at ratio 1∶3,300.

4.10 ChIP-qPCR

Mycelia of *S. avermitilis* WT and Δrok7B7/rok7B7-3×FLAG cultured in soluble FM-II for various times were collected, and processed as described previously (Yan *et al.*, 2019). One milliliter input sample (2 mg protein/ml) was used for each immunoprecipitation, and 10 μl was kept as input DNA. The ChIP reaction was performed with 1 μl anti-FLAG mAb, and the immunoprecipitated DNA was quantified by real-time PCR using primer pairs listed in the Supporting information Table S3. The WT strain was used as negative control. ChIP-qPCR data were normalized by the ratio of ChIP sample to input DNA, and expressed as a percentage of input DNA. The relative values of protein enrichment were calculated using the comparative Ct method: ΔC_t (ChIP)=C_t (ChIP)–(C_t (Input)–6.644); Input%=$2^{-\Delta C_t\text{(ChIP)}}$×100%. Each experiment was independently performed at least three times.

4.11 5′-RACE

Transcriptional start sites (TSSs) of *aveA1* and *olmRI* were determined by 5′-RACE using 5′/3′-RACE kit (Roche; USA). Total RNA (2 μg) extracted from 48 h culture of *S. avermitilis* WT grown in FM-I was used for reverse transcription with gene-specific primer sp1-aveA1 or sp1-olmRI (20 pmol). The obtained cDNAs were purified and treated with terminal transferase (TaKaRa; China) for addition of 3′ oligo (dA) tails. The tailed cDNA was PCR-amplified with oligo (dT) anchor primer and specific nested primer sp2-aveA1 or sp2-olmRI to yield a single specific band. The resulting PCR product was purified for sequencing, and TSS was mapped as the first base following oligo (dT) sequence.

4.12 BLI assay

BLI assay was performed using an Octet RED96 system (FortéBio; USA) to assess molecular interactions of Rok7B7 with its binding sequences. 5′ biotin-labeled 50 bp DNA fragments containing Rok7B7-binding sites were obtained by annealing primers listed in the Supporting information Table S3. The reaction mixtures (each 200 μl) contained 300 nmol/L biotin-labeled DNA probes and various concentrations of purified His_6-Rok7B7 in HBS-EP buffer [10 mmol/L HEPES, 15 mmol/L NaCl, 3 mmol/L EDTA, 0.005% (*V*/*V*) Tween 20, and 0.1% (*w*/*V*) BSA (pH 7.4)]. The assay procedure consisted of five steps: baseline, loading, washing, association, and dissociation. All steps were performed at 25℃ in a 96-well plate containing 200 μl reaction mixture and a streptavidin (SA) biosensor probe in each well. Blank tests, for purpose of baseline balance, were performed using HBS-EP buffer instead of His_6-Rok7B7 in association step. Data were processed using software program Octet Analysis 21 CFR, Part 11 (V. 9.0).

To analyze effects of ligands on binding of Rok7B7 to its target sequences, glucose or xylose was added to the reaction system at indicated concentrations.

References

Bekiesch P, Forchhammer K, Apel A K. 2016. Characterization of DNA binding sites of RokB, a ROK-family regulator from *Streptomyces coelicolor* reveals the RokB regulon. PLoS One, 11(5): e0153249.

Bierman M, Logan R, O'brien K, *et al.* 1992. Plasmid cloning vectors for the conjugal transfer of DNA from *Escherichia coli* to *Streptomyces* spp. Gene, 116(1): 43-49.

Burg R W, Miller B M, Baker E E, *et al.* 1979. Avermectins, new family of potent anthelmintic agents: producing organism and fermentation. Antimicrob Agents Chemother, 15(3): 361-367.

Bush M J, Chandra G, Bibb M J, *et al.* 2016. Genome-wide chromatin immunoprecipitation sequencing analysis shows that WhiB is a transcription factor that cocontrols its regulon with WhiA to initiate developmental cell division in *Streptomyces*. mBio, 7(2): e00523-00516.

Chen S, Zheng G, Zhu H, *et al.* 2016. Roles of two-component system AfsQ1/Q2 in regulating biosynthesis of the yellow-pigmented coelimycin P2 in *Streptomyces coelicolor*. FEMS Microbiol Lett, 363(15): fnw160.

Chen Y, Wendt-Pienkowski E, Shen B. 2008. Identification and utility of FdmR1 as a *Streptomyces* antibiotic regulatory protein activator for fredericamycin production in *Streptomyces griseus* ATCC 49344 and heterologous hosts. J Bacteriol, 190(16): 5587-5596.

Chng C, Lum A M, Vroom J A, *et al.* 2008. A key developmental regulator controls the synthesis of the antibiotic erythromycin in *Saccharopolyspora erythraea*. Proc Natl Acad Sci USA, 105(32): 11346-11351.

Dedrick R M, Wildschutte H, McCormick J R. 2009. Genetic interactions of *smc*, *ftsK*, and *parB* genes in *Streptomyces coelicolor* and their developmental genome segregation phenotypes. J Bacteriol, 191(1): 320-332.

Dubeau M P, Poulin-Laprade D, Ghinet M G, *et al.* 2011. Properties of CsnR, the transcriptional repressor of the chitosanase gene, *csnA*, of *Streptomyces lividans*. J Bacteriol, 193(10): 2441-2450.

Egerton J R, Ostlind D A, Blair L S, *et al.* 1979. Avermectins, new family of potent anthelmintic agents: efficacy of the B_{1a} component. Antimicrob Agents Chemother, 15(3): 372-378.

Flardh K, Buttner M J. 2009. *Streptomyces* morphogenetics: dissecting differentiation in a filamentous bacterium. Nat Rev Microbiol, 7(1): 36-49.

Guo J, Zhang X, Lu X, *et al.* 2018. SAV4189, a MarR-family regulator in *Streptomyces avermitilis*, activates avermectin biosynthesis. Front Microbiol, 9: 1358.

Guo J, Zhao J, Li L, *et al.* 2010. The pathway-specific regulator AveR from *Streptomyces avermitilis* positively regulates avermectin production while it negatively affects oligomycin biosynthesis. Mol Genet Genomics, 283(2): 123-133.

Hiard S, Maree R, Colson S, *et al.* 2007. PREDetector: a new tool to identify regulatory elements in bacterial genomes. Biochem Biophys Res Commun, 357(4): 861-864.

Hindle Z, Smith C P. 1994. Substrate induction and catabolite repression of the *Streptomyces coelicolor* glycerol operon are mediated through the GylR protein. Mol Microbiol, 12(5): 737-745.

Ikeda H, Kotaki H, Tanaka H, *et al.* 1988. Involvement of glucose catabolism in avermectin production by *Streptomyces avermitilis*. Antimicrob Agents Chemother, 32(2): 282-284.

Ikeda H, Nonomiya T, Usami M, *et al.* 1999. Organization of the biosynthetic gene cluster for the polyketide anthelmintic macrolide avermectin in *Streptomyces avermitilis*. Proc Natl Acad Sci USA, 96(17): 9509-9514.

Ikeda H, Ōmura S. 1997. Avermectin Biosynthesis. Chem Rev, 97(7): 2591-2610.

Jiang L, Liu Y, Wang P, *et al.* 2011. Inactivation of the extracytoplasmic function sigma factor σ^6 stimulates avermectin production in *Streptomyces avermitilis*. Biotechnol Lett, 33(10): 1955-1961.

Kazanov M D, Li X, Gelfand M S, *et al.* 2013. Functional diversification of ROK-family transcriptional regulators of sugar catabolism in the *Thermotogae phylum*. Nucleic Acids Res, 41(2): 790-803.

Keijser B J, Noens E E, Kraal B, *et al.* 2003. The *Streptomyces coelicolor ssgB* gene is required for early stages of sporulation. FEMS Microbiol Lett, 225(1): 59-67.

Kieser T, Bibb M J, Buttner M J, *et al.* 2000. Practical Streptomyces Genetics. Norwich: The John Innes Foundation.

Kitani S, Ikeda H, Sakamoto T, *et al.* 2009. Characterization of a regulatory gene, *aveR*, for the biosynthesis of avermectin in *Streptomyces avermitilis*. Appl Microbiol Biotechnol, 82(6): 1089-1096.

Li L, Guo J, Wen Y, *et al.* 2010. Overexpression of ribosome recycling factor causes increased production of avermectin in *Streptomyces avermitilis* strains. J Ind Microbiol Biotechnol, 37(7): 673-679.

Liguori R, Ventorino V, Pepe O, *et al.* 2016. Bioreactors for lignocellulose conversion into fermentable sugars for production of high added value products. Appl Microbiol Biotechnol, 100(2): 597-611.

Lin X, Wen Y, Li M, *et al.* 2009. A new strain of *Streptomyces avermitilis* produces high yield of oligomycin A with potent anti-tumor activity on human cancer cell lines *in vitro*. Appl Microbiol Biotechnol, 81(5): 839-845.

Liu S P, Yu P, Yuan P H, *et al.* 2015. Sigma factor WhiGch positively regulates natamycin production in *Streptomyces chattanoogensis* L10. Appl Microbiol Biotechnol, 99(6): 2715-2726.

Luo S, Sun D, Zhu J, *et al.* 2014. An extracytoplasmic function sigma factor, σ^{25}, differentially regulates avermectin and oligomycin biosynthesis in *Streptomyces avermitilis*. Appl Microbiol Biotechnol, 98(16): 7097-7112.

Macneil D J, Klapko L M. 1987. Transformation of *Streptomyces avermitilis* by plasmid DNA. J Ind Microbiol, 2(4): 209-218.

Mao X M, Luo S, Zhou R C, *et al.* 2015. Transcriptional regulation of the daptomycin gene cluster in *Streptomyces roseosporus* by an autoregulator, AtrA. J Biol Chem, 290(12): 7992-8001.

Nguyen J, Francou F, Virolle M J, *et al.* 1997. Amylase and chitinase genes in *Streptomyces lividans* are regulated by *reg1*, a pleiotropic regulatory gene. J Bacteriol, 179(20): 6383-6390.

Ni X, Westpheling J. 1997. Direct repeat sequences in the *Streptomyces* chitinase-63 promoter direct both glucose repression and chitin induction. Proc Natl Acad Sci USA, 94(24): 13116-13121.

Noguchi Y, Kashiwagi N, Uzura A, *et al.* 2018. Development of a strictly regulated xylose-induced expression system in *Streptomyces*. Microb Cell Fact, 17(1): 151.

Ōmura S, Ikeda H, Ishikawa J, *et al.* 2001. Genome sequence of an industrial microorganism *Streptomyces avermitilis*: deducing the ability of producing secondary metabolites. Proc Natl Acad Sci USA, 98(21): 12215-12220.

Pennacchio A, Ventorino V, Cimini D, *et al.* 2018. Isolation of new cellulase and xylanase producing strains and application to lignocellulosic biomasses hydrolysis and succinic acid production. Bioresour Technol, 259: 325-333.

Pinna L A, Lorini M, Moret V, *et al.* 1967. Effect of oligomycin and succinate on mitochondrial metabolism of adenine nucleotides. Biochim Biophys Acta, 143(1): 18-25.

Plumbridge J. 2001. Regulation of PTS gene expression by the homologous transcriptional regulators, Mlc and NagC, in *Escherichia coli* (or how two similar repressors can behave differently). J Mol Microbiol Biotechnol, 3(3): 371-380.

Pullan S T, Chandra G, Bibb M J, *et al.* 2011. Genome-wide analysis of the role of GlnR in *Streptomyces venezuelae* provides new insights into global nitrogen regulation in actinomycetes. BMC Genomics, 12: 175.

Romero-Rodriguez A, Robledo-Casados I, Sanchez S. 2015. An overview on transcriptional regulators in *Streptomyces*. Biochim Biophys Acta, 1849(8): 1017-1039.

Romero-Rodriguez A, Rocha D, Ruiz-Villafan B, *et al.* 2017. Carbon catabolite regulation in *Streptomyces*: new insights and lessons learned. World J Microbiol Biotechnol, 33(9): 162.

Schwedock J, McCormick J R, Angert E R, *et al.* 1997. Assembly of the cell division protein FtsZ into ladder-like structures in the aerial hyphae of *Streptomyces coelicolor*. Mol Microbiol, 25(5): 847-858.

Sun D, Zhu J, Chen Z, *et al.* 2016. SAV742, a novel AraC-family regulator from *Streptomyces avermitilis*, controls avermectin biosynthesis, cell growth and development. Sci Rep, 6: 36915.

Swiatek M A, Gubbens J, Bucca G, *et al.* 2013. The ROK family regulator Rok7B7 pleiotropically affects xylose utilization, carbon catabolite repression, and antibiotic production in *Streptomyces coelicolor*. J Bacteriol, 195(6): 1236-1248.

Swiatek-Polatynska M A, Bucca G, Laing E, *et al.* 2015. Genome-wide analysis of *in vivo* binding of the master regulator DasR in *Streptomyces coelicolor* identifies novel non-canonical targets. PLoS One, 10(4): e0122479.

Tanaka A, Takano Y, Ohnishi Y, *et al.* 2007. AfsR recruits RNA polymerase to the *afsS* promoter: a model for transcriptional activation by SARPs. J Mol Biol, 369(2): 322-333.

Van Wezel G P, Mahr K, Konig M, *et al.* 2005. GlcP constitutes the major glucose uptake system of *Streptomyces coelicolor* A3(2). Mol Microbiol, 55(2): 624-636.

Van Wezel G P, McDowall K J. 2011. The regulation of the secondary metabolism of *Streptomyces*: new links and experimental advances. Nat Prod Rep, 28(7): 1311-1333.

Van Wezel G P, White J, Young P, *et al.* 1997. Substrate induction and glucose repression of maltose utilization by *Streptomyces coelicolor* A3(2) is controlled by *malR*, a member of the LacI-GalR family of regulatory genes. Mol Microbiol, 23(3): 537-549.

Vicente C M, Santos-Aberturas J, Payero T D, *et al.* 2014. PAS-LuxR transcriptional control of filipin biosynthesis in *S. avermitilis*. Appl Microbiol Biotechnol, 98(22): 9311-9324.

Walter S, Schrempf H. 1996. The synthesis of the *Streptomyces reticuli* cellulase (avicelase) is regulated by both activation and repression mechanisms. Mol Gen Genet, 251(2): 186-195.

Willemse J, Borst J W, de Waal E, *et al.* 2011. Positive control of cell division: FtsZ is recruited by SsgB during sporulation of *Streptomyces*. Genes Dev, 25(1): 89-99.

Yan H, Lu X, Sun D, *et al.* 2019. BldD, a master developmental repressor, activates antibiotic production in two *Streptomyces* species. Mol Microbiol, 113(1): 123-142.

Yang R, Liu X, Wen Y, *et al.* 2015. The PhoP transcription factor negatively regulates avermectin biosynthesis in *Streptomyces avermitilis*. Appl Microbiol Biotechnol, 99(24): 10547-10557.

Yin S, Wang W, Wang X, *et al.* 2015. Identification of a cluster-situated activator of oxytetracycline biosynthesis and manipulation of its expression for improved oxytetracycline production in *Streptomyces rimosus*. Microb Cell Fact, 14: 46.

Yu Q, Bai L Q, Zhou X F, *et al.* 2012. Inactivation of the positive LuxR-type oligomycin biosynthesis regulators OlmRI and OlmRII increases avermectin production in *Streptomyces avermitilis*. Chin Sci Bull, 57(8): 869-876.

Zhu J, Sun D, Liu W, *et al.* 2016. AvaR2, a pseudo gamma-butyrolactone receptor homologue from *Streptomyces avermitilis*, is a pleiotropic repressor of avermectin and avenolide biosynthesis and cell growth. Mol Microbiol, 102(4): 562-578.

Supporting material: https://sfamjournals.onlinelibrary.wiley.com/doi/10.1111/1462-2920.15094

本文原载: Environ Microbiol, 2020, 22(12): 5090-5108.

AccR, a TetR Family Transcriptional Repressor, Coordinates Short-chain Acyl Coenzyme A Homeostasis in *Streptomyces avermitilis*[*]

Mengya Lyu, Yaqing Cheng, Xiao Han, Ying Wen, Yuan Song, Jilun Li, Zhi Chen

(State Key Laboratory of Agrobiotechnology and Key Laboratory of Soil Microbiology, Ministry of Agriculture, College of Biological Sciences, China Agricultural University, Beijing, 100193, China)

Abstract

Malonyl coenzyme A (malonyl-CoA) and methylmalonyl-CoA are the most common extender units for the biosynthesis of fatty acids and polyketides in *Streptomyces*, an industrially important producer of polyketides. Carboxylation of acetyl- and propionyl-CoAs is an essential source of malonyl- and methylmalonyl-CoAs; therefore, acyl-CoA carboxylases (ACCases) play key roles in primary and secondary metabolism. The regulation of the expression of ACCases in *Streptomyces* spp. has not been investigated previously. We characterized a TetR family transcriptional repressor, AccR, that mediates intracellular acetyl-, propionyl-, methylcrotonyl-, malonyl-, and methylmalonyl-CoA levels by controlling the transcription of genes that encode the main ACCase and enzymes associated with branched-chain amino acid metabolism in *S. avermitilis*. AccR bound to a 16-nucleotide palindromic binding motif (GTTAA-N_6-TTAAC) in promoter regions and repressed the transcription of the *accD1A1-hmgL-fadE4* operon, *echA8*, *echA9*, and *fadE2*, which are involved in the production and assimilation of acetyl- and propionyl-CoAs. Methylcrotonyl-, propionyl-, and acetyl-CoAs acted as effectors to release AccR from its target DNA, resulting in enhanced transcription of target genes by derepression. The affinity of methylcrotonyl- and propionyl-CoAs to AccR was stronger than that of acetyl-CoA. Deletion of *accR* resulted in increased concentrations of short-chain acyl-CoAs (acetyl-, propionyl-, malonyl-, and methylmalonyl-CoAs), leading to enhanced avermectin production. Avermectin production was increased by 14.5% in an *accR* deletion mutant of the industrial high-yield strain *S. avermitilis* A8. Our findings clarify the regulatory mechanisms that maintain the homeostasis of short-chain acyl-CoAs in *Streptomyces*.

Keywords

Streptomyces, TetR family transcriptional regulator, acyl-CoA carboxylase, polyketides, short-chain acyl-CoAs.

*This study was supported by the National Natural Science Foundation of China (Grant No. 31470190 and 31861143004). We are grateful to S. Anderson for English editing of the manuscript.

1. Introduction

Polyketides are a large class of natural products with diverse structures and biological activities. Many of them (*e.g.*, avermectin, erythromycin, lovastatin, rifamycin, and tetracycline) are widely used in medicine, agriculture, and animal husbandry (Newman and Cragg, 2016). The formation of polyketides is initiated by polyketide synthases, which condense acyl coenzyme A (acyl-CoA) extender units onto the starter unit through repeated decarboxylative Claisen condensation reactions (Hertweck, 2009; Williams, 2013). Malonyl- and methylmalonyl-CoAs are the most common extender units for polyketide biosynthesis (Fischbach and Walsh, 2006). Malonyl-CoA is also a building block for fatty acid biosynthesis. Production of malonyl- and methylmalonyl-CoAs usually involves the carboxylation of acetyl- and propionyl-CoAs (Chan *et al.*, 2009). In actinobacteria, including *Streptomyces*, *Mycobacterium*, and *Corynebacterium*, the enzymes that carboxylate acetyl-CoA and propionyl-CoA are termed acyl-CoA carboxylases (ACCases) (Livieri *et al.*, 2019). Actinobacterial ACCases have broad substrate specificity and are able to simultaneously catalyze acetyl-CoA, propionyl-CoA, and butyryl-CoA to generate malonyl-CoA, methylmalonyl-CoA, and ethylmalonyl-CoA, respectively (Lin *et al.*, 2006; Arabolaza *et al.*, 2010; Demirev *et al.*, 2011). The two major subunits of ACCase complex are a larger α subunit that contains biotin carboxylase (BC) and biotin carboxyl carrier protein (BCCP) domains and a smaller β subunit that contains carboxyltransferase (CT) domain (Tong, 2013). In some cases, a noncatalytic ε subunit is required for holocarboxylase activity (Oh *et al.*, 2006). ACCases are categorized as acetyl-CoA carboxylase (ACC), propionyl-CoA carboxylase (PCC), or methylcrotonyl-CoA carboxylase (MCC) depending on substrate preference. Two ACCases have been characterized in *Streptomyces coelicolor* A3(2) (Rodriguez and Gramajo, 1999; Rodriguez *et al.*, 2001; Diacovich *et al.*, 2002). They have the same α subunit, AccA1 or AccA2 (encoded by identical genes *accA1* or *accA2*). The β and ε components are, respectively, AccB and AccE for ACC and PccB and PccE for PCC (Rodriguez and Gramajo, 1999; Rodriguez *et al.*, 2001; Diacovich *et al.*, 2002). ACC is able to carboxylate acetyl-, propionyl-, and butyryl-CoAs with similar specificity, whereas PCC carboxylates only propionyl- and butyryl-CoAs. The major determinant of substrate specificity for ACCases is the β subunit (Arabolaza *et al.*, 2010). ACCases provide the building blocks for polyketide biosynthesis. Overexpression of ACC enhances intracellular malonyl-CoA levels, leading to overproduction of actinorhodin in *S. coelicolor* A3(2) and of antitumor mithramycin in *S. argillaceus* (Ryu *et al.*, 2006; Zabala *et al.*, 2013). PCC overexpression in *S. hygroscopicus* increased rapamycin yield (Jung *et al.*, 2011).

Despite the essential roles of ACCases in primary and secondary metabolism, the mechanisms that regulate their expression in actinobacteria are poorly understood. Several TetR family regulators (TFRs) have been identified to regulate the transcription of ACCases-encoding genes. TFRs are a ubiquitous group of transcriptional regulators, consisting of a highly conserved helix-turn-helix DNA binding motif at the N terminus and a diverse ligand binding domain at the C terminus (Deng *et al.*, 2013). In *Corynebacterium glutamicum*, a highly conserved TFR FasR acts as a repressor for the gene *accD1*, which encodes the β subunit of the essential ACC. FasR also plays an important role in regulation of fatty acid synthesis by repressing the transcription of two fatty acid synthase encoding genes, *fasA* and *fasB* (Nickel *et al.*, 2010). In *Saccharopolyspora erythraea*, another TFR, PccD, represses PCC expression by binding to the upstream regions of *pccBC* operon and *pccA* which encode the β, ε, and α subunits of PCC separately (Xu *et al.*, 2017). Methylmalonic acid acts as a ligand of PccD, inhibiting the binding of PccD to its target DNA (Xu *et al.*, 2017). In mycobacteria, the TetR family repressor BkaR (also known as Fad35R) binds to 16-nucleotide (nt) palindromic motifs (GTTANT-N_4-ANTAAC) in upstream regions of target genes and represses the transcription of itself and of a divergently oriented operon, *accD1A1-fadE19-Rv2499c-citE-bkdABC*, involved in branched-chain keto-acid metabolism (Anand *et al.*, 2012; Balhana *et al.*, 2013). Regulation of ACCase expression in *Streptomyces* species has not been studied previously.

Avermectins, a series of 16-membered macrocyclic polyketides produced by *S. avermitilis*, are widely used in agricultural, veterinary, and medical fields because they display low host toxicity and broad-spectrum nematicidal, acaricidal, and insecticidal activities (Ikeda and Ōmura, 1997). Synthesis of avermectin aglycone is initiated by starter unit 2-methylbutyryl-CoA or isobutyryl-CoA and proceeds by addition to the starter unit of seven acetate extender units from malonyl-CoA and five propionate extender units from methylmalonyl-CoA (Ikeda and Ōmura, 1997; Ikeda *et al.*, 2001). Here, we describe the identification of a TFR, AccR (SAV5279), that functions as a repressor for the control of intracellular short-chain acyl-CoA levels in *S. avermitilis* by inhibiting the transcription of ACCase coding genes and genes related to branched-chain amino acid metabolism. Methylcrotonyl-, propionyl-, and acetyl-CoAs act as ligands and interact with AccR to dissociate it from its target DNA. Deletion of *accR* resulted in an increase of short-chain acyl-CoA pools and consequent enhancement of avermectin production in *S. avermitilis* wild-type (WT) and industrial strains.

2. Results

2.1 The expression of *accD1* and *accA1* was strongly induced by acetate, propionate, and L-leucine

Seven ACCase coding genes were found in the *S. avermitilis* genome. Among these, it is predicted that *accA1* (*SAV5277*), *accA2* (*SAV3866*), and *accA3* (*SAV3337*) encode α subunits of ACCases and that *accD1* (*SAV5278*), *accD2* (*SAV3867*), *accD3* (*SAV5722*), and *accD4* (*SAV3331*) encode β subunits of ACCases (Fig. 1a). *S. avermitilis* AccA1, AccA2, AccA3, AccD1, AccD2, and AccD3 share 78%, 82%, 93%, 90%, 92%, and 78% sequence identities to SCO2777, SCO4381, AccA1/AccA2 (SCO6271/SCO4921, identical proteins), AccD1 (SCO2776), SCO4380, and SCO2445 in *S. coelicolor* A3(2), respectively. AccD4 has 91% identity with *S. coelicolor* A3(2) PCC β subunit (PccB, SCO4926) and presumably functions as a PCC in *S. avermitilis*. *accD1*, *accA1*, and their downstream genes (*hmgL* and *fadE4*) are oriented in the same direction, with very short intergenic regions, and were shown by reverse transcription-PCR analysis to be organized in the same operon (see Fig. S1 in the supplemental material). *accD2* and adjacent *accA2* are also oriented in the same direction. It is reasonable to presume that AccD1 and AccA1 form a heteromeric multisubunit ACCase, whereas AccD2 and AccA2 form another. The functions of these ACCases in *S. avermitilis* remain to be elucidated.

In bacteria, acetate and propionate are converted to acetyl-CoA and propionyl-CoA by acetyl/propionyl-CoA synthetase and then utilized by ACCases (You *et al.*, 2017). To determine which *acc* gene encodes the main ACCase that carboxylates acetyl- and propionyl-CoAs in *S. avermitilis*, we analyzed the transcription levels of all *acc* genes in the WT strain ATCC 31267 after the addition of 20 mmol/L acetate or propionate. In acetate-induced cells, the transcription levels of *accA1* and *accD1* were ~3-fold higher than those in cells without acetate induction, which was the highest fold increase of all *acc* genes under the same condition (Fig. 1b). The transcription levels of *accA1* and *accD1* were increased ~6-fold under treatment with propionate. *accD4* expression was enhanced (~2.5-fold) by acetate and (~2.8-fold) by propionate, indicating that the ACCase consisting of AccD4 functions mainly as a PCC. Other *acc* genes shown no notable induction by acetate, and only *accA2* and *accD2* were slightly induced by propionate. In *Mycobacterium tuberculosis*, the homolog of AccD1A1 was identified as an MCC involved in leucine metabolism, which catalyzes carboxylation of methylcrotonyl-CoA during leucine degradation (Ehebauer *et al.*, 2015). Therefore, we also detected the leucine induction of the *acc* genes. *accD1A1* was significantly induced (~7-fold) by L-leucine, which is much higher than the fold increases of other *acc* genes (Fig. 1b). These findings collectively indicate that acetate, propionate, and L-leucine induced transcription of *accD1A1*, and the induction of propionate and L-leucine was stronger than that of acetate. The fold increases of *accA1* and *accD1* were more pronounced than the others under all treatments. Thus, ACCase consisting of AccD1 and AccA1 appears to play a crucial role in the assimilation of acetyl-CoA, propionyl-CoA, and methylcrotonyl-CoA in *S. avermitilis*.

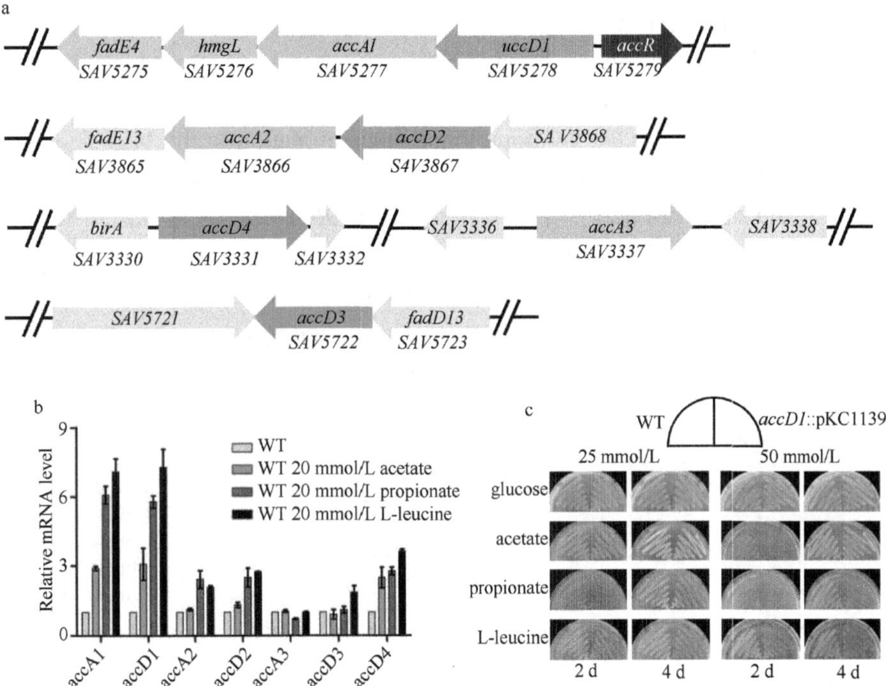

Fig. 1 Analysis of acyl-CoA carboxylase (ACCase)-encoding genes in *S. avermitilis*

(Color figure in the two-dimensional code at the back cover)

a. Organization of ACCase genes in *S. avermitilis*. *accA* and *accD* encode the α and β subunits of ACCase, respectively. *accR* encodes a TetR family regulator. *hmgL* and *fadE4* were cotranscribed with *accD1A1*. Gray, adjacent genes of *acc* genes. b. Induction of *acc* genes by acetate, propionate, or L-leucine in *S. avermitilis*. The transcription levels of *acc* genes were determined by RT-qPCR. RNAs were extracted from cells cultured in FM-I with supplemental acetate, propionate, or L-leucine for 24 h. C. Phenotypic analyses of WT and *accD1*::pKC1139. The strains were cultured on MM supplemented with glucose, acetate, propionate, or L-leucine as the sole carbon source

2.2 Disruption of *accD1* affected growth on media with acetate, propionate, or L-leucine as the sole carbon source

The β subunit of the ACCase determines substrate specificity. To identify the substrate specificity of AccD1A1, we disrupted the *accD1* gene in the *S. avermitilis* genome by inserting plasmid pKC1139 into the *accD1* open reading frame (ORF). The growth of WT and *accD1*::pKC1139 was investigated on minimal medium (MM) with glucose, acetate, propionate, or L-leucine as the sole carbon source. Both *accD1*::pKC1139 and WT grew well on MM supplemented with glucose. The growth of the WT was slightly inhibited by acetate and propionate but not by L-leucine. Compared to the WT, the growth of *accD1*::pKC1139 on MM with acetate, propionate or L-leucine was significantly inhibited, and inhibition was more pronounced on the media with higher concentrations (50 mmol/L) of these compounds (Fig. 1c). L-leucine and propionate had more obvious inhibitory effects on *accD1*::pKC1139 than acetate, which was consistent with the higher fold inductions of *accD1* and *accA1* by L-leucine and propionate (Fig. 1b and c). These findings indicated that AccD1A1 functions as the main ACCase assimilating acetyl-CoA, propionyl-CoA, and methylcrotonyl-CoA in *S. avermitilis*.

2.3 AccR directly represses the expression of *accD1A1* and its own gene

SAV5279 (designated as *accR*) shares a bidirectional promoter region with *accD1A1-hmgL-fadE4* operon and was predicted to encode a TetR family regulator. AccR is highly conserved in actinobacteria, with 76%~91% sequence identities to its homologs in *Streptomyces*, 53% identity to *Nocardia farcinica* Nfa50360, and 51% identity to *M. tuberculosis* BkaR (Fig. S2a). Its adjacent *acc* operon is also conserved in actinobacteria, except for the absence of *hmgL* gene in *N. farcinica* and *M. tuberculosis*. To investigate possible regulation of adjacent *acc* operon by AccR, we constructed an *accR* deletion strain (termed DaccR) with an internal 421 bp deletion in the *accR* ORF by homologous recombination in the WT. The expression of *accR* and *acc* genes in WT and DaccR was analyzed by reverse transcription-quantitative PCR (RT-qPCR) during the exponential (day 2) and stationary (day 6) phases (Fig. 2a). *accR* expression in DaccR was, respectively, ~17- and ~27-fold higher than that in the WT on days 2 and 6. The transcription levels of *accA1* and *accD1* in DaccR, relative to WT, were ~120-fold higher on day 2 and > 500-fold higher on day 6. The expression of other *acc* genes in DaccR increased to much smaller degrees. These findings indicated that AccR represses the expression of its own gene and of *acc* genes, particularly *accD1* and *accA1*.

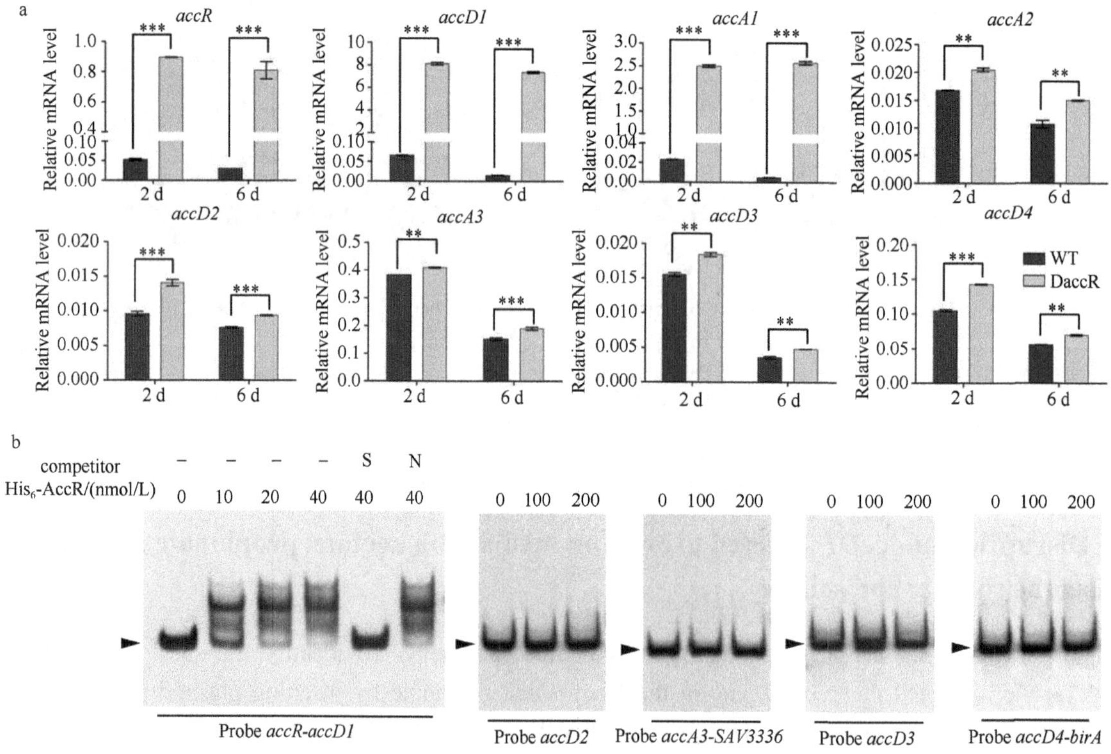

Fig. 2 Interaction of AccR with *acc* genes in *S. avermitilis*

a. Transcriptional levels of *acc* genes in WT and DaccR were determined by RT-qPCR. Values are means±the standard deviations from three replicate experiments. **, $P<0.01$; ***, $P<0.001$ (Student's *t*-test). b. EMSAs of AccR with promoter regions of *acc* genes. A 200-fold excess of specific (S) or nonspecific (N) unlabeled probes was used as a competitor of the labeled probe. Arrowheads indicate free DNA probes

To determine whether AccR directly regulates *acc* genes, we performed electrophoretic mobility shift assays (EMSAs) using upstream regions of *acc* genes and His_6-AccR purified from *Escherichia coli* (Fig. S3).

His_6-AccR bound to the intergenic region of *accR-accD1*, leading to clear shifting of the bands (Fig. 2b). Shifting of the bands was abolished by an unlabeled specific probe but not by a nonspecific probe (Fig. 2b), indicating that interaction of AccR with the *accR-accD1* intergenic region is specific. No shifted bands were observed in upstream regions of *accD2*, *accD3*, or the intergenic regions of *accA3-SAV3336* and *accD4-birA* with His_6-AccR. These findings, taken together, indicate that AccR directly represses the expression of *accR*, *accD1*, and *accA1* and indirectly inhibits the expression of other *acc* genes.

2.4 Determination of the AccR binding site in the *accR-accD1* intergenic region

To clarify the regulatory mechanism of AccR on *accD1A1* expression, we determined the binding sites of AccR by DNase I footprinting assays, using His_6-AccR and a FAM-labeled DNA probe of the *accR-accD1* intergenic region. Two DNA regions in the *accR-accD1* intergenic region were clearly protected by increased concentrations of AccR (0.8 μmol/L and 2.0 μmol/L) (Fig. 3a). Analysis of the protected regions revealed two similar 16-nt palindromic sequences (GTTAA-N_6-TTAAC), consistent with previous findings that TetR family regulators usually form homodimers and bind to palindromic sequences (Cuthbertson and Nodwell, 2013). Similar palindromic sequences were found in the upstream regions of its homologous genes in other *Streptomyces* species (Fig. 3b; see also Fig. S2b in the supplemental material), indicating that the 16-nt GTTAA-N_6-TTAAC palindromic sequence is the consensus sequence of AccR binding sites. Transcriptional start sites of *accR* and *accD1* were determined by 5′-RACE and found to be located at nt –52 (A) for *accD1* and nt +1 (A) for *accR* relative to their translation initiation codons. The AccR binding sites are located at the –35 region and upstream of the –35 region for *accR* and in the –10 region and downstream of the –10 region for *accD1*. Thus, AccR represses transcription of the *accD1A1* operon and *accR* by blocking attachment of the RNA polymerase to their promoters, thereby preventing transcription initiation and extension.

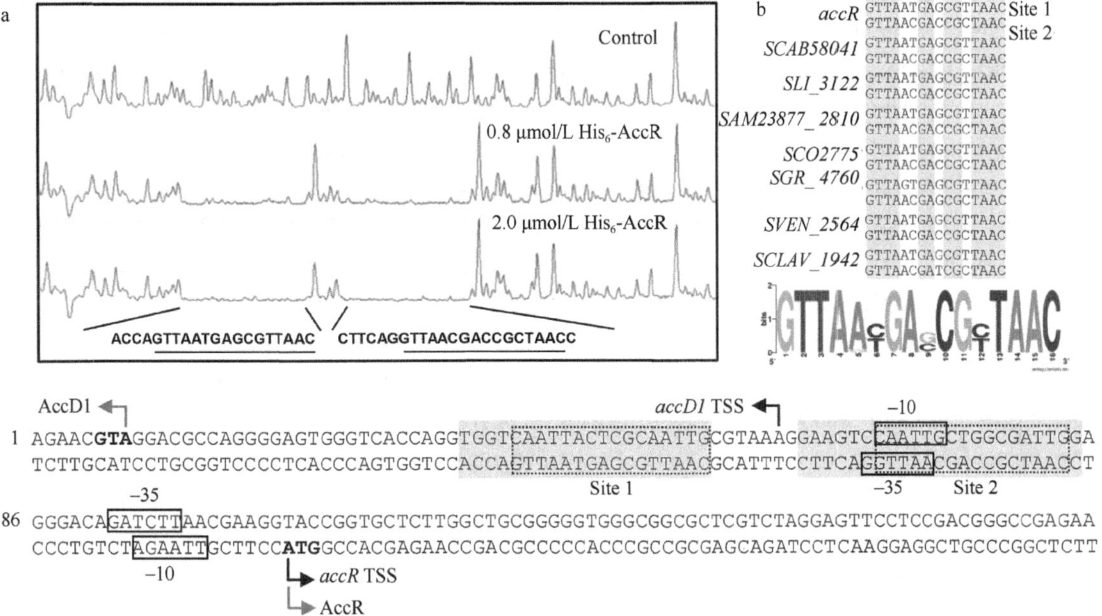

Fig. 3 Identification of AccR binding sites in the intergenic region of *accR-accD1*

a. DNase I footprinting assay of AccR with the *accR-accD1* intergenic region. Gray-shaded boxes indicate DNA regions protected by AccR; dotted frames indicate palindromic binding sites. Dark and gray curved arrows indicate transcriptional start sites and translational initiation codons, respectively. Boxes indicate putative –10 and –35 regions. b. Alignment of AccR binding sites of *accR-accD1* intergenic regions in *Streptomyces* species. The consensus sequence logo was created using WebLogo

2.5 Methylcrotonyl-CoA, propionyl-CoA, and acetyl-CoA are ligands of AccR

TetR family regulators bind and respond to one or more ligands, which change their DNA binding ability for DNA targeting, thus coordinating expression of target genes. AccR represses the transcription of *accD1A1*, which encodes the ACCase catalyzing assimilation of acetyl-, propionyl-, and methylcrotonyl-CoAs. Therefore, we performed EMSAs to determine which ACCase substrate (acetyl-, propionyl-, and methylcrotonyl-CoAs) or product (malonyl- and methylmalonyl-CoAs) affects the binding ability of AccR to the *accR-accD1* intergenic region. Methylcrotonyl-, propionyl-, and acetyl-CoAs inhibited interaction of AccR with the *accR-accD1* intergenic region (Fig. 4a~c), whereas malonyl- and methylmalonyl-CoAs had no effect on DNA-binding activity of AccR (Fig. 4d and e). The effect of methylcrotonyl- and propionyl-CoAs on AccR activity was much more pronounced than that of acetyl-CoA. Methylcrotonyl-CoA at 5 μmol/L or propionyl-CoA at 50 μmol/L was sufficient to attenuate the interaction of AccR with *accR-accD1* intergenic region, whereas a much higher concentration of acetyl-CoA was required to achieve a similar effect (Fig. 4a; see also Fig. S4 in the supplemental material). The redox-sensing regulator Rex of *S. avermitilis*, which recognizes NADH as a ligand (Liu *et al.*, 2017), was used as a negative control. Taken together, these findings indicate that the ACCase substrates methylcrotonyl-CoA, propionyl-CoA, and acetyl-CoA are the true effectors of AccR to release AccR from its target genes. When intracellular methylcrotonyl-, propionyl-, and acetyl-CoA pools are abundant, these compounds bind to AccR to dissociate AccR from DNA, resulting in enhanced expression of *accD1A1* by derepression, which then promotes the utilization of these compounds.

2.6 Identification of other target genes regulated by AccR

To further clarify the mechanisms for regulation of AccR in *S. avermitilis*, a consensus sequence was created (Crooks *et al.*, 2004) by aligning AccR binding sites of *accR-accD1* intergenic regions from eight *Streptomyces* species (including *S. avermitilis*) (Fig. 3b) and used to predict AccR target genes in *S. avermitilis* genome by PREDetector (Hiard *et al.*, 2007). With a score set to 10, a total of 13 genes were revealed (see Table S1 in the supplemental material), including *accR* and *accD1*. Interestingly, 8 of these 13 genes are involved in lipid and carbohydrate metabolism (*chiC2* and *udgA* in carbohydrate metabolism; *echA8*, *echA9*, *fadE1*, *fadE2* and *icmB* in lipid metabolism; and *SAV1133* in lipid transport). The upstream regions of these 8 genes were used for EMSAs. AccR bound to promoter regions of *echA8* and *echA9* and the *fadE2-chiC2* intergenic region but not to *SAV1133* promoter region or intergenic regions of *fadE1-udgA* and *icmB-SAV3461* (see Table S1 in the supplemental material).

The transcription levels of *echA8*, *echA9*, *fadE2*, and *chiC2* in DaccR were much higher than in the WT (Fig. 5b). Because *hmgL* and *fadE4* are in the same operon as *accD1A1*, we analyzed the transcriptional levels of *hmgL* and *fadE4*. *hmgL* and *fadE4* levels in DaccR were more than 100-fold higher than in the WT strain, similarly to *accD1A1* (Fig. 2a and 5b). Thus, AccR also represses the expression of *chiC2*, *echA8*, *echA9*, *fadE2*, *fadE4*, and *hmgL*. *chiC2* encodes a chitinase that degrades chitin. *echA8* and *echA9* encode enoyl-CoA hydratase, and *fadE2* and *fadE4* encode acyl-CoA dehydrogenase. These enzymes are involved in the β-oxidation process and branched-chain amino acid metabolism, an important source of acetyl- and propionyl-CoAs. *hmgL* encodes a hydroxymethylglutaryl-CoA cleavage enzyme that cleaves HMG-CoA (downstream product of carboxylation of methylcrotonyl-CoA in leucine degradation) to produce acetyl-CoA and acetoacetate. Thus, in addition to the repression of ACCase genes, AccR also represses the expression of genes related to acetyl- and propionyl-CoA production.

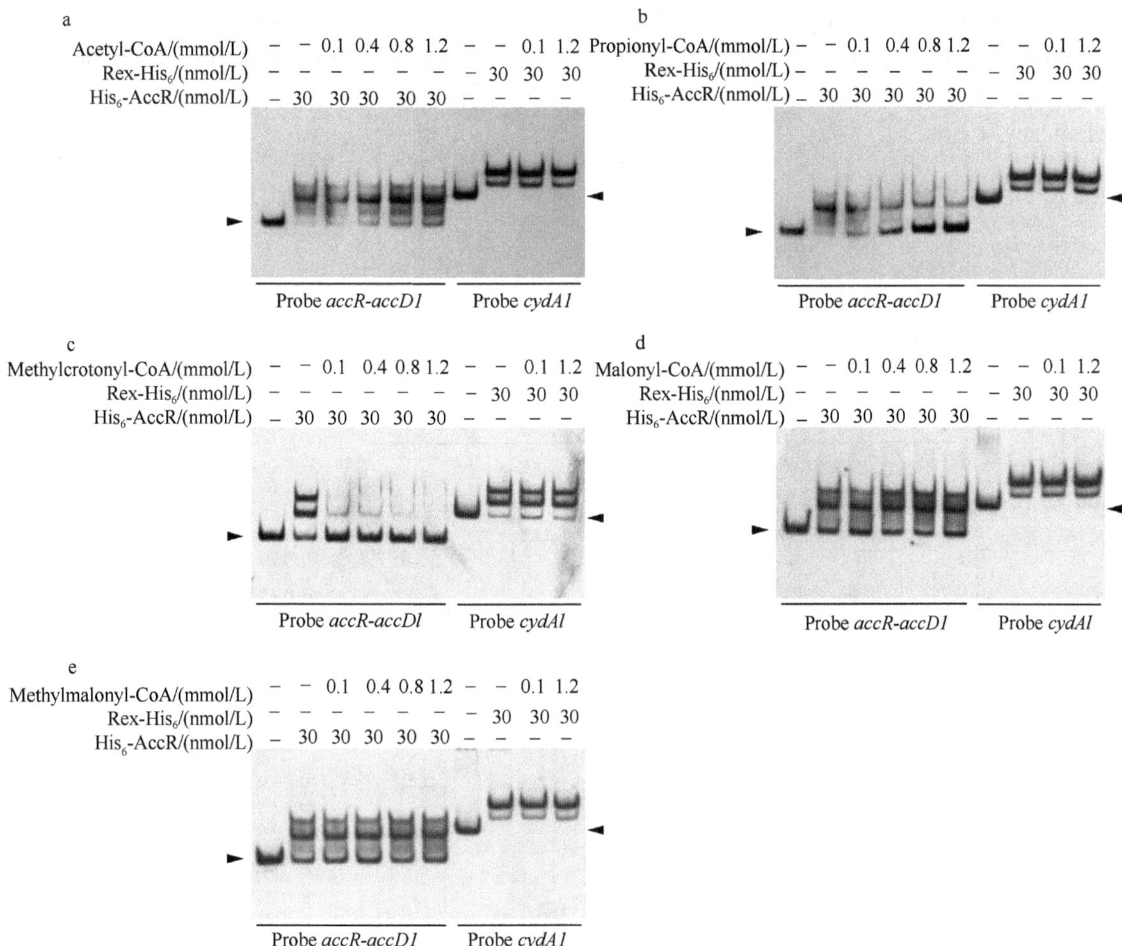

Fig. 4 Effects of acetyl-CoA (a), propionyl-CoA (b), methylcrotonyl-CoA (c), malonyl-CoA (d), and methylmalonyl-CoA (e) on *in vitro* binding of AccR to the *accR-accD1* intergenic region

The concentrations of the five acyl-CoAs are shown. Binding of Rex-His$_6$ to *cydA1* promoter region was used as a negative control. Arrowheads indicate free probes

2.7 AccR mediates homeostasis of intracellular short-chain acyl-CoAs

As described above, AccR represses the transcription of acyl-CoA metabolism genes involved in the production and assimilation of acetyl- and propionyl-CoAs. To elucidate the regulatory role of AccR in the metabolism of short-chain acyl-CoAs related to avermectin biosynthesis, we assessed the intracellular availability of malonyl- and methylmalonyl-CoAs and of their substrates, acetyl- and propionyl-CoAs, in WT, DaccR, and complemented CaccR strains. Titers of acetyl- and propionyl-CoAs were maintained at relatively constant levels in the WT but increased in DaccR in the early and middle stages of fermentation and then were maintained at much higher levels than in the WT strain (Fig. 6a). Malonyl- and methylmalonyl-CoA titers in WT increased in the early stage and reached maximal values on day 4 but, in DaccR, declined in the middle stage of fermentation, reached minimal values on day 6, and increased thereafter. In particular, malonyl- and methylmalonyl-CoA levels in DaccR were much higher than those in the WT in late-stage fermentation when secondary metabolites were rapidly biosynthesized (Fig. 6a). The titer curves of CaccR were similar to those of WT, indicating that altered levels of short-chain acyl-CoAs in DaccR were due to loss of *accR*. Overall, the levels of short-chain acyl-CoAs in DaccR were strongly increased, an observation consistent with the notably increased expression of *accD1A1*, *echA8*, *echA9*, *fadE2*, *fadE4*, and *hmgL* in DaccR, which promoted the accumulation and conversion of acetyl- and propionyl-CoAs to malonyl- and methylmalonyl-CoAs (Fig. 2a and 5b), suggesting that AccR plays an important role in maintaining the homeostasis of intracellular short-chain acyl-CoAs.

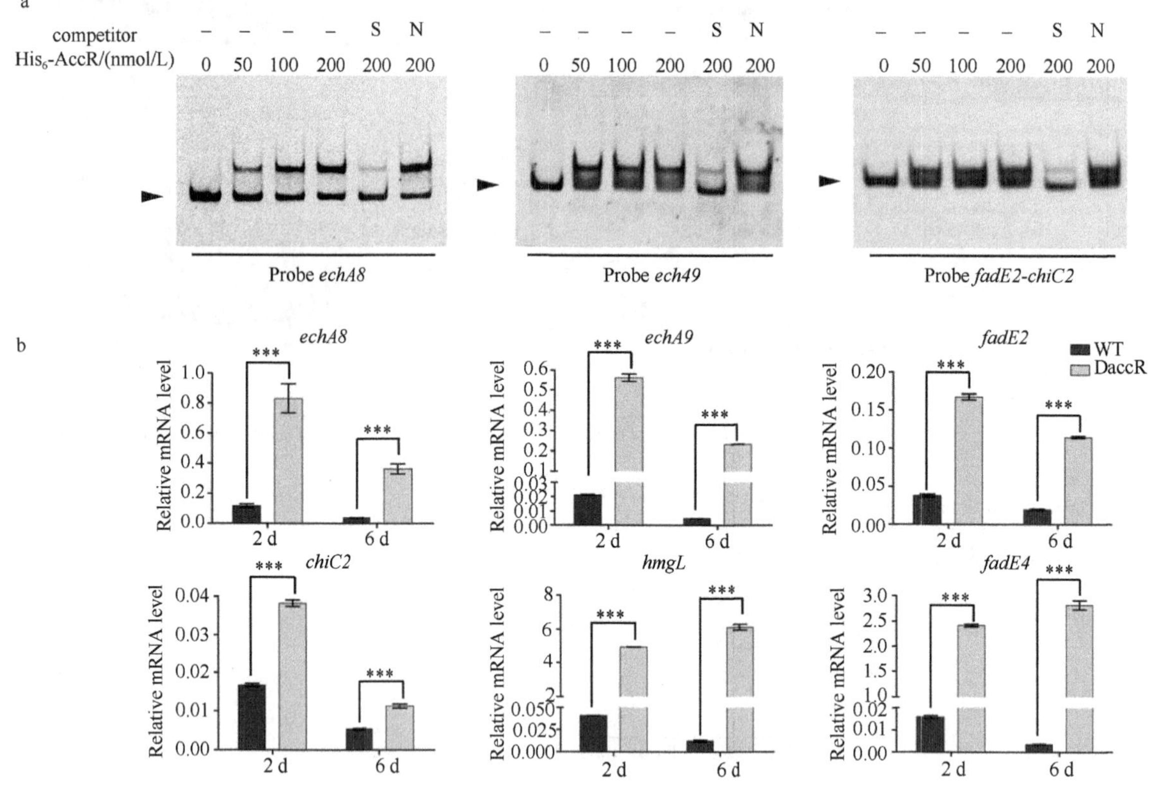

Fig. 5 Verification of putative AccR target genes

a. EMSAs of AccR with promoter regions of putative target genes. Arrowheads indicate free DNA probes. b. RT-qPCR analysis of the expression of putative target genes in WT and DaccR strains. ***, $P<0.001$ (Student's *t*-test)

2.8 Deletion of *accR* increased avermectin production

DaccR showed increased pools of intracellular malonyl- and methylmalonyl-CoAs, the precursors of avermectin biosynthesis. We evaluated avermectin production in related mutants to determine whether acyl-CoA metabolism affects secondary metabolism. Avermectin B_{1a} production in DaccR (304 μg/ml) was higher than in WT (190 μg/ml) and in CaccR it was close to the WT level. *accR* deletion had no effect on growth rate and biomass (Fig. 6b). The findings indicated that the enhanced avermectin yield was attributed to the deletion of *accR*. Overexpression of *accD1A1* led to enhanced avermectin production in the WT strain but not in DaccR, and production in WT/*accD1A1*-overexpressing strain was less than in DaccR (Fig. S6), indicating that enhanced expression of other target genes besides *accD1A1* contributed to the increase of avermectin production in DaccR. Although the transcription levels of the avermectin pathway-specific regulatory gene *aveR* and the biosynthetic genes *aveA1*, *aveA4*, and *aveD* were increased in DaccR, AccR did not bind to the upstream regions of these genes. Taken together, these findings indicate that AccR indirectly regulates avermectin production (see Fig. S7a and b in the supplemental material), mainly by affecting intracellular metabolic flux.

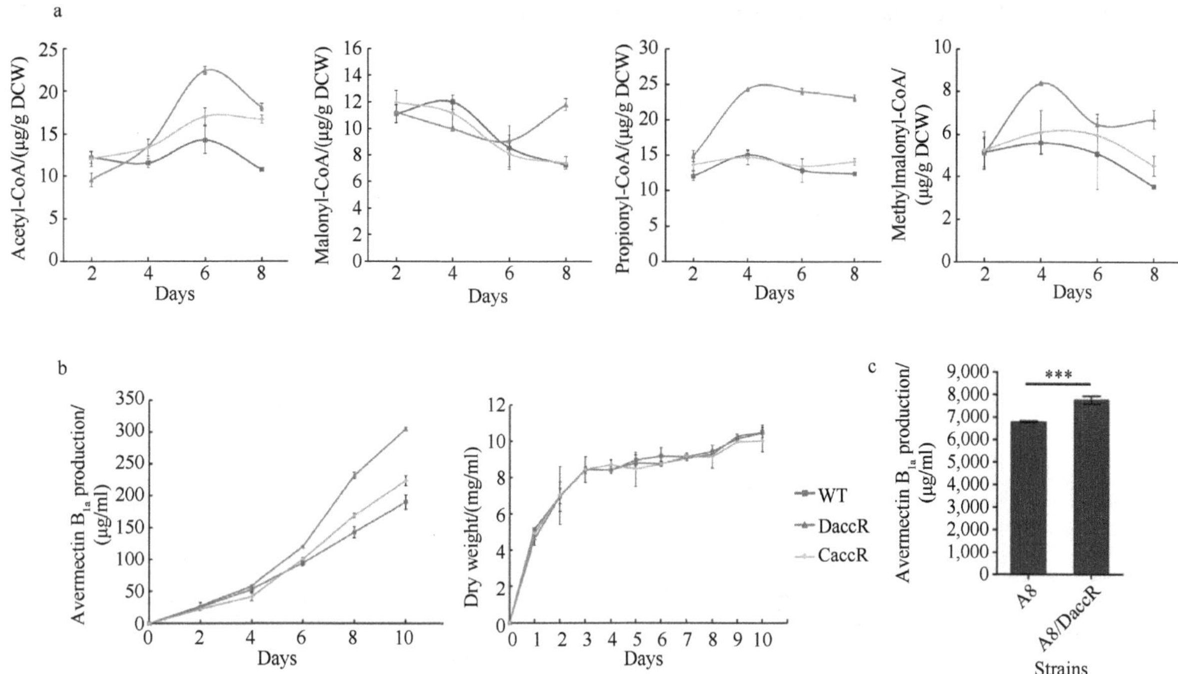

Fig. 6 Determination of intracellular short-chain acyl-CoA contents in WT, DaccR, and CaccR strains

a. Intracellular contents of acetyl-, malonyl-, propionyl-, and methylmalonyl-CoAs at the indicated times. b. Avermectin production by WT, DaccR, and CaccR strains in FM-I and growth curves in FM-II. Error bars represent the standard deviations of three replicates. c. Effect on avermectin production of *accR* deletion in the industrial high-yield strain *S. avermitilis* A8. ***, $P<0.001$ (Student's *t*-test)

To experimentally increase avermectin production in an industrial context, we deleted *accR* in the industrial high-yield strain *S. avermitilis* A8. The avermectin B_{1a} yield of the A8/DaccR strain (7,757.23 μg/ml) was 14.5% higher than that of the parental strain (6,770.46 μg/ml) (Fig. 6c), indicating that industrial avermectin production can be effectively enhanced by genetic manipulation of *accR*.

3. Discussion

Malonyl- and methylmalonyl-CoAs are the building blocks for biosynthesis of polyketides and fatty acids. We demonstrated in this study that intracellular pools of malonyl- and methylmalonyl-CoAs are regulated by a TetR family regulator, AccR. Through binding to a 16-nt palindromic sequence (GTTAA-N_6-TTAAC) in upstream regions of target genes, AccR represses the expression of branched-chain amino acid metabolism genes and the ACCase coding gene *accD1A1*, which is involved in the production and assimilation of acetyl- and propionyl-CoAs (see Fig. S8 in the supplemental material). AccR represses *accD1A1* expression but does not directly control the expression of other *acc* genes. Methylcrotonyl-CoA, propionyl-CoA, and acetyl-CoA act as the ligands of AccR, inhibiting the interaction of AccR with its target DNA. When the intracellular concentrations of methylcrotonyl-, propionyl-, and acetyl-CoAs are low, AccR binds to target genes and represses the expression of these genes and also its own gene, resulting in low production of malonyl- and methylmalonyl-CoAs. Conversely, when intracellular methylcrotonyl-, propionyl-, and acetyl-CoA concentrations are high, these compounds form complexes with AccR, resulting in the dissociation of AccR from target DNA. The expression of target genes is thereby enhanced through derepression, promoting the conversion of methylcrotonyl-, propionyl-, and acetyl-CoAs to malonyl- and methylmalonyl-CoAs (Fig. 7; see also Fig. S8 in the supplemental material). In summary, AccR responds to intracellular methylcrotonyl-, propionyl-, and acetyl-CoA availability and plays a key role in regulating short-chain acyl-CoA pools in *S. avermitilis*.

a Repression

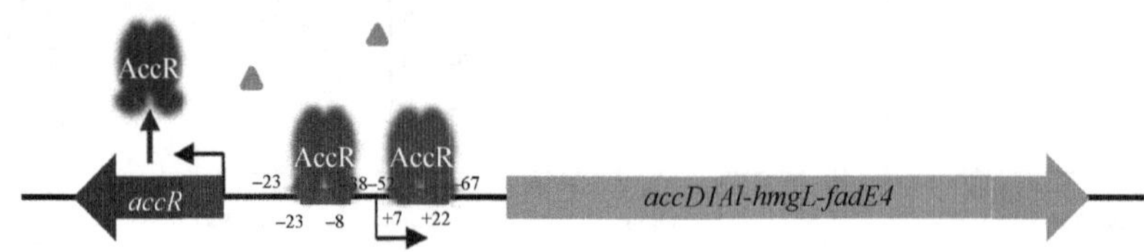

b Derepression

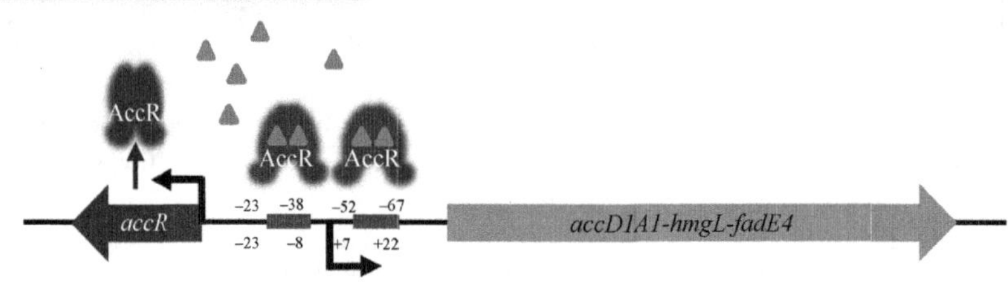

Fig. 7 Proposed model of AccR-mediated regulation of ACCase (AccD1A1) in *S. avermitilis*
(Color figure in the two-dimensional code at the back cover)

a. When the intracellular concentrations of methylcrotonyl-, propionyl-, or acetyl-CoA are low, AccR binds to the intergenic region of *accR-accD1* and represses the expression of the *accD1A1-hmgL-fadE4* operon and of its own gene, resulting in low production of malonyl- and methylmalonyl-CoAs. b. When the methylcrotonyl-, propionyl-, or acetyl-CoA levels are sufficient, these compounds form complexes with AccR, leading to dissociation of AccR from DNA, and the expression of target genes is enhanced by derepression. Red bars indicate AccR binding sites. Numbers indicate the position relative to the transcriptional start site. The thickness of the arrows indicates the transcriptional levels of *accR* and *accD1A1-hmgL-fadE4*. Green triangles indicate methylcrotonyl-, propionyl- or acetyl-CoA

Several TetR family repressors have been shown to play essential roles in controlling expression of ACCase in bacteria; examples include CcrR in *Methylobacterium extorquens*, FasR in *Corynebacterium glutamicum*, PccD in *S. erythraea*, and BkaR (Fad35R) in mycobacteria (Nickel *et al.*, 2010; Hu and Lidstrom, 2012; Balhana *et al.*, 2013; Xu *et al.*, 2017). In this study, we demonstrated that the TetR family regulator AccR in *S. avermitilis* represses the expression of *echA8*, *echA9*, *fadE2*, and the *accD1A1-hmgL-fadE4* operon, which are involved in the generation and assimilation of acetyl- and propionyl-CoAs. The diversity of C-terminal structures found in TetR family regulators allows them to interact with a wide variety of small molecules, including signaling molecules, metabolites, and antibiotics. Such interaction will cause a structural change in the C-terminal helixes and release the regulator from the operator, allowing the transcription of target genes (Cuthbertson and Nodwell, 2013; Issa *et al.*, 2018). Fatty acids and activated fatty acids (acyl-CoAs) have been identified as effector molecules for several TetR family regulators involved in regulation of acyl-CoA metabolism. Long-chain acyl-CoA ($C_{14\sim20}$) acts as a ligand of YsiA (a functional homolog of *E. coli* FadR) and inhibits the binding of YsiA to promoter regions of genes involved in fatty acid degradation in *Bacillus subtilis* (Matsuoka *et al.*, 2007). Methylmalonic acid inhibits the interaction of propionyl-CoA assimilation repressor PccD with the upstream regions of *pccBC* operon and *pccA* in *S. erythraea* (Xu *et al.*, 2017). The present study shows that AccR in *Streptomyces* utilizes methylcrotonyl-, propionyl-, and acetyl-CoAs, the substrates of target genes, as ligands. Our findings expand the known ligand classes of TetR family regulators. AccR acts as a repressor in response to intracellular methylcrotonyl-, propionyl-, and acetyl-CoA levels and coordinates the gene expression of ACCase which is responsible for methylcrotonyl-, propionyl-, and acetyl-CoA assimilation, in a substrate-dependent manner.

AccR is highly conserved in *Streptomyces* species, sharing 75%~91% amino acid sequence identities and exhibiting high identities for the DNA binding domain (>97%) and the ligand binding domain (>78%) (Fig. S2A). AccR is an ortholog of BkaR from *Mycobacterium* (50% identity) that also plays a vital role in regulating catabolism of branched-chain amino acids (Anand *et al.*, 2012; Balhana *et al.*, 2013), although the genomic context of *accR* in *Streptomyces* is quite different from that of *bkaR* in *Mycobacterium*. In *Mycobacterium* spp., the neighboring genes *fadD35*, *scoAB*, *accD1A1*, *fadE19*, *Rv2499c*, *citE*, and *bkdABC* (*fadD35* and *scoAB* are absent from some species), divergently oriented from *bkaR*, are also under negative control of BkaR (Anand *et al.*, 2012; Balhana *et al.*, 2013). *accD1A1* encode an MCC which catalyzes the carboxylation of methylcrotonyl-CoA (Ehebauer *et al.*, 2015). In *S. avermitilis*, transcription of *accD1A1* was strongly induced by acetate, propionate or L-leucine (Fig. 1b), indicating that the ACCase encoded by *accD1A1* has MCC, PCC, and ACC activities, which is consistent with the broad substrate specificity of actinobacterial ACCases. The 16-nt palindromic binding motif of AccR (GTTAA-N_6-TTAAC) is similar to the motif (GTTANT-N4-ANTAAC) recognized by BkaR, consistent with the high N-terminal sequence identity of the two regulators (Fig. S2a and b). Two conserved motifs are also present in the intergenic regions of *accR* and *bkaR*, suggesting a similar regulatory mechanism of AccR (BkaR) in Actinobacteria. *S. avermitilis* harbors the homologous genes of *fadD35*, *scoAB*, *Rv2499c*, *citE*, and *bkdABC*, which are apparently not under direct control of AccR, because neither conserved AccR motif was found in their promoter regions, and AccR did not bind to them (Fig. S9). *bkdABC* expression is under the negative control of the AsnC family regulator BkdR in *Streptomyces* (Skinner *et al.*, 1995; Sprusansky *et al.*, 2005). Thus, it appears that only *accD1A1* and *fadE19* (the homolog of *fadE4* in *S. avermitilis*) are conserved genes of AccR/BkaR operon in Actinobacteria.

Malonyl- and methylmalonyl-CoAs are extender units for avermectin production. AccR modulates avermectin production by controlling intracellular pools of malonyl- and methylmalonyl-CoA. The intracellular pools of acetyl-, propionyl-, malonyl-, and methylmalonyl-CoAs were increased in DaccR because of the derepression of target genes, and the enhanced supply of precursors led to avermectin overproduction. *accR* and target genes (*accD1A1*, *echA*, *fadE*, *hmgL*) are highly conserved in *Streptomyces* species; we therefore expect that future studies will provide improved, effective strategies for increasing the yields of polyketides for which malonyl- and methylmalonyl-CoAs are precursors, through the genetic manipulation of *accR* in natural or recombinant *Streptomyces* strains.

4. Materials and Methods

4.1 Strains and culture conditions

Plasmids and strains of *E. coli* and *S. avermitilis* used in this study are listed in Table 1. *E. coli* was cultured in Luria-Bertani (LB) medium at 37℃. *S. avermitilis* was grown on solid YMS (yeast extract-malt extract-soluble starch) medium at 28℃ for sporulation. Minimal medium (MM) supplemented with different carbon sources was used for phenotype observation of *S. avermitilis*. Modified YEME liquid medium and RM14 solid medium were used to culture mycelia for protoplast preparation and regeneration, respectively (Macneil and Klapko, 1987). Insoluble fermentation medium FM-I and soluble fermentation medium FM-II were used for avermectin production and biomass measurement, respectively (Jiang *et al.*, 2011). Apramycin at 100 μg/ml or kanamycin at 50 μg/ml were used to culture *E. coli*, and apramycin at 10 μg/ml was used to culture *S. avermitilis*.

Table 1 Plasmids and strains used in this study

Strain or plasmid	Description	Source or reference
S. avermitilis		
ATCC 31267	wild-type strain (WT)	laboratory stock
accD1::pKC1139	*accD1* disruption strain by insertion of pKC1139	this study
DaccR	*accR* deletion mutant of strain ATCC 31267	this study
CaccR	DaccR with insertion of plasmid pSET-CaccR	this study
A8	industrial high-yield avermectin producing strain	Qilu Pharmaceutical
A8/DaccR	*accR* deletion mutant of strain A8	this study
WT (pKC-ermE-accD1A1)	*accD1A1* overexpression strain based on WT	this study
DaccR (pKC-ermE-accD1A1)	*accD1A1* overexpression strain based on DaccR	this study
E. coli		
JM109	host for DNA cloning	laboratory stock
BL21 (DE3)	host for protein overexpression	laboratory stock
Plasmid		
pKC1139	temperature sensitive shuttle vector for *E. coli-Streptomyces*	Bierman *et al.*, 1992
pSET152	integrated shuttle vector in *Streptomyces*	Bierman *et al.*, 1992
pET-28a (+)	expression vector for His_6-tagged protein purification in *E. coli*	Novagen
pKC-DaccD1	*accD1* disruption plasmid based on pKC1139	this study
pKC-DaccR	*accR* deletion plasmid based on pKC1139	this study
pSET-CaccR	*accR* complementation vector based on pSET152	this study
pET-AccR	*accR* overexpression vector based on pET-28a (+)	this study
pKC-ermE-accD1A1	*accD1A1* overexpression vector based on pKC1139 carrying promoter *ermE*p*	this study

4.2 Construction of *S. avermitilis* derived strains

For disruption of *accD1*, a 594 bp internal fragment of *accD1* was amplified with primer pair accD1-Fw/accD1-Rev (Table 2). The fragment was cloned into pKC1139 to produce disruption plasmid pKC-DaccD1. Disruption plasmid was transformed into protoplasts of WT strain, and the disruption strain (*accD1*::pKC1139) was generated by single crossover. For the deletion of *accR*, a 534 bp upstream fragment (from –479 to +55 relative to *accR* translation start codon) and a 541 bp downstream fragment (from +477 to +1,017) were amplified by PCR using WT genomic DNA as the template and the primer pairs DaccR-up-Fw/DaccR-up-Rev and DaccR-down-Fw/DaccR-down-Rev, respectively. Fragments were digested with *Eco*R I/*Kpn* I and *Kpn* I/*Bam*H I, respectively, and then ligated into *Eco*R I/*Bam*H I-cleaved pKC1139 to construct the *accR*-deletion vector (termed pKC-DaccR). The deletion vector was transformed into protoplasts of WT strain and industrial strain A8, and the deletion strain (DaccR) was screened as described previously (Liu *et al.*, 2013). Putative *accR* deletion strains were verified using the primers pairs DaccR-ex-Fw/DaccR-ex-Rev and DaccR-Int-Fw/DaccR-Int-Rev, which were flanking and located within the exchange region. For complementation, an 839 bp fragment, including the *accR* coding region and its promoter, was amplified from the WT genomic DNA with primer pair DaccR-c-Fw/DaccR-c-Rev. The fragment was digested with *Eco*R I/*Bam*H I and cloned into pSET152 to generate the complement vector pSET-CaccR, which was then transferred into protoplast of DaccR to obtain a complemented strain (termed CaccR). For the overexpression of *accD1A1* in *S. avermitilis*, a 3,746 bp DNA fragment containing the full ORF of *accD1A1* was amplified from WT genomic DNA with the primer pair EaccD1A1-Fw/EaccD1A1-Rev. The fragment was cloned into pKC1139 under the strong constitutive promoter *ermE*p* to generate *accD1A1* overexpression plasmid pKC-ermE-accD1A1. The resulting plasmid was transformed into WT and DaccR to obtain the WT (pKC-ermE-accD1A1) and DaccR (pKC-ermE-accD1A1) overexpression strains.

Table 2 Primers used in this study

Purpose	Name	Sequence (5′—3′)
Construction of *accD1*::pKC1139		
	accD1-Fw	CCGGAATTCTCTACAACCAGGCACGGATGTC (*Eco*R I)
	accD1-Rev	CCCAAGCTTGGTCGCACAGCTCGATGAAGT (*Hin*d III)
Construction and verification of DaccR		
	DaccR-up-Fw	CGGAATTCGCTTCTTCACGGTCATCGGGTA (*Eco*R I)
	DaccR-up-Rev	GGGGTACCCAGCCTCCTTGAGGATCTGCTC (*Kpn* I)
	DaccR-down-Fw	GGGGTACCCCTGCTGAACTCCACGCCACAC (*Kpn* I)
	DaccR-down-Rev	CGGGATCCCGCTTCTTCTGCTCGTCGGT (*Bam*H I)
	DaccR-ex-Fw	CGACATCCGTGCCTGGTTGTAG
	DaccR-ex-Rev	GCCACCCGTGATGAAGGTCTTG
	DaccR-Int-Fw	GGTCTGTACCGGCACTTC
	DaccR-Int-Rev	CACCACCTCCACCCACAG
Complementation of DaccR mutant		
	DaccR-c-Fw	CGGAATTCCTCCGGTGCCTCTTGCATCCT (*Eco*R I)
	DaccR-c-Rev	CGGGATCCCGCCTCGTGATCCTCGTTGAAC (*Bam*H I)
Construction of pKC-ermE-accD1A1		
	EaccD1A1-Fw	GTGCCGGTTGGTAGGATCCAGCGGTGAGCATGCAAGAGGCACCGGAG
	EaccD1A1-Rev	GACGTTGTAAAACGACGGCCAGTGCCAAGCTTGCTCATGCCGTCTCCTCCT
Construction of His_6-AccR		
	His_6-AccR-Fw	CGGGATCCATGGCCACGAGAACCGAC (*Bam*H I)
	His_6-AccR-Rev	CGGAATTCACAGTCGTCCAGGGCAACC (*Eco*R I)
DNase I footprinting		
	accR-FAM-Fw	GTCAGCTCCGGTGCCTCTT
	accR-Rev	TTGAGGATCTGCTCGCGG
EMSAs		
	accR-accD1-Fw	GTCAGCTCCGGTGCCTCTT
	accR-accD1-Rev	TTGAGGATCTGCTCGCGG
	accD2-Fw	CCTGGCGGTGGCTCGTCC
	accD2-Rev	TGCTCGGCGGTCAGTTGG
	accA3-SAV3336-Fw	AGACCTTGACCACATCGG
	accA3-SAV3336-Rev	ATGACTCCCTCTCCTTGAAAC
	accD3-Fw	CCGAACCTCTTCACCGAGTACC
	accD3-Rev	GTCAGCCATGCGTCAGTG
	accD4-birA-Fw	GCACCTCGGACGGCTTCAG
	accD4-birA-Rev	CGGCTCGGACATCGGGATG
	echA8-Fw	CGGCTACGGCGGCGAGTA
	echA8-Rev	GACGGTCGAGGCGGATGGT
	echA9-Fw	ATCCCGCCCGCCCGTCAG
	echA9-Rev	GTCCGCTCGCTCCGCCATG
	fadE2-chiC2-Fw	GCGGACTGAGCATCGTGTCTC
	fadE2-chiC2-Rev	GGCATGGCGACGCTCTCCT

Note: Underlining means restriction enzyme sites

4.3 Overexpression and purification of His_6-AccR

The *accR* coding region was amplified from WT genomic DNA using the primer pair His_6-AccR-Fw/ His_6-AccR-Rev (Table 2), and inserted into pET-28a (+) to construct pET-AccR. pET-AccR was transformed into *E. coli* BL21 (DE3) for overexpression of His_6-AccR. The cells were cultured in LB medium with kanamycin at 50 μg/ml at 37℃ until the optical density at 600 nm reached 0.6. His_6-AccR was then induced by 0.2 mmol/L IPTG (isopropyl-β-D-thiogalactopyranoside) for 3 h. The cells were collected, resuspended in lysis buffer (50 mmol/L NaH_2PO_4, 300 mmol/L NaCl, 10 mmol/L imidazole, pH 8.0), sonicated on ice, and centrifuged. His_6-AccR in the supernatant was purified by Ni^{2+}-NTA agarose chromatography (Novagen) according to the manufacturer's protocol.

4.4 Electrophoretic mobility shift assays

EMSAs were performed using a DIG gel shift kit (2nd Generation; Roche) as described previously (Guo *et al.*, 2014). DNA probes were amplified by PCR with primers (Table 2) and then labeled with digoxigenin (DIG) using terminal transferase. Reaction mixtures contained 0.15 nmol/L DIG-labeled probe, 0.5 μl poly (dI-dC) (2 μg/μl), and various amounts of His_6-AccR. For the ligand binding assays, His_6-AccR and various amounts of acyl-CoAs were preincubated for 15 min and then added to the reaction mixtures.

4.5 RNA extraction and RT-qPCR analysis

Total RNAs were extracted from mycelia grown in FM-I for various durations using Trizol reagent (Tiangen; China) as described previously (Guo *et al.*, 2014). To examine the induction of *acc* genes by acetate, propionate, or L-leucine, *S. avermitilis* cells were cultured in FM-I for 36 h. Then, 20 mmol/L acetate, propionate, or L-leucine was added, and the sample was cultured for 24 h. The transcription levels of tested genes were detected by RT-qPCR, with *hrdB* transcription level used as an internal control.

4.6 DNase I footprinting assays

These assays were performed using a fluorescence labeling procedure. A 167 bp fragment containing the *accR-accD1* intergenic region was amplified using the primers accR-FAM-Fw and accR-Rev (Table 2). A FAM-labeled DNA fragment and various amounts of His_6-AccR were mixed, incubated at 25℃ for 30 min, and digested by DNase I (0.016 U) at 37℃ for 50 s. The reaction was terminated by the addition of EDTA (final concentration, 50 mmol/L), and reaction mixture was incubated for 10 min at 80℃. DNA samples were purified by chloroform extraction and ethanol precipitation and then sequenced by using a 3730XL DNA analyzer (Applied Biosystems).

4.7 HPLC analysis of avermectin

Fermentation of *S. avermitilis* strains and high-pressure liquid chromatography (HPLC) analysis of avermectin were performed as described previously (Jiang *et al.*, 2011).

4.8 Detection of intracellular acyl-CoAs

Extraction and HPLC analysis of acyl-CoAs were performed as described by Dayem *et al.* (2002). In brief,

S. avermitilis mycelia cultured in FM-I were collected at various times, frozen rapidly in liquid nitrogen, and ground to fine powder. Then, 0.1 g of the power was extracted with 135 μl of 10% trichloroacetic acid at 4℃, followed by centrifugation. Supernatants were analyzed by HPLC using a C_{18} reverse-phase column (5 μm; 4.6 mm×250 mm) and a multiple-gradient elution procedure. HPLC buffer A contained 75 mmol/L NaOAc and 100 mmol/L NaH_2PO_4 (pH 4.6), and buffer B contained 70% buffer A and 30% methanol. The column was equilibrated with 90% buffer A and 10% buffer B at a flow rate of 1 ml/min. Samples (20 μl) were injected, and the percentage of buffer B was increased linearly to 40% over 35 min, increased linearly to 90% over 20 min, and then reduced linearly to 10% over 10 min. Acyl-CoAs were detected at a wavelength of 260 nm. Malonyl-, methylmalonyl-, acetyl-, and propionyl-CoAs (Sigma-Aldrich) were used as standards.

References

Anand S, Singh V, Singh A K, *et al.* 2012. Equilibrium binding and kinetic characterization of putative tetracycline repressor family transcription regulator Fad35R from *Mycobacterium tuberculosis*. FEBS J, 279(17): 3214-3228.

Arabolaza A, Shillito M E, Lin T W, *et al.* 2010. Crystal structures and mutational analyses of acyl-CoA carboxylase beta subunit of *Streptomyces coelicolor*. Biochemistry, 49(34): 7367-7376.

Balhana R J, Swanston S N, Coade S, *et al.* 2013. *bkaR* is a TetR-type repressor that controls an operon associated with branched-chain keto-acid metabolism in Mycobacteria. FEMS Microbiol Lett, 345(2): 132-140.

Bierman M, Logan R, Obrien K, *et al.* 1992. Plasmid cloning vectors for the conjugal transfer of DNA from *Escherichia coli* to *Streptomyces* spp. Gene, 116(1): 43-49.

Chan Y A, Podevels A M, Kevany B M, *et al.* 2009. Biosynthesis of polyketide synthase extender units. Nat Prod Rep, 26(1): 90-114.

Crooks G E, Hon G, Chandonia J M, *et al.* 2004. WebLogo: a sequence logo generator. Genome Res, 14(6): 1188-1190.

Cuthbertson L, Nodwell J R. 2013. The TetR family of regulators. Microbiol Mol Biol Rev, 77(3): 440-475.

Dayem L C, Carney J R, Santi D V, *et al.* 2002. Metabolic engineering of a methylmalonyl-CoA mutase-epimerase pathway for complex polyketide biosynthesis in *Escherichia coli*. Biochemistry, 41(16): 5193-5201.

Demirev A V, Khanal A, Nguyen P K H, *et al.* 2011. Biochemical characteristization of propionyl-coenzyme A carboxylase complex of *Streptomyces toxytricini*. J Microbiol, 49(3): 407-412.

Deng W, Li C, Xie J. 2013. The underling mechanism of bacterial TetR/AcrR family transcriptional repressors. Cell Signal, 25(7): 1608-1613.

Diacovich L, Peiru S, Kurth D, *et al.* 2002. Kinetic and structural analysis of a new group of acyl-CoA carboxylases found in *Streptomyces coelicolor* A3(2). J Biol Chem, 277(34): 31228-31236.

Ehebauer M T, Zimmermann M, Jakobi A J, *et al.* 2015. Characterization of the mycobacterial acyl-CoA carboxylase holo complexes reveals their functional expansion into amino acid catabolism. PLoS Pathog, 11(2): e1004623.

Fischbach M A, Walsh C T. 2006. Assembly-line enzymology for polyketide and nonribosomal peptide antibiotics: logic, machinery, and mechanisms. Chem Rev, 106(8): 3468-3496.

Guo J, Zhang X, Chen Z, *et al.* 2014. Two adjacent and similar TetR family transcriptional regulator genes, *SAV577* and *SAV576*, co-regulate avermectin production in *Streptomyces avermitilis*. PLoS One, 9(6): e99224.

Hertweck C. 2009. The biosynthetic logic of polyketide diversity. Angew Chem Int Ed Engl, 48(26): 4688-4716.

Hiard S, Maree R, Colson S, *et al.* 2007. PREDetector: a new tool to identify regulatory elements in bacterial genomes. Biochem Biophys Res Commun, 357(4): 861-864.

Hu B, Lidstrom M. 2012. CcrR, a TetR family transcriptional regulator, activates the transcription of a gene of the ethylmalonyl coenzyme A pathway in *Methylobacterium extorquens* AM1. J Bacteriol, 194(11): 2802-2808.

Ikeda H, Nonomiya T, Ōmura S. 2001. Organization of biosynthetic gene cluster for avermectin in *Streptomyces avermitilis*: analysis of enzymatic domains in four polyketide synthases. J Ind Microbiol Biotechnol, 27(3): 170-176.

Ikeda H, Ōmura S. 1997. Avermectin Biosynthesis. Chem Rev, 97(7): 2591-2610.

Issa K H B, Phan G, Broutin I. 2018. Functional mechanism of the efflux pumps transcription regulators from *Pseudomonas aeruginosa* based on 3D structures. Front Mol Biosci, 5: 57.

Jiang L, Liu Y, Wang P, *et al.* 2011. Inactivation of the extracytoplasmic function sigma factor Sig6 stimulates avermectin production in *Streptomyces avermitilis*. Biotechnol Lett, 33(10): 1955-1961.

Jung W S, Yoo Y J, Park J W, *et al.* 2011. A combined approach of classical mutagenesis and rational metabolic engineering improves rapamycin biosynthesis and provides insights into methylmalonyl-CoA precursor supply pathway in *Streptomyces hygroscopicus* ATCC 29253. Appl Environ Microbiol, 91(5): 1389-1397.

Lin T W, Melgar M M, Kurth D, *et al.* 2006. Structure-based inhibitor design of AccD5, an essential acyl-CoA carboxylase carboxyltransferase domain of *Mycobacterium tuberculosis*. Proc Natl Acad Sci USA, 103(9): 3072-3077.

Liu X, Cheng Y, Lyu M, *et al.* 2017. Redox-sensing regulator Rex regulates aerobic metabolism, morphological differentiation, and avermectin production in *Streptomyces avermitilis*. Sci Rep, 7: 44567.

Liu Y, Yan T, Jiang L, *et al.* 2013. Characterization of SAV7471, a TetR-family transcriptional regulator involved in the regulation of coenzyme A metabolism in *Streptomyces avermitilis*. J Bacteriol, 195(19): 4365-4372.

Livieri A L, Navone L, Marcellin E, *et al.* 2019. A novel multidomain acyl-CoA carboxylase in *Saccharopolyspora erythraea* provides malonyl-CoA for *de novo* fatty acid biosynthesis. Sci Rep, 9(1): 6725.

Macneil D J, Klapko L M. 1987. Transformation of *Streptomyces-avermitilis* by plasmid DNA. J Ind Microbiol, 2(4): 209-218.

Matsuoka H, Hirooka K, Fujita Y. 2007. Organization and function of the YsiA regulon of *Bacillus subtilis* involved in fatty acid degradation. J Biol Chem, 282(8): 5180-5194.

Newman D J, Cragg G M. 2016. Natural products as sources of new drugs from 1981 to 2014. J Nat Prod, 79(3): 629-661.

Nickel J, Irzik K, van Ooyen J, *et al.* 2010. The TetR-type transcriptional regulator FasR of *Corynebacterium glutamicum* controls genes of lipid synthesis during growth on acetate. Mol Microbiol, 78(1): 253-265.

Oh T J, Daniel J, Kim H J, *et al.* 2006. Identification and characterization of Rv3281 as a novel subunit of a biotin-dependent acyl-CoA carboxylase in *Mycobacterium tuberculosis* H37Rv. J Biol Chem, 281(7): 3899-3908.

Rodriguez E, Banchio C, Diacovich L, *et al.* 2001. Role of an essential acyl coenzyme A carboxylase in the primary and secondary metabolism of *Streptomyces coelicolor* A3(2). Appl Environ Microbiol, 67(9): 4166-4176.

Rodriguez E, Gramajo H. 1999. Genetic and biochemical characterization of the alpha and beta components of a propionyl-CoA carboxylase complex of *Streptomyces coelicolor* A3(2). Microbiology, 145(Pt 11): 3109-3119.

Ryu Y G, Butler M J, Chater K F, *et al.* 2006. Engineering of primary carbohydrate metabolism for increased production of actinorhodin in *Streptomyces coelicolor*. Appl Environ Microbiol, 72(11): 7132-7139.

Skinner D D, Morgenstern M R, Fedechko R W, *et al.* 1995. Cloning and sequencing of a cluster of genes encoding branched-chain alpha-keto acid dehydrogenase from *Streptomyces avermitilis* and the production of a functional E1 [alpha beta] component in *Escherichia coli*. J Bacteriol, 177(1): 183-190.

Sprusansky O, Stirrett K, Skinner D, *et al.* 2005. The *bkdR* gene of *Streptomyces coelicolor* is required for morphogenesis and antibiotic production and encodes a transcriptional regulator of a branched-chain amino acid dehydrogenase complex. J Bacteriol, 187(2): 664-671.

Tong L. 2013. Structure and function of biotin-dependent carboxylases. Cell Mol Life Sci, 70(5): 863-891.

Williams G J. 2013. Engineering polyketide synthases and nonribosomal peptide synthetases. Curr Opin Struct Biol, 23(4): 603-612.

Xu Z, Wang M, Ye B C. 2017. TetR family transcriptional regulator PccD negatively controls propionyl coenzyme A assimilation in *Saccharopolyspora erythraea*. J Bacteriol, 199(20): e00281-17.

You D, Wang M M, Ye B C. 2017. Acetyl-CoA synthetases of *Saccharopolyspora erythraea* are regulated by the nitrogen response regulator GlnR at both transcriptional and post-translational levels. Mol Microbiol, 103(5): 845-859.

Zabala D, Brana A F, Florez A B, *et al.* 2013. Engineering precursor metabolite pools for increasing production of antitumor mithramycins in *Streptomyces argillaceus*. Metab Eng, 20: 187-197.

Supplemental material: https://aem.asm.org/content/86/12/e00508-20

本文原载: Appl Environ Microbiol, 2020, 86(12): e00508-20.

BldD, a Master Developmental Repressor, Activates Antibiotic Production in two *Streptomyces* Species*

Hao Yan[1], Xiaorui Lu[1], Di Sun[2], Shuai Zhuang[1], Qiong Chen[1], Zhi Chen[1], Jilun Li[1], Ying Wen[1]

(1. State Key Laboratory of Agrobiotechnology and College of Biological Sciences, China Agricultural University, Beijing, China; 2. School of Life Sciences, Jiangsu Normal University, Xuzhou, China)

Abstract

BldD generally functions as a repressor controlling morphological development of *Streptomyces*. In this work, evidences that BldD also activates antibiotic production are provided. In *Streptomyces roseosporus* (which produces daptomycin widely used for treatment of human infections), deletion of *bldD* notably reduced daptomycin production, but enhanced sporulation. BldD stimulated daptomycin production by directly activating transcription of *dpt* structural genes and *dptR3* (which encodes an indirect activator of daptomycin production), and repressed its own gene. BldD-binding sites on promoter regions of *dptE*, *dptR3*, and *bldD* were all found to contain BldD box-like sequences, facilitating prediction of new BldD targets. Two *Streptomyces* global regulatory genes, *adpA* and *afsR*, were confirmed to be directly activated by BldD. The protein AfsR was shown to act as an activator of daptomycin production, but a repressor of development. BldD directly represses nine key developmental genes. In *Streptomyces avermitilis* (which produces effective anthelmintic agents avermectins), BldD homolog (BldDsav) directly activates avermectin production through *ave* structural genes and cluster-situated activator gene *aveR*. This is the first report that BldD activates antibiotic biosynthesis both directly and *via* a cascade mechanism. BldD homologs are widely distributed among *Streptomyces*, our findings suggest that BldD may activate antibiotic production in other *Streptomyces* species.

1. Introduction

Species of the Gram-positive bacterial genus *Streptomyces* are abundant in soil and known for two notable characteristics: complex life cycle and production of a great variety of antibiotics, many of which have been commercialized. Under favorable nutrient conditions, *Streptomyces* grow as a branched vegetative mycelium. In response to nutrient depletion, they differentiate with formation of sporogenic aerial hyphae, followed by long chains of spores for dispersion (Flardh and Buttner, 2009). Initiation of morphological development often coincides with antibiotic production, and these two processes are tightly controlled by

*This work was supported by the National Key Research and Development Program of China (Grant No. 2017YFD0201207), the National Natural Science Foundation of China (Grant No. 31872629), and the Project for Extramural Scientists of the State Key Laboratory of Agrobiotechnology (Grant No. 2018SKLAB6-13). The authors are grateful to Yinghua Lu (Xiamen University, China) for providing *S. roseosporus* WT strain, and Dr. S. Anderson for English editing of the manuscript.

multiple levels of transcriptional regulators in response to environmental and physiological changes (Van Wezel and McDowall, 2011). In many cases, antibiotic biosynthetic gene clusters contain one or more cluster-situated regulators (CSRs) that directly control transcription of structural genes within that cluster. CSRs are in turn controlled by various higher-level regulators to form a complex regulatory network (Liu *et al.*, 2013; Urem *et al.*, 2016).

The developmental repressor protein BldD functions at the top of the regulatory cascade that controls *Streptomyces* development. In model bacterium *Streptomyces coelicolor*, BldD represses ~167 transcriptional units, many of which play crucial roles in development. The consensus BldD-binding site is a 15-bp palindromic sequence, 5′-NTNACNC(A/T)GNGTNAN-3′ (termed "BldD box") (den Hengst *et al.*, 2010). A recent study of BldD activity control in *Streptomyces venezuelae* showed that the tetrameric form of c-di-GMP mediates dimerization of BldD, leading to DNA binding and repression of BldD regulon (Tschowri *et al.*, 2014). BldD-(c-di-GMP) inhibits hypha-to-spore developmental transition (from vegetative mycelium to aerial hyphae, and from aerial growth to sporulation). Colonies of *bldD* mutants appear "bald" to the naked eye not because they fail to develop, but because aerial hyphae formation is bypassed and the entire biomass sporulates precociously (Tschowri *et al.*, 2014; Bush *et al.*, 2015).

BldD homologs are widely distributed among sporulating actinomycetes, including the erythromycin producer *Saccharopolyspora erythraea*. BldD homologs have been reported to be essential for normal developmental processes in *S. erythraea* (Chng *et al.*, 2008). *S. erythraea* BldD was shown to directly activate expression of the erythromycin biosynthetic (*ery*) cluster (Chng *et al.*, 2008). However, BldD function as a transcriptional activator has not been reported in *Streptomyces*.

Daptomycin, produced by *S. roseosporus*, is a cyclic lipopeptide antibiotic often used in clinical treatment of infections caused by multidrug-resistant Gram-positive (G^+) pathogens (Baltz, 2009). Daptomycin consists of 13 amino acids with a straight-chain decanoic acid moiety (Debono *et al.*, 1988), and is biosynthesized by non-ribosomal peptide synthases (NRPSs) (Robbel and Marahiel , 2010). The daptomycin biosynthetic (*dpt*) gene cluster contains at least 12 genes, *dptA*, *-BC*, *-D*, *-E*, *-F*, *-G*, *-H*, *-I*, *-J*, *-M*, *-N*, and *-P* (Miao *et al.*, 2005; Wittmann *et al.*, 2008; Liao *et al.*, 2012). Contiguous genes *dptE*, *-F*, *-A*, *-BC*, *-D*, *-G*, and *-H* are cotranscribed as a large polycistronic transcript from the *dptE* promoter (*dptEp*) (Coeffet-Le *et al.*, 2006). *dptR1*, *dptR2*, and *dptR3*, three regulatory genes located close to *dpt* structural genes, were previously considered to encode CSRs (Miao *et al.*, 2005). However, DptR1 is not involved in control of daptomycin production (Zhang *et al.*, 2015; Yuan *et al.* 2016). DptR2 is required for daptomycin production but has no effect on expression of *dpt* cluster (Wang *et al.*, 2014a). We found that DptR3 indirectly stimulates daptomycin production by affecting transcription of *dpt* structural genes (Zhang *et al.*, 2015). These findings indicate that the *dpt* cluster lacks CSR genes. YQ Li's group showed recently that two TetR-family regulators AtrA (Mao *et al.*, 2015) and DepR1 (Yuan *et al.*, 2016), one ArsR-family regulator DepR2 (Mao *et al.*, 2017), and an unknown-family regulator PhaR (Luo *et al.*, 2018) directly regulate daptomycin production by binding to *dptEp*. WblA, which typically acts as a repressor of antibiotic biosynthesis in *Streptomyces*, also inhibits daptomycin production, but it is unclear whether this inhibitory effect is direct or indirect (Huang *et al.*, 2017). No other transcriptional regulators have been reported to control daptomycin production. Clinical/commercial demand for daptomycin has risen greatly in recent decades because of the rapid diversification and increase of antibiotic-resistant bacteria worldwide. However, daptomycin yield generally remains low. Our limited knowledge of the regulatory mechanisms of daptomycin production has hindered rational design of daptomycin high-producing strains through genetic manipulation.

Avermectins, produced by *S. avermitilis*, are potent anthelmintic antibiotics widely used in agricultural and medical fields (Burg *et al.*, 1979). The *ave* gene cluster contains one CSR gene, *aveR*, which encodes a

LuxR-family activator essential for expression of all *ave* structural genes (Kitani *et al.*, 2009; Guo *et al.*, 2010). Although some transcriptional regulators involved in avermectin biosynthesis have been characterized (Guo *et al.*, 2018), BldD has not been investigated in *S. avermitilis*.

In the present study, we investigated the regulatory role of BldD in *S. roseosporus*, and demonstrated that it functions as dual repressor/activator: *i.e.*, as a master repressor of development, and also as an activator of daptomycin production. BldD exerts its regulatory effects on these two important physiological processes through both direct and cascade mechanisms, reflecting its multiple cellular functions. Furthermore, *S. avermitilis* BldD acts as a direct activator of avermectin production. Our findings provide a basis for future studies of yet-unknown interactions between BldD and the numerous genes involved in antibiotic production in *Streptomyces* species.

2. Results

2.1 BldD is a repressor of development but an activator of daptomycin production

S. roseosporus bldD gene contains 501 nucleotides (nt) and encodes a protein of 166 amino acids. Protein alignment showed that BldD has 97%, 98%, 99% and 94% identity, respectively, with its homologs in *S. coelicolor*, *S. venezuelae S. griseus*, and *S. avermitilis* (Fig. S1), reflecting the important biological function of this protein in the genus. Previous studies revealed that *S. venezuelae* BldD C-terminal domain (CTD) recognizes the c-di-GMP tetramer by a unique signature sequence, RXD-X8-RXXD, which links two BldD CTD subunits. The resultant dimerized BldD binds its target genes (Tschowri *et al.*, 2014). *S. roseosporus* BldD CTD has conserved RGD-X8-RQDD signature (Fig. S1), suggesting that BldD in *S. roseosporus* also requires c-di-GMP for DNA binding. In the 7.85 Mb *S. roseosporus* chromosome, the *dpt* cluster is located 0.43 Mb from the left end, and *bldD* is located 0.34 Mb from the right edge of *dpt* cluster in the left arm.

To clarify the regulatory role of BldD in *S. roseosporus* development and daptomycin production, we constructed *bldD* deletion mutant ΔbldD (Fig. S2A), complemented strain CbldD, and overexpression strain ObldD. qRT-PCR analysis showed that *bldD* transcription level was higher in ObldD than in WT, indicating that *bldD* was successfully overexpressed in ObldD (Fig. S3). The phenotypes and daptomycin yields of ΔbldD, CbldD, and ObldD were compared with those of WT and control strains (WT/pKC1139 and WT/pSET152). In comparison with WT and control strains on DA1 and R2YE plates, deletion mutant ΔbldD displayed notably accelerated sporulation (Fig. 1a). WT phenotype was restored in CbldD, whereas ObldD showed delayed differentiation and sporulation (Fig. 1a). In comparison with control strains on apramycin-containing DA1 and R2YE plates, ΔbldD/pSET152 (ΔbldD carrying pSET152) also showed enhanced sporulation and ObldD phenotype was similar to that under nonselection conditions (Fig. S4). Detailed SEM examination of WT, ΔbldD, and CbldD grown on DA1 showed that young WT and CbldD colonies on day 2 consisted of almost pure vegetative mycelium, whereas those of ΔbldD contained spore chains. On day 4, WT and CbldD colonies contained aerial hyphae and spore chains, whereas ΔbldD colonies lacked aerial hyphae and had developed mature spores (Fig. 1b). ΔbldD phenotype was similar to that of *S. venezuelae bldD* null mutant (Tschowri *et al.*, 2014), indicating that BldD plays the primary role in repression of hypha-to-spore transition. HPLC analysis of daptomycin yields from 10-day culture in fermentation medium showed that, relative to WT level, yields were ~54% lower for ΔbldD, ~35% higher for overexpression strain ObldD, and not significantly different for complemented strain CbldD and control strains WT/pKC1139 and WT/pSET152 (Fig. 2a). These findings indicate that BldD acts as a repressor of *S. roseosporus* development, but functions as an activator in daptomycin production.

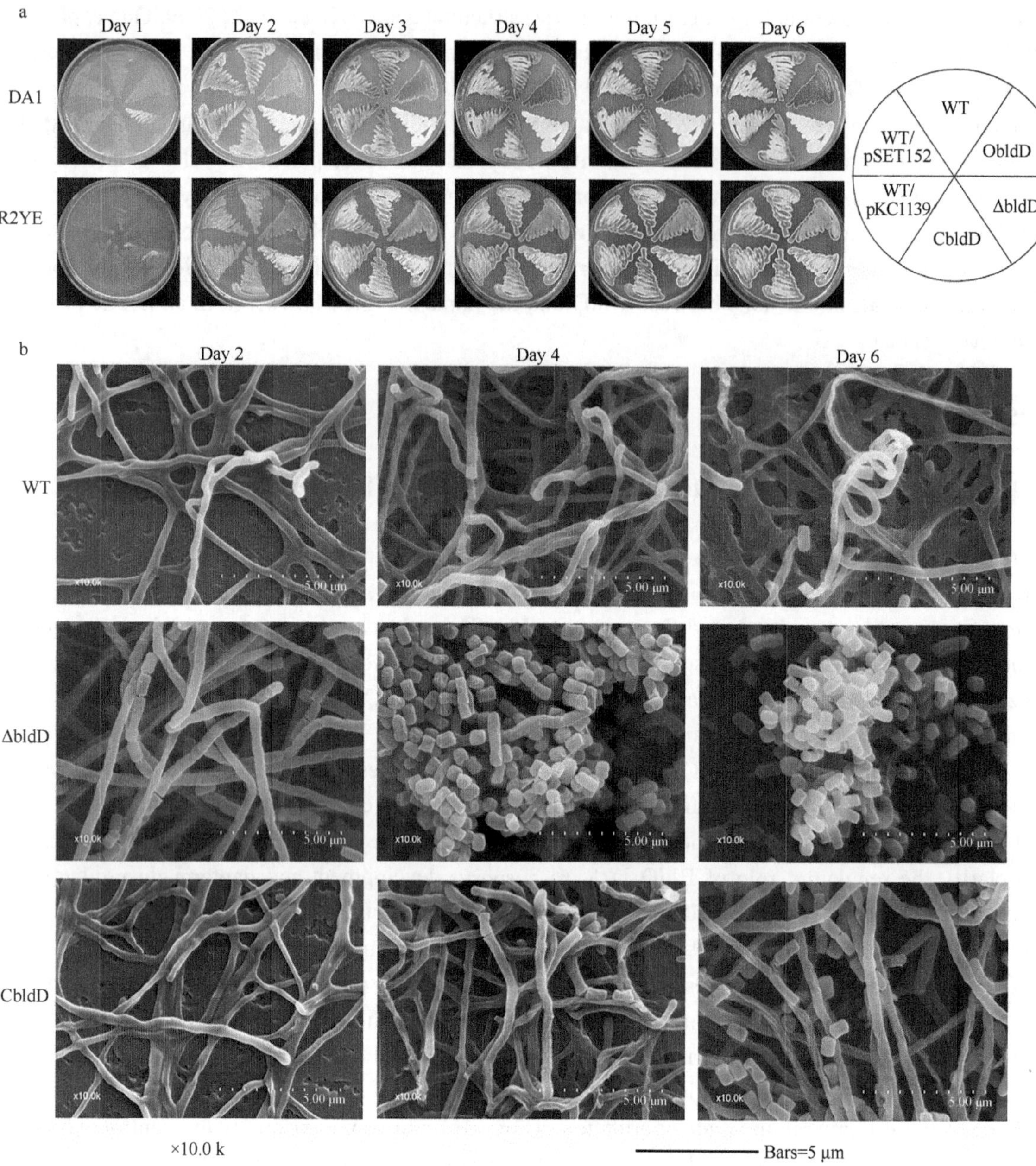

Fig. 1　Effect of BldD on morphological development in *S. roseosporus*

a. Phenotypes of WT strain, *bldD* deletion mutant (ΔbldD), complemented strain (CbldD), overexpression strain (ObldD), and control strains (WT/pKC1139 and WT/pSET152) grown on DA1or R2YE plates at 28℃. b. SEM showing morphological development of WT, ΔbldD, and CbldD grown on DA1 for 2, 4, or 6 days

To evaluate the possibility that BldD affects daptomycin production by altering cell growth, we measured time course from day 1 to 10 of daptomycin yield and biomass (dry cell weight) of WT, ΔbldD, and ObldD cultured in fermentation medium. *bldD* deletion delayed and reduced daptomycin production, whereas *bldD* overexpression increased daptomycin production (Fig. 2b). Biomass values of ΔbldD and ObldD were similar to that of WT (Fig. 2c). These findings indicate that BldD has no effect on cell growth, and that altered daptomycin yields in strains ΔbldD and ObldD did not result from changes in cell growth.

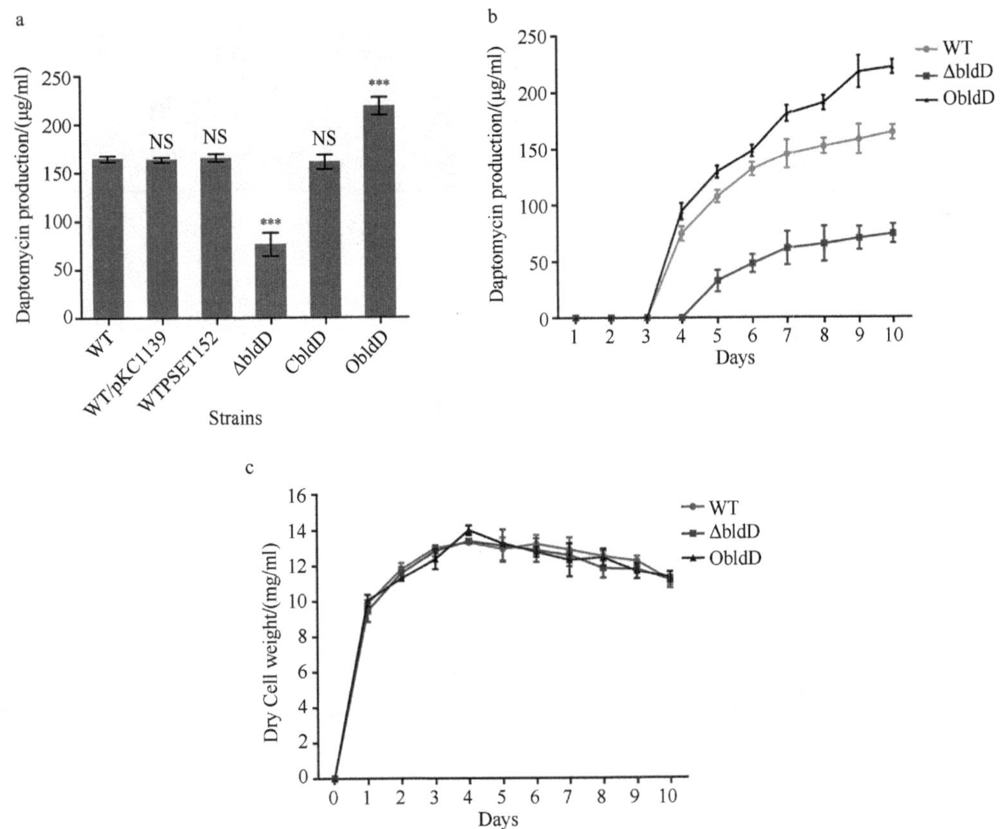

Fig. 2 Effects of BldD on daptomycin production and cell growth in *S. roseosporus*

(Color figure in the two-dimensional code at the back cover)

a. Daptomycin yield in WT, ΔbldD, CbldD, OboldD, and control strains (WT/pKC1139 and WT/pSET152) cultured in fermentation medium for 10 days. NS, not significant; ***, $P<0.001$ (for comparison with WT by Student's *t*-test). Error bars: SD for three biological replicates. b. Time course of daptomycin yield in WT, ΔbldD, and OboldD cultured in fermentation medium. Error bars: SD for three biological replicates. c. Growth curves (biomass presented as dry cell weight) of WT, ΔbldD, and OboldD cultured in fermentation medium. Error bars: SD for three biological replicates

2.2 BldD activates *dpt* genes but represses its own gene

The relationship between BldD and daptomycin production was studied by qRT-PCR monitoring of *bldD* transcription profile of WT in fermentation culture. *bldD* transcription level varied during the daptomycin production process; it was the highest on day 1, then declined sharply, and was low from day 5 onward (Fig. 3a). Thus, BldD evidently exerts its regulatory effect on daptomycin production mainly during early fermentation stage.

To evaluate the effect of *bldD* deletion on expression of daptomycin biosynthetic genes, we performed qRT-PCR using RNAs prepared from 2-day (exponential phase) and 6-day (stationary phase) fermentation culture of WT and ΔbldD. Transcription levels of 12 structural genes in the *dpt* cluster were reduced in ΔbldD at either one or both time points (Fig. 3b), consistent with daptomycin yield data for ΔbldD. Notably, *dpt* genes were all down-regulated in ΔbldD on day 2, indicating that BldD activates transcription of *dpt* structural genes primarily during early fermentation stage.

Transcription analysis was also performed for regulatory genes *dptR2* and *dptR3* adjacent to *dpt* cluster, using the same RNA samples. *dptR2* and *dptR3* expression levels were lower in ΔbldD than in WT (Fig. 3b), indicating that BldD functions as an activator of *dptR2* and *dptR3*. In view of previous findings that DptR2 and DptR3 are involved in positive control of daptomycin production (Wang *et al.*, 2014a; Zhang *et al.*, 2015), it is possible that reduced expression of *dptR2* and *dptR3* contributed to low daptomycin yield in ΔbldD.

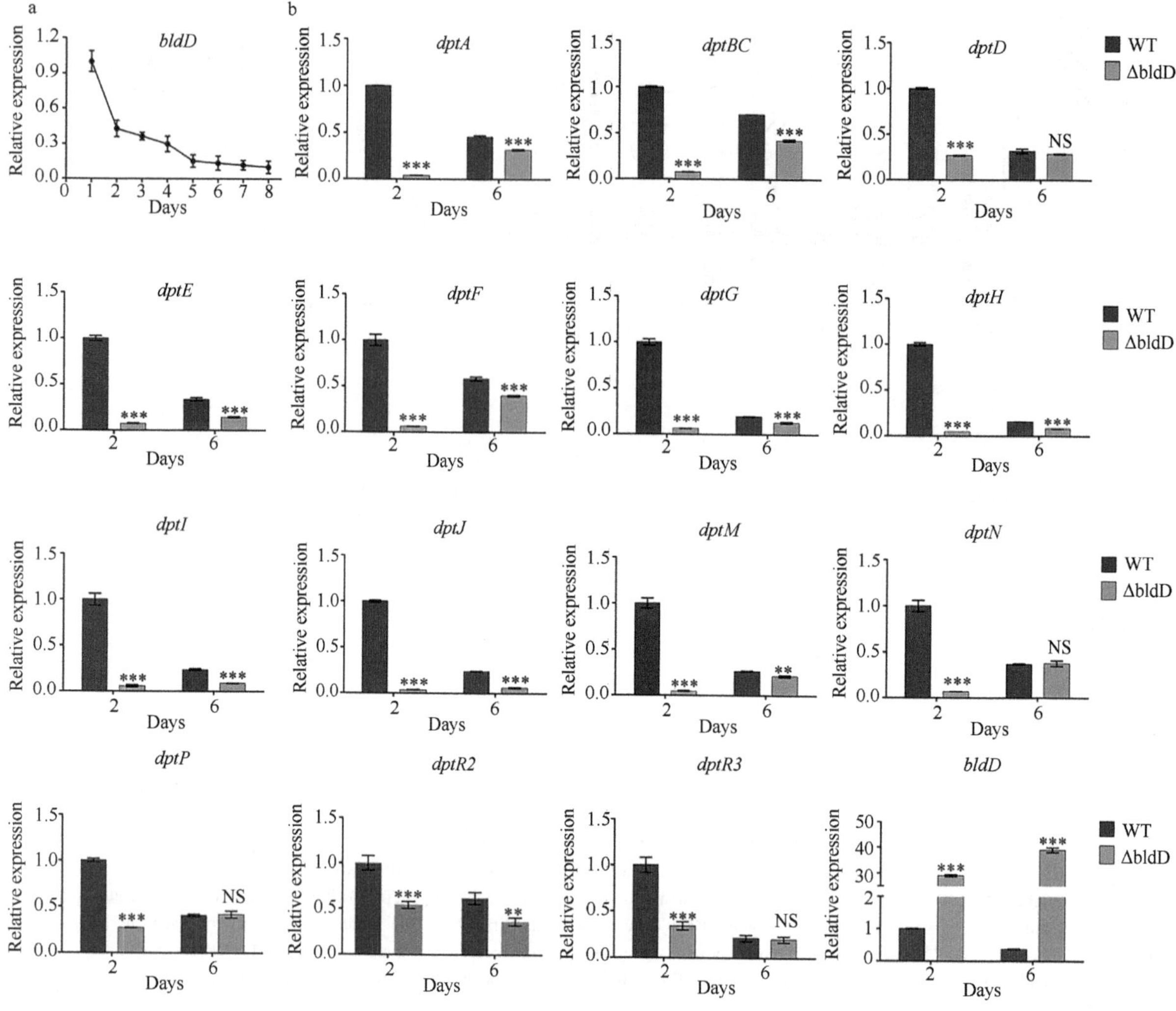

Fig. 3 qRT-PCR analysis of *bldD* and *dpt* genes

a. Transcriptional profile of *bldD* during daptomycin fermentation process in *S. roseosporus* WT strain. Error bars: SD for three biological replicates. b. Transcription levels of *dpt* genes and *bldD* in WT and ΔbldD grown in fermentation medium for 2 or 6 days. *bldD*: 91 bp transcript amplified from remainder *bldD* coding region in ΔbldD with primer pair YH20A/YH20B. NS, not significant; **, $P<0.01$; ***, $P<0.001$ (*t*-test). Error bars: SD for three biological replicates

We investigated the possibility that BldD regulates expression of its own gene. *bldD* transcription level was strikingly upregulated in ΔbldD relative to WT (~29-fold higher on day 2, ~102-fold higher on day 6) (Fig. 3b), indicating that BldD acts as a strong autorepressor.

2.3 BldD binds specifically to *bldDp*, *dptEp*, and *dptR3p*

To determine whether *bldD* and *dpt* genes are regulated directly by BldD, we performed a series of EMSAs with soluble His_6-BldD protein and putative promoter regions. In *dpt* cluster, *dptP* and *dptM* are divergently transcribed, *dptM* overlaps *dptN*, *dptI* overlaps *dptJ*, and genes from *dptE* to *dptH* are cotranscribed (Coeffet-Le *et al.*, 2006). Therefore, promoter probes *bldDp*, *dptP-M* (containing bidirectional promoters for *dptP* and *dptM-dptN* operon), *dptEp* (for *dptE-dptF-dptA-dptBC-dptD-dptG-dptH* operon), *dptIp* (for *dptI-dptJ* operon), *dptR2p*, and *dptR3p* were applied in EMSAs (Fig. 4a).

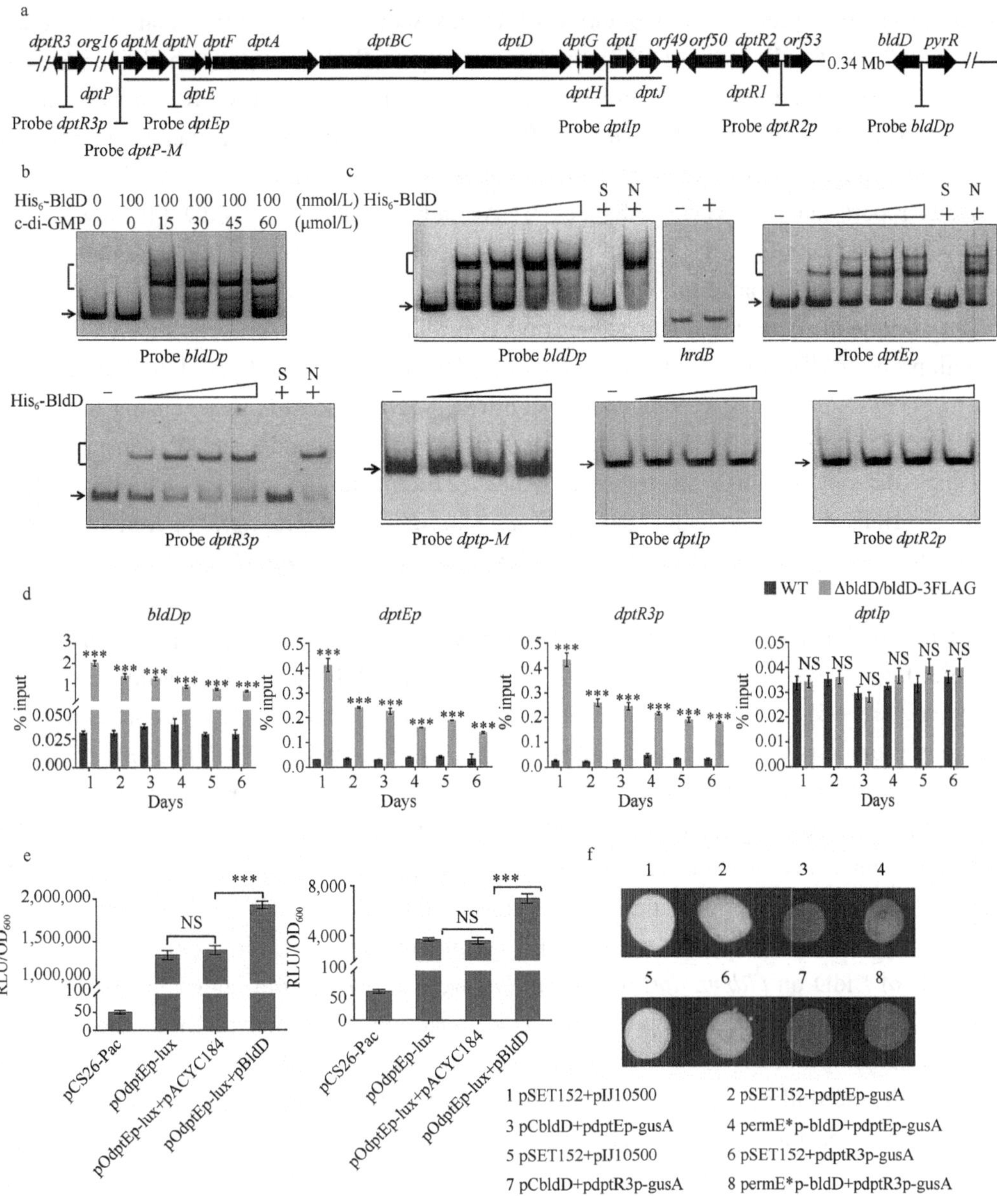

Fig. 4　Binding of BldD to promoter regions of *bldD*, *dptE*, and *dptR3*

a. Schematic diagram of promoter probes used for EMSAs. Probe *dptR3p*: 277 bp fragment, positions –209 to +68 relative to *dptR3* TSC. Probe *dptP-M*: 322 bp fragment covering *dptP-dptM* intergenic region. Probe *dptEp*: 305 bp fragment, positions –285 to +20 relative to *dptE* TSC. Probe *dptIp*: 161 bp fragment, positions –127 to +34 relative to *dptI* TSC. Probe *dptR2p*: 296 bp fragment, positions –275 to +21 relative to *dptI* TSC. Probe *bldDp*: 336 bp fragment, positions –324 to +12 relative to *bldD* TSC. b. *In vitro* EMSA of purified His$_6$-BldD binding to probe *bldDp* with and without c-di-GMP. Each lane contained 0.2 nmol/L labeled probe. Arrow: free probe. Bracket: BldD-DNA complex (bound DNA). c. EMSAs of interactions of His$_6$-BldD with probes *bldDp*, *dptEp*, *dptR3p*, *dptP-M*, *dptIp*, and *dptR2p*. Negative probe: *hrdB*, 171 bp fragment within *hrdB* coding region. Each lane contained 0.2 nmol/L labeled probe and 15 μmol/L c-di-GMP. Concentrations of His$_6$-BldD for probes *bldDp*, *dptEp*, and *dptR3p*, 12.5 nmol/L, 25 nmol/L, 50 nmol/L, and 100 nmol/L; for other probes, 25 nmol/L, 50 nmol/L, and 100 nmol/L. Lanes –: EMSAs without His$_6$-BldD. 100 nmol/L His$_6$-BldD was used for competition experiments and control probe *hrdB* (lanes +). Lanes S and N: competition assays with ~250-fold excess of unlabeled specific probe (S) and nonspecific probe *hrdB* (N). d. *In vivo* ChIP-qPCR assays. Anti-FLAG mAb against BldD-3×FLAG was used to immunoprecipitate BldD-3×FLAG-DNA complexes from formaldehyde-treated 1 d, 2 d, 3 d, 4 d, 5 d, and 6 d cultures of ΔbldD/bldD-3×FLAG. WT strain was used as negative control. The *y*-axis represents relative enrichment of BldD on each site as determined by recovery of target DNA with anti-FLAG mAb. NS, not significant; ***, $P<0.001$ (*t*-test). Error bars: SD from triplet biological experiments. e. Effect of BldD on bioluminescence level of *E. coli* reporter culture containing plasmid pOdptEp-lux or pOdptR3p-lux. Vector controls: pCS26-*Pac* and pACYC184. Bioluminescence values are presented as relative light units (RLU). NS, not significant; ***, $P<0.001$ (*t*-test). Error bars: SD from triplet biological experiments. GusA activity in *S. coelicolor* M1146 derivatives containing various promoter-gusA fusions. Vector controls: pSET152 and pIJ10500. *bldD* in pCbldD and permE*p-bldD was controlled by its native promoter and *ermE*p*, respectively

The *bldD* promoter region contains putative BldD box sequence, suggesting that BldD targets its own gene. To test the effect of c-di-GMP on DNA-binding activity of BldD, we performed EMSAs using labeled probe *bldDp*, a fixed amount of BldD, and various concentrations of c-di-GMP (InvivoGen, USA). One hundred nmol/L BldD was insufficient to elicit shift of DNA band. In contrast, increasing concentrations of c-di-GMP (15~60 μmol/L) strongly induced BldD binding to its own promoter region (Fig. 4b), consistently with a previous report that c-di-GMP enhances DNA-binding activity of BldD (Tschowri *et al.*, 2014). Accordingly, we used 15 μmol/L c-di-GMP in subsequent EMSA evaluation of BldD interactions with specific promoter regions. In general, transcriptional regulators do not bind to coding regions of genes. We therefore used probe *hrdB* within *hrdB* coding region as negative control probe. EMSA results showed that BldD formed complexes with probes *bldDp*, *dptEp*, and *dptR3p* in dose-dependent manner, but did not bind to *dptP-M*, *dptIp*, *dptR2p*, or *hrdB* (Fig. 4c). Binding specificity was confirmed by competition assays using ~250-fold excesses of unlabeled specific probes (lanes S), which abolished the delayed bands, and of nonspecific probe *hrdB* (lanes N), which did not diminish the retarded signals. These findings indicate that: (i) BldD is a direct autorepressor; (ii) BldD directly activates *dptE-dptF-dptA-dptBC-dptD-dptG-dptH* operon and regulatory gene *dptR3*; (iii) the positive regulatory effect of BldD on expression of *dptP*, *dptM*, *dptN*, *dptI*, *dptJ*, and *dptR2* is indirect.

ChIP-qPCR experiments were performed to confirm *in vivo* binding of BldD to promoter regions of *bldD*, *dptE*, and *dptR3*. Expression of fusion protein BldD-3×FLAG in ΔbldD (strain ΔbldD/bldD-3×FLAG) restored daptomycin yield (Fig. S5), indicating that BldD-3×FLAG complemented BldD function, and that binding of BldD to its target promoters could be monitored with anti-FLAG mAb against BldD-3×FLAG in recombinant strain ΔbldD/bldD-3×FLAG. The expression profile of BldD-3×FLAG protein was examined by Western blotting. Consistently with *bldD* transcriptional profile, BldD-3×FLAG was detectable throughout the fermentation process, and its maximal level was on day 1 (Fig. S6). Samples for ChIP-qPCR assays were thus taken from ΔbldD/bldD-3×FLAG grown in fermentation medium for various durations. WT strain without BldD-3×FLAG was used as negative control. The results revealed that no enrichment of BldD on *dptIp* was detected (Fig. 4d); enrichment levels of BldD on *bldDp*, *dptEp*, and *dptR3p* were at least 3-fold higher in ΔbldD/bldD-3×FLAG than that in control in all samples immunoprecipitated at various time points; BldD showed the strongest binding to each target promoter at 1 d and binding strength declined thereafter, consistent with BldD expression profile. These findings indicate dynamic binding of BldD to these target promoters *in vivo*.

We further examined the regulatory relationship of BldD with activities of dptEp and dptR3p using a lux-reporter system in *E. coli* (Tahlan *et al.*, 2007). In this system, pOdptEp-lux and pOdptR3p-lux were constructed based on pCS26-Pac for expressing *dptEp*- or *dptR3p*-controlled lux operon, and pBldD was constructed based on pACYC184 for expressing BldD. pOdptEp-lux and pOdptR3p-lux both conferred a relative high bioluminescence level, whereas pCS26-Pac conferred only a background level (Fig. 4e), indicating that *dptEp* and *dptR3p* are recognized by *E. coli* RNA polymerase. Expression plasmid pBldD strongly increased bioluminescence of transformant harboring pOdptEp-lux or pOdptR3p-lux, whereas control plasmid pACYC184 had no such effect (Fig. 4e). These findings confirm that BldD directly activates transcription of *dptEp* and *dptR3p*, which was also illustrated by using a *gusA*-encoding β-glucuronidase reporter system in *S. coelicolor* M1146 (Myronovskyi *et al.*, 2011) (Fig. 4f), *i.e.*, BldD enhanced activities of *dptEp* and *dptRp*.

2.4 Identification of precise BldD-binding sites on *bldDp*, *dptEp*, and *dptR3p*

To accurately map BldD-binding sites and elucidate the mechanism whereby BldD regulates its targets, we performed 5′-RACE and DNase I footprinting assays. The transcriptional start site (TSS) of *S. coelicolor bldD* was described previously (Elliot and Leskiw, 1999). *bldD* promoter region sequences in *S. roseosporus* and *S. coelicolor* are quite similar, and putative –10 and –35 elements are exactly the same (Fig. S7A). We thus mapped TSS of *S. roseosporus bldD* to G, 56 nt upstream of *bldD* translational start codon (TSC) (Fig. S7A). We previously mapped *dptR3* TSS to the first A of *dptR3* TSC, ATG (Zhang *et al.*, 2015). In the present study, we identified *dptE* TSS by 5′-RACE (Fig. S7B). It was mapped to A, 267 nt upstream of *dptE* TSC (Fig. S7B and C).

DNase I footprinting assay revealed that BldD protected region on its own promoter (site *bldD*) spans from –28 to +14 nt relative to *bldD* TSS, and overlaps the putative –10 region (Fig. 5a), indicating that BldD represses transcription of *bldD* by blocking recruitment of RNA polymerase. BldD protected a 30-nt region on the *dptE* promoter (site *dptE*) extending from +116 to +145 nt relative to *dptE* TSS, far downstream of the putative –35 and –10 regions (Fig. 5a). Analogously, DepR1 was shown to directly activate *dptE* by binding to the site far downstream of *dptE* TSS (Yuan *et al.*, 2016). A 31-nt BldD protected region was detected on *dptR3* promoter (site *dptR3*), corresponding to positions –62 to –32 nt relative to *dptR3* TSS and overlapping the putative –35 region (Fig. 5a), indicating that BldD activates *dptR3* by a mechanism distinct from that for *dptE* activation. Although the BldD-binding site on *dptR3* promoter is unusual for an activator, it is analogous to previous observations that BldD binding overlaps the TSS and –10 region on *eryBVI* promoter, and that BldD also positively regulates erythromycin production (Chng *et al.*, 2008). The mechanisms of such transcriptional activation of *dptE* and *dptR3* by BldD remain to be clarified. The protected sites of BldD on the three promoter regions *bldDp*, *dptEp*, and *dptR3p* all contained BldD box-like sequences (Fig. 5a and b), suggesting that BldD-binding motif in *S. roseosporus* is similar to BldD box in *S. coelicolor.*

To assess the importance of BldD box-like sequences in BldD binding, we performed a series of EMSAs using 59-bp probes that contained either the intact BldD box-like sequence or the mutated sequence. The affinity of BldD for mutated probes, which lacked BldD box-like sequence, was abolished completely in comparison with the corresponding WT probes (Fig. 5c). These findings indicate that the BldD box-like sequences are essential for BldD binding.

2.5 BldD directly activates *adpA* and *afsR*, which are both involved in daptomycin production and development

To identify additional BldD targets involved in daptomycin production, we used BldD box sequence to scan the *S. roseosporus* genome with PREDetector program (http://predetector.hedera22.com/) and identified 244 putative BldD targets (cut-off score≥8), including global regulatory genes *adpA* and *afsR* (Table S1). *adpA* and *afsR* occur widely in *Streptomyces* species, and control secondary metabolism and/or morphological development (Van Wezel and McDowall, 2011; Liu *et al.*, 2013). AdpA was identified as an activator of daptomycin production and development in *S. roseosporus* (Mao *et al.*, 2015). AfsR stimulates antibiotic production in several *Streptomyces* species (Van Wezel and McDowall, 2011), and thus may be involved in regulation of daptomycin production. To test the potential of bioinformatic prediction, we performed EMSAs, ChIP-qPCR, and qRT-PCR analysis. BldD bound specifically to probes *adpAp* and *afsRp* (Fig. 6a), indicating that *adpA* and *afsR* are targeted by BldD. Direct binding of BldD to *adpAp* and *afsRp in vivo* was further confirmed by ChIP-qPCR assays (Fig. 6b). Transcription levels of both *adpA* and *afsR* were reduced on day 2 in ΔbldD grown in fermentation medium (Fig. 6c), indicating that BldD positively regulates these two identified target genes, mainly in early fermentation stage.

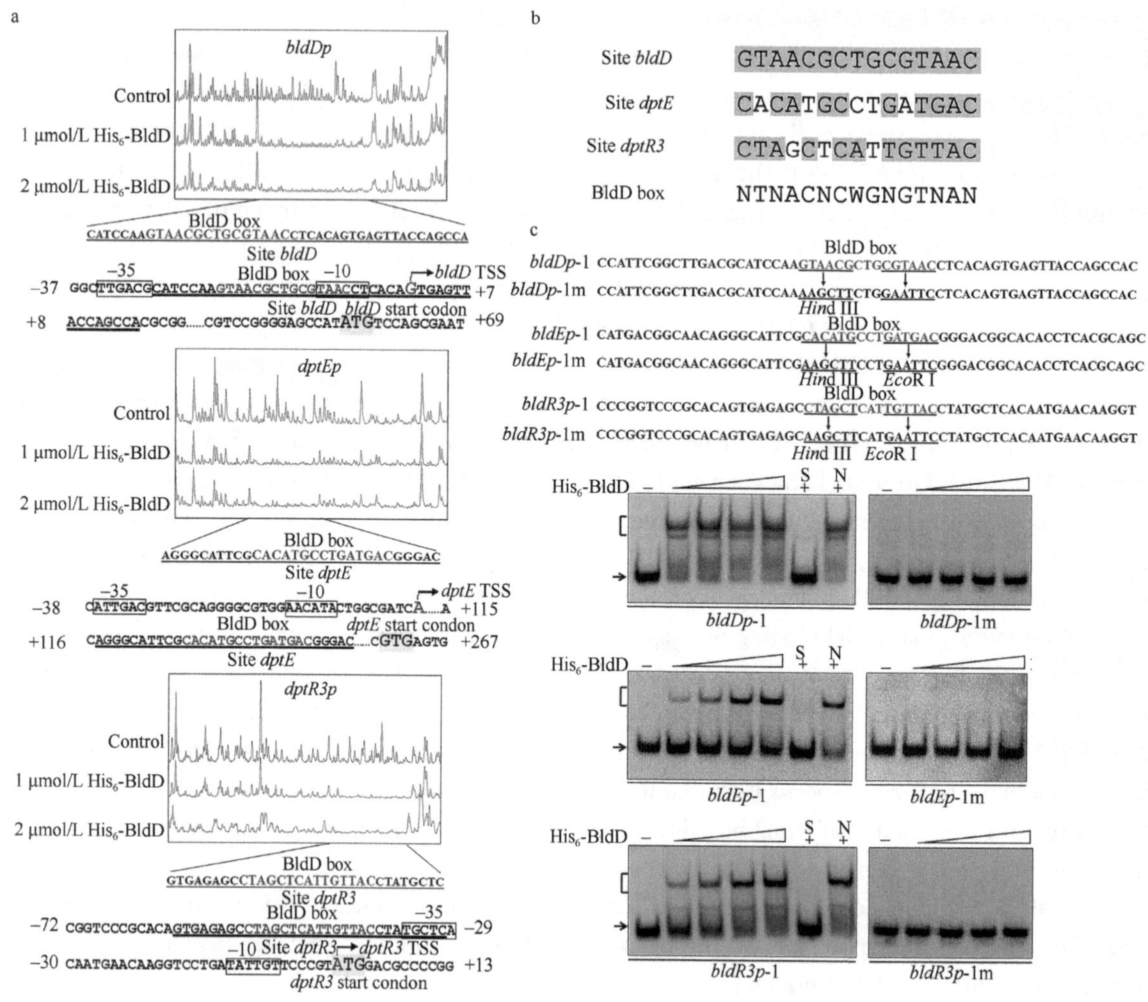

Fig. 5 Determination of BldD-binding sites on promoter regions of *bldD*, *dptE*, and *dptR3*
(Color figure in the two-dimensional code at the back cover)

a. DNase I footprinting assays and nucleotide sequences of BldD-binding sites on *bldDp*, *dptEp*, and *dptR3p*. In DNase I footprinting assays (top), protection patterns were acquired with increasing His$_6$-BldD concentrations, and reaction without His$_6$-BldD was used as control. In nucleotide sequences of different promoter regions (bottom), numbers indicate distances (in nt) from respective TSSs. Bent arrows: TSSs. Boxes: putative –10 and –35 regions. Yellow highlight: TSCs. Solid lines: BldD-binding sites. Red font: BldD box-like sequences. b. Comparison of BldD box-like sequences of BldD-binding sites on *bldDp*, *dptEp*, and *dptR3p* with consensus BldD box. Shading: consensus bases. N=A/T/C/G; W=A/T. c. EMSAs of His$_6$-BldD with 59-bp WT probes and their mutated probes. *Hind* III and *EcoR* I sites were introduced into BldD box-like sequences in WT probes *bldDp*-1, *dptEp*-1, and *dptR3p*-1 to generate mutated probes *bldDp*-1m, *dptEp*-1m, and *dptR3p*-1m, respectively. Underlining, altered nucleotides. Each lane contained 0.2 nmol/L labeled probe and 15 μmol/L c-di-GMP. Lanes 2 to 5 contained 12.5 nmol/L, 25 nmol/L, 50 nmol/L, and 100 nmol/L His$_6$-BldD respectively. Notations of lanes –, +, N, and S are as in Fig. 4c

The regulatory mechanism of BldD on *adpA* and *afsR* was further investigated by determining TSSs of these genes. The promoter sequence of *adpA* in *S. roseosporus* and *S. griseus* is well conserved; accordingly, we predicted TSS of *S. roseosporus adpA* to C, 263 nt upstream of *adpA* TSC (Fig. S8A), based on corresponding TSS of *S. griseus adpA* (Ohnishi *et al.*, 1999). *afsR* TSS was mapped by 5′-RACE to G, 131 nt upstream of *afsR* TSC (Fig. S8B). DNase I footprinting assays showed that the protected sites of BldD on *adpA* and *afsR* promoter regions span from +42 to +72 nt relative to *adpA* TSS (downstream of –35 and –10 regions), and from –59 to –31 nt relative to *afsR* TSS (overlapping –35 region), respectively, both containing BldD box-like sequences (Fig. 6d and S9). These findings suggest that BldD activates *adpA* and *afsR* transcription *via* mechanisms similar to those for *dptE* and *dptR3* activation.

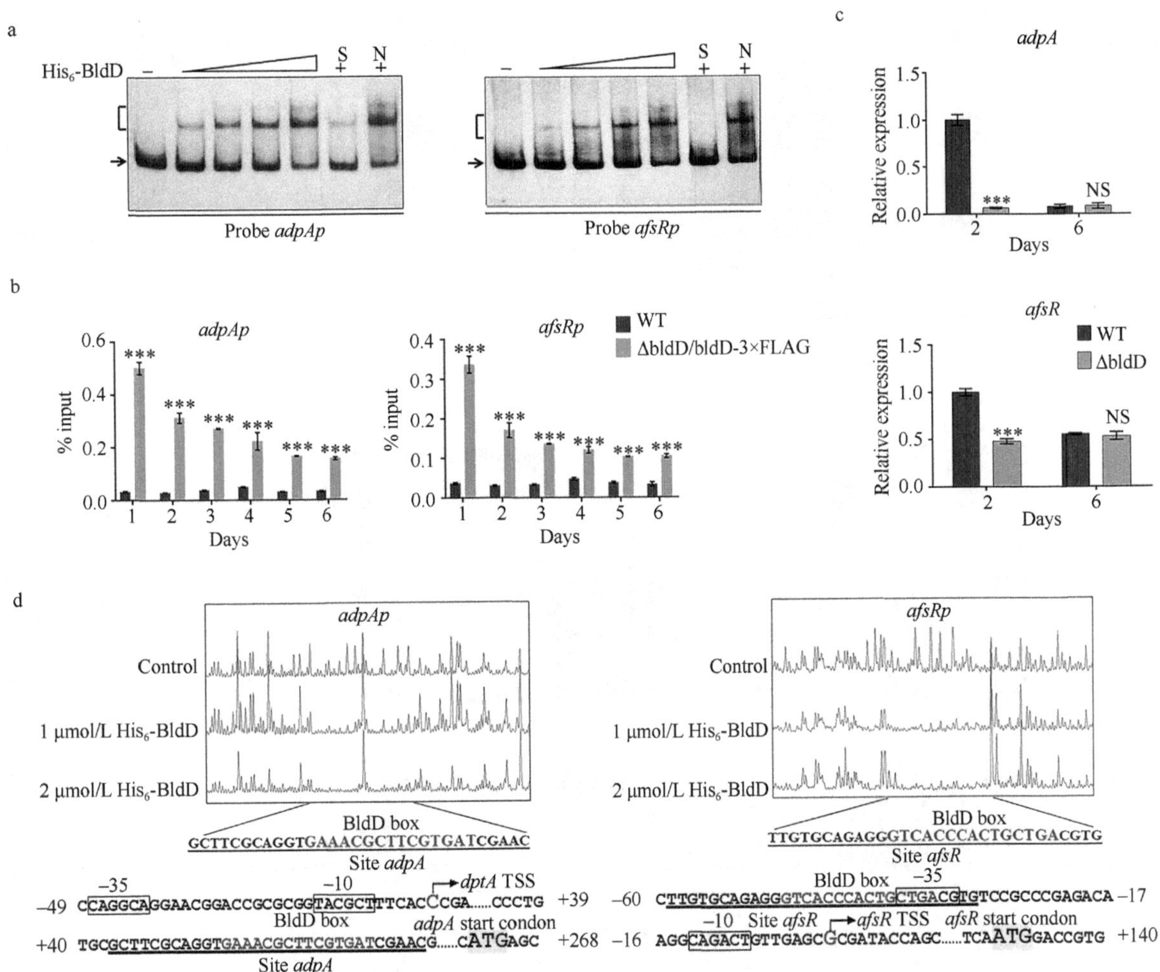

Fig. 6　Identification of BldD targets *adpA* and *afsR* (Color figure in the two-dimensional code at the back cover)

a. *In vitro* EMSAs of His$_6$-BldD with probes *adpAp* and *afsRp*. Probe *adpAp*: 329-bp fragment, positions –320 to +9 relative to *adpA* TSC. Probe *afsRp*: 302-bp fragment, positions –304 to –3 relative to *afsR* TSC. Each lane contained 0.2 nmol/L labeled probe and 15 μmol/L c-di-GMP. Lanes 2 to 5 contained 12.5 nmol/L, 25 nmol/L, 50 nmol/L, and 100 nmol/L His$_6$-BldD respectively. b. *In vivo* ChIP-qPCR assays of binding of BldD to promoter regions of *adpA* and *afsR*. ***, P<0.001 (t-test). Error bars: SD from triplet biological experiments. c. qRT-PCR analysis of *adpA* and *afsR* in *S. roseosporus* WT and ΔbldD cultured in fermentation medium for 2 or 6 days. NS, not significant; ***, P<0.001 (t-test). Error bars: SD from triplet biological experiments. d. DNase I footprinting assays and nucleotide sequences of BldD-binding sites on promoter regions of *adpA* and *afsR*. Formatting conventions as in Fig. 5a

To investigate the function of *afsR* in *S. roseosporus*, we constructed *afsR* deletion mutant ΔafsR (Fig. S2B), complemented strain CafsR, and overexpression strain OafsR. Comparison of daptomycin production levels among these strains grown in fermentation medium for 10 days revealed that *afsR* deletion (strain ΔafsR) resulted in ~49% reduction of daptomycin yield relative to WT, whereas *afsR* overexpression (strain OafsR) resulted in ~20% increase (Fig. 7a). Daptomycin yield was restored to WT level in complemented strain CafsR, demonstrating that *afsR* deletion was the cause of reduced daptomycin yield in ΔafsR. Examination of growth curves of WT, ΔafsR, and OafsR cultured in fermentation medium revealed that cell growth was not affected by deletion or overexpression of *afsR* (Fig. 7b). These results indicate that AfsR positively regulates daptomycin production.

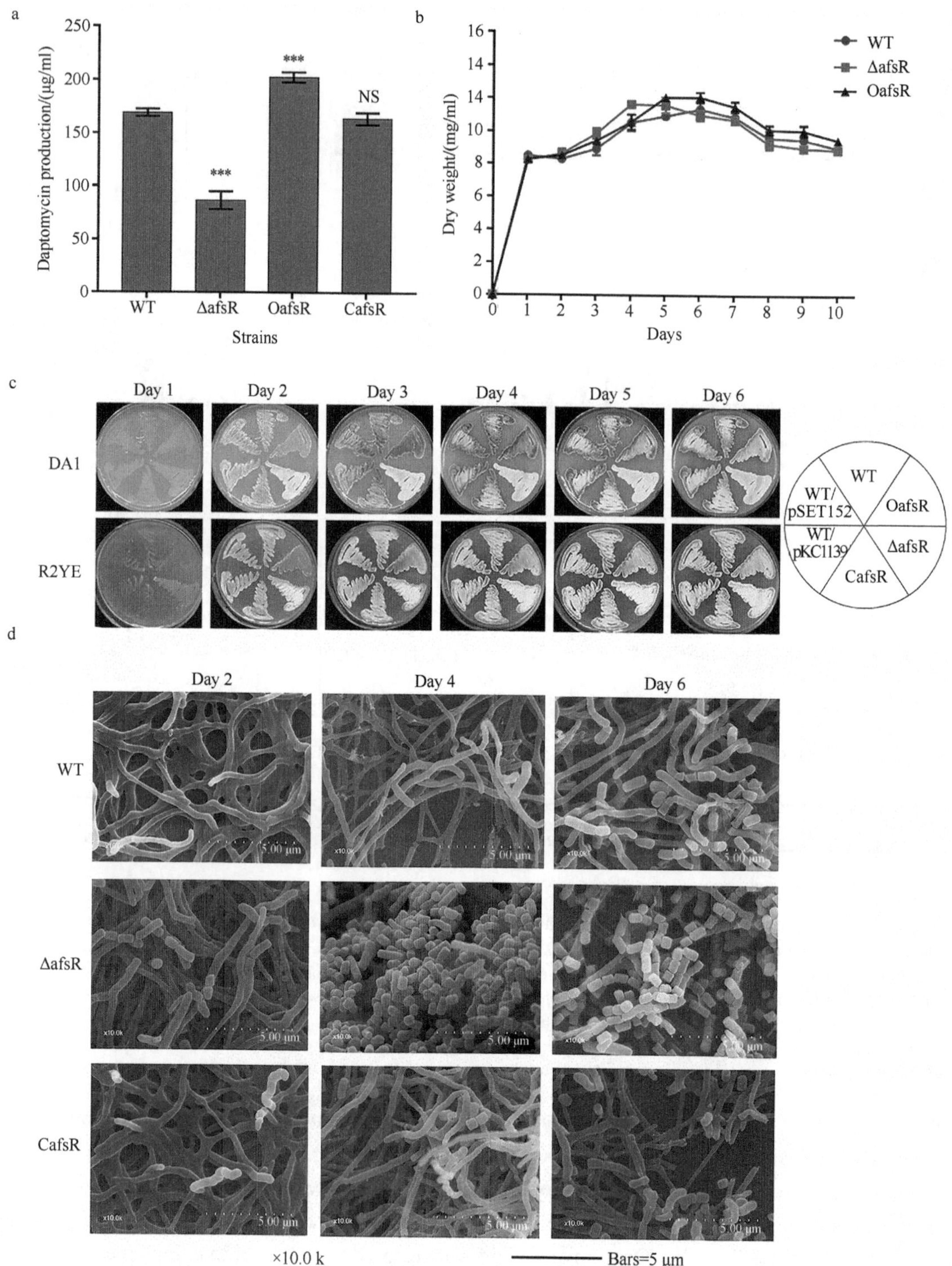

Fig. 7 Role of AfsR in daptomycin production, cell growth, and development in *S. roseosporus*

a. Daptomycin yield in WT, *afsR* deletion mutant (ΔafsR), complemented strain (CafsR), and overexpression strain (OafsR) cultured in fermentation medium for 10 days. NS, not significant; ***, $P<0.001$ (*t*-test). Error bars: SD from triplet biological experiments. b. Growth curves of WT, ΔafsR, and OafsR cultured in fermentation medium. Error bars: SD from triplet biological experiments. c. Phenotypes of WT, ΔafsR, CafsR, OafsR, and control strains grown on DA1 or R2YE plates. d. SEM showing mycelia and spores of WT, ΔafsR, and CafsR grown on DA1 for 2, 4, or 6 days

To evaluate effects of AfsR on phenotypic development, spores of WT, ΔafsR, CafsR, OafsR, and control strains were streaked on DA1 and R2YE plates. Phenotype of deletion mutant ΔafsR was quite similar to that of ΔbldD; *i.e.*, strikingly enhanced sporulation. WT phenotype was restored in CafsR, whereas OafsR exhibited delayed development (Fig. 7c). OafsR phenotype was further confirmed on antibiotic-containing plates (Fig. S10). SEM revealed that aerial mycelium formation in ΔafsR was bypassed (Fig. 7d), confirming the negative regulatory role of AfsR in development. These findings, taken together, indicate that AfsR acts as a global regulator to control secondary metabolism and development in *S. roseosporus*, and it has opposing effects on these two key physiological processes.

2.6 BldD directly represses key developmental genes

Our phenotypic observations showed that BldD represses development, and bioinformatic analysis showed that certain developmental genes containing BldD box-like sequences are putative BldD targets (Table S1). We selected several key developmental genes listed in Table S1 and identified in *Streptomyces* for EMSA evaluation: *whiB* (encodes a transcriptional regulator essential for initiation stage of sporulation) (Davis and Chater, 1992), *whiD* (encodes a WhiB-family regulator required for late stage of sporulation) (Molle *et al.*, 2000), *bldM* (encodes a two-component regulator required for aerial hyphae formation) (Molle *et al.*, 2000), *bldN* (encodes an extracytoplasmic function sigma factor required for aerial hyphae formation) (Bibb *et al.*, 2000), *bldC* (encodes a small DNA-binding protein required for aerial hyphae formation) (Hunt *et al.*, 2005), *ftsZ* (encodes a cell division GTPase essential for sporulation) (Schwedock *et al.*, 1997), *ssgB* (encodes a cell division protein required for early stage of sporulation) (Keijser *et al.*, 2003), and *smeA* (encodes a small membrane protein)-*sffA* (encodes a DNA translocase) operon involved in chromosome segregation during sporulation (Ausmees *et al.*, 2007). Although the promoter region of *ssgA* (encodes a sporulation-specific cell division protein) (Van Wezel *et al.*, 2000) contains BldD box-like sequence (GGCACCGAGAGCGAC), its cut-off score is 5 and this gene is not listed in Table S1. In *S. coelicolor*, *ssgA* is BldD target (den Hengst *et al.*, 2010). We also tested the possible interaction of *S. roseosporus* BldD with *ssgAp*. Results of EMSAs showed that BldD bound specifically to probes *whiBp*, *whiD_bldM* (containing bidirectional promoters), *bldNp*, *bldCp*, *ftsZp*, *ssgBp*, and *smeAp* (for *smeA-sffA* operon), but not to probe *ssgAp* (Fig. 8a).

qRT-PCR analysis was performed to evaluate effects of BldD on expression of the nine newly identified target genes, using RNAs extracted from WT and ΔbldD grown on DA1 plates for 2 (vegetative growth stage), 4 (aerial growth stage), or 6 days (sporulation stage). Transcription levels of these tested genes at three time points were all higher in ΔbldD than in WT (Fig. 8b), consistent with the differentiation phenotype of ΔbldD, indicating that BldD negatively regulates development by directly repressing transcription of these key developmental genes. Maximal upregulation of sporulation-associated genes *whiB*, *ssgB*, *smeA*, and *sffA* in Δ*bldD* were ~15-, ~67-, ~64- and ~57-fold, presumably accounting for the enhanced sporulation phenotype of this mutant.

BldD targets *dptR3*, *adpA*, and *afsR* are all involved in development: AfsR negatively regulates development, while DptR3 (Zhang *et al.*, 2015) and AdpA (Mao *et al.*, 2015) positively regulate development.

We therefore measured transcription levels of these three genes using the same RNA samples as in study of nine developmental genes as above. Each of the three genes was down-regulated in ΔbldD grown on solid DA1 medium (Fig. S11), consistent with the positive regulatory effect of BldD on their expression in liquid fermentation medium. The ΔbldD phenotype was therefore presumably the result of a combined effect of altered expression of genes involved in development.

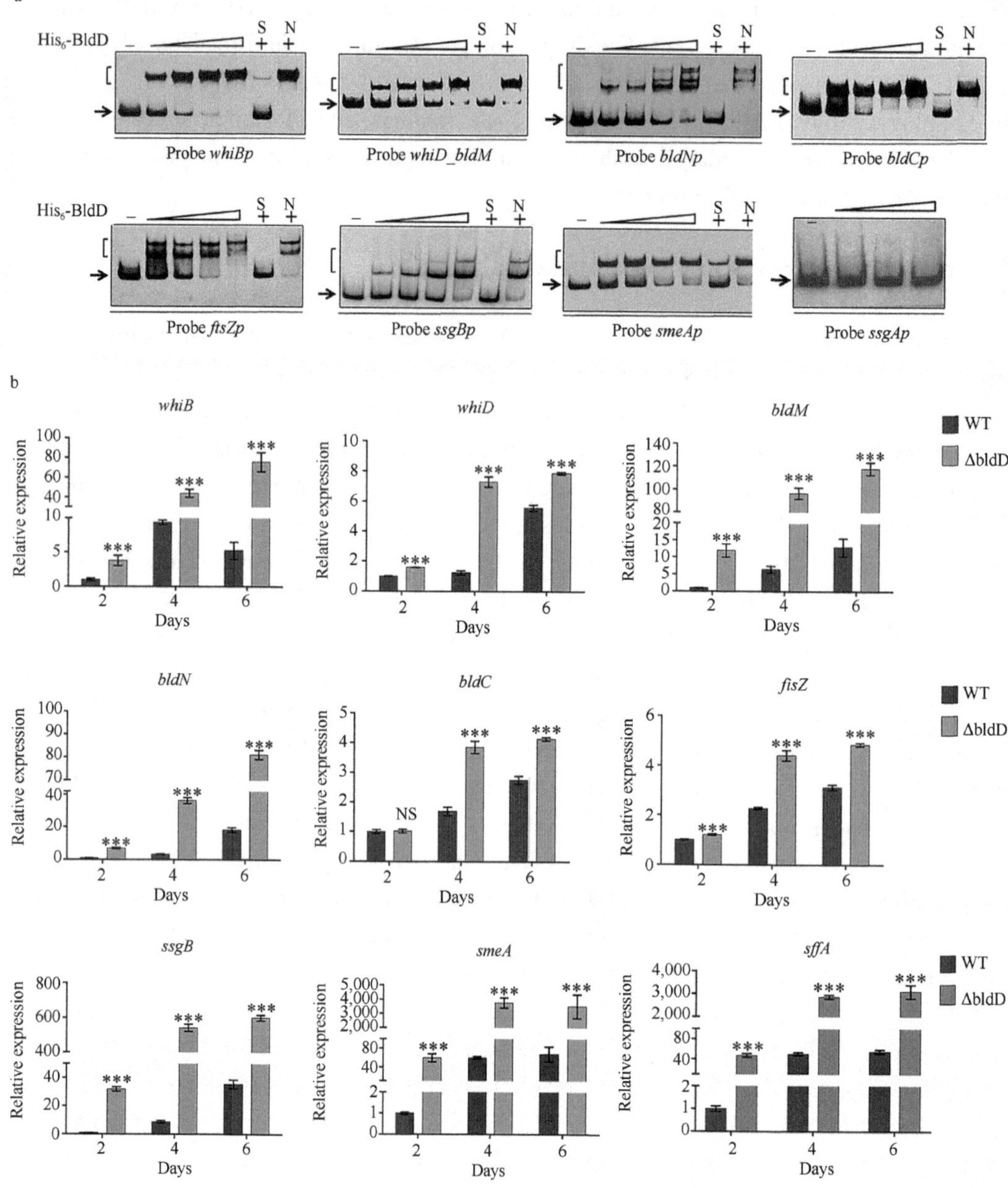

Fig. 8 Identification of BldD targets involved in *S. roseosporus* development

a. EMSAs of His$_6$-BldD with promoter regions of predicted target genes associated with development. Notations are as in Fig. 4c. b. qRT-PCR analysis of nine newly identified BldD target genes in WT and ΔbldD grown on DA1 for 2, 4, or 6 days. NS, not significant; ***, $P<0.001$ (t-test). Error bars: SD from triplet biological experiments

2.7 BldD is also a direct activator of avermectin production

To investigate whether BldD-mediated activation of antibiotic biosynthesis is also present in other *Streptomyces*, the function of BldDsav (a homolog of BldD encoded by sav_6861) in avermectin production in *S. avermitilis* was studied. In comparison with WT strain cultured in FM-I (Jiang *et al.*, 2011) for 10 days, avermectin yield in *bldDsav* deletion mutant ΔbldDsav (Fig. S2C) was reduced ~55%, and yield in complemented strain CbldDsav was nearly identical to that of WTsav (Fig. 9a). Overexpression of *bldDsav* (strain ObldDsav) increased avermectin yield by ~106%. These results indicate that BldDsav plays an important role in activation of avermectin production.

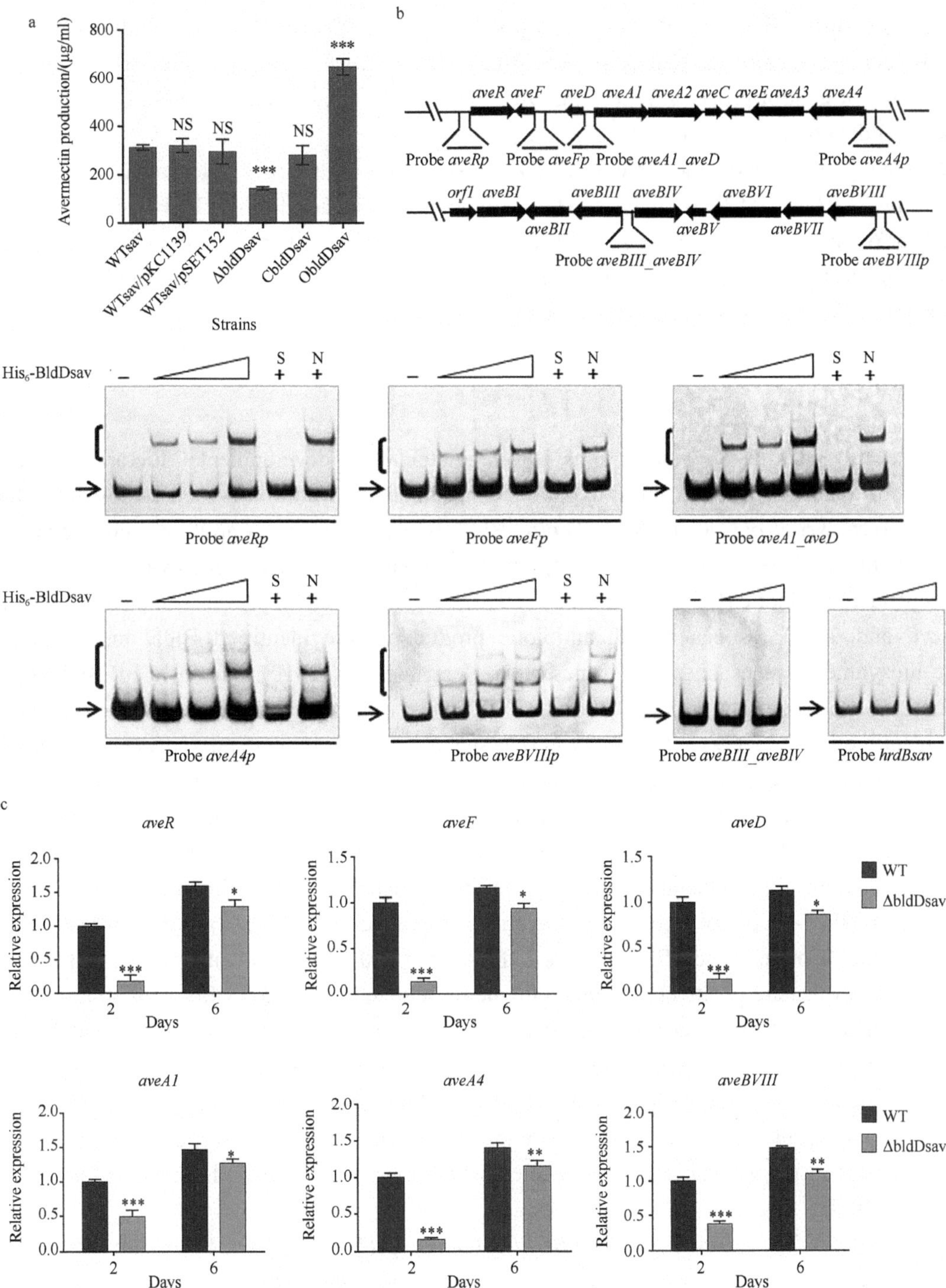

Fig. 9 BldDsav directly activates avermectin production in *S. avermitilis*

a. Avermectin yield in WTsav, ΔbldDsav, CbldDsav, ObldDsav, and control strains (WTsav/pKC1139 and WTsav/pSET152) cultured in FM-I for 10 days. NS, not significant; ***, P<0.001 (t-test). Error bars: SD from triplet biological experiments. b. EMSAs of His_6-BldDsav with promoter probes located within *ave* gene cluster. The relative position of each probe was presented by schematic diagram. Negative probe: *hrdBsav*, 227-bp fragment within *hrdBsav* coding region. Each lane contained 0.2 nmol/L labeled probe and 15 μmol/L c-di-GMP. Concentrations of His_6-BldDsav for probes: for *aveRp*, *aveFp*, *aveA1_aveD*, *aveA4p*, and *aveBVIIIp*, 25 nmol/L, 50 nmol/L, and 75 nmol/L; for *aveBIII_aveBIV* and *hrdBsav*, 50 nmol/L and 75 nmol/L. 75 nmol/L His_6-BldDsav was used for competition experiments. c. qRT-PCR analysis of *aveR*, *aveF*, *aveA1*, *aveD*, *aveA4*, and *aveBVIII* in WTsav and ΔbldDsav grown in FM-I. *, P<0.05; **, P<0.01; ***, P<0.001 (t-test). Error bars: SD from triplet biological experiments

To determine whether BldDsav regulates avermectin production directly *via* CSR gene *aveR* or *ave* structural genes, we performed EMSAs with purified His_6-BldDsav protein and promoter probes located within *ave* gene cluster (Fig. 9b). Probes *aveA1_aveD* and *aveBIII_aveBIV* contain bidirectional promoters. BldDsav bound specifically to probes *aveRp*, *aveFp*, *aveA1_aveD*, *aveA4p*, and *aveBVIIIp*, but not to *aveBIII_aveBIV* or control probe *hrdBsav* (Fig. 9b). The promoter regions of these BldDsav target *ave* genes all contained BldD box-like sequences (Fig. S12).

Subsequently, we assessed the effect of BldD on expression of its target genes *aveR*, *aveF*, *aveA1*, *aveD*, *aveA4*, and *aveBVIII* by qRT-PCR analysis. RNA samples were isolated from WTsav and ΔbldDsav grown in FM-I for 2 or 6 days. Transcription levels of these six *ave* genes were lower in ΔbldDsav than in WTsav on both days (Fig. 9c), consistent with avermectin yield in ΔbldDsav. These findings indicate that BldDsav activates avermectin production *via* directly regulating expression of aveR and ave structural genes.

3. Discussion

The role of BldD in *Streptomyces* as top regulator of a developmental hierarchy that represses transcription of genes involved in aerial hyphae formation and sporulation is well established (den Hengst *et al.*, 2010; Tschowri *et al.*, 2014). *S. coelicolor* BldD is also involved in antibiotic production, and *bldD* mutants fail to produce actinorhodin (Act), undecylprodigiosin (Red), methylenomycin (MM), and calcium-dependent antibiotic (CDA) (Elliot *et al.*, 1998). Although BldD represses some targets (such as *adpA*, *bldA*, *nsdA*, and *abaA*) associated with antibiotic production, the identified BldD targets don't include antibiotic biosynthetic genes and CSR genes (den Hengst *et al.*, 2010). The role of BldD in antibiotic production in *S. venezuelae* has not been reported. We focused here on the molecular mechanism underlying its function in antibiotic production in two *Streptomyces* species, *S. roseosporus* and *S. avermitilis*, and found that master developmental repressor BldD also acts as a key activator during daptomycin and avermectin production. BldD plays a direct role in activation of daptomycin production, which is mediated by *dpt* structural genes. It directly activates expression of regulatory genes *dptR3*, *adpA* and *afsR*, which are involved in stimulating daptomycin production, indicating that its regulatory effect on this process is also exerted in a cascade manner. BldD-dependent activation of avermectin production in *S. avermitilis* is directly mediated by both *ave* structural genes and the CSR gene *aveR*. This study is the first to identify direct BldD targets in the genus *Streptomyces* that are positively regulated by the protein and associated with antibiotic production. In *S. roseosporus*, BldD-box like sequence was also detected in other gene clusters of secondary metabolites, *e.g.*, in auroramycin, arylomycin, and napsamycin/muraymycin gene clusters (Table S1). Thus, *S. roseosporus* BldD may directly activate other antibiotic production and this possibility remains to be investigated. BldD are widespread among *Streptomyces*, our findings suggest that BldD-mediated activation of antibiotic production is likely to be present in other *Streptomyces* species, which extend our knowledge of function and regulatory mechanisms of BldD.

dptEp, promoter for *dptE-dptF-dptA-dptBC-dptD-dptG-dptH* operon, is the most important promoter in the *dpt* cluster because it drives the expression of most daptomycin biosynthetic genes (7 out of 12). *dptEp* is a direct target of BldD and other four regulators: AtrA (Mao *et al.*, 2015), DepR1 (Yuan *et al.*, 2016), DepR2 (Mao *et al.*, 2017), and PhaR (Luo *et al.*, 2018). Thus, the transcriptional regulation of this promoter is extremely complex. Transcriptional regulators generally exert control of antibiotic production in response to environmental or physiological signals. The signaling molecule which BldD senses and responds to is c-di-GMP (Tschowri *et al.*, 2014). *atrA* is a target of AdpA, a homolog of *S. griseus* AdpA that is a key regulator in the A-factor signaling pathway (Mao *et al.*, 2015). It is likely that extracellular A-factor-like signals transduce to *dpt* cluster *via* AtrA. The signals to which DepR1, DepR2, and PhaR respond are unknown. Analysis of binding sites of these five regulators on *dptEp* revealed that BldD box overlaps DepR1-binding site, AtrA-binding site "c" coverlaps PhaR-binding site, and DepR2-binding sites (a, b) are separated from the other sites, reflecting the complex genetic interactions among these regulators. Unraveling interactions that involve regulators binding at overlapping *vs.* separate sites is a challenge for future study.

The BldD targets *adpA* and *afsR* are global regulatory genes involved in secondary metabolism and/or development in *Streptomyces*. In *S. griseus*, *adpA* is under direct control of repressor ArpA, an A-factor receptor (Ohnishi *et al.*, 2005). Derepression of *adpA* results in activation of secondary metabolic processes and developmental programs. In *S. coelicolor*, *adpA* plays an essential regulatory role in production of the pigmented antibiotics Act and Red and developmental processes. Regulation of *adpA* expression is complex. *adpA* is directly repressed by BldD (den Hengst *et al.*, 2010), its own product AdpA (Wolanski *et al.*, 2011), and ScbR2 (a receptor of antibiotic signals) (Wang *et al.*, 2014b). In *S. ansochromogenes*, AdpA helps modulate development, directly activates nikkomycin production and represses oviedomycin production (Pan *et al.*, 2009; Xu *et al.*, 2017). In *S. xiamenensis*, AdpA negatively regulates development and differentially regulates production of xiamenmycin and polycyclic tetramate macrolactams (Bu *et al.*, 2019). In *S. roseosporus*, *adpA* promotes daptomycin production and development, and is evidently repressed by ArpA *via* the same mechanism reported in *S. griseus* (Mao *et al.*, 2015). In the present study, *S. roseosporus adpA* was directly activated by BldD. These findings, taken together, demonstrate the diverse roles of AdpA in development and secondary metabolism, and complex regulatory patterns that govern its expression in *Streptomyces* species.

afsR was first characterized in *S. coelicolor*. Its gene product, AfsR, positively controls production of Act and Red by directly activating expression of a small adjacent gene *afsS*, which encodes an activator of antibiotic production (Tanaka *et al.*, 2007). AfsR also helps regulate primary metabolism through cross-talk with nutritional regulators PhoP (Santos-Beneit *et al.*, 2009) and GlnR (Santos-Beneit *et al.*, 2012). In *S. venezuelae*, *S. peucetius*, *S. lividans*, and *S. lomondensis*, AfsR stimulates production of various antibiotics (Maharjan *et al.*, 2009; Wang *et al.*, 2015). In *S. griseus*, AfsR is required conditionally for development, but plays no role in streptomycin or A-factor production (Umeyama *et al.*, 1999). We observed here that *S. roseosporus* AfsR functions as an activator of daptomycin production, but as a repressor of development. This is the first report of simultaneous regulation by AfsR of secondary metabolism and development in the same *Streptomyces* strain. We also present here the first experimental evidence that *afsR* is directly activated by BldD. Our findings that global regulatory genes *adpA* and *afsR* are both directly controlled by BldD stress the key regulatory role of BldD and enrich BldD-mediated regulatory cascade.

We demonstrated a negative role of BldD in *S. roseosporus* development, and identified nine key developmental genes as BldD targets. Among these genes, *bldM* (Molle *et al.*, 2000), *bldN* (Bibb *et al.*, 2000), and *bldC* (Hunt *et al.*, 2005) are required for aerial hyphae formation, *whiB* (Davis and Chater, 1992) and *whiD* (Molle *et al.*, 2000) are required for development of aerial hyphae into spores, and *ftsZ* (Schwedock *et al.*, 1997), *ssgB* (Keijser *et al.*, 2003), *smeA*, and *sffA* (Ausmees *et al.*, 2007) are involved in cell division and chromosome segregation during sporulation. Enhanced expression of these nine BldD target genes in ΔbldD contributes to precocious formation of spores in this mutant. Our findings are consistent with the reported role of BldD as a master developmental repressor in other *Streptomyces* species. In *S. coelicolor*, > 20 BldD targets play crucial roles in development (den Hengst *et al.*, 2010), including nine developmental targets identified in *S. roseosporus*. However, *ssgA* is BldD target in *S. coelicolor*, but not in *S. roseosporus*. These findings indicate that BldD in different *Streptomyces* species has common as well as exclusive developmental targets. Other development-related BldD targets may contribute to the ΔbldD phenotype observed in the present study, *e.g.*, association of reduced *afsR* expression with enhanced sporulation. In view of the promoting effect of DptR3 (Zhang *et al.*, 2015) and AdpA (Mao *et al.*, 2015) on development, reduced expression of *dptR3* and *adpA* has an opposite effect on ΔbldD phenotype. The observed ΔbldD phenotype thus reflects a combined result of altered expression of development-related genes.

Based on the present findings, we propose a conceptual model of the BldD-mediated regulatory network involved in daptomycin production and *S. roseosporus* development (Fig. 10). In this model, BldD exerts its positive regulatory effect on daptomycin production *via* four pathways: (i) direct activation of transcription of *dptE-dptF-dptA-dptBC-dptD-dptG-dptH* operon; (ii) indirect activation of expression of other structural genes in *dpt* cluster; (iii) direct control of global regulatory genes (*afsR*, *adpA*, *dptR3*) related to daptomycin production; (iv) indirect control of regulatory gene *dptR2* through a yet-unknown mechanism. In regard to development, BldD directly represses expression of *bldM*, *bldN*, *bldC*, *whiB*, *whiD*, *ftsZ*, *ssgB*, *smeA*, and *sffA*, thereby repressing aerial hyphae formation and sporulation. It also directly activates *afsR*, *adpA*, and *dptR3*, which are involved in development. BldD clearly coordinates its dual roles in daptomycin production and development through its effects on expression of target genes. Identification of additional BldD targets in future studies will provide a comprehensive picture of the complex roles of BldD in *Streptomyces*.

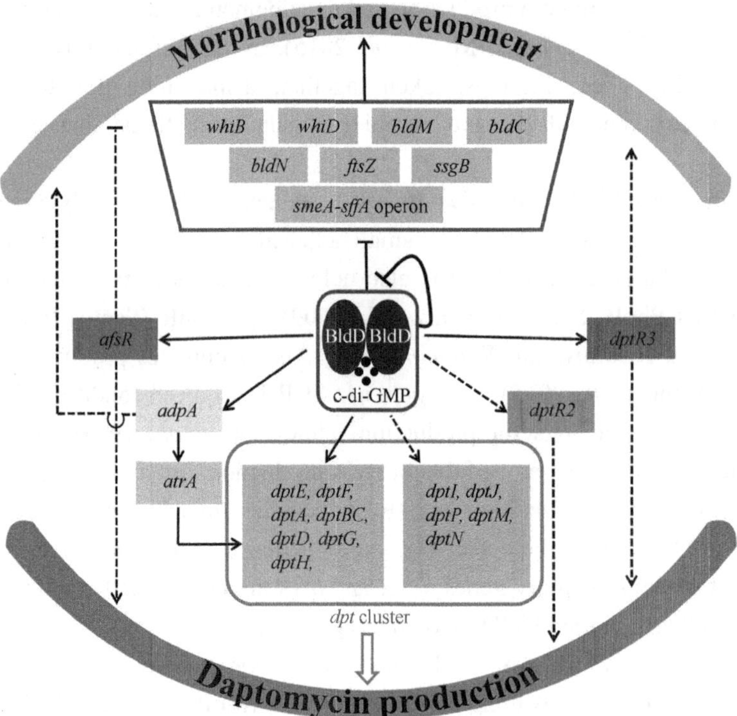

Fig. 10 Conceptual model of regulatory role of BldD in control of daptomycin production and *S. roseosporus* development (Color figure in the two-dimensional code at the back cover)

Bars: repression. Solid arrows: activation. Solid lines: direct regulation. Dashed lines: indirect regulation or unknown route. Hollow arrow: daptomycin production

4. Experimental Procedures

4.1 Strains, plasmids, and growth conditions

All strains and plasmids constructed/used in this study are listed in Table 1, and primers are listed in Table

S2. Culture conditions of *S. roseosporus* wild-type (WT) strain NRRL11379, *S. avermitilis* WT strain ATCC 31267 and their derivatives used for sporulation, mycelial growth, protoplast regeneration, and antibiotic production were as described previously (Jiang *et al.*, 2011; Zhang *et al.*, 2015). Solid DA1 (Zhang *et al.*, 2015) and R2YE (Kieser *et al.*, 2000) were used for *S. roseosporus* phenotype observation.

Escherichia coli strains JM109, BL21(DE3), and ET12567 (Macneil and Klapko, 1987) were grown in LB medium for, respectively, DNA cloning, protein overexpression, and propagation of non-methylated plasmids for transformation into *Streptomyces* strains.

Table 1　Strains and plasmids used in this study

Strain or plasmid	Description	Source or reference
S. roseosporus		
NRRL11379	WT strain, daptomycin producer	laboratory stock
ΔbldD	*bldD* deletion mutant	this study
CbldD	*bldD* complemented strain	this study
ObldD	*bldD* overexpression strain	this study
ΔafsR	*afsR* deletion mutant	this study
CafsR	*afsR* complemented strain	this study
OafsR	*afsR* overexpression strain	this study
ΔbldD/bldD-3×FLAG	*bldD* complemented strain with BldD-3×FLAG	this study
ΔbldD/pSET152	ΔbldD with empty vector pSET152	this study
WT/pKC1139	WT strain with empty vector pKC1139	this study
WT/pSET152	WT strain with empty vector pSET152	this study
S. avermitilis		
ATCC 31267	WT strain, avermectin producer	laboratory stock
ΔbldDsav	*bldDsav* deletion mutant	this study
CbldDsav	*bldDsav* complemented strain	this study
ObldDsav	*bldDsav* overexpression strain	this study
WTsav/pKC1139	WT strain with empty vector pKC1139	this study
WTsav/pSET152	WT strain with empty vector pSET152	this study
S. coelicolor		
M1146	*act*$^-$, *red*$^-$, *cpk*$^-$, *cda*$^-$, SCP1$^-$, SCP2$^-$	Myronovskyi *et al.*, 2011
M1146/pSET152 +pIJ10500	M1146 with empty vectors pSET152 and pIJ10500	this study
M1146/pSET152 +pdptR3p-gusA	M1146 with pSET152 and pdptR3p-gusA	this study
M1146/pCbldD +pdptR3p-gusA	M1146 with pCbldD and pdptR3p-gusA	this study
M1146/permE*p-bldD +pdptR3p-gusA	M1146 with permE*p-bldD and pdptR3p-gusA	this study
M1146/pSET152 +pdptEp-gusA	M1146 with pSET152 and pdptEp-gusA	this study
M1146/pCbldD +pdptEp-gusA	M1146 with pCbldD and pdptEp-gusA	this study
M1146/permE*p-bldD+pdptEp-gusA	M1146 with permE*p-bldD and pdptEp-gusA	this study
E. coli		
JM109	host for general cloning and *lux* reporter system	laboratory stock
ET12567	non-methylating strain	Macneil and Klapko, 1987
BL21 (DE3)	host for His_6-BldD overexpression	Novagen
Plasmids		
pKC1139	multiple-copy *E. coli-Streptomyces* shuttle vector	Bierman *et al.*, 1992

continued

Strain or plasmid	Description	Source or reference
Plasmids		
pSET152	integrative *E. coli-Streptomyces* shuttle vector	Bierman *et al.*, 1992
pET-28a (+)	vector for protein overexpression in *E. coli*	Novagen
pCIMt005	multiple-copy, temperature-sensitive *E. coli-Streptomyces* shuttle vector	Li *et al.*, 2015
pJL117	pIJ2925 derivative carrying *Streptomyces* strong constitutive promoter *ermE*p*, *E. coli* multiple-copy plasmid	Li *et al.*, 2010
pIJ2925	*E. coli* multiple-copy plasmid	Kieser *et al.*, 2000
pΔbldD	*bldD* deletion vector based on pCIMt005	this study
pObldD	*bldD* overexpression vector based on pKC1139	this study
pCbldD	*bldD* complemented vector based on pSET152	this study
pET-bldD	His_6-BldD overexpression vector based on pET-28a (+)	this study
pΔafsR	*afsR* deletion vector based on pCIMt005	this study
pOafsR	*afsR* overexpression vector based on pKC1139	this study
pCafsR	*afsR* complemented vector based on pSET152	this study
pCS26-*Pac*	reporter vector containing promoterless *lux* operon, *E. coli* low-copy plasmid derived from pZS	Tahlan *et al.*, 2007
pZS	*E. coli* low-copy plasmid	Lutz and Bujard, 1997
pACYC184	protein expression vector with *tet* promoter in reporter system, *E. coli* low-copy plasmid	Tahlan *et al.*, 2007
pOdptEp-lux	pCS26-*Pac* containing *dptE* promoter-controlled *lux* reporter	this study
pOdptR3p-lux	pCS26-*Pac* containing *dptR3* promoter-controlled *lux* reporter	this study
pBldD	BldD expression vector based on pACYC184	this study
pSET152-bldD-3×FLAG	*bldD* complemented vector with *bldD*-3×FLAG on pSET152	this study
pIJ10500	integrative *E. coli-Streptomyces* shuttle vector carrying 3×FLAG fragment	Pullan *et al.*, 2011
pGUS	pSET152 derivative carrying *gusA*	Myronovskyi *et al.*, 2011
permE*p-bldD	*bldD* expression vector based on pSET152 in *gusA* reporter system	this study
pdptR3p-gusA	pIJ10500 containing *dptR3* promoter-controlled *gusA*	this study
pdptEp-gusA	pIJ10500 containing *dptE* promoter-controlled *gusA*	this study
pΔbldDsav	*bldDsav* deletion vector based on pCIMt005	this study
pObldDsav	*bldDsav* overexpression vector based on pKC1139	this study
pCbldDsav	*bldDsav* complemented vector based on pSET152	this study
pET-bldDsav	His_6-BldDsav overexpression vector based on pET-28a (+)	this study

4.2 Construction of *S. roseosporus* and *S. avermitilis* mutant strains

In-frame gene deletion was performed using homologous recombination strategy. To construct *S. roseosporus bldD* deletion mutant, two homologous arms flanking *bldD* were prepared by PCR from genomic DNA of NRRL11379. A 409 bp 5′-flanking region (positions −318 to +91 relative to *bldD* TSC) was amplified with primers YH1A and YH1B, and a 456 bp 3′-flanking region (positions +363 to +818) was amplified with primers YH2A and YH2B. The two PCR fragments were digested with *Eco*R I/*Hin*d III and *Hin*d III/*Xba* I, respectively, and then ligated simultaneously into *Eco*R I/*Xba* I-digested pKC1139 (Bierman *et al.*, 1992) to generate pKCΔbldD. Temperature-sensitive plasmid pCIMt005, which contains *Streptomyces* indigoidine synthetase gene (*idgS*) as blue selection marker, was used for gene deletion by simple blue-white screening method (Li *et al.*, 2015). An 870 bp fragment containing 5′- and 3′-flanking regions was amplified with primers YH3A and YH3B from pKCΔbldD, and ligated into NcoI-digested pCIMt005 using seamless assembly cloning kit (Clone Smarter; USA) to generate *bldD* deletion vector pΔbldD, which was then transformed into NRRL11379 protoplasts. Transformants on RM14 regeneration medium (Macneil and Klapko, 1987) were transferred to DA1 plates (Zhang *et al.*, 2015) for sporulation. Spores were spread on apramycin-containing DA1 plates, which were incubated at 28℃ for 2 days, and then at 39℃ for 6~7 days. pCIMt005 is unable to replicate itself at temperature above 34℃. Therefore, only a single-crossover mutant with pΔbldD integrated into the chromosome was able to grow at 39℃. Blue single-crossover mutants were incubated on DA1 plates without apramycin for two rounds of sporulation, and white colonies of double-crossover mutants were selected and verified by PCR analysis using primer pairs YH4A/YH4B (flanking the exchange regions) and YH5A/YH5B (located within the deletion region of *bldD*) (Fig. S2A), followed by DNA sequencing. Use of primer pair YH4A/YH4B generated a 1.3 kb band in the mutant and 1.5 kb band in WT strain NRRL11379. When primer pair YH5A/YH5B was used, only WT produced a 240 bp band (data not shown). We thus obtained deletion mutant ΔbldD, in which *bldD* gene was mostly deleted.

For complementation of ΔbldD, a 1,017 bp DNA fragment carrying *bldD* coding region and promoter was amplified with primer pair YH6A/YH6B. The obtained PCR product was cloned into *Eco*R I and *Bam*H I sites of integrative vector pSET152 (Bierman *et al.*, 1992) to create *bldD*-complemented vector pCbldD, which was then introduced into ΔbldD to construct complemented strain CbldD. For overexpression of *bldD*, a 726 bp fragment containing *bldD* coding region was amplified using primer pair YH7A/YH7B, and digested with *Xba* I/ *Bam*H I. A 189 bp *ermE*p* fragment was amplified from pJL117 (Li *et al.*, 2010) using primer pair YH8A/YH8B, and digested with *Eco*R I/*Xba* I. The two fragments were ligated simultaneously into *Eco*R I and *Bam*H I sites of pKC1139 to generate *bldD* overexpression vector pObldD, which was then transformed into NRRL11379 to construct *bldD* overexpression strain ObldD.

To construct *S. roseosporus afsR* deletion mutant, a 392 bp 5′-flanking region (positions −304 to +88 relative to *afsR* TSC), and a 479 bp 3′-flanking region (positions +2,857 to +3,335) were amplified with primer pairs YH35A/YH35B and YH36A/YH36B, respectively. The two fragments were inserted into *Nco* I-digested pCIMt005 by seamless assembly cloning to generate *afsR* deletion vector pΔafsR, which was then introduced into WT protoplasts. The expected mutant, termed ΔafsR, was isolated by selection of ΔbldD and confirmed by PCR using primer pairs YH37A/YH37B (flanking the exchange regions) and YH38A/YH38B (located within the deletion region of *afsR*) (Fig. S2B). Use of primer pair YH37A/YH37B generated a 1 kb band in ΔafsR and 3.8 kb band in WT. When primer pair YH38A/YH38B was used, only WT produced a 1,261 bp band (data not shown).

For complementation of ΔafsR, a 3,493 bp fragment containing *afsR* coding region and promoter was amplified with primer pair YH39A/YH39B. The PCR product was digested with *Eco*R I/Xba I and cloned into pSET152 to give *afsR*-complemented vector pCafsR, which was then transformed into ΔafsR to obtain complemented strain CafsR. For overexpression of *afsR*, a 3,014 bp fragment carrying *afsR* coding region was amplified with primer pair YH40A/YH40B, and ligated simultaneously with 189 bp *ermE*p* fragment into pKC1139 to obtain pOafsR, which was then introduced into NRRL11379 to construct *afsR* overexpression strain OafsR.

To construct *S. avermitilis bldDsav* deletion mutant, a 481 bp 5′-flanking region (positions −378 to +103 relative to *bldDsav* TSC) and a 596 bp 3′-flanking region (positions +501 to +1,097) were amplified from genomic DNA of ATCC 31267 with primer pairs LXR001A/LXR001B and LXR002A/LXR002B, respectively.

The two fragments were ligated into *Hin*d III/*Eco*R I-digested pKCΔbldDsav. Subsequently, a 1,083 bp DNA fragment containing 3′-and 5′-flanking region from pKCΔbldDsav was amplified with primer pair LXR003A/LXR003B, and ligated into *Nco* I-digested pCIMt005 by seamless assembly cloning to obtain *bldDsav* deletion vector pΔbldDsav, which was transformed into ATCC 31267 protoplasts. The *bldDsav*-deleted mutant ΔbldDsav was screened as described above, confirmed by PCR using primer pairs LXR004A/LXR004B (flanking the exchange regions) and LXR005A/LXR005B (located within the deletion region) (Fig. S2C), and subjected to DNA sequencing.

For complementation of ΔbldDsav, a 771 bp fragment carrying *bldDsav* ORF and its promoter was amplified with primer pair LXR006A/LXR006B. The PCR product was cut with *Xba* I/*Eco*R I and inserted into pSET152 to give *bldDsav*-complemented vector pCbldDsav, which was introduced into ΔbldDsav to obtain complemented strain CbldDsav. For overexpression of *bldDsav*, a 610 bp fragment containing *bldDsav* ORF was amplified with primer pair LXR007A/LXR007B, and ligated simultaneously with 188 bp *ermE*p* fragment into pKC1139 to produce pObldDsav, which was introduced into ATCC 31267 to construct *bldDsav* overexpression strain ObldDsav.

4.3 Scanning electron microscopy (SEM)

S. roseosporus strains don't sporulate on solid MM (Kieser *et al.*, 2000). Therefore, spores and mycelia of *S. roseosporus* WT and ΔbldD strains grown on DA1 plates for 2, 4, or 6 days were observed by SEM. Preparation and examination of samples were performed as described previously (Sun *et al.*, 2016).

4.4 Production and analysis of antibiotics

Fermentation of *S. roseosporus* or *S. avermitilis* strains and quantitative analysis of daptomycin or avermectin yield by HPLC were performed as described previously (Jiang *et al.*, 2011; Zhang *et al.*, 2015).

4.5 RNA preparation and qRT-PCR analysis

For RNA isolation, *S. roseosporus* strains were grown on DA1 solid medium or in liquid fermentation medium (Zhang *et al.*, 2015), and *S. avermitilis* strains were grown in liquid FM-I (Jiang *et al.*, 2011). Samples from three independent *Streptomyces* cultures were taken at various time points and ground in liquid nitrogen. Total RNAs were extracted with Trizol reagent (Tiangen; China). Crude RNA samples were treated with DNase I (TaKaRa; Japan) to remove contaminating genomic DNA. Reverse transcription of total RNA and qRT-PCR analysis (using primer pairs listed in Table S2) were performed as described previously (Zhang *et al.*, 2015). The DNase I-treated RNA samples that did not undergo reverse transcription were used as negative controls to confirm the absence of DNA contamination. Transcription values of each gene were normalized relative to value for internal control gene 16S rRNA using the comparative C_t method. For each gene, relative expression value at the first time point was defined as 1. Gene expression values were determined in triplicate.

4.6 Protein overexpression and purification

The *S. roseosporus bldD* coding region (166 amino acids) was amplified with primer pair YH9A/YH9B from genomic DNA of NRRL11379. The obtained PCR product was cut with *Eco*R I/*Hin*d III and inserted into corresponding sites of pET-28a (+) to generate pET-bldD for overexpression of N-terminal His_6-tagged BldD recombinant protein. Similarly, the *bldDsav* gene was amplified with primer pair LXR008A/LXR008B from genomic DNA of ATCC 31267, and then cloned into pET-28a (+) between *Nde* I and *Bam*H I sites to yield pET-bldDsav. pET-bldD and pET-bldDsav were transformed respectively into *E. coli* BL21(DE3), and protein overexpression was induced by treatment with 0.2 mmol/L IPTG for 3 h at 37℃. Bacteria containing recombinant protein were harvested, disrupted in lysis buffer (Guo *et al.*, 2018) by sonication on ice, and centrifuged. His_6-tagged recombinant protein in supernatant was purified on a column packed with Ni^{2+}-NTA agarose beads (Bio-Works; Sweden) and eluted from resin by lysis buffer plus 250 mmol/L imidazole. The purified His_6-BldD and His_6-BldDsav were dialyzed against dialysis buffer (10 mmol/L Tris-HCl, 1 mmol/L EDTA, 80 mmol/L NaCl, 4% glycerol, 20 mmol/L β-mercaptoethanol, pH 7.5) to eliminate imidazole, and stored at −80℃ until use.

4.7 Electrophoretic mobility shift assays (EMSAs)

EMSAs were performed as described previously (Zhang *et al.*, 2015). 3′-digoxigenin (DIG)-labeled DNA probes corresponding to promoter regions of tested genes were generated by PCR using primer pairs listed in Table S2. 20 μl of binding reaction system contained 0.2 nmol/L DIG-labeled probes, 15 μmol/L c-di-GMP, and various amounts of His_6-BldD or His_6-BldDsav as indicated. Specificity of BldD (or BldDsav)-probe interaction was confirmed by adding a ~250-fold excess of unlabeled nonspecific probe or respective specific probe to the reaction system.

4.8 Chromatin immunoprecipitation-quantitative PCR (ChIP-qPCR)

To express 3×FLAG-tagged BldD in *S. roseosporus*, the *bldD* gene carrying its own promoter was amplified with primers YH50A/YH50B, and 3×FLAG fragment was amplified from pIJ10500 (Pullan *et al.*, 2011) with primers YH51A/YH51B. The resulting 816 bp *bldD* and 103 bp FLAG fragments were ligated simultaneously into pSET152 to generate pSET152-bldD-3×FLAG, which was transformed into ΔbldD to obtain recombinant strain ΔbldD/bldD-3×FLAG for expression of C-terminally 3×FLAG-tagged BldD. Mycelia of WT and ΔbldD/bldD-3×FLAG cultured in fermentation medium for various times were harvested, and input samples were prepared as described previously (Guo *et al.*, 2010). One milliliter input sample containing 2 mg protein was used per immunoprecipitation, and 10 μl was kept as input DNA. After precleared with 40 μl Protein G Sepharose (GE Healthcare; USA)/salmon sperm (SS) DNA, ChIP was performed using 2 μl anti-FLAG M2 mouse monoclonal antibody (mAb) (Sigma; USA) as described by Zhu *et al.* (2016). After DNA extraction, the pellets were resuspended in 30 μl TE buffer, and 1 μl immunoprecipitated DNA was used for qPCR with primer pairs listed in Table S2. ChIP-qPCR data were normalized by the input DNA and presented as a percentage of input DNA.

4.9 Western blotting

Total protein of ΔbldD/bldD-3×FLAG was prepared from cultures grown in fermentation medium for various durations. Western blotting analysis was performed as described previously (Zhu *et al.*, 2016). Anti-FLAG mAb was used at ratio 1∶3,000.

4.10 Bioluminescence assay in *E. coli*

The 407 bp *dptEp* and 541 bp *dptR3p* fragments were amplified with primer pairs YH33A/YH33B and

YH56A/YH56B, and cloned respectively into reporter vector pCS26-Pac (Tahlan *et al.*, 2007) to give pOdptEp-lux and pOdptR3p-lux, in which the *lux* reporter genes were controlled by *dptEp* and *dptR3p*, respectively. For expression of BldD, the 717 bp *bldD* fragment containing its coding region and ribosome-binding site was amplified with primer pair YH34A/YH34B, and inserted into pACYC184 (Tahlan *et al.*, 2007) to generate pBldD, in which *bldD* was controlled by tet promoter. Control vector pACYC184 and *bldD* expression vector pBldD were transformed respectively into *E. coli* JM109 harboring pOdptEp-lux or pOdptR3p-lux. Bioluminescence of *E. coli* reporter cultures was measured as described previously (Zhu *et al.*, 2016).

4.11 *gusA* transcriptional fusion assays

The 628 bp *dptEp* and 521 bp *dptR3p* fragments were amplified with primer pairs YH47A/YH47B and YH48A/YH48B, respectively. The 1,838 bp *gusA* fragment was amplified from pGUS with primer pair YH63A/YH63B. Then *dptEp* and *dptR3p* were inserted separately upstream of promoterless *gusA* in pIJ10500 to generate reporter plasmids pdptEp-gusA and pdptR3p-gusA. For expression of BldD, the 965 bp *bldD* fragment containing *ermE*p* and *bldD* coding region was amplified from pObldD with primer pair YH49A/YH49B, and then cloned into pSET152 to generate permE*p-bldD. pCbldD containing *bldD* coding region and its native promoter was used for another *bldD* expression plasmid. Subsequently, plasmid pairs pSET152/pIJ10500, pSET152/pdptEp-gusA, pCbldD/pdptEp-gusA, permE*p-bldD/pdptR3p-gusA, pSET152/pdptR3p-gusA pCbldD/pdptR3p-gusA, permE*p-bldD/pdptR3p-gusA were introduced respectively into *S. coelicolor* M1146. GusA activity for *S. coelicolor* M1146 derivatives was detected as described previously (Li *et al.*, 2018).

4.12 5′-rapid amplification of cDNA ends (5′-RACE)

Transcriptional start sites (TSSs) of *dptE* and *afsR* were identified by 5′-RACE. Total RNA was prepared from two-day culture of WT grown in fermentation medium. Each reverse transcription system (40 μl) contained total RNA (4 μg), gene-specific primer dptE-sp1 or afsR-sp1 (40 pmol), random hexamers (5 μmol/L), dNTP mixture (each 625 μmol/L), and M-MLV (Moloney murine leukemia virus) Reverse Transcriptase (Promega; USA). Samples were purified using DNA recovery kit (BioTeke; China), and obtained cDNAs were treated with terminal transferase (TaKaRa) for addition of homopolymeric A-tail to 3′ ends. Tailed cDNA was PCR-amplified with second inner gene-specific primer dptE-sp2 or afsR-sp2 and oligo (dT) anchor primer. The original PCR product was diluted 10-fold as template for next round of PCR with nested primer dptE-sp3 or afsR-sp3 and anchor primer. The single specific PCR band was purified for sequencing, and the first base following oligo(dA) sequence was mapped as TSS.

4.13 DNase I footprinting assays

These assays were performed using a fluorescence labeling method as described previously (Zianni *et al.*, 2006; Zhang *et al.*, 2015). To identify BldD binding sites, 5′ FAM fluorescence-labeled DNA probes corresponding to upstream regions of *bldD*, *dptE*, *dptR3*, *adpA* and *afsR* were PCR-synthesized using primer pairs listed in Table S2, and then gel-purified. In a volume of 20 μl reaction mixture, 400 ng of each probe was incubated with appropriate concentrations of His_6-BldD, 60 μmol/L c-di-GMP, and 0.5 μg poly (dI-dC) for 30 min at 25℃. DNase I (0.016 U) partial digestion was performed for 60 s at 37℃, DNA samples were purified and loaded onto DNA Genetic Analyzer (model 3730XL, Applied Biosystems), and data were processed using GeneMarker software program v. 2.2.0.

References

Ausmees N, Wahlstedt H, Bagchi S, *et al.* 2007. SmeA, a small membrane protein with multiple functions in *Streptomyces* sporulation including targeting of a SpoIIIE/FtsK-like protein to cell division septa. Mol Microbiol, 65(6): 1458-1473.

Baltz R H. 2009. Daptomycin: mechanisms of action and resistance, and biosynthetic engineering. Curr Opin Chem Biol, 13(2): 144-151.

Bibb M J, Molle V, Buttner M J. 2000. σ^{BldN}, an extracytoplasmic function RNA polymerase sigma factor required for aerial mycelium formation in *Streptomyces coelicolor* A3(2). J Bacteriol, 182(16): 4606-4616.

Bierman M, Logan R, O'Brien K, *et al.* 1992. Plasmid cloning vectors for the conjugal transfer of DNA from *Escherichia coli* to *Streptomyces* spp. Gene, 116(1): 43-49.

Bu X L, Weng J Y, He B B, *et al.* 2019. A novel AdpA homologue negatively regulates morphological differentiation in *Streptomyces xiamenensis* 318. Appl Environ Microbiol, 85(7): e03107-03118.

Burg R W, Miller B M, Baker E E, *et al.* 1979. Avermectins, new family of potent anthelmintic agents: producing organism and fermentation. Antimicrob Agents Chemother, 15(3): 361-367.

Bush M J, Tschowri N, Schlimpert S, *et al.* 2015 C-di-GMP signalling and the regulation of developmental transitions in *Streptomycetes*. Nat Rev Microbiol, 13(12): 749-760.

Chng C, Lum A M, Vroom J A, *et al.* 2008. A key developmental regulator controls the synthesis of the antibiotic erythromycin in *Saccharopolyspora erythraea*. Proc Natl Acad Sci USA, 105(32): 11346-11351.

Coeffet-Le, Gal M F, Thurston L, *et al.* 2006. Complementation of daptomycin *dptA* and *dptD* deletion mutations in trans and production of hybrid lipopeptide antibiotics. Microbiology, 152(10): 2993-3001.

Davis N K, Chater K F. 1992. The *Streptomyces coelicolor whiB* gene encodes a small transcription factor-like protein dispensable for growth but essential for sporulation. Mol Gen Genet, 232(3): 351-358.

Debono M, Abbott B J, Molloy R M, *et al.* 1988. Enzymatic and chemical modifications of lipopeptide antibiotic A21978C: the synthesis and evaluation of daptomycin (LY146032). J Antibiot, 41(8): 1093-1105.

den Hengst C D, Tran N T, Bibb M J, *et al.* 2010. Genes essential for morphological development and antibiotic production in *Streptomyces coelicolor* are targets of BldD during vegetative growth. Mol Microbiol, 78(2): 361-379.

Elliot M, Damji F, Passantino R, *et al.* 1998. The *bldD* gene of *Streptomyces coelicolor* A3(2): a regulatory gene involved in morphogenesis and antibiotic production. J Bacteriol, 180(6): 1549-1555.

Elliot M A, Leskiw B K. 1999. The BldD protein from *Streptomyces coelicolor* is a DNA-binding protein. J Bacteriol, 181(21): 6832-6835.

Flardh K, Buttner M J. 2009. *Streptomyces* morphogenetics: dissecting differentiation in a filamentous bacterium. Nat Rev Microbiol, 7(1): 36-49.

Guo J, Zhang X, Lu X, *et al.* 2018. SAV4189, a MarR-family regulator in *Streptomyces avermitilis*, activates avermectin biosynthesis. Front Microbiol, 9: 1358.

Guo J, Zhao J, Li L, *et al.* 2010. The pathway-specific regulator AveR from *Streptomyces avermitilis* positively regulates avermectin production while it negatively affects oligomycin biosynthesis. Mol Genet Genomics, 283(2): 123-133.

Huang X, Ma T, Tian J, *et al.* 2017. *wblA*, a pleiotropic regulatory gene modulating morphogenesis and daptomycin production in *Streptomyces roseosporus*. J Appl Microbiol, 123(3): 669-677.

Hunt A C, Servin-Gonzalez L, Kelemen G H, *et al.* 2005. The *bldC* developmental locus of *Streptomyces coelicolor* encodes a member of a family of small DNA-binding proteins related to the DNA-binding domains of the MerR family. J Bacteriol, 187(2): 716-728.

Jiang L, Liu Y, Wang P, *et al.* 2011. Inactivation of the extracytoplasmic function sigma factor Sig6 stimulates avermectin production in *Streptomyces avermitilis*. Biotechnol Lett, 33(10): 1955-1961.

Keijser B J, Noens E E, Kraal B, *et al.* 2003. The *Streptomyces coelicolor ssgB* gene is required for early stages of sporulation. FEMS Microbiol Lett, 225(1): 59-67.

Kieser T, Bibb M J, Buttner M J, *et al.* 2000. Practical *Streptomyces* Genetics: A laboratory Manual. Norwich: The John Innes Foundation: 407-408.

Kitani S, Ikeda H, Sakamoto T, *et al.* 2009. Characterization of a regulatory gene, *aveR*, for the biosynthesis of avermectin in *Streptomyces avermitilis*. Appl Microbiol Biotechnol, 82(6): 1089-1096.

Li J, Li Y, Niu G, *et al.* 2018. NosP-regulated nosiheptide production responds to both peptidyl and small-molecule ligands derived from the precursor peptide. Cell Chem Biol, 25(2): 143-153.

Li L, Guo J, Wen Y, *et al.* 2010. Overexpression of ribosome recycling factor causes increased production of avermectin in *Streptomyces avermitilis* strains. J Ind Microbiol Biotechnol, 37(7): 673-679.

Li P, Li J, Guo Z, *et al.* 2015. An efficient blue-white screening based gene inactivation system for *Streptomyces*. Appl Microbiol Biotechnol, 99(4): 1923-1933.

Liao G, Shi T, Xie J. 2012. Regulation mechanisms underlying the biosynthesis of daptomycin and related lipopeptides. J Cell Biochem, 113(3): 735-741.

Liu G, Chater K F, Chandra G, *et al.* 2013. Molecular regulation of antibiotic biosynthesis in *Streptomyces*. Microbiol Mol Biol Rev, 77(1): 112-143.

Luo S, Chen X A, Mao X M, *et al.* 2018. Transposon-based identification of a negative regulator for the antibiotic hyper-production in *Streptomyces*. Appl Microbiol Biotechnol, 102(15): 6581-6592.

Lutz R, Bujard H. 1997. Independent and tight regulation of transcriptional units in *Escherichia coli via* the LacR/O, the TetR/O and AraC/I1-I2 regulatory elements. Nucleic Acids Res, 25(6): 1203-1210.

Macneil D J, Klapko L M. 1987. Transformation of *Streptomyces avermitilis* by plasmid DNA. J Ind Microbiol, 2(4): 209-218.

Maharjan S, Oh T J, Lee H C, *et al.* 2009. Identification and functional characterization of an *afsR* homolog regulatory gene from *Streptomyces venezuelae* ATCC 15439. J Microbiol Biotechnol, 19(2): 121-127.

Mao X M, Luo S, Li Y Q. 2017. Negative regulation of daptomycin production by DepR2, an ArsR-family transcriptional factor. J Ind Microbiol Biotechnol, 44(12): 1653-1658.

Mao X M, Luo S, Zhou R C, *et al.* 2015. Transcriptional regulation of the daptomycin gene cluster in *Streptomyces roseosporus* by an autoregulator, AtrA. J Biol Chem, 290(12): 7992-8001.

Miao V, Coeffet-Legal M F, Brian P, *et al.* 2005. Daptomycin biosynthesis in *Streptomyces roseosporus*: cloning and analysis of the gene cluster and revision of peptide stereochemistry. Microbiology, 151(5): 1507-1523.

Molle V, Buttner M J. 2000. Different alleles of the response regulator gene *bldM* arrest *Streptomyces coelicolor* development at distinct stages. Mol Microbiol, 36(6): 1265-1278.

Molle V, Palframan W J, Findlay K C, *et al.* 2000. WhiD and WhiB, homologous proteins required for different stages of sporulation in *Streptomyces coelicolor* A3(2). J Bacteriol, 182(5): 1286-1295.

Myronovskyi M, Welle E, Fedorenko V, *et al.* 2011. Beta-glucuronidase as a sensitive and versatile reporter in actinomycetes. Appl Environ Microbiol, 77(15): 5370-5383.

Ohnishi Y, Kameyama S, Onaka H, *et al.* 1999. The A-factor regulatory cascade leading to streptomycin biosynthesis in *Streptomyces griseus*: identification of a target gene of the A-factor receptor. Mol Microbiol, 34(1): 102-111.

Ohnishi Y, Yamazaki H, Kato J Y, *et al.* 2005. AdpA, a central transcriptional regulator in the A-factor regulatory cascade that leads to morphological development and secondary metabolism in *Streptomyces griseus*. Biosci Biotechnol Biochem, 69(3): 431-439.

Pan Y, Liu G, Yang H, *et al.* 2009. The pleiotropic regulator AdpA-L directly controls the pathway-specific activator of nikkomycin biosynthesis in *Streptomyces ansochromogenes*. Mol Microbiol, 72(3): 710-723.

Pullan S T, Chandra G, Bibb M J, *et al.* 2011. Genome-wide analysis of the role of GlnR in *Streptomyces venezuelae* provides new insights into global nitrogen regulation in actinomycetes. BMC Genomics, 12(1): 175.

Robbel L, Marahiel M A. 2010. Daptomycin, a bacterial lipopeptide synthesized by a nonribosomal machinery. J Biol Chem, 285(36): 27501-27508.

Santos-Beneit F, Rodriguez-Garcia A, Martin J F. 2012. Overlapping binding of PhoP and AfsR to the promoter region of *glnR* in *Streptomyces coelicolor*. Microbiol Res, 167(9): 532-535.

Santos-Beneit F, Rodriguez-Garcia A, Sola-Landa A, *et al.* 2009. Cross-talk between two global regulators in *Streptomyces*: PhoP and AfsR interact in the control of *afsS*, *pstS* and *phoRP* transcription. Mol Microbiol, 72(1): 53-68.

Schwedock J, McCormick J R, Angert E R, *et al.* 1997. Assembly of the cell division protein FtsZ into ladder-like structures in the aerial hyphae of *Streptomyces coelicolor*. Mol Microbiol, 25(5): 847-858.

Sun D, Zhu J, Chen Z, *et al.* 2016. SAV742, a novel AraC-family regulator from *Streptomyces avermitilis*, controls avermectin biosynthesis, cell growth and development. Sci Rep, 6: 36915.

Tahlan K, Ahn S K, Sing A, *et al.* 2007 Initiation of actinorhodin export in *Streptomyces coelicolor*. Mol Microbiol, 63(4):

951-961.

Tanaka A, Takano Y, Ohnishi Y, *et al.* 2007. AfsR recruits RNA polymerase to the *afsS* promoter: a model for transcriptional activation by SARPs. J Mol Biol, 369(2): 322-333.

Tschowri N, Schumacher M A, Schlimpert S, *et al.* 2014. Tetrameric c-di-GMP mediates effective transcription factor dimerization to control *Streptomyces* development. Cell, 158(5): 1136-1147.

Umeyama T, Lee P C, Ueda K, *et al.* 1999. An AfsK/AfsR system involved in the response of aerial mycelium formation to glucose in *Streptomyces griseus*. Microbiology, 145(Pt 9): 2281-2292.

Urem M, Swiatek-Polatynska M A, Rigali S, *et al.* 2016. Intertwining nutrient-sensory networks and the control of antibiotic production in *Streptomyces*. Mol Microbiol, 102(2): 183-195.

Van Wezel G P, McDowall K J. 2011. The regulation of the secondary metabolism of *Streptomyces*: new links and experimental advances. Nat Prod Rep, 28(7): 1311-1333.

Van Wezel G P, van der Meulen J, Kawamoto S, *et al.* 2000. *ssgA* is essential for sporulation of *Streptomyces coelicolor* A3(2) and affects hyphal development by stimulating septum formation. J Bacteriol, 182(20): 5653-5662.

Wang F, Ren N N, Luo S, *et al.* 2014a. DptR2, a DeoR-type auto-regulator, is required for daptomycin production in *Streptomyces roseosporus*. Gene, 544(2): 208-215.

Wang W, Ji J, Li X, *et al.* 2014b. Angucyclines as signals modulate the behaviors of *Streptomyces coelicolor*. Proc Natl Acad Sci USA, 111(15): 5688-5693.

Wang W, Wang H, Hu H, *et al.* 2015. Overexpression of *afsR* and optimization of metal chloride to improve lomofungin production in *Streptomyces lomondensis* S015. J Microbiol Biotechnol, 25(5): 672-680.

Wittmann M, Linne U, Pohlmann V, *et al.* 2008. Role of DptE and DptF in the lipidation reaction of daptomycin. FEBS J, 275(21): 5343-5354.

Wolanski M, Donczew R, Kois-Ostrowska A, *et al.* 2011. The level of AdpA directly affects expression of developmental genes in *Streptomyces coelicolor.* J Bacteriol, 193(22): 6358-6365.

Xu J, Zhang J, Zhuo J, *et al.* 2017. Activation and mechanism of a cryptic oviedomycin gene cluster *via* the disruption of a global regulatory gene, *adpA*, in *Streptomyces ansochromogenes*. J Biol Chem, 292(48): 19708-19720.

Yuan P H, Zhou R C, Chen X, *et al.* 2016. DepR1, a TetR family transcriptional regulator, positively regulates daptomycin production in an industrial producer, *Streptomyces roseosporus* SW0702. Appl Environ Microbiol, 82(6): 1898-1905.

Zhang Q, Chen Q, Zhuang S, *et al.* 2015. A MarR family transcriptional regulator, DptR3, activates daptomycin biosynthesis and morphological differentiation in *Streptomyces roseosporus*. Appl Environ Microbiol, 81(11): 3753-3765.

Zhu J, Sun D, Liu W, *et al.* 2016. AvaR2, a pseudo gamma-butyrolactone receptor homologue from *Streptomyces avermitilis*, is a pleiotropic repressor of avermectin and avenolide biosynthesis and cell growth. Mol Microbiol, 102(4): 562-578.

Zianni M, Tessanne K, Merighi M, *et al.* 2006. Identification of the DNA bases of a DNase I footprint by the use of dye primer sequencing on an automated capillary DNA analysis instrument. J Biomol Tech, 17(2): 103-113.

Supporting material: https://onlinelibrary.wiley.com/doi/full/10.1111/mmi.14405

本文原载: Mol Microbiol, 2020, 113(1): 123-142.

自养黄杆菌合成羟基丁酸和羟基戊酸共聚体的发酵研究

赵良启，田杰生，吴柏和，李季伦

（北京农业大学生物学院，北京，100094）

摘要

采用本实验室从土壤中分离到的一株自养黄杆菌进行了羟基丁酸和羟基戊酸共聚体[P (HB-co-HV)]的发酵试验。实验结果表明，该菌株是自养黄杆菌葡萄糖运输突变株，可以葡萄糖、果糖、蔗糖、麦芽糖、乙酸盐、乳酸盐和苹果酸盐作为唯一碳源，尤以葡萄糖和果糖效果最佳。硫酸铵、氯化铵和蛋白胨等不同氮源不影响其生长，却影响细胞中 P (HB-co-HV) 的含量和 P (HB-co-HV) 中 HV/HB 的比例。应用两阶段控制方式，经 42 h 的补料分批发酵，细胞浓度达 34.9 g/L，P (HB-co-HV) 浓度达 25.28 g/L。细胞和 P (HB-co-HV) 的生产速率系数分别为 0.83 g/(L·h) 和 0.61 g/(L·h)。以基质为基准的细胞得率系数 (Y_x/s)、产物得率系数 (Y_p/s) 和以干细胞为基准的产物得率系数 (Y_p/x) 分别为 0.283 g/g、0.174 g/g 和 0.73 g/g。改变培养基中碳、氮源组分可将 P (HB-co-HV) 中 HB 的含量调节为 24%~78%。

关键词

自养黄杆菌，补料分批发酵，羟基丁酸和羟基戊酸共聚体。

多聚羟基烷酸 (polyhydroxyalkanoate，PHA) 是许多原核生物在不平衡生长条件下合成的胞内能量和碳源贮藏性物质。近年来的研究表明，它是一类具有广阔应用前景的新型热塑材料。它不仅具有类似于化学合成塑料的理化性质，而且具有生物可降解性、生物相容性、压电性和光学活性等优良特性，用其制作医疗、食品、工业、农用产品，不仅种类繁多，而且不存在环境污染问题。因此 PHA 的研究受到人们的密切关注 (Ramsay *et al.*, 1989; Anderson and Dawes, 1990)。

PHA 是一类系列产物的总称。已报道的 PHA 有 β-羟基丁酸同型多聚体 (PHB)、β-羟基丁酸和 β-羟基戊酸共聚体、β-羟基 (C_2~C_{12}) 烷酸同型多聚体或异型共聚体，以及含有部分不饱和键的羟基烷酸多聚体。这些由不同单体构成的多聚体，其热塑性质有不同程度的差别，而正是这些差别造成了 PHA 实际用途的多样性 (Lageveen *et al.*, 1988; Huijberts *et al.*, 1992; Zhong *et al.*, 1994)。

对于 PHA 的研究，进行得最广泛、最深入的为 PHB，现已进入一定规模的生产阶段，而其他类型的 PHA 均处在实验室研究阶段。在 P (HB-co-HV) 的研究方面，多数采用真养产碱菌或基因工程菌作为试验菌株，以铵盐作为氮源，糖类作为碳源，在多聚体合成期间向发酵液中添加丙酸或戊酸，以改变其在糖类培养基上只形成 PHB 的特性而合成 P (HB-co-HV)。然而由于丙酸或戊酸在较低浓度下即对菌体具有毒性，故增加了操作难度并影响到 P (HB-co-HV) 中 HV/HB 的比例 (Kim *et al.*, 1994a; Zhong *et al.*, 1994)，而自养黄杆菌最大的特点是以葡萄糖等作为唯一碳源就可以合成 P (HB-co-HV)。

本文对自养黄杆菌产生 P (HB-co-HV) 的发酵条件、产量和产率作了研究。

一、材料和方法

(一) 细菌菌株

自养黄杆菌 (*Xanthobacter autotrophicus*)，来自本实验室。

(二) 培养基

1) 种子培养基 (g/L)：葡萄糖 1，蛋白胨 5，牛肉膏 3，酵母膏 1，NaCl 5，用蒸馏水定容，pH 7.0。

2) 发酵培养基 (g/L)：$Na_2HPO_4·12H_2O$ 9.0，KH_2PO_4 1.5，$MgSO_4·7H_2O$ 0.2，$CaCl_2·2H_2O$ 0.2，柠檬酸铁铵 0.06，酵母水解粉 1，微量元素液 1 ml，葡萄糖 (或其他碳源) 15~30，硫酸铵 (或其他氮源) 3~6，用蒸馏水定容，pH 7.0。微量元素液 (mg/L)：HBO_3 300，$CoCl_2·6H_2O$ 200，$ZnSO_4·7H_2O$ 30，$MnCl_2·4H_2O$ 30，$Na_2MoO_4·2H_2O$ 30，$NiCl_2·6H_2O$ 20，$CuSO_4·5H_2O$ 10；蒸馏水 1000 ml。

(三) 摇瓶试验

1) 摇瓶种子液的制备：将活化后的斜面菌种制成菌悬液接入种子培养基 (100 ml 培养液/500 ml 摇瓶) 中，用 THZ88-1 型台式多用恒温振荡器 (偏心距 4.0 cm) 在 30℃ 120 r/min 培养至对数期。

2) 碳源试验：以发酵培养基为基础，用 4 g/L 硫酸铵作为氮源，分别以 30 g/L 糖类或 18 g/L 有机酸盐作为唯一碳源。摇瓶装料系数为 0.2，接种量为 10%，于 30℃ 240 r/min 条件下摇床 (同上) 培养，在培养过程中以 10 mol/L KOH 和 10 mol/L HCl 调节 pH 7.0。

3) 氮源试验：以发酵培养基为基础，以 30 g/L 葡萄糖为碳源，分别以 4 g/L 硫酸铵或相当铵含量的氯化铵、蛋白胨作为氮源，培养条件同碳源试验。

(四) 分批发酵

使用美国 VIRTIS 公司生产的 2 L 型发酵罐及全部配套测试和控制系统。发酵罐装料容积为 2 L，两层六平直叶搅拌器，双挡板。起始培养体积为 1.2 L，硫酸铵和葡萄糖含量分别为 6 g/L 和 30 g/L，其他成分同发酵培养基。接种量为 10%，培养温度为 30℃，通气量为 1∶1，搅拌转速为 600~1000 r/min，溶氧控制在 40%~100%，以 10 mol/L KOH 和 10 mol/L HCl 调节 pH 为 7.0。

(五) 补料分批发酵

发酵罐同分批发酵或用日本生产的 BIOPROCESS CONTROLLER MODEL MDIAC-S_1-5L 全自动发酵罐。起始培养体积为 1000 ml 或 3000 ml，培养基成分、接种量、培养温度同分批发酵。所不同的是将发酵过程分为菌体生长和 PHA 积累两个阶段来控制。在第一阶段，创造有利条件促使菌体增殖，控制溶氧在 40%~100%，调节 pH 为 7.0。根据测定结果分次补入 50%葡萄糖、25%氯化铁 (或相应量的硫酸铵)，使糖和铵离子的浓度分别保持在 10~40 g/L 和 0.3~20 g/L。当细胞浓度达到 OD_{600} 总值 100 以上时，进行第二阶段操作，限制氮含量，使铵离子浓度趋近于零，流加 50%葡萄糖，使糖浓度保持在 20 g/L 左右，调节 pH 为 6.5，控制溶氧在 20%~30%，胁迫菌体合成 P (HB-co-HV) (Ramsay *et al.*, 1990; Kim *et al.*, 1994b)。

(六) 检测

1) 细胞形态及 PHA 颗粒的观察 (中国科学院微生物研究所细菌分类组, 1978)：用苏丹黑染色法制片，在显微镜下直接观察细胞形态和 PHA 的形成情况。

2) 生物量测定 (Bertrand *et al.*, 1990; Yoo and Kim, 1994)：取发酵液 20 ml，3000×*g* 离心 15 min，蒸馏水洗涤菌体，再次离心，将菌体移至恒重的称量瓶中，90℃烘干至恒重。为快速简便起见，发酵过程中的细胞浓度以 OD_{600} 总值 (*N*) 来表示。测定方法为无菌操作取样，蒸馏水稀释，于 721-型或 752-型分光光度计上测定 OD_{600}。然后利用下式计算 OD_{600} 总值，$N=OD_{600}\times m$。式中，*m* 为稀释倍数；OD_{600} 为稀释液的 OD 值。通过控制 *m* 使 OD_{600} 的实测值处在 0.2~0.5。

3) 葡萄糖测定：采用 3, 5-二硝基水杨酸法 (或蒽酮法) (张龙翔等, 1981)。

4) 铵离子测定：采用靛酚蓝比色法 (李酉开, 1983)。

5) P (HB-co-HV) 含量测定：采用硫酸降解法 (Williamson and Wilkinson, 1958; Ward and Dawes, 1973; Karr *et al.*, 1983) 测定干细胞中 P (HB-co-HV) 的 HB 含量，再根据氢谱核磁共振测定的 HB/HV 的比例计算 P (HB-co-HV) 的含量。

6) HV/HB 的测定：参照 Hahn 等 (1994) 的文献，用次氯酸钠-氯仿法提取并精制 P (HB-co-HV) 得到纯品。将 P (HB-co-HV) 纯品溶于 $CDCl_3$ 中，采用 JEDLFX-90Q 核磁共振谱仪，在 55℃、89.55 MHz 条件下测定 1H-NMR，对照标准品按峰面积计算 HB/HV 的比例 (Doi *et al.*, 1986, 1989)。

二、实验结果

(一) 碳源试验

在摇床实验条件下，自养黄杆菌试验菌株利用碳源的情况如表 1 所示。

表 1　自养黄杆菌试验菌株在不同碳源上的生长情况

碳源	浓度 *c*/(g/L)	培养时间 *t*/h	$OD_{600}\times m^*$	细胞干重/(×10^2 g/ml)
糖类				
葡萄糖	30	22	11.2	0.45
果糖	30	22	10.0	0.39
蔗糖	30	22	2.2	0.08
麦芽糖	30	22	2.9	0.11
乳糖	30	46	0.75	0.027
木糖	30	46	1.1	0.046
阿拉伯糖	30	46	0.8	0.026
有机酸盐类				
乙酸钠	18	34	4.8	0.155
丙酸钠	18	34	3.8	0.140
乳酸钠	18	34	6.0	0.200
丁酸钠	18	46	0.56	0.020
苹果酸钠	18	34	3.4	0.130
戊酸钠	18	46	0.5	0.018

**m* 为稀释倍数

由表 1 可以看出，试验菌株在进行异养生长时，对于碳源的利用具有一定的选择性。当以糖类作为唯一碳源时，葡萄糖和果糖是其良好碳源，蔗糖和麦芽糖次之，乳糖、木糖和阿拉伯糖则很难被利用。当以有机酸盐作为唯一碳源时，乙酸盐、丙酸盐、乳酸盐和苹果酸盐可被利用，但细胞的生长速率缓慢，而丁酸盐和戊酸盐则对细胞生长呈现一定程度的抑制作用。

(二) 氮源试验

图 1 为从氮源试验细胞中分离纯化的 PHA 的 ^{1}H-NMR 图谱。根据图谱和有关资料进行分子结构分析，确定提取物的分子结构式如下：

$$\underbrace{\left[-\overset{\blacksquare}{C}H(CH_3)-CH_2-\overset{\overset{O}{\|}}{C}-O-\right]_x}_{HB}\underbrace{\left[-\overset{\blacksquare}{C}H(CH_2CH_3)-CH_2-\overset{\overset{O}{\|}}{C}-O-\right]_y}_{HV}$$

说明产物确是 P (HB-co-HV)，其单体 HB、HV 的特征峰如图 1 所示。依照—CH_3 (HB)、—CH_3 (HV) 峰面积的积分线进行计算，可得出 HB/P (HB-co-HV) 的百分含量。再根据硫酸降解法测定的干细胞中 HB 单体的百分含量，即可算出 Y_p/x，实验数据如表 2 所示。

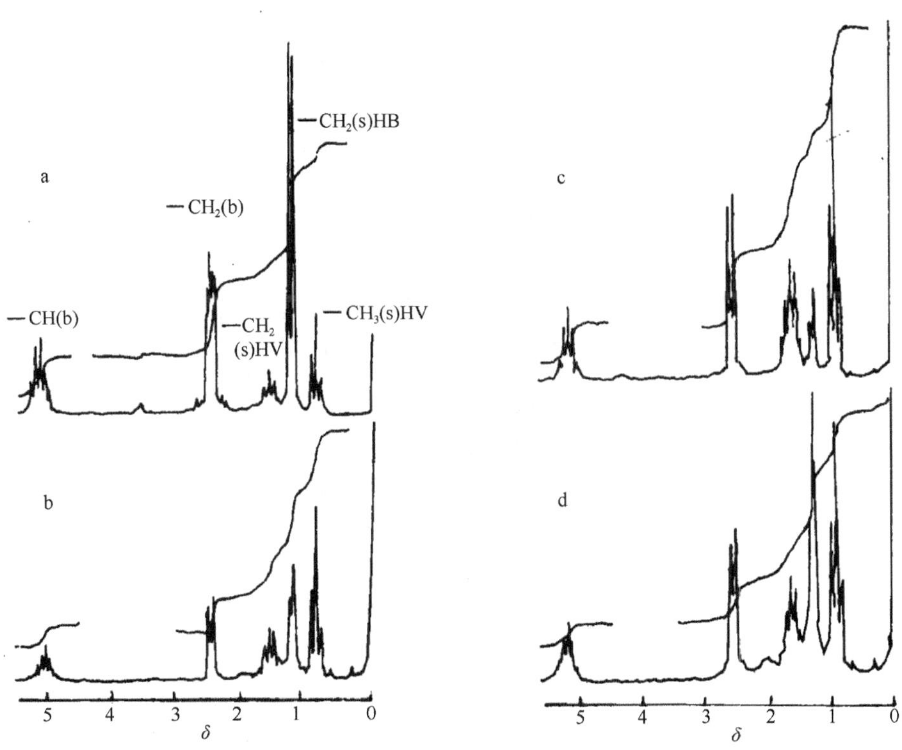

图 1　在 89.55MHz 条件下 P (HB-co-HV) 的 ^{1}H-NMR 图谱

a. 标准 P (HB-co-HV) (Sigma 公司) ^{1}H-NMR 图谱；b、c 和 d 分别为自养黄杆菌试验菌株在以$(NH_4)_2SO_4$、NH_4Cl和蛋白胨为氮源的培养基上产得的 P (HB-co-HV) 的 ^{1}H-NMR 图谱

表 2　不同氮源对自养黄杆菌试验菌株生长与合成共聚物的影响

氮源	培养时间/h	$OD_{600}\times m^{*}$	细胞干重/($\times10^2$ g/ml)	HB/P (HB-co-HV)/%	HB 组分占细胞干重的比例/%	Y_p/x/(g/g)
$(NH_4)_2SO_4$	17	14.8	0.52	58	37.7	0.65
NH_4Cl	17	14.6	0.53	24	18.0	0.75
蛋白胨	17	15.0	0.56	57	35.7	0.62

*m 为稀释倍数

表 2 表明，不同氮源并不影响培养液中菌株的生长。经摇瓶培养 17 h 后，不同氮源培养液中细胞浓度 OD_{600} 总值为 14.6~15.0，每 100 ml 发酵液中的细胞干重在 0.539 左右。然而不同氮源却影响 P (HB-co-HV) 的积累及 P (HB-co-HV) 内 HB、HV 单体的比例。以硫酸铵、蛋白胨为氮源，试验菌株的 Y_p/x 及 P (HB-co-HV) 内的 HB 含量大致相同，但其 Y_p/x 明显低于以氯化铵为氮源时的相应数值，而其 P (HB-co-HV) 内 HB 的含量又明显高于以氯化铵为氮源时的相应数值。比较培养基成分，主要区别在于氯化铵培养基中 S 含量低于其他两种氮源培养基的相应含量。或许 S 限量对菌体合成 PHA 有促进作用，而对 HB 单体的合成有抑制作用，有待进一步验证。

(三) 分批发酵试验

经 34 h 的分批发酵，细胞浓度 OD_{600} 总值达 36，干细胞含量为 10.75 g/L，P (HB-co-HV) 含量为 2.26 g/L，消耗葡萄糖 29.8 g/L；消耗 NH_4^+ 1.5 g/L。细胞生长曲线、基质消耗曲线如图 2 所示。在发酵过程中细胞浓度 OD_{600} 总值和细胞干重的平均增长速率分别为 1.06 h^{-1} 和 0.316 g/(L·h)，而其最大增长速率分别为 5.1 h^{-1} 和 1.5 g/(L·h)，细胞倍增最短时间为 1.9 h，P (HB-co-HV) 的平均合成速率为 0.066 g/(L·h)，得率系数 Y_x/s、Y_p/s 和 Y_p/x 分别为 0.36、0.0076 和 0.021。

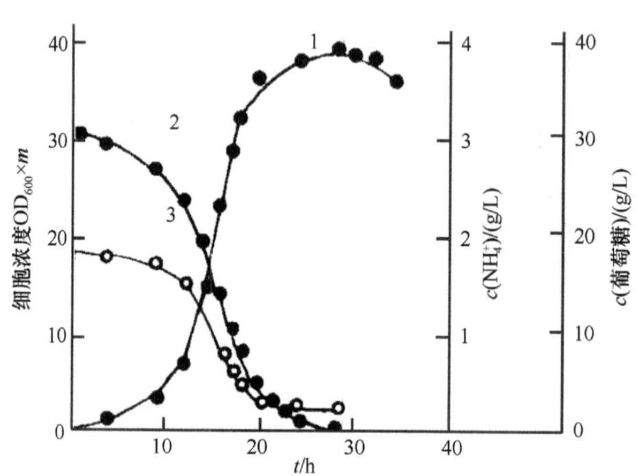

图 2　自养黄杆菌的分批发酵

1. 细胞浓度；2. 葡萄糖浓度；3. NH_4^+浓度；m 为稀释倍数

(四) 补料分批发酵试验

结果如图 3 所示。由图 3a 可以看出，采用补料分批发酵的方式延长了细胞生长的对数期，当发酵进行到 32 h 时，细胞浓度 OD_{600} 总值达 112，细胞干重达 31.5 g/L，P (HB-co-HV) 达 10.7 g/L。32 h 以后由于采取氮限量等胁迫措施，细胞浓度增长不大，到发酵终止时细胞浓度 OD_{600} 总值为 124，细胞干重为 34.9 g/L。但是无论从形态观察还是从化验结果来看，P (HB-co-HV) 的积累速度加快。到 42 h 发酵终止时，P (HB-co-HV) 的含量达 25.45 g/L。

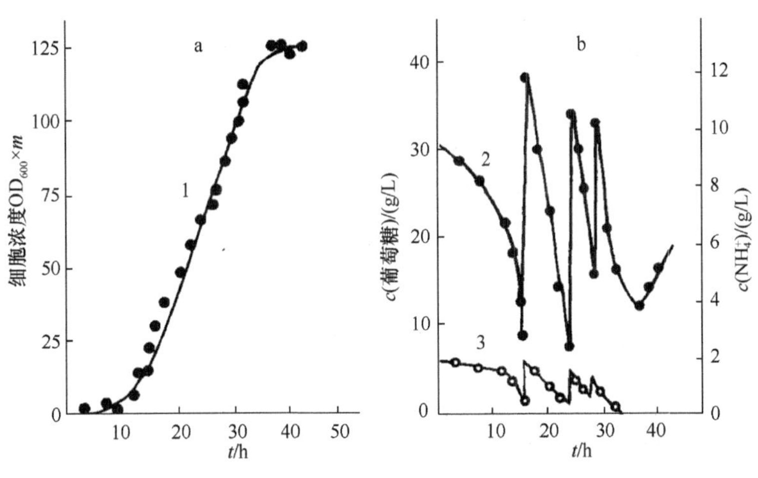

图 3　*X. autotrophicus* 的补料分批发酵
a. 细胞生长曲线；b. 基质消耗曲线；符号同图 2

补料分批发酵的结果显示其细胞浓度 OD_{600} 总值和细胞干重的平均增长速率分别为 2.95 h^{-1} 和 0.83 g/(L·h)，而 P (HB-co-HV) 的平均合成速率为 0.61 g/(L·h)，得率系数 Y_x/s、Y_p/s 和 Y_p/x 分别为 0.238、0.174 和 0.730。

三、讨论

(一) 试验菌株的糖代谢途径

碳源的利用与微生物具有的糖代谢途径有关。试验菌株不能利用乳糖，很可能其不合成 β-半乳糖苷酶，而难以利用木糖和阿拉伯糖等五碳糖则是因为试验菌株缺乏戊糖磷酸途径 (PK)。根据该菌株可以很好地利用葡萄糖、蔗糖、乙酸盐和苹果酸盐等碳源的情况和有关资料的介绍，可以推测去氧酮糖酸 (Entner-Doudoroff) 途径和三羧酸循环 (TCA) 可能是其降解糖的主要途径。然而要进一步确认，还需进行酶学和放射性元素标记实验 (Krieg, 1984; Byrom, 1987; Haywood *et al.*, 1991; Yamane, 1993)。

(二) P (HB-co-HV) 的合成途径

关于 PHA 的生物合成途径，不少资料中作过讨论，认为合成 HB 单体的前体是乙酰 CoA，合成 HV 单体的前体是丙酰 CoA。采用诸多菌种进行 P (HB-co-HV) 的发酵试验时需添加丙酸或戊酸以促进 HV 单体的合成。那么如何解释试验菌株在葡萄糖培养基上即可合成 HV 单体的现象呢?我们认为该菌株很可能具有由丙酮酸合成丙酸的途径。推测其由葡萄糖合成 P (HB-co-HV) 的假定途径 (图 4)。葡萄糖经 Entner-Doudoroff 途径降解为丙酮酸后，丙酮酸可由丙酮酸脱氢酶催化生成乙酰 CoA。乙酰 CoA 进入 TCA 循环，也可作为合成 HB 的前体。若丙酮酸经甲基丙二酰 CoA 转羧基酶催化，沿丙酮酸-丙酸途径形成丙酰 CoA，则可以丙酰 CoA 作为引物合成 HV 单体，进而在聚合酶的催化下由 HB、HV 合成 P (HB-co-HV) (Byrom, 1987; Yamane, 1993)。

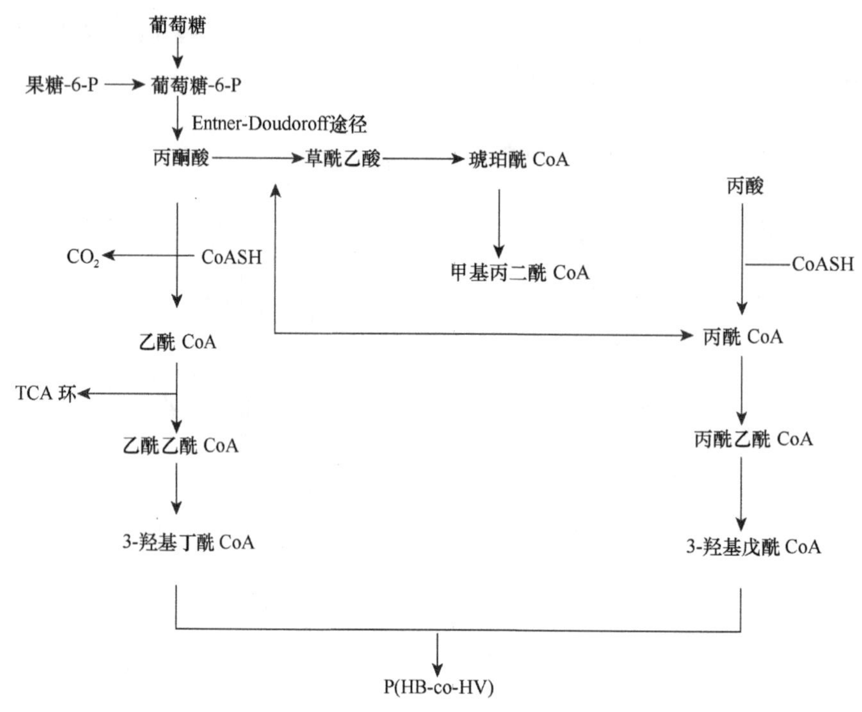

图 4　P (HB-co-HV) 合成的假定途径

(三) 合成 P (HB-co-HV) 的代谢调控

实验中发现在对数生长期细胞含有少量的 PHA 颗粒，在稳定期或胁迫条件下细胞内 PHA 的含量增多。这种现象说明细胞能荷和还原力 NADPH+H^+是合成 PHA 的重要调节因子。在菌体生长时，细胞能荷和 NADPH+H^+较低，乙酰 CoA 主要流向 TCA 循环，而当生长受到限制，碳源又大量存在时，细胞能荷和 NADPH+H^+升高，抑制了柠檬酸合成酶的活性，从而促进了 PHA 的合成和积累。至于试验菌株合成 P (HB-co-HV) 时单体 HB、HV 比例的调节，我们知道得还很少，只发现以氯化铵代替硫酸铵和蛋白胨作氮源时，HB/HV 值会更低，而以乙酸盐代替葡萄糖作碳源时会将 P (HB-co-HV) 中 HB 的含量提高到 78%。推测这些变化与丙酮酸-丙酸途径的调节有关，但调节机制尚需进一步研究。

参考文献

李酉开. 1983. 土壤农业化学常规分析方法. 北京: 科学出版社: 96-98.

张龙翔, 张庭芳, 李令媛. 1981. 生化实验方法和技术. 北京: 高等教育出版社: 9-11.

中国科学院微生物研究所细菌分类组. 1978. 一般细菌常用鉴定方法. 北京: 科学出版社: 193-198.

Anderson A J, Dawes E A. 1990. Occurrence, metabolism, metabolic role, and industrial uses of bacterial polyhydroxyalkanoates. Microbiol Rev, 54(4): 450-472.

Bertrand J L, Ramsay B A, Ramsay J A, *et al.* 1990. Biosynthesis of poly-beta-hydroxyalkanoates from pentoses by *Pseudomonas pseudoflava*. Appl Environ Microbiol, 56(10): 3133-3138.

Byrom D. 1987. Polymer synthesis by microorganisms: technology and economics. Trends in Biotech, 5(9): 246-250.

Doi Y, Kawaguchi Y, Nakamura Y, *et al.* 1989. Nuclear magnetic resonance studies of poly (3-hydroxybutyrate) and polyphosphate metabolism in *Alcaligenes eutrophus*. Appl Microbiol Biotechnol, 55(11): 2932-2938.

Doi Y, Kunioka M, Nakamura Y, *et al.* 1986. Nuclear magnetic resonance studies on poly (β-hydroxybutyrate) and a copolyester of β-hydroxybutyrate and β-hydroxyvalerate isolated from *Alcaligenes eutrophus* H16. Macromolecules, 19(11): 2860-2864.

Hahn S K, Chang Y K, Kin S B, *et al.* 1994. Optimization of microbial poly (3-hydroxybutyrate) recover using dispersions of sodium hypochlorite solution and chloroform. Biotech Bioeng, 44(2): 256-261.

Haywood Q W, Anderson A L, Williams D R, *et al.* 1991. Accumulation of a poly (hydroxyalkanoate) copolymer containing primarily 3-hydroxyvalerate from simple carbohydrate substrates by *Rhodococcus* sp. NCIMB 40126. Int J Biol Macromol, 13(4): 83-88.

Huijberts G N M, Eggink G, Waard P, *et al.* 1992. *Pseudomonas putida* KT2442 cultivated on glucose accumulates poly (3-hydroxyalkanoates) consisting of saturated and unsaturated monomers. Appl Environ Microbiol, 58(2): 536-544.

Karr D, Waters K J, Emerieh D W. 1983. Analysis of poly-beta-hydroxybutyrate in *Rhizobium japonicum* bacteroids by ion-exclusion high-pressure liquid chromatography and UV detection. Appl Environ Microbiol, 49(6): 1339-1344.

Kim B S, Lee S C, Lee S Y, *et al.* 1994a. Production of poly (3-hydroxybutyric-co-3-polyhydroxyvaleric acid) by fed-batch culture of *Alcaligenes eutrophus* with substrate control using on-line glucose analysis. Enzyme Microb Technol, 16(7): 556-561.

Kim B S, Lee S C, Lee S Y, *et al.* 1994b. Production of poly (3-hydroxybutyric acid) by fed-batch culture of *Alcaligenes eutrophus* with glucose concentration. Biotech Bioeng, 43(9): 892-898.

Krieg N R. 1984. Berger's Manual of Systematic Bacteriology Vol. 1. Baltimore: Williams and Wilkins Co.: 325-332.

Lageveen R G, Huisman Q W, Preusting H, *et al.* 1988. Formation of polyesters by *Pseudomonas oleovorans*: effect of substrates on formation and composition of poly-(R)-3-hydroxyalkanoates and poly-(R)-3-hydroxyalkenoates. Appl Environ Microbiol, 54(12): 2924-2932.

Ramsay B A, Lomaliza K, Chararie C, *et al.* 1990. Production of poly-(beta-hydroxybutyric-co-beta- hydroxyvaleric) acids. Appl Environ Microbiol, 56(7): 2093-2098.

Ramsay B A, Ramsay J A, Copper D G. 1989. Production of poly-beta-hydroxyalkanoic acid by *Pseudomonas cepacia*. Appl Environ Microbiol, 55(3): 548-589.

Ward A C, Dawes E A. 1973. A disk assay for poly-β-hydroxybutyrate. Analytical Biochemistry, 52(2): 607-613.

Williamson D H, Wilkinson J F, 1958. The isolation and estimation of the poly-beta-hydroxybutyrate inclusions of *Bacillus* species. J Gene Microbiol, 19(1): 198-209.

Yamane T. 1993. Yield of poly-D(-)-3-hydroxybutyrate from various carbon sources: a theoretical study. Biotech Bioeng, 41(1): 165-170.

Yoo S, Kim W S. 1994. Cybernetic model for synthesis of poly-beta-hydroxybutyric acid in *Alcaligenes eutrophus*. Biotech Bioeng, 43(11): 1043-1051.

Zhong H, Obias V, Gonyer K, *et al.* 1994. Production of polyhydroxyalkanoates in sucrose-utilizing recombinant *Escherichia coli* and *Klebsiella* strains. Appl Environ Microbiol, 60(4): 1198-1205.

本文原载：微生物学报, 1996, 36(5): 351-359.

真养产碱杆菌聚羟基烷酸合成酶基因在欧文氏菌中的表达*

田杰生，李季伦

（中国农业大学生物学院微生物系，北京，100094）

摘要

将含有真养产碱杆菌（*Alcaligenes eutrophus*）合成聚羟基烷酸（PHA）基因（*phaCAB*）的质粒pTZ18U-PHB改造成为具有卡那霉素抗性的质粒pJMC1，并以电击法将pJMC1引入利用碳源广泛的胡萝卜软腐欧文氏菌（*Erwinia carotovora*）非致病菌系（Ecc13B）中，*phaCAB*可获得高效表达，膨大的转基因菌[Ecc13B (pJMC1)]细胞内几乎充满PHA颗粒。以蔗糖为碳源，初步在5 L发酵罐中对转基因菌进行分批补料培养35 h，菌体干重达28 g/L，PHA占菌体干重的68%，具有生产潜力。将该菌合成的PHA提取纯化（纯度达99%）后，进行核磁共振分析，发现它只有单一的聚β-羟基丁酸（PHB）组分。

关键词

聚β-羟基丁酸，PHA合成酶基因，转基因欧文氏菌，电击转化。

由于化学合成塑料的废弃物在自然界中很难被降解，因此人类大量使用这些塑料的同时，造成了自然界严重的“白色污染”，人们迫切期待可降解塑料制品早日问世。目前，以聚羟基烷酸（PHA）为原料制造塑料，成为最受重视的研究课题之一（Homes, 1985）。许多细菌都可产生大量的PHA，尤其是聚β-羟基丁酸（PHB）(Steinbùchel and Valentin, 1995)。英国帝国化学工业公司（ICI）早在20世纪80年代就率先完成了用发酵法培养真养产碱杆菌（*Alcaligenes eutrophus*）生产PHB的工艺，并建厂投产(Byrom, 1987)，从此掀起了研究生物塑料的高潮。

尽管用PHA制造塑料有许多优点，但由于其生产成本较高，难以大量应用。为此，国际上很多实验室都在开展降低生产成本的研究，除进一步改进工艺和选育高产菌株外，有些实验室已开始研究用人工构建PHA基因工程细菌和工程植物生产PHA的可能性（Poirier *et al.*, 1995）。当前，国外学者已将指导真养产碱杆菌合成PHA的基因（*phaCAB*）引入大肠杆菌（*Escherichia coli*）(Slater *et al.*, 1988)、产气克氏杆菌（*Klebsiella aerogenes*）、催娩克氏杆菌（*Klebsiella oxytoca*）(Zhang *et al.*, 1994）和食油假单胞菌（*Pseudomonas oleovorans*）(Steinbùchel and Schubert, 1989）中。我们选用了胡萝卜软腐欧文氏菌（*Erwiania carotovora*）非致病菌系Ecc13B，作为转基因受体，将*phaCAB*导入其中，也能高效表达。初步试验结果显示，该基因工程菌可以大量合成PHB，并可利用多种碳源，

*美国詹姆斯麦迪逊大学的道格拉斯E. 丹尼斯（Dauglas E. Dennis）教授和德国慕尼黑大学的莱因哈特·沃斯（Reinhard Wirth）教授分别为实验提供了有关基因和受体菌株，本系的马荣才博士、阎大来博士、吴柏和副教授也对我们的工作给予很大的帮助，在此一并致谢。

和已有的同类基因工程菌相比，具有较大的竞争潜力；但也存在质粒分配不均的问题，有待进一步研究解决。

一、材料和方法

(一) 菌株和质粒

所用的菌株和质粒如表 1 所示。

表 1　菌种和质粒

菌株与质粒	基因型	来源或参考文献
菌株		
Escherichia coli JM107	Sambrook *et al.*, 1989	本实验室保存
Erwinia carotovora (Ecc13B)	Amp^r	Wirth *et al.*, 1989
质粒		
pUC4K	Amp^r，Kan^r	本实验室保存
pTZ18U-PHB	Amp^r，phaCAB	Slater *et al.*, 1988
pJMC1	Amp^r，Kan^r，phaCAB	本文

注：Amp^r，氨苄青霉素抗性基因，Kan^r，卡那霉素抗性基因

(二) 培养基和培养条件

1) 培养基：LB 培养基按 *Molecular Cloning: A Laboratory Manual. 2nd ed.*配制 (Sambrook *et al.*, 1989)；糖类发酵指示培养基、可溶性淀粉琼脂培养基、柠檬酸盐利用培养基、七叶灵分解培养基、胨水基础培养基 (测定能否分解纤维素) 按《一般细菌常用鉴定方法》配制 (中国科学院微生物研究所细菌分类组, 1978)；聚果胶酸钠结晶紫培养基按《植病研究方法》配制 (方中达, 1979)；发酵种子培养基、发酵罐培养基按 Ramsay 等 (1990) 的方法配制；种子培养基加卡那霉素 0.1 g/L，发酵培养基加卡那霉素 0.5 g/L。

2) 培养条件：大肠杆菌于 37℃培养；欧文氏菌于 30℃培养。摇床培养时，500 ml 三角瓶中装 100 ml 培养基，摇床转速为 220 r/min。发酵罐培养采用日本丸菱公司 MD-300 型 5 L 自控发酵罐，实际装量为 3.0 L，接种量为 10%。在发酵过程中温度控制在 30℃，用 10 mol/L KOH 溶液调节 pH 为 6.8±0.02，糖浓度维持在 1.0%~4.0%，铵离子初始浓度为 140 mmol/L。当细菌处于对数生长期时，若铵离子浓度不足 60 mmol/L，可适量添加 25% $(NH_4)_2SO_4$，溶解氧 (DO) 控制在 50%左右；当细菌生长速度明显下降时，将溶氧降到 30%左右，停止加入$(NH_4)_2SO_4$，至细菌生长处于平稳期时下罐，周期为 30~35 h。

(三) 方法

1) DNA 操作技术：质粒 DNA 的分离、纯化，限制酶酶解，DNA 片段连接，琼脂糖凝胶电泳均按常规方法 (Sambrook *et al.*, 1989) 进行，所用酶及试剂购自华美生物工程公司。

转化大肠杆菌采用常规的 $CaCl_2$ 法 (Sambrook *et al.*, 1989)，转化 Ecc13B 采用电转化法。利用 Bio-Rad 公司的电击仪，以磷酸缓冲液为电击缓冲液 (Wirth *et al.*, 1989)，受体细胞浓度为 10^{11}/ml，装

于 0.4 cm 电击杯中。电击电压为 2.5 kV，电容为 25 μF，电阻无穷大。

2) 菌体密度的测定：培养液用生理盐水稀释后，在波长 600 nm 处测定 OD 值或用菌体干重表示。

3) 糖浓度的测定：总糖测定采用苯酚-硫酸法 (Dubois *et al.*, 1956)。

4) 铵离子浓度的测定：采用靛酚蓝比色法 (李酉开, 1983)。

5) PHA 的检测和提取：细菌菌体中的 PHA 颗粒，经 0.25%苏丹黑 B 乙醇溶液染色后，用显微镜观察 (中国科学院微生物研究所细菌分类组, 1978)。PHA 的组分分析用氢谱核磁共振法 (Doi *et al.*, 1989)。PHB 在干细胞中的含量用硫酸降解法测定 (Williamson and Wilkinson, 1958)。采用沸腾氯仿将 PHA 从菌体中溶出，再用 3 倍体积冷正己烷使之沉淀 (Comeau *et al.*, 1988)。

二、实验结果

(一) Ecc13B 碳源利用情况

实验证明，Ecc13B 可以利用葡萄糖、果糖、木糖、甘露糖、蔗糖、乳糖、麦芽糖、甘露醇、水杨苷、柠檬酸钠、淀粉作为唯一碳源生长，可以水解七叶灵。但该菌不能分解纤维素和果胶，也不能引起白菜组织块、胡萝卜块和马铃薯块的腐烂，因此，Ecc13B 是一株非致病突变株。

(二) 质粒构建和转化

美国的丹尼斯 (Dennis) 教授将真养产碱杆菌 phaCAB 克隆于载体质粒 pTZ18U 上，构成质粒 pTZ18U-PHB。该质粒的抗性选择标记为 Amp^r，而本实验的受体菌 Ecc13B 对氨苄青霉素不敏感，因此 Amp^r 在 Ecc13B 中不能作为选择标记。由于 Ecc13B 对卡那霉素敏感，因此需在原质粒上加入 Kan^r 片段。pUC4K 含 Kan^r，采用 *Bam*H Ⅰ将其切下，同时将 pTZ18U-PHB 也用 *Bam*H Ⅰ 切开，然后用 T4 噬菌体 DNA 连接酶将 Kan^r 片段与线状的 pTZ18U-PHB 连接，构成质粒 pJMC1 (图 1)。用此质粒转化大肠杆菌 JM107 并在其中扩增以获得大量质粒 DNA，再用电转化法将其引入 Ecc13B 中，在含卡那霉素 (0.05 g/L) 平板上挑选具有抗性的转化子，每 1 μg DNA 可获得 10^4 个转子。

(三) 真养产碱杆菌 PHA 合成操纵元在欧文氏菌中的表达

将 Ecc13B (pJMC1) 接种于含 0.05 g/L 卡那霉素的 LB 培养液中，摇床培养，当其 OD_{600}=0.68 时，从中取 10 ml 菌液分别接种于两组含 2%葡萄糖的 LB 培养液 (100 ml)：其中一组含 0.05 g/L 卡那霉素，而另一组不含抗生素。摇床培养 20 h 后，在含卡那霉素的培养液中，菌体所积累的 PHA 可达细胞干重的 49.6%；而不含卡那霉素的培养液中，菌体所积累的 PHA 仅为细胞干重的 39.4%。这说明在没有选择压时，pJMC1 在 Ecc13B 中不够稳定，有些基因工程菌的细胞会失去 pJMC1，而不能合成 PHA。此外，经核磁共振检测，Ecc13B (pJMC1) 所积累的 PHA 只有 PHB 一种成分。

(四) Ecc13B (pJMC1) 发酵试验

当 Ecc13B (pJMC1) 种子 OD_{600}=4.6 (0.46×10) 时接种发酵罐，按上述的培养条件进行培养。以 50% 蔗糖溶液作为碳源补料。35 h 后，OD_{600} 达 79 (0.79×100，此时菌体干重为 28.2 g/L)，PHB 在干菌体中含量为 68%，糖对 PHB 的转化率 ($Y_{HB/S}$) 为 0.17 (图 2)。

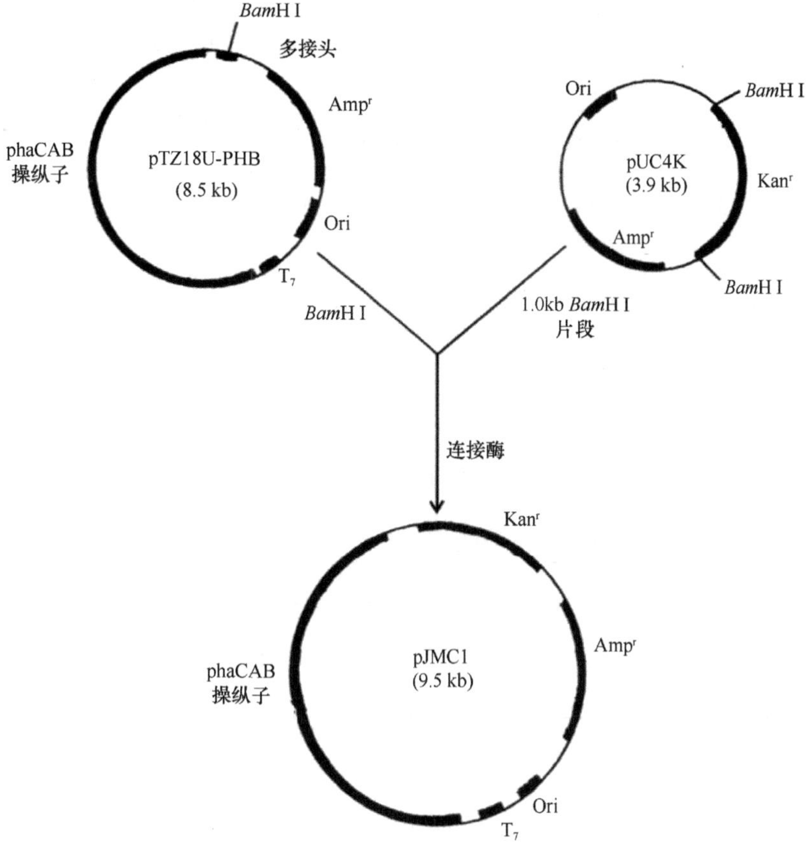

图 1　质粒 pJMC1 的构建

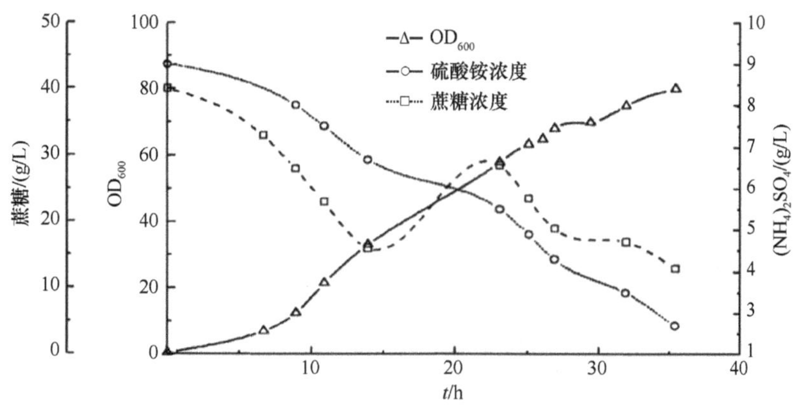

图 2　Ecc13B (pJMC1) 以蔗糖为碳源进行的分批补料培养

在发酵后期，随着铵离子浓度的降低和溶氧的减少，Ecc13B (pJMC1) 开始大量积累 PHB，菌体也逐渐胀大，当细胞干重达 20 g/L 时，Ecc13B (pJMC1) 细胞的大小为(3.0~8.0) μm×(13~36) μm，而菌龄较长的 Ecc13B 细胞只有(1.5~2.0) μm×(2.5~3.0) μm，这是该菌较为突出的特点之一 (图 3)。

但培养液中菌体干重大于 23 g/L 以后，会出现少数体积没有增大的细胞。这些细胞中没有 PHB 颗粒，说明它们已失去了合成 PHB 的质粒 (图 3)。由此可见，在菌体密度较大时，卡那霉素也不能完全抑制那些丢失质粒的细胞。所以，尚需向 Ecc13B 中引入质粒主动分配机制，以增加质粒在 Ecc13B 中的稳定性。

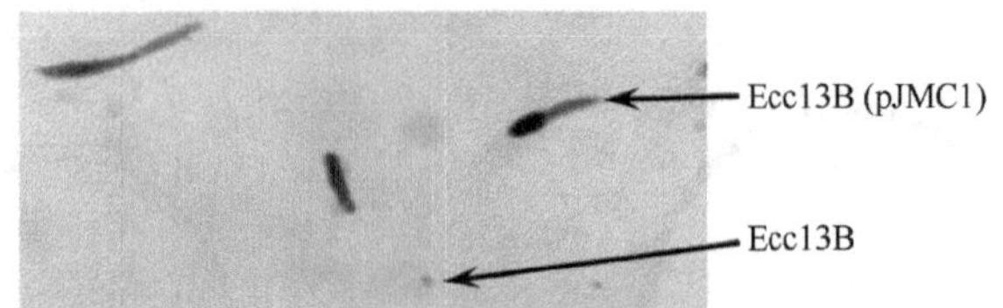

图 3 发酵后期 Ecc13B (pJMC1) 细胞的显微照片(彩图见封底二维码)

菌体细胞用番红染成浅红色，PHB 用苏丹黑染成黑色，上部细胞为 Ecc13B (pJMC1) 的细胞，下部细胞为 Ecc13B 的细胞，放大倍数 1500 倍

在发酵过程中，溶氧控制比较关键。当 Ecc13B (pJMC1) 处于对数生长期时，溶氧宜控制在 50%左右；当细菌进入 PHB 积累阶段时，溶氧宜控制在 30%左右。如果在对数生长期，溶氧低于 40%，PHB 将过早地在菌体内大量积累。而 PHB 在菌体内积累过多，将会抑制细菌的生长，使最终菌体密度下降。如果溶氧在对数生长期大于 60%，则 Ecc13B (pJMC1) 生长过快，发酵后期会使不积累 PHB 的细胞比例有所增加，从而导致 PHB 表观产量下降 (表 2)。

表 2 溶氧对 Ecc13B (pJMC1) 生长和积累 PHB 的影响

对数生长期的相对溶氧量/%	培养时间/h	最终 DCW/(g/L)	PHB 在干细胞中的含量/%
30~40	33	19.0	62.5
45~55	35	28.2	68.2
60~70	30	34.3	40.0

注：DCW 表示细胞干重

(五) PHB 的提取

发酵结束后，6000×*g* 离心收集菌体，用丙酮脱去细胞中的水分。干菌体在沸腾氯仿 (每克干菌体用 70 ml 氯仿) 中，回馏 4 h，则 PHB 溶于热氯仿中。抽滤除去细胞残渣，收集氯仿，冷却后加入 3 倍体积预冷的正己烷，沉淀出 PHB。PHB 的提取率为 92%，经核磁共振检测，PHB 纯度为 99%。

参 考 文 献

方中达. 1979. 植病研究方法. 北京：农业出版社: 169.

李酉开. 1983. 土壤农业化学常规分析方法. 北京：科学出版社: 86-88.

中国科学院微生物研究所细菌分类组. 1978. 一般细菌常用鉴定方法. 北京：科学出版社: 98-193.

Byrom D. 1987. Polymer synthesis by microorganisms: technology and economics. Trends in Biotechnology, 5(9): 246-250.

Comeau Y, Hall K J, Oldham W K. 1988. Determination of poly-beta-hydroxybutyrate and poly-beta-hydroxyvalerate in activated sludge by gas-liquid chromatography. Appl Microbiol Biotechnol, 54(9): 2325-2327.

Doi Y, Kawaguchi Y, Nakamura Y, *et al.* 1989. Nuclear magnetic resonance studies of poly (3-hydroxybutyrate) and polyphosphate metabolism in *Alcaligenes eutrophus*. Appl Microbiol Biotech, 55(11): 2932-2938.

Dubois M, Gilles K A, Hamilton J K, *et al.* 1956. Colorimetric method for determination of sugars and related substances. Anal Chem, 28(3): 350-356.

Homes P A. 1985. Applications of PHB: a microbially produced biodegradable thermoplastic. Physics in Technology, 16(1): 32-36.

Poirier Y, Nawrath C, Somervall C. 1995. Production of polyhydroxyalkanoates, a family of biodegradable plastics and elastomers, in Bacteria and Plants. Bio/Technol, 13(2): 142-150.

Ramsay B A, Lomaliza K, Chararie C, *et al.* 1990. Production of poly-(beta-hydroxybutyric-co-beta- hydroxyvaleric) acids. Appl Environ Microbiol, 56(7): 2093-2098.

Sambrook S, Fritsch E F, Maniatis T. 1989. Molecular Cloning: A Laboratory Manual. 2nd ed. New York: Cold Spring Harbor Laboratory.

Slater S C, Votge W H, Dennis D E. 1988. Cloning and expression in *Escherichia coli* of the *Alcaligenes eutrophus* H16 poly-β-hydroxybutyrate biosynthetic pathway. J Bacteriol, 170(10): 4431-4436.

Steinbüchel A, Schubert P. 1989. Expression of the *Alcaligenes eutrophus* poly (β-hydroxybutyric acid)-synthetic pathway in *Pseudomonas* sp. Arch Microbiol, 153(1): 101-104.

Steinbüchel A, Valentin H E. 1995. Diversity of bacterial polyhydroxyalkanoic acids. FEMS Microbiol Lett, 128(3): 219-228.

Williamson D H, Wilkinson J F. 1958. The isolation and estimation of the poly-beta-hydroxybutyrate inclusions of *Bacillus* species. J Gene Microbiol, 19(1): 198-209.

Wirth R, Friesenegger A, Fieldler S. 1989. Transformation of various species of Gram-negative bacteria belonging to 11 different genera by electroporation. Mol Genet Genomics, 216(1): 175-177.

Zhang H, Obias V, Gongyer K, *et al.* 1994. Production of polyhydroxyalkanoates in sucrose-utilizing recombinant *Escherichia coli* and *Klebsiella* strains. Appl Environ Microbiol, 60(2): 1198-1205.

本文原载：生物工程学报, 1997, 13(3): 298-303.

高产稳产聚羟基烷酸的重组大肠杆菌的构建*

田杰生，宋海琛，吴柏和，王珍芳，李季伦

（中国农业大学生物学院微生物系，北京，100094）

摘要

重组大肠杆菌（*Escherichia coli*）HMS174（pTZ18U-PHB）含有携带聚羟基烷酸（PHA）合成基因（*phaCAB*）[†]的质粒pTZ18U-PHB，是很有潜力的PHA生产菌，但存在着质粒不稳定和不能合成3-羟基丁酸（3HB）与3-羟基戊酸（3HV）共聚物[P（3HB-co-3HV）]的缺陷。将RK2质粒上的*parDE*基因引入pTZ18U-PHB构成质粒pJMC2，该质粒可以在宿主*E. coli* HMS174中稳定遗传。将培养基中的磷酸盐浓度降至18 mmol/L，发现*E. coli* HMS174（pJMC2）能够以丙酸为前体合成P（3HB-co-3HV），其中3HV在共聚物中的含量为5%~8%。在5 L自动发酵罐中分批补料培养*E. coli* HMS174（pJMC2），培养基初始磷酸盐浓度为15 mmol/L，30 h后每升培养液中干菌体可达42.5 g，P（3HB-co-3HV）占干重的70%，其中3HV在共聚物中的含量为4.9%。

关键词

聚羟基烷酸，重组大肠杆菌，质粒稳定性。

一、引言

聚羟基烷酸（PHA）是细菌碳源和能源的贮藏物质（Steinbùchel and Valentin, 1995），在自然界中可被微生物降解成水和二氧化碳，且具有热可塑性和生物相容性等特性（Homes, 1985）。随着废弃塑料污染的日益严重，被国际社会公认为生物可降解性塑料，极具开发潜力（Poirier *et al.*, 1995）。

3-羟基丁酸（3HB）的同聚物（PHB）和3HB与3-羟基戊酸（3HV）共聚物[P（3HB-co-3HV）]是两种最常见的PHA（Steinbùchel and Valentin, 1995）。相比之下，PHB质地硬而脆，难以加工，而P（3HB-co-3HV）则具有较好的强度和韧性，发展前景优于PHB（Poirier *et al.*, 1995）。

英国帝国化学工业公司（ICI）早在20世纪80年代就率先用发酵法培养真养产碱杆菌（*Alcaligenes eutrophus*）生产PHB（Homes, 1985），至今发酵法仍是PHA最主要的生产方法（Poirier *et al.*, 1995）。由于PHA的生产成本远远高于聚丙烯等化学合成塑料，因此限制了PHA的推广应用（Poirier *et al.*, 1995）。

---

*本研究由“863”计划项目（715-004-0200)资助。

†phaCAB是由phaA、phaB和phaC 组成的操纵元(operon)，它们分别编码β-酮硫解酶、乙酰乙酰CoA 还原酶和PHA合成酶(Sobecky *et al.*, 1996)。

为此，国际上许多实验室都在开展降低生产成本的研究 (Poirier *et al.*, 1995)，尝试之一是将指导真养产碱杆菌合成 PHA 的基因 *phaCAB* 装于载体质粒上，引入大肠杆菌 (*Escherichia coli*) (Rhie and Dennis, 1995)。与真养产碱杆菌相比，转基因菌 (亦称重组菌) 具有一些优点 (Steinbüchel and Schlegel, 1991)，但也有一些不足之处，其中主要有：①由于含 *phaCAB* 的重组质粒在宿主细胞分裂时不易平均分配到两个子细胞中，最终会产生丢失质粒的细胞，降低 PHA 的产率；②目前尚无简便的方法使重组大肠杆菌合成 P (3HB-co-3HV) (Rhie and Dennis, 1995)。

为了克服重组大肠杆菌的上述缺点，我们利用 RK2 质粒的 *parDE* 区段具有杀伤丢失该质粒的宿主细胞的功能 (Sobecky *et al.*, 1996)，将 *parDE* 引入含 *phaCAB* 的重组质粒，转移到大肠杆菌中，保证几乎所有宿主细胞中都有重组质粒。此外，降低培养基中磷酸盐的浓度，可显著增加工程菌合成 P (3HB-co-3HV) 的量，并在 5 L 自动发酵罐中成功地合成了一定量的 P (3HB-co-3HV)。

二、材料和方法

(一) 菌株和质粒

所用的菌株和质粒如表 1 所示。

表 1　菌种和质粒

菌株和质粒	基因型	来源与参考文献
菌株		
Escherichia coli HMS174	*recA1 hsdR Rif*^{r}	Peng Xuexian
Escherichia coli JM107	*fsupE44 endA1 hsdR17 gyrA96 relal thi* (*lac-proAB*) F′[*traD36 proAB+lacI*^{q}*lacZ* Δ*M15*]	本实验室保存
质粒		
pTZ18U-PHB	Amp^r，*phaCAB*	Rhie and Dennis, 1995
pMZ101	Amp^r，*parDE*	本室保存
pGEM-7Zf (–)	Amp^r	Promega
pGM101	Amp^r，*parDE*	this work
pJMC2	Amp^r，*phaCAB*，*parDE*	this work

(二) 培养基和培养条件

1) 培养基：LB 培养基按 Sambrook (1989) 的文献配制，有机种子培养基、摇瓶发酵培养基和发酵罐培养基均按 Ramsay 等 (1990) 的方法配制，摇瓶发酵培养基中丙酸浓度为 4 mmol/L，发酵罐培养基中的丙酸采用流加方式，总加入量为 27 mmol/L，在培养 *E. coli* JM107 (pTZ18U-PHB) 时培养基中还需加入 10 μg/L 硫胺素。

2) 培养条件：培养温度均为 37℃，接种量均为 10%。摇床培养时，500 ml 三角瓶中装 100 ml 培养基，摇床转速为 220 r/min。发酵罐培养时，采用日本丸菱公司 MD-300 型 5 L 自动发酵罐，实际装量为 3.5 L，用 14%氨水或 10 mol/L KOH 溶液调节 pH 为 6.80±0.02，糖浓度控制在 1.0%~3.0%，在对数生长期，铵离子浓度维持在 60 mmol/L，之后逐渐降至 7.5 mmol/L。溶解氧 (DO) 维持在 30%~50%。整个过程中用蠕动泵流加丙酸。

(三) 方法

1) DNA 操作技术：质粒 DNA 的提取、纯化、转化，限制性内切酶酶解，DNA 片段的连接、回收，琼脂糖凝胶电泳，均按常规方法 (Sambrook *et al.*, 1989) 进行。所有酶及试剂购自华美生物工程公司。

2) 菌体密度测定：培养液用生理盐水稀释后，在波长 600 nm 处测定 OD 值或用菌体干重表示。

3) 葡萄糖浓度的测定：采用 3, 5-二硝基水杨酸法 (Miller, 1959)。

4) 铵离子浓度的测定：采用靛酚蓝比色法 (李酉开, 1983)。

5) PHA 的检测和提取：将重组菌的培养液离心收集菌体，制成干细胞粉 (田杰生和李季伦, 1997)。然后把细胞粉在酸化的氯仿-甲醇溶液中 90℃回馏 3 h，进行甲酯化 (Huijberts *et al.*, 1992)，用毛细管柱气相色谱法测定 PHA 的含量和组分。气相色谱仪为北京分析仪器厂 2305 型，色谱柱为该厂 6643 型毛细管柱 (长 25 m)。载气为高纯氮气，进样量为 0.5 μl，P (3HB-co-3HV) 标准品为 Aldrich 公司产品，其余条件与 Ramsay 等 (1990) 的文献相同。3HB、3HV 和内标 (苯甲酸) 的保留时间分别为 3.4 min、4.5 min 和 6.8 min。PHA 的提取和核磁共振测定参见 Huijberts 等 (1992) 的文献。

二、实验结果

(一) 重组质粒和重组菌的构建

1) *E. coli* JM107 (pTZ18U-PHB) 和 *E. coli* HMS174 (pTZ18U-PHB) 的构建：美国的丹尼斯 (Dennis) 等将真养产碱杆菌的 *phaCAB* 克隆于载体质粒 pTZ18U 上，构成质粒 pTZ18U-PHB。该质粒转化进入大肠杆菌后，*phaCAB* 可组成型表达 (Steinbüchel and Schlegel, 1991)。我们将 pTZ18U-PHB 分别转入大肠杆菌 JM107 和 HMS174，形成两株重组大肠杆菌。

2) pJMC2 和 *E. coli* HMS174 (pJMC2) 的构建：pTZ18U-PHB 不含质粒主动分配机制，欲使其在大肠杆菌中稳定遗传，通常是在培养基中加入一定量的氨苄青霉素 (Amp)，用于杀伤不含该质粒的宿主细胞，这会增加生产成本。利用 *parDE* 的产物杀伤不含该质粒的宿主细胞，我们采用了将 *parDE* 基因片段与质粒 pTZ18U-PHB 重组的技术路线。由于 *parDE* 两端的酶切位点为 *Kpn* I 和 *Bam*H I，而 *phaCAB* 内也有 *Kpn* I 位点，不便于操作，故我们先将 *parDE* 片段用 *Kpn* I 和 *Bam*H I 切下，转移至质粒 pGEM-7Zf (–) 的相应位点上，构成质粒 pGM101。这个质粒在 *Kpn* I 位点旁又提供了一个 *Xba* I 位点，因此再用 *Bam*H I 和 *Xba* I 切下 *parDE* 片段，转移至质粒 pTZ18U-PHB 的相应位点上，构成质粒 pJMC2 (图 1)，将该质粒转化至大肠杆菌 HMS174，构成重组菌 *E. coli* HMS174 (pJMC2)。

(二) 质粒稳定性的测定

1) 在 LB 培养基中质粒稳定性的测定：将 *E. coli* HMS174 (pJMC2) 和 *E. coli* MS174 (pTZ18U-PHB) 分别接种于含 50 μg/ml Amp 的 5 ml 种子培养液中，摇床培养过夜，各取 25 μl 接入 5 ml LB 培养液中，继续培养，在不同时间取样，以适当的稀释度涂 LB 平板，培养后，取 100 个菌落点种于含 50 μg/ml Amp 的 LB 平板上，培养 24 h 后统计生长情况。两株菌的测定结果如表 2 所示。

从以上结果看出，由于 *parDE* 基因的引入，pJMC2 在 *E. coli* HMS174 中的稳定性显著增加。

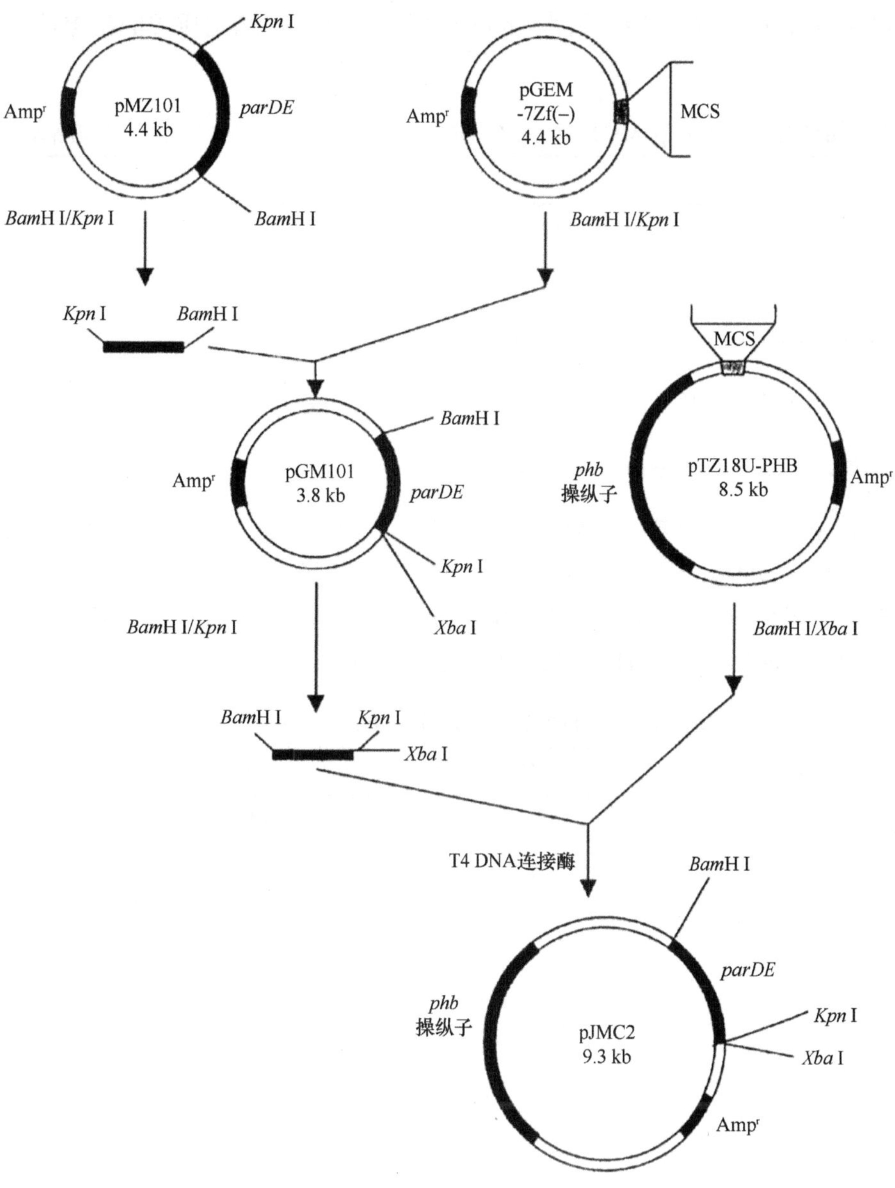

图 1　质粒 pJMC2 的构建

表 2　pTZ18U-PHB 和 pJMC2 在宿主 *E. coli* HMS174 中的稳定性（在 LB 培养基中）

质粒	培养时间/h							
	10	20	25	30	35	40	45	50
pTZ18U-PHB/%	95	73	60	50	30	12	10	5
pJMC2/%	ND	100	100	100	100	100	95	95

注：ND 表示未检测

2) 在摇瓶发酵培养基中质粒稳定性的测定：将新鲜的 *E. coli* HMS174 (pJMC2) 和 *E. coli* HMS174 (pTZ18U-PHB) 菌落分别接种于含 50 μg/ml Amp 的种子培养液中。摇床培养 8 h 后，将 *E. coli* HMS174 (pJMC2) 接入不含 Amp 的发酵培养基，*E. coli* HMS174 (pTZ18U-PHB) 分别接

入含 100 μg/ml Amp 的发酵培养基和不含 Amp 的发酵培养基中。测定质粒的稳定性，重复 3 次后的平均值如表 3 所示。

表 3　pTZ18U-PHB 和 pJMC2 在宿主 *E. coli* HMS174 中的稳定性（在发酵摇瓶培养基中）

质粒	培养基	OD_{600}	稳定性/%
pTZ18U-PHB	100 μg/ml Amp	25.0	40
	无 Amp	22.5	32
pJMC2	无 Amp	21.5	100

由表 3 可见，在发酵摇瓶培养基（只含糖和无机盐）中，*parDE* 同样具有使质粒稳定的作用。

（三）磷酸盐浓度对 P (3HB-co-3HV) 合成的影响

在培养大肠杆菌的无机培养基（如 M9 培养基）中，重组大肠杆菌通常不能利用丙酸等前体合成 P (3HB-co-3HV) (Miller, 1959)，本实验发现这主要是和其中的磷酸盐浓度过高（70 mmol/L）有关。当培养基中的磷酸盐含量降至 36 mmol/L 时，重组菌便可以合成（3HB-co-3HV)，且随着磷酸盐浓度下降，重组菌合成的 P (3HB-co-3HV) 中 3HV 的比例也明显增加（表 4)。

表 4　磷酸盐浓度对重组菌合成 P (3HB-co-3HV) 的影响*

重组菌株	起始磷酸盐浓度/(mmol/L)	最终 DCW/(g/L)	Amt of 3HV/[mg/mg of DCW]**	3HV/P (3HB-co-3HV)/%
E. coli JM107 (pTZ18U-PHB)	36	5.07	0.024	2.6
	18	5.33	0.065	7.9
E. coli HMS174 (pTZ18U-PHB)	36	6.37	0.014	2.2
	18	7.83	0.047	5.3
	7.2	7.3	0.099	11.4

*氨苄青霉素（Amp）在培养基中的浓度为 50 μg/ml；**Amt 为干细胞中的平均重量；DCW 为干细胞重

（四）5 L 发酵罐中的批式补料培养

为了验证上述结论并探究重组大肠杆菌用于实际生产的可能性，我们在 5 L 自动发酵罐中分别对 *E. coli* HMS174 (pTZ18U-PHB) 和 *E. coli* HMS174 (pJMC2) 进行了批式补料培养。分别挑取新鲜的 2 个重组菌菌落，接种有机种子培养基，当 OD_{600} 为 3~5 时，接种发酵罐培养基。其中 *E. coli* HMS174 (pTZ18U-PHB) 培养基中加入 Amp 至 100 mg/L。罐中磷酸盐起始浓度为 15.4 mmol/L。在培养过程中，按材料方法的培养条件中所述要求控制发酵条件。经 30 h 左右培养，*E. coli* HMS174 (pTZ18U-PHB) 的发酵液中干菌体密度达 36 g/L，其中每克干菌体含 P (3HB-co-3HV) 0.64 g。在共聚物中，3HB 占 94.5%，3HV 占 5.5%；*E. coli* HMS174 (pJMC2) 的发酵液中干菌体密度达 42.5 g/L，其中每克干菌体含 P (3HB-co-3HV) 0.7 g，在共聚物中 3HB 占 95%，3HV 约占 5% (图 2)。

从上述结果中可以看出，*E. coli* HMS174 (pJMC2) 培养过程中虽然没有加入 Amp，但其细胞干重和 P (3HB-co-3HV) 含量均略高于 *E. coli* HMS174 (pTZ18U-PHB)，可见在发酵罐上培养时 *parDE* 基因仍然有稳定作用。

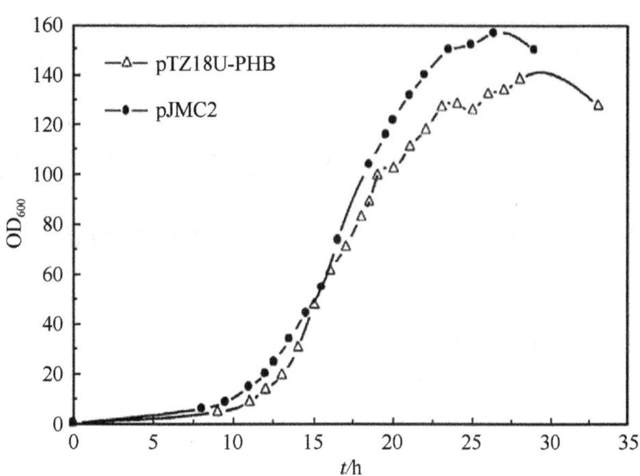

图 2 *E. coli* HMS174 (pTZ18U-PHB) 和 *E. coli* HMS174 (pJMC2) 批式补料培养

参 考 文 献

李酉开. 1983. 土壤农业化学常规分析方法. 北京: 科学出版社: 86-88.

田杰生, 李季伦. 1997. 真养产碱杆菌聚羟基烷酸合成酶基因在欧文氏菌中的表达. 生物工程学报, 13(3): 298-303.

Homes P A. 1985. Applications of PHB: a microbially produced biodegradable thermoplastic. Phys Technol, 16(1): 32-36.

Huijberts G N M, Eggink G, Waard P, *et al.* 1992. *Pseudomonas putida* KT2442 cultivated on glucose accumulates poly (3-hydroxyalkanoates) consisting of saturated and unsaturated monomers. Appl Environ Microbiol, 58(2): 536-544.

Miller G L. 1959. Use of dinitrosalicylic acid reagent for determination of reducing sugar. Anal Chem, 31(3): 426-428.

Poirier Y, Nawrath C, Somervall C. 1995. Production of polyhydroxyalkanoates, a family of biodegradable plastics and elastomers, in Bacteria and Plants. Bio/Technol, 13(2): 142-150.

Ramsay B A, Lomaliza K, Chararie C, *et al.* 1990. Production of poly-(beta-hydroxybutyric-co-beta-hydroxyvaleric) acids. Appl Environ Microbiol, 56(7): 2093-2098.

Rhie H G, Dennis D. 1995. Role of *fadR* and *atoC* (Con) mutations in poly (3-hydroxybutyrate-co-3-hydroxyvalerate) synthesis in recombinant pha^+ *Escherichia coli*. Appl Environ Microbiol, 61(7): 2487-2492.

Sambrook S, Fritsch E F, Maniatis T. 1989. Molecular Cloning: A Laboratory Manual. 2nd ed. New York: Cold Spring Harbor Laboratory.

Sobecky D A, Easter C L, Bear P D, *et al.* 1996. Characterization of the stable maintenance properties of the par region of broad-host-range plasmid RK2. J Bacteriol, 178(7): 2086-2093.

Steinbüchel A, Schlegel H G. 1991. Physiology and molecular genetics of poly (*p*-hydroxyalkanoic acid) synthesis in *Alcaligenes eutroph*. Mol Microbiol, 5(3): 535-542.

Steinbüchel A, Valentin H E. 1995. Diversity of bacterial polyhydroxyalkanoic acids. FEMS Microbiol Lett, 128(3): 219-228.

本文原载: 微生物学报, 2000, 40(1): 26-31.

Fermentation of 1, 3-Propanediol by a Lactate Deficient Mutant of *Klebsiella oxytoca* Under Microaerobic Conditions*

Guang Yang, Jiesheng Tian, Jilun Li

(State Key Laboratory for Agrobiotechnology and College of Biological Sciences, China Agricultural University, Beijing, 100094, China)

Abstract

Klebsiella oxytoca M5al is an excellent 1, 3-propanediol (1, 3-PD) producer, but too much lactic acid yielded greatly lessened the fermentation efficiency for 1, 3-PD. To counteract the disadvantage, four lactate deficient mutants were obtained by knocking out the *ldhA* gene of lactate dehydrogenase (LDH) of *Klebsiella oxytoca* M5al. The LDH activities of the four mutants were from 3.85% to 6.92% of the parental strain. The fed-batch fermentation of 1, 3-PD by mutant LDH3, whose LDH activity is the lowest, was studied. The results showed that higher 1, 3-PD concentration, productivity and molar conversion rate from glycerol to 1, 3-PD can be gained than those of the wild type strain and no lactic acid is produced under both anaerobic and microaerobic conditions. Sucrose fed during the fermentation increased the conversion and sucrose added at the beginning increased the productivity. In fed-batch fermentation with sucrose as cosubstrate under microaerobic conditions, the 1, 3-PD concentration, conversion and productivity were improved significantly to 83.56 g/L, 0.62 mol/mol and 1.61 g/(L·h), respectively. And 60.11 g/L 2, 3-butanediol was also formed as major byproduct in the broth.

Keywords

Klebsiella oxytoca, 1, 3-propanediol, fermentation.

1. Introduction

As an important chemical intermediate, 1, 3-PD was used as a monomer to produce polyesters, polyethers and polyurethanes. Until now, 1, 3-PD has been produced by chemical synthesis, either by the hydratation of acrolein or by the hydroformylation of ethylene oxide (Biebl *et al.*, 1999; Zeng and Biebl, 2002). Compared with chemical synthesis, microbial fermentation processes for 1, 3-PD have many obvious advantages in that they use renewable resources and reduce pollution to a great extent. The 1, 3-PD producers are all bacteria including enterobacteria, such as *Klebsiella pneumoniae*, *Citrobacter freundii* and *Enterbacter agglomerans*; clostridia, such as *Clostridium butylicum*, *C. pasteurianum* and lactobacter, such as *Lactobacillus brevis* and *L. buchneri*, *etc.* (Homman *et al.*, 1990; Biebl *et al.*, 1999; Zeng and Biebl, 2002). The production of 1, 3-PD is generally

*This work was supported by the National Key Technologies Research and Development Program of China during the 10th Five-Year Projects period (2001BA708B01-04).

performed under anaerobic conditions using glycerol as the sole carbon source. In the metabolic reactions, glycerol is dissimilated through coupled oxidative and reductive pathways (Zeng *et al.*, 1993; Ahrens *et al.*, 1998; Biebl *et al.*, 1999; Zeng and Biebl, 2002). The reductive branch consists of two steps, glycerol is first dehydrated to 3-hydroxypropionaldehyde (3-HPA), and then 3-HPA is reduced to 1, 3-PD under the consumption of reducing power (NADH). The reducing power and various byproducts were produced in the oxidative branch. In the actual fermentation process a number of byproducts can be found (Zeng *et al.*, 1993; Solomon *et al.*, 1995; Zeng, 1996; Biebl *et al.*, 1998, 1999; Biebl, 2001). The inhibition potentials of substrate and products on cell growth will impair the 1, 3-propanediol production and then make the product recovery and purification a troublesome task. Multiple inhibition by glycerol and products to *K. pneumoniae* and *C. butylicum* had been studied in several investigations (Biebl, 1991; Zeng *et al.*, 1994; Cameron *et al.*, 1998; Colin *et al.*, 2000, 2001; Cheng *et al.*, 2005), the organic acids and ethanol were more toxic than glycerol and 1, 3-PD to both bacteria, and among the organic acids, acetic acid was most toxic to *K. pneumoniae*.

Many efforts have been put into the 1, 3-PD fermentation processes to increase the glycerol conversion and final 1, 3-PD concentration. New strains selection (Biebl *et al.*, 1992; Petitdemange *et al.*, 1995; Papanikolaou *et al.*, 2000), different culture techniques applications (Günel *et al.*, 1991; Boenigk *et al.*, 1993; Reimann and Biebl, 1996; Menzel *et al.*, 1997; Reimann *et al.*, 1998; Papanikolaou *et al.*, 2000; Biebl, 2001) and cofermentation glycerol with sugar (Tong and Cameron, 1992; Biebl and Marten, 1995; Saint-Amans and Soucaille, 1995; Abbad-Andaloussi *et al.*, 1998; Saint-Amans *et al.*, 2001) have been practiced and achieved some improvement in a sense. Recently, fermentations under microaerobic conditions were studied (Huang *et al.*, 2002; Chen *et al.*, 2003; Cheng *et al.*, 2004) and an anaerobic/aerobic combined culture was developed to improve the 1, 3-PD concentration (Cheng *et al.*, 2004). Although some progress had been made in these studies, the 1, 3-PD concentration of 55~73 g/L was still unlikely for bulk production. Some recombinant strains of *E. coli* have been constructed, but they can only produce 1, 3-PD with very low levels from glycerol (Sprenger *et al.*, 1989; Tong *et al.*, 1991; Tong and Cameron, 1992; Cameron *et al.*, 1998; Skraly *et al.*, 1998; Zhu *et al.*, 2002). Methods of metabolic engineering and recombinant DNA technology are also used to bring out new organisms utilizing cheaper and abundant substrates such as sugar and starch (Cameron *et al.*, 1998; Biebl *et al.*, 1999; Zeng and Biebl, 2002; Nakamura and Whited, 2003). Unfortunately, no desirable results were gained until Dupont and Genencor described in a patent that a recombinant *E. coli* reached a final 1, 3-PD concentration of 135 g/L using glucose as substrate (Nakamura and Whited, 2003). Although it was an exciting outcome, to add vitamin B_{12} in the fermentation process became a new restriction to discourage it into large-scale production of 1, 3-PD.

2. Materials and Methods

In view of the results not so desirable for 1, 3-PD industrial scale production mentioned above, maybe to block the pathways leading to the byproducts of no benefit to 1, 3-PD production is a simple and effective method to improve the glycerol conversion and final 1, 3-PD concentration. The purpose of this work was to construct lactate deficient mutants to make an intrinsic improvement to 1, 3-PD production. And the effect of sucrose as cosubstrate under microaerobic conditions was also studied to boost 1, 3-PD production from extrinsic aspects.

2.1 Strains and media

Klebsiella oxytoca M5al was kindly supplied by Dr. Burris, Department of Bacteria, University of

Wisconsin-Madison. It was once designated as *Aerobacter aerogenes* or *Klebsiella pneumoniae* (Ohta *et al.*, 1991). And it was used in this work not only for it was an excellent 1, 3-PD producer, but for it was free of capsular and nonpathogenic and so can be used safely. The LDH mutants were *ldhA* deficient by inserting the vector pGPCm (Zhao and Li, 2004) into the *ldhA* gene of *K. oxytoca* M5al (DQ438981).

The media were same as Günel *et al.* (1991) used except the deletion of $CaCl_2{\cdot}2H_2O$ and $CaCO_3$ and the glycerol concentration in fermentation media. The preculture media contained (per liter): 3.4 g K_2HPO_4, 1.3 g KH_2PO_4, 20 g glycerol, 2.0 g $(NH_4)_2SO_4$, 0.2 g $MgSO{\cdot}7H_2O$, 1.0 g yeast extract, 2.0 ml Fe solution, 1.0 ml trace element solution. And in fermentation medium, the phosphate was reduced to 1.0 g K_2HPO_4 and 0.5 g KH_2PO_4, and Fe solution was reduced to 1.0 ml. The Fe solution contained (per liter): 5 g $FeSO_4{\cdot}7H_2O$, 4 ml HCl (37%). The trace element solution contained (per liter): 70 mg $ZnCl_2$, 20 mg $CuCl_2{\cdot}2H_2O$, 0.1 g $MnCl_2{\cdot}4H_2O$, 25 mg $NiCl_2{\cdot}6H_2O$, 60 mg H_3BO_3, 35 mg $Na_2MO_4{\cdot}2H_2O$, 0.2 g $CoCl_2{\cdot}2H_2O$, 4 ml HCl (37%).

2.2 Culture conditions

The seed cells were grown in a 500 ml shake flask containing 100 ml media at 180 r/min and 37℃ for 14 h aerobically. The fed-batch cultivation was carried out in a 7.5 L stirring bioreactor (NBS Bioflo 110, USA) with a working volume of 4 L after 10% inoculation by volume. Temperature and agitation speed were maintained at 37℃ and 300 r/min, respectively. The pH was maintained at 7.0 by automatic addition of 5 mol/L KOH. N_2 of 0.5 L/min or air of 1.6 L/min was sparged into bioreactor to maintain the anaerobic or microaerobic conditions. It is worth pointing out that under the microaerobic conditions the dissolved oxygen value decreased rapidly from 100% to 0 within 2 h until the end of fermentation although air was sparged into the bioreactor through the fermentation processes but was always 0 when N_2 was sparged. 80% glycerol or solution contained 80% glycerol, 10% sugar and 10% H_2O were fed into bioreactor to maintain the glycerol concentration of 60 g/L from 6 h to 40 h, and then the supplement was stopped to lead the minimum of glycerol in the final broth.

2.3 Analytical methods

The biomass concentration was measured as absorbance at 600 nm using a Beckman DU640 UV/VIS spectrophotometer.

Glycerol, sucrose and the products 1, 3-PD, 2, 3-BD, lactic acid, acetic acid, succinic acid, ethanol were determined by HPLC system (Waters 510 system, USA) with an Aminex HPX-87H Organic Acid Analysis Column (Bio-Rad, USA), using a Waters 2414 Refractive Index Detector. The column temperature was 65℃ and the detector temperature was 45℃. 5 mmol/L H_2SO_4 solution was used as mobile phase at a 0.8 ml/min flow rate.

2.4 Construction of the *ldhA* deficient mutants

An 805 bp segment of truncated *ldhA* gene of *K. oxytoca* M5al was polymerase chain reaction (PCR)-amplified with oligonucleotides primer 1 (forward 5′-ACGGTTGCGAACGGT ATGTA-3′) and primer 2 (reverse 5′-AGTGGTCTCCGAAATGCTGA-3′) using total DNA from *K. oxytoca* M5al as template. The segment was cloned into the pGEM-T easy vector (Promega, USA) and then transferred to suicide vector pGPCm after digested with *Eco*R I, resulting in vector pLDH. The pLDH vector was then transformed into *E. coli* SM10 (Miller and Mekalanos, 1998), and the resulting strain was used as donor in conjugation with *K.*

oxytoca M5al. Transconjugants were selected for both chloromycetin resistance from pGPCm inserting and ampicillin resistance because the *K. oxytoca* M5al strain is resistive to ampicillin while the *E. coli* SM10 is sensitive.

2.5 Assays of the insertion mutants

PCR and Southern blot analysis were used to confirm that the transconjugants were the correct insertion mutants. Oligonucleotides primer 3 (forward 5′-CATGCGCTCCATCAAGA AGA-3′) and primer 4 (reverse 5′-GTGGGTCTCGCGGTATCATT-3′) were designed to amplify a 1,160 bp segment of pGPCm (from 1,627 bp to 2,786 bp). Total DNA from *K. oxytoca* M5al and the four transconjugants were used as template and the pGPCm plasmid DNA was used as positive contrast.

The 805 bp segment of truncated *ldhA* was used as probe and the manipulation was performed according to the instructions of DIG DNA Labelling and Detection Kit (Boehringer Mannheim, Germany). Total DNA of *K. oxytoca* M5al and the four transconjugants were digested by *Xba* I overnight, electrophoresed on 0.8% agarose gel, and then transferred to positively charged nylon membrane for hybridizing with the labeled probe.

2.6 Preparation of cell-free extracts and LDH activity assays

Determination of lactate dehydrogenase (LDH) activity was done as described by Tarmy and Kaplan (1968). Cells were grown in 200 ml rich broth media (10 g tryptone, 5 g NaCl and 1 g yeast per liter) for 12 h and were harvested by centrifugation. After washing the cell pellet with 50 ml 0.1 mol/L KH_2PO_4 buffer (pH 7.5) for two times, the cells were resuspended in 3.0 ml phosphate buffer. The cells were disrupted by ultrasonic treatment and then centrifugated at 145,000 *g* for 1 h at 4℃, the precipitate containing cellar debris and unbroken cells was discarded and the supernatant was used to LDH activity assay.

LDH (EC1.1.1.28) activity was assayed using a Beckman DU640 UV/VIS spectrophotometer. The assay followed the decrease in absorbance at 340 nm as NADH was oxidized to NAD^+ by pyruvate as catalysed by LDH. The LDH assay mix solution contained the following: KH_2PO_4 buffer 0.1 mol/L, pH 7.5, NADH 0.33 mmol/L and sodium pyruvate 30 mmol/L. 20 μl cell-free extract was added into 3.0 ml mix solution to begin the reaction. One unit of enzyme activity is defined as the amount of enzyme necessary to convert 1 μmol NADH to NAD^+ per minute.

Protein concentrations were determined by the method of Bradford (1976) using bovine serum albumin (BSA) as the standard.

3. Results

3.1 Construction and assay of the *ldhA* deficient mutants

Four transconjugants selected by antibiotic were named LDH1 to LDH4 and then PCR and Southern blot analysis confirmed that the pLDH vector had integrated into the chromosome of the strains and the *ldhA* gene had been deleted by the pGPCm inserting. That is, the transconjugants were the correct insertion mutants.

The PCR result was showed in Fig. 1. Segments of about 1,200 bp were amplified from the chromosome DNA of the four transconjugants as well as the pGPCm plasmid DNA but no product can be obtained from the M5al chromosome DNA. This result indicated that the pLDH vector had integrated into the chromosome of the transconjugant strains.

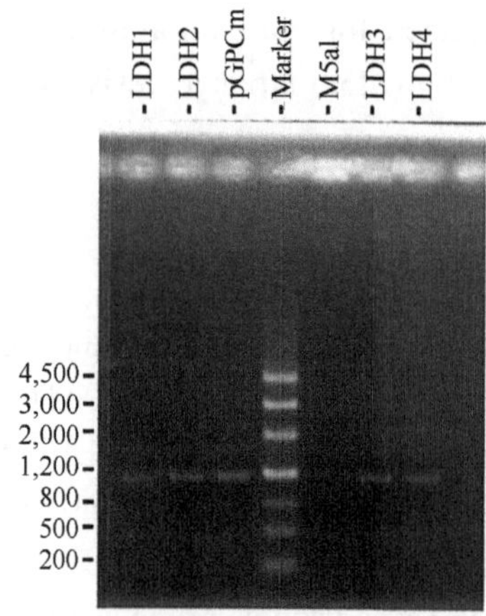

Fig. 1 PCR analysis of total DNA from *K. oxytoca* M5al and the mutants

The result of Southern blot was showed in Fig. 2. Because there is one *Xba* I site in pGPCm while no *Xba* I site in the *ldhA* gene, the two hybridizing bands in the transconjugants DNA indicated that the *ldhA* gene had been divided into two segments by inserting of the pGPCm while only one band in the M5al DNA.

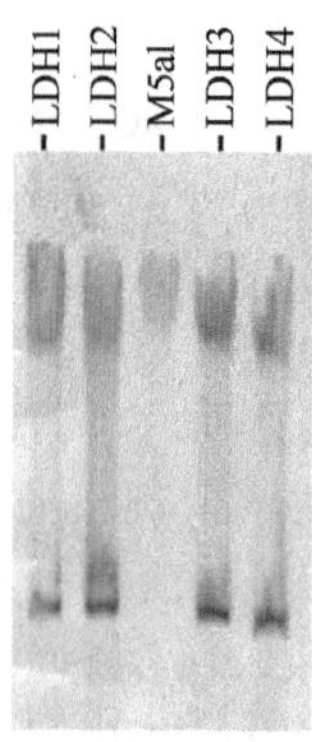

Fig. 2 Southern blot analysis of total DNA from *K. oxytoca* M5al and the mutants

3.2 LDH activity assays

The LDH activities of the four mutants were from 3.85% to 6.92% of the parental strain (Table 1). This result further proved that the *ldhA* gene had been knocked out by insertion. The mutant LDH3, whose LDH activities is the lowest, was used in the fermentations aftermentioned.

Table 1 LDH activity of *K. oxytoca* M5al and the mutants

Strains	LDH activity	
	U/mg protein	% of wild type
M5al	0.8617	100
LDH1	0.0596	6.92
LDH2	0.0424	4.92
LDH3	0.0332	3.85
LDH4	0.0549	6.37

Note: Strains were grown for 12 h aerobically at 37℃ in rich broth plus 0.4% glucose

3.3 Comparison of fed-batch fermentations by *K. oxytoca* M5al and LDH3

The results of fed-batch fermentation by *K. oxytoca* M5al and LDH3 under anaerobic and microaerobic conditions are compared in Table 2 and Table 3, respectively. The fermentation efficiency for 1, 3-PD were improved significantly by LDH3 compared with *K. oxytoca* M5al in both cases. The indexes of 1, 3-PD concentration, conversion and productivity under anaerobic conditions were 45%, 29% and 32% higher than that of *K. oxytoca* M5al, respectively; and were 58%, 22% and 21% higher under microaerobic conditions. And no lactic acid was produced in the LDH3 fermentation processes under both conditions. The results also showed that more biomass, higher 1, 3-PD concentration and productivity can be gained for both strains under microaerobic conditions but conversion was only a little lower than that of anaerobic conditions. This is the reason we carried out fermentations under microaerobic conditions below. Furthermore, a lot more 2, 3-BD was produced by both strains under microareobic conditions, and it even replaced the lactic acid as the maximum byproduct in *K. oxytoca* M5al.

Table 2 Comparison of fed-batch fermentations by *K. oxytoca* M5al and LDH3 under anaerobic conditions

Strains	AGC/(g/L)	OD_{600}	Products concentration/(g/L)						Conversion/(mol/mol)	Carbon recovery/%	Productivity/[g/(L·h)]
			PD	BD	Lac	Suc	Ace	Eth			
M5al	116.37	4.75	39.14	5.27	16.73	3.77	12.31	12.26	0.41	96.38	0.63
LDH3	130.16	4.37	56.73	9.12	ND	6.67	14.23	15.89	0.53	95.16	0.83

Notes: AGC. accumulative glycerol consumed; ND. could not be detected by HPLC; PD. 1, 3-propanediol; BD. 2, 3-butanediol; Lac. lactic acid; Suc. succinic acid; Ace. acetic acid; Eth. ethanol

Table 3 Comparison of fed-batch fermentations by *K. oxytoca* M5al and LDH3 under microaerobic conditions

Strains	AGC/(g/L)	OD_{600}	Products concentration/(g/L)						Conversion/(mol/mol)	Carbon recovery/%	Productivity/[g/(L·h)]
			PD	BD	Lac	Suc	Ace	Eth			
M5al	134.03	7.16	43.26	25.37	22.13	4.29	6.42	11.56	0.36	101.3	0.86
LDH3	149.71	6.99	62.64	35.18	ND	4.08	5.33	9.65	0.50	97.95	1.04

Notes: AGC. accumulative glycerol consumed; ND. could not be detected by HPLC; PD. 1, 3-propanediol; BD. 2, 3-butanediol; Lac. lactic acid; Suc. succinic acid; Ace. acetic acid; Eth. ethanol

3.4 Effect of sucrose on cell growth and products formation in fed-batch fermentation of LDH3 under microaerobic conditions

As indicated in Fig. 3, sucrose added at the beginning of fermentation led to the rapid cell growth in a short time while sucrose fed together with glycerol increased the biomass a little until the biomass all reached a close level of about 7.0 (OD_{600}) after 30 h under the conditions whether or how sucrose was added into the bioreactor.

Effects of sucrose on products formation are showed in Table 4. Sucrose added at the beginning of fermentation increased the productivity from 1.04 g/(L·h) to 1.14 g/(L·h) while sucrose fed with glycerol improved the conversion from 0.5 mol/mol to 0.58 mol/mol. And when the two steps were combined, the 1, 3-PD concentration, conversion and productivity were all improved substantially (Table 5).

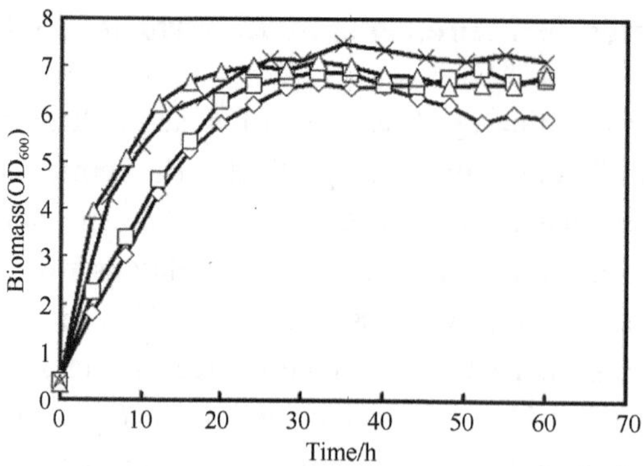

Fig. 3 Effect of sucrose to cell growth of mutant LDH3

(◇) no sucrose added in the fermentation process, (□) sucrose fed with glycerol during the fermentation process, (Δ) sucrose added at the beginning of fermentation, (×) sucrose added at the beginning and also fed with glycerol during the fermentation process

Table 4 Effect of sucrose on fed-batch fermentations by mutant LDH3

No.	AGC/(g/L)	ASC/(g/L)	Products concentration/(g/L)					Conversion/ (mol/mol)	Carbon recovery/%	Productivity/ [g/(L·h)]
			PD	BD	Suc	Ace	Eth			
1	149.71	0	62.64	35.18	4.08	5.33	9.65	0.50	97.95	1.04
2	137.13	18.58	66.12	52.07	4.87	5.71	4.92	0.58	96.68	1.07
3	164.89	10.67	68.13	49.64	3.96.	6.37	7.28	0.50	96.75	1.14

Notes: 1. no sucrose was added in the fermentation process; 2. sucrose was fed with glycerol in the fermentation process; 3. sucrose was added at the beginning of fermentation; ASC. accumulative sucrose consumed; AGC accumulative glycerol consumed; PD. 1, 3-propanediol; BD. 2, 3-butanediol; Suc. succinic acid; Ace. acetic acid; Eth. ethanol

Table 5 Comparison of fed-batch fermentations with sucrose as cosubstrate by *K. oxytoca* M5al and LDH3 under microaerobic conditions LDH3

Strains	AGC/(g/L)	ASC/(g/L)	Products concentration/(g/L)						Conversion/ (mol/mol)	Carbon recovery/%	Productivity/[g/ (L·h)]
			PD	BD	Lac	Suc	Ace	Eth			
M5al	139.46	28.52	58.79	32.85	23.57	3.17	7.83	11.07	0.51	97.65	0.98
LDH3	164.67	31.72	83.56	60.11	ND	3.62	6.32	12.39	0.62	95.26	1.39

Notes: ASC. accumulative sucrose consumed; AGC. accumulative glycerol consumed; ND. could not be detected by HLPC; PD. 1, 3-propanediol; BD. 2, 3-butanediol; Lac. lactic acid; Suc. succinic acid; Ace. acetic acid; Eth. ethanol

3.5 Comparison of fed-batch fermentations with sucrose as cosubstrate by *K. oxytoca* M5al and LDH3 under microaerobic conditions

More than 30 fed-batch fermentations were carried out under microaerobic conditions, and 10 g/L sucrose was added just before inoculation with solution contained 80% glycerol, 10% sugar and 10% H_2O fed into bioreactor after 6 h in these fermentations. The representative time courses of fed-batch fermentation by *K. oxytoca* M5al and LDH3 under these conditions are indicated in Fig. 4 and Fig. 5, respectively. And the final fermentation results by them are compared in Table 5. The fermentation efficiency for 1, 3-PD was improved obviously by LDH3 under these conditions and the 1, 3-PD concentration, conversion and productivity were 42%, 22% and 42% higher than that of *K. oxytoca* M5al, respectively. And 2, 3-BD produced by LDH3 almost doubled that by *K. oxytoca* M5al.

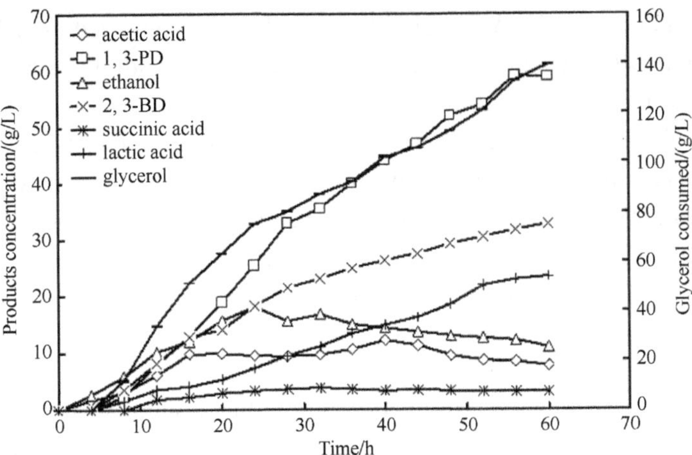

Fig. 4 Representative time course of a *K. oxytoca* M5al fed-batch fermentation under microaerobic conditions

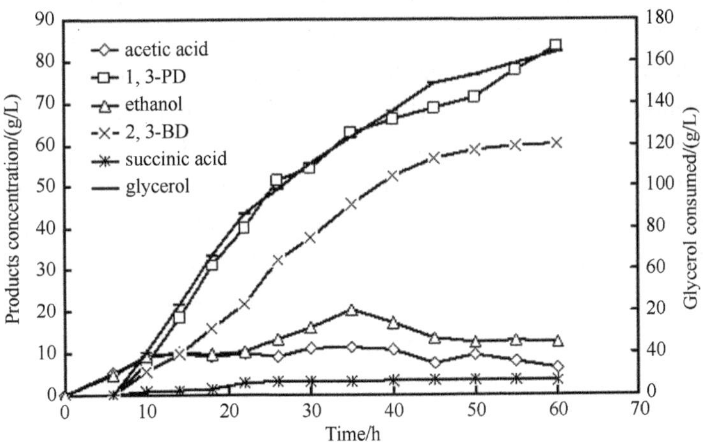

Fig. 5 Representative time course of a LDH3 fed-batch fermentation under microaerobic conditions

4. Discussion

Lactic acid was not so concerned in former studies maybe because it was not so toxic to the cells and so little lactic acid formed that it could be negligible to 1, 3-PD yield. But in this work, lactic acid was the main byproduct of *K. oxytoca* M5al (Table 2, Table 3 and Table 5). It always reached 20 g/L in the broth and even exceeded 40 g/L in some individual fermentations (data not shown). The lactate pathway will contest NADH with the 1, 3-PD pathway and too much lactic acid yield will certainly reduce the conversion from glycerol to 1, 3-PD (Zeng *et al.*, 1993; Ahrens *et al.*, 1998; Biebl *et al.*, 1999; Zeng and Biebl, 2002), so we had to take action to prevent its producing. Moreover, this action will bring facilitation and cost reduction to the downstream processes. Hereby we constructed four mutants deficient in lactate producing pathway and the mutant LDH3 was used in the actual fermentations. 2, 3-BD was the maximum byproduct and no lactic acid produced in this mutant, which alleviated the multiple inhibition to cell growth and led to the improvement of 1, 3-PD production (Table 2, Table 3 and Table 5).

Adding sugar as cosubstrate was a feasible way to improve the 1, 3-PD conversion and had been widely used (Tong and Cameron, 1992; Biebl and Marten, 1995; Saint-Amans and Soucaille, 1995; Abbad-Andaloussi *et al.*, 1998; Saint-Amans *et al.*, 2001). Although Sugar could not be converted to 1, 3-PD, it may be used for cell growth and regeneration of reducing power. Sucrose fed together with glycerol increased the conversion from glycerol to 1, 3-PD as expected, and was mostly converted into 2, 3-BD (Table 4). Effect of sucrose added at the beginning of fermentation was also studied in this work. The results (Fig. 3 and Table 4) showed that productivity was increased because cells grew rapidly in a short time and more cells worked throughout the fermentation process. When the two steps were combined, the indexes of 1, 3-PD concentration, conversion and productivity were all improved substantially (Table 5). Glucose was not used since the "Glucose Effect" was so obvious that bacteriolysis often happened when glucose was to be exhausted whereas glycerol could not be used by the bacteria in time.

Although the production of 1, 3-PD from glycerol is generally performed under anaerobic condition, 1, 3-PD could still be obtained under microaerobic or mild aerobic conditions (Huang *et al.*, 2002, Chen *et al.*, 2003; Cheng *et al.*, 2004). In all these studies, more biomass, higher productivity and almost equal or lower conversion were gained, and Huang *et al.* (2002) and Cheng *et al.* (2004) also mentioned that 2, 3-BD production was enhanced under microaerobic conditions. We gained the similar results as they described but the 2, 3-BD production was much more than they gained (Table 2). 2, 3-BD fermentation from sugar were generally carried out in the range pH 5.0~6.0 and the availability of oxygen was the most important operating factor affecting the fermentation (Voloch *et al.*, 1985). Biebl *et al.* (1998) also reported that 2, 3-BD generated at low pH of 6.5 and increased as the pH fell in glycerol fermentation by *K. pneumoniae*, especially when glycerol was excess, however, a great deal of 2, 3-BD produced at neutral pH in this work. This may due to three reasons: first, more substrates (glycerol and/or sucrose) and NADH flowed to 2, 3-BD pathway after the lactate pathway was eliminated; second, the excess glycerol and the air flow were satisfactory for the strain to produce 2, 3-BD; and the last, maybe the pH was not strict to this strain and the acetic acid accumulation was not the only factor that determined 2, 3-BD formation. 2, 3-BD is also known as an important chemical feedstock and liquid fuel, and it also can be used as monomer for the synthesis of various polyesters (Voloch *et al.*, 1985; Syu, 2001). Due to the special structure, it is hard and costly to be got through chemical synthesis. In this work, the results of more than 80 g/L 1, 3-PD coupled with more than 60 g/L 2, 3-BD is undoubtedly an evangel to chemical industry. Although some more 1, 3-PD yield would be gained theoretically when acetic acid was the only by-product than 2, 3-BD as the only by-product (Zeng *et al.*, 1993), if we take the lower toxicity to cells and 1, 3-PD production and the valuable applications of 2, 3-BD into account, maybe let 2, 3-BD as the main product of the oxidative branch is the really preferred and profitable route to carry the microbial 1, 3-PD industrialization into effect.

References

Abbad-Andaloussi S, Amine J, Gerard P, *et al.* 1998. Effect of glucose on glycerol metabolism by *Clostridium butyricum* DSM 5431. J Appl Microbiol, 84(4): 515-522.

Ahrens K, Menzel K, Zeng A P, *et al.* 1998. Kinetic, dynamic, and pathway studies of glycerol metabolism by *Klebsiella pneumoniae* in anaerobic continuous culture: III enzymes and fluxes of glycerol dissimilation and 1, 3-propanediol formation. Biotechnol Bioeng, 59(5): 544-552.

Biebl H. 1991. Glycerol fermentation to 1, 3-propanediol by *butyricum*. Measurement of product inhibition by use of a pH-auxostat. Appl Microbiol Biotechnol, 35(6): 701-705.

Biebl H. 2001. Fermentation of glycerol by *Clostridium pasteurianum*-batch and continuous culture studies. J Ind Microbiol Biotechnol, 27(1): 18-26.

Biebl H, Marten S. 1995. Fermentation of glycerol to 1, 3-propanediol: use of cosubstrates. Appl Microbiol Biotechnol, 44(1): 15-19.

Biebl H, Marten S, Hippe H, *et al.* 1992. Glycerol conversion to 1, 3-propanediol by newly isolated *Clostridia*. Appl Microbiol

Biotechnol, 36(5): 592-597.

Biebl H, Menzel K, Zeng A P, *et al.* 1999. Microbial production of 1, 3-propanediol. Appl Microbiol Biotechnol, 52(3): 289-297.

Biebl H, Zeng A P, Menzel K, *et al.* 1998. Fermentation of glycerol to 1, 3-propanediol and 2, 3-butanediol by *Klebsiella pneumoniae.* Appl Microbiol Biotechnol, 50(1): 24-29.

Boenigk R, Bowien S, Gottschalk G. 1993. Fermentation of glycerol to 1, 3-propanediol in continuous cultures of *Citrobacter Freundii.* Appl Microbiol Biotechnol, 38(4): 453-457.

Bradford M M. 1976. A rapid and sensitive method for the quantitation of microgram quantities of protein utilizing the principle of protein-dye binding. Anal Biochem, 72(1-2): 248-254.

Cameron D C, Altaras N E, Hoffman M L, *et al.* 1998. Metabolic engineering of propanediol pathways. Biotechnol Prog, 14(1): 116-125.

Chen X, Zhang D J, Qi W T, *et al.* 2003. Microbial fed-batch production of 1, 3-propanediol by *Klebsiella pneumoniae* under micro-aerobic conditions. Appl Microbiol Biotechnol, 63(2): 143-146.

Cheng K K, Liu D H, Sun Y, *et al.* 2004. 1, 3-propanediol production by *Klebsiella pneumoniae* under different aeration strategies. Biotechnol Lett, 26(11): 911-915.

Cheng K K, Liu H J, Liu D H. 2005. Multiple growth inhibition of *Klebsiella pneumoniae* in 1, 3-propanediol fermentation. Biotechnol Lett, 27(1): 19-22.

Colin T, Bories A, Lavigne C, *et al.* 2001. Effects of acetate and butyrate during glycerol fermentation by *Clostridium butyricum.* Curr Microbiol, 43(4): 238-243.

Colin T, Bories A, Moulin G. 2000. Inhibition of *Clostridium butyricum* by 1, 3-propanediol and diols during glycerol fermentation. Appl Microbiol Biotechnol, 54(2): 201-205.

Günel B, Yonsel S, Deckwer W D. 1991. Fermentation production of 1, 3-propanediol from glycerol by *Clostridium butyricum* up to a scale of 2 m^3. Appl Microbiol Biotechnol, 36(3): 289-295.

Homann T, Tag C, Biebl H, *et al.* 1990. Fermentation of glycerol to 1, 3-propanediol by *Klebsiella* and *Citrobacter* strains. Appl Microbiol Biotechnol, 33(2): 121-126.

Huang H, Gong C S, Tsao G T. 2002. Production of 1, 3-propanediol by *Klebsiella pneumoniae.* Appl Biochem Biotechnol, 98-100(1-9): 687-698.

Menzel K, Zeng A P, Deckwer W D. 1997. High concentration and productivity of 1, 3-propanediol from continuous fermentation of glycerol by *Klebsiella pneumoniae.* Enzyme Microb Technol, 20(2): 82-86.

Miller V L, Mekalanos J J. 1988. A novel suicide vector and its use in construction of insertion mutations: osmoregulation of outer membrane proteins and virulence determinants in *Vibrio cholerae* requires *toxR.* J Bacteriol, 170(6): 2575-2583.

Nakamura C E, Whited G M. 2003. Metabolic engineering for the microbial production of 1, 3-propanediol. Curr Opin Biotechnol, 14: 454-459.

Ohta K, Beall D S, Mejia J P, *et al.* 1991. Metabolic engineering of *Klebsiella oxytoca* M5A1 for ethanol production from xylose and glucose. Appl Environ Microbiol, 57(10): 2810-2815.

Papanikolaou S, Ruiz-Sanchez P, Pariset B, *et al.* 2000. High production of 1, 3-propanediol from industrial glycerol by a newly isolated *Clostridium butyricum* strain. J Biotechnol, 77(2-3): 191-208.

Petitdemange E, Manginot-Durr C, Abbad-Andaloussi S, *et al.* 1995. Fermentation of raw glycerol to 1, 3-propanediol by new strains of *Clostridium butyricum.* J Ind Microbiol, 15(6): 498-501.

Reimann A, Abbad-Andaloussi S, Biebl H, *et al.* 1998. 1, 3-propanediol formation with product-tolerant mutants of *Clostridium butyricum* DSM 5431 in continuous culture: productivity, carbon and electron flow. J Appl Microbiol, 84(6): 1125-1130.

Reimann A, Biebl H. 1996. Production of 1, 3-propanediol by *Clostridium butyricum* DSM 5431 and product tolerant mutants in fed-batch culture. Feeding strategy for glycerol and ammonium. Biotechnol Lett, 18(7): 827-832.

Saint-Amans S, Girbal L, Andrade J, *et al.* 2001. Regulation of carbon and flow in *Clostridium butyricum* VPI 3266 grown on glucose-glycerol mixtures. J Bacteriol, 183(5): 1748-1754.

Saint-Amans S, Soucaille P. 1995. Carbon and electron flow in *Clostridium butyricum* grown in chemostat culture on glucose-glycerol mixtures. Biotechnol Lett, 17(2): 211-216.

Skraly F A, Lytle B L, Cameron D C. 1998. Construction and characterization of a 1, 3-propanediol operon. Appl Environ Microbiol, 64(1): 98-105.

Solomon B O, Zeng A P, Hibel H, *et al.* 1995. Comparison of the energetic efficiencies of hydrogen and oxychemicals formation in *Klebsiella pneumoniae* and *Clostridium butyricum* during anaerobic growth on glycerol. J Biotechnol, 39(2): 107-117.

Sprenger G A, Hammer G A, Johnson E A, *et al.* 1989. Anaerobic growth of *Escherichia coli* on glycerol by importing genes of the *dha* regulon from *Klebsiella pneumoniae*. J Gen Microbiol, 135(5): 1255-1262.

Syu M J. 2001. Biological production of 2, 3-butanediol. Appl Microbiol Biotechnol, 55(1): 10-18.

Tarmy E M, Kaplan N O. 1968. Chemical characterization of D-lactate dehydrogenase from *Escherichia coli* B. J Biol Chem, 243(10): 2579-2586.

Tong I T, Cameron D C. 1992. Enhancement of 1, 3-propanediol production by cofermentation in *Escherichia coli* expressing *Klebsiella pneumoniae dha* regulon genes. Appl Biochem Biotechnol, 34/35(1): 149-159.

Tong I T, Liao H H, Cameron D C. 1991. 1, 3-propanediol production by *Escherichia coli* expressing genes from the *Klebsiella pneumoniae dha* regulon. Appl Environ Microbiol, 57(12): 3541-3546.

Voloch M, Jansen N B, Ladisch M R, *et al.* 1985. 2, 3-Butanediol. *In*: Cooney C L, Humphrey A E. Comprehensive Biotechnology. Oxford: Pergamon Press: 933-947.

Zeng A P. 1996. Pathway and kinetic analysis of 1, 3-propanediol production from glycerol fermentation by *Clostridium butyricum*. Bioprocess Engineering, 14(4): 169-175.

Zeng A P, Biebl H. 2002. Bulk chemicals from biotechnology: the case of 1, 3-propanediol production and the new trends. Adv Biochem Eng Biotechnol, 74: 239-259.

Zeng A P, Biebl H, Schlieker H, *et al.* 1993. Pathway analysis of glycerol fermentation by *Klebsiella pneumoniae*: regulation of reducing equivalent balance and product formation. Enzyme Microb Technol, 15(9): 770-779.

Zeng A P, Ross A, Hibel H, *et al.* 1994. Multiple product inhibition and growth modeling of *Clostridium butyricum* and *Klebsiella pneumoniae* in glycerol fermentation. Biotechnol Bioeng, 44(8): 902-911.

Zhao D H, Li J L. 2004. Construction and characterization of double mutants in nitrogenase of *Klebsiella pneumoniae*. Chin Sci Bull, 49(16): 1707-1713.

Zhu M M, Lawman P D, Cameron D C. 2002. Improving 1, 3-propanediol productions from glycerol in a metabolically engineered *Escherichia coli* by reducing accumulation of sn-glycerol-3-phosphate. Biotechnol Prog, 18(4): 694-699.

本文原载: Appl Microbiol Biotechnol, 2007, 73(5): 1017-1024.

Influence of Blocking of 2, 3-Butanediol Pathway on Glycerol Metabolism for 1, 3-Propanediol Production by *Klebsiella oxytoca**

Gang Zhang[1], Guang Yang[2], Xu Wang[1], Qingjuan Guo[1], Ying Li[1], Jilun Li[1]

(1. State Key Laboratory for Agrobiotechnology, College of Biological Sciences, China Agricultural University, Beijing, 100193, China; 2. Tianjin Institute of Industrial Biotechnology, Chinese Academy of Sciences, Tianjin, 300308, China)

Abstract

Glycerol metabolism is a typical biological oxidoreductive reaction. 1, 3-propanediol (1, 3-PD) is the final product of the reductive branch, while acetate, succinate, lactate, 2, 3-butanediol (2, 3-BD), and ethanol were produced in the oxidative branch. 2, 3-BD, which has similar properties of high boiling point and water solubility with 1, 3-PD, not only contests the carbon flow and NADH with 1, 3-PD, but also serves as an obstacle for obtaining high purity 1, 3-PD in downstream processes. In this study, a 2, 3-BD pathway deficient mutant of *Klebsiella oxytoca* ZG36 was constructed by knocking out the *budA* gene of the wide type strain M5al. The results of fed-batch fermentation by ZG36 indicated that the glycerol flux and the distribution of metabolites were altered in the *K. oxytoca* when the 2, 3-BD pathway was blocked. No 2, 3-BD was produced and the activity of α-ALDC (α-acetolactate decarboxylase) can not be detected in the fermentation processes. The indexes of the 1, 3-PD titer, the conversion from glycerol to 1, 3-PD and the productivity per CDW (cell dry weight) increased by 42% and 62% and 46%, respectively, compared with the M5al, and the yield of the byproducts also increased obviously. The assay of the enzyme activities in the oxidative branch and the reductive branch of the glycerol metabolism, as well as the intracellular redox state exposited the results logically.

Keywords

1, 3-propanediol, 2, 3-butanediol, alpha-acetolactate decarboxylase, reducing equivalent, *Klebsiella oxytoca*.

1. Introduction

1, 3-propanediol (1, 3-PD) is a vital industrial chemical, which is mainly applicated as monomer in synthesizing polyesters, polyethers, and polyurethanes, especially the polytrimethylene terephthalate (PTT), a new polymer having many better properties in comparison with other polymers and having potential for use in textiles and carpeting (Da Silva *et al.*, 2009; Celińska, 2010). And 1, 3-PD can also be used in other fields such as cosmetics, lubricants and drugs production, and so on (Zeng and Biebl, 2002). Some bacteria produce 1, 3-PD when using glycerol as the sole substrate. Glycerol metabolism involves two coupled branch pathways. In the

*This work was supported by National Natural Science Foundation of China (Grant No. 30900029).

oxidative branch, glycerol is oxidized to dihydroxyacetone (DHA) by NAD-dependent glycerol dehydrogenase (GDH, EC 1.1.1.6, encoded by *dhaD*) and then DHA is phosphorylated to dihydroxyacetone phosphate (DHAP) by ATP-dependent DHA kinase (encoded by *dhaK*), coupled with the NADH-cosuming reductive branch, where glycerol is firstly dehydrated to 3-hydroxypropionaldehyde (3-HPA) by glycerol dehydratase (GDHt, EC.4.2.1.30, encoded by *dhaBCE*) and then 3-HPA is reduced to 1, 3-PD by 1, 3-PD oxidoreductase (PDOR, EC 1.1.1.202, encoded by *dhaT*) (Homann *et al.*, 1990; Zeng *et al.*, 1993; Ahrens *et al.*, 1998; Biebl *et al.*, 1999). Although did not be realized on the industrial scale, much attention have been paid on microbial production of 1, 3-PD from glycerol, the byproduct of biodiesel industry, with the rapid development of biodiesel industry in recent years.

In the actual fermentation process, various of byproducts, such as 2, 3-butanediol (2, 3-BD), lactic acid, succinic acid, acetic acid and ethanol yield with glycerol catabolism in the oxidative branch, which contest the carbon flow with 1, 3-PD pathway and then make the product recovery and purification a troublesome task. Therefore, to decrease the byproducts will not only improve the 1, 3-PD production efficiency, but also make a significant contribution to the downstream processes. Measures have been taken to lessen one or more byproducts and some improvement has been achieved. The mutants defective in the lactic acid pathway or the ethanol pathway effectively improved the efficiency of 1, 3-PD fermentation (Zhang *et al.*, 2006; Yang *et al.*, 2007; Xu *et al.*, 2009). Although the mutants in which the oxidative branch was inactivated by deleting both genes of *dhaD* and *dhaK* were unable to produce most byproducts, they yielded less 1, 3-PD at the same time (Horng *et al.*, 2010). The mutant defective in *dhaR*, which is a putative transcription factor showed the similar results with the former mutants defective in *dhaD*/*dhaK* (Seo *et al.*, 2009).

2, 3-BD, a main byproduct in the 1, 3-PD fermentation and another important diol with multiple applications as an industrial chemical, have similar properties of high boiling point and water solubility with 1, 3-PD, not only contest the carbon flow and NADH with 1, 3-PD, but also serve as an obstacle for obtaining high purity 1, 3-PD in downstream processes (Xiu and Zeng, 2008).

2, 3-BD synthesis pathway involved three enzymes, catabolic α-acetolactate synthase (catalyzing pyruvate to α-acetolactate), α-acetolactate decarboxylase (catalyzing α-acetolactate to acetoin) and 2, 3-BD dehydrogenase (catalyzing acetoin to 2, 3-BD), which are encoded by *budB*, *budA* and *budC* genes, respectively (Blomqvist *et al.*, 1993; Wood *et al.*, 2005). In this study, the 2, 3-BD pathway deficient mutant of *Klebsiella oxytoca* was constructed by knocking out the *budA* gene and the physiological properties including the yield of products, distribution of metabolites, activities of key enzymes and the nucleotide pools between the mutant strain ZG36 and the wild type M5al were compared to investigated the influence of blocking the 2, 3-butanediol pathway on glycerol metabolism for 1, 3-propanediol production by *K. oxytoca*.

2. Materials and Methods

2.1 Strains and media

Klebsiella oxytoca M5al was a wide type strain which was kindly supplied by Dr Burris, Department of Bacteria, University of Wisconsin, Madison. It was once designated as *Aerobacter aerogenes* or *K. pneumoniae* (Ohta *et al.*, 1991). It was not only a good 1, 3-PD producer, but also it was free of capsular and nonpathogenic and so can be used safely. The mutant *K. oxytoca* ZG36 was a 2, 3-BD pathway deficient mutant of *Klebsiella oxytoca* M5al constructed by knocking out the *budA* gene.

The media were the same as Günel *et al.* (1991) used except the deletion of $CaCO_3$ and the glycerol concentration in fermentation media. The preculture media contained (per liter): 3.4 g K_2HPO_4, 1.3 g KH_2PO_4, 20 g glycerol, 2.0 g $(NH_4)_2SO_4$, 0.2 g $MgSO_4 \cdot 7H_2O$, 0.02 g $CaCl_2 \cdot 2H_2O$ 1.0 g yeast extract, 2.0 ml Fe solution and 1.0 ml trace element solution. The fermentation medium is the same as the preculture medium. The Fe solution contained (per liter): 5 g $FeSO_4 \cdot 7H_2O$ and 4 ml HCl (37%). The trace element solution contained (per liter): 70 mg $ZnCl_2$, 20 mg $CuCl_2 \cdot 2H_2O$, 0.1 g $MnCl_2 \cdot 4H_2O$, 25 mg $NiCl_2 \cdot 6H_2O$, 60 mg H_3BO_3, 35 mg $Na_2MoO_4 \cdot 2H_2O$, 0.2 g $CoCl_2 \cdot 2H_2O$, and 4 ml HCl (37%).

2.2 Culture conditions

The seed cells were grown in a 500 ml shake flask containing 100 ml media at 190 r/min and 37℃ for 12 h aerobically. The fed-batch fermentation was performed in a 7.5 L stirring bioreactor (NBS Bioflo 110, USA) with a working volume of 5 L after 10% incubation by volume. The temperature and agitation speed were maintained at 37℃ and 250 r/min, respectively. The pH was maintained at pH 6.8 by automatic addition of 5 mol/L KOH. Air of 1.5 L/min was sparged into fermentor to keep microaerobic conditions.

2.3 Biomass

Cells were harvested by centrifugation (12,000 r/min, 4 min), then were washed twice with deionized water, and were dried to a constant weight at 80℃. The cell absorbance of the sample was detected by a spectrophotometer (TU-1900, China) at 600 nm.

2.4 Metabolites analysis

Substrate glycerol and products 1, 3-PD, 2, 3-BD, succinate, lactate, acetate, ethanol were detected by high performance liquid chromatography (HPLC) system (Waters 515 system, USA) with an Aminex HPX-87H Organic Acid Analysis Column (Bio-Rad, USA), using a Waters 2414 Refractive Index Detector. The column temperature was 65℃ and the detector temperature was 45℃. A solution of 5 mmol/L H_2SO_4 was used as mobile phase at 0.8 ml/min flow rate.

2.5 Construction of 2, 3-BD defective mutant

For construction of 2, 3-BD deficient mutant, a 0.9 kb gentamicin-resistant cassette excised from plasmid pUCGm (Schweizer, 1993) was inserted into the *budA* gene (Wood *et al.*, 2005; Genbank accession GQ253371) coding region to knock out the *budA* gene in *K. oxytoca* M5al. As shown in Fig. 1, there is a *Kpn* I digestion site at 430 bp of *budA* coding region. A 3.1 kb segment of *budRAB* region was polymerase chain reaction (PCR)-amplied with oligonucleotides primer 1 (forward 5′-CCGGAATTCGATGGTCGTAAAGATGTTC AG-3′) and primer 2 (reverse 5′-CCGGAATTCGTCAGGGTGACATCGCTATT-3′) using total DNA from *K. oxytoca* M5al as template, and the PCR product was purified and ligated to the pMD 18-T Simple vector (TaKaRa, Japan), resulting in the vector pTB, the 0.9 kb gentamicin resistance cassette from the plasmid pUCGm was digested by *Kpn* I and inserted into the *Kpn* I site in the *budRAB*-harboring fragment in vector pTB, resulting in the plasmid pTBG, and then the hybrid fragment was digested by *Eco*R I and transferred to vector pGPKm (Zhao and Li, 2004), resulting in the suicide vector pKAG (Fig. 2), which was then transformedinto *E. coli* SM10 (resistant to kanamycin, sensitive to ampicillin and gentamicin) (Miller and Mekalanos, 1988), and the recombinant *E. coli* SM10 (pKAG) strain was used as the donor in conjugation with *K. oxytoca* M5al (resistant to ampicillin, sensitive to gentamicin and kanamycin) to disrupt the chromosome *budA* gene by homologous double crossover. The double crossover strains were selected for both ampicillin and gentamicin resistance but kanamycin sensitivity, and the single crossover strains integrating the whole pEAG into chromosome will be resistive to all the three antibiotic. The final antibiotic concentrations in the media were ampicillin 100 μg/ml, gentamicin 5 μg/ml, kanamycin 50 μg/ml.

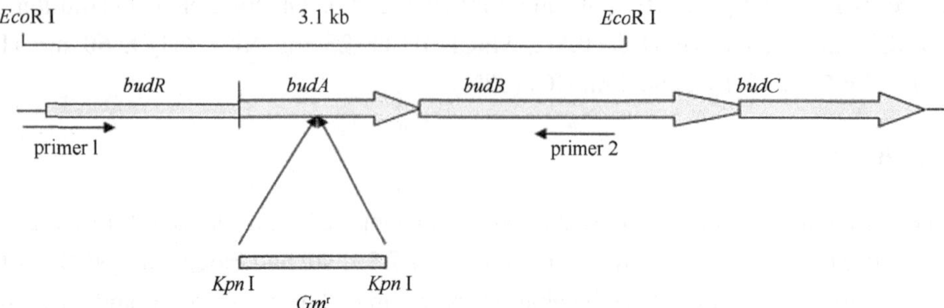

Fig. 1　Strategy for construction of *budA* gene deficient mutant in *K. oxytoca*

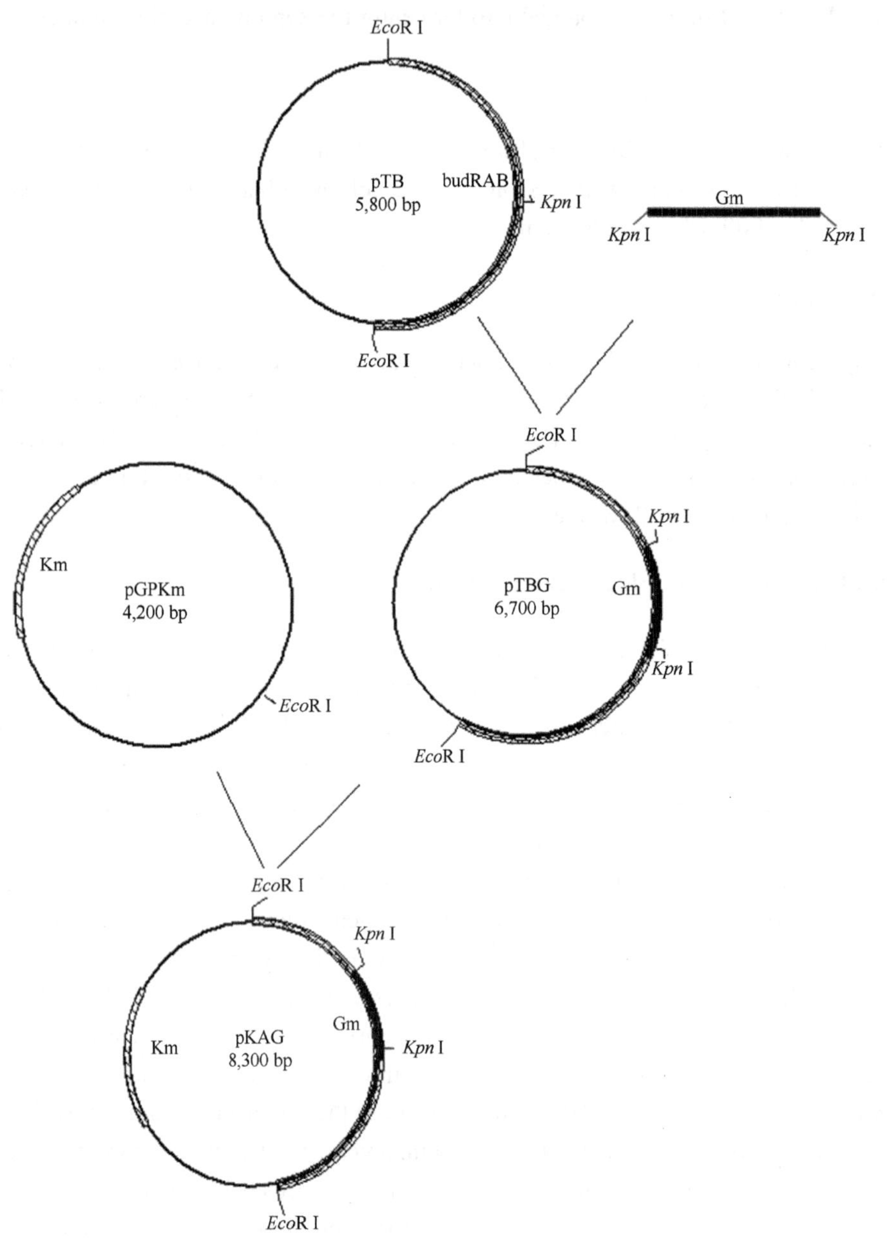

Fig. 2　Schematic of suicide plasmid pKAG construction

2.6 Preparation of cell free extract

Appropriate fermentation broth were harvested by centrifugation (12,000 r/min, 4 min) and washed with potassium phosphate buffer (100 mmol/L, pH 7.4), resuspended in 3 ml potassium phosphate buffer (100 mmol/L, pH 7.4). Crude cell extracts were prepared by ultrasonic treatment for 90 cycles of 3 s of sonication (power 240 W) and 4 s of break in an ice water bath. After centrifugation (12,000 r/min, 10 min) at 4℃, the supernatant was used for the measurement of enzymes activities.

2.7 Enzyme assays

According to the description of Ahrens *et al.* (1998) and Zheng *et al.* (2008), glycerol dehydratase (GDHt), 1, 3-propanediol oxidoreductase (PDOR), glycerol dehydrogenase (GDH), lactate dehydrogenase (LDH), and alcohol dehydrogenase (ADH) were determined (Ahrens *et al.*, 1998; Zheng *et al.*, 2008). Alpha-acetolactate decarboxylase (α-ALDC) was detected by VP test (Frank and Knud, 1984; Blomqvist *et al.*, 1993). It must be pointed that due to α-acetolactate undergoes a slow non-enzymatic decarboxylation (approx. 3% per hour at pH 6.0 and 30℃) into diacetyl or acetoin, which gives a similar color reaction, the same reaction without adding enzyme was carried out as the blank (Phalip *et al.*, 1994).

The total protein concentration was determined by the method of Bradford (1976) with bovine serum albumin as the standard. One unit of enzyme was defined as the amount of protein required to produce or consume 1 μmol of product or substrate per min. The specific activity was the ratio of the enzyme activity and per mg protein.

2.8 Determination of nucleotide pools (NADH/NAD assay)

The intracellular concentration of NAD and NADH were determined as follows (Menzel *et al.*, 1998; Du *et al.*, 2007). Samples (1 ml) at different time intervals were taken from fermenter quickly and was treated with KOH (pH 12.3, to destroy NAD) for NADH at 30℃ for 10 min, or was treated with HCl (pH 1.3 to destroy NADH) for NAD at 50℃ for 10 min. After centrifugation (12,000 r/min, 10 min, 4), the supernatant was immediately used for NADH or NAD concentration detections. The assay mixture of NADH or NAD contained 687 μl phosphate potassium buffer (pH 7.4,200 mmol/L), 133 μl phenazinium ethyl sulfate (4 mg/ml), 133 μl thiazolyl blue (5 mg/ml), 24 μl ethanol, and 6.7 μl alcohol dehydrogenase (375 U/ml). The reaction was initiated by addition of the extract. The rate of increase in absorption at 570 nm was measured spectrophotometrically.

3. Results and Discussion

3.1 Construction and assay of 2, 3-BD deficient mutant

Transconjugants were selected by antibiotic firstly and then confirmed to be the right mutants by PCR analysis. The PCR results were shown in Fig. 3, the bands amplified from the total DNA of the transconjugants 1~5 (band 3~7) was the same as that from the suicide vector pKAG (band 2) and 0.9 kb bigger than that from the total DNA of M5al (band 1), and both bands mentioned above were amplified from the DNA of the single crossover strain. One positive mutant strain named *K. oxytoca* ZG36 was selected and the followed work was carry out with this mutant.

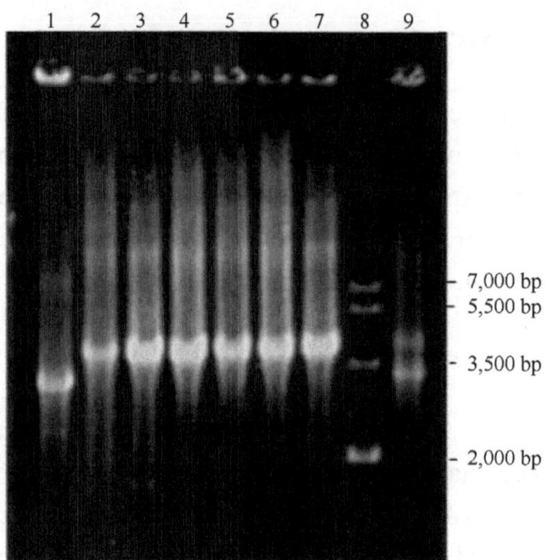

Fig. 3 PCR verification of mutant

1. negative control (3.1 kb); 2. positive control (4.0 kb); 3~7. mutants (4.0 kb); 8. DNA Marker IV; 9. single crossover strain (3.1 kb, 4.0 kb)

3.2 Metabolites analysis of *K. oxytoca* ZG36 and *K. oxytoca* M5al

Blocking of 2, 3-BD synthesis pathway dramatically affected the cell growth and glycerol metabolism of *K. oxytoca*. As shown in Fig. 4, the cell dry weight of *K. oxytoca* ZG36 was obviously lower than that of the wild type M5al after 17 hours. Fig. 5 and Fig. 6 showed glycerol metabolism of *K. oxytoca* M5al and ZG36 in fed-batch fermentation processes. No 2, 3-BD was produced in the *K. oxytoca* ZG36 fermentation processes, which further proved that *K. oxytoca* ZG36 was a reliable 2, 3-BD deficient mutant strain. The maximum 1, 3-PD concentration of *K. oxytoca* ZG36 and M5al was 27.16 g/L and 24.04 g/L, respectively. The yield of lactate and acetate per CDW in *K. oxytoca* ZG36 both exceeded 2-fold in M5al. Succinate increased from 0.63 g/L CDW to 1.11 g/L CDW after blocking of 2, 3-BD pathway. And ethanol was some more as well.

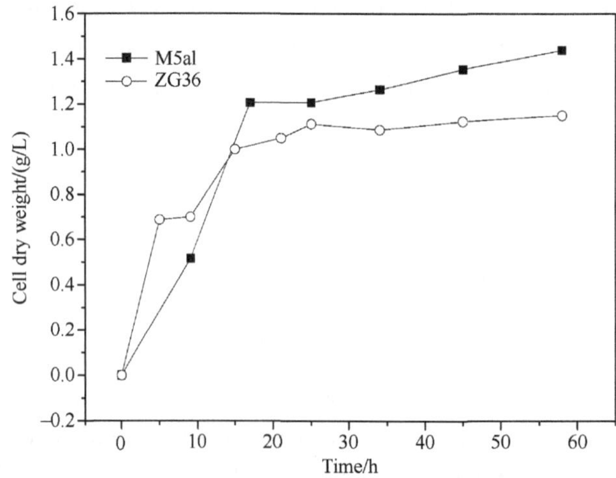

Fig. 4 The growth processes of *K. oxytoca* M5al and ZG36 in fed-batch fermentation

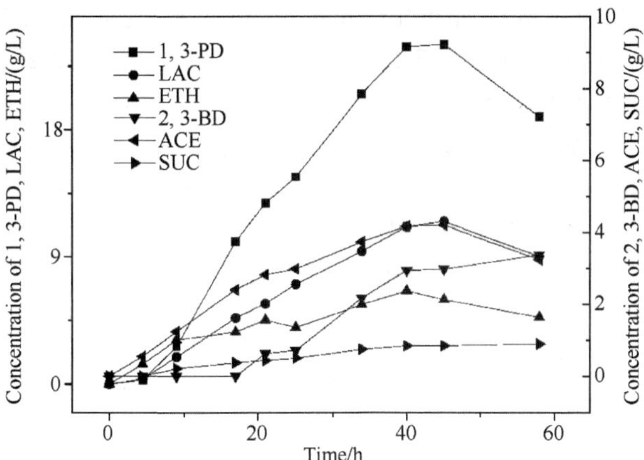

Fig. 5　Time courses of metabolite concentrations in fed-batch fermentation by *K. oxytoca* M5al

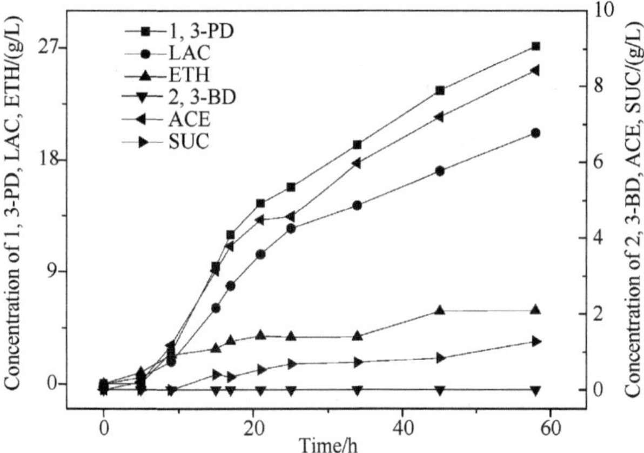

Fig. 6　Time courses of metabolite concentrations in fed-batch fermentation by *K. oxytoca* ZG36

The maximum indexes of 1, 3-PD concentration, conversion and productivity per CDW were listed in Table 1. The results indicated that the indexes of 1, 3-PD concentration, conversion and productivity per CDW in *K. oxytoca* ZG36 was 42%, 62% and 46% higher than that in *K. oxytoca* M5al, respectively.

Table 1　Final metabolites yields in fed-batch culture of *K. oxytoca* M5al and ZG36

Strains	M5al	ZG36
CDW/(g/L)	1.44	1.15
AGC/(g/L CDW)	93.8	85.3
PD/(g/L CDW)	16.69	23.62
BD/(g/L CDW)	2.35	ND
LAC/(g/L CDW)	7.98	17.53
SUC/(g/L CDW)	0.63	1.11
ACE/(g/L CDW)	2.92	7.32
ETH/(g/L CDW)	4.58	5.12
Conversion of glycerol to 1, 3-PD per CDW/(mol/mol CDW)	0.21	0.34
1, 3-PD productivity per CDW/[g/L CDW·h)]	0.28	0.41

Notes: AGC. accumulative glycerol consumed; ND. not detected by HPLC; PD. 1, 3-propanediol; BD. 2, 3-BD; LAC. lactic acid; SUC. succinic acid; ACE. acetic acid; ETH. ethanol; CDW. cell dry weight

The distribution of metabolites in fed-batch fermentation by *K. oxytoca* ZG36 and M5al was outlined in Fig. 7. It is clear that the flow of glycerol to 1, 3-PD and byproducts other than 2, 3-BD increased in the mutant ZG36 compared with M5al, which complied with their yields. it's worth noting that the lactate increased strikingly in the 2, 3-BD deficient mutant, and it had been reported that 2, 3-BD increased distinctly in the lactate deficient mutant (Yang *et al.*, 2007; Xu *et al.*, 2009). In glycerol metabolism, lactate and 2, 3-BD are branched from pyruvate by their own NADH-linked dehydrogenase. Hence, one pathway would be strengthened when the other pathway was blocked for more pyruvate and NADH could be used.

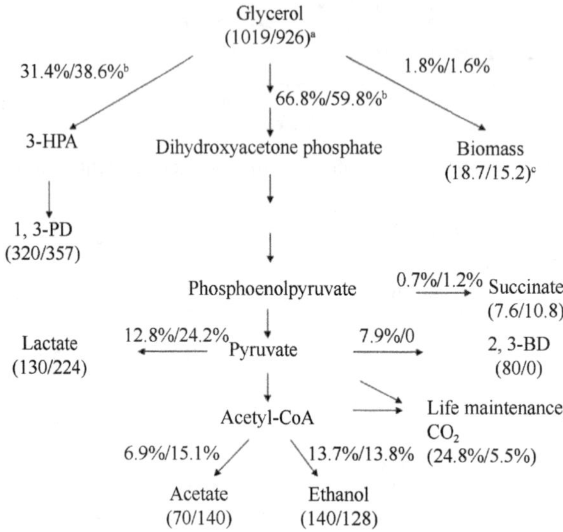

Fig. 7 Distribution of metabolites in fed-batch fermentation of *K. oxytoca* M5al and ZG36

a. molar titer of glycerol consumed by *K. oxytoca* M5al/ZG36 (mmol/L); b. molar ratio of glycerol flow to total glycerol consumed; c. $C_4H_7O_2N$ denotes the elemental composition of biomass, which is taken from Herbert *et al.* and corresponds to a molecular weight of 101 g/mol (Zeng *et al.*, 1993; Ma *et al.*, 2009; Celińska, 2010)

3.3 Enzymatic activities analysis of *K. oxytoca* ZG36 and *K. oxytoca* M5al

As depicted in Fig. 8, the activities of the enzymes involved in the oxidative pathway such as α-ALDC, LDH, ADH and GDH were investigated. No α-ALDC activity was detected (Fig. 8a) and the specific activity of LDH increased drastically after 25 h (Fig. 8b) in the mutant, which well consisted with the fermentation processes. But the specific activity of ADH in the mutant was lower than that in the M5al while the ethanol yield increased by 10.5% (Fig. 8c). The results were not conflicting for more acetyl-CoA and NADH could be provided to the ethanol pathway in the mutant.

In addition, GDH is a key enzyme for producing ATP and NADH in glycerol metabolism. The specific activity of GDH for M5al was about 3-fold for *K. oxytoca* ZG36 in fed-batch fermentation (Fig. 8d). Thereby, higher GDH activity can produce more ATP, which can make the growth of wild type higher than that of the mutant. However, higher GDH activity did not imply higher 1, 3-PD production. Zhao *et al.* (2009) found that overexpression of GDH neither benefited the 1, 3-PD production nor led to the increase of the glycerol flux to oxidative branch. Ahrens *et al.* (1998) showed that the flux from glycerol to DHA is not limited by the synthesis rate of GDH, but rather by substrate limitation and/or inhibition of the enzyme by inhibitors such as NADH and DHA.

The activities of the enzymes involved in the reductive pathway were shown in Fig. 9. An interesting result was found that the GDHt activities varied reverse to the PDOR activities in both *K. oxytoca* M5al and

ZG36. 3-HPA, the intermediate metabolite in the reductive pathway, will accumulated easier associated with the higher GDHt activity. As an antiseptic and inhibitor to the microorganism (Hao *et al.*, 2008; Zhao *et al.*, 2009), it may weaken the activity of PDOR also, and led to the divarication of the activities of the enzymes in the reductive pathway. On the other hand, the PDOR function on the conversion from 3-HPA to 1, 3-PD, and as the activity of PDOR in the mutant was apparently higher in the late stage, more 1, 3-PD yielded although the GDHt activity was lower compared with the M5al.

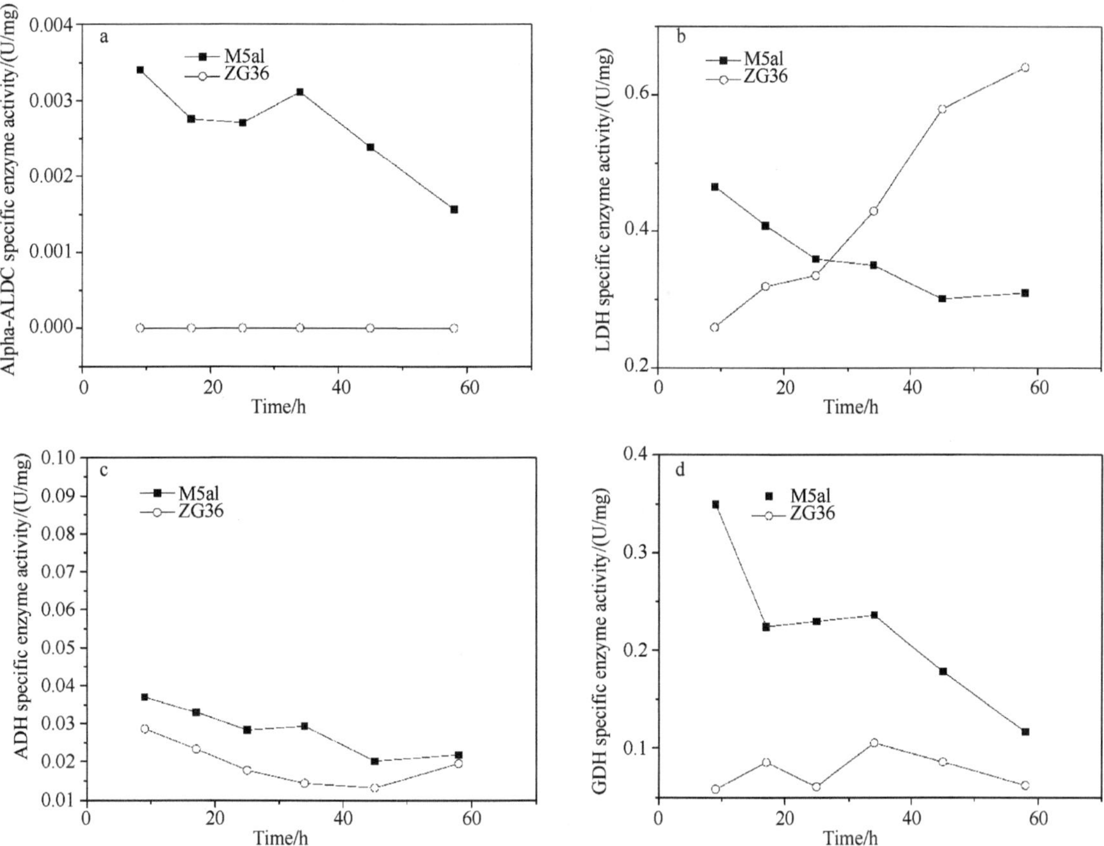

Fig. 8 Time courses profiles of enzymes of the oxidative branch in *K. oxytoca* M5al and ZG36 fed-batch fermentation

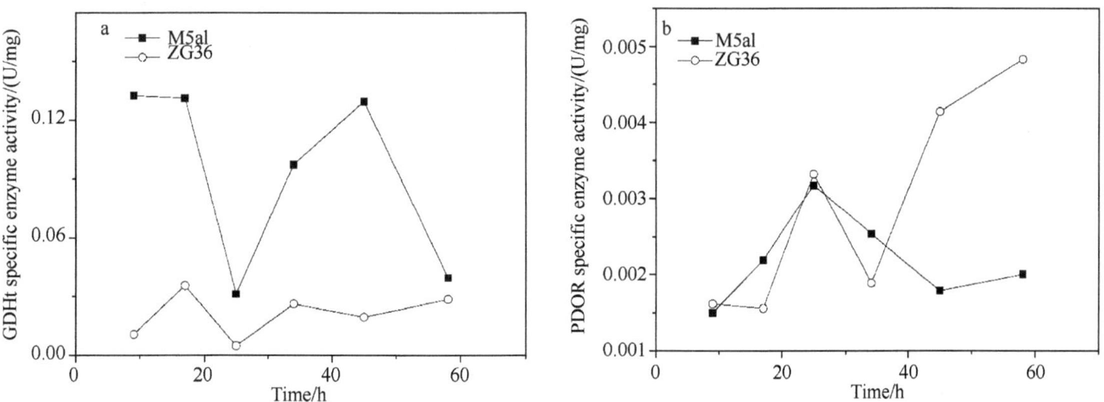

Fig. 9 Time courses profiles of the reductive branch in *K. oxytoca* M5al and ZG36 fed-batch fermentation

3.4 Change of the redox state in *K. oxytoca* ZG36 and *K. oxytoca* M5al

The amount of NADH and NAD in the fermentation processes were shown in Fig. 10. The levels of NADH and NAD in *K. oxytoca* ZG36 were much higher than that in M5al while the ratio of NADH/NAD fluctuated through the fermentation processes in both strains, however, the NADH/NAD ratio increased from 25 h and then held a high level till 58 h in the ZG36, but decreased sharply in the M5al after 35 h.

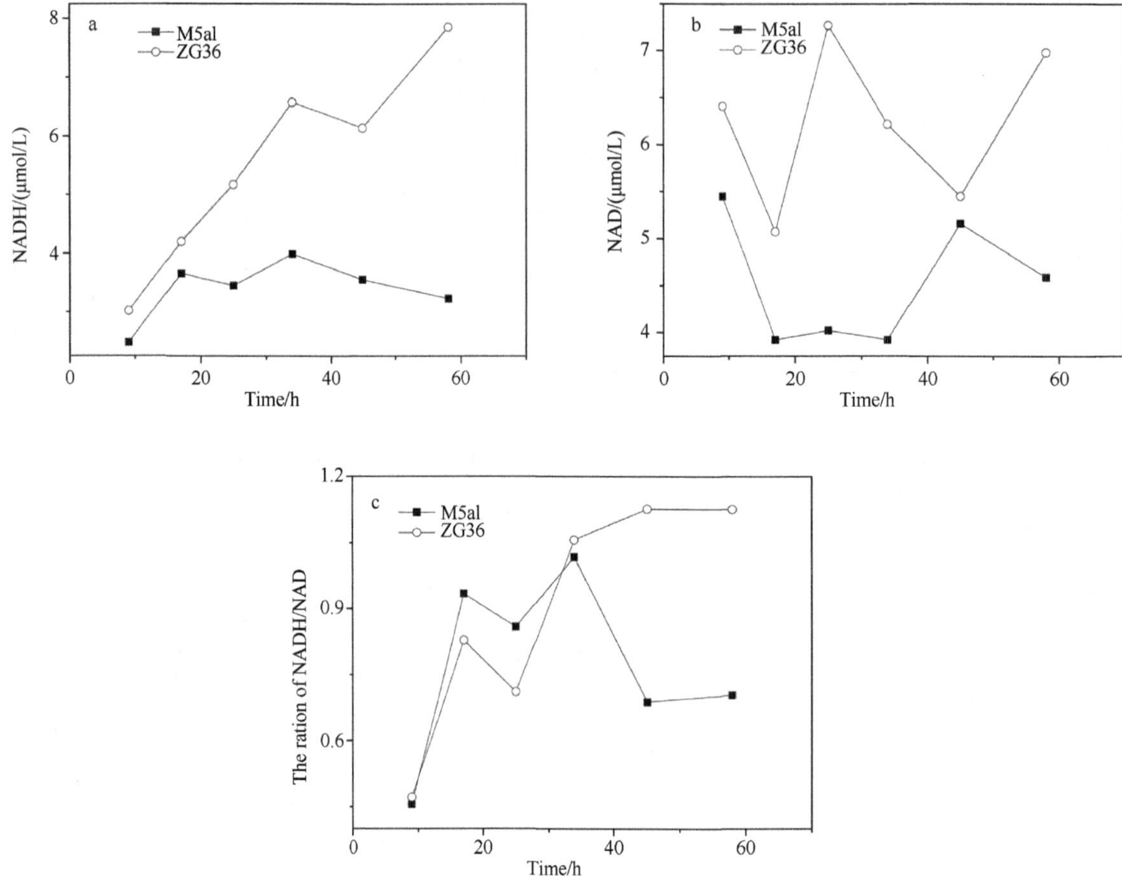

Fig. 10 Time courses profiles of nucleotide pools in *K. oxytoca* ZG36 and *K. oxytoca* M5al fed-batch fermentation

The effects of NADH/NAD ratio on 1, 3-PD production were also studied by some other researchers. Du *et al.* (2007) indicated that intracellular NADH/NAD ratio was a key factor for enhancement of 1, 3-PD formation and higher intracellular NADH/NAD ratio led to higher 1, 3-PD yield. Zhang *et al.* (2009) introduced the *fdh* gene coding the formate dehydrogenase in the *Candida boidinii* into the *K. oxytoca*, which boosted the generation of NADH and greatly improved the 1, 3-PD yield. In present study, the ratio of NADH/NAD of mutant was higher than that of wild type after 35 h, resulted in the higher 1, 3-PD yield accompanying with the higher PDOR activity. And the byproducts which consume NADH in the pathways such as lactate, succinate and ethanol also benefited from the higher ratio of NADH/NAD and produced more.

4. Conclusions

Glycerol metabolism is a typical biological oxidoreductive reaction. In this study, the 2, 3-BD pathway deficient mutant of *Klebsiella oxytoca* was constructed by knocking out the *budA* gene and the physiological properties including the yield of products, distribution of metabolites, activities of key enzymes and the nucleotide pools between the mutant strain ZG36 and the wild type M5al were compared to investigated the influence of blocking the 2, 3-butanediol pathway on glycerol metabolism to 1, 3-propanediol by *K. oxytoca*. The results indicated that the glycerol flux and distribution of metabolites were altered in the *K. oxytoca* when the 2, 3-BD pathway was blocked, and brought about the enhancement of the 1, 3-BD and the byproducts. Furthermore, the assay of the activities of the enzymes in the oxidative branch and the reductive branch of the glycerol metabolism, as well as the intracellular redox state exposited the results logically. The indexes of the 1, 3-PD titer, conversion and productivity per CDW increased by 42% and 62% and 46%, which confirmed the effectivity of the improvement of 1, 3-PD yield in the mutant. However, the yield of the byproducts also increased obviously, impelled us to optimize the pathways of the byproducts to further improve the 1, 3-PD production.

References

Ahrens K, Menzel K, Zeng A P, *et al.* 1998. Kinetic, dynamic, and pathway studies of glycerol metabolism by *Klebsiella pneumoniae* in anaerobic continuous culture: III. enzymes and fluxes of glycerol dissimilation and 1, 3-propanediol formation. Biotechnol Bioeng, 59(5): 544-552.

Biebl H, Menzel K, Zeng A P, *et al.* 1999. Microbial production of 1, 3-propanediol. Appl Microbiol Biotechnol, 52: 289-297.

Blomqvist K, Nikkola M, Lehtovaara P, *et al.* 1993. Characterization of the genes of the 2, 3-BD operons from *Klebsiella terrigena* and *Enterobacter aerogenes*. J Bacteriol, 175(5): 1392-1404.

Bradford M. 1976. A rapid and sensitive method for the quantitation of microgram quantities of protein utilizing the principle of protein-dye binding. Anal Biochem, 72(1-2): 248-254.

Celińska C. 2010. Debottlenecking the 1, 3-propanediol pathway by metabolic engineering. Biotechnol Adv, 28(4): 519-530.

Da Silva G P, Mack, M, Contiero J. 2009. Glycerol: a promising and abundant carbon source for industrial microbiology. Biotechnol Adv, 27(1): 30-39.

Du C Y, Zhang Y P, Li Y, *et al.* 2007. Novel redox potential-based screening strategy for rapid isolation of *Klebsiella pneumoniae* mutants with enhanced 1, 3-propanediol-producing capability. Appl Environ Microbiol, 73(14): 4515-4521.

Frank O, Knud A. 1984. Alpha-acetolactate decarboxylase enzyme and preparation thereof: Denmark patent, EP 0128714.

Günel B, Yonsel S, Deckwer W D. 1991. Fermentative production of 1, 3-propanediol from glycerol by *Clostridium butyricum* up to a scale of 2 m^3. Appl Microbiol Biotechnol, 36(3): 289-295.

Hao J, Wang W, Tian J S, *et al.* 2008. Decrease of 3-hydroxypropionaldehyde accumulation in 1, 3-propanediol production by over-expressing *dhaT* gene in *Klebsiella pneunoniae* TUAC01. J Ind Microbiol Biotechnol, 35(7): 735-741.

Homann T, Tag C, Biebl H, *et al.* 1990. Fermentation of glycerol to 1, 3-propanediol by *Klebsiella* and *Citrobacter* strains. Appl Microbiol Biotechnol, 33(2): 121-126.

Horng Y T, Chang K C, Chou T C, *et al.* 2010. Inactivation of *dhaD* and *dhaK* abolishes by-product accumulation during 1, 3-propanediol production in *Klebsiella pneumoniae*. J Ind Microbiol Biotechnol, 37(7): 707-716.

Ma B B, Xu X L, Zhang G L, *et al.* 2009. Microbial production of 1, 3-propanediol by *Klebsiella pneumoniae* XJPD-Li under different aeration strategies. Appl Microbiol Biotechnol, 152(1): 127-134.

Menzel K, Ahrens K, Zeng A P, *et al.* 1998. Kinetic, dynamic, and pathway studies of glycerol metabolism by *Klebsiella pneumoniae* in anaerobic continuous culture: IV. enzyme and fluxes of pyruvate metabolism. Biotechnol Bioeng, 60(5): 617-626.

Miller V L, Mekalanos J J. 1988. A novel suicide vector and its use in construction of insertion mutation: osmoregulation of outer membrane proteins and virulence determinants in *Vibrio cholerae* requires *toxR*. J Bacteriol, 170(6): 2572-2583.

Ohta K, Beall D S, Mejia J P, *et al.* 1991. Metabolic engineering of *Klebsiella oxytoca* M5al for ethanol production from xylose and glucose. Appl Environ Microbiol, 57(10): 1810-1815.

Phalip V, Monnet C, Schmitt P, *et al.* 1994. Purification and properties of the α-acetolactate decarboxylase from *Lactococcus lactis* subsp. *lactis* NCDO 2118. FEBS Letters, 351(1): 95-99.

Schweizer H D. 1993. Small broad-host-range gentamycin resistance gene cassettes for site-specific insertion and deletion mutagenesis. BioTechniques, 15(5): 831-834.

Seo M Y, Seo J W, Heo S Y, *et al.* 2009. Elimination of by-product formation during production of 1, 3-propanediol in *Klebsiella pneumoniae* by inactivation of glycerol oxidative pathway. Appl Microbiol Biotechnol, 84(3): 527-534.

Wood B E, Yomano L P, York S W, *et al.* 2005. Development of industrial-medium-required elimination of the 2, 3-BD fermentation pathway to maintain ethanol yield in an ethanologenic strain of *Klebsiella oxytoca*. Biotechnol Prog, 21(5): 1366-1372.

Xiu Z L, Zeng A P. 2008. Present state and perspective of downstream processing of biologically produced 1, 3-propanediol and 2, 3-butanediol. Appl Microbiol Biotechnol, 78(6): 917-926.

Xu Y Z, Guo N N, Zheng Z M, *et al.* 2009. Metabolism in 1, 3-propanediol fed-batch fermentation by D-lactate deficient mutant of *Klebsiella pneumoniae.* Biotechnol Bioeng, 104(5): 1-8.

Yang G, Tian J S, Li J L. 2007. Fermentation of 1, 3-propanediol by a lactate deficient mutant of *Klebsiella oxytoca* under microaerobic conditions. Appl Microbiol Biotechnol, 73(5): 1017-1024.

Zeng A P, Biebl H. 2002. Bulk chemicals from biotechnology: the case of 1, 3-propanediol production and the new trends. Adv Biochem Eng Biot, 74: 239-259.

Zeng A P, Biebl H, Schlieker H, *et al.* 1993. Pathway analysis of glycerol fermentation by *Klebsiella pneumoniae*: regulation of reducing equivalent balance and product formation. Enzyme Microb Technol, 15(9): 770-779.

Zhang Y P, Huang Z H, Du C Y, *et al.* 2009. Introduction of an NADH regeneration system into *Klebsiella oxytoca* leads to an enhanced oxidative and reductive metabolism of glycerol. Metab Eng, 11(2): 101-106.

Zhang Y P, Li Y, Du C Y, *et al.* 2006. Inactivation of aldehyde dehydrogenase: a key factor for engineering 1, 3-propanediol by *Klebsiella pneumoniae*. Metab Eng, 8(6): 578-586.

Zhao D H, Li J L. 2004. Construction and characterization of double mutants in nitrogenase of *Klebsiella pneumoniae*. Chin Sci Bull, 49(16): 1807-1713.

Zhao L, Zheng Y, Ma X Y, *et al.* 2009. Effects of overexpression of glycerol dehydrogenase and 1, 3-propanediol oxidoreductase on bioconversion of glycerol into 1, 3-propanediol by *Klebsiella pneumoniae* under microaerobic conditions. Bioproc Biosyst Eng, 32(3): 313-320.

Zheng Z M, Xu Y Z, Liu H J, *et al.* 2008. Physiologic mechanisms of sequential products synthesis in 1, 3-propanediol fed-batch fermentation by *Klebsiella pneumoniae*. Biotechnol Bioeng, 100(5): 923-932.

本文原载: Appl Biochem Biotechnol, 2011, 33(10): 1955-1961.

微章宏愿

李季伦科研团队论文选集（下）

吴 健 李 颖 郑应华 主编

科学出版社

北 京

内 容 简 介

本书为李季伦教授科研团队的论文选集，记录了他们多年来根据国家需求，努力为农业生产服务的科研历程和成果。全书收录了正式发表的研究论文 115 篇，分为上下两册，内容包含四个部分， 分别为生物固氮研究，微生物次生代谢产物研发及生物合成调控研究，真菌毒素及生物能源研究，趋磁细菌生理特性及磁小体应用研究。论文选集不仅展现了李季伦教授科研团队近 60 年坚持不懈深入探索的研究主线，也体现了他们利用微生物生物技术为农业生产服务的信念与追求。

本书适于微生物学及其他相关学科的科研工作者、教师、学生阅读和参考。

图书在版编目（CIP）数据

微章宏愿：李季伦科研团队论文选集：全 2 册/ 吴健，李颖，郑应华主编. —北京：科学出版社，2023.11

ISBN 978-7-03-076769-1

Ⅰ.①微… Ⅱ.①吴… ②李… ③郑… Ⅲ.①农业科学–微生物学–文集 Ⅳ.①S182-53

中国国家版本馆 CIP 数据核字（2023）第 193432 号

责任编辑：马 俊 郝晨扬 / 责任校对：郑金红
责任印制：肖 兴 / 封面设计：无极书装

科学出版社 出版
北京东黄城根北街 16 号
邮政编码: 100717
http://www.sciencep.com

北京中科印刷有限公司 印刷

科学出版社发行 各地新华书店经销

*

2023 年 11 月第 一 版 开本：889×1194 1/16
2023 年 11 月第一次印刷 印张：78
字数：2 583 000

定价：898.00 元（全 2 册）

(如有印装质量问题，我社负责调换)

微章宏愿：李季伦科研团队论文选集
编委会

序

他的研究小到用显微镜看不见，他的研究又大到填补国家生物产业的一片片空白。他就是中国农业大学生物学院教授，中国科学院院士李季伦先生，一位在闪光的科技生涯中，执着于农业微生物学研究，坚持理论与应用结合，用默默无闻的奉献，书写精彩人生的杰出科学家。

一脉相承，如薪传火。中国农业大学和华中农业大学在中国农业微生物学研究领域的历史地位和作用举足轻重。李季伦院士与华中农业大学陈华癸院士和周启先生长期的合作交流长达半个世纪，尤其是改革开放以后的联系更是十分紧密，因此我也与李先生逐渐熟识。他平易近人、和蔼可亲，对年轻人尤其爱护有加，给我留下了深刻印象。后来在我的科研生涯中，也逐渐与他在微生物次生代谢产物研究方面建立了持久的合作和交流关系。他曾担任中国微生物学会第六届理事会理事长，无论是在为人还是在学术上，都是微生物学界令人十分尊敬的学者，我的学术成长也凝结着他的心血和汗水。

在固氮酶催化机制的研究中，李季伦院士的历史贡献十分引人注目。他首次阐明了绝对依赖 N_2 的固氮酶催化 HD（氢气，D 指 H 的同位素氘）形成是固氮酶的普遍特性，提出了固氮酶在催化底物还原的过程中双位点放 H_2 的模式；在深入研究玉米联合固氮螺菌固氮调控分子机制的基础上，构建了可节约田间氮肥用量 20%的耐铵固氮菌株；早在 20 世纪 70 年代末，他就在国内与新疆农业科学院微生物研究所联合启动了豆科植物根瘤菌资源调查和分类这一重要的基础性研究工作。进入 21 世纪，他又聚焦于趋磁螺菌纳米磁小体生物合成机制的研究，使趋磁螺菌的培养及纳米磁小体的产量处于国际领先水平。

多年来，李季伦院士带领研究团队建立了微生物次生代谢产物合成与调控的研究平台，先后研制和开发了赤霉素（GA_3 和 GA_{4+7}）、玉米赤霉烯酮和玉米赤霉醇、莫能菌素和马杜霉素、阿维菌素和伊维菌素等农牧用微生物发酵产品，为国家创造了巨大的经济效益和社会效益。此外，他的研究还发现玉米赤霉烯酮是高等植物的一类天然激素；对于串珠镰刀菌素的研究为阐明克山病的致病因子也作出了重要贡献。

桃李满天下，春晖遍四方。李季伦院士热爱祖国，爱憎分明，淡泊名利，为人质朴，学风正派。多年来，他坚持在教学与科研一线，80 多岁仍执着言传身教，走进本科生课堂与学生交流探讨，指导研究生开展实验。他先后培养了硕士、博士研究生 90 多人。他发表研究论文 200 余篇，编写和翻译了有关微生物学方面的书籍，如《微生物生理学》《生命科学进展》《细菌的生活》《真菌概论》等，累计达 300 多万字，其中与俞大绂教授合著的《微生物学》获 1988 年的第四届全国优秀科技图书奖一等奖，润物无声地影响着我国微生物学界的莘莘学子。

言得其要，理足可传。这本论文选集收录了李季伦院士及其团队发表的部分论文，记载了他们努力探究微生物科学为农业生产服务的历程，是我辈躬身入局、功不唐捐的楷模，尤其对科学服务产业具有重要的指导意义，将启迪后人热爱科学、牢记使命，为国家、为社会、为人民甘于奉献，勇于担当，去迎接微生物科学与技术新的春天。

邓子新
中国科学院院士
中国微生物学会第十、十一届理事长
2023 年 2 月

前　　言

李季伦是中国农业大学生物学院教授。他于1948年毕业于中央大学（现南京大学）理学院生物系并留校任教；自1950年以来，在中国农业大学植物保护系（现为植物保护学院）和生物学院从事教学与科研工作；1980～1982年，在美国威斯康星大学生物化学系进修。李季伦教授曾兼任或承担国务院学位委员会学科评议组成员、农业部科学技术委员会委员、中国农业大学“农业生物技术国家重点实验室”学术委员会主任、中国科学院微生物研究所“微生物资源前期开发国家重点实验室”学术委员会主任、中国微生物学会理事长、中国生物工程学会常务理事和《微生物学报》《农业生物技术学报》主编，以及清华大学和郑州大学兼职教授等职务或工作。1995年，李季伦教授当选为中国科学院院士。

前些年，我们曾几次与李季伦教授商量，拟整理他从事工作以来的科研论文并将之汇编成册，但由于李先生不同意，一直搁置。我们深知，李先生一贯为他人着想，不愿宣传自己，不希望我们为他花费太多的时间和精力。直到2020年6月，再次与李先生商量此事，他才勉强同意，并一再嘱咐“不要突出我个人，应反映大家的工作”。因此，我们最终将书名定为《微章宏愿：李季伦科研团队论文选集》，“微”与微生物专业研究对象的特点有关，微生物虽“小”，但可以挖掘它们的优势为人类服务；收录的文章虽然不“大”，却承载着科学研究者心怀祖国的献身精神及远大的理想和抱负。希望本书能使读者体会到一位心系国家和人民的学者，淡泊名利，带领研究团队潜心教育事业和农业科学研究的胸怀与气度。

本书记载了李季伦教授科研团队于20世纪60年代至2020年的研究工作。其中，固氮微生物资源及固氮酶催化底物还原的分子机制是该团队坚持多年的工作，这项工作首次证明了固氮酶催化HD形成的基本特性，提出了固氮酶的双位点放H_2模式，探讨了固氮酶活性中心周围氨基酸的功能及电子与质子传递通路；揭示了铵对巴西固氮螺菌正调节因子NifA活性的调节机制，构建了耐铵固氮菌株；近年发现了固氮类芽孢杆菌含有最小固氮基因簇，阐明了其在不同铵浓度条件下表达和调控的分子机制。另一个延续多年的研究是微生物次生代谢产物的合成与调控，先后研制并成功开发了赤霉素（GA_3和GA_{4+7}，植物生长激素）、莫能菌素和马杜霉素（防治鸡球虫病）、阿维菌素和伊维菌素（动植物杀虫剂）等农牧用微生物发酵产品。此外，工业和医用原料1, 3-丙二醇及PHA（聚羟基烷酸酯）高产菌株的选育、真菌毒素与致病性、微生物酶的改造及应用、趋磁螺菌纳米磁小体生物合成机制及应用等研究均取得了重要的结果。李季伦教授一贯主张团结协作，提倡学科间的交叉合作，促进实验室成员与国内外相关专家及团队建立了良好的合作关系。他曾主持和参加的科研项目包括“973”计划、“863”计划、国家自然科学基金、国家科技攻关等，并多次荣获国家和北京市的奖励。

李季伦教授始终坚持教学与科研并重，理论与实践相结合的理念。不仅在本科生及研究生教学工作中积极探讨教学规律，还与他人合作编写、翻译微生物专业的教材和参考书。在已经发表的200余篇科研论文中，本书选择收录其中115篇，汇编成四个部分，在每部分起始处撰写了研究背景及结果等简介作为“导读”。希望读者能感悟到李季伦教授及团队成员敏锐的科研洞察力和脚踏实地的科研特质，以及不怕困难和勇于攻关的精神。

感谢所有为这本论文选集的策划和出版提出建议并提供文稿的朋友们！感谢邓子新院士在百忙之中为本书作序；感谢北京恩佑万邦广告有限公司王宇老师及其团队，在短时间内完成早期文稿的重新录入和编排；感谢远在加拿大和美国的陈泉、雷昊、张耀平等在紧张的学习和工作之余，帮助逐条查阅、核对参考文献，以保证信息的准确与规范；感谢所有帮助校对文稿而付出努力的朋友们；特别感谢科学出版社编辑，是他们以认真、严谨、细致的工作，保障了论文选集的顺利出版。

向所有为本书付出努力的朋友们致敬，感谢大家的全力支持与热心帮助！

本书内容中如有不妥之处，恳请读者批评指正。

微章宏愿：李季伦科研团队论文选集

编委会

2023 年 3 月

目　　录

·下·

第 3 部分　真菌毒素及生物能源研究

第 4 部分　趋磁细菌生理特征及磁小体应用研究

第3部分　真菌毒素及生物能源研究

导　读

本部分收录的论文包括以下内容。

1. 玉米赤霉烯酮和玉米赤霉醇的研究

李季伦等从20世纪70年代就开始了玉米赤霉烯酮的研究，首先发现由禾谷镰刀菌所产生的玉米赤霉烯酮也是高等植物的一类天然激素（李季伦等, 1980）。此后，他带领研究小组从菌种选育、发酵和提取等方面做了大量工作（王滨等, 1985），1993年完成中试，成果通过鉴定，打破了这个产品由美国独家垄断的局面。玉米赤霉烯酮的研究成果，曾获1980年农业部技术改进二等奖和北京市科学技术成果二等奖。该项研究报告引起中国协和医科大学（现北京协和医学院）戴顺龄教授的关注，李季伦教授慷慨赠送玉米赤霉醇，使戴教授课题组自1996年开始研究并首次进行玉米赤霉醇防治动脉粥样硬化的实验，证实玉米赤霉醇有明显抗动脉粥样硬化作用而副作用比雌激素明显减少（戴顺龄等, 2005）。

2. 真菌毒素与克山病因的研究

20世纪70年代初，北京农业大学（现中国农业大学西校区）迁往陕北，当地流行着一种原因不明的心肌损伤疾病——克山病。关于克山病的病因有两种观点：一种认为与缺硒相关，另一种观点认为与毒素有关。李季伦教授基于对周围环境的观察并思考该疾病的流行特征，推测克山病可能与当地饮用水污染和食用发霉粮食有关。80年代初，学校迁回北京，具备了实验条件，李季伦教授指导研究生重返陕北，深入病区黄龙县采集发霉粮食、土壤和水样，分离出串珠镰刀菌产毒菌株，从菌株培养物中提取到毒素纯结晶，经结构分析实验证明，此毒素为串珠镰刀菌素。动物实验表明，其可使雏鸭心电图发生异常变化。北京鸭心肌组织培养表明，先加适量硒可在一定程度上抑制串珠镰刀菌素毒性，后补加适量硒对毒素毒性无影响。此外，该毒素可使北京鸭和大白鼠心肌细胞膜通透性加强。实验结果支持了克山病的真菌毒素中毒学说，经毒理分析，研究首次提出串珠镰刀菌素可能是克山病的直接致病因子（李季伦等, 1986; 章红等, 1989）。采用O_3对毒素进行去毒处理，并纯化出该产物，经红外、核磁等结构分析和动物实验证明，串珠镰刀菌素结构中的氢（H）对其毒素起关键作用（章红等, 1994, 1995）。之后，研究开展了对粮食和水中串珠镰刀菌素的脱毒研究（章红等, 1995) 和串珠镰刀菌素降解菌的筛选及特性分析 (陈卫琴等, 2000)。该研究结果引起医学界的广泛关注，也得到了中国医学科学院及中国人民解放军军事医学科学院学者的支持和帮助，并进行了合作研究。

3. 生物能源的研究

1) 深红红螺菌产氢。随着化石能源的日益减少和发展工业带来的环境污染，清洁可再生能源的生物法开发利用备受关注，尤其是低碳能源—氢气。深红红螺菌 (*Rhodospirillum rubrum*) 是一种紫色非硫光合细菌，胞内的固氮酶在不存在氮源和 N_2 的情况下，固氮酶催化质子还原生成氢气。在深红红螺菌中，与氢代谢直接相关的酶系有 MoFe 固氮酶 (*nifHDK* 编码)、FeFe 固氮酶 (*anfHDGK* 编码) 和吸氢酶 (*hupSL* 编码)；固氮酶受到转录水平和翻译后水平的双重调节，翻译后水平的二氮酶还原酶ADP核糖基转移酶 (*draT*编码) 和二氮酶还原酶激活糖苷水解酶 (*draG*编码) 调节深红红螺菌利用自然光进行产氢时非常重要。

缺失突变 *nif* 基因和 *anf* 基因并进行光照条件下的产氢研究，表明在深红红螺菌中有 3 种途径参与氢代谢，其中 MoFe 固氮酶是光照条件下产氢的关键酶，对产氢贡献率达 93.5%；此外，构建了 *hupL* 缺失单突变株和 *draT-hupL* 双缺失突变株，在光照条件下 *hupL* 缺失菌株氢气产量可提高 1.56 倍，*draT-hupL* 双缺失突变株在光暗交替下 (12 h∶12 h) 氢产量可提高 1.35 倍。因此通过分子生物学方法构建了能够利用自然光持续高效产氢的深红红螺菌菌株，并优化了其产氢工艺，设计、制作了适合光合细菌产氢的反应器，进行光合细菌产氢的优化和放大 (Ruiyan Zhu *et al.*, 2006, 2010)。

CO_2固定系统 (Calvin-Benson-Bassham, CBB) 是光合细菌的另一个重要的消耗还原力的生理过程，阻断该途径可为固氮酶提供更多的还原力，从而提高其光合产氢能力。研究通过构建 *cbbM*[编码 CBB 途径关键酶核酮糖-1, 5-双磷酸羧化酶 (Rubisco)]缺失突变株，发现其部分地改变了固氮酶的翻译后调节，即使存在铵的情况下也可恢复部分固氮酶活性。构建的三缺失突变株 (*nifA draT cbbM*) 可延长深红红螺菌产氢周期从而大幅度提高产氢量，其在固氮条件下的产氢量是野生型菌株光合产氢量的 2 倍，有铵条件下产氢量提高了近 15 倍，该菌株具有光合产氢的开发前景 (Di Wang *et al.*, 2010, 2011)。

此外，课题组还将上述部分研究结果设计一个本科生教学新实验，使学生了解深红红螺菌代谢的灵活性、营养条件和环境对其生长的影响，并加深了对深红红螺菌生物固氮及放氢调控机制的认识，不仅可激发学生的学习兴趣，也可培养学生根据菌株生理特点进行多重实验设计的理念与能力，以及严谨认真的科研学风 (彭涛等, 2012)。

2) 微生物酶及生物转化。该研究得到“十一五”国家科技支撑项目及横向项目的资助，进行了酶法生产生物柴油的研究。研究人员分别克隆新型脂肪酶基因，使其异源表达，并对底盘细胞关键因子进行改造，获得高效表达菌株。经筛选、匹配不同脂肪酶混合反应，采用“一步法”、“两步法”等技术策略进行脂类化合物 (大豆油、微藻油等) 转化为生物柴油的研究，取得理想的

结果 (Yonghong Meng *et al.*, 2011; Jinjin Huang *et al.*, 2015)。此外，针对雨生红球藻虾青素酯的转化而产生虾青素单体的实验也获得成功，转化率达96%，为其在食品与医药工业中的应用奠定基础 (Shuang Chi *et al.*, 2015; Jinjin Huang *et al.*, 2018)。上述成果发表了多篇研究论文，授权专利已成功转让。

(李颖 朱瑞艳 吴健)

玉米赤霉烯酮的研究*

李季伦，朱彤霞，张箎，李宝仁，邓泽沛，李永生，孟繁静

(北京农业大学植物保护及微生物学系、兽医系、农学系)

摘要

自京郊分离的玉米赤霉菌 (*Fusarium roseum* ‘*graminearum*’) BAU-z8 菌系的培养物中提出了一种具有动物雌性激素作用的物质。根据其熔点、紫外和红外光谱等理化性质，鉴定为玉米赤霉烯酮 (zearalenone)。1 kg 大米制备的培养基经接种发酵后，可提出 1.4 g 玉米赤霉烯酮结晶。本文报道了玉米赤霉菌的选育和培养，玉米赤霉烯酮提取、纯化的方法，以及玉米赤霉烯酮生物学效应的研究。

试验表明，玉米赤霉烯酮可显著刺激小白鼠子宫增重和促进北京鸭的生长。幼龄小白鼠经玉米赤霉烯酮油剂皮下注射，三天后剖检，其子宫鲜重可达对照者的 4~5 倍，甚至 7 倍。北京鸭于填鸭开始时，每日口服含 0.7 mg 玉米赤霉烯酮胶囊，10 天内其平均体重约比对照者增加 16.5% ($P<0.01$)，未发现副作用。

值得注意的是，我们发现已度过春化的冬小麦生长锥中也存在类似玉米赤霉烯酮的物质，其生长锥的乙酸乙酯抽提液经薄板层析后，在薄层层析硅胶板层析谱上具有和玉米赤霉烯酮相同 Rf 值的蓝荧光斑点，并可被 $FeCl_3$ 显紫红色。经含 100 ppm 玉米赤霉烯酮的 $NaHCO_3$ 水溶液浸种处理的冬小麦，于常温、长光照下分别播种于温室和田间后，仅观察到生长锥分化到二棱期，未见抽穗。由此看来玉米赤霉烯酮尚不能完全代替低温春化作用。另外，经浸种处理的墨西哥春小麦 (Potam) 品种，在春季田间播种后，不但生长良好，而且比对照提前抽穗 5 天左右。关于玉米赤霉烯酮对小麦生长发育效应的研究仍在进行中。

关键词

玉米赤霉烯酮，提取及鉴定，生物学效应。

玉米赤霉烯酮 (zearalenone) 又称 F-2，它是玉米赤霉菌[*Gibberella zeae*，其无性世代为禾谷玫瑰镰刀菌 (*Fusarium roseum* ‘*graminearum*’)]的一种代谢产物。

*在工作进行中，得到俞大绂、沈其益和娄成后三位教授的关心和鼓励，并审阅和修改本文；在研究有关影响小麦发育问题上，吴兰佩副教授曾提供许多宝贵意见，李秀玉参加过菌种分离，特此致谢。玉米赤霉烯酮紫外光谱由中国科学院微生物研究所宋大康同志代测，红外光谱由中国科学院植物研究所廖承寿同志代测；玉米赤霉烯酮照片由我校余炳生同志拍摄；墨西哥春小麦‘波他姆’由我校郑丕尧教授供给并提供试验用地，冬小麦‘1230’由吴兰佩副教授供给，‘农大 139’由中国农业科学院原子能所张维强同志供给，‘1817’由本校刘广田同志供给；小白鼠试验得到农业部生物药品监察所及北京市食品公司卫生科的热情支持；中国农业科学院原子能所小麦组提供小麦试验用地和温室条件；北京鸭试验由北京市食品公司鸭场及北京市海淀区肖家河公社鸭场提供试验材料和条件，北京市畜牧局有关同志帮助剖检北京鸭，在此一并致谢。

Stob 等 (1962) 首先自玉米赤霉菌的培养物中分离出玉米赤霉烯酮，证实它是猪吃发霉玉米后引起阴门膨大甚至外翻和乳房隆起的病因。该物质具有动物雌性激素的作用，可显著地刺激小白鼠子宫生长，并可促进肉用牛、羊增重和提高饲料利用率，而无可觉察的副作用，为此安德鲁斯 (Andrews) 等于 1965 年曾申请美国专利 (专利号 3196019)。同年，Christensen 等 (1965) 也报道了从玉米赤霉菌的培养物中分离出该物质，命名为 F-2。Urry 等 (1966) 确定了该物质的化学结构，属于二羟基苯酸内酯类化合物，命名为玉米赤霉烯酮 (图 1)。此后，Mirocha 等 (1967, 1968, 1971) 和 Caldwell 等 (1970) 比较系统地研究了它的理化性质和生物效应，他们发现 F-2 不仅具有动物雌性激素的作用，而且能促进某些真菌形成子实体，因此被认为是真菌的一种性激素 (Nelson *et al.*, 1968; Nelson, 1971; Wolf and Mioocha, 1973, 1977)。此外，还发现低浓度 (0.02~1.0 μmo1/L) 的 F-2 能刺激烟草愈伤组织生长和形成枝条 (Mirocha *et al.*, 1968)。

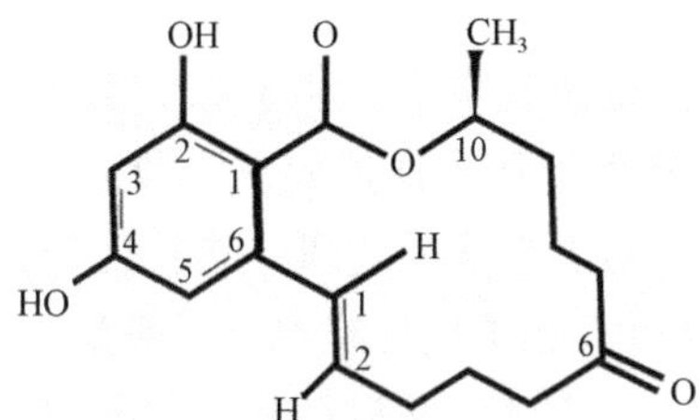

图 1　玉米赤霉烯酮结构式

近年来，玉米赤霉烯酮的研究逐渐引起人们的重视。据英国《世界作物》 (27 卷第 6 期第 283 页) 1975 年报道，英国一肉牛场用一定剂量的玉米赤霉醇 (玉米赤霉烯酮的还原产物，其生物效应比烯酮大 3 倍) 弹丸，埋入牛耳后皮下，日增重比对照者高 43.5%。目前，美国、墨西哥、西班牙、法国、澳大利亚等 20 多个国家正在进行较大规模的试验。美国商业溶剂公司 (CSC) 已开始大量生产玉米赤霉醇作为肉用牛、羊生长促进剂，商品名为 Ralgro。

我们从 1973 年开始该项研究工作。在菌种选育培养和玉米赤霉烯酮的分离提纯、理化鉴定和生物效应等方面进行了研究。本文是该项研究工作的总结。

一、材料和方法

(一) 菌种

1973 年自京郊患赤霉病的玉米粒中分离出玉米赤霉菌，编号为 BAU-z8。

(二) 培养基

分离菌种用马铃薯-蔗糖-洋菜培养基；培养菌种用察氏 (Czapek) 培养基；长期保存菌种用石蜡油封藏。玉米赤霉烯酮生物合成采用大米或玉米渣固体培养基。在 250 ml 三角瓶中装入大米 (或玉米渣) 50 g，再加入大米 (或玉米渣) 干重的 50%水，充分摇匀，浸湿后，于 1.1 kg 高压灭菌 40 min。

(三) 培养温度

菌种在 26℃条件下培养 4~5 天，待菌丝布满培养基时，切割成 1 cm^2 大小的菌丝块 (连同洋菜培养基)，接种到大米 (或玉米渣) 培养基中，每个三角瓶接种一块。于 26℃条件下培养 2 周后，置于 4~8℃

低温下 2 周，再置于 26℃继续培养 10 天或 2 周。

玉米赤霉烯酮的提纯：采用乙酸乙酯直接自发酵物中抽提结合硅胶柱层析分离，然后用沉淀法制备纯结晶，详细步骤见结果部分。柱层析硅胶 100~120 目 (上海产)。所用化学试剂除乙酸乙酯为化学纯外，其他均为分析纯。

(四) 理化鉴定

熔点测定：采用毛细管法。

紫外吸收光谱：采用 Carl Zeiss Jena 厂出品的 UV-Vis 分光光度计扫描。

红外吸收光谱：采用 Carl Zeiss Jena 厂出品的 UR 10 红外分光光度计测定 (KBr 压片)。

硅胶薄层分析：薄板层析用硅胶 G，为青岛产品。硅胶板 6 cm×25 cm，硅胶厚 0.5 mm，推动剂为石油醚 (60~90℃) 和乙酸乙酯混合液 (60∶40，*V*/*V*)。

采用波长 254 nm 的紫外分析仪测定荧光斑点，以 5% $FeCl_3$ 水溶液喷雾后加热显色。采用薄板层析法进行半定量分析时，硅胶厚度、点样大小和点样量要求一致。绘制不同量 (10~100 μg) 的标准纯品的层析荧光斑或 $FeCl_3$ 显色斑作为参考，与未知样品的斑点进行比较，加以估计。但是这种方法不够精确，往往结果偏低。在每次分析未知样品时，必须用标准品 (一般是 30 μg) 作对照。

定量分析采用 Mirocha 等 (1967) 的方法。将硅胶板上的样品荧光斑刮下，用无水乙醇溶出，离心去硅胶，用 Unicum SP500 紫外分光光度计在 274 nm 波长下测定吸收值。玉米赤霉烯酮为 3~10 μg，其光密度与物质含量呈直线关系，可作为定量分析的标准曲线。

(五) 生物效应

小白鼠子宫增重试验：选用体重 12~15 g 的雌鼠，向腹部皮下注射含一定量的玉米赤霉烯酮油剂 (先以微量无水乙醇溶解，再以灭菌植物油稀释至所需要的浓度)。每日注射 2 次 (间隔 12 h)，每次注射 0.1 ml。对照只注射等量的灭菌植物油。第 4 天剖检，剥取子宫，去掉卵巢并挤出子宫内分泌物，称鲜重。

北京鸭增重试验：选用 3.5 斤*左右的北京鸭于填鸭开始时，口服含一定量玉米赤霉烯酮的胶囊丸。先将胶囊装满淀粉，然后定量加入玉米赤霉烯酮的无水乙醇溶液，待乙醇挥发后加盖备用。每组处理选用公鸭和母鸭各 20 只以上。试验开始时分别称重，试验结束时再称重，并取样进行解剖，观察有无异常变化。

影响小麦发育试验：试验用春小麦为墨西哥‘波他姆’(Potam) 品种；冬小麦为‘1230’、‘农大 139’和‘1817’，它们的冬性程度按以上顺序加深。采用浸种法处理，将小麦种子经升汞 (氯化汞) 水表面消毒后，浸入含有一定量的玉米赤霉烯酮的 0.5% $NaHCO_3$ 水溶液中 (为促进玉米赤霉烯酮溶解，先以微量无水乙醇将赤霉烯酮溶解后，再用 0.5%碳酸氢钠水溶液稀释到所需要的浓度)。在 20℃左右温度下浸泡 24 h 或 48 h，至种子露白为止，随即播种于花盆内或田间，观察其生长和发育情况。

冬小麦人工春化在 2℃冰箱中进行，‘1230’，40 天；‘农大 139’，50 天；‘1817’，60 天。剥取已度过春化的小麦生长锥 150 粒，浸泡在少量乙酸乙酯中过夜，然后点样进行薄板层析，检测有无类似玉米赤霉烯酮的物质产生 (根据荧光斑点的 Rf 值和 $FeCl_3$ 显色反应)。以标准品作对照。田间生长的冬小麦于出苗后，定期取样，剥取生长锥，按照上述方法进行分析。

*1 斤=500 g。

二、结果与分析

(一) 菌种选育

1973 年研究人员自京郊患赤霉病的不同品种的玉米病粒中分离玉米赤霉菌，自黄玉米病粒中分离得到 BAU-z8 菌株；自白玉米病粒中得到 BAU-z10 菌株。z10 菌株产生玉米赤霉烯酮的能力比 z8 低，而且产色素多，因此选用 z8 菌系。该菌在察氏培养基上，菌丝生长茂盛，白色，不产生小孢子，很少产生或不产生大孢子。大孢子呈新月形，大小为(32.5~52.8) μm×(4.5~5.0) μm，多为 3~5 隔，未见有子囊壳形成。生长后期基内菌丝产生紫红色素。

z8 菌系很容易自然分离出两型菌落：一型生长快，菌丝疏松，我们称为 F 型；另一型生产较慢，菌丝致密，称为 S 型 (图 2)。这两型菌系的玉米赤霉烯酮的产量与亲本型相比差异不大 (表 1)。

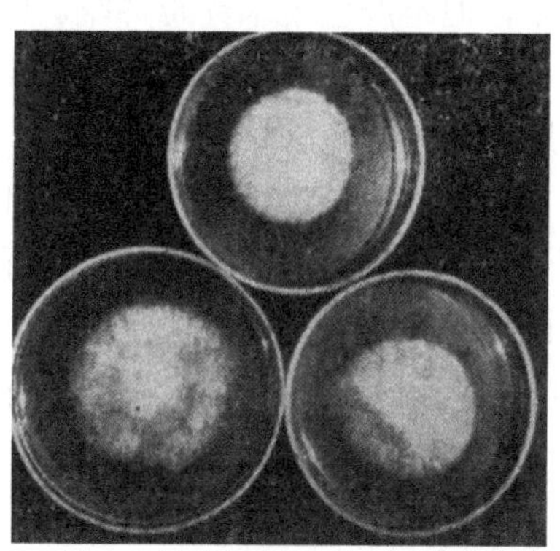

图 2 玉米赤霉菌

BAU-z8 亲本型 (下右) 及其 F 型 (下左) 和 S 型 (上) 的菌落

表 1 BAU-z8 及其 F 型和 S 型的生长速度与赤霉烯酮产量的比较

菌系	生长速度 (直径/mm) △		玉米赤霉烯酮产量*/(mg/kg 大米)
	24 h	48 h	
BAU-z8	20.5	50.0	1900
BAU-z8-S	20.5	47.5	1600
BAU-z8-F	29.5	61.5	1700

△ 察氏培养基，培养温度为 (26±1)℃，*两次试验平均值，根据薄板层析进行半定量估计

玉米赤霉菌在察氏培养基上经几次转代就会丧失合成玉米赤霉烯酮的能力。Bacon 等 (1977) 最近也报道了类似情况。但保藏在石蜡油中的菌种性状稳定，6 年多尚未见丧失活性的现象。接种用的菌种，每次从石蜡油中移出，经活化培养后接种。我们曾试用紫外光照射菌丝生长尖端的方法进行诱变选种，未获得满意结果。

(二) 玉米赤霉烯酮的生物合成

以大米作为发酵培养基，接种 BAU-z8 菌系后，先在 26℃条件下培养 2 周，使菌获得充分生长，然后转入低温 (4~8℃) 下保持 2 周，再转回 26℃继续培养 10 天至 2 周。在这种条件下，每公斤大米原料经发酵后可产生 4500 mg 左右的玉米赤霉烯酮 (紫外分光光度计定量测定)。发酵良好的培养物呈紫褐色，有氨味，pH 可上升到 8 以上。如果前期生长的温度超过 30℃，则玉米赤霉菌会进行乙醇发酵，培养基变酸，玉米赤霉烯酮的产量很低，甚至不产生玉米赤霉烯酮。以玉米渣作为发酵培养基获得了相似结果。

玉米赤霉烯酮的生物合成是否必须经过低温阶段，文献中报道不一。Stob 等 (1962) 最初从 24℃条件下生长 2~3 周后的玉米赤霉菌中提取出玉米赤霉烯酮。Bacon 等 (1977) 用液体培养基在 24~28℃条件下静置培养，证明也可以产生少量的玉米赤霉烯酮。但我们在 25~27℃条件下用大米或玉米渣培养基连续培养 4 周、5 周、6 周均未见玉米赤霉烯酮产生，这与 Mirocha 等 (1967) 的报道一致。以上各实验结果差异可能是因为所用菌系的特性不同。在玉米赤霉菌中似乎也因适应不同环境而有冬性、春性之分。

在 20 世纪 70 年代初，研究玉米赤霉烯酮生物合成的培养基主要是限于用各种谷物所制备的固体培养基。研究人员曾试用液体培养基，但不产生玉米赤霉烯酮。Bacon 等 (1977) 报道，用淀粉-谷氨酸-酵母汁培养液作为培养基培养玉米赤霉菌，当培养液与培养容器的体积比适合时，在静置条件下可产生玉米赤霉烯酮，但产量低，只有 80 mg/L。而用摇床振荡培养时，不形成玉米赤霉烯酮。最近，美国商业溶剂公司 (CSC) 以希迪 (Hidy) 为首的研究组公开了他们过去的专利 (Hidy *et al.*, 1977)，指出在选用适合的突变菌株和高糖 (30%) 培养液，于 24℃下进行深层发酵，14~20 天可获得 32 g/L 玉米赤霉烯酮，为大生产奠定了基础。此外，他们用珍珠砂作为支持物，加入高糖量培养液进行固体发酵，于 16~17℃下培养 4~5 周，也可获得 30 g/L 产量。在玉米赤霉烯酮的生产方面，我们还有待进一步研究。

(三) 玉米赤霉烯酮的提纯及其理化分析

Stob 等 (1962) 是用无水乙醇提取玉米发酵物，经浓缩后，进行硅胶层析，然后用极性逐渐增加的溶剂逐级洗脱，分离出有活性的部分，浓缩后得到白色结晶。Mirocha 等 (1967) 用二氯甲烷在索氏提取器中抽提发酵物，经适当浓缩后再转移到乙腈中。将乙腈抽提液浓缩至干，再以少量氯仿溶解，然后上硅胶柱。以石油醚洗去色素等杂质，再以大量二氯甲烷洗脱。收集有活性的部分，经浓缩后，用逆流分泳法分离。溶剂系统上相为甲醇和乙醚，下相为石油醚和水。收集含玉米赤霉烯酮部分，浓缩至干，以氯仿溶解，滴加石油醚 (60~90℃) 至混浊，置于冰箱中，使结晶析出。如结晶有颜色，需反复重结晶几次。Caldwell 等 (1970) 用无水乙醇直接抽提发酵物，乙醇抽提液浓缩后，用乙醚抽提。再用 0.25% NaOH 抽提乙醚液，将抽提液的 pH 调至 3.5，再转入乙醚中，浓缩至干，溶于甲醇中进行薄层分析。未介绍制备结晶的方法。以上报道均未涉及玉米赤霉烯酮的提取收率。Andrews 和 Stob (1965) 的专利报道中所采用的提取方法比较复杂。先用乙醇提取发酵物，用乙醇抽提液浓缩至干，再以氯仿溶解。以 5% Na_2CO_3 (pH 11~12) 分多次抽提氯仿液。调提取液的 pH 至 6.2，可析出固体不纯物。以乙醚溶解固体物，弃去不溶部分，将乙醚液浓缩至干，可得到黄色粉末，即可直接用以喂饲动物。如果要得到纯品，则进一步用逆流分泳法提纯。他们采用上述步骤，于 300 g 干发酵物中获得 59 mg 玉米赤霉烯酮结晶。

我们参照他人的方法，结合现有试验条件，采用如下提取法。将培养物用原大米干重 2.5 倍的乙酸乙酯分 5 次抽提。抽提液浓缩至原体积的 1/10，用 5% NaOH 提取 7 次 (NaOH 总用量为乙酸乙酯浓缩液的 2 倍)。碱提取液用 H_3PO_4 调至 pH 为 6，再以乙酸乙酯提取 2 次 (总用量为碱液的一半)。乙酸乙酯提取液经无水硫酸钠脱水，活性炭脱色，过滤后，减压浓缩到 20 ml 左右，然后用活化的硅胶吸附浓缩液，待阴干后，磨成粉状，直接上硅胶柱。已活化的硅胶装柱前悬浮在石油醚 (60~90℃) 和乙酸乙酯混合液 (6∶4，*V/V*) 中。当吸附浓缩液的硅胶用量大时，则应分几次上硅胶柱，其上柱量不要超过硅胶柱长度的 1/3。然后用石油醚 (60~90℃) 和乙酸乙酯混合液 (6∶4) 洗脱。分级收集洗脱液，每管收集 10 ml。以滤纸片蘸收集液，在紫外光下检查。如果洗脱液中有玉米赤霉烯酮，滤纸片在紫外光下出现蓝色荧光斑。合并有荧光的洗脱液 (略带淡黄色)，适当浓缩后，滴加石油醚 (60~90℃) 至混浊，置于冰箱中析出结晶。结晶再溶于乙酸乙酯或氯仿中，滴加石油醚 (30~60℃) 进行重结晶，即得到成品。这种成品再经硅胶薄板层析分离，制备成纯结晶，作为标准样品。采用这种方法，提取率可达 50%左右。1 kg 大米培养基经发酵后可提出 1.4 g 左右的玉米赤霉烯酮结晶。

玉米赤霉烯酮结晶呈白色，在显微镜下为簇针状 (图 3)。熔点为 161~163℃。紫外和红外吸收光谱 (图 4，图 5) 与 Mirocha 等 (1967) 的报道一致。硅胶薄板层析 Rf 值为 0.5，在 254 nm 紫外光下呈现亮蓝色荧光。经 $FeCl_3$ 水溶液喷射后，呈现紫红色斑点，加热可促进显色。

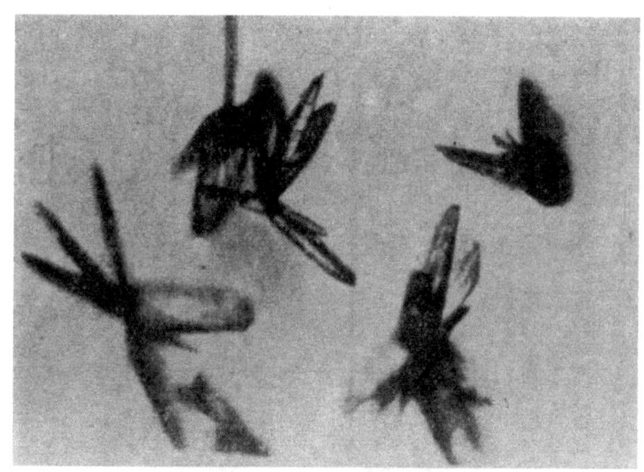

图 3 玉米赤霉烯酮结晶

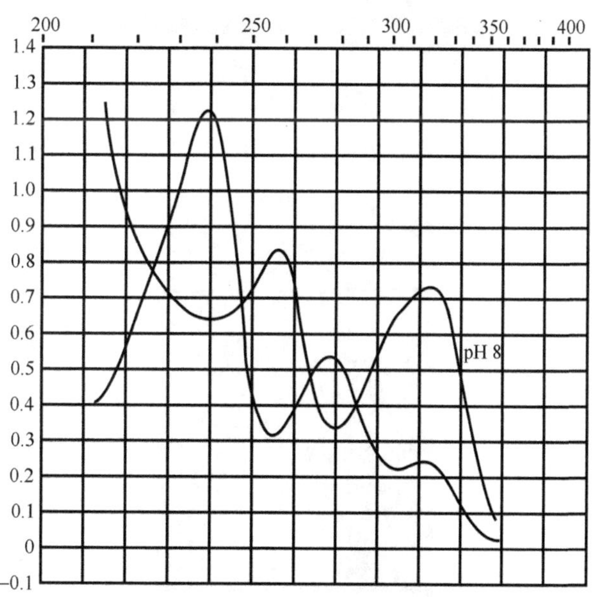

图 4 玉米赤霉烯酮紫外吸收光谱 (无水乙醇溶液) 于 236 nm、274 nm 和 316 nm 处有 3 个吸收峰，在 pH 8 时，吸收峰发生位移

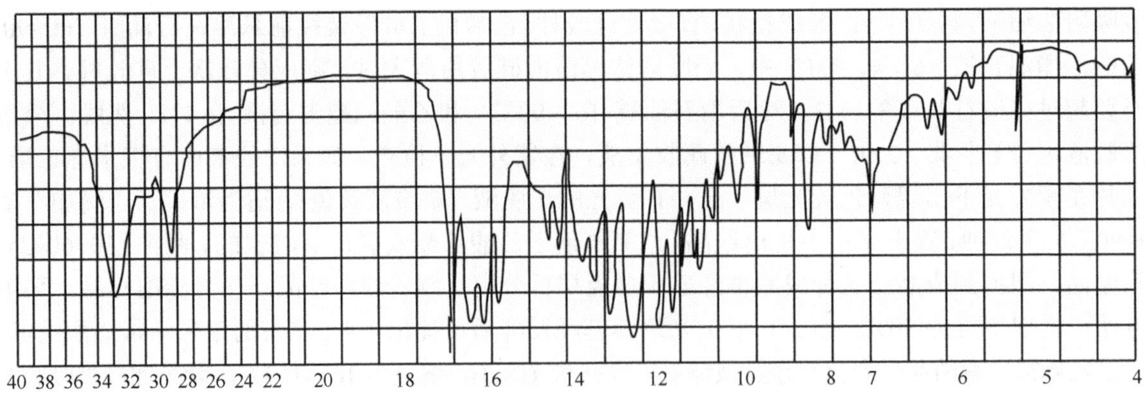

图 5　玉米赤霉烯酮红外吸收光谱 (KBr 压片)

(四) 生物效应

1. 小白鼠子宫增重

玉米赤霉烯酮可明显地刺激幼龄小白鼠的子宫生长 (图 6，图 7)。经多次实验，发现实验动物的体重以 12~15 g 为宜，体重超过 16 g 的小白鼠可能有内源激素的干扰，不宜作为实验材料。以油剂每日 2 次注射效果最好。

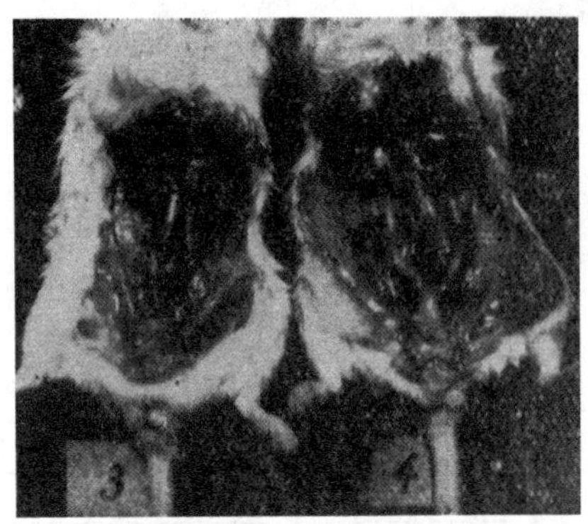

图 6　小白鼠经玉米赤霉烯酮 (960 μg) 处理后的子宫 (4) 与对照者 (3) 比较

图 7　小白鼠经玉米赤霉烯酮 (480 μg) 处理后的子宫 (右排) 与对照组 (左排) 比较

玉米赤霉烯酮的剂量为 15~480 μg，子宫增重随浓度增加而增加 (表 2，图 8) 当剂量在 480~960 μg 时，子宫增重最明显，子宫鲜重相当于对照的 4~5 倍，最高达 7 倍。剂量大于 1000 μg 时，增重幅度不大。成年小白鼠摘除卵巢后，以玉米赤霉烯酮处理的子宫鲜重显著比对照 (摘除卵巢，但只注射植物油) 高。例如，经总剂量为 960 μg 处理的子宫鲜重平均 (5 只) 为 289.5 mg，而对照组子宫鲜重平均 (5 只) 为 68.1 mg，相差 4~5 倍。由此说明，玉米赤霉烯酮确有雌性激素的作用。

表 2　玉米赤霉烯酮对小白鼠子宫增重效应

玉米赤霉烯酮剂量/μg	鼠数/只	平均每只子宫鲜重/mg	比对照增重/%
0	6	15.8	—
15	5	17.2	8.8
30	6	20.3	28.5
60	6	28.0	77.2
120	5	35.6	125.3
240	6	47.4	200.0
480	6	63.2	300.0

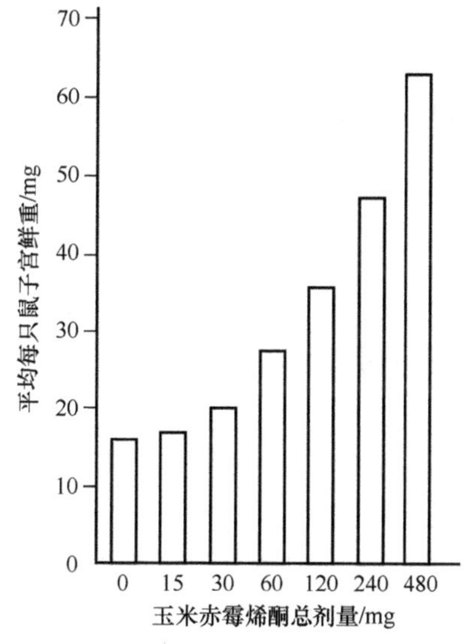

图 8　不同剂量玉米赤霉烯酮对小白鼠子宫增重效应图解 (数据如表 2 所示)

2. 北京鸭增重试验

据报道 (Mirocha *et al.*, 1971)，玉米赤霉烯酮对禽类的增重效果不如牛、羊和猪。我们选用北京鸭作为试验材料，一方面因为它的经济价值高，另一方面北京填鸭是定时定量地强迫进食，而且起始体重比较一致，是比较理想的试验材料。

我们先后进行了 4 次试验。第一次试验选用中鸭 (体重 2.2 斤左右)，以含玉米赤霉烯酮的油剂进行胸肌注射一次，随大群饲养每周称重一次，共称 2 次。注射 2 mg 的第一周比对照增重 22.4%，到第 2 周时则下降到 7%。第 2 次试验选用填鸭 (起始称重 3.4 斤左右)，经胸肌一次注射 2 mg 的第 1 周比对照增重 9.0%，第 2 周增重只有 0.5%。注射 4 mg 的第 1 周增重 7.0%，第 2 周已看不出有增重效果。由此看来，玉米赤霉烯酮的增重效应维持不长，因此，第 3、4 批试验改为于填鸭开始时，每日口服含一定剂量的胶囊丸，日服 2 次。试验结果如表 3 和表 4 所示。经生物统计分析，增重效果显著。

表 3 玉米赤霉烯酮对北京填鸭增重效应 (1)

玉米赤霉烯酮剂量/(mg/只，日)	鸭性别和数目/只	初始平均体重/斤	10 天后平均体重/斤	平均增重/斤	比对照增重/斤	增重百分数/%	P 值
0 (对照)	公 20	3.69	5.73	2.04	/	/	
	母 20	3.55	5.31	1.76			
0.35	公 20	3.68	5.89	2.21	0.17	8.3	<0.01
	母 20	3.45	5.42	1.97	0.21	11.9	<0.01
0.70	公 20	3.68	6.01	2.33	0.29	14.2	<0.01
	母 20	3.48	5.358	2.10	0.34	19.3	<0.01

表 4 玉米赤霉烯酮对北京填鸭增重效应 (2)

玉米赤霉烯酮剂量/(mg/只，日)	鸭性别和数目/只	初始平均体重/斤	12 天后平均体重/斤	平均增重/斤	对比照增重/斤	增重百分数/%	P 值
0 (对照)	公 21	3.62	5.56	1.94	/	/	
	母 21	3.55	5.19	1.64			
1.0	公 20	3.65	5.71	2.06	0.12	6.1	<0.05
	母 25	3.54	5.28	1.74	0.10	6.1	<0.05

由表 3 中看出：母鸭增重效果较公鸭明显，日服 0.7 mg 者，公鸭、母鸭平均比对照增重 16.8% ($P<0.01$)；日服 1 mg 者，增重幅度反而下降至 6% (表 4)，这符合激素作用的规律。在试验过程中未发现异常现象，取样剖检也未见任何病变。

3. 对小麦生长发育的影响

关于玉米赤霉烯酮对高等植物生长发育的影响研究很少。Mirocha 等 (1968) 曾引用他人的资料，说明低浓度 (0.02~1.0 μmo1/L) 的玉米赤霉烯酮水溶液可刺激烟草愈伤组织增重，并促使抽茎。除此之外，未见有其他报道。

根据玉米赤霉烯酮具有真菌的性激素作用，以及某些菌系需要经过低温条件才可进行生物合成玉米赤霉烯酮的特点，启发我们研究这种物质与冬性作物春化作用之间的关系。我们以小麦为对象，从两方面进行了探索：①分析春化后的冬小麦生长锥中是否含有类似玉米赤霉烯酮的物质；②用外源玉米赤霉烯酮处理 (浸种) 小麦种子，观察生长锥的变化，以及其在温室和田间生长发育的情况。

试验结果说明，冬小麦‘1230’和‘农大 139’经人工低温春化后，生长锥中确实含有与玉米赤霉烯酮相似的物质，其在硅胶层析板上荧光斑点的 Rf 值和对 $FeCl_3$ 的显色反应均与玉米赤霉烯酮相同。在田间自然越冬的‘农大 139’和‘1817’小麦中，定期取样，剥取生长锥进行薄层分析，发现也有类似的物质 (表 5)。

表 5 田间越冬小麦‘农大 139’和‘1817’两个品种在不同时期生长锥内类似玉米赤霉烯酮物质的分析及其与抽穗的相关性

农大 139 (弱冬性) (1978 年 9 月 25 日播种)			1817 (深冬性) (1979 年 9 月 25 日播种)	
田间抽样时间 (月/日)	与玉米赤霉烯酮 Rf 相同的荧光斑强度	移苗温室后抽穗情况	田间抽样时间 (月/日)	与玉米赤霉烯酮 Rf 相同的荧光斑强度
10/12	–	×	11/6	–
11/2	–	×	11/16	+

续表

农大 139 (弱冬性) (1978 年 9 月 25 日播种)			1817 (深冬性) (1979 年 9 月 25 日播种)	
田间抽样时间 (月/日)	与玉米赤霉烯酮 Rf 相同的荧光斑强度	移苗温室后抽穗情况	田间抽样时间 (月/日)	与玉米赤霉烯酮 Rf 相同的荧光斑强度
11/8	+	×	11/29	+++
11/12	+++	√	12/7	+
11/17	+	√	12/21	–
11/21	+	√		
11/27	–	√		
12/7	–	√		
12/13	–	√		

注："+" 有荧光斑点，"+" 越多荧光越强；"–" 无荧光斑点。"√" 抽穗；"×" 未抽穗

从表 5 中可以看出，'农大 139' 于 1978 年 11 月 12 日的样品中出现类似玉米赤霉烯酮的物质较多，荧光斑最亮。11 月 8 日和 11 月 17 日的样品中荧光斑点微弱，12 月 7 日以后则不显荧光。在每次取样分析的同时，自田间移苗至花盆中，于温室内在长光照下观察抽穗情况，发现在 11 月 12 日以前移苗的都未抽穗，而 11 月 12 日以后的都抽穗了，说明该品种在 11 月 12 日已完成了春化阶段。1979 年采用 '1817' 深冬性品种进行重复试验，也获得类似结果，但荧光斑点出现时间较晚，而在 11 月 29 日最为明显。从这两次试验中可以看出，该物质确实与冬小麦的春化作用有关，它在一定时间才出现，而且之后又消失，转化为其他物质，处于动态变化之中。

另外，我们用不同浓度玉米赤霉烯酮的 0.5% $NaHCO_3$ 溶液 (玉米赤霉烯酮不溶于水，溶于碱性溶液) 浸种冬麦和春麦，至露白后，播种于温室和田间，观察小麦生长锥的分化和抽穗情况。研究发现，经 100 ppm 玉米赤霉烯酮溶液处理的墨西哥春麦 (Potam 品种)，田间生长发育较水浸种和 $NaHCO_3$ 浸种为好，抽穗可提早 5 天左右，且植株生长健壮，抽穗整齐。冬麦 '农大 139' 经处理后，生长锥可进入二棱期 (图 9)，但在春播条件下和温室长光照下均未见抽穗，这可能是由于玉米赤霉烯酮并非小麦度过春化所必需的唯一因素，或者吸收量不足，以及处理时期不当等，这些问题有待进一步研究。

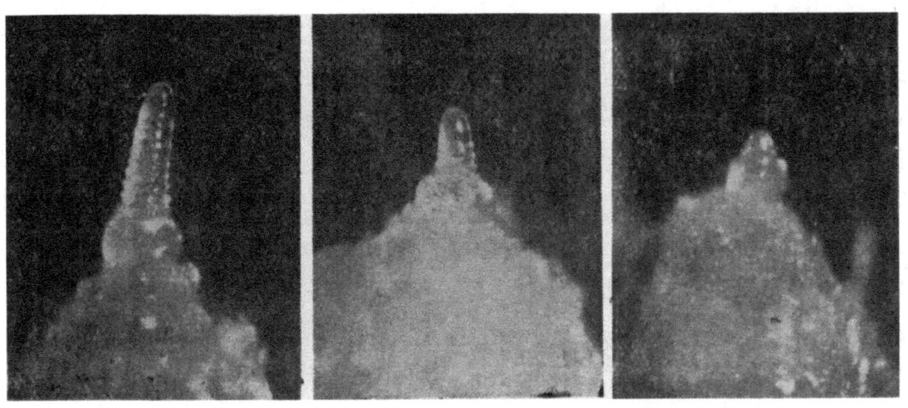

图 9　玉米赤霉烯酮对冬麦（'农大 139'）生长锥分化的促进作用

(左) 100 ppm 玉米赤霉烯酮 Na_2CO_3 水溶液浸种，(中) 0.5% $NaHCO_3$ 溶液浸种，(右) 水浸种

用含玉米赤霉烯酮的 0.5% $NaHCO_3$ 水溶液浸种，不影响种子萌发，但有抑制幼芽和幼根生长的作用。0.5% $NaHCO_3$ 水溶液本身也有类似的作用，含有玉米赤霉烯酮的则更甚，但将浸过种的幼苗播种

于田间和温室花盆中，能很快恢复正常。我们观察到 0.5% $NaHCO_3$ 浸种对生长锥分化也略有促进作用(图 9)。

三、讨论

玉米赤霉烯酮虽然具有动物雌性激素的类似效应，但它毕竟不是动物的天然雌性激素。无论在化学结构还是在生物效应上都与天然雌性激素有所不同。动物雌性激素为固醇类物质，其对子宫增重的效应远比玉米赤霉烯酮的效应强得多，对小白鼠子宫有相同效果的剂量，两者相差近万倍。对猪的子宫增重效果也相差近千倍。但作为动物生长促进剂来说，两者所用的剂量却相似 (Perry *et al.*, 1970; Sharp and dyer, 1971)。因此，用相同剂量的雌二醇和玉米赤霉烯酮处理动物时，玉米赤霉烯酮远比雌二醇安全，不致发生组织增生等副作用。Sharp 和 Dyer (1972) 报道，玉米赤霉醇在动物体内代谢速度很快，不残留在各种食用组织中。他们用同位素标记的玉米赤霉醇处理肉用牛，然后分批分期 (处理后 65 天、80 天、95 天、110 天和 125 天) 剖检，除在 95 天前的胆汁中发现有残留的玉米赤霉醇外，在其他多批样品的心脏、肝、肺、肾、脾、胰、小肠、肌肉和脂肪等可食组织中均未发现玉米赤霉醇的残留，而以往作为动物生长促进剂的己烯雌酚则因在肝内有残留，国外已禁止使用。

关于玉米赤霉烯酮类物质的毒性问题，由于自发现有高度致癌活性的黄曲霉毒性以来，人们心中形成了“恐霉病”心理，不能不给予充分的重视。但至今有关玉米赤霉烯酮毒性的报道只限于引起猪的阴门肿大外翻、乳房隆起 (药剂解除后，症状很快消失)；引起怀孕母猪流产以及影响动物胎儿的骨骼发育等 (Ruddick *et al.*, 1976)。根据我们的试验结果，玉米赤霉烯酮 (400 μg) 可阻止小白鼠胎泡着床 (未发表资料)。迄今尚未见玉米赤霉烯酮导致其他器官受损或致癌的报道。美国商业溶剂公司研究组最近报告 (Hidy *et al.*, 1977)，用玉米赤霉烯酮或玉米赤霉醇长期处理大白鼠、狗和猴，除在大剂量[20~25 mg/(kg·d)]下会降低食欲和体重外，没有发现组织病变。有人担心 (Schoental, 1977)，以感染玉米赤霉菌的谷物作为奶牛饲料是否会在牛奶中出现玉米赤霉烯酮类物质而为害胎儿，或者因用感染此菌的大麦酿制啤酒而造成啤酒污染，但这些仅是推测，尚未见肯定的报道。

由于玉米赤霉烯酮类物质作为动物生长促进剂效果明显、用量少、不产生副作用，在可食组织中无残留，因此有应用价值。美国商业溶剂公司研究组指出 (Hidy *et al.*, 1977) 玉米赤霉烯酮和玉米赤霉醇有降低血脂、胆固醇和血钙的作用，并开始试用治疗人绝经期后的并发症。但玉米赤霉菌除产生玉米赤霉烯酮外，还可产生催吐毒素和一种抑制小白鼠生长的毒素 (我们已获得这种毒素的结晶，其理化性质尚待研究)，因此不能以玉米赤霉菌的发酵物或发霉谷物喂饲动物。

玉米赤霉烯酮对高等植物生长发育的影响值得深入研究。冬性作物必须通过低温春化阶段才能为开花 (性器官形成) 奠定基础，但低温只是外界条件，植物本身必然会存在决定春化的内在因素，即所谓的“春化素”。人们长期以来都在企图寻找这类物质，但未获得成功。玉米赤霉烯酮类物质出现于春化冬小麦生长锥中的事实，说明此类物质确与春化有关，但由于它的含量少，而且又处于动态变化之中，是难以被提取的主要原因。我们正准备从大量春化的冬麦生长锥中提取这种物质并进一步确定其化学性质和作用效果。至于外加玉米赤霉烯酮尚不能使冬小麦抽穗，可能是因为被吸收的浓度低，或者缺少其他因素的配合，这些问题都有待进一步研究明确。人们在其他冬性作物中也准备展开类似的研究，由此或可为植物性激素的研究开辟途径。

赤霉素首先在水稻恶苗病菌中被发现，其后才被证明是高等植物的天然生长激素；玉米赤霉烯酮或许也是植物的一种天然性激素。

参考文献

Andrews F N, Stob M. 1965. Anabolic and estrogenic compound and process of making: US patent, 3196019.

Bacon C W, Robbins J D, Porter J K. 1977. Media for identification of *Gibberella zeae* and production of F-2 (Zearalenone). Appl Environ Microbiol, 33(2): 445-449.

Caldwell R W, Tuite J, Stob M, *et al.* 1970. Zearalenone production by *Fusarium* species. Appl Microbiol, 20: 31-34.

Christensen C M, Nelson G H, Mirocha C J. 1965. Effect on the white rat uterus of a toxic substance isolated from *Fusarium*. Appl Microbiol, 13: 653-659.

Hidy P H, Baldwin R S, Greasham R L, *et al.* 1977. Zearalenone and some derivatives: production and biological activities. Adv Appl Microbiol, 22: 59-82.

Mirocha C J, Christensen C M, Nelson G H. 1967. Estrogenic metabolite produced by *Fusarium graminearum* in stored corn. Appl Microbiol, 15(3): 497-503.

Mirocha C J, Christensen C M, Nelson G H. 1968. Toxic metabolites produced by fungi implicated in mycotoxicoses. Biotechnol Bioeng, 10: 469-482.

Mirocha C J, Christensen C M, Nelson G H. 1971. F-2 (Zearalenone) estrogenic mycotoxin from *Fusarium*. Microbial Toxins, 11: 107-138.

Nelson R R. 1971. Hormonal involvement in sexual reproduction in the fungi, with special reference to F-2, a fungal estrogen. *In*: Akai S, Ouchi S. Morphological and biochemical events in plant parasite interaction. Tokyo: Phytopathological Society of Japan: 181-200.

Nelson R R, Mirocha C J, Huisingh D, *et al.* 1968. Effects of F-2, an estrogenic metabolite from *Fusarium* on sexual reproduction of certain ascomycetes. Phytopathology, 58(8): 1061-1062.

Perry T W, Stob M, Huber A D, *et al.* 1970. Effect of subcutaneous implantation of resorcyclic acid lactone on performance of growing and finishing beef cattle. J Anim Sci, 31(4): 789-793.

Ruddic k J A, Scott P M, Harwing J. 1976. Teratological evaluation of zearalenone administered orally to the rat. Bull Environ Contam Toxicol, 15(5): 678-681.

Schoental R. 1977. Health hazards due to oestrogenic mycotoxins in certain foodstuffs. Int J Environ Stud, 11: 149-150.

Sharp G D, Dyer I A. 1971. Effect of zearalanol of the performance and carcass composition of growing-finishing ruminants. J Anim Sci, 33(4): 865-871.

Sharp G D, Dyer I A. 1972. Zearalanol metabolisn in steers. J Anim Sci, 34(1): 176-179.

Stob M, Baldwin R S, Tuite J, *et al.* 1962. Isolation of an anabolic uterotrophic compound from corn infected with *Gibberella zeae.* Nature, 196(4861): 1318.

Urry W H, Wehrmeister H L, Hodge E B, *et al.* 1966. The structure of zearalenone. Tetrahedon Letters, 27: 3109-3114.

Wolf J C, Mirocha C J. 1973. Regulation of sexual reproduction in *Gibberella zeae* (*Fusarium roseum* '*graminearum*') by F-2. Can J Microbiol, 19(6): 725-734.

Wolf J C, Mirocha C J. 1977. Control of sexual reproduction in *Gibberella zeae* (*Fusarium roseum* '*graminearum*'). Appl Environ Microbiol, 33(3): 546-550.

本文原载：北京农业大学学报, 1980, 1: 13-28.

玉米赤霉烯酮生物合成条件的研究

王滨，张麓，李季伦

(北京农业大学生物学院，北京，100094)

摘要：

从自然界中分离得到的玉米赤霉菌 *Gibberella zeae* BAU-z8 菌系只具有在固体培养基中合成玉米赤霉烯酮的能力。经过亚硝基胍和紫外线对 BAU-z8 的诱变处理后，再经筛选和分离纯化，得到了具有在液体常温条件下生成玉米赤霉烯酮的突变株 $D_{4\text{-}21}$，并对其生成玉米赤霉烯酮的条件进行了研究。试验表明：培养基的碳源、氮源种类，碳、氮、磷的浓度及 C/N 值，初始 pH，培养温度，通气量等因素都对玉米赤霉烯酮产量有很大影响。通过试验，确定了摇瓶发酵培养基成分的最佳组合以及最适的培养条件为葡萄糖 18%、尿素 0.27%、K_2HPO_4 0.05%、酵母膏 0.10%、$MgSO_4$ 0.25%、KC1 0.025%、pH 5.4~5.5 (自然)、装量 120 ml/500 ml 摇瓶、温度 21~24℃，经摇床振荡培养 2 周，产量可达 2~2.2 g/L。

关键词：

玉米赤霉菌突变株，玉米赤霉烯酮，培养条件。

玉米赤霉烯酮 (zearalenone) 是玉米赤霉菌[*Gibberella zeae*，其无性世代为禾谷玫瑰镰刀菌 (*Fusarium roseun* ‘*graminearum*’)]的一种代谢产物，该物质具有动物雌性激素的作用，低剂量处理肉用牛、羊可显著地促进增重和提高饲料转化率而无任何可觉察的副作用。目前，世界上有 20 多个国家都在大规模地进行试验，美国商业溶剂公司已开始大量生产玉米赤霉醇 (玉米赤霉烯酮的还原产物，其生物学效应约为烯酮的 3 倍)。作为肉用牛、羊的生长促进剂，商品名称为 Ralgro (Hidy *et al.*, 1977)。

我校自 1973 年开始进行玉米赤霉烯酮的研究 (李季伦等, 1980)，从北京郊区分离出玉米赤霉菌 *G. zeae* BAU-z8 菌株，该菌株用大米培养基常温培养 2 周，低温培养 2 周，再转常温培养 2 周后，1.0 kg 培养物可产生约 1.4 g 玉米赤霉烯酮。但是，固体发酵生产玉米赤霉烯酮不仅生产周期长、色素生成多、提取纯化困难，而且需经过低温阶段，不利于工业生产。因此，选育能在液体培养基中于常温条件下生产玉米赤霉烯酮的菌株，并研究其生物合成的条件，是实现玉米赤霉烯酮工业生产的前提。

一、材料与方法

(一) 菌种

1) *G. zeae* BAU-z8 (北京农业大学微生物专业提供)。

2) *G. zeae* $D_{4\text{-}21}$ (本研究所得突变株)。

(二) 培养基

1) 淀粉-谷氨酸-酵母膏培养基：可溶性淀粉 2 g，L-谷氨酸 0.11 g，酵母 0.1 g，$K_2HPO_4 \cdot 3H_2O$ 1.9 g，二水柠檬酸钠 1.21 g，pH 5.6，灭菌 10 磅 (1 磅的压强与 0.453 592 kg 产生的压强相等) 30 min。

2) 察氏 (Czapek) 培养基 (菌种活化用)。

3) 酵母膏察氏培养基 (诱变菌种用)：察氏培养基+1%酵母膏。

4) 摇瓶发酵培养基 (菌种筛选用)：葡萄糖 ($C_6H_{12}O_6 \cdot H_2O$) 20 g，尿素 0.4 g，酵母 0.1 g，$K_2HPO_4 \cdot 3H_2O$ 0.05 g，$MgSO_4 \cdot 7H_2O$ 0.025 g，KCl 0.025 g，pH 自然，灭菌：10 磅 30 min。

(三) 诱变处理与分离纯化

1) 亚硝基胍 (NTG) 诱变：在摇床上将 BAU-z8 菌丝悬液置于带玻璃珠的三角瓶中，打碎菌丝，取一定量的碎菌丝液于察氏培养液中常温摇瓶培养 12 h，得到幼嫩的菌丝片段，离心后菌体用 0.2 mol/L、pH 6 的磷酸缓冲液悬浮，菌悬液用 5 mg/ml、1.0 mg/ml NTG 于 25℃恒温处理，于 30 min、60 min、90 min 取样稀释后接种至平板培养，挑取有形态差异的菌落转至斜面，然后进行摇瓶培养试验。

2) 紫外线 (UV) 诱变：经 NTG 诱变过的突变株点种在平板上培养 2 天，用紫外灯 (20 W、30 cm) 照射 20 min，培养 2 天后切取异常菌丝尖端转管并以石蜡油封藏。继续用该法处理平板。得到的诱变株进行摇瓶培养试验。

3) 分离纯化：从突变株斜面的两处不同部位挑取少量菌丝点种在平板上，培养 2 天后切取菌丝尖端，每个菌落切两份，每个突变株分出 4 个菌株，上摇床进行复筛。

(四) 培养条件

1) 培养温度：常温 21~24℃；低温 4~10℃。

2) 摇瓶发酵：菌株经活化培养 1 周，加无菌水刮下菌丝制成悬液，以 5%的接种量接入发酵液中。除 BAU-z8 与 $D_{4\text{-}21}$ 液体摇瓶发酵特性对比试验和温度影响试验采用山东大学出产的摇瓶机 (180 r/min；偏心距 21 mm)；摇瓶容积 300 ml，装量 60 ml 外，其他试验均采用华北制药厂出产的摇床 (100 r/min，偏心距 25 mm)；摇瓶容积 500 ml，装量 100 ml 或 120 ml (参见结果)，常温振荡培养 2 周。各种处理重复 3 次，结果取其平均值。

(五) 玉米赤霉烯酮的提取与测定

发酵液抽滤后，用雷磁-25-型酸度计测定 pH，菌体用蒸馏水稍加洗涤抽滤后加入乙酸乙酯进行浸提。发酵液大约为 120 ml，调至 pH 3，用 300 ml 乙酸乙酯分 3 次抽提 (玉米赤霉烯酮产量的 4/5 存在于菌丝体中)，合并乙酸乙酯提取液，加入无水硫酸钠脱水，用旋转蒸发器减压浓缩。浓缩液用硅胶 G 薄层层析分离，推动剂为石油醚 (60~90℃) 和乙酸乙酯 (60∶40，*V/V*)，同时以标准品作为对照。玉米赤霉烯酮硅胶薄层层析的 Rf 值一般为 0.5，用波长 254 nm 的紫外分析仪检测呈现亮蓝绿色荧光斑点。将荧光斑点刮下，用无水乙醇溶液洗 3 次，离心去硅胶，采用 751 G 分光光度计于 274 nm 测定吸收值。玉米赤霉烯酮为 3~10 μg，其光密度与含量呈直线关系。

糖的测定采用蒽酮法。以上所采用的试剂除无水硫酸钠为化学纯和提取玉米赤霉烯酮时用工业乙酸乙酯外，其余均为分析纯。

二、结果与分析

(一) BAU-z8 菌株液体发酵特性

试验采用 Bacon (1977) 的淀粉-谷氨酸-酵母膏培养基，以不同的培养条件来处理，考察 BAU-z8 是否能经液体培养生成玉米赤霉烯酮。结果 (表 1) 表明：BAU-z8 不具有液体发酵生成玉米赤霉烯酮的能力。

表 1　BAU-z8 液体发酵特性*

处理号	常温摇床天数	常温静止天数	低温静止天数	低温后转常温摇床天数	低温后转常温静止天数	装量/ml	玉米赤霉烯酮/(μg/ml)
1	3	11				25	0
2	3	11				30	0
3	3	11				40	0
4	3	7	10		7	25	0
5	7		7	7		25	0
6	14					25	0

*常温为 24~25℃；低温为 4~8℃

(二) 液体常温合成玉米赤霉烯酮菌株的诱变选育

由于 BAU-z8 菌株很难生成孢子，因此采用亚硝基胍处理 BAU-z8 菌丝片段，初步得到具有液体常温合成玉米赤霉烯酮能力的突变株 36011，但产量较低。再利用紫外线对突变株 36011 进行连续照射处理，得到 D_{4-2} 等几个突变株。经分离纯化后，除 D_{4-2} 菌株外，都出现有丧失液体常温合成玉米赤霉烯酮能力的分离株。而 D_{4-2} 经分离纯化得到的 4 个分离株，不仅都具有液体常温合成玉米赤霉烯酮的能力，而且产量基本相同，高于其他分离株，证明 D_{4-2} 为较纯的突变株，故选其产量最高的分离株 D_{4-21} 进行玉米赤霉烯酮生物合成条件的研究。

D_{4-21} 的诱变谱系如下。

出发菌株BAU-z8，无液体常温合成玉米赤霉烯酮的能力

↓ 0.5 mg/ml NTG诱变60 min

突变株36011，具有液体常温合成玉米赤霉烯酮的能力，

↓ 产量为26.53 μg/ml
UV连续照射4代

突变株D_{4-2}

↓ 分离纯化

分离株D_{4-21}，产量为194.50 μg/ml

突变株 D_{4-21} 与原始株 BAU-z8 液体常温摇瓶发酵特性比较结果如表 2 所示。另外，D_{4-21} 菌株产生色素的能力比 BAU-z8 少得多，有利于玉米赤霉烯酮的提取和纯化。

表 2　D_{4-21} 与 BAU-z8 液体摇瓶发酵特性比较

菌株	测定项目	常温摇床[a]	经过低温摇床阶段[b]	
			I	II
BAU-z8	pH	3.50	3.90	3.30
	菌丝干重/(mg/ml)	27.51	28.87	32.00
	玉米赤霉烯酮/(μg/ml)	0	0	0
D_{4-21}	pH	3.50	3.80	3.45
	菌丝干重/(mg/ml)	20.01	22.70	27.11
	玉米赤霉烯酮/(μg/ml)	205.30	184.32	250.42

a. 常温 2 周；b. 常温 5 天，低温 5 天；转常温 I 为 3 天，II 为 5 天

(三) 玉米赤霉烯酮生物合成的条件

1. 不同碳源的影响

试验所用的碳源物质，除淀粉和 Tween 80 按 8%、乙酸钠按 12.4%加入外，其余均按 20%葡萄糖的含碳量折算加入。各种糖类和乙酸钠均单独灭菌后加到培养基中。结果 (表 3) 表明：只有葡萄糖是合成玉米赤霉烯酮的最适碳源。

表 3　不同碳源对玉米赤霉烯酮产量的影响

碳源种类	最终 pH	菌丝干重/(mg/ml)	玉米赤霉烯酮/(μg/ml)
葡萄糖	3.58	22.32	212.41
果糖	4.00	24.20	12.54
L-(+)-阿拉伯糖	6.30	23.24	0
蔗糖	4.40	19.09	0
麦芽糖	5.20	45.34	8.50
乳糖+葡萄糖	6.20	21.69	62.30
淀粉	9.10	21.68	0
Tween 80	9.00	5.290	0
乙酸钠	10.50	5.291	0

注：培养基其他成分均与摇床发酵培养基相同

2. 不同氮源的影响

由于尿素与培养基其他成分一起高压灭菌时会分解成氨并挥发，从而使培养基含氮量降低，因此对尿素采用细菌过滤器灭菌，再加入培养基中，浓度为 0.30%，其他氮源物质均按此浓度的尿素含氮量折算加入。结果 (表 4) 表明：尿素和乙酸铵为最适氮源，两者的产量基本相同。考虑到乙酸铵易吸水潮解，不利于工业化生产，故选用尿素，并在以后的试验中，尿素一律采用细菌过滤器灭菌。

表 4　不同氮源对玉米赤霉烯酮产量的影响*

氮源物质	最终 pH	菌丝干重/(mg/ml)	玉米赤霉烯酮/(μg/ml)
尿素	3.50	28.53	249.02
尿素+$NaNO_3$	6.00	36.78	0
$NaNO_3$	5.40	18.80	3.03
KNO_3	6.00	23.45	痕量
NH_4NO_3	4.00	24.03	31.50
NH_4Ac	3.50	32.43	250.12
$(NH_4)_2SO_4$	1.80	8.55	0
L-谷氨酸	3.00	12.25	0
蛋白胨	5.00	14.29	0

*培养基其他成分均与摇瓶发酵培养基相同，装量 100 ml

值得注意的是，当乙酸铵与培养基其他成分一起灭菌时表现出毒性，菌株毫无生长；当分开单独灭菌时，能较好地生长并合成较高产量的玉米赤霉烯酮。以硫酸铵为氮源，培养后期 pH 过低，严重影响菌体生长。

3. 不同碳、氮浓度及 C/N 值的影响

试验以 3 种不同的糖、尿素浓度组合成 9 种培养基。试验结果 (表 5) 表明：培养基中的碳、氮浓度及 C/N 值对产量影响很大。高糖、高氮都对玉米赤霉烯酮合成有抑制作用，并表现有高糖、高氮的协同抑制作用。在各种组合中，以 17%的糖、0.25%的尿素及 20%的糖、0.30%的尿素两种组合最好，最适 C/N 值为 51~53。

表 5　不同碳、氮浓度及 C/N 值对玉米赤霉烯酮产量的影响*

碳、氮浓度		C/N 值	最终 pH	菌体干重/ (mg/ml)	玉米赤霉烯酮/(μg/ml)
葡萄糖/%	尿素/%				
14	0.25	43.62	4.00	29.92	947.50
	0.30	36.36	3.00	31.42	374.50
	0.35	31.17	5.50	33.94	59.40
17	0.25	52.96	3.50	31.05	1552.50
	0.30	44.14	3.40	32.15	1260.00
	0.35	37.85	4.60	36.53	0
20	0.25	62.30	3.50	31.90	1157.80
	0.30	51.93	3.50	36.88	1575.00
	0.35	44.52	4.70	40.90	0

*培养基其他成分均与摇瓶发酵培养基相同，装量 100 ml

需要指出的是，在试验中，20%的葡萄糖、0.30%的尿素组合的产量为 1575 μg/ml，而在不同氮源试验中，同样组合的产量却有差异。经试验证明，造成这种差异的主要原因是培养前期摇床运转状况不同，导致通气量不同。由于前期停电造成摇床停机数小时从而使通气量降低，产量则大大提高。通气量对产量的影响将在后面予以详细分析。试验证明，玉米赤霉烯酮的合成不仅需要培养基中适合的 C/N 值，而且初始糖浓度必须具有较高的水平。尽管存在高糖抑制效应，但在最适 C/N 值的条件下，将糖

的浓度降低 50%，则很难生成玉米赤霉烯酮。这一结果与美国商业溶剂公司的结果一致 (Hidy *et al.*, 1977)。

4. 培养基主要成分的最佳组合

以影响产量的 5 个主要因素、3 个水平 (表 6)，采用 L_{18} (3^7) 正交表进行试验，结果如表 7 所示。根据结果作出产量与各因子关系图 (图 1)。从图中可看出，各因素对产量都有很大影响，其中以磷酸盐最为明显，过量的磷酸盐强烈地抑制玉米赤霉烯酮的合成。通过综合分析，选出培养基的最佳组合为：葡萄糖 18%，尿素 0.25%，K_2HPO_4 0.05%，酵母膏 0.1%，装量 120 ml/500 ml 摇瓶。

表 6　正交试验的因素和水平

水平	葡萄糖	尿素	K_2HPO_4	酵母膏/%	装量/ml
1	16	0.20	0.05	0.05	80
2	18	0.25	0.10	0.10	100
3	20	0.30	0.15	0.15	120

表 7　正交试验结果

试验号	葡萄糖/%	尿素/%	K_2HPO_4/%	酵母膏/%	装量/ml	玉米赤霉烯酮/(μg/ml)
1	16	0.20	0.05	0.05	30	1170.88
2	16	0.25	0.10	0.10	100	100.00
3	16	0.30	0.15	0.15	120	83.30
4	18	0.20	0.10	0.15	120	0
5	18	0.25	0.15	0.05	80	171.88
6	18	0.30	0.05	0.10	100	2125.00
7	20	0.20	0.15	0.10	120	0
8	20	0.25	0.05	0.15	80	937.50
9	20	0.30	0.10	0.05	100	125.00
10	16	0.20	0.10	0.10	80	0
11	16	0.25	0.15	0.15	100	0
12	16	0.30	0.05	0.05	120	968.75
13	18	0.20	0.05	0.15	100	0
14	18	0.25	0.10	0.05	120	36.50
15	18	0.30	0.15	0.10	80	437.50
16	20	0.20	0.15	0.05	100	0
17	20	0.25	0.05	0.10	120	1980.40
18	20	0.30	0.10	0.15	80	0
K_1	2322.96	1170.9	7182.54	2473.02	2717.76	
K_2	2770.30	3226.2	261.48	4642.92	2350.02	
K_3	3042.90	3302.04	692.40	1020	3068.58	
κ_1	387.16	195.15	1197.09	412.17	452.96	
κ_2	461.80	537.70	43.58	773.82	391.67	
κ_3	507.15	550.34	115.40	170.00	511.43	
R	119.99	355.19	1153.51	603.82	119.76	

注：K_1、K_2、K_3 分别为各因素的水平 1、2、3 的产量总和；κ_1、κ_2、κ_3 分别为 K_1、K_2、K_3 的平均数

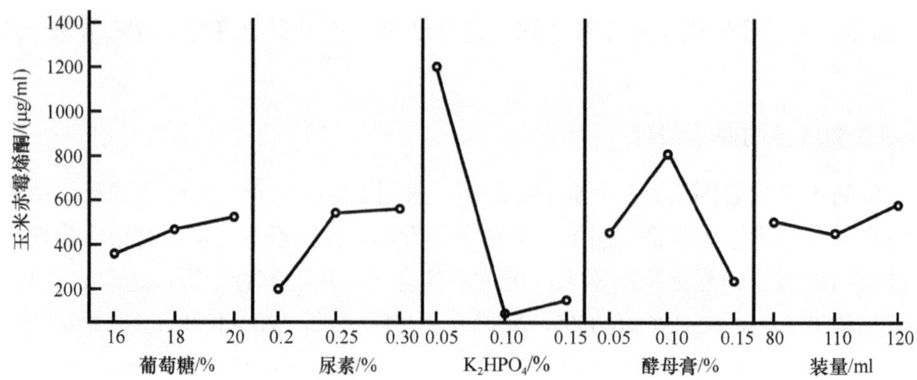

图 1　不同水平的葡萄糖、尿素、K_2HPO_4、酵母膏及装量与玉米赤霉烯酮产量的关系

5. pH 的影响

试验以无菌的 HCl 和 NaOH 溶液将灭菌后的培养基调至不同的 pH 进行摇瓶发酵。结果 (图 2) 表明，以 pH 5.4 (自然) 为最适 pH。因此培养基不必调 pH。发酵后期，发酵液 pH 下降至 3.5 左右，研究人员曾试用在培养基中添加 $CaCO_3$ 来中和所生成的酸，结果完全抑制了玉米赤霉烯酮的合成。

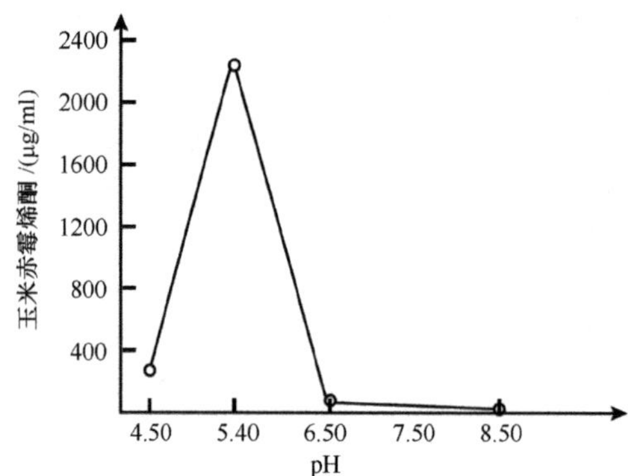

图 2　培养液初始 pH 对玉米赤霉烯酮合成的影响

6. 培养温度的影响

试验结果 (图 3) 表明，最适温度为 21~24℃，低于或高于这一温度范围，都不利于玉米赤霉烯酮的合成。

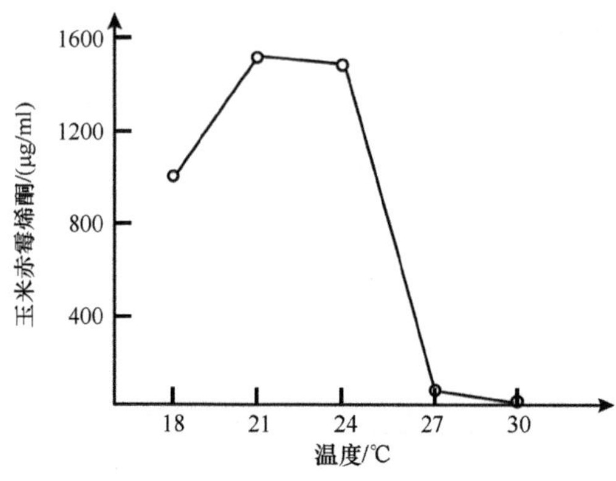

图 3　培养温度对玉米赤霉烯酮合成的影响

7. 累代培养的影响

原始株 BAU-z8 在察氏培养上经过几次传代就会丧失合成玉米赤霉烯酮的能力 (李季伦等, 1980)，国外文献也有类似的报道 (Bacon *et al.*, 1977)。而突变株 D_{4-21} 在察氏培养基上连传 5 代后，摇瓶发酵结果 (表 8) 表明，D_{4-21} 合成玉米赤霉烯酮的性状稳定，连传 5 代，产量基本不受影响。

表 8　累代培养对 D_{4-21} 菌株合成玉米赤霉烯酮的影响

培养代数	最终 pH	菌体干重/(mg/ml)	玉米赤霉烯酮/(μg/ml)
第 1 代	3.45	33.05	2153.20
第 2 代	3.40	32.89	2125.00
第 3 代	3.30	31.84	1952.50
第 4 代	3.30	30.85	2073.20
第 5 代	3.30	30.11	2102.50

注：培养基为正交试验选出的最佳组合培养基，装量为 120 ml

8. 发酵全过程中的变化

从结果 (图 4) 可看出，菌体生长和玉米赤霉烯酮的合成明显地分成两个生理阶段，菌体从第 8 天开始合成玉米赤霉烯酮，但合成速率很低，从第 12 天至第 14 天合成速率猛增。通过观察菌丝体的形态变化，发现在发酵过程中，伴随着一个脂肪逐渐积累之后又分解的过程。菌丝体从第 8 天可观察到有脂肪球累积，之后逐渐增多，到第 12 天达到高峰，菌丝体内充满了成串的脂肪球，之后转向分解。而此时恰恰是玉米赤霉烯酮大量合成时期。

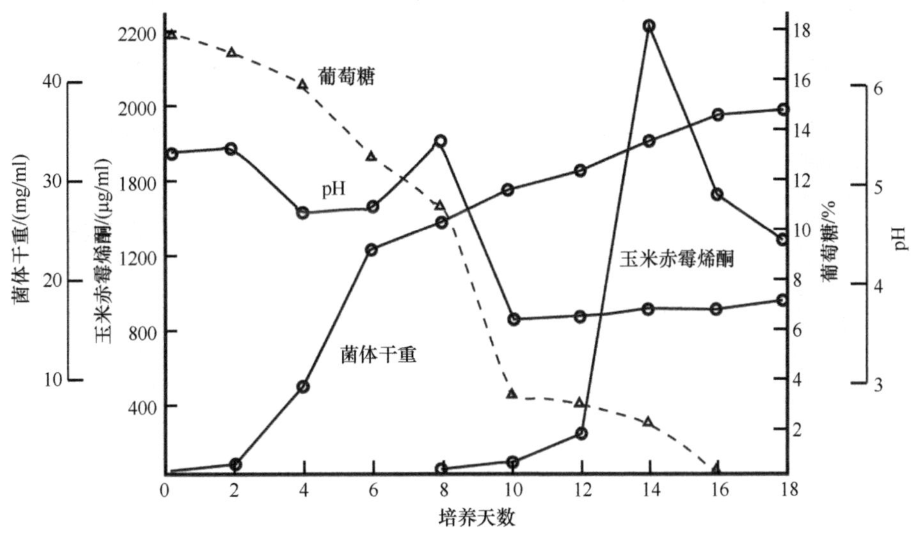

图 4　玉米赤霉烯酮 D_{4-21} 发酵过程中 pH、糖耗 (虚线)、菌体干重、玉米赤霉烯酮产量变化的时间进程 (装量 120 ml)

另外，通气量对玉米赤霉烯酮合成的影响很大。发酵前期通气量不宜过高，但由生长阶段向玉米赤霉烯酮合成阶段的转变时期，却需要有足够的氧气，否则将会完全抑制玉米赤霉烯酮的合成。例如，在以 100 ml 装量的摇瓶发酵中，如果摇床第 10 天停机数小时，则摇瓶发酵的产量为 0。从摇瓶装量上分析，120 ml 要比 100 ml 的结果好得多，前者不仅耗糖快，而且菌体累积脂肪和生成玉米赤霉烯酮的时间也早，使发酵周期缩短，产量提高。而后者可能由于通气量高、氧供应充足，在菌体细胞内产生巴斯德效应，降低了糖耗速度，使脂肪的累积和玉米赤霉烯酮的合成推迟，引起发酵周期的延长及产量的下降。

三、讨论

通过试验，初步观察到脂肪代谢可能与玉米赤霉烯酮的合成代谢有关。关于玉米赤霉烯酮生物合成的途径问题，Steele 等 (1974) 曾发现[1-^{14}C]乙酸和[2-^{14}C]二乙基丙二酸很容易结合进入玉米赤霉烯酮中，$^{14}CO_2$ 也能结合进入，但比较慢。他们认为玉米赤霉烯酮是经由聚酮类 (polyketide) 途径从乙酸和丙二酰 CoA 衍生出来的。根据这一结果与我们所观察到的一些现象，推测合成玉米赤霉烯酮所用的菌体物质和脂肪酸合成所用的前体物质都是由乙酰 CoA 衍生而来的，通过乙酰 CoA 将这两种代谢联系起来。在发酵过程中，乙酰 CoA 首先用于合成脂肪酸。在后期，脂肪开始分解，为玉米赤霉烯酮的合成提供了大量的底物和能源，使其产量急剧上升。为证实这一推测，在今后的诱变育种工作中可通过以下两个方面进行代谢调节控制：第一，选育出玉米赤霉烯酮生物合成脱阻抑的菌株，使玉米赤霉烯酮在发酵前期就开始合成；第二，选育玉米赤霉烯酮合成酶活力高而脂肪酸合成部分受阻的菌株，使乙酰 CoA 主要用来合成玉米赤霉烯酮，而只有少量用于合成脂肪酸。这样，就有可能选育出产量高、周期短的优良菌株。

参 考 文 献

李季伦, 朱彤霞, 张篪, 等. 1980. 玉米赤霉烯酮的研究. 北京农业大学学报, 1: 13-18.

Bacon C W, Robbins J D, Porter J K. 1977. Media for identification of *Gibberella zeae* and production of F-2 (Zearalenone). Appl Environ Microbial, 33(2): 445-449.

Hidy P H, Baldwin R S, Greasham R L, *et al.* 1977. Zearalenone and some derivatives: production and biological activities. Adv Microbial, 22: 59-82.

Steele J A, Lieberman J R, Mirocha C J. 1974. Biogenesis of Zearalenone (F-2) by *Fusarium roseum* '*graminearum*'. Can J Microbiol, 20(4): 531-534.

本文原载：北京农业大学学报, 1985, 11(1): 5-14.

α 玉米赤霉醇——一个值得重视的新的植物雌激素

戴顺龄[1]，段金虹[1]，陆媛[1]，徐海珊[1]，程锦轩[1]，邓文慧[2]，吴宜勇[2]，
王小明[1]，许雪梅[1]，韩玉珍[3]，孟繁静[3]，李季伦[3]

(1. 中国医学科学院基础医学研究所，中国协和医科大学基础医学院，北京，100005；2. 北京医院妇产科，北京，100730；
3. 中国农业大学生物学院，北京，100094)

摘要：

α 玉米赤霉醇是 α 玉米赤霉烯酮的代谢产物。α 玉米赤霉烯酮于 1962 年被发现，具有雌激素样效应，但科学家对此认识不一，有的已将其用作动物促生长剂，证实 α 玉米赤霉醇比 α 玉米赤霉烯酮更安全有效；有的则视其为“污染物”。自 1980 年起我国学者证实 α 玉米赤霉烯酮为冬小麦春化的关键物质，为植物中普遍存在的内源激素，并非“污染物”。1996 年我们首次进行 α 玉米赤霉醇防治动脉粥样硬化的实验研究，证实 α 玉米赤霉醇有明显抗动脉粥样硬化作用而副作用比雌激素明显减少。我们呼吁医学界重视对其的研究，尽快作出科学、准确的评价，这可能是关系人类健康的大事。

关键词：

病理学与病理生理学，动脉粥样硬化，植物雌激素，玉米赤霉醇。

20 世纪 90 年代初，雌激素在防治人类动脉粥样硬化 (atherosclerosis, As)、骨质疏松及阿尔茨海默病等疾病方面的作用日益受到重视，但它易诱发乳腺癌、子宫内膜癌及静脉血栓等副作用亦是不容忽视的问题，这就大大限制了它的临床推广。为减少副作用，临床上将雌激素与孕酮按比例混合使用。孕酮的加入，使子宫内膜癌的发病率下降，但乳腺癌的发病率并未下降，反而有所上升。另外，孕酮在抗动脉粥样硬化、防治阿尔茨海默病方面与雌激素相互拮抗，影响了雌激素的防治作用。这是学术界有关雌激素替代疗法 (estrogen replacement therapy, ERT) 的利弊长期以来争论不休的原因所在。近几年，美国有几项关于 ERT 的大规模流行病学与临床调查结果，对 ERT 防治心脑血管作用提出质疑与异议。接受 ERT 的患者，除乳腺癌发病率升高以外，心脑血管发病率也有所上升。美国国立卫生研究院 (National Institutes of Health, NIH) 下属心肺血液研究所于 2002 年 7 月 9 日终止了一项对于更年期妇女进行的大规模 ERT 临床研究 (此项研究的观察对象为 16 608 名年龄在 50~79 岁的更年期妇女)。美国心脏协会 (American Heart Association, AHA) 提出不要将雌激素用于预防与治疗冠心病的建议，引起了学术界很大震动，带来更大关注。目前，争论与研究在继续中。但寻找更为有效与安全的药物无疑具有十分重要的意义。人们将注意力投向植物体内含有的类雌激素样物质 (具有动物雌激素某种生理功能的生物活性物质) ——植物雌激素。20 世纪 50 年代至今已发现植物雌激素百余种，最常见的两种是大豆异黄酮与木酚素，已应用于保健和临床。在目前特定的环境下，必将加速人们对它们的研究与

应用。然而，我们认为有一种目前尚未被关注的植物雌激素 α 玉米赤霉醇 (α-zearalanol, α-ZAL) 值得引起重视。

α 玉米赤霉醇 (α-ZAL) 是玉米赤霉烯酮 (zearalenone, ZEN) 的还原产物。ZEN 是玉米赤霉菌 [*Gibberella zeae*，其无性世代为禾谷玫瑰镰刀菌 (*Fusarium roseum* '*graminearum*')]的一种代谢产物。Stob 等 (1962) 首先报道自玉米赤霉菌的培养基中分离出这种物质，证明其具有雌激素效应，可刺激小白鼠子宫增重，并可促进肉用牛、羊增重而无可察觉的副作用。1966 年厄里 (Urry) 等利用经典化学、核磁共振及质谱技术，确定该物质的化学结构属于二羟基苯酸内酯类，是自然界罕见的一类化合物 (Chriotense *et al.*, 1966; Urry *et al.*, 1966)。之后发现 ZEN 也能促进某些真菌形成子实体，因此被认为是真菌的性激素。1975 年英国《世界作物》第 27 卷 6 期 283 页证实，ZEN 的还原产物 α-ZAL 的生物效应比 ZEN 高 3 倍，而且更安全。还有报道证实低浓度的玉米赤霉醇可促进肉用牛、羊的蛋白质合成从而增加瘦肉重量，与动物雌激素相比，作为动物生长促进剂，二者所用剂量相似，但 α-ZAL 较雌激素安全，不发生组织增生等副作用 (Draughon and Churchville, 1985)。Sharp 和傅永福等报道 (Sharp and Dyer, 1972; 傅永福等, 1991)，α-ZAL 在体内代谢很快，并且不残留在各种食用组织 (如肌肉、心脏、肝、胰腺、肾和血液等) 中。在 1987 年英国兽医学会的学术会议上，专家报道大量实验证明 α-ZAL 是高效、安全的。目前，美国、加拿大等国已将其作为动物生长促进剂，用作动物饲料，商品名为 Ralgro。

中国农业大学李季伦等 (1980) 报道了在冬小麦越冬期间，其茎尖 (shoot apices) 内出现类似 ZEN 的物质，提出这种物质可能是引起冬小麦春化的关键物质的设想。孟繁静等 (1988) 确认冬小麦茎尖中有 ZEN，科学地解释了长期以来困惑学术界的冬小麦春化的机制。采用多种植物分析发现它是植物中普遍存在的内源性生长激素，并与植物发育有关。研究人员已先后从十余个不同科属的冬性植物如冬小麦、油菜、芹菜、菠菜、甜菜、小葱、萝卜、胡萝卜、苹果，春性植物如春小麦、玉米、棉花中提取了 ZEN，而且在冬性植物的越冬茎尖与花菜内还发现 ZEN 的同系物，其中就有 α-ZAL。为了排除微生物污染，进一步采用组织培养法在无菌条件下检测了植物样品中的 ZEN，而在培养基中加入 ZEN 的专一抑制剂马拉硫磷时，抑制了 ZEN 的产生。在冬小麦离体胚 28 天春化过程中，研究采用酶联免疫分析等方法测定发现 ZEN 含量的动态变化与自然越冬植物相似。无菌培养的二月兰、油菜幼苗也有同样结果。此外，研究人员采用直接酶联免疫分析法追踪测定了冬小麦、棉花、烟草不同发育阶段 ZEN 的动态变化，发现在春化阶段、光周期阶段与开花期间均出现含量高峰，有力地说明 ZEN 是植物内源产生的而并非“污染”所致，而且与植物性器官的诱导、启动、分化至成熟密切相关。当给予外源性 ZEN 时，低浓度的 ZEN 能促进生长锥分化与开花，促进营养体生长，经低浓度处理的植株，叶宽大，叶色绿，有防衰保绿作用。

由此可见，ZEN 具有类雌激素效应，ZEN 与 α-ZAL 已被用作反刍动物家畜牛、羊的生长刺激剂，在其他家畜中无此作用。中国学者证实 ZEN 是植物中普遍存在的内源性生长激素，并与植物生长发育有关，而这些植物是人们经常食用的，α-ZAL 是比 ZEN 更安全、更有效的还原产物，α-ZAL 本身也存在于植物生长锥中，提示它的安全性。这个重要发现启发了我们的思路。

1996 年中国协和医科大学戴顺龄将其作为植物雌激素引进医学领域，并于同年开始了 α-ZAL 防治动脉粥样硬化的实验研究 (Dai *et al.*, 2002; 戴顺龄等, 2003)。给予切除卵巢兔高胆固醇饮食，建立典型的动脉粥样硬化模型，然后给予 α-ZAL，发现 α-ZAL 明显抑制主动脉粥样硬化斑块的形成，斑块面积从 67%±23%降至 10%±6%，病理变化明显减轻，血中总胆固醇 (TC)、甘油三酯、低密度脂蛋白 (LDLC) 和载脂蛋白 B 的水平明显下降。陆媛等 (2005) 发现，α-ZAL 明显抑制主动脉由氧化型低密度脂蛋白 (ox-LDL) 所致平滑肌增殖与细胞内[Ca^{2+}]增高，明显抑制主动脉平滑肌细胞 c-myc mRNA 及 MCP-1 mRNA 的表达，其作用与雌激素相似或略好。我们课题组也进行了一些关于 α-ZAL 对 As 过程中血管内皮损伤的保护及机制的研究，Xu 等 (2004) 发现，α-ZAL 能抑制内皮细胞释放内皮素 I 的病理性增高，调节 NO 释放，平衡内皮素 I/NO，使其趋向正常。促进由 ox-LDL 所致 eNOS mRNA 表达水平的下降，抑制内皮素 I mRNA 表达的增高。调节促凋亡因子与抑制因子的关系，使之趋于平衡，参与内皮素 I、NOS 基因与蛋白表达的核因子 κB 及 AP-1 的调节。整体实验病理观察也显示，α-ZAL 对血管内皮的保护作用十分明显，作用与雌激素相似。研究还发现 α-ZAL 对子宫与乳腺的刺激明显小于雌激素，相比同剂量雌激素，子宫增大仅为同剂量雌激素的 29%左右，α-ZAL 与受体结合率仅为同剂量雌激素与受体结合率的 10%，子宫与乳腺病理也明显轻于雌激素。北京医院妇产科邓文慧等 (2004) 实验发现，对于植于裸鼠皮下的人的正常乳腺细胞，雌激素有明显增殖作用，而 α-ZAL 对正常细胞无影响，不引起增殖，却能使乳腺上皮增殖细胞核抗原 (PCNA) 的表达水平明显下降。结果表明，α-ZAL 对乳腺有潜在的保护作用，副作用明显减轻。实验期间动物全部健康存活。为了使实验结果可靠，需要具有可重复性，关于防治 As 的实验，我们做了一次预试验，两次正式实验，结果一致。

在将 α-ZAL 应用于反刍动物牛、羊方面，国外有两种不同意见。一方面，最初的研究发现玉米赤霉烯酮是动物吃了大量发霉玉米引起雌性化疾病的病因，所以在种子和食品检疫工作中，也将其作为污染指标。20 世纪七八十年代，研究工作多着眼于“污染”而进行，由于镰刀菌属 (*Fusarium*) 可以侵染高等植物，某些国家政府至今仍将 ZEN 看作一种外源性物质，作为植物污染的指标进行检测。英、美等国科学家已做了大量实验，证明作为动物生长促进剂的 ZEN，尤其是其还原产物 α-ZAL，安全无毒，在体内不积累，不引起组织增生，优于雌激素 (邓文慧等, 2004)，至于是否影响少儿发育，未见报道。

我国科学家已用大量实验证明，许多高等植物如大麦、小麦、棉花、玉米、芹菜、胡萝卜、甜菜、青苹果等都含有 ZEN 且随着生长发育的阶段不同而发生动态变化，对新鲜植株的检测与无菌组织培养结果一致。在分析芹菜生长锥的实验中，研究发现 α-ZAL 也存在于植物生长锥的提取液中 (黎洪霞和孟繁静, 1989; 阚月美等, 1990; 赵德刚和孟繁静, 1997)。上述研究都证明 ZEN 为植物自身产生的活性物质，并非污染所致。

值得注意的是我国植物生理学家的上述重要发现对于我们的思路很有启发，然而至今尚未引起国际上的普遍认可，但我们相信实践是检验真理的唯一标准。关于 ZEN 及-αZAL，中国农业大学植物生理学家已研究了 18 年，而对于 α-ZAL 防治动脉粥样硬化的研究，我们也坚持了 8 年。实验结果是令人欣慰与鼓舞的。

作为动物生长促进剂，研究人员经常进行 ZEN 对喂养动物各种器官、腺体影响的探讨工作 (Cooper, 1981a, 1981b; Metzler, 1989)。近 10 年来环境激素受到学术界的关注，尤其是环境激素能否有力地预防心血管疾病的问题受到研究人员的重视并开始进行探讨 (Cassidy and Griffin, 1999)。作为环境激素之一，一种内源性激素 ZEN 及其衍生物也开始受到一定程度的关注，作为一种非类固醇雌激素 ZEN，其可导致血液及生物化学参数的改变 (Maaroufi *et al.*, 1996)，研究发现高浓度 ZEN 对肝具有毒性 (Ruh *et al.*, 1998)，有人认为 ZEN 可引起肝腺瘤 (Pfohl *et al.*, 1995)，但某些毒性通过反刍动物的胃内生菌群得以降解与逆转 (Cooper, 1981a)，还需研究其对植物的副作用 (Jefferson *et al.*, 2002)。尤其需要注意的是近两年已可见到一些零散的研究文章报道。有报道认为 ZEN 可以明显减少 7, 12-二甲基苯并蒽 (DMBA) 所诱发的乳腺肿瘤 (Hilakivi *et al.*, 1999)，能减少对雌激素依赖性的癌症的发生率 (Stahl *et al.*, 1998)。美国学者报道一种真菌提取物有望防治 As (Ichiji *et al.*, 2004)。这些信息提示我们，国外学者也开始注意 ZAL 类物质与医学的关系。迄今为止，尚未见将 ZEN 及其衍生物系统地引进人类医学领域的研究文章。8 年来我们较系统地进行了 α-ZAL 对人类重大疾病动脉粥样硬化防治的实验研究，并得到确切结果，但还有许多有价值、有意义的工作亟待开展。我们认为，如果 α-ZAL 进入临床应用，尚需进一步深入探讨其作用机理及毒理。

虽然植物雌激素大豆异黄酮已作为保健品与药物进入我国市场，但它毕竟是从国外引进的，价格较贵，而且它能否抑制由雌激素所致的乳腺癌等问题并无定论，报道不一。而我国学者首次发现 ZEN 是冬小麦春化的关键物质之一，证实它在高等植物中普遍存在并首先将 α-ZAL 作为植物雌激素引进医学领域研究，通过实验证实了其有明显抗 As 作用；对雌激素所致的乳腺癌有抑制的可能。

为此，我们呼吁医学界领导与同行重视 α-ZAL 研究，给予支持、帮助和指导，与我们一起加快速度，共同攻关。通过科学实践，对 ZEN 及其还原产物 α-ZAL 等的各种生物效应、作用机制、可能的副作用、安全性等进行深入的研究，并与动物雌激素作比较研究，与其他已应用于临床的植物雌激素（如大豆异黄酮等）作比较研究。对 ZEN 的各种衍生物作比较研究，从而科学、客观、准确地评价 ZEN 及 ZAL 等衍生物，使学术界达成共识将是十分重要的。这不仅可能影响农业与畜牧业的发展，还可能关系到人类某些重大疾病，尤其是动脉粥样硬化、阿尔茨海默病、骨质疏松等老年病的防治、延寿及美容等问题。

参考文献

戴顺龄, 段金虹, 陆媛, 等. 2003. 一个新的植物雌激素玉米赤霉醇明显抑制实验性动脉粥样硬化发病进程. 中国动脉硬化杂志, 11(5): 385-390.

邓文慧, 吴宣勇, 段金虹, 等. 2004. 植物激素 α 玉米赤霉醇对人正常乳腺的影响. 中国医学科学院学报, 26(5): 566-570.

傅永福, 宋经元, 孟繁静. 1991. 肉牛体内玉米赤霉醇的残留量的检测. 北京农业大学学报, 9(10): 117-118.

黎洪霞, 孟敏静. 1989. 芹菜中玉米赤霉烯酮的分离与鉴定. 植物生理学报, 15(2): 211-215.

李季伦, 朱彤霞, 张篪, 等. 1980. 玉米赤霉烯酮的研究. 北京农业大学学报, 1: 13-27.

陆媛, 戴顺龄, 段金虹, 等. 2005. 植物雌激素 α 玉米赤霉醇抑制(–)Bay K8644 诱发的兔主动脉平滑肌细胞内游离钙离子浓度的升高. 中国医学科学院学报, 27(1): 86.

孟繁静, 阙月美, 韩玉珍, 等. 1988. 冬小麦越冬茎尖中的玉米赤霉烯酮. 中国科学, 12: 1261-1266.

阙月美, 梁振兴, 韩玉珍, 等. 1990. 冬小麦和棉花开花结实过程玉米赤霉烯酮的含量的变化. 北京农业大学学报, 16(2): 153-155.

赵德刚, 孟繁静. 1997. 冬小麦低温过程中茎尖细胞超微结构的变化与玉米赤霉烯酮的关系. 植物学报, 39(6): 570-573.

Cassidy A, Griffin B. 1999. Phyto-oestrogens: a potential role in the prevention of CHD? Proc Nutr Soc, 58(1): 193-199.

Chriotense C M, Nelson G H, Mirocha C J. 1966. Effect on the white rat uterus of a toxis substance from *Fusarium*. Microbiol Appl, 13: 653-659.

Cooper R A. 1981a. Some aspects of the use of the growth promoter zeranol in ewe lambs retained for breeding. I. Effect on liveweight gain and puberty. British Veterinary Journal, 137(5): 513-519.

Cooper R A. 1981b. Some aspects of the use of growth promoter zeranol in ewe lambs retained for breeding. II. Effects on reproductive tract, pituitary gland and gonadotrophin levels. Br Vet J, 137(6): 621-625.

Dai S L, Duan J H, Lu Y, *et al.* 2002. A new ophytoestrogen α-zearalanol markedly inhibit progression of atherosclerosis in overiectornized cholesterol Fed rabbits. J Mol Cell Cardiol, 34(7): A3.

Draughon F A, Churchville D C. 1985. Effect of pesticides on zearalenone production in culture and in complaints. Phytopath, 75: 553-556.

Hilakivi C L, Onojafe I, Raygada M, *et al.* 1999. Prepubertal exposure to zearalenone or genistein reduces mammary tumorigenesis. Br J Cancer, 80(11): 1682-1688.

Ichiji N, Hiroshi T, Shun I, *et al.* 2004. Antiatherogenic activity of fungal beauveriolides, inhibitors of lipid droplet accumulation in macrophages. Proc Natl Acad Sci USA, 101(3): 737-742.

Jefferson W N, Elizabeth P B, George G, *et al.* 2002. Assessing estrogenic activity of phytochemicals using transcriptional activation and immature mouse uterotrophic responses. J Chromatogr B Analyt Technol Biomed Life Sci, 777(1-2):

179-189.

Maaroufi K, Chekir L, Creppy E E, *et al.* 1996. Zearalenone induces modifications of haematological and biochemical parameters in rats. Toxicon, 34(5): 535-540.

Metzler M. 1989. Metabolism of some anabolic agents: toxicological and analytical aspects. J Chromatogr, 489(1): 11-21.

Pfohl A L, Chekir G L, Bacha H. 1995. Genotoxicity of zearalenone, an estrogenic mycotoxin: DNA adduct formation in female mouse tissues. Carcinogenesis, 16(10): 2315-2320.

Ruh M F, Bi Y, Cox L, *et al.* 1998. Effect of environmental estrogens on IL-1beta promoter activity in a macrophage cell line. Endocrine, 9(2): 207-211.

Sharp G D, Dyer I A. 1972. Zearalanol metabolism in steers. J Anim Sci, 34(1): 176-179.

Stahl S, Chun T Y, Gray W G. 1998. Phytoestrogens act as estrogen agonists in an estrogen-responsive pituitary cell line. Toxicol Appl Pharmacol, 152(1): 41-48.

Stob M, Boldwin R S, Tuite J, *et al.* 1962. Isolation of an anabolic uterotrophic compound from corn infected with *Gibberella zeae*. Nature, 196: 1318.

Urry W H, Wehrmeister H L, Hodge E B, *et al.* 1966. The structure of Zearalenone. Tetrahedon Letter, 27(3): 109-114.

Xu H S, Duan J H, Dai S L, *et al.* 2004. Phytoestrogen alpha-zearalanol antagonizes oxidized LDL induced inhibition of nitric oxide production and stimulation of endothelin-1 release in human umbilical vein endothelial cells. Endocrine, 25(3): 235-245.

本文原载：中国动脉硬化杂志, 2005, 13(5): 670-672.

串珠镰刀菌素的提纯及毒理研究*

李季伦，史挺，章红

（北京农业大学生物学院微生物学专业）

串珠镰刀菌素是某些镰刀菌的代谢产物，因最初由 R. J. 科尔 (R. J. Cole) 等于 1973 年自串珠镰刀菌 (*Fusarium moniliforme*) 的培养物中提取出来，故被命名为串珠镰刀菌素 (moniliformin)。其分子式为 C_4HO_3Na。串珠镰刀菌素通常以钠盐或钾盐形式存在于自然界中。除串珠镰刀菌外，其他镰刀菌也可产生串珠镰刀菌素，已报道的有 *F. moniliforme* var. *subglutinans*、*F. acuminatum*、*F. concolor*、*F. fusarioides*、*F. avenaceum* 和 *F. granunearurn* 等。这些菌广泛分布于自然界，有的产毒能力甚强。

鉴于国外报道，串珠镰刀菌素为水溶性，对动物心血管系统有强烈的损害作用。结合我国克山病的临床病理特征以及流行规律，考虑到串珠镰刀菌素或许是诱发克山病的真实病因。因此，我们从 1983 年起开展了此项研究工作，现将研究结果简述如下。

一、产毒菌的分离、培养和毒素提纯

研究人员从克山病重病区陕西省黄龙县采集的发霉玉米和土样中分离出 6 株能产生串珠镰刀菌素的真菌，将其接种于灭菌玉米粒培养基上，室温 (25℃) 培养 10 天，移至低温 (0~5℃) 培养 7~10 天（低温促使串珠镰刀菌素的生成），最后再置于室温培养 10 天，从培养物中提取串珠镰刀菌素。改进后的方法是：首先用水直接抽提培养物，采用三氯甲烷除去一些色素和脂溶性物质后，将该水提液与阴离子交换树脂柱进行离子交换，随后以 0.2 mol/L NaCl 洗脱毒素，收集富含毒素部分（用检测仪在 254 nm 波长下检测）于 40℃减压浓缩至干，加入无水甲醇溶解毒素，过滤除去不溶的 NaCl，再将滤液浓缩至干，甲醇溶解、滤除不溶物，最后得到一浅棕色针状结晶（钠盐）。该结晶经高压液相层析分析证明为单质，其紫外、红外吸收光谱和核磁共振波谱均与国外报道的串珠镰刀菌素一致。

二、毒性和毒理试验

对 3 日龄北京雏鸭经灌胃法给毒，测得毒素半数致死剂量 (LD_{50}) 为 4.76 mg/kg。雏鸭在给毒后约 20 min 即全身无力，卧地不起，继而呼吸困难、昏迷，最终死亡。死亡时间为 30 min 到 3 h。3 h 内如不死亡，则可恢复。同体雏鸭在给毒前后的心电图有明显改变，给毒后约 15 min 即出现心率加快，随后变慢且节律不齐，S-T 段上移，示有心肌劳损。死后尸检可见全身静脉充血、右心房扩大淤血、肝大等，但脑及其他器官无异常。

串珠镰刀菌素对人工培养的北京鸭心肌细胞的毒性试验表明：向有正常收缩功能的心肌细胞团加入 0.02 mmol/L 毒素（钠盐），心肌细胞收缩速率明显变化；加入 0.2 mmol/L 毒素，心肌细胞收缩速率明显

*本工作得到中国预防医学科学院流行病学微生物学研究所郭可大教授的支持，特此致谢。

下降：加入 2 mmol/L 毒素，心肌细胞则停止跳动（37℃恒温下观察）。对已中毒的心肌细胞更换新鲜培养液以除去毒素，但其仍不能恢复正常心肌功能，说明串珠镰刀菌素对心肌细胞的损害是不可逆的。在给毒前 15 min 先加入一定量的硒（3×10^{-6} μmol/L H_2SeO_4），可减轻毒素对心肌细胞的损害，但在细胞中毒 15 min 再加入硒，对毒性无影响。说明硒具有一定的防护作用，但无治疗作用。另外，对中毒细胞给予一定量的 ATP (0.5 mmol/L)，可见心肌细胞收缩速率和节律失常有所恢复，这与临床上 ATP 可以缓解克山病病情发展的现象是一致的。

试验还发现，串珠镰刀菌素对离体北京鸭血液中的谷胱甘肽过氧化物酶（GSH-Px，一种含硒的酶）活性无影响，表明串珠镰刀菌素的毒性不是因抑制 GSH-Px 的活性而破坏细胞透性。采用辣根过氧化物酶（HRP）示踪法观察串珠镰刀菌素对活体北京鸭和大白鼠心肌细胞膜透性的影响，发现 HRP 可进入经静脉注入毒素的活体心肌细胞内，但不能进入未给予毒素的心肌细胞中，而停留在细胞间隙，说明串珠镰刀菌素本身可破坏心肌细胞膜的正常透性。这可能与该菌素具有离子载体的化学结构有关。此外，研究测试了该菌素对北京鸭心肌细胞中丙酮酸脱氢酶系和 ATP 含量的影响，结果表明：串珠镰刀菌素可抑制丙酮酸脱氢酶活性，降低心肌细胞内 ATP 的含量。

上述毒理试验结果表明，串珠镰刀菌素首先损害心肌细胞膜透性，继而作用于产能细胞器——线粒体，选择性地抑制丙酮酸脱氢酶系活性，减少 ATP 的合成。心肌细胞因得不到能量供应而受损，故而出现心肌劳损，重者致心力衰竭甚至死亡。

在试验中还发现，北京鸭感染串珠镰刀菌素后的表现以心血管系统受损为主要特征，与人类克山病的症状相似，故串珠镰刀菌素很可能是克山病的主要病因。克山病的发病特点也支持这一观点，如克山病多发生在山区农村或森林沼泽地带，病区生态环境有利于产毒真菌的大量滋生和毒素产生。该毒素为水溶性，可被雨水冲洗而污染水源、粮食。近年来，随着农民生活水平的提高和饮水条件的改善，克山病的发病率已大大下降。

为确证串珠镰刀菌素是克山病的病因，研究还需对串珠镰刀菌素进行进一步的慢性中毒试验，同时研究快速检测毒素和消除毒性的简便方法，以便有效地防治克山病。

本文原载：医学研究通讯, 1986, 10: 306-307.

串珠镰刀菌素及其毒理*

章红，李季伦

(北京农业大学生物学院，北京，100094)

摘要：

以自陕西省黄龙县分离到的串珠镰刀菌胶孢变种 (*Fusarium moniliforme* var. *subglutinans*) 作为产毒菌株进行培养，采用离子交换法从其培养物中提取到毒素纯结晶。经紫外、红外及核磁共振等波谱分析，证明该毒素为串珠镰刀菌素 (moniliformin)。它可使雏鸭心电图发生异常变化。北京鸭心肌组织培养表明，先加适量硒可在一定程度上抑制串珠镰刀菌素的毒性，后补加适量硒对毒素毒性无影响。此外，该毒素可使北京鸭和大白鼠心肌细胞膜通透性加强。实验结果支持了克山病的真菌毒素中毒学说，提出串珠镰刀菌素可能是克山病的直接致病因子。

关键词：

串珠镰刀菌素，毒性。

串珠镰刀菌素是某些镰刀菌的代谢产物，因最初由 Cole 等 (1973) 从串珠镰刀菌 (*Fusarium moniliforme*) 的培养物中提取出来，故被命名为串珠镰刀菌素 (moniliformin)。其化学结构式如下，式中，R 为 H、Na 或 K。其自由酸 (R=H) 的化学名称为 3-羟基环丁-3 烯-1, 2 二酮。串珠镰刀菌素通常以钠盐或钾盐形式存在于自然界中 (Springer *et al.*, 1974)。

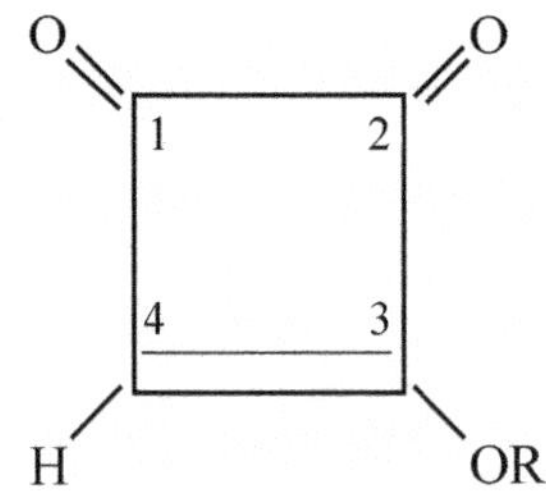

除串珠镰刀菌外，已报道的还有 *F. moniliforme* var. *subglutinans*、*F. acuminatum*、*F. concolor*、*F. fusarioides*、*F. avenaceum* 和 *F. graminearum* 等 13 种菌株可产生串珠镰刀菌素 (Kriek *et al.*, 1977; Rabie *et al.*, 1982; Scott *et al.*, 1987)。这些菌广泛分布于自然界，有些菌株产毒能力很强，如一种串珠镰刀菌胶孢变种 (*F. moniliforme* var. *subglutinans*)，在每公斤培养物中，可以产生高达 30 多克的串珠镰刀菌素 (Rabie *et al.*, 1982)。

*本校中心实验室沈其丰和颜衍禄等先生帮助进行核磁共振和光谱分析；本校兽医学院邓泽沛、卢胜明同志协作进行细胞膜透性试验及照相；乔惠理、游九芬同志协助测量心电图及心电图分析，在此一并致谢。

据报道，串珠镰刀菌素对动物有强烈的毒害作用 (Kriek *et al.*, 1977; Burmeister *et al.*, 1980; Rabie *et al.*, 1982；Scott *et al.*, 1987)。对 7 日龄北京鸭的半数致死剂量 (LD_{50}) 为 3.65 mg/kg，对雌性和雄性大白鼠的 LD_{50} 分别为 41.57 mg/kg 和 50.0 mg/kg。主要危害心脏。

鉴于国外的工作已证明串珠镰刀菌素是水溶性的且对动物心血管系统有强烈损害作用的毒素，结合对我国一种地方性心肌病——克山病的临床和病理特征以及流行规律的认识，我们怀疑串珠镰刀菌素或许是诱发克山病的真实病因。因此，我们从 1983 年起开始对该毒素进行研究。

一、材料和方法

(一) 纯毒素的制备

1. 产毒菌株

自陕西省黄龙县克山病区采集的发霉玉米中分离出串珠镰刀菌胶孢变种，作为产毒试验菌株。

2. 产毒培养

以灭菌玉米粒为培养基。500 ml 三角瓶中装入干燥玉米粒 90 g，加水 85 ml，经 1 kg/cm^2 灭菌 1 h。冷却后接种该菌株，25℃培养 10 天后，转至 0~5℃培养 7 天 (低温促进毒素生成)，再转至 25℃培养 10 天。最后采用薄层层析法检测毒素 (方法见下文)。

3. 毒素的提取和纯化

我们改进并简化了斯泰恩 (Steyn) 等的方法 (Steyn *et al*., 1978; Rabie *et al*., 1978)。直接加约玉米 2 倍重量的蒸馏水，用组织捣碎机将玉米培养物 (2 kg) 粉碎，经抽滤后含毒素的水提液用 1/4 体积三氯甲烷除去一些色素及脂溶性物质，将水溶液上 201×7 型阴离子交换柱 (C1 型，60~70 目，3 cm×40 cm)，流速为 8 ml/min。先用约 4 L 无离子水洗脱去杂，再以 6 L 0.2 mol/L NaCl 水溶液洗脱，大约 2 L 后有大量毒素被洗脱下来 (用薄层层析法检测)。收集富含毒素部分，浓缩至干。用无水甲醇溶解毒素，过滤去除不溶于甲醇的 NaCl，将滤液浓缩至干，加入少量水及甲醇，最后在甲醇-水中得到浅棕色针状毒素结晶，并在此基础上又进行重结晶，以便获得纯毒素结晶。该法与 Steyn 等 (1978) 的方法相比，具有经济、快速的特点。

4. 毒素鉴定

1) 薄层层析法：采用 200 μm 厚硅胶 G 薄板 (2.5 cm×7.5 cm)，展开剂为氯仿+甲醇 (体积比为 3∶2)，以含 1% 2, 4-二硝基苯肼的 3 mol/L H_2SO_4 液为显色剂。

2) 高压液相色谱：采用美国瓦里安 (Varian) 公司的 LD5000 高压液相色谱仪，C18 反向柱，流速为 1.0 ml/min，用甲醇制备毒素溶液。

3) 紫外吸收光谱：采用美国贝克曼 (Beckman) 公司的 Du-8B 紫外扫描仪，毒素配成甲醇溶液。

4) 红外吸收光谱：采用日本岛津 IR-435 型红外光谱仪，KBr 压片，400~4000 cm^{-1} 区段进行扫描。

5) 核磁共振波谱：采用日本 Jeol 电子公司的 Fx-90Q 核磁共振分析仪，用无离子水将毒素溶解后，以 1, 4-二氧六环 (位移 67.4 ppm) 作为内标，进行碳谱分析。

6) 离子含量分析：采用上海分析仪器厂生产的 6400 型火焰光度计。

(二) 毒素对雏鸭心电图的影响

取 3~4 日龄北京雏鸭 (体重 50~60 g)，采用日本三荣公司产品 362 型多导仪进行心电监测描记。将雏鸭背位固定在实验台上，左翼基部和左下肢皮下同时插入针状电极，待动物安静后，记录 II 导程正常状态下的心电图作为同体对照，记录一段时间后，经灌胃法给毒 12 mg，给毒后记录时间并开始心电监测。

(三) 串珠镰刀菌素对人工培养的北京鸭心肌组织的影响

目前还未见有关北京鸭心肌组织培养的报道，研究主要参照北京大学生物系及北京中医研究院 (李连达等，1980) 的大鼠心肌组织培养方法进行鸭心肌组织培养。

1. 北京鸭心肌组织培养方法

取 19 日龄鸭胚，通过无菌操作取出鸭胚，去心包膜，切取心室，在无 Ca^{2+}、Mg^{2+}磷酸缓冲液 (pH 7.4~7.6) 中洗去心内残留血块，将组织置于 Hank's 液冲洗两次，将组织剪成约 0.5 mm^3 或更小的碎块，使组织块呈匀浆状。将 199*营养液 (中国科学院生物物理研究所生化试剂厂产品，内含 20%小牛血清) 分装于 6 cm×3 cm×2 cm 的组织培养瓶内。每瓶 3 ml 组织悬液，并使组织悬液浓度调整到每瓶 15~25 个细胞团。加塞后 37℃孵育，每 2~3 天更换一次营养液。孵育 24 h 后可见细胞贴壁生长，3 天后可见有速率不同的自发性搏动。

2. 毒性试验

将培养 5~7 天已有节律规则搏动的心肌组织在倒置显微镜下于 (36±1)℃恒温条件下进行实验观察，记录给药前后搏动速率并观察节律、范围和强度。试验过程中瓶口密闭，严格控制环境温度，避免振动，将药物缓慢加入瓶内，避免冲击细胞。试验进行以下处理。

1) 加入不同浓度的毒素，15 min 后观察记录，随后更换新鲜营养液，再观察细胞团收缩恢复情况。
2) 先加入适量的 H_2SeO_4 溶液 (3.18×10^{-10} mol/L)，15 min 后加入不同浓度的毒素。
3) 先加入不同浓度的毒素，15 min 后加入适量的 H_2SeO_4 (3.18×10^{-10} mo1/L)。
4) 加入不同浓度的毒素，再加入适量 ATP (0.60×10^{-3} mol/L)。

(四) 串珠镰刀菌素对大白鼠及北京鸭心肌细胞膜通透性的影响

辣根过氧化物酶 (HRP) 示踪法是以形态学手段研究细胞膜通透性的一种常用方法。它不会使被研究的组织发生病变，不能穿透完整肌膜，当肌膜通透性增大时，则可进入心肌细胞内。给动物注射 HRP 并在体内循环一段时间后，将心肌冰冻切片放入含有二氨基联苯胺 (DAB) 和过氧化氢 (H_2O_2) 的孵育液中，在 HRP 的作用下含有 HRP 的部位释放出原子氧，后者使 DAB 氧化成褐色的 HRP 反应物沉淀，含这种反应物的肌细胞数量和颜色可反映肌膜通透性变化的程度。

实验动物采用 3 只雌性离乳大白鼠，体重分别为 360 g、330 g 和 370 g。HRP 为中国科学院上海生物化学研究所产品 RZ2.5-3.0，批号 800639。

动物处理方法及组织化学操作主要参照 Boutet (1976) 介绍的方法，根据具体情况作了一些改进。主要步骤如下：分别将 3 只大白鼠麻醉，其中 2 只经颈静脉注射 1 ml 毒素的生理盐水溶液，毒素用量为 21 mg/kg，分别于给毒后 30 min 及 60 min 经颈静脉留置导管注射 HRP (用量 7 mg/kg，溶于 0.5 ml

生理盐水)。另一只大白鼠只经颈静脉注射 HRP 作对照。注射肝素抗凝。6 min 后自左心室心尖处用生理盐水灌注冲洗出血液，再用固定液 (李连达等, 1980) 灌流固定。将心脏取下，纵切成 0.3~0.4 cm 厚的组织块，浸泡在醛固定液中 4~6 h，冰冻切片厚 6~8 μm，经二甲胂酸钠缓冲液冲洗后置于 G-K 孵育液中孵育 15~30 min (李连达等, 1980)，在光学显微镜下观察。

另外，我们又用 6 只 7 日龄北京鸭进行试验，试验前将 2 只雏鸭不供毒作为对照，4 只雏鸭毒素用量各为 11.25 mg/(kg·d)，每天分 5 次采用灌胃法给予毒素水溶液，采用自由采食法饲喂 7 天，饲喂过程中未见实验动物有任何异常。试验时，由隐静脉注射 HRP (用量为 10 mg/kg)，6 min 后开胸，自左心室心尖处用生理盐水冲洗，灌注固定以后的步骤如上述。

二、结果和分析

(一) 纯毒素的制备和鉴定

研究人员采用改进后的方法，从 2 kg 干培养物中提取出约 2 g 串珠镰刀菌素纯结晶，结晶呈棕黄色长针状，如图 1 所示。

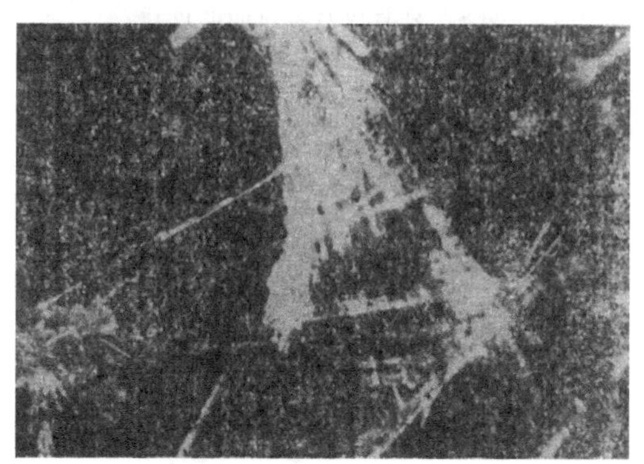

图 1　纯毒素针状结晶

薄层层析结果表明，该毒素在以氯仿+甲醇作展开剂时，Rf 值为 0.4~0.5。喷以显色剂后呈橘红色；高压液相色谱分析显示在 230 nm、260 nm 处分别得到单一峰的毒素，表明提取的毒素纯度较高，紫外光谱分析显示该毒素分别在 227.5 nm 及 259.2 nm 处有吸收峰 (图 2)；红外光谱分析表明，毒素在 1780 cm^{-1}、1709 cm^{-1}、1682 cm^{-1}、1605 cm^{-1}、1107 cm^{-1} 和 846 cm^{-1} 处均有吸收 (图 3)；该毒素的核磁共振图谱如图 4 所示，均与国外报道的串珠镰刀菌素一致 (Cole and Cox, 1981)。毒素中离子含量分析表明，我们提取的毒素是以钠盐形式存在的。

(二) 毒素对雏鸭心电图的影响

在以同体作为对照，对比同一只雏鸭给毒前后正常心电图与异常心电图的试验中，受试的 3 只雏鸭在 14~54 min 内先后死亡。给毒后 4 min 左右，心率由给毒前的 240~300 次/min 变为 360~480 次/min，之后心率又逐渐变慢，出现心律不齐，最后停止收缩。从死亡时间来看，似乎雏鸭对毒素的敏感性有较大差别，但 3 只受试雏鸭的心电图变化趋势基本相似：供毒时血钾升高，引起高血钾症，由于心肌缺血，心房开始扩张。S-T 段上升提示心肌劳损，进而不仅心房扩张，而且左右心室扩张。同时保持血钾过高，快速的心室颤动，导致心脏停搏，造成死亡 (图 5)。

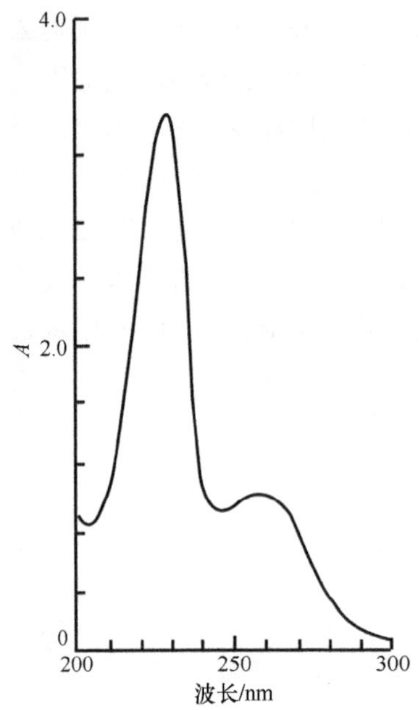

图 2　结晶样品紫外吸收图谱

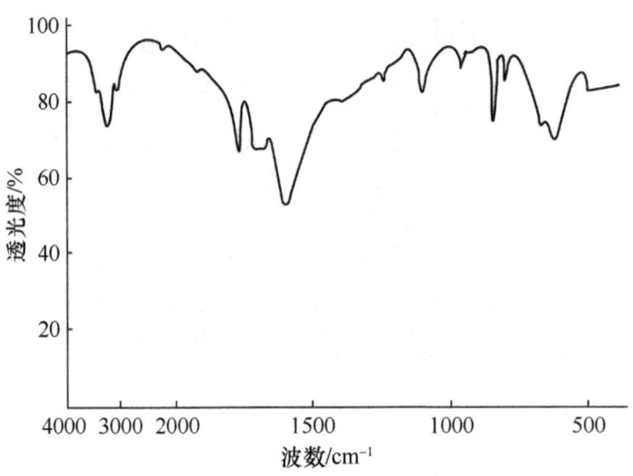

图 3　结晶样品红外吸收图谱

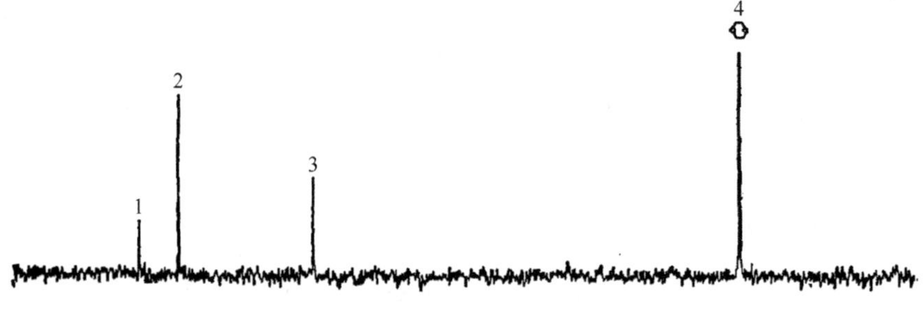

图 4　结晶样品核磁共振图谱

No.	Freq/Hz	ppm	INT%
1	4815.91	213.720	277
2	4596.18	203.969	730
3	3849.11	170.815	437
4	1517.79	67.400	5531

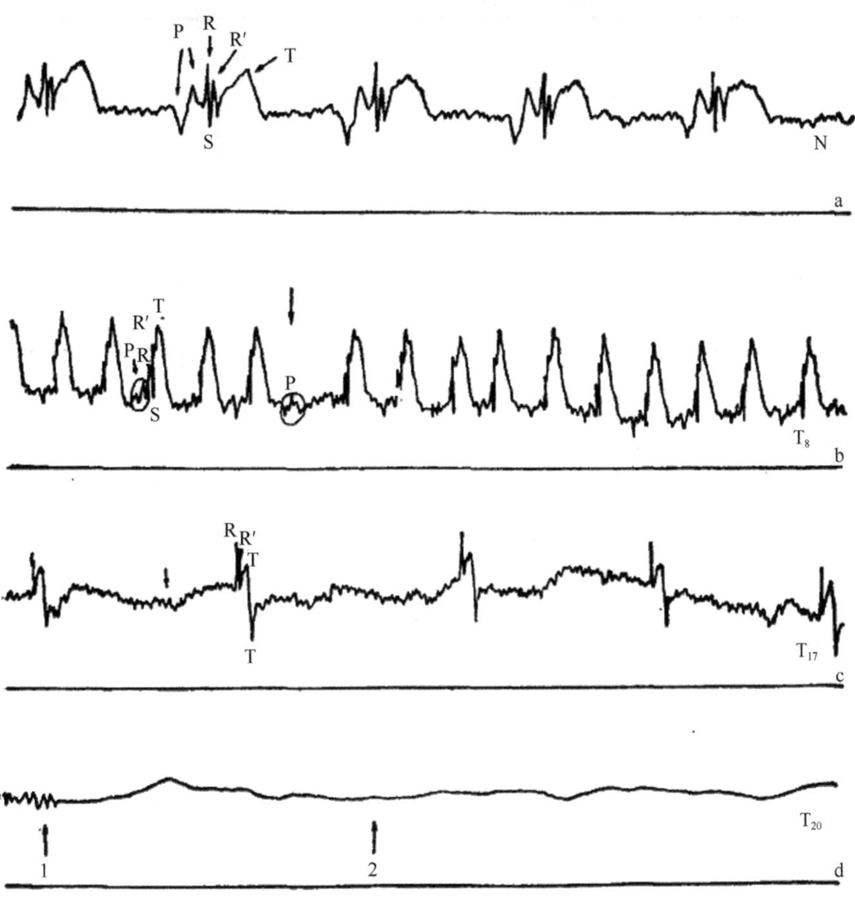

图 5　2 号鸭给毒前后心电图对比图

a. 正常情况下的心电图，2 号鸭给毒前 II 导联心电图，示各波形状（走纸速度=100 mm/s）。双相 P 波，RSR′型心室去极波，正向 T 波，S-T 段在基线上约 3 mm，心率 240 次/min，窦性心律。b. 给毒后 8 min 心电图（走纸速度=50 mm/s）。双相 P 波，电压变低，RSR′电压变低，S-T 段上移约 9 mm（提示心肌损伤），出现二度房室传导阻滞（2 nd-degree atrio ventricular block）(箭头所指)，心律不齐，心率稍增快（360 次/min）(提示心肌早期缺血生理性代偿作用；RSR′电压变低)，T 波高耸（提示高血钾症）。c. 给毒后 17 min 心电图（走纸速度=25 mm/s）。无 P 波，只有心房波棘（即心房颤动）(箭头所指)，心搏过缓，心率 30 次/min，心律不齐，RR′-M 型心室去极波，双相 T 波（提示心肌缺血）。d. 给毒后 20 min 心电图（走纸速度=25 mm/s）。心室颤动（箭头 1 所指），随即发展为心脏停搏（箭头 2 所指）

(三) 串珠镰刀菌素对人工培养的北京鸭心肌组织的影响

当心肌细胞团出现正常搏动时，在倒置显微镜下观察并记录心肌组织在给毒前后的收缩情况，加入不同浓度的毒素后心肌组织收缩情况如表 1 所示。已中毒的心肌组织经置换新鲜培养液以除去毒素，仍不能恢复正常收缩，说明串珠镰刀菌素对心肌细胞已造成严重伤害。给毒前 15 min 加入一定量的硒 (3.18×10^{-10} mol/L H_2SeO_4)，再加入 2.75×10^{-4} mol/L 毒素时，可以减轻毒素对心肌细胞的毒性，心搏次数由 (57.08±40.76) 次/min 仅降至 (44.74±41.39) 次/min ($P<0.05$)；但先加入毒素，15 min 后再加入硒时，心搏次数由 (31.03±29.01) 次/min 降至 (24.93±32.43) 次/min ($P>0.05$)，说明硒只在一定范围内有一定的防护作用，没有治疗作用。给毒后再给予一定量的 ATP (0.60×10^{-3} mol/L) 时，可见心肌细胞虽然未能达到正常水平收缩，但收缩速率和节律异常有所改善。这些试验结果与硒对预防克山病起一定作用，ATP 可以缓解克山病病情发展的现象是一致的。

表 1　不同浓度串珠镰刀菌素对心肌组织的影响

毒素浓度/(mol/L)	心肌组织搏动速率/(次/min)		P
	给毒前	给毒后	
2.75×10^{-3}	37.60±26.01	38.10±29.33	>0.05
2.75×10^{-4}	50.84±28.89	29.24±27.49	<0.05
2.75×10^{-3}	54.59±24.09	0	

(四) 串珠镰刀菌素对大白鼠及北京鸭心肌细胞通透性影响的初步试验

我们采用辣根过氧化物酶 (HRP) 示踪法观察了串珠镰刀菌素对活体大白鼠和北京鸭心肌细胞膜透性的影响，研究发现只注射 HRP 的对照组大白鼠心肌细胞膜间隙中含有反应产物，呈褐色。心肌细胞内不含反应产物，呈浅黄色，细胞间界限清晰 (图 6)。给毒后 30 min 和 6 min 后注射 HRP 的大白鼠，每张心肌切片中可见一些含反应产物的肌细胞多为散在分布，在一定区域内相对集中。含反应产物的心肌细胞主要位于左心室内层、室间隔和乳头肌。在同一心肌切片上常见含反应产物的肌细胞颜色深浅不一致，有的浓重，有的较浅，表明细胞膜受损程度不等 (图 6)。有些心肌细胞中可见含反应产物的肌细胞围绕毛细血管分布。

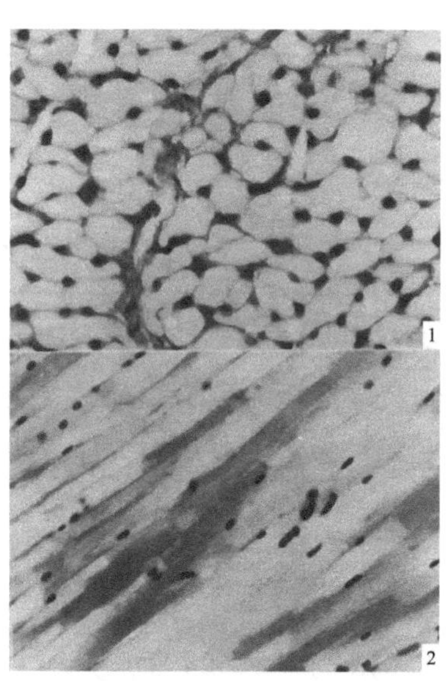

图 6　串珠镰刀菌素对活体大白鼠和北京鸭心肌细胞膜透性的影响（彩图见封底二维码）

1. 只注射 HRP 的对照组大白鼠心肌的横切面 (×132)。示细胞膜间隙中含有 HRP 反应物，呈褐色，心肌细胞内不含反应物。黑色小点示红细胞。
2. 给毒后注射 HRP 的大白鼠乳头肌纵切面 (×100)。示含反应产物的肌细胞呈褐色。黑色小点示红细胞

用北京鸭作为实验动物的结果与大白鼠相似，都可见心肌细胞膜在毒素作用下具有不同程度的损伤。含反应产物的心肌细胞主要位于左心室内层、室间隔和乳头肌。

三、讨论

北京鸭受串珠镰刀菌素的毒害所表现出的以心血管系统遭受毒害为主要特征，与人类克山病的症状有相似之处。白求恩医科大学根据用克山病病区粮饲喂大白鼠所进行的大量研究，明确提出克山病病因不是缺硒，而是来源于病区粮食中的一种“致病因子” (Boutet *et al.*, 1976)，但未明确该“致病因子”究竟是

何物。我们认为这个“致病因子”很可能就是病区粮食中所污染的串珠镰刀菌素。我们用串珠镰刀菌素进行 HRP 示踪实验所得的结果，与白求恩医科大学用克山病病区粮得到的结果一致。由于串珠镰刀菌素本身具有离子载体的化学结构，很可能与细胞膜上的 K^+或 Na^+发生交换，干扰膜上 K^+、Na^+平衡，从而破坏心肌细胞膜的正常透性。串珠镰刀菌素首先损害心肌细胞膜透性，继而作用于产能细胞器——线粒体，选择性地抑制丙酮酸脱氢酶系活性 (Thiel, 1978; Burka *et al.*, 1982)，减少 ATP 的合成。使心肌细胞因得不到能量供应而导致心肌劳损，严重者因心力衰竭而死亡。我们在心肌组织培养试验中还发现，加毒前补加适量硒，在一定程度上有抑制毒素毒性的作用，而加毒后补硒对毒素毒性无影响。这个结果说明硒对细胞膜有一定的保护作用，可以预防克山病，但与用硒不能治疗克山病的认知是一致的。我们认为克山病的直接病因不是缺硒，而很可能是串珠镰刀菌素。虽然有多数病区确实缺硒，但以缺硒作为克山病直接病因的学说难以解释为何江浙一带缺硒的平原地区并不发生克山病。克山病多发生在山区农村或森林沼泽地带，病区生态条件有利于产毒真菌的大量滋生和毒素的产生。串珠镰刀菌素作为水溶性毒素，被雨水冲洗而污染水源。当收获粮食时，如遇阴雨，场院中的谷物易遭真菌侵染，致使粮食发生霉变并产生毒素。人们经常食用含有毒素的粮食和水，则导致克山病的发生。近年来，由于农村实行改革，生产增收，农民生活水平提高，不少病区改饮自来水，不再吃霉变粮食，因此克山病的发病率已大大下降。

为了确证串珠镰刀菌素是克山病的直接病因，还需要对大动物进行慢性中毒试验。同时，也应研究快速检测毒素和消除毒性的简便方法，以便有效地防治克山病。

参 考 文 献

李连达, 高凤辉, 张金妹, 等. 1980. 秃毛冬青 II 号对体外培养乳鼠心肌细胞搏动的影响. 中医杂志, 6: 68-70.

Boutet M, Hüttner L, Rona G. 1976. Permeability alteration of sarcolemmal membrane in catecholamine-induced cardiac muscle cell injury. *In vivo* studies with fine structural diffusion tracer horse radish peroxidase. Lab Invest, 34(5): 482-488.

Burka L T, Doran J, Wilson B J, *et al.* 1982. Enzyme inhibition and the toxic action of moniliformin and other vinylogous alpha-ketoacids. Biochem Pharmacol, 31(1): 79-84.

Burmeister H R, Grove M D, Kwolek W F. 1980. Moniliformin and butenolide: effect on mice of high-level, long-term oral intake. Appl Environ Microbiol, 40(6): 1142-1144.

Cole R J, Cox R H. 1981. Handbook of Toxic Fungal Metabolites. New York: Academic Press: 893-897.

Cole R J, Kirksey J W, Cutler H G, *et al.* 1973. Toxin from *Fusarium moniliforme*: effects on plants and animals. Science, 179(4080): 1324-1326.

Kriek N P, Marasas W F, Steyn P S, *et al.* 1977. Toxicity of a moniliformin-producing strain of *Fusarium moniliforme* var. *subglutinans* isolated from maize. Food Cosmet Toxicol, 15(6): 579-587.

Rabie C J, Lübben A, Louw A I, *et al.* 1978. Moniliformin, a mycotoxin from *Fusarium fusarioides*. J Agric Food Chem, 26(2): 375-379.

Rabie C J, Marasas W F, Thiel P G, *et al.* 1982. Moniliformin production and toxicity of different *Fusarium* species from Southern Africa. Appl Environ Microbiol, 43(3): 517-521.

Scott P M, AbbasH K, Mirocha C J, *et al.* 1987. Formation of moniliformin by *Fusarium sporotrichioides* and *Fusarium culmorum*. Appl Environ Microbiol, 53(1): 196-197.

Springer J P, Clardy J, Cole R J, *et al.* 1974. Structure and synthesis of moniliformin, a novel cyclobutane microbial toxin. J Am Chem Soc, 96(7): 2267-2268.

Steyn M, Thiel P G, van Schalkwyk G C. 1978. Isolation and purification of moniliformin. J Assoc Off Anal Chem, 61(3): 578-580.

Thiel P G. 1978. A molecular mechanism for the toxic action of moniliformin, a mycotoxin produced by *Fusarium moniliforme*. Biochem Pharmacol, 27(4): 483-486.

本文原载：微生物学报, 1989, 29(2): 93-100.

串珠镰刀菌素的结构与毒性的关系*

章红，李季伦
(北京农业大学生物学院，北京，100094)

摘要：

用 O_3 对串珠镰刀菌素去毒处理后，对产物进行了分离纯化，并通过红外、核磁共振等分析，证明串珠镰刀菌素双键消失，四元环已打开，产物为 2, 3-二羟基-2, 3 环氧-丁二酸和 2-羰基-3-羟基-丁二酸。以 1 日龄北京雏鸭为实验动物，将串珠镰刀菌素及其结构类似物方酸进行生物毒性对比试验，分别采用灌胃法给毒 8 mg/kg 体重和方酸 24 mg/kg 体重，方酸量为串珠镰刀菌素的 3 倍时仍无毒性，说明串珠镰刀菌素结构中的 H 对其毒性起关键作用。这在国内外尚属首次报道。

关键词：

串珠镰刀菌素，方酸，去毒。

串珠镰刀菌素 (moniliformin) 是一种对动物心脏有强烈损害作用的水溶性真菌毒素 (孙丽红和李娟, 1990)。其化学结构为图 1 中的 I。方酸 (见图 1 中 II) 作为串珠镰刀菌素的结构类似物与串珠镰刀菌素仅有一个基团的区别 (李聚才和肖森, 1992)。

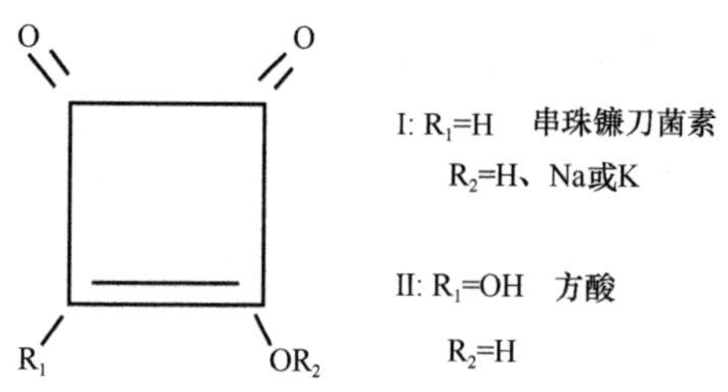

图 1 串珠镰刀菌素与方酸结构图

串珠镰刀菌素通常以钠盐或钾盐形式存在于自然界中 (Springer *et al.*, 1974)。北京鸭对此毒素最敏感，7 日龄北京鸭半数致死剂量 (LD50) 为 3.65 mg/kg (Engelhardt *et al.*, 1989)。已证实此毒素对受试动物的毒害机制主要是对丙酮酸脱氢酶系有特异性抑制作用 (Gathercole *et al.*, 1986)，从而影响产能代谢的正常进行，导致动物心力衰竭，最终死亡。自李季伦等 (1986) 提出串珠镰刀菌素可能是克山病的直

*中国军事医学科学院药物毒物研究所罗毅同志协助 IR 测定，本校应用化学系刘军同志协助 NMR 测定，王明安同志帮助进行图谱分析，特此致谢。

接致病因子后，引起了国内医学界的广泛重视。姬政等 (1991) 在云南大米和陕西玉米 (两种克山病病区粮) 中均检出含有串珠镰刀菌素，而在北京大米中未测到，这一结果为克山病真菌毒素致病说提供了重要依据。近年来，由于人民生活水平的提高和饮水条件的改善，我国克山病的流行已明显呈下降趋势。但因农村各种条件的限制，串珠镰刀菌素的危害仍有可能威胁农业和畜牧业的发展，急需采取一种成本低、方法简便、取材容易的对发霉粮食和污染水源有效去毒的方法，我们的工作已证明漂白粉、O_3 等可有效地去除水中串珠镰刀菌素，5% H_2O_2 水溶液喷雾可有效地去除粮食中的串珠镰刀菌素。由于采用 O_3 曝气法对毒素水溶液完全脱毒处理后水溶液中只剩余脱毒产物，成分单一，容易分离、纯化和分析，为了弄清去毒机制，我们研究了用 O_3 去毒后毒素结构的改变。我们比较了方酸钠盐与串珠镰刀菌素钠盐对动物的毒性，从而确定毒素结构中的毒性关键基团。

一、材料和方法

(一) 材料

串珠镰刀菌素钠盐结晶：串珠镰刀菌胶孢变种 (*Fusarium moniliforme* var. *subglutinans*) 培养后提取得到的黄色针状结晶，经鉴定为串珠镰刀菌素钠盐 (章红和李季伦, 1989)。

(二) 方法

1. O_3 去毒及其结构测定

550 mg 毒素结晶溶于 10 ml 超纯水中，置于 U 型 10-043 型滤板吸收器中，通入 O_3 曝气 15 min。O_3 处理条件：北京环境保护科学研究所的 BX 3-A 型臭氧发生器，O_2 流量为 0.8 L/min，O_3 浓度为 4.06×10^3 ppm (*V*/*V*)。将 O_3 处理后的毒素水溶液 4000 r/min 20 s 离心两次，白色沉淀与上清液分别进行冷冻干燥后测定熔点。红外分析采用美国 Nicolet FT-5DX 红外分析仪，KBr 压片 400~4000 cm^{-1} 区段扫描。^{13}C-NMR 和偏共振谱分析采用 Jeol 90Q 核磁共振仪，以四甲基硅烷 (TMS) 作内标，溶剂为氘代盐酸 (DCl)、重水 (D_2O)，以确定脱毒后的产物结构。

2. 方酸与串珠镰刀菌素生物毒性对比试验

方酸 (squaric acid) 为美国 Aldrich 化学公司产品。0.11 g 方酸加水搅拌，滴加 NaOH 调节 pH 到 6.0 左右，配成 2.2 mg/ml；串珠镰刀菌素钠盐配成 0.4 mg/ml 水溶液，动物给毒前停食 4 h。第一组灌胃串珠镰刀菌素 8 mg/kg 体重；第二组灌胃方酸钠盐 24 mg/kg 体重；另一组不供毒作为对照。给药后 2 h 开始喂食、饮水，观察 3 天。

二、结果和讨论

(一) O_3 去毒及其结构测定

串珠镰刀菌素的结构特点决定了其不耐氧化，容易被漂白粉、H_2O_2 和 O_3 分解脱毒。串珠镰刀菌素水溶液为黄色，在 O_3 处理过程中，黄色开始变淡，处理至第 8 分钟时有少量白色沉淀析出，此后黄色消失，白色沉淀增多，至第 15 分钟结束处理。离心后分别冷冻干燥，到白色沉淀，熔点为 158.5~159.5℃。红外图谱显示在 3418 cm^{-1}、3369 cm^{-1} 处有一宽峰，1674 cm^{-1} 处有羰基吸收峰 (图 2)，提示有羟基和羧基。以四甲基硅烷 (TMS) 作内标进行 ^{13}C-NMR 和偏共振谱测定，根据串珠镰刀菌素的结构，O_3 去毒后可能产生 8 种产物。由于白色沉淀的 ^{13}C-NMR 只有两条谱线 (图 3a)，偏共振显示均为季碳，说明产物有对称性。^{13}C 化学位移为 173.70 ppm 的碳为羰基，94.45 ppm 的碳应是一个与两个氧原子相连的季碳。与方酸的 ^{13}C-NMR (δ=190.40，DMSO-d6) 比较，其羧基吸收向高场移动了 16.70 ppm，说明串珠镰刀菌素的四元环被打开成为羧基。从此排除了其他 7 种产物的可能性，该沉淀唯一可能的结构是 2, 3-二羟基-2, 3-环氧-丁二酸。

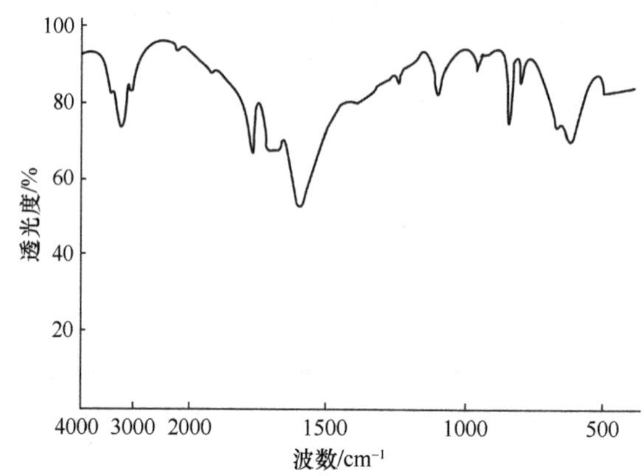

图 2 O_3 去毒后沉淀部分样品红外吸收图谱

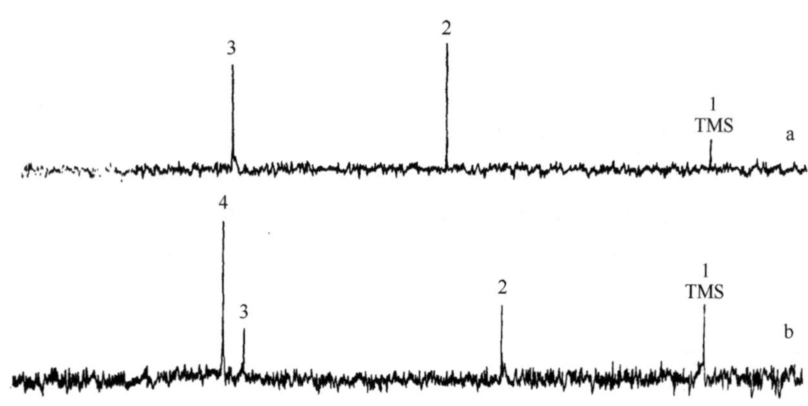

图 3 O_3 去毒后样品 ^{13}C-核磁共振图谱

a. 沉淀部分；b. 上清部分；TMS. 四甲基硅烷 (内标)

a	No.	ppm	b	No.	ppm
	1.	0.000		1.	0.000
	2.	94.446		2.	72.426
	3.	173.700		3.	166.213
				4.	173.675

冷冻干燥后上清部分为白色粉末状固体，该固体物质水溶液与 2, 4-二硝基苯肼反应出现桃红色沉淀，说明有羰基存在。其 ^{13}C-NMR 上有 3 条谱线 (图 3b)，偏共振谱说明有一个 CH，2 个季碳峰，其化学位移分别为 72.43 ppm、166.21 ppm 和 173.68 ppm，推测应含有一个 CHOH 片段。与上述白色沉淀的 ^{13}C-NMR 比较，173.68 ppm 与上述羧基的羰基几乎没有发生变化，推测也是羧基。而 166.21 ppm 是

一个新的吸收峰，证明是羰基。图 4 是推测在 O_3 作用下串珠镰刀菌素的氧化机制。考虑到串珠镰刀菌素被 O_3 氧化时，原有的两个羰基被破坏而形成两个羧基，因此有可能该化合物的两个羧基中的羰基化学位移正好相同而成一条谱线，故推断该化合物的结构是 2-羰基-3-羟基-丁二酸，见图 4 中 (4)。图 4 中的半缩醛结构 (2′) 不稳定，易互变为图 4 中 (4) 的结构，这与实际观察到从白色变为黄色的现象一致。

推测在 O_3 作用下串珠镰刀菌素的氧化机制如图 4 所示。

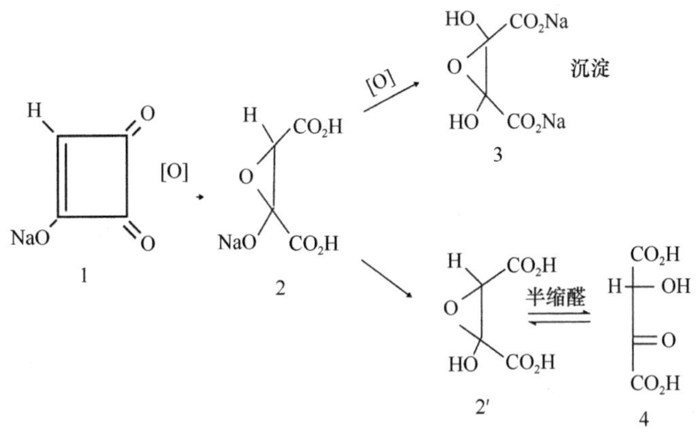

图 4 推测在 O_3 作用下串珠镰刀菌素的氧化机制

(二) 方酸与串珠镰刀菌素毒性对比试验

对 1 日龄北京鸭分别供方酸 24 mg/kg 体重和串珠镰刀菌素 8 mg/kg 体重后，供毒组 10 只雏鸭在给毒后 2 h 内全部死亡，而供方酸组及对照组雏鸭 3 天内全部健康存活，无任何中毒症状。方酸量为毒素量 3 倍时对实验动物无毒性。

方酸酸性很强，可与硫酸相比，$pK_1=1.5$，$pK_2=3.5$，未见它对动物有任何毒害作用的报道。为了避免直接灌胃腐蚀雏鸭食道，本实验采用 NaOH 调节 pH 为 6.0 左右，使方酸成为钠盐形式。研究证明了串珠镰刀菌素结构中唯一的 H 在毒性上起重要作用。这在国内外是首次报道。

参 考 文 献

姬政, 刘文, 梁晓天. 1991. 克山病家食粮中串珠镰刀菌素含量的测定. 中华医学杂志, 71(1): 14-15.

李季伦, 史艇, 章红. 1986. 串珠镰刀菌素的提纯及毒理研究. 医学研究通讯, 15(10): 306-307.

李聚才, 肖森. 1992. 方酸的制备方法. 化学试剂, 14(2): 115-116.

孙丽红, 李娟. 1990. 串珠镰刀菌素对大鼠心脏功能的毒性作用. 中华医学杂志, 70(11): 621-623.

章红, 李季伦. 1989. 串珠镰刀菌素及其毒理. 微生物学报, 29(2): 93-100.

Engelhardt J A, Carlton W W, Tuite J F. 1989. Toxicity of *Fusarium moniliforme* var. *subglutinans* for chicks, ducklings, and turkey poults. Avian Dis, 33(2): 357-360.

Gathercole P S, Thiel P G, Hofmeyr J H. 1986. Inhibition of pyruvate dehydrogenase complex by moniliformin. Biochem J, 233(3): 719-723.

Springer J P, Clardy J, Cole R J, *et al.* 1974. Structure and synthesis of moniliformin, a novel cyclobutane microbial toxin. J Am Chem Soc, 96(7): 2267-2268.

本文原载: 微生物学报, 1994, 34(2): 119-123.

克山病病区粮食中串珠镰刀菌素的检测

章红，李季伦

(中国农业大学生物学院，北京，100094)

有学者认为克山病的致病因子可能是串珠镰刀菌素，而硒只是保护因子 (李季伦等, 1986)。为了进一步验证串珠镰刀菌素与克山病之间的关系，我们参照罗毅等 (1991)、姬政等 (1991) 的方法，采用离子对高压液相色谱 (HPLC) 法，对陕西、吉林、内蒙古和云南 4 个克山病病区共计 87 份粮食进行了检测。

一、材料及方法

(一) 材料

自陕西省黄陵县、吉林省敦化县 (现为敦化市)、内蒙古呼伦贝尔扎兰屯和云南楚雄 4 个克山病病区采集到病户粮 71 份，非病户粮 16 份，以北京产粮 12 份为非病区对照。粮食品种包括玉米、小麦和大米，外观无霉变，为主食口粮。由于近年来克山病新病户较少，各病区病户粮采集对象不限于新病户。

(二) 方法

将 30 g 粉碎后的各粮食样品加入 50 ml 二氯甲烷振荡、过滤去杂。残渣用 70 ml 含水 5%的甲醇振荡提取 1 h，过滤。滤液于 40℃减压浓缩近干，加入 15 ml 蒸馏水反复洗涤残渣。对于玉米样品，加入正己烷脱脂。加入 3 ml 离子对试剂 A，混匀。置入 100 ml 分液漏斗中，15 ml 4 次二氯甲烷萃取。合并 4 次萃取液，40℃减压浓缩至干。用适量乙腈洗涤残渣并定容于 1 ml 有塞微量刻度试管中，供串珠镰刀菌素的 HPLC 分析用。HPLC 分析条件：C18 反相柱，粒度为 10 μm，柱直径为 4.6 cm×25 cm。流速为 1.2 ml/min，流动相：甲醇与 0.2%四丁基溴化铵体积比为 15∶85。紫外波长为 229 nm，纸速为 1.0 mm/min，衰减 2^2，进样量为 10 μl，采用外标法定量。

将陕西病户 34 号玉米样品提取液与标准毒素分别在丙酮-水 (体积比为 92∶8) 和甲苯、丙酮与甲醇 (体积比 5∶3∶2) 展开剂系统中层析，喷以含 1% 2, 4-二硝基苯肼的 3 mol/L H_2SO_4 溶液显色。层析后将与标准毒素相同 Rf 值的吸收带硅胶刮下，加入无离子水离心，上清液进行紫外扫描。与标准毒素比较从而确认病区粮食样品中的串珠镰刀菌素。

二、结果

(一) 粮食样品中串珠镰刀菌素的回收率

本方法最小检出限为 6.5×10^{-9} g。加入到无毒大米、小麦及玉米中的串珠镰刀菌素浓度 250~500 ng/g 时的回收率均在 75%以上。

(二) 病区与非病区粮食中串珠镰刀菌素的含量

串珠镰刀菌素标准样与内蒙古病区 25 号小麦样品 HPLC 图谱如图 1 所示，粮食样品中串珠镰刀菌素的含量如表 1 所示。串珠镰刀菌素在各种粮食中的最高含量为：玉米 5893 μg/kg (陕西)，小麦 3120 μg/kg (陕西)，大米 108 μg/kg (吉林)，病区与非病区串珠镰刀菌素含量具有显著差异。在吉林和内蒙古同一克山病病区内，经 t 检验，病户与非病户粮食中串珠镰刀菌素含量无显著差异。此外，对云南楚雄同一户稻谷和大米的染毒量进行比较，结果显示稻谷的染毒量高于大米。

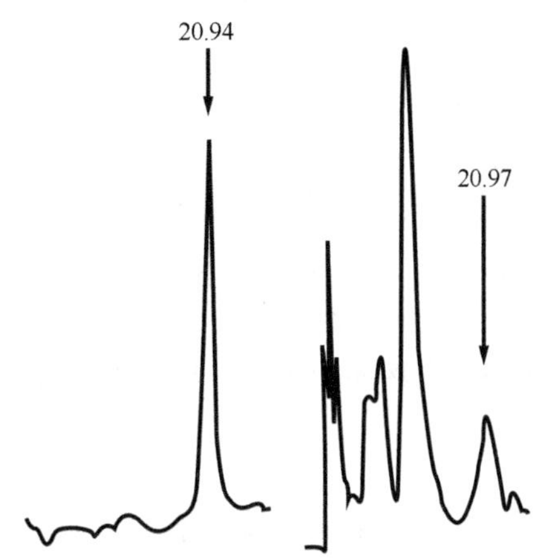

图 1　内蒙古病区 25 号玉米样品高压液相色谱

左为串珠镰刀菌素标准样的保留时间；右为内蒙古病区 25 号小麦样品中串珠镰刀菌素的保留时间（↓）

表 1　克山病病区与非病区粮食中串珠镰刀菌素的含量

产地	检样数/份	阳性数/%	含毒范围/(μg/kg 粮食)
		玉米	
病区			
内蒙古	23	22 (96)	2~3500
陕西	18	15 (83)	114~5893
吉林	12	9 (75)	15~204
合计	53	46 (87)	2~5893
非病区（北京）	5	0	0
		小麦	
病区			
内蒙古	6	5 (5/6)	11~250
陕西	11	11	37~3120
合计	17	16 (94)	11~3120
非病区（北京）	4	0	0
		大米、稻谷	
病区			
吉林	7	6 (6/7)	29 (大米) ~108 (大米)
云南	10	9 (9/10)	39 (大米) ~329 (稻谷)
合计	17	15 (88)	29~329
非病区（北京）	3	0	0

(三) 病户粮食样品中串珠镰刀菌素的确证

陕西34号样品在上述展开剂系统中层析后显色，在与标准毒素相同的迁移率分别为0.9和0.6处出现串珠镰刀菌素特有的桃红色斑点，且病户样品具有与标准毒素相同的紫外吸收图谱，因此基本认定病户家粮食中检测到的就是串珠镰刀菌素。

三、讨论

我们在4个克山病病区粮食中均检测到了串珠镰刀菌素，而在非病区的北京地区12份粮食中未检测到串珠镰刀菌素，为克山病毒素致病说提供了重要依据。而在吉林和内蒙古同一克山病病区内病户与非病户粮食中，串珠镰刀菌素含量无显著差异，这很可能是因为采集到的病户粮样品并非是克山病患者发病时所吃的粮食。人们常常由于该户有人患过克山病而将该户粮食作为病户粮采集，然而这种样品的代表性差，不能反映真实情况。另外，克山病可能是长期多次摄入毒素后，毒素毒性累加导致的结果，只检测一批粮食样品显然不够，今后应连年检测。此外，我们曾从北京郊区分离到31株串珠镰刀菌 (*F. moniliforme*)，培养后经检测发现均不产串珠镰刀菌素，这一事实与以上检测结果相符。似乎地理、生态环境对产毒菌的分布也有影响。

参 考 文 献

姬政, 刘文, 梁晓天. 1991. 克山病家食粮中串珠镰刀菌素含量的测定. 中华医学杂志, 71(1): 14-15.

李季伦, 史艇, 章红. 1986. 串珠镰刀菌素的提取及毒理研究. 医学研究通讯, 15(10): 306-307.

罗毅, 胡绪英, 郑集声, 等. 1991. 粮食中串珠镰刀菌素的液相色谱分析. 环境化学, 10(4): 63-66.

本文原载：中华医学杂志, 1994, 74(9): 562-563.

粮食和水中串珠镰刀菌素的脱毒研究*

章红，李季伦

(北京农业大学生物学院，北京，100094)

摘要:

为预防串珠镰刀菌素对人畜健康的危害提供依据，在提出串珠镰刀菌素可能是克山病的主要病因之后，研究建立了标准加入法定量测定培养物中毒素含量，在串珠镰刀菌素含量为 8.8 mg/g 时回收率为 97.7%。研究串珠镰刀菌素的去毒方法，发现漂白粉对水中串珠镰刀菌素脱毒效果明显，每毫克毒素用 1.5 mg 漂白粉中的有效氯即可去除；粮食中脱毒采用 5% H_2O_2 喷淋效果最佳。这些去毒方法不仅成本低、简便，而且无二次污染。

关键词:

串珠镰刀菌素，去毒，克山病。

串珠镰刀菌素 (moniliformin) 是一种对动物心脏有强烈损害作用的水溶性真菌毒素。该毒素通常以钠盐或钾盐形式存在于自然界中 (Springer *et al.*, 1974)。7 日龄北京鸭半数致死剂量 (LD_{50}) 为 3.65 mg/kg (Kriek *et al.*, 1977)。章红和李季伦 (1989) 从克山病严重病区玉米中分离到产毒真菌串珠镰刀菌胶孢变种 (*Fusarium moniliforme* var. *subglutinans*)，用提纯的毒素结晶进行了毒理研究，在此基础上提出克山病的直接致病因子很可能是存在于病区粮食和饮水中的串珠镰刀菌素，引起了国内医学界的广泛重视 (Chen *et al.*, 1990; 乔惠理等, 1993)。克山病多发生在山区农村或森林沼泽地带，病区生态环境有利于产毒真菌的大量滋生和毒素的产生，造成粮食污染，并且串珠镰刀菌素作为水溶性真菌毒素，可被雨水冲洗污染水源。姬政等 (1991) 在云南大米和陕西玉米两个克山病病区粮食中均检测出串珠镰刀菌素，而在北京大米中未检测到，这一结果为串珠镰刀菌素在病区粮食中的自然存在提供了重要依据。

近年来，由于人民生活水平的提高和饮水条件的改善，我国克山病的流行已呈明显下降趋势。因我国农村各种条件的限制，串珠镰刀菌素的危害仍有可能威胁病区人民和畜牧业。目前，对于还比较贫穷落后的农村，急需采取成本低、方法简便、无二次污染的对有毒粮食、饲料和水源进行有效脱毒的方法。串珠镰刀菌素脱毒研究在国内外尚未见报道。

*国家自然科学基金资助项目。

一、材料与方法

(一) 菌粮和纯毒素钠盐结晶

研究人员自陕北克山病病区采集的玉米上分离到产毒菌株串珠镰刀菌胶孢变种。培养后得到菌粮，含水量为 8%，该菌粮经提纯得到黄色针状纯毒素钠盐结晶 (章红和李季伦, 1989)。

(二) 水中串珠镰刀菌素的检测、脱毒和生物学验证

1. 水中串珠镰刀菌素的检测

采用 210~270 nm 区段紫外扫描的方法进行定量分析。

2. 漂白粉去毒试验

取经过碘量法测定有效氯 (Cl_2) 含量为 37.2%的漂白粉 (刘福岭和戴行钧, 1987)，配成 0.4 g/L 漂白粉水溶液，4000 r/min 离心 10 min 后稀释 10 倍。取 2.5 μg/ml、5.0 μg/ml、7.5 μg/ml、10.0 μg/ml 和 12.5 μg/ml 毒素水溶液分别加入不同量的漂白粉，室温下放置 2 h，之后通过测定 229 nm 处 OD 值以便发现去毒的最低有效氯用量。

3. 水中去毒效果的生物学验证

取 1 日龄北京雏鸭 (体重 50~60 g) 30 只，随机分配成 3 组，每组 10 只。一组不给毒；另外两组采用灌胃法给毒 8 mg/kg 体重，其中一组给予未经去毒处理的纯毒素水溶液，作为阳性对照；另一组给予每毫克毒素经过含 1.5 mg 有效氯的漂白粉处理的毒素水溶液。灌胃后存活者饲喂观察 3 天。

(三) 菌粮中串珠镰刀菌素的检测、脱毒和生物学验证

1. 菌粮中串珠镰刀菌素的检测

采用含 0.4% 2, 4-二硝基苯肼的 2 mol/L HCl 进行定性分析 (章红, 1989)。以标准加入法定量测定菌粮中串珠镰刀菌素的含量。具体操作如下：将 1 g 待测样品中准确加入 5 ml 甲醇搅匀，4000 r/min 离心 15 min，取 10 μl 上清液在 GF 硅胶板上点样，以氯仿：甲醇溶液 (3：2，*V*/*V*) 作展开剂进行层析，紫外灯下与标准毒素比较，将相应的 Rf 值 (约为 0.5) 吸收斑点处的硅胶刮下，加入 5 ml 无离子水离心，上清液即为待测稀释样品。另取 4 支试管，准确加入 7 ml 无离子水和 1 ml 待测稀释样品，再分别加入 0 μl、30 μl、60 μl 和 90 μl 0.2 mg/ml 标准毒素溶液。以无离子水作空白对照，进行 229 nm 处 OD 值测定。以 OD 值为纵坐标，毒素含量为横坐标建立坐标系作图，得到一条直线。将直线向左延伸，与横坐标相交点到原点之间的距离即为待测稀释样品中毒素的含量。每个样品设 3 个重复，取平均值。

根据操作过程中的稀释倍数可计算待测样品毒素含量=X×5×500 μg/g 样品。其中 X 是从图中得到的待测稀释样品中的毒素含量。对于用此法所得菌粮中串珠镰刀菌素含量，采取将等量标准毒素加入无毒玉米粉，然后按上述方法进行检验。

2. 粮食中串珠镰刀菌素的去除试验

在 27℃室温下分别取 10 g 含水量为 8%的菌粮，处理方法如表 1 所示。50℃烘 3 天后测定 pH，并进行毒素定量测定，评价去毒效果。每种处理设 3 个重复。

表 1　粮食中串珠镰刀菌素的去除试验

处理方法	菌粮状态	操作方法
5 ml 5% H_2O_2 喷淋	霉玉米粒 (粉)	将霉玉米粒 (粉) 展开，喷淋
20 ml 5%氨水喷淋	霉玉米粉	将霉玉米粉展开，喷淋后室温下放置 4 h 以除去余氨
20 ml 10%次氯酸钠喷淋	霉玉米粉	将霉玉米粉展开，喷淋
550 ml 自来水淋洗	霉玉米粉	将霉玉米粉展开，淋洗
3 g 气雾消毒剂熏 15 h	霉玉米粉	将霉玉米粉置于培养皿内，放入体积为 0.19 m×0.1 m×0.16 m 的密闭容器中，点燃 3 g 气雾消毒剂，内部相对湿度为 92%，熏 15 h
500 krad γ 射线照射	霉玉米粒	将霉玉米粒放入试管中，500 krad γ 射线照射

3. 粮食中去毒效果的生物学验证

取 1 日龄北京雏鸭 (体重 50~60 g) 30 只，随机分成 3 组，每组 10 只。第 1 组不给毒素；第 2 组灌胃，给予 14.7 mg/kg 未经去毒处理的菌粮 (此值是 LD_{50} 的 4 倍量) 作为阳性对照；第 3 组给予经 5% H_2O_2 去毒处理的菌粮，并且每天在饲料中添加 4 g 经 5% H_2O_2 处理的菌粮，饲喂观察 7 天。

二、结果与分析

(一) 水中串珠镰刀菌素的检测、脱毒和生物学验证

1. 检测

串珠镰刀菌素水溶液的紫外最大吸收波长在 229 nm 处，260 nm 处也有一个小的吸收峰 (图 1)。以串珠镰刀菌素的浓度对 229 nm 处相应的 OD 值作图制得标准曲线，毒素浓度在 7 μg/ml 以下时，与 OD 值成正比，直线相关系数为 0.9998。

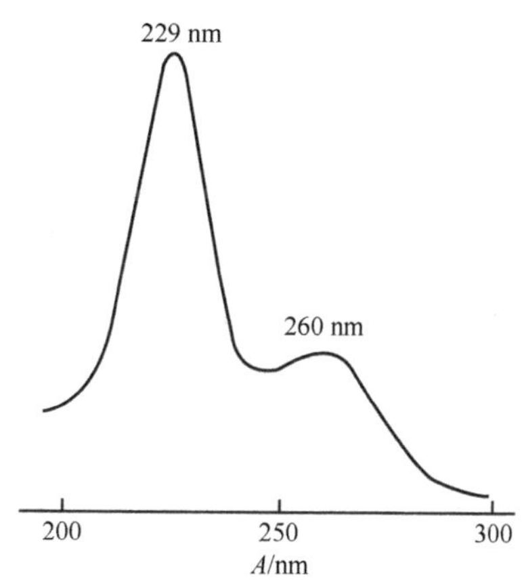

图 1　串珠镰刀菌素的紫外吸收光谱

2. 漂白粉去毒效果

在 2.5 μg/ml、5.0 μg/ml、7.5 μg/ml、10.0 μg/ml 和 12.5 μg/ml 毒素水溶液中分别加入不同量的漂白粉，室温下放置，去毒效果如图 2 所示。理论上，有效氯用量=$(T_0–T)$×1.5/1.10 μg/ml，式中，T_0 为去毒前毒素浓度，T 为去毒处理后剩余毒素浓度，实际应用时为了方便及彻底去毒，可将上式简化为：有效氯用量=$(T_0–T)$×1.5 μg/ml，即每去除 1 mg 毒素漂白粉中有效氯的最低需要量为 1.5 mg，根据卫生部

1986 年颁发的《中华人民共和国生活饮用水卫生标准》规定，氯化物含量不应超过 250 mg/L，在我们的实验中，当水中毒素含量为 12.5 mg/L 时可彻底去毒的漂白粉用量是 50 mg/L，其中氯含量经硝酸银滴定法测定为 22.25 mg/L，此值远远低于国家规定的氯化物含量。同时，我们还试验了加热、活性炭吸附、微波、紫外线照射和 O_3 曝气法处理等脱毒方法，实验证明该毒素水溶液对热稳定，微波和活性炭吸附均无明显去毒效果，紫外线照射和 O_3 曝气法处理虽然可脱毒，但在实际应用上有困难。而用漂白粉对被毒素污染的水源进行去毒处理是一种成本低、简便、无二次污染的有效方法。

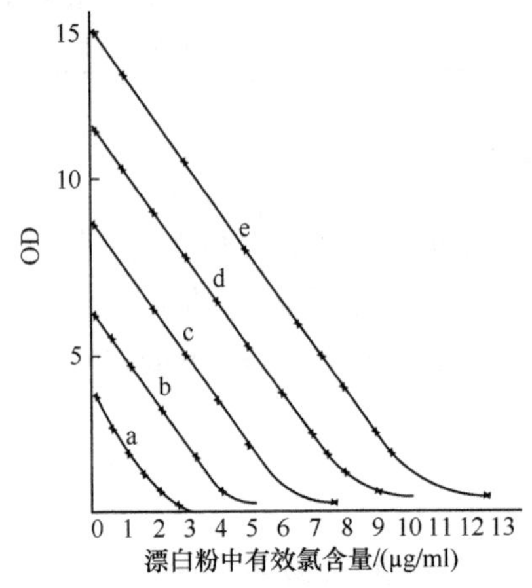

图 2　不同浓度串珠镰刀菌素水溶液用漂白粉去毒后，229 nm 紫外吸收曲线

a~e 分别表示 2.5 μg/ml、5.0 μg/ml、7.5 μg/ml、10.0 μg/ml 和 12.5 μg/ml 毒素浓度

3. 水中去毒效果的生物学验证

1 日龄北京雏鸭 3 组，每组 10 只，未经去毒处理的阳性对照组雏鸭 2 h 内全部死亡。而未给毒及 1 mg 毒素用 1.5 mg 漂白粉中有效氯去毒处理的两组雏鸭全部存活，3 日内无异常。

(二) 菌粮中串珠镰刀菌素的检测、脱毒和生物学验证

1. 菌粮中串珠镰刀菌素的检测

以氯仿：甲醇（3：2，*V*/*V*）展开剂系统进行层析后串珠镰刀菌素在 Rf=0.5 处有紫外吸收，与含 2, 4-二硝基苯肼的 2 mol/L HCl 反应显桃红色。采用标准加入法定量测定串珠镰刀菌素含量为 8.8 mg/g 菌粮（图 3）。采用将等量标准毒素加入到无毒玉米粉中进行该方法验证，回收率为 97.7%。

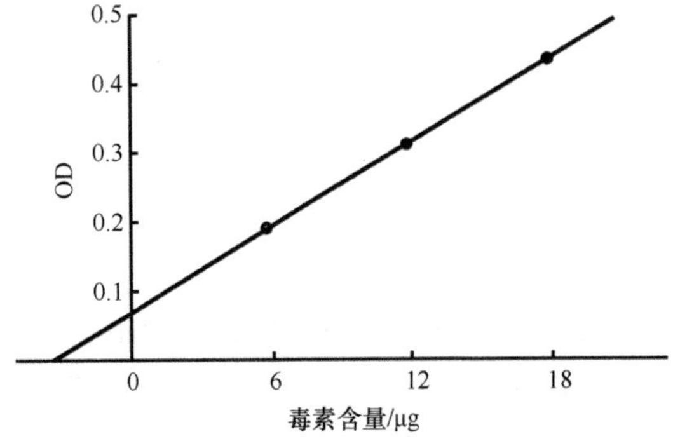

图 3　标准加入法测定菌粮中串珠镰刀菌素含量

菌粮中串珠镰刀菌素的快速简便定量测定长期以来始终是一个困扰人们的问题。因为串珠镰刀菌素产生菌在产生毒素的同时还可产生大量的其他次生代谢产物，玉米中有大量醇溶性物质，即使薄层层析也很难将毒素与这些杂质完全分开。目前除了利用高压液相色谱外，无法进行定量检测。由于高压液相色谱法操作复杂且代价昂贵，而培养物中毒素的定量分析又势在必行。因此我们建立了串珠镰刀菌素的标准加入法，经验证认为该法在测定培养物 (菌粮) 中毒素含量时，准确度较高，有实用价值。

2. 粮食中串珠镰刀菌素的脱毒效果

菌粮分别经 5% H_2O_2 喷淋、5%氨水喷淋、10%次氯酸钠喷淋、自来水淋洗、气雾消毒剂和 γ 射线处理后，层析，进行定性、定量分析，如表 2 所示。气雾消毒剂的主要成分是氯气，处理后粮食 pH=3，酸化严重，且粮食余氯味大，去毒效果欠佳；氨水对黄曲霉毒素去毒效果好，本实验用 5%氨水处理后粮食颜色变深，且去毒效果不好；虽然串珠镰刀菌素为水溶性的，但自来水淋洗达不到完全去毒的效果；10%次氯酸钠处理后难嗅的霉味减少，去毒效果较好，可去除 78%的毒素，但 pH 略有上升 (pH=8.0~8.5)；用 γ 射线进行粮食的去虫除菌处理是我国近年来新发展的粮食保存措施。据报道 500 krad 以上的 γ 射线对粮食的品质、口感有影响，而本实验用强度为 500 krad 的 γ 射线仍然不能完全去毒。用 5% H_2O_2 处理后已检测不出粮食中的串珠镰刀菌素，且对霉玉米粒中的毒素也有彻底去除的效果，表观上玉米颜色变浅，霉味明显减少，是一种较理想、有实际推广应用价值的粮食脱毒法。但值得提醒的是，发霉粮食中真菌毒素常常是多种毒素混合存在的，一种脱毒方法只能对其中的一种或少数几种毒素有效。因此，应在粮食、饲料生产的各个环节进行真菌毒素的整体防治，“防霉”为主，“去毒”为辅。

表 2　菌粮经各种处理后去毒效果评价

处理方法	处理前毒素含量/(mg/g)	处理后 pH、表观及气味	处理后毒素含量/(mg/g)	去毒百分率/%
5 ml 5% H_2O_2 喷淋	8.8	酸度未变 (pH=5)，玉米颜色变浅，霉味明显减少	检测不到	100
20 ml 5%氨水喷淋	8.8	pH 略有升高 (6.0~6.5)，玉米颜色加深，霉味仍大	6.5	26
20 ml 10%次氯酸钠喷淋	8.8	pH 升高 (8.0~8.5)，玉米颜色未变，霉味减少	1.9	78
550 ml 自来水淋洗	8.8	酸度、玉米颜色未变，霉味略减少	3.5	60
3 g 气雾消毒剂熏 15 h，相对湿度 92%	8.8	pH 下降 (3.0)，玉米颜色变浅，有余氯味	5.0	43
500 krad γ 射线照射	8.8	酸度未变，玉米颜色略深	6.5	26

3. 粮食中去毒效果的生物学验证

采用灌胃法对 10 只 1 日龄雏鸭给予含毒量相当于 14.7 mg/kg 体重，是 LD_{50} 4 倍量的菌粮水溶液后，2 h 内全部死亡。未给毒组和经 5% H_2O_2 处理组不引起雏鸭死亡，进一步证实 5% H_2O_2 有彻底去毒效果。表 3 表明 5% H_2O_2 去毒组平均每天每只雏鸭在饲料中加入 0.4 g 经 H_2O_2 处理的霉玉米粉饲喂 7 天，对雏鸭增重无明显影响 ($P>0.05$)。

表 3　10 只雏鸭饲喂经 H_2O_2 处理的霉玉米后体重变化情况

分组	平均体重/g	7 天后平均体重/g	平均每天增重/g	*P* 值
CK 组	57.6	91.8	4.9	>0.05
H_2O_2 去毒组	52.8	88.0	5.0	

三、结论

漂白粉对水中串珠镰刀菌素脱毒效果好，每毫克毒素用 1.5 mg 漂白粉中的有效氯即可去除；粮食中脱毒采用 5% H_2O_2 喷淋效果最佳，该法具有成本低、操作简便、无二次污染等优点，是理想的、有实际推广应用价值的饮水和粮食脱毒方法，为预防串珠镰刀菌素对人畜健康的危害打下了基础。

参 考 文 献

姬政, 刘文, 梁晓天. 1991. 克山病家食粮中串珠镰刀菌素含量的测定. 中华医学杂志, 71(1): 14-15.

刘福岭, 戴行钧. 1987. 食品物理与化学分析方法. 北京: 中国轻工业出版社: 196-199.

乔惠理, 佘锐萍, 李其智, 等. 1993. 串珠镰刀菌素对小型猪心脏功能的影响. 中国兽医杂志, 19(4): 3-6.

章红, 李季伦. 1989. 串珠镰刀菌素及其毒理. 微生物学报, 29(2): 93-100.

Chen L Y, Tian X L, Yang B. 1990. A study on the inhibition of rat myocardium glutathione peroxidase and glutathione reductase by moniliformin. Mycopathologia, 110(2): 119-124.

Kriek N P, Marasas W F, Steyn P S, *et al.* 1977. Toxicity of a moniliformin-producing strain of *Fusarium moniliforme* var. *subglutinans* isolated from maize. Food Cosmet Toxicol, 15(6): 579-587.

Springer J P, Clardy J, Cole R J, *et al.* 1974. Structure and synthesis of moniliformin, a novel cyclobutane microbial toxin. J Am Chem Soc, 96(7): 2267-2268.

本文原载：中国环境科学, 1995, 15(2): 148-152.

串珠镰刀菌素降解菌的筛选及特性分析*

陈卫琴，章红，戴鹏高，李季伦

(中国农业大学生物学院微生物系，北京，100094)

摘要:

从黑龙江省镜泊湖附近的草土中筛选到一株能以串珠镰刀菌素 (MON) 为唯一碳源和能源生长的 Y21-2 菌株。该菌在含 500 μg/ml MON 的基础培养液中菌数从 10^7 增长至 10^{10}。根据常规形态特征分析、生理生化性状、G+C mol%含量测定及 16S rDNA 基因序列分析将其鉴定为根瘤菌科苍白杆菌属 (*Ochrobactrum*)。静息细胞试验证实 Y21-2 菌株细胞内确实存在能够降解 MON 的酶系。

关键词:

串珠镰刀菌素，降解，苍白杆菌属。

串珠镰刀菌素 (moniliformin，MON) 是一种由镰刀菌产生的水溶性真菌毒素，其分子式为 C_4HO_3R (R=Na 或 K)，化学名称为 1, 2-二酮-3-羟基环丁烯 (3-hydroxycyclobutene-1, 2-dione)。该毒素通常以钾盐或钠盐的形式存在于自然界 (Cole *et al.*, 1973)。研究人员已陆续发现有 18 种镰刀菌可以产生 MON，其中串珠镰刀菌 (*Fusarium moniliforme*) 和胶孢镰刀菌 (*F. subglutinans*) 是玉米、水稻、小麦等粮食中常见的污染菌，研究曾报道一株胶孢镰刀菌在玉米固体培养基上 25℃培养 5 周时产毒量高达 33.7 g/kg 培养物 (Rabie *et al.*, 1978)。

串珠镰刀菌素对不同种动物皆具有急性毒性，按照毒理学急性毒性剂量分级标准评定，该毒素属于剧毒级 (徐厚恩和张铣, 1991)。各实验动物以不同途径染毒后，均可在 1~2 h 内死亡。中毒症状均表现为渐进性肌无力、心跳加快、呼吸困难、发绀、昏迷直至死亡 (Kriek *et al.*, 1977; Allen *et al.*, 1981)。病理学检查发现，病变主要在心肌 (Allen *et al.*, 1981)。实验表明，MON 可能是一种以心肌坏死为主的地方病——克山病的致病因子 (李季伦等, 1986; 刘兴玠, 1996)。该病曾流行于我国许多省 (市)，最近在俄罗斯的外贝加尔地区 (Transbakalia) (Aro *et al.*, 1994) 及非洲 (Cénac *et al.*, 1992) 一些以玉米为主食的国家都有类似心肌损伤疾病的报道。MON 在世界范围内的玉米、大麦、小麦上都有污染，严重危害畜牧业生产及人类身体健康，且因其有较强的植物毒性，引起作物枯萎和坏死从而造成粮食减产 (Cole *et al.*, 1973; Rabie *et al.*, 1978)。章红和李季伦 (1984) 曾采用传统的物理化学方法对粮食和水中的串珠镰刀菌素进行了去毒研究。其中 O_3 等脱毒方法虽然去毒效果较好，但大规模应用尚有困难，且影响粮食外观和质地。探索一条生物降解的途径，筛选能够降解 MON 的微生物，并将编码降解该毒素的酶基因克隆到镰刀菌污染作物 (如玉米) 上的生物解毒方法，不仅能从根本上大大降低粮食中 MON 的含量，

---

*德国霍恩海姆大学 (University of Hohenheim) 的彼耶尔・卡洛夫斯基 (Petr Karlovsky) 博士为本实验提供宝贵建议，特此感谢。

且能减少由 MON 引起的植物病害和抑制粮食减产，避免使用化学物质 (杀真菌剂或抗性诱导剂) 或引进的生物防治微生物等引起环境公害，从而有着广泛的经济和环境效应。

一、材料和方法

(一) 土样及霉变玉米样品

土样和霉变玉米样品分别采自黑龙江、内蒙古、辽宁、河北、河南和北京等省 (市)。

(二) 毒素

MON 由本实验室制备 (章红和李季伦, 1989)，纯度为 99%。

(三) 培养基

1. 筛选用培养基

富集培养液：每升含胰蛋白胨 8 g，酵母膏 4 g，甘油 1 ml；pH 7.0。毒素培养液 (MA) (分离多数细菌用)：每升含胰蛋白胨 8 g，酵母膏 4 g；pH 7.0。毒素培养液 (MB) (分离嗜酸细菌用)：每升含胰蛋白胨 3 g，酵母膏 3 g，0.1 MPa 蒸汽灭菌 20 min 后用灭菌的 10%乳酸调 pH 至 5.5。将 MON 配成 2 mg/ml 水溶液，过滤灭菌后分别加入到 MA、MB 培养液中，配成 MON 含量分别为 100 μg/ml、200 μg/ml、300 μg/ml、500 μg/ml 的毒素培养液。

2. 基础培养液

每升含 NH_4NO_3 1.00 g，$MgSO_4·7H_2O$ 0.15 g，$(NH_4)_2SO_4$ 0.50 g，KH_2PO_4 0.50 g，NaCl 0.50 g，K_2HPO_4 1.50 g；pH 7.0。灭菌后加入过滤灭菌的 MON 水溶液，使 MON 终浓度达 500 μg/ml。

(四) 微量富集培养筛选法

研究采用在 2 ml Eppendorf 管中 30℃、150 r/min 摇床培养 100 μl 菌液的微量培养方法，将土样或霉变玉米样品在无菌水中制备成菌悬液，之后以 10%接种量接种于富集培养液中，培养 1~2 天后再以 10%接种量接种于新鲜的含 100 μg/ml MON 的 MA、MB 毒素培养液中培养，以后每隔 4 天移种一次，并逐渐增加 MON 含量至 200 μg/ml、300 μg/ml、500 μg/ml。当 MON 浓度达 500 μg/ml 时，培养 4 天后取样，经薄层层析法 (TLC) 分析毒素含量，同时以未接种的相同毒素浓度的培养液作为空白阴性对照。将经 TLC 检测毒素消失的混合菌悬液以 10%接种量接种于以毒素为唯一碳源的基础培养液中，同时以未接种的相同毒素浓度的培养液作为空白阴性对照，培养一周后用 TLC 检测毒素有无消失。毒素降解阳性菌悬液以稀释平板法涂布于固体琼脂平板，挑出形态各异的单菌落菌株，纯化后接种于以毒素为唯一碳源的基础培养液 (MON 500 μg/ml)，检测有无解毒能力。并进一步接种于以 MON 为唯一碳源的培养液 (White, 1972; Pagen *et al.*, 1975) 中以确定该菌株利用 MON 生长的能力。

(五) 菌株鉴定

将筛选到的降解菌进行传统形态及生理生化性状鉴定。采用热变性温度法测定其 G+C mol%含量，并参考文献 (Pääbo and Wilson, 1988) 测定其 16S rRNA 基因序列，利用 BLASTN 软件在非重复的 GeneBank+EMBL+DDBJ+PDB 基因库中进行同源性比较并将其鉴定到属 (Altschul *et al.*, 1997)。

(六) 降解菌 MON 降解能力的测定

将降解菌株经无菌水洗涤菌体两次后接种于含 500 μg/ml MON 的基础培养液中，使菌浓度达 10^7，30℃ 150 r/min 培养，其间每隔一定时间取样，采用稀释平板法测定活菌数，同时采用离子对高压液相色谱法 (HPLC) 检测样品中毒素含量以观察该菌株生长及毒素消耗情况。

(七) 静息细胞试验

为了证明 Y21-2 菌株细胞内具有能利用 MON 的酶系，制备新鲜静息细胞，并将其悬浮于基础培养液中，调菌浓度至 OD_{600}=20，取 1.0 ml 菌悬液，加入 MON 至终浓度为 500 μg/ml，以 500 μg/ml MON 基础培养液作为阴性空白对照。30℃ 150 r/min 摇床培养。从毒素加入起每隔 1 h 取样，HPLC 检测培养液中的毒素含量 (μg/ml)，绘制毒素消耗曲线。

(八) 分析方法

1. MON 薄层层析法 (TLC) 定性分析

采用高效薄层层析硅胶预制板 GF_{254} (20 cm×10 cm)。样品经冷冻干燥、甲醇萃取后点样，以氯仿∶甲醇 (3∶2) 为展开剂，喷以含 1% 2, 4-二硝基苯肼的 3 mol/L H_2SO_4 溶液，吹热风使毒素呈橘红色，采用标准毒素作为对照。通过与对照比较判断毒素有无消失。

2. MON 离子对高压液相色谱法 (ion-pair HPLC) 定量分析

采用 C18 反相柱，柱长 15 cm，柱内径 4.6 mm。分析条件如下：流速为 1.0 ml/min，流动相为甲醇-0.2%四丁基溴化铵水溶液 (15∶85)。检测波长为 229 nm，纸速为 1.0 mm/min，衰减 2^3，进样量为 10 μl。以标准纯毒素制作 MON 浓度-峰面积标准曲线。每批待测样品在 HPLC 法分析前先用标准毒素确定 MON 的保留时间。样品经离心弃细胞后根据实际浓度稀释，使含量在线性检测限内，根据峰面积值对照标准曲线计算毒素浓度，并乘以稀释倍数即为样品中 MON 的含量。

二、实验结果

(一) 降解菌的筛选

研究采用微量富集培养筛选法，从黑龙江省镜泊湖附近的草甸土中筛选到一株降解菌，编号为 Y21-2。该菌株分别在含 500 μg/ml MON 的 MA 毒素培养液及基础培养液中 30℃摇床培养，并以不接种的两种毒素培养液为空白对照，培养 24 h 后取样经 TLC 定性分析，结果表明：与不接种的毒素培养液相比，在两种培养液中 Y21-2 菌株 24 h 后 MON 完全消失，从而初步证明 Y21-2 菌株具有降解 MON 的能力。以 White 培养液进一步证明，Y21-2 菌株能以 MON 作为唯一碳源和能源生长。

(二) 降解菌 Y21-2 的初步鉴定

Y21-2 菌株为革兰氏阴性微小杆状细菌，电镜下观察其有 1 或 2 根极生或亚极生鞭毛 (图 1)。在普通肉汤琼脂平板上菌落高耸全缘、湿润、半透明、浅黄色。在 King's 培养基上不产生任何荧光及非荧光色素；氧化酶、过氧化氢酶阳性；不能进行反硝化作用；精氨酸双水解酶阴性；不能利用蔗糖生成果聚糖；在乳糖培养基上不产生 3-酮基乳糖；能较为广泛地利用碳水化合物、有机酸、氨基酸等作为唯一碳源和能源生长；氧化型发酵利用葡萄糖。其 G+C mol%为 49.3% (热变性温度法)。经 16S rDNA 测序并比较同源性后，依据 rDNA 同源性在系统发育中的分类系统并结合表型特征，参考 *Bergey's Manual of Determinative Bacteriology* 第九版，最终将 Y21-2 菌株归类于变形菌门 (Proteobacteria) α-亚群 (α-subdivision) 根瘤菌科 (Rhizobiaceae) 苍白杆菌属 (*Ochrobactrum*)。

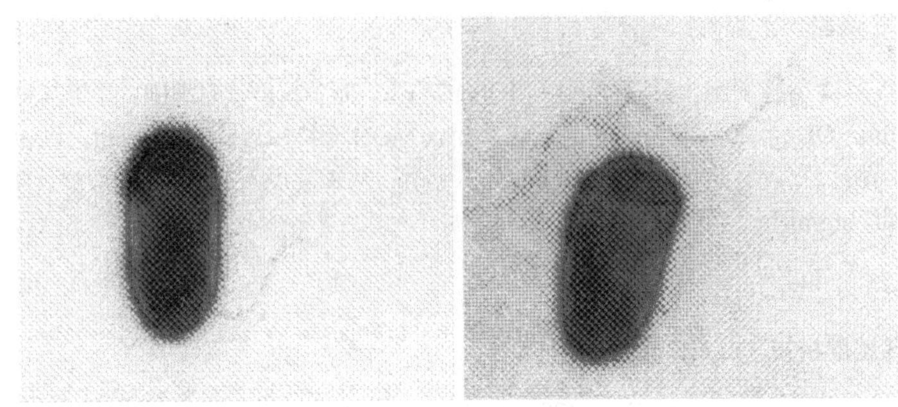

图 1 Y21-2 菌株鞭毛染色电镜观察 (×15 000)

(三) Y21-2 菌株降解 MON 能力的测定

Y21-2 菌株在以 MON 为唯一碳源和能源的基础培养液中培养时，24 h 内 500 μg/ml MON 基本被完全降解，毒素的消耗伴随着菌数的增长 (图 2)。前期菌数从 10^7 cfu/ml 增加至 10^{10} cfu/ml，后期活菌数急剧下降，分析原因可能是 MON 的分子量仅为 98 Da，由它供给菌体生长的碳源有限。

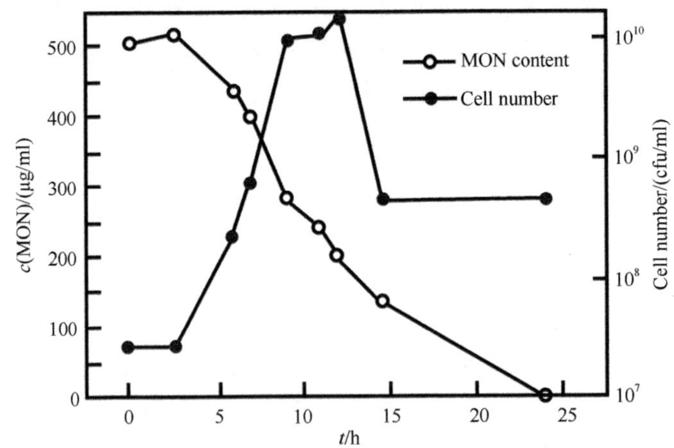

图 2 Y21-2 菌株在 MON 基础培养液中毒素消耗与菌株生长曲线

横坐标为时间 (h)；左侧纵坐标为 500 μg/ml MON 降解速率；右侧纵坐标为每毫升菌数 (cfu)；下同

(四) 静息细胞试验

高浓度静息细胞 (OD_{600}=20) 在 4 h 内就能将 500 μg/ml 浓度的 MON 基本代谢完毕 (图 3)，说明 Y21-2 菌株细胞内确存在能利用 MON 的酶系。

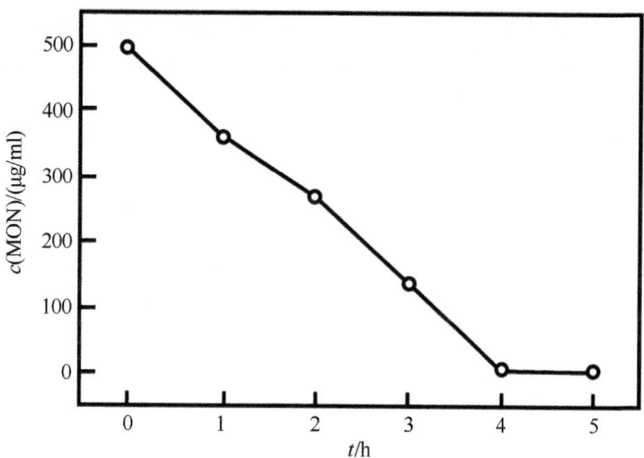

图 3　Y21-2 静息细胞代谢 MON 曲线

三、讨论

筛选降解串珠镰刀菌素的细胞目前在国内外尚属首次，本实验设计了针对真菌毒素降解菌筛选的微量富集培养筛选法，能最大限度地节约毒素用量。实践证明该方法是经济有效的。实验发现，该降解菌 Y21-2 菌株在分类学上的地位也比较特殊，根据传统分类方法及现代分子生物学技术将其归类为 1988 年新定的根瘤菌科苍白杆菌属 (Holmes *et al.*, 1988)，但不属于该属目前已知的唯一种——人苍白杆菌 (*Ochrobactrum anthropi*)，其具体的分类地位还需与模式种进行 DNA 杂交，根据同源性作进一步分析。

研究人员已证实 Y21-2 菌株能以 MON 为唯一碳源和能源生长，并对其降解 MON 的基本特性作了初步研究，为今后降解酶的提取及其基因克隆打下基础。

参 考 文 献

李季伦，史艇，章红. 1986. 串珠镰刀菌素的提纯及毒理研究. 医学研究通讯, 15(10): 306-307.

刘兴玠. 1996. 串珠镰刀菌素与克山病病因关系的研究进展. 卫生研究, 25 (3): 151-155.

徐厚恩，张铣. 1991. 卫生毒理学基础. 北京：北京医科大学和中国协和医科大学联合出版社.

章红，李季伦. 1984. 串珠镰刀菌素的结构与毒性的关系. 微生物学报, 34(2): 119-124.

章红，李季伦. 1989. 串珠镰刀菌素及其毒理. 微生物学报, 29(2): 93-100.

Allen N K, Burmeister H R, Weaver G A, *et al.* 1981. Toxicity of dietary and intravenously administered moniliformin to broiler chickens. Poult Sci, 60(7): 1415-1417.

Altschul S F, Madden T L, Schäffer A A, *et al.* 1997. Gapped BLAST and PSI-BLAST: a new generation of protein database search programs. Nucleic Acids Res, 25(17): 3389-3402.

Aro A, Kumpulainen J, Alfthan G, *et al.* 1994. Factors affecting the selenium intake of people in Transbaikalian, Russia. Biol Trace Elem Res, 40(3): 277-285.

Cénac A, Simonoff M, Moretto P, *et al.* 1992. A low plasma selenium is a risk factor for peripartum cardiomyopathy. A comparative study in Sahelian Africa. Int J Cardiol, 36(1): 57-59.

Cole R J, Kirksey J W, Cutler H G, *et al.* 1973. Toxin from *Fusarium moniliforme*: effects on plants and animals. Science, 179(4080): 1324-1326.

Holmes B, Popoff M, Kiridjian M, *et al.* 1988. *Ochrobactrum anthropi* gen. nov., sp. nov. from human clinical specimens and previously known as Group Vd. Int J Syst Bacteriol, 38: 406-416.

Kriek N P, Marasas W F, Steyn P S, *et al.* 1977. Toxicity of a moniliformin-producing strain of *Fusarium moniliforme* var. *subglutinans* isolated from maize. Food Cosmet Toxicol, 15(6): 579-587.

Pääbo S, Wilson A C. 1988. Polymerase chain reaction reveals cloning artefacts. Nature, 334(6181): 387-388.

Pagen J D, Child J J, Scowcroft W R, *et al.* 1975. Nitrogen fixation by *Rhizobium* cultured on a defined medium. Nature, 256: 406-407.

Rabie C J, Lübben A, Louw A I, *et al.* 1978. Moniliformin, a mycotoxin from *Fusarium fusarioides*. J Agric Food Chem, 26(2): 375-379.

White L O. 1972. The Taxonomy of the crown-gall organism *Agrobaterium tumefaciens* and its relationship to rhizobia and other agrobacteria. J Gen Microbiol, 72: 565-574.

本文原载：微生物学报, 2000, 40(5): 513-517.

Hydrogen Production by *draTGB hupL* Double Mutant of *Rhodospirillum rubrum* under Different Light Conditions*

Ruiyan Zhu[1], Di Wang[1], Yaoping Zhang[2], Jilun Li[1]

(1. Department of Microbiology and Immunology, College of Biological Science, China Agricultural University, Beijing, 100094, China; 2. Department of Bacteriology, University of Wisconsin, Madison, WI53706, USA)

Abstract

To increase H_2 yield of *Rhodospirillum rubrum* in two-stage hydrogen production process, two deletion mutants were constructed. One is single mutant designated *R. rubrum* UR801 that deleted *hupL* gene encoding the large subunit of uptake hydrogenase, and the other is a double mutant designated *R. rubrum* UR805 lacked both *draTGB* encoding regulators for the activity of nitrogenase and *hupL*. Comparing H_2 yields of two mutants with *R. rubrum* UR2 (wild type) and UR472 (*ΔdraTGB*) under different light conditions, the results showed that the H_2 yield of *R. rubrum* UR801 under continuous light is the highest (5,700 ml of H_2 per liter culture), and it is 1.56-, 2.24- and 2.32-fold that of *R. rubrum* UR2, UR472 and UR805, respectively. However, the total H_2 yield of *R. rubrum* UR805 in two-stage hydrogen production process is the highest (4,303 ml/L), and it is 1.35-, 1.21- and 1.04-fold that of *R. rubrum* UR2, UR801 and UR472, respectively. Thus, *R. rubrum* UR805 might be a valuable strain to produce a large amount of hydrogen in two-stage hydrogen production process.

Keywords

Rhodospirillum rubrum, hydrogen photoproduction, two-stage hydrogen production process, nitrogenase, uptake hydrogenase.

With increasing burning of fossil fuels and consequent changes in global climate, much attention has been paid to the developments of clean and reproducible energy sources. Hydrogen is regarded as one of the cleanest energy vectors. It possesses high combustion heat and the final product is water after combustion. Hydrogen production, found in many bacteria and microalgae (Nandi and Sengupta, 1998; Melis and Happe, 2001), is catalyzed by hydrogenase or nitrogenase (Burris, 1991; Vignais *et al.*, 2001; Igarashi and Seefeldt, 2003; Vignais and Colbeau, 2004). Hydrogen production by photosynthetic bacteria was first observed in *Rhodospirillum rubrum* (Gest and Kamen, 1949; Gest *et al.*, 1950) which has ability to produce hydrogen anaerobically from various organic acids under continuous light and in absence of ammonia (Adams and Hall, 1979; Zürrer and Bachofen, 1979; Najafpour *et al.*, 2004). Hydrogen photoproduction in *R. rubrum*, mainly catalyzed by nitrogenase (Gest and Kamen, 1949; Gest *et al.*, 1950; Kern *et al.*, 1994), occurs when cells produce excessive reducing potential, so nitrogenase activity and reducing potential are crucial to a large amount of hydrogen production in *R. rubrum*. The nitrogenase complex is composed of two

*This work was supported by the National High Technology Research and Development Program of China (Grant No. 2003AA214010).

components: MoFe protein (dinitrogenase) and Fe protein (dinitrogenase reductase). MoFe protein, an $\alpha_2\beta_2$ tetramer encoded by *nifD* and *nifK*, contains the active site (FeMo-cofactor) of nitrogenase; Fe protein, an γ_2 dimer encoded by *nifH*, functions as the direct electron donor to MoFe protein. Nitrogen fixation in *R. rubrum* is regulated at the transcriptional level and at post-translational level. The genes encoding nitrogenase are expressed with sodium glutamate as nitrogen source, but they are repressed by other fixed nitrogen sources (Gest *et al.*, 1950). The activity of nitrogenase can be inhibited by glutamine (Neilson and Nordlund, 1975), darkness (Kanemoto amd Ludden, 1984), ammonia (Sweet and Burris, 1981) or phenazine methosulfate (PMS) (Kanemoto amd Ludden, 1984; Pope *et al.*, 1985). The regulation of nitrogenase activity at post-translational level, termed as "switch-off/switch-on" (Zumft and Castillo, 1978) to distinguish it from biosynthetic regulation of nitrogenase components, is more rapid than that of nitrogenase synthesis.

Post-translational regulation of nitrogenase activity has been well-characterized in *R. rubrum* (Ludden and Roberts, 1989). Two enzymes are involved in the regulation of nitrogenase activity in *R. rubrum*: dinitrogenase reductase ADP-ribosyltransferase (DRAT, encoded by *draT*) (Lowery *et al.*, 1986) and dinitrogenase reductase-activating glycohydrolase (DRAG, encoded by *draG*) (Saari *et al.*, 1984). DRAT transfers ADP-ribose group from NAD to Arg101 on one subunit of Fe protein to inactivate nitrogenase in response to darkness or introduction of fixed nitrogen source due to disrupting electron flow from Fe protein to MoFe protein. DRAG removes ADP-ribose group from Fe protein restoring nitrogenase activity when *R. rubrum* is re-illuminated or when the fixed nitrogen source is exhausted. The *draT* and *draG* genes in *R. rubrum*, cloned and sequenced, formed one transcriptional unit, which are adjacent to *nifHDK* but transcribed in the opposite direction (Fitzmaurice *et al.*, 1989). *R. rubrum draT* mutant is incapable of modifying Fe protein by ADP-ribose group even in the dark (Liang *et al.*, 1991). Uptake hydrogenase, found in many nitrogen fixation bacteria, catalyzes hydrogen to proton and electron; its physiological function is to recycle energy to nitrogenase to reduce nitrogen to ammonia. Activity of uptake hydrogenase in *R. rubrum* is rhythmic, which is related to energy compensation; rhythmic period of uptake hydrogenase activity varies with cultivation conditions (Praag *et al.*, 2000). Uptake hydrogenase, composed of a small subunit (encoded by *hupS*) and a large subunit (encoded by *hupL*), has been purified in *R. rubrum* (Koch *et al.*, 1992). *R. rubrum* lacking uptake hydrogenase activity isolated by Tn*5* mutagenesis increases nitrogenase-dependent hydrogen photoproduction, but hydrogen yields are related to Tn*5* insertion regions (Kern *et al.*, 1994). Comparison of hydrogen production rates of *Rhodobacter capsulatus hup*$^-$ strain with wild type B10S reveals that *hup*$^-$ strain could increase hydrogen production rate 1.3-fold under argon atmosphere (Krahn *et al.*, 1996). Inactivation of nitrogenase activity in the dark is limiting in the case of hydrogen production continuously under light/dark cycle in *R. rubrum*; therefore, *draTGB hupL* double mutant of *R. rubrum* was constructed in this work and its hydrogen production was investigated under different light conditions.

1. Materials and Methods

1.1 Bacterial strains and growth conditions

Strains and plasmids used in this study are listed in Table 1.

Table 1 Strains and plasmids

Strains and plasmids	Relevant characterization	Reference
R. rubrum		
UR2	wild-type, Sm^r	Fitzmaurice *et al.*, 1989
UR801	*ΔhupL*::*aaaC1*, Sm^r Gm^r	this study
UR472	*ΔdraTGB*::*kan*, Sm^r Km^r	Zhang *et al.*, 2001
UR805	*ΔdraTGB*::*kan ΔhupL*::*aaaC1*, Sm^r $Km^r$$Gm^r$	this study
Plasmids		
pSUP202	suicide vector for *R. rubrum*, Ap^r Tc^r Cm^r	lab collection
pGEM T-easy	Ap^r	Promega
pRYZ	1.8 kb-*Bam*H I and *Sph* I of *ΔhupL* was cloned into pSUP202, Ap^r Cm^r	this study
pUCGm	*aaaC1* source, $Ap^r$$Gm^r$	lab collection
pRYZ1	2.7 kb *Bam*H I and *Sph* I of *ΔhupL*::*aaaC1* was cloned into pSUP202, Ap^r Cm^r Gm^r	this study

R. rubrum UR2 as wild type is a spontaneous streptomycin-resistant mutant of *R. rubrum* ATCC11170 (Fitzmaurice *et al.*, 1989). *R. rubrum* was grown at 30℃ (100 r/min) in modified SMN medium, in which 20 mmol/L potassium phosphate buffer (pH 6.8) replaced MOPS in SMN medium (Lehman and Roberts, 1991) to lower cost. *Escherichia coli* DH5α as host strain for all plasmid cloning experiments and *E. coli* S17-1 as donor of mating were grown in LB medium at 37℃. *R. rubrum* for hydrogen production was cultivated in MG medium (Lehman and Roberts, 1991) containing 7 mmol/L sodium glutamate and 20 mmol/L potassium phosphate buffer (pH 6.8, autoclaved solely). The preculture was grown in modified SMN but not older than 15 h. Antibiotics were used at the following concentration (μg/ml): for *R. rubrum*, streptomycin (Sm), 100; gentamicin (Gm), 10; kanamycin (Km), 12.5; nalidixic acid (Nx), 20; chloramphenicol (Cm), 5; and for *E. coli*, ampicillin (Ap), 100; chloramphenicol, 25; gentamicin, 5; kanamycin, 50; tetracycline (Tc), 12.5.

1.2 Construction of uptake hydrogenase deficient mutant

To delete *hupL* gene encoding large subunit of uptake hydrogenase, two pairs of primers were designed to amplify 5′ flanking region and 3′ flanking region of *hupL*, respectively (Fig. 1).

P1: (5′-C<u>GGATCC</u>GGTGTCACCGCCGCCGGGCTG-3′); P2: (5′-C<u>GAGCTC</u>CCCGCCTACGATGATGTCGGC-3′); P3: (5′-C<u>GAGCTC</u>CGGCCAAAGGTGTGGGC-3′); P4: (5′-G<u>GCATGC</u>GATCCTGGGTATTGGGAAAC-3′).

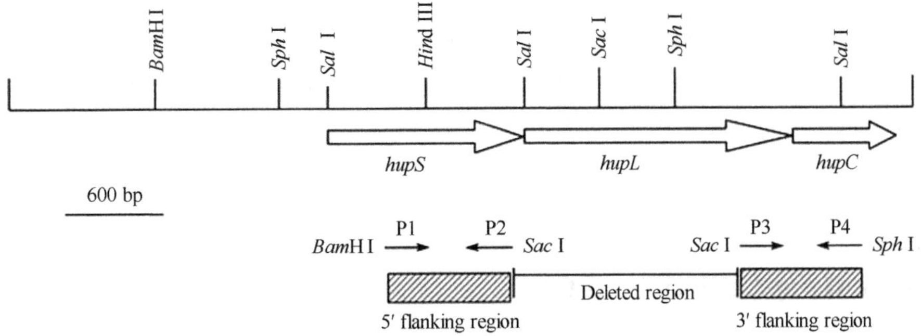

Fig. 1 Physical map of *hup* cluster in *R. rubrum* and designed primers to amplify 3′ flanking region and 5′ flanking region of *hupL*

The underlined bases in primers indicated introduced enzyme sites, in which *Bam*H I and *Sph* I sites existed on vector pSUP202 but *Sac* I site did not. Two fragments, 912 bp 5′ flanking region of *hupL* and 903 bp 3′ flanking region of *hupL*, were amplified by PCR using genome DNA of *R. rubrum* UR2 as template and cloned into pGEM-T easy vector to be sequenced, respectively; and then the two fragments were cloned into pSUP202 at *Bam*H I and *Sph* I sites, yielding vector pRYZ. Finally, *aaaC1* fragment (encoding Gm^r) from pUCGm was inserted into pRYZ at the *Sac* I site, generating suicide vector pRYZ1 to delete *hupL*. After being transformed into *E. coli* S17-1, pRYZ1 was conjugated into *R. rubrum* UR2 and UR472. Nx^rGm^r colonies were isolated after 7~10 d and replica printed to identified Cm colonies on modified SMN containing chloramphenicol. $Nx^rGm^rCm^s$ colonies resulting from double crossover recombination event were verified by PCR (Cm^r is encoded by pSUP202). The *hupL* and *draTGB hupL* mutants were designated *R. rubrum* UR801 (*ΔhupL*::*aaaC1*) and *R. rubrum* UR805 (*ΔdraTGB*::*kanΔhupL*::*aaaC1*), respectively.

1.3 Nitrogenase activity and hydrogen content measurements

Nitrogenase activity was measured by the acetylene reduction method (Burris, 1972). *R. rubrum* was grown in 125 ml glass bottle sealed with rubber stopper containing 120 ml modified MG medium at 30~33℃ illuminated by twelve 60 W standard superlux lamps with light intensity approximately 2,000~2,500 lx. 1 ml sample was withdrawn anaerobically from culture with airtight syringe and injected into 9 ml vial containing oxygen-free argon gas. The reaction was started by injecting 10% (*V*/*V*) acetylene. The assay was incubated at 30℃ for 5 min by shaking in the light (200 r/min) and then was terminated by the addition of 0.2 ml of 30% trichloroacetic acid. Nitrogenase activity in the dark was measured by the same method except changing the light into in the dark. Ethylene formation was measured by gas chromatography equipped with flame ionization detector: column, GDX 502; column length, 2 m; column temperature, 70℃; detector, 120℃; carrier gas, N_2; samples, 100 μl. When measuring hydrogen content, 100 μl gas samples were withdrawn directly from the same cultivation and assayed by gas chromatography equipped with a thermal conductivity detector: column, molecular sieve 5 Å; column length, 2 m; column temperature, 60℃; carrier gas, Ar gas.

1.4 Hydrogen production experiments

Hydrogen production was performed in one-liter fermentor illuminated by two 60 W standard superlux lamps. The light intensity on the surface of the fermentor was approximately 40,000~60,000 lx. 20 ml inocula were added into fermentor containing 980 ml modified MG medium (10 ml potassium phosphate buffer was autoclaved solely and then added into the fermentor). After inoculation, oxygen free Ar gas (0.3 L/min) was flowed into fermentor for 10 min to obtain anaerobic condition. The temperature and agitation speeds were 30℃ and 250 r/min, respectively. The pH was not adjusted during cultivation.

Water displacement was used for hydrogen collection. A 600 ml bottle filled with a CO_2 trap (1% NaOH, 2% NaCl) was equipped on the gas exit of fermentor.

2. Results

2.1 Verification of *hupL* deletion mutant

The $Nx^rGm^rCm^s$ colonies were identified by colony PCR. Two pairs of primers: P_A (5′-CCAATGCCGA

CATCGTAG-3′), P_B (5′-TCGGTAAAGCCCACACC-3′) and P_C (5′-CTCTCTATACAAAGTTGGGC-3′), P_D (5′-ACAGGTGGCGTGCATCTC-3′) were designed to verify the double crossover mutants (Fig. 2a). P_A and P_B existed on 3′ end of 5′ flanking region and on 5′ end of 3′ flanking region of *hupL*, respectively. Because wild type possesses of intact *hupL* gene, 1.7 kb fragment should be amplified, whereas 970 bp fragment should be amplified in *hupL* mutant due to replacement of *hupL* by Gm fragment. P_C existed on 3′ end of Gm fragment, and P_D was located in chromosome (downstream of 3′ flanking region of *hupL*). No band should be amplified in wild type because of no Gm fragment on its chromosome, whereas 1.3 kb fragment should be amplified in *hupL* deletion mutant. According to the results of Fig. 2b, the $Nx^rGm^rCm^s$ colony was the right *hupL* deletion mutant. *R. rubrum draTGB hupL* double mutant was derived from *R. rubrum* UR472. The verification of *draTGB hupL* mutant was the same as that of *R. rubrum* UR801, so the data were not shown.

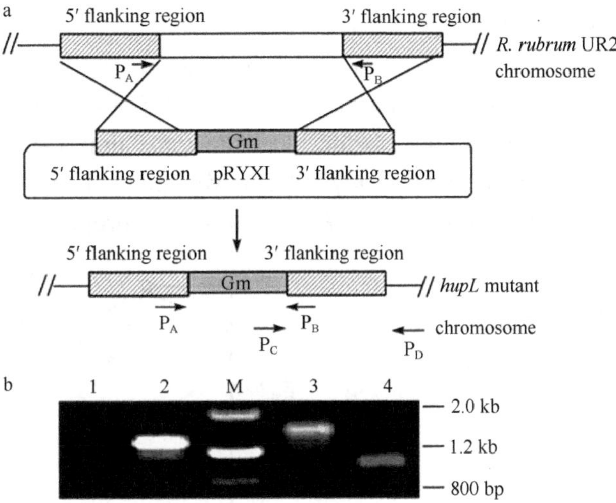

Fig. 2 Primers to verify *hupL* deletion mutant (a) and verification of *R. rubrum* UR801 (b)

Lanes 1 and 3, Products of P_CP_D and P_AP_B using genome DNA of *R. rubrum* UR2 as template, respectively; lanes 2 and 4, products of P_CP_D and P_AP_B using genome DNA of *R. rubrum* UR801 as template, respectively

2.2 Nitrogenase activities of *R. rubrum* UR2 and its derivatives

Nitrogenase activities of *R. rubrum* UR2 and its derivatives were measured both in the light and in the dark when cultures were grown to A_{600} of 2.5~3.0 (Table 2).

Table 2 Comparison of nitrogenase activities of *R. rubrum* UR2 with its derivatives in the light and in the dark[a)]

Strains	Genotype	Nitrogenase activity[b)]		N_D/N_L[c)]
		in the light	in the dark	
UR2	WT	749	31	4.1%
UR801	*ΔhupL*	790	42	5.3%
UR472	*ΔdraTGB*	347	31	8.9%
UR805	*ΔdraTGBΔhupL*	325	32	9.8%

a) Each activity is from at least triplicate assays from different individually grown cultures. b) Specific nitrogenase activity unit: nmol $C_2H_4/(ml{\cdot}h{\cdot}A_{600})$. c) N_D/N_L indicates the ratio of nitrogenase of each strain in the dark to that in the light

Nitrogenase activities of *R. rubrum* UR2 and UR801 were 749 nmol $C_2H_4/(ml{\cdot}h{\cdot}A_{600})$ and 790 nmol $C_2H_4/(ml{\cdot}h{\cdot}A_{600})$ in the light, and 31 nmol $C_2H_4/(ml{\cdot}h{\cdot}A_{600})$ and 42 nmol $C_2H_4/(ml{\cdot}h{\cdot}A_{600})$ in the dark (4.1% and 5.3% of that in the light), respectively. These results demonstrated that *hupL* deletion has no significant effects on acetylene reduction catalyzed by nitrogenase. Nitrogenase activities of *R. rubrum* UR472 and UR805 were 347 nmol $C_2H_4/(ml·h·A_{600})$ and 325 nmol $C_2H_4/(ml·h·A_{600})$ in the light, and 31 nmol $C_2H_4/(ml·h·A_{600})$ and 32 nmol $C_2H_4/(ml·h·A_{600})$ in the dark (8.9% and 9.8% of that in the light), respectively. These results showed that *draTGB* deletion leads to decreased nitrogenase activity.

2.3 Hydrogen content in biogas produced by *R. rubrum*

Hydrogen content in biogas produced by *R. rubrum* cultivated in modified MG medium under continuous light was assayed. Although hydrogen production by *R. rubrum* UR2 and its derivatives did not start at the same time, hydrogen had been produced in four *R. rubrum* strains at 30th h. Gas samples were withdrawn from glass bottle and analyzed during the period of 30~120 h of cultivation. The results showed that hydrogen content of *R. rubrum* UR2 and its derivatives exceeded 85% from 30 h to 80 h, indicating that hydrogen produced by *R. rubrum* in modified MG medium was pure (Fig. 3). Hydrogen content of hup^+ strains (*R. rubrum* UR2 and UR472) decreased significantly to 70%~80% at 120th h (Fig. 3a), whereas hup^- strains (*R. rubrum* UR801 and UR805) did not decline obviously at the same time (>90%) (Fig. 3b). These results indicated that hydrogen produced by *R. rubrum* hup^- strains was purer than hup^+ strains. Therefore, it was beneficial for hydrogen purification using *R. rubrum* hup^- strains for hydrogen production.

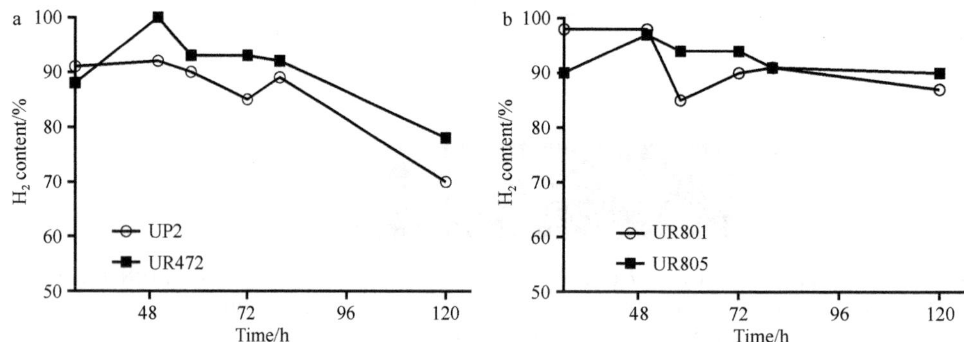

Fig. 3 Hydrogen content in biogas produced by *R. rubrum* UR2, UR472 (a) and UR801, UR805 (b) under continuous light
At the time points indicated, gas samples were taken from three different individually grown cultures and measured. The data were mean of triplicate measurements

2.4 Comparison of hydrogen production of *R. rubrum* UR2 with its derivatives under continuous light

In order to compare hydrogen yields of four strains under continuous light with those in two-stage hydrogen production process, hydrogen production of *R. rubrum* under this condition was investigated first. Hydrogen photoproduction of *R. rubrum* UR2 and its derivatives are shown in Fig. 4. Hydrogen production rate in *R. rubrum* UR2 appeared about 18~20 h after inoculation, attained the highest [59 ml/(L·h)] at 45~50 h, and then declined markedly when the cultivation time was over 85 h and disappeared after 100 h. Hydrogen production by *R. rubrum* UR801, lasting a longer time than by *R. rubrum* UR2, began at 18~20 h; hydrogen production rates attained the highest of 70~80 ml/(L·h) and decreased obviously in cultures older than 150 h and disappeared after 160 h (Fig. 4a). Hydrogen production of *R. rubrum* UR805 under continuous light, similar to *R. rubrum* UR472, started about 30~36 h which was 12~16 h later than *R. rubrum* UR2; hydrogen production rates attained the highest [47~54 ml/(L·h)] at about 60 h and decreased obviously after 90th h (Fig. 4b).

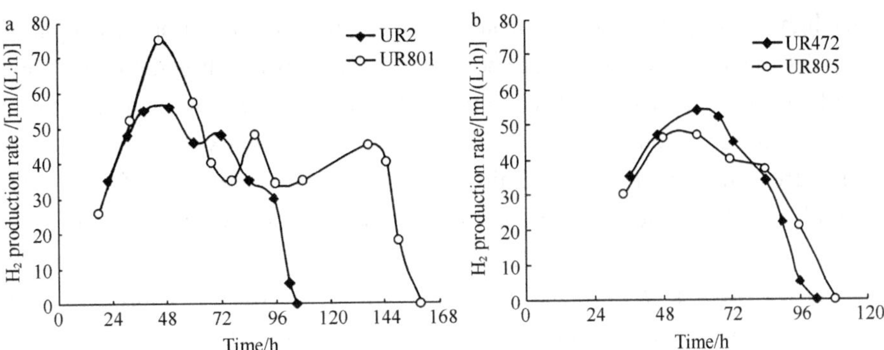

Fig. 4　Hydrogen production rates of *R. rubrum* UR2, UR801 (a) and UR472, UR805 (b) under continuous light

Besides hydrogen, there was CO_2 (data not shown) in the biogas produced by *R. rubrum*, so solution containing 1% NaOH and 2% NaCl was used for hydrogen collection to remove CO_2. As shown in Table 3, hydrogen yields of *R. rubrum* UR2 and UR801 were 3,647 ml/L and 5,700 ml/L under continuous light, respectively. Productivities were 45 ml/(L·h) for *R. rubrum* UR2 and 47 ml/(L·h) for *R. rubrum* UR801. Under continuous light, hydrogen yield of *R. rubrum* UR801 was 1.56-fold that of *R. rubrum* UR2.

Table 3　Comparison of hydrogen yields of *R. rubrum* UR2 with its derivatives under different light conditions[a)]

Strains	H_2 yield/(ml/L)[b)]		H_2 yields after 72 h	Productivity/[ml/(L·h)]		Yx/Yn[c)]
	L	Two-stage	L/D	L	Two-stage	
UR2	3,647 (80 h)	3,193 (101 h)	480	45	31	1.35
UR801	5,700 (121 h)	3,558 (141 h)	1,158	47	25	1.21
UR472	2,540 (60 h)	4,120 (114 h)	2,210	42	36	1.04
UR805	2,455 (75 h)	4,303 (121 h)	2,513	33	36	1.00

a) L, under continuous light; L/D, under light/dark cycle condition; Two-stage, *R. rubrum* was cultivated for 72 h under continuous light and then transferred to light/dark cycle condition. b) Each yield is from at least replicated assays from different individually fermentation, Times in brackets indicates that hydrogen production lasts; c) Yx/Yn indicates ratio of hydrogen yield of UR805 to different strains in two-stage hydrogen production process

Total hydrogen yield of *R. rubrum hup* mutant was 7.3 L/L over a period of 16 d (Kern *et al.*, 1994) [productivity was approximately 20 ml/(L·h)]; However, total hydrogen yield of *hupL* deletion mutant *R. rubrum* UR801 in this study was 5,700 ml/L within 6.5 d. Productivity of *R. rubrum* UR801 was 47 ml/(L·h), which was 2.35-fold that of *R. rubrum hup* mutant strain constructed by Kern *et al.* (1994). 2,540 ml/L hydrogen were produced by *R. rubrum* UR472 and 2,455 ml/L by UR805 under continuous light, and productivity was 42 ml/(L·h) in the case of *R. rubrum* UR472 and 33 ml/(L·h) in the case of *R. rubrum* UR805 (Table 3). Hydrogen yields of *R. rubrum* UR472 and UR805 under continuous light decreased respectively to 69.6% and 67.3% of that of *R. rubrum* UR2, resulting from lower nitrogenase activities in *draTGB* deletion mutants than that in wild type *R. rubrum* strain (Table 2).

In a word, H_2 yield of *R. rubrum* UR801 under continuous light is the highest, and it is 1.56-, 2.24- and 2.32-fold that of *R. rubrum* UR2, UR472 and UR805, respectively.

2.5 Comparison of hydrogen production of *R. rubrum* UR2 with its derivatives in two-stage hydrogen production process

To improve hydrogen yield of *R. rubrum* under light/dark cycle, *draTGB hupL* double mutant was constructed and its hydrogen production was investigated. Because *R. rubrum* grew not very well in modified

MG medium under light/dark cycle condition from the beginning of cultivation, and hydrogen yields of *R. rubrum* were low under this condition (data not shown), *R. rubrum* was cultivated under continuous light for 72 h and then shifted to light/dark cycle condition (this process was termed as "two-stage hydrogen production" process). Hydrogen production of *R. rubrum* UR2 and its derivatives in this two-stage hydrogen production process were shown in Fig. 5. Within 72 h, hydrogen production of *R. rubrum* UR2 and its derivatives were similar to those under continuous light. When cultures were shifted to darkness, hydrogen production rates of *draT*$^+$ strains (*R. rubrum* UR2 and UR801) or *draT*$^-$ strains (*R. rubrum* UR472 and UR805) decreased significantly. However, *R. rubrum* UR2 and UR801 recovered hydrogen production rates to relatively low level of 38~44 ml/(L·h) when the cultures were reilluminated (Fig. 5a), whereas *R. rubrum* UR472 and UR805 rapidly restored to high level of 51~58 ml/(L·h) (Fig. 5b).

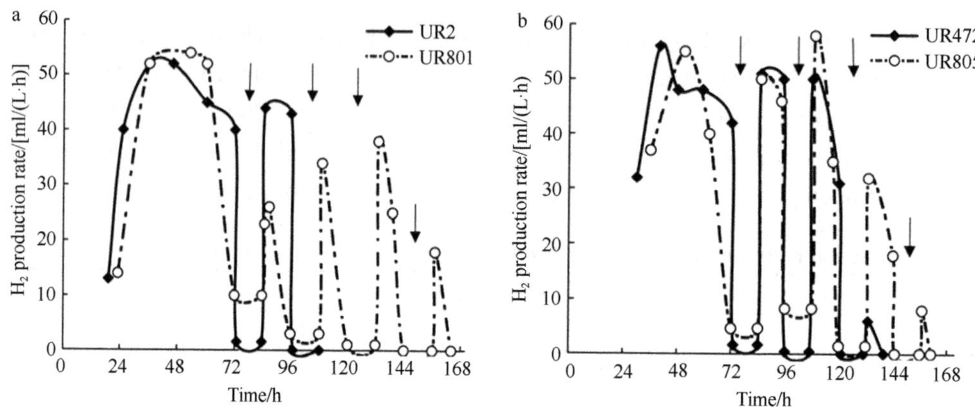

Fig. 5 Hydrogen production rates of *R. rubrum* UR2, UR801 (a) and UR472, UR805 (b) in two-stage hydrogen production process

↓ indicates that *R. rubrum* was cultivated in the dark for 12 h

As shown in Table 3, total hydrogen yields of *R. rubrum* UR2 and UR801 in two-stage process were 3,193 ml/L and 3,558 ml/L, respectively. They were 87.5% and 62.4% of those under continuous light, respectively. Under this condition, productivities were 31 ml/(L·h) for *R. rubrum* UR2 and 25 ml/(L·h) for UR801. Total hydrogen yields of *R. rubrum* UR472 and UR805 were 4,120 ml/L and 4,303 ml/L in this two-stage process, respectively. They were 1.62- and 1.75-fold that of under continuous light, respectively, and the productivities of *R. rubrum* UR472 and UR805 were 36 ml/(L·h). Hydrogen yield of *R. rubrum* UR805 was the highest among the four strains in two-stage hydrogen production process, which was 1.35-fold higher than that of *R. rubrum* wild type under the same condition.

In comparison of hydrogen yields of *R. rubrum* UR2 with its derivatives under light/dark cycle condition (12 h/12 h) in two-stage hydrogen production process (Table 3), the results showed that hydrogen yield of UR2 under this condition was 480 ml/L; *R. rubrum* UR805 exhibited the highest hydrogen yield of 2,513 mL/L, which was 5.2-fold that of *R. rubrum* UR2 under light/dark cycle condition. Thus, *R. rubrum* UR805 would be a valuable strain for hydrogen production under light/dark cycle.

3. Discussion

To improve hydrogen yield in two-stage hydrogen production process, *R. rubrum draTGB hupL* double mutant UR805 was constructed. Nitrogenase activities of *R. rubrum* UR805 and UR472 were measured both in the light and in the dark. Nitrogenase activity of *R. rubrum* UR472 or UR805 in the dark decreases to approximately 10% of that in the light, and it is not consistent with the result of *draT* mutant *R. rubrum* UR213 (*draT*::*kan*) constructed by Liang *et al.* (1991) presumably due to different measurements (Nitrogenase activities of *R. rubrum* UR472 and UR805 used in this study were measured in the dark but that of UR213 was measured in the light after cultivation in the dark for 40 min). Although nitrogenase of *draT* mutant could not be modified, its activity and hydrogen production rates are low in the dark probably as a result of low energy level. Uptake hydrogenase activity in *R. rubrum* wild type is rhythmic, which is related to energy compensation (Praag *et al.*, 2000). Resulting from deletion of uptake hydrogenase, *R. rubrum* UR801 lacks energy compensation; therefore, its hydrogen production is more easily affected by energy level than *R. rubrum* UR2. Although hydrogen production of *R. rubrum* is illuminated by two 60 W standard superlux lamps, light intensity of sunlight affects energy level *in vivo* to lead to unstable hydrogen production rates of *R. rubrum* UR801.

Under continuous light, hydrogen yield of *R. rubrum* UR801 is 1.56-fold that of *R. rubrum* UR2. This means that *hupL* deletion could increase hydrogen yield of *R. rubrum* significantly. Hydrogen yield of *R. rubrum* UR805 is the highest in two-stage hydrogen production process, but it is interesting that there is no significant difference in hydrogen yields between *R. rubrum* UR472 and UR805 either under continuous light or in two-stage hydrogen production process. Why does *hupL* deletion have obvious effects on hydrogen yields in *draT*$^+$ strains but not in *draT*$^-$ strains and why are hydrogen yields of *draT*$^-$ strains in two-stage hydrogen production process higher than those under continuous light? The mechanism needs to be clarified further. With 30 mmol/L malate as carbon source, the theoretical hydrogen yield of photosynthetic bacteria is 4 L (Gest *et al.*, 1962), but hydrogen yields of both *R. rubrum* UR801 under continuous light and UR472 as well as UR805 in two-stage hydrogen production process exceed the theoretical maximum yield based on malate consumption. These results are similar to the data described by Kern that hydrogen production by *R. rubrum hup* mutant continues at low rates after lactate was exhausted (Kern *et al.*, 1994). Two possible explanations for this observation are: (i) sodium glutamate could be converted into hydrogen besides as nitrogen source (Kern *et al.*, 1994); (ii) CO_2 fixation to carbon source supplies energy and protons for hydrogen formation.

Hydrogen yield of *R. rubrum* UR805 is 4,303 ml/L in two-stage hydrogen production process within 6.5 d cultivation. The productivity of *R. rubrum* UR805 [36 ml/(L·h)] increases by 44% compared to that of UR801 [25 ml/(L·h)] in two-stage process and by 80% to that of *R. rubrum hup* mutant [20 ml/(L·h)] constructed by Kern *et al.* (1994) under continuous light. Thus, *draTGB hupL* double mutant *R. rubrum* UR805 might be valuable for hydrogen production in two-stage hydrogen production process.

References

Adams M W, Hall D O. 1979. Properties of the solubilized membrane-bound hydrogenase from the photosynthetic bacterium *Rhodospirillum rubrum*. Arch Biochem Biophys, 195(2): 288-299.

Burris R H. 1972. Nitrogenase fixation-assay methods and techniques. Methods Enzymol, 24(2): 415-431.

Burris R H. 1991. Nitrogenases. J Biol Chem, 266(15): 9339-9342.

Fitzmaurice W P, Saari L, Lowery R G, *et al.* 1989. Genes coding for the reversible ADP-ribosylation system of dinitrogenase reductase from *Rhodospirillum rubrum*. Mol Gen Genet, 218(2): 340-347.

Gest H, Kamen M D. 1949. Photoproduction of molecular hydrogen by *Rhodospirillum rubrum*. Science, 109(2840): 558-559.

Gest H, Kamen M D, Brecoff H M. 1950. Study on the metabolism of photosynthetic bacteria V. Photoproduction of hydrogen and nitrogen fixation by *Rhodospirillum rubrum*. J Biol Chem, 182(1): 153-170.

Gest H, Ormerod J G, Ormerod K S. 1962. Photometabolism of *Rhodospirillum rubrum* light dependent dissimilation of organic compounds to carbon dioxide and molecular hydrogen by an anaerobic citric acid cycle. Arch Biochem Biophys, 97(1): 21-23.

Igarashi R Y, Seefeldt L C. 2003. Nitrogen fixation: The mechanism of the Mo-dependent nitrogenase. Crit Rev Biochem Mol Biol, 38(4): 351-384.

Kanemoto R H, Ludden P W. 1984. Effect of ammonia, darkness, and phenazine methosulfate on whole cell nitrogenase activity and Fe protein modification in *Rhodospirillum rubrum*. J Bacteriol, 158(2): 713-720.

Kern M, Klipp W, Klemme J H. 1994. Increased nitrogenase-dependent H_2 photoproduction by *hup* mutants of *Rhodospirillum rubrum*. Appl Environ Microbiol, 60(6): 1768-1774.

Koch H G, Kern M, Klemme J H. 1992. Reinvestigation of regulation of biosynthesis and subunit composition of nickel dependent Hup-hydrogenase of *Rhodospirillum rubrum*. FEMS Microbiol Lett, 91(2): 193-198.

Krahn E, Schneider K, Müller A. 1996. Comparative characterization of H_2 production by the conventional Mo nitrogenase and the alternative iron-only nitrogenase of *Rhodobacter capsulatus hup*$^-$ mutant. Appl Microbiol Biotechnol, 46(3): 285-290.

Lehman L J, Roberts G P. 1991. Identification of an alternative nitrogenase system in *Rhodospirillum rubrum*. J Bacteriol, 173(18): 5705-5711.

Liang J H, Nielsen G M, Lies D P, *et al.* 1991. Mutations in the *draT* and *draG* genes of *Rhodospirillum rubrum* result in loss of regulation of nitrogenase by reversible ADP-ribosylation. J Bacteriol, 173(21): 6903-6909.

Lowery R G, Saari L L, Ludden P W. 1986. Reversible regulation of the nitrogenase iron protein from *Rhodospirillum rubrum* by ADP- ribosylation *in vitro*. J Bacteriol, 166(2): 513-518.

Ludden P W, Roberts G P. 1989. Regulation of nitrogenase activity by reversible ADP ribosylation. Curr Top Cell Regul, 30(1): 23-56.

Melis A, Happe T. 2001. Hydrogen production: green algae as a source of energy. Plant Physiol, 127(3): 740-748.

Najafpour G, Ismail K, Younesi H, *et al.* 2004. Hydrogen as clean fuel *via* continuous fermentation by anaerobic photosynthetic bacteria, *Rhodospirillum rubrum*. African J Biotechnol, 3(10): 503-507.

Nandi R, Sengupta S. 1998. Microbial production of hydrogen: an review. Crit Rev Microbiol, 24(1): 61-84.

Neilson A H, Nordlund S. 1975. Regulation of nitrogenase synthesis in intact cells of *Rhodospirillum rubrum*: inactivation of nitrogen fixation by ammonia, L-glutamine and L-asparagine. J Gen Microbiol, 91(1): 53-62.

Pope M R, Murrell S A, Ludden P W. 1985. Covalent modification of the iron protein of nitrogenase from *Rhodospirillum rubrum* by adenosine diphosphoribosylation of a specific arginine residue. Proc Natl Acad Sci USA, 82(10): 3173-3177.

Praag E V, Agosti R D, Bachofen R. 2000. Rhythmic activity of uptake hydrogenase in the prokaryote *Rhodospirillum rubrum*. J Biol Rhythms, 15(3): 218-224.

Saari L L, Triplett E W, Ludden P W. 1984. Purification and properties of the activating enzyme for iron protein of nitrogenase from the photosynthetic bacterium *Rhodospirillum rubrum*. J Biol Chem, 259(24): 15502-15508.

Sweet W J, Burris R H. 1981. Inhibition of nitrogenase activity by NH_4^+ in *Rhodospirillum rubrum*. J Bacteriol, 145(2): 824-831.

Vignais P M, Billoud B, Meyer J. 2001. Classification and phylogeny of hydrogenases. FEMS Microbiol Rev, 25(4): 455-501.

Vignais P M, Colbeau A. 2004. Molecular biology of microbial hydrogenases. Curr Issues Mol Biol, 6(2): 159-188.

Zhang Y, Kim K, Ludden P, *et al.* 2001. Isolation and characterization of *draT* mutants that have altered regulatory properties of dinitrogenase reductase ADP-ribosyltransferase in *Rhodospirillum rubrum*. Microbiol, 147(1): 193-202.

Zumft W G, Castillo F. 1978. Regulatory properties of the nitrogenase from *Rhodopseudomonas palustris*. Arch Microbiol, 117(1): 53-60.

Zürrer H, Bachofen R. 1979. Hydrogen production by the photosynthetic bacterium *Rhodospirillum rubrum*. Appl Environ Microbiol, 37(5): 789-793.

本文原载: Chin Sci Bull, 2006, 51(21): 2611-2618.

Hydrogen Metabolic Pathways of *Rhodospirillum rubrum* Under Artificial Illumination*

Ruiyan Zhu[1, 2, 3], Jilun Li[1]

(1. College of Biological Sciences, State Key Laboratory for Agrobiotechnology, China Agricultural University, Beijing, 100193, China; 2. College of Environmental and Chemical Engineering, Yanshan University, Qinhuangdao, 066004, China; 3. Engineering Research Center for Bioenergy of Hebei Province, Qinhuangdao, 066004, China)

Abstract

Multiple enzymes involved in hydrogen metabolism have been detected in photosynthetic bacterium *Rhodospirillum rubrum* under various growth conditions. To investigate hydrogen metabolic pathways and the contribution of each pathway to hydrogen photoproduction in *R. rubrum* under the artificial illumination condition, three mutants were constructed, including *nifHanfDG* double mutant lacking both Fe-nitrogenase and Mo-nitrogenase, *anfDG* mutant lacking Fe-nitrogenase and *nifHhupL* double mutant (uptake hydrogenase deficient mutant). Comparison of the hydrogen production of these three mutants with *R. rubrum* wild type and the uptake hydrogenase deficient mutant showed that there was a third pathway involved in hydrogen production besides Mo-nitrogenase and Fe-nitrogenase, which mainly contributed to hydrogen evolution. Only a small portion of hydrogen was generated by the third pathway. The hydrogen produced by Mo-nitrogenase, Fe-nitrogenase and the third pathway was about 93.5%, 4.9% and 1.5%, respectively, while the hydrogen consumed by uptake hydrogenase was about 13.3%. The investigation of the formate-linked hydrogenase activity indicated that the third pathway for hydrogen production was not mediated by the formate-linked hydrogenase, but probably by some unknown enzyme.

Keywords

Rhodospirillum rubrum, hydrogen metabolic pathways, Mo-nitrogenase, Fe-nitrogenase, uptake hydrogenase.

Rhodospirillum rubrum, a purple nonsulfur photosynthetic bacterium, has been used extensively for the study of nitrogen fixation (Adams and Hall, 1977; Zürrer and Bachofen, 1979; Najafpour *et al.*, 2004), and it was identified as the first photosynthetic bacterium that could produce hydrogen from various organic acids (Gest and Kaman, 1949; Gest *et al.*, 1950; Zürrer and Bachofen, 1979). The existence of multiple enzymes involved in hydrogen metabolism among various photosynthetic bacteria has been reported (Adams *et al.*, 1980; Gogotov, 1986; Praag *et al.*, 2000). Among them, *R. rubrum* seems to be the most versatile in its modes of hydrogen metabolism. Nitrogenase has been reported to be the key enzyme involved in hydrogen evolution in *R. rubrum* (Burris, 1991; Kern *et al.*, 1994). The reduction of protons to hydrogen, catalyzed by Mo-nitrogenase, accompanies the reduction of nitrogen to ammonia. Hydrogen production occurs at a lower rate than nitrogen fixation since only 25% of the electrons would be allocated for proton reduction in a pure nitrogen atmosphere (Simpson and Burris, 1984). The

*This work was supported by the National High Technology Research and Development Program of China (Grant No. 2006AA05Z108).

general reaction for biological nitrogen fixation catalyzed by Mo-nitrogenase can be written as follows (the reaction catalyzed by either Mo-nitrogenase or Fe-nitrogenase requires metabolic energy in the form of ATP):

$$N_2+8H^+ +8e+16MgATP \rightarrow 2NH_3+H_2+16MgADP+16Pi$$

Two kinds of nitrogenases have been identified in *R. rubrum*: Mo-nitrogenase (encoded by *nifHDK*) and Fe-nitrogenase (encoded by *anfHDGK*) according to the atom in the active center (Lehman *et al.*, 1990; Lehman and Roberts, 1991; Davis *et al.*, 1996). Fe-nitrogenase differs from conventional Mo-nitrogenase chemically, physically and by its catalytic properties. Fe-nitrogenase seems to allocate a higher proportion of electrons to the reduction of protons than Mo-nitrogenase does. In a pure nitrogen atmosphere, approximately 75% of the electrons would be allocated for proton reduction and 25% for nitrogen reduction. The proposed electron distribution of Fe-nitrogenase for reduction of proton and nitrogen is: $N_2+24e+24H^+\rightarrow 2NH_3+9H_2$. However, all electrons supplied to either Mo-nitrogenase or Fe-nitrogenase would contribute to proton reduction in the absence of nitrogen gas. Another H_2-evolution activity has been detected when *R. rubrum* was cultivated in the presence of CO and hydrogen is produced according to the net reaction: $CO+H_2O\rightarrow CO_2+H_2$ (Bonam *et al.*, 1984; Maness and Weaver, 2001). Hydrogen evolution activity was also reported when *R. rubrum* was cultured under darkness with pyruvate as the carbon source with a proposed role of dissipating excess reducing power (Gorrell and Uffen, 1977; Schultz and Weaver, 1982; Maness and Weaver, 2001). An uptake hydrogenase, with the evident function of catalyzing the consumption of hydrogen, has been observed in *R. rubrum* (Ormerod and Gest, 1962; Adams and Hall, 1977). Uptake hydrogenase in *R. rubrum* is composed of two dissimilar subunits, in which the large subunit (encoded by *hupL*) functions as the active center and the small subunit (encoded by *hupS*) mediates electron transfer from the active center to the external electron receptor (Koch *et al.*, 1992). During photoheterotrophic growth with a limited supply of bound nitrogen, the uptake hydrogenase is expressed along with the N_2 fixation system (Kern *et al.*, 1994). Even though multiple enzymes involved in hydrogen metabolism have been detected under various growth conditions in *R. rubrum*, there is no evidence to ascertain the types of enzymes taking part in hydrogen metabolism and the contribution of each enzyme to hydrogen yield under the artificial illumination condition. In this report, we present evidence that there are at least three pathways involved in hydrogen evolution and one in hydrogen consumption under the artificial illumination condition through disrupting main hydrogen metabolic pathways.

1. Materials and Methods

1.1 Bacterial strains and growth condition

Bacterial strains and plasmids used in this study are listed in Table 1.

Table 1 Bacterial strains and plasmids

Strains or plasmids	Relevant genotype and description	Reference
R. rubrum		
UR2	Wild type; Sm^r	Fitzmaurice *et al.*, 1989
UR801	*ΔhupL::aacC1*, Sm^r Gm^r	Zhu *et al.*, 2006
UR802	*ΔanfDG::aacC1*, Sm^r Gm^r	this study
UR206	*nifH::kan*, Sm^r Km^r	Liang *et al.*, 1991
UR803	*nifH::kan ΔhupL::aacC1*, Sm^r Km^r Gm^r	this study
UR804	*nifH::kan ΔanfDG::aacC1*, Sm^r Km^r Gm^r	this study
Plasmids		
pRYZ1	2.7 kb *Bam*H I-*Sal* I of *ΔhupL::aacC1* was cloned into pSUP202, Ap^r Cm^r Gm^r	Zhu *et al.*, 2006
pRYZB	3.3 kb *Bam*H I-*Sph* I of *ΔanfDG::aacC1* was cloned into pSUP202, Ap^r Cm^r Gm^r	this study

Precultures of *R. rubrum* were grown in rich SMN medium aerobically at 30℃ as described previously (Fitzmaurice *et al.*, 1989). Nitrogenase derepression malate-glutamate medium (MG) for hydrogen photoproduction is minimal medium with 7 mmol/L sodium glutamate and 30 mmol/L malate (Lehman *et al.*, 1991). Four milliliter of SMN-grown culture in the exponential phase was inoculated into 125 ml glass vials containing 120 ml MG medium. Then, the glass vials were sealed with rubber stoppers and exposed to the artificial illumination provided by superlux lamps with light intensity of approximately 2,000~2,500 lx. The cultivation temperature was controlled at 30~32℃. One milliliter of air was left in the headspace of the glass vial for the convenience of hydrogen collection to avoid vials' breaking due to strait space and high gas pressure. The 50 ml gas-tight syringe was inserted into the rubber stopper to collect hydrogen after hydrogen evolution began.

Escherichia coli DH5α as a cloning host for all plasmid-cloning experiments and *E. coli* S17-1 as a mating donor were grown in LB medium at 37℃ with vigorous shaking. Antibiotics were used at the following concentrations (g/ml): for *R. rubrum*, streptomycin sulfate (Sm), 100; gentamicin (Gm), 10; kanamycin sulfate (Km), 12.5; nalidixic acid (Nx), 20; chloramphenicol (Cm), 5 and for *E. coli*, ampicillin (Ap), 100; chloramphenicol, 25; gentamicin, 5; kanamycin, 50 and tetracycline hydrochloride (Tc), 12.5.

1.2　Construction of *anfDG* deletion mutants

In-frame deletions of *R. rubrum* genes were performed by allelic exchange strategy. The 1.2 kb of 5′ flanking of *anfDG* containing engineered *Bam*H I and *Sac* I sites (Two primers were: 5′-CGGATCCGCGCTT CGTACCAAACGG-3′, 5′-CGAGCTCTGGTTGCGTGCTCCTTAACG-3′) and 3′ flanking of *anfDG* containing *Sac* I and *Sph* I sites at the both ends (two primers were: 5′-CGAGCTCAATCGCCTCGTCCTCGG-3′, 5′-GGCATGCTCCATGTCGGTGAACAGGG-3′) was amplified by using genomic DNA as the template, respectively. The two sequenced fragments were inserted into pSUP202 at *Bam*H I and *Sph* I sites, generating the vector pRYZA. Finally, *aacC1* (encoding Gm^r) from pUCGM was inserted into pRYZA at the *Sac* I site, yielding suicide vector pRYZB (Fig. 1).

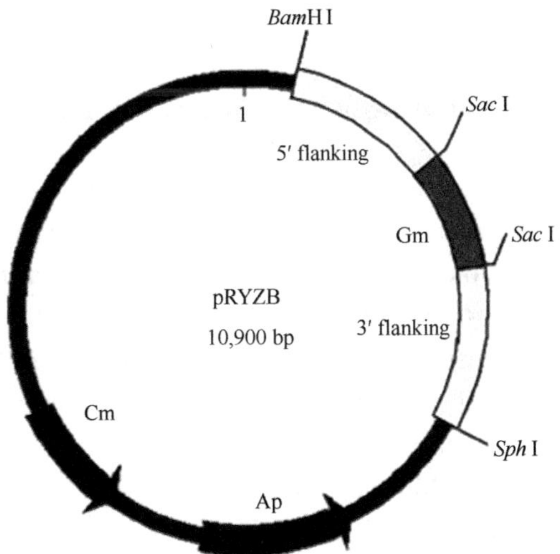

Fig. 1　Suicide vector to inactivate Fe-nitrogenase

After being transformed into *E. coli* S17-1, pRYZB was conjugated into *R. rubrum* UR2 (wild type) and UR206 (*nifH*) as described previously (Liang *et al.*, 1991). Nx^rGm^r *R. rubrum* colonies were isolated after

7~10 d and replica-printed to identify Cm^s colonies resulting from a double-crossover recombination event (Cm^r is encoded by pSUP202). All mutations were verified by colony PCR. The two *anfDG* mutants were designated UR802 (Δ*anfDG*::*aacC1*) and UR804 (*nifH*:: *kan*Δ*anfDG*::*aacC1*), respectively. pRYZ1 (Zhu *et al.*, 2006) containing Δ*hupL*::*aacC1* was transformed into *R. rubrum nifH* mutant (UR206), then *hupLnifH* double mutant was obtained and designated UR803.

1.3 Assays of nitrogenase activity

Whole cell nitrogenase activity was assayed by the method of acetylene reduction as described previously (Burris, 1991). One milliliter of *R. rubrum* culture was taken out from the glass vessel and injected into a 9-ml serum bottle filled with oxygen-free argon. Subsequently, 1 ml acetylene was injected into the serum bottle to start the reaction. The reaction lasted 5 min and was terminated by adding 0.2 ml 30% (*w*/*V*) trichloroacetic acid. The ethylene gas mixture in the headspaces of the serum bottle was withdrawn and injected into a gas chromatograph equipped with a flame ionization detector and separated by GDX-502 using nitrogen as carrier gas.

1.4 Assays of formate-linked hydrogenase

Formate-linked hydrogenase was assayed by measuring the rates of H_2 production based on sodium formate as substrate. The assay was carried out in a 10 ml rubber stoppered vial in the light or in the dark for 10 min. The stoppered vial containing the reaction mixture (100 μl, 50 mmol/L pH 7.0 potassium phosphate buffers, 20 mmol/L sodium formate) was degassed and flushed with argon, and then 900 μl cultures was injected into the vial anaerobically. The reactions were started by addition of cultures and terminated by 0.2 ml of 30% (*w*/*V*) trichloroacetic acid. Hydrogen samples in the gas phase were withdrawn and injected into a gas chromatograph equipped with a thermal conductivity detector and separated by a 5 Å molecular sieve using argon as carrier gas.

2. Results

2.1 Nitrogenase activities of *R. rubrum* wild type and its derivatives

To identify whether deletion of uptake hydrogenase or Fe-nitrogenase affects nitrogenase activity, acetylene reduction catalyzed by *R. rubrum* wild type and its derivatives was measured in the course of fermentation. Nitrogenase activity in the *R. rubrum* wild type appeared at the 18th~20th hour and reached the maximum [760 nmol $C_2H_4/(ml \cdot h \cdot A_{600})$] during cultivation 40~60 h. Similar nitrogenase activities were observed in *R. rubrum* uptake hydrogenase deficient mutant (UR801) and *anfDGhupL* double mutant (UR802), and the maximal nitrogenase activity of these two strains reached 790 nmol and 760 nmol. It indicates that deletion of *hupL* or *anfDG* has no significant effect on nitrogenase activity in *R. rubrum*. However, low nitrogenase activities were detected in Mo-nitrogenase deficient mutants (*nifH* and *nifHhupL*), and the maximal nitrogenase activity decreased to 5.8% and 5.5% of that in the wild type, respectively. *R. rubrum* mutant deficient of both Mo-nitrogenase and Fe-nitrogenase exhibited low nitrogenase activity below detectable limits (<10). The investigation on the relationship between nitrogenase activities and hydrogen yields of *R. rubrum* wild type and its derivatives (Fig. 2 and Fig. 3) indicated that hydrogen yield was closely related to nitrogenase activity.

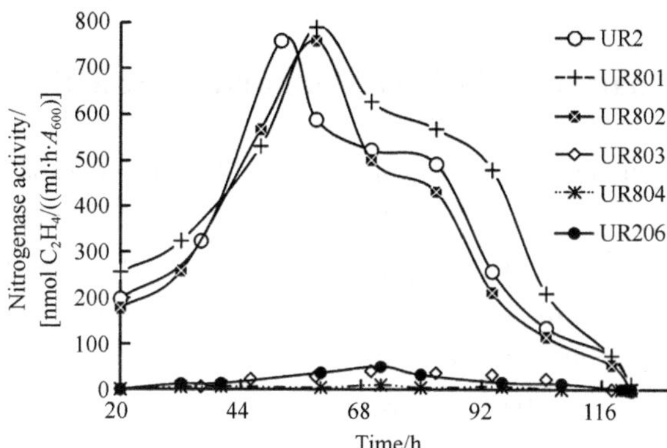

Fig. 2 Time course of nitrogenase activities of *R. rubrum* wild type and its derivatives

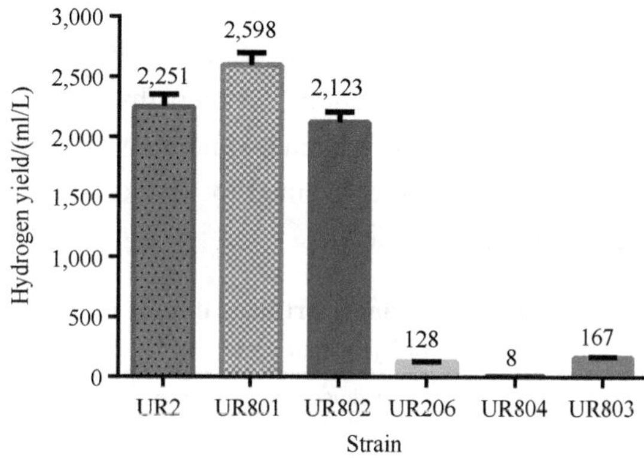

Fig. 3 Hydrogen yields of *R. rubrum* wild type and its derivatives under artificial illumination condition

2.2 Hydrogen production by *R. rubrum* deficient of both Mo-nitrogenase and Fe-nitrogenase

To further explore whether there is another pathway involved in hydrogen production in *R. rubrum* besides nitrogenases, *R. rubrum* mutant deficient of both nitrogenase systems was constructed and its hydrogen production was investigated under the same condition as for the wild type (Fig. 3).

R. rubrum lacking both Mo- and Fe-nitrogenase could evolve approximately 9 ml/L gas mixture under the artificial illumination. The gas mixture was measured and the results showed that hydrogen could be detected besides oxygen and nitrogen in the gas phase evolved by *R. rubrum nifHanfDG* mutant. One milliliter of air was left in the headspace of the glass vial when *R. rubrum* UR804 was cultivated, so the total hydrogen produced by *nifHanfDG* mutant (UR804) was 8 ml/L (9 ml minus 1 ml of air) which was significantly lower than that by the wild type or Fe-nitrogenase deficient strain. The presence of oxygen and nitrogen in the gas mixture produced by *R. rubrum nifHanfDG* mutant was due to low hydrogen yield with the air not completely replaced with hydrogen (only hydrogen could be detected in the biogas produced by *R. rubrum* wild type, because 1 ml of air was replaced by a large amount of hydrogen completely). That *R. rubrum nifHanfDG* mutant could produce hydrogen indicated that there was a third pathway involved in hydrogen production in *R. rubrum* besides the two kinds of nitrogenase systems. *R. rubrum* lacking both nitrogenase systems with intact uptake hydrogenase activity could produce hydrogen suggesting that *R. rubrum nifHanfDG* mutant probably could produce a large volume of hydrogen in the absence of uptake hydrogenase activity. Thus, we have tried to construct the triplicate mutant deficient of Mo-nitrogenase, Fe-nitrogenase and uptake hydrogenase. Unexpectedly, the triplicate mutant was not obtained presumably due to lethality.

2.3 Hydrogen metabolic pathways in *R. rubrum* under the artificial illumination condition

As shown in Fig. 3, hydrogen yield of *R. rubrum* UR2 and UR801 under the artificial illumination with light intensity of approximately 2,000~2,500 lx was (2,251±80) ml/L and (2,598±92) ml/L, respectively, indicating that 13.3% of hydrogen was consumed by the uptake hydrogenase. Previous experiments have reported that deletion of uptake hydrogenase could improve hydrogen yield 1.56-fold that of *R. rubrum* wild type with light intensity of 40,000~60,000 lx, indicating uptake hydrogenase consumed lower hydrogen with light intensity of 2,000~2,500 lx than that with 40,000~60,000 lx. Because hydrogen yield was improved with increased light intensity (below saturation light intensity) in *hupL* deletion mutant but not in *R. rubrum* UR2, hydrogen yield of UR801 with light intensity of 2,000~2,500 lx was lower than that with 40,000~60,000 lx (Zhu *et al.*, 2006). *R. rubrum* UR206 (*nifH*) and UR803 (*nifHhupL*) produced hydrogen at about (128±17) and (167±9) ml/L in MG medium containing molybdenum, respectively, indicating that the synthesis of Fe-nitrogenase in *R. rubrum* was not inhibited by molybdate. The contribution of each pathway to hydrogen yield is shown in Table 2. The hydrogen produced by Mo-nitrogenase, Fe-nitrogenase and the third pathway was approximately 93.5%, 4.9% and 1.5%, respectively; while the hydrogen consumed by uptake hydrogenase was about 13.3% of the total hydrogen yield under our experimental conditions.

Table 2 Hydrogen metabolic pathways of *R. rubrum* under artificial illumination and the contribution of each pathway to hydrogen yield

Formula	Hup	Hydrogen produced or consumed by			Total H_2 yield
		Mo-Nase	Fe-Nase	Other pathway	
	$Y_{UR2}-Y_{UR801}$	$Y_{UR801}-Y_{UR803}$	$Y_{UR2}-Y_{UR802}$	$Y_{UR801}-Y_{Mo\text{-}Nase}-Y_{Fe\text{-}Nase}$	Y_{UR801}
Y/(ml/L)	−347	+2,430	+128	+40	2,598
Percentage/%	−13.3	+93.5	+4.9	+1.5	100

2.4 Formate-linked hydrogenase activitsy in *R. rubrum*

Although we have known that there is a third pathway involved in hydrogen production besides the two nitrogenase systems, more data are needed to identify the type of this enzyme. Three distinct hydrogenase activities have been reported in *R. rubrum* and each hydrogenase is independent of the others (Maness and Weaver, 2001). CO-induced hydrogenase functions only in the presence of CO, thus it was inactive under this cultivation condition due to the absence of CO in the system. We proposed that formate-linked hydrogenase might be the major enzyme involved in hydrogen production in *R. rubrum* deficient of both nitrogenase systems. To investigate whether formate-linked hydrogenase functions when *R. rubrum* is cultivated in MG medium, formate-linked hydrogenase activities in the *R. rubrum* wild type and UR804 were measured both in the light/dark and in the presence/absence of sodium formate. As shown in Fig. 4a, activity of for mate-linked hydrogenase in *R. rubrum* UR804 could not be detected either in the presence or in the absence of formate. It indicated that hydrogen production of *R. rubrum* UR804 in MG medium was not mediated by the formate-linked hydrogenase. The result suggested that formate-linked hydrogenase did not function in MG medium. Interestingly, formate-linked hydrogenase activities of the *R. rubrum* wild type under these conditions were not the same as those of *R. rubrum* UR804 (Fig. 4a). The presence or absence of formate has no significant effect on the formate-linked hydrogenase activity of *R. rubrum* UR2 in the light, but the effect is obvious in the dark. Formate-linked hydrogenase activity of *R. rubrum* UR2 in the presence of formate was 6.4-fold that in the absence of formate in the dark. Because hydrogen production in *R. rubrum* was closely related to nitrogenase activity, nitrogenase activities of *R. rubrum* UR2 and UR804 were then measured both in the presence/absence of formate and in the light/dark (Fig. 4b).

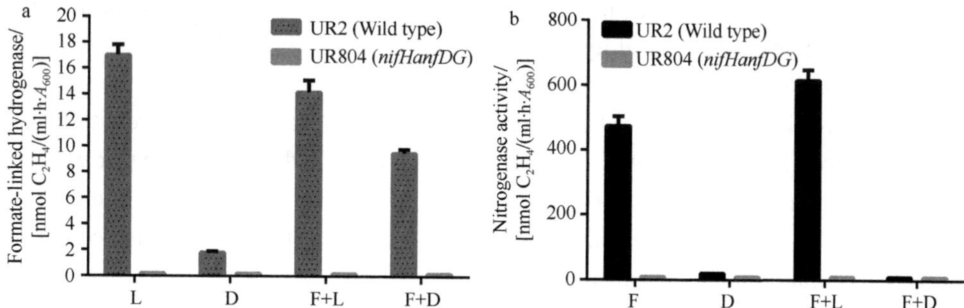

Fig. 4 Formate-linked hydrogenase activities (a) and nitrogenase activities (b) of *R. rubrum* wild type and *nifHanfDG* mutant in the presence/absence of sodium formate with/without light L, In the light; D, in the dark; F, in the presence of formate

The presence or absence of formate had no significant effect on nitrogenase activities of *R. rubrum* wild type in the light. Nitrogenase activity of *R. rubrum* UR2 in the absence of sodium formate in the dark reached (35±5) nmol $C_2H_4/(ml \cdot h \cdot A_{600})$ (7%~8% that of the wild type under illumination), however, it decreased to zero in the presence of sodium formate, indicating that sodium formate affects nitrogenase activity. Relationship comparison between nitrogenase activity and hydrogen production of the wild type in the dark showed that hydrogen produced by the wild type in the presence of formate in the dark was not catalyzed by nitrogenase, but probably by the formate-linked hydrogenase; however, the same result was not obtained in *R. rubrum* UR804, probably because nitrogenase inactivation affects formate-linked hydrogenase activity

3. Discussion

This study demonstrated that there are at least three enzymes involved in hydrogen evolution: Mo-nitrogenase, Fe-only nitrogenase and the third enzyme. Each enzyme makes different contributions to hydrogen evolution, and Mo-nitrogenase is the key enzyme involved in hydrogen evolution under the artificial illumination condition. It indicates that the increase of Mo-nitrogenase activity would effectively improve hydrogen photoproduction. Fe-nitrogenase has been reported as the key enzyme involved in hydrogen production (Davis *et al.*, 1996; Krahn *et al.*, 1996). *Rhodobacter capsulatus nifHDKhupL* double mutant produces a larger amount of hydrogen than the *R. capsulatus* wild type does (Krahn *et al.*, 1996); however, *R. rubrum nifHhupL* mutant produced hydrogen only 7.4% and 6.4% that of the wild type and *R. rubrum hupL* mutant, respectively, probably due to the weak expression of Fe-nitrogenase. In spite of the low hydrogen yield, Fe-nitrogenase still plays an important role in hydrogen evolution. This opinion was further evidenced by the study of nitrogenase activities and hydrogen yields of *R. rubrum nifH* mutant and *nifHanfDG* mutant (Fig. 2 and Fig. 3). Both nitrogenase activity and hydrogen yield of *nifH* mutant are higher than those of *nifHanfDG* mutant, indicating the existence of Fe-nitrogenase in hydrogen metabolic pathway and its contribution to hydrogen yield. Capacity to produce hydrogen of *R. rubrum nifHanfDG* mutant indicates that at least another pathway is involved in hydrogen evolution besides Mo- and Fe-nitrogenase. The simultaneous presence of multiple enzymes involved in hydrogen production under the artificial illumination condition complicates investigation of the third enzyme. Three hydrogenase activities involved in hydrogen production have been identified in *R. rubrum* including CO-induced hydrogenase, formate-linked hydrogenase and Fe-only hydrogenase (Praag *et al.*, 2000; Maness and Weaver, 2001; Kim *et al.*, 2008). Hydrogen produced by *R. rubrum* deficient of both Mo-nitrogenase and Fe-nitrogenase is not from either CO-induced hydrogenase which functions only in the presence of CO or Fe-only hydrogenase which functions only in the presence of pyruvate as the electron donor (Kim *et al.*, 2008). Even though we predict that the third enzyme involved in hydrogen evolution would be formate-linked hydrogenase, the result seems not to support this opinion. Low hydrogen yield of *R. rubrum nifHanfDG* mutant increases the difficulty to analyze the third pathway. Triplicate mutant deficient of Mo-nitrogenase, Fe-nitrogenase and uptake hydrogenase has been tried to be constructed to improve hydrogen yield of the third pathway, however, we failed. Thus, more data are needed to identify the key enzyme in the third hydrogen production pathway. Once the enzyme in the third pathway would be identified, the increase of its activity would mean the improvement of hydrogen photoproduction of *R. rubrum*.

In addition, uptake hydrogenase functions as consumption of hydrogen evolved by the nitrogenase systems or other pathways. Inactivation of the uptake hydrogenase in *R. rubrum* leads to increased nitrogenase-dependent hydrogen photoproduction (Kern *et al.*, 1994; Zhu *et al.*, 2006). Kern had described that *R. rubrum hup*$^-$ strain increased nitrogenase-dependent hydrogen photoproduction by 200% over the period of 28 d (Kern *et al.*, 1994), however, *R. rubrum* UR801 in this study only increased by 15% due to different cultivation conditions. Increased light intensity (under saturation light intensity) could improve hydrogen yield of *R. rubrum hupL* deletion mutant rather than that of the wild type (unpublished data); therefore, hydrogen yield of uptake hydrogenase deletion mutant with low light intensity is lower than that with saturation light intensity.

In conclusion, at least 3 enzymes are involved in hydrogen evolution under the artificial illumination: Mo-nitrogenase, Fe-nitrogenase, the third unknown enzyme; and uptake hydrogenase is involved in hydrogen consumption.

References

Adams M W, Hall D O. 1977. Isolation of the membrane-bound hydrogenase from *Rhodospirillum rubrum*. Biochem Biophys Res Commun, 77(2): 730-737.

Adams M W, Mortenson L E, Chen J S. 1980. Hydrogenase. Biochim Biophys Acta, 594(2-3): 105-176.

Bonam D, Murrell S A, Ludden P W. 1984. Carbon monoxide dehydrogenase from *Rhodospirillum rubrum*. J Bacteriol, 159(2): 693-699.

Burris R H. 1991. Nitrogenases. J Biol Chem, 266(15): 9339-9342.

Davis R, Lehman L, Petrovich P, *et al.* 1996. Purification and characterization of the alternative nitrogenase from the photosynthetic bacterium *Rhodospirillum rubrum*. J Bacteriol, 178(5): 1445-1450.

Fitzmaurice W P, Saari L, Lowery R G, *et al.* 1989. Genes coding for the reversible ADP-ribosylation system of dinitrogenase reductase from *Rhodospirillum rubrum*. Mol Gen Genet, 218(2): 340-347.

Gest H, Kaman M D. 1949. Photoproduction of molecular hydrogen by *Rhodospirillum rubrum*. Science, 109(2840): 558.

Gest H, Kamen M D, Brecoff H M. 1950. Study on the metabolism of photosynthetic bacteria V. Photoproduction of hydrogen and nitrogen fixation by *Rhodospirillum rubrum*. J Biol Chem, 182(1): 153-170.

Gogotov I N. 1986. Hydrogenases of phototrophic microorganisms. Biochimie, 68(1): 181-187.

Gorrell T E, Uffen R L. 1977. Fermentative metabolism of pyruvate by *Rhodospirillum rubrum* after anaerobic growth in darkness. J Bacteriol, 131(2): 533-543.

Kern M, Klipp W, Klemme J H. 1994. Increased nitrogenase-dependent H_2 photoproduction by *hup* mutants of *Rhodospirillum rubrum*. Appl Environ Microbiol, 60(6): 1768-1774.

Kim E J, Lee M K, Kim M S, *et al.* 2008. Molecular hydrogen production by nitrogenase of *Rhodobacter sphaeroides* and by Fe-only hydrogenase of *Rhodospirillum rubrum*. Int J Hydrogen Energy, 33(5): 1516-1521.

Koch H G, Kern M, Klemme J H. 1992. Reinvestigation of regulation of biosynthesis and subunit composition of nickel-dependent Hup-hydrogenase of *Rhodospirillum rubrum*. FEMS Microbiol Lett, 91(2): 193-198.

Krahn E, Schneider K, Müller A. 1996. Comparative characterization of H_2 production by the conventional Mo nitrogenase and the alternative iron-only nitrogenase of *Rhodobacter capsulatus hup*$^-$ mutant. Appl Microbiol Biotechnol, 46(3): 285-290.

Lehman L J, Fitzmaurice W P, Roberts G P. 1990. The cloning and functional characterization of the *nifH* gene of *Rhodospirillum rubrum*. Gene, 95(1): 143-147.

Lehman L J, Roberts G P. 1991. Identification of an alternative nitrogenase system in *Rhodospirillum rubrum*. J Bacteriol, 173(18): 5705-5711.

Liang J H, Nielsen G M, Lies D P, *et al.* 1991. Mutations in the *draT* and *draG* genes of *Rhodospirillum rubrum* result in loss of regulation of nitrogenase by reversible ADP-ribosylation. J Bacteriol, 173(21): 6903-6909.

Maness P C, Weaver P F. 2001. Evidence for three distinct hydrogenase activities in *Rhodospirillum rubrum.* Appl Microbiol Biotechnol, 57(5-6): 751-756.

Najafpour G, Ismail K S K, Younesi H, *et al.* 2004. Hydrogen as clean fuel *via* continuous fermentation by anaerobic photosynthetic bacteria, *Rhodospirillum rubrum.* African J Biotechnol, 3(10): 503-507.

Ormerod J G, Gest H. 1962. Symposium on metabolism of inorganic compounds. IV. Hydrogen photosynthesis and alternative metabolic pathways in photosynthetic bacteria. Bacteriol Rev, 26(1): 51-66.

Praag V E, Degli Agosti R, Bachofen R. 2000. Rhythmic activity of uptake hydrogenase in the prokaryote *Rhodospirillum rubrum.* J Biol Rhythms, 15(3): 218-224.

Schultz J E, Weaver P F. 1982. Fermentation and anaerobic respiration by *Rhodospirillum rubrum* and *Rhodopseudomonas capsulata.* J Bacteriol, 149(1): 181-190.

Simpson F B, Burris R H. 1984. A nitrogen pressure of 50 atmospheres does not prevent evolution of hydrogen by nitrogenase. Science, 224(4653): 1095-1097.

Zhu R Y, Wang D, Zhang Y P, *et al.* 2006. Hydrogen production by *draTGBhupL* double mutant of *Rhodospirillum rubrum* under different light conditions. Chin Sci Bull, 51(21): 2611-2618.

Zürrer H, Bachofen R. 1979. Hydrogen production by the photosynthetic bacterium *Rhodospirillum rubrum.* Appl Environ Microbiol, 37(5): 789-793.

本文原载: Chin Sci Bull, 2010, 55(1): 32-37.

Elimination of Rubisco Alters the Regulation of Nitrogenase Activity and Increases Hydrogen Production in *Rhodospirillum rubrum**

Di Wang[1, 2], Yaoping Zhang[1, 2], Emily Welch[2], Jilun Li[1], and Gary P. Roberts[2]

(1. State Key Laboratory for Agrobiotechnology and Department of Microbiology and Immunology, College of Biological Sciences, China Agricultural University, Beijing, 100193, China; 2. Department of Bacteriology, University of Wisconsin-Madison, Madison, Wisconsin, 53706, USA)

Abstract

Nitrogenase not only reduces atmospheric nitrogen to ammonia, but also reduces protons to hydrogen (H_2). The nitrogenase system is the primary means of H_2 production under photosynthetic and nitrogen-limiting conditions in many photosynthetic bacteria, including *Rhodospirillum rubrum*. The efficiency of this biological H_2 production largely depends on the nitrogenase enzyme and the availability of ATP and electrons in the cell. Previous studies showed that blockage of the CO_2 fixation pathway in *R. rubrum* induced nitrogenase activity even in the presence of ammonium, presumably to remove excess reductant in the cell. We report here the re-characterization of *cbbM* mutants in *R. rubrum* to study the effect of Rubisco on H_2 production. Our newly constructed *cbbM* mutants grew poorly in malate medium under anaerobic conditions. However, the introduction of constitutively active NifA, the transcriptional activator of the nitrogen fixation (*nif*) genes, allows *cbbM* mutants to dissipate the excess reductant through the nitrogenase system and improves their growth. Interestingly, we found that the deletion of *cbbM* alters the post-translational regulation of nitrogenase activity, resulting in partially active nitrogenase in the presence of ammonium. The combination of mutations in *nifA*, *draT* and *cbbM* greatly increased H_2 production of *R. rubrum*, especially in the presence of excess of ammonium. Furthermore, these mutants are able to produce H_2 over a much longer time frame than the wild type, increasing the potential of these recombinant strains for the biological production of H_2.

Keywords

Rhodospirillum rubrum, nitrogenase, Rubisco, NifA, H_2 production.

1. Introduction

Hydrogen gas (H_2) is seen as an energy carrier of the future by virtue of the fact that it is renewable and

*This work was supported by NIGMS grant GM65891 to G. P. R. and the grants from Chinese National Natural Science Foundation 30870059 and National Basic Research Program of China ("973" Program) 2010CB126504 to Jilun Li. We thank F. Robert Tabita for generously providing the I-19 strain, and Ruiyan Zhu for her help with some experiments. We also thank Edward Pohlmann and Jason Leduc for helpful criticisms on the manuscript.

clean, since no carbon dioxide is produced and water is the only product of its combustion. Biological H_2 production has attracted attention in recent years because it is particularly environmentally friendly and can be produced from negative-value waste materials (Singh *et al.*, 1994; Ike *et al.*, 1999; Fang *et al.*, 2005).

Purple non-sulfur photosynthetic bacteria have been studied extensively for biological H_2 production, since they have relative high substrate to product conversion yield and can produce highly pure H_2 without the contamination of oxygen. In addition, these bacteria can consume many different organic substrates, including those regarded as waste (Singh *et al.*, 1994; Franchi *et al.*, 2004). Several studies have focused on increasing the efficiency of H_2 production by optimization of growth conditions (Kern *et al.*, 1992; Melnicki *et al.*, 2008; Akköse *et al.*, 2009; Jamil *et al.*, 2009; Melnicki *et al.*, 2009), co-culture cultivations (Zhu *et al.*, 2001; Nath *et al.*, 2005; Xie *et al.*, 2010), genetic engineering on H_2-producing or uptake enzymes (Zorin *et al.*, 1996; Ooshima *et al.*, 1998; Rey *et al.*, 2006; Kars *et al.*, 2008) and the alteration of other regulatory mechanisms (Kim *et al.*, 2006). *Rhodospirillum rubrum* is one of the best model strains for the study of H_2 production, since it has several pathways to produce H_2, including nitrogenase (Gest *et al.*, 1950), CO-induced Ni-Fe hydrogenase (Bonam *et al.*, 1988; Fox *et al.*, 1996; Maness and Weaver, 2001), pyruvate-formate hydrogenase (Schön and Voelskow, 1976; Gorrell and Uffen, 1977; Voelskow and Schön, 1980) and other hydrogenases (Kim *et al.*, 2008b). In *R. rubrum*, nitrogenase is the main route for H_2 production under photosynthetic and nitrogen-limiting conditions and it can efficiently produce nearly pure H_2 gas (>85% H_2 content) without O_2 as a byproduct (Zhu *et al.*, 2006).

The molybdenum nitrogenase is the main nitrogenase complex in *R. rubrum* and it consists of two proteins: dinitrogenase (also referred to as Mo-Fe protein, coded by *nifDK* gene) and dinitrogenase reductase (also referred to as Fe protein, coded by *nifH* gene) (Burris, 1991). In *R. rubrum*, the regulation of nitrogenase has been well characterized and it occurs at both the transcriptional and post-translational levels (Ludden and Roberts, 1989; Zhang *et al.*, 2003; Nordlund and Ludden, 2004). NifA is a *nif*-specific transcriptional activator of the *nif* (nitrogen fixation) operon. Under nitrogen-limiting conditions, NifA is activated by GlnB-UMP, one of the modified P_{II} proteins (Zhang *et al.*, 2000). Nitrogenase activity in *R. rubrum* is post-translationally regulated by the ADP-ribosylation of dinitrogenase reductase in response to elevated levels of fixed nitrogen or the depletion of energy (Liang *et al.*, 1991; Zhang *et al.*, 1995). Two enzymes catalyze this reversible process: dinitrogenase reductase ADP-ribosyl transferase (referred to as DRAT, the gene product of *draT*) and dinitrogenase reductase activating glycohydrolase (referred to as DRAG, the gene product of *draG*). DRAT carries out the transfer of the ADP-ribose from NAD to one subunit of the dinitrogenase reductase homodimer, resulting in the inactivation of that enzyme. The ADP-ribose group attached to dinitrogenase reductase can be removed by DRAG, thus restoring nitrogenase activity (Ludden and Roberts, 1989; Zhang *et al.*, 2003; Nordlund and Ludden, 2004). In the past, we have identified mutations that circumvent both the NifA and the DRAT/DRAG regulatory systems. Mutants with specifically altered NifA (NifA-M173I or NifA-M173V, termed NifA*), express the *nif* genes even under nitrogen-excess conditions (Zou *et al.*, 2008). Mutations in *draT* eliminate the inactivating enzyme in the post-translational regulatory system (Liang *et al.*, 1991). Thus the nitrogenase in a *drat nifA** double mutant is no longer sensitive to negative stimuli such as NH_4^+ or the depletion of energy and thus would be potentially useful for the production of biological H_2 (Zou *et al.*, 2008).

The efficiency of H_2 production by nitrogenase largely depends on the availability of ATP and electrons in the cell. Previous studies indicated that blockage in the primary CO_2 fixation pathway, the Calvin-Benson-Bassham cycle (CBB, with Rubisco as the main enzyme), could increase the level of reductant in the cell, with significant effects on nitrogenase activity (Joshi and Tabita, 1996; Tichi and Tabita, 2000). In some photosynthetic bacteria, such as *Rhodobacter sphaeroides* and *Rhodobacter capsulatus*, Rubisco-deficient strains are unable to grow photoheterotrophically in malate-ammonium medium, because too much reductant accumulates after blocking the CO_2 fixation pathway (Falcone and Tabita, 1991; Paoli *et al.*, 1998). Spontaneous mutations at unknown loci in these Rubisco mutants led to the constitutive expression of nitrogenase, which utilized the reductant and restored normal growth (Wang *et al.*, 1993; Joshi and Tabita, 1996; Tichi and Tabita, 2000). However, *R. rubrum* was reported as an exception in that its Rubisco-deficient strain (I-19) could grow well under photoheterotrophic conditions (Falcone and Tabita, 1993). The most surprising phenotype of strain I-19 was that it expressed nitrogenase even in the presence of ammonia, suggesting that normal regulation of nitrogenase had been altered by the presence of the Rubisco deletion (Joshi and Tabita, 1996).

To further examine this intriguing possibility of a novel regulatory relationship between the fixation of CO_2 and of N_2 in *R. rubrum*, and the potential to increase H_2 production by blocking the CBB pathway, we analyzed a number of different strains altered in both processes and confirmed that there is a linkage between the two. As in other photosynthetic bacteria, *cbbM* mutants of *R. rubrum* grew poorly under photoheterotrophic conditions because of excess reductant in the cell. The introduction of specifically altered NifA*, which results in the constitutive expression of nitrogenase, helped *cbbM* mutants grow photoheterotrophically in malate medium. Additionally, we found that the previously reported *cbbM* mutant (strain I-19) has an unreported mutation in *nifA*, leading to constitutive nitrogenase expression and allowing its growth in malate-ammonium medium. We also found that the deletion of *cbbM* alters the post-translational regulation of nitrogenase activity, resulting in partially active nitrogenase in the presence of ammonium. Finally, blockage of CBB pathway apparently diverts reductant to nitrogenase and increases H_2 production, because our *cbbM draT nifA** mutants produce about 2-fold more H_2 than does wild type under nitrogen-limiting conditions and 15-fold more under nitrogen-excess condition.

2. Materials and Methods

2.1 Bacterial strains and growth conditions

R. rubrum UR2 is a spontaneous streptomycin resistant (Sm^r) strain derived from ATCC11170 and was used as the wild type (Fitzmaurice *et al.*, 1989). *R. rubrum* was grown in yeast extract-supplemented malate-NH_4^+ (SMN) rich medium aerobically (Ormerod *et al.*, 1961; Fitzmaurice *et al.*, 1989) or grown in a nitrogen-limiting malate-glutamate minimal medium (MG, with glutamate as nitrogen source) or nitrogen-excess malate-NH_4^+ minimal medium (MN) photoheterotrophically, as described previously (Fitzmaurice *et al.*, 1989; Lehman and Roberts, 1991; Zhang *et al.*, 2001). *Escherichia coli* was grown in LC medium (similar to Luria-Bertani medium, but with 5 g/L NaCl). Antibiotics were used at the following concentrations (mg/L): streptomycin (Sm), 100 [50 for strain I-19 (Falcone and Tabita, 1993)]; kanamycin (Km), 12.5; nalidixic acid (Nx), 6; tetracycline (Tc), 1; gentamycin (Gm), 10; and chloramphenicol (Cm), 5 for *R. rubrum*; and ampicillin (Ap), 100; Km, 25; Gm, 5; Cm, 25; and Tc, 12.5 for *E. coli*.

2.2 Construction of *cbbM* mutants

To construct Δ*cbbM* mutants, two 1.2 kb fragments immediately 5′ and 3′ of *cbbM* respectively were amplified by PCR with the chromosomal DNA of *R. rubrum* strain UR2 (wild type) as a template. These fragments have *Hin*d III/*Sac* I sites or *Sac* I/*Bam*H I sites at both ends and were cloned into the *Hin*d III and *Bam*H I sites of pSUP202 (Simon *et al.*, 1983). *aacC1* (encoding Gm^r) from pUCGM (Schweizer, 1993) was inserted in both orientations into a *Sac* I site between these two fragments, yielding pUX2828 and pUX2829.

These plasmids were conjugated into *R. rubrum* UR2 as described previously (Liang *et al.*, 1991). Sm^r Gm^r *R. rubrum* colonies were selected and replica-printed to identify Cm^s colonies resulting from a double-crossover recombination event (Cm^r is encoded by pSUP202). All mutations were verified by PCR. The Δ*cbbM* mutants were designated UR5251 (Δ*cbbM1*::*aacC1*) with *cbbM* and *aacC1* transcribed in the same direction, and UR5252 (Δ*cbbM2*::*aacC1*), in which they are transcribed in opposite directions.

To move the Δ*cbbM*::*kan* mutation from the previously reported *cbbM* mutant strain I-19 (Falcone and Tabita, 1993) into different backgrounds, total DNA isolated from strain I-19 was digested with *Xmn* I and *Bgl* II, and was then cloned into pSUP202 by selection for Km^r transformants. The pSUP202 derivative, termed pUX419, has a 2.7 kb *Xmn* I-*Bgl* II fragment carrying Δ*cbbM*::*kan*. This plasmid was conjugated into *R. rubrum* UR2 and Sm^r Km^r Cm^s *R. rubrum* colonies resulting from a double-crossover recombination event were screened as described above. This Δ*cbbM*::*kan* mutant, which has the *cbbM*::*kan* mutation of strain I-19 in our wild-type (UR2) background, was designated UR865.

All other mutants mentioned in this work were constructed in the same way as described above.

2.3 Whole-cell nitrogenase activity assay

R. rubrum was grown in SMN (rich) medium, and then inoculated into MG or MN medium with a dilution of 1∶60. Whole-cell nitrogenase activity was monitored by the acetylene reduction assay as described previously (Zhang *et al.*, 1995).

2.4 Quantitation of H_2 production

R. rubrum was inoculated into 50 ml of MG or MN medium in 100 ml bottles with a gas-tight rubber stopper. The bottle was degassed and filled with argon before illumination. After 48 h of growth, gas in each bottle was collected and measured as described previously (Zhu *et al.*, 2006). The gas produced was approximately 85% H_2 as shown by gas chromatography using a thermal conductivity detector. H_2 production yield is expressed as mol H_2 produced per mol substrate (malic acid) used. Data points were obtained from the average of at least triplicate measurements from different individually grown cultures, and standard deviations were calculated.

2.5 Western immunoblotting of nitrogenase reductase

A trichloroacetic acid precipitation method was used for rapid protein extraction (Zhang *et al.*, 1993). Proteins were separated on low-cross-linker SDS-PAGE, and immunoblotted with polyclonal antibody against *Azotobacter vinelandii* nitrogenase reductase as described previously (Hartmann *et al.*, 1986).

3. Results and Discussion

3.1 Growth of *cbbM* mutants in malate medium

To study the effect of Rubisco activity on the regulation of nitrogenase and its potential for H_2 production, two *cbbM* mutants, each with a gentamycin-cassette insertion replacing *cbbM*, were constructed using our wild-type (UR2), as described in Materials and Methods. The mutants (UR5251 and UR5252) differed in the orientation of the *aacC1* insertion and were both analyzed in all the experiments described below. Because these mutants behaved identically, only the data for UR5251 are reported. While strain I-19, a Δ*cbbM*::*kan* mutant of *R. rubrum*, has been reported to grow well in malate medium (Falcone and Tabita, 1993), strain UR5251 (Δ*cbbM*::*aacC1*) grew slowly in malate-glutamate (MG) medium (Fig. 1a), and very poorly in malate-ammonium (MN) medium (Fig. 1b). We were concerned that the growth differences between strains I-19 and UR5251 might be caused by differences in the nature of the *cbbM* mutation. To determine if this were indeed the case, we cloned the Δ*cbbM*::*kan* region from strain I-19, and moved it into our *R. rubrum* wild-type (UR2) background, creating UR865, as described in Materials and Methods.

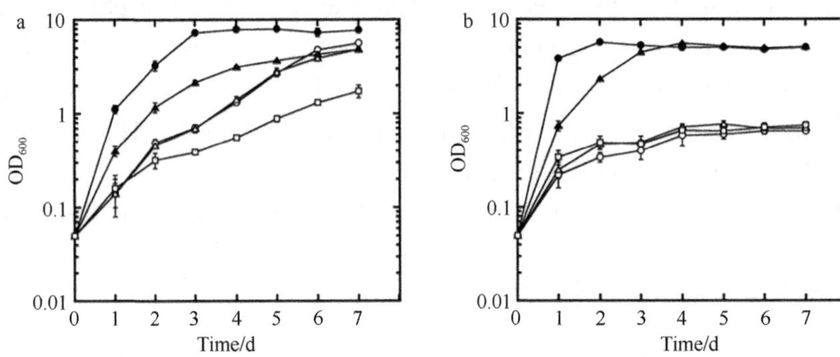

Fig. 1 Growth curves of *R. rubrum* UR2 (wild type) (●), UR5251 (Δ*cbbM*::*aacC1*) (○), UR865 (Δ*cbbM*::*kan*) (Δ), I-19 (Δ*cbbM*::*kan*) (▲) and UR2598 (*cbbM nifH*) (□) in malate-glutamate (MG) medium (panel a) and malate-ammonium (MN) medium (panel b) under anaerobic conditions

Each point represents the average of triplicate measurements from different individually grown cultures

As shown in Fig. 1, UR865 has the same growth problems in MG and MN media under anaerobic conditions as those seen in UR5251. However, after a longer incubation period these *cbbM* mutants (UR5251 and UR865) eventually grew and the cell density reached an OD_{600} of about 3 after 5 days of cultivation in MG medium (Fig. 1a). This eventual growth is not due to the selection for suppressor mutations, since 5-day-old cultures of UR5251 grew slowly after dilution into fresh MG medium (data not shown). In contrast to the poor anaerobic growth of our newly construct *cbbM* mutants (UR5251 and UR865), strain I-19 not only grew well

Table 1 Nitrogenase activity and H_2 production yield in *R. rubrum cbbM*, *draT* or *nifA mutants**

Strains	Mutant description	Nitrogenase activity[a]		H_2 production yield[b]/(mol H_2/mol substrate)	
		MG Nitrogen-limiting	MN NH_4^+-excess	MG Nitrogen-limiting	MN NH_4^+-excess
UR2	wild type	710	<10	3.79	0.18
UR2503	*nifA**-encoding M173V	770[c]	30[c]	4.73	0.49
UR2562	*cbbM nifA**-encoding M173V	690	440	5.34	1.04
UR2329	*draT nifA**-encoding M173V	750[c]	540[c]	5.69	1.38
UR2553	*cbbM draT nifA**-encoding M173V	720	990	7.89	2.74
UR2560	*cbbM draT*	680	<10	ND	ND
UR5251	*cbbM*	770	<10	ND	ND
I-19	*cbbM* (*nifA**-encoding M173V)	570	340	ND	ND

a. Each unit of nitrogenase activity is expressed as nanomoles of ethylene produced per hour per milliliter of cells at an optical density at 600 nm of 1. Each activity value is from at least three replicate assays from different individually grown cultures. The standard deviation is 5% to 10%. b. H_2 production yield was expressed as mol H_2 produced per mol substrate (malic acid). Each value is from at least three replicate assays from different individually grown cultures. The standard deviation is 5% to 10%. c. Nitrogenase activity in UR2503 and UR2329 were similar to the previously published data (Zou *et al.*, 2008) in both MG and MN media (Fig. 1), but also had moderate nitrogenase activity (Table 1) and H_2 production (data not shown) even in the presence of ammonia (MN medium). These results indicate that at least some of the growth properties seen in strain I-19 must be due to differences in its genetic background, and this is further investigated below.

Under aerobic growth conditions, our *cbbM* mutants (UR5251 and UR865) grew well in malate media (MN and MG) with final ODs similar to those seen from strain I-19 and wild type (UR2) (data not shown). These results suggest that oxygen could relieve the metabolic problems caused by the elimination of Rubisco, probably by removing excess reductant accumulated in the *cbbM* mutants. This was further confirmed by gas injection experiments. Three milliliters of O_2, CO_2, or N_2 were injected into the 12.5 ml headspace of anaerobic MG cultures, and the cultures were then grown under light for 3 days. Only O_2 dramatically improved the growth of *cbbM* mutants (data not shown). This is consistent with the hypothesis that O_2 respiration is dissipating excess reductant caused by the blockage of the main CO_2 fixation pathway in *cbbM* mutants (Wang *et al.*, 1993; Joshi and Tabita, 1996; Tichi and Tabita, 2000).

3.2 Nitrogenase activity is critical for the anaerobic growth of the newly constructed *cbbM* mutants

It has been hypothesized that nitrogenase could remove excess reductant accumulated in Rubisco mutants of some photosynthetic organisms to support their photoheterotrophic growth (Wang *et al.*, 1993; Joshi and Tabita, 1996; Tichi and Tabita, 2000), *so* we tested whether nitrogenase is important for anaerobic growth of these newly constructed *R. rubrum cbbM* mutants. We added a Δ*cbbM* mutation to a mutant background lacking the Mo-Fe nitrogenase system (UR206, a *nifH*::*kan* mutant) (Lehman *et al.*, 1990), creating UR2598. Similar to the Δ*cbbM* mutants (UR5251 and UR865), the *cbbM nifH* double mutant grew very poorly in MN medium under anaerobic conditions (Fig. 1b). However, this double mutant grew much more slowly in MG medium than did the *cbbM* single mutant when nitrogenase was expressed (Fig. 1a). This result supports the hypothesis that nitrogenase can remove excess reductant and improve the anaerobic growth of *cbbM* mutants (Wang *et al.*, 1993; Joshi and Tabita, 1996; Tichi and Tabita, 2000). The slow growth of the *cbbM nifH* mutant in MG medium might be due to the expression of an alternative nitrogenase system, which could slowly consume reductant accumulated in this mutant. We have shown previously that an alternate nitrogenase system in *R. rubrum* is expressed under nitrogen-deficient conditions when the Mo-Fe nitrogenase system is genetically eliminated (Lehman and Roberts, 1991). This result shows that nitrogenase enhances the anaerobic growth of *cbbM* mutants.

3.3 Growth of *cbbM* mutants is greatly improved when the nitrogenase activity is not impaired by regulation

Previous studies showed that *R. capsulatus* and *R. sphaeroides* mutants lacking Rubisco enzymes were unable to grow photoheterotrophically in malate-ammonium medium (Falcone and Tabita, 1991; Paoli *et al.*, 1998). Spontaneous suppressor mutants were obtained in both organisms and were shown to have functional nitrogenase in the presence of NH_4^+, which causes the dissipation of excess reductant (Wang *et al.*, 1993; Joshi and Tabita, 1996; Tichi and Tabita, 2000). Since our newly constructed *R. rubrum cbbM* mutants (UR5251 and UR865) have the same anaerobic growth problem as Rubisco-deficient mutants in these related organisms, we tested whether mutations altering nitrogenase activity could also solve the growth problem in these *R. rubrum* Rubisco-deficient mutants.

In *R. rubrum*, the presence of fixed nitrogen blocks nitrogenase activity by effects at both transcriptional and post-translational levels. Recently, we constructed several *draT nifA** double mutants that eliminate both levels of regulation, and these mutants are no longer sensitive to negative stimuli such as NH_4^+ or the depletion of energy (Zou *et al.*, 2008). To test whether the unregulated activity of nitrogenase could improve the growth of *R. rubrum cbbM* mutants, we constructed *cbbM nifA** double mutants (UR2561 and UR2562, which encode NifA-M173I and NifA-M173V, respectively), a *cbbM draT* double mutant (UR2560), and *cbbM draT nifA** triple mutants (UR2551 or UR2553, which encode NifA-M173I and NifA-M173V, respectively). Because these two *nifA** variants behaved identically, only the data for UR2553 and UR2562 are reported. As shown in Fig. 2, the *cbbM draT* double mutant behaved similarly to the *cbbM* mutants: All grew slowly in MG medium and grew very poorly in MN medium. However, the *cbbM nifA** double mutants and *cbbM draT nifA** triple mutants grew well in both MG and MN media. This indicates that the altered *nif* expression by NifA* provides better growth of the *cbbM* mutants. This is consistent with the hypothesis that the poor growth of *cbbM* mutants is caused by excess reductant in the cell, and that expression of nitrogenase could remove this excess reductant (Wang *et al.*, 1993; Joshi and Tabita, 1996; Tichi and Tabita, 2000).

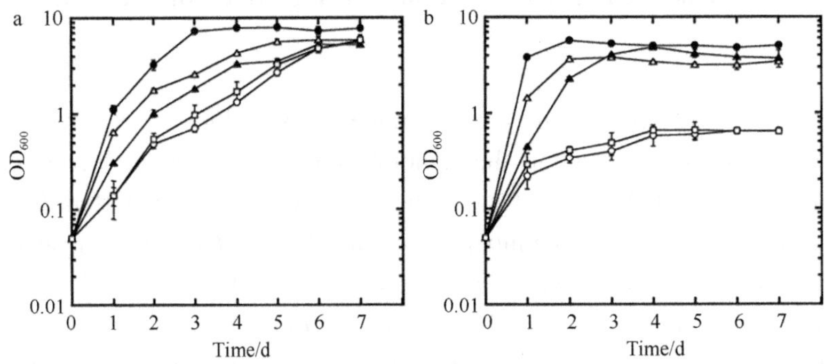

Fig. 2　Growth curves of *R. rubrum* UR2 (wild type) (●), UR5251 (Δ*cbbM*::*aacC1*) (○), UR2553 (*cbbM draT nifA**-encoding M173V) (Δ), UR2562 (*cbbM nifA**-encoding M173V) (▲), and UR2560 (*cbbM draT*) (□) in MG medium (panel a) and MN medium (panel b) under anaerobic conditions

3.4 Identification of the additional mutation loci in strain I-19

The fact that our newly constructed *cbbM*::*aacC1* and *cbbM*::*kan* mutants (UR5251 and UR865) behaved very differently from a previously reported *cbbM*::*kan* mutant (strain I-19) led us suppose that there were differences in the genetic backgrounds of these strains. Given the above findings that the constitutive expression of nitrogenase by the genetically altered regulation of the nitrogenase system could improve the growth of *cbbM* mutants, we asked if strain I-19 had similar mutations, resulting in its better growth in both MG and MN media. We therefore cloned and sequenced genes from strain I-19 whose products are known to have roles in the regulation of *nif* expression or nitrogenase activity in *R. rubrum*: *nifR*, *ntrBC*, *glnB*, *glnJ* and *nifA*. All of these genes in I-19 had sequences identical to those in our wild type (UR2), with the striking exception of *nifA*, which had a mutation creating an M173V substitution. As we have shown previously and above, this substitution allows NifA to be active in the presence of ammonium (Zou *et al.*, 2008). This is a plausible basis for much of the improved growth of strain I-19 as compared to our *cbbM* mutants. However, we noticed that strain I-19 is not identical to our *cbbM nifA** (UR2562, which encodes the NifA-M173V variant), especially in that the cells of strain I-19 settled on the bottom of tubes when grown in MN or MG medium anaerobically. This suggested that strain I-19 might have alterations in its flagella, but sequence analysis of the *flhA flbD* region revealed no mutations.

Interestingly, we also noticed that the poor anaerobic growth of our *cbbM* mutant (UR5251) in MG correlated with a change in cell shape from a spiral to spindle shape, as observed by optical microscopy and electron microscopy (Fig. 3). The complementation of this *cbbM* mutant with a wild-type *cbbM* gene on a multicopy plasmid restored the cells to their normal shape (data not shown). However, the mechanism for this change in cell shape is unknown, and might be related to the excess reductant accumulated in the *cbbM* mutants.

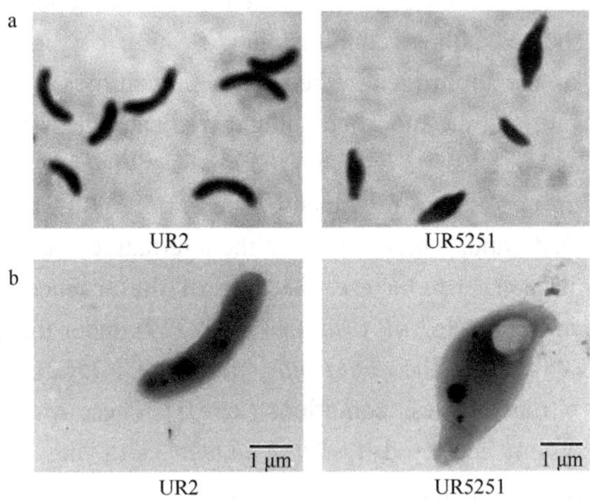

Fig. 3 Cell shape of MG-grown *R. rubrum* UR2 (wild type) and UR5251 (Δ*cbbM*::*aacC1*) under optical microscopy (panel a) and electron microscopy (panel b)

Samples were prepared as described previously (Liu *et al.*, 2008)

All of these data indicate that the accumulation of excess reductant in Rubisco mutants in *R. rubrum* is unable to induce the derepression of nitrogenase in the nitrogen-excess condition. Similar to that seen in Rubisco mutants of *R. capsulatus* and *R. sphaeroides* (Wang *et al.*, 1993; Joshi and Tabita, 1996; Tichi and Tabita, 2000), an additional mutation, such as in *nifA* in strain I-19, is necessary to allow the constitutive expression of nitrogenase to support their growth under nitrogen-excess conditions. It is likely that suppressor mutants obtained from Rubisco mutants of *R. capsulatus* and *R. sphaeroides* might also have mutations affecting NifA or other regulatory proteins involved in the regulation of nitrogenase. Suppressor mutations in *nifA* have also been obtained from a *glnB* mutant in *R. rubrum* when grown under nitrogen-fixing conditions (Zou *et al.*, 2008), and in *Rhodopseudomonas palustris* when grown in the presence of electron-rich carbon and ammonium (Rey *et al.*, 2007).

3.5 Post-translational regulation of nitrogenase activity is altered in *cbbM* mutants

Nitrogenase activity was also monitored in *cbbM nifA**, *cbbM draT*, and *cbbM draT nifA** mutants (Table 1). We were unable to detect nitrogenase activity in *cbbM* and *cbbM draT* mutants when grown in MN medium, since they grew very poorly in this medium. However, these mutants grew slowly in MG with nitrogenase activity similar to that seen in wild type after normalization to cell density (although total nitrogenase activity in these mutants was much lower than that seen in wild type). Overall, all mutants showed similar nitrogenase activity when grown in MG medium, but significant differences were seen in MN-grown cultures. Because of the absence of both transcriptional and post-translational regulation of nitrogenase, the *cbbM draT nifA** mutant (UR2553) showed high nitrogenase activity when grown in MN medium, in which condition the wild type (UR2) had little nitrogenase activity. It is somewhat surprising that the *cbbM nifA** mutant (UR2562) showed fairly high nitrogenase activity when grown in MN medium, while its parental strain (UR2503, with the *nifA** mutation only) displayed low nitrogenase activity in MN medium (Table 1), since dinitrogenase reductase was expected to be modified by DRAT in these mutants under nitrogen-excess conditions (Zou *et al.*, 2008).

The *in vivo* modification of dinitrogenase reductase was also monitored in these strains when grown in MN medium and the data are shown in Fig. 4. The modification status of dinitrogenase reductase in *nifA** mutant (UR2503) and *draT nifA** mutant (UR2329) were identical to that reported previously (Zou *et al.*, 2008). The *nifA** mutant (UR2503) showed almost complete modification of dinitrogenase reductase under this condition. Since one subunit of the dinitrogenase reductase homodimer is modified by ADP-ribosylation through the DRAT/DRAG system, and the modified subunit (indicated as M) migrates more slowly than the unmodified subunit (indicated as U), UR2503 has both the modified and the unmodified band in a 1∶1 ratio shown on the immunoblots (lane 1). As seen previously (Zou *et al.*, 2008), there is a third band between the unmodified band and the modified band, which might be the alternative (Fe-only) dinitrogenase reductase or other unmodified form of dinitrogenase reductase. Because of the absence of DRAT, no modification of dinitrogenase reductase was seen in the *draT nifA** mutant (UR2329) under this condition. Consistent with the fairly high nitrogenase activity (Table 1), the *cbbM nifA** mutant (UR2562) showed only partially modified dinitrogenase reductase under nitrogen-excess conditions (lane 3). These results imply that the regulation of the DRAT/DRAG regulatory system is altered in *cbbM* mutants, allowing a substantial amount of dinitrogenase reductase to remain active even under nitrogen-excess conditions. It is unclear whether the *cbbM* mutation affects the signal transduction to the DRAT/DRAG regulatory system or the enzymes themselves. In either case, the effect could be on DRAT, on DRAG or on both. For example, DRAT might fail to modify dinitrogenase reductase, or DRAG might remain active and remove the ADP-ribose group from dinitrogenase reductase under NH_4^+-excess conditions. Since NAD^+ is the donor of the ADP-ribose group attached to dinitrogenase reductase by DRAT (Ludden and Roberts, 1989), it is also plausible that the excess reductant in *cbbM* mutants could reduce the level of NAD^+ and thus affect DRAT activity. It has also been reported that DRAT prefers oxidized dinitrogenase reductase as a substrate, while DRAG prefers the reduced form of dinitrogenase reductase (Halbleib *et al.*, 2000a, 2000b). The reductant levels in the cell certainly could affect both DRAT and DRAG activities by shifting dinitrogenase reductase into different redox states.

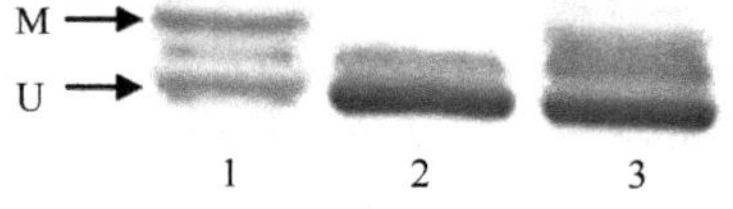

Fig. 4 Western blotting of dinitrogenase reductase in *nifA** (UR2503, lane 1), *draT nifA** (UR2329, lane 2) and *cbbM nifA** mutants (UR2562, lane 3) grown in MN medium

The ADP-ribosylated dinitrogenase reductase subunit (upper band, labeled M) migrates more slowly than does the unmodified subunit (lower band, labeled U). The faint middle bands routinely seen in immunoblots might be an alternative (Fe-only) dinitrogenase reductase or other unmodified form of dinitrogenase reductase as reported previously (Zou *et al.*, 2008)

3.6 Blocking the CBB pathway can increase H_2 production under nitrogen-excess conditions

Theoretically, the CO_2 and N_2 fixation pathways could compete for reductant, and the blockage of the main CO_2 fixation pathway in *cbbM* mutants could divert reductant to nitrogenase (Wang *et al.*, 1993; Joshi and Tabita, 1996; Tichi and Tabita, 2000). We were interested to see if blocking the CBB pathway in *cbbM* mutants could increase H_2 production in the *nifA** mutants. As shown in Fig. 5a, in MG medium, a *cbbM* deletion led to a longer time frame of H_2 production for *R. rubrum* strains. Both *cbbM nifA** mutant (UR2562) and *cbbM draT nifA** mutant (UR2553) continuously produced H_2 for about 11 days, while the wild type (UR2) and the *nifA** mutant (UR2503) stop producing H_2 at the 4th day after inoculation, and the *draT nifA** mutant (UR2329) produced H_2 until the 9th day. This extended H_2 production might be due to the slower growth of these *cbbM* mutants in MG medium than other strains (Fig. 2a). However, unlike wild type, which stopped producing H_2 when cells stopped growth at the 4th day, the *cbbM draT nifA** mutant (UR2553) stopped growth at the 7th day, but kept producing H_2 for another 4 days. With the slower growth and longer term of H_2 production, this *cbbM draT nifA** mutant Table 1showed 2-fold higher H_2 yield than that of wild type under nitrogen limiting (MG) conditions (Table 1). The *cbbM* deletion also increased the total H_2 production of *R. rubrum* strains, especially in the *cbbM draT nifA** mutant (UR2553), which showed 35% higher H_2 production than did the *draT nifA** strain (UR2329) in MG medium. A more significant increase in H_2 production was seen in MN-grown cultures: Both *cbbM nifA** (UR2562) and *cbbM draT nifA** (UR2553) produced about 2-fold more H_2 than did their respective *cbbM*$^+$ controls. Overall, our triple mutant *cbbM draT nifA** (UR2553) produced about 2-fold and 15-fold more H_2 than did the wild type (UR2) in MG and MN media, respectively.

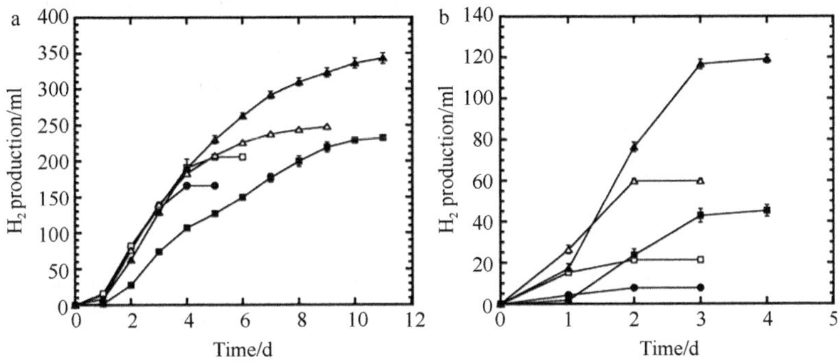

Fig. 5 Total H_2 production of *R. rubrum* UR2 (wild type) (●), UR2503 (*nifA**) (□), UR2562 (*cbbM nifA**) (■), UR2329 (*draT nifA**) (Δ) and UR2553 (*cbbM draT nifA**) (▲) when grown in MG (panel a) or MN (panel b) medium under anaerobic conditions

Gas production for these strains reached a plateau and was not measured subsequently

3.7 Implication of these altered *R. rubrum* strains for the H_2 production

Nitrogenase could potentially be used for H_2 production. However, the efficiency of H_2 production by nitrogenase is not very robust, and the limiting factor for H_2 production is not well defined. *In vitro* studies showed that the disassociation of oxidized dinitrogenase from the nitrogenase complex is the limiting step (Thorneley and Lowe, 1983), but the availability of ATP and electrons in the cell could also affect H_2 production. We recently found that the nitrogenase system is very effective in competing with other ATP-utilizing systems for ATP, since moderate nitrogenase activity was seen in mutants that block purine synthesis, in which ATP levels are extremely low (Zhang *et al.*, 2009).

Recently, several studies have focused on the improvement of the efficiency of H_2 production in *R. rubrum* and other purple non-sulfur bacteria through genetic engineering, including heterologous expression of a hydrogenase system (Kim *et al.*, 2008a, 2008b), elimination of an uptake hydrogenase system (Jahn *et al.*, 1994; Kern *et al.*, 1994; Zhu *et al.*, 2006; Kars *et al.*, 2009), alteration of the regulation of nitrogenase expression and activity (Rey *et al.*, 2007; Zou *et al.*, 2008), as well as modification of the electron transfer chains (Öztürk *et al.*, 2006). Overall, the regulation of nitrogenase activity by excess ammonium in the medium, greatly decreases ability of the nitrogenase system to produce H_2 (Kanemoto *et al.*, 1984; Zhu *et al.*, 2001; Rey *et al.*, 2007; Akköse *et al.*, 2009). As shown above, *R. rubrum* mutants with alteration in both NifA and the DRAT/DRAG regulatory system showed an order-of-magnitude increase of H_2 production under

NH_4^+-excess conditions versus wild type. Our new data also indicate that when cells are grown in malate-glutamate (MG) medium, there is enough reductant in the cell, and blocking the CBB pathway has a small effect on H_2 production. However, in the MN-grown cells, blocking the CBB pathway could increase H_2 production by as much as 2-fold in some mutants.

4. Conclusions

In summary, blocking the CBB pathway causes growth problems for *R. rubrum* in malate medium under anaerobic conditions, especially in the presence of NH_4^+. The presence of nitrogenase activity or exposure of the cells to O_2 improves growth, probably by removing the excess reductant accumulated in *cbbM* mutants. We also identified a mutation in a previously reported *cbbM* mutant (strain I-19) that allows NifA activity in the presence of ammonium. This explains why strain I-19 grows better than our newly constructed *cbbM* mutants in malate medium under anaerobic conditions. Surprisingly, a *cbbM* mutation alters the post-translational regulation of nitrogenase activity by the DRAT/DRAG regulatory system to allow some nitrogenase activity in the presence of NH_4^+. In combination with mutants altering the regulation of nitrogenase activity, the *cbbM* mutation could provide excess reductant to nitrogenase, resulting in an order-of-magnitude increase of H_2 production under NH_4^+-excess conditions.

References

Akköse S, Gündüz U, Yücel M, *et al.* 2009. Effects of ammonium ion, acetate and aerobic conditions on hydrogen production and expression levels of nitrogenase genes in *Rhodobacter sphaeroides* O.U.001. Int J Hydrogen Energy, 34(21): 8818-8827.

Bonam D, McKenna M C, Stephens P J, *et al.* 1988. Nickel-deficient carbon monoxide dehydrogenase from *Rhodospirillum rubrum*: *in vivo* and *in vitro* activation by exogenous nickel. Proc Natl Acad Sci USA, 85(1): 31-35.

Burris R H. 1991. Nitrogenases. J Biol Chem, 266(15): 9339-9342.

Falcone D L, Tabita F R. 1991. Expression of endogenous and foreign ribulose 1, 5-bisphosphate carboxylase-oxygenase (RubisCO) genes in a RubisCO deletion mutant of *Rhodobacter sphaeroides*. J Bacteriol, 173(6): 2099-2108.

Falcone D L, Tabita F R. 1993. Complementation analysis and regulation of CO_2 fixation gene expression in a ribulose 1, 5-bisphosphate carboxylase-oxygenase deletion strain of *Rhodospirillum rubrum*. J Bacteriol, 175(16): 5066-5077.

Fang H H P, Liu H, Zhang T. 2005. Phototrophic hydrogen production from acetate and butyrate in wastewater. Int J Hydrogen Energy, 30(7): 785-793.

Fitzmaurice W P, Saari L L, Lowery R G, *et al.* 1989. Genes coding for the reversible ADP-ribosylation system of dinitrogenase reductase from *Rhodospirillum rubrum*. Mol Gen Genet, 218(2): 340-347.

Fox J D, Kerby R L, Roberts G P, *et al.* 1996. Characterization of the CO-induced, CO-tolerant hydrogenase from *Rhodospirillum rubrum* and the gene encoding the large subunit of the enzyme. J Bacteriol, 178(6): 1515-1524.

Franchi E, Tosi C, Scolla G, *et al.* 2004. Metabolically engineered *Rhodobacter sphaeroides* RV strains for improved biohydrogen photoproduction combined with disposal of food wastes. Mar Biotechnol, 6(6): 552-565.

Gest H, Kamen M D, Beregoff H M. 1950. Studies on the metabolism of photosynthetic bacteria. V. Photoproduction of hydrogen and nitrogen fixation by *Rhodospirillum rubrum*. J Biol Chem, 182(1): 153-170.

Gorrell T E, Uffen R L. 1977. Fermentative metabolism of pyruvate by *Rhodospirillum rubrum* after anaerobic growth in darkness. J Bacteriol, 131(2): 533-543.

Halbleib C M, Zhang Y, Ludden P W. 2000a. Regulation of dinitrogenase reductase ADP-ribosyltransferase and dinitrogenase reductase-activating glycohydrolase by a redox-dependent conformational change of nitrogenase Fe protein. J Biol Chem, 275(5): 3493-3500.

Halbleib C M, Zhang Y, Roberts G P, *et al.* 2000b. Effects of perturbations of the nitrogenase electron transfer chain on reversible ADP-ribosylation of nitrogenase Fe protein in *Klebsiella pneumoniae* strains bearing the *Rhodospirillum rubrum dra* operon. J Bacteriol, 182(13): 3681-3687.

Hartmann A, Fu H, Burris R H. 1986. Regulation of nitrogenase activity by ammonium chloride in *Azospirillum* spp. J Bacteriol, 165(3): 864-870.

Ike A, Murakawa T, Kawaguchi H, *et al.* 1999. Photoproduction of hydrogen from raw starch using a halophilic bacterial community. J Biosci Bioeng, 88(1): 72-77.

Jahn A, Keuntje B, Dörffler M, *et al.* 1994. Optimizing photoheterotrophic H_2 production by *Rhodobacter capsulatus* upon interposon mutagenesis in the *hupL* gene. Appl Microbiol Biotechnol, 40(5): 687-690.

Jamil Z, Annuar M S M, Ibrahim S, *et al.* 2009. Optimization of phototrophic hydrogen production by *Rhodopseudomonas palustris* PBUM001 *via* statistical experimental design. Int J Hydrogen Energy, 34(17): 7502-7512.

Joshi H M, Tabita F R. 1996. A global two component signal transduction system that integrates the control of photosynthesis, carbon dioxide assimilation, and nitrogen fixation. Proc Natl Acad Sci USA, 93(25): 14515-14520.

Kanemoto R H, Ludden P W. 1984. Effect of ammonia, darkness, and phenazine methosulfate on whole-cell nitrogenase activity and Fe protein modification in *Rhodospirillum rubrum*. J Bacteriol, 158(2): 713-720.

Kars G, Gündüz U, Rakhely G, *et al.* 2008. Improved hydrogen production by uptake hydrogenase deficient mutant strain of *Rhodobacter sphaeroides* O.U.001. Int J Hydrogen Energy, 33(12): 3056-3060.

Kars G, Gündüz U, Yücel M, *et al.* 2009. Evaluation of hydrogen production by *Rhodobacter sphaeroides* O.U.001 and its *hupSL* deficient mutant using acetate and malate as carbon sources. Int J Hydrogen Energy, 34(5): 2184-2190.

Kern M, Klipp W, Klemme J H. 1994. Increased nitrogenase-dependent H_2 photoproduction by *hup* mutants of *Rhodospirillum rubrum*. Appl Environ Microbiol, 60(6): 1768-1774.

Kern M, Koch H G, Klemme J H. 1992. EDTA activation of H_2 photoproduction by *Rhodospirillum rubrum*. Appl Microbiol Biotechnol, 37: 496-500.

Kim E J, Kim J S, Kim M S, *et al.* 2006. Effect of changes in the level of light harvesting complexes of *Rhodobacter sphaeroides* on the photoheterotrophic production of hydrogen. Int J Hydrogen Energy, 31(4): 531-538.

Kim E J, Kim M S, Lee J K. 2008a. Hydrogen evolution under photoheterotrophic and dark fermentative conditions by recombinant *Rhodobacter sphaeroides* containing the genes for fermentative pyruvate metabolism of *Rhodospirillum rubrum*. Int J Hydrogen Energy, 33(19): 5131-5136.

Kim E J, Lee M K, Kim M S, *et al.* 2008b. Molecular hydrogen production by nitrogenase of *Rhodobacter sphaeroides* and by Fe-only hydrogenase of *Rhodospirillum rubrum*. Int J Hydrog Energy, 33(5): 1516-1521.

Lehman L J, Fitzmaurice W P, Roberts G P. 1990. The cloning and functional characterization of the *nifH* gene of *Rhodospirillum rubrum*. Gene, 95(1): 143-147.

Lehman L J, Roberts G P. 1991. Identification of an alternative nitrogenase system in *Rhodospirillum rubrum*. J Bacteriol, 173(18): 5705-5711.

Liang J H, Nielsen G M, Lies D P, *et al.* 1991. Mutations in the *draT* and *draG* genes of *Rhodospirillum rubrum* result in loss of regulation of nitrogenase by reversible ADP-ribosylation. J Bacteriol, 173(21): 6903-6909.

Liu J, Ding Y, Jiang W, *et al.* 2008. A mutation upstream of an ATPase gene significantly increases magnetosome production in *Magnetospirillum gryphiswaldense*. Appl Microbiol Biotechnol, 81(3): 551-558.

Ludden P W, Roberts G P. 1989. Regulation of nitrogenase activity by reversible ADP ribosylation. Curr Top Cell Regul, 30: 23-56.

Maness P C, Weaver P F. 2001. Evidence for three distinct hydrogenase activities in *Rhodospirillum rubrum*. Appl Microbiol Biotechnol, 57(5-6): 751-756.

Melnicki M R, Bianchi L, De Philippis R, *et al.* 2008. Hydrogen production during stationary phase in purple photosynthetic bacteria. Int J Hydrogen Energy, 33(22): 6525-6534.

Melnicki M R, Eroglu E, Melis A. 2009. Changes in hydrogen production and polymer accumulation upon sulfur-deprivation in purple photosynthetic bacteria. Int J Hydrogen Energy, 34(15): 6157-6170.

Nath K, Kumar A, Das D. 2005. Hydrogen production by *Rhodobacter sphaeroides* strain O.U.001 using spent media of *Enterobacter cloacae* strain DM11. Appl Microbiol Biotechnol, 68(4): 533-541.

Nordlund S, Ludden P W. 2004. Post-translational regulation of nitrogenase in photosynthetic bacteria. *In*: Klipp W, Masephol B, Gallon J R, *et al.* Genetics and Regulation of Nitrogen Fixation in Free-Living Bacteria. Dordrecht, The Netherlands: Kluwer Academic Publishers: 175-196.

Ooshima H, Takakuwa S, Katsuda T, *et al.* 1998. Production of hydrogen by a hydrogenase-deficient mutant of *Rhodobacter capsulatus*. J Ferment Bioeng, 85(5): 470-475.

Ormerod J G, Ormerod K S, Gest H. 1961. Light-dependent utilization of organic compounds and photoproduction of molecular hydrogen by photosynthetic bacteria; relationships with nitrogen metabolism. Arch Biochem Biophys, 94(3): 449-463.

Öztürk Y, Yücel M, Daldal F, *et al.* 2006. Hydrogen production by using *Rhodobacter capsulatus* mutants with genetically modified electron transfer chains. Int J Hydrogen Energy, 31(11): 1545-1552.

Paoli G C, Vichivanives P, Tabita F R. 1998. Physiological control and regulation of the *Rhodobacter capsulatus cbb* operons. J Bacteriol, 180(16): 4258-4269.

Rey F E, Heiniger E K, Harwood C S. 2007. Redirection of metabolism for biological hydrogen production. Appl Environ Microbiol, 73(5): 1665-1671.

Rey F E, Oda Y, Harwood C S. 2006. Regulation of uptake hydrogenase and effects of hydrogen utilization on gene expression in *Rhodopseudomonas palustris*. J Bacteriol, 188(17): 6143-6152.

Schön G, Voelskow H. 1976. Pyruvate fermentation in *Rhodospirillum rubrum* and after transfer from aerobic to anaerobic conditions in the dark. Arch Microbiol, 107(1): 87-92.

Schweizer H P. 1993. Small broad-host-range gentamycin resistance gene cassettes for site-specific insertion and deletion mutagenesis. Biotchniques, 15(5): 831-834.

Simon R, Priefer U B, Pühler A. 1983. A broad host range mobilization system for *in vivo* genetic engineering: transposon mutagenesis in Gram negative bacteria. Bio/Technology, 1(9): 784-791.

Singh S P, Srivastava S C, Pandey K D. 1994. Hydrogen-production by *Rhodopseudomonas* at the expense of vegetable starch, sugarcane juice and whey. Int J Hydrogen Energy, 19(5): 437-440.

Thorneley R N, Lowe D J. 1983. Nitrogenase of *Klebsiella pneumoniae*. Kinetics of the dissociation of oxidized iron protein from molybdenum-iron protein: identification of the rate-limiting step for substrate reduction. Biochem J, 215(2): 393-403.

Tichi M A, Tabita F R. 2000. Maintenance and control of redox poise in *Rhodobacter capsulatus* strains deficient in the Calvin-Benson-Bassham pathway. Arch Microbiol, 174(5): 322-333.

Voelskow H, Schön G. 1980. H_2 production of *Rhodospirillum rubrum* during adaptation to anaerobic dark conditions. Arch Microbiol, 125: 245-249.

Wang X, Falcone D L, Tabita F R. 1993. Reductive pentose phosphate-independent CO_2 fixation in *Rhodobacter sphaeroides* and evidence that ribulose bisphosphate carboxylase/oxygenase activity serves to maintain the redox balance of the cell. J Bacteriol, 175(11): 3372-3379.

Xie G, Feng L, Ren N, *et al.* 2010. Control strategies for hydrogen production through co-culture of *Ethanoligenens harbinense* B49 and immobilized *Rhodopseudomonas faecalis* RLD-53. Int J Hydrogen Energy, 35(5): 1929-1935.

Zhang Y, Burris R H, Ludden P W, *et al.* 1993. Posttranslational regulation of nitrogenase activity by anaerobiosis and ammonium in *Azospirillum brasilense*. J Bacteriol, 175(21): 6781-6788.

Zhang Y, Burris R H, Ludden P W, *et al.* 1995. Comparison studies of dinitrogenase reductase ADP-ribosyl transferase/dinitrogenase reductase activating glycohydrolase regulatory systems in *Rhodospirillum rubrum* and *Azospirillum brasilense*. J Bacteriol, 177(9): 2354-2359.

Zhang Y, Pohlmann E L, Ludden P W, *et al.* 2000. Mutagenesis and functional characterization of the *glnB*, *glnA*, and *nifA* genes from the photosynthetic bacterium *Rhodospirillum rubrum*. J Bacteriol, 182(4): 983-992.

Zhang Y, Pohlmann E L, Ludden P W, *et al.* 2001. Functional characterization of three GlnB homologs in the photosynthetic bacterium *Rhodospirillum rubrum*: roles in sensing ammonium and energy status. J Bacteriol, 183(21): 6159-6168.

Zhang Y, Pohlmann E L, Ludden P W, *et al.* 2003. Regulation of nitrogen fixation by multiple P_{II} homologs in the photosynthetic bacterium *Rhodospirillum rubrum*. Symbiosis, 35(1): 85-100.

Zhang Y, Pohlmann E L, Roberts G P. 2009. Effect of perturbation of ATP level on the activity and regulation of nitrogenase in *Rhodospirillum rubrum*. J Bacteriol, 191(17): 5526-5537.

Zhu H, Wakayama T, Asada Y, *et al.* 2001. Hydrogen production by four cultures with participation by anoxygenic phototrophic bacterium and anaerobic bacterium in the presence of NH_4^+. Int J Hydrogen Energy, 26(11): 1149-1154.

Zhu R, Wang D, Zhang Y, *et al.* 2006. Hydrogen production by *draTGB hupL* double mutant of *Rhodospirillum rubrum* under different light conditions. Chin Sci Bull, 51(21): 2611-2618.

Zorin N A, Lissolo T, Colbeau A, *et al.* 1996. Increased hydrogen production by *Rhodobacter capsulatus* strains deficient in uptake hydrogenase. J Mar Biotechnol, 4(1): 28-33.

Zou X, Zhu Y, Pohlmann E L, *et al.* 2008. Identification and functional characterization of NifA variants that are independent of GlnB activation in the photosynthetic bacterium *Rhodospirillum rubrum*. Microbiology, 154(Pt9): 2689-2699.

本文原载: Int J Hydrogen Energy, 2010, 35: 7377-7385.

The Poor Growth of *Rhodospirillum rubrum* Mutants Lacking Rubisco is due to the Accumulation of Ribulose-1, 5-Bisphosphate*

Di Wang[1, 2], Yaoping Zhang[1, 2], Edward L. Pohlmann[2], Jilun Li[1], Gary P. Roberts[2]

(1. State Key Laboratory for Agrobiotechnology and Department of Microbiology and Immunology, College of Biological Sciences, China Agricultural University, Beijing, 100193, China; 2. Department of Bacteriology, University of Wisconsin-Madison, Madison, Wisconsin, 53706, USA)

Abstract

Ribulose-1, 5-bisphosphate carboxylase/oxygenase (Rubisco) catalyzes the first step of CO_2 fixation in the Calvin-Benson-Bassham (CBB) cycle. Besides its function in fixing CO_2 to support photoautotrophic growth, the CBB cycle is also important under photoheterotrophic growth conditions in purple nonsulfur photosynthetic bacteria. It has been assumed that the poor photoheterotrophic growth of Rubisco-deficient strains was due to the accumulation of excess intracellular reductant, which implied that the CBB cycle is important for maintaining redox balance under these conditions. However, we present analyses of *cbbM* mutants in *Rhodospirillum rubrum* that indicate that toxicity is the result of an elevated intracellular pool of ribulose-1, 5-bisphosphate (RuBP). There is a redox effect on growth, but it is apparently an indirect one on the accumulation of RuBP, perhaps by the regulation of the activities of enzymes involved in RuBP regeneration. Our studies also show that the CBB cycle is not essential for *R. rubrum* to grow under photoheterotrophic conditions and its role in controlling the redox balance needs to be further elucidated. Finally, we also show that CbbR is a positive transcriptional regulator of the *cbb* operon (*cbbEFPT*) in *R. rubrum*, as seen in related organisms, and define the transcriptional organization of the *cbb* genes.

1. Introduction

The purple nonsulfur photosynthetic bacterium *Rhodospirillum rubrum* is metabolically diverse and can grow under photoautotrophic, photoheterotrophic and chemoheterotrophic conditions. It can use different kinds of nitrogen and carbon sources, including N_2 and CO_2, through effective metabolic systems such as the nitrogenase and the Calvin-Benson-Bassham (CBB) cycle (Kamen and Gest, 1949; Gest *et al.*, 1950; Anderson and Fuller, 1967; Falcone and Tabita, 1993). Both the nitrogenase system and the CBB cycle are very energy-demanding processes, and are therefore usually tightly regulated and very sensitive to environmental

*This work was supported by NIGMS grant GM65891 to G. P. R., grants from Chinese National Natural Science Foundation 30870059 and National Basic Research Program of China ("973" Program) 2010CB126504 to Jilun Li., and a grant from the Key Laboratory for Agrobiotechnology of China Agricultural University 2010SKLAB06-3 to Yaoping Zhang. We thank Eva Ziegelhoffer for her generous help with the qPCR experiments and Wayne Kontur for his help with gas chromatography. We also thank Timothy Paustian for assistance with the HPLC experiments.

signals (Sarles and Tabita, 1983; Ludden and Roberts, 1989; Fridlyand and Scheibe, 1999; Dubbs and Tabita, 2004; Nordlund and Ludden, 2004).

The main role of the CBB cycle is to fix CO_2 into organic carbon under photoautotrophic conditions where CO_2 serves as the sole carbon source. Thus, most *cbb* genes have their highest expression levels under these conditions (Anderson and Fuller, 1967; Sarles and Tabita, 1983; Jouanneau and Tabita, 1986; Leustek *et al.*, 1988; Elsen *et al.*, 2004). However, under photoheterotrophic conditions in the presence of organic carbon such as malate or acetate, the CBB cycle also functions as a major electron sink in many photosynthetic bacteria and it is assumed that this property maintains the redox balance in the cell (Lascelles, 1960; Tabita, 1988; Hallenbeck *et al.*, 1990; Falcone and Tabita, 1991; Wang *et al.*, 1993; Tichi and Tabita, 2000, 2001). Recently it has been shown that the CBB cycle acts as an electron-accepting process to recycle the excess reduced cofactors under non-N_2-fixing conditions in *Rhodopseudomonas palustris* (McKinlay and Harwood, 2010). Thus, an *R. rubrum cbbM* mutant, in which the CBB cycle is blocked by the elimination of its key enzyme, ribulose-1, 5-bisphosphate carboxylase/oxygenase (Rubisco, encoded by *cbbM*), not only fails to grow under photoautotrophic conditions, but also grows poorly under photoheterotrophic conditions (Wang *et al.*, 2010). Similar phenotypes have been seen in Rubisco-deficient strains of *Rhodobacter sphaeroides* and *Rhodobacter capsulatus* unless an alternate electron acceptor, such as dimethyl sulfoxide (DMSO) is supplied in the medium (Falcone and Tabita, 1991; Paoli *et al.*, 1998; Tichi and Tabita, 2000). It has been hypothesized that the blockage of the CBB cycle causes accumulation of excess reductant, and this redox imbalance perturbs cell growth (Tichi and Tabita, 2000). However, the actual mechanism behind the poor photoheterotrophic growth of *cbbM* mutants is unknown in any of these organisms.

The regulation of *cbb* operons has been extensively studied in *R. sphaeroides*, *R. capsulatus*, and *R. palustris* (Falcone *et al.*, 1988; Tabita, 1988; Chen *et al.*, 1991; Gibson and Tabita, 1993; Vichivanives *et al.*, 2000; Romagnoli and Tabita, 2006; Joshi *et al.*, 2009). These organisms all have two forms of Rubisco, form I and form II, encoded by *cbbLS* and *cbbM*, which are located in the cbb_I and cbb_{II} operons, respectively (Kusian and Bowien, 1997). The transcription of these *cbb* operons is activated by a LysR-type transcriptional regulator, CbbR (Gibson and Tabita, 1993; Paoli *et al.*, 1998), which might need coinducers like ribulose-1, 5-bisphosphate (RuBP) or its derivatives for its regulation (Smith and Tabita, 2002; Tichi and Tabita, 2002; Dubbs *et al.*, 2004; Dangel *et al.*, 2005). In addition, *cbb* expression is also regulated by a two-component global regulatory system, RegB/RegA, which is also responsible for the regulation of nitrogen fixation, hydrogen metabolism and energy generation in *R. capsulatus* and *R. sphaeroides* (Sganga and Bauer, 1992; Joshi and Tabita, 1996; Qian and Tabita, 1996; Du *et al.*, 1998; Elsen *et al.*, 2000; Vichivanives *et al.*, 2000; Dubbs *et al.*, 2004; Elsen *et al.*, 2004). Models for the complex formation of RegA and CbbR at a *cbb* promoter have been proposed in *R. capsulatus* and *R. sphaeroides* (Dangel and Tabita, 2009), and the phosphorylation of RegA is crucial for the transcription of *cbb* operons (Dubbs *et al.*, 2000; Vichivanives *et al.*, 2000). In *R. palustris* there is no RegB/RegA regulatory system. Instead, a three-protein CbbRRS system acts as a signal transduction system that regulates the transcription of *cbb* operons (Romagnoli and Tabita, 2006).

R. rubrum lacks both the RegB/RegA and the CbbRRS systems, and the mechanism of the regulation of its *cbb* operons is unknown. In addition, the CBB cycle of *R. rubrum* also has several features that distinguish it from those of other related photosynthetic bacteria: (i) *R. rubrum* has only one form of Rubisco (form II, encoded by *cbbM*), while many other organisms have two (Kusian and Bowien, 1997). (ii) In *R. rubrum*, the *cbbM* gene is not located in the same operon with other major *cbb* genes as seen in other organisms (Paoli *et al.*, 1995; Shively *et al.*, 1998; Dubbs *et al.*, 2004). Instead, it is located at 3′ of *cbbR*, which encodes a putative regulatory protein. These genes are transcribed in the opposite direction from the main *cbb* gene cluster, which includes *cbbE*, *cbbF*, *cbbP* and *cbbT* (Fig. 1a) (Falcone and Tabita, 1993). The linkage of *cbbR* with *cbbM* raises a question about the role of CbbR in the regulation of the expression of *cbbM* and other *cbb* operons.

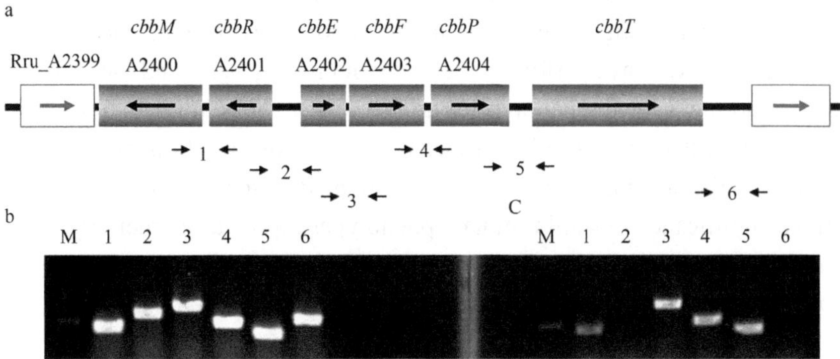

Fig. 1　The *cbb* gene cluster and flanking genes of *R. rubrum*, and the identification of transcripts of *cbb* operons by reverse transcription PCR (RT-PCR)

a. The gene organization based on the genome information from the National Center for Biotechnology Information (NCBI) database, where the genes shown at either end are not involved in the *cbb* regulon. The small arrows below the genetic map indicate the location and direction of primers used in the regular PCR and reverse transcription PCR (RT-PCR), as described later. The lower two panels show the results of transcription analysis of the *cbb* operons in *R. rubrum* by RT- PCR. b and c show data for the intergenic spaces between *cbbM-cbbR* (lane 1), *cbbR-cbbE* (lane 2), *cbbE-cbbF* (lane 3), *cbbF-cbbP* (lane 4), *cbbP-cbbT* (lane 5), and *cbbT*-Rru_A2406 (lane 6) were amplified using genomic DNA of wild type (UR2) as PCR template (b) and cDNA of UR2 as RT-PCR template (c). Lane M has the DNA marker indicating 550 bp

Some insight into the basis of poor photoheterotrophic growth of *cbbM* mutants was gained by seeking suppressors of that phenotype. A spontaneous mutant of an *R. sphaeroides* Rubisco-deficient strain (*cbbM cbbLS*) restored photoheterotrophic growth and also produced active nitrogenase in the presence of ammonia, and the expression of nitrogenase in this Rubisco-deficient strain presumably consumed excess reductant and allowed cell growth (Joshi and Tabita,1996; Tichi and Tabita, 2000, 2002). A suppressor of an *R. rubrum cbbM* mutant that gained the ability to grow photoheterotrophically also had altered regulation of nitrogenase activity, consistent with the redox balance hypothesis (Wang *et al.*, 2010). These results strongly suggested a linkage between the CBB cycle and the nitrogenase system.

The nitrogenase system consists of nitrogenase (Mo-Fe protein) and dinitrogenase reductase (Fe protein), whose expression and activity are regulated by NH_4^+ at both transcriptional and post-translational levels in *R. rubrum* (Ludden and Roberts, 1989; Burris, 1991; Zhang *et al.*, 2003; Nordlund and Ludden, 2004). The transcription of the *nif* genes requires active NifA (Zhang *et al.*, 2000). Under nitrogen-limiting conditions, NifA is activated by GlnB-UMP, one of the P_{II} proteins in *R. rubrum* (Zhang *et al.*, 2000, 2001; Zhang *et al.*, 2004). The post-translational regulation of nitrogenase is the result of the reversible ADP-ribosylation of dinitrogenase reductase in response to the addition of NH_4^+ or the depletion of energy (Liang *et al.*, 1991; Zhang *et al.*, 1995, 2001). Two enzymes catalyze this reversible process: dinitrogenase reductase ADP-ribosyl transferase (referred to as DRAT, the gene product of *draT*) carries out the transfer of the ADP-ribose from NAD to dinitrogenase reductase, inactivating that enzyme. The dinitrogenase reductase activating glycohydrolase (referred to as DRAG, the gene product of *draG*) removes the ADP-ribose group attached to dinitrogenase reductase, thus restoring nitrogenase activity (Ludden and Roberts, 1989; Nordlund and Ludden, 2004). We have previously obtained mutants altered in *nifA* (named *nifA**, encoding NifA- M173V) and *draT* in which the nitrogenase functions even in the presence of negative stimuli such as NH_4^+ (Liang *et al.*, 1991; Zou *et al.*, 2008). When these *nifA** and *draT* mutations were introduced into the *R. rubrum cbbM* mutant, the constitutive expression of active nitrogenase restored normal growth, which we interpreted to be due to dissipation the excess reductant caused by the *cbbM* mutation (Wang *et al.*, 2010). Indeed, we also showed that the previously reported *cbbM* mutant of *R. rubrum* (strain I-19) also had a similar *nifA* mutation, which had not been recognized (Wang *et al.*, 2010). However, the mechanisms of the effects of reductant on the regulation of nitrogenase activity and cell growth are still unknown in *R. rubrum*.

In this paper, we further investigate the basis for the poor growth of *R. rubrum cbbM* mutants under photoheterotrophic conditions. We have performed Tn*5* random mutagenesis and identified suppressor mutants that are able to restore a normal growth phenotype to an *R. rubrum cbbM* mutant. To our surprise, the analysis of these suppressors suggests that the causative property for the poor growth is not a redox imbalance as has been supposed, but instead the accumulation of the substrate of Rubisco, RuBP or its derivatives. The results are potentially of broad significance to similar mutant phenotypes reported in other organisms. In the course of this analysis we have better defined the relevant gene products in the CBB pathway, the transcriptional organization of *cbb* operons and the role of the apparent regulator, CbbR, in *R. rubrum*.

2. Material and Methods

2.1 Bacterial strains

The *R. rubrum* strains used in this study are listed in Table 1. Antibiotics were used at the following concentrations (mg/L): ampicillin (Ap), 100; kanamycin (Km), 25; gentamycin (Gm), 5; chloramphenicol (Cm), 25; and tetracycline (Tc), 12.5 for *Escherichia coli*; streptomycin (Sm), 100; Km, 12.5; nalidixic acid (Nx), 6; Tc, 1; Gm, 10; and Cm, 5 for *R. rubrum*.

2.2 Growth conditions

E. coli was grown in LC medium (similar to Luria-Bertani medium, but with 5 g/L NaCl). *R. rubrum* was routinely grown in rich SMN (supplemented malate-ammonium medium) medium aerobically (Fitzmaurice *et al.*, 1989). To monitor cell growth under photoheterotrophic or photoautotrophic conditions, *R. rubrum* cultures were first grown in 5-ml aliquots of SMN medium aerobically without illumination at 30℃ for 2~3 days. For photoheterotrophic growth, SMN cultures were diluted 60-fold into 25-ml anaerobic tubes that were almost completely filled with MG medium (a nitrogen-limiting, malate-glutamate minimal medium with glutamate as nitrogen source) (Ormerod *et al.*, 1961). These cultures had an initial OD_{600} of 0.04~0.05, and were incubated at 30℃ under illumination. One milliliter of culture was taken out every 24 h to measure optical density at 600 nm for 6 days. For photoautotrophic growth, SMN cultures were diluted 60-fold into 10 ml of Ormerod's minimal medium (Ormerod *et al.*, 1961) supplemented with 0.1% NH_4Cl and 0.05% of yeast extract in a 100-ml serum bottle. After evacuation and replacement of the gas phase with CO_2/H_2 (2∶98 [*V*/*V*] ratio), the cultures were incubated at 30℃ under illumination on an orbital shaker with a speed of 120 r/min. Subsequently, extra CO_2 gas was added into the gas phase of well-grown cultures every 24 hours to keep the CO_2 concentration at 1.5%~3%, which has been reported to result in the highest level of Rubisco activity (Sarles and Tabita, 1983).

2.3 Tn*5* random mutagenesis and screen for suppressors of a *cbbM* mutation

Plasmid pRL27 carries a hyperactive Tn*5* transposase gene (*tnp*), a *mini-Tn5* element containing both kanamycin resistance (Km^r) and the origin of replication from plasmid R6K (*ori*R6K) (Larsen *et al.*, 2002). This plasmid was transferred to an *R. rubrum cbbM* mutant (UR5251) through bi-parental conjugation as described previously (Liang *et al.*, 1991). Transconjugants were enriched in SMN liquid medium with Nx, Gm and Km aerobically, and then inoculated into MG medium for anaerobic photoheterotrophic growth, where the parental *cbbM* mutant (UR5251) strain could not grow well (Wang *et al.*, 2010). After incubation for 3~5 days, well-grown cultures in tubes with pink or red color were plated on SMN medium with Nx, Gm and Km after a serial dilution. Nx^r Gm^r Km^r colonies were purified on SMN selection plates and then grown into MG medium again to verify their photoheterotrophic growth. The sites of the Tn*5* insertions in ten transconjugants were identified by DNA sequencing, as described previously (Larsen *et al.*, 2002; Zhang *et al.*, 2006).

2.4 Construction of *cbb* mutant

To construct Δ*cbbP* mutants, two 1.5-kb fragments immediately 5′ and 3′ of *cbbP* respectively were amplified by PCR with the chromosomal DNA of *R. rubrum* strain UR2 (wild type) as a template. These fragments have *Sal* I/*Bam*H I sites or *Bam*H I/*Hin*d III sites at both ends and were cloned into the *Sal* I and *Hin*d III sites of pSUP202 (Simon *et al.*, 1983). *kan* (encoding Km^r) from pUC4K (Vieira and Messing, 1982) was inserted in both orientations into a *Bam*H I site between these two fragments, yielding pUX2918 and pUX2919. These plasmids were then transferred into *R. rubrum* UR2 by bi-parental conjugation as described previously (Liang *et al.*, 1991). Sm^r Km^r *R. rubrum* colonies were selected and replica-printed to identify Cm^s colonies resulting from a double-crossover recombination event (Cm^r is encoded by pSUP202). Two Δ*cbbP* mutants were obtained with *kan* transcribed in either the same or the opposite direction as *cbbP*. Because these mutants behaved identically in subsequent studies, only the data of one of the mutants, UR2565 (Δ*cbbP1*::*kan*, with *kan* inserted in the opposite direction of the original *cbbP*), is reported in this study. To construct the *cbbM cbbP* double mutants, pUX2918 and pUX2919 were transferred into the *cbbM* mutant UR5251. Smr Gm^r Km^r Cm^s *R. rubrum* colonies resulting from a double-crossover recombination event were screened. Similarly, two double mutants were obtained, and only UR2557 (Δ*cbbM1*::*aacC1* Δ*cbbP1*::*kan*) is reported in this study.

All other single and double mutants listed in Table 1 were constructed in the same way as described above, except for the single deletion/insertions lacking both *cbbR* and *cbbM*. These mutants were constructed by deletion of the entire *cbbRM* region and its replacement by an *aacC1* gene fragment from pUCGM (Schweizer, 1993), resulting in UR2657 (Δ*cbbRM1*::*aacC1*) and UR2658 (Δ*cbbRM2*::*aacC1*), which have different orientations of the *aacC1* insertion. Unlike other constructed mutants, the insertion orientation affected the phenotype in these two *cbbRM* mutants, so the data for both mutants are reported. All mutations were verified by PCR.

Table 1 *R. rubrum* strains and their genotypes

Strains	Relevant genotype and description	Reference
UR2	Wild type	Fitzmaurice *et al.*, 1989
UR5251	Δ*cbbM1*::*aacC1*, same orientation[a]	Wang *et al.*, 2010
UR5253	UR5251 with a pRK404 derivative carrying *cbbM* and its own promoter region	this work
UR5311	Δ*cbbR2*::*aacC1*, opposite orientation[a]	this work
UR2553	Δ*cbbM1*::*aacC1*, *draT3*, *nifA12* (encoding NifA-M173V)	Wang *et al.*, 2010
UR2555	Δ*cbbM1*::*aacC1*, Δ*cbbF1*::*kan*	this work
UR2557	Δ*cbbM1*::*aacC1*, Δ*cbbP1*::*kan*	this work
UR2562	Δ*cbbM1*:: *aacC1*, *nifA12* (encoding NifA-M173V)	Wang *et al.*, 2010
UR2564	Δ*cbbF1*::*kan*, opposite orientation[a]	this work

continued

Strains	Relevant genotype and description	Reference
UR2565	Δ*cbbP1*::*kan*, opposite orientation[a]	this work
UR2633	ΔRru_A0595::*aacC1*	this work
UR2651	Δ*cbbT1*::*kan*, same orientation[a]	this work
UR2653	Δ*cbbM1*::*aacC1*, Δ*cbbT1*::*kan*	this work
UR2654	P_{aacC1}-*cbbR* integrated in the chromosome of wild type (UR2) at *nifH draT* region	this work
UR2657	Δ*cbbRM1*::*aacC1*, same orientation[a]	this work
UR2658	Δ*cbbRM2*::*aacC1*, opposite orientation[a]	this work

a. "same orientation" refers to the case where the direction of transcription of the inserted *kan* or *aacC1* gene is the same as that of the mutated *cbb* gene, while "opposite orientation" refers to the transcription of the inserted gene being in the opposite direction

2.5 Complementation of a *cbbM* mutant with *cbbM* expressed from its own promoter between the *cbbM* and *cbbR* gene

To study the expression of *cbbM* from its own promoter between the *cbbM* and *cbbR* genes, *cbbM* and 118 bp of the immediately adjacent 5′ region were cloned on the broad-host-range vector pRK404 (Ditta *et al.*, 1985) at *Bam*H I and *Hin*d III sites, in the opposite orientation of the *lac* promoter on pRK404 to eliminate the possibility of *cbbM* expression from this promoter. This pRK404 vector carrying *cbbM* and its 5′ region was then introduced into a *cbbM* mutant (UR5251), by tri-parental conjugation as described previously (Grunwald *et al.*, 1995), yielding UR5253.

2.6 Overexpression of *cbbR* in *R. rubrum* wild type

To overexpress *cbbR* in *R. rubrum*, *cbbR* was amplified by PCR with a pair of primers with *Nde* I and *Xho* I sites at 5′ and 3′ ends respectively, and was then cloned into plasmid pUX2519, which has the promoter of *aacC1* cloned in pBSKS (Stratagene, La Jolla, CA), yielding pUX3197. The fragment including the *aacC1* promoter and the *cbbR* gene was digested with *Bam*H I and *Xho* I and then cloned into plasmid pYPZ261, which is a pUX19 derivative carrying a 2-kb *nifH draT* region of *R. rubrum*, yielding pUX3198. This plasmid was then integrated into the chromosome of *R. rubrum* wild type (UR2) through bi-parental conjugation. Smr Km^r colonies were isolated and verified through PCR, indicating that a new copy of *cbbR* expressed from the *aacC1* promoter was integrated into the chromosome of UR2 at the *nifH draT* region. The otherwise wild-type strain with the plasmid-expressed *cbbR* was designated UR2654.

2.7 Quantitation of intracellular levels of RuBP

Phenylhydrazine was used for the derivatization of RuBP and other sugars for better separation and detection by high-performance liquid chromatography (HPLC) as described previously (Streitwieser and Heathcock, 1976). RuBP was then quantitated by HPLC using a method published previously with some modifications (Qureshi *et al.*, 1979). *R. rubrum* strains were grown in MG medium under photoheterotrophic conditions for 2~3 days or until the OD_{600} reached 1. A 3-ml sample of MG culture was collected by centrifugation at 20,000× *g* for 1 min. The pellets were resuspended in 60 μl of 10% acetic acid to break the cells and extract RuBP, followed with another centrifugation at 20,000× *g* for 5 min. The supernatant of each sample was then transferred to a new tube and freshly-made phenylhydrazine derivatization buffer (0.5%

phenyhydrazine and 10% acetic acid) was added at 10% (*V*/*V*) of final concentration. The derivatization reaction was carried out at 80℃ for 15 min.

A C18 Intersil HPLC column (10 μm particle size, ODS-4, 4.6 mm×150 mm manufactured by GL Sciences Inc., Torrance, CA) was used with Shimadzu CTO-20A HPLC system (Shimadzu Scientific Instruments, Columbia, MD). The mobile phase containing methanol, HPLC-grade water and acetic acid at 60∶38.5∶1.5 ratio and 5 mmol/L tetrabutylammonium hydrogen sulfate, was set at a flow rate of 1 ml per min. HPLC oven temperature was set at 40℃ and detection was carried out at 325 nm. 20 μl of the derivatized samples and RuBP standards were injected into HPLC for detection and quantitation.

2.8 RNA isolation and the reverse transcription

Total RNA was prepared from harvested cells as previously described (Tavano *et al.*, 2005), and was then treated with RNase-free DNase I (Invitrogen, Carlsbad, California), and then purified using RNeasy Mini Kit (Qiagen, Valencia, CA) as described by the manufacturer. The RNA concentration was quantitated with a NanoDrop ND-1000 Spectrophotometer (Thermo Fisher Scientific Inc., Wilmington, DE).

The reverse transcription reaction was performed with the GoScript™ reverse transcription system (Promega, Madison, WI), according to the manufacturer's instructions. The random hexamer primers were synthesized by Integrated DNA Technologies (Coralville, IA). The cDNA was cleaned up using QIAquick PCR Purification Kit (Qiagen) after the reverse transcription reaction. The cDNA concentration was quantitated using NanoDrop ND-1000 Spectrophotometer.

2.9 Reverse transcription PCR (RT-PCR)

Six pairs of primers were designed to amplify the interspaces between genes Rru_A2400 to Rru_A2406 in *R. rubrum*, which were tested through regular PCR using the genomic DNA of *R. rubrum* wild-type UR2 as template. RT- PCR was performed using cDNA as templates.

2.10 Quantitative real-time PCR (qPCR)

Primers were designed with Primer3 (http://primer3.sourceforge.net/) to amplify 100~150 bp PCR products. GoTaq® qPCR Master Mix (Promega) were used for qPCR reaction, which was performed in an ABI 7500 real-time PCR system (Applied Biosystems, Foster City, California). The PCR was accomplished with a 2 min denaturation step at 95℃, followed by 40 cycles of 20 s at 95℃, 20 s at 50℃, 40 s at 72℃. Primer dimers were evaluated by a melting curve analysis reaction with 15 s at 95℃, 1 min at 60℃, 15 s at 95℃.

rpoD, encoding the σ^{70} transcription factor, is considered to be stable in *R. rubrum* and many other bacteria (Schnider *et al.*, 1995; Kapanidis *et al.*, 2005) and was used as a housekeeping gene control in qPCR to normalize the results of relative comparison of the target gene expression. Because different PCR efficiencies (*E*) were obtained from each PCR reaction, we calculated the relative expression ratio with the correction of efficiency *E* by the following formula as described previously (Schefe *et al.*, 2006):

$$\text{Relative expression ratio} = \left(1 + E_{\text{target}}\right)^{-\Delta C_{t\,\text{target (sample}-\text{control)}}} / \left(1 + E_{rpoD}\right)^{-\Delta C_{t\,rpoD\,\text{(sample}-\text{control)}}}$$

cDNA from wild type (UR2) was used as the control and cDNA from *cbbR* mutant (UR5311) was used as the sample for qPCR.

3. Results and Discussion

3.1 The identification of genes and their encoded enzymes in the CBB pathway in *R. rubrum*

In collaboration with the U. S. Department of Energy Joint Genome Institute, the genome of *R. rubrum* ATCC11170 was sequenced in 2004. Based on the genomic sequence information, available at the NCBI web site under accession number NC_007643, and the primary pathway mapping by Kyoto Encyclopedia of Genes and Genomes (KEGG) at http://www.genome.jp/kegg-bin/show_pathway?rru00710, we were able to identify the putative CBB cycle in *R. rubrum* (Fig. 2). The cycle is similar to that found in many other organisms, except no gene for sedoheptulose-1, 7-bisphosphatase was found in *R. rubrum*. However, in many organisms the fructose-1, 6-bisphosphatases, especially of Class II type, also have sedoheptulose-1, 7-bisphosphatase activity (Springgate and Stachow, 1972; Amachi and Bowien, 1979; Yoo and Bowien, 1995; Tamoi *et al.*, 1996; Brown *et al.*, 2009) and a *cbbF* homolog in *R. rubrum*, Rru_A2409 (*glpX*), is predicted to be of this type.

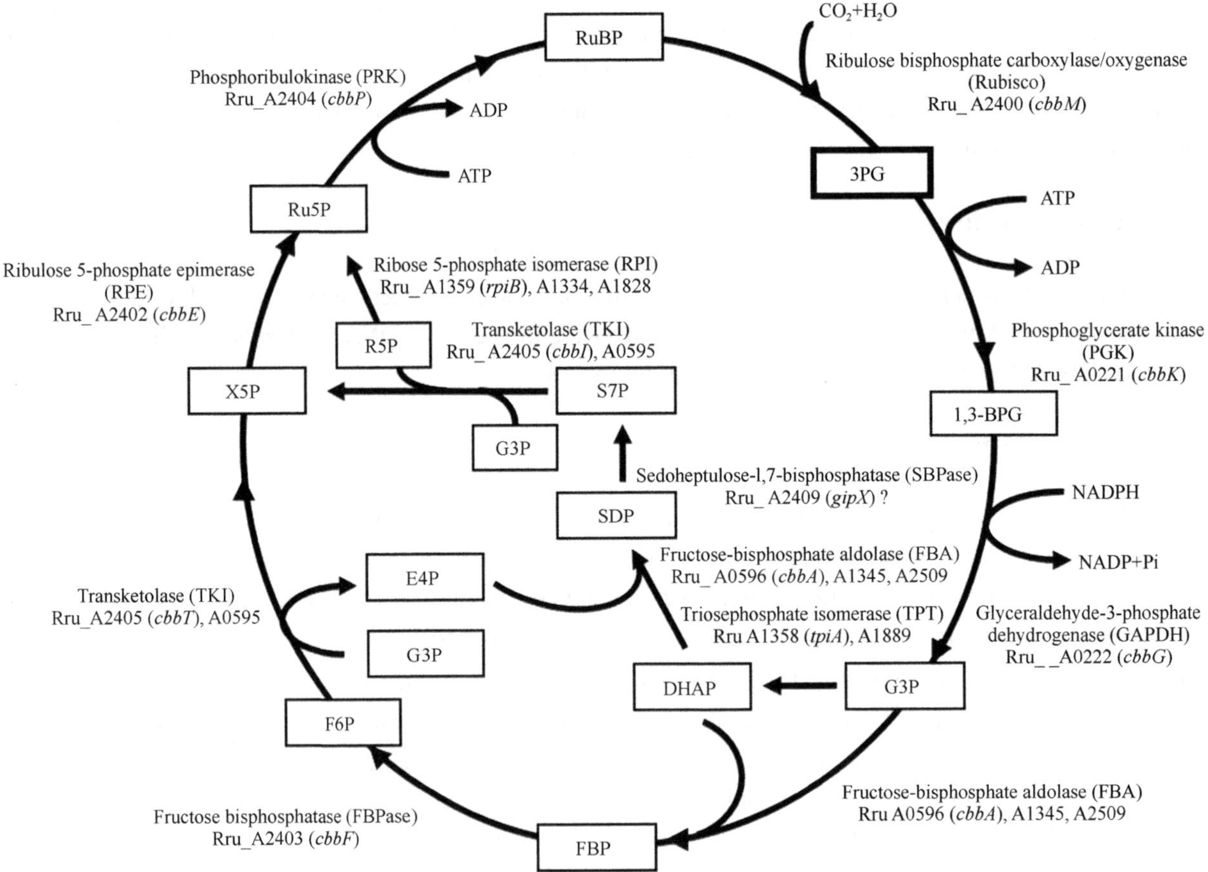

Fig. 2 The Calvin-Benson-Bassham cycle in *R. rubrum*

Small molecules are identified with following abbreviations: 3PG for 3-phosphoglycerate; 1, 3-BPG for 1, 3-bisphosphoglycerate; G3P for glyceraldehyde-3-phosphate; DHAP for dihydroxy-acetone-phosphate; SDP for sedoheptulose-1, 7-bisphosphate; S7P for sedoheptulose-7-phosphate; E4P for erythrose-4-phosphate; FBP for fructose-1, 6-bisphosphate; F6P for fructose-6-phosphate; R5P for ribose-5-phosphate; X5P for xylulose-5-phosphate; Ru5P for ribulose-5-phosphate and RuBP for ribulose-1, 5-bisphosphate. All enzymes and their putative encoding gene (s) in *R. rubrum* are also indicated

As mentioned in the Introduction, several *cbb* genes are located in a cluster in *R. rubrum*. *cbbM* is adjacent to *cbbR* and these genes are transcribed in the opposite direction from the other *cbb* genes, *cbbEFPT* (Fig. 1a). Although *cbbA*, encoding fructose-bisphosphate aldolase, is typically found in the *cbb* gene cluster, this is not the case in *R. rubrum*. The gene 3′ of *cbbT* in *R. rubrum*, Rru-A2406, appears unrelated to *cbb* and encodes a diguanylate cyclase/phosphodiesterase with PAS/PAC sensor (s), and it is separated from *cbbT* by a 325 bp gap. Instead, three *cbbA* homologs (Fig. 2, bottom right), including one (Rru_A0596) adjacent to another *cbbT* homolog (Rru_A0595), lie elsewhere in the *R. rubrum* genome. Multiple copies of *rpiB* (predicted to encode ribose 5-phosphate isomerase) and *tpiA* (predicted to encode triosephosphate isomerase) were also found in *R. rubrum* (Fig. 2), though the physiological roles of their products are unknown.

3.2 Mutations in several other *cbb* genes can suppress the poor growth of a *cbbM* mutant

As reported previously, *R. rubrum cbbM* mutants grow poorly in MG (malate-glutamate minimal medium with glutamate as a poor nitrogen source) and MN (minimal malate-ammonium medium) media under photosynthetic, anaerobic conditions (Wang *et al.*, 2010). To gain insight into the cause of this growth defect, we sought mutations that suppress this phenotype. We randomly mutagenized a *cbbM* mutant (UR5251) with the Tn*5* transposon and selected for fast-growing mutants in MG liquid medium under anaerobic conditions. The sites of Tn*5* insertion in 10 suppressors were identified by DNA sequencing as described previously (Larsen *et al.*, 2002; Zhang *et al.*, 2006), and 8 out of 10 Tn*5* insertions were found to be located in different sites in the *cbbR*, *cbbF* or *cbbP* (Table 2). This result strongly suggests that the disruption of other *cbb* genes in the CBB cycle can restore normal growth to a *cbbM* mutant under these anaerobic, photoheterotrophic growth conditions. We will focus on the *cbbF* and *cbbP* mutations first and talk about *cbbR* in a later section.

Table 2　Location of Tn*5* suppressors of the *R. rubrum cbbM* mutation (UR5251)

UR Strains	Locus of Tn*5* insertion (position, orientation)[a]	Encoded enzyme[b]
UR5281	*cbbR* (61~62, +)	LysR-type transcription regulator (CbbR)
UR5282	*cbbR* (360~361, +)	
UR5283	*cbbR* (744~745, +)	
UR5284	*cbbF* (215~216, –)	fructose-1, 6-bisphosphatase (FBPase or CbbF)
UR5285	*cbbF* (418~419, +)	
UR5286	*cbbF* (334~335, +)	
UR5287	*cbbP* (33~34, +)	phosphoribulokinase (PRK or CbbP)
UR5288	*cbbP* (95~96, –)	
UR5289	Rru_B0037 (2789~2790, –)	hemolysin-type calcium-binding region
UR5290	Rru_A3737 (928~929, +)	KAP-P Loop

a. Tn*5* insertion position is indicated as the number of nucleotides from the start codon of the structural gene to the Tn*5* insertion site, including the 9 bp duplication. "+" indicates the same orientation of the gene and the inserted *kan*, while "–" indicates the opposite orientation. b. The locations of Tn*5* inserted in ORFs were identified by BLAST searching at NCBI website http://blast.ncbi.nlm.nih.gov/Blast.cgi

To confirm that the loss of some other *cbb* functions could suppress a *cbbM* mutation, we constructed *cbbM cbbF* and *cbbM cbbP* double mutants. We used previously constructed *cbbM*::*aacC1* mutants (UR5251 and UR5252, which have two different orientations of the *aacC1* insertion) as host strains (Wang *et al.*, 2010). We used the *kan* cassette from pUC4K (Vieira and Messing, 1982) to replace deleted sections of *cbbF* or *cbbP* as described in Materials and Methods. With all double mutants, both orientations of the *kan* and *aacC1* insertions were constructed and analyzed in all experiments described below. All mutants with different insertion orientations behaved identically, and only the data for one orientation is reported. As in previous experiments, a fairly heavy inoculum of SMN-grown culture was used, which allowed cell growth in MG medium to reach an OD_{600} of approximately 0.2~0.3 (after 1 day) before the growth defects of *cbbM* mutants were apparent (Wang *et al.*, 2010). The *cbbM* single mutant grew poorly in MG medium under heterotrophic anaerobic conditions, as seen previously (Wang *et al.*, 2010), but *cbbM cbbP* and *cbbM cbbF* double mutants grew much better than did the single *cbbM* mutant (Fig. 3b). These results confirm that the loss of either fructose-1, 6-bisphosphatase (CbbF) or phosphoribulokinase (CbbP) activities can suppress a *cbbM* mutation. This demonstrates that a functional CBB pathway is not necessary for photoheterotrophic growth and suggests that the growth defect seen in *cbbM* mutants is likely caused by the accumulation of some pathway intermediate, rather than a redox imbalance.

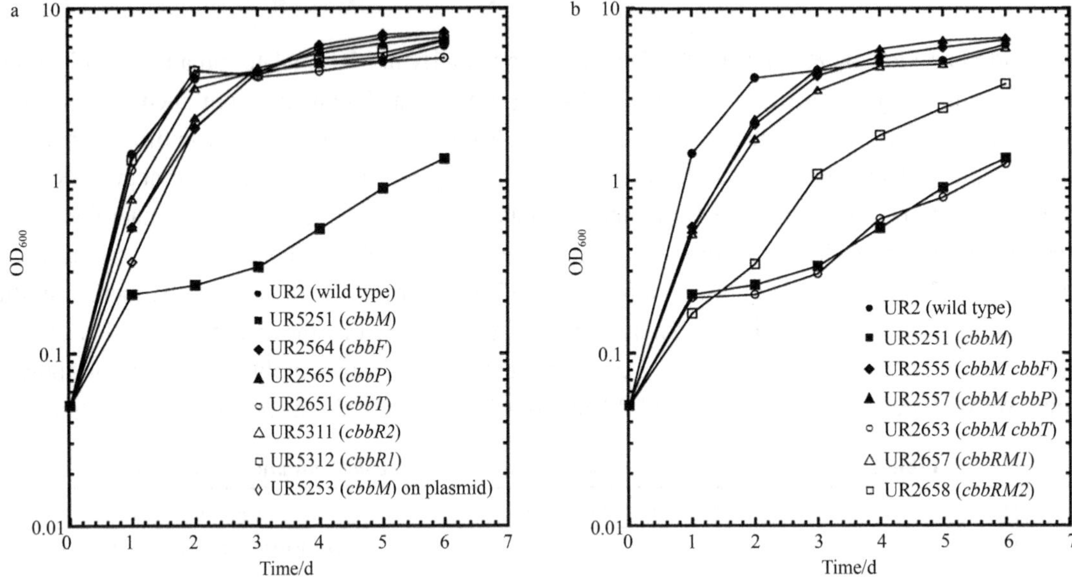

Fig. 3 Photoheterotrophic growth of *R. rubrum* wild type (UR2), *cbbM* mutant (UR5251) and other *cbb* mutants

An SMN-grown culture (0.4 ml) was used to inoculate 25 ml of MG medium, and then grown under phototrophic and anaerobic conditions. This fairly heavy inoculum of SMN-grown culture allows the growth in MG medium to an OD_{600} of approximately 0.2~0.3 (after one day) before growth defects of *cbbM* mutants are apparent. All single mutants are listed in a, and all double mutants are in b, while wild type (UR2) and the *cbbM* mutant (UR5251) are shown in both panels for comparison

3.3 Photoheterotrophic and photoautotrophic growth of various *cbb* mutants

Because we detected suppressor mutations in only some *cbb* genes, we wanted to determine the phenotypes of loss-of-function mutations in other *cbb* genes. We were able to construct Δ*cbbT* (Rru_A2405), Δ*cbbF* (Rru_A2403), and Δ*cbbP* (Rru_A2404) single mutants, but not a Δ*cbbE* (Rru_A2402) mutant.

As shown in Fig. 3a, unlike the *cbbM* mutant, the *cbbF* (UR2564), *cbbP* (UR2565) and *cbbT* (UR2651) single mutants grew as well as wild type in MG medium. Similar to the *cbbM* mutant, *cbbF* (UR2564) and *cbbP* (UR2565) single mutants failed to grow under photoautotrophic conditions (Fig. 4a), indicating that the CBB cycle is blocked in these mutants. The inability of the *cbbF* single mutant to grow photoautotrophically indicates that the potential *cbbF* homolog (Rru_A2409/*glpX*, encoding a putative class II type of fructose bisphosphatase) cannot fully replace the *cbbF* product in the CBB cycle. Presumably GlpX functions as a sedoheptulose-1, 7-bisphosphatase, as mentioned above. However, the *cbbT* mutant (UR2651) grew as well as wild type under the photoautotrophic conditions, implying that the product of Rru_A0595, which has 53%

amino acid sequence identity with CbbT (Rru_A2405), has sufficient transketolase activity to maintain a functional CBB cycle. Interestingly, we were unable to construct the *cbbT* Rru_A0595 double mutant under any of several tested growth conditions, indicating that some level of transketolase is essential in *R. rubrum* under these conditions.

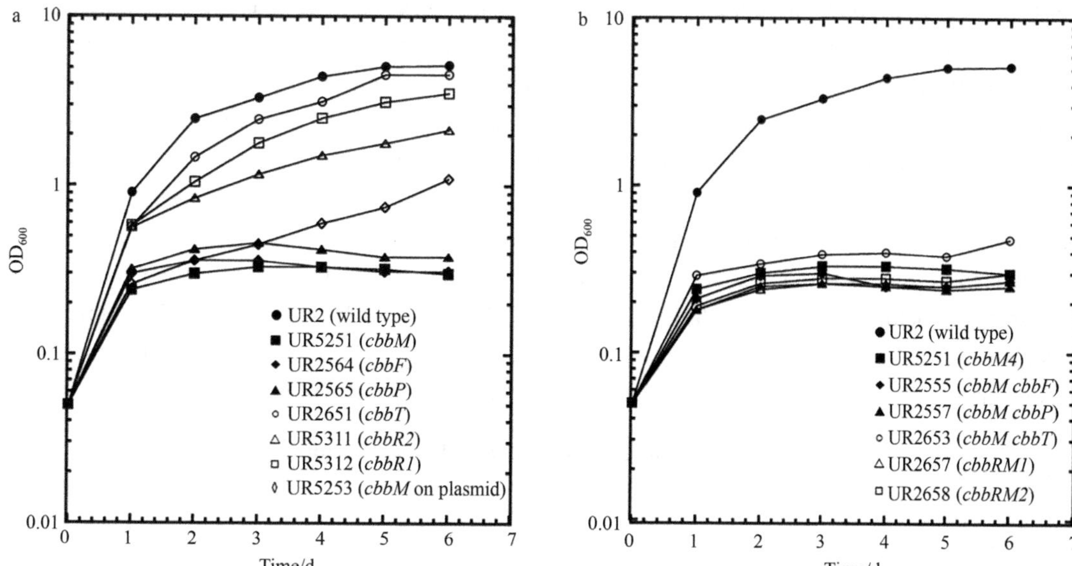

Fig. 4 Photoautotrophic growth of *R. rubrum* wild type (UR2), *cbbM* mutant (UR5251) and other *cbb* mutants

An SMN-grown culture (0.2 ml) was used to inoculate 10 ml of CO_2-H_2-NH_4^+ minimal medium supplemented with 0.05% yeast extract, and then grown under phototrophic and anaerobic conditions. This fairly heavy inoculum of SMN-grown culture and small amount of yeast extract allows the growth in CO_2-H_2-NH_4^+ minimal medium to an OD_{600} of approximately 0.2~0.3 (after one day) before growth defects of *cbbM* mutants are apparent. All single mutants are listed in panel a, and all double mutants are in panel b, while wild type (UR2) and the *cbbM* mutant (UR5251) are shown in both panels for comparison

We were unable to obtain a *cbbE* (Rru_A2402) mutant under any tested growth condition, including photoheterotrophic growth on MG or SMN rich media or aerobic growth on SMN rich medium. We were also unable to delete the entire *cbbEFPT* region, even though *cbbFPT* were separately eliminated in the strains described above, suggesting that ribulose 5-phosphate epimerase (encoded by *cbbE*) is essential and might be involved in some other critical metabolic pathways in *R. rubrum*. Note that the lethality of a *cbbE* mutation is apparently not the result of accumulation of its precursor, xylulose-5-phosphate (X5P) (Fig. 2), since the *cbbEFPT* deletion would not accumulate that molecule.

The normal growth of *cbbP* and *cbbF* single mutants in photoheterotrophic conditions has the following implications: (i) It disproves the hypothesis that the poor growth of *cbbM* mutants is caused by the accumulation of excess reductant, since these single mutants are also compromised for the CBB cycle. (ii) It also clearly shows that the entire CBB cycle is not critical for cell growth under photoheterotrophic conditions. (iii) Unlike the *cbbM* mutant, the blockage of the CBB cycle at other steps does not cause significant growth defects under photoheterotrophic conditions, strongly suggesting that the growth defect of *cbbM* mutants is likely caused by the accumulation of some pathway intermediates.

3.4 Poor growth of *cbbM* is caused by the accumulation of RuBP in the cell

The obvious intermediate that would accumulate in a *cbbM* mutant, but be absent in *cbbM cbbP* and *cbbM cbbF* double mutants, is RuBP, the substrate of Rubisco (the *cbbM* product). It is well known that the accumulation of phosphorylated intermediates in the galactose pathway is also toxic for the cell (Yarmolinsky *et al.*, 1959; Kalckar, 1965). Indeed, a recent report shows this intermediate, UDP-galactose, might also serve as a stress signal under some conditions (Lee *et al.*, 2009). It has also been reported that an *E. coli* strain in which spinach phosphoribulokinase was overproduced had a high level of RuBP in the cells and grew very poorly (Hudson *et al.*, 1992). As shown in Fig. 2, RuBP is the substrate of Rubisco and the product of phosphoribulokinase (encoded by *cbbP*). Ribulose-5-phosphate 3-epimerase (encoded by *cbbE*), fructose-1, 6-bisphosphatase (encoded by *cbbF*) and transketolase (encoded by *cbbT*) provide the substrate, ribulose-5-phosphate (Ru5P), for regeneration of RuBP. The mutational elimination of Rubisco in a *cbbM* mutant would lead to the accumulation of RuBP, while the disruption of *cbbP* or *cbbF* should block this and would explain why *cbbM cbbP* and *cbbM cbbF* double mutants grow well in MG medium.

To test the hypothesis that the growth problem of *cbbM* mutants is caused by the accumulation of RuBP, we used an HPLC method to determine intracellular RuBP levels. As shown in Table 3, the *cbbM* mutant (UR5251) had more than 30-fold higher level of intracellular RuBP than that of wild type and all suppressor mutants displaying better growth, including *cbbM cbbF* (UR2555), *cbbM cbbP* (UR2557) double mutants, as well as *cbbF* (UR2564), *cbbP* (UR2565), and *cbbT* (UR2651) single mutants. These results strongly suggest that the poor growth of *cbbM* mutants is caused by the accumulation of RuBP in the cell.

Table 3 RuBP levels in *R. rubrum* MG-grown cultures

Strain	Genotype	Growth[a]	RuBP level[b]/(nmol/mg dry weight)
UR2	Wild type	fast	0.5±0.2
UR5251	Δ*cbbM1::aacC1*	very slow	55.2±1.2
UR5311	Δ*cbbR2::aacC1*	fast	1.0±0.4
UR2564	Δ*cbbF1::kan*	fast	1.5±0.6
UR2565	Δ*cbbP1::kan*	fast	0.7±0.3
UR2651	Δ*cbbT1::aacC1*	fast	0.7±0.2
UR2657	Δ*cbbM cbbR1::aacC1*, same orientation	fast	1.2±0.8
UR2658	Δ*cbbM cbbR2::aacC1*, opposite orientation	slow	10.2±0.1
UR2555	Δ*cbbM1::aacC1*, Δ*cbbF1::kan*	fast	1.3±0.5
UR2557	Δ*cbbM1::aacC1*, Δ*cbbP1::kan*	fast	1.7±0.2
UR2653	Δ*cbbM1::aacC1*, Δ*cbbT1::aacC1*	very slow	64.2±1.8
UR2562	*cbbM nifA** (M173V) mutant	fast	1.8±0.4
UR2553	*cbbM draT nifA** (M173V) mutant	fast	0.9±0.2
UR2654	P_{aacC1}-*cbbR*	slow	25.5±0.6

a. Growth refers to the growth rate day 1 (when the initial nutrients have been exhausted) and was estimated based on data in Fig. 3, previously published data (Wang *et al.*, 2010) or data not shown: fast, a doubling time of 8~12 h; slow, a doubling time of 20~24 h; very slow, a doubling time greater than 36 h. b. The detection limit of RuBP by this HPLC method is 0.15 nmol, which is ~0.5 nmol RuBP/mg dry weight

Unlike *cbbM cbbF* and *cbbM cbbP* double mutants, the *cbbM cbbT* double mutant (UR2653) grew poorly in MG medium (Fig. 3b) and also had a much higher level of RuBP than wild type (Table 3). This again implies that the other *cbbT* homolog (Rru_A0595) can provide the transketolase function to produce inhibitory levels of RuBP in the absence of *cbbT* (Rru_A2405).

3.5 The relationship of RuBP and reductant levels in the *cbb* mutants

Though we found a correlation between poor growth and high levels of RuBP, previous studies suggested that the poor growth of *cbbM* mutants of *R. rubrum* and other related bacteria might be due to excess reductant

(Falcone and Tabita, 1991; Wang *et al.*, 1993; Joshi and Tabita, 1996; Tichi and Tabita, 2000). Though this appears inconsistent with our results with single *cbb* mutants noted above, we have published a similar observation (Wang *et al.*, 2010). Specifically, we showed that a constitutively active nitrogenase is able to suppress the photoheterotrophic growth defect of a *cbbM* mutant and we interpreted this as a diversion of excess reductant to H_2 production by nitrogenase (Wang *et al.*, 2010). The constitutive nitrogenase activity in this strain was created by a mutation in *nifA* (termed *nifA**), the positive transcriptional regulator of the *nif* genes, and another in *draT*, a post-translational regulator of nitrogenase activity. Note that neither of these mutations has a direct effect on the *cbb* pathway. Under the hypothesis that the RuBP level is the key issue affecting growth in a *cbbM* mutant, we predicted that the RuBP level is also altered in the strains with constitutively active nitrogenase. The results in Table 3 show this to be the case. The *cbbM nifA** (UR2562) and *cbbM nifA** *draT* (UR2553) mutants both have low RuBP levels in the cell. Though this result does not disprove the original hypothesis that excess reductant is the direct cause of the growth defect, there is no longer any reason to support it. Instead, the simpler model of high RuBP levels in the cell being the direct cause of poor growth is more plausible.

Although the mechanism for the observed effect of nitrogenase, and therefore of reductant, on RuBP levels is unknown, we can imagine two possibilities. One is that one or more of the RuBP-regenerating enzymes are only active under strongly reducing conditions in *R. rubrum*, and that expressing the nitrogenase system in *cbbM nifA** mutants could make the conditions less reducing and thereby lower the enzyme activities in the CBB cycle for RuBP regeneration. Consistent with this idea, it has been previously reported that the phosphoribulokinase (CbbP) and fructose bisphosphatase (CbbF) activities in plants are regulated by the redox state through a ferredoxin-thioredoxin system (Buchanan, 1991). Alternative models, such as differential RuBP stability under reducing conditions, cannot be ruled out, however.

There is another curiosity that should be explained. As noted above, we have shown previously that a *cbbM* mutant with the constitutive expression of active nitrogenase allows normal growth, and that there is nitrogenase activity in a *nif*$^+$ background in MG medium, so why is this activity not sufficient to allow good growth if there is a *cbbM* mutation? We assume that the explanation is one of timing. For unknown reasons, nitrogenase activity of wild type in MG medium is low until the culture density is above 1 OD unit so that we imagine that high levels of RuBP arise in a *cbbM* strain before nitrogenase activity can address the problem. In contrast, a *nifA** *draT* strain has high nitrogenase activity initially, which presumably prevents the appearance of RuBP even with a *cbbM* mutation.

3.6 Transcriptional organization of the *cbb* operon in *R. rubrum*

As shown in Fig. 1, *cbbM* and *cbbR* in *R. rubrum* are transcribed in the opposite direction from that of the other *cbb* genes, including *cbbE*, *cbbF*, *cbbP* and *cbbT*. This is quite different from the organization of *cbb* operons seen in other related photosynthetic bacteria, such as *R. sphaeroides*, *R. capsulatus* and *R. palustris* (Kusian and Bowien, 1997; Dubbs *et al.*, 2004; Romagnoli and Tabita, 2006), in which *cbbM* is adjacent to other *cbb* genes and *cbbR* is transcribed separately in the opposite direction. We therefore wished to define the transcriptional organization of these *cbb* genes in *R. rubrum*. First, we determined the transcriptional organization of *cbbM*, *R*, *E*, *F*, *P* and *T* by reverse transcription PCR (RT-PCR), and the results are shown in Fig. 1. Six pairs of primers were designed for amplifying the intergenic regions between *cbbM* and Rru_A2406: *cbbM*-*cbbR*, *cbbR*-*cbbE*, *cbbE*-*cbbF*, *cbbF*-*cbbP*, *cbbP*-*cbbT* and *cbbT*-Rru_A2406 (Fig. 1a). When genomic DNA was used as a template, PCR products with expected sizes were obtained with all corresponding pairs of primers (Fig. 1b), confirming that all primers annealed correctly. When cDNA synthesized from mRNA of wild type (UR2) was used as the template, similarly sized PCR products were obtained for the gaps of *cbbM-cbbR*, *cbbE-cbbF*, *cbbF-cbbP* and *cbbP-cbbT* (Fig. 1c). As expected, no PCR product was obtained for the gap of *cbbR-cbbE*, since these two genes are transcribed in opposite directions. This result also showed that there is no contamination of DNA in the cDNA sample. A negligible amount of PCR product was seen for the gap of *cbbT*-Rru_A2406, indicating Rru_A2406 is not part of the *cbb* operon. These results indicate that *cbbM* and *cbbR* are cotranscribed, at least to some extent, and that *cbbE cbbF*, *cbbP*, and *cbbT* are cotranscribed in the same operon, in the opposite direction from the *cbbRM* operon.

The apparent co-transcription of *cbbR* and *cbbM* is surprising, since CbbR is predicted to be a regulatory protein (analyzed below) and would be expected to be synthesized at much lower levels than Rubisco, the product of *cbbM*. Indeed, previous studies using S1 mapping suggested that the initial site of transcription of *R. rubrum cbbM* is located in the space between *cbbM* and *cbbR*, and the size of *cbbM* transcript determined by Northern blots was consistent with a monocistronic transcript (Leustek *et al.*, 1988). To examine the relative importance of the promoter 5′ of *cbbR* on *cbbM* expression, we created a clone that certainly lacks this promoter. As described in Materials and Methods, *cbbM* and 118 bp of the immediately 5′ region were cloned on the broad-host-range vector pRK404 and then introduced into a *cbbM* mutant (UR5251), yielding UR5253.

As noted previously and above, the *cbbM* mutant (UR5251) grew poorly under photoheterotrophic conditions (Fig. 3a) (Wang *et al.*, 2010). Conversely, the strain containing *cbbM* and its immediately proximal 5′ region (UR5253) grew well (Fig. 3a), suggesting the presence of a promoter between *cbbR* and *cbbM*. However, under photoautotrophic conditions, where high levels of Rubisco activity are required, *cbbM* on the plasmid could not restore the normal growth of the *cbbM* mutant (Fig. 4a). Thus, while there does appear to be a promoter immediately 5′ of *cbbM*, it does not seem to be sufficient for the level of expression necessary for photoautotrophic growth.

As reported previously, Falcone and Tabita were unable to complement an *R. rubrum cbbM* mutant with various lengths of the *cbbM* region, including one fragment with all *cbbMR* and *cbbEFPT* (Falcone and Tabita, 1993). They interpreted this with the model that the whole set of enzymes in the CBB pathway has to be “coordinately expressed” (Falcone and Tabita, 1993). In fact, this observation is better explained with the model that reduced expression of *cbbM* relative to that of the *cbbEFPT* operon leads to an accumulation of RuBP and toxicity, even under heterotrophic conditions, as shown above.

3.7 CbbR is a positive transcriptional regulator for the *cbb* operon in *R. rubrum*

In our original suppressor selection, another putative Tn*5* suppressor in the *cbb* region was found in *cbbR* (Table 2). In *R. sphaeroides*, CbbR was shown to positively regulate the expression of the *cbb* operon, together with the two-component regulatory system RegB/RegA (Sganga and Bauer, 1992; Joshi and Tabita, 1996; Qian and Tabita, 1996; Du *et al.*, 1998). Though there are no RegB/RegA homologs in *R. rubrum* and the mechanism for the regulation of the *cbb* operon is unknown, our Tn*5* mutagenesis results are consistent with the idea that CbbR in *R. rubrum* positively regulates the transcription of *cbbEFPT*. A mutation in *cbbR* should decrease the expression of these genes and prevent the accumulation of RuBP. To test this hypothesis, two deletion mutants lacking both *cbbR* and *cbbM* were constructed with both orientations of the *aacC1* insertion (UR2657 and UR2658) as described in Materials and Methods. These two mutants had quite different phenotypes: The *cbbR cbbM* mutant (UR2658) with *aacC1* inserted in the opposite orientation as *cbbRM* grew slowly in MG medium, while another *cbbR cbbM* mutant (UR2657) with *aacC1* oriented in the same orientation as *cbbRM* restored normal growth (Fig. 3b). Interestingly, all three of the *cbbR* Tn*5* insertions originally isolated as suppressors had their *kan* genes transcribed in the same orientation as *cbbRM* (Table 2).

Analysis of RuBP levels in these strains (UR2657 and UR2658) showed that poor growth again correlated with elevated RuBP levels (Table 3). We suppose that in the slow-growing *cbbR cbbM* mutant (UR2658), transcription from the *aacC1* insert drives sufficient *cbbEFPT* expression to allow some accumulation of RuBP. In contrast, because orientation of the inserts in the Tn*5* suppressors and in the rapidly growing *cbbR cbbM* mutant (UR2657) is directed away from *cbbEFPT*, there is no significant transcription into these genes and therefore no elevated RuBP level.

Because at least one of the Tn*5* mutations in *cbbR* had the same suppression phenotype as Tn*5* insertions in *cbbF* and *cbbP*, we predicted that the function of CbbR in *R. rubrum* is to positively regulate the transcription of *cbbF* and *cbbP* genes. To test this hypothesis, we constructed two Δ*cbbR* single mutants with different orientations of the *aacC1* insertion (UR5311 and UR5312) as described in Materials and Methods, and then employed quantitative real-time PCR (qPCR) to quantitate the mRNA levels of *cbb* genes in wild type and *cbbR* mutants. Both *cbbR* single mutants grew well in MG medium and were also able to grow under photoautotrophic conditions, but less well than wild type (Fig. 4a). This implies that some expression of the *cbb* genes is independent of CbbR and that this level is sufficient for moderate photoautotrophic growth. The following results of qPCR experiments are consistent with this.

The mRNA samples were extracted from photoautotrophically grown cells, since all genes in the CBB cycle should have the highest expression under this condition (Anderson and Fuller, 1967; Tabita and McFadden, 1974; Jouanneau and Tabita, 1986). As seen in Table 4, there is a much higher level of mRNA accumulation, and therefore presumably gene expression, of *cbbM*, *cbbE* and *cbbP* in wild type (UR2) under photoautotrophic conditions than under photoheterotrophic conditions. This is consistent with a greater need for CBB proteins under the former condition. As shown in Table 4, under photoautotrophic conditions UR5311 (Δ*cbbR*2::*aacC*1) had a much lower accumulation of *cbbE* and *cbbP* mRNA than does wild type, consistent with CbbR acting as a positive transcriptional regulator of *cbbEFPT* operon in *R. rubrum*, albeit over a modest basal level of expression. Low accumulation of *cbbM* in *cbbR* mutants was also seen (Table 4), suggesting that the internal promoter located between *cbbR* and *cbbM* is not a very strong one or that it is also activated by CbbR. The modest photoautotrophic growth of *cbbR* mutants also indicates that the low level expression of *cbbM* and other *cbb* genes does not preclude even autotrophic growth, as long as the production and enzymatic activity of other CBB enzymes are balanced with that of CbbM.

Table 4　Relative expression levels of *cbb* genes in wild type (UR2) and *cbbR* mutant (UR5311) based on qPCR

Gene	cDNA sample[a]	Mean C_t with standard deviation	Relative expression[b, c]/%
cbbM	UR2-auto	16.2±0.16	100
	UR5311-auto	25.2±0.02	1.4
	UR2-hetero	24.5±0.06	0.8
cbbE	UR2-auto	18.7±0.04	100
	UR5311-auto	22.0±0.01	9.5
	UR2-hetero	22.8±0.03	2.3
cbbP	UR2-auto	21.4±0.07	100
	UR5311-auto	25.5±0.03	6.7
	UR2-hetero	25.0±0.12	3.7

a. cDNA are from *R. rubrum* wild type (UR2) and *cbbR* mutant (UR5311) grown under photoautotrophic growth conditions (auto) or photoheterotrophic conditions (hetero). The expression of *cbbM*, *cbbE* and *cbbP* in these two strains are compared. b. Relative expression is calculated as described in the Materials and Methods and then normalized using UR2-auto sample as a control of 100% expression. c. The rank order of samples for each of the genes in the “Mean C_t” and the “Relative expression” analyses differ because the value for the reference gene, *rpoD*, varied slightly between heterotrophic and autotrophic growth conditions

We then asked if overproduction of CbbR in an otherwise wild-type background would provide some insight into the regulatory system. A second copy of *cbbR* was integrated into the chromosome of wild type at a site away from the *cbb* gene cluster as described in Materials and Methods. This second copy of *cbbR* was expressed from the *aacC1* promoter (Schweizer, 1993), which is a constitutive, relatively strong promoter in *R. rubrum* (Zhang *et al.*, 2009). The resulting strain (UR2654) grew slowly under photoheterotrophic conditions (data not shown), with a high level of RuBP accumulation (Table 3). This strain failed to grow under photoautotrophic conditions (data not shown). The simplest hypothesis for this result is that elevated CbbR levels lead to disproportionately higher levels of the CbbEFPT proteins relative to CbbM, since CbbR is a positive regulator for the expression of *cbbEFPT* operon. The fact that poor growth again correlates with RuBP levels (Table 3), albeit by a completely different genetic mechanism, further supports the causative nature of elevated RuBP for that phenotype.

These results and those with the suppressor mutations show that the *cbb* genes are expressed under photoheterotrophic conditions, but it remains unclear why this should be the case. The normal growth of *cbbP* and *cbbF* single mutants under photoheterotrophic conditions (Fig. 3a) clearly showed that the CBB cycle is not critical for growth under this condition. The qPCR data suggested that the CBB cycle in *R. rubrum* is not tightly regulated by CbbR. Our results indicate that although a functional CBB cycle is not essential in *R. rubrum*, some enzymes in this cycle, including ribulose 5-phosphate epimerase (encoded by Rru_A2405, *cbbE*) and transketolase (encoded by Rru_A2405 or Rru_A0595, *cbbT*), are critical, so that cells should always have sufficient amounts of *cbb* expression to provide necessary levels of these two enzymes. We also believe that the reducing conditions in MG-grown cells likely keeps many enzymes, such as Rubisco, CbbP and CbbF, in active forms, since these enzymes in plants are induced to be active under reducing conditions and lost activities when the environment became oxidized (Buchanan, 1991; Hudson *et al.*, 1992). Another possibility for the heterotrophic expression of *cbb* operon is that a small amount of CO_2 could be produced under photoheterotrophic conditions, which might induce expression of *cbb* genes.

In summary, despite the plausibility of the model that growth defects in *cbbM* mutants are the result of a redox imbalance, we show that this does not appear to be the case in *R. rubrum*. Instead we show that the high level of RuBP is the direct cause for the poor growth of these mutants, though we cannot discount the possibility that a derivative of RuBP is the toxic compound. Surprisingly, the accumulation of RuBP can apparently be affected by the reductant level in cell, since a constitutively active nitrogenase can help reduce the RuBP level and suppress the poor growth of a *cbbM* mutant under photoheterotrophic conditions. We presume that the RuBP-regenerating enzymes may be active only under strongly reducing conditions in *R. rubrum*, but this needs further analysis. We cannot conclude that RuBP accumulation is also the cause of cell growth defects in other related organisms, since the organization and regulation of the *cbb* operons in these organisms is quite different, but this important possibility needs to be tested. We also confirmed that CbbR is a positive transcriptional regulator of the *cbbEFPT* operon and defined the transcriptional organization of the main *cbb* region in *R. rubrum*.

References

Amachi T, Bowien B. 1979. Characterization of two fructose bisphosphatase isoenzymes from the hydrogen bacterium *Nocardia opaca* 1b. J Gen Microbiol, 113: 347-356.

Anderson L, Fuller R C. 1967. Photosynthesis in *Rhodospirillum rubrum*. III. Metabolic control of reductive pentose phosphate and tricarboxylic acid cycle enzymes. Plant Physiol, 42(4): 497-509.

Brown G, Singer A, Lunin V V, *et al.* 2009. Structural and biochemical characterization of the type II fructose-1, 6-bisphosphatase GlpX from *Escherichia coli*. J Biol Chem, 284(6): 3784-3792.

Buchanan B B. 1991. Regulation of CO_2 assimilation in oxygenic photosynthesis: the ferredoxin/thioredoxin system. Perspective on its discovery, present status, and future development. Arch Biochem Biophys, 288(1): 1-9.

Burris R H. 1991. Nitrogenases. J Biol Chem, 266(15): 9339-9342.

Chen J H, Gibson J L, McCue L A, *et al.* 1991. Identification, expression, and deduced primary structure of transketolase and other enzymes encoded within the form II CO_2 fixation operon of *Rhodobacter sphaeroides*. J Biol Chem, 266(30): 20447-20452.

Dangel A W, Gibson J L, Janssen A P, *et al.* 2005. Residues that influence *in vivo* and *in vitro* CbbR function in *Rhodobacter sphaeroides* and identification of a specific region critical for co-inducer recognition. Mol Microbiol, 57(5): 1397-1414.

Dangel A W, Tabita F R. 2009. Protein-protein interactions between CbbR and RegA (PrrA), transcriptional regulators of the *cbb* operons of *Rhodobacter sphaeroides*. Mol Microbiol, 71(3): 717-729.

Ditta G, Schmidhauser T, Yakobson E, *et al.* 1985. Plasmids related to the broad host range vector, pRK290, useful for gene cloning and for monitoring gene expression. Plasmid, 13(2): 149-153.

Du S, Bird T H, Bauer C E. 1998. DNA binding characteristics of RegA*. A constitutively active anaerobic activator of photosynthesis gene expression in *Rhodobacter capsulatus*. J Biol Chem, 273(29): 18509-18513.

Dubbs J M, Bird T H, Bauer C E, *et al.* 2000. Interaction of CbbR and RegA* transcription regulators with the *Rhodobacter sphaeroides* cbb_I promoter-operator region. J Biol Chem, 275(25): 19224-19230.

Dubbs J M, Tabita F R. 2004. Regulators of nonsulfur purple phototrophic bacteria and the interactive control of CO_2 assimilation, nitrogen fixation, hydrogen metabolism and energy generation. FEMS Microbiol Rev, 28(3): 353-376.

Dubbs P, Dubbs J M, Tabita F R. 2004. Effector-mediated interaction of $CbbR_I$ and $CbbR_{II}$ regulators with target sequences in *Rhodobacter capsulatus*. J Bacteriol, 186(23): 8026-8035.

Elsen S, Dischert W, Colbeau A, *et al.* 2000. Expression of uptake hydrogenase and molybdenum nitrogenase in *Rhodobacter capsulatus* is coregulated by the RegB-RegA two-component regulatory system. J Bacteriol, 182(10): 2831-2837.

Elsen S, Swem L R, Swem D L, *et al.* 2004. RegB/RegA, a highly conserved redox-responding global two-component regulatory system. Microbiol Mol Biol Rev, 68(2): 263-279.

Falcone D L, Quivey R G Jr, Tabita F R. 1988. Transposon mutagenesis and physiological analysis of strains containing inactivated form I and form II ribulose bisphosphate carboxylase/oxygenase genes in *Rhodobacter sphaeroides*. J Bacteriol, 170(1): 5-11.

Falcone D L, Tabita F R. 1991. Expression of endogenous and foreign ribulose 1, 5-bisphosphate carboxylase-oxygenase (RubisCO) genes in a RubisCO deletion mutant of *Rhodobacter sphaeroides*. J Bacteriol, 173(6): 2099-2108.

Falcone D L, Tabita F R. 1993. Complementation analysis and regulation of CO_2 fixation gene expression in a ribulose 1, 5-bisphosphate carboxylase-oxygenase deletion strain of *Rhodospirillum rubrum*. J Bacteriol, 175(16): 5066-5077.

Fitzmaurice W P, Saari L L, Lowery R G, *et al.* 1989. Genes coding for the reversible ADP-ribosylation system of dinitrogenase reductase from *Rhodospirillum rubrum*. Mol Gen Genet, 218(2): 340-347.

Fridlyand L E, Scheibe R. 1999. Regulation of the Calvin cycle for CO_2 fixation as an example for general control mechanisms in metabolic cycles. Biosystems, 51(2): 79-93.

Gest H, Kamen M D, Beregoff H M. 1950. Studies on the metabolism of photosynthetic bacteria. V. Photoproduction of hydrogen and nitrogen fixation by *Rhodospirillum rubrum*. J Biol Chem, 182(1): 153-170.

Gibson J L, Tabita F R. 1993. Nucleotide sequence and functional analysis of CbbR, a positive regulator of the Calvin cycle operons of *Rhodobacter sphaeroides*. J Bacteriol, 175(18): 5778-5784.

Grunwald S K, Lies D P, Roberts G P, *et al.* 1995. Posttranslational regulation of nitrogenase in *Rhodospirillum rubrum* strains overexpressing the regulatory enzymes dinitrogenase reductase ADP-ribosyltransferase and dinitrogenase reductase activating glycohydrolase. J Bacteriol, 177(3): 628-635.

Hallenbeck P L, Lerchen R, Hessler P, *et al.* 1990. Phosphoribulokinase activity and regulation of CO_2 fixation critical for photosynthetic growth of *Rhodobacter sphaeroides*. J Bacteriol, 172(4): 1749-1761.

Hudson G S, Morell M K, Arvidsson Y B C, *et al.* 1992. Synthesis of spinach phosphoribulokinase and ribulose 1, 5-bisphosphate in *Escherichia coli*. Aust J Plant Physiol, 19(3): 213-221.

Joshi G S, Romagnoli S, Verberkmoes N C, *et al.* 2009. Differential accumulation of form I RubisCO in *Rhodopseudomonas palustris* CGA010 under Photoheterotrophic growth conditions with reduced carbon sources. J Bacteriol, 191(13): 4243-4250.

Joshi H M, Tabita F R. 1996. A global two component signal transduction system that integrates the control of photosynthesis, carbon dioxide assimilation, and nitrogen fixation. Proc Natl Acad Sci USA, 93(25): 14515-14520.

Jouanneau Y, Tabita F R. 1986. Independent regulation of synthesis of form I and form II ribulose bisphosphate carboxylase-oxygenase in *Rhodopseudomonas sphaeroides*. J Bacteriol, 165(2): 620-624.

Kalckar H M. 1965. Galactose metabolism and cell "sociology". Science, 150(3694): 305-313.

Kamen M D, Gest H. 1949. Evidence for a nitrogenase system in the photosynthetic bacterium *Rhodospirillum rubrum*. Science, 109(2840): 560.

Kapanidis A N, Margeat E, Laurence T A, *et al.* 2005. Retention of transcription initiation factor σ^{70} in transcription elongation: single-molecule analysis. Mol Cell, 20(3): 347-356.

Kusian B, Bowien B. 1997. Organization and regulation of *cbb* CO_2 assimilation genes in autotrophic bacteria. FEMS Microbiol Rev, 21(2): 135-155.

Larsen R A, Wilson M M, Guss A M, *et al.* 2002. Genetic analysis of pigment biosynthesis in *Xanthobacter autotrophicus* Py2 using a new, highly efficient transposon mutagenesis system that is functional in a wide variety of bacteria. Arch Microbiol, 178(3): 193-201.

Lascelles J. 1960. The formation of ribulose 1, 5-diphosphate carboxylase by growing cultures of Athiorhodaceae. J Gen Microbiol, 23: 499-510.

Lee S J, Trostel A, Le P, *et al.* 2009. Cellular stress created by intermediary metabolite imbalances. Proc Natl Acad Sci USA, 106(46): 19515-19520.

Leustek T, Hartwig R, Weissbach H, *et al.* 1988. Regulation of ribulose bisphosphate carboxylase expression in *Rhodospirillum rubrum*: characteristics of mRNA synthesized *in vivo* and *in vitro*. J Bacteriol, 170(9): 4065-4071.

Liang J H, Nielsen G M, Lies D P, *et al.* 1991. Mutations in the *draT* and *draG* genes of *Rhodospirillum rubrum* result in loss of regulation of nitrogenase by reversible ADP-ribosylation. J Bacteriol, 173(21): 6903-6909.

Ludden P W, Roberts G P. 1989. Regulation of nitrogenase activity by reversible ADP ribosylation. Curr Top Cell Regul, 30: 23-56.

McKinlay J B, Harwood C S. 2010. Carbon dioxide fixation as a central redox cofactor recycling mechanism in bacteria. Proc Natl Acad Sci USA, 107(26): 11669-11675.

Nordlund S, Ludden P W. 2004. Post-translational regulation of nitrogenase in photosynthetic bacteria. *In*: Klipp W, Masephol B, Gallon J R, *et al.* Genetics and Regulation of Nitrogen Fixation in Free-Living Bacteria. Dordrecht, The Netherlands: Kluwer Academic Publishers: 175-196.

Ormerod J G, Ormerod K S, Gest H. 1961. Light-dependent utilization of organic compounds and photoproduction of molecular hydrogen by photosynthetic bacteria; relationships with nitrogen metabolism. Arch Biochem Biophys, 94(3): 449-463.

Paoli G C, Morgan N S, Tabita F R, *et al.* 1995. Expression of the *cbbLcbbS* and *cbbM* genes and distinct organization of the *cbb* Calvin cycle structural genes of *Rhodobacter capsulatus*. Arch Microbiol, 164(6): 396-405.

Paoli G C, Vichivanives P, Tabita F R. 1998. Physiological control and regulation of the *Rhodobacter capsulatus cbb* operons. J Bacteriol, 180(16): 4258-4269.

Qian Y, Tabita F R. 1996. A global signal transduction system regulates aerobic and anaerobic CO_2 fixation in *Rhodobacter sphaeroides*. J Bacteriol, 178(1): 12-18.

Qureshi A A, Burger W C, Prentice N. 1979. Quantitation of potential flavoring compounds in worts and beers by HPLC. J Am Soc Brew Chem, 37(4): 153-160.

Romagnoli S, Tabita F R. 2006. A novel three-protein two-component system provides a regulatory twist on an established circuit to modulate expression of the cbb_I region of *Rhodopseudomonas palustris* CGA010. J Bacteriol, 188(8): 2780-2791.

Sarles L S, Tabita F R. 1983. Derepression of the synthesis of D-ribulose 1, 5-bisphosphate carboxylase/oxygenase from *Rhodospirillum rubrum*. J Bacteriol, 153(1): 458-464.

Schefe J H, Lehmann K E, Buschmann I R, *et al.* 2006. Quantitative real-time RT-PCR data analysis: current concepts and the novel "gene expression's C_T difference" formula. J Mol Med, 84(11): 901-910.

Schnider U, Keel C, Blumer C, *et al.* 1995. Amplification of the housekeeping sigma factor in *Pseudomonas fluorescens* CHA0 enhances antibiotic production and improves biocontrol abilities. J Bacteriol, 177(18): 5387-5392.

Schweizer H P. 1993. Small broad-host-range gentamycin resistance gene cassettes for site-specific insertion and deletion mutagenesis. BioTechniques, 15(5): 831-834.

Sganga M W, Bauer C E. 1992. Regulatory factors controlling photosynthetic reaction center and light-harvesting gene expression in *Rhodobacter capsulatus*. Cell, 68(5): 945-954.

Shively J M, van Keulen G, Meijer W G. 1998. Something from almost nothing: carbon dioxide fixation in chemoautotrophs. Annu Rev Microbiol, 52: 191-230.

Simon R, Priefer U B, Pühler A. 1983. A broad host range mobilization system for *in vivo* genetic engineering: transposon mutagenesis in Gram negative bacteria. Bio/Technology, 1(9): 784-791.

Smith S A, Tabita F R. 2002. Up-regulated expression of the cbb_I and cbb_{II} operons during photoheterotrophic growth of a ribulose 1,

5-bisphosphate carboxylase-oxygenase deletion mutant of *Rhodobacter sphaeroides*. J Bacteriol, 184(23): 6721-6714.

Springgate C F, Stachow C S. 1972. Fructose 1, 6-diphosphatase from *Rhodopseudomonas palustris*. I. Purification and properties. Arch Biochem Biophys, 152(1): 1-12.

Streitwieser A, Heathcock C H. 1976. Introduction to Organic Chemistry. New York: Macmillan.

Tabita F R. 1988. Molecular and cellular regulation of autotrophic carbon dioxide fixation in microorganisms. Microbiol Rev, 52(2): 155-189.

Tabita F R, McFadden B A. 1974. D-ribulose 1, 5-diphosphate carboxylase from *Rhodospirillum rubrum*. I. Levels, purification, and effects of metallic ions. J Biol Chem, 249(11): 3453-3458.

Tamoi M, Ishikawa T, Takeda T, *et al.* 1996. Molecular characterization and resistance to hydrogen peroxide of two fructose-1, 6-bisphosphatases from *Synechococcus* PCC 7942. Arch Biochem Biophys, 334(1): 27-36.

Tavano C L, Podevels A M, Donohue T J. 2005. Identification of genes required for recycling reducing power during photosynthetic growth. J Bacteriol, 187(15): 5249-5258.

Tichi M A, Tabita F R. 2000. Maintenance and control of redox poise in *Rhodobacter capsulatus* strains deficient in the Calvin-Benson-Bassham pathway. Arch Microbiol, 174(5): 322-333.

Tichi M A, Tabita F R. 2001. Interactive control of *Rhodobacter capsulatus* redox-balancing systems during phototrophic metabolism. J Bacteriol, 183(21): 6344-6354.

Tichi M A, Tabita F R. 2002. Metabolic signals that lead to control of CBB gene expression in *Rhodobacter capsulatus*. J Bacteriol, 184(7): 1905-1915.

Vichivanives P, Bird T H, Bauer C E, *et al.* 2000. Multiple regulators and their interactions *in vivo* and *in vitro* with the *cbb* regulons of *Rhodobacter capsulatus*. J Mol Biol, 300(5): 1079-1099.

Vieira J, Messing J. 1982. The pUC plasmids, an M13mp7-derived system for insertion mutagenesis and sequencing with synthetic universal primers. Gene, 19(3): 259-268.

Wang D, Zhang Y, Welch E, *et al.* 2010. Elimination of Rubisco alters the regulation of nitrogenase activity and increases hydrogen production in *Rhodospirillum rubrum*. Int J Hydrogen Energy, 35(14): 7377-7385.

Wang X, Falcone D L, Tabita F R. 1993. Reductive pentose phosphate-independent CO_2 fixation in *Rhodobacter sphaeroides* and evidence that ribulose bisphosphate carboxylase/oxygenase activity serves to maintain the redox balance of the cell. J Bacteriol, 175(11): 3372-3379.

Yarmolinsky M B, Wiesmeyer H, Kalckar H M, *et al.* 1959. Hereditary defects in galactose metabolism in *Escherichia coli* Mutants, II. Galactose-Induced Sensitivity. Proc Natl Acad Sci USA, 45(12): 1786-1791.

Yoo J G, Bowien B. 1995. Analysis of the *cbbF* genes from *Alcaligenes eutrophus* that encode fructose-1, 6-/sedoheptulose-1, 7-bisphosphatase. Curr Microbiol, 31(1): 55-61.

Zhang Y, Burris R H, Ludden P W, *et al.* 1995. Comparison studies of dinitrogenase reductase ADP-ribosyl transferase/dinitrogenase reductase activating glycohydrolase regulatory systems in *Rhodospirillum rubrum* and *Azospirillum brasilense*. J Bacteriol, 177(9): 2354-2359.

Zhang Y, Pohlmann E L, Roberts G P. 2004. Identification of critical residues in GlnB for its activation of NifA activity in the photosynthetic bacterium *Rhodospirillum rubrum*. Proc Natl Acad Sci USA, 101(9): 2782-2787.

Zhang Y, Pohlmann E L, Roberts G P. 2009. Effect of perturbation of ATP level on the activity and regulation of nitrogenase in *Rhodospirillum rubrum*. J Bacteriol, 191(17): 5526-5537.

Zhang Y, Pohlmann E L, Conrad M C, *et al.* 2006. The poor growth of *Rhodospirillum rubrum* mutants lacking P_{II} proteins is due to an excess of glutamine synthetase activity. Mol Microbiol, 61(2): 497-510.

Zhang Y, Pohlmann E L, Ludden P W, *et al.* 2000. Mutagenesis and functional characterization of the *glnB*, *glnA*, and *nifA* genes from the photosynthetic bacterium *Rhodospirillum rubrum*. J Bacteriol, 182(4): 983-992.

Zhang Y, Pohlmann E L, Ludden P W, *et al.* 2001. Functional characterization of three GlnB homologs in the photosynthetic bacterium *Rhodospirillum rubrum*: roles in sensing ammonium and energy status. J Bacteriol, 183(21): 6159-6168.

Zhang Y, Pohlmann E L, Ludden P W, *et al.* 2003. Regulation of nitrogen fixation by multiple P_{II} homologs in the photosynthetic bacterium *Rhodospirillum rubrum*. Symbiosis, 35(1): 85-100.

Zou X, Zhu Y, Pohlmann E L, *et al.* 2008. Identification and functional characterization of NifA variants that are independent of GlnB activation in the photosynthetic bacterium *Rhodospirillum rubrum*. Microbiology, 154(Pt9): 2689-2699.

本文原载: J Bacteriol, 2011, 193(13): 3293-3303.

深红红螺菌固氮酶调控机理验证实验设计及实践*

彭涛，关国华，姜伟，李颖，李季伦

(中国农业大学生物学院，北京，100193)

摘要：

从科学研究中汲取教学素材，根据实际情况优化条件，设计出一项适合微生物生理学教学的新实验，验证了光照和铵对深红红螺菌固氮酶合成和活性的调控。实验要求学生掌握红螺菌的厌氧生活状况、光照培养法、固氮酶的测定方法以及气相色谱仪的使用方法，认识红螺菌代谢的灵活性、营养及环境条件对其生长的影响，加深了解固氮酶的底物多样性、固氮酶的氧敏感性和固氮酶的调控机理。实验的实施，不仅有效激发学生的学习兴趣，加深对理论问题的理解，培养严谨、认真的科研作风，还提高了分析问题、解决问题的能力。实践证明科研转化教学是提高教学水平、培养创新型人才的重要举措。

关键词：

微生物生理学实验，深红红螺菌，固氮酶调控，代谢灵活性。

微生物生理学发展迅猛，理论课教材不断增加新知识，使学生更加全面透彻地了解微生物的生命活动规律 (李颖等, 2009)。实验课帮助学生深入理解理论知识、掌握微生物生理学研究的基本实验技能，引导学生树立正确的科学观和严谨的科学作风，培养学生独立进行微生物生理学实验的能力以及创新能力。实验课内容的调整和改革对实验教学水平的提高具有重要意义 (徐晖, 2009; 邓百万等, 2011)。本研究室承担过多项与深红红螺菌 (*Rhodospirillum rubrum*) 固氮相关的国家级研究课题，熟悉研究背景，并建立了相关的技术平台 (Zou *et al.*, 2008; Wang *et al.*, 2010; Zhu and Li, 2010)。为使学生深入认识固氮酶的氧敏感性、固氮酶催化底物的多样性、固氮酶转录和翻译后的调控机制，了解深红红螺菌代谢的灵活性、营养及环境条件对其生长的影响，掌握微生物的光照培养法、厌氧瓶的使用方法、固氮酶的测定方法以及气相色谱仪的使用方法，我们欲将红螺菌研究技术中的部分内容转化为本科教学实验，使学生以红螺菌为材料，综合验证其多种生理特点，从而激发他们的学习兴趣。实验方案的设计经多次预试优化后，在 2010 年秋季微生物生理学实验课上，我们对生物学院理科基地 42 名四年级本科生进行了首次教学实践。实验进行顺利，结果稳定可靠，达到了预期的效果。

一、实验原理

深红红螺菌 (*Rhodospirillum rubrum*) 是红螺菌属的模式种。革兰氏阴性，细胞弧形或螺旋形，有

*本工作由国家自然科学基金 (30870059)，中国农业大学校级教改项目 (200956)，生物学院科研转化本科实验项目库资助项目 (生物学院教学中心 2010 年度院级教改专项) 资助。衷心感谢朱瑞艳博士对本实验设计所提供的帮助。

鞭毛，可运动，生活在阳光充足的静水等处，在厌氧和光照条件下，以多种有机碳化合物为碳源和供氢体，通过光合磷酸化产生能量，是光能异养型。也可在黑暗与有氧条件下，以有机物为碳源，通过氧化磷酸化产生 ATP，是化能异养型，具有代谢灵活性的特点 (沈萍和陈向东, 2006; Willey *et al.*, 2008)。深红红螺菌可用于光合固氮、光合产氢的理论研究，以及有机废水净化、光合细菌饲料蛋白、天然色素、新能源氢气的开发研究 (钱存柔和黄仪秀, 2008)。

生物固氮是在固氮酶催化下将 N_2 的三键断裂并生成 NH_3 的过程。固氮酶是对氧敏感的复合蛋白，一般由钼铁蛋白和铁蛋白两种组分组成。钼铁蛋白又称二氮酶或组分 I，为 $\alpha_2\beta_2$ 四聚体，分别由 *nifD* 和 *nifK* 编码，固氮酶活性中心位于钼铁蛋白中，催化 N_2 还原成 NH_3；铁蛋白又称二氮酶还原酶或组分 II，为 γ_2 二聚体，由 *nifH* 编码，是钼铁蛋白的直接电子供体。

生物固氮的化学方程式可表示为

$$N_2+8H^++8e^-+16ATP \rightarrow 2NH_3+H_2+16ADP+16Pi$$

面对生物固氮所需的巨大能耗，固氮菌进化出一套精密的固氮调控系统，灵敏感应环境变化和菌体需求，调节固氮酶的转录和活性。深红红螺菌固氮酶对环境的感应包括对铵、氧气，以及能量水平敏感(需要在光照条件下表达固氮酶)。NifA 蛋白是固氮酶基因 *nifHDK* 转录的激活蛋白。NifA 的激活需要尿苷酰化的 P_{II} 蛋白。只有在限铵条件下，P_{II} 蛋白可以被尿苷酰化，因此，只有在限铵条件下，固氮酶才能被转录，环境中极低浓度的铵就会抑制固氮酶的合成。铵不仅调控红螺菌固氮酶的合成，还调控固氮酶的活性。在无铵和光照条件下，深红红螺菌的固氮酶具有活性。而极低浓度的铵或黑暗环境会使固氮酶迅速失活。铵对固氮酶活性的这种调节方式称为铵关闭 (ammonia switch off)，源于对铁蛋白的核糖基化修饰，属于翻译后修饰。

固氮酶除能催化 N_2 还原成 NH_3 外，还具有催化 H^+ 还原成 H_2 的氢化酶活性。在缺少 N_2 的环境中，固氮酶可将 H^+ 全部还原成 H_2 并释放。即使在有 N_2 的环境中，理论上固氮酶也只是用 75%的电子还原 N_2，而另外 25%用来产生 H_2。固氮酶还能催化多种双键或三键底物的还原，其中把 C_2H_2 还原成 C_2H_4 (乙炔还原法) 是分析固氮酶活性的一个快速有效的方法 (周德庆, 2002)。

二、实验材料

(一) 实验菌株

深红红螺菌野生型，本实验室保存。

(二) 培养基

1) SMN 培养基 (种子培养基)：每 1000 ml 培养基含 4.0 g DL-苹果酸、1.0 g 氯化铵、3.0 g 酵母粉、3.0 g 酪蛋白水解物、10 ml 硫酸镁储液、10 ml 氯化钙储液、10 ml HEFN 储液。用 NaOH 调节到 pH 6.8，121℃灭菌 30 min。再加入 5 ml 单独灭菌的磷酸缓冲液。

2) MG 培养基 (脱阻遏培养基)：基本与 SMN 培养基相同，只是用 1.33 g 谷氨酸钠替代 1.0 g 氯化铵、3.0 g 酵母粉和 3.0 g 酪蛋白水解物。

3) MN 培养基 (富铵培养基)：基本与 MG 培养基相同，只是用 1.0 g 氯化铵替代 1.33 g 谷氨酸钠。

(三) 储液的配制

1) HEFN 储液 (100×)/1000 ml：0.4 g Fe-citrate，2.0 g EDTA-Na_2，0.28 g H_3BO_3，0.1 g Na_2MoO_4。

2) 氯化钙储液（100×)/1000 ml：10 g $CaCl_2 \cdot 2H_2O$。

3) 硫酸镁储液（100×)/1000 ml：25 g $MgSO_4 \cdot 7H_2O$ 。

4) 磷酸缓冲液（200×)/300 ml：54 g K_2HPO_4，36 g KH_2PO_4。

三、主要仪器

SQ-204 型气相色谱，空气浴摇床，水浴摇床，50 ml 厌氧瓶，10 ml 血清瓶，高纯氩气（99.99%），气体减压阀。

四、实验

(一) 深红红螺菌的活化

将 SMN 平板上活化好的单菌落接种到 5 ml 的 SMN 液体培养基中，30℃、100 r/min 振荡培养 24 h。以 4%的接种量接种到 40 ml 的 SMN 培养基中，以相同的条件培养 24 h。同样方法再转接一次。第三次按 4%接种量接种，菌种的培养时间不超过 15 h。

(二) 固氮酶的合成及其调控

将菌种接种到装有 50 ml MG 液体培养基的厌氧瓶中，30~33℃光照培养。光照强度为 2000~2500 lx，由 12 个超反射灯泡提供。为避免培养过程中产气使厌氧瓶破裂，灌装培养基时在厌氧瓶顶部预留有 1 ml 的空隙。将 20 ml 注射器插进厌氧瓶橡胶塞下面的厌氧瓶上层空隙，收集气体。在持续光照条件下培养 40 h，记录注射器中的气体体积。分别测定培养液的 A_{600} (600 nm 波长下的吸光值）和固氮酶酶活。随后将光照培养改为黑暗培养，其他与上述相同，以比较黑暗对固氮酶合成的影响。最后将 MG 培养基改为 WN 培养基，其他与上述相同，以比较铵盐对固氮酶合成的影响。

(三) 固氮酶活性调控及其测定

在水里将 10 ml 血清瓶充满水，盖上反口胶塞，注意不要产生气泡。拿出水面后，插入两根针头，一根通高纯氩气，另一根排出水。水排尽后，同时拔去两根针头。如此制取无氧充氩的血清瓶。用注射器向 10 ml 无氧充氩的血清瓶里加入 1 ml 细胞培养液、0.9 ml 乙炔，30℃、120 r/min 水浴振荡，光照反应 20 min (光照由两个 50 W 白炽灯提供)。加入 0.2 ml 的 30%三氯乙酸终止反应。产物 C_2H_4 含量测定采用 SQ-204 型气相色谱，FID 检测器，GDX-502 填充柱，柱长 1 m。上样量 100 μl，载气为氮气，柱温 70℃，检测器温度为 120℃。

1. 固氮酶酶活的计算

$$\text{固氮酶活性}\left[\text{nmol } C_2H_4 / (\text{h} \cdot A_{600} \cdot \text{ml})\right] = \frac{\text{峰面积} \times 10\text{倍气相体积} \times 60}{1\text{ nmol } C_2H_4\text{峰面积} \times 20 \times A_{600}}$$

2. 测定内容

1) 只是采用铝箔纸包裹血清瓶的避光处理，其他与上述相同，比较黑暗对固氮酶酶活的影响。

2) 只是在无氧充氩的血清瓶内先加入 0.1 mol/L NH_4Cl 0.1 ml。其他与上述相同，以比较铵盐对固氮酶酶活的影响。

3) 血清瓶不充氩气，其他与上述相同，比较氧气对固氮酶活性的影响。

五、实验结果及分析

(一) 深红红螺菌的代谢灵活性

深红红螺菌的活化用 SMN 培养基，黑暗、振荡培养，菌体生长良好，无色素产生；产固氮酶的培养采用 MG 培养基，光照、厌氧培养，菌体产深红色的色素 (图 1)。通过对这两种培养方式的观察，学生可分析出菌种活化的培养是在黑暗与有氧条件下化能异养生长；而产固氮酶的培养是在光照与厌氧条件下光能异养生长，从而体会红螺菌的代谢灵活性。

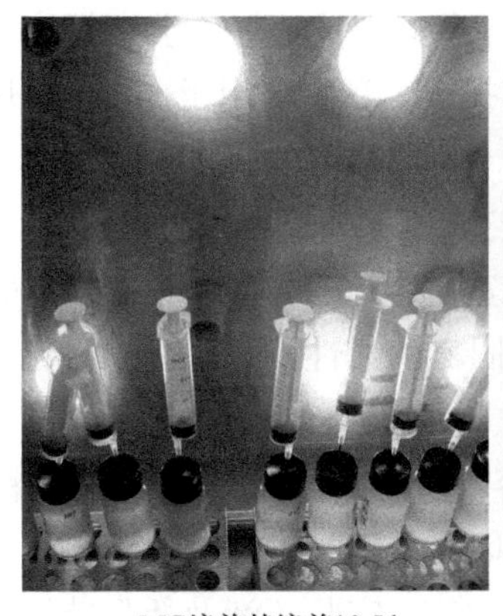

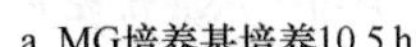

a. MG培养基培养10.5 h

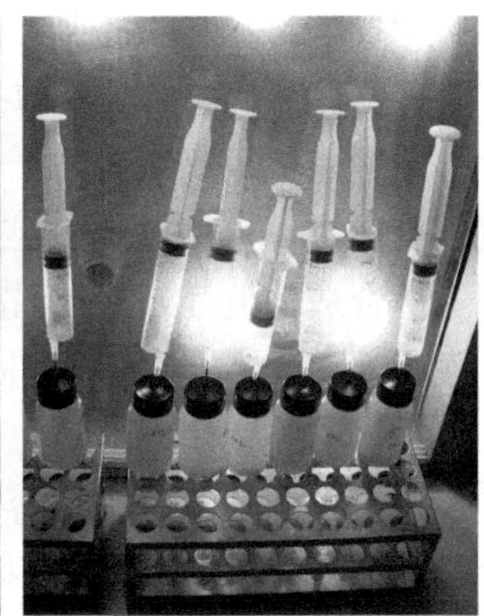

b. MG培养基培养36 h

图 1　深红红螺菌产固氮酶细胞的培养 (彩图见封底二维码)
图 1a 中 MG 培养基培养 10.5 h，厌氧瓶中培养液的颜色呈浅粉色，有些注射器已收集到少量气体；
图 1b 中 MG 培养基培养 36 h，厌氧瓶中培养液的颜色呈红色，注射器收集到大量气体

(二) 固氮酶的合成、调控及酶活测定

将活化好的菌种接到 MG 培养基，光照，厌氧培养 40 h 后，注射器内收集到 18~35 ml 气体 (21 个实验组)，菌体呈红色；A_{600} 为 2.1~2.8 (21 个实验组)，检测到固氮酶的酶活为 165.2~312.5 nmol $C_2H_4/(h\cdot A_{600}\cdot ml)$。

黑暗对固氮酶合成的影响实验中培养 40 h，培养液的颜色仍为无色透明，A_{600} 为 0，未观察到生长现象，注射器内收集的气体为 0。铵盐对固氮酶合成的影响实验中培养 40 h，菌体生长良好，颜色呈红色，注射器内收集到的气体体积为 0，未检测到固氮酶的酶活。黑暗对固氮酶酶活的影响、铵盐对固氮酶酶活的影响以及空气对固氮酶酶活的影响实验均未检测到固氮酶酶活，验证了黑暗或铵盐对深红红螺菌固氮酶酶活的抑制 (铵关闭)，体会了固氮酶对氧气的敏感性。

上述现象表明采用 MG 培养基厌氧培养深红红螺菌，光照是菌体生长的必要条件。比较 MG 培养基和 MN 培养基的组成，可得出铵抑制固氮酶的合成，而谷氨酸钠不抑制固氮酶的表达。分析 MG 培养基的成分，谷氨酸钠是唯一氮源，而厌氧瓶里基本没有氮气，因此推测固氮酶的合成不需要底物氮气的诱导。通过这些分析，加深了同学们对固氮酶合成的调控机制的理解。

关于图 1 注射器中收集的气体，同学们发现它无色、无味、在空气中燃烧后生成水，初步判断是氢

气。它是怎样产生的？纯度如何？细心的同学还发现注射器内气体的产生和固氮酶的合成相关联，因此推测气体的产生是固氮酶催化引起的。这一推测是否有充分的理论依据？怎样验证？通过哪些方法可提高清洁能源氢气的产量呢？有的同学以此为微生物生理学课程报告的研究内容，查阅了大量的文献，进行了详细的分析。还有两位同学课后要求参与本研究室红螺菌固氮和放氢的科研研究。

六、讨论

本研究室在熟练掌握深红红螺菌固氮和放氢实验技术的基础上，根据微生物生理学教学的要求、教学时间的安排、实验室的条件，设计并进行了预实验。为了不影响学生正常上课，3 次活化种子的接种安排在 10:00 (课间操时间)，第三次活化的种子经 12 h 培养，21:30 左右接种到 MG 培养基或 MN 培养基中，培养 40 h，正好到下午的上课时间，利用 4 学时的实验课，完成固氮酶的反应和酶活测定。

产固氮酶细胞的培养可用发酵罐、厌氧瓶或厌氧管，为了让每个学生都能掌握厌氧瓶培养微生物的实验技术，在光照空间有限且要保证实验效果的前提下，我们选用了 50 ml 的厌氧瓶。科研中充氩无氧血清瓶一般是用换气系统抽、冲氩气数次制备的，但学生实验室无换气系统，可先在血清瓶中装满水，以水赶走空气，再充入氩气赶出水，也能达到同样效果。

为使学生深入理解固氮酶合成的调控，设计了铵盐对固氮酶合成的影响和黑暗对固氮酶合成的影响实验。为加深对红螺菌固氮酶活性调控的认识，在固氮酶活性测定中分别设计了黑暗、铵盐和氧气对固氮酶活性影响的实验。

在本科微生物生理学实验中，代谢调控的内容一般选择大肠杆菌 β-半乳糖苷酶的诱导合成及其调控 (沈永红和张彭湃, 2005; 周德庆, 2006)。我们吸取科研素材，初步设计和进行了深红红螺菌固氮酶调控机理的验证实验，为代谢调控实验又增添了新的内容。实验还涉及新型能源氢气的产生，从而把应用前景与理论知识有机地结合，激发了同学们探索科学问题的兴趣。由于固氮酶对氧气敏感，实验中产固氮酶的培养、测固氮酶活性的反应都必须在无氧的条件下进行，注射器要先除掉空气，血清瓶的胶塞要塞紧等。这些细节操作有利于学生严谨、认真的实验态度的养成。

七、结束语

深红红螺菌是光合细菌，集不产氧光合作用和固氮作用于一身，有氧时又可化能异养生长。固氮过程中产生清洁的能源——氢气；光照培养时，细胞内积累大量有保健作用的类胡萝卜素。本实验将理论、实验和应用相结合，学生不仅学习到了微生物生理学的多项实验技术，加深了对多个微生物生理学理论的理解，培养了严谨、认真的实验态度，还提高了学习和操作兴趣，是一次科研转化教学的有益尝试。

参 考 文 献

邓百万, 陈文强, 彭浩, 等. 2011. 基于能力培养的微生物实验教学手段和方法的改革研究. 实验技术与管理, 28(2): 7-10.
钱存柔, 黄仪秀. 2008. 微生物学实验教程. 2 版. 北京: 北京大学出版社: 105-107.
沈萍, 陈向东. 2006. 微生物学. 2 版. 北京: 高等教育出版社: 85.
沈永红, 张彭湃. 2005. 微生物生理学实验教学改革的几点体会. 生物学通报, 40(11): 40-42.
徐晖. 2009. 改革实验教学提高微生物学实验教学的质量. 实验室研究与探索, 28(10): 136-137.
周德庆. 2002. 微生物学教程. 2 版. 北京: 高等教育出版社: 133-138.
周德庆. 2006. 微生物学实验教程. 2 版. 北京: 高等教育出版社: 355-358.

Moat A G, Foster J W, Specter M P. 2009. 微生物生理学. 4 版. 李颖, 文莹, 关国华, 等, 译. 北京: 高等教育出版社: 336-339.

Wang D, Zhang Y P, Welch E, *et al.* 2010. Elimination of Rubisco alters the regulation of nitrogenase activity and increases hydrogen production in *Rhodospirillum rubrum*. Int J Hydrogen Energy, 35(14): 7377-7385.

Willey J M, Sherwood L M, Woolverton C J. 2008. Prescott, Harley and Klein's Microbiology. 7th ed. New York: Mc Graw Hill Higher Education: 103.

Zhu R Y, Li J L. 2010. Hydrogen metabolic pathways of *Rhodospirillum rubrum* under artificial illumination. Chin Sci Bull, 55(1): 32-37.

Zou X X, Zhu Y, Pohlmann E L, *et al.* 2008. Identification and functional characterization of NifA variants that are independent of GlnB activation in the photosynthetic bacterium *Rhodospirillum rubrum*. Microbiology, 154: 2689-2699.

本文原载: 实验技术与管理, 2012, 29(3): 52-55.

Two-step Synthesis of Fatty Acid Ethyl Ester from Soybean Oil Catalyzed by *Yarrowia lipolytica* Lipase*

Yonghong Meng[1, 2], Guili Wang[1], Na Yang[2], Zhiqi Zhou[2], Yuejuan Li[2], Xiaomei Liang[2], Jinnan Chen[2], Ying Li[1], Jilun Li[1]

(1. State Key Laboratories for Agrobiotechnology and College of Biological Sciences, China Agricultural University, Beijing, 100193, China; 2. New Bio-Energy Engineering and Technology Research Center, Qinhuangdao Leading Science & Technology Development Co., Ltd. Hebei, 066004, China)

Abstract

Background: Enzymatic biodiesel production by transesterification in solvent media has been investigated intensively, but glycerol, as a by-product, could block the immobilized enzyme and excess *n*-hexane, as a solution aid, would reduce the productivity of the enzyme. Esterification, a solvent-free and no-glycerol-release system for biodiesel production, has been developed, and two-step catalysis of soybean oil, hydrolysis followed by esterification, with *Yarrowia lipolytica* lipase is reported in this paper.

Results: First, soybean oil was hydrolyzed at 40℃ by 100 U of lipase broth per 1 g of oil with approximately 30% to 60% (*V*/*V*) water. The free fatty acid (FFA) distilled from this hydrolysis mixture was used for the esterification of FFA to fatty acid ethyl ester by immobilized lipase. A mixture of 2.82 g of FFA and equimolar ethanol (addition in three steps) were shaken at 30℃ with 18 U of lipase per 1 gram of FFA. The degree of esterification reached 85% after 3 h. The lipase membranes were taken out, dehydrated and subjected to fresh esterification so that over 82% of esterification was maintained, even though the esterification was repeated every 3 h for 25 batches.

Conclusion: The two-step enzymatic process without glycerol released and solvent-free demonstrated higher efficiency and safety than enzymatic transesterification, which seems very promising for lipase-catalyzed, large-scale production of biodiesel, especially from high acid value waste oil.

1. Background

Biodiesel fuel (fatty acid methyl ester or ethyl ester) is renewable and biodegradable and has "environmentally friendly" features; for example, it can be produced from animal and vegetable oils, and the number of carbon atoms present in the exhaust is equal to that initially fixed from the atmosphere (Ma and Hanna, 1999). The

*This work was supported by Chinese Science and Technology Support Research for the 11th 5-year Plan Program (Grant 2006BAD07A01) and the Chinese High Technology Research and Development Program (Grant 2009AA03Z232). We thank Tianwei Tan, Beijing University of Chemical Technology, and Jiali Xu, The Institute of Microbiology, Chinese Academy of Sciences, for their comments on the manuscript.

number of researchers studying biodiesel has steadily increased during the past decade, and methods of large-scale biodiesel production based on acid or alkaline catalysis have been widely used. However, they have many well-known drawbacks, including the difficulty of recycling glycerol, the need to eliminate catalyst and salt and their energy-intensive nature.

Designed to overcome these drawbacks, enzymatic methods of producing fatty acid methyl ester (FAME) or fatty acid ethyl ester (FAEE) from soybean oil and alcohol are afforded and dominated by transesterification reaction. The advantages of transesterification are that the enzyme can be reused and that the operating temperature is lower (40℃) than that in other techniques. Its disadvantages are that the catalysis activity of lipase is inhibited by alcohol, the immobilized enzyme is blocked by a by-product of glycerol and the production intensity of lipase is decreased by organic solvents such as *n*-hexane (Tan *et al.*, 2006a) and *tert*-butyl alcohol (Du *et al.*, 2003, 2007).

Safer and more environmentally friendly enzymatic methods can be developed on the basis of solvent- and glycerol-free catalysis. When the catalytic process does not involve an organic solvent, lower cost, higher substrate concentration and greater production volume can be achieved. For example, Du *et al.* (2004) studied Novozyme 435-catalyzed transesterification of soybean oil and methyl acetate directly for biodiesel production, and a yield of 92% was obtained. Moreover, Watanabe *et al.* (2005, 2007) transferred acid oil to FAME without use of an organic solvent by a two-step conversion process involving hydrolysis of acylglycerol by *C. rugosa* lipase followed by esterification of free fatty acid (FFA) to FAME by immobilized *C. antarctica* lipase. Inhibition of glycerol on immobilized lipase was eliminated during hydrolysis, and a high degree (98%) of esterification, 40 cycles reusing immobilized lipase, was achieved. In the studies by Watanabe *et al.* esterification was carried out in two steps once more. The first esterification step was performed at 30℃ with 1.0% weight lipase in the reaction mixture. The second esterification step was performed in the presence of absorbing solvent under conditions similar to those in the first step, following dehydration of the first esterification product.

Previous studies have documented the reaction condition and stability of immobilized lipase in solvent-free catalytic systems, but the level of production has not been fully considered, such as the high costs of immobilization of lipase and the long time required for esterification (each batch reaction took 24 h). Here we describe a promising two-step enzymatic process for the conversion of soybean oil to FAEE: (i) Soybean oil is hydrolyzed to fatty acid catalyzed by *Yarrowia lipolytica* lipase crude broth, and FFA is distilled from hydrated soybean oil mixture; and (ii) FAEE is esterified from FFA and ethanol by the immobilized *Y. lipolytica* lipase on fabric membranes. The entire esterification process without organic solvent takes only 3 h, uses only one kind of comparatively cheap lipase and the inhibition of glycerol disappears.

2. Results

2.1 Hydrolysis reaction

The efficiency of hydrolysis in lipase-catalyzed systems is affected by many factors, including lipase, the ratio of oil to water and the degree of mixing of oil and water. To find optimal conditions for hydrolysis of acylglycerols using sodium stearate as an emulsifier to promote mixing, we studied the effects of lipase concentration, the amount of water in the reaction solution and the course of the hydrolysis reaction.

2.1.1 Effect of emulsifier

Sodium stearate is an emulsifier that promotes the mixing of oil and water. Since sodium stearate can be converted to stearic acid by the addition of acid at the end of the reaction, it hardly affects the results of hydrolysis. Various quantities of sodium stearate solution were mixed with soybean oil, and the reaction was started by adding lipase broth. The degree of hydrolysis after 36 h was >90% with 5% (*w*/*V*) sodium stearate addition, in contrast to 60% without sodium stearate addition (Fig. 1a), and oil and aqueous phases mixed well.

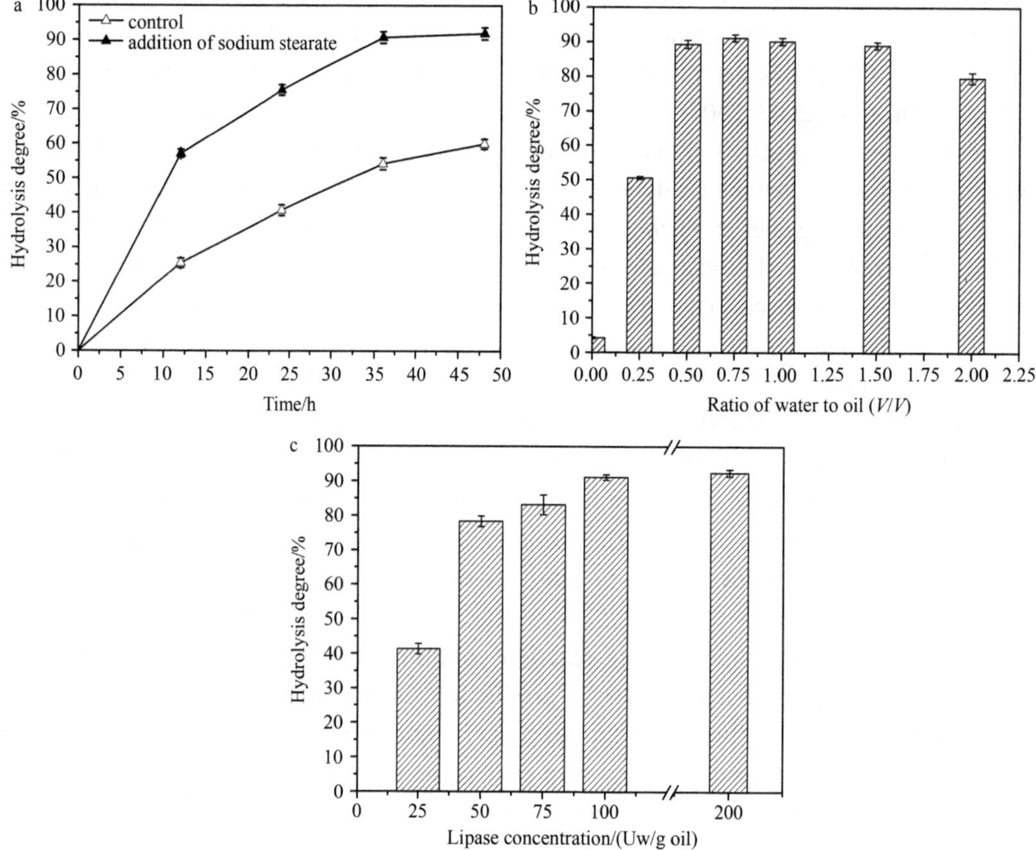

Fig. 1 Effect of emulsifier, water content and lipase concentration on hydrolysis reaction

a. Effect of emulsifier on hydrolysis reaction. The reaction system comprised 2 g of soybean oil, 200 Uw lipase broth, 1.2 g of water and 5% (*w*/*V*) added sodium stearate at 40℃ and spun at 130 r/min. No emulsifier was added for the control reaction. b. Effect of water content on hydrolysis reaction. The reaction system comprised 2 g of soybean oil, 200 Uw lipase broth, various quantities of water to produce water, oil ratios as indicated and 0.1 g of sodium stearate at 40℃ for 36 h and spun at 130 r/min. c. Effects of lipase concentration on hydrolysis reaction. The reaction system comprised 2 g of soybean oil, various quantities of lipase broth to produce concentrations as indicated, 1.2 g of water and 0.1 g of sodium stearate at 40℃ for 36 h and spun at 130 r/min

2.1.2 Effect of water content

Excess water slows the velocity of hydrolysis because it reduces the concentration of lipase. The maximal efficiency of reactions was observed for ratios 0.25 to 1.5 (volume ratio) of water to oil. Larger ratios decreased the hydrolysis reaction and the efficiency of lipase (Fig. 1b).

2.1.3 Effect of lipase concentration

Hydrolysis degree was determined for lipase concentrations ranging from 25 to 200 Uw per 1 g of soybean oil. For 25 Uw/g lipase, the hydrolysis degree was low. As the lipase concentration was increased, the degree of hydrolysis also increased, reaching a maximal value >90% for the enzyme concentration 100 Uw/g (Fig. 1c). Further increases in enzyme concentration did not increase the degree of hydrolysis.

2.1.4 Course of hydrolysis reaction

For large-scale hydrolysis, lipase was added (concentration 100 Uw/g oil) to a system containing 200 g of soybean oil, 20,000 Uw lipase broth, 120 ml of water and 10 g of sodium stearate. Acid value and hydrolysis degree are shown in Fig. 2a. At prophase, the hydrolysis velocity was high and the hydrolysis degree reached 65% after 10 h, 90% after 36 h, and 92.5% at 48 h, respectively. Total acid value at 48 h was 185 mg of KOH per 1 g of oil. The composition of triglycerides, diglycerides, glycerol monoesters and fatty acids were analyzed by thin layer chromatography (TLC) (Fig. 2b).

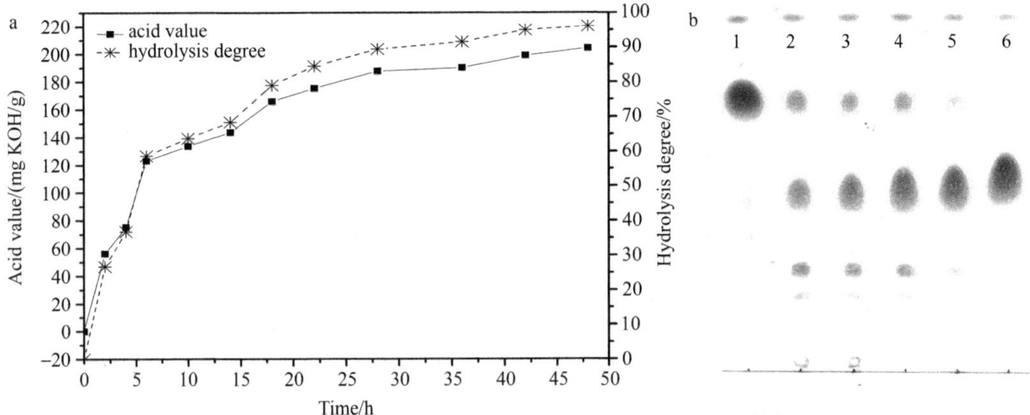

Fig. 2　Time course of hydrolysis reaction

a. Time course of acid value and hydrolysis degree. b. Time course of composition of oil phase during hydrolysis reaction analyzed as described in Methods. Thin layer chromatography analysis of (top to bottom) triglycerides, fatty acids, diglycerides and glycerol monoesters. Chromatography at various time points (time point 1, 0 h; time point 2, 6 h; time point 3, 12 h; time point 4, 24 h; time point 5, 36 h; time point 6, 48 h). The reaction system comprised 200 g of soybean oil, 20,000 Uw lipase broth, 120 g of water and 10 g of sodium stearate at 40℃ for 36 h and spun at 180 r/min

Following the hydrolysis reaction, distillates were collected at 220℃ to 260℃ as described in Methods. Gas chromatography (GC) revealed the following fatty acid composition: 20.03% palmitic acid, 4.85% stearic acid, 24.17% oleic acid, 47.03% linoleic acid and 3.92% linolenic acid.

2.2 Esterification reaction

Before catalyzed esterification, the viscosity of the reaction mixture was analyzed. The fatty acid or mixture of 2.82 g of fatty acid and 587 μl of ethanol had the lowest viscosity (8.75 cP and 8.75 cP, respectively) compared to soybean oil and mixture of 2.82 g of soybean oil and 587 μl of ethanol (46.5 cP and 18.75 cP, respectively). These viscosity data may show that fatty acid and ethanol were commixed well and can be esterified by lipase catalysis in the absence of organic solvent as Watanabe *et al.* (2007) reported. So, fatty acids distilled from hydrolysis mixture, characterized by approximately 147 to 153 ppm water content, were prepared for esterification. The amount of immobilized lipase, the ratio of ethanol to fatty acid, the manner of ethanol addition and water content were all examined in a lipase-catalyzed esterification reaction to find the optimal conditions for the reaction.

2.2.1 Effect of amount of immobilized lipase

The esterification activity of immobilized lipase, prepared as described in the Lipase activity determination section, was 150 Ue per 1 g of membrane. The amount of immobilized lipase was determined as the weight percentage of lipase to fatty acid. As lipase content increased from 0 to 18% (*w/V*), the esterification degree increased gradually (Fig. 3a). The increase in lipase content beyond 12% did not result in a significant increase in esterification degree during a 3-h reaction, indicating that this value is appropriate for catalysis in this system.

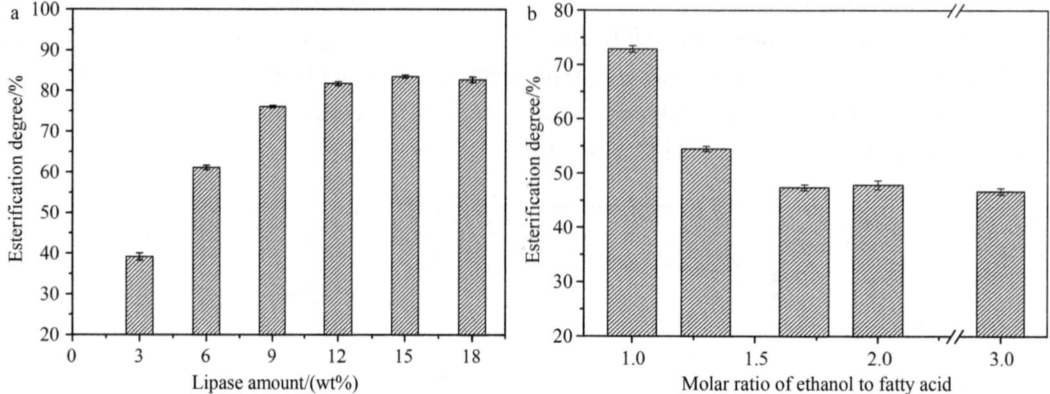

Fig. 3 Effects of immobilized lipase amount and ratio of ethanol to fatty acid on esterification reaction

a. Effect of immobilized lipase amount on esterification reaction. The reaction system comprised 2.82 g of fatty acid, 580 μl of ethanol added at one time and the addition of various amounts of immobilized lipase added at 30℃ for 3 h and spun at 190 r/min. b. The effect of the ratio of ethanol to fatty acid on the esterification reaction. The reaction system comprised 2.82 g of fatty acid, various amounts of ethanol added at one time and 0.33 g of immobilized lipase at 30℃ for 3 h and spun at 190 r/min

2.2.2 Effect of ratio of ethanol to fatty acid

The addition of excessive alcohol to the reaction mixture is often used to enhance reaction velocity and esterification degree. However, in this study, maximal esterification was obtained with an ethanol: fatty acid ratio of 1∶1, and higher ratios produced a lower degree of esterification (Fig. 3b). This finding suggests that excessive ethanol suppresses lipase activity.

2.2.3 Effect of manner of ethanol addition

Ethanol serves as a reaction substrate; however, at high concentrations, it also denatures proteins, including enzymes. We tried adding ethanol in a series of steps to minimize its denaturing effect. A 2∶1 molar ratio of ethanol to fatty acid was achieved by one-step, three-step, five-step and ten-step addition methods. The esterification reaction was inhibited when ethanol was added by the one-step method, and the esterification degree was about 50%. Moreover, the esterification degree did not increase with the extension of the reaction time. However, the esterification degree increased to 81.6% as larger numbers of steps were used (Table 1).

Table 1 Effect of manner of ethanol addition on esterification[a]

Addition method	Ethanol/fatty acid molar ratio	Time/h	Mean esterification±SD/%		Rate of increase/%
			Treatment	Control	
three-step	2∶1	3	60±0.643	49.8±0.493	20.5
five-step	2∶1	5	76.7±0.794	51.5±0.500	48.9
ten-step	2∶1	24	81.6±0.600	54.1±1.490	50.8

a. Control reaction used one-step addition of ethanol. Reaction system comprised 2.82 g of fatty acid, 580×2 μl of ethanol added in various ways, 0.33 g of immobilized lipase at 30℃ and spun at 190 r/min. SD, standard deviation

2.2.4 Effect of water

Water has important dual roles in esterification systems: (i) it is essential to maintaining lipase conformation and catalytic activity, and (ii) it is the product of esterification and affects the equilibrium state of the esterification or hydrolysis reactions. So, the effects of the addition or removal of water were investigated in the esterification system.

Fig. 4 shows a direct comparison of the yield of FAEE with the addition of various water concentrations from approximately 0 to 10% (*V*/*V*). The results showed that water content of <0.5% had almost no effect on esterification. On the other hand, the efficiency of hydrolysis was low for water content >1% (Fig. 4a). However, if the immobilized lipase membrane was taken out, dried at 40℃ and reused in fresh esterification, its catalytic activity resumed (Fig. 4a). This finding suggests that excess water (>0.5%) inhibits esterification by affecting the reaction equilibrium and that the inhibition is abolished by removing the water released in the esterification process.

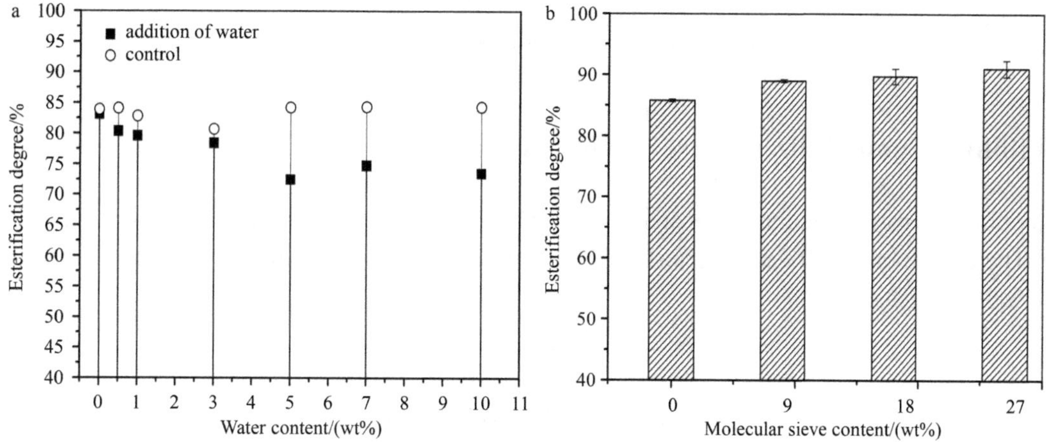

Fig. 4 The effect of water on the esterification reaction

a. The effect of adding water into the reaction mixture. Solid squares represent the esterification degree with various amounts of added water. Open circles indicate the esterification degree of the fresh esterification reaction catalyzed by the dried immobilized lipase membrane. b. The effect of the addition of various amounts of molecular sieves. The reaction system comprised 2.82 g of fatty acid, 580 μl of ethanol added in various ways and 0.33 g of immobilized lipase at 30℃ for 5 h and spun at 190 r/min

Molecular sieves were added in the esterification system to absorb and remove released water. Molecular sieves with content ranging from 0 to 27% (*w*/*V*) were added experimentally to the system. The addition of 9% molecular sieves resulted in an increase in the degree of esterification from 85% to 90% (Fig. 4b).

2.2.5 Course of esterification reaction

Esterification was performed at 30℃ in a 50 ml screw-cap tube containing 2.82 g of FFA distilled from soybean oil hydrolysis products and 0.33 g of immobilized lipase membrane, with the addition of 580 μl of ethanol using a three-step method. Esterification degree and acid value were determined for the overall process (Fig. 5a), and each sample was developed on a TLC plate by using petroleum ether, ethyl ether and acetic acid (Fig. 5b). The results indicate that the reaction velocity was fast, the degree of esterification reached 85% after 3 h and the product was pure, that is, it consisted solely of FAEE.

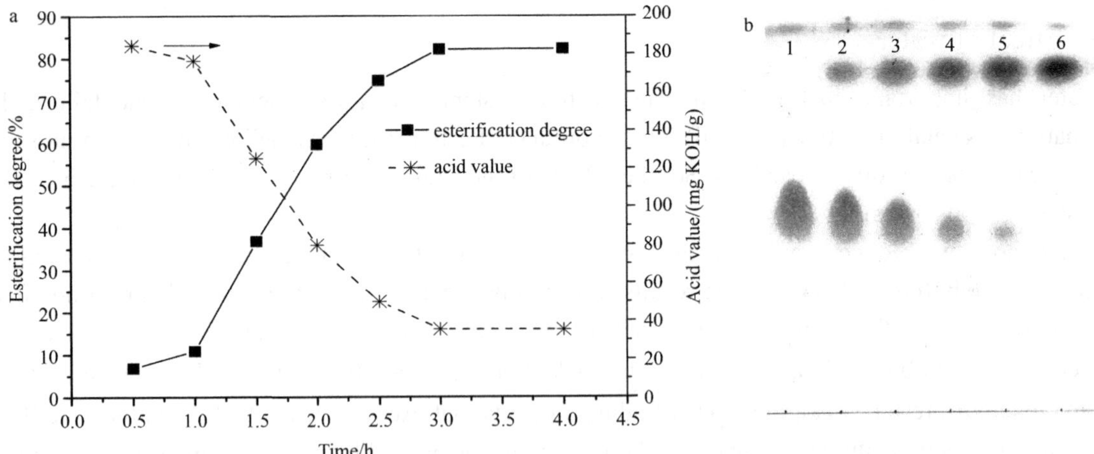

Fig. 5 Time course of the esterification reaction

a. The time course of esterification degree and acid value. b. Time course of the composition of oil phase during the esterification reaction. Thin layer chromatography analysis of (top to bottom) fatty acid ethyl esters and fatty acids. Chromatography performed at various time points (time point 1, 0 h; time point 2, 1 h; time point 3, 1.5 h; time point 4, 2 h; time point 5, 3 h; time point 6, 12 h). The reaction system comprised 2.82 g of fatty acid and 580 μl of ethanol added in a three-step manner to 0.33 g of immobilized lipase at 30℃ for 5 h and spun at 190 r/min

2.3 Stability of immobilized lipase catalysis system

Immobilized lipase membrane prepared as described in the Methods section displayed good long-term stability. The degree of esterification was still 82% after 25 batches were run, and then it declined rapidly to 42% by the 30th batch (Fig. 6).

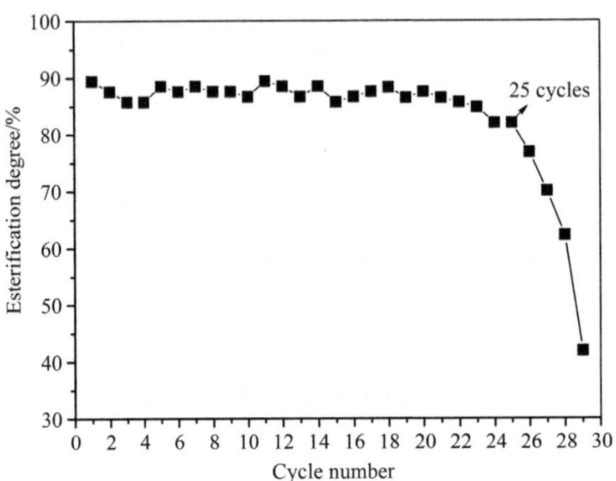

Fig. 6 The stability of the esterification reaction

The reaction system comprised 2.82 g of fatty acid, 580 μl of ethanol added in a three-step manner, 9% (w/V) molecular sieves added 1 h after the start of the reaction and 0.33 g of immobilized lipase at 30℃ for 5 h and spun at 190 r/min. After each batch, immobilized lipase membrane was taken out, dried and reused in a fresh reaction

A total of 66.6 g of FAEE were produced in 29 batches catalyzed by immobilized lipase membrane. The collected reaction solution was treated as described in the esterification reaction section. The final product was obtained with 95% recovery, with the following composition as determined by GC analysis: 15.4 g of palmitic acid ethyl ester, 4.4 g of stearic acid ethyl ester, 18.8 g of oleic acid ethyl ester, 55.2 g of linoleic acid ethyl ester, and 6.2 g of α-linolenic acid ethyl ester per 100 g of FAEE.

3. Discussion

Y. lipolytica lipase has been applied frequently (Dharmsthiti and Kuhasuntisuk, 1998; Jaeger *et al.*, 1999) for the degradation of hydrocarbons and the hydrolysis of esters. It retains its activity in many organic solvents to catalyze esterification, transesterification and resolution of racemic mixtures (Gao *et al.*, 2004; Matsumoto *et al.*, 2004; Reetz, 2004; Zhang *et al.*, 2005). These characteristics of *Y. lipolytica* lipase make it a good candidate for the catalysis of FAEE (that is, biodiesel) production.

Here the more efficient system of producing biodiesel was achieved by performing hydrolysis followed by esterification catalyzed by *Y. lipolytica* lipase. The conversion rate for the esterification reaction between fatty acids and ethanol catalyzed by *Y. lipolytica* lipase was 85% in a 3 h reaction. In contrast, the conversion rate for esterification by *C. antarctica* lipase was only 70% in a 3 h reaction; 5 h were needed to reach 85% conversion. Moreover, when the method described in the Methods section was used to analyze esterification with *C. antarctica*-immobilized lipase by a substrate of lauryl alcohol and lauric acid, esterification activity of 4,000 Ue/g was observed. A concentration of 60 Ue/g fatty acids was used to catalyze esterification in the Watanabe *et al.* (2007) report. In contrast, the esterification activity of lipase was 18 Ue/g fatty acid in the present paper, with 150 Ue/g fixed fabric membrane. Consequently, a high-speed reaction and low consumption of lipase are realized when *Y. lipolytica* lipase is used.

In the esterification reaction, the *Y. lipolytica* lipase activity is inhibited by ethanol. When the molar ratio of ethanol to fatty acid was higher than 1∶1, the esterification rate was reduced from 72.7% to 54.4% or less (Fig. 3b). The inhibitory effect of ethanol was reduced significantly when a multistep addition method was used (Table 1). We compared the inhibition of esterification by methanol and ethanol using the same molar concentrations and the same three-step addition method. After 3 h, the conversion rates of methanol and ethanol, as measured by acid-base titration, were 53.6% and 82.6%, respectively. This finding differs from that of Watanabe *et al.* (2007), who found that the inhibitory effect of methanol on immobilized enzyme in a lipase-catalyzed esterification system was much higher than that of ethanol, which might be due to the difference of lipase resource. The esterification reaction can be promoted by controlling the water content in the mixture. The conversion rate was increased to 5% if a molecular sieve was added to remove water, and the rate was lowered by approximately 5% if 3% (*V*/*V*) water was retained during the reaction (Fig. 4). The inhibitory effect of water on esterification could be restored following the removal of water by the molecular sieve or after drying lipase membranes finished the esterification. So, we suggest that water had no effect on enzyme activity, but affected only the esterification equilibrium. In contrast, in the *Candida* sp. lipase-catalyzed transesterification system studied by Tan *et al.* (2006a), a certain amount of water promoted the reaction. One possible explanation is that water is first involved in hydrolysis of triglycerides, and then the lipase catalyzes esterification of the hydrolyzed fatty acids. Further study is needed to determine whether water is really involved in the transesterification reaction.

Interestingly, unsaturated fatty acids are preferable for use with *Y. lipolytica* lipase. We found that reactions in which oleic acid was subtracted could be conducted for 91 batches in the same esterification system (Meng *et al.*, 2010), whereas fatty acid distillation can reach only 25 batches. This preference is also reflected in the composition of fatty acids and fatty acid ethyl esters resulting from the two-step process. The fatty acid composition revealed by GC analysis was 20.0% palmitic acid, 4.9% stearic acid, 24.2% oleic acid, 47.0% linoleic acid and 3.9% linolenic acid, whereas fatty acid ethyl esters consisted of 15.4% palm ethyl ester, 4.4% stearic acid ethyl ester, 18.8% ethyl oleate, 55.2% ethyl linoleate and 6.2% ethyl linolenate. The proportions of saturated *vs.* unsaturated fatty acid ethyl esters were 19.8% and 80.2%, respectively, in contrast to corresponding proportions of 24.9% and 75.1% for fatty acids.

Although the two-step catalysis system has resolved the inhibition of glycerol and removed the reaction solvents, hydrolysis efficiency is low. In the present study, the major parameters affecting the hydrolysis reaction catalyzed by *Y. lipolytica* lipase were optimized and the oil/water interface was increased by the addition of an emulsifier; however, the hydrolysis degree of 92.5% was obtained within 48 h. There is a possible reason that *Y. lipolytica* lipase is a 1, 3-specific lipase and does not act on the 2 site of the ester bond of triglyceride. Only the 2 site of the ester bond was actually shifted spontaneously to either the 1 or the 3 site, and the hydrolysis reaction was continued (Schmid and Verger, 1998). In practice, such spontaneous shifts happen slowly in aqueous media. Thus nonspecific lipase must be prepared through the selection of other kinds of lipase or by using some other molecular biological method.

4. Conclusions

In comparison to transesterification methods, the enzymatic method described here has some advantages (Tan *et al.*, 2006a). It has a reduced inhibitory effect on lipase activity and independence from petroleum sources, since ethanol is used as a substrate. Fatty acids and ethanol are well mixed on the basis of their similar polarity, and esterification reactions can be completed within 3 h. It leads to improved safety of production by avoiding the use of low-boiling-point organic solvents such as petroleum ether and *tert*-butanol alcohol. Conducting a two-step method does not produce glycerol during esterification, does not mask the enzyme and extends the life of the immobilized enzyme. More efficient industrial production is realized, since only one low-cost lipase is used. The acid-base titration method was used to track the course of esterification, which is convenient for inspection in an industrial setting. These advantages indicate that the two-step protocol used in this study may be applicable to an industrial process for the production of biodiesel fuel from vegetable oil, especially from high acid value waste oil.

5. Methods

5.1 Raw materials

Soybean oil was purchased from Qinhuangdao Jinhai Grain & Oil Industrial Co., Ltd. (Qinhuangdao, China). Its fatty acid composition was 20.03% palmitic acid 4.85% stearic acid, 24.17% oleic acid, 47.03% linoleic acid and 3.92% α-linolenic acid. Olive oil was purchased from Sinopharm Chemical Reagent Co., Ltd. (Shanghai, China). Heptadecanoic acid methyl ester (chromatographically pure) was from Sigma. *Yarrowia lipolytica* strain was from China Agricultural University (The strain was deposited at the China General Microbiological Culture Collection as CGMCC 2707). Its lipase was produced by Qinhuangdao Leading Science & Technology Co., Ltd. Qinhuangdao, China. Soybean powder was obtained from a local market. All other reagents were obtained commercially and were of analytical grade.

5.2 Lipase preparation

The *Y. lipolytica* strain CGMCC 2707 was stored at –80℃ in tubes containing 25% (*V*/*V*) glycerol solution. For the preparation of inoculum, cells were transferred to YPD medium (20 g of tryptone, 10 g of yeast extract and 20 g dextrose per liter autoclaved for 15 min at 121℃) two times for activation, and they were then incubated at 28℃. Activated cells were inoculated into fermentation medium, which contained 60 g of soybean powder, 90 g of soybean oil, 2.5 g of K_2HPO_4, 0.5 g of $MgSO_4 \cdot 7H_2O$ and 2 g of $(NH_4)_2SO_4$ per liter of distilled water. Thirty-liter cultures were grown in a 50 L fermentor with agitation at 500 r/min and 1∶1 vvm air flow at 28℃, and pH was adjusted to 6.5 by using 10 mol/L KOH. The lipase produced reached 8,000 Uw/ml after 90~110 h of fermentation (Uw refers to the hydrolysis activity of lipase). Lipase solution was obtained by the removal of cells by centrifugation (4,000×*g* for 20 min).

Lipase in the supernatant was precipitated by the addition of three volumes of acetone. The precipitate was washed with acetone and dried at room temperature. The activity of the enzyme powder was 140,000 Uw/g.

5.3 Immobilization of lipase on fabric membrane

Lipase was immobilized by using an established immobilization procedure (Tan *et al.*, 2006b). Briefly, 0.1 g of fabric (approximately 9 cm^2) was presoaked for 1 h in 10 ml of coimmobilization solution consisting of 0.5 g of gluten, 0.2 g of lecithin, 0.2 g of polyethylene glycol 6000 and 0.1 g of magnesium chloride. Fabric membranes were dried at room temperature and used as supports for the immobilization of lipase. Membranes were added into 10 ml of enzyme solution (5,000~10,000 Uw/ml), stirred for 2~3 h, taken out and dried at room temperature under a vacuum. The activity of immobilized lipase, determined by using an olive oil emulsion method after grinding at 0℃, was 10,000 Uw/g membrane.

5.4 Lipase activity determination

Hydrolysis activity of lipase (Uw) was determined by using the olive oil emulsion method. One hydrolysis activity unit was defined as the amount of enzyme required to release 1 μmol/L fatty acid per min under assay conditions (Watanabe *et al.*, 2005).

The esterification activity of lipase (Ue) was determined by using a lauric acid and lauryl alcohol reaction system. One esterification activity unit was defined as the amount of enzyme required to release 1 μmol/L lauric lauryl ester per min under assay conditions. The substrate was an equimolar mixture of lauric acid with lauryl alcohol at a final concentration of 0.1 mmol/L in *n*-hexane solvent. The reaction was initiated by adding 0.01 g of lipase (pure or diluted depending on the activity of lipase), continued by incubation for 20 min at 40℃ and stopped by the addition of 15 ml of ethanol. Enzyme activity was determined by titration of the remaining lauric acid with 100 mmol/L sodium hydroxide. Esterification activity was calculated on the basis of the release of lauric lauryl alcohol using the following formula:

$$\mathrm{Ue}=[(V_0-V_{\mathrm{NaOH}})\times 0.1/20]\times 1{,}000$$

where V_0 and V_{NaOH} are, respectively, the volumes of NaOH consumed by titration of the mixture at the beginning (0 min) and end (20 min) of the reaction.

5.5 Hydrolysis reaction

Small-scale hydrolysis was conducted at 40℃ in a 50 ml screw-cap tube containing 2 g of soybean oil, 200 Uw lipase broth and 1.2 ml of water, with agitation on an orbital shaker (180 r/min) for 28~48 h. At defined intervals, 0.8 ml of the reaction mixture was removed and separated into oil and water phases by centrifugation (10,000×*g* for 5 min). The oil phase was analyzed as described in the Analytical methods section.

Large-scale hydrolysis was conducted by filling a 1 L reaction vessel with 200 g of soybean oil, 20,000 Uw lipase broth, 120 ml of water and 10 g of sodium stearate and then agitating the mixture at 180 r/min at 40℃.

When the degree of hydrolysis reached 90%, the reaction mixture was acidified with 3 mol/L sulfate until the pH of the water layer was 4.5. The water layer was then removed, and the remaining oil layer was washed twice with hot water (70~80℃). The oil layer was vacuum-distilled at 93~98 kPa, and distillates were collected at 220~260℃. The resulting fatty acid fraction was used for esterification as described below.

5.6 Esterification reaction

Fatty acid was esterified using immobilized lipase membrane in 50 ml stoppered flasks without organic solvent. The reaction was performed with 2.82 g of oleic acid or FFA and 0.33 g of lipase membrane, and 192 μl of ethanol were added every 1 h (oleic acid/ethanol molar ratio, 1∶0.3) until theoretical molar ratio was reached. The mixture was incubated with agitation at 130 r/min at 30℃. Molecular sieves (Fig. 5a) were added for 1 h to eliminate water. Immobilized lipase and fatty acid were preheated in a 30℃ incubator for 30 min, and the reaction was started by the addition of ethanol to the system. Experiments were replicated three or more times, and the results are presented as mean values.

Adsorbed water and lipase membranes were recovered from the reaction solution by filtration, and 15% (*w*/*V*) NaOH solution was added according to the amount of remaining fatty acid. The solution was stirred slowly for 30 min and then left undisturbed so that the aqueous and organic phases could separate. The organic phase was washed twice with two volumes of water to remove unreacted ethanol and dehydrated by decompression distillation. The final product, ethyl ester (biodiesel), was obtained with 95% recovery.

5.7 Analytical methods

5.7.1 TLC

Silica gel plates (Whatman Inc. Shanghai, China) were heated at 110℃ for 1 h prior to use. Oil phase samples obtained as described in the hydrolysis reaction section were dissolved in acetone to form a 10 mg/ml solution, and 10 μl capillary spots were subjected to TLC analysis. The spots were sprayed with a 20 volume percent solution of sulfuric acid in ethanol developed with petroleum ether/ethyl ether/acetic acid (80∶30∶1 ratio, volume fraction) and visualized by heating at 100℃ for 30~50 s.

5.7.2 Gas chromatography

Gas chromatography was conducted to quantify the composition of fatty acids and FAEEs. At a predefined time, 20 μl samples were taken and centrifuged. A quantity of 5 μl of the upper phase thus obtained was dissolved in *n*-hexane and analyzed using a GC-2010 gas chromatograph (Shimadzu, Kyoto, Japan) equipped with a capillary column (HP-INNOWax columns, 30 m~0.25 mm~0.25 μm; J & W Scientific Columns, Agilent Technologies Palo Alto, USA) and a flame ionizing detector. Injection was performed in split mode (1∶30), with injection and detection temperatures of 260℃ and 280℃, respectively. Samples (1 μl) were injected at an oven temperature of 240℃ and held for 10 min. The carrier gas was nitrogen at a flow rate of 30 ml/min.

5.7.3 Hydrolysis degree

Hydrolysis degree was calculated as the acid value of the hydrolyzed oil sample as a percentage of the saponification value of soybean oil.

5.7.4 Esterification degree

The degree of esterification was calculated as the reduction of acid value (obtained by titration of aliquots of mixture taken at the beginning and end of the reaction) as a percentage of fatty acid value.

5.7.5 Water content

Water content was measured by using a Karl-Fisher WS-3 trace moisture analyzer (Shandong Zibo Corson Instruments, Zibo, China) (Sugihara *et al.*, 1990).

The viscosity of the oil or reaction mixture was measured using a viscometer (RVDV-II+PRO; Brookfield Engineering Laboratories, Middleboro, MA, USA).

References

Dharmsthiti S, Kuhasuntisuk B. 1998. Lipase from *Pseudomonas aeruginosa* LP602: biochemical properties and application for wastewater treatment. J Ind Microbiol Biotechnol, 21(1-2): 75-80.

Du W, Liu D, Li L, *et al.* 2007. Mechanism exploration during lipase-mediated methanolysis of renewable oils for biodiesel production in a *tert*-butanol system. Biotechnol Prog, 23(5): 1087-1090.

Du W, Xu Y, Liu D, *et al.* 2004. Comparative study on lipase-catalyzed transformation of soybean oil for biodiesel production with different acyl acceptors. J Mol Catal B Enzym, 30(3-4): 125-129.

Du W, Xu Y, Liu D. 2003. Lipase-catalysed transesterification of soya bean oil for biodiesel production during continuous batch operation. Biotechnol Appl Biochem, 38(2): 103-106.

Gao L, Xu J H, Li X J, *et al.* 2004. Optimization of *Serratia marcescens* lipase production for enantioselective hydrolysis of 3-phenylglycidic acid ester. J Ind. Microbiol Biotechnol, 3(1): 525-530.

Jaeger K E, Dijkstra B W, Reetz M T. 1999. Bacterial biocatalyst: molecular biology, three-dimensional structures, and biotechnological applications of lipases. Annu Rev Microbiol, 53(1): 315-351.

Ma F, Hanna M A. 1999. Biodiesel production: a review. Bioresour Technol, 70(1): 1-15.

Matsumoto T, Ito M, Fukuda H, *et al.* 2004. Enantioselective transesterification using lipase-displaying yeast whole-cell biocatalyst. Appl Microbiol Biotechnol, 64(4): 481-485.

Meng Y H, Chen B Q, Yang N, *et al.* 2010. Oleic acid esterification in solvent-free medium by *Yarrowia lipolytica* lipase immobilized on fabric membranes. J Biobased Mater Bioenergy, 4(1): 73-78.

Reetz M T. 2004. Controlling the enantioselectivity of enzymes by directed evolution: practical and theoretical ramifications. Proc Natl Acad Sci USA, 101: 5716-5722.

Schmid R D, Verger R. 1998. Lipases: interfacial enzymes with attractive applications. Angew Chem Int Ed Engl, 37(12): 1609-1633.

Sugihara A, Shimada Y, Tominaga Y. 1990. Separation and characterization of two molecular forms of *Geotrichum candidum* lipase. J Biochem, 107(3): 426-430.

Tan T, Chen B, Ye H. 2006b. Enzymatic synthesis of 2-ethylhexyl palmitate by lipase immobilized on fabric membranes in the batch reactor. Biochem Eng J, 29(1-2): 41-45.

Tan T, Nie K, Wang F. 2006a. Production of biodiesel by immobilized *Candida* sp. lipase at high water content. Appl Biochem Biotechnol, 128(2): 109-116.

Watanabe Y, Nagao T, Nishida Y, *et al.* 2007. Enzymatic production of fatty acid methyl esters by hydrolysis of acid oil followed by esterification. J Am Oil Chem Soc, 84(11): 1015-1021.

Watanabe Y, Pinsirodom P, Nagao T, *et al.* 2005. Production of FAME from acid oil model using immobilized *Candida antarctica* lipase. J Am Oil Chem Soc, 82(11): 825-831.

Zhang H L, Zhao G, Ding Y, *et al.* 2005. An efficient and enantioselective approach to the azaspirocyclic core of alkaloids: formal synthesis of halichlorine and pinnaic acid. J Org Chem, 70(13): 4954-4961.

本文原载: Biotechnology for Biofuels, 2011, 4: 6.

Biodiesel Production from Microalgae Oil Catalyzed by a Recombinant Lipase*

Jinjin Huang, Ji Xia, Wei Jiang, Ying Li, Jilun Li

(State Key Laboratories for Agrobiotechnology and College of Biological Sciences, China Agricultural University, Beijing, 100193, China)

Abstract

A recombinant *Rhizomucor miehei* lipase was constructed and expressed in *Pichia pastoris*. The target enzyme was termed Lipase GH2 and it can be used as a free enzyme for catalytic conversion of microalgae oil mixed with methanol or ethanol for biodiesel production in an *n*-hexane solvent system. Conversion rates of two major types of biodiesel, fatty acid methyl ester (FAME) and fatty acid ethyl ester (FAEE), reached maximal values (>90%) after 24 h. The process of FAME production is generally more simple and economical than that of FAEE production, even though the two processes show similar conversion rates. In spite of the damaging effect of ethanol on enzyme activity, we successfully obtained ethyl ester by the enzymatic method. Our findings indicate that Lipase GH2 is a useful catalyst for conversion of microalgae oil to FAME or FAEE, and this system provides efficiency and reduced costs in biodiesel production.

Keywords

recombinant lipase, microalgae oil, esterification reaction, biodiesel, conversion efficiency.

1. Introduction

There is increasing interest in alternative or new energy sources because of the environmental impacts and declining supplies of fossil fuels. Biodiesel, a sustainable, nontoxic, biodegradable diesel fuel substitute, can be used in current diesel car infrastructure without major engine modifications (Luque *et al.*, 2010). Biodiesel is usually obtained by transesterification of fat and vegetable oils with alcohol (usually methanol or ethanol) in the presence of a catalyst, with resulting production of a fatty acid methyl ester (FAME) or fatty acid ethyl ester (FAEE) that can be used as a biofuel (Almeida *et al.*, 2012).

The major factor limiting development and use of biodiesel is its high production cost, of which feedstock expense accounts for >75% (Lim and Teong, 2010). Feedstock prices are a crucial factor in strategies to make biodiesel competitive with fossil fuels. Three "generations" are considered in the development of biodiesel feedstocks. First generation feedstocks were based on edible vegetable oils, *e.g.*, soybean and sunflower oils

*This study was supported by the Chinese High Technology Research and Development Program (Grant No. 2013AA065802), Chinese Scientific and Technical Supporting Programs (Grant No. 2013BAD10B01), and the Undergraduate Innovation Program of China Agricultural University (Grant No. J1103520). The authors are grateful to Dr. S. Anderson for English editing of the manuscript.

(Ahmad *et al.*, 2011). Second generation feedstocks, intended to reduce dependence on edible vegetable oils, were based on nonfood sources such as jatropha, jojoba oil, waste oil, recycled oil, and animal fats (Ahmad *et al.*, 2011; Pinzi *et al.*, 2014). Second generation feedstocks can be produced from non-agricultural land, thereby eliminating competition with food production. Nevertheless, development of first and second generation feedstocks is limited by high cost, inefficiency, and unsustainability (Balat and Balat, 2010; Leung *et al.*, 2010; Ahmad *et al.*, 2011). Research attention is now focused on the third generation biodiesel feedstock: microalgae. In comparison with first and second generation feedstocks, microalgae is considered a more promising alternative source for biodiesel production because of its high oil productivity, rapid reproduction, no requirement of arable land or fresh water, and enrichment in useful or valuable coproducts (Minowa *et al.*, 1995; Pinzi *et al.*, 2014).

Production of biodiesel from microalgae involves several steps, including cell cultivation, cell harvesting, oil extraction, and biodiesel synthesis (Goncalves *et al.*, 2013). Many research studies have focused on cultivation of microalgae for increased lipid productivity, but relatively few have addressed the chemical or enzymatic conversion of microalgae oil to biodiesel (Lai *et al.*, 2012a).

Enzymatic conversation methods typically have lower operating costs and higher product purity than do chemical methods. Some lipases have been for enzymatic conversion of microalgae oil to biodiesel, *e.g.*, Novozym® 435 (Da Ros *et al.*, 2012), extracellular lipase from *Bacillus* sp. (Sivaramakrishnan and Muthukumar, 2012), *Penicillium expansum* lipase (Lai *et al.*, 2012b), immobilized *Burkholderia* lipase (Tran *et al.*, 2013), and immobilized *Candida* sp. 99~125 lipase (Li *et al.*, 2007).

Methanol has traditionally been the alcohol most commonly used in biodiesel production, but there is now increasing emphasis on use of ethanol for production of FAEE. Both FAME and FAEE preparation methods have unique advantages and disadvantages (Mohamad *et al.*, 2014). Methanol is less expensive than ethanol, but oil is less soluble in methanol, and methanolysis involves limited mass transfer during the transesterification process. Ethanol is safer to use, renewable, has higher oil solubility, and the mass transfer limitation is not as great; however, ethanol is more expensive than methanol (Zhang *et al.*, 2014).

In a recent study, we used various strategies (optimization of signal peptide codons, addition of target gene propeptide, optimized gene dosage) to enhance expression level of a recombinant lipase (termed Lipase GH2) in the methylotrophic yeast *Pichia pastoris*. The unique properties of Lipase GH2 made it more suitable than other lipases for conversion of microalgae oil to FAME (Huang *et al.*, 2014).

Depend on Lipase GH2 was obtained, the aims of the present study were to (i) evaluate the ability of Lipase GH2 in combination with ethanol to catalyze production of FAEE from microalgae oil; (ii) further optimize the reaction conditions and improve the conversion rate of FAME and FAEE by Lipase GH2 in a *n*-hexane system; (iii) comparison of the differences in FAME and FAEE preparation process by using Lipase GH2.

2. Methods

2.1 Enzyme preparation

Construction of a recombinant *P. pastoris* strain (ma-2pRMLX33) was described in our previous report (Huang *et al.*, 2014). The strain highly expressed *Rhizomucor miehei* lipase (termed Lipase GH2), and this enzyme displayed high lipase activity. The strain was flask-cultured in BMGY/BMMY medium as described by Hu *et al.* (2013), and target protein expression was induced by daily addition of 1% methanol. Optical density (OD_{600}) and enzyme activity were measured throughout the culture period as described by Guan *et al.* (2010), except that our reaction buffer was 0.1 mol/L sodium dihydrogen phosphate/citric acid, pH 6.0, 35℃. After fermentation, the supernatant were collected by 5 min centrifugation at 6,000 r/min and stored at 4℃.

2.2 Microalgae oil extraction and detection

Chlorella vulgaris (CV) powder was kindly provided by Dr. Peng Pu (State Key Laboratory of Catalytic Material and Reaction Engineering, Research Institute of Petroleum Processing, SINOPEC, Beijing, China). Dried CV powder (0.5 g) was mixed with 20 ml deionized water. CV cell walls were disrupted by sonication (200 W, ultrasonic 5 s, intermittent 5 s, 60 times), and the disrupted cells were mixed with biphasic solvent [chloroform/methanol (C/M), 1∶2] or hexane in a shaker (200 r/min, 30 min). The mixture was centrifuged (6,000 r/min, 10 min) to form two layers. The upper hexane layer that contained microalgae oil was collected, and crude oil was obtained by evaporation in a hood at room temperature.

Free fatty acids (FFAs) in the extracted crude oil were analyzed by gas chromatography (GC) and thin-layer chromatography (TLC). In brief, 10 μl of the upper layer was mixed with 40 μl hexane, and 2 μl of the mixture was subjected to TLC (Guan *et al.*, 2010). FFAs in the microalgae oil were analyzed using a GC system (model 6890A, Agilent Technologies; Santa Clara, CA, USA) equipped with a J&W DB-23 capillary column (60 m×250 μm×0.25 μm). Preparation of standards and samples, and testing conditions, were as described by Li *et al.* (2011). These experiments were performed at the Feed Detection Center of the Chinese Ministry of Agriculture.

2.3 Biodiesel preparation

Extracted crude oil as above was used as a substrate for biodiesel production using the organic solvent *n*-hexane. Short-chain alcohols (methanol or ethanol) were used separately as another substrate. Free Lipase GH2 was used as a biocatalyst. We performed a series of experiments to determine optimal reaction conditions (temperature, water content, alcohol/oil molar ratio, procedure for adding alcohol, Lipase GH2 amount). The following optimal reaction conditions were used, except when stated otherwise: 0.3 g microalgae oil, 90 μl methanol or 217 μl ethanol, 600 μl *n*-hexane, 150 μl Lipase GH2, incubation temperature 30℃, shaking at 150 r/min for 24 h. Enzyme solution in reaction was recovered by centrifugal, then the enzyme solution was added in the next new reaction system to detected the reuse of Lipase GH2.

2.4 Detection of enzyme-catalyzed reaction products

FAME or FAEE in the reaction mixture were analyzed by a GC (model GC522, Wufeng, China) equipped with an HP-INNOWax capillary column (30 m×0.25 mm×0.25 μm; Agilent). Heptadecanoic acid methyl ester was dissolved in hexane (10 mg/ml) as internal standard. The reaction mixture was centrifuged (12,000 r/min, 5 min) and solvent was eliminated by drying. The dried sample (40 mg) was mixed thoroughly with 400 μl internal standard for GC analysis as described by Guan *et al.* (2010).

3. Results and Discussion

3.1 Collection of efficient liquid enzyme

P. pastoris is frequently used as a host for expression of heterologous proteins because it can be tightly regulated by a eukaryotic promoter (alcohol oxidase I; AOX1) and can tolerate a broad pH range (3.0~7.0) (Soyaslan and Calik, 2011). To date, ~500 heterologous proteins have been expressed in *P. pastoris* systems

(Yu *et al.*, 2010).

R. miehei lipase is a strong 1, 3-specific lipase customarily used for production of biodiesel. We recently generated a recombinant *R. miehei* lipase (Lipase GH2) in *P. pastoris* by addition of the target gene propeptide, optimization of signal peptide codons, and optimization of gene dosage (Huang *et al.*, 2014). The recombinant *P. pastoris* strain contained two copies of the *R. miehei* lipase precursor gene, and displayed maximal lipase production in flask culture.

We cultured the recombinant strain in shake flasks as described in our previous report, and measured cell growth and enzyme activity every day. Cell density reached OD_{600}=35 at day 5, and the maximal enzyme activity was 1,200 U/ml (Fig. 1). The supernatant was collected by centrifugation and showed target protein concentration 0.8 mg/ml. The supernatant was used directly as catalyst in conversion experiments, and could be stored at 4℃ for >6 months because enzyme stability and tolerance were enhanced by glycosylation (Huang *et al.*, 2014).

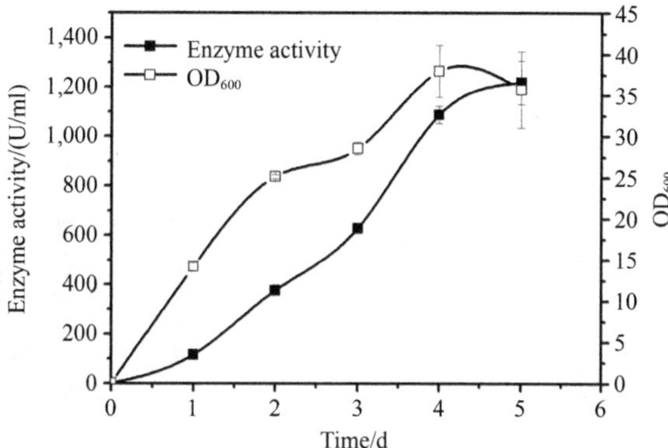

Fig. 1 Cell density (measured as OD_{600}) and enzyme activity during flask fermentation of the recombinant *P. pastoris* strain
At day 5, cell growth of the strain reached OD_{600} 35, and enzyme activity was maximal (1,200 U/ml)

3.2 Extraction and quality testing of microalgae oil

Techniques used for laboratory-scale microalgal lipid extraction include organic solvent extraction and supercritical fluid extraction. For organic solvent extraction, the solvent should be volatile for low-energy distillation from crude microalgae oil. Extraction using C/M 1∶2 is faster than hexane extraction; however, C/M is more toxic than hexane (Halim *et al.*, 2012). In a comparison of five organic solvent mixtures for extracting lipids from *Botryococcus braunii* cells, Lee *et al.* (1998) found that C/M gave the highest total lipid yield.

Two extraction solvents (C/M 1∶2 and hexane) were used in the present study, and the results are compared in Fig. 2a. Starting from 1 g CV powder, the amount of crude microalgae oil obtained was 160 mg using C/M but only 24 mg using hexane. The crude oil extraction rate was ~7-fold higher for C/M than for hexane. In view of its shorter extraction time and greater extraction efficiency, C/M was used as extraction solvent in subsequent experiment.

Microalgae oil extracted from CV powder by C/M was analyzed by TLC and GC. For TLC analysis (Fig. S1), the standard samples (lanes 1~4) were monoacylglycerol (MAG), diacylglycerols (1, 3- and 1, 2-DAG), FFAs, and triacylglycerol (TAG). The major components of microalgae oil were found to be FFAs and TAG (lane 5). GC was performed for qualitative and quantitative analysis of fatty acids (Table S1). The proportions of various fatty acids in microalgae oil are summarized in Fig. 2b. The microalgae oil (1 g) extracted from CV powder contained 508.26 mg fatty acids. By comparison with FAME standards, seven peaks were identified as myristic acid (C14:0, 0.56%), palmitic acid (C16:0, 11.8%), palmitoleic acid (C16:1, 0.97%), stearic acid (C18:0, 1.28%), oleic acid (C18:1, 17.02%), linoleic acid (C18:2, 8.50%), and linolenic acid (C18:3, 9.06%). The 508 mg fatty acids contained 487 mg C16~C18 fatty acids 96% of the total (Table S1). The common types of fatty acid found in all microalgae are C14:0, C16:0, C18:0, C18:1, C18:2, and C18:3; however, their proportions vary depending on the species (Amaro *et al.*, 2011). The contents of other fatty acid residues are species-specific (Mata *et al.*, 2010). Some microalgae are enriched in polyunsaturated fatty acids. Polyunsaturated fatty acids having >4 double bonds, *e.g.*, eicosapentaenoic acid (EPA, C20:5 n-3; five double bonds) and docosahexaenoic acid (DHA, C22:6 n-3; six double bonds), are easily oxidized during storage and therefore undesirable as components of biodiesel (Chisti, 2007). The oil extracted from CV contained almost no polyunsaturated fatty acids with ≥4 double bonds and was therefore suitable for preparation of high-quality biodiesel.

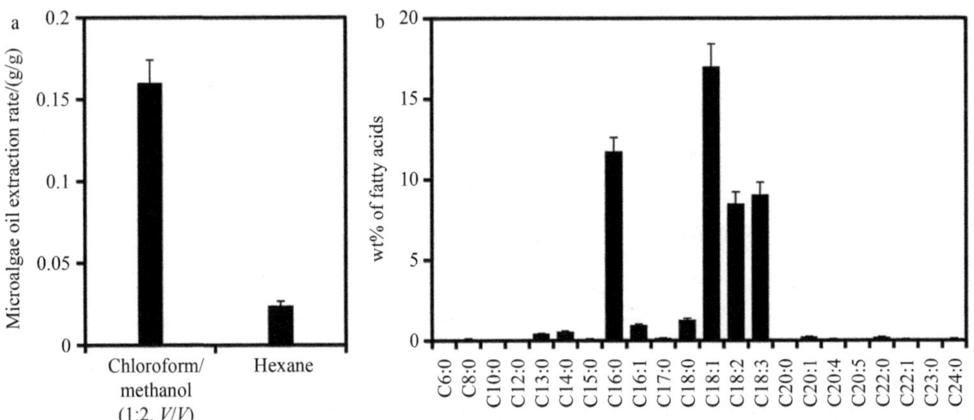

Fig. 2 Extraction and quality detection of microalgae oil from CV powder

a. Extraction rate using C/M *vs.* hexane as solvent. 1 g CV powder yielded 160 mg crude microalgae oil when C/M 1∶2 used as solvent, but only 24 mg crude oil when hexane was used. The extraction rate was ~7-fold higher for C/M than for hexane. b. Qualitative and quantitative analysis of fatty acids in microalgae oil by GC. The major fatty acid components were myristic acid (C14:0, 0.56%), palmitic acid (C16:0, 11.8%), palmitoleic acid (C16:1, 0.97%), stearic acid (C18:0, 1.28%), oleic acid (C18:1, 17.02%), linoleic acid (C18:2, 8.50%), and linolenic acid (C18:3, 9.06%). The oil extracted from CV is a suitable substrate for biodiesel production

3.3 Optimized conditions for Lipase GH2-catalyzed preparation of biodiesel

R. miehei lipase is a common catalyst used for biodiesel in the form of free, immobilization or whole-cell biocatalysts (Ognjanovic *et al.*, 2008; Guan *et al.*, 2010; Jin *et al.*, 2013). This lipase is 1, 3-specific, and was used in combination with nonspecific mono- and diacylglycerol lipases for methanolysis of soybean oil (Guan *et al.*, 2010). *R. miehei* lipase has been used for catalysis of FAME or FAEE production from soybean, rapeseed, and tallow oil (Mohamad *et al.*, 2014). Most recent studies of enzymatic production of biodiesel from microalgae are focused on FAME production. Very few studies have addressed FAEE production by conversion of microalgae oil. In a study of biodiesel production by transesterification reaction of microalgae oil using various acyl acceptors (methanol, ethanol, 2-propanol, *n*-butanol), Pushpendra *et al.* (2013) found that only methanol gave a substantial yield, with a conversion rate of 44%.

The substrates used for FAEE production with *R. miehei* lipase as catalyst are limited to second generation biodiesel feedstocks. Nelson *et al.* (1996) used soybean oil, rapeseed, and tallow as raw materials, *R. miehei* lipase as catalyst, and methanol and ethanol as short-chain alcohol donors in a study of optimal conversion of

TAG to alkyl esters, and obtained yields ranging from 70% to 98%. Bergamasco *et al.* (2013) used *R. miehei* lipase immobilized on highly crystalline PVA microspheres as a biocatalyst for transesterification of soybean oil to generate FAEE, and obtained 66.3% yield.

In order to first try and prove that by using the free lipase transesterification reaction strategy is feasible or not? And whether the crude microalgae extract catalyzed by free lipase GH2 can be obtained ideal result? To ensure the experimental repeatability, small amount catalytic reaction was performed in the present study. We used microalgae oil from dried CV powder as raw material, a glycosylated precursor of *R. miehei* lipase (Lipase GH2) highly expressed in *P. pastoris* as catalyst, and methanol and ethanol as short-chain alcohol donors for biodiesel production. Enzymatic reaction is affected by many factors, including reaction temperature, water content, enzyme amount, and substrate ratio. We performed a series of experiments to determine optimal conditions for FAME and FAEE production, and obtained the results described in the following sections.

3.3.1 Reaction temperature

The trend of temperature effect on the enzymatic reaction was the same regardless of whether methanol or ethanol was used as short-chain alcohol donor. At a reaction temperature of 30℃, the maximal Lipase GH2-catalyzed conversion rate was 87% for FAME and 86% for FAEE (Fig. 3a). Lower conversion rates were obtained for reaction temperatures above or below 30℃.

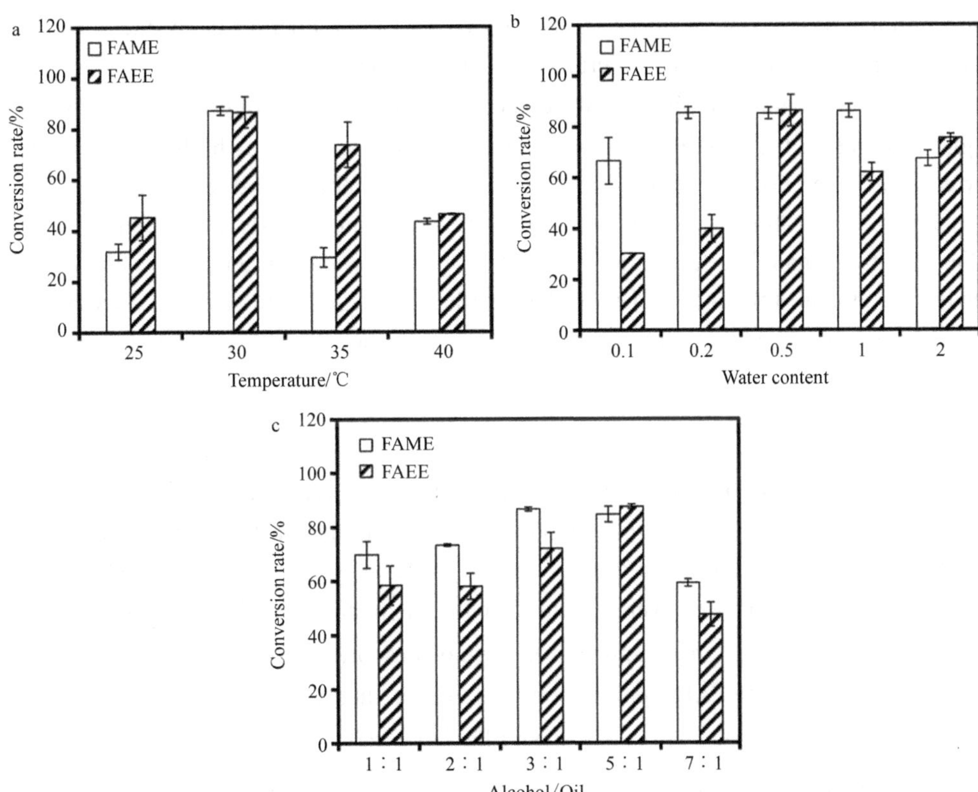

Fig. 3 Effects of reaction temperature, water content, and alcohol/oil molar ratio on Lipase GH2-catalyzed biodiesel production from microalgae oil

a. Reaction temperature. 30℃ was the optimal temperature for FAME and FAEE production. b. Water content (volume ratio of water to oil). The optimal water contents were 0.2 for FAME production and 0.5 for FAEE production. c. Alcohol/oil molar ratio. For FAME production, maximal conversion rate (90%) was obtained with methanol/oil molar ratio 3∶1 to 5∶1. For FAEE production, maximal conversion rate (95%) was obtained with ethanol/oil ratio 5∶1

The effect of temperature on enzymatic reactions has three major aspects. (i) Temperature affects collisions between substrate molecules. As temperature rises, the number of collisions between substrate molecules increases, resulting in an accelerated reaction rate. (ii) Enzyme proteins undergo progressive denaturation as temperature rises, resulting in decreased reaction rate. (iii) Esterification reactions are endothermic (Gumel *et al.*, 2011); an increase in reaction temperature tends to push the reaction process in the synthesis direction. As these three aspects approach their equilibrium, the reaction rate becomes maximal.

3.3.2 Water content

The effect of water content on enzymatic reactions has two major aspects. (i) Water provides an oil-water interface necessary for lipase catalysis. The reaction rate is reduced by a water content that is either too low (resulting in decreased contact area between the lipase and substrate) or too high (resulting in dilution of lipase concentration). (ii) Water is a reaction product in the biodiesel preparation process. An excessive water content pushes the reaction in the reverse direction and reduces conversion rate.

We determined optimal water content [quality ratio of water to oil] for FAME or FAEE production (Fig. 3b). The optimal water content was 0.2 for FAME production (conversion rate 85.5%) and 0.5 for FAEE production (conversion rate 86.4%). In both cases, conversion rate was lower for water content below the optimal value.

Why did optimal water content differ for FAME *vs.* FAEE production using the same catalyst? One possible explanation is the differential tolerance of Lipase GH2 to methanol (40%) *vs.* ethanol (30%) (Huang *et al.*, 2014). Methanol and ethanol were each mixed in an alcohol/oil molar ratio 3∶1 and were added in equal amounts to the reaction system at times 0 h, 3 h, and 6 h. A higher concentration of either methanol or ethanol in the mixture resulted in reduced enzyme stability and tolerance, and lower catalytic activity. Methanol concentration was 33% for water content 0.2 but 50% for water content 0.1, resulting in damage to the enzyme. Ethanol concentration was 22% for water content 0.5 but 42% for water content 0.2, which exceeded the ethanol tolerance of Lipase GH2 (30%). Thus, even though the esterification reactions were catalyzed by the same enzyme, the differing natures of the substrates resulted in different reaction conditions.

3.3.3 Alcohol/oil molar ratio

Methanol and ethanol serve as reaction substrates for biodiesel production, but are harmful to proteins in excessive proportions. Addition of appropriate amounts of alcohol to the reaction mixture can enhance reaction velocity and degree of esterification. We determined the optimal amount of alcohol added to the reaction (Fig. 3c). Maximal conversion rates were obtained with methanol/oil ratio 3∶1 to 5∶1 (86.6%) and ethanol/oil ratio 5∶1 (87.5%). Higher methanol or ethanol proportions reduced conversion efficiency. The proportion of ethanol needed for FAEE production was greater than the proportion of methanol needed for FAME production. Either alcohol in excess is reduced lipase activity.

3.3.4 Alcohol additional strategy

We observed that addition of an appropriate amount of alcohol to the reaction mixture could enhance reaction velocity and esterification degree. On the other hand, high alcohol concentrations may denature proteins (Meng *et al.*, 2011). We therefore designed a series of experimental steps for addition of methanol or ethanol to the reaction mixture with minimal protein (enzyme) denaturing effect. A 3∶1 methanol/oil molar ratio was established by 1-step, 2-step, and 3-step addition methods. Addition of methanol by the 1-step method resulted in inhibited reaction and a ~50% conversion rate. Addition of methanol by either the 2- or 3-step method resulted in an increase of conversion rate to ~90% (Fig. 4a). Damage to the enzyme was significantly reduced by 2-step addition of methanol.

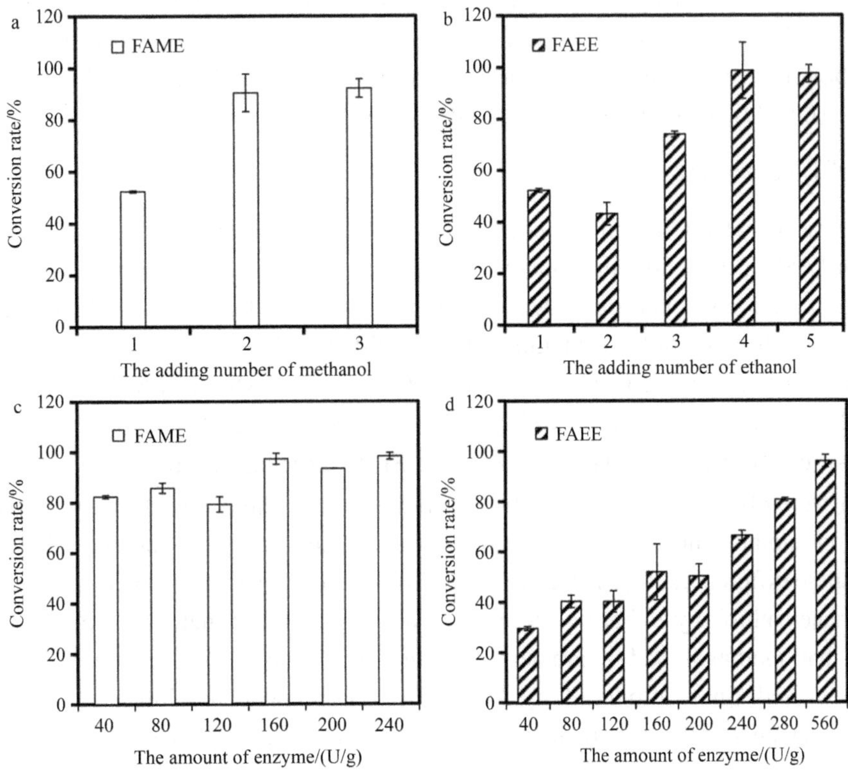

Fig. 4　Effects of alcohol additional strategy and enzyme content on Lipase GH2-catalyzed biodiesel production from microalgae oil

a. Methanol addition strategy. A 3∶1 methanol/oil molar ratio was established by 1-, 2-, and 3-step addition methods. b. Ethanol addition strategy. A 5∶1 ethanol/oil molar ratio was established by 1-, 2-, 3-, 4-, and 5-step addition methods. c. Lipase GH2 content and FAME production. d. Lipase GH2 content and FAEE production

A 5∶1 ethanol/oil molar ratio was established by 1-, 2-, 3-, 4-, and 5-step addition methods. The conversion rate was ~50% for the 1- and 2-step methods, and increased to 75% for the 3-step and 95% for the 4-step method (Fig. 4b). These findings indicate that Lipase GH2 activity was inhibited by ethanol added by 1-, 2-, and 3-step methods, whereas the 4-step method had significantly less damaging effect on the enzyme.

High concentrations of methanol or ethanol cause enzyme denaturation and inactivation. These two alcohols are usually added by a step-wise strategy to reduce enzyme damage. Because the tolerance of Lipase GH2 to methanol and ethanol differed, the amount of each alcohol added per step was necessarily different.

Lipase GH2 has various advantages over other lipases in regard to FAEE production. The ethanol tolerance of Lipase GH2 is greater than that of *Yarrowia lipolytica* lipase. In the present study, an ethanol/oil molar ratio of 5∶1 was used and ethanol was added to the reaction mixture 4 times with a conversion rate >95%. In a *Y. lipolytica* lipase-catalyzed system, the ethanol/oil molar ratio used was only 2∶1, and ethanol was added 5 times with a final conversion rate ~90% (Meng *et al.*, 2011).

3.3.5 Lipase GH2 content

To reduce the production cost of FAME and FAEE, we optimized the amount of Lipase GH2 added to the reaction mixture in each case. As Lipase GH2 content increased from 40 U/g to 160 U/g, the FAME conversion rate increased gradually to 95% (Fig. 4c). There was no further increase in conversion rate at higher lipase content. Thus, 160 U/g Lipase GH2 is appropriate for catalysis of FAME production. In the case of FAEE production, the conversion rate increased gradually to 95% as Lipase GH2 content increased from 40 U/g to 560 U/g (Fig. 4d). Thus, 560 U/g Lipase GH2 is appropriate for catalysis of FAEE production.

3.3.6 Reuse of Lipase GH2

Lipase GH2 was repeatedly reused to evaluate the stability of the catalysis system (Fig. S2). When Lipase GH2 was used for FAME production, the conversion rate was still ~90% after 5 batches (Fig. S2A). In contrast, for FAEE production, the conversion rate declined from 95% in the first batch to 42% in the second batch (Fig. S2B), presumably because of the damaging effect of ethanol on the enzyme.

Optimal conditions for Lipase GH2-catalyzed production of FAME *vs.* FAEE from microalgae oil are compared in Table 1. The strong catalytic ability of Lipase GH2 for FAME and FAEE synthesis (conversion rate≥90%) is also demonstrated by TLC results (Fig. 5). Significant differences in effects on FAME and FAEE production were observed for each of the experimental conditions tested: reaction temperature, water content, alcohol/oil molar ratio, alcohol additional strategy, and enzyme content. There are two major explanations for these differences: (i) Lipase GH2 has different tolerance of methanol *vs.* ethanol. Ethanol had a substantially greater inhibitory effect on the enzyme activity than did methanol. In contrast, Nelson *et al.* (1996) reported that methanol had a greater inhibitory effect on *R. miehei* lipase (lipozyme IM60, a commercial immobilized lipase produced by Novozymes, Denmark), possibly catalyzed by immobilized enzyme and free enzyme is different. In fact, different sources of enzyme can also influence the catalytic properties of the enzyme. For example, Meng *et al.* (2011) found the more tolerance in methanol of *Y. lipolytica* lipase than ethanol which is differs from that of Watanabe *et al.* (2007) who reported that the inhibitory effect of methanol on immobilized *Candida antarctica* lipase was much higher than that of ethanol, which might be due to the difference in lipase source (Watanabe *et al.*, 2007; Meng *et al.*, 2011). Therefore, the catalytic reaction system of enzyme and substrate needs reasonable matching. (ii) The one-carbon difference between methanol (CH_3OH) and ethanol (CH_3CH_2OH), in terms of enzyme substrate preference, may lead to differences in catalytic ability of the two short-chain alcohol donors. When using Lipase GH2 as catalyst, the process of FAME production is generally more simple and economical than that of FAEE production, even though the two processes show similar conversion rates.

Table 1 Optimal conditions used for Lipase GH2-catalyzed production of FAME and FAEE from microalgae oil

Reaction conditions	FAME	FAEE
Reaction temperature/℃	30	30
Water content (quality ratio of water to oil)	0.2	0.5
Alcohol/oil (molar ratio)	3∶1	5∶1
Alcohol additional strategy (steps)	2	4
Enzyme content/(U/g)	160	560
Conversion rate/%	95	95
Reuse of Lipase GH2 (times)	>5	1

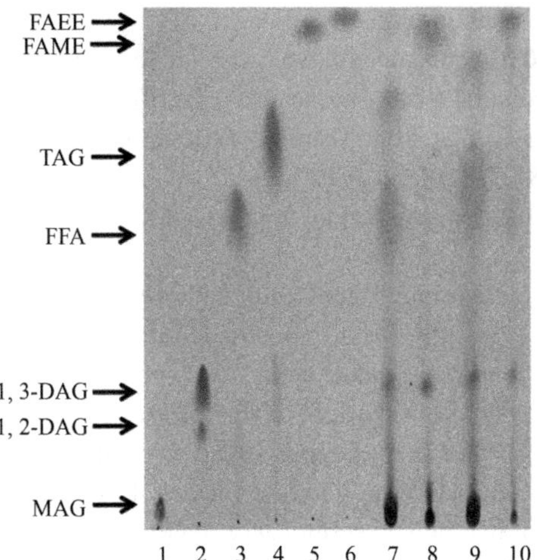

Fig. 5 TLC analysis of reaction mixture components for FAME and FAEE production under optimal conditions

Lane 1. monoacylglycerol (MAG); Lane 2. diacylglycerols (1, 3- and 1, 2-DAG); Lane 3. oleic acid (FFA); Lane 4. triacylglycerol (TAG); Lane 5. FAME; Lane 6. FAEE; Lane 7. samples for FAME production at 0 h and 24 h; Lane 8. samples for FAEE production at 0 h and 24 h

Lipase GH2 appears to have a great advantage in production of biodiesel (FAME and FAEE) from microalgae oil. Microalgae oil consists mainly of FFAs, TAG, DAGs, and MAG, with FFAs as the major component. Lipase GH2 functions as a direct catalyst in the esterification and transesterification reaction for 1-step synthesis of FAME or FAEE. In spite of the damaging effect of ethanol on enzyme activity, we successfully obtained ethyl ester by the enzymatic method. The reaction conditions for FAEE and recovery of target product from the reaction system clearly need to be investigated further.

4. Conclusion

This is the first investigation of differences in Lipase GH2-catalyzed production of FAME *vs.* FAEE, two types of biodiesel. Microalgae oil was extracted from *Chlorella vulgaris*, an excellent feedstock for biodiesel production. Optimal conditions were determined for production of FAME and FAEE, both of which showed high conversion rates in an *n*-hexane system. Lipase GH2 shows great potential as an efficient catalyst for production of biodiesel (FAME or FAEE) from microalgae oil.

References

Ahmad A, Yasin N, Derek C, *et al.* 2011. Microalgae as a sustainable energy source for biodiesel production: a review. Renew Sust Energ Rev, 15(1): 584-593.

Almeida J R, Fávaro L C, Quirino B F. 2012. Biodiesel biorefinery: opportunities and challenges for microbial production of fuels and chemicals from glycerol waste. Biotechnol Biofuels, 5: 48.

Amaro H M, Guedes A, Malcata F X. 2011. Advances and perspectives in using microalgae to produce biodiesel. Appl Energ, 88(10): 3402-3410.

Balat M, Balat H. 2010. Progress in biodiesel processing. Appl Energ, 87(6): 1815-1835.

Bergamasco J, de Araujo M V, de Vasconcellos A, *et al.* 2013. Enzymatic transesterification of soybean oil with ethanol using lipases immobilized on highly crystalline PVA microspheres. Biomass Bioenerg, 59: 218-233.

Chisti Y. 2007. Biodiesel from microalgae. Biotechnol Adv, 25(3): 294-306.

Da Ros P C M, Silva C S P, Silva-Stenico M E, *et al.* 2012. Microcystis aeruginosa lipids as feedstock for biodiesel synthesis by enzymatic route. J Mol Catal B Enzym, 84: 177-182.

Goncalves A L, Pires J C M, Simoes M. 2013. Green fuel production: processes applied to microalgae. Environ Chem Lett, 11(4):

315-324.

Guan F F, Peng P, Wang G L, *et al.* 2010. Combination of two lipases more efficiently catalyzes methanolysis of soybean oil for biodiesel production in aqueous medium. Process Biochemistry, 45(10): 1677-1682.

Gumel A M, Annuar M S M, Heidelberg T, *et al.* 2011. Thermo-kinetics of lipase-catalyzed synthesis of 6-*O*-glucosyldecanoate. Bioresource Technology, 102(19): 8727-8732.

Halim R, Danquah M K, Webley P A. 2012. Extraction of oil from microalgae for biodiesel production: a review. Biotechnol Adv, 30(3): 709-732.

Hu H, Gao J, He J, *et al.* 2013. Codon optimization significantly improves the expression level of a keratinase gene in *Pichia pastoris*. PLoS One, 8(3): e58393.

Huang J J, Xia J, Yang Z, *et al.* 2014. Improved production of a recombinant *Rhizomucor miehei* lipase expressed in *Pichia pastoris* and its application for conversion of microalgae oil to biodiesel. Biotechnol Biofuels, 7: 111.

Jin Z, Han S Y, Zhang L, *et al.* 2013. Combined utilization of lipase-displaying *Pichia pastoris* whole-cell biocatalysts to improve biodiesel production in co-solvent media. Bioresour Technol, 130: 102-109.

Lai J Q, Hu Z L, Sheldon R A, *et al.* 2012b. Catalytic performance of cross-linked enzyme aggregates of *Penicillium expansum* lipase and their use as catalyst for biodiesel production. Process Biochemistry, 47(12): 2058-2063.

Lai J Q, Hu Z L, Wang P W, *et al.* 2012a. Enzymatic production of microalgal biodiesel in ionic liquid [BMIm][PF_6]. Fuel, 95(1): 329-333.

Lee S J, Yoon B D, Oh H M. 1998. Rapid method for the determination of lipid from the green alga *Botryococcus braunii*. Biotechnol Tech, 12(7): 553-556.

Leung D Y, Wu X, Leung M. 2010. A review on biodiesel production using catalyzed transesterification. Appl Energ, 87(4): 1083-1095.

Li X F, Xu H, Wu Q Y. 2007. Large-scale biodiesel production from microalga *Chlorella protothecoides* through heterotropic cultivation in bioreactors. Biotechnol Bioeng, 98(4): 764-771.

Li Z, Yuan H, Yang J, *et al.* 2011. Optimization of the biomass production of oil algae *Chlorella minutissima* UTEX2341. Bioresource Technology, 102(19): 9128-9134.

Lim S, Teong L K. 2010. Recent trends, opportunities and challenges of biodiesel in Malaysia: an overview. Renew Sust Energ Rev, 14(3): 938-954.

Luque R, Lovett J C, Datta B, *et al.* 2010. Biodiesel as feasible petrol fuel replacement: a multidisciplinary overview. Energ Environ Sci, 3(11): 1706-1721.

Mata T M, Martins A A, Caetano N S. 2010. Microalgae for biodiesel production and other applications: a review. Renew Sust Energ Rev, 14(1): 217-232.

Meng Y H, Wang G L, Yang N, *et al.* 2011. Two-step synthesis of fatty acid ethyl ester from soybean oil catalyzed by *Yarrowia lipolytica* lipase. Biotechnol Biofuels, 4: 6.

Minowa T, Yokoyama S Y, Kishimoto M, *et al.* 1995. Oil production from algal cells of *Dunaliella tertiolecta* by direct thermochemical liquefaction. Fuel, 74(12): 1735-1738.

Mohamad Firdaus M Y, Xu X, Guo Z. 2014. Comparison of fatty acid methyl and ethyl esters as biodiesel base stock: a review on processing and production requirements. J Am Oil Chem Soc, 91(4): 525-531.

Nelson L A, Foglia T A, Marmer W N. 1996. Lipase-catalyzed production of biodiesel. J Am Oil Chem Soc, 73(9): 1191-1195.

Ognjanovic N, Bezbradica D, Knezevic Z. 2008. Optimization of the production of biodiesel by a commercial immobilized lipase in a solvent-free system using a response surface methodology. J Serb Chem Soc, 73(2): 147-156.

Pinzi S, Leiva D, López-García I, *et al.* 2014. Latest trends in feedstocks for biodiesel production. Biofuels Bioprod Bioref, 8(1): 126-143.

Pushpendra S, Rahul S, Archana T. 2013. Effect of different amount of enzyme and acyl acceptor on lipase-catalyzed transestrification reaction for high yield of biodiesel from microalgal oil. Int J Chem Tech Res, 5(2): 780-788.

Sivaramakrishnan R, Muthukumar K, 2012. Isolation of thermo-stable and solvent-tolerant *Bacillus* sp. lipase for the production of biodiesel. Appl Biochem Biotech, 166(4): 1095-1111.

Soyaslan E S, Calik P. 2011. Enhanced recombinant human erythropoietin production by *Pichia pastoris* in methanol fed-batch/sorbitol batch fermentation through pH optimization. Biochem Eng J, 55(1): 59-65.

Tran D T, Chen C L, Chang J S. 2013. Effect of solvents and oil content on direct transesterification of wet oil-bearing microalgal biomass of *Chlorella vulgaris* ESP-31 for biodiesel synthesis using immobilized lipase as the biocatalyst. Bioresour Technol, 135: 213-221.

Watanabe Y, Nagao T, Nishida Y, *et al.* 2007. Enzymatic production of fatty acid methyl esters by hydrolysis of acid oil followed by esterification. J Am Oil Chem Soc, 84(11): 1015-1021.

Yu M, Wen S, Tan T. 2010. Enhancing production of *Yarrowia lipolytica* lipase Lip2 in *Pichia pastoris*. Eng life Sci, 10(5): 458-464.

Zhang J, Cui C, Chen H, *et al.* 2014. The completion of esterification of free fatty acids in *Zanthoxylum bungeanum* seed oil with ethanol. Int J Green Energy, 11(8): 822-832.

Supplementary material: http://dx.doi.org/10.1016/j.biortech.2014.12.072.

本文原载: Bioresource Technology, 2015, 180: 47-53.

Overexpression of a Bifunctional Enzyme, CrtS, Enhances Astaxanthin Synthesis Through Two Pathways in *Phaffia rhodozyma**

Shuang Chi[1], Yanfeng He[1], Jie Ren[1], Qian Su[1], Xingchao Liu[1], Zhi Chen[1], Mingan Wang[2], Ying Li[1], Jilun Li[1]

(1. State Key Laboratories for Agrobiotechnology, College of Biological Sciences, China Agricultural University, Beijing, 100193, China; 2. Department of Applied Chemistry, College of Sciences, China Agricultural University, Beijing, 100193, China)

Abstract

Background: A moderate-temperature, astaxanthin-overproducing mutant strain (termed MK19) of *Phaffia rhodozyma* was generated in our laboratory. The intracellular astaxanthin content of MK19 was 17-fold higher than that of wild-type. The TLC profile of MK19 showed a band for an unknown carotenoid pigment between those of β-carotene and astaxanthin. In the present study, we attempted to identify the unknown pigment and to enhance astaxanthin synthesis in MK19 by overexpression of the *crtS* gene that encodes astaxanthin synthase (CrtS).

Results: A *crtS*-overexpressing strain was constructed without antibiotic marker. A recombinant plasmid with lower copy numbers was shown to be stable in MK19. In the positive recombinant strain (termed CSR19), maximal astaxanthin yield was 33.5% higher than MK19, and the proportion of astaxanthin as a percentage of total carotenoids was 84%. The unknown carotenoid was identified as 3-hydroxy-3′, 4′-didehydro-β, Ψ-carotene-4-one (HDCO) by HPLC, mass spectrometry, and NMR spectroscopy. CrtS was found to be a bifunctional enzyme that helped convert HDCO to astaxanthin. Enhancement of *crtS* transcriptional level increased transcription levels of related genes (*crtE*, *crtYB*, *crtI*) in the astaxanthin synthesis pathway. A scheme of carotenoid biosynthesis in *P. rhodozyma* involving alternative bicyclic and monocyclic pathways is proposed.

Conclusions: CrtS overexpression leads to up-regulation of synthesis-related genes and increased astaxanthin production. The transformant CSR19 is a stable, secure strain suitable for feed additive production. The present findings help clarify the regulatory mechanisms that underlie metabolic fluxes in *P. rhodozyma* carotenoid biosynthesis pathways.

Keywords

Phaffia rhodozyma, astaxanthin, HDCO, astaxanthin synthase (CrtS), overexpression.

---

*This study was supported by grants from the National Natural Science Foundation of China (No. J1103520) and the Undergraduate Innovation Program of China Agricultural University (No. 201210019030 and No. 2015jk001). The authors are grateful to Prof. Bodi Hui, Miss Ping Gong (Beijing Union University), Dr. Geng Lin (Institute of Medicinal Plant Development, China Academy of Medical Sciences) and Dr. Zhen Li (China Agricultural University) for help and suggestions, and to Dr. S. Anderson for English editing of the manuscript.

1. Background

Astaxanthin (3, 3′-dihydroxy-β, β-carotene-4, 4′-dione), a red-orange carotenoid compound, has undergone considerable commercial development in recent decades (Higuera-Ciapara *et al.*, 2006) because of its usefulness in aquaculture as feed additive (Baker *et al.*, 2002; Bjerkeng *et al.*, 2007) and in medicine/health care as an antioxidant reagent that reduces oxidative damage caused by reactive oxygen species (ROS) (Tatsuzawa *et al.*, 2000; Guerin *et al.*, 2003).

The basidiomycetous yeast *Phaffia rhodozyma* (sexual form, *Xanthophyllomyces dendrorhous*) synthesizes astaxanthin as a primary carotenoid pigment and β-carotene (the precursor of astaxanthin) as a secondary abundant pigment. Astaxanthin comprises ~70% of total pigment molecules in *P. rhodozyma*, and the cells can be used directly as a feed additive (Rodriguez-Saiz *et al.*, 2010).

Because of the commercial importance of astaxanthin, many studies have focused on mutation breeding of more productive *P. rhodozyma* strains (Rodriguez-Saiz *et al.*, 2010; Schmidt *et al.*, 2011) or optimization of the fermentation process (Ramirez *et al.*, 2001; Breitenbach *et al.*, 2011), resulting in increased astaxanthin-producing capacity (Reynders *et al.*, 1996).

We previously generated a moderate-temperature, astaxanthin-overproducing mutant *P. rhodozyma* strain, termed MK19, by NTG and Co60 mutagenesis (Miao *et al.*, 2010). In comparison with wild-type strain JCM9042, fatty acid content was lower, optimized astaxanthin yield was ~17-fold higher, and carotenoid composition was strikingly altered in MK19. Substrate (β-carotene) and intermediate molecules (keto derivatives) were converted more efficiently to the desired end product astaxanthin in MK19; in comparison with JCM9042, the percentage of astaxanthin increased from 61% to 66%, and the combined percentage of β-carotene and keto derivatives decreased from 28% to 14%. The content of an unidentified pink/purple-colored carotenoid was 15% higher in MK19 than in JCM9042. HPLC and TLC profiles of carotenoids produced by MK19 are shown in Fig. 1a, 1b. The peaks and arrows indicated by numbers 1 to 5 were identified respectively as astaxanthin, the unknown carotenoid, two keto derivatives (3, 4), and β-carotene. The chromatographic properties and absorption spectra data of the unknown carotenoid suggested that it is an intermediate in astaxanthin production. Enhanced activity of astaxanthin synthase (CrtS) would presumably increase conversion of the unknown carotenoid and others to astaxanthin.

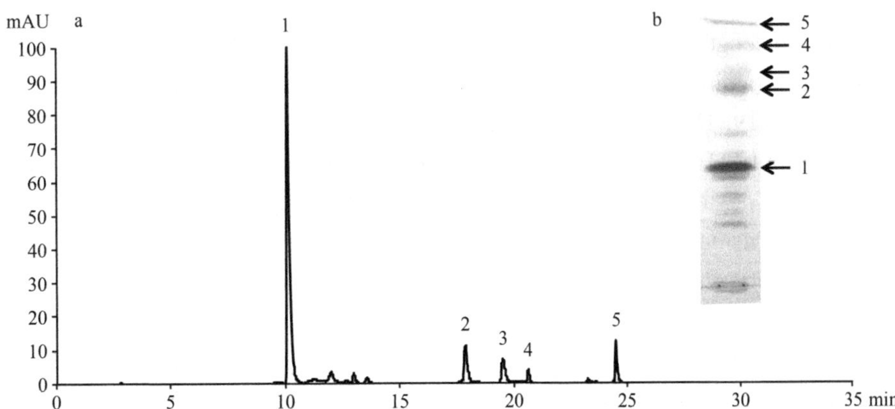

Fig. 1 HPLC and TLC profiles of carotenoids produced by *P. rhodozyma* mutant strain MK19
(Color figure in the two-dimensional code at the back cover)

Cells were cultured in flasks for 120 h. a. HPLC profiles (detection wavelength 480 nm). b. TLC profiles. Peak numbers in (a) correspond to arrow numbers in (b). 1. astaxanthin; 2. unknown carotenoid; 3, 4. keto derivatives; 5. β-carotene. Astaxanthin (66% of total carotenoids) was the predominant carotenoid. The unknown pigment (2), rather than β-carotene (5), was the second most abundant

Astaxanthin is the most developed xanthophyll, and its antioxidant activity is higher than that of other carotenoids (Higuera-Ciapara *et al.*, 2006). The goal of most *P. rhodozyma* studies is to increase production of total carotenoid pigments, particularly astaxanthin. Genetic engineering of the carotenoid biosynthesis (carotenogenic) pathway is a powerful tool for enhancing astaxanthin production (Lee *et al.*, 2002; Breitenbach *et al.*, 2011; Gassel *et al.*, 2014).

It was unclear from previous studies whether the unknown carotenoid can re-enter the carotenogenic pathway to further increase astaxanthin production. The *crtS* gene is involved in conversion of β-carotene to xanthophylls. This multifunctional P450 monooxygenase catalyzes all steps in the pathway from β-carotene to astaxanthin by oxygenation of carbons 3 and 4 (Alvarez *et al.*, 2006; Ojima *et al.*, 2006), with the help of an auxiliary cytochrome P450 reductase (CPR) encoded by *crtR* gene which provides CrtS with the necessary electrons for substrate oxygenation (Alcaino *et al.*, 2008). In the present study, the *crtS* gene was overexpressed in an attempt to transfer accumulated unknown carotenoid and further increase astaxanthin production. Comparison of carotenoid profiles between MK19 and the target transformants allowed us to clarify the relationship between carotenoid composition and cell phenotype resulting from *crtS* overexpression.

2. Results and Discussion

Classical mutagenesis is typically performed as the initial strategy for overproduction of astaxanthin in *P. rhodozyma*. The mutant MK19 was selected as an astaxanthin-overproducing host strain. Astaxanthin yield can be further enhanced by genetic modification of the carotenoid synthesis pathway. We were interested by a pink/purple-colored unknown carotenoid whose level was ~15% higher in MK19 than in wild-type strain. To evaluate the potential of the unknown compound as a substrate for further production of astaxanthin through up-regulation of astaxanthin synthase (CrtS) gene, an episomal vector to achieve functional CrtS overexpression in homologous host MK19 was used and examined the effect on astaxanthin synthesis.

2.1 Construction of CrtS-overexpressing strains

The *crtS* gene has a length of 3,167 bp, including 17 introns and 18 exons, and encodes a 62.6 kDa protein composed of 557 amino acids. We found consistent sequences in wild-type *P. rhodozyma* strain JCM9042 and mutant MK19. During cloning of CrtS cDNA, we obtained for the first time an alternative transcript in MK19 with only 114 amino acids. Lodato *et al.* (2003) reported that the ratio of mature mRNA to alternative mRNA for *crtI* (phytoene desaturase gene) and *crtYB* (lycopene cyclase gene) changed in response to physiological or environmental conditions (Lodato *et al.*, 2003). The proportion of *crtS* alternative transcript may have a similar regulatory function in carotenogenesis.

To compare the function of homologous Rbs (in *P. rhodozyma crtS*) with that of heterologous Rbs (in pGBKT7 carrying that of *Saccharomyces cerevisiae*) and to achieve alternative CrtS expression level, two lengths of *crtS* cDNA fragment were amplified and fused into the ADH1 (alcohol dehydrogenase isozyme I) promoter-terminator cassette of pGBKT7, resulting in plasmids pGBKT7-*crtSr* (containing Rbs of *crtS* gene, Additional Files 1: Fig. S1A) and pGBKT7-*crtS* (plasmid carrying Rbs, Additional Files 1: Fig. S1B). Following electroporation into MK19, ~40% of two types of cells survived. Thirty positive colonies with dark-red color were selected. Following flask culture and evaluation of cell density and total pigment content, the two best-performing transformants, termed CSR19 (containing pGBKT7-*crtSr*) and CS19 (containing pGBKT7-*crtS*), were selected for the subsequent experiments.

2.2 Plasmid copy numbers in the transformants

Target plasmid copy numbers in CS19 and CSR19 were determined by qPCR. For separate detection of plasmid and host chromosomal DNA (*β-actin*), two primer sets (see Additional Files 2: Table S1) specific for the plasmid pGBKT7 GAL4 DNA binding domain (DNA-BD) and *β-actin* (internal reference) from the *P. rhodozyma* chromosome were used. Standard curves for *β-actin* (Additional Files 3: Fig. S2A) and DNA-BD (Additional Files 3: Fig. S2B) were constructed by serial 10-fold dilution of the quantitative standard sample, pGBKT7-*actin*. Each standard dilution was amplified by qPCR in triplicate. For each gene, Cp values were plotted against the logarithm of known initial copy numbers (n=2). Standard curves were generated by linear regression through these points, and had coefficient of determination (R^2)=0.99994 for DNA-BD and 0.99985 for *β-actin*.

Amplification specificity of primer sets specific for chromosomal and pGBKT7 sequences was checked by melting curve analysis (data not shown), and qPCR amplifications of total DNA of CS19 and CSR19 were performed simultaneously with standard samples. Absolute copy numbers of *β-actin* and DNA-BD were determined from the corresponding standard curves. Plasmid copy numbers in CS19 and CSR19 cells were calculated by dividing the copy number of DNA-BD by the copy number of *β-actin*. Plasmid copy numbers were 9.1 for CS19 and 8.2 for CSR19 (Additional Files 3: Fig. S2C). Although plasmid copy numbers were not increased, transfer >10 times of positive strains on YPD solid medium slants showed that the plasmids remained stable, indicating good compatibility between the plasmid (pGBKT7) and host cell. The lower levels of heterologous protein expressed in the host presumably did not pressure the endoplasmic reticulum and Golgi apparatus, and the plasmid could undergo stable replication in the cells. *P. rhodozyma* can be used directly as a feed additive, and we therefore do not need to consider additional markers for engineering of strains (as is the case in antibiotic resistance screening). The stability and security of the strains are promising for our applications.

2.3 Overexpression of CrtS promotes cell growth and astaxanthin yield

CSR19, CS19, and MK19 were grown in flasks to evaluate the effect of CrtS overexpression. Aliquots were collected at 24 h, 48 h, 72 h, 96 h, and 120 h for determination of biomass production and amounts of synthesized astaxanthin. Experiments were performed in triplicate or quadruplicate.

Cell growth and astaxanthin yield for the three strains are summarized in Fig. 2. Both these parameters were promoted in CSR19 and CS19, thereby enhancing oxidative stress tolerance. Carotenoids, being secondary metabolites, are not essential for cell survival, but do promote biomass accumulation under oxidative conditions. Cell dry weight was enhanced after 120 h by 36.5% and 12.2% for CSR19 and CS19 respectively, compared with MK19 (Fig. 2a). CrtS overexpression resulted in excessive astaxanthin production. Maximal astaxanthin yield was 25.3 mg/L for CSR19 and 21.2 mg/L for CS19, that 33.9% and 12.2% higher than for MK19, respectively (Fig. 2b). These results demonstrated the capacity of *P. rhodozyma* for increased carotenoid synthesis, and its potential as a “cell factory” for commercial-scale production of various carotenoids.

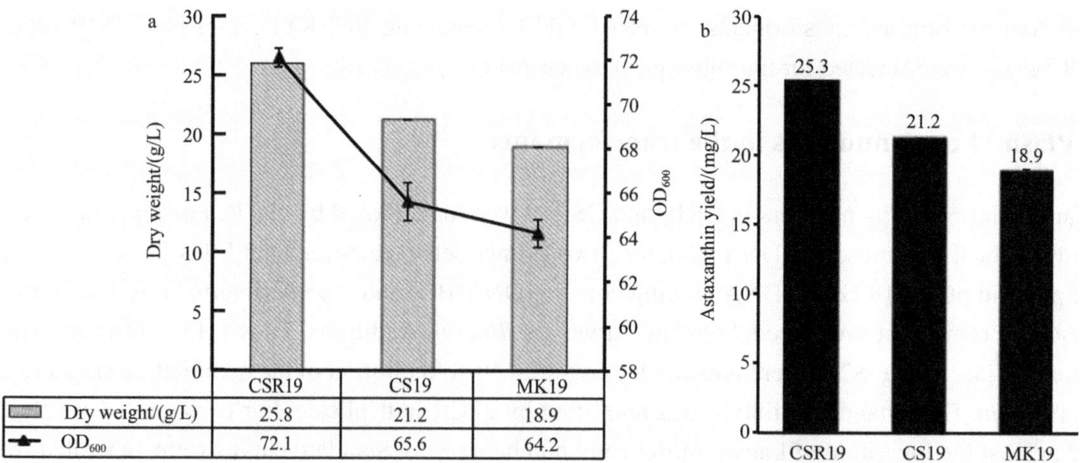

Fig. 2 Comparative biomass and astaxanthin yields in strains MK19, CS19, and CSR19 during flask fermentation for 120 h

a. Dry weights and OD_{600} values for the three strains. Cell dry weights were determined by centrifuging 20 ml broth at 12,000× *g*, rinsing with distilled water, and drying at 105℃ to a constant weight (~10 h). Dry weights were 25.8 g/L for CSR19, 21.2 g/L for CS19, and 18.9 g/L for MK19. b. Astaxanthin yields (values shown are means of three individual cultures) were 25.3 mg/L for CSR19 and 21.2 mg/L for CS19 (33.5% and 11.8% higher than the value for MK19). Error bars: S.D. from three independent biological replicate experiments

The effects of broth amount (6% *vs.* 10% filling amount) on growth and carotenogenesis of the three strains were also studied. Because of their higher carotenoid synthesis, CSR19 and CS19 were less sensitive to oxygen content in medium; biomass accumulation and carotenoid synthesis did not show difference markedly for 6% *vs.* 10% filling amount. Limitation of oxygen supply is often a problem in industrial fermentation; therefore, the lack of sensitivity to this parameter is an advantage for astaxanthin production.

2.4 Adaptation of carotenoid composition to CrtS expression level

CSR19 and CS19 differ in the Rbs sequence in the upper end of expressed target gene *crtS*. The comparative study of cell growth and astaxanthin synthesis suggested that Rbs of *crtS* (harbored by pGBKT7-*crtSr*) has higher affinity with ribosomes, which results in more efficient synthesis of CrtS. Changes in metabolic flux direction were observed among carotenoid biosynthesis pathways, those indicated adaptation to differences in CrtS activity between CSR19 and CS19.

Proportions of various pigment compounds in the three strains are shown in Table 1. Relative to MK19, CSR19 had a 7% higher proportion of astaxanthin, 6% lower proportion of β-carotene, and similar proportion of the unknown carotenoid. In contrast, CS19 had similar astaxanthin, 5% lower β-carotene, and 4% higher proportion of the unknown carotenoid. These findings indicated that redundant substrates for xanthophyll synthesis (*e.g.*, β-carotene and keto derivatives) may be further transformed to both astaxanthin and the unknown carotenoid through increased CrtS (astaxanthin synthase) activity.

Table 1 Composition of major carotenoids in three strains#

Strain	Astaxanthin	HDCO	Keto 1	Keto 2	β-carotene	Other carotenoids
CSR19	73.3±1.0	7.5±0.6	0.6±0.1	0.3±0.1	0.7±0.1	17.6±1.8
CS19	67.2±0.8	11.8±0.7	1.8±0.1	0.5±0.1	1.8±0.0	17.0±0.1
MK19	66.3±0.3	7.6±0.3	5.3±0.1	2.0±0.0	6.8±0.3	12.0±0.3

Values shown are proportions of the given compound as a percentage of total pigments in the given strain (mean from 3 individual cultures)

Abundant CrtS may lead to maximal proportion of astaxanthin (the desired end product), whereas insufficient CrtS may lead to accumulation of the unknown carotenoid. Relative production of the various compounds regulated by CrtS clearly depend on CrtS expression level.

2.5 Overexpression of CrtS stimulates the entire carotenogenesis pathway

To clarify the regulatory mechanism of carotenogenesis in CrtS-overexpressing strains, transcription levels of four genes were studied in CSR19, CS19 and MK19. The genes, all involved in the carotenoid biosynthesis pathway in *P. rhodozyma*, were *crtE* [encoding geranylgeranyl pyrophosphate (GGPP) synthase], *crtYB* (encoding phytoene synthase), *crtI* (encoding phytoene desaturase), and *crtS*. Transcription levels at various incubation times are summarized in Fig. 3. Expression of *crtS*, the target of overexpression, was strongly enhanced in CSR19 and CS19. Relative to MK19, *crtS* expression was increased consistently for CSR19 (7-fold at 48 h and 72 h, 10-fold at 96 h) and for CS19 (14-fold at 48 h, 3-fold at 72 h, 16-fold at 96 h) throughout the fermentation process. Thus, our overexpression strategy was successful.

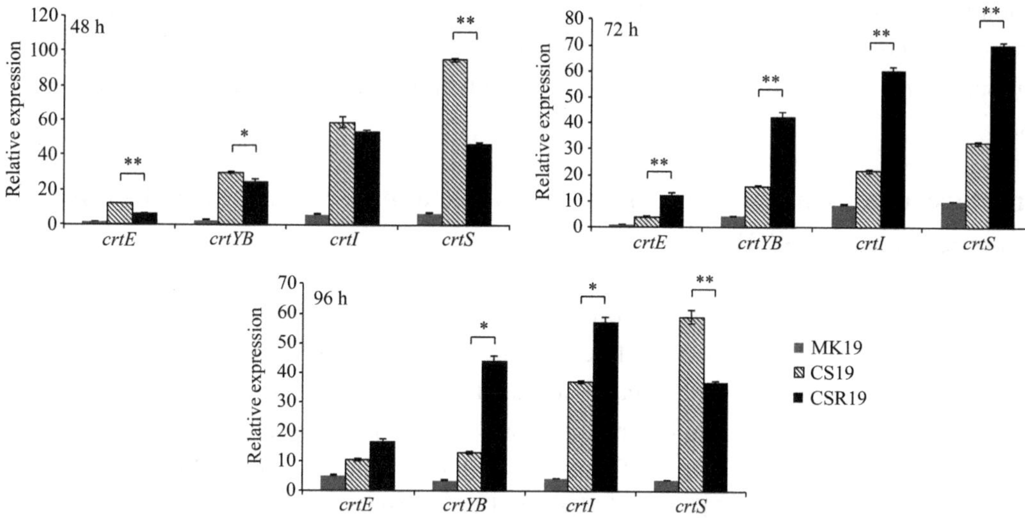

Fig. 3　Relative transcription levels of four astaxanthin synthesis-related genes in MK19, CS19, and CSR19 as a function of time

Each strain was flask-cultured for five days. *β-actin* was used as an internal reference gene for normalization. Expression of *crtE* in MK19 at 48 h was defined as 1, and expression levels of other genes were measured relative to this value. Differences of gene expression between CS19 and CSR19 were analyzed by *t*-test, and significant differences are indicated by ** ($P<0.01$) or * ($0.01<P<0.05$). The *crtS* expression was much higher in CSR19 and CS19 than in MK19. Values shown are means of three individual cultures. Error bars: S. D. from three independent biological replicate experiments

Besides the overexpression of *crtS*, mRNA transcription of *crtE*, *crtYB*, and *crtI* was also much higher in CSR19 and CS19 than in MK19. The first step of the carotenoid pathway is GGPP synthesis catalyzed by CrtE. Overexpression of *crtE* (3- to 12-fold higher in CSR19 and 2- to 9-fold higher in CS19 than in MK19) contributed to increased carotenogenic flux. In many microorganisms, phytoene and lycopene formation are rate-limiting steps in carotenogenesis. Relative to MK19, transcription levels were 9- to 13-fold higher for *crtYB* and 7- to 14-fold higher for *crtI* in CSR19. Similarly, relative transcription levels were 4~11 times higher for *crtYB* and 2~10 times higher for *crtI* in CS19 at various growth stages. These findings indicated that the genes for carotenogenic enzymes are co-regulated, and that genetic manipulation of just one of the genes can induce the entire pathway through step-by-step relief of product feedback inhibition.

The large observed increase in astaxanthin suggested that it was not the inhibitor of this multi-enzyme reaction sequence. Our kinetic studies of mRNA expression patterns of structural carotenogenic genes and their relationship with carotenoid biosynthesis showed significant differences ($P<0.01$) between CSR19 and CS19 in expression of the first and last genes responsible for astaxanthin synthesis (*crtE* and *crtS*) during the cell growth period (48 h). When entering the stationary phase (72 h), transcription levels in CSR19 compared with CS19 were 3 times higher for *crtE*, *crtYB*, and *crtI*, and 2 times higher for *crtS* ($P<0.01$ in each case). 72 h corresponded to the period of most rapid astaxanthin synthesis (the greatest accumulation in CSR19), suggesting that accumulation of sufficient carotenogenic enzymes was necessary for maximal pigment synthesis at the appropriate time. At 96 h, reduction of cell growth and astaxanthin synthesis caused a ~37% downregulation of *crtS* expression in CSR19 relative to CS19, in contrast to the other three carotenogenic genes which remained more highly expressed in CSR19. In the two transformants, differential expression patterns of the four genes were correlated with differential carotenoid formation patterns.

The ADH1 promoter on pGBKT7 is a modified version of the ADH1 promoter from the yeast *S. cerevisiae*. Its activity increases throughout the yeast growth cycle in both the glucose and ethanol consumption phases. When 300 bp of the upstream sequence was deleted, the promoter became active only in the ethanol consumption phase (Ruohonen *et al.*, 1995), corresponding to the phase of rapid carotenoid accumulation. Promotion of carotenogenic gene expression at this phase may lead to stimulation of pigment synthesis.

2.6 Structure identification of the unknown carotenoid as 3-hydroxy-3′,4′-didehydro-β, ψ-carotene-4-one (HDCO)

It was not possible to identify the unknown carotenoid unequivocally on the basis of chromatographic properties and absorption spectra data. Therefore, high resolution MS (Additional Files 4: Fig. S3) and NMR (Additional Files 5: Fig. S4 and Additional Files 6: Table S2) analysis were performed for structural confirmation. High resolution fast-atom bombardment MS gave a quasi-molecular ion peak at *m/z* 565.40387 for $[M+H]^+$, compatible with the carotenoid formula $C_{40}H_{52}O_2$. Application of MS/MS analysis allowed us to identify ion fragment peaks at *m/z* 547.393 37 ($[M+H-H_2O]^+$) (Additional Files 4: Fig. S3). The ^1H and ^{13}C NMR spectral data of the unknown carotenoid were assigned by 2D COSY experiment, which showed it was identical with those of HDCO (Additional Files 5: Fig. S4 and Additional Files 6: Table S2). It was consistent with the report that HDCO is the major product of the monocyclic carotenoid biosynthesis pathway in *P. rhodozyma* (Maoka *et al.*, 2012).

2.7 Conversion of HDCO to astaxanthin through enhanced CrtS activity

In view of the high production and proportion of astaxanthin obtained in CSR19, we performed single batch fermentation of this strain in a 7.5-L bioreactor. Similar results were obtained in repeated batches. As observed in a representative example (Additional Files 7: Fig. S5), the exponential phase of cell growth began at 16 h and the stationary phase began at 40 h. The accumulated biomass was maximal (dry weight 24.5 g/L) at the end of the exponential phase (Additional Files 7: Fig. S5A). Astaxanthin accumulated quickly from 40 h to 48 h, and the level did not change notably thereafter. Maximal values were 27.8 mg/L for astaxanthin yield (47.1% higher than for MK19 in the conical flask) and 1,200 μg/g for astaxanthin concentration (Additional Files 7: Fig. S5B). Dissolved oxygen level was greater in the bioreactor than in the conical flask, enhancing the oxygenase activity of CrtS and the accumulation of astaxanthin and HDCO as oxidation products.

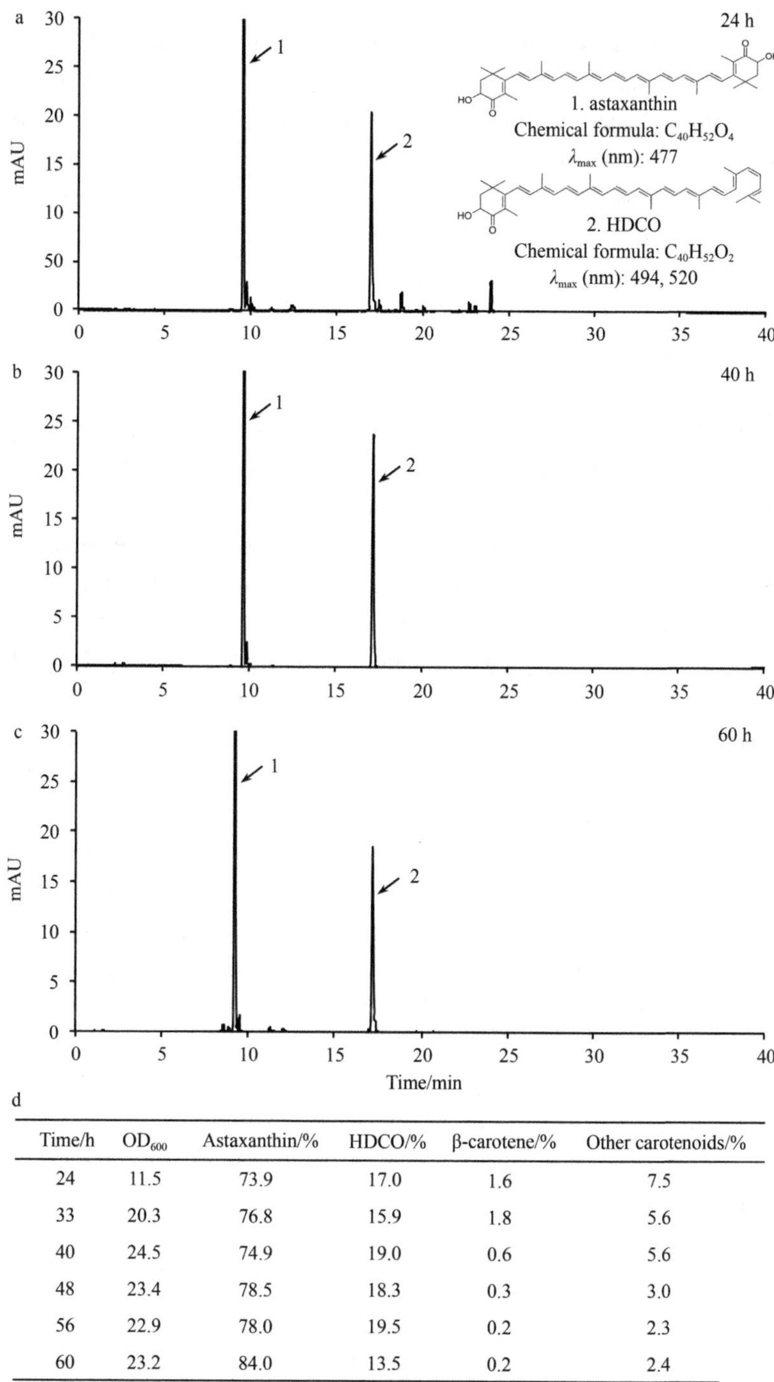

Time/h	OD_{600}	Astaxanthin/%	HDCO/%	β-carotene/%	Other carotenoids/%
24	11.5	73.9	17.0	1.6	7.5
33	20.3	76.8	15.9	1.8	5.6
40	24.5	74.9	19.0	0.6	5.6
48	23.4	78.5	18.3	0.3	3.0
56	22.9	78.0	19.5	0.2	2.3
60	23.2	84.0	13.5	0.2	2.4

Fig. 4　Carotenoid composition of CSR19 during fermentation in 7.5-L bioreactor

HPLC profiles sampling at 24 h (a), 40 h (b), and 60 h (c). Major carotenoid composition monitored at intervals of 8~12 h throughout the culture period (d). Detection wavelength: 480 nm. Details of the two major peaks (1, astaxanthin; 2, HDCO) are shown at upper right corner. The maximal astaxanthin peak was normalized as 100 mAU for evaluation of changes in HDCO proportion. The HDCO proportion increased during cell growth (log and exponential phases and declined ~30% in the stationary phase), during which astaxanthin proportion increased accordingly. At 60 h, astaxanthin (84.0%) and HDCO (13.4%) were the only notable carotenoids; others were present in trace amounts

Carotenoid composition of cultured CSR19 during bioreactor fermentation was evaluated in detail. HPLC profiles of pigments at 24 h, 40 h, and 60 h are shown in Fig. 4a~c. The 24 h sample, besides major peaks 1 (astaxanthin) and 2 (HDCO), has minor peaks corresponding to intermediate products such as keto carotenoids and β-carotene. In contrast, only peaks 1 and 2 are detectable in the 40-h and 60-h samples. The carotenoid profile changed and sampling time details were shown in Fig. 4d. The proportion of HDCO relative to total carotenoids increased from 17% to 19% until the stationary phase began at 40 h; thereafter the HDCO proportion declined by 6% while the astaxanthin proportion increased by 6%. Little change in total carotenoid and β-carotene content was observed during the entire conversion process. It is therefore reasonable to assume a relationship between the synthesis levels of HDCO and astaxanthin; the reduced proportion of the former was associated with the increased proportion of the latter (and high CrtS level) during the period of rapid astaxanthin accumulation (40~60 h). At the end of culture, the proportion of astaxanthin was 84% (18% higher than in MK19) and that of the unknown carotenoid was 13.4%. The only other components were trace carotenoids.

A bicyclic carotenogenic pathway in *P. rhodozyma* has been well documented (Verdoes *et al.*, 1999a, 1999b; Niklitschek *et al.*, 2008). A proposed scheme for astaxanthin synthesis in *P. rhodozyma* based on the present and previous studies is presented in Fig. 5. Synthesis starts from acetyl coenzyme A, then enters a terpenoid synthesis pathway (Sharma *et al.*, 2015). Conversion of isoprenoid precursors into β-carotene occurs through four sequential enzymatic steps, catalyzed by GGPP synthase (encoded by *crtE*), phytoene synthase (encoded by *crtYB*), phytoene desaturase (encoded by *crtI*), and lycopene cyclase (also encoded by *crtYB*) (Verdoes *et al.*, 1999a, 1999b). A monocyclic carotenoid biosynthesis pathway (also shown in Fig. 5) was proposed (An *et al.*, 1999). It diverges from the bicyclic pathway at neurosporene, with HDCO as the primary product, produced through β-zeacarotene, γ-carotene, and torulene.

The *crtS* gene in *P. rhodozyma* was originally reported as encoding a bifunctional hydroxylase/ketolase enzyme responsible for conversion of β-carotene to astaxanthin (Alvarez *et al.*, 2006; Ojima *et al.*, 2006). Subsequent complementation experiments on *P. rhodozyma* mutants, and expression analysis in *Mucor circinelloides* and *S. cerevisiae*, showed that CrtS has only hydroxylase activity (Martin *et al.*, 2008). Based on the results of the present study, we propose that CrtS has bifunctional enzymatic activities in both the bicyclic and monocyclic carotenoid biosynthesis pathways. As indicated by the dashed line at the bottom of Fig. 5, carotenoid substrates may be transformed to HDCO as well as astaxanthin during the pigment-accumulating period. HDCO may be converted to astaxanthin at later stages of cell growth, through enhanced CrtS activity.

No standard enzymatic method for detection of CrtS activity has yet been established. The next step in our studies is heterologous expression of the enzyme, to be used as a basis for practical determination of enzyme activity, and further elucidation of enzyme function.

3. Conclusions

CrtS appears to be a bifunctional enzyme, responsible for both regulation of carotenoid biosynthesis pathways and conversion of HDCO to astaxanthin. CrtS overexpression leads to up-regulation of synthesis-related genes and increased astaxanthin production. The transformant CSR19 is a stable, secure strain suitable for feed additive production. The present findings help clarify the regulatory mechanisms that underlie metabolic fluxes in *P. rhodozyma* carotenoid biosynthesis pathways.

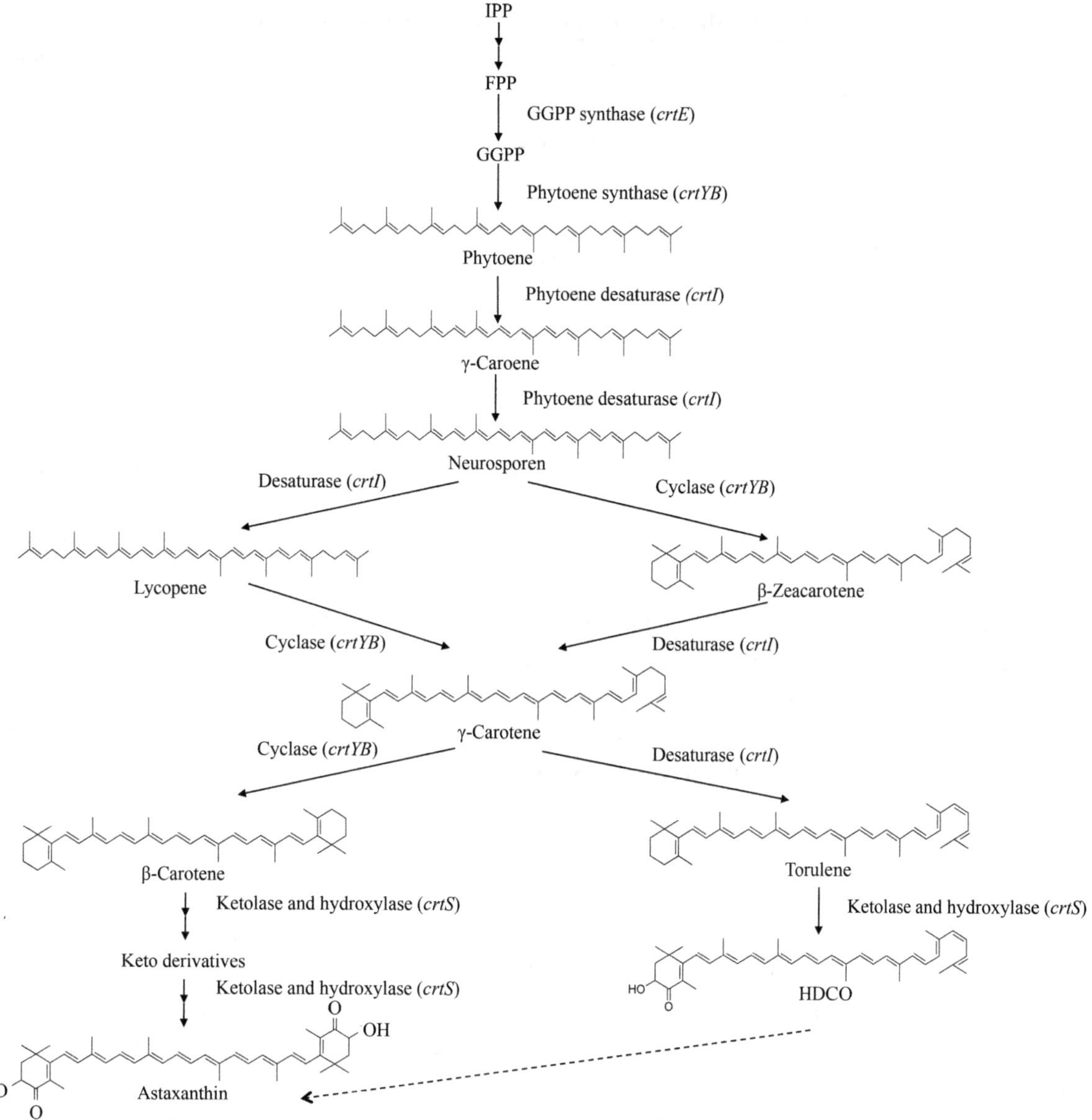

Fig. 5　Proposed bicyclic and monocyclic carotenoid biosynthesis pathways in *P. rhodozyma*

The starting compound, acetyl-CoA, passes through the mevalonate pathway for synthesis of isopentenyl pyrophosphate (IPP) and farnesyl pyrophosphate (FPP) as isoprenoid precursors. The following bicyclic pathway involves sequential synthesis of, GGPP, phytoene, lycopene, and β-carotene by a series of catalytic enzymes encoded respectively by *crtE*, *crtYB*, and *crtI*. The recently proposed monocyclic pathway diverges from the bicyclic pathway at neurosporene, with HDCO as the primary product, produced through β-zeacarotene, γ-carotene, and torulene. Results of the present study suggested that CrtS functions in both the bicyclic and monocyclic pathways. Increased levels or activity of CrtS allow HDCO to be used as a substrate for further enhancement of astaxanthin yield (dashed line at bottom)

4. Materials and Methods

4.1　Strains, plasmids, and culture conditions

Mutant *P. rhodozyma* strain MK19 was generated from wild-type JCM9042 by NTG and Co60 mutagenesis in our previous study (Miao *et al.*, 2010). The microbial strains and plasmids used in the present study are listed in Table 2. All strains were maintained on potato dextrose agar (PDA) slants at 4℃.

Table 2 Microbial strains and plasmids used in this study

Strains or Plasmids	Description	Source or reference
Strains		
JCM9042	wild-type strain of *P. rhodozyma*	Institute of Physical and Chemical Research (RIKEN), Japan
MK19	generated by NTG and ^{60}Co mutagenesis from JCM9042	Miao *et al.*, 2010
CSR19	CrtS-overexpressing strain (with Rbs of *P. rhodozyma crtS* gene)	present study
CS19	CrtS-overexpressing strain (with Rbs of plasmid pGBKT7)	present study
E. coli DH5α	*EndA1 hsdR17 [r-m+] supE44 thi-1 recA1 gyrA [NalR]relA1Δ[lacZYA-argF] U169deoR [Φ80Δ]M15]*	Green and Sambrook, 2012
Plasmids		
pGBKT7	expression vector, ADH1 promoter, Km^r	donated by Dr. Huiqiang Lou
pGBKT7-*crtSr*	pGBKT7 derivative containing *crtSr* gene (with Rbs of *P. rhodozyma crtS* gene)	present study
pGBKT7-*crtS*	pGBKT7 derivative containing *crtS* gene (with Rbs of plasmid pGBKT7)	present study
pMDTM18-T	cloning vector for gene sequencing, Amp^r	Takara Co., Japan

Media, seed culture, and flask fermentation were as described previously (Miao *et al.*, 2010). Batch fermentation was performed in a 7.5 L bioreactor (Baoxing; Shanghai, China) containing 5 L medium, with initial glucose concentration 60% (*w*/*V*), temperature 25℃, pH 5.0, agitation at 700 r/min, and aeration rate 10 L/min. Optical cell density (OD_{600}), cell dry weight, astaxanthin production, and glucose consumption were monitored at intervals of 8~12 h throughout the culture period.

4.2 Construction of *crtS*-overexpressing strains

4.2.1 Two kinds of plasmids for expression of *crtS*

Total RNAs of strains JCM9042 and MK19 were isolated and reverse-transcribed to cDNAs as described previously (Miao *et al.*, 2011). The cDNAs were used as templates for cloning of *crtS*. Based on the published *crtS* sequence of *P. rhodozyma* ATCC 24230 (GenBank accession # DQ002006), three primers (termed crtSrCPF, crtSrCPR, crtSCPF) were designed to make two primer sets for specific amplification of MK19 *crtS* sequences with and without ribosome binding site (Rbs). All PCR primer sequences used in this study are listed in Additional Files 2: Table S1. Fragments of the expected size (~1.8 kb) were subcloned into vector pMDTM18-T (Takara Co.; Otsu, Japan) and sequenced. Confirmed CrtS cDNA inserts were excised with restriction enzymes *Nco* I and *Pst* I and ligated into *Nco* I and *Pst* I sites of vector pGBKT7 to yield pGBKT7-*crtSr* and pGBKT7-*crtS*, respectively (Additional Files 1: Fig. S1).

4.2.2 Screening and detection of positive transformants

We used a transformation protocol developed previously (Wery *et al.*, 1998; Niklitschek *et al.*, 2008) with several modifications: (i) culture temperature 25℃; (ii) harvested cell density (OD_{600}) ~1; (iii) plasmid DNA 4 μl (5 μg/μl) was mixed in 80 μl cell suspension; (iv) electroporation (MicroPulser, Bio-Rad; Hercules, CA, USA) parameters: voltage 2,000 V, pulse length 4 ms, electrode gap 0.2 cm.

A plasmid of each transformant was extracted using a yeast plasmid extraction kit (Tiangen Biotech; Beijing, China) and identified by PCR using primers crtSIDF (one of the sequencing primers on pGBKT7) and crtSIDR (whose sequence corresponds to the *crtS* gene). Successful amplification of the expected-length fragment confirmed the *crtS*-overexpressing plasmid. Concentrated plasmids were sequenced for final identification of *crtS* gene expression sequence.

4.2.3 Real-time quantitative PCR (qPCR) detection of plasmid copy numbers in transformants

Target plasmid copy numbers in *crtS*-overexpressing strains were determined by qPCR essentially as described by Lee *et al.* (2006). Two primer sets termed BDQPF-BDQPR and actinQPF2-actinQPR2, specific for plasmid pGBKT7 GAL4 DNA binding domain (DNA-BD) and for *P. rhodozyma* chromosomal *β-actin* gene, were used for qPCR analysis. To construct standard sample pGBKT7-*actin*, the *β-actin* gene was cloned using actinCPF-actinCPR primer pair, and inserted into plasmid pGBKT7 by restriction enzyme reaction and ligation reaction. Plasmids and genomic DNA (total DNA) of tested strains were prepared using a total DNA extraction method as described previously (Green and Sambrook, 2012); chapter on fast separation of yeast DNA. After normalizing, the extracted template DNA was analyzed for quantification in triplicate by qPCR of DNA-BD and *β-actin.*

4.3 Transcriptional levels of *crtS* and related genes in astaxanthin synthesis pathway

To detect transcriptional levels of *crtS* and related genes during various cell growth periods, aliquots of cultures of MK19 and its transformants were collected at 24 h (lag phase), 48 h (middle of exponential phase), 72 h (transition from exponential phase to stationary phase), and 96 h (stationary phase) and frozen in liquid nitrogen for subsequent processing. Total RNA isolation and reverse transcription were performed as in our previous study (Martin *et al.*, 2008). qPCR was performed using a LightCycler 480 RT-PCR apparatus and LightCycler 480 SYBR Green I Master Kit (Roche; Mannheim, Germany) according to the manufacturer's instructions. Genes and primers are listed in Additional Files 2: Table S1. *β-actin* from *P. rhodozyma* was used as internal control gene. The relative expression of each gene was calculated by the comparative crossing point (Cp) method and presented as $2^{-\Delta\Delta Cp}$. Means were obtained from triplicate analyses.

4.4 Carotenoid extraction and detection

Carotenoids were extracted from MK19 and transformants as described previously (Martin *et al.*, 2008). Cells were collected by centrifugation, dispersed by ultrasonication, and disrupted by high-pressure homogenization. Total carotenoids were extracted from cells following step-by-step addition of methanol, acetone/hexane (1∶1), and water. The carotenoid-containing upper hydrophobic phase was collected, dried under N_2 stream, and dissolved in acetone. HPLC analysis of carotenoids was performed on a CBM-20A system equipped with SPD-M20A diode array detector (Shimadzu; Kyoto, Japan). Pigments were separated on a reverse-phase column (C18, 5 μm, 250 mm×4.6 mm, Dikma Diamonsil; Lake Forest, CA, USA). Gradient elution system∶solvent A=acetonitrile/water 9∶1 (*V*/*V*); solvent B=ethyl acetate; program 0~25 min, 0~100% B; 25~35 min, 100%~0 B; 35~45 min, 0 B isocratic step. Pigment standards were from Sigma.

The unknown carotenoid was isolated by TLC on activated silica plates (Silica Gel 60, 10 cm×10 cm, thickness 0.2 mm; Yantai Chemical Industry Research Institute; Yantai, China), with acetone/hexane (3∶7) as mobile phase. Following development, the pink/purple-colored band of the unknown carotenoid was scraped off, eluted with acetone, dried under N_2 stream, and dissolved in methanol.

A ~100 μg sample was subjected to mass spectrometry on a Thermo Q Exactive high-resolution mass spectrometer (Thermo Scientific; Waltham, MA, USA) in positive mode with conditions: capillary temperature 320℃, spray voltage 3.8 kV, positive ionization, scan range 400~800 *m*/*z*. An NMR spectroscopy sample was prepared by separation through silica gel column chromatography followed by preparative HPLC, and isolated components were identified by NMR spectrometry. ^{1}H NMR (500 MHz) and ^{13}C NMR (125 MHz) spectra were measured using a UNITY INOVA 500 spectrometer (Varian Inc./Agilent Technologies; Santa Clara, CA, USA) in $CDCl_3$ with TMS as an internal standard.

References

Alcaino J, Barahona S, Carmona M, *et al.* 2008. Cifuentes V: Cloning of the cytochrome p450 reductase (*crtR*) gene and its involvement in the astaxanthin biosynthesis of *Xanthophyllomyces dendrorhous*. BMC Microbiol, 8(1): 1-13.

Alvarez V, Rodriguez-Saiz M, de la Fuente J L, *et al.* 2006. The *crtS* gene of *Xanthophyllomyces dendrorhous* encodes a novel cytochrome-P450 hydroxylase involved in the conversion of beta-carotene into astaxanthin and other xanthophylls. Fungal Genet Biol, 43(4): 261-272.

An G H, Cho M H, Johnson E A. 1999. Monocyclic carotenoid biosynthetic pathway in the yeast *Phaffia rhodozyma* (*Xanthophyllomyces dendrorhous*). J Biosci Bioeng, 88(2): 189-193.

Baker R T M, Pfeiffer A M, Schoner F J, *et al.* 2002. Pigmenting efficacy of astaxanthin and canthaxanthin in fresh-water reared Atlantic salmon, *Salmo salar*. Anim Feed Sci Tech, 99(1-4): 97-106.

Bjerkeng B, Peisker M, von Schwartzenberg K, *et al.* 2007. Digestibility and muscle retention of astaxanthin in Atlantic salmon, Salmo salar, fed diets with the red yeast *Phaffia rhodozyma* in comparison with synthetic formulated astaxanthin. Aquaculture, 269(1-4): 476-489.

Breitenbach J, Visser H, Verdoes J C, *et al.* 2011. Engineering of geranylgeranyl pyrophosphate synthase levels and physiological conditions for enhanced carotenoid and astaxanthin synthesis in *Xanthophyllomyces dendrorhous.* Biotechnol Lett, 33(4): 755-761.

Gassel S, Breitenbach J, Sandmann G. 2014. Genetic engineering of the complete carotenoid pathway towards enhanced astaxanthin formation in *Xanthophyllomyces dendrorhous* starting from a high-yield mutant. Appl Microbiol Biotechnol, 98(1): 345-350.

Green M R, Sambrook J. 2012. Molecular Cloning: A Laboratory Manual. Fourth Edition. New York: Cold Spring Harbor Laboratory.

Guerin M, Huntley M E, Olaizola M. 2003. *Haematococcus astaxanthin*: applications for human health and nutrition. Trends Biotechnol, 21(5): 210-216.

Higuera-Ciapara I, Félix-Valenzuela L, Goycoolea F M. 2006. Astaxanthin: a review of its chemistry and applications. Crit Rev Food Sci, 46(2): 185-196.

Lee C, Kim J, Shin S G, *et al.* 2006. Absolute and relative qPCR quantification of plasmid copy number in *Escherichia coli.* J Biotechnol, 123(3): 273-280.

Lee P C, Schmidt-Dannert C. 2002. Metabolic engineering towards biotechnological production of carotenoids in microorganisms. Appl Microbiol Biotechnol, 60(1): 1-11.

Lodato P, Alcaino J, Barahona S, *et al.* 2003. Cifuentes V: alternative splicing of transcripts from *crtI* and *crtYB* genes of *Xanthophyllomyces dendrorhous.* Appl Environ Microbiol, 69(8): 4676-4682.

Maoka T, Etoh T, Osawa A. 2012. Shindo K: characterization and singlet oxygen quenching activity of (3R)-3-hydroxy-4-ketotorulene and (3R)-3-hydroxy-4-keto-gamma-carotene from the Yeast *Xanthophyllomyces dendrorhous*. Journal of Oleo Science, 61(7): 401-406.

Martin J F, Gudina E, Barredo J L. 2008. Conversion of beta-carotene into astaxanthin: two separate enzymes or a bifunctional hydroxylase-ketolase protein. Microb Cell Fact, 7(1): 1-10.

Miao L, Chi S, Tang Y, *et al.* 2011. Astaxanthin biosynthesis is enhanced by high carotenogenic gene expression and decrease of fatty acids and ergosterol in a *Phaffia rhodozyma* mutant strain. FEMS Yeast Res, 11(2): 192-201.

Miao L, Wang Y, Chi S, *et al.* 2010. Reduction of fatty acid flux results in enhancement of astaxanthin synthesis in a mutant strain of *Phaffia rhodozyma.* J Ind Microbiol Biotechnol, 37(6): 595-602.

Niklitschek M, Alcaino J, Barahona S, *et al.* 2008. Genomic organization of the structural genes controlling the astaxanthin biosynthesis pathway of *Xanthophyllomyces dendrorhous*. Biol Res, 41(1): 93-108.

Ojima K, Breitenbach J, Visser H, *et al.* 2006. Cloning of the astaxanthin synthase gene from *Xanthophyllomyces dendrorhous* (*Phaffia rhodozyma*) and its assignment as a beta-carotene 3-hydroxylase/4-ketolase. Mol Genet Genomics, 275(2): 148-158.

Ramirez J, Gutierrez H, Gschaedler A. 2001. Optimization of astaxanthin production by *Phaffia rhodozyma* through factorial design and response surface methodology. J Biotechnol, 88(3): 259-268.

Reynders M B, Rawlings D E, Harrison S T L. 1996. Studies on the growth, modelling and pigment production by the yeast *Phaffia rhodozyma* during fed-batch cultivation. Biotechnol Lett, 18(6): 649-654.

Rodriguez-Saiz M, de la Fuente J L, Barredo J L. 2010. *Xanthophyllomyces dendrorhous* for the industrial production of astaxanthin. Appl Microbiol Biotechnol, 88(3): 645-658.

Ruohonen L, Aalto M K, Keränen S. 1995. Modifications to the ADH1 promoter of *Saccharomyces cerevisiae* for efficient production of heterologous proteins. J Biotechnol, 39(3): 193-203.

Schmidt I, Schewe H, Gassel S, *et al.* 2011. Biotechnological production of astaxanthin with *Phaffia rhodozyma*/*Xanthophyllomyces dendrorhous*. Appl Microbiol Biotecnol, 89(3): 555-571.

Sharma R, Gassel S, Steiger S, *et al.* 2015. Thines M: the genome of the basal agaricomycete *Xanthophyllomyces dendrorhous* provides insights into the organization of its acetyl-CoA derived pathways and the evolution of Agaricomycotina. BMC Genomics, 16(1): 1-13.

Tatsuzawa H, Maruyama T, Misawa N, *et al.* 2000. Quenching of singlet oxygen by carotenoids produced in *Escherichia coli* - attenuation of singlet oxygen-mediated bacterial killing by carotenoids. FEBS Lett, 484(3): 280-284.

Verdoes J C, Krubasik P, Sandmann G, *et al.* 1999a. Isolation and functional characterisation of a novel type of carotenoid biosynthetic gene from *Xanthophyllomyces dendrorhous*. Mol Gen Genet, 262(3): 453-461.

Verdoes J C, Misawa N, van Ooyen A J J. 1999b. Cloning and characterization of the astaxanthin biosynthetic gene encoding phytoene desaturase of *Xanthophyllomyces dendrorhous*. Biotechnol Bioeng, 63(6): 750-755.

Wery J, Verdoes J C, van Ooyen A J J. 1998. Efficient transformation of the astaxanthin-producing yeast *Phaffia rhodozyma*. Biotechnol Tech, 12(5): 399-405.

Supplementary material: http://doi.org/10.1186/s12934-015-0279-4

本文原载: Microb Cell Fact, 2015, 14: 90.

Efficient Heterologous Expression of an Alkaline Lipase and Its Application in Hydrolytic Production of Free Astaxanthin*

Jinjin Huang[1, 2], Zhen Yang[1], Ruiyan Zhu[3], Xinxin Qian[1], Yaqiu Wang[1], Ying Li[1], Jilun Li[1]

(1. State Key Laboratory of Agrobiotechnology and MOA Key Laboratory of Soil Microbiology, College of Biological Sciences, China Agricultural University, Beijing, 100193, China; 2. Key Laboratory for Biotechnology on Medicinal Plants of Jiangsu Province, School of Life Science, Jiangsu Normal University, Xuzhou, 221116, China; 3. Applied Chemistry Key Lab of Hebei Province, Yanshan University, Qinhuangdao, 066004, China)

Abstract

Background: Astaxanthin, a naturally occurring carotenoid pigment molecule, displays strong antioxidant, anti-cancer, and immunity-enhancing properties, and is often utilized in food, biomedical, cosmetic, and other industries. Free astaxanthin has better solubility than astaxanthin esters (Ast-E), and is a useful auxiliary ingredient in health foods and medicines. Our goal was to establish an improved enzymatic method for preparation of free astaxanthin from natural sources (*e.g.*, the microalga *Haematococcus pluvialis*), to expand the potential applications of free astaxanthin.

Results: The alkaline lipase gene *proalip* and its propeptide were cloned and successfully fusion-expressed in *Pichia pastoris* X-33. The recombinant lipase was termed lipase-YH. Through optimization of culture conditions (medium formulation, pH, added methanol concentration), we achieved good cell growth and secreted enzyme activity 2,050 U/ml in a 50-L autofermentor. Activity of lipase-YH enzyme powder was about 40,000 U/g. Hydrolysis of Ast-E (extracted from *H. pluvialis*) by lipase-YH occurred in aqueous phase, and reaction conditions were optimized based on emulsification method and enzyme/substrate ratio. The highest enzymatic reaction rate was observed for substrate concentration 200 μg/ml, with maximal free astaxanthin yield (80%) at 1 h, and maximal Ast-E hydrolysis rate 96%, as confirmed by TLC, HPLC, and mass spectroscopy.

Conclusion: A novel, efficient enzymatic process was developed for production of free astaxanthin through hydrolysis of Ast-E. Lipase activity was enhanced, and production cost was greatly reduced. The unique structure of free astaxanthin allows linkage to various functional compounds, which will facilitate development of novel pharmaceutical and food products in future studies.

Keywords

Haematococcus pluvialis, free astaxanthin, alkaline lipase, heterologous expression, hydrolysis.

*This study was supported by the Chinese High Technology Research and Development Program (Grant No. 2013AA065802) and the Project for Extramural Scientists of State Key Laboratory of Agrobiotechnology (2015SKLAB6-19). The authors are grateful to Zhiwen Xu (General Manager, Qinhuangdao Leading Biological Agriculture Co., China) for providing access to the 50-L and 100-L autofermentors, and to Dr. S. Anderson for English editing of the manuscript.

1. Background

Astaxanthin (3, 3′-dihydroxy-β,β-carotene-4, 4′-dione) is the principal carotenoid pigment in algae, yeasts, plants, crustaceans, and certain fish (notably salmon) (Johnson and An, 1991; Wu *et al.*, 2015; Martínezdelgado *et al.*, 2017). It has molecular formula $C_{40}H_{52}O_4$ and molecular weight 596.86. Astaxanthin has a long conjugated double bond, similarly to other carotenoids, but the benzene ring at each end of the carbon chain has a hydroxyl group and a ketone (Zhao *et al.*, 2011). The unique molecular structure of astaxanthin confers a strong ability to remove oxygen free radicals and to inhibit singlet oxygen (Naguib, 2000). The antioxidant activity of naturally occurring astaxanthin is about 10 times higher than that of beta-carotene, and about 100 times higher than that of vitamin E, resulting in the nickname "super vitamin E" (Miki, 1991; Naguib, 2000; Zuluaga *et al.*, 2017). Astaxanthin has been found to display anti-cancer, anti-aging, immunity-enhancing, and other beneficial physiological effects in many studies, and is often utilized in the food, biomedical, cosmetic, and animal feed industries (Parisi *et al.*, 2008; Zhang and Wang, 2015; Liu *et al.*, 2016; Shah *et al.*, 2016; Vakarelova *et al.*, 2017).

The terminal structure of the astaxanthin molecule contains a hydroxyl group that can form an ester linkage with fatty acid to generate astaxanthin esters (Ast-E). Both free astaxanthin and Ast-E are strongly hydrophobic. Addition of certain groups to free hydroxyl groups of free astaxanthin can increase solubility, which is useful for preparation of derivatives for oral administration; *e.g.*, derivatives based on astaxanthin disuccinic acid disodium salt have been applied for treatment of various neurological disorders (Lockwood *et al.*, 2006). Derivatives based on free astaxanthin have been successfully used in nutraceutical and medicinal preparations for treatment of degenerative diseases (Rishton, 2008).

Antarctic shrimp (*Pandalus borealis*) extract and the microalga *Haematococcus pluvialis* are the richest known sources of natural astaxanthin, which constitutes 2%~3% (*w/w*) of cell dry weight (Sarada *et al.*, 2006; Lei *et al.*, 2012; Ambati *et al.*, 2014). However, free astaxanthin accounts for only 5% (*w/w*) of total astaxanthin in *H. pluvialis*, while astaxanthin monoester and diester account respectively for 70% and 25% (Lorenz and Cysewski, 2000). A major problem to be solved for efficient preparation of astaxanthin derivatives is how to convert these large amounts of Ast-E into free astaxanthin.

Nagao's group used a two-step process involving two types of lipase to produce free astaxanthin (Nagao *et al.*, 2003). Triglyceride was hydrolyzed by *Candida rugosa* lipase, the by-product fatty acid was removed by molecular distillation, Ast-E was concentrated, and substrate reaction was catalyzed by *Pseudomonas aeruginosa* lipase, resulting in free astaxanthin content 89.3% after 110 h reaction (Nagao *et al.*, 2003). Ast-E from *Euphausia superba* Dana was hydrolyzed by *C. rugosa* lipase (lipase type Ⅶ) and cholesterol esterase from *P. fluorescens*, using bile salts as emulsions to investigate fatty acid composition of astaxanthin (Grynbaum *et al.*, 2005). Halldorsson and Haraldsson (2004) found that lipases from *Pseudomonas*, *Geotrichum candidum*, *Rhizopus delemar*, *R. oryzae*, and *Penicillium roqueforti* also functioned as catalysts with the ability to hydrolyze astaxanthin diester to produce monoester; however, only *C. rugosa* lipase produced free astaxanthin, with maximal content (73%) attained after 42 h reaction. The above-described free astaxanthin production processes were all time-consuming and had low conversion rates.

In a 2011 study, we screened various lipases, and observed highest enzyme specificity for a lipase termed ALIP (Zhao *et al.*, 2011). We obtained free astaxanthin by hydrolysis of total esters extracted from *H. pluvialis* cells by a one-step hydrolysis method, with maximal yield (63.2%) reached after 7 h enzymatic reaction at 25~28℃ (Zhao *et al.*, 2011). Three problems remained to be solved: (i) ALIP gene was cloned from

Penicillium cyclopium var. *albus* and expressed in *Pichia pastoris* GS115, but enzyme activity of ALIP needs to be improved. (ii) Buffered complex glycerol/methanol medium (BMGY/BMMY) is a high-cost medium not suitable for extended, large-scale enzyme production. (iii) The grinding method used to emulsify Ast-E is time-consuming, may lead to oxidation of Ast-E, and is not suitable for large-scale production; the reaction process should be completed within a short time.

Our goal in the present study was to improve enzyme activity and increase free astaxanthin yield, in order to substantially increase astaxanthin solubility for biomedical and nutritional applications. We constructed a recombinant lipase and optimized the enzyme production process and hydrolysis conditions, resulting in significant enhancement of enzyme activity and catalytic efficiency, and reduction of production cost.

2. Results

2.1 Enzyme activity enhancement by added propeptide fusion expression

Amino acid (aa) sequence of *P. cyclopium* var. *albus* lipase (ALIP) was obtained from GenBank (Seq ID # AAF82375.1), and the signal sequence was predicted by SignalP-4.0 Server program (www.cbs.dtu.dk/services/SignalP/). ALIP contained a 20 aa signal peptide (Additional File 1: Fig. S1A), and a 7 aa propeptide was found at the start of the 258 aa mature lipase (Fig. S1B) (Zhang *et al.*, 2011). Some propeptides play important roles in folding and secretion of enzymes (Takahashi *et al.*, 2001). We therefore investigated the effect of the 7 aa propeptide on heterologous expression of ALIP. Lipase gene with propeptide (*proalip*; 795 bp) and without propeptide (*malip*; 774 bp) were obtained by PCR, using *P. cyclopium* var. *albus* cDNA as template. Two gene fragments were each connected to two vectors pPICZαA and pPICMαA (Huang *et al.*, 2014), resulting in four recombinant plasmids termed pPICZαA-*proalip*, pPICMαA-*proalip*, pPICZαA-*malip*, and pPICMαA-*malip*. Each of these plasmids was transformed to *P. pastoris* X-33 by electroporation, and positive recombinant strains zα-*proalip*-X33, mα-*proalip*-X33, zα-*malip*-X33, and mα-*malip*-X33 were successfully screened.

Four transformants were selected for shake-flask fermentation with BMGY/BMMY, using original strain 9K-*malip*-GS115 (Zhao *et al.*, 2011) as control. Sampling and detection were performed at 24-h intervals. After 168 h, measured enzyme activities of mα-*malip*-X33, zα-*malip*-X33, mα-*proalip*-X33, and zα-*proalip*-X33 were respectively 12.2~25.4 U/ml, 36.6~47.5 U/ml, 238.4~287.3 U/ml, and 246.2~307.8 U/ml (Table 1). Enzyme activities of mα-*proalip*-X33 and zα-*proalip*-X33 (pro-ALIP) were higher than those of 9K-*malip*-GS115 (133.4 U/ml) and of recombinant without propeptide (12.2~47.5 U/ml).

Table 1 Extracellular enzyme activity of various recombinant strains in flask fermentation

	Strain	Enzyme activity/(U/ml)	Strain	Enzyme activity/(U/ml)
1	mα-*malip*-X33-1	25.4±2.2	mα-*proalip*-X33-1	287.3±22.8
2	mα-*malip*-X33-2	22.4±3.9	mα-*proalip*-X33-2	238.4±18.9
3	mα-*malip*-X33-3	12.2±2.5	mα-*proalip*-X33-3	266.5±36.3
4	mα-*malip*-X33-4	15.3±2.6	mα-*proalip*-X33-4	257.1±42.1
	zα-*malip*-X33-1	47.5±7.8	zα-*proalip*-X33-1	307.8±25.5
	zα-*malip*-X33-2	42±4.7	zα-*proalip*-X33-2	261±18.2
	zα-*malip*-X33-3	45.8±5.6	zα-*proalip*-X33-3	246.2±21.7
	zα-*malip*-X33-4	36.6±3.2	zα-*proalip*-X33-4	274.6±43.6
5	9K-*malip*-GS115	133.4±7.3		

Extracellular and intracellular target proteins were detected using identical volumes (32 μl) of fermentation supernatant containing zα-*malip*-X33-1, mα-*malip*-X33-1, zα-*proalip*-X33-1, or mα-*proalip*-X33-1, and identical numbers of cells of the four recombinants. Extracellular target protein pro-ALIP (30 kDa) was detected in zα-*proalip*-X33-1 and mα-*proalip*-X33-1 supernatants (Fig. 1, lanes 1, 2; arrow). m-ALIP (26 kDa) was found in mα-*malip*-X33-1 and zα-*malip*-X33-1 broths (lanes 3, 4). No target protein band was observed in disrupted cell solution (lanes 5~8), and there was no significant protein accumulation in the four recombinants. These findings indicate that addition of the 7 aa propeptide from the start of ALIP promotes protein expression. Secretion was enhanced 6-fold in zα-*malip*-X33 (47.5 U/ml). The strain showing the highest lipase secretion (307.8 U/ml), produced from recombinant zα-*proalip*-X33-1, was selected for subsequent experiments. This strain was termed X33-YH, and its secreted lipase was termed lipase-YH.

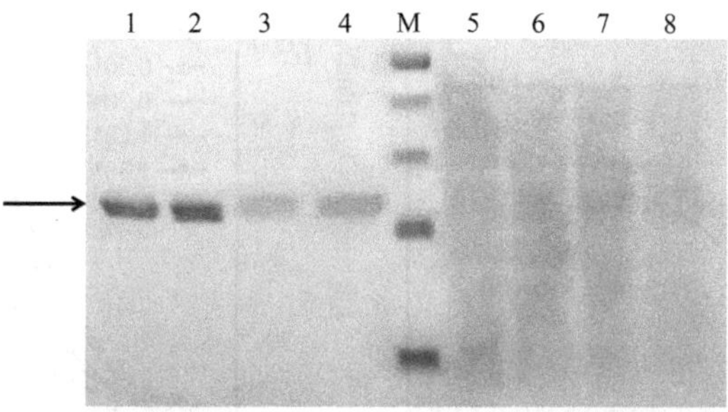

Fig. 1 Extracellular and intracellular proteins of four recombinant strains detected by Western blotting

Lanes 1~4: fermentation supernatants of zα-*proalip*-X33-1, mα-*proalip*-X33-1, mα-*malip*-X33-1, and zα-*malip*-X33-1. Lanes 5~8: broken-cell intracellular fluids of the four strains. Lane M: molecular-weight markers (100 kDa, 60 kDa, 45 kDa, 28 kDa, 18 kDa). Arrow: target protein. Extracellular target proteins proALIP (30 kDa) and mALIP (26 kDa) (arrow) were found in broths of the four strains. Target proteins did not accumulate within cells

A comparison of optimal temperature and optimal pH of ALIP with and without the propeptide is shown in Additional File 3: Table S1. Optimal reaction temperature range for ALIP was 35~40℃, whereas lipase-YH maintained high enzyme activity in a broader range 30~50℃. Optimal reaction pH of ALIP (8.0) was higher than that of Lipase-YH (7.5).

2.2 Optimization of culture conditions

To promote large-scale production of lipase-YH and reduce associated cost, we optimized fermentation pH, formulation of yeast nitrogen base without aa (YNB) (see Materials and Methods) (Table 2), and methanol concentration in medium for maximal production. Similar results were obtained for three batches. Effects on enzyme activity of fermentation pH and methanol concentration are shown in Fig. 2, and those of BMMY containing various YNB formulations are shown in Table 2, using averaged data of three repeats from a typical batch.

Table 2 Effects of media with various YNB formulations on cell density (OD_{600}) and enzyme activity of X33-YH cultured for 124 h

YNB type	Components of YNB	BMMY medium	OD_{600} (124 h)	Enzyme activity (124 h)/(U/ml)
a1-YNB	nitrogen source, vitamins, trace elements, macronutrients	a1-BMMY	63.55±1.94	600.2±15.2
a2-YNB	nitrogen source, trace elements, macronutrients	a2-BMMY	63.48±1.29	615.6±12.7
a3-YNB	macronutrients	a3-BMMY	64.24±3.15	584.8±21.7
c-YNB	with commercial YNB	c-BMMY	63.34±2.16	623.3±10.8
n-YNB	without YNB	n-BMMY	13.41±1.22	10.8±1.8

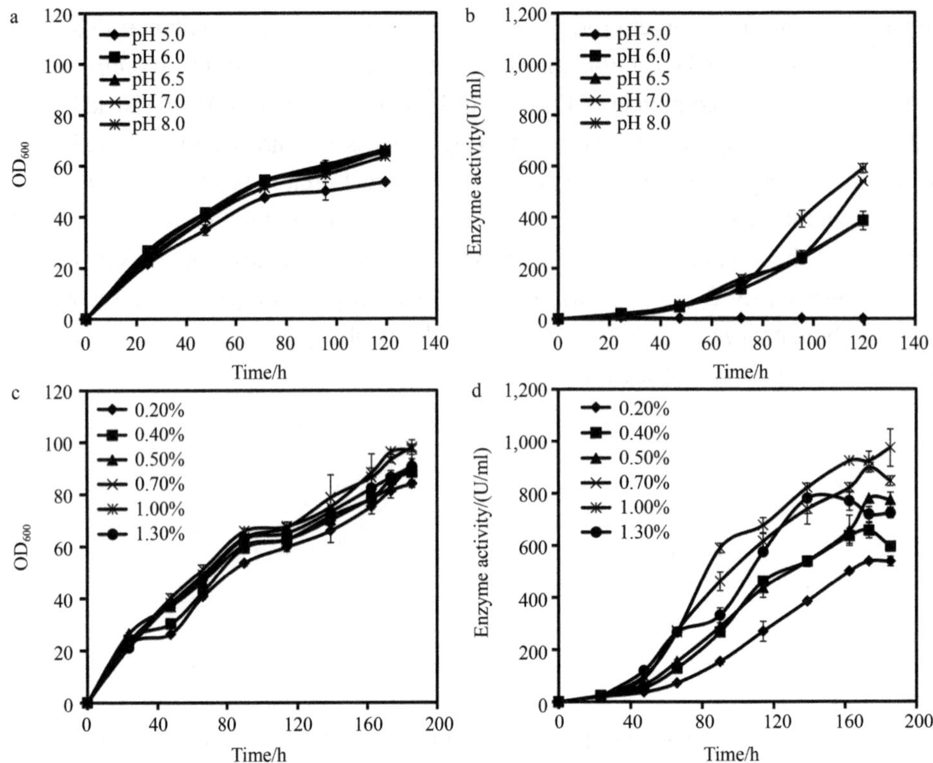

Fig. 2 Cell density and extracellular enzyme activity of X33-YH under various culture conditions in flask fermentation

a. Effect of culture pH on cell density (OD_{600}). b. Effect of pH on enzyme activity. c. Effect of added methanol concentration on cell density. d. Effect of added methanol concentration on enzyme activity. pH and methanol concentration had no notable effect on cell density, but did affect enzyme activity. Optimal values for lipase YH expression in shake-flask culture were pH 7.0~8.0 and methanol 1.0%; resulting enzyme activity was 972 U/ml

Effects of fermentation pH (5.0, 6.0, 6.5, 7.0) on extracellular enzyme activity in shake-flask fermentation were observed. Cell density (OD_{600}) and enzyme activity were measured in samples taken at 24-h intervals. Density as a function of time was very similar for pH values in the range 6.0~8.0 (OD_{600}= 68 at 120 h), but was notably lower for pH 5.0 (OD_{600}=52 at 120 h) (Fig. 2a). Enzyme activity consistently increased as pH increased from 5.0 to 8.0, and maximal value (577 U/ml at 120 h) was observed for pH 7.0~8.0 (Fig. 2b).

The most expensive component of BMMY is YNB. The formulation of YNB is based on ingredients in four categories: (i) nitrogen source (ammonium sulfate 5.0 g/L); (ii) vitamins (biotin 2 μg/L, folic acid 2 μg/L, calcium pantothenate 400 μg/L, inositol 2 mg/L, *p*-aminobenzoic acid 200 μg/L, thiamin hydrochloride 400 μg/L, riboflavin 200 μg/L, pyridoxine hydrochloride 400 μg/L, nicotinamide 400 μg/L); (iii) trace elements ($CuSO_4$ 40 μg/L, $FeCl_3$ 200 μg/L, $ZnSO_4$ 400 μg/L, $MnSO_4$ 400 μg/L, boric acid 500 μg/L, potassium iodide 100 μg/L, sodium molybdate 200 μg/L); (iv) macronutrients [KH_2PO_4 0.85 g/L, K_2HPO_4 0.15 g/L, NaCl 0.1 g/L, $CaCl_2$ 0.1 g/L, $MgSO_4$ 0.5 g/L, $(NH_4)_2SO_4$ 5 g/L]. In an effort to reduce cost, we tested commercially available YNB (cat # BD291930, Becton Dickinson; Franklin Lakes, NJ, USA), artificial YNB containing all components (termed a1-YNB), artificial YNB without vitamins (termed a2-YNB), and artificial YNB containing only macronutrients (termed a3-YNB) in shake-flask fermentation to determine optimal YNB formulation. The formulations are summarized in Table 2. a1-, a2-, and a3-YNB were added separately to BMMY (mixtures termed a1-BMMY, a2-BMMY, and a3-BMMY). To assess effects of each YNB component on shake-flask lipase-YH production, we performed concurrent experiments using BMMY with a1-YNB, a2-YNB, a3-YNB, commercial YNB (see M&M) (c-BMMY), and without

YNB (n-BMMY). Following addition of 1% methanol, samples were taken at 24-h intervals for measurement of enzyme activity and cell density (OD_{600}) (see M&M), and final values were measured at 124 h. Extracellular enzyme activity values were similar for culture of recombinant strain X33-YH in BMMY containing c-YNB (623.3 U/ml), a1-YNB (600.2 U/ml), a2-YNB (615.6 U/ml), and a3-YNB (584.8 U/ml) (Table 2). In striking contrast, the value for culture in medium without YNB (n-YNB) was only 10.8 U/ml, indicating that macronutrients (but not other components as above) in medium are essential for lipase-YH production.

We next optimized concentration of added methanol in medium for induction of lipase-YH production in X33-YH. Methanol concentration was successively increased (0.2%, 0.4%, 0.5%, 0.7%, 1.0%, 1.3%) by addition at 24-h intervals, and samples were taken for measurement of OD_{600} and enzyme activity. Cell density was not notably affected by alteration of methanol concentration, and the highest OD_{600} values were in the 85~90 range (Fig. 2c). Extracellular enzyme activity increased from 568 U/ml to 972 U/ml as methanol concentration increased from 0.2% to 1.0%, but then dropped to 788 U/ml for methanol concentration 1.3% (Fig. 2d). We concluded that methanol concentration 1.0% in medium was optimal for inducing lipase-YH expression. Simultaneous application of the three optimized conditions as above (fermentation pH, YNB formulation, methanol concentration) resulted in increase of enzyme activity from 307.8 U/ml to 972 U/ml, with reduction of culture medium cost.

2.3 Enzyme activity 2,000 U/ml was attained in 50-L autofermentor

We next cultured X33-YH in a 50 L autofermentor, using optimized culture conditions as above. The three processing phases were glycerol batch phase, metal ion mixture fed-batch phase, and methanol induction phase (see M&M/"Fermentation in 50 L autofermentor"). Samples were taken at 4-h intervals for measurement of enzyme activity and cell density (OD_{600}). Consistent results were obtained in multiple experiments; a representative example is shown in Fig. 3. Maximal OD_{600} value (172) was observed at the end of metal ion mixture fed-batch phase (24 h), when 0.5% methanol was added. Enzyme activity in extracellular increased rapidly between 24 h and 79 h, although cell growth was slow. Enzyme activity reached 2,050 U/ml, with OD_{600} value 280, at 79 h. In comparison with results using a 7.5-L autofermentor (culture time 96 h, maximal enzyme activity 1,575 U/ml) (Additional File 2: Fig. S2), the 50-L autofermentor had significantly lower culture time (79 h) and higher enzyme activity (2,050 U/ml).

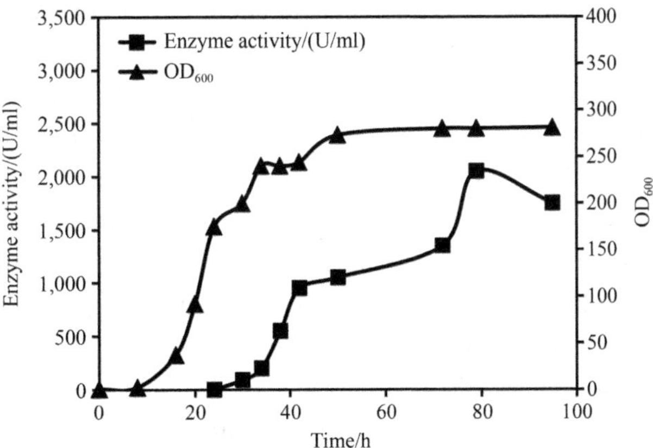

Fig. 3 Cell density and extracellular enzyme activity of X33-YH in 50-L autofermentor

Enzyme activity reached 2,050 U/ml and cell density (OD_{600}) reached 280 after 79 h culture

For preparation of enzyme powder, fermentation broth was centrifuged at 4,000 r/min for 5 min at 4℃, and 150 ml supernatant was added with acetone as precipitant and then dried at room temperature. Similar results were obtained in three repeated experiments, and average values are shown in Additional File 4: Table S2. Optimal supernatant/acetone ratio was 1.0∶2.4 (*V*/*V*), 5.05 g enzyme powder was extracted from 150 ml supernatant, and total enzyme activity was 2×10^5 U (Table S2), which is about 40,000 U/g.

2.4 Preparation of free astaxanthin

Lipase activity and free astaxanthin production were compared for various recombinant strains. Effects of propeptide on astaxanthin hydrolysis were analyzed using equal amounts of added enzyme. Lipase activity of zα-*malip*-X33-1 fermentation supernatant was only 47 U/ml; therefore, X33-YH, mα-*proalip*-X33-1, and 9K-*malip*-GS115 fermentation supernatants were diluted with distilled water to give the same enzyme activity. Equal amounts of enzyme were added to 10-ml reaction system, Ast-E (about 86 μg) was added to achieve activity level 4.6 U/μg, and the mixture underwent reaction for 7 h at 30℃. 500-μl samples were taken at 0 h and 7 h for TLC analysis. Ast-E content in lipase-YH catalytic system and enzyme production by mα-*proalip*- X33-1 (Fig. 4a, lanes 3, 4) were less than in zα-*malip*-X33-1 and 9K-*malip*-GS115 systems (lanes 5, 6), and free astaxanthin content was greater. These findings indicate that lipase activity was enhanced by addition of propeptide, thus improving efficiency of catalytic substrates for production of free astaxanthin.

Catalysis of astaxanthin hydrolysis by lipase-YH enzyme powder dissolved in water was evaluated. Reaction conditions were: substrate (Ast-E) concentration about 25 μg/ml, enzyme concentration 20 U/g substrate in 10 ml sodium phosphate buffer (pH 7.0), 9 h reaction at 30℃. Samples were taken every 2~3 h and analyzed by HPLC. After 9 h, free astaxanthin content was 57.1%, and Ast-E content was 13.7% (Fig. 4b). Ast-E was abundant at 0 h (Fig. 4c), but a large proportion underwent hydrolysis into free astaxanthin by 2 h (Fig. 4d). The product shown in Fig. 4d was isolated and purified for MS analysis (Fig. 4e), and confirmed as free astaxanthin. These findings demonstrate that enzyme powder dissolved in water is effective for free astaxanthin production.

2.5 Optimal conditions for free astaxanthin production

To obtain maximal yield of free astaxanthin, enzymatic hydrolysis of Ast-E was performed in 10 ml reaction volume, and reaction conditions (enzyme concentration, buffer concentration, reaction pH, substrate concentration) were optimized. Reaction product was quantitatively analyzed by HPLC. All data mentioned below are averages of three repeats in one of three batches showing similar results.

For each reaction system, substrate concentration was kept constant and various enzyme concentrations (5 U/μg, 10 U/μg, 20 U/μg, 40 U/μg, 80 U/μg Ast-E) were tested. Enzyme concentration was positively correlated with enzyme reaction speed. For the highest enzyme concentration (80 U/μg Ast-E), free astaxanthin yield increased rapidly to 42% at 15 min, and then more slowly to its maximal value (59%) by 9 h (Fig. 5a).

Effects of various sodium phosphate buffer (pH 7.0) concentrations (0.05 mol/L, 0.1 mol/L, 0.2 mol/L, 0.5 mol/L, 1.0 mol/L) on free astaxanthin yield were evaluated with other parameters held constant. Samples were taken at intervals and analyzed by HPLC. Free astaxanthin yield was about 56.0% at 1.5 h for buffer concentrations 0.05 mol/L and 0.1 mol/L, and less for higher buffer concentrations (Fig. 5b).

In pH experiments, free astaxanthin yield increased as pH rose from 6.0 to 7.0, but declined at higher pH (8.0, 9.0) (Fig. 5c). At pH 7.0, free astaxanthin yield was the highest (73.8%) at 1.5 h, and declined for longer durations.

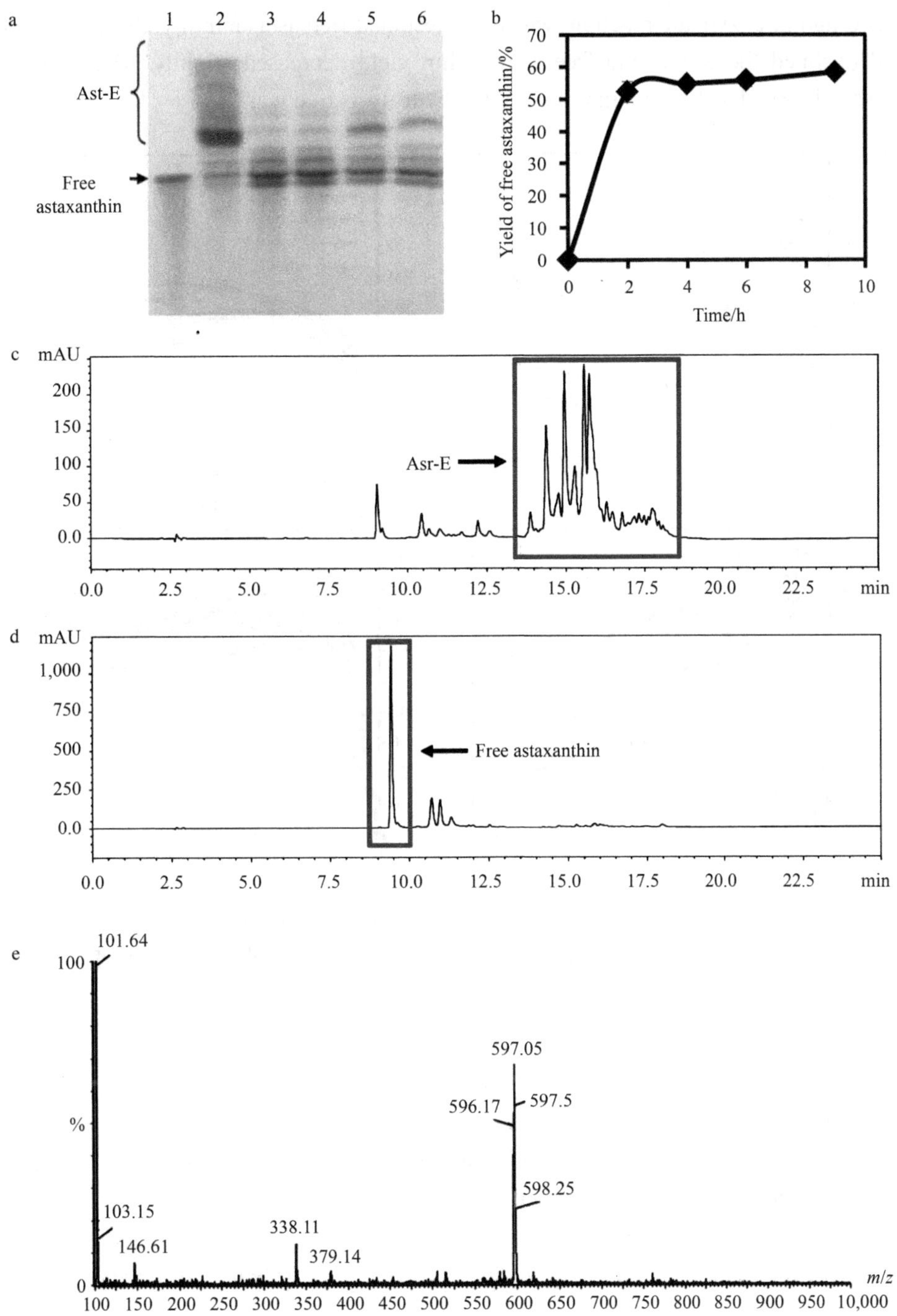

Fig. 4 Hydrolysis of Ast-E by lipase-YH

a. TLC analysis. Lane 1, free astaxanthin. Lane 2, reaction at 0 h. Lane 3, lipase-YH produced by X33-YH. Lane 4, pro-ALIP produced by mα-*proalip*-X33-1. Lane 5, mALIP produced by 9K-*malip*-GS115. Lane 6, mALIP produced by zα-*malip*-X33-1. b. HPLC analysis of Ast-E hydrolysis catalyzed by lipase-YH enzyme powder dissolved in water. c. HPLC spectrum at 0 h. d. HPLC spectrum at 2 h. e. MS of peak at RT=16.006 min. Lipase-YH hydrolyzed Ast-E into free astaxanthin, as confirmed by TLC and HPLC. When lipase-YH enzyme powder dissolved in water was used as catalyst, free astaxanthin yield reached 57.1%

With enzyme concentration kept constant at 80 U/μg Ast-E, effects of various substrate concentrations (25 μg/ml, 50 μg/ml, 100 μg/ml, 200 μg/ml) were investigated. Hydrolytic production rate and free astaxanthin yield increased as substrate concentration increased from 50 μg/ml to 200 μg/ml (Fig. 5d). For substrate concentration 200 μg/ml, enzymatic reaction was the fastest, and free astaxanthin yield was 71.2% after 15 min. Reaction speed declined thereafter, and free astaxanthin yield decreased slightly. Maximal free astaxanthin yield (80.0%) was observed at 1 h, and maximal Ast-E hydrolysis rate was 96%.

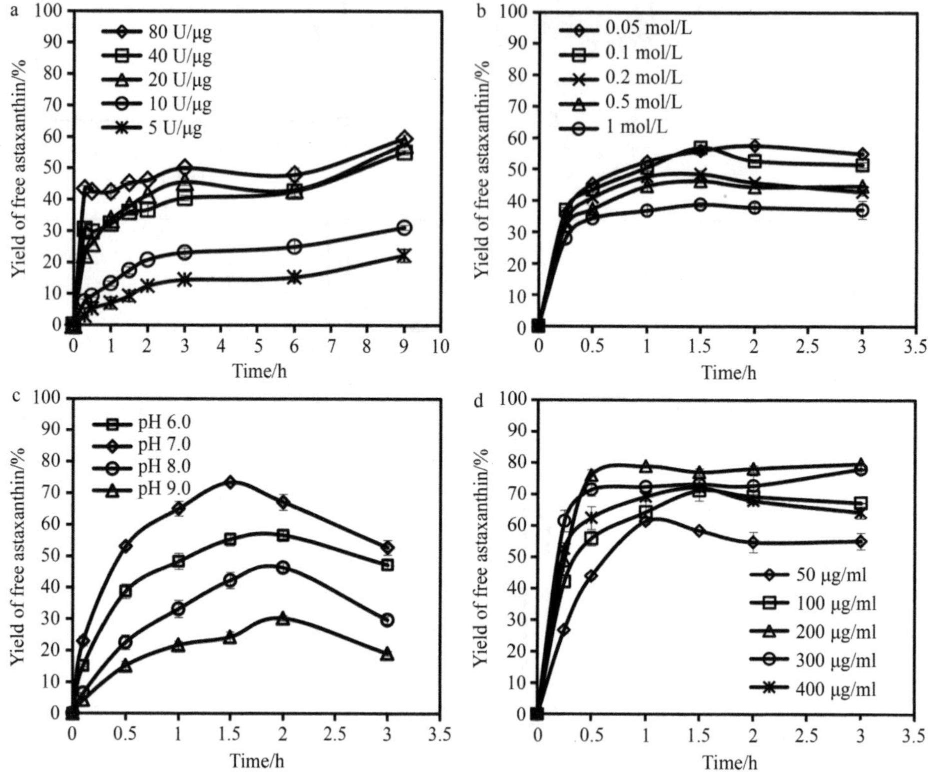

Fig. 5 Hydrolysis of Ast-E by lipase-YH, analyzed by HPLC

a. Effect of enzyme concentration on free astaxanthin yield. b. Effect of buffer (sodium phosphate buffer, pH 7.0) concentration on free astaxanthin yield. c. Effect of pH on free astaxanthin yield. d. Effect of substrate concentration on free astaxanthin yield. After 1 h culture at pH 7.0, substrate concentration 200 μg/ml, and buffer concentration 0.05 mol/L or 0.1 mol/L, enzyme concentration reached 80 U/μg Ast-E, and free astaxanthin yield reached its maximal value (80%)

Following optimization of reaction conditions as above, we expanded the reaction to 0.5-L and 1.0-L systems, and observed free astaxanthin yields and hydrolysis rates similar to those in the 10-ml reaction system. Three batches were performed, with three repeats for each batch. Similar results were obtained for the three batches, and averaged data for one typical batch are shown in Table 3. These findings indicate that optimized conditions for free astaxanthin production we determined in small systems can be successfully extended to larger systems.

Table 3 Free astaxanthin yield and Ast-E hydrolysis rate for three reaction systems of increasing volume

Reaction volume	Free astaxanthin yield/%	Ast-E hydrolysis rate/%
10 ml	80.0±3.3	96.0±4.3
0.5 L	80.2±5.1	97.0±3.5
1.0 L	79.8±3.8	95.3±3.7

3. Discussion

We established an enzymatic process for production of free astaxanthin, a useful compound in the food, biomedical, and cosmetic industries. Enzymatic processes, in comparison with chemical reactions, are generally regarded as efficient, mild, and environmentally friendly. Enzyme activity, enzyme stability, and hydrolysis conditions are key factors in free astaxanthin production and associated cost.

Factors that affect heterologous protein expression include gene structure, signal peptide, gene dosage, propeptide, and culture conditions (Huang *et al.*, 2014). We successfully enhanced lipase-YH production by adding propeptide and optimizing culture conditions. M. Inouye's group demonstrated that a 77 aa propeptide organized correct folding of its own protease domain as an intramolecular chaperone, and that Ile to Val (I48V) mutation in the propeptide resulted in production of two subtilisins that differed in secondary structure, thermostability, and substrate specificity (Shinde *et al.*, 1997). Propeptide sequence played a significant role in *in vivo* folding and secretion of active *Rhizopus oryzae* lipase (mROL) expressed in *Saccharomyces cerevisiae* (Takahashi *et al.*, 2001). In our 2014 study, addition of propeptide of *Rhizomucor miehei* lipase (RML) increased its expression level in *P. pastoris* from 56 U/ml to 430 U/ml, and glycosylation was found in the propeptide (Huang *et al.*, 2014). In the present study, NetNGlyc 1.0 server (cbs.dtu.dk/services/NetNGlyc/) predicted no glycosylation following addition of propeptide. We therefore hypothesized that the 7 aa propeptide at the start of ALIP is involved in enzyme folding and post-translational modification. Protein expression was about 6-fold higher for ALIP with *vs.* without propeptide. Successful enzyme production was achieved using a3-BMMY in a 50-L autofermentor, with enzyme activity >2,000 U/ml, and greatly reduced medium cost (>70% lower than in previous studies; Additional File 5: Table S3). For culture in a 100-L autofermentor, production time was reduced by about 10 h because of increased oxygen supply. Increase of dissolved oxygen level has been reported to stimulate the methanol utilization pathway and thereby enhance expression efficiency of heterologous protein expression (Lee *et al.*, 2003; Lim *et al.*, 2003). Further enhancement of enzyme activity and reduction of culture time in future studies, based on provision of adequate dissolved oxygen, is a strong possibility.

Commercial astaxanthin-based health care products use primarily Ast-E derived from *H. pluvialis* or antarctic shrimp (*P. borealis*) extract. Use of free astaxanthin in addition to Ast-E will expand the potential applications of this compound in the nutrition, drug, and food industries. We developed a safe, convenient method of free astaxanthin preparation using lipase-YH. We optimized various reaction conditions to obtain maximal free astaxanthin yield in a first-generation reaction system. In contrast to methods of enzymatic preparation of free astaxanthin described by Nagao *et al.* (2003), Grynbaum *et al.* (2005), Halldorsson and Haraldsson (2004), and Zhao *et al.* (2011), we were able to achieve maximal free astaxanthin yield 80% and maximal Ast-E hydrolysis rate 96% with a reaction time of only 1 h. These conditions described here may be further improved in the future. The unique structure of free astaxanthin allows linkage to various functional compounds for development of new drugs, which will expand potential applications (Lockwood *et al.*, 2006).

We performed multiple pilot experiments using a small (10 ml) reaction system in order to conserve substrate, and were able to extend our optimized conditions to larger (0.5 L, 1.0 L) reaction systems with similar results (Table 3). Subsequent steps in our ongoing studies will involve further optimization of reaction conditions through orthogonal testing, recovery of free astaxanthin from hydrolysis reaction system, and linking to specific functional compounds to further expand astaxanthin applications in various industries as above. Several problems of enzyme and reaction conditions have been resolved in these early-stage experiments. Our upcoming studies will focus on obtaining pure product and linking it to other compounds of interest.

4. Conclusion

We constructed a novel recombinant lipase (lipase-YH), expressed it in *P. pastoris* X-33, and achieved enzyme activity 2,050 U/ml through modification of medium formulation and optimization of fermentation conditions. Cost of medium for enzyme production was reduced by >70%, Ast-E conversion rate reached 96%, and free astaxanthin yield reached 80%. A preliminary attempt was made to efficiently recover free astaxanthin by ultracentrifugation. Our findings provide a basis for future development of new drugs and food products.

5. Materials and Methods

5.1 Construction of recombinant strains

Mature lipase gene (*malip*) and pro-mature lipase gene (*proalip*) were cloned from *P. cyclopium* var. *albus* (GenBank accession number AF274320.1) cDNA. *malip* was amplified using primer pair *malip*-f (5′-GGAATTCGCAACTGCTGACGCCGCT-3′, *Eco*R I site) and *malip*-r (5′-GCGGCCGCGCTCAGATAGCCACA-3′, *Not* I site). *proalip* was amplified using primer pair *proalip*-f (5′-CCCGGAATTCGCACCTATTTTGGAGTCGA-3′, *Eco*R I site) and *proalip*-r (5′-ATAATGCGGCCGCGCTCAGATAGCCAC-3′, *Not* I site). Vectors used were pPICZαA (Thermo Fisher Scientific; Waltham, MA, USA) and pPICMαA. pPICMαA was derived from pPICZαA, and α-factor codons of pPICMαA were optimized without change of pPICZαA a.a. sequence (Huang *et al.*, 2014). Recombinant plasmids pPICZa-*malip*, pPICMa-*malip*, pPICZa-*proalip*, and pPICMa-*proalip* were constructed as described previously (Menendez *et al.*, 2013). Plasmids and strains used in this study are listed in Table 4. Four recombinant plasmids (pPICZa-*malip*, pPICMa-*malip*, pPICZa-*proalip*, pPICMa-*proalip*) were linearized by *Bst*X I, and transformed respectively to *P. pastoris* X-33 by electroporation. Electroporation and screening of target transformants were performed using an EasySelect *Pichia* expression kit (Thermo Fisher Scientific; Waltham, MA, USA) as per the manufacturer's instructions.

Table 4 Plasmids and strains used in this study

Plasmid or strain	Description	Source
Plasmids		
pPICZαA	secretion expression vector with α-factor from *S. cerevisiae*	Huang *et al.*, 2014
pPICMαA	pPICZαA with α-factor optimized codons	Huang *et al.*, 2014
pPICZαA-*malip*	pPICZαA ligated with *malip* gene	this study
pPICZαA-*proalip*	pPICZαA ligated with *proalip* gene	this study
pPICMαA-*malip*	pPICMαA ligated with *malip* gene	this study
pPICZαA-*proalip*	pPICMαA ligated with *proalip* gene	this study
Strains		
X-33	Host strain (WT Mut^+)	Huang *et al.*, 2014
zα-*malip*-X33	*malip* of lipase without propeptide expressed in X-33 using pPICZαA	this study
zα-*proalip*-X33	*proalip* of lipase with propeptide expressed in X-33 using pPICZαA	this study
mα-*malip* -X33	*malip* expressed in X-33 using pPICMαA	this study
mα-*proalip* -X33	*proalip* expressed in X-33 using pPICMαA	this study

9K-*malip*-GS115 was constructed as described by Guan *et al.* (2010). *malip* was amplified using primer pair as above and connected to pPIC9K to construct recombinant plasmid pPIC9K-*malip*, using Kan screen and gene sequencing (Thermo Fisher Scientific; Waltham, MA, USA). The recombinant plasmid was linearized by *Sal* I and electroporated into *P. pastoris* GS115. Electroporation and screening of target transformants were performed using an Multi-Copy *Pichia* Expression Kit (Thermo Fisher Scientific; Waltham, MA, USA) as per the manufacturer's instructions.

5.2 Optimization of flask fermentation conditions

Flask culture of *P. pastoris* was performed using BMGY [yeast extract 10 (g/L), peptone 20 (g/L), glycerin 10 (g/L)]/BMMY [yeast extract 10 (g/L), peptone 20 (g/L), 100 mmol/L potassium phosphate buffer] medium as described by Hu *et al.* (2013). Various fermentation conditions were optimized as described below.

5.2.1 Formulation of YNB compounds

Formulation of yeast nitrogen base without aa (YNB) (cat # BD291930; Becton Dickinson, Franklin Lakes, NJ, USA) was analyzed in terms of four parts: nitrogen source, vitamins, trace elements, and macronutrients. a1-YNB, a2-YNB, and a3-YNB (formulations shown in Table 2) were prepared artificially to retain necessary ingredients and reduce fermentation cost. They were added to BMMY medium (mixtures termed respectively a1-BMMY, a2-BMMY, a3-BMMY), rather than commercial YNB, for shake-flask fermentation to determine optimal YNB formulation.

5.2.2 Methanol induction

BMGY was used for liquid seed culture, and a3-BMMY [yeast extract 10 (g/L), peptone 20(g/L), 100 mmol/L potassium phosphate buffer (pH 7.0), a3-YNB 13.4 (g/L)] was used to induce expression of target protein in flask. Increasing concentrations of methanol (0.2%, 0.4%, 0.5%, 0.7%, 1.0%, 1.3%) in a3-BMMY were established by addition at 24-h intervals, to determine optimal amount of added methanol.

5.2.3 Optimal fermentation pH

pH of 100 mmol/L potassium phosphate buffer in a3-BMMY was adjusted to 5.0, 6.0, 6.5, 7.0, and 8.0.

5.3 Fermentation in 50 L autofermentor

Fermentation method for 50 L autofermentor was similar to that in our previous study (Huang *et al.*, 2013), except that primary seed was cultured in 300 ml BMGY and transferred into 3 L BMGY as second seed. Second seed was then fed into 30 L a3-BMMY in a 50 L autofermentor (Guoqiang; Shanghai, China) as 10% inoculum. The three processing phases were: (i) glycerol batch phase; (ii) metal ion mixture (KH_2PO_4/K_2HPO_4 0.85 g/0.15 g, NaCl 0.1 g, $CaCl_2$ 0.1 g, $MgSO_4$ 0.5 g, glycerol 50% *w*/*V*) fed-batch phase; (iii) methanol induction phase. Temperature was kept at 28℃ for phases i and ii, and reduced to 24℃ when target protein was induced by methanol (phase iii). pH was maintained at 7.0 (auto-adjusted by $NH_4{\cdot}H_2O$) throughout the fermentation process. Agitation rate was 700 r/min, and aeration rate was 10 L/min. When initial glycerol was exhausted, metal ion mixture was fed [feed rate 18.15 ml/(h·L) initial fermentation volume] for 4 h until glycerol was completely consumed, then intermittently for 1 h. methanol (0.5% *V*/*V*) was added to induce protein expression. Samples were taken at 4-h intervals for measurement of cell density (OD_{600}) and secreted enzyme activity.

5.4 Enzyme detection

Lipase activity was detected by NaOH titration as described previously (Huang *et al.*, 2014). A reaction mixture consisting of 5 ml olive oil emulsion, 4 ml of 0.1 mol/L HEPES, pH 7.5, and 1.0 ml supernatant was shaken (180 r/min) for 10 min at 50℃. Reaction was stopped by addition of 15 ml ethanol. Phenolphthalein was added to the mixture as indicator and free fatty acids (FFAs) were titrated with 0.05 mol/L NaOH. One unit (U) lipase activity was defined as the amount of enzyme catalyzing production of 1 μmol FFAs/min.

5.5 Detection of target lipase protein by Western blotting

Extracellular pro-ALIP was detected in 40-μl volumes of fermentation supernatant mixture (32 μl fermentation supernatant mixed with 8 μl 5×loading buffer, boiled for 10 min). For each recombinant strain, fermentation broth was centrifuged, supernatant removed, precipitate washed 3 times and diluted with sterile distilled water to a defined cell density (OD_{600}=1.0), and 32 μl diluted cells mixed with 8 μl 5×loading buffer and boiled for 10 min. Intracellular protein content of each strain was determined using 20 μl of mixture as above. Stacking gel (5%), resolving gel (12%), primary antibody, secondary antibody, and BCIP/NBT Chromogenic reagent kit (cat # PA111, Tiangen Biotech; Beijing, China) were as described previously (Huang *et al.*, 2014).

5.6 Enzyme powder preparation

Enzyme powder was prepared as described by Geethanjali and Subash (2013). Precooled acetone was added to 150 ml fermentation supernatant (volume ratio 1.0∶0.8 to 1.0∶1.2), precipitated for 1 h at –20℃, and dried at room temperature to constant weight. Enzyme powder was cold-stored and diluted to various appropriate concentrations prior to hydrolysis reactions as below. Effects of acetone concentration on enzyme powder extracted from 150 ml lipase YH fermentation supernatant was evaluated in terms of four parameters: weight of enzyme powder (dry) (g), total enzyme activity ($\times 10^4$ U), enzyme activity per g ($\times 10^4$ U), recovery rate (%). These parameters were calculated as follows:

i) weight of enzyme powder (g): weight of dry enzyme powder obtained from 150 ml lipase YH fermentation supernatant.

ii) total enzyme activity ($\times 10^4$ U): total enzyme activity of all enzyme powder from 150 ml lipase YH fermentation supernatant.

iii) enzyme activity per g ($\times 10^4$ U/g): enzyme activity of 1 g dry enzyme powder.

iv) recovery rate (%): total enzyme activity (b) divided by total enzyme activity of 150 ml lipase YH fermentation supernatant without preparation of enzyme powder.

5.7 Hydrolysis of Ast-E

5.7.1 Substrate emulsion

20 mg *H. pluvialis* extract (Ast-E; Jingzhou Natural Astaxanthin Inc., China) was mixed with 20 mg Tween 80. The mixture was dissolved in 5 ml acetone in a 50 ml stoppered flask and dried by nitrogen stream.

5.7.2 Hydrolysis reaction system

The above emulsion was added with 10 ml sodium phosphate buffer (0.1 mol/L, pH 7.0), mixed with

40 U/μg (total carotenoids) lipase, and the flask was placed for in a water bath (30℃, 180 r/min) for 9 h. 300 μl samples were taken at time 0 min and at 30 min intervals thereafter. Each sample was mixed with 500 μl acetone and 300 μl *n*-hexane, and centrifuged at 12,000 r/min for 2 min.

5.7.3 Optimization of hydrolysis conditions

Optimal values were determined (single-factor optimization technique) for enzyme amount (5 U/μg, 10 U/μg, 20 U/μg, 40 U/μg, 80 U/μg), reaction buffer concentration (0.05 mol/L, 0.1 mol/L, 0.2 mol/L, 0.5 mol/L, 1 mol/L), reaction buffer pH (6, 7, 8, 9), and substrate concentration (50 mg/ml, 100 mg/ml, 200 mg/ml, 300 mg/ml, 400 mg/ml). An optimized small hydrolysis system was established according to proportion of each component, and then expanded to 500 ml and 1.0 L.

5.8 Detection of free astaxanthin by TLC, HPLC, and MS

Astaxanthin pigment was detected by TLC on activated silica plates (Silica Gel 60, 10 cm×10 cm, thickness 0.2 mm; Yantai Chemical Industry Research Institute; Yantai, China) as we described previously (Zhao *et al.*, 2011). Reaction supernatant (60 μl) was subjected to HPLC analysis using a CBM-20A system equipped with SPD-M20A diode array detector (Shimadzu; Kyoto, Japan), with sample preparation and test conditions as described by Zhao *et al.* (2011). Mass spectroscopic (MS) analysis (LCQ Deca XP, Thermo Finnigan; San Jose, CA, USA) of free astaxanthin gave mass-to-charge ratio (*m*/*z*) of its parent-ion. MS conditions were: capillary temperature 300℃, spray voltage 4.5 kV, positive ionization, and scan range 100 *m*/*z* to 1,000 *m*/*z*, as described by Zhao *et al.* (2011).

5.9 Free astaxanthin calculation

3.0 mg astaxanthin standard was dissolved in 10 ml chloroform in a 100-ml volumetric flask in ultrasonic water bath, and volume adjusted to 100 ml with *n*-hexane to obtain stock solution. Various amounts (5 ml, 10 ml, 15 ml, 20 ml) of stock solution were mixed with 4 ml chloroform in 100-ml flasks, and volume adjusted to 100 ml with hexane to obtain four concentrations (1.5 μg/ml, 3.0 μg/ml, 4.5 μg/ml, 6.0 μg/ml) of astaxanthin standard solution. These solutions were measured by HPLC, and an astaxanthin standard curve was constructed relating peak area to quantity of free astaxanthin. Formulas used were:

$$\text{Yield of free astaxanthin (\%)}=M_{\text{free astaxanthin}}/M_{H.\ pluvialis\ \text{extract}}$$

$$\text{Hydrolysis rate of Ast-E (\%)}=A_{\text{free astaxanthin}}/A_{\text{Ast-E}}$$

where $M_{\text{free astaxanthin}}$=quantity of free astaxanthin in reaction mixture (computed from standard curve); $M_{H.\ pluvialis\ \text{extract}}$=weight of *H. pluvialis extract* added to reaction mixture at 0 h; $A_{\text{free astaxanthin}}$=peak area of free astaxanthin; $A_{\text{Ast-E}}$=summed peak area of Ast-E.

References

Ambati R R, Moi P S, Ravi S. 2014. Astaxanthin: sources, extraction, stability, biological activities and its commercial applications: a review. Mar Drugs, 12(1): 128-152.

Geethanjali S, Subash A. 2013. Comparative study on precipitation techniques for protease isolation and purification from *Labeo rohita* Viscera. J Aquat Food Prod T, 22(2): 121-128.

Grynbaum M D, Hentschel P, Putzbach K, *et al.* 2005. Unambiguous detection of astaxanthin and astaxanthin fatty acid esters in krill (*Euphausia superba* Dana). J Sep Sci, 28(14): 1685-1693.

Guan F F, Peng P, Wang G L, *et al.* 2010. Combination of two lipases more efficiently catalyzes methanolysis of soybean oil for biodiesel production in aqueous medium. Process Biochem, 45(10): 1677-1682.

Halldorsson A, Haraldsson G G. 2004. Fatty acid selectivity of microbial lipase and lipolytic enzymes from salmonid fish intestines toward astaxanthin diesters. J Am Oil Chem Soc, 81(4): 347-353.

Hu H, Gao J, He J, *et al.* 2013. Codon optimization significantly improves the expression level of a keratinase gene in *Pichia pastoris*. PLoS One, 8(3): e58393.

Huang J J, Xia J, Yang Z, *et al.* 2014. Improved production of a recombinant *Rhizomucor miehei* lipase expressed in *Pichia pastoris* and its application for conversion of microalgae oil to biodiesel. Biotechnol Biofuels, 7: 111.

Huang J J, Yang Z, Guan F F, *et al.* 2013 A novel mono- and diacylglycerol lipase highly expressed in *Pichia pastoris* and its application for food emulsifier preparation. Process Biochem, 48(12): 1899-1904.

Johnson E A, An G H. 1991. Astaxanthin from microbial sources. Crit Rev Biotechnol, 11(4): 297-326.

Lee C Y, Lee S J, Jung K H, *et al.* 2003. High dissolved oxygen tension enhances heterologous protein expression by recombinant *Pichia pastoris*. Process Biochem, 38(8): 1147-1154.

Lei A, Chen H, Shen G, *et al.* 2012. Expression of fatty acid synthesis genes and fatty acid accumulation in *Haematococcus pluvialis* under different stressors. Biotechnol Biofuels, 5: 18.

Lim H K, Choi S J, Kim K Y, *et al.* 2003. Dissolved-oxygen-stat controlling two variables for methanol induction of rGuamerin in *Pichia pastoris* and its application to repeated fed-batch. Appl Microbiol Biotechnol, 62(4): 342-348.

Liu F, Shi H Z, Guo Q S, *et al.* 2016. Effects of astaxanthin and emodin on the growth, stress resistance and disease resistance of yellow catfish (*Pelteobagrus fulvidraco*). Fish Shellfish Immunol, 51: 125-135.

Lockwood S F, Penn M S, Hazen S L, *et al.* 2006. The effects of oral Cardax (disodium disuccinate astaxanthin) on multiple independent oxidative stress markers in a mouse peritoneal inflammation model: influence on 5-lipoxygenase i*n vitro* and *in vivo*. Life Sci, 79(2): 162-174.

Lorenz R T, Cysewski G R. 2000. Commercial potential for *Haematococcus* microalgae as a natural source of astaxanthin. Trends Biotechnol, 18(4): 160-167.

Martínezdelgado A A, Khandual S, Villanuevarodríguez S J. 2017. Chemical stability of astaxanthin integrated into a food matrix: effects of food processing and methods for preservation. Food Chem, 225: 23-30.

Menendez C, Martinez D, Trujillo L E, *et al.* 2013. Constitutive high-level expression of a codon-optimized beta-fructosidase gene from the hyperthermophile *Thermotoga maritima* in *Pichia pastoris*. Appl Microbiol Biotechnol, 97(3): 1201-1212.

Miki W. 1991. Biological functions and activities of animal carotenoids. Pure Appl Chem, 63(1): 141-146.

Nagao T, Fukami T, Horita Y, *et al.* 2003. Enzymatic enrichment of astaxanthin from *Haematococcus pluvialis* cell extracts. J Am Oil Chem Soc, 80(10): 975-981.

Naguib Y M. 2000. Antioxidant activities of astaxanthin and related carotenoids. J Agric Food Chem, 48(4): 1150-1154.

Parisi V, Tedeschi M, Gallinaro G, *et al.* 2008. Carotenoids and antioxidants in age-related maculopathy Italian study: multifocal electroretinogram modifications after 1 year. Ophthalmology, 115(2): 324-333, e322.

Rishton G M. 2008. Natural products as a robust source of new drugs and drug leads: past successes and present day issues. Am J Cardiol, 101(10A): 43D-49D.

Sarada R, Vidhyavathi R, Usha D, *et al.* 2006. An efficient method for extraction of astaxanthin from green alga *Haematococcus pluvialis*. J Agric Food Chem, 54(20): 7585-7588.

Shah M M R, Liang Y, Chen J J, *et al.* 2016. Astaxanthin-producing green microalga *Haematococcus pluvialis*: from single cell to high value commercial products. Front Plant Sci, 7: 531.

Shinde U P, Liu J J, Inouye M. 1997. Protein memory through altered folding mediated by intramolecular chaperones. Nature, 389(6650): 520-522.

Takahashi S, Ueda M, Tanaka A. 2001. Function of prosequence for *in vivo* folding and secretion of active *Rhizopus oryzae* lipase in *Saccharomyces cerevisiae*. Appl Microbiol Biotechnol, 55(4): 454-462.

Vakarelova M, Zanoni F, Lardo P, *et al.* 2017. Production of stable food-grade microencapsulated astaxanthin by vibrating nozzle technology. Food Chem, 221: 289-295.

Wu H J, Niu H J, Shao A, *et al.* 2015. Astaxanthin as a potential neuroprotective agent for neurological diseases. Mar Drugs, 13(9): 5750-5766.

Zhang H M, Wu M C, Guo J, *et al.* 2011. Cloning and sequence analysis of complete gene encoding an alkaline lipase from *Penicillium cyclopium*. Prikl Biokhim Mikrobiol, 47(6): 642-649.

Zhang L, Wang H D. 2015. Multiple mechanisms of anti-cancer effects exerted by astaxanthin. Mar Drugs, 13(7): 4310.

Zhao Y Y, Guan F F, Wang G L, *et al.* 2011. Astaxanthin preparation by lipase-catalyzed hydrolysis of its esters from *Haematococcus pluvialis* algal extracts. J Food Sci, 76(4): 643-650.

Zuluaga M, Barzegari A, Letourneur D, *et al.* 2017. Oxidative stress regulation on endothelial cells by hydrophilic astaxanthin complex: chemical, biological, and molecular antioxidant activity evaluation. Oxid Med Cell Longev, 2017: 8073798.

Supplemental material: https://biotechnologyforbiofuels.biomedcentral.com/articles/10.1186/s13068-018-1180-2#Sec26

本文原载: Biotechnol Biofuels, 2018, 11: 181.

第 4 部分　趋磁细菌生理特征及磁小体应用研究

导　读

趋磁细菌 (magnetotactic bacteria，MTB) 是一类能合成纳米磁小体 (magnetosome，为 Fe_3O_4 或 Fe_3S_4 的磁性颗粒，粒径为 40~100 nm，有质膜包被) 的细菌总称。1963 年由意大利学者 Bellini 首先发现，并以意大利语在内部学术刊物报道。1975 年美国学者 Blackmore 在 *Science* 杂志报道趋磁细菌，引起学术界的广泛关注，趋磁细菌逐步成为研究生物矿化过程的模式生物。迄今为止，国内外学者针对趋磁细菌资源挖掘、磁小体形成的分子机制以及磁小体的应用进行了广泛的研究。

国内对趋磁细菌的研究与报道最早是中国科学院微生物研究所刘信 (1991 年)、武汉大学卫扬保等 (1994 年)，以及中国科学院武汉病毒研究所范国昌等 (1996 年)，他们分别从不同角度介绍了趋磁细菌或初步揭示了我国趋磁细菌的特征及分布。

1999 年，李季伦教授课题组以趋磁螺菌属的模式菌株 *Magnetospirillum gryphiswaldense* MSR-1 为材料，探讨其生物固氮作用机制，经过反复实验，攻克了该菌培养的难题，建立了固氮条件下的深层培养技术，获得足够的细胞提取固氮酶，并发现该菌具有固氮酶合成后的活性调节系统 (姜伟等, 2002)。随后，课题组在国内率先建立了 MSR-1 菌株遗传操作体系，不仅解决了无法平板培养的问题，还建立了 Tn*5* 插入突变和同源双交换的策略获得基因缺失突变株等关键技术 (李峰等, 2004, 2005, 2009)，为后人继续探讨该菌株的生理、遗传特征奠定了基础。

李季伦教授指导研究生通过反复实验积累数据，分析、总结了供试菌株对“氧”和“营养”需求的规律，分别在 1.0 L、7.5 L、42.0 L、100 L 和 1.5 t 自动发酵罐上成功培养该菌细胞 (姜伟等, 2002; Jianbo Sun *et al*., 2008; Yang Liu *et al*., 2010; Yang Zhang *et al*., 2011)，建立了批量回收及纯化磁小体的工艺 (Fangfang Guo *et al*., 2011)，使细胞培养密度和磁小体产量均达到国际领先水平，不仅为本课题组进行磁小体的应用研究提供了保障，也无偿提供给其他感兴趣的研究者从而进行了多项研究。

在建立供试菌株培养方法和遗传操作系统后，课题组分别针对与磁小体合成相关的基因及其功能进行了研究 (Yao Ding *et al*., 2010; Wei Yang *et al*., 2011)；并设法通过敲除细胞内与聚 β-羟基丁酸酯 (PHB) 颗粒合成相关的基因，避免能量的分流，从而提高磁小体产量 (Jiangning Liu *et al*., 2008)；分析细胞铁、氧代谢关键基因，探讨它们对磁小体合成的影响，揭示供试菌株细胞生理特征 (Ban Jia *et al*., 2010; Chengbo Rong *et al*., 2008, 2012; Fangfang Guo *et al*., 2012; Qing Wang *et al*., 2015, 2019; Tong Wen *et al*., 2016; Yunpeng Zhang *et al*., 2017; Xu Wang *et al*., 2019; Tong Wen *et al*., 2019)；通过基

因组、转录组分析，绘制了该菌株铁、氧代谢复杂的调控网络 (Xu Wang *et al*., 2014, 2016; Qing Wang *et al*., 2017)。

磁小体的应用研究也相继开展，在综述国外磁小体应用和本课题组实验结果的基础上，我们率先提出“细菌纳米磁小体有望作为靶向药物载体”(孙建波等, 2004)；免疫检测的研究从最初的化学法偶联抗体应用于病原物的痕量检测 (Jifeng Chen *et al*., 2006; 陈继峰等, 2009; Aihua Li *et al*., 2010)，到采用融合表达策略将磁小体膜蛋白与 protein A 偶联，使细胞直接产生重组磁小体，保证了其定向、高效地与抗体连接 (Jun Xu *et al*., 2014)。

20 年来，课题组对于趋磁螺菌的研究得到了多项国家自然科学基金、科技部“863”面上和重点研发项目、北京市自然科学基金等资助，不仅发表多篇研究论文，还获得授权发明专利 10 余项。李季伦教授时常教育大家，不仅要充分发挥本学科优势，也应不断地向他人学习和请教。经过多年的实践，课题组有关趋磁螺菌的研究得到诸多不同领域学者的指导和帮助，大家都深刻体会到，该研究是一个多学科交叉、合作的项目，涉及微生物生理、生物化学、物理学、化学、地磁学、医学等学科的不同分支领域，有着广泛的研究前景。

(姜伟　李颖)

固氮条件下 Greifswald 磁螺菌的深层培养及其固氮酶活性的调节*

姜伟，赵德华，李颖，田杰生，王珍芳，李季伦

(中国农业大学生物学院微生物系，北京，100094)

摘要

建立了 Greifswald 磁螺菌 (*Magnetopirillum gryphiswaldense*) 在固氮条件下 (微好氧和限铵) 的深层培养技术。在以乳酸钠为碳源的限氮培养基中，通入含 0.4%~0.8% O_2 的氮气，pH 和温度分别控制在 7.2 和 30℃，经过 3 次补料，培养 21 h 细胞密度 $A_{600\ mm}$ 可达 1.3，固氮酶活性为 217 nmol/h。氧和铵对固氮酶活性有明显的抑制作用，说明该菌具有固氮酶合成后的活性调节系统。

关键词

Magnetospirillum gryphiswaldenese，深层培养，固氮，固氮酶活性调节。

Blakemore (1975) 于美国盐泽泥浆中发现一类特殊细菌，其特征为体内具有按磁力线方向排列、成分为 Fe_3O_4 的纳米级磁性颗粒，致使这类细菌表现出趋磁行为而被称为趋磁细菌 (magnetotactic bacteria)。Maratea 和 Blakemore (1981) 将第 1 株纯培养的这类菌命名为趋磁水螺菌 (*Aquaspirillum magnetotacticum*)。Schleifer 等于 1991 年在德国格瑞菲斯瓦尔德 (Greifswald) 地区水域中分离出一种类似趋磁水螺菌的趋磁细菌，经系统分类研究发现该菌与趋磁水螺菌相似，同属于变形菌纲的 α 亚纲，但有别于属于 β 亚纲的水螺菌属 (*Aquaspirillum*) 的模式种 *A. serpens*，因而将其命名为一个新种，并将属名改称磁螺菌属 (*Magnetospirillum*)，以新种 Greifswald 磁螺菌 (*M. gryphiswaldense*) 作为模式种。由于趋磁细菌可能作为一种模式生物用于探究高等生物 (Walcott *et al*., 1979) 乃至人类大脑细胞 (Kirschvink *et al*., 1992) 中磁性颗粒的生理功能，而且纳米磁性颗粒又有多种潜在的应用价值，如可作为固定化酶载体使酶活更为稳定 (Matsunaga and Kamiya, 1987)，可作为抗体载体用于高灵敏度的免疫检测 (Matsunaga *et al*., 1996)，作为高效吸附剂用于分离纯化 DNA、RNA 以及用于肿瘤的靶向定位治疗等，而受到人们的重视。特别是近年来在火星陨石中发现的趋磁细菌的磁性颗粒，被认为是火星上曾有生命的直接证据 (Fredmann *et al*., 2001)，更引起了人们的兴趣。

尽管人们对趋磁细菌很重视，但其对营养和微好氧的条件要求苛刻，致使大量培养这类细菌十分困难。通常采用液体静置培养，但周期长，细胞密度低，难以获得足够的细胞和磁性颗粒用于基础与应用研究。Schüler 和 Baeuerlein (1998) 建立了 *M. gryphiswaldense* 的深层培养方法，但由于培养过程中氧气

*本研究得到国家自然科学基金(30170012)和国家重点基础研究发展计划(001CB108904)资助。

和氮源浓度较高，不适合固氮生长。

Bazylinski 等 (2000) 报道了磁螺菌属的 3 个菌株 *M. magnetotactium*、*M. gryphiswaldense* 和 *Magnetospirillum* AMB-1 能在无氮半固体培养基中生长，并测出了固氮酶活性，Southern 杂交证明含有 *nifHDK* 基因，但至今尚未见趋磁细菌在固氮条件下的深层培养、固氮酶分离纯化和生化研究的报道。为此我们探索并建立了 *M. gryphiswaldense* 在固氮条件下的深层培养方法，获得了较多的固氮菌体，为离体研究其固氮酶的特性奠定了基础。同时发现该菌的固氮作用和其他固氮螺菌相似，其固氮酶活性可被氧和铵调节，具有铵关闭 (switch-off) 现象，即低铵抑制其固氮酶的活性，无铵时又恢复固氮酶活性。本文报道了该菌在固氮条件下的液体深层大量培养技术。

一、材料和方法

(一) 菌株及活化

菌株 *M. gryphiswaldense* MSR-1 (DSM6361)，购买自德国微生物菌种保藏中心 (Deutsche Sammlung von Mikroorganismen und Zellkulturen)。在含有 0.13%琼脂的 Schleifer 半固体培养基 (Schleifer *et al*., 1991) 中 30℃活化 2 次，每次 3~4 天。在含有 5% O_2、95% N_2 的 130 ml 血清瓶中，用无菌注射器注入 50 ml Schleifer 液体培养基，然后接种 2 ml 上述半固体培养物，30℃振荡培养 (100 r/min)，4 天后备用。

(二) 深层培养基

深层培养试用了 3 种培养基。

1) Blakemore 培养基 (1 L)：碳源为乙酸钠 0.05 g、琥珀酸 0.37 g 和酒石酸 0.37 g，氮源为 $NaNO_3$ 0.12 g，其他见 Blakemore 等 (1979) 的文献。

2) 乙酸钠-苹果酸培养基 (1 L)：$NaAc·3H_2O$ 1.0 g，D, L-苹果酸 0.25 g，NH_4Cl 0.1 g，$K_2HPO_4·3H_2O$ 0.5 g，$MgSO_4·7H_2O$ 0.1 g，巯基乙酸钠 0.05 g，$Na_2MoO_4·2H_2O$ 1.6 mg，酵母提取物 0.1 g，维生素混合液 10 ml (Wolin *et al*., 1963)，矿质元素混合液 5 ml (Wolin *et al*., 1963)，奎尼酸铁 2 ml (Blakemore *et al*., 1979)。

3) 乳酸钠培养基：以 1.3 g 的乳酸钠代替乙酸钠和苹果酸，其他同乙酸钠-苹果酸培养基。

所有培养基的 pH 在灭菌前调至 7.0。

(三) 种子培养基

当以 Blakemore 或乙酸钠-苹果酸培养基进行深层培养时，其接种用的种子培养基同深层培养基。当以乳酸钠为碳源进行深层培养时，为了增加种子液的细胞密度，种子培养基中乳酸钠和 NH_4Cl 的浓度分别增加至 6.5 g/L 和 1.0 g/L。增加 Blakemore 或乙酸钠-苹果酸培养基中碳、氮源浓度会抑制该菌生长。

(四) 种子培养

采用两级种子培养方式。先将在 Schleifer 液体培养基中生长的培养物以 10%接种量分别接种于 45 ml 上述 3 种种子培养基中，于 30℃振荡培养 (100 r/min) 24~30 h，获得一级种子，然后分别以 10%接种量接种至含有 360 ml 相同培养基的 1 L 三角瓶中，于 30℃振荡培养 (100 r/min) 24~30 h，作为二级种子用于发酵罐深层培养。

(五) 深层培养

在 5 L 自动发酵罐中分别加入 3600 ml 上述 3 种培养基和接入 400 ml 种子液，pH、温度和搅拌速度分别控制为 7.2、30℃和 400 r/min。以 Blakemore 或乙酸钠-苹果酸培养基培养时，用 4 mol/L HCl 溶液调节 pH；用乳酸钠培养基时，前期以 4 mol/L HCl 调节 pH，第 2 次补料后，换用 30%乳酸溶液调节 pH，以使培养液中保持有一定量的碳源，维持 C/N 值不至于太高。在培养过程中，始终通入含 0.4%~0.8% O_2 的氮气，通气量为 1.0~1.2 L/min，所通气体的氧浓度用气相色谱仪进行监测。在 80 L 自动发酵罐中以乳酸钠培养基进行扩大培养时，所有条件同 5 L 发酵罐。

(六) 固氮酶活性测定

乙炔还原法测定固氮酶活性。将 1 ml 深层培养液注入 9 ml 含有 0.5% O_2、10% C_2H_2 和 89.5% Ar 的血清瓶中，于 30℃振荡培养 (160 r/min) 20 min。用 0.2 ml 30%的三氯乙酸终止反应，取 100μl 气体样品通过气相色谱测定乙烯含量 (Burris, 1972)。

(七) 铵离子浓度测定

取 1.5 ml 深层培养液于 7000×*g* 离心 1 min，采用靛酚蓝法测定上清液中的铵离子浓度 (Page *et al*., 1982)。

二、结果

(一) *M. gryphiswaldense* 在不同培养基中的生长及细胞固氮酶活性

在上述 3 种培养基中 *M. gryphiswaldense* 均可微好氧固氮生长，但在不同培养基中的细胞密度和固氮酶活性明显不同。

1. 在 Blakemore 培养基中的生长及细胞固氮酶活性

M. gryphiswaldense 在 Blakemore 培养基中的生长速度非常缓慢，培养 43 h 的细胞密度 $A_{600\ nm}$ 接近 0.1，但固氮酶活性却较高，可达 400 nmol/h (即指每小时吸光度产生 400 nmol C_2H_4，下同，图 1)。我们试图通过补料来提高细胞密度，未获成功，当补入初始浓度的碳、氮源时，生长即停止。经试验分析发现，酒石酸浓度超过 0.37 g/L 时就会抑制该菌生长。

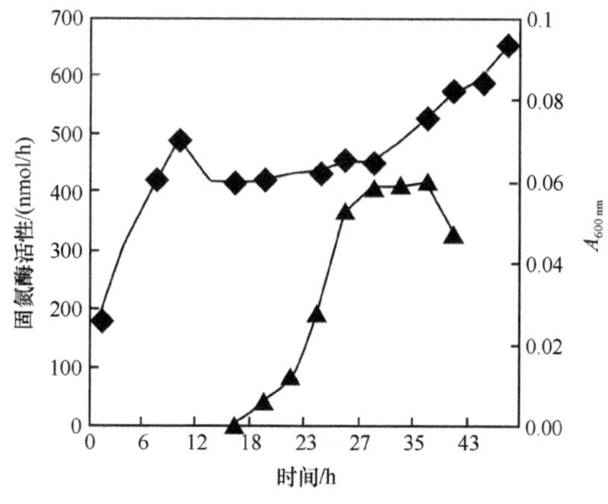

图 1　Greifswald 磁螺菌在 Blakemore 培养基中的生长 (◆) 和固氮酶活性 (▲)

2. 在乙酸钠-苹果酸培养基中的生长及细胞固氮酶活性

M. gryphiswaldense 在此培养基中的生长速度明显提高。在不补料的情况下，培养 24 h 的种子液和深层培养液的细胞密度 $A_{600\ \mathrm{nm}}$ 可达到 0.4。为了增加细胞密度，在深层培养过程中，随时监测苹果酸和乙酸钠的消耗情况，当它们低于初始浓度的一半时补加至初始浓度。经 3 次补料，25 h 内细胞密度 $A_{600\ \mathrm{nm}}$ 为 0.7，NH_4^+浓度低于 2 μg/ml (37 μmol/L) 时开始出现固氮酶活性，最高活性可达 125 nmol/h (图 2)。实验中发现苹果酸浓度超过 0.5 g/L 时会抑制细胞生长。

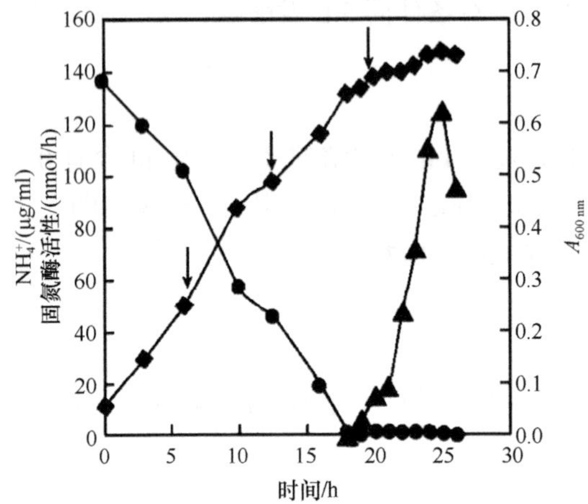

图 2　Greifswald 磁螺菌在乙酸钠-苹果酸培养基中的生长 (◆)、铵浓度 (●) 及固氮酶活性 (▲) (↓示补料)

3. 在乳酸钠培养基中的生长及细胞固氮酶活性

由于以上两种混合碳源培养基的浓度难以控制，我们改用相同碳浓度的乳酸钠作为唯一碳源的培养基 (其他成分不变)。经过对数生长期中的 3 次补料，18 h 培养，细胞密度 $A_{600\ \mathrm{nm}}$ 达到最高值 1.3，以后不再增加；13 h 出现固氮酶活性，23 h 达到最高值 217 nmol/h，此后略有下降 (图 3)。第 1 次和第 2 次补料时间根据 NH_4^+的消耗情况而定，当 NH_4^+消耗完时 (在第 8 小时和第 10 小时)，补加 25 mg/L NH_4Cl 和 0.25 g/L 乳酸钠，以利于细胞浓度的增加。在第 2 次补料的同时，改用 30%乳酸溶液调 pH，以保持一定浓度的碳源，避免因缺乏能源引起菌体自溶。固氮酶活性出现后，再补加 1.3 g/L 乳酸钠 (在第 13 小时)，但不加氮源，以保证固氮所需要的能量。

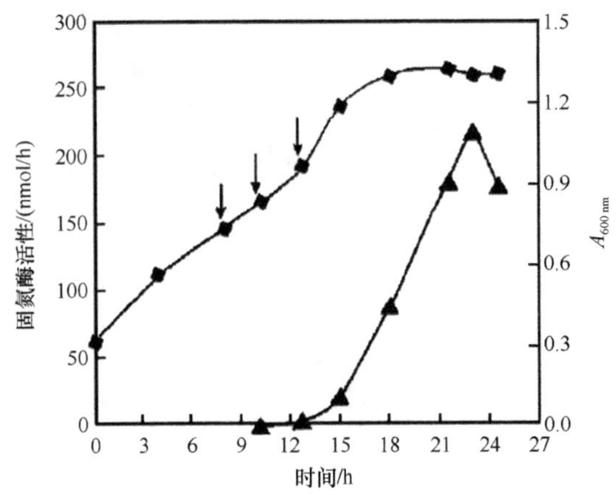

图 3　Greifswald 磁螺菌在乳酸钠培养基中的生长 (◆) 及固氮酶活性 (▲) (↓示补料)

在 80 L 自动发酵罐中进行扩大培养获得了相似结果，$A_{600\ nm}$最高达 1.12，细胞固氮酶活性最高达 230 nmol/h。

(二) 氧浓度对固氮酶活性的影响

在含有 O_2 浓度分别为 0、0.1%~0.8%、1.0%、1.2%、1.6%、2.0%，C_2H_2 为 10%，其余为 Ar 的 9 ml 具塞血清瓶中，各注入 1 ml 具有固氮酶活性的细胞液，分别测定固氮酶活性。结果表明其最适氧浓度为 0.4%~0.8%，低于 0.4%或高于 0.8%时固氮酶活性受到明显抑制，完全厌氧或超过 2.0%时，固氮酶活性几乎完全消失 (图 4)。

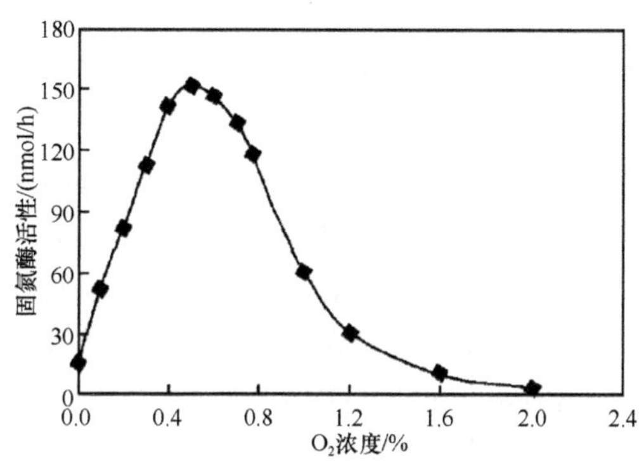

图 4 O_2 浓度对固氮酶活性的影响

(三) NH_4^+对固氮酶活性的调节

在 4 个 60 ml 含有 0.5% O_2、10% C_2H_2 和 89.5% Ar 的血清瓶中，分别注入 5 ml 有固氮酶活性的细胞液，迅速注入 10 mmol/L NH_4Cl，使 4 个瓶中的 NH_4^+浓度分别为 0 μmol/L、50 μmol/L、100 μmol/L 和 200 μmol/L，30℃振荡 (160 r/min) 培养，于 10~60 min 时分别取样测定固氮酶活性。结果表明该菌的固氮酶活性对 NH_4^+非常敏感，加入 50 μmol/L NH_4^+的固氮酶活性在 10 min 内被抑制 90%，30 min 后又恢复至正常水平。加入 100 μmol/L 和 200 μmol/L NH_4^+的固氮酶活性在 10 min 内被完全抑制，且在 1 h 后活性也只能分别恢复至初始活性的 80%和 60% (图 5)，说明该菌的固氮酶活性和微好氧的固氮螺菌[如巴西固氮螺菌 (*Azospirillum brasilense*) 和深红红螺菌 (*Rhodospirillum rubrum*)]一样，也有铵“关闭”现象，受铵浓度严格调节。

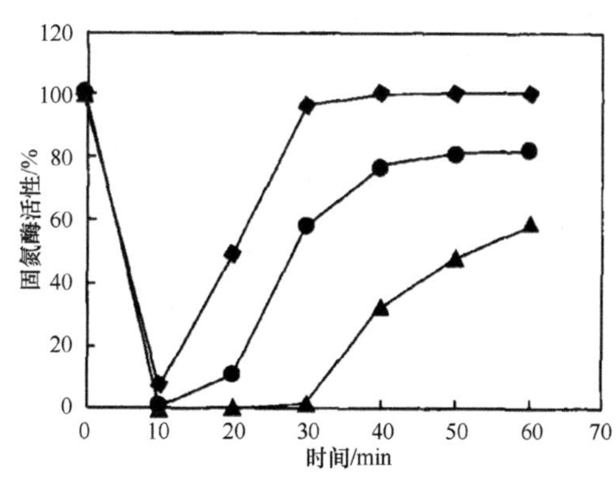

图 5 不同铵浓度对固氮酶活性的调节

加入 NH_4Cl 至终浓度分别为 50 μmo1/L (◆)、100 μmo1/L (●) 和 200 μmo1/L (▲)，以未加 NH_4Cl 的样品的固氮酶活性为 100% (192 nmol/h)

三、讨论

根据碳源对 *M. gryphiswaldense* 生长影响的实验（结果未附）。我们认为，乳酸钠是 *M. gryphiswaldense* 固氮生长的最适碳源，其在乳酸钠培养基上的生长速度和固氮酶活性已接近其他固氮螺菌，如 *A. brasilense* 和 *A. amazonense* (Song, 1985)。尽管该菌也可以利用乙酸钠、琥珀酸钠和苹果酸等碳源进行固氮生长，但其生长速率明显降低。

我们以肺炎克雷伯菌 (*Klebsiella peneumoniae*) 的 *nifHDK* 为探针对 *M. gryphiswaldense* 的 DNA 进行 Southern 杂交，结果为阳性，验证了 Bazylinski 等 (2000) 用来自深红红螺菌的 *nifHDK* 为探针与该菌 DNA 杂交的结果，说明该菌的基因组中确实存在编码固氮酶的结构基因。

铵对一些微好氧固氮螺菌的固氮酶活性有可逆的抑制作用，称为铵“关闭”现象 (Kanemoto and Ludden, 1984; Zhang *et al*., 1993)，这是由于当有铵时，这类固氮菌的二氮酶还原酶 (dinitrogenase reductase，即铁蛋白) 被二氮酶还原酶 ADP 核糖基转移酶 (dinitrogenase reductase ADP-ribosyltransferase，DRAT，其编码基因为 *draT*) 所转移过来的 ADP-R 共价修饰而失去活性；当无铵时、二氮酶还原酶激活糖苷水解酶 (dinitrogenase reductase activating glycohydrolase，DRAG，其编码基因为 *draG*)，将 ADP-R 基团水解下来，使其又恢复活性。固氮酶合成后活性调节系统对铵非常灵敏。我们曾用来自巴西固氮螺菌的 *draTG* 基因作为探针对 *M. gryphiswaldense* 的 DNA 进行杂交，结果为阳性（结果未附）。说明 *M. gryphiswaldense* 也具有 DRAT-DRAG 调节系统，会增加其在固氮条件下的培养和固氮酶分离、纯化的难度。

为了获得较高浓度且具有固氮酶活性的细胞，本研究采用了两段培养法，在对数生长前期通过 2 次补料（包括碳源和氮源）以提高细胞密度；在对数生长后期则只补碳源，不补氮源，以提供固氮所需要的能量。在全部培养过程中，O_2 浓度必须控制在 0.4%~0.8%，高于 0.8%则固氮酶活性会降低；低于 0.4%则会影响呼吸作用，导致能量供应不足，也会降低固氮酶活性（图 4）。

在实验中，我们发现该菌磁性颗粒的合成也需要微好氧条件，如果在对数生长后期补加碳源及少量的铵和铁，则菌体可合成磁性颗粒。

参考文献

Bazylinski D A, Dean A J, Schüler D, *et al*. 2000. N_2-dependent growth and nitrogenase activity in the metal-metabolizing bacteria, *Geobacter* and *Magnetospirillum* species. Environ Microbiol, 2(3): 266-273.

Blakemore R P. 1975. Magnetotactic bacteria. Science, 190(4212): 377-379.

Blakemore R P, Maratea D, Wole R S. 1979. Isolation and pure culture of a fresh water *Magnetospirillum* in chemically defined medium. J Bacteriol, 140(2): 720-729.

Burris R H. 1972. Nitrogen fixation-assay methods and techniques. Methods Enzymol, 24: 415-431.

Fredmann E I, Wierzchos J, Ascaso C, *et al*. 2001. Chains of magnetite crystals in the meteorite ALH84001: evidence of biological origin. Proc Natl Acad Sci USA, 98(5): 2176-2181.

Kanemoto R H, Ludden P W. 1984. Effect of ammonia, darkness, and phenazine methosulfate on whole-cell nitrogenase activity and Fe protein modification in *Rhodospirillum rubrum*. J Bacteriol, 158(2): 713-720.

Kirschvink J K, Kirschvink A K, Woodford B. 1992. Magnetite biomineralization in the human brain. Proc Natl Acad Sci USA, 89(16): 7683-7687.

Maraea D, Blakemore R P. 1981. *Aquaspirillum magnetotacticum* sp. nov: a magnetic spirillum. Int J Syst Bacteriol, 31(4): 452-455.

Matsunaga T, Kamiya S. 1987. Use of magnetite particles isolated from magnetotactic bacteria for enzyme immobilization. Appl Microbiol Biotechnol, 26: 328-332.

Matsunaga T, Kawasaki M, Yu X, *et al*. 1996. Chemiluminescence enzyme immunoassay using bacterial magnetic particles. Anal Chem, 68(2): 3551-3554.

Page A L, Miller R H, Keeney D R. 1982. Methods of Soil Analysis. Madson: American Society of Agronomy Inc. and Soil Science Society of America Inc.: 674-676.

Schleifer K H, Schüler D, Spring S, *et al*. 1991. The genus *Magnetospirillum* gen. nov. description of *Magnetospirillum gryphiswaldense* sp. nov. and transfer of *Aquaspirillum magnetotacticum* to *Magnetospirillum magnetotacticum* comb. nov. Syst Appl Microbiol, 14(4): 379-385.

Schüler D, Baeuerlein E. 1998. Dynamics of iron uptake and Fe_3O_4 biomineralization during aerobic and microaerobic growth of *Magnetospirillum gryphiswaldense*. J Bacteriol, 180(1): 159-162.

Song S D, Hartmann A, Burris R H. 1985. Purification and properties of the nitrogenase of *Azospirillum amazonense*. J Bacteriol, 164(3): 1271-1277.

Walcott C, Gould J L, Kirschvink J K. 1979. Pigeons have magnets. Science, 205(4410): 1027-1029.

Wolin E A, Wolin M J, Wolfe R S. 1963. Formation of methane by bacterial extracts. J Biol Chem, 238(8): 2882-2886.

Zhang Y, Burris R H, Ludden P W, *et al*. 1993. Posttranslational regulation of nitrogenase activity by anaerobiosis and ammonium in *Azospirillum brasilense*. J Bacteriol, 175(21): 6781-6788.

本文原载：科学通报，2002，47(22)：1722-1725.

趋磁螺菌遗传操作体系的建立及磁小体缺失突变株的筛选*

李峰，李颖，姜伟，王珍芳，李季伦

（中国农业大学生物学院，北京，100094）

摘要

Magnetospirillum gryphiswaldense MSR-1 缺少简便有效的遗传操作体系和对常见抗生素的抗性，致使对该菌磁小体生物合成的机制等研究工作进展缓慢。为此建立了一套比较简便有效的遗传操作体系，其中包括：以平板封膜培养技术获得单菌落、在选择性培养液中接合转移遗传因子，以液体培养和磁铁吸附技术筛选突变子。利用此体系，通过接合转座诱变技术，获得了 2 个磁小体缺失突变株，为研究该菌磁小体合成的分子遗传学提供了技术支撑。

关键词

Magnetospirillum gryphiswaldense MSR-1，磁小体缺失突变株，*mini-Tn5 lacZ*2，接合转座突变。

Blakemore (1975) 发现，趋磁细菌 (magnetotactic bacteria) 体内含有按一定方式排列的磁小体 (magnetosome)。由于磁小体的存在，趋磁细菌能够沿着磁力线方向运动，以趋向于适合其生长的环境。趋磁细菌的这种特性引起了学者的重视，学者从不同角度对趋磁细菌的形态分类 (Schleifer *et al*., 1991; Schüler *et al*., 1999)、生理生化 (Yamazaki *et al*., 1995)、遗传变异 (Matsunaga *et al*., 1992) 及磁小体的特性 (Gorby *et al*., 1988) 等进行了大量研究。在自然界中，除了趋磁细菌能合成磁性颗粒外，在海生的软体动物甲贝 (Kirschvink and Lowenstam, 1978)、蜜蜂的腹部 (Gould *et al*., 1978)、家鸽的头部 (Walcott *et al*., 1979)、海豚、蝴蝶及藻类 (Torres de Araujo *et al*., 1986) 体内，甚至在脊椎动物 (Kirschvink, 1997) 及人脑的海马组织中 (Kirschvink *et al*., 1992) 都发现了磁性颗粒，趋磁细菌结构简单，为研究生物磁学的理想材料。特别是近年来在火星陨石中发现了类似于趋磁螺菌磁小体的链状排列的磁性颗粒后 (Buseck *et al*., 2001)，为火星上曾有过生物的推测提供了有力的证据。趋磁细菌的发现和研究对地质学也具有重要意义。地质学的一个重要研究领域是探索地磁场及铁矿石的形成原因。研究人员 (Farina *et al*., 1990; Mann *et al*., 1990) 推测来源于趋磁细菌的磁小体和铁还原细菌共同参与了海洋沉积物的磁化和矿化过程。此外，由于磁小体属于纳米级 (25~55 nm)，大小均匀，具有较大的比面值，而且在颗粒外有生物膜包被 (Gorby *et al*., 1988)，不易聚集，因此在许多领域，诸如免疫检测 (Nakamura and Matsunaga, 1993; Tanaka and Matsunaga, 2000)、靶向治疗 (龚连生等, 2001) 等方面具有潜在的应用价值。

*本工作由国家自然科学基金面上项目 (编号：30570023) 资助。

虽然趋磁细菌合成的磁小体具有重要的理论研究意义和诸多潜在的应用价值，但由于趋磁细菌对营养的质量和氧分压要求十分苛刻，难以大量培养，不易获得大量细胞和磁小体。因此，制约了趋磁细菌及磁小体的研究和应用。上述问题只有在克隆出磁小体合成基因，构建基因工程菌才有望获得解决。而趋磁螺菌的模式菌株 *M. gryphiswaldense* MSR-1 的遗传操作体系尚不完善，在固体培养基上难以形成菌落，缺少可供筛选的抗性菌株。为此本实验室开展了 *M. gryphiswaldense* MSR-1 的遗传操作体系的研究，建立起包括以固体平板封膜培养法形成单菌落、在选择培养基中进行 DNA 自供体菌向受体菌的接合转移和以磁铁吸附法直观判断有无磁小体合成等技术。依靠 *M. gryphiswaldense* MSR-1 的遗传操作体系，我们对 *M. gryphiswaldense* MSR-1 进行 *mini-Tn5* 转座插入诱变，首次获得了 2 个磁小体缺失突变株，为磁小体生物合成分子机制和其他遗传学的研究提供了技术支撑。

一、材料和方法

(一) 材料

1. 菌株和质粒

M. gryphiswaldense MSR-1 (DSM6361)，购自德国微生物菌种保藏中心 (Deutsche Sammlung von Mikroorganismen und Zellkulturen)；菌株 *Escherichia coli* CC118 (λ*pir*) 和质粒 pUT *mini-Tn5 lacZ*2 (Ap^r, Km^r) 由德国国家生物技术研究中心 (GBF) 的肯尼斯 • N. 蒂米斯 (Kenneth N. Timmis) 教授赠送。

2. 培养基和试剂

E. coli CC118 (λ*pir*) 的培养基是 LC，除 NaCl 为 5 g/L 外，其余成分与 LB 相同。*M. gryphiswaldense* MSR-1 的培养基如下 (固体培养基则另加 0.9%琼脂)。

1) 琥珀酸-酒石酸-乙酸钠培养基：每升含琥珀酸 0.37 g、酒石酸 0.37 g、乙酸钠 0.05 g、$NaNO_3$ 0.12 g，其他成分见 Blakemore 等 (1979) 的文献，pH 6.75。

2) 乳酸钠培养基：每升含乳酸钠 2.6 g、NH_4Cl 0.4 g、酵母粉 0.1 g、K_2HPO_4 0.5 g、$MgSO_4·7H_2O$ 0.1 g、硫代乙醇酸钠 0.05 g、奎尼酸铁 2 ml (Blakemore *et al*., 1979)、维生素混合液 10 ml (Wolin *et al*., 1963)、矿质元素混合液 5 ml (Wolin *et al*., 1963)，pH 7.2。该培养基是在 Schleifer 等 (1991) 和 Blakemore 等 (1979) 文献的基础上，经过实验后优化而成的。

3) 乳酸钠-谷氨酸钠选择培养基：除去乳酸钠培养基中的 NH_4Cl 和酵母粉，加入谷氨酸钠 4 g/L，其余成分与乳酸钠培养基相同。用于接合试验，大肠杆菌不能利用谷氨酸生长，而趋磁螺菌能在此培养基上生长。

DIG DNA Labelling & Detection kit 和尼龙膜购自 Boehringer Mannheim 公司；限制性内切酶购自 TaKaRa 公司；溶菌酶购自 Boehringer Mannheim 公司；蛋白酶 K 购自 Merck 公司；抗生素购自华美生物工程公司；磁铁 (钕铁硼，12 mm×2 mm，1200 Gs) 购自北京吉华磁性材料厂。

(二) *M. gryphiswaldense* MSR-1 的固体培养

在含有乳酸钠-谷氨酸钠固体选择培养基的培养皿中接种后，倒置于干燥器中，分别通以 5% O_2、2% O_2、1% O_2、0.5% O_2、纯 N_2，30℃培养 3~5 天。另一种方式是接种后，立即在培养皿盖和皿底间密封一层石蜡封口膜，倒置，30℃培养。

(三) *M. gryphiswaldense* MSR-1 的抗性检测

在乳酸钠液体培养基中分别加入金霉素 (10 μg/ml)、红霉素 (25 μg/ml)、土霉素 (25 μg/ml)、链霉素 (50 μg/ml)、庆大霉素 (2.5 μg/ml)、氯霉素 (12.5 μg/ml)、四环素 (5 μg/ml)、氨苄青霉素 (50 μg/ml)、卡那霉素 (2 μg/ml)，30℃培养 3~5 天，观察菌生长情况。另外，在乳酸钠液体培养基中分别加入链霉素 (300 μg/ml)、四环素 (5 μg/ml)，进行抗性突变株的定向培育。

(四) 液体培养磁铁吸附法对磁性细胞直观检测

在 15 ml 血清瓶中分别注入不同量 (4 ml、6 ml、8 ml、10 ml、12 ml) 的乳酸钠-谷氨酸钠选择培养液，接种后塞上橡胶塞，30℃ 150 r/min 振荡培养 72 h，用磁铁吸附 12 h 后观察。

(五) 接合转座诱变、突变株筛选和电镜鉴定

将含有 pUT *mini-Tn5 lacZ2* 的 *E. coli* CC118 (λ*pir*) 菌株接种于 LC 培养液中，37℃振荡培养过夜。将 *M. gryphiswaldense* MSR-1 接种于乳酸钠培养液中，30℃ 150 r/min 振荡 72 h。取 0.9 ml *M. gryphiswaldense* MSR-1 培养物和 0.3 ml *E. coli* CC118 (λ*pir*) 培养物加入 1.5 ml Eppendorf 管中混匀，离心，弃上清，加入 1 ml 乳酸钠-谷氨酸钠选择培养液洗菌泥，离心，弃上清；用 0.05 ml 乳酸钠-谷氨酸钠选择培养基重悬菌泥，将混合物涂于滤膜 (直径 25 mm，孔径 0.22 μm) 上，置于乳酸钠-谷氨酸钠选择培养基固体平板表面后封膜，30℃接合 10 h，将滤膜转移到含 0.8 ml 乳酸钠-谷氨酸钠选择培养液的试管中，振荡混匀，吸取 50~200 μl 涂布在含 5 μg/ml 卡那霉素的乳酸钠-谷氨酸钠选择培养基固体平板上，封膜后，30℃倒置培养，所得单菌落即为接合子。将在接合固体平板上长出的单菌落接种于含 8 ml 乳酸钠-谷氨酸钠选择培养液的 15 ml 具塞小瓶中，30℃ 150 r/min 振荡培养 120 h 后，用磁铁吸附 12 h 后观察有无磁性物质积累。将无磁性转座突变子与野生株分别接于乳酸钠培养基中，30℃ 150 r/min 振荡 48 h。取 1 ml 液体培养物，14 000 r/min 离心 30 s 后，用蒸馏水洗 1 次，之后用铜网蘸菌，立即再用一滴蒸馏水洗 1 次。乙酸铀染色 3 次，每次 3 min，空气干燥后，透射电镜观察有无磁小体，以验证磁小体缺失突变株。

(六) Southern 杂交

将磁小体缺失突变株及野生株分别接于无铁的乳酸钠培养基中，30℃ 150 r/min 振荡培养 24 h，提取基因组 DNA 的步骤见 Sambrook 等 (1989) 的文献。以 pUT *mini-Tn5 lacZ2* 上 *Cla* I 片段 (约 2.8 kb) 为探针与 *Pst* I 酶切的基因组 DNA 片段进行 Southern 杂交，用真空核酸转移系统进行 DNA 转膜。DIG 标记探针的制备、定量、DNA 杂交及检测的具体步骤按照 DIG DNA Labelling & Detection kit 的说明书进行。

二、结果

(一) *M. gryphiswaldense* MSR-1 的固体平板操作技术的建立

M. gryphiswaldense MSR-1 在乳酸钠-谷氨酸钠选择培养基固体平板上长得较快，琥珀酸-酒石酸-乙酸钠培养基上仅长出少量小菌落。不同氧分压试验结果显示，以通入 2% O_2 的菌落形成最快，固体平板封膜形成菌落的速度也很快，3~5 天即可形成；0.5% O_2 条件下生长最慢，通纯 N_2 则不生长。不同氧

分压下形成的单菌落颜色差别不明显，几乎不能从颜色上加以区分，没有出现过黑色菌落。*M. gryphiswaldense* MSR-1 在乳酸钠-谷氨酸钠选择培养基固体平板上封膜培养，能快速形成较大的单菌落，而在此培养基上 *E. coli* CC118 (λ*pir*) 因缺少可利用的氮源，不能繁殖和形成菌落。乳酸钠-谷氨酸钠选择培养基固体平板封膜培养技术的建立，是 *M. gryphiswaldense* MSR-1 遗传操作体系中的关键步骤 (图 1)。

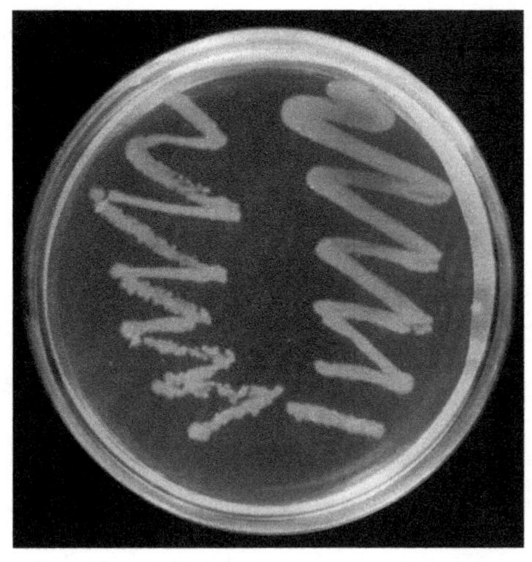

图 1　*M. gryphiswaldense* MSR-1 在封膜的固体平板上的生长情况

(二) 野生株 *M. gryphiswaldense* MSR-1 对常用 9 种抗生素均无抗性

M. gryphiswaldense MSR-1 对所试 9 种抗生素 (金霉素、红霉素、土霉素、链霉素、庆大霉素、氯霉素、四环素、氨苄青霉素、卡那霉素) 皆敏感。通过定向培育，获得抗链霉素 (300 μg/ml)、抗四环素 (5 μg/ml) 两种抗性突变株，分别命名为 MSR-1 Sm^r 和 MSR-1 Tc^r。

(三) *M. gryphiswaldense* MSR-1 突变株液体筛选技术的建立

在 15 ml 具塞小瓶中培养 *M. gryphiswaldense* MSR-1 时，以装量 4 ml、12 ml 乳酸钠-谷氨酸钠选择培养液的细胞磁性最弱，以装量 6 ml、10 ml 乳酸钠-谷氨酸钠选择培养液的细胞磁性较强；以装量 8 ml 乳酸钠-谷氨酸钠选择培养液的细胞磁性最强，30℃培养 5 天后即可用磁铁吸附检测磁性细胞，上述遗传操作体系用于筛选突变子较为直观可靠 (图 2)。

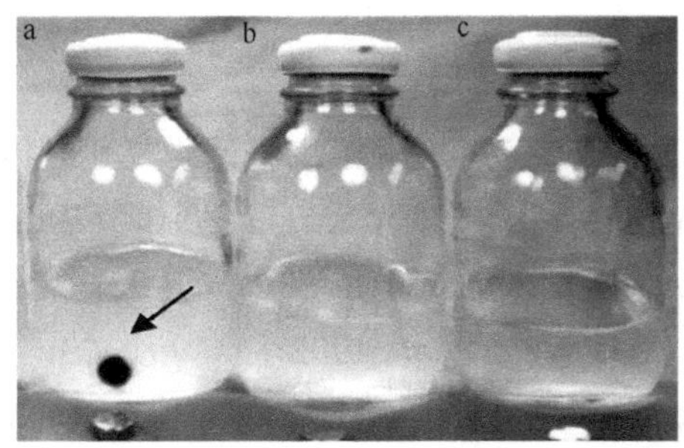

图 2　液体培养磁铁吸附法检测磁性细胞 (箭头示磁性细胞聚集物)

a. 野生株；b. 磁小体缺失突变株 NM4；c. 磁小体缺失突变株 NM21

(四) 筛选出2株磁小体缺失突变株

将含有pUT *mini-Tn5 lacZ*2质粒的*E. coli* CC118 (λ*pir*) 通过接合转入*M. gryphiswaldense* MSR-1中，*mini-Tn5 lacZ*2随机插入*M. gryphiswaldense* MSR-1染色体上进行诱变。*mini-Tn5*是Tn5的衍生物，*mini-Tn5 lacZ*2上带有卡那霉素的抗性基因，接合子能在含5 μg/ml卡那霉素的培养基上形成单菌落。对2000多株接合子进行液体培养并用磁铁吸附检测，获得2株磁小体缺失突变株。电镜观察野生株含有磁小体链 (图3)，磁小体缺失突变株中无磁小体链。以*mini-Tn5 lacZ*2的*Cla* I片段 (约2.8 kb) 为探针与*Pst* I酶切的总DNA进行Southern杂交验证，磁小体缺失突变确是由*mini-Tn5*插入突变引起的 (图4)。

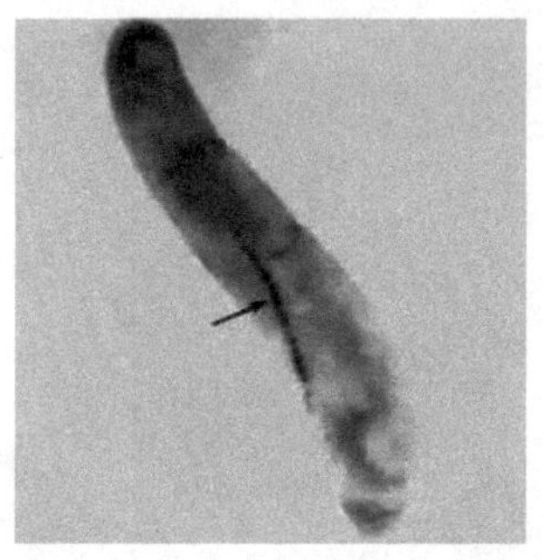

图3 野生株*M. gryphiswaldense* MSR-1的电镜照片 (箭头示磁小体链，40 000×)

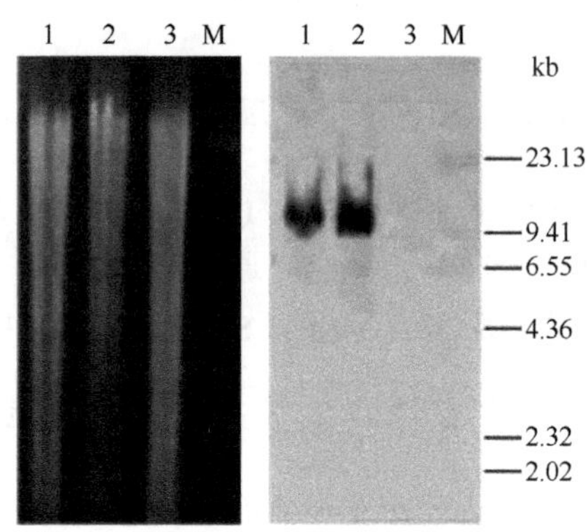

图4 Southern 杂交结果

探针为经*Cla* I酶切的*mini-Tn5* 2.8 kb的片段。1. *Pst* I酶切的MSR-1非磁性结合子4基因组DNA；2. *Pst* I酶切的MSR-1非磁性结合子21基因组DNA；3. *Pst* I酶切的野生型MSR-1基因组DNA；M. λ DNA/*Hind* III标准条带

三、讨论

由于趋磁细菌的遗传操作体系尚不完善，在分子水平上研究其遗传学进展缓慢。迄今为止已报道的只有*M. magnetotacticum* MS-1 (Wolin *et al*., 1963)、*M. gryphiswaldense* MSR-1 (Schültheiss and Schüler, 2003) 和*Magnetospirillum* sp. AMB-1 (Matsunaga *et al*., 1992) 能在固体平板上形成菌落，但*M. magnetotacticum* MS-1难以重复 (Matsunaga *et al*., 1992)；*M. gryphiswaldense* MSR-1所用培养基成分复杂，培养条件不易操作 (Schültheiss and Schüler, 2003)；*M. gryphiswaldense* MSR-1在琥珀酸-酒石酸-乙酸钠培养基上很难形成菌落。本实验建立的固体平板封膜培养法培养*M. gryphiswaldense* MSR-1时，无须换气，仅以固体平板封膜即可，菌落长得快且大，操作方便快捷。

Schültheiss 和 Schüler (2003) 以及 Matsunaga 等 (1992) 曾分别报道 *M. gryphiswaldense* MSR-1 和 *Magnetospirillum* sp. AMB-1 在固体培养基上能形成黑色菌落，但在我们的实验条件下尚未见到黑色菌落。*M. gryphiswaldense* MSR-1 为微好氧菌，氧分压对其生长和合成磁小体影响很大。在相同体积的具塞血清瓶中加入不同体积的培养液，液面上气相初始氧分压相同，但氧含量不同，接种后，随着细菌的生长、繁殖消耗氧，瓶中会形成不同的氧分压，而加入血清瓶容积一半的培养液，接种后 *M. gryphiswaldense* MSR-1 的生长、繁殖消耗氧所形成的氧分压适合其生长和合成磁小体。为此我们所建立的在 15 ml 具塞血清瓶中加入 8 ml 培养液，经接种培养后，以钕铁硼小磁铁吸附磁性细胞的技术，用于筛选磁小体缺失突变株更为直观可靠。但也存在着用乳酸钠-谷氨酸钠选择培养基不能清除大肠杆菌的弊端，对所获得的突变株仍需进一步分离纯化，才能得到纯的突变株。在缺少 *M. gryphiswaldense* MSR-1 抗性菌株的情况下，我们用上述体系获得了 2 个磁小体缺失突变株。与此同时，针对利用乳酸钠-谷氨酸钠选择培养基带来的弊端，我们采用常规的定向培育技术，已分别获得了抗链霉素 (200 μg/ml) 和抗四环素 (5 μg/ml) 的 2 个抗性突变株，它们的抗性稳定，趋磁性未变，而 *E. coli* CC118 (λ*pir*) 对链霉素和四环素敏感，因此可利用抗性选择标记代替乳酸钠-谷氨酸钠选择培养基，更简便地筛选出趋磁螺菌 (*M. gryphiswaldense* MSR-1) 的各种突变株。

参 考 文 献

龚连生, 张阳德, 周少波. 2001. 磁性化疗纳米粒治疗大鼠移植性肝癌. 中国现代医学杂志, 11(3): 14-16.

Blakemore R P. 1975. Magnetotactic bacteria. Science, 190(4212): 377-379.

Blakemore R P, Maratea D, Wolfe R S. 1979. Isolation and pure culture of a freshwater magnetic spirillum in chemically defined medium. J Bacteriol, 140(2): 720-729.

Buseck P R, Dunin-Borkowski R E, Devouard B, *et al*. 2001. Magnetite morphology and life on Mars. Proc Natl Acad Sci USA, 98(24): 13490-13495.

Farina M, Esquival D M S, Lins de Barros H G P. 1990. Magnetic iron-sulpur crystals from a magnetotactic microorganism. Nature, 343: 256-258.

Gorby Y A, Beveridge T J, Blakemore R P. 1988. Characterization of the bacterial magnetosome memberane. J Bacteriol, 170(2): 834-841.

Gould J L, Kirschvink J L, Deffeyes K S. 1978. Bees have magnetic remanence. Science, 201(4360): 1026-1028.

Kirschvink J L.1997. Magnetoreception: homing in on vertebrates. Nature, 390(6658): 339-340.

Kirschvink J L, Kobayashi-Kirschvink A, Woodford B J. 1992. Magnetite Biomineralization in the human brain. Proc Natl Acad Sci USA, 89(16): 7683-7687.

Kirschvink J L, Lowenstam H A. 1978. Mineralization of chiton teeth:pales magnetic, sedimentologic, and biologic implications of organic magnetite. Earth Plan Sci Lett, 44(2): 193-204.

Mann S, Sparks N H C, Frankel R B. 1990. Biomineralization of ferromagnetic greigite (Fe_3S_4) and iron pyrite (FeS_2) in a magnetotactic bacterium. Nature, 343: 258-261.

Matsunaga T, Nakamura C, Burgess J G, *et al*. 1992. Gene transfer in magnetic bacteria:transposon mutagenesis and cloning of genomic DNA fragments required for magnetosome synthesis. J Bacteriol, 174(9): 2748-2753.

Nakamura N, Matsunaga T. 1993. Highly sensitive detection of allergen using bacterial magnetic particles. Anal Chim Acta, 281(3): 585-589.

Sambrook J, Fritsch E F, Maniatis T. 1989. Molecular Cloning: A Laboratory Manual. 2nd ed. New York: Cold Spring Harbor Laboratory.

Schleifer K H, Schüler D, Spring S, *et al*. 1991. The genus *Magnetospirillum* gen. nov. description of *Magnetospirillum gryphiswaldense* sp. nov. and transfer of *Aquaspirillum magneticum* to *Magnetospirillum magneticum* comb. nov. System Appl Microbiol, 14(4): 379-385.

Schüler D, Spring S, Bazylinski D A. 1999. Improved technique for the isolation of magnetotactic spirilla from a freshwater sediment and their phylogenetic characterization. System Appl Microbiol, 22(3): 466-471.

Schültheiss D, Schüler D. 2003. Development of a genetic system for *Magnetospirillum gryphiswaldense*. Arch Microbiol, 179(2): 89-94.

Tanaka T, Matsunaga T. 2000. Fully automated chemiluminescence immunoassay of insulin using antibody-proteinA-bacterial magnetic particle complexes. Anal Chem, 72(15): 3518-3522.

Torres de Araujo F F, Pires M A, Frankel R B, *et al.* 1986. Magnetite and magnetotaxis in algae. Biophys J, 50(2): 375-378.

Walcott C, Gould J L, Kirschvink J L. 1979. Pigeons have magnets. Science, 205(4410): 1027-1029.

Wolin E A, Wolin M J, Wolfe R S. 1963. Formation of methane by bacterial extracts. J Biol Chem, 238(8): 2882-2886.

Yamazaki T, Oyanagi H, Fujiwara T, *et al.* 1995. Nitrite reductase from the magnetotactic bacterium *Magnetospirillum magneticum*; a novel cytochrome cd_1 with Fe (II): nitrite oxidoreductase activity. Eur J Biochem, 233(2): 665-671.

本文原载：微生物学报，2004，44(4)：440-444.

细菌纳米磁小体有望作为靶向药物载体*

孙建波[1]，姜伟[1]，李颖[1]，张阳德[2]，李季伦[1]

(1. 中国农业大学生物学院，农业部农业微生物资源与应用重点开放实验室，北京，100094；2. 中南大学湘雅医院，卫生部纳米生物技术重点实验室，长沙，410008)

摘要

趋磁细菌细胞内合成的纳米磁小体具有颗粒均匀、晶型稳定的特点，每个磁小体有脂膜包被。提纯的磁小体毒性低，生物相容性好，可作为多种药物和大分子化合物的载体而应用于定向治疗肿瘤。本文介绍了细菌磁小体的结构特点，提出了采用细菌磁小体连接抗癌药物的策略，讨论了建立磁小体载药体系靶向治疗癌症的可能性。

关键词

趋磁细菌，磁小体，纳米载体。

磁小体 (magnetosome) 是趋磁细菌 (magnetotactic bacteria) 细胞内合成的纳米磁性颗粒，单个的磁颗粒有脂膜包被，因具备纳米药物载体的性质而为研究者所关注 (Blakemore *et al*., 1979; Schüler, 1999)。由于趋磁细菌人工培养水平低，不易获得大量磁小体，导致对其应用研究受到限制。本实验室在前期的研究中，于 42 L 自动发酵罐上提高了培养水平，摸索了磁小体的大量回收和纯化步骤，建立了纯净磁小体的灭菌、保存和简便的质量检测方法，完成了初步的磁小体对 SD 大鼠的急性毒性试验。研究结果表明，磁小体有望作为一种新型的药物载体而应用于肿瘤的靶向治疗。

一、细菌磁小体的性质与特点

不同趋磁细菌所合成的磁小体的成分、形态结构及大小各不相同，因此细菌磁小体具有种属特异性 (Bazylinski *et al*., 1994; Bazylinski, 1995; Schüler and Frankel, 1999)，从形态上看，有子弹状或液滴状、薄片状及球状等；晶体结构为平截六面体和八面体的棱柱形；成分有 Fe_3O_4、FeS、Fe_3S_4 或 FeS_2 等；晶体直径通常为 35~120 nm。同一种菌体只含成分单一、大小一致、形状相同和数目稳定的磁小体。

目前研究主要集中在 3 个趋磁螺菌菌株，它们的磁小体均为 Fe_3O_4 晶体，每个晶体外膜组分与细胞质膜类似 (Gorby *et al*., 1988; Matsunaga *et al*., 1999; Grünberg *et al*., 2004)。对 *Magnetospirillum magnetotacticum* MS-1 菌株磁小体膜组分分析表明，中性脂类及游离脂肪酸、糖脂及硫脂、磷酸酯在

---

*本研究得到国家高技术研究发展计划项目资助(“863”项目，No. 2004AA218032)。

总脂中所占重量百分比分别为 8%、30%、62%，其中磷酸酯的主要成分是磷脂酰丝氨酸和磷脂酰乙醇胺 (Gorby *et al*., 1988)。*M. magneticum* AMB-1 菌株磁小体膜的磷脂双分子层含有 98%的脂类和 2%其他组分的复合物。每毫克磁小体含有 31.79 μg 的脂肪酸，其中棕榈油酸与油酸占 90%。磷脂占总脂类的 58%，磷脂酰乙醇胺则占磷脂的 50% (Matsunaga *et al*., 1999)。*M. gryphiswaldense* MSR-1 菌株磁小体膜含有的磷脂和脂肪酸与亚细胞器外膜组分类似，主要为磷脂酰乙醇胺和磷脂酰甘油 (Grunberg *et al*., 2004)。

磁小体膜中高含量的磷脂酰乙醇胺使磁小体表面为电负性。由于 pH 对磷脂酰乙醇胺的氨基基团的极化，磷脂酰乙醇胺在高 pH 时呈电负性，在低 pH 时呈中性。推测磁小体在低离子强度而高 pH 的水溶液中，由于表面的电负性大，分散性会更好 (Matsunaga *et al*., 1999)。研究表明，在磁小体膜中有多种其他生物膜中不存在的特异性蛋白 (Okamura *et al*., 2000; Grünberg *et al*., 2001; Arakaki *et al*., 2003)。在磁小体膜上表达特定蛋白的技术已经建立 (Matsunaga *et al*., 2002)，也为膜的修饰提供了便利。目前在固定化酶载体 (Matsunaga and Kamiya, 1987)，制备磁性细胞 (Matsunaga *et al*., 1989)，基因转移 (Takeyama *et al*., 1995)，DNA、RNA 的分离和标记 (Yoza *et al*., 2002; Ota *et al*., 2003)，免疫检测 (Nakamura and Matsunaga, 1993; Matsunaga *et al*., 2003) 等几方面已经对磁小体进行了研究，但磁小体作为靶向药物载体用于疾病治疗的研究尚未见报道。

二、细菌磁小体作为靶向纳米药物载体的优越性

纳米药物载体是指用于装载 (吸附、连接或包埋) 药物的纳米颗粒，其直径小于 100 nm。纳米药物载体主要有纳米脂质体、高分子纳米药物载体、纳米磁性颗粒和纳米智能药物载体四大类。目前处于研究热点的是磁性纳米药物载体，它在生物体内的靶向性是指利用外加磁场，使磁性纳米粒在病变部位富集，减轻药物对正常组织的接触，降低毒副作用，提高药物的疗效。

细菌磁小体优于人造纳米药物载体，表现在以下几个方面：①具有很窄的粒度分布范围和稳定的晶型。磁螺菌磁小体近球形，粒径为 30~50 nm (Schüler and Frankel, 1999)；②颗粒主要成分为 Fe_3O_4，无其他杂质，具有顺磁性；③晶体颗粒有脂膜包被，不易聚集；④磁小体膜上带有大量的伯氨基，可用于与药物分子的共价连接，连接药物后可通过外加磁场分离纯化；⑤载药磁小体在体内通过降解磁小体外膜即可实现药物的释放。

日本学者在细菌磁小体应用基础研究中作出了很多尝试，其中磁小体与抗体的连接体系在免疫检测中具有灵敏度高、稳定性好的特点 (Nakamura and Matsunaga, 1993; Matsunaga *et al*., 2003)。近期又在磁小体膜上获得一种新的锚定蛋白，将这种蛋白与报道基因偶联可以得到稳定的表达 (Yoshino and Matsunaga, 2006)。

三、细菌磁小体可连接的药物种类

根据前人的研究工作和磁小体的特点，结合药物的化学修饰与改造经验，可以初步确定磁小体偶联药物的种类和策略。磁小体可以连接的药物主要有抗体类药物、核酸类药物、放射性核素和化疗药物四大类。

(一) 磁小体与抗体药物的偶联

自 1997 年第一个抗肿瘤抗体药物利妥昔单抗 (rituximab) 获准上市销售以来，抗肿瘤抗体药物已

占据了抗肿瘤药物市场 10%的份额 (甄永苏和邵荣光, 2002)。但用抗体药物治疗实体瘤时，因抗体到达肿瘤内部的量少而显著影响疗效。阻断肿瘤血管的形成或破坏肿瘤血管，可有效地抑制肿瘤的生长及转移。磁小体与抗体偶联技术已经建立 (Matsunaga and Kamiya, 1987; Nakamura and Matsunaga, 1993; Matsunaga *et al*., 2003)，将装载抗体的磁小体通过外加磁场固定于实体瘤部位，可有效地抑制肿瘤血管的形成和破坏肿瘤血管。Kanneta 等 (2000) 将阿霉素与抗子宫内膜样腺癌单抗进行了偶联，偶联物对靶细胞的毒性是游离阿霉素的 27 倍。采用异型三功能试剂将磁小体与抗体和化疗药物进行连接，可以制备出高效的抗肿瘤药物。

(二) 磁小体与核酸类药物的偶联

磁小体曾被用于吸附 DNA 和基因的转移 (Takeyama *et al*., 1995; Yoza *et al*., 2002; Ota *et al*., 2003)，因此，可将磁小体与特定的 DNA 片段进行偶联，用于靶向基因治疗。

(三) 磁小体与放射性核素的偶联

常用的放射性核素有 ^{99m}Tc、^{131}I、^{123}I、^{111}In 等。选择合适的螯合物可将放射性核素偶联到磁小体上，如果再与其他抗癌药物联用效果更佳，2002 年上市的替伊莫单抗 (Zevalin) 是放射性核素与鼠源抗体的偶联物，专用于治疗 B 细胞型非霍奇金淋巴瘤 (甄永苏和邵荣光, 2002)。

(四) 磁小体与化疗药物的偶联

磁小体膜的重要组分为磷脂酰乙醇胺，带有大量的伯氨基，利用氨基与其他分子连接的研究已有不少实例，有多种连接剂可供选择，连接技术也比较成熟 (罗贵民, 2003)。

四、细菌磁小体载药的策略

(一) 直接偶联策略

将磁小体与药物混合后再直接加入偶联剂，主要用于氨基与氨基之间的连接。常见的抗肿瘤抗生素几乎均含有氨基，如阿霉素、表阿霉素、柔红霉素、依达比星、吡柔比星等为阿霉素结构类似物，只含一个氨基；而丝裂霉素、平阳霉素、培洛霉素等则含有多个氨基 (汤光和李大魁, 2003)。

戊二醛为同型双功能试剂，与伯氨基反应条件温和，可在 4~40℃，pH 6.0~8.0 的缓冲液中进行，且反应不可逆。因此戊二醛被广泛用于蛋白质之间氨基的连接，但在连接单抗治疗剂时，戊二醛的非特异性连接易产生同聚物和抗体聚合物 (甄永苏和邵荣光, 2002)。如果戊二醛用于磁小体载药则不存在这类问题，因为制备好的载药磁小体具有磁性，易于分离纯化。类似的偶联剂还有乙二醛、丙二醛等脂肪二醛以及二琥珀酰亚胺脂肪酸酯如辛二酸二琥珀酰亚胺酯 (*N*, *N*′-disuccinimidyl suberate，DSS)、*N*, *N*′-二琥珀酰亚胺基碳酸酯 (*N*, *N*′-disuccinimidyl carbonate，DSC)。

(二) 间接偶联策略

间接偶联策略是先分别对磁小体和药物或偶联物进行修饰，最终实现药物与磁小体的偶联，可采用以下方式。

1. 与含巯基或二硫键药物的偶联

对于含有巯基或二硫键的药物，可以先用 3-(2-吡啶二巯基)丙酸 *N*-羟基琥珀酰亚胺酯 [*N*-succinimidyl 3-(2-pyridyldithio) propionate，SPDP] 对磁小体进行修饰，然后用二硫苏糖醇 (dithiothreitol，DTT) 将磁小体上连接的 SPDP 还原，再与药物直接混合，通过二硫键的交换将其偶联到磁小体上，磁小体装载抗体可采用这种策略 (Nakamura and Matsunaga, 1993; Matsunaga *et al*., 2003)。

2. 与含氨基药物的偶联

Traut's 试剂 2-亚胺四氢噻吩 (2-iminothiolane，2-IT) 可以与化合物的伯氨基反应，在化合物上引入巯基 (Jue *et al*., 1978)，使携带伯氨基的磁小体轻易地转换为带巯基的磁小体，带伯氨基的药物也可以转换为带巯基的药物，这方面可供选择的偶联剂较多。因此，对于含有氨基的药物，也可采用间接偶联的策略进行，先将药物进行修饰，使其带有二硫键，然后采用与含巯基或二硫键药物的偶联所述方法与磁小体连接。这为磁小体与具有不同物理化学性质的药物之间的偶联提供了更多的选择。

3. 与含羧基药物的偶联

在 1-乙基-(3-二甲基氨基丙基) 碳酰二亚胺 (1-ethyl-3-[3-dimethylaminopropyl] carbodiimide，EDC) 作用下，含氨基化合物可与含羧基化合物反应，因此磁小体也可以与含羧基药物分子偶联。

4. 与其他药物的偶联

对于不含有氨基、巯基或二硫键、羧基的药物，可以先将药物分子进行修饰，使其带有这些基团中的一种，然后采用前述策略进行。

5. 特殊的偶联方式

重要的间接偶联方式是以大分子载体作为桥，将数个小分子药物连接到大分子载体上，然后将大分子载体偶联到磁小体上 (甄永苏和邵荣光, 2002)。常用的中间药物载体有聚谷氨酸 (poly-Glu)，聚赖氨酸 (poly-Lys)，聚天冬氨酸 (poly-Asp)，聚乙二醇 (polyethylene glycol，PEG)，聚糖 (dextran，DT) 等。poly-Glu (聚谷氨酸，PLGA) 是多羧基化合物，仅有一个氨基，在此氨基上引入吡啶二硫键后形成 PLGA-3-(2-吡啶二硫基)-丙酰基 (PLGA-3-[2-pyridyldithio] propionyl，PLGA-PDP)，然后在 EDC 的作用下与含氨基的小分子药物如阿霉素 (adriamycin，ADM) 反应形成 PDP-PLGA-$(ADM)_n$。磁小体用 SPDP 修饰后再经 DTT 还原去掉吡啶二硫键形成巯基，便可与 PDP-PLGA-$(ADM)_n$ 反应，将 PLGA-$(ADM)_n$ 偶联到磁小体上，反应过程如图 1 所示。

聚赖氨酸是多氨基大分子，在 *N*, *N'*-二环己基碳二亚胺 (*N*, *N'*-dicyclohexylcarbodiimide，DCC) 和 *N*-羟基琥珀酰亚胺 (*N*-hydroxysuccinimide，NHS) 作用下，与含羧基的小分子药物反应，形成偶联物，偶联物再与磺基琥珀酰亚胺基-4-苯基马来酰亚胺丁酸 (sulfosuccinimidyl-4-[*p*-maleimidophenyl] butyrate，sulfo-SMPB) 反应，形成 sulfo-SMPB-poly-lys 药物；磁小体与 2-IT 反应成为巯基化的磁小体。巯基化的磁小体与 sulfo-SMPB-poly-lys 药物反应即可形成以聚赖氨酸为桥的偶联物。

DT_{40} 和 DT_{10} 都是聚糖化合物，可考虑用高碘酸钠将其氧化成多醛基的化合物，然后依次加入含氨基的小分子药物和磁小体，这一方法类似于戊二醛连接的策略。另一个方法是在溴化氰作用下，聚糖化合物与 ε-氨基己酸反应，引入数个氨基己酸，在 EDC 作用下分别与含氨基药物 (如丝裂霉素) 和乙二胺反应，然后与 2-IT 反应引入巯基，再将巯基与磁小体连接。

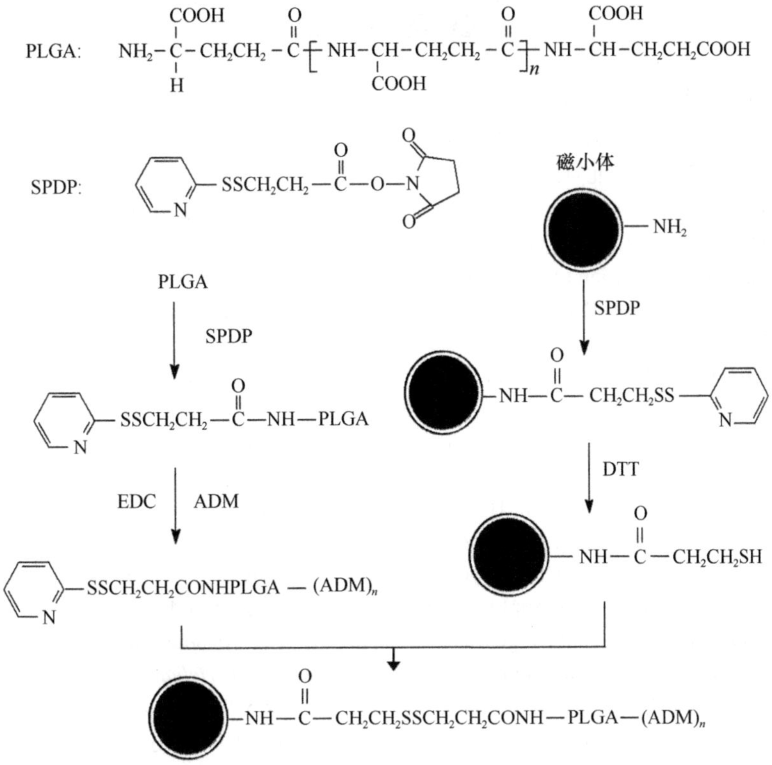

PLGA: $NH_2-C(COOH)(H)-CH_2CH_2-C(=O)-[NH-CH(COOH)-CH_2CH_2-C(=O)]_n-NH-CH(COOH)-CH_2CH_2COOH$

SPDP: 吡啶-$SSCH_2CH_2-C(=O)-O-N$(琥珀酰亚胺)

磁小体 $-NH_2$

PLGA →(SPDP) 吡啶-$SSCH_2CH_2-C(=O)-NH-PLGA$ →(EDC, ADM) 吡啶-$SSCH_2CH_2CONHPLGA-(ADM)_n$

磁小体-NH_2 →(SPDP) 磁小体-$NH-C(=O)-CH_2CH_2SS$-吡啶 →(DTT) 磁小体-$NH-C(=O)-CH_2CH_2SH$

→ 磁小体-$NH-C(=O)-CH_2CH_2SSCH_2CH_2CONH-PLGA-(ADM)_n$

图 1　以 PLGA 为桥，阿霉素与磁小体连接示意图

五、磁小体生物安全性检测及载药预实验结果

为了解磁小体作为药物载体的安全性，本室进行了纯净磁小体的动物实验。采用从趋磁螺菌细胞内提取的高纯度磁小体，通过舌下静脉注射给 SD 大鼠进行毒理实验。初步结果证明，磁小体对大鼠的半数致死量为 62.7 mg/kg。从存活大鼠腹腔静脉取血进行血液生化检测，其血常规 (24 项)、心肌酶与肝肾功能 (16 项) 均未见明显异常。

对大鼠的心脏、肝、脾、肺、肾、脑、肠和肾上腺进行普通病理切片检查，同时取样进行电镜超薄切片，观察磁小体在脏器中的分布情况。主要脏器病理切片的光镜和电镜观察结果表明，在所给剂量范围内磁小体并未引起组织堵塞和梗死现象；仅在肝细胞而非巨噬细胞内聚集，在其他脏器中未发现磁小体。本室近期实施的载药实验也证明，磁小体可直接吸附阿霉素，且吸附量大，超声波击打亦不易脱落，其他药物的连接实验正在进行中。看来，磁小体有望成为一种新型的靶向药物载体。

六、结束语

2004 年 9 月，英国科学家迈克尔·霍普金 (Michael Hopkin) 发表了预见，认为细菌磁小体是一种良好的靶向药物载体，但他同时指出，目前的首要问题是必须从细胞内获得足够的高质量磁小体。可见，细菌磁小体越来越受到人们的关注。本实验室已经摸索出适宜人工培养趋磁细菌的条件及分离纯化磁小体的有关步骤，获取更多磁小体用于载药实验已有了物质基础。初步的动物实验也给予我们很有价值的启示，期待着多学科学者的通力合作，使细菌磁小体这一自然资源尽快得到应用。

参考文献

罗贵民. 2003. 酶工程. 北京: 化学工业出版社.

汤光, 李大魁. 2003. 现代临床药物学. 北京: 化学工业出版社.

甄永苏, 邵荣光. 2002. 抗体工程药物. 北京: 化学工业出版社.

Arakaki A, Webb J, Matsunaga T. 2003. A novel protein tightly bound to bacterial magnetic particles in *Magnetospirillum magneticum* strain AMB-1. J Biol Chem, 278(10): 8745-8750.

Bazylinski D A. 1995. Structure and function of the bacterial magnetosome. ASM News, 61: 337-343.

Bazylinski D A, Garratt-Reed A, Frankel R B. 1994. Electron microscopic studies of magnetosomes in magnetotactic bacteria. Microsc Res Tech, 27(5): 389-401.

Blakemore R P, Maratea D, Wolfe R S. 1979. Isolation and pure culture of a freshwater magnetic *Spirillum* in chemically defined medium. J Bacteriol, 140(2): 720-729.

Gorby Y A, Beveridge T J, Blakemore R P. 1988. Characterization of the bacterial magnetosome membrane. J Bacteriol, 170(2): 834-841.

Grünberg K, Muller E C, Otto A, *et al.* 2004. Biochemical and proteomic analysis of the magnetosome membrane in *Magnetospirillum gryphiswaldense*. Appl Environ Microbiol, 70(2): 1040-1050.

Grünberg K, Wawer C, Tebo B M, *et al.* 2001. A large gene cluster encoding several magnetosome proteins is conserved in different species of magnetotactic bacteria. Appl Environ Microbiol, 67(10): 4573-4582.

Hopkin M. 2004. Magnet-making bacteria could target tumours. Nature, DOI 10.1038/news040906-11.

Jue T, Lambert J M, Piece L R, *et al.* 1978. Addition of sulfhydryl groups to *Escherichia coli* ribosomes by protein modification with 2-iminothiolane (methyl 4-mercaptobutyrimidate). Biochem, 17(25): 5399-5405.

Kanneta Y, Tsukazaki K, Kubushiro K, *et al.* 2000. Selective cytotoxicity of adriamycin immunoconjugate of monoclonal antibody MSN-1 to endometrial adenocarcinoma *in vitro* and *in vivo*. Oncol Rep, 7(5): 1099-1106.

Matsunaga T, Arakaki A, Takahoko M. 2002. Preparation of luciferase-bacterial magnetic particle complex by artificial integration of MagA-luciferase fusion protein into the bacterial magnetic particle membrane. Biotech Bioeng, 77(6): 614-618.

Matsunaga T, Hashimoto K, Nakamura N, *et al.* 1989. Phagocytosis of bacterial magnetite by leucocytes. Appl Microbiol Biotechnol, 31(4): 401-405.

Matsunaga T, Kamiya S. 1987. Use of magnetic particles isolated from magnetotactic bacteria for enzyme immobilization. Appl Environ Microbiol, 26(4): 328-332.

Matsunaga T, Sato R, Kamiya S, *et al.* 1999. Chemiluminescence enzyme immunoassay using protein A-bacterial magnetite complex. J Magn Magn Mater, 194(3): 126-131.

Matsunaga T, Ueki F, Obata K, *et al.* 2003. Fully automated immunoassay system of endocrine disrupting chemicals using monoclonal antibodies chemically conjugated to bacterial magnetic particles. Anal Chem Acta, 475(1-2): 75-83.

Nakamura N, Matsunaga T. 1993. Highly sensitive detection of allergen using bacterial magnetic particles. Anal Chem Acta, 281: 585-589.

Okamura Y, Takeyama H, Matsunaga T. 2000. Two-dimensional analysis of proteins specific to the bacterial magnetic particle membrane from *Magnetospirillum* sp. AMB-1. Appl Biochem Biotechnol, 84-86: 441-446.

Ota H, Takeyama H, Nakayama H, *et al.* 2003. SNP detection in transforming growth factor-beta1 gene using bacterial magnetic particles. Biosens Bioelectro, 18(5-6): 683-687.

Schüler D J. 1999. Formation of magnetosomes in magnetotactic bacteria. Mol Microbiol Biotechnol, 1(1): 79-86.

Schüler D, Frankel R B. 1999. Bacterial magnetosomes: microbiology, biomineralization and biotechnological applications. Appl Microbiol Biotechnol, 52(4): 464-473.

Takeyama H, Yamazawa A, Nakamura C, *et al.* 1995. Application of bacterial magnetic particles as novel DNA carriers for ballistic transformation of a marine cyanobacterium. Biotechnology Techniques, 9(5): 355-360.

Yoshino T, Matsunaga T. 2006. Efficient and stable display of functional proteins on bacterial magnetic particles using Mms13 as a novel anchor molecule. Appl Environ Microbiol, 72(1): 465-471.

Yoza B, Matsumoto M, Matsunaga T. 2002. DNA extraction using modified bacterial magnetic particles in the presence of amino silane compound. Biotechnol, 94(3): 217-224.

本文原载：微生物学通报, 2007, 34(1): 165-168.

Magnetospirillum gryphiswaldense MSR-1 磁小体缺失突变株 NM4 Tn*5*侧翼序列的克隆及功能分析*

李峰，李颖，姜伟，王珍芳，李季伦

(农业生物技术国家重点实验室；中国农业大学生物学院微生物学系，北京，100094)

摘要

利用 *mini-Tn5 lacZ2* 对 *Magnetospirillum gryphiswaldense* MSR-1 进行转座插入突变，获得磁小体缺失突变株NM4。通过锚定 PCR (anchored PCR) 从 NM4 中克隆出 Tn*5* 插入位点的侧翼序列，获得长 5045 bp 的 DNA 片段，其中含有 6 个 ORFs，Tn*5* 插入在 ORF4 中。功能互补实验证明该片段与磁小体的合成有关。对 ORF4 编码的蛋白进行同源比较和功能分析，发现 ORF4 编码的蛋白与新月柄杆菌 (*Caulobacter crescentus*) CB15 的长为 200aa 的趋化蛋白 CheYIII 的同源性为 25.9% (30/116)，且 ORF4 编码的蛋白也具有与 CheYIII 相同的接收磷酸基团的 REC 结构域，可进行信号传递，因此推测 ORF4 编码的蛋白可能参与磁小体合成过程中的某种与磷酸化有关的信号转导。

关键词

Magnetospirillum gryphiswaldense，磁小体缺失突变株，基因克隆，功能分析。

趋磁细菌 (magnetotactic bacteria) 能够在胞内合成磁小体 (Blakemore, 1975)。磁小体为具有外膜的纳米级磁性颗粒，多为 Fe_3O_4 成分。这种生物纳米晶体及其趋磁特性使得它具有潜在的应用价值，如免疫检测 (Nakamura *et al.*, 1995; Tanaka and Matsunaga, 2007)、肿瘤的靶向定位治疗 (龚连生等, 2001) 等。研究发现在高等生物，如蜜蜂体内 (Gould *et al.*, 1978)、人脑中 (Kirschvink *et al.*, 1992) 也含有磁性颗粒；近年，在火星陨石中发现了类似于趋磁细菌磁小体链状排列的磁性颗粒 (Buseck *et al.*, 2001)，为火星上存有生命的推测提供了有力的证据，这些使得趋磁细菌的研究备受关注。

揭示磁小体合成的分子机制是研究趋磁细菌的中心内容。人们试图通过 Tn*5* 接合转座突变法克隆磁小体合成相关的基因；采用 SDS 聚丙烯酰胺凝胶电泳 (SDS-PAGE) 法及反向遗传学法分离和研究磁小体膜上的蛋白来研究磁小体合成的分子机制。Nakamura 等从磁螺菌 (*Magnetospirillum magneticum*) AMB-1 无磁性的 Tn*5* 插入突变株中分离得到 *magA* 基因 (Matsunaga *et al.*, 1992; Nakamura *et al.*, 1995)，其编码的蛋白 MagA 是存在于细胞质膜和磁小体膜上的铁转运蛋白。Matsunaga 等 (2000) 采用 SDS-PAGE 法从 AMB-1 的磁小体膜上分离出一个蛋白 MpsA，MpsA 结合在细胞膜及磁小体膜上，并

*本工作由“863”计划项目 (编号 2001AA218041) 资助。

与乙酰-CoA 羧化酶（乙酰基转移酶）α-亚基同源且具有 CoA 结合域，推测 MpsA 利用酰基 CoA 作为羧基受体从而将酰基转移给受体分子，通过酰基化引发细胞质膜内陷形成磁小体囊泡。Arakaki 等（2003）从 AMB-1 中分离一个 6 kDa 的磁小体膜蛋白 Mms6，推测其捕获铁离子，参与磁小体晶核的形成。Wahyudi 等（2003）从 AMB-1 无磁性 Tn*5* 插入突变株 NMA21 中分离出 *aor* 基因，其编码一个分子量为 66.3 kDa 的 AOR (aldehyde ferredoxin oxidoreductase) 蛋白，该蛋白与激烈热球菌（*Pyrococcus furiosus*）的乙醛铁氧还蛋白氧化还原酶具有 64%的相似性，推测其通过硝酸盐的呼吸作用还原铁而参与磁小体的形成。Grunberg 等（2001）用 SDS-PAGE 法从 MSR-1 的磁小体膜上分离出 MamA 蛋白。Komeili 等（2004）研究发现，MamA 蛋白参与磁小体囊泡形成及细胞内磁小体的定位。Komeili 等（2004）认为趋磁细菌先在体内形成空的磁小体囊泡，由囊泡上转运蛋白将铁转移到囊泡内并形成 Fe_3O_4 晶体，随着铁的不断转入，Fe_3O_4 晶体不断发育为成熟的磁小体，这种看法并未被人们普遍接受。另外，还有一些磁小体膜蛋白被分离出并且研究人员对其进行了分析（Schüler, 2004）。近来，研究人员已对趋磁螺菌（*Magnetospirillum magnetotacticum*）MS-1 和磁球菌 MC-1 进行了基因组测序（http://spider.jgi-psf.org/）。目前能够确定与磁小体合成有关的仅有 *magA* 基因和 *aor* 基因，其余蛋白只是推测与磁小体合成有关，且 *magA* 基因和 *aor* 基因在磁小体合成过程中究竟扮演何种角色尚未最终确定。人们对磁小体合成的分子机制知之甚少。对已获得的基因和蛋白进行功能鉴定及继续寻找与磁小体合成有关基因是磁小体合成分子机制研究的重点。

转座接合诱变是克隆磁小体合成有关基因的常用方法，*magA*（Matsunaga *et al*., 1992; Nakamura *et al*., 1995）和 *aor*（Wahyudi *et al*., 2003）基因就是采用这种方法获得的。Tn*5* 及其衍生物 *mini-Tn5* 系列已在诱变及未知基因的克隆等方面成为细菌遗传学研究的重要工具（Victor *et al*., 1990; Wolk *et al*., 1991）。未知基因被 Tn*5* 转座失活后，Tn*5* 便成为该未知基因的标签，克隆含 Tn*5* 的片段进行测序可得到该未知基因。以 Tn*5* 上已知序列设计引物进行反向 PCR (inverse polymerase chain reaction)（Wahyudi *et al*., 2001）或锚定 PCR (archor PCR) 克隆该未知基因更为快捷。

为了揭示磁小体合成分子机制，我们在建立了 *M. gryphiswaldense* MSR-1 (DSM6361) 遗传操作体系（李峰等, 2004）的基础上，通过接合将转座子 *mini-Tn5 lacZ2* 转入 *M. gryphiswaldense* MSR-1 中，获得两株磁小体缺失突变株 NM4 和 NM21。研究采用锚定 PCR 法从 NM4 和 NM21 突变株中分别克隆出 Tn*5* 的侧翼序列并进行了功能分析，推测 NM4 突变株是由 Tn*5* 插入与磁小体合成有关的某种信号转导的基因引起的，而 NM21 突变株则是由 Tn*5* 插入磁小体生物合成途径中的一个基因引起的。本文报道 NM4 突变株的研究结果，NM21 突变株的研究结果将另文发表。

一、材料和方法

（一）材料

菌株与质粒如表 1 所示。磁铁（钕铁硼，12 mm×2 mm，1200 Gs）购自北京吉华磁性材料厂。

（二）菌株的培养

M. gryphiswaldense MSR-1 野生株接种于乳酸钠培养基，30℃培养（李峰等, 2004）；培养无磁性突变株 NM4 的乳酸钠培养基含 5 μg/ml 卡那霉素；*E. coli* 接种于 LB（蛋白胨 5.0 g/L，NaCl 10.0 g/L，酵母粉 5.0 g/L）或 LC（蛋白胨 5.0 g/L，NaCl 5.0 g/L，酵母粉 5.0 g/L）培养基，37℃培养。

表 1　菌株及质粒

菌株及质粒	表型及基因型	来源
菌株		
M. gryphiswaldense MSR-1	野生型	DSM 6361 (Schleifer *et al*., 1991)
NM4	*M. gryphiswaldense* MSR-1，无磁性突变株	李峰等, 2004
NM4 C	NM4 的功能互补株，含 pRK4044	本文
E. coli		
JM109	*HsdR17 endA1 Recal thi gyrA96 relA1 recA1 supE44* λ⁻Δ *(lac-proAB)* [F′，traD36，proA$^+$B$^+$，*lacI^{q}ZΔM15*]	本实验室保存
S17-1	Tc^{r}Sm^r，RP4-2 (Tc::Mu) (Km::Tn7)，Pro，*res$^-$mod$^+$*	本实验室保存
DH 5α	为 lacZ α 互补重组质粒宿主	本实验室保存
质粒		
pUC18 (19)	2.68 kb，克隆、测序载体，Ap^r	本实验室保存
pGEM-T easy	3.0 kb，PCR 产物的克隆、测序载体, Ap^r	Promega
pRK404	11.2 kb IncP-1 (RK2) Tc^r *lacZ*	本实验室保存
pGEM-T easy P1	pGEM-T easy，含 1.8 kb 的 A 片段，Ap^r	本文
pGEM-T easy P2	pGEM-T easy，含 2.5 kb 的 B 片段，Ap^r	本文
pGEM-T easy P3	pGEM-T easy，含 2.0 kb 的 C 片段，Ap^r	本文
pUC184	pUC18 *lacZ Pst* I 位点，含 5045 bp 的片段，Ap^r	本文
pRK4044	pRK404 *lacZ Pst* I 位点，含 5045 bp 的片段，Tc^r	本文

(三) 锚定 PCR 法克隆 Tn*5* 侧翼序列

锚定 PCR 法：用一种转座子标签内没有位点的限制性内切酶 A 酶切突变株的基因组 DNA，用含限制性内切酶 A 在内的两种酶酶切一含限制性内切酶 A 位点的质粒，回收相应片段，连到经限制性内切酶 A 酶切后的突变株的基因组 DNA 片段上，以转座子标签和相应的质粒片段上的已知序列设计特异引物，进行 PCR 反应，扩增转座子标签的侧翼序列，采用同样的方法继续延伸，从而分离出完整的目的基因。*M. gryphiswaldense* MSR-1、突变株 NM4 总 DNA 的提取参照李峰等 (2004) 的文献。引物用 DNAMAN 软件进行设计，PCR 反应体系为 25 μl，反应程序：94℃预变性 5 min；94℃变性 1 min/56℃退火 1 min/72℃延伸 2 min，30 个循环；72℃延伸 10 min。将 PCR 产物克隆到 pGEM-T easy 载体上，转入 *E. coli* JM109，由上海博亚生物技术有限公司进行 DNA 序列的测定。采用 DNAMAN、GeneMark、SMART、TopPred、TMHMM Server 软件进行序列分析。

(四) 含 Tn*5* 侧翼序列的重组质粒 pRK4044 的构建

分别用相应的酶酶切含不同 PCR 产物的不同 pGEM-T easy 重组质粒，回收相应片段，连接后插入 pUC18 中，该含已拼接的 Tn*5* 侧翼序列的 pUC18 命名为 pUC184。酶切 pUC184，回收该侧翼片段，插入广宿主质粒 pRK404 中，命名为 pRK4044，将其转入 *E. coli* S17-1 中。

(五) 互补接合实验

以含 pRK4044 的 *E. coli* S17-1 为供体、NM4 为受体进行接合作用，按李峰等 (2004) 文献中的方法进行。以含 5 μg/ml 卡那霉素、5 μg/ml 四环素的乳酸钠和谷氨酸钠抗性平板筛选接合子，将含 pRK4044 的功能互补株命名为 NM4C。根据 pRK4044 中四环素抗性基因的一段序列设计引物，对 NM4C 进行菌落 PCR，以验证功能互补株 NM4C 含有 pRK4044。

(六) 功能互补株 NM4C 的磁性检测

将含 pRK4044 的功能互补株 NM4C 通过液体培养磁铁吸附检测其磁性，电镜观察其有无磁小体，

按李峰等 (2004) 文献中的方法进行。

二、结果

(一) 转座子 Tn5 插入位点侧翼序列的克隆

以 *mini-Tn5 lacZ2* 为标签，用锚定 PCR 法克隆 NM4 中 Tn5 插入位点侧翼序列，采用同样方法继续延伸，分别获得 A、B、C 3 个片段，过程如下。

1) A 片段的克隆：用不能酶切 *mini-Tn5 lacZ2* 的 *Pst* I 酶切 NM4 的基因组 DNA，回收 8.5~10.5 kb 的片段[Southern 杂交带位于 9.5 kb 处 (李峰等, 2004)]；用 *Eco*R I、*Pst* I 酶切 pUC19，并回收大片段，将两者连接后作为模板，依据 *mini-Tn5 lacZ2* 和 pUC19 *Pst* I 位点下游的序列设计一对引物：primer 1 (5′-CAGAGCATTACGCTGACTT-3′)、primer 2 (5′-GAGTGAGCT GATACCGCT-3′)，进行 PCR，扩增出一个 1.8 kb 的 A 片段，将此片段与 pGEM-T easy vector 连接，构建 pGEM-T easy P1 并测序，除去引物及多余的序列外，得到一个 1402 bp 的片段，即图 2 中的 3644~5045 bp 的片段，其中含有一个 *Xho* I 位点。

2) B 片段的克隆：用不能酶切 A 片段的 *Bam*H I 酶切 *M. gryphiswaldense* MSR-1 的基因组 DNA，回收 2.0~11.5 kb 的片段；用 *Pst* I、*Bam*H I 酶切 pUC19，回收大片段；将两者连接后作为模板，依据 A 片段 *Xho* I 位点下游和 pUC19 *Bam*H I 位点上游的序列设计一对引物：primer 3 (5′-GCTGCAAGG CGATTAAGT-3′)、primer 4 (5′-GCCGATGAAGATGATAGATG-3′)，进行 PCR，扩增出一个 2.5 kb 的 B 片段，将此片段与 pGEM-T easy vector 连接，构建 pGEM-T easy P2 并测序，得到一个 2417 bp 的片段，即图 2 中的 1812~4228 bp 的片段。

3) C 片段的克隆：用不能酶切 B 片段的 *Pst* I 酶切 *M. gryphiswaldense* MSR-1 的基因组 DNA，回收 4.0~6.5 kb 的片段；用 *Eco*R I、*Pst* I 酶切 pUC18，回收大片段；将两者连接后作为模板，依据 B 片段 *Bam*H I 位点下游和 pUC18 *Pst* I 位点上游的序列设计一对引物：primer 5 (5′-GCCTCTTCGCTATTACGC-3′)、primer 6 (5′-GCCTACGGATTCCTCATC-3′)，进行 PCR，扩增出一个 2.0 kb 的 C 片段，将此片段与 pGEM-T easy vector 连接，构建 pGEM-T easy P3 并测序，得到一个 1811 bp 的片段，即图 2 中的 1~1811 bp 的片段。A、B、C 片段电泳图如图 1 所示。

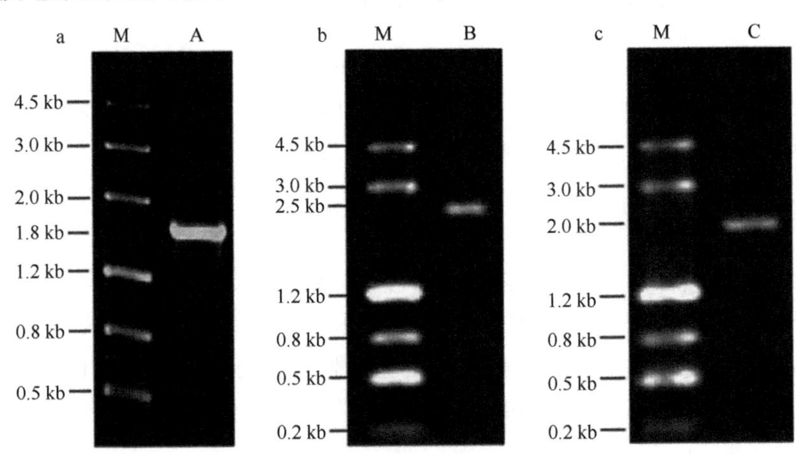

图 1 Tn5 侧翼序列 PCR 扩增的电泳图

a. A 片段；b. B 片段；c. C 片段；M. Marker

(二) 侧翼序列中 ORFs 及 Tn*5* 插入位点的分析

A、B、C 3 个片段经测序并拼接后，得到一长为 5045 bp 的片段。用 DNAMAN 及 GeneMark 软件分析，该片段含有 6 个 ORFs，Tn*5* 插在 ORF4 的内部，在 3643~3644 bp，如图 2 所示。该 5045 bp 序列已在 GenBank 注册，号码为 AY902474。

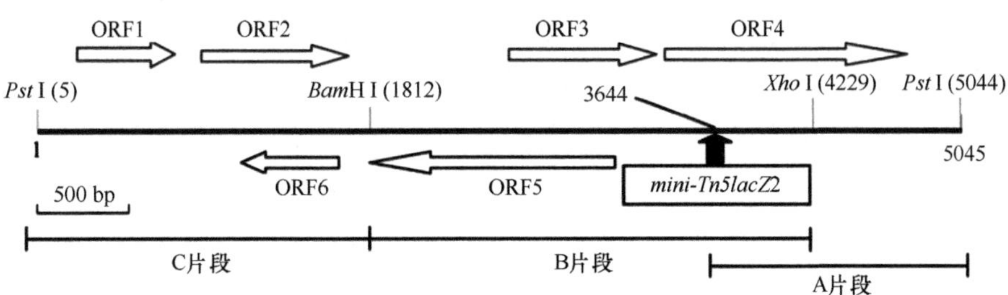

图 2　5045 bp 片段中 ORFs 及 Tn*5* 插入位点示意图

对 5045 bp 片段的全序列进行同源性比较，发现该片段仅与 *M. magnetotacticum* MS-1 具有同源性。ORF1 与 *M. magnetotacticum* MS-1 的硫酸盐通透酶基因的同源性为 84%，ORF4 与 *M. magnetotacticum* MS-1 的 ATPase 基因的同源性为 83%。Tn*5* 插入 ORF4 的部位、ORF4 及其对应的氨基酸序列如图 3 所示，其前端具有启动子样结构和核糖体结合位点。

(三) 5045 p 片段中 ORFs 编码蛋白的同源性分析

通过对 ORFs 编码蛋白的同源性进行 BLAST，结果为：ORF1 编码的蛋白 (138aa) 与 *M. magnetotacticum* MS-1 的长为 117aa 的硫酸盐通透酶的同源性为 80.5% (91/113)；ORF2 编码的蛋白 (211aa) 与棕色固氮菌 (*Azotobacter vinelandii*) 的长为 252aa 的趋化信号转导蛋白同源性为 34.8% (24/69)；ORF4 编码的蛋白 (434aa) 与 *M. magnetotacticum* MS-1 的长为 215aa 的 ATPase 的同源性为 65.9% (135/205)，与新月柄杆菌 (*Caulobacter crescentus*) CB15 的长为 200aa 的趋化蛋白 CheYIII 的同源性为 25.9% (30/116)；ORF5 编码的蛋白 (435aa) 与茄科罗尔斯通菌 (*Ralstonia solanacearum*) GMI1000 的长为 453aa 的 ISRSO17 转座酶蛋白的同源性为 63.7% (270/424)；ORF6 编码的蛋白 (124aa) 与新月柄杆菌 (*C. crescentus*) CB15 的长为 123aa 的 IS298 转座酶 OrfA 的同源性为 64.2% (77/120)。

(四) ORF4 编码蛋白保守性结构域、疏水性及跨膜的分析

通过 BLAST 或 SMART 软件 (http://smart.embl-heidelberg.de/) 对 ORF4 编码的蛋白进行保守性结构域分析，发现在 22~137aa 处有一个由 126 个氨基酸组成的 REC 结构域 (signal receiver domain)，*mini-Tn5 lacZ2* 插入在 28~29aa 之间，如图 4 所示。REC 结构域具有一个磷酸基团受体位点，可接受组氨酸激酶传递的磷酸基团而被激活，从而接受和传递信号。

应用 TopPred (http://bioweb.pasteur.fr/seqanal/interfaces/toppred.html) 和 TMHMM Server (http://www.cbs.dtu.dk/services/TMHMM-2.0/) 软件对 ORF4 蛋白的疏水性及跨膜进行分析，结果显示该蛋白没有疏水区和跨膜结构。

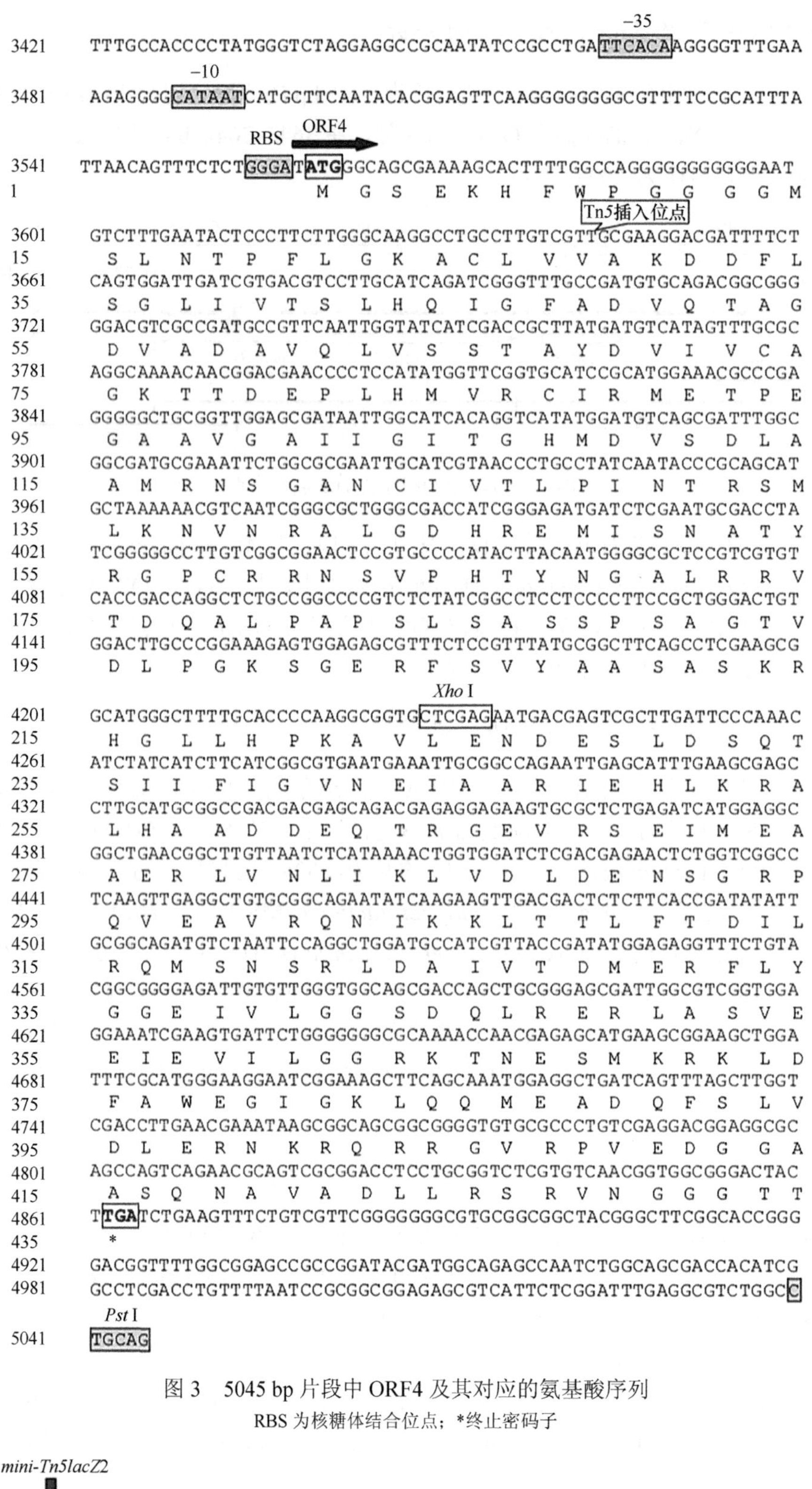

图 3　5045 bp 片段中 ORF4 及其对应的氨基酸序列

RBS 为核糖体结合位点；*终止密码子

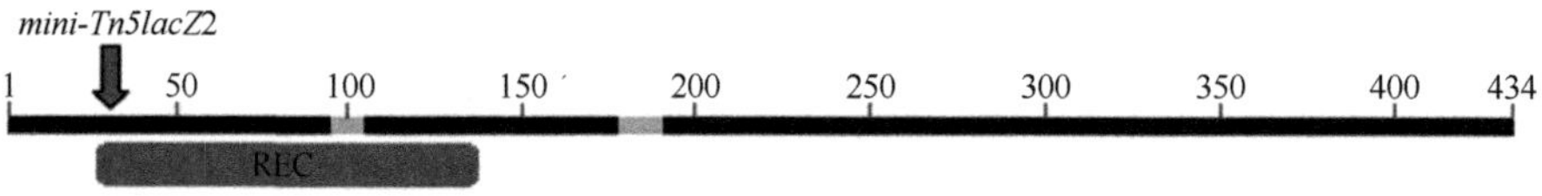

图 4　ORF4 编码蛋白的结构域及 Tn5 插入位置

(五) 含 5045 bp 片段的重组质粒 pRK4044 的构建

该 5045 bp 片段含有 6 个 ORFs。ORF1~ORF4 的距离较近，ORF4 中推测的启动子尚未确证，ORF1~ORF4 是否为一个操纵子尚未确定，所以选用该 5045 bp 片段的全长来进行功能互补实验。pRK404 是一个 RK2 衍生的广宿主质粒 (在大肠杆菌中拷贝数为 4~7)，可以在大多数革兰氏阴性细菌中复制，因此选用 pRK404 作为载体，构建含 5045 bp 片段的 pRK4044。分别用 *Pst* I、*Bam*H I 酶切 pGEM-T easy P3，回收 1.8 kb 的 C1 片段；用 *Bam*H I、*Xho* I 酶切 pGEM-T easy P2，回收 2.4 kb 的 B1 片段；用 *Pst* I、*Xho* I 酶切 pGEM-T easy P1，回收 0.81 kb 的 A1 片段；将回收的 3 种片段混合后与 *Pst* I 酶切的 pUC18 相连接，连接产物电转化至 *E. coli* DH5α，挑白斑液体培养，抽提质粒，即为含 5045 bp 片段的 pUC184 (图 5)。用 *Pst* I 酶切 pUC184，回收 5 kb 的片段，将其插入 pRK404 中 *lacZ* 启动子后多克隆位点的 *Pst* I 处，电转化至 *E. coli* S17-1，抽提质粒，即为含 5045 bp 片段的 pRK4044 (图 6)。以 pRK4044 作为模板，分别依 *Pst* I (6585 bp)、*Bam*H I、*Xho* I 和 *Pst* I (1540 bp) 上游序列设计单引物进行测序，测序结果表明连接正确 (图 6)。

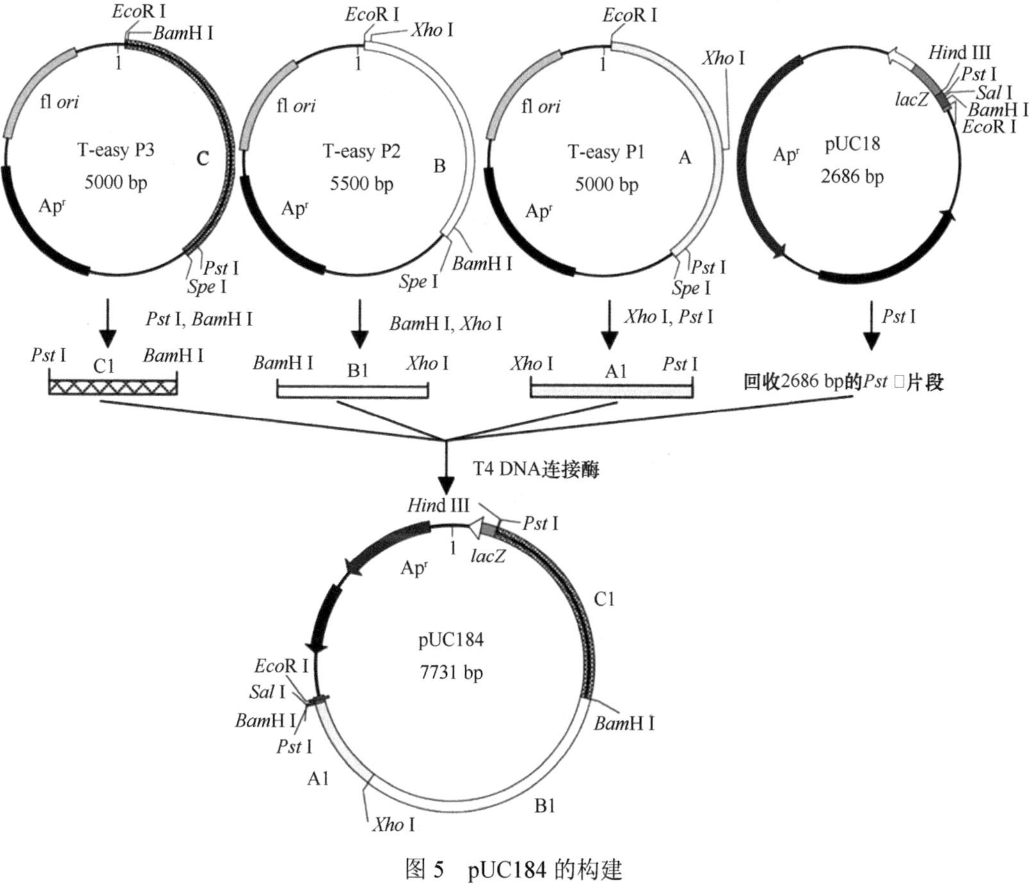

图 5　pUC184 的构建

(六) 基因的功能互补

用含 pRK4044 的 *E. coli* S17-1 与 NM4 进行接合作用，将在平板上长出的抗四环素、卡那霉素的单菌落进行菌落 PCR，结果说明质粒 pRK4044 已转入 NM4 中，该接合子即为功能互补株 NM4C。将 NM4C 通过液体培养磁铁吸附检测其磁性，发现 NM4C 培养物磁铁吸附处出现磁性斑点，对照组 NM4 磁铁吸附处没有磁性斑点。电镜下 NM4C 菌体内含有多个磁小体，而对照组 NM4 中无磁小体 (图 7，图 8)。结果表明已出现互补现象，但 NM4C 的磁性比野生株弱。载体质粒 pRK404 在结合外源片段后其稳定性显著下降，在非选择条件下连续培养 50 代左右，重组菌株的稳定性仅为 10.5% (蔡勉等, 1994)，重组菌株 NM4C 的磁性会随着重组质粒 pRK4044 的丢失而相应下降。这种不稳定性可能是由于外源片段的插入干扰了载体质粒 pRK4044 的复制和分配。

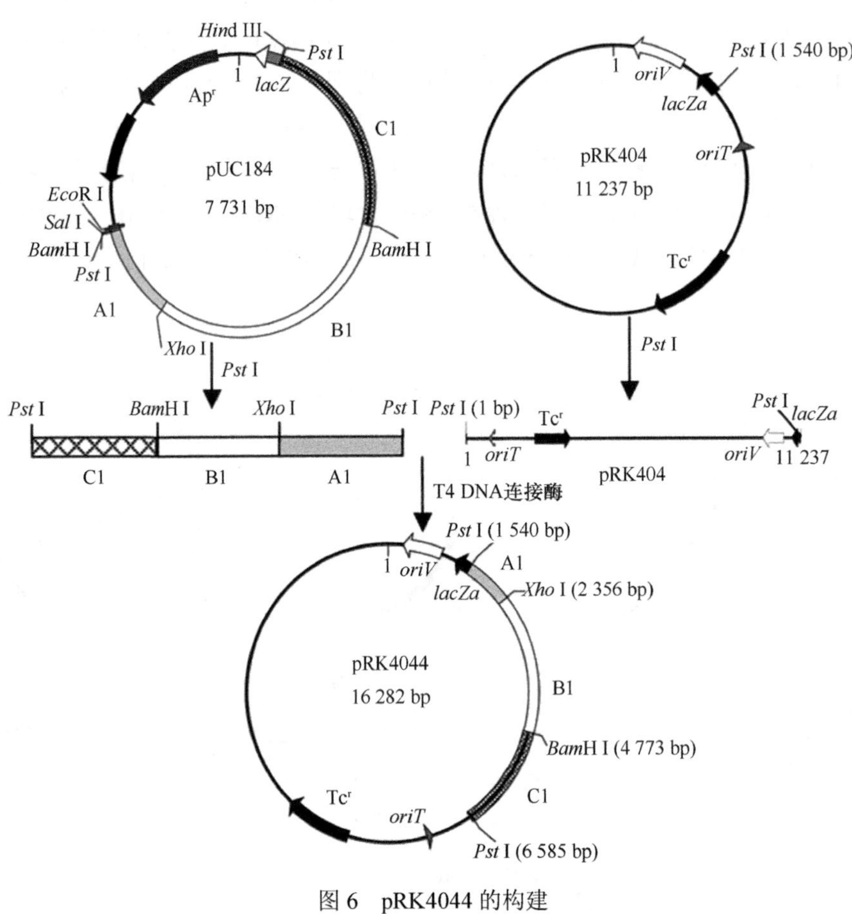

图 6 pRK4044 的构建

图 7 液体培养磁铁吸附法对 NM4C 的磁性检测 (箭头示磁性细胞聚集物)

a. NM4；b. NM4C；c. MSR-1

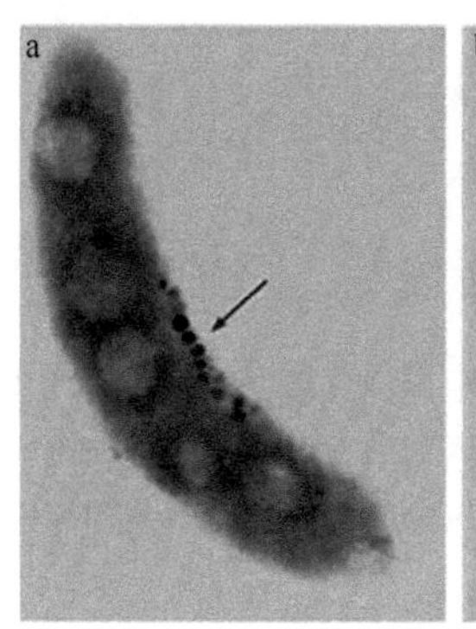

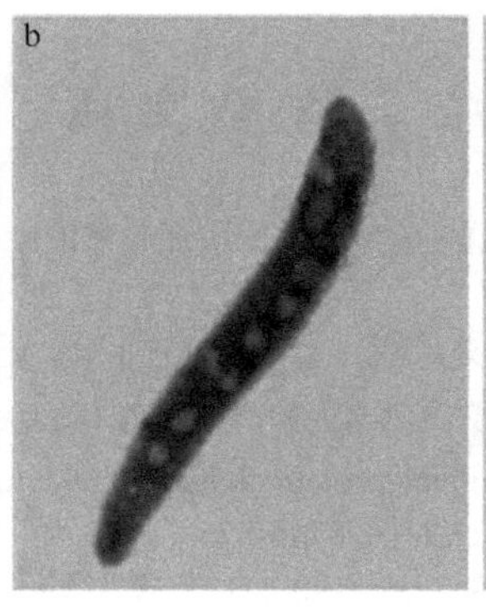

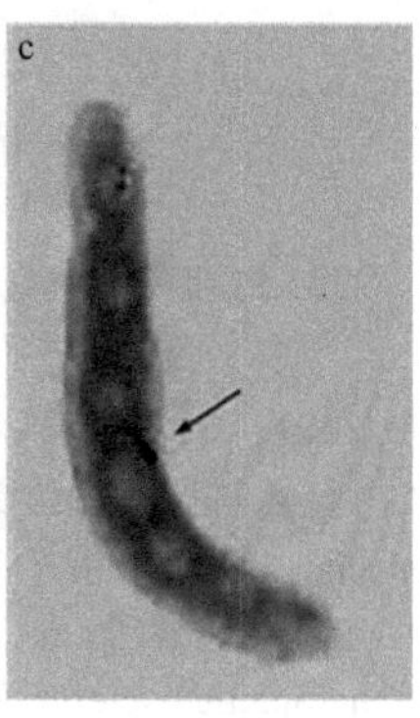

图 8 电镜检测 NM4C 的磁小体 (箭头示磁小体 40 000×)

a. MSR-1；b. NM4；c. NM4C

三、讨论

在对 ORF4 编码的蛋白进行同源比较时，发现该蛋白与 *M. magnetotacticum* MS-1 的预测蛋白 ATPase 的同源性为 65%。但在对 *M. magnetotacticum* MS-1 的预测蛋白 ATPase 进行同源性和功能分析 (http://www.ncbi.nlm.nih.gov/BLAST/Blast.cgi#29833783) 时，发现与预测的 ATPase 同源的多为肌球蛋白和趋化蛋白，如与白氏文昌鱼 (*Branchiostoma belcheri*) 的肌球蛋白重链的同源性为 26%；与 *Erwinia pyrifoliae* 的推测趋化蛋白 CtpE 的同源性为 25%，与 ATPase 相关的蛋白仅有两例，且同源性并不十分显著，如与 *Thermoanaerobacter tengcongensis* MB4 的长为 1189aa 的染色体分离 ATPases 的同源性仅为 22% (36/163)，而另一例为 ATP 依赖性的分子伴侣；而且预测的 ATPase 也没有保守性结构域。所以 *M. magnetotacticum* MS-1 的预测蛋白 ATPase 的真正功能尚需进一步确定，ORF4 编码的蛋白不应为 ATPase。

功能互补证明该 5045 bp 片段与磁小体合成相关。NM4 磁小体合成能力的缺失是由 Tn*5* 插入 ORF4 中引起的，说明 ORF4 有可能与磁小体合成相关。磁小体的合成受环境中氧分压及铁离子浓度的调控，这些信号的接收和传递直接影响磁小体的合成。ORF4 编码的蛋白与 *C. crescentus* CB15 的趋化蛋白 CheYIII 的同源性为 25%，并且具有 REC 结构域。趋化蛋白 CheYIII 为细菌趋化性双组分调控系统的重要组分，也具有 REC 结构域。REC 结构域具有磷酸基团的接受位点，能够接受和传递信号。所以可以初步判断 ORF4 编码的蛋白参与磁小体合成过程中的信号转导。但该蛋白转导的究竟是氧分压信号还是铁离子浓度信号尚待进一步研究确定。

在 5045 bp 片段中，ORF5、ORF6 位置很近 (相距 205 bp)，且它们编码的蛋白与插入序列转座酶同源性均高达 63%~64%，它们很可能就是转座子或插入序列的转座酶基因所在的位置。而 ORF5、ORF6 与 ORF2、ORF3 重叠，且 ORF5 与 ORF4 位置较近 (相距 450 bp)，ORF4 的部分序列很可能包含在此转座子或插入序列中。当包含有与磁小体合成相关片段的转座子或插入序列发生转移时，磁细菌 (趋磁细菌) 就会因磁小体合成相关片段受到破坏而发生无磁性的自发突变。Schübbe 等 (2003) 发现 *M. gryphiswaldense* MSR-1 的老龄培养物中磁性细胞常被无磁性自发突变株取代，这种现象在本实验室也时常发生。这些 ORFs 是单个基因还是组成操纵子，它们分别具有哪些功能，尚需要通过启动子探针检测及基因敲除等实验来确定。

参考文献

蔡勉, 刘纯强, 高培基. 1994. 野油菜黄单胞菌 S-152 遗传转移系统的建立及外源性内切葡聚糖酶基因在体内的表达. 遗传, 16(1): 40-44.

龚连生, 张阳德, 周少波. 2001. 磁性化疗纳米粒治疗大鼠移植性肝癌. 中国现代医学杂志, 11(3): 14-16.

李峰, 李颖, 姜伟, 等. 2004. 趋磁螺菌遗传操作体系的建立及磁小体缺失突变株的筛选. 微生物学报, 44(4): 440-444.

Arakaki A, Webb J, Matsunaga T. 2003. A novel protein tightly bound to bacterial magnetic particles in *Magnetospirillum magneticum* strain AMB-1. J Biol Chem, 278(10): 8745-8750.

Blakemore R P. 1975. Magnetotactic bacteria. Science, 190(4212): 377-379.

Buseck P R, Dunin-Borkowski R E, Devouard B, *et al*. 2001. Magnetite morphology and life on Mars. Proc Natl Acad Sci USA, 98(24): 13490-13495.

Gould J L, Kirschvink J L, Deffeyes K S. 1978. Bees have magnetic remanence. Science, 201(4360): 1026-1028.

Grunberg K, Wawer C, Tebo B M, *et al*. 2001. A large gene cluster encoding several magnetosome proteins is conserved in different species of magnetotactic bacteria. Appl Environ Microbiol, 67(10): 4573-4582.

Kirschvink J L, Kobayashi-Kirschvink A, Woodford B J. 1992. Magnetite biomineralization in the human brain. Proc Natl Acad Sci USA, 89(16): 7683-7687.

Komeili A, Vali H, Beveridge T J, *et al*. 2004. Magnetosome vesicles are present before magnetite formation, and MamA is required for their activation. Proc Natl Acad Sci USA, 101(11): 3839-3844.

Matsunaga T, Nakamura C, Burgess J G, *et al*. 1992. Gene transfer in magnetic bacteria: transposon mutagenesis and cloning of genomic DNA fragments required for magnetosome synthesis. J Bacteriol, 174(9): 2748-2753.

Matsunaga T, Tsujimura N, Okamura Y, *et al*. 2000. Cloning and characterization of a gene, *mpsA*, encoding a protein associated with intracellular magnetic particles from *Magnetospirillum* sp. Strain AMB-1. Biochem Biophys Res Commun, 268(3): 932-937.

Nakamura C, Burgess J G, Sode K, *et al*. 1995. An iron-regulated gene, *magA*, encoding an iron transport protein of *Magnetospirillum* sp. AMB-1. J Biol Chem, 270(47): 28392-28396.

Nakamura N, Matsunaga T. 1993. Highly sensitive detection of allergen using bacterial magnetic particles. Anal Chim Acta, 281(3): 585-589.

Schleifer K H, Schüler D, Spring S, *et al*. 1991. The genus *Magnetospirillum* gen. nov., description of *Magnetospirillum gryphiswaldense* sp. nov., and transfer of *Aquaspirillum magnetotacticum* to *Magnetospirillum magnetotacticum* comb. nov. 1. Syst Appl Microbiol, 14(4): 379-385.

Schübbe S, Kube M, Scheffel A, *et al*. 2003. Characterization of a spontaneous nonmagnetic mutant of *Magnetospirillum gryphiswaldense* reveals a large deletion comprising a putative magnetosome island. J Bacteriol, 185(19): 5779-5790.

Schüler D. 2004. Molecular analysis of a subcellular compartment: the magnetosome membrane in *Magnetospirillum gryphiswaldense*. Arch Microbiol, 181(1): 1-7.

Tanaka T, Matsunaga T. 2007. Fully automated chemiluminescence immunoassay of insulin using antibody-proteinA-bacterial magnetic particle complexes. Anal Chem, 72(15): 3518-3522.

Victor D L, Herrero M, Jakubzik U, *et al*. 1990. *Mini-Tn5* transposon derivatives for insertion mutagenesis, promoter probing, and chromosomal insertion of cloned DNA in Gram-negative eubacteria. J Bacteriol, 172(11): 6568-6572.

Wahyudi A T, Takeyama H, Matsunaga T, 2001. Isolation of *Magnetospirillum magneticum* AMB-1 mutant defective in bacterial magnetic particle synthesis by transposon mutagenesis. Appl Biochem Biotechnol, 91-93: 147-154.

Wahyudi A T, Takeyama H, Okamura Y, *et al*. 2003. Characterization of aldehyde ferredoxin oxidoreductase gene defective mutant in *Magnetospirillum magneticum* AMB-1. Biochem Biophys Res Commun, 303(1): 223-229.

Wolk C P, Cai Y P, Panoff J M. 1991. Use of a transposon with luciferase as a reporter to identify environmentally responsive genes in a cyanobacterium. Proc Natl Acad Sci USA, 88(12): 5355-5359.

本文原载：中国科学 C 辑：生命科学，2005，35(4)：349-358.

High-Sensitivity Detection of Fruit Tree Viruses Using Bacterial Magnetic Particles*

Jifeng Chen[1, 3, 4], Ying Li[2], Zhenfang Wang[2], Jilun Li[2], Wei Jiang[2], Shaohua Li[1, 4]

(1. Institute of Botany, the Chinese Academy of Sciences, Beijing, 100093, China; 2. Department of Microbiology and Immunology, China Agricultural University, Beijing, 100094, China; 3. Department of Bioengineering, Zhengzhou University, Zhengzhou, 450001, China; 4. Wuhan Botanical Garden, the Chinese Academy of Sciences, Wuhan, 430074, China)

Abstract

Prunus necrotic ring spot virus (PNRSV) and grapevine fanleaf virus (GFLV) were detected by fluoroimmunoassay using bacterial magnetic particles (BMPs), and a double antibody sandwich enzyme linked immunosorbent assay (DAS-ELISA). For the fluoroimmunoassay, fluorescein isothiocyanate labeled anti-PNRSV antibody or anti-GFLV antibody was conjugated onto BMPs of *Magnetospirillum gryphiswaldense* MSR-1. With this method, a very low minimum antigen concentration (1×10^6 dilution of the original sample concentration) could be detected. Using DAS-ELISA, the minimum antigen detection concentration was the original sample concentration. Thus, comparing these two methods, a BMP-based method could increase the sensitivity up to six orders of magnitude (10^6) higher than an ELISA-based method of detection PNRSV and GFLV.

Keywords

bacterial magnetic particle, detection sensitivity, ELISA, fluoroimmunoassay, grapevine fanleaf virus, *Prunus* necrotic ring spot virus.

1. Introduction

Bacterial magnetic particles (BMPs) are separated from magnetotactic bacteria, and they are nano size (50~100 nm), and enveloped with a stable lipid membrane (Gorby *et al*., 1988). The main composition of the enveloped crystal is iron oxide magnetite (Fe_3O_4) (Matsunaga, 1991). Purified BMPs can easily be dispersed in aqueous solution (Tanaka and Matsunaga, 2000). The small size and intact magnetosome membrane give BMP a large surface to volume ratio. Therefore, it is possible to immobilize a large quantity of a bioactive substance onto the surface membrane of BMPs (Matsunaga, 1991), such as antibodies (Nakamura *et al*., 1991, 1993; Chen *et al*., 2006) and enzymes (Matsunaga and Kamiya, 1987). The surface-protein-modified magnetic particles can be used for various biotechnological applications (Matsunaga *et al*., 2007). A high immobilization efficiency is necessary to provide the advantage of sensitivity, rapidity, and precision in detection assays. High detection sensitivity was obtained using BMPs for detecting mouse immunoglobulin G (IgG) (in a detectable

*The authors are grateful to Professor Wayne H. Loescher at Michigan State University for his critical review of the manuscript.

range of 0.5~100 ng/ml) (Nakamura *et al.*, 1991). For detecting allergen, the detectable range was 0.5~100 pg/ml (Nakamura *et al.*, 1993), and for *Escherichia coli*, the detectable range was 10^2~10^6 cells/ml (Nakamura and Matsunaga, 1993).

Although a highly sensitive method in substance detection using BMPs, and the importance of BMPs is recognized by many researchers, use of BMPs has been limited. Applications, however, have varied, for example, detection of substances like IgG (Nakamura *et al.*, 1991), allergen (Nakamura *et al.*, 1993; Nakamura and Matsunaga, 1993), and insulin (Tanaka and Matsunaga, 2000), removal of *Escherichia coli*, extraction of DNA (Yoza *et al.*, 2002, 2003), separation of cells (Kuhara *et al.*, 2004), a single nucleotide polymorphism detection (Ota *et al.*, 2003; Nakagawa *et al.*, 2006), and the study of immobilization conditions (Chen *et al.*, 2006). Therefore, BMPs have a high potential in practical use. The characters of BMP can let it be applied in detecting substance in aqueous solution. It is possible to detect an object in a small quantity in some living things.

Fruit trees are perennials, with long commercial lives; and they usually need at least 2~3 years to start bearing. It is practically impossible to remove a virus from an infected nature fruit tree. Virus infections often result in weak growth, delayed maturity, and the formation of smaller fruit that are unacceptable in the marketplace. Therefore, the best approach is to screen for and remove virus infected trees at an early stage in order to avoid further damage and particularly, spread of the infection.

There are many methods for fruit tree virus detection, such as microscopic observation of viruses in plant cells, ELISA (enzyme linked immunosorbent assay) detection, and molecular biological identification. A highly-sensitive, cost-effective diagnosis method to detect fruit tree viruses is quite desirable, and we are not aware of any comparisons of the detection sensitivity of a BMP-based method with a common assay such as ELISA. However, the conjugation conditions have been studied systemically for goat anti-rabbit antibody immobilization onto BMPs (Chen *et al.*, 2006). Consequently, we present a comparison of the sensitivity of a BMP-based method with an ELISA-based method in detecting two fruit tree viruses: *Prunus* necrotic ring spot virus (PNRSV) and grapevine fanleaf virus (GFLV).

2. Results

2.1 SDS-PAGE identification of BMPs-conjugated antibodies

Anti-PNRSV antibody or anti-GFLV antibody was conjugated on BMPs. The conjugated antibodies were identified by sodium dodecyl sulfate-polyacrylamide gel electrophoresis (SDS-PAGE) (Fig. 1).

2.2 Fluoroimmunoassay using BMPs and DAS-ELISA for detecting the fruit tree viruses of PNRSV and GFLV

The BMPs-Ab complex (anti-PNRSV antibody or anti-GFLV antibody conjugated onto BMPs) was applied for the detection of PNRSV or GFLV, respectively. In fluoroimmunoassay, the fluorescence intensity was determined for each reactant at the excitation wavelength (492 nm) and the emission wavelength (512 nm) with 10 mmol/L Tris-HCl used as a resuspension buffer. Although the two viruses had different relative fluorescence intensities, the tendency was similar, and a linear relationship was obtained between the relative fluorescence intensity and antigen concentration in the range of 1×10^{-6}~1×10^{-3} (Fig. 2, Fig. 3). Consequently, the relative fluorescence intensity decreased as the antigen concentration increased. The minimum detectable antigen (PNRSV or GFLV) concentration was a 1×10^6 dilution of the original positive control.

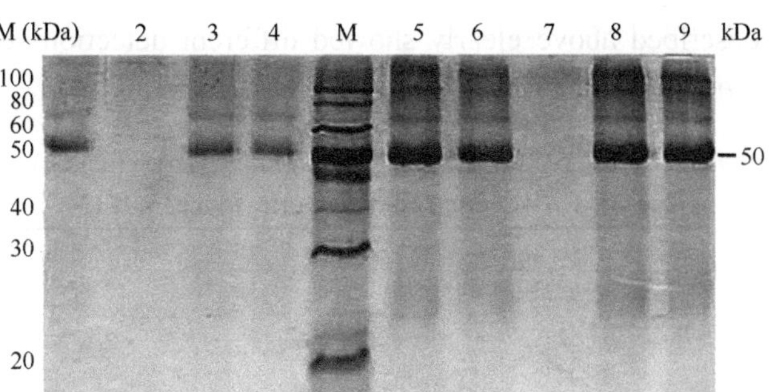

Fig. 1 Sodium dodecyl sulfate-polyacrylamide gel electrophoresis (SDS-PAGE) identification antibody immobilized on bacterial magnetic particles (BMPs)

Lanes 1, 3, protein from BMPs and anti-*Prunus* necrotic ring spot virus (PNRSV) antibody complex; lane 2, membrane protein of BMPs without binding anti-PNRSV antibody; lane 4, standard anti-PNRSV antibody; M, protein marker; lane 5, standard anti-grapevine fanleaf virus (GFLV) antibody; lanes 6, 8, 9, protein from BMPs and anti-GFLV antibody complex; lane 7, membrane protein of BMPs without binding anti-GFLV antibody. antibody complex appeared as a 50 kDa band, the same band as standard the anti-PNRSV antibody (lane 4), and lanes 6, 8 and 9 (protein from BMPs and anti-GFLV antibody complex) had the same band as the standard anti-GFLV antibody (lane 5); lanes 2 and 7 (magnetosome membrane protein of BMPs without binding antibodies) lacked the 50 kDa band. These results indicate that the antibody was immobilized onto BMPs

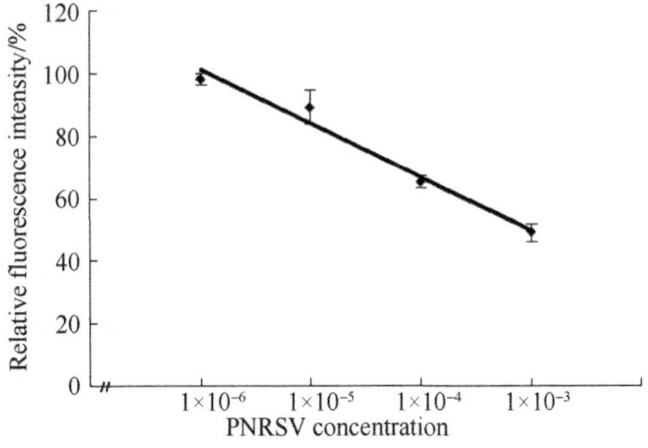

Fig. 2 The correlation of relative fluorescence PNRSV intensity and *Prunus* necrotic ring spot virus (PNRSV) concentration

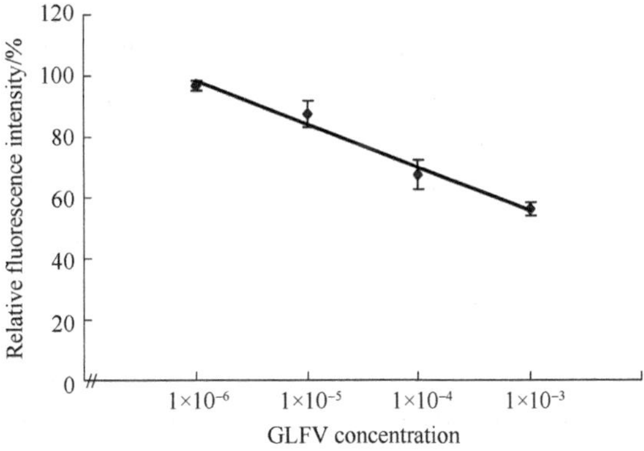

Fig. 3 The correlation of relative fluorescence intensity and grapevine fanleaf virus (GFLV) concentration

Double antibody sandwich enzyme linked immunosorbent assay (DAS-ELISA) for the detection of PNRSV, when the absorbance of a negative control sample at 405 nm was 0.2313 ($OD_{405\ nm}$=0.2313), and with the positive/negative level set at ⩾2.1, the positive level would be $OD_{405\ nm}$⩾0.4857. Therefore, the original concentration of the PNRSV positive control was detectable. Similarly, for detection of GFLV, the absorbance of a negative control sample at 405 nm was 0.2421 ($OD_{405\ nm}$=0.2421), and with the positive/negative level set at ⩾2.1, the positive level would be $OD_{405\ nm}$⩾0.5084. Consequently, the antigen detectable concentration with the DAS-ELISA was also the undiluted positive control of GFLV (Table 1). To detect PNRSV or GFLV, the two different methods described above clearly showed different detection sensitivities. The BMP-based method was much more sensitive (10^6 times) than the ELISA-based method.

Table 1 Double antibody sandwich enzyme linked immunosorbent assay (DAS-ELISA) test of *Prunus* necrotic ring spot virus (PNRSV) and grapevine fanleaf virus (GFLV)

Antigen dilution times	$OD_{405\ nm}$	For PNRSV	$OD_{405\ nm}$	For GLFV
1×	0.8323	+	0.8449	+
10×	0.4550	–	0.4042	–
50×	0.3078	–	0.3900	–
100×	0.2745	–	0.3041	–
200×	0.2428	–	0.3000	–
500×	0.2245	–	0.2891	–
1,000×	0.2253	–	0.2814	–
5,000×	0.2215		0.2802	
10,000×	0.2213		0.2806	
Negative (N) reading	0.2313		0.2421	
P/N level	⩾2.1		⩾2.1	
Positive (P) levels	⩾0.4857		⩾0.5084	

+, detectable; –, undetectable

3. Discussion

ELISA is a common method widely used in many fields, for example, as a pesticide residue monitor in food and water, to assess environmental contamination, and for phytosanitary, and pathological diagnoses. Here, however, when PNRSV and GFLV were detected, the detection sensitivity of ELISA was quite inferior to a BMP-based method. High detection sensitivities using BMPs have been also obtained with other substances (Nakamura *et al.*, 1991, 1993; Nakamura and Matsunaga, 1993; Tanaka and Matsunaga, 2000). As described here, the BMP-based detection method could be used in quarantine, to avoid importing pests and diseases, which may cause serious damage for humans, animals or plants, and to avoid the spread of existing viruses or diseases, particularly since the high detection sensitivity of using BMPs should permit discovery of infected material at an early stage.

When BMP is used, not only can it have high antigen detection sensitivity, it also can shorten the detection time because BMP can be controlled by an applied magnetic field where it can accelerate the antibody and antigen reaction in order to finish the reaction in a shorter time (Nakamura *et al.*, 1993; Nakamura and Matsunaga, 1993). BMPs may therefore be especially useful in quarantine pest detection situations that need to make diagnoses with high sensitivity, reliability, rapidity, and cost-effectiveness. Taking into consideration the financial costs, practicality, and the importance of substance, BMPs may provide a precise high detection sensitivity to plant viruses in the field, early disease diagnosis, and specific site chemotherapy (Matsunaga, 1991; Sun *et al.*, 2007).

4. Materials and Methods

4.1 Preparation of BMPs and antibodies

Magnetotactic bacteria (*Magnetospirillum gryphiswaldense* MSR-1) were cultured for 2~3 d in a BioFlo 110 fermenter/Bioreactor (New Brunswick Scientific Co., Inc. Edison, NJ, USA) containing 5 L medium at pH

7.5, 30℃, with the culture conditions of 1% dissolved oxygen, 300 r/min rotor speed. The bacteria were collected by centrifugation at 5.96×1,000 *g* for 10 min, and then resuspended in 10 mmol/L HEPES-buffered saline (HEBS, pH 7.4) with a weight-to-volume ratio of 1∶10, and broken by an ultrasonic cell disrupter (Scientz, JY92-II. Xinzhi Bio-techniques Ltd., Ningbo, China). BMPs were collected by a neodymium iron boron magnet (Nd-Fe-B magnet, ϕ 29×8 mm), and purified by 20 washes with 10 mmol/L HEPES (pH 7.4), and then modified by SPDP [*N*-succinimidyl 3-(2-pyridyldithio) propionate] (Pierce Chemical Co., Rockford, IL, USA). SPDP-modified BMPs were collected using an Nd-Fe-B magnet, and washed four times in phosphate-buffered saline (PBS) (pH 7.4) for removing unbound SPDP (Nakamura *et al.*, 1991, 1993; Nakamura and Matsunaga, 1993).

Anti-PNRSV antibody and anti-GFLV antibody (Agdia Inc., Elkhart, IN, USA) was reduced using dithiothreitol (DTT) (Promega Chemical Co., Madison, WI, USA). A mixture of 0.2 ml antibody (2 mg/ml) and 50 μl dithiothreitol (DTT) (0.2 mol/L) was incubated for 2 h at 23℃. After the incubation, the reduced antibody was desalted by chromatography on a NAP 10 column (Nakamura *et al.*, 1991, 1993; Nakamura and Matsunaga, 1993).

4.2 Conjugating DTT-reduced antibody onto SPDP-modified BMPs

Anti-PNRSV antibody or anti-GFLV antibody 61 μl (containing 4.93 μg) was reduced by DTT. The reduced antibody was added into 50 μg SPDP-modified BMPs in 200 μl Na_3PO_4 (10 mmol/L, pH 5.6) conjugation buffer. The mixture was suspended in a sonication bath (KQ218 sonication cleaner, Sonication Instrument Co. Ltd., Zhejiang, China). The reactants were then placed on a shaker at 200 r/min, at 23℃ for 1 h. The BMPs-antibody (BMPs-Ab) was collected by Nd-Fe-B magnet, and then washed four times in PBS (pH 7.4) for removing free antibody.

4.3 SDS-PAGE identification of immobilized antibody

Sodium dodecyl sulfate-polyacrylamide gel electrophoresis (through a 5% stacking gel and a 12% separating gel) was carried out for identification of antibodies (anti-PNRSV antibody and anti-GFLV antibody), which were bound on the BMPs. Prior to loading, buffer (25 μl) was added to the BMPs-Ab complex and standard antibody, respectively, boiled for 5 min, and the reactants were then centrifuged for 5 min at 2.71×1,000 *g* to remove sediments. Sample supernatant (20 μl) was loaded on the gel, and then the gel was stained by Coomassie Brilliant Blue R250.

4.4 FITC labeling the immobilized antibody

Bacterial magnetic particle-antibody (50 μg) was suspended in 0.5 ml borate buffer (0.5 mol/L, pH 9.2). Fluorescein isothiocyanate (FITC) (25 μg) was added and the resultant mixture was incubated on a shaker for 2 h at 260 r/min, at room temperature. After incubation, FITC-conjugated BMPs-Ab was collected using an Nd-Fe-B magnet, and washed four times in PBS (pH 7.4) to remove free FITC.

4.5 Antibody and antigen reaction

Prunus necrotic ring spot virus and grapevine fanleaf virus-positive controls (antigens) (Agdia Incorporated, Elkhart, IN, USA) were dissolved and centrifuged according the manufacturer's instructions. The supernatant contained the original concentration of the positive control, and was then diluted with PBS.

One hundred microliters of each dilution was added to the appropriate test tube containing 50 μg FITC-labeled BMPs-Ab complexes, and suspended using a sonication bath, with three replicates of each dilution. The reactants were incubated on an Nd-Fe-B magnet, at 37℃ for 15 min (Nakamura *et al.*, 1991, 1993; Nakamura and Matsunaga, 1993).

4.6 PNRSV and GFLV detection

Before carrying out the fluoroimmunoassay, the reactant volume was brought to 1 ml with 10 mmol/L Tris-HCl (pH 8.0), resuspended several times, transferred to a 10 mm×10 mm quarts curette, and left to stand for 15 min at room temperature. The reactants were then determined by fluorescence intensity at an excitation wavelength of 492 nm, and an emission wavelength of 513 nm. The relative fluorescence intensity (the percentage of fluorescence intensity with antigen and without antigen) was calculated after the determination.

The same lot of PNRSV and GFLV positive solution used in the BMP-based method was used in ELISA, following the manufacturer's instructions to detect PNRSV and GFLV by DAS-ELISA.

References

Chen J F, Li Y, Jiang W, *et al.* 2006. Effects of conjugating conditions on goat anti-rabbit antibody immobilization onto bacterial magnetic particles. J Agri Biotechnol, 14(3): 423-428. (in Chinese)

Gorby Y A, Beveridge TJ, Blakemore R P. 1988. Characterization of the bacterial magnetosome membrane. J Bacteriol, 170(2): 834-841.

Kuhara M, Takeyama H, Tanaka T, *et al.* 2004. Magnetic cell separation using antibody binding with protein A expressed on bacterial magnetic particles. Anal Chem, 76(21): 6207-6213.

Matsunaga T. 1991. Applications of bacterial magnets. Trends Biotechnol, 9(3): 91-95.

Matsunaga T, Kamiya S. 1987. Use of magnetic particles isolated from magnetotactic bacteria for enzyme immobilization. Appl Microbiol Biotechnol, 26(4): 328-332.

Matsunaga T, Suzuki T, Tanaka M, *et al.* 2007. Molecular analysis of magnetotactic bacteria and development of functional bacterial magnetic particles for nano-biotechnology. Trends Biotechnol, 25(4): 182-188.

Nakagawa T, Hashimoto R, Maruyama K, *et al.* 2006. Capture and release of DNA using aminosilane-modified bacterial magnetic particles for automated detection system of single nucleotide polymorphisms. Biotechnol Bioeng, 94(5): 862-868.

Nakamura N, Burgess J G, Yagiuda K, *et al.* 1993. Detection and removal of *Escherichia coli* using fluoresce in isothiocyanate conjugated monoclonal antibody immobilized on bacterial magnetic particles. Anal Chem, 65(15): 2036-2039.

Nakamura N, Hashimoto K, Matsunaga T. 1991. Immunoassay method for the determination of immunoglobulin G using bacterial magnetic particles. Anal Chem, 63(3): 268-272.

Nakamura N, Matsunaga T. 1993. Highly sensitive detection of allergen using bacterial magnetic particles. Anal Chem Acta, 281(3): 585-589.

Ota H, Takeyama H, Nakayama H, *et al.* 2003. SNP detection in transforming growth factor-β1 gene using bacterial magnetic particles. Biosens Bioelectron, 18(5-6): 683-687.

Sun J B, Jiang W, Li Y, *et al.* 2007. The magnetosomes of magnetotactic bacteria may be used as drug-carriers for targeted therapy. Acta Microbiol Sin, 34(1): 165-168. (in Chinese)

Tanaka T, Matsunaga T. 2000. Fully automated chemiluminescence immunoassay of insulin using antibody-protein A-bacterial magnetic particle complexes. Anal Chem, 72(15): 3518-3522.

Yoza B, Arakaki A, Matsunaga T. 2003. DNA extraction using bacterial magnetic particles modified with hyperbranched polyamidoamine dendrimer. J Biotechnol, 101(3): 219-228.

Yoza B, Matsumoto M, Matsunaga T. 2002. DNA extraction using modified bacterial magnetic particles in the presence of amino silane compound. J Biotechnol, 94(3): 217-224.

本文原载：J Integr Plant Biol, 2009, 51(4): 409-413.

A Mutation Upstream of an ATPase Gene Significantly Increases Magnetosome Production in *Magnetospirillum gryphiswaldense**

Jiangning Liu, Yao Ding, Wei Jiang, Jiesheng Tian, Ying Li, Jilun Li

(State Key Laboratory for Agrobiotechnology and College of Biological Sciences, China Agricultural University, Beijing, 100094, China)

Abstract

A mutant of *Magnetospirillum gryphiswaldense*, NPHB, was obtained from a conjugation experiment. An aberrant recombination occurred between a putative elongation factor-G gene (*fus*-like) of the bacterial chromosome and the chloramphenicol resistant gene (*cat*) of a suicide vector, pSUP202. Complementary experiments and transcription analysis of genes around the recombinant site showed that the *cat* promoter enhanced the expression of ATPase gene downstream. ATP hydrolyzing activity in NPHB was 35% higher than in the wild-type strain (*M. gryphiswaldense* MSR-1). NPHB accumulated 71% less poly-β-hydroxybutyrate (PHB), and consumed 56% more oxygen and 40% more lactate than MSR-1. The magnetosome content of NPHB was 69% higher than MSR-1 in flask culture. NPHB cultured in a 7.5 L bioreactor gave a maximum yield of (58.4±6.4) mg magnetosomes per liter.

Keywords

Magnetospirillum gryphiswaldense, PHB production, ATPase activity, magnetosome production, oxygen consumption.

1. Introduction

Magnetotactic bacteria comprise a widespread group of aquatic microorganisms within the α, γ, and δ lineages of Proteobacteria and Nitrospira (DeLong *et al.*, 1993). They have the distinctive ability to synthesize internal membrane-enclosed single-domain ferrimagnetic iron oxide (magnetite, Fe_3O_4) or iron sulfide (greigite, Fe_3S_4) crystals, termed magnetosomes (or bacterial magnetic particles, BMPs) (Schüler, 2004). These organelles, usually nano-sized, assemble into regular chains and help direct bacterial movement toward growth-promoting micro-oxic zones at the bottom of natural waters (Bazylinski and Frankel, 2004). The formation of magnetosomes by these bacteria is precisely mediated by a process, known as "biologically controlled mineralization" (biomineralization) (Bazylinski and Frankel, 2004; Komeili, 2007).

*This work was supported by Chinese High Technology Research and Development Program (Grant No. 2006AA02Z233 and 2007AA021805); Chinese National Science Foundation (Grant No. 30570023).

Since magnetosome crystals are characterized by high chemical purity, narrow size range, species-specific crystal morphology, and superior magnetic properties, they are potentially useful as biogenic nanometer materials in a number of biotechnological and clinical applications (Ito *et al.*, 2005; Ceyhan *et al.*, 2006; Matsunaga *et al.*, 2007). Despite such interdisciplinary interest, experiments on magnetotactic bacteria and magnetosomes, for both theoretical and practical purposes, are difficult to perform because of problems in large-scale culturing of the bacteria. Numerous studies have focused on improving magnetosome production, with yields up to 14 mg/L (Yang *et al.*, 2001; Heyen and Schüler, 2003).

Magnetospirillum gryphiswaldense is a useful model strain for investigation of magnetosome formation, since it is genetically tractable and can be cultured easily under microaerobic condition (Schüler and Baeuerlein, 1998; Schultheiss and Schüler, 2003). Our previous studies led to improved methods for culturing *M. gryphiswaldense* strain MSR-1 in a bioreactor (Jiang *et al.*, 2002, 2005; Sun *et al.*, 2008). However, culture still required a narrow range of dissolved oxygen concentration, and large amounts of poly-β-hydroxybutyrate (PHB) were accumulated unless culture conditions were very precisely controlled, resulting in reduced synthesis of magnetosomes.

Here, we describe development of a mutant strain of *M. gryphiswaldense* termed "NPHB", characterized by higher oxygen consumption, lower PHB accumulation, and greater magnetosome content than MSR-1.

2. Materials and Methods

2.1 Bacterial strains, plasmids, and primers

The bacterial strains, plasmids, and primers of polymerase chain reaction (PCR) and reverse transcription PCR (RT-PCR) used in this paper are listed in Table 1 and Table 2.

Table 1 Bacterial strains and plasmids

Strains or plasmids	Relevant characteristics	Source or reference
Strains		
Escherichia coli DH5α	cloning strain	Sambrook and Russel, 2001
Escherichia coli S17-1	mobilizing strain	Simon *et al.*, 1983
M. gryphiswaldense MSR-1	wild type	DSM6361
M. gryphiswaldense NPHB	mutant strain	this study
M. gryphiswaldense NPHB-R	reverted mutant strain	this study
Plasmids		
pSUP202	*tet bla cat*, ColE1 *ori*, Mob^+	Simon *et al.*, 1983
pSUPNC	pSUP202 derivative, contain a 10 kb DNA fragment of MSR-1	this study
pBBR1MCS-2	broad-host-range plasmid, *aph*	Kovach *et al.*, 1995
pBBREFG	derivative of pBBR1MCS-2, containing *fus*-like gene	this study
pUX19	suicide vector for *M. gryphiswaldense*, *aph*, 3.9 kb	Zhang *et al.*, 2005
pUXCD	pUX19 derivative for eliminating *cat* promoter in NPHB	this study

Table 2 Primers used in PCR and RT-PCR

Number	Primer	Sequence (5′→3′)
PCR		
1	CD1	CGGGATCCCGACCGCTGCGCCTTATCCG (*Bam*H I)
2	CD2	CGGAATTCCGCTCATGAGACAATAACCC (*Eco*R I)
3	CD3	CGGAATTCCATCGTAAAGAACATTTTGA (*Eco*R I)
4	CD4	CCCAAGCTTCGATTTCGACCTTGCGCTCC (*Hin*d III)

continued

Number	Primer	Sequence (5′→3′)
5	EFG1	GAGGATCCATGACTGGCAAGACAGTTTC
6	EFG2	GAGAGCTCGCCTTTTCCCTTATCTCACC
RT-PCR		
1	hyp-f	CAACAGAAGCTGCCGGAAAG
2	hyp-r	ATATGGGCGCACACCTTGTC
3	hyp-d	TTGGAACGCTACCTGATCGA
4	efg-dl	AACTGCGGTCCCTGACCATG
5	efg-r	ATGGACGGTCTTGAACACCC
6	efg-f	GGCTTCATCGATCTGGTCAG
7	efg-dr	TTGGGTTCGACGCTCATCAG
8	atp-dl	CCATATTCCTTGTCGATGCC
9	atp-f	CCTGTTCCGCATGATCACCG
10	atp-r	GATACGATCCAAGAAGAAGC
11	atp-dr	CACCCATATCCTGGCTTTCG
12	phb-d	GTCAAGAACCCCGACACCTG
13	phb-r	TACCCGCCAGTTCGTGGACG
14	phb-f	CGCCGACAGCATGTAGATGG

2.2 Culture media and growth conditions

Escherichia coli (*E. coli*) strains were grown at 37℃ in Luria-Bertani (LB) medium or LC medium (for conjugation) (Sambrook and Russel, 2001). For liquid culture, 100 ml culture medium was placed in a 500 ml flask and incubated on a rotary shaker at 200 r/min.

M. gryphiswaldense strains were grown at 30℃ in LAY medium containing (per liter) 1.69 g sodium lactate, 0.61 g NH_4Cl, 0.1 g yeast extract, 0.5 g K_2HPO_4, 0.1 g $MgSO_4·7H_2O$, 0.05 g sodium thioglycolate, and 5 ml trace element mixture (Jiang *et al*., 2005). Ferric citrate was added to the medium to a final concentration of 60 μmol/L (Heyen and Schüler, 2003). For solid incubation, plates were sealed with parafilm to generate microaerobic conditions (Li *et al*., 2005). For liquid culture, 100 ml culture medium was placed in a 250 ml serum bottle plugged with a rubber stopper, and incubated on a rotary shaker at 100 r/min.

Fed-batch culture was carried out in a 7.5 L stirring bioreactor (NBS Bioflo 110, USA) containing 6.0 L medium at 30℃. Dissolved oxygen concentration (DO) was set to 0.5% saturation, and agitation speed was increased or decreased automatically when DO became lower or higher than the set point. The upper limit of agitation speed was set to 500 r/min. pH values were adjusted automatically to 7.0±0.02 with 10 mol/L HCl solution. Stock solution (60.84 g/L sodium lactate, 21.96 g/L NH_4Cl, 2.16 m mol/L ferric citrate) was added to the bioreactor when lactate concentration became lower than 0.4 g/L.

2.3 DNA manipulation

Ligation, transformation, PCR, RT-PCR, sequencing, and DNA extraction were performed by standard methods (Sambrook and Russel, 2001).

2.4 Conjugation

M. gryphiswaldense strains were cultivated in LG medium, whose components were the same as those of LAY medium except NH_4Cl and yeast extract were substituted by 4 g sodium L-glutamate (Li *et al.*, 2005).

The bi-parental conjugation procedure followed the standard method (Simon *et al.*, 1983) with a few modifications. The donor (*E. coli*) and the recipient (*M. gryphiswaldense*) were cultured to a cell density of ~10^9 cells/ml. The donor and recipient cultures were mixed in a ratio of 1∶3 (*V*/*V*) and passed through a membrane filter (Sino-American Biotechnology Company, EH10213). The membrane was incubated on a LAY medium plate at 30℃ for 8 h. Bacterial cells on the membrane were resuspended in 1 ml LG medium, spread over LG medium plates containing appropriate antibiotics, and incubated at 30℃.

2.5 Allelic gene replacement

The *cat* promoter in NPHB was deleted by allelic gene replacement for complementary experiments. The fragments up-stream and down-stream of the *cat* promoter were amplified by primers CD1/CD2 and CD3/CD4 from NPHB (Table 2). These primers (CD1, CD2, CD3, CD4) contained restriction sites *Bam*H I, *Eco*R I, *Eco*R I, and *Hin*d III respectively. The resulting fragments were digested with restriction endonucleases. A suicide plasmid vector, pUX19 (Zhang *et al.*, 2005), containing kanamycin resistant gene (*aph*) was digested with *Bam*H I and *Hin*d III, and then ligated with two fragments as above. The resulting recombinant plasmid, termed pUXCD, was composed of pUX19 and a recombinant fragment which did not contain the *cat* promoter (Fig. 1a). The plasmid was introduced into NPHB. Kanamycin resistant colonies were selected for recombinant strains in which pUXCD was integrated into the host chromosome by a single crossover. These strains were subcultured repeatedly and screened for kanamycin-sensitive colonies resulting from removal of *cat* promoter and pUX19 by a second crossover (Link *et al.*, 1997). The resulting strain, without *cat* promoter in its chromosome, was termed NPHB-R.

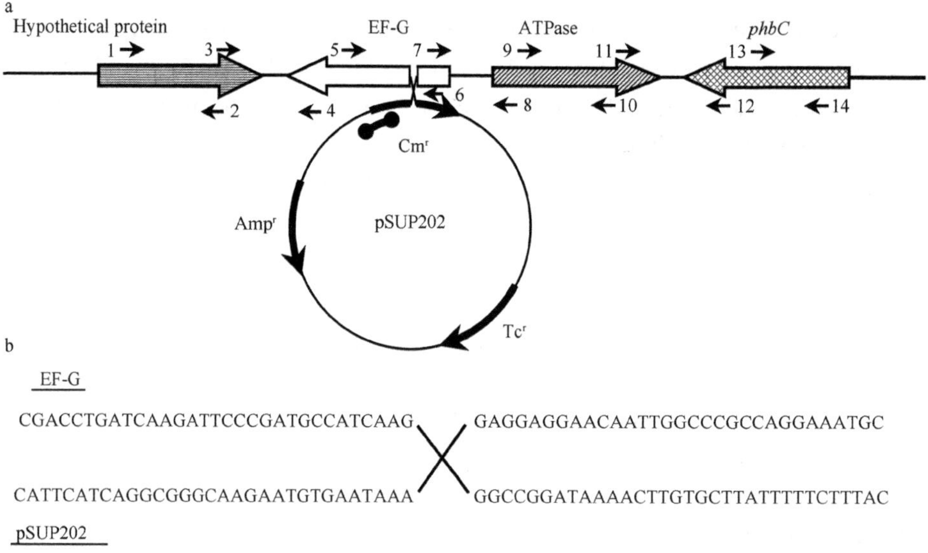

Fig. 1 Schematic diagram of recombination between pSUP202 and putative elongation factor-G gene of *M. gryphiswaldense*
a. Four open reading frames flanking the recombinant site, their orientations of transcription, and positions of primers used for RT-PCR (Table 2). Black bar indicates deleted fragment containing *cat* promoter in NPHB-R. b. Nucleotide sequence around the recombination site of the putative *fus* gene and plasmid pSUP202

2.6 Cell growth and measurement of lactate concentration

Cell growth was monitored turbidimetrically at OD_{565} (Heyen and Schüler, 2003). Samples were centrifuged at 10,000×*g* for 2 min at room temperature, and 25 μl supernatant was added to the membrane of a lactate biosensor with L-lactate oxidase (Biology Institute of Shandong Academy of Sciences, SBA-40C). The enzyme converted L-lactate and O_2 to pyruvate and H_2O_2 (Maeda-Yorita *et al.*, 1995), and the amount of H_2O_2 was detected by a platinum-silver electrode.

2.7 ATPase activity assay

M. gryphiswaldense strains were cultured in LAF medium, whose components were the same as in LAY medium except for doubled concentrations of sodium lactate, NH_4Cl, and ferric citrate.

Total ATP hydrolyzing activity was detected using an Ultramicro-ATPase Detection Kit (NanJing Jiancheng Bioengineering Institute, A070-1), which measures the phosphate anions released from a defined amount of ATP molecules. Bacterial strains were cultured in 500 ml serum bottles containing 250 ml LAF medium on a rotary shaker at 100 r/min. ATPase activities of crude cell extracts were detected after 15 h of incubation.

2.8 Determination of oxygen concentration

M. gryphiswaldense strains were cultured in serum bottles sealed with rubber stoppers. Oxygen concentration of air in the bottles was monitored by a gas chromatograph (Beifen, SQ-206, China) with a thermal conductivity detector. A molecular sieve 5 Å column was configured in the gas chromatograph. Argon was used as carrier gas (Keister and Evans, 1976). Air sample volume injected into the chromatograph was 50 μl.

2.9 PHB content

Cells were harvested by centrifugation at 4,000×*g* for 20 min at room temperature. The resulting pellet was washed twice with deionized water and dried in an oven at 55℃ to 60℃ in preweighed vials for dry cell weight measurement. After esterification (Braunegg *et al.*, 1978), poly-β-hydroxybutyric acid (PHB) was quantified using a gas chromatograph (HP6890) with a capillary column (HP-5).

2.10 Magnetosome production

Magnetosomes were isolated and purified as described (Li *et al.*, 2007), dried using a vacuum freeze drier (KINETICS, EZ550Q), and weighed to determine level of production.

2.11 Transmission electron microscopy (TEM)

Cells were centrifuged at 4,000×*g* for 20 min at room temperature. The precipitate was washed twice with 5 mmol/L phosphate buffered saline (pH 7.4), and final concentration of bacterial suspension was adjusted to ~10^8 cells/ml. A drop of suspension was placed on a copper grid, which was air-dried overnight, washed twice with water, air-dried again, and observed by TEM (Philips Tecnai F 30).

3. Results

3.1 Identification of mutants

Colonies of wild-type *M. gryphiswaldense* strain MSR-1 have a milky-white, opaque appearance on LAY plates because of high PHB content in the cells. This high PHB accumulation makes MSR-1 difficult to use in fermentation experiments. MSR-1 mutants from various sources were collected and screened for lower PHB production. A mutant derived from a conjugation experiment was translucent and darker than MSR-1, indicating that it might synthesize less PHB. The original purpose of the experiment was to determine whether plasmid pSUP202 was suicidal in MSR-1. pSUP202 is a mobile vector among Gram-negative bacteria for allelic gene replacement. It contains tetracycline resistance gene (*tet* or Tc^r) and chloramphenicol resistance gene (*cat* or Cm^r) as its selectable markers, and is harbored in specific *E. coli* strains, such as S17-1 (Simon *et al.*, 1983). We transferred pSUP202 plasmid from host S17-1 to MSR-1 by conjugation, and cultured the transconjugants on plates containing tetracycline or chloramphenicol. If the plasmid was suicidal, no colony would be found. Otherwise, the transconjugant would grow on both kinds of plates. We found one conjugant colony in 10^9 recipient cells on a tetracycline plate, which was sensitive to chloramphenicol. Because no PHB granules were observed after staining with Sudan black (Burdon, 1946), the mutant was termed "NPHB". Its identity as *M. gryphiswaldense* was verified by sequencing of the 16S rRNA gene and all known genes involved in magnetosome formation.

3.2 Analysis of recombinant sites

Since NPHB was resistant to tetracycline and did not contain detectable free plasmid, we assumed that pSUP202 integrated into the chromosome of *M. gryphiswaldense*. Genomic DNA of NPHB was extracted and digested with *Apa* I (pSUP202 does not contain this restriction site). The digested DNA fragments were ligated, and formed circular molecules, which were transformed into *E. coli* DH5α. None of these molecules, except those containing pSUP202, had a replication origin or could replicate in DH5α. The transformants were grown on LB plates containing tetracycline. A recombinant plasmid (pSUPNC), ~18 kb was isolated from all transformant colonies. The plasmid consisted of pSUP202 and a~10 kb inserted DNA fragment from the MSR-1 genome.

BLAST searches of the DNA sequence at the National Center for Biotechnology Information (NCBI) web site showed four putative open reading frames (ORFs) in the 10 kb fragment (Fig. 1a). The deduced amino acid sequences of these four ORFs exhibited high similarity with the PHB polymerase (PhbC) of *M. magneticum* AMB-1 (82%), the ATPase of ABC transporter of *M. magneticum* AMB-1 (83%), a putative elongation factor-G (EF-G) of *M. magnetotacticum* MS-1 (75%), and a hypothetical protein of *M. magneticum* AMB-1 (65%). The GenBank accession numbers of these sequences were DQ538515, EF434727, EF434726, and EF434725 (corresponding to MGR-0024, MGR-0025, MGR-0026, and MGR-0027 in the genome sequence of *M. gryphiswaldense* MSR-1) (Schüler, 2004), respectively. The nucleotide sequence of the recombinant plasmid indicated that a single crossover had occurred between the putative EF-G gene (designated as *fus*-like) of *M. gryphiswaldense* and the *cat* gene of pSUP202 (Fig. 1b). The low similarity (28%) between the two genes suggested that this was an aberrant recombination. In the recombinant, pSUP202 was inserted into the *fus*-like gene of MSR-1. No other copy of pSUP202 or *tet* gene was found in the chromosome of NPHB by southern blot.

3.3 Transcriptional level

Since the *fus*-like gene and three other flanking genes might be affected by the insertion, their transcriptions in MSR-1 and NPHB were analyzed by RT-PCR. The central parts of all four genes could be amplified from the cDNA library of MSR-1 mRNA (primers 1/2 for the gene of the hypothetical protein, primers 6/5 for the *fus*-like gene, primers 9/10 for the ATPase gene, primers 14/13 for *phbC*, in Fig. 1a). But nothing could be amplified using primers designed according to different genes (primers 3/4 according to the hypothetical protein and *fus*-like gene respectively, primers 7/8 according to the *fus*-like and ATPase gene respectively, primers 11/12 according to the ATPase gene and *phbC* respectively, in Fig. 1a). These results indicate that all four genes could be transcribed, and there was no common promoter among them in MSR-1.

Using the primers for MSR-1 above (Fig. 1a), the central parts of *phbC*, and genes of ATPase and the hypothetical protein in NPHB could also be amplified from the cDNA library of NPHB, and nothing could be amplified using primers 3/4 or 11/12 in Fig. 1a. The *fus*-like gene could not be amplified from the cDNA library of NPHB using primers 6/5 because of the insertion of pSUP202. These results suggested that genes of the hypothetical protein and *phbC* were transcribed independently in NPHB. Therefore, expression of these two genes would not be affected by insertion of pSUP202, and they were not responsible for reduced PHB production in NPHB.

Unexpectedly, the fragment between primers 7/8 could be amplified from the cDNA library of NPHB. This fragment contained part of the *fus*-like gene and the forepart of the ATPase gene. Since the forepart of the *cat* gene of pSUP202 was upstream of the fragment (Fig. 1a), the ATPase gene could be transcribed from the *cat* promoter as well as its own promoter in NPHB, which might allow enhanced transcription of this gene. This hypothesis was confirmed by measurement of total ATP hydrolyzing activity, which was ca. 35% higher in NPHB than in MSR-1 (Table 3).

Table 3 Phenotypic characteristics of strains

Strain	ATPase activity/ (μmol/h·mg protein)	PHB content% dry cell	Oxygen consumption/ [mmol/(OD_{565}·L)]	Magnetosome content/ (mg/g dry cell weight)
MSR-1	3.50±0.22	41±3	23.65±0.87	4.2±1.6
NPHB	4.72±0.19	12±1	36.87±1.74	7.1±0.7
NPHB-R	3.66±0.33	40±3	25.28±2.23	4.4±0.8
NPHB (pBBREFG)	4.59±0.26	13±2	35.79±1.85	6.9±0.5

Note: data shown are mean value from three independent experiments±SD

3.4 Complementary experiments

Since the genes of the hypothetical protein and *phbC* were not affected by the mutation in NPHB, further studies focused on the *fus*-like gene and the ATPase gene.

Intact *fus*-like gene was amplified using primers EFG1/EFG2 from MSR-1. A recombinant plasmid pBBREFG containing the gene was constructed and introduced into NPHB by conjugation. The central part of the *fus*-like gene could be amplified using primers 6/5 from the cDNA library of NPHB (pBBREFG). However, no PHB granule on LAY plate was observed in this complementary strain, and its total ATP hydrolyzing activity was similar to that of NPHB (Table 3). These results indicate that the *fus*-like gene had no effect on PHB accumulation or expression of the nearby ATPase gene.

A derivative strain without *cat* promoter in its chromosome, termed NPHB-R, was constructed by allelic gene replacement. The correctness of the recombination was confirmed by sequencing. The fragment between primers 7/8 could not be amplified from the cDNA library of NPHB-R and its total ATP hydrolyzing activity was reverted to the level of wild-type MSR-1 (Table 3).

NPHB-R accumulated many PHB granules in cells on LAY plate, which reverted to wild-type phenotype. PHB is a type of storage compound for carbon and energy (Rehm, 2003); thus, higher ATP hydrolyzing activity would theoretically result in increased energy consumption and lower amount of PHB. All strains used in this study were inoculated in liquid LG medium, which facilitates PHB accumulation. Strains with higher ATPase activities (NPHB and NPHB [pBBREFG]) synthesized much less PHB than the other strains (MSR-1 and NPHB-R) (Table 3). These results indicate that higher ATPase activity was responsible for the lower PHB level in NPHB.

3.5 Phenotype of NPHB

M. gryphiswaldense is a microaerophile. Oxygen consumption of air in the sealed bottles was monitored during incubation of the four strains in LAY medium. After 16 h, oxygen concentrations decreased from (21±0.74)% to (5.24±0.78)%, (2.29±0.59)%, (4.99±0.54)%, and (2.33±0.67)% for MSR-1, NPHB, NPHB-R, and NPHB (pBBREFG) respectively. Oxygen consumption of NPHB and NPHB (pBBREFG) was much higher than that of MSR-1 and NPHB-R (Table 3).

MSR-1 can synthesize magnetosomes only at low DO, so higher oxygen consumption may facilitate magnetosome formation. After 36 h incubation in LAF medium, MSR-1 and NPHB-R accumulated (4.2±1.6) mg and (4.4±0.8) mg magnetosomes per gram cell dry weight (mg/g CDW), whereas NPHB and NPHB (pBBREFG) accumulated (7.1±0.7) mg/g CDW and (6.9±0.5) mg/g CDW, respectively (Table 3). These results indicate that NPHB has increased ability to synthesize magnetosomes.

Lactate consumption of NPHB and MSR-1 was compared in a 7.5 L stirring bioreactor. Amounts of lactate consumed when excess sodium lactate was present in medium is shown in Fig. 2. NPHB required more lactate for its growth than did MSR-1.

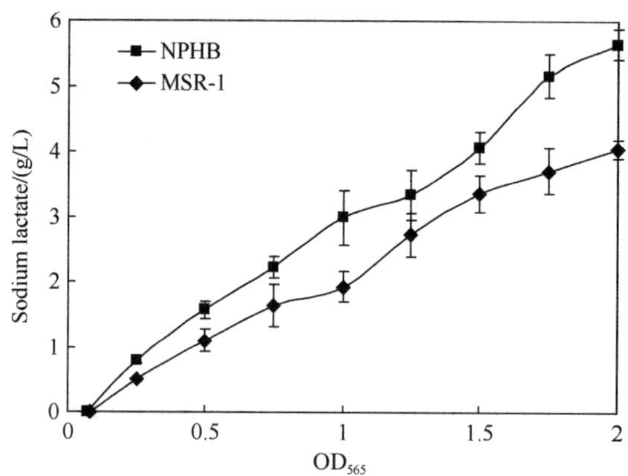

Fig. 2 Sodium lactate consumption at various OD_{565} values

The amount of consumed sodium lactate was calculated by subtracting residual sodium lactate from the total amount in medium. Mean values from three independent experiments are shown

3.6 Fed-batch culture

Fed-batch culture was performed in a 7.5 L bioreactor to further compare the magnetosome accumulation abilities of MSR-1 and NPHB. The highest OD_{565} values recorded for MSR-1 and NPHB were 4.8±0.1 and

4.0±0.1, respectively (Fig. 3). The growth rate and final cell density of NPHB were slightly lower than those of MSR-1. In contrast, the magnetosome yield of NPHB [(58.4±6.4) mg/L] was considerably higher than that of MSR-1 [(43.6±2.4) mg/L]. TEM observation revealed a higher number of magnetosome particles and much less PHB granules in NPHB than in MSR-1 (Fig. 4). The distributions of magnetosome numbers in the two strains were showed in Fig. 5. All these results indicate a higher yield of magnetosomes in NPHB than in MSR-1.

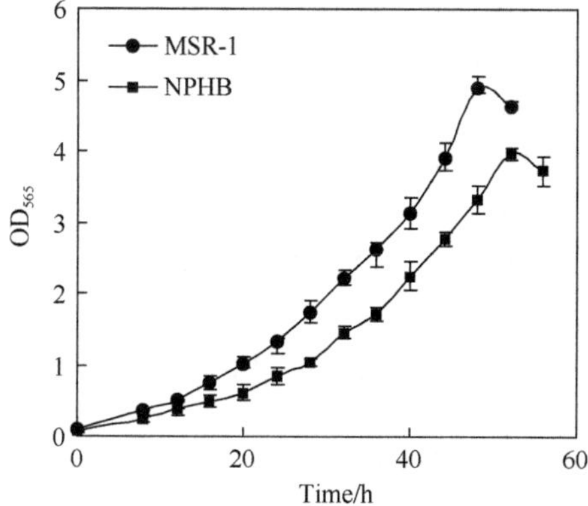

Fig. 3　Growth curves of fed-batch cultures of *M. gryphiswaldense* MSR-1 and NPHB in a 7.5 L bioreactor

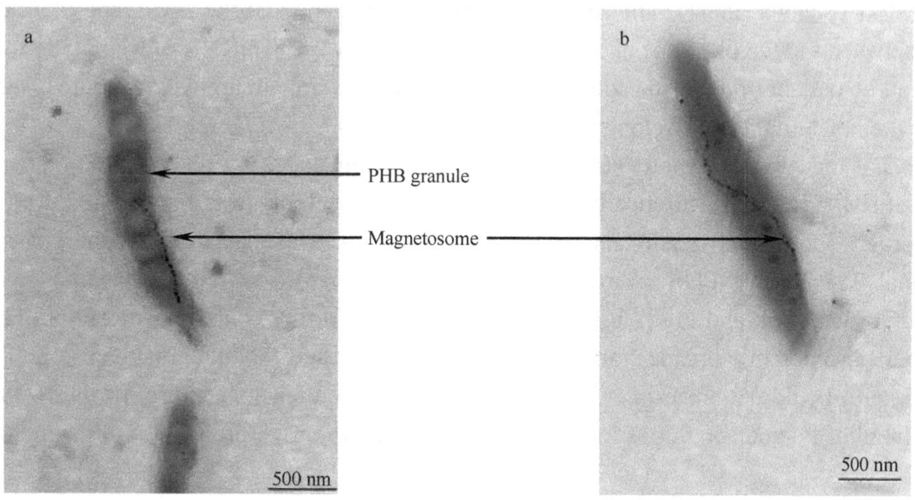

Fig. 4　Electron micrographs of *M. gryphiswaldense* MSR-1 (a) and NPHB (b) cells in fed-batch cultures

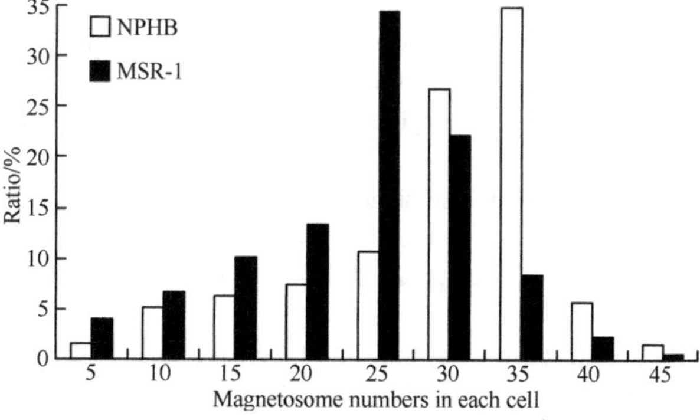

Fig. 5　The distributions of magnetosome numbers in cells of NPHB and MSR-1

4. Discussion

A new mutant of *M. gryphiswaldense*, termed NPHB, was established in this study. A putative *fus* gene ("*fus*-like") of NPHB was disrupted by insertion of plasmid pSUP202. This was presumed to be an aberrant recombination because of low similarity of the *fus*-like gene and the plasmid. Subsequent attempts to get similar recombinants by conjugation or transformation (10^9~10^{10} recipients) were unsuccessful, so the probability of the aberrant recombination was $<10^{-9}$.

NPHB accumulated much less PHB than the wild type strain. In most bacteria, the PHB synthetic pathway involves three enzymes: β-ketothiolase (PhbA), acetoacetyl CoA reductase (PhbB), and PHB polymerase (PhbC). A search was made for similar genes in the genome of MSR-1, whose sequence is available at NCBI. One *phaA* gene, one *phaB* gene, and three *phaC* genes were found. None of these genes was mutated in NPHB. Only one *phaC* gene was near the insertion site. However, transcriptional analysis showed that its expression was not affected by insertion of pSUP202. So, the PHB synthetic pathway in NPHB would not be affected directly by the mutation.

Cell growth and protein synthesis of NPHB were similar to wild-type, suggesting that the expression product of the disrupted *fus*-like gene was not an essential elongation factor. Expression of the *fus*-like gene in NPHB did not cause reversion of the known phenotypes. Another *fus* gene (MGR-3813) was found in the genome of MSR-1 (Schüler, 2004). The similarity between this gene and the *fusA* gene of *E. coli* was 64%, whereas that between the *fus*-like gene and the *fusA* gene was only 36%. mRNA of MGR-3813 was detectable by RT-PCR, and no mutant of this gene could be established by several attempted procedures. We presume that MGR-3813 is the functional gene of elongation factor G in *M. gryphiswaldense*.

Expression of the ATPase gene next to the *fus* gene was enhanced by the *cat* promoter on the inserted pSUP202 in NPHB (Fig. 1). Theoretically, if ATP hydrolyzing activity was higher, a cell would have less energy for storage, and would require more ATP generation from the electron transport chain in order to maintain normal ATP level. NPHB, therefore, has two characteristics which are advantageous for culture: higher oxygen consumption and lower PHB accumulation. The former characteristic should allow NPHB to synthesize magnetosomes in a broader range of DO than MSR-1, and facilitate magnetosome formation. The latter characteristic should eliminate interference of PHB during bioreactor culture. In future studies, we will determine optimal media and conditions for culture of NPHB, and for overproduction of magnetosomes.

References

Bazylinski D A, Frankel R B. 2004. Magnetosome formation in prokaryotes. Nat Rev Microbiol, 2(1): 217-230.

Braunegg G, Sonnleitner B, Lafferty R M. 1978. A rapid gas chromatographic method for the determination of poly-β-hydroxybutyric acid in microbial biomass. Eur J Appl Microbiol Biotechnol, 6(1): 29-37.

Burdon K L. 1946. Fatty acid material in bacteria and fungi revealed by staining dried, fixed slide preparations. J Bacteriol, 52(6): 665-678.

Ceyhan B, Alhorn P, Lang C, *et al.* 2006. Semisynthetic biogenic magnetosome nanoparticles for the detection of proteins and nucleic acids. Small, 2(11): 1251-1255.

DeLong E F, Frankel R B, Bazylinski D A. 1993. Multiple evolutionary origins of magnetotaxis in bacteria. Science, 259(5096): 803-806.

Heyen U, Schüler D. 2003. Growth and magnetosome formation by microaerophilic *Magnetospirillum* strains in an oxygen-controlled bioreactor. Appl Microbiol Biotechnol, 61(5-6): 536-544.

Ito A, Shinkai M, Honda H, *et al.* 2005. Medical application of functionalized magnetic nanoparticles. J Biosci Bioeng, 100(1): 1-11.

Jiang W, Sun J, Li Y, *et al.* 2005. Effect of conditions on growth of *Magnetospirillum gryphiswaldense*. China Journal of Modern

Medicine, 15(23): 3521-3526.
Jiang W, Zhao D, Li Y, *et al.* 2002, Submerged culture of *Magnetospirillum gryphiswaldense* under N_2-fixing condition and regulation of activity of nitrogen fixation. Chin Sci Bull, 47(24): 2095-2099.
Keister D L, Evans W R. 1976. Oxygen requirement for acetylene reduction by pure cultures of rhizobia. J Bacteriol, 127(1): 149-153.
Komeili A. 2007. Molecular mechanisms of magnetosome formation. Annual Review of Biochemistry, 76: 1-16.
Kovach M E, Elzer P H, Hill D S, *et al.* 1995. Four new derivatives of the broad-host-range cloning vector pBBR1MCS, carrying different antibiotic-resistance cassettes. Gene, 166(1): 175-176.
Li F, Li Y, Jiang W, *et al.* 2005. Cloning and functional analysis of the sequences flanking *mini-Tn5* in the magnetosomes deleted mutant NM4 of *Magnetospirillum gryphiswaldense* MSR-1. Sci China Ser C, 48(6): 574-84.
Li X, Jiang W, Sun J, *et al.* 2007. Purified and sterilized magnetosomes from *Magnetospirillum gryphiswaldense* MSR-1 were not toxic to mouse fibroblasts *in vitro*. Lett Appl Microbiol, 45(1): 75-81.
Link A J, Phillips D, Church G M. 1997. Methods for generating precise deletions and insertions in the genome of wild-type *Escherichia coli*: application to open reading frame characterization. J Bacteriol, 179(20): 6228-6237.
Maeda-Yorita K, Aki K, Sagai H, *et al.* 1995. L-lactate oxidase and L-lactate monooxygenase: mechanistic variations on a common structural theme. Biochimie, 77(7-8): 631-642.
Matsunaga T, Suzuki T, Tanaka M, *et al.* 2007, Molecular analysis of magnetotactic bacteria and development of functional bacterial magnetic particles for nano-biotechnology. Trends Biotechnol, 25(4): 182-188.
Rehm B. 2003. Polyester synthases: natural catalysts for plastics. J Biochem, 376(Pt1): 15-33.
Sambrook J, Russel D W. 2001. Molecular Cloning: A Laboratory Manual. 3rd ed. New York: Cold Spring Harbor Laboratory.
Schüler D. 2004. Molecular analysis of a subcellular compartment: the magnetosome membrane in *Magnetospirillum gryphiswaldense*. Arch Microbiol, 181(1): 1-7.
Schüler D, Baeuerlein E. 1998. Dynamics of iron uptake and Fe_3O_4 biomineralization during aerobic and microaerobic growth of *Magnetospirillum gryphiswaldense*. J Bacteriol, 180(1): 159-162.
Schüler D, Frankel R B. 1999. Bacterial magnetosomes: microbiology, biomineralization and biotechnological applications. Appl Microbiol Biotechnol, 52(4): 464-473.
Schultheiss D, Schüler D. 2003. Development of a genetic system for *Magnetospirillum gryphiswaldense*. Arch Microbiol, 179(2): 89-94.
Simon R, Priefer U, Phüler A. 1983. A broad host-range mobilization system for *in vivo* genetic engineering transposon mutagenesis in Gram negative bacteria. Nat Biotechnol, 1(9): 784-791.
Sun J B, Zhao F, Tang T, *et al.* 2008. High-yield growth and magnetosome formation by *Magnetospirillum gryphiswaldense* MSR-1 in an oxygen-controlled fermentor supplied solely with air. Appl Microbiol Biotechnol, 79(3): 389-397.
Yang C, Takeyama H, Tanaka T, *et al.* 2001. Effects of growth medium composition, iron sources and atmospheric oxygen concentrations on production of luciferase-bacterial magnetic particle complex by a recombinant *Magnetospirillum magneticum* AMB-1. Enzyme Microb Technol, 29(1): 13-19.
Zhang Y, Pohlmann E L, Roberts G P. 2005. GlnD is essential for NifA activation, NtrB/NtrC-regulated gene expression, and posttranslational regulation of nitrogenase activity in the photosynthetic, nitrogen-fixing bacterium *Rhodospirillum rubrum*. J Bacteriol, 187(4): 1254-1265.

本文原载：Appl Microbiol Biotechnol, 2008, 81(3): 551-558.

High-yield Growth and Magnetosome Formation by *Magnetospirillum gryphiswaldense* MSR-1 in an Oxygen-controlled Fermentor Supplied Solely with Air*

Jianbo Sun, Feng Zhao, Tao Tang, Wei Jiang, Jiesheng Tian, Ying Li, Jilun Li

(State Key Laboratories for Agrobiotechnology and College of Biological Sciences, China Agricultural University, Beijing, China, 100094)

Abstract

Magnetotactic bacteria are difficult to grow under defined conditions in culture, which has presented a major obstacle to commercial application of magnetosomes. We studied the relationships among cell growth, magnetosome formation, dissolved oxygen concentration (DO), and the ability to supply oxygen to cells. Mass culture of *Magnetospirillum gryphiswaldense* MSR-1 for the production of magnetosomes was established in a 42-L fermentor under the following conditions: (i) sterile air was the sole gas supplied in the fermentor, and DO could be regulated at any level below 10% saturation by cascading stir rate to DO; (ii) to resolve the paradoxical situation that the cell growth requires higher DO whereas magnetosome formation requires low DO below the detectable range of regular oxygen electrode, DO was controlled to optimal level using the change of cell growth rate, rather than reading from the highly sensitive oxygen electrode, as the signal for determining appropriate DO, and (iii) timing and rate of supplying the substrates were determined by measuring cell density and Na-lactate concentration. Under these conditions, cell density (OD_{565}) of strain MSR-1 reached 7.24 after 60-h culture in a 42-L fermentor, and cell yield (dry weight) was 2.17 g/L, the highest yield so far being reported. The yield of magnetosomes (dry weight) was 41.7 mg/L and 16.7 mg/(L·d), which were 2.8 times and 2.7 times higher than the previously reported yields.

Keywords

Magnetospirillum gryphiswaldense, magnetosome, oxygen-controlled, fermentor, submerged culture.

1. Introduction

Magnetotactic bacteria are Gram-negative prokaryotes that synthesize intracellular magnetic nanoparticles, termed as "magnetosomes", which are membrane-bounded crystals aligned in the chain-like structures within the cell (Blakemore, 1975; Spring and Schleifer, 1995; Bazylinski and Frankel, 2004).

Magnetosomes are of great interest as the potential carriers (Balkwill *et al.*, 1980; Schüler and Frankel,

*This work was supported by the Chinese High Technology Research and Development Program (Grant No. 2006AA02Z233 and 2007AA021804), and the Chinese National Science Foundation (Grant No. 30570023).

1999; Matsunaga *et al.*, 2007) for coupling with a variety of bioactive macromolecules, anticancer drugs, and liposomes, due to their unique features such as paramagnetism, nanoscale size, narrow size distribution, and membrane-bound structure (Balkwill *et al.*, 1980; Gorby *et al.*, 1988; Bazylinski *et al.*, 1994; Bazylinski, 1995; Hoell *et al.*, 2004). Bacterial magnetosomes have been used experimentally as the carriers for enzymes (Matsunaga and Kamiya, 1987), nucleic acids (Takeyama *et al.*, 1995; Yoza *et al.*, 2002; Ota *et al.*, 2003), antibodies (Nakamura and Matsunaga, 1993; Matsunaga *et al.*, 2003; Lang *et al.*, 2007; Wacker *et al.*, 2007), and anticancer drugs (Sun *et al.*, 2007a, 2007b) since 1991. However, their application has not been developed on a commercial scale, mainly because magnetotactic bacteria are difficult to grow, and yields of magnetosomes are not reliably high (Blakemore *et al.*, 1979; Matsunaga *et al.*,1996; Yang *et al.*, 2001; Heyen and Schüler, 2003; Hopkin, 2004).

So far, only a few magnetotactic bacteria are available in the pure culture because of their precise and difficult growing conditions, and because most studies of bacterial magnetosome formation have focused on a limited number of strains of the genus *Magnetospirillum*, e.g., *Magnetospirillum magnetotacticum* MS-1, *M. gryphiswaldense* MSR-1, and *M. magneticum* AMB-1 (Blakemore *et al.*, 1979; Matsunaga *et al.*, 1996; Yang *et al.*, 2001; Heyen and Schüler, 2003). Controlling the dissolved oxygen concentration (DO) is crucial for obtaining high yield of magnetosomes from the cells, since magnetosome formation apparently occurs only under microaerobic conditions (Blakemore *et al.*, 1985; Schüler and Baeuerlein, 1998; Heyen and Schüler, 2003). The following methods have been applied for controlling DO in the culture of *Magnetospirillum* strains: the use of a highly sensitive oxygen electrode to measure DO (Heyen and Schüler, 2003), supplying a mixture of inert gases and oxygen (Jiang *et al.*, 2002), or the continuous supply of inert gases with the intermittent supply of air (Matsunaga *et al.*, 1996; Yang *et al.*, 2001). However, the oxygen electrodes presently used in large-scale fermentors are not sufficiently sensitive for the cultivation of magnetotactic bacteria (Heyen and Schüler, 2003), and the equipment required to produce inert gases on a large scale is very expensive.

M. gryphiswaldense MSR-1 and *M. magneticum* AMB-1 were reported to grow under conditions in which air was the only gas supplied, but the magnetosome formation was reduced significantly (Matsunaga *et al.*, 1996; Schüler and Baeuerlein, 1998; Yang *et al.*, 2001; Heyen and Schüler, 2003), and possible methods to enhance magnetosome yield under these conditions were not addressed. Theoretically, if airflow rate and agitation rate are kept constant, DO will decrease to the optimal level for magnetosome formation if the cell density increases continuously. In order to keep the cells growing continuously and thereby maintaining the DO optimal for magnetosome formation, substrates for the cell growth must be supplied in a timely and accurate fashion.

To solve the above problems, *M. gryphiswaldense* MSR-1 was used as a model organism to establish optimal methods for supplying substrates, and for increasing magnetosome yield when the cultivated cells were supplied solely with air. We developed a reliable oxygen-controlled system, without use of oxygen electrodes, for mass culture of *M. gryphiswaldense* MSR-1, in which DO was maintained at the optimal level for both magnetosome formation and the cell growth (DO_{opt}).

2. Materials and Methods

2.1 Bacterial strain

M. gryphiswaldense strain MSR-1 (DSM6361) was purchased from Deutsche Sammlung von Mikroorganismen und Zellkulturen (Brunswick, Germany).

2.2 Flask culture

The optimized flask medium (OFM) contained (per liter deionized water): 0.1 g $MgSO_4·7H_2O$, 0.05 g sodium-thioglycolate, 0.1 g yeast extract, 0.5 g K_2HPO_4, 5 ml mineral elixir, 60 μmol/L ferric citrate, 11.25 mmol/L NH_4Cl, 15 mmol/L Na-lactate (chemical grade), and pH adjusted to 7.0 with NaOH. Other chemicals (analytical grade) were from Sinopharm Chemical Reagent Co., Ltd (Beijing, China), unless otherwise specified.

The inoculum used for the initiation of culture was grown by three sequential transfers at a ratio of 10% (*V*/*V*). All cultures were maintained at 28℃ and agitated at 100 r/min for 16~28 h in a shaking incubator.

2.3 Fermentor culture

An autofermentor was loaded with OFM (about 60% of fermentor volume) lacking K_2HPO_4, autoclaved (121℃, 30 min), and sparged with the sterile air during continuous agitation. When the temperature of the medium fell to 28℃, sterilized K_2HPO_4 was added to a concentration of 0.5 g/L. DO was defined as 100% when dissolved oxygen reached the saturation. Growth experiments were initiated, after the adjustment of temperature and pH to a desired level, by the inoculation of flask cultures (in logarithmic phase) into OFM at a ratio of 10% (*V*/*V*). The initial cell density (OD_{565}; see the following section) after the inoculation was 0.06~0.12. During the culture, pH was adjusted with 10% HCl, and OD_{565} and Na-lactate concentration were measured every 2 h. Na-lactate concentration was kept above 0.03 g/L by supplying substrate (202.5 g Na-lactate, 54.9 g NH_4Cl, 0.9 g ferric citrate per 800-ml distilled water) to maintain the continuous cell growth. DO was adjusted to the optimal level for magnetosome formation by regulating the stir rate. Antifoamer was added as needed. The initial settings for the 7.5-L fermentor (BIOFLO 110; New Brunswick Scientific, NJ, USA) were: the stir rate of 250 r/min, the airflow rate of 0.5 L/min, and the DO cascade to stir ($DO_{cascade}$) of 1%. The initial settings for the 42-L fermentor (BIOSTAT®C; B. Braun Biotech International, Germany) were: the stir rate of 140 r/min, the airflow rate of 0.3%, and the DO cascade of 0.5%.

2.4 Cell density and cell dry weight

Cell density was measured at 565 nm by an ultraviolet/visible spectrometer (Lambda Bio35, Perkin Elmer). The dry weight of MSR-1 cells was determined by washing with distilled water, centrifuging (12,000 r/min, 2 min), and drying the cell pellet at 60℃. A cell density value of 1 corresponded to 0.30 g dry weight per liter.

2.5 Iron concentration

Iron concentration was measured by an atomic absorption spectrometer (Z8000; Hitachi, Japan) using an acetylene/air flame, by the method described previously (Heyen and Schüler, 2003).

2.6 Transmission electron microscopy

MSR-1 cells concentrated from suspension by centrifuging (12,000 r/min, 2 min) were adsorbed onto a transmission electron microscopy (TEM) copper grid and rinsed twice with distilled water. Samples were viewed and recorded without staining, using a TEM model H-8000 (Hitachi, Japan).

2.7 Na-lactate concentration

Culture solution was centrifuged at 12,000 r/min for 2 min, and Na-lactate concentration of supernatant was measured using a BioSensor Analyzer (SBA-40C; Institute of Biology, Shandong Academy of Sciences, China).

3. Results

3.1 Establishment of the method for fermentor culture of MSR-1

Growth curves of MSR-1 cells in the flask culture showed that the OD_{565} reached 1.06±0.17 after the initial OFM was depleted (Fig. 1a). The results of fermentor culture indicated a linear correlation of the cell growth with the consumption of Na-lactate (Fig. 1b), described by the formula $\Delta OD_{565}/\Delta[\text{Na-lac}]=0.42\pm0.10$. The time and rate for the supply of substrate were determined, based on this formula, by measuring the cell growth rate and the Na-lactate concentration. We found that MSR-1 cell density increased rapidly and continuously (Fig. 1c) when DO was maintained above 1% of air saturation, and Na-lactate concentration was kept at (0.03±0.01) g/L or above in a 42 L fermentor.

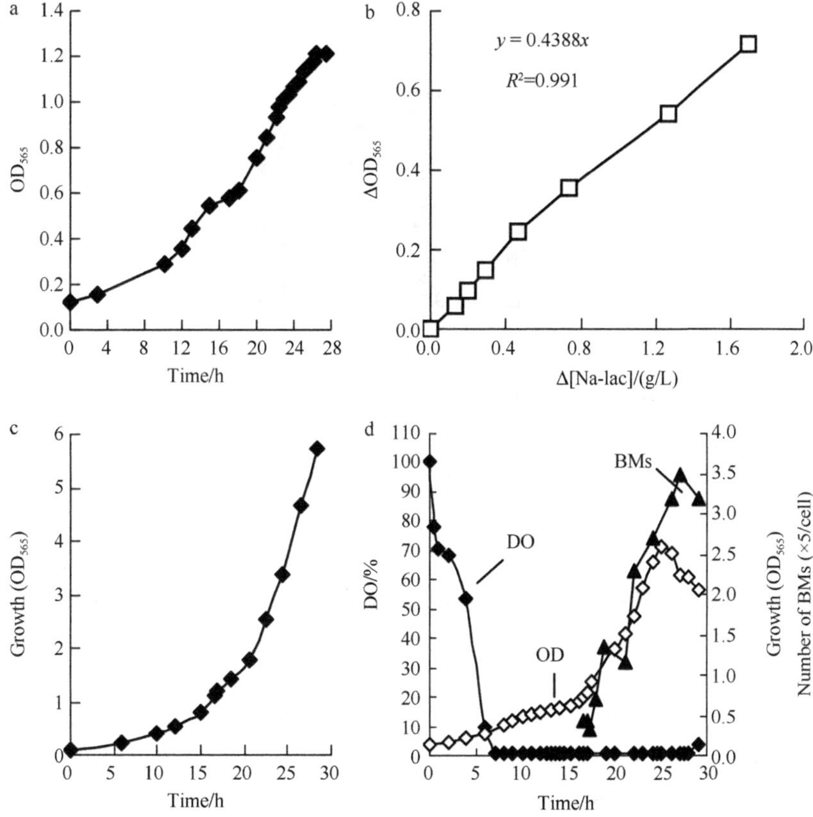

Fig. 1　Influence of substrates on cell growth

a. Growth curve of cells in flask culture. b. Relationship between the cell growth and Na-lactate consumption. c. Growth curve of cells cultivated in a 42 L fermentor with the airflow rate 1 L/min, $DO_{cascade}$ was set as 1%, and the other conditions as described in "Materials and Methods". d. DO (*filled diamond*), cell density (*open diamond*), and number of magnetosomes per cell (*filled triangle*) in a 7.5 L fermentor with initial medium lacking ferric citrate, and the other conditions as described in "Materials and Methods". DO decreased to 1% after 7 h and was maintained at 1% until the end of culture. Cells began to form magnetosomes after 17 h culture, when the substrate containing ferric citrate was supplied. Samples were taken at the time of 0, 10 min, 30 min, 60 min, and 120 min after the iron resources were added and then sampled every 2 h

3.2 Establishment of oxygen-controlled method when the gas supplied was air

Cells of MSR-1 grew well under the conditions of a direct supply of sterile air, precise supply of substrate, and continuous agitation, in either the 7.5 L or 42 L fermentor. DO could be regulated at any value between 0~10% of saturated DO by the cascade stirring. When DO was maintained at 1%, the cells cultured in an iron-depleted medium immediately took up iron ions and began to produce magnetosomes after the ferric citrate was introduced into the medium (Fig. 1d).

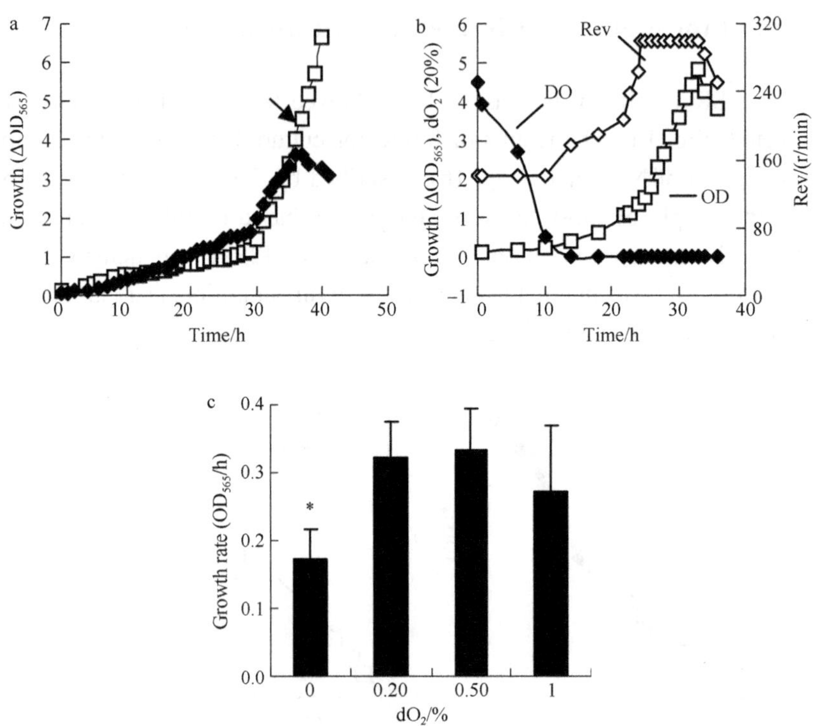

Fig. 2 Relationship between cell growth rate and DO

a. Growth in the 7.5-L fermentor of the cells for which $DO_{cascade}$ was set as 1% continuously (*open square*), or was changed (*arrow*) from 1% to 0.6% (*filled square*) after a certain period of incubation. b. DO (*filled diamond*), cell density (*open square*), and stir rate (*open diamond*) in the 42-L fermentor. Maximal stir rate was set as 300 r/min, and the other conditions were as described in "Materials and Methods". DO decreased to "zero" (see "Results") after stir rate was increased to the maximum, and remained "zero" for about 8 h. c. Growth rates of the cells in the logarithmic phase, starting from the same initial density, cultured in the 42-L fermentor with DO=0, 0.2%, 0.5%, or 1%. * Statistically different ($P<0.05$) from result at DO=1%

3.3 The limitation of the DO value displayed by oxygen electrode on the growth of MSR-1 cells

The cell growth was significantly suppressed (Fig. 2a) when DO was reduced from 1% to 0.6% during the logarithmic growth phase in the 7.5-L fermentor, indicating that the threshold value of DO for cell growth ($DO_{threshold}$) was >0.6%. In contrast, the cells cultivated in the 42-L fermentor grew continuously (Fig. 2b) even if DO remained at "zero" (*i.e.*, the level below the measuring range of the oxygen electrode) during logarithmic phase. During the 8-h period that the displayed DO value was zero, OD_{565} increased from 1.5 to 4.8 To clarify the $DO_{threshold}$ in the 42-L fermentor, the growth rate was measured when the cells in the logarithmic phase, starting from the same initial density, were cultured under conditions such that displayed DO was 0, 0.2%, 0.5%, or 1%. Results showed that growth rate of cells with displayed DO=0 was significantly lower than that of the others

(Fig. 2c), indicating that $DO_{threshold}$ in the 42-L fermentor was <0.2%. This apparently. contradictory finding was ascribed to the lower sensitivity of the oxygen electrode in the 42-L fermentor, compared to the 7.5-L fermentor. Therefore, DO value displayed by the oxygen electrode was not a reliable parameter for control of culture conditions for the magnetotactic bacteria.

3.4 The rule of magnetosome formation under the condition that the DO was decreased gradually

The level of magnetosome formation under the culture conditions described in "Material and Method" varied when the initial stir rate or airflow rate were altered, even if the DO was the same (Table 1; Fig. 2). Thus, magnetosome formation was seemingly not simply related to DO in this condition, and the DO value displayed by the oxygen electrode could not be used as the sole parameter in the control of magnetosome formation (see the preceding section). Further study showed that the higher the initial stir rate and airflow rate, *i.e.*, the greater the potential oxygen supply, the more time required and the higher the cell density (Table 1) when DO decreased to the optimal level for the magnetosome formation ($DO_{optimal}$). These differences were enhanced because the cells do not begin to produce magnetosomes until they grow at $DO_{optimal}$ for at least 4 h (Heyen and Schüler, 2003). Therefore, if the final cell density were the same, cells having higher initial density at the time that DO value was decreased to $DO_{optimal}$ would spend less time under the $DO_{optimal}$ condition, and the magnetosome yield would be lower.

Table 1　Cell growth and magnetosome formation under various conditions*

Batch	Control conditions				DO=1%		Final BMs[a] formation		
	Initial stir rate/ (r/min)	Airflow rate/ (L/min)	$DO_{cascade}$/ %	Max stir rate/ (r/min)	Time/ h	OD_{565}	Number of BMs per cell	Percentage of mature BMs	Percentage of cells containing BMs chain
1	200	4.0	0.5	400	16	1.35	0.4±1.1	0	0
2	140	1.0	0.5	400	11	0.48	12.8±4.6	0	0
3	140	0.3	0.2	400	9	0.29	13.6±5.3	15%~25%	1%~10%
4	140	0.3	0.2	300	9	0.28	14.4±8.1	40%~60%	70%~80%
5	100	0.3	0.0	300	8	0.19	23.4±7.9	90%~100%	90%~100%

*All batches were cultured in a 42-L fermentor. DO was maintained at the set point by cascading stir in the batches 1 to 4 after DO decreased to the $DO_{cascade}$. DO was maintained as "zero" (the level outside the measuring range of the oxygen electrode) by a method termed "half-continuously cascading" in batch 5 after DO decreased to "zero", as follows: stir rate was increased 40 r/min each time by cascading the stir rate to the DO ($DO_{cascade}$ was 0.2%) once cell growth rate decreased; the process was repeated until the maximal stir rate of 300 r/min. BMs, bacterial magnetosome

Reducing the initial capacity to supply oxygen would reduce the time for DO to decrease to $DO_{optimal}$, lower the cell density at the time that the DO value decreased to $DO_{optimal}$, prolong the time that cells grow under $DO_{optimal}$ condition, and thus improve magnetosome yield. This hypothesis was supported by the results shown in Fig. 4: when DO decreased to "zero", OD_{565} of batches 3, 4, and 5 were 3.13, 2.01, and 0.19; the time for DO to decrease to "zero" was 37.8 h, 33.9 h, and 8.5 h; the time (h) that DO remained "zero" was 3.4 h, 8.6 h, and 49.3 h; and the final iron concentration consumed by the cells for magnetosome formation was 1.0 ppm, 5.5 ppm, and 10.1 ppm, respectively. Fig. 4 also shows that cells did not consume iron until the DO became "zero" (*i.e.*, stir rate became constant), indicating that the optimal DO level for magnetosome formation was lower than the actual DO when the value displayed by the oxygen electrode just reached zero. Therefore, the oxygen electrode with higher sensitivity or a novel method should be used for control of DO in magnetosome formation.

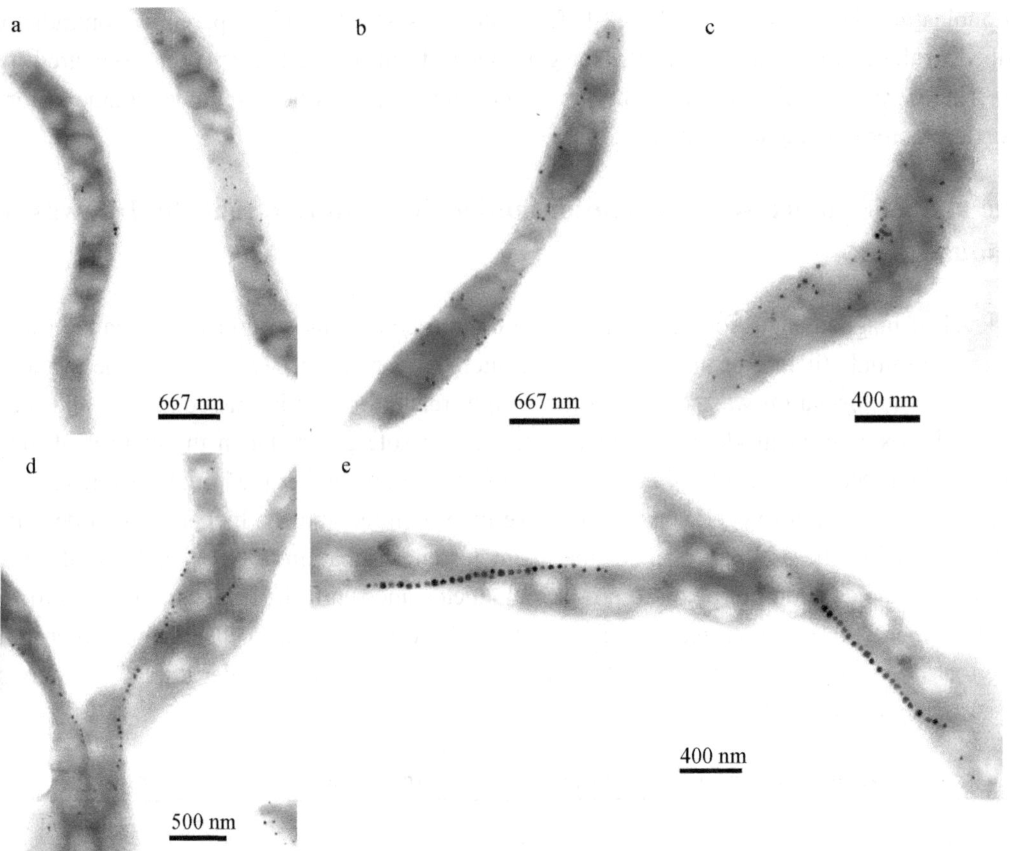

Fig. 3 Electron micrographs of cells cultivated under different conditions

Culture conditions of panels a, b, c, d, and e were the same as for batch 1, 2, 3, 4, and 5 in Table 1, respectively

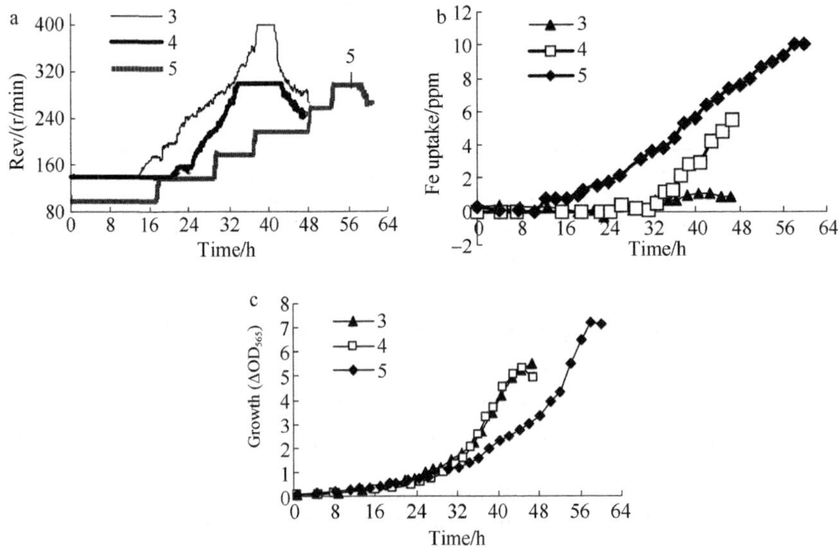

Fig. 4 Stir rate (a), iron consumption (b), and cell density (c) under different conditions

Batches 3, 4, and 5 as in Table 1

3.5　Effect of cell growth rate on magnetosome formation

In many batches, the number of magnetosomes per cell (Fig. 5a), as well as the iron uptake (Fig. 5b), decreased gradually as cell growth proceeded probably because magnetosome formation rate could not keep up with the rapid increase of cell growth rate in the logarithmic phase. Although, a recent publication stated that synthesis of mature magnetosomes in *M. gryphiswaldense* is completed after only 15 min and there is no apparent correlation between the time and particle size or the chain length (Staniland *et al.*, 2007). Fig. 1d indicated that the average magnetosme number per cell was increased following the time prolonged and only several (the maximum is less than ten) immature magnetosomes (5~20 nm) per cell were found in the first hour after the ferric substrates were added, which is consistent with the previous result (Schüler and Baeuerlein, 1998).

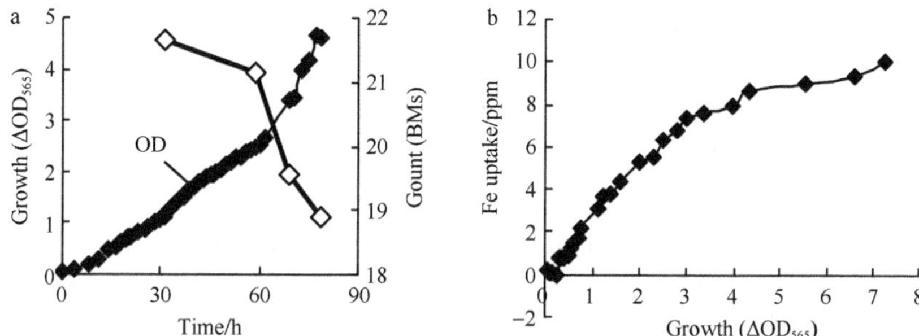

Fig. 5　Effect of cell growth rate on magnetosome formation

a. Cell growth (*filled diamond*) and the number of magnetosomes per cell (*open diamond*) in the 7.5-L fermentor. b. Relationship between cell growth and iron consumption in the 42-L fermentor under conditions as for batch 5 in Table 1

Since the time required for formation and maturation of magnetosomes in this study is relatively long, the number of neonatal cells will be larger in a period when cell growth rate is higher, leading to a reduction of magnetosome formation per cell. A lower quantity of magnetosomes per unit weight of cells requires a larger quantity of cells to obtain a given weight of magnetosomes, which increases the difficulty of isolating magnetosomes. Therefore, a lower rate of cell growth is preferable.

3.6　Optimization of culture conditions for magnetosome formation in MSR-1 cells supplied by air

Based on the above results, we optimized the conditions for large-scale production of magnetosomes by lowering the initial capacity for supplying oxygen. This limited the maximal rate of the cell growth and controlled the DO to the optimal level for magnetosome formation according to the change of cell growth rate, rather than the values displayed by the oxygen electrode. For example, with the 42 L fermentor: (i) the initial stir rate was 100 r/min, which was the rate at the time of sterilization, and usually barely capable of making the medium homogeneous; (ii) the airflow rate was 0.3 L/min, the lowest rate at which gases could be supplied; (iii) the DO was controlled to "zero" after it decreased to "zero" (the level below the measuring range of the oxygen electrode); (iv) the stir rate was not increased 20~60 r/min by cascading to the DO ($DO_{cascade}$ was 0.2%) until the cell growth rate was decreasing (Fig. 6); the highest stir rate was set as 300 r/min.

For the 42 L fermentor, under these conditions, the results were as follows: OD_{565} was ~0.2 when DO decreased to "zero"; time required for DO to decrease to "zero" was 8~9 h; OD_{565} increased for 50 h and the cells consumed a large amount of iron for the magnetosome formation when DO was displayed as "zero" (Fig. 4, batch 5); the final OD_{565} was 7.24, which was 5.2 times the highest previously reported result; the yield of the cells (dry weight) was 2.17 g/L and the rate of the cell growth was 0.868 g/(L·d), both 2.5 times the highest previous result; the magnetosome yield (dry weight) calculated from an iron consumption was 41.7 mg/L or 16.7 mg/(L·d), which was 2.8 times or 2.7 times the highest previous result.

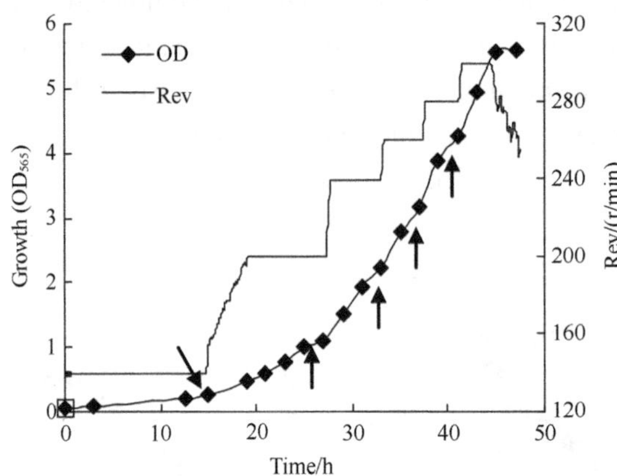

Fig. 6 Process of "half-continuously cascading" in the 42-L fermentor to make the DO optimal for both cell growth and magnetosome formation after DO decreased to "zero". The stir rate was increased to 60 r/min (or 40 r/min, 20 r/min) each time by cascading the stir to DO ($DO_{cascade}$ was 0.2%) once the cell growth rate decreased (*arrows*). See "Discussion"

4. Discussion

In studies so far, substrate supply conditions have been examined only for culture of *M. magneticum* AMB-1 and *M. gryphiswaldense* MSR-1 (Matsunaga *et al.*, 1996; Yang *et al.*, 2001; Jiang *et al.*, 2002; Heyen and Schüler, 2003). We obtained a continuous increase of MSR-1 cell density by supplying substrate at a rate determined by cell growth rate and Na-lactate concentration. Even with a maximal stir rate of 300 r/min, the final MSR-1 cell density (OD_{565}) was 7.24, the cell yield dry weight was 2.17 g/L, and the magnetosome yield was 41.7 mg/L, after 60-h culture. The yield of magnetosomes (assumed to consist of Fe_3O_4) was calculated based on iron consumption by cells. Magnetosome yield calculated by the weight of magnetosomes extracted from cells was significantly related to purity and to loss of magnetosomes during the purification process. In the study of Heyen and Schüler (2003), magnetosome-bound iron was assumed to constitute >99% of the total cellular iron in the highly magnetic cells.

Oxygen-control methods appear to be the key to the mass production of magnetosomes and have been developed by many research groups (Table 2). In an early study (Blakemore *et al.*, 1979), strain MS-1 was cultivated in a large glass carboy with the medium that had N_2 gas bubbled through it until the inoculum was added. Midway through the growth, when the culture became reduced as evidenced by the color change, it was continuously aerated with sterile air. In subsequent studies, methods were introduced for the precise control or the autocontrol of oxygen. During fermentor-batch culture of strain AMB-1, O_2 concentration in the gas phase was maintained at 2%~8% by the continuous bubbling of argon (Ar_2) at a rate of 100 ml/min, and the intermittent injection of O_2 (Matsunaga *et al.*, 1996; Yang *et al.*, 2001). O_2 concentration in the liquid phase (DO) was measured using an oxygen electrode. Similar to the method used for strain AMB-1, strain MSR-1 was cultured in a specially designed fermentor in which O_2 concentration was measured by a highly sensitive oxygen electrode and controlled to ~0.25 mbar (1 mbar=100 Pa) by alternately supplying O_2 and N_2 (Heyen and Schüler, 2003). Another method of controlling oxygen in the culture of strain MSR-1 was the bubbling

Table 2 Yields of cells and magnetosomes under different conditions for controlling oxygen concentration

Condition	Strain	Culture time/h	Cell yield/(g/L)	Magnetosome yield/(mg/L)	Magnetosome production rate/[mg/(L·d)]	Research group
A[a]	MS-1	96~144	0.40[e]	/	/	Noguchi *et al.*, 1999
B[b]	AMB-1	96	0.58	14.8	3.7	Yang *et al.*, 2001
C[c]	MS-1	48	0.32	3.4	1.7	Heyen and Schüler, 2003
	AMB-1	48	0.48	4.7	2.4	
	MSR-1	30	0.40	7.9	6.3	
D[d]	MSR-1	60	2.17	41.7	16.7	present study

a. The color change of medium was used as a signal to regulate oxygen concentration in a carboy, without agitation, by intermittent aeration with sterile air. b. O_2 concentration (measured by oxygen electrode) in the gas phase was maintained at 2%~8% by the continuous bubbling of argon (Ar_2) and the intermittent injection of O_2. c. O_2 concentration was measured using a highly sensitive oxygen electrode and was maintained at ~0.25 mbar by the alternately supplying O_2 and N_2. d. After decreasing to "zero", DO was maintained at "zero" with continuous aeration with sterile air, using the change of cell growth rate as a signal to regulate DO by a method termed "half-continuously cascading" (see "Discussion", and Fig. 6). e. Yield was wet weight, but the other yields were dry weight

through the medium with the N_2 containing 0.4%~0.8% O_2 (Jiang *et al.*, 2002). These methods all required inert gases (N_2 or Ar_2), which would greatly increase the cost of magnetosome production. In the present study, we developed a method for controlling DO by supplying with air and were able to regulate DO as any value between 0~10% of saturation by the cascade stirring.

Taking into account the DO requirement for both magnetosome formation and cell growth, the change of cell growth rate was used as a signal for regulating DO, as follows. After the cells grow in the medium for a certain period of time, DO falls below $DO_{threshold}$, and cell growth rate decreases. DO and cell growth rate are increased if the stir rate is increased to a certain value. Subsequently, DO falls below $DO_{threshold}$ again, and cell growth rate decreases. When this happens, stir rate is increased again. Repeating this operation keeps DO at a level resulting in the maximal value of magnetosome yield and makes the use of an oxygen electrode unnecessary. This method could be automated if the fermentor were equipped with biosensors that measure cell density and Na-lactate concentration. A similar method could be applied for fermentation of microaerobic bacteria, which also involves the problem of how to control DO.

We hypothesize that magnetotactic bacteria do not form magnetosomes until DO falls below the threshold for the cell growth ($DO_{threshold}$), *i.e.*, the cells form magnetosomes as a response to the adversity when the cell growth is repressed. This do not seem inconsistent with the finding of Heyen and Schüler (2003) that the cells form more magnetosomes at the lower DO. Actually, it should be noted that $DO_{threshold}$ differed for cells which differed in terms of cell cycle and growth status. When DO is above 10 mbar, $DO_{threshold}$ of all the cells is below 10 mbar, and no cells form magnetosomes. Once DO decreases to 10 mbar, the number of cells whose $DO_{threshold}$ is above the actual DO consequently increases, and the magnetosome production in the culture increases. Moreover, DO in the medium is not absolutely homogeneous, *e.g.*, DO near the air bubbles is higher than in the other places, this difference may be enhanced following the decrease of DO.

References

Balkwill D L, Maratea D, Blakemore R P. 1980. Ultrastructure of a magnetic spirillum. J Bacteriol, 141(3): 1399-1408.

Bazylinski D A, Frankel R B. 2004. Magnetosome formation in prokaryotes. Nat Rev Microbiol, 2(3): 217-230.

Bazylinski D A, Garratt-Reed A, Frankel R B. 1994. Electron-microscopic studies of magnetosomes in magnetotactic bacteria. Microsc Res Tech, 27(5): 389-401.

Bazylinski D. 1995. Structure and function of the bacterial magnetosome. ASM News, 61: 337-343.

Blakemore R P. 1975. Magnetotactic bacteria. Science, 190(4212): 377-379.

Blakemore R P, Maratea D, Wolfe R S. 1979. Isolation and pure culture of a freshwater magnetic spirillum in chemically defined medium. J Bacteriol, 140(2): 720-729.

Blakemore R P, Short K A, Basilisk D A, *et al.* 1985. Microaerobic conditions are required for magnetite formation within *Aquaspirillum magnetotacticum*. Geomicrobiol J, 4: 53-71.

Gorby Y A, Beveridge T J, Blakemore R P. 1988. Characterization of the bacterial magnetosome membrane. J Bacteriol, 170(2): 834-841.

Heyen U, Schüler D. 2003. Growth and magnetosome formation by microaerophilic *Magnetospirillum* strains in an oxygen-controlled fermentor. Appl Microbiol Biotechnol, 61(5-6): 536-544.

Hoell A, Wiedenmann A, Heyen U, *et al.* 2004. Nanostructure and field-induced arrangement of magnetosomes studied by SANSPOL. Physica B, 350: e309-e3013.

Hopkin M. 2004. Magnet-making bacteria could target tumours. Nature, DOI 10.1038/news040906-11.

Jiang W, Zhao D H, Li Y, *et al.* 2002. Submerged culture of *Magnetospirillum gryphiswaldense* under N_2-fixing condition and regulation of activity of nitrogen fixation. Chin Sci Bull, 47(24): 2095-2099.

Lang C, Schüler D, Faivre D. 2007. Synthesis of magnetite nanoparticles for bio- and nanotechnology: genetic engineering and biomimetics of bacterial magnetosomes. Macromol Biosci, 7(2): 144-151.

Matsunaga T, Kamiya S. 1987. Use of magnetic particles isolated from magnetotactic bacteria for enzyme immobilization. Appl Microbiol Biotechnol, 26(4): 328-332.

Matsunaga T, Suzuki T, Tanaka M, *et al.* 2007. Molecular analysis of magnetotactic bacteria and development of functional bacterial magnetic particles for nano-biotechnology. Trends Biotechnol, 25(4): 182-188.

Matsunaga T, Tsujimura N, Kamiya S. 1996. Enhancement of magnetic particle-production by nitrate and succinate fed-batch culture of *Magnetospirillum* sp. AMB-1. Biotechnol Tech, 10(7): 495-500.

Matsunaga T, Ueki F, Obata K, *et al.* 2003. Fully automated immunoassay system of endocrine disrupting chemicals using monoclonal antibodies chemically conjugated to bacterial magnetic particles. Anal Chim Acta, 475(1-2): 75-83.

Nakamura N, Matsunaga T. 1993. Highly sensitive detection of allergen using bacterial magnetic particles. Anal Chim Acta, 281(3): 585-589.

Noguchi Y, Fujiwara T, Yoshimatsu K, *et al.* 1999. Iron reductase for magnetite synthesis in the magnetotactic bacterium *Magnetospirillum magnetotacticum*. J Bacteriol, 181(7): 2142-2147.

Ota H, Takeyama H, Nakayama H, *et al.* 2003. SNP detection in transforming growth factor-1 gene using bacterial magnetic particles. Biosens Bioelectron, 18(5-6): 683-687.

Schüler D, Baeuerlein E. 1998. Dynamics of iron uptake and Fe_3O_4 mineralization during aerobic and microaerobic growth of *Magnetospirillum gryphiswaldense*. J Bacteriol, 180(1): 159-162.

Schüler D, Frankel R B. 1999. Bacterial magnetosomes: microbiology, biomineralization and biotechnological applications. Appl Microbiol Biotechnol, 52(4): 464-473

Spring S, Schleifer K H. 1995. Diversity of magnetotactic bacteria. Syst Appl Microbiol, 18(2): 147-153.

Staniland S, Ward B, Harrison A, *et al.* 2007. Rapid magnetosome formation shown by real-time X-ray magnetic circular dichroism. Proc Natl Acad Sci USA, 104(49): 19524-19528.

Sun J B, Duan J H, Dai S L, *et al.* 2007a. *In vitro* and *in vivo* antitumor effects of doxorubicin loaded with bacterial magnetosomes (DBMs) on H22 cells: the magnetic bio-nanoparticles as drug carriers. Cancer Lett, 258(1): 109-117.

Sun J B, Jiang W, Li Y, *et al.* 2007b. The magnetosomes of magnetotactic bacteria may be used as drug-carriers for targeted therapy. Microbiology, 34(1): 165-168.

Takeyama H, Yamazawa A, Nakamura C, *et al.* 1995. Application of bacterial magnetic particles as novel DNA carriers for ballistic transformation of a marine cyanobacterium. Biotechnol Tech, 9(5): 355-360.

Wacker R, Ceyhan B, Alhorn P, *et al.* 2007. Magneto immuno-PCR: a novel immunoassay based on biogenic magnetosome nanoparticles. Biochem Biophys Res Commun, 357(2): 391-396.

Yang C D, Takeyama H, Tanaka T, *et al.* 2001. Effects of growth medium composition, iron sources and atmospheric oxygen concentrations on production of luciferase-bacterial magnetic particle complex by a recombinant *Magnetospirillum magneticum* AMB-1. Enzyme Microb Technol, 29(1): 13-19.

Yoza B, Matsumoto M, Matsunaga T. 2002. DNA extraction using bacterial magnetic particles in the presence of amino silane compound. J Biotechnol, 94(3): 217-224.

本文原载：Appl Microbiol Biotechnol, 2008, 79(3): 389-397.

Ferrous Iron Transport Protein B Gene (*feoB1*) Plays an Accessory Role in Magnetosome Formation in *Magnetospirillum gryphiswaldense* Strain MSR-1*

Chengbo Rong, Yijun Huang, Weijia Zhang, Wei Jiang, Ying Li, Jilun Li

(State Key Laboratories for Agrobiotechnology and College of Biological Sciences, China Agricultural University, Beijing, 100094, China)

Abstract

To investigate the role of ferrous iron transport (Feo) systems in magnetosome formation, the gene for Feo protein B (*feoB1*), encoding 704 amino acids, was cloned from the magnetotactic bacterium *Magnetospirillum gryphiswaldense* strain MSR-1. *feoB1* constitutes a putative operon with *feoA1*, and their interval is 36 base pairs. A *feoB1*-deficient double-crossover mutant (Δ*feoB1*) was constructed, and compared with wild-type in terms of iron uptake, iron content, and functional complementation. Ferrous iron and ferric iron uptake in wild-type were respectively 1.8-fold and 1.3-fold higher than in Δ*feoB1*. Iron content (*w/w*) of Δ*feoB1* was enhanced only slightly as extracellular iron concentration (either ferrous or ferric citrate) increased, whereas iron content of wild-type increased about 2-fold as extracellular iron concentration rose from 20 μmol/L to 80 μmol/L. TEM micrographs revealed smaller number and diameter of magnetosomes in Δ*feoB1* cells grown in either ferrous or ferric citrate. Assay of *feoAB1* promoter-*lacZ* transcriptional fusions indicated that *feoAB1* gene was down-regulated when MSR-1 cells were grown under iron-rich conditions. Magnetosome formation was reduced but not abolished in the *feoB1* mutant, indicating that FeoB1 protein plays an accessory role in the process. Other iron transport systems are presumed to be involved in iron uptake in MSR-1.

Keywords

Magnetospirillum gryphiswaldense, magnetotactic bacteria, magnetosome formation, ferrous iron transport, *feoB1* gene, ferric uptake regulator.

1. Introduction

The element iron (Fe) is required by virtually all organisms, because it is a cofactor in a wide range of biological reactions (Guerinot, 1994). Fe^{3+} (ferric iron) is insoluble at neutral pH, and many aerobic

*We thank Professor Klaus Hantke (University of Tubingen) for kindly providing *E. coli* strain H1771. This study was supported by the Chinese High Technology Research and Development Program (Grant No. 2006AA02Z233; 2007AA021804), and Chinese National Science Foundation (Grant No. 30570023).

microorganisms secrete ferric chelators called siderophores to obtain an iron supply. At acid pH or under anaerobic conditions, the equilibrium shifts to the soluble Fe^{2+} form (ferrous iron). Many anaerobic or microaerophilic bacteria transport Fe^{2+} *via* Feo ("ferrous iron transport") systems, sometimes accompanied by reduction of Fe^{3+} to Fe^{2+} through ferric reductase (Andrews *et al.*, 2003; Schroeder *et al.*, 2003). Enterobacterial Feo systems are composed of three proteins: FeoA, a small, soluble SH3-domain protein probably located in the cytosol (Cartron *et al.*, 2006); FeoB, a large protein with a cytosolic N-terminal G-protein domain and a C-terminal integral inner-membrane domain containing two 'Gate' motifs, which likely functions as the Fe^{2+} permease (Marlovits *et al.*, 2002; Cartron *et al.*, 2006); and FeoC, a small protein apparently functioning as an [Fe-S]-dependent transcriptional repressor (Cartron *et al.*, 2006). The *feoABC* genes compose an operon. FeoB is responsible for ferrous iron transport, but the functions of FeoA and FeoC remain unclear. *feoA* and *feoC* genes are not always present alongside *feoB*. So far, *feoC* has been found only in γ-Proteobacteria. Many pathogenic bacteria show reduced virulence when the *feoB* gene is lost, reflecting its important role in iron uptake (Stojiljkovic *et al.*, 1993; Elizabeth *et al.*, 2006).

Magnetotactic bacteria (MTB) have intracellular magnetic inclusions termed magnetosomes, which usually consist of nanometer-sized, membrane-coated magnetite (Fe_3O_4), aligned in a chain (Gorby *et al.*, 1988; Bazylinski 1995). In order to form magnetosomes, MTB require levels of iron about 100 times those required by non-magnetic bacteria (Blakemore *et al.*, 1979; Matzanke *et al.*, 1989). The molecular mechanism whereby MTB transport large amounts of iron is unclear. Surprisingly, *Magnetospirillum magnetotacticum* strain MS-1 and *M. magneticum* strain AMB-1 secrete siderophores only under iron-rich conditions (Paoletti and Blakemore, 1986; Calugay *et al.*, 2003). *M. gryphiswaldense* strain MSR-1 does not form siderophores under either high- or low-iron conditions (Schüler and Baeuerlein, 1996), but it has more than five isozymes of ferric reductase, located in the cytoplasm, the cytoplasmic membrane, and extracellularly (Meng *et al.*, 2007). We hypothesize that ferric iron is reduced to ferrous iron by ferric reductase, and that ferrous iron is transported to intercellular space *via* Feo system.

To investigate the role of Feo system in magnetosome formation of *M. gryphiswaldense* MSR-1, *feoB* gene was cloned from MSR-1 and a *feoB* mutant was generated. After *feoB* mutant was generated, the draft version of *M. gryphiswaldense* MSR-1 was published. A search revealed an open reading frame (ORF) with homology to FeoB, but with only 53% similarity. The cloned gene was renamed *feoB1*, and the second one *feoB2*. Functional analysis revealed that *feoB1* plays a significant role in magnetosome formation.

2. Materials and Methods

2.1 Bacteria and growth conditions

Bacterial strains and plasmids used in this study are listed and described in Table 1.

M. gryphiswaldense MSR-1 was cultured in sodium lactate medium (SLM) at 30℃ as previously described (Li *et al.*, 2004). The medium contained (per liter deionized water) 2.6 g sodium lactate, 0.4 g NH_4Cl, 0.1 g yeast extract, 0.5 g K_2HPO_4, 0.1 g $MgSO_4 \cdot 7H_2O$, 0.05 g sodium thioglycolate and 5 ml trace element mixture. The iron source, ferric citrate, was added after autoclaving. For conjugation, *M. gryphiswaldense* strains were cultivated in selected medium, in which the NH_4Cl and yeast extract were substituted by 4 g sodium glutamate (Li *et al.*, 2004). Strains were cultured in 250 ml serum bottles containing 100 ml of medium and agitated at 100 r/min. An inoculation of 10% of the culture volume was used. Microaerobic conditions arose in the medium at higher cell densities by oxygen consumption of cells. *Escherichia coli* strains were cultured in Luria Broth (LB) at 37℃. Antibiotics and concentrations (μg/ml) used were as follows: for *E. coli*: ampicillin (Amp), 100; kanamycin (Km), 50; chloramphenicol (Cm), 50; gentamycin (Gm), 5; for MSR-1: nalidixic acid (Nx), 5; Km, 5, Cm, 5; Gm, 5.

Table 1 Strains and plasmids used in this study

Strain/plasmid	Description	Source/reference
Strains		
M. gryphiswaldense MSR-1	wild-type, Nx^r	DSM6361
M. gryphiswaldense MSR-1 Δ*feoB1*	*feoB1*-deficient mutant, Nx^r, Gm^r	present study
M. gryphiswaldense MSR-1 cΔ*feoB1*	complementation of Δ*feoB*, Nx^r, Gm^r, Cm^r	present study
M. gryphiswaldense MSR-1 PWT	wild-type carrying plasmid pfp, Nx^r, Cm^r	present study
E. coli DH5α	*endA1 hsdR17 [r-m+] supE44 thi-1 recA1 gyrA [NalR] relA1 Δ [lacZYA-argF] U169 deoR [Ø80 Δ {lacZ} M15]*	Hanahan, 1983
E. coli S17-1	*thi endA recA hsdR* with RP4-2-Tc::Mu-Km::Tn7 integrated in chromosome, Sm^r	Simon *et al.*, 1983
E. coli H1771	MC4100 *aroB feoB7 fhuF*::λ*plac* Mu, Km^r	Hantke, 1987; Kammler *et al.*, 1993
Plasmids		
pGEM®-T easy	cloning vector, Amp^r	Promega
pTfeoB6	pGEM®-T easy carrying MSR-1 *feoB1* 675 bp fragment, Amp^r	present study
pUX19	suicide vector for *M. gryphiswaldense* MSR-1, Km^r	Zhang *et al.*, 2005
pUX19f6e	675 bp fragment of MSR-1 was subcloned into PUX19, Km^r	present study
pAfeo	A 10 kb plasmid contain intact *feoAB1* gene and pUX19, Km^r	present study
pSUP202	suicide vector for *M. gryphiswaldense* MSR-1, Cm^r, Tc^r, Amp^r	Rock and Nelson, 2006
pSUPF	pSUP202 containing MSR-1 *feoB1* upstream region, downstream region, Cm^r, Amp^r	present study
pSUPFG	pSUPF containing Gm cassette, Cm^r, Gm^r, Amp^r	present study
pPR9TT	broad-host-range plasmid, promoterless *lacZ*, Amp^r Cm^r	Santos *et al.*, 2001
pPfeoK	pPR9TT with MSR-1 *feoB1* and kan promoter, Amp^r Cm^r	present study
pfp	pPR9TT carrying MSR-1 *feoAB1* promoter, Amp^r, Cm^r	present study
pWKS30	Low-copy-number cloning vector, Amp^r	Wang and Kushner, 1991
p30M	pWKS30 carrying MSR-1 *feoAB1* and *feoAB1* promoter	present study

2.2 Cloning the *feoB1* gene

A 675 bp fragment of *feoB1* was amplified using primers feo6f/feo6r (5′-CCTGTTCCTGACCACCC AG-3′; 5′-CCCGCTTTGATCCAGTCG-3′). The 675 bp fragment was ligated to pGEM®-T Easy (Promega) to produce the plasmid pTfeoB6. This sequence was confirmed by sequencing at Invitrogen Corp. The *Eco*R I-cut 675 bp fragment of pTfeoB6 was subcloned into pUX19, yielding pUXf6e. pUXf6e was integrated into the chromosome of MSR-1 wild-type strain resulting from a single-crossover recombination event, and total DNA was isolated, digested with *Apa* I, ligated, and transformed into *E. coli* DH5α. Km^r colonies were selected. A plasmid, pAfeo, containing *feoAB1* gene was sequenced by pUX19 primer (5′-CCATGATTACGCCACTA GTCG-3′) and T7 primer.

2.3 Biparental conjugation

The biparental conjugation procedure as previously described (Li *et al.*, 2004) with a few modifications. *E. coli* S17-1 containing the appropriate plasmid served as donors, the donor strains were cultivated overnight and diluted in liquid LB without any antibiotics (0.2 ml in 2 ml LB), then cultivated at 30℃ for 3 h. The recipient strain, *M. gryphiswaldense* MSR-1, was cultivated for about 24 h until the cell density was approximately 10^9

cfu/ml. The donor and recipient cultures were mixed in a volume ratio of 1∶3 by centrifugation, then was resuspended in selected medium in which medium the growth of *E. coli* would be inhibited because absence of available nitrogen source. Centrifugated and discarded supernatant, put mixed culture on a nitrocellulose filter (25 mm diameter, 0.22 μm) which lay on selected medium plate, and incubate at 30℃ for overnight. Next, the cells were resuspended in 1 ml selected liquid medium, and cultivated at 30℃ for 2 h. Then the cell suspension was spread over a selected medium plate containing appropriate antibiotics and incubated at 30℃, the transconjugant colonies would appeared after 5~7 days.

2.4 Construction of *feoB1*-deficient mutant

A 1,197 bp upstream region and a 1,095 bp downstream region were amplified using the primers feoBuf/feoBur (5′-CGCGGATCCCATAACGACTGAGGCCAG-3′; 5′-GCCGAGCTCATACGGCTACCCTTGAGG-3′) and feoBdf/feoBdr (5′-CGGGAGCTCGGCGGGACATTCTTGTAG-3′; 5′-AGGCATGCGGAACTGGTGCCGCTGGT-3′) respectively. These two fragments were fused by cloning into the *Bam*H I and *Sph* I sites of pSUP202 vector, yielding pSUPF. Gm-cassette was digested by *Sac* I from pUCGm vector, and then cloned into pSUPF at *Sac* I sites, yielding pSUPFG. Plasmids were introduced into MSR-1 by biparental conjugation, and screened for $Gm^r Cm^s$ colonies. Double-crossover was confirmed by PCR. The mutant was termed Δ*feoB*.

2.5 Complementation of *feoB1* mutation

The *feoB1* complete ORF was amplified using primers feoBPf/feoBPr (5′-CGCGGATCCATGAAATCCCCCGTCACC-3′; 5′-CCCCTCGAGCTACAAGAATGTCCCGCC-3′). The amplified fragment was ligated to pMD19 T-simple vector (TaKaRa), and digested by *Bam*H I and *Xho* I. The resulting *Bam*H I- *Xho* I *feoB*1 fragment was ligated into *Bam*H I-*Xho* I sites of pPR9TT, yielding pPfeo. The kan promoter was amplified by primers kanpf/kanpr (5′-TTCGAGCTCACCGAACTGAGATACCTA-3′; 5′-GGAAGATCTAACACCCCTTGTATTACTG-3′) and plasmid pUC4K as template, and the fragment was ligated into *Bam*H I-*Sac* I sites of pPfeo, yielding pPfeok. pPfeok was introduced into Δ*feoB* by biparental conjugation, and screened for $Gm^r Cm^r$ colonies. The presence of intact *feoB1* was checked by PCR. The complemented strain of *feoB1* mutant was termed cΔ*feoB1*.

2.6 Iron uptake analysis

Wild-type and Δ*feoB1* were cultured microaerobically at 30℃ in SLM, and supplemented with 30 μmol/L ferric citrate and 30 μmol/L ferrous citrate (8.5 mmol/L ascorbate-reduced ferric citrate) after 12 h. In every 3 hours, 1 ml culture solution was centrifuged at 12,000 r/min for 1 min to remove cells, and total iron in the supernatant was measured by ferrozine assay (Stookey, 1970). The experiment was performed in triplicate.

2.7 Iron content

Bacterial strains were grown in SLM at 30℃ for 12 h, then supplemented with 20 μmol/L, 80 μmol/L and 150 μmol/L ferric citrate, and growth was continued until stationary phase. Cells were washed with 20 mmol/L HEPES/4 mmol/L EDTA, pH 7.4, and harvested by centrifugation. Cell pellets were dried to constant weight at 60℃, then resuspended in 1 ml nitric acid and incubated at 100℃ for 2 h. Iron content was assayed using an atomic absorption spectrometer (TAS-990F, China) as described previously (Huang *et al.*, 2007). Experiments were performed in triplicate.

2.8 Transmission electron microscopy

Bacterial strains were grown in SLM at 30℃ for 12 h, then supplemented with 80 μmol/L ferric citrate or ferrous citrate, and growth was continued until stationary phase. For TEM observation, cell suspension was adsorbed onto copper grids and directly observed with a Tecnai F30 transmission electron microscope (Philips). Each sample was examined randomly in 30 to 35 cells.

2.9 Functional complementation

The *feoAB1* genes of MSR-1 were amplified using primers msrff/msrfr (5′-TTCGCGGATCCCCTG GAACGGATTCTGAGT-3′; 5′-GTTCCGAGCTCCTACAAGAATGTCCCGCC-3′). The PCR products were digested by *Bam*H I and *Sac* I then ligated into the *Bam*H I-*Sac* I sites of pWKS30 vector, resulting in p30M. pWKS30 and p30M were transfected into *E. coli* H1771 (kindly provided by Professor Klaus Hantke). The two positive strains were cultured in LB broth containing 100 μmol/L 2, 2′-dipyridyl, 50 μmol/L ferric citrate, or 50 μmol/L ferrous citrate (ascorbate-reduced citrate). β-galactosidase activity was measured as described previously, and expressed in Miller units (Miller, 1972).

2.10 Assay of *feoAB1* promoter-lacZ transcriptional fusion

The promoter of *feoAB1* operon was amplified using the primers P1f/P1r (5′-CGGGGTACCACATAG AATTCATGCTGC-3′; 5′-AAACTGCAGATCTTGACCTGCTGATCCA-3′). The fragment was ligated into pMD19 T-Simple (TaKaRa), and the sequence was confirmed by Invitrogen Corp. The fragment was digested by *Kpn* I and *Pst* I, then ligated into the same site of the promoter probe vector pPR9TT, yielding the plasmid pfP. The pfP was introduced into MSR-1 wild-type by biparental conjugation and termed PWT. β-galactosidase activity was measured as described above.

3. Results

3.1 *feoB1* gene in MSR-1

The *feoB1* gene of *M. gryphiswaldense* MSR-1 encodes 704 amino acids having 96% identity to *M. magnetotacticum* MS-1 FeoB (ZP_00054713) and *M. magneticum* AMB-1 FeoB (YP_420387), and 29% identity/48% similarity to *E. coli* FeoB. FeoB1 had 35% identity and 53% similarity to FeoB2 (CAM76174). Sequence analysis indicates that *feoB1* constitutes a putative operon with *feoA1*, and their interval is 36 base pairs. The N-terminus of MSR-1 FeoB1 has G-protein conserved motif, which is essential for Feo activity. The C-terminus is predicted to be in cytoplasmic membrane, with 9 membrane-spanning α-helices and two 'Gate' motifs. The nucleotide sequence of the *feoAB1* gene has been deposited in the GenBank database under accession number EF120624.

3.2 Mutation and complementation analysis of *feoB1* gene

To determine the role of Feo in MSR-1 magnetosome formation, a *feoB1*-deficient double-crossover mutant (termed Δ*feoB1*) was constructed, and verified by PCR. TEM micrographs (Fig. 1) revealed that Δ*feoB1* mutant cells contain smaller numbers of magnetosomes and smaller size of magnetosome crystals (Table 2). When strains were grown in 80 μmol/L ferrous citrate magnetosome numbers between 10~20 were most frequent for wild-type, whereas magnetosome numbers less than 10 were most frequent for Δ*feoB1* cells. Most frequent magnetosome diameter was between 30~40 nanometer (nm) for wild-type, but 20~30 nm for Δ*feoB1*. When cells were cultured with 80 μmol/L ferric citrate, results were similar to those with ferrous citrate except that most frequent magnetosome diameter for Δ*feoB1* was <20 nm. For both magnetosome number and diameter, the difference between wild-type and Δ*feoB1* was statistically significant ($P<0.001$, *t*-test was used in statistical analysis).

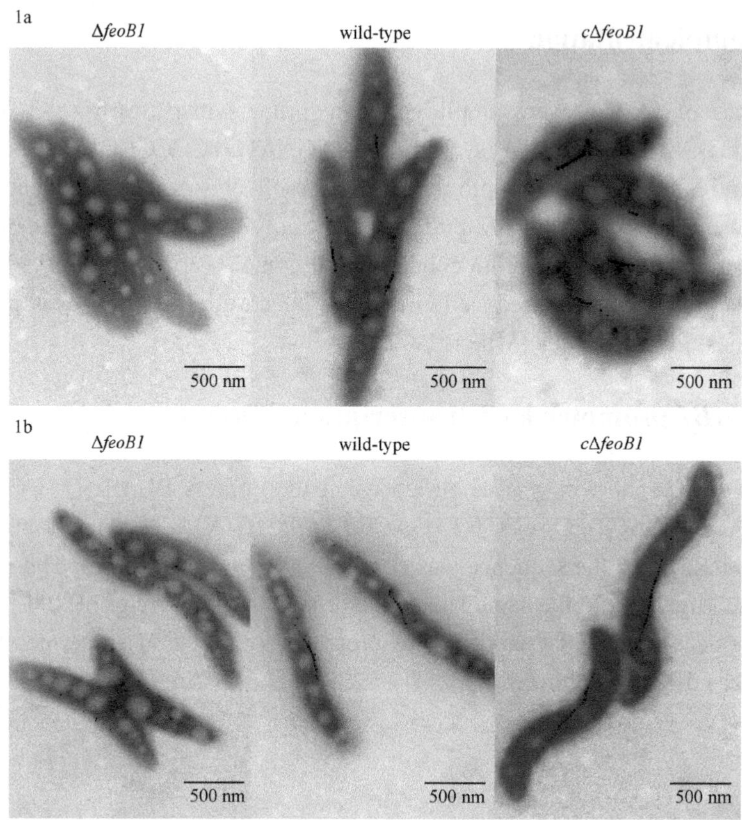

Fig. 1 TEM micrographs of Δ*feoB1*, wild-type, and cΔ*feoB1*

a. Strains were cultured in 80 μmol/L ferrous citrate. b. Strains were grown in 80 μmol/L ferric citrate

Table 2 Average magnetosome numbers and diameters in tested strains which were grown in 80 μm ferrous citrate (A) or 80 μm ferric citrate (B)

Strains	Average number of magnetosomes	Average diameter of magnetosomes/nm
A		
WT	11.9±3.5	31.4±8.3
Δ*feoB1*	7.2±2.4	23.1±6.0
cΔ*feoB1*	11.9±4.1	27.0±7.9
B		
WT	15.1±5.6	29.0±7.8
Δ*feoB1*	8.6±3.0	15.3±3.7
cΔ*feoB1*	19.6±7.9	26.8±7.9

The *feoB1* gene, expressed from Km promoter, was integrated into the broad-host-range vector pPR9TT, resulting in pPfeok. The plasmid was transfected into Δ*feoB1*, yielding the complemented strain cΔ*feoB1*. Complemented strain cΔ*feoB1* showed number and diameter of magnetosomes not statistically different from those of wild-type (P>0.05), indicating that *feoB1* gene deletion has non-polar effect.

In order to confirm the above results, iron content (w/w) was measured for wild-type, mutant and complemented strain cells cultured in various concentrations of ferric citrate. Iron content of Δ*feoB1* was only slightly enhanced as extracellular iron increased; the highest value observed was 0.18% in the presence of 150 μmol/L ferric citrate. In contrast, iron content of MSR-1 wild-type was enhanced about 2-fold when extracellular iron increased from 20 μmol/L to 80 μmol/L; the highest value observed was 0.65% in the presence of 150 μmol/L ferric citrate. Iron content of complemented strain cΔ*feoB1* was not statistically different from that of wild-type (P>0.05; Fig. 2).

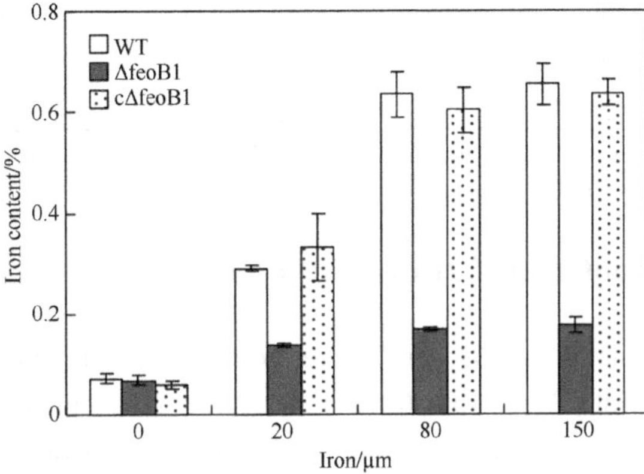

Fig. 2 Intracellular iron content (% dry weight) of MSR-1 wild-type, Δ*feoB1* and complementation of Δ*feoB1*. Cells were grown in SLM, and supplemented with 0 μmol/L, 20 μmol/L, 80 μmol/L, 150 μmol/L ferric citrate, then cells were grown until stationary phase. Iron content was determined by atomic absorption spectrophotometry. Experiments were performed in triplicate

3.3 Iron uptake

Ferrous iron uptake in MSR-1 wild-type was about 1.8-fold higher than that in Δ*feoB1* (Fig. 3a), and ferric iron uptake was 1.3-fold higher in wild-type (Fig. 3b). Only trace iron was detectable in culture supernatant of wild-type cells 9 h after addition of iron. In contrast, 12 h after addition of iron to Δ*feoB1* cells, the concentration of ferric iron and ferrous iron in culture supernatant was 15 μmol/L and 23 μmol/L, respectively.

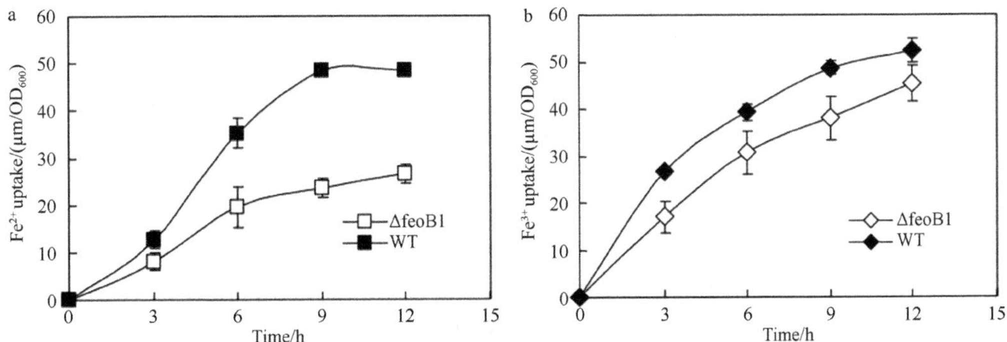

Fig. 3 Iron uptake of wild-type and Δ*feoB1*

Cells were grown in SLM 12 h, and supplemented with 30 μmol/L ferrous citrate (a) or 30 μmol/L ferric citrate (b). Iron concentration was measured using ferrozine. Iron uptake was normalized to cell number by dividing the concentration of iron depleted from growth medium (μmol/L) by OD at 600 nm

3.4 Functional complementation of iron transport defects in *E. coli* strain H1771

We observed that H1771 carrying pWKS30 (control plasmid) or p30M (MSR-1 *feoAB1* gene) expressed high levels of *lacZ* under condition of limited iron and ferric citrate (P value of pWKS30 and p30M>0.05), whereas H1771 carrying p30M had a lower level of β-galactosidase activity than the strain carrying pWKS30 under ferrous citrate condition (Table 3; $P<0.01$). These findings indicated that MSR-1 *feoB1* could transport ferrous iron, but not ferric iron, into *E. coli* H1771 cells.

Table 3 β-galactosidase activity of *E. coli* H1771 strains carrying control plasmid and *M. gryphiswaldense* MSR-1 *feoAB1* gene

Plasmid	Vector of genes	β-galactosidase activity/(U/OD_{600})		
		Low iron	Fe^{3+}	Fe^{2+}
pWKS30	control vector	2,410.5 (51.6)[a]	1,014.2 (58.8)	419.9 (6.1)
p30M	MSR-1 *feoAB1*	2,320.7 (97.8)	951.6 (12.98)	228.5 (12.1)
P value		0.23	0.146	<0.001

Notes: Standard deviations are given in parentheses. Low iron condition: LB broth containing 100 μmol/L 2, 2′-dipyridyl, Fe^{3+}, Fe^{2+} condition: 50 μmol/L ferric citrate or ferrous citrate, respectively, added to LB broth

3.5 Assay of *feoAB1* promoter-lacZ transcriptional fusions

To assess whether iron regulates *feoAB1* gene expression, we performed *feoAB1-lacZ* fusion, yielding the plasmid pfP. This plasmid was introduced into MSR-1 by biparental conjugation, and the cell construct was termed PWT. PWT showed maximal β-galactosidase activity when grown in iron depleted medium, and β-galactosidase activity decreased steadily as iron concentration increased (Fig. 4). This finding indicates that *feoAB1* gene is down-regulated when MSR-1 cells are grown under iron-rich conditions.

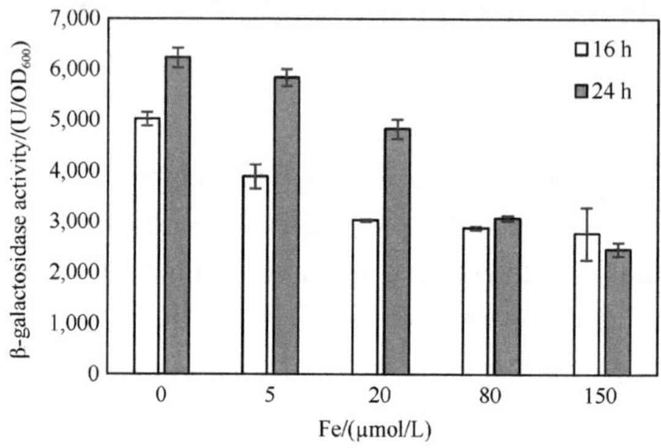

Fig. 4 β-galactosidase activity of *feoAB1* promoter-*lacZ* fusions in *M. gryphiswaldense* at 16 h or 24 h. PWT (see M&M) was grown at various concentrations of ferric citrate

4. Discussion

In this study, we investigated the function of a ferrous iron transport (Feo) gene, *feoB1*, in *M. gryphiswaldense* MSR-1 magnetosome formation. The MSR-1 *feoB1* mutant, compared to wild-type, took up less ferrous iron and ferric iron, and displayed smaller number and diameter of magnetosomes. This indicates that FeoB1 protein is partly responsible for iron transport into the cell to form magnetosomes. Since magnetosome formation was not completely abolished in the MSR-1 *feoB1* mutant, the *feoB1* gene is not the sole factor in magnetosome formation.

Magnetosome formation in the MSR-1 *feoB1* mutant was similar regardless of whether cells were grown in medium containing ferrous citrate or ferric citrate. Schüler and Baeuerlein (1996) found that uptake rate of ferrous iron was slower than that of ferric iron in MSR-1, and that no siderophore-like compound was released into culture medium. Meng *et al.* (2007) found ferric reductases in extracellular fluid, cytoplasm, and membranes of MSR-1, indicating that ferric iron uptake is accompanied by ferric reduction. These findings suggest that FeoB1 protein plays an accessory role in the process of magnetosome formation.

β-galactosidase activity was the highest in iron depleted conditions, and decreased steadily as iron concentration increased (Fig. 4). Thus, *feoAB1* gene transcription is regulated by environmental iron concentration; *i.e.*, it is respectively down-regulated or up-regulated when MSR-1 cells are grown under iron-rich *vs*. iron-depleted conditions. In *E. coli*, expression of iron transport genes is regulated by ferric uptake regulator (Fur), and Fur-Fe^{2+} complex can bind to the "Fur-box" to repress or promote expression of these genes under iron-rich *vs*. iron-poor conditions (Escolar *et al*., 1999). Further studies are needed to test whether MSR-1 *feoB1* gene is similarly regulated by Fur. Schüler and Baeuerlein (1998) found that MSR-1 cells grown in iron-poor conditions had a higher potential for iron accumulation and magnetite formation than those grown in iron-rich conditions. They suggested that iron uptake system (s) might be "de-repressed" in iron-poor cells, resulting in a transient increase in iron uptake potential when iron-rich conditions are encountered (Schüler and Baeuerlein, 1998). Our results are consistent with this hypothesis. In *M. magneticum* AMB-1, *feoB* was up-regulated under iron-rich conditions while ferric iron transport genes were down-regulated under the same conditions (Suzuki *et al*., 2006). Since AMB-1 secretes siderophores whereas MSR-1 does not, the mechanism of iron transport is presumably different in these two strains.

Magnetosome formation was reduced but not eliminated in the MSR-1 *feoB1* mutant, so other transport systems must be involved in iron uptake. These other systems will be the subject of future studies.

References

Andrews S C, Robinson A K, Rodriguez-Quinones F. 2003. Bacterial iron homeostasis. FEMS Microbiol Rev, 27(2-3): 215-237.

Bazylinski D. 1995. Structure and function of the bacterial magnetosome. ASM News, 61: 337-343.

Blakemore R P, Maratea D, Wolfe R S. 1979. Isolation and pure culture of a freshwater magnetic spirillum in chemically defined medium. J Bacteriol, 140(2): 720-729.

Calugay R J, Miyashita H, Okamura Y, *et al.* 2003. Siderophore production by the magnetic bacterium *Magnetospirillum magneticum* AMB-1. FEMS Microbiol Lett, 218(2): 371-375.

Cartron M L, Maddocks S, Gillingham P, *et al.* 2006. Feo-transport of ferrous iron into bacteria. Biometals, 19(2): 143-157.

Elizabeth E E, Alexandra RM, Leimbach A, *et al.* 2006. Characterization of ferric and ferrous iron transport systems in *Vibro cholerae*. J Bacteriol, 188(18): 6515-6523.

Escolar L, Perez-Martin J, de Lorenzo V. 1999. Opening the iron box: transcriptional metalloregulation by the Fur Protein. J Bacteriol, 181(20): 6223-6229.

Gorby Y A, Beveridge T J, Blakemore R P. 1988. Characterization of the bacterial magnetosome membrane. J Bacteriol, 170(2): 834-841.

Guerinot M L. 1994. Microbial iron transport. Annu Rev Microbiol, 48: 743-772.

Hanahan D. 1983. Studies on transformation of *Escherichia coli* with plasmids. J Mol Biol, 166(4): 557-580.

Hantke K. 1987. Ferrous iron transport mutant in *Escherichia coli* K12. FEMS Microbiol Lett, 44(1): 53-57.

Huang Y J, Zhang W J, Jiang W, *et al.* 2007. Disruption of a *fur*-like gene inhibits magnetosome formation in *Magnetospirillum gryphiswaldense* MSR-1. Biochemistry (Moscow), 72(11): 1247-1253.

Kammler M, Schon C, Hantke K. 1993 Characterization of the ferrous iron uptake system of *Escherichia coli.* J Bacteriol, 175(19): 6212-6219.

Li F, Li Y, Jang W, *et al.* 2004. Development of a genetic manipulation system and screening of magnetosome deleted mutants for

Magnetospirillum gryphiswaldense. Acta Microbiologica Sinica, 44(4): 440-444.

Marlovits T C, Haase W, Herrmann C, *et al.* 2002. The membrane protein FeoB contains an intramolecular G protein essential for Fe (II) uptake in bacteria. Proc Natl Acad Sci USA, 99(25): 16243-16248.

Matzanke B F, Muller G I, Bill E, *et al.* 1989. Iron metabolism of *Escherichia coli* studied by Mossbauer spectroscopy. Eur J Biochem, 183(2): 371-379.

Meng X, Jiang W, Yang L, *et al.* 2007. A novel ferric reductase purified from *Magnetospirillum gryphiswaldense* MSR-1. Curr Microbiol, 55(1): 71-75.

Miller J H. 1972. Experiments in molecular genetics. New York: Cold Spring Harbor Laboratory.

Paoletti L C, Blakemore R P. 1986. Hydroxamate production by *Aquaspirillum magnetotacticum*. J Bacteriol, 167(1): 73-76.

Rock J L, Nelson D R. 2006. Identification and characterization of a hemolysin gene cluster in *Vibrio anguillarum*. Infect Immun, 74(5): 2777-2786.

Santos P M, Di Bartolo I, Blatny J M, *et al.* 2001. New broad-host-range promoter probe vectors based on the plasmid RK2 replicon. FEMS Microbiol Lett, 195(1): 91-96.

Schroeder I, Johnson E, Vries S. 2003. Microbial ferric iron reductases. FEMS Microbiol Rev, 27(2-3): 427-447.

Schüler D, Baeuerlein E. 1996. Iron-limited growth and kinetics of iron uptake in *Magnetospirillum gryphiswaldense*. Arch Microbiol, 166(5): 301-307.

Schüler D, Baeuerlein E. 1998. Dynamics of iron uptake and Fe_3O_4 biomineralization during aerobic and microaerobic growth of *Magnetospirillum gryphiswaldense*. J Bacteriol, 180(1): 159-162.

Simon R, Priefer U, Puhler A. 1983. A broad host range mobilization system for *in vivo* genetic engineering: transposon mutagenesis in gram negative bacteria. Bio/Technology, 1(9): 784-791.

Stojiljkovic I, Cobeljic M, Hantke K. 1993 *Escherichia coli* K-12 ferrous iron uptake mutants are impaired in their ability to colonize the mouse intestine. FEMS Microbiol Lett, 108(1): 111-116.

Stookey L L. 1970. Ferrozine – a new spectro-photometric reagent for iron. Anal Chem, 42(7): 779-781.

Suzuki T, Okamura Y, Calugay R J, *et al.* 2006. Global gene expression analysis of iron-inducible genes in *Magnetospirillum magneticum* AMB-1. J Bacteriol, 188(6): 2775-2779.

Wang R F, Kushner S R. 1991. Construction of versatile low-copy-number vectors for cloning, sequencing and gene expression in *Escherichia coli*. Gene, 100: 195-199.

Zhang Y, Pohlmann E L, Roberts G P. 2005. GlnD is essential for NifA activation, NtrB/NtrC-regulated gene expression, and posttranslational regulation of nitrogenase activity in the photosynthetic, nitrogen-fixing bacterium *Rhodospirillum rubrum*. J Bacteriol, 187(4): 1254-1265.

本文原载：Research in Microbiology, 2008, 159(7-8): 530-536.

结合条件对羊抗兔抗体连接到细菌磁小体的影响

陈继峰[1,2,3]，李颖[1]，姜伟[1]，王珍芳[1]，孙建波[1]，李健[1]，李季伦[1]，李绍华[2]

(1. 中国农业大学微生物系，北京，100094；2. 中国科学院植物研究所，北京，100093；

3. 郑州大学生物工程系，郑州，450001)

摘要

用羊抗兔抗体进行抗体连接到细菌磁小体 (BMPs) 实验，以探讨结合条件对抗体连接效率 (以每毫克 BMPs 上连接抗体的微克数表示，单位为 μg/mg) 的影响。实验表明，冷冻干燥后的 BMPs 的抗体连接效率降低 36%~55%；在液氮中 (–196℃) 预处理的抗体连接效率显著高于在–70℃和–20℃预处理的抗体连接效率。室温 (15℃) 下反应 18 h 的抗体连接效率最高，为 64.06 μg/mg，明显高于其他温度和连接时间的抗体连接效率。在反应体系中，BMPs 用量由 5 mg 降到 0.1 mg，抗体用量由 10 μg 增加到 300 μg 时，抗体连接效率逐渐上升，当 BMPs 用量为 0.1 mg，抗体用量为 300 μg 时，抗体连接效率达 762.37 μg/mg。PBS、HEPES、Tris-HCl、MOPS、VBS 以及磷酸盐等溶液可用于抗体连接到 BMPs 体系中，在通常使用的缓冲液 pH 和浓度下，几种溶液的抗体连接效率为 (46.28±0.58)~(90.83±1.64) μg/mg，并且不同的溶液有相应的使抗体连接效率达到最高时的 pH 和溶液浓度，当 HEPES 的 pH 为 3.5、浓度为 20 mmol/L，Na_3PO_4 的 pH 为 5.6、浓度为 5 mmol/L 时，抗体连接效率分别为 108.01 μg/mg 和 76.78 μg/mg。对连接到 BMPs 上的抗体进行 SDS-PAGE 定性检测结果表明，抗体连接到了 BMPs 膜上。

关键词

细菌磁小体，羊抗兔抗体，结合条件，抗体连接效率。

自从趋磁细菌被发现以来 (Blakemore, 1975)，研究人员从中提取出细菌磁小体 (BMPs) 的工作也随之展开。BMPs 已用于生物活性物质的载体 (Matsunaga and Kamiya, 1987; Nakamura and Matsunaga, 1993; Nakamura *et al*., 1993; Tanaka *et al*., 1997; Tanaka and Matsunaga, 2001)、mRNA 的获得 (Sode *et al*., 1993)、DNA 的提取 (Yoza *et al*., 2002, 2003)、高通量 DNA 检测 (Matsunaga *et al*., 2001)、单核苷酸多态性分析 (Ota *et al*., 2003; Yoshino *et al*., 2003)、细胞筛选 (Kuhara *et al*., 2004) 等。BMPs 属于纳米级，大小均匀，外有脂膜包被 (Matsunaga and Kamiya, 1987; Nakamura and Matsunaga, 1993; Nakamura *et al*., 1993)，在溶液中有很好的分散性 (Tanaka and Matsunaga, 2000; Kuhara *et al*., 2004)，比表面积大 (Matsunaga, 1991)，在免疫检测中具有灵敏度高的优势，但影响抗体连接到 BMPs 上的环境因素有待进一步探讨。抗体连接效率的高低是检测成败的关键，尤其是用化学方法纯化的活性不高的抗体，连接到 BMPs 上抗体量的多少更为重要。本研究用羊抗兔抗体，从冷冻干燥、连接温度与时间、BMPs 用量和抗体用量、连接体系中的溶液以及一些溶液的 pH 及浓度等几个方面对抗体连接到 BMPs 的影响进行了探讨，并对连接到 BMPs 上的抗体进行了 SDS 聚丙烯酰胺凝胶电泳 (SDS-PAGE) 定性检测。

一、材料和方法

(一) 材料

BMPs 是在中国农业大学微生物系发酵实验室培养趋磁螺菌 (*Magnetospirillum gryphiswaldense* MSR-1)，经超声波细胞破碎仪破碎磁性细胞、洗涤和纯化所得。实验仪器有 NAP-10 柱 (Amersham Biosciences，Wikstroms，Sweden)、EZ550Q 冷冻干燥机 (FTS System，Inc. Stone Ridge，New York，USA)、超声波细胞粉碎机 (宁波新芝生物科技股份有限公司，Scientz，JY92-II)、舒美 KQ218 超声波清洗器 (中国江苏昆山市超声仪器有限公司)、铷铁硼磁铁 (Nd-Fe-B Magnet) (*d*29×8 mm) (中国北京圣华鹏工贸有限公司) 等。

双功能试剂 *N*-琥珀酰亚胺 3-(2-吡啶二硫代) 丙酸[*N*-succinimidyl 3-(2-pyridyldithio) propionate，SPDP]和 BCA 蛋白检测试剂盒购自 Pierce Chemical Co.，Rockford，IL，USA，二硫苏糖醇 (dithiothreitol，DTT) 购自 Promega Chemical Co.，Madison，WI，USA，羊抗兔 IgG (antibody，Ab) 购自中国北京科海军舟生物科技发展中心。

(二) 实验方法

在所有的实验中，每一处理设 3 个重复。BMPs 经过 SPDP 修饰，抗体经过 DTT 还原并用 NAP-10 柱纯化 (Nakamura and Matsunaga, 1993; Nakamura *et al*., 1993)。纯化了的抗体加入经过 SPDP 修饰过的 BMPs 悬浮液中，用超声波清洗器充分混匀，抗体 (Ab) 和 BMPs 在一定的条件下连接 (具体连接条件将在相应的实验中介绍)，用 Nd-Fe-B 磁铁收集连接产物——BMPs-Ab 复合体。利用 BCA 蛋白检测试剂盒测定上清液中抗体含量 (Grünberg *et al*., 2004) 并计算出连接到 BMPs 上的抗体量 (反应前后溶液中抗体量之差视为连接到 BMPs 上的抗体量)、抗体的连接效率[每毫克 BMPs 上连接抗体的微克数，用 LRA (linkage rate of antibody) 表示抗体的连接效率，单位为 μg/mg]。

1. 冷冻干燥 BMPs 及不同预处理

为了解超低温冷冻干燥对膜的影响和寻找 BMPs 的保存方法，把纯化好的 BMPs 在–155℃进行冷冻干燥。冷冻干燥前对 BMPs 进行不同的预处理。处理 1：液氮中 (–196℃) 冻 5 h。处理 2：–70℃冰箱中冻 5 h。处理 3：–20℃冰箱中冻 5 h。CK：未经冷冻干燥的 BMPs。 冻干后的 BMPs 经过称重定量后，立即加入 1 ml PBS，10 mmol/L 缓冲液 (pH 7.4) 复性，于 4℃保存，用于抗体连接实验。每一处理中 BMPs 用量为 1 mg，抗体用量为 10 μg，在室温 (15℃) 下连接 9 h。连接体系为 1 ml PBS (10 mmol/L，pH 7.4)。

2. 室温与 4℃下静置反应时间

本实验每一处理 BMPs 用量为 2.5 mg，抗体用量为 200 μg。在室温 (15℃) 和 4℃分别连接 9 h、18 h 和 24 h。反应体系体积为 1 ml，溶液为 PBS (10 mmol/L，pH 7.4)。

3. 抗体用量与细菌磁小体用量

实验 BMPs 用量分别为 5.0 mg、2.5 mg、1.0 mg、0.5 mg 和 0.1 mg；抗体用量分别为 10 μg、50 μg、100 μg、200 μg 和 300 μg。不同的 BMPs 量分别与不同的抗体量反应。在室温 (18℃) 下进行反应，反应时间为 18 h，反应体系体积为 1 ml，溶液为 PBS (10 mmol/L，pH 7.4)。

4. 缓冲液筛选

在此实验中，每一个处理 BMPs 用量为 1 mg，抗体用量为 200 μg。反应体系为 1 ml 的不同缓冲液，在室温（23℃）下反应 18 h。实验所采用的几种缓冲液及其所含成分如表 1 所示。

表 1　缓冲液及其所含成分

pH	缓冲液（10 mmol/L）	成分
7.4	HEPES	HEPES 2.383 g/L
7.4	HEBS	NaCl 4 g/L，KCl 0.185 g/L，$Na_2HPO_4 \cdot 2H_2O$ 0.0675 g/L，HEPES 2.383 g/L
7.4	Tris-HCl	Tris 1.21 g/L，pH 7.4
7.2	MOPS	MOPS 2.093 g/L
7.4	VBS	巴比妥（barbital）1.84 g/L，NaCl 8.47 g/L
5.6	Na_3PO_4	$Na_3PO_4 \cdot 12H_2O$ 3.8 g/L
4.5	$Na_3C_6H_5O_7$	10 mmol/L $H_3C_6H_5O_7$ 10.85 ml，10 mmol/L $Na_3C_6H_5O_7$ 9.15 ml
7.4	PBS	NaCl 8 g/L，KCl 0.2 g/L，$Na_2HPO_4 \cdot 12H_2O$ 2.9 g/L，KH_2PO_4 0.24 g/L

注：HEPES，*N*-(2-羟乙基)哌嗪-*N'*-2-乙烷磺酸；MOPS，3-(*N*-吗啉基)丙磺酸

5. pH 对抗体连接效率的影响

分别用已调整不同 pH 的 10 mmol/L Na_3PO_4 和 HEPES 进行实验，pH 分别为 2.0、3.5、5.6、7.4、8.0 和 9.0。每个处理 BMPs 量为 1 mg，抗体量为 200 μg，室温（24℃）连接 18 h。

6. 溶液浓度的影响实验

选用的溶液为 Na_3PO_4（pH 5.6）和 HEPES（pH 3.5），浓度分别为 0.5 mmol/L、1.0 mmol/L、5.0 mmol/L、10.0 mmol/L、20.0 mmol/L、30.0 mmol/L 和 40.0 mmol/L。其他连接条件同“5. pH 对抗体连接效率的影响”。

7. SDS-PAGE 定性检测

用 Nd-Fe-B 磁铁收集连有抗体的 BMPs，弃去上清，加入 PBS 之后在超声波清洗器上悬浮，然后用磁铁收集 BMPs-Ab 复合体，弃上清。照此方法用 PBS 洗涤 4 次，以除去未连接到 BMPs 上的抗体，然后用 SDS-PAGE 进行定性检测抗体的连接情况。SDS 聚丙烯酰胺凝胶电泳的浓缩胶浓度为 5%，分离胶浓度为 12%，用考马斯亮蓝 R250 染色。

8. 统计分析方法

所有的实验数据应用 SAS（statistical analysis system）进行 Bonferroni 显著性检验（$P<0.05$）。

二、结果

(一) 冷冻干燥及预处理对抗体连接效率的影响

每一个处理的 BMPs 用量为 1 mg，抗体用量为 100 μg，在室温（15℃）下连接 9 h，抗体的连接效率如表 2 所示。由表 2 可知，不同预处理并进行冷冻干燥的 BMPs，抗体的连接效率有所不同。

表 2　不同预处理和冷冻干燥 BMPs 对抗体连接效率的影响

处理/℃	LRA/(μg/mg) (Mean LRAs±SD)	LRA 降低比例/%
–196	14.59±0.65b	36.42
–70	10.47±0.66c	54.38
–20	10.46±0.44c	54.42
CK	22.95±0.16a	—

注：相同字母表示无差异，表内数据为平均值±标准差

没有经过冷冻干燥的 BMPs (CK)，连接的抗体量为 22.95 μg/mg，显著高于经过冷冻干燥的样品 (10.46 μg/mg 和 14.59 μg/mg)。在冷冻干燥的样品中，干燥前对 BMPs 进行不同的预处理，抗体的连接效率有所不同，在液氮中 (–196℃) 冻 5 h，BMPs 上连接 14.59 μg 抗体，显著高于在–70℃和–20℃预处理的抗体 (10.47 μg/mg 和 10.46 μg/mg)。–70℃与–20℃预处理的样品之间的抗体连接效率没有显著差别。无论采用哪种形式的预处理，进行冷冻干燥后，抗体的连接效率都显著降低。在液氮中预处理的 BMPs 上抗体的连接效率降低了 36.42%；而在–70℃和–20℃预处理的样品中，抗体的连接效率分别降低了 54.38%和 54.42%，表明预处理和冷冻干燥对 BMPs 上的膜有一定程度的伤害，致使抗体的连接效率降低。

(二) 室温 (15℃) 与 4℃下反应对抗体连接效率的影响

不同的反应时间抗体的连接效率不同，在两种温度下反应时间分别为 9 h、18 h 和 24 h，实验结果如图 1 所示。

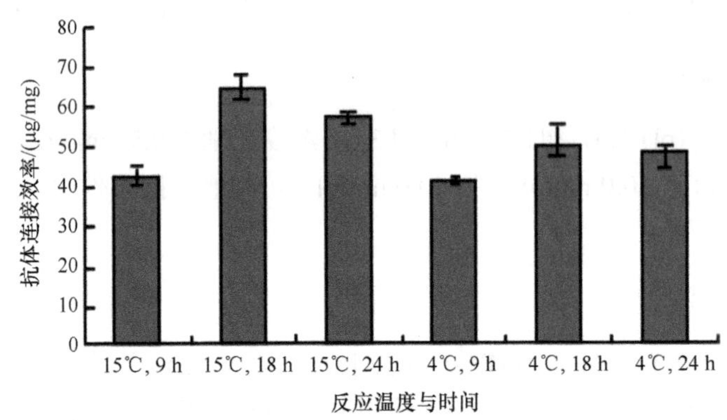

图 1　室温(15℃)和 4℃下不同反应时间抗体连接效率

由图 1 得知，在室温下连接抗体到 BMPs 时，反应时间持续 18 h，抗体的连接效率最高，为 64.06 μg/mg，显著高于反应 9 h (42.58 μg/mg)，和反应 24 h (57.39 μg/mg) 没有显著区别；反应超过 18 h，随着反应时间的增加，抗体的连接效率并没有增加。在 4℃反应时，其抗体连接效率在 18 h 最高，为 49.08 μg/mg，延长反应时间到 24 h，连到 BMPs 上的抗体量变化不显著。但反应 18 h 和 24 h 抗体的连接效率都显著高于反应 9 h。在相同的反应时间内，除了反应 9 h 外，当反应时间分别为 18 h 和 24 h，室温下反应时抗体的连接效率分别显著高于 4℃。

(三) BMPs 用量和抗体用量对抗体连接效率的影响

当 BMPs 用量为 0.1~5.0 mg，抗体用量为 10~300 μg 时，BMPs 用量和抗体用量对抗体连接效率的影响如表 3 所示。

表 3　BMPs 和抗体用量对抗体连接效率的影响

细菌磁小体/mg	抗体/μg			
	10	50	200	300
5.0	1.35i	5.05hi	11.12ghi	19.21ghi
2.5	1.86i	7.10hi	22.29ghi	34.55ghi
1.0	2.21i	20.54ghi	53.46efgh	87.06ef
0.5	6.48hi	39.11fghi	100.92e	169.60d
0.1	29.17ghi	163.2od	405.07b	762.37a

注：相同字母表示无差异

由表 3 得知，在同一 BMPs 用量的情况下，随着反应体系中抗体量的增加，每毫克 BMPs 上连接抗体量增加，即抗体连接效率增加。在同一抗体用量的情况下，随着 BMPs 用量的减少，抗体连接效率提高。例如，抗体用量为 10 μg，BMPs 用量由 5 mg 降到 0.1 mg 时，抗体的连接效率则由 1.35 μg/mg 增加到 29.17 μg/mg。所以，抗体和 BMPs 的比例越大，抗体的连接效率越高。当抗体 300 μg∶BMPs 0.1 mg 时，连接效率达 762.37 μg 抗体/mg 磁小体。

(四) 缓冲液对抗体连接的影响

在连接抗体的反应体系中，缓冲液的种类对抗体连接效率有一定的影响。几种含有抗体和 BMPs 的缓冲液于室温下 (23℃) 反应 18 h，抗体的连接效率因缓冲液的种类不同而异 (表 4)。

表 4　缓冲液对抗体连接效率的影响

编号	缓冲液 (10 mmol/L)	抗体连接效率/(μg/mg)
1	HEPES, pH 7.4	64.41±4.61b
2	HeBS, pH 7.4	54.43±2.01c
3	Tris-Cl, pH 7.4	67.87±2.44b
4	MOPS, pH 7.2	69.49±3.93b
5	VBS, pH 7.4	52.83±3.88c
6	Na_3PO_4, pH 5.6	89.52±1.69a
7	$Na_3C_6H_5O_7$, pH 4.5	90.83±1.64a
CK	PBS, pH 7.4	46.28±0.58c

注：相同字母表示无差异

由表 4 看出，当 10 mmol/L Na_3PO_4 (pH5.6) 和 10 mmol/L $Na_3C_6H_5O_7$ (柠檬酸钠) (pH 4.5) 作为连接体系的溶液时，抗体的连接效率较高，分别为 89.52 μg/mg 和 90.83 μg/mg。然后是 10 mmol/L MOPS (pH 7.2)、10 mmol/L Tris-HCl (pH 7.4) 和 10 mmol/LHEPES (pH 7.4)。由此实验可知，无论缓冲液是有机的还是无机的，都可以作为抗体与 BMPs 的连接溶液。

(五) 溶液 pH 与抗体连接效率

溶液的 pH 对抗体的连接效率有很大的影响 (图 2)，并且不同的溶液中在抗体连接效率达到最高时的pH不同。当10 mmol/L HEPES作为连接体系的溶液时，pH 3.5时抗体的连接效率最高，为98.23 μg/mg；而10 mmol/L Na_3PO_4溶液，pH 5.6时抗体的连接效率最高，为84.85 μg/mg。pH高于或低于各自溶液抗体连接效率达到最大值的pH时，抗体的连接效率都比较低。说明每种溶液都有自身最适宜的pH从而使抗体的连接效率达到最高。

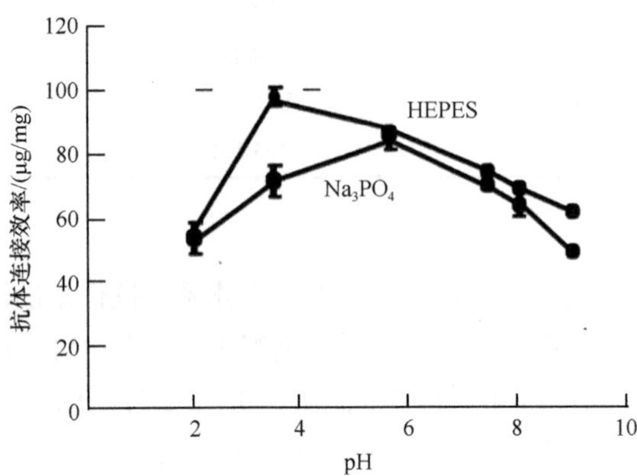

图2　HEPES和Na_3PO_4的pH对抗体连接效率的影响

(六) 溶液浓度与抗体的连接效率

抗体连接体系中的溶液浓度对抗体的连接效率有很大的影响 (图3)。当HEPES (pH 3.5) 的浓度为20 mmol/L时，抗体的连接效率最高，为108.01 μg/mg；而Na_3PO_4 (pH 5.6) 浓度为5 mmol/L时抗体的连接效率 (76.78 μg/mg) 最高。

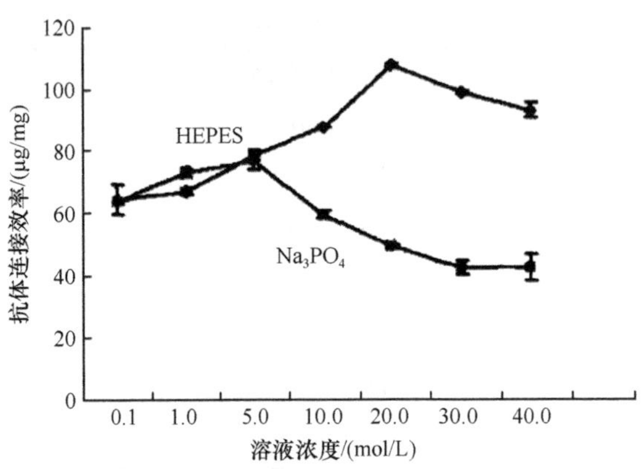

图3　HEPES和Na_3PO_4浓度对抗体连接效率的影响

(七) 蛋白质电泳定性检测

连有抗体的BMPs用PBS洗涤4次，然后由SDS-PAGE定性检测，浓缩胶的浓度为5%，分离胶的浓度为12%，采用考马斯亮蓝R-250染色，其结果如图4所示。

图4表明，泳道2和6为没有连接抗体的BMPs上的膜蛋白，没有出现和标准抗体 (泳道3) 相同大小的带型；而泳道1和5是连有抗体的BMPs上的膜蛋白，出现了和标准抗体相同大小的带型 (泳道3)，说明抗体连接到了BMPs膜上。

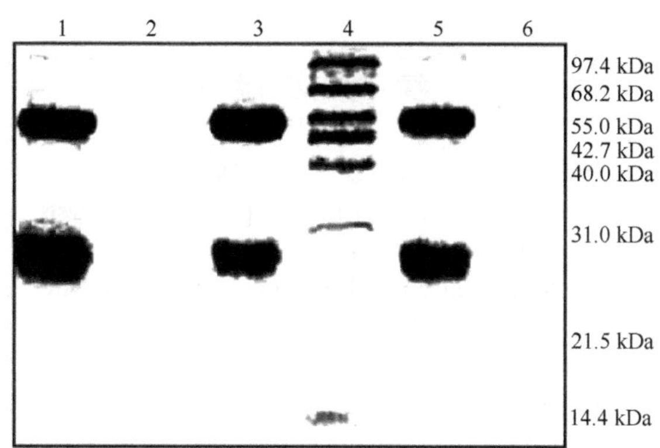

图 4　连有抗体的 BMPs 电泳图

1、5. 连有抗体的 BMPs；2、6. 没有连接抗体的 BMPs；3. 标准抗体；4. 蛋白质 marker

三、讨论

前人 (Nakamura and Matsunaga, 1993; Nakamura *et al*., 1993; Matsunaga *et al*., 1996) 是在 4℃静置 12 h 连接抗体的。而本研究表明，抗体和 BMPs 混合液所处的环境温度与反应所用的时间对抗体的连接效率有一定的影响。在一定的反应时间和反应温度内，较高温度下抗体连接效率也较高 (图 1)。如反应 18 h 和 24 h，在室温下 (15℃) 的抗体连接效率显著高于相应反应时间内 4℃条件。相对高的温度使抗体和 BMPs 在溶液中相互接触的概率加大，有利于反应的进行，致使抗体的连接效率增加。

BMPs 属于纳米级的颗粒，具有很大的表面积体积比 (Matsunaga, 1991)。在 1 ml 连接体系中，BMPs 的用量越多，它们相互聚集在一起的概率越大。使表面积相对减少，从而使连接到 BMPs 上的抗体量减少，致使抗体的连接效率降低。但在同一 BMPs 用量的情况下，抗体量越多，处于每个 BMP 周围的抗体量也越多，抗体连接到 BMPs 上的概率越大，抗体的连接效率越高 (表 3)。如本研究中，当抗体用量增加到 300 μg/ml，BMPs 的用量减少到 0.1 mg/ml 时，抗体的连接效率达 762.37 μg/mg。

从羊抗兔抗体连接到 BMPs 的研究得知，多种溶液可以作为抗体与 BMPs 连接反应的缓冲液，并且不同的溶液有各自达到抗体连接效率最高时的 pH 和浓度。不同的缓冲液所含成分有所不同，甚至 pH 有所不同，从而对抗体和 BMPs 的相互接触有一定的影响而使抗体的连接效率不同。在一些研究中，将抗体连接到 BMPs 所采用的缓冲液为 PBS (Nakamura and Matsunaga, 1993; Nakamura *et al*., 1993; Matsunaga *et al*., 1996, 1999; Tanaka and Matsunaga, 2000)。从本研究采用的 8 种缓冲液的抗体连接效率得知，除了缓冲液 HeBS、VBS 和 PBS 没有显著区别之外，其他几种 (HEPES、Tris-HCl、MOPS、Na_3PO_4 和 $Na_3C_6H_5O_7$) 都显著高于 PBS。在对 HEPES 和 Na_3PO_4 不同浓度和不同 pH 对抗体连接效率的研究表明，不同的溶液有各自使抗体连接效率达到最高值的 pH 和浓度。

由此看来，影响抗体连接到 BMPs 上的环境条件是多方面的，不仅连接温度、时间，而且 BMPs、抗体用量及反应体系中采用的缓冲液种类、浓度、pH 以及对 BMPs 是否进行其他处理等，都会影响抗体连接效率。BMPs 的特点决定了它在免疫检测中具有检测灵敏度高的优势。但是，有关影响抗体连接到 BMPs 的环境条件研究很少，并且缺乏系统性。所以，本研究探讨了抗体与 BMPs 的结合条件，提高了抗体的连接效率，也促进了 BMPs 在免疫检测中的应用，并为从事 BMPs 应用研究的人士提供一些参考。

参考文献

Blakemore R P. 1975. Magnetotactic bacteria. Science, 190(4212): 377-379.

Grünberg K, Müller E C, Otto A, *et al.* 2004. Biochemical and proteomic analysis of the magnetosome membrane in *Magnetospirillum gryphiswaldense*. Appl Environ Microbiol, 70(2): 1040-1050.

Kuhara M, Takeyama H, Tanaka T, *et al.* 2004. Magnetic cell separation using antibody binding with protein A expressed on bacterial magnetic particles. Anal Chem, 76(21): 6207-6213.

Matsunaga T. 1991. Applications of bacterial magnets. Trends Biotechnol, 9(3): 91-95.

Matsunaga T, Kamiya S. 1987. Use of magnetic particles isolated from magnetotactic bacteria for enzyme immobilization. Appl Microbiol Biotech, 26(4): 328-332.

Matsunaga T, Kawasaki M, Yu X. 1996. Chemiluminescence enzyme immunoassay using bacterial magnetic particles. Anal Chem, 68(2): 3551-3554.

Matsunaga T, Nakayama H, Okochi M, *et al.* 2001. Fluorescent detection of cyanobacterial DNA using bacterial magnetic particles on a MAG-microarray. Biotech Bioeng, 73(5): 400-405.

Matsunaga T, Sato R, Kamiya S. 1999. Chemiluminescence enzyme immunoassay using protein A-bacterial magnetic complex. Journal of Magnetism and Magnetic Material, 194(1-3): 126-131.

Nakamura N, Burgess J G, Yagiuda K. 1993. Detection and removal of *Escherichia coli* using fluorescein isothiocyanate conjugated monoclonal antibody immobilized on bacterial magnetic particles. Anal Chem, 65(15): 2036-2039.

Nakamura N, Matsunaga T. 1993. Highly sensitive detection of allergen using bacterial magnetic particles. Analytica Chimica Acta, 281(3): 585-589.

Ota H, Takeyama H, Nakayama H, *et al.* 2003. SNP detection in transforming growth factor-β1 gene using bacterial magnetic particles. Biosens Bioelectron, 18(5-6): 638-687.

Sode K, Kudo S, Sakaguchi T. 1993. Application of bacterial magnetic particles for highly selective messenger-RNA recovery system. Biotech Tech, 7(9): 688-694.

Tanaka T, Matsunaga T. 2000. Fully automated chemiluminescence immunoassay of insulin using antibody-protein A-bacterial magnetic particle complexes. Anal Chem, 72(15): 3518-3522.

Tanaka T, Matsunaga T. 2001. Detection of HbA1c by boronate affinity immunoassay using bacterial magnetic particles. Biosens Bioelectron, 16(9-12): 1089-1094.

Tanaka T, Yamasaki H, Tsujimura N, *et al.* 1997. Magnetic control of bacterial magnetite-myosin conjugate movement on actin cables. Materials Science and Engineering C, 5(2): 121-124.

Yoshino T, Tanaka T, Takeyama H, *et al.* 2003. Single nucleotide polymorphism genotyping of aldehyde dehydrogenase 2 gene using a single bacterial magnetic particle. Biosens Bioelectron, 18(5-6): 661-666.

Yoza B, Arakaki A, Matsunaga T. 2003. DNA extraction using bacterial magnetic particles modified with hyperbranched polyamidoamine dendrimer. J Biotechnol, 101(3): 219-228.

Yoza B, Matsumoto M, Matsunaga T. 2002. DNA extraction using modified bacterial magnetic particles in the presence of amino silane compound. J Biotechnol, 94(3): 217-224.

本文原载：农业生物技术学报，2006，14(3)：423-428.

磁螺菌 MSR-1 磁小体缺失突变株 NM21 Tn*5* 侧翼序列的克隆及功能分析*

李峰[1,2]，李颖[1]，姜伟[1]，王珍芳[1]，李季伦[1]

(1. 中国农业大学生物学院农业生物技术国家重点实验室，北京，100193；2. 淮北煤炭师范学院生命科学学院和资源植物生物学安徽省重点实验室，安徽，淮北，235000)

摘要

利用 *mini-Tn5 lacZ*2 对磁螺菌 (*Magnetospirillum gryphiswaldense*) MSR-1 进行转座插入突变，获得磁小体缺失突变株 NM21。通过锚定 PCR (anchored PCR) 从 NM21 中克隆出 Tn*5* 插入位点的侧翼序列，获得长 3073 bp 的 DNA 片段，其中含有 3 个可读框 (open reading frame，ORF)，Tn*5* 插入在 ORF1 中。互补实验证明该片段与磁小体合成相关。对 ORF1 编码的蛋白进行同源比较和功能分析，发现 ORF1 编码的蛋白中部有 4 个跨膜螺旋，与其同源性较高的序列全部为二价阳离子转运蛋白。BLAST 软件分析表明 ORF1 编码的蛋白具有 COG0053 和 PRK09509 结构域，与 FieF 和 MMT1 等二价阳离子转运蛋白家族阳离子扩散促进子 (cation diffusion facilitator，CDF) 有相同的结构域，推测其为磁小体膜上 Fe^{2+} 的转运蛋白，该蛋白可能在由磁小体的合成而去除 Fe^{2+} 对细胞毒害的过程中起着重要作用。

关键词

Magnetospirillum gryphiswaldense，磁小体缺失突变株，基因克隆，功能分析，Fe^{2+} 转运蛋白。

趋磁细菌 (magnetotactic bacteria) 在微氧条件下能在细胞内合成纳米级、链状排列、具有外膜包被的 Fe_3O_4 的磁颗粒 (Blakemore, 1975; Schleifer *et al*., 1991)，统称磁小体 (magnetosome)。磁小体的生理功能及其合成的分子机制已成为磁生物学研究的重要课题。

Nakamura 等 (1995) 从无磁性突变株中分离出一个名为 *magA* 的基因，它的表达受环境铁浓度调节，其编码的 MagA 是一个膜蛋白，不仅位于磁小体膜上，也存在于细胞质膜上，它与铁的转运有关。2003 年，Arakaki 等从 *M. magneticum* AMB-1 磁小体膜上分离出 Mms6，推测其功能是捕获铁离子、参与磁小体晶核的形成 (Arakaki *et al*., 2003)。同年，Wahyudi 等 (2003) 也从该菌的无磁性 Tn*5* 插入突变株 NMA21 中分离出一个基因，其编码的蛋白 (约 66 kDa) 与激烈热球菌 (*Pyrococcus furiosus*) 的乙醛铁氧还蛋白氧化还原酶 (aldehyde ferredoxin oxidoreductase，AOR) 高度同源，将该基因命名为 *aor*。他们推测 AOR 是通过硝酸盐呼吸作用还原铁而参与磁小体晶体的形成。Komeili 等 (2004) 报道，*M. magneticum* AMB-1 磁小体是先形成泡囊，之后在其中合成磁性颗粒，囊泡的生成及其在细胞中的定位

*本工作由国家自然科学基金面上项目 (编号：30570023) 和安徽省淮北市科研计划项目 (编号：070140) 资助。

受控于 MamA 蛋白。

Schübbe 等 (2003) 获得 *M. gryphiswaldense* MSR-1 的无磁性自发突变株 MSR-1B 缺失的 80 kb 的大片段，其中含有推测的磁小体合成基因岛。Grünberg 等 (2004) 和 Schüler (2004) 通过生物化学及蛋白质组学方法进一步分析了磁小体膜蛋白，发现这些磁小体膜蛋白基因的 ORF 都包含在推测的磁小体合成基因岛中的 *mamAB*、*mamDC* 和 *mms6* 基因簇中。李峰等 (2004) 利用 Tn*5* 插入突变克隆出 5045 bp 的 DNA 片段，含有 6 个 ORF，Tn*5* 插入在 ORF4 中。功能互补实验证明该片段与磁小体的合成有关。ORF4 编码的蛋白与趋化蛋白 CheYIII 的同源性为 25.9% (30/116)，且具有与 CheYIII 相同的接收磷酸基团的 REC 结构域，因此推测 ORF4 编码的蛋白可能参与磁小体合成过程中的某种 (低氧分压或铁离子浓度) 信号的转导。Scheffel 等 (2006) 从 *M. gryphiswaldense* MSR21 中分离出 MamJ 蛋白,可能的功能是将空的磁小体囊泡沿着细胞骨架微丝定位于细胞中部。同年，Komeili 等 (2006) 分离出细胞骨架蛋白 MamK，MamK 蛋白由 *mamAB* 基因簇中的 *mamK* 基因编码，MamK 蛋白的亚细胞定位发现 MamKGFP 融合蛋白几乎沿着内曲面呈直线排列，延伸贯穿细胞大部。结果表明，趋磁细菌能利用类肌动蛋白细胞骨架丝在胞内定位细胞器结构。*M. magneticum* AMB-1 和 *Magnetococcus* sp. MC-1 全基因组序列已测序完成。尽管目前能确定一些与磁小体合成有关的基因和蛋白，但它们在磁小体合成过程中所起的确切作用尚有待进一步研究确证，所以，人们对磁小体合成的分子机制仍知之甚少。对已获得的基因和蛋白进行功能鉴定及继续寻找与磁小体合成有关基因仍是磁小体合成分子机制研究的重点。

为研究磁小体合成的分子机制，前期通过接合转座已获得磁小体缺失突变株 NM21，采用锚定 PCR 法从 NM21 中克隆出长 3073 bp 的 DNA 片段。功能互补实验证明该片段与磁小体的合成有关。该片段含有 3 个 ORF，Tn*5* 插入在 ORF1 中。对 ORF1 编码的蛋白进行同源比较和功能分析，推测其为磁小体膜上 Fe^{2+}的转运蛋白，可能担负着向磁小体膜内转运 Fe^{2+}的功能，从而解除 Fe^{2+}对细胞的毒害作用。

一、材料和方法

(一) 材料

菌株与质粒如表 1 所示。磁铁 (钕铁硼，12 mm×2 mm，0.12 T) 购自北京吉华磁性材料厂。

表 1　菌株及质粒

菌株及质粒	表型及基因型	来源或文献
菌株		
M. gryphiswaldense MSR-1	野生型	Schleifer *et al*., 1991
NM21	*M. gryphiswaldense* MSR-1 无磁性突变株	李峰等, 2004
NM21 C	NM21 的功能互补株，含 pRK40421	本文
E. coli		
JM109	*HsdR17 endA1 Recal thi gyrA96 relA1 recA1 supE44* $\lambda^-\Delta$ (*lac-proAB*), [F', *traD36*, *proA*$^+$*B*$^+$, *lacI*^{q}*Z*Δ*M15*]	本实验室保存
S17-1	Sm^r, RP4-2 (Tc::Mu) (Km::Tn7), Pro, *res*$^-$*mod*$^+$	本实验室保存
DH 5α	为 *lacZ* α 互补重组质粒宿主	本实验室保存
质粒		
pUC18 (19)	2.68 kb 克隆和测序载体, Ap^r	本实验室保存
pGEM-T easy vector	PCR 克隆和测序载体, 3.0 kb, Ap^r	Promega
pRK404	11.2 kb IncP-1 (RK2) Tc^r *lacZ*	本实验室保存
pGEM-T easy P4	pGEM-T easy，含 1.645 kb 的 D 片段, Ap^r	本文
pGEM-T easy P5	pGEM-T easy，含 1.644 kb 的 E 片段, Ap^r	本文
pUC1821	pUC18 *lacZ Pst* I，*Hind* III 位点含 3073 bp 的片段，Ap^r	本文
pRK40421	pRK404 *lacZ Pst* I，*Hind* III 位点含 3073 bp 的片段，Tc^r	本文

(二) 菌株的培养

M. gryphiswaldense MSR-1 野生株接种于乳酸钠培养基，30℃培养 (李峰等, 2004)；培养无磁性突变株 NM21 的乳酸钠培养基含 5 μg/ml 卡那霉素。

(三) 锚定 PCR 法克隆 Tn*5* 侧翼序列

采用锚定 PCR 法克隆出 Tn*5* 侧翼序列 (李峰等, 2004)，过程如下。D 片段的克隆：用不能酶切 *mini-Tn5 lacZ*2 的 *Pst* I 酶切 NM21 的基因组 DNA，回收 8.5~10.5 kb 的片段；用 *Eco*R I、*Pst* I 酶切 pUC19，并回收大片段，将两者连接后作为模板，依据 *mini-Tn5 lacZ*2 和 pUC19 *Pst* I 位点下游的序列设计引物，primer 1 (5′-CAGAGCATTACGCTGACTT-3′)、primer 2 (5′-GAGTGAGCTGATACCGCT-3′)，进行 PCR，扩增出 D 片段，与 pGEM-T easy vector 连接，构建 pGEM-T easy P4 并测序。E 片段的克隆：用不能酶切 D 片段的 *Hin*d III 酶切 *M. gryphiswaldense* MSR-1 的基因组 DNA；用 *Eco*R I、*Hin*d III 酶切 pUC18，回收大片段；将两者连接后作为模板，依据 D 片段 *Not* I 位点下游和 pUC18 *Hin*d III 位点上游的序列设计一对引物，primer 3 (5′-TTTCCCAGTCACGACGTT-3′)、primer 4 (5′-TGTCTGGCACCG TTATGA-3′)，进行 PCR，扩增出 E 片段，与 pGEM-T easy vector 连接，构建 pGEM-T Easy P5 并测序。*M. gryphiswaldense* MSR-1、突变株 NM21 总 DNA 的提取参照李峰等 (2004) 的文献。由上海博亚生物技术有限公司进行 DNA 序列的测定。用 DNAMAN、GeneMark、SMART 和 TMHMM Server 软件进行序列分析。

(四) 含 Tn*5* 侧翼序列的重组质粒 pRK40421 的构建

分别用相应的酶酶切含不同 PCR 产物的不同 pGEM-T easy 重组质粒，回收相应片段，连接后插入 pUC18 中，该含已拼接的 Tn*5* 侧翼序列的 pUC18 命名为 pUC1821。酶切 pUC1821，回收该侧翼片段，插入广宿主质粒 pRK404 中，命名为 pRK40421，将其转入 *E. coli* S17-1 中。

(五) 互补接合实验

以含 pRK40421 的 *E. coli* S17-1 为供体、NM21 为受体进行接合作用，按李峰等 (2004) 文献中的方法进行。以含 5 μg/ml 卡那霉素、5 μg/ml 四环素的乳酸钠-谷氨酸钠抗性平板筛选接合子，将含 pRK40421 的功能互补株命名为 NM21C。根据 pRK40421 中四环素抗性基因的一段序列设计引物，对 NM21C 进行菌落 PCR，以验证功能互补株 NM21C 含有 pRK40421。

(六) 功能互补株 NM21C 的磁性检测

将含 pRK40421 的功能互补株 NM21C 进行液体培养，磁铁吸附检测其磁性，电镜观察其有无磁小体，按李峰等 (2004) 文献中的方法进行。

二、结果

(一) 转座子 Tn*5* 插入位点侧翼序列的克隆

采用锚定 PCR 法分别获得 D、E 两个片段，D 片段经测序并除去引物后，得到一个 1645 bp 的片段。E 片段经测序并除去引物后，得到一个 1644 bp 的 E1 片段。D 片段除去与 E1 重复的序列后，得到 D1 片段，如图 1 所示。

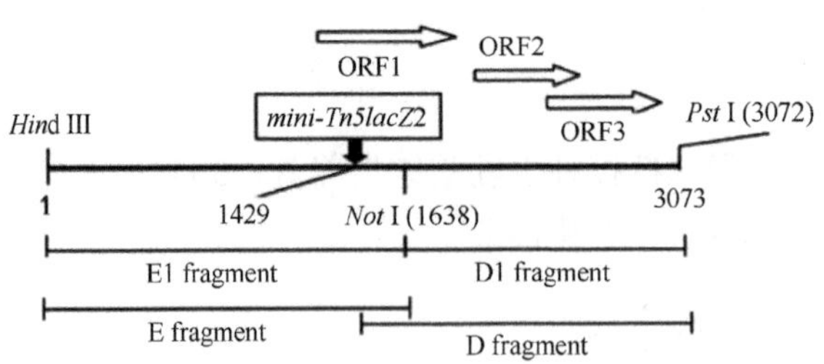

图 1　3073 bp 片段中 ORF 及 Tn*5* 插入位点示意图

(二) 侧翼序列中 ORF 及 Tn*5* 插入位点的分析

D、E 片段经拼接后，得到一长为 3073 bp 的片段。用 DNAMAN 及 GeneMark (http://opal.biology.gatech.edu/GeneMark/gmhmm2_prok.cgi) 软件分析，该片段含 3 个 ORF，Tn*5* 插在 ORF1 的内部 1428~1429 bp 处，如图 1 所示。该 3073 bp 序列已在 GenBank 注册，号码为 FJ498790。对 3073 bp 片段的全序列进行同源性比较，发现该片段与 *M. magnetotacticum* MS-1 具有很高的同源性。从 857 bp 到 2890 bp (ORF1~ORF3) 与 *M. magnetotacticum* MS-1 上含预测的 Co/Zn/Cd 阳离子转运蛋白的序列及其后面的非编码区的 2.0 kb 左右片段同源性为 85%。

(三) 3073 bp 片段中 ORF 编码蛋白的同源性分析

通过对 ORF 编码蛋白的同源性进行 BLAST，结果为：ORF1 编码的蛋白 (320aa)：与 *M. magnetotacticum* 长为 305aa 的预测 Co/Zn/Cd 转运蛋白的同源性为 35.7% (97/272)；ORF2 编码的蛋白 (117aa) 与 *Magnetococcus* sp. MC-1 长为 759aa 的甲基受体趋化蛋白的同源性为 40.3% (31/77)；ORF3 编码的蛋白 (110aa) 与 *M. gryphiswaldense* 长为 84aa 的未知蛋白的同源性为 40.5% (30/74)。

(四) ORF1 编码蛋白的跨膜结构及保守性结构域分析

应用 TMHMM Server (http://www.cbs.dtu.dk/services/TMHMM-2.0/) 和 SMART 软件 (http://smart.embl-heidelberg.de/) 对 ORF1 编码蛋白进行跨膜分析，结果表明该蛋白共有 4 个跨膜结构，C 端、N 端在膜外。4 个跨膜螺旋分别位于 79~98aa、108~130aa、158~177aa、181~199aa 处 (图 2)。通过 BLAST 对 ORF1 编码的蛋白进行保守性结构域分析，发现 ORF1 编码的蛋白具有 COG0053 和 PRK09509 结构域，FieF 和 MMT1 等二价阳离子转运蛋白家族 CDF 有相同的结构域。

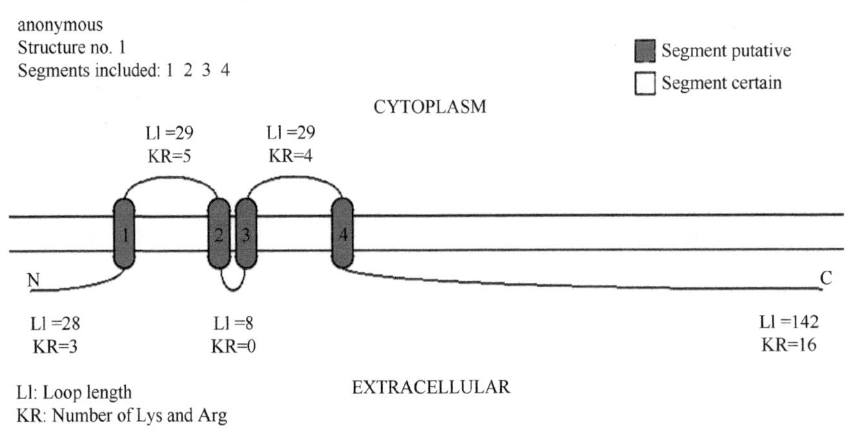

图 2　ORF1 编码蛋白的跨膜示意图

(五) 含 3073 bp 片段的重组质粒 pRK40421 的构建

该 3073 bp 片段含 3 个 ORFs。推测的 ORF1 的启动子尚未确证，ORF1~ORF3 是否为一个操纵子尚未确定，所以选用该 3073 bp 片段的全长来进行功能互补实验。分别用相应的酶对 T-easy vector P4 和 T-easy vector P5 进行酶切，回收 D1 和 E1 片段，用 D1 和 E1 片段构建 pUC1821 和 pRK40421 (图 3)。以 pRK40421 作为模板，分别依 *Hind* III、*Not* I 上游序列和 *Pst* I 下游序列设计单引物进行测序，测序结果表明连接正确。

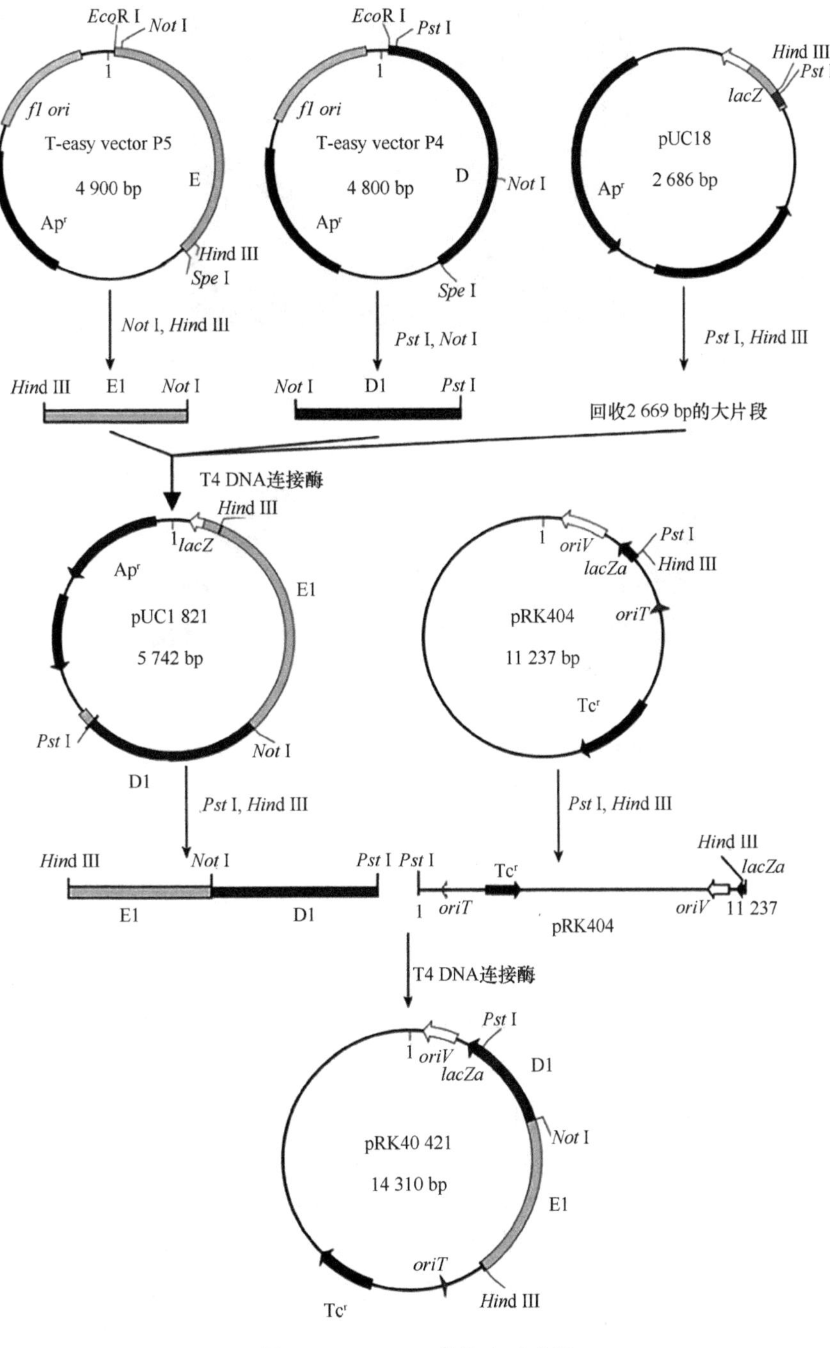

图 3　pRK40421 的构建示意图

(六) 基因的功能互补

用含 pRK40421 的 *E. coli* S17-1 与 NM21 进行接合作用，将在平板上长出的抗四环素、卡那霉素的单菌落进行菌落 PCR，该接合子即为功能互补株 NM21C。液体培养，磁铁吸附检测其磁性，发现 NM21C 培养物磁铁吸附处出现磁性斑点，而 NM21 磁铁吸附处没有磁性斑点。电镜下 NM21C 菌体内含有多个磁小体，而 NM21 中无磁小体 (图 4，图 5)。结果表明已出现互补现象。

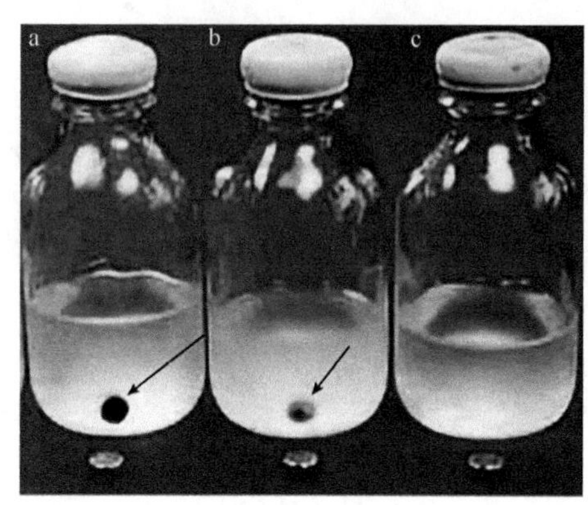

图 4　液体培养磁铁吸附法对 NM21C 的磁性检测 (箭头示磁性细胞聚集物)

a. MSR-1；b. NM21C；c. NM21

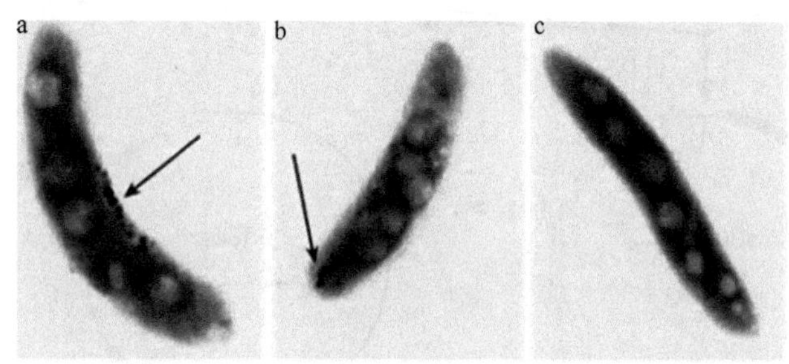

图 5　电镜检测 NM21C 的磁小体 (箭头示磁小体 40 000×)

a. MSR-1；b. NM21C；c. NM21

三、讨论

对于趋磁细菌磁小体合成机制的研究越来越受到人们的关注，它不仅涉及探讨菌株本身的生理功能，同时与生物矿化、磁生物学等领域也具有相关性。本实验采用 Tn*5* 随机插入获得无磁小体突变体的策略，通过分析突变位点的功能，寻找与磁小体合成相关的基因。实验证明，ORF1 被插入失活导致菌株不能合成磁小体。因此，ORF1 可被认为是该菌株合成磁小体不可缺少的基因之一。

BLAST 软件分析表明 ORF1 编码的蛋白具有 COG0053 和 PRK09509 结构域，与 FieF 和 MMT1 等二价阳离子转运蛋白家族 CDF 有相同的结构域 (Paulsen and Saier, 1997)。COG0053 为 Mmt1 蛋白的保守性结构域，Mmt1 为酿酒酵母 (*Saccharomyces cerevisiae*) 线粒体 Fe^{2+}等二价阳离子的转运蛋白 (Li and Kaplan, 1997; Lange *et al*., 1999)，从细胞质向线粒体内转运 Fe^{2+}等二价阳离子以降低其对酵母细胞的毒害作用，从而提高酵母对 Fe^{2+}等二价阳离子的忍耐性。PRK09509 为 FieF 蛋白的保守性结构域，FieF 为大肠杆菌 (*E. coli*) Fe^{2+}等二价阳离子的转运蛋白 (Grass *et al*., 2005)，主要功能是将 Fe^{2+}等二价阳离子运到细胞外以降低二价阳离子对细胞的毒害作用。因此推测 ORF1 编码的蛋白为 Fe^{2+}等二价阳离子的转运蛋白。Fe^{3+}是通过铁还原酶还原成 Fe^{2+}，并在 Fe^{2+}转运蛋白作用下运到胞内 (Lesuisse *et al.*, 1996; Matsunaga *et al.*, 2005)，磁小体在快速合成时，趋磁细菌利用 Fe^{3+}的速度几乎是大肠杆菌的 7 倍 (Frost and Rosenberg, 1973; Hancock *et al.*, 1977; Winkelmann, 1991; Schüler and Baeuerlein, 1996)，这势必在趋磁细菌中形成浓度很高的 Fe^{2+}，高浓度的 Fe^{2+}对细胞具有毒害作用 (Halliwell and Gutteridge, 1992; Schüler and Baeuerlein, 1996; Grass *et al.*, 2005)。因此 ORF1 编码的蛋白转运的二价阳离子应为 Fe^{2+}，主要是化解 Fe^{2+}对细胞的毒害作用。Tn 插入失活及互补实验也说明 ORF1 编码的蛋白转运的二价阳离子应为 Fe^{2+}，因为若为其他离子的转运蛋白，被插入失活后不会出现磁小体合成能力的缺失。

作为二价阳离子的转运蛋白，与金属离子结合部位一般都在蛋白的两端，ORF1 编码的蛋白中部有 4 个跨膜螺旋，C 端、N 端都在膜外 (图 2)，说明该蛋白是将 Fe^{2+}由膜外向膜内运输。ORF1 编码的蛋白若为细胞膜上 Fe^{2+}转运蛋白，被 Tn 插入失活后对磁小体的合成不会有太多影响 (Rong *et al.*, 2008)，而 ORF1 编码的蛋白被 Tn 插入失活后磁小体不能合成，互补实验后 NM21C 磁小体合成的表型恢复，这一实验结果说明 ORF1 编码的蛋白应在磁小体膜上，且应是从细胞质向磁小体膜内转运 Fe^{2+}等二价阳离子。

由此推测 ORF1 编码的蛋白为磁小体膜上 Fe^{2+}的转运蛋白，主要功能是将细胞质中的 Fe^{2+}转运到磁小体囊泡中，化解 Fe^{2+}对细胞的毒害作用。该蛋白可能在由磁小体的合成而去除 Fe^{2+}对细胞毒害的过程中起着重要作用。

互补实验是采用 3073 bp 全长片段进行的，ORF1~ORF3 是否为一个操纵子尚未确定，也无法排除由于 Tn*5* 插入的极性效应导致下游基因失活而致磁小体合成功能的缺失，因此 ORF1、ORF2 和 ORF3 在参与磁小体合成中的作用有待进一步研究。

参考文献

李峰, 李颖, 姜伟, 等. 2004. 趋磁螺菌遗传操作体系的建立及磁小体缺失突变株的筛选. 微生物学报, 44(4): 440-444.

Arakaki A, Webb J, Matsunaga T. 2003. A novel protein tightly bound to bacterial magnetic particles in *Magnetospirillum magneticum* strain AMB-1. J Biol Chem, 278(10): 8745-8750.

Blakemore R P. 1975. Magnetotactic bacteria. Science, 190(4212): 377-379.

Frost G E, Rosenberg H. 1973. The inducible citrate-dependent iron transport system in *Escherichia coli* K12. Biochim Biophys Acta, 330(1): 90-101.

Grass G, Otto M, Fricke B, *et al.* 2005. FieF (YiiP) from *Escherichia coli* mediates decreased cellular accumulation of iron and relieves iron stress, Arch Microbiol, 183(1): 9-18.

Grünberg K, Müller E C, Otto A, *et al.* 2004. Biochemical and proteomic analysis of the magnetosome membrane in *Magnetospirillum gryphiswaldense*. Appl Environ Microbiol, 70(2): 1040-1050.

Halliwell B, Gutteridge J M. 1992. Biologically relevant metal ion dependent hydroxyl radical generation. FEBS Lett, 307(1): 108-112.

Hancock R E W, Hantke K, Braun V. 1977. Iron transport in *Escherichia coli* K 12: 2, 3-dihydroxybenzoate-promoted iron uptake. Arch Microbiol, 114(3): 231-239.

Komeili A, Li Z, Newman D K, *et al.* 2006. Magnetosomes are cell membrane invaginations organized by the actin-like protein MamK. Science, 311(5758): 242-245.

Komeili A, Vali H, Beveridge T J, *et al.* 2004. Magnetosome vesicles are present before magnetite formation, and MamA is required for their activation. Proc Natl Acad Sci USA, 101(1): 3839-3844.

Lange H, Kispal G, Lill R. 1999. Mechanism of iron transport to the site of heme synthesis inside yeast mitochondria, J Biol Chem, 274(27): 18989-18996.

Lesuisse E, Casteras-Simon M, Labbe P. 1996. Evidence for the *Saccharomyces cerevisiae* ferrireductase system being a multicomponent electron transport chain. J Biol Chem, 271(23): 13578-13583.

Li F, Li Y, Jiang W, *et al.* 2005. Cloning and functional analysis of the sequences flanking *mini-Tn5* in the magnetosomes deleted mutant NM4 of *Magnetospirillum gryphiswaldense* MSR-1. Sci China Ser C-Life Sci, 48(6): 574-584.

Li L T, Kaplan J. 1997. Characterization of two homologous yeast genes that encode mitochondrial iron transporters. J Biol Chem, 272(45): 28485-28493.

Matsunaga T, Okamura Y, Fukuda Y, *et al.* 2005. Complete genome sequence of the facultative anaerobic magnetotactic bacterium *Magnetospirillum* sp. strain AMB-1. DNA Research, 12(3): 157-166.

Nakamura C, Burgess J G, Sode K, *et al.* 1995. An iron-regulated gene, *magA*, encoding an iron transport protein of *Magnetospirillum* sp. AMB-1. J Biol Chem, 270(47): 28392-28396.

Paulsen I T, Saier M H J. 1997. A novel family of ubiquitous heavy metal ion transport proteins. J Membr Biol, 156(2): 99-103.

Rong C B, Huang Y J, Zhang W J, *et al.* 2008. Ferrous iron transport protein B gene (*feoB*1) plays an accessory role in magnetosome formation in *Magnetospirillum gryphiswaldense* strain MSR-1. Res Microbiol, 59(7-8): 530-536.

Scheffel A, Gruska M, Faivre D, *et al.* 2006. An acidic protein aligns magnetosomes along a filamentous structure in magnetotactic bacteria. Nature, 440(7080): 110-114.

Schleifer K H, Schüler D, Spring S, *et al.* 1991. The genus *Magnetospirillum* gen. nov., description of *Magnetospirillum gryphiswaldense* sp. nov., and transfer of *Aquaspirillum magnetotacticum* to *Magnetospirillum magnetotacticum* comb. nov. Syst Appl Microbiol, 14(4): 379-385.

Schübbe S, Kube M, Scheffel A, *et al.* 2003. Characterization of a spontaneous nonmagnetic mutant of *Magnetospirillum gryphiswaldense* reveals a large deletion comprising a putative magnetosome island. J Bacteriol, 185(19): 5779-5790.

Schüler D. 2004. Molecular analysis of a subcellular compartment: the magnetosome membrane in *Magnetospirillum gryphiswaldense*. Arch Microbiol, 181(1): 1-7.

Schüler D, Baeuerlein E. 1996. Iron-limited growth and kinetics of iron uptake in *Magnetospirillum gryphiswaldense*. Arch Microbiol, 166(5): 301-307.

Wahyudi A T, Takeyama H, Okamura Y, *et al.* 2003. Characterization of aldehyde ferredoxin oxidoreductase gene defective mutant in *Magnetospirillum magneticum* AMB-1. Biochem Biophys Res Commun, 303(1): 223-229.

Winkelmann G. 1991. Specificity of iron transport in bacteria and fungi. *In*: Winkelmann G. CRC Handbook of Microbial Iron Chelates. Boca Raton: CRC Press: 65-106.

本文原载：科学通报，2009，54(1)：1-6.

Large-scale Production of Magnetosomes by Chemostat Culture of *Magnetospirillum gryphiswaldense* at High Cell Density*

Yang Liu [1], Ruiguo Li [2], Fangfang Guo [1], Wei Jiang [1], Ying Li [1], Jilun Li [1]

(1. State Key Laboratories for Agro-biotechnology and College of Biological Sciences, China Agricultural University, Beijing, 100193, China; 2. China National Center for Biotechnology Development, Beijing, 100036, China)

Abstract

Background: Magnetotactic bacteria have long intrigued researchers because they synthesize intracellular nano-scale (40~100 nm) magnetic particles composed of Fe_3O_4, termed magnetosomes. Current research focuses on the molecular mechanisms of bacterial magnetosome formation and its practical applications in biotechnology and medicine. Practical applications of magnetosomes are based on their ferrimagnetism, nanoscale size, narrow size distribution, dispersal ability, and membrane-bound structure. However, the applications of magnetosomes have not yet been developed commercially, mainly because magnetotactic bacteria are difficult to cultivate and consistent, high yields of magnetosomes have not yet been achieved.

Results: We report a chemostat culture technique based on pH-stat feeding that yields a high cell density of *Magnetospirillum gryphiswaldense* strain MSR-1 in an auto-fermentor. In a large-scale fermentor, the magnetosome yield was significantly increased by adjusting the stirring rate and airflow which regulates the level of dissolved oxygen (DO). Low concentration of sodium lactate (2.3 mmol/L) in the culture medium resulted in more rapid cell growth and higher magnetosome yield than high concentration of lactate (20 mmol/L). The optical density of *M. gryphiswaldense* cells reached 12 $OD_{565\ nm}$ after 36 h culture in a 42 L fermentor. Magnetosome yield and productivity were (83.23±5.36) mg/L (dry weight) and 55.49 mg/(L·d), respectively, which were 1.99 and 3.32 times higher than the corresponding values in our previous study.

Conclusions: Compared to previously reported methods, our culture technique with the MSR-1 strain significantly increased cell density, cell yield, and magnetosome yield in a shorter time window and thus reduced the cost of production. The cell density and magnetosome yield reported here are the highest so far achieved with a magnetotactic bacteria. Refinement of this technique will enable further increase of cell density and magnetosome yield.

1. Background

Magnetotactic bacteria, first described by Richard Blakemore (Blakemore, 1975), have long intrigued

*This work was supported by the Chinese High Technology Research and Development Program (No. 2006AA02Z233, 2007AA021805) and Chinese National Science Foundation Program (No. 30570023).

researchers because they synthesize intracellular nano-scale (40~100 nm) magnetic particles composed of Fe_3O_4, termed magnetosomes. The extensively studied strains of magnetotactic bacteria include *Magnetospirillum gryphiswaldense* MSR-1, *M. magnetotacticum* MS-1, *M. magneticum* AMB-1, *Magnetococcus* sp. MC-1, and magneto-ovoid strain MO-1(Frankel *et al.*, 1997; Schüler, 1999; Bazylinski and Frankel, 2000, 2004; Lefèvre *et al.*, 2009). Interestingly, a variety of higher organisms, including bees (Gould *et al.*, 1978), algae (de Araujo *et al.*, 1986), pigeons (Walcott *et al.*, 1979), eels (Kirschvink, 1997), and humans (Dunn *et al.*, 1995), are also capable of synthesizing intracellular magnetite. The formation and physiological function of magnetic crystals in these organisms are not known. However, thorough understanding of bacterial magnetosome formation will serve as a model to uncover the mechanism of magnetosome formation and function in other species.

Current research focuses on the molecular mechanisms of bacterial magnetosome formation (Jogler *et al.*, 2009) and its practical applications in biotechnology and medicine (Xie *et al.*, 2009). Complete or partial genomes of *M. magnetotacticum* MS-1, *M. gryphiswaldense* MSR-1, *M. magneticum* AMB-1, *Magnetococcus sp.* MC-1and magneto-ovoid strain MO-1 have been published (Matsunaga *et al.*, 2005; Jogler *et al.*, 2009). Functional analysis of several genes involved in magnetosome formation, *e.g.*, *mamJ*, *mamK*, *magA* (Nakamura *et al.*, 1995; Matsunaga *et al.*, 2000; Komeili *et al.*, 2004, 2006; Schüler, 2004, 2008; Pradel *et al.*, 2006; Scheffel *et al.*, 2008; Jogler *et al.*, 2009) have revealed the roles of membrane associated proteins in transport and biomineralization processes required for the assembly of magnetosomes.

Practical applications of magnetosomes are based on their ferrimagnetism, nanoscale size, narrow size distribution, dispersal ability, and membrane-bound structure (Xie *et al.*, 2009). Bacterial magnetosomes have been used experimentally as carriers of enzymes (Matsunaga and Kamiya, 1987), antibodies (Nakamura and Matsunaga, 1993; Matsunaga *et al.*, 1999) for highly sensitive immunoassay, and as efficient sorbents for isolation and purification of DNA or RNA. Artificial magnetic nanoparticles have been used as carriers for cancer diagnosis and targeted therapy in experimental animals (Magnani *et al.*, 2006; Chertok *et al.*, 2007; Lee *et al.*, 2007; McAteer *et al.*, 2007). Similarly, magnetic nanoparticles enclosed in biological membranes can be linked to genes or drug molecules and thus could be used as carriers of drugs for targeted therapy of tumors (Barakat, 2009). Several recent reports indicate that purified, sterilized magnetosomes from *M. gryphiswaldense* MSR-1 are non-toxic for mouse fibroblasts *in vitro*, and may be useful as carriers of genes, or drugs for cancer therapy or other diseases (Li *et al.*, 2007; Sun *et al.*, 2007). However, the applications of magnetosomes have not yet been developed commercially, mainly because magnetotactic bacteria are difficult to cultivate and consistent, high yields of magnetosomes have not yet been achieved (Matsunaga *et al.*, 1996; Yang *et al.*, 2001a; Heyen and Schüler, 2003; Villaverde, 2010).

Recently, we described a novel culture method for high-yield growth and magnetosome production of *M. gryphiswaldense* (Sun *et al.*, 2008), but large-scale cultivation requires further refinement of nutrient control and other culture conditions. Here we report a chemostat culture technique by pH-stat feeding, leading to rapid cell growth and maximized magnetosome formation by *Magnetospirillum gryphiswaldense* strain MSR-1 at low dissolved oxygen concentration and carbon source limitation. pH-stat feeding is a feeding strategy based on a pH feedback control. The substrate feeds into the system in response to the change in pH of the culture. This technique allows the concentrations of carbon, nitrogen, and iron sources to be easily controlled at constant levels and scaled up for large-scale preparation of magnetosomes. Moreover, it provides a useful guideline for resolving the problem of difficult cultivation of some micro-aerobic microorganisms.

2. Results

2.1 Optimal shaking conditions for flask cultures

Experiments investigating the effects of medium components on MSR-1 cell growth in shake-flasks indicated that mineral elixir, but not vitamin elixir, is essential for culture (Wolin *et al.*, 1963). Sodium lactate was determined to be the best carbon source (data not shown), at a maximum concentration of 20 mmol/L (Fig. 1a). NH_4Cl was better than $NaNO_3$ as the nitrogen source (Fig. 1b).

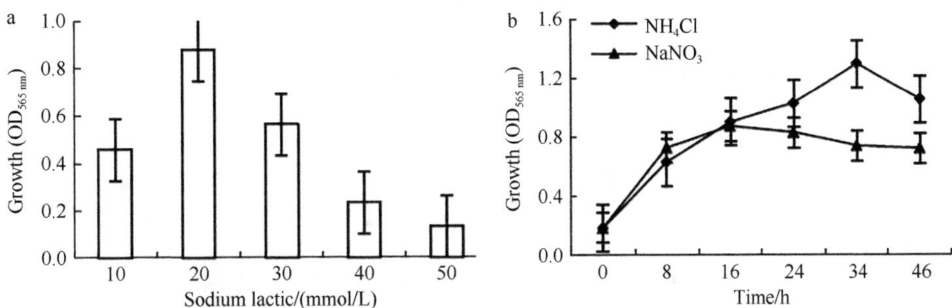

Fig. 1 Effects of carbon and nitrogen source concentration on growth of *M. gryphiswaldense*

a. Effect of sodium lactate concentration on cell growth. b. Effects of NH_4Cl and $NaNO_3$ concentration on cell growth. All experiments are repeated three times independently and for each time three parallel samples were used to generate the average

2.2 Chemostat culture

Optimized conditions for shake-flask culture are not directly applicable to large-scale cultivation in fermentor. To investigate the effects of sodium lactate and NH_4Cl concentrations on MSR-1 cell growth and magnetosome formation, we developed a "chemostat culture" technique based on pH-stat feeding during the cultivation process, to control concentrations of carbon, nitrogen, and iron sources at a constant level. The feed solution contained (per liter) 4.2 g ferric citrate, 129 g sodium lactate, 52.6 g lactic acid, and 54.9 g NH_4Cl; these concentrations were determined in preliminary experiments. Chemostat conditions at various lactate concentrations were achieved by pH-stat feeding and adjusting initial sodium lactate in the cultivation medium. The growth rate was higher at a low concentration of sodium lactate (2.3 mmol/L) than at a high concentration (20 mmol/L) (Fig. 2). We also studied the effects of C/N ratios 2∶1, 4∶1, and 6∶1 on cell growth at a constant sodium lactate concentration (2.3 mmol/L) in a 7.5 L fermentor, by regulating the concentration of NH_4Cl. A C/N ratio of 4∶1 was used in subsequent experiments as no significant influence on cell density and growth rate was observed with changes in this parameter.

2.3 Optimal dissolved oxygen concentration (DO)

Since high density cultures yield increased levels of products, we investigated the role of oxygen in cell density in cultures. As for all magnetotactic bacteria, oxygen increased MSR-1 cell density but reduced or blocked magnetosome formation (Matsunaga *et al.*, 1996, Yang *et al.*, 2001a; Heyen and Schüler, 2003). Thus, there is a conflict between cell growth and magnetosome formation. As shown in Fig. 3, cell density of MSR-1 depended on oxygen concentration in the medium during cultivation (Fig. 3a, b). This is one of the reasons why high cell density and large magnetosome yield are so difficult to achieve simultaneously with magnetotactic bacteria.

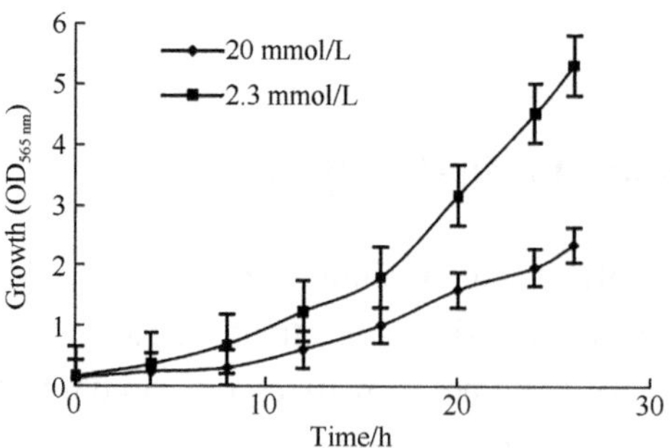

Fig. 2 Effect of sodium lactate concentration on growth of *M. gryphiswaldense* in a 7.5 L fermentor

The experiment was carried out in Na-lactate medium as described previously (Sun *et al.*, 2008). The initial Na-lactate concentrations in the medium were adjusted to 20 mmol/L and 2.3 mmol/L respectively. The concentrations of Na-lactate could be auto-controlled at a constant level during the cultivation process using the "chemostat culture" technique based on pH-stat feeding. All experiments are repeated three times independently to prove it is reproducible

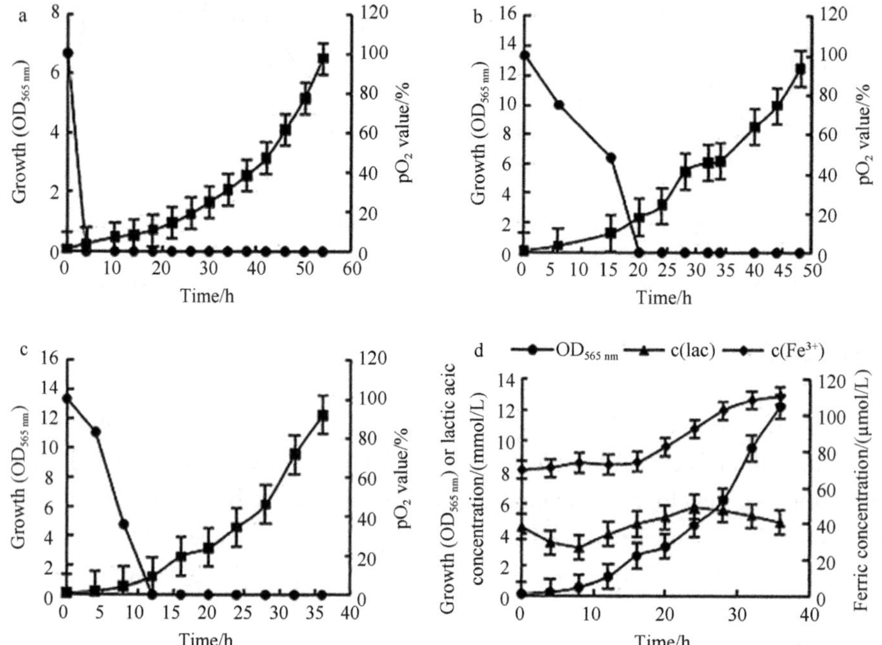

Fig. 3 Effect of dissolved oxygen (DO) on growth of *M. gryphiswaldense* in a large-scale fermentor (42 L)

a. Cell growth and DO under initial airflow and stirring rate 0.3 L/min and 100 r/min, respectively; stirring rate was increased by 40 r/min at 14, 20, 28, and 40 h, successively. b. Cell growth and DO under initial airflow and stirring rate 2.0 L/min and 200 r/min; airflow was increased to 4, 8, 16 L/min at 24, 32, or 42 h. c. Cell growth and DO under initial airflow and stirring rate 1.0 L/min and 200 r/min; air flow and stirring rate were adjusted to 2 L/min at 20 h and 300 r/min at 28 h, respectively. d: relationships among concentration of sodium lactate (lac), ferric citrate (Fe^{3+}), and cell growth. All experiments are repeated three times independently to prove it is reproducible

Air flow rate and stirring rate, which affect DO, were experimentally optimized for chemostat culture. In order to maintain the low DO necessary for magnetosome formation, air flow and stirring rate were initially set at 0.3 L/min and 100 r/min, respectively (Sun *et al.*, 2008). Under these conditions, the DO became undetectable, and the cell density was only 0.26 $OD_{565\ nm}$ at 4 h of incubation (Fig. 3a). In order to accelerate cell growth, the stirring rate was increased by 40 r/min at 14 h, 20 h, 28 h, and 40 h, successively; however, the DO remained at zero. Finally, the cell density reached 6.5 $OD_{565\ nm}$ after 54 h (Fig. 3a). Formation of magnetosomes in the cells began 1 h after the DO became undetectable, and continued along with cell growth until the end of cultivation. The dry weight and productivity of the magnetosomes were 40.0 mg/L and 17.5 mg/(L·d), respectively. Although the growth rate and magnetosome yield under these conditions were similar relative to previous results (Sun *et al.*, 2008), it was clear that growth rate was slow at initial growth phase, resulting from the low DO. We therefore tried to enhance DO in the initial growth phase in order to accelerate growth and shorten the cultivation period.

When the stirring rate and initial air flow were increased to 200 r/min and 2.0 L/min, respectively, the DO decreased relatively slowly and became undetectable at 20 h whereas the growth rate increased greatly. The cell density reached 2.4 $OD_{565\ nm}$ units at this point. However, similar to the foregoing results, no magnetosomes were observed by transmission electron microscopy (TEM) in this phase. Magnetosome formation occurred in all periods of growth only if DO was undetectable after 1 or 2 h incubation (Fig. 4). We subsequently increased airflow to 4, 8, or 16 L/min at 24, 32, or 42 h, although the DO level remained undetectable. The resulting cell density and magnetosome yield were 12.5 $OD_{565\ nm}$ and 60.0 mg/L (dry weight) at 48 h, respectively (Fig. 3b). The productivity was 30.0 mg/(L·D). In view of these results, we increased the DO level by increasing the air flow and stirring rate during the initial growth phase, in order to enhance growth rate and magnetosome yield. However, no magnetosomes were formed in the cells until the DO level decreased to undetectable.

Due to the microaerobic character of MSR-1, initial air flow and stirring rate were maintained at 1 L/min and 200 r/min in order to decrease the DO during the initial growth phase of the culture for further experiments. To increase the DO in the late culture phase, air flow and stirring rate were adjusted to 2 L/min at 20 h and 300 r/min at 28 h, respectively. Under these conditions, cells grew more rapidly; DO became undetectable at 12 h, and cell density reached 12.3 $OD_{565\ nm}$ within 36 h (Fig. 3c). Concentrations of sodium lactate and ferric citrate were controlled between 3~6 mmol/L and 70~110 μmol/L, respectively, throughout the course of cultivation (Fig. 3d). Resulting magnetosome yield and productivity were (83.23±5.36) mg/L and 55.49 mg/(L·d), respectively. These values are the highest so far reported, and are 1.99 and 3.32 times higher, respectively, than those achieved in our previous study (Sun *et al.*, 2008).

2.4 Ferric ion uptake

Since Fe_3O_4 is the major component of magnetosomes, we investigated the effect of ferric citrate concentration in the medium on the growth of MSR-1 and magnetosome formation in shake-flasks and fermentor. No significant effect was observed on cell growth rate in the concentration range of 20~500 μmol/L. Rapid ferric ion uptake occurred in the log phase of cell growth, but not in the lag phase or the stationary phase, as shown by the absorption rate during large-scale cultivation in a 42 L fermentor (Fig. 4). This result suggests that dynamic cell growth is necessary for uptake of ferric ion and magnetosome formation. We adjusted the ferric citrate concentration in the feed flask and controlled it at a constant level (~100 μmol/L) throughout the course of experiment (Fig. 3d). A total of 9.0 g of ferric citrate was fed to the 42 L fermentor containing 28.4 L of medium, and 8.1 g was assimilated into cells, for an uptake efficiency of ~90%. The theoretical Fe_3O_4 yield in magnetosomes in this case should be 65.76 mg/L (no combined H_2O) or 73.60 mg/L (contains 10% of combined H_2O); the practical magnetosome yield was (83.23±5.36) mg/L (dried using a vacuum freeze drier) or (75.96±4.99) mg/L (dried at 105℃ for 24 h). These results also indicate that a large amount of the ferric iron taken up is associated with magnetosome formation after the DO became undetectable. Electron micrographs of cells in large-scale culture in various phases show chain arrangements of magnetosomes after DO became undetectable for 1~2 h (Fig. 5), consistent with the findings of Staniland *et al.* (2007).

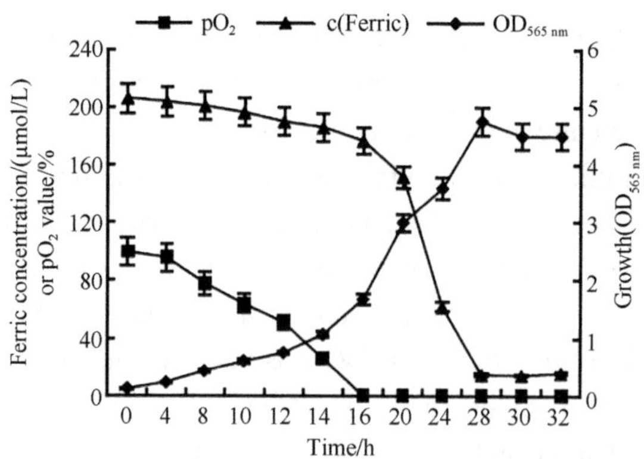

Fig. 4 The absorption curve of ferric ion a large-scale fermentor (42 L)

The initial ferric citrate concentrations in the medium were adjusted to 200 μmol/L; All experiments are repeated three times independently to prove they are reproducible

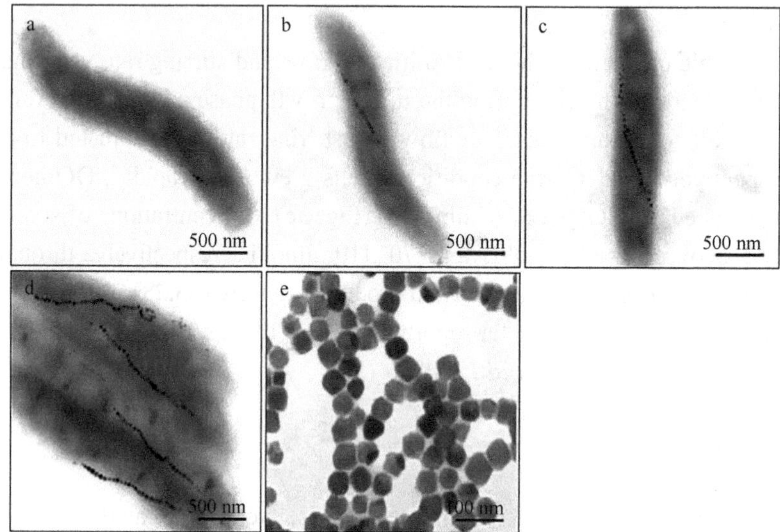

Fig. 5 Electron micrographs of cells in large-scale culture at various phases, and purified magnetosomes

a, b, c, d. 1~2 h, 3~4 h, 15~16 h, and 24 h, respectively, after DO became undetectable; e. Purified magnetosomes. For each sample more than 20 micrographs were got and one representative image was selected

3. Discussion

Several groups have investigated magnetosome formation in large-scale cultures of *M. magneticum* AMB-1 (including recombinant forms) and *M. gryphiswaldense* MSR-1 (Matsunaga *et al.*, 1996; Schüler and Baeuerlein, 1998; Yang *et al.*, 2001b; Heyen and Schüler, 2003) and through improvement of culture conditions, the magnetosome yield has increased progressively from 4.7 mg/L [or 2.4 mg/(L·d)] to 41.7 mg/L [or 16.7 mg/(L·d)]. Control of dissolved oxygen (DO) in the medium within a low and narrow range <0.2 ppm (Schüler and Baeuerlein, 1998), 0.25 mbar (1 mbar=100 Pa) (Yang *et al.*, 2001a), 2~7 μmol/L (Staniland *et al.*, 2007) (equivalent to 1.7~6.0 mbar; 1 bar=10^5 Pa) is essential for magnetosome formation. Therefore, amplification for large-scale cultivation will require precise electrodes for measurement of DO. The oxygen electrodes presently used in large fermentors are not sufficiently sensitive for culture of magnetotactic bacteria. To resolve the paradoxical situation that the cell growth requires higher DO whereas magnetosome formation requires low DO below the detectable range of regular oxygen electrode, DO was controlled to optimal level using the change in cell growth rate (Sun *et al.*, 2008). In this study, DO was controlled at undetectable level for magnetosome formation whereas cell growth improvement has been further refined by adjusting stirring rate and air flow under chemostat culture conditions.

Low concentrations of nutrients in medium, special carbon source were the other key limiting factors that affect cell density of all magnetotactic bacterial cultures. Up to now, just only several organic acids were used as carbon source for cultivation of MS-1, AMB-1 and MSR-1, whereas $NaHCO_3$ for MC-1 and MO-1. Our results show that it is important to keep the sodium lactate concentration low for rapid growth of MSR-1, and to maintain low DO for magnetosome formation in cells. Since controlling sodium lactate at a low level is difficult in sizeable scale-up, specific feeding strategies and feeding parameters needs to be adopted for auto-fermentors in the laboratory. However, this approach is challenging in large-scale industrial bacterial cultivation because of differences in the types of fermentors and the difficulty in regulating the carbon source required maintain cultures under such conditions. This problem was overcome in our study by using chemostat culture technology with pH-stat feeding and we achieved a high density of MSR-1 cells in a 42 L auto-fermentor and this fundamental research lays a basic foundation for the establishment of much larger-scale production of magnetosome in fermentation industry.

More than 80% of ferric ion absorption rate occurred in the log phase of cell growth and this correlated with magnetosome formation after the DO became undetectable (Fig. 4, 5b~e). These data suggest that Fe^{3+} was likely transferred into cells as an electron acceptor for magnetosome biosynthesis to compensate oxygen insufficiency. It is well known that oxygen usually serves as a terminal electron acceptor to generate ATP for living organisms. In the couple 1/2 O_2/H_2O, which has a reduction potential (*E0'*) of +0.82 volts (V), H_2O has a reduced tendency to donate electrons, but O_2 has a high tendency to accept electrons. The reduction potential of the Fe^{3+}/Fe^{2+} couple is +0.2 V (pH 7) whereas +0.76 V (pH 2) (Madigan *et al.*, 2003). Hence, under conditions where oxygen is absent, Fe^{3+} can function as an electron acceptor. In previous studies with AMB-1, growth with nitrate has been reported to result in higher yields of magnetosomes (Matsunaga *et al.*, 1996) which was further increased by lowering the nitrate level in chemostat cultures by pH-stat feeding (Matsunaga *et al.*, 2000). Similar to earlier results, our study showed that cells preferred to use NO_3^-/NO_2^-couple (+0.42 V) as an electron acceptor, than Fe^{3+}/Fe^{2+} couple, and resulting in magnetosomes yields decrease.

4. Conclusions

Compared to previously reported methods, our culture technique with the MSR-1 strain significantly increased cell density, cell yield, and magnetosome yield in a shorter time window and thus reduced the cost of production. This offers two advantages that allow easy upscaling of the process for industrial fermentors: (i) the concentrations of carbon, nitrogen, and iron source in the medium can be auto-controlled at a constant level by pH-stat feeding, leading to ease of manipulation and eliminating the possibility of nutrient exhaustion during the culture process; (ii) mass production of magnetosomes by MSR-1 in a large-scale fermentor can be achieved by solely adjusting the stirring rate and airflow as observed in our DO data (Fig. 3). DO is the major factor affecting growth rate in these culture systems and we were able to control this parameter without using highly sensitive DO electrodes as described in our earlier study (Sun *et al.*, 2008). The cell density and magnetosome yield reported here are the highest so far achieved with a magnetotactic bacteria. Refinement of this technique will enable further increase of cell density and magnetosome yield.

5. Methods

5.1 Bacterial strain

Magnetospirillum gryphiswaldense MSR-1 (DSM6361) was purchased from Deutsche Sammlung von Mikroorganismen und Zellkulturen GmbH.

5.2 Medium preparation

Flask culture was carried out in Na-lactate medium as described previously (Sun *et al.*, 2008). All medium components except K_2HPO_4 were dissolved in 5.4 L or 27 L distilled water in a 7.5 L or 42 L fermentor, respectively, and then sterilized for 30 min at 121℃. K_2HPO_4 was dissolved in 200 ml or 2 L distilled water, and then sterilized separately for 30 min at 121℃. Sterilized K_2HPO_4 solution was pumped into the fermentor before inoculation.

5.3 Preparation of seed culture

A single colony of MSR-1 from Na-lactate medium agar plates was transferred to a tube containing 10 ml Na-lactate medium and grown with 100 r/min orbital shaking at 30℃ for 24 h. Ten ml of this culture was inoculated into 90 ml fresh Na-lactate medium in a 250 ml bottle and incubated under the same conditions. This was used as the initial seed culture. A volume of 900 ml fresh medium in 3000 ml shaking flasks was inoculated with 10% (*V*/*V*) of initial seed culture and grown under the same conditions. On larger scales, 10% (*V*/*V*) of seed culture was inoculated into the fermentor for subsequent experiments.

5.4 Growth conditions

Temperature and pH were controlled at 30℃ and 6.8 during cultivation. pH was adjusted by nutrient solutions (containing 4.2 g ferric citrate, 129 g sodium lactate, 52.6 g lactic acid, and 54.9 g NH_4Cl per liter). Initial air flow and stirring rate were controlled at 0.5 L/min and 200 r/min, respectively, in the 7.5 L fermentor.

5.5 Cell density and cell dry weight

Cell growth (optical density) was measured spectrophotometrically at a wavelength of 565 nm. One $OD_{565\ nm}$ unit corresponds to 0.3 g/L dry cell weight. Magnetosomes were collected and purified as described previously (Li *et al.*, 2007), dried using a vacuum freeze drier (Kinetics, EZ550Q) or at 105℃ for 24 h, and weighed.

5.6 Iron concentration

Aliquots of 1.0 ml of batch culture were centrifuged at 7,000×*g* for 1 min. The supernatant was used for ferric ion or sodium lactate estimation. Ferric ion concentration was determined as described previously (Tamura *et al.*, 1974) with modification as follows. To 100 μl of sample, 50 μl of 5% hydroxylamine hydrochloride, 1 ml 15% tartaric acid, 5 ml 0.25% 1,10-phenanthroline, and 10 ml 25% glacial sodium acetic acid were added. After 15 min, the absorbance of sample solutions was determined spectrophotometrically at 510 nm.

5.7 Lactic acid concentration

The concentration of lactic acid in the supernatant was analyzed by high performance liquid chromatography (HPLC) (Waters 510 system, USA) with Aminex HPX-87H Organic Acid Analysis Column (Bio-Rad, USA), using a Waters 2414 Refractive Index Detector. The column temperature was 65℃; detector temperature was 45℃. A solution of 5 mmol/L H_2SO_4 was used as mobile phase at 0.6 ml/min flow rate.

5.8 Transmission electron microscopy

Cells in the pellets were rinsed three times, suspended in distilled water, adsorbed onto a 300-mesh carbon-coated copper grid, and viewed directly by transmission electron microscope (Philips Tecnai F 30) at an accelerating voltage of 300 kV for recording magnetosomes.

References

Blakemore R. 1975. Magnetotactic bacteria. Science, 190(4212): 377-379.

Barakat N S. 2009. Magnetically modulated nanosystems: a unique drug-delivery platform. Nanomedicine (Lond), 4(7): 799-812.

Bazylinski D A, Frankel R B. 2000. Biologically controlled mineralization of magnetic iron minerals by magnetotactic bacteria. *In*: Lovley D R. Environmental Microbe-metal Interactions. Washington, D.C.: ASM Press: 109-149.

Bazylinski D A, Frankel R B. 2004. Magnetosome formation in prokaryotes. Nat Rev Microbiol, 2(3): 217-230.

Chertok B, David AE, Huang Y, *et al.* 2007. Glioma selectivity of magnetically targeted nanoparticles: a role of abnormal tumor hydrodynamics. J Control Release, 122(3): 315-323.

de Araujo F F, Pires M A, Frankel R B, *et al.* 1986. Magnetite and magnetotaxis in algae. Biophys J, 50(2): 375-378.

Dunn J R, Fuller M, Zoeger J, *et al.* 1995. Magnetic material in the human hippocampus. Brain Res Bull, 36(2): 149-153.

Frankel R B, Bazylinski D A, Johnson MS, *et al.* 1997. Magneto-aerotaxis in marine coccoid bacteria. Biophys J, 73(2): 994-1000.

Gould J L, Kirschvink J L, Deffeyes K S. 1978. Bees have magnetic remanence. Science, 201(4360): 1026-1028.

Heyen U, Schüler D. 2003. Growth and magnetosome formation by microaerophilic *Magnetospirillum* strains in an oxygen-controlled fermentor. Appl Microbiol Biotechnol, 61(5-6): 536-544.

Jogler C, Kube M, Schübbe S, *et al.* 2009. Comparative analysis of magnetosome gene clusters in magnetotactic bacteria provides further evidence for horizontal gene transfer. Environ Microbiol, 11(5): 1267-1277.

Jogler C, Schüler D. 2009. Genomics, genetics, and cell biology of magnetosome formation. Annu Rev Microbiol, 63: 501-521.

Kirschvink J L. 1997. Homing in on vertebrates. Nature, 390: 399-340.

Komeili A, Li Z, Newman D K, *et al.* 2006. Magnetosomes are cell membrane invaginations organized by the actin-like protein MamK. Science, 311(5758): 242-245.

Komeili A, Vali H, Beveridge T J, *et al.* 2004. Magnetosome vesicles are present before magnetite formation, and MamA is required for their activation. Proc Natl Acad Sci USA, 101(11): 3839-3844.

Lee J H, Huh Y M, Jun Y W, *et al.* 2007. Artificially engineered magnetic nanoparticles for ultra-sensitive molecular imaging. Nat Med, 13(1): 95-99.

Lefèvre C T, Bernadac A, Yu-Zhang K, *et al.* 2009. Isolation and characterization of a magnetotactic bacterial culture from the Mediterranean Sea. Environ Microbiol, 11(7): 1646-1657.

Li X, Jiang W, Sun J B, *et al.* 2007. Purified and sterilized magnetosomes from *Magnetospirillum gryphiswaldense* MSR-1 were not toxic to mouse fibroblasts *in vitro*. Lett Appl Microbiol, 45(1): 75-81.

Madigan M T, Martinko J M, Parker J. 2003. Brock Biology of Microorganisms. Upper Saddle River: Pearson Education.

Magnani M, Galluzzi L, Bruce I J. 2006. The use of magnetic nanoparticles in the development of new molecular detection systems. J Nanosci Nanotechnol, 6(8): 2302-2311.

Matsunaga T, Kamiya S. 1987. Use of magnetic particles isolated from magnetotactic bacteria for enzyme immobilization. Appl Microbiol Biotechnol, 26: 328-332.

Matsunaga T, Kawasaki M, Yu X, *et al.* 1996. Chemiluminescence enzyme immunoassay using bacterial magnetic particles. Anal

Chem, 68(20): 3551-3554.

Matsunaga T, Okamura Y, Fukuda Y, *et al.* 2005. Complete genome sequence of the facultative anaerobic magnetotactic bacterium Magnetospirillum sp. strain AMB-1. DNA Res, 12(3): 157-166.

Matsunaga T, Sakaguchi T. 2000. Molecular mechanism of magnet formation in bacteria. J Biosci Bioeng, 90(1): 1-13.

Matsunaga T, Sato R, Kamiya S, *et al.* 1999. Chemiluminescence enzyme immunoassay using proteinA-bacterial magnetite complex. J Magn Magn Mater, 194(1-3): 126-131.

Matsunaga T, Togo H, Kikuchi T, *et al.* 2000. Production of luciferase-magnetic particle complex by recombinant *Magnetospirillum* sp. AMB-1. Biotechnol Bioeng, 70(6): 704-709.

Matsunaga T, Tsujimura N. 1996. Enhancement of magnetic particle production by nitrate and succinate fed-batch culture of *Magnetospirillum* sp. AMB-1. Biotechnol Tech, 10(7): 495-500.

McAteer M A, Sibson N R, von Zur Muhlen C, *et al.* 2007. *In vivo* magnetic resonance imaging of acute brain inflammation using microparticles of iron oxide. Nat Med, 13(10): 1253-1258.

Nakamura C, Burgess J G, Sode K, *et al.* 1995. An iron-regulated gene, magA, encoding an iron transport protein of *Magnetospirillum* sp. strain AMB-1. J Biol Chem, 270(47): 28392-28396.

Nakamura N, Matsunaga T. 1993. Highly sensitive detection of allergen using bacterial magnetic particles. Anal Chim Acta, 281: 585-589.

Pradel N, Santini C L, Bernadac A, *et al.* 2006. Biogenesis of actin-like bacterial cytoskeletal filaments destined for positioning prokaryotic magnetic organelles. Proc Natl Acad Sci USA, 103(46): 17485-17489.

Scheffel A, Gärdes A, Grünberg K, *et al.* 2008. The major magnetosome proteins MamGFDC are not essential for magnetite biomineralization in *Magnetospirillum gryphiswaldense* but regulate the size of magnetosome crystals. J Bacteriol, 190(1): 377-386.

Schüler D. 1999. Formation of magnetosomes in magnetotactic bacteria. J Mol Microbiol Biotechnol, 1(1): 79-86.

Schüler D. 2004. Molecular analysis of a subcellular compartment: the magnetosome membrane in *Magnetospirillum gryphiswaldense*. Arch Microbiol, 181(1): 1-7.

Schüler D. 2008. Genetics and cell biology of magnetosome formation in magnetotactic bacteria. FEMS Microbiol Rev, 32(4): 654-672.

Schüler D, Baeuerlein E. 1998. Dynamics of iron uptake and Fe_3O_4 biomineralization during aerobic and microaerobic growth of *Magnetospirillum gryphiswaldense*. J Bacteriol, 180(1): 159-162.

Staniland S, Ward B, Harrison A, *et al.* 2007. Rapid magnetosome formation shown by real-time x-ray magnetic circular dichroism. Proc Natl Acad Sci USA, 104(49): 19524-19528.

Sun J B, Duan J H, Dai S L, *et al.* 2007. *In vitro* and *in vivo* antitumor effects of doxorubicin loaded with bacterial magnetosomes (DBMs) on H22 cells: the magnetic bio-nanoparticles as drug carriers. Cancer Lett, 258(1): 109-117.

Sun J B, Zhao F, Tang T, *et al.* 2008. High-yield growth and magnetosome formation by *Magnetospirillum gryphiswaldense* MSR-1 in an oxygen-controlled fermentor supplied solely with air. Appl Microbiol Biotechnol, 79(3): 389-397.

Tamura H, Goto K, Yotsuyanagi T, *et al.* 1974. Spectrophotometric determination of iron(II) with 1,10-phenanthroline in the presence of large amounts of iron (III). Talanta, 21(4): 314-318.

Villaverde A. 2010. Nanotechnology, bionanotechnology and microbial cell factories. Microb Cell Fact, 9: 53.

Walcott C, Gould J L, Kirschvink J L. 1979. Pigeons have magnets. Science, 205(4410): 1027-1029.

Wolin E A, Wolin M J, Wolfe R S. 1963. Formation of methane by bacterial extracts. J Biol Chem, 238(8): 2882-2886.

Xie J, Chen K, Chen X. 2009. Production, modification and bio-applications of magnetic nanoparticles gestated by magnetotactic bacteria. Nano Res, 2(4): 261-278.

Yang C, Takeyama H, Matsunaga T. 2001a. Iron feeding optimization and plasmid stability in production of recombinant bacterial magnetic particles by *Magnetospirillum magneticum* AMB-1 in fed-batch culture. J Biosci Bioeng, 91(2): 213-216.

Yang C, Takeyama H, Tanaka T, *et al.* 2001b. Effects of growth medium composition, iron sources and atmospheric oxygen concentrations on production of luciferase-bacterial magnetic particle complex by a recombinant *Magnetospirillum magneticum* AMB-1. Enzyme Microb Technol, 29(1): 13-19.

本文原载：Microbial Cell Factories, 2010, 9: 99.

Rapid Separation and Immunoassay for Low Levels of *Salmonella* in Foods Using Magnetosome-antibody Complex and Real-time Fluorescence Quantitative PCR*

Aihua Li[1], Huiyuan Zhang[2], Xin Zhang[2], Qi Wang[2], Jiesheng Tian[1], Ying Li[1], Jilun Li[1]

(1. State Key Laboratories for Agrobiotechnology and College of Biological Sciences, China Agricultural University, Beijing, China; 2. Food Safety Testing Centre, Beijing Entry-Exit Inspection and Quarantine Bureau, Beijing, China)

Abstract

A rapid and economical method for detecting *Salmonella* was developed, based on a novel complex for immunomagnetic separation, which was composed of anti-*Salmonella* polyclonal antibody (Ab) and magnetosome (bacterial magnetic particle, BMP) produced by the bacterium *Magnetospirillum gryphiswaldense* MSR-1. BMP-Ab complex was used to capture *Salmonella* from pure suspensions of *S. dublin*, *S. enteritidis*, *S. aesch*, *S. agona*, *S. abony* and *S. bareily*, from mixed suspensions of *S. dublin* and *Vibrio parahaemolyticus*, and from artificially contaminated food samples. Captured *Salmonella* were then detected by plate count, or real-time fluorescence quantitative PCR. Capture efficiencies, calculated from plate count, were >80% for the pure *Salmonella* suspensions of all six strains, and >70% for the mixed suspension. Samples of six food products, with artificial contamination by 6,000, 600, 60, or 0.6 cfu/ml *S. dublin*, were captured by complex and detected by real-time fluorescence quantitative PCR. Threshold cycle values varied depending on type of food. The lower limit of detectability was 60 cfu/ml without pre-enrichment, and <0.6 cfu/ml after 3-h pre-enrichment. The method described here, based on capture pathogens by BMP-Ab complex, is sensitive, rapid, and considerably simpler than traditional methods for *Salmonella* detection. It can be extended to other pathogens by the use of appropriate antibodies.

Keywords

BMP-Ab complex, *Salmonella*, Food-borne pathogen, Real-time fluorescence quantitative PCR, Capture efficiency.

1. Introduction

The increasing incidence of food poisoning is a significant worldwide public health concern for consumers. *Salmonella* is a major genus of food-borne pathogenic bacteria (Humphrey, 2004; DuPont, 2007). This genus comprises over 2,500 identified serotypes (Switt *et al.*, 2009), which are highly variable (Lan *et al.*,

*This study was supported by the Chinese High Technology Research and Development Program (Grant No. 2006AA02Z233 and 2007AA021805).

2009). They include some of the most common food-borne pathogens in meat, egg, poultry products, milk, fruits, and vegetables (Schlundt *et al.*, 2004; Foley *et al.*, 2008; Heaton and Jones, 2008). Commonly used methods for detecting *Salmonella* include conventional culture techniques, immunoassays and biochemical analysis (Blackburn, 1993; Andrews and Hammack, 2001).

The traditional culture method for *Salmonella* detection is laborious and time consuming, requiring 16~20 h pre-enrichment, 18~48 h selective enrichment, 24~48 h incubation on selective/differential agar media, and 4~48 h biochemical and serological identification of suspect colonies (Rose, 1998; Maddox, 2003). Studies in recent years have focused on more rapid or efficient detection methods. PCR-based techniques are sensitive and rapid. Real-time fluorescence quantitative PCR (FQ-PCR), for example, is one of the most sensitive methods for the detection of food-borne pathogens (Mackay, 2004; Shannon *et al.*, 2007). However, the reaction is easily inhibited by a variety of substances present in food, or in the environment (Rossen *et al.*, 1992; McKee *et al.*, 1991; Waleed and Peter, 2000). Removal of these inhibitory substances is a crucial step in the preparation of template DNA samples for PCR-based detection of food pathogens. Immunomagnetic separation (IMS) is a powerful technique for specific isolation and concentration of target bacteria from food samples (Spanová *et al.*, 2003; Ångela *et al.*, 2008; Mercanoglu *et al.*, 2009). Magnetosomes (also termed bacterial magnetic particles, or BMPs; this abbreviation is used hereafter for convenience) are a promising carrier for IMS assays (Schüler, 1999). BMPs are composed of membrane-enclosed, single-domain ferrimagnetic iron oxide (magnetite, Fe_3O_4) or iron sulfide (greigite, Fe_3S_4) crystals (Balkwill *et al.*, 1980; Bazylinski *et al.*, 1994; Bazylinski, 1995; Schüler, 2002) synthesized by magnetotactic bacteria (Blakemore, 1975). The bilayer membrane structure of BMPs provides an abundance of amino groups (Gorby *et al.*, 1988; Grünberg *et al.*, 2004), which can be linked to biomolecules such as antibodies (Guo *et al.*, 2006; Chen *et al.*, 2009), enzymes (Matsunaga and Kamiya, 1987), antitumor drugs (Sun *et al.*, 2007, 2008), and nucleic acids (Takeyama *et al.*, 1995; Li *et al.*, 2007a). Since certain strains of magnetotactic bacteria can be cultured on a large scale (Heyen and Schüler, 2003; Liu *et al.*, 2008; Sun *et al.*, 2008), BMPs can provide inexpensive, effective materials for IMS techniques. Although some available methods are capable to detect several pathogens in a single reaction (Omiccioli *et al.*, 2009), magnetic carriers utilized for collecting pathogens in most IMS-based studies so far consist of a magnetic core (*i.e.*, magnetic beads) and one type of monoclonal antibody. Such carriers concentrate only the particular species or type of pathogen to which the antibody is directed, and do not recognize other pathogens. This problem could, theoretically, be avoided by linking mixed antibodies with magnetic beads, since the resulting magnetic carriers would isolate various pathogens for subsequent assays. We report here a magnetic carrier composed of BMP and polyclonal antibody for collecting various types of *Salmonella*, which are then assayed by real-time FQ-PCR. This is a promising approach in view of the diversity and importance of *Salmonella* as food-borne pathogens.

2. Materials and methods

2.1 Bacterial strains, primers, probes, and chemical reagents

Magnetospirillum gryphiswaldense strain MSR-1 (DSM 6361) was purchased from Deutsche Sammlung von Mikroorganismen und Zellkulturen GmbH (Brunswick, Germany) and cultured as described previously (Sun *et al.*, 2008). Xylose Lysine Deoxycholate Agar, *Salmonella* strains (*S. dublin*, *S. enteritidis*, *S. aesch*, *S. agona*, *S. abony* and *S. bareily*), and *Vibrio parahaemolyticus* were provided by Beijing Entry-Exit Inspection and Quarantine Bureau (Beijing CIQ). Bis (sulfosuccinimidyl) suberate (BS^3) and bicinchoninic acid (BCA) kits were from Pierce Biotechnology, Inc. Anti-*Salmonella* polyclonal antibody (Ab) was from Kirkegaard &

Perry Laboratories (KPL) Biotechnology Inc. Other chemical reagents were from Beijing Chemical Reagents Company. Primers and probes used for real-time FQ-PCR were designed using ABI 7000 Primer Express software. Primers (P1: 5′-CATTTCTTAAACGGCGGTGTCTTTCCCT-3′; P2: 5′-GCGGCGTTGGAGAGTGATA-3′) and fluorescent TaqMan probe (5′-AGCAATGGAAAA AGCAGGATG-3′) for the target strain (*Salmonella*) were designed based on conservative *Salmonella* gene *fim*Y. The probe was labeled with 6-carboxyfluorescein reporter dye (FAM) at the 5′-end and 6-carboxy-tetramethylrhodamine quencher dye (TAMRA) at the 3′-end. Sequences of primers and probe for the competing strain (*V. parahaemolyticus*) were from Linda and Asim (2006).

2.2 PCR conditions and standard curve

Salmonella suspension or *V. parahaemolyticus* suspension was serially 10-fold diluted in 10 mmol/L phosphate buffered saline (PBS, pH 7.4). One milliliter of each suspension was centrifuged at 10,000×*g* for 5 min at room temperature. The resulting precipitate was resuspended in 100 ml PBS. The concentrated cell suspension was incubated for 10 min at 981C, and then centrifuged at 10,000×*g* for 3 min at room temperature. The supernatants were used as templates. Real-time FQ-PCR was performed in a 25 ml volume containing 2 ml supernatant, 1 ml 10 mmol/L primer P1, 1 ml 10 mmol/L primer P2, 0.5 ml 10 mmol/L probe, 12.5 μl 2 × Master Mix buffer (Applied Biosystems), and 8 μl H_2O. The sequence of steps carried out in the ABI Prism 7000 Sequence Detection System (Applied Biosystems) was: initial denaturation at 95℃ for 10 min; 40 cycles of denaturation at 95℃ for 5 s; annealing/extension at 60℃ for 40 s. Data for amplification and detection were analyzed using Sequence Detector Software (Applied Biosystems). Standard curves were constructed using 10^{-1}~10^{-6} serial dilution of *Salmonella*, and plotting the threshold cycle (C_t) value against the log of bacterial number (detected by plate count), by linear regression.

2.3 Preparation of BMP-antibody complex

BMPs were isolated, purified, and freeze-dried as described previously, and stored at –20℃. Purity of BMPs was assessed by transmission electron microscopy (TEM; JEM1230, JEOL, Tokyo, Japan), energy dispersive spectroscopy (EDS), and Fourier-transform infrared spectroscopy (FT-IR; Vector 33, Bruker, Germany) (Li *et al*., 2007b).

One milligram of BMPs and 1 ml of 1 mmol/L linking reagent BS3 were mixed in a 1.5 ml Eppendorf tube. The mixture was subjected to mild ultrasonic bath (50 W) for 2 min and incubated on a rotary shaker at 150×*g* for 30 min. The BS3-modified BMPs were isolated by an NdFeB magnet, washed 3 times with 1 ml of 10 mmol/L PBS (pH 7.4), and resuspended in 500 ml of 1 mg/ml antibody solution. After repeated dispersion, incubation, collection, and washing as above, BMP-BS3-antibody complexes (BMP-Ab) were blocked with sterile 0.5% BSA solution overnight at 4℃, and stored. Antibody concentration before and after reaction with BMPs was determined using BCA kit, and linkage rate was calculated by the following equation:

$$\text{Linkage rate (μg antibody/mg BMPs)}=(C_1-C_2)\times V/M$$

in the equation, C_1 is the concentration of antibody before reaction with BMPs; C_2 is the concentration of antibody after reaction with BMPs; V is the volume of antibody solution reacting with BMPs; M is the weight of BMPs conjugated with antibody. C_1 and C_2 were calculated by the formula $y=kx$ (y: OD_{562} detected by the BCA kit; x: concentration of antibody; k: slope).

2.4 IMS

One milliliter each of serially diluted *Salmonella* suspensions (10^{-5}, 10^{-6}, 10^{-7}) was mixed with a defined amount of BMP-Ab. The mixtures were dispersed by sonication for 2 min, and incubated on a rotary shaker at 150×*g* for 1 h at room temperature. BMP-Ab-*Salmonella* complexes were isolated by magnet, and washed 3 times with 1 ml of 10 mmol/L PBS buffer to remove free bacterial cells (Fig. 1). Control *Salmonella* suspensions without IMS were incubated under the same conditions in PBS. One milliliter supernatant after magnetic isolation was used for plate count (100 ml for each plate). Capture efficiency of BMP-Ab-*Salmonella* complexes detected by plate count was calculated by the following equation:

$$\text{Capture efficiency (\%)}=(No-Ns)/No\times 100$$

in the equation, Ns is the average number of *Salmonella* left in 1 ml supernatants and No is the average number of total *Salmonella* in 1 ml control suspensions (*Salmonella* suspensions incubated in PBS buffer were determined by plate count).

BMP-Ab-*Salmonella* complexes in each tube were suspended in 100 ml PBS and boiled to extract DNA as described under "PCR conditions and standard curve". An aliquot of 2 ml supernatant was used for real-time FQ-PCR. Capture efficiency of BMP-Ab-*Salmonella* complexes detected by FQ-PCR was calculated by the following equation:

$$\text{Capture efficiency (\%)}=Nc/No\times 100$$

in the equation, Nc is the number of *Salmonella* captured by BMP-Ab complexes (determined by real-time FQ-PCR standard curve) and No is the number of total *Salmonella* in samples (*Salmonella* suspensions incubated in PBS buffer were determined by real-time FQ-PCR standard curve).

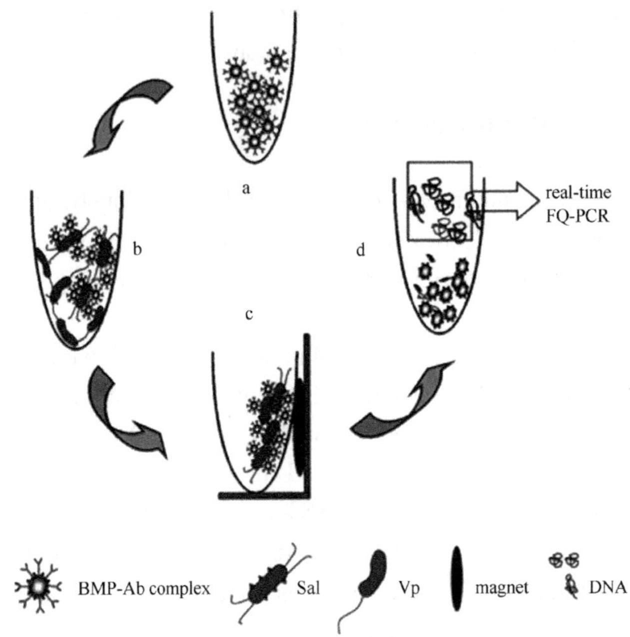

Fig. 1 Schematic drawing of IMS by BMP-antibody complex

a. BMP-Ab complexes suspended in PBS; b. Formation of BMP-Ab-*Salmonella* complexes; c. Collection and washing of complexes from step B; d. Release of DNA by boiling

2.5 Preparation of artificially contaminated samples

Five gram each of various food products (biscuit, egg, juice, milk, pork, spinach) was mashed and suspended in 20 ml PBS buffer. Nine hundred microliter of each suspension was mixed with 100 ml of serially ten-fold diluted *Salmonella* suspension (6, 600, 6,000, 60,000 cfu/ml), giving a final *Salmonella* concentration of 0.6, 60, 600, or 6,000 cfu/ml, respectively. One milliliter of each suspension, containing 0.6 cfu/ml *Salmonella*, was incubated in the LB media for 3 h. Other samples were tested by IMS and real-time FQ-PCR. Mixtures of 900 ml sample suspensions and 100 ml PBS buffer were run as negative controls. FQ-PCR data were analyzed according to the following "rules": (i) When C_t value was <35.0, the sample was positive. (ii) When C_t value was >35 but <40, the sample was run again. If C_t value was still >35 but <40, the sample was positive; if not, it was negative. (iii) When C_t value was ⩾40, the sample was negative.

3. Results and discussion

3.1 Efficiency of BMP linked to polyclonal antibody

The purified BMPs were observed by TEM and the diameters of 100 BMPs were determined. These Fe_3O_4 particles showed a narrow size distribution (range from 20 to 60 nm in diameter), and 50% of BMPs were around 35 nm (Fig. 2). Polyclonal antibodies were linked with amino groups on the surface of BMPs by BS^3 to form functional magnetic carriers (BMP-Ab) for capturing *Salmonella*. BS^3 (Tanaka and Matsunaga, 2001) is a water-soluble, homobifunctional N-hydroxysuccinimide ester (NHS ester). NHS esters react with amino groups of BMPs and antibody to form stable amide bonds. In an attempt to improve linkage rate, various concentrations of BS3 from 0.25 mmol/L to 2 mmol/L were used to connect BMPs to polyclonal antibody. Effect of various temperatures (4℃, 25℃, 30℃, 37℃) on linkage rate was also evaluated. The highest linkage rate observed was 178 mg antibody per milligram BMP (mg IgG/mg BMP) at 25℃, *i.e.*, 125 antibody molecules were bound to each BMP on average.

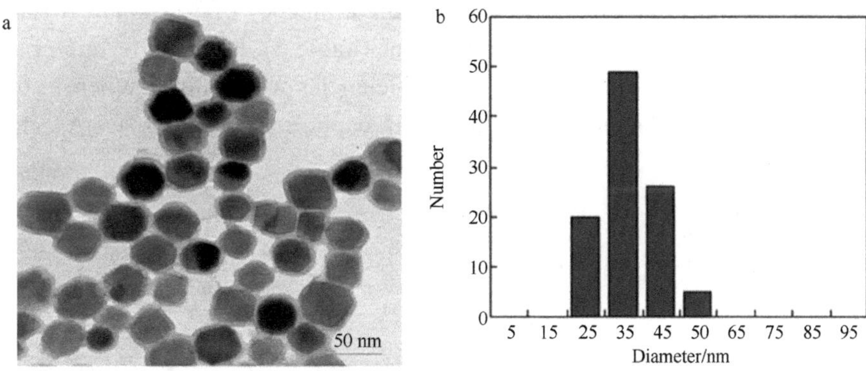

Fig. 2　TEM images of BMPs and their diameter distribution.

a. TEM image of BMPs; b. The diameter distribution of 100 BMPs: these BMPs showed a narrow size distribution (range from 20 to 60 nm), and the main distribution peak of diameters was around 35 nm

3.2 IMS

The IMS condition was optimized with 1 ml *S. dublin* suspension (600 cfu/ml). BMP-Ab complexes at various concentrations (20 μg/ml, 80 μg/ml, 160 μg/ml) were mixed with the suspension and incubated at two temperatures (25℃, 37℃). The highest capture efficiencies determined by plate count (86.8%) or by FQ-PCR (87%, calculated from C_t value according to standard curve) were obtained using 80 mg/mL BMP-Ab complexes at 37℃. These conditions were used for IMS for all six *Salmonella* strains in this study. After IMS, colony numbers in the supernatants of *Salmonella* suspensions were determined by plate count. Capture efficiencies of *S. dublin*, *S. enteritidis*, *S. aesch*, *S. agona*, *S. abony* and *S. bareily*, determined by plate count, were 86.8%, 88.8%, 91.1%, 92.9%, 80.0%, and 89.3%, respectively (Table 1). These results indicate that BMP-Ab complex efficiently captures various types of *Salmonella*.

Table 1 Capture efficiencies in diluted *Salmonella* suspensions

Projects	Strains					
	S. dublin	*S. enteritidis*	*S. aesch*	*S. agona*	*S. abony*	*S. bareily*
Colony number/(cfu/ml)						
Control suspensions	531	560	586	533	560	598
Supernatant	70	63	52	38	112	64
Captured by BMP-Ab	461	497	534	495	448	534
Captured efficiency/%	86.8	88.8	91.1	92.9	80.0	89.3

Notes: Average colony numbers in supernatants and in controls were determined by plate count. Capture efficiency (%) was calculated by the equation described in the text

3.3 Specificity assay

BMP-Ab complex was added to each serially diluted suspension of *S. dublin*, or to mixed suspension (*S. dublin* and *V. parahaemolyticus*) to test specificity of IMS. Real-time FQ-PCR (with probe and primers for *V. parahaemolyticus*) was used to determine whether the non-target strain could adhere to BMP-Ab complex. Real-time FQ-PCR results for serially diluted *V. parahaemolyticus* suspensions, isolated by centrifugation, were shown in Fig. 3, lines 1~6. All *V. parahaemolyticus* dilutions were detected. FQ-PCR results for *V. parahaemolyticus* isolated by IMS from *Salmonella* and *V. parahaemolyticus* mixtures at various ratios are shown in lines 7~9. *V. parahaemolyticus* was undetectable, indicating that BMP-Ab complex could not combine with non-target strain. Capture efficiency of *Salmonella* was reduced when *V. parahaemolyticus* was present in *Salmonella* suspensions (Table 2). For pure *S. dublin* suspensions with various concentrations (100~10,000 cfu/ml), capture efficiencies were >80%. When *V. parahaemolyticus* was added, capture efficiency decreased to 70%. All capture efficiencies were calculated from C_t according to standard curve.

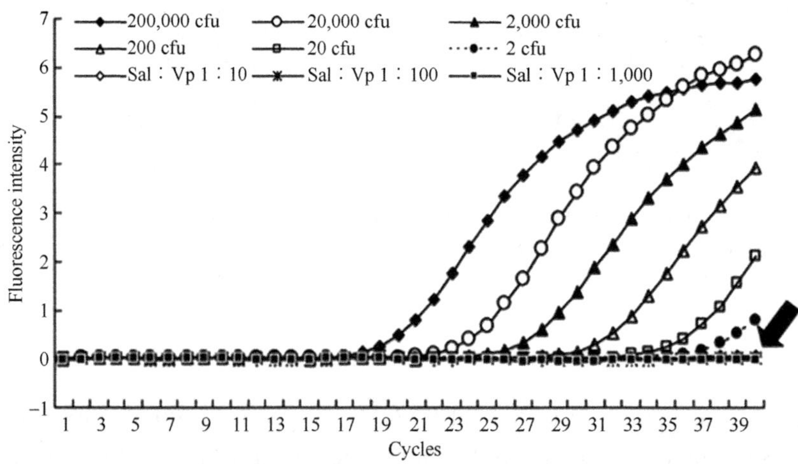

Fig. 3 Results from real-time FQ-PCR of non-specific captured *V. parahaemolyticus* from mixed suspension of pathogens
Lines 1~6: serially 10-fold diluted *V. parahaemolyticus* suspensions. Lines 7~9 (indicated by arrow): bacteria isolated by IMS from mixtures of *Salmonella dublin* (*Salmonella*) and *V. parahaemolyticus* with various ratios (Sal : Vp) (note: *V. parahaemolyticus* was undetectable, so these lines coincide with the *X*-axis). See text for explanation

Table 2　Capture efficiencies in mixed suspension of *Salmonella dublin* (Sal) and *Vibrio parahaemolyticus* (Vp)

S. dublin		Mixed suspension (Sal and Vp)	
Concentration/(cfu/ml)	Capture efficiency/%	Sal：Vp ratio	Capture efficiency of Sal/%
10,000	72.7	1：10	50.8
1,000	89.5	1：100	70.4
100	87.0	1：1,000	66.5

Notes: Equations for standard curve obtained from real-time fluorescence quantitative PCR were: $Y_{sal}=-3.621562\ \lg X+40.6988(R^2=0.995360)$; $Y_{VP}=-3.54378\ \lg X+36.821528(R^2=0.994573)$. Capture efficiencies were calculated as described in the text

3.4 Detection of artificially contaminated samples

Suspensions of biscuit, egg, juice, milk, pork, and spinach samples were artificially contaminated with serially diluted *S. dublin* dilutions, with final concentrations of 0.6 cfu/ml, 60 cfu/ml, 600 cfu/ml, and 6,000 cfu/ml. IMS and real-time FQ-PCR were used for detecting samples containing 60 cfu/ml, 600 cfu/ml, and 6,000 cfu/ml pathogens. A standard curve was plotted according to concentrations of the serial *Salmonella* dilutions and their C_t values. C_t values of the various samples are indicated by arrows in Fig. 4. Most C_t values were <35, indicating the presence of *Salmonella* in the samples. Some C_t values shown in Figs. 3b and 3c were near 40. These samples were analyzed again, and similar values were obtained; *i.e.*, these samples were positive according to the "rules" described in Section 2. Thus, the lower limit for detection by this method appears to be ~60 cfu/ml.

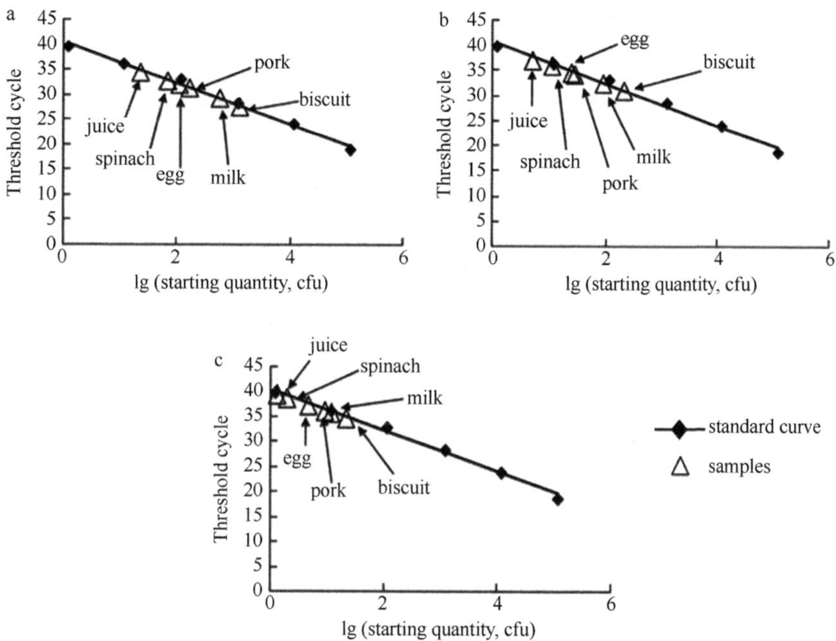

Fig. 4　Detection by real-time FQ-PCR of *Salmonella* in artificially contaminated samples.

a. Food samples with 6,000 cfu/ml *Salmonella*. C_t values of samples were all <35.0 (positive) (see "rules" described in Section 2); b. Food samples with 600 cfu/ml *Salmonella*. C_t values of all samples except juice were <35 (positive), C_t value of juice remained between 35 and 40 after repeated analysis (positive); c. Food samples with 60 cfu/ml *Salmonella*. C_t value of biscuit was <35 (positive), C_t values of other samples remained between 35 and 40 after repeated analysis (positive); d. C_t values of food samples. -◆-, standard curve

The samples containing 0.6 cfu/ml pathogens could not be detected directly by real-time FQ-PCR (data not shown). These samples were then incubated in the LB medium for 3 h. The enrichment results for biscuit, egg, juice, milk, pork, and spinach were 78 cfu/ml, 96 cfu/ml, 64 cfu/ml, 120 cfu/ml, 115 cfu/ml, and 82 cfu/ml, respectively. Since pathogen concentrations in all samples were >60 cfu/ml after 3-h incubation, the limit would be lower than 0.6 cfu/ml with pre-enrichment.

IMS is a powerful, but expensive, technique for the isolation and detection of food pathogens. BMPs, also known as magnetosomes, are promising alternative magnetic carriers because of their high chemical purity, narrow size range, species-specific crystal morphology, and superior magnetic characteristics (Balkwill *et al.*, 1980; Bazylinski *et al.*, 1994; Bazylinski, 1995; Schüler, 2002). Since BMPs are membrane-enclosed, their surfaces present a large number of active radicals, such as amino groups (Han *et al.*, 2007). These radicals facilitate the linking of BMPs to various biomolecules for purposes of isolation, detection, diagnosis, therapy, targeting, etc. Such a linking is simpler than the coating steps required for artificial magnetic beads. BMPs have been utilized for the separation of immunocytes (Takahashi *et al.*, 2009), evaluation of endocrine disrupting chemicals (Yoshino *et al.*, 2008), immunoassay of hepatitis B surface antigen (Wacker *et al.*, 2007), targeting of endothelial progenitor cells (Kim *et al.*, 2009), and pyrosequencing (Yoshino *et al.*, 2009). However, techniques for large-scale culture of BMPs were introduced only recently. Certain strains of magnetotactic bacteria can be cultured on a large scale, and BMPs can be produced by fermentation (Heyen and Schüler, 2003; Sun *et al.*, 2008).

4. Concluding remarks

In this study, we linked BMPs from *Magnetospirillum gryphiswaldense* to Ab, for the purpose of detecting *Salmonella* in food samples. The genus *Salmonella* contains more than 2,500 serotypes, and emergence of new human pathogenic *Salmonella* strains and serotypes represents a major public health issue. Theoretically, because polyclonal antibodies are used, the BMP-Ab complex should be able to capture any strains belonging to the genus *Salmonella.* This expectation was consistent with our results. The capture efficiencies for all six *Salmonella* were above 80%. The BMP-Ab complex was successfully used to capture six different *Salmonella* strains from samples. All the samples contaminated by *Salmonella* were detected efficiently by this method. The detection process took only 4 h to detect *Salmonella* in 1 ml, and the lower limit of detectability was 60 cfu/ml without pre-enrichment. When 3-h pre-enrichment was employed, the detectability limit was reduced to less than 0.6 cfu/ml. We presume that the limit would be further reduced if the volume for detection increased. The method described here can be readily adapted for the detection of other pathogens, by linking BMPs to appropriate antibodies.

References

Andrews W H, Hammack T S. 2001. Bacteriological Analytical Manual, 8th ed. Washington, D.C.: Department of Agriculture.

Ångela N M, Fabricio R C, Rita de C S, *et al.* 2008. Detection of *Salmonella typhimurium* in raw meats using in-house prepared monoclonal antibody coated magnetic beads and PCR assay of the *fimA* gene. J Immunoass Immunoch, 29(1): 58-69.

Balkwill D L, Maratea D, Blakemore R P. 1980. Ultrastructure of a magnetotactic spirillum. J Bacteriol, 141(3): 1399-1408.

Bazylinski D A. 1995. Structure and function of the bacterial magnetosome. Am Soc Microbiol News, 61: 337-343.

Bazylinski D A, Garratt R A, Frankel R B. 1994. Electron microscopic studies of magnetosomes in magnetotactic bacteria. Microsc Res Techniq, 27(5): 389-401.

Blackburn C W. 1993. Rapid and alternative methods for the detection of salmonellas in foods. J Appl Bacteriol, 75(3): 199-214.

Blakemore R P. 1975. Magnetotactic bacteria. Science, 190(4212): 377-379.

Chen J F, Li Y, Wang Z F, *et al*. 2009. High-sensitivity detection of fruit tree viruses using bacterial magnetic particles. Integr Plant Biol, 51(4): 409-413.

DuPont H L. 2007. The growing threat of foodborne bacterial enteropathogens of animal origin. Clin Infect Dis, 45(10): 1353-1361.

Foley S L, Lynne A M, Nayak R. 2008. *Salmonella* challenges: prevalence in swine and poultry and potential pathogenicity of such isolates. J Anim Sci, 86(14 Suppl.): E149-E162.

Gorby Y A, Beveridge T J, Blakemore R P. 1988. Characterization of the bacterial magnetosome membrane. J Bacteriol, 170(2): 834-841.

Grünberg K, Müller E C, Otto A, *et al*. 2004. Biochemical and proteomic analysis of the magnetosome membrane in *Magnetospirillum gryphiswaldense*. Appl Environ Microbiol, 70(2): 1040-1050.

Guo L Y, Wang Q Q, Sun J B, *et al*. 2006. Application of antibody-labeled magnetosomes in quantitative detection of HBsAg with chemiluminescece-immunoassays. Nanosciences, 11(1): 55-59.

Han L, Li S Y, Yang Y, *et al*. 2007. Comparison of magnetite nanocrystal formed by biomineralization and chemosynthesis. J Magn Magn Mater, 313(1): 236-242.

Heaton J C, Jones K. 2008. Microbial contamination of fruit and vegetables and the behaviour of enteropathogens in the phyllosphere: a review. J Appl Microbiol, 104(3): 613-626.

Heyen U, Schüler D. 2003. Growth and magnetosome formation by microaerophilic *Magnetospirillum* strains in an oxygen-controlled fermentor. Appl Microbiol Biotechnol, 61(5-6): 536-544.

Humphrey T. 2004. *Salmonella*, stress responses and food safety. Nat Rev Microbiol, 2(6): 504-509.

Kim J A, Lee H J, Kang H J, *et al*. 2009. The targeting of endothelial progenitor cells to a specific location within a microfluidic channel using magnetic nanoparticles. Biomed Microdevices, 11(1): 287-296.

Lan R, Reeves P R, Octavia S. 2009. Population structure, origins and evolution of major *Salmonella enterica* clones. Infect Genet Evol, 9(5): 996-1005.

Li X, Jiang W, Sun J B, *et al*. 2007b. On the compositing of samples for qualitative microbiological testing. Lett Appl Microbiol, 45(6): 75-81.

Li X, Wang B, Jin H L, *et al*. 2007a. Bacterial magnetic particles (BMPs)-PEI as a novel and efficient non-viral gene delivery system. J Gene Med, 9(8): 679-690.

Linda N W, Asim K B. 2006. Detection of *Vibrio parahaemolyticus* in shellfish by use of multiplexed real-time PCR with TaqMan fluorescent probes. Appl Environ Microbiol, 72(3): 2031-2042.

Liu J N, Ding Y, Jiang W, *et al*. 2008. A mutation upstream of an ATPase gene significantly increases magnetosome production in *Magnetospirillum gryphiswaldense*. Appl Microbiol Biotechnol, 81(3): 551-558.

Mackay I M. 2004. Real-time PCR in the microbiology laboratory. Clin Microbio Infect, 10(3): 190-212.

Maddox C W. 2003. *Salmonella* detection methods. *In*: Torrence M E, Isaacson R E. Microbial Food Safety in Animal Agriculture: Current Topics. Ames: Iowa State Press: 83-88.

Matsunaga T, Kamiya S. 1987. Use of magnetic particles isolated from magnetotactic bacteria for enzyme immobilization. Appl Environ Microbiol, 26(4): 328-332.

McKee R A, Gooding C M, Garrett S D, *et al*. 1991. DNA probes and the detection of food-borne pathogens using the polymerase chain reaction. Biochem Soc Trans, 19(3): 698-701.

Mercanoglu T B, Ben U, Aytac S A. 2009. Rapid detection of *Salmonella* in milk by combined immunomagnetic separation-polymerase chain reaction assay. J Dairy Sci, 92(6): 2382-2388.

Omiccioli E, Amagliani, G, Brandi G, *et al*. 2009. A new platform for Real-Time PCR detection of *Salmonella* spp., *Listeria monocytogenes* and *Escherichia coli* O157 in milk. Food Microbiol, 26(6): 615-622.

Rose B E. 1998. USDA/FSIS Microbiology Laboratory Guidebook. 3rd ed. Washington, D.C.: U. S. Department of Agriculture.

Rossen L, Nørskov P, Holmstrøm K, *et al*. 1992. Inhibition of PCR by components of food samples, microbial diagnostic assays and DNA-extraction solutions. Int J Food Microbiol, 17(1): 37-45.

Schlundt J, Toyofuku H J, Herbst S A. 2004. Emerging food-borne zoonoses. Rev Sci Tech, 23(2): 513-533.

Schüler D. 1999. Formation of magnetosomes in magnetotactic bacteria. J Mol Microbiol Biotech, 1(1): 79-86.

Schüler D. 2002. The biomineralization of magnetosomes in *Magnetospirillum gryphiswaldense*. Int Microbiol, 5(4): 209-214.

Shannon K E, Lee D Y, Trevors J T, *et al*. 2007. Application of real-time quantitative PCR for the detection of selected bacterial pathogens during municipal wastewater treatment. Sci Total Environ, 382(1): 121-129.

Spanová A, Rittich B, Horák D, *et al*. 2003. Immunomagnetic separation and detection of *Salmonella* cells using newly designed carriers. J Chromatogr A, 1009(1-2): 215-221.

Sun J B, Duan J H, Dai S L, *et al.* 2007. *In vitro* and *in vivo* antitumor effects of doxorubicin loaded with bacterial magnetosomes (DBMs) on H22 cells: the magnetic bio-nanoparticles as drug carriers. Cancer Lett, 258(1): 109-117.

Sun J B, Duan J H, Dai S L, *et al.* 2008. Preparation and anti-tumor efficiency evaluation of doxorubicin-loaded bacterial magnetosomes: magnetic nanoparticles as drug carriers isolated from *Magnetospirillum gryphiswaldense*. Biotechnol Bioeng, 101(6): 1313-1320.

Sun J B, Zhao F, Tang T, *et al.* 2008. High-yield growth and magnetosome formation by *Magnetospirillum gryphiswaldense* MSR-1 in an oxygen-controlled fermentor supplied solely with air. Appl Microbiol Biotechnol, 79(3): 389-397.

Switt A I, Soyer Y, Warnick L D, *et al.* 2009. Emergence, distribution, and molecular and phenotypic characteristics of *Salmonella enterica* serotype 4, 5, 12: i: -. Foodborne Pathog Dis, 6(4): 407-415.

Takahashi M, Yoshino T, Takeyama H, *et al.* 2009. Direct magnetic separation of immune cells from whole blood using bacterial magnetic particles displaying protein G. Biotechnol Prog, 25(1): 219-226.

Takeyama H, Yamazawa A, Nakamura C, *et al.* 1995. Application of bacterial magnetic particles as novel DNA carriers for ballistic transformation of a marine cyanobacterium. Biotechnol Tech, 9(5): 355-360.

Tanaka T, Matsunaga T. 2001. Detection of HbA(1c) by boronate affinity immunoassay using bacterial magnetic particles. Biosens Bioelectron, 16(9-12): 1089-1094.

Wacker R, Ceyhan B, Alhorn P, *et al.* 2007. Magneto immuno-PCR: a novel immunoassay based on biogenic magnetosome nanoparticles Biochem. Biophys Res Commun, 357(2): 391-396.

Waleed A A, Peter R. 2000. Effects of amplification facilitators on diagnostic PCR in the presence of blood, feces, and meat. J Clin Microbiol, 38(12): 4463-4470.

Yoshino T, Kaji C, Nakai M, *et al.* 2008. Novel method for evaluation of chemicals based on ligand-dependent recruitment of GFP labeled coactivator to estrogen receptor displayed on bacterial magnetic particles. Anal Chim Acta, 626(1): 71-77.

Yoshino T, Nishimura T, Mori T, *et al.* 2009. Nano-sized bacterial magnetic particles displaying pyruvate phosphate dikinase for pyrosequencing. Biotechnol Bioeng, 103(1): 130-137.

本文原载：J Sep Sci, 2010, 33(21): 3437-3443.

mamO and *mamE* Genes are Essential for Magnetosome Crystal Biomineralization in *Magnetospirillum gryphiswaldense* MSR-1*

Wei Yang, Yang Zhang, Wei Jiang, Ying Li, Jilun Li

(State Key Laboratories for Agrobiotechnology and College of Biological Sciences, China Agricultural University, Beijing, 100193, China)

Abstract

Four non-magnetic mutants of *Magnetospirillum gryphiswaldense* strain MSR-1 were isolated by transposon mutagenesis, and found to contain interruption of either the *mamO* or *mamE* gene within the *mamAB* operon. Studies indicated that *mamO* and *mamE* genes are essential for magnetosome crystal biomineralization in MSR-1. This is the first report of a single gene (*mamO* or *mamE*) whose mutation affects crystals biomineralization in MSR-1.

Keywords

Magnetospirillum gryphiswaldense, magnetosome crystal, *mamO* gene, *mamE* gene.

1. Introduction

Magnetotactic bacteria (MTB) have the unique ability to align and swim along geomagnetic field lines (Bazylinski, 1999). This ability depends on the presence of intracellular magnetosomes, which are composed of two parts: first, nanometer-sized magnetite (Fe_3O_4) or greigite (Fe_3S_4) crystals (magnetosome crystal, MC) depending on the bacterial species; second, the bilayer membrane surrounding the crystal (magnetosome membrane, MM). MCs are biomineralized within an invagination of the cytoplasmic membrane with perfect size and shape. The magnetosomes are regularly spaced and aligned on a dedicated cytoskeleton which arranged the magnetosomes in one or more chains, thus forming a true compass needle. The ability of magnetic orientation is widespread among the bacteria, most probably acquired by lateral gene transfer (Jogler *et al.*, 2009).

Magnetosome formation is a genetically-controlled, enzymatic process, involving many genes and proteins (Komeili, 2007). Comparative genomic analysis on every MTB genome sequenced to date, led to the identification in each case of a large genomic region, termed "magnetosome island" (MAI), which contains most of the genes unique to MTBs (Richter *et al.*, 2007; Jogler *et al.*, 2009). Deletion of MAI results in the

*This study was supported by the Chinese High Technology Research and Development Program (Grant No. 2007AA021805) and Chinese National Natural Science Foundation (Grant No. 30870043). We thank Tao Song and Chuanfang Chen (Chinese Academy of Sciences) for measuring C_{mag} values, Wenxue Li and Hong Ding (China Agricultural University) for ICP-AES analysis.

absence of magnetosome biosynthesis. Thus a minimal set of genes has been postulated for this unique biological process. Functions of some proteins encoded by these MAI genes have been identified. For example, the protein MamA functions in the activation to initiate crystal formation (Komeili *et al.*, 2004). In iron-starved cultures, empty MM can be observed in transmission electron microscopy (TEM) images of cryo-ultrathin sections; in *mamA* mutants more empty MM can be seen than in the wild-type. Interaction of MamJ and MamK promotes stability of the magnetosome chain (Komeili *et al.*, 2006; Scheffel *et al.*, 2006), and MamGFDC regulates magnetosomes size (Scheffel *et al.*, 2008). Thus large amounts of data converge to reveal a step-wise mechanism of magnetosome formation, beginning with the recruitment of MM associated proteins, the invagination of the cytoplasmic membrane, the transport and accumulation of iron inside the MM, the nucleation of the crystal and its growth under enzymatic control to produce a regular, species-specific shaped and narrow size-distributed population of nanocrystals of magnetite. However, no single gene mutation affecting MC biomineralization has been demonstrated so far in the well-studied MTB strain *Magnetospirillum gryphiswaldense* MSR-1.

Transposon mutagenesis is a useful approach for screening unknown genes related to a specific phenotype. It has been applied successfully to *M. magneticum* strain AMB-1 (Wahyudi *et al.*, 2001). In order to elucidate the mechanism of magnetosome formation, we constructed random mutations by using *mini-Tn5* insertion and screened for the phenotype of deficiency in this process. Mutant *mamO* and *mamE* strains were repeatedly isolated through transposon mutagenesis, complemented strains for the two mutants were constructed and characterized. This is the first report of a single gene (*mamO* or *mamE*) whose mutation affects MC biomineralization in MSR-1.

2. Materials and Methods

2.1 Bacteria strains and culture conditions

Bacterial strains and plasmids used in this study are described in Table 1. *M. gryphiswaldense* strains were cultured in sodium lactate medium (SLM) at 30℃. The iron source, 30 μmol/L ferric citrate, was added after autoclaving. For conjugation, *M. gryphiswaldense* strains were cultured in selection medium as described previously (Rong *et al.*, 2008). *Escherichia coli* strains were cultured in Luria broth (LB) at 37℃. Antibiotics were applied at the following concentrations (μg/ml), for *M. gryphiswaldense* strains: nalidixic acid (Nx), 5; kanamycin (Km), 5; tetracycline (Tc), 5; for *E. coli* strains, Km, 50; Tc, 12.5.

2.2 Assay for loss of magnetism

Each Km resistant transconjugant was cultured in 1.5 ml microcentrifuge tube containing 1 ml selection medium. After 5 to 7 days, neodymium-iron-boron magnet was used to detect magnetism of each strain.

2.3 Sequence analysis of the insertion sites

Genomic DNA of non-magnetic mutants was isolated and digested with *Bam*H I which does not cut within the transposon. The digested DNA was self-ligated and transformed into *E. coli* UQ3021. Transposon junction plasmids were isolated from selected transformants and sequenced with primers tnpRl17-1 (5′-AACAAGCCAGGGATGTAACG-3′) and tnpRl13-2 (5′-CAGCAACACCTTCTTCACGA-3′), which were designed according to the transposon (Larsen *et al.*, 2002).

Table 1　Bacterial strains and plasmids used in this study

Strain or plasmid	Description[a]	Source/references
Strains		
M. gryphiswaldense MSR-1	wild-type, Nx^r	DSM6361
MSR-1 WT-415	wild-type containing pRK415, Nx^r, Tc^r	this study
MSR-1 Mu21	*mamO*-deficient mutant, Nx^r, Km^r	this study
MSR-1 Mu21-415	*mamO*-deficient mutant containing pRK415, Nx^r, Km^r, Tc^r	this study
MSR-1 Mu21C	complementation of Mu21, Nx^r, Km^r, Tc^r	this study
MSR-1 Mu22	*mamE*-deficient mutant, Nx^r, Km^r	this study
MSR-1 Mu22-415	*mamE*-deficient mutant containing pRK415, Nx^r, Km^r, Tc^r	this study
MSR-1 Mu22C	complementation of Mu22, Nx^r, Km^r, Tc^r	this study
E. coli UQ3021	DH5α/λpir	Larsen *et al*., 2002
E. coli UQ3022	BW20767/pRL27, Km^r	Larsen *et al*., 2002
Plasmids	containing *mini-Tn5* transposon (*ori*R6K) delivery vector, Km^r	
pRL27	cloning vector, pRK290 derivative 3~4 copies per cell, Tc^r	Larsen *et al*., 2002
pRK415	pRK415 carrying 2.0 kb fragment of *mamO* gene, Tc^r	Keen *et al*., 1988
pRK415-mamO	pRK415 carrying 2.3 kb fragment of *mamE* gene, Tc^r	this study
pRK415-mamE		this study

a. Nx^r, nalidixic acid resistance; Tc^r, tetracycline resistance; Km^r, kanamycin resistance

2.4　Construction of complemented plasmids

mamO or *mamE* was amplified by genomic PCR and cloned into pRK415. Primers containing the restriction sites for *Hin*d III (underlined) and *Eco*R I (double underlined), *mamO*-F (5′-CCCAAGCTTGATGACCGATGACGACAGGAACT-3′) and *mamO*-R (5′-CCGGAATTCTCACACCGTTGTCAGCATCTTGAT-3′) were used for *mamO* cloning, while primers *mamE*-F (5′-CCCAAGCTTGAGTGCCTCCTGCCGGTAAG-3′) and *mamE*-R (5′-CCGGAATTCTCAAAGAACAATCCAGAACTCTTGGC-3′) were used for *mamE* cloning. The amplified fragments were digested by *Hin*d III and *Eco*R I, and then ligated into *Hin*d III/*Eco*R I sits of pRK415, generating pPK415-mamO and pRK415-mamE, respectively. The fragments were confirmed by sequencing with primers 415-F (5′-CAAGGCGATTAAGTTGGGTA-3′) and 415-R (5′-TTTATGCTTCCGGCTCGTAT-3′), which were designed according to the plasmid pRK415.

2.5　TEM and Cryo-ultramicrotomy

All *M. gryphiswaldense* strains were cultured in SLM (30 μmol/L ferric citrate, except for cryo-ultrathin sections of WT-415 which was 10 μmol/L) for 35 h until stationary phase. Whole cells were adsorbed onto carbon-coated copper grids and rinsed three times with double-distilled H_2O. About 40 to 45 randomly chosen cells were examined in each strain. Cryo-ultrathin sections were obtained as follows. A small pellet of each strain was fixed by 2% glutaraldehyde in PBS overnight at 4℃. After centrifugation, the samples were embedded in 10% gelatin for 1 h at 37℃ and then overnight at 4℃. The blocks were dispersed in 2.3 mol/L sucrose in PBS for 1 h at 37℃ and then overnight at 4℃. Cryo-ultrathin sections were obtained from several blocks, stained with methyl cellulose and uranyl acetate for 5 min. Samples were observed with TEM (Philips Tecnai F30) operated at 80 kV.

3. Results

3.1 Isolation of non-magnetic mutants

To create non-magnetic mutants, vector pRL27 was transferred into *M. gryphiswaldense* wild-type by *E. coli* UQ3022 mediated bi-parental conjugation as described previously (Rong *et al.*, 2008). About 3,000 Km resistant transconjugant colonies were screened for loss of magnetism, and four non-magnetic mutants (Mu20, Mu21, Mu22 and Mu25) were found at a frequency of $\sim 10^{-3}$.

3.2 Identification of the interrupted genes

Sequences of the insertion sites were analyzed using Blast program on the NCBI web site (http://blast.ncbi.nlm.nih.gov/Blast.cgi). Two of the non-magnetic mutants (Mu20 and Mu21) had *mamO* mutation at 4107803 and 4107756 sites, and two (Mu22 and Mu25) had *mamE* mutation at 4101469 and 4101964 sites. Transposon insertion sites are given as the first base of the transposon 9 bp repeats in MSR-1 genome (accession number: CU459003).

3.3 Construction of complemented strains

To determine whether effects on magnetosome formation were strictly due to the mutation, complementation experiments were performed. Complemented strains, termed Mu21C or Mu22C respectively, were constructed by expressing the complemented plasmid pRK415-mamO in Mu21 or pRK415-*mamE* in Mu22. The *mamO* or *mamE* was located downstream from the *lac* promoter, which can be induced by isopropyl- β-D-thio-galactopyranoside (IPTG). The wild-type and mutant strains used in the following were WT-415, Mu21-415 and Mu22-415, which stand for WT, Mu21 and Mu22 carrying the plasmid vector, respectively.

3.4 Characterization of complemented strains

All *M. gryphiswaldense* strains (wild-type, mutants, and complemented strains) were cultured in SLM for 35 h until stationary phase. When optical density at 600 nm reached 0.6, 0.3 mmol/L IPTG was added. Growth of all these strains was similar, except for a lower value in Mu22-415.

To assess degree of magnetism, C_{mag} values were determined for each strain as described previously (Zhao *et al.*, 2007). C_{mag} values were zero for Mu21-415 and Mu22-415. The value for Mu21C (0.73±0.05) was similar to that of wild-type (0.72±0.1), whereas that of Mu22C was 0.46±0.09 (Fig. 1a).

Intracellular iron content (*W*/*W*, ‰) of these strains was determined by inductively coupled plasma-atomic emission spectrometry (ICP-AES), with samples prepared as described previously (Rong *et al.*, 2008). Iron content of Mu21C (1.22±0.15) and Mu22C (1.13±0.1) was, respectively, 2.1-fold and 1.2-fold higher than that of Mu21-415 (0.39±0.01) and Mu22-415 (0.52±0.05), and both almost reached the level of wild-type (1.46±0.12) (Fig. 1b).

Whole cells of each strain were observed by TEM. No MC was observed in Mu21-415 and Mu22-415 cells analyzed (Fig. 2b, d). In contrast, Mu21C cells had 15.3±6.3 magnetosomes per cell (Fig. 2c), which is close to that found for the wild type strain 18.2±9.3 (Fig. 2a), whereas that of Mu22C was 7.9±2.9 (Fig. 2e). To determine the presence of MM in the two mutants, cryo-ultrathin cell sections were investigated by TEM (Fig. 2f~h). Empty

MM were seen in Mu21-415 (Fig. 2g) and Mu22-415 (Fig. 2h), the same as be seen in WT-415 (Fig. 2f).

Results from TEM and cryo-ultrathin sections of mutants were consistent with those from analysis of magnetism and intracellular iron content, confirming that single mutation of *mamO* or *mamE* was sufficient to abolish MC biomineralization.

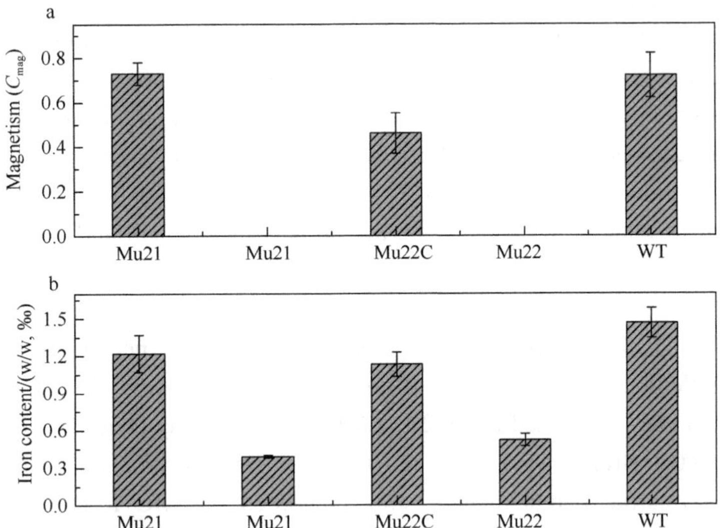

Fig. 1 C_{mag} value (a) and intracellular iron content (b) of cells of MSR-1 wild-type (WT-415), non-magnetic mutants (Mu21-415, Mu22-415), and complemented strains (Mu21C, Mu22C)

Cultures were added with 0.3 mmol/L IPTG as described in the text

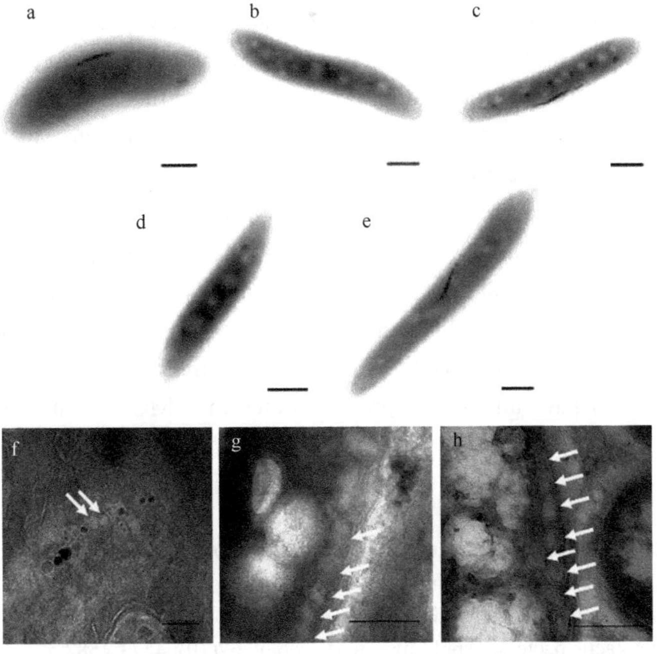

Fig. 2 Characterization of magnetosome formation by TEM

Whole cells of *M. gryphiswaldense* strain MSR-1 WT-415 (a), Mu21-415 (b), Mu21C (c), Mu22-415 (d) and Mu22C (e). Cryo-ultrathin sections of WT-415 (f), Mu21-415 (g) and Mu22-415 (h). Magnetosomes were synthesized in wild-type and two complemented strains (a, c, e), but not in mutant strains Mu21-415 and Mu22-415 (b, d). Empty MMs were observed in mutant strains Mu21-415 and Mu22-415 (g, h), the same as be seen in WT-415 (f). White arrows indicate the position of empty MMs. Scale bars, 500 nm (a to e), 100 nm (f) and 200 nm (g and h)

4. Discussion

MamO protein share 87%, 88% and 34% sequence identities with the homologous counterparts from *M. magneticum* AMB-1, *M. magnetotacticum* MS-1 and *Magnetococcus* sp. MC-1, respectively. Similarly, MamE protein share 75%, 74%, and 32% sequence identities with AMB-1, MS-1 and MC-1, respectively.

MamO and MamE were both predicted as membrane proteins using the TMHMM programs (http://www.cbs.dtu.dk/services/TMHMM). MamO has eight transmembrane regions, where MamE has only one. The two proteins were both predicted as two-domain proteins using online tools InterProScan (http://www.ebi.ac.uk/Tools/InterProScan) and COGnitor (http://www.ncbi. nlm.nih.gov/COG/old/xognitor.html). MamO contains a domain of unknown function (DUF) 81 family (InterProScan) or a predicted permease domain (COGnitor), in addition to putative trypsin-like serine protease domain. MamE contains two putative PDZ domains, characteristic of the HtrA family of serine proteases, besides putative trypsin-like serine protease domain (Fig. S1).

To determine whether these two domains were independently necessary for MC formation, we constructed partial complemented strains. Three different partial fragments of MamO (fragment A to C) or MamE (fragment D to F) were expressed in Mu21 or Mu22, respectively (Fig. S1). The growth conditions of these partial complemented strains were same as other *M. gryphiswaldense* strains as described before. However, none of these partial complemented strains restored the MC formation by TEM observation, indicating that partial fragments of *mamO* or *mamE* were not sufficient for MC formation. Due to the difficulties of MamO or MamE expression in *E. coli*, we tested the serine protease activity of partial MamO protein (fragment C, only contain putative serine protease domain) (Fig. S1). Preliminary results showed that the partial MamO protein did not have the protease activity.

PDZ domains are generally believed to position ion channels, receptors, or other signaling molecules in the correct spatial arrangement (Bezprozvanny and Maximov, 2001). When linked to a protease, PDZ domains often assume important mechanistic functions, *e.g.*, presenting a specific substrate protein to a catalytic domain (Krojer *et al.*, 2008). Therefore, MamE may act as molecular switch to initiate MC formation, associated with MamO or other proteins, through protein-protein interaction mediated by PDZ domains.

Many putative serine proteases have been identified as constituents of magnetosome membrane in various MTB (Grünberg *et al.*, 2001); however, the role of putative serine proteases MamO and MamE in magnetosome formation has not been studied in MSR-1 previously. Taken together, the present results show that MamO and MamE are necessary for MC formation in MSR-1. *mamO* and *mamE* are two of 18 genes shared in common with four other MTB, as shown by comparative analysis of magnetosome gene clusters (Jogler *et al.*, 2009). How the MamO and MamE proteins function in MC formation remains to be clarified.

References

Bazylinski D A. 1999. Synthesis of the bacterial magnetosome: the making of a magnetic personality. Int Microbiol, 2(2): 71-80.

Bezprozvanny I, Maximov A. 2001. PDZ domains: more than just a glue. Proc Natl Acad Sci USA, 98(3): 787-789.

Grünberg K, Wawer C, Tebo B M, *et al.* 2001. A large gene cluster encoding several magnetosome proteins is conserved in different species of magnetotactic bacteria. Appl Environ Microbiol, 67(10): 4573-4582.

Jogler C, Kube M, Schübbe S, *et al.* 2009. Comparative analysis of magnetosome gene clusters in magnetotactic bacteria provides further evidence for horizontal gene transfer. Environ Microbiol, 11(5): 1267-1277.

Jogler C, Schüler D. 2009. Genomics, genetics, and cell biology of magnetosome formation. Annu Rev Microbiol, 63: 501-521.

Keen N T, Tamaki S, Kobayashi D, *et al.* 1988. Improved broad-host-range plasmids for DNA cloning in Gram-negative bacteria. Gene, 70(1): 191-197.

Komeili A. 2007. Molecular mechanisms of magnetosome formation. Annu Rev Biochem, 76: 351-366.

Komeili A, Li Z, Newman D K, *et al.* 2006. Magnetosomes are cell membrane invaginations organized by the actin-like protein MamK. Science, 311(5758): 242-245.

Komeili A, Vali H, Beveridge T J, *et al.* 2004. Magnetosome vesicles are present before magnetite formation, and MamA is required for their activation. Proc Natl Acad Sci USA, 101(11): 3839-3844.

Krojer T, Pangerl K, Kurt J, *et al.* 2008. Interplay of PDZ and protease domain of DegP ensures efficient elimination of misfolded proteins. Proc Natl Acad Sci USA, 105(22): 7702-7707.

Larsen R A, Wilson M M, Guss A M, *et al.* 2002. Genetic analysis of pigment biosynthesis in *Xanthobacter autotrophicus* Py2 using a new, highly efficient transposon mutagenesis system that is functional in a wide variety of bacteria. Arch Microbiol, 178(3): 193-201.

Richter M, Kube M, Bazylinski D A, *et al.* 2007. Comparative genome analysis of four magnetotactic bacteria reveals a complex set of group-specific genes implicated in magnetosome biomineralization and function. J Bacteriol, 189(13): 4899-4910.

Rong C, Huang Y, Zhang W, *et al.* 2008. Ferrous iron transport protein B gene (*feoB1*) plays an accessory role in magnetosome formation in *Magnetospirillum gryphiswaldense* strain MSR-1. Res Microbiol, 159(7-8): 530-536.

Scheffel A, Gärdes A, Grünberg K, *et al.* 2008. The major magnetosome proteins MamGFDC are not essential for magnetite biomineralization in *Magnetospirillum gryphiswaldense* but regulate the size of magnetosome crystals. J Bacteriol, 190(1): 377-386.

Scheffel A, Gruska M, Faivre D, *et al.* 2006. An acidic protein aligns magnetosomes along a filamentous structure in magnetotactic bacteria. Nature, 440(7080): 110-114.

Wahyudi A T, Takeyama H, Matsunaga T. 2001. Isolation of *Magnetospirillum magneticum* AMB-1 mutants defective in bacterial magnetic particle synthesis by transposon mutagenesis. Appl Biochem Biotechnol, 91-93: 147-154.

Zhao L, Wu D, Wu L F, *et al.* 2007. A simple and accurate method for quantification of magnetosomes in magnetotactic bacteria by common spectrophotometer. J Biochem Biophys Methods, 70(3): 377-383.

Supplementary material: https://doi.org/10.1016/j.resmic.2010.07.002

本文原载: Res Microbiol, 2010, 161(8): 701-705.

Deletion of the *ftsZ-like* Gene Results in the Production of Superparamagnetic Magnetite Magnetosomes in *Magnetospirillum gryphiswaldense**

Yao Ding[1], Jinhua Li[2], Jiangning Liu[1], Jing Yang[1], Wei Jiang[1, 3], Jiesheng Tian[1, 3], Ying Li[1, 3], Yongxin Pan[2, 3], Jilun Li[1, 3]

(1. State Key Laboratories for Agrobiotechnology and College of Biological Sciences, China Agricultural University, Beijing 100193, China; 2. Biogeomagnetism Group, Paleomagnetism and Geochronology Laboratory, Institute of Geology and Geophysics, Chinese Academy of Sciences, Beijing, 100029, China; 3. France-China Bio-Mineralization and Nano-Structures Laboratory, Beijing, 100193, China)

Abstract

Magnetotactic bacteria (MTB) synthesize unique organelles termed "magnetosomes", which are membrane-enclosed structures containing crystals of magnetite or greigite. Magnetosomes form a chain around MamK cytoskeletal filaments, and provide the basis for the ability of MTB to navigate along geomagnetic field lines, to find optimal microaerobic habitats. Genomes of species of the MTB genus *Magnetospirillum*, in addition to a gene encoding the tubulin-like FtsZ protein (involved in cell division), contain a second gene termed "*ftsZ-like*", whose function is unknown. In the present study, we found that the *ftsZ-like* gene of *M. gryphiswaldense* strain MSR-1 belongs to 4.9 kb *mamXY* polycistronic transcription unit. We then purified recombinant FtsZ-like protein to homogeneity. FtsZ-like efficiently hydrolyzed ATP and GTP, with ATPase and GTPase activities of 2.17 μmol and 5.56 μmol phosphorus per mol protein per min respectively. FtsZ-like underwent GTP-dependent polymerization into long filamentous bundles *in vitro*. To determine the role of *ftsZ-like*, we constructed a mutant of *ftsZ-like* (Δ*ftsZ-like*), and its complementation strain (Δ*ftsZ-like*_C). Growth of Δ*ftsZ-like* cells was similar to that of wild-type, indicating that Δ*ftsZ-like* gene is not involved in cell division. Transmission electron microscopic observations indicated that the Δ*ftsZ-like* cells, in comparison to wild-type, produced smaller magnetosomes, with poorly-defined morphology, and irregular alignment including large gaps. Magnetic analyses showed that Δ*ftsZ-like* produced mainly superparamagnetic (SP) magnetite particles, whereas wide-type and Δ*ftsZ-like*_C cells produced mainly single-domain (SD) particles. Our findings suggest that the FtsZ-like protein is required for synthesis of SD particles and magnetosomes in *M. gryphiswaldense*.

Keywords

Magnetospirillum gryphiswaldense, magnetosome, *ftsZ-like*, ATPase, GTPase, cytoskeletal filament.

---

*This study was supported by the Chinese High Technology Research and Development Program (Grant No. 2007AA021805), and Chinese National Natural Science Foundation (Grant No. 30570023 and 30870043). We thank Professor Tao Song (Institute of Electrical Engineering, Chinese Academy of Sciences) for C_{mag} determination. We thank Dr. Xuhui Gao (Testing Center, The University of Science and Technology of China) and Mr. Junzhen Jia and Ms. Haihong Liu (Electron Microscopy Laboratory, China Agricultural University) for high-resolution TEM observations. We also thank Yaoping Zhang (Department of Bacteriology, University of Wisconsin-Madison, USA) for helpful comments on the manuscript.

1. Introduction

Magnetotactic bacteria (MTB) can orient themselves along geomagnetic field lines, and search for microaerophilic environments. These capabilities are based on unique prokaryotic organelles termed magnetosomes (Bazylinski and Frankel, 2004). Magnetosomes are nanometer-size magnetic particles of iron oxide (magnetite; Fe_3O_4) or iron sulfide (greigite; Fe_3S_4) (Blakemore, 1975; Blakemore, 1982; Schüler and Frankel, 1999), enclosed within intracytoplasmic vesicles of the magnetosome membrane (MM) (Bazylinski and Frankel, 2004; Schüler, 2004). Magnetosome formation is a complex process involving vesicle formation, iron transportation, nucleation and growth of magnetite crystals, and their assembly into chain-like structures. A model for magnetosome formation has been proposed by Komeili (2007) and Schüler (2008). According to this model, magnetosome vesicles are invaginated from the inner membrane, and protein sorting to the MM occurs concurrently. The protein MamA was suggested to activate magnetosome vesicles for magnetite biomineralization (Komeili *et al.*, 2004). With the help of MamK and MamJ proteins, the membrane invaginations are then assembled into a chain structure. The bacterial actin-like MamK can form filaments required for maintaining magnetosome organization and function (Komeili *et al.*, 2006; Pradel *et al.*, 2006). The Δ*mamJ* mutant shows no change in synthesis of magnetite crystals, but is unable to produce a straight magnetosome chain (Scheffel *et al.*, 2006). The acidic MamJ is implicated in control of magnetosome chain assembly. The final step is magnetite biomineralization, including iron uptake, and nucleation and growth of magnetite crystals. Four small proteins, MamG, MamF, MamD, and MamC, control the grain size of magnetite crystals (Scheffel *et al.*, 2008). The acidic Mms6, which is a tightly bound constituent of the MM in *Magnetospirillum magneticum* AMB-1, had a striking effect on morphology of growing magnetite crystals *in vitro* (Arakaki *et al.*, 2003; Prozorov *et al.*, 2007).

In MTB, most of the genes involved in magnetosome formation are clustered in a genomic magnetosome island (MAI) (Ullrich *et al.*, 2005). In addition to the actin-like *mamK* gene, MAIs of *Magnetospirillum* spp. contain a tubulin-like *ftsZ-like* gene. Comparisons among five sequenced MTB (*M. gryphiswaldense* strain MSR-1, *M. magneticum* strain AMB-1, magnetic coccus strain MC-1, *M. magnetotacticum* strain MS-1, and *Desulfovibrio magneticus* strain RS-1), showed that the *ftsZ-like* gene is conserved only among the *Magnetospirillum* strains (Richter *et al.*, 2007; Nakazawa *et al.*, 2009). FtsZ-like of *M. gryphiswaldense* has ~84% similarity to FtsZ-like proteins of *M. magneticum* and *M. magnetotacticum*. *ftsZ-like* is the last gene of the *mamXY* cluster in magnetospirilla. In *M. gryphiswaldense* MSR-1, the ~4.9 kb *mamXY* cluster, which is located ~28 kb downstream of the *mamAB* operon, consists of *mamY*, *mamX*, *mamZ*, and *ftsZ-like* genes. The predicted FtsZ-like protein consists of tubulin and tubulin_C domains. These domains are present in prokaryotic homologs of eukaryotic tubulins. The *ftsZ* gene encodes a GTPase (De Boer *et al.*, 1992; RayChaudhuri and Park, 1992). Bacterial FtsZ protein is an essential component of the cell division apparatus, assembling in GTP-dependent manner a cytokinetic ring structure (Z-ring) that mediates cell division (Bramhill and Thompson, 1994). The Z-ring then recruits members of the cell division complex, including FtsA, ZipA, MinC, and others that promote cytokinesis (Weiss, 2004). The function of FtsZ-like protein is unknown.

In the present study, we found that *ftsZ-like* gene was expressed as a polycistronic *mamXY* unit under physiological conditions. Purified FtsZ-like protein displayed both ATPase and GTPase activities, and polymerized into tubulin filament bundles in GTP-dependent manner *in vitro*. Deletion of *ftsZ-like* gene had no effect on cell division, but resulted in production of superparamagnetic (SP) crystals at ambient temperature.

2. Materials and Methods

2.1 Bacterial strains and growth conditions

Bacterial strains and plasmids used in this study are described in Table 1. *Escherichia coli* (*E. coli*) strains were grown in Luria-Bertani medium (LB) at 37℃. *M. gryphiswaldense* strains were grown at 30℃ in optimized flask medium (OFM). Sterilized ferric citrate was added as iron source after autoclaving. For conjugation, *M. gryphiswaldense* strains were cultured in selection medium, in which NH_4Cl and yeast extract were replaced by 4 g sodium glutamate (Li *et al*., 2004). For liquid culture, strains were kept in 250 ml serum bottles containing 100 ml medium, with shaking at 100 r/min. Microaerobic conditions occurred at high cell densities as a result of oxygen consumption. Antibiotics and concentrations (μg/ml) used were: kanamycin (Km), 50 for *E. coli* and 5 for *M. gryphiswaldense*; gentamicin (Gm), 20 for *E. coli* and 5 for *M. gryphiswaldense*; chloramphenicol (Cm), 25 for *E. coli* and 5 for *M. gryphiswaldense*; tetracycline (Tc), 12.5 for *E. coli* and 5 for *M. gryphiswaldense*.

Table 1 Bacterial strains and plasmids used in this study

Strain or plasmid	Description	Source or reference
E. coli strains		
DH5α	*endA1 hsdR17* [r-m+] *supE44 thi-1 recA*1 *gyrA* [NalR] *relA1*Δ [*lacZYA-argF*] *U169 deoR* [Ø80 Δ {lacZ} M15]	Sambrook and Russell, 2001
S17-1	*thi endA recA hsdR* with RP4-2-Tc::Mu-Km::Tn7 integrated in chromosome, Sm^r	Simon *et al*., 1983
M. gryphiswaldense strains		
MSR-1	wild-type	DSM6361
Δ*ftsZ-like*	*ftsZ-like*-deficient mutant, Gm^r	present study
Δ*ftsZ-like*_C	Δ*ftsZ-like* carrying plasmid pCFZL, Gm^r, Tc^r	present study
Plasmids		
pRK415	cloning vector, pRK290 derivative, Tc^r	Keen *et al*., 1988
pK19*mobsacB*	*sacB* (modified from *Bacillus subtilis*), *lacZ*, Km^r	Schäfer *et al*., 1994
pUCGm	pUC1918 carrying the *aacC1* gene, Gm^r	Schweizer, 1993
pET-28a-c (+)	expression vector, T7 promoter, Km^r	Novagen
pDFZ1	pK19*mobsacB* derivative for *ftsZ-like* deletion, Km^r	present study
pDFZ2	pK19*mobsacB* derivative for *ftsZ-like* deletion, Km^r, Gm^r	present study
pCFZL	pRK415 derivative for *ftsZ-like* expression, Tc^r	present study
pEFZL	pET-28a-c (+) derivative for *ftsZ-like* expression, Km^r	present study

2.2 Reverse transcription (RT)-PCR

M. gryphiswaldense cells were grown until exponential phase, and total RNA was isolated by SV Total RNA Isolation system (Promega) according to manufacturer's instructions. RT-PCR analyses were performed with 0.6 μg RNA pretreated with RQ1 RNAse-Free DNase (Promega), using M-MLV reverse transcriptase

(Tiangen). Negative control reaction for RT-PCR was performed using total RNA without M-MLV reverse transcriptase to confirm the lack of genomic DNA contamination in each reaction mixture. Primers used to amplify the cDNA from total RNA were random primers. Primers used to amplify the intergenic regions of the *mamXY* cluster were as follows: 5′*mamY-mamY*_f/5′ *mamY-mamY*_r (5′-AAGCGACCATCAATGTCCACT-3′; 5′-CCTCCGTTAATCGTCTTTGATAC-3′). *mamY-mamX*_f/*mamY-mamX*_r (5′-ATTGGTGCCGAGAATGTG CG-3′; 5′-TGTGATCTTCCCACGGATTGG-3′). *mamX-mamH-like*_f/*mamX-mamH-like*_r (5′-CCCATGTG GATCGACCTTGC-3′; 5′-CCCACGCAGACGATGGAGAC-3′). *mamH-like-ftsZ-like*_f/*mamH-like-ftsZ-like*_r (5′-GCGGCCTTCCTCCTGCTGAT-3′; 5′-AGGGCTTGGGCGTCCGTATT-3′). *ftsZ-like-3′ftsZ-like*_f/*ftsZ-like-3′ ftsZ-like*_r (5′-GTTATGAGCGAGATGGGCAAGG-3′; 5′-GGCCGTCTTCATGGTGTTGG-3′).

2.3 Construction of *ftsZ-like* deletion mutant

Gene replacement was performed by homologous recombination of flanking sequence regions of *ftsZ-like* between the *M. gryphiswaldense* MSR-1 chromosome and pDFZ2. A 1,385 bp upstream region and a 1,396 bp downstream region of *ftsZ-like* were amplified using the primers DC*ftsZ-like*u_f/DC*ftsZ-like*u_r (5′-CGC GGATCCGGTGTGTTCATCATCATGTGCCTG-3′; 5′-AAAACTGCAGAATACCATTTAGCCGATTCGCA GGG-3′) and DC*ftsZ-like*d_f/DC*ftsZ-like*d_r (5′-AAAACTGCAGTGAGCCGCTCCGGAAGAATCAAGC-3′; 5′-CCCAAGCTTGGGATACTGACTAGAGCGGTTTCACG-3′), respectively. These two fragments were cloned into pK19*mobsacB* vector at *Bam*H I and *Hin*d III sites, yielding plasmid pDFZ1. Finally, *aacC1* gene (encoding Gm^r) from pUCGm was inserted into pDFZ1 at the *Pst* I site, resulting in suicide plasmid pDFZ2. pDFZ2 was transferred from *E. coli* S17-1 into *M. gryphiswaldense* MSR-1 by bi-parental conjugation as described previously (Rong *et al.*, 2008). Gm^r colonies were isolated after 7 days and replica-printed to identify Km^s colonies. Gm^rKm^s colonies resulting from double-crossover recombination event were confirmed by PCR and Southern blot analysis. To complement the Δ*ftsZ-like* mutant, the *M. gryphiswaldense ftsZ-like* gene was amplified using primers CL*ftsZ-like*_f/CL*ftsZ-like*_r (5′-CTAGTCTAGACACCACGGGAGCAGCCCTTA TTTTTGGCGTTGAACCCATTAGCTTCTG-3′; 5′-CGGGGTACCGCTTGATTCTTCCGGAGCGGC-3′). The DNA fragment encoding the *ftsZ-like* was cloned into the *Xba* I and *Kpn* I sites of pRK415 vector, resulting in pCFZL.

2.4 Expression and purification of FtsZ-like protein

The DNA fragment encoding *ftsZ-like* gene was amplified from chromosomal DNA of *M. gryphiswaldense* MSR-1 by PCR and cloned into the *Sac* I and *Xho* I sites of pET28a (+) (Novagen) vector. The resultant plasmid, pEFZL, expressed FtsZ-like with His6 tag fused at its N-terminus. The primers used for FtsZ-like cloning were EX*ftsZ-like*_f/EX*ftsZ-like*_r (5′-CCCGAGCTCATTTTTGGCGTTGAACCCATTAGC-3′ and 5′-CCGCTCGAGTCAGGCGATACCGGTGGC-3′), respectively. *E. coli* BL21 (DE3) containing pEFZL plasmid was cultured in LB medium supplemented with 50 μg/ml kanamycin and grown at 37℃. Protein expression was induced at A_{600} 0.6 by 0.5 mmol/L isopropyl-1-thio-β-D- galactopyranoside. Cells were harvested after 6 h, pelleted at 8,000 r/min and 4℃ for 10 min, and resuspended in Lysis Buffer (50 mmol/L NaH_2PO_4, 300 mmol/L NaCl, 10 mmol/L imidazole, pH 8.0). Cells were disrupted by sonication, and the solution was centrifuged at 12,000 *g* for 10 min at 4℃. The supernatant was loaded onto a nickel nitrilotriacetic acid spin column (Qiagen) equilibrated with Lysis Buffer. The column was washed four times with Wash Buffer (50 mmol/L NaH_2PO_4, 1 mol/L NaCl, 50 mmol/L imidazole, 0.5% (*V*/*V*) Triton X-100, 5% (*V*/*V*) glycerol, pH 8.0). Proteins were eluted by stepwise increase of in imidazole concentration (150 mmol/L,

200 mmol/L, 250 mmol/L) in Elution Buffer (50 mmol/L NaH_2PO_4, 300 mmol/L NaCl, 250 mmol/L imidazole, pH 8.0). The N-terminal His6 tag was removed by digestion with thrombin. The eluate was dialyzed against 25 mmol/L HEPES-NaOH (pH 7.2), 1 mmol/L DTT, 0.1 mmol/L EDTA, 10% glycerol, and stored at –80℃ until use. The proteins were dialyzed against a specific buffer before being used for assay of a specific property. Proteins were analyzed by SDS-PAGE with Coomassie Blue R-250 staining, and quantified by the Bradford method using BSA as standard. Matrix-assisted laser desorption ionization time-of-flight mass spectrometry (MALDI-TOF-MS) was performed at Beijing Genomics Institute (BGI).

2.5 NTP hydrolysis

NTPase activity of FtsZ-like was measured with EnzChek™ Phosphate Assay Kit (Molecular Probes, Invitrogen E6646), which utilizes the spectrophotometric shift of maximal absorbance from 330 nm to 360 nm when the substrate, 2-amino-6-mercapto-7-methylpurine riboside (MESG), is converted enzymatically by purine nucleoside phosphorylase (PNP) into ribose 1-phosphate and 2-amino-6-mercapto-7-methylpurine. For accurate measurement of NTPase activity, 1 mmol/L GTP was preincubated with the kit reagent for 10 min at 22℃ to deplete free phosphate before mixing with the protein sample, which included FtsZ-like, in 50 mmol/L HEPES, pH 7.5, 200 mmol/L KCl, 175 mmol/L NaCl, and 2.5 mmol/L $MgCl_2$. The concentration of FtsZ-like in each experiment was 5 μmol/L. Absorbance at 360 nm of the sample was recorded every 10 s at room temperature using a UVmini-1240 UV-VIS spectrophotometer (Shimadzu). For control experiments in which GTP was added to the regenerating system in the absence of FtsZ-like, the A_{360} readout was flat, indicating that all inorganic phosphate present in GTP was converted to signal by the PNP. Rate of NTP hydrolysis was calculated based on the regression line of phosphate standards, and the value for preexisting inorganic phosphate in GTP was subtracted. Experiments were performed in triplicate, and mean values are presented.

2.6 Transmission electron microscopy (TEM)

M. gryphiswaldense cells (wild-type, *ΔftsZ-like*, and *ΔftsZ-like*_C) were grown in OFM at 30℃ until stationary phase, and concentrated from suspension by centrifugation (12,000 r/min, 1 min). Cells and isolated magnetosomes were adsorbed onto carbon-coated copper grids and rinsed twice with double-distilled H_2O. Samples were observed with a conventional TEM (Philips Tecnai F30) at 120 kV, and a high-resolution TEM (JEOL 2010) at 200 kV.

Electron microscopic assay for FtsZ-like polymerization was performed as described previously (Yu and Margolin,1997). FtsZ-like (6 mmol/L) was incubated in assembly buffer (50 mmol/L Tris, pH 7.5, 1 mmol/L $MgCl_2$, 1 mmol/L GTP, 10 mmol/L $CaCl_2$) at 37℃ for 5 min. Samples (5 μl each) were placed on a carbon-coated copper grid, blotted, negatively stained with 1% uranyl acetate, blotted again, and observed on the conventional TEM.

2.7 Magnetic analyses

To characterize the magnetic properties of magnetosomes, freeze-dried cell samples (washed with double-distilled H_2O) were analyzed. Low-temperature magnetic measurements were taken using a Quantum Design MPMS XP-5 magnetometer (sensitivity 5.0×10^{-10} Am^2). Thermal demagnetization of remanence acquired in a 2.5 T field at 5 K (hereafter named $SIRM_{5\ K\_2.5\ T}$) after two pre-treatments was measured from

5 K to 300 K. The first pre-treatment was cooling the sample from 300 K to 5 K in a zero field (ZFC); the second was cooling from 300 K to 5 K in a 2.5 T field (FC). The Verwey transition temperature (T_v) was defined as that corresponding to maximal first-order derivative d*M*/d*T* of the FC curve. Room-temperature first-order reversal curves (FORCs) were measured on an Alternating Gradient Magnetometer (Mode MicroMag 2900, sensitivity 1.0×10^{-11} Am^2) by the protocol of Roberts *et al.* (2000). FORC diagrams were calculated using FORCinel version 1.05 software, with a smoothing factor (SF) of 2 (Fischer *et al.*, 2008). FORC diagrams provide information on domain state, coercivity, and magnetic interaction of magnetic crystals. In a FORC diagram, coercive field (H_c) and magnetostatic interactions (H_b) are indicated on the horizontal and vertical axes, respectively.

3. Results

3.1 Transcriptional organization of the *mamXY* gene cluster

The *ftsZ-like* gene is located at the last position of the operon-like, co-linear organization of *mamXY* cluster (Fig. 1a). We applied RT-PCR to determine whether *ftsZ-like* is transcribed under physiological conditions, and whether adjacent genes are co-transcribed, using primers that amplify intergenic regions of *mamXY* cluster. Transcripts were detected for all tested intergenic junctions, but not for regions located 5′ and 3′ of the first and last genes of this cluster (Fig. 1b). Amplicons obtained from the cDNAs had the same sizes as amplicons obtained from genomic DNA. Negative control experiments, performed by omitting reverse transcriptase during RT reactions, revealed the complete absence of DNA in the RNA samples. These results indicate that *ftsZ-like* gene is expressed from a single, long, polycistronic *mamXY* transcript unit under physiological conditions.

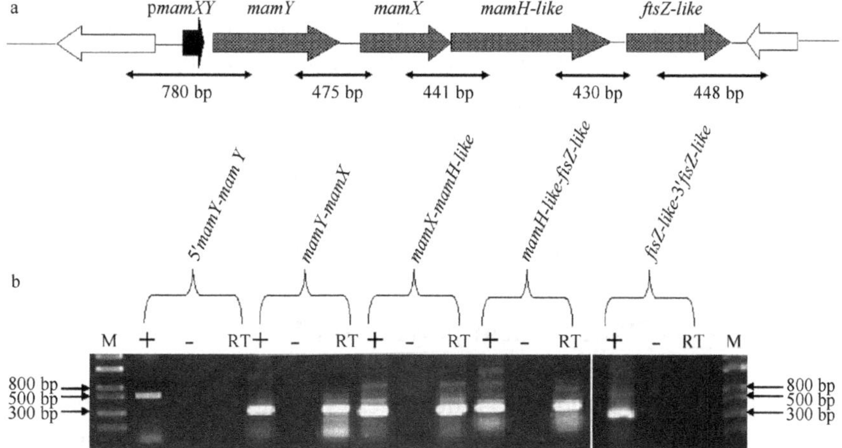

Fig. 1 Diagram of the *mamXY* cluster of *M. gryphiswaldense* strain MSR-1 (a) and transcriptional analysis of *mamXY* cluster by RT-PCR (b)

Expected sizes of PCR products are indicated below arrows. Agarose gel electrophoresis of PCR products is shown at the bottom of each panel. Lanes: RT, RT-PCR; –, negative control with reverse transcriptase omitted; +, positive control with genomic DNA as the template; M, DNA size marker

3.2 FtsZ-like is an ATPase and GTPase

The FtsZ-like protein consists of 323 amino acids and has a predicted molecular weight of 33.7 kDa. The molecular mass of His-FtsZ-like, determined by SDS-PAGE, was ~40 kDa (Fig. 2b). The His-FtsZ-like protein showed migration somewhat higher than that expected from the calculated molecular weight, but was identified by MALDI-TOF-MS.

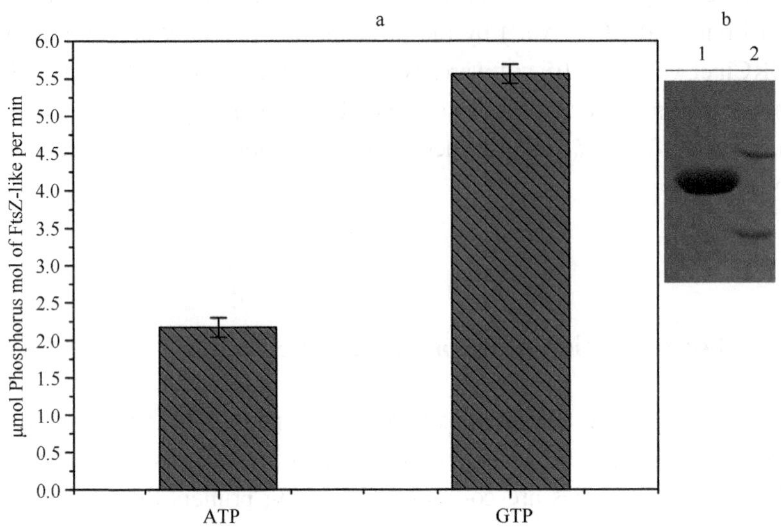

Fig. 2 Detection of ATP and GTP hydrolytic activities of purified FtsZ-like protein

a. ATP and GTP hydrolytic activities of FtsZ-like; b. SDS-PAGE of purified His-FtsZ-like protein. 1. Molecular weight markers of 45 kDa (upper) and 35 kDa. 2. Purified His-FtsZ-like protein

The presence of tubulin signature motif and FtsZ signature sequences within FtsZ-like suggested that the protein might be a GTPase. We therefore tested the ability of FtsZ-like to hydrolyze GTP and other NTPs, using a spectrophotometric method that measures the phosphate released from GTP hydrolysis. Native FtsZ-like protein hydrolyzed GTP efficiently (Fig. 2a). Purified FtsZ-like displayed GTPase activity, converting ~(5.56± 0.13) μmol phosphorus per mol FtsZ-like per min. GTPase activity of *M. gryphiswaldense* FtsZ-like was higher than those reported for *E. coli* FtsZ (Sossong *et al.*, 1999) and *B. subtilis* FtsZ (Chung *et al.*, 2007). Unexpectedly, in a test of ATPase activity, FtsZ-like converted ~(2.17±0.13) μmol phosphorus per mol FtsZ-like per min, an efficiency lower than that for GTP (Fig. 2a). FtsZ-like did not hydrolyze TTP or CTP (data not shown). These results indicate that FtsZ-like protein has both ATPase and GTPase functions.

3.3 FtsZ-like undergoes GTP-dependent polymerization

The capacity of FtsZ-like to undergo GTP-dependent polymerization was evaluated using electron microscopy. No polymerization was observed in the absence of GTP (Fig. 3a). In the presence of GTP and 6 mmol/L protein, FtsZ-like formed long, straight, polymeric structures (Fig. 3b), which actually consisted of bundles of protofilaments (Fig. 3c, d). Measurement of individual bundles showed lengths up to 13.2 μm and widths up to 195.8 nm. Macromolecular crowding of the protofilaments prevented us from observing single FtsZ-like filaments, and it was therefore difficult to estimate the number of protofilaments per bundle. Occasional bifurcation of polymers was observed at the ends of bundles (Fig. 3e). TEM observations suggested that interconnection between bundles to form a network occurs by lateral alignment of protofilaments (Fig. 3f).

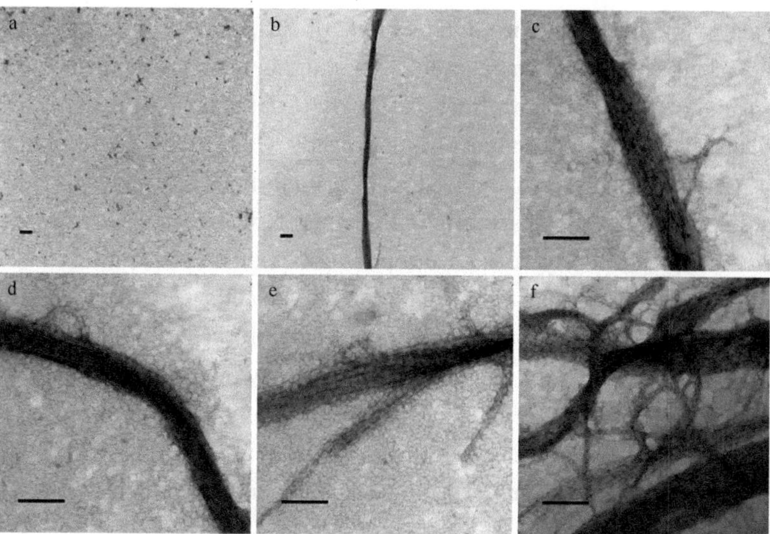

Fig. 3 Transmission electron microscopic (TEM) images of FtsZ-like polymers

a. FtsZ-like in the absence of GTP; b. Well-developed bundle of FtsZ-like in the presence of GTP; c~f. Filamentous bundles of FtsZ-like. Scale bars: 1 μm in (a) and (b); 200 nm in (c) to (f)

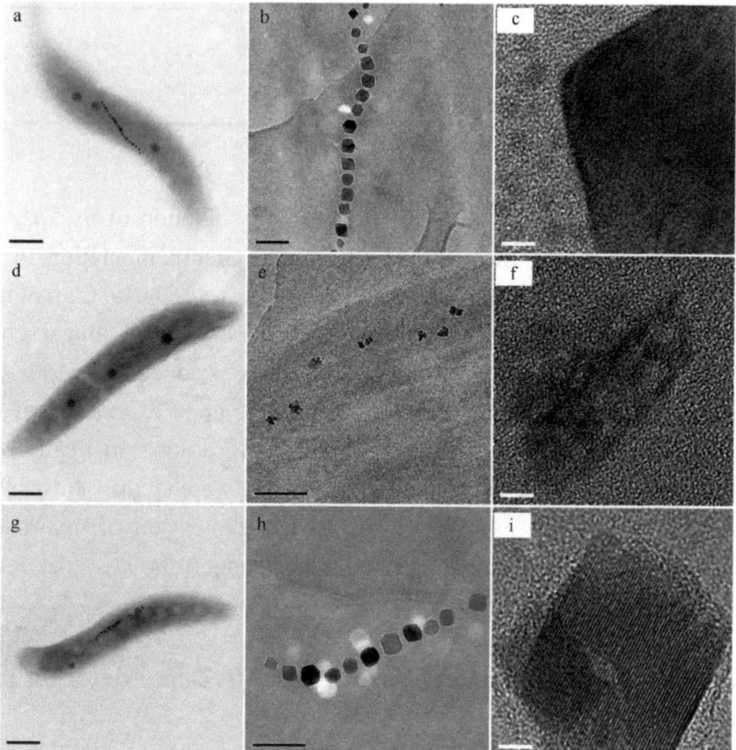

Fig. 4 TEM images of cells and magnetosomes of *M. gryphiswaldense* strains

Cells (left column) were viewed by conventional TEM (Philips Tecnai F 30; scale bar: 500 nm). Magnetosome chains of whole cells (middle column; scale bar: 100 nm) and crystal lattice of isolated magnetosomes (right column; scale bar: 5 nm) were viewed by high-resolution TEM (JEOL 2010). a~c. wild-type; d~f. *ΔftsZ-like*; g~i. *ΔftsZ-like*_C

3.4 Characterization of *ΔftsZ-like* mutant

To determine the role of *ftsZ-like* gene in formation of functional magnetosomes, a *ΔftsZ-like* deletion mutant was constructed. Although the highest OD_{565} value of *ΔftsZ-like* cells were slightly lower than that of wild-type, they both reached exponential stage after 21 h culture in medium supplemented with 60 μmol/L iron, and deletion of *ftsZ-like* gene had no major effect on growth (Supplemental Fig. 1). TEM micrographs of the mutant cells showed distinctively small magnetosome crystals (Fig. 4). Average magnetosome size for the *ΔftsZ-like* mutant was (24.0±4.6) nm, compared to (37.9±5.3) nm for wild-type cells (Table 2); this difference was statistically significant ($P<0.001$, *t*-test). High-resolution TEM observation showed that magnetosomes produced by *ΔftsZ-like* cells had poorly-defined morphology, poor crystallization, and irregular distribution with large gaps (Fig. 4d~f). Magnetosomes produced by wild-type cells were clearly distinct, with symmetrical cuboid crystals, perfect crystal structure, and linear chain assembly (Fig. 4a~c). Formation of the aberrant magnetosome crystals in *ΔftsZ-like* mutant was not compensated by their high iron concentration (500 μmol/L), as indicated by TEM observations (data not shown). The difference in number of magnetosomes per cell between the mutant and wild-type (Table 2) was not statistically significant ($P>0.05$). Gaps between adjacent magnetosome particles in *ΔftsZ-like* were larger, and the magnetosome chain was longer, compared to wild-type.

Table 2 Comparative data on magnetosome diameters and numbers in three *M. gryphiswaldense* strains grown in OFM until stationary phase

Strains	Average diameter of magnetosomes/nm*	Average number of magnetosomes per cell*
wild-type	37.9 (5.3)	25.2 (5.4)
ΔftsZ-like	24.0 (4.6)	26.1 (4.4)
ΔftsZ-like_C	39.2 (6.7)	26.5 (3.8)

* Standard deviations are given in parentheses

To test whether the above phenotypes were really caused by deletion of *ftsZ-like* gene, the mutant was complemented with *ftsZ-like* expressed from the *lac* promoter. Complementation of strain *ΔftsZ-like* with plasmid pCFZL containing the entire *ftsZ-like* gene produced cells (*ΔftsZ-like*_C) having magnetosomes with physical properties very similar to those of wild-type, *i.e.*, cuboid shape, linear chain arrangement, and well-defined lattice fringes [Fig. 4g~i; Table 2]. Magnetosomes produced by *ΔftsZ-like*_C had grain size slightly larger than that of wild-type, possibly because of multiple copy expression of *ftsZ-like* from plasmid pCFZL (Table 2). Diameters of magnetosomes of *ΔftsZ-like*_C were not statistically different from those of wild-type ($P>0.05$), although OD_{565} values of *ΔftsZ-like*_C culture were slightly lower than those of wild-type culture (Supplemental Fig. 1). A likely explanation for this is expression of *ftsZ-like* from a heterologous promoter carried on the plasmid. Taken together, these findings support the idea that deletion of *ftsZ-like* gene was the cause of phenotypes observed in *ΔftsZ-like* cells.

3.5 Magnetic properties of wild-type cells and their *ΔftsZ-like* deletion mutants

Thermal demagnetization curves and FORC diagrams for whole cell samples of *M. gryphiswaldense* MSR-1 wild-type, *ΔftsZ-like*, and *ΔftsZ-like*_C cells, as described in the preceding section, are shown in Fig. 5. Both ZFC and FC curves for all three strains showed sharp drops of remanence between 90 K and 110 K, which corresponds to Verwey transition of magnetosome magnetite (Moskowitz *et al.*, 1993; Pan *et al.*, 2005; Li *et al.*, 2009). The presence of Verwey transition confirms that the magnetosomes synthesized by *ΔftsZ-like* cells are magnetite rather than other minerals, *e.g.*, maghemite or ferrihydrite (Dunlop and Özdemir, 1997). However, Verwey transition behaviors differed between *ΔftsZ-like* and wild-type. *ΔftsZ-like*_C showed thermal demagnetization behavior nearly identical to that of wild-type, and both had sharp Verwey transition with

T_V=104 K (Fig. 5a, 5c). In contrast, *ΔftsZ-like* showed a suppressed Verwey transition with T_V=100 K (Fig. 5b). The remanence carried by *ΔftsZ-like* decayed dramatically below 50 K and fell to 8.1% of $FC\_SIRM_{5K\_2.5T}$ value at 300 K, which is much lower than the corresponding percentages for wild-type (33.5%) and *ΔftsZ-like*_C (34.5%). These findings indicate a significant contribution of superparamagnetic (SP) magnetite particles, probably at the threshold between SP and single-domain (SD) particles, in *ΔftsZ-like* cells, which is consistent with the TEM observations described above.

FORC diagrams for wild-type and *ΔftsZ-like*_C cells showed smoothly closed contours around 13 mT and 14 mT, respectively, with slight overlap at the H_b axis (Fig. 5a, 5c), indicating predominantly fine-grained SD and small amounts of SP magnetosome particles. Both strains showed a narrow vertical spread (<5 mT) on the H_c axis. In contrast to wild-type and *ΔftsZ-like*_C, *ΔftsZ-like* cells showed much lower coercivity (<5 mT), and a considerably wider vertical spread along the H_b axis (20~30 mT) (Fig. 5b). *ΔftsZ-like* cells also had small closed contours around H_c=16.8 mT, indicating the presence of SD magnetosome particles. Taken together, these findings suggest that *ΔftsZ-like* cells have a much higher proportion of SP particles, or particles at the SP/SD threshold, compared to wild-type or *ΔftsZ-like*_C.

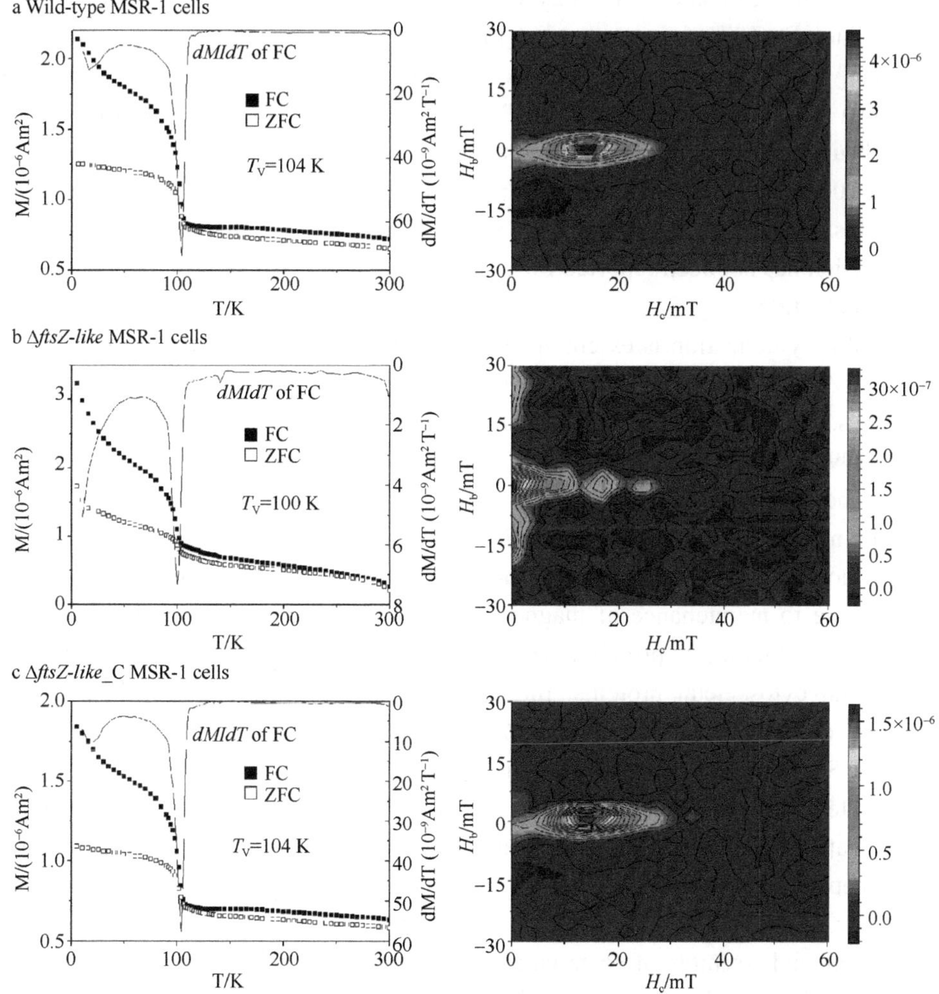

Fig. 5　Low-temperature magnetic (remanence) measurements (*left*) and room-temperature FORC diagrams (*right*) for wild-type (a), *ΔftsZ-like* (b), and *ΔftsZ-like*_C (c) cells (Color figure in the two-dimensional code at the back cover)

4. Discussion

The function of FtsZ-like protein in *M. gryphiswaldense* strain MSR-1 was studied by deletion mutation and complementation analysis. TEM observations indicated that FtsZ-like affects magnetosome formation. Deletion mutant *ΔftsZ-like* cells produced small magnetosomes [average size (24.0±4.6) nm] with aberrant shapes, irregular alignment, and poor crystallization. This was confirmed by magnetic analyses at low and room temperatures, which indicated that *ΔftsZ-like* cells produce a higher proportion of superparamagnetic (SP) and lower proportion of stoichiometric magnetite magnetosomes, in comparison to *ΔftsZ-like*_C and wild-type cells.

Although FtsZ-like protein evidently contributes to magnetosome formation, the mechanism remains to be elucidated. Alignment analyses of FtsZ-like using BLAST (Altschul *et al.*, 1990) and ClustalW programs showed high similarity with FtsZ proteins of several bacterial species, *i.e.*, ~42% similarity with FtsZ of *E. coli*, *Bacillus subtilis*, and *B. anthracis*, and 26% similarity with that of *Pyrococcus abyssi*. FtsZ-like consists of 323 amino acids, while FtsZ proteins of the other bacteria range from 350 to 400 amino acids (Lee *et al.*, 2003). Several regions of homology with FtsZ proteins are located between amino acids 1 and 320 of FtsZ-like. Since FtsZ-like is not essential for growth of *M. gryphiswaldense* MSR-1 (Supplement Fig. 1), it presumably does not share the cell division function of the FtsZ proteins. The presence of a heptapeptide known as "tubulin signature motif" (GGGTGTG) is crucial for binding of GTP (De Boer *et al.*,1992; RayChaudhuri and Park, 1992; Mukherjee *et al.*, 1993) and polymerization of FtsZ proteins (Dougherty *et al.*, 2001; Lu *et al.*, 2001). Similarly to FtsZ proteins, FtsZ-like displays GTP hydrolysis activity (Fig. 2a); FtsZ-like also hydrolyzed ATP, with efficiency lower than that for GTP (Fig. 2a); such ATP hydrolysis function has not been reported for other FtsZ proteins. No significant hydrolysis activity was detected for other nucleotides.

GTP-dependent polymerization is essential for functioning of tubulin family proteins, including FtsZ. *In vitro*, purified FtsZ proteins display assembly into a wide variety of polymer morphologies (including tubules, sheets, asters, straight and curved protofilaments, and minirings) (Mukherjee and Lutkenhaus, 1994; Erickson *et al.*, 1996; Yu and Margolin, 1997; Löwe and Amos, 1999; Löwe and Amos, 2000; Carballido-Lopez and Errington, 2003; Oliva *et al.*, 2003). FtsZ-like was also found to undergo GTP-dependent polymerization (Fig. 3). Under TEM, the polymers appeared as straight, long, filamentous bundles, similar to those of the MamK polymer (Taoka *et al.*, 2007). MamK cytoskeletal filament have been suggested to contribute to maintenance of magnetosome organization and function (Komeili *et al.*, 2006; Pradel *et al.*, 2006). The tubulin-like protein FtsZ-like and actin-like protein MamK, in MTB, both belong to the group of bacterial cytoskeletal proteins. Interestingly, the chimeric protein $MamK_I$, identified from non-cultured MTB, comprises an N-terminal FtsZ-like domain fused to a C-terminal MamK-like domain (Jogler *et al.*, 2009). Such fusion of tubulin-like and actin-like domains within a single polypeptide in MTB suggests possible interaction of these proteins in strain MSR-1. On the other hand, bacterial two-hybrid assay analyses indicated that FtsZ-like does not interact directly with MamK protein (Supplement Fig. 2). The relationships between FtsZ-like and MamK, and with other magnetosome-associated proteins, await further study.

Biomineralization, and assembly of bacterial magnetosomes into chains, are intracellular processes under strict genetic control (Faivre and Schüler, 2008). There are additional components and factors that contribute to magnetosome chains, *e.g.*, interparticle connections, membrane vesicles, cytoskeletal filaments, and magnetosomal matrix (Taoka *et al.*, 2006). These components are highly ordered with various magnetosome-associated proteins. Detailed reconstruction of magnetosomal components *in vitro* will provide new insights into the functions of magnetosome-associated proteins, and the mechanism of magnetosome formation. FtsZ-like cytoskeletal filaments may play a regulatory or accessory role in magnetosome formation, by undergoing GTP-dependent dynamic polymerization to regulate magnetosome assembly and synthesis. Extensive future studies will clarify this role.

The finding that a FtsZ-like protein is involved in magnetosome synthesis in *M. gryphiswaldense* MSR-1 has important implications for the mechanism of magnetosome biomineralization, and functional concepts of the bacterial cytoskeleton.

References

Altschul S F, Gish W, Miller W, *et al.* 1990. Basic local alignment search tool. J Mol Biol, 215(3): 403-410.

Arakaki A, Webb J, Matsunaga T. 2003. A novel protein tightly bound to bacterial magnetic particles in *Magnetospirillum magneticum* Strain AMB-1. J Biol Chem, 278(10): 8745-8750.

Bazylinski D A, Frankel R B. 2004. Magnetosome formation in prokaryotes. Nat Rev Microbiol, 2(3): 217-230.

Blakemore R P. 1975. Magnetotactic bacteria. Science, 190(4212): 377-379.

Blakemore R P. 1982. Magnetotactic bacteria. Annu Rev Microbiol, 36: 217-238.

Bramhill D, Thompson C M. 1994. GTP-dependent polymerization of *Escherichia coli* FtsZ protein to form tubules. Proc Natl Acad Sci USA, 91(13): 5813-5817.

Carballido-Lopez R, Errington J. 2003. A dynamic bacterial cytoskeleton. Trends Cell Biol, 13(11): 577-583.

Chung K M, Hsu H H, Yeh H Y, *et al.* 2007. Mechanism of regulation of prokaryotic tubulin-like GTPase FtsZ by membrane protein EzrA. J Biol Chem, 282(20): 14891-14897.

De Boer P, Crossley R, Rothfield L. 1992. The essential bacterial cell-division protein FtsZ is a GTPase. Nature, 359(6392): 254-256.

Dougherty, C A, Sage C R, Davis A, *et al.* 2001. Mutation in the beta-tubulin signature motif suppresses microtubule GTPase activity and dynamics, and slows mitosis. Biochemistry, 40(51): 15725-15732.

Dunlop D J, Özdemir Ö. 1997. Rock Magnetism: Fundamentals and Frontiers. Cambridge: Cambridge University Press.

Erickson H P, Taylor D W, Taylor K A, *et al.* 1996. Bacterial cell division protein FtsZ assembles into protofilament sheets and minirings, structural homologs of tubulin polymers. Proc Natl Acad Sci USA, 93(1): 519-523.

Faivre D, Schüler D. 2008. Magnetotactic bacteria and magnetosomes. Chem Rev, 108(11): 4875-4898.

Fischer H, Mastrogiacomo G, Löffler J F, *et al.* 2008. Ferromagnetic resonance and magnetic characteristics of intact magnetosome chains in *Magnetospirillum gryphiswaldense*. Earth Planet Sci Lett, 270(3-4): 200-208.

Hefti M H, Toorn C J G, Dixon R, *et al.* 2001. A novel purification method for histidine-tagged proteins containing a thrombin cleavage site. Anal Biochem, 295(2): 180-185.

Jogler C, Lin W, Meyerdierks A, *et al.* 2009. Toward cloning of the magnetotactic metagenome: identification of magnetosome island gene clusters in uncultivated magnetotactic bacteria from different aquatic sediments. Appl Environ Microbiol, 75(12): 3972-3979.

Keen N T, Tamaki S, Kobayashi D, *et al.* 1988. Improved broad-host-range plasmids for DNA cloning in Gram-negative bacteria. Gene, 70(1): 191-197.

Komeili A. 2007. Molecular mechanisms of magnetosome formation. Annu Rev Biochem, 76: 351-366.

Komeili A, Li Z, Newman D K, *et al.* 2006. Magnetosomes are cell membrane invaginations organized by the actin-like protein MamK. Science, 311(5758): 242-245.

Komeili A, Vali H, Beveridge T J, *et al.* 2004. Magnetosome vesicles are present before magnetite formation, and MamA is required for their activation. Proc Natl Acad Sci, USA 101(11): 3839-3844.

Lee K N, Padmalayam I, Baumstark B, *et al.* 2003. Characterization of the *ftsZ* gene from *Ehrlichia chaffeensis*, *Anaplasma phagocytophilum*, and *Rickettsia rickettsii*, and use as a differential PCR target DNA. Cell Biol, 22(3): 179-186.

Li F, Li Y, Jiang W, *et al.* 2004. Development of a genetic manipulation system and screening of magnetosome deleted mutants for *Magnetospirillum gryphiswaldense*. Acta Microbiologica Sinica, 44(4): 440-444.

Li J H, Pan Y X, Chen G J, *et al.* 2009. Magnetite magnetosome and fragmental chain formation of *Magnetospirillum magneticum* AMB-1: transmission electron microscopy and magnetic observations. Geophys J Int, 177: 33-42.

Löwe J, Amos L A. 1999. Tubulin-like protofilaments in Ca^{2+}-induced FtsZ sheets. EMBO J, 18(9): 2364-2371.

Löwe J, Amos L A. 2000. Helical tubes of FtsZ from *Methanococcus jannaschii*. Biol Chem, 381(9-10): 993-999.

Lu C, Stricker J, Erickson H P. 2001. Site-specific mutations of FtsZ: effects on GTPase and *in vitro* assembly. BMC Microbiol, 1: 7.

Moskowitz B M, Frankel R B, Bazylinski D A. 1993. Rock magnetic criteria for the detection of biogenic magnetite. Earth Planet Sci Lett, 120(3-4): 283-300.

Mukherjee A, Dai K, Lutkenhaus J. 1993. *Escherichia coli* cell division protein FtsZ is a guanine nucleotide binding protein. Proc Natl Acad Sci USA, 90(3): 1053-1057.

Mukherjee A, Lutkenhaus J. 1994. Guanine nucleotide-dependent assembly of FtsZ into filaments. J Bacteriol, 176(9): 2754-2758.

Nakazawa H, Arakaki A, Narita-Yamada S, *et al.* 2009. Whole genome sequence of *Desulfovibrio magneticus* strain RS-1 revealed common gene clusters in magnetotactic bacteria. Genome Res, 19(10): 1801-1808.

Oliva M A, Huecas S, Palacios J M, *et al.* 2003. Assembly of archaeal cell division protein FtsZ and a GTPase-inactive mutant into double-stranded Filaments. J Biol Chem, 278(35): 33562-33570.

Pan Y X, Petersen N, Winklhofer M, *et al.* 2005. Rock magnetic properties of uncultured magnetotactic bacteria. Earth Planet Sci Lett, 237(3-4): 311-325.

Pradel N, Santini C L, Bernadac A, *et al.* 2006. Biogenesis of actin-like bacterial cytoskeletal filaments destined for positioning prokaryotic magnetic organelles. Proc Natl Acad Sci USA, 103(46): 17485-17489.

Prozorov T, Mallapragada S K, Narasimhan B, *et al.* 2007. Protein-mediated synthesis of uniform superparamagnetic magnetite nanocrystals. Adv Funct Mater, 17: 951-957.

RayChaudhuri D, Park J T. 1992. *Escherichia coli* cell-division gene *ftsZ* encodes a novel GTP-binding protein. Nature, 359(6392): 251-254.

Richter M, Kube M, Bazylinski D A, *et al.* 2007. Comparative genome analysis of four magnetotactic bacteria reveals a complex set of group-specific genes implicated in magnetosome biomineralization and function. J Bacteriol, 189(13): 4899-4910.

Roberts A P, Pike C R, Verosub K L. 2000. First-order reversal curve diagrams: a new tool for characterizing the magnetic properties of natural samples. Geophys Res, 105(B12): 28461-28475.

Rong C B, Huang Y J, Zhang W J, *et al.* 2008. Ferrous iron transport protein B gene (*feoB1*) plays an accessory role in magnetosome formation in *Magnetospirillum gryphiswaldense* strain MSR-1. Res Microbiol, 159(7-8): 530-536.

Sambrook J, Russell D W. 2001. Molecular Cloning: A Laboratory Manual. Third ed. New York: Cold Spring Harbor Laboratory.

Schäfer A, Tauch A, Jäger W, *et al.* 1994. Small mobilizable multi-purpose cloning vectors derived from the *Escherichia coli* plasmids pK18 and pK19: selection of defined deletions in the chromosome of *Corynebacterium glutamicum*. Gene, 145(1): 69-73.

Scheffel A, Gardes A, Grunberg K, *et al.* 2008. The major magnetosome proteins MamGFDC are not essential for magnetite biomineralization in *Magnetospirillum gryphiswaldense* but regulate the size of magnetosome crystals. J Bacteriol, 190(1): 377-386.

Scheffel A, Gruska M, Faivre D, *et al.* 2006. An acidic protein aligns magnetosomes along a filamentous structure in magnetotactic bacteria. Nature, 440(7080): 110-114.

Schüler D. 2004. Molecular analysis of a subcellular compartment: the magnetosome membrane in *Magnetospirillum gryphiswaldense*. Arch Microbiol, 181(1): 1-7.

Schüler D. 2008. Genetics and cell biology of magnetosome formation in magnetotactic bacteria. FEMS Microbial Rev, 32(4): 654-672.

Schüler D, Frankel R B. 1999. Bacterial magnetosomes: microbiology, biomineralization and biotechnological applications. Appl Microbiol Biotechnol, 52(4): 464-473.

Schweizer H P. 1993. Small broad-host-range gentamycin resistance gene cassettes for site specific insertion and deletion mutagenesis. Biotechniques, 15(5): 831-834.

Simon R, Priefer U, Pühler A. 1983. A broad host range mobilization system for *in vivo* genetic engineering: transposon mutagenesis in gram negative bacteria. Nature Biotechnol, 1(9): 784-791.

Sossong T M, Brigham-Burke M R, Hensley P, *et al.* 1999. Self-activation of guanosine triphosphatase activity by oligomerization of the bacterial cell division protein FtsZ. Biochemistry, 38(45): 14843-14850.

Sun J B, Zhao F, Tang T, *et al.* 2008. High-yield growth and magnetosome formation by *Magnetospirillum gryphiswaldense*

MSR-1 in an oxygen-controlled fermentor supplied solely with air. Appl Microbiol Biotechnol, 79(3): 389-397.

Taoka A, Asada R, Sasaki H, *et al.* 2006. Spatial localizations of Mam22 and Mam12 in the magnetosomes of *Magnetospirillum magnetotacticum*. J Bacteriol, 188(11): 3805-3812.

Taoka A, Asada R, Wu L F, *et al.* 2007. Polymerization of the actin-like protein MamK, which is associated with magnetosomes. J Bacteriol, 189(23): 8737-8740.

Ullrich S, Kube M, Schubbe S, *et al.* 2005. A hypervariable 130-kilobase genomic region of *Magnetospirillum gryphiswaldense* comprises a magnetosome island which undergoes frequent rearrangements during stationary growth. J Bacteriol, 187(21): 7176-7184.

Weiss D S. 2004. Bacterial cell division and the septal ring. Mol Microbiol, 54(3): 588-597.

Yu X C, Margolin W. 1997. Ca^{2+}-mediated GTP-dependent dynamic assembly of bacterial cell division protein FtsZ into asters and polymer networks *in vitro*. EMBO J, 16(17): 5455-5463.

Supplemental material: https://journals.asm.org/journal/jb

本文原载: J Bacteriol, 2010, 194(4): 1097-1105.

Functional Analysis of Hydrogenases and Their Effects on Cell Growth and Magnetosome Synthesis in *Magnetospirillum gryphiswaldense*[*]

Ban Jia[1], Jiang Wei[1], Li Ying[1], Yaoping Zhang[2], Li Jilun[1]

(1. State Key Laboratory for Agrobiotechnology and College of Biological Sciences, China Agricultural University, Beijing, 100193, China; 2. Department of Bacteriology, University of Wisconsin-Madison, Madison, WI 53706, USA)

Abstract

This study addressed the effect of hydrogen metabolism on cell growth and magnetosome synthesis in *Magnetospirillum gryphiswaldense* strain MSR-1. Two deletion mutants were generated: L206, with single deletion of the *hupL* gene encoding H_2-uptake [NiFe] hydrogenase, and B206, with double deletion of the *hyaB* gene encoding H_2-producing [NiFe] hydrogenase and the *hupL* gene. The wild-type and mutant strains were compared in terms of hydrogen uptake capability, hydrogen yield, growth rate, and iron uptake, and observed by transmission electron microscopy. Results indicate that HupSL protein is a specific H_2-uptake hydrogenase while HyaAB protein is a specific H_2-producing hydrogenase. In comparison to wild-type and B206, L206 released a greater quantity of H_2 under conditions that induce magnetosomes synthesis, and showed higher rates of growth and iron uptake. *M. gryphiswaldense* appears to regulate reducing power *in vivo*, *via* H_2-uptake hydrogenase and H_2-producing hydrogenase, to promote iron absorption and magnetosome synthesis.

Keywords

Magnetospirillum gryphiswaldense, hydrogenase, hydrogen uptake, reducing power, magnetosome synthesis.

Hydrogenases are essential enzymes in microbial hydrogen metabolism. There are three distinct classes with respect to the metal atoms at their active site: [NiFe]-(some kinds contain Se) (Teixeira *et al*., 1987), [FeFe]-, and metal-free-hydrogenases (Vignais *et al*., 2001; Vignais and Colbeau, 2004). The most numerous and best-studied class is the [NiFe]-hydrogenases. The core enzyme consists of a heterodimer with a large subunit containing the bimetallic active site, and a small subunit containing Fe-S clusters as an electron donor (Vignais and Colbeau, 2004). Different hydrogenases have different catalytic activity. Most of them can catalyze reversible reactions for uptake or release of hydrogen, with efficiency varying with species (Kow and Burris, 1984). Some kinds of hydrogenase only show hydrogen uptake activity, whereas others only release hydrogen (Vignais and Billoud, 2007). Microorganisms may expend reducing power *via* hydrogen release (Stal

*This work was supported by the Ministry of Science and Technology of the People's Republic of China (Grant No.30570023 and 30870043), National High Technology Research and Development Program of China (Grant No. 2007AA21805).

and Moezelaar, 1997) or, alternatively, absorb hydrogen and recover the energy in the form of reducing power to produce ATP *via* the electron transport system (Maness and Weaver, 2001).

Magnetotactic bacteria are characterized by the ability to synthesize membrane-enclosed, nano-sized, ferrimagnetic iron oxide (magnetite, Fe_3O_4) or iron sulfide (greigite, Fe_3S_4) crystals, termed magnetosomes. Considerable research in the past decade has focused on the formation and application of magnetosomes. During our studies on physiological and genetic characteristics of *Magnetospirillum gryphiswaldense*, we discovered that strain MSR-1 absorbs high levels of H_2 under shaking flask culture conditions. Liu *et al.* (2008) reported that excessive accumulation of reducing power *in vivo* results in suppression of magnetosome synthesis and cell growth. Microbial hydrogen absorption and release are closely related with the level of reducing power *in vivo*, but it is unclear whether hydrogen metabolism is associated with magnetosome synthesis.

The genome sequences of several magnetotactic bacteria are now available (Richter *et al.*, 2007). These include *Magnetococcus* sp. MC-1, *M. magnetotacticum* MS-1, *M. magneticum* AMB-1, and *M. gryphiswaldense* MSR-1. Two NiFe-hydrogenases have been identified in MSR-1 genome sequences: H_2-uptake hydrogenase gene *hupSL* and H_2-producing hydrogenase gene *hyaAB*. The present study was designed to elucidate the functions of these two hydrogenases in H_2 metabolism of *M. gryphiswaldense*, and to analyze their effects on cell growth, iron uptake capability, and magnetosome synthesis. For this purpose, we generated two mutant strains, one with single deletion of the gene encoding the H_2-uptake hydrogenase, the other with double deletion of that gene and the gene encoding the H_2-producing hydrogenase.

1. Materials and Methods

1.1 Bacterial strains, plasmids, and growth conditions

Bacterial strains and plasmids used are listed in Table 1. *M. gryphiswaldense* strain MSR-1 (DSM 6361) was purchased from Deutsche Sammlung von Mikroorganismenund Zellkulturen GmbH (Brunswick, Germany), and grown at 30℃ in LAY medium (Jiang *et al.*, 2002), or, to eliminate magnetosome synthesis, ferric citrate-free LAY medium. Solid culture conditions were described previously (Li *et al.*, 2005). For conjugation experiments, MSR-1 was cultivated in LG medium (Liu *et al.*, 2008). Cloning host *Escherichia coli* DH5α and conjugation donor *E. coli* S17-1 were grown at 37℃ in Luria-Bertani (LB) medium. For *M. gryphiswaldense*, antibiotics were used at the following concentrations (μg/ml): nalidixic acid (Nx) 5, gentamicin (Gm) 5, kanamycin (Km) 5. For *E. coli*, antibiotic concentrations used were: ampicillin (Ap) 100, chloromycetin (Cm) 25, gentamicin 10, kanamycin 50, and tetracycline (Tc) 12.5.

1.2 Construction of H_2-uptake hydrogenase and H_2-producing hydrogenase deletion mutants

Ligation, transformation, PCR, sequencing, and DNA extraction were performed by standard methods (Sambrook and Russel, 2001). For construction of a *hupL* deletion mutant, two pairs of primers were designed to amplify the 3′ region and 5′ region of the gene: pL1, 5′-CGGGGTACCCGCATCAACAATCTGGCG TCGT-3′, pL2, 5′-CCCAAGCTTTGGTCGGTTGGGATGAGC-3′, pL3, 5′-CGCGGATCCCCTTCTCGGG ATACTGCTCG-3′; pL4, 5′-CGGGGTACCCCCACCACTCCC ATCCTGT-3′.

Table 1 Strains and plasmids used in this work

Strains and plasmids	Description	Source or reference
Strains		
E. coli DH5α	cloning strain	our lab collection
E. coli S17-1	mobilizing strain	our lab collection
M. gryphiswaldense MSR-1	wild type	our lab collection
M. gryphiswaldense hupL206	*ΔhupL*::aaaC1, Nx^rGm^r	this work
M. gryphiswaldense hyaB206	*ΔhyaB*::Kan*ΔhupL*::aaaC1, $Nx^rGm^rKm^r$	this work
Plasmids		
pSUP202	$Tc^rAmp^rCm^r$, ColE1ori,Mob^+	our lab collection
pUCGm	containing a 0.85 kb Gm resistance cassette, Ap^rGm^r	our lab collection
pUC4K	containing a 0.81 kb Km resistance cassette, Ap^rKm^r	our lab collection
pSUPL	pSUP202 containing *hupL* 5′ flank and 3′ flank fragments and Gm fragment, $Ap^rCm^rGm^r$	this work
pSUPB	pSUP202 containing *hyaB* 5′ flank and 3′ flank fragments and Km fragment, $Ap^rCm^rKm^r$	this work

A gentamicin resistance cassette of the plasmid pUCGm was excised with *Sac* I and purified. The three fragments were ligated into pSUP202, which was excised with *Bam*H I and *Hin*d III, yielding suicide plasmid pSUPL. pSUPL was introduced into *E. coli* S17-1 by transformation, and then into *M. gryphiswaldense* MSR-1 *via* conjugation. Colonies which were sensitive to chloromycetin and resistant to both nalidixic acid and gentamicin were selected and confirmed by PCR. The *hupL* mutant of MSR-1 was named L206 (*ΔhupL*::*aaaC1*).

For construction of a *hyaB* deletion mutant on the basis of L206, two pairs of primers were designed to amplify the 3′ region and 5′ region of the gene: pB1, 5′-CGGATCCGGCCGCGTCATCGTCCTTTA-3′, pB2, 5′-GCTGCAGGGCTGTCGCTCTCCTTACGGAATGC-3′, pB3, 5′-GCTGCAGGGTGTGCGAGGATGCGCT GAAGA-3′; pB4, 5′-CAAGCTTCGCTGCCTAATCG TTCCGACAGAAG-3′.

A kanamycin resistance cassette of the plasmid pUC4k was excised with *Pst* I and purified. The three fragments were ligated into pSUP202 which was excised with *Bam*H I and *Hin*d III, yielding suicide plasmid pSUPB. pSUPB was introduced into *E. coli* S17-1 by transformation and then into L206 *via* conjugation. Colonies which were sensitive to chloromycetin and resistant to both nalidixic acid and kanamycin were selected and confirmed by PCR. This *hupL/hyaB* double mutant of MSR-1 was named B206 (*ΔhyaB*::*Kan ΔhupL*::*aaaC1*).

1.3 *In vivo* hydrogen production assay

Hydrogen production assay of bacterial strains was performed in shaking flasks. The three strains were grown in 2 L gas-tight vials, filled with 1.5 L LAY medium or ferric citrate-free LAY medium, for 24 h. A 100 μl sample of gas in each vial was measured using a Beifen SE-206 gas chromatograph (2 m 5 Å molecular sieve column, carrier gas argon, column temperature 60℃, heater temperature 150℃, detector type TCD). Under these conditions, the area value of 100 μl hydrogen was 448,546. Hydrogen yield of each strain was calculated as milliliter per liter broth, A_{600}=1.0.

1.4 *In vivo* hydrogen uptake capability assay

100 ml medium was incubated in a 250 ml vial plugged by a rubber stopper, with inoculum concentration

10%. Hydrogen was injected into the vial to a concentration of 55% of gas phase in the headspace (*V*/*V*). Samples of gas in the vial were taken regularly, to assay relative hydrogen concentration of the gas phase, and record the reduced value of hydrogen.

1.5 Determination of Fe^{3+} concentration

The method was described previously (Park, 1963). Samples of the broth were taken regularly, and centrifuged to assay Fe^{3+} concentration of the supernatant. Iron uptake capability was determined by the reduced value of Fe^{3+} in the supernatant.

1.6 Transmission electron microscopy

Cells were centrifuged, and washed twice with phosphate-buffered saline, and the bacterial suspension was added to an electron microscopy copper grid. Water was soaked up by filter paper, the grid was washed twice with water, air-dried again, and then observed by transmission electron microscopy (Hitachi H-7500).

2. Result

2.1 Identification and sequence analysis of the *hup* gene cluster and *hya* gene cluster

Inspection of the working draft sequence of *M. gryphiswaldense* led to identification of two gene clusters with similarity to hydrogenase-related genes (Fig. 1). One is the *hup* gene cluster (nt: 1,809,278~1,822,888), which contains 14 ORFs. This cluster starts upstream of the hydrogenase structural genes *hupSL*, belonging to the group of membrane-bound respiratory hydrogenases which perform respiratory hydrogen oxidation linked to quinone reduction. These enzymes link oxidation of H_2 to reduction of electron acceptors, with recovery of energy in the form of a proton-motive force. The hypothetical HupS protein displays extensive (77%) sequence similarity to *M. magnetotacticum* MS-1 and *M. magneticum* AMB-1 HupS over its whole length. The sequence similarity of HupL protein to *M. magnetotacticum* MS-1 and *M. magneticum* AMB-1 HupL is 84%. An Fe-S-cluster-containing hydrogenase component gene *hybA*, showing 59% and 57% sequence similarity to *M. magnetotacticum* MS-1 and *M. magneticum* AMB-1 uptake NiFeSe-hydrogenase, and a cytochrome component of uptake NiFeSe-hydrogenase gene *hybB* showing 59% and 51% sequence similarity to *M. magneticum* AMB-1 and *Dechloromonas aromatica* RCB uptake NiFeSe-hydrogenase cytochrome component, are between *hupSL*. Adjacent to the structural genes, one hydrogenase activity regulatory factor (hoxX), two hydrogenase accessory genes (*hypA*, *hypB*), two hydrogenase maturation genes (*hypF*, *hyaD*), and five hydrogenase expression/formation genes (*hypC1*, *hypC2*, *hypD*, *hypE*, *hypK*) were found downstream from *hupL*.

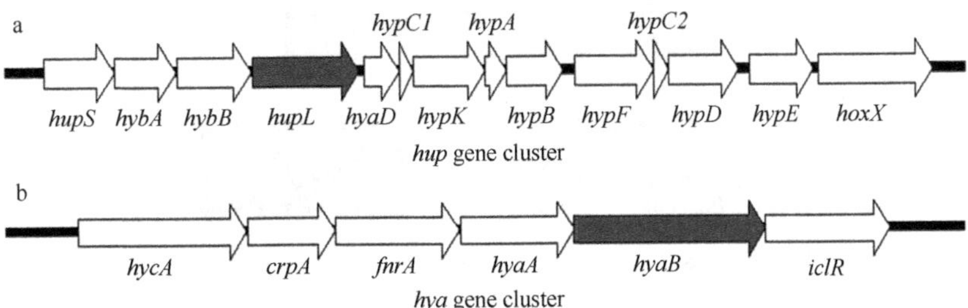

Fig. 1 Putative hydrogenase-related genes in *M. gryphiswaldense* MSR-1 (a) Putative uptake hydrogenase genes; (b) Putative hydrogenase genes

The other is the *hya* gene cluster (nt: 3,760,338~3,765,023), which contains six genes, as follows. *hycA* corresponds to 4Fe-4S ferredoxin, the physiological electron acceptor of the class I hydrogenases. *crpA* belongs to the CAP family of transcription factors, which bind cAMP to activate transcription of *hya* gene cluster. *fnrA* was identified as cytochrome-c3 hydrogenase subunit gamma. The next two, *hya*A and *hya*B, are soluble H_2 producing NiFe-hydrogenase structural genes. The hypothetical HyaA protein shows 66% and 64% sequence similarity to *Azotobacter vinelandii* AvOP and *Nitrococcus mobilis* Nb-231 NiFe-hydrogenase. HyaB protein shows 54% sequence similarity to Cyanothece sp. PCC 7425 and *Thioalkalivibrio* sp. HL-EbGR7 NiFe-hydrogenase. The last gene, *iclR*, belongs to the IclR family, suggested to repress transcription of the *Hya* gene cluster.

2.2 Molecular characterization of the *hupL* deletion mutant, and *hupL* & *hya*B double deletion mutant

Screened $Nx^rGm^rCm^s$ colonies were selected and confirmed by PCR (Fig. 2). Two pairs of primers were designed to verify the double crossover mutant: P_A (5′-CCAATGCCGACATCGTAG-3′), P_B (5′-TCGGTAAAG CCCACACC-3′), P_C (5′-CTCTCTATACAAAGTTGGGC-3′), and P_D (5′-ACAGGTGGCGTGCATCTC-3′). P_A was located outside the *hupL* 5′ flank, and P_B was located outside the *hupL* 3′ flank. A 2.8 kb fragment was amplified from genomic DNA of wild-type (WT) which had the whole *hupL* gene with P_A and P_B, but a 1.5 kb from the *hupL* deletion mutant whose *hupL* gene was replaced by a Gm resistance cassette. By contrast, P_C lay in the Gm resistance cassette, and P_D was located outside the *hupL* 3′ flank. A 1.3 kb fragment was amplified from genomic DNA of the mutant with P_C and P_D, but nothing from WT. This result confirmed that the Gm resistance cassette really exchanged with the *hupL* gene.

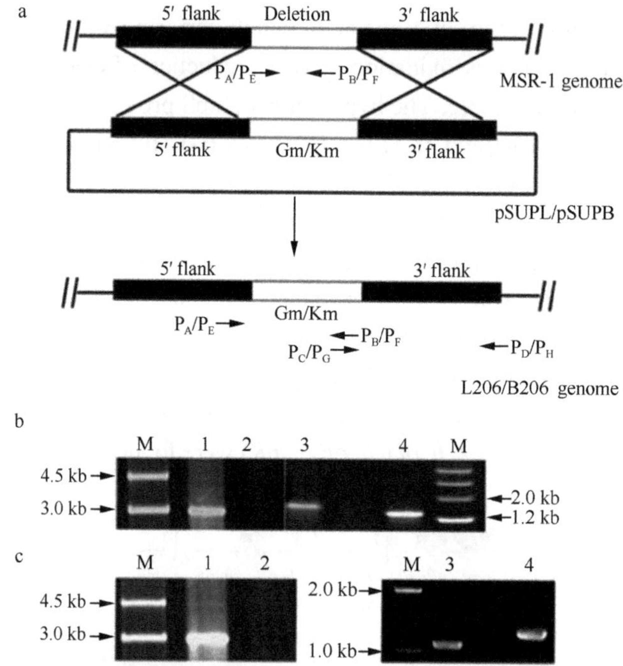

Fig. 2 Schematic to verify the double crossover mutants of L206 and B206 (a), verification of L206 (b) and Verification of L206 (c)

In figure b. lane1 and 2 show products of P_A P_B and P_C P_D using *M. gryphiswaldense* WT as template; lane 3 and 4 show products of P_A P_B and P_C P_D using L206 as template. M, standard molecular weight. c. lane1 and 2 show products of P_E P_F and P_G P_H using *M. gryphiswaldense* WT as template; lane 3 and 4 show products of P_E P_F and P_G P_H using B206 as template. M, standard molecular weight

The verification steps of B206 were similar to those of L206. The verified primers were P_E (5′-TCTGC AACAGCCGCAAAG-3′), P_F (5′-AAGGCCTTGACGAAGTCGC-3′), P_G (5′-CTCT CTACAAAGTTGGGC-3′), and P_H (5′-CTTACGAAAAAGCCGGCC-3′). Results indicated that a 3.1 kb fragment was amplified from genomic DNA of WT with P_E and P_F, but none with P_G and P_H. A 1.3 kb fragment was amplified from genomic DNA of B206 with P_E and P_F, and a 1.1 kb fragment with P_G and P_H.

2.3 *In vivo* hydrogen uptake capability assay and hydrogen production assay

The above analysis indicated that *hupSL* are the structural genes of the H_2 uptake NiFe-hydrogenase, and *hyaA/hyaB* are the H_2 producing NiFe-hydrogenase structural genes. By constructing L206 and B206, we determined the hydrogen uptake capability and hydrogen yield among the three strains, to verify the function of the two NiFe-hydrogenases (Fig. 3).

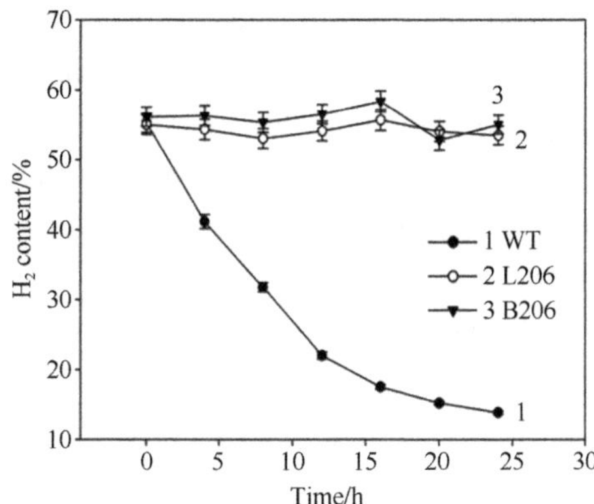

Fig. 3 Concentration of hydrogen uptaked by *M. gryphiswaldens* WT, L206 and B206 by shake-flask culture

MSR-1 (WT) showed rapid and constant absorption of hydrogen in the growth process, during which hydrogen concentration dropped from 55% to 15%. Thus, WT has strong hydrogen uptake capability. By contrast, L206 showed almost no drop in hydrogen concentration, and did not have the capability to absorb hydrogen. These findings indicate that *hupL* is the structural subunit of the uptake hydrogenase. In the deletion mutation of *hupL*, the uptake hydrogenase was inactivated *in vivo*. B206 showed properties similar to those of L206. These findings indicate that the hydrogenase composed from *hyaA* and *hyaB* has no hydrogen absorption activity, and no significant influence on cellular hydrogen uptake capability. It may be a specific H_2 producing hydrogenase (see below).

Hydrogen yields of three strains cultured in LAY medium or ferric citrate-free LAY medium are shown in Table 2. WT and B206 showed no hydrogen release under two culture conditions, whereas L206 produced hydrogen. MSR-1 presumably released hydrogen, but this could not be detected as a result of activity of uptake hydrogenase *in vivo*. The results for B206 indicate that the *hyaAB* hydrogenase is a specific H_2 producing hydrogenase. L206 released a greater quantity of H_2 under conditions that induce magnetosome synthesis, suggesting a relationship between these processes, *i.e.*, an accumulation of reducing power could occur in the course of magnetosome synthesis, and an excessive amount of reducing power *in vivo* could result in suppression of magnetosome synthesis. Assuming that the purpose of H_2 release in WT is to generate excessive reducing power to promote magnetosome synthesis, one would expect to observe higher H_2 production under the magnetosome synthesis condition.

Table 2 Hydrogen yield of *M. gryphiswaldense* MSR-1 (WT) and deletion mutants with or without addition of Fe^{3+} [a]

Stains	Genotype	Hydrogen yield/ml[b]		A_{600}	
		LAY medium	Fe^{3+}-free LAY medium	LAY medium	Fe^{3+}-free LAY medium
MSR-1	WT	ND[c]	ND	0.1421	0.1390
L206	*ΔhupL*	5.87	3.32	0.1387	0.1410
B206	*ΔhupLΔhyaB*	ND	ND	0.1324	0.1293

a. The data are mean values of three independent experiments results; b. hydrogen yield (ml) H_2 per liter broth; c. ND, not detectable, A_{600}=1.0

2.4 Shaking-flask culture, and iron uptake capability assay

Results from shaking-flask culture (Fig. 4) indicate significant differences among the three strains under conditions without *vs*. with addition of hydrogen. Gas volume ratios under these two conditions were, respectively, oxygen/nitrogen 1∶4, and hydrogen/oxygen/nitrogen 1∶1∶3. Under no-hydrogen-added condition, L206 had the highest growth rate, and went into logarithmic phase at 6 h, whereas WT and B206 went into logarithmic phase at 8 h (Fig. 4a). Similar results were obtained under the hydrogen-added condition (Fig. 4b). The presence of hydrogen appeared to have no effect on growth rate of the two deletion mutants, but slowed down growth of WT. Therefore, growth of WT under the two conditions was compared independently. WT showed higher growth rate without hydrogen addition, *i.e.*, A_{600} after 24 h culture was 0.8173, compared to a value of 0.6650 with hydrogen addition. These findings indicate that hydrogen release and absorption in WT had a significant effect on cell growth rate.

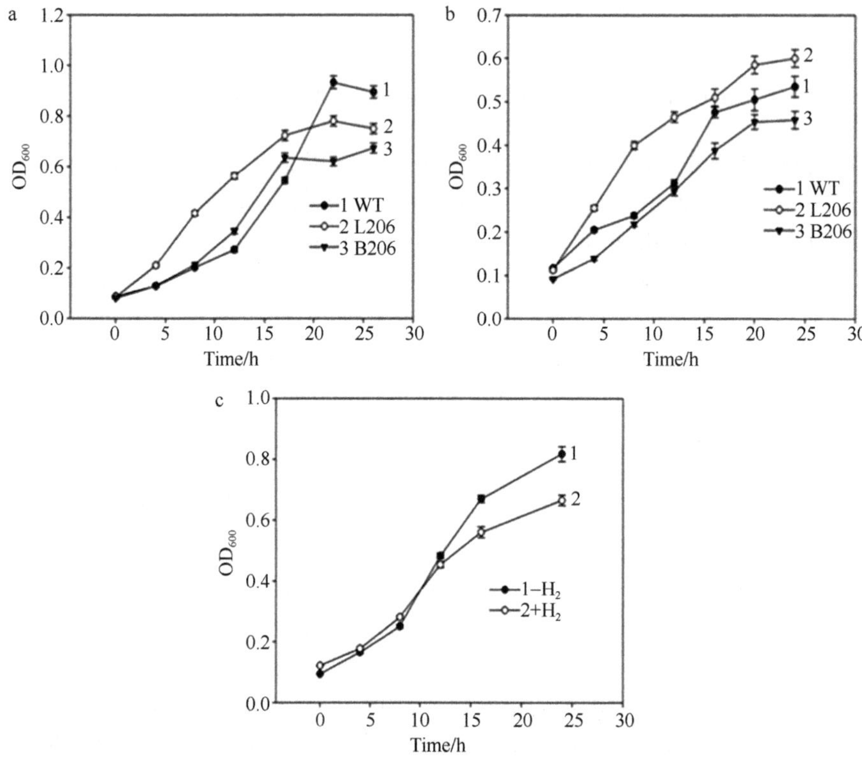

Fig. 4 Growth curves of *M. gryphiswaldens* WT、L206, and B206 by shake-flask culture under no hydrogen added (a), under hydrogen added (b), growth curves of *M. gryphiswaldens* WT under hydrogen added and no hydrogen added (c)

To explore the influence of hydrogen metabolism on iron uptake capability, we performed time course comparison among the three strains under culture conditions without *vs.* with hydrogen addition (Fig. 5). Under both conditions, L206 had the highest iron absorption rate, with peak absorption dose values being 19.59 μm without hydrogen, and 13.75 μm with hydrogen. Rates and dose values for WT and B206 were similar to each other, and less than those of L206. WT showed peak dose values of 14.79 μm without hydrogen and 12.47 μm with hydrogen. These findings suggest that iron absorption (iron uptake capability) and cell growth are both suppressed by hydrogen absorption, and promoted by hydrogen release.

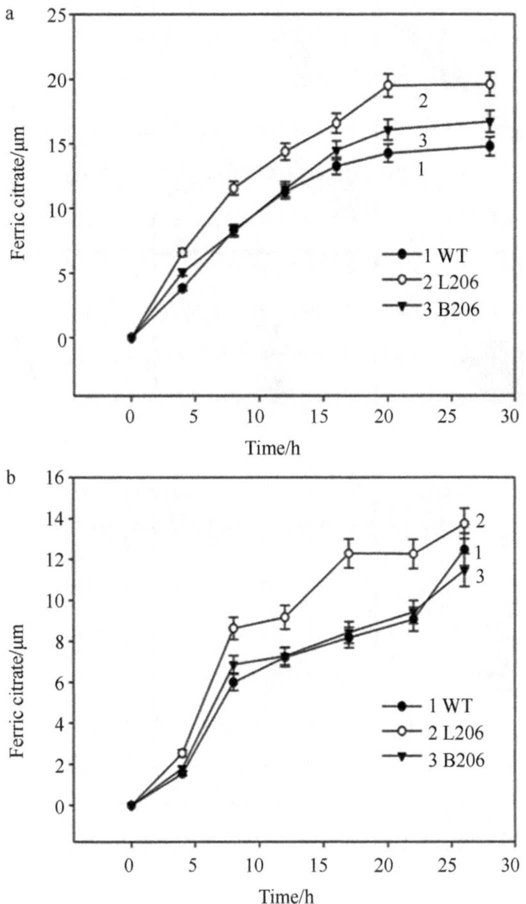

Fig. 5　Time course comparison the iron uptake capabilities between *M. gryphiswaldens* WT, L206, and B206 under no hydrogen added (a) and under hydrogen added (b)

2.5　Transmission electron microscopy (TEM) of magnetosomes

Cells were sampled over time to observe progression of magnetosome synthesis (Fig. 6). For L206, scattered magnetosomes appeared after 8 h culture, and orderly chains of magnetosomes appeared after 12 h. By contrast, for WT and B206, few magnetosomes were visible after 8 h; after 12 h, the number of magnetosomes was higher but no chains could be observed. The faster rate of magnetosome synthesis in L206 than in WT and B206 suggests that deletion of uptake hydrogenase promoted magnetosome synthesis, which is consistent with the difference in iron absorption for the three strains.

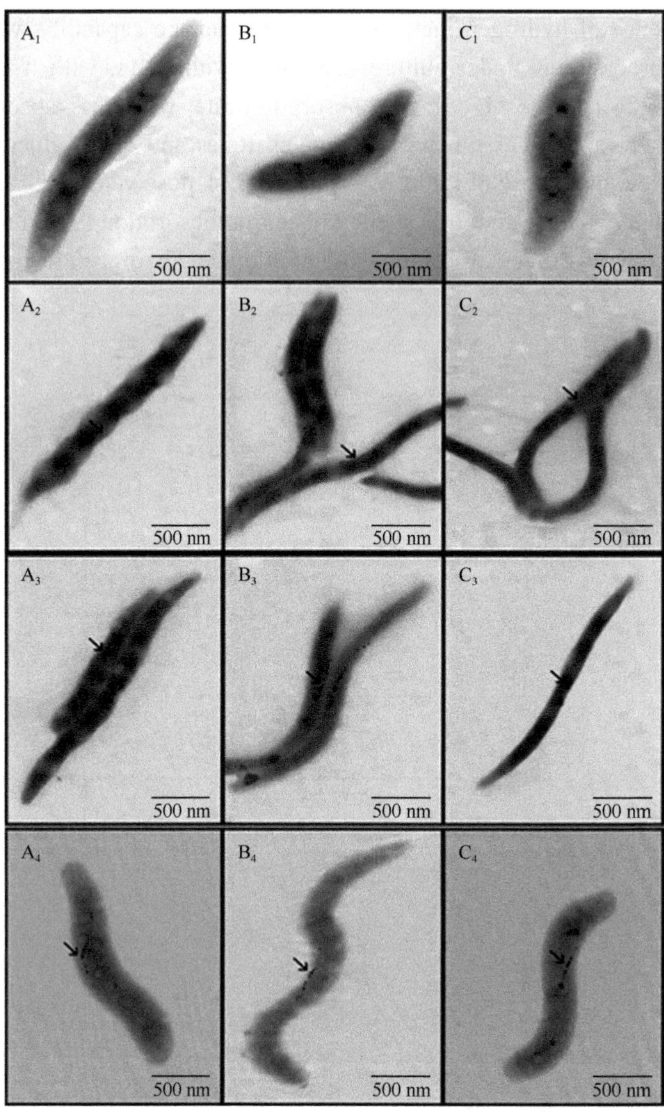

Fig. 6 TEM observation cells of *M. gryphiswaldens* WT, L206 and B206
4-h culture: A1, MSR-1; B1, L206;C1, B206; 8-h culture: A2, MSR-1; B2, L206; C2, B206; 12-h culture: A3, MSR-1; B3, L206; C3, B206; 24-h culture: A4, MSR-1; B4, L206; C4, B206; The bars show 500 nm

3. Discussion

In order to clarify relationships between hydrogen metabolism, cell growth, and magnetosome synthesis in *Magnetospirillum gryphiswaldense* strain MSR-1, we successfully constructed *hupL* deletion mutant L206 and *hupL*/*hyaB* double deletion mutant B206. By comparing hydrogen uptake capability and hydrogen yield among the three strains, we concluded that HupSL protein is a specific uptake hydrogenase, HyaAB protein is a specific H_2 producing hydrogenase, and they have correlated effects on the balance of hydrogen metabolism in MSR-1.

Experiments on the relationship between hydrogen metabolism and magnetosome synthesis in the three strains showed that deletion of the uptake hydrogenase accelerated rates of cell growth and iron absorption, increased the iron absorption dose, and promoted formation of magnetosomes into orderly chains. By contrast, deletion of the H_2 producing hydrogenase resulted in suppression of cellular hydrogen release, cell growth, iron absorption, and magnetosome synthesis.

Hydrogen metabolism in microorganisms is closely related to intracellular energy metabolism and degree of "reducing power". The absence of the cytochrome system and the oxidative phosphorylation mechanism in anaerobic *Clostridium* spp. made the formation of NADH faster than its oxidation, so that cells spent the excessive reducing power through hydrogen release by hydrogenases (Santangelo *et al.*, 1995; Masato *et al.*, 1999). *Rhizobium* and *Rhodospirillum rubrum* gave off considerable hydrogen gas during the nitrogen fixation process, and recycled the gas *via* uptake hydrogenases to supply energy and reducing power to nitrogenases (Dixon, 1978; Maness and Weaver, 2001)

Our previous studies demonstrated that MSR-1 is a typical microaerobic bacterium, and needs to control oxygen partial pressure in the process of magnetosome synthesis. Reducing power is significantly increased during magnetosome synthesis; in cells cultured in medium with iron concentration 30 μmol/L, reducing power was 20% higher than in medium containing only trace iron. Cells spent the excessive reducing power *via* polyhydroxybutyrate (PHB) synthesis and hydrogen release (Liu *et al.*, 2008). In the present study, we hypothesize that (i) L206 cells, which lack hydrogen absorption capacity, can consume redundant reducing power quickly to promote magnetosome synthesis; (ii) WT cells recycle hydrogen released in the growth process *via* uptake hydrogenases, while B206 cells lack the ability to consume reducing power because of deletion of H_2 producing hydrogenase, such that both of them are unable to release reducing power over time, resulting in suppression of magnetosome synthesis.

In addition to genes directly involved in magnetosome synthesis, other intracellular enzymes clearly affect levels of reducing power and iron absorption *in vivo*. H_2-uptake hydrogenase and H_2-producing hydrogenase both appear to be involved in the regulation process.

Recent in-depth studies on the magnetosome function have shown that these important cell organelles may be involved in energy storage, oxidation-reduction cycle, and iron storage, in addition to their role as "magnetic micro-needles" that give magnetotactic bacteria their capacity for magnetotaxis and aerotaxis. Spring *et al.* (1993) suggested the existence of a second respiratory chain located in the magnetosome membrane, such that magnetosome synthesis is coupled with simultaneous Fe (II) oxidation and transfer of electrons to oxygen to generate ATP *via* proton concentration gradient (Spring *et al.*, 1993). Our present results confirm the significant effect of hydrogen metabolism on cell growth and iron uptake capability. Microbial cells may regulate the release rate of reducing power *in vivo* through hydrogen absorption and production to control magnetosome synthesis; *i.e.*, magnetosome synthesis represents an accumulation of reducing power from the perspective of hydrogen metabolism. This concept is consistent with the connection between magnetosome synthesis and oxidation-reduction cycle found in previous studies.

References

Dixon R O. 1978. Nitrogenase-hydrogenase interrelationships in rhizobia. Biochimie, 60(3): 233-236.

Jiang W, Zhao D, Li Y, *et al.* 2002. Submerged culture of *Magnetospirillum gryphiswaldense* under N_2-fixing condition and regulation of activity of nitrogen fixation. Chin Sci Bull, 47(24): 2095-2099.

Kow Y W, Burris R H. 1984. Purification and properties of membrane-bound hydrogenase from *Azotobacter vinelandii*. J Bacteriol, 159(2): 564-569.

Li F, Li Y, Jiang W, *et al.* 2005. Cloning and functional analysis of the sequences flanking *mini-Tn5* in the magnetosomes deleted mutant NM4 of *Magnetospirillum gryphiswaldense* MSR-1. Sci China C Life Sci, 48(6): 574-584.

Liu J, Ding Y, Jiang W, *et al.* 2008. A mutation upstream of an ATPase gene significantly increases magnetosome production in *Magnetospirillum gryphiswaldense*. Appl Microbiol Biotechnol, 81(3): 551-558.

Maness P C, Weaver P F. 2001. Evidence for three distinct hydrogenase activities in *Rhodospirillum rubrum*. Appl Microbiol Biotechnol, 57(5-6): 751-756.

Masato K, Yuki T, Osamu M, *et al*. 1999. The *hydA* gene encoding the H_2 evolving hydrogenase of *Clostridium perfringens*: molecular characterization and expression of the gene. FEMS Microbiol Lett, 181(2): 329-336.

Park M V. 1963. Complexes of ferric ion with salicylic acid and related substances. Nature, 197: 283.

Richter M, Bazylinski D A, Schüler D, *et al*. 2007. Comparative genome analysis of four magnetotactic bacteria reveals a complex set of group-specific genes implicated in magnetosome biomineralization and function. J Bacteriol, 189(13): 4899-4910.

Sambrook J, Russel D W. 2001. Molecular Cloning: A Laboratory Manual. 3rd ed. New York: Cold Spring Harbor Laboratory.

Santangelo J D, Durre P, Woods D R. 1995. Characterization and expression of the hydrogenase-encoding gene from *Clostridium acetobutylicum* P262. Microbiol, 141(1): 171-180.

Spring S R, Amann W, Petersen N, *et al*. 1993. Dominating role of an unusual magnetotactic bacterium in the microaerobic zone of a freshwater sediment. Appl Environ Microbiol, 59(8): 2397-2403.

Stal L J, Moezelaar R. 1997. Fermentation in cyanobacteria. FEMS Microbiol Rev, 21(2): 179-211.

Teixeira M, Fauque G, Moura I, *et al*. 1987. Nickel-[iron-sulfur]-selenium-containing hydrogenases from *Desulfovibrio baculatus* (DSM 1743). Redox centers and catalytic properties. Eur J Biochem, 167(1): 47-58.

Vignais P M, Billoud B. 2007. Occurrence, classification, and biological function of hydrogenases: an overview. Chem Rev, 107(10): 4206-4272.

Vignais P M, Billoud B, Meyer J. 2001. Classification and phylogeny of hydrogenases. FEMS Microbiol Rev, 25(4): 455-501.

Vignais P M, Colbeau A. 2004. Molecular biology of microbial hydrogenases. Curr Issues Mol Biol, 6(2): 159-188.

本文原载：Chin Sci Bull, 2010, 55(13): 1271-1277.

A Novel Rapid and Continuous Procedure for Large-Scale Purification of Magnetosomes from *Magnetospirillum gryphiswaldense*[*]

Fangfang Guo, Yang Liu, Yanping Chen, Tao Tang, Wei Jiang, Ying Li, Jilun Li

(State Key Laboratories for Agrobiotechnology and College of Biological Sciences, China Agricultural University, France-China Bio-Mineralization and Nano-Structures Laboratory, Beijing, 100193, China)

Abstract

To purify magnetosomes from *Magnetospirillum gryphiswaldense* MSR-1 cells on a large scale, a new rapid and continuous procedure was developed that included the disruption of cells with a high-pressure homogeniser, isolation of magnetosomes with a continuous magnetism isolation system (MIS) accompanied by low power ultrasonication and urea treatment, removal of adsorbed and surface proteins with proteinase K, removal of nucleic acids with electroelution and replacement of the PBS buffer with distilled water by a magnetically stirred system, lyophilisation, treatment with γ-rays, and finally storage at −20℃. The time required for purification was reduced from 20~30 days to 2~5 days. Evaluation of the purity of the resulting magnetosomes was carried out with SDS-PAGE, PCR, and Fourier-transform infrared spectroscopy (FTIR). The overall data suggest that the method presented here is a simple, rapid, continuous, and highly efficient procedure for large-scale purification of magnetosomes.

Keywords

Magnetospirillum gryphiswaldense, magnetosomes, large-scale purification.

1. Introduction

Magnetotactic bacteria (MTB) have long intrigued researchers due to their ability to synthesise intracellular nano-scale (40~100 nm) magnetic particles composed of Fe_3O_4, called magnetosomes (Blakemore, 1975, Bazylinski and Frankel, 2003) or bacterial magnetic particles (BMPs). Based on their ferrimagnetism, nano-scale size, narrow size distribution, dispersal ability, and membrane-bound structure, these particles have been developed and investigated for use in various *in vitro* biotechnological applications, such as carrying antibodies for a highly sensitive immunoassay (Nakamura *et al.*, 1991; Nakamura and Matsunaga, 1993; Matsunaga *et al.*, 1996a, 2006; Wacker *et al.*, 2007) or detection of proteins and nucleic acids (Ceyhan *et al.*,

---

*This study was supported by the High Technology Research and Development Program of China (Grant No. 2006AA02Z233 and 2007AA021805) and the National Natural Science Foundation of China (Grant No. 30870043). We would also like to thank Professor Song Tao for providing the magnet.

2006). Several reports have indicated that purified and sterilized magnetosomes from *Magnetospirillum gryphiswaldense* MSR-1 were non-toxic to mouse fibroblasts *in vitro* (Li *et al.*, 2007a) and might be useful as carriers of genes or drugs for cancer therapy or other diseases (Li *et al.*, 2007b; Sun *et al.*, 2007, 2008a). However, magnetosomes have not been developed commercially, mainly because MTB are difficult to culture and a high yield of magnetosomes has not been achieved (Matsunaga *et al.*, 1996b; Yang *et al.*, 2001a, 2001b; Heyen and Schüler, 2003).

Several groups have investigated magnetosome formation from cultures of *M. magneticum* AMB-1 (Matsunaga *et al.*, 1996b; Yang *et al.*, 2001a, 2001b) and *M. gryphiswaldense* MSR-1 (Schüler and Baeuerlein, 1996, 1998, Heyen and Schüler, 2003; Sun *et al.*, 2008b) The magnetosome yield (or productivity) was increased progressively from 4.7 mg/L [or 2.4 mg/(L·d)] to 41.7 mg/L [or 16.7 mg/(L·d)] by optimisation of culturing conditions. A microaerobic environment with controlled dissolved oxygen level in the medium within a low and narrow range [<0.2 ppm (Yang *et al.*, 2001b), 0.25 mbar (1 mbar=100 Pa) (Heyen and Schüler, 2003), 2~7 μmol/L (Schüler and Baeuerlein, 1998) equivalent to 1.7~6.0 mbar] has been shown to be essential for magnetosome formation. The large-scale cultivation of MTB in a 1,000 L fermenter was also optimised by Matsunaga *et al.* (1990). Recently, we have developed a chemostat culture of *M. gryphiswaldense* MSR-1 with high cell density and a high yield of magnetosomes by pH-stat feeding in a 42 L fermenter. The bacteria were also effectively mass-cultivated in a 500 L fermentor. The optical density of cells reached 12 at 565 nm after 36 h of culture inoculation. The magnetosome yield and productivity achieved were (83.23±5.36) mg/L (dry weight) and 55.49 mg/(L·d), respectively (Liu *et al.*, 2010). However, the existing procedures for magnetosome purification, including disruption of bacterial cells by French press, washing directly with PBS or other buffers with low-power ultrasonic bathing, and collecting of the magnetosomes by magnet (Li *et al.*, 2007a), are not suitable for purification of magnetosomes on a large scale. Therefore, there is an urgent need to develop a procedure for large-scale production of high-purity magnetosomes.

A new rapid and continuous procedure for large-scale purification of magnetosomes from cells is developed in this study that included the disruption of cells with high-pressure homogeniser, isolation of magnetosomes with a continuous magnetism isolation system (MIS) accompanied by low-power ultrasonication and urea treatment, removal of adsorbed and surface protein with proteinase K, removal of DNA by electroelution, washing and replacing of the buffer with distilled water by a magnetically stirred system, lyophilisation, treatment with γ-rays, and finally storage at –20℃. The purity evaluation of resulting the magnetosomes was carried out by SDS-PAGE, PCR, and Fourier-transform infrared spectroscopy (FTIR). The time required for purification was reduced to 2~5 days from 20~30 days. The overall data suggest that this method is a simple, rapid, continuous, and highly efficient procedure for large-scale purification of magnetosomes.

2. Materials and Methods

2.1 Bacterial strain and culture conditions

Magnetospirillum gryphiswaldense MSR-1 (DSM6361) was purchased from Deutsche Sammlung von Mikroorganismen und Zellkulturen GmbH. The culture of MSR-1 was grown to an OD of 5~6 at 565 nm, in a 7.5 L auto-fermenter (Bio-Flo 110) as described earlier (Sun *et al.*, 2008b).

2.2 Purification system and procedure

A novel system for magnetosome purification was designed as shown in Fig. 1. It consisted of a high-pressure homogeniser, a MIS, ultrasonic and electroelution equipment, and a magnetically stirred system. The MIS consisted of three parts: an ultrasonic tank, a permanent magnet, and a magnetic isolation column. The magnetic isolation column was a plastic cylinder filled with 4~6-mm iron beads. There were four interfaces (inlet or outlet) at both ends of the cylinder. The two interfaces at the bottom were to supply the buffer and cell/magnetosome solution, and the two interfaces located at the top supplied the buffer or discharged wastewater. All buffers used in the MIS system were sterilised at 121℃ for 20 min, and the magnetism isolation column was cleaned by pumping a 75% ethanol solution (*V*/*V*) through it before use.

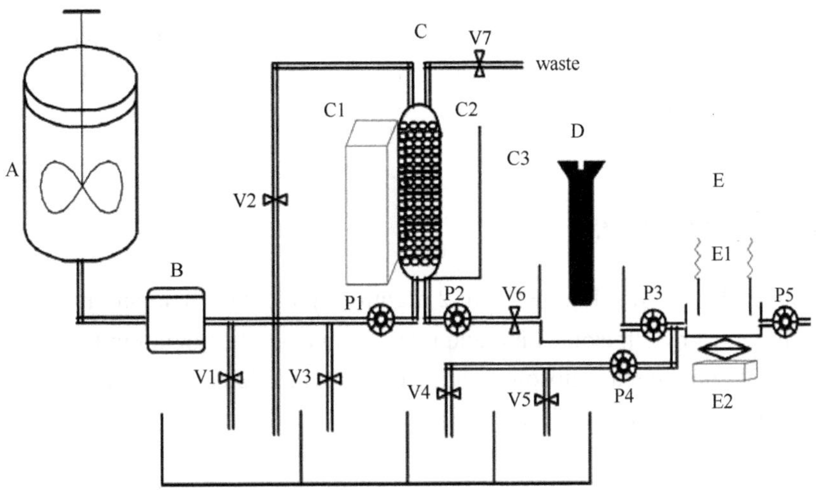

Fig. 1　Schematic diagram showing the apparatus for magnetosomes purification system

At the first step cells were disrupted with high-pressure homogenizer. The second step was comprised of isolation of magnetosomes with continuous Magnetism Isolation System accompanied with low power ultrasonication until the proteins in waste were undetectable at the absorbance of 280 nm. The third step consisted of removal of adsorbed and surface protein with proteinase K and electroelution. The final step was washing with magnetism stirred system. A, fermentor; B, high-pressure homogenizer; C, Magnetism Isolation System (MIS), MIS consisted of three parts: C1, permanent magnet, C2, magnetic isolation column, C3, ultrasonic tank. Magnetic isolation column was a plastic cylinder filled with 4~6 mm iron beads; D, ultrasonic tank; E, electroelution; E1 electroelution tank, E2 magnetism stirred system; V1 to V7, valves 1 to 7; P1 to P5, pumps 1 to 5

The high-pressure homogeniser and MIS were pre-wetted with one bed-volume of PBS buffer. The 6 L culture solution was mixed with 660 ml 10 × PBS buffer (80 g of NaCl, 2 g of KCl, 14.4 g of Na_2HPO_4, and 2.4 g of KH_2PO_4 per liter), and the cells were crushed by the high-pressure homogeniser (Lang Fang Tongyong NCJJ-200). The crushed cell solution was pumped into the MIS by pump P1. The flow rate of the solution was controlled to between 60~100 ml/h to allow the liquid to pass through the high-pressure homogeniser and the MIS while keeping the magnetosomes within MIS. The crushed solution was pumped into the MIS, and the waste residue was discharged through a waste outlet. The magnetosomes within the MIS were washed with six bed volumes of PBS buffer by operating inlet valve V3, pump P1, and inlet valve 7 (closing pump 2 and inlet valves 1, 2). Subsequently, valve V3 was closed and inlet valve V1 was switched on to allow 250 ml of urea solution (PBS buffer containing 0 mol/L, 1 mol/L, 2 mol/L, 4 mol/L or 6 mol/L urea) for washing of the magnetosomes in the MIS. Afterwards, valves V1, V7, and pump P1 were closed and inlet valve V2 was switched on to allow a 250 ml urea solution to be pumped into the system by pump P2. The ultrasonication process was then started; the magnet was removed to release magnetosomes from the system, and the inlet valve V6 was switched on to allow the magnetosomes be washed into the ultrasonic tank. After this step, the urea solution in the tank was replaced with PBS buffer.

After the magnetosomes were released from the MIS to ultrasonication tank, outlet valve V2 was closed, valves V7 and V3 were switched on, and the MIS was washed with 500 ml of PBS buffer by operating pump P1 (300 ml/min). The magnetosomes in the ultrasonic tank were dispersed by ultrasonication (on 4 s/off 6 s at 40 W for 50 cycles), and then PBS buffer and the magnetosome solution were synchronously pumped back into the MIS by operating pump P1 and pump P2 with the same speed (60~100 ml/h). When the magnetosomes were bind into the MIS by magnetic force, pump P2 was closed and six bed volumes of PBS buffer were pumped into the MIS by pump P1 (300 ml/min). Subsequently, valves V3, V7, and pump P1 were closed, and inlet valve V2 was switched on to allow PBS to be pumped into the system by pump P2. The ultrasonication in the MIS was switched on, the magnet removed to release the magnetosomes from the system, and inlet valve V6 was switched on to wash magnetosomes into the ultrasonication tank. This procedure was repeated 3~4 times until proteins in the waste solution were undetectable at an absorbance of 280 nm.

2.3 Protein digestion and assay

The magnetosome solution was digested with 2 mg/ml of proteinase K in an ultrasonication tank at 50℃ for 3 h. It was then dispersed by ultrasonication and pumped into an electroelution tank by switching on pump P3. The amount of protein on the magnetosomes surface and in the eluted solution was measured as described by Bradford (1976) and Switzer *et al.* (1979).

2.4 Electroelution

When the magnetosome solution was pumped into the electroelution tank, all magnetosomes were adhered to the bottom of electroelution tank by the magnetic force of the magnetically stirred system. The waste buffer was discharged by operating pump 5 (P5), and new PB buffer (0.2 g of KCl, 1.44 g of Na_2HPO_4, 0.24 g of KH_2PO_4 per liter) was pumped into the tank by operating pump 4 and valve 4 (V4). The electroelution was performed at 200 mA for 30 min.

2.5 Replacement of buffer with distilled water

Valve V4 was closed and the electroelution electrode was moved out of the tank after electroelution was over. The PB buffer was discharged by operating pump 5, and approximately ten volumes of distilled water were pumped into the tank by operating inlet valve V5 and pump 4. The magnetosomes were then circulated for 8~10 min by operating the magnetically stirred system.

Afterwards, the magnetically stirred system was switched off, and the magnetosomes were allowed to bind at the bottom of the tank by magnetic force for one hour. The waste solution was pumped out by operating pump 5, and ten volumes of fresh distilled water were pumped into the tank by operating inlet valve V5 and pump 4. This process was repeated more than 3 times.

2.6 Nucleic acid detection

DNA contamination at the surfaces of the magnetosomes was detected by PCR amplification of the 16S rRNA using universal primers for bacterial 16S rRNA (5′ primer sequence AGAGTTTGATCCTGGC TCAGAACGAACGCT and 3′ primer sequence TACGGCTACCTTGTTACG ACTTCACCCC to amplify a product with the sequence) using magnetosomes from different purification steps as a template. The PCR conditions were (i) 94℃ for 5 min; (ii) 30 cycles of 94℃ for 30 s, 50℃ for 30 s, 72℃ for 1 min 30 s; and (iii) 72℃ for 10 min.

2.7 FTIR assay

Approximately 30 μl (2 mg/ml) of purified magnetosomes was suspended in 30 μl distilled water, dried on a zinc disc and then scanned by FTIR (Bruker, Vector 33) as described by Li *et al.* (2007a).

2.8 TEM observation

Solutions of cells or purified magnetosomes in distilled water were adsorbed onto a 300-mesh carbon-coated copper grid and viewed directly with a transmission electron microscope (Philips Tecnai F 30) at an accelerating voltage of 300 kV.

3. Results

3.1 Purification system and procedure

The purification system is shown in Fig. 1, and all procedures are thoroughly described in the "Materials and Methods". Briefly, purification included four steps. During the first step, cells were disrupted with a high-pressure homogeniser until more than 90% were crushed, as determined by microscopy. The second step was comprised of isolation of magnetosomes with continuous use of the MIS accompanied by low-power ultrasonication until the proteins in waste were undetectable at an absorbance of 280 nm. The third step consisted of removal of adsorbed and surface protein with proteinase K and electroelution until contamination by proteins and nucleic acids were undetectable using methods described previously. The final step was replacement of the buffer with distilled water in the magnetically stirred system to wash the magnetosomes.

3.2 Protein analysis

Protein concentrations on the surface of magnetosomes and in the eluant were determined by SDS-PAGE (Fig. 2) and the Bradford method to determine the protein removal efficiency of the MIS. Of all of the purification steps, the 4 mol/L urea PBS wash was a critical step in removing most of the proteins from the surfaces of magnetosomes (Fig. 3). No proteins were detected in the eluted waste solution after two rounds of purification with the MIS (Fig. 2, lane 4). However, some surface proteins on the magnetosomes could not be removed with the MIS system, 4 mol/L urea elution, or even an increase in wash buffer volume and washing times (Fig. 2, lane 1, 3, 5, 6, arrow). At least three proteins (approx. 14 kDa, 43 kDa, and >100 kDa) were still apparent on the surfaces of magnetosomes even after electroelution (data not shown). These proteins were not detected on the magnetosomes after removal of the outer membrane components by digestion with 2 mg/ml of proteinase K at 50℃ for 3 h, indicating that they were likely tightly bound to the outer membrane of the magnetosome (Fig. 2, lane 7). Electroelution was carried out to remove residual proteins after treatment with proteinase K (Fig. 2, lane 7, 8).

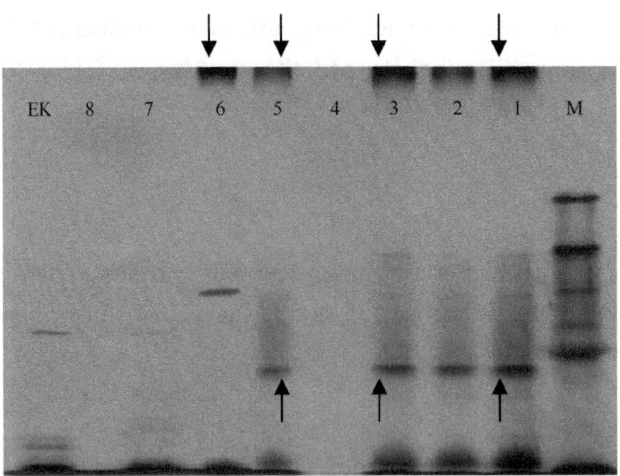

Fig. 2 SDS-PAGE analysis of magnetosomes from different purification steps

Lane M, Marker (97,400 Da, 66,200 Da, 43,000 Da, 31,000 Da, 20,100 Da, 14,400 Da); Lane 1, 3, 5, 10 μl of magnetosomes sample (0.1 mg/ml, 0.5 mg/ml, 0.5 mg/ml) from MIS; Lane 2, 4, the waste of MIS at first and second time (20 μl, 40 μl); Lane 6, magnetosomes (10 mg/ml, 10 μl) after electroelution; Lane 7, magnetosomes (10 mg/ml, 10 μl) treated with proteinase K; Lane 8, (10 mg/ml, 40 μl) magnetosome treated with proteinase K and electroeluted; Lane EK, proteinase K (0.1 mg/ml, 2 μl)

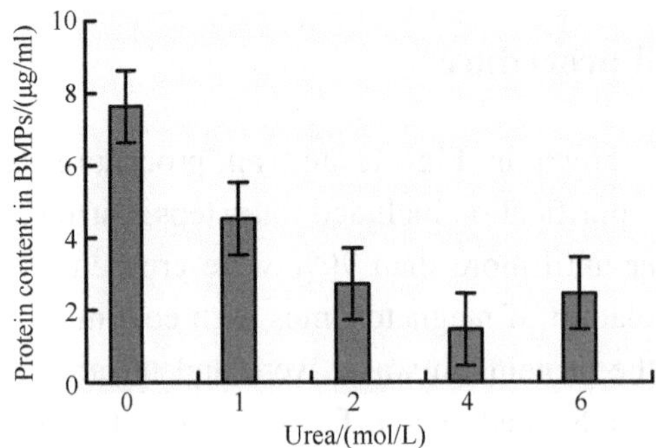

Fig. 3 The effects of different concentrations of urea on protein content of magnetosomes

3.3 Detection of nucleic acid

To detect any DNA contamination of the magnetosomes at each purification step, PCR performed as described as in the "Material and Methods". The DNA contamination on the surface of the magnetosomes (Fig. 4) was not removed by the MIS, but digestion with proteinase K followed by electroelution proved to be a critical step in removing this type of contamination. Sequencing results indicated that the contaminating DNA was *endogenic*, coming from *M. gryphiswaldense*. However, to ensure prevention of exogenic contamination, it is critical to sterilise all buffer solutions, use distilled water, and maintain low temperatures during the purification process.

3.4 FTIR assay

To evaluate the purity of magnetosomes isolated by this procedure, FTIR spectra were obtained and compared to those of magnetosomes derived from the method described by Li *et al.* (2007a). The results showed the disappearance of vibrations at 3,273 cm^{-1} and 2,921 cm^{-1}, representing NH bending and CH stretching modes characteristic of bound proteins (Fig. 5), which suggests that proteins on the surfaces of magnetosomes were not detected by FTIR. The signals observed at 1,735 cm^{-1}, 1,645 cm^{-1} and 1,531 cm^{-1}

resulted from the NH and CH bending and stretching modes disappeared. The combination of the SDS-PAGE result (Fig. 2, lane 8) and presence of characteristic vibrations at 3,273 cm^{-1} and 2,921 cm^{-1} in the FTIR spectra can serve as a standard for the presence or absence of proteins or peptides on the surfaces of magnetosomes.

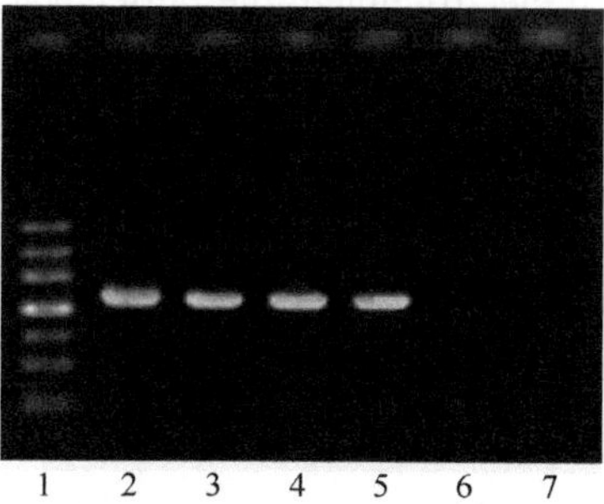

Fig. 4 Detection of nucleic acid on the surfaces of magnetosomes by PCR amplified 16S rDNA

Lane 1, Marker; lane 2, 3, 4, magnetosomes after magnetism isolation system three times as template; lane 5, magnetosomes treated with proteinase K as template; lane 6, magnetosomes after electroelution as template; lane 7, the final magnetosomes as template

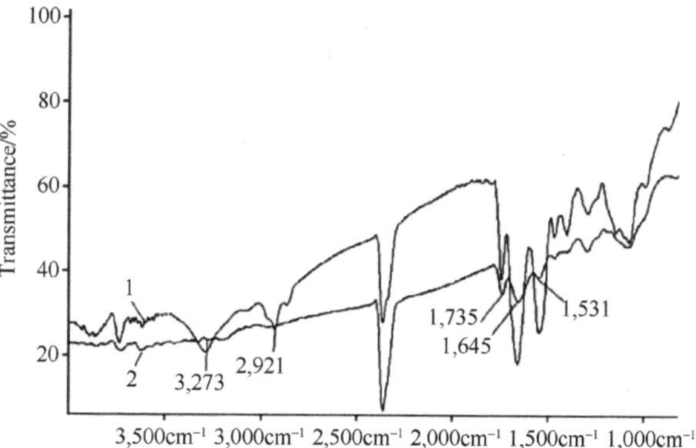

Fig. 5 FTIR spectra image of resulting magnetosomes

The resulting magnetosomes using this procedure (1) and those derived from method described by Li *et al.* (2007a) (2) were detected by FT-IR

3.5 TEM images

To determine whether or not a membrane was present on the purified magnetosomes TEM images were obtained according to the procedure described in the Materials and Methods section; the TEM images are shown in Fig. 6. The membrane surrounding the Fe_3O_4 granules (arrow) indicates that this purification procedure did not damage the phospholipid bilayer of the magnetosomes (Fig. 6b).

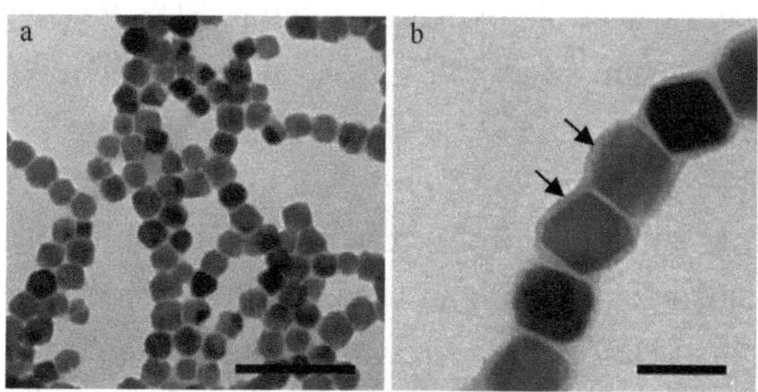

Fig. 6 TEM micrographs of purified magnetosomes

a. Resulting magnetosome; b. Showing membrane of magnetosomes

3.6 Efficiency of purification

Our protocol described in here is a rapid and highly efficient procedure for magnetosome purification. 6 L bacterial cell culture was crushed by high-pressure homogeniser, and magnetosomes were isolated and purified in MIS, digested with proteinase K, and electro-eluted; the buffer was then changed to distilled water. These steps took crushed cells (2 h), isolated in MIS (16 h), digested with proteinase K (3 h), electro-eluted (3 h). Approximately 300 mg of magnetosomes (dry weight) was purified from 6 L of cells within 24 hrs using this procedure, whereas 20~30 days are required to obtain the same results with the method described by Li *et al.* (2007a).

4. Discussion

The purpose of this work was to provide magnetosomes for application. Magnetosome particles have been developed and investigated for use in various *in vitro* biotechnological applications (Matsunaga *et al.*, 2006). Here, we have described a rapid and continuous procedure for large-scale purification of magnetosomes that can be used for studies on toxicity, risk assessment, and other applied experiments *in vivo*.

To elucidate the molecular mechanism of magnetosomes biosynthesis, proteome analyses of magnetosome membrane proteins have been conducted in *M. magneticum* AMB-1 (Matsunaga *et al.*, 2000; Okamura *et al.*, 2000, 2001; Arakaki *et al.*, 2003; Tanaka *et al.*, 2006), *M. gryphiswaldense* MSR-1 (Grünberg *et al.*, 2001, 2004), and *M. magnetotacticum* MS-1 (Okuda *et al.*, 1996). Approximately 30 and 78 kinds of proteins were identified from the magnetosome membranes of *M. gryphiswaldense* MSR-1 and *M. magneticum* AMB-1, respectively. Magnetosomes consist of a magnetite crystal enclosed by lipids similar to those of the cytoplasmic membrane and these proteins (Gorby *et al.*, 1988; Grünberg *et al.*, 2004). Although recent reports suggested that magnetosomes are harmless (Li *et al.*, 2007a) and thus have potential for gene delivery or drug delivery for cancer or other diseases (Sun *et al.*, 2007 2008a), they might cause an immune response if used *in vivo* because of their complicated components. Therefore, to use particles purified by our method *in vivo*, a new and more rigorous purity standard should be developed and a series of standard animal experiments should be done to determine the biosafety of the particles. These experiments are our next important research goal; however, the current procedure makes magnetosome purification simple and provides enough magnetosomes for further applications.

Strict standards are essential to the use of magnetosomes *in vivo*. However, no literature standard for magnetosome purification and application has been published to date. A method using 0~5% NaCl in buffer or 0.02% SDS has been described to remove proteins on the surfaces of magnetosomes (Matsunaga *et al.*, 2002), but no reports are available regarding the detection of residual proteins. After removal, no residual surfaces proteins on the magnetosomes were detectible by silver staining, SDS-PAGE gel or FT-IR assay in our study. Furthermore, the vibrations at 3,273 cm^{-1} and 2,921 cm^{-1} in the FT-IR could be used as new standard for magnetosomes without surface proteins.

Since the discovery of a DNA vaccine (Wolff *et al.*, 1990), the biological safety of medical nucleic acid products has received extensive attention from researchers (Schellekens *et al.*, 2008). Nucleic acid contamination in purified magnetosomes has also aroused attention, and Sun *et al.* 2008a, suggested digestion with DNase I to remove any residual DNA on the surface of magnetosomes. However, no reports are available regarding the detection of nucleic acid residues on the surfaces of purified magnetosomes. The presence or absence of DNA on the surfaces of magnetosomes after purification by MIS was tested in our study (Fig. 4) and it was found that surface DNA could not be removed by repeated washing with buffer. However, digestion with proteinase K followed by electro elution proved to be an efficient method to remove surface DNA from resulting magnetosomes. Similarly, nucleic acid residues in the purified magnetosomes can also be efficiently determined by PCR amplification of the 16S rRNA.

The procedure described in this paper has greatly shortened the purification period and enhanced the efficiency compared to method described by Li *et al.* (2007a). Furthermore, this procedure can be optimised according to the level of purity desired in the large-scale preparation of magnetosomes from cells. For example, the proteinase K digestion could be deleted from this procedure if the magnetosomes were needed for biotechnological applications *in vivo*.

References

Arakaki A, Webb J, Matsunaga T. 2003. A novel protein tightly bound to bacterial magnetic particles in *Magnetospirillum magneticum* strain AMB-1. J Biol Chem, 278(10): 8745-8750.

Bazylinski D A, Frankel R B. 2003. Magnetosome formation in prokaryotes. Nat Rev Micro, 2(3): 217-230.

Blakemore R. 1975. Magnetotactic bacteria. Science, 190(4212): 377-379.

Bradford M M. 1976. A rapid and sensitive method for the quantitation of microgram quantities of protein utilizing the principle of protein-dye binding. Anal Biochem, 72(1-2): 248-254.

Ceyhan B, Alhorn P, Lang C, *et al.* 2006. Semisynthetic biogenic magnetosome nanoparticles for the detection of proteins and nucleic acids. Small, 2(11): 1251-1255.

Gorby Y A, Beveridge T J, Blakemore R P. 1988. Characterization of the bacterial magnetosome membrane. J Bacteriol, 170(2): 834-841.

Grünberg K, Müller E C, Otto A, *et al.* 2004. Biochemical and proteomic analysis of the magnetosome membrane in *Magnetospirillum gryphiswaldense*. Appl Environ Microbiol, 70(2): 1040-1050.

Grünberg K, Wawer C, Tebo BM, *et al.* 2001. A large gene cluster encoding several magnetosome proteins is conserved in different species of magnetotactic bacteria. Appl Environ Microbiol, 67(10): 4573-4582.

Heyen U, Schüler D. 2003. Growth and magnetosome formation by microaerophilic *Magnetospirillum* strains in an oxygen-controlled fermentor. Appl Microbiol Biotechnol, 61(5-6): 536-544.

Li X, Jiang W, Sun J B, *et al.* 2007a. Purified and sterilized magnetosomes from *Magnetospirillum gryphiswaldense* MSR-1 were not toxic to mouse fibroblasts *in vitro*. Lett Appl Microbiol, 45(1): 75-81.

Li X, Wang B, Jin H L, *et al.* 2007b. Bacterial magnetic particles (BMPs)-PEI as a novel and efficient non-viral gene delivery system. J Gene Med, 9(8): 679-690.

Liu Y, Li G, Guo F, *et al.* 2010. Large-scale production of magnetosomes by chemostat culture of *Magnetospirillum gryphiswaldense* at high cell density. Microb Cell Fact, 9: 99.

Matsunaga T, Arakaki A, Takahoko M. 2002. Preparation of luciferase-bacterial magnetic particle complex by artificial integration of MagA-luciferase fusion protein into bacterial magnetic particle membrane. Biotechnol Bioeng, 77(6): 614-618.

Matsunaga T, Kawasaki M, Yu X, *et al.* 1996a. Chemiluminescence enzyme immunoassay using bacterial magnetic particles. Anal Chem, 68(20): 3551-3554.

Matsunaga T, Tadokoro F, Nakamura N. 1990. Mass culture of magnetic bacteria and their application to flow type immunoassays. IEEE T Magn, 26(5): 1557-1559.

Matsunaga T, Takahashi M, Yoshino T, *et al.* 2006. Magnetic separation of $CD14^+$ cells using antibody binding with protein A expressed on bacterial magnetic particles for generating dendritic cells. Biochem Biophys Res Commun, 350(4): 1019-1025.

Matsunaga T, Tsujimura N, Kamiya S. 1996b. Enhancement of magnetic particle production by nitrate and succinate fed-batch culture of *Magnetospirillum* sp. AMB-1. Biotechnol Tech, 10(7): 495-500.

Matsunaga T, Tsujimura N, Okamura Y, *et al.* 2000. Cloning and characterization of a gene, *mpsA*, encoding a protein associated with intracellular magnetic particles from *Magnetospirillum* sp. strain AMB-1. Biochem Biophys Res Commun, 268(3): 932-937.

Nakamura N, Hashimoto K, Matsunaga T. 1991. Immunoassay method for the determination of immunoglobulin G using bacterial magnetic particles. Anal Chem, 63(3): 268-272.

Nakamura N, Matsunaga T. 1993. Highly sensitive detection of allergen using bacterial magnetic particles. Anal Chim Acta, 281(3): 585-589.

Okamura Y, Takeyama H, Matsunaga T. 2000. Two-dimensional analysis of proteins specific to the bacterial magnetic particle membrane from *Magnetospirillum* sp. AMB-1. Appl Biochem Biotechnol, 84-86: 441-446.

Okamura Y, Takeyama H, Matsunaga T. 2001. A magnetosome-specific GTPase from the magnetic bacterium *Magnetospirillum magneticum* AMB-1. J Biol Chem, 276(51): 48183-48188.

Okuda Y, Denda K, Fukumori Y. 1996. Cloning and sequencing of a gene encoding a new member of the tetratricopeptide protein family from magnetosomes of *Magnetospirillum magnetotacticum*. Gene, 171(1): 99-102.

Schellekens H, El-Gewely M R. 2008. How to predict and prevent the immunogenicity of therapeutic proteins. Biotechnol Annu Rev, 14: 191-202.

Schüler D, Baeuerlein E. 1996. Iron-limited growth and kinetics of iron uptake in *Magnetospirillum gryphiswaldense*. Arch Microbiol, 166(5): 301-307.

Schüler D, Baeuerlein E. 1998. Dynamics of iron uptake and Fe_3O_4 mineralization during aerobic and microaerobic growth of *Magnetospirillum gryphiswaldense*. J Bacteriol, 180(1): 159-162.

Sun J B, Duan J H, Dai S L, *et al.* 2007. *In vitro* and *in vivo* antitumor effects of doxorubicin loaded with bacterial magnetosomes (DBMs) on H22 cells: the magnetic bio-nanoparticles as drug carriers. Cancer Lett, 258(1): 109-117.

Sun J B, Duan J H, Dai S L, *et al.* 2008a. Preparation and anti-tumor efficiency evaluation of doxorubicin-loaded bacterial magnetosomes: magnetic nanoparticles as drug carriers isolated from *Magnetospirillum gryphiswaldense*. Biotechnol Bioeng, 101(6): 1313-1320.

Sun J B, Zhao F, Tang T, *et al.* 2008b. High-yield growth and magnetosome formation by *Magnetospirillum gryphiswaldense* MSR-1 in an oxygen-controlled fermentor supplied solely with air. Appl Microbiol Biotechnol, 79(3): 389-397.

Switzer R C, Merrill C R, Shifrin S. 1979. A highly sensitive silver stain for detecting proteins and peptides in polyacrylamide gels. Anal Biochem, 98(1): 231-237.

Tanaka M, Okamura Y, Arakaki A, *et al.* 2006. Origin of magnetosome membrane: proteomic analysis of magnetosome membrane and comparison with cytoplasmic membrane. Proteomics, 6(19): 5234-5247.

Wacker R, Ceyhan B, Alhorn P, *et al.* 2007. Magneto immuno-PCR: a novel immunoassay based on biogenic magnetosome nanoparticles. Biochem Biophys Res Commun, 357(2): 391-396.

Wolff J A, Malone R W, Williams P, *et al.* 1990. Direct gene transfer into mouse muscle *in vivo*. Science, 247(4949): 1465-1468.

Yang C D, Takeyama H, Matsunga T. 2001a. Iron feeding optimization and plasmid stability in production of recombinant bacterial magnetic particles by *Magnetospirillum magneticum* AMB-1 in fed-batch culture. J Biosci Bioeng, 91(2): 213-216.

Yang C D, Takeyama H, Tanaka T, *et al.* 2001b. Effects of growth medium composition, iron sources and atmospheric oxygen concentrations on production of luciferase-bacterial magnetic particle complex by a recombinant *Magnetospirillum magneticum* AMB-1. Enzyme Microb Technol, 29(1): 13-19.

本文原载：Appl Microbiol Biotechnol, 2011, 90(4): 1277-1283.

Semicontinuous Culture of *Magnetospirillum gryphiswaldense* MSR-1 Cells in an Autofermentor by Nutrient-Balanced and Isosmotic Feeding Strategies*

Yang Zhang, Xiaojuan Zhang, Wei Jiang, Ying Li, Jilun Li

(State Key Laboratory of Agrobiotechnology and Laboratoire International Associe Franco-Chinois de Bio-Mineralisation et Nano-Structures, College of Biological Sciences, China Agricultural University, Beijing, 100193, China)

Abstract

An improved strategy was developed for the high-density culture of *Magnetospirillum gryphiswaldense* strain MSR-1 and large-scale magnetosome production in both 7.5 L and 42 L autofermentors. By using a nutrient-balanced feeding strategy and the replacement of carbon and nitrogen sources to reduce accumulation of Na^+ and Cl^- ions, we reduced the factors that tend to inhibit cell growth, particularly the increase of osmotic potential. Semicontinuous culture was thereby achieved in the autofermentor for the first time. When the cells were harvested at 36 h and 73 h, magnetosome yields (dry weight) as high as 168.3 mg/(L·d) and 83.5 mg/(L·d), respectively, were achieved. These values were, respectively, approximately 10 times and 5 times higher than the yields achieved in previous studies and represent a significant improvement in magnetosome production efficiency.

Keywords

Magnetospirillum gryphiswaldense, semicontinuous culture, autofermentor, nutrient-balanced feeding strategy.

Biomineralized magnetosomes (chains of magnetite crystals found in prokaryotes) have attracted commercial interest because of their narrow size range, good dispersibility, and biomembrane enclosure. Previous studies have addressed a variety of applications and properties, including enzyme immobilization (Matsunaga and Kamiya, 1987), gene delivery system (Li *et al.*, 2007a), cell separation (Yoshino *et al.*, 2008), drug carriers (Sun *et al.*, 2007, 2008a), immunoassays (Wacker *et al.*, 2007; Li *et al.*, 2010), protein and multisubunit enzyme complexes (Ohuchi and Schüler, 2009; Yoshino and Matsunaga, 2005), and use of microorganisms *per se* for mineral recovery (Tanaka *et al.*, 2010). Because of the highly restrictive culture conditions for magnetotactic bacteria, in terms of the dissolved oxygen concentration (dO_2) (Yang *et al.*, 2001; Heyen and Schüler, 2003), nutrients, *etc.*, the yields of both magnetosomes and their host microorganisms

*This study was supported by the Chinese High Technology Research and Development Program (No. 2007AA021805) and the Chinese National Natural Science Foundation (No. 30970041). We thank Prof. Zhizhong Gong, Dr. Junna He, Dr. Gang Zhang, and Dr. Xu Wang, China Agricultural University, for helpful discussions and technical assistance. We are also grateful to Dr. Steve Anderson for English editing of the manuscript.

under artificial culture tend to be low (Yang *et al.*, 2001; Sun *et al.*, 2008b). A long-standing research goal of our laboratory is improved large-scale production of cells and magnetosomes.

In a previous study using fed-batch culture techniques (Sun *et al.*, 2008b), we achieved maximal cell density {optical density at 565 nm (OD_{565}) of 7.24, cell dry weight of 2.17 g/L [0.87 g/(L·d)], and magnetosome dry weight of 41.7 mg/L [16.7 mg/(L·d)]}. Through further optimization of culture temperature, pH, dO_2, and nutrients, we achieved an OD_{565} value of 12 in a 7.5 L fermentor after 40 h of culture (unpublished data). In revising our previous feeding strategy, we focused on supplementation of carbon and nitrogen sources but ignored two possible factors that could inhibit cell growth: (i) nutrient limitation arising during fermentation process and (ii) the accumulation of Na^+ and Cl^- in a fermentor fed with sodium lactate and ammonium chloride. By replacing the carbon and nitrogen sources and using an optimally nutrient-balanced feeding strategy, in a 7.5 L fermentor after 44 h, we achieved an OD_{565} of 30.4, a cell dry weight of 7.59 g/L [3.8 g/(L·d)], and a magnetosome dry weight of 225.53 mg/L [112.77 mg/(L·d)]. In a larger (42 L) fermentor, after 44 h, we achieved an OD_{565} of 42, a cell dry weight of 9.16 g/L [4.58 g/(L·d)], and a magnetosome dry weight of 356.52 mg/L [178.26 mg/(L·d)]. The efficiency of magnetosome production in a 42 L fermentor was 10.7 times higher than the previous maximal value. Based on these optimizations of feeding strategy, a semicontinuous culture was achieved successfully for the first time in a 7.5 L fermentor.

1. Materials and Methods

1.1 Bacterial strain

M. gryphiswaldense strain MSR-1 (DSM6361) was purchased from Deutsche Sammlung von Mikroorganismen und Zellkulturen (Brunswick, Germany).

1.2 Culture medium 1

Culture medium 1 was prepared by using a shaking flask and contained preculture medium composed of sodium lactate at 2.6 g/L, NH_4Cl at 0.4 g/L, yeast extract at 0.1 g/L, $MgSO_4·7H_2O$ at 0.1 g/L, $K_2HPO_4·3H_2O$ at 0.5 g/L, and 0.5 ml of mineral elixir (pH 7.0). The mineral elixir (1 L, pH 7.0) was composed of the following: nitrilotriacetic acid, 15 g; $MgSO_4·7H_2O$, 3 g; $MnSO_4·2H_2O$, 5.0 g; NaCl, 10.0 g; $FeSO_4·7H_2O$, 1.0 g; $CoSO_4·7H_2O$, 1.8 g; $CaCl_2·2H_2O$, 30.0 g; $ZnSO_4·7H_2O$, 1.8 g; $CuSO_4·5H_2O$, 0.1 g; $KAl(SO_4)_2·12H_2O$, 0.2 g; H_3BO_3, 0.1 g; $Na_2MoO_4·2H_2O$, 0.1 g; $NiCl_2·6H_2O$, 0.25 g; and $Na_2SeO_3·5H_2O$, 3.0 mg.

1.3 Culture medium 2

Culture medium 2 was prepared by using a shaking flask and contained 0 mmol/L, 40 mmol/L, 80 mmol/L, or 160 mmol/L NaCl, respectively, plus 50 ml of shaking flask medium with an additional 0 g (positive control), 0.117 g, 0.234 g, or 0.468 g of NaCl, respectively.

1.4 Fermentation medium

The fermentation medium (4.5 L) was composed of the following: sodium lactate (70%~80%), 6.0 g; NH_4Cl, 1.0 g; $MgSO_4·7H_2O$, 0.12 g; yeast extract, 0.3 g; $K_2HPO_4·3H_2O$, 0.3 g; and mineral elixir, 0.35 ml.

1.5 Feeding media

Feed A was composed of the following: sodium lactate, 45.0 g; lactate (85%~90%), 64.0 g; NH_4Cl, 36.6 g; $K_2HPO_4 \cdot 3H_2O$, 3.0 g; $MgSO_4 \cdot 7H_2O$, 1.2 g; $FeCl_3 \cdot 6H_2O$, 2.0 g; yeast extract, 3.0 g; and mineral elixir, 3.5 ml. Feed B was composed of the following: sodium lactate, 45.0 g; lactate, 64.0 g; NH_4Cl, 36.6 g; $K_2HPO_4 \cdot 3H_2O$, 6.0 g; $MgSO_4 \cdot 7H_2O$, 2.4 g; $FeCl_3 \cdot 6H_2O$, 2.0 g; yeast extract, 6.0 g; and mineral elixir, 7 ml. Feed C was composed of the following: lactate, 100.0 g; $NH_3 \cdot H_2O$ (25%~28%), 18.0 ml; $K_2HPO_4 \cdot 3H_2O$, 6.0 g; $MgSO_4 \cdot 7H_2O$, 2.4 g; $FeCl_3 \cdot 6H_2O$, 2.0 g; yeast extract, 6.0 g; and mineral elixir, 7 ml. All reagents were analytical grade.

1.6 Effect of NaCl concentration on cell growth

A defined amount of cells was inoculated [10% (*V*/*V*)] into shaking flask medium and subjected to gradient NaCl concentrations as described above. Cells were cultured for 24 h, 30℃, and 100 r/min, and the OD_{565} values were measured.

1.7 Determination of the optimal dissolved oxygen concentration (dO_2)

The dO_2 was cascaded at 50%, 30%, 10%, and 1%, and between 0 and 1% for 4 h in 7.5 L fermentor (Bioflo 110; New Brunswick Scientific, NJ). The dO_2 could not be accurately cascaded at values between 0 and 1% because of the limited accuracy of the cascade control.

1.8 Fed-batch culture in 7.5 L fermentor

The inoculum for the fermentation was cultured by three sequential transfers with 10% (*V*/*V*) inoculation, under the same conditions as for the shaking flask culture. Fermentation was conducted with a working volume of 5 L after 10% (*V*/*V*) inoculation at 30℃, an initial airflow of 0.5 L/min, and agitation at 200 r/min. The pH was maintained at 6.9 by automated supplementation of feeding medium. The dO_2 was maintained between 0 and 1% by the regulation of airflow or agitation every 2 h, after which it decreased to 0% at 12 h. One bottle feeding medium was sufficient for MSR-1 growth to an OD_{565} of ~20. The OD_{565}, the osmotic potential, the magnetic response (C_{mag}), and the concentrations of lactate, NH_4^+, and Fe^{2+}/Fe^{3+} ions were measured starting at 12 h, at intervals of 4 h until termination of the culture.

1.9 Semicontinuous culture in a 7.5 L fermentor

Semicontinuous culture was performed using the same control strategy as that described for the fed-batch culture, with the supplementation of Feed C. A 4.5 L portion of broth was discharged at the late logarithmic growth phase (end of "first stage"), until 0.5 L of broth remained; 4.5 L of fresh fermentation medium were then added (beginning of the "second stage").

1.10 Measurement of the cell density (OD_{565}) and magnetic response (C_{mag})

The OD_{565} was measured by a UV-VIS spectrophotometer (UNICO2100; UNICO Instrument Co., Ltd., Shanghai, China). The C_{mag} was calculated by measuring the maximum and minimum scattering intensities (Scheffel *et al*., 2006).

1.11 Concentrations of lactate, NH_4^+, and iron ions

Sample supernatants at defined times were prepared by centrifugation (12,000 r/min, 2 min). The concentrations of lactate, NH_4^+, and Fe^{2+}/Fe^{3+} ions in the supernatant were measured by using a BioSensor analyzer (SBA-40C; Institute of Biology, Shandong Academy of Sciences, China) (Sun *et al.*, 2008b), the indophenol blue method (Miller *et al.*, 1982), and the ferrozine method (Dailey and Lascelles, 1977), respectively.

1.12 Transmission electron microscopy (TEM)

A suspension of concentrated bacteria obtained by centrifugation was adsorbed onto a copper grid, washed twice with distilled water, dried, and viewed and recorded using a transmission electron microscope (H-8000; Hitachi, Japan) (Sun *et al.*, 2008b).

1.13 Osmotic potential

The osmotic potential (in mmol/kg) of the supernatant as described above was measured with a vapor pressure osmometer (model 5520; Wescor, Inc., Logan, UT).

1.14 Dry weight of cells and magnetosomes

The cell dry weight was measured after wet cells were dried at 70℃. The magnetosome dry weight was measured after the magnetosomes were purified by the magnetic absorption method described previously (Li *et al.*, 2007b) and then dried at 70℃.

2. Results and Discussion

2.1 Control strategy for dO_2

Magnetosomes can be synthesized under microaerobic or anaerobic conditions. However, low dO_2 values (*i.e.*, 0) significantly inhibit cell growth. A dO_2 control strategy was based on the measurement of C_{mag} and the observation of cell pellet color under a dO_2 gradient in 7.5 L fermentor. The cell pellet turned black when the dO_2 decreased to a level between 0 and 1%. C_{mag} measurements revealed that the cells became responsive to external magnetic fields only when the dO_2 fell below 1% (Table 1). Therefore, fermentations were performed with control of dO_2 between 0 and 1% by regulation of airflow and agitation (r/min).

Table 1 Effect of cascading dO_2 values on magnetic response (C_{mag})

dO_2/%	C_{mag}	Cell pellet color
50	0	White
30	0	White
10	0	White
1	0	White
<1	1.37	Black

2.2 Nutrient-balanced feeding strategy

According to "Liebig's Law of the Minimum," the biomass in a given system is usually restricted by the amount of one particular nutrient, while other nutrients are present in excess (Egli and Zinn, 2003). We examined data from previous fermentation experiments and confirmed that such nutrient limitation phenomenon applied.

When the bacteria were grown in fed-batch culture with supplementation of feed A for 44 h, the OD_{565} reached a maximum of 12. When the cells were grown for the same time with feed B plus additional amounts of $K_2HPO_4{\cdot}3H_2O$, $MgSO_4{\cdot}7H_2O$, yeast extract, and mineral elixir, the OD_{565} reached a maximum of 19.4 (Fig. 1a). The concentrations of lactate and NH_4^+ were maintained in the ranges 0.2 g/L to 1.07 g/L and 0.04 g/L to 0.11 g/L, respectively (Fig. 1b), which were favorable for growth. The concentration of Fe^{2+}/ $Fe^{3+}$was increased from 8.6 μmol/L to 71.3 μmol/L (Fig. 1c), whereby magnetosomes were synthesized, but cell growth was not suppressed. As the dO_2 decreased to ~0, the C_{mag} increased rapidly, reaching a maximum of 1.68 at 28 h (Fig. 1d). The nutrient-balanced feeding strategy described above effectively extended the logarithmic growth phase of MSR-1 in fed-batch cultures.

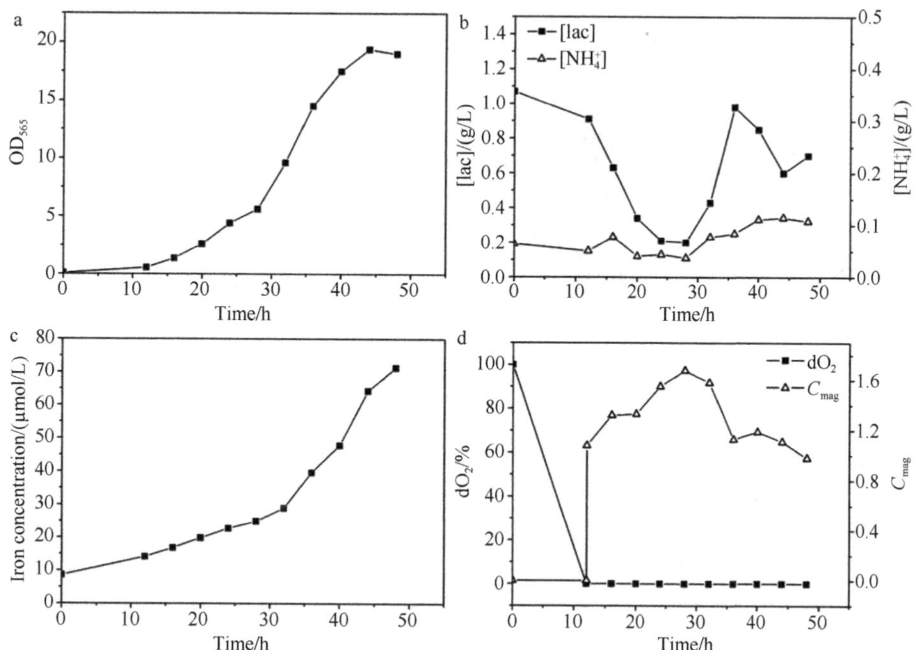

Fig. 1 Fed-batch culture of *M. gryphiswaldense* strain MSR-1 cells in a 7.5 L autofermentor supplemented with feed B (see the text)
a. Cell growth curve. The cell density (*i.e.*, the OD_{565}) reached a maximum of 19.4 at 44 h. b. Concentrations of lactate (■) and NH_4^+ (Δ). Each was controlled at a low level suitable for cell growth. c. The Fe^{2+}/Fe^{3+} concentration in fermentor increased with time but remained within the cell tolerance range. d. Relation of C_{mag} (Δ) and dO_2 (■). The C_{mag} increased rapidly as dO_2 declined to 0 at 12 h, but then decreased in the late logarithmic phase and the stationary phase

We also formulated a nutrient-balanced feeding strategy in order to minimize possible growth-inhibitory effects of excessive amounts of nutrients. The results from repeated experiments showed that at least an "M" amount of a particular nutrient (one feeding bottle) was required for growth of MSR-1 cells to an OD_{565} of 20. We hypothesized that in order to reach an OD_{565} of "A", a "B" amount of the nutrient would be required, according to the equation: $B=(A/20)\times M$. The application of a nutrient-balanced feeding strategy, based on this equation, led to a 61.7% increase in the maximal OD_{565} in the present study.

2.3 Isosmotic culture

The results of repeated fermentation experiments showed that an OD_{565} of ~20 was the upper limit for a nutrient-balanced feeding strategy. Real-time examination by high-performance liquid chromatography (HPLC) showed the accumulation in culture broth of an unknown component (peak) during the fermentation process. We speculated that supplementation of sodium lactate and NH_4Cl in culture medium led to the accumulation of Na^+ and Cl^- ions. Indeed, the unknown peak had the same HPLC retention time as NaCl.

2.4 Effect of NaCl concentration on cell growth in shaking flask culture

According to theoretical calculations, final concentrations of ~89 mmol/L Na^+ and ~157 mmol/L Cl^- were accumulated by the end of fermentation. The salt tolerance of MSR-1 in a shaking flask culture was evaluated by using a gradient of NaCl concentrations. Even a low concentration [40 mmol/L (2.34 g/L)] of NaCl significantly inhibited the cell growth. The OD_{565} at the end of fermentation was ~22% that of positive control. Degree of growth inhibition was correlated with NaCl concentration (Fig. 2). These findings indicated that accumulation Na^+ and Cl^- is the major factor inhibiting cell growth in fed-batch cultures.

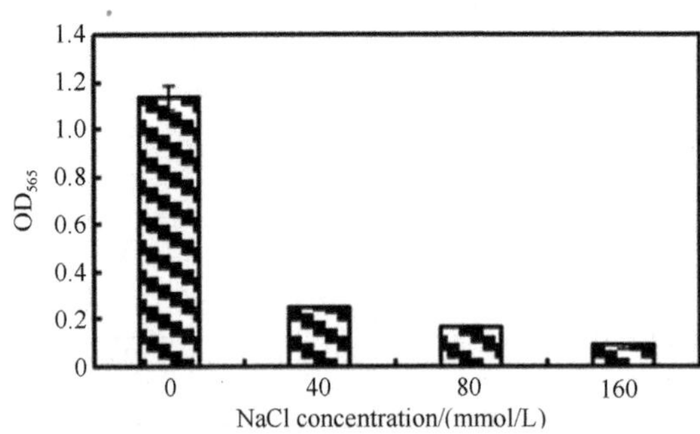

Fig. 2 Effect of NaCl (concentration gradient) on cell growth in a shaking flask culture

2.5 Reversing inhibition of cell growth by replacement of C and N source

When fed-batch culture was supplemented with feed C for 44 h, the OD_{565} reached a maximum of 30.4, an increase of 56.7% compared to culture with feed B (Fig. 3a). Lactate and NH_4^+ concentrations were maintained in the growth-promoting ranges of 0.17 g/L to 1.26 g/L and 0.07 g/L to 0.23 g/L, respectively (Fig. 3b). Fe^{2+}/Fe^{3+} concentration increased from 1.59 μmol/L to 68.53 μmol/L (Fig. 3c), which allowed magnetosome formation without cell growth inhibition. The C_{mag} reached a maximum of 1.58 at 24 h (Fig. 3d). TEM showed that no magnetosome synthesis occurred at the initial stage of fermentation ($dO_2 \times 100\%$), whereas mature magnetosome chains were formed at later stages (24 h to 44 h) (Fig. 4).

2.6 Osmotic potentials of fed-batch cultures supplemented with feed B versus feed C

An increase in the osmotic potential is harmful to the bacteria and may result from the accumulation of Na^+ and Cl^- in the culture medium. Osmotic potential was compared for fed-batch cultures supplemented with feed B and feed C (Fig. 5). In cultures with feed B, the osmotic potential of broth increased ~3-fold. In contrast, supplementation with feed C led to an isosmotic culture.

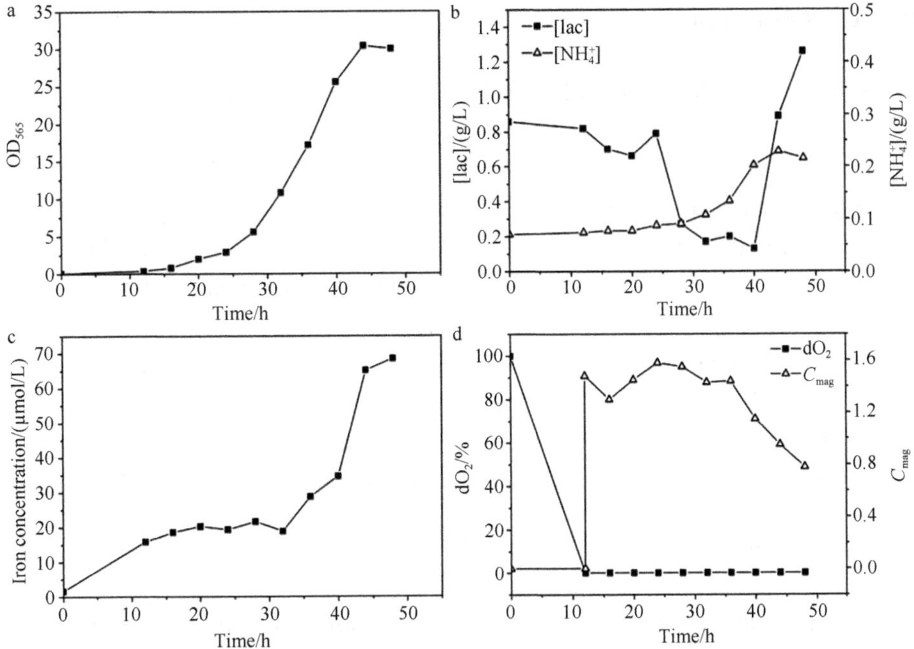

Fig. 3　Fed-batch culture of MSR-1 cells in 7.5 L fermentor supplemented with Feed C

a. Cell growth curve. The OD_{565} reached a maximum of 30.4 at 44 h. b. Concentrations of lactate (■) and NH_4^+ (Δ). Each was controlled at a low level suitable for cell growth. c. The Fe^{2+}/Fe^{3+} concentration was sufficient for magnetosome formation without an inhibitory effect on cell growth. d. Relation of C_{mag} (Δ) and dO_2 (■). The C_{mag} increased initially and then declined in late logarithmic phase

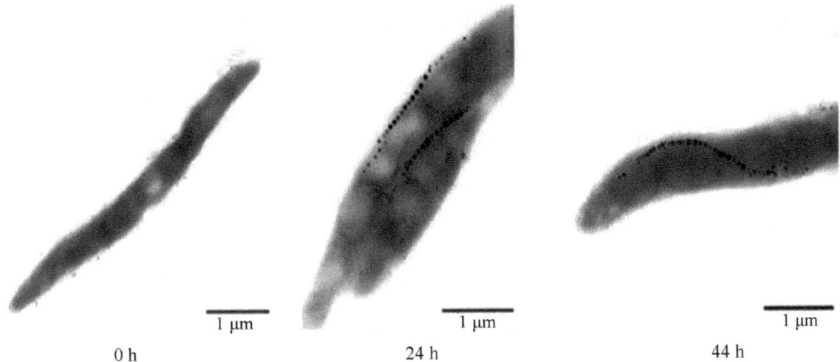

Fig. 4　TEM images of MSR-1 cells at 0 h, 24 h, and 44 h in fed-batch cultures supplemented with feed C. No magnetosome formation occurred at 0 h. Mature magnetosome chains with linear arrangements were observed from 24 h to 44 h

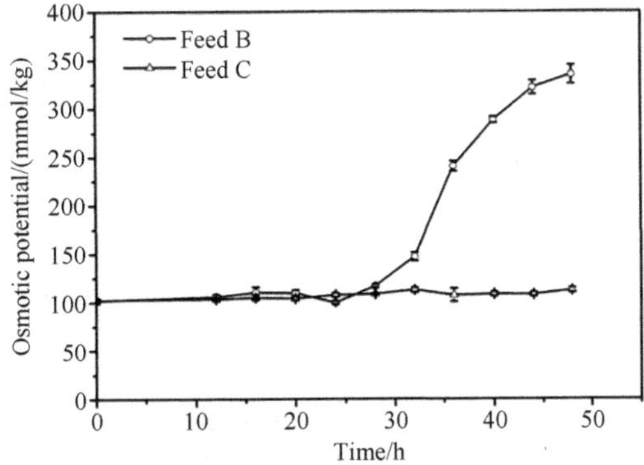

Fig. 5　Osmotic potential of fed-batch culture supplemented with feed B or feed C

2.7 Automated feeding mode

Feeding mode is a crucial factor in high-density culture. Previous studies of *M. gryphiswaldense* strain MSR-1 indicated that relatively low concentrations of C and N are suitable for growth. In order to maintain low C and N concentrations, it is necessary to establish an automated feeding mode. Results from repeated fermentation experiments showed that MSR-1 growth rate is directly related to the rate of increase of pH in broth. By regulating the pH through the proper adjustment of lactate and NH^{+} levels in the feeding medium, we successfully established an automated supplementation of nutrients and pH regulation for optimal cell growth in 7.5 L or 42 L fermentor.

Excessively high levels of nutrients in culture medium will lead to excessive accumulation of metabolites and inhibit cell growth. The maintenance of proper, low concentrations of each nutrient during a long fermentation process is difficult. A successful automated feeding mode can be established only by carefully investigating relationships between the supplementation rate of various nutrients and the cell growth rate.

2.8 Semicontinuous culture

Based on the findings described above, we established a semicontinuous culture supplemented with feed C in 7.5 L fermentor. Because mature magnetosome chains formed starting at 24 h and to ensure the growth of cells in the second stage, the first stage was ended at late logarithmic phase (OD_{565}=25.5) and not at the stationary phase. The OD_{565} of the second stage reached a maximum of 13.8 at 69 h (Fig. 6a). The interval between the two stages was 1 h. The concentrations of lactate (0.3~1.5 g/L) and NH_4^+ (0.06~0.3 g/L) in the fermentor were suitable for growth (Fig. 6b), and the concentration of Fe^{2+}/Fe^{3+} (increasing from 5.9 μmol/L to 101.2 μmol/L) allowed magnetosome synthesis without the inhibition of cell growth (Fig. 6c). In the first stage, the C_{mag} reached a maximum of 1.58 at 24 h and then decreased to 1.35 at the end. In the second stage, the C_{mag} reached a maximum of 1.36 and then declined to 0.97 (Fig. 6d).

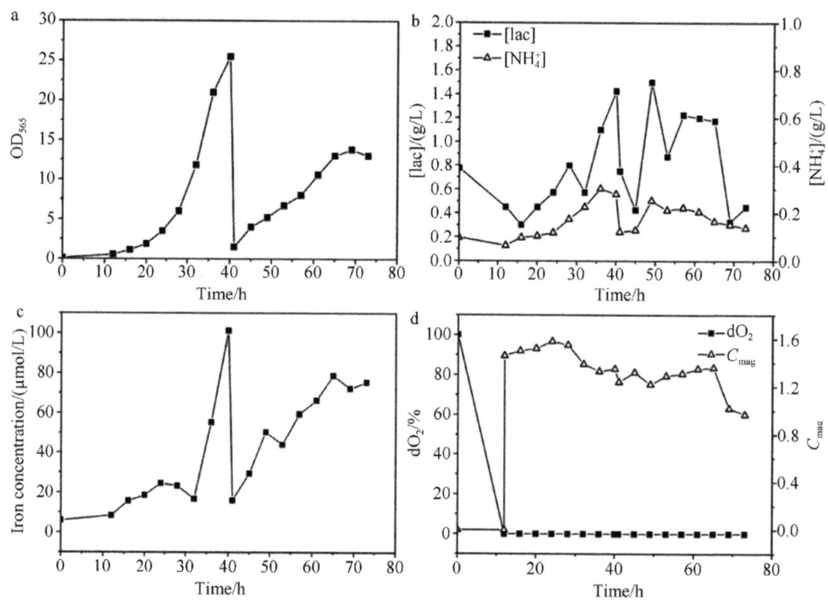

Fig. 6 Semicontinuous culture of MSR-1 cells in a 7.5 L fermentor

a. The maximal OD_{565} was 25.5 at the end of stage 1 and 13.8 at the end of stage 2; b. Carbon (■) and nitrogen (Δ) sources were supplied at concentrations suitable for cell growth; c. The Fe^{2+}/Fe^{3+} concentration increased during both stages; d. The C_{mag} (Δ) increased initially and decreased later during each stage. The dO_2 (■) was controlled at 0 starting at 12 h

2.9 Purification of magnetosomes

In fed-batch cultures of MSR-1 in a 7.5 L fermentor using an optimized feeding strategy, the OD_{565} reached 30.4 after 44 h. The dry weight yields (production) of cells and magnetosomes were 7.59 g/L [3.8 g/(L·d)] and 225.53 mg/L [112.77 mg/(L·d)], respectively.

In the first stage of semicontinuous culture in a 7.5 L fermentor, the OD_{565} reached 25.5 in 40 h, and the dry weight yields of cells and magnetosomes were 6.24 g/L [3.74 g/(L·d)] and 280.49 mg/L [168.29 mg/(L·d)]. In the second stage, the OD_{565} reached 13.8 in 28 h, and the dry weight yields of cells and magnetosomes were 3.28 g/L [2.46 g/(L·d)] and 111.39 mg/L [83.54 mg/(L·d)].

In further experiments, we performed fermentation in a 42 L fermentor by enlarging the optimized feeding strategy. In single-batch culture, the OD_{565} reached a maximum of 42 in 44 h, and dry weight yields of cells and magnetosomes were 9.16 g/L [4.58 g/(L·d)] and 356.52 mg/L [178.26 mg/(L·d)]. This finding shows that the optimized feeding strategy can be applied for industrial-scale production.

2.10 Outlook for culture of strain MSR-1

This is the first report of a semicontinuous culture method for *M. gryphiswaldense* strain MSR-1. Overall, the yields of both cells and magnetosomes were greatly increased, resulting in significant improvement of the production efficiency. However, the productivity of both cells and magnetosomes was lower in the second stage than in the first stage. Clearly, there is opportunity for further improvement of the culture strategy.

One possible reason for the lower productivity in second stage is the instability of certain genes in this bacterial strain, particularly certain transposase genes located in the so called "magnetosome island" of the genome (Schübbe *et al*., 2003), resulting in the instability of magnetosome synthesis. Further investigation of such instability and possible ways to overcome it is needed. At this time, the difference in productivity of single batch culture versus semicontinuous culture is minor, being based mainly on the fact that semicontinuous culture does not require repeated fermentor sterilization time. Significant increase in production efficiency for semicontinuous culture will come when we find conditions for greater stability of cell growth and magnetosome synthesis. This is a major goal of our future studies.

The optimal conditions for both MSR-1 cell growth and magnetosome synthesis are provided by a microaerobic environment with constant, low concentrations of each required nutrient. The microaerobic condition provides a sufficient level of electron receptors and thereby induces magnetosome formation. The low nutrient concentrations reduce the accumulation of metabolites in the fermentor and thereby avoid the inhibition of cell growth. The constant concentrations of each nutrient or salt satisfy the nutritional requirements and also create an isosmotic environment. The present study provides a new culture method for magnetotactic bacteria, with enhanced magnetosome production.

References

Dailey H J, Lascelles J. 1977. Reduction of iron and synthesis of protoheme by *Spirillum itersonii* and other organisms. J Bacteriol, 129(2): 815-820.

Egli T, Zinn M. 2003. The concept of multiple-nutrient-limited growth of microorganisms and its application in biotechnological processes. Biotechnol Adv, 22(1-2): 35-43.

Heyen U, Schüler D. 2003. Growth and magnetosome formation by microaerophilic *Magnetospirillum* strains in an oxygen-controlled fermentor. Appl Microbiol Biotechnol, 61(5-6): 536-544.

Li A H, Zhang H Y, Zhang X, *et al*. 2010. Rapid separation and immunoassay for low levels of *Salmonella* in foods using magnetosome-antibody complex and real-time fluorescence quantitative PCR. J Sep Sci, 33(21): 3437-3443.

Li X, Jiang W, Sun J B, *et al.* 2007b. Purified and sterilized magnetosomes from *Magnetospirillum gryphiswaldense* MSR-1 were not toxic to mouse fibroblasts *in vitro*. Lett Appl Microbiol, 45(1): 75-81.

Li X, Wang B, Jin H L, *et al.* 2007a. Bacterial magnetic particles (BMPs)-PEI as a novel and efficient non-viral gene delivery system. J Gene Med, 9(8): 679-690.

Matsunaga T, Kamiya S. 1987. Use of magnetic particles isolated from magnetotactic bacteria for enzyme immobilization. Appl Microbiol Biotechnol, 26(4): 328-332.

Miller R H, Keeney D R, Page A L. 1982. Methods of soil analysis. 2. Chemical and microbiological properties. American Society of Agronomy/Soil Science Society of America, Madison, WI.

Ohuchi S, Schüler D. 2009. *In vivo* display of a multisubunit enzyme complex on biogenic magnetic nanoparticles. Appl Environ Microbiol, 75(24): 7734-7738.

Scheffel A, Gruska M, Faivre D, *et al.* 2006. An acidic protein aligns magnetosomes along a filamentous structure in magnetotactic bacteria. Nature, 440(7080): 110-114.

Schübbe S, Michael K, Scheffel A, *et al.* 2003. Characterization of a spontaneous nonmagnetic mutant of *Magnetospirillum gryphiswaldense* reveals a large deletion comprising a putative magnetosome island. J Bacteriol, 185(19): 5779-5790.

Sun J B, Duan J H, Dai S L, *et al.* 2007. *In vitro* and *in vivo* antitumor effects of doxorubicin loaded with bacterial magnetosomes (DBMs) on H22 cells: the magnetic bio-nanoparticles as drug carriers. Cancer Lett, 258(1): 109-117.

Sun J B, Duan J H, Dai S L, *et al.* 2008a. Preparation and anti-tumor efficiency evaluation of doxorubicin-loaded bacterial magnetosomes: magnetic nanoparticles as drug carriers isolated from *Magnetospirillum gryphiswaldense*. Biotechnol Bioeng, 101(6): 1313-1320.

Sun J B, Zhao F, Tang T, *et al.* 2008b. High-yield growth and magnetosome formation by *Magnetospirillum gryphiswaldense* MSR-1 in an oxygen-controlled fermentor supplied solely with air. Appl Microbiol Biotechnol, 79(3): 389-397.

Tanaka M, Arakaki A, Staniland S S, *et al.* 2010. Simultaneously discrete biomineralization of magnetite and tellurium nanocrystals in magnetotactic bacteria. Appl Environ Microbiol, 76(16): 5526-5532.

Wacker R, Ceyhan B, Alhorn P, *et al.* 2007. Magneto immuno-PCR: a novel immunoassay based on biogenic magnetosome nanoparticles. Biochem Biophys Res Commun, 357(2): 391-396.

Yang C, Takeyama H, Matsunaga T. 2001. Iron feeding optimization and plasmid stability in production of recombinant bacterial magnetic particles by *Magnetospirillum magneticum* AMB-1 in fed-batch culture. J Biosci Bioeng, 91(2): 213-216.

Yang C, Takeyama H, Tanaka T, *et al.* 2001. Effects of growth medium composition, iron sources and atmospheric oxygen concentrations on production of luciferase-bacterial magnetic particle complex by a recombinant *Magnetospirillum magneticum* AMB-1. Enzyme Microb Technol, 29(1): 13-19.

Yoshino T, Hirabe H, Takahashi M, *et al.* 2008. Magnetic cell separation using nano-sized bacterial magnetic particles with reconstructed magnetosome membrane. Biotechnol Bioeng, 101(3): 470-477.

Yoshino T, Matsunaga T. 2005. Development of efficient expression system for protein display on bacterial magnetic particles. Biochem Biophys Res Commun, 338(4): 1678-1681.

本文原载：Appl Environ Microbiol, 2011, 77(17): 5851-5856.

FeoB2 Functions in Magnetosome Formation and Oxidative Stress Protection in *Magnetospirillum gryphiswaldense* Strain MSR-1*

Chengbo Rong[1,2], Chan Zhang[1], Yiting Zhang[1], Lei Qi[1], Jing Yang[1], Guohua Guan[1], Ying Li[1], Jilun Li[1]

(1. State Key Laboratory of Agrobiotechnology and College of Biological Sciences, France-China Biomineralization and Nano-Structure Laboratory, China Agricultural University, Beijing, 100193, China; 2. CAS Key Laboratory of Pathogenic Microbiology and Immunology, Institute of Microbiology, Chinese Academy of Sciences, Beijing, 100101, China)

Abstract

Magnetotactic bacteria (MTB) synthesize unique organelles, the magnetosomes, which are intracellular nanometer-sized, membrane-enveloped magnetite. The biomineralization of magnetosomes involves the uptake large amounts of iron. However, the iron metabolism of MTB is not well understood. The genome of the magnetotactic bacterium *Magnetospirillum gryphiswaldense* strain MSR-1 contains two ferrous iron transport genes, *feoB1* and *feoB2*. The FeoB1 protein was reported to be responsible mainly for the transport of ferrous iron and to play an accessory role in magnetosome formation. To determine the role of *feoB2* gene, we constructed *feoB2* deletion mutant (MSR-1 Δ*feoB2*), and *feoB1*/*feoB2* double deletion mutant (MSR-1 N*feoB*). The single *feoB2* mutation did not affect magnetite crystal biomineralization. MSR-1 N*feoB* had a significantly lower average magnetosome number per cell (~65%) than MSR-1 Δ*feoB1*, indicating that FeoB2 plays a role in magnetosome formation when the *feoB1* gene is deleted. Our findings showed that FeoB1 has a greater ferrous iron transport ability than FeoB2 and revealed the differential roles of FeoB1 and FeoB2 in MSR-1 iron metabolism. Interestingly, compared to wild-type, the *feoB* mutants showed increased sensitivity to oxidative stress and lower activities of the enzymes superoxide dismutase and catalase, indicating that the FeoB proteins help protect bacterial cells from oxidative stress.

Keywords

Magnetospirillum gryphiswaldense, ferrous iron transport, double deletion mutant, magnetosome formation, oxidative stress.

1. 1 Introduction

Iron is an essential component of almost all organisms and is required as a cofactor for many enzymes

*This study was supported by Chinese National Natural Science Foundation (Grant No. 30970041). The authors thank Dr. S. Anderson for English editing, Dr. Qing Peng for drawing high-resolution pictures.

involved in key biological pathways and processes. At neutral pH, iron is often biologically unavailable because of the poor solubility of ferric iron (Guerinot, 1994). To obtain sufficient iron for optimal growth, bacteria have evolved a variety of specialized iron transport mechanisms. Many bacteria excrete ferric chelators known as siderophores to take up ferric iron (Fe^{3+}). Soluble ferrous iron (Fe^{2+}) can often be directly transported *via* the ferrous iron transport protein FeoB, sometimes accompanied by the reduction of Fe^{3+} to Fe^{2+} through ferric reductase (Andrews *et al.*, 2003; Schroder *et al.*, 2003). The FeoB family has been identified in a number of bacterial species by genomic analysis (Cartron *et al.*, 2006). The N-terminal region of FeoB proteins includes a G-protein domain that is essential for ferrous iron uptake in bacteria (Marlovits *et al.*, 2002).

Magnetotactic bacteria (MTB) are Gram-negative prokaryotes that synthesize unique intracellular magnetic nanoparticles composed of Fe_3O_4 or Fe_3S_4, termed "magnetosomes", in order to navigate along geomagnetic field lines and search for microaerophilic environments (Frankel *et al.*, 1979; Jogler and Schüler, 2009). Magnetosomes are membrane-bound crystals aligned in chain-like structures within the cell (Komeili, 2007). The biosynthesis of magnetosomes requires the acquisition of large amounts of iron from the environment (Bazylinski and Frankel, 2004). The iron content in MTB may represent >2% of the total dry weight, this value is 100-fold higher than in *Escherichia coli* (Blakemore *et al.*, 1979). The iron metabolism of MTB is not well understood. *Magnetospirillum magnetotacticum* strain MS-1 and *M. magneticum* strain AMB-1 secrete siderophores, and Taoka *et al.* also reported that ferric-siderophore receptor homologues are highly expressed in the *M. magnetotacticum* MS-1 cell under iron-rich condition, indicating the ability to take up ferric iron (Paoletti and Blakemore, 1986; Calugay *et al.*, 2003; Taoka *et al.*, 2009). In studies of *M. magneticum* AMB-1, Yang *et al.* (2001) demonstrated that supplementation of ferrous sulfate enhances magnetosome formation, and Suzuki *et al.* (2007) showed that cytoplasmic ATPase is involved in ferrous iron uptake and essential for magnetosome formation. *M. gryphiswaldense* MSR-1 does not produce siderophores (Schüler and Baeuerlein, 1996), but it has more than five isozymes of ferric reductase (Xia *et al.*, 2007). The ferrous iron transporter FeoB1 was shown to play an important role in the iron uptake required for magnetosome formation in MSR-1, as a *feoB1* deletion mutant took up less ferrous and ferric iron and displayed a smaller number and diameter of magnetosomes compared with wild-type (Rong *et al.*, 2008). However, magnetosome formation was not completely abolished in the *feoB1* mutant, indicating that other iron transport pathway (s) must be involved in iron uptake in MSR-1. Following publication of the genomic sequence of MSR-1 in 2007 (Richter *et al.*, 2007), a similarity search revealed an open reading frame (ORF) having 35% identity with FeoB1, which was termed FeoB2. We present the first demonstration of FeoB2 in magnetosome formation in MSR-1. Our findings indicate that FeoB2 plays a role in magnetosome formation when FeoB1 is deficient and is also required for the protection of the bacteria from oxidative stress.

2. Materials and Methods

2.1 Bacterial strains and growth conditions

The bacterial strains and plasmids used in this study are listed in Table 1. *M. gryphiswaldense* MSR-1 was cultured in sodium lactate medium (SLM) at 30℃ as described previously (Yijun *et al.*, 2007). *Escherichia coli* strains were cultured in Luria broth (LB) at 37℃. Antibiotics and concentrations (μg/ml) used were as follows: for *E. coli*, ampicillin (Amp), 100; kanamycin (Km), 50; chloramphenicol (Cm), 34; gentamycin (Gm), 5; for MSR-1, nalidixic acid (Nx), 5; Km, 5, Cm, 5; Gm, 5. Antibiotics were purchased from Amresco (USA). Chemicals which used for cultured bacteria were purchased from Sinopharm Chemical Reagent Co., Ltd (China).

Table 1 Strains and plasmids used in this study

Strain/plasmid	Description	Source/Reference
Strains		
M. gryphiswaldense MSR-1	wild-type, Nx^r	DSM6361
M. gryphiswaldense MSR-1 Δ*feoB1*	*feoB1* deficient mutant, Nx^r, Gm^r	Richter *et al*., 2007
M. gryphiswaldense MSR-1 Δ*feoB2*	*feoB2* defective mutant, Nx^r, Km^r	present study
M. gryphiswaldense MSR-1 N*feoB*	*feoB1* and *feoB2* double mutant, Nx^r, Gm^r, Km^r	present study
E. coli DH5α	F' Ø80d*lacZ*ΔM15 Δ(*lacZYA-argF*) *U169 deoR recA1 endA1*	Hanahan, 1983
E. coli S17-1	*thi endA recA hsdR* with RP4-2-Tc::Mu-Km::Tn7 integrated in chromosome, Sm^r	Schüler and Baeuerlein, 1996
Plasmids		
pMD19 T-simple	cloning vector, Amp^r	TakaRa
pUC4K	cloning vector with Km cassette, Km^r	Suzuki *et al*., 2007
pSUP202	suicide vector for *M. gryphiswaldense* MSR-1, Cm^r, Tc^r, Amp^r	Li *et al*., 2008
pSUPB2	pSUP202 containing Km cassette, *feoB2* upstream region and downstream region, Cm^r, Km^r, Amp^r	present study

2.2 Molecular techniques

Unless noted otherwise, molecular techniques were performed by standard protocols (Sambrook and Russel, 2001). DNA was sequenced using BigDye Terminator (v3.1) chemistry on an ABI 3730 DNA analyzer (Applied Biosystems). Restriction endonuclease and DNA-modifying enzymes were purchased from Takara (Japan). KOD DNA Polymerase (Toyobo, Japan) was used for PCR amplification. Primers (see Table S1 in the supplemental material) were purchased from Invitrogen.

2.3 Construction of *feoB2* deletion mutant and *feoB1*/*feoB2* double deletion mutant

A 1,196 bp upstream region and a 1,230 bp downstream region were amplified using primers B2uf/B2ur and B2df/B2dr respectively. A Km cassette was digested by *Pst* I from pUC4K vector. These three fragments were fused by cloning into the *Bam*H I and *Sph* I sites of the pSUP202 vector, yielding pSUPB2. pSUPB2 was introduced into MSR-1 wild-type by biparental conjugation, and screened for Km^r Cm^s colonies. The *feoB2* single mutant was termed Δ*feoB2*. pSUPB2 was introduced into MSR-1 Δ*feoB1* by biparental conjugation and screened for Km^r Gm^r Cm^s colonies. The *feoB1*/*feoB2* double deletion mutant was termed N*feoB*. The mutants were confirmed by PCR using two pair primers (B2verif/B2verir, B2vf/B2vr).

2.4 Determination of ion content

Bacterial strains were grown in SLM supplemented with 50 μmol/L ferric citrate at 30℃ for 24 h. Cells were washed with 20 mmol/L Hepes/4 mmol/L EDTA, pH 7.4, and harvested by centrifugation. Cell pellets were dried to constant weight at 60℃, resuspended in 1 ml nitric acid, and incubated at 100℃ for 3 h. Iron content was assayed using an Inductively Coupled Plasma Optical Emission Spectrometer (ICP-OES, Perkin Elmer Optima 5300DV; Perkin Elmer). The experiments were performed in triplicate. For determination of intracellular metal content, the strains were cultured in SLM medium with 10 μmol/L $MnSO_4$, 10 μmol/L $CuSO_4$, 5 μmol/L $ZnSO_4$, cell lysates of strains for ICP-OES analysis were prepared in the same manner to that described above for iron content.

2.5 Analysis of bacterial H_2O_2 tolerance

MSR-1 wild-type, Δ*feoB1*, Δ*feoB2*, and N*feoB* strains were cultured in SLM to an optical density of 1.0 and inoculated into 50 ml SLM containing various concentrations of H_2O_2. After 24 h incubation, the cell density was measured at 600 nm using a spectrophotometer. The experiments were performed in triplicate.

2.6 SOD and CAT assays in MSR-1

MSR-1 wild-type, Δ*feoB1*, Δ*feoB2*, and N*feoB* strains were cultured in SLM. Cells were harvested, resuspended in 50 mmol/L Tris·HCl, pH 7.4, and lysed by sonication. Cell debris was removed by centrifugation (16,000×*g* for 20 min at 4℃). The supernatant was obtained as crude enzyme extract. Superoxide dismutase (SOD) and catalase (CAT) assays were performed using the SOD and CAT Assay Kit (Nanjing Jiancheng Co., China).

2.7 TEM

For transmission electron microscopy (TEM), bacterial strains were grown in SLM for 12 h at 30℃, then supplemented with 80 μmol/L ferric citrate or ferrous citrate, and growth was continued until stationary phase. Cell suspensions were adsorbed onto copper grids and observed directly with a JEM 1230 (JEM, Japan) transmission electron microscope. 30 to 35 randomly chosen cells from each sample were examined.

3. Results

3.1 Analysis of *feoB2* gene sequence

The *feoB1* gene of *M. gryphiswaldense* MSR-1 encodes a 704-aa protein, and the *feoB2* gene encodes a 786-aa protein. FeoB2 has 35% and 43% identity, respectively, with MSR-1 FeoB1 and *E. coli* FeoB. The N-termini of MSR-1 FeoB1 and FeoB2 have a G-protein conserved motif (Fig. 1) which is essential for ferrous iron transport (Marlovits *et al.*, 2002). The C-terminus of MSR-1 FeoB is predicted to be located in the cytoplasmic membrane, with nine membrane-spanning α-helices.

3.2 Magnetosome formation in *feoB* mutants

To determine the role of FeoB2 in magnetosome formation, a MSR-1 *feoB2* deletion mutant (Δ*feoB2*) and a deletion mutant for two *feoB* genes (N*feoB*) were constructed. TEM observations indicated that the magnetosome number and magnetosome crystal size of Δ*feoB2* were similar to those of wild-type (Fig. 2, Table 2). The distributions of these two parameters were also similar; *i.e.*, in both wild-type and Δ*feoB2* crystals with diameter 26~30 nm and magnetosome numbers from 11~15 per cell were most frequent. Magnetosome formation in Δ*feoB1* was significantly lower than in wild-type, as reported previously (Rong *et al.*, 2008). Magnetosome formation in N*feoB* was not completely abolished. N*feoB* and Δ*feoB1* showed similar magnetosome crystal size (the most frequent diameter was 16~20 nm) but different magnetosome number distribution; *i.e.*, the most frequent number was <5 for N*feoB* and 6~10 for Δ*feoB1*, and the mean number for N*feoB* was ~65% that for Δ*feoB1* ($P<0.01$) (Fig. 2, Table 2). To confirm these findings, the four strains were cultured with 50 μmol/L ferric citrate and the iron content was measured by ICP-OES. In both wild-type and Δ*feoB2* the iron content was 0.30% of the dry weight (P>0.05 by t-test, Fig. 3). The iron content of N*feoB* (0.07% of dry weight) was significantly lower than that of Δ*feoB1* (0.10% of dry weight) (P<0.05) (Fig. 3). These findings, taken together, indicate that FeoB2 played an important role in magnetosome formation when the *feoB1* gene was deleted.

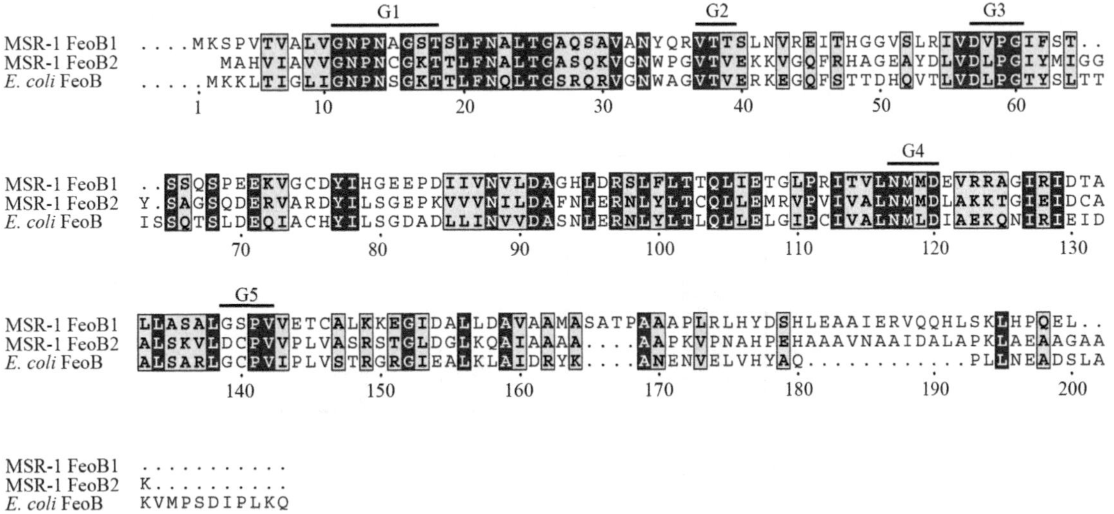

Fig. 1 Multiple alignments of the *M. gryphiswaldense* MSR-1 FeoB1, MSR-1 FeoB2 and *E. coli* FeoB N-termini FeoB contains G-protein conserved motif (G1~G5). The multiple alignments was performed using program ClustalW and picture were constructed using program ESPript 2.2 (http://espript.ibcp.fr/ESPript/ESPript/). Red box, strict identity; yellow box, similarity in a group (Color figure in the two-dimensional code at the back cover)

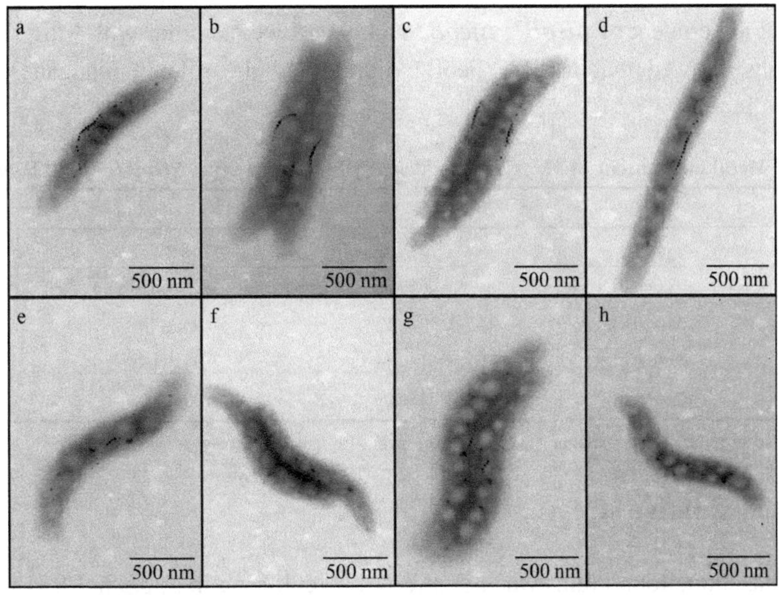

Fig. 2 TEM micrographs of MSR-1 wild-type and *feoB* mutants

a. Wild type cultured in 80 μmol/L Fe^{2+}; b. MSR-1 Δ*feoB2* cultured in 80 μmol/L Fe^{2+}; c. Wild type cultured in 80 μmol/L Fe^{3+}; d. MSR-1 Δ*feoB2* cultured in 80 μmol/L Fe^{3+}; e. MSR-1 Δ*feoB1* cultured in 80 μmol/L Fe^{2+}; f. MSR-1 N*feoB* cultured in 80 μmol/L Fe^{2+}; g. MSR-1 Δ*feoB1* cultured in 80 μmol/L Fe^{3+}; h. MSR-1 N*feoB* cultured in 80 μmol/L Fe^{3+}

Table 2 Magnetosome numbers and diameters of wild-type strain and three deletion mutants

Fe	Strain	Average magnetosome number	Average magnetosome diameter/nm
Fe^{2+}	WT	12.89±3.07	30.32±8.71
	Δ*feoB1*	6.31±2.48	21.17±7.60
	Δ*feoB2*	11.18±4.30	28.40±11.07
	NfeoB	4.13±2.24	24.13±11.77
Fe^{3+}	WT	13.47±3.76	25.39±8.93
	Δ*feoB1*	8.50±3.16	17.68±6.02
	Δ*feoB2*	13.81±4.58	26.11±8.86
	NfeoB	5.47±2.82	16.01±5.64

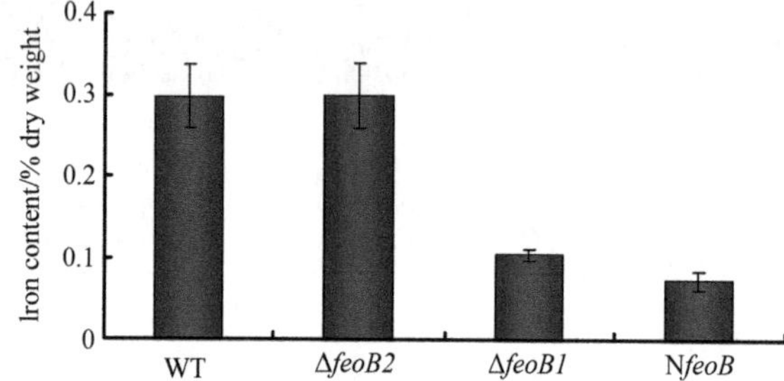

Fig. 3 Intracellular iron content of wild-type and *feoB* mutants

Cells were grown in SLM supplemented with 50 μmol/L ferric citrate and harvested at stationary phase. Iron content was determined by ICP-OES. Experiments were performed in triplicate

3.3 Metal content in cells

Intracellular metal content including manganese, zinc, copper and magnesium were measured by ICP-OES. Four metal ion content of Δ*feoB1*, Δ*feoB2* and N*feoB* were similar with MSR-1 wild-type (P>0.05) (Table 3). The results showed that MSR-1 FeoB2 didn't play the role in manganese, zinc, copper and magnesium accumulation.

Table 3 Metal ion content of *M. gryphiswaldense* MSR-1 wild type, Δ*feoB1*, Δ*feoB2*, and N*feoB*

Strain	Metal content[a]			
	Mn	Zn	Cu	Mg
WT	0.06±0.01	0.66±0.08	0.95±0.10	24.99±7.54
Δ*feoB1*	0.07±0.01	0.50±0.12	0.95±0.14	21.38±4.52
Δ*feoB2*	0.06±0.01	0.61±0.14	0.93±0.04	24.96±2.42
N*feoB*	0.06±0.01	0.54±0.03	0.93±0.09	22.71±0.02

a. All values are presented as μmol/g cell dry weight and represent the means from three independent determinations

3.4 Sensitivity to oxidative stress

The growth of the above four strains was not affected by culturing in 200 μmol/L H_2O_2, but was inhibited to varying degrees by culturing in 500 μmol/L H_2O_2. The resistance to 500 μmol/L H_2O_2 in the three mutants (Δ*feoB1*, Δ*feoB2*, N*feoB*) was respectively 40%, 71%, and 77% less than that of wild-type (Fig. 4), indicating greater sensitivity to oxidative stress.

The enzymes SOD and CAT, which function to remove hydrogen peroxide and superoxide anion free radicals and thereby protect cells from injury, play important roles in the balance between oxidation and anti-oxidation (McCord and Fridovich, 1969; Schwartz *et al.*, 1983). To investigate why the three *feoB* mutants showed increased sensitivity to oxidative stress, we measured their SOD and CAT activities. All three mutants showed SOD and CAT activities that were significantly lower than those of wild-type ($P<0.05$) (Table 4).

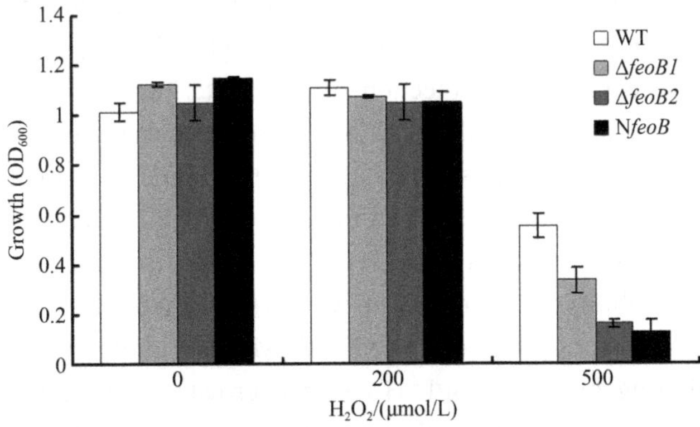

Fig. 4 Effect of H_2O_2 on cell growth

Cells were grown in SLM supplemented with various concentrations of H_2O_2, and cell density was measured by spectrophotometry at 600 nm at stationary phase

Table 4 CAT and SOD enzyme activities of wild-type strain and three deletion mutants

Strain	CAT activity/U[a]	SOD activity/U[b]
WT	5.48±0.37	34.03±0.79
Δ*feoB1*	4.58±0.01	32.19±0.51
Δ*feoB2*	4.65±0.35	30.69±0.35
N*feoB*	3.83±0.32	31.77±0.76

Notes: a. One CAT activity unit is defined as one micromole hydrogen peroxide which is decomposed by CAT in per milligram protein in one minute. b. When the SOD inhibitory rate to superoxide anion free radicals reaches 50%, the quantity of SOD in per milligram protein is one SOD activity unit

4. Discussion

We showed previously that the ferrous iron transport protein FeoB1 plays an important role in magnetosome formation in *M. gryphiswaldense* MSR-1 (Rong *et al.*, 2008). The *feoB1* deletion mutant Δ*feoB1* produced fewer and smaller magnetite crystals than did wild-type but was still able to form magnetosomes, indicating that other proteins besides FeoB1 must be involved in magnetosome formation. We studied the role of another ferrous iron transport protein, FeoB2, that is also encoded by the MSR-1 genome. We constructed a *feoB2* deletion mutant (MSR-1 Δ*feoB2*) and a *feoB1*/*feoB2* double deletion mutant (MSR-1 N*feoB*). Magnetosome formation by Δ*feoB2* was similar to that of wild-type; *i.e.*, the single *feoB2* mutation did not affect magnetite crystal biomineralization. The average magnetosome number per cell of N*feoB* was significantly less (~65%) than that of Δ*feoB1*; *i.e.*, FeoB2 participated in magnetosome formation when FeoB1 was deleted. Our findings indicated that FeoB1 has a greater ferrous iron transport ability than FeoB2, and revealed the differential roles of FeoB1 and FeoB2 in MSR-1 iron metabolism. FeoB1 is responsible mainly for magnetosome formation in MSR-1, while FeoB2 is involved mainly in general iron metabolism under normal conditions. When the *feoB1* gene was deleted, there was no other ferrous iron transporter responsible for magnetosome formation, and the ferrous iron that was transported by FeoB2 could be used in part for magnetite crystal biomineralization.

Reactive oxygen species (ROS), which include the superoxide radical (O_2^-), hydrogen peroxide (H_2O_2), and the hydroxyl radical (·OH), are generated by the incomplete reduction of oxygen (He *et al.*, 2006). ROS can cause damage to proteins, nucleic acids, and membranes (Storz *et al.*, 1990). During the course of evolution, bacteria have developed a variety of protective enzymatic systems to prevent ROS-mediated damage. The most common oxidative stress-protective enzymes in aerobic bacteria are SOD and CAT (Schwartz *et al.*, 1983). He *et al.* (2006) showed that the *feoB2* gene in *Porphyromonas gingivalis* encodes a major manganese transporter required for protection of the bacterium from oxidative stress generated by atmospheric oxygen and H_2O_2. We observed that MSR-1 produces numerous hydroxyl radical during the process of magnetosome formation (unpublished data); however, little is known regarding oxidative stress protection in *M. gryphiswaldense*. We also examined the role of FeoB2 in uptake of other metal ions and in oxidative stress. The *feoB2*-deficient mutant (Δ*feoB2*) did not display significantly reduced manganese, zinc, copper, or magnesium uptake ability compared with wild-type (P>0.05, Table 3). When the three mutant strains (Δ*feoB1*, Δ*feoB2*, N*feoB*) were cultured in normal SLM, their growth was similar to that of wild-type. Under oxidative stress (culturing in 500 μmol/L H_2O_2), the growth of the three mutants was significantly inhibited relative to wild-type. In particular, OD_{600} of Δ*feoB2* and N*feoB* was ~70% lower than that of wild-type. The MSR-1 genome contains genes that encode SOD and CAT. We found that the SOD and CAT activities of the mutants were significantly lower than those of wild-type (P<0.05). Qi *et al.* (2012) reported that when the concentration of intracellular free iron was higher, the mRNA levels of *sodB* (encodes SOD) and *katG* (which encodes CAT) was also higher in MSR-1 cells, so the concentration of free iron ions may be lower in MSR-1 Δ*feoB2* than in wild-type. Iron is an essential cofactor of SOD and CAT, accounting for the observation that the *feoB* mutants were more sensitive to oxidative stress.

In summary, our findings show that the ferrous iron transport protein FeoB2 of *M. gryphiswaldense* strain MSR-1 participate in magnetosome formation when the protein FeoB1 is deleted, and that the FeoB proteins indirectly protect the bacterial cells from oxidative stress.

References

Andrews S C, Robinson A K, Rodriguez-Quinones F. 2003. Bacterial iron homeostasis. FEMS Microbiol Rev, 27(2-3): 215-237.

Bazylinski D A, Frankel R B. 2004. Magnetosome formation in prokaryotes. Nat Rev Microbiol, 2(3): 217-230.

Blakemore R P, Maratea D, Wolfe R S. 1979. Isolation and pure culture of a freshwater magnetic *Spirillum* in chemically defined medium. J Bacteriol, 140(2): 720-729.

Calugay R J, Miyashita H, Okamura Y, *et al.* 2003. Siderophore production by the magnetic bacterium *Magnetospirillum magneticum* AMB-1. FEMS Microbiol Lett, 218(2): 371-375.

Cartron M L, Maddocks S, Gillingham P, *et al.* 2006. Feo: transport of ferrous iron into bacteria. Biometals, 19(2): 143-157.

Frankel R B, Blakemore R P, Wolfe R S. 1979. Magnetite in freshwater magnetotactic bacteria. Science, 203(4387): 1355-1356.

Guerinot M L. 1994. Microbial iron transport. Annu Rev Microbiol, 48: 743-772.

Hanahan D. 1983. Studies on transformation of *Escherichia coli* with plasmids. J Mol Biol, 166(4): 557-580.

He J, Miyazaki H, Anaya C, *et al.* 2006. Role of *Porphyromonas gingivalis* FeoB2 in metal uptake and oxidative stress protection. Infect Immun, 74(7): 4214-4223.

Jogler C, Schüler D. 2009. Genomics, genetics, and cell biology of magnetosome formation. Annu Rev Microbiol, 63: 501-521.

Komeili A. 2007. Molecular mechanisms of magnetosome formation. Annu Rev Biochem, 76: 351-366.

Li L, Rock J L, Nelson D R. 2008. Identification and characterization of a repeat-in-toxin gene cluster in *Vibrio anguillarum*. Infect Immun, 76(6): 2620-2632.

Marlovits T C, Haase W, Herrmann C, *et al.* 2002. The membrane protein FeoB contains an intramolecular G protein essential for Fe (II) uptake in bacteria. Proc Natl Acad Sci USA, 99(25): 16243-16248.

McCord J M, Fridovich I. 1969. Superoxide dismutase. An enzymic function for erythrocuprein (hemocuprein). J Biol Chem, 244(22): 6049-6055.

Paoletti L C, Blakemore R P. 1986. Hydroxamate production by *Aquaspirillum magnetotacticum*. J Bacteriol, 167(1): 73-76.

Qi L, Li J, Zhang W, *et al*. 2012. Fur in *Magnetospirillum gryphiswaldense* influences magnetosomes formation and directly regulates the genes involved in iron and oxygen metabolism. PLoS One, 7(1): e29572.

Richter M, Kube M, Bazylinski D A, *et al*. 2007. Comparative genome analysis of four magnetotactic bacteria reveals a complex set of group-specific genes implicated in magnetosome biomineralization and function. J Bacteriol, 189(13): 4899-4910.

Rong C, Huang Y, Zhang W, *et al*. 2008. Ferrous iron transport protein B gene (*feoB1*) plays an accessory role in magnetosome formation in *Magnetospirillum gryphiswaldense* strain MSR-1. Res Microbiol, 159(7-8): 530-536.

Sambrook J, Russel D. 2001. Molecular Cloning: a Laboratory Manual. 3rd ed. New York: Cold Spring Harbor Laboratory.

Schroder I, Johnson E, de Vries S. 2003. Microbial ferric iron reductases. FEMS Microbiol Rev, 27(2-3): 427-447.

Schüler D. 2004. Molecular analysis of a subcellular compartment: the magnetosome membrane in *Magnetospirillum gryphiswaldense*. Arch Microbiol, 181(1): 1-7.

Schüler D, Baeuerlein E. 1996. Iron-limited growth and kinetics of iron uptake in *Magnetospirillum gryphiswaldense*. Arch Microbiol, 166(5): 301-307.

Schwartz C E, Krall J, Norton L, *et al*. 1983. Catalase and superoxide dismutase in *Escherichia coli*. J Biol Chem, 258(10): 6277-6281.

Simon R, Priefer U, Pühler A. 1983. A broad host range mobilization system for *in vivo* genetic engineering: transposon mutagenesis in Gram negative bacteria. Nature Biotechnology, 1: 784-791.

Storz G, Tartaglia L A, Farr S B, *et al*. 1990. Bacterial defenses against oxidative stress. Trends Genet, 6(11): 363-368.

Suzuki T, Okamura Y, Arakaki A, *et al*. 2007. Cytoplasmic ATPase involved in ferrous ion uptake from magnetotactic bacterium *Magnetospirillum magneticum* AMB-1. FEBS Lett, 581(18): 3443-3448.

Taoka A, Umeyama C, Fukumori Y. 2009. Identification of iron transporters expressed in the magnetotactic bacterium *Magnetospirillum magnetotacticum*. Curr Microbiol, 58(2): 177-181.

Taylor L A, Rose R E. 1988. A correction in the nucleotide sequence of the Tn*903* kanamycin resistance determinant in pUC4K. Nucleic Acids Res, 16(1): 358.

Xia M, Wei J, Lei Y, *et al*. 2007. A novel ferric reductase purified from *Magnetospirillum gryphiswaldense* MSR-1. Curr Microbiol, 55(1): 71-75.

Yang C, Takeyama H, Tanaka T, *et al*. 2001. Effects of growth medium composition, iron sources and atmospheric oxygen concentrations on production of luciferase-bacterial magnetic particle complex by a recombinant *Magnetospirillum magneticum* AMB-1. Enzyme Microb Technol, 29(1): 13-19.

Yijun H, Weijia Z, Wei J, *et al*. 2007. Disruption of a *fur*-like gene inhibits magnetosome formation in *Magnetospirillum gryphiswaldense* MSR-1. Biochemistry (Moscow), 72(11): 1247-1253.

Supplemental material: https://journals.asm.org/doi/10.1128/JB.00382-12

本文原载：J Bacteriol, 2012, 194(15): 3972-3976.

Magnetosomes Eliminate Intracellular Reactive Oxygen Species in *Magnetospirillum gryphiswaldense* MSR-1*

Fangfang Guo, Wei Jiang, Wei Yang, Shuang Geng, Tao Peng, Jilun Li

(State Key Laboratories for Agrobiotechnology and College of Biological Sciences, China Agricultural University, France-China Bio-Mineralization and Nano-Structures Laboratory, Beijing, 100193, China)

Abstract

Magnetotactic bacteria synthesize magnetic particles called magnetosomes that cause them to orient to their external magnetic fields. However, the physiological significance and other possible functions of these magnetosomes have not been explored in detail. In this study, we have investigated the biological functions of magnetosomes with respect to their ability to scavenge reactive oxygen species (ROS) in *Magnetospirillum gryphiswaldense* MSR-1. To assess the changes in ROS levels under different conditions, cells were cultured under aerobic or microaerobic conditions in medium lacking or containing iron. To ensure that the observed results were not due to nonspecific interactions, reactions were carried out using a mutant deficient in synthesizing magnetite Mu21-415 (*mamO*-deficient mutant), its complementary strain, or the wild-type MSR-1. We observed that the levels of intercellular ROS under microaerobic conditions with high-iron medium were much higher when the non-synthetic Fe_3O_4 crystals mutant Mu21-415 was employed for the assay, compared to the wild-type or complementary strain, or when conditions were aerobic with low-iron medium. These results indicated that magnetosomes function in the scavenging of intracellular ROS. Furthermore, we have demonstrated that the magnetosomes exhibit peroxidase-like properties, by using the earlier reported *in vitro* horseradish peroxidase assay for artificial magnetic nanoparticles. In addition to possessing peroxidase-like activity, the magnetosomes also exhibited a more dynamic enzymatic response, suggesting that proteins on the membranes of the magnetosomes likely contribute to the enzymatic activity. This is the first study to demonstrate that magnetosomes play an important role in decreasing or eliminating ROS.

1. Introduction

"Reactive oxygen species" (ROS) is a collective term that describes the chemical species formed upon the incomplete reduction of oxygen and includes the superoxide anion ($O_2^{\cdot-}$), hydrogen peroxide (H_2O_2) and hydroxyl radical (·OH). Superoxide dismutase (SOD) was discovered in 1969 (McCord and Fridovich, 1969) and was the first indication that superoxide ($O_2^{\cdot-}$) has adverse effects on aerobic organisms. SOD catalyzes the dismutation of superoxide by the following reaction: $O_2^{\cdot-}+O_2^{\cdot-}+2H^+\rightarrow O_2+H_2O_2$. The formation of H_2O_2 is due

*This work was supported by the High Technology Research and Development Program of China (Grant No. 2006AA02Z233 and 2007AA021805), National Natural Science Foundation of China (Grant No. 30870043) and the Chinese Universities Scientific Fund (Grant No. KYCX2011024). I would like to thank Professor Bing Wang for his help and valuable suggestions.

to O_2 oxidation by oxidoreductases (Messner and Imlay, 1999, 2002). ROS can damage DNA, ultimately leading to cell death (Imlay *et al.*, 1988, Park and Imlay, 2003). H_2O_2 does not damage DNA directly; instead, it reacts with metal ions such as Fe^{2+} or Cu^{2+} to produce ·OH in a process termed the Fenton reaction: $Fe^{2+}+H_2O_2 \rightarrow Fe^{3+}+\cdot OH+OH^-$ (Fenton, 1894; Goldstein *et al.*, 1993; Casado *et al.*, 2005). ·OH reacts strongly with DNA to induce genotoxic lesions (Hutchinson, 1985), ultimately resulting in cell death (Hagensee and Moses, 1989). Fe^{2+} (approximately 20 μmol/L) can trigger this genotoxic reaction in *Escherichia coli* (Park and Imlay, 2003).

Magnetotactic bacteria are prokaryotes that synthesize magnetic particles called magnetosomes (Blakemore, 1975; Bazylinski and Frankel, 2003). The biomineralization properties (Scheffel *et al.*, 2006; Schüler, 2008) and potential uses of magnetosomes (Matsunaga *et al.*, 1991; Nakamura and Matsunaga, 1993; Matsunaga *et al.*, 1996, 2006; Wacker *et al.*, 2007) have intensified research aimed at elucidating the mechanisms underlying magnetosomes formation and at developing batch culture techniques (Schüler and Bäuerlein, 1996, 1998). Magnetotactic bacteria have up to 3% intracellular iron content, which is 100-fold higher than the iron content in *E. coli* (Schüler and Frankel, 1999). This high iron content in magnetotactic bacteria implies an effective regulatory system to not only capture iron but also restrict its toxic effects. Although several studies have investigated the mechanism of iron uptake in magnetotactic bacteria (Schüler and Bäuerlein, 1996, 1998), the prevention of toxic effects of high iron content is not understood.

Nanoparticles in biomedicine is a rapidly growing field with several applications and the toxicity of these nanoparticles in eukaryotic cells, including humans, is therefore of significant interest (Zhang *et al.*, 2007). Engineered nanoparticles, viz., iron oxide, that have peroxidase catalytic activity have been shown to have lower oxidative stress inside human lung epithelial cells compared to those that do not have catalytic activity (Limbach *et al.*, 2007). Limbach *et al.* was the first to show that nanoparticles with catalytic activity can alter the damaging action of a nanomaterial inside a living eukaryotic cell. Furthermore, artificial magnetic nano-particles (AMNPs) have been demonstrated to have peroxidase-like activity comparable to those exhibited by horseradish peroxidase (HRP) (Gao *et al.*, 2007). Interestingly, the AMNPs peroxidase-like activity was stable at a broad range of pH and temperature conditions compared to that of HRP, highlighting its potential applications in wide range of environments (Gao *et al.*, 2007).

Since magnetosomes are biogenic nanoparticles synthesized by magnetotactic bacteria it is likely that its ability to eliminate or reduce ROS is dependent on a potential peroxidase activity that has been shown for AMNPs. In this study, we used *Magnetospirillum gryphiswaldense* strain MSR-1 to detect ROS under different growth conditions and show that ROS levels which are higher in microaerobic conditions and in iron-enriched medium are reduced by the formation of magnetosomes by using a mutant, Mu21-415 that keeps magnetosomes membrane and fails to synthesize Fe_3O_4 crystals. Furthermore, we show that this elimination of ROS is dependent on the peroxidase activity exhibited by the magnetosomes' Fe_3O_4 crystals that is comparable to those shown for AMNPs and HRP.

2. Results

2.1 Elevated intracellular ROS under oxygen-limited and iron-enriched conditions

Low oxygen and high iron are two types of stress cultural condition. To detect the effect of oxygen limitation and iron ions on the levels of ROS in MSR-1, the cells were first grown in SLM I and SLM II separately to 0.7 $OD_{600\ nm}$, transferred to SLM I and sealed in airtight ampoule flask for ROS detection. *M. gryphiswaldense* MSR-1 cells synthesized magnetosomes in sodium lactate medium I (SLM I), but not in SLM

II. The result showed that ROS was accumulated in the MSR-1 cells under low oxygen levels and high iron concentration, but the magnetosomes slow down the progress of accumulation of ROS (Fig. 1a, Fig. 1b). 60 μmol/L ferric citrate coupled with low oxygen stress stimulated ROS formation, as detected by an increase in fluorescence intensity from ~56.57% to 83.18% within 3 h in the cell with magnetosomes and from ~80.14% to 83.54% within 3 h in the cell without magnetsomes (Fig. 1a, Fig. 1b); this process occurred even in SLM II medium. Subsequently, the oxygen concentration in the gas phase as detected by gas chromatography, decreased from 21% to 6.24% (Fig. 1c). The accumulation speed of ROS in cells, which was incubated in SLM II and without magnetosomes, is fast. These results indicated that low oxygen levels and high iron stress promoted intracellular ROS production in MSR-1 suggesting a dedicated mechanism for the removal of ROS during magnetosomes formation.

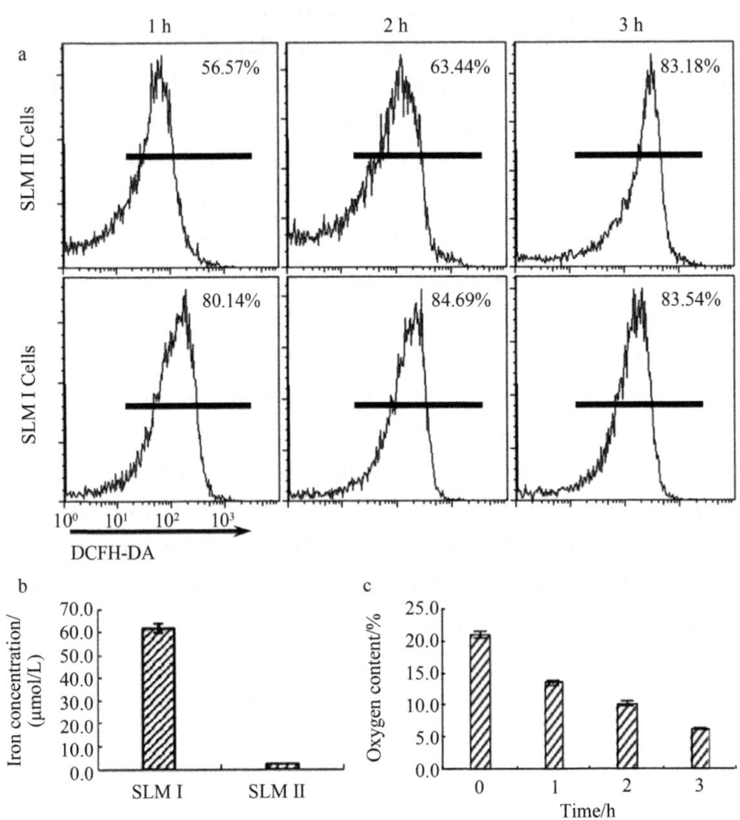

Fig. 1 Flow cytometric assessment of cellular ROS concentration indicate that low oxygen levels and high iron stress promote intracellular ROS production in MSR-1

a. Probe DCFH-DA detected ROS in cells of wild type MSR-1 under different culture conditions. (SLM I: MSR-1 was incubated in SLM I and incubated under microaerobic conditions; SLM II: MSR-1 was cultured in SLM II for 18 h followed by addition of 60 μmol/L of ferric citrate, after which 5 ml culture samples was incubated in 7 ml airtight ampoule flask). b. Initial iron concentration in culture medium. c. Oxygen gas concentration by volume in ampoule flasks filled with 5 ml culture samples and sealed with rubber plugs

2.2 Magnetosomes synthesis reduces intracellular ROS

To investigate ROS production during magnetosomes formation, MSR-1 WT-415, MSR-1 Mu21-415, and MSR-1 Mu21C (described in Table 2) were grown in SLM I to 0.7 $OD_{600\ nm}$ and then transferred to a 7 ml ampoule flask for ROS detection (Fig. 2a). Under these conditions, the wild type (MSR-1 WT-415, Fig. 2b) which synthesized magnetosomes had much lower ROS level than found in the magnetosomes-deficient mutant (MSR-1 Mu21-415, Fig. 2c) or a complementary strain (MSR-1 Mu21C, which synthesized fewer magnetosomes, Fig. 2D). This is an interesting finding because the intracellular iron content (*w*/*w*, ‰) of MSR-1 Mu21C (1.22±0.15) and MSR-1 WT-415 (1.46±0.12) was much higher than that of MSR-1 Mu21-415 (0.39±0.01) (Yang *et al.*, 2010). This result clearly indicates that magnetosomes formation in MSR-1 is required to decrease ROS levels within the cell and suggests that intracellular magnetosomes play an important role in inhibiting the accumulation of ROS. This role has a specific physiological significance as it can function to promote cell survival.

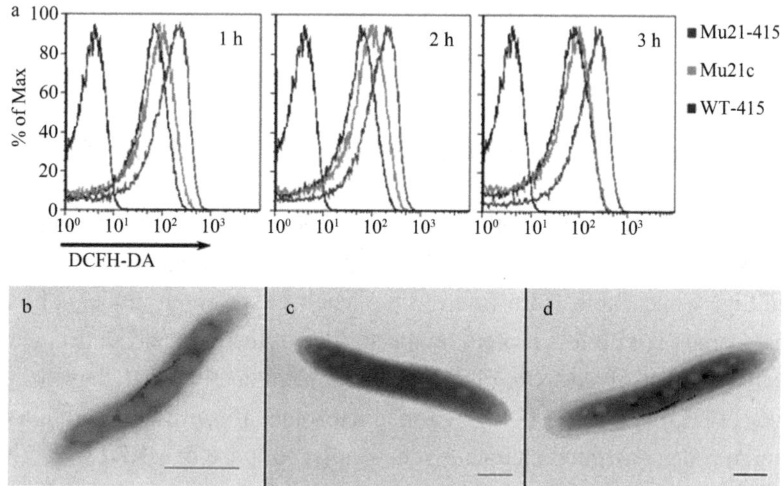

Fig. 2　Flow cytometric assessment of cellular ROS levels in various MSR-1 strains by probe DCFH-DA and TEM images (Color figure in the two-dimensional code at the back cover)

a. Probe DCFHDA detected ROS in MSR-1 WT-415 (red), Mu21-415 (blue), Mu21C (green). b~d. Transmission electron microscope (TEM) images of cells of MSR-1 WT-415 (b), Mu21-415 (c), and Mu21C (d). WT-415, MSR-1 wild-type strain which synthesized magnetosomes; Mu21-415, MSR-1 *mamO*-deficient mutant strain which did not synthesize magnetosomes; Mu21C, MSR-1 *mamO*-deficient mutant complementary strain (magnetosomes-deficient mutant complementary strain) which synthesized fewer magnetosomes. Scale bars, 1 μm (b), 0.5 μm (c and d)

2.3　Magnetosomes catalyze the peroxidase substrate *in vitro*

It has been reported that AMNPs is similar to HRP in that both possess intrinsic peroxidase-like activity (Gao *et al.*, 2007). To clarify the mechanism of magnetosomes-mediated reduction of intracellular ROS levels, intracellular magnetosomes were purified as described previously (Guo *et al.*, 2011). The peroxidase-like activity of magnetosomes was analyzed and compared with that of AMNPs and HRP *in vitro*. The results demonstrate that magnetosomes, similar to HRP and AMNPs, catalyzed H_2O_2. 3, 3′, 5, 5′-tetramethylbenzidine (TMB)-derived absorbance was detected at 652 nm as reported earlier (Gao *et al.*, 2007), indicating that the magnetosomes possess peroxidase-like activity.

2.4　pH and temperature effects on peroxidase-like activity of magnetosomes

The peroxidase-like activity of the magnetosomes was detected and compared with that of AMNPs and HRP at temperatures ranging from 10℃ to 80℃ and pH ranging from 1 to 9. The results shown in Fig. 3a and Fig. 3b indicate that the optimum temperature and pH for the peroxidase-like activity of magnetosomes are 40℃ to 60℃ and 4 to 6, respectively, suggesting that the magnetosomes possess typical enzymatic characteristics and are more similar to HRP than to AMNPs.

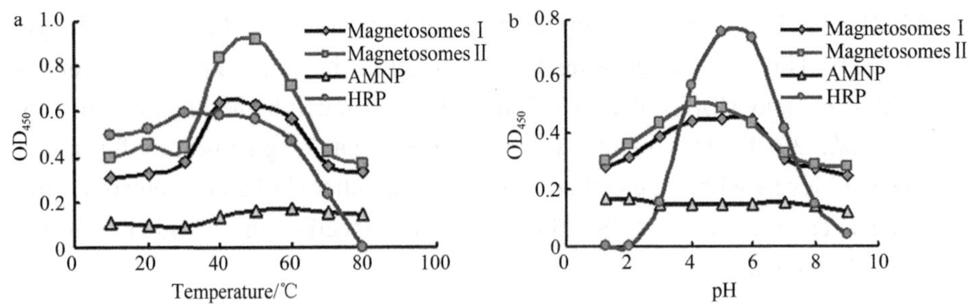

Fig. 3 The effect of temperature (a) or pH (b) on the activity of magnetosomes, AMNPs or HRP

Magnetosomes I, contains less proteins on the surface of magnetosomes membrane; magnetosomes II, contains proteins on the surface of magnetosomes membrane; AMNPs, 50 nm artificial nano-magnetic particles; HRP, horseradish peroxidase. The *y*-axis shows absorbance values

2.5 Enzymatic kinetic parameters for the peroxidase-like activity of magnetosomes

To clarify the mechanisms underlying the catalysis of H_2O_2 and TMB by magnetosomes, the kinetic parameters of the peroxidase-like activity were further analyzed and compared to those of HRP and AMNPs. The results shown in Fig. 4 and Table 1 are fitted to the Michaelis-Menten model. The K_m (1.215) and V_{max} (8.06×10^{-8}) of magnetosomes I (with less protein on the surface of the magnetosomes membrane) for the TMB substrate is very similar to that of AMNPs (1.215, 4.3×10^{-8}), indicating that they have similar abilities to catalyze TMB. The K_m (14.35) and V_{max} (4×10^{-8}) of magnetosomes II (with more protein on the surface of the magnetosomes membrane) demonstrated characteristics similar to those of HRP (3.74, 2.4×10^{-8}), whereas the K_m (100.3) and V_{max} (3.7×10^{-8}) of magnetosomes I were closer to those of AMNPs (78, 1.48×10^{-8}) when H_2O_2 was the substrate.

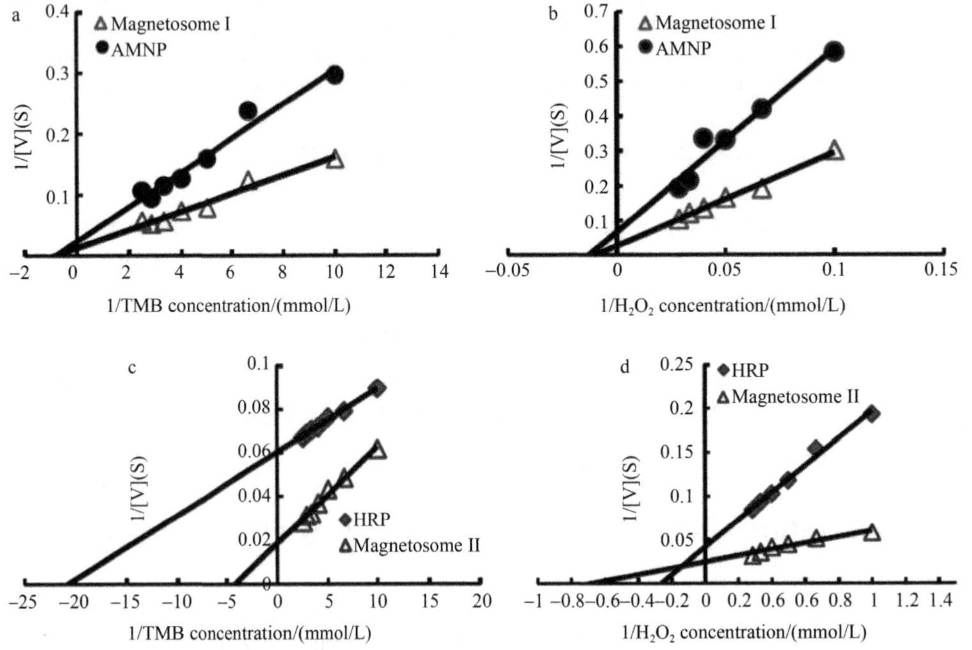

Fig. 4 Michaelis-Menten kinetics assay of magnetosomes, AMNPs and HRP

The velocity (V) of the reaction was measured using 20 μg of magnetosomes and AMNPs or 0.2 ng of HRP in 500 μl of Na_2HPO_4-citric acid buffer (pH 5.0) at 40℃

Table 1 Comparison of the kinetic parameters of magnetosomes, AMNPs and HRP

Parameters	substrate			
	TMB		H_2O_2	
	V_{max}/(M/s)	K_m/(mM/L)	V_{max}/(M/s)	K_m/(mM/L)
Magnetosomes I	8.06×10^{-8}	1.215	3.70×10^{-8}	100.30
AMNPs	4.30×10^{-8}	1.215	1.48×10^{-8}	78.00
HRP	1.65×10^{-8}	0.048	2.40×10^{-8}	3.740
Magnetosomes II	5.40×10^{-8}	0.230	4×10^{-8}	14.35

Notes: K_m, the Michaelis constant; V_{max}, the maximal reaction velocity

2.6 The effect of metal ion and organic compound concentration on the peroxidase-like activity of magnetosomes

To further identify the peroxidase-like characteristics of magnetosomes, the effects of metal ions and organic compounds on magnetosomes activity were detected and compared with the effects on the activity of HRP and AMNPs. The results shown in Fig. 5 indicate that Ca^{2+} and urea are accelerants whereas Ni^{2+}, Mn^{2+}, Mg^{2+}, SDS, PVPD inhibit the peroxidase-like activity of magnetosomes.

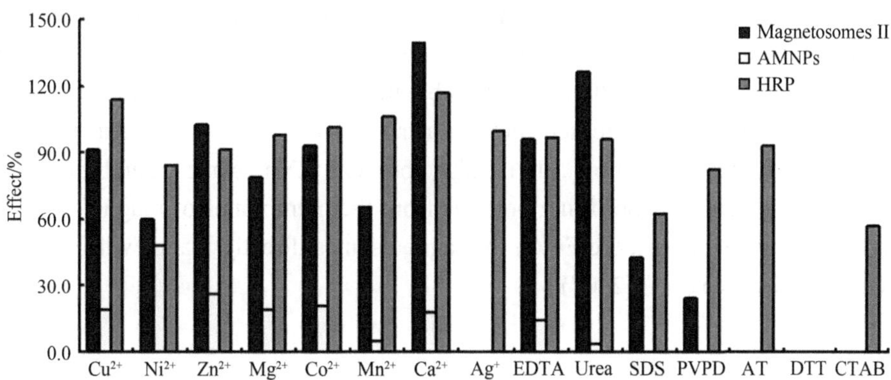

Fig. 5 The effect of different metal ions and organic compounds on the activity of magnetosomes, AMNPs and HRP

The control value (reaction buffer containing no metal ions or organic compound solution) was set as 100%. AMNPs, 50 nm artificial nano-magnetic particles; HRP, horseradish

3. Discussion

It is well known that magnetotactic bacteria orient and migrate along magnetic field lines using their magnetosomes (Frankel and Blakemore, 1989). However, the physiological function underlying magnetosomes formation remains unclear. Magnetosomes are believed to facilitate the bacterial search for transition environments such as the oxic-anoxic transition zone (Faivre and Schüler, 2008) and are considered to be a specialized subcellular organelle in prokaryotes of magnetotactic bacteria (Komeili *et al.*, 2004). Here, we demonstrate a function in the scavenging of intracellular ROS similar to that of peroxisomes in eukaryotic cells.

Extracted bacterial magnetosomes visibly decompose hydrogen peroxide *in vitro* was observed by Bazylinski D (no details) and magnetosomes synthesis might well protect the cell from H_2O_2 toxicity was pointed by Blakemore in 1982. We confirm for the first time that magnetosomes reduce intracellular ROS levels and possess peroxidase-like activity in *M. gryphiswaldense* MSR-1. It is well known that micromolar amounts of iron and microoxic conditions are required for magnetosomes formation. Cells of *M. gryphiswaldense* are non-magnetic when grown under oxic conditions, but start to produce Fe_3O_4 when the oxygen concentration drops below a threshold value of 20 mbar* (Schüler and Bäuerlein, 1998; Heyen and Schüler, 2003; Liu *et al.*, 2010). Iron is an essential nutrient and together with manganese is an important cofactor for bacterial antioxidant defense enzymes, *e.g.*, catalase, peroxidase, and superoxide dismutase (SOD) (Agranoff and Krishna, 1998; Nelson, 1999; Horsburgh *et al.*, 2001). However, microoxic conditions and micromolar amounts of iron (60 μmol/L) generated high intracellular levels of ROS in our study. Generally, microorganisms synthesize enzymes such as SOD, peroxidase, and catalase to decrease the toxicity of ROS (Agranoff and Krishna, 1998; Nelson, 1999; Horsburgh *et al.*, 2001). The presence and activity of these enzymes fluctuate in different strains of magnetotactic bacteria. An identification of Fe superoxide dismutase from magnetosome membrane of strain AMB-1 was described (Tanaka *et al.*, 2006). Peroxidase and catalase are both present in MSR-1 (Schleifer *et al.*, 1991), whereas only one or the other is present in MS-1 (Maratea and Blakemore, 1981) and AMB-1 (Matsunaga *et al.*, 1991), suggesting that these bacteria may possess other mechanisms to scavenge ROS. Our results strongly support the idea that magnetosomes formation is required for the efficient scavenging of intracellular ROS and that this property of magnetosomes is due to its peroxidase-like activity, which represents a novel function of the magnetosomes.

It is well established that Fe^{2+} stimulates intracellular ROS elevation through the Fenton reaction (Goldstein *et al.*, 1993). However, the reason that ROS levels become elevated in the presence of decreased O_2 concentrations remains unclear. Our experimental results demonstrate that magnetosomes formation is required for efficient scavenging of intracellular ROS. It is possible that the level of free intracellular Fe^{2+} that initially stimulated the Fenton reaction was decreased through a transformation to Fe_3O_4 that was enveloped by the membrane, resulting in ROS reduction. It is also possible that some membrane proteins possess peroxidase-like activity. We are now purifying proteins from the membranes of magnetosomes and analyzing their properties. It is also possible that the Fe_3O_4 in magnetosomes directly reacts with H_2O_2 as demonstrated here and reported earlier by Gao *et al.* (2007).

4. Conclusion

We have demonstrated for the first time that magnetosomes formed in MSR-1 is involved in the elimination of high levels of intracellular ROS produced under low oxygen levels and high iron stress. Furthermore, we also show that magnetosomes dependent reduction of ROS levels is due to its peroxidase-like activity similar to that shown for AMNPs. This role for magnetosomes in magnetotactic bacteria is physiologically significant as it can function to promote cell survival when grown under low oxygen and high iron stress.

5. Experimental procedures

5.1 Bacterial strains and culture conditions

All bacterial strains used in this study are described in Table 2. *M. gryphiswaldense* MSR-1 (DSM6361) was purchased from Deutsche Sammlung von Mikroorganismen und Zellkulturen GmbH (Schleifer *et al.*, 1991). All strains of *M. gryphiswaldense* were cultured in sodium lactate medium I (SLM I) that contained (per

*1 bar=10^5 Pa.

liter of deionized water) 0.5 g K_2HPO_4, 0.1 g $MgSO_4 \cdot 7H_2O$, 0.1 g yeast extract, 5 ml mineral elixir, 2.25 g Na-lactate, 0.61 g NH_4Cl, 60 μmol/L ferric citrate, and 0.05 g sodium thioglycollate. The composition of the sodium lactate medium II (SLM II) was identical to that of SLM I except that it did not contain ferric citrate. Antibiotics were applied at the following concentrations (given in μg/ml): nalidixic acid (Nx), 5; kanamycin (Km), 5; and tetracycline (Tc), 5. The bacterial strains were incubated on a rotary shaker at 30℃ for 18 h.

Table 2 Bacterial strains used in this study

Strains	Phenotype	Source/references
M. gryphiswaldense MSR-1	Wild-type, Nx^r	DSM6361
MSR-1 WT-415	Wild-type containing pRK415, Nx^r, Tc^r	Yang *et al.*, 2010
MSR-1 Mu21-415	*mamO*-Deficient mutant containing pRK415, Nx^r, Km^r, Tc^r	Yang *et al.*, 2010
MSR-1 Mu21C	Complementation of Mu21, Nx^r, Km^r, Tc^r	Yang *et al.*, 2010

Notes: Nx^r, nalidixic acid resistance; Tc^r, tetracycline resistance; Km^r, kanamycin resistance

5.2 Detection of ROS

Generation of ROS was detected with 2′, 7′-dichlorofluorescin diacetate DCFH-DA on BD FACS Calibur. Data were acquired with the 488 nm laser and the FL1 (530/30 nm) channel, and the data were analyzed with FlowJo software (TreeStar Inc. Ashland. USA).

MSR-1 were grown in SLM I or SLM II medium at 30℃ until the optical density at 600 nm reached 0.7. Culture aliquots (5 ml each) were then transferred into 7 ml ampoule flasks every 1 h and the flasks were sealed with a rubber plug, cultured at 30℃, and then sampled 3 times in 3 h. One milliliter of the culture was resampled by injection for detection of ROS. One hundred microliters of 10 mmol/L H_2O_2 were added to a 5 ml culture, and this culture was grown at 30℃ for 30 min as a positive control.

All of the samples were centrifuged at 12,000 r/min for 2 min, resuspended in 200 μl PBS buffer, treated with 5 μl 100 μmol/L DCFH-DA, and incubated at 37℃ for 15 min. The cells were then harvested by centrifugation for 2 min at 12,000 r/min and washed 3 times using PBS buffer. ROS were detected by flow cytometry.

5.3 Detection of oxygen concentration in the gas phase

MSR-1 were grown in SLM I or SLM II medium at 30℃ until the optical density at 600 nm reached 0.7. Culture aliquots (5 ml each) were then transferred into 7 ml ampoule flasks every 1 h and the flasks were sealed with a rubber plug, cultured at 30℃, and then sampled 50 μl gas in the flask 3 times in 3 h to detect oxygen concentration by gas chromatography. Testes were repeated 3 times for each culture medium and the results were averaged.

5.4 Magnetosomes purification

Magnetosomes were purified from approximately 120 g (wet weight) of *M. gryphiswaldense* cells as described by Guo *et al.* (2011). In this study, the magnetosomes I that were digested with 2 mg/ml of proteinase K (with less protein on the surface of the magnetosomes membrane) and magnetosomes II that were not digested with 2 mg/ml of proteinase K (with more protein on the surface of the magnetosomes membrane) (Guo *et al.*, 2011) were used for kinetic analysis of peroxidase-like activity.

5.5 Kinetic analysis

Steady-state kinetic assays were carried out at 40℃ in a 1.5 ml tube with 20 μg of magnetosomes or AMNPs, 0.2 ng HRP in 500 μl of reaction buffer (0.2 mol/L $Na_2HPO_4·12H_2O$ and 0.1 mol/L citric acid, pH 5.0) in the presence of $4.06×10^{-4}$ mol/L H_2O_2 for magnetosomes and AMNPs, or $1×10^{-4}$ mol/L for HRP, using $3.19×10^{-4}$ mol/L TMB (https://www.sigmaaldrich.com) as the substrate for the magnetosomes and AMNPs or $5×10^{-5}$ mol/L TMB as the substrate for HRP. The reactions were terminated by adding 2 mol/L H_2SO_4 after 1 min for magnetosomes and AMNPs or 30 s for HRP.

All of the reaction samples were evaluated at 450 nm using a spectrophotometer. The kinetic parameters were calculated based on the function $V=V_{max}×[S]/(K_m+[S])$, where V is the initial velocity, V_{max} is the maximal reaction velocity, $[S]$ is the concentration of the substrate, and K_m is the Michaelis constant. All assays were carried out under standard reaction conditions as described above by varying the concentration of TMB at a fixed concentration of H_2O_2 or vice versa.

5.6 Preparation of metal ion and organic compound solutions

Stock solutions of metal ions were prepared by completely dissolving 1 mmol/L of the solid ($CoCl_2·6H_2O$, $ZnCl_2$, $NiCl_2·6H_2O$, $CuCl_2·6H_2O$, $MnSO_4·2H_2O$, $CaCl_2$, $AgNO_3$, $MgSO_4·7H_2O$) in 1 ml of deionized water and diluting to 10 ml with deionized water to yield 0.1 mol/L stock solutions. On the day of use, aliquots of the stock solutions were serially diluted to 2.5 mmol/L with reaction buffer. Stock solutions of organic compounds were prepared by completely dissolving 1 mmol/L of the compound [ethylene diamine tetraacetic acid (EDTA), urea, sodium dodecyl sulfate (SDS), polyvinyl pyrrolidone (PVPD), thioctic acid (AT), dithiothreitol (DTT), cetyltriethylammnonium bromide (CTAB)] in 1 ml of deionized water and diluting to 10 ml with deionized water to yield 0.1 mol/L stock solutions. On the day of use, aliquots of the stock solutions were serially diluted to 2 mmol/L with reaction buffer. The experiment was repeated three times.

5.7 Chemicals

3, 3′, 5, 5′-tetramethylbenzidine (TMB) and HRP were purchased from Sigma. The ROS assay kit was purchased from APPLYGEN, China. The other materials were obtained from Beijing Chemical Reagents Company, Beijing, China. The AMNPs (synthesized by co-precipitation method) were purchased from Nachen Company and were approximately 50 nm in diameter.

References

Agranoff D D, Krishna S. 1998. Metal ion homeostasis and intracellular parasitism. Mol Microbiol, 28(3): 403-412.

Bazylinski D A, Frankel R B. 2003. Biologically controlled mineralization in prokaryotes. Rev Mineral Geochem, 54(1): 217-247.

Blakemore R P. 1975. Magnetotactic bacteria. Science, 190(4212): 377-379.

Blakemore R P. 1982. Magnetotactic bacteria. Annu Rev Microbiol, 36: 217-238.

Casado J, Fornaguera J, Galán M I. 2005. Mineralization of aromatics in water by sunlight-assisted electro-Fenton technology in a pilot reactor. Environ Sci Technol, 39(6): 1843-1847.

Faivre D, Schüler D. 2008. Magnetotactic bacteria and magnetosomes. Chem Rev, 108(11): 4875-4898.

Fenton H J H. 1894. Oxidation of tartaric acid in presence of iron. J Chem Soc Trans, 65: 899-910.

Frankel R B, Blakemore R P. 1989. Magnetite and magnetotaxis in microorganisms. Bioelectromagnetics, 10(3): 223-237.

Gao L, Zhuang J, Nie L, *et al*. 2007. Intrinsic peroxidase-like activity of ferromagnetic nanoparticles. Nat Nano, 2(9): 577-583.

Goldstein S, Meyerstein D, Czapski G. 1993. The Fenton reagents. Free Radical Biol Med, 15(4): 435-445.

Guo F, Liu Y, Chen Y, *et al.* 2011. A novel rapid and continuous procedure for large-scale purification of magnetosomes from *Magnetospirillum gryphiswaldense*. Appl Microbiol Biotechnol, 90(4): 1277-1283.

Hagensee M E, Moses R E. 1989. Multiple pathways for repair of hydrogen peroxide-induced DNA damage in *Escherichia coli*. J Bacteriol, 171(2): 991-995.

Heyen U, Schüler D. 2003. Growth and magnetosome formation by microaerophilic *Magnetospirillum* strains in an oxygen-controlled fermentor. Appl Microbiol Biotechnol, 61(5-6): 536-544.

Horsburgh M J, Clements M O, Crossley H, *et al.* 2001. PerR controls oxidative stress resistance and iron storage proteins and is required for virulence in *Staphylococcus aureus*. Infect Immun, 69(6): 3744-3754.

Hutchinson F. 1985. Chemical changes induced in DNA by ionizing radiation. Prog Nucleic Acid Res Mol Biol, 32: 115-154.

Imlay J, Chin S, Linn S. 1988. Toxic DNA damage by hydrogen peroxide through the Fenton reaction *in vivo* and *in vitro*. Science, 240(4852): 640-642.

Komeili A, Vali H, Beveridge T J, *et al.* 2004. Magnetosome vesicles are present before magnetite formation, and MamA is required for their activation. Proc Natl Acad Sci USA, 101(11): 3839-3844.

Limbach L K, Wick P, Manser P, *et al.* 2007. Exposure of engineered nanoparticles to human lung epithelial cells: influence of chemical composition and catalytic activity on oxidative stress. Environ Sci Technol, 41(11): 4158-4163.

Liu Y, Li R, Guo F, *et al.* 2010. Large-scale production of magnetosomes by chemostat culture of *Magnetospirillum gryphiswaldense* at high cell density. Microb Cell Fact, 9: 99.

Maratea D, Blakemore R P. 1981. *Aquaspirillum magnetotacticum* sp. nov., a magnetic spirillum. Int J Syst Bacteriol, 31(4): 452-455.

Matsunaga T, Sakaguchi T, Tadakoro F. 1991. Magnetite formation by a magnetic bacterium capable of growing aerobically. Appl Microbiol Biotechnol, 35: 651-655.

Matsunaga T, Takahashi M, Yoshino T, *et al.* 2006. Magnetic separation of CD14+ cells using antibody binding with protein A expressed on bacterial magnetic particles for generating dendritic cells. Biochem Biophys Res Commun, 350(4): 1019-1025.

Matsunaga T, Tsujimura N, Kamiya S. 1996. Enhancement of magnetic particle production by nitrate and succinate fed-batch culture of *Magnetospirillum* sp. AMB-1. Biotechnol Tech, 10(7): 495-500.

McCord J M, Fridovich I. 1969. Superoxide dismutase. J Biol Chem, 244(22): 6049-6055.

Messner K R, Imlay J A. 1999. The identification of primary sites of superoxide and hydrogen peroxide formation in the aerobic respiratory chain and sulfite reductase complex of *Escherichia coli*. J Biol Chem, 274(15): 10119-10128.

Messner K R, Imlay J A. 2002. Mechanism of superoxide and hydrogen peroxide formation by fumarate reductase, succinate dehydrogenase, and aspartate oxidase. J Biol Chem, 277(45): 42563-42571.

Nakamura N, Matsunaga T. 1993. Highly sensitive detection of allergen using bacterial magnetic particles. Anal Chim Acta, 281(3): 585-589.

Nelson N. 1999. Metal ion transporters and homeostasis. EMBO J, 18(16): 4361-4371.

Park S, Imlay J A. 2003. High levels of intracellular cysteine promote oxidative DNA damage by driving the Fenton reaction. J Bacteriol, 185(6): 1942-1950.

Scheffel A, Gruska M, Faivre D, *et al.* 2006. An acidic protein aligns magnetosomes along a filamentous structure in magnetotactic bacteria. Nature, 440(7080): 110-114.

Schleifer K H, Schueler D, Spring S, *et al.* 1991. The genus *Magnetospirillum*, new genus, description of *Magnetospirillum gryphiswaldense*, new species and transfer of *Aquaspirillum magnetotacticum* to *Magnetospirillum magnetotacticum*, new combination. Syst Appl Microbiol, 14(4): 379-385.

Schüler D. 2008. Genetics and cell biology of magnetosome formation in magnetotactic bacteria. FEMS Microbiol Rev, 32(4): 654-672.

Schüler D, Bäuerlein E. 1996. Iron-limited growth and kinetics of iron uptake in *Magnetospirillum gryphiswaldense*. Arch Microbiol, 166(5): 301-307.

Schüler D, Bäuerlein E. 1998. Dynamics of iron uptake and Fe_3O_4 biomineralization during aerobic and microaerobic growth of *Magnetospirillum gryphiswaldense*. J Bacteriol, 180(1): 159-162.

Schüler D, Frankel R B. 1999. Bacterial magnetosomes: microbiology, biomineralization and biotechnological applications. Appl Microbiol Biotechnol, 52(4): 464-473.

Tanaka M, Okamura Y, Arakaki A, *et al.* 2006. Origin of magnetosome membrane: proteomic analysis of magnetosome membrane and comparison with cytoplasmic membrane. Proteomics, 6(19): 5234-5247.

Wacker R, Ceyhan B, Alhorn P, *et al*. 2007. Magneto Immuno-PCR: A novel immunoassay based on biogenic magnetosome nanoparticles. Biochem Biophys Res Commun, 357(2): 391-396.

Yang W, Li R, Peng T, *et al*. 2010. *mamO* and *mamE* genes are essential for magnetosome crystal biomineralization in *Magnetospirillum gryphiswaldense* MSR-1. Res Microbiol, 161(8): 701-705.

Zhang L, Gu F X, Chan J M, *et al*. 2007. Nanoparticles in medicine: therapeutic applications and developments. Clin Pharmacol Ther, 83(5): 761-769.

本文原载：Environmental Microbiology, 2012, 14(7): 1722-1729.

Surface Expression of Protein A on Magnetosomes and Capture of Pathogenic Bacteria by Magnetosome/Antibody Complexes*

Jun Xu[1], Junying Hu[1], Lingzi Liu[1], Li Li[1], Xu Wang[1], Huiyuan Zhang[2], Wei Jiang[1], Jiesheng Tian[1], Ying Li[1], Jilun Li[1]

(1. Department of Microbiology, College of Biological Sciences, China Agricultural University, Beijing, China; 2. Food Safety Testing Centre, Beijing Entry-Exit Inspection and Quarantine Bureau, Beijing, China)

Abstract

Magnetosomes are membrane-enclosed magnetite nanocrystals synthesized by magnetotactic bacteria (MTB). They display chemical purity, narrow size ranges, and species-specific crystal morphologies. Specific transmembrane proteins are sorted to the magnetosome membrane (MM). MamC is the most abundant MM protein of *Magnetospirillum gryphiswaldense* strain MSR-1. MamF is the second most abundant MM protein of MSR-1 and forms stable oligomers. We expressed staphylococcal protein A (SPA), an immunoglobulin-binding protein from the cell wall of *Staphylococcus aureus*, on MSR-1 magnetosomes by fusion with MamC or MamF. The resulting recombinant magnetosomes were capable of self-assembly with the Fc region of mammalian antibodies (Abs) and were therefore useful for functionalization of magnetosomes. Recombinant plasmids pBBR-mamC-spa and pBBR-mamF-spa were constructed by fusing *spa* (the gene that encodes SPA) with *mamC* and *mamF*, respectively. Recombinant magnetosomes with surface expression of SPA were generated by introduction of these fusion genes into wild-type MSR-1 or a *mamF* mutant strain. Studies with a Zeta Potential Analyzer showed that the recombinant magnetosomes had hydrated radii significantly smaller than those of WT magnetosomes and zeta potentials less than –30 mV, indicating that the magnetosome colloids were relatively stable. Observed conjugation efficiencies were as high as 71.24 μg Ab per mg recombinant magnetosomes, and the conjugated Abs retained most of their activity. Numbers of *Vibrio parahaemolyticus* (a common pathogenic bacterium in seafood) captured by recombinant magnetosome/Ab complexes were measured by real-time fluorescence-based quantitative PCR. One mg of complex was capable of capturing as many as 1.74×10^7 *Vibrio* cells. The surface expression system described here will be useful for design of functionalized magnetosomes from MSR-1 and other MTB.

Keywords

Magnetospirillum gryphiswaldense, magnetosome, MamF, surface display, protein A, functionalization, *Vibrio parahaemolyticus*.

*This study was supported by the National Natural Science Foundation of China (Grant No. 31270093). The authors thank Dr. S. Anderson for English editing of the manuscript.

1. Introduction

The bacterium *Vibrio parahaemolyticus* is a major cause of food-borne illnesses resulting from consumption of raw seafood and is involved in gastroenteritis, wound infection, and septicemia (Newton *et al.*, 2012). Conventional methods for the detection of *V. parahaemolyticus* include the use of selective, differential agar media, biochemical testing, and examination of colony morphology (Kaysner and DePaola, 2004). Such methods usually involve time-consuming laboratory procedures and provide limited knowledge regarding pathogenicity.

Techniques based on polymerase chain reaction (PCR) have been used increasingly in recent years to detect pathogenic strains of *V. parahaemolyticus* by targeting the amplification of specific gene sequences with appropriate primers. A thermolabile direct hemolysin (TLH) is specific for *V. parahaemolyticus*. Its gene, *tlh*, is a frequently used target in various detection strategies (Su and Liu, 2007). However, PCR in this case is inhibited by a variety of substances present in food or in the environment (Rossen *et al.*, 1992; Powell *et al.*, 1994; Waleed and Peter, 2000). Removal of such inhibitory substances is a crucial step in the preparation of template DNA samples for PCR-based detection of food pathogens.

Immunomagnetic separation (IMS) is a powerful technique for the specific isolation and concentration of target bacteria from food samples (Spanová *et al.*, 2003; Ångela *et al.*, 2008; Mercanoglu *et al.*, 2009). Magnetosomes (also termed bacterial magnetic particles, or BMPs; this abbreviation is used hereafter for convenience) are being used increasingly as carriers for IMS assays (Arakaki *et al.*, 2008; Faivre and Schüler, 2008). BMPs are synthesized by MTB and are composed of membrane-enclosed, single-domain ferrimagnetic iron oxide (magnetite, Fe_3O_4) or iron sulfide (greigite, Fe_3S_4) crystals (Schüler, 2002). At least 20 proteins have been identified on the magnetosome membrane (MM) of *Magnetospirillum gryphiswaldense* strain MSR-1 (hereafter termed "MSR-1"). Grünberg *et al.* (2004) reported that MamC was the most abundant MM-associated protein and that MamF was the second most abundant and the most stable. Expression of foreign functional proteins on the BMP surface can be facilitated by genetic engineering of MM-associated proteins. Many recent studies have attempted to produce various types of functionalized BMPs, for instance by the BMP-specific display of functional moieties, such as enzymes, coupling groups, gold particles, or oligonucleotides (BMP surface display system, Yoshino *et al.*, 2010).

In the present study, staphylococcal protein A (SPA) was expressed on magnetosomes by fusion with MamC or MamF. SPA is an immunoglobulin G-binding protein (antibody-binding protein) encoded by the *spa* gene and can be isolated from the cell wall of *Staphylococcus aureus*. It binds the heavy chain within the fragment crystallizable region (Fc region, or tail region) of most immunoglobulins under a wide variety of conditions (Sidorin and Solov'eva, 2011). The resulting recombinant magnetosomes (BMP-A) were capable of self-assembly with many mammalian antibodies (Abs) without a loss of Ab activity. These recombinant BMPs were characterized and their Ab-binding efficiencies were evaluated. The capture efficiencies of magnetosome complexes (BMP-A-Ab) for *V. parahaemolyticus* were also investigated.

2. Materials and Methods

2.1 Bacterial strains, primers, probes, culture media, and growth conditions

The bacterial strains, mutants, plasmids, and primers used in this study are listed in Tables 1, Tables 2. *Escherichia coli* (*E. coli*) strains were grown at 37℃ in Luria-Bertani (LB) medium (Sambrook and Russel,

2001). *M. gryphiswaldense* strains were grown at 30℃ in sodium lactate/ammonium chloride/yeast extract (LAY) medium as described previously (Liu *et al.*, 2008). Heat-killed cells of *V. parahaemolyticus* strain 09vp109 were from the Beijing Entry-Exit Inspection and Quarantine Bureau (Beijing, China).

Table 1　*M. gryphiswaldense* strains and plasmids in this study

	Strain or Plasmid	Genotype	Source
Strains	*M. gryphiswaldense* MSR-1	wild-type (WT)	DSMZ
	M. gryphiswaldense ΔF	MSR-1 *mamF* mutant	present study
	M. gryphiswaldense MSR-CA	MSR-1 harboring pBBR-mamC-spa; Nx^r, Km^r	present study
	M. gryphiswaldense MSR-FA	MSR-1 harboring pBBR-mamF-spa; Nx^r, Km^r	present study
	M. gryphiswaldense ΔF-FA	*mamF* mutant harboring pBBR-mamF-spa; Nx^r, Km^r, Gm^r	present study
	S. aureus ATCC 6538	WT	CGMCC
	E. coli DH5α	*endA1 hsdR17[r⁻m⁺]supE44 thi-1 recA1 gyrA[NalR]RelA relA1Δ[lacZYA-argF]U169 deoR[ø80Δ(M15)]*	stock culture in our laboratory
	E. coli S17-1	*pro thi hsdR recA*, chromosomal integration of RP4-2-Tc::Mu-Km::Tn7, Sm^rTra^+	
	V. parahaemolyticus 09vp109	WT	
Plasmids	pUC-GM	Amp^r, pUC18 harboring gentamicin resistance gene	laboratory collection
	pUX19	suicide vector; Km^r	
	PMD18-T simple	PCR cloning vector; Amp^r	TaKaRa
	pBBR1MCS-2	Expression vector/LacZ promoter; Km^r	Kovach *et al.*, 1995
	pBBR-mamC-spa	pBBR1MCS-2 harboring gene fragment of mamC-spa; Km^r	present study
	pBBR-mamF-spa	pBBR1MCS-2 harboring gene fragment of mamF-spa; Km^r	present study

Notes: DSMZ, German Collection of Microorganisms and Cell Cultures GmbH; CGMCC, China General Microbiological Culture Collection Center

Table 2　Primers used for PCR

Target gene	Primer	Oligonucleotide sequences (s) (5′ to 3′)
mamC	F-mamC[e]	CCGGAATTCGCCTGACCCTTGAATTAAGGAC[a]
	R-mamC[f]	GGAACCGCCGCCACCAGAGCCACCACCGCCGGAGGCCAATTCTTCCCTCAGAATG[b]
mamF	F-mamF[e]	CCGGAATTCGCGAGGGCAAAGCAATGG[a]
	R-mamF[f]	GGAACCGCCGCCACCAGAGCCACCACCGCCGGAGATCAGGGCGACTACATGG[b]
spa	F-spa[e]	TCTGGTGGCGGCGGTTCCGGTGGCGGTGGCAAAAAGAAAAACATTTATTCAATTCGTAAACTA[c]
	R-spa[f]	CGCGGATCCTTATAGTTCGCGACGACGTCC[d]
mamF upstream fragment	mamF-D1	CGGGGTACCCTGATGGGAAAGACCGTGCT
	mamF-D2	AACTGCAGAGATAACAACAACCAACGCCC
mamF downstream fragment	mamF-G1	GCTCTAGACGACTTCTTCATCGCTCTGTG
	mamF-G2	CGGGGTACCCATTGCTTTGCCCTCGCTT
tlh	F-*tlh*[e]	TGTTCGAGACGCTAACTTCTG
	R-*tlh*[f]	AAACTTCTCAGCACCAGACG

a. ecognition site of restriction endonuclease *Bam*H I; b. linker sequence; c. complementary linker sequence of sequence b; d. recognition site of restriction endonuclease *Eco*R I; e. forward primer; f. reverse primer

Bicinchoninic acid (BCA) kits were from Pierce Biotechnology (Rockford, Illinois, USA). Abs were prepared by Kirkegaard & Perry Laboratories (KPL) Biotechnology (Gaithersburg, Maryland, USA). Other chemical reagents were from Beijing Chemical Reagents Co., China.

Primers and probes were designed using ABI 7000 Primer Express software (http://www.lifetechnologies.com/global/en/home/technical-resources/software-downloads/abi-prism-7000-sequence-detection-system.html). The probe used for real-time fluorescence quantitative PCR (FQ-PCR) was labeled with 6-carboxyfluorescein reporter dye (FAM) at the 5′-end and 6-carboxy-tetramethylrhodamine quencher dye (TAMRA) at the 3′-end.

2.2 Construction of recombinant plasmids and strains

Mutant strain *M. gryphiswaldense* ΔF was constructed by replacing *mamF* with the gentamicin resistance gene (aminoglycoside acetyltransferase gene, *aac*). Plasmid pUC-GM was digested by *Kpn* I to generate an *aac* gene fragment. The upstream and downstream fragments of *mamF* gene were amplified by the corresponding primers (Table 2) from genomic DNA of MSR-1, and referred to as U and D, respectively. Fragments U and D were digested by *Xba* I/*Kpn* I and *Kpn* I/*Pst* I and then connected with the *aac* gene fragment by T4 DNA ligase to generate a U-aac-D fragment. The U-aac-D fragment was cloned into a suicide plasmid pUX19. The recombinant plasmid was transformed into *E. coli* S17-1 and then transferred into MSR-1 by biparental conjugation. Mutant bacterial strains were screened as described previously (Liu *et al.*, 2008).

mamC, *mamF*, and *spa* genes were amplified from genomic DNA of MSR-1 or *S. aureus* ATCC 6538 by the corresponding primers (Table 2). The start codon of *spa* and the stop codons of *mamC* and *mamF* were removed during amplification. The three above fragments were recovered to generate *mamC-spa* and *mamF-spa* fragments by fusion PCR (Komeili *et al.*, 2004). These two fragments were respectively cloned into pMD18-T simple cloning vector and transformed into *E. coli* DH5α. After overnight culture of the recombinant strains, two plasmids were extracted and digested with *Eco*R I and *Bam*H I. The recovered fragments were then cloned into the broad host plasmid vector pBBR1MCS-2, resulting in plasmids pBBR-mamC-spa and pBBR-mamF-spa, respectively (Fig. 1). These plasmids contained a linker consisting of 15 amino acids between the *spa* and *mam* genes, and recognition sites of restriction endonucleases *Bam*H I and *Eco*R I flanking the sides of the *mam-spa* fusion genes.

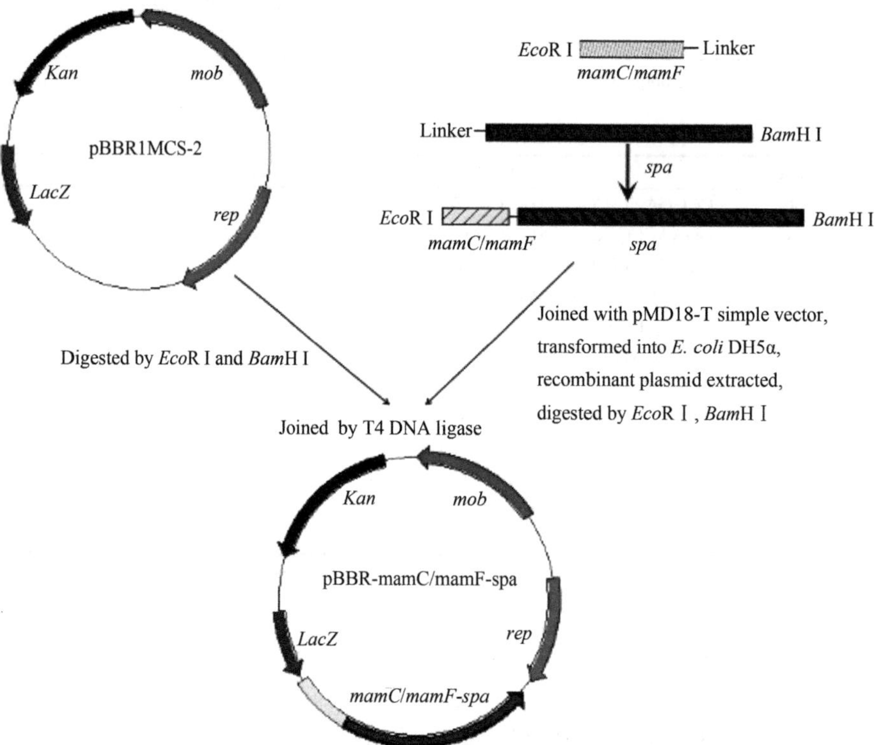

Fig. 1 Construction of plasmids pBBR-mamC-spa and pBBR-mamF-spa

Plasmids pBBR-mamC-spa and pBBR-mamF-spa were introduced into *E. coli* S17-1 by transformation (Sambrook and Russel, 2001) and then transferred into MSR-1 or *M. gryphiswaldense* ΔF by conjugation as described previously (Liu *et al.*, 2008).

2.3 Preparation of magnetosome-Ab complexes

Magnetosomes or recombinant magnetosomes (BMP-As) of *M. gryphiswaldense* strains were isolated and purified as described previously (Li *et al.*, 2010). The membrane proteins of BMPs or BMP-As were extracted as described by Grünberg *et al.* (2004) and identified by Northern blotting. The proteins of each sample (generally from 0.25 mg magnetosomes) were separated by SDS-PAGE, and the bands were transferred onto a nitrocellulose membrane by electroblotting and blocked overnight at 4℃. A dilute solution of primary Ab (mouse mAb, 0.5~5.0 mg/ml) was incubated with the membrane under gentle agitation for 1 h at room temperature. The membrane was rinsed to remove unbound primary Ab and then placed in a solution of secondary Ab (goat anti-mouse IgG) for 1 h. The secondary Ab was linked to alkaline phosphatase, which was then used to catalyze 5-bromo-4-chloro-3-indolyl phosphate (BCIP) and nitro blue tetrazolium (NBT) into a blue precipitate in proportion to the amount of protein.

The hydrated radii and zeta potentials of magnetosomes were analyzed by a Zeta Potential Analyzer (Brookhaven Instruments Corp., Long Island, State of New York USA). Samples were prepared as described by Takahashi *et al.* (2010).

Chemical modification of magnetosomes by bis (sulfosuccinimidyl) suberate (BS^3) was performed as described previously (Li *et al.*, 2010). The procedure for self-assembly of recombinant magnetosome was as follows. BMP-A or Ab (each 1 mg) was resuspended in 1 ml of 1 mmol/L phosphate-buffered saline (PBS; pH 7.4). The magnetosome and Ab suspensions were mixed, placed in a mild ultrasonic bath (30 W) for 2 min, and incubated on a rotary shaker at 150×*g* for 60~90 min. The resulting BMP-A-Ab complexes were isolated by a NdFeB magnet, washed three times with 1 ml of 10 mmol/L PBS (pH 7.4), and resuspended in 500 μl of 1 mg/ml Ab solution. After repeated dispersion, incubation, collection, and washing as above, the complexes were blocked with sterile 0.5% BSA solution overnight at 4℃ and stored.

Ab concentrations before and after reaction with magnetosomes were determined using a BCA kit, and linkage rates were calculated by the equation:

$$\text{Linkage rate } (\mu\text{g Ab/mg magnetosomes}) = (C_1 - C_2) \times V/M$$

in the equation, C_1=Ab concentration before reaction with magnetosomes; C_2=Ab concentration after reaction with magnetosomes; V=volume of Ab solution reacting with magnetosomes; M=weight of magnetosomes conjugated with Ab. C_1 and C_2 were calculated by the equation $y=kx$, where $y=OD_{562}$ detected by the BCA kit; x=Ab concentration; k=slope).

2.4 IMS and capture efficiency detection of *V. parahaemolyticus* by FQ-PCR

Serially 10-fold diluted *Vibrio* suspensions (10^{-3}, 10^{-4}, 10^{-5}, 10^{-6}; each 1 ml) were mixed with 1 mg BMP-A-Ab complexes. The mixtures were dispersed by sonication for 2 min and incubated on a rotary shaker (150×*g*) for 1 h at room temperature. BMP-A-Ab-*Vibrio* complexes were isolated using a magnet and washed three times with 1 ml of 10 mmol/L PBS buffer to remove free bacterial cells. Control mixtures of *Vibrio* and BMP-As (without Ab) were incubated in PBS under the same conditions. The resulting precipitate was resuspended in 100 μl PBS. The concentrated cell suspension was incubated for 10 min at 98℃ and centrifuged at 10,000×*g* for 3 min at room temperature. The supernatants were used as templates. FQ-PCR was performed as described previously (Li *et al.*, 2010).

V. parahaemolyticus strains produce species-specific TLHs, and the *tlh* gene has been used as a probe to confirm the identity of *Vibrio* species (McCarthy *et al.*, 1999). We measured the fluorescence intensity of *tlh* FQ-PCR products to estimate the number of *Vibrio* cells trapped by BMP-A-Ab complexes. Standard curves were constructed using a 10^{-1} to 10^{-6} serial 10-fold dilution of *Vibrio* genomic DNA, and the threshold cycle (C_t) value was plotted against the log of DNA weight (ng) by linear regression. The average weight of a pair of DNA bases is 1×10^{-21} g, and the whole genome of *V. parahaemolyticus* (5,165,770 bp; Makino *et al.*, 2003) was estimated to weigh 5.2×10^{-15} g. The number of *Vibrio* was calculated as the amount of DNA divided by the weight of genome.

3. Results

3.1 Construction of recombinant plasmids and strains encoding fusion proteins

SPA is an immunoglobulin G-binding protein. Magnetosome-specific expression of SPA could facilitate efficient localization and appropriate orientation of various Abs on the surface of magnetosomes. In the present study, SPA was expressed on magnetosomes by fusing its gene (*spa*; 1,503 bp) with the abundant MM protein genes *mamC* (378 bp) or *mamF* (336 bp) from *M. gryphiswaldense*. The fusion genes *mamC-spa* and *mamF-spa* were generated by fusion PCR from *mamC*, *mamF*, or *spa* PCR products. These genes were cloned into the broad host plasmid vector pBBR1MCS-2 (5,144 bp), resulting in plasmids pBBR-mamC-spa and pBBR-mamF-spa, which were then introduced into MSR-1 by conjugation. The recombinant strains harboring plasmid pBBR-mamC-spa and pBBR-mamF-spa were termed MSR-CA and MSR-FA, respectively.

To increase the amount of SPA on the recombinant magnetosomes (BMP-As), a *mamF* mutant strain of *M. gryphiswaldense* was constructed by allelic gene replacement. The native *mamF* gene in the MSR-1 genome was replaced by a gentamicin resistance gene (aminoglycoside acetyltransferase gene; *aac*), resulting in strain ΔF. The mutant strain harboring plasmid pBBR-mamF-spa was termed ΔF-FA. Recombinant magnetosomes from strains MSR-1, MSR-CA, MSR-FA, and ΔF-FA were termed BMP-WT, BMP-CA, BMP-FA, and ΔF-BMP-FA, respectively.

The expression of SPA on magnetosomes was confirmed by western blotting. The membrane proteins of purified magnetosomes were separated by SDS-PAGE and transferred onto a nitrocellulose membrane by electroblotting. The protein bands were colored by sequential treatment with primary Ab, secondary Ab, and BCIP-NBT. SPA was found in all the recombinant magnetosomes (Fig. 2).

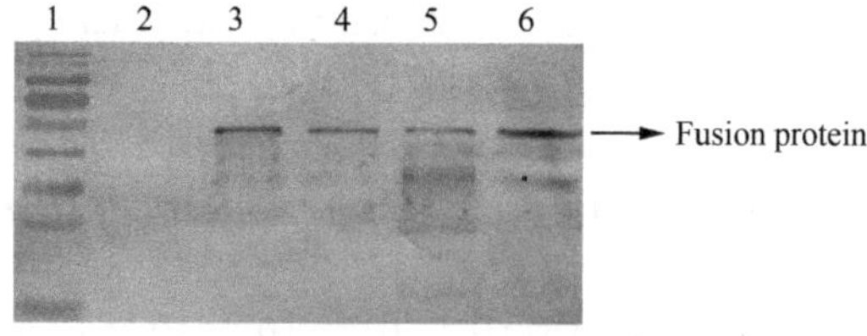

Fig. 2 Western blotting results

Lane 1, molecular markers; Lane 2, BMP-WT; Lane 3, BMP-CA; Lane 4, fusion protein; Lane 5, BMP-FA; Lane 6, Δ F-BMP-FA

3.2 Characterization of recombinant magnetosomes

Strains as above were collected by centrifugation after 3 days of culture, and their magnetosomes were isolated and purified. Transmission electronic microscopy (Fig. 3) showed generally similar morphology of WT magnetosomes (diameter range 35~84 nm) and recombinant magnetosomes. The magnetosomes of ΔF-FA were slightly smaller (24~48 nm) than those of the other strains.

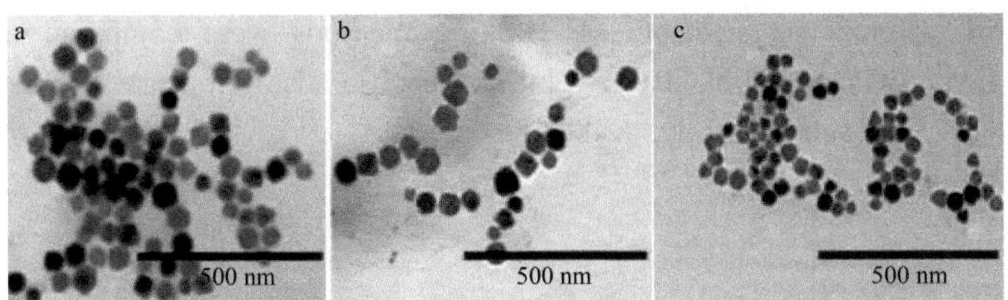

Fig. 3 Electron micrographs of magnetosomes from various strains
a. BMP-WT; b. BMP-FA; c. ΔF-BMP-FA.

The hydrated radii and zeta potentials of magnetosomes were analyzed by a Zeta Potential Analyzer. All zeta potentials were lower than –30 mV, indicating that the aqueous colloids were moderately stable (Table 3). The expression of foreign proteins can affect the amount of electrical charge on interfaces between magnetosomes and aqueous solutions. The large hydrated radii of BMP-WTs indicated that several BMP-WT gathered into a larger particle in suspension. The expression of foreign proteins on magnetosomes in the case of BMP-CA and BMP-FA was associated with smaller values of hydrated radii and polydispersity, indicating improved dispersity and uniformity. ΔF-BMP-FA had the smallest hydrated radii and best dispersity because they had the largest amount of foreign proteins.

Table 3 Particle size and zeta potential of magnetosomes from various strains

Strain	BMP-WT	BMP-CA	BMP-FA	ΔF-BMP-FA
Hydrated radius/nm	494.7±18.6	325.2±4.2	334.3±5.1	152.5±0.2
Zeta potential/mV	–38.27±0.73	–34.09±0.5	–35.12±0.6	–31.09±0.79
Polydispersity	0.354	0.335	0.337	0.230

3.3 Efficiency of magnetosome linkage to polyclonal Ab

Polyclonal Abs were linked with SPA on the surface of magnetosomes by self-assembly to form functional magnetic carriers (BMP-Ab) for capturing *Vibrio*. In an attempt to improve linkage rate, various values of pH (6.0, 7.2, 7.9), incubation time (30 min, 60 min, 90 min, 120 min), and ratio of Ab to magnetosomes (250 μg, 500 μg, 1.0 mg, and 1.5 mg Ab per mg magnetosomes) were used for the linkage of BMP-CA to Ab (Fig. 4). The maximal linkage rate was achieved with pH 7.2, incubation time 120 min, and ratio 1∶1.

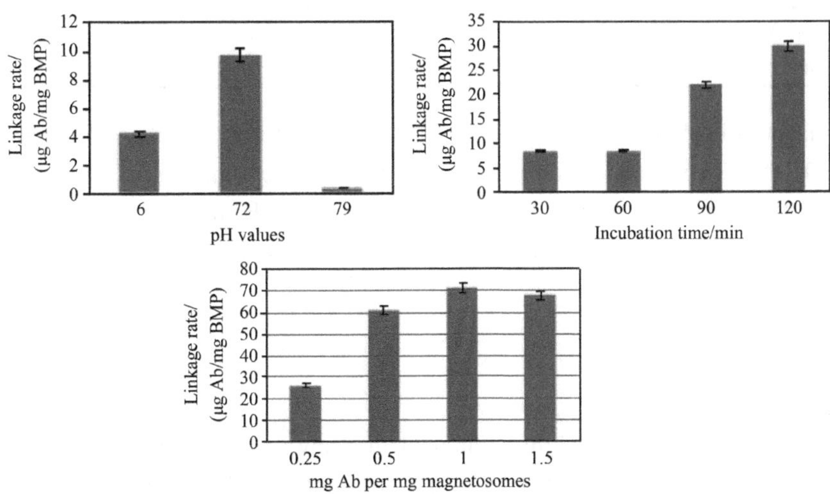

Fig. 4 Optimization of conditions for linkage of BMP-CA to Ab

Linkage rates of different magnetosome-Ab linking methods were compared under these optimal conditions (Fig. 5). BMP-WTs were linked to Ab by nonspecific adsorption or BS^3, and BMP-CA and ΔF-BMP-FA were linked to Ab by self-assembly.

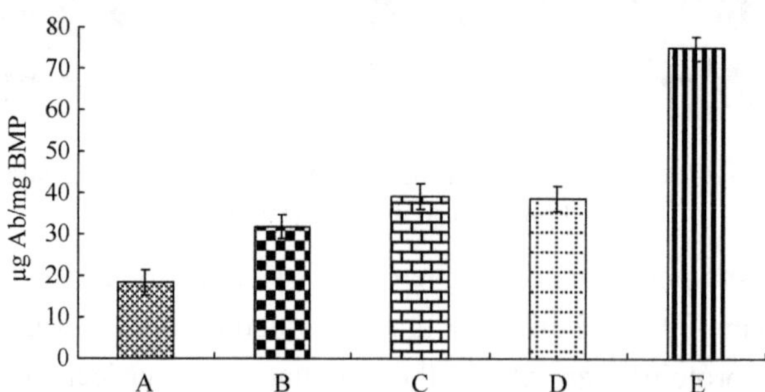

Fig. 5 Magnetosome-Ab linkage rates for different linkage methods under optimal conditions as in Fig. 4
A, nonspecific adsorption of BMP-WT on Ab; B, BS^3 linkage of BMP-WT to Ab; C, self-assembly of BMP-CA and Ab; D, self-assembly of BMP-FA and Ab; E, self-assembly of ΔF-BMP-FA and Ab

The percentage of Ab linked to BMP-WT by nonspecific adsorption was almost 20% and could not be ignored. However, the percentages of Ab coupled to magnetosomes by covalent linkage or self-assembly were significantly higher. The linkage rate of ΔF-BMP-FA magnetosomes to Ab was much higher than that of other magnetosomes, indicating that ΔF-BMP-FA is the best candidate for magnetic carriers for IMS.

3.4 Immunomagnetic separation of *V. parahaemolyticus*

Anti-*Vibrio* rabbit polyclonal Ab was linked to recombinant magnetosomes (BMP-CA, BMP-FA, and ΔF-BMP-FA) by self-assembly. WT magnetosomes (BMP-WT) were linked to Ab by BS^3. Magnetosome-Ab complexes (BMP-A-Ab) were used to capture *V. parahaemolyticus*. FQ-PCR was performed with the species-specific gene *tlh* as template. A standard curve was constructed by plotting the threshold cycle (C_t) value against the log of *Vibrio* DNA weight (ng) by linear regression. The number of *Vibrio* cells was estimated based on the amount of DNA attached to the magnetosomes (Table 4).

Table 4 Amount of DNA in *Vibrio* captured by magnetosome-Ab complexes

Magnetosome	BMP-WT	BMP-CA	BMP-FA	ΔF-BMP-FA
amount of DNA/ng	6.092	76.202	70.226	95.581
Number of *Vibrio*/($\times10^8$)	0.117	1.470	1.350	1.840

Each type of magnetosome (1 mg) was mixed with 1 ml of diluted *V. parahaemolyticus* suspension (10^{-4}; approximately 2×10^8 cfu). WT magnetosomes bound a much lower number of *Vibrio* than did the other magnetosomes, indicating that many Ab molecules failed to work. ΔF-BMP-FA captured the highest number of *Vibrio*, indicating that ΔF-BMP-FA is the best candidate for a magnetic carrier of IMS for detection of pathogenic *Vibrio*.

4. Discussion

Although MTB are ubiquitous and highly abundant in many aquatic habitats, they are very difficult to culture in laboratory or industrial situations. To date, fewer than 20 MTB strains have been successfully isolated and cultured in laboratories worldwide (Greene and Komeili, 2012). *M. gryphiswaldense* MSR-1, the type strain of the genus *Magnetospirillum*, is the only MTB strain that has been cultured on a relatively larger scale (in a 1.5-t fermenter) (Zhang *et al.*, 2011). Mass production of magnetosomes facilitates its detailed biotechnological and nanotechnological studies. These bacterial magnetic nanoparticles are distinguished by unique properties such as ferrimagnetism, nanoscale size, monocrystalline structure, narrow size distribution, uniform morphology, and membrane-bound structure, and thus have been developed and investigated for various potential applications, including immunoassays, magnetofection, therapeutic drug delivery, and enzyme immobilization (Yoshino *et al.*, 2010).

The term "surface display systems" in microbiology refers to a group of powerful techniques that utilize naturally-occurring microbial functional components to express heterologous proteins or peptides. Since the description of the first phage-display system in the mid-1980s, a variety of new systems have been reported for yeast, Gram-positive bacteria, Gram-negative bacteria, bacterial endospores, ribosomes, and mRNAs (Ullman *et al.*, 2011). A recently developed display system based on magnetosomes (BMPs) provides superior performance for immunomagnetic separation, which facilitates high-throughput screening (HTS) (Yoshino *et al.*, 2010). However, only a few studies have investigated or compared the effects of different fusion strategies for MM proteins (Li *et al.*, 2010; Pollithy *et al.*, 2011).

We have recently detected over 200 proteins on magnetosome surfaces (unpublished data). Some of these proteins are unique to the magnetosome. MamC and MamF, the most abundant proteins on MSR-1 magnetosomes, are small proteins composed respectively of 125 amino acids (12.4 kDa) and 111 amino acids (12.3 kDa). We constructed fusion proteins by fusing *mamC* and *mamF* with the SPA (43 kDa) gene, *spa*. The recombinant magnetosomes were capable of self-assembly with various mammalian Abs without loss of Ab activity. We have evaluated and compared several magnetosome surface display strategies. The highest linkage rate of Abs and recombinant magnetosomes was obtained when the genomic MM genes for constructing fusion proteins were eliminated in recipient strains. It can be explained that there were more functional fusion proteins on the recombinant magnetosomes in the mutant recipient strain than in the wild type MSR-1. The strategy of genetic manipulation developed here would also be applied to the other magnetotactic bacterial pure cultures, such as *M. magneticum* AMB-1 and *Magnetococcus marinus* MC-1. Compared to the chemically produced magnetic beads, it was much more convenient for preparing recombinant magnetosome and antibody complexes because of omitting the coating and linkage procedures. Moreover, the capture efficiency of pathogens and the dispersibility in water were obviously improved comparing with magnetosome-antibody complexes connected with crosslinker (Li *et al.*, 2010). Thus the technique in this study is also suitable for the detection and diagnosis of other pathogens, and makes it simpler, faster, and cheaper.

Our findings are consistent with a previous report that *mamF* deletion in MSR-1 resulted in slightly smaller magnetosome size (Scheffel *et al.*, 2008). Although our fusion proteins contained a fragment corresponding to MamF, the recombinant magnetosomes were smaller than WT magnetosomes. At this stage, we are unclear whether functional MamF is present in the recombinant *M. gryphiswaldense* strain ΔF-FA (which harbors pBBR-mamF-spa), which needs further investigations.

Interestingly, we have detected the proteins MamC and MamF (generally thought to bind to MM) in cytosol and on membranes following fusion with SPA (data not shown). These findings suggest that the binding ability of MM proteins can be affected by fusion with larger soluble proteins, resulting in less SPAs on the surface of recombinant magnetosomes.

Further studies for design of functionalized magnetosomes using the system described here are in progress. Binding abilities of other MM proteins should be investigated in detail. Smaller recombinant proteins containing SPA Ig-binding domains or larger MM binding proteins could also be constructed for more efficient magnetosome display system. The magnetosme surface play technique will include but not limited to improving the separation, detection, and diagnostic analyses, or displaying SPA protein. Other functional moieties, such as enzymes, receptors, peptide hormones, growth factors, autobiotinylation signals, and protein tags for "click chemistry" could be expressed on the magnetosome particles by using our display strategies. These would endow the recombinant magnetosomes with serious functions, or even benefit the formation and reconstruction of magnetic nanostructures, such as magnetic nanotubes and nanowires *in vitro*.

References

Ångela N M, Fabricio R C, de Rita C S, *et al.* 2008. Detection of *Salmonella typhimurium* in raw meats using in-house prepared monoclonal antibody coated magnetic beads and PCR assay of the *fimA* gene. J Immunoassay Immunochem, 29(1): 58-69.

Arakaki A, Nakazawa H, Nemoto M, *et al.* 2008. Formation of magnetite by bacteria and its application. J R Soc Interface, 5(26): 977-999.

Faivre D, Schüler D. 2008. Magnetotactic bacteria and magnetosomes. Chem Rev, 108(11): 4875-4898.

Greene S E, Komeili A. 2012. Biogenesis and subcellular organization of the magnetosome organelles of magnetotactic bacteria. Curr Opin Cell Biol, 24(4): 1-6.

Grünberg K, Müller E C, Otto A, *et al.* 2004. Biochemical and proteomic analysis of the magnetosome membrane in *Magnetospirillum gryphiswaldense*. Appl Environ Microbiol, 70(2): 1040-1050.

Kaysner C A, DePaola A Jr. 2004. Bacteriological Analytical Manual, Chapter 9 *Vibrio*. Washington, D.C.: Food & Drug Administration, Bacteriological Analytical Manual.

Komeili A, Vali H, Beveridge T J, *et al.* 2004. Magnetosome vesicles are present before magnetite formation, and MamA is required for their activation. Proc Natl Acad Sci USA, 101(11): 3839-3844.

Kovach M E, Elzer P H, Hill D S, *et al.* 1995. Four new derivatives of the broad-host-range cloning vector pBBR1MCS, carrying different antibiotic-resistance cassettes. Gene, 166(1): 175-176.

Li A, Zhang H, Zhang X, *et al.* 2010. Rapid separation and immunoassay for low levels of *Salmonella* in foods using magnetosome antibody complex and real-time fluorescence quantitative PCR. J Sep Sci, 33(21): 3437-3443.

Liu J, Ding Y, Jiang W, *et al.* 2008. A mutation upstream of an ATPase gene significantly increases magnetosome production in *Magnetospirillum gryphiswaldense*. Appl Microbiol Biotechnol, 81(3): 551-558.

Makino K, Oshima K, Kurokawa K, *et al.* 2003. Genome sequence of *Vibrio parahaemolyticus*: a pathogenic mechanism distinct from that of *V. cholerae*. Lancet, 361(9359): 743-749.

McCarthy S A, DePaola A, Cook D, *et al.* 1999. Evaluation of alkaline phosphatase- and digoxigenin-labelled probes for detection of the thermolabile hemolysin (*tlh*) gene of *Vibrio parahaemolyticus*. Lett Appl Microbiol, 28(1): 66-70.

Mercanoglu T B, Ben U, Aytac S A. 2009. Rapid detection of *Salmonella* in milk by combined immunomagnetic separation-polymerase chain reaction assay. J Dairy Sci, 92(6): 2382-2388.

Newton A, Kendall M, Vugia D J, *et al.* 2012. Increasing rates of vibriosis in the United States, 1996-2010: review of surveillance data from 2 systems. Clin Infect Dis, 54(Suppl.5): S391-S395.

Pollithy A, Romer T, Lang C, *et al.* 2011. Magnetosome expression of functional camelid antibody fragments (nanobodies) in *Magnetospirillum gryphiswaldense*. Appl Environ Microbiol, 77(17): 6165-6171.

Powell H A, Gooding C M, Garrett S D, *et al.* 1994. Proteinase inhibition of the detection of *Listeria monocytogenes* in milk using the polymerase chain reaction. Lett Appl Microbiol, 18(1): 59-61.

Rossen L, Nørskov P, Holmstrøm K, *et al.* 1992. Inhibition of PCR by components of food samples, microbial diagnostic assays and DNA-extraction solution. Int J Food Microbiol, 17(1): 37-45.

Sambrook J, Russel D W. 2001. Molecular Cloning: a Laboratory Manual. 3rd ed. New York: Cold Spring Harbor Laboratory.

Scheffel A, Gärdes A, Grünberg K, *et al.* 2008.The major magnetosome proteins MamGFDC are not essential for magnetite biomineralization in *Magnetospirillum gryphiswaldense* but regulate the size of magnetosome crystals. J Bacteriol, 190(1): 377-386.

Schüler D. 2002. The biomineralization of magnetosomes in *Magnetispirillum gryphiswaldense*. Int Microbiol, 5(4): 209-214.

Sidorin E V, Solov'eva T F. 2011. IgG-binding proteins of bacteria. Biochemistry (Moscow), 76(3): 295-308.

Spanová A, Rittich B, Horák D, *et al.* 2003. Immunomagnetic separation and detection of *Salmonella* cells using newly designed carriers. J Chromatogr A, 1009(1-2): 215-221.

Su Y C, Liu C. 2007. *Vibrio parahaemolyticus*: a concern of seafood safety. Food Microbiol, 24(6): 549-558.

Takahashi M, Yoshino T, Matsunaga T. 2010. Surface modification of magnetic nanoparticles using asparagines-serine polypeptide designed to control interactions with cell surfaces. BioMaterials, 31(18): 4952-4957.

Ullman C G, Frigotto L, Cooley R N. 2011. *In vitro* methods for peptide display and their applications. Brief Funct Genomics, 10(3): 125-134.

Waleed A A, Peter R. 2000. Effects of amplification facilitators on diagnostic PCR in the presence of blood, feces, and meat. J Clin Microbiol, 38(2): 4463-4470.

Yoshino T, Maeda Y, Matsunaga T. 2010. Bioengineering of bacterial magnetic particles and their applications in biotechnology. Recent Pat Biotechnol, 4(3): 214-225.

Zhang Y, Zhang X, Jiang W, *et al*. 2011. Semicontinuous culture of *Magnetospirillum gryphiswaldense* MSR-1 cells in an autofermentor by nutrient-balanced and isosmotic feeding strategies. Appl Environ Microbiol, 77(17): 5851-5856.

本文原载：Front Microbiol, 2014, 5: 136.

Complete Genome Sequence of *Magnetospirillum gryphiswaldense* MSR-1*

Xu Wang[1, 4], Qing Wang[1, 4], Weijia Zhang[1, 4], Yinjia Wang[2], Li Li[1, 4], Tong Wen[1, 4], Tongwei Zhang[1, 4], Yang Zhang[1, 4], Jun Xu[1, 4], Junying Hu[1, 4], Shuqi Li[1, 4], Lingzi Liu[1, 4], Jinxin Liu[1, 4], Wei Jiang[1, 4], Jiesheng Tian[1, 4], Ying Li[1, 4], Dirk Schüler[3], Lei Wang[4], Jilun Li[1, 4]

(1. State Key Laboratories for Agrobiotechnology and College of Biological Sciences, China Agricultural University, Beijing, 100193, China; 2. Tianjin Biochip Corporation, Tianjin, 300457, China; 3. Ludwig Maximilian University Munich, Dept. Biology I, Microbiology, D-82152 Planegg-Martinsried, Germany; 4. France-China Bio-Mineralization and Nano-Structure Laboratory, Beijing, 100193, China)

Abstract

Here, we report the complete genomic sequence of *Magnetospirillum gryphiswaldense* MSR-1 (DSM 6361), the type strain of the genus *Magnetospirillum* belonging to alpha-Proteobacteria. Compared to the reported draft sequence, extensive rearrangements and differences were found, indicating high genomic flexibility and "domestication" by accelerated evolution of the strain upon repeated passaging.

Keywords

Magnetospirillum gryphiswaldense, genome sequence.

Magnetospirillum gryphiswaldense MSR-1 was first isolated from mud of the little eutrophic river Ryck river near Greifswald in Germany by D. Schüler and described by Schleifer *et al.* in 1991 (Schleifer *et al.*, 1991), by then representing one of the first magnetotactic bacteria strains available in axenic lab culture.

The full genome sequence was assembled from Illumina solexa and Roche 454 reads. Gene annotation and genome analysis were performed by MaGe Genoscope Platform Service (Vallenet *et al.*, 2009), where manual annotations of all predicted genes were completed. The genome consists of a single circular chromosome with 4,365,796 bp. The average G+C content is 63.28%. The chromosome contains 4,248 CDSs, 50 tRNA, 2 sets of rRNA and 11 misc_RNA. The average CDS length is 955.83 bp.

Clusters of Orthologous groups of proteins (COG) automatic classification showed that 78.01% CDSs (3,324 out of 4,261) were classified at least one COG group (Tatusov *et al.*, 1997). Proteins belonging to signal transduction mechanisms, amino acid transport and metabolism, inorganic ion transport and metabolism, correspond to 11.95%, 10.68%, 8.71% of genes which can be classed at COG groups. The percentage of ORFs of unknown function (about 37%) is the same as the percentage of enzyme-encoding genes (including putative enzymes) which make up about more than 1/3 of total ORF coding products. 1,924 of predicted gene products of all 4,261 MaGe CDSs have unknown cellular localization.

*This study was supported by the Chinese National Natural Science Foundation (Grant No. 30970041 and 31270093).

The genomic segment comprising several gene clusters (*mms6*, *mamFDC*, *mamAB*, *mamXY*, total of 27 genes, 23.6 kb) that encode the majority of magnetosome proteins shares many of the hallmarks of genomic islands often associated with pathogenic organisms (Komeili, 2012). Magnetosome Island (MAI) boundaries were identified from the MGMSRv2_2285 to MGMSRv2_2412 (about 102 kb) by a method for gene island determination (Schübbe *et al.*, 2009). The G+C percentage of MAI is 60.99% and 33 genes were annotated as transposases, implying that the instability of MAI. The mam genes were checked and found that *mamG* was not presented. Compared to draft genome sequence, small scale mismatches were found in other mam genes, like that *mamC* and *mamJ*.

The first (perhaps most critical step) in magnetite biomineralization is the transport of iron from the extracellular environment into the cell. Although no siderophores were experimentally detected in MSR-1 (Schüler and Baeuerlein, 1996), one gene coding for a putative ferrous siderophore (MGMSRv2_3314) was found. A ABC-tonB-exbBD system represents a ferric iron transport system (Moeck and Coulton, 1998). MSR-1 has a complete TonB and ExbBD system. Four TonB dependent receptor, two TonB protein, two proteins contented TonB C-terminal domain and dozens of ABC-transporter including a ferric iron ABC-transporter are encoded in the genome. A ferrous iron transport system (*feo*) is related to the ferrous transport system of other bacteria, and two *feo* operons are present in MSR-1 (Rong *et al.*, 2012). One Fe (III) reductase-encoding genes (MGMSRv2_0005) was identified, and five ferric uptakes regulator-like genes belong to the *fur* family.

Nucleotide sequence accession numbers. This Whole Genome Project has been deposited in DDBJ/EMBL/GenBank under the accession No. HG794546. Assembled sequences and annotations are available in the MicroScope Microbial Genome Annotation & Analysis Platform at https://www.genoscope.cns.fr/agc/microscope/home/index.php.

References

Komeili A. 2012. Molecular mechanisms of compartmentalization and biomineralization in magnetotactic bacteria. FEMS Microbiol Rev, 36(1): 232-255.

Moeck G S, Coulton J W. 1998. TonB-dependent iron acquisition: mechanisms of siderophore-mediated active transport. Mol Microbiol, 28(4): 675-681.

Rong C, Zhang C, Zhang Y, *et al.* 2012. FeoB2 functions in magnetosome formation and oxidative stress protection in *Magnetospirillum gryphiswaldense* strain MSR-1. J Bacteriol, 194(15): 3972-3976.

Schleifer K H, Schüler D, Spring S, *et al.* 1991. The genus *Magnetospirillum* gen. nov. description of *Magnetospirillum gryphiswaldense* sp. nov. and transfer of *Aquaspirillum magnetotacticum* to *Magnetospirillum magnetotacticum* comb. nov. Syst Appl Microbiol, 14(4): 379-385.

Schübbe S, Williams T J, Xie G, *et al.* 2009. Complete genome sequence of the chemolithoautotrophic marine *Magnetotactic coccus* strain MC-1. Appl Environ Microbiol, 75(14): 4835-4852.

Schüler D, Baeuerlein E. 1996. Iron-limited growth and kinetics of iron uptake in *Magnetospirillum gryphiswaldense*. Arch Microbiol, 166(5): 301-307.

Tatusov R L, Koonin E V, Lipman D J. 1997. A genomic perspective on protein families. Science, 278(5338): 631-637.

Vallenet D, Engelen S, Mornico D, *et al.* 2009. Microscope: a platform for microbial genome annotation and comparative genomics. Database (Oxford), 2009: bap021.

本文原载: Genome Announcements, 2014, 2(2): e00171-14.

Iron Response Regulator Protein IrrB in *Magnetospirillum gryphiswaldense* MSR-1 Helps Control Iron/Oxygen Balance, Oxidative Stress Tolerance, and Magnetosome Formation*

Qing Wang[1, 2, 3], Meiwen Wang[1, 3], Xu Wang[1, 3], Guohua Guan[1, 3], Ying Li[1, 3], Youliang Peng[1, 2], Jilun Li[1, 3]

(1. State Key Laboratories for Agrobiotechnology, China Agricultural University, Beijing, 100193, China; 2. College of Agriculture and Biotechnology, China Agricultural University, Beijing, 100193, China; 3. France-China Bio-Mineralization and Nano-Structure Laboratory, Beijing, 100193, China)

Abstract

Magnetotactic bacteria are capable of forming nano-sized, membrane-enclosed magnetosomes under iron-rich and oxygen-limited conditions. The complete genomic sequence of *Magnetospirillum gryphiswaldense* strain MSR-1 has been analyzed and found to contain five *fur*-homologue genes whose protein products are predicted to be involved in iron homeostasis and response to oxidative stress. Of these, only the MGMSRv2_3149 gene (*irrB*) was significantly down-regulated under high-iron and low-oxygen conditions, during the transition of cell growth from logarithmic to stationary phase. The encoded IrrB protein, containing the conserved HHH motif, was identified as an iron response regulator (Irr) protein belonging to the Fur superfamily. To investigate the function of IrrB, we constructed a *irrB*-deletion mutant (Δ*irrB*). Cell growth and magnetosome formation were lower in Δ*irrB* than in wild-type (WT) under both high-iron and low-iron conditions. Δ*irrB* also showed reduced iron uptake and H_2O_2 tolerance in comparison with WT. Quantitative real-time RT-PCR analysis indicated that the *irrB* mutation reduced expression of numerous genes involved in iron transport, iron storage, heme biosynthesis, and Fe-S cluster assembly. Transcription studies of the other *fur*-homologue genes in Δ*irrB* indicated complementary functions of the Fur proteins in MSR-1. IrrB appears to be directly responsible for iron metabolism and homeostasis, and involved indirectly in magnetosome formation. Two IrrB-regulated networks (under high- and low-iron conditions) in MSR-1 cells are proposed that control the balance of iron and oxygen metabolism and account for the coexistence of five Fur-homologues.

Keywords

Magnetospirillum gryphiswaldense, iron response regulator (Irr), Fur superfamily, iron/oxygen balance, biomineralization.

---

*This study was supported by the National Natural Science Foundation of China (No. 31270093), National Undergraduate Innovation Program of China (No. 201310019010), and China Postdoctoral Science Foundation (No. 2015M570175). The authors are grateful to Professor Zhongzhou Chen, Dr. Zengqin Deng, and Dr. Yuan Zhou (China Agricultural University) for technical help, and to Dr. S. Anderson for English editing of the manuscript.

1. Introduction

Iron is an essential nutrient for most organisms. It is involved in crucial biological processes such as nitrogen fixation, oxygen transport, central metabolism, respiration, gene regulation, and DNA biosynthesis (Rudolph *et al.*, 2006). Under aerobic conditions at neutral pH, iron is metabolically unavailable because of its insoluble state (Guerinot, 1994; Papanikolaou and Pantopoulos, 2005). In cells, ferrous iron (Fe^{2+}) and ferric iron (Fe^{3+}) function respectively as electron donor and electron acceptor, maintaining a compatible redox potential for many biochemical reactions (Papanikolaou and Pantopoulos, 2005). Excess ferrous iron catalyzes the formation of reactive oxygen species (ROS) *via* the Fenton reaction, resulting in cell damage or death (da Silva *et al.*, 2009). Bacteria and other microorganisms have developed various systems to maintain iron homeostasis, of which the most studied is the ferric uptake regulator (Fur) system. In *Escherichia coli* and *Pseudomonas aeruginosa*, iron binds Fur to occupy its promoter and inhibit expression of Fur-controlled genes (Ochsner and Vasil, 1996; Hantke, 2001).

Magnetospirillum gryphiswaldense MSR-1, a Gram-negative α-proteobacterium, is capable of synthesizing unique intracellular magnetic nanoparticles composed of Fe_3O_4, termed magnetosomes (Jogler and Schüler, 2009). Biosynthesis of magnetosomes, whose membrane-bound magnetite nanocrystals are aligned in chain-like structures within the cell, requires assimilation of a large amount of iron from the surrounding environment (Schüler and Baeuerlein, 1998), while simultaneously avoiding potential toxic effects of surplus intracellular iron. Our *de novo* sequencing of the MSR-1 genome revealed the presence of five Fur homologues differing from those of *E. coli* and other non-magnetotactic bacteria (Wang *et al.*, 2014). The five candidate Fur proteins are assignable to three different subfamilies of the Fur superfamily (Uebe *et al.*, 2010). Only one of the proteins (MGMSRv2_3137[Fur]) is considered to be the real Fur protein; we have shown that Fur in *M. gryphiswaldense* directly regulates expression of several key genes involved in iron transport and oxygen metabolism and also functions in magnetosome formation (Qi *et al.*, 2012). Another of the five proteins (MGMSRv2_2136 [Zur]) belongs to the zinc uptake regulator (Zur) family (responsive to zinc). The other three proteins (MGMSRv2_1721 [IrrA], MGMSRv2_3149 [IrrB], MGMSRv2_3660 [IrrC]) are most closely related to the iron response regulator (Irr) family (responsive to heme). The physiological functions of the five homologues and the relationships among the five Fur proteins remain poorly understood.

We recently generated magnetosome-forming and non-magnetosome-forming variants of MSR-1 cells by modulating iron concentration in the medium, and performed complete transcriptome analysis of the two variants. Expression of the MGMSRv2_3149 gene (*irrB*) was significantly down-regulated under iron-rich and oxygen-poor (hypoxic) conditions. In the present study, to clarify the role of *irrB* in iron regulation and magnetite biomineralization in MSR-1, we successfully constructed its null strain and complemented strain. The mutant had reduced magnetosome formation, similar to the phenotype of a *fur*-like gene MGMSRv2_3137 (*fur*) deletion mutant. In contrast to Fur, IrrB may indirectly regulate genes involved in heme biosynthesis, iron storage, or yet-unknown pathways under high-iron conditions. We also performed quantitative real-time RT-PCR to assess and compare transcription levels of other *fur*-like genes in the mutant and wild-type (WT) cells. The findings indicate that IrrB in MSR-1 helps control both cell growth and magnetosome formation under varying iron concentrations. Coordination among the Fur proteins maintains the balance of iron and oxygen levels required for magnetosome formation.

2. Materials and Methods

2.1 Bacterial strains and growth conditions

Bacteria strains and plasmids used in this study are listed in Table 1. *M. gryphiswaldense* strain MSR-1 was cultured in sodium lactate medium (SLM) at 30℃ with shaking at 100 r/min (Rong *et al.*, 2008). Sterile ferric citrate was added as an iron source after autoclaving. *E. coli* strains were cultured in Luria broth (LB) at 37℃. The antibiotics used were: for *E. coli*, 100 μg/ml ampicillin (Amp), 50 μg/ml kanamycin (Km), 20 μg/ml gentamicin (Gm); for *M. gryphiswaldense*, Km, Gm, tetracycline (Tc), and nalidixic acid (Nx), each 5 μg/ml. Cell growth (OD_{565}) and magnetic response (C_{mag}) of MSR-1 were measured as described previously (Wang *et al.*, 2013).

Table 1　Strains and plasmids used in this study

Strain or plasmid	Description	Source or reference
Strains		
M. gryphiswaldense MSR-1	WT, Nx^r	DSM 6361
Δ*irrB*	*irrB*-defective mutant, Nx^r, Gm^r	present study
CF3149	complemented strain of Δ*irrB*, Nx^r, Gm^r, Tc^r	present study
Δ*fur*	*fur*-defective mutant, Nx^r, Gm^r	Qi *et al.*, 2012
E. coli DH5α	*endA1 hsdR17* ($r^- m^+$) *supE44 thi-1 recA1 gyrA* (Nal^r) *recA1* Δ(*lacZYA-argF*)*U169 deoR*[Ø80*dlacZ* ΔM15]	Hanahan, 1983
E. coli S17-1	*thiendArecAhsdR* with RP4-2-Tc::Mu-Km::Tn7 integrated in chromosome, Sm^r	(Simon *et al.*, 1983)
Plasmids		
pMD 18 T-simple	cloning vector; Amp^r	TaKaRa
pUCGm	pUC1918 carrying the *aacC1* gene, Gm^r	Schweizer, 1993
pUX19	suicide vector for *M. gryphiswaldense* MSR-1, Km^r	Zhang *et al.*,2005
pUXF	pUX19 containing Gm cassette, *irrB* upstream and downstream region, Km^r, Gm^r	present study
pRK415	broad host range cloning vector, Tc^r	Keen *et al.*, 1988
pRK415F	pRK415 containing *irrB* from *M. gryphiswaldense* MSR-1	present study

2.2 Construction of *irrB* deletion mutant (Δ*irrB*) and its complemented strain

Fragments 1,110 bp upstream and 1,114 bp downstream of *irrB* were amplified using primer sets F3149uF/F3149uR and F3149dF/F3149dR. The amplified upstream fragment digested by *Bam*H I and *Sac* I, amplified downstream fragment digested by *Sac* I and *Kpn* I, and gentamycin resistance cassette from pUCGm were ligated into the suicide vector pUX19 to form pUXF. Using *E. coli* S17-1 as donor strain, pUXF was introduced into MSR-1 WT by biparental conjugation. Colonies were screened and selected by Gm^r and Nx^r, and double-crossover was confirmed by PCR (Ding *et al.*, 2011; Rong *et al.*, 2012). The *irrB* deletion mutant was termed Δ*irrB*. To construct the complemented strain, *irrB* was amplified by primer f3149-F/ f3149-R and then ligated into the *Hin*d III and *Kpn* I sites of pRK415. The resulting plasmid pRKF was introduced into Δ*irrB* by biparental conjugation as described above. The $Gm^r Tc^r Nx^r$ colonies were confirmed by PCR, and the complemented strain was termed CF3149.

2.3 Transmission electron microscopy (TEM)

Cells were cultured in SLM for 15 h, coated on copper grids, washed twice with double-distilled H_2O, and observed directly by TEM (model JEM-1230; JEOL; Tokyo, Japan). Numbers and diameters of magnetosomes were analyzed statistically using Image J (National Institutes of Health; Bethesda, MD, USA), a Java-based image processing program (Wang *et al.*, 2013).

2.4 Iron content

MSR-1 WT, Δ*irrB*, and CF3149 strains were grown in SLM supplemented with 20 μmol/L, 40 μmol/L, or 60 μmol/L ferric citrate at 30℃ for 24 h, and harvested by centrifugation (8,000×*g*, 5 min). The precipitate was digested by nitric acid (Rong *et al.*, 2012; Wang *et al.*, 2013), and total cellular iron content was measured by inductively coupled plasma-optical emission spectrometry (ICP-OES) (Optima 5300DV; Perkin-Elmer; Waltham, MA, USA).

2.5 H_2O_2 tolerance

The three strains were cultured in SLM without ferric citrate, inoculated into 50 ml SLM containing 200 μmol/L, 300 μmol/L, 400 μmol/L, or 500 μmol/L H_2O_2, and cultured for 24 h at 30℃ with shaking. Optical density (OD_{565}), reflecting cell density, was measured using a spectrophotometer. Experiments were performed in triplicate.

2.6 RNA extraction and RT-qPCR

The WT and Δ*irrB* strains were grown in SLM without ferric citrate to an OD_{565} ~0.7. The culture was split; 30 μmol/L 2,2-dipyridyl (DIPy) was added to one half and 60 μmol/L ferric citrate to the other. Growth was continued for 2 h at 30℃, and the cells were harvested by centrifugation (12,000×g, 1 min, 4℃). Total RNA was isolated using Trizol reagent (Tiangen Biotech; Beijing, China) and reverse-transcribed into cDNA using M-MLV reverse transcriptase (Promega; Madison, WI, USA) as described previously (Wang *et al.*, 2013). mRNA transcripts were quantified by real-time RT-PCR (RT-qPCR), with the *rpoC* gene (which encodes RNA polymerase subunit β') as an internal control. RT-qPCR was performed with a LightCycler 480 RT-PCR system and LightCycler480 SYBR Green I Master Kit (Roche; Mannheim, Germany) according to the manufacturer's instructions. Gene names and numbers, encoded proteins, and primer names and sequences are listed in Tables S1 and S2 in the supplemental material. The transcription levels of selected genes were determined by the $2^{-\Delta\Delta Cp}$ method, where Cp is the crossing point, the point at which the fluorescense rises appreciably above the background fluorescence (Zhang *et al.*, 2012; Wang *et al.*, 2013).

3. Results

3.1 Amino acid sequence comparison of Fur proteins from various bacterial species

We focused on *irrB* because RNA-seq analysis identified it as the gene with the most striking differential expression under high-iron *vs.* low-iron conditions. The *irrB* gene in MSR-1 has 420 bp and encodes 139 amino acid residues. It is not located in the "magnetosome island" (MAI). In the MSR-1 genome, the neighbors of the IrrB protein are trimethylamine N-oxide (TMAO) reductase I (MGMSRv2_3148) and a conserved protein (MGMSRv2_3150) with unknown function. The bacterial localization prediction tool PSORTb (https://www.psort.org/psortb/) indicates that IrrB is in the cytoplasm. Sequence alignment of Fur-like proteins using the MicroScope platform (https://www.genoscope.cns.fr/agc/microscope) showed 61.4%, 40.2%, 26.8%, and 15.0% sequence identity of IrrB with IrrA, IrrC, Fur, and Zur, respectively.

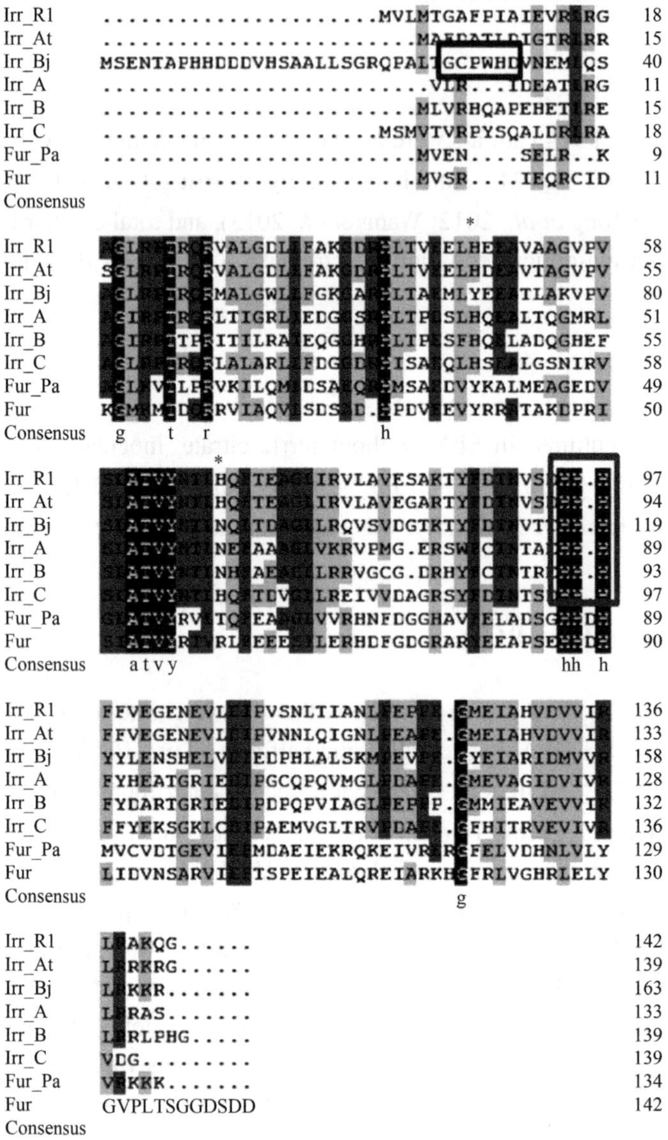

Fig. 1 Primary sequence alignment of Fur and Irr proteins by the ClustalW program
(Color figure in the two-dimensional code at the back cover)

Four Fur homologues were from *M. gryphiswaldense* MSR-1: MGMSRv2_3137 (Fur; accession No. YP_008939008), MGMSRv2_1721 (IrrA; accession No. YP_008937596), MGMSRv2_3149 (IrrB; accession No. YP_008939020), and MGMSRv2_3660 (IrrC; accession No. YP_008939529). One related Fur sequence was from *P. aeruginosa*: Fur-Pa; accession No. NP_253452. Three related Irr sequences were from *B. japonicum* (Irr-Bj; accession No. YP_005605653), *R. leguminosarum* (Irr-Rl; accession No. WP_017962725), and *A. tumefaciens* (Irr-At; accession No. WP_003493135). Black, pink, or blue shading indicates that eight, six, or less than five proteins (respectively) share the same amino acids at a given site. Red box: conserved histidine residue motif (HHH). Black box: heme regulatory motif (HRM). The second heme-binding site is indicated by red asterisk (*)

Amino acid sequences of Fur proteins from *M. gryphiswaldense* MSR-1 (including IrrA, IrrB, IrrC, and Fur), *P. aeruginosa* (Fur-Pa), Irr proteins from *Bradyrhizobium japonicum* (Irr-Bj), *Rhizobium leguminosarum*

(Irr-Rl), and *Agrobacterium tumefaciens* (Irr-At) were aligned using the ClustalX software program (Conway Institute, University College Dublin, Ireland). BlastP analysis revealed high identities of the IrrB amino acid sequence with those of Irr-Rl and Irr-At (48%), and moderate identities with those of Irr-Bj (41%) and Fur-Pa (30%). Fur and Fur-Pa contain the characteristic Fe-binding motif "His-His-Asp-His" (Fig. 1) that is conserved in all Fur/Mur orthologs in α-proteobacteria (Pohl *et al.*, 2003). IrrA, IrrB, and IrrC contain the histidine residue motif (HHH; red box in Fig. 1) that binds ferrous heme in Irr-Bj, Irr-At, and Irr-Rl, but not the heme regulatory motif (HRM; amino acid residues GCPWHD; black box in Fig. 1) that binds ferric heme in Irr-Bj(Bhubhanil *et al.*, 2012). The HHH motif is conserved in most Irr proteins, indicating that IrrA, IrrB, and IrrC may belong to this group. Both Irr-Rl and Irr-At have a second heme-binding site that consists of H48 and H68 in *R. leguminosarum* and H45 and H65 in *A. tumefaciens*. H48 and H68 are involved in oligomerization of Irr-Rl, whereas H45 and H65 are involved in the repression function of Irr-At (White *et al.*, 2011; Bhubhanil *et al.*, 2012). IrrC retains the two histidine sites, but IrrA and IrrB have only H41 and H45, respectively, in the second heme-binding site (red asterisk [*] in Fig. 1).

3.2 Reduction of growth rate and magnetosome formation in a *irrB*-deficient strain

To examine the role of IrrB in cell growth and magnetosome formation, we constructed a *irrB*-deficient strain (termed Δ*irrB*) and a complemented strain with *irrB* (termed CF3149). WT, Δ*irrB*, and CF3149 strains were cultured in medium supplemented with 60 μmol/L ferric citrate (high-iron condition) or 30 μmol/L 2, 2-dipyridyl (DIPy; low-iron condition). Under low-iron condition, growth rate of Δ*irrB* was roughly half that of WT and CF3149 (Fig. 2a). After 36 h incubation, OD_{565} of Δ*irrB* (0.685±0.156) was roughly half that of WT and CF3149. Under high-iron condition, growth rate of Δ*irrB* was 1.46-fold lower than that of WT and CF3149, and the highest OD_{565} value of Δ*irrB* (0.934±0.094) was somewhat lower than those of WT (1.459±0.019) and CF3149 (1.157±0.017) (Fig. 2b). These findings indicate that *irrB* deletion results in reduced growth rate, particularly under low-iron condition. Iron may function as a signal to activate IrrB. Growth rate was inhibited by low iron concentration and IrrB deficiency.

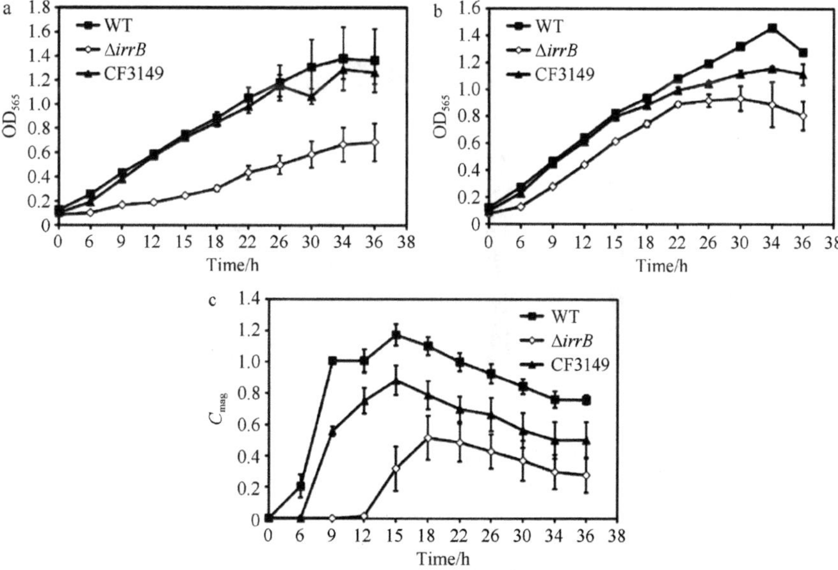

Fig. 2 a, b. Growth rates of MSR-1 strains WT, Δ*irrB* (*irrB*-deficient mutant), and CF3149 in culture with 30 μmol/L DIPy (low-iron condition) (a) or 60 μmol/L ferric citrate (high-iron condition) (b). c. Magnetic response (C_{mag}) under high-iron condition. Δ*irrB* showed clear reduction of growth and magnetosome formation under low-iron condition

Under low-iron condition, magnetic response values (C_{mag}) were zero for all three strains. Under high-iron condition, WT absorbed a large amount of iron, which was used for magnetosome synthesis; maximal C_{mag} in these cells was ~1.2. In contrast, maximal C_{mag} of Δ*irrB* was 0.516±0.140 at 18 h, and this strain first produced magnetism at 12 h, much later than WT and CF3149 (Fig. 2c). These findings indicate that *irrB* deletion inhibited magnetosome formation as well as growth rate.

3.3 Magnetosome phenotype in Δ*irrB*

TEM observations showed that mean magnetosome number (5.95±2.27) and diameter (17.70 nm± 5.97 nm) were significantly ($P<0.05$) in Δ*irrB* less than in WT and CF3149 (Fig. 3a~f; Table 2). Magnetosome number and size were also smaller in the *fur* deletion mutant (Δ*fur*) (Qi *et al.*, 2012). In comparison with Δ*irrB*, magnetosome size (14.69 nm±5.39 nm) was smaller but magnetosome number (8.74±4.34) was larger in Δ*fur* (Table 2; $P<0.05$).

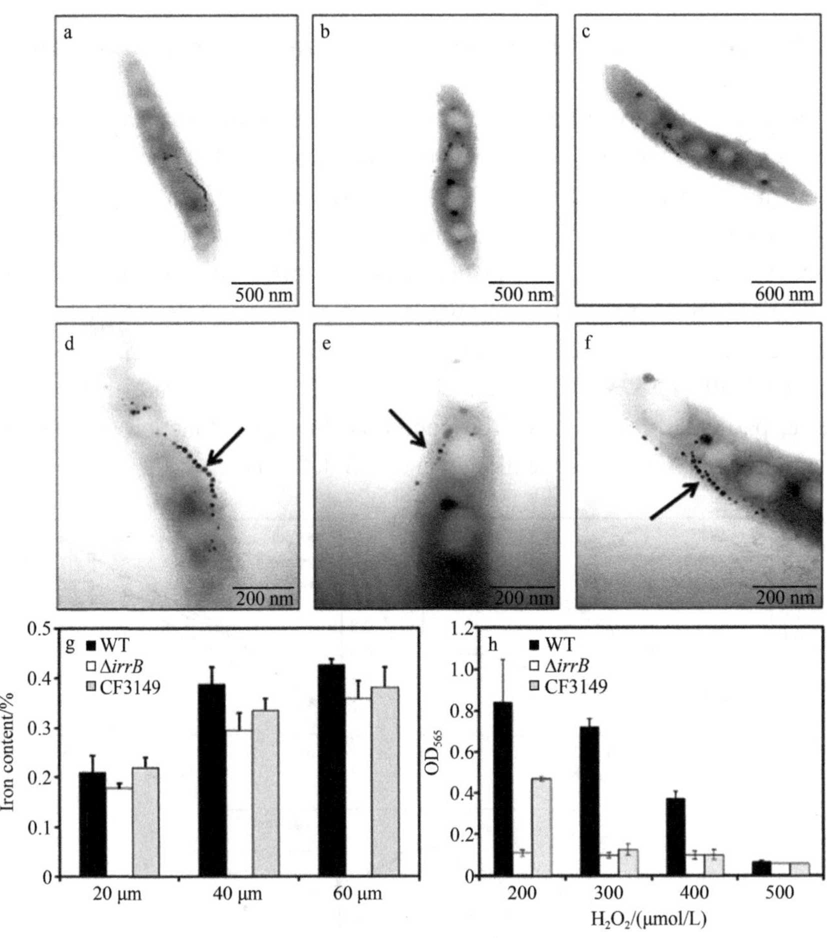

Fig. 3 TEM images, intracellular iron content, and H_2O_2 tolerance of the three MSR-1 strains

a~c: WT, Δ*irrB*, and CF3149 cells (respectively) viewed by conventional TEM. Scale bar=500 nm. d~f. WT, Δ*irrB*, and CF3149 cells at higher magnification; scale bar=200 nm. Arrows: magnetosomes. Magnetosome formation was notably reduced in Δ*irrB*. g. Cells were grown in SLM supplemented with 20 μmol/L, 40 μmol/L, or 60 μmol/L ferric citrate, and intracellular iron content was determined by ICP-OES. h. Cells were grown in SLM supplemented with four concentrations of H_2O_2 as shown, and OD_{565} was measured by spectrophotometry. Growth in 200 μmol/L H_2O_2 was normal for WT, greatly reduced (13% of WT value) for Δ*irrB*, and partially restored for complemented strain CF3149. In 300 μmol/L H_2O_2, growth was close to normal for WT (OD_{565}=0.7), but greatly reduced for Δ*irrB* and CF3149. Growth of all three strains was completely inhibited in 500 μmol/L H_2O_2. Experiments were performed in triplicate

These TEM observations were confirmed by culturing the three strains with 20 μmol/L, 40 μmol/L, and 60 μmol/L ferric citrate and measuring intracellular iron content by ICP-OES. For the three ferric citrate concentrations, iron content in Δ*irrB* was reduced by 15%, 24%, and 16% (respectively) in comparison with WT, whereas iron content in CF3149 was similar to that in WT (Fig. 3g). The iron content in Δ*fur* was reduced by ~37% in comparison with WT. The ratios for Δ*irrB* strain to that in the WT were slightly less. These findings indicate that intracellular iron content was reduced in Δ*irrB* and Δ*fur*. The large reduction in Δ*fur* may be due to disrupted transcription of the ferrous uptake system (*feoAB*) involved in magnetosome formation (Rong *et al*., 2008, 2012; Qi *et al*., 2012).

Table 2 Magnetosome diameters and numbers in four MSR-1 strains

Strain	Mean magnetosome diameter/nm	Mean magnetosome number
WT	24.69±6.49	14.03±2.12
Δ*irrB*	17.70±5.97	5.95±2.27
CF3149	24.60±6.97	10.90±3.31
Δ*fur*	14.69±5.39	8.74±4.34

Magnetite crystals were visualized by TEM in 45~60 cells per strain, and magnetosome size and number were measured using the Image J program. Both parameters differed significantly (P<0.05) for WT *vs*. Δ*irrB*.

3.4 Hypersensitivity of Δ*irrB* to oxidative stress

Fur proteins are typically involved in regulation of iron metabolism and responses to oxidative stress (Hantke, 2001). To clarify the role of IrrB in oxygen metabolism, we evaluated the effects of four H_2O_2 concentrations on growth of WT, Δ*irrB*, and CF3149. In culture with 200 μmol/L H_2O_2, WT growth was normal, whereas Δ*irrB* growth was greatly reduced (OD_{565} value ~13% that of WT) (Fig. 3h). The WT phenotype was partially complemented in CF3149. In culture with 300 μmol/L H_2O_2, OD_{565} of WT reached 0.7, whereas growth of Δ*irrB* and CF3149 was inhibited. In culture with 500 μmol/L H_2O_2, growth of all three strains was completely inhibited. These findings indicate that *irrB* deletion results in hypersensitivity to oxidative stress, similarly to the Δ*fur* phenotype. Sensitivity to H_2O_2 may result from intensity of the Fenton reaction through loss of *fur* genes. H_2O_2 promote Irr degradation in the presence of iron, and Irr degradation in response to H_2O_2 is heme-dependent (Yang *et al*., 2006). The *irrB* deficiency may lead to loss of cellular response to oxidative stress through regulation of heme biosynthesis, which would account for the greatly reduced growth of Δ*irrB*.

3.5 Transcription levels of *irrA*, *irrC*, and *fur* in Δ*irrB*

The *irrB* deletion did not eliminate magnetosome formation. To evaluate the effects of *irrB* deletion on other *fur* genes, we measured transcription levels of *irrA*, *irrC*, and *fur* in WT and Δ*irrB* under high- and low-iron conditions. The *zur* was excluded from this analysis because of its low amino acid sequence identity and the differing function of its protein Zur (predicted Zur for zinc homeostasis) relative to the other proteins. The primers used for RT-qPCR are listed in Table S1.

Under high-iron condition, the transcription level of *irrA* in Δ*irrB* was 5.5-fold higher (P<0.05) than that in WT (Fig. 4a). The transcription level of *irrC* was slightly higher and that of *fur* was slightly lower in Δ*irrB* relative to WT (Fig. 4a). Under low-iron condition, the transcription level of *irrA* was 2-fold higher, whereas those of *irrC* and *fur* were lower, in Δ*irrB* relative to WT (Fig. 4b). *irrA* is highly expressed in Δ*irrB* and may be complementary to *irrB* deletion regardless of high- *vs.* low-iron condition. Another possibility is that IrrB inhibits expression of *irrA*. *irrC* showed increased expression only under high-iron condition, and this expression was weaker than that of *irrA*. However, *fur* did not show any striking change in expression. A recent report indicates that Fur functions as a real Fur protein, like Fur-Pa, and differs from Irr proteins (Deng *et al.*, 2015).

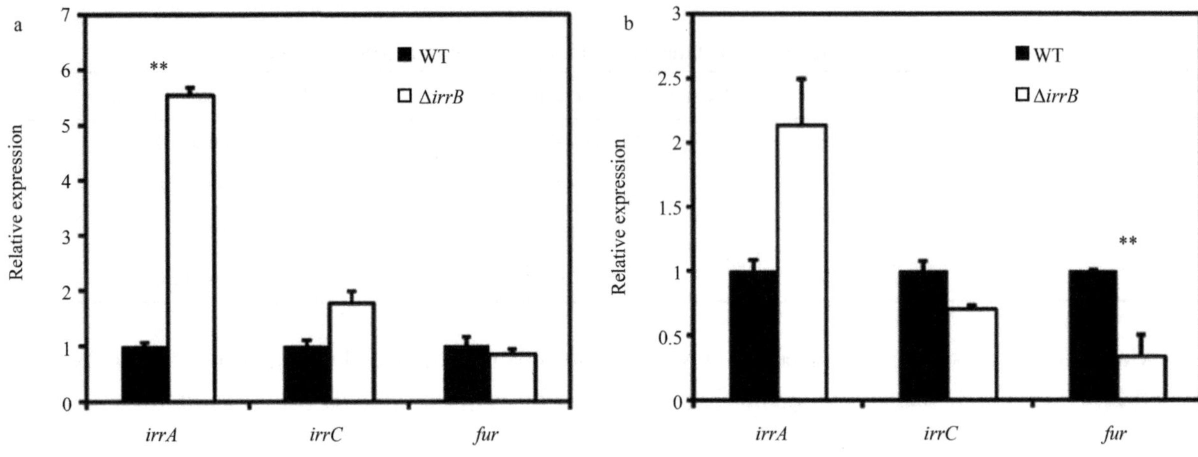

Fig. 4 Transcription levels of three *fur* and *fur*-like genes in WT and Δ*irrB* under high-iron (a) and low-iron (b) conditions
Means were compared using Student's *t*-test; differences with $P<0.05$ were considered significant. Under high-iron condition, *irrA* transcription level in Δ*irrB* was 5.5 fold higher than in WT ($P<0.05$). Under low-iron condition, *irrA* level was 2-fold higher but *irrC* and *fur* levels were lower in Δ*irrB* in comparison with WT

3.6 Regulation of IrrB

Iron response regulator (Irr) proteins bind conserved promoter sequences in the absence of iron, and can activate or repress expression of target genes (Lee and Helmann, 2007). The conserved DNA in the promoter of target genes has 17 bp and is termed the iron-control element (ICE) (Johnston *et al.*, 2007). Scanning of the entire MSR-1 genome did not reveal a gene promoter with ICE box, suggesting that Irr proteins may recognize different ICE motifs in MSR-1. Comparison with Irr-regulated gene sequences in non-magnetotactic bacteria (Peuser *et al.*, 2012; Jaggavarapu and O'Brian, 2014) revealed eight homologous genes in the MSR-1 genome. mRNAs transcribed from these genes were quantified by RT-qPCR. Under high-iron condition, Δ*irrB* showed 3.5-, 9.5-, and 17.6-fold lower expression of three *hem* genes (related to heme biosynthesis) and slightly higher expression of *nifU* gene (which encodes Fe-S cluster assembly scaffold protein NifU), in comparison with WT (Fig. 5a, black bars). Under low-iron condition, Δ*irrB* showed lower expression of genes involved in iron transport (*bhuA*), iron-sulfur assembly (*sufA*), and cysteine desulfurase (*nifS*) in nitrogen fixation, in comparison with WT (Fig. 5a, white bars); in particular, expression of *bhuA* (putative TonB-dependent receptor gene) was ~42-fold lower. These findings suggest that IrrB activates heme biosynthesis under high-iron condition and iron transport under low-iron condition. Expression levels of *hemB* and *nifU* were over 2-fold lower in Δ*irrB* than in WT regardless of the presence or absence of iron, suggesting that these genes are not direct targets of IrrB and are more strongly induced in the absence of Irr proteins.

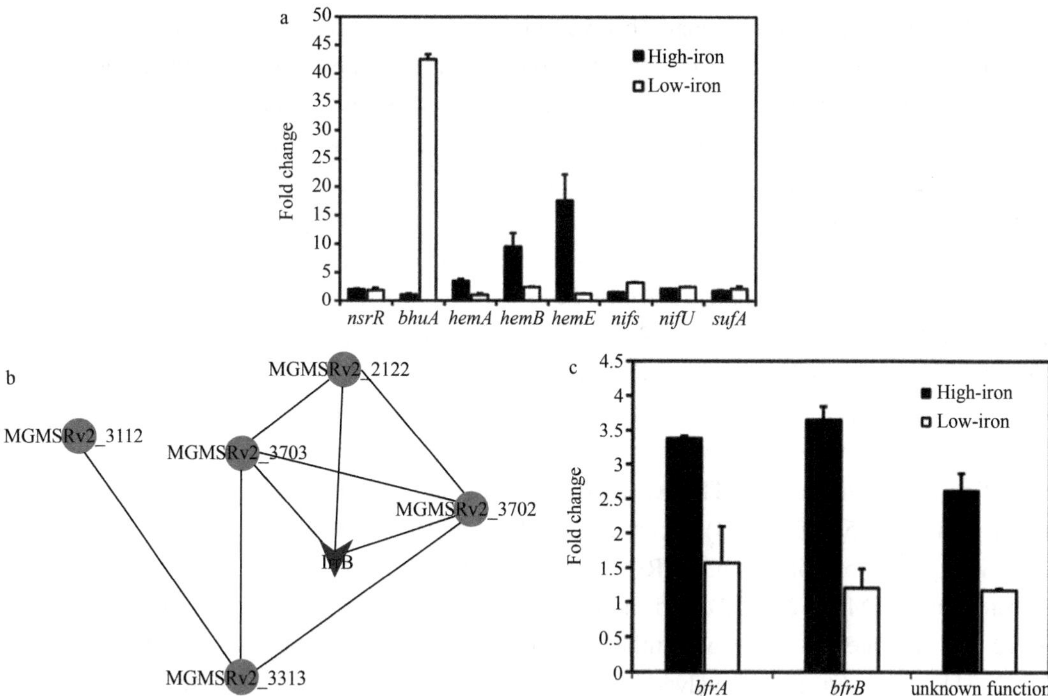

Fig. 5　Transcription patterns and predicted interactions among IrrB and related proteins (Color figure in the two-dimensional code at the back cover)

a. Relative expression (fold change) of eight genes in WT *vs.* Δ*irrB* under high-iron (black bars) and low-iron (white bars) conditions, evaluated by RT-qPCR. b. Predicted interactions among IrrB and related proteins using the online tool STRING 9.1. The network nodes are proteins encoded by MGMSRv2_3149 (*irrB*; red), MGMSRv2_2122, MGMSRv2_3112, MGMSRv2_3313, MGMSRv2_3702, and MGMSRv2_3703. Lines between nodes indicate predicted associations between the corresponding proteins. c. Relative expression (fold change) of *bfrA*, *bfrB*, and a gene with unknown function in WT *vs.* Δ*irrB* under high-iron and low-iron conditions, by RT-qPCR

4. Discussion

4.1　IrrB coordinates iron homeostasis and resistance to oxidative stress in MSR-1

Irr proteins are the major transcriptional regulators of iron-response reactions in rhizobia, and accumulate in cells under low-iron condition (Jaggavarapu and O'Brian, 2014). In the MSR-1 genome, three proteins encoded by MGMSRv2_1721, MGMSRv2_3149, and MGMSRv2_3660 were annotated as Irr homologues. To functionally characterize an Irr homologue, we constructed a *irrB* deletion mutant (Δ*irrB*) and its complemented strain CF3149.

Under low-iron condition, growth of Δ*irrB* was significantly reduced and *bhuA* gene was down-regulated, similarly to *A. tumefaciens* and *Brucella abortus* (Anderson *et al.*, 2011; Hibbing and Fuqua, 2011). In MSR-1, *bhuA* is annotated as a putative TonB-dependent receptor that is located in the outer membranes and facilitates acquisition of scarce resources in an energy-dependent manner (Lim, 2010). These findings suggest that IrrB is required for induction of *bhuA* transcription in response to low-iron condition, and that *irrB* deletion disrupts iron uptake.

In non-magnetotactic bacteria, under high-iron condition, heme binds the HHH motif to promote degradation of Irr and prevent accumulation of porphyrin precursor, whereas under low-iron condition Irr protein activates expression of genes involved in iron transport (Johnston *et al.*, 2007). The normal response to iron limitation presumably does not occur in Δ*irrB*, resulting in further reduction of the intracellular iron pool, similar to the decrease in total iron content observed in *B. japonicum* (Yang *et al.*, 2006), and striking growth inhibition. Thus, IrrB is responsible directly for iron homeostasis and indirectly for magnetosome formation.

Aside from the iron utilized for magnetosome formation (Schüler and Baeuerlein, 1998) and redox reactions (Braun, 2001), residual iron in Δ*irrB* was sufficient to trigger the Fenton reaction under H_2O_2 toxicity stress. The increased H_2O_2 sensitivity observed in Δ*irrB* may be related to disruption of heme biosynthesis. Lower expression of three *hem* genes showed that Fur activated heme biosynthesis. *nifU* and *nifS* are required for formation of Fe-S clusters for nitrogenase enzyme complex; NifU in particular provides Fe-S clusters to a variety of proteins (Poza-Carrion *et al.*, 2014). In the *suf* system, SufA carries Fe-S clusters and transfers them to target Fe-S apoproteins (Gupta *et al.*, 2009). Fe-S cluster assembly mediated by the *suf* system occurs under conditions of oxidative stress and iron limitation (Chahal *et al.*, 2009). Exposed Fe-S clusters are easily converted to unstable forms by oxygen species and disintegrated (Imlay, 2006). Indirect regulation of IrrB by *nifU*, *nifS*, and *sufA* may therefore be involved in sensing of redox state and/or oxidative stress by cells.

Application of the online tool STRING 9.1 (http://string-db.org) predicted interactions between IrrB and five other proteins (Fig. 5b; Table S3). According to the predicted network scheme, IrrB has direct intrinsic interactions with bacterioferritin (MGMSRv2_3702 [BfrA], MGMSRv2_3703 [BfrB]) and a protein with unknown function (MGMSRv2_2122), and indirect interactions with uroporphyrinogen decarboxylase HemE (MGMSRv2_3313) related to heme biosynthesis (Phillips *et al.*, 2003) and a predicted DNA polymerase I (MGMSRv2_3112). Two *bfr* genes involved in iron storage and an unknown gene showed higher expression in WT than in Δ*irrB* in the presence of iron, but RT-qPCR did not reveal striking expression changes in the absence of iron (Fig. 5c). The two *bfr* genes encode Bfr subunits similar to those in *E. coli* and *M. magnetotacticum* MS-1, which contain heme-binding sites and display ferroxidase activity related to intracellular iron accumulation in bacterioferritin (Rui *et al.*, 2012). The activation of *bfr* genes by IrrB under high-iron condition facilitates storage of surplus iron and helps maintain iron homeostasis.

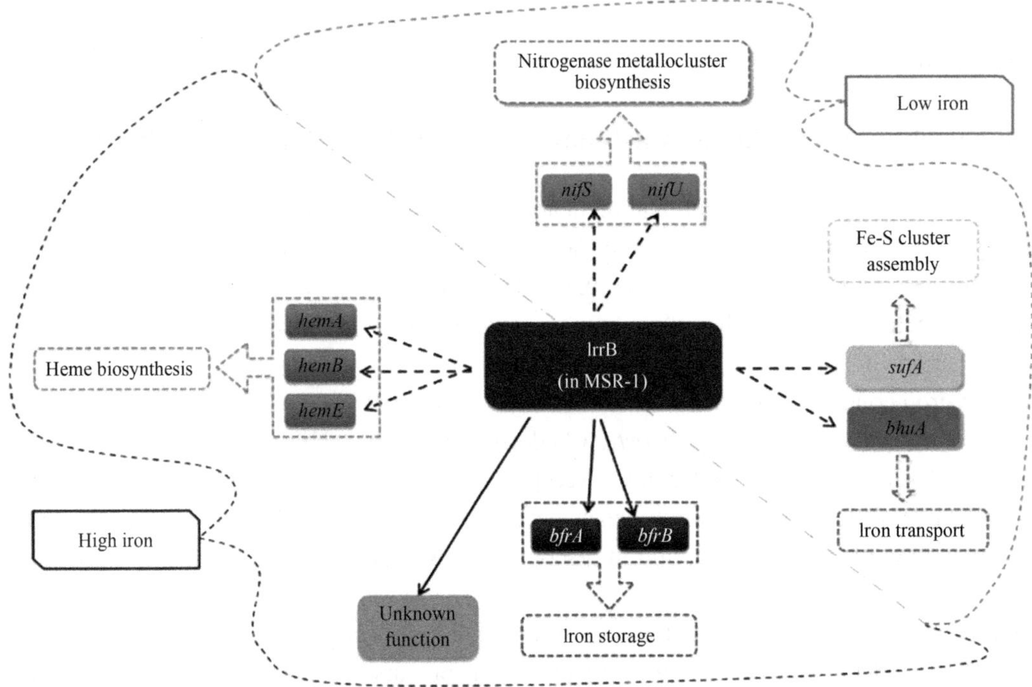

Fig. 6 Proposed IrrB-regulated networks in MSR-1 cells (Color figure in the two-dimensional code at the back cover)

Under high-iron condition, IrrB indirectly regulates genes for heme biosynthesis (*hemA*, *hemB*, *hemC*), iron storage (*bfrA*, *bfrB*), and an unknown pathway. Under low-iron condition, IrrB regulates genes for iron transport (*bhuA*), Fe-S cluster assembly (*sufA*), and nitrogenase metallocluster biosynthesis (*nifS*, *nifU*)

Iron level is closely associated with oxidative stress because iron, as part of the Fenton reaction, potentiates oxygen toxicity (Touati, 2000). Based on results of the present and previous studies, proposed IrrB-regulated networks in MSR-1 cells under high-iron and low-iron conditions are presented schematically in Fig. 6. Under high-iron condition, IrrB indirectly regulates genes involved in iron storage (*bfr*), heme biosynthesis (*hem*), and an unknown pathway to increase gene expression, thereby reducing oxidative stress from surplus iron. In addition, ROS promote heme production for IrrB degradation, to reduce oxidative stress through an unknown pathway. Under low-iron condition, transcriptional activation by IrrB of the TonB-dependent receptor *bhuA* allows cells to take up scarce resources from the medium and avoid iron starvation. Upregulated expression of *sufA* (for Fe-S cluster assembly) may help cells maintain normal metabolism and avoid oxidative stress. *nifS* and *nifU*, two genes associated with biosynthesis of nitrogenase metalloclusters, are also upregulated by IrrB.

We attempted to identify the gene-binding sequences of IrrB in MSR-1 based on related information from non-magnetotactic bacteria. Electrophoretic Mobility Shift Assay (EMSA) results indicate that IrrB affects expression of the genes shown in Fig. 6 in an indirect manner. It is possible that the regulon of IrrB differs from the ICE box in non-magnetotactic bacteria, and that the recognition sequence in the promoter is polytropic.

4.2 Proposed complementary roles of Fur homologues

Members of the Fur protein family are abundant and widespread in Gram-negative bacteria; they include Fur and Fur-like proteins that contain Irr, Zur, Mur, PerR, *etc*. (Rodionov *et al*., 2006). Non-magnetotactic bacteria typically have two or three Fur homologues, *e.g*., Fur and Zur in *E. coli*; Fur, Zur, and PerR in *Bacillus subtilis* (Bsat *et al*., 1998; Hantke, 2001). In striking contrast, the MSR-1 genome includes five coexisting Fur homologues. We considered possible explanations for this high number. Fur (encoded by MGMSRv2_3137) is a real Fur protein and regulates expression of genes involved in iron and oxygen metabolism (Qi *et al*., 2012). It has a unique sulfur-rich center that contains Cys9, Met14, and Met16, and is oxygen-sensitive (Deng *et al*., 2015). IrrB has Irr characteristics and may be stable under iron deficiency. Transcriptome analysis showed that *irrB* was notably down-regulated in the stationary phase of cell growth. Recently findings showed that expression levels of catalase gene *katG* and thiol peroxidase gene *tpx* at 18 h were higher in the presence than in the absence of 20 μmol/L ferric citrate, and were strikingly higher in the log phase of magnetosome formation (Wang *et al*., 2013). Reduced expression of IrrB may lead to synthesis of heme proteins such as catalases and peroxidases (which detoxify H_2O_2 and peroxides, respectively), and IrrB degradation may be related to oxidative stress (Yang *et al*., 2006). Blast analysis showed partial similarity of IrrC to peroxide-responsive repressor (PerR) in *Staphylococcus epidermidis*, and IrrC was implicated in peroxide stress response (Huang *et al*., 2007). In the present study, *irrA* expression was upregulated under low-oxygen (0.5% dissolved oxygen) and iron-rich conditions. These findings, taken together, indicate that IrrA and IrrC play important roles in regulation of oxygen balance.

The Fur and Fur-like proteins in MSR-1 presumably display division of labor and cooperativity under various iron and oxygen concentrations, as suggested by RT-qPCR analysis of *fur* and *fur-like* transcription levels. Fur primarily regulates iron transport and catalase and superoxide dismutase activities during oxidative stress response, whereas IrrB regulates heme biosynthesis, iron uptake, and iron storage. Ferrous iron (Fe^{2+}), which is required for Fur activity, serves as a co-repressor of Fur, whereas IrrB degradation may depend on iron. When one of the other Furs is deleted, IrrA and IrrC may perform complementary functions in iron uptake and biomineralization. This proposed scenario would account for the coexistence of Fur homologues in MSR-1.

References

Anderson E S, Paulley J T, Martinson D A, *et al.* 2011. The iron-responsive regulator Irr is required for wild-type expression of the gene encoding the heme transporter BhuA in *Brucella abortus* 2308. J Bacteriol, 193(19): 5359-5364.

Bhubhanil S, Ruangkiattikul N, Niamyim P, *et al.* 2012. Identification of amino acid residues important for the function of *Agrobacterium tumefaciens* Irr protein. FEMS Microbiol Lett, 335(1): 68-77.

Braun V. 2001. Iron uptake mechanisms and their regulation in pathogenic bacteria. Int J Med Microbiol, 291(2): 67-79.

Bsat N, Herbig A, Casillas-Martinez L, *et al.* 1998. *Bacillus subtilis* contains multiple Fur homologues: identification of the iron uptake (Fur) and peroxide regulon (PerR) repressors. Mol Microbiol, 29(1): 189-198.

Chahal H K, Dai Y Y, Saini A, *et al.* 2009. The SufBCD Fe-S scaffold complex interacts with SufA for Fe-S cluster transfer. Biochemistry, 48(44): 10644-10653.

da Silva N J F, Braz V S, Italiani V C, *et al.* 2009. Fur controls iron homeostasis and oxidative stress defense in the oligotrophic alpha-proteobacterium *Caulobacter crescentus*. Nucleic Acids Res, 37(14): 4812-4825.

Deng Z Q, Wang Q, Liu Z, *et al.* 2015. Mechanistic insights into metal ion activation and operator recognition by the ferric uptake regulator. Nat Commun, 6: 7642.

Ding Y, Li J H, Liu J N, *et al.* 2010. Deletion of the *ftsZ*-like gene results in the production of superparamagnetic magnetite magnetosomes in *Magnetospirillum gryphiswaldense*. J Bacteriol, 192(4): 1097-1105.

Guerinot M L. 1994. Microbial iron transport. Annu Rev Microbiol, 48: 743-772.

Gupta V, Sendra M, Naik S G, *et al.* 2009. Native *Escherichia coli* SufA, coexpressed with SufBCDSE, purifies as a [2Fe-2S] protein and acts as an Fe-S transporter to Fe-S target enzymes. J Am Chem Soc, 131(17): 6149-6153.

Hanahan D. 1983. Studies on transformation of *Escherichia coli* with plasmids. J Mol Biol, 166(4): 557-580.

Hantke K. 2001. Iron and metal regulation in bacteria. Curr Opin Microbiol, 4(2): 172-177.

Hibbing M E, Fuqua C. 2011. Antiparallel and interlinked control of cellular iron levels by the Irr and RirA regulators of *Agrobacterium tumefaciens*. J Bacteriol, 193(14): 3461-3472.

Huang Y J, Zhang W J, Jiang W, *et al.* 2007. Disruption of a *fur*-like gene inhibits magnetosome formation in *Magnetospirillum gryphiswaldense* MSR-1. Biochemistry (Moscow), 72(11): 1247-1253.

Imlay J A. 2006. Iron-sulphur clusters and the problem with oxygen. Mol Microbiol, 59(4): 1073-1082.

Jaggavarapu S, O'Brian M R. 2014. Differential control of *Bradyrhizobium japonicum* iron stimulon genes through variable affinity of the iron response regulator (Irr) for target gene promoters and selective loss of activator function. Mol Microbiol, 92(3): 609-624.

Jogler C, Schüler D. 2009. Genomics, genetics, and cell biology of magnetosome formation. Annu Rev Microbiol, 63: 501-521.

Johnston A B, Todd J, Curson A, *et al.* 2007. Living without Fur: the subtlety and complexity of iron-responsive gene regulation in the symbiotic bacterium *Rhizobium* and other α-Proteobacteria. BioMetals, 20(3-4): 501-511.

Keen N T, Tamaki S, Kobayashi D, *et al.* 1988. Improved broad-host-range plasmids for DNA cloning in Gram-negative bacteria. Gene, 70(1): 191-197.

Lee J W, Helmann J D. 2007. Functional specialization within the Fur family of metalloregulators. BioMetals, 20(3-4): 485-499.

Lim B L. 2010. TonB-dependent receptors in nitrogen-fixing nodulating bacteria. Microbes Environ, 25(2): 67-74.

Ochsner U A, Vasil M L. 1996. Gene repression by the ferric uptake regulator in *Pseudomonas aeruginosa*: cycle selection of iron-regulated genes. Proc Natl Acad Sci USA, 93(9): 4409-4414.

Papanikolaou G, Pantopoulos K. 2005. Iron metabolism and toxicity. Toxicol App Pharm, 202(2): 199-211.

Peuser V, Remes B, Klug G. 2012. Role of the Irr protein in the regulation of iron metabolism in *Rhodobacter sphaeroides*. PLoS One, 7(8): e42231.

Phillips J D, Whitby F G, Kushner J P, *et al.* 2003. Structural basis for tetrapyrrole coordination by uroporphyrinogen decarboxylase. EMBO J, 22(23): 6225-6233.

Pohl E, Haller JC, Mijovilovich A, *et al.* 2003. Architecture of a protein central to iron homeostasis: crystal structure and spectroscopic analysis of the ferric uptake regulator. Mol Microbiol, 47(4): 903-915.

Poza-Carrion C, Jimenez-Vicente E, Navarro-Rodriguez M, *et al.* 2014. Kinetics of *nif* gene expression in a nitrogen-fixing bacterium. J Bacteriol, 196(3): 595-603.

Qi L, Li J, Zhang WJ, *et al.* 2012. Fur in *Magnetospirillum gryphiswaldense* influences magnetosomes formation and directly regulates the genes involved in iron and oxygen metabolism. PLoS One, 7(1): e29572.

Rodionov D A, Gelfand M S, Todd J D, *et al.* 2006. Computational reconstruction of iron- and manganese-responsive transcriptional networks in α-Proteobacteria. PLoS Comput Biol, 2(12): e163.

Rong C B, Huang Y J, Zhang W J, *et al*. 2008. Ferrous iron transport protein B gene (*feoB1*) plays an accessory role in magnetosome formation in *Magnetospirillum gryphiswaldense* strain MSR-1. Res Microbiol, 159(7-8): 530-536.

Rong C B, Zhang C, Zhang Y T, *et al*. 2012. FeoB2 functions in magnetosome formation and oxidative stress protection in *Magnetospirillum gryphiswaldense* strain MSR-1. J Bacteriol, 194(15): 3972-3976.

Rudolph G, Hennecke H, Fischer H M. 2006. Beyond the Fur paradigm: iron-controlled gene expression in rhizobia. FEMS Microbiol Rev, 30(4): 631-648.

Rui H, Rivera M, Im W. 2012. Protein dynamics and ion traffic in bacterioferritin. Biochemistry, 51(49): 9900-9910.

Schüler D, Baeuerlein E. 1998. Dynamics of iron uptake and Fe_3O_4 biomineralization during aerobic and microaerobic growth of *Magnetospirillum gryphiswaldense*. J Bacteriol, 180(1): 159-162.

Schweizer H D. 1993. Small broad-host-range gentamycin resistance gene cassettes for site-specific insertion and deletion mutagenesis. Biotechniques, 15(5): 831-834.

Simon R, Priefer U, Pühler A. 1983. A broad host range mobilization system for *in vivo* genetic engineering: transposon mutagenesis in Gram negative bacteria. Nat Biotechnol, 1: 784-791.

Touati D. 2000. Iron and oxidative stress in bacteria. Arch Biochem Biophys, 373(1): 1-6.

Uebe R, Voigt B, Schweder T, *et al*. 2010. Deletion of a *fur*-like gene affects iron homeostasis and magnetosome formation in *Magnetospirillum gryphiswaldense*. J Bacteriol, 192(16): 4192-4204.

Wang Q, Liu J X, Zhang W J, *et al*. 2013. Expression patterns of key iron and oxygen metabolism genes during magnetosome formation in *Magnetospirillum gryphiswaldense* MSR-1. FEMS Microbiol Lett, 347(2): 163-172.

Wang X, Wang Q, Zhang W J, *et al*. 2014. Complete Genome Sequence of *Magnetospirillum gryphiswaldense* MSR-1. Genome Announc, 2(2): e00171-14.

White G F, Singleton C, Todd J D, *et al*. 2011. Heme binding to the second, lower-affinity site of the global iron regulator Irr from *Rhizobium leguminosarum* promotes oligomerization. FEBS J, 278(12): 2011-2021.

Yang J, Panek H R, O'Brian M R. 2006. Oxidative stress promotes degradation of the Irr protein to regulate haem biosynthesis in *Bradyrhizobium japonicum*. Mol Microbiol, 60(1): 209-218.

Yang J H, Sangwan I, Lindemann A, *et al*. 2006. *Bradyrhizobium japonicum* senses iron through the status of haem to regulate iron homeostasis and metabolism. Mol Microbiol, 60(2): 427-437.

Zhang W J, Santini C L, Bernadac A, *et al*. 2012. Complex spatial organization and flagellin composition of flagellar propeller from marine magnetotactic ovoid strain MO-1. J Mol Biol, 416(4): 558-570.

Zhang Y P, Pohlmann E L, Roberts G P. 2005. GlnD is essential for NifA activation, NtrB/NtrC-regulated gene expression, and posttranslational regulation of nitrogenase activity in the photosynthetic, nitrogen-fixing bacterium *Rhodospirillum rubrum*. J Bacteriol, 187(4): 1254-1265.

Supplemental material: http://dx.doi.org/10.1128/AEM.02585-15

本文原载: Appl Environ Microbiol, 2015, 81(23): 8044-8053.

Transcriptome Analysis Reveals Physiological Characteristics Required for Magnetosome Formation in *Magnetospirillum gryphiswaldense* MSR-1*

Xu Wang[1, 3], Qing Wang[1, 3], Yang Zhang[1, 3], Yinjia Wang[2], Yuan Zhou[1], Weijia Zhang[1, 3], Tong Wen[1, 3], Li Li[1, 3], Meiqing Zuo[1,3], Ziding Zhang[1], Jiesheng Tian[1,3], Wei Jiang[1,3], Ying Li[1, 3], Lei Wang[2], Jilun Li[1, 3]

(1. State Key Laboratory for Agrobiotechnology, College of Biological Sciences, China Agricultural University, Beijing, 100193, China; 2. Tianjin Biochip Corporation, Tianjin, 300457, China; 3. France-China Bio-Mineralization and Nano-Structure Laboratory, Beijing, 100193, China)

Abstract

Magnetosome synthesis ability of *Magnetospirillum gryphiswaldense* MSR-1 in an autofermentor can be precisely controlled through strict control of dissolved oxygen concentration. In this study, using transcriptome data we discovered gene transcriptional differences and compared physiological characteristics of MSR-1 cells cultured under aerobic (high-oxygen) and microaerobic (low-oxygen) conditions. The results showed that 77 genes were up-regulated and 95 genes were down-regulated significantly under microaerobic situation. These genes were involved primarily in the categories of cell metabolism, transport, regulation, and unknown-function proteins. The nutrient transport and physiological metabolism were slowed down under microaerobic condition, whereas dissimilatory denitrification pathways were activated and supplemental energy was made available for magnetosome synthesis. The result suggested that the genes of magnetosome membrane proteins (Mam and Mms) are not directly regulated by oxygen level, or are constitutively expressed. A proposed regulatory network of differentially expressed genes reflects the complexity of physiological metabolism in MSR-1, and suggests that some yet-unknown functional proteins play important roles such as ferric iron uptake and transport during magnetosome synthesis. The transcriptome data provides a holistic view of the responses of MSR-1 cells to differing oxygen levels. This approach will give new insights into general principles of magnetosome formation.

Keywords

Magnetospirillum gryphiswaldense, transcriptome, magnetosome, iron/oxygen balance, physiological metabolism.

1. Introduction

Magnetotactic bacteria (MTB) comprise a diverse group of Gram-negative bacteria characterized by

*This study was supported by the National Natural Science Foundation of China (No. 30970043, 31270093 and 31570037) and National Undergraduate Innovation Program of China (No. 201510019046).

unique biomineralizing organelles termed magnetosomes that are involved in passive magnetic response of the cells (Bazylinski and Frankel, 2004; Lefèvre and Bazylinski, 2013). On the basis_of their magnetic properties, magnetosomes are being developed as a new type of biomaterial with a variety of industrial and commercial applications (Faivre *et al.*, 2008). The MTB exist widespread in natural environment and plays important roles in biological mineralization (Lin *et al.*, 2012).

Magnetosome synthesis is controlled by expression of specific genes located in a genomically conserved region termed the "magnetosome island" (MAI) (Schübbe *et al.*, 2003). Nearly all MTB species have a highly conserved MAI containing the essential operon *mamAB* along with the less conserved operons *mamXY*, *mamGFDC*, and *mms6* (Jogler and Schüler, 2009). Recombinant non-magnetosome strain *Rhodospirillum rubrum* by transferring these operons into successfully synthesized magnetosomes (Kolinko *et al.*, 2014). In addition, genes out of MAI also play essential roles in the biomineralization process include *fur* (encoding ferric uptake regulator Fur) (Uebe *et al.*, 2010; Qi *et al.*, 2012), *feoAB2* (encoding ferrous iron transport protein) (Rong *et al.*, 2008, 2012), and *fer* (encoding ferric reductase) (Zhang *et al.*, 2013). Denitrification genes also affect magnetosome formation, and particularly *nap* genes (encoding periplasmic nitrate reductases) involved in redox reactions (Li *et al.*, 2012, 2013; Raschdorf *et al.*, 2013). Environmental factors that affect magnetosome formation include initial Fe availability, temperature, and ultraviolet-B radiation (Faivre *et al.*, 2008; Baumgartner *et al.*, 2013; Wang *et al.*, 2013; Moisescu *et al.*, 2014).

Previous studies have shown that magnetosome development requires low oxygen concentration (Schüler and Baeuerlein, 1998; Yang *et al.*, 2013). In submerged culture of MSR-1, relative dissolved oxygen concentration (dO_2) <1% was required for magnetosome formation (Zhang *et al.*, 2011). Our study demonstrated coordination, co-dependence, and balance of oxygen and iron metabolism gene activity in MSR-1 during magnetosome synthesis, and suggested that oxygen level affects expression of iron metabolism genes because of coupling between the two metabolic pathways (Wang *et al.*, 2013). Questions remaining to be answered include: (i) How many genes are involved in the process of magnetosome synthesis in MTB? (ii) What are the functions of major iron and oxygen metabolic pathway genes during MTB growth and magnetosome formation? (iii) How do MTB avoid or mitigate oxidative stress?

We found that the magnetosome formation ability of MTB in an autofermentor can be precisely regulated through strict control of dO_2 (Zhang *et al.*, 2011). In the present study, we evaluated the effect of oxygen on metabolism and magnetosome formation in cultured MSR-1 cells by comparison of transcriptome data under aerobic and microaerobic culture conditions. We generated temporary models to examine the effects of different concentrations of oxygen on magnetosome synthesis. Transcriptome data provides insights into biomineralization processes at the cellular level, and into differences of physiological metabolism in MSR-1 *vs.* non-magnetotactic bacteria.

2. Results and Discussion

2.1 Two types of MSR-1 cells obtained

The culture strategy for MSR-1 cells in a 7.5 L autofermentor was described in our report (Zhang *et al.*, 2011). dO_2 values 30% and 0.5% were attained by cascading of two fermentation parameters, dO_2 and agitation speed; *i.e.*, agitation speed was adjusted according to dO_2 setting to keep dO_2 relatively constant during the cell growth period. Cells reached similar final densities OD_{565} ~20 after 44 h culture under two different dO_2 conditions (Fig. 1a). Although cells grew well under both conditions, magnetic response could be measured only under the lower dO_2 condition, which gave maximal magnetic response value (C_{mag}) 1.8 at 24 h

(Fig. 1b). The color of the cellular sediment was pale yellow under high-oxygen condition (aerobic) and black under low-oxygen (hypoxic) condition (micro-aerobic) (Fig. 1c). Transmission electron microscope (TEM) observation confirmed that magnetosomes were synthesized at dO_2 0.5%. Because of "black color" interference with light absorption in magnetosome-producing cells, dry weight was very similar for the two samples; however, OD_{565} was higher for the microaerobic than the aerobic cells (Fig. 1d). At extended (44 h) culture time, dry weight was 0.39-fold higher for aerobic than for microaerobic cells. Thus, adjustment of a single variable, dO_2, effectively controlled the ability of cells to synthesize magnetosomes. Based on sampling of cell growth status at 4-h intervals, we selected the 24-h cells (arrow in Fig. 1a, Fig. b) for subsequent RNA-seq.

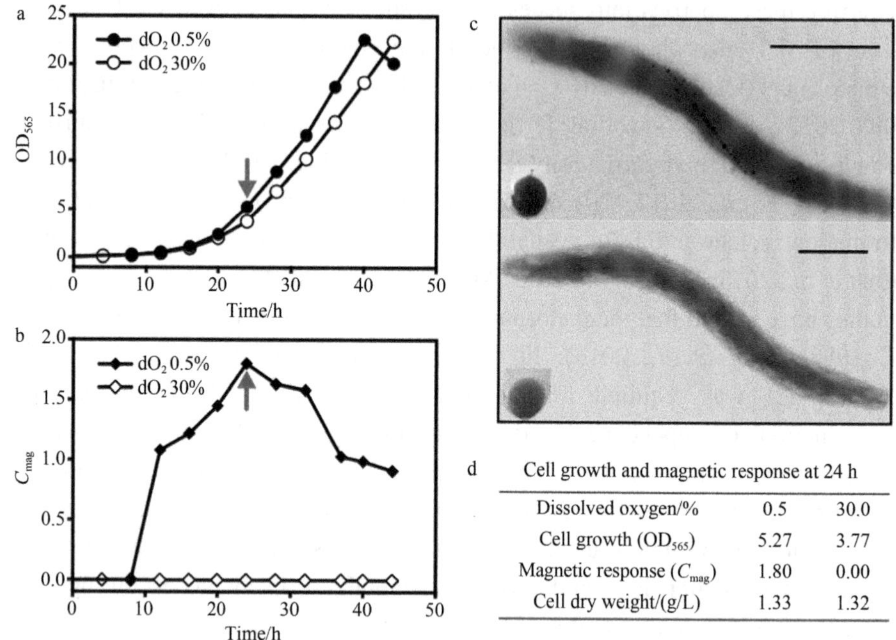

Cell growth and magnetic response at 24 h		
Dissolved oxygen/%	0.5	30.0
Cell growth (OD_{565})	5.27	3.77
Magnetic response (C_{mag})	1.80	0.00
Cell dry weight/(g/L)	1.33	1.32

Fig. 1 MSR-1 culture in 7.5 L autofermentor under dissolved oxygen concentrations (dO_2) 30% and 0.5%

M. gryphiswaldense strain MSR-1 (DSM6361) were grown in a 7.5 L autofermentor. Medium and basic control strategy for fed-batch MSR-1 culture were described in our report (Zhang *et al.*, 2011). Prior to inoculating, medium was supplied with sufficient ventilation (agitation speed of 200r/min and air flow of 1 L/min) to ensure oxygen saturation. Initial dO_2 was calibrated as 100% after pumping inoculum into the fermentor. Agitation speed was maintained at 200 r/min and ventilation was maintained at 0.5 L/min until dO_2 fell to 30% (aerobic condition) or 0.5% (microaerobic condition). dO_2 values 30% and 0.5% were defined as aerobic condition as microaerobic condition, respectively. Fermentation broth were sampled every 4 h. a. Cell growth curve based on OD_{565} measurement. Similar growth trends were observed in two batch cultures with high and low oxygen level. Arrow: sampling time. Cell density (OD_{565}) was measured using a UV-VIS spectrophotometer. b. Magnetic response (C_{mag}) under the two conditions. Under microaerobic condition, C_{mag} was maximal at 24 h. Under aerobic condition, no magnetic response was observed. Magnetic response C_{mag} was calculated by measuring maximum and minimum scattering intensities as described previously (Schüler *et al.*, 1995). c. TEM observations at 24 h. Most cells synthesized mature magnetosome chains. Under micro-aerobic condition, cell sediment appeared black. Bar: 1 μm. d. Comparisons of cell growth (OD_{565}), C_{mag}, and dry weight at 24 h under the two conditions

2.2 General assessment of transcriptome dataset and differentially expressed genes

Two sets of transcriptome data achieved by RNA-seq were obtained: (i) 8,707,290 reads, 1.74 Gb, for aerobic cells and (ii) 9,556,044 reads, 1.91 Gb, for microaerobic cells. Following quality control of the two datasets, mapping ratios for 99% of both the high-oxygen and low-oxygen transcriptomes were further analyzed.

A total of 172 genes with significant differential expression were found: 77 up-regulated and 95 down-regulated, comprising 1.81% and 2.23%, respectively, of total MSR-1 genes under microaerobic condition (Fig. 2a). As shown in Fig. 2b, transcription of 13 genes (blue solid circles) was up-regulated and that of 10 genes (orange solid circles) was down-regulated under microaerobic condition, with fold change >10 or<0.1. 10 genes (blue solid triangles) were transcribed only under microaerobic condition: MGMSRv2_0251, MGMSRv2_0273, MGMSRv2_1392, MGMSRv2_1393, MGMSRv2_1402, MGMSRv2_1431, MGMSRv2_2047, MGMSRv2_2283, MGMSRv2_2755, and MGMSRv2_2833. Among these, MGMSRv2_0273 has

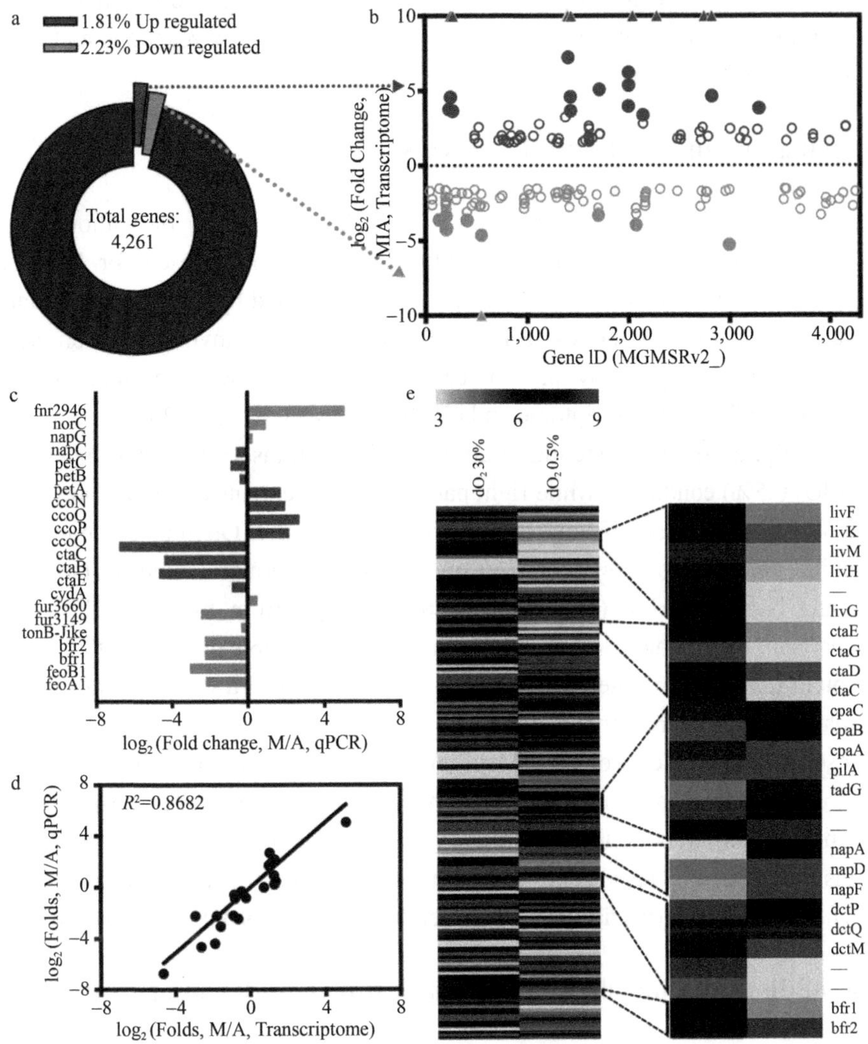

Fig. 2 Significant differentially expressed genes under the two oxygen conditions
(Color figure in the two-dimensional code at the back cover)

a. Percentages (relative to total MSR-1 genes) of up-regulated (blue) and down-regulated (orange) genes under microaerobic condition. b. Relative physical distances between significant differentially expressed genes in the MSR-1 genome. *X*-axis: ending number of gene name; *e.g.*, 1000=MGMSRv2_1000. *Y*-axis: log2 of fold change of gene transcription in comparison of microaerobic to aerobic condition (M/A). Open circles represent up-regulated genes (blue) with fold change between 2 and 10, and down-regulated genes (orange) with fold change between 0.5 and 0.1. Solid circles represent genes with fold change >10 or <0.1. Solid triangles represent genes that are transcribed only under microaerobic (blue) or aerobic (orange) condition. c. The relative transcription level by qPCR of 22 randomly selected genes. *Y*-axis: gene names. Blue bars: iron metabolism. Red bars: oxygen metabolism. Green bars: denitrification. *X*-axis: $\log_2$ of fold change for M/A comparison. qPCR was performed with a LightCycler 480 RT-PCR system using SYBR Green I Master Kit. Cp values were generated automatically using the Abs Quant/2 nd Derivative Max program of the LightCycler 480 software. Relative expression levels of different genes were calculated by the $2^{-\Delta\Delta Cp}$ method (Wang *et al.*, 2013). Data shown are means of three replicates. d. Correlation of fold changes of gene transcription based on transcriptome and qPCR data; resulted in R^2 ~0.87. e. Heat map of all differentially expressed genes from the MeV (MultiExperiment Viewer) program (Eisen *et al.*, 1998). The color gradient change ruler represents $\log_2$ (FPKM, expected number of fragments per kilobase of transcript sequence per millions base pairs sequenced), set from yellow (3), to black (6), to blue (9). Left panel: $\log_2$ for clustering of all differentially transcribed genes under the two conditions. Right panel: enlargement of indicated portions of left panel, and names of operons with significant transcriptional differences unknown function, while the others are annotated as ABC transporter, denitrification system component, electron transport protein, or ATP synthase. One gene (orange solid triangle: MGMSRv2_0548, annotated as cytochrome c oxidase assembly protein CtaG) was transcribed only under aerobic condition. There were 54 up-regulated genes (blue open circles) with fold change between 2 and 10, and 84 down-regulated genes (orange open circles) with fold change between 0.1 and 0.5. These findings indicate that the two types of cells differ significantly in intracellular metabolism, primarily in terms of redox reactions and energy metabolism. All differentially expressed genes were showed in Table S1.

2.3 Clustering analysis of differentially expressed genes

To assess the reliability of transcriptome data, two kinds of cell with or without magnetosome were independently cultured and obtained as same procedure as cell samples used for RNA-seq experiments. Relative transcription levels of 22 randomly selected genes were studied by real-time quantitative PCR (qPCR, the primers are listed in Table S2). In the resulting graph (Fig. 2c), genes involved in iron metabolism, oxygen metabolism, and denitrification pathway are indicated respectively by blue, red, and green bars. The correlation of fold change (R^2) for transcriptome and qPCR data was 0.87 (Fig. 2d).

The left panel of Fig. 2e shows clustering of all differentially transcribed genes under aerobic (dO_2 30%) and microaerobic (dO_2 0.5%) conditions while right panel are enlargements of certain portions of the left panel and displays several operons with significant transcriptional differences. Operons for leucine/isoleucine/valine branched-chain amino acid transport system (*liv*), cytochrome c terminal oxidase (*cta*), C4-dicarboxylate transporter (*dct*), and bacterioferritin (*bfr*) showed color change from blue to yellow in the aerobic to microaerobic comparison, indicating down-regulation under microaerobic condition. Conversely, *Caulobacter* pilus assembly protein (*cpa*) and nitrate reductase (*nap*) operons showed color change from yellow to blue, indicating up-regulation under microaerobic condition.

The magnetosome membrane proteins (Mam and Mms) are involved in magnetosome membrane biogenesis, magnetosome chain arrangement, and biomineralization (Murat *et al*., 2010). The transcriptome data did not reveal significant differences in transcription levels of *mam* and *mms* genes (Table S3). Possible explanations for this finding are: (i) these genes are constitutively expressed; (ii) their transcription levels are not regulated by oxygen concentration; (iii) difference between two tested cells did not exist at the time of sampling.

2.4 Activation of dissimilatory denitrification pathway under microaerobic condition

Genomic data indicate the co-existence of assimilatory and dissimilatory nitrate reduction (denitrification) pathways in MSR-1. The transcriptome data indicated the assimilatory pathway was silent because the culture medium did not contain nitrate as a nitrogen source. However, the dissimilatory pathway was clearly activated by a hypoxia signal. Eight genes involved in the dissimilatory nitrate reduction pathway were up-regulated under low-oxygen condition; most of these genes had transcription fold changes >10, in particular, MGMSRv2_1402 and MGMSRv2_2833, were transcribed only under low oxygen.

MSR-1 has all four operons of the dissimilatory denitrification pathway: *nap* (periplasmic nitrate reductase), *nir* (nitrite reductase), *nor* (nitric oxide reductase), and *nos* (nitrous oxide reductase). Comparison of denitrification pathway operons of MSR-1, AMB-1, SO-1, and three species of non-magnetotactic bacteria (*Rhodospirillum rubrum*, *R. centenum*, and *E. coli*) in Fig. 3a. All four operons are present in the three *Magnetospirillum* strains, whereas *nir* is missing in *R. centenum* and *nos* is missing in *E. coli*. No denitrification pathway genes were found in *R. rubrum*. The greatest degree of gene homology in the four operons was found among the three *Magnetospirillum* strains, with protein identity >50% (Fig. S1A, Fig. S1B). *R. centenum* had homologous genes in the *nap* and *nos* operons (Fig. S1C). *E. coli* had homologous genes only in the *nap* operon (Fig. S1D). These findings indicate that components of the denitrification pathway are highly conserved and complete in the genus *Magnetospirillum*, and these bacteria have a strong capacity to utilize nitrate as terminal electron acceptor for generation of energy. Although, many bacteria do not produce magnetosomes and use nitrate as terminal electron acceptor for generation of energy, however, compared MTB with non-magnetic bacteria, there are differences in composition of the operons of dissimilatory denitrification pathway.

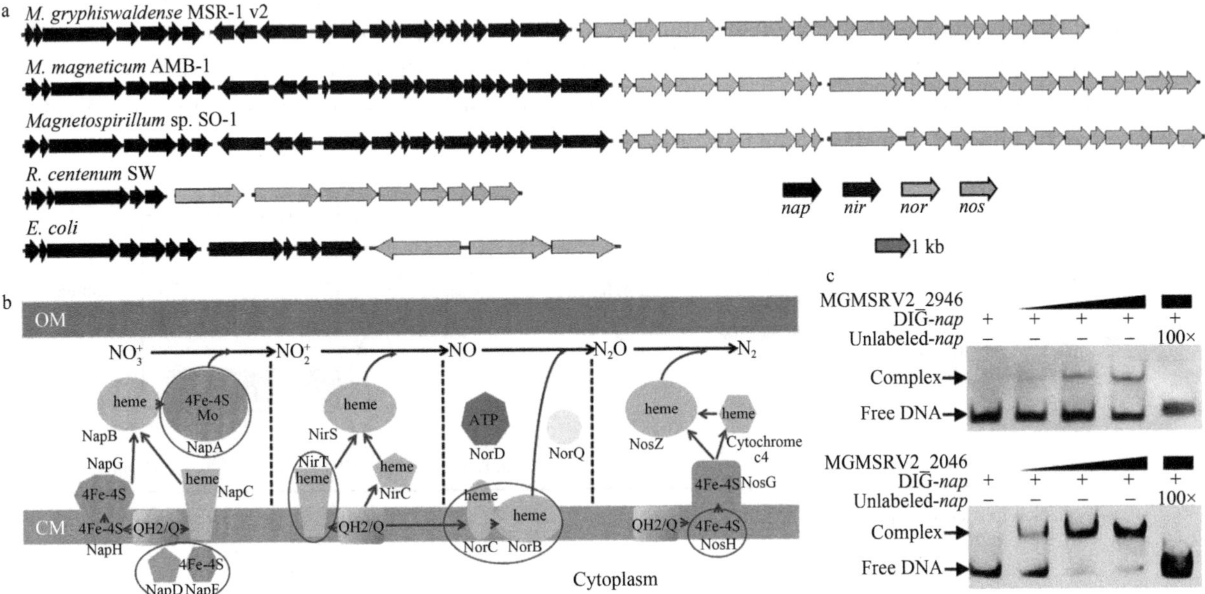

Fig. 3　Denitrification pathway in MSR-1 cells, and comparisons with other bacterial strains
(Color figure in the two-dimensional code at the back cover)

a. Gene components of denitrification pathway in MSR-1, *Magnetospirillum* strain AMB-1, *Magnetospirillum* strain SO-1, *R. rubrum* ATCC 11170, *R. centenum* SW, and *E. coli* K12. Arrows: denitrification operons *nap* (black), *nir* (red), *nor* (green), and *nos* (yellow), encoding enzymes or auxiliary components for conversion of nitrate to nitrogen. Gray arrow: gene length 1 kb. None of the four operons is present in *R. rubrum*. Protein identities of homologous genes: see Fig. S1. b. Denitrification pathway of MSR-1 (schematic), based on MSR-1 genome analysis and denitrification pathways in other bacteria. Substance conversion occurs in periplasm, formed and surrounded by outer membrane (OM) and cytoplasmic membrane (CM). Red arrows: direction of electron flow. Reducing electrons are donated from the quinone pool. Nitrate, nitrite, nitric oxide and nitrous oxide serve as receptors. Most proteins have the ability to bind with heme, or contain Fe-S cluster. Blue ellipses indicate proteins whose gene transcription is up-regulated under microaerobic condition. Fold change of these genes (except *norB*) is >10. c. Confirmation by EMSA of MGMSRv2_2946 and MGMSRv2_2046 binding upstream of *nap* operon *in vitro*. For MGMSRv2_2946, purified protein was added in a gradient of 0 ng, 20 ng, 100 ng, and 500 ng (lanes 1 to 4). Lane 5: 500 ng protein and 100-fold unlabeled probe added for competition experiment. For MGMSRv2_2046, 0 ng, 2 ng, 10 ng, 50 ng purified protein was added in a gradient of 0 ng, 2 ng, 10 ng, and 50 ng. Lane 5: 500 ng protein and 100-fold unlabeled probe added for competition experiment

A schematic diagram of a proposed denitrification pathway in MSR-1 based on the genome and transcriptome data is shown in Fig. 3b. Most proteins can bind to heme (light orange) or have a Fe-S cluster (pale violet red). Red arrows represent transport of electrons donated from the quinone pool. Black arrows represent transformation from nitrate to dinitrogen. Genes for blue-circled proteins (NapA, NapD, NapF, NirT, NorC, NorB, NosH) are significantly up-regulated under microaerobic condition. The chemical substrates such as nitrate and nitrite can serve as terminal electron acceptors, and respiratory substrates may be produced by internal metabolism in MSR-1 cells. As reported that deletion of operon like *nap*, *nor*, or genes like *nirS*, *nosZ*, impeded biomineralization process in MSR-1 under tested microaerobic or anaerobic conditions (Li *et al.*, 2012, 2013). Besides of for energy production, dissimilatory denitrification possibly involves in redox reaction or other unknown functions contributing to magneotosome synthesizing.

MgFnr (fumarate and nitrate reductase regulator of MSR-1, MGMSRv2_2946) is involved in transcription control of denitrification pathway genes (Li *et al.*, 2014). The Fnr binding site in MSR-1 is located upstream of the *nap*, *nir*, *nor*, and *nos* operons (Table S4). We also found another Fnr (MGMSRv2_2046) in MSR-1 and preliminary verified that the two proteins bind upstream of the *nap* operon *in vitro* respectively by electrophoretic mobility shift assay (EMSA) (Fig. 3c).

However, the MGMSRv2_2946 and MGMSRv2_2046 have low similarity and later protein have no N terminal conserved amino acid in Fnr proteins, which indicates that MGMSRv2_2046 may sense signals different from MgFnr (MGMSRv2_2946). Further investigation of MGMSRv2_2046 have been performed to demonstrate detailed regulatory model on dissimilatory denitrification operons. It seems that a multi-regulatory system of denitrification pathways apparently functions in MSR-1. The linear series of auxiliary reactions provides alternative modes of energy generation when oxygen is limited. As long as substrate is present, the pathway may be initiated from any of the four operons.

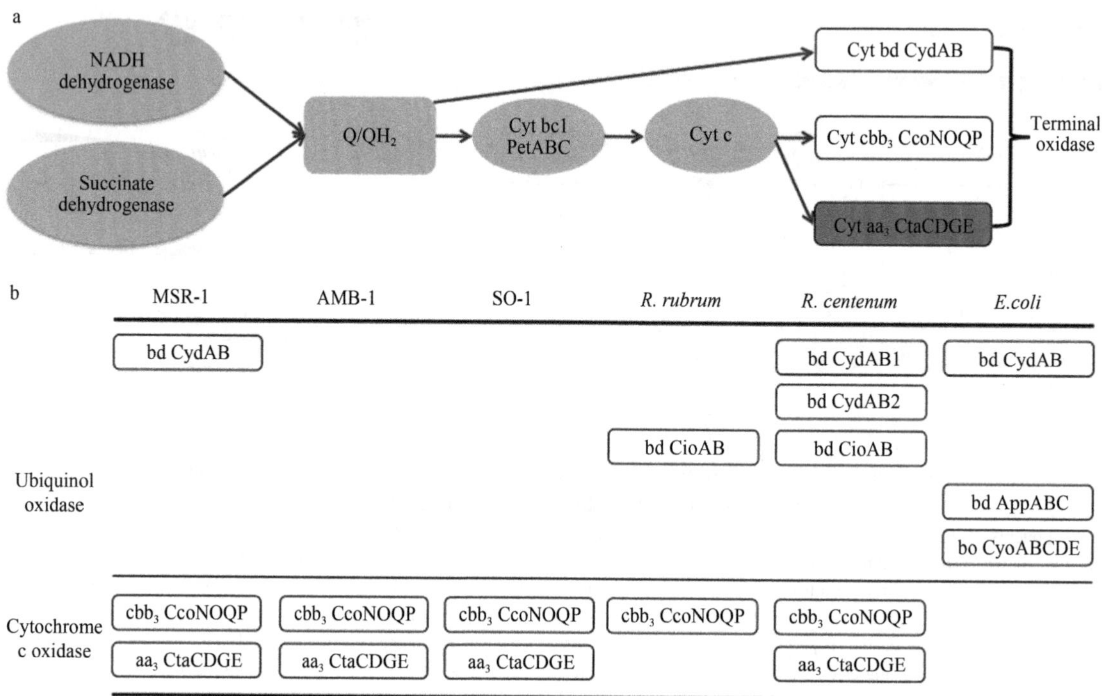

Fig. 4 Respiratory chain (schematic) in MSR-1 (a), and comparative gene construction of terminal oxidase in MTB and non-magnetotactic bacteria (b)

a. Arrow: direction of electron transport. Rounded rectangles: three types of terminal oxidase in MSR-1. Ubiquinone oxidase Cyd accepts electrons directly from ubiquinone. Cytochrome c Cco and Cta oxidases accept electrons transferred by cytochrome Pet and cytochrome c proteins. Dark color: transcription of *cta* operon is down-regulated under microaerobic condition. b. Types of terminal oxidase in the six studied strains, which have five types of ubiquinone oxidase and two types of cytochrome c terminal oxidase. The same types of oxidases in different strains are lined up horizontally. Oxidase components of the six strains are shown in the vertical columns

2.5 Different pathways for energy production under microaerobic condition in MSR-1

The transcriptome data showed that the respiratory genes *ctaCDGE* (cytochrome c terminal oxidase MGMSRv2_0550-MGMSRv2_0547) were down-regulated under microaerobic condition. In particular, *ctaG* (MGMSRv2_0548), involved in assembly of Cta oxidase complex, had log2 of fold change −1.79E+308, indicating that this gene was transcribed only under aerobic condition. *ctaA* (MGMSRv2_2713, encoding heme A synthase, a necessary ligand for functional Cta oxidase complex) and *ctaB* (MGMSRv2_3962, encoding an enzyme for heme conversion) were also down-regulated under microaerobic condition.

A proposed model of the MSR-1 respiratory chain is shown in Fig. 4A. MSR-1 has two other terminal oxidase operons that include *ccoNOQP* (MGMSRv2_2954-MGMSRv2_2951) and *cydAB* (MGMSRv2_3972-MGMSRv2_3970). Two types of cytochrome c oxidases, Cta oxidases and Cco oxidases, belong respectively to the aa_3 and cbb_3 family (Li *et al.*, 2014). The two types of complexes accept electrons from ubiquinone, transferred by cytochrome cb_1 PetABC (ubiquinol-cytochrome c reductase complex) and cytochrome c protein (Dibrova *et al.*, 2013). CydAB are cytochrome bd type oxidases that accept electrons directly from ubiquinone. The electron-donating enzymes are NADH dehydrogenase and succinate dehydrogenase (Jünemann, 1997; Poole and Cook, 2000). The Cta oxidases are energetically more advantageous than Cco oxidases when oxygen is abundant. The bd type oxidases have no proton-pumping ability and therefore have total energetic efficiency lower than that of the other two oxidases (Bekker *et al.*, 2009; Han *et al.*, 2011). Regardless of relative abundance, the three types of oxidases in MSR-1 may differ in energetic efficiency under high-oxygen *vs*. low-oxygen conditions.

Cta and Cco cytochrome c oxidases of the three MTB strains are shown in Fig. 4b while MSR-1 has an additional Cyd ubiquinone oxidase. The two *Rhodospirillum* strains have both ubiquinone and cytochrome c oxidase. *E. coli* K12 has no cytochrome c oxidase, but does have ubiquinone oxidase. The presence/absence of ubiquinone oxidase varies among the six strains. Importantly, CcoNOQP is conserved between *Rhodospirillum* and *Magnetospirillum*, both of which have mechanisms of aerobic respiration.

The MSR-1 transcriptome data indicate that *ccoNOQP* and *cydAB* operons were unaffected by changes in oxygen level, whereas *ctaA*, *ctaB*, and *ctaCDGE* operons were strongly up-regulated under aerobic condition. The Cta oxidase complex includes the major terminal oxidases responsible for electron transport to oxygen, which were up-regulated by high oxygen level. MSR-1 cells generated less energy when cultured under low-oxygen condition. In this situation, nitrate and nitrite functioned as alternative electron acceptors, as also observed in other bacterial species (Lanciano *et al.*, 2007; Bueno *et al.*, 2012). In addition to terminal oxidases, two bacterial hemerythrin genes (MGMSRv2_2483, MGMSRv2_3008) encoding oxygen-binding proteins showed up-regulated transcription under microaerobic condition in MSR-1. These genes promote expression of bacteriohemerythrin and are responsible for transport/uptake of oxygen needed to serve as terminal electron accepter. MSR-1 cells are evidently able to produce energy *via* multiple pathways for magnetosome synthesis under microaerobic conditions.

2.6 Slowing down of cell metabolism does not affect magnetosome synthesis under microaerobic condition

The cellular uptake genes and transport system-related genes had differential expression level under aerobic *vs*. microaerobic conditions. For example, transcription of *livG1* (MGMSRv2_0202) gene in the *liv1* operon, *livHMKF1* (MGMSRv2_0200-MGMSRv2_0197), *livK3* (MGMSRv2_1410), and *livG5* (MGMSRv2_2172), as well as a putative cysteine and *O*-acetylserine efflux permease gene (MGMSRv2_1529), were down-regulated under microaerobic condition. Most of these genes belong to the Liv system (leucine, isoleucine, and valine branched-chain amino acid transport system) and Dct system (C4-dicarboxylate transporter), and some of them have duplications. Comparison of *liv* and *dct* operons among MSR-1, *R. rubrum*, and *E. coli* is shown in Fig. S2. MSR-1 has six copies of *liv* operons, all of which contain five *liv* genes (*livF*, *livG*, *livH*, *livK*, *livM*) with different arrangements and is similar to *R. rubrum* in having multiple copies, perhaps they have a stronger ability to resist “environmental starvation” or complementary relationship.

Transcription of all the *dct* genes except for *dctQ* (MGMSRv2_1097), and that of *actP* (acetate transport) gene (MGMSRv2_1702), were also down-regulated under microaerobic condition. In MSR-1, two *dct* operons, *dctPQM* gene (MGMSRv2_2161-MGMSRv2_2163) and MGMSRv2_2164, and fused *dctQ-M* (MGMSRv2_2165) are in a gene cluster with uniform transcriptional orientation, and another *dctQM* (MGMSRv2_1097, MGMSRv2_1096) operon is also present. The *dct* systems consisting of double copies of the homologous genes, are distinct from the single *dct* operon in *R. rubrum* and *E. coli*. The ability of MSR-1 cells to transport amino acids, particularly branched-chain amino acids, is suppressed under low-oxygen condition.

Our previous study also showed that magnetosome formation is promoted at lower cell growth rates (Sun *et al.*, 2008). In fact, physiological metabolism of MSR-1 cells is "slow down or turned off" to save energy at low oxygen levels, a condition that is conducive to magnetosome formation.

2.7 Chemotactic and attachment responses to differing oxygen concentrations

The transcriptome data show down-regulation of three methyl-accepting chemotaxis protein (*mcp*) genes: MGMSRv2_0734, MGMSRv2_1867, and MGMSRv2_2724 under microaerobic condition. The motility-related proteins encoded by these genes are MCP receptors capable of sensing chemical signals. MCPs are classified into four types based on a membrane topology method (Wuichet *et al.*, 2007). MGMSRv2_0734 and MGMSRv2_2724 are class I MCPs contain the sensory periplasmic domains TarH (Pfam PF02203; sensing nickel) and Cache_2 (SMART SM001049; sensing calcium). MGMSRv2_1867 encodes a classⅣ MCP, but no sensory domain was predicted. It is likely that the three MCP proteins cannot sense oxygen changes directly, but their gene transcription is regulated by oxygen level. It is similar to *Rhizobium leguminosarum* that oxygen concentration was a trigger factor on down-regulation of *mcp* genes (Yost *et al.*, 2004).

Che (chemotaxis protein) proteins control flagellar motor switching, and behavior of flagella and pili. A cytosolic protein gene (*cheY-like*, MGMSRv2_0910) is up-regulated under microaerobic condition. CheY, a necessary component for chemotaxis toward higher oxygen concentration, has been found in non-magnetotactic bacterial strains (Rowsell *et al.*, 1995; Flanary *et al.*, 1998; Romagnoli *et al.*, 2002). The gene cluster from MGMSRv2_1609 to MGMSRv2_1615, having uniform transcriptional orientation, is up-regulated under microaerobic condition. Three tight adherence genes (*tad*, MGMSRv2_1615-MGMSRv2_1613), pilus component gene (*pilA*, MGMSRv2_1612), and *cpa* genes (MGMSRv2_1611-MGMSRv2_1609) are located as a gene cluster and have uniform transcriptional orientation. Three *Caulobacter* pilus assembly (*cpa*) genes are located in a large *cpa* operon (MGMSRv2_1611-MGMSRv2_1604) in MSR-1. Genome data showed that homologous *tad* and *cpa* operons are present in *M. magneticum* AMB-1 and *M. magnetotacticum* MS-1, but not in *R. rubrum*. *tad* genes, *pilA*, and *cpa* encode cellular machinery necessary for assembly of Flp (fimbrial low-molecular-weight protein) pili, and are essential for biofilm formation, colonization, and pathogenesis in several pathogenic bacteria (Bodenmiller *et al.*, 2004; Tomich *et al.*, 2007; Babujee *et al.*, 2013). As in *Synechocystis* sp., *pilA* provides a possible mechanism for conversion of insoluble ferric iron to soluble ferrous iron for iron acquisition (Yoshihara *et al.*, 2001). The differential expression of genes related to chemotaxis and pili reflects the specific lifestyle of MSR-1, and alterations in transcription of the three *mcp* genes and *cheY-like* gene may be responses to changes in oxygen level. Studies of adhesion to environmental substances under microaerobic condition and promotion of pili synthesis at low oxygen level will provide new insights into iron acquisition processes during magnetosome formation.

2.8 Proteins of unknown function involved in iron uptake, transport and conversion

We observed that under microaerobic condition transcription of *feoB1* (ferrous iron transport protein;

MGMSRv2_2312), *bfr1*, and *bfr2* (bacterioferritin; MGMSRv2_3702, MGMSRv2_3703) was down-regulated 2.9-, 7.6-, 3.4-fold, respectively, whereas transcription of the *fur* family gene MGMSRv2_1721 (iron response regulator, IrrA) was up-regulated 4.2-fold. At the time of sampling, C_{mag} values may have reached their highest levels, beyond the period of massive iron absorption. A most interesting phenomenon became evident from our analysis of conserved sequences in proteins of unknown function. In particularly membrane protein MGMSRv2_0250, transcription was up-regulated >10-fold under microaerobic condition. It encodes four transmembrane helices located in a large cluster from MGMSRv2_0250 to MGMSRv2_0263. Most of these are presumed to be membrane proteins. MGMSRv2_0250, MGMSRv2_0251, and MGMSRv2_0257 are ATP-related protein possibly involved in substance transport. MGMSRv2_0262 is annotated as ferric siderophore transport component TonB, suggested that this cluster is responsible for iron transport through some unusual mechanism. The transcription levels of genes MGMSRv2_0272 and MGMSRv2_0273 were also up-regulated>10-fold under microaerobic condition. These two genes are located in a small cluster together with MGMSRv2_0274. MGMSRv2_0272 encodes a two-layered α/β sandwich domain protein. The product of MGMSRv2_0273 is predicted to have 12 transmembrane domains and to be a permease of the major facilitator superfamily. MGMSRv2_0274 encodes a protein that contains the hemerythrin/HHE cation-binding motif. The system appears to have cationic abilities such as iron transport.

The limited information available so far on these unknown-function proteins poses several questions: (i) Why do they show significant up-regulation only under hypoxic conditions? (ii) Given that siderophores are not present in MSR-1, why is cellular uptake of ferric iron (Fe^{3+}) greater than that of ferrous iron (Fe^{2+}) (Schüler and Baeuerlein, 1996)? (iii) How do mechanisms of iron uptake and iron transport in MTB differ from those in non-magnetotactic bacteria? Studies to elucidate the functions of the above-described proteins are need to further investigate.

2.9 Proposed regulatory network for differentially expressed genes

Gene promoters (the sequence range from position –400 bp to –1 bp of each gene was selected for analysis) and corresponding TFs were predicted by the Virtual Footprint program, V. 3.0 (Münch *et al.*, 2005). The proposed regulatory network of differentially expressed genes was generated using the Cytoscape 3 software program (Shannon *et al.*, 2003). TFs are represented by green rectangles, and differentially expressed genes by colored ellipses: blue for up-regulated genes (panel A), orange for down-regulated genes under microaerobic condition (panel B), and gray for unknown-function genes. Four-digit numbers are brief gene ID; *e.g.*, 4161: MGMSRv2_4161. Red lines are represented for TF regulation of genes. Genes in the inner circle are regulated by multiple TFs, whereas those in the outer circle are regulated by a single TF.

To find out whether some transcription factors (TFs) function to regulate gene transcription and adapt cultivated environment when with high and low oxygen supply, the potential regulation element of differential expressed genes were predicted. Seven homologous candidate TFs (MGMSRv2_2946, MGMSRv2_2046, MGMSRv2_2470, MGMSRv2_3137, MGMSRv2_0001, MGMSRv2_1601 and MGMSRv2_4084) were predicted. Numbers of differentially expressed genes regulated by each TF are summarized in Table S5. The genes and related TFs were integrated into a proposed regulatory network as illustrated in Fig. 5. Each of the TFs examined regulates multiple genes, and conversely specific genes are regulated by more than one TF, consistent with the complexity of the proposed regulatory network for cellular metabolic processes. Among the candidate regulators, functions and regulated genes of transcriptional factor MGMSRv2_3137 (Qi *et al.*, 2012; Deng *et al.*, 2015), MGMSRv2_2946 (Li *et al.*, 2014) and MGMSRv2_2046 have been preliminary researched. The predicted regulatory network of this study provides another interesting regulated genes for these regulators.

More detailed studies of regulatory patterns are needed. It is likely that many of the unknown-function proteins play important roles in MTB. Our ongoing studies are focused particularly on proteins that are transcribed only under microaerobic or aerobic condition; *e.g.*, those encoded by the ten genes shown as solid blue triangles and one gene shown as solid orange triangle in Fig. 2b.

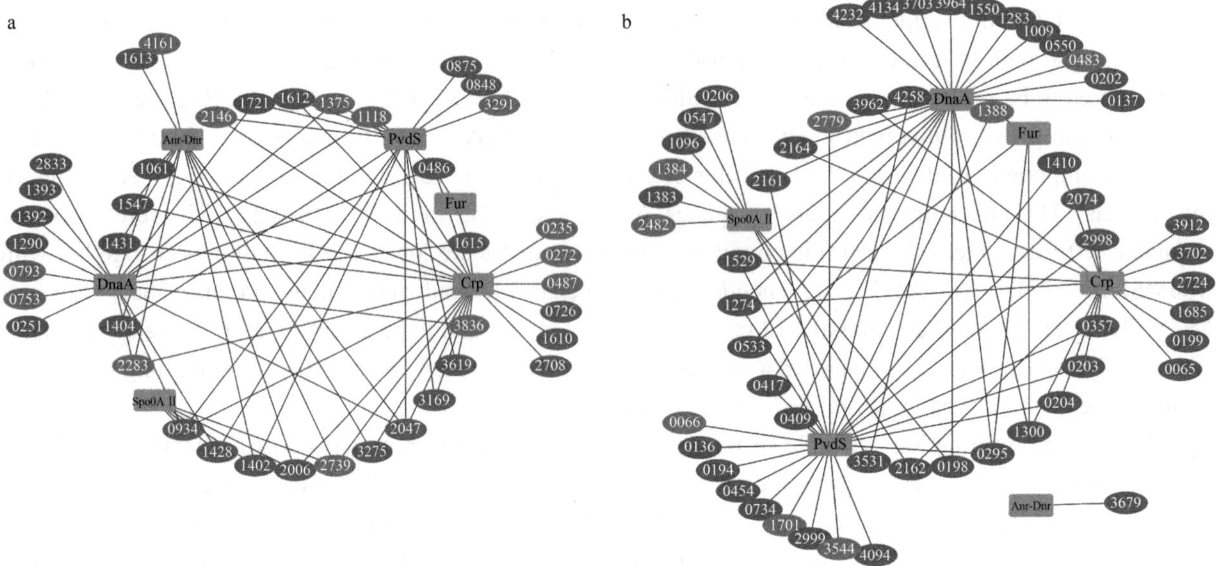

Fig. 5 Proposed regulatory network of differentially expressed genes (Color figure in the two-dimensional code at the back cover)

2.10 Suggested model of effects of high *vs.* low oxygen level on metabolism and magnetosome formation in MSR-1

A proposed model of gene transcriptional, metabolic, and biological differences in MSR-1 cells cultured under aerobic (left panel) *vs.* microaerobic conditions (right panel) is presented in Fig. 6. Under aerobic condition, expression is up-regulated for *liv*, *dct*, related degradation genes for nutrient metabolism, *feo*, *bfr* (for iron uptake and storage), *cta* (for energy generation), and certain unknown-function genes. Under microaerobic condition, expression is up-regulated for *nap*, *nir*, *nor*, *nos* (for denitrification pathway), bacterial hemerythrin (for oxygen binding and transport), pili (for cell motility), and certain unknown-function genes. As indicated by this model, MSR-1 strain has the ability to adapt to differing oxygen concentrations. At high oxygen level, cells are able to take up more nutrients for growth and increase the velocity of degradation of these nutrients, and the abundant oxygen serves as sufficient terminal electron receptor for energy generation. At low oxygen level, the dissimilatory denitrification pathway is activated to provide the additional energy required for magnetosome synthesis, and more pili are produced for attachment to environmental surfaces and enhanced colonization ability. The transcriptome data help to clarify the responses of MSR-1 to aerobic and microaerobic conditions, and provide a holistic perspective on the effects of oxygen

In summary, the transcriptome data reveals the different response of MSR-1 against oxygen with a holistic view and will shed some new insights into general principles of magnetosomes formation. In response to changing oxygen levels, MSR-1 cells have a well-developed, complex ability to regulate iron and oxygen balance, and a flexible metabolic capacity. These abilities have important implications for physiological metabolism and magnetosome biosynthesis in cells.

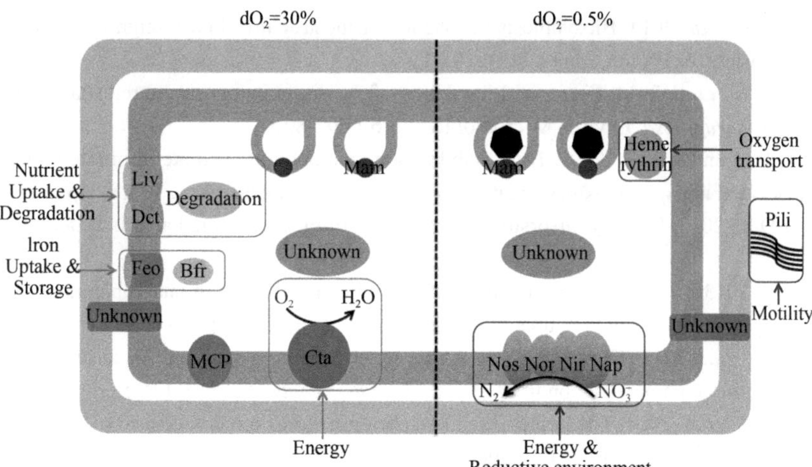

Fig. 6 Model of MSR-1 physiological characteristics under aerobic (high oxygen) and microaerobic (low oxygen) conditions (Color figure in the two-dimensional code at the back cover)

Differential physiological characteristics of MSR-1 cells cultured under aerobic (dO_2 30%) and microaerobic (dO_2 0.5%) conditions are presented in a single diagram to demonstrate the effects of oxygen. Outer orange rectangle: outer membrane. Inner purple rectangle: cytoplasmic membrane. Symbols with gene names (except *mam* genes) indicate that transcription of the gene is up-regulated under the given condition; *e.g.*, *nap* genes are up-regulated under microaerobic condition. Blue and orange rounded rectangles indicate components in the indicated functional groups that are up- and down-regulated, respectively, under microaerobic condition. Unknown: unknown-function protein. Black hexagons: magnetic nanoparticles. It is unclear whether magnetosome vesicles are formed under aerobic condition

References

Babujee L, Balakrishnan V, Kiley P J, *et al.* 2013. Transcriptome changes associated with anaerobic growth in *Yersinia intermedia* (ATCC29909). PLoS One, 8: e76567.

Baumgartner J, Bertinetti L, Widdrat M, *et al.* 2013. Formation of magnetite nanoparticles at low temperature: from superparamagnetic to stable single domain particles. PLoS One, 8: e57070.

Bazylinski D A, Frankel R B. 2004. Magnetosome formation in prokaryotes. Nat Rev Microbiol, 2(2): 217-230.

Bekker M, de Vries S, Ter Beek A, *et al.* 2009. Respiration of *Escherichia coli* can be fully uncoupled *via* the nonelectrogenic terminal cytochrome bd-II oxidase. J Bacteriol, 191(17): 5510-5517.

Bodenmiller D, Toh E, Brun Y V. 2004. Development of surface adhesion in *Caulobacter crescentus*. J Bacteriol, 186(5): 1438-1447.

Bueno E, Mesa S, Bedmar E J, *et al.* 2012. Bacterial adaptation of respiration from oxic to microoxic and anoxic conditions: redox control. Antioxid Redox Signal, 16(8): 819-852.

Deng Z, Wang Q, Liu Z, *et al.* 2015. Mechanistic insights into metal ion activation and operator recognition by the ferric uptake regulator. Nat Commun, 6: 7642.

Dibrova D V, Cherepanov D A, Galperin M Y, *et al.* 2013. Evolution of cytochrome bc complexes: from membrane-anchored dehydrogenases of ancient bacteria to triggers of apoptosis in vertebrates. Biochim Biophys Acta, 1827(11-12): 1407-1427.

Eisen M B, Spellman P T, Brown P O, *et al.* 1998. Cluster analysis and display of genome-wide expression patterns. Proc Natl Acad Sci USA, 95(25): 14863-14868.

Faivre D, Menguy N, Posfai M, *et al.* 2008. Environmental parameters affect the physical properties of fast-growing magnetosomes. Am Mineral, 93(2-3): 463-469.

Faivre D, Schüler D. 2008. Magnetotactic bacteria and magnetosomes. Chem Rev, 108(11): 4875-4898.

Flanary P L, Allen R D, Dons L, *et al.* 1998. Insertional inactivation of the *Listeria monocytogenes* cheYA operon abolishes response to oxygen gradients and reduces the number of flagella. Can J Microbiol, 45(8): 646-652.

Han H, Hemp J, Pace L A, *et al.* 2011. Adaptation of aerobic respiration to low O_2 environments. Proc Natl Acad Sci USA, 108(34): 14109-14114.

Jogler C, Schüler D. 2009. Genomics, genetics, and cell biology of magnetosome formation. Annu Rev Microbiol, 63: 501-621.

Jünemann S. 1997. Cytochrome bd terminal oxidase. Biochim Biophys Acta, 1321(2): 107-127.

Kolinko I, Lohße A, Borg S, *et al.* 2014. Biosynthesis of magnetic nanostructures in a foreign organism by transfer of bacterial magnetosome gene clusters. Nat Nanotechnol, 9(3): 193-197.

Kuroki M, Igarashi Y, Ishii M, *et al.* 2014. Fine-tuned regulation of the dissimilatory nitrite reductase gene by oxygen and nitric oxide in *Pseudomonas aeruginosa*. Environ Microbiol Rep, 6(6): 792-801.

Lanciano P, Magalon A, Bertrand P, *et al.* 2007. High-stability semiquinone intermediate in nitrate reductase A (NarGHI) from *Escherichia coli* is located in a quinol oxidation site close to Heme b_D. Biochemistry, 46(18): 5323-5329.

Lefèvre C T, Bazylinski D A. 2013. Ecology, diversity, and evolution of magnetotactic bacteria. Microbiol Mol Biol Rev, 77(3): 497-526.

Li Y, Bali S, Borg S, *et al.* 2013. Cytochrome cd_1 nitrite reductase NirS is involved in anaerobic magnetite biomineralization in *Magnetospirillum gryphiswaldense* and requires NirN for proper d_1 heme assembly. J Bacteriol, 195(18): 4297-4309.

Li Y, Katzmann E, Borg S, *et al.* 2012. The periplasmic nitrate reductase nap is required for anaerobic growth and involved in redox control of magnetite biomineralization in *Magnetospirillum gryphiswaldense*. J Bacteriol, 194(18): 4847-4856.

Li Y, Raschdorf O, Silva K T, *et al.* 2014. The terminal oxidase cbb_3 functions in redox control of magnetite biomineralization in *Magnetospirillum gryphiswaldense*. J Bacteriol, 196(14): 2552-2562.

Li Y, Sabaty M, Borg S, *et al.* 2014. The oxygen sensor MgFnr controls magnetite biomineralization by regulation of denitrification in *Magnetospirillum gryphiswaldense*. BMC Microbiol, 14: 153.

Lin W, Wang Y, Li B, *et al.* 2012. A biogeographic distribution of magnetotactic bacteria influenced by salinity. ISME J, 6(2): 475-479.

Moisescu C, Ardelean I I, Benning L G. 2014. The effect and role of environmental conditions on magnetosome synthesis. Front Microbiol, 5: 49.

Münch R, Hiller K, Grote A, *et al.* 2005. Virtual Footprint and PRODORIC: an integrative framework for regulon prediction in prokaryotes. Bioinformatics, 21(22): 4187-4189.

Murat D, Quinlan A, Vali H, *et al.* 2010. Comprehensive genetic dissection of the magnetosome gene island reveals the step-wise assembly of a prokaryotic organelle. Proc Natl Acad Sci USA, 107(12): 5593-5598.

Poole R K, Cook G M. 2000. Redundancy of aerobic respiratory chains in bacteria? Routes, reasons and regulation. Adv Microb Physiol, 43: 165-224.

Qi L, Li J, Zhang W, *et al.* 2012. Fur in *Magnetospirillum gryphiswaldense* influences magnetosomes formation and directly regulates the genes involved in iron and oxygen metabolism. PLoS One, 7: e29572.

Raschdorf O, Müller F D, Pósfai M, *et al.* 2013. The magnetosome proteins MamX, MamZ and MamH are involved in redox control of magnetite biomineralization in *Magnetospirillum gryphiswaldense*. Mol Microbiol, 89(5): 872-886.

Romagnoli S, Packer H L, Armitage J P. 2002. Tactic responses to oxygen in the phototrophic bacterium *Rhodobacter sphaeroides* WS8N. J Bacteriol, 184(20): 5590-5598.

Rong C, Huang Y, Zhang W, *et al.* 2008. Ferrous iron transport protein B gene (*feoB1*) plays an accessory role in magnetosome formation in *Magnetospirillum gryphiswaldense* strain MSR-1. Res Microbiol, 159(7-8): 530-536.

Rong C, Zhang C, Zhang Y, *et al.* 2012. FeoB2 functions in magnetosome formation and oxidative stress protection in *Magnetospirillum gryphiswaldense* strain MSR-1. J Bacteriol, 194(15): 3972-3976.

Rowsell E H, Smith J M, Wolfe A, *et al.* 1995. CheA, CheW, and CheY are required for chemotaxis to oxygen and sugars of the phosphotransferase system in *Escherichia coli*. J Bacteriol, 177(20): 6011-6014.

Schübbe S, Kube M, Scheffel A. 2003. Characterization of a spontaneous nonmagnetic mutant of *Magnetospirillum gryphiswaldense* reveals a large deletion comprising a putative magnetosome island. J Bacteriol, 185(19): 5779-5790.

Schüler D, Baeuerlein E. 1996. Iron-limited growth and kinetics of iron uptake in *Magnetospirillum gryphiswaldense*. Arch Microbiol, 166(5): 301-307.

Schüler D, Baeuerlein E. 1998. Dynamics of growth of iron uptake and Fe_3O_4 biomineralization during aerobic and microaerobic growth of *Magnetospirillum gryphiswaldense*. J Bacteriol, 180(1): 159-162.

Schüler D, Uhl R, Bäuerlein E. 1995. A simple light scattering method to assay magnetism in *Magnetospirillum gryphiswaldense*. FEMS Microbiol Lett, 132(1-2): 139-145.

Shannon P, Markiel A, Ozier O, *et al.* 2003. Cytoscape: a software environment for integrated models of biomolecular interaction networks. Genome Res, 13(11): 2498-2504.

Sun J, Zhao F, Tang T, *et al.* 2008. High-yield growth and magnetosome formation by *Magnetospirillum gryphiswaldense* MSR-1 in an oxygen-controlled fermentor supplied solely with air. Appl Microbiol Biotechnol, 79(3): 389-397.

Tomich M, Planet P J, Figurski D H. 2007. The tad locus: postcards from the widespread colonization island. Nat Rev Microbiol,

5(5): 363-375.

Uebe R, Voigt B, Schweder T, *et al*. 2010. Deletion of a fur-like gene affects iron homeostasis and magnetosome formation in *Magnetospirillum gryphiswaldense*. J Bacteriol, 192(16): 4192-4204.

Wang Q, Liu J, Zhang W, *et al*. 2013. Expression patterns of key iron and oxygen metabolism genes during magnetosome formation in *Magnetospirillum gryphiswaldense* MSR-1. FEMS Microbiol Lett, 347(2): 163-172.

Wang Y, Lin W, Li J, *et al*. 2013. Changes of cell growth and magnetosome biomineralization in *Magnetospirillum magneticum* AMB-1 after ultraviolet-B irradiation. Front Microbiol, 4: 397.

Wuichet K, Alexander R P, Zhulin I B. 2007. Comparative genomic and protein sequence analyses of a complex system controlling bacterial chemotaxis. Methods Enzymol, 422: 1-31.

Yang J, Li S, Huang X, *et al*. 2013. A key time point for cell growth and magnetosome synthesis of *Magnetospirillum gryphiswaldense* based on real-time analysis of physiological factors. Front Microbiol, 4: 210.

Yoshihara S, Geng X, Okamoto S, *et al*. 2001. Mutational analysis of genes involved in pilus structure, motility and transformation competency in the unicellular motile cyanobacterium *Synechocystis* sp. PCC 6803. Plant Cell Physiol, 42(1): 63-73.

Yost C K, Del Bel K L, Quandt J, *et al*. 2004. *Rhizobium leguminosarum* methyl-accepting chemotaxis protein genes are down-regulated in the pea nodule. Arch Microbiol, 182(6): 505-513.

Zhang C, Meng X, Li N, *et al*. 2013. Two bifunctional enzymes with ferric reduction ability play complementary roles during magnetosome synthesis in *Magnetospirillum gryphiswaldense* MSR-1. J Bacteriol, 195(4): 876-885.

Zhang Y, Zhang X, Jiang W, *et al*. 2011. Semicontinuous culture of *Magnetospirillum gryphiswaldense* MSR-1 cells in an autofermentor by nutrient-balanced and isosmotic feeding strategies. Appl Environ Microbiol, 77(17): 5851-5856.

Supplemental material: https://doi.org/10.1111/1758-2229.12395

本文原载: Environ Microbiol Rep, 2016, 8(3): 371-381.

A Novel Role for Crp in Controlling Magnetosome Biosynthesis in *Magnetospirillum gryphiswaldense* MSR-1*

Tong Wen [1, 2], Fangfang Guo [1], Yunpeng Zhang [1, 2], Jiesheng Tian [1, 2], Ying Li [1, 2], Jilun Li [1, 2], Wei Jiang [1, 2]

(1. State Key Laboratory of Agrobiotechnology and Ministry of Agriculture Key Laboratory of Soil Microbiology, College of Biological Sciences, China Agricultural University, Beijing, 100193, China. 2. France-China Bio-Mineralization and Nano-Structures Laboratory, Beijing, 100193, China)

Abstract

Magnetotactic bacteria (MTB) are specialized microorganisms that synthesize intracellular magnetite particles called magnetosomes. Although many studies have focused on the mechanism of magnetosome synthesis, it remains unclear how these structures are formed. Recent reports have suggested that magnetosome formation is energy dependent. To investigate the relationship between magnetosome formation and energy metabolism, a global regulator, named Crp, which mainly controls energy and carbon metabolism in most microorganisms, was genetically disrupted in *Magnetospirillum gryphiswaldense* MSR-1. Compared with the wild-type or complemented strains, the growth, ferromagnetism and intracellular iron content of *crp*-deficient mutant cells were dramatically decreased. Transmission electron microscopy (TEM) showed that magnetosome synthesis was strongly impaired by the disruption of *crp*. Further gene expression profile analysis showed that the disruption of *crp* not only influenced genes related to energy and carbon metabolism, but a series of crucial magnetosome island (MAI) genes were also down regulated. These results indicate that Crp is essential for magnetosome formation in MSR-1. This is the first time to demonstrate that Crp plays an important role in controlling magnetosome biomineralization and provides reliable expression profile data that elucidate the mechanism of Crp regulation of magnetosome formation in MSR-1.

1. Introduction

Magnetosomes are intracellular biological membrane-enveloped nano-sized magnetic particles formed by magnetotactic bacteria (MTB) (Jogler and Schüler, 2009; Komeili, 2012). Research has suggested that MTB synthesize magnetosomes according to the following steps: invagination of the inner membrane, magnetosome protein localization, alignment of the magnetosomes in the cell, and crystal formation (Bazylinski and Frankel, 2004; Murat *et al.*, 2010). It is believed that the magnetosome island (MAI), a large unstable genomic region that spans 80~150 kb in length and is found in many types of MTBs, governs magnetosome synthesis

*This work was supported by National Natural Science Foundation of China (Grant No. 31570067, 31170089) and The Project for Extramural Scientists of State Key Laboratory of Agrobiotechnology (Grant No. 2015SKLAB6-21).

(Grunberg *et al.*, 2004). However, due to its complexity and the fact that various proteins located outside the MAI are also required for magnetosome formation, the precise mechanism of magnetosome formation has not yet been clearly expounded. As MTBs are the simplest model for studying biomineralization, understanding the mechanism of magnetosome synthesis in MTB will lay the groundwork for biomineralization research on magnetosomes-like particles in higher organisms such as bees and pigeons as well as human brains(Gould *et al.*, 1978; Walcott *et al.*, 1979; Kirschvink *et al.*, 1992).

Recent reports have shown that an ATPase is involved in ferrous ion uptake in *Magnetospirillum magneticum* AMB-1 (Suzuki *et al.*, 2007). Additionally, a magnetosome membrane protein, MamK, has been shown to function as both an ATPase and a GTPase (Ozyamak *et al.*, 2013). These results suggest that the synthesis of the magnetosome in MTB is an energy-dependent process and that the metabolic energy in the cell influences magnetosome formation.

3′-5′-cyclic adenosine monophosphate (cAMP) receptor protein (Crp) is an important global transcriptional regulator. It was also the first protein to be purified (Zubay *et al.*,1970) and crystallized (Mckay and Steitz,1981) and is the most well-characterized regulator in *Escherichia coli* (Fic *et al.*, 2009). In most species, the main function of Crp is to control energy metabolism, and proteins belonging to this family have a similar regulatory mechanism. First, cAMP binds Crp, inducing a conformational change that activates Crp. Second, Crp binds to the promoter region of a target gene and induces a bend in the DNA. Finally, Crp interacts with RNA polymerase to activate transcription of the target gene (Won *et al.*, 2000; Lawson *et al.*, 2004). To investigate the relationship between magnetosome formation and energy metabolism, we disrupted the *crp* gene in *Magnetospirillum gryphiswaldense* MSR-1 and complemented the mutant strain. Phenotypic analysis revealed that the ferromagnetism and intracellular iron content decreased dramatically in the mutant, and magnetosome synthesis was strongly impaired. In addition, the complemented strain phenocopied the wild-type strain. To understand the mechanism of Crp regulation of magnetosome synthesis in *M. gryphiswaldense* MSR-1, transcriptional expression profiles of the MSR-1 wild-type and *crp* mutant strains were compared. The results of high-throughput sequencing of the total mRNA for both the wild-type and *crp* mutant were analyzed and classified through gene ontology (GO) functional enrichment (Xiang *et al.*, 2010) and Kyoto Encyclopedia of Genes and Genomes (KEGG) pathway enrichment (Shi *et al.*, 2014); differentially expressed genes were subsequently enriched and classified. The results indicate that many pathways involved in carbon and energy metabolism were affected by the deletion of *crp*, including those involved in pentose and glucuronate interconversions, oxidative phosphorylation and peptidoglycan biosynthesis. In addition, many genes located on the MAI were down regulated by the disruption of *crp*. These results indicated that the global carbon and energy metabolism regulator Crp plays a key role in controlling magnetosome biosynthesis in *M. gryphiswaldense* MSR-1.

2. Results

2.1 Construction and identification of the *crp* mutant and its complemented strain

In MSR-1, *crp* (MGR_1896) is a 717 bp long gene that encodes a 238 amino acid residue protein named Crp, which is a predicted transcriptional regulator belongs to Crp/Fnr family. By comparing with the previously reported MgFnr (MGR_2553) of Crp/Fnr family protein in MSR-1 (Li *et al.*, 2014), along with two other Crp/Fnr family proteins from *E. coli* (U068_c0718, GenBank: CP011342.2) and *Caulobacter crescentus* (Caul_2975, GenBank: CP000927.1), an alphaproteobacterial model organism which is closely related to MSR-1 (Britos *et al.*, 2011), a high homology is shown among the four proteins in their cyclic nucleotide-binding domain (Fig. 1 blue frame) and HTH (helix-turn-helix) DNA-binding domain (Fig. 1 red frame). This result suggests the functional similarity among these proteins. In order to determine the function of Crp in MSR-1, a *crp* disruption mutant was constructed by bi-parental conjugation in wild-type MSR-1 (WT). First, the *crp* gene was replaced by a gentamicin (Gm) resistance cassette (Fig. S1A). Then, the resulting mutant, named crp-M, was confirmed by PCR (Fig. S1B). To ensure that the changes in phenotypes seen in crp-M were due to the disruption of *crp*, a complemented strain of crp-M, named crp-C, was constructed by introducing a plasmid with an inducible *crp* cassette into crp-M. Complementation was confirmed by amplifying the *crp* gene fragment (Fig. S1C).

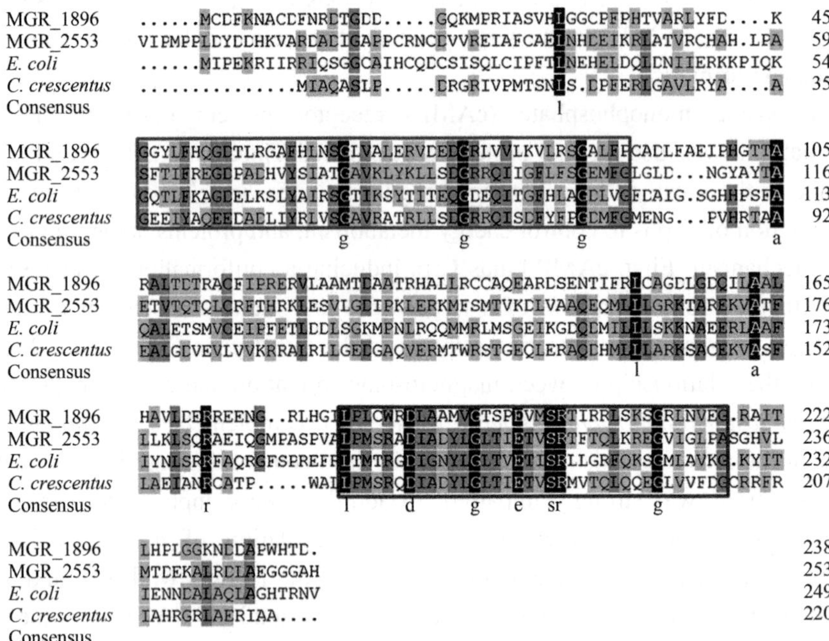

Fig. 1 Multiple alignments of Crp/Fnr family transcriptional regulators from MSR-1 (MGR_1896 and MGR_2553), *E. coli* (U068_c0718) and *C. crescentus* (Caul_2975) (Color figure in the two-dimensional code at the back cover)

Conserved amino acid residues were highlighted by navy blue, proposed cyclic nucleotide-binding domain was encircled by blue and helix-turn-helix DNA-binding domain was encircled by red

2.2 crp-M has a low intracellular iron content and no magnetism

To investigate the phenotype of crp-M, the growth and C_{mag} (defined in methods) curves of each strain (WT, crp-M and crp-C) were detected over time. The crp-M strain grew slower than the WT and crp-C strains (Fig. 2a). Interestingly, the crp-M strain showed no magnetism during any growth phase, and the crp-C strain phenocopied the WT when 0.2 mol/L isopropyl-β-D-thiogalactoside (IPTG) was added to the sodium lactate medium (SLM) prior to inoculation, although not fully complemented (Fig. 2b), and it could be due to the unstability or loss of plasmid or low concentration of IPTG. To determine the amount of iron uptake, these three strains were incubated in SLM medium with 60 μmol/L additional ferric citrate. After 24 h of growth, the intracellular iron content of the WT strain [(4.18±0.32) g/mg] and the crp-C strain [(1.83±0.35) g/mg] was approximately 10.45- and 4.58-fold higher, respectively, compared with the crp-M strain [(0.40±0.03) g/mg]. Despite these results, there was little difference in the amount of residual iron in the medium between these three strains (Fig. 2c).

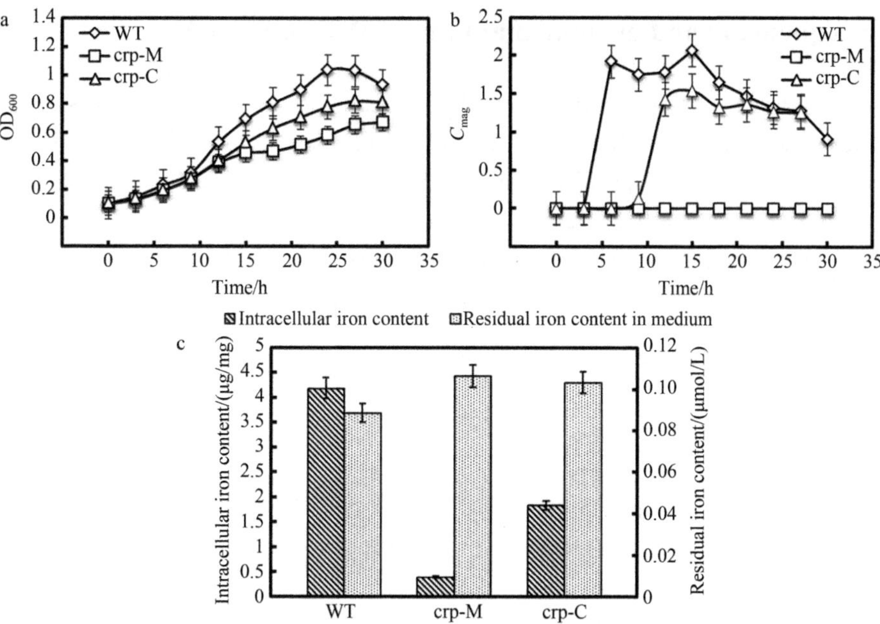

Fig. 2　Growth, magnetism, and iron content analysis of various strains

a. Growth measurements of the WT, crp-M and crp-C strains under the same cultivation conditions; b. C_{mag} measurements of the WT, crp-M and crp-C strains under the same cultivation conditions; c. Residual iron levels in the medium (greyish) and intracellular iron concentrations (dark gray) detected in cultures with the WT, crp-M and crp-C strains. All experiments were independently repeated three times to ensure their reproducibility

2.3　Magnetosome synthesis was strongly impaired in the crp-M strain

To determine why crp-M displayed no magnetism and had a low intracellular iron content, TEM was used to visualize the magnetosomes synthesized in MSR-1. Cells of each strain were cultured under the same condition, and 30 randomly selected cells were used for magnetosome observation by TEM. Morphologically, magnetosomes synthesized in the WT were typically cubo-octahedral in shape, 30~40 nm in diameter and arranged in a line (Fig. 3a). Magnetosomes formed by the complemented strain had a similar shape, size, and arrangement as those formed in the WT strain (Fig. 3c). However, the magnetosome formation was strongly impaired by the disruption of *crp*, and only few defective magnetite nanoparticles were found scattered in the crp-M strain (Fig. 3b). This result demonstrates that the Crp protein is essential for magnetosome formation in MSR-1.

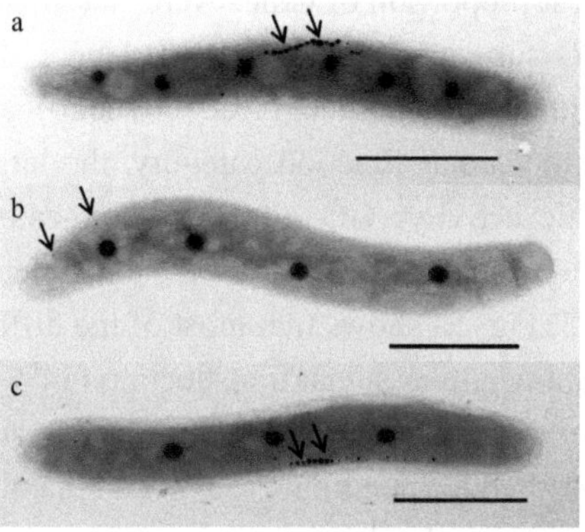

Fig. 3　Transmission electron microscopy (TEM) images of the WT (a), crp-M (b) and crp-C (c) strains, magnetosomes or magnetosome chains were denoted by arrows. Scale bars, 1.0 μm

2.4 Illumina sequencing and genome mapping of WT and crp-M

Two RNA-seq libraries were prepared from MSR-1 WT and crp-M for gene expression analysis. The WT and crp-M libraries generated 9.48 million and 8.79 million raw reads, respectively. After the analysis of raw data using the NGSQC Toolkit (v2.3), 9.15 million and 8.49 million clean reads were obtained, and more than 99% were considered clean at the Q20 level (sequence error probability of 1%). These clean reads were mapped to the *M. gryphiswaldense* MSR-1 genome (MGMSRv2, 4,365,796 bp), resulting in 9,058,456 mapped reads for WT and 8,440,498 mapped reads for crp-M (Table 1).

Table 1 Statistical analysis of sequence data and genome mapping

Samples	WT		crp-M	
	Raw data	Clean data	Raw data	Clean data
Total reads	9,480,773	9,156,216	8,790,500	8,497,011
Total bases/bp	483,519,423	457,810,800	448,315,500	424,850,550
GC content/%	55.05	54.93	54.83	54.70
N Base ratio/%	0.00	0.00	0.00	0.00
Q20 Base ratio/%	98.80	99.52	98.83	99.52
Q30 Base ratio/%	96.52	97.92	96.57	97.94
Mapped reads	—	9,058,456	—	8,440,498
Mapped reads ratio/%	—	98.9	—	99.3

Notes: N Base ratio: undetermined base ratio; Q20 Base ratio: error probability of 1%; Q30 Base ratio: error probability of 0.1%

2.5 Identification of differentially expressed genes (DEGs) and GO enrichment

Transcript expression levels were calculated using RPKM (reads per kilobase of exon model per million mapped reads). We defined DEGs as a fold change in the normalized RPKM expression values of at least 2 in either direction of $\log_2$ ratio≥1. When compared to WT, a total of 356 genes were down regulated and 551 genes were up regulated in crp-M. Gene ontology classification and enrichment were used to classify the functions of each mapped gene. These classifications are based on the GO classification system (http://geneontology.org/) that classified the genes into various sub-categories according to their common characteristics or functions. A total of 4,311 mapped genes were classified using the complete set of GO terms into three broad categories: biological process, cellular component and molecular function (Fig. 4a). In the biological process category, the largest proportion of genes were classified within the metabolic (GO: 0008152) and cellular process (GO: 0009987) sub-categories (Fig. 4b). Under the cellular component category, the largest subset of genes belonged to the membrane (GO: 0016020) and membrane part (GO: 0044425) sub-categories (Fig. 4c). Under the molecular function category, the largest subset of genes belonged to the binding (GO: 0005488) and catalytic activity (GO: 0003824) sub-categories (Fig. 4d). Of the 907 genes differentially expressed between the WT and crp-M, 562 were annotated and classified according to the GO classification rules as shown in Fig. 5. Fig. 5a shows that most of the differently expressed genes belong to the oxidation-reduction process (26%), intracellular signal transduction (14%) and transmembrane transport (10%) sub-categories in the biological process category. Under the cellular component sub-category, most of the differently expressed genes were classified as membrane (25%) and membrane related (25%) (Fig. 5b). For the molecular function sub-category, genes involved in metal ion binding (19%), hydrolase activity (13%) and transferase activity (12%) were the most affected in the *crp* mutant (Fig. 5c).

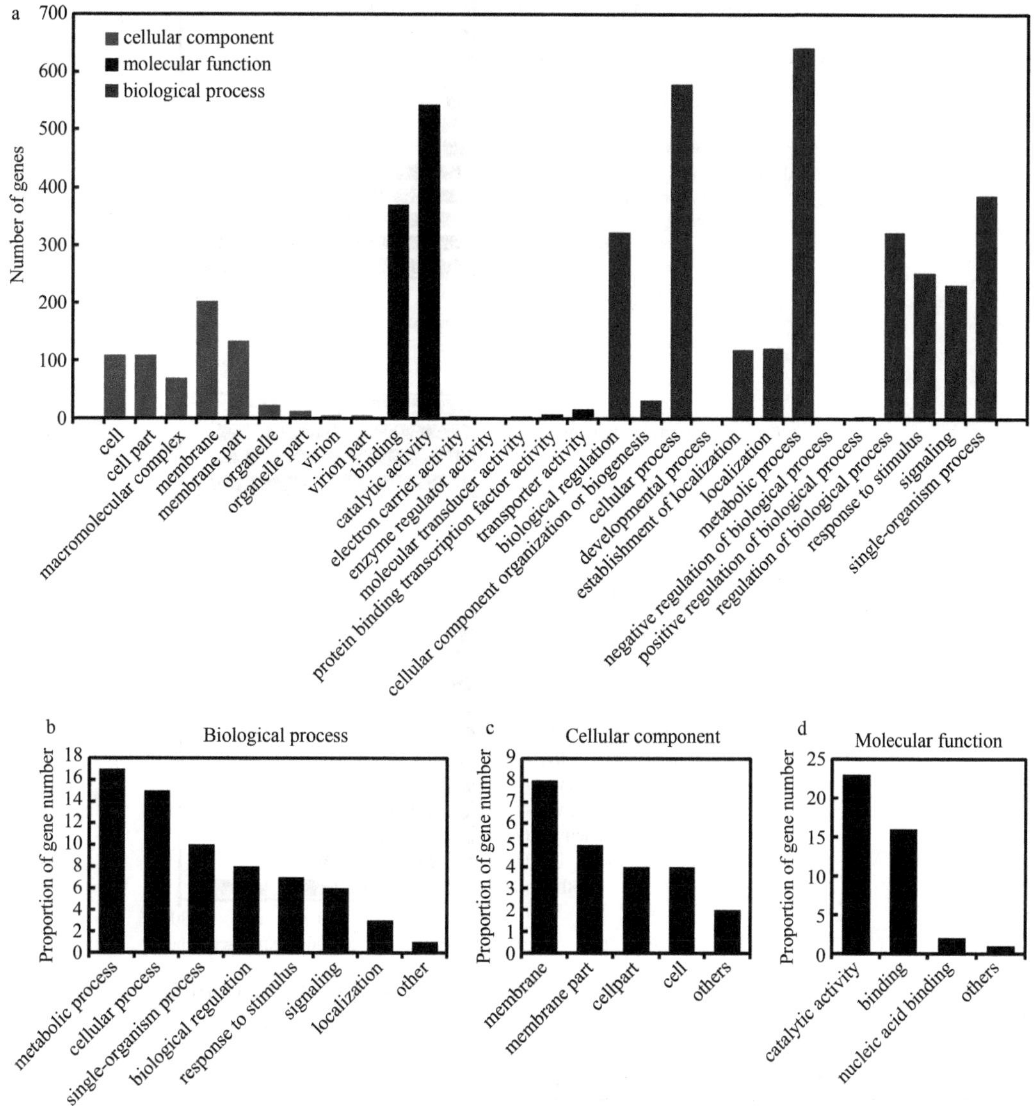

Fig. 4　GO classification of genes from the MSR-1 expression profile results (a). The results are summarized in three broad categories: biological process (b), cellular component (c) and molecular function (d)

2.6　KEGG pathway enrichment analysis

KEGG pathway enrichment analysis was performed to analyze the metabolic pathways influenced by Crp. The 214 genes that were differentially expressed between WT and crp-M mapped to 8 KEGG pathways (FDR≤0.001) (Table 2). Among these pathways, "Ribosome" contained the highest percentage of genes (6.11%), followed by "Oxidative phosphorylation" (5.38%). Within the Oxidative phosphorylation pathway, genes associated with protein synthesis and energy metabolism were more influenced by Crp than other genes. This is consistent with the known function of Crp in *E. coli*.

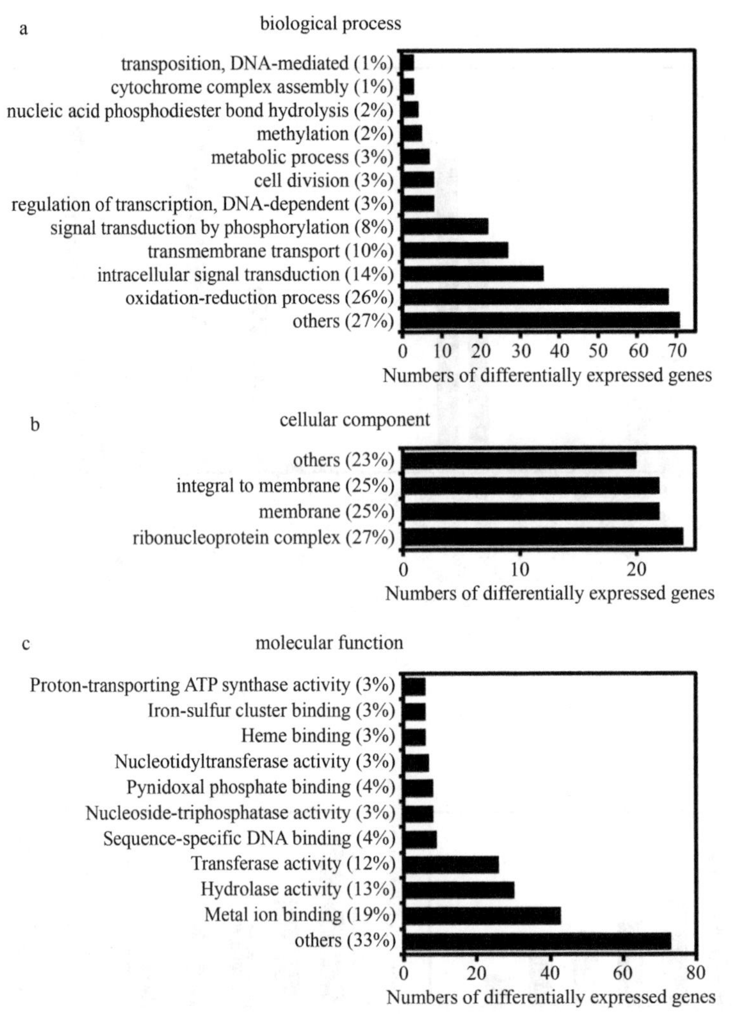

Fig. 5 GO classifications of genes differentially expressed between WT and crp-M strains under three categories: biological process (a), cellular component (b) and molecular function (c)

Table 2 KEGG enrichment results of differentially expressed genes between the crp-M and the WT strain

Pathway ID	Pathway	DEGs with pathway annotation (214)	All genes with pathway annotation (1,667)	*P*-value	*Q*-value
ko00040	Pentose and glucuronate interconversions	3(0.73%)	4(0.24%)	3.58×10^{-3}	0.023 293 734
ko00550	Peptidoglycan biosynthesis	11(2.69%)	17(1.02%)	7.47×10^{-5}	0.001 145 059
ko00300	Lysine biosynthesis	8(1.96%)	14(0.84%)	1.79×10^{-3}	0.015 475 196
ko00190	Oxidative phosphorylation	22(5.38%)	44(2.64%)	5.46×10^{-5}	0.001 145 059
ko04112	Cell cycle: *Caulobacter*	11(2.69%)	21(1.26%)	1.32×10^{-3}	0.013 699 063
ko00471	D-Glutamine and D-glutamate metabolism	3(0.73%)	4(0.24%)	3.58×10^{-3}	0.023 293 734
ko00195	Photosynthesis	7(1.71%)	9(0.54%)	8.81×10^{-5}	0.001 145 059
ko03010	Ribosome	25(6.11%)	50(3.00%)	1.97×10^{-5}	0.001 024 809

2.7 Quantitative real-time reverse transcription polymerase chain reaction (qRT-PCR) analysis

To validate the expression profile results, qRT-PCR was used to determine the expression levels of a series of randomly selected genes identified by RNA-seq as being differentially expressed between WT and crp-M. According to the KEGG pathway enrichment analysis, the expression level of the *nuo* (NADH-quinone oxidoreductase components), *atp* (F-type ATPase components) and *mur* (in charge of peptidoglycan biosynthesis) gene operons were the most influenced by *crp* disruption (See Fig. S2 and Fig. S3). Therefore, genes located within these clusters were selected for qRT-PCR confirmation. The *rpoA* (encodes RNA polymerase alpha subunit, locus tag MGMSRv2_0062), which is a well-known housekeeping gene and has a stable expression level (Ritz *et al.*, 2009), was selected as the reference gene. The relative expression level of WT for all genes tested was set to 1. The trends in gene expression levels between WT and crp-M determined by qRT-PCR were in accordance with those obtained from RNA-seq (Fig. 6a, Fig. 6c). Due to the unique presence of MAI genes in MTB, the KEGG pathway enrichment did not categorize these genes. However, the differentially expressed genes identified by RNA-seq suggest that MAI genes are Crp dependent (Table S3). Therefore, to determine whether the genes crucial for magnetosome synthesis were influenced by the disruption of *crp*, qRT-PCR was performed for the genes located in this region in WT and crp-M. Almost all of the genes tested were significantly down regulated, which is in accordance with the RNA-seq results (Fig. 6b, Fig. 6d). Afterward, samples taken at 36 h were also used for qPCR in order to identify whether the expression levels of these DEGs changes in stationary growth phases or not.

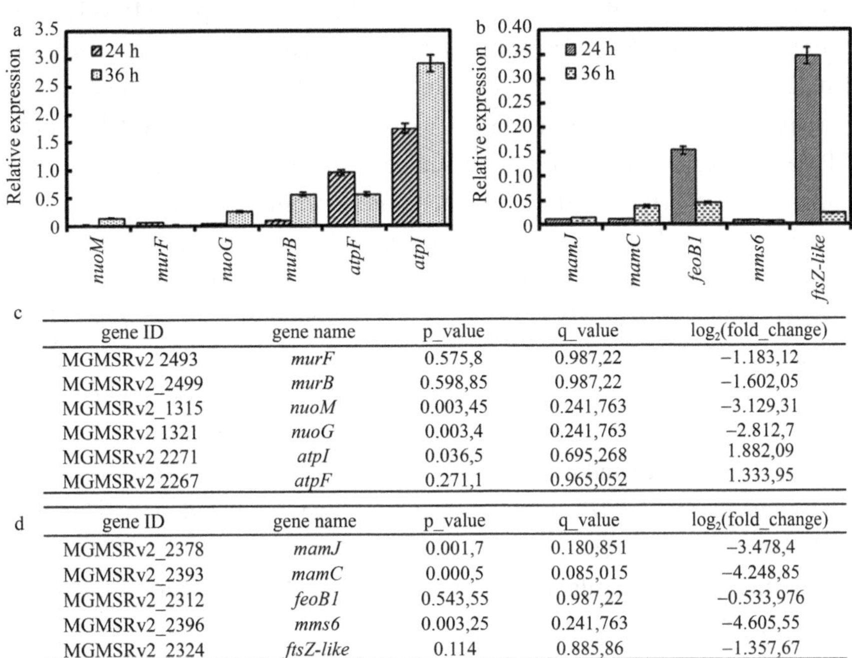

c

gene ID	gene name	p_value	q_value	log$_2$(fold_change)
MGMSRv2 2493	*murF*	0.575,8	0.987,22	−1.183,12
MGMSRv2_2499	*murB*	0.598,85	0.987,22	−1.602,05
MGMSRv2_1315	*nuoM*	0.003,45	0.241,763	−3.129,31
MGMSRv2 1321	*nuoG*	0.003,4	0.241,763	−2.812,7
MGMSRv2 2271	*atpI*	0.036,5	0.695,268	1.882,09
MGMSRv2 2267	*atpF*	0.271,1	0.965,052	1.333,95

d

gene ID	gene name	p_value	q_value	log$_2$(fold_change)
MGMSRv2_2378	*mamJ*	0.001,7	0.180,851	−3.478,4
MGMSRv2_2393	*mamC*	0.000,5	0.085,015	−4.248,85
MGMSRv2_2312	*feoB1*	0.543,55	0.987,22	−0.533,976
MGMSRv2_2396	*mms6*	0.003,25	0.241,763	−4.605,55
MGMSRv2 2324	*ftsZ-like*	0.114	0.885,86	−1.357,67

Fig. 6　Genes selected for validation by qRT-PCR, samples taken at 24 h and 36 h were used for this assay, relative expression level of WT for each gene was set as 1 and not shown in the data

a. expression levels of select genes related to energy or carbon metabolism as determined by qRT-PCR; b. expression level of certain MAI genes that are crucial for magnetosome synthesis as determined by qRT-PCR; c. The expression level of select energy or carbon metabolism genes as determined by RNA-seq; d. The expression levels of select MAI genes as determined by RNA-seq

3. Discussion

Most studies on magnetosome synthesis in MTB have focused on the magnetosome gene island (MAI). However, other studies have indicated that genes located outside the MAI are also involved in magnetosome synthesis, including the *fur* family genes (Qi *et al.*, 2012) and some types of ferric reductases (Zhang *et al.*,

2013). Nearly all of these studies focused on genes related to iron and oxygen metabolism. Some reports suggest that when grown under microaerobic conditions, cells cannot obtain sufficient oxygen, which is used as the terminal electron acceptor for cellular respiration, and therefore, they begin to take up large amounts of free iron ions to replace oxygen as the electron acceptor during the respiratory chain electron transfer process (Blakemore, 1982; Liu *et al.*, 2010). However, no studies have indicated that there is a relationship between magnetosome formation and energy metabolism. To our knowledge, this is the first report that Crp, a global regulator that controls energy and carbon metabolism, plays a key role in magnetosome formation in MSR-1.

More than 100 promoters have been shown to be activated or repressed by the Crp-cAMP regulatory system in *E. coli*, including the well-known lactose metabolism regulatory system and many other genes and operons related to carbon source catabolism (Kolb *et al.*, 1993). In addition, genes not involved in carbon metabolism can also be regulated by Crp, including certain types of cold-shock proteins (Uppal and Jawali, 2015) and proteins involved in antibiotic production (Gao *et al.*, 2012). The mechanism of Crp regulation, however, may be different in diverse microorganisms (Niu *et al.*, 1996; Stapleton *et al.*, 2010). Therefore, it is significant and interesting to explore the role of Crp in controlling magnetosome formation in MSR-1.

RNA-seq and qRT-PCR analyses were performed to explore why crp-M fails to synthesize normal magnetosomes and to determine whether the regulatory mechanism of Crp in MSR-1 is similar to that in *E. coli*. The results indicate that in MSR-1, Crp not only participates in energy metabolism, but also involved in the regulation of magnetosome island genes. As is the case in *E. coli*, many genes related to energy and carbon metabolism are regulated by Crp in MSR-1 (Table S3), including NADH-quinone oxidoreductase genes, F-type ATPase synthesis genes and a series of peptidoglycan biosynthesis genes (Tomohiro *et al.*, 2011). These findings confirm that in MSR-1, Crp performs a similar function compared to that in *E. coli*. Furthermore, the expression levels of numerous MAI-encoded genes related to magnetosome synthesis are down regulated in a *crp* mutant (Table S3), including *mamJ*, which belongs to the *mamAB* cluster, the major component of the MAI (Isabel *et al.*, 2014). *mamC*, which is a member of the *mamGFDC* cluster, and the deletion of *mamC* leads to smaller and more irregular magnetosomes (Scheffel *et al.*, 2008). The expression level of *mms6*, which plays a key role in the magnetite crystallization process *in vitro* (Atsushi *et al.*, 2003; Masayoshi *et al.*, 2011), was down regulated according to the qRT-PCR analysis as well as the *ftsZ-like* gene, which belongs to the *mamXY* cluster and has a similar function as the *mamGFDC* cluster (Ding *et al.*, 2010). The *feoB1* gene belongs to the *feoAB* cluster was also down regulated according to the results, and disruption of *feoB1* results in a decrease in ferrous ion uptake (Rong *et al.*, 2008). All of these results strongly suggest that the global regulator Crp plays a role in contributing to the synthesis of the magnetosome in MSR-1, either directly or indirectly. Furthermore, our results suggest that the magnetosome formation process is energy dependent.

4. Methods

4.1 Bacteria and growth conditions

The bacterial strains used in this study are described in Table S1. *M. gryphiswaldense* MSR-1 was cultivated in 50 ml of SLM medium (in a 100 ml serum bottle) at 30℃, 100 r/min (Guo *et al.*, 2012). The medium contained (per liter deionized water) 1.5 g sodium lactate, 0.4 g NH_4Cl, 0.1 g yeast extract, 0.5 g K_2HPO_4, 0.1 g $MgSO_4 \cdot 7H_2O$, 0.05 g sodium thioglycolate and 5 ml of trace element mixture. Ferric citrate was added as an iron source at a final concentration of 60 μmol/L after the medium was autoclaved. All MSR-1 cells used in this study were cultured for 24 h without a special statement.

4.2 Construction of the *crp* disruption mutant

All primers used in this study are listed in Table S2. The *crp* mutant strain was constructed by homologous recombination. Fragments of the upstream (1,102 bp) and downstream (1,080 bp) regions of *crp* were amplified using primer pairs crp-uf/crp-ur and crp-df/crp-dr, respectively, and the gentamicin (GM) resistance cassette was digested from a pUC-Gm vector with *Sac* I. All of these fragments were then fused and cloned into the *Hin*d III and *Bam*H I sites of the pUX19 vector to yield pUX-Crp. The pUX-Crp plasmid was introduced into donor strain *E. coli* S17-1, and the chromosomal copy of the *crp* gene in MSR-1 was replaced with the Gm cassette through biparental conjugation. Mutants were screened from Gm^r Km^s colonies as previously described (Yang *et al*., 2013). The screened *crp* mutant was confirmed by PCR and named crp-M.

4.3 Construction of *crp* complemented strains

The *crp* gene was cloned from the MSR-1 genome using primers ccrp-f and ccrp-r with *Hin*d III and *Bam*H I restriction sites (1,178 bp). The product was ligated into the pMD18-T simple vector (code D104A; TaKaRa Biotechnology, Dalian, China) for DNA sequencing. The target fragment was then digested with *Bam*H I and *Hin*d III. The resulting *Bam*H I-*Hin*d III *crp* fragment was ligated into the *Bam*H I and *Hin*d III sites of pBBR1MCS-2, which are directly upstream of a *lac* promoter and can be induced by lactose or IPTG, resulting in the plasmid named pBBRcrp. The pBBRcrp plasmid was introduced into MSR-1 crp-M by biparental conjugation. Transconjugants were screened from Gm^r, Km^r colonies and further confirmed by PCR.

4.4 Cell growth and magnetic response measurements of various strains

To measure growth and magnetism, all strains were grown synchronously in SLM at 30℃ as described above. The optical density (OD_{600}) was measured every 3 h using a UV-visible spectrophotometer (UNICO2100; UNICO Instrument Co., Shanghai, China). Magnetism values (C_{mag}) were calculated from the measurement of the maximal and minimal scattering intensities at OD_{600} (Zhao *et al*., 2007), and the cell density and C_{mag} curves were then constructed.

4.5 Measuring intra- and extracellular (residual iron content in the medium) iron levels

All strains were cultured in SLM (containing 60 μmol/L ferric citrate) at 30℃ under microaerobic conditions and harvested by centrifugation. The residual iron content in the medium was measured using the ferrozine assay (Stookey, 1970). To determine the intracellular iron content, pellets were washed three times with 20 mmol/L Tris-HCl buffer containing 4 m mol/L EDTA (pH 7.4). Pellets were then dried to a constant weight at 60℃, dissolved in 1 ml of nitric acid and digested at 100℃ for 3 h. The iron content was measured using an atomic absorption spectrometer (Optima 5300DV, PerkinElmer, Waltham, MA).

4.6 Transmission electron microscope (TEM) observation

All strains used for TEM observation were cultured in SLM (supplemented with 60 μmol/L ferric citrate) at 30℃. Then cells were collected by centrifugation. Pellets were rinsed twice with double-distilled H_2O and then resuspended in double-distilled H_2O. Suspensions were adsorbed onto copper grids and observed by TEM (JEM-2100, JEOL Ltd., Japan, working at 200 kV).

4.7 RNA sequencing by Illumina HiSeq

Total RNA of each strain was extracted and purified using Trizol reagent (Tiangen, Beijing, China) according to the manufacturer's instructions. Subsequently, DNase I (Takara, Shiga, Japan) was used to remove DNA from the extracted total RNA. Each sample was quantified and qualified using an Agilent 2100 Bioanalyzer (Agilent Technologies), and 1 μg of total RNA with a RIN (RNA integrity number) value greater than 7 was used to prepare a library. Single-end index libraries were constructed according to the manufacturer's protocol (NEB Next® Ultra™ RNA Library Prep Kit for Illumina®). Large ribosomal RNA was depleted from the total RNA using the RiboMinus Bacteria Module (Invitrogen), and the ribosomal-depleted mRNA was then fragmented and primed with random primers.

First-strand cDNA was synthesized using ProtoScript II Reverse Transcriptase, and second-strand cDNA was synthesized using the Second Strand Synthesis Enzyme Mix. The double-stranded cDNA, purified using AxyPrep Mag PCR Clean-up (Axygen), was then treated with End Prep Enzyme Mix for end repairing, 5′ phosphorylation and dA-tailing in one reaction, followed by ligation to adaptors with a "T" base overhang. Size selection of adaptor-ligated DNA was then performed using an AxyPrep Mag PCR Clean-up kit (Axygen), and fragments of approximately 400 bp (with an approximate insert size of 250 bp) were recovered. Each sample was then amplified by PCR for 11 cycles, with both primers carrying sequences that could anneal with the flow cell to perform bridge PCR and P7 primer carrying a six-base index allowing for multiplexing. The PCR products were purified using an AxyPrep Mag PCR Clean-up kit (Axygen), validated using an Agilent 2100 Bioanalyzer (Agilent Technologies), and quantified by Qubit and real time PCR (Applied Biosystems). Libraries with different indices were then multiplexed and loaded on an Illumina HiSeq instrument according to manufacturer's instructions (Illumina, San Diego, CA, USA). Sequencing was performed using a 1×50 single-end (SE) configuration; image analysis and base calling were conducted by the HiSeq Control Software (HCS) + OLB + GAPipeline-1.6 (Illumina) on the HiSeq instrument. The sequences were processed and analyzed by GENEWIZ. Co, Ltd.

4.8 Quantitative real-time reverse transcriptase PCR (qRT-PCR)

For qRT-PCR assay, both samples cultured for 24 h and 36 h were collected and used for total RNA extraction. cDNA of each strain was synthesized using M-MLV reverse transcriptase (Promega Corp., San Luis Obispo, CA, USA), dNTPs, and random primers (Takara, Shiga, Japan) according to the manufacturer's instructions, and total RNA was used as the template, RNA were extracted from three paralleled cultures of each strain. qRT-PCR analysis was performed with the cDNA template to determine whether the transcription levels of selected genes match the results of the RNA-seq expression profile. The *rpoA* gene (locus tag MGMSRv2_0062), which encodes the DNA-directed RNA polymerase alpha chain in MSR-1, was used as a positive internal control in the qRT-PCR assay. All qRT-PCR reactions were performed with a LightCycler 480 Instrument II (Roche, South San Francisco, CA, USA). SYBR Green I Master kit (Roche) was used for the amplification. The final reaction volume was 20 μl, with a template cDNA concentration of approximately 20 ng and oligo concentrations of 0.5 μmol/L. The reaction program consisted of a pre-incubation step at 95℃ for 5 min followed by 45 cycles of amplification at 95℃ for 10 s, annealing at 62℃ for 15 s, extension at

72℃ for 15 s, and fluorescence measurement at 95℃ for 5 s and 61℃ for 1 min. For each gene tested by qPCR, 3 replications were performed and their mean C_t values were used for final data calculating. The expression level of the genes tested was calculated using the threshold cycle (ΔC_t) method, which is a variation of the Livak method where ΔC_t=C_t (reference gene)–C_t (target gene).

References

Atsushi A, John W, Tadashi M. 2003. A novel protein tightly bound to bacterial magnetic particles in *Magnetospirillum magneticum* strain AMB-1. J Biol Chem, 278(10): 8745-8750.

Bazylinski D A, Frankel R B. 2004. Magnetosome formation in prokaryotes. Nat Rev Microbiol, 2: 217-230.

Blakemore R P. 1982. Magnetotactic bacteria. Annu Rev Microbiol, 36: 217-238.

Britos L, Abeliuk E, Taverner T, *et al*. 2011. Regulatory response to carbon starvation in *Caulobacter crescentus*. PLoS One, 6: e18179.

Ding Y, Li J, Liu J, *et al*. 2010. Deletion of the ftsZ-like gene results in the production of superparamagnetic magnetite magnetosomes in *Magnetospirillum gryphiswaldense*. J Bacteriol, 192(4): 1097-1105.

Fic E, Bonarek P, Gorecki A, *et al*. 2009. cAMP receptor protein from *Escherichia coli* as a model of signal transduction in proteins: a review. J Mol Microbiol Biotechnol, 17(1): 1-11.

Gao C, Hindra M D, Yin C, *et al*. 2012. Crp is a global regulator of antibiotic production in Streptomyces. MBio, 3: 214104.

Gould J L, Kirschvink J L, Deffeyes K S. 1978. Bees have magnetic remanence. Science, 201(4360): 1026-1028.

Grunberg K, Müller E C, Otto A, *et al*. 2004. Biochemical and proteomic analysis of the magnetosome membrane in *Magnetospirillum gryphiswaldense*. Appl Environ Microbiol, 70(2): 1040-1050.

Guo F F, Yang W, Jiang W, *et al*. 2012. Magnetosomes eliminate intracellular reactive oxygen species in *Magnetospirillum gryphiswaldense* MSR-1. Environ Microbiol, 14(7): 1722-1729.

Isabel K, Anna L, Sarah B, *et al*. 2014. Biosynthesis of magnetic nanostructures in a foreign organism by transfer of bacterial magnetosome gene clusters. Nat Nanotechnol, 9(3): 193-197.

Jogler C, Schüler D. 2009. Genomics, genetics, and cell biology of magnetosome formation. Annu Rev Microbiol, 63: 501-521.

Kirschvink J L, Kobayashi K A, Woodford B J. 1992. Magnetite biomineralization in the human brain. Proc Natl Acad Sci USA, 89(16): 7683-7687.

Kolb A, Busby S, Buc H, *et al*. 1993. Transcriptional regulation by cAMP and its receptor protein. Annu Rev Biochem, 62: 749-795.

Komeili A. 2012. Molecular mechanisms of compartmentalization and biomineralization in magnetotactic bacteria. FEMS Microbiol Rev, 36(1): 232-255.

Lawson C L, Swigon D, Murakami K S, *et al*. 2004. Catabolite activator protein: DNA binding and transcription activation. Curr Opin Struct Biol, 14(1): 10-20.

Li Y, Sabaty M, Borg S, *et al*. 2014. The oxygen sensor MgFnr controls magnetite biomineralization by regulation of denitrification in *Magnetospirillum gryphiswaldense*. BMC Microbiol, 14: 153.

Liu Y, Li G R, Guo F F, *et al*. 2010. Large-scale production of magnetosomes by chemostat culture of *Magnetospirillum gryphiswaldense* at high cell density. Microb Cell Fact, 9: 99.

Masayoshi T, Eri M, Atsushi A, *et al*. 2011. MMS6 protein regulates crystal morphology during nano-sized magnetite biomineralization *in vivo*. J Biol Chem, 286(8): 6386-6392.

Mckay D B, Steitz T A. 1981. Structure of catabolite gene activator protein at 2.9 Å resolution suggests binding to left-handed B-DNA. Nature, 290(5809): 744-749.

Murat D, Quinlan A, Vali H, *et al*. 2010. Comprehensive genetic dissection of the magnetosome gene island reveals the step-wise assembly of a prokaryotic organelle. Proc Natl Acad Sci USA, 107(12): 5593-5598.

Niu W, Kim Y, Tau G, *et al*. 1996. Transcription activation at class II CAP-dependent promoters: two interactions between CAP and RNA polymerase. Cell, 87(6): 1123-1134.

Ozyamak E, Kollman J, Agard D A, *et al*. 2013. The bacterial actin MamK: *in vitro* assembly behavior and filament architecture. J Biol Chem, 288(6): 4265-4277.

Qi L, Li J, Zhang W J, *et al*. 2012. Fur in *Magnetospirillum gryphiswaldense* influences magnetosomes formation and directly regulates the genes involved in iron and oxygen metabolism. PLoS One, 7: e29572.

Ritz M, Garenaux A, Berge M, *et al.* 2009. Determination of *rpoA* as the most suitable internal control to study stress response in *C. jejuni* by RT-qPCR and application to oxidative stress. J Microbiol Methods, 76(2): 196-200.

Rong C, Huang Y, Zhang W, *et al.* 2008. Ferrous iron transport protein B gene (*feoB1*) plays an accessory role in magnetosome formation in *Magnetospirillum gryphiswaldense* strain MSR-1. Res Microbiol, 159(7-8): 530-536.

Scheffel A, Gärdes A, Grünberg K, *et al.* 2008. The major magnetosome proteins MamGFDC are not essential for magnetite biomineralization in *Magnetospirillum gryphiswaldense* but regulate the size of magnetosome crystals. J Bacteriol, 190(1): 377-386.

Shi G, Huang F, Gong Y, *et al.* 2014. RNA-Seq analysis reveals that multiple phytohormone biosynthesis and signal transduction pathways are reprogrammed in curled-cotyledons mutant of soybean [*Glycine max* (L.) Merr]. BMC Genomics, 15: 510.

Stapleton M, Haq I, Hunt D M, *et al.* 2010. *Mycobacterium tuberculosis* cAMP receptor protein (Rv3676) differs from the *Escherichia coli* paradigm in its camp binding and DNA binding properties and transcription activation properties. J Biol Chem, 285(10): 7016-7027.

Stookey L L. 1970. Ferrozine: a new spectrophotometric reagent for iron. Anal Chem, 42(7): 779-781.

Suzuki T, Okamura Y A, Takeyama H, *et al.* 2007. Cytoplasmic ATPase involved in ferrous ion uptake from magnetotactic bacterium *Magnetospirillum magneticum* AMB-1. FEBS Letters, 581(18): 3443-3448.

Tomohiro S, Nobuyuki F, Kaneyoshi Y, *et al.* 2011. Novel roles of cAMP receptor protein (CRP) in regulation of transport and metabolism of carbon sources. PLoS One, 6: e20081.

Uppal S, Jawali N. 2015. Cyclic AMP receptor protein (CRP) regulates the expression of *cspA*, *cspB*, *cspG* and *cspI*, members of *cspA* family, in *Escherichia coli*. Arch Microbiol, 197(3): 497-501.

Walcott C, Gould J, Kirschvink J. 1979. Pigeons have magnets. Science, 205(4410): 1027-1029.

Won H S, Yamazaki T, Lee T W, *et al.* 2000. Structural understanding of the allosteric conformational change of cyclic AMP receptor protein by cyclic AMP binding. Biochemistry, 39(45): 13953-13962.

Xiang L X, He D, Dong, W R, *et al.* 2010. Deep sequencing-based transcriptome profiling analysis of bacteria-challenged Lateolabrax japonicus reveals insight into the immune-relevant genes in marine fish. BMC Genomics, 11: 472.

Yang J, Li S, Huang X, *et al.* 2013. MamX encoded by the *mamXY* operon is involved in control of magnetosome maturation in *Magnetospirillum gryphiswaldense* MSR-1. BMC Microbiology, 13: 232-241.

Zhang C, Meng X, Li N, *et al.* 2013. Two bifunctional enzymes with ferric reduction ability play complementary roles during magnetosome synthesis in *Magnetospirillum gryphiswaldense* MSR-1. J Bacteriol, 195(4): 876-885.

Zhao L, Dan W, Wu L F, *et al.* 2007. A simple and accurate method for quantification of magnetosomes in magnetotactic bacteria by common spectrophotometer. J Biochem Biophys Methods, 70(3): 377-383.

Zubay G, Schwartz D, Beckwith J. 1970. The mechanism of activation of catabolite-sensitive genes. Cold Spring Harb Symp Quant Biol, 35: 433-435.

Supplementary material: http://www.nature.com/srep

本文原载：Sci Rep, 2016, 6: 21156.

Physiological Characteristics of *Magnetospirillum gryphiswaldense* MSR-1 that Control Cell Growth Under High-iron and Low-oxygen Conditions*

Qing Wang[1, 5], Xu Wang [1, 5], Weijia Zhang[2, 5], Xianyu Li[3], Yuan Zhou[1], Dan Li[1], Yinjia Wang[4], Jiesheng Tian[1, 5], Wei Jiang[1,5], Ziding Zhang[1], Youliang Peng[1], Lei Wang[4], Ying Li[1, 5], Jilun Li[1,5]

(1. State Key Laboratories for Agrobiotechnology, China Agricultural University, Beijing, 100193, China; 2. Institute of Deep-sea Science and Engineering, China Academy of Sciences, Sanya, 572000, China; 3. Beijing Key Laboratory of Traditional Chinese Medicine Basic Research on Prevention and Treatment for Major Diseases, Experimental Research Center, China Academy of Chinese Medical Sciences, Beijing, 100700, China; 4. Tianjin Biochip Corporation, Tianjin, 300457, China; 5. France-China Bio-Mineralization and Nano-Structure Laboratory, Beijing, 100193, China)

Abstract

Magnetosome formation by *Magnetospirillum gryphiswaldense* MSR-1 is dependent on iron and oxygen levels. We used transcriptome to evaluate transcriptional profiles of magnetic and non-magnetic MSR-1 cells cultured under high-iron and low-iron conditions. A total of 80 differentially expressed genes (DEGs) were identified, including 53 up-regulated and 27 down-regulated under high-iron condition. These DEGs belonged to the functional categories of biological regulation, oxidation-reduction process, and ion binding and transport, and were involved in sulfur metabolism and cysteine/methionine metabolism. Comparison with our previous results from transcriptome data under oxygen-controlled conditions indicated that transcription of *mam* or *mms* was not regulated by oxygen or iron signals. 17 common DEGs in iron- and oxygen-transcriptomes were involved in energy production, iron transport, and iron metabolism. Some unknown-function DEGs participate in iron transport and metabolism, and some are potential biomarkers for identification of *Magnetospirillum* strains. IrrA and IrrB regulate iron transport in response to low-oxygen and high-iron signals, respectively. Six transcription factors were predicted to regulate DEGs. Fur and Crp particularly co-regulate DEGs in response to changes in iron or oxygen levels, in a proposed joint regulatory network of DEGs. Our findings provide new insights into biomineralization processes under high- *vs*. low-iron conditions in magnetotactic bacteria.

Keywords

Magnetospirillum gryphiswaldense, transcriptome, RNA-sequencing, magnetosome formation.

1. Introduction

Magnetotactic bacteria are a diverse group characterized by the ability to orient themselves and navigate

*This study was supported by the National Natural Science Foundation of China (No. 31270093 and 31570037) and the China Postdoctoral Science Foundation (No. 2015M570175). The authors are grateful to Dr. S. Anderson for English editing of the manuscript.

along geomagnetic field lines. They are able to efficiently find low-oxygen environments in fresh water by reference to the earth's magnetic field. This navigational ability depends on the magnetosome, a specialized organelle consisting of a lipid bilayer membrane surrounding a crystal of the magnetic mineral magnetite (Fe_3O_4) (Komeili, 2012). Biosynthesis of magnetosomes by *Magnetospirillum gryphiswaldense* MSR-1, a member of the alpha subclass of Proteobacteria (Schleifer *et al.*, 1991), requires a high concentration of iron ion and a microaerobic (relative dissolved oxygen in 0.5%~1.0%) environment (Blakemore *et al.*, 1979; Yang *et al.*, 2001). The detailed mechanism of magnetosome formation has been gradually elucidated during the past two decades through a combination of genetic, cell biological, and physiological analyses and several advanced microscopic techniques. The series of steps involved in the process include magnetosome vesicle formation by invagination of inner cell membrane (Murat *et al.*, 2010; Uebe *et al.*, 2011), recruitment of magnetosome membrane proteins, alignment of magnetosome vesicles into a chain (Katzmann *et al.*, 2010; Draper *et al.*, 2011), transport of iron into the vesicles (Faivre *et al.*, 2007), and biomineralization of magnetite crystals. The majority of the genes required for biomineralization are located within a large unstable genomic region termed the magnetosome island (MAI), and belong to four conserved clusters: the *mamAB*, *mamXY*, *mamGFDC*, and *mms6* operons (Richter *et al.*, 2007; Murat *et al.*, 2010; Komeili, 2012). The *mamAB* cluster encodes factors that are important and sufficient for magnetite biomineralization in MSR-1 (Lohße *et al.*, 2011). Transfer of four gene clusters and *feoAB1* led to construction of a recombinant *Rhodospirillum* that synthesized magnetosomes (Kolinko *et al.*, 2014).

Certain genes located outside the MAI also play key roles in magnetosome formation, particularly during the biomineralization process. Ferric uptake regulator (Fur) protein is a global regulator of iron and oxygen metabolism. In MSR-1, Fur (gene code MGMSRv2_3137) directly regulates expression of ferrous transport system-related genes (*feoAB1*, *feoAB2*), catalase gene *katG*, and superoxide dismutase gene *sodB*. Deletion of *fur* results in fewer and smaller magnetosomes (Qi *et al.*, 2012; Deng *et al.*, 2015). Iron response regulator protein IrrB (MGMSRv2_3149) helps control iron/oxygen balance, oxidative stress tolerance, and magnetosome formation (Wang *et al.*, 2015). Several proteins that participate in general iron metabolism are involved in magnetosome formation, including FeoB1 and FeoB2 (deletion of which results in fewer magnetosomes) (Rong *et al.*, 2008, 2012), and FeR5 (thioredoxin reductase) and FeR6 (flavin reductase), two bifunctional enzymes that have ferric reduction function and play complementary roles in the process (Zhang *et al.*, 2013). Li *et al.* (2012, 2013) demonstrated that magnetite biomineralization also requires periplasmic nitrate reductase (Nap) and nitrite reductase (NirS), both of which are components of the denitrification pathway (Li *et al.*, 2012, 2013). Clearly, magnetosome formation is a highly complicated process requiring integration of many metabolic pathways, and genes other than those located within the MAI are involved. The number of genes involved in the process, and their functional relationships, remain unclear, presenting a major obstacle to elucidation of the mechanism of magnetosome formation. We hope to overcome this obstacle using high-throughput mRNA sequencing (RNA-seq) for analysis of the genes.

Through a long series of studies and experimental approaches, we have essentially mastered "the rules" for culturing MSR-1 cells to achieve high-efficiency growth and magnetosome synthesis. Through modification of a single variable (iron or oxygen), we can cause cells to synthesize magnetosomes with high efficiency, or not at all, and that differential transcription of key iron and oxygen metabolism genes tested by RT-qPCR (Wang *et al.*, 2013) also ensured the feasibility of transcriptome. Our 2016 report presented transcriptome data from MSR-1 cells under high-oxygen and low-oxygen (oxygen-controlled) conditions, and described cell physiological characteristics that respond to changes in oxygen levels (Wang *et al.*, 2016).

In the present study, we evaluated the effects of iron concentration on metabolism and magnetosome formation of MSR-1 cells, in comparison with transcriptome data under high-iron and low-iron conditions. We found that 80 differentially expressed genes (DEGs) in magnetic and non-magnetic cells under the two conditions could be divided into two clusters: 53 up-regulated genes and 27 down-regulated genes under high-iron condition. Analysis of the transcriptome data indicated that certain genes in multi-metabolic pathways are involved in magnetosome formation, and led to generation of a proposed regulatory network of DEGs. In comparison with transcriptome data under oxygen-controlled conditions, there were both similarities and differences in results from formation of mature magnetosomes. Our findings provide new insights into physiological differences in biomineralization processes under high- *vs*. low-iron condition.

2. Results and Discussion

2.1 Characteristics of magnetic and non-magnetic MSR-1 cells

M. gryphiswaldense MSR-1 cells were cultured in shaking flasks with and without addition of 20 μmol/L ferric citrate (the two conditions are hereafter termed "high-iron" and "low-iron" cells, respectively). Cell growth was similar under the two conditions; however, magnetic response (C_{mag}) was zero only for low-iron cells; *i.e.*, high-iron cells were magnetic whereas low-iron cells were non-magnetic (Wang *et al.*, 2013). After 18 h growth, OD_{565} values were 0.723 for high-iron cells and 0.882 for low-iron cells, C_{mag} of high-iron cells reached its maximal value (1.088) (Fig. 1a), magnetosomes were mature, and biosynthesis of magnetosomes in high-iron cells was confirmed by TEM observation (Fig. 1b). High- and low-iron cells grown for 18 h were subjected to further experiments as described below.

2.2 Transcriptomic analysis

To evaluate the genes involved in magnetosome formation, with iron considered as the single variable, selected high- and low-iron MSR-1 cells were subjected to transcriptomic analysis. Of 4,258 genes annotated in the SCF1 genome, 3,862 transcripts were detected validly by RNA-seq. The number of mapped cDNA reads was 9.8×10^6 for high-iron cells and 10.4×10^6 for low-iron cells, totaling 4.06 Gb of sequenced MSR-1 cDNA. Nearly all (~99%) of the transcripts were assignable to the genome, illustrating the suitability of RNA-seq for MSR-1 transcriptomic studies.

Differential expression analysis of RNA-seq data using the Cuffdiff software program (Trapnell *et al.*, 2012) revealed 80 genes with significant differential expression. Under high-iron condition, 53 of these DEGs were up-regulated and 27 (approximately half as many) were down-regulated (Fig. 1c). One gene (MGMSRv2_3980) that encodes a conserved protein of unknown function was transcribed only under low-iron condition (Table S1).

On the basis of gene ontology (GO) (Ashburner *et al.*, 2000), DEGs were classified into two categories: biological process and molecular function. The GOseq software package was used to analyze GO-term enrichment (Young *et al.*, 2010). Most of the 80 DEGs observed for high-iron cells participated in oxidation-reduction processes, ferrous iron transport, regulation of DNA metabolic processes, and biological regulation (Fig. 1d; Table S2). In the biological regulation term, five up-regulated genes included signal transduction histidine kinases and methyl chemotactic protein genes; eight down-regulated genes included iron response regulator gene *irrB*, Nif-specific regulatory genes *nifA* and *glnB* (which encodes nitrogen regulatory gene PII, related to nitrogen fixation regulation), bacterioferritin gene for iron storage and detoxification, and genes related to DNA replication and nucleic acid metabolism. In the oxidation-reduction process term, six up-regulated genes included ferredoxin genes, hydrogenase genes, oxidase genes with FAD/NAD(P)-binding domain, and sulfite reductase genes; two down-regulated genes included aldehyde dehydrogenase gene and peroxidase gene. In contrast to non-magnetic bacteria, MSR-1 can withstand high concentrations of ferrous iron ion to form magnetosomes, and is not damaged by reactive oxygen species. MSR-1 has therefore developed mechanisms to maintain oxidation pressure in cells. For example, hemerythrin family protein (encoded by MGMSRv2_2221) is responsible for oxygen transport, and binds the O_2 molecule to a pair of iron atoms (Fe-O-O-Fe) (Karlsen *et al.*, 2005). Up-regulation of MGMSRv2_2221 may also have an antioxidative effect. In the molecular function term, seven DEGs (three up-regulated, four down-regulated) were related to metal ion binding (Fig. 1d; Table S2). Among these, *feoB1* and *feoB2* are responsible for ferrous iron ion transmembrane transport, and their down-regulation may be caused by Fur (encoded by MGMSRv2_3137) in MSR-1 (Uebe *et al.*, 2010; Qi *et al.*, 2012).

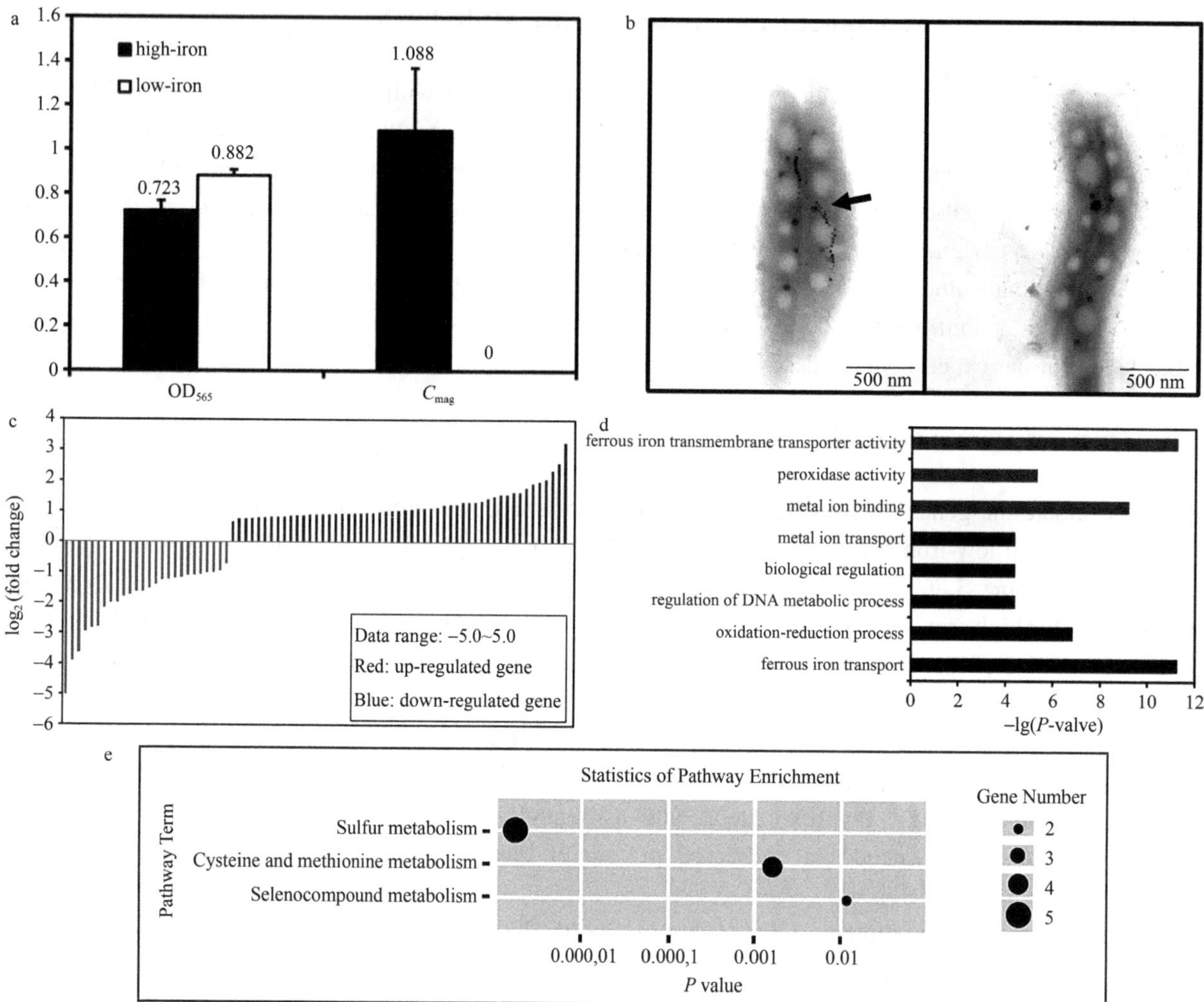

Fig. 1 MSR-1 cells cultured under high-iron (20 μmol/L ferric citrate) and low-iron (trace amount iron) conditions, and significant differentially expressed genes (DEGs) under these two conditions (Color figure in the two-dimensional code at the back cover)

a. Cell growth and magnetic response (C_{mag}). Cell growth was similar, but C_{mag} was zero for low-iron cells. b. TEM observations at 18 h. High-iron cells (left) had mature magnetosomes, while low-iron cells (right) did not. Scale bar: 500 nm. c. Heat map illustrating the 80 DEGs: 53 up-regulated (red) and 27 down-regulated (blue). d. DEGs were assigned GO classification to two categories: biological process (black) and molecular function (red). e. KEGG enrichment analysis showing three pathways with the highest degrees of enrichment ($P<0.05$). Dark-blue circle: number of DEGs in the pathway

KEGG (Kyoto Encyclopedia of Genes and Genomes) provides a reference database for linking genomic or transcriptomic contents of genes to KEGG reference pathways and thereby inferring systemic behaviors of cells (Kanehisa *et al.*, 2008). Three pathways with high KEGG enrichment are shown in Fig. 1e, and Table S3 presents information on the most enriched pathway terms. Sulfur metabolism showed the highest degree of enrichment. Five of the 80 DEGs (MGMSRv2_0470, MGMSRv2_2887, MGMSRv2_1712, MGMSRv2_0469, MGMSRv2_0468) belonged to sulfur metabolism pathway, and each was up-regulated under high-iron condition. These genes encode enzymes that participate in multiple steps of sulfate reduction.

The pathway with the second highest degree of enrichment, cysteine and methionine metabolism, included four DEGs: MGMSRv2_2887, MGMSRv2_2672, MGMSRv2_1712, MGMSRv2_2836. MGMSRv2_2887 and MGMSRv2_1712 both encode cysteine synthetase A, which catalyzes conversion of *O*-acetyl-L-serine to L-cysteine, and both contribute to sulfur metabolism, and cysteine and methionine metabolism. Besides normal physiological metabolism in MSR-1 cells, sulfur metabolism may directly supply elemental S for iron-sulfur (Fe-S) cluster biosynthesis. This complex process includes sulfur production from L-cysteine, iron and sulfur to form a cluster in a scaffold protein, and delivery of the cluster by a carrier to the terminal apo-target (Meyer, 2001; Roche *et al.*, 2013). Comparison by RNA-seq of transcription levels of whole genes under high- *vs*. low-iron conditions suggests that up-regulation of enzymes related to sulfur and cysteine metabolism and ferredoxins (both 2Fe-2S and 4Fe-4S) tends to reduce partial oxidation pressure through biosynthesis of Fe-S clusters, which may also participate in diverse biological processes such as respiration, central metabolism, DNA repair, and gene regulation (Roche *et al.*, 2013).

In our recent (2016) study of two types of magnetic and non-magnetic MSR-1 cells harvested in a 7.5 L autofermentor using dO_2 values of 30% (high-oxygen; aerobic) and 0.5% (low-oxygen; microaerobic), we also analyzed transcriptomes under these two conditions (Wang *et al.*, 2016). Although the culture conditions differed from those in flask culture (control of iron concentration), two magnetic and non-magnetic cell populations under the high- and low-oxygen conditions were in stationary growth phase and able to produce mature magnetosomes. We evaluated similarities and differences of the two sets of transcriptome data, hereafter referred to as "iron-transcriptome" and "oxygen-transcriptome" data.

2.3 Differential expression of genes encoding Fur family proteins

The five candidate proteins in MSR-1 responsible for iron and oxygen regulation and belonging to the Fur family are Fur (gene code MGMSRv2_3137), IrrA (MGMSRv2_1721), IrrB (MGMSRv2_3149), IrrC (MGMSRv2_3660), and Zur (zinc uptake regulator; MGMSRv2_2136). In the iron-transcriptome data, only *irrB* showed notable (~2-fold) down-regulation under high-iron condition (Table 1). RT-qPCR confirmed that *irrB* transcription was notably down-regulated under high-iron condition in stationary phase (Fig. 2a). IrrB level is stable under low-iron condition, whereas under high-iron condition heme initiates degradation of IrrB, leading to expression of IrrB-controlled iron-responsive genes (Ojeda *et al.*, 2012). Under high-iron condition, reduced IrrB expression leads to synthesis of heme proteins such as catalases and peroxidases, and IrrB degradation may be related to oxidative stress (Yang *et al.*, 2006). In the oxygen-transcriptome data, only transcription of *irrA* was notably up-regulated (4.2-fold) under microaerobic condition (Table 1) (Wang *et al.*, 2016). C_{mag} reached its maximal value and iron storage in cells reached saturation under this condition, thus initiating regulation of IrrA for oxidative balance. Under high-iron condition, transcription levels of *irrA* and *irrB* in Δ*fur* strain (*fur*-defective mutant) were respectively 5.8- and 2.4-fold higher ($P<0.05$) (Fig. 2b), and those of *irrA* and *fur* in Δ*irrB* strain (*irrB*-defective mutant) were both 2-fold higher (Fig. 2c), than in WT. Findings from transcriptomic analysis and RT-qPCR suggest that IrrB is degraded to regulate heme biosynthesis, iron uptake, and iron storage in response to high-iron condition, whereas IrrA regulates iron transport in response to an oxygen signal. Accordingly, Fur and Fur-like proteins in MSR-1 display division of labor and cooperativity in response to varying iron and oxygen conditions.

Table 1　Expression differences of *fur* and *fur-like* genes in MSR-1

Gene name	Gene location	$\log_2$ (fold change)*	
		high iron/low iron	high oxygen/low oxygen
fur	MGMSRv2_3137	0.029	0.689
irrA	MGMSRv2_1721	−0.910	2.087**
irrB	MGMSRv2_3149	1.074**	−0.639
irrC	MGMSRv2_3660	−0.081	1.368
zur	MGMSRv2_2136	−0.499	−0.232

*$\log_2$, transformation of expression fold change between high- *vs.* low-iron condition or high- *vs.* low-oxygen condition. ** $P<0.05$

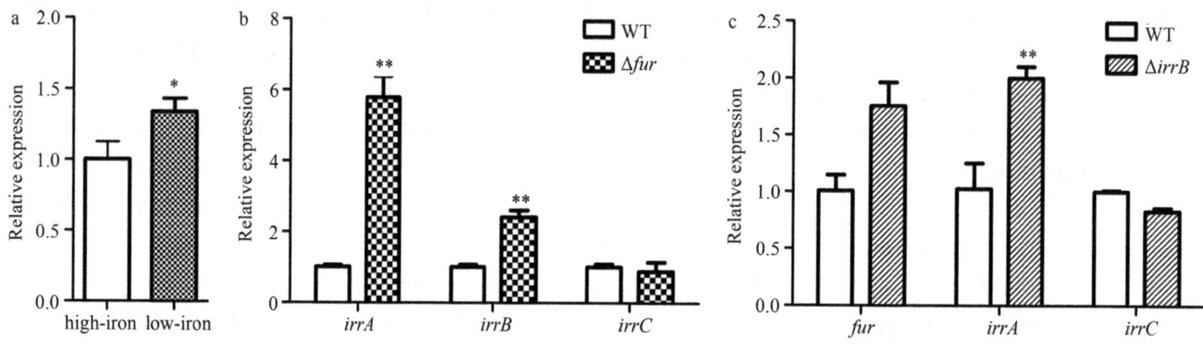

Fig. 2　Expression differences (by RT-qPCR) of MSR-1 genes encoding Fur and Fur-like proteins

a. Transcription levels of *irrB* under high-iron and low-iron conditions at 18 h. b. Transcription levels of *irrA*, *irrB*, and *irrC* in WT and Δ*fur* under high-iron condition. c. Transcription levels of *fur*, *irrA*, and *irrC* in WT and Δ*irrB* under high-iron condition. Data are presented as mean±SD. Means were compared by student's *t*-test, $P<0.05$

2.4　Unknown-function proteins involved in substance transport and iron metabolism pathways, and "hidden" information in conserved DEGs

Analysis of iron- and oxygen-transcriptome data indicated the presence in MSR-1 of many unknown-function genes related to biomineralization. In the iron-transcriptome, under high-iron condition, transcription of 13 unknown DEGs was up-regulated and that of 9 unknown DEGs was down-regulated, and transcription of MGMSRv2_1437 and MGMSRv2_2220 was up-regulated 4.2- and 6.0-fold, respectively. MGMSRv2_1437 encodes a membrane fusion protein having an RND (resistance-nodulation-cell division) efflux pump domain, and its product may be involved in transport activity regulated by iron signals. BlastP analysis showed 54%, 53% and 56% sequence identity of this MSR-1 protein with homologous proteins in *M. magneticum* AMB-1, *M. magnetotacticum* MS-1, and *Magnetospirillum* sp. SO-1, respectively (Fig. 3a). No such corresponding proteins were found for the protein encoded by MGMSRv2_2220. In the oxygen-transcriptome, under microaerobic condition, transcription of 22 unknown DEGs was up-regulated and that of 16 unknown DEGs was down-regulated. Of the 22 up-regulated DEGs, 13 showed significant (>4.0-fold) up-regulation. BlastP analysis showed >50% sequence identity of the proteins encoded by MGMSRv2_0250 (transmembrane protein, transport activity), MGMSRv2_0272, MGMSRv2_1118, MGMSRv2_4160 (transmembrane protein), and MGMSRv2_4161 with homologous proteins in *Magnetospirillum* (AMB-1, XM-1, SO-1, MS-1, *M. caucaseum*) (Fig. 3a~c). The protein encoded by MGMSRv2_4161 belongs to the FeS assembly SUF (sulfur mobilization) system, and that encoded by MGMSRv2_0272 appears to be involved, with its neighbors, in cationic (*e.g.*, iron) transport.

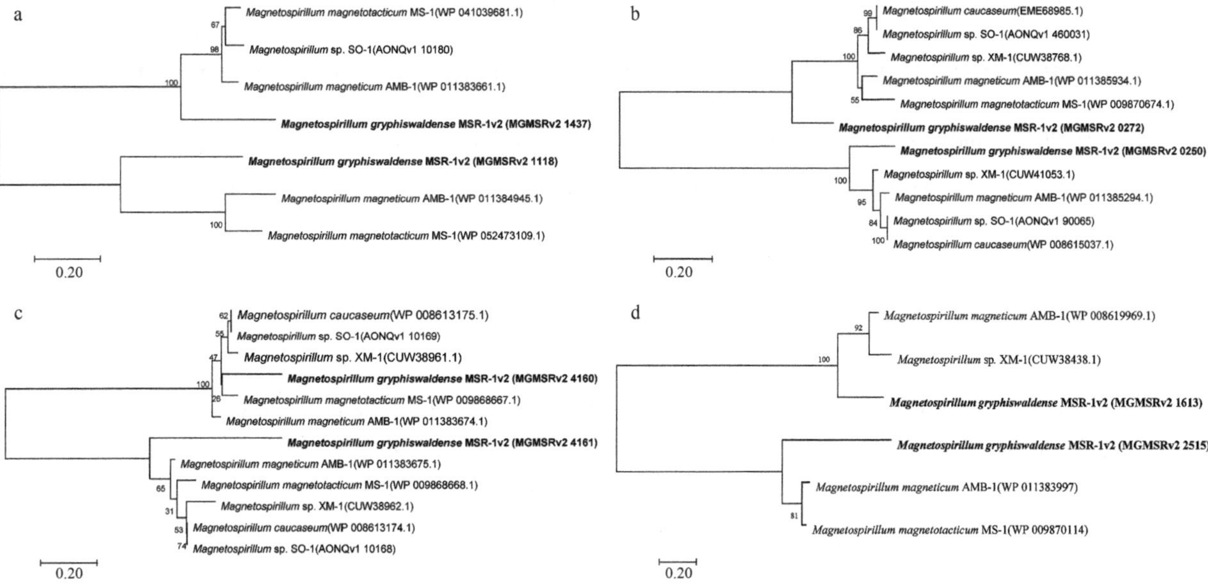

Fig. 3　Phylogenetic trees based on sequences of 8 unknown proteins, illustrating relationships within the genus *Magnetospirillum*
Trees were reconstructed by the neighbor-joining method using the MEGA7 software program, and rooted using *M. gryphiswaldense* MSR-1 as outgroup. Numbers at nodes represent bootstrap values, based on 1000 re-samplings. GenBank accession numbers for the unknown protein sequences are shown in parentheses

Comparison of the iron- and oxygen-transcriptome datasets revealed five unknown-function DEGs in common: MGMSRv2_1306, MGMSRv2_1613, MGMSRv2_2515, MGMSRv2_2779, and MGMSRv2_4010. Transcription of the former three was up-regulated under magnetosome-forming conditions (Table 2). The MGMSRv2_1613 product showed 66% sequence identity with the homologous protein in MSR-1, AMB-1, and XM-1 (Fig. 3d), and is predicted to have TadE/G-like domains and to be a putative Flp pilus-assembly protein. MGMSRv2_2515 encoded a cytoplasmic protein with unknown function and insufficient reference information; the protein showed 69% sequence identity with homologues in MSR-1, AMB-1, and MS-1 (Fig. 3d). The protein encoded by MGMSRv2_1306 has a cyclic nucleotide-binding domain; no homologous protein was found in the other strains.

Table 2　Transcription of common unknown-function DEGs in iron-controlled and oxygen-controlled transcriptome data

Gene location	FPKM value				Conserved domain
	high iron	low iron	high oxygen	low oxygen	
MGMSRv2_1306	70.3	17.8	76.0	222.5	Cyclic nucleotide-binding domain
MGMSRv2_1613	62.6	30.2	19.0	58.6	TadE/G-like
MGMSRv2_2515	549.3	202.8	172.2	576.4	—
MGMSRv2_2779	129.1	289.5	101.5	30.1	—
MGMSRv2_4010	36.9	166.7	841.8	161.7	Cystathionine beta-synthase (CBS)

Phylogenetic analysis indicated that the unknown-function proteins described above are conserved in *Magnetospirillum*. Homologous proteins have not been found in other magnetotactic or non-magnetic bacteria. These proteins are likely to be useful markers that will help elucidate *Magnetospirillum* evolution. In transcriptome data, the unknown-function DEGs showed significant up-regulation under magnetosome-forming conditions, but more information is needed. We expect that analysis of these conserved unknown-function DEGs, particularly those that show up-regulation, will help reveal currently "hidden" information regarding novel substance transport and iron metabolism pathways involved in biomineralization. Our ongoing studies are focused on elucidating the functions of these DEGs.

2.5 Fur and Crp co-regulate DEGs that respond to changes in iron or oxygen concentration

In our 2016 study, seven homologous candidate transcription factors (TFs) were predicted in the oxygen-transcriptome (Wang *et al.*, 2016). To assess the regulatory of some TFs between DEGs and high/low iron supply, we predicted potential regulatory elements of DEGs. Analysis of DNA sequences –350 bp upstream of each DEG by the Virtual Footprint program led to prediction of six homologous TFs. The genes and related TFs were integrated into a proposed regulatory network (Fig. S1). Information on TFs and numbers of regulated DEGs is summarized in Table S4. The six candidate TFs were Fur (gene code MGMSRv2_3137), anti-activator for CytR-CRP nucleoside utilization regulon CytR (MGMSRv2_1275), cAMP-activated global TF Crp (MGMSRv2_1601), transcriptional regulator NarL (MGMSRv2_0839), RNA polymerase sigma-H factor SigH (MGMSRv2_3016), and transcriptional activator protein GerE (MGMSRv2_4022). Each of these TFs regulates multiple DEGs, and specific DEGs are regulated by more than one TF.

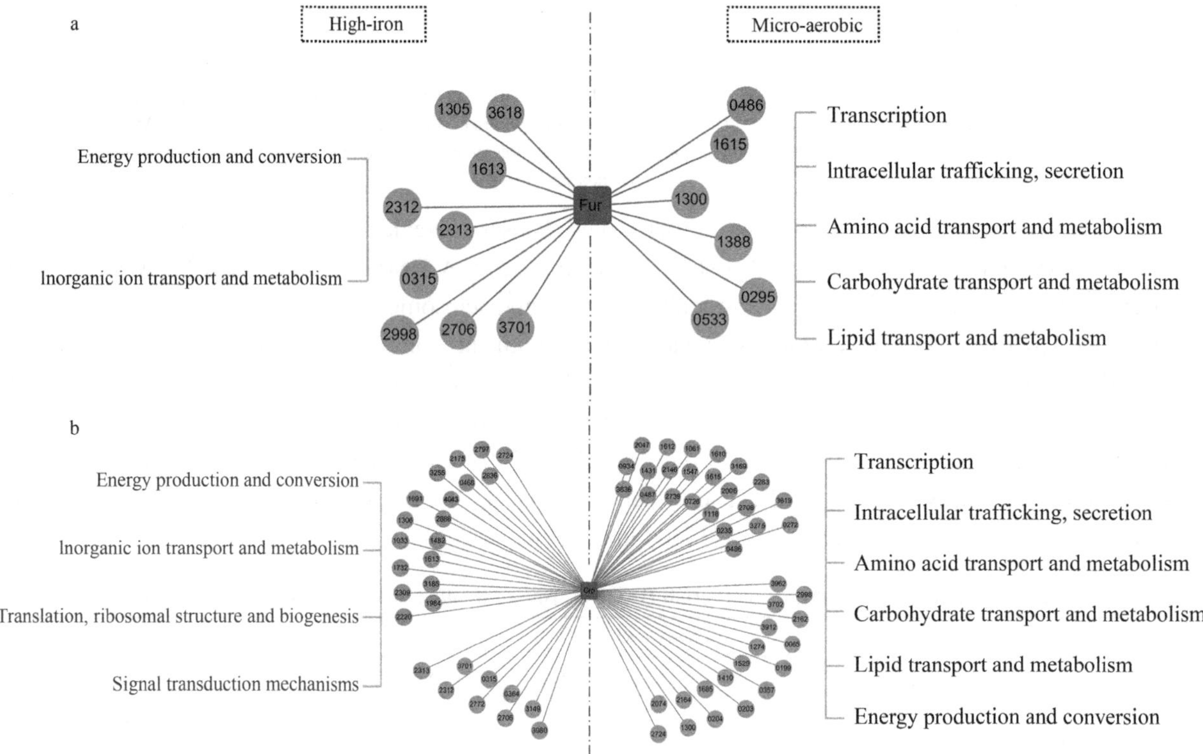

Fig. 4 Comparison of proposed regulatory networks for Fur and Crp under high-iron and low-oxygen (microaerobic) conditions (Color figure in the two-dimensional code at the back cover)

Networks were drawn using the Cytoscape 3 software program Fur (a) and Crp (b) are represented by pink rectangles, and DEGs by colored ellipses: orange for up-regulated genes, blue for down-regulated genes under high-iron condition (A and B, left) and low-oxygen condition (A and B, right). COG classifications of DEGs are shown on either side. Four-digit numbers=abbreviated gene IDs; *e.g.*, 2724=MGMSRv2_2724. Black lines: TF regulation of genes

In the iron-transcriptome under high-iron condition, there were three up-regulated genes and five down-regulated genes, which included *feoAB1* and *feoB2*, controlled by Fur (Fig. 4a, left). We previously confirmed the DNA-binding ability of upstream *feo* operon by chromatin immunoprecipitation (ChIP), and the sequence of Fur-binding site by DNase I footprinting (Qi *et al.*, 2012; Deng *et al.*, 2015). In the oxygen-transcriptome under microaerobic condition, two up-regulated DEGs (MGMSRv2_0486, MGMSRv2_1615) were regulated by Fur and function in transcription and intracellular trafficking and secretion, while four down-regulated DEGs were regulated by Fur and are involved in material transport and metabolism (Fig. 4a, right). The regulatory network of Fur under iron-controlled conditions was related to ferrous ion transport and energy metabolism, in clear distinction to the regulatory network under oxygen-controlled conditions.

The genes *feoAB1*, *feoB2*, MGMSRv2_1305, and MGMSRv2_2998 were controlled by the products of MGMSRv2_1275 (D-ribose-binding periplasmic protein) and MGMSRv2_1601 (catabolite gene activator), which showed high sequence identity with Crp-CytR in *E. coli* (Fig. 4b, left; Fig. S1). In *E. coli*, the cAMP receptor protein (CRP) in combination with the cytidine regulator (CytR) co-regulate the genes involved in nucleoside catabolism and recycling (Holt and Senear, 2013), and Crp is an important global transcriptional regulator for energy metabolism. In the iron-transcriptome of MSR-1 under high-iron condition, two TFs were respectively predicted to control 27 genes (18 up-regulated, 9 down-regulated) and 20 genes (11 up-regulated, 9 down-regulated) (Fig. 4b, right; Fig. S1). These regulated DEGs are involved mainly in energy production, energy conversion, and inorganic ion transport. In the oxygen-transcriptome of MSR-1 under microaerobic condition, Crp up-regulates 23 DEGs involved primarily in signal transduction and substance transport, and down-regulates 18 DEGs involved in energy production and substance metabolism (amino acids, lipids, carbohydrates) (Wang *et al.*, 2016) (Fig. 4b, left). MGMSRv2_2724, a class I methyl-accepting chemotaxis protein (MCP) gene, was specifically involved in control of Crp under high-iron and microaerobic conditions. However, the two regulatory modes differ: Crp is up-regulated by MGMSRv2_2724 (triggered by high iron), but down-regulated by low oxygen.

TFs other than Fur and Crp are present in the iron-transcriptome. Oxygen regulatory protein (MGMSRv2_0839), the best match for NarL of *Pseudomonas aeruginosa*, regulates 34 genes (26 up-regulated, 8 down-regulated) which were involved in amino acid transport and metabolism and energy production and conversion under high-iron condition, but in *P. aeruginosa*, NarL activity is related to anaerobic energy metabolism and denitrifying growth (Benkert *et al.*, 2008). MGMSRv2_3016 in MSR-1 (homologous to *sigH* in *Bacillus subtilis*) was annotated as a sigma D factor of RNA polymerase, and it up-regulated 9 genes and down-regulated 7 genes under high-iron condition. SigH, a member of the Sigma-70 family, regulates transcription of several genes involved in the transition from exponential growth to stationary phase in *Bacillus subtilis* (Britton *et al.*, 2002). MGMSRv2_4022 in MSR-1 (homologous to *gerE* in *B. subtilis*) was annotated as a transcriptional activator protein that regulates 28 genes (19 up-regulated, 9 down-regulated) under high-iron condition. Functions of SigH and GerE have not been studied in MSR-1. One possibility is that these two TFs regulate various genes involved in energy production and conversion, inorganic ion transport, and ribosome activity.

2.6 Other similarities between iron- and oxygen-transcriptome: involvement of common DEGs in energy production, substrate conversion, iron transport, and metabolism during the magnetosome maturation process

Comparison of DEGs in iron- and oxygen-transcriptomes revealed 17 common DEGs, which were assigned to three categories on the basis of transcriptional levels (Table S5). The upper group contained six genes (including three with unknown function) that were up-regulated under magnetosome-forming conditions (high-iron, low-oxygen) (Fig. 5). Genes in this group participated mainly in energy production and conversion (C) and signal transduction mechanisms (T). The middle group contained nine genes that were down-regulated under magnetosome-forming conditions. These genes were classified into 8 COG (cluster of orthologous genes) catalogues (see Fig. 5 and Table S5), and mainly involved in inorganic ion transport and metabolism (P). It is worth attention to down-regulated transcription of bacterioferritin *bfr* (MGMSRv2_3703; responsible for iron storage) that may be related to regulation of IrrB (Wang *et al.*, 2015) and down-regulation of *feoB1* (MGMSRv2_2312) that may be related to regulation of Fur, such that a balance is reached between levels of iron storage and iron uptake when cells have maximal C_{mag} value and magnetosomes mature gradually. The bottom group contained two genes (MGMSRv2_0533 and MGMSRv2_2724) that were up-regulated under high-iron condition but down-regulated under microaerobic condition. MGMSRv2_0533 encodes a putative acetyl esterase and is involved in lipid transport and metabolism, while MGMSRv2_2724 encodes a methyl-accepting chemotaxis sensory transducer and is related to chemotaxis.

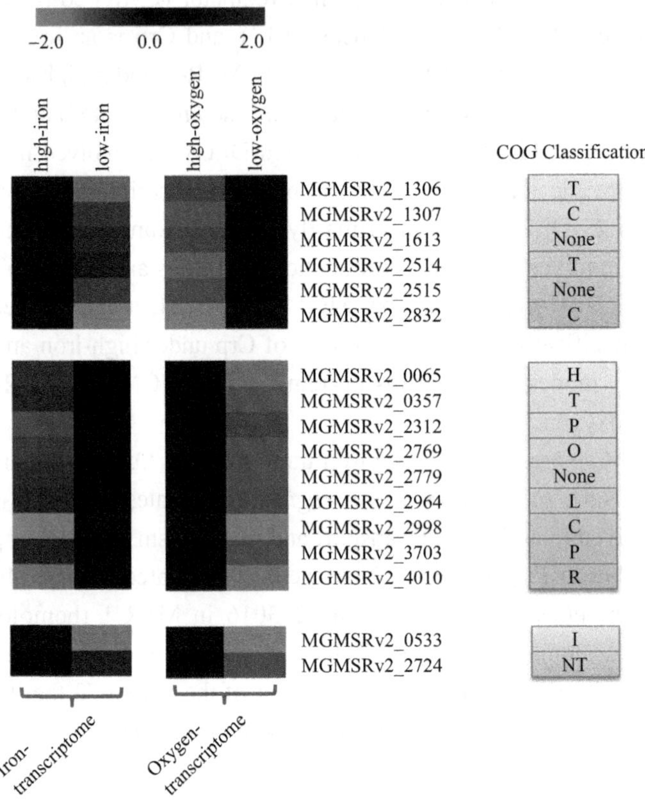

Fig. 5 Classification of DEGs from comparison of iron- and oxygen-transcriptome (Color figure in the two-dimensional code at the back cover)

Hierarchical clustering (HCL) was performed using the Multi Experiment Viewer program, V. 4.8.1. Each expression element was typically the $\log_2$ transformation of an expression fold change between high- *vs.* low-iron or high- *vs.* low-oxygen conditions. 17 DEGs were divided into three groups (left), and corresponding COG designations are shown (right). Descriptions of COG classifications are shown in Table S4

Besides, genes *mam* and *mms*, which encode magnetosome membrane proteins Mam and Mms, showed no significant transcriptional differences between the iron- and oxygen-transcriptomes (Table S6) (Wang *et al.*, 2016). Two possible explanations are: (i) the genes are constitutively expressed, and their transcription is not regulated by iron or oxygen signals; (ii) a transcriptional difference between two tested cells appears at some other growth stage (in particular, early stage). Here, 12 MAI genes were selected from the *mms6*, *mamGFDC*, *mamAB*, and *mamXY* operons and analyzed by RT-qPCR. When expression levels of the 12 genes at 18 h under high- *vs.* low-iron condition were compared, ratios were in the 0.5~2.0 range (Fig. 6a~c). Thus, these genes showed no notable differential expression at 18 h, consistent with results of transcriptome analysis.

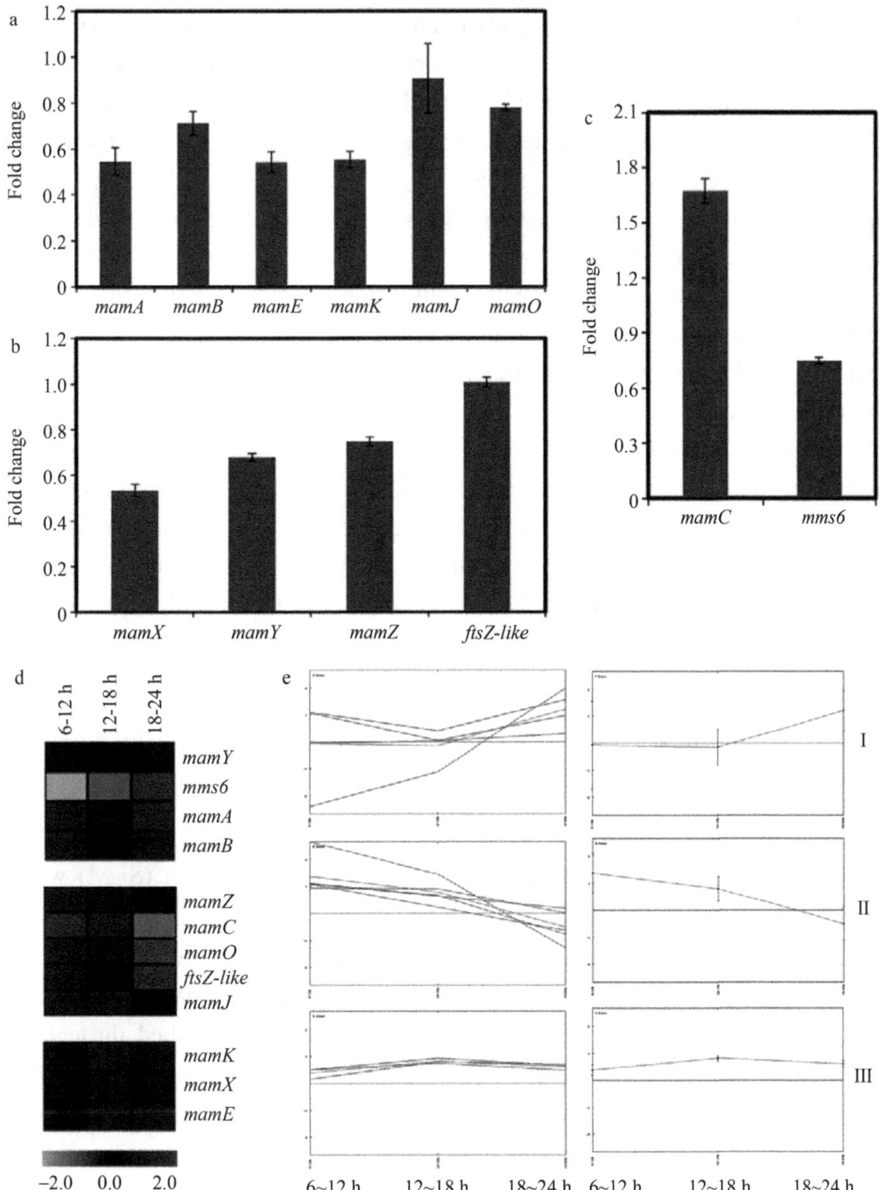

Fig. 6 Expression patterns of *mam* and *mms* genes under high- and low-iron conditions (Color figure in the two-dimensional code at the back cover)

a~c. Fold changes of expression of *mamAB* operon, *mamXY* operon, *mamC*, and *mms6* at 18 h. No clear expression differences for 12 MAI genes were observed under the two conditions at 18 h. d. Representation of "expression rules" from the Multi Experiment Viewer program, V. 4.8.1. The expression matrix is a false-color view on a red-green scale (green=low expression; red=high expression). e. *K*-means clustering shows a consistent trend of expression for members of each cluster. Twelve MAI genes increased at the earlier log phase (6~12 h) of magnetosome formation. The products (proteins) of these genes are located on magnetosome membrane, and may be involved in cell growth and magnetosome formation at the lag phase (0~6 h)

To analyze expression patterns of the 12 MAI genes during magnetosome formation, expression levels were evaluated using the Multi Experiment Viewer program, and divided into three distinct clusters (Fig. 6d). Further extraction by *k*-means clustering revealed the expression trend for each gene (Fig. 6e, left) and the overall trend for each cluster (Fig. 6e, right). Cluster I (*mamA*, *mamB*, *mamY*, *mms6*) showed no notable change at log phase (6~18 h) of magnetosome formation, and a stable rate of increase at stationary phase (18~24 h). *mms6*, in contrast to the other three genes, showed decreased expression at log phase. Self-assembly of Mms6 may occur at the initial stage of cell growth, ensuring potential interaction with other Mms proteins (Tanaka *et al.*, 2006; Wang *et al.*, 2012). Increased expression of *mms6* at stationary phase is presumably required for upcoming magnetosome formation. Cluster II (*mamJ*, *mamO*, *mamZ*, *ftsZ-like*, *mamC*) showed increased expression from 6~12 h and decrease to a steady state from 12~18 h. Cluster III (*mamK*, *mamE*, *mamX*) showed no notable change of expression at any stage. These findings, taken together, indicate that MAI genes participate in magnetosome membrane biogenesis and magnetite crystal nucleation at 6~12 h, and perhaps even during initial cell growth.

In summary, the studies described here reveal the physiological characteristics of MSR-1 cells that control cell growth under magnetosome-forming conditions, and the proposed regulatory network of TFs and DEGs reflects the coordination and co-dependence of iron and oxygen metabolism. In particular, the TFs Fur and Crp co-regulate many of the DEGs, are components of a novel regulatory relationship for MSR-1, and reflect the important role of global regulators for MSR-1 cells under varying iron and oxygen conditions. In this context, elucidation of currently unknown functions of common DEGs will provide new insights into regulation of magnetosome formation and other physiological processes of magnetic bacteria. Comparative analysis of transcriptosome data under oxygen-controlled conditions suggests that the conserved unknown DEGs in *Magnetospirillum* will be useful biomarkers for identification of strains within this genus, and for better understanding of the biomineralization process.

3. Methods

3.1 Growth conditions

M. gryphiswaldense MSR-1 cells were grown in sodium lactate medium (SLM) without ferric citrate [SLM (–)] at 30℃, with 100 r/min shaking, as described previously (Rong *et al.*, 2012). In SLM (–), $FeSO_4·7H_2O$ was excluded from trace element mixture. Cell cultures (5 ml) were inoculated into SLM (with addition of 0.01 mol/L ferric citrate to final concentration 20 μmol/L) or SLM (–), and grown as above until log stage. The method of MSR-1 cell culture in the flask has been established through multiple repeated pre-experiments (Wang *et al.*, 2013), which ensured the stability of samples for transcriptome. Cell growth (estimated by OD_{565}) and magnetic response (C_{mag}) were measured using a modified UV-VIS spectrophotometer (model 2100, UNICO Instrument Co.; Shanghai, China).

3.2 Transmission electron microscopy (TEM)

MSR-1 cells were centrifuged and washed with distilled water, and precipitate was suspended in distilled water. Samples were coated on copper grids, washed twice with distilled water, and observed directly by TEM (model JEM-1230, JEOL; Tokyo, Japan).

3.3 RNA-Seq library construction, sequencing, and data assessment

Cells were centrifuged (12,000×*g*) at 4℃, and pellets were grinded in liquid nitrogen and resuspended in 1 ml Trizol reagent (Tiangen Biotech Co.; Beijing, China) for 5 min. Total cellular RNA was isolated by Trizol method as described previously (Wang *et al.*, 2013). cDNA fragments were subjected to end-repair and A-tailing, and tailed cDNA was purified and ligated to Illumina adapters. Products were separated using 2% low-melting-point agarose gels, 200~250 bp cDNA was purified using a QIAquick Gel Extraction kit

(Qiagen; Germany), and purified cDNA was subjected to PCR and sequenced in the Illumina-Solexa sequencing platform as described previously (Yang *et al.*, 2015). Data were assessed using a FastQC quality control tool set with default parameter (Yang *et al.*, 2015). Cleared data were mapped to the MSR-1 genome using the Burrows-Wheeler Aligner (Li and Durbin, 2009). Coverage at each gene was calculated, and gene expression levels were quantified by Fragments Per Kilobase of exon per Million fragments mapped (FPKM) method (Yang *et al.*, 2015). Differentially expressed genes (DEGs) were identified through processing of the general parameter set using the Cuffdiff software program (Trapnell *et al.*, 2013). Genes with $Q<0.05$ and a difference in FPKM between the two conditions 2-fold or higher were considered to be differentially expressed.

3.4 Quantitative PCR

Unique primers were designed for 100 bp and 250 bp segments from 12 MAI genes, and *fur* and *fur*-like genes. MAI genes and primers are listed in Table S7. Primers of *fur* and *fur*-like genes were as described previously (Wang *et al.*, 2015). Quantitative PCR was performed in triplicate using a LightCycler480 SYBR Green I Master Kit (Roche; Mannheim, Germany) in a LightCycler 480 RT-PCR System according to the manufacturer's instructions (Zhang *et al.*, 2012). *rpoC* gene (encodes RNA polymerase subunit β′) was used as internal control and reference. For analysis, relative expression of each gene was calculated by the comparative crossing point (Cp) method and presented as $2^{-\Delta\Delta Cp}$. To evaluate the trend lines of MAI gene expression, we performed hierarchical clustering (HCL) and *k*-means clustering, and generated a distance tree using the Multi Experiment Viewer program (Saeed *et al.*, 2006).

3.5 Bioinformatics analysis

DEGs were assigned to gene ontology (GO) categories using the GOseq method (Young *et al.*, 2010). Differences with $P<0.05$ were considered significant. KEGG (www.genome.jp/kegg/) is a database of biological systems that integrates genomic, chemical, and systemic functional information (Kanehisa *et al.*, 2008). This database was applied for determination of the major pathway in which each DEG participated. Gene promoters (for each gene, the sequence from position –350 bp to –1 bp was selected for analysis) and corresponding TFs were predicted by the Virtual Footprint program, V. 3.0 (Münch *et al.*, 2005). A proposed regulatory network of DEGs was generated using the Cytoscape 3 software program (Shannon *et al.*, 2003).

References

Ashburner M, Ball C A, Blake J A, *et al.* 2000. Gene ontology: tool for the unification of biology. The Gene Ontology Consortium. Nat Genet, 25(1): 25-29.

Benkert B, Quäck N, Schreiber K, *et al.* 2008. Nitrate-responsive NarX-NarL represses arginine-mediated induction of the *Pseudomonas aeruginosa* arginine fermentation *arcDABC* operon. Microbiology, 154(Pt 10): 3053-3060.

Blakemore R P, Maratea D, Wolfe R S. 1979. Isolation and pure culture of a freshwater magnetic *Spirillum* in chemically defined medium. J Bacteriol, 140(2): 720-729.

Britton R A, Eichenberger P, Gonzalez-Pastor J E, *et al.* 2002. Genome-wide analysis of the stationary-phase sigma factor (sigma-H) regulon of *Bacillus subtilis*. J Bacteriol, 184(17): 4881-4890.

Deng Z, Wang Q, Liu Z, *et al.* 2015. Mechanistic insights into metal ion activation and operator recognition by the ferric uptake regulator. Nat Commun, 6: 7642.

Draper O, Byrne M E, Li Z, *et al.* 2011. MamK, a bacterial actin, forms dynamic filaments *in vivo* that are regulated by the acidic proteins MamJ and LimJ. Mol Microbiol, 82(2): 342-354.

Faivre D, Bottger L H, Matzanke B F, *et al*. 2007. Intracellular magnetite biomineralization in bacteria proceeds by a distinct pathway involving membrane-bound ferritin and an iron(II) species. Angew Chem Int Ed, 46(44): 8495-8499.

Holt A K, Senear D F. 2013. The cooperative binding energetics of CytR and cAMP receptor protein support a quantitative model of differential activation and repression of CytR-regulated class III *Escherichia coli* promoters. Biochemistry, 52(46): 8209-8218.

Kanehisa M, Araki M, Goto S, *et al*. 2008. KEGG for linking genomes to life and the environment. Nucleic Acids Res, 36 (Database issue): D480-484.

Karlsen O A, Ramsevik L, Bruseth L J, *et al*. 2005. Characterization of a prokaryotic haemerythrin from the methanotrophic bacterium *Methylococcus capsulatus* (Bath). FEBS J, 272(10): 2428-2440.

Katzmann E, Scheffel A, Gruska M, *et al*. 2010. Loss of the actin-like protein MamK has pleiotropic effects on magnetosome formation and chain assembly in *Magnetospirillum gryphiswaldense*. Mol Microbiol, 77(1): 208-224.

Kolinko I, Lohße A, Borg S, *et al*. 2014. Biosynthesis of magnetic nanostructures in a foreign organism by transfer of bacterial magnetosome gene clusters. Nat Nanotechnol, 9(3): 193-197.

Komeili A. 2012. Molecular mechanisms of compartmentalization and biomineralization in magnetotactic bacteria. FEMS Microbiol Rev, 36(1): 232-255.

Li H, Durbin R. 2009. Fast and accurate short read alignment with Burrows-Wheeler transform. Bioinformatics, 25(14): 1754-1760.

Li Y, Bali S, Borg S, *et al*. 2013. Cytochrome cd_1 nitrite reductase NirS is involved in anaerobic magnetite biomineralization in *Magnetospirillum gryphiswaldense* and requires NirN for proper d_1 heme assembly. J Bacteriol, 195(18): 4297-4309.

Li Y, Katzmann E, Borg S, *et al*. 2012. The periplasmic nitrate reductase nap is required for anaerobic growth and involved in redox control of magnetite biomineralization in *Magnetospirillum gryphiswaldense*. J Bacteriol, 194(18): 4847-4856.

Lohße A, Ullrich S, Katzmann E, *et al*. 2011. Functional analysis of the magnetosome island in *Magnetospirillum gryphiswaldense*: The *mamAB* operon is sufficient for magnetite biomineralization. PLoS One, 6(10): e2556.

Meyer J. 2001. Ferredoxins of the third kind. FEBS Lett, 509(1): 1-5.

Münch R, Hiller K, Grote A, *et al*. 2005. Virtual Footprint and PRODORIC: an integrative framework for regulon prediction in prokaryotes. Bioinformatics, 21(22): 4187-4189.

Murat D, Quinlan A, Vali H, *et al*. 2010. Comprehensive genetic dissection of the magnetosome gene island reveals the step-wise assembly of a prokaryotic organelle. Proc Natl Acad Sci USA, 107(12): 5593-5598.

Ojeda J F, Martinson D A, Menscher E A, *et al*. 2012. The *bhuQ* gene encodes a heme oxygenase that contributes to the ability of *Brucella abortus* 2308 to use heme as an iron source and is regulated by Irr. J Bacteriol, 194(15): 4052-4058.

Qi L, Li J, Zhang W J, *et al*. 2012. Fur in *Magnetospirillum gryphiswaldense* influences magnetosomes formation and directly regulates the genes involved in iron and oxygen metabolism. PLoS One, 7(1): e29572.

Richter M, Kube M, Bazylinski D A, *et al*. 2007. Comparative genome analysis of four magnetotactic bacteria reveals a complex set of group-specific genes implicated in magnetosome biomineralization and function. J Bacteriol, 189(13): 4899-4910.

Roche B, Aussel L, Ezraty B, *et al*. 2013. Iron/sulfur proteins biogenesis in prokaryotes: formation, regulation and diversity. Biochim Biophys Acta, 1827(3): 455-469.

Rong C B, Huang Y J, Zhang W J, *et al*. 2008. Ferrous iron transport protein B gene (*feoB1*) plays an accessory role in magnetosome formation in *Magnetospirillum gryphiswaldense* strain MSR-1. Res Microbiol, 159(7-8): 530-536.

Rong C B, Zhang C, Zhang Y T, *et al*. 2012. FeoB2 functions in magnetosome formation and oxidative stress protection in *Magnetospirillum gryphiswaldense* strain MSR-1. J Bacteriol, 194(15): 3972-3976.

Saeed A I, Bhagabati N K, Braisted J C, *et al*. 2006. TM4 microarray software suite. Methods Enzymol, 411: 134-193.

Schleifer K H, Schüler D, Spring S, *et al*. 1991. The Genus *Magnetospirillum* gen. nov. description of *Magnetospirillum gryphiswaldense* sp. nov and transfer of *Aquaspirillum magnetotacticum* to *Magnetospirillum magnetotacticum* comb. nov. System Appl Microbiol, 14(4): 379-385.

Shannon P, Markiel A, Ozier O, *et al*. 2003. Cytoscape: A software environment for integrated models of biomolecular interaction networks. Genome Res, 13(11): 2498-2504.

Tanaka M, Okamura Y, Arakaki A, *et al*. 2006. Origin of magnetosome membrane: proteomic analysis of magnetosome membrane and comparison with cytoplasmic membrane. Proteomics, 6(19): 5234-5247.

Trapnell C, Hendrickson D G, Sauvageau M, *et al*. 2013. Differential analysis of gene regulation at transcript resolution with RNA-seq. Nat Biotechnol, 31(1): 46-53.

Trapnell C, Roberts A, Goff L, *et al*. 2012. Differential gene and transcript expression analysis of RNA-seq experiments with

TopHat and Cufflinks. Nat Protoc, 7(3): 562-578.

Uebe R, Junge K, Henn V, *et al*. 2011. The cation diffusion facilitator proteins MamB and MamM of *Magnetospirillum gryphiswaldense* have distinct and complex functions, and are involved in magnetite biomineralization and magnetosome membrane assembly. Mol Microbiol, 82(4): 818-835.

Uebe R, Voigt B, Schweder T, *et al*. 2010. Deletion of a fur-like gene affects iron homeostasis and magnetosome formation in *Magnetospirillum gryphiswaldense*. J Bacteriol, 192(16): 4192-4204.

Wang L J, Prozorov T, Palo P E, *et al*. 2012. Self-assembly and biphasic iron-binding characteristics of Mms6, a bacterial protein that promotes the formation of superparamagnetic magnetite nanoparticles of uniform size and shape. Biomacromolecules, 13(1): 98-105.

Wang Q, Liu J X, Zhang W J, *et al*. 2013. Expression patterns of key iron and oxygen metabolism genes during magnetosome formation in *Magnetospirillum gryphiswaldense* MSR-1. FEMS Microbiol Lett, 347(2): 163-172.

Wang Q, Wang M W, Wang X, *et al*. 2015. Iron response regulator protein IrrB in *Magnetospirillum gryphiswaldense* MSR-1 helps control the iron/oxygen balance, oxidative stress tolerance, and magnetosome formation. Appl Environ Microbiol, 81(23): 8044-8053.

Wang X, Wang Q, Zhang Y, *et al*. 2016. Transcriptome analysis reveals physiological characteristics required for magnetosome formation in *Magnetospirillum gryphiswaldense* MSR-1. Environ Microbiol Rep, 8(3): 371-381.

Yang B, Feng L, Wang F, *et al*. 2015. Enterohemorrhagic *Escherichia coli* senses low biotin status in the large intestine for colonization and infection. Nat Commun, 6: 6592.

Yang C, Takeyama H, Tanaka T, *et al*. 2001. Effects of growth medium composition, iron sources and atmospheric oxygen concentrations on production of luciferase-bacterial magnetic particle complex by a recombinant *Magnetospirillum magneticum* AMB-1. Enzyme Microb Technol, 29(1): 13-19.

Yang J, Panek H R, O'Brian M R. 2006. Oxidative stress promotes degradation of the Irr protein to regulate haem biosynthesis in *Bradyrhizobium japonicum*. Mol Microbiol, 60(1): 209-218.

Young M D, Wakefield M J, Smyth G K, *et al*. 2010. Gene ontology analysis for RNA-seq: accounting for selection bias. Genome Biol, 11(2): R14.

Zhang C, Meng X, Li N X, *et al*. 2013. Two bifunctional enzymes with ferric reduction ability play complementary roles during magnetosome synthesis in *Magnetospirillum gryphiswaldense* MSR-1. J Bacteriol, 195(4): 876-885.

Zhang W J, Santini C L, Bernadac A, *et al*. 2012. Complex spatial organization and flagellin composition of flagellar propeller from marine magnetotactic ovoid strain MO-1. J Mol Biol, 416(4): 558-570.

Supplementary material: https://www.nature.com/articles/s41598-017-03012-4

本文原载：Scientific Reports, 2017, 7(1): 2800.

The Disruption of an OxyR-like Protein Impairs Intracellular Magnetite Biomineralization in *Magnetospirillum gryphiswaldense* MSR-1*

Yunpeng Zhang[1, 2], Tong Wen[1, 2], Fangfang Guo[1, 3], Yuanyuan Geng[1, 2], Junquan Liu[1, 2], Tao Peng[1], Guohua Guan[1, 2], Jiesheng Tian[1, 2], Ying Li[1, 2], Jilun Li[1, 2], Jing Ju[4], Wei Jiang[1, 2]

(1. State Key Laboratory of Agrobiotechnology and Ministry of Agriculture Key Laboratory of Soil Microbiology, College of Biological Sciences, China Agricultural University, Beijing, China; 2. France-China Bio-Mineralization and Nano-Structures Laboratory, Beijing, China; 3. Beijing Key Laboratory for Prevention and Control of Infectious Diseases in Livestock and Poultry, Institute of Animal Husbandry and Veterinary Medicine, Beijing Academy of Agriculture and Forestry Sciences, Beijing, China; 4. College of Chemistry and Molecular Engineering, Peking University, Beijing, China)

Abstract

Magnetotactic bacteria synthesize intracellular membrane-enveloped magnetite bodies known as magnetosomes which have been applied in biotechnology and medicine. A series of proteins involved in ferric ion transport and redox required for magnetite formation have been identified but the knowledge of magnetosome biomineralization remains very limited. Here, we identify a novel OxyR homolog (named OxyR-Like), the disruption of which resulted in low ferromagnetism and disfigured nano-sized iron oxide crystals. High resolution-transmission electron microscopy showed that these nano particles are mainly composed of magnetite accompanied with ferric oxide including α-Fe_2O_3 and ε-Fe_2O_3. Electrophoretic mobility shift assay and DNase I footprinting showed that OxyR-Like binds the conserved 50-GATA-N{9}-TATC-30 region within the promoter of pyruvate dehydrogenase (*pdh*) complex operon. Quantitative real-time reverse transcriptase PCR indicated that not only the expression of *pdh* operon but also genes related to magnetosomes biosynthesis and tricarboxylic acid cycle decreased dramatically, suggesting a link between carbon metabolism and magnetosome formation. Taken together, our results show that OxyR-Like plays a key role in magnetosomes formation.

Keywords

OxyR-Like protein, magnetosome formation, *Magnetospirillum gryphiswaldense* MSR-1, carbon metabolism, biomineralization.

1. Introduction

Magnetotactic bacteria (MTB) synthesize specialized intracellular membrane-bound organelles called

*This work was supported by the National Natural Science Foundation of China (Grant No. 31570067, 31170089, 31270093, and 21201012) and the Project for Extramural Scientists of the State Key Laboratory of Agrobiotechnology (Grant No. 2015SKLAB6-21).

magnetosomes that are arranged in chains due to the action of the skeleton-like protein MamK and its binding partner MamJ (Bazylinski and Frankel, 2004; Komeili *et al*., 2006; Scheffel *et al*., 2006; Jogler and Schüler, 2009; Komeili, 2012). The iron crystals in most MTB are composed of magnetic magnetite (Fe_3O_4), but also as iron sulfide greigite (Fe_3S_4) in some bacteria from marine environments (Bazylinski *et al*., 1995). Magnetite particles have also been reported in higher organisms, including bees, pigeons and human brains (Gould *et al*., 1978; Walcott *et al*., 1979; Kirschvink *et al*., 1992; Komeili, 2007), but the mechanism of biomineralization of these particles mostly remains unknown.

It has been proved that magnetite biomineralization is mainly regulated by genes that encode proteins involved in ferric ion transport and redox, magnetosome vesicle biosynthesis and alignment, most of which are localized to a large unstable genomic region spanning 80~150 kb in length in different MTBs called magnetosome island (MAI) (Grunberg *et al*., 2004; Murat *et al*., 2010). Some genes in the MAI encode proteins related to magnetosome synthesis, viz., MamA and MamE, which are involved in the sorting and activation of mam genes (Komeili *et al*., 2004; Quinlan *et al*., 2011; Zeytuni *et al*., 2011; Hershey *et al*., 2016; Nguyen *et al*., 2016; Raschdorf *et al*., 2016), MamL, Q, B, I, E, M, and O, which function in the invagination of magnetosome vesicles (Raschdorf *et al*., 2016); and MamY, which influences the shape of magnetosome vesicles (Tanaka *et al*., 2010). Furthermore, the cation diffusion facilitator family proteins MamB and MamM participate in ferric or ferrous ion transport (Grunberg *et al*., 2004; Faivre and Schuüler, 2008; Uebe *et al*., 2011).The interaction of MamJ and MamK maintains the stability of the magnetosome chain (Komeili *et al*., 2006; Pradel *et al*., 2006; Scheffel *et al*., 2006, 2007; Draper *et al*., 2011). MamGFDC and FtsZ-Like protein regulate the size of magnetosomes (Scheffel *et al*., 2008; Ding *et al*., 2010; Murat *et al*., 2012). Mms6 plays a key role in the magnetite crystallization process *in vitro* (Arakaki et *al*., 2003; Tanaka *et al*., 2011). MamP, a c-type cytochrome protein, act as an iron oxidase that controls the formation of iron (III) ferrihydrite (Siponen *et al*., 2013; Taoka *et al*., 2014; Jones *et al*., 2015). Deletion of feoB1 reduces the size and quantity of magnetosomes and decreases ferrous ion uptake of the cell (Rong *et al*., 2008).

In addition to the integrant genes described above, many genes located outside the MAI also contribute significantly to this process. For example, mutation of *fur* or *fur-Like* in *Magnetospirillum gryphiswaldense* MSR-1 affects their iron homeostasis and increases their tolerance to H_2O_2 (Uebe *et al*., 2010; Qi *et al*., 2012). Moreover, of the six ferric reductases in MSR-1, mutants of fer5 and fer6 display defective magnetosomes (Zhang *et al*., 2013). A series of reductases, oxidases and oxygen sensors are involved in magnetosome biomineralization in MSR-1 (Li *et al*., 2013, 2014a, 2014b; Jones *et al*., 2015). The biosynthesis of magnetosome is also energy-dependent because ATPase is involved in iron ion uptake and transport (Suzuki *et al*., 2007), and mutation of crp, a global regulator that is responsible for energy metabolism, impairs magnetosome synthesis (Wen *et al*., 2016). Collectively, these studies suggest that the biomineralization process of magnetosomes in MTB is complex and involves numerous regulatory pathways, suggesting that the formation of magnetosomes is regulated by global transcriptional regulators.

To explore the regulatory network of magnetosome biosynthesis in *M. gryphiswaldense* MSR-1, a member of the LysR-type transcriptional regulator (LTTR) family named OxyR-Like (MGMSRv-2-2107) was characterized in MSR-1, and the role of OxyR-Like in the biomineralization of magnetites was studied. The LTTR family contains more than 800 homologous proteins and is widely present among bacteria (Schell, 1993). For most of the LTTR family members studied, after stimulation by an inducer, two dimers binding at different positions within the DNA binding region interact with each other to form a tetrameric protein, thereby altering the transcriptional activity (David *et al*., 2004). Members of the LTTR family are involved in the regulation of various genes related to metabolism, stress response, and cell division in various species (Farr and Kogoma, 1991; Brice *et al*., 2007; Lu *et al*., 2007).

The disruption of *oxyR-Like* in MSR-1 resulted in low magnetism and intracellular iron content as well as abnormal magnetosome microstructure. Interestingly, high-resolution transmission electron microscopy (HRTEM) analysis revealed that a large percentage of these irregular magnetosomes were composed of α-Fe_2O_3 or ε-Fe_2O_3, an unstable phase under normal conditions. The regulatory mechanism of OxyR-Like was therefore also explored to explain its role in magnetosome formation. *In vitro* binding assays between OxyR-Like and DNA probes indicated that the expression of the pyruvate dehydrogenase (pdh) operon was regulated by OxyR-Like. Quantitative real-time reverse transcriptase PCR (qRT-PCR) analysis further indicated that in the mutated oxyR-Like stain, the expression of genes located on *pdh* operon, as well as the genes related to tricarboxylic acid (TCA) cycle and located on the MAI, decreased dramatically.

In summary, these results clearly demonstrate that the LTTR family regulator *OxyR-Like*, which controls the transcription of the *pdh* operon, plays a key role in the magnetosome formation.

2. Material and methods

2.1 Bacteria and growth conditions

The bacterial strains and plasmids used in this study are described in Supplementary Table 1. *M. gryphiswaldense* MSR-1 was cultured in sodium lactate medium (SLM) at 30℃ as described previously (Guo *et al.*, 2012). The medium contained (per liter of deionized water) 1.5 g sodium lactate, 0.4 g NH_4Cl, 0.1 g of yeast extract, 0.5 g K_2HPO_4, 0.1 g $MgSO_4{\cdot}7H_2O$, 0.05 g sodium thioglycolate and 5 ml of trace element mixture. The iron source, ferric citrate, was added at a final concentration of 60 μmol/L after autoclaving. For conjugation, *M. gryphiswaldense* strains were cultured in selection medium, in which NH_4Cl and yeast extract were substituted with sodium glutamate (4 g per liter) (Guo *et al.*, 2012). The strains were cultured in 250 ml serum bottles containing 100 ml of medium with shaking at 100 r/min. As the cell density increased, microaerobic conditions developed in the medium because of oxygen consumption. *Escherichia coli* strains were cultured in Luria broth (LB) at 37℃. Antibiotics were used at the following concentrations: for *E. coli*: 100 μg/ml ampicillin (Amp), 25 μg/ml chloramphenicol (Cm), and 20 μg/ml gentamicin (Gm); for MSR-1: 5 μg/ml nalidixic acid (Nx), 5 μg/ml Cm, and 5 μg/ml Gm.

2.2 Construction of *oxyR-Like*⁻ mutant strains

The primers used in this study are listed in Supplementary Table 2. Fragments containing the upstream region (961 bp) and downstream region (1,064 bp) of *oxyR-Like* were amplified using the primer pairs of oxyR-Like-uf/oxyR-Like-ur and oxyR-Like-df/oxyR-Like-dr, respectively. The Gm cassette was digested from the pUC-Gm vector with *Sac* I. The three fragments were fused by cloning them into the *Hin*d III and *Bam*H I sites of the pSUP202 vector to yield pSU-OxyR-Like. The pSU-OxyR-Like plasmid was introduced into wild type MSR-1 by biparental conjugation, followed by screening for Gm^r Cm^s colonies as previously described (Rong *et al.*, 2008). Double crossover was confirmed by PCR. The resulting mutant strain was termed *oxyR-Like*⁻.

2.3 Construction of *oxyR-Like*⁻ complementary strains

The primers coxyR-Like-f and coxyR-Like-r, which contained restriction sites for *Hin*d III and *Bam*H I, were used for cloning of the *oxyR-Like* gene. The primers kanp-f and kanp-r, which contained restriction sites for *Sac* I and *Bgl* II (1,141 bp), were used for cloning of the kanamycin (kan) promoter (from plasmid pUC4K). The amplified fragment was ligated to the pMD18-T simple vector (code D104A; TaKaRa Biotechnology, Dalian, China) and digested with *Bam*H I/*Hin*d III or *Sac* I/*Bgl* II respectively. The resulting *Bam*H I-*Hin*d III oxyR and *Sac* I-*Bgl* II kan promoter fragments were ligated into the *Sac* I-*Hin*d III sites of pPR9TT to generate pPROxyR-Like. pPROxyR-Like was introduced into the *oxyR-Like*$^-$ mutant by biparental conjugation, and transconjugants were screened for Gm^r Cm^r colonies. The presence of the intact *oxyR-Like* gene was confirmed by PCR. The complementary strain of the *oxyR-Like*$^-$ mutants was termed *oxyR-Like*$^-$ + *oxyR-Like*. To guarantee the parallelism of the three strains, pPR9TT with no *oxyR-Like* fragment was also introduced into wild type MSR-1 (termed Wild type) and the *oxyR-Like*$^-$ mutant.

2.4 Expression and purification of 6His-OxyR-Like

The *oxyR-Like* gene was cloned by PCR from MSR-1 using the primers OxyR-Like-P-f and OxyR-Like-P-r, which contained *Eco*R I and *Xho* I sites, respectively. The amplified fragment was ligated to pMD18-T for sequencing, digested with *Eco*R I and *Xho* I and ligated to digested pET28a (+) to construct the plasmid pET-28a-oxyR-Like. pET-28a-oxyR-Like was transformed into the *E. coli* strain BL-21, which contains a *lacUV* promoter-driven T7 RNA polymerase. isopropyl-β-D-thiogalactoside (IPTG) at a final concentration of 300 μmol/L was used to induce the expression of 6His-OxyR-Like in LB medium. The cells were then sonicated and centrifuged. The supernatants containing 6His-OxyR-Like were applied to a nickel-nitrilotriacetic acid-agarose (Ni-NTA) column (code 70666-3; Novagen, Germany) and equilibrated with buffer (50 mmol/L Tris-HCl (pH 8.0), 300 mmol/L NaCl, 1 mmol/L imidazole). Proteins conjugated with Ni-NTA were eluted with 200 mmol/L imidazole buffer containing 50 mmol/L NaH_2PO_4 and 300 mmol/L NaCl. The purified fusion protein was detected by sodium dodecyl sulfate polyacrylamide gel electrophoresis (SDS-PAGE).

2.5 Western blotting

For SDS-PAGE, 16 μl of cell extract from the sonicated samples (3 s/6 s, 200 W, 150 repetitions) was mixed with 4 μl of 5×sample loading buffer and incubated at 100℃ for 10 min. The mixture was separated on a 5% stacking gel and 15% resolving gel, then transferred onto polyvinylidene fluoride (PVDF) membranes and analyzed by western blotting using polyclonal antiserum raised against 6His-OxyR-Like. The secondary antibody was developed with goat anti-mouse IgG antibody conjugated with alkaline phosphatase (Sigma Aldrich, Saint Louis, MO, USA). The membrane was visualized using a BCIP/NBT (5-bromo-4-chloro-3-indolyl-phosphate/nitro blue tetrazolium) chromogenic reagent kit (Tiangen, China) according to the manufacturer's instructions.

2.6 Cell growth and magnetic response curves

All strains were grown synchronously in SLM at 30℃ for 30 h. The optical density (OD_{600}) was measured using a UV-visible spectrophotometer (UNICO2100; UNICO Instrument Co., Shanghai, China). The coefficient of magnetism (C_{mag}) values were calculated from measurements of the maximal and minimal scattering intensities (Zhao *et al.*, 2007). The OD_{600} and C_{mag} values were measured every 3 h, and OD_{600} and C_{mag} curves were constructed.

2.7 Transmission electron microscope measurements and cryo-ultramicrotomy

The bacterial strains used for the TEM measurements were grown in SLM (supplemented with 60 μmol/L ferric citrate) at 30℃ for 24 h until cell reached the stationary phase. The cells were rinsed twice with double-distilled H_2O, and the suspensions were adsorbed onto copper grids and observed by TEM. The structural details of the nanoparticles in the three types of cells were determined by the HRTEM method using a JEM-2100F (JEOL Ltd., Tokyo, Japan). The machine was operated at 200 kV and was equipped with a field emission gun, ultra-high-resolution pole piece, and ultrathin window JEOL detector. HRTEM images were obtained with an OSIS CANTEGA CCD camera. The crystals' structural parameters were obtained by fast Fourier transform (FFT) analyses. Ultrathin cryosections were obtained by fixing a small pellet of each strain in 2% glutaraldehyde in phosphate-buffered saline (PBS) overnight at 4℃. After centrifugation, the samples were embedded in 10% gelatin for 1 h at 37℃ and then overnight at 4℃. The blocks were dispersed in 2.3 mol/L sucrose in PBS for 1 h at 37℃ and then overnight at 4℃. Ultrathin cryosections were obtained from several blocks and stained with methyl cellulose and uranylacetate for 5 min.

2.8 Residual iron in medium and intracellular iron content analysis

Each strain was cultured microaerobically at 30℃ in SLM (containing 60 μmol/L ferric citrate). After reaching stationary phase, the cells were harvested by centrifugation. The total iron ions in the supernatant were measured by ferrozine assay for residual iron content analysis (Stookey, 1970). The cell pellets were washed three times with 20 mmol/L Tris-HCl buffer containing 4 mmol/L EDTA (pH 7.4). The pellets were dried to constant weight at 60℃, resuspended in 1 ml of nitric acid and incubated at 100℃ for 3 h. The iron content was assayed using an atomic absorption spectrometer (Optima 5300 DV, PerkinElmer, Waltham, MA).

2.9 Electrophoretic mobility shift assay (EMSA) and DNase I footprinting

Electrophoretic Mobility Shift Assay (EMSA) were performed using a DIG Gel Shift Kit, 2 nd Generation (Roche). The DNA probes were amplified by PCR (the primers are listed in Supplementary Table S2) and labeled with digoxigenin (DIG) at the 3′ ends following the manufacturer's instructions. The probes were then mixed with appropriate amount of 6His-OxyR-Like protein and 1 μl poly [d(I-C)] distributed in binding buffer to a final volume of 20 μl; the mixture was incubated at 25℃ for 30 min and mixed with 5 μl 5×loading buffer with bromophenol blue. Protein-bound and free DNA were separated by electrophoresis on non-denaturing 5% polyacrylamide gels in 0.5×TBE (0.5×TBE buffer contains 5.4 g Tris base, 2.75 g boric acid and 2 ml 0.5 mol/L pH 8.0 EDTA per liter of deionized water) running buffer and transferred from the gels onto a nylon membrane by electroblotting. After baking for 10 min at 80℃, the membrane was exposed to UV radiation at 256 nm for 10 min to cross-link the DNA fragments and the membrane. Chemiluminescence detection was performed according to the manufacturer's instructions, and the membranes were exposed to X-ray film (Fuji) for 15~30 min.

To identify binding sites of the OxyR-Like protein in the intergenic region other than its own promotor and the *pdh* operon promotor, a non-radiochemical capillary electrophoresis method was used for DNase I footprinting. Fluorescence-labeled DNA fragments were amplified by PCR. The resulting DNA fragments covered the entire intergenic region. After purification using a Gel DNA Purification Kit (Tiangen, Beijing, China), the labeled DNA fragments (1,000 ng) and appropriate concentrations of 6His-OxyR-Like protein were added to a final reaction volume of 25 μl and incubated for 30 min at 25℃. DNase I digestion (0.1 units) was performed for an appropriate duration at 37℃ and stopped by the addition of EDTA at a final concentration of 50 mmol/L. The reaction mixture was heated to 80℃ for 10 min to completely inactivate DNase I. The samples were subjected to phenol-chloroform extraction, ethanol precipitation, and capillary electrophoresis by loading into an Applied Biosystems 3730 DNA Genetic Analyzer together with the internal-lane size standard ROX-500 (Applied Biosystems). The electropherograms were analyzed using the GeneMarker program, v1.8 (Applied Biosystems).

2.10 Quantitative real-time reverse transcriptase PCR (qRT-PCR)

Total RNA of sample taken at 24 h after inoculation was extracted using Trizol reagent (Tiangen, Beijing, China) following the manufacturer's instructions. The remaining DNA in the RNA was digested using DNase I (Takara, Shiga, Japan). cDNA was synthesized by reverse transcription using M-MLV reverse transcriptase (Promega Corp., San Luis Obispo, CA, USA), dNTPs and random primers (Takara, Shiga, Japan) according to the manufacturers' instructions. qRT-PCR analysis was then performed to determine the transcription levels of the selected *pdh* operon, the tricarboxylic acid cycle-related genes and the *mam* genes using the obtained cDNA as a template and the corresponding primers. The *rpoA* gene was used as a positive internal reference gene in this study; the *rpoA* gene encodes the DNA-directed RNA polymerase alpha chain in MSR-1 (Ritz *et al.*, 2009; Wen *et al.*, 2016). The qRT-PCR assay was performed using a LightCycler 480 Instrument II (Roche, South San Francisco, CA, USA), and the SYBR Green I Master kit (Roche) according to the manufacturer's recommendations. The total volume of each reaction was 20 μl, the template cDNA content in each reaction mixture was approximately 50 ng, and the concentration of each oligonucleotide was 0.5 μmol/L. The cycling parameters for qRT-PCR were as follows: initial denaturation at 95℃ for 10 min, followed by 45 cycles of denaturation at 95℃ for 15 s, annealing at 62℃ for 5 s, and extension at 72℃ for 15 s. Finally, the transcription level of each gene tested was determined according to the threshold cycle (ΔC_t) method, which is an improvement of the Livak method where ΔC_t=C_t (reference gene)–C_t (target gene).

3. Results

3.1 Construction and characterization of the *oxyR-Like* mutant of MSR-1

The *oxyR-Like* gene of MSR-1 (locus tag MGMSRv-2-2107 or MGR-2168) is 909 bp and encodes a protein of 303 residues. Although the sequence of MGMSRv-2-2107 exhibits high homology with that of the OxyR protein from *E. coli*, a functional position, Cys201, was absent (Fig. 1, asterisk). The absence of Cys201 hints that this protein has a new function in MSR-1. Multiple sequence alignments between OxyR-Like (MGMSRv-2-2107) and three other homologous proteins from *Magnetospirillum caucaseum* (LysR family transcriptional regulator, NCBI reference sequence: WP_008619764.1), *Rhodospirillum rubrum* (LysR family transcriptional regulator, NCBI reference sequence: WP_011390592.1) and *E. coli* (LysR family DNA-binding transcriptional regulator OxyR, NCBI reference sequence: WP_033556234.1) revealed that two functional domains are highly conserved among these four proteins, namely the N-terminal LysR family bacterial regulatory helix-turn-helix domain, belonging to a large family that primarily function as sequence-specific DNA-binding domains (Fig. 1 red frame), and the LysR substrate binding domain from amino acid residues 87 to 297 (Fig. 1). The sequence alignment results also suggested that the protein region composed of these two conserved domains has high homology with the aminoethylphosphonate catabolism-associated LysR family transcriptional regulator.

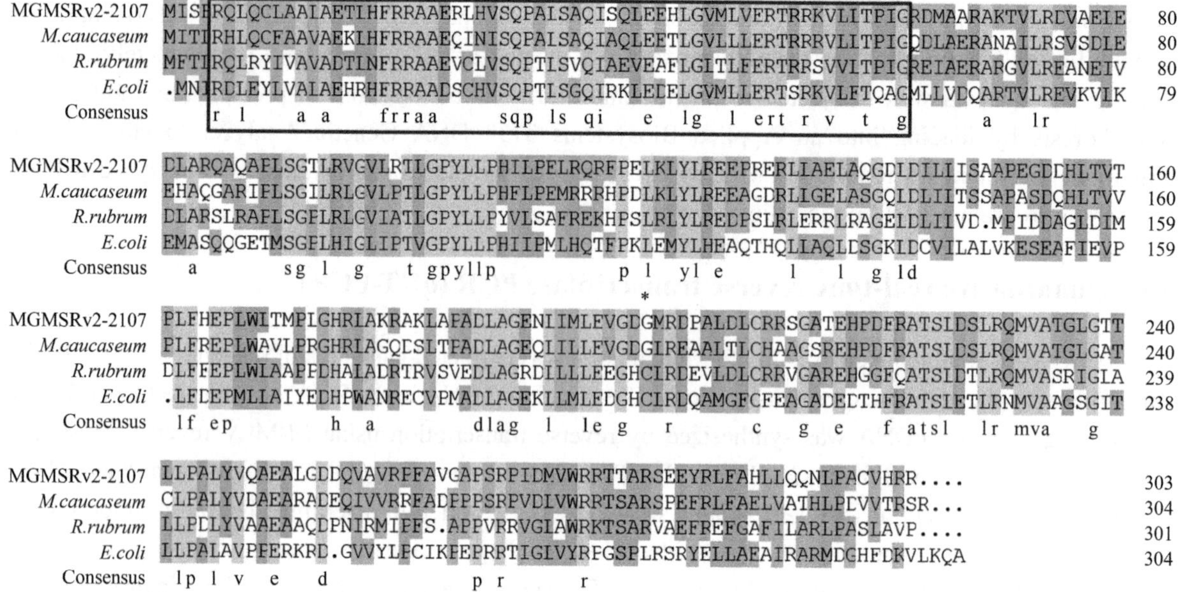

Fig. 1 Multiple alignments of the OxyR-Like protein, LysR family transcriptional regulator from *Magnetospirillum caucaseum*, *Rhodospirillum rubrum*, and LysR family DNA-binding transcriptional regulator OxyR from *E. coli* (Color figure in the two-dimensional code at the back cover)

Conserved amino acid residues among these four proteins are highlighted by light purple, the proposed helix-turn-helix DNA-binding domain is marked by red, and the non-conserved reactive Cys residues between OxyR from *Escherichia coli* and OxyR-Like from MSR-1 are marked by an asterisk

To explore the function of *oxyR-Like* in MSR-1, an *oxyR-Like* mutant was first constructed. To generate the *oxyR-Like* disruption mutant, using biparental conjugation, the *oxyR-Like* genomic region of wild type MSR-1 (Wild type) was replaced with a gentamycin (Gm) resistance sequence. The resulting *oxyR-Like* mutants, termed *oxyR-Like*$^-$, were screened by Gm resistance (Supplementary Fig. S1A) and further confirmed by PCR (Supplementary Fig. S1B). To determine whether any mutant phenotype resulted from *oxyR-Like* deficiency, a complementation strain, termed *oxyR-Like*$^-$ + *oxyR-Like*, was constructed and verified by PCR (Supplementary Fig. S1B). To measure the expression of OxyR-Like in different strains, His-tagged OxyR-Like was expressed in *E. coli* and purified (Supplementary Fig. 2). Polyclonal antibodies were then prepared for western blot analysis. OxyR-Like was subsequently detected in the Wild type and complementation strains but not in *oxyR-Like*$^-$ (Supplementary Fig. S1C), validating these strains for use in subsequent experiments.

3.2 *oxyR-Like*$^-$ displays defective ferromagnetism and low intracellular iron content

Time-course experiments were conducted to measure the cell growth and magnetic response of all strains. As shown in Supplementary Fig. 3, the growth of *oxyR-Like*$^-$ was slower than that of the Wild type and *oxyR-Like*$^-$ + *oxyR-Like* strains. The coefficient of magnetism (C_{mag}, defined in the Materials and Methods) values indicated that ferromagnetism decreased dramatically in the *oxyR-Like*$^-$ deficient mutant, whereas the complementation strain phenocopied Wild type (Fig. 2a). The *oxyR-Like*$^-$ cell pellets were brown, in contrast to the black-gray pellets of Wild type and the complementation strain, as shown in Supplementary Fig. S4. To determine the residual iron content in the medium and the intracellular iron content, all strains were inoculated in SLM containing 60 μmol/L ferric citrate. The corresponding decreases in iron in the medium after 24 h were 58.7 μmol/L, 55.8 μmol/L and 57.8 μmol/L, respectively, for the three strains. These changes were not significantly different, as shown in Fig. 2b. However, the intracellular iron content in Wild type cells [(6.15±0.17) μg/mg] and *oxyR-Like*$^-$ + *oxyR-Like* cells [(3.04±0.05) μg/mg] was ~6.28- and 3.10-fold higher, respectively, than that of *oxyR-Like*$^-$ cells [(0.98±0.30) μg/mg] (Fig. 2b), which is very similar to that of *crp*$^-$ mutant strain, another non-magnetic mutant (Wen *et al.*, 2016).

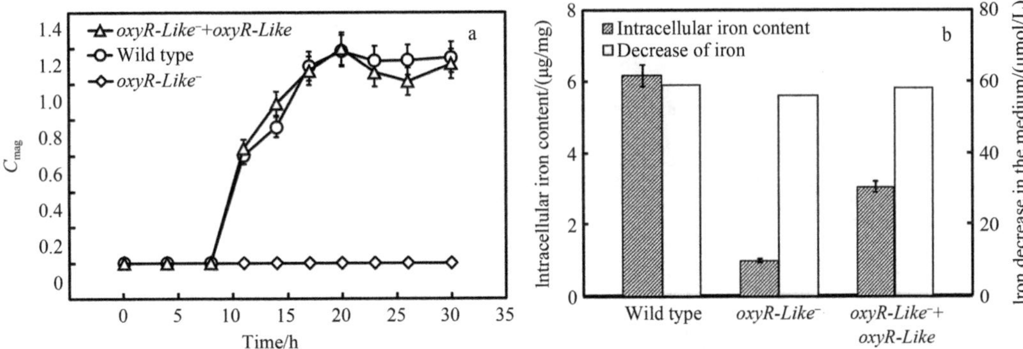

Fig. 2　Magnetism, intracellular iron content, and medium iron content analyses of various strains

a. Time-resolved magnetism of Wild type, *oxyR-Like*$^-$ and *oxyR-Like*$^-$+ *oxyR-Like*. Magnetism detected for each strain was calculated by the coefficient of magnetism (C_{mag}) as described in the section of "Materials and Methods". b. Measurements of intracellular iron content in Wild type, *oxyR-Like*$^-$ and *oxyR-Like*$^-$+ *oxyR-Like* cells and the corresponding decrease in iron content in the medium. All experiments were independently repeated three times to ensure their reproducibility

3.3　Magnetosome particles are disfigured in the *oxyR-Like*$^-$ strain

To determine why *oxyR-Like*$^-$ had low ferromagnetic signals and how the intracellular iron reduction occur, cells of all strains were observed using TEM. Approximately 30 randomly selected cells from each strain were examined to analyze the morphology and diameter of the magnetosomes. The iron oxide nanoparticles in Wild type cells had a regular cubo-octahedral shape with a diameter of approximately 30~40 nm and were arranged in a line (Fig. 3).

However, the nonmagnetic *oxyR-Like*$^-$ mutant synthesized disfigured magnetosomes that were no longer arranged in a line (Fig. 3). Magnetosome membranes were not obviously affected in the mutant (Supplementary Fig. S5). The magnetosomes in the complementation strain had a nearly identical particle size and arrangement as those in Wild type (Fig. 3), indicating that the complementation strain recovered the ability to synthesize magnetosomes. The diameter of some *oxyR-Like*$^-$ crystals was ~50% of that of the Wild type crystals (Fig. 3 and Supplementary Fig. S6), and their morphology was defective. The total number of magnetosomes in *oxyR-Like*$^-$ cells was approximately 3-fold higher than that in *oxyR-Like*$^-$ + *oxyR-Like* and Wild type cells.

After the primary characterization of magnetosomes formed by *oxyR-Like*$^-$, HRTEM imaging techniques were used to determine the structure of these disfigured nanoparticles and spatially resolve the mechanism of biomineralization. Wild type cells exhibited a single crystal, described as a pure magnetite structure (Supplementary Fig. S7A; Supplementary Table S3). The corresponding fast FFT pattern was uniquely indexed using cubic-phase magnetite with the zone axis $[11\ \bar{2}]_M$. Our notation convention using *M*, *ε*, and *H* subscripts denotes the plane and orientation indices in Fe_3O_4 (magnetite), α-Fe_2O_3, and ε-Fe_2O_3 (hematite) phases, respectively. Similarly, the nanoparticles in the *oxyR-Like*$^-$ + *oxyR-Like* cells were indexed using the magnetite structure with the zone axis $[\bar{1}\ \bar{1}\ 6]_M$ (Supplementary Fig. S7B; Supplementary Table S3). By contrast, the magnetosomes in the *oxyR-Like*$^-$ strain exhibited diverse crystal structures. In addition to the larger and more regular particles, which corresponded to magnetite, the particles indicated by the yellow arrows in Fig. 4 were characterized as α-Fe_2O_3 (hematite) and ε-Fe_2O_3 (Fig. 4i-iv, Supplementary Table S3). In Fig. 4i, the HRTEM image and FFT analysis of particle (i) correspond to the crystal fringes and electron diffractions of hematite with zone axis $[22\ \bar{1}]_H$. Particle (ii) in Fig. 4ii was ε-Fe_2O_3 with zone axis $[01\ \bar{2}]_\varepsilon$.

Similarly, particles (iii) and (iv) in Fig. 4 were indexed as hematite and ε-Fe_2O_3 (Fig. 4iii, iv), respectively. These results indicated that the disruption of *oxyR-Like* impaired the magnetosome formation process.

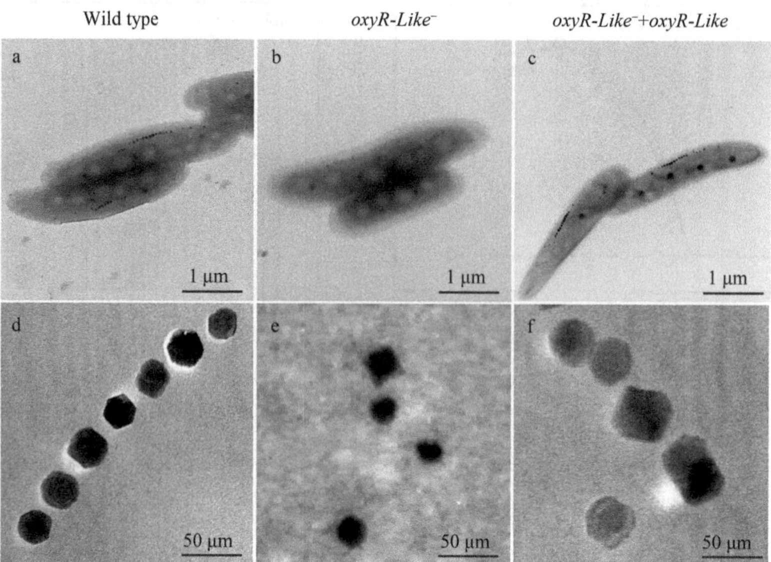

Fig. 3 Magnetosome morphology observations of various strains

Magnetosome arrangement and morphology of Wild type (a, d), *oxyR-Like*⁻ (b, e) and *oxyR-Like*⁻+ *oxyR-Like* (c, f) as assessed by transmission electron microscopy (TEM)

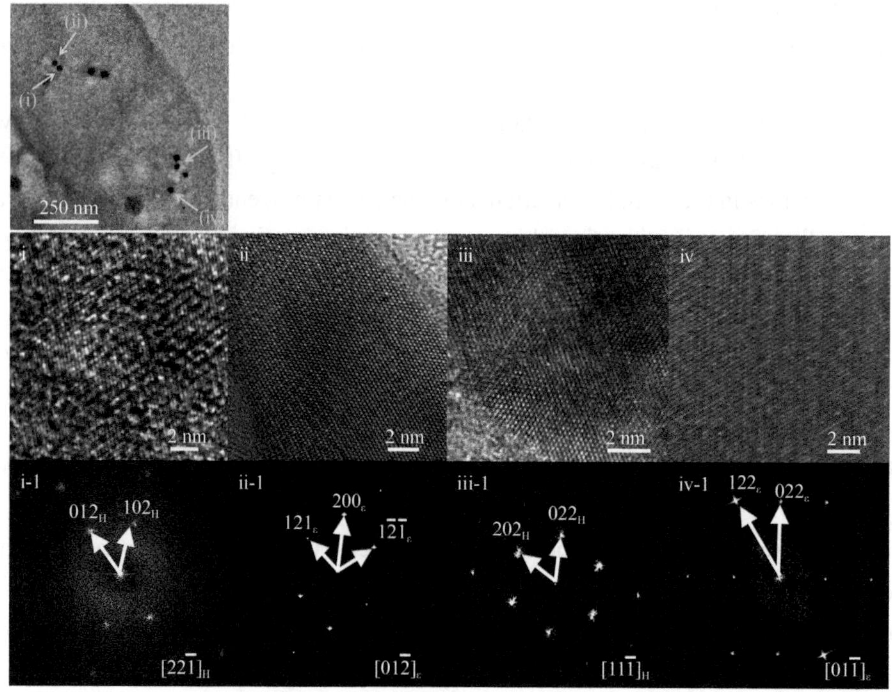

Fig. 4 High-resolution transmission electron microscopy (HRTEM) and fast Fourier transform (FFT) analyses of intracellular magnetosomes from *oxyR-Like*⁻ (Color figure in the two-dimensional code at the back cover)

Distribution of the scattered particles from *oxyR-Like*⁻ as determined by HRTEM and FFT; (i~iv) HRTEM images and corresponding FFTs of particles (i~iv) marked by yellow arrows show various Fe (III) oxide phases: ε-Fe_2O_3 (ii, iv) and ε-Fe_2O_3 (i, iii)

3.4 OxyR-Like regulates the expression of the *pdh* operon

To investigate the OxyR-Like regulatory mechanism, 6His-OxyR-Like was purified and subjected to EMSA. In the presence of multiple repeats, 6His-OxyR-Like interacted with its own gene promoter region as well as that of the *pdh* operon (Fig. S5A, B). The protein-DNA complex was dissociated by unlabeled probe, confirming the specificity of the interaction (Fig. S5A, B). To further determine the binding site of OxyR-Like with these promoters, DNase I footprinting was performed. OxyR-Like protected two DNA sequences of high similarity from DNase I digestion (Fig. S5C, D). Both sequences contained the conserved region 5′-GATA-N{9}-TATC-3′ (protected sequence colored red in Fig. S5C, D), denoted the OxyR-Like box. Another homologous binding site with a high percentage of A/T (protected sequence colored blue in Fig. S5C, D) corresponded to the second band in the EMSA results.

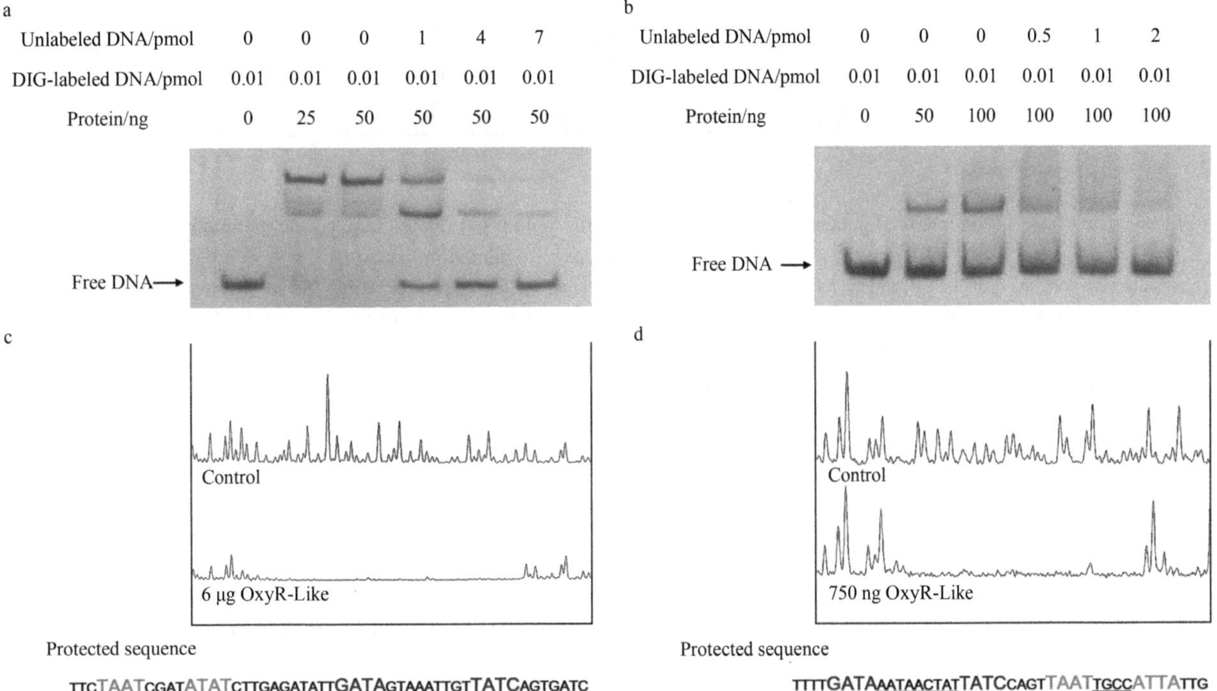

Fig. 5 OxyR-Like specifically binds to the *oxyR-Like* and *pdh* operators
(Color figure in the two-dimensional code at the back cover)

OxyR-Like specifically binds to the *oxyR-Like* (a) and *pdh* (b) promoters, and the interactions between the protein and DNA were dissociated by unlabeled probe. The *oxyR-Like* (c) and *pdh* (d) promotor regions were protected by OxyR-Like in the DNase I footprinting assay. All experiments were independently repeated three times to ensure their reproducibility. The black arrows in the figure indicate the positions of free DNA probes

3.5 Numerous genes related to the *pdh* operon and TCA cycle are down-regulated by the disruption of *oxyR-Like*

Because the *pdh* operon is regulated by OxyR-Like, the expression levels of genes belonging to the *pdh* operon and related to the TCA cycle were determined. The transcription levels of genes within known gene clusters involved in pyruvate metabolism and the TCA cycle were detected by qRT-PCR (Fig. S6A, B). Most of these genes were down-regulated dramatically, suggesting that the TCA pathway is impaired by the disruption of *oxyR-Like*.

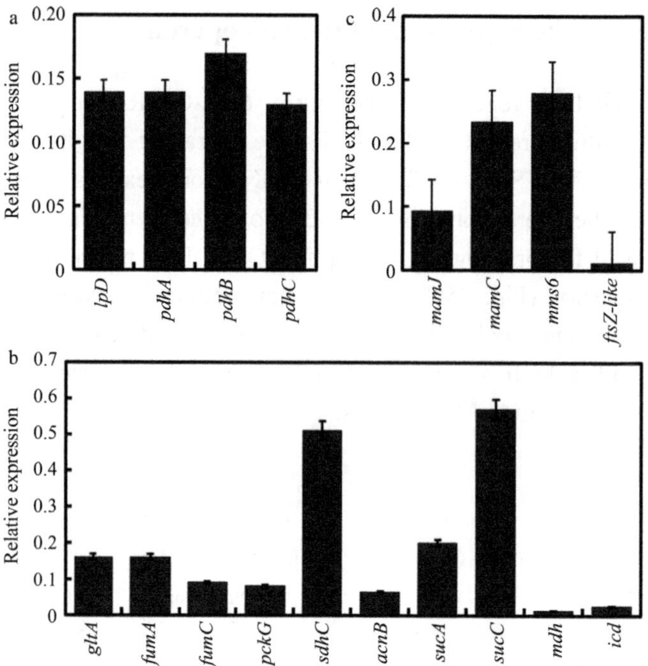

Fig. 6 The transcription levels of genes (*oxyR-Like*⁻ mutant versus Wild type) related to pyruvate metabolism, the TCA cycle and the magnetosome island are down-regulated in *oxyR-Like*⁻

The results were obtained by qRT-PCR, and the relative expression levels of each gene in Wild type were set as 1 and not shown in the data. The reference gene used in this study is *rpoA*, which encodes the RNA polymerase alpha subunit in MSR-1 (locus tag MGMSRv-2-0062). a. Relative expression level of genes located on the *pdh* operator. Genes tested (from left): *pdhA* (pyruvate dehydrogenase E1 component subunit, locus tag MGMSRv-2-0966), *pdhB* (pyruvate dehydrogenase E1 component subunit, locus tagMGMSRv-2-0967), *pdhC* (dihydrolipoyllysine-residue acetyltransferase, locus tag MGMSRv-2-0968), *lpD* (dihydrolipoyl dehydrogenase, locus tagMGMSRv-2-0971). b. Relative expression level of genes related to the TCA cycle. Genes tested (from left): *gltA* (citrate synthase, locus tagMGMSRv-2-1343), *fumA* (fumarase A, locus tag MGMSRv-2-1453), *fumC* (fumarate hydratase, locus tag MGMSRv-2-1684), *pckG* (phosphoenolpyruvate carboxylase, locus tag MGMSRv-2-1769), *sdhC* (succinate dehydrogenase cytochrome b556 subunit, locus tagMGMSRv-2-2218), *acnB* (aconitate hydratase 2, locus tag MGMSRv-2-3179), *sucA* (2-oxoglutarate decarboxylase, locus tag MGMSRv-2-3603), *sucC* (succinyl-CoA synthetase, MGMSRv-2-3605), *mdh* (malate dehydrogenase, locus tag MGMSRv-2-3606), and *icd* (isocitrate dehydrogenase, locus tagMGMSRv-2-4098). c. Relative expression level of genes located on the magnetosome island. All experiments were independently repeated three times to ensure their reproducibility

3.6 Magnetosome island (MAI) genes are down-regulated in the *oxyR-Like*⁻ mutant

To explain the role of OxyR-Like in magnetosome formation in MSR-1, we next focused on the target genes related to magnetosome biosynthesis, such as *mamJ* (*mamAB* cluster), *mamC* (*mamGFDC* cluster), *mms6*, *ftsZ-Like* (*mamXY* cluster), were detected by qRT-PCR. The results indicated that the transcriptional levels of *mamJ*, *mamC*, *mms6*, and *ftsZ-Like* in the *oxyR-Like*⁻ mutant were reduced by approximately 10.87-, 4.29-, 3.58- and 90.91-fold, respectively, compared with those in Wild type cells (Fig. 6c), suggesting that the disruption of *oxyR-Like* impaired the expression of genes located on the MAI.

4. Discussion

In MTB, the biomineralization process of magnetosome is highly complex and is not fully understood. It is regulated and promoted not only by genes located on the MAI, but also by some genes that participate in the cell's basal metabolism. In this study, it was determined that the disruption of a novel LysR-type transcriptional regulator, OxyR-Like, leads to disfigured magnetosome crystals, suggesting that OxyR-Like plays a key role during the formation of magnetosome.

The chemical route for the biomineralization of magnetosome magnetite has been studied for decades. In the previous studies, ferrihydrite was identified as a precursor for mature magnetosome formation using Mőssbauer spectroscopy (Faivre *et al.*, 2007), which was further confirmed using Fe K-edge X-ray absorption near edge structure (XANES) and HRTEM analysis in *M. gryphiswaldense* MSR-1 and *M. magneticum* AMB-1 (Baumgartner *et al.*, 2013; Fdez-Gubieda *et al.*, 2013). Also, in *Desulfovibrio magneticus* RS-1, FeS was confirmed to be the intermediate for the formation of Fe_3S_4, in which process Fe (II) was oxidized to Fe (III) (Baumgartner *et al.*, 2016). Moreover, the findings of α-Fe_2O_3 in *mamX* and *mamZ* mutant strain raise the possibility that magnetosome magnetite is biomineralized from ferric oxide intermediates (Raschdorf *et al.*, 2013). In this study, we observed the co-existence of ε-Fe_2O_3, α-Fe_2O_3 and Fe_3O_4 in the mutant strain disrupted in *oxyR-Like*. ε-Fe_2O_3 is a thermal unstable phase of ferric oxide that has been reported in plants (Mclean *et al.*, 2001). It was also confirmed by previous work that in MTB, magnetite crystals are biomineralized by the transformation of α-Fe_2O_3 (Baumgartner *et al.*, 2013; Fdez-Gubieda *et al.*, 2013), so it is possible that the intermediates detected during magnetosome maturation consist of various types of ferric oxide more than α-Fe_2O_3 due to the complex environment of the cell.

In *E. coli* and many other Gram-negative bacteria, OxyR participates in the regulation of the intracellular redox state by controlling the expression of various antioxidant-related genes, such as *katE*, *katG*, and *ahpC*. Intracellular reactive oxygen species (ROS) are required for OxyR activation (Pomposiello and Demple, 2001). OxyR is typically activated by the formation of a disulfide bond between Cys-199 and Cys-208, which is induced by the intracellular ROS that leads to the three-dimensional allosteric structure (Jolanta and Kierzek, 2003). However, due to the absence of a Cys residue near Cys-210 in OxyR-Like, the ability to respond to ROS and bind the promoters of these ROS-eliminating gene is lost (Supplementary Fig. S8), suggesting that OxyR-Like is a novel LTTR member recognizing a different inducer.

In MTB, the *mam* genes play significant roles during the formation of normal magnetosome magnetite. Such as, the disruption of MamM and MamB resulted in the loss of magnetism as well as the magnetosome vesicle (Murat *et al.*, 2010; Uebe *et al.*, 2011); in *mamC*, *F*, *G*, *H* mutant strains magnetite crystals are getting smaller (Scheffel *et al.*, 2008; Raschdorf *et al.*, 2013; Lohße *et al.*, 2014); and the loss of *mamD* and *mms6* lead to elongated shape of nano crystal (Scheffel *et al.*, 2008; Tanaka *et al.*, 2011). In this study, the expression levels of four representative genes located on the four main MAI gene clusters were greatly decreased by the disruption of *oxyR-Like*, which could be one of the main reasons for the formation of disfigured magnetite crystals. However, the interactions between OxyR-Like and the promoter regions of these clusters were undetected (data not shown), indicating indirect relationship between the protein and the *mam* genes.

On the other hand, the present study also determined by EMSA that OxyR-Like can bind at two positions within the *pdh* operon promoter region, which is consistent with previous work on the LTTR family (David and Jan Roelof, 2004). This result showed that OxyR-Like in MSR-1 may regulate energy metabolism related genes rather than ROS-eliminating genes (Fig. 5 and Supplementary Fig. S8), which further confirmed our previous speculation that OxyR-Like performed a novel function in MSR-1. qRT-PCR assays further demonstrated that the disruption of OxyR-Like leads to dramatic down-regulation of TCA-related genes, potentially leading to a decrease in intracellular ATP and reducing power.

ATP and reducing power are crucial for cell growth. Previous work has indicated that the biomineralization of magnetosomes is energy-dependent in magnetatic bacteria, as a lack of ATP can lead to a decrease in iron content in mutant strain (Suzuki *et al.*, 2007). We speculate that the disruption of *oxyR-Like* removed the normal regulation of pyruvate dehydrogenase complex, which functions to generate acetyl coenzyme A. Similarly, the low expression level of the genes participating in the TCA cycle further impaired the generation of ATP and reducing power, which maintain the intracellular energy content and redox state, resulting in poor growth. There still exists the interesting observation that the expression of genes located on MAI are greatly impaired, which should be the direct cause of the formation of the disfigured magnetite crystal. And this association between carbon metabolism and MAI genes expression is to be explored next.

References

Arakaki A, Webb J, Matsunaga T. 2003. A novel protein tightly bound to bacterial magnetic particles in *Magnetospirillum magneticum* strain AMB-1. J Biol Chem, 278(10): 8745-8750.

Baumgartner J, Menguy N, Gonzalez T P, *et al.* 2016. Elongated magnetite nanoparticle formation from a solid ferrous precursor in a magnetotactic bacterium. J R Soc Interface, 13(124): 20160665.

Baumgartner J, Morin G, Menguy N, *et al.* 2013. Magnetotactic bacteria form magnetite from a phosphate-rich ferric hydroxide *via* nanometric ferric (oxyhydr) oxide intermediates. Proc Natl Acad Sci USA, 110(37): 14883-14888.

Bazylinski D A, Frankel R B. 2004. Magnetosome formation in prokaryotes. Nat Rev Microbiol, 2(3): 217-230.

Bazylinski D A, Frankel R B, Heywood B R, *et al.* 1995. Controlled biomineralization of magnetite (Fe_3O_4) and greigite (Fe_3S_4) in a magnetotactic bacterium. Appl Environ Microbiol, 61(9): 3232-3239.

Brice S, Céline G, Stephen M G, *et al.* 2007. Control of methionine synthesis and uptake by MetR and homocysteinein *Streptococcus* mutans. J Bacteriol, 189(19): 7032-7044.

David T, Jan Roelof V D M. 2004. Bacterial transcriptional regulators for degradation pathways of aromatic compounds. Microbiol Mol Biol Rev, 68(3): 474-500.

Ding Y, Li J, Liu J, *et al.* 2010. Deletion of the *ftsZ-Like* gene results in the production of superparamagnetic magnetite magnetosomes in *Magnetospirillum gryphiswaldense*. J Bacteriol, 192(4): 1097-1105.

Draper O, Byrne M E, Li Z, *et al.* 2011. MamK, a bacterial actin, forms dynamic filaments *in vivo* that are regulated by the acidic proteins MamJ and LimJ. Mol Microbiol, 82(2): 342-354.

Faivre D, Bottger L H, Matzanke B F, *et al.* 2007. Intracellular magnetite biomineralization in bacteria proceeds by a distinct pathway involving membrane-bound ferritin and an iron (II) species. Angew Chem Int Ed Engl, 46(44): 8495-8499.

Faivre D, Schuüler D. 2008. Magnetotactic bacteria and magnetosomes. Chem Rev, 108(11): 4875-4898.

Farr S B, Kogoma T. 1991. Oxidative stress responses in *Escherichia coli* and *Salmonella typhimurium*. Microbiol Rev, 55(4): 561-585.

Fdez-Gubieda M L, Muela A, Alonso J, *et al.* 2013. Magnetite biomineralization in *Magnetospirillum gryphiswaldense*: time-resolved magnetic and structural studies. ACS Nano, 7(4): 3297-3305.

Gould J L, Kirschvink J L, Deffeyes K S. 1978. Bees have magnetic remanence. Science, 201(4360): 1026-1028.

Grunberg K, Muüller E C, Otto A, *et al.* 2004. Biochemical and proteomic analysis of the magnetosome membranein *Magnetospirillum gryphiswaldense*. Appl Environ Microbiol, 70(2): 1040-1050.

Guo F F, Yang W, Jiang W, *et al.* 2012. Magnetosomes eliminate intracellular reactive oxygen species in *Magnetospirillum gryphiswaldense* MSR-1. Environ Microbiol, 14(7): 1722-1729.

Hershey D M, Browne P J, Iavarone A T, *et al.* 2016. Magnetite biomineralization in *Magnetospirillum magneticum* is regulated by a switch-like behavior in the HtrA protease MamE. J Biol Chem, 291(34): 17941-17952.

Jogler C, Schüler D. 2009. Genomics, genetics, and cell biology of magnetosome formation. Annu Rev Microbiol, 63: 501-521.

Jolanta Z, Kierzek A M. 2003. The structure of full-length LysR-type transcriptional regulators. Modeling of the full-length OxyR transcription factor dimer. Nucleic Acids Res, 31(5): 1444-1454.

Jones S R, Wilson T D, Brown M E, *et al.* 2015. Genetic and biochemical investigations of the role of MamP in redox control of iron biomineralization in *Magnetospirillum magneticum*. Proc Natl Acad Sci USA, 112(13): 3904-3909.

Kirschvink J L, Kobayashi-Kirschvink A, Woodford B J. 1992. Magnetite biomineralization in the human brain. Proc Natl Acad Sci USA, 89(16): 7683-7687.

Komeili A. 2007. Molecular mechanisms of magnetosome formation. Annu Rev Biochem, 76: 351-366.

Komeili A. 2012. Molecular mechanisms of compartmentalization and biomineralization in magnetotactic bacteria. FEMS Microbiol Rev, 36(1): 232-255.

Komeili A, Li Z, Newman D K, *et al.* 2006. Magnetosomes are cell membrane invaginations organized by the actin-like protein MamK. Science, 311(5758): 242-245.

Komeili A, Vali H, Beveridge T J, *et al.* 2004. Magnetosome vesicles are present before magnetite formation, and MamA is required for their activation. Proc Natl Acad Sci USA, 101(11): 3839-3844.

Li Y, Bali S, Borg S, *et al.* 2013. Cytochrome cd1 nitrite reductase NirS is involved in anaerobic magnetite biomineralization in *Magnetospirillum gryphiswaldense* and requires NirN for proper d1 heme assembly. J Bacteriol, 195(18): 4297-4309.

Li Y, Raschdorf O, Silva K T, *et al.* 2014a. The terminal oxidase cbb3 functions in redox control of magnetite biomineralization in *Magnetospirillum gryphiswaldense*. J Bacteriol, 196(14): 2552-2562.

Li Y, Sabaty M, Borg S, *et al.* 2014b. The oxygen sensor MgFnr controls magnetite biomineralization by regulation of denitrification in *Magnetospirillum gryphiswaldense*. BMC Microbiol, 14: 153.

Lohße A, Borg S, Raschdorf O, *et al.* 2014. Genetic dissection of the *mamAB* and *mms6* operons reveals a gene set essential for magnetosome biogenesis in *Magnetospirillum gryphiswaldense*. J Bacteriol, 196(14): 2658-2669.

Lu Z L, Michio T, Tsutomu S. 2007. The LysR-type transcriptional regulator YofA controls cell division through the regulation of expression of *ftsW* in *Bacillus subtilis*. J Bacteriol, 189(15): 5642-5651.

McClean R G, Schofield M A, Kean W F, *et al.* 2001. Botanical iron minerals: correlation between nano crystal structure and modes of biological self-assembly. Eur J Mineral, 13(6): 1235-1242.

Murat D, Falahati V, Bertinetti L, *et al.* 2012. The magnetosome membrane protein, MmsF, is a major regulator of magnetite biomineralization in *Magnetospirillum magneticum* AMB-1. Mol Microbiol, 85(4): 684-699.

Murat D, Quinlan A, Vali H, *et al.* 2010. Comprehensive genetic dissection of the magnetosome gene island reveals the step-wise assembly of a prokaryotic organelle. Proc Natl Acad Sci USA, 107(12): 5593-5598.

Nguyen H V, Suzuki E, Oestreicher Z, *et al.* 2016. A protein-protein interaction in magnetosomes: TPR protein MamA interacts with an Mms6 protein. Biochem Biophys Rep, 7: 39-44.

Pomposiello P J, Demple B. 2001. Redox-operated genetic switches: the SoxR and OxyR transcription factors. Trends Biotechnol, 19(3): 109-114.

Pradel N, Santini C L, Bernadac A, *et al.* 2006. Biogenesis of actin-like bacterial cytoskeletal filaments destined for positioning prokaryotic magnetic organelles. Proc Natl Acad Sci USA, 103(46): 17485-17489.

Qi L, Li J, Zhang W, *et al.* 2012. Fur in *Magnetospirillum gryphiswaldense* influences magnetosomes formation and directly regulates the genes involved in iron and oxygen metabolism. PLoS One, 7: e29572.

Quinlan A, Murat D, Vali H, *et al.* 2011. The HtrA/DegP family protease MamE is a bifunctional protein with roles in magnetosome protein localization and magnetite biomineralization. Mol Microbiol, 80(4): 1075-1087.

Raschdorf O, Forstner Y, Kolinko I, *et al.* 2016. Genetic and ultrastructural analysis reveals the key players and initial steps of bacterial magnetosome membrane biogenesis. PLoS Genet, 12: e1006101.

Raschdorf O, Müller F D, Posfai M, *et al.* 2013.The magnetosome proteins MamX, MamZ and MamH are involved in redox control of magnetite biomineralization in *Magnetospirillum gryphiswaldense*. Mol Microbiol, 89(5): 872-886.

Ritz M, Garenaux A, Berge M, *et al.* 2009. Determination of *rpoA* as the most suitable internal control to study stress response in *C. jejuni* by RT-qPCR and application to oxidative stress. J Microbiol Methods, 76(2): 196-200.

Rong C, Huang Y, Zhang W, *et al.* 2008. Ferrousiron transport protein B gene (*feoB1*) plays an accessory role in magnetosome formation in *Magnetospirillum gryphiswaldense* strain MSR-1. Res Microbiol, 159(7-8): 530-536.

Scheffel A, Gärdes A, Grünberg K, *et al.* 2008. The major magnetosome proteins MamGFDC are not essential for magnetite biomineralization in *Magnetospirillum gryphiswaldense* but regulate the size of magnetosome crystals. J Bacteriol, 190(1): 377-386.

Scheffel A, Gruska M, Faivre D, *et al.* 2006. An acidic protein aligns magnetosomes along a filamentous structure in magnetotactic bacteria. Nature, 440(7080): 110-114.

Scheffel A, Schüler D. 2007. The acidic repetitive domain of the *Magnetospirillum gryphiswaldense* MamJ protein displays hypervariability but is not required for magnetosome chain assembly. J Bacteriol, 189(17): 6437-6446.

Schell M A. 1993. Molecular biology of the LysR family of transcriptional regulators. Annu Rev Microbiol, 47: 597-626.

Siponen M I, Legrand P, Widdrat M, *et al.* 2013. Structural insight into magnetochrome-mediated magnetite biomineralization. Nature, 502(7473): 681-684.

Stookey L L. 1970. Ferrozine-a new spectrophotometric reagent for iron. Anal Chem, 42(7): 779-781.

Suzuki T, Okamura Y A, Takeyama H, *et al.* 2007. Cytoplasmic ATPase involved in ferrous ion uptake from magnetotactic bacterium *Magnetospirillum magneticum* AMB-1. FEBS Lett, 581(18): 3443-3448.

Tanaka M, Arakaki A, Matsunaga T. 2010. Identification and functional characterization of liposome tubulation protein from magnetotactic bacteria. Mol Microbiol, 76(2): 480-488.

Tanaka M, Mazuyama E, Arakaki A, *et al.* 2011. MMS6 protein regulates crystal morphology during nano-sized magnetite biomineralization *in vivo*. J Biol Chem, 286(8): 6386-6392.

Taoka A, Eguchi Y, Mise S, *et al*. 2014. A magnetosome-associated cytochrome MamP is critical for magnetite crystal growth during the exponential growth phase. FEMS Microbiol Lett, 358(1): 21-29.

Uebe R, Junge K, Henn V, *et al*. 2011. The cation diffusion facilitator proteins MamB and MamM of *Magnetospirillum gryphiswaldense* have distinct and complex functions, and are involved in magnetite biomineralization and magnetosome membrane assembly. Mol Microbiol, 82(4): 818-835.

Uebe R, Voigt B, Schweder T, *et al*. 2010. Deletion of a *fur-Like* gene affects iron homeostasis and magnetosome formation in *Magnetospirillum gryphiswaldense*. J Bacteriol, 192(16): 4192-4204.

Walcott C, Gould J, Kirschvink J. 1979. Pigeons have magnets. Science, 205(4410): 1027-1029.

Wen T, Guo F, Zhang Y, *et al*. 2016. A novel role for Crp in controlling magnetosome biosynthesis in *Magnetospirillum gryphiswaldense* MSR-1. Sci Rep, 6: 21156.

Zeytuni N, Ozyamak E, Ben-Harush K, *et al*. 2011. Self-recognition mechanism of MamA, a magnetosome-associated TPR-containing protein, promotes complex assembly. Proc Natl Acad Sci USA, 108(33): E480-E487.

Zhang C, Meng X, Li N, *et al*. 2013. Two bifunctional enzymes with ferric reduction ability play complementary roles during magnetosome synthesis in *Magnetospirillum gryphiswaldense* MSR-1. J Bacteriol, 195(4): 876-885.

Zhao L, Wu D, Wu L F, *et al*. 2007. A simple and accurate method for quantification of magnetosomes in magnetotactic bacteria by common spectrophotometer. J Biochem Biophys Methods, 70(3): 377-383.

Supplementary material: http://journal.frontiersin.org/article/10.3389/fmicb.2017.00208/full#supplementary-material

本文原载：Front Microbiol, 2017, 8: 208.

Work Patterns of MamXY Proteins During Magnetosome Formation in *Magnetospirillum gryphiswaldense* MSR-1*

Qing Wang[1, 2], Sha Wu[3], Xianyu Li[4], Tongwei Zhang[1], Jing Yang[1], Xu Wang[1], Feng Li[3], Ying Li[1], Youliang Peng[1], Jilun Li[1]

(1. State Key Laboratory of Agrobiotechnology, College of Biological Sciences, China Agricultural University, Beijing, 100193, China; 2. School of Life Sciences, Beijing University of Chinese Medicine, Beijing, 100029, China; 3. Anhui Key Laboratory of Plant Resources and Biology, College of Life Sciences, Huaibei Normal University, Huaibei, Anhui, 235000, China; 4. Experimental Research Center, China Academy of Chinese Medical Sciences, Beijing, 100700, China)

Abstract

The bacterium *Magnetospirillum gryphiswaldense* MSR-1 forms nano-sized, membrane-enclosed organelles termed magnetosomes. The *mamXY* operon, part of "magnetosome island" (MAI), includes the genes *mamY*, *mamX*, *mamZ*, and *ftsZ-like* genes, which initiate gene transcription *via* the same promoter. We used a combination of molecular biological techniques (targeting of cross-linking reagents) and high-resolution mass spectrometry to investigate the coordinated activity of the four MamXY proteins in magnetite biomineralization. The FtsZ-like protein was shown by confocal laser scanning microscopy to be dispersed in cytoplasm in the early stage of cell growth, and then gradually polymerized along the magnetosome chain. Interactions of various pairs of MamXY proteins were observed using a bacterial two-hybrid system. We constructed a recombinant FtsZ-like-overexpressing strain, examined its growth patterns, and extracted magnetosome membrane proteins using a modified SDS/boiling method with $BS^2G\text{-}d_0/d_4$ reagent, which helped stabilize interactions among MamXY proteins. In liquid chromatography-tandem mass spectrometry (LC-MS/MS) analysis, MamY expression was detected first and remained highest among the four proteins throughout all stages of cell growth. MamX and MamZ expression was detected subsequently. The four proteins displayed coordinated expression patterns during the magnetosome maturation process. Unique peptides discovered in the MamXY protein sequences appeared to constitute "hidden" interaction sites involved in the formation of MamXY complex that helped control magnetosome shape and size.

Importance: *mamXY* operon genes play an essential role in magnetite biomineralization, participate in redox reactions, and control magnetosome shape and size. However, mechanisms whereby the four MamXY proteins function together in iron oxidoreduction and transport are poorly understood. We used a combination of targeted cross-linking techniques and high-resolution mass spectrometry to elucidate the coordinated activity patterns of the MamXY proteins during magnetite biomineralization. Our findings indicate that the FtsZ-like protein undergoes polymerization and then recruits MamY, MamX, and MamZ in turn, and that these interactions depend on unique peptides present in the protein sequences. A hypothetical model of the

*This study was supported by grants from the National Natural Science Foundation of China (No. 31270093), China Postdoctoral Science Foundation (No. 2015M570175) and the Project for Extramural Scientists of State Key Laboratory of Agro-biotechnology (2015SKLAB06-24, 2017SKLAB7-5). The authors are grateful to Dr. Zhen Li (Mass Spectrometry Lab, Functional Genomic Technology Center, China Agricultural University) for help with analysis of HRMS data, and to Dr. S. Anderson for English editing of the manuscript.

functionalities of these proteins is proposed that accounts for the findings and provides a basis for further studies of coordination among magnetosome island (MAI) gene clusters during the process of magnetosome formation.

Keywords

Magnetospirillum gryphiswaldense, magnetosome, biomineralization, MamXY proteins, unique peptides, protein interaction.

1. Introduction

Magnetotactic bacteria (MTB) are ubiquitous worldwide in marine sediments and chemically-stratified columns of freshwater (Bazylinski and Frankel, 2004). They have the unique ability to synthesize magnetosomes: intracellular organelles composed of membrane-enclosed chains of magnetite (iron oxide; Fe_3O_4) or greigite (iron sulfide; Fe_3S_4) crystals (Frankel *et al.*, 1979; Schubbe *et al.*, 2003). The presence of magnetosomes enables MTB to swim along the Earth's geomagnetic field lines (magnetotaxis) (Blakemore, 1975). Magnetosomes have potential applications in early diagnosis and detection of pathogens (Li *et al.*, 2010), and as nanoscale drug carriers (Sun *et al.*, 2007, 2008; Han *et al.*, 2009; Tang *et al.*, 2011) for therapeutic targeting of cancer cells, more effective biocompatibility than artificial magnetic particles. Therefore, many studies during the past two decades have been focused on mechanisms of magnetite biomineralization, improvement of MTB culture methods, and enhancement of magnetosome yield.

Magnetospirillum gryphiswaldense MSR-1, a frequently studied freshwater MTB strain, grows well under conditions involving "trace amount" or "high concentration" (>20 μmol/L) of iron; however, it synthesizes magnetosomes only in a microaerobic environment (dissolved oxygen concentration <1%) with high iron concentration (Zhang *et al.*, 2011; Wang *et al.*, 2013). The genes located in the "magnetosome island" (MAI) have specialized functions in magnetite biomineralization, and they belong to four operons (*mms6*, *mamGFDC*, *mamAB*, *mamXY*) (Ullrich *et al.*, 2005; Wang *et al.*, 2014). In MSR-1, the *mamAB* cluster is necessary for magnetosome formation (Lohße *et al.*, 2011), and *mms6* and *mamGFDC* clusters control crystal morphology and growth (Scheffel *et al.*, 2008; Tanaka *et al.*, 2011). *mamXY* cluster, which is conserved in all magnetospirilla (including MSR-1, *M. magneticum* AMB-1, *M. magnetotacticum* MS-1, and *Magnetospirillum* sp. SO-1) (Fig. S1A), includes *mamY*, *mamX*, *mamZ*, and *ftsZ-like* genes. In AMB-1, the N-terminus of MamY is integrated in magnetosome membrane (MM), and number of small magnetosomes was greater in deletion strain Δ*mamY* than in wild-type (WT) strain (Tanaka *et al.*, 2010). Because of the binding to biological membrane vesicles and liposome tubulation activity, MamY is hypothesized to be related to the invagination of the magnetosome vesicle (Tanaka *et al.*, 2010). Recent study about interaction of MamY protein with CL suggest the presence of unique protein-lipid interaction for magnetosome formation in magnetotactic bacteria (Tanaka *et al.*, 2018). MamX protein, located in MM, plays important roles in control of magnetosome size and maturation, and *mamX* deletion resulted in presence of irregular, superparamagnetic magnetite particles (Yang *et al.*, 2013). MamZ (previously termed "MamH-like") has 18 transmembrane domains. Its N-terminal domain is an ortholog of the major facilitator superfamily (MFS), and its C-terminal domain is similar to ferric reductase-like transmembrane component. In MSR-1, deletion of *mamZ* or *mamX* resulted in identical phenotype (Raschdorf *et al.*, 2013). *ftsZ-like* is a tubulin-like gene and encodes FtsZ-like protein, located in cytoplasm. In structural comparison with FtsZ by Swiss-Model program (https://www.

swissmodel.expasy.org), FtsZ-like lacked C-terminus but had high similarity of N-terminus (Fig. S1B). A deletion mutant of *ftsZ*-like produced mainly superparamagnetic magnetite particles (Ding *et al*., 2010), and the defect of this mutant was reversed by nitrate (Müller *et al*., 2014), suggesting that FtsZ-like participates indirectly in redox control of magnetite crystallization. In MSR-1, deletion of the whole *mamXY* cluster resulted in smaller crystals and reduced magnetism (Lohße *et al*., 2011). The above findings, taken together, indicate functional redundancy of the four genes in *mamXY* operon for magnetite biomineralization. The reasons for such redundancy, and the work pattern of the MamXY proteins, remain unclear.

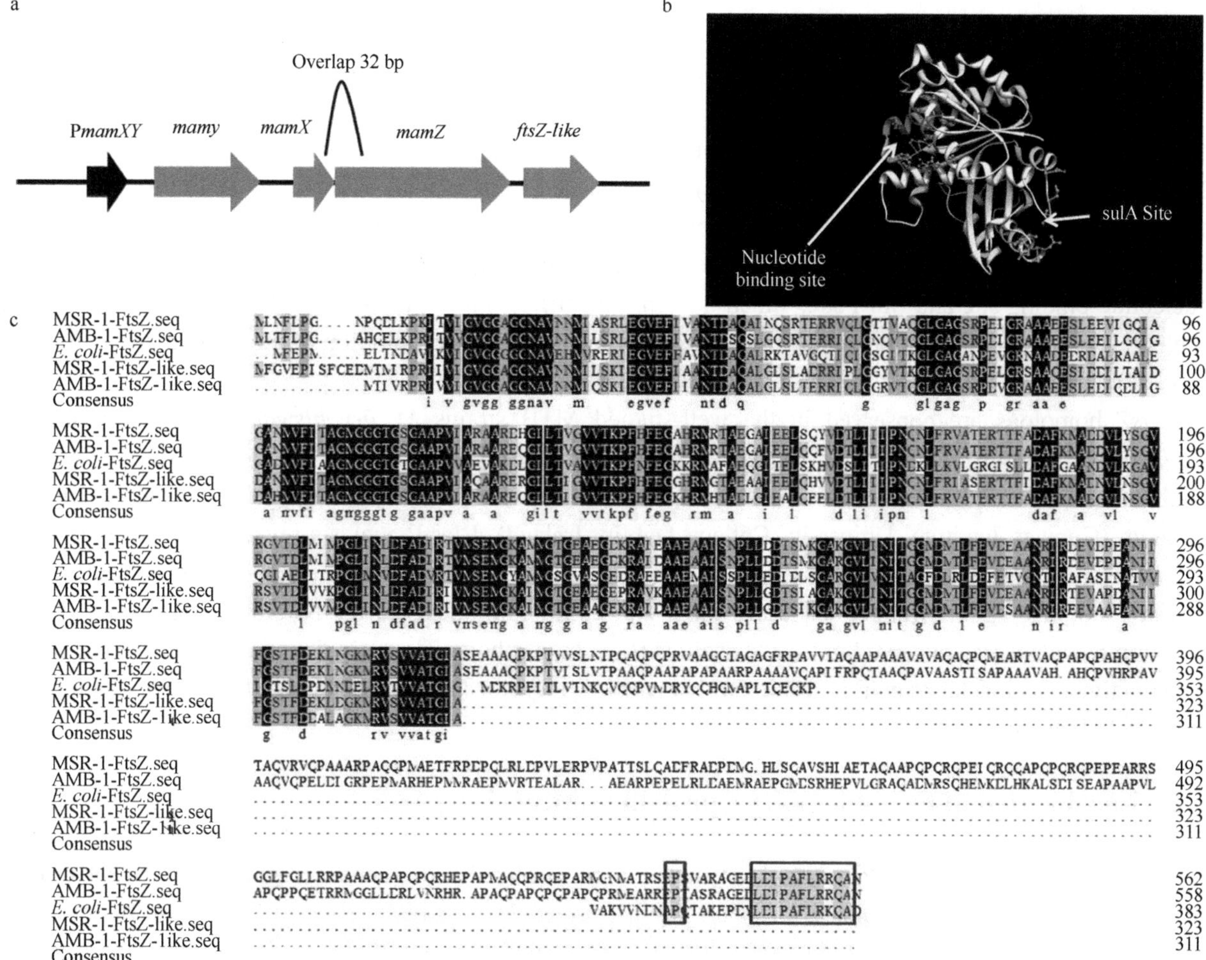

Fig. 1 Structures of *mamXY* operon and FtsZ-like protein, and sequence alignment of FtsZ and FtsZ-like protein in various species (Color figure in the two-dimensional code at the back cover)

a. Structure of *mamXY* operon. There is a ~32-bp overlap between *mamX* and *mamZ*. b. Predicted 3-D structure of FtsZ-like with conservative nucleotide binding site and SulA site. c. Sequence alignment of five cytoskeletal proteins ($FtsZ_{MSR-1}$, FtsZ-like$_{MSR-1}$, $FtsZ_{AMB-1}$, FtsZ-like$_{AMB-1}$, $FtsZ_{E. coli}$). Dark blue, light blue, and green highlight indicate that five, four, or three proteins share the same amino acids at this site. Red box: conservative FtsZ C-terminus. Homologous regions are concentrated mainly in ~320 amino acids of the N-terminus

We hypothesize that: (i) because transcription of the four *mamXY* operon genes is controlled by the same promoter (Fig. 1A), their transcription occurs sequentially; (ii) the four proteins encoded by these genes form some sort of interaction pattern, or protein complex, to participate (along with other proteins) in magnetosome synthesis. To test these hypotheses, we studied localization of FtsZ-like-EGFP, evaluated interaction among the four proteins *in vitro*; and investigated the work patterns of MamXY proteins during the process of magnetosome formation using a combination of targeted cross-linking techniques and high-resolution mass spectrometry (HRMS). Our findings help elucidate characteristics and functional significance of *mamXY* operon-encoded proteins in magnetite biomineralization.

2. Results

2.1 Bioinformatic analysis of FtsZ-like in MSR-1

Genomic analysis revealed the presence of two *ftsZ* homologs (MGMSRv2_2503, MGMSRv2_2324) in MSR-1. FtsZ (gene code MGMSRv2_2503), belonging to the category of bacterial cytoskeletal filaments, is a tubulin homolog essential for prokaryotic cell division; it forms a ring-like structure (Z-ring) and recruit other proteins to form a complex that promotes cell division at the cell midpoint (Lan *et al.*, 2008; Goley *et al.*, 2011). FtsZ-like (gene code MGMSRv2_2324) is a truncated form of FtsZ having high similarity to the FtsZ N-terminus. It retains GTP-dependent polymerization ability, but not the ability to participate in cell division because of no C-terminus (Fig. S1B) (Ding *et al.*, 2010). The predicted 3-D structure of FtsZ-like includes a nucleotide-binding site and SulA site, which is highly identified with N-terminus of FtsZ (Fig. 1b). The SulA site is related to polymerization, and can be bound by SulA protein for inhibition of FtsZ polymerization in *E. coli* (Mukherjee *et al.*, 1998).

ftsZ homologs are conserved in the well-studied MTB strains *M. gryphiswaldense* MSR-1 and *M. magneticum* AMB-1. Amino acid sequences of FtsZ and FtsZ-like proteins from MSR-1 and AMB-1 (amb3854, amb1015), and of FtsZ protein from *E. coli* (b0095) were aligned using the Clustal X software program (Conway Institute, University College Dublin, Ireland). BlastP analysis revealed that five bacterial cytoskeletal proteins ($FtsZ_{MSR\text{-}1}$, FtsZ-$like_{MSR\text{-}1}$, $FtsZ_{AMB\text{-}1}$, FtsZ-$like_{AMB\text{-}1}$, $FtsZ_{E.\ coli}$) had identities >69%, and that homologous regions were concentrated mainly in ~320 amino acids of the N-terminus (Fig. 1c). Only a few amino acids were conserved in the C-terminus (Fig. 1c, red box). These findings indicate that FtsZ-like is a distinctive cytoskeletal protein in MTB that is involved (along with other proteins) in biomineralization, but not in cell division.

2.2 Localization of FtsZ-like-EGFP protein in MSR-1

FtsZ-like protein is found in cytoplasm, and can be localized using enhanced green fluorescent protein (EGFP). We constructed a fusion expression strain (termed MSR-1-pBB-fzl-egfp) useful for fluorescence localization of FtsZ-like. This strain was cultured in SLM with 20 μmol/L ferric citrate, and expression of *ftsZ-like-egfp* gene was induced by adding isopropyl β-D-thiogalactopyranoside (IPTG) to medium. Cells were observed by laser scanning confocal microscopy at early (6 h) and mature (18 h) stages of magnetosome formation. Dark-field observation revealed fluorescence distributed symmetrically in 6-h cells, but distributed as dots along the long axis in 18-h cells (Fig. 2a, 2b). FtsZ-like was already distributed in cells prior to magnetosome formation, and appeared to undergo GTP-dependent polymerization (Ding *et al.*, 2010) during the gradual course of magnetosome formation; the direction of dotted-line was consistent with orientation of MamK filaments, but there was no interaction between MamK and FtsZ-like detected by bacterial two-hybrid system. These findings suggest that FtsZ-like can polymerise gradually during the maturation process of magnetosome formation, and further speculate that during the polymerization, it may function as a scaffold protein to organize with the other three *mamXY* operon proteins involved in magnetite biomineralization.

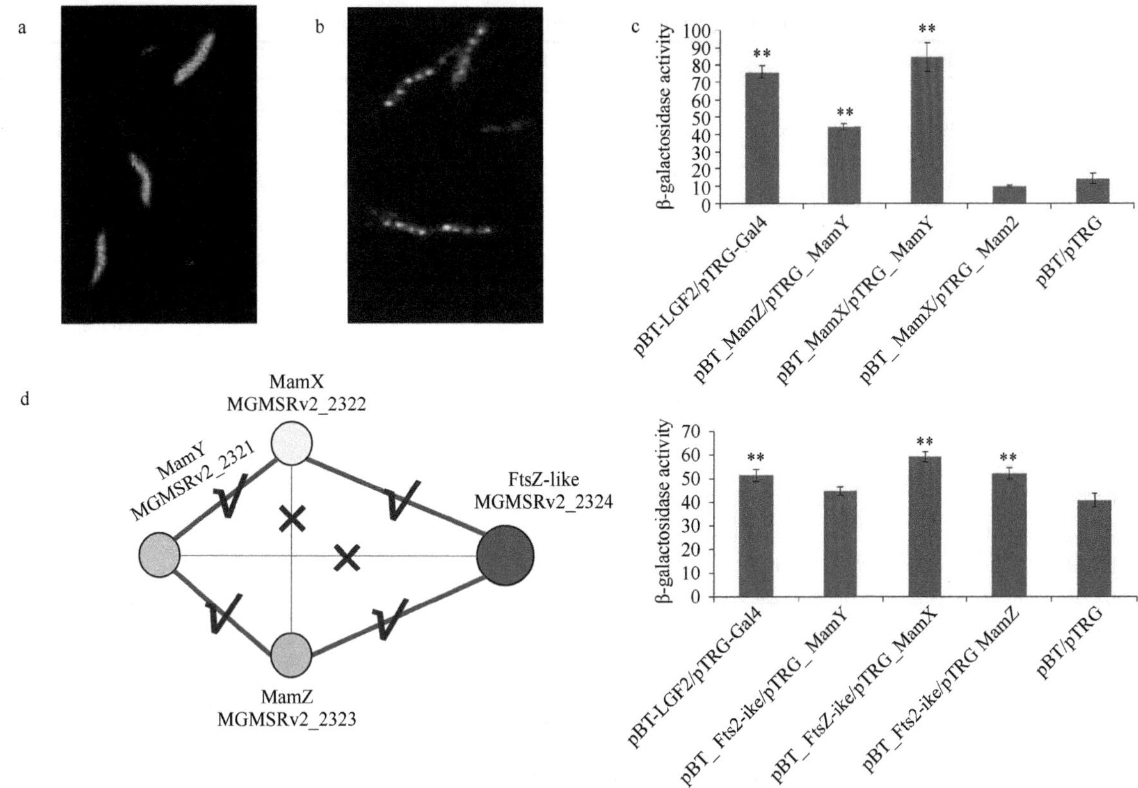

Fig. 2 Localization of FtsZ-like, and interaction analysis of MamXY proteins

(Color figure in the two-dimensional code at the back cover)

a. FtsZ-like dispersed in MSR-1 at 6 h; b. FtsZ-like arranged as dots along the long axis of MSR-1 cells at 18 h; c. MamZ/MamY, MamX/MamY, MamX/MamZ, FtsZ-like/MamY, FtsZ-like/MamX, and FtsZ-like/MamZ interactions assessed by bacterial two-hybrid system; d. Intrinsic interactions among MamXY proteins as predicted by online tool STRING. "√" represents the interaction between two proteins, and "×" represents no interaction between two proteins. pBT-LGF2/pTRG-Gal4: positive control. pBT/pTRG: negative control. **, $P<0.01$ (*t*-test) for comparison of β-galactosidase activity in experimental group *vs*. negative control

2.3 Interactions among MamXY proteins

Interactions among MamXY proteins were detected using a bacterial two-hybrid system. We constructed recombinant pBT and pTRG carrying four *mamXY* operon genes (Table 1), and cotransformed them into *E. coli* reporter strains in various combinations. Efficiency of interactions among the proteins was quantified based on measurement of β-galactosidase activity. Comparison by *t*-test of activity differences in experimental group *vs*. negative control (pBT/pTRG) showed $P<0.01$ for pBT_FtsZ-like/pTRG_MamX *vs*. pBT/pTRG, pBT_FtsZ-like/pTRG_MamZ *vs*. pBT/pTRG, pBT_MamZ/pTRG_MamY *vs*. pBT/pTRG, and pBT_MamX/pTRG_MamY *vs*. pBT/pTRG, but $P>0.05$ for pBT_FtsZ-like/pTRG_MamY *vs*. pBT/pTRG and pBT_MamX/pTRG_MamZ *vs*. pBT/pTRG. Thus, notable interactions occurred for MamX/MamY, MamZ/MamY, FtsZ-like/MamX, and FtsZ-like/MamZ, but not for MamX/MamZ or FtsZ-like/MamY (Fig. 2c). A predicted network view of MamXY proteins showing intrinsic interactions with each other was generated using the online tool STRING (http://string-db.org) (Yang *et al*., 2013). Results of the two techniques, combined, indicate that the four *mamXY* operon proteins are linked end-to-end and form an interaction flow (Fig. 2d). The similarity of phenotypes of MSR-1 *mamX* mutant, *ftsZ*-like mutant, and *mamXY* operon deletion mutant suggest that magnetite biomineralization involves redundant functions based on the interactions. However, the interaction pattern of the four proteins remains unclear.

Table 1 Strains and plasmids used in this study

Strain or plasmid	Description	Source or reference
Strains		
M. gryphiswaldense MSR-1	wild-type	DSM 6361
overexp-ftsZ-like strain	*ftsZ-like* over-expressing strain, Km^r	this study
E. coli DH5α	*endA1 hsdR17* ($r^- m^+$) *supE44 thi-1 recA1 gyrA* (NalR) *recA1* Δ(*lacZYA-argF*)*U169 deoR*[Ø80Δ*dlacZ* ΔM15]	lab collection
E. coli S17-1	*thi endA recA hsdR* with RP4-2-Tc::Mu-Km::Tn*7* integrated in chromosome, Smr	lab collection
Plasmids		
pGEM-T	cloning vector; Amp^r	Promega
pBBR1MCS-2	broad-host-range cloning vector, Km^r	lab collection
pBB-fzl-egfp	pBBR1MCS-2 derivative for FtsZ-like-EGFP expression, Km^r	this study
pBBR1MCS2-FtsZ-like	pBBR1MCS-2 containing *ftsZ-like* from *M. gryphiswaldense* MSR-1	this study
pBT-LGF2/pTRG-Gal4	positive control in BacterioMatch II two-hybrid system	this study
pBT/pTRG	negative control in BacterioMatch II two-hybrid system	this study
pBT_MamZ/pTRG_MamY	use for MamZ/MamY interaction	this study
pBT_MamX/pTRG_MamY	use for MamX/MamY interaction	this study
pBT_MamX/pTRG_MamZ	use for MamX/MamZ interaction	this study
pBT_FtsZ-like/pTRG_MamY	use for FtsZ-like/MamY interaction	this study
pBT_FtsZ-like/pTRG_MamX	use for FtsZ-like/MamX interaction	this study
pBT_FtsZ-like/pTRG_MamZ	use for FtsZ-like/MamZ interaction	thist study

2.4 Overexpression of FtsZ-like as a bait protein for protein recruitment

In view of the predicted function of FtsZ-like in MSR-1, we attempted to use it as a "bait protein" for recruiting the other three *mamXY* operon proteins *in vivo*. FtsZ-like is a cytoplasmic protein, and therefore may be difficult to detect in mixed solution of magnetosome proteins. We constructed an FtsZ-like-overexpressing strain (termed "overexp-ftsZ-like") by biparental conjugation. 6His-tag was added to the N-terminus to facilitate detection by western blotting. 6His-FtsZ-like can be expressed in preliminary experiment. Protein complex recruited by FtsZ-like was expected to be revealed by western blotting in later experiments, which would be helpful for determination of associated bands in SDS-PAGE.

2.5 Phenotypic analysis of FtsZ-like-overexpressing strain

MSR-1 WT and overexp-ftsZ-like strains were cultured in SLM supplemented with 20 μmol/L, 40 μmol/L, or 60 μmol/L ferric citrate, and growth rate and magnetic response (C_{mag}) were monitored until C_{mag} began to decline. WT growth rate did not change notably under the three iron concentrations. With 20 μmol/L and 40 μmol/L ferric citrate, growth rates of overexp-ftsZ-like were slightly lower than those of WT (Fig. 3a, 3b). The difference was more notable with 60 μmol/L ferric citrate; in particular, growth rate of overexp-ftsZ-like was 1.68-fold lower than that of WT at 10 h (Fig. 3c). Cells cultured under high-iron condition absorb more iron and display greater magnetism than those under low-iron condition. C_{mag} is a measure of average magnetic response. With 20 μmol/L ferric citrate, overexp-ftsZ-like first showed a magnetic response at 10 h but lagged 2 h behind WT and had a lower C_{mag} value than that of the WT (Fig. 3d). With 40 μmol/L and 60 μmol/L ferric citrate, the difference was greater, and overexp-ftsZ-like lagged by 4 h and 12 h, respectively, in showing magnetic response (Fig. 3e, 3f). These findings demonstrate that magnetic response in overexp-ftsZ-like was inhibited at higher iron concentration; therefore, 20 μmol/L ferric citrate was used in subsequent experiments.

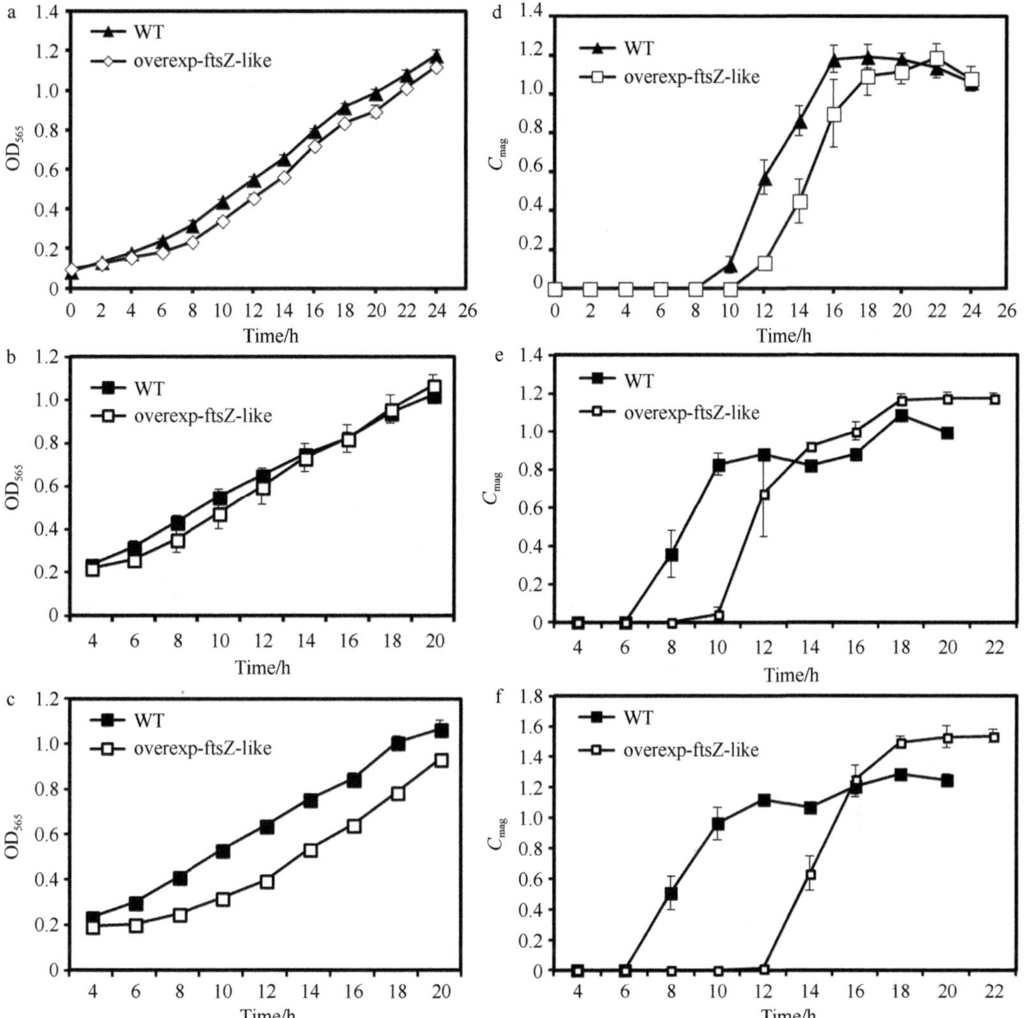

Fig. 3　Growth rate and magnetic response (C_{mag}) of WT and overexp-ftsZ-like strains under various iron concentrations

a~c. Growth rates (measured as OD_{565}) of WT and overexp-ftsZ-like with 20 μmol/L, 40 μmol/L, and 60 μmol/L ferric citrate. d~f. C_{mag} values of WT and overexp-ftsZ-like with 20 μmol/L, 40 μmol/L, and 60 μmol/L ferric citrate. Results indicate that 20 μmol/L ferric citrate provides optimal iron concentration for growth and magnetism of overexp-ftsZ-like

Based on the C_{mag} curve for overexp-ftsZ-like with 20 μmol/L ferric citrate, we harvested cells with C_{mag} values 0.2~0.9 for transmission electron microscopic (TEM) observation. Cells began to form magnetosomes at 8 h, and number and size of magnetosomes increased gradually with time (Fig. 4a~h). Analyses by Image J software program are shown in Fig. 4i~j and Tables S1, S2. When C_{mag} value was 0.2, magnetosome number per cell was 6~10 (±4.7), and magnetosome diameter was 11~15 (±4.2) nm. For C_{mag} 0.3~0.4, number was 6~15 (±4.5) and diameter was 16-20 (±5.4) nm. For C_{mag} 0.5~0.6, number was 11~15 (±4.9) and diameter was 16~25 (±5.9) nm. For C_{mag} 0.7~0.8, number was 16~20 (±5.3) and diameter was 21~30 (±5.8) nm. For C_{mag} 0.9, number was 21-25 (±6.4) and diameter was 31~35 (±1.4) nm. The increase of overexp-ftsZ-like C_{mag} value from 0.2 to 0.9 reflected the magnetosome maturation process, as number and diameter both gradually increased.

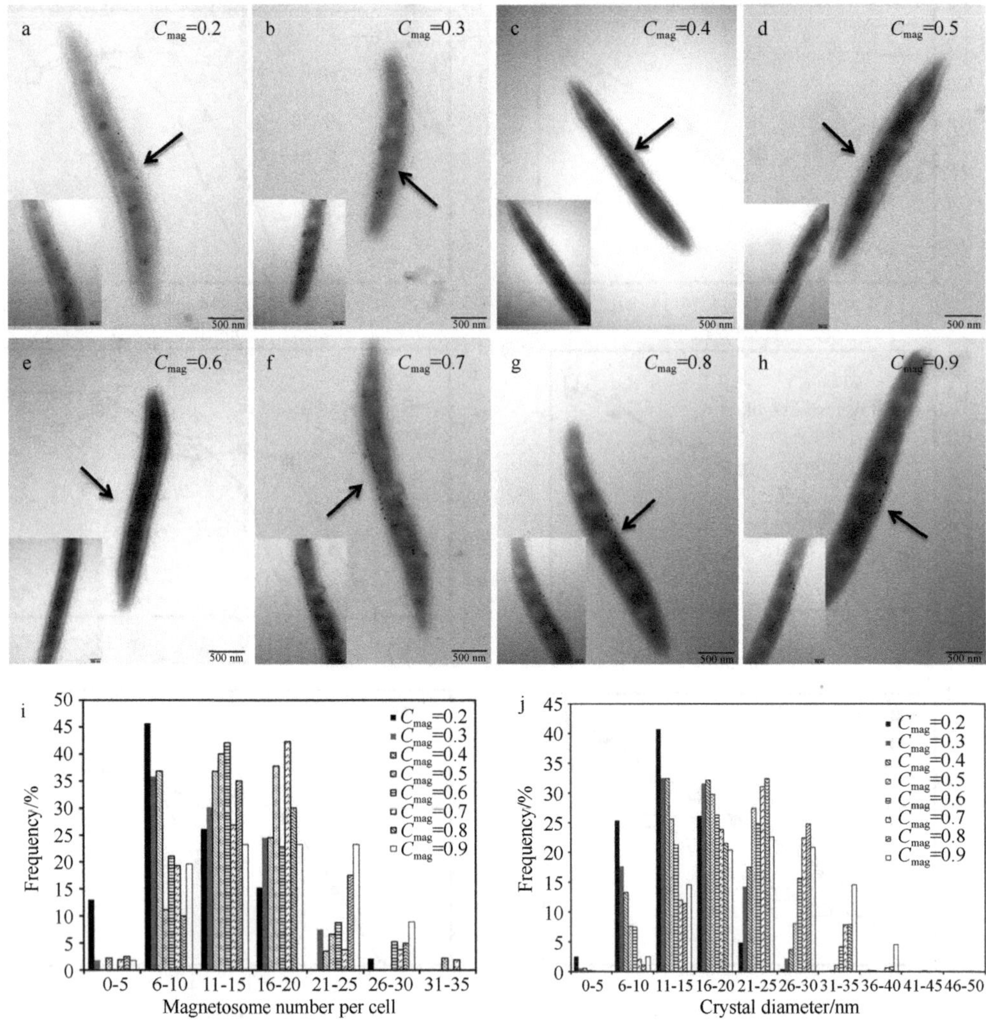

Fig. 4 TEM micrographs of overexp-ftsZ-like cells, and frequency distributions of magnetosome number and magnetite crystal diameter

a~h. Overexp-ftsZ-like cells viewed by conventional TEM (scale bar=500 nm) and at higher magnification (scale bar=200 nm). Arrows: magnetosomes; i. Distribution of magnetosome number per cell in 400 cells; j. Distribution of magnetite crystal diameter per cell in 400 cells

2.6 Cross-linking reactions between MamXY proteins

BS^2G-d_4/d_0 (Pierce Biotechnology; Waltham, MA, USA), a deuteride/non-deuteride pairing, is a type of homobifunctional cross-linker and reacts efficiently with amino (—NH_2) groups (Sinz, 2014). To clarify the work pattern of MamXY proteins, we used BS^2G-d_4/d_0 as a tool to probe interactions among the proteins and track their expression during the process of magnetosome formation. BS^2G-d_4/d_0 was added to a mixture of magnetosome proteins to stabilize probable protein links, joinings among MamXY proteins were selected based on SDS-PAGE and western blotting as described above, and LC-MS/MS was performed for further detection and analysis.

Preliminary experiments showed that sufficient magnetosomes were purified from overexp-ftsZ-like cells in a 7.5 L autofermentor (Zhang *et al.*, 2011) for optimization of cross-linking conditions, and these magnetosomes (C_{mag}=1.92) were mature. Purified magnetosomes were recycled in magnetic shelf (Fig. S2A) and freeze-dried by vacuum. Cross-linking reaction were incubated with various concentrations of BS^2G-d_4/d_0

(0.1 mmol/L, 0.2 mmol/L, 0.5 mmol/L, 1 mmol/L) for 5 min, 15 min, or 30 min. SDS method was found to be more effective than Triton X-100 method for extraction of MM proteins (data not shown). Major bands, assessed by position in SDS-PAGE and western blot, were cut out and analyzed by LC-MS/MS. We found that 0.2 mmol/L BS^2G-d_4/d_0 was suitable for MM protein cross-linking; specifically, the four *mamXY* cluster-encoded proteins cluster were all visible after 15 min cross-linking reaction, and abundance of MamY was higher than that of the other three proteins (Fig. S2B; Table S3). Accordingly, subsequent experiments were performed using cross-linking condition 0.2 mmol/L BS^2G-d_4/d_0, 15 min.

2.7 Expression patterns of MamXY proteins

Based on phenotypic analysis of overexp-ftsZ-like as above, we collected cells with C_{mag}=0.2~0.9 from multiple culture batches. MM proteins were exposed by reaction with 0.2 mmol/L BS^2G-d_4/d_0 at 15 min, and extracted by SDS-PAGE. Protein bands (Fig. 5a, black arrow) in silver gels were cut off, matched with position in western blot (Fig. 5b), and samples were detected by LC-MS/MS. Label-free quantitative analysis of specific MM proteins was performed using the peak area method of MaxQuant software program, and label-free quantification (LFQ) intensity was normalized based on ratio of each protein to total identified proteins and termed normalized LFQ intensity value. Expression patterns of MamXY proteins were associated with C_{mag} changes based on normalized LFQ intensity values, and represented as a heat map with false-color view (Fig. 5c; Table S4). In the expression matrix, blue color indicates low expression, red indicates high expression, and black indicates that the protein was not detected by LC-MS/MS. For overexp-ftsZ-like C_{mag} value 0.2, only MamY was detected; for C_{mag}=0.3, the second detected protein was MamX; for C_{mag}=0.6, the third detected protein was MamZ.

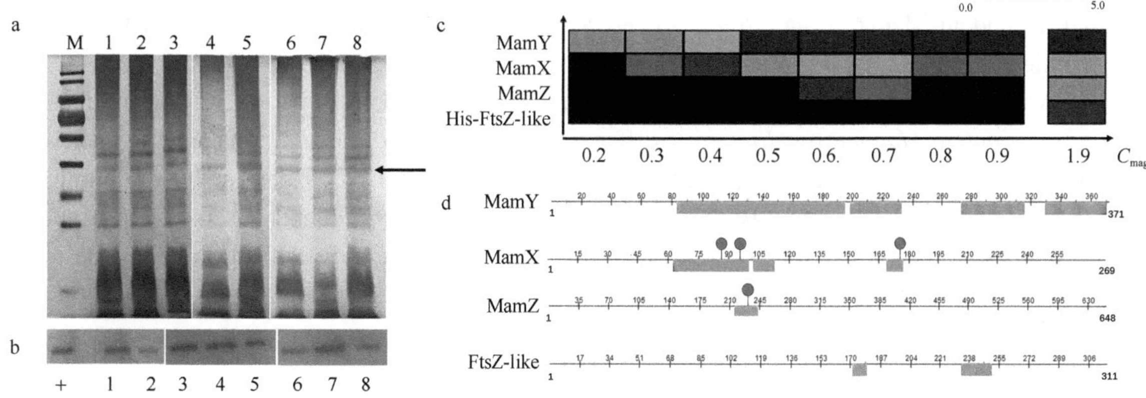

Fig. 5 Expression patterns of MamXY proteins (Color figure in the two-dimensional code at the back cover)

a. MM proteins of overexp-ftsZ-like with various C_{mag} values, analyzed by SDS-PAGE. In this experiment, we ensured the same mass of magnetosomes for all samples in these panels. Because of different straining time of target proteins in each panel, the gels were divided into three groups for silver staining after SDS-PAGE gels. Lanes 1~8: Cross-linking MM proteins extracted from overexp-ftsZ-like with various C_{mag} values. Lane M: molecular marker; arrow indicates target bands. b. Western blotting of MM proteins as in A. +, positive control. c. Expression patterns of MamY, MamX, MamZ, and FtsZ-like in samples with differing C_{mag} values, represented as a heat map with false-color view, created using Multi Experiment Viewer tool (http://mev.tm4.org), v. 4.8.1. In the expression matrix, blue color indicates low expression, red indicates high expression, and black indicates that the protein was not detected by LC-MS/MS. d. Positions of unique peptides and predicted protein interaction sites in MamXY protein. Green rectangles: unique peptides. Orange circles: predicted protein interaction sites in unique peptides

Although the overexpression strategy was adopted in order to enhance FtsZ-like production, this protein did not reach the HRMS detectable limit during flask culture of MSR-1. Label-free quantitative analysis revealed the following expression rules for the four *mamXY*-encoded proteins (Fig. 5c): (a) MamY expression did not change notably during the early stage of magnetosome formation (C_{mag} 0.2~0.4), whereas MamY expression increased sharply (to its maximum) between C_{mag}=0.4~0.5; (b) MamX expression increased gradually from C_{mag}=0.4~0.7 and then declined from C_{mag}=0.7~0.9 of C_{mag}, but was maximal at C_{mag}=0.3; (c) MamZ expression increased and then decreased from C_{mag}=0.6~0.9, and was maximal at C_{mag}=0.7. As C_{mag} increased, MamY, MamX, and MamZ functioned in turn for maturation of magnetosomes, and their expression increased to differing degrees during the maturation stage (C_{mag} from 0.5 to 0.7), suggesting that functions of the three proteins in this process are coordinated. Cytoplasmic protein FtsZ-like was detected only in submerged culture cells with C_{mag}=1.9 (Fig. 5c), and abundance of this protein is presumably increased during magnetosome maturation. When FtsZ-like recruits the other three proteins and is anchored in MM, it may be more susceptible to detection.

2.8 Unique peptides may function as interaction joints

MS analysis provides information on unique peptides that form specific sequences in proteins. We obtained the information of unique peptides using MaxQuant search engine, based on the *M. gryphiswaldense* refseq201412 database established in our lab. This analysis, taken together with previous findings regarding properties of *mamXY* cluster and stabilization by cross-linking reagent of interactions among MamXY proteins, suggests that interaction sites may be in unique peptides of MamXY proteins. Information regarding unique peptides is presented in Table S5 and Fig. 5d. MamY had the highest number of unique peptides; they are located at amino acid (aa) sequences 84~195, 199~233, 273~315, and 330~371 (Fig. 5d, green rectangle). Numbers of unique peptides were three for MamX (aa 63~99, 102~112, 169~178), two for MamZ (aa 233~253; contiguous), and two for FtsZ-like (aa 171~178, 234~253). Protein interaction sites were predicted using online tool PredictProtein (www.predictprotein.org). Results revealed overlap in MamX at aa 88~90, 96~101, and 177~198, and in MamZ at aa 220~221 (Fig. 5d, orange circle), suggesting connected functions of unique peptides in these two proteins. Unfortunately, bioinformatic analysis did not predict protein interaction sites for MamY or FtsZ-like, perhaps because of limited information in the protein library. Protein interactions in *Magnetospirillum* may differ substantially from those in nonmagnetic bacteria. The unique peptides in the four MamXY proteins have common features of overlap and concentration in a particular region (Table S5; Fig. 5d). Based on cross-linking reactions, frequently-used unique peptides are strong candidates as interaction sites (joints). Future studies will focus on verification of unique peptides detected by LC-MS/MS as interaction joints.

3. Discussion

We used protein cross-linking and HRMS methods in combination to study work patterns of MamXY proteins, and demonstrated that these proteins function synergistically in magnetosome maturation and may form a complex for gradual recruitment of FtsZ-like protein.

3.1 Targeted cross-linking method is useful for analysis of interactions among MM proteins

In vitro experiments revealed that FtsZ-like has self-polymerization ability and that MamXY proteins undergo interactions with each other. These observations, taken together, suggest that FtsZ-like acts as an interactive recruiter. FtsZ-like is a cytoplasmic protein; we therefore used overexpression and 6His tagging to increase its content and detectability by western blotting, allowing accurate identification of target protein in our constructed protein database. MamX, MamY, and MamZ are MM proteins. Amounts of membrane proteins extracted from magnetosomes are relatively low. We used BS^2G-d_0/d_4 as a cross-linker and immunoblotting in the reaction system to create a targeted cross-linking method useful for characterization of membrane proteins. In view of the complexity of total MM proteins as opposed to purified monomer, BS^2G-d_0/d_4 should show reactions between other proteins. Although average number of detected proteins by LC-MS/MS was ~700 at various sampling times (Fig. S3A), analysis by MaxQuant proteomic platform using our protein database provided accurate, specific information about the proteins. Target proteins can be identified based on their unique peptides. However, the information from protein libraries of non-magnetic bacteria is extremely limited. Combined the analysis by using online tool PredictProtein, protein-protein interaction sites are likely to be hidden in the unique peptides. Certain interaction sites among MamXY proteins further need to confirm. We will also continue to explore MamXY interaction mechanism in MTB.

In regard to sample preparation, we focused on MM proteins. FtsZ-like was found in a sample with high magnetic response (C_{mag}=1.91). A small amount of cytoplasmic protein may have been mixed in, or FtsZ-like interacting with MM proteins may itself have been anchored to MM. Our protein database was helpful for distinguishing specific proteins (*e.g.*, MamXY) using sequences of unique peptides found only in MTB. The information gathered will be useful in future studies of work patterns between other proteins.

3.2 Work patterns of MamXY proteins during magnetosome formation

Prior to HRMS analysis, studies of multiple culture batches showed that optimal iron condition for magnetosome formation in overexp-ftsZ-like was 20 μmol/L ferric citrate, supporting the work patterns of MamXY proteins during this process. Based on findings for gene function, protein interaction *in vitro*, and HRMS analysis, a proposed model for work pattern of MamXY complex proteins in *M. gryphiswaldense* is presented in Fig. 6. In this model, the process of magnetosome synthesis is divided into four stages. Stage I: The cell membrane undergoes invagination to form MM. MamY is expressed on the MM surface, and may help regulate magnetosome vesicle shape (Tanaka *et al.*, 2010). FtsZ-like disperses in cytoplasm. Stage II: In association with crystal growth, FtsZ-like begins to self-polymerization, moves gradually closer to MM, but does not interact with MamY. MamX becomes abundantly expressed and is recruited by polymerized FtsZ-like. Stage III: Among the unique peptides in MamX, three predicted protein interactions as shown in Fig. 5C initiate interaction with FtsZ-like. MamX has two conserved CXXCH heme-binding motifs, which were termed "magnetochrome" by D. Pignol's group (Siponen *et al.*, 2012). MamX and FtsZ-like form a complex that initiates electron transport on MM. Stage IV: In association with crystal maturation, MamZ is also recruited by polymerized FtsZ-like proteins; the aa 220~221 locus of MamZ may be the connection to FtsZ-like. MamX/FtsZ-like/MamZ complex is formed, and facilitates reduction and associated transport of ferric iron. In addition, one of MM proteins, Mms6 notably affects magnetosome composition, size, and distribution (Staniland and Rawlings, 2016) and has the similarity with expression pattern of MamZ during the magnetosome maturation process. Mms6 may recruit MamZ through some unknown mechanism in order to assemble coherent Mms6 micelles for iron reduction/transport (Wang *et al.*, 2012); however, it is unclear whether MamZ interacts with Mms6 before or after formation of MamX/FtsZ-like/MamZ complex. In the late period of magnetosome maturation, building on MamX/MamY and MamY/MamZ interactions, all four proteins form a complex involved in control of magnetosome size and shape. Although MamY protein interactions were not detected by bioinformatic analysis, frequently-used unique peptides focus mainly on the aa 84~108, 109~136, and 273~291 loci, which may serve as interaction sites between MamY and other proteins.

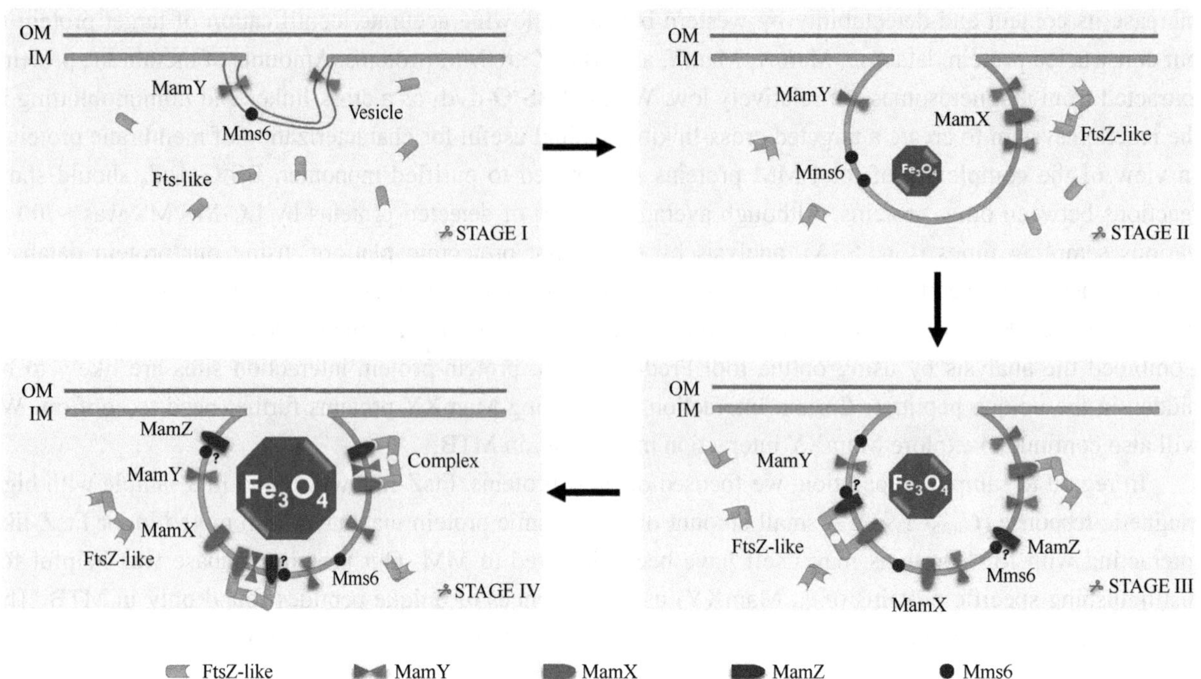

Fig. 6 Proposed model of work patterns of MamXY proteins in *M. gryphiswaldense*
(Color figure in the two-dimensional code at the back cover)

The four *mamXY* cluster proteins interact with each other in a certain sequence, and ultimately in the form of a protein complex which helps control magnetosome maturation. Mms6 may interact through some unknown mechanism with MamZ for magnetite biomineralization; however, it is unclear whether MamZ interacts with Mms6 before or after formation of MamX/FtsZ-like/MamZ complex. MamZ/Mms6 interactions are being further investigated. OM, outer membrane; IM, inner membrane. "?" represents the interaction between MamZ and Mms6 that needs to be proven further

3.3 Mms6 is closely related to MamZ

Because Mms6 was observed at high frequency at each sampling point, we also performed HRMS analysis of Mms6 expression profile. Cells lacking *mms6* form magnetosomes that were poorly defined and smaller than those in AMB-1 or MSR-1 WT (Tanaka *et al.*, 2011; Lohße *et al.*, 2014), and show some phenotypic similarity to *mamXY* mutant. High expression of *mms6* has been observed in *mamZ*-deficient and complemented strains in our ongoing studies, suggesting some connection to MamZ (our unpublished data). In HRMS analyses, Mms6 was detected in all samples, and showed significantly increased expression at C_{mag}=0.7 (Fig. S3B). Expression pattern of Mms6 was similar to that of MamZ during the magnetosome maturation process, suggesting coordinated expression of these two proteins (Fig. S3B, C). The Mms6 N-terminus most likely mediates contacts between Mms6 and other proteins (Lohße *et al.*,2014), and the C-terminus may bind both ferric and ferrous ions on the magnetosome surface (Kashyap *et al.*, 2014; Rawlings *et al.*, 2016). In MamZ, the N-terminus may be involved in iron transport by major facilitator superfamily (MFS), and the C-terminus may be involved in ferric reduction. Accordingly, we presumed that Mms6 may interact with MamZ in the magnetosome membrane, and control magnetosome size and shape in association with the MamXY cluster, by iron reduction/transport. This speculation is being validated.

The findings presented here provide strong evidence for interactions among MamXY proteins, and define a dynamic, orderly work pattern of MamXY complex in the process of magnetosome formation. The MamXY proteins have synergistic relationships with iron oxidoreduction reactions and transport. Our HRMS and bioinformatic analyses of unique peptides reveal interactions among the four MamXY proteins that depend on the unique peptides. The observed relationships among MamXY proteins and Mms6 provide a basis for more extensive studies of coordination among gene clusters in MAI. The combination of targeted cross-linking method and HRMS as employed here will be useful for studies of work patterns among other types of proteins.

4. Material and Methods

4.1 Bacterial strains and growth conditions

Bacterial strains and plasmids used in this study are listed in Table 1. *M. gryphiswaldense* MSR-1 was cultured in sodium lactate medium (SLM) with 20 μmol/L ferric citrate at 30℃ with shaking (100 r/min). *E. coli* strains were cultured in Luria broth (LB) at 37℃. Antibiotics used were: for *E. coli*, ampicillin (Amp) 100 μg/ml, kanamycin (Km) 50 μg/ml; for *M. gryphiswaldense*, Km 5 μg/ml, nalidixic acid (Nx) 5 μg/ml.

4.2 Cellular localization of FtsZ-like-EGFP protein

Fusion gene *ftsZ-like-egfp* was amplified by fusion PCR and cloned into pBBR1MCS-2 using *Xba* I and *Kpn* I. The new fusion plasmid (termed pBB-fzl-egfp) was introduced into MSR-1 WT by biparental conjugation. Cells in different growth stages were observed by laser scanning confocal microscopy.

4.3 Bacterial two-hybrid system

Interactions between pairs of *mamXY* operon proteins were studied using BacterioMatch two-hybrid system (Stratagene; La Jolla, USA). Recombinant pBT (bait) and pTRG (target) were used to simultaneously transform *E. coli* as per the manufacturer's instructions. When bait and target interacted, initial screening for the interaction was based on transcriptional activation of ampicillin resistance gene in *E. coli* reporter gene cassette. Activity of β-galactosidase, encoded by second reporter gene *lacZ*, was assessed in *E. coli* reporter strain XL1-blue to validate bait/target interaction (Slepenkin *et al.*, 2005). Plasmids used in this study are listed in Table 1. Experiments were performed in triplicate. Differences between means were compared by student's *t*-test, with $P<0.01$ considered significant.

4.4 Construction of *ftsZ-like*-overexpressing strain

MSR-1 *ftsZ-like* with 6His-tag was amplified by PCR, cloned into pGEM-T vector, and confirmed by sequencing. 6His-*ftsZ-like* fragment from pGEM-T and pBBR1MCS-2 were digested by *Apa* I and *Sac* I and ligated to form pBBR1MCS2-FtsZ-like. pUXF was introduced into MSR-1 WT by biparental conjugation using *E. coli* S17-1 as donor strain. Colonies were screened and selected by Km^r and Nx^r, and confirmed by PCR. The *ftsZ-like*-overexpressing strain was termed overexp-ftsZ-like. During culturing overexp-ftsZ-like strain, expression of *6his-ftsZ-like* gene was induced by adding isopropyl β-D-thiogalactopyranoside (IPTG) to the medium.

4.5 Cell growth and magnetic response (C_{mag})

Optical density at wavelength 565 nm (OD_{565}) was measured by a UV-VIS spectrophotometer (model UNICO2100; UNICO Instrument Co., Shanghai, China). Magnetic response (C_{mag}) was calculated based on measurement of maximum and minimum scattering intensities, as described previously (Wang *et al.*, 2013).

OD_{565} and C_{mag} of cell suspensions were measured in triplicate at 2 h intervals until 24 h.

4.6 Magnetosome numbers and diameters

Cells with various C_{mag} values were coated on copper grids, washed twice with double-distilled H_2O, and observed directly by TEM (model JEM-1230; JEOL; Tokyo, Japan). Statistical analysis of magnetosome numbers and diameters was performed using Image J software program (National Institutes of Health; Bethesda, MD, USA) (Wang *et al.*, 2013).

4.7 Preparation of magnetosomes, and chemical cross-linking of magnetosome proteins

MSR-1 magnetosomes were isolated and purified as in our previous study (Li *et al.*, 2010), freeze-dried, and stored at –20℃. Magnetosomes were mixed with various concentrations of cross-linking reagent BS^2G-d_0/d_4 in a 1.5 ml Eppendorf tube, left for 5 min, 10 min, or 30 min, and reaction was terminated by addition of NH_4HCO_3 (final concentration 20 mmol/L). BS^2G-modified magnetosomes were isolated using an NdFeB magnet, resuspended in 40 μl of 10 mmol/L PBS, mixed with 5×SDS loading buffer, boiled for 10 min, and centrifuged for 1 min at 12,000×*g*. Supernatant was collected and subjected to SDS-PAGE and western blotting.

4.8 LC-MS/MS and data analysis

Magnetosome samples (4 mg) were obtained from cells having various C_{mag} values and then magnetosome proteins were cross-linked and extracted according to the above method. Cross-linked MM proteins of each sample were separated by SDS-PAGE, and target proteins were detected by western blotting with mouse anti-His-tag mAb. Target bands of cross-linked MamXY proteins were cut out from gel and digested overnight with trypsin (Promega; Fitchburg, USA). When protein-to-enzyme ratio reached 100∶1, protein digestion was stopped by addition of formic acid (final concentration 0.1%).

Samples were analyzed by LC-MS/MS using HRMS (model Thermo Q-Exactive; Thermo Fisher Scientific; Waltham, MA, USA). A nanoflow HPLC instrument (model EASY-nLC 1000; Thermo Fisher) was coupled online to the mass spectrometer with nanoelectrospray ion source (Thermo Fisher) for proteomic analysis (Cui *et al.*, 2017). Chromatography columns were packed with Ultimate XB-C18 3 μm resin (Welch Materials; MD, USA). Peptide mixtures were loaded onto C_{18}-reversed phase column (length 10 cm, i.d. 75 μm) with buffer A (99.5% water, 0.5% formic acid), and separated on a linear gradient of 3%~100% buffer B (99.5% acetonitrile, 0.5% formic acid) for 75 min at flow rate 350 nl/min. Total time of an LC-MS/MS run, including loading and washing steps, was ~90 min. Electrospray voltage was 2.0 kV. Peptides were analyzed by data-dependent MS/MS acquisition, with dynamic exclusion duration 18 s, using the following parameters. MS1: resolution 70,000, AGC target $3e^6$, maximum injection time 20 ms; MS2: resolution 17,500, AGC target $1e^6$, maximum injection time 60 ms; scan range 300~1,400 *m/z*. The 20 most intense precursor ions were selected for MS/MS analysis.

Raw data were processed using MaxQuant proteomics platform (Cox and Mann, 2008). Fragmentation spectra were searched against the *M. gryphiswaldense* database (refseq201412) established in our lab. Precursor and fragment mass tolerances was set respectively as 10 ppm and 20 millimass units (mmu) for Q-Exactive data, using the MaxQuant search engine (v 1.6.2.0). Two missed cleavage sites were allowed. Minimum peptide length was seven amino acids. Variable modifications included oxidation (M) and acetylation (protein N-terminus), and the fixed modification was carbamidomethyl (C). Peptide ions were filtered using cut-off score 20. False discovery rate (FDR) was set to 1% for peptide identification. Label-free quantitative analysis of cross-linked proteins was performed using LFQ intensity algorithm in MaxQuant (Tyanova *et al*., 2016).

References

Bazylinski D A, Frankel R B. 2004. Magnetosome formation in prokaryotes. Nat Rev Microbiol, 2(3): 217-230.

Blakemore R. 1975. Magnetotactic bacteria. Science, 190(4212): 377-379.

Cox J, Mann M. 2008. MaxQuant enables high peptide identification rates, individualized p.p.b.-range mass accuracies and proteome-wide protein quantification. Nat Biotechnol, 26(12): 1367-1372.

Cui Y, Liu X, Li X, *et al*. 2017. In-depth proteomic analysis of the hippocampus in a rat model after cerebral ischaemic injury and repair by Danhong injection (DHI). Int J Mol Sci, 18(7): 1355.

Ding Y, Li J, Liu J, *et al*. 2010. Deletion of the *ftsZ-like* gene results in the production of superparamagnetic magnetite magnetosomes in *Magnetospirillum gryphiswaldense*. J Bacteriol, 192(4): 1097-1105.

Frankel R B, Blakemore R P, Wolfe R S. 1979. Magnetite in freshwater magnetotactic bacteria. Science, 203(4387): 1355-1356.

Goley E D, Yeh Y C, Hong S H, *et al*. 2011. Assembly of the *Caulobacter* cell division machine. Mol Microbiol, 80(6): 1680-1698.

Han L, Zhang A, Wang H, *et al*. 2009. Tat-BMPs-PAMAM conjugates enhance therapeutic effect of small interference RNA on U251 glioma cells *in vitro* and *in vivo*. Hum Gene Ther, 21(4): 417-426.

Kashyap S, Woehl T J, Liu X, *et al*. 2014. Nucleation of iron oxide nanoparticles mediated by Mms6 protein *in situ*. ACS Nano, 8(9): 9097-9106.

Lan G, Dajkovic A, Wirtz D, *et al*. 2008. Polymerization and bundling kinetics of FtsZ filaments. Biophys J, 95(8): 4045-4056.

Li A, Zhang H, Zhang X, *et al*. 2010. Rapid separation and immunoassay for low levels of *Salmonella* in foods using magnetosome-antibody complex and real-time fluorescence quantitative PCR. J Sep Sci, 33(21): 3437-3443.

Lohße A, Borg S, Raschdorf O, *et al*. 2014. Genetic dissection of the *mamAB* and *mms6* operons reveals a gene set essential for magnetosome biogenesis in *Magnetospirillum gryphiswaldense*. J Bacteriol, 196(14): 2658-2669.

Lohße A, Ullrich S, Katzmann E, *et al*. 2011. Functional analysis of the magnetosome island in *Magnetospirillum gryphiswaldense*: The *mamAB* operon is sufficient for magnetite biomineralization. PLoS One, 6(10): e25561.

Müller F D, Raschdorf O, Nudelman H, *et al*. 2014. The FtsZ-Like protein FtsZm of *Magnetospirillum gryphiswaldense* likely interacts with its generic homolog and is required for biomineralization under nitrate deprivation. J Bacteriol, 196(3): 650-659.

Mukherjee A, Cao C, Lutkenhaus J. 1998. Inhibition of FtsZ polymerization by SulA, an inhibitor of septation in *Escherichia coli*. Proc Natl Acad Sci USA, 95(6): 2885-2890.

Raschdorf O, Muller F D, Posfai M, *et al*. 2013. The magnetosome proteins MamX, MamZ and MamH are involved in redox control of magnetite biomineralization in *Magnetospirillum gryphiswaldense*. Mol Microbiol, 89(5): 872-886.

Rawlings A E, Bramble J P, Hounslow A M, *et al*. 2016. Ferrous iron binding key to Mms6 magnetite biomineralisation: a mechanistic study to understand magnetite formation using pH titration and NMR spectroscopy. Chemistry (Weinheim an Der Bergstrasse, Germany), 22(23): 7885-7894.

Scheffel A, Gärdes A, Grünberg K, *et al*. 2008. The major magnetosome proteins MamGFDC are not essential for magnetite biomineralization in *Magnetospirillum gryphiswaldense* but regulate the size of magnetosome crystals. J Bacteriol, 190(1): 377-386.

Schubbe S, Kube M, Scheffel A, *et al*. 2003. Characterization of a spontaneous nonmagnetic mutant of *Magnetospirillum gryphiswaldense* reveals a large deletion comprising a putative magnetosome island. J Bacteriol, 185(19): 5779-5790.

Sinz A. 2014. The advancement of chemical cross-linking and mass spectrometry for structural proteomics: from single proteins to protein interaction networks. Expert Rev Proteomics, 11(6): 733-743.

Siponen M I, Adryanczyk G, Ginet N, *et al*. 2012. Magnetochrome: a c-type cytochrome domain specific to magnetotatic bacteria. Biochem Soc Trans, 40(6): 1319-1323.

Slepenkin A, de la Maza L M, Peterson E M. 2005. Interaction between components of the type III secretion system of Chlamydiaceae. J Bacteriol, 187(2): 473-479.

Staniland S S, Rawlings A E. 2016. Crystallizing the function of the magnetosome membrane mineralization protein Mms6. Biochem Soc Trans, 44(3): 883-890.

Sun J B, Duan J H, Dai S L, *et al.* 2007. *In vitro* and *in vivo* antitumor effects of doxorubicin loaded with bacterial magnetosomes (DBMs) on H22 cells: The magnetic bio-nanoparticles as drug carriers. Cancer Lett, 258(1): 109-117.

Sun J B, Duan J H, Dai S L, *et al.* 2008. Preparation and anti-tumor efficiency evaluation of doxorubicin-loaded bacterial magnetosomes: Magnetic nanoparticles as drug carriers isolated from *Magnetospirillum gryphiswaldense*. Biotechnol Bioeng, 101(6): 1313-1320.

Tanaka M, Arakaki A, Matsunaga T. 2010. Identification and functional characterization of liposome tubulation protein from magnetotactic bacteria. Mol Microbiol, 76(2): 480-488.

Tanaka M, Mazuyama E, Arakaki A, *et al.* 2011. MMS6 protein regulates crystal morphology during nano-sized magnetite biomineralization *in vivo*. J Biol Chem, 286(8): 6386-6392.

Tanaka M, Suwatthanarak T, Arakaki A, *et al.* 2018. Enhanced tubulation of liposome containing cardiolipin by MamY protein from magnetotactic bacteria. Biotechnol J, 13(12): e1800087.

Tang Y S, Wang D, Zhou C, *et al.* 2011. Bacterial magnetic particles as a novel and efficient gene vaccine delivery system. Gene Ther, 19(12): 1187-1195.

Tyanova S, Temu T, Sinitcyn P, *et al.* 2016. The Perseus computational platform for comprehensive analysis of (prote) omics data. Nat Methods, 13(9): 731-740.

Ullrich S, Kube M, Schübbe S, *et al.* 2005. A hypervariable 130-kilobase genomic region of *Magnetospirillum gryphiswaldense* comprises a magnetosome island which undergoes frequent rearrangements during stationary growth. J Bacteriol, 187(21): 7176-7184.

Wang Q, Liu J X, Zhang W J, *et al.* 2013. Expression patterns of key iron and oxygen metabolism genes during magnetosome formation in *Magnetospirillum gryphiswaldense* MSR-1. FEMS Microbiol Lett, 347(2): 163-172.

Wang W, Bu W, Wang L, *et al.* 2012. Interfacial properties and iron binding to bacterial proteins that promote the growth of magnetite nanocrystals: X-ray reflectivity and surface spectroscopy studies. Langmuir, 28(9): 4274-4282.

Wang X, Wang Q, Zhang W, *et al.* 2014. Complete Genome Sequence of *Magnetospirillum gryphiswaldense* MSR-1. Genome Announc, 2(2): e00171-14.

Yang J, Li S, Huang X, *et al.* 2013. MamX encoded by the *mamXY* operon is involved in control of magnetosome maturation in *Magnetospirillum gryphiswaldense* MSR-1. BMC Microbiol, 13: 203.

Zhang Y, Zhang X, Jiang W, *et al.* 2011. Semicontinuous culture of *Magnetospirillum gryphiswaldense* MSR-1 cells in an autofermentor by nutrient-balanced and isosmotic feeding strategies. Appl Environ Microbiol, 77(11): 5851-5856.

Supplemental material: https://doi.org/10.1128/AEM.02394-18

本文原载：Appl Environ Microbiol, 2019, 85(2): e02394-18.

Novel Protein Mg2046 Regulates Magnetosome Synthesis in *Magnetospirillum gryphiswaldense* MSR-1 by Modulating a Proper Redox Status*

Xu Wang[1, 2], Haolan Zheng[1], Qing Wang[1], Wei Jiang[1], Ying Wen [1], Jiesheng Tian[1], Jianbo Sun[2], Ying Li[1], Jilun Li[1]

(1. State Key Laboratory of Agrobiotechnology, College of Biological Sciences, China Agricultural University, Beijing 100193, China; 2. Guanghua School of Stomatology, Hospital of Stomatology, Sun Yat-sen University, Guangdong Provincial Key Laboratory of Stomatology, Guangzhou, Guangdong, 510055, China)

Abstract

Magnetotactic bacteria (MTB) are a large, polyphyletic group of aquatic microorganisms capable of absorbing large amounts of iron and synthesizing intercellular nano-scaled nanoparticles termed magnetosomes. In our previous transcriptomic studies, we discovered that a novel gene (*MGMSRv2_2046*, termed as *mg2046*) in *Magnetospirillum gryphiswaldense* strain MSR-1 was significantly up-regulated during the period of magnetosome synthesis. In the present study, we constructed a MSR-1 mutant strain with deletion of *mg2046* (termed *Δmg2046*) in order to evaluate the role of this gene in cell physiological status and magnetosome formation process. In comparison with wild-type MSR-1, *Δmg2046* showed similar cell growth, but much lower cell magnetic response, smaller number and size of magnetosomes, and reduced iron absorption ability. *mg2046* deletion evidently disrupted iron uptake, and redox equilibrium, and strongly inhibited transcription of dissimilatory denitrification pathway genes. Our experimental findings, taken together with results of gene homology analysis, indicate that Mg2046 acts as a positive regulator in MSR-1 under microaerobic conditions, responding to hypoxia signals and participating in regulation of oxygen metabolism, in part as a co-regulator of dissimilatory denitrification pathway with oxygen sensor MgFnr (MGMSRv2_2946, termed as Mg2946). Mg2046 is clearly involved in coupled regulation of cellular oxygen, iron and nitrogen metabolism under micro-aerobic or anaerobic conditions. Our findings help explain how MSR-1 cells initiate dissimilatory denitrification pathway and overcome energy deficiency under microaerobic conditions, and have broader implications regarding bacterial survival and energy metabolism strategies under hypoxia.

Keywords

Magnetospirillum gryphiswaldense, Mg2046, magnetosome, regulator, redox status, dissimilatory denitrification pathway.

---

*This study was supported by the National Natural Science Foundation of China (Grant 31270093 and 31570037) and the Project for Extramural Scientists of State Key Laboratory of Agrobiotechnology (2019SKLAB6-9). We are grateful to Dr. Tongwei Zhang, Dr. Yinzhao Wang, and Prof. Yongxin Pan (Institute of Geology and Geophysics, Chinese Academy of Sciences) for technical assistance in measurement of cellular magnetic properties, and to Dr. S. Anderson for English editing of the manuscript.

1. Introduction

Magnetotactic bacteria (MTB) are a polyphyletic group of prokaryotes found in aquatic and sedimentary environments worldwide (Faivre and Schüler, 2008). A unique characteristic of MTB is the ability to synthesize magnetosomes (nano-sized and single magnetic domain crystals of magnetite (Fe_3O_4) or greigite (Fe_3S_4), arranged in chains and enveloped by a lipid bilayer membrane) under oxygen-limited conditions (Lefevre and Bazylinski, 2013). Magnetite formation by MTB is up to 10^8 kg/a (Lin *et al.*, 2014). MTB play a key role in environmental iron cycling in view of their worldwide distribution and capacity for iron assimilation into magnetosome. They provide a useful model for studies of microbial orientation and navigation, and a source of natural nanomaterials.

Mechanisms of magnetosome formation have been studied for many decades. Clustering of *mam* and *mms* (magnetosome membrane protein genes) typically observed in magnetosome island (MAI, part of MTB genome), is genetic determinant of magnetite biomineralization (Komeili, 2012). This sophisticated, stepwise process has been extensively studied based on deletion of single, multi, or full operon of these genes (Murat *et al.*, 2010; Quinlan *et al.*, 2011; Raschdorf *et al.*, 2013; Lohse *et al.*, 2014). Functions of Mam proteins (*e.g.*, MamA, MamP) in Mam complex assembly and iron mineralization have been examined *in vitro* using various approaches (Zeytuni *et al.*, 2011; Jones *et al.*, 2015). There has been increasing interest in the roles of genes involved in iron absorption and regulation of magnetosome formation. Genes of *feoAB1* operon control transport of ferrous iron (Fe^{2+}) and play an accessory role in magnetosome formation (Rong *et al.*, 2008; Kolinko *et al.*, 2014). Our previous studies demonstrated that the transcriptional regulator protein Fur (Ferric uptake regulator) regulates iron metabolism genes (including *feoAB*) and affects magnetosome formation in the well-known MTB, *Magnetospirillum gryphiswaldense* MSR-1 (Qi *et al.*, 2012; Deng *et al.*, 2015). Schüler's group showed that periplasmic nitrate reductase, terminal oxidase *cbb3*, and oxygen sensor MgFnr (fumarate and nitrate reduction regulator in *M. gryphiswaldense*) are also involved in the biomineralization process (Li *et al.*, 2012, 2013, 2014a). We reported recently that a series of redox enzymes and sensors, including OxyR-like (an H_2O_2 sensor-like protein) play key roles in magnetosome formation (Zhang *et al.*, 2017). Steadily increasing experimental evidence shows clearly that magnetosome synthesis in MTB is controlled by not only *mam/mms* genes but also various genes related to basic cellular metabolism in MTB.

We applied transcriptome analysis to explore relationships between magnetosomes and cell physiological status (Wang *et al.*, 2016, 2017). Transcription levels of genes involved in certain metabolic pathways, *e.g.*, dissimilatory denitrification, terminal oxidase, and ferrous uptake genes, were affected by changes in dissolved oxygen levels (Wang *et al.*, 2016). Other studies have shown that these pathways are involved in magnetosome formation (Rong *et al.*, 2008; Li *et al.*, 2012, 2014a). Several unknown proteins and their genes showed notably increased or reduced expression under hypoxic (oxygen-deficient) or iron-rich conditions. Among these, gene MGMSRv2_2046 (here termed *mg2046*) showed significant 5.6-fold up-regulation (in association with magnetosome formation), and RPKM (reads per kilobase of transcript, per million mapped reads) values 45.23 and 8.14 (*P* value $0.048<0.05$) under high- and low oxygen conditions, respectively.

In this study, we constructed a MSR-1 *mg2046* deletion mutant (termed *Δmg2046*), and compared wild-type (WT) *vs.* mutant strains in terms of magnetosome synthesis and cellular physiology. Our findings suggest that Mg2046 is involved indirectly in the early stage of magnetosome synthesis, and directly in the mature stage through regulation of various metabolic pathways: particularly redox reactions driven by terminal oxidases and dissimilatory denitrification. Such pathways involve appropriate redox state, and affect cellular iron absorption and energy production required for magnetosome formation. Mg2046 is an oxygen-sensitive regulator: its synthesis and activity are inhibited by aerobic conditions. Microaerobic conditions are necessary for Mg2046 activity, which indirectly regulates the MSR-1 biomineralization process.

2. Materials and Methods

2.1 Strains and culture conditions

Bacterial strains and plasmids used in this study are listed in Table 1.

Table 1 Strains and plasmids used in this study

Strains or Plasmids	Characters	Source
Strains		
MSR-1 WT	wild-type *Magnetospirillum gryphiswaldense*: Nx^r	DSM6361
MSR-1 *Δmg2046*	MGMSRv2_2046 deficient mutant: Nx^r, Gm^r	this study
MSR-1 *Com_mg2046*	MGMSRv2_2046 gene complementary strains of *Δmg2046* mutant: Nx^r, Gm^r, Tc^r	this study
Escherichia coli DH5α	*endA1 hsdR17* [r-m+] *supE44 thi-1 recA1 gyrA* [NalR] *relA relA1* Δ[*lacZYA-argF*] *U169 deoR* [Ø80Δ (*LacZ*) M15]	Novagen
E. coli DH5α *Com_mg2046*	*E. coli* DH5α containing pMD18-T-MGMSRv2_2046	this study
E. coli S17-1	*Thi endA recA hsdR* with RP4-2-Tc::Mu-Km::Tn7 integrated in chromosome; Sm^r, Tra^+	Novagen
E. coli S17-1 *Com_mg2046*	*E. coli* S17-1 containing pRK415-MGMSRv2_2046; Nx^r, Tc^r	this study
Plasmids		
pMD18-T	cloning vector; Amp^r	TaKaRa
pUCGm	containing Gm cassette, Gmr, Amp^r	our lab
pUX19	suicide vector for *M. gryphiswaldense* MSR-1, Kan^r	our lab
pUXsuc_mg2046	pUX19 containing MSR-1 MGMSRv2_2046 upstream and downstream region, Gm cassette, Kan^r, Gm^r	this study
pBBR1MCS-2[a]	broad-host range *lacZ* promoter vector; Km^r	our lab
pBBR1MCS-2_mg2046	pBBR1MCS-2 containing MGMSRv2_2046, Km^r	this study

a. Kovach *et al.*, 1995

M. gryphiswaldense MSR-1 (DSM No. 6361) was originally purchased from Deutsche Sammlung von Mikroorganismen und Zellkulturen (Brunswick, Germany) and has been cultivated subsequently for >10 years in our lab. MSR-1 cells were cultured in sodium lactate medium (SLM) at 30℃ with shaking (100 r/min). SLM contained (per L) 2.60 g sodium lactate solution (55%~65%), 1.02 g $NaNO_3$, 0.50 g $K_2HPO_4{\cdot}3H_2O$, 0.10 g $MgSO_4$, 0.10 g yeast extract, and 5.00 ml trace element mixture (Rong *et al.*, 2008). Sterilized ferric citrate was added (final concentration 60 μmol/L) after autoclaving. For conjugation experiments, MSR-1 was cultured in solid selecting medium, which contained 4.00 g/L sodium glutamate as N source instead of $NaNO_3$ and yeast extract, and 15 g/L agar. MSR-1 strains were cultured in 100 ml serum bottles filled with 50 ml medium. *E. coli* strain was cultured in Luria broth (LB) at 37℃ with shaking (200 r/min). Antibiotics were used at the following concentrations (μg/ml): [for *E. coli*] ampicillin (Amp) 100, kanamycin (Km) 50, chloramphenicol (Cm) 50, gentamicin (Gm) 20; [for MSR-1] nalidixic acid (Nx) 5, Km 5, Cm 5, Gm 5.

2.2 Construction of *mg2046* mutant and its complementary strain

Related genes loci in the genome are illustrated in Fig. 1a. Recombinant MSR-1 strain was constructed by biparental conjugation as described previously (Rong *et al.*, 2008). For construction of *mg2046*-deficient strain, upstream and downstream fragments were amplified and ligated, along with gentamicin resistance cassette from digested pUCGm, into suicide vector pUX19 to form suicide plasmid pUXsuc_mg2046. This plasmid was transformed into MSR-1 by conjugation using *E. coli* S17-1 as donor strain (Fig. 1b). Colonies that showed growth in Gm^r/Nx^r selecting medium but not in $Gm^r/Nx^r/Km^r$ selecting medium were considered putative double-crossover strains. Clones were confirmed by PCR. Clones in which *mam/mms* could be amplified, but *mg2046* could not were selected as *mg2046* mutants. For construction of complementary strain, *mg2046* containing enzyme site amplified by primer were cut and ligated into pBBR1MCS-2 plasmid (Kovach *et al.*, 1995). The recombinant plasmid was transformed into *mg2046* mutant by biparental conjugation as above. Clones showing growth in $Gm^r/Nx^r/Km^r$ selecting medium were confirmed by PCR with *mg2046* and *mam/mms* gene primers (Fig. 1c).

2.3 Cell growth, magnetic response, and TEM observation

Cell growth and magnetic response were estimated respectively as OD_{565} of culture broth and C_{mag} value, as described previously (Zhao *et al.*, 2007; Rong *et al.*, 2008). Cells were cultured in SLM for 24 h, washed twice with ddH_2O, suspended to a concentration with OD_{565} ~1, and dropped onto copper grids. Samples were air-dried and observed directly by TEM (model JEM-1230, JEOL; Tokyo, Japan). Numbers and diameters of magnetosomes were analyzed statistically using ImageJ software program (National Institutes of Health; Bethesda, MD, USA). Lattice structure of magnetosomes was observed by high-resolution TEM (model JEM-2100, JEOL).

2.4 Iron absorption ability and intracellular iron content

Cells were grown in SLM for 24 h at 30℃, and harvested by centrifugation at 4,000×*g* and 4℃ for 20 min. The pellet was washed with equivalent volume of PBS and dried to constant weight. Cells were digested by nitric acid, and total cellular iron content was measured by inductively coupled plasma-optical emission spectrometry (ICP-OES) (Optima 5300 DV system, Perkin-Elmer; Waltham, MA, USA) (Rong *et al.*, 2008). Residual iron concentration was measured by ferrozine method in broth supernatant aspirated after centrifugation (Dailey and Lascelles, 1977).

2.5 Magnetic properties

Cells were cultured and harvested as in the above section, and room-temperature hysteresis loops and first-order reversal curves (FORCs) were measured using a VSM3900 magnetometer (Princeton Measurements Corp.; Westerville, OH, USA; sensitivity 5×10^{-10} Am^2). Saturation magnetization, saturation remanence, and coercivity were determined as described previously (Li *et al.*, 2010), with slight modification of methods.

2.6 Real-time quantitative PCR (qPCR)

Cells were cultured and harvested as in the preceding sections. Total RNA was isolated using Trizol reagent (Tiangen Biotech; Beijing, China), and genome DNA in total RNA was digested by DNase I (Takara; Shiga, Japan). DNA remaining in total RNA was detected by PCR using digested product as template. RNA was then reverse-transcribed into cDNA using Moloney murine leukemia virus (M-MLV) reverse transcriptase

(Promega; Madison, WI, USA). Transcriptional abundance of genes in samples was quantified by qPCR, using housekeeping gene *rpoC* (encodes RNA polymerase subunit β′) as internal control. qPCR was performed using LightCycler 480 RT-PCR system and LightCycler 480 SYBR green I Master kit (Roche; Mannheim, Germany) as per manufacturer's instructions. Selected genes and primer sequences are listed in Table S1. Relative transcription levels of genes were determined by $2^{-\Delta\Delta Cp}$ method (Zhang *et al.*, 2012; Wang *et al.*, 2015).

2.7 Dissimilatory nitrate reductase detection

Cells were cultured and harvested as in the preceding sections. Dissimilatory nitrate reductase enzyme activity of tested bacterial cells was analyzed using bacterial dissimilatory nitrate reductase activity colorimetric assay kit GMS15031.1.3 v.A (Genmed Scientifics; Wilmington, DE, USA) as per manufacturer's instructions.

2.8 Bioinformatic analysis

Selected MSR-1 genes were identified by reference to complete genome sequences (*M. gryphiswaldense* MSR-1 v2) found at MicroScope website (www.genoscope.cns.fr/agc/microscope) (*note*: gene IDs mentioned in this report were taken from this website) or NCBI (GenBank Accession: NC_023065) (Wang *et al.*, 2014).

3. Results and Discussion

3.1 Mg2046 is a novel regulatory protein and is conserved in genus *Magnetospirillum*

Gene *MGMSRv2_2046* (*mg2046*) is located from 2,160,600 nt to 2,161,322 nt (723 bp) in the complete *M. gryphiswaldense* MSR-1 genome (MGMSRv2), and was annotated as putative transcriptional activator FnrA (fumarate and nitrate reduction regulator A). Upstream gene *MGMSRv2_2047*, *mg2046*, and downstream gene *MGMSRv2_2045* are located at intervals of 325 bp and 102 bp without overlap (Fig. 1a). Transcriptional orientation of each gene is indicated by arrows. *mg2046* encodes a protein of 240 amino acids.

Fnr-family proteins (whose members include FnrA and FnrL) belong to the Crp/Fnr superfamily, which contributes to the metabolic versatility of bacteria (Körner *et al.*, 2003). Fnr and Crp (cAMP receptor protein) are the most common members of this superfamily. Searches of genomes of other bacteria showed that Mg2046 has low identity of 29.44% with Fnr from *Escherichia coli* K12, 29.38% with FnrA from *Pseudomonas stutzeri*, 28.64% with Fnr from *Vibrio cholera*, and had similarities to items in the MaGe annotation platform of SwissProt (Table 2). According to NCBI's Blastp program on NCBI, MGMSRv2_2046 is predicted to have specific hits of cd00038: CRP_ED domain in N-terminus and pfam13545: HTH_Crp_2 domain in C-terminus, suggesting that it is a Crp. However, Mg2046 has low identity (32.43%) with Crp from *E. coli* K12 (Table 2). Mg2046 can therefore not be identified simply as a Crp or Fnr protein. On the other hand, Mg2046 homologs have identities with proteins from other *Magnetospirillum* species of 66.95% with MAGMOB_540028 from *M. moscoviense* BB-1, 60.09% with amb2977 from *M. magneticum* AMB-1, 59.21% with JXSL01_v1_280147 from *M. magnetotacticum* MS-1, 58.08% with MAGMAS_370140 from *M. marisnigri* SP-1, and 57.89% with AONQv1_290020 from *Magnetospirillum* sp. SO-1 (Table 2). These findings indicate that Mg2046 homologs are highly conserved in genus *Magnetospirillum*.

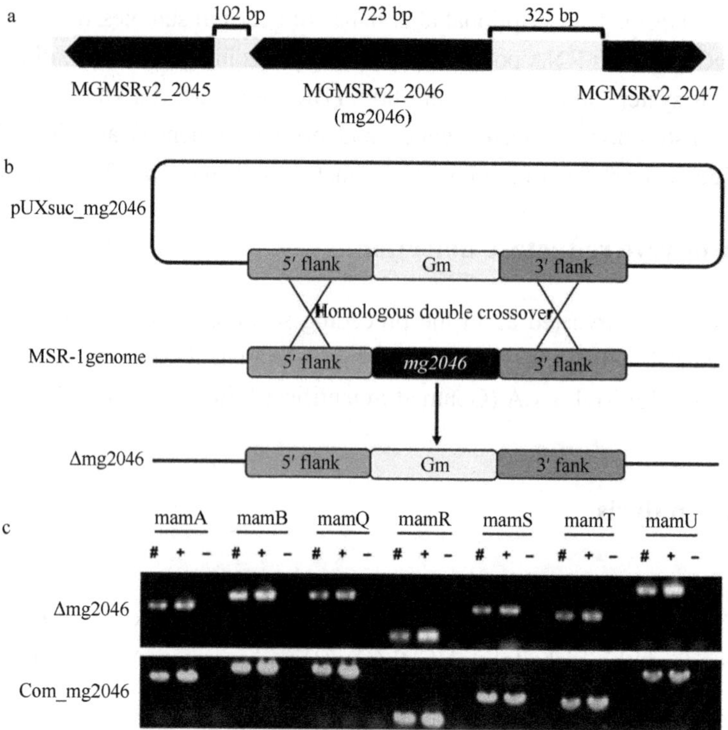

Fig. 1 Construction and verification of *mg2046* null strain

a. Schematic representation of *mg2046* and flanking genes in MSR-1 genome. Arrows: genes. Brackets: interval gaps between genes. b. Schematic representation of homologous double-crossover. pUXsuc_mg2046: suicide plasmid. Following double-crossover, *mg2046* gene was replaced by gentamicin gene in MSR-1 genome. c. Detection of *mam* genes in mutant and complementary strain by PCR. #, mutant genome. +, complementary strain genome. –, ddH_2O used as template. Mutant and complementary strains were successfully constructed without auto-deletion of *mam/mms* genes

Table 2 Crp/Fnr proteins, Mg2046 homologs, and UniProt IDs. Identity values were calculated based on alignment of proteins with Mg2046

Protein	Strain	UniProt ID	Identity/%	Length/aa
Fnr	*Escherichia coli* K12	P0A9E5	29.44	250
FnrA	*Pseudomonas stutzeri*	P47200	29.38	244
Fnr	*Vibrio cholerae* serotype	A5F890	28.64	250
Crp	*E. coli* K12	P0ACJ8	32.43	209
Mg2046 homolog	*Magnetospirillum gryphiswaldense* MSR-1 v2	V6F4P2	100	240
	M. moscoviense BB-1	A0A178N0G1	66.95	243
	M. magneticum AMB-1	Q2W2Z4	60.09	246
	M. magnetotacticum MS-1	A0A0C2YTE7	59.21	240
	M. marisnigri SP-1	A0A178MVM6	58.08	248
	Magnetospirillum sp. SO-1	M2ZQS4	57.89	246

3.2 Construction of mutant strain *Δmg2046*

To investigate the role of Mg2046 in MSR-1 cell growth and magnetite biomineralization, we constructed null mutant strain *Δmg2046* using homologous double-crossover strategy as described previously (Wang *et al.*, 2015) (Fig. 1b). *mam*/*mms* genes were detected by PCR, in consideration of their possible auto-deletion during double-crossover of the target gene (Fig. 1c). Upstream and downstream regions (up to 1 kb) of *mg2046* in the mutant were sequenced, confirming that there were no other changes. The genes flanking *mg2046* were also investigated. The *mg2045* transcribes in the same direction with *mg2046*, while the *mg2047* transcribes in the opposite direction to *mg2046*. The relative transcription levels of *mg2045* in the mutant and the wild type strain were analyzed by qPCR, and no significant difference was found.

A complementary strain was constructed, *mam/mms* genes were again confirmed by PCR, and sequencing of adjacent regions demonstrated that there were no other changes (Fig. 1c). We did not observe recovery of magnetic response in the mutant back to WT level. That is, transfer of *mg2046* complementary plasmid did not recover the magnetosome formation ability back to WT phenotype. qPCR analysis showed that *mg2046* was overtranscribed >60-fold in *Δmg2046* relative to WT (Fig. S1). Expression of complementary gene was too high in the receptor. One possible explanation is that gene copies, promoters, and regulatory processes were distinctive in plasmid *vs.* genome structure, resulting in different transcription and expression levels. Overexpression of *mg2046* disrupted the metabolic balance of cells. On the other hand, magnetosome formation requires proper expression of Mg2046, triggered by low oxygen conditions. Schüler's group reported a similar phenomenon when MgFnr (regulator of dissimilatory denitrification) was overexpressed (Li *et al.*, 2014b). Therefore, the complementary strain was not used for subsequent experiments

3.3 *Δmg2046* cells grow normally but display low magnetic response

WT and *Δmg2046* were cultured under microaerobic conditions, with medium and culture conditions similar to those in our previous studies. As Mg2046 belongs to the Fnr family, and Fnr is one of the major regulators of dissimilatory denitrification pathway, ammonium in the medium was replaced by sodium nitrate at equal concentration. Samples were taken every 6 h, and cell growth and magnetic response were estimated respectively by OD_{565} and C_{mag}. Cell growth curves of *Δmg2046* and WT were similar, with maximal OD_{565} (at 18 h) 0.94±0.05 and 0.89±0.04 respectively (Fig. 2a), indicating that *mg2046* deletion had no notable effect on cell growth. In contrast, C_{mag} curves for the two strains were very different. C_{mag} for WT was 0.93±0.22 at 12 h and 1.31±0.09 at 24 h, whereas C_{mag} for *Δmg2046* was 0.14±0.16 at 18 h and only 0.20±0.12 at 24 h (Fig. 2b). The reasons for the strikingly lower C_{mag} values of *Δmg2046* were explored in subsequent experiments, as described in the following sections.

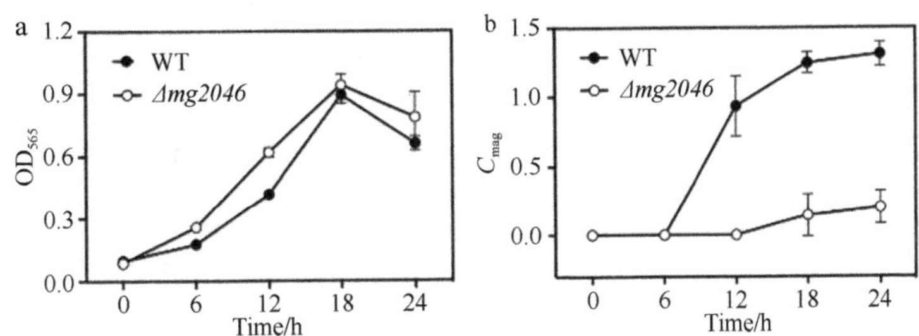

Fig. 2 Cell growth and magnetic response of WT and *Δmg2046*

a. Cell growth (OD_{565}). b. Magnetic response (C_{mag}). Growth was comparable for the two strains, but magnetic response was much lower for *Δmg2046*

3.4 Synthesis of abnormal magnetosome chains in *Δmg2046*

Cultured WT and *Δmg2046* cells were collected at 24 h and observed by transmission electron microscopy (TEM). Magnetosomes in WT had normal appearance, and formed a regular linear chain along the long axis of the cell, whereas those in *Δmg2046* were fewer in number, irregularly shaped, and had large spaces between particles (Fig. 3a). High-resolution TEM revealed that *Δmg2046* had smaller particles but had typical ferroferric oxide lattice structure similar to that of WT (Fig. 3b). Average magnetosome number per cell (8.30±3.02 *vs*. 18.11±4.89) and magnetosome particle size [(16.50±5.26) nm *vs*. (36.10±9.17) nm] were much smaller for *Δmg2046* than for WT (details in Table S2). In box-plot charts, minimum (low bar end), majority (box), and maximum (high bar end) values for these two parameters were also significantly smaller ($P<0.01$) for *Δmg2046* than for WT (*t*-test, $P<0.01$) (Fig. 3c, d).

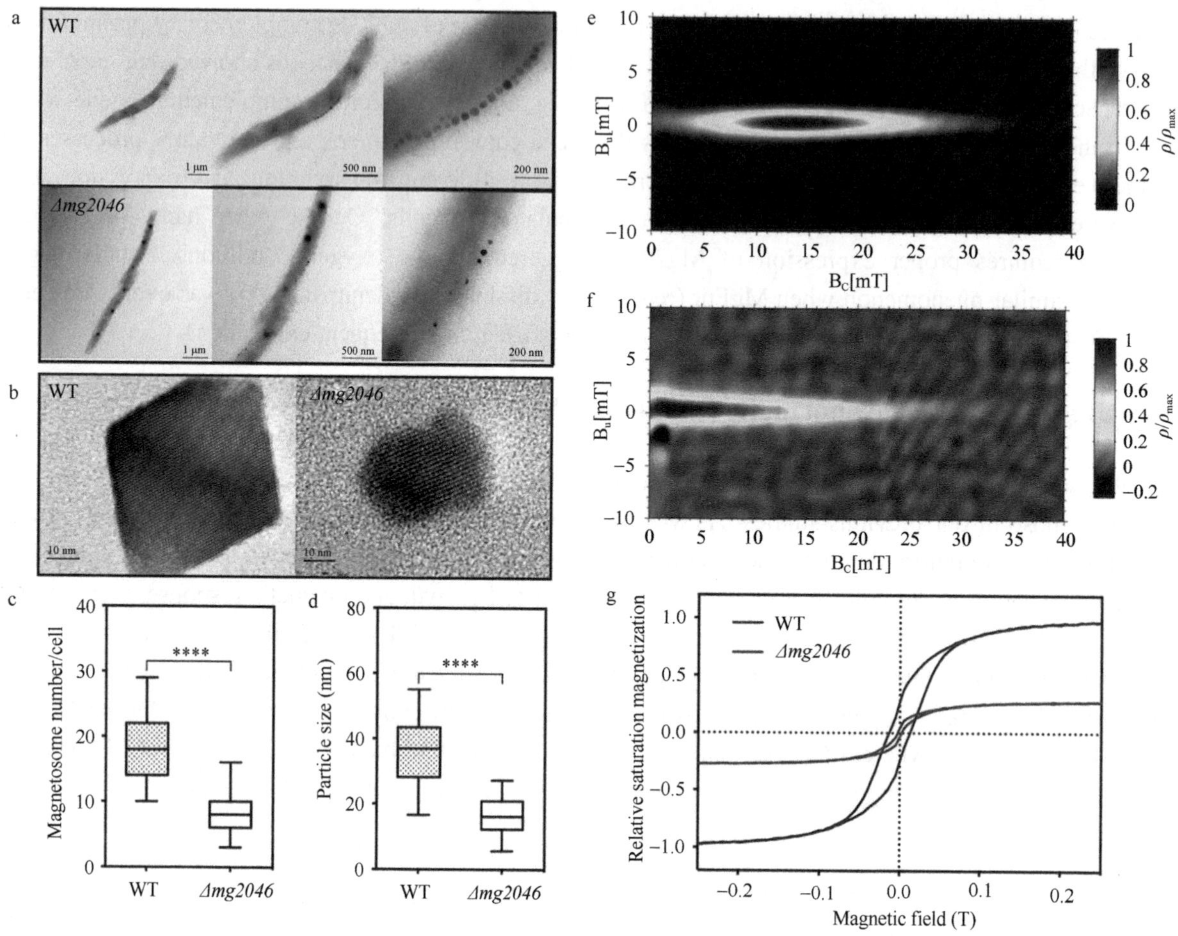

Fig. 3 Characteristics of magnetosomes synthesized by WT and *Δmg2046*
(Color figure in the two-dimensional code at the back cover)

a. TEM images, with progressive magnification from left to right. Bars: 1 μm, 500 nm, 200 nm. b. High-resolution TEM image of nanoparticles. Both strains showed typical ferroferric oxide lattice structure. Bar: 10 nm. c, d. Box-plot charts showing statistical analysis of magnetosome diameter and number. *, $P<0.05$. e. FORCs diagram of WT. f. FORCs diagram of *Δmg2046*. g. Relative saturation magnetization based on comparison of hysteresis loops of WT (blue) and *Δmg2046* (red). Max movement of WT is defined as±1. Magnetosomes synthesized by *Δmg2046* were fewer, smaller, and more weakly magnetic

To elucidate magnetic properties of magnetosome, we measured room temperature first-order reversal curves (FORCs) and hysteresis loops. FORCs diagram for WT showed closed contours with narrow vertical distribution around coercivity value ~15 mT (Fig. 3e), indicating predominant formation of typical single-domain magnetosomes, whereas FORCs diagram for *Δmg2046* showed much lower coercivity value (<5 mT) (Fig. 3f). Relative saturation magnetization was compared based on hysteresis loops. Hysteresis loop for WT (Fig. 3g; blue line) had "pot-bellied" shape, while that for *Δmg2046* (red line) had "thin-waisted" shape.

Comparison of relative saturation magnetization as above indicates that degree of magnetism is less for

Δmg2046 than for WT. The difference between the two strains appears to be mainly in their magnetic properties. The above findings, taken together, indicate that *mg2046* deletion alters magnetosome synthesis and maturation, resulting in particles that are fewer, smaller, and less magnetic.

3.5 Iron absorption rate and intracellular iron content

Reduced iron absorption also can reduce magnetosome synthesis in cells. To estimate iron utilization, WT and *Δmg2046* were cultured under microaerobic conditions with nitrate supplementation, and sampled at 6 h intervals. OD_{565} and iron concentration of culture medium were measured. Iron absorption rate [μmol/(OD_{565}·h)] was calculated as [iron concentration (*t* h) ·volume-iron concentration (*t* h+6 h) ·volume]/([OD_{565} (*t* h+ 6 h) ·volume-OD_{565} (*t* h) ·volume] ·6 h). Iron absorption velocities are compared in Fig. 4A. Maximal velocities were observed in the initial 0~6 h period: (8.98±0.14) μmol/(OD_{565}·h) and (4.86± 0.22) μmol/(OD_{565}·h) for WT and *Δmg2046*, respectively. Values for both strains declined to ~2 in the 6~12 h and 12~18 h periods. In the 18~24 h period, values increased to (5.76±0.27) μmol/(OD_{565}·h) and (4.48± 0.13) μmol/(OD_{565}·h), respectively. Because cells were first grown in trace-ferric medium, and then inoculated into rich-ferric medium, it is possible that they absorbed ferric ion quickly and were ready for magnetosome formation within the initial 6-h period. Comparison of the strains over the entire culture process showed that iron absorption rate was lower for WT than for *Δmg2046* during the 0~6 h, 6~12 h, and 18~24 h periods, and similar during the 12~18 h period. Thus, *mg2046* deletion inhibited iron uptake. Intracellular iron contents of the two strains following 24 h were measured. Intracellular iron accounted for 0.34% and 0.26% of cell dry weight in WT and *Δmg2046*, respectively (Fig. 4B). Iron content of WT was 1.31-fold higher than that of *Δmg2046*. Absence of *mg2046* results in partial inhibition of iron absorption and reduction of intracellular iron content, such that cells do not have sufficient iron for synthesis of normal magnetosome chains.

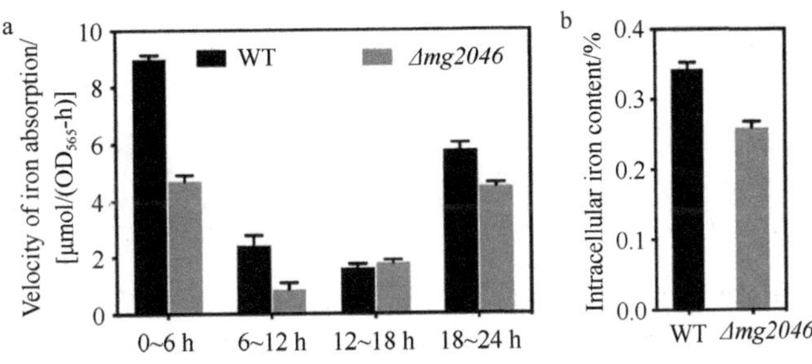

Fig. 4 Iron utilization by WT and *Δmg2046*

a. Iron absorption rate. b. Intracellular iron content. Both parameters were lower for *Δmg2046* than for WT

The basic requirements for absorption by MTB of iron source rapidly and in large quantity are low-oxygen (microaerobic) and high-iron conditions. The reduction of iron absorption by *mg2046* knockout may conceivably be due to loss of oxygen -regulating ability, insufficient energy, and/or iron supply. To clarify the reasons, we evaluated and compared transcription of selected target genes in WT and *Δmg2046*. The genes and their qPCR primers of selected target genes are listed in Table S1.

3.6 Effects of *mg2046* deletion on expression of genes in various key metabolic pathways

WT and *Δmg2046* cultured for 8 h and 16 h, and gene transcription were measured by qPCR. Target genes included *mam/mms*, iron transport, terminal oxidase, and dissimilatory denitrification pathway genes.

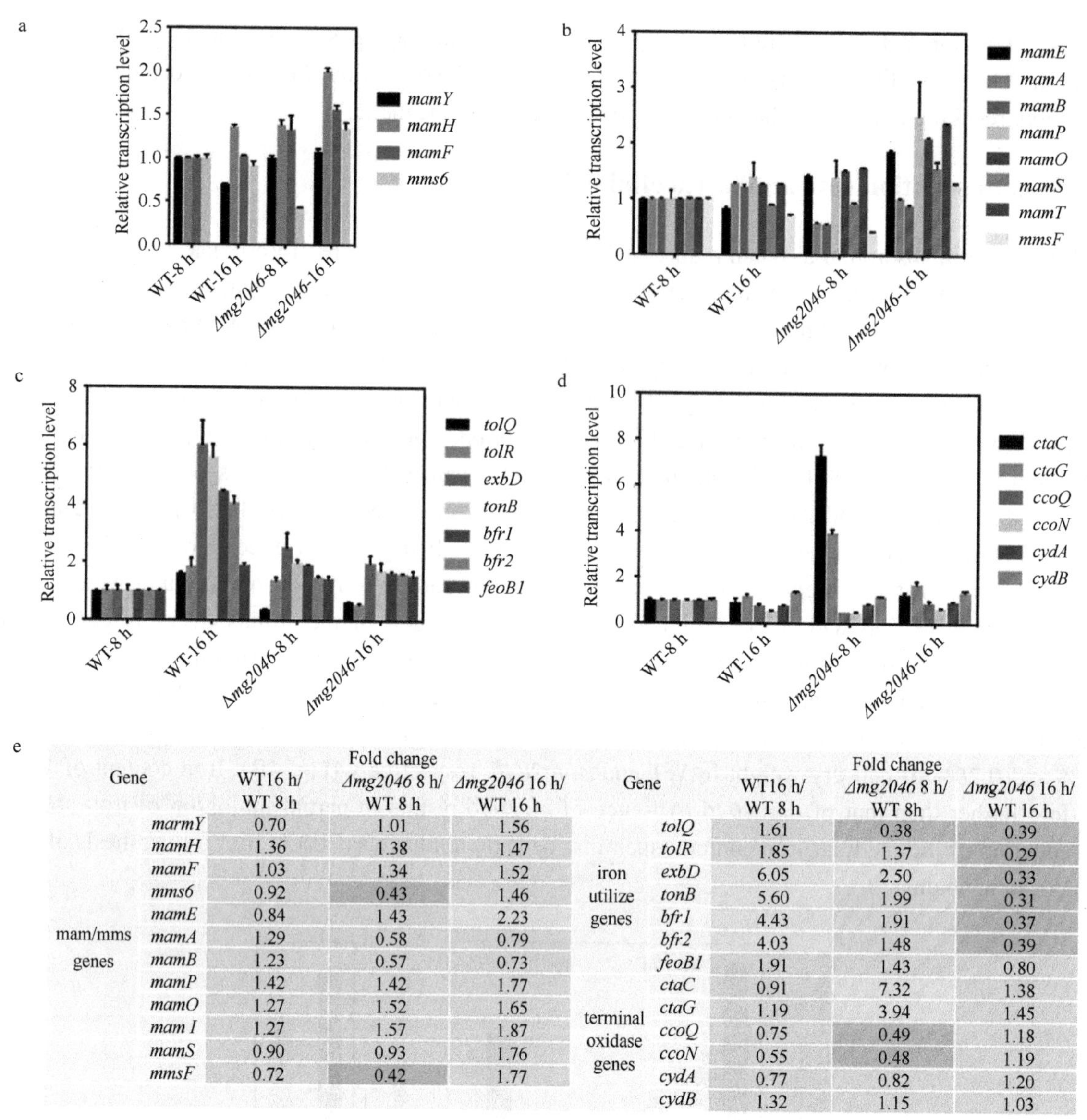

Gene		Fold change WT16 h/ WT 8 h	Fold change *Δmg2046* 8 h/ WT 8 h	Fold change *Δmg2046* 16 h/ WT 16 h
mam/mms genes	*marmY*	0.70	1.01	1.56
	mamH	1.36	1.38	1.47
	mamF	1.03	1.34	1.52
	mms6	0.92	0.43	1.46
	mamE	0.84	1 43	2.23
	mamA	1.29	0.58	0.79
	mamB	1.23	0.57	0.73
	mamP	1.42	1.42	1.77
	mamO	1.27	1.52	1.65
	mam I	1.27	1.57	1.87
	mamS	0.90	0.93	1.76
	mmsF	0.72	0.42	1.77

Gene		Fold change WT16 h/ WT 8 h	Fold change *Δmg2046* 8 h/ WT 8h	Fold change *Δmg2046* 16 h/ WT 16 h
iron utilize genes	*tolQ*	1.61	0.38	0.39
	tolR	1.85	1.37	0.29
	exbD	6.05	2.50	0.33
	tonB	5.60	1.99	0.31
	bfr1	4.43	1.91	0.37
	bfr2	4.03	1.48	0.39
	feoB1	1.91	1.43	0.80
terminal oxidase genes	*ctaC*	0.91	7.32	1.38
	ctaG	1.19	3.94	1.45
	ccoQ	0.75	0.49	1.18
	ccoN	0.55	0.48	1.19
	cydA	0.77	0.82	1.20
	cydB	1.32	1.15	1.03

Fig. 5 Relative transcription levels of key pathway genes in WT and *Δmg2046*
(Color figure in the two-dimensional code at the back cover)

a. First genes of *mam/mms* operons (see text). b. Important *mam/mms* genes. c. Iron metabolism related genes. d. Terminal oxidase genes. Transcription levels of genes in WT 8 h sample were used as reference (defined as 1) for expression of fold changes in other samples. e. Fold changes between samples. Yellow: fold change >2. Pink: fold change <0.5. *Δmg2046* showed disrupted transcription of *mms*, terminal oxidase, iron uptake, and storage related genes

3.6.1 *mam/mms* genes

Relative transcription levels were measured for *mamY*, *mamH*, *mamF*, *mms6*, and the first genes of *mamXY*, *mamAB*, *mamCD*, and *mms* operon (Fig. 5a, b). Differences (fold changes in detail) between samples were calculated and summarized in Fig. 5e. Values for WT at 8 h were defined as 1. Fold changes of transcription levels ranged from 0.70 to 1.56 (changes<2 fold, Fig. 5e), except that *mms6* level in *Δmg2046* was 0.43 fold that in WT at 8 h (Fig. 5b). For comparisons of other *mam/mms* genes (*mamE*, *-A*, *-B*, *-P*, *-Q*, *-S*, *-T*, belonging to *mamAB* cluster, and *mmsF* fold changes ranged from 0.58 to 1.87 (changes <2 fold, Fig. 5e), except for *mamE* fold change 2.23 for *Δmg2046*-16 h *vs*. WT-16 h, and *mmsF* fold change 0.42 for *Δmg2046*-8 h *vs*. WT-8 h (Fig. 5b, e). Thus, various *mam/mms* genes were stably transcribed at 8 h and 16 h, transcription levels differed slightly between WT and *Δmg2046*, and most *mam/mms* genes appeared to be expressed in constitutive form. These findings are consistent with our previous transcriptomic analysis (Wang *et al.*, 2016). *mg2046* deletion had minimal effect on transcription of *mam* genes, but reduced *mms6* and *mmsF* expression in early-stage (0~8 h) magnetosome synthesis, the period when cells absorb large quantities of iron. Functions of *mam*/*mms* genes have been suggested previously to be related to membrane invagination, vesicle formation, ion transport, or control of magnetosome arrangement. Mms6 protein expression is closely related to crystal nucleus formation in magnetosomes. Mms6 was proposed to bind iron ions to control magnetic particle size (Arakaki *et al.*, 2003; Tanaka *et al.*, 2011; Wang *et al.*, 2012). Recent Mms6 structure prediction suggests that its C-terminus is hydrophilic and enriched in acidic amino acid residues, such that Mms6 can aggregate spontaneously on the surface of solution or solid phase to form polymers of varying sizes, which determine magnetic particle size (Arakaki *et al.*, 2016; Staniland *et al.*, 2016). Other studies suggest that self-assembled MmsF controls magnetite nanoparticle formation *in vitro* (Murat *et al.*, 2011), and is a key regulator of magnetite biomineralization (Rawlings *et al.*, 2014). Our finding that *mg2046* deletion reduces transcription of *mms6* and *mmsF* suggests that Mg2046 protein is involved in regulation of certain pathways and affects the biomineralization process during early stages of cell growth.

3.6.2 Iron metabolism related genes

We examined transcription in WT and *Δmg2046*, at 8 h and 16 h, of ion transport Tol system genes *tolQ* and *tolR* (Goemaere *et al.*, 2007), iron affinity uptake system TonB-ExbBD component genes *tonB* and *exbB* (Wang *et al.*, 2014; Klebba, 2016), ferrous uptake system gene *feoB1* (Rong *et al.*, 2008), and iron storage protein bacterioferritin *bfr1* and *bfr2* genes (Wang *et al.*, 2016). In WT, transcription levels of these genes were relatively consistent and stable up to 8 h culture. Transcription of *tonB*, *exbB*, *bfr1*, and *bfr2* was upregulated >4 fold in WT-16 h compared to WT –8 h. In *Δmg2046*, transcription levels of all genes were unstable during the initial stage (0~8 h), when activity of two iron transport systems is relatively low. All genes except *feoB1* were down-regulated (fold change 0.31~0.39) in *Δmg2046*-16 h relative to WT-16 h (Fig. 5c, e). Loss of Mg2046 reduced expression of genes related to iron transport. Iron affinity and absorption of *Δmg2046* showed a slight increase at 16 h, but this increase was limited and unevenly expressed in comparison with WT.

The TonB-ExbBD system in bacteria is generally a high ferric affinity transport system, and Bfr stores or releases iron to maintain iron balance in cells. Studies of iron utilization and regulation in MSR-1 to date have focused mainly on the ferrous uptake (Feo) system and ferrous uptake regulator (Fur). In the present study, transcription of *tonB*, *exbD*, *bfrs*, and *feoB1* were much higher in WT-16 h than in WT-8 h. Such increase was not observed in *Δmg2046*-16 h relative to *Δmg2046*-8 h.

In view of the fact that iron utilization and balance in bacteria are co-regulated by Fur family proteins and intracellular ferrous/ferric concentration, the inhibitory effect of TonB, ExbD, and Bfr is presumably exerted in indirect manner, perhaps through disruption of cellular redox balance. MSR-1 has certain iron absorption and regulatory genes (including Tol and TonB-ExbBD system genes) that are ubiquitous in nonmagnetic bacteria, but has greater affinity for Fe^{3+} than for Fe^{2+}, and does not secrete siderophores (Schüler and Baeuerlein, 1996; Wang *et al.*, 2014); therefore, it may have yet-unknown genes involved in Fe^{3+} absorption (Wang *et al.*, 2016). Coupling of regulation of iron and oxygen metabolism has been clearly demonstrated in MTB. Many aspects of this complex regulatory network remain to be clarified. The present findings indicate that loss of *mg2046* greatly reduces transcription of ferric transport and iron storage related genes during the magnetosome formation process.

3.6.3 Terminal oxidase operon genes

The aerobic respiration pathway in MSR-1 has three branches, which allow adaptation and energy production to changing dissolved oxygen levels. When cellular oxygen level decreases to hypoxic conditions, bacterial heme is expressed in large quantities, combines with oxygen with high affinity, and facilitates oxygen transportation and utilization. We examined transcription levels in WT and *Δmg2046*, at 8 h and 16 h, of three terminal oxidase operons: *ctaC* and *ctaG* (*ctaCDGE* operon), *ccoQ* and *ccoN* (*ccoNOQP* operon), and *cydA* and *cydB* (*cydAB* operon) (Wang *et al.*, 2016). In WT, transcription of these genes was relatively stable, with slight differences among genes at 16 h, with fold changes in the range 0.55~1.32 (changes <2-fold) relative to WT-8 h (Fig. 5d, e). In *Δmg2046*-8 h, *ctaC* and *ctaG* were up-regulated 7.32 and 3.94 fold, and *ccoQ* and *ccoN* were down-regulated 0.48 fold relative to WT-8 h. These findings suggest that in early-stage cell growth intracellular oxygen level fluctuates because of the absence of *mg2046*, and increased amounts of *ctaC* and *ctaG* expression products are required to maintain oxygen balance. In *Δmg2046*-16 h, levels of these genes were more stable, and were only 1.18~1.45 fold higher than in WT-16 h (Fig. 5d, e). Transcription levels of *cydA* and *cydB* ranged from 0.77~1.32 for all comparison sets, indicating more consistent expression in both WT or *Δmg2046* during culture. In summary, *mg2046* deletion had opposite effects on transcription of *cta* and *cco* genes; the former were upregulated and the latter down-regulated during early stage (0~8 h) when cells experienced microaerobic culture conditions.

Terminal oxidases are components of the final-step reaction in respiratory chain. Three types of terminal oxidase complex (Cyd, Cta, Cco) are found in *Magnetospirillum*, and Cta and Cco are conserved in strains MSR-1, AMB-1, and SO-1 (Wang *et al.*, 2016). Cco terminal oxidases are involved in maintenance of the proper redox state required for magnetosome formation (Li *et al.*, 2014a). In the present study, *mg2046* deletion resulted in low *cco* expression. Terminal oxidases are regulated by sensing/control system RegBA/PrrBA (the name varies depending on strain) activated by redox state under low-oxygen condition (Bueno *et al.*, 2012). In microarray analysis of *Pseudomonas aeruginosa* genome, RoxSR (component of RegBA/PrrBA) up-regulated transcription of *ccoNOQP* operon and down-regulated *cox* gene (Cox and Cta are both aa3 terminal oxidases) under low-oxygen conditions (Kawakami *et al.*, 2010; Bueno *et al.*, 2012). *mg2046* deletion thus appears to cause striking changes during early-stage cell growth. Up-regulation of *cta* transcription failed to restore normal oxygen balance or iron absorption in cells, and was therefore inadequate to support normal biomineralization process.

Faivre's group used X-ray absorption spectroscopy and TEM to show that magnetite particles were formed by a reductive process from Fh ($Fe_2O_3{\cdot}nH_2O$) (Baumgartner *et al.*, 2013). We demonstrated that reducing power ($NADH/NAD^+$ ratio) in MSR-1 increased rapidly when a large number of magnetosomes were synthesized (Yang *et al.*, 2013). Redox status clearly plays an important role in magnetosome formation. Dissimilatory denitrification and terminal oxidases (particularly Cco) are closely associated with redox status and reducing power. Kralova *et al.* (1992) reported that at low redox level dissimilatory denitrification products (dinitrogen or nitrous oxide) were generated, and dinitrogen transformation (the final step of dissimilatory denitrification) was enhanced. In *Rhodobacter sphaeroides*, Cco functions as a redox sensor under aerobic conditions, but enhances reducing power under anaerobic conditions (Oh and Kaplan, 2002). In contrast to bacteria (*e.g.*, *E. coli*) that display only partial dissimilatory denitrification and lack Cta and Cco terminal oxidases, *Magnetospirillum* strains have complete dissimilatory denitrification pathway and multiple types of terminal oxidases (Wang *et al.*, 2016). Thus, redox sensing/regulation in *Magnetospirillum* differs from that in *E. coli*. In *Magnetospirillum*, Mg2046 acts as a redox regulator that promotes *cco* transcription and iron absorption.

3.6.4 Dissimilatory denitrification pathway genes

This pathway has four operons (*nap*, *nir*, *nor*, *nos*; the first genes are respectively *napF*, *nirT*, *norC*, *nosZ*) and is responsible for efficient transformation of nitrate → nitrite → nitric oxide → nitrous oxide → nitrogen.

Several previous studies indicate that dissimilatory denitrification genes are strongly up-regulated under microaerobic conditions and play essential roles in magnetosome formation (Li *et al*., 2012, 2013; Wang *et al*., 2016). In the present study, transcription levels of the above four genes in *Δmg2046 vs*. WT were similar during the 0~8 h period, but differed significantly during the 8~16 h period (Fig. 6a; details in Table S3). The levels were 10 to 1000 fold higher in WT-16 h than in WT-8 h. In *Δmg2046*-16 h, transcription levels of *napF*, *nirT*, *norC*, and *nosZ* were much lower (respectively 0.28, 1.13×10^{-3}, 1.42×10^{-2}, and 2.16×10^{-2} fold) than those in WT-16 h. These findings indicate that in middle- and late-stage cell growth (magnetosome maturation stage), the dissimilatory denitrification pathway is strongly activated, and that *mg2046* deletion blocks such activation, particularly in the last three steps. We further investigated activity of nitrate reductase, the key catalytic enzyme in the first step. Samples were taken from the two strains at 3 h intervals after 6 h culture. In WT, enzyme activity [nmol nitrate/(mg·min)] was ~3.0 at 6 h and 9 h, 16.1 at 12 h, and 30.0 at 18 h (Fig. 6b). In *Δmg2046*, enzyme activity values were also ~3.0 at 6 h and 9 h, but did not reach any higher than 7.0 at subsequent sampling times. It appears that enzyme activity of WT and *Δmg2046* was similar from 6~9 h, but dissolved oxygen level in culture medium subsequently decreased, and nitrate reductase activity in WT strongly increased. Enzyme activity of WT, relative to *Δmg2046*, was 3-fold higher at 12 h and 15 h, and almost 10 fold higher at 18 h.

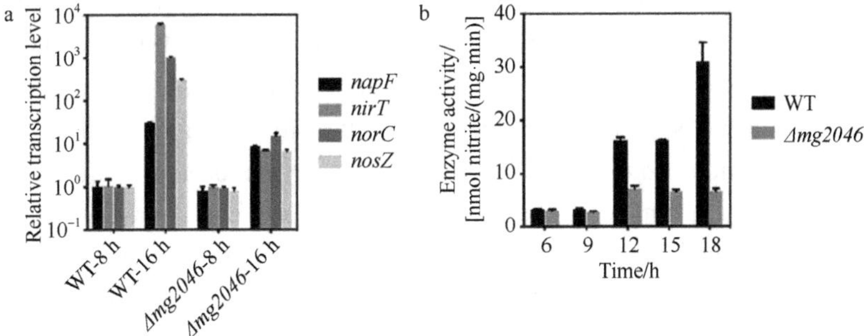

Fig. 6　Transcription levels of *nap*, *nir*, *nor*, *nos* genes, and enzyme activity of nitrate reductase, in WT and *Δmg2046*

a. Relative transcription levels of first genes (*nap*, *nir*, *nor*, *nos*) of four operons of dissimilatory denitrification pathway (see text) in WT-8 h, WT-16 h, *Δmg2046*-8 h, and *Δmg2046*-16 h. b. Nitrate reductase activity at times 6 h, 9 h, 12 h, 15 h, and 18 h

Enzyme activities of the *Δmg2046* mutant strain were slightly higher at 12 h and 15 h than at 6 h or 9 h, perhaps because of regulation of MgFnr (Mg2946); however, energy produced by dissimilatory denitrification pathway was limited because cells were entering the late stage of growth. The observed patterns of enzyme activity in the two strains were consistent with those of gene transcription levels. Inhibition of magnetosome synthesis in *Δmg2046* resulted from not only iron deficiency, but also lack of normal energy supply. It is reasonable to conclude that Mg2046 strongly activates transcription of dissimilatory denitrification pathway genes, and that this pathway is essential for magnetosome maturation.

In our previous study, MSR-1 cells showed comparable growth under aerobic and microaerobic conditions, but synthesized magnetosomes only under microaerobic conditions (Wang *et al*., 2016). High *vs*. low oxygen supply results in striking differences of MSR-1 metabolism. Understanding the mechanism of biomineralization in MTB requires clarifying the links between cell physiological status and magnetosome formation process. Specific regulators control metabolic pathways of bacteria cultured under differing oxygen concentrations. Two of the best-studied regulators are oxygen- and redox-sensitive proteins Fnr and OxyR. Homologs (or similar proteins) of Fnr and OxyR have been reported in MSR-1. Deletion of MgFnr (Fnr homolog in MSR-1) slightly affected magnetosome formation, mainly by inhibiting nitrous oxide reductase activity under microaerobic conditions (Li *et al*., 2014b). Deletion of OxyR-like resulted in abnormally shaped magnetosomes, but apparently not through disruption of carbon metabolism (Zhang *et al.*, 2017). Mg2046, the focus of the present study, is clearly involved in basic metabolism and magnetosome formation in MSR-1. In its role as a regulatory protein, its transcription is significantly inhibited by hyperoxia, whereas its function is activated under appropriate microaerobic conditions. Mg2046 function is induced by hypoxic signaling, resulting in activated transcription of dissimilatory denitrification pathway genes, sufficient energy for cell growth and high iron absorption under microaerobic conditions, and consequent magnetosome synthesis.

4. Conclusions

This study was focused on the role of novel protein Mg2046 in MSR-1 cell growth and magnetosome synthesis. Major conclusions are as follow. (i) Mg2046 positively regulates magnetosome synthesis in MSR-1, in indirect manner. Absence of Mg2046 disrupts oxygen and iron metabolism, resulting in a series of associated negative effects: reduced iron absorption ability, reduced transcription levels of dissimilatory denitrification pathway genes, inadequate energy supply, and inability to synthesize normal magnetosomes. (ii) Mg2046 is a hypoxia-dependent redox regulator involved in maintenance of proper redox state required for magnetosome formation. It appears to exert its regulatory function during early-stage cell growth, and may cooperate with Mg2946 (MgFnr) in regulation of dissimilatory denitrifying pathway, but the two proteins are activated by different oxygen levels. These findings help explain how MSR-1 cells initiate dissimilatory denitrification pathway and overcome energy deficiency under microaerobic conditions, and have broader implications regarding bacterial survival and energy metabolism strategies under hypoxia. Interestingly, Mg2046 is unique to the genus *Magnetospirillum* according to the protein sequence, while the Mg2946 (MgFnr) is widely distributed in almost all bacteria. Mg2046 may thus specially involve in magnetosome formation and dissimilatory denitrification pathway in magnetotactic spiral bacteria.

Our ongoing studies will extend these findings by examining the relationship between Mg2046 and Mg2946, and their roles in regulation of dissimilatory denitrification pathway.

References

Arakaki A, Kikuchi D, Tanaka M, *et al.* 2016. Comparative subcellular localization analysis of magnetosome proteins reveals a unique localization behavior of Mms6 protein onto magnetite crystals. J Bacteriol, 198(20): 2794-2802.

Arakaki A, Webb J, Matsunaga T. 2003. A novel protein tightly bound to bacterial magnetic particles in *Magnetospirillum magneticum* strain AMB-1. J Biol Chem, 278(10): 8745-8750.

Baumgartner J, Morin G, Menguy N, *et al.* 2013. Magnetotactic bacteria form magnetite from a phosphate-rich ferric hydroxide *via* nanometric ferric (oxyhydr) oxide intermediates. Proc Natl Acad Sci USA, 110(37): 14883-14888.

Bueno E, Mesa S, Bedmar E J, *et al.* 2012. Bacterial adaptation of respiration from oxic to microoxic and anoxic conditions: redox control. Antioxid Redox Sign, 16(8): 819-852.

Dailey H A Jr, Lascelles J. 1977. Reduction of iron and synthesis of protoheme by *Spirillum itersonii* and other organisms. J Bacteriol, 129(2): 815-820.

Deng Z, Wang Q, Liu Z, *et al.* 2015. Mechanistic insights into metal ion activation and operator recognition by the ferric uptake regulator. Nat Commun, 6: 7642.

Faivre D, Schüler D. 2008. Magnetotactic bacteria and magnetosomes. Chem Rev, 108(11): 4875-4898.

Goemaere E L, Devert A, Lloubès R, *et al.* 2007. Movements of the TolR C-terminal domain depend on TolQR ionizable key residues and regulate activity of the Tol complex. J Biol Chem, 282(24): 17749-17757.

Jones S R, Wilson T D, Brown M E, *et al.* 2015. Genetic and biochemical investigations of the role of MamP in redox control of iron biomineralization in *Magnetospirillum magneticum*. Proc Natl Acad Sci USA, 112(13): 3904-3909.

Kawakami T, Kuroki M, Ishii M, *et al.* 2010. Differential expression of multiple terminal oxidases for aerobic respiration in *Pseudomonas aeruginosa*. Environ Microbiol, 12(6): 1399-1412.

Klebba P E. 2016. ROSET model of TonB action in Gram-negative bacterial iron acquisition. J Bacteriol, 198(7): 1013.

Kolinko I, Lohse A, Borg S, *et al.* 2014. Biosynthesis of magnetic nanostructures in a foreign organism by transfer of bacterial magnetosome gene clusters. Nat Nanotechnol, 9(3): 193-197.

Komeili A. 2012. Molecular mechanisms of compartmentalization and biomineralization in magnetotactic bacteria. FEMS Microbiol Rev, 36(1): 232-255.

Körner H, Sofia H J, Zumft W G. 2003. Phylogeny of the bacterial superfamily of Crp-Fnr transcription regulators: exploiting the metabolic spectrum by controlling alternative gene programs. FEMS Microbiol Rev, 27(5): 559-592.

Kovach M E, Elzer P H, Hill D S, *et al.* 1995. Four new derivatives of the broad-host-range cloning vector pBBR1MCS, carrying different antibiotic-resistance cassettes. Gene, 166(1): 175-176.

Kralova M, Masscheleyn P H, Lindau C W, *et al.* 1992. Production of dinitrogen and nitrous oxide in soil suspensions as affected by redox potential. Water Air Soil Poll 61(1-2): 37-45.

Lefevre C T, Bazylinski D A. 2013. Ecology, diversity, and evolution of magnetotactic bacteria. Microbiol Mol Biol Rev, 77(3): 497-526.

Li J, Pan Y, Chen G, *et al.* 2010. Magnetite magnetosome and fragmental chain formation of *Magnetospirillum magneticum* AMB-1: transmission electron microscopy and magnetic observations. Geophys J Int, 177(1): 33-42.

Li Y, Bali S, Borg S, *et al.* 2013. Cytochrome cd1 nitrite reductase NirS is involved in anaerobic magnetite biomineralization in *Magnetospirillum gryphiswaldense* and requires NirN for proper d1 heme assembly. J Bacteriol, 195(18): 4297-4309.

Li Y, Katzmann E, Borg S, *et al.* 2012. The periplasmic nitrate reductase nap is required for anaerobic growth and involved in redox control of magnetite biomineralization in *Magnetospirillum gryphiswaldense*. J Bacteriol, 194(18): 4847-4856.

Li Y, Raschdorf O, Silva K T, *et al.* 2014a. The terminal oxidase cbb3 functions in redox control of magnetite biomineralization in *Magnetospirillum gryphiswaldense*. J Bacteriol, 196(14): 2552-2562.

Li Y, Sabaty M, Borg S, *et al.* 2014b. The oxygen sensor MgFnr controls magnetite biomineralization by regulation of denitrification in *Magnetospirillum gryphiswaldense*. BMC Microbiol, 14: 153.

Lin W, Bazylinski D A, Xiao T, *et al.* 2014. Life with compass: diversity and biogeography of magnetotactic bacteria. Environ Microbiol, 16(9): 2646-2658.

Lohse A, Borg S, Raschdorf O, *et al.* 2014. Genetic dissection of the mamAB and mms6 operons reveals a gene set essential for magnetosome biogenesis in *Magnetospirillum gryphiswaldense*. J Bacteriol, 196(14): 2658-2669.

Lohse A, Kolinko I, Raschdorf O, *et al.* 2016. Overproduction of magnetosomes by genomic amplification of biosynthesis-related gene clusters in a magnetotactic bacterium. Appl Environ Microbiol, 82(10): 3032-3041.

Murat D, Falahati V, Bertinetti L, *et al.* 2011. The magnetosome membrane protein, MmsF, is a major regulator of magnetite biomineralization in *Magnetospirillum magneticum* AMB-1. Mol Microbiol, 85(4): 684-699.

Murat D, Quinlan A, Vali H, *et al.* 2010. Comprehensive genetic dissection of the magnetosome gene island reveals the step-wise assembly of a prokaryotic organelle. Proc Natl Acad Sci USA, 107(12): 5593-5598.

Oh J I, Kaplan S. 2002. Oxygen adaptation: The role of the CcoQ subunit of the cbb3 cytochrome c oxidase of *Rhodobacter sphaeroides* 2.4.1. J Biol Chem, 277(18): 16220-16228.

Qi L, Li J, Zhang W, *et al.* 2012. Fur in *Magnetospirillum gryphiswaldense* influences magnetosomes formation and directly regulates the genes involved in iron and oxygen metabolism. PLoS One, 7(1): e29572.

Quinlan A, Murat D, Vali H, *et al.* 2011. The HtrA/DegP family protease MamE is a bifunctional protein with roles in magnetosome protein localization and magnetite biomineralization. Mol Microbiol, 80(4): 1075-1087.

Raschdorf O, Muller F D, Posfai M, *et al.* 2013. The magnetosome proteins MamX, MamZ and MamH are involved in redox control of magnetite biomineralization in *Magnetospirillum gryphiswaldense*. Mol Microbiol, 89(5): 872-886.

Rawlings A E, Bramble J P, Walker R, *et al.* 2014. Self-assembled MmsF proteinosomes control magnetite nanoparticle formation *in vitro*. Proc Natl Acad Sci USA, 111(45): 16094-16099.

Rong C, Huang Y, Zhang W, *et al.* 2008. Ferrous iron transport protein B gene (*feoB1*) plays an accessory role in magnetosome formation in *Magnetospirillum gryphiswaldense* strain MSR-1. Res Microbiol, 159(7-8): 530-536.

Schüler D, Baeuerlein E. 1996. Iron-limited growth and kinetics of iron uptake in *Magnetospirillum gryphiswaldense*. Arch Microbiol, 166(5): 301-307.

Staniland S S, Rawlings A E. 2016. Crystallizing the function of the magnetosome membrane mineralization protein Mms6. Biochem Soc Trans, 44(3): 883-890.

Tanaka M, Mazuyama E, Arakaki A, *et al.* 2011. MMS6 protein regulates crystal morphology during nano-sized magnetite biomineralization *in vivo*. J Biol Chem, 286(6): 6386-6392.

Wang L, Prozorov T, Palo P E, *et al.* 2012. Self-assembly and biphasic iron-binding characteristics of Mms6, a bacterial protein that promotes the formation of superparamagnetic magnetite nanoparticles of uniform size and shape. Biomacromolecules, 13(1): 98-105.

Wang Q, Wang M, Wang X, *et al.* 2015. Iron response regulator protein IrrB in *Magnetospirillum gryphiswaldense* MSR-1 helps control the iron/oxygen balance, oxidative stress tolerance, and magnetosome formation. Appl Environ Microbiol, 81(23): 8044-8053.

Wang Q, Wang X, Zhang W, *et al.* 2017. Physiological characteristics of *Magnetospirillum gryphiswaldense* MSR-1 that control cell growth under high-iron and low-oxygen conditions. Sci Rep, 7(1): 2800.

Wang X, Wang Q, Zhang W, *et al.* 2014. Complete genome sequence of *Magnetospirillum gryphiswaldense* MSR-1. Genome Announc, 2(2): e00171-14.

Wang X, Wang Q, Zhang Y, *et al.* 2016. Transcriptome analysis reveals physiological characteristics required for magnetosome formation in *Magnetospirillum gryphiswaldense* MSR-1. Environ Microbiol Rep, 8(3): 371-381.

Yang J, Li S, Huang X, *et al.* 2013. A key time point for cell growth and magnetosome synthesis of *Magnetospirillum gryphiswaldense* based on real-time analysis of physiological factors. Front Microbiol, 4: 210.

Zeytuni N, Ozyamak E, Benharush K, *et al.* 2011. Self-recognition mechanism of MamA, a magnetosome-associated TPR-containing protein, promotes complex assembly. Proc Natl Acad Sci USA, 108(33): 13369-13370.

Zhang W J, Santini C L, Bernadac A, *et al.* 2012. Complex spatial organization and flagellin composition of flagellar propeller from marine magnetotactic ovoid strain MO-1. J Mol Biol, 416(4): 558-570.

Zhang Y, Wen T, Guo F, *et al.* 2017. The disruption of an OxyR-Like protein impairs intracellular magnetite biomineralization in *Magnetospirillum gryphiswaldense* MSR-1. Front Microbiol, 8: 208.

Zhao L, Wu D, Wu L F, *et al.* 2007. A simple and accurate method for quantification of magnetosomes in magnetotactic bacteria by common spectrophotometer. J Biochem Biophys Methods, 70(3): 377.

Supplementary material: https://www.frontiersin.org/articles/10.3389/fmicb.2019.01478/full#supplementary-material

本文原载：Frontiers in Microbiology, 2019, 10: 1478.

Epsilon-Fe_2O_3 is a Novel Intermediate for Magnetite Biosynthesis in Magnetotactic Bacteria*

Tong Wen[1,3], Yunpeng Zhang[1,4], Yuanyuan Geng[1], Junquan Liu[1], Abdul Basit[1], Jiesheng Tian[1], Ying Li[1], Jilun Li[1], Jing Ju[2], Wei Jiang[1]

(1. State Key Laboratory of Agrobiotechnology and Ministry of Agriculture Key Laboratory of Soil Microbiology, College of Biological Sciences, China Agricultural University, Beijing, 100193, China; 2. College of Chemistry and Molecular Engineering, Peking University, Beijing, 100871, China, 3. Department of Biology Science and Technology, Baotou Teacher's College, Baotou, 014030, China; 4. Agricultural Utilization Research Center, Nutrition and Health Research Institute, COFCO Corporation, Beijing, 102209, China)

Abstract

Background: Natural biological magnetite nanoparticles are widely distributed from microorganisms to humans. It is found to be very important in organisms, especially in navigation. Moreover, purified magnetite nanoparticles also have potential applications in bioengineering and biomedicine. Magnetotactic bacteria (MTB) is considered one of the most abundant species around the world which can form intracellular membrane enveloped magnetic nanoparticles, referred to as magnetosomes. To our knowledge, the biomineralization of magnetosome in MTB involves a serious of genes located on a large unstable genomic region named magnetosome island, which specially exists in MTB. The magnetite core of magnetosome formed *via* a Fe (III) ion intermediates, for instance, α-Fe_2O_3 and ferrihydrite. Though the biosynthesis of magnetosome represents a general biomineralization mechanism of biogenic magnetite, knowledge of magnetosome biosynthesis and biomineralization remains very limited.

Method: Cells used in this study were cultured in a 7.5 L bioreactor, samples for intermediate capture were taken each certain time interval after the generation of magnetosome biosynthesis condition. High-resolution transmission electron microscopy was used to analyze the detailed structure of magnetosomes. The parameters of the crystal structures were obtained by Fast Fourier Transform analyses.

Results: In this study, we identified a novel intermediate phase, ε-Fe_2O_3, during the magnetite maturation process in MTB *via* kinetic analysis. Unlike α-Fe_2O_3, which has been reported as a precursor during magnetosome biosynthesis in MTB before, ε-Fe_2O_3, due to its thermal instability, is a rare phase with scarce natural abundance. This finding confirmed that ε-Fe_2O_3 is an important novel intermediate during the biomineralization of magnetosome in MTB, and shed new light on the magnetosome biosynthesis pathway.

Keywords

ε-Fe_2O_3, Magnetosome maturation, *Magnetospirillum gryphiswaldense* MSR-1, Time course experiment.

---

*This work was supported by The Project for Extramural Scientists of State Key Laboratory of Agrobiotechnology (Grant No. 2015SKLAB6-21) and National Natural Science Foundation of China (Grant No. 31570067, 31170089, 31270093, 31860013 and 21201012).

1. Introduction

Magnetite nano-particles are widely distributed mineral compounds found in various organisms including bacteria, bees, pigeons or even in human beings (Gould *et al*., 1978; Walcott *et al*., 1979; Kirschvink *et al*., 1992; Komeili, 2007). Membrane-enveloped magnetite, biosynthesized by magnetotactic bacteria (MTB), is referred to as magnetosomes (Frankel *et al*., 1979; Blakemore, 1982). Although magnetosomes have great potential in bioengineering and biomedicine applications (Matsunaga, 1993; Alphandéry *et al*., 2011; Borg *et al*., 2014), the intracellular biomineralization mechanism of magnetosomes remains poorly understood. Since the discovery of MTB, it has been believed to be an optimal material for the study of biogenic magnetite biomineralization because of the simple structure of these organisms.

In most MTB, the magnetosomes are composed of magnetic magnetite (Fe_3O_4) or sulfide greigite (Fe_3S_4) (Bazylinski *et al*., 1995; Pósfai *et al*., 2013) enveloped by biological membrane (Jogler and Schüler, 2009). Under the action of a skeleton-like protein MamK and its binding partner MamJ, single magnetosome are arranged in chains parallel to the long axis of the cell (Komeili *et al*., 2006; Pradel *et al*., 2006; Scheffel *et al*., 2006).

Many studies using genetic, biochemical and physicochemical approaches have been performed to reveal the biological control of magnetosome synthesis in MTB. A series of genes were identified to be involved in this process, the *mam* genes, comprising the magnetosome island (MAI), which is a large unstable genomic region spanning 80-150 kb in length in different MTBs (Grünberg *et al*., 2004; Murat *et al*., 2010). However, knowledge about the chemical route of iron during the magnetosome formation process is limited and how iron ions are incorporated into magnetite is still a matter of debate. Previous studies using Mőssbauer spectroscopy suggested that ferrihydrite is a precursor for magnetite formation (Frankel and Blakemore,1989; Faivre *et al*., 2007). This was further confirmed in *Magnetospirillum gryphiswaldense* MSR-1, a type strain for MTB study, using Fe K-edge X-ray absorption near edge structure (XANES) and high-resolution transmission electron microscopy (HRTEM) analysis (Fdez-Gubieda *et al*., 2013). Real-time study about magnetosome biosynthesis using transmission electron microscopy (TEM) and X-ray absorption spectroscopy in MSR-1 revealed that full-sized magnetosomes formed within 15 min and immature magnetosomes contain a surface layer of hematite phase (Staniland *et al*., 2007). In *mamXY* gene cluster mutants of MSR-1, distinct types of α-Fe_2O_3 particles co-existed with magnetite, hinting that the transformation of hematite phase to magnetite phase is a biocatalysis process (Raschdorf *et al*., 2013). Magnetite formation from a phosphate-rich ferric hydroxide *via* nanometric ferric (oxyhydr) oxide intermediates was recently shown in *Magnetospirillum magneticum* AMB-1 (Baumgartner *et al*., 2013). Together, these studies showed that the formation of magnetite in organisms possibly occurred *via* Fe (III) ion intermediates and their oxides, hydroxides or oxyhydroxides.

It was suggested in the previous study that a thermal unstable phase of ferric oxide, ε-Fe_2O_3, was found in a mutant of MSR-1, which raised the possibility of a new type of intermediate during biomineralization process (Zhang *et al*., 2017). In the present study, a kinetic analysis was performed to study the magnetosome maturation process from the early stage of its formation. The results showed that at each time point during maturation of magnetosomes after induction, magnetite co-existed with various iron-containing phases, including α-Fe_2O_3, ε-Fe_2O_3 and other undefined phases. This result indicated that mature magnetosomes form *via* different types of iron-containing intermediates, including some rare phases such as ε-Fe_2O_3.

2. Materials and Methods

2.1 Bacteria and growth conditions

M. gryphiswaldense MSR-1 was cultured in SLM at 30℃ as described previously (Guo *et al.*, 2012). The medium contained (per liter double distilled water) 2.5 g sodium lactate, 0.4 g NH_4Cl, 0.1 g yeast extract, 0.5 g K_2HPO_4, 0.1 g $MgSO_4{\cdot}7H_2O$, 0.05 g sodium thioglycolate and 5 ml trace element mixture. The strains were cultured at 30℃ in 250 ml serum bottles containing 100 ml medium with shaking at 100 r/min. Antibiotics nalidixic acid (Nx) was applied at 5 μg/ml for MSR-1.

2.2 Cell magnetic response curve of MSR-1 strain

The coefficient of magnetism (C_{mag}) value of MSR-1 was calculated from measurements of the maximal and minimal optical density (OD_{600}) using a UV-visible spectrophotometer (UNICO2100; UNICO Instrument Co., Shanghai, China) (Zhao *et al.*, 2007).

2.3 Transmission electron microscope measurement

The structural details of the nanoparticles in MSR-1 samples from different time interval were analyzed by the HRTEM method using a JEM-2100F, which was operated at 200 kV, and it was equipped with a field emission gun, ultra-high-resolution pole piece, and ultrathin window JEOL detector. HRTEM images were obtained with an OSIS CANTEGA CCD camera. The crystals' structural parameters were obtained by Fast Fourier Transform (FFT) analyses.

2.4 Time-course experiment for the detection of the intermediate phase at the early stage of magnetosome formation

MSR-1 cells were cultured in 5.0 L of SLM medium in a 7.5 L bioreactor as described previously (Liu *et al.*, 2010), until the relative dissolved oxygen concentration (DO) decreased to 1%. Then, 30 ml of 10 mmol/L ferric citrate was added to the culture to induce the synthesis of magnetosomes. Samples for HRTEM observation were collected at 0 min, 5 min, 10 min, 15 min and 25 min after induction and fixed immediately with 2.5% glutaraldehyde. After washing three times with double-distilled water, the cells were dispersed onto a copper grid for HRTEM analysis.

3. Results

For this study, in order to initiate the biomineralization of large amount of magnetite accurately, cultivation of *M. gryphiswaldense* MSR-1 was carried out in a 7.5 L bioreactor. After the relative dissolved oxygen decreased to 1%, ferric citrate was added to induce magnetosome biosynthesis, samples were taken at different time points and fixed in 2.5% glutaraldehyde to maintain their original state (Fig. 1).

Then, cells were prepared for HRTEM analysis. From the result, even at the 0-min interval, the formation of several iron-containing nanoparticles was evident, though the size of the particles is very small. Then, the average diameter of magnetosomes grows with time passed (Fig. 2). During this time, the predominant phase composing the particles was magnetite, but other iron-containing phases, including α-Fe_2O_3 and ε-Fe_2O_3, were present (Fig. 3a and Fig. 4, the data of ε-Fe_3O_3 measured in this work and the theoretical data of ε-Fe_2O_3 and Fe_3O_4 (magnetite) are listed in Additional file 1: Table S1). The finding of α-Fe_2O_3 as an intermediate in magnetite biomineralization is in accordance with previously reports, but the existence of ε-Fe_2O_3, which is an unstable phase under normal conditions, has never been reported before. For this assay, a total of more than 400 particles were analyzed, and Fig. 5 shows the phase ratio of different iron species by induction time point, Fe_3O_4 (magnetite), ε-Fe_2O_3, and α-Fe_2O_3 (hematite) phases are denoted by subscripted *M*, *ε* and *H*, respectively (Some of the data measured in this assay are listed in Additional file 1: Fig. S1). At each induction time point before the formation of mature magnetosomes, iron oxides always co-exist and proportion of magnetite increased with time passed. This result indicates that various iron-containing precursors co-exist as intermediate phases at the initiation phase of magnetosome biomineralization. The HRTEM data are shown in Fig. 3a, Fig. 4 and the original images with high resolution are available in Additional file 1: Fig. S2. Other iron-containing phases will be discussed in detail in another paper.

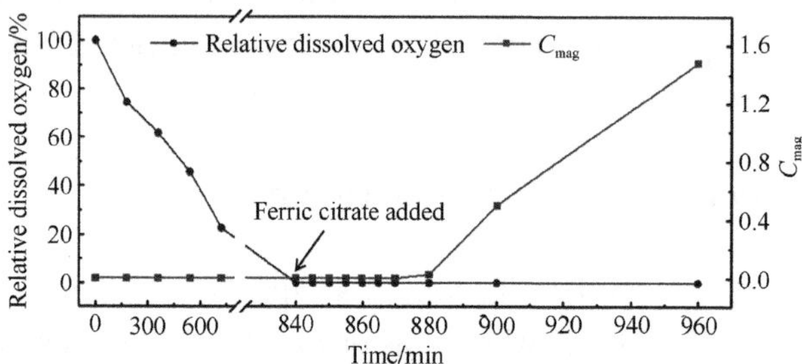

Fig. 1 Time dependence of relative dissolved oxygen and magnetic response (C_{mag}) of MSR-1 cultured in the SLM media

60 μmol/L ferric citrate was added when the relative dissolved oxygen decreased to 1% in the culture to induce the formation of magnetosome. Then samples were taken for certain interval after the inducing of ferric citrate. Thereafter they were collected for HRTEM observation

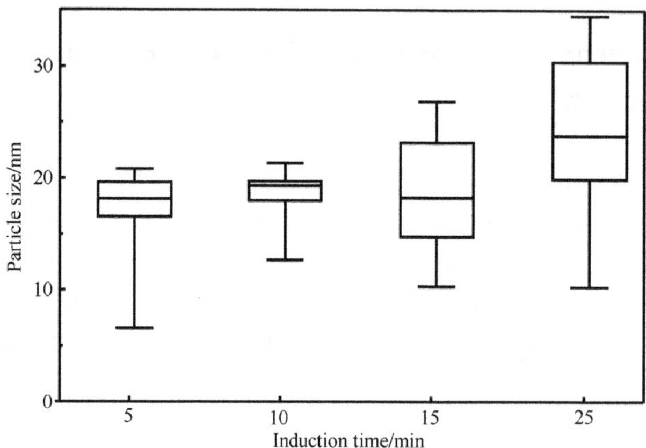

Fig. 2 The size distribution of magnetosomes at different time interval after the induction of ferric citrate

For this assay, a total of more than 400 particles were analyzed, and Fig. 5 shows the phase ratio of different iron species by induction time point, Fe_3O_4 (magnetite), ε-Fe_2O_3, and α-Fe_2O_3 (hematite) phases are denoted by subscripted *M*, *ε* and *H*, respectively (Some of the data measured in this assay are listed in Additional file 1: Fig. S1). At each induction time point before the formation of mature magnetosomes, iron oxides always co-exist and proportion of magnetite increased with time passed. This result indicates that various iron-containing precursors co-exist as intermediate phases at the initiation phase of magnetosome biomineralization. The HRTEM data are shown in Fig. 3a, Fig. 4 and the original images with high resolution are available in Additional file 1: Fig. S2. Other iron-containing phases will be discussed in detail in another paper.

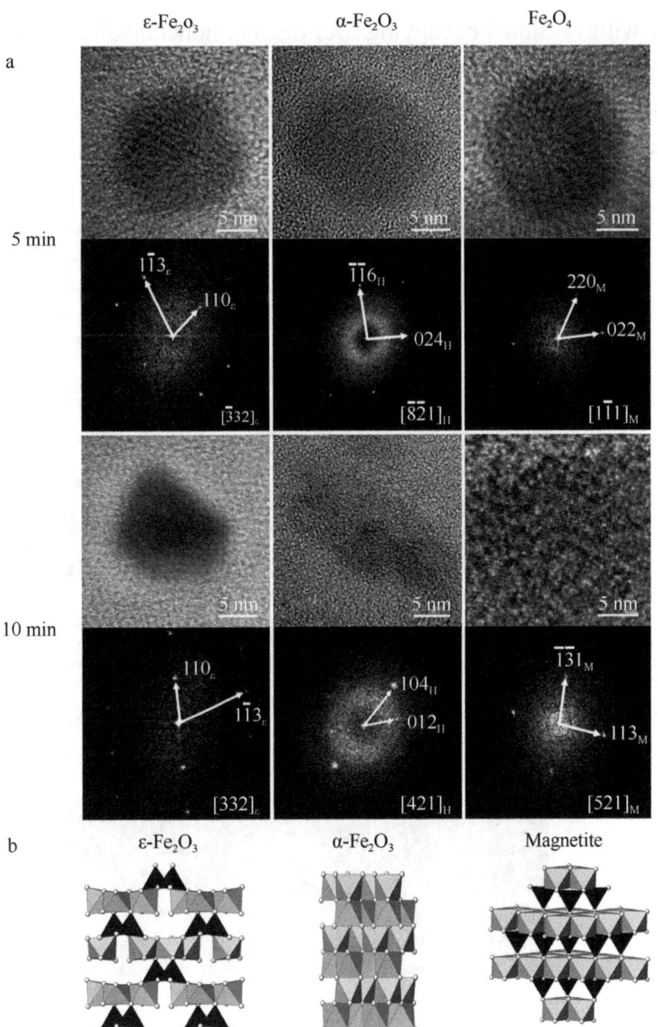

Fig. 3 Component analyses of intracellular iron oxide nanoparticles in MSR-1 wild type after the induction of ferric citrate for 5 min and 10 min by HRTEM (Color figure in the two-dimensional code at the back cover)

a. HRTEM analysis of intracellular iron oxide nanoparticles form samples, FFT analyses are shown below the corresponding HRTEM images. *M*, *ε*, and *H* subscripts shown in FFT pattern denote Fe_3O_4 (magnetite), ε-Fe_2O_3, and α-Fe_2O_3 (hematite) phases, respectively. The time shown beside the individual HRTEM image is the interval when the samples were taken out after the induction of ferric citrate. b. The schematic representation of crystal structures for magnetite, hematite and ε-Fe_2O_3

4. Discussion

Recent studies have confirmed the existence of α-Fe_2O_3 at the early stage of magnetosome formation and act as a precursor phase (Sarah *et al.*, 2007; Baumgartner *et al.*, 2013; Fdez-Gubieda *et al.*, 2013). In this study, we discovered that a thermodynamically unstable iron oxide phase, ε-Fe_2O_3, co-existed with α-Fe_2O_3 at the early stage of magnetosome synthesis, thus demonstrating that both of these two iron oxide phases are intermediates during the maturation of magnetosomes. α-Fe_2O_3, γ-Fe_2O_3, and Fe_3O_4 are the most frequent iron oxides present in bulk in nature (crystal structures of Fe_3O_4 and α-Fe_2O_3 are shown in Fig. 3b) (Bursill and Withers,1979). By contrast, ε-Fe_2O_3 is a rare phase with scarce natural abundance due to its thermal instability (Forestier and Guiot-Guillain, 1934; Tronc *et al.*, 1998). Recently, the natural occurrence of a ε-Fe_2O_3 phase in some plants has been reported (McClean *et al.*, 2001). The crystal structure of the ε-Fe_2O_3 phase is an orthorhombic noncentrosymmetric structure with Fe atoms occupying four distinct nonequivalent crystallographic sites, including one tetrahedral site and three different octahedral sites (Fig. 3b) (Kelm and Mader, 2005). In the context of nanomaterials, this structure is interesting, perhaps indicating a critical role of high surface energy, a characteristic of most nanostructures, in the formation of the epsilon phase with diameters of approximately 20 nm.

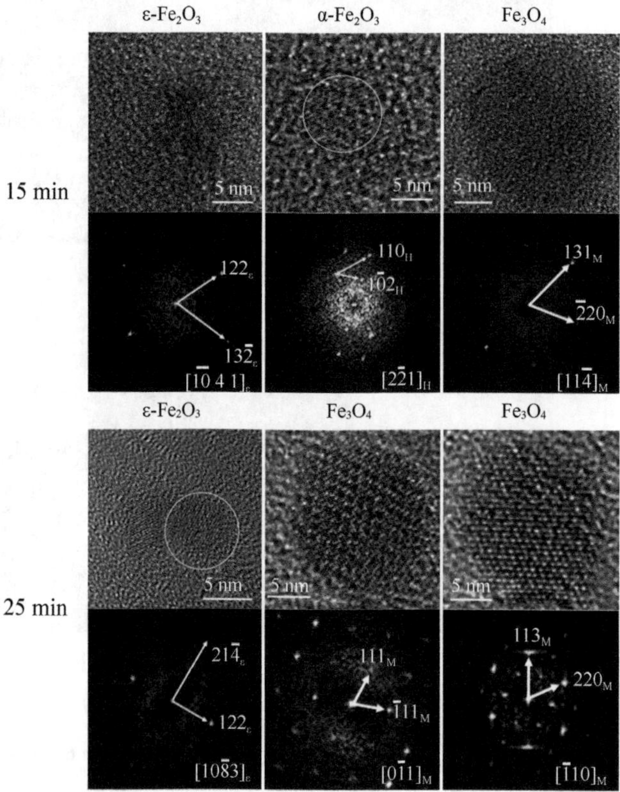

Fig. 4 Component analyses of intracellular iron oxide nanoparticles in MSR-1 wild type, after the induction of ferric citrate for 15 min and 25 min by HRTEM (Color figure in the two-dimensional code at the back cover)

HRTEM analysis of intracellular iron oxide nanoparticles form samples, FFT analyses are shown below the corresponding HRTEM images. *M*, *ε*, and *H* subscripts shown in FFT pattern denote Fe_3O_4 (magnetite), ε-Fe_2O_3, and α-Fe_2O_3 (hematite) phases, respectively. The time shown beside the individual HRTEM image is the interval when the samples were taken out after the induction of ferric citrate. Yellow cycles are for eye guide

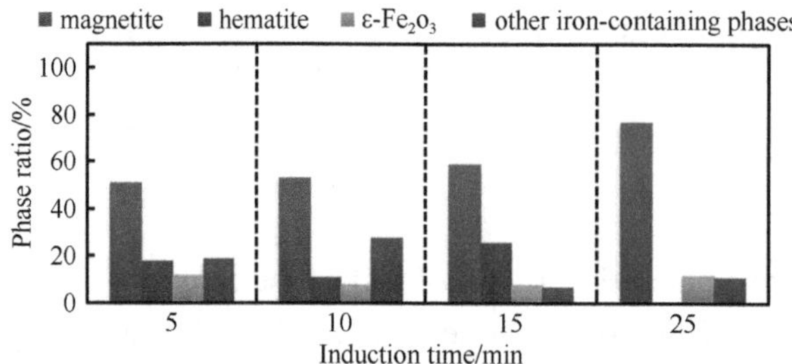

Fig. 5 Phase ratio of various iron containing nanoparticles synthesized by MSR-1 at each time interval after the inducing of magnetosome formation (Color figure in the two-dimensional code at the back cover)

The results are based on HRTEM analyses and showed that at the early stage of magnetosome formation, multiple iron oxide nanoparticles can co-exist in the cells besides magnetite, including hematite, ε-Fe_2O_3 and other iron containing phases. Some representative HRTEM images and their FFT analyses are listed in SI

Similarities between the crystal structures of magnetite and ε-Fe_2O_3 are shown in Fig. 3b. Both tetrahedral and octahedral coordination of Fe and O occur in the two iron oxides; the stacking pattern of the two is formed by octahedral layers alternating with tetrahedral layers, with the exception of ordered octahedral vacancies in ε-Fe_2O_3. These similarities facilitate the structural transformation of ε-Fe_2O_3 to magnetite. Therefore, the formation of magnetite-containing magnetosomes *via* a ε-Fe_2O_3 intermediate may be more facile, even though α-Fe_2O_3 is more thermally stable.

5. Conclusions

The chemical synthesis of highly crystalline magnetite requires harsh conditions, and the ability of organisms to form such particles rapidly under moderate conditions remains an interesting question. Based on our current data and evidence from previous studies, a new chemical route model of magnetite biomineralization in MTB is proposed (Fig. 6): ferric ion is taken up into the cell and stored as a phosphate-rich ferric hydroxide phase (Baumgartner *et al.*, 2013). After dephosphorization, ferric ion is transferred to a magnetosome vesicle to form water- or hydroxyl-containing ferric oxide, followed by transformation into a variety of iron oxides that act as the precursors of mature magnetosomes, including Fe_3O_4, α-Fe_2O_3, ε-Fe_2O_3 and other phases that have not yet been defined. The mature magnetite crystals finally form from these intermediate phases.

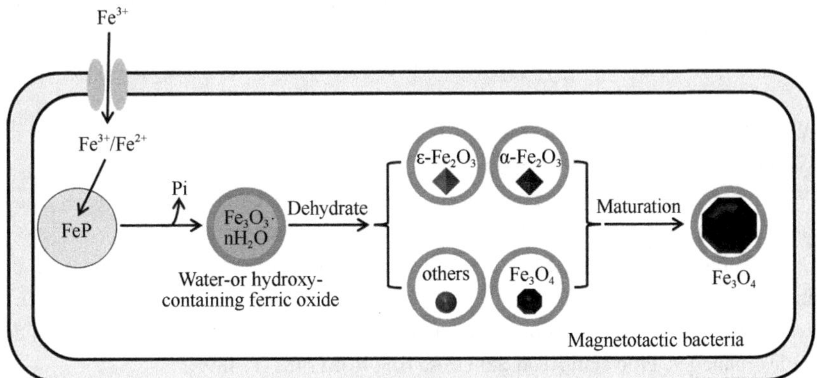

Fig. 6　Schematic chemical route of magnetite biomineralization in MSR-1 (Color figure in the two-dimensional code at the back cover)

Magnetosome biomineralization occurs through the following steps: iron uptake (store as a phosphate-rich ferric hydroxide phase), dephosphorization, transformation of iron ion into magnetosome vesicle, formation of magnetosome intermediates that composed of various kinds of iron oxides and formation of mature magnetosomes composed of magnetite. Gray circles in the figure refer to magnetosome membrane

References

Alphandéry E, Faure S, Seksek O, *et al.* 2011. Chains of magnetosomes extracted from AMB-1 magnetotactic bacteria for application in alternative magnetic field cancer therapy. ACS Nano, 5(8): 6279-6296.

Baumgartner J, Morin G, Menguy N, *et al.* 2013. Magnetotactic bacteria form magnetite from a phosphate-rich ferric hydroxide *via* nanometric ferric (oxyhydr) oxide intermediates. Proc Natl Acad Sci USA, 110(37): 14883-14888.

Bazylinski D A, Frankel R B, Heywood B R, *et al.* 1995. Controlled biomineralization of magnetite (Fe_3O_4) and greigite (Fe_3S_4) in a magnetotactic bacterium. Appl Environ Microbiol, 61(9): 3232-3239.

Blakemore R P. 1982. Magnetotactic bacteria. Annu Rev Microbiol, 36: 217-238.

Borg S, Hofmann J, Pollithy A, *et al.* 2014. New vectors for chromosomal integration enable high-level constitutive or inducible magnetosome expression of fusion proteins in *Magnetospirillum gryphiswaldense*. Appl Environ Microbiol, 80(8): 2609-2616.

Bursill L A, Withers R L. 1979. On the multiple orientation relationships between hematite and magnetite. J Appl Crystallogr, 12(3): 287-94.

Faivre D, Böttger L H, Matzanke B F, *et al.* 2007. Intracellular magnetite biomineralization in bacteria proceeds by a distinct pathway involving membrane-bound ferritin and an iron (II) species. Angew Chem Int Ed Engl, 46(44): 8495-8499.

Fdez-Gubieda M L, Muela A, Alonso J, *et al.* 2013. Magnetite biomineralization in *Magnetospirillum gryphiswaldense*: time-resolved magnetic and structural studies. ACS Nano, 7(4): 3297-3305.

Forestier H, Guiot-Guillain G. 1934. Ferromagnetic variety of Fe_2O_3. C R Académie des Sciences, 199: 720.

Frankel R B, Blakemore R P. 1989. Magnetite and magnetotaxis in microorganisms. Bioelectromagnetics, 10(3): 223-237.

Frankel R B, Blakemore R P, Wolfe R S. 1979. Magnetite in freshwater magnetotactic bacteria. Science, 203(4387): 1355-1356.

Gould J L, Kirschvink J L, Deffeyes K S. 1978. Bees have magnetic remanence. Science, 201(4360): 1026-1028.

Grünberg K, Müller E C, Otto A, *et al.* 2004. Biochemical and proteomic analysis of the magnetosome membrane in *Magnetospirillum gryphiswaldense*. Appl Environ Microbiol, 70(2): 1040-1050.

Guo F F, Yang W, Jiang W, *et al.* 2012. Magnetosomes eliminate intracellular reactive oxygen species in *Magnetospirillum gryphiswaldense* MSR-1. Environ Microbiol, 14(7): 1722-1729.

Jogler C, Schüler D. 2009. Genomics, genetics, and cell biology of magnetosome formation. Annu Rev Microbiol, 63: 501-521.

Kelm K, Mader W. 2005. Synthesis and structural analysis of ε-Fe_2O_3. Z Anorg Allg Chem, 631(12): 2383-2389.

Kirschvink J L, Kobayashi-Kirschvink A, Woodford B J. 1992. Magnetite biomineralization in the human brain. Proc Natl Acad Sci USA, 89(16): 7683-7687.

Komeili A. 2007. Molecular mechanisms of magnetosome formation. Annu Rev Biochem, 76: 351-366.

Komeili A, Li Z, Newman D K, *et al.* 2006. Magnetosomes are cell membrane invaginations organized by the actin-like protein MamK. Science, 311(5758): 242-245.

Liu Y, Li G R, Guo F F, *et al.* 2010. Large-scale production of magnetosomes by chemostat culture of *Magnetospirillum gryphiswaldense* at high cell density. Microb Cell Fact, 9: 99.

Matsunaga N N. 1993. Highly sensitive detection of allergen using bacterial magnetic particles. Anal Chim Acta, 281(3): 585-589.

McClean R G, Kean W F, Dick T, *et al.* 2001. Botanical iron minerals correlation between nanocrystal structure and modes of biological self-assembly. Eur J Mineral, 13(6): 1235-1242.

Murat D, Quinlan A, Vali H, *et al.* 2010. Comprehensive genetic dissection of the magnetosome gene island reveals the step-wise assembly of a prokaryotic organelle. Proc Natl Acad Sci USA,107(12): 5593-5598.

Pósfai M, Lefèvre C T, Trubitsyn D, *et al.* 2013. Phylogenetic significance of composition and crystal morphology of magnetosome minerals. Front Microbiol, 4: 344.

Pradel N, Santini C L, Bernadac A, *et al.* 2006. Biogenesis of Actin-like bacterial cytoskeletal filaments destined for positioning prokaryotic magnetic organelles. Proc Natl Acad Sci USA, 103(46): 17485-17489.

Raschdorf O, Müller F D, Pósfai M, *et al.* 2013. The magnetosome proteins MamX, MamZ and MamH are involved in redox control of magnetite biomineralization in *Magnetospirillum gryphiswaldense*. Mol Microbiol, 89(5): 872-886.

Scheffel A, Gruska M, Faivre D, *et al.* 2006. An acidic protein aligns magnetosomes along a filamentous structure in magnetotactic bacteria. Nature, 440(7080): 110-114.

Staniland S, Ward B, Harrison A, *et al.* 2007. Rapid magnetosome formation shown by real-time X-ray magnetic circular dichroism. Proc Natl Acad Sci USA, 104(49): 19524-19528.

Tronc E, Chanéac C, Jolivet J P. 1998. Structural and magnetic characterization of ε-Fe_2O_3. J Solid State Chem, 39(1): 93-104.

Walcott C, Gould J L, Kirschvink J L. 1979. Pigeons have magnets. Science, 205(4410): 1027-1029.

Zhang Y, Wen T, Guo F, *et al.* 2017. The disruption of an OxyR-Like protein impairs intracellular magnetite biomineralization in *Magnetospirillum gryphiswaldense* MSR-1. Front Microbiol, 8: 208.

Zhao L, Dan W, Wu L F, *et al.* 2007. A simple and accurate method for quantification of magnetosomes in magnetotactic bacteria by common spectrophotometer. J Biochem Biophys Methods, 70(3): 377-383.

Supplemental material: https://biomaterialsres.biomedcentral.com/articles/10.1186/s40824-019-0162-1

本文原载：Biomaterials Research, 2019, 23(13): 1-7.